Gesamtverzeichnis des deutschsprachigen Schrifttums (GV) 1700 – 1910

Bearbeitet unter der Leitung von
Hilmar Schmuck und Willi Gorzny
Bibliographische und redaktionelle Beratung:
Hans Popst und Rainer Schöller

58

Hed - Hek

K · G · Saur München · New York · London · Paris 1982

CIP-Kurztitelaufnahme der Deutschen Bibliothek

Gesamtverzeichnis des deutschsprachigen Schrifttums :
(GV). – München, New York, London, Paris : Saur.
Bd. 1 – 6 bearb. unter d. Leitung von Peter Geils
u. Willi Gorzny.
ISBN 3-598-30000-X

1700 – 1910 / bearb. unter d. Leitung von Hilmar
Schmuck u. Willi Gorzny. Bibliograph. u. red.
Beratung: Hans Popst u. Rainer Schöller

NE: Schmuck, Hilmar [Bearb.]

58. Hed - Hek. - 1982.

Techn. Realisierung und Druck: Norbert Gärtner, Mainz-Kastel
Binden: Karl Schaumann, Darmstadt
Printed in the Federal Republic of Germany
ISBN 3-598-30000-X (Gesamtwerk)

Hedberg, Frans, der Bankdirektor, s.a. Bibliothek der Gesamtliteratur.

Der Bankdirektor. Roman von Frans **Hedberg**. Aus d. Schwed. übers. von O. Lengning. Mit e. Vorbemerkung d. Übers. u. d. Bilde d. Verf. Halle a. S.: Hendel [1900]. IV, 122 S. 8°
(Bibliothek d. Gesamtliteratur d. In- u. Auslandes Nr 2140. 2141.)

Hedberg, Frz., das Erbe Wasa's. Historisches Schauspiel in 5 Akten. Aus dem Schwed. v. G. Hilder. [Den Bühnen gegenüber als Mscr. gedr.] 16. (167 S.) Danzig 874. Kafemann. 2. —

Hedberg, F., die Hochzeit zu Ulfosa, s. Universal-Bibliothek Nr. 628.

Hedberg, die Hochzeit zu Ulfosa. Schauspiel in 4 Akten. Aus dem Schwed. v. G. Hilder. Den Bühnen gegenüber als Mscr. gedr. 16. (V, 160 S.) Ebend. 873. 2. —

Hedberg, Frz., zur rechten Zeit, s.a. Kaufmann's moderne Zehnpfennig-Bibliothek. II. 2.

— dasselbe, s.a. Klambt's Bücherschatz. 3. Bd.

Zur rechten Zeit! Novelle von Franz **Hedberg**. Autor. Uebers. aus d. Schwed. von F. v. Känel. *Neurode: Zehnpfennig-Bibliothek 1903.* (144 S.) 8° [F.]
— **Zehnpfennig-Bibliothek**, Kaufmann's moderne. Jg. 2, Bd 2. [04. 10670

Zur rechten Zeit! Novelle von Franz **Hedberg**. [Neudr.] Neurode, Hamm, Speyer: W. W. Klambt 1906. (144 S.) 8° [F.]
— **Zehnpfennig-Bibliothek**, Moderne. Jg. 2, Bd 2. [07. 4366 2

Hedberg, J., Schwedische Novellen, s.: Meyer's Volksbücher.

Hedberg, Tor, Judas, Eine Passionsgeschichte. 2. Aufl. 8. (159 S.) Köln 897. A. Ahn. n. 2. —; geb. n. 3. —

[F.] Tor **Hedberg**. Versöhnt. (Autoris. Übs. a. d. Schwed. v. Ernst Brausewetter.) *Oppeln & Leipzig: G. Maske 1898.* (143 S.) 1 Bd 8.
— **Meisterwerke** d. zeitgenössischen Novellistik. Jg. 1. Bd 4. [98. 8794

(Heddaeus) Erläuterung über die Lebensversicherungsbank zu Gotha. Gotha 1829.

Heddæus, Albert [app. Arzt]: Beiträge zur Pathologie und Chirurgie der Gallenblasen-Geschwülste ... (Aus: Beitr. z. klin. Chir., Bd XII Heft II.) Tübingen, H. Laupp, 1894; 2 Bl., 62 S. 8.
Heidelberg, Med. Fak., Inaug.-Diss. v. [27. Apr.] 1894

Heddäus, Dom. Gli., († d. 25. Jan. 1795.) h. Evangelium des Matthäus, s. Evangelium.

Heddäus, D. T., das Evangel. d. Matthäus a. d. Griech. übers. und erläut. 2 Thle. gr. 8. Stuttg. Cotta. 792.

Heddaeus, Ernst, die Pupillarreaction auf Licht, ihre Prüfung, Messung und klinische Bedeutung. Nach rein pract. Gesichtspunkten bearb. gr. 8. (VIII, 79 S.) Wiesbaden 886, Bergmann. * 2 —

Heddaeus, Ernst: Klinische Studien über die Beziehungen zwischen Pupillarreaction und Sehvermögen. Halle a. S. 1880: Plötz. 65 S., 4 Taf. 8°
Halle-Wittenberg, Med. Diss. v. 30. Okt. 1880
Geb. Idar (Fürstentum Birkenfeld) 11. 6. 1856. V.

Heddäus, Friedrich

Heddäus, Fr.: Ueb. d. qualificirte Geständniss, nach dem Deutschen gemein., neueren Franz. u. neueren Badischen Rechte. *Mannh.*, Schwan u. Götz. 827. gr. 8. (9 Gr.)

Heddaeus, Heinrich [aus Biedenkopf]: Theorie und Anwendung eines besonderen Ebenencoordinatensystems. . . . Marburg, Univ.-Buchdr. (C. L. Pfeil), 1889: 45, 1 S. u. 1 Taf. 8°
Marburg, Phil. Fak., Inaug.-Diss. v. [26. Nov.] 1889

Heddäus, J. F., der heil. Kampf d. Reformatoren. Eine Pred., geh. am Reformationsfeste d. 3. Nov. 1839. gr. 8. (1¼ B.) Frankfurt a. M. 840, Hermann'sche Buchh. *

Heddäus, Oskar [approb. Arzt aus Idar a. d. Nahe]: Ueber die Entstehung der isolierten Aderhautrisse .... Kreuznach, Druck v. R. Voigtländer, 1888; 37 S. 8°
Strassburg, Med. Fak., Inaug.-Diss. v. 1888

Heddäus, Oskar, über die Entstehung der isolierten Aderhautrisse. Diss. Strassburg i. Els. 1888, Trübners Sort. 8°. 37 S.

Hedde, Friedrich

Hedde, Fr., ein Bild aus dem östlichen Holstein. Meßers Proceß und Freisprechung, actenmäßige Darstellung. Hamburg 853. (Th. Niemeyer.) gr. 8. (1 Bl., 173 S.) n. 1 ₰

Hedde, Fr., die Gefahren der dänischen Gesammtconstitution. Eine Kritik d. Verfassungsrescripts v. 28. Jan. 1848. gr. 12. (84 S.) Kiel 848, Schröder & Co. n. ⅓ ₰

— **Kein schimpflicher Vertrag mit Dänemark! Ein Flugblatt.** gr. 8. (8 S.) Kiel 848, Naeck. n. 1 ngl

Hedde, Fr., s. Petition, die Kieler.

Hedde, Fr., der amerikanische Westen. 1. Hft. Der Staat Nebraska. Mit e. (lith.) Karte Nebraska's u. e. (lith.) Karte der mittleren Staaten der Union. (qu. 4. u. qu. Fol.) gr. 8. (74 S.) Kiel 874. v. Maack. n. 1. —

Hedde, Isid., der Ackerbau in China. Nach dem Französ. Mit 20 Holzschn. (im Text.) (Aus der deutschen Gewerbzeitung abgedr.) Leipzig 853. Friedlein. gr. 8. (X, 61 S.) 12 ngl

Heddenhausen, Georg: Ueber einige neue Eiweisspräparate. *Göttingen 1897: E. A. Huth.* (37 S.) 8°
Göttingen, Med. Diss. v. [5. Aug.] 1897

Hedderich, Franz Anton, s. Hedderich, Philipp (Klostername).

Hedderich, Ludwig [Arzt]: Ueber Leberatrophie bei acuter Phosphorvergiftung ... (Aus d. Münchener Med. Wochenschr.) München, J. F. Lehmann, 1895; 31 S. 8.
Heidelberg, Med. Fak., Inaug.-Diss. v. [1. März] 1894

Hedderich, Philipp

Seld, Armin. [d. i. **Hedderich**, Franz Ant.]: Abhandlung über das päpstliche Gesandtschaftsrecht, in welcher die offenbaren Eingriffe des Röm. Hofes u. dessen Nuncien in die ordentl. bischöfl. Gerichtsbarkeit entdecket u. . . . widerleget werden. Athen 1787.

Hedderich, Phil., Collectio dissertationum iuris eccl. successive editarum. 4. Bonn. (Rommerskirchen in Cölln.) 783.

— elementa juris canonici, IV Ptes. 8. Bonn 778—83. Ed. II. 791, 92. (Haas in Köln). 2 ℔

Hedderich, Phil.: Elementa juris canonici ad statum ecclesiarium Germaniae adcommodata. P. 1—4. Bonnae 1791. 92. 2 Bde

— exercitium canonicum I. II. III. et ult., parergo selecta ex universo jure eccles. tum publico tum privato Germanico ejusque histor. exhibens. 4. Bonn 775.

R. Patris Philippi **Hedderich** 'Iκεσία sive confessio publica. o. O. 1784.

[**Hedderich,** Phil.]: Subsidia miscellanea historiam et jurisprudentiam ecclesiasticam Coloniensem praecipue illustrantia. Bonnae o. J.

— subsidia miscellanea hist. et jurisprud. ecclesiast. Coloniens. praecipue illustr. 8. Bonn 778. (Haas in Köln). 8 ℔

— subsidia miscellanea hist. et iurisprud. ecclesiast. coloniens. praecipue illustr. 8. ibid. 779.

Hedding, Ferdinand, a. Bonn: Aus der psychiatrischen Klinik zu Bonn. Beiträge zur Kenntnis des induzierten Irreseins. Bonn 1908: S. Foppen. (34 S.) 8°

Bonn, Med. Fak., Ref. Westphal, Diss. v. 14. Aug. 1908

[Geb. 26. Mai 80 Aachen; Wohnort: Kalk; Staatsangeh.: Preußen; Vorbildung: Gymn. Burgsteinfurt Reife O. 02; Studium: Bonn 10 S.; Coll. 7. Aug. 07; Approb. 22. Juli 08.]

Hedding, Otto: Das gemeinrechtliche Dotalsystem und seine Anwendung nach dem bürgerlichen Recht mit besonderer Berücksichtigung des praedium dotale. Bonn: C. Georgi 1908. (40 S.) 8°

Heidelberg, Jur. Fak., Ref. Bekker, Diss. v. 1908

[Geb. 1. Mai 81 Königswinter a. Rh.; Wohnort: Cöln; Staatsangeh.: Preußen; Vorbildung: Gymn. an d. Apostelkirche Cöln Reife O. 01; Studium: Lausanne 1, Bonn 5 S.; Rig. 9. Juli 07.]

Heddinga, August [app. Arzt aus Norden '(Ostfriesl.)']: Der puerperale Blasenkatarrh als Ursache einer tötlich verlaufenen Sepsis ... Norden, Druck v. J. F. Schmidt, 1893; 23 S. 8.

Freiburg i. B., Med. Fak., Inaug.-Diss. v. 1893

Heddinghausen, Cord v., aus Floras Zaubergärtlein. (78 S.) kl. 8. Leipzig 909. Verlag f. Literatur, Kunst u. Musik. 1.50

Hede, Justus Jacob (Königsberg/Pr.), Diatribe de orationibus panegyricis veterum. Präs. Johann Georg Walch. Jena (Johann Friedrich Ritter) März 1721. 44 S. (6.50) 13767

Hedeberg, Egon, dem Achmüller sein Recht. Oberbayer. Volksstück in 4 Acten, n. d. Erzählg. gleichen Namens v. Th. Messerer f. d. Bühne bearb. gr. 8. (95 S.) München (898). Rubinverlag. n. 1.—

List of Private Libraries. Liste de Bibliothèques Privées ... Verzeichniss v. Privat-Bibliotheken. [Vol.] 1. (Hrsg.: G[eorg] Hedeler.) *Leipzig: G. Hedeler 1897.* 8. [97. 1114

Hedelhofer, C. J., Didaktik. Unterricht.

Hedelin d'Aubignac, Francois

- - , Franz Hedelin // [illegible] Aubignac, // [illegible] Unter-
richt // von [illegible] // [illegible] // Dicht-
kunst, // aus dem [illegible] // durch //
[illegible] Balthasar [illegible] // [illegible], // bey
Conrad König, [illegible]. - [illegible] (nicht [illegible]) Titel-
blatt, Widmung und Vorrede. - [illegible].
Auf dem Vorblatt steht die Widmung:
Der Bibliothek
der
Deutschen Gesellschaft
gewidmet
von
dem Uebersetzer.

B. S. C. 8°.291.

Hedeman, Christian Hardevicus von (Hoya-Lüneburger Adel), **De injusta asylorum immunitatisque ecclesiarum ad crimina dolosa extensione et potestate principis vel abusum asylorum tollendi vel asyla plane abolendi.** Diss. acad. Präs. Christoph Johann Conrad Engelbrecht. Helmstedt (Herm. Dan. Hamm) 11. IX. 1720. 140 S., tlws. dtsch. (10.—) 13768

Gew.: Andreas Gottlieb Frh. v. Bernstorf (Gartau . .). — Widm. v. Präs.

Hedemann, A. L., Handbuch der Landbaukunde in e. Sammlung v. Zeichnungen m. speciellen Anschlägen f. alle Arten auf dem Lande vorkomm. Bauwerke zur leichten Berechnung der Baukosten f. Bauherren, Baulehrlinge u. besonders f. Commissarien bei Ablösgn. u. Auseinandersetzgn. bearb. 1. Abth., enth. die Gebäude f. e. Bauer- u. eine Gärtner-Nahrung, so wie Häusler- u. Tagelöhner-Wohnungen. Mit 12 lith. Taf. (in gr. 4. u. Fol.) gr. 4. (VI u. 145 S.) Berlin 850, Nicolai. 2 ℔

Hedemann, Ed., der Betrieb des Unterrichts in den Landschulen, nebst Stoffverzeichnissen und Plänen. gr. 8. (52 S. mit 2 Tab.) Breslau 884, F. Hirt. geb. *

Hedemann, E., der Betrieb d. Unterrichts in den Landschulen nebst Stoffverzeichnissen u. Plänen. 2. Aufl. gr. 8. (52 S. m. 5 Plänen.) Breslau 887. F. Hirt. cart. n. 1.—

Hedemann, Ernst, was muß man vom Vereins- u. Versammlungsrecht wissen? Nach dem neuen bürgerl. Gesetzbuch u. den sämtl. in Deutschland gelt. Landesgesetzen f. den prakt. Gebrauch zusammengestellt. gr. 8. (72 S.) Berlin 900. H. Steinitz. n. 1.—

Hedemann, Friedrich von: Die Herzogthümer Holstein ..., s. Baggesen, A. von

(Carl B. Lorcks Eisenbahnbücher Nr. 34.)

Drei Monate im Orient. Egypten. — Palästina. — Syrien. — Persien. — Klein-Asien. — Türkei. Von einem Nordländer [d. i.: Friedrich von **Hedemann** a. d. H. Deutsch-Nienhof.] Leipzig. 1860. 8°.

Hedemann, H., die große Revolution. Posse in 1 A. 8. Hamb. 791. (Leipz., Wienbrack). 5 ℔

Hedemann, Hartwig Johann Christoph, s. Aufsätze, Skizzen etc.

HEDEMANN, H. v., Karl von Elendsheim, oder Sinnlichkeit u. Philosophie. 3 Thle. Schleswig u. Leipzig, bei R. J. Boie, 1791, 93, 9*. 8°. Selten cplt.! Ziemlich zahm. (1—2: 6 Mk. Schaper, Hannover, c. 1905.)

1: 296 S. (incl. Tit.). 2: 235 S. (incl. Tit. u. 3 Bll Widm.: „Den Manen der verewigt. Frau Louise v. Drechsel, geb. v. Hugo), 1 Bl. Druckf. d. 1. Th., 1 leeres Bl (Theil 3 lag nicht vor.) — Titel von 1—2 mit demselb. Motto aus Horat. Epist. 1.

— — Dasselbe. Neue Aufl. 3 Thle. Altona, Hammerich, 1796. 8°. (2½ Rthl.)
Citirt Kayser's Roman-Verz. 1827. p. 31.

ELENDSHEIM, Karl v., oder Sinnlichkeit und Philosophie (von *Hartwig Joh. Christoph v. Hedemann*). 3 Thle. Schleswig 1796. 8°. Rar!
Anon.-Lex. I. p. 301 (nach Kayser u. Hayn).

Hedemann, H. J. C., s. Karl v. Elendsheim.

-- s. Freiheit, Über.

REISE, Empfindsame, von Oldenburg nach Bremen (von *Hartwig Joh. Chph. v. Hedemann*). Falkenburg (Bremen, Heyse) 1797. 8°.
Anon.-Lex. III. p. 361 (nach Kayser, Meusel, Weller). Rotermund (Gelehrtes Hannover. Bremen 1823) und Goedeke haben „1796". Rar!

Kielmansegge, Karl Rud. Aug. Graf v.: Standrede am Grabe des Br. Carl Rud. Aug. Grafen v. Kielmansegge, gehalten den 20sten Dec. 1810 von [Hartwig Joh. Christoph] v. H[edemann]. o. O. 1810. 4 Bl. 8° [Umschlagtit.] 215.

Hedemann, Johann Christoph Georg von (Hannover'scher Adel), De auxilio quod aetati impertitur sive de restitutione minorum. Disp. jur. Gölting. (Hager) 2. IV. 1751. 76 S. (6.50) 13769
Gew.: Gerlach Adolph Frh. v. Münchhausen (Strausfurt), Ernst Frh. v. Steinberg (Badenburg . .), Aug. Wilhelm Frh. v. Schwichelt (Flachsstoeckheim . .).

Hedemann, Just. Wilh., moderne Bürgerpflichten. Vortrag. (27 S.) gr. 8. Jena 907. G. Fischer. — 50

Hedemann, Justus Wilhelm, Referendar: Die **Entwickelung** der Lehre vom Vergleichsirrtum im gemeinen Recht. *Jena 1902: (A. Kämpfe).* (X, 53 S.) 8° ¶ [Erschien vollst. 1903 u. d. T.: 'Der Vergleichsirrtum nach d. Recht d. Deutschen Reiches' in: Fischer's Abhandl. zum Privatrecht u. Civilprozeß d. Dt. Reiches, Bd 9, H. 2.]
Breslau, Jur. Diss. v. 13. Dez. 1902

Hedemann, Just. Wilh., Familienrecht, s.: Schmidt, Arth. B.

-- Die Fortschritte des Zivilrechts im 19. Jahrh. Ein Überblick üb. die Entfaltg. des Privatrechts in Deutschland, Österreich, Frankreich u. der Schweiz. 1. Tl.: Die Neuordng. des Verkehrslebens. (XXIV, 151 S.) Lex. 8. Berlin 910. C. Heymann. 4. —

— die Fürsorge des Gutsherrn f. sein Gesinde (brandenburgisch-preussische Geschichte), s. a. Festgabe f. Felix Dahn.

Hedemann, Just. Wilh.: Die Fürsorge des Gutsherrn für sein Gesinde. (Brandenburg.-preuß. Geschichte.) Breslau 1905.

Hedemann, Justus Wilh., Die Fürsorge des Gutsherrn für sein Gesinde. (S.-A. aus: „Festgabe für Felix Dahn".) 8°. Breslau, H. Marcus, 1907.

— s.: Kommentar zum bürgerlichen Gesetzbuch.

Hedemann, Justus Wilhelm, Dr.: Die **Lehre von der Vermutung** nach dem Recht des Deutschen **Reiches.** T. 1.: Die geschichtliche Entwickelung. *Jena 1903: (A. Kämpfe).* (X, 116 S.) 8° ¶ [Erschien vollst. als: Abhandl. z. Privatrecht u. Civilprozeß, Bd 11, H. 2.]
Breslau, Jur. Hab.-Schrift v. 16. Okt. 1903

Der Vergleichsirrtum nach dem Recht des Deutschen Reiches. Von Dr. Justus Wilhelm **Hedemann.** *Jena: G. Fischer 1903.* (VI, 142 S.) 8° [F]
= Abhandlungen z. Privatrecht u. Zivilproz. d. Dt. R. Bd 9, H. 2. [03. 1907]

Die Vermutung nach dem Recht des Deutschen Reiches. Von Dr. Justus Wilhelm **Hedemann**, Privatd., Breslau. *Jena: G. Fischer 1904.* (XX, 362 S.) 8° [F]
= Abhandlungen z. Privatrecht u. Zivilprozeß. Bd 11, H. 2. [04. 8456]

Hedemann, Karl v., das Nothwendigste a. d. Forstwissenschaft. Für Privat-Waldbesitzer u. Verweser v. Communalwaldungen. 8. ... Graudenz 827, Röthe. (Berlin, Enslin'sche Buchh.)

v. **Hedemann,** (Carl,) das Nothwendigste aus d. Forstwissenschaft f. Privat-Waldbesitzer u. Verweser v. Communal-Waldungen. 8. Graudenz 828, Röthe (Enslin in Berl.)

HEDEMANN, Carl v.: Das Nothwendigste aus der Forstwissenschaft für Privat-Waldbesitzer und Verweser von Communalwaldungen. - Graudenz 1828. 115 S.

Hedemann, Max Leop., über den Erwerb und Schutz der Servituten nach römischem Recht mit besonderer Berücksichtigung der quasi possessio und longa quasi possessio. Berlin 864. Weber & Co. in Comm. gr. 8. (IV, 212 S.) n. 1 ₰

Hedemann, Max: Quanta sit temporis vis in servitutibus iure Romano acquirendis? Berolini (1862). (30 S.) 8°
Berlin, Jur. Diss. v. 18. Dez. 1862

Eindrücke aus der modernen Verwaltung Preußens besonders in der Kreisinstanz v. Paul von **Hedemann.** (Leipzig.) 1902. 4°.
—— besonders aus der Bezirksinstanz v. Paul von **Hedemann.** ebd. 1904. 4°.
Sonderabdruck aus den Grenzboten.

Schleswig-Holsteins Erbrecht und Agrarverfassung. Eine Buchbesprechung v. Paul von **Hedemann-Heespen.** [Kiel. 1909.] 8° Separat-Abdruck aus Bd. 39 der Zeitschrift der Gesellschaft für Schleswig-Holst. Geschichte.

Fideicommisse v. O. O. S. [d. i. Paul von **Hedemann-Heespen**]. Sonderdruck aus Nr. 14 des Grenzboten vom 6. April. Berlin. 1910. 8°

Die ältere Geschichte der Kirche zu Westensee v. P[aul] v. **Hedemann**[-**Heespen**]. ⟨Sonderabdruck aus der Zeitschrift der Gesellschaft für Schlesw.-Holst. Geschichte. Bd. 28.⟩ Kiel. 1898. 8°

Hedemann, Paul v., gen. v. Heespen, Geschichte der adeligen Güter Deutsch-Nienhof u. Pohlsee in Holstein. 3 Tle. (X, 195; IX, 223 u. VI, 171 S. m. Abbildgn., Taf., 1 farb. Karte u. 15 Stammtaf.) 33×25 cm. Schleswig 906. J. Bergas Verl. 30. —

Hedemann-Heespen, Paul von: Kiel, die Provinzialhauptstadt und der Oberpräsident von Schleswig-Holstein.
Kiel: Toeche in Komm. 1907. 12 S. 8°

Haus Nienhof 1501—1907 [v. Paul von **Hedemann-Heespen**]. Kiel. (1907.) 1 Bl. Fol., zsgef. in 4°

Wappenbrief für die Familie **Thombsen.** [Mitgetheilt v. Paul von Hedemann.] Berlin. 1893. 4°.
Sonderabdruck aus der Zeitschrift „Der Deutsche Herold". 1893. Nr. 9.

Meine Wünsche zum 12. Okt. 1907 [Vermählung des Grafen Adolf Cecil Reventlow-Criminil mit Gräfin Lilian Hoyos v. (Paul v. Hedemann-)Heespen. Kiel. 1907.] 2 Bl. 8°

Hedemünden, s.: Preussen. Messtischblätter.

Heden, s.a. Hedenus.

Heden, Geschenke. (Optimistische Weltanschaug.) 84 Gedichte. Eine Gabe f. alle Lagen des Lebens. (XI, 252 S.) 8. Dresden (907). E. Pierson. 2.50; geb. n 3.50

Hedenberg, **Fr. Ldw., Diss. inaug. med. de differentia et similitudinibus hypochondriae et hysteriae. 8. Dorpat 815.**

Hedenberg, Fr. Ludwig, s. Sühnungsopfer.

Hedenstjerna, Alfred af s.a. Sigurd (Pseud.)

Hedenstjerna, Alfred af: Die Badereise der Familie Hellvik. Humorist. Erzählung nebst 2 Novellen u. 2 Humoresken. Mit Ill. von Martin Ränike. Berlin, Eisenach, Leipzig: H. Hillger [1899]. (128 S.) 8°
= Bücherschatz, Kürschners. No 144.

Hedenstjerna, Alfr. af, die Badereise der Familie Hellvik, s.a. Kürschner's, Jos., Bücherschatz.

Hedenstjerna, Alfr. v. (Sigurd), im schwedischen Bauernheim. Kultur- u. Lebensbilder. A. d. Schwed. übers. v. Margarethe Langfeldt. 8. (VII, 165 S.) Leipzig 896. G. H. Meyer. n. 2. —; geb. in Leinw. n. 3. —

— Bilder aus d. schwed. Leben, s.: Diamant-Bibliothek, illustr.

— Schwed. Bilder, s.: Universal-Bibliothek.

— Bilder aus d. schwed. Volksleben, s.: Verein f. Verbreitg. guter Schriften. Basel.

— aus Dorf u. Stadt. Neue Skizzen u. Humoresken. A. d. Schwed. übers. v. Margarethe Langfeldt. 8. (III, 166 S.) Leipzig 897. G. H. Meyer. n. 2. —; geb. n. 3. —

Hedenstjerna, Alfr. af, aus Dorf u. Stadt. Neue Skizzen u. Humoresken. Deutsche Orig.-Ausg. 2. Aufl. (164 S.) kl. 8. Leipzig (905). W. Strübig. 1. —; geb. in Leinw. 2. —

— Junge Ehe. Roman. Autoris. Übersetzg. v. Mathilde Mann. 1. u. 2. Aufl. (Je 313 S.) 8. Leipzig 909. W. Strübig. 3.—; geb. 4. —

— Eva. Ein Frauenschicksal. Roman. Autoris. Übersetzg. aus dem Schwed. v. Ernst Brausewetter. (195 S.) 8. Ebd. 909. 2.—; geb. 3. —

— ein Finanzgenie. Roman. Deutsche Orig.-Ausg. 8. (II, 133 S.) Berlin 900. [G. H. Meyer.] Ulr. Meyer.

— ein Finanzgenie. Roman. Aus dem Schwed. v. M. Langfeldt. Deutsche Orig.-Ausg. (Neue[Titel-]Ausg.) (II, 133 S.) kl. 8. Leipzig [900] (905). W. Strübig. 1. —; geb. in Leinw. 2. —

— Herrn Petterssons Gardinenpredigten. Deutsch v. Margarethe Langfeldt. 8. (64 S.) Leipzig 897. G. H. Meyer. n. — 60

Herrn Petterssons Gardinenpredigten von A[lfred] v. **Hedenstjerna.** Aus d. Schwed. übers. von M. Hellbusch. Halle a. S.: O. Hendel [1906]. (48 S.) 8° [F.]
(Bibliothek d. Gesamtliteratur d. In- u. Auslandes. No 1951.) [06. 7300

— Herrn Petterssons Gardinenpredigten, s.a. Bibliothek der Gesamtlitteratur.

[F.] Aus der Heimat. Bilder u. Skizzen v. A(lfred) v. Hedenstjerna (Sigurd). Deutsch v. M. Langfeldt. *Halle a. d. S.: O. Hendel [1896].* (2 Bl., 208 S.) 1 Bd 8.
= Bibliothek d. Gesamtlitteratur d. In- u. Auslandes. No 927—929.

Hedenstjerna, Alfr. v., Herbststurm u. Weihnachtsfreude. Ein neues Geschichtenbuch. A. d. Schwed. übers. v. Margarethe Langfeldt. 8. (III, 178 S.) Leipzig 896. G. H. Meyer. n. 2. —; geb. n. 3. —

— Herbststurm u. Weihnachtsfreude. Ein neues Geschichtenbuch. Aus dem Schwed. übers. v. Margar. Langfeldt. 2. Aufl. 3. u. 4. Taus. (II, 165 S.) 8. Berlin 902. [U. Meyer]. Leipzig, W. Strübig. 1. —; geb. in Leinw. 2. —

— Humoresken, s.: Reuter's Bibliothek f. Gabelsberger Stenographen.

— Humoresken. Deutsch v. Margarethe Langfeldt. 12. (107 S. m. Bildn.) Ebd. 897. n. 1. —; geb. in Leinw. n. 2. —

Humoresken und Skizzen von Alfred af **Hedenstjerna**. Aus d. Schwed. übers. Berlin: F. Schulze [1910]. 88 S. 8° [Text stenogr.]
(Sammlung berühmter ausländischer Schriftsteller. Ser. 1, Bd 7.) A 11. 10716

— Humoresken u. Skizzen, s.a. Sammlung berühmter ausländischer Schriftsteller. I, 7.

Hedenstjerna, Alfr. v., Swedish idylls. Translated by Edith Waltham. 8. (III, 181 S.) Leipzig 894. H. Haessel. n. 2 —

[F.] Im Kaleidoskop. Bilder aus d. Altagsleben v. A[lfred] v. **Hedenstjerna**. Nach d. Schwed. f. d. 'Bibliothek d. Gesamt-Litt.' v. Helmine Fick. *Halle a. S.: O. Hendel [1898].* (250 S.) 1 Bd 8.
= Bibliothek d. Gesamtlitteratur d. In- u. Auslandes. No 1184—1187. [98. 8488

Im Kaleidoskop. Bilder aus d. Alltagsleben von A[lfred] v. **Hedenstjerna.** Berlin: Gerdes & Hödel 1903. (76 S.) 8° [Text stenogr.]
= **Ecksteine** d. neueren Literatur. Bd 5. [07. 16085

— Fräulein Jennys Konditionen. A. d. Schwed. übers. v. Margarethe Langfeldt. 8. (III, 198 S.) Leipzig 896. G. H. Meyer. n. 2. —; geb. in Leinw. n. 3. —

— Fräulein Jennys Konditionen. Deutsche Orig.-Ausg. 3. u. 4. Taus. (Neue[Titel-]Ausg.) (184 S.) Leipzig [902] (905). W. Strübig. 1. —; geb. in Leinw. 2. —

[F.] Frau Westberg's Kostgänger. Novelle v. Alfred v. Hedenstjerna. Aus d. Schwed. übs. v. Margarethe Langfeldt. 2. Aufl. *Leipzig: H. Haessel 1896.* (2 Bl., 166 S., 1 Bl.) 1 Bd 8.
= Hedenstjerna, A. v.: Novellen. Bd 3. [96. 5151

Hedenstjerna, Alfred von. Frau Westbergs Kostgänger. Novelle von Alfred von Hedenstjerna. Aus dem Schwedischen übersetzt (*Umschlag: Deutsch bearb.) von Margarethe Langfeldt. 95 S. 8. Basel, Emil Birkhäuser, Juli 1901. fr. —. 20

Verein für Verbreitung guter Schriften. Basel, No. 50.

Lebensbilder von Alfred af **Hedenstjerna**. Nach den Ms. d. Verf. übers. von Ernst Brausewetter. *Berlin: U. Meyer [1903].* (160 S.) 8° [F.] [04. 11033

— allerlei Leute. Bilder aus dem schwed. Volksleben. 1. u. 2. Bd. 8. Ebd. à n. 2.—; geb. in Leinw. à n. 3.—
1. Deutsch bearb. von Alexis v. Krusenstjerna. 1. 4. Aufl. (VII, 215 S.) 892.
2. Deutsch bearb. v. Margarethe Langfeldt. (208 S.) 893.

[F.] Allerlei Leute. Bilder aus d. Schwed. Volksleben v. Alfred v. **Hedenstjerna**. Deutsch bearb. v. Margarethe Langfeldt. Bd 1. 2. *Leipzig: H. Haessel 1895.* 2 Bde 8.
1. (2 Bl., 227 S.) 2. [1895?] (2 Bl., 208 S.) [96. 5184

— Allerlei Leute. 6 Bde. 8. Ebd. 898. à n. 2.—; geb. à n. 3.—
1. 2. Kleine Geschichten. I u. II. Allerlei Leute. Bilder a. d. schwed. Volksleben. Deutsch bearb. v. Margarethe Langfeldt. 2 Bde. 2. Aufl. (227 u. IV, 208 S.)
3. Der Quislinger Pastor. Novelle. A. d. Schwed. übers. v. Margarethe Langfeldt. 3. Aufl. (151 S.)
4. Jonas Dürman's Testament. Novelle. A. d. Schwed. übers. v. Margarethe Langfeldt. 3. Aufl. (203 S.)
5. Frau Westberg's Kostgänger. Novelle. A. d. Schwed. übers. v. Margarethe Langfeldt. 2. Aufl. (166 S.)
6. Patron Jönsson's Memoiren. A. d. Schwed. übers. v. Margarethe Langfeldt. 2. Aufl. (IV, 201 S.)

— von kleinen u. großen Leuten. Allerlei Skizzen u. Geschichten. (II, 135 S.) 8. Ebd. (902). 1.—; geb. in Leinw. 2.—

— Schöne arme Mädchen. Allerhand Liebes- u. Leidensgeschichten. A. d. Schwed. übers. v. Margarethe Langfeldt. gr. 16. (III, 80 S.) Leipzig 897. G. H. Meyer. n. 1.—; geb. in Leinw. n. 2.—

— schöne arme Mädchen. Allerhand Liebes- u. Leidensgeschichten. Aus dem Schwed. übers. v. Margar. Langfeldt. 3. u. 4. Taus. (II, 78 S.) Ebd. (902). 1.—; geb. in Leinw. 2.—

— d. Majoratsherr v. Halleborg. Roman. Aus dem Schwed. übers. v. Margarethe Langfeldt. 2. Aufl. 8. (III, 245 S.) Ebd. 897. n. 2.—; geb. in Leinw. n. 3.—

Der Majoratsherr von Halleborg. Roman von Alfred af **Hedenstjerna**. Aus d. Schwed. übers. von Margarethe Langfeldt. 4. Aufl. Berlin: U. Meyer [1904]. (267 S.) 8° [F.] [04. 3965

— der Majoratsherr v. Halleborg. Ein Roman. Aus dem Schwed. v. M. Langfeldt. 8. u. 9. Taus. (Neue [Titel-]Ausg.) (267 S.) kl. 8. Leipzig [904] (905). W. Strübig. 1.—; geb. in Leinw. 2.—

— Marie v. „Goldnen Roß". Zwei Menschen. 2 neue Novellen. Deutsche Orig.-Ausg. 8. (III, 244 S.) Ebd. 896. n. 2.—; geb. in Leinw. n. 3.—

[F.] Marie aus dem 'Goldenen Ross'. — Der Majoratsherr von Halleborg. Erzählgn v. A(lfred) v. **Hedenstjerna**. Aus d. Schwed. v. M. Hellbusch. *Halle a. d. S.: O. Hendel (1897).* (2 Bl., 176 S.) 1 Bd 8.
= Bibliothek d. Gesamtlitteratur d. In- u. Auslandes. No 1021—1023.

Hedenstjerna, Alfr. af, Marie vom goldenen Roß. Zwei Menschen. 2 neue Novellen. Deutsche Orig.-Ausg. 3. u. 4. Taus. (Neue [Titel-]Ausg.) (244 S.) kl. 8. Leipzig [896] (905). W. Strübig. 1.—; geb. in Leinw. 2.—

[F.] Herrn Jönssons Memoiren. Von A(lfred) v. **Hedenstjerna** '(Sigurd)'. A. d. Schwed. v. M. Hellbusch. *Halle a. d. S.: O. Hendel (1895).* (90 S.) 1 Bd 8.
= Bibliothek d. Gesamtlitteratur d. In- u. Auslandes. No 889. [96. 5053

— Patron Jönssons Memoiren. A. d. Schwed. übers. v. Margarethe Langfeldt. 8. (III, 201 S.) Leipzig 895. H. Haessel. n. 2.—; geb. n. 3.—

— Novellen. 1.—3. Bd. Aus dem Schwed. übers. v. Margarethe Langfeldt. 12. Ebd. 893. à n. 2.—; geb. in Leinw. à n. 3.—
1. Der Quislinger Pastor. (151 S.) — 2. Jonas Dürman's Testament. (203 S.) — 3. Frau Westberg's Kostgänger. (166 S.)

— drei Novellen. Aus dem Schwed. übers. v. Margarethe Langfeldt. (Neue [Titel-]Ausg. in 1 Bde.) 8. Ebd. 893. n. 5.—; geb. in Leinw. n. 6.—
Der Quislinger Pastor. Jonas Dürman's Testament. Frau Westberg's Kostgänger. (III, 151; 203 u. 166 S.)

[F.] Novellen v. Alfred v. **Hedenstjerna**. Bd 1—3. *Leipzig: H. Haessel 1893—96.* 8. [96. 5185

— neue Novellen, s.: Bibliothek der Gesamtlitteratur.

— Schwedische Novellen, s.: Meyer's Volksbücher.

[F.] Der Quislinger Pastor. Novelle v. Alfred v. **Hedenstjerna**. A. d. Schwed. übs. v. Margarethe Langfeldt. 2. Aufl. *Leipzig: H. Haessel 1896.* (2 Bl., 151 S.) 1 Bd 8.
= **Hedenstjerna**, A. v.: Novellen. Bd 1. [96. 5185

[F.] Frau Westbergs Pensionäre. Von A(lfred) v. **Hedenstjerna** '(Sigurd)'. A. d. Schwed. v. M. Hellbusch. *Halle a. d. S.: O. Hendel (1895).* (91 S.) 1 Bd 8.
= Bibliothek d. Gesamtlitteratur d. In- u. Auslandes. No 872. [96. 5054

— weiße u. rote Rosen. Neue Lebensbilder. Nach dem Mskr. des Verf. übers. v. Ernst Brausewetter. (175 S.) 8. Berlin (904). [U. Meyer.] Leipzig, W. Strübig. 1.—; geb. in Leinw. 2.—

— Weiße u. rote Rosen. Neue Lebensbilder. Deutsche Orig.-Ausg. 2. Aufl. (175 S.) 8. Leipzig (910). W. Strübig. 1.—; geb. 2.—

— Septembersonne. Roman. Deutsche Orig.-Ausg. (188 S.) 8. Ebd. (902). 1.—; geb. in Leinw. 2.—
Auch die übrigen Schriften desselben Verf. a. d. Verlage von Ulrich Meyer, bezw. der früh. Firma G. H. Meyer in Berlin sind an W. Strübig übergegangen.

— so ist das Leben. Ein neues Geschichtenbuch. Deutsche Orig.-Ausg. 8. (II, 197 S.) Berlin 900. [G. H. Meyer.] Ulr. Meyer. n. 1.—; geb. n. 2.—

— so ist das Leben. Ein neues Geschichtenbuch. Deutsche Orig.-Ausg. 2. Aufl. (II, 197 S.) 8. Berlin 903. [U. Meyer.] Leipzig, W. Strübig 1.—; geb. in Leinw. 2.—

— Sonderlinge. Allerhand Gestalten u. Geschichten. Deutsche Orig.-Ausg. 8. (III, 175 S.) Ebd. 899. n. 2.—; geb. in Leinw. n. 3.—

Fräulein Jennys Stellungen von A[lfred] v. **Hedenstjerna**. Aus d. Schwed. von M. Hellbusch. *Halle a. d. S.: O. Hendel (1895).* (84 S.) 8° [F.]
(Bibliothek d. Gesamtlitteratur d. In- u. Auslandes. No 847.) [04. 11037

— Fräulein Jennys Stellungen, } s. a. Bibliothek d. Gesamtlitteratur d. In- u. Auslandes.

[F.] Jonas Dürman's Testament. Novelle v. Alfred v. **Hedenstjerna**. Aus d. Schwed. übs. v. Margarethe Langfeldt. *Leipzig: H. Haessel 1893.* (2 Bl., 203 S.) 1 Bd 8.
= **Hedenstjerna**, A. v.: Novellen. Bd 2. [96. 5185

Jonas Durmans Testament von A(lfred) v. **Hedenstjerna**. Aus d. Schwed. übers. von M. Hellbusch. Halle a. S.: O. Hendel [1906]. (104 S.) 8° [F.]
(Bibliothek d. Gesamtliteratur d. In- u. Auslandes. No 1952. 1953.) [06. 7900

— Jonas Durmans Testament, s. a. Bibliothek der Gesamtliteratur.

Jonas Durmans Testament von A(lfred) v. **Hedenstjerna**. Aus d. Schwed. übers. von M. Hellbusch. Halle a. S.: O. Hendel [1908]. (104 S.) 8° [F.]
(Otto Hendel's Reisebibliothek. Ser. 1. No 11.) 08. 1680 3

Hedenstjerna, Alfr. af, Jonas Durmans Testament, s. a. Hendels, Otto, Reisebibliothek.

Was der Kondukteur erzählte von A(lfred) v. **Hedenstjerna**. Aus d. Schwed. übers. von M. Hellbusch. Halle a. S.: O. Hendel [1906]. (56 S.) 8° [F.]
(Bibliothek d. Gesamtliteratur d. In- u. Auslandes. No 1954.) 06. 7300

— was der Kondukteur erzählte, s. a. Bibliothek der Gesamtliteratur.

Was der Kondukteur erzählte von A(lfred) v. **Hedenstjerna**. Aus d. Schwed. übers. von M. Hellbusch. Halle a. S.: O. Hendel [1908]. (56, 48 S.) 8° [F.]
[Beigedr.:] Herrn Peterssons Gardinenpredigten von A. v. Hedenstjerna. Aus d. Schwed. übers. von M. Hellbusch. Halle [1908].
(Otto Hendel's Reisebibliothek. Ser. 1. No 12.) 08. 1681 3

— Was der Kondukteur erzählte. Herrn Peterssons Gardinenpredigten, s. a. Hendel's, Otto, Reisebibliothek.

— was d. Schaffner erzählte, s.: Nordlicht.

— was der Schaffner erzählte. Geschichten. Aus dem Schwed. übersetzt v. Margar. Langfeldt. 4. u. 5. Taus. (II, 128 S.) 8. Ebd. (902). 1. —; geb. in Leinw. 2. —

Hedenstjerna, Alfr. af, was Patron Jönsson erlebt hat, s.: Verein f. Verbreitung guter Schriften, Basel. Nr. 44.

Die Wildkatze. Roman von Alfred Hendenstjerna (**Hedenstjerna**). Deutsch von Marga Lepehne. Mit 3 Vollbildern. *Berlin: A. Weichert [1902]*. (91 S.) 8° [F.]
— Wochen-Bibliothek, Weichert's. Bd 139.

— die Wildkatze, s. a. Weichert's Wochenbibliothek.

— d. kleine Wildkatze, s.: Diamant-Bibliothek, illustr.

[F.] **von Hedenström**, Alfred [aus Riga]: Die Beziehungen zwischen Russland und Brandenburg während des ersten nordischen Krieges. 1655 1660 ... Marburg, Univ.-Buchdr. '(C. L. Pfeil)', 1896; 96 S., 1 Bl. 8.
Marburg, Phil. Fak., Inaug.-Diss. v. [22. Apr.] 1896

Hedenström, August, aus Riga: Über die Einwirkung von Brom auf o-Kresol. *Marburg 1899: R. Friedrich*. (42 S.) 8°
Marburg, Phil. Diss. v. [20. Juni] 1899

Hedenström, Heinrich von: ⟨Aus der Augen-Klinik zu Jena.⟩ Das metastatische Carcinom der Chorioidea. *Jena 1898: G. Neuenhahn*. (41 S. mit Taf.) 8°
Jena, Med. Diss. v. [5. Apr.] 1898

— —). — **Augusto Guilelmo Hedeno** quo die dignitatem doctoris medicinae et chirurgiae assecutus est hosce elegos d. d. d. amici. Lpz. (B. G. Teubner) o. J. 4 Bl. mit Namen d. Gratul. (4.80) 13771

Hedenus, August Wilhelm: Commentatio chirurgica de femore in cavitate cotyloidea amputando. 76 S., gbd., 5 Taf.

Lipsiae: Hartmann 1823

- commentatio chirurg. de femore in cavitate cotyloidea amputando. Acced. V tabb. lithogr. 4maj. Leipz. 823. Voss. 1 ₰ 16 gr

— — De difficili laesionum capitis diagnosi ac prognosi. Comment. med.-chir. argumenti qua patri opt. dilect. Johann August Wilhelm Heden muneris med. togat. et sagat. per quinquaginta annos feliciter gesti solennia gratul. filius. Dresden (Meinhold) 16. VII. 1833. 18 S. (5.50) 13773

— Saxonis elegiae. 8maj. Lips. 824, Hartmann.

— Saxonis elegiae. 8maj. Leipz. 824. Lehnhold.

Hedenus, A. Wilh., über d. verschied. Formen d. Verengerung d. Afterdarms u. deren Behandl. gr. 8. (4 B.) Leipzig 823, Voß.

— — (Saxo.), Graeciae antiquam gloriam vindicanti sacrum. Lpz. (Elberti) 1824. 29 Seiten. (5.50) 13772

Heden, August Wilhelm (Dresden), De medicinae praestantia atque dignitate quibus inter alias eminet disciplinas. Accedunt nonnulla de proxima morbi arquati caussa et de visus depravatione in ictericis. Diss. med. Lpz. (Elberti) 16. XI. 1824. 39 S. (6.—) 13770
Gew.: Friedrich Ludwig Kreysig.

— Tractatus de glandula thyreoidea, tam sana quam morbosa, imprimis de struma ejusque causis atque medela. Cum V. tab. aen. 8 maj. Lips. 822, Weidmann. 1 Rthl. 16 gr. Schreibpap. 1 Rthl. 20 gr. Velinpap.

Hedenus

— **Georg Balthasar** (Uhlfeld/Frk.), De necessitate cultus divini externi quatenus ex natura constat, in genere. Diss. I. Präs. Martin Hassen. Wittbg. (Samuel Creusig) 20. III. 1717. 16 S. mit Widm. v. Präs. (6.—) 13774

— — (Rector d. Stadtschule), Scholas a nonnullorum contemtu vindicat, simulque ad audiendam orationem suam inauguralem de Luthero scholis favente. Langensalza (Johann Christoph Heergart) 4. XI. 1717. 5 Bl. (4.50) 13775

Hedenus, Gottlob

Hedenus, Glo., Cato. Ein Buch für junge Oekonomen u. Gutsbesitzer. gr. 8. Dresd. 819. Arnold. 1 ₰ 12 gr

— über die Stallfütterung der Schaafe. 8. Leipzig, Hartmann. 818.

— über d. Stallfütterung d. Schafe. 8. Leipz. 818. Lehnhold. 6 gr

Hedenus G.: Ueber die Stallfütterung d. Schaafe. Leipz. 1818. 47 S. P.

Hedenus, Hermann, aus Weisendorf: Syre Corneus, ein mittelenglisches Gedicht. Erlangen 1904: Junge & Sohn. (XXVII, 15 S.) 8°
Erlangen, Phil. Fak., Ref. Varnhagen, Diss. v. 15. Juni 1904
[Geb. 30. Apr. 70 Weisendorf; Staatsangeh.: Bayern; Vorbildung: R. Gymn. Würzburg Reife 98; Studium: Erlangen 8 S.; Rig. 15. Juni 04.]

Hedenus, Johann August Wilhelm

Hedenus, J. A. W., Antwort auf d. Reclamation d. Prof. Weinhold in Halle, meine Operations- u. Heilungsmethode e. Afterproduktes d. Highmorshöhle betreff. gr. 8. Leipz. 822. 2e umgearb. u. sehr verm. Aufl. Herausg. durch Philophilos, (ihm selbst). gr. 8. Leipz. 822. Reclam. 6 gr

— Johann Wilhelm (Arnshaug/Vogtl.), Theses de documentorum recognitione generali et speciali. Präs. Ernst Gottfried Christian Klügel. Wittbg. (Carl Christian Dürr) 26. XI. 1779. 8 S. (4.80) 13779

Hedenus, Julius Eduard

Hedenus, J. E., gemeinnütz. Cholera-Haustafel od. das, was einem Jeden von der jetzt herannahenden Cholera-Seuche zu wissen noth thut. Zum Nutzen und Frommen der Städte- u. Landbewohner Sachsens zusammengestellt. 1 Bog. in gr. Fol. Freiberg 848, Craz & Gerlach. n. 1/12 ₰

Hedenus, Jul. Ed., die neueingericht. Moorschlammbäder zu Klein-Schirma bei Freiberg, u. deren erprobte Wirksamkeit gegen d. hartnäckigen chron. Krankheiten. gr. 8. (3½ B.) Grimma 840, Verlags-Comptoir. •

Hedenus, J. E., die Roßkastanien u. deren in allgem. Anpflanzung bedingte national-öconom. Bedeutung, in Bezug auf Stärke-Erzeugung, Branntweinbrennerei u. als Nährstoff. Ergebnisse einer Reihe, im Auftr. des K. S. Ministerii des Innern unternomm. Versuche. gr. 8. (80 S.) Freiberg 848, Reimmann. n. 12 ngr

Hedenus, J. E., d. Rosskastanien u. deren in allgem. Anpflanzung bedingte national-ökonom. Bedeutung etc. gr. 8. Freiberg, 1848. Reimmann. (Zürich, Meyer u. Zeller.) — 12

HEDENUS, J. E.: Die Rosskastanien und deren in allgemeiner Anpflanzung bedingte nationalöconomische Benutzung, in Bezug auf Stärke-Erzeugung, Branntweinbrennerei und als Nährstoff. - Freiberg 1848. 80 S.

— Julius Eduard (Frauenstein/Misnicus), De variolis vaccinis earumque vi tutoria recens in dubium vocata, specimen. Diss. med. Lpz. (Rückmann) 24. III. 1829. 52 S. (6.30) 13780
Gew.: Johann Rohatzsch (Freiberg), Christ. Conrad Weiss (Freiberg).

Hedenus, J. Ed., de variolis vaccinis earumque vi tutoria recens in dubium vocata. 8maj. Leipz. 829. Cnobluch. 12 gr

Heder, Elias Gottlob (Wurzen / Misn.), Quaestionem: Germania successionis testamentariae quondam ignara, an hodieque ei minus faveat? Präs. Joachim Jacob Reineck. Wittbg. (Schlomach) Jan. 1740. 44 S. (6.20) 13783
Gew.: Johann Friedrich Ernst Frh. v. Friesen (Rötha, Rammelburg).

— **Joh. Jodocus** (Nürnberg), De ingratitudine lege notata. Diss. jur. Altdorf (Heinrich Meyer) 10. VI. 1701. 36 S. (6.50) 13784
Widm. v.: Christoph Sonntag, Christoph Wegleiter, Heinrich Hildebrand, Dan. Wilh. Moller, Stephan Jacob Rieß.

Hederich, Schnellschrift f. Deutsch, Französisch, Italienisch, Spanisch, Portugiesisch, Dänisch, Schwedisch, Holländisch, Englisch, Russisch, Griechisch u. Hebräisch (fremde Sprachen werden ortographisch richtig stenographiert). 2. Aufl. der einstuf. Stenotachygraphie. gr. 8. (16 S.) Mittweida 893. Polytechn. Buchh. n. — 50

Hederich, Benjamin

— Anleit. zu den vornehmsten Kenntnissen u. Wissenschaften, s. Klügel's Encyklopädie.

— Anleitung zur Mythologie. 8. Wetzlar, Winkler. 755.

— Anleit. zu den vornehmsten etc. nützl. Sprachen u. Wissenschaften. 8. Berl. ... 2e Aufl. 8. Ebd. 762.

Hederich, Benj.: „Anleitung zu den fürnehmsten Historischen Wissenschaften, Benanntlich der Geographie / Chronologie / Genealogie . . . .“, 4. und merklich verbesserte Auflage, Wittenberg 1725 (Gottfried Zimmermanns sel. Wittwe). — Vorh.: StB Nürnberg.

Hederich, B. Anleitung zu den förnehmsten historischen Wissenschaften. 6. A. Berlin 1742.

Benjamin **Hederichs** Anleitung zu den vornehmsten historischen Wissenschaften. (8. Aufl.)
Th. 1, welcher eine Anleitung zur Chronologie, Geographie, Genealogie, Heraldik, Numismatik, Diplomatik und allgemeinen Geschichtkunde enthält; gänzl. umgearb. u. verm. v. Christoph Schmidt, gen. Phiseldek.
A. u. d. T:
Handbuch der vornehmsten historischen Wissenschaften v. Christoph **Schmidt**, gen. Phiseldek. Mit Kupfern. Berlin und Stettin. 1782. 8°.

— Anleit. zu den vornehmsten histor. Wissenschaften. N. A., umgearb. u. verm. v. Schmidt-Phiseldeck u. J. J. Eschenburg. 2 Bde. gr. 8. Berl. 782, 83. N. A. 787. Nicolai. 1 ₰ 12 gr (Vergl. Eschenburg's Handbuch u. Schmidt-Phiseldeck, Handb. d. histor. Wissenschaften.)

Benjamin Hederichs Anleitung zu den fürnehmsten mathematischen Wissenschafften, benanntlich der Arithmetica, Geometrie, Architectura, Astronomie und Gnomonica ... Wittenberg: Zimmermann 1710. 418 S. 8°

Benjamin Hederichs Anleitung zu den fürnehmsten mathematischen Wissenschaften, benanntlich der Arithmetica, Geometrie, Architectura militari, Architectura civili, der Astronomie und Gnomonica ... 6., verb. und mit einem Vorberichte, von der mathesi überhaupt vers. Aufl. Wittenberg: Zimmermann 1744. 450 S. 8°

Benjamin Hederichs Anleitung zu den führnehmsten mathematischen Wissenschaften benanntlich der Arithmetica, Geometrie, Architectura militari, Architectura civili, der Astronomie und Gnomonica. ... 7., verb. und mit einem Vorberichte, von der Mathesi überhaupt vers. neue Aufl. Wittenberg & Zerbst: Zimmermann 1754. 450 S. 8°

— Anleit. zu den mathemat. Wissenschaften. ... 8e Aufl., mit Zusätzen verm. v. J. E. Zeiher. Mit Kpf. 8. Wittenb. 772. Zimmermann. 1 ₰

— Anl. z. d. vorn. philolog. Wissensch., n. d. Grammat. Rhetor. etc. 8. Wittenb. Zimmermann. 746.

Hedrich, Benj., Antiquitätenlexikon. gr. 3. Leipz. Gleditsch. 743.

— Fasti Consular. od. Chronol. d. Röm. Bürgerm. 8. Ebend. 713.

Hedrich, Benj., Chronologie der römischen Bürgermeister. Wittemb. 723. 8. 4 gr.

Hederich, Benjamin. Kenntnis der vornehmsten Schriftsteller ... bis zur Wiederherstellung der Wissenschaften. 2. Ausg. Wittenberg u. Zerbst 1767. H: *Warneyer, Joh. Ludw.* oder *Schwabe, Joh. Joachim* [?]. (ML)

— Kenntn. d. vorn. Schriftstell. 8. Wittenb. Zimmermann. 767.

— Kenntniß d. vornehmsten Schriftsteller. 8. Wittenb. 787. Zimmann. 2 ℛ 8 ℊ

Hederici, Ben., Lexicon graeco-latinum. Lips. 722. 8. 2 rthl. Cura J. A. Ernesti. Lips. 788. 8. 3 rthlr. 12 gr. Edid. C. Wendler. Ib. et Lond. 796. 2 Tom. 8. 3 rthlr. 16 gr.

— Lexicon manuale graec. auct. ab J. A. Ernesti. 8maj. Leipz. 754. Ed. II. 767. Ed. III. 788. Ed. IV. 8maj. Lpz. 796. Gleditsch. 3 ℛ 12 ℊ Ed. V. denuo castig. emend. auxit G. Pinzger; recogn. Fr. Passovio. II Voll. in IV Part. 8maj. Leipz. 825—27. (Barth). 8 ℛ 6 ℊ Fein P. 9 ℛ 8 ℊ Bei Fr. Fleischer. 6 ℛ Fein P. 8 ℛ

Hederich, B. Lexicon manuale graecum ... Editio quarta. Lipsiae 1796. H: *Wendler, Chn Ludw.* (Ebert)

Hederici, Benj., novum Lexicon manuale graeco-lat. et lat.-graecum. Ed. V. cur. Pinzger et Passovius. II Vol. 8 maj. Lipsiae 825—27. [Barth; Fr. Fleischer.] hrbgs. Pr. 6 Thlr., f. P.

Hederici, (B.,) novum lexicon manuale graeco-latinum et latino-graecum. Editio V. Denuo castig. emend. auxit. G. Pinzger; recogn. Fr. Passovio. 2 Vol. in 4 Part. 8 maj. Lips. 825 — 27, Gleditsch. 8 Rthlr. 6 gr. Fein. Pap.

— Lexicon manuale latino-germanicum. Lips. 739. 2 Vol. 8. Ib. 766. 2 Vol. 8. 5 rthlr.

— manuale Latino Germanicum, omnium Lexicorum sui generis longe locupletiss., notisque et observationibus illustratum. II Tom. 8maj. Leipz. 766. (Brockhaus). 5 ℛ 8 ℊ

Hederich, Benjamin. Gründliches Lexicon Mythologicum, Worinne So wohl die fabelhafte, als wahrscheinliche und eigentliche Historie derer alten und bekannten Römischen, Griechischen und Egyptischen Götter und Göttinnen, wie auch Helden und Heldinnen ... und dergleichen zur Mythologie, oder so genannten Historia poetica gehörigen Dinge ... entfasset, Anbey ein so nöthiges, als nützliches Genealogicon Mythistoricum mit angehänget. Leipzig, Gleditsch Sohn, 1724. 8°. *Titelkupfer*, 15 Bl. 1972 Sp. 18 Bl. Leicht berieb. schwarzer Ldbd. d. Z. mit Blindpressung, goldgepr. Rückentitel und Schließen.

FdP. 1740. Der Polyhistor und Rektor der Schule von Großenhayn, B. Hederich (1675—1748), war ein fruchtbarer Publizist: dies ist sein populärstes Werk. Es lieferte vor allem den Poeten Stoff und Bilder; noch H. v. Kleist benutzte es und entnahm ihm für seine „Penthesilea" den Zug, daß Achilles von den Amazonen zerrissen wurde, indem er dieses Moment aus dem Artikel „Pentheus" übernahm, welcher dem Artikel „Penthesilea" in Hederichs Lexikon unmittelbar folgt. —

— mytholog. Lexikon, verb. u. verm. von J. J. Schwabe. gr. 8. Leipz. 770. (Brockhaus). 2 ℛ 12 ℊ

— manuale scholasticum, oder Schulhandbuch. 4 Thle. gr. 8. Berl. ... N. Ausg. v. Chr. H. Ide. Ebd. 763. u. Potsd. 772. Horvath. 12 ℊ

Benj. Hedrich's Neben-Uebung zu den fürnehmsten mathematischen Wissenschaften in der Arithmetica und Geometria, 1. und 2, Theil, mit Kupf. Wittenberg, Zimmermanns Erben. 8. (20 gr.) 1727.
— Leipzig. 8. 1730.

Der Jugend auf Schulen mathematische Neben-Ubungen in der Arithmetic und Geometrie, und zwar insonderheit dort in der arithmetica vulgari, decimali, neperiana und logarithmica ... aufgegeben von Benjamin Hederich. Wittenberg: Zimmermann 1729. 504 S. 8°

Der Jugend auf Schulen mathematische Neben-Uebungen in der Arithmetic und Geometrie und zwar insonderheit dort in der arithmetica vulgari, decimali, neperiana und logarithmica ... aufgegeben von Benjamin Hederich. 2. Aufl. Wittenberg & Zerbst: Zimmermann 1752. 504 S. 8°

— Notitia auctorum antiqua et media, oder Leben, Schrifften, Editiones und Censuren der Biblischen, und ... fürnehmsten Griechischen und Lateinischen Kirchen-Scholastischen- und Profan-Scribenten, so von Anfange an, bis auf die Instauration der Studien im Occidente, gelebet. [1. Teil]. Wittenberg, G. Zimmermann, 1714. 8°. *M. Frontispiz (Bibliothek)*. 8 Bl. 144, 642 S. Leicht fleck. Pbd. d. Z.

Mit Widmung an Polykarp, Friedrich Wilhelm u. Johann Georg Leyser. Dieser erste Teil betr. die antiken u. frühchristl. Autoren.

Hederich's, B., Notitia auctorum antiqua et media, oder Kenntniſs der vornehmsten Schriftsteller u. s. w. Neueste Ausgabe. Wittenb. 767. 8. 2 rthl. 8 gr.

— progymnasmata architectonica od. Anleit. z. Civil- u. Militärbaukunst. m. K. 8. Ebend. 730.

— — od. Vorübung. d. Baukunst m. Zus. v. Hentsch. m. K. 8. Ebend. 746.

— Progymnasmata architecton., oder Vorübungen d. Baukunst, mit einer Berechnung d. Baukosten, verm. von Jh. Jak. Hentsch. Mit Kpf. 8. Leipz. 756. (Brockhaus). 6 ℛ

Hederici, B., Progymnasmata linguae graecae oder Vorübungen zur griechischen Sprache. Witteb. 732. 8. 5 gr.

Hederici, B., Progymnasmata stili latini. Edit. 2. Witteb. 745. 8. 8 gr.

— progymnasmata stili lat. od. Vorüb. z. lat. Spr. 8. Wittenb. Zimmermann. 745.

Hederici, Benj., Promptuarium latinitatis probatae. Lips. 716. 8. Ib. 1745. 8. Ib. 776. 8. 3 rthlr. 8 gr.

— promptuarium probatae et exercitatae latinitatis, oder vollständiges deutsch-lateinisches Lexicon. gr. 8. Leipz. Gleditsch. 776.

— promptuarium probatae et exercitatae latinitatis, oder vollständ. deutsch-latein. Lexikon, ansehnlich verm. von J. J. Schwabe. gr. 8. Leipz. 777. (Serig). 3 ℛ 8 ℊ Hbg. Pr. 1 ℛ 12 ℊ

Hederichs, B., RealesSchullexic. NeueAusg. Lpz. 731. 8. 3 rthl.

— Realschullexicon. gr. 8. Ebend. 749.

Hederich, Christian Gotthelf (Weyda/Vogtl.), Animadversiones in curam herniarum incarceratarum. Diss. chir. Präs. Wilhelm Seiler. Wittbg. (Meltzer) 13. IV. 1805. 36 S. (6.—) 13785
Gew.: Christian Heinrich Hederich. — Krankengesch. d. Johann Hese (Wittenberg), Maria Menert, Frau K. Petzold (Wittenberg).

Hederich, Gust. (geb. Muskau 20. 4. 1827): De chlorosi. Berolini (1849). (29 S.) 8°
— Berlin, Med. Diss. v. 1. Sept. 1849

Hederich, H., Anleitung z. Ausführung graphischer Konstruktionen im Maschinenbau. 1. Hft. Zahnräder u. Achsen. gr. 8. (IV, 43 S. m. 9 Taf.) Jena 895. H. Costenoble. n. 5. —

Hederich, H. Anleitung zur Ausführung graphischer Constructionen. Jena. 1896.

Die Hydraulik. Von G. Meissner. 2. vollst. neu bearb. Aufl. von H. Hederich. *Jena: H. Costenoble [1895].* (XIV, VI, 564 S.) 8° [ʒ.]
— Meissner: Die Hydraulik u. d. hydraul. Motoren. Bd 1.

Hederich, H., die Hydraulik u. die hydraulischen Motoren, s.: Meißner, G.

Hederich, H.: Die Hydraulischen Motoren (ausschliesslich Turbinen u. Wasserräder). Jena: H. Costenoble 1899. (XXII, 437 S.) 8°
= Meissner, G.: Die Hydraulik u. d. hydraul. Motoren. Bd 3.

Hederich, Hans [de Potsdam]: Recherches dioptriques sur les systèmes centrés ... Potsdam, impr. de R. Müller, *1892*; 40 S., 1 Bl., 1 Taf. 2. [autogr.]
Rostock, Phil. Fak., Inaug.-Diss. v. [25. Juli] 1892

Warenzeichen oder Geschmacksmuster? Ueber d. gesetzl. Schutz d. Etiketten. Von Patentanw. Dr. [Hans] **Hederich**. Charlottenburg: Geistiges Eigentum [1909]. 13 S. 8° [10. 14090

Hederich, Herm., Elemente der Dachformen oder Darstellung u. Ausmittelung der verschiedensten Arten von Dachkörpern, mit Hinweisung auf ihre Entstehung u. Zerlegung, nebst Andeutung zur Berechnung derselben. Mit 1 Atlas von 36 (theilweise color.) Steindrucktaf. in Fol. Weimar 858. Kühn. gr. 8. (VII, 232 S.) n. 4 ₰ 10 ngl

Hederich, Herm., anschauliche Statik d. Hochbaues od. die gemeinsten Grundzüge der Stand- u. Gleichgewichtslehre des Zimmerwerkes in seiner Vergleichung mit dem Mauerwerke. Ein Hülfsbuch für Bauschüler u. angehende Baugewerke, namentlich f. Solche, welche Meister werden wollen. Mit einem Atlas v. 27 (lith.) Taf. in kl. Fol. gr. 8. (IV u. 180 S.) Jena 849, Mauke. 3 ₰; m. col. Atlas 4 ₰

Hederich, Herm., Treppenbau, oder Anweisung zur Einrichtung u. Anlage hölzerner Treppen, zum prakt. Gebrauche für Zimmerleute bearb. Mit 24 Steindrucktaf. gr. 8. Jena 841, Mauke. n. 2½ ₰

Hederich, Herm. Emanuel (geb. Muskau 26. 3. 1829): De cordis dislocatione pulmonis dextri empyemate effecta. Berolini (1850). (23 S.) 8°
Berlin, Med. Diss. v. 17. Juli 1850

Hederich, Joh. Jerem., Erkl. d. Evang. v. d. Arbeit. im Weinberge. 8. Wittenb. Hanauer. 722. Rthlr.

Hederich, Karl, Hand-Fibel für den ersten Unterricht im Lesen nach der Lautirmethode, auch bei jeder andern Lesemethode brauchbar. Für die Elementarklassen der deutschen Volksschulen in Siebenbürgen. 4., verm. und verb. Aufl. 8. (89 und 8 lithogr. S.) Hermannstadt 861, Steinhaussen's Buchh. geb. *

Hederich, Reinhard: Goethe und die physikalische Geographie. München: Th. Ackermann 1898. (66 S.) 8°
Erlangen, Phil. Diss. v. 2. Juni 1897

Goethe und die physikalische Geographie v. Reinhard **Hederich**. *München: Th. Ackermann 1898.* (3 Bl., 66 S.) 1 Bd 8.
= **Studien**, Münchener geographische. Stück 5. [98. 9541

Hedfeld, Ernst, Med.-Prakt.: Zur Kasuistik der Appendizitis bei vorgeschrittener Schwangerschaft. Würzburg 1910: Staudenraus. 23 S. 8°
Würzburg, Med. Diss. v. 2. Sept. 1910, Ref. Enderlen
[Geb. 18. Juni 83 Meinerzhagen; Wohnort: Würzburg; Staatsangeh.: Preußen; Vorbildung: Gymn. Soest Reife O. 03; Studium: Bonn 3, Leipzig 2, Würzburg 5 S.; Coll. 10. Juni 10; Approb. 21. Juli 09.] [U 11. 4573

Hedgcock G. G u. Metcalf H.: Eine durch Bakterien verursachte Zuckerrübenkrankheit. (1901?). [Rostr. Saml.].
— [Afhandlinger]. [Rostr. Saml.].
(Proof of the identity of *Phoma* and *Phyllosticta* on the sugar beet. 1904. — A note on *Rhizoctonia*. 1904. — A disease of cultivated agaves due to *Colletotrichum*. (1904?). — A disease of cauliflower and cabbage caused by *Sclerotinia*. (1904?)).
— [Særtryk]. P.
(Apple crown-gall and hairy-root in the nursery and orchard. U. St. 1910. 6 S. — Prevention of apple crown-gall and hairy-root. U. St. o. A. 4 S.).

Hedge, Frederic Henry, die Schöpfung der Welt u. die Anfänge der menschlichen Gesellschaft nach der biblischen Ueberlieferung. Aus dem Engl. übersetzt v. Frdr. Wilh. Vogel. gr. 8. (IV, 174 S.) Berlin 873. Denicke's Verl. n. 3. —

— dasselbe. 2. Aufl. gr. 8. (V, 175 S.) Ebend. 877. n. 2. 25

Hedicke, Geschichte d. Infanterie-Regts. Herzog v. Holstein (Holsteinisches) Nr. 85. Fortsetzg. d. ersten fünf Jahre d. Holstein. Inf.-Regts. Nr. 85. M. 3 farb. Stammtaf. gr. 8. (53 S.) Berlin 891. E. S. Mittler & Sohn. n.n. 2. 50

Hedicke, Edmund: M. Tulli Ciceronis libellus de optimo genere oratorum. Soraviae Lusatorum, impr. J. D. Rauert, 1889; 8 S. 4°
Sorau, G, OP 1889 (85)

— De codicum Curtii fide atque auctoritate. Pr. 1870. 32 S. 4°.

Hedicke, Edmund: Specimen interpretationis latinae. 4 (23 S.).
Progr. Kgl. G. *Sorau* 1896 (86).
Charakterschilderung Caesars von Th. Mommsen ins Lat., Engl., Franz. übersetzt.

Hedicke, (Franc.) Edmund. (geb. Zerbst 31. 8. 1840): Quaestionum Curtianarum specimen. Berolini (1862). (30 S.) 8°
Berlin. Phil. Diss. v. 17. Dez. 1862

Hedicke, Edmundus: Studia Bentleiana. 2. Seneca Bentleianus. *Freienwaldiae (1899): Aem. Pilger.* (31 S.) 4° ¶(Forts. d. P-Beil. Quedlinburg 1879.)
Freienwalde a. O., k. G, OP 1899 (73)

Hedickius, Edmundus, (Prof. Dr., Dir.): Studia Bentleiana. 3. Seneca Bentleianus [übergeklebt: Suetonius Bentleianus]. *Freienwaldiae (1902): Aem. Pilger.* (24 S.) 4° ¶[Forts. d. P-Beil. Quedlinburg 1879 u. Freienwalde 1899.] — (Der Schluß erscheint besonders.)
Freienwalde a. O., k. G, OP 1902 (76)

Hedickius, Edmundus: Studia Bentleiana. 4. Curtius Bentleianus. 5. Ovidius Bentleianus. Freienwaldiae 1904—05: Hesse. 23; 41 S. 4° ¶[Forts. d. P-Beil. Quedlinburg 1879. Freienw. 1899. 1902.] [Nachträglich geliefert.]
Freienwalde a. O., k. G OP 1904 (79). 1905 (78) [S 06. 168

Hedicke, Edmund: Studia Bentleiana. V. Ovidius Bentleianus. 41 S. 4. **Progr.** Kgl. Gymn. *Freienwalde a. O.* 1905

Hedicke, Edmundus: Studia Bentleiana. 6. Lucanus Bentleianus. 1. Freienwaldiae 1910: Neubert. 16 S. 4° ¶(Forts. d. P-Beil. Quedlinburg 1879. Freienw. 1899. 1902. 09.)
Freienwalde a. O., k. G OP 1910 (85) [S 10. 165

Hedicke, Edmundus: Cornelii Taciti de vita et moribus Iulii Agricolae liber. Ad fidem codicum ed. Lipsiae 1909: Teubner. 20 S. 4°
Freienwalde a. O., k. G OP 1909 (84) [S 09. 169

Hedicke, Edmund Varia. I. Vergilius bentleianus. II. Scholia in Caesarem et Sallustium. 18 S. **Progr.** *Quedlinburg* 1879.

Hedicke, Karl, aus Halberstadt: Caspar Scheits Frölich Heimfart nach ihren geschichtlichen und litterarischen Elementen untersucht. *Halle a. S. 1903: E. Karras.* (68 S.) 8°
Halle, Phil. Diss. v. 1903

Hedicke, Robert, Dr. iur.: Jacques Dubroeucq. Der Meister d. Lettners von Ste. Waudru in Mons. *Straßburg 1904: J. H. Ed. Heitz.* (99 S.) 4°(8°) (Erschien vollst. u. mit Taf. als: Zur Kunstgesch. d. Auslandes. H. 25.)
Straßburg, Phil. Diss. v. 1903

Hedicke, Rob., Jacques Dubroeucq v. Mons, s.a. Zur Kunstgeschichte des Auslandes. 26. Hft.

Jacques Dubroeucq von Mons. Ein niederländ. Meister aus d. Frühzeit d. ital. Einflusses. Von Robert **Hedicke**. Mit 42 Lichtdrucktaf. *Straßburg: J. H. E. Heitz 1904.* (X, 290 S.) 4°
— **Kunstgeschichte.** Zur, des Auslandes. H. 26. [04. 1494]

Hodiger, Stephan. **Synthese der Benznorcarencarbonsäure aus Diazoessigaethylester und Naphtalin. Diss. Phil. [II.] Univ. Zürich. 37 S. 8. Zürich (Buchdr. Gustav Schade, Berlin,) 1903.**

Hedigerhandel. De H' i Verse. Zürich 1887 s. [Mende, Adolf].

Hédin, Description des plans des batailles de Borny, Rezonville, Gravelotte — St. Privat et du blocus de Metz. 8. (IV, 75 S.) Briey 877. (Metz, Deutsche Buchh.) *

—— Metz et ses environs. 1:80,000. Chromolithogr. qu. gr. Fol. Ebendas. 877. *

—— Metz et ses fortifications. 1:20,000. Chromolithogr. Imp.-Fol. Ebendas. 877. *

—— Metz — Thionville et environs. 1:80,000. Lithogr. und color. Imp.-Fol. Ebendas. 877. *

—— Plan de la bataille de Borny [14 Août 1870]. 1:50,000. Chromolithogr. Imp.-Fol. Ebendas. 877. *

—— Plan de bataille de Gravelotte [18 Août 1870]. 1:50,000. Chromolithogr. Imp.-Fol. Ebendas. 877. *

—— Plan de la bataille de Rezonville [16 Août 1870]. 1:50,000. Chromolithogr. Imp.-Fol. Ebendas. 877. *

—— Plan du blocus de Metz [Août—Octobre 1870]. 1:50,000. Chromolithogr. Imp.-Fol. Ebendas. 877. *

—— Plans des trois batailles Borny — Colombey, Rezonville — Mars-la Tour, Gravelotte — St.-Privat, 1:50,000. Chromolithogr. Imp.-Fol. Ebendas. 877. *

—— Tombes et monuments funèbres, élevés sur les champs de batailles autour de Metz. 1:50,000. Chromolithogr. Imp.-Fol. Ebendas. 877. *

Hedin, Sven v., Abenteuer in Tibet. Mit 137 Abbildgn., 8 bunten Taf. u. 4 Karten. (X, 414 S.) gr. 8. Leipzig 904. F. A. Brockhaus. Geb. in Leinw. n. 6. —

Hedin, Sven v., Abenteuer in Tibet. Mit 137 Abb., 8 bunten Taf. u. 4 Karten. 2.–4. Aufl. (X, 414 S.) gr. 8. Leipzig 908—10. F. A. Brockhaus. Geb. in Leinw. 8. —

Central and West Tibet by Dr. Sven **Hedin**. Stockholm: Lith. Inst. of the Gen. Staff; (Leipzig: F. A. Brockhaus 1907). (654 S., 88 Taf.) 4°
— **Hedin**: Scientific results of a journey in Central Asia 1899–1902. Vol. 4. [08. 5826 4

Hedin, Sven *Anders* [Stockholm]: Der Demavend nach eigener Beobachtung ... (Aus: Verh. d. Ges. f. Erdk. zu Berlin, Bd XIX.) Halle a. S., Druck v. W. Pormetter in Berlin, 1892; 31 S., 1 Bl. 8.
Halle, Phil. Fak., Inaug.-Diss. v. [1. Nov.] 1892

- Entdeckungen u. Abenteuer in Tibet, s.: Jugendbücherschatz, der.

— **die geograph.-wissenschaftl. Ergebnisse meiner Reisen in Zentralasien, s. a. Petermann's, A., Mitteilungen aus Justus Perthes' geograph. Anstalt. 131 Erg.-Hft.**

Hedin, Sven: Die geographisch-wissenschaftlichen Ergebnisse meiner Reisen in Zentralasien, 1894–1897. Mit Beiträgen von K. Himly, Gerard de Geer, N. Wille, W. B. Hemsley, H. H. W. Pearson, Helge Bäckström und B. Hassenstein. Mit 6 Karten und 83 Figuren und Skizzen im Text. (Ergänzungsheft zu Petermanns Geographischen Mittheilungen. No. 131.) Gotha 1900. VIII, 397 S., 6 Krt. 8°.

— im Herzen v. Asien. 10000 Kilometer auf unbekannten Pfaden. Mit 407 Abbildgn., darunter 154 Separat- u. Vollbilder u. 8 bunte Taf., u. 5 Karten. Autoris. Ausg. 2 Bde. (XIV, 559 u. X, 570 S.) gr. 8. Ebd. 903. n. 18. —; geb. in Leinw. n. 20. —; auch in 36 Lfgn. à n. — 50

— Im Herzen v. Asien. 10000 Kilometer auf unbekannten Pfaden. Autoris. Ausg. 2. Aufl. 2 Bde. (XII, 396 u. VIII, 390 S. m. 347 z. Tl. farb. Abbildgn. u. 5 [4 farb.] Karten.) gr. 8. Leipzig 910. F. A. Brockhaus. Geb. in Leinw. 20. —

— Das Neujahrsfest in Taschilunpo, s.: Schatzgräber, der.

North and East Tibet by Dr. Sven **Hedin**. Stockholm: Lith. Inst. of the Gen. Staff; (Leipzig: F. A. Brockhaus 1905). (593 S., 99 Taf.) 4°
= **Hedin**: Scientific results of a journey in Central Asia 1899–1902. Vol. 3. [08. 3883 4

Meine letzte Reise durch Inner-Asien. Von Prof. Dr. Sven v. **Hedin**. Mit e. Einl. von Prof. Dr. [Karl] Dove, dem Bildn. Hedins u. 1 Karte. *Halle a. S.: Gebauer-Schwetschke 1903.* (XIV, 50 S.) 8°
— **Geographie,** Angewandte. Ser. 1, H. 5. [03. 12373 S

— Reise in Tibet, s.a. Hillger's, Herm., illustr. Volksbücher.

Reise in Tibet von Sven v. **Hedin**. Mit Erlaubnis d. Verlagsbuchh. F. A. Brockhaus in Leipzig Hedins Originalwerk 'Im Herzen von Asien' entnommen. Mit 11 Ill. Berlin, Leipzig: H. Hillger [1907]. (90 S.) 8° [F.]
— **Volksbücher,** Hillgers illustrierte. Bd 76. [07. 16117

— Transhimalaja. Entdeckungen u. Abenteuer in Tibet. Mit 397 Abbildgn. nach photogr. Aufnahmen, Aquarellen u. Zeichngn. des Verf. u. m. 10 Karten. 1. u. 2. Aufl. 2 Bde. (XVIII, 405 u. X, 406 S.) gr. 8. Leipzig 909. 10. F. A. Brockhaus. 18.—; geb. in Leinw. 20.—; Luxusausg. auf Velinpap., geb. in Ldr. in m. Seide gefüttertem aufklappbaren Pappkasten 60.—; auch in 36 Lfgn. à — 50

— Dem Untergange nahe, s.: Bücher, bunte.

Hedin, Sven, durch Asiens Wüsten. 3 Jahre auf neuen Wegen in Pamir, Lop-nor, Tibet u. China. Mit 256 Abbildgn., 4 Chromotaf. u. 7 Karten. 2 Bde. gr. 8. (XIX, 512 u. IX, 496 S.) Leipzig 899. F. A. Brockhaus. n. 18. —; geb. u. 20. —; auch in 36 Lfgn. à n. — 50

— Durch Asiens Wüsten. 3 Jahre auf neuen Wegen in Pamir, Lop-nor, Tibet u. China. 2. Aufl. (XIV, 466 S. m. 107 Abbildgn., 2 farb. Taf. u. 5 farb. Karten.) gr. 8. Ebd. 910. Geb. in Leinw. 10. —

- dasselbe, s.: Jugend-Bibliothek, stenographische.

— dasselbe, s.: Volksbücher, wissenschaftliche, f. Schule u. Haus.

— Zu Land nach Indien durch Persien, Seïstan, Belutschistan. Mit 308 Abbildgn. nach photograph. Aufnahmen, Aquarellen u. Zeichngn. des Verf. u. m. 2 (farb.) Karten. (XII, 407 u. VIII, 394 S.) gr. 8. Ebd. 910. 18.—; geb. in Leinw. 20.—; auch in 36 Lfgn. à — 50

Hedinger, A., die Galvanocaustik seit Middeldorpf. Nach fremden u. eigenen Erfahrungen für das prakt. Bedürfniss dargestellt. Mit 8 lith. Taf. gr. 8. (VIII, 103 S.) Stuttgart 878. Enke. n. 4. —

Hedinger, A. s. Nüesch, Jacob. Das Schweizersbild. Zürich 1897.

Hedinger, A., der Oelbaum, s. Sammlung gemeinnütziger Vorträge.

HEDINGER, A.: Der Oelbaum. Eine culturhistorische Skizze. - Prag 1886. 13 S.

Hedinger, die Taubstummen u. die Taubstummen-Anstalten, nach seinen Untersuchungen in den Instituten des Königr. Württemberg u. d. Grossherzogth. Baden. gr. 8. (XII, 127 S.) Stuttgart 882. Enke. n. 5. —

Hedinger, August

Hedinger, A., neue keltische Ausgrabungen auf der schwäbischen Alb 1900 u. 1901 (VII, 16 S. m. Abbildgn. u. 6 Taf.) gr. 4. Braunschweig 903. F. Vieweg & Sohn. n. 5. —
Sonderabdruck aus: „Archiv f. Anthropologie".

Die vorgeschichtlichen Bernsteinartefakte und ihre Herkunft von Med.R. Dr. A[ugust] Hedinger. *Strassburg: K. J. Trübner 1903.* (36, 10 S.) 8°

Hedinger, Aug., die Entwickelung der Lehre von der Lungenschwindsucht u. der Tuberculose. Von den ältesten Zeiten bis auf die Gegenwart. Eine histor.-krit. Abhandlung. Tübingen 864. (Osiander'sche Buchh.) gr. 8. (64 S.) 7½ ngr.

Resultate geologischer Untersuchungen praehistorischer Artefacte des Schweizersbildes. Von Dr. A[ugust] Hedinger, Medizinalrat in Stuttgart. *(Basel: Comm. v. H. Georg;) Zürich: Dr. e. Zürcher & Furrer (1896).* (209—218 S.) 4.
= Denkschriften, Neue, d. allg. schweiz. Gesellschaft f. d. gesammten Naturwissenschaften. Bd 35. (Abth. 8.) (57. 4226

Hedinger, Chrstn. Friedr., über d. Knochen-Verletzungen bei Neugebornen, in medicin.-gerichtl. Hinsicht. gr. 12. (5 B.) Stuttgart 833, Scheible.

Hedinger, [Ernst]. Über Aneurysmen in der Aorta von Kaninchen nach subkutaner Jodkalidarreichung. ⟨Nach gemeinsam mit Priv.-Doz. Dr. [Oswald] Loeb, Bern, im pharmakol. Institut in Bern vorgenommenen Untersuchungen.⟩ (Sonderabdruck aus: Verhandlungen der Deutschen Dermatologischen Gesellschaft. 9. Kongress.) II S. + S. 513—515. 8. (Berlin, Julius Springer, 1907.)

Hedinger, Ernst. Ueber experimentell durch Adrenalin und Hämostasin erzeugte Arterienerkrankungen bei Kaninchen. [Mit Figuren.] Aus dem pathologischen Institut Bern. Separatabdruck aus dem Correspondenz-Blatt für Schweizer Aerzte, 1905, Nr. 20. 12 S. gr.-8. [Basel, Benno Schwabe.]

Hedinger, Ernst. Beitrag zur Lehre vom Herpes zoster. (Aus der medicinischen Universitätsklinik Königsberg i. Pr....) Sonderabdruck aus der Deutschen Zeitschrift für Nervenheilkunde. Band 24. II S. + S. 305—319. 8. Leipzig, F. C. W. Vogel, 1903.

Hedinger, Ernst. Klinische Beiträge zur Frage der Hämolyse. Aus der medicinischen Universitätsklinik Königsberg i. Pr. Separatabdruck aus dem Deutschen Archiv für klinische Medicin. Bd. 74. III S. + S. 24—42. 8. [Leipzig, F. C. W. Vogel, 1902.]

Hedinger, E[rnst]. Ueber Beziehungen zwischen Status lymphaticus und Morbus Addisonii. Abdruck aus den: Verhandlungen der Deutschen Pathologischen Gesellschaft auf der 11. Tagung, gehalten zu Dresden vom 16.—19. September 1907.... II S. + S. 29—32. 8. Jena, Gustav Fischer, [1907].

Hedinger, [Ernst]. Demonstration eines Lungenvarix. Mit 2 Figuren im Text. Abdruck aus den: Verhandlungen der Deutschen Pathologischen Gesellschaft auf der 11. Tagung, gehalten zu Dresden vom 16.—19. September 1907.... II S. + S. 303—308. 8. Jena, Gustav Fischer, [1907].

Hedinger, E[rnst]. Demonstration einer Milzcyste. Mit 1 Figur im Text. Abdruck aus den: Verhandlungen der Deutschen Pathologischen Gesellschaft auf der 10. Tagung, gehalten zu Stuttgart vom 17.—21. September 1906.... II S. + S. 173—176. 8. Jena, Gustav Fischer, [1907].

Hedinger, Ernst. Kongenitale Divertikelbildung im Processus vermiformis. ⟨Hierzu Tafel I.⟩ ⟨Separatabdruck aus Virchows Archiv für pathologische Anatomie und Physiologie.... Band 178. (Hft. 1.) 1904.⟩ II S. + S. 25—43. 8. Berlin, Georg Reimer.

Hedinger, Ernst. Primäre angeborene Herzhypertrophie. ⟨Separatabdruck aus Virchows Archiv für pathologische Anatomie und Physiologie.... Band 178. (Hft. 2.) 1904.⟩ III S. + S. 264—278. 8. Berlin, Georg Reimer.

Hedinger, E[rnst]. Ueber Herzverkalkung. Mit 1 Figur im Text. Abdruck aus den: Verhandlungen der Deutschen Pathologischen Gesellschaft auf der 11. Tagung, gehalten zu Dresden vom 16.—19. September 1907.... II S. + S. 295—303. 8. Jena, Gustav Fischer, [1907].

Hedinger, Ernst. Ueber Intima-Sarcomatose von Venen und Arterien in sarcomatösen Strumen. Diss. Med. Bern. [Mit 8 Figuren im Text und 1 Tafel.] (Separatabdruck aus Virchow's Archiv für pathologische Anatomie und Physiologie und für klinische Medicin. Bd. 164. 1901.) 42 S. 8. Berlin, Georg Reimer, 1901.

Hedinger, Ernst. Ueber Intima-Sarcomatose von Venen und Arterien in sarcomatösen Strumen. ⟨Hierzu Taf. VI und 8 Text-Abbildungen.⟩ (Separatabdruck aus Virchow's Archiv für pathologische Anatomie und Physiologie... Bd. 164. Hft. 2. 1901.) II S. + S. 199—238. 8. Berlin, Georg Reimer.
Ausg. B. — Ausg. A: Diss. Med. Bern

Hedinger, Ernst. Über die Kombination von Morbus Addisonii mit Status lymphaticus. (Mit Tafel XV und XVI.) Aus dem pathologischen Institut Basel. Sonderabdruck aus der Frankfurter Zeitschrift für Pathologie.... Band 1. Heft 3/4.... II S. + S. 527—543. 8. Wiesbaden, J. F. Bergmann, 1907.

Hedinger, Ernst. Zur Lehre des Aneurysma spurium. ⟨Aus dem pathologischen Institut Bern.⟩ Mit 1 Figur im Text. Abdruck aus dem Centralblatt für Allgemeine Pathologie und Pathologische Anatomie.... Band 16, No. 23, 1905. II S. + S. 935—937. 8. Jena, Gustav Fischer.

Hedinger, Ernst. Zur Lehre des Aneurysma spurium. ⟨Mit 1 Figur im Text.⟩ ⟨Aus dem pathologischen Institut Bern.⟩ Sonder-Abdruck aus dem Archiv für klin. Chirurgie. Bd. 80. Heft 3. II + 6 S. 8. [Berlin, A. Hirschwald, 1906.]

Hedinger, Ernst. Zur Lehre der Struma sarcomatosa. [Teil] 1: Die Blutgefässendotheliome der Struma. (Mit 15 Figuren auf den Tafeln XXVII—XXXIV.) Aus dem pathologisch-anatomischen Institut Basel. Sonderabdruck aus der Frankfurter Zeitschrift für Pathologie.... Band 3. Heft 3. II S. + S. 487—540. 8. Wiesbaden, J. F. Bergmann, 1909.

Hedinger, Ernst. Miliartuberkulose der Haut bei Tuberkulose der Aorta abdominalis. Aus dem pathologisch-anatomischen Institut Basel. Sonderabdruck aus der Frankfurter Zeitschrift für Pathologie.... Band 2. Heft 1.... II S. + S. 121—124. 8. Wiesbaden, J. F. Bergmann, 1908.

Hedinger, Ernst. Mors thymica bei Neugeborenen. [Mit 2 Figuren.] Aus dem pathologischen Institut in Bern. Sonder-Abdruck aus Jahrbuch f. Kinderheilkunde. N. F. 63. H(eft) 3.... III S. + S. 308—330. 8. Berlin, S. Karger, [1906].

Hedinger, E[rnst]. Ueber tuberkulöse Pneumonie. Abdruck aus den: Verhandlungen der Deutschen Pathologischen Gesellschaft auf der 10. Tagung, gehalten zu Stuttgart vom 17.—21. September 1906.... II S. + S. 13—18. 8. Jena, Gustav Fischer, [1907].

Hedinger, E[rnst]. Primäre Tuberkulose der Trachea und Bronchien. Mit 3 Figuren im Text. Abdruck aus den: Verhandlungen der Deutschen Pathologischen Gesellschaft auf der 7. Tagung, gehalten zu Berlin vom 26.—28. Mai 1904.... II S. + S. 83—88. 8. Jena, Gustav Fischer, [1904].

Hedinger, Ernst. Über familiäres Vorkommen plötzlicher Todesfälle bedingt durch Status lymphaticus. (Aus dem pathologischen Institut Bern.) Sonderabdruck aus dem Deutschen Archiv für klinische Medizin. Band 86. III S. + S. 248—258. 8. Leipzig, F. C. W. Vogel. 1905.

Hedinger, Ernst. Über den Zusammenhang der Dermatitis exfoliativa neonatorum mit dem Pemphigus acutus neonatorum. (Hiezu Taf. XII.) Aus der dermatologischen Klinik Bern.... Sonderabdruck [aus:] Archiv für Dermatologie und Syphilis.... Band 80. Heft 3. II + 18 S. 8. Wien und Leipzig, Wilhelm Braumüller, 1906.

Hedinger, Eugen [Justizref. in Stuttgart]: Verhältnis von Anklage und Urteil ... Stuttgart, Hofbuchdr. C. Liebich, 1893; 1 Bl., IV, 71 S. 8.
Tübingen, Jur. Fak., Inaug.-Diss. v. 1893

Hedinger, Heinrich [pr. Arzt]: Über den Bau der Malpighi'schen Gefässknäuel der Niere. ... Breslau, Druck v. Robert Nischkowsky, 1888; 22 S. + 2 Bl. u. 1 Taf. 8°
Breslau, Med. Fak., Inaug.-Diss. v. 22. Dez. 1888

Hedinger, Heinr., über den Bau der Malpighi'schen Gefässknäuel der Niere. Inaugural-Dissertation. gr. 8. (33 S. mit 1 Taf.) Breslau 888, (Köhler.) * 1 —

Hedinger, H., üb. den Bau der Malpighi'schen Gefässknäuel der Niere. Inaug.-Diss. gr. 8. (33 S. m. 1 Taf.) Breslau 889. (Köhler.) n. 1. —

Irrenfragen in Laienbeleuchtung. Beobachtungen u. Erfahrungen im Anstaltsdienste von Johannes Hedinger. ([Aufgekl.: Zürich: Rascher & Cie in Komm.] 1906.) (139 S.) 8° [Umschlagt.]

Hedinger, Johannes. Irrenfragen in Laienbeleuchtung. Beobachtungen und Erfahrungen im Anstaltsdienste. II + 144 S. 8. Zürich I, Selbstverlag des Instituts Aïda —* *Aufdruck:* Komm. Rascher & Cie., Z' —, [1907]. fr. 2.50

Hedinger, Johann Reinhard

Hedinger, R., Antritts-Predigt, s. Zeugnisse edler Freimüthigkeit.

– [Christl.] ANTRITTS-PREDIGT von Reinhard Hedinger zum Besten eines armen Schulpräparanden neu hrsg. von Pfarrer L. Fr. Staib in Gärtringen. – Reutlingen: Baur (in Komm.) 1869. 51 S. (Zeugnisse edler Freimüthigkeit in Kanzel-Vorträgen. 1.)

– DREY ABSONDERLICHE BUSSPREDIGTEN. – Stuttgart 1701.

– CHRIST-EVANGELISCHE EINWEYHUNGSPREDIGT IN DER KIRCHE ZU GOCHSHEIM. – Stuttgart 1705.

[–] CHRISTLICHE ERINNERUNG an die Gemeinde Gottes, die vorgängige Privat-Anmeldung der Communicanten bey ihrem Beicht-Vater betreffend. Ex Concluso Synodali [Vom 23. Dez. 1701]. – o.O. [Stuttgart] u. J. [1701]. (4 ungez. Bl.)

– CHRISTLICHE WOHL-GEMEYNTE ERINNERUNGEN, Die Unterrichtung der lieben Jugend, in der Lehre von der Gottseeligkeit betreffend. Wornach sich so wohl Kirchen- und Schul-Lehrer, als auch Fromme Eltern, Herren und Meister zu prüfen haben. Einfältig und kürtzlich aufgesetzt von D. Joh. Reinhard Hedinger. – Stuttgart: Lorber 1700. 290 S.

– – Neu hrsg. von Ludwig Friedrich Staib, Pfarrer in Teufringen, mit einem Vorwort von Professor Dr. v. Palmer. – Tübingen: Fues 1858. XVI, 195 S.

– – Neu hrsg. von Friedrich Ludwig Staib, Pfarrer in Teufringen, mit einem Vorwort von Professor Dr. v. Palmer. – Stuttgart: Evang. Bücherstiftung 1863. XVI, 195 S.

Hedinger, Joh. Reinhard, christlich wohlgemeinte Erinnerungen, die Unterrichtung der Jugend in der Lehre von der Gottseligkeit betreffend, wonach sich sowohl Kirchen- u. Schullehrer, als auch fromme Eltern, Herren u. Meister zu prüfen haben. Einfältig und kürzlich aufgesetzt. Neu herausg. von L. F. Staib, mit einem Vorw. von v. Palmer. Tübingen 858. L. Fr. Fues. gr. 8. (XVI, 196 S.) n. 13 1/2 ngr

[–] CHRISTLICHE ERWECKUNG BUSSFERTIGER COMMUNICANTEN. Zur Beständigkeit In dem Nothwendigen Vorsatz ihr Leben zu bessern. Durch Drey Predigten. In Hoch-Fürstlich Würtembergisch. Hof-Capell geschehen. Samt einem Anhang Beicht-Spiegel genannt. Worinn sich alle Bußreuende Christen, jeder nach seinem Stand und Lebens-Art beschauen sollen. – Stuttgart: Treu 1702. 211, 170 S.

DE SUEVORUM NOBILIUM FOEDERE sive Societate St. Georgen-Schilds. Präs.: Johann Reinhard Hedinger. Resp.: Ph. Fr. Zubrodt. – Gissae-Hassorum 1698: H. Müller. *(Gießen, Jur. Diss. v. 13. Aug. 1698).*

– – Gissae 1702.

– »GETHSEMANE« und »Saft vom Felsen«. Betrachtung und Lied auf die Passionszeit von dem sel. Hofprediger Reinhard Hedinger. Neu hrsg. von Pfarrer Staib in Gaertringen. – Herrenberg: Braun 1862. 16 S.

Hedinger, Johann Reinhard (Hrsg.), s. Harffe, Die geistlich-gerührte, Davids.

Hedinger, J. Reinh., Harfe Davids od. d. Psalter mit Ausleg. 8. Bremen. 718.

– ANDÄCHTIGER HERTZENS-KLANG, In dem innersten Heiligthum Gottes, Einer glaubigen Seele, Mit Psalmen, Lob-Gesängen und geistlichen Liedern angestimmet. Oder: Neu zusammengelesenes Gesang-Buch, Darinn 400. geistreiche und schöne, grossen Theils unbekandte Lieder, Samt denen andern bereits üblichen Gesängern enthalten. Zum heiligen Gebrauch Hochfürstl. Würtemb. Hof-Kirchen, auch allen Christlichen Hertzen zu Trost und Seelen-Erquickung. Mit einem Anhang einiger der nötigsten Glaubens- und Lebens-Regeln, und etlicher Gebethe ausgefertiget von D. Joh. Reinhard Hedingern, Consistorial-Raht und Hof-Predigern. Auf Hochfürstl. Gnädigst. Befehl. – Stuttgart: Treu 1700. 734 S.

[–] – Andächtiger Hertzens-Klang, In dem innersten Heiligthum Gottes. Einer glaubigen Seele, Mit Psalmen, Lob-Gesängen und geistlichen Liedern angestimmet. Oder: Neu-zusammen gelesenes vollständig-Würtembergisches Gesang-Buch, Darinnen nicht allein alle gewöhnliche alte Kirchen-Gesänge, sondern auch viel geistreiche neue, und darunter einige zuvor niemals gedruckte, in allem Uber Sibenhundert Lieder enthalten. Allen Gottliebenden Seelen zu andächtigem Gebrauch, sowohl inn- als ausser der Kirchen, in diese bequeme Form gerichtet, Und in IV. Haupt-Theile abgetheilet: Wie davon in dem nachstehenden Vorbericht ein mehrers zu sehen. Samt einem Anhang der vornehmsten Glaubens- und Lebens-Regeln, wie auch etlicher Gebete. Mit Fürstl. Gnade und Freyheit. – Stuttgart: Treu 1705. 1104, 50 S.
beigedr.: [Hedinger]: Einige der vornehmsten Glaubens- und Lebens-Regeln. 50 S.

– – Andächtiger Hertzens-Klang In dem Heiligthum Gottes. Oder Würtembergisches Gesang-Buch. Darinnen nicht allein die gewönlichen alte Kirchen-Gesänge, sondern auch viele geistreiche neue, und zwar einige zuvor niemahls getruckte Lieder enthalten. Allen Gott-liebenden Seelen zu andächtigem Gebrauch, sowohl inn- als ausser der Kirchen, Anfangs in diese Bequeme Form gerichtet Durch D. Joh. Reinhard Hedinger, sel. Hochfürstl. Würtemb. Consistorial-Raht und Hof-Predigern. Samt einem Anhang der vornehmsten Glaubens- und Lebens-Regeln, wie auch etlicher Gebette. 3. Aufl., welche biß auf 870 Lieder vermehret worden. – Stuttgart: Metzler 1713. 1308, 58 S.

Hedingerus, Joh. Reinh., Larva mendaci Lucis Angelo detracta: Relation von Christinen Reginen Baderin falschen Visionen. Stuttg. 700. 8.

– ETLICHE SCHÖNE LIEDER UND BETRACHTUNGEN, Zu Erweiterung Göttlicher Ehre. Bey sich selbsten zusammen gelesen: Und auch Andern Mit-Christen zum Nutzen ausgefertiget Von D. Joh. Reinhard Hedingern. Stuttgart: Treu 1700. 79, 120 S.
beigef.: Hedinger [Hrsg.]: Einige der vornehmsten Glaubens- und Lebens-Regeln, Die ein Christ öffters in seinem Leben, Absonderlich im Hause Gottes Bey sich reichlich erwägen soll. 120 S.

Hedinger, Johann Reinhard (Hrsg.), s. L u t h e r , Martin: Der kleine Katechismus. 1701.

– PASSIONS-SPIEGEL, Oder Zwölff Andächtige Betrachtungen Uber So viel merckwürdige Umstände des blutigen Leidens und Sterbens Jesu Christi unsers HErrn, Deren jede Mit drey Liedern begleitet, Daraufhin Die von den H. Evangelisten beschriebene Leidens-Geschicht an- und eingeführet, Solche auch Mit etlichen der Gottesgelehrten Anmerkungen erläutert wird Von D. Johann Reinhardt Hedingern. – Stuttgart: Metzler 1702. 314, 236 S.
– – Stuttgart 1706.
– – Stuttgardt: Metzler 1716. 304, 50, 166 S.

— Passionsspiegel oder zwölf andächtige Betrachtungen über das Leiden u. Sterben Jesu Christi. Neu herausg. von K. F. L e d d e r h o s e. Ludwigsburg 857. Riehm. 8. (XII, 108 S.) n. 8 ngl

Hedinger, Joh. Reinhard, Passionsspiegel oder zwölf andächtige Betrachtungen über das Leiden und Sterben Jesu Christi. Neu herausg. von Karl Frdr. Ledderhose. 2. mit einem Anhang von Beichtgebeten verm. Ausg. Basel 863. Balmer & Riehm. 8. (VIII, 115 S.) n. 8 ngl

– CHRISTLICHE PREDIGT VON GEISTLICHEN ANFECHTUNGEN bey Gelegenheit eines betrübten und bedencklichen Falles, andern zur Witzigung, Unterricht und Trost, aus 1.Cor. X. 12. 13. – Stuttgart 1702.

– GOTT-GEHEILIGTER CHRISTEN RITTERSCHAFFT und Helden-Kampf. Zu letzten Ehren Deß Durchläuchtigsten Fürsten und Herrn, Herrn Ferdinand Wilhelmen, Hertzogen zu Würtemberg ... Angedenckens, Als Desselben entseelter Cörper den 12.Septembris 1701. in Hochfürstl. Grufft, der Hof- und Stadt-Kirchen zu Neuenstatt an der Linden, mit höchster Betrübnuß, Nachts um 7.Uhr beygesetzet wurde, Auf Hochfürstl. Gnädigsten Befehl folgenden Tags als den 13. ejusdem, In Beysein Hoher Leyd Tragenden aus Heil. Schrifft erkläret Von D. Joh. Reinhardt Hedinger. – Stuttgart (1701): Treu. 136 S.

[-] BIBLISCHES SCHATZ-KÄSTLEIN, Oder Vollständiges Spruch-Buch, Die Edelsten Kern-Sprüche Zum wahren Glauben, Göttlichen Wandel und kräfftigen Trost im Leben und Sterben gehörig; Und Frommen Eltern und Schulmeistern Vornehmlich aber der lieben Jugend Zum Nutzen und bessern Unterricht verfasset. In VII. Theilen. Mit Fürstl. Freyheit nicht nachzutrucken. – Stuttgart: Treu 1701. 40, 448 S.

– WOHLGEMEINTES SEND-SCHREIBEN Eines Christlichen Theologi, An Herrn D. Joh. Reinhard Hedinger, Hoch-Fürstl. Württembergischen Consistorial-Rath und Hof-Predigern, Dessen Glossirtes Neues Testament betreffend, Vom 11.ten Augusti 1704. Sampt einer kurtzen Antwort desselben *(S. 14ff.)*, Zu fernerer unpartheyischen Beurtheilung der darinn enthaltenen Puncten in den Druck gegeben. Im obbenannten Jahr. – o.O. 1704. 18 S.

Hedinger, Johann Reinhard (Hrsg.), s. T e s t a m e n t , Das Neue. 1704 u.ö.

— — m. Summarien ꝛc. 8. Bremen. 724.

— N. Testament m. Erklär. 8. Tübingen. Wittekind. 728.

— das Neue Testament unsers Herrn und Heilandes Jesu Christi. Nach Dr. Martin Luthers Uebersetzung. Mit ausführlichen Capitelüberschriften, vielen Parallelen, Luther's Randglossen ꝛc. Auf's Neue durchgesehen von Carl Frdr. Ledderhose. 2 Bde. Basel 863. Spittler in Comm. Lex.-8. (XXXIX, 1112 S.) n. 2 ℛ

[–] SCHRIFFTMÄSSIGER UNTERRICHT AN DIE GEMEINDE GOTTES, wie man so wol Die Schwermuth und tieffe Traurigkeit Der Gläubigen, als auch Und fürnehmlich die öffters mit eingeflochtene hohe und geistliche Anfechtungen deroselben, Klüglich und ohne Verletzung der Liebe beurtheilen solle; Bey einem kläglich-ereigneten Zufall in zweyen hierüber gehaltenen Predigten [von Ehrenreich Weißmann und J.R. Hedinger], Beydes in Hoch-Fürstlicher Hof- als Stiffts-Kirche allhier in Stuttgart fürgetragen, Samt einer fürgängigen kurtzen Anleitung wie mit solchen Personen umzugehen. – Stuttgart 1702: Rößlin.
[1.] Vorrede (9 ungez. Bl.).
[2.] [Hedinger]: Eine kurtze Anführung, wie mit Angefochtenen Personen umzugehen (25 ungez. Bl.).
[3.] Hedinger: Christliche Predigt Von Geistlichen Anfechtungen Bey Gelegenheit Eines betrübten und bedencklichen Falls Anderen Zur Witzigung, Underricht und Trost In Hochfürstl. Hof-Capelle gehalten Durch D. Johann Reinhard Hedinger. Stuttgart: Rößlin 1702. 165 S.
[4.] Weißmann: Die Wundersame Wege GOttes bey den Hohen Anfechtungen Seiner Außerwählten ... (S. 166-191).

– HEDINGERISCHES ZEUGNIS von Comödien, Opern und andern Kurtzweiligen Schauspielen. – 1733.

Hedinger, Carl, „Elsaß". 2 Tle. 8. Leipzig-Gohlis, B. Volger. à — 50
I. Das deutsche Beamtentum u. Anderes. Ungezwungene Betrachtgn. (32 S.) 909.
II. Bundesstaat. Verwelschung. Parteikämpfe. Elsässische Bürgerstube u. a. Politische Streifzüge. (36 S.) 909.

Hedinger, Karl, Geistesjoch! Drama in 1 Aufzuge. (III, 72 S) 8. Dresden 904. E. Pierson. n. 1. 50

— Aus H i m m e l u. Erde. (45 S.) 8. Ebd. 909. 1. —

Hedinger, Carl Fried. Heinr. (Rawicz/Posen), Observatio intestinorum partis intussusceptae et, salva vita, per alvum dejectae. Diss. pathol.-med. Bln. (Aug. Petsch) 30. X. 1828. 24 S. mit Biogr. (M.: Rudzka.) (6.—) 13787
Oppon.: A. Werlitz, F. Hauck, J. Krieg. — Gew.: C. L. Swickart, Heinrich Hedinger (Vater). — Krankengesch. d. Ch. Ziegeler geb. Keil (Sarnov/Posen).

Hedinger, Max, a. Stuttgart: Aus d. Med. Klinik in Tübingen. Über Myasthenie bei sexualem Infantilismus nebst Untersuchungen über die myasthenische Reaktion. Naumburg a. S. 1906: Lippert & Co. (23 S.) 8°
Tübingen, Med. Fak., Ref. Romberg, Diss. v. 23. Dez. 1907
[Geb. 2. Febr. 81 Stuttgart; Wohnort: Tübingen; Staatsangeh.: Württemberg; Vorbildung: Gymn. Stuttgart Reife M. 98; Studium: Tübingen 6, Kiel 1, Berlin 2 S.; Coll. 9. Febr. 06; Approb. 13. Sept. 07.]

Hedinger, Oscar. Beitrag zur Kenntnis der schweizerischen Eisenproduktion. Separatabdruck aus der Liefg. 4 der «Zeitschrift für schweizerische Statistik», Jahrg. 42, 1906 [Band 2]. IV + 101 S. 4. Bern, Stämpfli & Cie., 1906.
Ausg. A: Diss. Phil. Bern ... von Oskar H' in Aarau.
Ausg. B: Von Dr. Oskar H', ... Aarau.

Hedinger, Osk., Beitrag zur Kenntnis der schweizerischen Eisenproduktion. (III, 101 S.) Lex.-8. Bern 906. (Aarau, H. R. Sauerländer & Co.) n. 3. —
Sonderabdruck aus: „Ztschr. f. schweiz. Statistik".

Hedinger, Reinhard, s. H e d i n g e r , Johann Reinhard

[Lied. Unterz.:] **Hedler.** Hamburg o. J.: Herbst. 1 Bl. 8°
Ohne Noten: „Wer Dir, Allmeister, sich vertraut, . . ." Rekt. Kneisner, Hamburg.

Hedler, Spiritismus u. Schule. Ein Wort der Mahnung an alle wahren Freunde unserer Jugend. 8. (37 S.) Hamburg 880. Grüdener. n. — 50

— die Stellung des practischen Arztes zur Realschulfrage. gr. 8. (62 S.) Hamburg 879. J. F. Richter. n. 1. —

Hedler, Adolf

Hedler, A., Geschichte der Heliandforschung von den Anfängen bis zu Schmeller's Ausgabe. Ein Beitrag zur Geschichte der german. Philologie. Inaug.-Diss. gr. 8. (48 S.) Rostock 890. (Leipzig, Hedeler.) n. 1. 50

Hedler, Fr. C., Sonntagsblatt, s. Religions-Magazin.

Hedler, G. Des Weibes Patriotismus. In-8°. 18 S. Bern, A. Siebert. 1894. — 30

Hedler, Johann Christian

— — De literarum humaniorum graecae latinaeque linguae cognitione et advocato necessaria atque utili brevit. diss. Wittbg. (Gerdes) 1733. 14 S. (5.50) 13792

— — Disquisitio an praescriptionis et usucapionis origo ex jure naturali repetenda sit praeceptoque jur. nat. nitatur. Wittbg. (Johann Joachim Ahlfeld) 1734. 30 S. (6.20) 13793

— — De eo quod juris est in donationibus bonorum immobilium jure inprimis Saxonico. Diss. jur. Präs. Jo. Heinrich Albinus. Wittbg. (Johann Christian Gerdes) April 1732. 32 S. mit Widm. v. Präs. (6.20) 13790

Hedler, Johann Christian (Wittenberg), De eo quod justum est circa praedia deserta in Saxonia. Disp. jur. Präs. Jo. Gottfried Kraus. Wittbg. (Gottfried Gaeberdt) 28. XII. 1724. 32 S., tlws. dtsch. (6.30) 13788
Gew.: Joh. Paul, Paul Chn. u. Ludw. Aug. Schroeter. — Widm. v. Präs.

— — De divinarum legum existentia certitudine immutabilitate earumque cum humanis consensione brevit. diss. Wittbg. (Schlomach) 1732. 16 Seiten. (5.50) 13791

— — Flores ad processus ordinationem Anhaltinam sparsi. Wittbg. (Jo. Fr. Schlomach) 1741. 8 Bl., 156 S., 6 Bl., tlws. dtsch. (12.—) 13796

Hedler, I. C., flores ad processus ordinationem Anhaltin. sparsi. 4. Viteb. Ahlfeld. 741.

Hedler, Jo. Chr.: Jura hominis bicipitis. Rechte eines zweyköpffigten Menschen. Vitembergae 1754.

— — De jurisperito non politico aliisque pseudo-politicis brevit. diss. Wittbg. (Schlomach) Febr. 1740. 15 S. (5.—) 13795

— — De liberis ex matrimonio inter spurium stupratamque ab alio, inito, natis. Diss. jur. Präs. Jo. Gottfried Kraus. Wittbg. (Gottfried Gaeberdt) 17. IV. 1726. 20 S. mit Widm. v. Präs. (4.—) 13789

— — De variis modis sportulas lucrandi judiciales. Von der Gerichts Sportul=Sucht. Wittbg. (Ephraim Gottlob Eichsfeld) 22. V. 1738. 36 S. (6.40) 13794
Gew.: Christian Gottlieb v. Holzendorff (Bernstein u. Ob.-Lichtenau).

Hedler, Joh. Christ. (Präs.): Positiones de natura et indole cambiorum, s. Bieck, Friedrich August (Resp.)

Hedler, Jo. Chr.: Practicum juris studium theoretico praestantius esse asserit. Vitebergae (1734).

Hedler, Jo. Chr.: Jo. Godofr. Krausii tractatio processus judiciarii synoptica in compendium redacta scholisque accommodata acad. Vitembergae 1739.

— — De transfuga simulatore. Vom Verstellten Uberläuffer. Wittbg. (Bossoegel) 1743. 28 S. (6.—) 13797
Gew.: Anton Günther Loescher.

Hedler, Johann Christian (Präs.), s. Wagner, J. D.: De jure nurus.

Hedler, Rob. Gust. Alexander (geb. Berlin 5. 10. 1842): Ueber Mischformen des exanthematischen und abdominalen Typhus. Berlin (1868). (30 S.) 8°
Berlin, Med. Diss. v. 20. März 1868

Hedler, Walter

Hedler, Pflichtenlehre f. junge u. alte Soldaten. (32 S.) 8. Kiel (909). R. Cordes. — 20

— Werdegang des deutschen Heeres u. seines Offizierkorps. (144 S.) gr. 8. Berlin 909. R. Eisenschmidt. 2.50

Hedley, Edgar P(ercy): Spektroskopische Untersuchung isomerisierbarer Nitrokörper im Ultraviolett. Untersuchungen über Pseudosäuren. Weida i. Th. 1908: Thomas & Hubert. 45 S. 8°
Leipzig, Phil. Diss. v. 23. Nov. 1908, Ref. Hantzsch, Beckmann
[Geb. 1. März 85 Dublin; Wohnort: Dublin; Staatsangeh.: Großbritannien; Vorbildung: Royal Coll. of Science Dublin B. Sc. Juli 05; Studium: Dublin 3, Leipzig 4 S.; Rig. 26. Okt. 08.] [U 09. 2981

Hedley, F. H., Descriptions and conversations on the pictures of Hoelzel. X—XIII. Lex. 8. Wien, E. Hölzel. 2. 20
X. The lodging. (12 S. m. 1 farb. Taf.) (908.) — 50
XI. The harbour. (12 S. m. 1 farb. Taf.) (908.) — 50
XII. The building of a house. (12 S. m. 1 farb. Taf.) (908.) — 50
XIII. The mining works. Interior of a coal-mine. (12 S. m. 2 farb. Taf.) (908.) — 70
I—IX erschienen u. d. T.: Pitcairn, L., u. M. Bennegger, conversational books about the pictures of Hoelzel. Ebd. 903. à — 50.

Hedley, F. H., engl. Conversationsgrammatik,
— Grammatik der englischen Sprache,
— Lehrbuch der englischen Sprache,
} s.: Weiser, Carl.

Hedley, J. H., theoretisch-praktische Anleitung zur Erlernung der englischen Sprache. Nach einer neuen u. leichtfaßlichen Methode mit zahlreichen Uebersetzungs-Uebungen. Zum Gebrauche für Schulen u. zum Privatunterricht. A. u. d. T.: The principles of the English language in Theory and Practice; with Copious Exercises for the Use of Schools or Private Students. Wien 854. Manz. gr. 8. (VIII, 264 S.) 21 ngr

Hedley, J. H., the London mercantile Correspondent. (Londoner Handels-Briefsteller. Nebst e. Anh., enth. eine deutsche Erklär. d. weniger gebräuchl. Ausdrücke.) 8. (11 B.) Leipzic 836, (Hartung.)

Hedley, J. H, the London mercantile Correspondent. (Londoner Handels-Briefsteller. Nebst e. Anhange, enthaltend eine deutsche Erklärung der weniger gebräuchlichen Ausdrücke.). 8. Leipzig 836. Wunder. 2/3 rthl

Hedley, J. H., the London mercantile correspondent. 2. edition, revised and corrected. 8. (X u. 157 S.) Leipzig 851, Hartung. $^2/_3$ ß

— - London mercantile correspondent. The 3. edition, revised and enlarged. 8. (XII und 155 S.) Leipzig 857, Hartung.

Hedley's, J. H., London mercantile correspondent. 4. ed. 8. (IV, 155 S.) Leipzig 874. Hartung & Sohn. 2. —

— Cours pratique pour apprendre facilement et en peu de temps la langue anglaise, selon la méthode renommée du Dr. F. Ahn, avec un abrégé de grammaire; tant pour la jeunesse que pour ceux qui sont parvenus à un âge mûr, et particulièrement pour les écoles. La partie française revue et corrigée par Léger Noel. gr. 12. (192 S.) Vienne 849, Manz. 18 ngr

Hedley, J. H., Cours pratique pour apprendre facilement et en peu de temps la langue anglaise selon la méthode renommée du F. Ahn avec un abrégé de grammaire; tant pour la jeunesse que pour ceux qui sont parvenus à un âge mur, et particulièrement pour les écoles. La partie française revue et corrigée par Léger Noël. 3. Édition. gr. 8. (192 S.) Vienne 856, Manz.

— s. Crabb, English Synonymes.

— the english and german Dialogist etc. A. u. d. T.: Englische u. deutsche Gespräche, nebst einer vergleichenden Uebersicht der Grammatik u. des Idioms beider Sprachen. Zum Gebrauch beider Nationen. Mit 7 Tabell. breit 16. Leipzig 838. Wunder. $^7/_8$ ß

Hedley, J. H., the english and german dialoguist with a synopsis of the grammar and idiom of both languages. — Englische u. deutsche Gespräche rc. 2. Aufl. gr. 16. Leipzig 843, Hartung. $^7/_8$ ß

— the English and German dialoguist with a synopsis of the grammar and idiom of both languages for the use of the two nations. 3. edit. Englische u. deutsche Gespräche nebst einer vergleich. Uebersicht der Grammatik u. d. Idioms beider Sprachen. Zum Gebr. beider Nationen. 3. Aufl. 8. (VIII u. 306 S.) Leipzig 849, Hartung. $^5/_6$ ß

—— the english and german dialogist with a synopsis of the grammar and idiom of both languages for the use of the two nations. The 4. edition. — Englische und deutsche Gespräche, nebst einer vergleichenden Uebersicht der Grammatik und des Idioms beider Sprachen. 4., verb. und verm. Aufl. Mit einer Aussprache-Tabelle. 8. (XII und 288 S.) Leipzig 853, Hartung.

— the English Echo, or easy Lessons for learners, with a concise Grammar and a Vocabulary adapted to the use of either French or German Students. — L'Echo d'Angleterre, ou Leçons faciles pour apprendre la langue Anglaise, avec une courte Grammaire et un Vocabulaire, à l'usage des écoliers Français ou Allemands. — Englisch-Echo, oder leichteste Schule f. die Engl. Sprache durch prakt. Anwendung derselben. Zum Gebrauch f. Deutsche u. Franzosen, wie zum gleichzeit. Unterricht aus beiden Sprachen bearb., u. mit deutschem u. franz. Wörterbuche sammt kurzer Grammatik versehen. 8. (X u. 276 S.) Wien 848, Manz. n. $^2/_3$ ß

—— on hundred Fables, s. Fables.

— englische und deutsche Gespräche, nebst einer vergleichenden Uebersicht der Grammatik u. des Idioms beider Sprachen. Zum Gebrauche beider Nationen. 4. verb. u. verm. Aufl. Mit einer Aussprache-Tabelle. A. u. d. T.: The English and German dialogist with a synopsis of the grammar and idiom of both languages for the use of the two nations. Leipzig 853. Hartung. 8. (XII, 268 S.) 25 ngr

—— Gleanings, or a series of tales principally from the best modern writers. (Aehrenlese aus d. vorzüglichsten neuern engl. Schriftstellern.) 8. (21 $^1/_4$ B.) Leipsic 836, [Hartung.]

— Gleanings, or a series of tales principalles from the best modern writers. (Aehrenlese aus den vorzügl. neuern engl. Schriftstellern.) 8. Leipzig 836. Wunder. 1 ß

— prakt. Lehrgang zur Erlernung der engl. Sprache, nach F. Ahn's bekannter Lehrmethode, unter Hinzufügung einer kurzen Grammatik. gr. 12. Wien 846, Jasper. 14 ngl

— prakt. Lehrgang zur Erlernung der engl. Sprache, nach Dr. F. Ahn's bekannter Lehrmethode, unter Hinzufügung einer kurzen Grammatik. gr. 12. (190 S.) Ebd. 847. n. 14 ngr — Prakt. Lehrgang zur schnellen, leichten u. gründlichen Erlernung der engl. Sprache, nach Dr. F. Ahn's bekannter Lehrmethode, unter Hinzufügung einer kurzen Grammatik. Für d. Jugend, als auch zum Selbstunterrichte f. Erwachsene und vorzüglich f. Schulen u. Lehr-Institute. 2. verb. Aufl. gr. 8. (190 S.) Ebd. 850. — 3. verb. Aufl. gr. 8. (VIII u. 190 S.) Ebd. 852. 18 ngr

— praktischer Lehrgang zur schnellen, leichten u. doch gründlichen Erlernung der englischen Sprache, nach Dr. Fr. Ahn's bekannter Lehrmethode unter Hinzufügung einer kurzen Grammatik. Für die Jugend, als auch zum Selbstunterrichte für Erwachsene und vorzüglich für Schulen und Lehr-Institute. 5. verb. Aufl. 855. — 6. verb. Aufl. Wien 857. Manz. gr. 8. (VIII, 192 S.) 18 ngr

Hedley, J. H., praktischer Lehrgang zur schnellen, leichten und doch gründlichen Erlernung der englischen Sprache, nach Dr. Fr. Ahn's bekannter Lehrmethode unter Hinzufügung einer kurzen Grammatik. Für die Jugend, als auch zum Selbstunterrichte für Erwachsene und vorzüglich für Schulen und Lehr-Institute. 8. sorgfältig verb. Aufl. Wien 860. F. Manz. (Leipzig, Gebhardt.) gr. 8. (VIII, 192 S.) 18 ngr

Hedley, J. H., praktischer Lehrgang zur schnellen, leichten u. doch gründlichen Erlernung der englischen Sprache, nach Dr. Fr. Ahns bekannter Lehrmethode unter Hinzufügung einer kurzen Grammatik. Für die Jugend, als auch zum Selbstunterrichte für Erwachsene u. vorzüglich für Schulen u. Lehr-Institute. 10. sorgfältig verb. Aufl. Leipzig 870. Gebhardt. 8. (VI, 192 S.) 18 ngr

Hedley, J. H., praktischer Lehrgang zur schnellen, leichten u. doch gründlichen Erlernung der englischen Sprache nach Fr. Ahn's bekannter Lehrmethode unter Hinzufügung e. kurzen Grammatik. 11., durchweg verb. Aufl. gr. 8. (VI, 194 S.) Leipzig 894. J. M. Gebhardt. n. 1. 80.

— familiar letters on various subjects. For the use of young persons of both sexes. gr. 16. (XII u. 212 S.) Leipsic 850, Michelsen. $^1/_2$ ß

— familiar letters on various subjects. For the use of young persons of both sexes. 2. edit., carefully rev. and corr. with an Addition of twenty letters. Leipsic 856. Naundorf. (Michelsen's Buchhdlg.) 16. (XII, 211 S.) 15 ngr

(——) the complete english letter writer: or the art of polite correspondence. — A. u. d. T.: Der engl. Briefsteller, od. d. höh. Privat- u. Geschäfts-Correspondenz. 8. (17 B.) Leipzig 838, [Hartung.]

— the complete english Letter writer: or the art of polite correspondence. A. u. d. T.: Der Engl. Briefsteller, oder die höhere Privat- u. Geschäfts-Correspondenz. 8. Leipzig 838. Wunder. 1 ß

Hedley, J. H., s. Markham: History of England.

— the principles of the english language in theory and practice with copious exercises for the use of schools or private students. — Theoretisch-praktische Anleitung zur Erlernung der englischen Sprache. Nach einer neuen und leichtfaßlichen Methode mit zahlreichen Uebersetzungs-Uebungen. gr. 8. (VIII und 264 S.) Wien 854, Manz.

Tramps in dark Mongolia. By John Hedley. With ill. and 1 map. London, Leipsic: Unwin 1910. XII, 371 S. 8° [11. 6947

Hedley, John Cuthbert, O. S. B., „unser göttlicher Erlöser" u. andere religiöse Vorträge. Autoris. Uebersetzg. aus dem Engl. v. Odilo Stark, O. S. B. (VIII, 252 S.) gr. 8. Hamm (910). Breer & Thiemann. 3. —

Hedlinger, Ant., s. Gedanken von Auferziehung d. Jugend.

Hedlinger, Johann Karl, s. Amberg, J.

— Medaillenwerk, gezeichnet von Füßli, gestochen von Hald. gr. Fol. Augsb. 781.

Hedlinger, Johann Carl. Oeuvre ... ou Recueil des Médailles de celèbre artiste ... Basle 1776. H: *Mechel, Joh. Casp. von.* (AarF)

Hedlinger, Chevalier, oeuvres, ou recueil des médailles de ce célèbre artiste, gravées en taille douce, accompagnées d'une explication historique et critique, et précédées de la vie de l'auteur par Chr. de Mechel. Fol. Basel 776.

Hedluff, Gottfried

— — De reprobatione, in specie post publicatas attestationes. Diss. jur. Präs. Jo. Samuel Stryk. Halle (Chr. Henckel) 25. VI. 1704. 90 S. (8.50) 13800

— **Gottfried** (Görlitz), De successione ab intestato ex statuto Gorlicensi cum jure civili et Saxonico conferenda. Disp. jur. Präs. Friedrich Philipp. Lpz. (Imman. Titius) 29. III. 1703. 40 S. (6.50) 13799

Hedluff, Hnr. Gf., († d. 24. Jan. 1785.) Samml. geistl. Lieder. 1r Versuch. gr. 8. Bautzen 785. Deinzer. 3 gr.

Hedluff, Carl Traugott (Görlitz), De redditione rationum. Dissert. jur. Präs. Augustin v. Leyser (Nudersdorff). Wittbg. (Ephr. Gottl. Eichsfeld) 15. V. 1747. 16 S., z. Tl. dtsch. (5.—) 13798

Monographie der Gattung Sorbus von T[eodor] Hedlund. *Stockholm 1901: P. A. Norstedt & söner.* (147 S.) 4°
— Handlingar, K. Svenska Vetenskaps-Akademiens. N.F. Bd 35. No 1. [02. 13773

Hedmar, der edle Fürstensohn, (v. Karl Fr. Lucius). 8. Leipz. 799. (Fischer u. Fuchs). 1 ℛ 8 gr.

Hedmar, d. edle Fürstensohn, v. Verf. d. Fritz Rheinfeld. 8. Lpzg. Griesshammer. 799.

Hedquist, W., De formis syncopatis, quae vocantur, verbi Latini. Diss. 1891. 41 S. 1.50

Hedrich, Im Hochgebirge. Zwei Nachtstücke. Mit einem Vorwort von Alfr. Meißner. Berlin 862. Janke. 16. (VII, 224 S.) n. 20 ngr

Hedrich, Albin Richard [Oberl.]: Die Laute der Mundart von Schöneck im Vogtlande. Leisnig, Druck v. H. Ulrich, *1891*; S. 1–30; 4°
Leisnig, R m. PG, OP 1891 (565)

Hedrich, Benjamin, s. Hederich, Benjamin.

Hedrich, Frz., Kain. Dramatisches Gedicht in 3 Acten. 8. (118 S.) Leipzig 851, Herbig. 1/2 ℛ

Hedrich, Frz. Alfred Meißner — Franz Hedrich. Geschichte ihres literar. Verhältnisses auf Grundlage der Briefe, die Alfred Meißner seit dem J. 1854 bis zu seinem Tode 1885 an Frz. Hedrich geschrieben. 8. (VII, 152 S.) Berl. 890, Janke. * 1 —
Vgl.: Bauer. Die Antwort Alfr. Meißner's. — Heinrich, P. W. „Für" und „Wider" Alfr. M.

— Alfred Meißner — Franz Hedrich. Replik. gr. 8. (55 S.) Lpz. 890, Danz. * 1 —

Hedrich, Frz., Lady Stanhope, die Königin von Tadmor. Tragödie in drei Acten. Leipzig 853. Herbig. 8. (139 S.) 20 ngr

Hedrich, Carl, ueber das multiple Papillom der vulva während der Gravidität. Diss. Würzburg 1886, Stabel'sche Univ.-Buchh. 8°. 25 S.

Hedrich, Karl, der Sieg des Rades. Lustspiel in 3 Aufzügen. gr. 8. (36 S.) Leipzig 894. W. Werner. n. 1.—

Hedrich, Carl Ernst (Freiberg), Partus cum placenta praevia atque ruptura uteri complicati historiam. Diss. med. Präs. Christian Gotthold Eschenbach. Lpz. (Klaubarth) April 1814. 26 S. (5.50) 13802
Gew.: Joseph Wilhelm Knoblauch.

— s. Er. Platner, Untersuchungen über e. Hauptkapitel ꝛc.

Hedrick, Earle Raymond, aus Ann Arbor, Michigan, Amer.: Ueber den analytischen Character der Lösungen von Differentialgleichungen. *Göttingen 1901: Dieterich.* (77 S.) 8°
Göttingen, Phil. Diss. v. [10. Juni] 1901

Hedrick, Earle Raymund, über den analyt. Character der Lösungen v. Differentialgleichungen. Diss. gr. 8. (77 S.) Göttingen 901. (Vandenhoeck & Ruprecht.) n. 1.80

Hedvall, Karl, Humes Erkenntnistheorie kritisch dargestellt. Eine Untersuchg. üb. empirist. Prinzipien. I. (Uppsala universitets årsskrift 1906. Filosofi, språkvetenskap och historiska vetenskaper. 1.) (IV, 130 S.) gr. 8. Uppsala 906. (Akadem. Buchh.) n.n. 3.50

Humes Erkenntnistheorie. Krit. dargest. Eine Untersuchung über empirist. Prinzipien. Von Karl **Hedvall**. 1. Uppsala 1906: E. Berling. 8°
— Årsskrift, Uppsala Universitets. 1906, [1.] [08. 3760 4

Hedwig [Sachliches Ordnungswort]

Hedwig, oder die Walpurgisnacht, Ballade. [Leipzig 1798.] V: *Bertrand, Frdr. Ant. Franz.* (MGT)

Hedwig. Von der Verf. von „Stolz und Still" und „Marie oder in Demuth muthig." 8. (240 S.) Berlin 867, Buchh. des Missions-Vereins. *

HEDWIG, oder aufrichtige Geständnisse einer schönen Seele. Frei aus d. Engl. übertragen. (Bearbeitung von *John Cleland's* „girl of pleasure".) New-York. Verlag von James Chesterfield. O. J. (c. 1876). 12°. 112 SS.
(4 Mk. Bielefeld, Fischhaber &c.; jetzt theurer! — Verboten vom L.-G. Wien, 1878. § 516.

Hedwig, die Banditenbraut. Volkserzählung aus der jüngsten Vergangenheit frei nach dem Ital. von G. u. B. Dvm. gr. 16. (54 S.) Urfahr-Linz 877. Kraußlich. — 20

Hedwig und Cimburgis, s. Hedwiga und Cimburgis.

Hedwig, die heilige. (Abdr. aus dem Evangel. Kalender für 1858.) Berlin 858. v. Decker in Comm. gr. 8. (16 S.) n. 10 ngr.

Hedwig, die hl., Herzogin v. Schlesien, aus dem Andechser Grafengeschlecht, s.: Kinder-Bibliothek, kathol. 29.

Hedwig und Helene. Lebensführungen zweier Freundinnen. Erzählung für junge Mädchen von Marie L. 8. (IV, 212 S.) Berlin 884, Wiegandt und Grieben. *

Hedwig, Königin v. Polen, u. and. Erzählungen. Von C., Verfn. der „Erna" 2c. (Charl. Soph. Luise Wilh. v. Ahlefeld.) 8. (11 B.) Quedlinburg 831, Basse.

— die treue Magd des Herrn, eine Tabea im deutschen Norden. Mit einem poet. Geleitswort v. Karl Gerok. 16. (48 S.) Stuttgart 878. Buchh. der evang. Gesellschaft. n. — 25

Hedwig, die treue Magd d. Herrn, e. Tabea im deutschen Norden. Mit e. poet. Geleitswort v. K. Gerok. 3. Aufl. 16. (48 S.) Stuttgart 889. Buchhandlg. der Evang. Gesellschaft. n. — 20

Hedwig von Wolfsstein; ein Trauerspiel in drei Aufzügen ... Bresl. 1794. V: *Contessa, Christian Jac. Salice.* (Kn) (MGT) »1795« (Ky)

Hedwig [Verfasser]

Hedwig's, Tante, Geschichten für kleine Kinder. Ein Buch für erzählende Mütter, Kindergärtnerinnen und kleine Leser. Mit 6 bunten (lithogr.) Bildern von Louise Thalheim. br. 8. (VIII, 175 S.) Breslau 869, Trewendt. geb.

Hedwig's, Tante, Geschichten f. kleine Kinder. Ein Buch f. erzähl. Mütter, Kindergärtnerinnen u. kleine Leser. 2., verm. Aufl. m. 4 bunten Bildern v. Marie Stüler. 8. (VIII, 193 S.) Breslau 887. Trewendt. geb. n. 3. —

Erlass der Herzogin **Hedwig Sophie** und des Coadjutors Christian August in Vormundschaft Karl Friedrichs. Herzogs von Schleswig-Holstein, an die Bewohner des Amtes Barmstedt gegen die von dem Grafen Christian Detlev Rantzau angemasste Hoheit über dasselbe und gegen das von ihm dort verbreitete Patent. Gottorp den 10. Maji 1706. Fol.

Hedwig, Johann

— Belehr., d. Pflanzen zu trocknen, zu ordnen, sie frisch nach dem Linné zu untersuchen 2c. 8. Gotha 797. N. A. 801. Ettinger. 14 Kr

Hedwig, Johann, s. Bonnet, K.: Werke.

HEDWIG, Joan.: Descriptio et adumbratio microscopico-analytica Muscorum frondosorum, nec non aliorum vegetantium e classe Cryptogamica Linnaei novorum, dubiisque vexatorum: Abbildung neuer und zweifelhafter cryptogamischer Gewächse, nebst ihrer analytischen Geschichte. - Lipsiae 1785-1787. - Tom. I. Fasc. I-IV. - Tom. II. Fasc. I-IV: 1788-1789. - Tom. III. Fasc. I-IV: 1791-1792

— descriptio et adumbratio microscopico-analytica muscorum frondosorum nec non aliorum vegetantium e classe crygtogam. Linnaei novor. dubiisque vexator. IV T. cont. XVI Fasc., c. fig. A. u. d. T.: stirpes cryptogamicae. Fol. maj. Leipz. 787—97. Gleditsch. (à Bd. 8 ₰ à Heft 2 ₰) 32 ₰ C. fig. color. (à Bd. 16 ₰) 64 ₰ Dass., mit deutschem Text (unter d. T.: Abbildd. neuer u. zweifelhafter cryptogam. Gewächse). schwarz u. ill. derselbe Preis.

Hedwig, Johann (Kronstadt/Siebenbürg.), De emesi in febribus acutis. Präs. Ernst Gottlob Bose. Lpz. (Langenheim) 18. V. 1759. 30 S. (6.—) 13803
Gew.: Christian Gottlieb Ludwig, Ernst Gottlob Bose. — Widm. v. Präs.

— epistola de praecipitantiae in addiscenda medicina noxis. 4. Leipz. 755.

Hedwig, Jh., fundamentum historiae naturalis muscor. frondosor., eorum flores, fructus etc. icon. illustr. II Pts. 4maj. Leipz. 782, 83. (W. Vogel). 4 ₰ 12 Kr ill. 7 ₰

Heawig, Johann: Filicum genera et species recentiori accommodata. 64 S., gbd.

Leipzig: Schaeffer 1799

JB 199

— filicum genera et species recent. meth. accomm. icon. ad nat. picta. Fasc. I., II. et Fasc. III. et IV. ed. Rom. Hedwig. Fol. maj. Leipz. 799—803. Kühn. 12 ₰

Hedwig, Joh., Kronstädter theoret.-prakt. Gesanglehre f. öffentl. Schulen. gr. 16. (VIII u. 68 S.) Kronstadt 848, Nemeth. 1/3 ₰

Hedwig, Joh., Kronstädter theoretisch-praktische Gesanglehre f. öffentl. Schulen. 3. Aufl. gr. 16. (IV, 68 S.) Leipzig 873. deutsche Volksbuchh. in Comm. n. 1. —

– s. Humboldt, F. A. v.: Aphorismen.

Hedwig, Johann (Übers.):

s.: Ludwig, Christian Gottlieb: Einleitung in die Pathologie. (Institutiones pathologiae. Dt.) Erlangen: 1777

JB 1.148

— — De fibrae vegetabilis et animalis ortu sect. I. Lpz. (Kindel) 14. VIII. 1789. 32 S. (5.50) 13804

— Progr. de fibrae vegetabilis et animalis ortu. Sect. I. 4maj. Leipz. 790. Müller. (Joachim). 5 Kr

Hedwig, Joh., Samml. seiner zerstreuten Abhandl. u. Beobacht. üb. botan.-ökonom. Gegenstände. 2 Bde. Mit Kpf. 8. Leipzig, 1798 u. 97. Crusius. (Vogel.) 1. 15 n. — 25

Hedwig, Johann: Species muscorum frondosorum. Opus posthumum editum a Friedrich Schwaegrichen. 352 S., gbd., 69 Taf.

Lipsiae: Barth } 1801
Parisiis: Koenig }

JB 6.375

— species muscorum frondosorum. Opus posthumum ed. F. Schwägrichen. C. LXXVII tabb. aen. colorat. 4maj. Leipz. 801. Barth. 18 rß Velinp. 24 rß Suppl. I.—III. (tabb. I.—CCC. color.) ed. Fr. Schwägrichen. 4maj. ibid. 811—30. 76 rß Velinp. 101 rß 8 Gr

Hedwig, (J.,) Species muscorum frondosorum, descriptae et tabb. aeneis color. illustr. Opus posthumum. Supplem. II. Vol. I. Sect. 1. u. 2. Vol. II. Sect. 1. u. 2. Vol. III. Sect. 1. (Tab. 101 — 225.) scriptum a Fr. Schwägrichen. 4 maj. Lips. 823 28, Barth. 6 Rthlr. 30 Rthlr. Ch. vel. à 8 Rthlr. 40 Rthlr. Das ganze Werk mit Suppl. I. Sect. 1 u. 2. bis Suppl. III. Vol. I. Sect. 1. 76 Rthlr. Charte Vel. 1

Hedwig, Jo., Species muscor. frondosor., descriptae et tabulis aeneis color. illustr. Opus posthumum. Supplementum III. scriptum a (Chrstn.) Frider. Schwaegrichen. Vol. I. Sect. 2. et Vol. II. Sect. 1. 2. (Cum Tab. CCXXVI—CCC et descript. per eosdem numeros distinctis.) 4 maj. (11½, 10 u. 11 B.) Lipsiae 828 – 30, Barth.
à Sect. 6 Thlr., Vlnp.
Suppl. I. Sect. 1. 2. — Suppl. II. Vol. I. II (à 2 Sect.) — Suppl. III. Vol. I. Sect. 1. Ebendas. 1811—28. 68 Thlr, Vlnp. 77 Thlr. 8 Gr.
Dess. „Species muscor. frondosor. descriptae et tab. aen. 77 col. illustr. Op. posth. edit. a (Chrstl.) Frider. Schwaegrichen." 4maj. Ebendas. 1801. 18 Thlr, Vlnp. 24 Thlr.

Hedwig, Joannis, Species muscorum frondosorum descriptae et tabulis aeneis coloratis illustratae, opus posthumum supplementum IV., scriptum a Fr. Schwaegrichen. 4maj. (25 sauber illum. Kupfertaf. u. Text.) Lipsiae 842, Barth. n. 6 rß Velinp. n. 8 rß — (Das Werk selbst u. Supplem. I—III, Ebend. 801—30, n. 94 rß Velinp. n. 125⅓ rß)

— Stirpes cryptogam. ist dessen descriptio Muscor. frondosor.

Hedwig (J.). Theoria generationis . . . cryptogamicarum . . . Petrop. 1784. 4°. [Ed. 2.] Lips. 1798.
The starting-point of a true idea of the fructification of the higher cryptogams.

— theoria generationis et fructif. plantar. cryptogamic. Linnaei, mere propriis observat. et experiment. superstructa; dissertatio, etc. C. fig. 4. Petrop. 785. Acad. R. 8 rß 6 Gr C. fig. color. 16 rß 21 Gr Ed. nova, c. tabb. XLII color. 4maj. Leipz. 798. Barth. 20 rß

Hedwig, Klara Benedikta, geb. Salzberger, († d. 11. Juli 1826.) s. Briefe junger Fräuleins ꝛc.

Hedwig, Roman Adolf

— Aphorismen über d. Pflanzenkunde. 8. Leipz. 800. Kühn. 12 Gr

Hedwig, Roman Adolf, s. Cicero: Lälius.

— — u. **Wilhelm Theophil Tilesius** (Mühlhausen/Thür.), Disquisitio ampullularum Lieberkühnii physico-microscopica. Sectio I. Lpz. (Johann Ambrosius Barth) 18. II. 1797. 32 S. u. 4 Tfln. Abb. (auctor del., J. F. Schröter sc. Lips. (6.50)
Gew.: Johann Hedwig (Vater). 13806

— disquis. botanico-med. Tremellae Nastoch. Mit 1 Kpf. 4maj. Leipz. 798. Barth. 15 Gr

— — (Chemnitz), Tremella Nostoch. Comment. med. Lpz. (Bueschel) 4. IX. 1798. 72 S. (7.—) 13807
Gew.: Heinrich Ferdinand v. Zedtwitz.

— epistola, qua patris optimi diem natalem gratulatur. 8. Leipz. 792.

— **Rom. Adolph**, Epistola ad D. Joh. Hedwigium natalitia celebrantem scripta. Lpz. (Breitkopf) 8. X. 1793. 16 S. (6.—) 13805

— genera plantarum secundum characteres differentiales, ad Mirbelli editionem revisa et aucta. 1 Vol. 8maj. Lpz. 806. Reclam. 2 rß 4 Gr

– s. Hedwig, J.: filicum genera ...

— — Observationum botanicarum fasciculus I. Lpz. (Hirschfeld) 17. II. 1802. 15 S. (4.50) 13808

— observation. botanicarum Fasc. I., c. XI tabb. aen. col. 4. Leipz. 802. Kühn. 3 rß

Hedwig-Julia, s. a.: Laatsch, Frau Hedw. Julia.

— stille Lieder. (IV, 68 S.) kl. 8. Dresden 904. E. Pierson. n. 1. 50; geb. n. 2. 60

Hedwiga und Cimburgis oder die starken Frauen. Ein historischer Roman aus dem vierzehnten Jahrhundert. Wien 1819. V: *Kviatovska, Josephine von geb. Gerster von Gerstorf.* (GGr IX, 11) (Vaterl. Bll. Wien 1819, Chronik, 24. Febr., S. 63)

Hedwige und Cimburgis, oder die starken Frauen. Ein histor. Original-Roman aus dem 14ten Jahrhundert. 8. Wien, Wimmer. 819.

HEDWIGA, Theresia (ps.), Wie und auf welche Art sollen Frauen den Pantoffel brauchen? 1818.
Weller, Lex. Pseud. p. 248. — Selten!

Hedwigia. Ein Notizbuch für kryptogamische Studien. Redakt.: L. Rabenhorst. I. Jahrg. 1852. 20 Nrn. (à ¼—½ Bog.) Mit Stnt. gr. 8. Dresden 853, (Arnoldische Buchh.) *

Hedwigia. Ein Notizblatt für kryptogamische Studien. Red.: L. Rabenhorst. Nr. 1—11. Dresden 858—62. (am Ende.) gr. 8. (S. 1—86 u. 6 lith. Taf.) Jede Nr. n. 10 ngr.

— Ein Notizblatt für kryptogamische Studien nebst Repertorium für kryptogamische Literatur. Red. von L. Rabenhorst. Nr. 12—20. Dresden 863, 64. Burdach. (XI, S. 93—218 u. 7 lith. Taf.) Jede Nr. 7½ ngr.

— — Jahrg. 1864. 12 Nrn. (à 1 Bgn.) Mit Steintaf. Ebend. gr. 8. n. 2 rß

Hedwigia. Ein Notizblatt für kryptogamische Studien nebst Repertorium für kryptogamische Literatur. Redig. von L. Rabenhorst. Jahrg. 1865. 12 Nrn. (Bgn.) Mit Steintaf. Dresden, Burdach. gr. 8. n. 2 rß

— — Jahrg. 1866. 12 Nrn. (Bgn.) Mit Steintaf. Dresden, Heinrich. gr. 8. n. 1 rß

— Jahrg. 1867—70. à 12 Nrn. (Bgn.) Mit ... Ebend. gr. 8. Jeder Jahrg. n. 2 ℳ

Hedwigia. Ein Notizblatt f. kryptogam. Studien nebst Repertorium f. kryptogam Literatur. Red. v. H. Rabenhorst. 9. u. 10. Bd. od. Jahrg. 1870/71. à 12 Nrn. (B.) gr. 8. Dresden, Heinrich. à n. 6. —

— dasselbe. 11—15. Bd. 1872—1876. à 12 Nrn. (B.) gr. 8. Ebend. à Jahrg. n. 7. —

Hedwigia. Notizblatt für kryptogam. Studien, nebst Repertorium f. kryptog. Literatur. Red.: L. Rabenhorst u. G. Winter. Jahrg. 1877—1882. à 12 Nrn. (B.) gr. 8. Dresden, Heinrich. à Jahrg. n. 7. —

Hedwigia. Notizblatt f. kryptogam. Studien, nebst Repertorium f. kryptog. Literatur. Red.: G. Winter. Jahrg. 1883 u. 1884. à 12 Nrn. (B.) gr. 8. Dresden, Heinrich. à Jahrg. n. 7. —

Hedwigia. Organ für specielle Kryptogamenkunde, nebst Repertorium für kryptogam. Literatur. Redig. von Geo. Winter. Jahrg. 1885—1887. à Jahrg. 6 Hefte. (à Heft $2\frac{1}{2}$—3 Bog. mit Stnt.) gr. 8. Dresden, Heinrich. à Jahrg. * 8 —

—— dass. — Redig. von K. Prantl. Jahrg. 1888. 12 Hefte. (à Heft ca. 2 Bog. mit Stnt.) gr. 8. Ebendas. * 8 —

— dasselbe. Jahrg. 1889. 6 Hfte. gr. 8. (1. Hft. 98 S. m. 1 Taf.) Ebd. n. 8. —

— dasselbe. Jahrg. 1890. 6 Hfte. gr. 8. (1. Hft. 48 S. m. 1 Taf.) Ebd. n. 8. —

Hedwigia. Organ f. Kryptogamenkunde, nebst Repertorium f. kryptog. Literatur. Red. v. K. Prantl. 30.—32. Bd. Jahrg. 1891—1893. à 6 Hfte. gr. 8. (à Hft. ca. 60 S. m. Taf.) Dresden, C. Heinrich. à Jahrg. n. 8. —

Hedwigia, Organ f. Kryptogamenkunde, nebst Repertorium f. kryptog. Literatur. Red. v. Geo. Hieronymus, unt. Mitwirkg. v. P. Hennings u. G. Lindau. 33. Bd. Jahrg. 1894. 6 Hfte. gr. 8. (XXXV, 371 u. 171 S. m. 19 Taf.) Dresden, C. Heinrich. n. 8. —

Hedwigia, Organ f. Kryptogamenkunde, nebst Repertorium f. Krytog. Literatur. Red. v. Geo. Hieronymus, unter Mitwirkg. v. P. Hennings u. G. Lindau. 34. Bd. Jahrg. 1895. 6 Hfte. gr. 8. (XXXVI, 338 u. 192 S. m. 4 Taf.) Dresden, C. Heinrich. n. 12. —

— dasselbe. 35. Bd. Jahrg. 1896. 6 Hfte. gr. 8. (XXXI, 366 u. 151 S. m. 8 Taf.) Ebd. n. 12. —

— dasselbe. 36. u. 37. Bd. Jahrg. 1897—1898. à 6 Hfte. gr. 8. Ebd. à Jahrg. n. 20. —
36. (XXXVI, 388 u. 175 S. m. 12 Taf.)
37. (XXX, 328 u. 243 S. m. 10 Taf.)

Hedwigia. Organ f. Kryptogamenkunde u. Phytopathologie, nebst Repertorium f. Literatur. (Begründet 1852 durch Rabenhorst als „Notizbl. f. kryptogam. Studien".) Red. v. Geo. Hieronymus u. Paul Hennings. 38.—41. Bd. Jahrg. 1899—1902. à 6 Hfte. gr. 8. Dresden, C. Heinrich. à Bd. n. 20. —
38. (XVII, 321 S. m. 12 Taf. u. Repertor. I—VI.) — 39. (XIX, 328 S. m. 11 Taf. u. Repertor. I—VI.) — 40. (XVI, 356 S. m. 12 Taf. u. Repertor. I—VI.) — 41. (XIX, 311 S. m. 2 Taf. u. Repertor. I.—6.)

Hedwigia. Organ f. Kryptogamenkunde u. Phytopathologie, nebst Repertorium f. Literatur. (Begründet 1852 durch Rabenhorst als „Notizblatt f. kryptogam. Studien".) Red. v. Geo. Hieronymus u. Paul Hennings. 42. u. 43. Bd. Jahrg. 1903 u. 1904. à 6 Hefte. (XXI, 225 u. 350 S. m. Abb. u. 10 Taf. u. XVIII, 434 S. m. Abb. u. 5 Taf.) gr. 8. Dresden, C. Heinrich. à Jhrg. n. 24. —

— dasselbe. Red. von Geo. Hieronymus. 44.—46. Bd. (44. u. 45. Bd. XVII, 375 S. m. Abb. u. 6 Taf. u. XXI, 304 S. m. Abb. u. 16 Taf.) gr. 8. Ebd. 904—907. à Bd. n. 24. —

Hedwigia. Organ f. Kryptogamenkunde u. Phytopathologie, nebst Repertorium f. Literatur. (Begründet 1852 durch Rabenhorst als „Notizblatt f. kryptogam. Studien".) Red. v. Geo. Hieronymus. 47.—50. Bd. ca. 36 Bog. gr. 8. Dresden 907—10. C. Heinrich. (XVI, 364 u. 190 S. m. 8 Taf.; XVIII, 346 u. 198 S. m. 16 Taf. u. 1 Bildnis; XIV, 402 u. 135 S. m. 11 Taf. u. XX, 349 u. 194 S. m. 9 Taf.)

Hedwigis von Westenwang oder die Belagerung von Wienn. Ein Lustspiel in fünf Aufzügen. Wien 1772. V: *Pelzel, Joseph Bernhard.* (GGr)

St. Hedwigs-Blatt. Altes und Neues aus dem Schatz der Kanzelberedtsamkeit. Herausg. von mehreren Geistlichen. Red.: von C. Brunn. 1—3. Jahrg. 1860—62. à 12 Hefte (à 6 Bgn. u. Beilage: Paterfamilias. 12 Nrn. à ¼—½ Bgn.) Schaffhausen, Hurter. gr. 8. Jeder Jahrg. 2 ℳ

— Monatsschrift mit Altem und Neuem aus dem Schatz der Kanzelberedtsamkeit. Unter Mitwirkung von Burger, Bestlin, Montanus ꝛc. Herausg. von C. Brunn. 4. Jahrg. 1863. 12 Hefte (à 6 Bgn.). Mit Ergänzungsblatt: Paterfamilias. 12 Nrn. (à ¼—½ Bgn.) Berlin, Jansen in Comm. gr. 8. n. 2 ℳ

— Zeitschrift mit Altem und Neuem aus dem Schatz der Kanzelberedtsamkeit. Herausg. u. red. unter Mitwirkung Vieler von C. Brunn. 5. Jahrg. 1864. 12 Hefte (à 6 Bgn.). Mit Ergänzungsblatt: Paterfamilias. 12 Nrn. (à ¼—½ Bgn.) Ebend. gr. 8. n. 2 ℳ

Bekehrungsgeschichte des vormaligen Grafen Enewold Brandts, wie auch zuverlässige Nachricht von seinem Betragen . . . in seiner Gefangenschaft etc. etc. Zum Druck gegeben v. Jörgen Hee. Neue verb. Aufl. Mit Anmerkungen des Herausgebers. o. O. 1773. 8°.

Hee, Jörgen, Bekehrungsgeschichte d. Grafen Brand. gr. 8. Kopenh. 773. Rothe. 5 gr. N. Aufl., Quedlinb. 793. Ernst. 6 gr.

Hee, Jörgen. Zuverlässige Nachricht von des hingerichteten Enewold Brandt Betragen und Denkungsart . . . A. d. Dän. Hamb. 1772. Ü: *Ebeling, Chph Dan.* (schr)

Hee, J., Probst. Zuverlässige Nachricht von des hingerichteten E. Brandt. Betragen . . . . in s. Gefangenschaft bis zu seinem Tode d. 28. IV. 1772. Nebst den Briefen e. Ungenannten an B. Mit Portrait. Hambg., 1773. 8°. 94 u. 16 S. (4 Mk., der Vorige, 1912.)

Hee, Jürgen („Probst bey dem See-Etat"), Zuverlässige Nachrichten von des hingerichteten Enewold Brandts Betragen u. Denkungsart in seiner Gefangenschaft bis zu seinem Tode auf dem Schaffotte den 28. April 1772. Mit Portrait. Leipzig 1773. 8°. 62 S. (1 Mk. 50 Pfg. Jul. Neumann, Magdeb., 1908, mit d. Jahrz. „1772".)

[F.] **Heeb,** Gebhard [aus Altstätten]: Die Genossengüter im Kanton St. Gallen. E. Beitr. z. Allmendfrage ... (Aus: Landw. Jahrb. d. Schweiz, 1892.) Bern, Buchdr. v. K. J. Wyss, 1892; 2 Bl., 61 S. 8.
Leipzig. Phil. Fak., Inaug.-Diss. v. [20. Apr.] 1893

Heeb, G. Die Genossengüter im Kanton St. Gallen. Ein Beitrag zur Allmendfrage. In-8°. 61 S. Leipzig. (Basel, Georg & Co.) Diss. 1893.

Heede, Thdr., ohne Religion. Roman. (215 S.) 8. Altenburg (910). St. Geibel. 2.—; geb. 2. 80

Heeg, Bruno, aus Ehrenfriedersdorf: **Edward Young's Gedicht 'The Night Thoughts,' ein Beitrag zur Litteratur des 18. Jahrhunderts.** *Ehrenfriedersdorf 1901: O. Löseke.* (50 S.) 8° ¶(T. 2 u. 3 erscheint später.)
Leipzig, Phil. Diss. v. [29. Sept.] 1901

Heeg, Christian Heinrich (Scheibenberg), De renunciatione litis in causa sponsaliorum. Diss. jur. Präs. Justus Georg Chladen. Wittbg. (Wwe. Gerdes) 21. VIII. 1728. 24 S. (6.—) 13809

Heeg, Josef, a. Aschaffenburg: Die angeblichen orphischen ΕΡΓΑ ΚΑΙ ΗΜΕΡΑΙ. München 1907: C. Wolf u. Sohn. (71 S.) 8°
Würzburg, Phil. Fak., Ref. Boll, Diss. v. 15. Juli 1907
[Geb. 10. Juli 81 Hösbach; Wohnort: München; Staatsangeh.: Bayern; Vorbildung: Gymn. Aschaffenburg Reife Juli 00; Studium: München 4, Würzburg 6 S.; Rig. 28. Apr. 06.]

Heeg, Jos., das Münchener Unzialfragment des Cassius Felix (clm. 29136). (S. 284—291.) Lex. 8. Berlin 910. G. Reimer. —50
Sonderabdruck aus: „Sitzungsber. d. k. Akad. d. Wiss."

Heer, Mor., systematische Aufzählung der im Erzherzogth. Oesterreich ob der Enns bisher beobachteten samenlosen Pflanzen, s.: **Poetsch, J. S.**

Heegaard, Poul, im Reiche der Sterne. Nach dem dän. Original neu bearb. u. erweitert v. Fel. Erber. (X, 335 S. m. 168 Abbildgn.) gr. 8. Leipzig 911. W. Vobach & Co. 3.60; geb. 4. 60

Heegaard, S., über Erziehung. Eine Darstellung der Pädagogik und ihrer Geschichte. Hrsg. auf Veranstaltung des Ministeriums für Kirchen- und Unterrichtswesen. Nach der 2. Aufl. des dän. Originals mit Erlaubnis des Verf. übers. von O. Gleiss. 2 Tle. gr. 8. Gütersloh 884, Bertelsmann. *
Inhalt:
Tl. 1. Theorie der Erziehung. (XXXI, 383 S.) *M 6.
„ 2. Geschichte der Erziehung. (VII, 175 S.) *M 3.

[HEEGE, CHR., Ps.:] HAL[o]ANDER. Unschätzbarkeit des Galanten Leipzig und sonderlich des Kostbaren Auerbach[s] Hoffes entworffen von Halander. Leipzig, bey Johann Theodor Boetio. 1717. 44 Bl., eingerechnet der doppelseitige Titel *mit 2 Vignetten (Ansicht von Leipzig, Ansicht von Auerbachs Hof*: die Bezeichnungen „Leipzig" und „AuerbachsHoff" sind in den Titel einbezogen).

Heege, F., Fibel, } f. **Behrens, F.**
—— Rechenbuch für Schulen, }

Heege, *Friedrich* [Prof. Dr.]: Der Elegiker Maximianus. Blaubeuren, Druck d. F. Mangoldschen Buchh., 1893; 1 Bl., 45 S. 4.
Blaubeuren, k. ev.-theol. Sm, P 1893 (580)

Heege, F[riedrich], Prof. Dr.: Die 43. und die 48. Rede des Dio von Prusa. Leipzig 1905: G. Fock. (15 S.) 4°
Blaubeuren, k. evang.-theol. Sm P 1905 (700)

Heege, Karl Heinrich

— — .... Geringschätzung und Verachtung des Weiblichen Geschlechts als eine unerkannte Sünde der Welt. O. O. 1723. Folio. (l. c. no. 3540b.)

Heege, M. Carl Heinrich, Judicium sanae et malesanae rationis de *ΓΑΜΟΜΟΙΧΕΙΑ*, meletematis historico-juridicis vestitum. Halle (Johann Friedrich Krottendorff) 1722. 74 S. (7.50) 13810
Gew.: Jo. Friedrich Keuner (Leipzig), Friedr. Heinr. Graf (Leipzig), Christian Ehrenfried Bock (Schwarzenberg).

— — Judicium sanae et male-sanae rationis de γαμομοιχεια, vulgo Eheliche Buhlschafft, meletematis historico-juridicis-vestitum. Halae 1722. 4°. 73 S. (In Rostock, Landesbibl.) (3 Mk. Völcker, c. 1885.)
Einiges in deutscher Sprache.

HEEGEN, C. H. De gamomoicheia vulgo Ehliche-Buhlschaft. Halae, Magdeburg 1722. 4°. 60 S.
— — Dasselbe. Halae, Magdeburg 1749. 4°. 60 S.

— Judicium sanae et male-sanae gamomoicheiæ vulgo Ehliche Buhlschaft. Halae Magd. 1759. 4°. (54 xr. Scheible, vor 1870; jetzt theurer!)
Sämmtlich sehr rar!

SIMPLICISSIMI, Modestini Hilarii (d. i. *Carl Heinr. Heege*), Rotulus Testium Gamico-Juridicus, oder Summarisches Zeugen-Verhör etc. etc. Gedruckt in der Cammer-Druckerey zu Kinderbrück von Valerian Barbario Liebemannen, sub signo bonae Spei (c. 1725). Fol.
Jahn's Bibl. P. II. Frf. u. Lpz. 1754. 8°. no. 3540c. — Weller, fing. Druckorte, S. 184 hat: „Valerio" statt „Valerian" und „Comico" statt „Gamico".

HEEGE, M. Carl Heinr. — M. *Carl Heinrich Heegens* allzu hohe und verkehrte Verehrung und Hochachtung des Weiblichen Geschlechts als eine unerkannte Sünde der Welt. O. O. 1723. Folio.
Jahn's Bibl. II. Frf. u. Lpz. 1754. no. 3540a.

Heeger, Anton

Heeger, A., s.: Beckmann's Führer v. Dürkheim a. H.

Festrede, gehalten am 80. Geburtsfeste Seiner Königlichen Hoheit des Prinz-Regenten Luitpold von Bayern am 12. März 1901 bei der Schulfeier im K. Progymnasium zu Dürkheim. Mit einem Bilde. -- Von Anton Heeger, G.-L. 1901, Dürkheim, J. Rheinberger. — P. 5--14.
Progr. Dürkheim a. d. Haardt (Pfalz), Progymn.

Der Pfalzwein. Unter Zuziehung eines v. Verein f. Weinbau u. Weinhandel d. Rheinpfalz gewählten Ausschusses bearb. von A. **Heeger**, Gymn.-Lehrer. Mit Buchschmuck von Rob. Engels-München, 8 Kunst-Beil. u. 1 Karte. 1.–10. Taus. Stuttgart: Klemm & Beckmann [um 1900]. (55 S.) 8° [F.] [04. 3967 B

Heeger, A.: Der Pfalzwein. Mit Buchschmuck von Robert Engels. 8 Kunst-Beil. ... u. 1 farb. Kt. des pfälzischen Weinbaugebietes .... Stuttgart: Klemm & Beckmann [1903]. 55 S. -- 25*.107*.121
--- Dass. 2., verm. u. verb. Aufl. Ebd. [1903]. 57 S. -- 24*.107.121.GCW*
--- Dass. 3., verm. u. verb. Aufl. Ebd. [1904]. 57 S. -- 121*

— der Pfalzwein. Hrsg. v. den Bürgermeisterämtern der Weinbau treib. Gemeinden der Rheinpfalz Unter Zuziehg. e. aus Produzentenkreisen der Rheinpfalz gewählten Ausschusses bearb. Mit Buchschmuck von Rob. Engels, 8 Kunstbeilagen u. 2 (farb.) Uebersichts-Karten des pfälz. Weinbaugebietes. 3. verm. u. verb. Aufl. (21.—25. Taus.) (59 S.) gr. 8. Stuttgart (904). Berlin, Klemm & Beckmann. Kart. 1. 50; Prachtausg. geb. n. 3. —
1. Aufl. (56 S.) — 2. Aufl. (59 S.) 903.

Heeger, Ernst, Album microscopisch-photographischer Darstellungen aus dem Gebiete der Zoologie. 1. u. 2. Liefg. Wien 860, 61. (Gerold.) Lex.-8. Jede Liefg. (à 25 Photogr. u. 1½–2 Bgn. Text.) n. 6 *ℛ* 20 *ngr.*

— — Wohlfeile Ausg. 1. Liefg. Ebend. 860. gr. 8. (10 Photographien u. 27 S. Text.) n. 1 *ℛ* 15 *ngr.*

Heeger, Ernst, Album microscopisch-photographischer Darstellungen aus dem Gebiete der Zoologie. Wohlfeile Ausg. 2.—4. Lfg. gr. 8. (31 Photographien und 59 S. Text.) Wien 861—63, (Gerold's Sohn.) à Lfg. * 1 Thlr. 15 Ngr. *
1. Lfg. Ebendas. 1860. * 1 Thlr. 15 Ngr.

Heeger Ernst: Beiträge zur Fauna Österreichs. Beiträge zur Naturgeschichte der Insekten.
1. Teil (mit 6 Taf.) S. 7. [illegible] . . . vgr.
— — 2. Teil (mit 6 Taf.) S. 7. 312 . . . vgr.
— — 3. Teil: Beiträge zur Naturgeschichte der Physopoden (Blasenfüße) (mit 10 Taf.). S. 9. 12[illegible] . . . vgr.
— — 4. Teil (mit 5 Taf.) S. 9. [illegible] . . . 1.60
— — 5. Teil (mit 6 Taf.) S. 9. [illegible] . . . vgr.
— — 6. Teil (mit 4 Taf.) S. 9. 77[illegible] . . . 1.20
— — 7. Teil (mit 6 Taf.) S. 10. 7 . . . 2.—
— — 8. Teil (mit 6 Taf.) S. 10. [illegible] . . . vgr.
— — 9. Teil (mit 6 Taf.) S. 10. [illegible] . . . 1.80
— — 10. Teil (mit 6 Taf.) S. 11. [illegible] . . . vgr.
— — 11. Teil (mit 6 Taf.) S. 11. [illegible] . . . 1.66
— — 12. Teil (mit 5 Taf.) S. 14. [illegible] . . . 1.60
— — 13. Teil (mit 4 Taf.) S. 14. [illegible] . . . 1.32
— — 14. Teil (mit 2 Taf.) S. 14. [illegible] . . . vgr.
— — 15. Teil (mit [illegible] Taf.) S. 18. [illegible] . . . 1.32
— — 16. Teil (mit 6 Taf.) S. 24. [illegible] . . . vgr.
— — 17. Teil (mit 6 Taf.) S. 29. [illegible] . . . vgr.
— — 18. Teil (mit 5 Taf.) S. 31. [illegible] . . . vgr.
— — 19. Teil (mit 4 Taf.) S. 53. [illegible] . . . vgr.
Separatabdruck

Heeger, Ernst, Beiträge zur Naturgeschichte der Insecten. Als Beiträge zur Fauna Oesterreichs. Mit 11 (lith.) Taf. (in Tondr.) [Aus den Sitzungsber. 1851 der k. Akad. d. Wiss.] Lex. 8. (33 S.) Wien 852. (Braumuller.) n. 1⅓ *ℛ*

Heeger, Ernst, Beiträge zur Naturgeschichte der Insecten. Als Beiträge zur Fauna Oesterreichs. Lex.-8. (33 S. mit 11 Stnt. in Tondr.) Wien 852, (Gerold's Sohn.) *

— Beiträge zur Naturgeschichte der Insekten. Mit 5 (lith.) Taf. [Aus den Sitzungsber. 1852 d. k. Akad. d. Wiss. abgedr.] Lex. 8. (26 S.) Ebd. 852. n. 16 *ngr*

—— dass. — Lex.-8. (26 S. mit 5 Stnt.) Ebds. 853. *

— Beiträge zur Naturgeschichte der Physopoden [Blasenfusse]. [Aus d. Sitzungsber. 1852 d. k. Akad. d. Wiss.] Lex. 8. (20 S. m. 10 Kpfrtaf. in 4.) Ebd. 852. n. 1 *ℛ*

— Beiträge zur Insectenfauna Oesterreichs. 5. Fortsetz. Mit 6 Taf. [Aus d. Jahrg. 1852 der Sitzungsber. der mathem.-naturwiss. Cl. der k. Akad. der Wiss. abgedr.] Lex. 8. Ebd. 852. n. 16 *ngr*

—— dass. — (5. Fortsetzung.) Lex.-8. (20 S. mit 6 Stnt. in Lex.-8. und gr. 4.) Ebds. 853. *

— Beiträge zur Naturgeschichte der Insekten. 6. Fortsetzung. Mit 1 (lith.) Taf. [Aus den Sitzungsber. 1852 der k. Akad. der Wiss. abgedr.] Lex. 8. (11 S.) Ebd. 852. n. 12 *ngr*

—— dass. — (6. Fortsetzung.) Lex.-8. (11 S. mit 4 Stnt.) Ebds. 853. *

Heeger, Ernst, Beiträge zur Naturgeschichte der Insecten. 7. Forts. Mit 6 (lith.) Taf. 853. (23 S.) n. 20 *ngr.* — 8. Forts. Mit 6 (lith.) Taf. 853. (20 S.) n. 18 *ngr.* — 9. Forts. Mit 6 (lith.) Taf. 853. (24 S.) n. 18 *ngr.* — 10. Forts. Mit 6 (lith.) Taf. 853. (24 S.) n. 20 *ngr.* — 11. Forts. Mit 6 (lith.) Taf. 854. (18 S.) n. 17 *ngr.* — 12. Forts. Mit 5 (lith.) Taf. 854. (16 S.) n. 16 *ngr.* — 13. Forts. Mit 4 (lith.) Taf. 854. (13 S.) n. 15 *ngr.* — 14. Forts. Mit 2 (lith.) Taf. 854. (11 S.) n. 8 *ngr.* — 15. Forts. Mit 4 (lith.) Taf. 855. (17 S.) n. 15 *ngr.* — 16. Forts. Mit 6 (lith.) Taf. 857. (22 S.) n. 20 *ngr.* — 17. Forts. Mit 6 (lith.) Taf. 858. (23 S.) n. 17 *ngr.* (Aus d. Sitzungsberichten d. k. Akad. d. W.) Wien 853–58. (Gerold.) gr. 8. n 6 *ℛ* 4 *ngr*

—— dass. — (9. und 10. Fortsetzung.) Lex.-8. (48 S. mit 12 Stnt.) Ebds. 854. [9. * 18 Ngr., 10. * 20 Ngr.] *

—— dass. — (12—14. Fortsetzung.) Lex.-8. (16 S. mit 11 Stnt.) Ebds. 855. [12. * 16 Ngr., 13. * 15 Ngr., 14. * 8 Ngr.] *

—— dass. — 15. Folge. (Lex.-8.) (17 S. mit 4 Stnt.) Ebds. 856. *

— Beiträge zu Naturgeschichte der Insecten. 18. Fortsetzung. Mit 5 (lith.) Taf. (Aus den Sitzungsber. 1859 d. k. Akad. d. Wiss.) Wien 859. Gerold in Comm. gr. 8. (17 S.) n. 14 *ngr.*

—— Beiträge zur Naturgeschichte der Insecten. 19. Fortsetzung. Lex.-8. (10 S. mit 4 Stnt.) Wien 866, (Gerold's Sohn.) *
Aus: Sitzungsberichte der k. Akad. der Wissenschaften, besonders abgedruckt.

Heeger, E., Beiträge zur Schmetterlingskunde, oder Abbildd. u. Beschreibb. neuer Sicilianischer Schmetterlinge. (1 B. u. 1 ausgem. Tafel.) gr. 4. Wien 838, (Leipzig, Hinrichs.) n. ⅓ ℛ

Heeger, Ernst, neue Metamorphosen einiger Dipteren. Lex.-8. (18 S. mit 4 Stnt.) Wien 856, (Gerold's Sohn.) Thlr. *
aus: Sitzungsberichte der k. Akademie der Wissenschaften J. 1851—54, besonders abgedruckt.

— neue Metamorphosen einiger Dipteren. Mit 4 (lith.) Taf. (Aus den Sitzungsber. 1858 d. k. Akad. d. Wiss.) Ebend. 858. gr. 8. (17 S.) n. 12 *ngr.*

Heeger, Georg, Dr., Prof.: **Beiträge zur pfälzischen Mundartforschung und Volkskunde. Tiere im pfälzischen Volksmunde.** T. 1. *Landau 1902: K. & A. Kaußler.* (27 S.) 8° [F.]
Landau, k. humanist. G, P 1902*

Heeger, Georg, Dr., Prof.: **Beiträge zur pfälzischen Mundartforschung und Volkskunde. Tiere im pfälzischen Volksmunde.** T. 2. *Landau: K. & A. Kaussler 1903.* (27 S.) 8° [F.] ¶(Forts. d. P-Beil. 1902.)
Landau, k. humanist. G, P 1903*

Heeger, Georg, Dr., Prof.: Die germanische **Besiedlung** der Vorderpfalz an der Hand der Ortsnamen. Mit 1 Ortsnamenkarte. *Landau 1900: K. & A. Kaussler.* (46 S.) 8° [F.]
Landau, k. humanist. G, P 1900*

[F.] **Heeger,** Georg [Dr.]: Der Dialekt der Südost-Pfalz. 1. Tl: Die Laute. M. e. Lautkarte. Landau, Buchdr. K. & A. Kaussler, 1896; 40 S., 1 Kt. 8.
Landau, k. humanist. G, P 1896*

Heeger, Geo., d. Dialekt d. Südost-Pfalz. I. Tl.: Die Laute. M. e. Lautkarte. Progr. gr. 8. (36 S.) Landau 896. (G. L. Lang.) n. 1. 20

Heeger, Geo., Führer d. Landau i/Pfalz, s.: Beckmann.

Heeger, Geo., über die Trojanersage der Britten. Inaugural-Dissertation. gr. 8. (99 S.) München 886, (Oldenbourg.) * 2 —

Heeger, Georg [Dr.]: Über die Trojanersagen der Franken und Normannen. Landau, Buchdr. K. & A. Kaussler, 1890; 88 S., 1 Bl. 8°
Landau, k. StA, P 1890

Heeger, Geo., u. Wilh. Wüst, Volkslieder aus der Rheinpfalz. Mit Singweisen aus dem Volksmunde gesammelt. Im Auftrage des Vereins f. bayer. Volkskunde hrsg. 1. u. 2. Bd. (XV, 304 u. 7 S. u. 318 S.) gr. 8. Kaiserslautern 909. H. Kayser. Geb. in Leinw. à 3. 80

Heeger, Greg., Handbuch d. christl. Sittenlehre, für alle Stände. gr. 8. Bamb. 797. N. Aufl. 812. (Wesché in Frankf. a. M.) 1 Rthlr 4 Gr

— populäre Predigten für den gemeinen Mann. 8. Bamb. 796. (Wesché in Frankf.) 1 Rthlr 8 Gr

— d. Sinn u. Wandel des Seelsorgers, in Betracht. über Lektionen d. heil. Schrift. gr. 8. Bamb. 802. (Wesché in Frankf.) 1 Rthlr 8 Gr

— s. auch Heger.

Heeger, Maximilianus [Lichtensteinensis]: De Theophrasti qui fertur *Περὶ σημείων* libro. . . . Lipsiae, *Ienae, typ. Frommanni (H. Pohle)*, 1889; 2 Bl. + 72 S. + 1 Bl. 8°
Leipzig, Phil. Fak., Inaug.-Diss. v. 22. Mai 1889

Heeger, Robert

Heeger, R., Anleitung für den Turnunterricht in Knabenschulen. Bearb. in sieben aufsteigenden Stufen. 2 Thle. gr. 8. Leipzig 880, Strauch. *

Inhalt:

Thl. 1. Stufe I—III. Bestimmt für die drei ersten Turnjahre [2.—4. Schuljahr]. (159 S. mit 59 in den Text gedr. Abbild.) *ℳ 1.75.

„ 2. Stufe IV—VII. Bestimmt für die letzten vier Turnjahre [5.—8. Schuljahr]. (VIII, 299 S. mit 203 in den Text gedr. Abbild.) *ℳ 4,50.

Heeger, R., Anleitung f. den Turnunterricht in Knabenschulen. Bearb. in 7 aufsteig. Stufen. 2. Thl. Stufe IV bis VII. Bestimmt f. die letzten 4 Turnjahre [5. bis 8. Schuljahr]. Mit 203 in den Text gedr. Abbildgn. gr. 8. (VIII, 299 S.) Leipzig 884. Strauch. n. 4. 50 (cplt.: n. 6. 25)

Heeger, Rob., d. körperliche Ausbildung u. Erziehg. uns. Jugend an d. höh. Schulen. Vortrag, geh. am 18. IX. im Dresdner Turnlehrerverein u. (inhaltl. gekürzt) am 29. IX. 1897 auf d. Versammlg. d. deutschen Gymnasialvereins zu Dresden. [Aus: „Deutsche Turn-Zeitg."] gr. 8. (86 S.) Leipzig 898. E. Strauch. n. -- 60

Heeger, Robert, Ob schwedisch oder deutsch? Auch e. Wort z. dtsch. Mädchen- u. Frauenturnen, Vortr., Leipzig 1905, 28 S., 8°.

Heeger, R., Schulturnen u. Körperpflege. Ein Beitrag zu der v. dem königl. Amtsrichter Hartwich-Düsseldorf verf. Broschüre: „Woran wir leiden". Vortrag, geh. auf der 12. Versammlg. d. sächs. Turnlehrervereins zu Reichenbach i. V. am 16. Mai 1883. gr. 8. (32 S.) Leipzig 883. Strauch n. — 50

Heeger, Robert, Spielen und Turnen oder Turnen und Spielen, Leipzig 1893, 31 S., 8°.

Heeger, Robert, Zu Tanz u. Reigen, Tanzweisen u. andere Tonstücke z. Gebrauch b. Turnunterricht, op. I, Leipzig 1908, 29 S., 4°.

Heeger, R., Übungsbeispiele aus dem Gebiete der Frei-, Ordnungs- u. Stabübungen, nebst e. Sammlung von Liederreigen, Tanzreigen, Kanonreigen u. Stabreigen. Für das Turnen der weibl. Jugend zusammengestellt u. in 3 Stufen geordnet. Mit 206 Holzschn. 8. (VIII, 311 S.) Leipzig 889. Strauch. n. 2. 80

Heeger, Rob., Übungsbeispiele aus dem Gebiete der Frei-, Ordnungs- u. Stabübungen, nebst e. Sammlg. v. Liederreigen, Tanzreigen, Kanonreigen u. Stabreigen. Für das Turnen der weibl. Jugend zusammengestellt u. in 3 Stufen geordnet. Mit 220 Holzschn. 2. Aufl. 8. (XV, 372 S.) Leipzig 893. E. Strauch. n. 3. —; geb. n. 3. 60; auch in 3 Hftn. à n. 1. —

Heeger, Rob., Übungsbeispiele aus dem Gebiete der Frei-, Ordnungs-, Stab-, Keulen- u. Gerätübungen, nebst e. Sammlung v. Liederreigen, Tanzreigen, Kanonreigen, Stabreigen u. Keulenreigen. Für das Turnen der weibl. Jugend zusammengest. u. in 3 Stufen geordnet. 3. Aufl. 8. (XV, 411 S. m. 309 Holzschn.) Leipzig 899. E. Strauch. n. 4. —; geb. n. 4. 60

Heeger, Rob., Uebungsbeispiele aus dem Gebiete der Frei-, Ordnungs-, Stab-, Keulen- u. Gerätübungen, nebst e. Sammlung von Liederreigen, Tanzreigen, Kanonreigen, Stabreigen u. Keulenreigen. Für das Turnen der weibl. Jugend zusammengestellt u. in 3 Stufen geordnet. 4. Aufl. (XV, 429 S. m. 322 Holzschn.) 8. Leipzig 903. E. Strauch. n. 4. —; geb. n. 4. 60

Heeger, Viktor

Heeger, V., Geschichten vom alten Haiman. Humoristische Erzählgn. in der schles. Mundart. 8. (IX, 106 S.) Freudenthal 888. Thiel. n. 1. 25; geb. n. 1. 70

Heeger, Vict., Geschichten vom alten Haiman Zwölf humorist. Erzählgn. in schles. Mundart. 1. Bd. 2. Aufl. 8. (VI, 115 S.) Freudenthal 892. J. M. Thiel. n. 1. 50; geb. n 2. —

Heeger, Vict., Geschichten vom alten Haiman. 2. Folge. Heit. Erzählgn. in d. schles. Mundart. 8. (VII, 135 S.) Brünn 895. (Freudenthal, J. M. Thiel.) Geb. n. 2. —

Heeger, Viktor: Geschichten vom alten Haiman. Humorist. Erzählgn in d. schles. Mundart. Folge [1.] 2. Freudenthal 1888(—1900).

Heeger, Vict., Geschichten vom alten Haiman. I. Bd. u. II. Folge. 8. Freudenthal, J. M. Thiel. Geb. in Leinw. 4. 40

I. Bd. Zwölf humoristische Erzählungen in schlesischer Mundart. 5. Aufl. (115 S.) (909.) Geb. 2. 20

II. Folge. Heitere Erzählungen in der schlesischen Mundart. (VII, 135 S.) (909.) Geb. 2. 20

Heeger, Viktor (Red.), s. Jagdblatt, Mährisch-schlesisches.

— Der Koberſteiner. Eine Sage aus den mährisch-schles. Sudeten. (224 S. m. Abbildgn. u. Titelbild.) 8. Brünn 908. F. Irrgang. 2.—; geb. 3. —

Heeger, Viktor: Köpernikel und Arnika. Geschichten ond Gedichtla aus der dt. Schles'. Freudenthal ('09). 110 S. Thiel.

—— „Weidmannssprache". 32. (58 S.) Ebendas. 886. * — 40

Heeger, Wenz., Biographie d. neu entdeckten österreich. Seidenwurms. mit 1 Kpft. 8. Wien 794. Verf. 1 Rthlr 12 Gr

— patriot., zu e. allgem. Erziehung oder Bildung rechtschaffener Bürger. 2 Thle. 8. Wien 783.

Heeger, Wilhelm, Referendar: Über die Anfechtung der Versäumung der Ausschlagungsfrist wegen Irrtums nach §§ 1950, 119 BGB. Leipzig: Veit 1910. 40 S. 8° ¶ (Im Buchh. ebd.)
Leipzig, Jur. Diss. v. 18. Nov. 1910
[Geb. 20. Juni 82 Dresden; Wohnort: Zwickau i. S.; Staatsangeh.: Sachsen; Vorbildung: Kgl. Gymn. Dresden Reife O. 02; Studium: Leipzig 8 S.; Rig. 18. Febr. 07.] [U 11. 2859

Johannis-Grüsse. Den Brüdern gewidmet am 24sten Juni 1851 von J. Heegewaldt & F. Wendel. o. O. [1851]. 2 Bl. 8° [Umschlagtit.]
2 Gedichte. 1. Die Rose. 2. Frühlings Hochzeit. 8.

[Gedicht.] Zur Weihnacht 1860. [Unterz.:] Sophie Heegewaldt, geb. Puhlmann. [Potsdam 1860: Krämer.] 2 Bl. 8° [Umschlagtit.]
Tt. 2476. „Aus der Kindheit frohen Tagen…“ 439.

Johannis-Gruss. 24. Juni 1855. [Unterz.:] Sophie Heegewaldt, geb. Puhlmann. [Potsdam 1855: Krämer.] 2 Bl. 8° [Umschlagtit.]
Gedicht: „Du nahest dich, o St. Johannistag, . . .“ 3.

Heeke, J. A., petit questionnaire français. Stoffe und Anleitung zur Erlernung der Grund-Formen der französ. Conversation. Nebst Vorübungen und einem Anh. Für höhere Bürgerschulen, untere Real-Classen und zum Privat-Unterricht bearb. gr. 16. (IV und 76 S.) Dresden 867, (Weiske.)

Heeke, Magdalena (Frau Cäcilie Meyer), zwei, die m. dem Schicksal rangen. Roman. (284 S.) kl. 8. Berlin (909). Frauen-Reich. 2.—; geb. 2.50

Zwei, die mit dem Schicksal rangen. Roman von Magdalena Heeke. Berlin: 'Frauen Reich' [1910]. 284 S. 8°

Heeke, Otto Herm., biblische Beweisstellen nach der Glaubens- u. Sittenlehre geordnet. Langensalza (856.) Schulbuchhdlg. d. Thür. Lehrer-Vereins. 8. (84 S.) 6 ngl

— Populäre Symbolik, oder: Gemeinfaßliche Darstellung der Lehrbegriffe der drei christlichen Hauptkirchen u. einiger Nebenkirchen, für Gebildete jedes Standes u. besonders für Lehrer bearbeitet. 855. (VI, 58 S.) — 2. Aufl. Langensalza 856. Schulbuchhdlg. d. Thür. Lehrer-Vereins. 8. (IV, 52 S.) 6 ngl

van Heekeren, Abrahamus Joannes (geb. am 15 Juni 1827 in Amsterdam): De operatione rhinoplastica secundum clinici chirurgici Bonnensis encheireses … Bonnae, typ. C. Krüger 1853. 2 Bl., 32 S., 2 Bl., 14 Taf. 4. ¶ Erschien zugleich selbständig bei Marcus in Bonn.
Bonn, Med. Fak., Diss. v. 26 Febr. 1853

Heekeren, A. J. van, de operatione rhinoplastica secundum clinici chirurgici Bonnensis encheireses. Cum tabulis XIV lapidi incisis. Bonnae 853. Marcus. gr. 4. (2 Bl., 33 S.) n. 1 ₰ 20 ngl

Heekeren, I., de Osteogenesi praeternaturali c. tab. aen. 4. maj. Lugd. Dänzer. 797.

van Heekeren, Guilelmus Broes (geb. am 2 Aug. 1829 in Harlem): De abortu arte provocato … Bonnae, typ. Krüger 1853. 2 Bl., 57 S., 1 Bl. 8.
Bonn, Med. Fak., Diss. v. 26 Febr. 1853

Heel, Erichs., (Jh. Fr. Ferd. Ganz), Beleuchtung d. sogenannten Gedanken e. Franken über d. den sechs vordern Reichskreisen zugemutheten provisor. Verpflegung d. königl. preuß. Kriegsheeres rc. gr. 8. Frankf. 794. Brönner. 8 gl

(Heel, E.) Beleuchtung der sogenannten Gedanken eines Franken über die den 6 vorderen Reichs-Kreisen zugemuthete provisorische Verpflegung des Preuß. Kriegs-Heeres. o. O. 1794. 8°.

Heel, Eugen: Kritische und exegetische Bemerkungen zu Euripides' Helena (I. Teil). Nördlingen [1906]: C. H Beck. (56 S.) 8°
München, Phil. Fak., Ref. v. Müller, Diss. v. 6. Juni 1904
[Geb. 20. Febr. 75 Speier; Wohnort: München; Staatsangeh.: Bayern; Vorbildung: Gymn. Freising Reife Juli 94; Studium: München 8 S.; Rig. 6. Juni 04.]

Heel, Eugen: Kritische und exegetische Bemerkungen zu Euripides' Helena (I. Teil). 56 S. 8 Progr. Kgl. Hum. Gymn. *Günzburg* 1906.

Heel, Friedrich [app. Arzt aus Speyer]: Ueber „Postmortale" Ejaculationen … Würzburg, Buchdr. d. „Neuen Bayer. Landeszeitg", 1893; 34 S. 8.
Würzburg, Med. Fak., Inaug.-Diss. v. 1893

Heel, Johann Nepomuk

Heel, J.N.: Gestalt und Grösse der Erde. 23 S. -Speier, Progr. 1865

Heel, J. Nep.: Dr. Friedrich Magnus Schwerd. Ein Nekrolog. 24 S.- Speier, Progr. 1872.

Die Theorie der magnet- und dynamo-elektrischen Maschinen für die Schule zurechtgelegt. — Von Joh. Nep. Heel, L. P. — 1883, Freising. — S. 1—20 mit 2 Figurentafeln.
Progr. Freising., K. Lyzeum

Heel, Joh. Nep., die Theorie der magnet- und dynamoelektrischen Maschinen, für die Schule zurecht gelegt. gr. 8. (20 S. mit 1 Stnt.) Freising 883, (Datterer.) *

Heel, Joh. Peter: P a p a quid facis? , s. W e b e r , Immanuel (Präs.)

Heel, Jos., die hochbegnadigte Ordensschwester Columba im Kloster der Dominikanerinnen zum heil. Grabe in Bamberg. Nach Manuscripten d. histor. Vereins u. a. Quellen. 8. (XII, 227 S.) Regensburg 880. Pustet. n. 1. 40

Heelfried u. Selene, Gespräche zweyer Liebenden. 3 Thle. 8. Lpzg. Hilscher. (Compt. f. Lit.) 780—82. (à 20 gr.)

van Heelu, Jean, Chronique en vers, ou relation de la bataille de Woeringen, publié par J. F. Willems, s. Collection de chroniques Belges. Vol. I.

Heely, Jos., Briefe über d. Schönheiten von Hagley, Ewil rc. Aus d. Engl. 8. Leipz. 776. Schwickert. 12 gl

Heely, Jos., Briefe üb. d. Schönheiten v. Hagley etc., mit kritischen Anmerk. üb. d. neuern Geschmack in d. Gartenkunst. Aus d. Engl. 8. Leipzig, 1779. Schwickert. — 15

Heely J.: Briefe üb. die Schönheiten v. Hagley, Envil u. Leasowes m. kritischen Anmerk. . . . üb. den neueren Geschmack in der Gartenkunst. Aus dem Engl. Leipz. 1799. 22 S.

POST- und Reise-Vademecum. Lustiges, muntern Reisenden gewidmet von Monsieur *Heemkengrypern*, gewesener Kammerdiener des Herrn von Münchhausen, und herausgegeben von seinem lachenden Erben. Mit 4 Kupfern. Polkwitz (fing.) 1795. 8°. Selten! (5 Mk. Ernst Frensdorff. Berlin. 1903.)

Heemskerck, Erwin v., Wege vom Endlichen zum Unendlichen. (XII, 272 S.) 8. Gießen 909. A. Töpelmann. 3. —

Heemstede, Leo van (Leo Tepe), s. a.: Tepe van Heemstede, Leo.

Heemstede, L. v., der letzte Abbeville v. Duricaue, s.: Familien-Bibliothek.

Heemstede, L. v., Arnold v. Brescia. Trauerspiel in 5 Aufzügen. gr. 8. (118 S.) Frankfurt a/M. 889. Foesser Nachf. geb. m. Goldschn. n. 2.50

Heemstede, L. v., Euphrosyne, s.: Familien-Bibliothek.

Heemstede, L. v. (Leo Tepe), Friedrich Wilhelm Helle, s.: Biographien kath. Dichter d. Gegenwart.

— Höhenluft. Ausgewählte Gedichte. 12. (XI, 408 S. m. Bildnis.) Heiligenstadt 902. F. W. Cordier. Geb. in Leinw. m. Goldschn. n. 5.—

Heemstede, L. v., die lauretanische Litanei. 16. Aachen 872, Creutzer.

Heemstede, L. v., die lauretanische Litanei. 48 Sonette. 16. (48 S.) Aachen 872. Tepe. — 50

Heemstede, L. v., Mathusala. Dramatisches Gemälde in 5 Aufzügen. 12. (V, 172 S.) Paderborn 884, F. Schöningh. * geb. mit Goldschn. *

— Mathusala. Dramatisches Gemälde in 5 Aufzügen. 2. Aufl. (165 u. XI S.) kl. 8. Paderborn 909. Junfermann. 2.40; geb. in Leinw. 3.25

— Simon v. Montfort. Drama in 5 Aufzügen. 1. u. 2. Aufl. (154 S.) kl. 8. Ebd. (907.) 2.—; geb. in Leinw. 2.60

—— Nathalie, s. Familien-Bibliothek.

— das Pfauenfederchen, s.: Familien-Bibliothek.

Heemstede, L. van, Alba Renzoni, s. Bachem's Roman-Sammlung.

— Paul Alberdingk Thijm 1827—1904. Ein Lebensbild. Mit dem Bildnis Alberdingk Thijms. (VIII, 243 S.) 8. Freiburg i/B. 909. Herder. 2.70; geb. in Leinw. 3.40

Heep, Gustavus ⟨geb. am 1 Sept. 1859 in Grumbach Rgbz. Trier⟩: Quaestiones Callimacheae metricae ... Bonnae, typ. C. Georgi (1884). 44 S. 8.
Bonn, Phil. Fak., Diss. v. 28 Febr. 1884

Heep, Jacob, Pfarrer: Juan de Valdés in seinem Verhältnis zu Erasmus und dem Humanismus. Leipzig 1909: Schmersow, Kirchhain N.-L. 35 S. 8° ¶(Ersch. vollst. u. d. T.: Juan de Valdés, seine Religion, sein Werden, seine Bedeutung. Ein Beitr. z. Verständnis d. span. Protestantismus im 16. Jh., als: Quellen u. Darstellungen aus d. Geschichte d. Reformationsjahrh. Bd 11. b. Heinsius, Leipzig.)
Gießen, Theol. Diss. v. 5. Aug. 1909, Ref. Krüger
[Geb. 16. Okt. 76 Niederbiel; Wohnort: Hochelheim; Staatsangeh.: Preußen; Vorbildung: Gymn. Wetzlar Reife O. 96; Studium: Gießen 3, Halle 2, Bonn 1 S.; Rig. 16. Dez. 08.] [U 09. 1083

Juan de Valdés, seine Religion, s. Werden, s. Bedeutung. Ein Beitrag z. Verständnis d. span. Protestantismus im 16. Jh. von Lic. J[akob] **Heep**, Pfarrer. Leipzig: Heinsius 1909. LXVI, 194 S. 8°
(Quellen u. Darstellungen aus d. Geschichte d. Reformationsjhs. Bd 11.) 09. 17804 3

Heep, Phil. Jac., Beiträge zur Geschichte der unteren Nahegegend u. des Hunsrückens unter der Herrschaft der Römer. Mit 1 (lith.) Ansicht. Kreuznach 856. Voigtländer. gr. 8. (VIII, 95 S.) 15 ngl

Heepke, Wilh., die Erweiterung des Wasserwerks der Stadt Mittweida i. Sa. (40 S. m. Fig. u. 2 Taf.) gr. 8. München (906). (Mittweida, Polytechn. Buchh.) 1.25
Sonderabdruck aus: „Journal f. Gasbeleuchtg. u. Wasserversorgg."

Die Leichenverbrennungsanstalten ⟨die Krematorien⟩. Von W(ilhelm) **Heepke**, Ingen. Halle a. S.: C. Marhold 1905. (118 S.) 8°
= Heepke: Die modernen Vernichtungsanst. organ. Abfallstoffe. 1. [05. 10] 3

Heepke, Wilh. Die Leichenverbrennungsanstalten. Halle. Carl Marhold 1905. Auch in „Zeitschrift für Heizung, Lüftung und Beleuchtung" 1904. Halle, C. Marhold.

Heepke, Wilh., die elektrische Raumheizung. (117 S. m. Abbildgn.) gr 8. Halle 903. C. Marhold. n. 2.40

— Tabellen u. Formulare zum Berechnen u. Entwerfen v. Heizungs- u. Lüftungs-Anlagen. (32 S. m. 4 Formularen.) gr. 8. Mittweida 906. Polytechn. Buchh. n. 1.20

— die modernen Vernichtungsanlagen organischer Abfallstoffe. I. u. II. gr. 8. Halle 905. C. Marhold. n. 5.40
I. Die Leichenverbrennungsanstalten (die Krematorien). (119 S. m. Abbildgn.) n. 2.40
II. Die Kadaververnichtungsanlagen. (187 S. m. Abbildgn.) n. 3.—

— Die Warmwasserbereitungs- u. Versorgungsanlagen, s. a. Oldenbourg's technische Handbibliothek. 5. Bd.

Die Warmwasserbereitungs- und Versorgungsanlagen. Ein Hand- u. Lehrbuch f. Ingenieure, Architekten u. Studierende von Wilhelm **Heepke**, Ing. Mit 255 Abb. München & Berlin: R. Oldenbourg 1910. XIV, 391 S. 8°
(Oldenbourgs Technische Handbibliothek. [Neue Zählung.] Bd 5.) 10. 13837

Heer [Sachliches Ordnungswort]

Das **bayerische** Heer, seine Änderungen, Formationen 2c. von 1799 bis zum Jahre 1854. München 1854. 111 S.

Heer, Cosmus, Landammann des Kantons Glarus, s. Wichser, J.

Heer, das deutsche. Kritische Betrachtungen eines Veteranen. [— v. d. —] gr. 8. (36 S.) Hannover 885, Helwing's Verlag. * 1 —

Heer, das deutsche. 1.—5. Serie. qu. 8. (à 6 Chromolith.) Dresden 887. W. Hoffmann. — Berlin, Toussaint & Co. à n. — 60

Das DEUTSCHE HEER. Stuttgart Verlag von Gustav Weise [c. 1895]. Leporello-Album mit 12 farb. Tafeln auf mit Leinenstreifen verbundenen Kartons. Text (Gedichte) a. d. Rückseiten. Quer-Gr.-8°. Gut erhalten. 10.—

Heer, das deutsche. qu. 12. (10 Blatt in Farbdr. in Leporelloform, m. Vignetten auf d. Rückseite, je 1 Blatt auf Titel u. Rückseite.) Stuttgart (901). G. Weise. Kart. 1.—

— dasselbe. Ein Bilderbuch f. deutsche Knaben. 2 Sorten. qu. hoch 4. (à 6 Blatt auf Chromopap. u. lackiert.) Ebd. (900). à n. — 50

— dasselbe. qu. hoch 4. (11 Bl. auf Chromopap. u. lackiert in Leporelloform, 12 Bl. auf dem Umschlag.) Ebd. 900. 1.—; auf Pappe, kart. 2.—; m. illustr. Text auf der Rückseite, in Leporelloform 2.40

— dasselbe. Mit untergedr. Text. qu. gr. 4. (10 Blatt in Farbdr., je 1 Bl. auf Titel- u. Rückseite.) Ebd. 900. Auf Pappe 3. —; auf Leinw., kart. 3. 50

— dasselbe. Mit untergedr. Text. qu. gr. 4. (11 Blatt in Farbdr. m. Text [m. Vignetten] auf d. Rückseite, 1 Bl. auf d. Titel.) Ebd. 900. Kart. 1. 80; 12. Bl. in Farbdr. m. 24 S. Text m. Vignetten. Geb. 3. —; Leporelloausg. (10 Blatt in Farbdr. m. Text auf d. Rückseite, je 1 Bl. auf Titel u. Rückseite) auf Pappe, kart. 3. —

Das deutsche **Heer**. Berlin: A. Thümecke Nachf. [1905]. (69 Taf.) gr. 2°
[F.] [06. 1878

— das deutsche, in Bildern. Fol. (10 z. Tl. farb. S.) Eßlingen (900). J. F. Schreiber. Kart. n. 1. —

Das **Deutsche Heer** für Land und Meer. Unsere Zeit in Wort u. Bild f. Soldaten. (Schriftleitung: Hofpred. [Johannes] Keßler & Dr. [Friedrich] Netto in Potsdam.) Jg. 1. *Potsdam, Berlin: A. W. Hayn's Erben 1902.* 4° [03. 19530

Heer, das deutsche, für Land u. Meer. Unsere Zeit in Wort u. Bild f. Soldaten. Schriftleitg.: Keßler u. Netto. 2. Jahrg. 1903. 52 Nrn. (à ca. 16 S.) gr. 4. Berlin, A. W. Hayn's Erben. n.n. 5. 20
Erscheint nicht mehr.

Heer u. Flotte. Hrsg. u. verantwortl.: Reginald A. Wyon. 1. Jahrg. April 1899—April 1900. 26 Hfte. Fol. (à ca. 24 S. m. Abb.) Berlin, Verl. v. „Heer u. Flotte". n. 12. —

— dasselbe. Illustrierte Zeitschrift. Hrsg.: Reginald A. Wyon. Verantwortl.: J. Scheibert, Graf Bernstorff. 2. Bd. Jan.—Septbr. 1900. 36 Nrn. Fol. (à ca. 12 S.) Ebd. n. 9. —

Heer, Das französische, der ersten Republik und des ersten Kaiserreichs... Wien 1886. V: *Nosinich, Joh.* (KA)

Heer, das, Großbritanniens u. Irlands, s.: **Heere u. Flotten**, die, d. Gegenwart.

Heer, Das, von Innerösterreich unter den Befehlen des Erzherzogs Johann im Kriege von 1809 in Italien, Tyrol und Ungarn ... Leipzig u. Altenburg 1817. 2. Aufl. 1848. V: *Hormayr zu Hortenburg, Josef Freiherr von & Johann, Erzherzog von Österreich.* (margr)

Heer, das, von Innerösterreich unter den Befehlen des Erzherzogs Johann im Kriege von 1809, in Italien, Tyrol u. Ungarn. Von einem Generaloffizier des kais. k. General-Quartier-Meister-Stabes, (v. Jos. v. Hormayr). gr. 8. Leipz. 817. Brockhaus. 2 ℛ 12 gℊ

Heer, das, von Inneröstreich unter den Befehlen d. Erzherzogs Johann im Kriege von 1809 in Italien, Tyrol u. Ungarn. Durchgehends aus officiellen Quellen, aus d. erlass. Befehlen, Operationsjournalen rc. 2., durchaus umgearb. u. sehr verm. Aufl. gr. 8. (560 S.) Leipzig 848, Brockhaus. n. 3 ℛ

— das **italienische.** (III, 69 S. m. 1 Karte.) Lex.-8. Wien 906. L. W. Seidel & Sohn. n. 1. 50
Sonderabdruck aus: „Streffleurs österr. milit. Ztschr."

— **kaiserliches**, od. Parlamentsheer. Wen wählen wir? Ein Wort an alle reichstreuen Wähler zur bevorsteh. Reichstagswahl. gr. 8. (20 S.) Spandau 887. Leipzig, Oesterwitz. — 25

Heer, Das, des Römischen Kaiserreichs. (Ein Vortrag.) Beihft. z. „Milit.-Wochenblatt". — Berlin 1887.

Heer und Kriegsflotte. I. (Bd.) **Allgemeine Bestimmungen.** Wehrpflicht, Heereseinrichtung und Rechtsverhältnisse der Militärpersonen — Heereslasten — Versorgung der Militärpersonen — Kriegsflotte. Von Graf **Hue de Grais,** Wirkl. Geh. Regierungspräsident a. D. II. (Bd.) **Militärstrafrecht.** Materielles Militärstrafrecht — Militärstrafverfahren — Disziplinarstrafrecht und ehrengerichtliches Verfahren. Von Dr. jur. M. **Schlayer,** Kriegsgerichtsrath beim Generalkommando des XIII. Armeekorps. (3. Teil 1. u. 2. Bd. aus: „Handbuch der Gesetzgebung in Preussen und dem Deutschen Reiche." Herausgegeben von Graf Hue de Grais.) (2 Bde.) 8. Berlin 1904.

— u. **Landwirtschaft.** Ein Mahnruf in ernster Zeit. Von K. v. R. 3. Aufl. gr. 8. (18 S.) Berlin 888. Knorr. n. — 50

Heer, Oswald, bibliographie et tables iconographiques de ses oeuvres, s.: **Malloizel, G.**

—— Lebensbild eines schweizerischen Naturforschers. 1. Bd. und 2. Bd. gr. 8. Zürich, Schulthess. * 10 80
Inhalt:
Bd. 1. Die Jugendzeit. Unter Mitwirkung von Carl Schröter verf. von J. Just. Heer. (VII, 144 S. mit dem Portr. O. Heers in photogr. Lichtdr.) 885. *ℳ 2.80.
„ 2. —— dass. — O. Heer's Forscherarbeit und dessen Persönlichkeit. Von Carl Schröter, unter Mitwirkung von Gust. Stierlin und Gottfr. Heer. In 6 Lfgn. (539 S. mit einem Vollbild in Farbendr. und zahlreichen Holzschn. aus der „Urwelt der Schweiz" von O. Heer.) 887. *ℳ 8.—.
Vgl.: **Schröter, Carl.**

Heer, Oswald W. (1809—1883.) Denkschrift zur Hundertjahr-Feier in Matt, 31. August 1909. Hrg. von der Naturforsch. Gesellschaft des Kantons Glarus. Mit Illustrationen und Beilagen. 88 S. 8. Glarus, D. Hefti & O. Bartel. Zu beziehen bei J. Bäschlin, Buchh., 1910. [cart. fr. 2. —]

Das Preussische Heer, hrsg. von Elsholz, Rechlin und Schulz. (72 col. Bl.) 4. Berlin 1830 [Sachse & Co.]

Das Preussische Heer, gez. u. lithogr. von L. Elsholz, C. Rechlin u. J. Schulz. 72 Abbild. fol. Berlin 1860.

Das **preußische** Heer. Eine Darstellung der preuß. Militär-Verfassung von den ältesten Zeiten bis auf die Gegenwart von H. J. M. Berlin 1861. 75 S.

Das Preussische Heer unter Friedrich Wilhelm IV. Mit besonderer Berücksichtigung der neuesten Uniformirung und Bewaffnung aller Truppentheile unter specieller Leitung eines Allerhöchsten Orts ernannten Sachverständigen herausgegeben ... von L. Sachse & Co. Kunst-Verlags-Händler. Berlin 1843—1845. [Umschlagtit.]
2 lithogr. Umschlagtit.; 36 Taf. in kol. Lithogr. 2°.
Schließt sich an das 1830 im gleichen Verlage erschienene Tafelwerk von Elsholz, Rechlin u. Schulz an

Heer, das preußische, unter Friedrich Wilhelm IV. mit besond. Berücksichtigung der neuesten Uniformirung u. Bewaffnung aller Truppentheile. Hft. 1—5. Fol. (30 col. Bl.) Berlin 845, Sachse u. Co. à n. 3 ℛ — Prachtausg. mit Gold u. Silber à n. 6 ℛ (pro 1.—6. Hft. n. 12 ℛ — Prachtausg. n. 24 ℛ Einzelne Hefte kosten 3 ℛ, einzelne Blätter 1/2 ℛ)

— Heer unter Friedrich Wilhelm IV. Berlin 1843. 36 farb. Bl. 2°
— — Suppl. Die preuß. Landwehr-Kavallerie. 1854. 5 farb. Bl. 2°

Heer, das königlich **preussische**, in seiner gegenwärtigen Uniformirung. Nach den neuesten Bestimmungen und Proben zusammengestellt. 1—9. Liefg. Berlin 862, 63. Hammer. gr. Fol. Jede Liefg. (à 2 lith. u. color. Bl.) n. 2 ℛ

Heer, das königl. preussische, in seiner gegenwärtigen Uniformirung. Nach den neuesten Bestimmungen u. Proben zusammengestellt. 10—15. Liefg. (à 2 color. Steintaf.) Berlin 865. Schroeder's Verlag. qu. gr. Fol. à Blatt n. 1 ℛ; à Liefg. n. 2 ℛ

Das russische Heer und seine Reform. o. O. 1871. 32 S.

— das stehende. Eine Zeitfrage, beleuchtet von einem bayerischen Offizier. München 864. Fleischmann. gr. 8. (43 S.) 7½ ngr.

— das stehende, u. seine Bestimmung. gr. 8. (48 S.) Leipzig 852, O. Wigand. ¼ ₰

Heer, Stehendes, und Volksbewaffnung ... Karlsruhe 1848. V: *Böckh, Chn Friedrich von.* (Ky)

— stehendes, u. Volksbewaffnung, mit Bezug auf den Badischen Landwehr-Gesetzentwurf u. die Formation d. Badischen Truppen, von F. v. B(öckh). 8. (XX u. 197 S.) Karlsruhe 848, Nöldeke. ⅔ ₰

Heer, Stehendes, und Volkswehr ... von einem deutschen Officier. Mannheim 1848. V: *Rüstow, Friedrich Wilhelm.* (ADB)

— stehendes, u. Volkswehr, ein Beitrag zu der Bewaffnungsfrage der Gegenwart, von einem deutschen Offizier. 8. (VI u. u. 135 S.) Mannheim 848, Bassermann. ⅓ ₰

— unser, im Niedergang? Betrachtungen e. alten Offiziers. (29 S) 8. Wolfenbüttel 904. J. Zwißler. n. — 50

— u. Volk. Eine Sammlung v. Aufsätzen meist militair. Inhalts. 2 Bde. gr. 8. (1: VIII u. 339 S. 2: VIII u. 312 S.) Leipzig 848, G. Mayer. (à 1½ ₰) 3 ₰

— das wilde, in Deutschland. Wie Kaiser Napoleon III. die unvereinigten Staaten von Deutschland mit Fuchsfallen, Fischangeln ꝛc. fangen, schlachten ꝛc. wollte — und was der deutsche Michel trieb, daß ihm der Schnabel sauer blieb. Ein humoristisch-satirischer Vexirspiegel in Blumauer's Manier, für alle, die hineinschauen. Von Dr. Mephisto. 1—5. Aufl. Freysing 860. Datterer. 12. (35 S.) n. 5 ngr.

Heer, das wüthende; od. das Mädchen im Thurme. Operette von Bretzner. 8. Leipz. Link. (a. Schneider.) 789.

Heer [Verfasser]

Heer, Spadacrene, ou sur les Eaux de Spa. 8. Lausanne, Pott. 759.

Heer, Albert. Das Haus von Landenberg von Werdegg. [Mit Illustrationen und 1 Tafel.] 58 S. 8. Zürich, Schulthess & Co., 1904. [fr. 1.—]

Heer, Albert. Heimatkunde Hittnau. Geschichtlicher Teil, bearbeitet für den Unterricht an der 4.—8. Klasse. [Mit Wappenvignetten und 4 Tafeln.] VIII + 84 S. 8. Zürich, Schulthess & Co., 1905. [cart. fr. 1.40]

Heer, Andr., Lehrbuch der vereinfachten deutschen Buchführung nach einfachem u. doppeltem System, s.: Sammlung kaufmänn. Unterrichtswerke. 9.

Heer, Anna, prakt. Arzt in Zürich [von Märstetten, Kt. Thurgau]: Über Schädelbasisbrüche. (S. A. aus: Beiträge zur klinischen Chirurgie [— Bruns], Bd IX [S. 1—82]). Tüb. H. Laupp 1892. 2 Bl., 82 S., Taf. I—VIII. 8°.
Zürich, Med. Diss. [v. 12. März 1892].

Heer, Aug., Germanien u. Italien. Gedicht. Mit ital. Uebersetzg. v. Alless. Malinverni. gr. 8. (63 S.) Turin 875. (Loescher.) n. 1. 60

Heer, August Leberecht (Görlitz), De incestu. Präs. Augustin Leyser. Wittbg. (Hake) Juni 1736. 24 S., tlws. dtsch. (6.—) 13813

— — Dasselbe. Oder von der Blut=Schande. (6.—) 13814

Heer, C. L., s. Heer, Karl Ludwig.

Heer, C. W., s. Heer, Karl Wilhelm.

Heer, Chr., Fortificationsspiegel, in w. d. Urspr. d. Festungsbaues u. dessen Definition z. sehen ist, m. K. 4. Leipz. Gleditsch. 743.

Heer, Cosmus: De usuris. 38 S. –
Basel, Jur.Diss.v. 10.Mai 1746.

Heer, Fr., Feldmessen u. Nivellieren. Elementare Anleitg. f. die Schule u. zum Selbstunterricht. (VIII, 49 S. m. 57 Fig.) 8. Wiesbaden 910. C. W. Kreidel. 1. —

Heer, Friedrich

Heer, F., Liederbuch f. die Unterklassen der Volksschulen. 8. (24 S.) Leipzig 888. Hirt & Sohn. n. — 15

— dass. — f. die Unterklassen der Volksschulen. 2. Aufl. 8. (24 S.) Ebd. 892. • • — 15

Heer, Frdr., Liederbuch f. d. Unterklassen d. Volksschulen. 3. Aufl. 8. (II, 26 S.) Leipzig 897. F. Hirt & Sohn. n.n. — 15

Heer, Frdr., Liederbuch f. die Unterklassen d. Volksschulen. 4. Aufl. 8. (24 S.) Leipzig 899. F. Hirt & Sohn. n.n. — 15

— Liederbuch f. die Unterklassen der Volksschulen. Neu bearb. v. Alfr. Doft. 6. Aufl. (24 S.) 8. Ebd. 906. n n. — 15

Heer, Friedr., Liederbuch für preußische Volksschulen. 8.— 10. Aufl. 8. (48 S.) Leipzig 886,87, Hirt und Sohn. * — 20
—— dass. — 11. Aufl. [1. Aufl. der Neubearbeitung.] Neue Ausg. von 1888. 8. (IV, 64 S.) Ebendas. 888. * — 20
Frühere Aufl., s. Liederbuch.

Heer, Friedr. Liederbuch f. preußische Volksschulen. 15. durchgeseh. Aufl. [4. Aufl. d. Neubearbeitg.] 8. (64 S.) Bresl. 892. F. Hirt. • — 20

Heer, Frdr., Liederbuch f. preußische Volksschulen. 17., durchgeseh. Aufl. [6. Aufl. der Neubearbeitg.] 8 (64 S.) Breslau 892. F. Hirt. n. — 20

— dasselbe f. preußische Volksschulen. 21. Aufl. (10. Aufl. d. Neubearbeitg.) 101. bis 105. Taus. 8. (64 S.) Breslau 898. F. Hirt. n. — 20

Liederbuch für preussische Volksschulen. Von Friedrich Heer. 23. Aufl. (12. Aufl. d. Neubearb.) *Breslau: F. Hirt 1900.* (64 S.) 8° [Umschlagt. F.] [ot. 4531 2

— Liederbuch f. preuß. Volksschulen. 25. Aufl. (14. Aufl. der Neubearbeitg. (121.—125. Taus.) 8. (64 S.) Breslau 902. F. Hirt. n. — 20

Heer, Frdr., Liederbuch f. preußische Volksschulen. 28., durchgeseh. u. veränd. Aufl. (136.—140. Taus.) (64 S.) 8. Breslau 906. F. Hirt. n. — 20

Liederbuch für preußische Volksschulen von Friedrich **Heer**. 29. Ster. Aufl. Breslau: F. Hirt 1907. (64 S.) 8° [Umschlagt. F.] 108 3304 2

Heer, Frdr., Liederbuch f. preußische Volksschulen. 31. Ster.-Aufl. (64 S.) 8. Breslau 910. F. Hirt. — 20

Heer, Frdr., Liederbuch f. sächsische Volksschulen. 15. Aufl. 8. (48 S.) Leipzig 886. Hirt & Sohn. n. — 20

—— Liederbuch für sächsische Volksschulen. 14.—19. Aufl. gr. 8. (48 S.) Ebendas. 886—88. * — 20

Heer, Friedr., Liederbuch für sächsische Volksschulen. 20. Aufl. [1. Aufl. der Neubearbeitung.] Neue Ausg. von 1888. 8. (IV, 64 S.) Leipzig 888, Hirt und Sohn. * — 20

— Liederbuch f. sächsische Volksschulen. Neue Ausg. v. 1888. 28. Aufl. [8. Aufl. der Neubearbeitg.] gr. 8. (64 S.) Leipzig 890. Hirt & Sohn. n. — 20

—— desgl. — f. sächsische Volksschulen. 34. Aufl. 8. (64 S.) Lpz. 892, Hirt u. Sohn. * — 20

— dasselbe f. sächsische Volksschulen. 36. Aufl. 8. (64 S.) Leipzig 893. F. Hirt & Sohn. n. — 20

— dasselbe f. sächsische Volksschulen. Neubearb. von Alfr. Dost. 6. Aufl. (43. Aufl. d. Gesammtaufl.) 206.—210. Taus. 8. (64 S.) Leipzig 898. F. Hirt & Sohn. n. — 20

— Liederbuch f. sächsische Volksschulen. Neubearb. v. Alfr. Dost. 48. Aufl. (10. Aufl. d. Neubearbeitg.) 8. (64 S.) Leipzig (902). F. Hirt & Sohn. n. — 20

— Liederbuch f. sächsische Volksschulen. Neubearb. von Alfr. Dost. 53. Aufl. (64 S.) 8. Ebd. 906. n. — 20

— Liederbuch f. sächsische Volksschulen. Neu bearb. v. Alfr. Dost. 57. Aufl. (64 S.) 8. Leipzig 910. F. Hirt & Sohn. — 25

Heer, F(riedrich) Justus: Die historischen und geographischen Quellen in Jaqût's Geographischem Wörterbuch. *Strassburg: K. J. Trübner 1898.* (113 S.) 8°
Strassburg, Phil. Diss. v. 1898

Heer, G., d. Marburger Burschenschaft Arminia von 1860 bis 1895, nebst e. kurzen Geschichte der Marburger Burschenschaft seit 1816. Festgabe zum 35jähr. Stiftungsfest d. M. B. Arminia. gr. 8. (VIII, 293 S.) Marburg 896. (O. Ehrhard.) n.n. 6. —

Heer, Gottfried

Heer, Gfr., die Befreiung des Landes Glarus und die Schlacht bei Näfels. 1388—1888. Volks- und Jugendschrift, im Auftrage der h. Regierung des Kantons Glarus verfaßt. 8. (56 S. mit 40 Holzschn.-Illustr. von Karl Jauslin.) Zürich 888. (Bern, Köhler'sche Buchh.) * 1 —

Heer, G., die Befreiung d. Landes Glarus u. die Schlacht bei Näfels. 1388—1888. Volks- u. Jugendschrift. Mit 40 (Holzschn.-)Illustr. v. K. Jauslin. 8. (56 S.) Zürich 888. (Bern, Jenni.) n. 1. —

Heer, Gottfried. Blätter zur Geschichte der Dorfschaft Rüti. Heft 1. 42 S. 8. Glarus, ⟨Dl. Tschudy-Aebly⟩, 1906.

Heer, Gottfried. Blätter zur Geschichte der Dorfschaft Rüti. Heft 2. (Ein Beitrag zur glarnerischen Kulturgeschichte.) Separatabdruck aus den «Glarner Nachrichten» [Jahrg. 36]. 34 S. 8. Glarus, [Rud. Tschudy,] 1910.

Heer, Gottfr[ied]. Sanatorium Braunwald. Bericht über seine Gründung und die ersten 10 Jahre seines Wirkens (1898 bis 1907), zu Handen der Tit. gemeinnützigen Gesellschaft (Glarus) und der freundlichen Geber und Geberinnen. Erstattet von Gottfr. H', Quästor des Sanatoriums. [Mit Illustrationen und 1 Tafel.] II + 53 S. 8. Glarus, J. Spälti, 1908.

Heer, Gottfried. Briefe aus dem Sanatorium Braunwald. Seinen Freunden und Gönnern gewidmet von Gottfried Heer, z. Z. des Sanatoriums Schreiber und Verwalter. [Illustriert.] II + 53 S. 8. Schwanden, Buchdr. Schwanden (**Umschlag:* Glarus, Buchh. Bäschlin), 1901. [fr. —. 50]

Heer, Gottfried. Dicta des Chronisten Joh[ann] Heinr(ich) Tschudi von Schwanden. Vortrag, gehalten in der glarner. naturforschenden Gesellschaft. [SA.] 8. Glarus 1895.

Heer, Gottfried. Die Dorfkranken- und Alterskasse von Diesbach-Dornhaus und Betschwanden während der ersten 33 Jahre ihres Bestandes. Den Mitgliedern der Krankenkasse zur Erinnerung und zur Lehre gewidmet von G' H', 1872—1905 Verwalter der Kasse. 20 S. 8. Glarus, D. Hefti, 1905.

— die Zürcher-Heiligen St. Felix u. Regula. Vortrag. gr. 8. (IV, 52 S.) Zürich 889. Schultheß. n. 1. —

— St. Fridolin, der Apostel Alamanniens. Vortrag. gr. 8. (64 S.) Zürich 889. Schultheß. n. 1. —

— zur 500jährigen Gedächtnisfeier der Schlacht bei Näfels. Festschrift. Mit e. Plane der Schlacht von F. Becker. gr. 8. (VII, 231 S.) Glarus 888. Baeschlin. n. 3. —

Heer, Gottfried. Die evangelische Geistlichkeit des Landes Glarus 1530—1900. Kap. 8 der glarnerischen Kirchengeschichte. 67 S. 8. Schwanden, A. Aebly-Streiff, 1908. [fr. 1. —]

Heer, Gottfried. Neuere Glarner-Geschichte (**Umschlag*: Zur neueren Glarner- und Schweizergeschichte). 1. Die Regeneration 1830-1838 — 2. Das Werden des neuen Bundes 1830-1848. [Mit 2 Porträts und 1 Plan-Skizze.] II + 112 S. 8. Schwanden, A Aebly, 1903. [geb. fr. 2. 20]

Heer, Gfr., Geschichte d. Landes Glarus. 1. Bd. (b. 1700). gr. 8. (III, 209 S.) Glarus 898. Baeschlin. n. 2. 60

— Geschichte des Landes Glarus. 2. Bd. (1701—1830). gr. 8. (IV, 245 S. m. 1 Abbildg.) Glarus 899. Baeschlin. n. 2. 60; (1 u. 2 in 1 Leinw.-Bd. n. 6. 20)

Heer, Gfr., Geschichte d. glarn. Volksschulwesens. gr. 8. (338 u. 75 S. m. 3 Tab.) Glarus 886. (Mülheim, Ziegenhirt.) geb. n. 4. 50

Heer, Gottf[ried]. Unsere Geschlechtsnamen. Vortrag, gehalten von Gottf. H', Hätzingen, im Sanatorium Braunwald. Separat-Abdruck aus den «Glarner Nachrichten» [Jahrg. 34]. 27 S. 8. Glarus, ⟨Rud. Tschudy,⟩ 1908.

Heer, Gfr., Glarnerdütsch. 8. (74 S. m. Abbildgn.) Glarus 892. Baeschlin. n. 1. 40

Heer, Gottfried. Der evangelische Gottesdienst in der glarnerischen Kirche von den Tagen der Reformation bis zur Gegenwart. Ein Beitrag zur Geschichte des reformierten Gottesdienstes. VI + 76 S. 8. Zürich, Schulthess & Co., 1904. [fr. 1. 60]
(Der Tit. theol. Fakultät der Universität Zürich ... für die ... Würde eines Dr. Theol. ... gewidmet. = Kap. 6 der Kirchengeschichte des Kt. Glarus.)

Heer. Gottfried. Landammann und Bundespräsident Dr. J(oachim) Heer (1825–1878). (2 Bändchen.) 8. Zürich 1885. .

[Bändchen 1.] Lebensbild eines republikanischen Staatsmannes von G' H'.... [Mit 1 Porträt-Tafel.]

(Bändchen 2.) Vaterländische Reden (des Verewigten) ⟨nebst biographischen Nachträgen⟩. Hrg. von G' H'....

—— Landammann und Bundespräsident Dr. J. Heer. Lebensbild eines republikan. Staatsmannes. gr. 8. (VIII, 208 S. mit Lichtdr.-Portr.) Zürich 885, Schultheß. * 2 80

Ohne Portr. * 2 20

—— dass. — Vaterländische Reden [nebst biogr. Nachträgen]. gr. 8. (VI, 175 S.) Ebendas. 885. * 2 80

Heer, Gottfried. O. Heer als Mensch und Bürger in seiner späteren Lebensperiode. [Sep.-Ausg. von Kapitel 6–10 aus Buch 3 des Gesamtwerkes:] Oswald Heer. Lebensbild eines schweizerischen Naturforschers. 8. Zürich 1888.

Heer, Oswald. Lebensbild eines schweizerischen Naturforschers. O. Heer als Mensch und Bürger in seiner späteren Lebensperiode. Von Pfarrer *Gottfr. Heer.* Gr. in-8°, 125 S. Zürich, Friedr. Schulthess. 1888. 2 60

Heer, Gottfried. Das altglarnerische Heidenthum in seinen noch vorhandenen Ueberresten. Vortrag, den 25. November 1886 im Historischen Verein des Kantons Glarus gehalten. Gr. in-8°, 45 S. Zürich, Fr. Schulthess. 1887. 1 50

Heer, Gottfried, siehe: *Jahrbuch des histor. Vereins* d. Kantons Glarus.

— die Kirchen des Kantons Glarus. Vortrag. Den Glarnern daheim u. in der Fremde als Neujahrsblatt f. d. J. 1890 dargeboten. gr. 8. (67 S. m. eingedr. Abbildgn.) Glarus 890. Baeschlin. n. 1. 60

Kirchengeschichte des Kantons Glarus. Von Gottfried Heer. Kap. 3. *Glarus 1900: D. Hefti* (a. d. Umschl.: *Bäschlin*). 8°

[Kap. 1. 2. im Jahrbuch d. histor. Ver. d. Kanton Glarus enthalten.] [oo. 1681

— Kirchengeschichte des Kontons Glarus. III. Kap. Die Reformation. gr. 8. (148 S.) Ebd. 900. n. 1. 80

Kapitel I u. II (im Jahrbuch d. histor. Vereins f. Glarus veröffentlicht) sind nicht separat erschienen.

[Heer, Gottfried.] Das Kirchlein auf Bergeshöhen. Predigt gehalten bei der Einweihung des Kirchleins von Braunwald am 9. Oktober 1904. Allen freundl. Gebern und Geberinnen als Zeichen des Dankes, den Bewohnern von Braunwald als Andenken an den Weihetag gewidmet. [Mit 1 Ansicht.] 13 S. 8. [Glarus, Dl. Tschudy-Aebly, 1904.]

Heer, Gottfried. Glarnerische Naturkundige. Eröffnungswort gesprochen am 31. August 1908 vom Jahrespräsidenten Pfarrer G' H'. Separatabdruck aus den Verhandlungen der schweiz. naturforschenden Gesellschaft. 91. Jahres-Versammlung, Glarus 1908. Band 1. 22 S. 8. [Basel, Emil Birkhäuser, 1908.]

Heer, Gottfried. Über volkstümliche Pflanzennamen des glarnerischen Mittel- und Unterlandes. Vortrag, gehalten in der Naturforsch. Gesellschaft des Unterlandes. 8. Glarus 1893.

Heer, Gottfried. Das Altglarnerische Recht. Heft 1: Bis zum Landsbuch von 1448. 63 S. 8. Glarus, D. Hefti, 1903.

— Reiseerinnerungen aus Deutschland. Vorträge, geh. in der Lesegesellschaft Rütli. [Aus: „Neue Glarner-Zeitg."] gr. 8. (79 S.) Ebd. 890. n. 1. —

Heer, Gottfr. Landammann Dietrich Schindler. Ein Zeitbild aus d. Dreissigerjaren. In-8°, 98 S. m. Portr. Zürich, Schulthess. 1886. 2 40

— die Schlacht v. Näfels. Die Darstellg. der Festschrift gegenüber Hrn. Linthingenieur Gottl. Legler u. einem anonymen Geschichtsfreunde gerechtfertigt. gr. 8. (21 S.) Glarus 889. Baeschlin. n. — 50

Heer. Gottfried. Joh[ann] Melchior Schuler (1779–1859). Ein Schul- und Sozialreformer aus dem Anfang des XIX. Jahrhunderts. Vortrag. gehalten im histor. Verein des Kantons Glarus am 28. Oktober 1891. 8. Glarus 1892.

Heer, Gottfried. Die evangelische Synode des Landes Glarus 1621–1900. Ein Beitrag zur vaterländischen Kulturgeschichte. ⟨Kap. 7 der Kirchengeschichte des Landes Glarus.⟩ 63 S. 8. Schwanden, A. Aebli-Streiff, 1906. [fr. 1. —]

Heer. Gottfried. Der schwarze Tod im Lande Glarus. Vortrag, gehalten in der Naturforsch. Gesellschaft des Grossthals den 21. August 1893. 8. Glarus 1893.

(Heer, Gottfried.) Die Verbände glarner. Krankenkassen 1905. Ein Wort zur Aufklärung und eine Einladung zum Anschluss. (1905 Dezember 28.) 16 S. 8. Glarus, ⟨Dl. Tschudy-Aebly⟩, 1906.

Heer, Gottfried. Ein glarnerisches Wanderbild von 1670 oder Heinrich Pfendler. ein Naturkundiger des XVII. Jahrhunderts. Vortrag. gehalten in der Naturforsch. Gesellschaft des Grosstals. 8. Glarus 1893.

Heer, Gottfried. Hans Wichser us der Rüti. Ein Zeitbild aus den Tagen der Reformationszeit. [Sep.-Abdr. aus: Glarner Nachrichten.... Jahrg. 29, 1903. Nr. 142—163.] 46 S. 8. Glarus, ⟨Dl. Tschudy-Aebly⟩, 1903.

Heer, Gottfried. Eine Woche in Rom. Vortrag, gehalten in der Naturforschenden Gesellschaft des Sernfthals. 8. Glarus 1893.

Heer, Gottfried, Pfarrer. Zweck einer Familienbibel. Referat. In-8°, 43 S. Glarus, Bäschlin's Buchhandlung. 1887. 1 —

Heer, Gfr., Ulrich Zwingli als Pfarrer von Glarus. Oeffentlicher Vortrag, gehalten den 18. Dezbr. 1883 in Glarus. gr. 8. (42 S.) Zürich 884, Schultheß. *

Heer, H. (Hrsg.), s. Streiff, Kaspar: Der Heiri Jenni im Sunnebärg.

Heer's, Heinr., weltliches Gesangbuch. Eine Sammlung von 600 der beliebtesten ältern u. neuern, ein- u. mehrstimmigen Lieder, ernsten u. humoristischen Inhalts. 2. vielverm. Aufl. Glarus 855. (Zürich, Meyer u. Zeller.) 16. (XII, 372 S.) n. 16 ngr.

Heer, Hugo Carolus (*geb. Deutsch-Piekar in Schles. 4. 11. 1811*):
De ossium concretione normali et morbosa. Vratislaviae (1836).
(24 S., 2 Taf.) 4°

Breslau, Med. Diss. v. 14. Nov. 1836

Heer, J. H., 250 Rezepte aus dem Gebiete der Kochkunst, zum Gebrauch für alle Stände. Uster 854. (Zürich, Schabelitz.) 16. (112 S.) 7½ ngr.

Heer, J. H., 250 Rezepte aus dem Gebiete der Kochkunst, zum Gebrauch für alle Stände. 3. Aufl. Bern 862. Heuberger. 8. (112 S.) 7½ ngr.

Heer's, J. H., Schweizer Kochbuch. Rezepte aus dem Gebiete der Kochkunst, zum Gebrauch f. alle Stände. 4., stark verm. Aufl. gr. 16. (XVI, 181 S.) Bern 872. Heuberger. geb. 1. 80

Heer, J. Just., dies ist der Sieg, der die Welt überwindet, unser Glaube. Apologetische Betrachtungen über einige hauptsächlich angefochtene christl. Grundlehren, zur Aufklärung in den gegenwärt. religiösen Streitfragen und zur Förderung christl. Erkenntniß. 8. (XX und 191 S.) Zürich 865, Höhr. *

Heer, J. Just., Oswald Heer. Lebensbild e. schweizer. Naturforschers. Unter Mitwirkg. v. Karl Schröter hrsg. 1. Die Jugendzeit, verf. v. J. Just. Heer. Mit dem Portr. O. Heers in photograph. Lichtdr. gr. 8. (VII, 144 S.) Zürich 885. Schulthess. n. 2. 80

Heer, J. Justus s. Heer. Oswald H'. Lebensbild eines schweizerischen Naturforschers. [Band 1.] Zürich 1885.

Heer, J. Just., Leitfaden für den Konfirmationsunterricht in der evangelisch-reformirten Kirche. gr. 8. (VI, 80 S.) Zürich 878. Depot der evangelischen Gesellschaft. n. — 60

Heer, J. Justus, der Religionsbegriff Albrecht Ritschl's, dargestellt und beurteilt. gr. 8. (III, 87 S.) Zürich 884, Schulthess. *
Aus: Verhandlungen der asketischen Gesellschaft in Zürich, besonders abgedruckt.

Heer, J. Justus, das Wesen der Pestalozzischen Methode als Grundlage einer christlichen Erziehung. Ein Beitrag zur Erörterung der Frage über religionslose Schulen. gr. 16. (VIII, 57 S.) Zürich 870, Staub. *

Heer, Jacq[ues]. Glarus und Umgebung. Hrg. vom Verkehrsverein für Glarus und Umgebung, verfasst von Jacq. H'.... [Illustriert.] 8. Glarus 1898.
Pittoresque Switzerland.

Heer, Jacq[ues]. Glarus und Umgebung. Hrg. vom Verkehrsverein für Glarus u. Umgebung, verfasst von Jacq. H' .... [Illustriert.] *Kopftitel:* Pittoresque Switzerland. IV + 24 S. 8. Glarus, J. Spälti, 1904.

Heer, Jakob, Geschichte der Gemeinde Lichtental. 1834 bis 1909. 24 S.

Heer, Jak., method. Lehrbuch d. Denkrechnens, sowohl im Kopfe als mit Ziffern, f. Volksschulen. 3 Thle. gr. 8. Zürich, Schultheß.
A. u. d. Ttln.:
Thl. 1. Die reine Zahlenlehre. 1. Aufl. (26½ B.) 836. 2., verb. A. (25⅞ B.) 841. à 1 Thlr. 12 Gr.
" 2. Das angewandte Rechnen. (18 B.) 837. 1 Thlr. 6 Gr.
" 3. Exempelbuch. 2 Abthl.
Abthl. 1. Die 3 ersten Kapit. d. Lehrb. umfass. (10 B.) 837. 9 Gr.
" 2. Die 2 letzt. Kapit. d. Lehrb. umfass. (11 B.) 839. 9 Gr.
Die Schlüssel hierzu. (8 B.) 839. à 4 Gr.

Heer, Jak., methodisches Lehrbuch d. Denkrechnens, sowohl im Kopfe als mit Ziffern, für Volksschulen. 3. Thl. 2. Abth. 2. umgearb., bedeutend verm., f. die Bedürfnisse v. Sekundar-, Bezirks- u. Industrieschulen eingerichtete Aufl. Mit 1 lith. Figurentaf. (in qu. 4.) A. u. d. T.: Exempelbuch, od. Sammlung v. Rechnungsbeispielen, nach den §§. des method. Lehrbuchs d. Denkrechnens geordnet. 2. Abth. 2. umgearb. Aufl. gr. 8. (VIII u. 212 S.) Zürich 849. Schultheß. ½ ℛ

— Schlüssel zu den im zweiten Exempelbuch enthaltenen Rechnungsbeispielen. 2. Aufl. gr. 8. (70 S.) Ebd 850. n. 6 ngl

Heer, Jak., methodisches Lehrbuch des Denkrechnens sowohl im Kopfe als mit Ziffern, für Volksschulen. 3. Thl. A. u. d. T.: Exempelbuch oder Sammlung von Rechnungsbeispielen nach den §§ des method. Lehrbuchs des Denkrechnens geordnet. 1. u. 2. Abth., das 1—5. Kapitel des Lehrbuchs umfassend. 3. nach dem Bedürfniß der Gegenwart ganz umgearb. u. verm. Aufl. Zürich 857, 58. Schultheß. 8. (VIII, 131; 2 Bl., 124 S.) Jede Abth. n. 8 ngl

— Schlüssel zu den im Exempelbuche enthaltenen Rechnungsbeispielen. 1. 2. Abth. Zürich 857, 58. Schultheß. 8. (1 Bl., 38; 1 Bl., 44 S.) Jede Abth. n. 4 ngl

—— Anhang hierzu, s. Kundert, M.

Heer, J[acob]. Rede gehalten bei der Pestalozzi-Feier den 12. Januar 1846... zu Wädensweil. 8. Zürich 1846.

— s. Schulblätter, Schweizerische.

Heer, Jak., d. Volksschulwesen in Demokratien. Bericht über d. Entstehung u. d. Verhandlung d. Glarnerischen Schulvereins. Nebst 2 der General-Versamml. desselben vorgetragenen Reden. 8. Glarus 832. (Schultheß). 6 ℛ

Heer, Jak., das Volksschulwesen in Demokratien. 2s Hft. Zweiter Jahresbericht über den Gang des Schulwesens u. die Wirksamkeit des Schulvereins im Kanton Glarus; nebst einer Rede, worin die Beobachtungen u. Erfahrungen auf einer pädagog. Reise durch die Schweiz mitgetheilt werden und einigen andern auf unser Schulwesen bezügl. Aktenstücken. 8. Glarus 833. (Zürich, Schultheß.) 7 ℛ

Heer. Jacob. Einige Worte der Belehrung, der Warnung und des Trostes, hinsichtlich der neuesten kirchlichen Vorfälle im Kanton Zürich, an meine geliebten Mitbürger von Jak' H'.... 8. Glarus 1839.
[1. Aufl.] — 2. vermehrte und verbesserte Aufl.

— einige Worte der Belehrung, der Warnung und des Trostes, hinsichtlich der neuesten kirchl. Vorfälle im Kanton Zürich, an meine geliebten Mitbürger. 2e verm. u. verb. Aufl. gr. 8. Glarus 839. (Zürich, Höhr.) 5 ℛ

[Heer, Jacob Christoph.] Auf neuer Bahn nach der Schweiz und Italien. Schweizerische Nordostbahn. SA. [Illustriert.] 8. Zürich [1898].

Heer, J., der Bachtel. Ein Wanderziel und Aussichtspunkt. Den Freunden des Bergs gewidmet. 2. Aufl. 8. (IV, 52 S.) [Stuttgart 886.] Zürich, Schröter und Meyer. * — 60

Heer. J[acob Christoph]. Der Bachtel. Ein (* *Umschlag:* Der B' als) Wanderziel und Aussichtspunkt. Den Freunden des Berg(e)s gewidmet. 2. Aufl. 8. Zürich (und Stuttgart 1886).

Heer. J[acob] C[hristoph]. Der Bachtel als Wanderziel.... Den Freunden des Berges gewidmet. 3. Aufl. ⟨Mit einer Karte.⟩ 8. Zürich 1900.

Heer, J. C. Im Ballon. Fahrten des Capitän Spelterini. In-8°. 112 S. Zürich, A. Gull. Cart. 1 50
1892. Geb. 2 50

Heer. J[acob] C[hristoph]. Im Ballon. Fahrten des Kapitän (Eduard) Spelterini. Geschildert von J. C. H'. [Mit 1 Porträt, 1 Vignette und illustriertem Umschlag.] 8. Zürich [1892].

Heer. J[acob] C[hristoph]. Ballonfahrten in der Schweiz. Mit [2 Porträts und] fünf Abbildungen nach Aufnahmen von E Falkner-Rumpf. [A.] 4. (Leipzig 1897.)

Heer, J. C., Blumen aus der Heimat. Schweizerdeutsche Gedichte. 12. (X, 101 S.) Zürich 890. Alb. Müller's Verl. n. 3. —; geb. n.n. 4. —

Heer, J[acob] C[hristoph]. Der Brand von Gränichen am 16. Mai 1892. Geschildert... von J. C. H'. 8. Zürich.

Heer, J[acob] C[hristoph]. Der Brand von Meiringen am 25. Oktober 1891. Geschildert... von J. C. H'. 8. Zürich.

Heer, J[acob] C[hristoph]. Die Brände von Meiringen und Rebstein am 25. und 30. Oktober 1891. Geschildert... von J. C. H'. 8. Zürich.

— Da träumen sie v. Lieb' u. Glück! 8 Schweizer Novellen. 1.—20. Aufl. (Je 324 S.) 8. Stuttgart 910 J. G. Cotta Nachf. 3.50; geb. in Leinw. 4. 50

— Die zürcherische Dialektdichtung. Ein Litteraturbild. In-8°. 128 S. Zürich, A. Gull. 1 50
1892. Geb. 2 20

Heer, J[acob] C[hristoph]. Der Kurort Engelberg. Hrg. vom Kur- und Verkehrs-Verein E'. (*Umschlag: E', 1019 Meter über Meer, Schweiz.) [Illustriert.] IV + 48 S. 8. Luzern, H. Keller, [1905].

Heer, J[acob] C[hristoph]. Der Kurort Engelberg. Hrg. vom Kur- und Verkehrs-Verein E'. (*Umschlag: E', 1010 Meter über Meer, Schweiz.) [Illustriert. Neue Ausgabe.] IV + 52 S. 8. Luzern, H. Keller, [1908].

Heer, J[acob] C[hristoph]. Engelberg, Station climatérique. Publié par la Société de développement d' E'. (*Umschlag: E', Altitude: 1019 mètres, Suisse.) [Illustré.] IV + 48 p. 8. Lucerne, H. Keller, [1905].

Heer. J[acob Christoph]. Eine Fahrt auf den Urirothstock. Vortrag... gehalten in... Aussersihl den 7. März 1888. 8. Aussersihl 1888.

Heer, J., Ferien an der Adria. Bilder aus Süd-Oesterreich. 8. (151 S.) Frauenfeld 888. Huber. n. 2. 40

Heer, J[acob] C[hristoph]. Ferien an der Adria. Bilder aus Süd-Oesterreich. 2. Aufl. Mit einem Vorwort: «Die Geschichte eines kleinen Buches». XXVIII + 182 S. 8. Frauenfeld, Huber & Co., 1907. [geb. fr. 3.60]

Heer, J[acob] C[hristoph]. Freiluft. Bilder vom Bodensee. 1. bis 3. Tausend. [Mit illustriertem Umschlag.] VIII + 210 S. 8. Konstanz, Ernst Ackermann, [1903]. [geb. M. 3.50]

Heer, J[acob] C[hristoph]. Führer durch das Engadin. Bearb. von J. C. Heer. Hrg. vom Verkehrsverein Engadin. [Illustriert.] 136 S. 8. Samaden, Simon Tanner, 1902. [fr. 1. —]

Heer, J[acob] C[hristoph]. Führer durch das Engadin. Bearb. von J. C. H'. Hrg. vom Verkehrsverein Engadin. 2. Aufl. [Illustriert.] II + 148 S. 8. Samaden, Engadin Press Co., 1905. [fr. 1. —]

Heer, J. C. Führer von Luzern, Vierwaldstätter-See und Umgebung. Mit Illustr. u. Karten. In-8°. 122 S. Luzern, Offiz. Verkehrsbureau. 1 —, 1892.

Heer, J[acob] C[hristoph]. Führer für Luzern, Vierwaldstättersee und Umgebung. Hrg. von der Offiziellen Verkehrskommission Luzern. Textbearbeitung von J. C. H'. Mit Illustrationen, Stadtplan, Karte vom Vierwaldstätter- und Zugersee, Routen- und Terrainkarte. 8. Luzern.

[1. Aufl.] (1892) — 2., vermehrte Aufl. 1893.

3. vermehrte Aufl. 1894. — 4., verbesserte Aufl. 1895

Heer, J. C., Führer f. Luzern, Vierwaldstättersee u. Umgebung. Hrsg. v. der offiziellen Verkehrskommission Luzern. 3., verm. Aufl. Mit Illustr., Stadtplan, Karte vom Vierwaldstätter- u. Zugersee, Routen- u. Terrainkarte. 12. (142 S.) Luzern 894. (Geschw. Doleschal.) n.n. — 90

Heer, J. C., Führer f. Luzern, Vierwaldstättersee u. Umgebg. Hrsg. v. d. offiz. Verkehrskommission Luzern. 7., verb. Aufl. M. Panorama u. Alpenzeiger v. Luzern, zahlr. Illustr., Stadtplan, Karte v. Vierwaldstätter- u. Zugersee, Routen- u. Terrainkarte. 12. (146 S.) Luzern 898. (A. Gebhardt.) n. 1. —
Auch in französ. u. engl. Sprache zu gleichem Preise.

Heer, J. C. Führer für Luzern, Vierwaldstättersee u. Umgebung. Hrsg. v. der offiziellen Verkehrskommission Luzern. 8. Aufl. 1899. Mit Panorama u. Alpenzeiger v. Luzern, zahlreichen Illustr., Stadtplan, Karte v. Vierwaldstätter- u. Zugersee, Routen- und Terrainkarte. 12°. 149 S. Luzern, A. Gebhardt. 1899. 1 —
Französische und englische Ausgabe zu gleichem Preise.

Heer. J[acob] C[hristoph]. Führer für Luzern.... Textbearbeitung von J. C. H'. 9., verbesserte Aufl. Mit Panorama und Alpenzeiger von Luzern, zahlreichen Illustrationen... und Terrainkarte. 8. Luzern 1900.

Heer, J[acob] C[hristoph]. Führer für Luzern, Vierwaldstättersee und Umgebung. Hrg. von der Offiziellen Verkehrskommission Luzern. Textbearbeitung von J. C. Heer. 10., verbesserte Aufl. 1901. Mit Panorama und Alpenzeiger von Luzern, zahlreichen Illustrationen, Stadtplan, Karte vom Vierwaldstätter- und Zugersee, Routen- und Terrainkarte. 177 S. 8. Luzern, J. L. Bucher & Sohn, 1901. [fr. 1. —]

Heer, J. C., Führer f. Luzern, Vierwaldstättersee u. Umgebg. Hrsg. v. der offiziellen Verkehrskommission Luzern. 11. verb Aufl. 1902. Mit Panorama u. Alpenzeiger v. Luzern, zahlr. Illustr., Stadtplan, Karte vom Vierwaldstättersee, Routen- u. Terrainkarte. 12. (153 S.) Luzern (E. Gebhardt). n. 1. —
Französische u. englische Ausgabe zu gleichem Preise.

Führer für Luzern, Vierwaldstättersee und Umgebung. Hrsg. von d. offiziellen Verkehrskomm. Luzern. Textbearb. von J[akob] C[hristoph] Heer. 13., verb. Aufl. Mit zahlr. Ill., Stadtpl., Karte v. Vierwaldstättersee, Routen- u. Terrain-Karte. *Luzern 1904: C. J. Bucher.* (188 S.) 8°

Heer, J[acob] C[hristoph]. Führer für Luzern, Vierwaldstättersee und Umgebung. Hrg. von der Offiziellen Verkehrs-Kommission Luzern. Textbearbeitung von J. C. H'. Mit Panorama und Alpenzeiger von Luzern, zahlreichen Illustrationen..., Stadtplan u. (*14: und) Karte vom Vierw', Routen- und (*16: u.) Terrain-Karte. 8. Luzern, C. J. Bucher. [fr. 1 —]

14., verbesserte Aufl. 1905. Mit... Ill' von Gebr. Wehrli, Illustrato Luzern (L. Bachmann) und andern, Stadtplan.... 188 S.

15. verb' Aufl. 1906. Mit... Ill' von Gebr. W', Hirsbrunner, Götz etc., Stadtplan.... 191 S.

16. verb' Aufl. 1907. Mit... Ill' von Gebr. W', H', Götz etc., Stadtplan.... 191 S.

Heer, J[acob] C[hristoph]. Führer für Luzern, Vierwaldstättersee und Umgebung. Hrg. von der Offiziellen Verkehrs-Kommission Luzern. Textbearbeitung von J. C. H'. Mit Panorama und Alpenzeiger von Luzern, zahlreichen Illustrationen von Gebr. Wehrli, Hirsbrunner, Götz etc., Stadtplan u. Karte vom Vierwaldstätter See, Routen- u. Terrain-Karte (*Umschlag: Andenken. Offiz. Verkehrsbureau, Luzern). 8. Luzern, C. J. Bucher. [fr. 1. —]

17., verbesserte Aufl. 1908. 190 S.

18., verb' Aufl. 1909. 184 S.

Heer, J[acob] C[hristoph]. Führer für Luzern, Vierwaldstättersee und Umgebung. Hrg. von der offiziellen Verkehrs-Kommission L'. Textbearbeitung von J. C. H'. 19. verbesserte Aufl. 1910. Mit Panorama und Alpenzeiger von L', zahlreichen Illustrationen von Gebr. Wehrli, Hirsbrunner, Götz etc., Stadtplan u. Karte vom Vierw' See, Routen- u. Terrain-Karte. 176 S. 8. Luzern, C. J. Bucher, (1910). [fr. 1. —]

— Führer f. Luzern, Vierwaldstättersee u. Umgebg. Hrsg. v. der offiziellen Verkehrs-Kommission Luzern. Textbearbeitung v. H. 19. verb. Aufl. Mit Panorama u. Alpenzeiger v. Luzern, zahlreichen Illustr. v. Gebr. Wehrli, Hirsbrunner, Götz etc., (farb.) Stadtplan u. (farb.) Karte vom Vierwaldstätter See, Routen- u. Terrain-Karte. (149 S.) kl. 8. Luzern 910. (E. Gebhardt.) 1. —

Heer, J[acob] C[hristoph]. Gedächtnissrede auf Adolf Diesterweg, gehalten an der Diesterwegfeier des Lehrervereins Zürich und Umgebung. SA. 8. Zürich [1890].

Heer, J[acob] C[hristoph]. Guide to Lucerne, the Lake, and its Environs. With Illustrations, [Panorama.] Plan of the Town, Map of the Lakes of Lucerne and Zug, Road Maps, &c. By J. C. H'. Issued by the Official Commission of Traffic, Lucerne. 8. Lucerne. 1892.

2d Ed. (1893.) — 3d Ed. (1894.)

Heer. J[acob] C[hristoph]. Guide to Lucerne.... Issued by the Official Commission of Traffic, Lucerne. 9th Ed. 8. Lucerne (1900).

Heer, J[acob] C[hristoph]. Guide to Lucerne, the Lake, and its Environs. With numerous Illustrations..., [Panorama,] Plan of the Town (*16: City), Map of the Lake of Lucerne, Road Maps, &c. By J. C. H'. Issued by the Official Committee of Local Development (*12 and 13: O' Commission of Traffic), Lucerne. 8. Lucerne, H. Keller. [fr. 1. —]

12th Ed. 1903. With n' Ill' by Gebr. Wehrli, Illustrato Lucerne (L. Bachmann), &c., &c, [Pan',].... 184 p.
13th Ed. 1904. With n' Ill' — — [Pan',].... 188 p.
14th Ed. 1905. With n' Ill' by Gebr. W', Illustrato Luc' &c. &c., [Panorama,].... 188 p.
15th Ed. 1906. With n' Ill' by Gebr. W', Hirsbrunner, Goetz &c.. &c., [Pan',].... 192 p.
16th Ed. 1907. With n' Ill' by Gebr. W', H', Goetz &c., &c., [Pan',].... 192 p.

Heer, J[acob] C[hristoph]. Guide to Lucerne, the Lake, and its Environs. With numerous Illustrations by Gebr. Wehrli, Hirsbrunner, Goetz &c., &c., [Panorama,] Plan of the City, Map of the Lake of Lucerne, Road Maps, &c. By J. C. H'. Issued by the Official Committee of Local Development, Lucerne (*17th Ed., *Umschlag:* Souvenir. Official General-Enquiry Office, Lucerne). 8. Lucerne, H. Keller. [fr. 1. —]

17th Ed. 1908. 192 p.
18th Ed. 1909. 191 p.

Heer, J[acob] C[hristoph]. Guide to Lucerne, the lake and its environs. With numerous illustrations by Gebr. Wehrli, Hirsbrunner, Goetz &c., &c., plan of the city, map of the lake of Luc', road maps, &c. By J. C. H'. Issued by the official Committee of local development, Luc'. 19th ed. 1910. (Souvenir [of the] International Railway Congress, Berne 1910.) 178 p. 8. Lucerne, Keller, (1910). [fr. 1. —]

Heer, J[acob] C[hristoph]. The Health Resort of Engelberg. Published by the Kurverein of E'. (**Umschlag:* E', 3315 feet above sea-level, Switzerland.) [Illustrated.] IV + 48 p. 8. Lucerne, H. Keller, [1905].

Heer, J[acob] C[hristoph]. Joggeli. Die Geschichte einer Jugend. 4. Aufl. 336 S. 8. Stuttgart und Berlin, J. G. Cotta Nachfolger, 1902. (br. M. 3. 50, geb. M. 4. 50)

1. Aufl.
4. [Titel-]Aufl., *gleichzeitig erschienen.*

Joggeli. Die Geschichte e. Jugend von J[akob] C[hristoph] Heer. 5. Aufl. Stuttgart & Berlin: J. G. Cotta Nachf. 1902. (336 S.) 8° [F.] [o. 3606 11

— Joggeli. Die Geschichte e. Jugend. 2.—6. Aufl. 8. (à 336 S.) Stuttgart 902. 903. J. G. Cotta Nachf. n. 3. 50; geb. in Leinw. n. 4. 50

— Joggeli. Die Geschichte e. Jugend. 10. u. 11. Aufl. (334 S.) 8. Stuttgart 906. J. G. Cotta Nachf. n. 3. 50; geb. in Leinw. n. 4. 50

7. u. 8. Aufl. (à 336 S.) 904. 905. 3. 50; geb. 4. 50.

Heer, J. C., Joggeli. Die Geschichte e. Jugend. 12.—17. Aufl. (334 S.) 8. Stuttgart 908—10. J. G. Cotta Nachf. 3.50; geb. in Leinw. 4. 50

Joggeli. Die Geschichte e. Jugend von J[akob] C[hristoph] Heer. 14. u. 15. Aufl. Stuttgart & Berlin: Cotta 1909. 334 S. 8°

— der König der Bernina. Roman aus dem schweizer. Hochgebirge. 1.—13. Aufl. 8. (à 361 S.) Ebd. 900—902. n. 3. 50; geb. n. 4. 50

— der König der Bernina. Roman aus dem schweizer. Hochgebirge. 14.—30. Aufl. (à 361 S.) 8. Ebd. 903—906. n. 3. 50; geb. in Leinw. n. 4. 50

Heer, J[acob] C[hristoph]. Der König der Bernina. Roman aus dem schweizerischen Hochgebirge. 18. Aufl. 361 S. 8. Stuttgart und Berlin, J. G. Cotta Nachfolger, 1904. (M. 3. 50, geb. 4. 50)

Der König der Bernina. Roman aus d. schweizer. Hochgebirge von J[akob] C[hristoph] Heer. 31.—33. Aufl. Stuttgart & Berlin: J. G. Cotta Nachf. 1907. (361 S.) 8° [F.] [o8. 11116 11

Heer, J[acob] C[hristoph]. Der König der Bernina. Roman aus dem schweizerischen Hochgebirge. 34.—40. Aufl. 361 S. 8. Stuttgart und Berlin, J. G. Cotta Nachfolger, 1908. (M. 3. 50, geb. 4. 50)

— Der König der Bernina. Roman aus dem schweizer. Hochgebirge. 31.—55. Aufl. (361 S.) 8. Ebd. 910. 3.50; geb. in Leinw. 4. 50

Heer, J[acob] C[hristoph]. Der König der Bernina. Roman aus dem schweizerischen Hochgebirge. 50. Aufl. Mit Porträt des Verfassers [Tafel]. 362 S. 8. Stuttgart und Berlin, J. G. Cotta Nachfolger, 1910. (M. 3. 50, geb. 4. 50)

— le Lac des Quatre-Cantons et la Suisse primitive. Ouvrage de luxe, avec 800 illustr. en photograv. et gravures sur bois. Paysages, vues des hautes régions alpines, constructions, types populaires costumes, tableaux de genre d'après les récentes photographies d'amateurs de Hans Brun, J. Muheim, L. Zimmermann, A. Soldenhof, H. Felder, d'après les photographies de G. Sommer et Fils, Wehrli Frères, Schroeder etc. ainsi que d'après des tableaux et des dessins des premiers artistes et des reproductions d'anciens tableaux, de gravures, d'eau-forte et d'estampes. Traduit de l'allemand par G. Bovet. gr. 4. (331 S.) Zürich 900. Th. Schröter. Geb. in Leinw. n. 24. —

— the Lake of Lucerne and the forest cantons. Album (ed. de luxe) with 800 photographic and woodcut illustr., comprising landscapes, alpine views, architectural pictures, national types and costumes and genre pictures from photographs by Hans Brun, J. Muheim, L. Zimmermann, A. Soldenhof, H. Felder (amateurs) and G. Sommer & Son, Wehrli, Bros., Schroeder and other photographers, as well as from pictures and drawings (oil paintings, engravings, etchings and wood cuts) by first-rate modern artists and old masters. Translated from the German by John C. Milligan. gr. 4. (331 S.) Ebd. 900. Geb. in Leinw. n. 24. —

Heer, J[acob] C[hristoph]. Das schweizerische Landesmuseum in Zürich. Mit zehn Abbildungen nach Photographien. [A.] gr.-8. Bielefeld und Leipzig 1898.

- Landquart—Davos—Filisur. Chur—St. Moritz—Pontresina. Chur—Reichenau—Ilanz, s. a. Hendschel's Luginsland.

Heer, J[acob] C[hristoph]. Landquart — Davos — Filisur; Chur — St. Moritz — Pontresina; Chur — Reichenau — Ilanz. Rhätische Bahn. [Mit] 3 Karten, 1 Streckenprofil und 25 Abbildungen [sowie illustriertem Umschlag]. 40 S. 8. Frankfurt a. M., Expedition von Hendschels Telegraph, 1910. (M. 1. —)

Hendschels Luginsland. Heft 11.

Heer, J[acob] C[hristoph]. Laubgewind. Roman. 386 S. 8. Stuttgart und Berlin, J. G. Cotta Nachfolger, 1908. (M. 3. 50, geb. 4. 50)

[1. Aufl.] | 2.—4. Aufl.

Heer, J[acob] C[hristoph]. Laubgewind. Roman. 386 S. 8. Stuttgart und Berlin, J. G. Cotta Nachfolger, 1908. (M. 3. 50, geb. 4. 50)

5. und 6. Aufl. — | 7.—12. Aufl.

Heer, Jakob Christoph: Laubgewind. Roman. 13.—18. Aufl. Stuttgart & Berlin: Cotta 1908. 386 S. 8°

Heer, J[acob] C[hristoph]. Laubgewind. Roman. 29. — 32. Aufl. 386 S. 8. Stuttgart und Berlin, J. G. Cotta Nachfolger, 1910. (M. 3. 50, geb. 4. 50)

— Landgewind. Roman. 1.—36. Aufl. (386 S.) 8. Stuttgart 908—10. J. G. Cotta Nachf. 3.50; geb. in Leinw. 4.50

Heer, J[acob] C[hristoph]. Lucerne, le lac des Quatre-Cantons (*3e éd. Q' C') et leurs (*Umschlag: ses) environs. Guide publié par la Commission du Bureau officiel de renseignements. Texte élaboré par J. C. H'. Avec illustrations, [panorama,] plan de la ville, carte des lacs des Quatre-Cantons et de Zoug, carte routière et topographique. 8. Lucerne.

2e Éd. enrichie (1893.) — 3e Éd. augmentée (1894.)

Heer, J[acob] C[hristoph]. Lucerne, le Lac des Quatre-Cantons et leurs (*Umschlag: ses) environs.... Texte élaboré par J. C. H'. Avec panorama, nombreuses illustrations, plan de la ville, carte des lacs des Quatre-Cantons et de Zoug, carte routière et topographique. 8. Lucerne.

6e Éd. (1897.) — 7e Éd. (1898.)

Heer, J[acob] C[hristoph]. Lucerne, le Lac des Quatre-Cantons et leurs (*Umschlag: ses) environs.... Avec panorama, nombreuses illustrations, plan de la ville, carte des lacs des Quatre-Cantons et de Zoug, carte routière et topographique. 9e Éd. 8. Lucerne (1900).

Heer, J[acob] C[hristoph]. Lucerne, le Lac des Quatre-Cantons et leurs Environs. Guide publié par la commission du Bureau officiel de renseignements. Texte élaboré par J. C. H'. Avec Panorama, nombreuses Illustrations..., Plan de la ville, Carte du Lac des Q'-C', Carte routière et topographique. 8. Lucerne, Raeber & Cie. [fr. 1.—]

14e éd. 1905. Avec... Ill' par Wehrli frères, Illustrato Lucerne ⟨L. Bachmann⟩ etc., Plan.... 188 p.

15e éd. 1906. Avec... Ill' par W' fr', Hirsbrunner, Goetz etc., Plan.... 187 p.

16e éd. 1907. Avec... Ill' par W' fr', H', Goetz etc., Plan.... 190 p.

Heer, J[acob] C[hristoph]. Lucerne, le Lac des Quatre-Cantons et leurs (*Umschlag: ses) Environs. Guide publié par la Commission du Bureau Officiel de Renseignements. Texte élaboré par J. C. H'. Avec Panorama, nombreuses Illustrations par Wehrli Frères, Hirsbrunner, Goetz etc., Plan de la ville, Carte du Lac des Q'-C', Carte routière et topographique (*18e éd. Umschlag: Souvenir. Bureau Offic. de Renseignements, Lucerne). 8. Lucerne, Raeber & Cie.

17e éd. 1908. 187 p. (fr. 1.—)
18e éd. 1909 184 p. [fr. 1.—]

Heer, J[acob] C[hristoph]. Lucerne, le Lac des Quatre-Cantons et leurs (*Umschlag: ses) Environs. Guide publié par la Commission du Bureau officiel de Renseignements. Texte élaboré par J. C. H'. 19e éd. 1910. Avec panorama, nombreuses illustrations par Wehrli Frères, Hirsbrunner, Goetz etc., plan de la ville, carte du Lac des Q' C', carte routière et topographique. 176 p. 8. Lucerne, Raeber & Cie., (1910). [fr. 1.—]

— Luzern — Bellinzona — Lugano — Mailand, Zürich — Mailand. Gotthardbahn, s. Hendschel's Luginsland.

Heer, J[acob] C[hristoph]. Luzern — Bellinzona — Lugano — Mailand, Zürich — Mailand, Gotthardbahn. [Mit] 4 Karten, 1 Streckenprofil und 27 Abbildungen [sowie illustriertem Umschlag]. 48 S. 8. Frankfurt a. M., Expedition von Hendschels Telegraph, 1910. (M. 1.—)

Hendschels Luginsland. Heft 9.

Heer, J[acob] C[hristoph]. Felix Notvest. Roman. 385 S. 8. Stuttgart und Berlin, J. G. Cotta Nachfolger, 1901. (br. M. 3.50, geb. M. 4.50)

3. [Titel-]Auflage. 1901. (br. M. 3.50, geb. M. 4.50)

— Felix Notvest. Roman. 1.—7. Aufl. 8. (à 385 S.) Stuttgart 901. J. G. Cotta Nachf. n. 3.50; geb. n. 4.50

Felix Notvest. Roman von J[akob] C[hristoph] Heer. 9. Aufl. Stuttgart & Berlin: J. G. Cotta Nachf. 1905. (385 S.) 8° [F.]

— Felix Notvest. Roman. 8.—10. Aufl. (à 385 S.) 8. Ebd. 903—906. n. 3.50; geb. in Leinw. n. 4.50

Heer, J[acob] C[hristoph]. Felix Notvest. Roman. 14.—16. Aufl. 386 S. 8. Stuttgart und Berlin, J. G. Cotta Nachfolger, 1909. (M. 3.50, geb. 4.50)

— Felix Notvest. Roman. 12.—20. Aufl. (385 S.) 8. Stuttgart 907—10. J. G. Cotta Nachf. 3.50; geb. in Leinw. 4.50

Heer, J[acob] C[hristoph]. und Morf, [Heinrich] Z. Pestalozzi-Feier in Zürich, den 12. Januar 1890. Veranstaltet vom Lehrerverein Zürich. Prolog von J. C. H'... und Festrede von Dr. M'.... 8. Frauenfeld 1890.

Heer, J[acob] C[hristoph]. Auf dem Pilatus. [Illustriert. A.] 4. ([Leipzig] 1895.)

— im deutschen Reich. Reisebilder. 8. (III, 296 S.) Zürich 895. A. Müller's Verl. n. 4.—; geb. in Leinw. n. 5.—

[Heer, Jacob Christoph.] Rigi-Kaltbad. Ein Sommerfrischebild vom Rigi. [Mit Illustrationen und 2 Doppeltafeln.] 8. Zürich 1898.

(Heer, J[acob] C[hristoph].) St. Moritz. Fest-Schrift gewidmet von St. M' [dem] Verein [der] schweiz. Presse [zum] Presstag im Oberengadin, den 9., 10. und 11. Juli 1910. [Illustriert.] II + 40 S. 8. (Samaden, Engadin Press Co.)

Schweiz. Von J[acob] C[hristoph] Heer. Mit 181 Abb. nach photogr. Aufn., 1 Bunttaf. u. 1 Karte. *Bielefeld & Leipzig: Velhagen & Klasing 1899.* (192 S.) 4°(8") [F.]
— Land u. Leute. 5.

Heer, J[acob] C[hristoph]. Die Schweiz. Mit 181 Abbildungen nach photographischen Aufnahmen [wovon 4 Tafeln], einer Bunttafel und einer farbigen Karte. 2. Aufl. IV + 196 S. gr.-8. Bielefeld und Leipzig, Velhagen & Klasing, 1902. [geb. M. 4.—]

Land und Leute. Monographien zur Erdkunde.... hrg. von A[lbert] Scobel. [Band] 5....

Heer, J[acob] C[hristoph]. Die Schweiz. Mit 181 Abbildungen nach photographischen Aufnahmen [wovon 4 Tafeln], einer Bunttafel und einer farbigen Karte. 3. Aufl. IV + 197 S. gr.-8. Bielefeld und Leipzig, Velhagen & Klasing, 1907. [geb. M. 4.—]

Land und Leute. Monographien zur Erdkunde.... hrg. von A[lbert] Scobel. [Band] 5....

Heer, J. C. [u. a.]. Der Vierwaldstätter See und die Urkantone ... Text von J. C. Heer [u. a.]. Zürich, Art. Etablissement J. A. Preuss 1898.
331 S. m. 800 Abb.; 20 Taf. 4°.

— u. A., der Vierwaldstätter See u. d. Urkantone. Pracht-Album m. 800 Illustr. in Photograv. u. Holzschn. Landschaften, Hochgebirgsansichten, Architecturbilder, Volkstypen, Trachten, Genrebilder n. d. neuesten photograph. Amateuraufnahmen v. Hans Brun, J. Muheim, J. Zimmermann, A. Soldonhof, H. Felder, nach Photographien v. G. Sommer & Sohn, Gebr. Wehrli, Schroeder u. A., sowie nach Gemälden u. Zeichngn. erster Künstler u. Bilder aus vergang. Zeit nach alten Gemälden, Stichen, Radiorgn. u. Holzschn. hoch 4. (331 S.) Zürich 898. Th. Schröter.
Geb. in Leinw. n. 20.—; in Pergament n. 32.—

Heer, J[acob] C[hristoph]. Der Spruch der Fee. Novelle von J. C. Heer. Illustriert von E[douard] Jeanmaire und Rich[ard] Mahn. 110 S. 8. Leipzig, Ernst Keil's Nachfolger, [1901]. (M. 1.—)

— Streifzüge im Engadin. 8. (185 S.) Frauenfeld 898. J. Huber. Geb. in Leinw. n. 2.40

Heer, J[acob] C[hristoph]. Streifzüge im Engadin. 8. Frauenfeld.
[1. Aufl.] 1898.
2., umgearbeitete und vermehrte Aufl. 1899.

— Streifzüge im Engadin. 4. Tauf. (VIII, 195 S.) 8. Frauenfeld 905. Huber & Co. Geb. in Leinw. n. 2. 60

— Streifzüge im Engadin. 6. Tauf. (VIII, 202 S.) 8. Frauenfeld 907. Huber & Co. Geb. in Leinw. 2. 60

Heer, J[acob] C[hristoph]. Blaue Tage. Wanderfahrten von J. C. H'. Volkslieder — Auf dem Urirotstock — ... Matterhornzauber — Im Sternenschein. VIII + 242 S. 8. Konstanz, Ernst Ackermann, (1904). [M. 3. 60, geb. 4. 20]

Blaue Tage. Wanderfahrten von J[akob] C[hristoph] Heer. 2. Aufl. Konstanz: E. Ackermann (1904). (242 S.) 8° [F.]

(Heer, J[acob] C[hristoph].) Thusis. ⟨745 m.⟩ Beste Uebergangsstation für Reisende nach dem Oberengadin und den italienischen Seen.... [Illustrierter Führer, hrg. vom Verkehrsverein Th'.] IV + 32 S. 8. (Samaden, Engadin Press Co., [1906].)

(Heer, J[acob] C[hristoph].) Thusis. (745 m. Station der Albulabahn und Endpunkt der Postrouten über Splügen und St. Bernhardin.) [Illustrierter Führer, hrg. vom Verkehrsverein Th'.] IV + 32 S. 8. (Samaden, Engadin Press Co., [1910].)

Heer, J[acob] C[hristoph]. Thusis an der schönsten Route nach dem Engadin. Hrg. vom Verkehrsverein Thusis. [Mit Illustrationen und 1 Karte.] 8. Zürich 1892.

Heer, J[acob] C[hristoph]. Vorarlberg und Liechtenstein, Land und Leute. Illustriert von E[dward] T Compton, P[eter] Balzer und F[ranz] Schrempf [Abbildungen im Text, 1 schwarze und 5 farbige Tafeln]. (Hrg. vom Verband für Fremdenverkehr in V' und Liecht'.) VIII + 194 S. gr.-8. Feldkirch ⟨Vorarlberg⟩, F. Unterberger; (Clichés und Druck Orell Füssli, Zürich,) 1906. [M. 3.50, geb. 4.50]

Heer, Jacob Christoph s. [Waldvogel, Carl, und Heer, Jacob Christoph].

— an heiligen Wassern. Roman. 1. u. 2. Aufl. 8. (à 398 S.) Stuttgart 898. J. G. Cotta Nachf. n. 3. 50; geb. n. 4. 50

— an heiligen Wassern. Roman aus dem schweizer. Hochgebirge. 3.—13. Aufl. 8. (à 339 S.) Stuttgart 899—903. J. G. Cotta Nachf. n. 3. 50; geb. n. 4. 50

Heer, J[acob] C[hristoph]. An heiligen Wassern. Roman aus dem schweizerischen Hochgebirge. 17. Aufl. 399 S. 8. Stuttgart und Berlin, J. G. Cotta Nachfolger, 1904. (M. 3. 50, geb. 4. 50)

— an heiligen Wassern. Roman aus dem schweizer. Hochgebirge. 14.—30. Aufl. (à 399 S.) 8. Stuttgart 903—906. J. G. Cotta Nachfolger. n. 3. 50; geb. n. 4. 50

An heiligen Wassern. Roman aus d. schweizer. Hochgebirge von J[akob] C[hristoph] Heer. 31.–36. Aufl. Stuttgart & Berlin: J.G.Cotta Nachf. 1907. (399 S.) 8° [F.]

Heer, J[acob] C[hristoph]. An heiligen Wassern. Roman aus dem schweizerischen Hochgebirge. 43.—48. Aufl. 400 S. 8. Stuttgart und Berlin, J. G. Cotta Nachfolger, 1909. (M. 3. 50, geb. 4. 50)

— An heiligen Wassern. Roman aus dem schweizer. Hochgebirge. 31.—49. Aufl. (399 S.) 8. Ebd. 907—10. 3.50; geb. in Leinw. 4. 50

Heer, J[acob] C[hristoph]. Der Wetterwart. Roman. (1.—10. Aufl.) 418 [+ *Verlagsverz.* 6] S. 8. Stuttgart und Berlin, J. G. Cotta Nachfolger, 1905. (M. 3. 50, geb. 4. 50)
1. Aufl.
7. Aufl.

— der Wetterwart. Roman. 1.—23. Aufl. (à 418 S.) 8. Ebd. 905. 906. n. 3. 50; geb. in Leinw. n. 4. 50

Heer, J[acob] C[hristoph]. Der Wetterwart. Roman. 27.—32. Aufl. 418 S. 8. Stuttgart und Berlin, J. G. Cotta Nachfolger, 1908. (M. 3. 50, geb. 4. 50)

Heer, J[acob] C[hristoph]. Der Wetterwart. Roman. 39.—44. Aufl. 418 S. 8. Stuttgart und Berlin, J. G. Cotta Nachfolger, 1909. (M. 3. 50, geb. 4. 50)

— Der Wetterwart. Roman. 24.—49. Aufl. (418 S.) 8. Ebd. 907—10. 3.50; geb. in Leinw. 4. 50

Heer, Jo. Fr., praes. Car. Fr. Kaltschmied, De theoria passionis hystericae. 23 pp. Jen. 4°. 1762

(Heer, J[oachim].) Dr J(ohann) J(acob) Blumer (1819–1875). Sein Leben und Wirken dargestellt nach seinen eigenen Aufzeichnungen. [Mit Porträt-Tafel.] ⟨SA.⟩ 8. Glarus 1877.
[1. Aufl.] — 2. Aufl.

(Heer, Dr.,) Dr. J. J. Blumer. Sein Leben und Wirken dargestellt nach seinen eigenen Aufzeichnungen. 2. Aufl. Mit Blumers Bildniss. 68 S. 8. Glarus, Druck von F. Schmid, 1877.

Heer, J[oachim]. Vaterländische Reden ... s. Heer, Gottfried. Landammann und Bundespräsident Dr. J(oachim) Heer. (Bändchen 2.) Zürich 1885.

— Johann Gottlob (Lauban/Laus.), Dissertatio de fundamento imputationis actionum moralium. Präs. Heinr. Ludw. Wernher (Rotenburg/Frk.). Lpz. (Joh. Chph. Brandenburger) 24. III. 1703. 24 S. (6.30) 13816

Heer, J[ohann] Heinr[ich]. Die schweizerische Malerei des 19. Jahrhunderts. Vorträge, gehalten im Kunstverein Glarus von Schulinspektor J. Heinr. H'. 95 S. 4.
Ausg. A: [Mit 9 Tafeln.] Schwanden, Buchdr. Sch', 1905 [*d. i.* 1906]. — Neujahrsblatt des Kunstvereins Glarus. [Jahrg. 1.]
Ausg. B: Mit 9 Kunstblättern. Leipzig, Verlag Carl Ziegenhirt (Buchdr. Schwanden), [1906]. [M. 2.—, geb. 2.80]

— Predigten über freie Texte. 1r Bd. gr. 8. Glarus 830. (Schaffhausen, Hurter). 1 ₰ 12 gr

Heer, Jh. Hnr., (†...) Predigten über freie Texte. 2r u. 3r Bd. Nach d. Verf. Tode herausg. gr. 8. Glarus 836, 38. (Schaffhausen, Hurter'sche Buchh.) à 1½ ₰ 3 ₰ 1r Bd. Ebd. 1½ ₰

Heer, Jh. Hnr., Predigten über freie Texte. 3. Bd. Aus dessen Nachlasse. gr. 8. Schaffhausen 842, Hurter'sche Buchh. 1 ₰ Alle 3 Bde. 836—42. 3 ₰ — 1. Bd. 2. Aufl. 8. Schaffhausen 843, Brodtmann. ⅚ ₰

Heer, Jh. Hnr., Reden zur Erweckung u. Belebung eines heil. Sinnes, an Gebildete rc. 8. Basel 809. (Neukirch). 16 gr

Heer, Joh. Heinr., Religionsunterricht f. die reifere Jugend u. zum Hausgebrauche für christl. Familien; nach dem Tode des Verf. hrsg. v. seinem Bruder Jak. Heer. 2. Aufl. gr. 8. (VI u. 146 S.) Zürich 852, Höhr. n. 8 ngr

— Religionsvorträge nach d. Bedürfnissen d. Zeit. 1r Bd. gr. 8. Glarus 814.

Heer, Joseph [Med. prakt. in Turgi, Kanton Aargau]: Über das Hörvermögen ohne Steigbügel. Wiesbaden 1900. 52 S. 1 Taf. 8°. (S.-A. aus Archiv für Ohrenheilkunde, Bd. 41.)
Basel. Med. Diss. 1899/1900.

Heer, Joseph Michael

Heer, Jos. Mich., der lateinische Barnabasbrief. Ein Nachwort. (23 S.) gr. 8. Freiburg i. B. 907. Prof. Dr. Heer. 1. --
Sonderabdruck aus: „Röm. Quartalschr."

s.: Evangelium Gatianum.

-- Die Stammbäume Jesu nach Matthäus u. Lukas, s.a. Studien, biblische. XV, 1. 2.

Die Stammbäume Jesu nach Matthäus und Lukas. Ihre ursprüngl. Bedeutung u. Textgestalt u. ihre Quellen. Eine krit.-exeget. Studie von Joseph Michael **Heer**, Privatd. Freiburg im Br.: Herder 1910. VIII, 224 S. 8°
(Biblische Studien. Bd 15, H. 1. 2.) [10. 3433

Die versio latina des Barnabasbriefes und ihr Verhältnis zur altlateinischen Bibel. Erstmals untersucht nebst Ausg. u. Glossar d. griech. u. lat. Textes (Barnabas [Sanctus]: Epistula) von Dr. theol. et phil. Joseph Michael **Heer**, Privatd. Mit 1 Taf. Freiburg im Br.: Herder 1908. (LXXXIV, 132 S.) 8° [08. 17908

Heer, Joseph Michael: **Der historische Wert der vita Commodi in der Sammlung der scriptores historiae Augustae.** *Tübingen 1901: H. Laupp jr.* (92 S.) 8° ¶ (Aus: Philologus, Suppl. Bd 9. -- Forts. erscheint ebenda.)
Heidelberg, Phil. Diss. v. 1901

Der historische Wert der vita Commodi in der Sammlung der Scriptores Historiae Augustae von Joseph Michael **Heer**. *(Leipzig: Dieterich 1901.)* (208 S.) 8°
= **Philologus.** Suppl.Bd 9, H. 1. [01. 13004

Heer, Jos. Ph., Anleitg. zum Gebrauche d. Stampfer'schen Visirstabes zur Bestimmung d. Rauminhaltes v. Fässern, cylindrischen u. konischen Gefässen (Bottichen) u. prismatischen Räumen. gr. 8. (37 S. m. e. Steintaf. in qu. 4.) Wien 873. Seidel & Sohn. n. 1. 60

Heer, Dr. J. Ph., Lehrbuch der höheren Mathematik. 2 Bände. Wien 1872. 8.

— Carl Franz Johann (Deutsch-Piekar/Schles.), De variola vaccina. Diss. med. Bln. (Nietack) 26. I. 1833. 47 S. mit Biogr. (M.: M. Matzke.) (6.20) 13815
Oppon.: L. Burchard, M. Bluemner, C. Deininger. — Gew.: Joseph Heer (Vater).

Heer, Carolus Ludovicus *(geb. Deutsch-Piekar in Oberschles. 24. 1. 1819)*: De elephantiasi Graecorum et Arabum. Vratislaviae (1842). (25 S., 2 Taf.) 4° *[Im Buchhandel 1842 bei Trewendt in Breslau. - Verf. erlebte die Diplomerneuerung 1892 als Sanitätsrat in Ratibor.]*
Breslau, Med. Diss. v. 17. Okt. 1842

Heer, Carl Wilh., Gottfried. Eine Erzählung aus dem Volksleben. 16. (198 S.) St. Gallen 885, Kreutzmann. * 2 —

Heer, Carl Wilh., Gottfried. Ein Sang aus d. Volke. 2. Aufl. 8. (VI, 151 S.) Zürich 896. Th. Schröter. n. 1. 60; geb. n. 2. 50

Heer, C. W., Niklaus v. der Flüe. Ein dramat. Gedicht. 16. (VIII, 170 S.) Glarus 864. J. Vogel. 1. 50

Heer, C[arl] W[ilhelm]. Niklaus von der Flüe. Ein dramatisches Gedicht. Neue [Titel-]Ausgabe. IV + VIII + 176 S. 8. Aarau, H. R. Sauerländer & Co., [1906] [fr. 1. 50]
Bibliothek vaterländischer Schauspiele. (Bändchen) 87.
Original-Ausg.: Glarus 1884.

Martin **Heer** Hermippus redivivus. Francof. 1742. 8. — *Angl. vert.* John Hill. Lond. 1749. 8.

Heer, Mart., Introductio in Archivum archei vitale et fermentale I. B. v. Helmont, philosophi per ignem. 4. Laub. 705.

Heer, Oswald

——— Ueber das Alter der tertiären Ablagerungen der arktischen Zone. (Ausland 1879, No. 8.) Stuttgart. 4.

Heer, Osw. Ueber die Anthracitpflanzen der Alpen. (Aus Mittheil. d. naturf. Gesellsch.) Zürich. 1853. 8.

Heer, Oswald [aus Unterhallau]: Beitrag zur Kenntnis der Rekrutierungsverhältnisse der landwirtschaftlichen und industriellen Bevölkerung der Schweiz. Schaffhausen 1897. X, 87 S. Tafeln I—XVb. 8°.
Basel. Phil. Diss. 1897/98.

Heer, Osw., Beiträge zur fossilen Flora Sibiriens u. d. Amurlandes, s.: Mémoires de l'académie impériale des sciences de St.-Pétersbourg.

Heer, Osw., **Beiträge zur fossilen Flora von Sumatra.** gr. 4. (22 S. mit 6 lithogr. Taf.) Basel 881, (Georg.)
Aus: Neue Denkschriften der allgem. schweizerischen Gesellschaft für die gesammten Naturwissenschaften, besonders abgedruckt.

Heer, Osw., Beiträge zur fossilen Flora v. Sumatra. Mit 6 (lith.) Taf. [Aus: „Denkschr. der schweiz. Gesellsch. f. d. ges. Naturwiss."] gr. 4. (22 S.) Basel 882. Georg in Comm. n.n. 4. 80

Heer, O[swald]. Beiträge zur Insektenfauna Oeningens. Coleoptera: Geodephagen ... Lamellicornen und Buprestiden. [Mit 7 Tafeln. A.] 4. (Haarlem 1862.)

Heer, Osw., Beiträge zur Jura-Flora Ostsibiriens u. d. Amurlandes, s.: Mémoires de l'academie impériale des sciences de St. Pétersbourg.

Heer, Osw., **Beiträge zur nähern Kenntniss der sächsisch-thüringischen Braunkohlenflora. Nebst einem Anhang über einige siebenbürgische Tertiärpflanzen von C. J. Andrae. Mit 10 (lith.) Taf. (Abdr. aus den Abhdlgn. d. naturwiss. Ver. f. die Prov. Sachsen.) Berlin 861. Bosselmann. (Wiegandt & Hempel.) gr. 4. (IV, 32 S.)** n. 4

Heer, Oswald, [von Glarus]: Beiträge zur Pflanzengeographie. I. Besonderer Abdruck aus Fröbels und Heers Mittheilungen aus dem Gebiete der theoretischen Erdkunde. I 3. Mit einem Gemälde der Vegetations-Verhältnisse des Cantons Glarus. Zür. Orell Füssli Cie Dr. 1835. 1 Bl., 190 S. 8°.
[Zürich, Phil. Diss. v. 7. Nov. 1835].

——— Beiträge zur Steinkohlen-Flora der arktischen Zone. (Sep.-Abdr. Kongl. Svenska-Vetensk.-Akad. Handl., Bd. 12.) Stockholm 1874. 4. Mit 6 Tafeln.

Heer, O. Vorläufige Bemerkungen über die Kreideflora Nordgrönlands, gegründet auf die Entdeckungen der schwedischen Expedition v. J. 1870. 1872.

Heer, Osw. (I.), ueber die Braunkohlen-Flora des Zsily-Thales in Siebenbürgen, s.a. Mittheilungen aus dem Jahrbuche der k. ungarischen geologischen Anstalt.

— über die Braunkohlen-Flora d. Zsily-Thales in Siebenbürgen. Mit 6 Steindrtaf. gr. 8. (25 S.) Budapest 872. (Berlin, Friedländer & Sohn.) n. 3. —

—— über die Braunkohlenpfanzen von Bornstädt. gr. 4. (22 S. mit 4 Stnt. in Tondr.) Halle 869, Schmidt's Verlag. *
Aus: Abhandlungen der naturforschenden Gesellschaft zu Halle, besonders abgedruckt.

Heer, Oswald, Ueber die fossilen Calosomen. Zürich, Polytechnikum 1860. Progr.

— — Ueber die fossilen Calosomen. (Aus dem Programm d. eidgen. Polytech.) Winterthur. 1861. 4.

— contributions à la floro fossilo du Portugal. gr.4. (XIV, 51 S. m. 29 Steintaf.) Lisbonne 881. (Zürich, Wurster & Co.) In Mappo. n. 16. —

—— über die neuesten Entdeckungen im hohen Norden. Vortrag, gehalten den 28. Jan. 1869 in Zürich. Lex.-8. (28 S.) Zürich 869, Schulthess.

Heer, Oswald, theoret. Erdkunde, s. Mittheilungen aus d. Gebiete d. theoret. Erdkunde.

Heer, O. Eröffnungsrede bei der 48. Jahresversammlung der schweiz. naturforschenden Gesellschaft. Zürich 1864.

— Arnold Escher v. der Linth. Lebensbild e. Naturforschers. Mit dem Portrait Eschers (in Stahlst.) u. Holzschn. im Texte. gr. 8. (385 S.) Zürich 873. Schulthess. 5. 40

— Hans Conrad Escher v. der Linth. Vortrag geh. den 3. Septbr. 1871 bei der Festversammlg. d. Schweizer Alpen-Clubb auf dem Rathhaus in Zürich. gr. 8. (29 S.) Ebend. 871. — 90

— die schwedischen Expeditionen zur Erforschung d. hohen Nordens vom J. 1870 u. 1872. gr. 8. (46 S.) Ebend. 874. n. 1. 50

Heer, Oswald: Die schwedischen Expeditionen zur Erforschung des hohen Nordens vom Jahr 1870 und 1872 auf 1873. Zurich 1874. 47 S. 8°.

Heer, Oswald, Fauna Coleopterorum helvetica. Ps. I. 3 Fasc. 12maj. Turici, Orell, Fuesslini et Soc. [1. (6½ B.) 838. ⅚ Thlr., 2. (9 B.) 839. 1 Thlr., 3. (16½ B.) 841. 1⅔ Thlr.]

Heer, Oswald, Assistenzarzt der geburtshülflich-gynaekologischen Klinik [von Lausanne, Kt. Waadt]: Ueber Fibrocysten des Uterus. Zür. Zürcher u. Furrer Dr. 1874. 4 Bl., 100 S., 1 Taf., 1 Bl. Thesen. 8°.
Zürich, Med. Diss. [v. 25. Juli 1874].

— über Fibrocysten d. Uterus. gr. 8. (100 S. m. 1 Kpfrst.) Zürich 874. Schweizer. Antiquariat. n. 2 —

Heer, Oswald. Ueber den Flachs und die Flachskultur im Alterthum. Eine kulturhistorische Skizze. [Mit 1 Tafel.] (Njbl. Naturf. Ges. Zürich 1872.) 4. Zürich 1872.

—— Fossile Flora von Alaska. (K. Svenska vetenskaps-akademiens handlingar. Band 8.) Stockholm 1869. 4. Mit 10 Tafeln.

— flora fossilis Alaskana. Fossile Flora v. Alaska. Mit 10 (chromolith.) Taf. [Aus „Abhandlgn. d. k. schwed. Akad. d. Wiss."] gr. 4. (41 S. m. eingedr. Holzschn.) Stockholm 871. (Leipzig, Brockhaus' Sort.) n. 3. 60

Flora fossilis arctica. Die fossile Flora der Polarländer. Band 1, enthaltend die in Nordgrönland, auf der Melville-Insel, im Banksland, am Mackenzie, in Island und in Spitzbergen entdeckten fossilen Pflanzen. Mit einem Anhang über versteinerte Hölzer der arctischen Zone, von C. Cramer. Zürich 1868. 4. Mit 50 Taf. — Band 2. Fossile Flora der Bären-Insel. Flora fossilis Alaskana. Die miocene Flora und Fauna Spitzbergens. Contributions to the fossil flora of North-Greenland. Winterthur 1871. 4. Mit 59 Tafeln. — Band 3. Beiträge zur Steinkohlenflora der arktischen Zone. Die Kreideflora der arctischen Zone. Nachträge zur miocenen Flora Grönlands. Uebersicht der miocenen Flora der arctischen Zone. Zürich 1875. 4. Mit 49 Tafeln. — Band 4. Beiträge zur fossilen Flora Spitzbergens: mit einem Anhang: Uebersicht der Geologie des Eisfiordes und des Bellsundes, von A. E. Nordenskiöld. Beiträge zur Jura-Flora Ostsibiriens und des Amurlandes. Ueber die Pflanzen-Versteinerungen von Andö in Norwegen. Zürich 1877. 4. Mit 65 Tafeln. — Band 5. Die miocene Flora des Grinnell-Landes. Beiträge zur fossilen Flora Sibiriens und des Amurlandes. Primitiae Florae fossilis Sachalinensis. Miocene Pflanzen von Sachalin. Fossile Pflanzen von Novaja Semlja. Zürich 1878. 4. Mit 45 Tafeln. — Band 6, Abth. 1: Nachträge zur Jura-Flora Sibiriens. Nachträge zur fossilen Flora Grönlands. Beiträge zur miocenen Flora von Nord-Canada. Untersuchung über fossile Hölzer aus der arctischen Zone von C. Schroeter. Zürich 1880. 4. Mit 21 Tafeln. -- Abth. 2: Fossile Flora Grönlands. Theil 1. Zürich 1882. 4. Mit 47 Tafeln. — Band 7. Fossile Flora Grönlands. Theil 2. Zürich 1883. 4. Mit 62 Tafeln.

—— Flora fossilis arctica. Die fossile Flora der Polarländer, (1. Bd.) enth. die in Nordgrönland, auf der Melville-Insel, im Banksland, am Makenzie, in Island und in Spitzbergen entdeckten fossilen Pflanzen. Mit einem Anh. über versteinerte Hölzer der arct. Zone von Carl Cramer. gr. 4. (VII, 192 S. mit eingedr. Holzschn., 50 Chromolithogr. und 1 chromolithogr. Karte.) Zürich 868, Schulthess. In Mappe *

—— dass. — Die fossile Flora der Polarländer. 2. und 3. Bd. gr. 4. (VII, 233 S. mit 59 lithogr. und chromolithogr. Taf.; VI, 204 S. mit 49 lithogr. und chromolithogr. Taf. in gr. 4. und Fol.) Winterthur 871,75, Wurster und Comp. In Mappe à Bd. *ℳ 32. *

— flora fossilis arctica. Die fossile Flora der Polarländer. 4. u. 5. Bd. Mit 110 (lith. u. chromolith.) Taf. Imp.-4. (VII, 273 u. 174 S.) Ebend. 877. 78. In Mappe. à n. 40. —

—— Flora fossilis arctica. Die fossile Flora der Polarländer. 6. und 7. Bd. gr. 4. Zürich, Wurster und Comp. [6. Bd. 1. Abthl. (IV, 34, 17, 17, 38 mit 21 lithogr. Taf.) 880. *ℳ 20.; 2. Abthl. (VIII, 112 S. mit 47 lithogr. Taf.) 882. *ℳ 32. — 7. Bd. (275 S. mit 62 lithogr. Taf.) 883. *ℳ 48.] In Mappe * ;

Heer, Osw., flora fossilis arctica, Fortsetzg., s.: Nathorst, A. G., zur fossilen Flora der Polarländer.

— flora fossilis Grönlandica. Die fossile Flora Grönlands. 2 Thle. gr. 4. Ebend. In Mappe. n. 80. —
1. 1. Die Flora der Komeschichten. 2. Die Flora der Ataneschichten. Mit 47 (lith.) Taf. (VIII, 112 S.) 882. n. 32. —
2. Mit 62 Taf. (275 S.) 883. n. 48. —

— flora fossilis Helvetiae. Die vorweltliche Flora der Schweiz. 1. Lfg. Die Steinkohlenflora. Fol. (VI, 44 S. m. 22 Steintaf.) Ebend. 876. n. 24. —

—— Flora fossilis Helvetiae. Die vorweltliche Flora der Schweiz. Fol. (VI, 182 S. mit 70 Stnt.) Zürich 877, Wurster und Comp. geb. in Leinw. *

—— miocene baltische Flora, s. Beiträge zur Naturkunde Preussens.

Heer (O.). Miocene baltische Flora. Koenigsberg, 1869. 4°.

Heer (O.), Die miocene Flora und Fauna Spitzbergens. Mit einem Anhang über die diluvialen Ablagerungen. (K. svenska vetenskaps-akademiens handlingar, Band 8.) Stockholm 1870. 4. Mit 16 Tafeln.

— die miocene Flora u. Fauna Spitzbergens. Mit e. Anh. üb. die diluvialen Ablagergn. Spitzbergens. Mit 16 (chromolith.) Tafeln. (Aus „Abhandlgn. d. k. schwed. Akad. d. Wiss.“] gr. 4. (98 S. m. eingedr. Holzschn.) Stockholm 871. Leipzig, Brockhaus' Sort. n. 6. —

—— über die nivale Flora der Schweiz. gr. 4. (114 S.) Zürich 884. (Basel, Georg.) **
Aus: Neue Denkschriften der allgem. schweizerischen Gesellschaft für die gesammten Naturwissenschaften, besonders abgedruckt.

Heer, Oswald. Ueber die nivale Flora der Schweiz. (N. Denkschr. Schweizer. Ges. für Naturwiss. Band 29.) 4. (Zürich 1885.)

Heer, Osw., Flora tertiaria Helvetiae. — Die tertiäre Flora der Schweiz. 1—3. Lfg. Fol. (1. Bd.: Cryptogamen, Gymnospermen und Monocotyledonen. VI und S. 1—118 mit 40 Stnt. und 2. Bd.: Dicotyledonen. S. 1—24 mit 20 Stnt.) Winterthur 854—56, Wurster und Comp. à Lfg. * 6 Thlr. 20 Ngr. *

Heer (O.). Flora tertiaria Helvetiae. Die tertiäre Flora der Schweiz. 3 Bände Text (in 1 Band). Winthertbur 1855—59. Fol. — Desgl. Atlas von 156 Tafeln und 1 Karte. Fol.

HEER, Oswald: Die Föhrenarten der Schweiz. Vortrag. - Zürich 1862. 16 S.

———— Ueber fossile Früchte der Oase Chargeh. (Sep.-Abdr. aus Bd. 27 d. Denkschriften d. Schweiz. Naturf. Gesellsch.) Zürich 1876. 4. Mit 1 Tafel.

[Heer, Oswald.] Der botanische Garten zu Zürich. [Mit 1 Plan.] Njbl. Naturf. Ges. Zürich 1853. 4. [Zürich.]

— der botanische Garten zu Zürich. Zürich (853.) Höhr in Comm. 4. (23 S. u. 1 lith. Taf. in Fol.) n. 14 ngr; color. n. 18 ngr

Heer, Osw., d. botan. Garten in Zürich. Mit 1 lith. Taf. 4. Zürich, 1854. (Höhr.) — 14 col. — 18

Heer, Oswald. und Blumer. J[ohann] J[acob]. Der Kanton Glarus, historisch-geographisch-statistisch geschildert von den ältesten Zeiten bis auf die Gegenwart. Ein Hand- und Hausbuch.... Von Dr. O' H'... und J. J. B'-Heer.... [Mit 1 Tafel, 1 Karte und illustrierten Umschlag.] 8. St. Gallen und Bern 1846.
Historisch-geographisch-statistisches Gemälde der Schweiz. Band 7.

—— u. J. J. Blumen-Heer, der Kanton Glarus, s.a. Gemälde d. Schweiz.

Heer, Oswald. Ueber die obersten Grenzen des thierischen und pflanzlichen Lebens in den Schweizer-Alpen. ([Mit 1 Tafel. Sep.-Ausg. von:] Njbl. Naturf. Ges. Zürich 1845.) 4. Zürich 1845.

— über die obersten Grenzen des thierischen u. pflanzlichen Lebens in den Schweizer-Alpen. 4. (Mit 1 Kupfertafel.) Zürich 845. (Meyer u. Zeller.) 9 ngr

— über die Haus-Ameise Madeira's. Zürich (852.) (Höhr.) 4. (24 S. u. 1 lith. Taf.) n. 14 ngr; color. n. 18 ngr

— s. Hegetschweiler, Jh., Flora d. Schweiz. —

Heer, Oswald. Fossile Hymenopteren aus Oeningen und Radoboj. [Mit 3 Tafeln.] (N. Denkschr. Schweizer. Ges. für Naturwiss. Band 22.) 4. (Zürich 1867.)

Heer, Osw., die Insektenfauna der Tertiärgebilde von Oeningen u. v. Radoboj in Croatien. 3 Thle. gr. 4. 1. Thl.: Käfer. (229 S. m. 8 lith. Taf.) 2. Thl.: Heuschrecken, Florfliegen, Aderflügler, Schmetterlinge u. Fliegen. Mit 17 lith. Taf. (VI u. 264 S.) 3. Thl.: Rhynchoten. Mit 15 lith. Taf. (IV u. 139 S.) Leipzig 847. 49. 53, W. Engelmann. (1: n. 3 ß 2 u. 3: à n. 4 ß) n. 11 ß

Heer, Oswald. Die Insektenfauna der Tertiärgebilde von Oeningen und von Radoboj in Croatien. 3 Abtheilungen. (N. Denkschr. Schweizer. Ges. für Naturwiss. Band 8. 11 u. 13.) 4. (1847–1853.)
Abtheilung 1: Kafer. [Mit 8 Tafeln] (Neuenburg.)
Abtheilung 2: Heuschrecken, Florfliegen, Aderflugler, Schmetterlinge und Fliegen. [Mit 17 Tafeln.] (Zürich.)
Abtheilung 3: Rhynchoten. [Mit 15 Tafeln] (Zürich.)

Heer, O. Über einige Insektenreste aus der raetischen Formation Schonens. 1878.

— Nachträge zur Jura-Flora Sibiriens, s.: Mémoires de l'académie impériale des sciences de St.-Pétersbourg.

—— die Käfer d. Schweiz, s.a. Fauna helvet., 3. Thl.

Heer, Oswald. Die Kaefer der Schweiz. Als 3. Theil der auf Veranstaltung der allgemeinen schweizerischen Gesellschaft für die gesammten Naturwissenschaften entworfenen Fauna helvetica. 2 Theile. (N. Denkschr. Schweizer. Ges. für Naturwiss. Band 2, 4 u. 5.) 4. (Neuchâtel 1838–1841.)
Theil 1 ... Mit besonderer Berücksichtigung ihrer geographischen Verbreitung, zusammengestellt von Dr. O' H'.... 3 Lieferungen. [Mit 1 Tafel.]
Theil 2 ... Kritische Bemerkungen und Beschreibungen der neuen Arten .... 1. [einzige] Lieferung.

— die Käfer der Schweiz, mit besond. Berücksicht. ihrer geograph. Verbreitung. 1. Thl. 3. Liefg. Aus d. 5. Bde. der Neuen Denkschriften der allgem. schweizer. Gesellschaft für die gesammten Naturwissenschaften bes. abgedr. gr. 4. Neuchatel 841; Solothurn, Jent u. Gaßmann. n. 1 1/6 ß

— Ueber die fossilen Kakerlaken. Zürich 1865.

Heer, Oswald: Über die Kartoffelkrankheit. Zürich.

Heer, Oswald. Das Klima des Gotthards und Lukmaniers. SA. 8. (Zürich o. J. [ca. 1865].)

Heer (O.). Kreide-Flora von Moletein in Maehren. Zuerich, 1869. 4°.

Heer, Oswald: Die Kreide-Flora der arctischen Zone, gegründet auf die von den schwedischen Expeditionen von 1870 und 1872 in Grönland und Spitzbergen gesammelten Pflanzen. Mit 38 Tafeln Abbildungen. (Kongl. Svenska Vetenskaps-Akademiens Handlingar. Bd. 12. No. 6.) Stockholm 1874. 138 S. 4°.

—— Mittheilungen a. d. Gebiete d. theoret. Erdkunde, s. Mittheilungen.

— le monde primitif de la Suisse. Traduit de l'allemand par Isaac Demole. gr. 8. (XVI, 801 S. m. eingedr. Holzschn., 6 Holzschntaf. in Tondr., 11 Steintaf. u. 1 chromolith. Karte in qu. 4.) Basel 872. Georg. n. 14. 40

Heer, Oswaldus, Phil. dr. societat. scient. natural. Helvet. Turic. et Altenburg. socius: Observationes entomologicae continentes metamorphoses coleopterorum nonnullorum adhuc incognitas. Cum tab. aeneis VI. Tur. impensis Or. Fuessl. et soc. 1836. 36 S., 6 Taf. 8°.
Zürich, Phil. Fac., Antrittsprogramm v. 19. März 1836.

— über fossile Pflanzen v. Sumatra, s.a. Abhandlungen der Schweizer. paläontolog. Gesellschaft.

—— über fossile **Pflanzen** von Sumatra. gr. 4. (19 S. und 3 Stnt.) Zürich 875. (Basel, Georg. — Berlin, Friedländer und Sohn.) **
Aus: Abbandlungen der schweizer. paläontolog. Gesellschaft, besonders abgedruckt.

Heer, O. Über einige fossile Pflanzen von Vancouver und Britisch-Columbien. 1860. 4.

Heer, Oswald: Über die fossilen P f l a n z e n von St. Jorge in Madeira. 1855. 4°

— über permische Pflanzen von Fünfkirchen in Ungarn, s. a. Mittheilungen aus dem Jahrbuche d. k. ung. geolog. Anstalt.

——— Ueber Permische Pflanzen von Fünfkirchen in Ungarn. (Sep.-Abdr. Mittheil. a. d. Jahrb. d. Königl. ungar. geolog. Anstalt, Band 5.) Budapest 1876. 8.

Heer, Osw., die **Pflanzen** der Pfahlbauten. 4. (54 S. mit eingedr. Holzschn. und 1 Stnt.) Zürich 865, Meyer und Zeller's Verlag.) *
Aus: Neujahrsblatt der naturforschenden Gesellschaft, besonders abgedruckt.

——— Ueber die Pflanzen-Versteinerungen von Andö in Norwegen. (Ohne Druckort und Jahr.) 4. Mit 2 Tafeln.

—— über die **Polarländer**. Vortrag gehalten den 6. Dezbr. 1866, auf dem Rathhaus zu Zürich. gr. 8. (24 S.) Zürich 867, Schulthess.

— primitiae florae fossilis Sachalinensis, s. Mémoires de l'académie impériale des sciences de St.-Pétersbourg.

— recherches sur le climat et la végétation du pays tertiaire. Traduction de Charl. Th. Gaudin. Avec des profils (lith. et color.) et une carte de l'Europe (lith. et color.). Winterthur 861. Wurster & Co. gr. Fol. (VI, 242 S.) n. 4 ℛ

Heer, O[swald]. Ueber die Rhynchoten der Tertiarzeit. SA. 8. [Zürich 1853.]

Heer, Osw. Die Schieferkohlen von Utznach und Dürnten. Vortrag. Zürich. 1858. 8.

——— Selectus seminum in horto bot. turicensi . . . 1865. [Zuerich, 1865?] 4°.

——— Ueber Sigillaria Preuiana. Römer. (Sep.-Abdr. Zeitschr. d. D. Geol. Ges., Band 34. 1882.) 8.

— analytische Tabellen zu Bestimmung der phanerogamischen Pflanzengattungen der Schweiz. (Supplement zur Flora der Schweiz von J. Hegetschweiler.) gr. 12. Zürich 840. Schultheß. 7/12 ℛ

Heer, Oswald, s. U e b e r s i c h t der Geologie des Kantons Zürich.

– s. U e b e r s i c h t der von J[onas] D[avid] Labram ... herausgegebenen Schweizerpflanzen.

Heer, Oswald: Uebersicht der Tertiärflora der Schweiz. Sendschreiben an Herrn Prof. B. Studer in Bern. [S.-A.] Mittheilungen der Naturforschenden Gesellschaft in Zürich. Nro. 84. 85. 86. 87 und 88.) (Zürich 1853.) 67 S. 8°.

Heer, Oswald: Ü b e r s i c h t der geolog. Verhältnisse d. Schweiz ..., s. E s c h e r von der Linth, Arnold

-- **Untersuchungen** über das Klima und die Vegetationsverhältnisse des Tertiärlandes. Mit (lith. u. color.) Profilen u. 1 (lith.) Kartchen Europa's. (Abdr. aus dem 3. Bde. der tertiären Flora der Schweiz.) Ebend. 860. Fol. (IV, 170 S.) n. 3 ℛ 6 ngr.

Heer. Oswald. Die Urwelt der Schweiz. 8. Zürich.
[1. Aufl.] Mit sieben landschaftlichen Bildern, elf Tafeln, einer geologischen Uebersichtskarte der Schweiz und zahlreichen in den Text eingedruckten Abbildungen. 1865.
2., umgearbeitete Aufl. Mit acht landsch. B. in Tondruck, zwölf fein gravirten T., einer geol. Uebers. der Sch. in Farbendruck und zahlr. in den T. eingedr. Abb. in Holzschnitt.
[1. Ausg.] 1879.
2. Subscriptions-Ausg. 1883.

——— die **Urwelt** der Schweiz. 13 Lfgn. Lex.-8. (XXIX und 622 S. mit eingedr. Holzschn., 11 Stnt. und 6 Holzschntaf. in Tondr.) Zürich 865, Schultheß. [1.—11. Lfg. à 10 Ngr., 12. und 13. Lfg. 25 Ngr.]

— die **Urwelt** der Schweiz. 2., umgearb. u. verm. Aufl. gr. 8. (XIX, 713 S. mit eingedr. Holzschn., 2 Holzschntaf. u. 6 Steintaf.) Zürich 878. 89 Schultheß. n. 16. —

Heer, O. Über Vaterland und Verbreitung der nützlichsten Nahrungspflanzen, und geschichtlicher Überblick des schweiz. Landbaues. Zwei Vorträge. Zürich 1843

Heer (O.). Vegetationsverhaeltniss des Tertiaerlandes. Winterthur, 1860. fol.

HEER, Oswald: Über geographische Verbreitung und periodisches Auftreten der Maikäfer. - o. O. 1841. 33 S.

— über **Vertreibung** u. Vertilgung der **Laubkäfer** u. Inger. 8. Zürich 843, Orell, Füßli u. Co. 1/6 ℛ

HEER, Oswald: Ueber Vertreibung und Vertilgung der Laubkäfer und Inger. - Zürich 1843. 32 S.

Heer, [Oswald]. Vortrag des Herrn Professor H. über die Physiognomie des fossilen Oeningen. [SA.] 8. [Winterthur 1847.]

— u. A. **Escher v. der Linth**, zwei geologische Vorträge gehalt. im März 1852. 1. Ueber die Lias-Insel im Aargau, mit 1 (lith.) Taf. Lias-Insekten. 2. Ueber die Gegend von Zürich in der letzten Periode der Vorwelt, m. einer (lith.) Blockkarte der Schweiz. gr. 4. (28 S.) Zürich 852, Höhr in Comm. n. 2/3 ℛ

Heer, Osw. Ueber die Wallnussbäume. (Vortrag in d. Vers. d. Schweiz. Nat. Gesellsch.; Trogen. 1857. 8.

— s.: Zeitschrift f. Gartenbau. — Zeitschrift, schweizerische. —

Othmar Heer

De renum Morbis, eorumque diagnosi, causis, symptomatibus et prognosi. Add. speciminа 2 renis unius in hydatides, alterius in lipoma mutati,... Halae (1790:) Curtius. 48 S. 8
Halle, Med. Diss. v. 22. Sept. 1790

Heer, Rusten., († 1769.) Anonymus Murensis (Abbas Fridol. Kopp) denuntiatus et ad locum suum restitutus etc. 4. Frburg 755. Wien, Gerold. 1 ℛ Löffler in Manh. 1 ℛ 16 Kr

Heer, S., Geographie der Schweiz. Bearb. für Elementarschulen. 8. (Mit 1 Tab.) Glarus 846. (St. Gallen, Huber u. Comp.) n. 1/6 ℛ

Heer, S., Geographie der Schweiz. Bearb. für Elementarschulen. 2. Aufl. 853. (VI, 88 S.) — 3. Aufl. St. Gallen 856. Huber u. Co. 8. (IV, 76 S.) n. 4 ngr

Heer, S., Geographie der Schweiz. Bearb. für Elementarschulen. 4. Aufl. 859. — 5. verb. Aufl. St. Gallen 862. Huber & Co. 8. (2 Bl., 74 S.) n. 4 ngr

Heerbildung, Die. Vom Verfasser der »Strategie und ihrer Anwendung«. München 1820. V: *Xylander, J. Ritt. v.* (KA)

Heerbildung, d., vom Verfass. d. Strategie u. ihrer Anwendung. gr. 8. Münch. 820. Lindauer. 1 ℛ

Heerbrandt, G., Wieland, der wackere Schmied. Nach einer alten Volkssage bearb. Schw. Hall 854. Haspel. (Stuttgart, Fischhaber.) 16. (113 S.) 7½ ngr

Gedichte in schwäbischer Mundart von Gustav **Heerbrandt**. Mit d. Portr. d. Verf. New-York: Selbstverl. 1892. (76 S.) 8° [F.] 107, 19866

Heerbrandt, Gustav. Hannes in A; seine Erfahrungen in Dtld u A in schwäbischen Knittelversen. Anhang: Das Lob d Schwaben. NY, 1876.

--(ed). Schnitz u zwetschen. Eine Leibspeise f lustige Leyte und Solche welch' das Lachen verlernt haben. NY, 1883.

Heerd, der häusliche. Unterhaltungs- und Lehrblätter für das Familienleben aller Stände, mit besonderer Berücksichtigung der Kinderzucht. Herausg. von J. Fr. Marquardt. 1. Jahrg. Mai 1863—April 1864. 52 Nrn. (à 1 Bgn.) Berlin, (Uthemann.) gr. 8. n. 1 ℛ 10 ngr; Velinp. n. 1 ℛ 18 ngr

—— der häusliche. Ein gemüthl. Unterhaltungsbuch für frohe und ernste Familienkreise, enth.: Orig.-Erzählungen, Novellen, Volkssagen, Gedichte 2c. Hrsg. von H. Trommer. 14 Lfgn. 4. (224 S. mit 14 ill. lithogr. Kunstblättern.) Neu-Gersdorf 865, Trommer. à Lfg. 2½ Ngr.

Am häuslichen Heerd. Blätter für Unterhaltung und Bildung. 3. Jahrg. 1873. (52 Nrn.) 4. Chur, Paradella. 5. 50

Heerdbuch, s. a.: Herdbuch.

Heerdbuch, das böhmische. 1. Jahrg. 1—3. Hft. hoch 4. (XXIX, 451 S.) Prag 872. (Calve.) n. 10. —

Heerd-Buch, böhmisches. Hrsg. unter den Auspizien der k. k. patr.-ökonom. Gesellschaft im Königr. Böhmen von der Heerdbuchssection des ständigen Comités für Zucht- und Mastvieh-, dann Maschinen- und Geräthe-Märkte. 1. Heft. br. 8. (58 S.) Prag 867, (Calve'sche Universitäts-Buchh.) *

Heerdbuch, böhmisches. Verzeichniss edler Zuchtthiere der Egerer, Schwyzer, Montafuner, Allgäuer, Berner, Freiburger, Scheinfelder, Pinzgauer u. Mariahofer Race im Königr. Böhmen. Hrsg. vom ständ. Heerdbuch-Comité der landwirthschaftl. Central-Gesellschaft f. das Königr. Böhmen. 1. Hft. Mit 7 (chromolith.) Abbildgn. gr. 8. (192 S.) Prag 888. Calve. n. 4. 80

Heerdbuch, Deutsches. Herausg. von H. Settegast u. A. Krocker. Ein Verzeichniss von Individuen und Zuchten edler Thiere Deutschlands. 1. Bd. Berlin 1865. Lex.-8.
——, —— 2. unveränderte (Titel-)Ausg. Mit einer Einleitung: Rückblick auf die histor. Entwickelung der deutschen Thierzucht von H. Settegast. Berlin 1868. Lex.-8.
——, —— Bd. 2. 3. Ebda 1868—71. — Bd. 4. von H. Settegast u. P. Parey. Mit Holzschn. Ebda 1875. gr. 8.
——, —— Fortgeführt von der deutschen Viehzucht- und Herdbuch-Gesellschaft durch ... B. Martiny. Bd. 5. — Herausg. von der Gesellschaft deutscher Shorthorn-Züchter. Bd. 6. Ebda 1882—89. gr. 8.

— niederösterreichisches f. Rinder. Verzeichniss v. Individuen u. Stämmen edler Thiere hrsg. v. d. k. k. Landwirthschaft-Gesellschaft in Wien. Mit 2 (chromolith.) Karten (in qu. 4.) gr. 8. (80 S.) Wien 873. Faesy & Frick in Comm. n. 2. —

Heerdbuch, ostpreussisches. Hrsg. im Auftrage der Heerdbuch-Gesellschaft zur Verbesserg. d. in Ostpreussen gezüchteten Holländer Rindviehs durch deren Geschäftsführ. G. Kreiss. 1—3. Bd. gr. 8. (371 S.) Berlin, Parey. n. 10. —
1. (371 S.) 883. n. 6. —. — 2. (XI, 229 S.) 884. n. 2. —. — 3. (147 S.) 885. n. 2. —
cfr.: Herdbuch.

— ostpreussisches. Hrsg. im Auftrage der Heerdbuch-Gesellschaft zur Verbesserung d. in Ostpreussen gezüchteten Holländer Rindviehes durch deren Geschäftsführer G. Kreiss. 4. Bd. gr. 8. (156 S.) Berlin 886. Parey. n. 2. —

— dasselbe. 5. Bd. Jahrgänge 1887 u. 1888. gr. 8. (XXVII, 236 S.) Ebd. 888. n. 2. —

— dasselbe. 6. Bd. Jahrgänge 1889 u. 1890. (XXV, 329 S.) Ebd. 890. n. 2. — (1—6.: n. 16. —)

Heerdbuch, ostpreussisches. Hrsg. im Auftrage d. Heerdbuch-Gesellschaft z. Verbesserg. d. in Ostpreussen gezücht. Holländer Rindviehs durch G. Kreiss. 7.—9. Bd. gr. 8. Berlin, P. Parey. à n. 2. — (1—9.: n. 22. —)
7. Jahrgg. 1891 u. 1892. (XXIV, 440 S.) 892.
8. Jahrgg. 1893 u. 1894. (XXVI, 428 S.) 895.
9. Jahrgg. 1895 u. 1896. (XIV, 774 S. m. 1 Abb.) 897.

Heerdbuch, ostpreussisches. Hrsg. im Auftrage der Heerdbuch-Gesellschaft zur Verbesserg. des in Ostpreussen gezücht. Holländer Rindviehs durch deren Geschäftsführer Ernst Poeppel. 10. u. 11. Bd. Jahrg. 1897 u. 1898. gr. 8. Berlin, P. Parey. à n. 2. —
10. Jahrg. 1897. (XXIX, 507 S. m. 1 Abbildg.) 898.
11. Jahrg. 1898. (XVIII, 560 S. m. 1 Abbildg.) 900.

Heerdbuch, ostpreussisches. Hrsg. durch den Vorstand der Heerdbuch-Gesellschaft zur Verbesserung des in Ostpreussen gezüchteten Holländer Rindviehs. 12. Bd. Jahrg. 1899. gr. 8. (XVI, 833 S. m. 1 Abbildg.) Ebd. 900. n. 2. —

— dasselbe. Hrsg. im Auftrage der Heerdbuch-Gesellschaft zur Verbesserg. des in Ostpreussen gezüchteten Holländer Rindviehs durch deren Geschäftsführer Jak. Peters. 13. Bd. Jahrg. 1900. gr. 8. (XXXVIII, 686 S. m. 1 Abbildg.) Ebd. 901. n. 2. —

— ostpreussisches. Hrsg. im Auftrage der Heerdbuch-Gesellschaft zur Verbesserg. des in Ostpreussen gezüchteten Holländer Rindviehs durch deren Geschäftsführer Jak. Peters. 14. u. 15. Bd. gr. 8. Berlin, P. Parey. à n. 2. —
14. Jahrg. 1901, enth. die Nrn: f. Stiere 1961—2167, f. Kühe 32484—34714; für vorgekörte Stiere 567—656. (XXXVIII, 469 S. m. 1 Abbildg.) 902.
15. Jahrg. 1902, enth. die Nrn.: f. Stiere 2169—2437, f. Kühe 34716—38138; f. vorgekörte Stiere 657—754. (XXXIV, 663 S. m. 1 Abbildg.) 903.
Fortsetzung, s.: Herdbuch.

Heerde-Buch der Alp-Fleckvieh-Race d. Simmenthales u. Saanenlandes. Stand desselben auf 1. Mai 1889. gr. 8. (49 S.) Thun 889. (Stämpfli.) n. — 80

Heerdegen, Ferd., de fide Tulliana h. e. de vocabuli fidei apud Ciceronem notione et usu quaestionem semasiologam instituit. (Habilitations-Schrift.) gr. 8. (34 S.) Erlangen 876. (Deichert.) n. 1. —

Heerdegen, (Eugen Gottlieb Ferd.) (geb. Nürnberg 7. 12. 1845): De nominum compositorum Graecorum imprimis Homericorum generibus. Berolini (1868). (57 S.) 8.
Berlin, Phil. Diss. v. 22. Apr. 1868

Heerdegen, Ferd., de nominum compositorum graecorum imprimis Homericorum generibus. Dissertatio inauguralis philologica. Berlin 868. (Calvary & Co.) 8. (57 S.) n. 10 *ngr.*

— über lateinische Genusregeln. Ein apologetisch-krit. Versuch. 4. (22 S.) Ebend. 873. — 75

— Ueber latein. Grundregeln. Pr 1873. 22 S. 4°.

Heerdegen, Ferd., die Idee der Philologie. Eine krit. Untersuchung vom philolog. Standpunkt aus. gr. 8. (98 S.) Erlangen 879. Deichert. n. 1. 80

Heerdegen, griech. u. latein. Lexikographie, s.: Handbuch der klassischen Altertumswissenschaft. 2. Bd.

Heerdegen, Ferd., lateinische Lexikographie, s.: Stolz, Fdr., u. J. H. Schmalz, Latein. Grammatik.

Heerdegen, F. Lexikographie der griechischen u. lateinischen Sprache, s. Autenrieth, G. —

— über parenthetische Sätze u. Satzverbindgn. in der Kranzrede des Demosthenes. gr. 8. (26 S.) Leipzig 901. A. Deichert Nachf. n. — 80
Sonderabdruck aus: „Festschrift d. Univers. Erlangen f. Prinzregent Luitpold."

— Untersuchungen zur lateinischen Semasiologie. 1. Hft. Einleitung. gr. 8. (48 S.) Ebend. 874. n. 1. —

—— Untersuchungen zur lateinischen Semasiologie. 1. Heft: Ueber Umfang und Gliederung der Sprachwissenschaften im Allgemeinen und der latein. Grammatik insbesondere. Versuch einer systemat. Einleitung zur latein. Semasiologie. gr. 8. (VI, 48 S.) Erlangen 875, Deichert. *

— Untersuchungen zur lateinischen Semasiologie. 2. u. 3. Hft. gr. 8. Ebend. 878. 82. n. 3. — (cplt.: n. 4. —)
2. Allgemeine Principien. A. u. d. T.: Ueber Ziele u. Methode der latein. Semasiologie. Versuch e. Bestimmung u. Gliederung ihrer allgemeinen Principien. (68 S.) n. 1. 20
3. Ueber histor. Entwickelung latein. Wortbedeutungen. Ein lexikal. Beitrag zur latein. Bedeutungslehre, Syntax u. Stilistik. (107 S.) n. 1. 80

— Ueber Ziele u. Methode d. lateinischen Semasiologie. 1878. 58 S.

— über den systematischen Zusammenhang der homerischen Frage. gr. 4. (23 S.) Ebend. 877. n. — 80

Heerdegen, Theodor: Das Merkantil-Friedens- und Schiedsgericht der Stadt Nürnberg und seine Geschichte. *Nürnberg 1897: G. P. J. Bieling-Dietz.* (49 S.) 8° [J.]
Erlangen, Jur. Diss. v. 1897

Heerden, Eitel. F. v., Grundfeste d. heil. röm. Reichs u. d. osnabrück. u. westphäl. Fried. vorgest. v. Jenichen. 8. Frankf. Hechtel. 750.

Heerdink, Johann W. [aus San Francisco]: Ueber die Fibrome der Bauchdecken . . . . Heidelberg, Univ.-Buchdr. v. J. Horning, 1887; 29 S. 8°.
Heidelberg, Med. Fak., Inaug.-Diss. v. 1887.

Heerdink, Johann W., über die Fibrome der Bauchdecken. Diss. Heidelberg 1887, Theodor Groos. 8°. 29 S.

Für kleine Leser. Ein Kinderbuch mit Märchen, Erzählungen, Gedichten, e. Kinderaufführung, Rätseln &c. von A. **Heerdorf** u. W. M. **Lucas.** Ill. von A. Lewin. (Leipzig 1905: C. G. Röder.) (135 S.) 8° [J.] (cd. 6003)

Heerdorf, A., u. W. M. **Lucas,** für kleine Leser. Ein Kinderbuch m. Märchen, Erzählgn., Gedichten, e. Kinderaufführg., Rätseln 2c. Illustriert v. A. Lewin. (135 S.) 8. Kattowitz (906). C. Siwinna. Geb. 2. 50

Heerdorf, A., Seele. Roman. (180 S.) 8. Leipzig 909. W. Strübig. 2.50; geb. 3. 50

Heere [Sachliches Ordnungswort]

Heere, Die besiegten, eine Ode nebst dem Jubelgesange der Preussen. Halle 1758. V: *Lange, Samuel Gotthold.* (GGr IV³/21, Nr. 7/8) (Biblport)

Die deutschen Heere und die franz. Schiffahrtstraßen im Kriege 1870/71. Hannover 1902. 8°. (Sammlung von Schriften zur Kanalfrage. 1.)

Heere, die europäischen. Ihre Organisation u. Bewaffnung. Mit einem Anh.: Die norddeutsche Flotte. Von C . . . . v. S . . . . Hildburghausen 870. Bibliogr. Institut. 8. (92 S. mit eingedr. Holzschn.) 6 *ngr.*

Heere u. Flotten, die, der Gegenwart. Hrsg. von J. v. Pflugk-Harttung unt. Mitwirkg. v. H. Albertall, R. Aschenborn, C. F. Batsch 2c. 1.—3. Bd. gr. 8. Berlin, A. Schall. Geb. in Leinw. à n. 15. —
1. Deutschland. Das Heer v. A. v. Boguslawski. Die Flotte v. R. Aschenborn. Anh. Das internat. rote Kreuz v. P. v. Strantz. (XVI, IV, 596 S. m. Abb., 37 z. Tl. farb. Taf. u. 3 Karten.) 896.
Erschien auch in 16 Hftn. à n. 1. —.
2. Großbritannien u. Irland. Das Heer von * , *. Die Flotte v. A. Stenzel. (XIII, 537 S. m. Abb., 49 z. Tl. farb. Taf. u. 4 Karten.) 897.
3. Rußland. Das Heer v. A. v. Drygalski u. C. v. Zepelin. Die Flotte v. C. F. Batsch. (XVIII, 662 S. m. Abb., 34 z. Tl. farb. Taf. u. 3 Karten.) 898.

Heere u. Flotten, die, der Gegenwart. Begründet v. J. v. Pflugk-Harttung, hrsg. von C. v. Zepelin unter Mitwirkg. v. Abildgaard, H. Albertall, R. Aschenborn u. a. (1. u. 4.—7. Bd.) Lex.-8. Berlin, A. Schall. n. 62. —; geb. in Leinw. n. 69. 50
1. Deutschland. Das Heer von A. v. Boguslawski. Die Flotte v. R. Aschenborn. Anh. Das internationale rote Kreuz von B. v. Strantz. 2. Ausg., ergänzt durch e. Nachtrag sämtl. im Heer u. in der Flotte bis zum Jan. 1900 eingetretenen Verändergn. (XX, IV, 596 u. 128 S. m. Abbildgn., z. Tl. farb. Taf., 1 Bildnis u. 1 Karte.) (900). n. 13. 50; geb. n. 15. —; Verändergn. allein n. 3. —
4. Österreich-Ungarn. Das Heer von E. v. Kählig. Die Flotte von M. Ritter v. Jedina. (XVIII, 569 S. m. Abbildgn., 44 z. Tl. farb. Taf. u. 3 Kart.) 899. n. 13. 50; geb. n. 15. —
5. Frankreich. Das Heer am Ende des 19. Jahrh. v. Hepke. Mit e. Karte der Truppenstandorte u. e. Armee-Einteilg. v. Exner. (XXIII, 604 S. m. Abbildgn., 84 z. Tl. farb. Taf. u. 4 Karten.) (900). n. 13. 50; geb. n. 15. —
6. Frankreich. Die Flotte v. C. F. Batsch u. Meuß. (X, 269 S. m. Abbildgn., z. Tl. farb. Taf. u. 2 Karten.) (900). n. 13. 50; geb. n. 15. —
7. Italien. Die Flotte v. E. Baschen. (X, 140 S. m. 17 Abbildgn., 1 Plan u. 16 [4 farb.] Taf.) (902.) n. 8. —; geb. n. n. 9. 50

Heere u. Flotten, die, der Gegenwart. Begründet v. J. v. Pflugk-Harttung, hrsg. v. C. v. Zepelin unter Mitwirkg. v. Abildgaard, R. Aschenborn, C. F. Batsch u. a. Lex.-8. Berlin, A. Schall.
1. Deutschland. Das Heer. Von v. der Boeck unter Mitwirkg. v. Immanuel, Niebergall, Missom u. a. 3. Ausg. (XVII, 414 S. m. Abbildgn. u. z. Tl. farb. Taf.) (904.) n. 13. 50; geb. n. 15. —
Die Wehrmacht der Türkei u. Bulgariens. Von Rich. v. Mach. Mit e. Vorwort v. Frhrn. Colmar v. d. Goltz. (VIII, 99 S. m. 1 Bildnis.) 905. n. 5. —; geb. n. 6. —

Heere und F l o t t e n
-- -- aller Staaten der Erde, v. T. Jahrg. 1902. gr. 8. (52 S.) Leipzig 902. Zuckschwerdt & Co. n.n. 60

Heere und Flotten aller Staaten der Erde, von T Major a. D. Jahrg. 1903. 52 S. 8. Leipzig, Zuckschwerdt & Co., 1903. M. —. 60

Heere und Flotten aller Staaten der Erde, von T , Major a. D. Jahrg. 1904. 52 S. 8. Leipzig, Zuckschwerdt & Co., 1904. M. —. 60

Heere und Flotten aller Staaten der Erde von T., Major a. D. Jg. 1905. Berlin: Zuckschwerdt & Co. 1905. 8° [F.] [05. 10657

— — aller S t a a t e n der Erde, v. T. Jahrg. 1906. (51 S.) gr. 8. Berlin, Zuckschwerdt & Co. n. — 80

Heere und Flotten aller Staaten der Erde. Von T. Jg 1903. 1907. 1909. 1910. Leipzig u. Berlin 1903 —1910. 8°. (1. Jg 1902.)

Heere u. Flotten aller Staaten der Erde, von T. Jahrg. 1910. (49 S.) gr. 8. Berlin, Zuckschwerdt & Co. — 80

Heere (im preussischen)! Ein Disciplinarverfahren gegen Premier-Lieutenant Aug. v. Willich, als Folge der durch den Process „Annecke" in dieser Brigade herbeigeführten Vorgänge, mit Vor- und Nachwort. gr.-8°. Mannheim, Hoff, 1848.

Heere, üb. stehende, u. ihre Vervollkommnung. 8. Frankf. Eßlinger. 800.

H. B., k. preuss. Infanterie-Officier. W a l l e n s t e i n's H e e r e und K r i e g f ü h r u n g im Lichte seiner Zeit (1626—1633). 8. Dessau 1879.

Heere [Schlagwort]

Heere Europas, s.: Militärkarten.

Heere [Verfasser]

Heere, Rhold., der Bauhandwerker, s.: R o s e n k r a n z, Fr.

Beitrag zum gesetzeskundlichen Unterricht in der gewerblichen Fortbildungsschule. Zur Einführung in d. Gebiete d. Gewerbeordnung u. Arbeiterversicherung von Reinhold **Heere**. Wittenberg: R. Herrosé 1906. (VIII, 248 S.) 8° [F.] [06. 14001 S

Heere, Rhold., Buckow u. d. märk. Schweiz m. Illustr. u. 1 neuen Karte d. weiteren Umgebung. 12. (28 S.) Berlin (894). (E. Mecklenburg.) — 60

Heere, Rhold., das **O r n a m e n t** in seiner Verwertung im Zeichenunterricht der allgemeinbildenden Schule. Ein Handbuch zur Einführg. in das Verständnis der ornamentalen Schöpfgn., nach ihrem Ursprung, ihrer Gestaltg., Gliederg., Anwendg., ästhet. Bedeutg. u. ihrer Aufgabe in der Architectur u. im Kunstgewerbe. Lex.-8. (III, VI, 149 S. m. Abbildgn.) Berlin 892. F. Asholm. n. 2. 75; geb. n. 4. —

Rechts- und Bürgerkunde für das tägliche Leben. Dem Gebrauch in d. gewerbl. Fortbildungsschule gewidmet von Reinhold **Heere**. Wittenberg: R. Herrosé 1907. (XXI, 528 S.) 8° [F.] [07. 14329 S

-- **S t i l l e h r e** f. das Kunstgewerbe. Allgemeinfaßliche Einführg. in das Verständnis der dekorativen Künste u. deren Stilarten. 1. u. 2. (Titel-)Aufl. gr. 8. (IV, 135 S. m. 240 Illustr.) Berlin 893. W. H. Kühl. n. 2. --; geb. n. 3. —

Heere, Reinh. Stillehre für das Kunstgewerbe. 5. Aufl. Berlin 1894. 8

Heere, Rhold., Stillehre f. das Kunstgewerbe. Allgemeinfaßliche Einführg. in das Verständnis der dekorativen Künste u. deren Stilarten. Für Kunstfreunde, Kunsthandwerker, Gewerbetreibende, Fabrikanten, Schüler höh. u. niederer Unterrichts-Anstalten, sowie f. jeden, der üb. das Kunstgewerbe sich belehren will. 4. Aufl. gr. 8. (IV, 135 S. m. 240 Abbildgn.) Berlin 900. L. Oehmigke's Verl. n. 2.

— u R R i n g g e r, Taschenbuch f. d. farb. Ornament. (17 S 51 T) qu 8° Zürich 1883

— der Z e i c h e n u n t e r r i c h t im Lichte der Forderung: Nicht f. die Schule, sondern f. das Leben. gr. 8. (31 S.) Berlin 891. Oehmigke's Verl. n. — 50

— die O s t s e e b ä d e r Zinnowitz, Coserow u. Carlshagen auf der Insel Usedom. Mit e. neuen (farb.) Karte u. e. Anweisg. üb. den Gebrauch der Seebäder. 12. (32 S.) Berlin 894. Zeughofstr. 11, I. Selbstverlag. n. — 60

H(eereman) von Z(uydwyk, Klemens): Über A r b a l o und das Winterlager des Tiberius am Flusse Julia. Paderborn 1865. 48 S. 8°

Heereman v. Zuydwyk, Cl. Frhr., die älteste Tafelmalerei Westfalens. Beitrag zur Geschichte der altwestfäl. Kunst. Mit 4 (lith. u. chromolith.) Taf. gr. 4. (V, 89 S.) Münster 882. Schöningh. cart. n. 15. —

Heeremann v. Zuydtwyck Der Zug des Varus mit Rücksicht auf die Schrift des Herrn Prof. Middendorf „Ueber die Gegend der Varusschlacht." (32) 8. Paderborn 1868.

Heeremann, Th., Pastor Wagner. Drama in 5 Akten. (130 S.) gr. 8. Hamburg 903. Grefe & Tiedemann. n. 2.—

Heeren, Dem Br., zu seiner maurerischen Jubelfeier am St. Johannistage 1835. »Heute, Lehrling und Gesellen ...« W. [Göttingen 1835.] V: *Wendt, Amadeus.* (wolfstieg I, 814)

Heeren: Ueber die optische Milchprobe. [Hann. 1869]. (6) S. (Udsnit). 4°.

v. Heeren, Alexander [Dr. jur., Rechtspraktikant am kgl. Landger. München I]: Die Durchstreichung des Accepts ... München, *kgl. Hof- u. Univ.-Druckerei v. Dr. C. Wolf & Sohn*, 1895; 63 S. 8.
Erlangen, Jur. Fak., Inaug.-Diss. v. 1895

Heeren, Arnoldus, Gottingensis: De **chorographia** a Valerio Flacco adhibita. *Gottingae 1899: Dieterich.* (90 S.) 8°
Göttingen, Phil. Diss. v. [26. Okt.] 1899

Heeren, Arnold, de chorographia a Valerio Flacco adhibita. Diss. gr. 8. (90 S.) Göttingen 899. (Vandenhoeck & Ruprecht.) n. 2, 40

Heeren, Arnold Hermann Ludwig

Heeren, A(rn.). H(erm.). L(udw.)., meine Antwort auf d. Schmähungen d. geh. Hofr. u. Prof. Schlosser in Heidelberg; in d. Heidelberger Jahrbüchern im Mayheft dies. Jahrs. gr. 8. (1¼ B.) Göttingen 831, Vandenhoeck u. Ruprecht.

Heeren, A. H. L., s. Anzeigen, Göttinger gelehrte.

Heeren, Arnold Hermann Ludwig, s. Beschreib. d. Feierlichkeiten bei Anwesenh. Georg's IV.

Heeren, A. H. L., Bibliothek, siehe Bibliothek d. alt. Lit.

Heeren, A. H. L., der deutsche Bund in seinen Verhältnissen zu d. Europ. Staatensystem. 8. Göttingen, Vandenhöck u. R. 817.

—— de Ceylone insula, per viginti fere saecula communi terrarum mariarumque australium emporio. Comment. 4 maj. ... Gottingae 832, Dieterich.

Heeren, Arnold Herm. Lud., De codicibus manuscriptis Eclogarum Joannis Stobaei. Göttingen (Johann Christ. Dieterich) 20. X. 1787. (4.50) 13819

— commentatio in opus caelatum antiquum Musei Pio-Clementini. 8 maj. Rom 786.

—— commercia urbis Palmyrae vicinarumque urbium ex monumentis et inscriptionibus illustrata. 4 maj. ... Gottingae 832, Dieterich.

— über d. Einfluß d. Normanen auf die französ. Sprache u. Litt. gr. 8. Götting. 789. Dieterich. 2 Gr.

— Entwurf zu Vorles. über d. alte Geschichte u. Geographie etc. gr. 8. Götting. 790.

— Entwurf zu seinen Vorless. über die Geschichte u. Litt. d. schönen Wissenschaften. gr. 8. Götting. 788. Dieterich. 1 Gr.

— Entwurf zu seinen Vorlesungen üb. die mittlere Geschichte. 8. Götting. 797.

HEEREN, Arnold Hermann Ludwig 1760 - 1842
Entwurf zu Vorlesungen über die Geschichte der Europäischen Staaten in den letzten drey Jahrhunderten; nebst einigen Vorerinnerungen über die bequemste Anordnung dieses Theils der Geschichte, und seinen historischen Cursus überhaupt von A. H. L. Heeren ...
Göttingen: Rosenbusch. 1799. 61 S. 8°.
Staats- und Universitätsbibliothek Göttingen

— Entw. z. Vorles. d. Gesch. d. Europ. Staaten in den letzt. 3 Jahrh. gr. 8. Gött. Röwer. 799.

— Essai sur l'influence des Croisades, ouvrage qui a partagé le prix proposé et décerné etc. trad. de l'allemand par C. Veller. gr. 8. Strasb. Treuttel et W.

Velinp.

Heeren, A. H. L., Etwas über meine Studien des alten Indiens. Antwort an Herrn Prof. A. W. v. Schlegel auf dessen an mich gerichtete drei ersten Briefe in seiner Indischen Bibliothek. Göttingen 1827.

— Etwas üb. meine Studien d. alten Indiens. Antwort an A. W. v. Schlegel, auf dess. 3 erste Briefe in seiner indischen Bibliothek. gr. 8. Götting. 827. Vandenhöck u. R. 6 Gr.

— expositio fragmenti tabulae marmoreae operibus caelatis et inscript. graecis ornatae Musei Borgiani Velitris. 4. Rom 786.

— de fontibus et auctoritate Vitarum Parallelarum Plutarchi commentationes quatuor. 8 maj. Göttingen, Dietrich. 820.

— commentatio de fontibus geograph. Ptolomaei tabularumque iis annexarum, num ii graecae an vero tyriae originis fuerint. 4 maj. Götting. 827. Dieterich. 6 Gr.

—— de fontibus geographicor. Ptolomaei. Comment. 4 maj. ... Gottingae 828, Dieterich.

Heeren, (A. H. L.,) de fontibus geographicorum Strabonis comment. duae. 4 mai. Gottingae 823, Dieterich.

Heeren, Arnold Hermann Ludwig [Hrsg.], s. Geschichte der europäischen Staaten

Heeren, H. A. L., Geschichte des Studiums der klassischen Litteratur seit dem Wiederaufleben der Wissenschaften. Götting. 797. 801. 2 Th. 8. 2 rthl. 20 gr.

— Geschichte d. Studiums der class. Literatur seit d. Wiederauflebens d. Wissenschaften. 1r u. 2r Bd., (od. Geschichte d. Künste u. Wissenschaften. 4e Abthl.) gr. 8. Götting. 797—802. Röwer. 2 Rthlr. 4 Gr. N. verb. Aufl., u. d. T.: Geschichte der class. Litt. im Mittelalter. 2 Thle. gr. 8. Ebd. 822. 4 Rthlr. (der histor. Werke 4r u. 5r Thl.)

– s. Handbuch d. alten Erdbeschreib.

— Handbuch d. Geschichte der Staaten des Alterthums. gr. 8. Götting. 799. 2e Aufl. ... 3e Aufl. 817. 4e Aufl. 821. 5e Aufl. 828. Röwer. 2 Rthlr. 12 Gr. (der histor. Werke 7r Thl.)

Heeren, A. H. L., Prof. der Geschichte in Göttingen. Handbuch der Geschichte der Staaten des Alterthums. 2. Aufl.
8. Göttingen 1810.

— Handbuch der Gesch. der Staaten des Alterthums. 3te Aufl. gr. 8. Gottingen, Röwer. 817.

Heeren, A. H. L., Handbuch der Geschichte der Staaten des Alterthums mit besonderer Rücksicht auf ihre Verfassung, ihren Handel und ihre Colonieen. Wien 1817. 8°.

Heeren, A. H. L., Handbuch der Geschichte der Staaten des Alterthums. Gött. 810. 8. 2 rthl. 6 gr. Ausg. 3. Ebend. 818. 8. 2 rthl. 12 gr. Ausg. 4. verb. 822. 8. 2 rthl. 12 gr.

Heeren, A. H. L., Prof. der Geschichte etc. Handbuch der Geschichte des europäischen Staatensystems und seiner Colonien, von der Entdeckung beider Indien bis zur Errichtung des französischen Kaiserthrons. 8. Göttingen 1809.

— Handbuch d. Geschichte des Europ. Staatensystems u. seiner Colonien. gr. 8. Götting. 809. 2e Aufl. 811. 3e Aufl. 819. 4e Aufl. 822. Röwer. 3 Rthlr. 12 Gr. 5e verb. Ausg., 2 Thle. gr. 8. Ebd. 830. 3 Rthlr. 12 Gr. (der histor. Werke 8r u. 9r Thl.)

Heeren, A. H. L., Handbuch d. Geschichte d. europ. Staatensysteme u. s. Colonien. 2te verb. Ausg. gr. 8. Gött. Röwer. 811.

Heeren, Arnold Hermann Ludwig: H a n d b u c h der Geschichte des Europäischen Staatensystems und seiner Colonien von der Entdeckung beyder Indien bis zur Errichtung des Französischen Kaiserthrons. Nach der neuesten Ausgabe. Wien. 1817.
= Bibliothek historischer Classiker. Bd. 2. 8⁰

Heeren, A. H. L., Handbuch der Geschichte des europäischen Staatensystems u. seiner Colonieen, von seiner Bildung seit der Entdeckung beider Indien bis zu seiner Wiederherstellung nach dem Fall des franz. Kaiserthrones und der Freiwerdung Amerika's. 5. Aufl. Göttingen 1830. 2 Theile in 1 Bd.

— Christian Gottlob Heyne. Biographisch dargest. gr. 8. Götting. 813. Röwer. 2 Rthlr. N. verm. Ausg., u. d. T.: biograph. u. litt. Denkschriften. Mit 1 Kpf. gr. 8. Ebd. 823. Ebd. 2 Rthlr. (der histor. Werke 6r Thl.)

– s. H o l t y , A.: Dsjremschild.

– s. H ü n e , A.: Geschichte d. Königreichs Hannover.

— Ideen üb. die Politik, den Verkehr u. d. Handel d. alten Welt. 1r, 2r Thl. Mit 1 Karte. gr. 8. Gött. 793, 96. 2e A. 804, 5. 3e A. 2 Thle. in 2 Abthll. 815. Vandenhöck u. R. 9 Rthlr. Schrbp. 12 Rthlr. 3r Thl., 1e Abthl. gr. 8. Ebd. 812. 2e Aufl. 821. 2 Rthlr. 8 gr. Hbg. Pr. dieser 3 Bde. 6 Rthlr. Schrbp. 7 Rthlr. Zusätze zu der 3ten Ausg. für die Besitzer der 2ten Ausg. 2 Thle. gr. 8. Ebd. 815. 1 Rthlr. 20 gr. Ideen üb. die Politik rc. 4e Aufl. 1r Thl., 1e—3e Abthl. 2r Thl., 1e u. 2e Abthl. u. 3r Thl., 1e Abthl. Mit Kpf. u. 4 Karten. gr. 8. Ebd. 824—26. Ebd. 12 Rthlr. Velinp. 15 Rthlr. 4 gr. (der histor. Werke 10r—15r Thl.) Zusätze u. Umarbeitungen aus der 4ten Ausg. für d. Besitzer d. frühern Ausgaben. 1r, 2r Thl. gr. 8. Ebd. 827. Ebd. 3 Rthlr. 6 gr.

Heeren, A. H. L., Prof. in Göttingen etc. Ideen über die P o l i t i k, den V e r k e h r und den H a n d e l der vornehmsten V ö l k e r d e r a l t e n W e l t. Mit Karten. 1. Th. Afrikanische Völker. Carthager, Aethioper, Aegypter. 2. Th. Asiatische Völker. Perser, Phönicier, Babylonier, Scythen. (2 Bde.) 8. Göttingen 1793—1796.
— — 2. sehr verm. und verb. Aufl. Mit Karten. 1. Th. Asiatische Völker. 1. Abth. Einleitung, Perser; 2. Abth. Phönicier, Babylonier, Scythen. 3. Th. Europäische Völker. 1. Abth. Griechen. (3 Bde.) 8. Göttingen 1805—1812.
— — Z u s ä t z e zu der 3. Ausg. der Ideen über die Politik, den Verkehr und den Handel der vornehmsten Völker der alten Welt, 1. und 2. Th. Für die Besitzer der 2. Ausg. 1. Ueber die Inder. 2. Ueber die Denkmähler des ägyptischen Thebens. 8. Göttingen 1815.

— Ideen üb. d. P o l i t i k, d. Verkehr u. d. Handel d. vornehmsten Völker d. alten Welt. 1r u. 2r Thl. gr. 8. Göttingen, Vandenhök. 805. (1r 3 Rthlr. 8 gr. 2r 2 Rthlr. 16 gr.)

— I d e e n üb. die Politik, den Verkehr u. d. Handel d. vornehmst. Völker d. alten Welt. 3r Thl. 1ste u. 2te Abtheil. gr. 8. Götting. Vandenhöck u. R. 812.

— Zusätze u. Umarbeitungen aus d. 4n Ausg. d. Ideen über Politik u. d. Handel d. vornehmsten Völker d. Alterthums. 1r Thl. (Die Zusätze rc. zu Thl. 1. Bd. 1—3 enth.) Mit 1 Charte u. 2 Grundr. gr. 8. Götting. 827, Vandenhöck u. R.

— dessen 2r Thl. (Die Zusätze rc. zu Thl. 2. Bd. 1 u. 2. enth.) Mit 2 Charten u. 3 Grundrissen. gr. 8. Göttingen 827, Vandenhöck u. R.
(Für d. Besitzer d. frühern Ausg. besonders abgedruckt.)

– s. K e p h a l i d e s : historia maris.

— M e l a n g e s historiques et politiques. 8. Strassburg et Paris. Treuttel et W. 817.

– s. M é m o i r e s sur les Campagnes des Pays-Bas.

Heeren, Arn. Germ. Louis, Profess. d'Histoire. M é m o i r e s sur les campagnes des Pays-Bas en 1745, 1746 et 1747. (Aus: „Aufzeichnungen des Prinzen von W a l d e c k“.) 8. Goettingue 1803.

— mémoires sur les c a m p a g n e s des Pays-Bas. gr. 8. Gött. Röwer. 803.

— — Memoria Christiani Gottlob Heynii commendata in consessu reg. societatis scient. Götting. (Heinrich Dieterich) 24. X. 1812. 22 S. (6.20) 13820

– s. M e n a n d r i Rhetoris comment.

— Joh. v. Müller, d. Historiker. 8. Leipz. 809. Göschen. 8 gr.

— Johann v. M ü l l e r, d. Historiker. 8. Leipz. Göschen. 810.

— Diss. de chori Graecorum tragici natura et indole, ratione argumenti habita. 4. Götting. 784. Dieterich. 2 gr.

H e e r e n , A. H. L., Commentatio de Graecorum de India notitia et cum Indis commerciis. Gött. 791. P. I. II. 4.

— commentatio de Graecorum de India notitia et cum Indis commerciis. Prs. I. II. 4 maj. Götting. 794.

– s. O e l r i c h s , J. G. A.: commentarii.

– s. P e r t z , G. H.: Geschichte.

Heeren, Ritter Arn. Herm. Ldw.; kl. histor. Schriften. 8. Gött. 803—8. Röwer. 3 Rthlr. 20 gr. (3r Thl. A. u. d. T.: Versuch e. Entwickelung d. Folgen d. Kreuzzüge f. Europa.) N. verm. A. unt. d. Tit.: Vermischte histor. Schriften. 3 Thle, mit Kpf. gr. 8. Ebd. 821. Ebd. 6 Rthlr. (Der histor. Werke 1r—3r Thl.)

— u. G. Hugo, Spittler; nebst e. Anmerkk. eines Ungenannten. (Aus d. vaterländ. Museum, d. civilist. Magazine u. dem Morgenblatte zusammengedruckt.) Nebst e. Facsimile. 8. Berl. 812. Mylius. 6 gr.

– s. S t o b a e i eclogar.

[Von dem möglichen U n t e r g a n g e der Maurerei, ihren unermesslichen Folgen und den Mitteln ihnen vorzubeugen. Von A r n o l d H e r m. L u d w. Heeren. Göttingen ca 1830.] 8 S. 4⁰ 3. 193.

— Versuch e. Entwickelung d. Folgen d. Kreuzzüge rc., s. unten: kl. Schriften.

— histor. Werke. 1r—9r Thl. gr. 8. Götting. 821—30. Röwer. 18 Rthlr. (s. oben unt. d. einzelnen Tit.) 10r—15r Thl. gr. 8. Ebd. 824—26. Vandenhöck u. R. 12 Rthlr. Velinp. 15 Rthlr. 4 gr.

— dess. 10r — 12r Thl. A. u. d. T.: Ideen üb. d. Politik, d. Verkehr u. d. Handel d. vornehmsten Völker d. alt. Welt. 1r Thl. Asiatische Völker. 3 Abtheilungen. 4te Aufl. Mit 1 Karte, 4 Kpfrt. u. 3 Vign. gr. 8. Göttingen 824, Vandenhöck u. R. Rthlr.

Heeren, (A. H. L.) dass. 13r u. 14r Thl. A. u. d. T.: Ideen üb. d. Politik, d. Verkehr u. d. Handel d. vornehmsten Völker d. alt. Welt. 2r Thl. Afrikanische Völker. 2 Abtheilungen. 4e Aufl. M. 1 Charte, 2 Grundrissen u. 2 Vign. gr. 8. Göttingen 826, Vandenhöck u. R.

Heeren, A(rn.). H(erm.). L(udw.), historische Werke. 15. Thl. — A. u. d. T.: Ideen üb. d. Politik, d. Verkehr u. d. Handel d. vornehmsten Völker d. alten Welt. 3. Thl., Europ. Völker. 1. Abthl., Griechen. 4., verb. Aufl. M. 1 Charte u. 1 Vign. gr. 8. (28 B.) Göttingen 826, Vandenhoeck u. Ruprecht.
1—6. Thl. Gött., Röwer. 1821—23. 12 Thlr. — 10—14. Thl. 4. Aufl. Gött., Vandenhoeck u. Ruprecht. 1824—26. 12 Thlr.

—— historische Werke. 7. Thl. — A. u. d. T.: Handbuch d. Gesch. d. Staaten d. Alterthums, mit besond. Rücksicht auf ihre Verfassn., ihren Handel u. ihre Colonieen. 5., verb. Aufl. gr. 8. (36 B.) Göttingen 828, Röwer.

—— dass. 8. u. 9. Thl. — A. u. d. T.: Handbuch d. Geschichte d. Europäischen Staatensystems u. seiner Colonieen, v. seiner Bildung seit d. Entdeckung beider Indien bis zu seiner Wiederherstell. nach d. Fall d. Französ. Kaiserthrons, u. d. Freiwerdung v. Amerika. 2 Thle. 5., verb. u. fortges. Ausg. gr. 8. (54½ B.) Göttingen 830, Röwer. Thlr.

Heeren, C. v., Gedenkbuch-Sprüche aus der hl. Schrift. (IV, 384 S. m. 353 Abbild. u. 6 Vollbildern.) 31×21,5 cm. München 908. Gesellschaft f. christliche Kunst.
Geb. in Leinw. 10.—; m. Goldschn. 12.—; in Leder m. Goldschn. 15.—

Friedrich Heeren

De Acido hyposulphurico commentatio. Gottingae 1826: Rosenbusch. VI S., S. 8 - 58. 8°

Göttingen, Med. Diss. v. 1826

Heeren, Friedrich [aus Hannover]: **Beiträge zur Kenntnis der 1,5-Diketone ... Hannover, Druck v. W. Riemschneider,** 1894; 33 S. 8.
Heidelberg, Naturw.-math. Fak., Inaug.-Diss. v. [21. Febr.] 1895

— s. Rühlmann, M., Belehrung üb. d. Eisenbahnwesen.

Heeren, Friedr., der elektrische Telegraph. Leichtfaßliche Belehrung über das Wesen, die Einrichtung und die verschiedenen Arten des elektrischen Telegraphen, über die Erregung, Leitung u. Geschwindigkeit des elektrischen Stromes, so wie über die Einleitung der telegraphischen Korrespondenz. Mit 23 erklär. Holzschn. (im Text) (Abdr. aus dem technischen Wörterbuch von Karmarsch und Heeren.) Prag 854. Haase Söhne. gr. 8. (32 S.) 6 ngr

Heeren, Friedr., und C. Karmarsch, technisches Wörterbuch, s. Karmarsch.

- s. Wörterbuch, techn., od. Handbuch d. Gewerbskunde.

Heeren, Fr., Zusammenstellung technisch-statistischer Bemerkungen über die Industrie d. Königr. Belgien u. die letztjähr. Gewerbe-Ausstellung in Brüssel, auf einer im Auftrage des Königl. Hannov. Ministeriums des Handels u. der Finanzen im Herbste 1841 gemachten Reise in Belgien gesammelt. (Besond. abgedr. aus den Mittheilungen des Gewerbe-Vereins für das Königreich Hannover.) gr. 4. Hannover 842. (Hahn'sche Hofbuchh.) n. $^{7}/_{12}$ ß

Heeren, Hnr. Erh., († d. 7. März 1811) neue veränderte geistl. Lieder zu e. neuern öffentl. Gesangbuche. gr. 8. Bremen 778. Cramer.

Heeren, H. Eberh., oratio de Kippingio. 4. Bremen, Cramer. 755.

— christl. Religionsbuch. 8. Bremen. (Göschen. Leipz.) 788.

Heeren, John J.: Das Bündnis zwischen König Richard II. von England und König Wenzel vom Jahre 1381. Halle a. S. 1910: Wischan & Burkhardt. 80 S. 8°
Halle, Phil. Diss. v. 2. Aug. 1910, Ref. Lindner
[Geb. 18. Dez. 75 German Valley, Ill.; Wohnort: Chancellor, Süd-Dakota; Staatsangeh.: Vereinigte Staaten; Vorbildung: Iowa College B. A. Juni 05; Studium: Chicago 7, Bonn 1, Halle 3 S.; Rig. 1. Juli 10.] [U 10. 1745

Heeren, Max, über Telluraethyl- und Tellurmethyl-Verbindungen. Inaugural-Dissertation. gr. 8. (32 S.) Göttingen 861, (Vandenhoeck und Ruprecht's Verlagsh.) **

Heeren, Nicolaus, aus Raeren: Ueber Primäre **Uteruskörpercarcinome** und ihre Diagnose. *Würzburg 1895 [vielm. 1901/02]: A. Boegler.* (47 S.) 8°
Würzburg, Med. Diss. v. 1895

Heeren, W., deutsch-evangelisches Leben in Brasilien. Erinnergn. u. Erfahrgn. e. ehemal. brasilian. Diaspora-geistlichen. gr. 8. (V, 227 S.) Leipzig 901. K. Kaupisch. n. 3.—; geb. n. 4.—

(G) Heeren, W., deutsch-evangel. Leben in Brasilien. 901. Jetzt: Basel, C. Finckh.

Heeres-Almanach. Militair-Almanach für Officiere ... 1840
s. Allgemeiner **Militair-Almanach** für Officiere und Militairpersonen der deutschen und auswärtigen Staaten.

Heeresbewegungen im Kriege 1870-1871. Hrsg. vom grossen Generalstabe, Kriegsgesch. Abth. I. Mit 17 Karten u. 6 Skizzen. *Berlin: E. S. Mittler & Sohn 1901.* (IX, 287 S., 16 Karten.) 8° [F.]
— Studien z. Kriegsgeschichte u. Taktik. Bd 1.

Der **Heeresdienst** für die Offiziere des k. b. Generalquartiermeister-Stabes. T. 1. 2. (Autogr.) München 1860.
T. 1. Dienst im Frieden. T. 2. Dienst im Kriege.

Heeres-Ergänzung, die, im Frieden. Eine Sammlung der über die Verpflichtung zum Kriegsdienste, über die jährl. Ersatz-Aushebungen, über den freiwilligen Eintritt in den Militairdienst, über das Fortdienen und über die Entlassung rc. bestehenden offiz. Vorschriften. Zusammengestellt von W. Dittmar. gr. 8. Magdeburg 843, Bänsch. n. 1⅓ ß

Zur deutschen Heeresfrage. Leipzig 1874. 8°.

Zur **Heeres-Frage** in Preußen. Gotha 1863. 135 S.

Heereskavallerie und Divisionskavallerie. Dresden: E. v. Witzleben 1910. 24 S. 8° [Umschlagt.]
(Internationale Revue über d. gesamten Armeen u. Flotten. Beih. 120.) [10. 10460

Oesterreichs Heeresmacht. Ein Beitrag zur neuesten Geschichte des österreichischen Heerwesens. 8. Cassel und Leipzig 1869.

Heeresmacht, Die, Russlands, ihre Neugestaltung und politische Bedeutung. Berlin 1870. V: *Sarauw, Christ. v.* (KA)

Heeresmacht, die, Rußlands, ihre Neugestaltung und politische Bedeutung. Von ***. gr. 8. (VIII, 125 S.) Berlin 870, C. Duncker. *

Heeres-Museum, das k. u. k., im Artillerie-Arsenale in Wien. Erbaut von Th. Frhrn. v. Hansen. qu. Fol. (12 Lichtdr.-Taf.) Wien 894. V. A. Heck. n. 10.—

Heeres-Reform, die preußische, unter Benutzung officieller Quellen dargestellt, nebst einer Abhandlung über das preuß. Budgetrecht. gr. 8. (84 S.) Berlin 867, Heinicke. *

Zur Heeres-Reorganisation. Ratibor 1860. 8°. (Cartons für den Staat. 1.)

Heerestage, oder Aufforderung zu einer die Militair-Institutionen des deutschen Bundes ergänzenden Jahres-Vereinigung d. wissenschaftl. gebildeten Soldaten deutscher Nation. 8. Glogau 836. Flemming. 1/6 ß

Heeres-Uniformen, deutsche, auf der Weltausstellung in Paris 1900. Hrsg. v. dem königl. preuß. Kriegsministerium. 8. (115 S. m. Abbildgn. u. 10 Taf.) Leipzig (900). Giesecke & Devrient. Kart. n. 2. —; engl. u. französ. Ausg. zu gleichem Preise.

Deutsche Heeres-Uniformen auf der Weltausstellung in Paris 1900. Hrsg. v. Preuß. Kriegsministerium. Bln & Lpz. ('00). 115 S. (Ergänzungsblätter z. Amtl. Ausstellgs-Katalog.)

Heeresverfassung u. Maas-Befestigung in Belgien 1887. Mit 1 Uebersichtskarte u. 3 Skizzen. gr. 8. (IV, 83 S.) Berlin 887. Mittler & Sohn. n. 2. —

Heeresverhältnisse, unsere. gr. 8. (49 S.) Teschen 873. Prochaska. n. 1. 20

Heeres-Verpflegung, die, in Krieg u. Frieden. Von G. W. [Aus: „Allg. Militär-Zeitung".] gr. 8. (21 S.) Darmstadt 878. Zernin. n. — 80

Heeres-Verpflegung, die, in Krieg und Frieden. Von G. W. gr. 8. (21 S.) Darmstadt 879, Zernin. *
Aus: Allgemeine Militär-Zeitung, besonders abgedruckt.

Heereswesen, das serbische, u. seine Organisation. [Aus: „Reichswehr".] 8. (26 S.) Wien 893. Verlagsanstalt „Reichswehr". n. — 80

Deutsche Heereszeitung. Jhrg. 1—25. Berlin 1876—1900. 2° u. 4°
— — Hiezu: Alphab. Sachregister. Jhrg. 1—7 und 1—13. Berlin 1883. 1888.

Heeres-Zeitung, deutsche. Organ f. Offiziere aller Waffen d. deutschen Heeres u. der Marine. 1. Jahrg. 1876. (52 Nrn. (à 3—4 B.) Fol. Berlin, Luckhardt. n. 24. —

Heeres-Zeitung, deutsche, verbunden mit der Allg. Bibliographie der Kriegs-Wissenschaften u. Literatur-Blatt. Organ f. Offiziere aller Waffen des deutschen Heeres u. der Marine. 2—4. Jahrg. 1877—1879. à 52 Nrn. (à 3—4 B.) Fol. Berlin, F. Luckhardt. à Jahrg. n. 24. —

— dasselbe. 5—7. Jahrgang. 1880—1882. à 104 Nrn. (2 B.) Fol. Ebend. à Jahrg. n. 24. —

Heeres-Zeitung, deutsche. Organ f. Offiziere aller Waffen d. deutschen Heeres u. d. Marine. Red.: F. Hoenig. 8—11. Jahrg. 1883—1886. à 104 Nrn. (2 B.) Fol. Berlin, F. Luckhardt. à Jahrg. n. 24. —

Heeres-Zeitung, deutsche. Blatt f. Offiziere aller Waffen d. deutschen Heeres u. der Flotte. Leiter: F. Hoenig. 12.—15. Jahrg. 1887—1890. à 104 Nrn. (2 B.) Fol. Berlin, F. Luckhardt. à Jahrg. n. 24. —

Heeres-Zeitung, deutsche. Blatt f. Offiziere aller Waffen des deutschen Heeres u. der Flotte. Leiter: F. Hoenig. 16.—19. Jahrg. 1891—1894. à 104 Nrn. (2 Bog.) Fol. Berlin, Militär-Verlag R. Felix. à Jahrg. n. 24. —

Heeres-Zeitung, deutsche. Blatt f. Offiziere aller Waffen d. deutschen Heeres u. d. Flotte. Leiter: F. Hoenig. 20.—23. Jahrg. 1895—1898. à 104 Nrn. (à ca. 8 S.) Fol. Berlin, Militär-Verlagsanstalt. à Jahrg. n. 24. —
Kann auch vierteljährlich bezogen werden.

Heeres-Zeitung, deutsche. Blatt f. Offiziere aller Waffen des deutschen Heeres u. der Flotte. Leiter: F. Hoenig. 24. Jahrg. 1899. 104 Nrn. Fol. (à ca. 8 S.) Berlin, Militär-Verlagsanstalt. n. 24. —

— dasselbe. Organ f. Offiziere aller Waffen des deutschen Heeres u. der Marine. Leiter: F. Hoenig. 25. Jahrg. 1900. 52 Nrn. gr. 4. (à ca. 16 S.) Ebd. n. 16.

Heeres-Zeitung, Deutsche. Vom 22. September 1900 Nr. 38 nicht weiter erschienen. Fortgesetzt unter dem Titel: Land- und Seemacht, Deutsche, daheim und in den Kolonien. Nr. 1–6, 1. October– 15. December 1900.
(Ist nicht weiter erschienen.) Fol. Berlin 1900.

Heeres-Zeitung, Oesterreichisch ungarische. Organ für die Interessen aller Angehörigen der bewaffneten Macht. Herausgegeben und redigirt von Wilhelm Arming. IV. Jahrg. 1889. 36 Nrn. 4. Für Oesterreich-Ungarn inclusive Zustellung mit den Beilagen: „Wiener Illustrirte Zeitung" und „Für's Haus und Heim".
Wien: Derflinger & Arming.

Heeres-Zeitung, Oesterreichisch-ungarische. Organ für die Interessen aller Angehörigen der bewaffneten Macht. XIV.—XIX. Jahrg. 1899—1904. (6 Bde.) Fol. Wien 1899—1904.

Heereszüge, üb. die, zu Lande nach Indien, m. Chart. Wien, Schrämbliich.

Napoleons Heereszüge. Von seinem Auftreten als Obergeneral der Armée von Italien 1796 bis zu seiner Thronentsagung nach der Schlacht bey Waterloo 1815. Entworfen von F. W. Benicken. Weimar im Verlage des Landes-Industrie-Comptoirs, 1: 10,000,000.

Heerfort

— et Claire. IV Vols. 12. Paris 789. (Kupferberg in Mainz). 1 ₰ 4 ℛ

— — le même. IV Vol. 8. Paris. (Sommer à Lpz.)

Heerfort und Klärchen. Etwas für empfindsame Seelen. Frankf. u. Leipz. 1779. V: *Naubert, Christiane Bened. Eug. geb. Hebenstreit* [?]. (EB)

Heerfort u. Klärchen, etwas für empfindsame Seelen. 2 Thle. 8. Frkft. Weissenstein. (Herrmann.) 787.

Heerfort und Klärchen, etwas für empfindsame Seelen, 2 Theile, mit Kupf. zweyte Aufl. 8. Frankfurt, 787. Herrmann. 1 Rthl. 10 sgl.

Heerführer, deutsche. Ein deutsches Heldenbuch in Wort u. Bild. Hrsg. v. Jos. Albert. (In 8 Lfgn.) 1. u. 2. Lfg. gr. Fol. (à Lfg. 5 Bl. in Heliogr. u. Alberttypie m. 5 Bl. Text.) Münch. 890,91, Jos. Albert Kunst-Verlag. à Lfg. 5 —; 10 —

— die deutschen, der Gegenwart. Nach Orig.-Aufnahmen in feinstem Lichtdr. ausgeführt. Mit biograph. Text v. Just. Scheibert. gr. Fol. (35 Taf. m. V, 21 S. Text.) Leipzig 894. R. F. Pfau. In Leinw.-Mappe n. 50. —; Fürstenausg. n. 75. —

Preussens Heerführer in den glorreichen Feldzügen 1866 und 1870/71. I. (55) 8. Altona 1873. 0,50.

Heerführer, russische u. türkische, im Kriege 1877/78. Eine krit. Beleuchtg. der „Rückblicke auf die strateg. Verhältnisse d. Krieges von T. v. T." [Aus: „Jahrbb. f. die deutsche Armee u. Marine".] gr. 8. (42 S.) Berlin 888. Wilhelmi. n. 1. —

Heerführung, die bayerische, u. der Chef des Generalstabes Generallieutenant Frhr. v. der Tann vor den Geschworenen in der 10stünd. öffentl. Verhandlung des oberbayer. Schwurgerichts vom 19. Octbr. 1866 gegen den Redakt. des Volksboten Ernst Zander wegen „Amtsehrenbeleidigung". (Vollständiger stenograph. Bericht.) München 866. (Manz.) gr. 8. (100 S.) n. 7½ ngr.

Die bayerische Heerführung und der Chef des Generalstabes Generallieutnant v. d. Tann vor den Geschworenen. 2. Aufl. München 1866. 8°.

Die *bayer. Heerführung* und der Chef d. Generalstabes, Generallieut. *Frhr. v. d. Tann*, vor den Geschworenen, in der 10stünd. öffentl. Verhandlung des oberbayer. Schwurgerichts vom 19. Oktober 1866, gegen den Redakteur des (ultramontanen) Volksboten *Ernst Zander* wegen „Amtsehrenbeleidigung". (Vollst. stenogr. Bericht.) 3. Aufl. München, Exped. d. Volksboten, 1866. 8°. (Titelbl. nicht ganz rein.) 100 S. Cart.

Heer-Geräth für die hanseatische Legion. O. O. 1813. V: *Beneke, Ferd.* (schr)

Heergeräth f. die Hanseatische Legion. 8. Hamb. Perthes u. B. 813.

Heergesell, Jul. Philipp- s. **Philipp-Heergesell.**

HEERHABER, Hermann (Gr.Oschersleben): Ueber einen Fall von Pseudoleukämie mit Ikterus.- München: Kastner & Callwey 1903. 80 S.
30.11.1903 - Chr 1903/04,17; Jv 1903/04,324
Diss.Ingolst.-Landsh.-Mchn

Heerhaber, [Konrad]: 1. Die Umwandlung der höheren Knabenschule. 2. Zur Geschichte der Anstalt. Schwerin a. W. 1905: G. Preibisch. (S. 3—8.) 4° [F.]
Schwerin a. d. Warthe, st. R i. E. P 1905 (202)

Heerich, Otto, pract. Arzt aus Hessisch-Lichtenau: **Untersuchung der pathologischen Veränderung in der Hornhaut eines Auges mit bandförmiger Trübung.** *Marburg 1900: (A. Vogt in Hessisch Lichtenau).* (28 S.) 8°
Marburg, Med. Diss. v. 30. März 1900

Heering, W[ilhelm], Dr.: Anleitung zu naturwissenschaftlichen Beobachtungen in der Umgebung Altonas und Führer durch die naturwissenschaftlichen Sammlungen Altonas und Hamburgs. Altona-Ottensen 1905: Chr. Adolff. (41 S.) 8°
Altona-Ottensen, R m. handelswissenschaftl. Unterricht OP 1905 (350)

Heering, Wilhelm, aus Altona: **Über die Assimilationsorgane** der Gattung Baccharis. *Leipzig: W. Engelmann 1899.* (43 S.) 8° ¶(Aus: Engler's Botan. Jahrbücher, Bd 27, H. 4. — Soll fortgesetzt werden.)
Kiel, Phil. Diss. v. [28. Okt.] 1899

Heering, W., die Baccharis-Arten des Hamburger Herbars. (46 S.) Lex.-8. Hamburg 904. L. Gräfe & Sillem. n. 1.—
Sonderabdr. aus: „Jahrb. d. hambg. wiss. Anst., 3. Beiheft".

— Bäume u. Wälder Schleswig-Holsteins. Ein Beitrag zur Natur- u. Kulturgeschichte der Provinz. Im Auftrage des naturwissenschaftl. Vereins für Schleswig-Holstein bearb. (192 S. m. 22 Taf.) Lex.-8. Kiel 906. (Lipsius & Tischer.) n. 6. 60
Sonderabdruck aus: „Schriften des naturwiss. Vereins für Schleswig-Holstein".

Heering, W., das Herbarium d. Altonaer Museums, s.: Lehmann, Festschrift z. Eröffnung d. Altonaer Museums.

Heering, W., Leitfaden f. den biologischen Unterricht in den oberen Klassen der höh. Lehranstalten. (XI, 319 S. m. 206 Abbild.) gr. 8. Berlin 908. Weidmann. Geb. 4. —

— Leitfaden f. den naturgeschichtlichen Unterricht an höh. Lehranstalten. Nach biolog. Gesichtspunkten bearb. Ausg. B der Leitfäden der Botanik u. der Zoologie v. P. Wossidlo. 1. Tl.: Für die unteren Klassen. (XII, 351 S. m. 319 Abb. u. 8 farb. Taf.) gr. 8. Ebd. 910. Geb. in Leinw. 3. 60

Naturdenkmalpflege und Vogelschutz. Von Dr. W. **Heering**. o. O. [1910]. 6 S. 8° [Kopft.] [11. 1103] 8

— Die Süsswasseralgen Schleswig-Holsteins u. der angrenzenden Gebiete der Freien u. Hansestädte Hamburg und Lübeck u. des Fürstent. Lübeck, m. Berücksicht. zahlreicher im Gebiete bisher nicht beobachteten Gattungen u. Arten. Unter Mitwirkg. v. Spezialforschern, insbesondere H. Homfeld. 1. u. 2. Tl. Lex. 8. Hamburg, (L. Gräfe & Sillem). 6. —
1. Einleitung. — Heterokontae. (S. 61—150 m. 43 Fig.) 906. 3. —
2. Chlorophyceae (Allgemeines. — Siphonales). (S. 105—235 m. 57 Fig.) Lex. 8. 907. 3. —
Sonderabdruck aus „Jahrb. d. hambg. wiss. Anst."

[HEERINGEN, von]
Auszug eines Schreibens aus Amerika an Sr. Exzellenz den Herrn Generallieutenant von ***
[Darmstadt ?] 1776. 20 S. 8°.
Stadtbibliothek Braunschweig
Unterzeichnet: v. H.
Baginsky 515: mit Verfasser von Heeringen, Druckort Darmstadt?.
Palmer: ohne Verfasser und Druckort.

v. Heeringen, Gust., (psdn. Er. Wodomerius) Mutter Anne u. ihr Sohn. Eine Erzählung aus dem 16. Jahrhundert. 2 Thle. gr. 12. Gotha 834. Müller. 2⅓ ß

Heeringen, Gust. v., † (Ernst Wodomerius,) ein Ausflug nach England. gr. 12. (14⅓ B.) Gotha 841, Müller.

v. Heeringen, Gust., der Balsamträger. Novelle. 2 Bde. in 1 Bd. 8. (1: IV u. 160 S. 2: IV u. 196 S.) Leipzig 848, Arnold. 2 ß

— Fränkische Bilder aus d. 16. Jahrhundert. 4 Thle. 8. Frankfurt a. M. 835. Sauerländer. 5 ß

— der Chorherr von Solothurn. Histor. Novelle. 2 Bde. 8. Ebend. 844. 2½ ß

— der Courir von Simbirsk. Novelle. gr. 16. Frankfurt a. M. 836. Sauerländer. 2 ß

v. Heeringen, G. (Psdn. Ernst Wodomerius), Rudolph von Eggenberg, histor.-romant. Erzähll. 2 Thle. 8. Leipz. 829. Kollmann. Velindruckpap. 2 ß 16 gr

— die Einnahme von Choczym. Erzählung. (N. Ausg.) 8. Coburg 838. Riemann. 1 ß

Heeringen, Gustav(Adolf)von
Elisabeth und Anna. Roman aus der russischen Geschichte. Von Ernst Wodomerius [d.i. Gustav Adolf von Heeringen]. Th. 1.2.
Leipzig: Kollmann 1827. 8°

— der Geächtete. Historische Novelle. 3 Bde. 8. Leipzig 842, Mayer. 4 ß

— Jack u. John. Novelle. 2 Bde. 8. Ebend. 845. 2½ ß

Heeringen, Gustav(Adolf)von
Der Kaufmann von Luzern. Historischer Roman aus der Schweizergeschichte. Th. 1.2.
Dresden, Leipzig: Arnold 1849. 8°

— der Kaufmann v. Luzern. Histor. Roman aus der Schweizergeschichte. 2 Thle. 8. (1: IV u. 280 S. 2: IV u. 175 S.) Ebd. 849. 2⅓ ß

— der Knabe von Lucern. Histor. Roman aus der Schweizer Geschichte. 4 Bde. 8. Ebend. 843. 5 ß

— Liebesurne. Novellen. 2 Bde. 8. Stuttg. 832. Hallberger. 2 ß 12 Gr.

— Liebesurne. 2 Bde. 8. Stuttgart 833. Hallberger. 2½ ß

— ein Mädchen vom Schwarzwald. Roman. 8. (VI u. 302 S.) Ebd. 850. 1 ß 21 ngr

— gesammelte Novellen. 2 Bde. 8. Ebend. 845. 2½ ß

— die Pagen des Bischofs. Novelle. 2 Thle. 8. (357 S.) Leipzig 847, Arnoldische Buchh.

— die Pagen d. Bischofs. Novelle. 2 Thle. 8. (266 u. 271 S.) Ebd. 848. 2 ß 24 ngr

v. Heeringen, Gust., des Amtmanns Pflegling. Histor. Novelle aus den Zeiten des ersten schles. Krieges. 2 Bde. 8. Leipzig 846, G. Mayer. 1½ ß

— Phantasiegemälde. 1842. — A. u. d. T.: Die Brüder de Matos. Histor. Roman. Mit 1 Stahlst. 8. Frankfurt a/M. 841, Sauerländer. 1½ ß

— meine Reise nach Portugal im Frühjahre 1836. 2 Thle. 8. Leipzig 838. Brockhaus. 3½ ß

— Reisebilder aus Süd-Deutschland und einem Theil der Schweiz. Gesammelt im Sommer 1838. 8. Leipzig 839. Brockhaus. 1⅚ ß

— mein Sommer. 2 Bde. kl. 8. Leipz. 844, Mayer. 2½ ß

— der Tartar. Novelle. 2 Thle. 8. Frankfurt 838. Sauerländer. 2¾ ß

— Wanderungen durch Franken, s. Deutschland, das malerische. 6e u. 7e Section.

Heeringen, Gust. v., *Wanderungen durch Franken*. Mit 31 Stahlst. (incl. Titelstahlst.), nach *Ludw. Richter* gest. von *H. Winkles* (sic), *Payne*, *Gray*, *J. J. Hinchliff*, *E. Grünewald*, *A. Dworsack*, *Leop. Beyer*, *S. Lacey*, *Rosmäsler* u. A. Leipzig, Geo. Wigand, o. J. (Auch m. d. Tit.: Das malerische u. romant. Deutschland. Section III.) Gr. 8°. Ppb.

Wanderungen durch Franken v. Gustav von **Heeringen**. Mit 30 Stahlst. Leipzig. [1846.] = Das malerische und romantische Deutschland. 2. Aufl. Sekt. 3. 8°.

— Winterblumen: Die Kinder der Wittwe. — Kleine Reisebilder. — Iwan. 8. Gotha 836. Müller. 1⅙ ß

Heerkens, G. N., aves Frisicae. 8 maj. Rotterd. 788. (Löffler in Manh.) 1 ß

— Empedocles sive epigrammata. 8. Grüning. 783.

Heerken, G. N., icones. 8. maj. Traj. (Weidmann, Lips.) 788.

— Italicorum libri III. 8. Grüning. 793.

— Satyrae. 8. Grüning. 758. [illegible]

Heerklotz, A., Betrachtungen über die Odyssee. Trier 854. Lintz. gr. 8. (130 S.) 15 ngr

Heerklotz, Adf., Janthe, Episode aus dem Tscherkessen-Kriege. Meißen 858. Klinkicht & Sohn. 16. (132 S.) n. 25 ngr

Heerklotz, Adph., reddita reddenda. Extracts in english prose, to be retranslated into German. Leipzig 856. Brockhaus. 8. (VIII, 182 S.) n. 20 ngr

Heerklotz, Dedo, Reise u. Aufenthalt in Niederländisch Ostindien. Oederan 868. Schlesinger. Lex.-8. (96 S.) n. 8 ngr

Heerlein, Carl [aus Wiesbaden]: Ueber Fieberbehandlung mit spezieller Berücksichtigung der Wirkung des Antipyrin .... Bonn, Hauptmann'sche Buchdr., 1886; 36 S. 8°.
Bonn, Med. Fak., Inaug.-Diss. v. 13. März 1886.

Heerlein, Carl, über Fieberbehandlung mit spezieller Berücksichtigung der Wirkung des Antipyrin. Diss. Bonn 1886, Emil Strauss. 8°. 36 S.

Heerlein, Karl, Zustand der Pharmacie in Oesterreich. gr. 8. Hannover 844, Hahn'sche Hofb. ⅙ ß

Hoorlein, Wilhelm [aus Bonn]: Aus d. pharmakolog. Institut d. Univ. Bonn. Das Coffein und das Kaffeedestillat in ihrer Beziehung zum Stoffwechsel ... Bonn, Univ.-Buchdr. v. C. Georgi, 1892; 25 S., 1 Bl. 8.
Bonn, Med. Fak., Inaug.-Diss. v. [16.] Mai 1892

Heerma, J., Abhandlung üb. e. Vorrichtung zum Auffangen des Stosses bei Schiffskollisionen u. zur Verhütung des Sinkens angerannter Schiffe. (31 S m. 15 Fig.) gr. 8. Bremerhaven (903). (L. v. Vangerow.) n.n. 1. 50

Heermann, Joh., der große Kreuz- und Trostsänger der evangel. Kirche, s. Witte, S.

Heermann, s.a. Hermann – Herrmann.

Heermann, ärztliches Taschenbuch. Sammlg. d. Gesetze, Ministerialverfüggn., Erlasse u. s. w., welche f. d. nicht beamteten Arzt v. Wichtigkeit sind. 8. (III, 208 S.) Glogau (899). C. Flemming. Geb. in Leinw. n. 3. 60

Heermann, A., Vorschriften aus dem Gebiete der Krankenpflege. 12. (II, 160 Bl. u. S. m. Abbildgn.) Leipzig 903. H. Hartung & Sohn. n. 2.—

(6) **Heermann**, A., Vorschriften a. d. Gebiete d. Krankenpflege. 903. Jetzt: Würzburg, C. Kabitzsch.

Heermann, Alexander (Hersfeld/Hessen-Nassau), Ueber Resectio genu. Diss. med.-chir. Bln. (M. Niethe) 13. XI. 1886. 46 S. mit Liter. u. Biogr. (5.—) 13822
Oppon.: Rudolf Metsch, Waldemar Hahn, Gustav Schelle. — Krankengesch. d.: Wilhelm Bartelt, Franz Baumert, Schiller, Hüffner, Karl Zippel.

Heermann, Alexander, ueber Resectio genu. Diss. Berlin 1886, Mayer & Müller. 8°. 46 S.

Heermann, Anna, sonst u. jetzt. Eine Bettengeschichte aus dem Tagebuche der Grossmutter. 12. (24 S.) Frankenberg i/S. 893. W. Knutzen. n. — 20

Heermann, Dav., erkl. Handbibel. 8. Dresden, Gerlach. 719.

— Historien a. Scribers Seelenschatz. 8. Magdeb. 712.

— Liederschatz. 8. Zittau. 722.

Heermann, G., über die Bildung der Gesichtsvorstellungen aus d. Gesichtsempfindungen. Mit 18 lithogr. Tafeln. gr. 8. Hannover 835. (Helwing.) n. 1⅓ ß

Heermann, Glo. Ephr., s. 1) Abend, der, im Walde. 2) Köhler, der treue. 3) Rosenfest, das.

Beytrag zur Ergänzung und Berichtigung der Lebensgeschichte Johann Ernsts des Jüngern Herzogs zu Sachsen Weimar etc. aus Herzoglich Weimarischen Archiv-Urkunden mitgetheilt v. Gottlob Ephraim **Heermann.** Nebst 2 Kupfertafeln. Weimar. 1785.

Nachlese zu dem Beytrage der Lebensgeschichte Johann Ernsts des Jüngern Herzogs zu Sachsen Weimar, etc. Nebst einem Anhange von seines zweyten Bruders, Friedrichs des ältern, Mannsfeldischen Heerzuge, und dem Treffen bey Fleury . . . gesam. von Gottlob Ephraim **Heermann.** Mit 1 Kupfertafel. ebd. 1786.

Anhang. Lateinische Blumenlese als ein Anhang zum Leben Johann Ernsts des Jüngern. . . . gesam. (v. Gottlob Ephraim **Heermann**). ebd. 1786. 8°.

Heermann, Gl. Erh., z. Bericht. d. Leb. Joh. Ernst d. jüng. Herzogs z. W. im. m. K. gr. 8. Weimar, Hoffmann. 785.

Heermann, Gustav: Die B e d e u t u n g der aktuellen Frage über die Behandlung der Otitis media acuta für den praktischen Arzt. Halle a. S.: C. Marhold 1904. (23 S.) 8°
= Sammlung zwangloser Abhandlungen aus d. Geb. d. Nasen-, Ohren-, Mund- u. Hals-Krankh. Bd 8.

Über Caissonkrankheit. Von Gustav **Heermann** in Kiel. *Leipzig: Breitkopf & Härtel 1902.* (20 S.) 8°
= Sammlung Klinischer Vorträge. N. F. No 334. [illegible]

Über die Lehre von den Beziehungen der oberen Luftwege zu der weiblichen Genitalsphäre. Sammelreferat nebst eigenen Beobachtungen von Dr. G[ustav] **Heermann**, Kiel. *Halle a. S.: C. Marhold 1904.* (18 S.) 8°
= Sammlung zwangloser Abhandlungen aus d. Geb. d. Nasen-, Ohren-, Mund- u. Halskrankh. Bd 8. [illegible]

Heermann, Gustav: Über dekubitale Nekrose des Pharynx und des Oesophagus. . . . Breslau, Druck v. O. Gutsmann, *1890;* 2 Bl., 26 S., 1 Bl. 8°
Breslau, Med. Fak., Inaug.-Diss. v. 10. Okt. 1890

Heermann, Gust., üb. dekubitale Nekrose d. Pharynx u. d. Oesophagus. Diss. gr. 8. (26 S.) Breslau 890. (L. Köhler.) n. 1. --

Heermann, Gustav: Über Otitis media im frühen Kindesalter (Otitis concomitans). *Halle a. S.: K. Marhold 1898.* (54 S.) 8° ¶ (= Sammlung zwangloser Abhandlungen aus dem Gebiete der Nasen-, Ohren-, Mund- und Hals-Krankheiten, Bd 3 H. 4.)
Kiel, Med. Hab.-Schr. v. [23. Juni] 1898

Heermann, Gust., s.: Sammlung zwangloser Abhandlungen aus dem Gebiete der Nasen- usw. Krankheiten.

— Scharlach u. Ohr. gr. 8. (24 S.) Halle 901. C. Marhold. n. — 50
S.-A. aus: Sammlung zwangloser Abhandlungen...

— der erste Skleromfall in Schleswig-Holstein, s.: Sammlung zwangloser Abhandlgn. aus d. Gebiete der Nasen- usw. Krankheiten. IX. 1.

Ueber den Ménière'schen Symptomencomplex. Zusammenfassung d. Ergebnisse e. Sammelforschung. Von Dr. Gustav **Heermann**, Privatd., Kiel. *Halle a. S.: C. Marhold 1903.* (61 S.) 8°
= Sammlung zwangloser Abhandlungen aus d. Geb. d. Nasen-, Ohren-, Mund- u. Halskrankh. Bd 7, H. 1. 2.

— die Syphilis in ihren Beziehungen zum Gehörorgane. gr. 8. (53 S.) Ebd. 900. n. 1. 40
Sonderabdruck aus: „Sammlg. zwangl. Abhandlgn. a. d. Geb. d. Nasen- etc. Krankh."

Heermann, Joh., Wegleiter oder Communionbuch. 8. Leipz. Fritsch. 711.

Heermann, Joh., Crux Christi d. i. die schmerzliche Marterwoche unsers hochverdienten Heilandes Jesu Christi, betrachtet aus dem schönen Passionsbüchlein der vier Evangelisten. Aufs neu herausg. von Traugott Siegmund. Neu-Ruppin 861. Oehmigke. 16. (392 S. u. 1 Holzschntaf.) n. 20 ngr; feine Ausg. n. 27½ ngr

Heermann, Johs., Heptalogus Christi oder die sieben Worte Christi am Kreuz, in sieben lehr- und trostreichen Predigten erklärt. Berlin 856. W. Schultze. 8. (143 S.) n. 9 ngr

— labores sacri, in Erklär. d. Evangel. Fol. Leipzig, Gleditsch. 726.

Heermann [von Köben], Joh., Labsal in Trübsal. Dreimal sieben Trauer- und Trostpredigten. Ein Trostbuch für Kranke, Sterbende, Leidtragende; eine Fundgrube für Begräbnisreden. Neu hrsg. von Wilh. Aug. Bernhard. gr. 8. (XI, 178 S.) Köben a/O. 886. (Breslau, Max und Comp.) *

— geistliche Lieder. Herausgegeben von Phil. Wackernagel. Stuttgart 856. S. G. Liesching. 16. (LXXXVIII, 436 S.) n. 1 ℛ; geb. n. 1 ℛ 15 ngr

— Passionsbetrachtungen über die Worte Christi in Predigten. 4. Braunschw. Schroder. 726.

—— praecepta moralia et sententiae oder Zuchtbüchlein und Exercitium pietatis, Übung in der Gottseligkeit. Aus Anlaß der 300jähr. Gedächtnisfeier seiner Geburt am 11. Oktober 1885 neu hrsg., nebst einem Lebensabriß desselben von Wilh. Aug. Bernhard. gr. 8. (223 S.) Breslau 886, Woywod. *ℳ 1.50.; geb. *

— ern. Sonn- u. Festtags-Spruchpostill. 4. Nürnb.

— Trostspruch wid. die Schreck. des Todes, od. Leichenpredigten. 4. Nürnb. 718.

— Zuchtbüchlein u. Übung in der Gottseligkeit nebst kurzem Lebenslauf. Als Anh. e. Auswahl seiner schönsten geistl. Lieder dem deutschen Christenvolke u. seiner Jugend aufs neue dargeboten v. Wilh. Aug. Bernhard. gr. 8. (188 S.) Ebend. 886. geb. n. — 80

Heermann, Johann David: Joh. Heermann's, schles. Liederdichters, E h r e n g e d ä c h t n i ß . . . 8° Glogau 1759. C. F. Günther.

— Gedanken eines Vaters bey d. Tode s. Kinder. 8. Ebend. 769.

— **Justus Albert** (Eisleben), De jure protimiseos ejusque a jure retractus discrimine. Präs. Georg Samuel Madihn. Halle (Schneider) 13. VII. 1758. 40 S. (6.20) 13823
Gew.: Gustav Ludwig Wetzel. — Widm. v. Präs.

Heermann's, Norb., Rosenberg'sche Chronik. Hrsg. v. Matthäus Klimesch. gr. 8. (299 S. m. 1 Stammtaf.) Prag 897. (F. Řivnáč.) n. 4. —

Heermann, Norbert: Rosenberg'sche C h r o n i k . Hrsg. v. Dr. Matthäus Klimesch. Prag: K. böhm. Ges. d. Wiss. 1897 (a. d. Umschl.: 1898). (299 S., 1 Taf.) 8°

Heermann, Otto [aus Hersfeld]: Die Gefechtsführung abendländischer Heere im Orient in der Epoche des ersten Kreuzzugs .... Marburg, Univ.-Buchdr. (R. Friedrich), 1887; 2 Bl. + II + 130 S. + 1 Bl. u. 4 Taf. 8°
Marburg, Phil. Fak., Inaug.-Diss. v. [2. Nov.] 1887

Heermann, O., die Gefechtsführung abendländischer Heere im Orient in der Epoche d. ersten Kreuzzugs. gr. 8. (II, 180 S.) Marburg 888. Elwert's Verl. n. 2. 40

Heermann, Paul. Beiträge zur Kenntniss der Tribromchinoline und der o-Oxy-Chinolin-Ana-Sulfonsäure. Freiburg i. B., 1890. 68 S. Diss.

Heermann, Paul, Färbereichemische Untersuchungen. Anleitg. zur Untersuchg., Bewertg. u. Anwendg. d. wichtigsten Färberei-, Druckerei-, Bleicherei- u. Appretur-Artikel. M. Abb. auf 2 Taf. gr. 8. (VI, 188 S.) Berlin 898. J. Springer.
Geb. in Leinw. n. 4. —

Heermann, Paul, färbereichemische Untersuchungen. Anleitung zur Untersuchg. u. Bewertg. der wicht. Färberei-, Bleicherei-, Druckerei- u. Appretur-Materialien. 2., erweit. u. umgearb. Aufl. (XII, 341 S. m. 5 Fig. u. 3 Taf.) 8. Berlin 907. J. Springer.
Geb. in Leinw. 9. —

Koloristische und textilchemische Untersuchungen. Von Dr. **Paul Heermann.** Mit 9 Textfig. u. 3 Taf. *Berlin: J. Springer 1903.* (X, 398 S.) 8°
[03 15994

Ueber Waschechtheit, waschechte Färbungen und die Prüfung derselben. Ergebnisse aus d. Untersuchungen d. Abt. 3 f. papier- u. textiltechn. Prüfungen. Von P[aul] **Heermann.** Berlin: Springer 1910. 18 S. 4°(8°)
(Mitteilungen aus d. Kgl. Materialprüfungsamt. 1910. Erg.H. 1.) [11. 8799 4

Heermann, Rudolf

Heermann R. Ueber gewisse krumme Flächen, welche bei der Bewegung einer m. d. Berührungsebenen einer geg. Fläche 2 O. mit endlichem Mittelpunkt parallelen u. durch einen festen Punkt gehenden Ebene erzeugt werden. 1880. 8. Diss. Marburg.

Heermann, Rud. Mathematische Miscellen. 21 S. I. Zur Trisektion eines Winkels. II. Eine Konstruktion der Konchoide. III. Die Ellipse kleinsten Flächeninhaltes, welche um ein Parallelogramm gelegt werden kann. IV. Die Doppeltangenten der Kurven vierter Ordnung mit einem Doppelpunkt.
Progr. G. *Hersfeld* 1882.

Heermann, Theo., Lieder d. Liebe. gr. 8. (72 S.) Dresden 895. O. Damm. n. 1. 20

Heermann, Theo., die Merle. Frühlingsgedichte u. Lenzlieder. (96 S.) 8. Berlin 901. Lebensreform. 1. —

Der Regenbogen. 7 Dichtungen von Theo **Heermann.** Moskau; (Dresden: O. Damm) 1893. (121 S.) 8° [F.] [07. 8715

— **Wetterleuchten.** Gedichte, Sprüche u. Gaben. 8. (80 u. IV S. m. Bildn.) Ebd. 896. n. 1. 80

— **e. deutsches Wort an alle Deutschen.** gr. 8. (80 S.) Ebd. 892. n. — 50

Heermann, Wilh., aus d. Priesterseminar. Schilderg. u. Erlebnisse. (VI, 151 S.) kl. 8. Leipzig 910. Verl. f. Literatur, Kunst u. Musik. 2. —

Heermann, Wilh., aus dem Priesterseminar. Jetzt: Papenburg (Ems), Vikar W. Heermann.

— **Wilhelm Ferdinand** (Lodersleben/Thür.), Ardoris ventriculi praecipue infantum constructionem et medelam. Diss. med. Jena (Goepferdt) 10. III. 1804. 16 S. (4.80) 13823a

Heermans, Forbes, die Ranch Heavenly Rest, s.: Bibliothek der fremden Zungen.

Heermesse, die, ein Gedicht. ... Magdb. 1791. ... Schulz. 4 K. -

Heermesse, Die, zu Magdeburg, ein komisches Gedicht. Magdeburg 1772. 2. Aufl. [1780]. Neudruck 1910. V: *Meinecke, August Christoph.* (GGr IV², I, 129, 1187b) (Zeitschr. f. Büch. 1923, S. 88)

Heermeyer, Ed., histologische Untersuchungen einiger bis jetzt wenig bekannter Rinden. Diss. gr. 8. (87 S.) Jurjew (Dorpat) 893. (E. J. Karow.) n. 1. 80

Heer-Ordnung. [Rekrutirungs-Ordnung. — Landwehr-Ordnung.] Anh.: 1) Verordnung üb. die Organisation d. Sanitätskorps vom 6. Febr. 1873 [Sanitäts-Ordng.] nebst Auszug aus den Ausführungs-Bestimmgn. (2 Bestimmungen üb. das Militär-Veterinär-Wesen vom 15. Jan. 1873 [Veterinär-Ordng.] 8. (207 S.) Berlin 875. v. Decker. n. 1. —

— dasselbe. Alphabetisches Sachregister. 8. (27 S.) Ebend. 875. — 30

Heerordnung. Militärische Ergänzungsbestimmungen zur deutschen Wehrordnung. 8. (VIII, 272 S.) Berlin 888, Mittler und Sohn. *ℳ 1.50.; geb. in Halbleinw. *
geb. in Leinw. **

Heerordnung. [H. O.] Militärische Ergänzungsbestimmgn. zur Wehrordnung f. das Königr. Bayern. gr. 8. (X, 262 S.) München 889. (Literarisch-artist. Anstalt.) cart. n. 2. —

Heerordnung. Militärische Ergänzungsbestimmgn. zur deutschen Wehrordng. Neuabdr. unter Einfügg. der bis Mai 1894 erschienenen Deckblätter Nr. 1 bis 54 u. der handschriftlich auszuführ. Berichtiggn. Nr. 1 bis 47 in den Text. gr. 8. (VIII, 272 S.) Berlin 894. E. S. Mittler & Sohn. n. 1. 60; geb. in Halbleinw. n.n. 1. 85; in Leinw. n.n. 2. —

Heerordnung. (H. O.) Militärische Ergänzungsbestimmgn. zur Wehrordng. f. das Königr. Bayern. gr. 8. (X, 278 S.) München 902. (Literarisch-artist. Anstalt.) Kart. n.n. 1. 80

Heerordnung. Militärische Ergänzungsbestimmgn. zur deutschen Wehrordng. vom 22. XI. 1888. Neuabdr. unter Berücksicht. der bis April 1904 eingetretenen Aenderg. (D. V. E. No. 142.) (VIII, 332 S.) 8. Berlin 904. E. S. Mittler & Sohn. n. 1. 60; kart. n n. 1. 85; geb. in Leinw. n. 2. —

— dasselbe. Anlage 1 zu §§ 4, 7—9. (29 S.) 8. Ebd. (904). — 20

Heer-Ordnung für das Königreich Bayern.
1. Theil. Rekrutirungs-Ordnung.
2. " Landwehr-Ordnung. München 1875. 8.

— **deutsche, s.: Sachregister, alphabetisches.**

— **die, vom 28. Septbr. 1875. Mit den dazu gehör. Anlagen u. Schematas, sowie m. ausführl. alphabet. Sachregister. 2 Thle. 8. Berlin 876. Grosser. n. 1. 75**
1. Rekrutirungs-Ordnung. (63 S.) n. — 75
2. Landwehr-Ordnung. (91 S.) n. 1. —

Heerordnung, die, vom 28. Septbr. 1875. 3. Thl. Deklarationen, Ergänzungen, Aenderungen u. Anmerkungen bis Ende 1881. 8. (56 S.) Berlin 882. Grosser. n. — 50
(1—3.: n. 2. 25)

HEER-PAUCKER, Der lustige, Spielet Von schönen lustigen Historien, kurtzweiligen Possen, artigen Fragen, kluger Antwort. Kurtzen u. nachdencklichen Rätzeln. In Holländischer Sprache, mit Hoch-Teutscher Erklärung, dem liebhabenden Leser zu Gefallen verbessert u. vermehret zusammen getragen, und in diese Form gebracht. (Vorr. unterz.: *M. S.*) Nebst Kupfertitel: (Mann auf dem Theater schlägt Kesselpauken, unten die Zuschauer.) Gedruckt im Jahr 1672. 12°. (In Berlin: Zh 6112.) (40 Mk., zus. mit „Der pohlnische Sackpfeiffer" von 1663, Gust. Klötzsch, Lpz., 1885; 18 Mk., ohne Beibd., L. Rosenthal, 1906.)

Eins jener drastischen Schwankbücher, welche Joh. Rist 1664 (Goedeke III, 266, 20) „lumpen Scharteken" benannte, und das von Zoten wimmelt. Kpftit., 2 Bll. Vorr. u. 242 S.

— — Dasselbe. Potzdamm, Gedruckt in diesem Funckel-Neuen-Jahr. (Anf. 18. Jh.) 12°.

Verkürzte Ausgabe. Enth. auch 14 Räthsel in holl. Sprache, mit deutscher Erklärung. — TKpf. u. 164 SS.

— — Dasselbe. Freyburg im Hopffensack (Berlin). O. J. (c. 1720).

Alle Ausgaben ungemein selten!

Heerpredigt an die deutschen Bauern. 1 Bl. in 4. Leipzig 848, Naumburg. n. 1 ngr

— an die Deutschen gehalt. am 12. März 1848 v. Dr. G. C. A. Harleß. (Eine weitere Begründung der Schrift: „Der Prophet Sacharja auf der Kanzel der evangel. Hofkirche in Dresden." (Von Ed. Sparfeld.) gr. 8. (16 S.) Leipzig 850, Matthes. — 2. Aufl. gr. 8. (16 S.) Ebd. 850. n. 2 ngr

Heers, Franz: Die Wahl Christoph Bernhards von Galen zum Fürstbischof von Münster. Hildesheim 1908: Lax. 87 S. 8° (Ersch. auch als: Beiträge f. d. Gesch. Niedersachsens u. Westf. H. 15.)

Münster, Phil. Diss. v. 20. Nov. 1908. Ref. Erler.

Die Wahl Christoph Bernhards von Galen zum Fürstbischof von Münster. Von Dr. (Franz) Heers. Hildesheim: A. Lax 1908. (87 S.) 8° [J.] = Beiträge f. d. Geschichte Niedersachsens u. Westfalens. II. 15.

Heerschau üb. die Kriegsvölker Europas für die lieben Kleinen. gr. 4 (12 S. m. farb. Bildern.) Fürth 897. G. Löwensohn. Kart. 1.50

Heer- und Querstrassen, oder Erzählungen, gesammelt auf einer Wanderung durch Frankreich ... Aus d. Engl. von Wilibald Alexis. Berlin 1824—28. V: *Grattan, Thomas Colley.* Ü (Bd. 4): *Winkler, Karl Gottlieb Theod.* pseud. *Theod. Hell.* (Zeitschr. f. Büch. 1923, S. 88)

Heer- u. Querstraßen oder Erzählungen, gesammelt auf einer Wanderung durch Frankreich, v. einem Fußreisenden Gentleman. Aus d. Engl. v. Willibald Alexis. 2 Thle. gr. 12. Berl. 824, Duncker u. H.

— dess. 3r Thl. — A. u. d. T.: Carlbert, der Bärenjäger. Aus d. Engl. v. Willibald Alexis. gr. 12. Berlin 825, Duncker u. H.

— dess. 4r Thl. — A. u. d. T.: Alles für seine Königin, od. der Priester u. der Garde du Corps. Aus d. Engl. v. Th. Hell. 8. Berlin 827, Duncker u. H.

Heer- u. Querstraßen, od. Erzählungen, gesammelt auf e. Wanderung durch Frankreich, von e. fußreis. Gentleman (Th. Colley Grattan). 5. Thl. — A. u. d. T.: Leonie, d. weiße Mädchen. A. d. Engl. (High-ways and By-ways,) übers. v. † W. Alexis. 8. (19½ B.) Berlin 828, Duncker u. Humblot. 1.–3. Thl., übers. v. † W. Alexis. — 4., übers. v. † Th. Hell. Ebendas. 1824–27. 5 Thlr. 6 Gr.

Die preußische Heerverfassung und ihre neuesten Gegner, mit besonderer Bezugnahme auf die Schrift „Die Nothwendigkeit einer Modifikation der Grundformen der preußischen Heeres-Organisation von XXXIX. Berlin 1851". Berlin, Mittler (A. Bath) 1851. 28 S. 8.

Heer- und Wehrverfassung, Die. Eine Abhandlung gewidmet den Hohen National-Versammlungen zu Frankfurt und Berlin ... Berlin 1848. V: *Willisen, Ad. von.* (stadtBiblBerlin XI, S. 141)

Heer- u. Wehrverfassung, die. Eine Abhandlung gewidmet den Hohen National-Versammlungen zu Frankfurt u. Berlin von A. v. Willisen). gr. 8. (IV u. 40 S.) Berlin 848, Duncker & Humblot. n. 6 ngr

Heerwagen, Progr. Quae mihi legenti Silenum Virgilii salivam movebant. Culmb. 775. 4.

Heerwagen, statistische Untersuchungen über Träume und Schlaf, s. Studien, philosophische.

Heerwagen, August [aus Nürnberg]: Beiträge zur Kenntnis des Kiefergaumenapparates der Vögel. ... Nürnberg, Druck d. K. Bayer. Hofbuchdr. G. P. J. Bieling Dietz, 1889; 53 S. u. 1 Taf. | 6 Tab. 8°

Erlangen, Phil. Fak., Inaug. Diss. v. 1889

Heerwagen, August Dr. „Beiträge zur Kenntnis des Kiefergaumenapparates der Vögel". pg. 3—53. 8°. Mit einer Tafel in Lichtdruck und 6 Tabellen. G. P. J. Bieling-Dietz.

Nürnberg, Progr. 1888/89

Heerwagen, Aug., Leitfaden der Chemie u. Nahrungsmittellehre f. höh. Mädchenschulen u. Fortbildungsschulen. Mit 20 Text-Illustr. u. 3 Doppeltaf. gr. 8. (VII, 188 S.) Bamberg 900. C. C. Buchner Verlag. Geb. in Leinw. n. 2.20

Heerwagen, Christoph Wilhelm Christian, Ad vitam Streitbergerianam aliquot documenta sum matim recenset partim tota exhibet. (Diem natal. seren. princ. Christiani Friderici Caroli Alexandri marggravii Brandenburgici.) Culmbach (Johann Albert Spindler) 1774. 12 S. (5.—) 13824

Heerwagen, Fr. Ph. Traug., († d. 10. März 1812.). Festkatechismus. 8. Erlang. 788. Palm. 3 gr

— Kirchweihfest zu Mkt. Uehlfeld; e. vaterländ. Geschichte. gr. 8. Schwabach 791.

— Literaturgeschichte d. evangel. Kirchenlieder aus d. alten, mittlern u. neuern Zeit. 2 Thle. 8. Neust. a. d. A. u. Schweinf. 792, 97. Riedel. 2 rf 22 gr Wien 802. Pazowsky. 2 rf

Heerwagen, Frdr., üb. e. neue Methode zur Messung der Dielectricitätsconstanten v. Flüssigkeiten. Diss. gr. 8. (40 S. m. 1 Taf.) Jurjew (Dorpat) 892. (E. J. Karow.) n. 1.—

— **Friedrich,** Studien über die Schwingungsgesetze der Stimmgabel und über die electromagnetische Anregung. Eine z. Erlangung d. Grades eines Magisters d. Physik vorgelegte Abhandl. Dorpat (C. Mattiesen) 1890. 54 S. u. 2 lith. Tfln. (6.50) 13825

Oppon.: Th. Mollen. A. Kneser, Arthur v. Oettingen. — Impr.: Carl Schmidt.

Heerwagen, F., Studien üb. die Schwingungsgesetze der Stimmgabel u. über die electromagnetische Anregung. 4. (53 S. m. 2 Taf.) Dorpat 890. Karow, Verl. n. 2.—

— — dass. — s. Schriften, hrsg. v. der Naturforscher-Gesellschaft bei der Universität Dorpat.

Heerwagen, Heinr., s. Altes u. Neues a. d. Pegnes. Blumenorden.

Heerwagen, Heinr., Führer durch Nürnberg u. Umgebung, s.: Beckmann's Führer durch Nürnberg.

Heerwagen, Heinrich, aus Wunsiedel: Die Lage der Bauern zur Zeit des Bauernkrieges in den Taubergegenden. *Nürnberg 1899: J. L. Stich.* (119 S.) 8°
Heidelberg, Phil. Diss. v. 1899

Heerwagen, Heinr., Nürnberg m. Fürth, s.: Beckmann-Führer.

Heerwagen, Heinrich Wilhelm

Heerwagen, H. W. (Nekrolog.), s. Westermayer, A.

H. W. Heerwagen, Anleitung zur richtigen Kenntniß der Preuß. Staatswirthschaft, veranlaßt durch Hrn. Rehberg's Schrift (über die Dienerschaft der Regenten). Berlin u. Stettin, 1808.

Heerwagen, Hnr. Wilh. Anleitung zur richtigen Kentniss der Preuss. Staatswirthschaft. 8°. Berlin, Nicolai, 1808.

Heerwagen, Heinrich Wilhelm, s. Chaptal, J. A.: Versuch üb. d. Vervollkommnung.

Collectaneorum ad Aemilium Probum specimen. Scrips. Dr. Henr. Guil. Heerwagen, G. P. — 1849. B., Burger. — S. 3—22.
Progr. Bayreuth

Heerwegen, H. W.: Comm. critica de T. Livii XXVI, 41, 18 usq. ad 44, 1.20 S.– Nürnberg, Progr. 1869.

A. Drakenborchii ad P. Dan. Longolium epistolae duodecim nunc primum editae a Dr. Hen. Guil. Heerwagen. G. P. 1853. — B., Burger. — S. 3—20.
Progr. Bayreuth

Excerpta e codice Bambergensi ad Livii lib. I. a Dr. Henr. Wilh. Heerwagen G. P. — 1856. B., Höreth. — S. 3—18.
Progr. Bayreuth

Scriptiones quibus Friderico Thierschio viro illustrissimo Doctoratum per hos quinquaginta annos omni laude ornatum gratulati sunt memores et grati discipuli H. Heerwagen, G. Herold, H. Woelffel. — 1858. Ibid. — S. 1—6. Lat. sapph. Ode in 25 Str. [v. Wölffel, P.] — S. 7—18. De Grani Liciniani fragmento annalium lib. XXVI. scrips. Henricus Heerwagen. — S. 19—24. Panegyrikos des Isocrates §. 1—27 und 38—50. Uebersetzungsprobe von Gottfr. Herold. — Zugleich Programm zur Schlußfeier des Schulj. —
Progr. Nürnberg.

Zur Geschichte der Nürnberger Gelehrtenschulen in dem Zeitraum von 1485 bis 1520. Von Dr. Heinr. Wilh. Heerwagen, Stdr. — 1860. Nürnb., Campe. — S. 3—37.
Progr. Nürnberg.

Heerwagen, H. W., zur Geschichte der Nürnberger Gelehrten-Schule von 1526—1535. 1. Hälfte. Nürnberg. 4. 25 n. 1867.
Schul-/Univ.-Schrift

Deutsche Lesestücke mit lateinischer Übersetzung. — Von Dr. Heinr. Wilh. Heerwagen, Stdr. — 1876. Nürnberg, ibid. — S. 3—47.
Progr. Nürnberg, K. Gymn.

De P. et L. Scipionum accusatione quaestio. (Liv. XXXVIII c. 50—60.) Scrips. Dr. Henr. Guil. Heerwagen. — 1836. B., Hoereth. — S. 3—19.
Progr. Bayreuth

HEINRICH WILHELM HEERWAGEN, Rede beim Antritt der Vorsteherschaft im Pegnesischen Blumen Orden gehalten am 2. November 1863. Nürnberg, 1864. — 4°.

— sämtliche Schulreden u. einige sonstige Reden. Hrsg. v. Philipp Thielmann. (VIII, 336 S. m. Bildnis.) gr. 8. Nürnberg 906. J. A. Stein. n. 3. 60

Viro illustrissimo D. Joanni Christophoro Held Gymnasii Baruthini Rectoratum ante hos viginti quinque annos susceptum Gymnasium Norimbergense cujus a limine annos LI abhinc princeps ac dux commilitonum ad altiora studia perrexit d. IV. m. Maii a. MDCCCLX gratulatur interprete D. Henrico Heerwagen. — 1860. Ibid. — ½ Bog. gr. 4. — 30 asklepiad. Verse.
Progr. Nürnberg.

Heerwagen

— Joh. Friedrich (Sachsen-Gotha), De praemiis polypaedias dissertatio. Präs. Joh. Georg Fichtner. Altdorf (Jod. Wilh. Kohles) Jan. 1708. 48 Seiten. (6.50) 13828
Widm. v.: Christoph Sonntag, Präs., J. G. Luther, J. W. Pertsch.

Heerwagen, R., der Kampf mit den Infections-Krankheiten. Populärer Vortrag, geh. am Vorabend d. 2. livländ. Aerztetages in Wenden. [Aus: „Rigaer Tagebl."] 8. (24 S.) Riga 890. (Mellin & Co.) n. — 80

Heerwagen, Rud., über hysterischen Hypnotismus. Inaugural-Dissertation. gr. 8. (56 S.) Dorpat 881. (Karow.) n. 1. —

Heerwart, Eleonore, Anwendung der 4 Grundsätze Friedrich Fröbel's auf die Erziehung in der Familie, im Kindergarten, in der Bewahranstalt u. in der Schule, sowie im täglichen Leben. 8. (62 S.) Eisenach 894. H. Kahle. n.n. — 75; geb. n.n. 1. —

Heerwart, Eleonore, Einführg. in die Theorie u. Praxis des Kindergartens (zugleich) 4. Aufl. des Frdr. Seidel'schen Katechismus), s.a. Weber's illustr. Katechismen.

Heerwart, Eleonore, Einführg. i d. Theorie u. Praxis d. Kindergartens. (Zugl. 4. Aufl. d. Frdr. Seidel'schen Katechismus). »Webers illustr. Katechismen.« (183 S.) Ebd. 1901. J. J. Weber.

Heerwart, Eleonore, Wilhelmine Fröbel, Friedrich Fröbels erste Gattin. Nach Quellenschriften aus dem Fröbel-Museum bearb. Mit 1 Portr. v. Wilhelmine Fröbel u. 2 Ansichten v. Keilhau. (Nr. 2 aus der Fröbel-Museum-Serie.) (VIII, 326 S.) 8. Eisenach (905). H. Kahle. n.n. 2. 50

— Fröbel's letztes Lebensjahr, Tod u. Beerdigung. Nach den im Fröbel-Museum befindl. Quellenschriften bearb. Ein Gedenkblatt zum 50. Todestag Friedrich Fröbels den 21. VI. 1902. 8. (III, 102 S. m. Bildnis u. 1 Taf.) Eisenach (902). H. Kahle. n. 1. —

Heerwart, Eleonore, die Mutter als Kindergärtnerin, s.: Grethlein's praktische Hausbibliothek, 7. Bd.

— der Zweck u. das Ziel der Fröbel'schen Gaben u. Beschäftigungen, m. e. erläut. Tabelle. 8. (15 S.) Ebd. 894. n.n. — 50; geb. n.n. — 75

Heerwart, Friedrich Wilhelm (Eisenach), Num legatum dotis constituendae sit conditionale an modale. Diss. jur. Jena (Goepferdt) April 1806. 18 S. (5.50) 13829

Heerwesen. 1. Heft. 8. Darmstadt 908. Buchh. großherz. Staatsverlags. — 60
Die Veteranenfürsorge im Deutschen Reich u. im Großherzogt. Hessen. Amtl. Handausg. Im Auftrage des großherzogl. Ministeriums des Innern bearb. Von Mueller. (49 S.)

— Leitfaden f. den Unterricht an der k. b. Kriegs-Schule. Bearb. m. Genehmigg. der k. Inspektion der Militär-Bildungs-Anstalten. 8. Aufl. (IV, 105 S.) gr. 8. München 909. Th. Riedel. Geb. in Leinw. 3. —

Heerwesen der kaiserl. königl. Armee. <Linie u. Landwehr.> Mit Beil. u. Nachträgen. Wien 1871. 908 S.

— d. Balkanstaaten. Mit 7 Textskizzen. (III, 88 S.) Lex. 8. Wien 909. L. W. Seidel & Sohn. 1. 50
Sonderabdr. aus: „Streffleur's militär. Ztschr."

Heerwesen Chinas, Das. Beihft. z. „Milit. Wochenblatt“. — Berlin 1886.

Heerwesen und Dienst der k. k. Armee. (Linie und Landwehr.) Herausgegeben und bearb. von einem Verein von Officieren. I. Bd. Heerwesen der k. k. Armee. (Linie und Landwehr.) (II. Bd. nicht erschienen.) III. Bd. Heeresverwaltung. (2 Bde.) 8. Wien und Pest 1869 und 1871.

Heerwesen und Dienst der k. k. Armee. (Linie und Landwehr.) 1. Auflage 1869. Neue vermehrte Auflage 1871. Wien und Pest. 8.

Heerwesen und Dienst der k. k. Armee. (Linie und Landwehr.) Herausgegeben und bearbeitet von einem Verein von Offizieren. I. Bd. Heerwesen. 3.—9. Lfg. gr. 8. (S. 97—476 u. Beilage. S. 17—100.) III. Bd. Heeresverwaltung. 1. 2. Lfg. (S. 1—120.) Wien, Martin. 1870 à 45 kr.

Heerwesen, das französische, s. a. Bibliothek, militärische, f. Offiziere aller Waffen.

Das französ. Heerwesen in seiner Neugestaltung. [Militärische Bibliothek für Offiziere aller Waffen. IX.] (97) 8. Leipzig 1874.

Heerwesen, Das, des sardo-italienischen Königreiches Ende Mai 1866... Wien 1866. V: *Schüch.* (KA)

Heerwesen, das, der österreichisch-ungar. Monarchie in Fragen u. Antworten f. d. Unteroffiziere u. Unteroffiziers-Bildungsschüler d. k. u. k. gemeins. Heeres, d. k. k. u. k. ung. Landwehr. Zusammengest. v. E. N. 12. (87 S.) Budapest 896. C. Grill. n n. — 30

Heerwesen, das, der österreichisch-ungarischen Monarchie in Fragen u. Antworten f. die Unteroffiziere u. Unteroffiziers-Bildungsschüler. Zusammengestellt v. E. N. gr. 16. (37 S.) Budapest 902. C. Grill. n.n. — 30

Oesterreichs Heerwesen in neuester Zeit. Von einem österreichischen Officiere. 8° Leipzig 1846.

— preußisches, und preußische Politik. gr. 8. (16 S.) Berlin 868, Hempel.

Heerwesen, das, des osmanischen Reiches und der tributpflichtigen Fürstenthümer. (Abdr. aus der österr.-militär. Zeitschrift.) Wien 863. (Gerold.) Lex.-8. (56 S.) n. 10 ngr

Heerwesen, Das sardinische, zu Ende November 1860. (Separat-Abdruck aus der „Oesterr. milit. Zeitschrift“.) 8. Wien 1861.

— das schweizerische, und der Soldatengeist. Ein Rückblick auf Erscheinungen aus jüngst vergangener Zeit. Von einem schweizerischen Wehrmann. Zürich 859. Meyer & Zeller. gr. 8. (77 S.) n. 12 ngr

Heerwesen, Das, der Staaten des deutschen Bundes ... Augsburg 1838. 2. Aufl. 1842. Suppl. 1847. V: *Xylander, Max Ritter von.* (Pr) (Wa)

Heerwesen, das, der Staaten des deutschen Bundes, Darstellung der allgem. militär. Verhältnisse Aller, u. der Formation, Bekleidung, Bewaffnung, Besoldung, Pensionirung, Bildungs-Anstalten, Ergänzung, Dienstzeit, des Sanitäts- und Justiz-Wesens, der Festungen u. Militäretablissements rc., der meisten u. bedeutendern dieser Staaten. Mit 1 Tabelle. 16. Augsburg 838. Kollmann. 1 ℳ

Das **Heerwesen** der Staaten des deutschen Bundes. Von einem süddeutschen Offizier. Mit 1 Tab. Augsburg 1838. 541 S.
2. Aufl. (Xylander, M. Rit. v.)

Heerwesen, das, der Staaten des deutschen Bundes. Darstellung der allgemeinen Verhältnisse rc. rc. 2. verb. gänzlich umgearb. Aufl. 2. Abthl. fl. 8. Augsb. 841, Kollmann. 1 5/6 ℳ

— süddeutsches, und süddeutsche Politik von einem Norddeutschen. 1. und 2. Aufl. gr. 8. (61 S.) Berlin 860, Expedition der Militär. Blätter. *

— **süddeutsches,** u. süddeutsche Politik von einem Norddeutschen. 1. u. 2. Aufl. Berlin 869. Exped. der militär. Blätter. gr. 8. (61 S.) n. 15 ngr

Bayerns Heerzug nach Griechenland. Mit Urkunden. Stuttgart 1833. 71 S.

Hannibals Heerzug über die Alpen. Aus dem Engl. v. F. H. Müller. Mit 1 Krt. Berlin 1830. 174 S.

Napoleons Heerzüge als Obergeneral, erster Consul und Kaiser. 8. Weimar 1822.

Hees, Adm., das politische Glaubensbekenntniß rc. eines deutschen Bürgers rc. 8. 1832. jetzt Hennings u. Hopf in Erfurt. 1/4 ℳ

Hees, G. van, Causeries pour servir à l'étude de la conversation française à l'usage des commençants. 8. (IV und 180 S.) Leipzig 865, Teubner.

Hees, G. van, Causeries pour servir à l'étude de la conversation française à l'usage des commençants. 2e édit. (Titel-Ausg.) (IV, 180 S.) (1865)69. ℳ 1,20., et 3e édit. 8. (IV, 192 S.) Leipzig 874, Teubner.

Hees, G. van, causeries pour servir à l'étude de la conversation française à l'usage des commençants. 4e édit. 8. (IV, 200 S.) Leipzig 885, Teubner.

— Dialogues pour servir à l'étude de la conversation et de la causerie en France. 1. édit. 1863. 7 1/2 Ngr. et 2. édit. augmentée. gr. 8. (IV und 142 S.) Dresden 865, Ehlermann. *

— Uebungsschule zum Französisch-Sprechen. Leichte Exercitien zum Erzählen in französ. Sprache. 8. (IV, 159 S.) Ebendas. 869.

Hees, Karl [app. Arzt aus Ulm a. D.]: Zwei Fälle von Ovarial-Erkrankungen. (Fibro-Myxom u. Fibrom.) ... Würzburg, Etlinger's Buchdr., 1893; 34 S., 1 Bl. 8.
Würzburg, Med. Fak., Inaug.-Diss. v. 1893

Hees, Louis van, Epistolaire François, Allemand, Italien, à l'usage de ceux qui se vouent au commerce. — X. u. d. Ttln.: Briefsteller, Deutsch, Französ., Italien., z. Gebr. Derjenigen, d. sich d. Handlung widmen. — Epistolario, Italiano, Francese, Tedesco, all' uso di coloro che si votano al commercio. III Ts. 8. (20 1/2 B.) Barmen 835. (Elberfeld, Becker.) à * 1/2 Thlr. *

HEES, Otto van (München): Eine seltene Pfahlverletzung der Brust- und Bauchhöhle.- München: Kastner & Lossen 1900. 21 S.
13.3.1900 - Chr 1899/1900,12; Jv 1900/01,238
Diss. Ingolst.-Landsh.-Mchn.

— Philipp Ludolph Wilh. von und zu der (Rheinischer Adel), De pacto ne praestetur evictio. Diss. jur. Präs. Joh. Nicolaus Herte. Giessen (Henning Müller) 1705. 22 S. (6.—) 13834
Gew.: Joh. Erwin Frh. v. Greiffenclau (Vollraths), Joh. Philipp v. u. zu d. Hees, Joh. Philipp v. u. zu d. Hees (zu der Hees, Bruel).

Glückstadt. Christoph **H. Heesch.** Flensburg. o. J. 1 Bl. Fol. 44 64 cm. Lithographie.

Heesch, Gustav: Beispiele zur Etymologie des Englischen. Jena, Frommannsche Hofbuchdr., 1893; 3—22 S. 4.
Bergedorf bei Hamburg. Hansa-S, OP 1893 (727)

Heesch, Gustav: Über **Fehler,** welche erfahrungsgemäss von deutschen Schülern bei Erlernung des Englischen am häufigsten gemacht werden. *Jena 1899: Frommann.* (S. 1—21.) 4°
Bergedorf bei Hamburg, Hansa-S. OP 1899 (770)

Heesch, G. Ueber Sprache und Versbau des halbsächsischen Gedichtes: „Debate of the Body and the Soul". (Mätzner: Sprachproben I. 92 ff.). Diss. Kiel 1884. 79 S.

Heesch, Heinr. Zweck und Aufgabe des Zeichenunterrichts nebst Lehrplan. 24 S. **Progr.** *Itzehoe* 1880.

Heesch, Wilhelm, approb. Arzt aus Wilster: Ein **Fall** von Invaginatio sigmoidea rectalis, durch Operation geheilt. *Kiel 1900: P. Peters.* (15 S.) 8°
Kiel, Med. Diss. v. [14. Juni] 1900

Heeschen, Der neue Holsteinische Apostel Joachim, aus Henstedt nebst Allerlei über Christus verherrlichung ... Altona 1798. V: *Harries, Heinrich.* (MGT) (Ky) (GGr) (Bruun, Bibl. Danica. III, 1157.)

Neue Holsteinische Apostel Joachim Heeschen, der, aus Henstedt. Nebst Allerley über Christus-Verherrlichung, heiligen Geist, alte und neue Lehre, Drachen zu Babel etc. Altona. 1798. (U. B.).

Heeschen, J., d. neue hollstein. Apostel rc. 8. Altona, Hammerich. 798.

Heese, s.a. Haese.

Heese, Bernh., Sie'mterlee. En paar lustije Jeschichten die n richtiger Anhalter so vorrzehlt, wie'n seine Landsleite forr jewehnlich sprechen. (116 S.) kl. 8. Dessau (906). C. Dünnhaupt. n. 1. —; geb. in Leinw. n. 1. 25

Sie'mterlee. En paar lustige Jeschichten die n richtiger Anhalter so vorrzehlt, wie'n seine Landsleite forr jewehnlich sprechen. Von Bernhard **Heese.** Dessau: C. Dünnhaupt [1907]. (115 S.) 8° [F.] [07. 461]

Heese, Bernh., Wegweiser durch Dessau, s.: Fuchs, A.

Heese, Ernst *Heinrich Emil* [app. Arzt aus Stargard i. Pom.]: Über die unter dem Einfluss des Sympathicus stehenden Bewegungserscheinungen am Auge. . . . Halle a. S., Hofbuchdr. v. C. A. Kaemmerer & Co., 1891; 25 S., 1 Bl. 8°
Halle, Med. Fak., Inaug.-Diss. v. 20. Mai 1891

— **Friedrich Wilh.** (Werl/Westf.), De cancro. Diss. med.-chir. Bln. (Starck) 26. VII. 1817. 39 S. mit Biogr. (6.—) 13836

Heese, (Albert) Herm. (geb. Potsdam 2. 1. 1859): Die Anatomie der Lamelle und ihre Bedeutung für die Systematik der Agaricineen. Berlin (1883). (29 S.) 8° ¶ Vollst. ersch. in: Verhandlungen d. Botan. Vereins d. Prov. Brandenburg Bd 25 1883.
Berlin, Phil. Diss. v. 15. Aug. 1883

Heese, Carl Georg (Gruneberg/Neumark), De differentiis juris Romani et Germanici in peculio inprimis filiorumfamilias. Diss. jur. Präs. Johann Tobias Carrach. Halle (Johann Friedrich Grunert) 23. I. 1745. 44 S. mit Widm. v. Präs. (6.50) 13835

Heese, D., und G. Leistner, Blumen und Lieder, s. Blumen und Lieder.

Heese, W., der Wegweiser od. d. immerwähr. gregorian. Kalender v. 1683 an. Fol. (79 S.) Potsdam 897. A. Stein. n. 1. 20

Heesel, Josef, prakt. Arzt in Rheine i. W.: Die Varicen der unteren Extremitäten, ihre Entstehung, ihre Folgen und ihre Behandlung. München 1905: Kastner & Callwey. (32 S.) 8°
München, Med. Fak., Ref. v. Angerer, Diss. v. 20. März 1905
[Geb. 27. Sept. 53 Alsdorf, Kreis Aachen; Wohnort: Rheine i. W.; Staatsangeh.: Preußen; Vorbildung: Gymn. Rheine Reife M. 83; Studium: Greifswald 8, Kiel 1, Berlin 1, München 5 S.; Coll. 22. Dez. 04; Approb. 7. März 93.]

Geschichte der ▭ „Constantia zur Zuversicht" in kurzen Rissen verf. von dem letzten heute noch lebenden Stifter [Albert] Heeser. Zum 40jährigen Stiftungsfeste am 22. Okt. 1905. Konstanz 1905: Reuss & Itta. 15 S. 8° **[Umschlagtit.]** 358.

Heeser, I., lexicon philologico-hebraico-chaldaic. 4. Harderov. Waesberg. 716.

Heeser, I., observation. philol.-theolog. in omnes voces chald. et hebraic. Vet. Testament. 8. Amstel. Waesberg. 714. Rthlr.

Heeser, Jo.: Loci communes juris practici de bonorum, et inprimis adquaestuum conjugalium communione, eorumque divisione. Coloniae 1709.

Heeser, Joh.: Loci communes juris practici de rationibus reddendis, earumque revisione, est, a quibus, cui, ubi, quando et quomodo ratio sit reddenda? Ed. nov. Coloniae Agripp. 1708.

— loci commun. juris pract. de rationibus reddendis etc. 4. Wetzlar, Winkler. 728.

— **Johann Heinrich,** De actis judicialibus, cum protocollo, eorumque editione, ad collegium jctorum transmissione, et ex iisdem facienda relatione; ex praecipuis authoribus, & cumprimis theoretico-practicis, in usum eorum, qui in foro versantur, collecta. Diss. jur. theor.-pract. Opus posthumum. Herborn (Joh. Nicol. Andreae) 1689. 4 Bl., 244 S. 15 Bl. (12.—) 13838
Widm. v.: Hermann Hildebrandt, Johann Heinrich Florinus.

-- — Dasselbe.. Ed. nova. Wetzlar (Nicol. Ludw. Winckler) 1729. 2 Bl., 174 S. 15 Bl., ohne Widm. (10.—) 13839

— — (Frankfurt/M.), De herede deliberante. Diss. jur. Präs. Jo. Christoph Koch. Giessen (Jo. Jacob Braun) April 1783. 32 S. (6.—) 13840

Heeser, Johann Konrad Josef Maria: Diss. de magnitudine Moguntiae . . . , s. Gruber, Joh. Dan. (Präs.)

Heeser, Johann Konrad Josef Maria: Theses de jure vitae et necis in liberos . . . , s. Gruber, Joh. Dan. (Präs.)

Heespen, Gustav Friedrich (Oldenburg), De via facti principibus imperii permissa. Disp. jur. publ. Präs. Samuel Stryk. Halle (Henckel) Nov. 1695. 72 S. (6.50) 13842

— — Dasselbe. Ed. II. Halle (Chr. Henckel). (6.50) 13843

— — Dasselbe. 1705. 72 S. (6.50) 13844

Heesven, Paul v., s.: Hedemann, Paul v.

Heeß, Johannes

Heeß, J., am Christabend. Dramatisches Familiengemälde in 3 Aufzügen. 8. (71 S.) Mainz 888. Kirchheim. — 75

Heeß, Johs., unter d. Christbaum. Dramat. Spiel in 3 Aufzügen. 12. (49 S.) Mainz 898. F. Kirchheim. n. — 75

— durch Kreuz zum Heil. Dramatisches Bild in 4 Aufzügen. 12. (116 S.) Ebd. 893. 1.50

— Eleanor. Dramat. Spiel in 4 Aufzgn. 12. (100 S.) Ebd. 898. n. 1.20

Heeß, Johs., Friedel. Dramatisches Weihnachtsmärchen in 4 Aufzügen f. die liebe Jugend. 8. (40 S.) Mainz 901. F. Kirchheim. n. — 40

Heeß, Johs., die christlichen Helden. Dramatisches Spiel in 5 Aufzügen. 8. (67 S.) Mainz 878. Kirchheim. — 75

Heeß, Johs., die christlichen Helden. Dramatisches Spiel in 5 Aufzügen. 8. (67 S.) Mainz 879, Kirchheim.

Heeß, Johs., die christlichen Helden. Dramatisches Spiel in 5 Aufzügen. 2. Aufl. 8. (70 S.) Mainz 892. F. Kirchheim. — 75

Heeß, Johs., die christlichen Helden. Dramatisches Spiel in 5 Aufzügen. 3. Aufl. (70 S.) kl. 8. Mainz 905. Kirchheim & Co. n. — 75

Heeß, Johs., Sanct Martin's Jugendleben. Dramatisches Spiel in 3 Aufzügen. 8. (72 S.) Mainz 882, Kirchheim.

— Julia. Dramatisches Spiel in 4 Aufzügen. 8. (104 S.) Ebd. 900. n. 1.25

— das Kindlein v. Bethlehem. Dramatisches Weihnachtsspiel in 5 Aufzügen. Mit Musikbeilage v. M. Klaffert. 8. (98 S.) Ebd. 889. 1.50

— an's Mutterherz. Dramat. Spiel f. Jungfrauen in 3 Aufzgn. 8. (88 S.) Ebd. 895. n. 1. —

— ans Mutterherz. Dramatisches Spiel f. Jungfrauen in 3 Aufzügen. 2. Aufl. (88 S.) 8. Ebd. 903. n. 1. —

Heeß, Johs., des Priesters Rache. Dramatisches Bild aus dem XVIII. Jahrh. in 4 Aufzügen. 8. (67 S.) Mainz 881, Kirchheim.

— des Priesters Rache. Dramatisches Bild aus dem XVIII. Jahrh. in 4 Aufzgn. 2., verb. Aufl. 8. (71 S.) Ebd. 895. n. — 80

— des Priesters Rache. Dramatisches Bild aus dem XVIII. Jahrh. in 4 Aufzügen. 3. Aufl. (71 S.) kl. 8. Ebd. 905. n. — 80

Heeß, Johs., Rudolph v. Habsburg. Dramatisches Bild aus der vaterländ. Vorzeit in 3 Aufzügen. 8. (80 S.) Mainz 885. Kirchheim. — 75

-- Sankt Stephanus. Dramatisches Spiel in 3 Aufzügen m. 3 leb. Bildern. 8. (80 S.) Ebd. 894. 1.50

— d. Vestalin. Dramat. Spiel in 5 Aufzgn. 8. (90 S.) Ebd. 897. n. 1.20

Heeß, Johs., die Vestalin. Dramatisches Spiel in 5 Aufzügen. 2. Aufl. (90 S.) kl. 8. Mainz 909. Kirchheim & Co. 1.20

— auf der Wanderschaft. Dramatisches Spiel. 12. (39 S.) Ebd. 888. — 50

Hefe, Gärung und Fäulnis. Eine Sammlung d. grundlegenden Arbeiten von Schwann, Cagniard-Latour u. Kützing, sowie von Aufsätzen z. Geschichte d. Theorie d. Gärung u. d. Technologie d. Gärungsgewerbe. Hrsg. von Prof. Dr. M[ax] Delbrück, Geh. Reg.R., u. Dr. A[dam] Schrohe, Reg.R. Mit 14 Textabb. u. 6 Portr. Berlin: P. Parey 1904. (IV, 232 S.) 8° [05. 5176

Hefele, Georg: Über Aminoketonhydrazone. Erlangen 1910: Jacob. 67 S. 8°

Erlangen, Phil. Diss. v. 12. Juli 1910, Ref. Fischer

[Geb. 31. März 82 Augsburg; Wohnort: Erlangen; Staatsangeh.: Bayern; Vorbildung: Anna-Gymn. Augsburg Reife 01; Studium: Erlangen 7 S.; Rig. 9. März 10.] [U 10. 803

Hefele, H(erman): Die Bettelorden und das religiöse Volksleben Ober- und Mittelitaliens im XIII. Jahrhundert. Leipzig 1910: Teubner. IV, 140 S. 8° ¶ (Ersch. auch als: Beiträge z. Kulturgesch. d. Mittelalters u. d. Renaissance. H. 9.)

Tübingen, Phil. Diss. v. 3. Aug. 1910. Ref. Goetz

[Geb. 13. Okt. 85 Stuttgart; Wohnort: Stuttgart; Staatsangeh.: Württemberg; Vorbildung: Gymn. Ehingen Reife M. 04; Studium: Tübingen 8 S.; Coll. 22. Mai 09.] [U 10. 4179

Die Bettelorden und das religiöse Volksleben Ober- und Mittelitaliens im XIII. Jahrhundert. Von Dr. H[ermann] **Hefele**. Leipzig & Berlin: Teubner 1910. IV, 140 S. 8°

Erschien zugleich als Inaug.-Diss. Tübingen 1910.

(Beiträge z. Kulturgeschichte d. Mittelalters u. d. Renaissance. H. 9.) [10. 13171

[F.] **Hefele**, Karl [Assist. an d. kgl. forstl. Versuchsanst. in München]: Der Einfluss verschiedener Durchforstungsgrade auf Massen- und Werts-Zuwachs normaler Fichtenbestände. '(Von d. staatswirtschaftl. Fak. d. Univ. München gekr. Preisaufgabe.)' ... *Langensalza, Druck v. H. Beyer & Söhne, 1895*; 1 Bl., 84 S. 8.
München, Staatswirtsch. Fak., Inaug.-Diss. v. 1895

[F.] **Hefele**, Karl [Dr., kgl. Assist. d. forstl. Versuchsanst. in München]: Die Wegbauten im kgl. bayr. Forstamte Marquartstein. E. Beitr. z. Beurteilg d. wirtschaftl. Nutzens v. Wegbauten im bayr. Hochgebirge ... Langensalza, Druck v. H. Beyer & Söhne, 1896; 1 Bl., 53 S. 8.
München, Staatswirtsch. Fak., Hab.-Schr. v. 1896

Hefele, Carl Jos., das Abendmahl von Leonardo da Vinci. 8. (20 S. nebst 1 lithogr. Abbild. in 4.) Tübingen 867, Laupp'sche Buchh. *
Aus: Theologische Quartalschrift, besonders abgedruckt.

Hefele, Carl Jos., Beiträge zur Kirchengeschichte, Archäologie und Liturgik. 2 Bde. Tübingen 864. Laupp. gr. 8. (V, 490 S.; VIII, 403 S. u. 3 lith. Taf.) 1.: n. 1 ℛ 18 ngr.; 2.: n. 1 ℛ 8 ngr.

— kritische Beleuchtung der J. H. v. Wessenbergischen Schrift üb. d. großen Kirchenversammlungen des 15. u. 16. Jahrh. 2c. gr. 8. Ebend. 841. 1/4 ℛ

Hefele, Karl Josef von, s. Bonaventura, Breviloquium.

Causa Honorii Papae. Scripsit Carolus Iosephus de Hefele, episcopus Rottenburgensis. Neapoli, typis fratr. de Angelis, 1870, in 8°, 28 p.

Hefele, Carl Jos., Chrysostomus-Postille, s. Chrysostomus-Postille.

—— Defensio episcopi Rottenburgensis. Neapel (?) 1870, 8°, 10 S.
Über Veranlassung u. Zweck der defensio Theol. Littbl. 1870, S. 379—81 (Ginzel).

—— **Gedächtnißrede auf den am 20. Juli 1879 im Herrn entschlafenen hochwürdigen Herrn Domdecan Dr. v. Oehler, gehalten bei dessen Beerdigung am 22. Juli 1879. 8. (10 S.) Rottenburg a. N. 879, Bader.** *

Hefele, Karl Jos., Geschichte der Einführung des Christenthums im südwestl. Deutschland, besonders in Würtemberg. Mit 1 Tabelle. gr. 8. Tübingen 837. Laupp. 2 ℛ

—— Honorius u. das 6. allgemeine Konzil. Autorisierte, mit einem Nachtrage des Verfassers versehene Übersetzung. Tübingen, Laupp, 1870, gr. 8°, 43 S., 60 Pf.

Hefele, K. v., Die Honoriusfrage. Aus dem Latein. übers. von Herm. Rump. Münster, Russell, 1870, gr. 8°, 28 S., 60 Pf.
Übers. der Causa Hon. Papae, s. o.

Hefele, Carl Jos., Conciliengeschichte. Nach den Quellen bearbeitet. 1—3. Bd. Freiburg im Br. 855—858. Herder. gr. 8. 1. Bd.: (VIII, 627 S.) n. 2 ℛ 18 ngr. — 2. Bd.: (IX, 938 S.) n. 2 ℛ 28 ngr. — 3. Bd.: (VII, 732 S.) n. 2 ℛ 10 ngr.; n. 7 ℛ 26 ngr.

— **Conciliengeschichte. Nach den Quellen bearb. 4. u. 5. Bd. Freiburg im Br. 860—63. Herder. gr. 8. (VIII, 864 S.; X, 1071 S.) 4.: n. 2 ℛ 22 ngr.; 5.: n. 3 ℛ 16 ngr.**

Hefele, Carl Jos., Conciliengeschichte. Nach den Quellen bearb. 6. Bd. Freiburg im Br. 867. Herder'sche Verlagsh. gr. 8. (VI, 946 S.) n. 3 ℛ

Hefele, Bischof Carl Jos., Conciliengeschichte. Nach den Quellen bearb. 7. Bd.: Die Reformations- und Unions-Synoden des 15. Jahrh. 2 Abthlgn. gr. 8. Freiburg i. Br., Herder'sche Verlagsh. *
Inhalt:
Abthl. 1. Geschichte des Concils von Constanz. (IV, S. 1—373.) 869. *M 3,60.
" 2. Die Concilien von Basel und Ferrara-Florenz 2c. (XII, S. 374—870.) 874. *M 5,40.
1.—6. Bd. Ebendas. 1855—67. *M 51,40.

Hefele, C. J. v., Conciliengeschichte. Nach den Quellen bearb. Fortgesetzt v. J. Hergenröther. 8. u. 9. Bd. [Der Fortsetzg. 1. u. 2. Bd.] gr. 8. Freiburg i/Br., Herder. n. 19. 60; geb. n. 23. 60 (1—9.: n. 80. —)
8. (VII, 896 S.) 887. n. 9. 60; geb. n. 11. 60
9. (VIII, 972 S.) 890. n. 10. —; geb. n. 12. —

—— dass. — 2. verb. Aufl. 1. und 2. Bd. gr. 8. Ebendas. 873. [1. Bd. (X, 844 S.) *M 9,60.; 2. Bd. (XI, 963 S.) *M 10,40.] *

— **dasselbe. Nach den Quellen bearb. 1. u. 2. Bd. 2. verb. Aufl. gr. 8. (X, 844 u. XI, 963 S.) Ebend. 873. 75. n. 20. —**

Hefele, Carl Jos. v., Conciliengeschichte. Nach den Quellen bearb. 3. Bd. 2., verm. u. verb. Aufl. gr. 8. (XII, 799 S.) Freiburg i/Br. 877. Herder. n. 8. 60

— dasselbe. 4. Bd. 2., verm. u. verb. Aufl. gr. 8. (XI, 942 S.) Ebend. 878. n. 10. 20

Hefele, Carl Jos. v., Conciliengeschichte. Nach den Quellen bearb. 5. Bd. 2. verm. und verb. Aufl., besorgt von Alois Knöpfler. gr. 8. (XII, 1206 S.) Freiburg i. Br. 886, Herder'sche Verlagsh. *

Hefele, Carl Jos. von. Conciliengeschichte. Nach den Quellen bearb. 6. Bd. 2. verm. u. verb. Aufl., besorgt v. Alois Knöpfler. gr. 8. (XVIII, 1091 S.) Freib. i. Br. 890, Herder. * 12 —; geb. ** 14 —

— dasselbe. 2., verb. Aufl. Neue Ausg. 1. u. 2. Halbbd. gr. 8. (1. Bd. X, 844 S.) Ebd. 889. 890. à Halbbd. 5. —

Hefele, Carl Jos. v., Conciliengeschichte. 2., verb. Aufl. Neue Ausg. 3.—12. u. 15.—18. Halbbd. gr. 8. (2.—6., 8. u. 9. Bd. XI, 963; XII, 799; XI, 942; XII, 1206; XVIII, 1082; VII, 896 u. VIII, 972 S.) Freiburg i/B. 890—893. Herder. à 5. —
Der 13. u. 14. Halbbd. werden nach Erscheinen des Neudrucks der 1. Abth. des 7. Bds. ausgegeben.

Hefele, Karl Jos. v., Lehrbuch der Kirchengeschichte, s.: Knöpfler, Alois.

— s. Patrum Apostolicorum Opera.

— s. Quartalschrift, theol.

Hefele, Karl Jos., das Sendschreiben des Apostels Barnabas aufs Neue unters., übers. u. erkl. gr. 8. Tübing. 840. Laupp. 1 1/4 ℛ

— Urteil üb. d. Jesuitenorden, s.: Aktenstücke, kirchliche.

— Vorlesgn. üb. Kirchengeschichte, s.: Knöpfler, Alois, Lehrbuch der Kirchengeschichte.

Hefele, Karl Jos., der Cardinal Ximenes u. die kirchl. Zustände Spaniens am Ende des 15. u. Anfange des 16. Jahrh. Insbesond. ein Beitrag zur Geschichte u. Würdigung der Inquisition. gr. 8. Tübingen 844, Laupp'sche Buchh. n. 2 11/12 ℛ

Hefele, Carl Jos., der Cardinal Ximenes u. die kirchlichen Zustände Spaniens am Ende des 15. u. Anfange des 16. Jahrh. Insbesondere e. Beitrag zur Geschichte u. Würdigung der Inquisition. 2. verb. Aufl. gr. 8. (XII u. 567 S.) Tübingen 851. Laupp. 2 ℛ 18 ngr

Hefelmann, Rud. (Julius) (geb. Laasphe in Westf. 31. 12. 1862): I. Ueber die Entschwefelung einiger Thioharnstoffe mittelst Quecksilbercyanid. II. Beiträge zur Kenntniss des Sulfobenzids. Berlin 1885. (67 S.) 8°
Berlin, Phil. Diss. v. 11. Aug. 1885

Hefelmann, Rud., s.: Zeitschrift f. öffentl. Chemie.

Hefenbüchlein, das. Eine vollständ. Sammlung aller bisher bekannt gewordenen und bewährt befundenen Anweisungen, die Hefe zu bereiten, prüfen, aufzubewahren, zu verbessern, durch Surrogate zu ersetzen, den Gährungsprozeß zu beschleunigen u. die Hefe in manchen Fällen als vorzügl. Hausmittel anzuwenden. 8. Nordhausen 843, Fürst. 3/8 ℛ

Hefermehl, Ernestus, Francofurtensis: Prolegomenon in scholia veterrima quae sunt de Iliadis libro Φ specimen. Studia in Apollodori περὶ θεῶν fragmenta Genevensia. Berolini 1905: W. Pormetter. (45 S.) 8° ¶(Teil der eingereichten Arbeit.)
Berlin, Phil. Fak., Ref. v. Wilamowitz-Moellendorff, Diss. v. 11. Nov. 1905
[Geb. 23. Jan. 81 Frankfurt a. M.; Wohnort: Frankfurt a. M.; Staatsangeh.: Preußen; Vorbildung: Lessinggymn. Frankfurt a. M. Reife O. 00; Studium: Bonn 2, Berlin 3, Kiel 2, Berlin 3 S.; Rig. 10. Juni 05.]

Heffner, Barbara, a. Konjscina in Kroatien: Über experimentell erzeugte Mehrfachbildungen des Skelets bei Echiniden-Larven. Leipzig: W. Engelmann 1908. (46 S., 2 Taf.) 8° ¶ (Aus: Archiv f. Entwicklungsmechanik Bd 26.)
Würzburg, Phil. Fak., Ref. Boveri, Diss. v. 27. Juli 1908
[Geb. 14. Febr. 83 Konjscina; Wohnort: Kitzingen; Staatsangeh.: Bayern; Vorbildung: Gymn. München Reife Juli 03; Studium: München 2, Würzburg 6 S.; Rig. 7. Juni 07.]

Heffner, Frz., kurze Frühreden auf alle Sonn- und Festtage des Kirchenjahres. In einer zeitgemäßen Bearbeitung neu herausg. von Frz. Clericus. 1—3. Jahrg. Paderborn 859-64. Schöningh. 8. (1.: VIII, 306 S.; 2.: VII, 312 S.; 3.: VII, 312 S.) 1.: 22½ ngr; 2. u. 3.: à 18 ngr

Heffner, Frz., kurze Frühreden auf alle Sonn- u. Festtage d. Kirchenjahres. In e. zeitgemäßen Bearbeitg. neu hrsg. v. Frz. Clericus. 1. Jahrg. 2. verb. Aufl. gr. 8. (VIII, 302 S.) Paderborn 873. Schöningh. 2. 25

Heffner, F., kurze Frühreden auf alle Sonn- u. Festtage d. Kirchenjahres. In e. zeitgemäßen Bearbeitg. neu hrsg. v. F. Clericus. 2. u. 3. Jahrg. 2. Aufl. 8. (V, 271; V, 287 S.) Paderborn 889. F. Schöningh. à Jahrg. n. 1.80

Heffner, J. A., Anleitung zur Ertheilung d. ersten Schreib- u. Leseunterrichts, s.: Grimmer, G.

Heffner, J. A., Behandlung des Lesebuchs für Volksschulen. 1. Reihe. Aufsatzübungen nebst Erklärung einiger Lesestücke in engem Anschlusse an das Lesebuch. gr. 8. (64 S.) Heidelberg 877. Weiß. n. — 70

— dasselbe. Neue Folge. gr. 8. (IV, 44 S.) Ebend. 877. n. — 60

— Behandlung d. Lesebuches f. die Volksschulen Badens 1. u. 2. Hft. gr. 8. (64 S.) Ettlingen 874. (Heidelberg Weiß.) à — 60

— die unterrichtliche Behandlung der Sprachlehre d. 4. u. 5. Schuljahres auf Grundlage der Beispielsammlg. im bad. Lesebuche. gr. 8. (VIII, 71 S.) Tauberbischofsheim 874. Lang. — 85

— Erklärungen deutscher Lesestücke f. Volksschulen gr. 8. (VI, 181 S.) Tauberbischofsheim 873. Lang n. 1. 80

Heffner's, J. A., Erklärungen deutscher Lesestücke für Volksschulen. Verb., verm. und neu hrsg. von einem prakt. Schulmanne. 2. und 3. Aufl. gr. 8. (XI, 260 S.) Tauberbischofsheim 876,81, Lang. *

— kleine deutsche Grammatik f. Präparanden-Anstalten Lehrerseminare u. Volksschullehrer. 8. (IV, 62 S.) Heidelberg 875. Weiß. n. — 75

Heffner, Johann Georg (Oberschönau/Hessen), Ergodioctes alter, variis variorum separatistarum hypothesibus ac principiis, indies recrudescentibus oppositus. Präs. Christoph Sonntag. Altdorf (Jod. Wilh. Kohles) 8. V. 1709. 36 Seiten. (G.—) 13845

Heffner, Karl

C. HEFFNER und (F. A.) REUSS, Lorenz Fries der Geschichtschreiber Ostfrankens. Eine literärgeschichtliche Denkschrift bei Gelegenheit der Errichtung einer Gedächtnißtafel an dem vormaligen Wohnhause des gefeierten Chronisten. (Mit dem lithographirten Facsimile von Fries Handschrift.) Würzburg. 1853. Druck von Bonitas-Bauer. 8°.

Heffner, K., Führer durch die Stiftskirche in Baden-Baden. Beschreibung u. Abbildg. der Altäre, Denkmäler, Wandgemälde, Orgel ꝛc. Mit 8 Lichtdr.-Bildern. (32 S.) kl. 8. Baden-Baden (906). P. Weber. n. — 70

Heffner, Carl, die deutschen Kaiser- u. Königs-Siegel nebst denen der Kaiserinnen, Königinnen u. Reichsverweser. 162 getreue Abbildgn. in Lichtdr. (auf 30 Taf.) m. beschr. Texte. Fol. (XIII, 48 S.) Würzburg 875. Stahel. In Mappe. n. 45. —

Heffner, Karl, drei- und vierstimmige Lieder a capella für Frauen- oder Knabenstimmen. Ausg. für höhere Bildungsanstalten. Ster.-Ausg. 8. (IV, 168 S.) Regensburg 883, Bößenecker. *ℳ 1,60.; geb. *

— fränkisch-würzburgische Siegel. Mit 17 lith. Taf. gr. 8. (162 S.) Würzburg 872. (Berlin, Mitscher & Röstell.) n. 3. —

— Würzburg u. seine Umgebungen, e. historisch-topograph. Handbuch, illustr. durch Abbildgn. in Lith. u. Holzschn. 2., gänzlich umgearb., verm. u. verb. Ausg. gr. 8. (LXIV, 570 S. m. 14 Chromolith. in 4. u. qu. 4.) Würzburg 871. (Stuber.) n.n. 8. —

Heffner, L., Herr Domprediger Dr. Himmelstein und die Juden in Franken. Eine Zurechtweisung u. Abfertigung seiner „Abwehr". Nürnberg 855. v. Ebner in Comm. gr. 8. (27 S.) 3¾ ngr

— — Zur Erhaltung der Wahrheit und Wissenschaft ohne Interesse und zur Warnung für partheiische Geschichtschreiber kritisch beleuchtet. 2. durchges. u. mit einem Vorwort verm. Aufl. Ebend. 855. gr. 8. (35 S.) 3¾ ngr

— die Juden in Franken. Ein unpartheiischer Beitrag zur Sitten- u. Rechtsgeschichte Frankens. Mit 29 Urkunden-Beilagen. Nürnberg 855. v. Ebner. gr. 8. (2 Bl., 76 S.) n. 10 ngr

(Heffner, Ph.): „Sammlung der hochfürstlich-wirzburgischen Landesverordnungen, welche in geistlichen und weltlichen Justiz-, Landesgerichts-, Criminal-, Polizey etc. Sachen von einigen Jahrhunderten bis daher verfasset .... sind", 3 Teile, Würzburg 1776 bis 1801. — Vorh.: Com. Bibl. Hamburg.

Dass.s.a.: Sammlung...

Hefft s.: Eisenbahn-Technik, die, der Gegenwart.

Hefft, Otto, aus Heidelberg: Scheinbare **Anziehung** und Abstossung von Kugeln, die in einer klebrigen Flüssigkeit rotieren. *Heidelberg 1900: J. Hörning.* (47 S.) 8°
Heidelberg, Naturw.-math. Diss. v. 1900

Heffter: Die Centralprojectionen des Kreises. 21 S. 2 Figt.– Bromberg, Progr. 1856.

Heffter, A[rthur]. Die Ausscheidung körperfremder Substanzen im Harn. 2 Teile. Von A. H', Bern. Separat-Abdruck aus «Ergebnisse der Physiologie».... 8. Wiesbaden, J. F. Bergmann, 1903—1905.
Teil 1: Anorganische Verbindungen. Sep'-A' aus «E' der Ph'». Jahrg. 2 1902. (Abt. 1.) [Mit 1 Figur.] II S. + S. 95—129. 1903.
(Teil 2: Organische Verbindungen.) Sonder-A' aus E' der Ph', Jahrg. 4.... [Abteilung 1 und 2.] III S. + S. 184—306. 1905.

Heffter, A[rthur]. Beiträge zur Pharmakologie des Schwefels. Aus dem Institut für medizinische Chemie und Pharmakologie der Universität Bern. (Sonderabdruck [aus:] Archiv für experiment. Pathologie u. Pharmakologie [Bd. 51].) II S. + S. 175—182. 8. [Leipzig, F. C. W. Vogel, 1904.]

Heffter, A[rthur]. Ueber Cacteenalkaloïde. (Mittheilung 4. Aus dem Institut für medicinische Chemie und Pharmakologie zu Bern.) Sonderabdruck [aus:] Berichte der Deutschen Chemischen Gesellschaft. Jahrg. 34. Heft 12. II S. + S. 3004—3015. 8. Berlin, (Buchdr. A. W. Schade,) 1901.
(*Mitth. 1—3 s. in* Berichte der D' Ch' G' 27—31, 1894—1898.)

Heffter, A[rthur]. Chemie des Harns. Von A. H', Bern. Separat-Abdruck aus «Ergebnisse der Physiologie». Jahrg. 1. (Abt. 1.) III S. + S. 438—467. 8. Wiesbaden, J. F. Bergmann, 1902.

HEFFTER, ARTHUR. Ueber einige neue vom Paratoluidin sich ableitende Schwefelverbindungen. (Greifswald) Leipzig, 1883.

Heffter, A[rthur]. Studien über das Verhalten des Arsens im Organismus. (Aus dem Institut für medizinische Chemie und Pharmakologie der Universität Bern.) Extrait [des] Archives internationales de Pharmacodynamie et de Thérapie.... Volume 15. II p. + p. 399—417. 8. Bruxelles, H. Lamertin; Paris, O. Doin, 1905.

Heffter, A[rthur]. Das Verhalten der Kakodylsäure im Organismus. Aus dem Institut für medicinische Chemie und Pharmakologie der Universität Bern. Separatabdruck aus dem Archiv f(ür) experiment. Pathol(ogie) u. Pharmakol(ogie) Bd. 46. 1 S. + S. 230—241. 8. [Leipzig, F. C. W. Vogel, 1901.]

Heffter, A[rthur]. Über die Wirkung des Schwefels auf Eiweisskörper. Nach gemeinsam mit Dr. Max Hausmann ⟨St. Gallen⟩ ausgeführten Versuchen berichtet von A. H'. ⟨Aus dem Institut für medizinische Chemie und Pharmakologie der Universität Bern.⟩ Sonder-Abdruck aus Band 5 Heft 5/6 [der] Beiträge zur chemischen Physiologie und Pathologie. Zeitschrift für die gesamte Biochemie, ... hrg. von Franz Hofmeister. II S. + S. 213—233. 8. Braunschweig, Vieweg, 1904.

Den hochverehrten Jubilar Herrn Dr. August Wilhelm Heffter ... zu Berlin beglückwünscht zur Feier seines 50jährigen juristischen Doctor-Jubiläums am 3. August 1873 die juristische Fakultät zu Breslau. Breslau (1873). (2 Bl.) 2°

Heffter, August Wilhelm

— f. Archiv, neues, d. Criminalrechts.

Heffter, August Wilhelm: „Beiträge zum deutschen Staats- und Fürstenrecht", 1. (einzige) Lieferung, Berlin 1829. (Inhalt: I. „Ueber Ebenbürtigkeit, Standesgleichheit und Standesungleichheit in den deutschen souveränen und ersten standesherrlichen Häusern"; II. „Ueber die Rechtsverhältnisse der Staatsdiener"; III. „Codex Austregalis Confoederationis Germanicae"; IV. „Ueber staatsrechtliche Anomalien in den deutschen Bundesstaaten"). — Vorh.: Bibl. des Kammergerichts Berlin — Jb. 996 — und der Industrie- u. Handelskammer Leipzig.

Heffter, W., Darstellung der athenäischen Gerichtsverfassung, mit Ausschluss des Verfahrens vor den Diäteten; zugleich als geschichtlicher Beitrag zur Entwickelung der Idee des Geschwornengerichts. Cöln 822. 8.

— die athenäische Gerichtsverfassung, ein Beitrag z. Gesch. des Rechts, insbesondere zur Entwickelung der Idee d. Geschwornengerichte in alter Zeit. gr. 8. Cöln 822, Bachem.

Denkschrift die Ansprüche des Prinzen Friedrich Wilhelm von Hessen auf die Succession in dem Herzogthum Lauenburg betr. [v. August Wilhelm **Heffter**]. ⟨Als Manuscript gedruckt.⟩ Heidelberg. 1864. 8°

Heffter, A. W., le droit international public de l'Europe. Traduit sur la 3. édit. de l'original allemand et augmenté d'un tableau politique de l'Europe, des nouveaux traités et de la jurisprudence franç. par Jul. Bergson. Berlin 857. Schroeder. gr. 8. (XII, 491 S.) n. 3 ₰ 10 ngl

Heffter, Aug. Wilh., le droit international public de l'Europe. Traduit par Jules Bergson. Nouvelle édit. revue et augmentée, après le décès du traducteur par l'auteur. gr. 8. (XII und 507 S.) Berlin 866, Schroeder's Verlag. *

Heffter, Aug. Guill., le droit international de l'Europe. Traduit par Jules Bergson. 3e edit. gr. 8. Berlin 873, G. W. F. Müller. *

Heffter, A. W., le droit international de l'Europe. Traduit par Jules Bergson. 3. éd. française revue et augmentée, après le décès du traducteur par l'auteur. gr. 8. (XII, 527 S.) Berlin 873. Schroeder's Verl. n. 12. —

—— le droit international de l'Europe. Traduit par Jules Bergson. 4e édit. française, augmentée et annotée par F. Heinr. Geffcken. gr. 8. (XV, 576 S.) Berlin 883, H. W. Müller. *

Über standesmässige Ehen des hohen Adels .... (von *August Wilh. Heffter*). Berlin 1845. (In Leipzig, Reichsgerichts-Bibl.)

— die Erbfolgerechte der Mantelkinder, Kinder aus Gewissensehen, aus putativen Ehen, u. der Brautkinder bei Lehnen u. Familienfideicommissen; mit Hinsicht auf den Gräfl. Bentinckschen Rechtsstreit üb. die Gräfl. Aldenburgischen Fideicommißherrschaften Kniphausen u. Varel dargestellt. gr. 8. Berlin 836. Dümmler. n. 2/3 ₰

— s. Gajus, Instit. Comment. IV.

— Gedanken über die Einführung d. allgem. preuß. Gesetzgebung in d. preußischen Rheinprovinzen. gr. 8. Bonn 827, Weise in Elberfeld.

[Heffter, Aug. Wilh.]: Der gegenwärtige Grenzstreit zwischen Staats- und Kirchen-Gewalt aus dem staatskirchenrechtlichen u. legislativen Gesichtspunkt erörtert. Halle 1839.

HEFFTER, Aug Wilh.: Grundriss zu Vorlesungen üb. altes u. neues deutsches Staatsrecht. *Bonn,* Marcus. 827. 8. (2 Gr.)

Heffter, Aug. Wilh.: Institutionen des römischen und teutschen Civil-Processes. *Bonn*, Marcus. 825. gr. 8. (2 Thl. 16 Gr.)

Heffter, Aug. Wilh.: Institutionen des römischen u. teutschen Civil-Processes. Bonn 1825.
-- 2. Ausg. [u. d. Tit.:] System des römischen und deutschen Civil-Proceß-rechts. 1843.

Augustus Guilelmus Heffter . . . antehac consiliarius reg. in iudicio provinciali Dusseldorpiensi nunc antecessor publ. ord. in universitate lit. Borussica Rhenana facta De antiquo iure gentium prolusione ad audiendam orationem aditialem quam recitaturus est d. X Ian. a. 1824 . . . invitat . . . Bonnae, A. Marcus 1823. 1 Bl., 13 S. 4.

(Heffter, Aug. Wilh.,) die gegenwärt. Lage d. reichsgräfl. Aldenburg-Bentinckschen Rechtsstreites üb. d. Nachfolge in d. reichsgräfl. Aldenburg-Bentinckschen Fideicommiß-Herrschaften u. Güter, Kniphausen, Varel, Garms ꝛc. gr. 8. (10 B.) Berlin 840, (Grantz.)
Dass.s.a.: Lage . . .

Heffter, Aug. Wlh., Lehrbuch des gemeinen deutschen Criminalrechts, mit Rücksicht auf die nicht exclusiven Landesrechte. gr. 8. Halle 833. Schwetschke u. Sohn. 3 ₰ — 2e Aufl., mit einer vergleichenden Uebersicht d. neuern deutschen Strafgesetzgebungen. gr. 8. Ebd. 840. n $2^1/_3$ ₰

— Lehrbuch des gemeinen deutschen Criminalrechts mit Rücksicht auf ältere u. neuere Landesrechte. 3. Aufl. gr. 8. Halle 846, Schwetschke u. Sohn. n. $2^1/_3$ ₰

Heffter, Aug. Wilh., Lehrbuch d. gemeinen deutschen Criminalrechtes m. Rücks. auf ältere u. neuere Landesrechte. 4. Aufl. gr. 8. (X u. 622 S.) Halle 848, (Braunschweig) Schwetschke & Sohn. n. $2^2/_3$ ₰

— Lehrbuch des gemeinen deutschen Strafrechtes mit Rücksicht auf ältere und neuere Landesrechte. 5. Aufl. 854. — 6. Aufl. Braunschweig 857. Schwetschke u. Sohn. gr. 8. (XII, 576 S. u. 1 Tab. in Fol.) n. 2 ₰ 20 ngl

Heffter, Aug. Wilh., Namenverzeichniss zu Riedel's Codex Brandenburg., s. Riedel, A. F.

Heffter, Aug. Wilh.: Non bis in idem im Hinblick auf den gedruckten Entwurf einer „Deutschen Strafproceß-Ordnung". Progr. Berlin 1873.

— die Sonderrechte der souveränen u. der mediatisirten vormals reichsständischen Häuser Deutschlands. gr. 8. (X, 457 S.) Ebend. 871. n. 12. —

(Heffter, A[ug.] W[ilh.]): Species facti mit einzelnen beigefügten Bemerkungen zur letzten Verständigung über den Rechtsstreit des Fürsten . . . zu Löwenstein-Wertheim-Rosenberg gegen den Herzog . . . zu Aremberg betr. die Surrogate der . . . Graf- u. Herrschafften Schleiden u. Saffenburg. Anstatt hs. Mittheilung gedr. [Berlin 1835.] fol.

Heffter, Aug. Wlh., System des römischen u. deutschen Civil-Proceßrechts. 2. völlig umgearb. Ausg. gr. 8. Bonn 843, Marcus. 3 ₰

(——) Verfahren in Steuer-Prozessen, s. Verfahren.

(Heffter): Verfahren in Steuer-Processen, nach authentischen Quellen bearbeitet zum Gebrauch f. Rechtsverständige, Steuerbeamte und Geschäftsmänner. *Sorau*, (Julien.) 836. gr. 8. (12 Gr.)

— das europäische Völkerrecht der Gegenwart. gr. 8. Berlin 844, Schröder. n. $2^1/_2$ ₰

Heffter, Aug. Wilh., das europäische Völkerrecht der Gegenwart. 2 Ausg. gr. 8. (XVI u. 428 S.) Berlin 848, E. H. Schröder. n. $2^1/_3$ ₰

— das europäische Völkerrecht der Gegenwart. 3. Ausg. Berlin 855. Schroeder. gr. 8. (XVI, 436 S.) n. 2 ₰ 10 ngl

Heffter, Aug. Wilh., das europäische Völkerrecht der Gegenwart auf den bisherigen Grundlagen. 4. Ausg. 861. Schroeder. gr. 8. (XV, 475 S.) n. 3 ₰

— das europäische Völkerrecht der Gegenwart auf den bisher. Grundlagen. 5. Ausg. Berlin 867. Schroeder's Verlag. gr. 8. (XII, 487 S.) n. 3 ₰

— das europäische Völkerrecht der Gegenwart auf den bisherigen Grundlagen. 6. Ausg. gr. 8. (XII, 523 S.) Ebend. 873. n. 10. —

Heffter, Aug. Wilh., das europäische Völkerrecht der Gegenwart auf den bisherigen Grundlagen. 7. Ausg., bearb. v. F. Heinr. Geffcken. gr. 8. (XIII, 491 S.) Berlin 881. H. W. Müller. n. 12. —; geb. n. 14. —

Heffter, A. W., das europäische Völkerrecht der Gegenwart auf den bisherigen Grundlagen. 8. Ausg., bearb. von F. H. Geffcken. gr. 8. (XI, 505 S.) Berlin 888. H. W. Müller. n. 12. —; geb. n. 14. —

(——) Votum eines norddeutsch. Publicisten, s. Votum.

[Heffter, Aug. Wilh.]: Votum eines norddeutschen Publicisten über die Ansprüche des Prinzen Friedrich Wilhelm von Hessen auf die Succession im Herzogthum Lauenburg. Heidelberg 1864.

— s. Weber, Ad. D., über die Verbindlichkeit zur Beweisführung im Civilproceß.

— Civil-Prozeß oder das gerichtliche Verfahren bei bürgerlichen Rechtsstreitigkeiten im Gebiete des Allgemeinen Landrechts für die Preußischen Staaten. Ein Leitfaden zum Selbstunterricht. Berlin 856. Schroeder. gr. 8. (XVI, 471 S.) n. 2 ₰ 20 ngl

Heffter, Christian Traugott

— — De curatione per injucunda. Disput. med. Präs. Anton Wilhelm Plaz. Lpz. (Langenheim) 21. V. 1773. 40 S. (6.—) 13850

— Christian Traugott (Loebau/Laus.), De viribus vitae disserit simulque viro Justus Wilhelm Günz (Leipzig) summos in arte medica honores nomine collegii disput. sub praes. Ernst Gottlob Bose gratul. Lpz. (Langenheim) 10. IV. 1772. 8 S. (4.50) 13819

— **David Friedrich** (Guben/Laus.), Doctrinae de gangraena brevis expositio. Specim. med. Präs. Christian Gotthold Eschenbach. Lpz. (Breitkopf-Haertel) 3. IV. 1807. 32 S. (6.—) 13851
Gew.: Carl Lampugnani (Leipzig).

Heffter, Ernst Woldemar

Heffter, E. W., der Christ und sein König. Schulrede, gehalten in Berlin am 15. Octbr. 1854. Berlin 854. W. Schultze. 16. (22 S.) n. 4 ngr.

Heffter, E[rnestus] W[oldemarus]: De nonnullis Cratetis grammatici scriptis 61 S. 4° (2°)
Halle-Wittenberg, Phil. Diss. v. 15. Aug. 1852
Geb. [Sorau 15. 10. 1826]

Heffter, Hugo, Allerlei vom Wein. Gesammelt v. H. gr. 8. (109 S. m. Abbildgn.) Leipzig-Gohlis (900). Hoffmann, Heffter & Co. (Nur direkt.) Kart. 1. —

Heffter, Hugo O.: Die Nothlage des deutschen Weinhandels. Im Anschluß an die Petition der ersten ordentlichen General-Versammlung des Verbandes Deutscher Weinhändler vom 28. November 1886 zu Wiesbaden aus Fachblättern und der Tages-Presse zsgest. Leipzig (1887): Klinkhardt. 32 S. -- 7.121*

Heffter, Hugo O.: Der Wein-Congreß zu Wiesbaden am 10. und 11. Januar 1891. Bericht des Vertreters der Handelskammer zu Leipzig Hugo O. Heffter. Vorschläge zur Abhilfe der Nothlage des deutschen Weinbaues und Sicherstellung des reellen Weinhandels. Leipzig 1891: Klinkhardt. 15 S. -- 121

— **Johann Christian** (Golsen/Lausitz), Observationes juris ecclesiastici. Präs. David Gottfried Aegidius Wilke. Lpz. (Langenheim) 6. VII. 1772. 8 S. (4.50) 13854

Heffter, Johann Karl

— comment. epistolica, qua — Musei disputatorii phys.-medici — promotoribus — susceptorum suorum rationem reddit. 4. Zittau 762.

Heffter, Jh. Karl, († d. 25. Sept. 1786.) Museum disputatorium physico-medicum tripartitum. II Voll. in VI Ptes. 4. Zittau 756—63. Schöps. 6 Rthlr.

Joa. Car. Heffter museum disputatorium physico-medicum tripartitum. Zittav. 1756, 1764. 4. Voll. II.

— Vorschlag, ökonom.-medicin., wie d. Menschen bei jetzigem Mangel u. Theurung d. Korngetreides sich sättigen u. gesund erhalten können. 8. Zittau 771.

Heffter, Karl Christian

Heffter, Carl Chrn., urkundliche Chronik der alten Kreisstadt Jüterbock u. ihrer Umgebungen, namentlich d. Klosters Zinna, der Fabrikstadt Luckenwalde, der Herrschaft Baruth, der vormal. Herrschaft Dahme, d. Ländchens Beerwalde u. auch der Stadt Treuenbrietzen. Mit 5 (lith.) Abbildgn. gr. 8. (XVI u. 464 S.) Jüterbock 851, Colditz. baar 1 1/2 Rthlr.

Heffter, K. C., philosophische Darstellung eines Systems aller Wissenschaften. 8. Leipz. Schwickert. 806.

Heffter, Carl Christian (Schweinitz/Saxo), De servitutis altius tollendi notione. Dissert. jur. Präs. Ernst Gottfried Christ. Kluegel. Wittbg. (Adam Christian Charisius) 21. XII. 1802. 44 Seiten. (6.—) 13846
Gew.: Johann Christian Heffter (Vater).

— — Doctrinae juris Romani de possessione illustrandae atque in ordinem systematicum redigendae spec. I. Diss. jur. Wittbg. (Adam Christian Charisius) 2. VI. 1803. 44 S. (6.—) 13847
Gew.: Johann Christian Hennigk (Jessen).

Heffter, Chr., neues System d. Philosophie nach d. Grundsätzen d. gemeinen Verstandes, mithin f. jed. gebild. Menschen, kurz dargest. 1. Bdchn. 8. (6 B.) Zerbst 831, Kummer.

— die Weltgeschichte und das Weltgericht, s. Weltgeschichte, die.

— **Carl Friedrich** (Zittau/Laus.), De placenta praevia. Diss. med.-obstetr. Präs. Ernst Platner. Lpz. (Pezold) 18. XII. 1804. 48 S. (6.—) 13848
Gew.: Ernst Rudolph v. Kyaw (Haynewalde).

Heffter, Lothar (geb. Bonn 18. 8. 1829): De acido stibico ejusque connubiis quibusdam. Berolini (1852). (28 S.) 4°
Berlin, Phil. Diss. v. 4. Juni 1852

Heffter, Lothar, Einleitung in die Theorie der linearen Differentialgleichungen m. e. unabhängigen Variabeln. gr. 8. (XIV, 258 S. m. 3 Fig.) Leipzig 894. B. G. Teubner. n. 6.

Heffter, Lothar [aus Coslin]: Zur Integration der linearen Differentialgleichungen zweiter Ordnung .... Berlin, Druck v. Gebr. Unger (Th. Grimm) 1886; 44 S. 4°.
Berlin, Phil. Fak., Inaug.-Diss. v. 10. Aug. 1886.

Heffter, Lothar, zur Integration der linearen Differentialgleichungen zweiter Ordnung. Diss. Berlin 1886, Mayer & Müller. 4°. 44 S.

Heffter, L., u. C. Koehler, Lehrbuch der analytischen Geometrie. 1. Bd. Geometrie in den Grundgebilden erster Stufe u. in der Ebene. (XVI, 527 S. m. 136 Fig.) gr. 8. Leipzig 904. B. G. Teubner.
Geb. in Leinw. n. 14. —

Lehrbuch der analytischen Geometrie. Von L[othar] Heffter, Prof., Kiel, u. C[arl] Koehler, Prof., Heidelberg. Bd 1. Leipzig & Berlin: B. G. Teubner 1905. 8° [05. 14653] 5

Heffter, Lothar [Dr.]: Zur Theorie der linearen homogenen Differentialgleichungen .... Leipzig, Druck v. B. G. Teubner, 1888; 32 S. 8°
Giessen, Phil. Fak., Hab.-Schr. v. 1888

Heffter, Moritz Wilhelm

Heffter, W. Abriß einer Ethnographie. 16 S.
Brandenburg, G., Progr. 1850

Heffter, W.: Abriß einer Ethnographie. (Fortsetzung.) 26 S. – Progr. Brandenburg G. 1851.

Heffter, W. De casibus ling. latinae. 10 S. . . . .
Progr. Brandenburg G. 1828

Heffter, Mor. Wlh., Erinnerung an Geo. Sabinus, den trefflichen Dichter, akadem. Lehrer u. Diplomaten, den Mitstifter der Universität zu Königsberg in Preußen. Zur dritten Jubelfeier der Albertina. Aus dem 14. Bde. von Illgens Zeitschrift für d. histor. Theologie abgedr. gr. 8. Leipzig 844, T. O. Weigel. n. 1/3 Rthlr.

Heffter, M. W. Geographie der Insel Rhodus. I. II. 17 u. 24 S. . . .

Progr. Brandenburg G. 1827. 1831

Heffter, Mor. Wilh., Geschichte der Kur- u. Hauptstadt Brandenburg von den frühesten bis auf die neuesten Zeiten. Mit Benutzung d. Stadt- u. Stiftsarchives u. anderer gedruckter u. ungedruckter Urkunden. Mit 2 Stahlst. (Ansichten). gr. 8. Potsdam (838 –)40, Riegel. 1 1/2 ℛ Velinp. n. 2 ℛ

Heffter, Mor. Wilh., die Geschichte d. Klosters Lehnin. Nach meist unbekannten urkundl. Quellen zusammengestellt. Nebst einem Anh., worin die „lehninsche Weissagung" u. die „Regesten d. Klosters". gr. 8. (IV u. 128 S. m. 1 Lith.) Brandenburg 851, Müller. n. 2/3 ℛ

— Geschichte d. Religion d. Griechen. gr. 8. Ebd. 845. 1/2 ℛ

— die Geschichte der lateinischen Sprache während ihrer Lebensdauer. Zugleich eine nothwend. Zugabe zu jeder latein. Grammatik, zu jedem latein. Wörterbuche u. zu jeder Geschichte der röm. Literatur. gr. 8. (VI u. 196 S.) Brandenburg 852, Wiesike. 1/2 ℛ

— Zusätze zur Geschichte der Lateinischen Sprache. Brandenburg 855. (Wiesike). gr. 8. (40 S.) 5 ngr

Heffter, Mor. Wlh., die Götterdienste auf Rhodus im Alterthume dargestellt. 2 Hfte. 8. Zerbst 827 — 29. Kummer. 1 ℛ 3 gr

Heffter, Mor. Wlh., die Götterdienste auf Rhodus im Alterthume. 3s u. letztes Heft. Die übrigen Götterdienste darstellend. gr. 8. Zerbst 833. Kummer. 1/2 ℛ (1s u. 2s H. 1 1/8 ℛ)

— die Mythologie der Griechen u. Römer. 1.—4. Heft. Die Geschichte der Religion der Griechen. — Die griech. Religion an sich. gr. 8. Brandenburg 845, Müller. Subscr.-Pr. à n. 1/2 ℛ — Dass. vollständig u. d. T.: Die Religion der Griechen u. Römer nach histor. u. philosoph. Grundsätzen für Lehrer und Lernende jeglicher Art neu bearb. gr. 8. Ebend. 845. n. 1 2/3 ℛ geb. n. 2 ℛ

— Mythologie der Griechen u. Römer ꝛc. 1. Aufl. 5. Hft. Enthaltend: Die sämmtlichen Zusätze der 2. Aufl. dieses Werkes, namentlich: die Religion der alten Aegypter, Inder, Perser u. Semiten. gr. 8. (IV u. 100 S.) Brandenburg 849, Müller. n. 1/3 ℛ (cplt. n. 2 ℛ)

— die Religion der Griechen u. Römer, der alten Aegypter, Indier, Perser u. Semiten. 2. sehr verm. u. vervollständ. Ausg. 1—4. Hft. gr. 8. (1. Abth. XII u. 584 S. 2. Abth. S. 1—100.) Ebd. 848. (à 1/2 ℛ) 2 ℛ

Heffter, Mor. Wilh., die Religion der Griechen und Römer, der alten Aegypter, Indier, Perser und Semiten. Der 2. verm. Aufl. neue (Titel-) Ausg. Leipzig (848) 854. Holtze. gr. 8. (XII, 584 S., 1 Bl., 100 S.) 2 ℛ

— das Slawenthum, siehe: Belehrungen, unterhaltende, 10. Bdchn.

— Wegweiser durch Brandenburg u. seine Alterthümer. [Mit d. Umschlagstitel: Zur 900jähr. Jubelfeier der Gründung d. Brandenburger Bisthums am 1. Octbr. 1849.] 16. (VI u. 124 S. m. 1 Lith. u. 1 lith. Plan in gr. 4.) Ebd. 850. n. 1/3 ℛ

Heffter, M. W., die Weissagung d. sel. Bruders Hermann, weiland e. Mönches zu Lehnin vom Cisterzienser-Orden, welcher um das J. 1300 geblühet u. im Kloster Lehnin gelebt hat. [Aus: „Geschichte d. Klosters Lehnin".] gr. 8. (23 S.) Brandenburg 887. Müller. n. — 40

— der Weltkampf der Deutschen u. Slaven seit dem Ende des 5. Jahrh. nach christl. Zeitrechnung, nach seinem Ursprunge, Verlaufe u. nach seinen Folgen dargestellt. gr. 8. (VI u. 481 S.) Hamburg u. Gotha 847, F. & A. Perthes. n. 2 ℛ 12 ngr

Heffter, M. W. De Zenodoto ejusque studiis Homericis. 16 S. .

Progr. Brandenburg G. 1839

Heffter, Robert: Die Wärme- und Regenverhältnisse Brombergs. (Programm des Königlichen Gymnasiums zu Bromberg. 1869.) Bromberg 1869. 30 S., 1 Tf. 8°.

Heffter, Rob. Die Wärme- und Regenverhältnisse Brombergs. Abhandlung II. 18 S. **Progr.** G. *Bromberg* 1881.

Heffter, Werner

Heffter W. einige gewerbepolizeiliche Bestimmungen. (110 S) Berlin 1902

Heffter, Werner [aus Berlin]: Zur Kenntnis der β-Anthracenmonosulfosäure ... Berlin, gedr. bei L. Schumacher, 1895; 39 S. 8.
Würzburg, Phil. Fak., Inaug.-Diss. v. 1895

Heffter, Werner, s.: Mitgliederliste, Vereinsmitteilungen, Taschenbuch d. Berliner Bez.-Vereines d. Vereines deutscher Chemiker.

Heffter, Werner (Hrsg.), s. Patent-Ratgeber . . .

Heffter, Werner, s.: Revisions-Ingenieur u. Gewerbe-Anwalt.

Heffter, Wilhelm Theodor

Heffter, Guil. Theod. (geb. Jüterbog 7. 8. 1828): De graviorum morborum combinatione. Berolini (1852). (20 S.) 8°
Berlin, Med. Diss. v. 25. März 1852

Hefftner, Fritz, Referendar: Das Recht der Nutznießung des Vaters am Vermögen des Kindes. Borna-Leipzig 1906: R. Noske. (IX, 102 S.) 8° [F.]
Breslau, Jur. Fak., Ref. Fischer-Beyerle, Diss. v. 20. März 1906
[Geb. 19. Febr. 79 Breslau; Wohnort: Breslau; Staatsangeh.: Preußen; Vorbildung: Magdalenen-Gymn. Breslau Reife O. 00; Studium: Breslau 6 S.; Rig. 13. Nov. 05.]

Hefftner, Paul: Ursprung und Bedeutung der Ortsnamen im Stadtkreise Breslau. 26 S. 4.
Progr. Städt. ev. Realschule I *Breslau* 1909 (308).
Vgl. denselben Titel. Mit einem Stadtplan u. einer Kreiskarte. *Breslau: F. Hirt* 1910. VIII, 190 S. 8. M. 3.50.

Hefke, Aug., der Arzt im römischen und im heutigen Recht. Eine zivilistische Abhandlung, nebst einem Anhang: Haftung d. Mensor nach römischem und nach heutigem Recht. gr. 8. (124 S.) Darmstadt 885, Zernin. *
Aus: Archiv für prakt. Rechtswissenschaft, besonders abgedruckt.

Hefke, A., Bedeutung u. Anwendungen der Taxatio im römischen Recht. Historisch-dogmat. Abhandlung. gr. 8. (123 S.) Berlin 879. Puttkammer & Mühlbrecht. n. 2. 40

Hefner, Josef von

v. Hefner, J., deutsche Anthologie z. Schul- u. Privatgebrauche, nebst e. Anleit. zum Declamiren ꝛc. 3e Ausg. gr. 8. München 831. J. Lindauer. 12 gr

— Auswahl von Gedichten zu Declamationsübungen, für die Jugend; nebst e. Anleit. zum Declamiren ꝛc. 8. München 8??. Weber. 12 gr

Hefner, J. v., Das röm. Bayern in antiquarischer Hinsicht. Pr 1841. 89 S. 4°.

Hefner, Dr. Jos. v., das römische Bayern, in antiquarischer Hinsicht. 2. gänzl. umgearb., verm. u. verb. Auflage. München 1842. 8°. Hubsch. Ppbd.
XII 416 S., 1 Bl. (Auf Kosten d. Verf. gedr.)

Hefner, Jos. v., das römische Bayern in seinen Schrift- und Bildmalen. 3. Aufl. gr. 8. (XI und 412 S. mit 8 Stnt. in gr. Fol.) München 852, (Franz.) *

— Blüthenkränze für deutsche Mädchen. Eine Auswahl von Gedichten u. Glückswünschen. gr. 12. München 830. N. Aufl. 832. J. Lindauer. 10 ggr

— deutsche Chrestomathie f. den Schul- u. Privatgebrauch, enth.: Fabeln, Erzählungen, Beschreibungen u. Schilderungen, nebst Sach- u. Wort-Erklärungen. gr. 8. München 830. 2e Aufl. 833. J. Lindauer. 18 ggr

v. Hefner, Jos., deutsche Chrestomathie für den Schul- und Privat-Gebrauch, enthaltend: Fabeln, Erzählungen, Beschreibungen u. Schilderungen, nebst Sach- u. Worterklärungen. 2e verb. u. verm. Aufl. gr. 8. München 834. 3e Aufl. 839. J. Lindauer. 3/4 rf

Hefner, Jos. v., Deutsche Chrestomathie für lateinische und Gewerbs-Schulen. 4., verm. u. verb. Aufl. Regensburg 854. Manz. gr. 8. (VIII, 360 S.) 22½ ngr

— die römischen Denkmaler Salzburgs, s.: Denkschriften der k. Akademie d. Wissenschaften. Philosoph.-histor. Classe. I. Bd.

— Elementarbuch z. Uebersetzen aus dem Latein. ins Deutsche. 1r Curs. Etymologie. gr. 8. München 830. 2e Aufl. 831. J. Lindauer. 18 ggr 2r Curs. Syntax. gr. 8. Ebd. 831. 18 ggr 3r Curs. gr. 8. Ebd. 833. 12 ggr

— Elementarbuch zum Uebersetzen aus d. Deutschen ins Lateinische. 1r Cursus. Etymologie. 3e verb. Aufl. gr. 8. München 835. 4e Aufl. 838. J. Lindauer. 3/4 rf — 2r Cursus. Syntax. 2e verm. u. verb. Ausg. gr. 8. Ebd. 834. 3e Aufl. Ebd. 838. Lindauer. 3/4 rf — 3r u. 4r Cursus. 2e verm. u. verb. Aufl. gr. 8. Ebd. 836. Lindauer 3/4 rf

v. Hefner, Jos., Elementarbuch z. Uebersetzen aus dem Deutschen in's Latein. 1. Curs. Etymologie. 5. umgearb. u. verb. Aufl. gr. 8. München 846, Lindauer'sche Buchh. 3/4 rf

— Elementarbuch zum Uebersetzen aus dem Deutschen in's Lateinische. 1. Curs. Etymologie, nebst e. syntakt. Anhange. 6. umgearb. u. verb. Aufl. gr. 8. (XIV u. 390 S.) München 848, Lindauer. 24 ngr — 2. Curs. Syntax. 4. umgearb. u. verb. Aufl. gr. 8. (XVI u. 456 S.) Ebd. 849. 24 ngr — 3 u. 4. Curs. 3. umgearb. u. verb. Aufl. gr. 8. (XIV u. 223 S.) Ebd. 848. 24 ngr

Hefner, Joseph: Die Entstehungsgeschichte des Trienter Rechtfertigungsdekretes. Ein Beitr. z. Dogmengeschichte d. Reformationszeitalters. Paderborn: Schöningh 1909. XVI, 308, 134 S. 8° ¶ (Ersch. auch als Buch ebd.)
Würzburg, Theol. Diss. v. 4. März 1909, Ref. Merkle
(Nur in beschränkter Anzahl für den Austausch)
[Geb. 28. Jan. 78 Fechenbach; Wohnort: Rom; Staatsangeh.: Bayern; Vorbildung: Gymn. Aschaffenburg Reife Juli 98; Studium: Würzburg 8 S.; Rig. 17. Nov. 06.] [U 09. 4030

Hefner, Jos., die Entstehungsgeschichte des Trienter Rechtfertigungsdekretes. Ein Beitrag zur Dogmengesch. d. Reformationszeitalters. (XVI, 368 u. 134 S.) gr. 8. Paderborn 909. F. Schöningh. 10. —

— Geographie zu d. von Cornelius Nep. erzählt. Begebenheiten. gr. 8. (2⅛ B. u. 1 ill. Karte.) München 835, Jaquet.

— Geographie des Transalpinischen Galliens zu C. Julius Cäsars Commentarien de bello Gallico. Mit 1 Landkarte. gr. 8. München 835. Jaquet. 1/3 rf — 2e Ausg. 836. 3/8 rf

— Geographie zu C. Julius Cäsar's Commentarien de bello civili. Mit 1 Landkarte. gr. 8. München 836. Jaquet. 3/8 rf

— Herbstreise von München nach Venedig. In Briefen. gr. 8. München 834 Jaquet. 5/12 rf

— Hilfsbuch zu des Cornelius Nepos Lebensbeschreibungen ausgezeichneter Feldherren. 2., verm. und verb. Aufl. gr. 8. (XII und 178 S.) München 849, Lindauer'sche Buchh.

Hefner, J. v., Röm. Inschriften m. Bemerkungen. Ak. 1849. 106 S. m. 2 Taf. 4°. 3.—

Hefner, Dr. Jos. v. (k. Prof. etc.), über die *literar. Leistungen d. Klosters Scheyern* (gegr. 1100), über den *Mönch Conrad*, gen. Philosophus (blühte um 1240), und die *Fürstengruft* jener Abtei. Aus d. Handschriftenschätzen d. k. Hof- u. Staatsbibl. Mit 2 facsim. Taf. München 1840. Druck von Gg. Franz. Gr. 8°. 76 S. Cart.

— Philomusos, oder auserlesene Sammlung lehrreicher Fabeln, Erzählungen, Beschreibungen u. Schilderungen, nebst Sach- u. Worterklärungen für das jugendliche Alter zusammengestellt. gr. 8. München 834. 2e Aufl. 839. J. Lindauer. 1 rf (NB. Hat mit d. obigen „Chrestomathie" gleichen Inhalt.)

— Philomusos. Oder: Auserlesene Sammlung lehrreicher Fabeln, Erzählungen, Beschreibungen u. Schilderungen, nebst Sach- u. Worterklärungen. Für das jugendliche Alter zusammengestellt. 4., verm. ꝛc. Aufl. Mit 1 Stahlst. Regensburg 855. Manz. gr. 8. (VIII, 360 S.) 27 ngr

— Reise in Brasilien von Dr. J. Bapt. v. Spix und Dr. C. Fr. Ph. v. Martius. Für die reifere Jugend bearb. und mit Worterklärungen versehen. 2 Bde. 2. (Titel-) Aufl. Augsburg (846) 851. Jaquet. 8. (IV, 257 S. und 1 Lithogr.; 290 S. und 1 Lithogr.) 1 rf 6 ngr

— De statuis viris illustribus apud Romanos positis. Pr. 1847. 24 S. 4°.

— u. J. W. Wolf, d. Burg Tannenberg u. ihre Ausgrabungen. Im Auftrage Sr. K. H. des Großherzogs v. Hessen u. bei Rhein ꝛc. bearb. Imp. 4. (VI u. 95 S. mit 12 Kupfertafeln.) Frankfurt a. M. 849, Schmerber. n. 3 rf

— und J. W. Wolf, die Burg Tannenberg und ihre Ausgrabungen. Im Auftrage Sr. k. H. d. Großherzogs von Hessen und bei Rhein ꝛc. bearb. Imp.-4. (V und 95 S. mit 12 Kpfrt.) Frankfurt a. M. 850, Schmerber'sche Buchh. *

— Tegernsee u. seine Umgegend. Mit 1 Ansicht. 8. München 838. Fleischmann. 2/3 rf

— Uebungsstücke z. Uebersetzen ins Franz., s. P. Lemoine.

v. Hefner, Otto, siehe: Leiden u. Freuden in Amerika.

Hefner, Otto Titan v., Adelicher Antiquarius, welcher . . . erzählt vom . . . alten und neuen Adel im Kgr. Bayern u. den angrenz. Ländern. 2 Bde. Mit 2 Tondruck-Titelbildern. (Auch m. d. Tit.: Des Bayerischen Antiquarius erste (einz.) Abtheil. in 2 Bdn.) München, herald. Institut, 1866—67. 8°. Hlwdbde. Schönes Expl.
I: Der grosse Adel. 404 S. II: Der altbayer. kleine Adel. XXV. 408 S. Vergriffen! (12 Mk. Osw. Weigel, Lpz., 15. [1884.] No. 133.)

Hefner, Otto Titan v., des denkwürdigen und nüzlichen bayerischen Antiquarius 1. Abthl.: Adelicher Antiquarius, welcher in unparteiischer Weise erzählt vom hohen und niedern, großen und kleinen rc. Adel im Königr. Bayern und den angrenzenden Ländern rc. Aus unverwerfl. Urkunden gearb. und hrsg. 1. und 2. Bd. gr. 8. München 867, Heraldisches Institut. à Bd. * 2 Thlr. 15 Ngr.

Inhalt:

Bd. 1. Der große Adel. (2., veränd. und mit Zusätzen verseh. Ausg.) (X und 408 S. mit 1 lithogr. und ill. Tondr.)

- 2. Der altbayerische kleine Adel. (VI und 408 S. mit 1 lithogr. Farbendr.)

Hefner, Otto Titan v., heraldische Bilderbogen. 48 Blatt. München o. J. (Görlitz, C. A. Starke.) à n. — 10

Hefner, Otto Titan v., heraldische Bilderbogen. 1. Bd. München 862. Heraldisches Institut. Fol. (1. Bd.: 52 lith. Bgn.; 2. Bd.: Bgn. 1—12.) Jeder Bgn. n. 1½ ngr.; color. n. 3 ngr.

Hefner, Otto Titan v., heraldische Bilderbogen. 1. Bd. 52 Bog. mit lithogr. Titel und Inhalt und 2. Bd. Bog. 1—12. Lithogr. Fol. München 861, Heraldisches Institut. à Bog. * ill. à Bog. *

— heraldische Bilderbogen. 2. Bd. Bog. 13—24. Lithogr. Fol. München 863, Heraldisches Institut. à Bog. * ill. à Bog. *

1. Bd. 52 Bog. und 2. Bd. Bog. 1—12. Ebendas. 1861, zu gleichen Preisen.

Hefner, Otto Titan v. (Dr. philos., Ehrenmitgl. d. histor. Ver. f. NB. etc.), die *Chronik von Rosenheim*, enth. urkundl. Nachrichten über Entstehung u. Ausbildung des Marktes, seiner Verfassung, Kirchen, Stiftungen u. öffentl. Gebäude; über Handel u. Schiffahrt, Krieg u. Frieden, Sitten u. Gebräuche, sowie über die berühmten Männer Rosenheims u. vieler adelicher u. bürgerlicher Familien Stamm u. Wappen. (Vignette: Stadtwappen.) Im Auftrage u. auf Kosten d. Magistrats u. d. Gemeinde bearb. u. hrsg. von —. Mit 1 Steindrucktaf. (gez. u. lith. v. *Emminger*) u. 27 Holzschn. (im Text). Rosenheim 1860. Zu beziehen durch die Marktschreiberei. (Druck von E. Huber.) 4°. Titelbl. ausgebess. Modern. Hpgmtb.

XIII—270 S. In der Zuschrift an den Magistrat wird Rosenheim der „schönste, grösste u. reichste Markt des Bayerlandes" genannt.

v. Hefner, O. T., Grund-Saeze der Wappenkunst, s. Siebmacher's Wappenbuch.

— Handbuch der theoretischen und praktischen Heraldik unter steter Bezugnahme auf die übrigen historischen Hilfswissenschaften. 1. Thl. Theoretische Heraldik in 17 Kapiteln unter Anführung von 2873 Beispielen und mit Erklärung der heraldischen Ausdrücke in 6 Sprachen erläutert durch 36 auf Stein gez. Taf. mit 1157 Fig. unter Aufsicht u. nach Orig. des Verf. gefertigt. Ebend. 861. gr. 4. (VIII, 190 S.) n. 6 ₰

— Handbuch der theoretischen und praktischen Heraldik unter steter Bezugnahme auf die übrigen historischen Hilfswissenschaften. 2. Thl.: Praktische Heraldik in VIII Kapiteln unter Anführung von 252 Beispielen und mit Erklärung der heraldischen Ausdrücke in sechs Sprachen erläutert. Durch 30 auf Stein gezeichn. Taf. mit 492 Fig. unter Aufsicht und nach Orig. des Verf. gefertigt. gr. 4. (IV und S. 193—276.) München 863, Heraldisches Institut. Preis für 2 Bde. compl.

1. Thl., Ebendas. 1861, wird apart zu * 4 Thlr. abgegeben; der 2. Bd. ist nicht mehr einzeln verkäuflich.

Hefner, Otto Titan v., Handbuch der theoretischen und praktischen Heraldik, unter steter Bezugnahme auf die übrigen historischen Hilfswissenschaften, in 2 Thln. und XXV Kapiteln, unter Anführung von 3125 Beispielen, erläutert durch 1949 Fig. auf 66 Taf. in Steindr. mit Erklärung der herald. Ausdrücke in 6 Sprachen, nebst Wappen- und Wort-Register. 2 Thle. 4. Görlitz 887, Starke. [1. Thl. Neue (Titel-)Aufl. von 1861. (S. 1—192.) und 2. Thl. 2. Aufl. (IX, S. 193—278) in 1 Bde.] cart. *

— die Hefner m. dem Winzer. Eine genealog. Studie. [Aus: „H., bayer. Antiquarius".] gr. 8. (55 S. m. 1 Abbildg.) Ebd. 867. n. 2. —

Hefner, Otto Titan v., altbayerische Heraldik unter Zugrundelegung eines neuen allgemeinen Systems der wissenschaftl. Heraldik. 1. Abthl. [Propädeutik.] Lex.-8. (208 S. mit 89 eingedr. Holzschn. und 8 autograph. Taf.) München 869, Heraldisches Institut.)

— altbayerische Heraldik unter Zugrundelegung e. neuen allgemeinen Systems. 1. u. 2. Abth. gr. 8. (258 S. m. 93 Holzschn. u. 12 autogr. Taf.) Ebd. 869. 870. n. 8. —

Hefner, O. T. v., Original-Bilder aus d. Vorzeit Münchens. Mit 7 Abbildgn. („Münchnerkindln" von 1313—1835). München 1852. 101 S. Gr. 8°. Hubsch. Pbd.

— heraldisches Original-Musterbuch für Künstler, Bauleute, Siegelstecher etc. 9 Lfgn. gr. 4. (VI und 42 S. mit 48 Chromolithogr. und chromolithogr. Titel.) München 862—64, Heraldisches Institut. à Lfg. * 1 Thlr.; compl. *

Hefner, Otto Titan v., Städtewappen, s. Siebmacher's, J., großes und allgemeines Wappenbuch.

Hefner, (Otto Titan von), Gautsch und Clericus, Städtewappen. Bd. 1. 2. Mit 335 Taff. Nürnberg 1885. 4.

Ist: Siebmachers gr. u. allg. Wappenbuch. Bd. 1. Abt. 1. . . . . (D.)

(Hefner, Otto Titan v.) Stammbuch des blühenden u. abgestorbenen Adels in Deutschland, hrsg. von einigen deutschen Edelleuten. 4 Bde. (A—Z.) Regensburg, G. J. Manz, 1860—66. 4°. Ill. Orig.-Carton-Bde., unbeschn.

Das wichtige Werk enth. zuverlässige u. urkundl. Nachrichten über 15006 Adels-Geschlechter. 1: X—400 S. 2: Tit. u. 391 S. 3: Tit. u. 400 S. 4: Tit. u. 298 S. In 2 Spalten gedr. Die Titel (roth u. schwarz gedr.) mit derselben Illustr.-Vignette, darunter die Verse:

Sankt Jörgens Bild des Ritters das stehet hie voran:
Der ist gesammtem Adel ein Furbild und Patron.

[Hefner, Otto Titan von,] Die Wappen der Souveraine der deutschen Bundesstaaten. [Mit 115 Taff.] Nürnberg 1856. 4.

Ist: Siebmachers gr. u. all. Wappenbuch. Bd. 1. Abt. 1. . . . . (D.)

— neues allgemeines Wappen-Buch, hrsg. und mit historisch-genealog. Erläuterungen und vollständ. Blasonirung versehen. 6 Lfgn. gr. 4. (XII und 71 S. mit 73 Stnt. in Tondr. und 2 Chromolithogr.) München 862—64, Heraldisches Institut. à Lfg. * 1 Thlr.

Inhalt:

Wappen- und Stammbuch des blühenden Adels im Königr. Hannover und Herzogt. Braunschweig. (33 S. Text mit 37 Stnt. in Tondr.) * 3 Thlr.

Wappen- und Stammbuch des blühenden Adels im Königr. Galizien. (38 S. mit 36 Stnt. in Tondr.) * 3 Thlr.

— neues Wappenbuch des blühenden Adels des Königreichs Hannover u. Herzogthums Braunschweig. Hrsg. u. m. historisch-genealog. Erläutergn., sowie m. vollständ. Blasonirg. versehen. 3 Lfgn. gr. 4. (VIII, 33 S. m. 36 Taf.) München 862. (Berlin, J. A. Stargardt.) n. 5. —

— Siebmacher's Wappenbuch, s. Siebmacher's, J., grosses und allgemeines Wappenbuch.

Hefner-Alteneck, Friedrich von

Hefner-Alteneck, F. v: Arbeitsmesser zur direkten Anbringung an Treibriemen. Berlin (1881)

Hefner-Alteneck, F. v., über die unmittelbare Beeinflussung v. Pendelschwingungen durch äussere Kräfte. (10 S. m. Fig.) gr. 8. Berlin 903. (G. Reimer.) n. — 50

Sonderabdruck aus: „Sitzungsber. d. preuss. Akad. d. Wiss."

Hefner-Alteneck, F. v: Feuermelder und Wächter-Kontrollapparat für feuergefährliche Anlagen von Siemens u. Halske. Vortrag. Berlin 1889

Hefner-Alteneck, F. v: Ueber eine neue Form der dynamoelektrischen Maschine von Siemens und Halske. Vortrag. 2. Aufl. Berlin 1887

Hefner-Alteneck, F. v., über Verbesserungen an der Lichteinheit u. an einfachen Photometern. gr. 8. (13 S. m. Abbildgn.) Berlin 902. (G. Reimer.) n. — 50
Sonderabdruck aus: „Sitzungsber. d. preuss. Akad. d. Wiss."

Hefner-Alteneck, Jakob Heinrich von

Hefner, J. H. von „Beitrag zur Geschichte der deutschen Goldschmiedekunst, besonders des 16. Jahrhunderts". Nebst 4 Abbildungen als Proben des Geschmackes der damaligen Kunstperiode. pg. 1-5. Folio. M. J. Wailandts W. Aschaffenburg, Progr. 1837/38

— f.: Costume du moyen âge chrétien.

Hefner-Alteneck, J. H. de, **Costumes**, œuvres d'art et ustensiles depuis le commencement du moyen âge jusqu'à la fin du 18e siècle, d'après les originaux contemporains. Le texte traduit de l'allemand en français par Daniel Ramée. 2e édit. revue et corrigée. 1re—24e livr. Mit je 6 Chromolithogr. Fol. (1. Bd. IV, 36 S.; 2. Bd. S. 1—36.) Frankfurt a. M. 880—83, Keller. à livr. * *M* 10. *

Hefner-Alteneck, J. H. de, **Costumes**, œuvres d'art et ustensiles depuis le commencement du moyen âge jusqu'à la fin du 18e siècle, d'après les originaux contemporains. Le texte traduit de l'allemand en français par Daniel Ramée. 2e édition revue et corigée. [En 120 livr. ou 10 vol.] 25e—72e livr. Avec 6 chromolithogr. Fol. (Vol. III. 27 S. und Taf. 145—216; IV. Bd. 39 S. und Taf. 217—288; V. Bd. 32 S. und Taf. 289—360; VI. Bd. 27 S. und Taf. 361—432.) Frankfurt a. M. 883—87, Keller. à livr. * à Bd. (12 Lfgn.) * *M* 120.—.; geb. * 1
1re—24e livr. Ebendas. 1880—83. à * *M* 10.—.

Hefner-Alteneck, J. H. de. **Costumes**, oeuvres d'art et ustensiles depuis le commencement du moyen âge jusqu'à la fin du 18e siècle, d'après les originaux contemporains. Le texte traduit de l'allemand en français par Daniel Ramée. 2e édition revue et corrigée. [In 120 Lfgn., oder 10 Bdn.] 73e—120e livr. (VII. Bd. 30 S. u. Taf. 433—501; VIII. Bd. Taf. 505—576; IX. Bd. Taf. 577—648; X. Bd. Taf. 649—720.) Frankf. a. M. 888—91, Keller. à livr. * 10 —; à Bd. (12 Lfgn.) * 120 —; geb. * 130 — * 480 —; geb. * 520 —
I.—VI. Bd. (1.—72. Lfg.) Ebd. 1879—87. * 720 —.
Der Text zu Bd. VIII—X ist noch nicht erschienen.

Hefner-Alteneck, J. H. v., f.: **Denksprüche**, 100.

Hefner-Alteneck, J. H. v., **Eisenwerke oder Ornamentik der Schmiedekunst des Mittelalters und der Renaissance.** 1—6. Liefg. Frankfurt a. M. 861, 62. Keller. Fol. Jede Liefg. (à 6 Kpfrtaf. u. 4 S. Text) n. 1 *ẞ*

Hefner-Alteneck, J. H. v., **Eisenwerke oder Ornamentik der Schmiedekunst des Mittelalters u. der Renaissance.** 7—14. (Schluß-)Liefg. Frankfurt a. M. 865—70. Keller. Fol. Jede Liefg. (6 Kpfrtaff. u. 2 S. Text.) n. 1 *ẞ*

—— **Eisenwerke** oder Ornamentik der Schmiedekunst des Mittelalters und der Renaissance. 2. Bd. [Fortgesetzt bis zum J. 1760.] 14 Lfgn. Fol. (84 Kpfrt. mit 28 S. Text.) Ebendas. 885—87. à Lfg. * *M* 3.—. * geb. *
1. Bd. Ebendas. 1870. * *M* 42.—.

— **Entstehung, Zweck u. Einrichtung** d. Bayerischen Nationalmuseums in München, s. a. **Bibliothek**, bayerische.

Hefner-Alteneck JHv, Entstehung, Zweck und Einrichtung des bayerischen Nationalmuseums in München. (Bibliothek, Bayerische 11) Bamberg 1890

— **deutsche Goldschmiede-Werke** des 16. Jahrh. 5 Lfgn. Fol. (18 S. m. 30 Taf. in Farbendr.) Frankfurt a/M. 890. Keller. In Mappe. n. 75. —

Hefner-Alteneck, J. H. v., **Catalog der vereinigten Sammlungen.** Saal Nr. 7. Waffen-Sammlung. München 856. Kranz. 16. (32 S.) 3 *ngl*

—— die **Kunst-Kammer** Sr. königl. Hoheit des Fürsten Carl Anton v. Hohenzollern-Sigmaringen. (In 12 Lfgn.) 1.—5. Lfg. Fol. (30 ill. Kpfrt. mit V und 6 S. Text.) München 866,67, Bruckmann's Verlag. à Lfg. * 4 Thlr. -

—— die **Kunst-Kammer** Sr. königl. Hoheit des Fürsten Karl Anton von Hohenzollern-Sigmaringen. (In 12 Lfgn.) 6.—8. Lfg. Fol. (33 S. mit 18 color. Kpfrt.) München 869—73, Bruckmann's Verlag. à Lfg. *M* 12.
1.—5. Lfg. Ebendas. 1866,67. à *M* 12.

Kunstsammlungen des verewigten Herrn Geheimrats Dr. Jakob Heinrich v. Hefner-Alteneck. (Abt. 1. 2.) München: Helbing 1904. 4°

Hefner-Alteneck JHv, Kunstschätze aus dem bayerischen Nationalmuseum. (300 T) fol München

—— und C. Becker, **Kunstwerke und Geräthschaften des Mittelalters**, s. **Kunstwerke.**

Hefner-Alteneck, Jakob Heinrich von: **Lebens-Erinnerungen**. München 1899: Kastner & Lossen. (403 S.) 4°(8°)

— **Original-Entwürfe** deutscher Meister für Prachtrüstungen französischer Könige. — Dessins originaux de maitres allemands pour armures de luxe destinées à des rois de France. — Photographirt von Friedr. Bruckmann's photograph. Anstalt. München 865. Bruckmann's Verlag. Fol. (18 Photogr. u. 14 S. Text.) In Mappe n. 24 *ẞ*

— Originalmodelle in Silber, Kupfer etc. einer Goldschmiedewerkstätte in Augsburg von 1550-1800 im Bayerischen Nationalmuseum. (14 T) fol München 1886

Hefner-Alteneck, J[acob] H. v. Original-Zeichnungen deutscher Meister des sechzehnten Jahrhunderts zu ausgeführten Kunstwerken für Könige von Frankreich und Spanien und andere Fürsten. Herausgegeben von J. H. v. Hefner-Alteneck. Frankfurt a. M., Verlag von Heinrich Keller 1889.
Vortit., 8 S., 1 Bl.; 18 Taf. in Lichtdruck. gr 2°.
Frühere Auflage 1865 mit dem Titel: Original-Entwürfe deutscher Meister für Prachtrüstungen französischer Könige.

— **Ornamente der Holzsculptur von 1450 bis 1820** aus dem Bayerischen National-Museum. Geordnet u. beschrieben. Aufgenommen u. in unveränderl. Lichtdr. ausgeführt von J. B. Obernetter in München. In 8 Lfgn. Fol. (à 5 Lichtdr.-Taf. m. 2 Bl. Text.) Ebend. 881. 82. à n. 4. —

—— **Ornamente alter Meister.** Aus den Schätzen des bayer. Nationalmuseums ausgewählt. Nach den Originalen photogr. von Betz. 1. Heft. kl. Fol. (6 Blatt.) München 871, [Briffel.]

—— und Friedr. Petri, **Ornamentik** für Kunst und Gewerbe nach Orig. im königl. bayer. Kupferstich-Kabinet zu München. 1. Lfg. gr. 4. (6 Photogr. und 4 S. Text.) München 866, (Rieger'sche Universitäts-Buchh.)

Hefner-Alteneck, J[acob] H. v. Trachten des christlichen Mittelalters. Nach gleichzeitigen Kunstdenkmalen ... Frankfurt a./M., Heinrich Keller; Darmstadt, Wilhelm Beyerle 1840—1854.
3 Abt. 4°.
I: Von der ältesten Zeit bis zum Ende des dreizehnten Jahrhunderts: Text: Kupfertit., 1 Bl., Tit., 1 Bl., X + 40 S. Vorwort, 132 + XVI S., 1 Bl. — Tafeln: Kupfertit., 98 Taf. in Kupferst.
II: Vierzehntes und fünfzehntes Jahrhundert: Text: Tit., 260 + XXVIII S., 1 Bl. — Tafeln: Kupfertit., 180 Taf. in Kupferst.
III: Sechzehntes Jahrhundert: Text: 170 + XX S., 1 Bl. — Tafeln: Kupfertit., 144 Taf. in Kupferst.

—. Dasselbe. Kol. Ausgabe. Mannheim, Heinrich Hoff 1840—54.
4°.

— Trachten des christlichen Mittelalters. Nach gleichzeitigen Kunstdenkmalen herausgegeben. Frankfurt a. M., Schmerber. (Keller.) gr. 4. Jedes Heft n. 15 ngr; color. n. 4 rthl 20 ngr
1. Abth. Von der ältesten Zeit bis zum Ende des XIII. Jahrh. 16. (letzte) Liefg. (Text: XVI, S. 121—132 u. Kpfrtaf. 91—96.)
2. Abth. XIV. u. XV. Jahrh. 27—30. (letzte) Liefg. (Text: 7 Bl., LIV, S. 201—240 u. Kpfrtaf. 157—180.)
3. Abth. XVI. Jahrh. 22—24. (letzte) Liefg. (Text: S. 145—170 u. Kpfrtaf. 127—170.)

In zwei Ausgaben mit Text in deutscher oder französ. Sprache. — Das jetzt vollständige Werk, zusammen 70 Liefgn., kostet n. 35 rthl; color. n. 326 rthl 20 ngr, Ausg. mit französ. Text n. 140 Fr.; color. n. 1400 Fr.

— — s.a. Trachten.

Hefner-Alteneck, J[akob] H. v. Trachten, Kunstwerke und Geräthschaften vom frühen Mittelalter bis Ende des Achtzehnten Jahrhunderts nach gleichzeitigen Originalen. Zweite vermehrte und verbesserte Auflage ... Frankfurt am Main. Verlag von Heinrich Keller 1879—1889.
10 Bde. 4°.
I 1879: 38 S., 3 Bl.; 72 Taf.
II 1881: 36 S., 2 Bl.; 72 Taf.
III 1882: 38 S., 1 Bl.; 72 Taf.
IV 1883: 31 S., 2 Bl.; 72 Taf.
V 1884: 28 S., 1 Bl.; 72 Taf.
VI 1885: 25 + 2 S.; 72 Taf.
VII 1886: 27 + 3 S.; 72 Taf.
VIII 1887: 25 + 3 S.; 72 Taf.
IX 1888: 27 + 3 S.; 72 Taf.
X 1889: 30 S., 2 Bl.; 72 Taf.
Die Taf. z. T. farb.

— Trachten, Kunstwerke u. Geräthschaften vom frühen Mittelalter bis Ende des 18. Jahrh. nach gleichzeitigen Originalen. 2., verm. u. verb. Aufl. 85.—120. (Schluß-) Lfg. Fol. (8. Bd. 28 S.; 9. Bd. 30 S.; 10. Bd. 30 S. Jede Lfg. m. 6 Chromolith.) Frankfurt a/M. 887—890. Keller. à Lfg. n. 10. — (cplt. in 10 Bdn.: à n. 120; geb. à n. 130. —)

Französische Ausg. zu gleichem Preise.

Hefner-Alteneck, J. H. v., Trachten, Kunstwerke u. Geräthschaften d. 17. u. 18. Jahrh. nach gleichzeitigen Originalen. Sep.-Ausg. aus dem Werke: Trachten, Kunstwerke u. Geräthschaften vom frühen Mittelalter bis Ende d. 18. Jahrh. nach gleichzeit. Originalen. 2., verm. Aufl. Zugleich Suppl. zu den beiden Werken der 1. Aufl. Trachten d. christl. Mittelalters u. Kunstwerke u. Geräthschaften d. Mittelalters u. der Renaissance. 1.—11. Lfg. Fol. (S. 1—16 je Lfg. m. 6 Chromolith.) Ebd. 889. 890. à n. 10. —

Hefner-Alteneck, J. H. v., Trachten, Kunstwerke u. Geräthschaften d. 17. u. 18. Jahrh. nach gleichzeitigen Originalen. Sep.-Ausg. aus dem Werke: Trachten, Kunstwerke u. Geräthschaften vom frühen Mittelalter bis Ende d. 18. Jahrh. nach gleichzeit. Originalen. 2., verm. u. verb. Aufl. Zugleich Suppl. zu den beiden Werken der 1. Aufl. Trachten d. christl. Mittelalters u. Kunstwerke u. Geräthschaften d. Mittelalters u. der Renaissance. 12. (Schluß-) Lfg. Fol. (S. 17—26 m. 6 Chromolith.) Frankfurt a/M. 890. Keller. n. 10. — (kplt. geb.: n. 130. —

—— desgl. — d. 17. u. 18. Jahrh. nach gleichzeitigen Originalen. Sep. Ausg. aus dem Werke: Trachten, Kunstwerke u. Geräthschaften vom frühen Mittelalter bis Ende d. 18. Jahrh. nach gleichzeit. Originalen. 2. verm. u. verb. Aufl. Zugleich Suppl. zu den beiden Werken der 1. Aufl.: Trachten d. christl. Mittelalters u. Kunstwerke u. Geräthschaften d. Mittelalters u. der Renaissance. 12 Lfgn. Fol. (72 Chromolithogr. m. 28 S. Text.) Ebd. 889—91. à Lfg. ⁑ 10 —; * 120 — geb. * 130

Hefner, J. H. v., Vorlegeblätter in d. Freien-Handzeichnung, mit besond. Rücksicht auf Gewerbschulen. 1. Hft. kl. Fol. (12 lith. Bl. u. 1 Bl. Vorw.) Aschaffenburg 835, Pergay.

Waffen. Ein Beitrag z. hist. Waffenkunde v. Beginn d. Mittelalters bis gegen Ende d. 17. Jhs. 100 Taf. nach gleichzeit. Orig. von Dr. J[akob] H[einrich] v. Hefner-Alteneck. Frankfurt a. M.: H. Keller 1903. (58 S.) 2°(4°) [03-5477

Heft C. No. 4. Die Geheime Schule. Ein Heft für die Meister Maurer. [Weimar 1788.] V: *Bode, Joh. Joach. Chph.* (Tt)

Heft D No. 5. Zwote Vorbereitungsklasse. [Weimar 1788.] V: *Bode, Joh. Joachim Christoph.* (Tt)

Heft E. No. 6. Familie der Gibline oder Söhne der Freymaurer. [Weimar 1788.] V: *Bode, Joh. Joach. Chph.* (Tt)

Heft F No. 7. Ritual der verbesserten Freymaurerey, enthaltend die Ceremonien bei der Aufnahme. [Weimar 1788.] V: *Bode, Joh. Joachim Chph.* (Tt)

Heft, das Hamburger. Kunstgewerbeblatt. Zeitschrift d. Kunstgewerbe-Vereins zu Hamburg. 1. Hft. 8. III. 1898. gr. 4. (18 S. u. 9 Bl. m. Abb. u. 11 Taf.) Hamburg 898. (Boysen & Maasch.) 2. —

Heft, das rote. Erzählung v. ***. (Noch e. Seitenstück zur Kreutzer-Sonate des Grafen Leo Tolstoi.) 8. (51 S.) Köln 894. Rimbach & Licht. n. 1. —

Heftchen, dieses, gehört der Gallmeier! Wien 863. Gorischek. 16. (16 S.) 2 ngr.

Altschottische **Hefte.** Als Hs. gedr. Hrsg. von dem Altschott. Direktorium der Gr. National-Mutterloge „Zu den drei Weltkugeln". [Bd 1, H. 1. Berlin 1906: Denter & Nicolas.] 8°
Bd. 1 H. 1 48 S. 1906.
Erscheint in zwangloser Folge. Zeitschrift f. d. 4. Grad d. Gr. N. M. L. 23.

Hefte, anatomische. Referate u. Beiträge zur Anatomie u. Entwickelungsgeschichte. Unter Mitwirkg. v. Fachgenossen hrsg. v. Fr. Merkel u. R. Bonnet. 2. Abth., s.: Ergebnisse der Anatomie u. Entwickelungsgeschichte.

Hefte, anatomische. Referate u. Beiträge zur Anatomie u. Entwickelungsgeschichte. Unter Mitwirkg. v. Fachgenossen hrsg. v. Fr. Merkel u. R. Bonnet. 1. Abth.: Arbeiten aus anatom. Instituten. 1.—14. Hft. gr. 8. Wiesbaden, J. F. Bergmann. n. 187. —
1. Bd. (III, V, 374 S. m. Textabbildgn. u. 22 Taf.) 892. n. 36. —
2. Bd. (V, 503 S. m. 30 Taf.) 892. 893. n. 42. 60
3. Bd. (III, V, 682 S. m. Textabbildgn. u. 28 Taf.) 893. 894. n. 45. 20
4. Bd. (IV, V, 628 S. m. 40 Taf. u. 1 Bl. Erklärgn.) 894. n. 50. 60
5. Bd. 1. Hft. (S. 1—153 m. 12 Taf.) 894. n. 12. 60

Hefte, anatomische. Referate u. Beiträge z. Anatomie u. Entwickelungsgeschichte. Unter Mitwirkg. v. Fachgenossen hrsg. v. Fr. Merkel u. R. Bonnet. 1. Abth.: Arbeiten aus anatomischen Instituten. 15.—36. Hft. gr. 8. Wiesbaden, J. F. Bergmann. In Mappe n. 300. 45
15. 16. V. Bd. (V, u. S. 157—529 m. 26 Taf.) 895. n. 31. 20
17—20. VI. Bd. (V, 636 S. m. 37 Taf. u. 1 Bl. Erklärgn.) 895. 96. n. 43. 20
21—23. VII. Bd. 3 Hfte. (V, 439 S. m. 3 Abb. u. 34 Taf.) 896. 97. n. 42. 60
24—27. VIII. Bd. 4 Hfte. (611 S. m. 68 Abb., 2 Kurventaf. u. 65 Taf.) 897. n. 76. 20
28—30. IX. Bd. Festschrift zum 25jähr. Professorenjubiläum v. Fr. Merkel in Göttingen. Gewidmet v. D. Barfurth, R. Bonnet, J. Disse etc. gr. 8. (V, 512 S. m. 2 Abb. u. 35 Taf.) 897. n. 36. —
31—33. X. Bd. 3 Hfte. (517 S. m. 21 Abb. u. 32 Taf.) 898. n. 37. 25
34—36. XI. Bd. 3 Hfte. (458 S. m. 4 Abb. u. 33 Taf.) 898. n. 34. —

— **anatomische.** Referate u. Beiträge zur Anatomie u. Entwickelungsgeschichte. Unter Mitwirkg. v. Fachgenossen hrsg. v. Fr. Merkel u. R. Bonnet. 1. Abth.: Arbeiten aus anatom. Instituten. 37.—63. Hft. gr. 8. Wiesbaden, J. F. Bergmann. In Mappe n. 418. 60
37. XI. Bd. 4. Hft. (V u. S. 461—680 m. 14 Abbildgn. u. 14 Taf.) 899. n. 16. —; (XI. Bd. kplt. n. 50. —)
38.—40. (XII. Bd. 3 Hfte.) (III, 573 S. m. 35 Abbildgn. u. 45 Taf.) 899. n. 42. 60
41.—43. (XIII. Bd. 3 Hfte.) (III, 623 S. m. 140 Abbildgn. u. 20 Taf.) 899. 900. n. 38.
44.—46. (XIV. Bd. 3 Hfte.) (III, 595 S. m. 18 Abbildgn. u. 35 Taf.) 900. n. 45. 20
47.—49. (XV. Bd. 3 Hfte.) (V, 721 S. m. 15 Abbildgn. u. 57 Taf.) 900. n. 59. 80
50.—53. (XVI. Bd. 4 Hfte.) (V, 782 S. m. 55 Fig. u. 49 Taf.) 901. n. 59. 20
54.—57. (XVII. Bd. 4 Hfte.) (V, 834 S. m. 79 Fig. u. 38 Taf.) 901. n. 56. 60
58.—60. (XVIII. Bd. 3 Hfte.) (771 S. m. 24 Fig. u. 43 Taf.) 901. 902. n. 52. 60
61.—63. (XIX. Bd. 3 Hfte.) (V, 658 S. m. 59 Fig. u. 32 Taf.) 902. n. 48. 60

— **anatomische.** Beiträge u. Referate zur Anatomie u. Entwickelungsgeschichte. Unter Mitwirkg. v. Fachgenossen hrsg. v. Fr. Merkel u. R. Bonnet. 1. Abth.: Arbeiten aus anatom. Instituten. 64—97. Heft. gr. 8. Wiesbaden, J. F. Bergmann. In Mappe n. 541. 40
64. 65. (20. Bd. 2 Hefte.) (III, 499 S. m. 84 Fig. u. 27 Taf.) 903. n. 28. 60
66. 67. (21. Bd., 2 Hefte.) (525 S. m. 22 Fig. u. 44 Taf.) 903. n. 36. 60
68—70. (22. Bd., 3 Hefte.) (V, 619 S. m. 61 Fig. u. 42 Taf.) 903. n. 48. 60
71—73. (23. Bd., 3 Hefte.) (V, 672 S. m. 130 Fig. u. 34 Taf.) 903. 904. n. 32. —
74. (24. Bd.) (X, 364 S. m. 37 Fig. u. 4 Taf.) 904. n. 18. 60
75—77. (25. Bd., 3 Hefte.) (V, 764 S. m. 70 Fig. u. 33 Taf.) 904. n. 47. —
78—80. (26. Bd., 3 Hefte.) (V, 594 S. m. 66 Fig. u. 25 Taf.) 904. n. 37. 20
81—83. (27. Bd., 3 Hefte.) (V, 893 S. m. 53 Fig. u. 44 Taf.) 904. 905. n. 58. 60
84—86. (28. Bd., 3 Hefte.) (V, 768 S. m. 135 Fig. u. 26 Taf.) 905. n. 47. 20
87—89. (29. Bd., 3 Hefte.) (V, 589 S. m. 19 Fig. u. 55 Taf.) 905. n. 45. 20
90—92. (30 Bd., 3 Hefte.) (V, 700 S. m. 77 Fig. u. 27 Taf.) 905. 906. n. 45. —
93—95. (31. Bd., 3 Hefte.) (V, 651 S. m. 55 Fig. u. 50 Taf.) 906. n. 63. 20
96. 97. (32 Bd., 1. u. 2. Heft.) (S. 1—305 m. 6 Fig. u. 30 Taf.) 906. n. 33. 60

— dasselbe. Autoren- u. Sachreg. zu den Hftn. 1—100. (172 S.) Lex. 8. Ebd. 907. 7. 50

Hefte, anatomische. Beiträge u. Referate zur Anatomie u. Entwickelungsgeschichte. Unter Mitwirkg. v. Fachgenossen hrsg. v. Fr. Merkel u. R. Bonnet. 1. Abtlg.: Arbeiten aus anatom. Instituten. 98.—127. Heft. Lex. 8. Wiesbaden, J. F. Bergmann. In Mappe 492. 80
98. (32. Bd. 3. Heft.) (V u. S. 307—598 m. 71 Fig. u. 6 Taf.) 907. In Mappe 18.— (32. Bd. kplt. 51. 60)
99—101. (33. Bd., 3 Hefte.) (V, 608 S. m. 48 Fig. u. 47 Taf.) 907. In Mappe 53. 60
102—104. (34. Bd. 3 Hefte.) (V, 553 S. m. 16 Fig. u. 52 Taf.) 907. In Mappe 39. —
105—107. (35. Bd. 3 Hefte.) (V, 859 S. m. 99 Fig. u. 56 Taf.) 907. In Mappe 51. 20
108—110. (36. Bd. 3 Hefte.) (V, 728 S. m. 100 Fig. u. 48 Taf.) 908. In Mappe 51. 40
111—113. (37. Bd. 3 Hefte.) (658 S. m. 22 Abbildgn. u. 43 Taf.) 908. In Mappe 48. 20
114—116. (38. Bd. 3 Hefte.) (V, 725 S. m. 59 Fig. u. 64 z. Tl. farb. Taf.) 908. 09. In Mappe 55. 20
117—119. (39. Bd. 3 Hefte.) (V, 736 S. m. 38 Fig. u. 59 z. Tl. farb. Taf.) 908. 09. In Mappe 51. 60
120—122. (40. Bd. 3 Hefte.) (V, 741 S. u. S. 488a—e m. 66 Fig. u. 13 z. Tl. farb. Taf.) 909. 10. In Mappe 49. 60
123—125. (41. Bd. 3 Hefte.) (V, 515 S. m. 86 Fig. u. 30 z. Tl. farb. Taf.) 910. In Mappe 43.
126. 127. (42. Bd. 1. u. 2. Heft.) (S. 1—497 m. 82 Abbildgn. u. 10 Taf.) 910. In Mappe 32.

— dasselbe. 2. Abtlg., s.: Ergebnisse der Anatomie u. Entwickelungsgeschichte.

Hefte, antisemitische. Nr. 1—3. gr. 8. Chemnitz 880. Schmeitzner. à n. — 60
1. Der Judenkrieg, seine Fehler u. wie er zu organisiren ist. Von W. Marr. 2. Thl. v.: „Der Sieg des Judenthums über das Germanenthum". (32 S.)
2. Goldene Ratten u. rothe Mäuse. Von W. Marr. (32 S.)
3. Oeffnet die Augen, ihr deutschen Zeitungsleser. Unentbehrliches Büchlein für jeden deutschen Zeitungsleser von W. Marr. (32 S.)

Hefte, Archäologische, s. K. A. Böttiger.

— aus d. **Bibelhaus.** Nr. 1—6. Freienwalde. Frankfurt a/M., Verlag Orient. 1. 05
Ebenbild, sein. 1. Mos. 1, 27. Eine Hilfe zum stillen Bibelstudium v. J. W. (12 S.) kl. 8. (Nr. 6.) — 15
Erbrecht, dein, nach Obadja. Eine Hilfe zum stillen Bibelstudium v. J. W. (9 S.) kl. 8. (Nr. 4.) — 10
Evangelium f. Rückfälle in Hosea. Eine Hilfe z. stillen Bibelstudium v. J. W. (18 S.) kl. 8. (Nr. 3.) — 15
Geistesströme in Joel. Eine Hilfe z. stillen Bibelstudium v. J. W. (14 S.) kl. 8. (Nr. 5.) — 15
Land, das, der Ruhe. Nachgeschriebenes aus Bibelstunden im Bibelhause Malche, Freienwalde a. O. (32 S.) (Nr. 1.) — 25
Erschien ohne Sammeltitel.
Lohmann, Ernst, das Geheimnis Gottes. Nachgeschriebene Bibelstunden üb. den Epheserbrief. (30 S.) 8. (Nr. 2.) — 25

Hefte, botanische. Forschungen aus dem botanischen Garten zu Marburg. Hrsg. von Albert Wigand. 1. und 2. Heft. gr. 8. Marburg, Elwert's Verlag. à Heft *M 6.—. *
Inhalt:
Heft 1. Meyer, Alb., Ranunculaceae. — Jännicke, Wilh., Papilionaceae. — Dennert, Eberh., Cruciferae. — Hoffmann, Wilh., Beiträge zur Diatomeen-Flora von Marburg. — Kohl, F. G., Plasmavertheilung und Krümmungserscheinungen. — Wigand, A., Studien über Protoplasmaströmung in der Pflanzenzelle. 885. (VI, 228 S. mit 5 Taf.)
» 2. Lohrer, Otto, Beiträge zur anatomischen Systematik (vergleichende Anatomie der Wurzel). — Wigand, A., über Krystall-Plastiden. — Wigand, A., Bakterien innerhalb des geschlossenen Gewebes der knollenartigen Anschwellungen der Papilionaceen-Wurzeln. — Wigand, A., Beiträge zur Pflanzen-Teratologie. — Dennert, E., die anatomische Metamorphose der Blüthenstandaxen. — Wigand, A., die rothe und blaue Färbung von Laub und Frucht. 887. (IV, 244 S. mit 4 Taf.)

—— dass. — Begründet von Alb. Wigand. 3. Heft: Das Protoplasma als Fermentorganismus. Ein Beitrag zur Kenntnis der Bakterien, der Fäulnis, Gährung und Diastasewirkung, sowie der Molekularphysiologie von Alb. Wigand. Nach dem Tode des Verf. vollendet und hrsg. von E. Dennert. gr. 8. (X, 294 S.) Ebendas. 888. *

Hefte, bunte, f. die männliche Jugend. Hrsg. v. General-Sekretariate d. kath. Jünglings-Vereiniggn. Deutschlands. Nr. 1—9. kl. 8. Kevelaer, Butzon & Bercker. à 10. —

Hennes, Gerh., in bösen Tagen. Etwas üb. die Arbeiterversichergn. (32 S.) (909.) (Nr. 6.)

Heßdoerffer, Gerh., Hurra! Entlassen! Ein Freundeswort an unsere Jungen zur Schulentlassg. 76.—100. Taus. (40 S.) 910. (Nr. 1.)

Hurß, W., werde e. Mann! Ein Freundeswort üb. Willensbildg. (24 S.) (910.) (Nr. 8.)

Kiesgen, Laurenz, d. Lesepest. Ein Büchlein gegen d. Schundgift. (32 S.) (909.) (Nr. 3.)

Kollbach, Karl, hinaus in die Ferne! Ratschläge f. junge Wanderer. (32 S.) (909.) (Nr. 5.)

Mauel, Joh. Pet., vom Lehrjungen zum Meister. Ein Wort üb. Berufstüchtigkeit u. Fortbildg. (32 S.) (909.) (Nr. 4.)

— Der deutsche Reichsbürger. Eine Einführg. in die Verfassg. u. Verwaltg. des Deutschen Reiches. (32 S.) (910.) (Nr. 9.)

Pappers, Jos., das Schwert heraus gen alles, was gemein! Ein Weckruf an Deutschlands Jugend. (32 S.) (909.) (Nr. 2.)

Weerth, G. Heinr., Sirenengesang. Etwas vom Trinken f. junge Leute. (30 S.) (909.) (Nr. 7.)

Hefte, coleopterologische. Hersg. unter Mitwirkung mehrerer Fachgenossen von E. v. Harold. 1—6. Heft. München 867—70. Merhoff's Verlag. gr. 8. [1. Heft. (V, 81 S.) n. 20 ngr., 2. Heft. (III, 119 S.) n. 27 ngr., 3. Heft. (96 S.) n. 18 ngr., 4. Heft. (III, 104 S.) n. 25 ngr., 5. Heft. (III, 129 S.) n. 20 ngr., 6. Heft. (III, 131 S.) n. 25 ngr.] n. 4 ₰ 20 ngr.

Hefte, coleopterologische. Hrsg. unter Mitwirkg. mehrerer Fachgenossen von E. v. Harold. VII—XV. m. Beiheft dazu. gr. 8. München 871—75. Merhoff. n. 3. — (I—XV u. Beiheft.: n. 53. 50)

VII. (III, 131 S.) n. 2. 50. — VIII. (III, 140 S.) n. 3. —. — IX. X. (III, 255 S.) n. 6. —. — XI. (147 S.) n. 3. —. — XII. (152 S.) n. 3. —. — XIII. (186 S.) n. 6. —. — XIV. (213 S.) n. 3. —. — XV. (175 S.) n. 6. —. — Beiheft [Index zu Hft. 1–14.] (LXIX S.) n. 3. —

Hefte, coleopterologische. Hrsg. unter Mitwirkung mehrerer Fachgenossen von E. v. Harold. 14.—16. Heft. gr. 8. München, Merhoff. [14. Heft. (218 S.) 876. *M 6.; 15. Heft. (175 S.) 876. *M 6.; Beiheft. [Index zu Heft 1—14.] (LXIX S.) 876. *M 3.; 16. Heft. (III, 254 S. mit 2 color. Kpfrt.) 879. *M 10.]

1.—15. Heft. Ebendas. 1867—75. *M 53,50.

— entomologische, od. Beitrag zur Kenntniß d. Insektengeschichte. Mit 3 ill. Kpf. gr. 8. Frankf. a. M. 803. (Schäfer). 1 ₰ 20 gr

— Erfurter zwanglose. Nr. 1. gr. 16. Paderborn, Bonifacius-Druckerei. — 15

Beiträge zur Lage der Katholiken in der Prov. Sachsen. Von Friedlieb Hartmuth. (68 S.) 899.

Forstwissenschaftliche Hefte. Hrsg. C. P. Laurop. Nürnberg. H. 1-2. 1827-1828. - (M. n. ersch.)

Früher s.: Jb. d. gesammt. forst- u. jagdwiss. Literatur

Hefte, forstwissenschaftl., hrsg. v. C. P. Laurop. 2. Hft. gr. 8. (10 B.) Nürnberg 823, Riegel u. Wießner.

1. Hft. Ebendas. 1827. 20 Gr.

— forstwissenschaftl., s. C. P. Laurop.

— zur Frauenfrage. 1—6. Heft. 8. Gr. Lichterfelde, E. Runge. 2. 85

Brennecke, die gebildete Frau u. die Hebammen-Frage. Ein Vortrag. (34 S.) 910. (Hft. 5.) — 50

Gröben, Gräfin Selma v. der, Frauenarbeit u. Frauenwert. Ein Vortrag, geh. auf der Generalversammlung des deutsch-evangel. Frauenbundes im Juli 1908 zu Nürnberg. (16 S.) 908. (Hft. 2.) — 40

Mueller, Paula, die Beteiligung der Frau an den sozialen Aufgaben der Gegenwart. (15 S.) 908. (Hft. 1.) — 40

— Die „Neue Ethik" u. ihre Gefahr. (62 S.) 908. (Hft. 3.) — 75

— Weltanschaug. u. Frauenbewegg. Vortrag, geh. auf der 7. Generalversammlg. des deutsch-evangel. Frauenbundes in Potsdam im Mai 1908. (14 S.) 910. (Hft. 6.) — 40

— 10 Jahre deutsch-evangelischer Frauenbund. Festrede anläßlich der Feier des 10jähr. Bestehens des deutsch-evangel. Frauenbundes auf der Ausschußsitzg. in Hannover am 4. XI. 1909 im alten Rathaussaal in Hannover geh. (17 S.) 910. (Hft. 4.) — 40

Hefte, freie, des Leipziger Journals. Nr. 1—4. (Abdr. aus dem Leipziger Journal.) Leipzig 860, 61. Lehmann. (Wolf.) gr. 8. 12½ ngr.

1. Ueber die Aufhebung der Wucher-Gesetze. Von Straß. (22 S.) 5 ngr.
2. Die erste Lessing-Feier in Leipzig. Herausg. vom Schillervereine. (XII, 25 S.) 7½ ngr.
3. Güterverkehr und Eisenbahn. Von Maret Penn. (39 S.) 6 ngr.
4. Was ist zu thun? Eine Ansprache an das Mecklenburgische Volk von Joh. Heinr. Sievers. (13 S.) 3 ngr.

Hefte, Geometrische, oder Leitfaden des Unterrichts in der Geometrie . . . Züllich u. Freystadt 1813. V: *Günther, Carl Ehrenfried.* (MGT) (Ky)

— geometrische, f. die beiden Elementarklassen, (v. K. C. Günther). Mit Kpf. gr. 8. Bresl. 814. Holäufer. 16 gr

Hefte der Gesellschaft für kommunale Sozialpolitik in Riga. Als Ms. gedr. Jg. 1: 1907/08 enth. H. Nr 1–9. Riga 19(07–)09: Häcker. 8° (10. 1134) 10

Hefte der Gesellschaft für kommunale Sozialpolitik in Riga. Als Ms. gedr. H. 1—21. Riga ('07—)09.

Hefte zum „Alten Glauben". 1.—6. gr. 8. Leipzig, H. G. Wallmann. n. 3. 20

1. Die Gemeinschaftsbewegung der Gegenwart. Von Wilh. Walther. (37 S.) 900. n. — 50
2. Die Kirche im neuen Jahrhundert. Von W. Gußmann. (47 S.) 901. n. — 60
3. Die Bedeutung des Alten Testaments f. das christl. Glaubensleben. Von Ed. König. (28 S.) 901. n. — 40
4. Mein Übertritt. Bekenntnisse e. ehemal. Ordenspriesters. Von Jean-Bapt. Corneloup. (32 S.) 901. n. — 40
5. Das kirchliche Gewissen. Ein Vortrag. Von J. Hübener. (20 S.) 902. n. — 30
6. Der Zusammenschluß der deutschen evangelischen Landeskirchen. Ein Vortrag. Mit e. Anh.: Auf die Wälle! u. Noch einmal: Auf die Wälle! Von W. Gußmann. (76 S.) 902. n. 1.

Hefte zum „Alten Glauben". 7—11. gr. 8. Leipzig, H. G. Wallmann. n. 2. 35

7. Der moderne Evolutionismus. Von Edm. Hoppe. (37 S.) 903. n. — 60
8. Die modernen Bemühungen um e. Zukunftsreligion. Ein Vortrag. Von E. Haack. (24 S.) 903. n. — 40
9. Die Geschichtlichkeit des Johannesevangeliums. Ein Vortrag. Von J. Haußleiter. (20 S.) 903. n. — 35
10. Unsere kirchliche Lage. Ein Vortrag. Von W. Gußmann. (42 S.) 904. n. — 60
11. Das einfache Evangelium. Ein Protest wider seine Verkehrung. Von Otto Armknecht. (24 S.) 905. n. — 40

— dasselbe. 12. 8. Neuendettelsau. Leipzig (König Johannstr. 18), Pfr. Gußmann. n.n. — 25

Warum bleiben wir bei unserer Kirche? Ein Vortrag, geh. zu Gunzenhausen, den 6. XII. 1905. Von H. Bezzel. (22 S.) 906.

Hefte, grüne, zum christlichen Orient. 1. Hft. gr. 8. Berlin, Verlag der deutschen Orient-Mission. n. — 20

Von Bulgarien nach Persien. Von Johs. Awetaranian. (16 S. m. Abbildgn.) (902.)

Sinapius, Johann Christian (Herausgeber): „Kaufmännische Hefte" (Stücktitel), Band 1, 2 (= Heft 1—8), Altona 1780—1781 (Casp. Chr. Eckstorff). — Vorh.: Hamburg. V. f. Hamb. Geschichte. — Bandtitel: „Fragmente aus dem Gebiete des Handlungswesens". — Fortsetzung u. d. T.: „Kaufmännisch-Politische Zeitung" (Quartal 2 ff.: „Königlich-privilegierte Wandsbeker kaufmännisch-politische Zeitung" = Stücktitel), später herausgegeben von Johann Christ. Schedel. Jahrgang 1781 (= Quartal 1—4), 1782 (= Quartal 1 und 2), Hamburg 1781/1782 (Matthiesen). — Vorh.: Hamburg St. UB — Bandtitel: „Das Comtoirblatt oder die kaufmännisch-politische Zeitung".

— zur märkischen Kirchen-Geschichte. Hrsg. vom Prov.-Ausschuß f. innere Mission in der Prov. Brandenburg. 1.—4. Hft. gr. 8. (à 16 S. m. Abbildgn.) Berlin 902. (Buchh. des ostdeutschen Jünglingsbundes.) à n.n. — 10

1. Die Reformation in der Mark. Von Lehmann.
2. Die Hugenotten in der Mark. Von Coulon.
3. Kurfürstin Elisabeth, die Bekennerin. Von Lehmann.
4. Die Brüdergemeine in der Mark. Von Schneider.

— zur märkischen Kirchen-Geschichte. Hrsg. vom Prov.-Ausschuß f. innere Mission in der Prov. Brandenburg. 5—10. Heft. 8. Berlin (Buchh. des ostdeutschen Jünglingsbundes). à n.n. — 10

5. Aus märkischer Heidenzeit. Von Gust. Albrecht. (20 S. m. Abbildgn.) (904.)
6. Wie die Mark christlich wurde. Von Passow. (16 S. m. Abbildgn.) (904.)
7. Markgraf Johann v. Cüstrin. Von L. Lehmann. (20 S. m. Abbildgn.) (906.)
8. 9. Märkische Missionare in Heidenlanden I. Von R. Gareis. (32 S. m. Abbildgn.) (906.)
10. Dasselbe. II. (20 S. m. Abbildgn.) (906.)

— zur westpreußischen Kirchengeschichte. 1.—4. Hft. 8. Danzig, Ev. Vereins-Buchh. à n. — 10

1. Altchristliche Glaubensboten in Westpreußen. Von E. Blech. I. Die Mission in Pommerellen. (20 S. m. Abbildgn.) (904.)
2. Die Reformation in Westpreußen. Von Freytag. (16 S. m. Abbildgn.) (904.)
3. Anna Knade, die erste westpreußische Pfarrfrau. Von Walth. Domansky. (15 S.) (904.)
4. Stephan Schultz, e. Judenmissionar aus Westpreußen. Eine Lebensbeschreibg. f. die Gemeinden. Von Ernst Bohn. (15 S.) (904.)

HEFTE DER FREIEN KIRCHLICH-SOZIALEN KONFERENZ.

Heft 1. Berlin 1899. Buchhandlung der Berliner Stadtmission. — A. u. d. T.: Die Frauenfrage. Aus den Verhandlungen der 4. Hauptversammlung der freien kirchlich-sozialen Konferenz zu Berlin am 11. und 12. April 1899. Referate von v. NATHUSIUS und AD. STÖCKER und Diskussion. ib. 1899. —

Heft 2. ib. 1899. — A. u. d. T.: Ist das Ziel, welches Wichern der Volkskirche steckte, erreicht? Aus den Verhandlungen der 4. Hauptversammlung der freien kirchlich-sozialen Konferenz zu Berlin am 11. und 12. April 1899. Referat von MAHLING und Diskussion. ib. 1899. —

Heft 3. ib. 1899. — A. u. d. T.: Die Bedeutung der Gemeinschaftspflege für die Erbauung des einzelnen u. der Gemeinde. Aus den Verhandlungen der 4. Hauptversammlung der freien kirchlich-sozialen Konferenz zu Berlin am 11. und 12. April 1899. Referate von BOCHTERLE-Kornthal und KRIEG-Kaiserslautern und Diskussion. ib. 1899. —

Heft 4. ib. 1899. — A. u. d. T.: Die Geschichte und der gegenwärtige Stand der Frauenbewegung. Aus den Verhandlungen des Frauenkursus der freien kirchlich-sozialen Konferenz zu Berlin am 13. bis 15. April 1899. Referat von JULIUS WERNER (Frankfurt a. M.) und Diskussion. ib. 1899. —

Heft 5. ib. 1899. — A. u. d. T.: Bibel und Frauenbewegung. Referat von v. NATHUSIUS, und Diskussion. Die soziale Bedeutung der weiblichen christlichen Liebesthätigkeit. Referat von BURCKHARDT und Diskussion. Aus den Verhandlungen des Frauenkursus der freien kirchlich-sozialen Konferenz zu Berlin am 13. bis 15. April 1899. ib. 1899. —

Heft 6. ib. 1899. — A. u. d. T.: Ueber Frauenbildung. Referat von SCHULTZE (Berlin) und Diskussion. Ueber Frauenarbeit. Referat von STÖCKER und Diskussion. Aus den Verhandlungen des Frauenkursus der freien kirchlich-sozialen Konferenz zu Berlin am 13. bis 15. April 1899. ib. 1899. —

Heft 7. ib. 1900. — A. u. d. T.: Einzelschuld und Gesamtschuld. Einzelwirken und Gesamtwirken. Aus den Verhandlungen der 5. Hauptversammlung der freien kirchlich-sozialen Konferenz in Erfurt am 18. bis 20. April 1900. Referat von STOCKMEYER-Hauptweil (Schweiz) und Diskussion und Pressstimmen. ib. 1900. —

Heft 8. ib. 1900. — A. u. d. T.: Die Aenderung der bisherigen Konfirmationspraxis. Aus den Verhandlungen der 5. Hauptversammlung der freien kirchlich-sozialen Konferenz zu Erfurt am 18.—20. April 1900. Referat von AD. STÖCKER, mit Diskussion, Pressstimmen und einem Bildnis des Referenten. ib. 1900. —

Heft 9. ib. 1900. — A. u. d. T.: Bildung der Aerztinnen in eigenen Anstalten oder auf der Universität? Referate von TIBURTIUS, prakt. Aerztin, und ZACKE, prakt. Arzt. Mit Diskussion. — Christliche Arbeit unter den Heimarbeiterinnen. Referat von BÖHME. Mit Diskussion. Verhandlungen der 7. Kommission und der Frauengruppe der freien kirchlich-sozialen Konferenz gelegentlich ihrer 5. Hauptversammlung zu Erfurt am 18.—20. April 1900. ib. 1900. —

Heft 10. ib. 1900. — A. u. d. T.: Soziale Gedanken im Bürgerlichen Gesetzbuch. Aus den Verhandlungen der 5. Hauptversammlung der freien kirchlich-sozialen Konferenz zu Erfurt am 18.—20. April 1900. Referate von STAMMLER und DUNCKER. Mit Diskussion. ib. 1900. —

Heft 11/12. ib. 1900. — A. u. d. T.: Reform der Konfirmationspraxis! I. 61 Gutachten zu den Erfurter Thesen. Herausgegeben von MUMM. ib. 1900. —

Heft 13. ib. 1900. — A. u. d. T.: Nachgelassene Aufgaben für die Theologie des 19. Jahrhunderts. Von R. SEEBERG. ib. 1900. —

Heft 14. ib. 1900. — A. u. d. T.: Die Religion der Naturforscher. Auch eine Antwort auf Häckels „Welträtsel" von E. DENNERT. 4. vermehrte und verbesserte Auflage. ib. 1900. —

Heft 14. Die Religion der Naturforscher. Auch eine Antwort auf Haeckels „Welträtsel" von Dr. phil. E. DENNERT. 7. vermehrte und verbesserte Auflage. ib. 1908. Verlag der Vaterländischen Verlags- und Kunstanstalt.

Heft 15/16. ib. 1901. — A. u. d. T.: Reform der Konfirmationspraxis! II. 42 Gutachten zu den Erfurter Thesen mit einem Verzeichnis der Litteratur über Konfirmationsreform. Herausgegeben von MUMM. ib. 1901. —

Heft 17. ib. 1901. — A. u. d. T.: Soll die christliche Frau studieren? Von M. MARTIN, Oberlehrerin. — Die Hausindustrie der Frauen in Berlin. Von Gräfin BERNSTORFF (Berlin). — Der neue Gewerkverein der Heimarbeiterinnen für Kleider- und Wäschekonfektion. Von MUMM. ib. 1901.

Heft 18. ib. 1901. — A. u. d. T.: Die Gemeinschaftsbewegung, eine Verwirklichung von Gedanken Luthers. Aus den Verhandlungen der 6. Hauptversammlung der freien kirchlich-sozialen Konferenz zu Stuttgart am 28.—31. Mai 1901. Referat von HEIM, mit Diskussion und einem Überblick über die Stuttgarter Tagung. ib. 1901.

Heft 19. ib. 1901. — A. u. d. T.: Kann ein Christ Sozialdemokrat, kann ein Sozialdemokrat Christ sein? Aus den Verhandlungen der 6. Hauptversammlung der freien kirchlich-sozialen Konferenz zu Stuttgart am 28.—31. Mai 1901. Referat von ADOLF STÖCKER, mit Diskussion. ib. 1901.

Heft 20. ib. 1901. — A. u. d. T.: Oeffentliche Meinung und christlicher Volksgeist. Aus den Verhandlungen der 6. Hauptversammlung der freien kirchlich-sozialen Konferenz, 28.—31. Mai 1901 in Stuttgart. Referat von L. WEBER. Mit Diskussion und dem Geschäftsbericht der Konferenz. ib. 1901. —

Heft 21/22. ib. 1901. — A. u. d. T.: Die Stellung zum biblischen Gottesglauben im Zeitungswesen der Gegenwart. Aus den Verhandlungen der 6. Hauptversammlung der freien kirchlich-sozialen Konferenz zu Stuttgart am 28.—31. Mai 1901. Referat von SWIERCZEWSKI. ib. 1901.

Heft 23/24. ib. 1902. — A. u. d. T.: Neue Stimmen über die Konfirmationsfrage. Gesammelt und gesichtet von OTTO BAUMANN. ib. 1902. —

Heft 25. ib. 1902. — A. u. d. T.: Macht und Sittlichkeit im nationalen Leben. Vortrag, gehalten auf der 7. Hauptversammlung der freien kirchlich-sozialen Konferenz zu Düsseldorf, am 30. April 1902. Mit Diskussion. Von LEPSIUS. ib. 1902. —

Heft 26. ib. 1902. — A. u. d. T.: Christliche Liebe und soziale Hilfe. Vortrag, gehalten bei der 7. Hauptversammlung der freien kirchlich-sozialen Konferenz zu Düsseldorf, am 30. April 1902. Mit Diskussion und Pressstimmen. Von M. von NATHUSIUS. ib. 1902. —

— der freien kirchlich-sozialen Konferenz. 27.—45 Hft. 8. Berlin, Vaterländische Verlags- u. Kunstanstalt. à n. — 50

27. Die Persönlichkeit Christi, der feste Punkt im fließenden Strome der Gegenwart. Aus den Verhandlgn. der 8. Hauptversammlg. der freien kirchlich-sozialen Konferenz, 14.—16. IV. 1903 in Berlin. Referat. Von R. Seeberg. Mit Diskussion u. Verhandlungsbericht. (55 S.) 903.
28. Rechte u. Pflichten der Frau in der kirchlichen u. bürgerlichen Gemeinde. Referate. Von Paula Müller u. Adf. Stöcker. Mit Diskussion. Aus den Verhandlgn. der 8. Hauptversammlg. der freien kirchlich-sozialen Konferenz, 14.—16. IV. 1903 in Berlin. (59 S.) 903.
29. Die Förderung der kirchlich-sozialen Bestrebungen durch die preußische Generalsynode. (Vortrag, geh. auf der 9. Hauptversammlg. der freien kirchlich-sozialen Konferenz zu Hagen in Westfalen am 6. IV. 1904.) Von Weber. Mit dem Geschäftsbericht des Generalsekretariats u. e. Ueberblick üb. die 9. Hauptversammlg. der kirchl.-sozialen Konferenz. (71 S.) 904.
30. Rechtsauskunftstellen u. Volksbureaus. Von Otto Rippel u. Emil Hartwig. — Bericht der Berliner Volksbureaus f. d. J. 1904. Von F. Behrens u. W. Bartelt. (37 S.) 905.
31. 32. Patriarchalische Verhältnisse u. modernes Arbeitsrecht. Mit dem Geschäftsbericht des Generalsekretariats u. e. Ueberblick üb. die 10. Haupt-Versammlg. der kirchlich-sozialen Konferenz. Von Dietr. v. Oertzen u. Frz. Behrens. (101 S.) 905.
33. Heranziehung der Frauen an die kirchliche Arbeit. Von Gräfin Bernstorff u. Stoecker. (40 S.) 905.
34. Bürgerliche u. kirchliche Toleranz. Von v. Hase. — Wie gewinnen wir die Gebildeten? Von Haag. Vorträge, geh. auf der 10. Hauptversammlg. der freien kirchlich-sozialen Konferenz zu Breslau am 26. IV. 1905. (71 S.) 905.
35. Volksbureaus, christliche u. vaterländische. Jahresberichte evangel. Volksbureaus. Mit dem Jahresbericht der sozialen Geschäftsstelle für d. evangel. Deutschland üb. das Geschäftsjahr 1905. (72 S.) 906.
36. Worin liegt die Ursache der Unwirksamkeit des Protestantismus im öffentlichen Leben? Referat auf der 11. Hauptversammlg. der freien kirchlich-sozialen Konferenz. Von R. H. Grützmacher. Mit dem Geschäftsbericht des Generalsekretariats üb. d. J. 1905 u. e. Ueberblick üb. die ganze 11. Hauptversammlg. (75 S.) 906.
37. Gerechtigkeit, nicht bloß Liebe, die Grundlage der modernen Arbeiterbewegg. Referat, auf der XI. Hauptversammlg. der freien kirchlich sozialen Konferenz in Cassel geh. Von Jul. Werner u. Korreferat v. Aug. Jaworski. Mit den Verhandlgn. der 7 Arbeitskommissionen der Konferenz in Cassel. (76 S.) 906.

Heft 38. Kirchlich-sozial nach Theorie und Praxis, dargelegt in einer Festpredigt zur 12. Hauptversammlung der Freien kirchlich-sozialen Konferenz zu Karlsruhe i. B. von SAMUEL KELLER, dem Rückblick auf die ersten 10 Jahre kirchlich-sozialer Arbeit von MUMM, dem Geschäftsbericht über das Jahr 1906, Festrede von D. von OERTZEN und den Kommissionsverhandlungen zu Karlsruhe. ib. 1907. Verlag der Vaterländischen Verlags- und Kunstanstalt (Abt. I: Buchhandlung der Berliner Stadtmission).

Heft 39. Die kirchlich-soziale Idee und die Aufgaben der Theologie in der Gegenwart. Referat auf der 12. Hauptversammlung der Freien kirchlich-sozialen Konferenz zu Karlsruhe i. B. von REINHOLD SEEBERG. ib. 1907. —

Heft 40. STUHRMANN, Die besondere Aufgabe der kirchlich-sozialen Frauen in der modernen Frauenbewegung. Mit einer Einleitung über die Entwicklung und Aufgaben der 7. Kommission der Kirchlich-sozialen Konferenz und einem Anhang: Die Aufgabe und Pflicht der Frau als Konsument. Von ELISABETH von KNEBEL-DOEBERITZ. ib. 1907. —

Heft 41. Eine eigene sozial-politische Theorie für die christlich- nationale Arbeiterbewegung! Referate auf der 12. Hauptversammlung der Freien Kirchlich-sozialen Konferenz zu Karlsruhe i. B. am 4. April 1907 von Lic. MUMM und Gewerkschaftssekretär HERM. RAFFLENBEUL nebst Diskussionsreden. ib. 1907. —

Heft 42. Was heisst Christliche Arbeiterbewegung? Nach einem Vortrage von LÜTGERT-Halle a. S., gehalten auf dem 13. Kongress der Freien kirchlich-sozialen Konferenz in Bielefeld, nebst Diskussion; Geschäftsstelle der Kirchlich-sozialen Konferenz für das Jahr 1907. ib. 1908. —

Heft 43. Die Grundlagen der Dienstbotenfrage. Referat auf der 14. Hauptversammlung der Freien Kirchlich-sozialen Konferenz zu Berlin am 14.—16. April 1909 von Prof. Dr. KÄHLER-Aachen nebst Diskussionsreden. ib. 1910. —

Heft 44. Die soziale Bedeutung der christlichen Gemeinde und die daraus sich ergebenden Folgerungen für ihre Arbeit von Dr. FRIEDRICH MAHLING; Referat, gehalten auf dem 15. Kirchlich-sozialen Kongress in Hannover. ib. 1910. —

Heft 45. Wandlungen in der Sozialdemokratie? Ein kritisches Wort von FRANZ BEHRENS, Mitglied des Reichstages. Referat, erstattet auf dem 15. Kirchlich-sozialen Kongress am 31. März 1910 in Hannover, mit Diskussion. ib. 1910. —

— der freien kirchlich-sozialen Konferenz. 1.—26. Hft. gr. 8. Berlin, Buchh. der Berliner Stadtmission. à n. — 60

Inhaltsübersicht in alphabetischer Ordnung:

Baumann, Otto, neue Stimmen üb. die Konfirmationsfrage. Gesammelt u. gesichtet. (176 S.) 902. (Hft. 23. 24.)

Bernstorff, Gräfin Clara, die Hausindustrie der Frauen in Berlin, s.: Martin, M., soll d. christl. Frau studieren?

Bochterle, u. Krieg, die Bedeutung der Gemeinschaftspflege f. die Erbauung des einzelnen u. der Gemeinde. Aus den Verhandlungen der 4. Hauptversammlg. der freien kirchlich-sozialen Konferenz zu Berlin am 11. u. 12. IV. 1899. Referate u. Diskussion. (58 S.) 899. (Hft. 3.)

Böhme, christl. Arbeit unter d. Heimarbeiterinnen, s.: Tiburtius u. Backe, Bildung d. Aerztinnen.

Burckhardt, d. soz. Bedeutung d. weibl. christl. Liebesthätigkeit, s.: Nathusius, v., Bibel u. Frauenbewegung.

Dennert, E., die Religion der Naturforscher. Auch e. Antwort auf Haeckels „Welträtsel". 5. verm. u. verb. Aufl. (III, 64 S.) 901. (Hft. 14.)

Helm, die Gemeinschaftsbewegung, e. Verwirklichung v. Gedanken Luthers. Aus den Verhandlgn. der 6. Hauptversammlg. der freien kirchlich-sozialen Konferenz zu Stuttgart am 28.—31. V. 1901. Referat, m. Diskussion u. e. Überblick üb. die Stuttgarter Tagg. (59 S.) 901. (Hft. 18.)

Lepsius, Macht u. Sittlichkeit im nationalen Leben. Vortrag, geh. auf der 7. Hauptversammlg. der freien kirchlich-sozialen Konferenz zu Düsseldorf, am 30. IV. 1902. Mit Diskussion. (51 S.) 902. (Hft. 25.)

Mahling, ist das Ziel, welches Wichern der Volkskirche steckte, erreicht? Vortrag, geh. in der 4. kirchlich-sozialen Konferenz zu Berlin am 12. IV. 1899. (40 S. m. 1 Bildnis.) 899. (Hft. 2.)

Martin, M., soll die christliche Frau studieren? — Bernstorff, Gräfin Clara, die Hausindustrie der Frauen in Berlin. — Mumm, Rhard., der neue Gewerkverein der Heimarbeiterinnen f. Kleider- u. Wäschekonfektion. (49 S.) 901. (Hft. 17.)

Mumm, Rhard., d. neue Gewerkverein d. Heimarbeiterinnen, s.: Martin, M., soll die christl. Frau studieren?

Nathusius, M. v., Bibel u. Frauenbewegung. Referat u. Diskussion. — Burckhardt, die soziale Bedeutung der weiblichen christlichen Liebesthätigkeit. Referat u. Diskussion. Aus den Verhandlgn. des Frauenkursus der freien kirchlich-sozialen Konferenz zu Berlin am 13.—15. IV. 1899. (III, 41 S.) 899. (Hft. 5.)

— christliche Liebe u. soziale Hilfe. Vortrag, geh. bei der 7. Hauptversammlung der freien kirchlich-sozialen Konferenz zu Düsseldorf, am 30. IV. 1902. Mit Diskussion u. Preßstimmen. (51 S.) 902. (Hft. 26.)

— u. Ad. Stöcker, die Frauenfrage. Aus den Verhandlgn. der 4. Hauptversammlg. der freien kirchlich-sozialen Konferenz zu Berlin am 11. u. 12. IV. 1899. Referate u. Diskussion. (III, 50 S.) 899. (Hft. 1.)

Reform der Konfirmationspraxis! I. 61 Gutachten zu den Erfurter Thesen. Hrsg. v. Mumm. (IV, 113 S.) 900. (Hft. 11. 12.)

— dasselbe. II. 42 Gutachten zu den Erfurter Thesen, m. e. Verzeichnis der Litteratur üb. Konfirmationsreform. Hrsg. v. Mumm. (IV, 95 S.) 901. (Hft. 15. 16.)

Schultze, über Frauenbildung. Referat u. Diskussion. — Stöcker, über Frauenarbeit. Referat u. Diskussion. Aus den Verhandlgn. des Frauenkursus der freien kirchlich-sozialen Konferenz zu Berlin am 13.—15. IV. 1899. (III, 63 S.) 899. (Hft. 6.)

Seeberg, R., nachgelassene Aufgaben für die Theologie des 19. Jahrh. (32 S.) 900. (Hft. 13.)

Stammler, u. Duncker, soziale Gedanken im bürgerl. Gesetzbuch. Aus den Verhandlgn. der 3. Hauptversammlg. der freien kirchlich-sozialen Konferenz zu Erfurt am 18.—20. IV. 1900. Referate. Mit Diskussion. (III, 35 S.) 900. (Hft. 10.)

Stöcker, Adf., die Aenderungen der bisherigen Konfirmationspraxis. Aus den Verhandlungen der 5. Hauptversammlg. der freien kirchlich-sozialen Konferenz zu Erfurt am 18.—20. IV. 1900. Referat m. Diskussion, Preßstimmen u. e. Bildnis des Referenten. (47 S.) 900. (Hft. 8.)

Kann e. Christ Sozialdemokrat, kann e. Sozialdemokrat Christ sein? Aus den Verhandlg. der 6. Hauptversammlg. der freien kirchlich-sozialen Konferenz zu Stuttgart am 28.—31. V. 1901. Referat, m. Diskussion. (46 S.) 901. (Hft. 19.)

— über Frauenarbeit, s.: Schultze, über Frauenbildung.

Stockmeyer, Einzelschuld u. Gesamtschuld, Einzelwirken u. Gesamtwirken. Aus den Verhandlgn. der 5. Hauptversammlg. der freien kirchlich-sozialen Konferenz in Erfurt am 18.—20. IV. 1900. Referat m. Diskussion u. Preßstimmen. (48 S.) 1900. (Hft. 7.)

Swierczewski, die Stellung zum biblischen Gottesglauben im Zeitungswesen der Gegenwart. Aus den Verhandlgn. der 6. Hauptversammlg. d. freien kirchlich-sozialen Konferenz zu Stuttgart am 28.—31. V. 1901. Referat. (82 S.) 901. (Hft. 21. 22.)

Tiburtius, Frl., u. Backe, Bildung der Aerztinnen in eig. Anstalten od. auf der Universität? Referate. Mit Diskussion. — Böhme, christliche Arbeit unter den Heimarbeiterinnen. Referat. Mit Diskussion. Verhandlungen der 7. Kommission u. der Frauengruppe der freien kirchlich-sozialen Konferenz gelegentlich ihrer 5. Hauptversammlg. zu Erfurt am 18.—20. IV. 1900. (III, 66 S.) 900. (Hft. 9.)

Weber, L., öffentliche Meinung u. christlicher Volksgeist. Aus den Verhandlgn. der 6. Hauptversammlg. der freien kirchlich-sozialen Konferenz, 28.—31. V. 1901 in Stuttgart. Referat. Mit Diskussion u. dem Geschäftsbericht der Konferenz. (41 S.) 901. (Hft. 20.)

Werner, Jul., die Geschichte u. der gegenwärtige Stand der Frauenbewegung. Aus den Verhandlgn. der freien kirchlich-sozialen Konferenz zu Berlin am 13.—15. IV. 1899. Referat u. Diskussion. (III, 31 S.) 899. (Hft. 4.)

— der freien kirchlich-sozialen Konferenz. 14. u. 38.—45. Heft. 8. Berlin, Vaterländische Verlags- u. Kunstanstalt. 5. 05

Behrens, Frz., Wandlungen in der Sozialdemokratie? Ein krit. Wort. Referat, erstattet auf dem 15. kirchlich-sozialen Kongreß am 31. III. 1910 in Hannover, m. Diskussion. (58 S.) 910. (Hft. 45.) — 50

Dennert, E., die Religion der Naturforscher. Auch e. Antwort auf Haeckels „Welträtsel". 7. verm. u. verb. Aufl. (70 S.) 908. (Hft. 14.) — 80

Kähler, die Grundlagen der Dienstbotenfrage. Referat auf der 14. Hauptversammlg. der freien kirchlich-sozialen Konferenz zu Berlin am 14.—16. IV. 1909 nebst Diskussionsreden. (61 S.) 910. (Hft. 43.) — 50

Kirchlich-sozial nach Theorie u. Praxis, dargelegt in e. Festpredigt zur 12. Hauptversammlg. der freien kirchlich-sozialen Konferenz zu Karlsruhe i. B. v. Sam. Keller, dem Rückblick auf die ersten 10 Jahre kirchlich-sozialer Arbeit v. Mumm, dem Geschäftsbericht üb. d. J. 1906, Festrede v. D. v. Oertzen u. den Commissionsverhandlgn. zu Karlsruhe. (79 S.) 907. (Hft. 38.) — 50

Lütgert, was heißt christliche Arbeiterbewegung? Nach e. Vortrage, gehalten auf dem 13. Kongreß der freien kirchlich-sozialen Konferenz in Bielefeld, nebst Diskussion: Geschäftsbericht der kirchlich-sozialen Konferenz f. d. J. 1907. (84 S.) (908.) (Hft. 42.) — 50

Mahling, Frdr., die soziale Bedeutung der christlichen Gemeinde u. die daraus sich ergebenden Folgerungen für ihre Arbeit. Referat, geh. auf dem 15. kirchlich-sozialen Kongreß in Hannover. (90 S.) 910. (Hft. 44.) — 75

Mumm u. Herm. Rafflenbeul, eine eigene sozial-politische Theorie f. die christlich nationale Arbeiterbewegung! Referate auf der 12. Hauptversammlg. der freien kirchlich-sozialen Konferenz zu Karlsruhe i. B. am 4. IV. 1907, nebst Diskussionsreden. (97 S.) 907. (Hft. 41.) — 50

Seeberg, Rhold., die kirchlich-soziale Idee u. die Aufgaben der Theologie in der Gegenwart. Referat auf der 12. Hauptversammlg. der freien kirchlich-sozialen Konferenz zu Karlsruhe i. B. (60 S.) 907. (Hft. 39.) — 50

Stuhrmann, die besondere Aufgabe der kirchlich-sozialen Frauen in der modernen Frauenbewegung. Mit e. Einleitg. üb. die Entwicklg. u. Aufgaben der 7. Kommission der kirchlich-sozialen Konferenz u. e. Anh.: Die Aufgabe und Pflicht der Frau als Konsument. Von Elisab. v. Knebel-Doeberitz. (44 S.) 907. (Hft. 40.) — 50

Landwirthschaftliche Hefte. 1821-25. Herausg. v. der Central-Administration d. schleswig-holstein. patriot. Gesellschaft. H. 1-10. Altona.
(= **Schriften d. s.-h. p. G.**, alle H. af Bd. 3 H. 3 - Bd. 7 H. 2 undt. 2).
-- 1827-29, m. Tit.: **Neue** do. Herausg. v. do. H. 1-3. [1-2] Hamb., [3] Altona.
(= do. Bd. 7 H. 3, Bd. 8 H. 1-2). 731.
1830-40, m. Tit.: **Landwirthschaftliche Hefte** ([1830-32] für die Herzogthümer Schleswig u. Holstein). (6 Vol.). Kiel.
(1830-32 = Jahrg. 1-3; 1830-31 à 2 H., 1832 kun H. 1, 1833-40 à 2, 3 eller 4 H. ell. Quartale; alle de enk. H. m. særsk. Tit. og Pag. — 1841-42 mgl.).

Hefte, landwirthschaftliche rc. s. a. Schriften der Schlesw. Holstein. patriot. Gesellschaft III. 36 Heft.

Wittmann von Denglacz, A. von (Hersg.): „Landwirthschaftliche Hefte, zunächst für die Beamten auf den Gütern Sr. Kaiserl. Hoheit des Erzherzogs Carl in der landwirthschaftlichen Lehranstalt zu Ungarisch-Altenburg", 1.—8. Heft, Wien 1825—1829 (Beck); 2. Auflage Heft 1—3, Ebenda 1827—1829

— Dies. v. Edlen v. Wittmann v. Denglácz, s. a. Wittmann.

—— landwirthschaftliche, für den norddeutschen Landwirth, zunächst in Schleswig-Holstein. In Verbindung mit Freunden und in zwangloser Folge hrsg. von Chrn. Jenssen. 1.—3. Heft. gr. 8. Kiel, Universitäts-Buchh. *

Inhalt:
Heft 1. Die Prüfung unserer gewöhnlichen Feldsämereien und die Controle des landwirthschaftlichen Saatmarktes, besonders Schleswig-Holsteins. (64 S.) 876. * 40 Pf.
" 2. Danger, C., der Obstbau. Populäre Anweisung zum rationellen Betrieb desselben in Schleswig-Holstein und den benachbarten Ländern. (27 S.) 878. (* 40 Pf.) * ℳ 1.
" 3. Unsere landwirthschaftlichen Feldsämereien, deren Beschreibung und Gewinnungsweise, sowie der genossenschaftl. Ankauf derselben nach garantirtem Gebrauchswerth, mit besond. Berücksicht. der Gräser. Mit 43 (eingedr. Holzschn.-)Abbild. von Gräserfrüchten. (54 S.) * ℳ 1. 879.

Landwirthschaftliche **Hefte** für die Herzogthümer Schleswig und Holstein. (Hrgg. v. Ernst von Neergaard.) Kiel. 8°.
Jg. 1, H. 1, Juny 1830; H. 2, Sept. 1830;
Jg. 2, H. 1, Juny 1831; H. 2, Sept. 1831;
Jg. 3, H. 1, October 1832; Jg. 4—5. 1833—34;
Jg. 6, 1835, H. 1, 2; Jg. 7, 1836, H. 2, 3;
Jg. 8, 1837, H. 1—3; Jg. 9, 1838, H. 1, 2.

— landwirthschaftl., für die Herzogthümer Schleswig u. Holstein. 1r Jahrg., 1s u. 2s Hft. Juny u. Sept. (Herausg. von E. v. Neergaard.) 8. Kiel 830. (Perthes u. B. in Hamb.) 16 gr 2r Jahrg., 1s Hft. Juny u. 2s Hft. Sept. 1831. Kiel 831—32, Univers. B. 1 ß 12 gr

Hefte, landwirthschaftliche, f. d. Hrzgth. Schleswig u. Holstein. (Hrsg. von E. v. Neergaard.) (6 — 12. Jahrg.) 1835 — 41. à 3 Hfte. 8. Kiel, Universit.-Buchh. [835. 1. (4 B.) * 1/3 Thlr., 2. (9 B.) * 5/6 Thlr., 3. (7 B.) * 2/3 Thlr.; 36. 1. (5 1/4 B.) * 1/2 Thlr., 2. (1 3/4 B.) * 1/6 Thlr., 3. (5 1/2 B.) * 1/2 Thlr.; 37. 1. (6 1/4 B.) * 7/12 Thlr., 2. (3 B.) * 1/3 Thlr., 3. (3 1/4 B.) * 1/3 Thlr.; 38. 1. (2 1/2 B.) * 7 Gr., 2. (3 3/4 B.) * 5/12 Thlr., 3. (3 B.) * 1/3 Thlr.; 39. 1. (2 1/4 B.) * 5 1/2 Gr., 2. (6 1/2 B.) * 2/3 Thlr., 3. (6 1/2 B.) * 2/3 Thlr.; 40. 1. (5 3/4 B.) * 1/2 Thlr., 2. (3 1/2 B.) * 5/12 Thlr., 3. (2 5/8 B.) * 7 Gr.; 41. 1. (3 B.) * 1/3 Thlr., 2. (3 B.) * 1/3 Thlr., 3. (3 3/4 B.) * 5/12 Thlr.] *
1—5. Jahrg. 1830—34. Ebendas. * 6 Thlr. 6 Gr.

Hefte, landwirthschaftliche, 1840. 3. Heft. 8. Kiel 841, Universitäts-Buchh. n. 1/3 ß — 1841. 1.—3. Hft. 8. Ebend. 841, 42. (1., 2. à n. 1/2 ß 3. 5/12 ß) n. 1 1/12 ß —

Hefte, landwirthschaftliche, f. d. Herzogth. Schleswig u. Holstein. (Hrsg. von E. v. Neergaard.) (13. Jahrg.) 1842. 1. u. 2. Hft. 8. Kiel, Universitätsbh. [1. (2 5/6 B.) 842. * 13 3/4 Ngr., 2. (2 1/2 B.) 43. * 7 1/2 Ngr.] * —
1—12. Jahrg. 1830—41. Ebendas. * 15 Thlr. 12 Ngr.

Livländischdeutsche **Hefte**. H. 1–4. Lübeck: W. Gläser 1876–99. 4 Bde 8°
1. 2. 1876.
3 — Weihnachtsabende, Drei, d. deutschen Hansestadt Dorpat in Livland. 1222–1524–1802. 1893.
4 — Deutschlivland, Nebukadnezar u. d. Russische Zartum. 1899. [07. 6130]

-- livländisch-deutsche. Der Dörptschen Zeitg. 88. Jahrg. 1876. 1. u. 2. Hft. gr. 8. (S. 1–132.) Lübeck 876. Gläser. à n. 1. –

— livländischdeutsche. 3. Stück. 8. Lübeck 893. W. Gläser. n. 1. 80 (1—3.: n. 3. 80)
Drei Weihnachtsabende der deutschen Hansestadt Dorpat in Livland 1222–1524–1802. Von e. deutschen Reichsangehörigen. Nebst e. beglaubigten Anh. üb. die Weichselsehnsucht der Russen. (109 S.)

Hefte zur Missionskunde. Hrsg. v. d. Missionskonferenz der Brüdergemeine. Nr. 1—7. 8. Herrnhut, Missionsbuchh. 1. 60
Baudert, S., der phonetische Unterricht in der Missionsschule. Vortrag, geh. auf der vom 4.—6. IV. 1910 in Barmen tag. 2. Missionslehrer-Konferenz. (25 S.) 910. (Hft. 7.) — 25
Calker, E. van, die Granstationen in Süd-Afrika (Missions-Landreserven f. Eingeborene), vom sozialen u. missionarischen Standpunkt aus betrachtet. Vortrag, geh. in Herrnhut am 4. II. 1909. (24 S.) 909. (Hft. 5.) — 25
Francke, A. H., die Mitarbeit der Brüdermission bei der Erforschung Zentral-Asiens. Vortrag, geh. in Herrnhut den 22. I. 1909. (31 S.) 909. (Hft. 4.) — 25
Hennig, O., Gedanken zur Verselbständigung unserer Missionsgebiete. Eine Studie im Blick auf die General-Synode der Brüderkirche 1909. (24 S.) 908. (Hft. 2.) — 20
Kluge, Herm., die „allgemeine missionarische" Ausbildung der Missionare. Referat auf der 1. Missionslehrer-Konferenz in Berlin, den 6. u. 7. VII. 1908. (21 S.) 908. (Hft. 3.) — 20
Meinhof, Carl, die Mitarbeit der Laien am Missionswerk. Referat auf der 4. Missionswoche in Herrnhut. (19 S.) 910. (Hft. 6.) — 25
Schneider, H. G., die Sippe der Hallbecks u. Einer aus ihr. (24 S.) 907. (Hft. 1.) — 20

Hefte, monatl., zur Beförderung der Kultur. 8. Hannov. 788. Schmidt. 3 ß

Mündener Forstliche **Hefte**. Hrsg. in Verbindung mit d. Lehrern d. Forstakad. Münden von W[ilh.] Weise, Oberforstmeister. H. 1–17. Berlin: J. Springer 1892–1901. 17 Bde 8° [F.]
1. 2. 1892. 3. 4. 1893. 5. 6. 1894. 7. 8. 1895. 9. 10. 1896.
11. 12. 1897. 13. 14. 1898. 15. 1899. 16. 1900. 17. 1901.
[Von 18 ab vereinigt mit 'Zeitschrift f. Forst- u. Jagdwesen'.] [06. 6879]

— Mündener forstliche. Hrsg. in Verbindg. m. den Lehrern der Forstakademie Münden v. W. Weise. 1.—6. Hft. gr. 8. Berlin, J. Springer. n. 22.
1. (III, 331 S. m. 1 Tab. u. 2 Lichtdr.-Taf.) 892. n. 4. —. 2. (III, 216 S. m. 1 Karte.) 892. n. 4. —. 3. (III, 196 S. m. Fig.) 893. n. 4. —. 4. (IV, 176 S.) 893. n. 1. —. 5. (IV, 157 S.) 894. n. 3. —. 6. (IV, 176 S.) 894. n. 3.

— Mündener forstliche. Hrsg. in Verbindg. m. d. Lehrern d. Forstakademie Münden v. W. Weise. 7. u. 8. Hft. gr. 8. Berlin 895. J. Springer. n. 7. —
7. (IV, 197 S.) n. 4. —. — 8. (IV, 155 S.) n. 3. —.

— dasselbe. 9.—14. Hft. gr. 8. Ebd. à n. 4. —
(1.—14.: n. 53. —)
9. (IV, 186 S.) 896. — 10. (IV, 179 S.) 896.
11. (IV, 196 S. m. 2 Taf.) 897. — 12. (IV, 180 S. m. 1 Taf.) 897.
13. (III, 198 S.) 898. — 14. (IV, 180 S. m. 3 lith. Taf.) 898.

— Mündener forstliche. Hrsg. in Verbindg. m. den Lehrern der Forstakademie Münden v. W. Weise. 15.—17. Hft. gr. 8. (IV, 192; III, 198 u. IV, 180 S.) Berlin 899—901. J. Springer. à n. 4. —
Erscheinen nicht mehr.

— dasselbe. 1. Beiheft. gr. 8. Ebd. 895. n. 10. —
Die Nonnenraupe u. ihre Bakterien. Untersuchgn.; ausgef. i. d. zoolog. u. botan. Instituten d. königl. preuss. Forstakademie Münden v. A. Metzger u. N. J. C. Müller. (V, 160 S. m. 45 farb. Taf. u. 46 Bl. Erklärgn.)

Mykologische Hefte, nebst einem allgemein-botanischen Anzeiger. Herausg. v. G. Kunze u. J. C. Schmidt. 1. H. Leipz. 1817.

— naturhistorische. Hrsg. vom ungar. National-Museum. Red. von Otto Herman. 1—5. Bd. gr. 8. Budapest. (Kilian.) à n. 8. —
1. 1877. Mit 14 lith. Taf. u. e. Revue f. das Ausland. (264 S.)
2. 1878. Mit 12 lith. Taf. u. e. Revue f. das Ausland. (304 S.)
3. 1879. Mit 13 lith. Taf. u. e. Revue f. das Ausland. (305 S.)
4. 1880. Mit 11 lith. Taf. u. e. Revue f. das Ausland. (349 S.)
5. 1881. Mit 6 lith. Taf. u. e. Revue f. das Ausland. (407 S.)

— naturhistorische. Hrsg. vom ungar. National-Museum, red. v. Otto Hermann. Fachred.: Vict. v. Janka, Joh. v. Frivaldszky. 6—8. Bd. 1882—1884. à 4 Hfte. Mit lith. Taf. u. e. Revue f. das Ausland. gr. 8. (à ca. 213 S.) Budapest, (Kilian). à Bd. n. 8. —

— naturhistorische. Hrsg. vom ungar. National-Museum, redig. von Otto Hermann. Fachred.: J. v. Frivaldsky, V. v. Janka u. A. Schmidt. 9. u. 10. Bd. gr. 8. Budapest, (Kilian's Univ.-Buchh.). à Bd. n. 8. — (1—10.: n. 80. —)
9. (330 S. m. 12 lith. Taf. u. einer Revue für d. Ausland.) 885.
10. (295 S. m. 9 lith. Taf. u. einer Revue für d. Ausland.) 887.

— neue landwirthschaftl., s. Schriften der schleswig-holstein. Gesellschaft. - s. H e f t e , Landwirthsch.

Hefte, Oeconomische, oder Sammlung von Nachrichten, Erfahrungen und Beobachtungen ... Leipzig 1792-1808. H: *Leonhardi, Frdr. Glieb, Joh. Christian Schödel, Carl Gottlob Rössig & Andere,* fortgesetzt von *Gerike, Frdr. Carl Gustav & Joh. Gfr. Carl Chn Kiesewetter.* (Engoec) »*Schedel, Joh. Chn*« (MGT) (Ky) (BrMm)

— ökonom., od. Samml. von Nachrichten, Erfahrungen u. Beobachtungen f. den Stadt- u. Landwirth, (v. F. G. Leonhardi, J. Chr. Schedel, Dr. Rößig u. A.) Jahrg. 1792—1808, od. 1r—31r Bd. 8. Leipz., (Brockhaus). (1r—3r Bd. à 1 ℛ 16 ℊ 4r u. 5r Bd. 2 ℛ 12 ℊ 6r—29 Bd. à 3 ℛ 30r, 31r Bd. 5 ℛ) 48 ℛ 12 ℊ Zwei Register-Bde. 1 ℛ 22 ℊ Die Fortsetzung, s. Archiv d. deutschen Landwirthschaft.

— oeconomische, od. Sammlung von Nachrichten, Erfahrungen u. Beobachtungen für den Stadt- u. Landwirth. 1r 2r Bd. 8 Hefte od. Jahrg. 1792–93. 8. Leipz. Hempel. (Gleditsch). (d. Bd. à 1 Rthlr. 16 gr.)

— — 3r Bd. 6 Hefte od. J. 1794.

— — 4r 5r Bd. od. Jhg. 1795.

— — 6r–15r Bd. od. Jhg. 1796–1800. (d. Jhg. von 12 Heften. 3 Rthlr.).

— — 16r–29r Bd. od. Jhg. 1801–7. (d. Jhg. à 3 Rthlr.) :

— — 30r u. 31r Bd. von F. C. G. Gericke, od. Jhg. 1808.

Oekonomische Hefte (etc.). Register üb. Bd. 1-9 (1792-97). Sst. 1798.
(Indb. m. Bd. 9)
— — üb. Bd. 1-15 (1792-1800). Sst. 1803.

— — Register üb. d. 16n–31n Bd.

Preis des Ganzen.

— — Fortsetzung desselb. s. Archiv d. deutsch. Landwirthsch.

Anonym: „Oekonomische Hefte oder erprobte Erfahrungen und Ansichten in der Oekonomie, auch andern, dahin einschlagenden Inhalts, für Land- und Hauswirthe", Prag 1827 (Leipzig, Lit. Centr. Compt.).

— ökonomisch-veterinairische, von der Zucht, Wartung u. Stallung d. vorzüglichsten Haus- u. Nutzthiere, herausg. von Joh. Riem u. J. Reutter, nebst Zeichnungen zu Ställen, Häusern u. Hütten, mit Grundrissen, Aufrissen u. Durchschnitten zum Aufbewahren dieser Thiere, auf 50 Kpft. entworfen u. erläut. von S. A. Heine. 8 Hefte. gr. 4. Leipz. 799—802. Voß. 23 ℛ (Einzeln unt. folg. Tit.: 1s Hft. Unterr., ökonom.-veterin., über die Zucht, Wartung u. Stallung der Pferde. Mit 6 Kpf. 2 ℛ 16 ℊ 2s, des Rindviehes, mit 6 Kpf. 2 ℛ 16 3s, der Schafe, mit 10 Kpf. 4 ℛ 4s, der Schweine, mit 4 Kpf. 1 ℛ 8 ℊ 5s, des Federviehes, mit 4 Kpf. 2 ℛ 8 ℊ 6s, der Bienen, mit 9 Kpf. 4 ℛ 12 ℊ 7s, der Seidenraupen, mit 4 Kpf. 2 ℛ 8 ℊ 8s, der Hunde, mit 8 Kpf. 3 ℛ 4 ℊ)

— zum Christlichen Orient. Nr. 2—9. gr. 8. Berlin, Deutsche Orient-Mission. n.n. 2. —
2. Ursprünge, die, des Stundismus. (31 S. m. 1 Abbildg.) 903. n.n. — 20
3. Aus der Arbeit unter den Stundisten. (Vorwort. — A(ndreas) I(wanowitsch) St(efanowitsch), aus meinem Leben. — Bei den Stundisten. Reiseberichte. — Briefe aus Rußland.) 3., neu bearb. Aufl. m. 4 Abbildgn. (47 S.) 904. n.n. — 30
2. Aufl. (31 S.) 903. n.n. — 20.
4. Geschichte, die, des Märtyrers Mirsa Ibrahim, sowie einige Berichte aus dem Leben christgläubiger Muhammedaner. (Von Joh. Awetaranian.) Mit 14 Abbildgn. 3. verm. Aufl. (27 S.) 903. n.n — 20
5. Maljowantzi, die. (Eine russ. Sekte.) Von St. Mit 6 Illustr. im Text. (24 S.) 904. n.n. — 20
6. Blatt, e., aus der Geschichte des Stundismus in Rußland. Von Christophilos. Mit 3 Illustr. (20 S.) 904. n.n. — 20
7. Klostergefängnisse, russische. Von Christophilos. Mit 6 Abbildgn. (16 S.) 905. n.n. — 20
8. Leidensgeschichte e. Stundisten. Aus dem Russ. übers. u. m. Vor- u. Nachwort versehen v. Christophilos. Mit 7 Abbildgn. (36 S.) 905. n.n. — 40
9. Bekenntnisse e. Stundisten. Übers. u. m. Vorwort versehen v. Christophilos. (22 S.) 905. n.n. — 30

— z. Christlichen Orient. I. Serie: Rußland. 4. Hft. (Neue Nr.) gr. 8. Potsdam, Verlag d. deutschen Orient-Mission. — 50
Russische Reisetage. Von Ernst Ferd. Klein. Mit 22 Abbildgn. (44 S.) 909.

— dasselbe. II. Serie. Muhamedanermission. 1.—5. Heft. gr. 8. Ebd. 1. 60
Awetaranian, Johs. (Emirzadé Muhammed Schükri), die muhammedanische Presse u. die Propaganda des Islam der Gegenwart. (16 S.) 910. (Heft 5.) — 20
— Märtyrer aus den Muhammedanern. 6., wiederholt verm. Aufl. (31 S. m. 10 Abbildgn.) 910. (Heft 1.) — 30
Die 1. Aufl. erschien anonym u. ohne Numerierung.
Hughes, Th. P., was lehrt d. Koran üb. Jesus? Mit 3 Abbildgn. im Text. (16 S.) 909. (Heft 2.) — 30
Jessup, H. H., Kamil Abdul Messiah El Aietany. Ein Lebensbild. 2. Aufl. Übers. v. F. v. Belsen. (69 S.) 909. (Heft 3.) — 50
Mes'ud, Mehmed, ein muhammedan. Katechismus. Bearb. v. F. C. Andreas. (32 S. m. 3 Abb.) 910. (Heft 4.) — 40

— ornithologische, od Samml. getreuer, nach d. Natur copirter Vögel. Mit ill. Kpf. 16 Hft. 8. Bresl. 803. Schall. 16 ℊ

(Skandinavische Hefte.) 8°.
1.: Für und gegen Skandinavien. Darstellung und Prüfung der Ansichten und Zwecke verschiedener Anhänger und Gegner des Skandinavismus. 1. Heft: Peter Andreas Munch des Norwegers Ueber den Skandinavismus (in dessen neuester Gestalt. Aus der Norwegischen Monatsschrift II. 5. Christiania. 1857.) Frei übertragen mit Einleitung v. Constantin Dirckinck Holmfeld. Kopenhagen. 1857.
2.: Conflikt mit Deutschland und Einfluss auf die Debatte in Holstein und mit der Ständeversammlung. Der dänische Skandinavismus, oder der Schleswig-Danismus, im Conflikt mit der dänischen Monarchie, mit Deutschland und den Herzogthümern. Von Constantin Dirckinck Holmfeld. ebd. 1857.

— skandinavische. II.: Der dänische Skandinavismus, oder der Schleswig-Danismus, im Conflikt mit der dänischen Monarchie, mit Deutschland und den Herzogthümern. Von C. Dirckinck-Holmfeld. gr. 8. (28 S.) Kopenhagen 857. (Kiel, Homann.) *
Das 1. Heft erschien unter dem Sammeltitel: Für und gegen Skandinavien.

— stenographische, als Versuchsbeiträge zur Wahrung der Integrität des Gabelsberger'schen Systemes zur Erzielung der Schrifteinheit u. Vervollkommnung nach demselben vom Central-Verein der Stenographen des österreich. Kaiserstaates. Nr. 1 u. 2. gr. 8. (34 lith. S.) Wien 850. (Wenedikt.) 18 ngr

Hefte, Vaterländische. Mannheim 1854. V: *Gagern, Hnr. v.* (Hauptkat. d. Univ.-Bibl. Tübingen. F. S. 228.)

Hefte, vaterländische. I. II. Mannheim 854. Bassermann. 8. Jedes Heft 12 ngr
I. Wo ist das einige Deutschland? Eine Frage bei dem Ausbruche eines Krieges. (110 S.)
II. Der russische Krieg und der deutsche Bund. Sieben Kapitel aus der neuesten Geschichte. Mit Aktenstücken und einer Zeittafel. (133 S.)

— vaterländische, über innere Angelegenheiten für das Volk. Herausgeg. von Mitgliedern der 2. Kammer. 1., 2. Heft. gr. 8. Carlsruhe 842. (Holtzmann.) pro 1.—6. Hft. n. 1 fl
— 2. Bd. A. u. d. T.: Die Verfassungsfeier in Baden am 22. Aug. 1843. Herausgeg. v. Karl Mathy. gr. 8. Mannheim 843, Bassermann. n. 5/6 fl

— zur „Christlichen Welt". Nr. 1–13. gr. 8. Leipzig, F. W. Grunow. n. 5. 60
1. Der rechte evangelische Glaube. Ein Wort zum jüngsten Apostolikumsstreit v. M. Rade. (36 S.) 892. n. —40
2. Zur Würdigung d. Apostolikums. Geschichtliche Skizzen m. e. Nachwort v. Ferd. Kattenbusch. (18 S.) 892. n. —10
3. Antwort auf die Streitschrift Cremers: „Zum Kampfe um das Apostolikum" v. Adf. Harnack. (29 S.) 892. n. 10
4. Worum handelt es sich in dem Streit um das Apostolikum? Mit besond. Rücksicht auf Cremers Streitschrift beantwortet v. W. Herrmann. (36 S.) 893. n. —40
5. Die Norm d. echten Christentums. Von Hans Hinrich Wendt. (51 S.) 893. n. —50
6. Die Verpflichtung auf das Bekenntnis in der evangelischen Kirche v. Jul. Kaftan. (21 S.) 893. n. —10
7. Das Alte Testament u. die evangelische Gemeine v. Herm. Schultz. (27 S.) 893. n. —40
8. Wie dünket euch um Christus? Wes Sohn ist er? Ein Beitrag zum dermal. Streit v. L. Clasen. (48 S.) 893. n. —40
9. Christentum u. Staat. Evangelische Gedanken zum neuen konservativen Programm v. Gust. Habermann. (72 S.) 893. n. —60
10. Der 2. Artikel im Lutherschen kleinen Katechismus. Fragen u. Vorschläge v. W. Bornemann. (41 S.) 893. n. 40
11. Der Glaube an Jesus Christus u. die geschichtliche Erforschung seines Lebens v. Max Reischle. (46 S.) 893. n. 10
12. Wider den Reichsboten. Zu Sachen des Evangeliums u. der Freiheit v. Gust. Habermann. (61 S.) 893. n. —50
13. Das Apostolikum als Tauf- u. Konfirmationsbekenntnis. Von Karl Köhler. (22 S.) 894. n. 10

— z. „Christlichen Welt". Nr. 14–37. gr. 8. Leipzig. Freiburg, J. C. B. Mohr. n. 11 30
Inhaltsübersicht in alphabet. Ordnung:
Bibelwort u. Gotteswort. Von Evangelicus. (40 S.) 896. (23. Hft.) n. —40
Bonus, Arth., Perino, Ad., u. Mart. Schian, d. moderne Mensch u. d. Christentum. Skizzen u. Vorarbeiten. (40 S.) 898. (34. 35. Hft.) n. —75
Chapuis, P., sind wir noch Christen? (24 S.) 897. (26. Hft.) n. —50
Clasen, L., zur Verständigg. üb. d. Glaubensbegriff. (32 S.) 895. (19. Hft.) n. —40
Clemen, Carl, d. Ursprung d. heil. Abendmahls. (36 S.) 898. (37. Hft.) n. —60
Doerne, Frdr., die Ergebnisse der neuern alttestamentl. Forschungen u. ihre Bedeutg. für d. Kirche. (47 S.) 895. (15. Hft.) n. 40
Eck, S., üb. d. Bedeutg. d. Auferstehg. Jesu für d. Urgemeinde u. für uns. (36 S.) 898. (32. Hft.) n. —60
— welchen Segen bringt d. Beschäftigung m. d. modernen Theologie uns. prakt. Berufsleben? (25 S.) 894. (14. Hft.) n. —40
Eichhorn, Alb., das Abendmahl im Neuen Testament. (31 S.) 898. (36. Hft.) n. —40
Frommel, Gaston, Bedinggn. d. christl. Glaubens in d. Gegenwart. (32 S.) 895. (20. Hft.) n. —40
Glauben, vom alten neuen. Erlebnisse u. Bekenntnisse eines Laien. (58 S.) 895. (18. Hft.) n. —50
Harnack, Adf., zur gegenwärt. Lage d. Protestantismus. (24 S.) 896. (25. Hft.) n. 10
Hoffmann, R., üb. Erziehung z. Religion. (36 S.) 895. (22. Hft.) n. 40
Kayser, Kant's Bedeutg. für d. Protestantismus. (50 S.) 897. (30. Hft.) n. —75
Krüger, G., die neueren Bemühgn. um Wiedervereinigung d. christl. Kirchen. Durch Belege u. Erläutergn. verm. Abdr. a. d. „Christl. Welt". (38 S.) 897. (28. Hft.) n. —60
Lobstein, P., die altkirchliche Christologie u. d. evang. Heilsglaube. (36 S.) 896. (24. Hft.) n. 10
Loofs, Fr., d. Auferstehungsberichte u. ihr Wert. (39 S.) 895. (33. Hft.) n. 60
Meinhold, J., Wellhausen. (14 S.) 897. (27. Hft.) n. 60
Müller, Karl, u. Erich Förster, Kirche Christi u. Landeskirche. Zwei Vorträge, gehalten auf d. Evang. Konferenz in Schlesien. (75 S.) 895. (16. 17. Hft.) n. 60
Reischle, M., Christentum u. Entwicklungsgedanke. (42 S.) 898. (31. Hft.) n. 60
Schian, M., wider d. Perikopen. (35 S.) 897. (29. Hft.) n. —60
Secrétan, Charles, Religion u. Theologie. (31 S.) 895. (21. Hft.) n. —10

— zur „Christlichen Welt". Nr. 38–50. gr. 8. Tübingen, J. C. B. Mohr. n. 10. 35
38. Die Theologie der Wissenschaft. Von Ernst Rolffs. (32 S.) Freiburg 899. n. —60
39. Die Schöpfungsgeschichte, der Sündenfall u. der Turmbau zu Babel, in drei im akademischen Gottesdienst zu Halle geh. Predigten behandelt. Von Fr. Loofs. 1. u. 2. Tauf. (40 S.) Freiburg 900. n. —75
40. Gott in Christus. Von F. Niebergall. (32 S.) Freiburg 899. n. —60
41. Aufgaben u. Grenzen der lutherischen Dogmatik. Mit e. Nachwort zum Prozeß Weingart. Von Const. v. Kügelgen. (23 S.) 900. n. —60
42. Die Amtsentsetzung des Pastors Weingart in Osnabrück. Eine Streitschrift f. den Frieden. Von Emil Sulze. (41 S.) 900. n.n. —50
43. Reine Lehre, eine Forderung des Glaubens u. nicht des Rechts. Von Mart. Rade. (48 S.) 900. n. —80
44. Bismarcks Stellung zu Religion u. Kirche, zumeist nach eigenen Aeußergn. dargestellt. Von Otto Baumgarten. (128 S.) 900. n. 1. 60
45. Zur Erinnerung an Carl Weizsäcker. Von Alfr. Hegler. (70 S.) 900. n. 1.—
46. Ueber Ernst Haeckels Welträtsel. Zur Verständigg. zwischen Christentum u. Naturwissenschaft. Nebst e. Anh. üb. Baumanns Schrift zur Haeckelkontroverse. Von Aug. Heinr. Braasch. (19 S.) 900. n. —80
47. Theologie u. Kirche. Von Adf. Delsmann. (22 S.) 901. n. 55
48. Wie ist der Kampf um die Bedeutung der Person u. des Wirkens Jesu zu beendigen? Zweite Streitschrift f. den Frieden der Kirche. Von Emil Sulze. (56 S.) 901. n. —90
49. Mensch, der moderne, u. das Christentum. Skizzen u. Vorarbeiten. II. Nietzsches Mission. — Christlich od. modern? Von Hans Weichelt. (III, 36 S.) 901. n —75
50. Brauchen wir neue Offenbarungen? Von Willy Veit. (II, 53 S.) 901. n. —10

Hefte zur Christlichen Welt. Hrsg. v. Mart. Rade. 51–57. Heft. (1–7. Heft der neuen Folge.) 8. Tübingen, J. C. B. Mohr. n.n. 3. 55
51. Der evangelische Sinn unserer Kirchenverfassung. Von Erich Foerster. (23 S.) 904. n.n. —25
52. Kirchen, die evangelischen, u. der Staat. Leit-, Zeit- u. Streitsätze v. Schian, Foerster, Naumann, Katzer, v. Soden, Baumgarten. (40 S.) 905. n.n. —50
53. Unbewusstes Christentum. Von Mart. Rade. (23 S.) 905. n. —30
54. Weshalb wir in der Kirche bleiben! Ein Wort zur Verständigg. an die Veranstalter u. Besucher der landeskirchl. Versammlg. in Berlin u. ihre Gesinnungsgenossen in den deutschen evangel. Landeskirchen. Von Erich Foerster. (IV, 38 S.) 905. n. —40
55. Was ist den Reichsdeutschen an den kirchlichen Zuständen der Schweiz interessant? Von Carl Stuckert. (IV, 54 S.) 906. n. —80
56. Die Lehre der Reformation v. der Taufe. Ein theolog. Gutachten zum Bremer Taufstreit. Von Johs. Gottschick. (III, 55 S.) 906. n. —80
57. Gegen den Gotteslästerungsparagraphen. (Vortrag.) Von Rothe. — Gegen das Jesuitengesetz. Von Adf. Schreiber. (IV, 48 S.) 906. n.n. —50

— zur Christlichen Welt. Hrsg. v. Mart. Rade. 33., 58.—60. Heft. 8. Tübingen, J. C. B. Mohr. 2. 15
Guyot, Johs., Nachwort zum Fall Korell. Mit den Verhandlgn. der hess. Landessynode vom 8.–10. X. 1906 als Anh. (108 S.) 907. (Hft. 58. 59.) —90
Loofs, Frdr., die Auferstehungsberichte u. ihr Wert. 3., verb. Aufl. (45 S.) 908. (Hft. 33.) —75
Wentscher, Max, das Problem der Lehrfreiheit. (24 S.) 907. (Hft. 60.) —50

— für evangel. Weltanschauung u. christl. Erkenntnis. 1. Serie. 12. Nrn. gr. 8. Gr. Lichterfelde-Berlin 899. E. Runge. n. 4. 60

1. Über die Bekehrung des Paulus. Von Geo. Lasson. (III, 35 S.) n. — 50
2. Stichproben moderner Litteratur. Von Eremita. (III, 28 S.) n. — 50
3. Gotteskindschaft u. Gottesknechtschaft, die beiden Seiten des Heilsstandes in Schrift u. Predigt. Vortrag, geh. in der kirchl. Konferenz der Kurmark zu Potsdam am 3. V. 1898. Von B. Weiß. (III, 18 S.) n. — 30
4. Evangelisation. Von Geo. Lasson. (18 S.) n. — 30
5. Gottesgeist u. Menschengeist bei Paulus. — Der Wert der Persönlichkeit u. die kathol. Kirche. Von Simon. (V, 25 S.) n. — 50
6. Die Doppelausg. der Schriften d. Lukas. Von Ferd. Graefe. (20 S.) n. — 30
7. Jahve u. Baal. Vortrag, geh. an der Jahresversammlg. des Prov.-Vereins f. positive Union in Stettin am 6. X. 1898. Von Oettli. (19 S.) n. — 30
8. Irrenpflege einst u. jetzt. Von P. Karig. (16 S.) n. — 30
9. Warum glauben wir an Christus? Ein Vortrag. Von Rhold. Seeberg. (18 S.) n. — 40
10. Spurgeon als Kanzelredner. Von J. Pfeiffer. (22 S.) n. — 40
11. Streiflichter auf moderne Kunst u. Bildung. Von Eremita. (Grenzen der Kunst. — Moderne Malerei. — Künstler u. Publikum.) (III, 36 S.) n. — 50
12. Das kirchliche Begräbnis u. die Leichenverbrennung. Von Geo. Lasson. (III, 15 S.) n. — 30

Sonderabdrucke aus: „Kirchl. Monatsschr."

Hefte für evangel. Weltanschauung u. christl. Erkenntnis. 2. Serie. Nr. 1—3. gr. 8. Gr. Lichterfelde-Berlin, E. Runge. n. 1. 30

1. 100 Jahre preußischer Kirchengeschichte. Eine Säkularbetrachtg. Von Geo. Lasson. (IV, 32 S.) (900.)
2. Zinzendorf. Zur 200. Wiederkehr seines Geburtstages am 26. V. 1900. Von Geo. Lasson. (24 S.) (900.)
3. Das Unwesen des Pseudochristentums. Notgedrungene Bemerkgn. zu Adolf Harnacks Buch üb. das Wesen des Christentumes. Von Geo. Lasson. (16 S.) (900.)

Sonderabdrucke aus: „Kirchl. Monatsschr."

Hefte f. evangel. Weltanschauung u. christl. Erkenntnis. II. Serie. Nr. 4. u. 5 gr. 8. Gr.-Lichterfelde-Berlin, E. Runge. n. 1. 10

4. Vorsehungsglaube u. Naturwissenschaft. Ein Vortrag. Von Otto Kirn (27 S.) (903.) n. — 60
5. Die Bedeutung des Evangeliums Johannes f. die christliche Lehre. Von J. L. Nuelsen. (24 S.) (903.) n. — 50

— für evangel. Weltanschauung u. christl. Erkenntnis. II. Serie. Nr. 6. 8. Gr.-Lichterfelde, E. Runge. — 50

Die Offenbarung Gottes in der Geschichte der christlichen Kirche. Von Erich Schaeder. (22 S.) 907.

— der pädagogischen Zeitung. I. 8. Berlin, W. & S. Loewenthal. — 35

Der Lehrermangel nach seinen Ursachen u. Wirkungen. Vortrag im Berliner Lehrerverein am 21. VI. 1907. Von A. Günther. (47 S.) 907.

— zwanglose, f. Comptoir u. Reise. Nr. 1: Das Lied vom Hauptbuche. Von D. D..... gr. 8. (16 S.) Malchin 871. Stiller in Comm. n.n. — 25

Hefte, zwanglose, über die schleswig-holstein. und lauenburgische Erbfolgefrage von einem deutschen Publizisten. Heft Nr. 1. gr. 8. (41 S.) Göttingen 847, Vandenhoeck und Ruprecht. *.

— zwanglose, juristischen Inhalts, insbesond. zur Erläuterg. der Justizgesetze, welche für die der preuß. Monarchie im J. 1866 einverleibten Gebiete erlassen sind, durch Mittheilg. kurzer Aufsätze u. von Entscheidgn. der höheren Gerichte &c. herausg. von Wilh. Möller u. Julius Wolff. 1. Heft. Marburg 868. Ehrhardt. gr. 8. (II, 80 S.) n. 12½ ngr.

Hefte, zwanglose, juristischen Inhalts &c. 2. Heft. Marburg 868. Ehrhardt. gr. 8. (S. 81—166.) n. 14 ngr.

— — 3. Heft. Ebend. 869. gr. 8. (S. 167—224.) n. 10 ngr.

— zwanglose, f. Lernende im Eisenbahndienste, hrsg. vom Verein der Beamten der königl. sächsischen Staatseisenbahnen. 34. Hft. gr. 8. (S. 451—482.) Dresden 901. Verein der Beamten der königl. sächs. Staatseisenbahnen, Bez. Dresden. n.n.n. — 40

Nicht im Handel.

— zwanglose, f. die gebildete Welt. Hrsg. v. Napoleon Homolatsch. 1. Bd. 1. Hft. gr. 8. (III, 112 S.) München 872. Homolatsch. (?) n. 2. 70

Heften, Benedictus. Leidlieb. Linz ca. 1850. Ü: *Sirowy, Johann.* (WBL)

Hefter, s.a. Heffter.

Hefter, Adam, Hauseritne Seneca in dialogo secundo e Ciceronis de finibus tertio et Tusculanarum disputationum quinto libro quaerit H. Progr. gr. 8. (38 S.) St. Paul 902. (Klagenfurt, F. v. Kleinmayr.) n. 1. —

Hefter, Gust., Technologie der Fette u. Öle. Handbuch der Gewinng. u. Verarbeitg. der Fette, Öle u. Wachsarten des Pflanzen- u. Tierreichs. Unter Mitwirkg. v. G. Lutz, O. Heller, Fel. Kassler u. anderen Fachmännern hrsg. 1. Bd. Gewinnung der Fette u. Öle. Allgemeiner Tl. Mit 346 Textfig. u. 10 Taf.. (XVIII, 741 S.) gr. 8. Berlin 906. J. Springer. n. 20. —; geb. in Halbldr. n. 22. 50

Hefter, Gust., Technologie der Fette u. Ole. Handbuch der Gewinng. u. Verarbeitg. der Fette, Öle u. Wachsarten des Pflanzen- u. Tierreichs. Unter Mitwirkung v. G. Lutz, O. Heller, Fel. Kassler u. a. Fachmännern hrsg. 2. u. 3. Bd. gr. 8. Berlin, J. Springer. 60. —; geb. in Halbldr. n 66. —

2. Gewinnung der Fette u. Öle. Spezieller Tl. Mit 155 Textfig. u. 19 Taf. (X, 974 S.) 908. 28. —; geb. n 31. —
3. Die Fett verarbeit. Industrien. (XII, 1023 S. m. 202 Fig. u. 13 Taf.) 32. —; geb. n 35. —

Bd. I. Ebd. 906. 20. —; geb. 22. 50

Der Kriegs-Schauplatz in Süd-Afrika 1899/1900. Bearb. von A. **Hefti**, Hauptm. Zürich. Maasst. 1:1,000,000. [Mit 2 Nebenkarten.] *Zürich 1900: Gebr. Fretz.* (1 Kartenbl. je 81 × 72 cm.) gr. 2° [kol.]

Hefti, Andreas: Grundzüge zu einem neuen Exerzierreglement für die schweizerische Infanterie. ⟨Mit einer Figurentafel.⟩ Sonderabdruck aus der «Schweiz. Monatschrift für Offiziere aller Waffen [Jahrg. 18, 1906, № 2].» 6 S. 8. [Frauenfeld, Huber & Co.]

Hefti, Fritz. (1.) Bestimmung minimaler Mengen Arsen; (2.) Best' grösserer M' A' auf elektrolytischem Wege. Diss. Phil. [II.] Univ. Zürich. [Mit Figuren und 3 Tafeln.] IV + 65 S. 8. Zürich, Juchli & Beck, 1907.

Heftl, J. J., ein Beitrag zur Kenntniss der speziell in Centraleuropa vorkommenden, sowie der bekannteren fremden Giftpflanzen u. Pflanzengifte, ihrer Anwendung, sowie deren Gegengifte. 8. (124 S.) Schwanden 889. (Glarus, Baeschlin.) n. 2. —

Hefti, Jacob. A die falsch Adresse oder die fatale Silbe «en». Schwank in einem Aufzug von Jakob H'. 34 S. 8. St. Gallen, Zweifel-Weber, [1905]. fr. —. 90

A die falsch Adresse oder die fatale Silbe 'en'. Schwank in 1 Aufz. von Jakob **Hefti**. St. Gallen: Zweifel-Weber [1909]. 34 S. 8° (09. 8083

Hefti, J[acob]. Der Geissbuob. Ein Lebensbild aus dem Glarnerland mit Gesang in 4 Akten. Schweizerisches Volksschauspiel. [Mit Noten.] 57 S. 8. Aarau, H. R. Sauerländer & Co., 1905. [fr. —. 80]

Hefti, Jacob. Drei Generationen. Volksschauspiel mit Gesang in 4 Akten von Jakob H'. 87 S. 8. Weinfelden, A.-G. Neuenschwandersche Buchdr., 1910. (fr. 1. 50)

Hefti, Jacob. Der Sonnenhof-Franz. Volksdrama mit Gesang in 4 Akten in Glarner Mundart von Jakob H'. 126 S. 8. Aarau, H. R. Sauerländer & Co., 1907. [fr. 1.60]
Gewidmet dem Männerchor seiner Heimatgemeinde Luchsingen.

Hefti, Jacob. Der couragierte Stellvertreter. Humoristischer Schwank aus dem Stationsbureau in 1 Akt von Jakob H'. 16 S. 8. Weinfelden, A.-G. Neuenschwander'sche Buchh., [1909]. fr. 1.—

— Der couragierte Stellvertreter. Humoristischer Schwank aus dem Stationsbureau in 1 Akt. (16 S.) 8. Weinfelden (910). A.-G. Neuenschwander'sche Buchh. — 80

Hefti, J(acob). En uverhoffti Verlobig. Schwank in einem Aufzug. 17 S. 8. St. Gallen, Zweifel-Weber, [1906]. fr. 1.50

Hefti, Jacob. E Waffe-Inspektion mit Hindernisse. Humoristischer Schwank in 1 Akt von Jakob H'. 24 + 1 S. 8. Weinfelden, A.-G. Neuenschwander'sche Buchh., [1909]. (fr. 1. —)

— E. Waffe-Inspektion m. Hindernisse. Humoristischer Schwank in 1 Akt. 2. verb. u. verm. Aufl. (22 S.) kl. 8. Ebd. 910. — 80

Hefti, J(acob). Wie me en uwerdi Tante los wird. Schwank in 1 Aufzug. 17 S. 8. St. Gallen, Zweifel-Weber, [1906]. fr. 1.50

Hefti, Jacob. Zweimal überlistet oder der Zufall als Helfershelfer. Lustspiel mit Gesang in 1 Akt, von Jakob H'. 39 S. 8. St. Gallen, Zweifel-Weber, [1906]. fr. —.90

Hefti-Degrenon, A. Gedenkschrift zum 25jährigen Jubiläum des kaufmännischen Vereins Zürich am 27. März 1886. Gr. in-8⁰, 48 S. Zürich, J. Herzog. 1886. 1 50

Hefti-Luchsinger, F., Bericht über Gruppe 3 der schweizerischen Landesausstellung Zürich 1883: Wollen-Industrie. gr. 8. (22 S.) Zürich 884, Orell, Füssli und Comp. *

Heftiger, oder ein Siebentheil des Kur'ans ꝛc., s. Frähn.

Heftlein, ein, an den großen Heftmacher der Staatsanzeigen, A. L. Schlözer zu Göttingen. 8. Augsb. 783. M. Rieger. 2 K

Heftler, Lucian (geb. Czenstochau in Polen 21. 2. 1853): Ueber den Vorfall der Scheide und der Gebärmutter. Berlin (1875). (32 S.) 8⁰
Berlin, Med. Diss. v. 7. Aug. 1875

Hefty, Frdr., Albrecht Goerth. Lyrik-Schwärmerei, Afterlyrik u. Blaustrumpftum. Studien zu e. Geschichte d. deutschen Dichtkunst. I. Thl. Johanna Ambrosius. E. Gegenkritik. [Aus: „Preßburger Zeitg."] gr. 8. (14 S.) Preßburg 896. G. Heckenast's Nachf. Kostenlos.

Hefty, F., der Unterricht in den modernen Sprachen an Handelsschulen höheren Grades, m. besond. Berücksicht. d. Deutschen, Französischen u. Englischen. gr. 8. (27 S.) Pressburg 887. Heckenast's Nachf. n. — 60

Hegar, Alfred (Darmstadt)
Ueber Ausscheidung der Chlorverbindungen durch den Harn. Giessen: M.A.J. Merck 1852. 23 S. u. 2 Taf.
Diss. med. 15.3.1852. vorh. 26. 7.

Hegar, Alfr., s.: Beiträge zur Geburtshilfe u. Gynaekologie.

Hegar, A., zur gynäkologischen Diagnostik, s.: Sammlung klinischer Vorträge.

— über Einführung v. Flüssigkeiten in Harnblase u. Darm. 2. Abdr. der früheren Aufsätze. gr. 8. (22 S.) Freiburg i/Br. 875. Wagner. n. — 60

Hegar, Alfr., die Entstehung, Diagnose und chirurgische Behandlung der Genitaltuberculose des Weibes. gr. 8. (IV, 60 S.) Stuttgart 886, Enke. * 2 —

— zur Geschichte der operativen Behandlung des Gebärmutterkrebses m. besond. Berücksicht. Badens. (24 S.) 8. Freiburg i/B. 905. Speyer & Kaerner. n. — 80

Hegar, Alfr., der Geschlechtstrieb. Eine socialmedicin. Studie. gr. 8. (VI, 154 S.) Stuttgart 894. F. Enke. n. 4. 80

— u. R. **Kaltenbach**, die operative Gynaekologie m. Einschluss der gynaekolog. Untersuchungslehre. gr. 8. (VIII, 459 S.) Stuttgart 874. Enke. n. 9. —

— u. R. **Kaltenbach**, die operative Gynäkologie mit Einschluss der gynäkologischen Untersuchungslehre. 2., gänzlich umgearb. u. verm. Aufl. Mit 236 in den Text gedr. Holzschn. gr. 8. (XII, 773 S.) Stuttgart 881. Enke. n. 18. —

— und R. Kaltenbach, die operative Gynäkologie mit Einschluss der gynäkologischen Untersuchungslehre. 3. gänzlich umgearb. und verm. Aufl. gr. 8. (XI, 835 S. mit 248 in den Text gedr. Holzschn.) Ebendas. 886. * 20 —

(A[lfred]) Hegar-[Rudolf] Kaltenbach. Operative Gynäkologie m. Einschl. d. gynäkol. Untersuchgslehre. 4. umgearb. u. verm. Aufl. Hrsg. v. A. Hegar unt. Mitw. v. W[ilh.] Wiedow, E[rnst] Sonntag, G[ustav] Bulius. M. 276 in d. Text gedr. Holzschn. *Stuttgart: F. Enke 1897.* (X, 923 S.) 1 Bd 8. [97. 1450

Hegar, A., zur puerperalen Infektion u. zu den Zielen unserer modernen Geburtshilfe, s.: Sammlung klinischer Vorträge.

Hegar, Alfr., die Castration der Frauen, s.: Sammlung klinischer Vorträge.

— Korrelationen der Keimdrüsen u. Geschlechtsbestimmung. (35 S.) 8. Ebd. 903. n. 1. —

— zur Ovariotomie, s. Sammlung klinischer Vorträge.

Hegar, Alfr., die Pathologie und Therapie der Placentarretention für Geburtshelfer und praktische Ärzte. Berlin 862. Hirschwald. Lex.-8. (VII, 209 S.) n. 1 ₰ 10 ngr.

Hegar, Alfr., die Rückenmarksdehnung, s. Sammlung klinischer Vorträge.

Hegar, Alfred, Ignaz Philipp Semmelweiss. Sein Leben und seine Lehre, zugleich ein Beitrag zur Lehre der fieberhaften Wundkrankheiten. Mit 1 Abb. (Programm z. Feier d. Geburtsfestes Großherzogs Friedrich.) Freiburg (J. C. B. Mohr [Paul Siebeck], Druck: C. A. Wagner) 1882. 51 S. (6.50)
13855

— Spezialismus u. allgemeine Bildung. Antrittsrede, bei der Übernahme des Prorectorates der Universität Freiburg am 6. Mai 1882 geh. gr. 8. (32 S.) Ebend. 882. n. — 75

— zur geburtshilflichen Statistik in Preussen u. zur Hebammenfrage, s.: Sammlung klinischer Vorträge.

Hegar, Alfr., die Sterblichkeit während Schwangerschaft, Geburt u. Wochenbett unter Privatverhältnissen, ihre Ursachen u. die Mittel ihrer Verminderung. Nebst Anh.: Die in der gynäkologischen Klinik von Prof. Hegar ausgeführten Urinfistel-Operationen, zusammengestellt von Rud. Kaltenbach. Freiburg i. Br. 868. Troemer. gr. 8. (78 S.) n. 15 *ngr.*

— die Verkümmerung der Brustdrüse u. die Stillungsnot. (16 S.) Lex.-8. Berlin (906). Verlag der Archiv-Gesellschaft. n. — 60
Sonderabdruck aus: „Archiv f. Rassen- u. Gesellschafts-Biologie".

(8) Verkümmerg. der Brustdrüse. 906. Jetzt: Leipzig. B. G. Teubner.

— der Zusammenhang der Geschlechtskrankheiten m. nervösen Leiden u. die Castration bei Neurosen. gr. 8. (VIII, 83 S.) Stuttgart 885. Enke. n. 2. 40

Hegar, August *Wilhelm* [app. Arzt aus Freiburg i. Br.]: Aus d. patholog. Institute zu Kiel. Die Tuberkulose der Schilddrüse ... Kiel, Druck v. Schmidt & Klaunig, 1891 ([Umschlagt.:] 1892); 13 S. 8.
Kiel, Med. Fak., Inaug.-Diss. v. [31. März] 1892

Hegar's, Fr., Lebensbild, s.: Biographien schweizerischer Tonkünstler.

Hegar, Friedrich. Ahasvers Erwachen. Dichtung von Adolf Frey. Für Baryton Solo, gemischten Chor und Orchester = The Wandering Jew's Awakening. Libretto by A' F". Set to music for Baritone Solo, Chorus and Orchestra. English Words by Paul England. Op. 34. Klavier-Auszug. 57 S. gr.-8. Leipzig und Zürich *etc.*, Gebrüder Hug & Co, 1904.
Kl'-A' M. 6. —, Chorstimmen (à 1. —) 1. —. Textbuch —. 15; Orchester-Partitur M. 20. —, O'-Stimmen 20. —

Hegar, Friedrich. Das Herz von Douglas. Ballade von Moritz von Strachwitz, für Tenor- und Baryton-Solo, Männerchor und Orchester in Musik gesetzt von F" H'. Op. 36. Klavier-Auszug. 51 S. 4. (Zürich,) Fr. Hegar (*Aufdruck:* F. E. C. Leuckart, Leipzig), 1905. Klavier-Auszug M. [6. —], *etc.*

Hegar, Frdr., s.: Sammlung v. Volksgesängen f. gem. Chor.

— s.: Dasselbe f. Knaben, Mädchen u. Frauen.

Hegar, Johann August

Hegar, Aug., die orientalisch. Bäder in Bezug auf das zu Darmstadt neu errichtete Ludwigs-Bad. Mit 1 lithogr. Grund- und Aufriß u. Titelbild. 12. Darmstadt 838. Leske. 5/12 ℛ︀

Hegar, Jh. Aug., Beitrag zur Geschichte der Anwendung des Calomels od. milden salzsauren Quecksilbers in den Krankheiten d. Menschen. 8. Darmst. 830.

Hegar, Joh. Aug., Vademecum f. d. Behandl. d. morgenländ. Cholera, od. Materia medica u. Handbuch, welches nach d. ältern, neuern u. neuesten Erfahrn. in Russland, Pohlen, Preussen, Gallicien u. Ungarn, f. prakt. Aerzte bearb. worden ist. 16. (13¼ B.) Darmstadt 831, [Heyer, Vrlsbuchh.]

—— (Supplementschrift hierzu u. d. T.:) Zur Klinik d. neuesten morgenländ. Krankheit, od. prakt. Resultate, gezogen aus d. Erfahrn. d. besten, zumahl deutscher Aerzte u. mit d. Ergebnissen mehr., nach d. Choleragegenden unternomm. Reisen zusammengest.; so wie Nosologie u. Therapie verschied. Formen d. gastro-enterischen Fiebers, als häufigsten Vor- u. Nachkrankheiten d. Cholera. M. 1 Stnt. (gr. 4.) gr. 8. (12 B.) Darmstadt 832, [Heyer, Vrlsbuchh.]

Hegar, Karl, approb. Arzt aus Freiburg (Baden): Aus d. pathol. Institut zu Giessen. Embryom oder Dermoid des Beckenbindegewebes? *Giessen 1899: v. Münchow.* (42 S.) 8°
Giessen, Med. Diss. v. 1899

Hegar, Osc., musicalische Instrumente, s. Weltausstellung, internationale, 1878, in Paris.

Hegau, s.: Schwarzwald, Karte.

Hegnaur, Engelb., s.: Berlichingen, des Ritters Götz v., Lebens-Beschreibung.

— s.: Schertlin v. Burtenbach, Seb., Leben u. Taten.

Hege, Christian, die Täufer in der Kurpfalz. Ein Beitrag zur badisch-pfälz. Reformationsgeschichte (V, 178 S.) gr. 8. Frankfurt a/M. 908., (H. Minjon). 3.50; geb. in Leinw. 4. —

Hege, Christine: Kurze Geschichte der Mennoniten. *Frankfurt am Main: Herman Minjon 1909. VIII, 126 S.*

Hegedüs, v., Handbuch f. d. beritt. Infanterie-Officier. 12. (VIII, 89 S. m. 1 Taf.) Budapest 892. (Wien, L. W. Seidel & Sohn.) n. 1.—

Hegedüs, Alexander v., Der lateinische Münzbund 1865—1885. 8°. Budapest, Dobrowsky & Franke. fl —.50. 1886.

Hegedüs, Osc., ungarische Judikatur. Mit besond. Rücksicht auf das Rechtsverhältnis zu Österreich, Rechtsprechg. der ungar. königl. Kurie, der königl. Tafeln, des Verwaltungsgerichtshofes u. Entscheidgn. d. Ministerien. (28 S.) gr. 8. Wien 909. Manz. — 85
Sonderabdruck aus: „Jurist. Blätter".

Hegedüs, Sandor: Geschichte des Nationalturnvereins. . . . s. Bernath, Béla

Hegedüs, Stephan, s.: Analecta recentiora ad historiam renascentium in Hungaria litterarum spectantia.

Hegel u. Preußen. gr. 12. Frankfurt a/M. 841. (Jäger'sche Buchh.) 3/8 ℛ︀

Hegel, Carl, s. Hegel, Karl.

Hegel, Georg Ludwig (Reuttlingen), De restitutionis restitutione in integrum. Disp. jur. Präs. Wolffgang Adam Schöpff. Tübing. (Bauhof & Wwe. Pflick) Mai 1743. 46 S. (8.—) 13857

Hegel, Georg Wilhelm Friedrich

Hegel's, Geo. Friedr. Wilh., Leben und Wirken, s. Foucher de Careil, Graf Alex.

—— s. Rosenkranz, Karl.

Hegel's Ansichten über Erziehung und Unterricht. In drei Theilen. Als Fermente für wissenschaftliche Pädagogik etc. aus Hegel's sämmtlichen Schriften gesam. u. systematisch geordnet v. Gustav Thaulow. 8°
Th. 1. Zum Begriff der Erziehung etc. Gehöriges. Kiel. 1853.
Th. 2. Abth. 1–2. Zur Geschichte der Erziehung. ebd. 1854.
Th. 3. Zur Gymnasialpädagogik und zur Universität Gehöriges. ebd. 1854.

Hegel, (Geo. Wlh. Fr., (†. d. 14. Nov. 1831.) Beurtheilung d. im Druck erschien. Verhandlungen in der Versamml. der Landstände des Königr. Würtemberg im J. 1815 u. 16. I — XXXIII. Abtheil. (Aus d. Heidelberg. Jahrb. abgedr.) gr. 8. Heidelb. 818. Mohr. 16 gl.

G. W. F. Hegel: Differenz d. Fichte'schen u. Schelling. Systems d. Philos., in Bezieh. auf Reinhold's Beitrr. z. leicht. Uebers. u. s. w. *Jena*, Akad. B. 801. gr 8° 18 *gl*

— Differenz des Fichte'schen u. Schelling'schen Systems. gr. 8. Jena 801. (Hennings in Reisse). 18 gl

— Encyklopädie der philos. Wissenschaften. gr. 8. Heidelb. 817. Oßwald. 2 ß 2e Ausg. gr. 8. Ebd. 827. Ebd. 3 ß 3e Ausg. gr. 8. Ebd. 830. Oßwald. (Winter). 3 ß 12 gl

— Encyclopädie d. philosophischen Wissenschaften im Grundrisse. 1r Thl. Die Logik. Herausg. u. nach Anleitung der vom Verfass. gehaltenen Vorlesungen mit Erläuterr. u. Zusätzen vers. von Leop. v. Henning. gr. 8. Ebd. 840. n. 2½ ß

G. F. W. **Hegel**'s Encyklopädie d. philos. Wissenschaften im Grundr., z. Gebrauch sr. Vorless. (1e — 3e A. *Heidelb.*, Osswald. 817-30.) 4e unveränd. A. m. e. Vorw. v. K. **Rosenkranz**. *Berl.*, Duncker u. Humblot. 845. gr 8° 2ß 8gl

Georg Wilhelm Friedrich **Hegel**. Encyclopädie der philosophischen Wissenschaften im Grundrisse. In 2. Aufl. neu hrsg. von Georg Lasson, Pastor, Berlin. Leipzig: Dürr 1905. (LXXVI, 522 S.) 8°
= **Bibliothek**, Philosophische. [Neue Ausg.] Bd 33. [05. 8336]

Georg Wilh. Friedr. **Hegel's** Encyklopädie der philosophischen Wissenschaften im Grundrisse. Mit d. Zusätzen aus d. Collegien u. einigen Anm. z. Erläut., Verteidigung oder Berichtigung f. d. akad. Gebr. hrsg. von G[erardus] J[ohannes] P[etrus] J[osephus] Bolland, Prof., Leiden. Leiden: A. H. Adriani 1906. (LXXV, 1070 S.) 8° [06. 14360]

Hegel's, Geo. Wilh. Frdr., Encyklopädie der philosophischen Wissenschaften im Grundrisse. Mit den Zusätzen aus den Collegien u. einigen Anmerkgn. zur Erläuterg., Verteidigg. u. Berichtigg. f. den akadem. Gebrauch hrsg. v. G. J. P. J. Bolland (LXXVI, 1072 S.) gr. 8. Leiden 906. (Amsterdam, J. Müller.) n. 25. —

— Der Geist des Christentums u. sein Schicksal. Aus Hegels theolog. Jugendschriften nach den Handschriften der kgl. Bibliothek in Berlin hrsg. v. Herm. Nohl. (VIII, 102 S.) gr. 8. Tübingen 907. J. C. B. Mohr. 8. —

— Grundlinien der Physiologie des Rechts. (A. u. d. T.: Naturrecht u. Staatswissenschaft im Grundrisse.) gr. 8. Berl. 820. Nicolai. 2 ß 4 gl

— Grundlinien der Philosophie des Rechts. gr. 8. Berlin, Nicolai. 821.
auch unter dem Titel:
Naturrecht u. Staatswissenschaft im Grundrisse.

Hegel, Ge. Wilh. Friedr.: Grundlinien der Philosophie des Rechts, oder Naturrecht und Staatswissenschaft im Grundrisse. Hrsg. v. Ed. Gans. Berlin 1833.
(Hegels Werke. Vollständ. Ausg. Bd 8.)

[Georg Wilhelm Friedrich] **Hegel**. Ein Überblick über s. Gedankenwelt in Ausz. aus s. Werken. Zsgest. u. mit e. Einl. versehen von Georg Lasson, ⟨Pastor, Berlin⟩. Stuttgart: R. Lutz [1906]. (299 S.) 8°
= **Gedankenwelt**, Aus d., grosser Geister. 4. [08. 11177]

— ein Überblick üb. seine Gedankenwelt in Auszügen aus seinen Werken. Zusammengestellt v. Geo. Lasson, s. a. Aus der Gedankenwelt grosser Geister. 4. Bd.

— s. Hinrichs, H. F. W.: Religion.

— s. Journal, krit., d. Philosophie.

[Georg Wilhelm Friedrich] **Hegels** theologische Jugendschriften nach d. Handschriften d. Kgl. Bibliothek in Berlin hrsg. von Dr. Herman Nohl. Tübingen: J. C. B. Mohr 1907. (X, 405 S.) 8° [F.] [07. 8879]

Hegel, Geo. Wilh. Frdr., Kritik der Verfassung Deutschlands. Aus dem handschriftl. Nachlasse des Verf. hrsg. v. Geo. Mollat. Nebst e. Beilage. gr. 8. (VII, 143 S.) Cassel 893. Th. G. Fisher & Co. n. 4. —

G[eorg] W[ilhelm] F[riedrich] **Hegel**. Das Leben Jesu. Harmonie d. Evangelien nach eigener Übersetzung. Nach d. ungedr. Hs. in ungekürzter Form (im Auftr. d. Soc. des Amis de l'Univ. de Paris) hrsg. von Paul Roques. Jena: E. Diederichs 1906. (XVI, 210 S.) 8° [06. 19604]

— Das Leben Jesu. Aus Hegels theolog. Jugendschriften nach d. Handschriften d. kgl. Bibliothek in Berlin hrsg. v. Herm. Nohl. (VII, 64 S.) gr. 8. Ebd. 907. 1. 50

Hegel's, Geo. Wilh. Frdr., kleine Logik, nebst dem Kapitel üb. Raum, Zeit u. Bewegung nach dem Texte der Encyklopädie in der Ausg. seiner sämmtl. Werke f. das akadem. Studium m. e. Kommentar hrsg. v. G. J. P. J. Bolland. 1. Bd. Text. gr. 8. (347 S.) Leiden 899. (Amsterdam, J. Müller.) n. 6. 60

G. W. F. **Hegel**'s Naturrecht und Staatswissensch. im Grundriss; zum Gebr. bey seinen Vorles. (Auch unt. d. Titel: Grundlinien d. Philos. d. Rechts.) *Berl.*, Nicolai. 820. 8° 2ß 4gl

Hegel, Georg Wilh. Friedr.: „Naturrecht und Staatswissenschaft im Grundrisse, oder Grundlinien der Philosophie des Rechts", Berlin 1821. — Vorh.: Bibl. des Oberlandesgerichts Celle —

Oratio in sacris saecularibus tertiis traditae confessionis Augustanae in universitate... Berolinensi die 25. m. Iunii a. 1830 rite peractis habita a Georgio Guil. Frid. **Hegel**, Rectore. Berolini et Stettini: Nicolai 1830. (11 S.) 4° ¶ Wieder abgedr. in d. Verf. Vermischten Schriften hrsg. v. F. Förster u. L. Boumann II 1835 S. 318-330.

—— Phänomenologie d. Geistes. Hrsg. v. Joh. Schulze. gr. 8. (39 B) Berlin 832, Duncker u. Humblot.

Hegel, G. W. F. Phänomenologie des Geistes. Herausgeg. von J. Schulze. 2. A. Berlin 1841.

Georg Wilh. Friedr. **Hegel**'s Phænomenologie des Geistes. Mit e. Einl. u. einigen erl. Anm. am Fusse d. Seiten f. d. akad. Gebr. hrsg. von G[erardus] J[ohannes] P[etrus] J[osephus] Bolland, Prof. Leiden: A. H. Adriani 1907. (XXXVIII, 751 S.) 8° [07. 13457]

— Phänomenologie des Geistes, m. e. Einleitg. u. einigen erläut. Anmerkgn. am Fusse der Seiten f. d. akadem. Gebrauch hrsg. v. G. J. P. F. Bolland. (XL, 752 S. m. Bildnis.) Lex. 8. Leiden 907. (Amsterdam, J. Müller.) 16. —

Georg Wilhelm Friedrich **Hegels** Phänomenologie des Geistes. Jubiläumsausg. In rev. Text hrsg. u. mit e. Einl. versehen von Georg Lasson, Pastor, Berlin. Leipzig: Dürr 1907. (CXIX, 532 S.) 8° [F.]
= **Bibliothek**, Philosophische. [Neue Ausg.] Bd 114. [07. 15080]

G. W. F. **Hegel**'s Philos. in wörtl. Auszügen; f. Gebild. a. dess. Werken zusammengestellt u. m. e. Einleit. h. v. Cst. **Frantz** u. A. **Hillert**. *Berl.*, Duncker u. Humblot. 843. gr 8° 3ß

[Georg Wilhelm Friedrich] **Hegels** Religionsphilosophie in gekürzter Form mit Einführung, Anm. u. Erl., hrsg. von Arthur Drews. Jena & Leipzig: E. Diederichs 1905. (LXXXVIII, 474 S.) 8° [05. 5478]

—— vermischte Schriften. Hrsg. v. Friedr. Förster u. Ludw. Boumann. 2 Bde. gr. 8. (72 B.) Berlin 834, 85, Duncker u. Humblot.

— System der Sittlichkeit. Aus dem handschriftl. Nachlasse des Verf. hrsg. v. Geo. Mollat. gr. 8. (IV, 71 S.) Osterwieck 893. A. W. Zickfeldt. n. 2. —

G. W. F. **Hegel**'s System d. Wissenschaft. 1r Bd.: d. Phänomenologie d. Geistes. *Bamb.*, Göbhardt. 807. gr8°

— System der Wissenschaft. 1r Thl., die Phänomenologie des menschlichen Geistes. gr. 8. Bamb. 807. (Wesché in Frankf.) 4 ᵲ

—— Vorlesungen üb. d. Aesthetik. Hrsg. v. H. G. Hotho. 3 Bde. gr. 8. Berlin, Duncker u. Humblot. [1. 1. Aufl. ($35\frac{1}{2}$ B.) 835. * $3\frac{1}{3}$ Thlr., 2. A. ($34\frac{1}{2}$ B.) 842. * $2\frac{1}{6}$ Thlr., 2. ($29\frac{1}{2}$ B.) 837. * $2\frac{2}{3}$ Thlr., 3. (37 B.) 838. * 3 Thlr.] *

—— Vorlesungen über die Aesthetik. Register, s. a. Register.

G. W. F. **Hegel**'s Vorlesungen üb. d. Aesthetik. Register, nebst d. betreff. ergänz. Verweisungen auf dess. sämmtl. übrige Werke. *Mainz*, Faber. B. 844. gr8° 12*gl*

—— Vorlesungen üb. d. Geschichte d. Philosophie. Hrsg. v. Karl Ludw. Michelet. 3 Bde. gr. 8. (1. u. 2. $64\frac{1}{2}$ B.) Berlin 833, Duncker u. Humblot.
Der 3. Bd. wird noch erwartet.

Hegel, G. W. F. Geschichte der Philosophie. Herausgeg. von K. L. Michelet. Berlin 1833—36. 3 Bde.

— Vorlesungen üb. die Geschichte d. Philosophie, als Vorschule z. Encyklopädie m. einigen Anführgn. u. Anmerkgn. zur Erläuterg., Verteidigg. oder Berichtigg. Für d. akadem. Gebrauch hrsg. v. G. J. P. F. Bolland. (XXVIII, 1088 S.) gr. 8. Leiden 908. (Amsterdam, J. Müller.) 25.—; geb. n 30. —

— dasselbe, s.: Universal-Bibliothek.

— Vorlesungen über die Philosophie d. Geschichte. Herausg. von E. Gans. gr. 8. Ebd. 837. n. $2^{2}/_{3}$ ᵲ — Neue 2e Ausg.: Grundlinien d. Philosophie d. Rechts oder Naturrecht und Staatswissenschaft im Grundrisse. Herausg. von Ed. Gans. gr. 8. Ebd. 840. n. $1^{5}/_{6}$ ᵲ

— Vorlesungen über die Philosophie der Religion. Nebst einer Schrift über die Beweise vom Dasein Gottes. Herausg. v. Ph. Marheineke. 2 Bde. gr. 8. Ebd. 832. n. $5^{2}/_{3}$ ᵲ — 1r Bd. 2e Aufl. 840. 2 ᵲ

Georg Wilhelm Friedrich **Hegel**'s Vorlesungen über die Philosophie der Religion. Mit e. Commentar hrsg. von G[erardus] J[ohannes] P[etrus] J[osephus] Bolland, Prof., Leiden. T. 1. Leiden: A. H. Adriani 1901. 8° [illegible]

— Vorlesungen üb. die Philosophie der Religion, m. e. Commentar hrsg. v. G. J. P. J. Bolland. I. Tl. u. II. Tl. 1. Hälfte. gr. 8. n. 19. 20
I. Text. (XXI, 708 S.) m. Bildnis.) n. 13. 60
II, 1. Commentar, 1. Hälfte. (S. 1—272.) n. 5. 60
Leiden 1901. (Amsterd.: J. Müller)

Hegel's, Geo. Wilh. Friedr., Werke. Vollständ. Ausgabe durch e. Verein v. Freunden d. Verewigten: Marheineke, Schulze, Gans, v. Henning, Hotho, Michelet, Förster. (1—7. Lfg.) od. 1—5., 8., 10—14., 16. u. 17. Bd. gr. 8. ($392\frac{3}{4}$ B.) Berlin 832—35, Duncker u. Humblot.
Subscr.-Pr. 24 Thlr. 14 Gr., Vinp.
Bd. 1. Philosoph. Abhandlungen. Hrsg. v. K. Ludw. Michelet. 832.
„ 2. Phänomenologie d. Geistes. Hrsg. v. Joh. Schulze. 832.
„ 3—5. (2 Thle. od. 3 Abthl.) Wissenschaft d. Logik. Hrsg. v. Leop. v. Henning. 1. Thl. Die objektive Logik. 1. Abthl. Die Lehre v. Seyn. 833. — 2. Abthl. Die Lehre v. Wesen. 834. — 2. Thl. Die subjektive Logik, od.: Die Lehre v. Begriff. 834.
„ 8. Grundlinien d. Philosophie d. Rechts, od. Naturrecht u. Staatswissenschaft im Grundrisse. Hrsg. v. Ed. Gans. 833.
„ 10. Abthl. 1. Vorlesungen üb. d. Aesthetik. Hrsg. v. H. G. Hotho. 1. Bd. 835.
„ 11., 12. Vorlesungen üb. d. Philosophie d. Religion. Nebst e. Schrift üb. d. Beweise v. Daseyn Gottes. Hrsg. v. Phil. Marheineke. 2 Bde. 832.
„ 13., 14. Vorlesungen üb. d. Geschichte d. Philosophie. Hrsg. v. Karl Ludw. Michelet. 1. u. 2. Bd. 833.
„ 16., 17. Vermischte Schriften. Hrsg. v. Friedr. Förster u. Ludw. Boumann. 2 Bde. 834, 35.

Hegel, Ge. Wilh. Friedr.: Werke. Vollst. Ausg. durch einen Verein von Freunden des Verewigten: Ph. Marheineke, J. Schulze [u. a.]. Berlin. 21 Bde
Bd 1. Philosophische Abhandlungen. Hrsg. von Karl Ludw. Michelet. 1832.
„ 2. Phänomenologie des Geistes. Hrsg. von Joh. Schulze. 2. Aufl. 1841.
„ 3—5. Wissenschaft der Logik. Hrsg. von Leop. v. Henning. 2. Aufl. 1841.
Th. 1. Die objective Logik.
Abth. 1. Die Lehre vom Seyn.
„ 2. Die Lehre vom Wesen.
„ 2. Die subjective Logik oder die die Lehre vom Begriff.
„ 6. 7. Encyklopädie der philosoph. Wissenschaften im Grundrisse.
Th. 1. Die Logik. Hrsg. von L. v. Henning. 2. Aufl. 1843.
„ 2. Vorlesungen über die Naturphilosophie. Hrsg. von K. Michelet. 1842.
„ 3. Die Philosophie des Geistes. Hrsg. von Ludw. Boumann. 1845.
„ 8. Grundlinien der Philosophie des Rechts, oder Naturrecht und Staatswissenschaft im Grundrisse. Hrsg. von Ed. Gans. 2. Aufl. 1840.
„ 9. Vorlesungen über die Philosophie der Geschichte. Hrsg. von Ed. Gans. 2. Aufl. besorgt von Karl Hegel. 1840.
„ 10. Vorlesungen über die Aesthetik. Hrsg. von G. H. Hotho. 2. Aufl. Th. 1—3. 1842—43.
„ 11. 12. Vorlesungen über die Philosophie der Religion. Nebst e. Schrift über die Beweise vom Daseyn Gottes. Hrsg. von Phil. Marheineke. 2. Aufl. Th. 1. 2. 1840.
Bd 13-15. Vorlesungen über die Geschichte der Philosophie. Hrsg. von K. Michelet. 2. Aufl. Th. 1—3. 1840—44.
„ 16. 17. Vermischte Schriften. Hrsg. von Friedr. Förster u. L. Boumann. Bd 1. 2. 1834. 35.
„ 18. Philosophische Propädeutik. Hrsg. von Karl Rosenkranz. 1840.
„ 19. Briefe von u. an Hegel. Hrsg. von Karl Hegel. Th. 1. 2. 1887.

Hegel's, Geo. Wlh. Fr., Werke. Vollständ. Ausg. durch einen Verein von Freunden des Verewigten: Marheineke, Schulze, Gans, v. Henning, Hotho, Michelet, Förster. 1. Bd. 2. Aufl. — A. u. d. T.: Hegel's philosoph. Abhandlungen, herausgeg. v. C. L. Michelet. gr. 8. Berlin 845, Duncker u. Humblot. n. 3 ᵲ — 2. Bd. 2. Aufl. — A. u. d. T.: Phänomenologie des Geistes. Herausgeg. von Jh. Schulze. gr. 8. Ebend. 841. n. $3^{1}/_{3}$ ᵲ

— dies. 3. Bd. 2. Aufl. — A. u. d. T.: Wissenschaft der Logik. Herausgeg. von Leop. von Henning. 1. Thl. Die objective Logik. 1. Abthl. Die Lehre von Seyn. 2. unveränd. Aufl. gr. 8. Ebend. 841. n. $1^{5}/_{6}$ ᵲ

— 6r Bd. A. u. d. T.: Encyclopädie der philosophischen Wissenschaften im Grundrisse. 1r Thl. Die Logik. Herausg. u. nach Anleitung der vom Verfasser gehalt. Vorlesungen mit Erläuterungen u. Zusätzen versehen von Leop. v. Henning. gr. 8. Ebd. 840. n. $1^{5}/_{6}$ ᵲ Velinp. n. $2^{1}/_{2}$ ᵲ.

— dies. 6. Bd. — A. u. d. T.: Encyklopädie der philosoph. Wissenschaften im Grundrisse. 1. Thl. Die Logik. Herausgeg. u. nach Anleitung der v. Verf. gehalt. Vorlesungen mit Erläuterungen und Zusätzen versehen von Leop. v. Henning. 2. Aufl. gr. 8. Ebend. 843. Subscr.-Pr. n. $1^{5}/_{6}$ ᵲ

— dies. 7. Bd. 1. Abthl. — A. u. d. T.: Vorlesungen über die Naturphilosophie, als der Encyclopädie der philos. Wissenschaften im Grundrisse 2. Thl. Herausgeg. von C. L. Michelet. gr. 8. Ebend. 842. Subscr.-Pr. n. $2^{5}/_{6}$ ᵲ — Velinp. n. $3^{3}/_{4}$ ᵲ — Einzeln n. $3^{3}/_{4}$ ᵲ

Hegel's, Geo. Wilh. Frdr., Werke. Vollständige Ausg. durch einen Verein von Freunden des Verewigten: Ph. Marheineke, J. Schulze, Ed. Gans, H. Hotho, C. Michelet, F. Förster. 7. Bd. 1. Abthlg. A. u. d. T.: Vorlesungen über die Naturphilosophie als der Encyklopädie der philosoph. Wissenschaften im Grundrisse. 2. Thl. Hrsg. von Carl Ludw. Michelet. 2. Aufl. gr. 8. (XXX u. 698 S.) Berlin 847, Duncker & Humblot. n. $3\frac{3}{4}$ Thlr

— dies. 7. Bd. 2. Abthl. — A. u. d. T.: Encyclopädie der philos. Wissenschaften im Grundrisse 3. Thl. Die Philosophie des Geistes. Herausgeg. von Ldw. Baumann. gr. 8. Ebend. 845. Subscr.-Pr. n. 2 Thlr — Einzeln n. $2\frac{1}{2}$ Thlr

Hegel's, G. W. F., Werke. Vollständige Ausgabe durch einen Verein von Freunden des Verewigten: Ph. Marheineke, J. Schultze, Ed. Gans, Leop. v. Henning, H. Hotho, K. Michelet, F. Förster. 8. Bd. A. u. d. T.: Grundlinien der Philosophie des Rechts, oder Naturrecht und Staatswissenschaft im Grundrisse. Herausg. von Ed. Gans. 3. Aufl. Berlin 854. Duncker u. Humblot. gr. 8. (XX, 432 S.) n. 2 Thlr

— 9r Bd. A. u. d. T.: Vorlesungen über die Philosophie der Geschichte. Herausg. v. Ed. Gans. gr. 8. Ebd. 837. Subscr.-Pr. n. $1\frac{5}{6}$ Thlr Velinp. n. $2\frac{1}{2}$ Thlr Für Subscribenten auf einzelne Abthll. n. $2\frac{1}{2}$ Thlr — 2e Aufl., besorgt von Karl Hegel. gr. 8. Ebd. 840. Subscr.-Pr. n. $2\frac{1}{4}$ Thlr

— 10r Bd. 2e Abthl. A. u. d. T.: Vorlesungen über Aesthetik. Herausg. v. H. G. Hotho. 2r Bd. gr. 8. Ebd. 837. n. $1\frac{5}{6}$ Thlr Velinp. n. $2\frac{1}{2}$ Thlr Für Subscrib. auf einzelne Abthll. n. $2\frac{1}{2}$ Thlr

— 10r Bd. 3e Abthl. A. u. d. T.: Vorlesungen üb. die Aesthetik. Herausg. v. H. G. Hotho. 3r (letzter) Bd. gr. 8. Ebd. 838. n. $2\frac{1}{3}$ Thlr Velinp. n. $3\frac{1}{12}$ Thlr Für Subscribenten auf einzelne Abthll. n. 3 Thlr

— dies. 10. Bd. 1. Abthl. — A. u. d. T.: Vorlesungen über die Aesthetik. Herausgeg. v. H. G. Hotho. 1. Thl. 2. Aufl. Lex.-8. Ebend. 842. n. $2\frac{1}{6}$ Thlr

— dies. 10. Bd. 2. u. 3. Abthl. — A. u. d. T.: Vorlesungen über die Aesthetik. Herausgeg. v. H. G. Hotho. 2. u. 3. Thl. 2. Aufl. gr. 8. Ebend. 843. Subscr.-Pr. n. $4\frac{1}{6}$ Thlr — Register dazu, s. Register.

— dies. 13. Bd. 2. Aufl. — A. u. d. T.: Vorlesungen über die Geschichte der Philosophie. Herausgeg. von Karl Ldw. Michelet. 1. Thl. gr. 8. Ebend. 840. n. $1\frac{7}{12}$ Thlr

— 15r Bd. A. u. d. T.: Vorlesungen über die Geschichte der Philosophie. Herausg. v. K. L. Michelet. 3r Bd. gr. 8. Ebd. 836. n. $2\frac{3}{4}$ Thlr Velinp. n. $3\frac{2}{3}$ Thlr

— dies. 14. u. 15. Bd. — A. u. d. T.: Vorlesungen über die Geschichte d. Philosophie. Herausgeg. v. Karl Ldw. Michelet. 2. u. 3. Thl. 2. Aufl. Lex.-8. Ebend. 842. 2. u. $2\frac{1}{12}$ Thlr 3. n. $2\frac{1}{2}$ Thlr

Hegel's, G. W. F., Werke. Vollständige Ausg. durch einen Verein v. Freunden d. Verewigten: Ph. Marheineke, J. Schulze, Ed. Gans, L. v. Henning, H. Hotho, C. Michelet, F. Förster. 19. Bd. 2 Thle. gr. 8. Leipzig 887. Duncker & Humblot. n. 16. — (cplt.: n. 169. —; herabges. Pr.: n. 116. —)
Briefe von und an Hegel. Hrsg. v. K. Hegel. 2 Thle. Mit 1 (Stahlst.-)Portr. u. 1 Facsm. Hegel's. (XII, 430 u. 399 S.)

Hegel, Geo. Wilh. Frdr., sämtliche Werke. Kritische Gesamtausg. der Werke Hegels in 12 Bdn. Hrsg. u. eingeleitet v. Otto Weiss. 2. Bd. Phänomenologie des Geistes. (XLIV, 627 S. m. 1 Taf.) 8. Leipzig 909. F. Eckardt. 5.—; geb. in Leinw. 6.50; in Halbfrz. n 7.—; erh. Pr. Subskr.-Pr. 6.—; geb. in Leinw. 7.50; in Halbfrz. 8.—; Einzelpr. 7.—; geb. in Lw. 8.50; in Hlbfrz. 9.—

Hegel, G. W. F., sämtliche Werke. 2. Bd. Jetzt: Leipzig, Fel. Meiner.

— Wissenschaft der Logik. 1r Thl. Erstes Buch (die Lehre vom Seyn). Zweites Buch (die Lehre vom Wesen). gr. 8. Nürnb. 812 u. 13. Schrag. 2 Thlr 18 Sgr. 2r Thl. A. u. d. T.: Wissenschaft der subjektiven Logik, oder die Lehre vom Begriff. gr. 8. Ebd. 816. 2 Thlr 6 Sgr.

— Wissenschaft der Logik, 1r Thl. 1r Bd. A. u. d. T.: System d. objektiven Logik. 1r Bd., die Lehre vom Seyn. gr. 8. Stuttg. u. Tübing. 832. v. Cotta. 3 Thlr

— Wissenschaft d. Logik. Hrsg. v. Leop. v. Henning. 3 Thle. gr. 8. ($68\frac{1}{2}$ B.) Berlin 833, 34, Duncker u. Humblot.

Hegel, Imman., Erinnerungen aus meinem Leben. 12. (56 S.) Berlin 891. (Evangel. Vereins-Buchh.) Kart. n. 1.

Hegel, Imman., die evangelische Kirchenverfassung. Ein Vortrag gehalten am 9. März 1868 im evangel. Verein für kirchl. Zwecke. gr. 8. (48 S.) Berlin 868, Hertz. *

Hegel, K., Lateinische Wörter u. deutsche Begriffe. S.-A. O. J. 14 S.

Hegel, Karl

Universitatis Friderico-Alexandrinae Erlangensis prorector et senatus S. P. D. Carolo Hegel . . . philos. et jur. doctori, hist. professori publ. ord. . . . [Gratulation zum fünfzigjährigen Doctor-Jubiläum.] Erlangae, impr. typ. Junge & filii. 1887; 1 Bl. fol.

Hegel, Frid. Guil. Car. (geb. Nürnberg 7. 6. 1813): De Aristotele et Alexandro Magno. Berolini (1837). (51 S.) 8°
Berlin. Phil. Diss. v. 24. Aug. 1837

Hegel, (Friedr. Guil.) Carol., de Aristotele et Alexandro Magno. Dissert. inaug. 8maj. Berolini 837. (Voss.) n. $\frac{1}{3}$ Thlr

Hegel, Carl, die Chronik des Dino Compagni. Versuch einer Rettung. gr. 8. (VII, 112 S.) Leipzig 875, Hirzel. 3 —

Hegel, K. Dante über Staat und Kirche. Univ. Rostock 1842. IV u. 52 S. 4.

Hegel, C., Dante über Staat und Kirche. Rostock 1842, G. B. Leopolds Univ.-Buchh. 4°.

Hegel, C., über die Einführung des Christenthums bei den Germanen. Ein Vortrag, auf Veranstaltung des Evangelischen Vereins für kirchliche Zwecke gehalten am 7. Januar 1856. Berlin 856. W. Schultze. gr. 8. (38 S.) 6 ngr

Die Entstehung des deutschen Städtewesens. Von Karl **Hegel**. — Leipzig: Hirzel 1898. IV, 192 S. 8°

— Geschichte der meklenburgischen Landstände bis zum Jahre 1555 mit einem Urkunden-Anhang. Rostock 856. Stiller in Comm. gr. 8. (VIII, 215 S.) n. 1 Thlr

Hegel, Carl, Geschichte der Städteverfassung von Italien seit der Zeit der röm. Herrschaft bis zum Ausgang des 12. Jahrh. 2 Bde. Mit einem Anh. üb. die franz. u. deutsche Städteverfassung. gr. 8. (XII, 508 u. 469 S.) Leipzig 847, Weidmann. (à $2\frac{1}{2}$ Thlr) 5 Thlr

Hegel, Karl, Leben u. Erinnergn. Mit 1 Portr. in Heliograv. gr. 8. (V, 217 S.) Leipzig 900. S. Hirzel. n. 5. —; geb. n. 6. —

Hegel, C., die Ordnungen der Gerechtigkeit in der florentinischen Republik. Erlangen 867. Besold. gr. 4. (23 S.) n. 10 ngr

– die deutsche Sache u. die deutschen Hochschulen. Rede am 4. Septbr. 1870 geh. 3. Aufl. 8. (21 S.) Erlangen 870. Besold. n. — 50

Hegel, Karl, Städte u. Gilden der germanischen Völker im Mittelalter. 2 Bde. gr. 8. (XVIII, 457 u. XII, 516 S.) Leipzig 891. Duncker & Humblot. n. 20. -

Hegel, Carl, Verfassungsgeschichte von Cöln im Mittelalter. [Aus: „Chroniken der deutschen Städte, Cöln, Bd. 1 u. III".] gr. 8. (IV, CCCXXI S.) Leipzig 877. Hirzel. n. 5. —

— Verfassungsgeschichte von Mainz im Mittelalter. [Aus: „Chroniken der deutschen Städte, Mainz, Bd. II. Abth. 2."] gr. 8. (V, 243 S.) Ebend. 882. n. 4. —

Hegel, Karl v., Vergrösserung u. Sondergemeinden der deutschen Städte im Mittelalter. gr. 8. (16 S.) Leipzig 901. A. Deichert Nachf. n. — 60
Sonderabdruck aus: „Festschr. d. Univ. Erlangen f. Prinzregent Luitpold".

— über den historischen Werth der älteren Dante-Commentare. Mit einem Anh. zur Dino-Frage. gr. 8. (115 S.) Ebend. 878. n. 2. 80

Hegel, Sigmund

Hegel, S., die Chromgerbung. Unter bes. Berücksicht. d. in- u. ausländ. Patentlitteratur. gr. 8. (VIII, 103 S.) Berlin 898. J. Springer. n. 3. —

Hegel, Sigmund [aus Erlangen]: Synthese von Indolderivaten .... Würzburg, Druck v. Stahel, 1885: 21 S. 8°.
Erlangen, Phil. Fak., Inaug.-Diss. v. 1885.

Hegel, Sigmund, Synthese von Indolderivaten. Diss. Erlangen 1885, Th. Blaesing. 8°. 21 S.

Hegele, A., Verzeichnis empfehlenswerter Lehrmittel f. die Gewerbeschulen. (32 S.) 8. Stuttgart (910). Holland & Josenhans. — 50

Hegele, Anton „Die Fundamentalaufgaben der darstellenden Geometrie". 1 Blatt und pg. 1—31. 8°. Mit 16 Tafeln. Cl. Attenkofer'sche B. Straubing, Progr. 1891/92

Hegele, A., die Fundamentalaufgaben der darstellenden Geometrie. Progr. gr. 8. (IV, 31 S. m. 16 Taf.) Straubing 892. (M. Hirmer.) n. 2. —

Hegele, Max, neue Wohn- u. Landhäuser in einfacher moderner Ausführung. Orig.-Entwürfe m. Details, Grundrissen u. Schnitten. 27 Taf. meist in Farbendr. gr. Fol. Wien (901). F. Wolfrum & Co. In Halbleinw.-Mappe n. 22. 50

Hegeler, Wilh., das Ärgernis. Roman. 1.—4. Aufl. (325 S.) 11. 8. Berlin 908. S. Fischer, Verl. 4.—; geb. n 5. —

Hegeler, Wilh., Mutter Bertha. Roman. 8. (228 S.) Berlin 893. F. Fontane & Co. n. 3. —

— Die frohe Botschaft. Roman. 1.—4. Aufl. (Je 517 S.) 8. Stuttgart (910). Deutsche Verlags-Anstalt. 4.—; geb. 5. —

Hegeler, Wilh., Dietrich, der Herzensbrecher, s.: Deva-Roman-Sammlung. 56. Bd.

— Flammen. Roman. 1.—5. Aufl. (à 355 S.) 8. Berlin 905. E. Fleischel & Co. n. 4. —; geb. n. 5. 50

— Flammen. Roman. 6. Aufl. (355 S.) 8. Berlin 905. E. Fleischel & Co. 4.—; geb. 5. 50

Hegeler, Wilh., Ingenieur Horstmann. Roman. 1. u. 2. Aufl. 8. (à 475 S.) Berlin 900. 901. [F. Fontane & Co.] E. Fleischel & Co. n. 6. —; geb. n. 7. 50

— Ingenieur Horstmann. Roman. 3. Aufl. (475 S.) 8. Ebd. 905. n. 6. —; geb. n. 7. 50

— Ingenieur Horstmann. Roman. 4. Aufl. (475 S.) 8. Ebd. 908. 6. —

Kleist. Von Wilhelm Hegeler. *Berlin & Leipzig: Schuster & Loeffler [1904].* (86 S.) 8°
= Dichtung, Die. Bd 20. (04. 16705

— Pastor Klinghammer. Roman. 1.—5. Aufl. (à 494 S.) 8. Berlin 903—905. E. Fleischel & Co. n. 6. —; geb. n. 7. 50

Hegeler, Wilh., Nelly's Millionen. Ein fröhl. Roman. 8. (299 S.) Berlin 899. F. Fontane & Co. n. 3. —; geb. n. 4. —

Hegeler, Wilh, Pietro der Korsar u. die Jüdin Cheirinca. (Buchschmuck v. Lucian Bernhard.) (259 S.) 8. Berlin (906). E. Fleischel & Co. n. 3. —; geb. n. 4. —

— Pietro der Korsar u. die Jüdin Cheirinca. (Buchschmuck v. Lucian Bernhard.) 2.—4. Aufl. (Je 259 S.) 8. Ebd. (907). 3.—; geb. 4. —

[F.] Pygmalion. Novellen v. Wilhelm Hegeler. *Berlin: F. Fontane & C. 1898.* (4 Bl., 145 S.) 1 Bd 8. (97. 6361

[F.] Sonnige Tage. Roman v. Wilhelm Hegeler. *Berlin: F. Fontane & C. 1898.* (4 Bl., 225 S.) 1 Bd 8. (98. 3308

Sonnige Tage. Roman von Wilhelm Hegeler. 2. umgearb. Aufl. Berlin: Fleischel 1910. 225 S. 8° (09 17788

— Und alles um die Liebe. Aufzeichnungen e. Philologen. 8. (VII, 178 S.) Ebd. 894. n. 2. —

Hegeling, A., Heinrich Leo vor Gericht. Dramat. Scene, aus d. Leben gegriffen. gr. 8. Leipzig 838. Otto Wigand. 1/4 ℛ

Hegeling, B., neu entdeckte Jesuitenbriefe. Bevorwortet durch ein Sendschreiben an Heinrich Leo. Zum erstenmal herausg. gr. 8. Leipzig 839. O. Wigand. 3/8 ℛ

†Hegelingen, Absolutulus v., (Otto Friedr. Gruppe,) die Winde etc., s. Winde etc.

v. Hegelingen, Absolutes, (O. F. Gruppe,) die Winde, od. ganz neue Construktion d. neuern Weltgeschichte durch Oberons Horn. 8. Leipz. 831. Nauck. 18 ℊℊ

v. Hegelingen, Absolutus ꝛc., die Winde ꝛc., erschien 1832 eine 2e Ausg. Pr. 3/4 ℛ

Hegelmaier, Christoph Friedrich (Bebenhausen), Malum in sua natura nil mutari quantumvis inde boni proveniat. Diss. philos. Präs. August Friedr. Boeck. Tübing. (Reiss) 27. VIII. 1785. 19 S. mit Widm. v. Präs. (6.—) 13858

Hegelmaier, Frdr., die Lemnaceen. Eine monograph. Untersuchg. Mit 16 lith. Taff. Leipzig 869. Engelmann. Imp.-4. (IV, 169 S.) n. 5 ℛ 20 ngr

Hegelmaier, Frdr., Monographie der Gattung Callitriche. Mit 4 lith. Taf. Stuttgart 864. Ebner & Seubert. gr. 4. (64 S.) n. 28 *ngr.*

Hegelmaier (F.). Ueber die Moosvegetation des schwaebischen Jura. Stuttg. 1873. 8°.

Hegelmaier, Fr., Untersuchungen üb. die Morphologie d. Dikotyledonen-Endosperms. Mit 5 lith. Taf. (Aus: Nova Acta acad. caes. Leopold.-Carol., Tom. 49.) gr. 4. (104 S.) Halle 885. (Leipzig, Engelmann.) n. 9. —

Hegelmaier, F., vergleichende Untersuchungen über Entwicklung dikotyledoner Keime, mit Berücksichtigung der pseudomonokotyledonen. Mit 9 (lith.) Taf. (in qu. gr. 4.). gr. 8. (III, 211 S.) Stuttgart 878. Schweizerbart. n. 8. —

[F.] **Hegelmaier,** Leopold [Justizref. in Tübingen]: Grundeigentum im öffentlichen Recht. Eine Studie aus d. Beginne d. röm. Kaiserzeit ... Tübingen, Druck v. H. Laupp jr., 1891; 3 Bl., 56 S. 8.
Tübingen, Jur. Fak., Inaug.-Diss. v. 1891

Hegelmaier, Leop., Grundeigentum im öffentlichen Recht. Eine Studie aus dem Beginne der röm. Kaiserzeit. Diss. gr. 8. (V, 56 S.) Tübingen 892. (H. Laupp.) n. 1. 20

Hegelmaier, L., Die direkten Steuern in Württemberg. Einkommensteuer, Grund-, Gebäude- u. Gewerbesteuer nebst Wandergewerbesteuer u. Kapitalsteuer m. Berücksicht. der allgemeinen Lehren der Finanzwissenschaft u. der Gemeindebesteuerg. Grundzüge f. den Unterricht im staatl. Unterrichtskurs f. Finanzgehilfen u. zur weiteren prakt. Einleitg. (IV, 117 S.) 8. Stuttgart '06, W. Kohlhammer. 1. 20.

Hegelmaier, Tobias (auch: Thomas) Gottfried

— — An et quo sensu patres antenicaeni Christum dixerint creaturam. Diss. histor.-theol. Tübing. (Reiss) Sept. 1781. 64 S. (7.50) 13861
Respondenten: David Ferdinand Enslin (Wolfenhausen), Jacob Heinrich Duttenhofer (Bulacensis), Nathanael Theophil Renz (Meimsheim), Theophil Heinrich Schmid (Urach), Maximilian Christian Reinhard (Stuttgart), Gottfried Adam Speidel (Bessigheim), Johann Theophor Rues (Husanus ad Ver.).

Hegelmaier, Thom. Gf., († d. 13. Apr. 1786.) Anrede an seine Zuhörer, als er seine dogmat. Vorlesungen wieder anfing. 8. Tübing. 785. (Osiander). 3 gr

Hegelmaier, Tob. Gf., Anrede an seine Zuhörer, als er seine dogmatischen Vorlesungen wieder anfing. 8. Tübing. Herrbrand. 785.

— kurze u. deutl. Anweisung zur griech. Accentuation. 8. Frankf. u. Leipz. 774.

— Beitrag wider den einreißenden Adamonismus rc. 3 Predigten. gr. 8. Tübing. 778.

— Theologiae antideisticae potiora capita. 8. Tüb. Heerbrand. 780.

Hegelmaier, T. G., comment. in edictum imp. Antonini pro Christianis. Tub. 1776. 4.

— de dictione tropica etiam script. sacrae libb. III. 8. Tübing. 779. (Osiander). 16 gr

— chaldaismi biblici fundamenta secundum regulas Schickardianas adornata. 8. Tübing. 771. Stettin. 12 gr

— Geschichte des Bibelverbots. 8. Ulm 783. Stettin. 8 gr

Hegelmaier, Tob. Gf., Grundlage zu akadem. Uebungen in der geistlichen Beredsamkeit. 8. Tübingen, Heerbrand. 781. Rthlr. -

— Grundlage zu akadem. Uebungen in d. geistl. Beredtsamkeit. 8. Tübing. 781. (Osiander). 4 gr

— **Tob. Gottfried,** Historia ecclesiastica adeo non impedimento est studio theologiae dogmaticae ut multis potius modis illud adjuvet atque perficiat. Tübing. (Reis) 22. IV. 1777. 28 Seiten. (6.—) 13859

Hegelmaier, T. Gottfried, s. Hoffmann, Imm.: demonstratio.

– s. Ich bin ein Christ.

— — De matrimoniis inaequalibus. Diss. theol. moralis. Tübing. (Reiss) Sept. 1785. 52 S., tlws. dtsch. (6.50) 13862
Respondenten: Immanuel David Mauchart (Tübingen), Theophil Friedrich Jaeger (Waiblingen), Johann Christian Schilling (Stuttgart), Christian Friedrich Hornung (Güglingen), Carl Heinrich Goenner (Micro-Gartacensis [= Kl.-Neckargartach]).

— de matrimonio in aequalibus. 4. Tüb. 785. v. Cotta. 5 gr

— Oratio inaugur. quae verba Psalmi CX. v. 1. sede a dextris meis de Davide Hierosolymis, cum rabba ammonitarum oppugnaretur manente nullo modo explicati posse, contra W. G. Teller. 4. Tübing. Heerbrand. 780.

— oratio inaugur. quae verba Psalmi CX. v. 1. etc. 4. Tüb. 780. (Osiander). 3 gr

Hegelmaier, T. G., ostenditur, omnium temporum Christianis credi oportere, Jesum esse Christum. Tubing. 1784. 4.

— Parallele zwischen d. alten u. der in der allgem. theolog. Bibliothek vorgeschlagenen neuen Augsburg. Confession. 8. Frankf. u. Leipz. 776.

— — (Präs.), De sera poenitentia. Dissert. theol. Tübing. (Reiss) Juli 1780. 76 S. (8.50) 13860
Respondenten: Christoph Friedr. Seiz (Hohenacker), Jacob Theoph. Wagenmann (Vaihingen), Jacob Christ. Ludw. Vischer (Vaihingen), Christian Friedr. Haab (Stuttgart), Carl Phil. Conrad Braun (Alto-Twllensis), Abraham Friedrich Sautter (Philo-Cellensis), Christoph Fried. Osiander (Sulzensis), Christoph Ludw. Dobelmann (Ludwigsburg), Carl Friedrich Faber (Balingen).

— Prüfung d. freimüth. Betrachtt. üb. d. Christenthum. 3 Stcke. 8. Tübing. 780—82. (Osiander). 1 Rthlr 20 gr

— Betrachtungen üb. d. Christenthum. 3 Stck. 8. Ebend. 781—82. (I. II. 1 Rthlr. 4 gr. III. 16 gr.).

Hegelmaier, Thom. Gf., tractat. de remissione peccatorum sub Vet. et sub Nov. Testament. 8 maj. Karlsr. 770. (Gebhardt u. K. in Frkf.) 1 Rthlr

— de remissione peccatorum sub Vetus et sub Nov. Testament. 8. maj. Carlsruhe, Macklot. 770.

— Diss. de *θεοπνευστια* ejusque statu in viris sanctis librorum sacrorum auctoribus. 4. Tüb. 784. (Osiander). 8 gr

– s. Vernet, Jak.: De deitate.

Hegelmaier, T. Gottfried, s. Vosgien: Geogr. Handwörterbuch.

– s. Zeichen dies. Zeit.

. *Hegel's* Gotteslehre u. Gottesfurcht, sn. vornehml. Gegnern, den theolog., anthropolog. u. anthropotheist. z. Erwäg. geschr. *Erf.*, Exped. d. Thüring. Chron. 843. gr8° 12*gl* Auch unt. d. T.: Ztschr. f. specul. Theol. u. Philos. 1s H.

— s. auch: Zeitschrift f. Theologie.

— Gotteslehre u. Gottesfurcht. Seinen vornehml. Gegnern den theolog., anthropolog. u. anthropotheistischen, zur Erwägung geschrieben. gr. 8. Leipzig 846, C. F. Schmidt. 9 *ngl*

— Lehre von der Religion u. Kunst, von dem Standpuncte des Glaubens aus beurtheilt. gr. 8. Leipzig 842, Otto Wigand. n. 1⅓ *ß*

(*G. W. F.*) *Hegel's* Lehre v. Staat u. se. Philosophie d. Geschichte in ihren Hauptresultaten. *Berl.*, Förstner. 837. gr8° 12*gl*

Hegels Offenbarungsbegriff, s. Werner, Johannes.

Lehrbuch der Landesvermessung. Von E[rnst] Hegemann, Prof. Mit 114 Textabb. u. 1 Karte. Berlin: P. Parey 1906. (VIII, 261, ⟨20⟩ S.) 8° [07. 10666

Hegemann, E., Übungsbuch f. d. Anwendg. d. Ausgleichsrechnung nach der Methode der kleinsten Quadrate auf d. prakt Geometrie. gr. 8. (IV, 156 S. m. 37 Abb.) Berlin 896. P. Parey. Geb. in Leinw. n. 5. —

Hegemann, E., Ubungsbuch f. die Anwendung der Ausgleichsrechnung nach der Methode der kleinsten Quadrate auf die praktische Geometrie. 2. verb. u. erweit. Aufl. gr. 8. (VI, 169 S. m. 41 Abbildgn.) Berlin 902. P. Parey. Geb. in Leinw. n. 5. —

Übungsbuch für die Anwendung der Ausgleichungsrechnung nach der Methode der kleinsten Quadrate auf die prakt. Geometrie. Von E[rnst] Hegemann, Prof. 3. verb. u. erw. Aufl. Mit 41 Textabb. Berlin: P. Parey 1908. (VI, 174 S.) 8°. [08. 14791

— das topographische Zeichnen. Eine Sammlg. von 12 Musterblättern. gr. 8. (IV, 36 S. m. 12 Taf.) Ebd. 901. Geb. in Leinw. n. 5. —

Hegemann, Ferdinand, approb. Arzt aus Warstein i. Westf.: Aus d. Universitäts-Frauenklinik zu Gießen. Erfahrungen über das Lactagol in der Universitäts-Frauenklinik zu Gießen. *Borna-Leipzig 1904: R. Noske.* (VI, 20 S.) 8°
Gießen, Med. Diss. v. 1904

[Umschlagt.:] Mittlere Entfernungen auf Dampferwegen in Seemeilen. Im Auftr. der Direkt. d. Seewarte berechnet v. Kapt. F[riedr.] Hegemann, Assist. d. Seewarte. *Berlin: E. S. Mittler & Sohn (1897).* (22 S.) 4. (8.)
= Annalen d. Hydrographie u. Marit. Meteorologie. H. IV. 1897. Beiheft I. [97. 9779

Hegemann, Hans, die Herstellung des Porzellans. Erfahrungen aus dem Betriebe. Mit 119 Abbildgn. u. e. Bezugsquellenliste. (VIII, 428 S.) 8. Berlin 904. Tonindustrie-Zeitg. Geb. in Leinw. n. 7. 60

Hegemann, J. B.

— Brigitta Sblarini, oder: Schicksale einer 18jähr. Bologneserin. Eine wahre Geschichte des Jahres 1830. gr. 12. Dortmund 837. (Krüger.) ⅚ *ß*

Hegemann, J. B., Reise durch Italien u. Sicilien vom Jahre 1828 bis 1830. (Ein richtiges u. ins einzelne führende Handbuch für Reisende in Italien u. Sicilen.) 8. Münster 835. (Deiters.) 1⅔ *ß*

Hegemann, C[arl], a. Münster i. W.: Die Entwickelung des französischen Grossbankbetriebes. Münster i. W. 1908: Theissing. (103 S., 7 Tab.) 8°
Freiburg i. B., Rechts- u. staatsw. Fak., Ref. Fuchs, Diss. v. 1908
[Geb. 24. Dez. 78 Münster; Wohnort: Münster; Staatsangeh.: Preußen; Vorbildung: Realgymn. Berlin Reife O. 05; Studium: Berlin 3, Genf 1, Berlin 1, Münster 2, Freiburg i. B. 2 S.; Coll. 22. Febr. 08.]

Das römische Dogma von 1854. Eine Jubiläumsbetrachtung von Dr. Ottmar Hegemann. *Leipzig: C. Braun 1904.* (29 S.) 8° [F.]
= Flugschriften d. Evangelischen Bundes. 228. [04. 16138

— frei u. fromm! Zwölf Predigten, geh. 1905/06 in der evang. Christuskirche in Laibach. (III, 7, 7, 8, 7, 7, 7, 7, 8, 7, 7, 8 u. 7 S.) 8. Laibach 906. (J. v. Kleinmayr & F. Bamberg.) Geb. in Leinw. n. 1. 60

Hegemann, Ottmar: Friedrich d. Gr. und die katholische Kirche in den reichsrechtlichen Territorien Preußens. Nach den im Auftrag d. Kgl. Archivverwaltung publizierten Akten d. Kgl. Pr. Geh. Staatsarchivs dargestellt. *Heidb. 1904: G. Albert.* (144 S.) 8°
Heidelberg, Phil. Diss. v. 1904

— Friedrich d. Gr. u. die katholische Kiroho in den reichsrechtlichen Territorien Preussens. Nach den im Auftrag der kgl. Archivverwaltg. publizierten Akten des kgl. preuss. geheimen Staatsarchivs dargestellt. (IV, 144 S.) Lex.-8. München 904. J. F. Lehmann's Verl. n. 3. —

— Zu Primus Trubers 400jähr. Geburtstag. (8. VI. 1508). (56 S.) gr. 8. Wien 908. (Laibach, I. v. Kleinmayr & F. Bamberg.) nn — 80
Sonderabdr. a.: „Jahrb. d. Gesellsch. f. Gesch. d. Protestantismus in Österr."

Hegemann, Ottmar, die Gottheit Christi! Wider die röm. u. evangel. Kirchenlehre üb. Christus. Nach der Beschlagnahme. 2. Aufl. (III, 32 S.) 8. Laibach (908). (J. v. Kleinmayr & F. Bamberg.) 1. —
1. Aufl. (15 S.) 908. — 30.

Luther im katholischen Urteil. Eine Wanderung durch 4 Jahrhunderte von Dr. Ottmar Hegemann. München: J. F. Lehmann 1905. (260 S.) 8° [F.] [05. 14634

— Luther, wie er lebte, leibte u. starb, nach unwiderleglichen Berichten dargestellt. Als Beweis römisch-kathol. Wissenschaft beleuchtet. (57 S.) 8. Leipzig (907). (Laibach, J. v. Kleinmayr & F. Bamberg.) — 20

— D. M. Primi Truberi. MDVIII—MCMVIII. (16 S. m. 3 Abb.) Lex. 8. Laibach 908. (I. v. Kleinmayr & F. Bamberg.) — 40

— unfehlbar! Roms Päpste in röm. Licht. Dem deutschen Volk dargestellt. 1.—18. ergänzte Aufl. (à 32 S.) gr. 8. Ebd. 904. n. — 20

Hegemann, Paul [aus Ascheberg (Westfalen)]: Zur Casuistik der Rückenmarkskrankheiten. - 1. Fall von Tabes dorsalis mit einseitiger Kaumuskelatrophie. 2. Kompression der Medulla spinalis durch ein Rippen- und Wirbelsarkom. 3. Fall von Syringomyelie. 1. Motorische und sensible Lähmung der Oberextremitäten mit Muskelatrophie und spastischer Paralyse der Unterextremitäten. . . . Siegburg. Druck v. Wilh. Reckinger, 1889. 32 S. 8°
Bonn, Med. Fak., Inaug.-Diss. v. 18. Mai 1889

Hegemann, Wern., d. nene Bebauungsplan f. Chicago. (26 S. m. Abb. u. 4 Taf.) 32×24 cm. Berlin (910). E. Wasmuth. 1. --

Hegemann, Werner: Mexikos Übergang zur Goldwährung. Ein Beitr. z. Geschichte d. mexikan. Geldwesens (1867—1906). Die Währungsreform von 1904/05. Beurteilung d. Reform. Stuttgart 1908: Union. 47 S. 8° ¶(Ersch. vollst. als Münchener volkswirtsch. Studien. Stück 80.)
München, Staatswirtsch. Diss. v. 17. Juli 1908, Ref. Lotz
[Geb. 15. Juni 81 Mannheim; Wohnort: München; Staatsangeh.: Baden; Vorbildung: Gymn. Prog. Reife O. 01; Studium: Phil. Berlin 1, Paris 2, Staatsw. Paris 2, Univ. of Pennsylvania 2, Berlin 1, Straßburg 1, München 5 S.; Rig. 17. Juli 08.] [U 09. 3261

Mexikos Übergang zur Goldwährung. Ein Beitrag z. Geschichte d. mexikan. Geldwesens (1867–1906). Von Werner **Hegemann**, Dr. d. Staatsw. Stuttgart & Berlin: J. G. Cotta Nachf. 1908. (XII, 189 S.) 8°
— Studien, Münchener Volkswirtschaftliche. St. 86. [08. 13781 3

Hegemann-Vorster, Elise. Irrenhaustragödie in der Anstalt Waldau bei Bern (Schweiz) von Frau Elise Hegemann-Vorster. Nebst Geleitswort von Dr. med. [Eugen] Bilfinger, Königl. Sanitätsrat ([und 2 Beilagen:] Ärztliches Gutachten ... von Professor Dr. med. Adolf Vogt in Bern [und] Erklärung des Herrn Oberamtsrichter a. D. J Richard in Mannheim). [Mit Porträt und einer Ansicht.] IV + 65 S. 8. Leipzig, Comm. Edmund Demme, (1901). (M. —. 80)

Im Lichte der Öffentlichkeit, mein angeblich 'unheilbarer Irrsinn' von Frau (Elise) **Hegemann**-Vorster nebst orientierender Einl. von Dr. med. Eug. Bilfinger, San.R. Leipzig: E. Demme in Comm. (1901). (VIII, 205 S.) 8° [07. 13664 11

Was ist Geisteskrankheit? Was ist Irrenanstaltsbedürftigkeit? Was ist Wahrheit? (Ev. Joh. 18, 38.) Selbsterlebtes in 7 deutschen Irrenanstalten von **Elise Hegemann-Vorster**. *o. O. (um 1900)*. (X, 250 S.) 8° [Umschlagt. F.] [03. 13652 9

(**Hegemann-Vorster, Elise.**) [I.] Zur Orientirung über den Fall der Frau Hegemann von Dr. med. Eug[en] Bilfinger, Königl. Sanitätsrat. ([II.] Widerlegung des Rechtsanwalt Dr. Guttmann'schen Entmündigungsantrages von Frau Elise Hegemann-Vorster. [Mit Beilage:] Erklärung [von] J Richard, Oberamtsrichter a. D. und Rechtsconsulent, Mannheim.) 36 + *Beilage* 15 S. 8. (Egeln, Ferdinand Heyl, 1901.)
Custoden: Irrenhaustragödie.

Hegemark, s.: Bazant v. Hegemark.

Hegematillus (ps.). — Die Bey Vergleichung Des Frauenzimmers mit denen Edelgesteinen gleich ähnelnde und geraubte LALIA Bey dem Mörlin-Lanckischen Hochzeit-Feste zu Ehren vorgestellet den 4. Septembr. Anno MDCCII. (1702.) in einem DRAMA von HEGEMATILLO. (Zierleiste.) Leipzig, druckts Immanuel Tietze. 4°. (In Dresden: Lit. Germ. rec. 4° B 172, no. 3.)
4 unbeziff. Bll. Poetischer Dialog zwischen Venus und Cupido. — Der Pseud. fehlt bei Weller.

Hegemonen, Die deutschen. Offenes Sendschreiben an Gervinus. Von J. K. Berlin 1849. V: *Kuranda, Ignatz* (?). (Varnhagen, C. A., Tagebücher. Leipzig 1861—1905. XV, 80.)

Hegemonen, Die deutschen. Offenes Sendschreiben an Herrn Georg Gervinus . . . Berl. 1849. V: *Kladizko, J.* (Ky)

Hegemonen, die deutschen. Offenes Sendschreiben an Hrn. Geo. Gervinus, v. J. K. gr. 8. (52 S.) Berlin 849, Schneider & Co. n. 8 ngl

Hegemonius, s.a. Archelaus, Episcopus Mesopotamiae

Hegemonius. Acta Archelai. Hrsg. im Auftr. d. Kirchenväter-Commission d. Kgl. Preuss. Akad. d. Wiss. von Charles Henry Beeson. Leipzig: J. C. Hinrichs 1906. (LIV, 133 S.) 8°
— Schriftsteller, Die griechischen christl., d. ersten 3 Jh. Bd 16. [06. 15040

HEGENAUER, Joseph Anton (Neubeuern): De vulneribus capitis additaquaestione iisdem medendi.- Ingolstadii: Attenkover 1826. 24 S.
19.8.1826 - Pe 424; F 58
Diss. Ingolst. Landsh. Mchn.

Hegenbarth, E. Max, Handbuch des Hotelbetriebs. Praktisches Hilfsbuch für Hoteliers, Restaurateure, Pensionsinhaber und deren gesammtes Betriebspersonal. 8. (XIV, 367 S.) Wien 887, Hartleben. * M 5.—; geb. * 6 —

Hegenbarth, E. Max, Handbuch d. Hotelbetriebes. Prakt. Hilfsbuch f. Hoteliers, Restaurateure, Pensionsinhaber u. der. ges. Betriebspersonal. 2., durchgeseh. u. verb. Aufl. 8. (XV, 389 S.) Wien 897. A. Hartleben. n. 5. — ; geb. in Leinw. n. 6. - -

— prakt. Jahr- u. Wirthschaftsbuch, nebst Geschäftskalender f. Wirthe auf d. J. 1895. Fol. (68 S.) Dresden, P. Löffler. Kart. 1. 50

— praktisches Conto- u. Wirtschaftsbuch nach amerikanischem System f. jeden Geschäftsmann. Vollständiges Conto-, Einnahmen- u. Ausgabenbuch. (XVI, 127 S.) Lex.-8. Ebd. (905). Geb. n. 2. 75

— praktisches Taschen-Einnahmen-u. Ausgaben-Buch m. Monats-Zusammenstellung nach amerikanischem System f. jeden Geschäftsmann. (186 u. 52 S.) kl. 8. Ebd. 905. Kart. u. geh. n. 1. -

Hegenbarth's, M., Bowlen-, Punsch-, u. Kaffee-Haus-Getränkebuch. Eine Sammlg. zeitgemässer Vorschriften zur Herstellg. v. kalten, warmen u. sonst. Mischgetränken. Mit besond. Berücksicht. der in- u. ausländ. Kaffeehaus-Getränke, der „american drinks", sowie Aepfel- u. sonst. Frucht-Bowlen u. Punsche. 3. Aufl. (VIII, 84 S.) gr. 8. Dresden-Plauen 903. M Hegenbarth. Geb. n. 1. 60

Hegenbarth's Getränke-Buch. Eine Sammlg. zeitgem. Vorschriften zur Herstellg. von Bowlen, Punsch u. sonst. Mischgetränken. Mit besond. Berücksicht. der in- u. ausländ. Kaffeehaus- sowie der Apfel- u. Fruchtwein-Getränke. gr. 8. (III, IV, 71 S.) Plauen-Dresden 899. M. Hegenbarth. Kart. n. 1. 50

Hegenbarth-Florié: Das Büchlein vom Wein und vom Weintrinken. Dresden, Plauen: Hegenbarth 1904. 64 S. -- 121*

— historische Hotels u. Gaststätten, sowie hervorragende Persönlichkeiten im Wirte-Beruf, s.: Beiträge zur Geschichte des Gastwesens.

— Frau Röllchen's Ostsee-Reise u. Abenteuer. (168 S.) 8. Dresden-Plauen (904). M. Hegenbarth. n. 1. —; geb. in Leinw. n. 2. —

Hegenbarth-Florié, Frau, das „Wie". Wie gestaltet man die tägl. Mahlzeiten ohne Mehrkosten reichhaltiger? 3. Aufl. (XII, 128 S. m. Abb.) 8. Dresden-Plauen (908). M. Hegenbarth. Geb. in Leinw. 1. 60

HEGENBERG, F. A.: Deutliche und vollständige Anweisung ohne Winkelmeßinstrumente nicht nur Aecker, Garten, Waldungen, Flüsse etc. sondern auch ganze Feldmarken zu vermessen und zu berechnen... - Berlin 1817. - 2. Aufl. ebd. 1819

Hegenberg, F. A., deutl. u. vollständ. Anweis. ohne Winkel-Messinstrumente nicht nur Aecker, Gärten etc., sondern auch ganze Feldmarken z. vermessen etc. Zum Gebrauch f. Oekonomen, Forstmänner, Gärtner etc. Mit 9 Kpf. gr. 8. Berlin, 1818. 2. Aufl. 1819. Maurer. (Leipzig, Voigt.) 1. 10

Hegenberg, F. A., kleine Feldmeßkunst f. d. Bürger u. Landmann. M. 1 Stnt. 8. (17 B.) Züllichau 828. [Leipzig, Fr. Fleischer.]

— Handbibliothek d. reinen, höhern u. niedern Mathematik. Zum Gebrauch auf Gymnasien u. Universitäten u. für d. Selbstunterricht bearb. 1e Liefer. 7 Bdchn. (A. u. d. T.: Lehrbuch d. Zahlenarithmetik, Buchstaben-Rechenkunst u. Algebra.) 8. Dresd. 831. Hilscher. 1 ℛ 18 ggr

Hegenberg, F. A., Handbibliothek d. reinen, höh. u. nied. Mathematik. Zum Gebr. auf Gymnasien u. Universitäten u. f. d. Selbstunterr. bearb. Neue, wohlf. Ausg. Arithmetik. 1—7. Bdchn. — A. u. d. T.: Lehrbuch d. Zahlen-Arithmetik, Buchstaben-Rechenkunst u. Algebra. — Zahlen-Arithmetik. 3 Bdchn. (13 B.) — Größenlehre. 4 Bdchn. (22⅓ B.) 12. Dresden 831. 1 Thlr. 18 Gr., Neue, wohlf. Aufl. (Neu. Tit.) Baltimore Md. 834, Scheld u. Comp. à 4 Gr. Thlr.

Hegenberg, F. A., Handbibliothek d. reinen, höhern u. niedern Mathematik. Neue wohlf. Ausg. — Lehrbuch d. Zahlen-Arithmetik. 3 Bdchn. gr. 12. (12¾ B.) Baltimore Md. 837. [Leipzig, Einhorn's Vrlsexped.]

—— dass. — Neue wohlf. Ausg. — Allgemeine Größenlehre. 2 Abschnitte in 4 Bdchn. gr. 12. (22⅓ B.) Baltimore Md. 837. [Leipzig, Einhorn's Vrlsexped.]

— vollständ. Lehrbuch d. reinen Elementarmathematik; zum Gebrauch für Lehrer, besonders aber f. Selbstlernende u. Examinanden gearbeitet. 1r Thl., die Arithmetik u. niedere Algebra enth. gr. 8. Berl. 821. Th. Enslin. 2 ℛ 6 ggr 2r Thl., die Epipedomie oder ebene Geometrie. Mit 16 Steint. 822. 4 ℛ 3r Thl., die Stereometrie oder bürgerl. Geometrie. Mit 6 Kpft. 823. 1 ℛ 18 ggr 4r Thl., die ebene u. sphär. Trigonometrie. 823. Ebd. 4 ℛ Th. Enslin. 12 ℛ Hbg. Pr. compl. 5 ℛ

Hegenberg, F. A., Leitfaden der reinen Elementarmathematik, als der Arithmetik, der Algebra bis zu den Auflösungen der Gleichungen vom dritten Grade, der ebenen u. sphärischen Trigonometrie. 8. Berlin, Maurersche Buchhandl. 819.

— vollständ., auf die bekannten Elementarsätze von d. geraden Linien u. Winkeln gegründete Theorie d. Parallellinien. M. 1 Figurentaf. gr. 8. Berl. 825, Enslin.

—— Unterricht im Höhenmessen mit d. Barometer, nach d. neuesten in d. Physik gemachten u. hierher gehör. Entdeckungen berichtigt. Nebst 5 hypsometr. Taf., 1 Taf. z. Reduction d. Toisen in Rheinländ. Fuß; 3 Taf. z. Reduction d. verschied. Thermometer-Scalen, u. 1 Taf. d. geograph. Breiten d. bekanntesten Oerter in Europa. M. 1 Stnt. 8. ... Bunzlau 828, Appun.

Hegendorf (Pseud.), s.a. Mercy, Ludwig von (wirklicher Name.)

Hegendorf, der Gebrauchshund, seine Erziehung u. Dressur. Mit 55 Textabb. nach Zeichngn. v. W. Arnold u. nach photograph. Aufnahmen. (XII, 349 S.) gr. 8. Berlin 910. P. Parey. Geb. in Leinw. 6. —

Die Hebung der Niederjagd in Pachtrevieren mit besond. Berücks. d. Verhaltens d. Jagdpächters gegenüber der Landwirtschaft treibenden Bevölkerung. Von **Hegendorf**. Berlin: P. Parey 1908. (295 S.) 8° [ß.]

Hegendorf, Chr., Katechismus der lutherischen Reformation, s.: Neudrucke deutscher Litteraturwerke d. XVI. u. XVII. Jahrh.

Verein der Industriellen des Reg.-Bezirks Cöln. Eugen Langen. Gedächtnißrede, geh. von Gen.-Dir. Hegener in der General-Versamml. am 15. Jan. 1896. — Bonn 1896: Georgi. 16 S. 8° [Umschlagt.]

Hegener, A.

— Erläuterungs-Bericht zum Project für den Neubau einer Pumpstation. Köln 1881

Hegener, Engelbert

Hegener, E., Lesebuch für die Oberklassen katholischer Volksschulen in Westfalen. Paderborn 863. Schöningh. gr. 8. (X, 388 S.) n. 10 ngr

Hegener, Engelb., der Schreib- und Lese-Schüler in niederdeutschen Volksschulen. 1. Thl. Fibel zum Gebrauche beim ersten Unterricht in der Schriftsprache. 2 Abthlgn. Arnsberg 858. Ritter. 8. (VI, 40; 50 S.) Jede Abth. n. 2½ ngr

Hegener, Julius *Carl Anton Hugo* [aus Kalk]: Aus d. pharmakolog. Institut zu Bonn. Ueber pharmakologisch differente Formen einiger Metalle ... Bonn, Druck v. E. Heydorn, *1891*; 51 S. 8.

Bonn, Med. Fak., Inaug.-Diss. v. [10.] März 1894.

Hegener, J., Labyrinthitis u. Hirnabszess. Mit 14 Abbildgn. nach Photogrammen auf 7 Taf. (S. 359—462.) gr. 8. Berlin 909. S. Karger. 4. —
Sonderabdr. a.: „Passow u. Schaefer, Beiträge etc."

Hegener, Julius, Dr.: Theoretische und experimentelle **Untersuchungen** der Massagewirkung auf den Schallleitungsapparat. *Wiesbaden: J. F. Bergmann 1901.* (58 S.) 8°
Heidelberg, Med. Hab.-Schr. v. 1901

Hegener, J., krankhafte Veränderungen der Form u. Stellung der Ohrmuschel. 20 stereoscop. Bilder. qu. 8. (III S. Text.) Wiesbaden 901. J. F. Bergmann. In Leinw.-Mappe n. 7. 50

Hegener, Th., Gunhilde. Eine Mähr. Berlin 857. Decker. 16. (2 Bl., 123 S.) 15 ngr; geb. 25 ngr

Hegener, Th., Lesebuch ohne Bilder mit deutscher u. lateinischer Schrift. Zur Unterhaltung u. Belehrung für Kinder von 7 bis 10 Jahren. 12. (VI u. 183 S.) Arnsberg 847, Ritter. ¼ ℛ

Hegener, Th., english primer. Exercices d'épellation, de prononciation et de lecture. 8. (CXX S.) Lippstadt 876. Rempel. n. 1. 20

Hegener, Th., der Schreib- u. Leseschüler in niederdeutschen Volksschulen. 1. Thl. Fibel z. Gebr. beim ersten Unterricht in der Schriftsprache. 12. (2⅔ B.) Arnsberg 843, Ritter.

—— dass. 2. Thl. Lese- u. Sprachbildungsbuch f. die mittleren Klassen. 12. (8 B.) Ebds. 843.

—— über d. Unterricht in der Schriftsprache. Mit besond. Rücksicht u. in Anwendung auf den Schreib- u. Leseschüler in niederdeutschen Volksschulen. 12. (6 B.) Arnsberg 843, Ritter.

Hegener, Th., die Unterrichtsfrage vom demokrat. und nationalen Gesichtspunkte aus erörtert. gr. 12. (24 S.) Essen 848, Bädeker.

Hegener, Th., die Unterrichtsfrage vom demokrat. u. nationalen Gesichtspunkte aus erörtert. gr. 12. (24 S.) Essen 849, Bädeker. 3 ngr

Hegener, Th. Vocabulaire anglais-français, — desgl. — néerlandais-français, s. Écho de conversation.

Hegenwald, Hermann: Kants theoretische Philosophie in Friedrich Paulsens und Ludwig Goldschmidts Kant-Auffassung. Greifswald 1907: Puff & Panzig. (86 S.) 8°
Greifswald, Phil. Fak., Ref. Rehmke, Diss. v. 20. April 1907
[Geb. 8. Mai 84 Märk.-Friedland; Wohnort: Greifswald; Staatsangeh.: Preußen; Vorbildung: Realgymn. Danzig Reife O. 04; Studium: Marburg 1, Berlin 1, Königsberg 1, Greifswald 3 S.; Rig. 23. Febr. 07.]

Heger. – Ignaz Heger, s. Kolbe, J.

Heger, Ant., Erfahrungen im Gebiethe d. Heilkunde, als Materialien z. Entwurf eines auf Naturgesetze gestützt. Systems. 12. Wien 842. (Kaulfuß Wwe., Prandel u. Co.) n. 1½ ℛ

Heger, Aug. Dan., Chorale u. Chöre z. Gebr. bei Schulfeierlichkeiten, in Musik gesetzt. Gesammelt, in Zifferntonzeichen übertr. u. hrsg. v. J. A. Bramsen. gr. 8. (1¼ B. ohne Pag.) Kopenhagen 828, (Schubothe.)

[F.] Zum Gedächtnis Adalberts, des ersten Apostels der Preussen. Festschr. z. 900j. Todest. d. Märtyrers v. C. Heger, Pfarrer in Tenkitten ... *Königsberg i. Pr.: W. Koch 1897.* (3 Bl., 109 S., 6 Taf.) 1 Bd 8. [97. 609]

Heger, Edm., Handbuch f. den Verein d. Marienkinder, welcher unter der Leitg. der barmherz. Schwestern vom hl. Vinzenz v. Paul (Töchter der christl. Liebe) steht. 8. Aufl. (611 S. m. farb. Titelbild.) kl. 8. Regensburg 910. F. Pustet. 1.20; geb. in Leinw. 1.80; in Ldr. m. Goldschn. 3. —

— Das Leben des hl. Vinzenz v. Paul, s.: Maynard.

Heger, Edm., die kleinen Tagzeiten v. der unbefleckten Empfängnis, erklärt. (184 S. m. Titelbild.) kl. 8. Regensburg 904. F. Pustet. n. — 75; geb. in Leinw. n. 1. 20

Heger, Ewald, approb. Arzt aus Recklinghausen i. W.: Aus d. chirurg. Klinik zu Kiel. Ueber Gaumentumoren nebst Mitteilung eines Falles von Sarkom des harten Gaumens. *Kiel 1903: P. Peters.* (22 S.) 8°
Kiel, Med. Diss. v. [26. Aug.] 1902

Heger, F. C., die physische und mathematische Geographie. Theilweise mit Zugrundelegung der Introduction à la Géographie von Lacroix bearb. Mit in den Text eingedr. Holzschn. Lübeck 853. Dittmer. 8. (X, 351 S.) n. 1 ⁄ 6 ngl

Heger, F. J. Post-Tabellen oder Verzeichniß deren Post-Straßen in dem Kays. Römischen Reich und in denen angräntzenden Landen. Mainz (1764). 8°.

Heger, Franz

Heger, Frz., der 8 russische Archäologen-Congress zu Moskau 1890. — Der 8. Congress russischer Naturforscher u. Aerzte in St. Petersburg 1890. [Aus: „Mittheilgn. d. anthropolog. Gesellsch. in Wien".] gr. 4. (S. 148—169.) Wien 890. (A. Hölder.) n. 1. 20

Heger, Frz., Ausgrabungen auf dem Urnenfelde von Neudorf bei Chotzen in Böhmen. [Mit 4 (lith.) Taf. u. 1 Holzschn. im Texte.] [5. Bericht der prähistor. Commission über die Arbeiten im J. 1881, 3.] [Aus: „Sitzungsber. d. k. Akad. d. Wiss."] Lex.-8. (15 S.) Wien 882. (Gerold's Sohn.) n. 1. 20

Heger, Frz., Entwürfe ausgeführter u. zur Ausführung bestimmt. Gebäude, s. Moller, Geo.

Heger, Frz., der altmexikanische Federschmuck in den Sammlgn. der anthropologisch-ethnograph. Abteilg. des k. k. naturhistor. Hofmuseums in Wien. (S. 73—81 m. 2 Abb. u. 1 farb. Taf.) 31,5×26 cm. Wien 908. Leipzig, K. W. Hiersemann. 5. —

Heger, Franz, Festschrift zur Begrüßung der Theilnehmer an der gemeinsamen Versammlung der Deutschen und Wiener Anthropologischen Gesellschaft in Wien, 5.—10. August 1889. Herausgegeben von der Anthropol. Gesellschaft in Wien. (Mit 4 Tafeln.) 4. (72 S.) In Comm. 2.—
Wien: Hölder 1889.

— s. a. Festschrift zur Begrüssung der Theilnehmer an der gemeinsamen Versammlung der deutschen u. der Wiener anthropologischen Gesellschaft.

— Goldgeräthe v. den Philippinen. [Aus: „Mittheilgn. d. anthropolog. Gesellsch. in Wien".] gr. 4. (5 S. m. 1 Lichtdr.-Taf.) Wien 892. (A. Hölder.) n. 1. 60

— Gräberfunde auf dem Dürenberge bei Hallein. [Mit 1 (lith.) Taf. u. 1 (eingedr.) Holzschn.] [5. Bericht der prähistor. Commission über die Arbeiten im Jahre 1881, 4.] [Aus: „Sitzungsber. d. k. Akad. d. Wiss."] Lex.-8. (9 S.) Ebend. 882. n.n. — 50

— barometrische Höhenmessungen in Nord-Griechenland. [Aus: „Denkschr. d. k. Akad. d. Wiss."] Imp.-4. (18 S.) Ebend. 878. n. 1. —

Heger, F., s.: Hölzel's Rassentypen des Menschen.

Heger, Frz., s.: Kalender f. deutsche Bürgerschüler.

Heger, Frz., alte Metalltrommeln aus Südost-Asien. Mit Unterstützg. der Gesellschaft zur Förderg. deutscher Wissenschaft, Kunst u. Literatur in Böhmen. Nebst e. Bde. m. 45 Taf. Imp.-4. (247 S. m. Abb.) Leipzig 902. (K. W. Hiersemann.) Geb. in Leinw. n.n. 100. —

Heger, Franz (Red.), s. Mitteilungen der Anthropolog. Gesellschaft in Wien.

Heger, Franz: Reisen im Kaukasus, in Transcaspien und Russisch-Turkestan (Juni bis Oktober 1890). Theilnahme am VIII. russischen Archaeologen-Kongress in Moskau. Besuch von St. Petersburg. ([S.-A.] Annalen des k. k. Naturhistorischen Hofmuseums. Bd. 5. Heft 4.) Wien 1890. 32 S. 8°.

— altmexikanische Reliquien aus dem Schlosse Ambras in Tirol. [Aus: „Annalen d. k. k. naturhistor. Hofmuseums".] Lex.-8. (22 S. m. 5 Taf., wovon 1 in Farbendr.) Ebd. 892. n. 7. —

— Die archäolog. u. ethnograph. Sammlgn. aus Amerika im k. k. naturhistor. Hofmuseum in Wien. (72 S.) 31,5×26 cm. Ebd. 908. 6. —
Sonderabdr. a.: „Festschrift, hrsg. anlässl. d. Tagg. d. 16. int. Amerikanisten-Kongr. in Wien".

— s.: Studien, geologische, in den Küstenländern des griech. Archipels.

Heger, Frz., der Tempel d. Minerva zu Athen, wie er im J. 1818 war, nach des Herausg. eigenen Vermessungen u. hiernach vorgenomm. Ergänzung des ursprünglichen Zustandes. Roy.-Fol. Darmst., Leske. 20 ℳ

— s.: Verhandlungen des 16. int. Amerikanisten-Kongr.

— Europäische Völkertypen, s.: Hölzel.

Heger, F., drei Vorträge üb. d. ethnograph. Ausstellg. in Prag 1895, s.: Murko, M.

— d. Zukunft d. ethnograph. Museen, s. a. Festschrift f. Adolf Bastian.

Heger, Franz: Die Zukunft der ethnographischen Museen.
in: Festschrift für Adolf Bastian. S. 583—594. Berlin 1896. 12 S. 4°.

Heger, Friedrich

Heger, F. Sprache, Geberdensprache. Wien, R. V. Bez., 1884. 24 S. Progr.

Heger, Friedr.: Der Taubstumme, dessen sociale Stellung im Verlaufe der Jahrh. I. Th. 31 S. – Wien, R.V., Progr. 1886.

Heger, Gregor, s.a. Heeger, Gregor

Heger, Greg., Handbuch der christlichen Sittenlehre für alle Stände. gr. 8. Bamberg, Göbhard. 797.

Heger, G., Handbuch d. christl. Sittenlehre f. alle Stände, Neue Aufl. gr. 8. Bamb. u. Würzb. Göbhardt. 812.

— populaire Predigten für den gemeinen Mann. 8. Bamberg, Dederich. 796.

— der Sinn und Wandel des Seelsorgers, in Betrachtungen üb. Lectionen der heiligen Schrift. gr. 8. Ebend. 802.

Heger, Hans (Hrsg.), s. Almanach, Pharmaceutischer.

Heger, Hans (Hrsg.), s. Apothekenbilder von Nah und Fern.

— Apothekenbilder v. Nah u. Fern. gr. 8. (III, 107 S. m. Abb.) Wien 896. (M. Perles.) n. 2. —

Heger, H., Arznei-Taxe für d. J. 1887. In Tabellenform zum Aufkleben hrsg. qu. Fol. Wien 887. Perles. n. — 24

Heger, Hans (Hrsg.), s. Arznei-Taxe, Die officielle.

Heger, Hans. Die officinelle Arznei-Taxe in Tabellenform f. d. J. 1891 u. 1892, u. Taxe f. die nicht officinellen Arzneistoffe. Nach den neuesten Preislisten rev. Tabelle. 42×51 cm. (2 S.) Wien 891,92. Perles. à Taxe * — 40

Heger, Hans, die officinelle Arznei-Taxe für d. J. 1901 in Tabellenform. — Taxe für nichtofficinelle Arznei-Stoffe. Nach d. neuesten Preislisten f. d. J. 1901 rev. gr. Fol. (1 Bl.) Wien 901. M. Perles. n. — 80

— dasselbe f. d. J. 1902 in Tabellenform. qu. gr. Fol. (2 S.) Ebd. n. — 80

Heger, H., Die officielle Arznei-Taxe für das Jahr 1903 in Tabellenform Wien: Perles 1903.

— die officinelle Arzneitaxe f. d. J. 1905 in Tabellenform. — Taxe f. nichtofficinelle Arznei-Stoffe. Nach den neuesten Preislisten f. d. J. 1905 rev. (2 S.) 65,5×74,5 cm. Wien, M. Perles. n. — 80

— Die officinelle Arzneitaxe f. d. J. 1907 in Tabellenform. — Taxe f. nichtofficinelle Arznei-Stoffe. Nach den neuesten Preislisten f. d. J. 1907 rev. (2 S.) 65,5×74,5 cm. Wien, M. Perles. 1. —

— s.: Chemiker-Zeitung, österreich.

Heger, Hans, u. Hans Gutt, k. k. priv. ärztliches Ordinations-Buch m. Controll-Vorrichtung. 16. (56 S. m. 100 Formularen.) Wien 886. (Seidel & Sohn.) geb. n. 1. 20

— s.: Oesterreichs Wohlfahrts-Einrichtungen.

— s.: Post, pharmaceutische.

— Synopsis der neuen Arzneimittel m. kurzen Angaben üb. deren Darstellung, beziehungsweise Abstammung, Eigenschaften, Anwendung u. Dosirung. Unter Mitwirkg. v. M. Kronfeld hrsg. 12. (X, 217 S.) Ebd. 891. Geb. in Leinw. n. 4. —

— — Verkaufs-Preise (Taxe) für Arznei-Specialitäten, Hand-Verkauf-Artikel, kosmetische und diätetische Präparate, welche in den Apotheken Oesterreichs und Ungarns verlangt werden. Im Einvernehmen mit dem Wiener Apotheker-Club herausgegeben. Gr.-8. (75 S.) Wien: Perles 1896. * —.40

— s.: Zeitschrift f. Nahrungsmittel-Untersuchg., Hygiene u. Waarenkunde.

Weidner, H., u. Heger, J., Festschrift zum 50jähr. Jubiläum 13.—14. 1. 1911 des Wandsbeker Turnerbundes von 1861, m. Abb., Wandsbek 1910, 85 S., 8°.

Heger, Ignaz

Heger, Ign., über die Auflösung eines Systems von mehreren unbestimmten Gleichungen des ersten Grades in ganzen Zahlen. Aus d. Denkschriften d. k. Akad. d. W. Wien 858. Gerold in Comm. gr. 4. (122 S.) n. 2 ℳ

— Über die Auflösung eines Systems von mehreren unbestimmten Gleichungen des ersten Grades in ganzen Zahlen, welche eine größere Anzahl von Unbekannten in sich schließen, als sie zu bestimmen vermögen. S. 21. 530 . . . . vgr.

Separatabdruck

Heger, J. Auflösungsmethode für algebraische Buchstabengleichungen. I, II. Wien, 1851.

— Auflösungsmethode für algebraische Buchstabengleichungen mit einer einzigen unabhängigen Buchstabengrösse. (1. Heft.) Mit 1 (lith.) Tafel. 856. (104 S.) n. 1 ℳ 20 ngr. — (2. Heft.) Mit 1 (lith.) Taf. 857. (76 S.) n. 1 ℳ 10 ngr. Aus d. Denkschriften d. k. Akad. d. W. Wien, Gerold in Comm. gr. 4. n. 3 ℳ

Heger, Ig. Jac., kurze Anleitung zur Steno-Tachygraphie f. die vier Slawischen Hauptsprachen, als die böhm., poln., ilir. u. russ. mit deutscher Uebersetzung, nach eigenem, ausführlichen Systeme der Cechoslaw. Stenographie. gr. 8. (30 S.) Wien 849. (Wenedikt.) 1 ℳ

— Bemerkenswerthes über die Stenographie oder Geschwindschrift. Ihre Entstehung, Fortbildung, Vervollkommnung, ihr Gebrauch u. Nutzen, besonders ihre Anwendbarkeit u. Brauchbarkeit in gegenwärt. Zeit- u. Lebens-Verhältnissen; dann die Widerlegung der ihrer Einführung entgegentretenden Einwendungen u. Bedenken; aus schätzbaren Werken u. pract. Leben geschichtlich u. thatsächlich dargestellt. Mit 3 lith. Taf. gr. 8. (VI u. 135 S.) Ebd. 841. 1 ℳ

— kurze Grammatik der Steno-Tachygraphie [Redezeichenkunst oder eigentl. Schnellschrift] als Leitfaden f. öffentl. u. Selbstunterricht nach eigenen Vorträgen an der k. k. Universität etc. 2. durchaus verb. Aufl. gr. 8. (48 lith. S.) Ebd. 849. 1 ℳ 6 ngr

— prakt. Handbuch der Steno-Tachygraphie [Redezeichenkunst oder eigentlich Schnellschrift], f. öffentl. u. Selbstunterricht, nach eigenen Vorträgen an der k. k. Universität. 2 Thle. 1. Thl. gr. 16. (VIII u. 220 S.) 2. Thl. gr. 8. (IV u. 59 lith. S.) Ebd. 846. 49. 1 1/2 ℳ

— praktisches Handbuch der Steno-Tachygraphie (Redezeichenkunst oder eigentl. Schnellschrift) für öffentl. und Selbstunterricht, nach eigenen Vorträgen an der k. k. Universität rc. 2. Thle. (1. Thl.) in gr. 16. und 2. Thl. in gr. 8. (VIII und 220 S. mit III und 59 lithogr. S.) Wien 851, (Wenedikt.)

Heger, Ign. Jac., über den Nutzen u. die Wichtigkeit d. Stenographie (Redezeichenkunst oder eigentliche Schnellschrift) im gewöhnlichen Geschäftsleben überhaupt, u. üb. ihren gegenwärtigen Stand in Deutschland. (Rede zu Prag gehalten.) gr. 8. (Text u. 3 lith. Taf.) Prag 846. (Wien, Wenedikt sel. Wwe.) n. 1/6 ℳ

HEGER, Johann Ludwig: Landwirthschäfftlicher Teich- und Weyher-Lust, oder gründliche Information zur Edlen Fischerey, wie bey dieser sowohl die Teich und Weyher auf das beste eingericht ... werden sollen. Allen Liebhabern der Edlen Fischerey. - Franckfurth, Leipzig 1727. 135 S.

Heger, Moritz

Heger, Mor., Elster im Voigtlande u. seine Heilquellen. 16. (63 S.) Dresden 850, Naumann. n. 1/3 ℳ

Heger, Mor., Frühling, Sommer, Herbst und Winter. Bilderbuch für gute Kinder. Lex.-8. (24 S. mit 8 bunten Bildern und vielen Illustr. in eingedr. Holzschn., sowie einer Lese- und Schreibfibel.) Dresden 865, Meinhold und Söhne. cart.

Heger, Mor., der Führer durch die Wüste des Lebens, s. Führer, der.

Heger, Mor., der **Führer** durch die Wüste des Lebens. Ein Festgeschenk für Söhne u. Töchter, insbesondere für Confirmanden. Mit 1 Stahlst. Dresden (857.) Meinhold. 8. (VII, 279 S.) 1 Thlr

— eine **Gabe** zur Christbescheerung für Kinder vom 10—14. Lebensjahre. Mit (4 lith. u. color.) Abbildgn. Ebend. (851.) 8. (182 S.) 18 ngr

— **Jugendbibliothek**, s. **Jugendbibliothek**.

Heger, Mor., **Lebensbilder** aus der biblischen Geschichte. Eine Sammlung von Darstellungen in gebundener Rede über Geschichten des alten und neuen Testaments. Zum Gebrauche für die Jugend herausg. Mit 1 (lith.) Titelbild. Leipzig 859. Klinkhardt. 8. (IV, 156 S.) n. 10 ngr

— **Lesebuch** für die zweite Stufe des Leseunterrichts. Zur Erweckung u. Unterhaltung der Leselust u. zum Gebrauche in Mittelklassen der Stadt- u. Landschulen. Im Vereine mit mehreren Lehrern hrsg. 8. (VIII u. 171 S.) Leipzig 847, Teubner. n. 8 ngr

— und Aug. **Lansky**, **Lichtbilder** zur Belehrung und Unterhaltung für die Jugend und ihre Freunde. 1. u. 2. Bd. Mit 8 (lith. u. color.) Abbildgn. Ebend. (856.) 16. (2 Bl., 240; 2 Bl., 240 S.) Jeder Bd. 1 Thlr

— das **Morgenroth** des Lebens. Ein Bilderbuch für Große und Kleine; mit vielen Illustr. nach Ludw. Kergel. 4. (36 S. mit 12 ill. Stnt.) Dresden 855, Meinhold und Söhne.

Heger, Mor., die **Rücksicht** der Volksschule auf ihre Zöglinge als künftige Staatsbürger. Eine am 3. Aug. 1844 im pädagog. Vereine zu Dresden gehaltene Rede, als Gabe zum Constitutionsfeste dargebracht. gr. 8. Dresden u. Leipzig 844, Arnoldische Buchh. n. 1/12 Thlr

HEGER, M. *Schlicht und recht*. Ein Lesebuch für Kinder von zehn bis vierzehn Jahren . . . Herausgegeben von Moritz Heger. Mit 6 lithographirten Bildern nach Originalzeichnungen von A. v. ZAHN. Dresden, Meinhold u. Söhne [1859]. VIII, 294 S. 8°. Hübscher Or.Karton. 14.—
Kleine Erzählungen u. Belehrungen. Die Illustrationen in weißgehöhtem lith. Tondruck.

— **Silberblicke** aus der Kinderwelt. Ein Bilderbuch für Kleine und Große. Mit Illustr. nach L. Kergel. Ebend. (853.) 4. (1 Bl. u. 24 lith. u. color. Taf.) n. 20 ngr

— der **Sohn** des Sakristans. Eine Erzählung für die Jugend und ihre Freunde. Dresden 853. Liepsch u. Reichardt. 8. (2 Bl., 116 S.) 10 ngr

— — Ein Geschenk für die Jugend und ihre Freunde. 2. Aufl. 855. 7 1/2 ngr. — 3. verm. Aufl. mit (4 lith.) Bildern in Farbendr. Dresden 856. Klemm. 8. (2 Bl., 116 S.) 15 ngr

— drei **Tage** in Teplitz, s. **Lesecabinet** der Jugend.

Heger, Mor., s.: **Vor** 50 Jahren.

— was macht glücklich?, s. **Lesecabinet** der Jugend.

— Deutsches Weihnachtsbuch für die Jugend. Für Kinder von 5—8 Jahren. Mit 10 (color.) Kpfrn. br. 8. (48 S.) Dresden 851, Meinhold & Söhne. n. 2/3 Thlr

— dass. Für Kinder v. 8—11 Jahren. Mit 4 (color.) Kpfrn. br. 8. (IV u. 170 S.) Ebd. 851. n. 2/3 Thlr

— dass. Für Kinder v. 11—14 Jahren. Mit 4 (color.) Kpfrn. br. 8. (166 S.) Ebd. 851. n. 2/3 Thlr

— deutsches **Weihnachtsbuch** für die Jugend. 1. Stufe. Mit 10 (lith. u. color.) Kpfrn. (48 S.) — 2. Stufe. Mit 4 (lith. u. color.) Kpfrn. (IV, 170 S.) — 3. Stufe. Mit 4 (lith. u. color.) Kpfrn. (166 S.) (Neue Ausg.) Dresden (853.) Meinhold. 8. Jede Stufe n. 20 ngr

— und Mor. **Schlimpert**, die Weltgeschichte, in hundert Abschnitten der Jugend erzählt. Nebst Charakterbildern in gebundener u. ungebundener Rede. Zugleich Handbuch für Lehrer, Lehrerinnen u. Seminaristen. Ebend. 856. gr. 8. (VIII, 687 S.) 1 Thlr 24 ngr

— **Winterabende** der Jugend. 2 Bde. Mit 12 fein color. (lith.) Kpfrn. Ebend. (855.) 16. (2 Bl., 240; 2 Bl., 239 S.) Jeder Bd. 1 Thlr

— **Zuckerdütenbuch** für alle Kinder, die zum ersten Male in die Schule gehen. Mit Illustr. v. E. **Kergel**. 4. (23 lith. Taf. in Tondr. mit Text u. 4 S.) Ebd. 852. n. 1/3 Thlr; color. n. 1/2 Thlr

— neues **Zuckerdütenbuch** für alle Knaben und Mädchen, die zum ersten Male in die Schule gehn. Ebend. 859. Lex. 8. (15 color. Lithogr. m. 13 S. Text u. lith. u. color. Titel.) 24 ngr

Heger, Rich., **Anfangsgründe** der Planimetrie. Im Anschlusse an d. Verf. Geometrie f. Volksschulen. gr. 8. (III, 63 S. m. eingedr. Holzschn.) Leipzig 872. Klinkhardt. n. — 80

Heger, Richard: **Beiträge** zur analytischen Geometrie. 8° Diss. Leipzig 1868.

Heger, Rich., **Differential- und Integralrechnung**, s. **Handbuch** der Mathematik.

Heger, Rich., Einführung in die Geometrie der Kegelschnitte. Zum Gebrauche für höhere Lehranstalten bearb. gr. 8. (62 S. mit Holzschn. im Texte.) Breslau 887, Trewendt. * 1 20

— **Elemente** der analytischen Geometrie in homogenen Coordinaten. gr. 8. (VIII, 267 S. m. eingedr Hozschn.) Braunschweig 872. Vieweg & Sohn. n. 5.

Die Erhaltung der Arbeit. Von Dr Richard **Heger**, a. o. Honorarprof. . . . in Dresden. *Hannover: Helwing 1896.* (VI, 305 S.) 1 Bd 8. (96. 51)

Heger, Richard: **Geometrie**, s. **Handbuch** der Mathematik.

Heger, Rich., analytische Geometrie auf der Kugel, s.: **Sammlung** Schubert LIV.

Analytische Geometrie auf der Kugel von Dr. Richard **Heger**, Studienrat. Mit 4 Fig. Leipzig: Göschen 1908. VII, 152 S. 8°
(Sammlung Schubert. 54.) (11. 1907) 11

— **Geometrie** f. Volksschulen. Eine Sammlg. v. Lehrsätzen u. Aufgaben zum Gebrauch f. Schüler. 1. Hft. Planimetrie. gr. 8. (III, 67 S. m. eingedr. Holzschn.) Leipzig 872. Klinkhardt. n. — 80

Heger, R., Handbuch der Mathematik, s.: **Schlömilch**, O.

— **Katechismus** der Decimalbruchrechnung. gr. 8. (IV, 92 S. m. e. Tabelle. in qu. 4.) Ebend. 871. n. 1. —

Heger, Rich. Die Konstruktion einer Fläche zweiter Ordnung aus neun gegebenen Punkten und verwandte Konstruktionen. XXXVI S. u. Taf. **Progr.** Kreuzsch. *Dresden* 1881.

Heger, Rich., die **Konstruktion** einer Fläche 2. Ordnung aus neun gegebenen Punkten u. verwandte Konstruktionen. 4. (36 S. m. 1 Steintaf.) Leipzig 881. Fues. n. 1. 60

Heger, R., Lehrbuch der analytischen Geometrie, s.: **Fort**, O.

—— Leitfaden für den geometrischen Unterricht. Zum Gebrauche an höheren Unterrichtsanstalten. 4 Tle. gr. 8. Breslau, Trewendt.

Inhalt:

Tl. 1. Planimetrie. (V, 129 S. mit 179 in den Text gedr. Holzschn.) 882. *M 1,50.
- 2. Trigonometrie. (IV, 77 S. mit 39 in den Text gedr. Holzschn.) 882. *M 1.
- 3. Stereometrie. (IV, 150 S. mit 165 in den Text gedr. Holzschn.) 883. *M 1,80.
- 4. Analytische Geometrie der Ebene. (III, 92 S. mit 33 in den Text gedr. Holzschn.) 883. *M 1.

Heger, Richard Das Parallelogramm der Bewegungen und der Kräfte. 4 (XXXIII S., 2 Taf.). Wettiner G. *Dresden* 1887 (498).
Progr

Heger, Rich. Planimetrie. Zum Gebrauche an höheren Unterrichtsanstalten bearb. 2. verb. u. verm. Aufl. gr. 8. (V, 136 S. m. 187 Holzschn.) Bresl. 890, Trewendt. * 1 60

Heger, Rich., fünfstellige logarithmische u. goniometrische Tafeln, sowie Hülfstafeln zur Auflösung höh. numerischer Gleichungen. Für den Gebrauch an höh. Schulen bearb. Lex.-8. (IV, 112 S.) Leipzig 900. B. G. Teubner. Geb. in Leinw. n. 1. 60

—— Wahrscheinlichkeitsrechnung, s. Handbuch der Mathematik.

Heger, Wenzel, Leitfaden zur Vornahme von Gebäudeschätzungen und Brandschadenerhebungen in Bau-Versicherungs-Angelegenheiten, mit Beifügung zahlreicher dahin einschlag. Behelfe, ohne Voraussetzung techn. Fachkenntnisse. Zum Gebrauche für Assekuranzanstalten, deren Repräsentanzen, Schätzungskommissäre rc. bearb. und eingerichtet. 8. (XV und 356 S. mit eingedr. Holzschn.) Wien 867, Gerold's Sohn.

Heger, Wilh., die Scropheln und ihre Folgen wie Drüsengeschwülste und chronische Catarrhe, besonders Entzündung der Nasenschleimhäute und des Kehlkopfes rc. ohne Leberthran heilbar. Nach den neuesten Beobachtungen des holländ. Hospitalarztes van Geldern veröffentlicht. 8. (61 S.) Altona 865, (Verlags-bureau.)

Hegerberg, s.: Wiener Ausflugskarten.

Hegert, Antonius (geb. am 22 Okt. 1842 in Saarlouis): Quae fides sit adhibenda narrationi Benzonis de discordia ecclesiastica annorum 1061–1064 ... Bonnae, typ. Carthausianis (1866). 2 Bl., 44 S., 1 Bl. 8.
Bonn, Phil. Fak., Diss. v. 14 Mai 1866

Hegesippus cura Jo. Schulthess, s. Schulthess.

Hegesippi qui dicitur de bello Judaico part. I II. Ed. C. F. Weber. Gel. 1857. 21 S. 4°. 1.—
- -- III. Gel. 1858. 54 S. 4°. 1.20
- - III. b. Gel. 1859. 50 S. 4°. 1.20
-- -- IV. Gel. 1860. 52 S. 4°. 1.20
-- -- V. Gel. 1861. 52 S. 4°. 1.20

Hegesippus, qui dicitur sive Egesippus, de bello Judaico ope codicis Cassellani recognitus. Edidit Carol. Frider. Weber. Fasc. 1—4. Imp.-4. Marburg, Elwert'sche Universitäts-Buchh. [Fasc. 1. (IV und 64 S.) 858. 20 Ngr., 2. (S. 65—118.) 858. 16 Ngr., 3. (S. 119—168.) 860. 15 Ngr., 4. (S. 169—220.) 860. 15 Ngr.]

Hegesippus, qui dicitur sive Egesippus, de bello Judaico ope codicis Cassellani recognitus. Edidit Carol. Frid. Weber. Opus morte Weberi interruptum absolvit Jul. Caesar. Fasc. 5—7. Imp.-4. (S. 221—401.) Marburg 862,64, Elwert'sche Universitäts-Buchh. [Fasc. 5. 6. à 15 Ngr., Fasc. 7. 18 Ngr.]
Fasc. 1—4. Ebendas. 1858—60. 2 Thlr. 6 Ngr.

Hegesippus. Des ... Geschicht-Schreibers Egisippi Fünf Bücher Vom Jüdischen Krieg.... Zürich 1735 *s.* Josephus, Flavius. Flavii Josephi Alterthümer. Theil 6.

Hegetschweiler, J, die phthisische Erkrankung des Ohres auf Grund v. 39 Sectionsberichten Bezold's. gr. 8. (VI, 153 S.) Wiesbaden 895. J. F. Bergmann. n. 4. 60

(Hegetschweiler, Jacob.) Bemerkungen über die Vegetation der Moose und Revision des Genus Sphagnum. (Von Dr. Jacob H'. [Mit 1 Tafel.] Denkschr. Schweizer. Ges. für Naturwiss. Band 1. Abtheilung 1.) 4. (Zurich 1829.)

Hegetschweiler, J. J. De insectorum genitalibus. Turici 1820. 4.

***Hegetschweiler,* Jak, Diss. inaug. de insectorum genitalibus, c. tabb. aeneis. 8 maj. Zurich 821. Gessner. 9 gr**

— kurze Nachricht von dem Gebrauche, den Bestandtheilen u. der Wirkung d. Stachelberger od. Brunwalder Wassers bei Linthal in der Schweiz. gr. 8. Zürich 820. Orell. 9 gr

— kurze Nachricht von dem Gebrauche, den Bestandtheilen und der Wirkung des Stachelberger oder Brunwalder Wassers bey Linthal in der Schweiz. gr. 8. Zürich, Orell. 821.

Hegetschweiler, J[ohann] Jac[ob], Ottenbachio-Turicensis: De placenta praevia. Tur. typ. C. Koehleri 1844. 22 S., 3 Bl. 8°.
Zürich, Med. Diss. v. 29. Mai 1844.

Hegetschweiler, Johannes

Hegetschweiler, Joh., Beyträge zu e. krit. Aufzählung d. Schweizerpflanzen, u. e. Ableit. d. helvet. Pflanzenformen v. d. Einflüssen d. Aussenwelt. 8. (24½ B. u. 1 Stnt. qu. gr. Fol.) Zürich 831, Orell, Füssli u. Comp.

—— über d. Charakter, d. Cur u. d. Verhütung d. ostind. Brechruhr (Cholera), mit besond. Berücksichtigung d. Verhältnisse d. Schweiz. gr. 8. (3¼ B.) Zürich 831, Orell, Füßli u. Comp.

Hegetschweiler, Joh. Descriptio Scitaminum L. nonnullarum nec non Glycines heterocarpae. Turici 1813. 4.

Hegetschweiler, J., Commentatio botanica sistens descriptionem scitaminum L. nonnullorum nec non glycines heterocarpae. Cum tab. aen. VII 4 maj. Zürich, Orell, Fuesli et Comp. 814.

Hegetschweiler, Joh., die Flora d. Schweiz. IV Lfgn. gr. 12. Zürich, Schulthess'sche Buchh. [I. (6 B.) 838., II. (13 B.) 839., III. (9½ B.), IV. (14⅚ B. u. 8 Stnt.) 840.]
Die IV. Lfg. wurde von Osw. Heer hrsg.

Hegetschweiler J.: Die Flora d. Schweiz. Zürich 1840. 1135 S. 8 Tvl.

—— dass. — Supplement, s. Heer, O., analyt. Tabellen.

Hegetschweiler, Joh[annes]. Flora der Schweiz. von Joh. H'.... Fortgesetzt ([und mit biographischem] Vorwort) hrg. von Osw[ald] Heer.... [Mit 8 Tafeln. 2., Titel-Ausg.] 8. Zürich 1840.

—— die Giftpflanzen d. Schweiz. 1. u. 2. Hft. M. 12 ill. Stnt., gez. v. J. D. Labram. 4. (7¼ B.) Zürich 828, (Eßlinger.)

Hegetschweiler, Joh[annes]. Die Giftpflanzen der Schweiz, beschrieben von Joh. H' M. D., gezeichnet von J[onas] D[avid] Labram. lithographirt von C J[oseph] Brodtmann. 8. Zürich [1830].
Ausg. A [4 Lieferungen. Mit 38 colorierten Tafeln.]
Ausg. B. (Mit 38 colorirten Tafeln ....)

Hegetschweiler, Johannes *s.* Labram, J[onas] D[avid]. Sammlung von Schweizer-Pflanzen.... [1. Folge. Mit] Text von J. H'. Basel [1821–1834] – Labram, Jonas David, und Hegetschweiler, Johannes –

Hegetschweiler, (J.) Reisen in den Gebirgsstock zwischen Glarus u. Graubünden, in den Jahren 1819, 20 u. 22. Nebst e. botanischen Anhang u. 10 lithograph. Abbildd. gr. 8. Zürich 825, Orell.

Hegetschweiler, Johannes s. Römer, Heinr[ich]. Flora der Schweiz.... Zürich 1843[–1844].

—— Sammlung v. Schweizer-Pflanzen, s. Sammlung.

Hegetschweiler, Johannes, s. Suter, Joh. Rud.: Helvetiens Flora.

Hegetschweiler, Joh(annes). Versuch über die helvetischen Arten von Rubus, nebst Bemerkungen über Speciesbildung im Allgemeinen. (Denkschr. Schweizer. Ges. für Naturwiss. Band 1. Abtheilung 1.) 4. (Zürich 1829.)

Hegetschweiler, Carl, von Rifferswil, Ct. Zürich: Über das Lipom der Mamma. Zür. F. Schulthess Dr. 1865. 2 Bl., 12 S., 1 Bl., 1 Taf. 4°. Zürich, Med. Diss. v. 21. Juni 1865.

Hegewald (Wilh. Geo. Sigism. Frhr. v. Zedlitz-Neukirch), humoristische Bilderbogen aus dem Reiche der Jagd u. Kynologie. (44 S.) Lex.-8. Neudamm 890. J. Neumann. n. 1 —

Hegewald, Fürst Bismarck als Jäger. Festnummer d. „Waidwerk in Wort u. Bild", hrsg. z. 80. Geburtstage uns. Altreichskanzlers am 1. April 1895. gr. 8. (16 S. m. Abb. u. 1 Taf.) Neudamm 895. J. Neumann. — 30

Hegewald, Fürst Bismarck als Jäger. Festnummer des Weidwerk in Wort u. Bild, hrsg. zum 80. Geburtstage unseres Altreichskanzlers am 1. IV. 1895. 2. Aufl. (S. 157—172 m. Abbild. u. 1 Bildnis.) Lex. 8. Neudamm (910). J. Neumann. — 60

— das Buch der Träume f. die gebildete Welt. 2. verm. Aufl. 12. (106 S.) Leipzig-Thonberg, E. Kunze. n. 1. 20

HEGEWALD: Eignet sich der englische Hühnerhund als Gebrauchshund für die deutsche Jägerpraxis? - Berlin 1882. 48 S.

[F.] Eignet sich der Englische Fieldtrialhund als vielseitiger Gebrauchshund für die deutsche Jägerpraxis? Von Hegewald. 2. verb. verm. u. m. vielen Abb. vers. Aufl. *Neudamm: J. Neumann 1898.* (4 Bl., 100 S., 1 Taf.) 1 Bd 8.
(J. Neumanns Forst- u. Jagdwissenschaftliche Büchersamml'g.) [96. 4110

— die Entwickelungsgeschichte der deutschen Kynologie. Mit Rücksicht auf Vorsteh- resp. Gebrauchshunde geschrieben u. durch Illustr. erläutert. Den prakt. Jägern Deutschlands, Österreichs u. der Schweiz m. Waldmannsheil gewidmet. (128 S.) Lex.-8. Ebd. 889. n. 2. —

Hegewald, die Ersatzwahl d. beurlaubten irregulären Verben der Deutschen. gr. 8. (29 S.) Hildburghausen 900. F. W. Gadow & Sohn. n. 1. 20

Hegewald, der Kurort Frankenhausen, seine Lage, seine Heilkraft, seine Zukunft. Mit Illustr. (in Lichtdr.) u. (lith.) Karte (in qu. 4.). 8. (13 S.) Frankenhausen 876. Werneburg. n. — 50

Hegewald, der Gebrauchshund zur Jagd, als ferner Vorstehhund, unbedingt zuverläss. Apporteur- u. Verloren-Apporteur [speziell scharf auf Raubzeug], Stöberer bei gehorsamsten Appell, todt verbell. Schweißhund u. sicherer Leithund auf den Mann [Holz- u. Wilddieb]. Beständiger Nutzen u. dauernde Vortheile, die er dem Jäger u. Forstmann bringt. Aufzucht, allgemeine Dressur, Abführen u. Arbeiten desselben, sowie verständl. Anleitung für jedermann zur rationellen Züchtung der reinen, constanten Race, nach kynolog. Grundsätzen u. bis ins kleinste nachgewiesenen erprobten Versuchen u. Erfahrungen aus grüner Jäger-Praxis. gr. 8. (XXXII, 166 S. m. e. eingedr. Holzschn.) Leipzig 881. Wolff. n.n. 4. —

— den Hühnerhund [Dachs- u. Schweißhund] schnell u. sicher auf Schweiß einzuarbeiten u. scharf an Raubzeug zu machen. Praktische Methode, den Hund, ohne das etwas grausame Mittel des absichtl. Krankschießens von Wild anzuwenden, vollkommen zuverlässig auf Schweiß zu arbeiten, so zwar, daß so leicht kein angeschossenes Stück Wild oder Raubzeug dem Besitz des Jägers mehr entgehen kann. Hochwild muß gestellt oder todt verbellt; Niederwild, in Sonderheit der Fuchs, auf weiteste Distancen verloren apportirt werden. Nach 32jähr. deutscher Jäger-Praxis den deutschen u. österreich. Waldgenossen dargestellt. gr. 8. (64 S.) Leipzig 881. Wolff. — 75

— den Hühnerhund zum Gebrauchshund auf Schweiß zu arbeiten als Todtverbeller u. sicheren Verloren-Apporteur. Unter Zugrundelegg. seines Buches: „Den Hühnerhund [Dachs- u. Schweißhund] auf Schweiß zu arbeiten u. scharf an Raubzeug zu machen" neu bearb. u. verb. gr. 8. (XII, 52 S. m. 1 Abbildg.) Neudamm 890. J. Neumann. n. 1. —

— dasselbe. Neu bearb., vielfach verb. u. illustr. 3. Aufl. 8. (XV, 100 S.) Ebd. 894. n. 1. 60; geb. n. 2. 50

— s.: Kinder, die, d. Nacht.

Hegewald, C., Schul-Vorschriften (in neuem sächs. Ductus.) Canzlei- und Fractur-Schrift. qu. 4. (12 lithogr. Bl.) Dresden 850, Gottschalck. *

—— dass. — Deutsche Currentschrift. 1—3. Heft. qu. 4. (76 lithogr. Bl.) Ebds 850. à Heft * 10 Ngr. *

—— dass. — Deutsche Currentschrift. 4. Heft. qu. 4. (24 lithogr. Bl.) Ebds. 850. * —

— dies. Lateinische Schrift. 3 Hfte. qu. 4. (22. 22 u. 24 Bl.) Ebd. 850. (à n. 1/3 ₰) n. 1 ₰

Hegewald, Leonhard

Hegewald, Léon., l'Allemagne envahie par les Français. Episode de la campagne du Rhin avec la profession de foi de Louis d'Oray. Carlsruhe 868. Creuzbauer. 8. (VIII, 61 S.) n. 10 ngr.

Hegewald (H.), Hahnemann's Atomentherapie. Ein ernstes Wort über einen ernsten Gegenstand. gr. 8. (68 S.) Meiningen 884, Keyßner. *

Hegewald, die Atomentherapie nach 40jähriger Erfahrung. Wissenschaftlich besprochen. 5. verm. Aufl. 12. (144 S. m. Bildnis.) Stuttgart 897. Zahn & Seeger Nachf. Geb. in Leinw. 1. 50

Hegewald, Leonhard (Frz.), das Großherzogthum Baden, ein Garten des Segens für Alle. gr. 12. Mannheim 840. Schmelzer. 1/6 ₰

— la chaumière indienne. Edition à l'usage des écoles, avec des notes en Allemand et en Anglais. Ebend. 868. (VIII, 96 S.) n. 10 ngr.

Hegewald, die Heidelberger Chronik. Festgabe zum Heidelberger Universitätsjubiläum 1886. gr. 8. (30 S.) Meiningen 886, v. Eye. * — 50

Hegewald, Léon., the Ladies' German Companion. (Mannheim 855. Götz.) 16. (95 S.) n. 14 ngr.

— pro domo. I. Rückblick auf meine 60jähr. litterar. Thätigkeit. (16 S.) 8. Meiningen 904. (K. Keyßner.) n. — 60

— der Einfluß der Luft auf den Menschen. Ein Vademecum f. Gebildete aller Stände. Mit e. Anh.: „Ueber die Wahl unserer Gesundbrunnen". Deutsche Ausg. 3. Aufl. 8. (VI, 141 S. m. Bildnis.) Ebd. 891. 1. 20; geb. in Leinw. 1. 80

Hegewald, Erinnerungen an Mannheim. (16 S.) gr. 8. Meiningen 903. (Brückner & Renner.) n. — 50

Hegewald, [Leonhard]: Frauenlob von der Urzeit bis zur Gegenwart. Ein Vortrag. (Deutsche Ausg. — Meiningen) 1878 (: Keyßner). 79 S. 8°

— Badische Geschichte nach der Tendenz des 19. Jahrhunderts. gr. 8. Mannheim 840. Schmelzer. 1/12 ℛ

— die biochemische Heilmethode. Eine deutsche Errungenschaft. (7 S.) gr. 8. Oldenburg 903. Gerh. Schlömann (Nur direkt). n. — 30

—— vor dritthalbtausend Jahren. Des Assessors Ani Bewerbung um die Hand von Anta, der Perle von On. Nach ägypt. Quellen bearb. 8. (89 S.) Meiningen 885, Keyßner'sche Hofbuchdr. * 1 20

— vom Ideal der Schönheit zum Verständniß der socialen Weltordnung. gr. 8. (26 S.) Meiningen 880. Neustadt a. d. fr. Saale, Schoen. n. — 75

— introduction au discours sur l'unité de l'espèce humaine. 8. (11 S.) Meiningen 894. (K. Keyssner.) n. — 60

— der Kreislauf des Verkehrs. Mannheim 854. (Götz.) 8. (29 S.) n. 4 ngl

Ein litterarisches Leben im Dienste der Wissenschaft von Prof. [Leonhard] Hegewald. Meiningen: Selbstverl. (1905). (20 S.) 8° [F.] [08. 1773

— VI leçons pratiques. Pour faire suite au recueil de synonymes français. Avec un supplément. Les homonymes français. gr. 8. (47 S.) Meiningen 898. K. Keyssner. n. — 50

Hegewald, Leonh., Linold, der Friedensbote v. Paris. Deutsche Ausg. Familien-Buch für alle Stände. 8. Villingen 846, Förderer. 1/4 ℛ

Hegewald, die Luft, e. großes Heilmittel. Vortrag. 4. Aufl. gr. 8. (28 S.) Meiningen 890. (Keyßner.) n.n. — 50

Hegenwald, Luft, Wasser und Wein. Drei große Heilmittel. 1. und 2. Aufl. (31 S.) 1874. * 40 Pf., und 3. Aufl. gr. 8. (44 S.) Meiningen 875, (v. Eye.) *

— dasselbe. 3. Aufl. 8. (44 S.) Ebend. 876. n. 1. —

— Luft, Wasser, Wein, drei große Heilmittel. Zugleich e. Ratgeber z. Wahl der Luftkurorte, der Gesundbrunnen u. der besten Weinkarte. 4. Aufl. 8. (60 S.) Berlin (901). W. Möller. n. — 75; geb. 1. 25

[F.] Aus der Mappe eines Arztes. Von Prof. [Leonhard] Hegewald, M. D. . . . 2. verm. Aufl. *Berlin: W. Möller [1897].* (83 S. 1 Portr.) 1 Bd 8. [98. 8975

— Meiningen, e. Gedenkblatt f. Fremde u. Einheimische, m. e. Erinnerg. an Liebenstein. [Aus: „Erinnergn."] gr. 8. (6 S.) Meiningen (Bernhardstr. 10), 902. Prof. Dr. Hegewald. — 30

—— Meiningen, die Pforte von Franken, die Harfenstadt. 2. verb. Aufl. 8. (38 S. mit eingedr. Holzschn.) Meiningen 886, v. Eye. * — 50

Hegewald, Morceaux choisis relatifs aux lettres et aux sciences extraits des dernières publications. En 4 langues. 8. (142 S.) Carlsruhe 866, (Creuzbauer'sche Buchh.) *

— Neustadt an der Saale, die Kaiserpfalz auf dem Schlossberg u. Bad Neuhaus mit seinen Quellen. Illustrirter Führer für Fremde u. Einheimische. 12. (91 S. m. 2 Lichtdr.) Ebend. 880. n. 1. 50

— aus den Papieren e. deutschen Patrioten. Ebend. 868. gr. 8. (VII, 131 S.) n. 14 ngl

— Phosphorbänder, oder Vor- und Nachstudien für diejenigen Deutschen, welche die franz. Sprache in ihrer eigenthümlichen Schönheit u. Abweichung von der Muttersprache kennen wollen. gr. 8. Fulda 840. (Müller.) 1/6 ℛ

— Rede üb. die Zweckmäßigkeit der Arzneimittel in der Behandlung der Krankheiten. Ein Mahnruf an Alle, die auf Irrwegen wandeln, m. e. Bekehrungsgeschichte. gr. 8. (20 S.) Leipzig 894. Dr. W. Schwabe. — 30

— die franz. Sprache in einem Ueberblick, um im Nationalton aussprechen u. französisch denken u. sprechen zu lernen. gr. 8. Mannheim 840. Schmelzer. 1/2 ℛ

— die Sprache in der Poesie u. Wissenschaft m. Berücksicht. der religiösen u. ästhet. Culturzustände. gr. 8. (IV, 26 S.) Ebend. 876. n. — 60

— die Sprachen-Scala der sechs abendländischen Völker. Für Deutsche im Nationalton, nach Gesicht u. Gehör dargestellt. gr. 8. (Mit 1 Tab.) Mannheim 841, Bensheimer. 3/4 ℛ

— der rheinische Tetrarch. gr. 8. Ebend. 842. n. 1/3 ℛ

— die höhere Töchterschule u. ihre Aufgabe. gr. 8. (32 S.) Meiningen 875. (Leipzig, Siegismund & Volkening.) n. — 50

— I. Das Verdienst der Frauen. Widerlegung vielfach verbreiteter Irrthümer. II. Die Therapie der neuen Schule. Heilung der Kopf- u. Zahnschmerzen. 8. (46 S.) Ebd. 888. n. — 80

— Vergangenheit u. Gegenwart der Heilkunde. 1. Von der Urzeit bis Albert v. Haller. Geschrieben für Ärzte u. Nichtärzte. 8. (VIII, 72 S.) München 892. Literar. Institut v. Dr. M. Huttler. n. 1. 20

— die Vorzüge der deutschen Sprache. Ein Wort an Lehrer u. Laien. 4. (34 S.) Ebd. 891. n. 1. —

Hegewald, Was wir den Frauen schulden? 8°. Weinheim, F. Ackermann, 1897.

Hegewald, was wir den Frauen schulden? 8. (49 S.) Weinheim 898. F. Ackermann. n. — 80; geb. n. 1. 20

— d. Luftkurort Weinheim a. d. Bergstrasse. Klimat. u. örtl. Verhältnisse, z. Orientirg. f. Aerzte u. Laien. Off. Brief an d. ärztl. Kollegen. 8. (III, 20 S.) Weinheim 895. F. Ackermann's Verl. n. — 50

— wie spricht man schön u. korrekt Französisch? gr. 16. (22 S.) Ebend. 876. n. — 20

Hegewald, die Citrone, die Pomeranze, die Zwiebel, deren große Heilkraft u. weitgehende Verwendung. Nebst e. Zusammenstellg. der wichtigsten Hausmittel, die auch bis zur Ankunft des Arztes gebraucht werden können. 2. Aufl. gr. 8. (54 S.) München 891. Literar. Institut v. Dr. M. Huttler. n. — 75

— die Citrone, die Pomeranze, die Zwiebel, deren große Heilkraft u. weitgehende Verwendung. Nebst e. Zusammenstellg. der wicht. Hausmittel, die auch bis z. Ankunft d. Arztes gebraucht werden können. 4. neubearb. Aufl. gr. 8. (60 S.) Regensburg (900). Verlagsanstalt vorm. G. J. Manz. n. — 75

Hegewisch, Dietrich Hermann

Hegewisch, D. H., historische und litterarische Aufsätze. gr. 8. Kiel, Akad. Buchhandl. 801.

Hegewisch, D. H.: „Ueber den richtigen Begriff vom Gelde, über die Wichtigkeit des Geldes in Absicht auf Nationalreichthum, und über die Schwierigkeit in Ländern, wo der schwere Münzfuss üblich ist, den leichtern einzuführen". — „Schreiben an Professor Büsch, über die Möglichkeit und Nützlichkeit eines allgemeinen Münzfusses" („Deutsches Magazin"), Hamburg 1792.

— Beyträge zur Geschichte u. Litteratur, s. Beyträge.

— Beiträge z. Geschichte u. Literatur. gr. 8. Kiel 801.

— Charaktere u. Sittengemälde aus d. deutschen Geschichte des Mittelalters; mit Nachrichten, die deren Aufzeichner betreffen. 1r Thl. 8. Leipz. Weygand. 786.

— Einleitung in d. historische Chronologie. gr. 8. Altona, Hammerich. 811.

— Einleitung in die histor. Chronologie. gr. 8. Ebendas. 814.

Dietrich Hermann Hegewisch: Über die für die Menschheit glücklichste Epoche in der römischen Geschichte. Hamburg. 1800. 8° Perthes.

Hegewisch, Dietrich Hermann, s. Erinnerungen aus e. Reise.

— Geschichte der Deutschen von Konrad I. bis zum Tode Heinrich II. gr. 8. Ebend. 780.

Geschichte der Deutschen von Konrad I. bis zum Tode Heinrichs II. v. Dietrich Hermann Hegewisch. Hamburg u. Kiel. 1781. 8°

Geschichte der fränkischen Monarchie von dem Tode Karls des Großen bis zu dem Abgange der Karolinger. Von dem Verfasser des Versuchs einer Geschichte Kaiser Karls des Großen [d. i. Dietrich Hermann Hegewisch]. Hamburg und Kiel. 1779. 8° Bohn.

Dass. s.a.: G e s c h i c h t e . . .

— Geschichte der fränk. Monarchie. gr. 8. Hamburg. 799. Ist jetzt Verl. v. Hoffmann u. Campe.

— Geschichte der englischen Parlamentsberedsamkeit. gr. 8. Altona, Hammerich. 804.

— Geschichte d. Regierung Kaiser Karl's des Großen. gr. 8. Hamb. 791. (Hinrichs in Leipz.) Mit n. Titel 818.

— Geschichte der Regierung Kaiser Maximilians I. 2 Thle. gr. 8. Ebend. 782. 83. Ist Verlag v. Hinrichs in Leipzig.

Hegewisch, D. H. Geschichte der Regierung Kaiser Maximilian I. 2 Bde. 8. Hamburg 1782. 83. — 2 Bde. 8. Leipzig 1818. 19.

— s. G e s c h i c h t e d. Schwed. Revolution.

Schleswigs und Holsteins Geschichte unter dem Könige Christian IV und den Herzogen Friedrich II. Philipp, Johann Adolf und Friedrich III oder von 1588 bis 1648. Von Dietrich Hermann Hegewisch. Kiel 1801. = Wilhelm Ernst Christiani, Geschichte der Herzogthümer Schleswig und Hollstein unter dem Oldenburgischen Hause. Th. 3. 8°.

Schleswigs und Holsteins Geschichte unter den Königen Friedrich III und Christian V. und unter den Herzogen Friedrich III und Christian Albrecht oder vom Jahre 1645 bis 1694. Von Dietrich Hermann Hegewisch. Kiel 1802. = Wilhelm Ernst Christiani, Geschichte der Herzogthümer Schleswig und Holstein etc. Th. 4. 8°.

— Geschichte der Gracchischen Unruhen in der röm. Republik. gr. 8. Hamb. Perthes. 801.

HEGEWISCH, Dietrich Hermann 1746 - 1812
Geschichte der Unruhen und des innerlichen Krieges in Massachusetts in den Jahren 1786 und 87.
s. HEGEWISCH - EBELING, Amerikanisches Magazin, Bd. 1, St. 3, [Hamburg 1796]. S. 36-104.

Grundzüge der Weltgeschichte in der Manier des sel. Prof. Büsch, um mit dessen Grundriß der Welthändel verbunden zu werden. Von [Dietrich Hermann] Hegewisch. — Hamburg: Bohn 1804. 267 S. 8°

— Grundzüge der Weltgeschichte, in der Manier des verstorb. J. G. Büsch, um mit dessen Grundriß der Welthändel verbunden zu werden. gr. 8. Hamb. 804. (Campe). 1 rthl. 4 gr.

— s. J e n s e n , F. C.: Privilegien.

— u. C. D. Ebelings, Amerikan. Magazin, s. Magazin.

HEGEWISCH, Dietrich Hermann - Christoph Daniel EBELING
Amerikanisches Magazin oder authentische Beiträge zur Erdbeschreibung, Staatskunde und Geschichte von Amerika, besonders aber der vereinten Staaten.
Herausgegeben von Professor Hegewisch in Kiel und Professor Ebeling in Hamburg.
Erster Band.
Hamburg: Bohn. 1797 [i. e. 1795-97]. 8°. 4 Stücke.
Staats- und Universitätsbibliothek Göttingen
1. St. 1795; 2. + 3. St. 1796; 4. St. 1797.
Mehr nicht erschienen.
Frankfurt-Leipziger Meßkatalog, Michaelismesse 1795, S. 267: St. 1; Ostermesse 1797, S. 109: St. 3 u. 4. Sabin 1287: unter Titel, u. 29516: unter Hegewisch. Baginsky 1267. Palmer.
Dietrich Hermann Hegewisch, 1746-1812
Christoph Daniel Ebeling, 1741-1817
Darin u. a. enthalten:
Dietrich Hermann HEGEWISCH, Historische, vergleichende Uebersicht der vereinigten amerikanischen Staaten [als St. 1, S. 1-38].
Ferdinand Heinrich AUTENRIETH, Beschreibung einer kleinen Fußreise in der Provinz Neu-Jersey, vorzüglich in dem County Gloucester, von F. H. Autenrieth ... im Jahr 1795 [als St. 1, S. 131-159].
Gotthilf Nicolas LUTYENS, Ueber den gegenwärtigen Zustand der Auswanderungen, und Ansiedlungen im Staate von Pensylvanien in Nord-Amerika, besonders in Ansehung der Deutschen [als St. 2, S. 25-40].
Dietrich Hermann HEGEWISCH, Geschichte der Unruhen und des innerlichen Krieges in Massachusetts in den Jahren 1786 und 87 [als St. 3, S. 36-104].
Weitere Ausg. v. Lutyens 1796 [selbständig].
Johann Ferdinand Heinrich Autenrieth, 1772-1835
Gotthilf Nicolas Lutyens

MANSFELD, L e o p o l d v o n. Eine Geschichte in Briefen. (Zahmer Roman von *Dietrich Herm. Hegewisch.*) Th. (1)—4 (cplt.). Hamburg, bey Benjamin Gottlob Hoffmann. 1787. 8°.
Titel u. 430 fortlaufend gez. S. — Das Anon.-Lex. III. p. 112 hat: „Hamburg 1796" (nach der Allgem. deutschen Biogr.).

— geograph. u. histor. Nachrr., die Kolonien der Griechen betreff.; nebst Betracht. üb. die Veranlassung u. Schicksale dieser Kolonien. gr. 8. Altona 808. Hammerich. 1 ₰ 4 𝔤𝔤 Nachtrag (od. 2r Thl.) hierzu: oder üb. die Griechischen Kolonien seit Alexander dem Großen. gr. 8. Altona 811. Hammerich. 20 𝔤𝔤

– s. N e u t r a l i t ä t, Üb.

Hegewisch, D. H., ob bei den Alten öffentl. Erziehung war? Eine histor. Untersuchung. 8 Altona, Hammerich. 812.

– s. O b s e r v a t i o n s d'un Danois.

— an Deutschlands Patrioten. gr. 8. Hamb. 793. (Schnuphase in Altenb.) 6 𝔤𝔤

– über die gegenseitigen Pflichten verschied. unter e. Oberhaupt vereinigten Nationen. 8. Altona 784.

– s. P r i v i l e g i e n d. Schleswig-Hollst. Ritterschaft.

Rede zum Andenken des Grafen Andreas Petrus von **Bernstorff**. Königlich Dänischen Staatsministers, gehalten v. D i e t r i c h H e r m a n n H e g e w i s c h den 28. August 1797. Kiel. (1797.) 8°.

— **Rede** zum Andenken d. Königl. Dänischen Staatsministers des Grafen Andreas Petrus v. Bernstorff, gehalten d. 28. August 1797. 8. Kiel. Akad. Buchhandl.

— neue Samml. kl. histor. u. literar. Schriften. 8. Altona 809. Hammerich. 1 ₰ 8 𝔤𝔤

Hegewisch, Dietr. Herm. Vide: Schreiben an die Frau . . . etc.

[**Hegewisch**, Dietrich Hermann:] S c h r e i b e n an die Frau — über den Ursprung der Leibeigenschaft. 8° Kiel. 1796.

Hegewisch, D. H.: „Schreiben an die Frau . . . über den Ursprung der Leibeigenschaft", Altona 1797 (Kave).

– s. S c h r e i b e n an e. Freund über d. Folgen ...

— histor. philosoph. u. liter. **Schriften**. 1r Thl. gr. 8. Hamburg. 793. Ist jetzt Verl. v. Hoffmann u. Campe.

— kleine **Schriften**. 8. Schleswig, Christiani. 786.

– s. S e h r o h r, Das.

— üb. die Toleranz. (Aus dem Braunschweig. Journal besond. abgedruckt.) 8. Braunschw. 789. Schulbuchhandl. 3 𝔤𝔤

Allgemeine Übersicht der deutschen Culturgeschichte bis zu Maximilian I.; ein Anhang zur Geschichte dieses Kaisers. Hamburg 1788. 8. . . . . (FBA.; D.)

Hegewisch, Dietr. Herm., allgem. Uebersicht d. deutschen Kulturgeschichte bis zu Maximilian I. gr. 8. Hamb. 788. (Leipz., Hinrichs). Mit n. Titel 818. 16 𝔤𝔤

— allgemeine Uebersicht der deutschen Culturgeschichte bis zu Maximilian I. gr. 8. Hamb. Bohn. 788.

— Uebersicht der Irrländischen Geschichte, zur richtigern Einsicht in die entferntern u. nähern Ursachen d. Rebellion 1798, der Union Irrlands mit Großbritannien 1801 u. der noch nicht erfolgten sogenannten Emancipation der Katholiken. gr. 8. Altona 806. Hammerich. 1 ₰ 8 𝔤𝔤

(**Hegewisch, Dietr. Herm.**) Versuch einer Geschichte Carls des Grossen 8. Leipzig 1777.

Dass. s.a.: V e r s u c h . . .

Hegewisch, Dietr. Herm. Historischer Versuch über die römischen Finanzen. 8°. Altona, Hammerich, 1804.

Hegewisch, Franz Hermann, s.a. B a l t i s c h, Franz (Pseud.)

Zur Berichtigung. Von Franz Hermann **Hegewisch**. Kiel, im November 1840. 4°

Briefe eines Deutschen [d. i.: Franz Hermann **Hegewisch**] aus Paris. (Abdruck aus: Minerva. Von Friedr. Bran. Jena. 1835.) 8°.

Hegewisch, Frz. Herm., s. J. Currie, Nachrr.

Denkschrift zur Feier des fünfzigjährigen Jubiläums des Doctors der Medicin Christoph Heinrich **Pfaff** am 5. Oktober 1843. (Von F r a n z H e r m a n n H e g e w i s c h.) Kiel. 1843. 4°.

Elegie am Grabe Napoleon's v. F. Baltisch [d. i. **Franz Hermann Hegewisch**]. Kiel. 1853. 8°

(**Hegewisch, Franz Herm.**,) polit. Freiheit, s. + Baltisch, Frz.

Gott erhalte den König, unsern Herzog. Schleswig-Holstein. [Von Franz Hermann **Hegewisch**.] Gehört zu dem lithogr. Bilde. Lass Schleswig und Holstein ewig zusammen bleiben, ungetrennt. Kiel, Schwers'sche Buchhandlung. 1843. 8°.

—— Gedruckt bei C. F. Mohr. Kiel. 1843.

[**Hegewisch**, Franz Hermann:] Für H o l s t e i n, nicht gegen Dänemark. Von —. Leipzig. 1835. 8°

[**Hegewisch, F.**] Lobrede auf den Feldmarschall (Blücher). 4. Berlin 1819.

Hegewisch, Franz Hermann, s. M a l t h u s: Versuch über die Bedingung ...

An die Widersacher eines Christlichen Predigers. Geschrieben einem Arzte [d. i.: Franz Hermann **Hegewisch**]. Nebst 4 Briefen ...ncklins. Kiel. 1818. 8°.

Dass. s.a.: W i d e r s a c h e r, An die, ...

Caroline **Hegewisch**. Auszüge aus ihren Briefen an Eltern und Geschwister von 1807—1856 und Briefe ihres Vaters Detlef von Linstow an seine Braut Lotte von Witzleben von 1776. Als Manuscript gedruckt. Kiel. 1892. 8°.

Erinnerungen früherer Stunden für Letzte Stunden (v.) Lotte **Hegewisch**. Als Manuskript gedruckt. Kiel. 1902. 8°.

Hegewisch, Lotte, Gedenkblätter an Kiel. Aquarelle nach der Natur. qu. Fol. (12 Bl.) Kiel 890. Lipsius & Tischer. geb. n.n. 6.—

Hegg, E., Instruktion über die Verpflegung der Armee im Felde. Für die eidgen. Armee bearbeitet. 1. Thl. Der Verpflegungsdienst erster Linie. gr. 8. Bern, Expedition der Blätter f. Kriegsverwaltung. 1877. 2.—

Hegg, E., Lieut., die Kriegsverwaltung im Sumpfe der Routine und Büreaukratie. 53 Stn. 8. Bern, in Commiss. bei Rud. Jenni. 1871. —. 75

Hegg, E., Hauptmann im eidg. Stab, zur neuen Militär-Organisation. Die Errichtung von Verwaltungstruppen u. d. Organisation e. milit. Verpflegungstrains in d. eidg. Armee. 8. Bern, Verlag d. Expedition der „Blätter f. Kriegsverwaltung". 1874. 2. —

(Hegg, E.) Studien über die Reorganisation der schweizer. Armee. Begleitet von einem Entwurfe für die Militärorganisation der schweizerischen Eidgenossenschaft von einem eidgen. Staabsoffizier. 216 Stn. m. 19 Tab. u. 1 Karte. 8. Bern, M. Fiala. 1871. 3. 60.

Hegg, Emil, Stereoskopenbilder für Schielende. schmal 12. (77 z. Tl. farb. Taf. m. 20 S. Text.) Bern 899. Schmid & Francko. n. 2. 50

Hegg, Emil. Stereoskopenbilder für Schielende. Von Dr. E' H' in Bern. — *A. u. d. T.:* Cartons stéréoscopiques pour Strabiques. Par le Dr. Emile H' à Berne. Traduit de l'allemand par le docteur Maurice Gross. *Tafeln und* 20 S. *Text, in Futteral,* 8. Bern *resp.* Berne .... [fr. 3.80]

Text (mit Innentitel) jeweilen in 2 Ausgaben: A. deutsch, B. französisch.

2., vermehrte Aufl. *resp.* 2me Ed. augmentée. [85 Tafeln.] B', Schmid & Francko, 1902.

3. Aufl. *resp.* 3e Ed. [86 Tafeln.] B', A. Francke, 1906.

Hegg, Emil, Stereoskopenbilder f. Schielende. 4. Aufl. (86 z. Tl. farb. Taf. m. 20 S. Text.) 18×10 cm. Bern 911. A. Francke. In Karton 3. —

Hegg, Térésa, Alpenblumen. Vorlegeblätter f. Blumenmalerei. 1. Hft. 3. Aufl. 2. u. 3. Hft. 4. (à 6 chromolith. Blatt.) Leipzig 873—76. Arnold. à n. 6. —

Hegg, Téré, Alpenblumen. Vorlegeblätter für Blumenmalerei. 1. Heft. 2. und 3. Aufl.; 2. Heft. 2. Aufl. gr. 4. (à Heft 6 Chromolithogr.) Leipzig 876,79, Arnoldische Buchh. à Heft *M 6. * 12 —

3. Heft. Ebendas. 1875. *M 6.

— Musterblätter für Blumenmalerei, s. Arnold's Vorlagen-Mappen.

Hegge, Bernard [aus Eutin]: Über den Zusammenhang zwischen Chorea minor mit der Polyarthritis rheumatica acuta und der Endocarditis. . . . Greifswald, Druck v. Carl Sell, 1888; 27 + 1 S. + 1 Bl. 8°

Greifswald. Med. Fak., Inaug.-Diss. v. 6. Okt. 1888

Heddelin, Joh. Bal. († d. 1. Mai 1861.) F. 100 väterl. Lehren.

Heggelsmüller, Osk., Technik d. Roulettes. Mentor f. Deutsche in Monte Carlo. 8. (47 S. m. 2 farb. Abb.) München (895). (Hamburg, C. A. Henschel.) n. 1. —

Heggen, Heinr., d. heiligen Hubertus Leben u. Wirken Nach den Quellen bearb. 8. (167 S) Elberfeld 874. Pleß. 1. 25

Heggen, Heinr., des heiligen Hubertus Leben und Wirken. Nach den Quellen bearb. 8. (167 S.) Elberfeld 875, Pleß. 1 25

Hegglin. Franz Josef H', Landammann des Kantons Zug.... Zug 1861 *s.* [Businger, Lucas Caspar].

Hegglin, das Wasserheilverfahren als Heilmittel chronischer Krankheiten, gestützt auf Wissenschaft u. Erfahrung. Erlangen 867. Enke's Verlag. gr. 8. (95 S.) n. 16 ngr.

Hegglin, Ant. [prakt. Arzt in Eschenbach (Kt. St. Gallen)]: Beeinflussung der nephrogenen Albuminurie durch Medicamente und Diät. Zug. 138 S. 8°.

Zürich. Med. Diss. 1897/98.

Hegglin, C. Experimentelle Untersuchungen über die Wirkungen der Douche. In-8°. 40 S. Basel (Georg & Co.). These. 1895.

Hegglin, Fr. Jos. u. Frz. Müller. Über die Konferenz mit der Ostwestbahndirektion betreff. Staatsbetheiligung. Zug 1858. 4.

(Hegglin. [Peter Josef].) Das Bad Schönbrunn im Kanton Zug. 1864. [Mit 1 Tafel und 1 Karte.] 8. Zug.

Hegglin. [Peter Josef]. Schönbrunn am Menzingerberge, Kanton Zug. Schweiz. Wasserheilanstalt und klimatischer Molkenkurort. 8. Zürich 1869.

Hegi. Albert [med. pract. von Hausen (Ct. Zürich)]: Klinische und experimentelle Beiträge zur Lehre von den Pilzvergiftungen. Naumburg a. S. 1899. 2 Bl. 26 S. 8°.

Zürich. Med. Diss. 1899/1900

(Hegi, F[ranz].) Sammlung von Schweizertrachten. Collection de Costumes Suisses. Zürich bey Dikenmann Mahler o. J.
Mit Tit.; 27 Taf. in kol. Kupferst. 8°.
Bez. F. Hegi fec. Unvollständig.

Hegi, Friedrich. Die geächteten Räte des Erzherzogs Sigmund von Österreich und ihre Beziehungen zur Schweiz. ⟨1487—1499⟩. Teil 1: Die Vorgänge am Innsbrucker Hof. ⟨1478—1488⟩. Diss. Phil. I. Univ. Zürich. [Mit 1 Tafel und 1 Stammtafel.] 8. Innsbruck, Wagner, 1907.

Ausg. A: [Mit Vita.] VIII + 132 S.
Ausg. B: Ohne Vita. VIII + 130 S.

Hegi, Friedrich. Die geächteten Räte des Erzherzogs Sigmund von Österreich und ihre Beziehungen zur Schweiz, 1487—1499. Beiträge zur Geschichte der Lostrennung der Sch' vom Deutschen Reiche. [Mit 2 Tafeln und 1 Stammtafel.] XXII + 668 S. 8. Innsbruck, Wagner, 1910. [M. 22. —]

Hegi, Gustav, und Dunzinger, Gustav. Alpenflora. Die verbreitetsten Alpenpflanzen von Bayern, Tirol und der Schweiz. Mit 221 farbigen Abbildungen auf 30 Tafeln. 68 S. 8. München, J. F. Lehmann, 1905. [geb. M. 6. —]

Hegi, Gustav, und Dunzinger, Gustav. Alpenflora. Die verbreitetsten Alpenpflanzen von Bayern, Oesterreich und der Schweiz. Mit 221 farbigen Abbildungen auf 30 Tafeln. 2. [unveränderte] Aufl. 68 S. 8. München, J. F. Lehmann, 1910. [geb. M. 6. —]

Hegi, Gustav. Die Alpenpflanzen des Zürcheroberlandes. Vortrag, gehalten an der 87. Jahresversammlung der Schweiz. naturforschenden Gesellschaft in Winterthur 30. Juli bis 2. August 1904. [Sep.-Abdr. aus: Verhandlungen der Schweizerischen Nat' Ges'... 1904.] II + 14 S. 8. Winterthur, J. Kaufmanns Wwe., 1904.

Hegi, Gustav. Beiträge zur Pflanzengeographie der bayerischen Alpenflora. Habilitationsschr. Phil. II. Univ. München. [Illustriert.] (Sonderabdruck aus Band 10 der Berichte der Bayer. Botan. Gesellschaft 1905.) IV + 191 S. gr.-8. München, Val. Höfling, 1905.

Hegi, Gustav. Illustrierte Flora von Mittel-Europa. Mit besonderer Berücksichtigung von Deutschland, Oesterreich und der Schweiz. Zum Gebrauche in den Schulen und zum Selbstunterricht. (Band 1: [Einleitung;] Pteridophyta, Gymnospermae und Monocotyledones. Von Dr. G' H' ...; [mit 41 meist farbigen Tafeln,] gemalt unter künstlerischer Leitung von Dr. Gustav Dunzinger... .) CLVIII + 402 S. gr.-8. München, J. F. Lehmann, (1906[—1908]).

[vollständig in 3 Bänden, *resp.* in 70 Liefg., seit Okt. 1906 ersch., à M. 1. —; Bd. 1: M. 19. —, geb. 22. —]

Hegi, Gustav. Illustrierte Flora von Mittel-Europa. Mit besonderer Berücksichtigung von Deutschland, Oesterreich und der Schweiz. Zum Gebrauche in den Schulen und zum Selbstunterricht. Band 2: (Monocotyledones, Teil 2. Von Dr. G' H'...; [mit Tafel 42—76,] gemalt unter künstlerischer Leitung von Dr. Gustav Dunzinger ...). 405 S. gr.-8. München, J. F. Lehmann, [1908—1909]. [M. 17.—, geb. 20.—]
[vollständig in 6 Bänden, resp. in 70 Liefg., à M. 1.—]

— Führer durch den kgl. botanischen Garten in München, s.: Goebel, K.

Hegi, Gustav. Das obere Tösstal und die angrenzenden Gebiete, floristisch und pflanzengeographisch dargestellt. Diss. Phil. [II.] Univ. Zürich. Extrait du Bulletin de l'Herbier Boissier (2me Sér[ie], Tome I [et 2, 1901 et 1902]). [Mit 2 Karten.] VI + 434 S. 8. Genève, Romet, 1902.
Mitteilungen aus dem Botanischen Museum der Universität Zürich. (Heft) 16.

Hegi, J. J., Stimmung des Herzens zur Andacht und Gottesverehrung. Ein Gebetbuch für Andacht liebende Katholiken, die gewöhnl. Andachtsübungen enthaltend. Mit Titelbild. 8. Luzern 838. (Regensburg, Manz; auch Kollmann in Augsburg.) n. 1/2 ℔

Hegi, K[arl]. Ueber die Erfolge der Heilstättenbehandlung im Hochgebirge bei den Lungenkranken des III. Stadiums, nebst kritischen Bemerkungen über die Stadieneinteilung. Nach dem Material der Basler Heilstätte für Lungenkranke in Davos. Aus der allgemeinen Poliklinik Basel.... Diss. Med. Basel ... von K. H'.... 39 S. 8. Zürich, Gebr. Leemann & Co., 1910.

Hegler und Renner, christlich-evangelisches Hausbuch zum täglichen Morgen- u. Abendgebet. (In 6 Hftn.) 1. Heft. Reutlingen 858. Rupp u. Baur. gr. 8. (S. 1—128.) 6 ngr

Hegler und Renner, christlich-evangelisches Hausbuch zum täglichen Morgen- und Abendgebet. 2—6. Heft. Reutlingen 859. Rupp & Baur. gr. 8. (VI, S. 129—785.) Jedes Heft 6 ngr

Hegler u. Renner, christlich-evangelisches Hausbuch zum täglichen Morgen- u. Abendgebet. [Mit Stahlst.] Neue bill. (Titel-)Ausg. (In 6 Heften.) 1. Heft. Reutlingen (859)870. Baur. gr. 8. (S. 1—128 mit 1 Stahlst.) 5 ngr

Hegler u. Renner, christlich-evangelisches Hausbuch zum täglichen Morgen- u. Abendgebet. [Mit Stahlst.] Neue billige Ausg. 2—6. (Schluß-)Heft. gr. 8. (S. 129—785.) Reutlingen 869. Baur. à — 50

(Hegler, .) Zeller, Karl August (1774–1840). [Biographische Skizze. A.] 8. [Gotha 1875.]

Hegler, A.

— die württembergischen Gesetze vom 18. August 1879. I. Zur Ausführung der Reichs-Civilprozeß-Ordnung, II. betr. die Zwangsvollstreckung in unbewegl. Vermögen, III. betr. die Zwangsvollstreckung wegen öffentlich rechtl. Ansprüche, IV. betr. die Kraftloserklärung v. Urkunden, V. betr. die auf den Inhaber laut. Staatsschuldscheine, m. einem Anhang, enth. den Textabdr. des Gesetzes vom 18. Aug. 1879 zur Reichs-Konkursordnung. Handausg. m. Erläuterungen auf Grund der amtl. Materialien. 8. (IV, 118 S.) Ebend. 878. n. 1. 50

Hegler, A., die württembergischen Gesetze vom 18. Aug. 1879. I. Zur Ausführung der Reichs-Civilprozeß-Ordnung, II. betr. die Zwangsvollstreckung in unbewegl. Vermögen, III. betr. die Zwangsvollstreckung wegen öffentlich rechtl. Ansprüche, IV. betr. die Kraftloserklärung von Urkunden, V. betr. die auf den Inhaber lautenden Staatsschuldscheine, mit einem Anhang, enth. den Textabdr. des Gesetzes vom 18. Aug. 1879 zur Reichs-Konkursordnung. Handausg. mit Erläuterungen auf Grund der amtl. Materialien. 8. (IV, 118 S.) Stuttgart 879. Kohlhammer. * 1 50

— die Grundzüge des bürgerlichen Verfahrens in Württemberg nach der Civilprozeßordnung für das Deutsche Reich u. den württembergischen Ausführungsgesetzen. gr. 8. (IV, 196 S.) Ebend. 880. n. 2. 40

Hegler, A., die Grundzüge des bürgerlichen Verfahrens in Württemberg nach der Zivilprozeßordnung f. das Deutsche Reich u. den Württ. Ausführungsgesetzen. 2. Aufl. Nach dem Tode des Verf. neu bearb. v. C. Lämmert. gr. 8. (VIII, 291 S.) Stuttgart 888. Kohlhammer. n. 4.—; geb. n. 4. 80

— das württembergische Privatrecht. Allgemeine Lehren u. Sachenrecht. Für den Unterrichtskurs der Notariatskandidaten bearb. gr. 8. (IV, 208 S.) Ebend. 881. n. 4. 60

— das württembergische Privatrecht. Allgemeine Lehren u. Sachenrecht. Für den Unterrichtskursus d. Notariatskandidaten bearb. 2. Aufl. Nach dem Tode des Verf. bearb. v. F. Schmidlin. gr. 8. (VII, 249 S.) Ebd. 890. n. 5.—

— das Recht der Forderungen nach seiner dermaligen Geltung in Württemberg. gr. 8. (IV, 228 S.) Ebend. 878. n. 2. 40

Hegler, A., das Recht der Forderungen nach seiner dermaligen Geltung in Württemberg. 2. verm. Aufl. [Nach dem Tode d. Verf.] v. J. E. Stiegele. gr. 8. (VIII, 248 S.) Stuttgart 887. Kohlhammer. n. 3. 60; geb. n. 4. 30

— die Rechtsanwalts-Ordnung vom 1. Juli 1878 u. die Gebührenordnung f. Rechtsanwälte vom 7. Juli 1879. Handausg. m. Erläuterungen auf Grund der amtl. Materialien. 8. (III, 107 S.) Ebend. 878. n. 1. 50

—— die Rechtsanwalts-Ordnung vom 1. Juli 1878 und die Gebührenordnung für Rechtsanwälte vom 7. Juli 1879. Handausg. mit Erläuterungen auf Grund der amtl. Materialien. 8. (III, 107 S.) Ebendas. 879. * 1 50

Hegler, A., die Civilprozeß-Ordnung für das Deutsche Reich vom 30. Januar 1877 nebst Einführungs-Gesetz. Hand-Ausg. m. Anmerkungen aus den Motiven u. den Verhandlungen der Justiz-Commission u. des Reichstags u. mit dem Texte des Gerichtsverfassungs-Gesetzes nebst Einführungs-Gesetz. gr. 8. (VIII, XLIV, 372 S.) Stuttgart 877. Kohlhammer. n. 2. 70

Beiträge zur Geschichte der Mystik in der Reformationszeit von Alfred Hegler, † Prof. Aus d. Nachlasse hrsg. u. mit e. biogr. Einl. versehen von Lic. Dr. Walther Köhler, Prof., Gießen. Berlin: C. A. Schwetschke & Sohn 1906. (LVII, 220 S.) 8°
= Archiv f. Reformationsgeschichte. Erg. Bd 1.

Hegler, Alfr., Johannes Brenz u. die Reformation im Herzogt. Wirtemberg. Rede, geh. zur Feier des 400. Geburtstags v. Brenz in der Aula der Universität. gr. 8. (II, 49 S.) Freiburg i/B. 899. Tübingen, J. C. B. Mohr. n. 1.—

Zur Erinnerung an Carl Weizsäcker von D. Alfred Hegler, Prof. in Tübingen. *Tübingen, Freiburg i. B. & Leipzig: J. C. B. Mohr 1900.* (70 S.) 8° [J.]
= Hefte zur 'Christlichen Welt.' No 45.

[J.] Hegler, Alfred: Geist und Schrift bei Sebastian Franck. Eine Studie z. Geschichte d. Spiritualismus in d. Reformationszeit. Freiburg i. B., J. C. B. Mohr, 1892; XII, 291 S. 8.
Tübingen, Ev.-theol. Fak., Hab.-Schr. v. 1892

Hegler, Alfred, D., o. Prof. d. ev. Theol. an d. Univ. Tübingen: Sebastian Francks lateinische Paraphrase der Deutschen Theologie und seine holländisch erhaltenen Traktate. *Tübingen 1901: G. Schnürlen.* (132 S.) 4°
Tübingen, Einladungsprogr. zum Geburtstage d. Königs 1901

— zwölf Predigten. (156 S.) gr. 8. Tübingen 903. J. C. B. Mohr. n. 2. 25; geb. n.n. 3. —

—— Die Psychologie in Kants Ethik. gr. 8. (XII, 332 S.) Ebd. 891. * 8 —

Hegler (Aug.), Begünstigung u. Hehlerei, s.: Beling.

Hegler, August, Dr. jur., Justizrat. 1. Kl.: **Beiträge** zur Lehre vom prozessualen Anerkenntnis und Verzicht. T. 1: Der Gegenstand des prozessualen Anerkenntnisses und Verzichts. T. 2: Materiellrechtliche Natur des prozessualen Anerkenntnisses und Verzichts? *Freiburg i. B. 1903: C. A. Wagner.* VIII. 131 S.) 8°
Tübingen, Jur. Hab.-Schr. v. 1903

Beiträge zur Lehre vom prozessualen Anerkenntnis und Verzicht von Dr. August **Hegler.** Privatd., Tübingen. *Tübingen & Leipzig: J.C.B. Mohr 1903.* (XIV, 297 S.) 8°

— u. Finckh, latente Geistesstörung bei Prozessbeteiligten, s.: Grenzfragen, juristisch-psychiatrische. IV. 7. 8.

— Das Gemeindegerichtsverfahren in Baden u. Württemberg. (IV, 217 S.) gr. 8. Tübingen 910. J. C. B. Mohr. Sonderabdruck aus: „Archiv f. d. civilist. Praxis". 3. —

Prinzipien des internationalen Strafrechts. Von Dr. jur. August **Hegler,** Privatd. Breslau: Schletter 1906. (220, 6 S.) 8°
— **Abhandlungen,** Strafrechtliche. H. 67. [06. 3017 6]

Hegler, August: Die praktische **Thätigkeit** der Juristenfakultäten des 17. und 18. Jahrhunderts in ihrem Einfluss auf die Entwicklung des deutschen Strafrechts von Carpzov ab. *Tübingen 1899: H. Laupp jr.* (V, 124 S.) 8°
Tübingen, Jur. Diss. v. 1899

Hegler, Aug., die praktische Thätigkeit der Juristenfakultäten des 17. u. 18. Jahrh. in ihrem Einfluss auf die Entwicklung des deutschen Strafrechts von Carpzov ab. gr. 8. (V, 124 S.) Freiburg i/B. 899. Tübingen, J. C. B. Mohr. n. 2. 60

Hegler, C., über die Brauchbarkeit der sogen. Pankreasreaktion nach Cammidge, s.: Schumm, Otto.

— Untersuchgn. üb. die sogen. Pankreasreaktion nach Cammidge, s.: Schumm, O.

Hegler, Carl, approb. Arzt aus Stuttgart: **Aus d. pathol. Institut zu Tübingen. Zur Frage der Regenerationsfähigkeit des Gehirns.** *Rudolstadt (1902): F. Mitzlaff.* (18 S.) 8°
Tübingen, Med. Diss. v. 1902

Eickel-Wanne einst und jetzt. Geschichte d. Gemeinden beider Aemter: Wanne, Röhlinghausen, Crange, Eickel u. Holsterhausen, sowie der Gemeinde Hordel. Mit 25 Ill. Hrsg. von Gustav **Hegler.** *Siegen 1903: Dr. d. Westdeutschen Verlagsanst.* (XI, 244 S.) 8° [F.] [04. 64]

Hegler, Joseph [aus Kolitzheim '(Bayern)']: **Das Auge bei Anencephalie ... Würzburg, Etlinger's Buchdr., 1893; 17 S., 1 Bl. 8.**
Würzburg, Med. Fak., Inaug.-Diss. v. 1893

Hegler, Robert [Assist. am botan. Inst.]: **Ueber den Einfluss des mechanischen Zugs auf das Wachsthum der Pflanze ... (Aus: Beitr. z. Biol. d. Pflanzen hrsg. v. F. Cohn, Bd VI Heft 3.) Breslau, Druck v. R. Nischkowsky, 1893; 53 S., 4 Taf. 8.**
Leipzig, Phil. Fak., Inaug.-Diss. v. [20. Nov.] 1893

Geschichtliches aus der Loge zur Freimütigkeit am Rhein 1808—1908. Aus Anlass der Hundertjahrfeier zsgest. von W. **Hegmann.** Frankenthal: Göhring 1908. 61 S. 8°
cf. Bh. 52 (1909) S. 24 (R. Mahlau); L. 32 (1909) S. 80 (P. Fischer).
Nebst einem Verzeichn. der Gründer der Loge u. der M. v. St. 1808—1908.

(**Hegmann,** W.,) allgem. Witterungskunde, s. Witterungskunde.

Hegnauer, Johannes: De ulceribus intestinorum. Tur. typ. C. Koehleri 1845. 23 S., 1 Tabelle, 2 Bl. 8°
Zürich, Med. Diss. v. 16. Aug. 1845.

Hegnauer, Karl, Columbus, s.: Becker, Jul.

HEGNAUER, Ruttin (Igis/Schweiz): De causis morborum. (Titel nach der Urkunde)
29.7.1872 - Urk; Chr 1871/72,21
Diss. Ingolst.-Landsh.-Mchn.

Hegnenberg-Dux, Graf v., u. v. Lutz, Reden geh. in der 23. öffentlichen Sitzung der Kammer der Abgeordneten am Samstag den 27. Januar 1872. gr. 8. (48 S.) München 872. Kaiser. — 30

Hegner, Herm., Lehrbuch der Nama-Sprache, s.: Meinhof, Karl.

Hegner, J. J., religiöse Sinngedichte, f. nachdenk. Christen. 16. (12 B.) Winterthur 838, Literar. Comptoir.

Hegner, Jac., Winterthur. Dissertatio medica inauguralis de aphthis.
Basel, med. Diss. 1704

Hegner, Joh. Heinr., Winterthur. De divinatione ex insomniis commentarium philosophico-medicum.
Basel, med. Diss. 1733

Hegner, Johann Heinrich: Theses medicae de paronychia.
Basel; med. Diss. 1700

Hegner, Joh. Jac., Winterthur. Dissertatio inauguralis medica de indicatione vitali et remediis huic satisfacientibus.
Basel, med. Diss. 1746

Hegner, Johann Konrad, s. Bemerkungen d. Führung des evangel. Prediger-Amts betr.,

[HEGNER, Johann Konrad] 1748 -
Fortsetzung von David Cranzens Brüder-Historie.
Erster [- Vierter] Abschnitt.
Barby: Brüdergemeine und Schilling [- Gnadau: Brüdergemeine]. 1791 [- 1816]. 8°.
Universitätsbibliothek Bonn
s. Cranz, Alte und neue Brüder-Historie, 1. Aufl. 1771, 2. Aufl. 1772,
Sabin 17412, Baginsky 1085, Palmer: alle mit Verfasser.
David Cranz, 1723-1777

— s. Gebete u. Betrachtungen nach Anleit. verschied. Stellen d. heil. Schrift.

Hegner, Jh. Konr.) († 181..) Verbesser. der Nachricht von d. Ursprunge, Fortgange rc. der Brüderunität. 4. Halle 780. (Laue in Berl.) 4 R

Hegner, J. C., Verbesserungen der Nachricht von dem Ursprunge, Fortgange rc. der Brüderunität. 4. Halle, Curt. 780.

Hegner, Johann Peter

Hegner, J. P., kurze Anleitung in der Düngerkunde u. Dünger-Anwendung, — Leitfaden der Obstbaumpflege u. Obstverwerthung, } s.: Reiter sen., J.

(Hegner, [Johann Peter], Güterinspektor und Sekretär des Gymnasiums): Vor hundert Jahren. Mitteilungen und Aktenstücke zur Geschichte der Anstalt. Trier 1905: Trierer Druckerei-Ges. (35 S.) 8°
Trier, k. Friedrich-Wilhelms-G P 1905 (561)

Hegner, Johann Peter (Hrsg.), s. W i n z e r , Der.

[illegible] Dissertatio [illegible] medica inauguralis [illegible]
Basel. med. Diss. 1703

Hegner, Carl August. Experimenteller Beitrag zur Frage der Nervenpfropfung im Anschluss an eine klinische Beobachtung von intramediastinaler Rekurrensdurchtrennung durch Pistolenschuss. Diss. Med. [Univ.] Zürich. [Mit Figuren.] (Sonderabdruck aus der Monatsschrift für Psychiatrie und Neurologie. Band 25.) *Kopftitel:* Neurologische Arbeiten unter Leitung von Privatdozenten Dr. Otto Veraguth in Zürich. 20 S. 8. Berlin, S. Karger, 1909.

Hegner, Conrad, pract. Arzt in Rafz, Canton Zürich [von Winterthur, Kt. Zürich]: Ist die Wendung bei Beckenenge ein allgemein zu empfehlendes Verfahren? Zür. Orell Füssli Cie Dr. 1881. 71 S. 8.
Zürich, Med. Diss. [v. 12. März 1881].

Hegner, O., das deutsche Gerichtskostengesetz u. die Gebührenordnung f. Gerichtsvollzieher, sowie die Gebührenordng. f. Zeugen u. Sachverständige. Mit Erläutergn., systemat. Uebersichten der Gebührensätze, Kostentabellen u. Sachregister. 8. (IV, 160 S.) Berlin 894. A. Nauck & Co. Kart. n. 1. 60

— Instruktion f. die Verwaltung der Kassen bei den Justizbehörden vom 16. Juli 1893. Aus den auf die Kassenverwaltg. bezügl. sonst. Bestimmgn. ergänzt u. erläutert. Mit den dazu gegebenen Formularen, e. Verzeichniß der Kapitel u. Titel des Justiz-Etats, e. Anh. u. Sachregister. gr. 8. (IV, 163 S.) Berlin 894. A. Nauck & Co. n. 1. 80; kart. n. 2. 10

Hegner, R., the english reader, or a choice collection of miscellaneous pieces, selected from the best english prose writers, designed for the use of schools and private teaching. gr. 8. Zurich 843, Meyer and Zeller. 7/8 ₰ — Vol. II. gr. 8. the same 846. 1 ₰ 3 ngl

Hegner, Reinhart, von Winterthur [Kt. Zürich]: Der akute Gelenkrheumatismus und seine Behandlung durch Citronensaft. o. O. u. J. VI S., 11 Bl., 62 S., 1 Bl. 1 Tabelle. 8°.
Zürich, Med. Diss. v. 5. Aug. 1857.

(Hegner, [Salomon].) Tagebuch der Belagerungs-Operationen gegen die Festung Hüningen auf dem den eidgenössischen Truppen übergebenen rechten Rheinufer. 8. Basel, im Dezember 1815.

Hegner, Ulrich. Siehe: *Schweiz. Nationalbibliothek.*

[Hegner, Ulrich.] Auch ich war in Paris. 3 Bändchen. 8. Winterthur 1803–1804.
Bändchen 1 u. 2: 1803. — Bändchen 3: 1804.
Dass.s.a.:P a r i s , . . .

Hegner, Ulrich. Ulrich Hegners Aufzeichnungen aus Winterthurs Revolutionstagen. [Hrg. von Charles Biedermann. Mit Porträt.] 21 S. 4. Winterthur, Geschw. Ziegler, 1900.
Neujahrsblatt der Stadtbibliothek in Winterthur auf das Jahr 1901. Stück 237.

Hegner, Ulrich s. Benken.... (Njbl. Stadtbibl. Winterthur 1834.)

Hegner, Ulr., Beiträge z. nähern Kenntniß u. wahren Darstell. Joh. Kaspar Lavater's. Aus Briefen seiner Freunde an ihn u. nach persönl. Umgang. gr. 12. (14¾ B) Leipzig 836, Weidmann'sche Buchh.

[Hegner, Ulrich.] Schloss Berg am Irchel. [Mit 1 Tafel.] (Njbl. Stadtbibl. Winterthur 1833.) 4. (Winterthur.)

— Berg-, Land- und Seereise. 12. Zürch, Orell. 818.

Hegner, Ulrich, und Müller, Joh(ann) Georg. Aus dem Briefwechsel zwischen U' H' und Joh. G' M'. [Hrg. von Charles Biedermann.] 3 Theile. Njbl. Stadtbibl. Winterthur 1892–1895/96. 4. Winterthur 1891–1894.
Theil 1: 1791–1801. Njbl. ... 1892. W' 1891.
Theil 2: 1801–1810. Njbl. ... 1893/94. W' 1893.
Theil 3 (Schluss): 1811–1819. Njbl. ... 1895/96. W' 1894.

Aus dem Briefwechsel zwischen Ulrich Hegner u. Joh. Georg Müller. Th. 1–3. Winterthur 1891–94: Geschw. Ziegler. 4° [J.]
1. 1791–1801. 1891. 2. 1801–1810. 1893. 3. 1811–1819. 1894.
= Neujahrs-Blatt d. Stadtbibliothek in Winterthur. St. 229–232. [illegible]

[Hegner, Ulrich.] Bülach. [Mit 1 Tafel.] (Njbl. Stadtbibl. Winterthur 1831.) 4. [Winterthur.]

[Hegner, Ulrich.] Eglisau. [Mit 1 Tafel.] (Njbl. Stadtbibl. Winterthur 1829.) 4. [Winterthur.]

— Suschens Hochzeit, od. die Folgen der Molkenkur. 2 Thle. kl. 8. Zürich 819. Orell. 1 ₰ 8 gl (A. u. d. T.: die Molkenkur. 2r u. 3r Bd.)

Hegner, (Ulr.,) Hans Holbein d. Jüngere. Mit 1 Bildn. gr. 8. Berlin 827, Reimer.

[Hegner, Ulrich.] Kloten. [Mit 1 Tafel.] (Njbl. Stadtbibl. Winterthur 1830.) 4. [Winterthur.]

[Hegner, Ulrich.] Schloss Laufen. [Mit 1 Tafel.] (Njbl. Stadtbibl. Winterthur 1826.) 4. [Winterthur.]

[Hegner, Ulrich.] ... das Leben und die Charakteristik Johann Rudolf Schellenbergs von Winterthur (1740–1806). [Mit 1 Porträt und 1 Tafel.] Njbl. Künstlerges. Zürich 1807. 4. [Zürich.]

[Hegner, Ulrich.] ... das Leben und die Charakteristik Johann Heinrich Trolls von Winterthur (1756–[1824]). [Mit 1 Porträt und 1 Tafel.] Njbl. Künstlerges. Zürich 1825. 4. [Zürich.]

Hegner, Ulr., aus dem Leben e. Geringen, s.: Verein f. Verbreitg. guter Schriften, Zürich.

[Hegner, Ulrich.] ... das Leben des Malers Johann Kaspar Kuster von Winterthur (1747–1818). [Mit 1 Porträt und 1 Tafel.] Njbl. Künstlerges. Zürich 1822. 4. [Zürich.]

Hegner, Ulr. s. die Molkenkur.

Hegner, Ulr., die Molkenkur, s.: Universal-Bibliothek.

Hegner, Ulr., die Molkenkur. 1r Thl. Mit 1 Vign. 12. Zürich 812. 2e A. 813. 3e A. 820. Orell. 16 gl

Hegner, (U.,) die Molkenkur. 1r Thl. 3e Ausg. Mit 1 Vign. 12. Zürich 827, Orell. — Alle 3 Thle (2r u. 3r Thl. A. u. d. T.: Suschens Hochzeit 1819.) kosten

[Hegner, Ulrich.] Näftenbach. [Mit 1 Tafel.] (Njbl. Stadtbibl. Winterthur 1827.) 4. [Winterthur.]

[Hegner, Ulrich.] Oberwinterthur. [Mit 1 Tafel.] (Njbl. Stadtbibl. Winterthur 1832.) 4. (Winterthur.)

— Salys Revolutionstage, mit 1 K. Winterthur, Steiner. 814.

— Saly's Revolutionstage; 8. Winterthur, jetzt Reimer in Berlin. $1^1/_8$ ℳ

[Hegner, Ulrich.] Rheinau. [Mit 1 Tafel.] (Njbl. Stadtbibl. Winterthur 1828.) 4. [Winterthur.]

Hegner, Ulrich, gesamm. Schriften. 5 Bde. 8. (98¾ B.) Berlin 828—30, Reimer. 6 Thlr., wß. Drckp. 7 Thlr. 8 Gr., Vlnp.

Hegner, Willi: Die politische Rolle des Grafen Senfft und seine Memoiren. Greifswald 1910: Abel. 95 S. 8°
Greifswald, Phil. Diss. v. 3. Aug. 1910, Ref. Ulmann
[Geb. 8. Nov. 86 Berseba, S.-W.-Afrika; Wohnort: Gütersloh; Staatsangeh.: Preußen; Vorbildung: Gymn. Gütersloh Reife O. 06; Studium: Greifswald 1, Leipzig 2, Greifswald 3 S.; Rig. 13. Mai 10.] [U 10. 1617

Hegrad, Friedrich

Hegrad, Fr., s. Braut, die, aus Wien.

HEGRAD, Friedr. (geb. am 28. April 1757 zu Lainzendorf in Niederösterreich, Beamter der Tabaksgefällskanzlei zu Prag, † in Wien 18**), Neue Erzählungen. Zittau 1787. 8°.
Der schwere Kampf. — Das treue Mädchen. — Die verfolgte Nonne.

Hegrad, Fr., neue Erzählungen. 8. Zittau 787. Schöps. 6 gr

Hegrad, Fr. s. a. neue Erzählungen,

— Felix mit der Liebesgeige. 3 Thle. 8. Prag 790. N. A. 794 u. 804. (Hinrichs; a. Rauck in Leipz.) 1 ℳ

— der Hausfreund, ein Lesebuch für Frauenzimmer. 1r Th. 8. Wien, Stahel. 787.

MARTIN, Der gute, eine Geschichte, vom Verfasser des Hofnarren (von *Friedr. Hegrad*, 1757—18**). Leipzig (Wien, Mößle) 1785. 8°.
Anon.-Lex. III. p. 218 (nach Kayser).
— — Dasselbe. Ebd. 1811. 8°.
Goedeke V, 506, 8, 5.
Dass. s. a.: Martin, Der gute.

— Mathilde, Kaiser Otto II. Schwester, od. das Schachspiel; eine Geschichte. 8. Wien 793.

PETER und Paul. Eine Geschichte in 2 Bändchen (von *Fr. Hegrad*). Frankfurt und Leipzig, Peter Hammer (Wien) 1783. 8°. 148 S. (4 Mk., Taussig, 1907.) Selten!
Freier Abentheurer-Roman. — Ebeling, kom. Lit. III, 598.

— komischer Roman. 2 Thle. 8. Frankf. u. Leipz. 786. Wien, Wucherer. 1 ℳ 8 gr

- s. a. komischer Roman. 2 Thle.

— — *Friedrich Hegrads* Schriften. 2 Bde. Mit 1 Titelvign. (Schenau del., Geyser sc.). Frankfurt u. Leipzig (Wien, Wucherer). 1793. Gr. 8°.
I: 2 Bll., 232 S., 2 weisse Bll. — Inh.: 1. Peter u. Paul (abentheuerl., leichtfertiger Roman, S. 1—152). 2. Die 4 bezauberten Thurmknöpfe. E. marokanisches (!) Mährchen (S. 153—170). 3. Das Blatt ohne Titel. Gedr. in dem Jahr, als der Pabst zu Wien war („Den tiefgelehrten H. H. u. P. P. Merz in Augspurg, Gruber in München, u. Fast [sämmtl. berücht. Obscuranten] zugeeignet, d. 1. Junius 1782", S. 171—200). 4. Gedichte (S. 201—232, dabei als erstes: „Wilhelm Tell. Eine Ballade", in 41 vierzeil. Stroph.)
II: 204 S. (incl. Tit.), 1 weisses Bl. — Inh.: 1. Thamas-Lala-Beig, König von Babylon; u. dessen Hofnarr Manes. E. Persianisches Märchen (S. 3—104). 2. Vermischte prosaische Aufsätze (dabei: Fragmente aus dem Roman Otto von Holdenburg" [S. 118—154]; Herr Leander u. seine Frau. E. [liederl.] Ehestandsgeschichte, Stoff zu einer Hauskomödie [S. 155—157], 2 Prosa-Fabeln; Medardo u. Valenzia, e. dramat. Skizze; an die Reichen im Namen der Armen, e. Skizze; der entscheidende [grobe, arrogante] Ton; die Bücher-Titel; Eulenspiegels Schreiben an einen sichern hochwürdigen Herrn [Satire auf einen Wiener geistl. Obscuranten, S. 197—200]; Rede bey der Aufnahme [als Freimaurer] der Herren ** u. M****t, d. 14. Dez. 1784).

— Schriften. 2 Thle. 8. Frankf. u. Leipz. 793. Graffé, 1 20 gr

— sämmtliche poetische und prosaische Schriften. 2 Thle. 8. Wien, Wucherer. 785.

— vermischte Schriften. 2 Thle. 8. Leipz. Graffé. 785.

Friedr. Hegrad's vermischte Schriften. Bd 1. 2. Frankfurt u. Leipzig, [Wien: Wucherer] 1785.
Recens: Realztg. (Wien) 1785 Nr 19.
cf. Z. 5 (1875) S. 153—154.
Enth. auch frmrische Gedichte.

Hegrad, Fr., Versuch einer kurzen Lebensgeschichte Leopolds II. bis zu dessen Absterben. 8. Prag, Barth. 792. Rthlr. -

DENKSCHRIFT über die am h. Feiertage der Himmelfahrt Christi in Pressburg abgehaltenen Katholiken-Versammlung von Franz v. Paula Hegyel u. Dr. R. v. Waldheim. Pressburg 1871. 22 S. - 8°

Hegyfoky, Jak., theoret. Bestimmg. d. Rauchschwalbenzuges u. d. gleichzeit. Lufttemperatur. (Deutsch u. ungarisch.) [Aus: „Aquila".] hoch 4. (II, 40 S.) Budapest (895). (Berlin, R. Friedländer & Sohn.) n. 2. —

Hegyfoky, J., s.: Periode, d. jährliche, d. Niederschläge in Ungarn.

Hegyfoky, Jak., das Wetter zur Zeit des massenhaften Wegzuges der Rauchschwalbe im Jahre 1898. (Deutsch u. ungarisch.) (8 S.) Lex.-8. Budapest 904. (F. Kilian's Nachf.) n.n. — 50
Sonderabdruck aus: „Aquila".

— dasselbe, s.: Pungur, Jul., der Herbstzug der Rauchschwalbe im J. 1898 in Ungarn.

— üb. d. Windrichtung i. d. Ländern d. ungarischen Krone, nebst e. Anh. üb. Barometerstand u. Regen. Hrsg. v. d. kgl. ungar. naturwissenschaftl. Gesellschaft. (In ungar. u. deutscher Sprache.) gr. 4. (III, 175 S. m. 18 Fig. u. 5 Karten.) Budapest 894. (F. Kilian Nachf.) n. 6. —

Hegyfoky, Kabos, die meteorologischen Verhältnisse des Monats Mai in Ungarn. Im Auftrage der k. ungarischen naturwissenschaftl. Gesellschaft verf. (Ungarisch und deutsch.) gr. 4. (V, 204 S.) Budapest 886, (Kilián.) * 7 —

Hegyközszentine s.: Wolff v. Hegyközszentine.

Hebel, die christkatholische Lehre in Frühpredigten. Auf die Sonn- u. Festtage eines dreifachen Kirchenjahres neu bearb. von Bern. Schels. 3. Bd. A. u. d. T.: Gnadenmittel, die Alle gebrauchen müssen, oder: Die Lehre von den Gnadenmitteln, abgehandelt in Frühpredigten ec. Schaffhausen 855. Hurter. 8. (XII, 516 S.) 1 ₰
1. u. 2. Bd. s.: Schels, die christkathol. Lehre ec.

Hebel, die christkatholische Lehre in Frühpredigten. Auf die Sonn- und Festtage eines dreifachen Kirchenjahres neu bearb. von Bernard Schels. 1. und 2. Bd. 2., durchgeseh. Aufl. gr. 8. Schaffhausen 861, Hurter'sche Buchh.
Inhalt:
Bd. 1. Wahrheiten, die Alle glauben müssen, oder: die Lehre vom Glauben abgehandelt in Frühpredigten. (XII und 476 S.) 1 Thlr.
„ 2. Gebote, die Alle halten müssen, oder die Lehre von den Geboten, abgehandelt in Frühpredigten. (VIII und 555 S.) 1 Thlr. 6 Ngr.

Hebel, die christkatholische Lehre in Frühpredigten. Auf die Sonn- u. Festtage e. dreifachen Kirchenjahres neu bearb. von Bern. Schels. 2. durchges. Aufl. 3. Bd. Gnadenmittel die Alle gebrauchen müssen oder: Die Lehre von den Gnadenmitteln, abgehandelt in Frühpredigten. Schaffhausen 868. Hurter. gr. 8. (X, 534 S.) n. 1 ₰

Hebel, Pet., Glaubenslehren. 6 Thle. Fol. Wien, Trattner. 753.

Hehel, Peter, s. Kartenspiel, Geograph.

— das eingefleischte u. gepredigte Wort Gottes. 5 Thle. Fol. Augsb. Wolf. 748.

Die Apostel. Oratorium von Edward Elgar. Erl. von Max Hehemann. London: Novello & Co. (1904). (57 S.) 8°

Theodor Müller-Reuter. Hackelberends Begräbnis f. Chor u. grosses Orchester komp. Op. 24. Erl. von Max Hehemann. *Leipzig: H. Seemann Nachf. [1902].* (23 S.) 8°
— Musikführer. No 266.

Hehemann, Max, D. F. E. Auber's „Fra Diavolo", s.a.Hoursch's Opern-Führer.

Fra Diavolo. Komische Oper in 3 Aufz. von D. F. E. Auber, Dichtung von E. Scribe. Erl. von Max Hehemann. *(Köln a. Rh.: Hoursch & Bechstedt [1903].)* (14 S.) 8°
= Opern-Führer, Hoursch's. No 31.

— Friedrich Alfred Krupp, s.: Stein, With.

— Giuseppe Verdi's „Rigoletto", s.a.Hoursch's Opern-Führer.

Rigoletto. Oper in 4 Aufz. von Giuseppe Verdi. Text nach Victor Hugo von F. M. Piave. Erl. von Max Hehemann. *(Köln a. Rh.: Hoursch & Bechstedt [1903].)* (14 S.) 8°
= Opern-Führer, Hoursch's. No 34.

Johann Sebastian Bach. Der Streit zwischen Phöbus und Pan. Dramma per musica. Erl. von Max Hehemann. *Leipzig: H. Seemann Nachf. [1902].* (15 S.) 8° [F.]
— Musikführer. No 271.

— D. F. E. Auber's „Die Stumme v. Portici", s.a.Hoursch's Opern-Führer.

Die Stumme von Portici. Große hist. Oper in 5 Aufz. von D. F. E. Auber. Dichtung von Scribe u. Delavigne. Erl. von Max Hehemann. *(Köln a. Rh.: Hoursch & Bechstedt [1903].)* (14 S.) 8°
= Opern-Führer, Hoursch's. No 30.

Edward Elgar. Der Traum des Gerontius f. Mezzosopran, Tenor- u. Basssolo, Chor u. Orchester Op. 38. Erl. von Max Hehemann. *Leipzig: H. Seemann Nachf. [1902].* (34 S.) 8° [F.]
= Musikführer. No 269/270.

— Giuseppe Verdi's „Der Troubadour", s.a.Hoursch's Opern-Führer.

Der Troubadour. Oper in 4 Aufz. von Giuseppe Verdi, Dichtung von Salvatore Cammarano. Erl. von Max Hehemann. *(Köln a. Rh.: Hoursch & Bechstedt [1903].)* (14 S.) 8°
= Opern-Führer, Hoursch's. No 33.

Werther. Ein lyrisches Drama von Jules Massenet. ⟨Dichtung nach Goethe von Edouard Blau, Paul Milliet u. Georg Hartmann. Für d. deutsche Bühne bearb. von Max Kalbeck.⟩ Textl. u. musikal. erl. von Max Hehemann. *Leipzig: H. Seemann Nachf. [1902].* (30 S.) 8° [F.]
= Opernführer. No 98.

Hehl, Ch., Anleit. zur Errichtung u. Unterstützung d. Blitzableiter, für Bau- u. Feuerschauer u. Gebäude-Inhaber. 8. Stuttg. (182..)

Hehl, Ch.: Über Blitzableiter. Stuttgart 1827.

Anfrage, Eine ehrliche, an die Abgeordnete (!) zum künftigen Landtag Würtembergs: sollte nicht auf die längst aufgesuchten Quellen der Unsittlichkeit zurückgegangen werden? (Vf.: *Christian Hehl.*) O. O. 1797.
Anon.-Lex. I. p. 60 (nach Meusel).

Vorschläge eines Würtembergers aus der Wüste, wie sämtliche .... Landesangelegenheiten auf das kürzeste behandelt werden können (von *Chrn. Hehl*). O. O. 1797.
Anon.-Lex. IV. p. 352 (nach Meusel).

Hehl, Christian Friedrich (Tübingen), De cessione nominis XX. florenos excedentis, absque judiciali insinuatione facta ad §. Wir setzen und wöllen P. II. Jur. Prov. T. XXXIII. Diss. jur. Wurtembergici. Präs. Christoph Friedrich Harpprecht. Tübing. (Erhard) 11. V. 1764. 28 S. mit Widm. v. Präs. (6.—) 13866

Hehl, Christoph. Die Garnisonkirche zu Hannover. Hannover 1896. Kl. Fol.

Hehl, Chrph., Reise-Skizzen. (1. Bd.) gr. Fol. (44 Taf. m. 3 S. Text.) Berlin (899). E. Wasmuth. Kart. n. 30. —

Hehl, Ebeth. Fr., s. Handbuch, histor.

Hehl, Franziska, der Industrie-Unterricht in der weiblichen Arbeitsschule im Anschluß an die Buhl'sche Regel. 2. Aufl. 16. (48 S.) Steinenbach 887. (Donauwörth, Auer.) n.n. — 25

Hehl, Jh., Anfangsgründe der Algebra, mit Rücksicht auf die Aufgaben des gemeinen Lebens. gr. 8. Weilburg 834. Lanz. ½ ₰

— der Begleiter auf der Donaufahrt von Wien bis zum schwarzen Meere. Mit besond. Rücksicht auf die bestehende Dampfschifffahrt auf diesem Flusse. Mit 1 ill. Stromkarte u. 1 Tab. 16. Wien 836. Gerold, ⅔ ₰ Velinp. 1 ₰

Hehl. Die höhere Gewerbschule in Cassel und deren Anfeindungen. Cassel 1865.

— Hand- u. Lehrbuch der reinen Mathematik. Zum Gebrauch f. Schulen u. zum eigenen Studium. 1r Bd. Reine Arithmetik. 1r Bd. Mit 1 Tab. gr. 8. Weilburg 834. Lanz. 1⅓ ₰

Hehl, (Joh.), die Reorganisation der höh. Gewerbschule in Kassel. Ein Beitrag zur prakt. Pädagogik. 1. Hft. gr. 8. (55 S.) Cassel 849, Luckhardt. 9 ngr

— dass. 2. Hft.: Weitere Erklärung einiger Stellen des 1. Hfts. u. Rechtfertigung auf die Artikel der Neuhessischen Zeitung Nr. 454 bis 459, vom 9. bis 12. Octbr. 1849. gr. 8. (54 S.) Marburg 850, Elwert. ⅙ ₰

— der Wegweiser in d. Umgebungen Wiens. Mit 1 color. Plane. 12. Wien (834.) Bermann u. Sohn. $^2/_3$ ₰

Hehl, J., († 1837) der Wegweiser in der Residenzstadt Wien; Ein für jedermann nützliches Buch, Mit 1 color. Plane, 12. Wien 834. Bermann u. Sohn. $^5/_6$ ₰ — 2e Aufl.; s. Wegweiser.

Hehl, Karl Zur Methodik des deutschen Unterrichtes in der ersten Gymnasialclasse. 8 (XX S.).
Progr. Mariahilfer Communal-, Real- und Oberg. *Wien* 1893.
Nicht im Tauschverkehr.

Hehl, Karl Zur Methodik des deutschen Unterrichtes in der zweiten Gymnasialclasse. 8 (XXVI S.).
Progr. K. k. Staats-G. im VI. Bezirke *Wien* 1895.

Hehl, (Carl), die geognostischen Verhältnisse Württembergs dargestellt. Mit einer (lith.) geognost. Karte von Württemberg (in hoch 4.) gr. 16. (IV u. 316 S.) Stuttgart 850, Schweizerbart. n. 1 ₰ 14 ngr

Hehl, Nicolaus, aus Ehrenbreitstein: **Über die Dimensionen der Gebilde an der Kathode.** *Erlangen 1901: F. Junge.* (37 S.) 8°
Erlangen, Phil. Diss. v. 24. Apr. 1901

Hehl, R. A., Einwanderg. u. Einwanderungsgesetzgebg. in Nordamerika u. in Brasilien, s.: Mayo-Smith, Richmond.

Eisenbahnen in den Tropen. Spurweiten, Bau u. Betrieb. Von Dr. R. A. Hehl. Oberingenieur. *Berlin: F. Siemenroth 1902.* (VIII, 241 S.) 8°

Hehl, R. A., flüssige Luft. Kurze Beschreibg. der Herstellg. der flüss. Luft unter Hinweisg. auf die Fortschritte der letzten Jahre. gr. 8. (39 S.) Halle 901. Gebauer-Schwetschke. n. — 50

Hehl, R. A., von den vegetabilischen Schätzen Brasiliens u. seiner Bodencultur. Mit 1 Karte u. 1 Taf. (Aus: Nova Acta acad. caes. Leopold.-Carol., Tom. 49.) gr. 4. (60 S.) Halle 886. (Leipzig, Engelmann.) n. 8. —

Hehle, Joseph

Hehle [Rekt. Dr.]: Kulturgeschichtliches aus Neuwürttemberg. Das ehemalige Zwiefalter Gymnasium und Kollegium zu Ehingen in seiner Erstlingsperiode (1686—1719). Stuttgart, Druck d. J. B. Metzlerschen Buchdr., 1889; 1 Bl., 32, 16 S. 4°
Ehingen, k. G, P 1889 (654)

Hehle, der schwäbische Humanist Jakob Locher Philomusus. [1471—1528,] e. kultur- u. literar-histor. Skizze. 1. u. 2. Thl. u. Nachträge. 4. (40, 51 u. 12 S.) Ehingen 873—75. (Tübingen, Fues.) n. 4. 50

Hehle, Nachträge zu den Programmen von 1873 und 74 [„der schwäbische Humanist Jakob Locher Philomusus (1471—1528) ꝛc."] gr. 4. (12 S.) Ehingen 875. (Tübingen, Fues'sche Sortiments.) * — 60
Hauptwerk 2 Bde. Ebendas. 1873, 74. * ℳ 3,90.

Hehlen, Gust. Heinr. Ed. (Stettin), De scabie. Diss. med. Bln. (Joh. Friedr. Starck) 15. V. 1819. 35 S. mit Liter. u. Biogr. (M.: Crumonen.) (6.—) 13807

Hehn, Bernh., einiges üb. die Grundbedingungen zu e. rationellen Ernährung u. Pflege unserer landwirthschaftlichen Nutzthiere. gr. 8. (VII, 126 S.) Reval 901. (Kluge & Ströhm.) n. 3. —

Hehn, Bernh., meine Erfahrungen üb. die Bearbeitung, Kultivirung u. Pflege unserer Aecker u. der auf ihnen angebauten Feldfrüchte. gr. 8. (VII, 174 S.) Reval 900. (Kluge & Ströhm.) n. 3. 60

Hehn, Bernh., praktische Erfahrungen über den Anbau der Feldfrüchte in den Ostseeprovinzen. gr. 8. (IV, 84 S.) Reval 887, (Kluge.) * 2 40

Hehn, C. v., Bericht üb. die landwirthschaftl. Abtheilg. der Wiener Weltausstellg, s.: Berichte der Riga'schen Delegation üb. die Wiener Weltausstellg.

Hehn C.: Die Intensität d. livländischen Landwirthschaft. Abth. 1. Der Grund u. Boden u. die Arbeit. Diss. Dorpat 1858. 109 S.

Hehn, Friederike, geb. Ritter, homöopath. Kochbuch. Eine gedrängte u. zugleich gründliche Anweisung zur Vereinbarung unserer gewohnten Küche mit den Erfordernissen der Homöopathie. Mit e. Vorworte von Dr. Stüler in Berlin, gr. 12. Berlin 834. Amelang. $^3/_4$ ₰

— Unterricht in der feinen Kochkunst. Nach eigener vieljähr. Erfahrung verfaßt und mit 1040 Vorschriften belegt. 8. Berlin 840. Amelang, $1^1/_6$ ₰

Hehn, Johannes, Dr. theol., Priester d. Diöc. Würzburg, (aus Burghausen): Die **Einsetzung** des hl. Abendmahls als Beweis für die Gottheit Christi. Von d. theol. Fakultät zu Würzburg gekr. Preisschrift. *Würzburg: V. Bauch 1900.* (XIV, 270 S.) 8°
Würzburg, Theol. Diss. v. 1900

Hehn, Johs., der israelitische Sabbath, s. a. Zeitfragen, biblische.

Der israelitische Sabbath. Von Dr. Johannes **Hehn**, Prof. 1. u. 2. Aufl. Münster i. W.: Aschendorff 1909. 36 S. 8°
(Biblische Zeitfragen. Folge 2, H. 12.) 10. 2200 2

Siebenzahl und Sabbat bei den Babyloniern und im Alten Testament. Eine religionsgesch. Studie von D. Dr. Johannes **Hehn**, Prof., Würzburg. Leipzig: J. C. Hinrichs 1907. (132 S.) 8°
= **Studien**, Leipziger Semitistische. 2, 5. 07. 6552

Hehn, Johs., Sünde u. Erlösung nach biblischer u. babylonischer Anschauung. (VII, 62 S.) gr. 8. Leipzig 903. J. C. Hinrichs' Verl. n. 1. 60

Hehn, Th. Mtn., († d. 16. Juni 1793.) Verzeichniß d. Bücher u. Münzen des Bürgermeisters Fr. Konr. Gadebusch in Dorpat. 8. Dorpat 788.

Hehn, Karl Wlh., de forcipis obstetriciae usu recto et applicatione. Mit 1 Kpft. 4. Götting. 796. Dieterich. 4 ℊ

Hehn, Mart., de textura et formatione barbae balaenae. Dissertatio inauguralis anatomico-physiologica. Accedunt 2 tabulae lithographicae. 4. (54 S.) Mitaviae 849, Reyher. 1 ₰

Hehn, Mart. de textura et formatione barbae balaenae. Dissertatio inauguralis anatomico-physiologica. 4. (54 S. und 2 Stnt.) Mitaviae 850, Reyher.

Hehn, Mich., der Portiunkula-Ablaß. Was er ist u. wie man ihn gewinnt, nebst Gebeten zur Gewinng. desselben. 2. u. 3. Aufl. (à 8 S.) 16. Freiburg i/B. 903. 906. Herder. n.n. — 05

Hehn, Mich., der Priester, geschildert in seinem Verhältniß zu Gott u. in seinem Wirken f. das Volk. Weckruf f. das kathol. Volk in Form e. Primiz-Predigt, geh. am 9. Juli 1893 in der Amtsstadt Adelsheim m. Beigabe v. Begrüßungs-Versen an den Primizianten. gr. 8. (47 S.) Würzburg 893. L. Woerl. n. — 50

Hehn, Viktor

—— Ein Lebensbild, s. Schrader, O.

Hehn's, Vict., Briefe von 1876 bis zu seinem Tode 23. März 1890 an seinen Freund Herm. Wichmann. gr. 8. (IV, 203 S.) Stuttgart 890. Cotta Nachf. n. 3. —

— Gedanken üb. Goethe. gr. 8. (327 S.) Berlin 887. Gebr. Bornträger. n. 7. —

— dasselbe. 1. Thl. 2., verb. Aufl. gr. 8. (III, 336 S.) Ebd. 888. n. 7. —; geb. n. 9. —

Hehn, Vikt., Gedanken üb. Goethe. 3., verm. Aufl. gr. 8. (III, 408 S. m. Bildnis.) Berlin 896. Gebr. Borntraeger. n. 8. —

Hehn, Vikt., Gedanken üb. Goethe. 4., durchgeseh. Aufl. gr. 8. (III, 408 S.) Berlin 900. Gebr. Borntraeger. Geb. in Leinw. n. 9. —

Gedanken über Goethe von Viktor **Hehn**. 5. durchges. Aufl. Berlin: Gebr. Borntraeger 1902. (408 S.) 8° [F.] [04. 1903 2

Hehn, Vict., Gedanken üb. Goethe. 7., 8. u. 9. durchgeseh. Aufl. (III, 447 S.) 8. Berlin 909. Gebr. Borntraeger. Geb. in Leinw. 9. —

Hehn, Vikt., üb. Goethes Hermann u. Dorothea. Aus dessen Nachlaß hrsg. v. Alb. Leitzmann u. Thdr. Schiemann. gr. 8. (V, 164 S.) Stuttgart 893. J. G. Cotta Nachf. n. 3. —; geb. in Leinw. n. 4. —

[F.] Ueber Goethes Hermann und Dorothea. Von Viktor Hehn. Aus dessen Nachlass hrsg. v. Albert Leitzmann u. Theodor Schiemann. 2. verb. Aufl. *Stuttgart: J. G. Cotta Nf. 1898.* (VI S., 1 Bl., 165 S.) 1 Bd 8. [98. 5808 Be

Hehn, Vict., Italien. Ansichten u. Streiflichter. St. Petersburg 867. Röttger. 8. (III, 217 S.) n. 27½ ngr.

Hehn, Vict., Italien. Ansichten u. Streiflichter. 2., stark verm. Aufl. gr. 8. (VII, 326 S.) Berlin 879. Bornträger. n. 5. —

— Italien. Ansichten u. Streiflichter. 3., verm. Aufl. gr. 8. (X, 299 S.) Ebd. 887. geb. n. 7. —

— Italien. Ansichten u. Streiflichter. 4. Aufl. Mit Lebensnachrichten üb. den Verf. gr. 8. (XXXI, 299 S.) Berlin 892. Gebr. Borntraeger. n. 6. —; geb. in Leinw. n. 7. —

— Italien. Ansichten u. Streiflichter. 5. Aufl. M. Lebensnachrichten üb. d. Verf. gr. 8. (XXXII, 299 S.) Berlin 896. Gebr. Borntraeger. Geb. in Leinw. n. 7. —

Italien. Ansichten u. Streiflichter von Victor Hehn. 6., sorgf. durchges. Aufl. mit Lebensnachrichten über d. Verf. (Hrsg.: G[eorg] Dehio.) *Berlin: Gebr. Borntraeger 1900.* (XXXII, 299 S.) 8° [F.]

— Italien. Ansichten u. Streiflichter. 9., sorgfältig durchgeseh. Aufl. m. Lebensnachrichten üb. den Verf. (XXXVI, 335 S.) gr. 8. Ebd. 905. Geb. in Leinw. n. 7. 50
8. Aufl. (XXXII, 299 S.) 903. Geb. n. 7. —.

Italien. Ansichten u. Streiflichter von Victor Hehn. 9., sorgfältig durchges. Aufl. mit Lebensnachrichten über d. Verf. (von G[eorg] Dehio). Berlin: Gebr. Borntraeger 1905. (XXXVI, 335 S.) 8° [04. 8186

— Italien. Ansichten u. Streiflichter. 10., sorgfältig durchgeseh. Aufl., m. Lebensnachrichten üb. den Verf. (XXXVI, 335 S.) gr. 8. Ebd. 909. Geb. 7. 50

— Kulturpflanzen u. Hausthiere in ihrem Uebergang aus Asien nach Griechenland u. Italien sowie in das übrige Europa. Historisch-linguistische Skizzen. Berlin 870. Gebr. Borntraeger. gr. 8. (IV, 456 S.) n. 3 ₰

Hehn, Vict., Kulturpflanzen u. Hausthiere in ihrem Uebergang aus Asien nach Griechenland u. Italien sowie in das übrige Europa. Historisch-linguist. Skizzen. 2. umgearb. Aufl. 8 Lfgn. gr. 8. (XII, 553 S.) Berlin 874. Bornträger. à n. 1. —

— Kulturpflanzen u. Hausthiere in ihrem Uebergang aus Asien nach Griechenland u. Italien, sowie in das übrige Europa. Historisch-linguist. Skizzen. 3., umgearb. Aufl. 10 Lfgn. gr. 8. (XII, 566 S). Ebend. 877. à n. 1. —

— dasselbe. 4., durchgeseh. Aufl. gr. 8. (IV, 522 S.) Ebend. 883. n. 10. —

Hehn, Victor: Kulturpflanzen und Hausthiere in ihrem Uebergang aus Asien nach Griechenland und Italien sowie in das übrige Europa. 5. Aufl. Berlin: Borntraeger 1887. IV, 522 S. --

—— Kulturpflanzen und Hausthiere in ihrem Uebergang aus Asien nach Griechenland und Italien, sowie in das übrige Europa. Historisch-linguist. Skizzen. 5. Aufl. gr. 8. (IV, 522 S.) Ebendas. 888. * 10 —

— Kulturpflanzen u. Hausthiere in ihrem Übergang aus Asien nach Griechenland u. Italien, sowie in das übrige Europa. Historisch-linguist. Skizzen. 6. Aufl., neu hrsg. v. O. Schrader. Mit botan. Beiträgen v. A. Engler. 12 Lfgn. gr. 8. (XXVI, 625 S.) Ebd. 893. 894. à n. 1. — (kplt. geb.: n. 14. —)

— Kulturpflanzen u. Hausthiere in ihrem Übergang aus Asien nach Griechenland u. Italien sowie in das übrige Europa. Historisch-linguist. Skizzen. 7. Aufl. Neu hrsg. v. O. Schrader, m. botan. Beiträgen v. A. Engler. gr. 8. (XXVI, 651 S.) Ebd. 902. n. 12. —

— de moribus Ruthenorum. Zur Charakteristik der russ. Volksseele. Tagebuchblätter aus den J. 1857—1873. Hrsg. v. Thdr. Schiemann. gr. 8. (251 S.) Stuttgart 892. J. G. Cotta Nachf. n. 5. —

— über die Physiognomie der italienischen Landschaft. Der Humanismus, s. a. Aus baltischer Geistesarbeit. II.

Hehn, Viktor: Über die P h y s i o g n o m i e der italienischen Landschaft. Der Humanismus. (Hrsg.: Hugo Semel.) Riga: Jonck & Poliewsky 1908. S. 70–126. 8°
(Aus baltischer Geistesarbeit. 2.)

Reisebilder aus Italien und Frankreich. Von Victor **Hehn**. Hrsg. von Theodor Schiemann. 2. Aufl. Stuttgart & Berlin: J. G. Cotta Nachf. 1906. (XXII, 376 S.) 8° [F.] [06. 1906 9

— das Salz. Eine kulturhistor. Studie. 8. (74 S.) Ebend. 873. n. 1. 20

Das Salz. Eine kulturhist. Studie von Victor Hehn. 2. Aufl. Mit e. Nachwort von O[tto] Schrader. *Berlin: Bornträger 1901.* (105 S.) 8° [00. 11807 6

Hehne (Resp.): De morum mutatione sub morbis, s. A l b e r t i, M. (Praes.)

Hehne, W., tabellarisches Handbuch zur Bestimmung der Holzstärken im Hochbau, nebst e. Anleitg. zu deren Berechng. gr. 8. (VI, 66 S. m. Fig.) Halle a/S. 890. Hofstetter. n. 2. —; geb. n. 2. 50

Hehne, W., Tabellar. Handbuch z. Bestimmg. d. Holzstärken im Hochbau, nebst e. Anleitg. zu deren Berechng. 2., verb. u. verm. Aufl. gr. 8. (VI, 82 S. m. Fig.) Halle 897. L. Hofstetter. n. 2. 50; geb. n. 3. —

— eiserne Träger u. Säulen. Hilfsbuch zur statist. Berechng. u. Gewichtsbestimmg. nach deutschen Normalprofilen. Nebst ausführl. Tabellen zum prakt. Gebrauch. Mit 30 Holzschn. gr. 8. (IV, 172 S.) Halle a/S. 890. Hofstetter. n. 4. —; geb. n. 4. 60

Erlebnisse aus meiner Militär-Dienstzeit in den Jahren 1865—72 bei der 4. vierpfündigen Batterie Westpfälischen Feld-Art.-Regts. Nr. 7 . . . [Verf.:] **J. Hehnen.** Neumünster. 1896. 8°

Hehner, Otto, Alkohol-Tafeln, enth. alle den specif. Gewichten von 1,0000 bis 0,7938 entsprechenden Gewichts- u. Volumprocente absoluten Alkohols. Berechnet auf Grundlage der Fownes'schen Tafeln. gr. 8. (30 S.) Wiesbaden 880. Kreidel. cart. n. 1. 60

Zur Feier des 125 ten Gründungs-Festes der Pilgerloge No 238, 13. Oct. 1904. [Unterz.:] **Otto Hehner.** London [1904]. 24 S. 1 Taf. 8°
[Umschlagtit:] 1779—1904.
cf. BZC. 33 (1904) S. 173—176 (W. Wald); ML. 33 (1904—1905) S. 56 (J. V. G. Bluhm). Überblick üb. die Gesch. dieser 1779 gestifteten Loge (bis 1879 Auszug aus K. Bergmanns Festschrift z. Säkularfeier [Nr 6081]). Beigefügt Verzeichn. der Mitgl. von 1879 bis 1904. 23. 193.

Hehner, W. M., Wiener Ereignisse (vom 12. März 1848), eingeleitet u. beschrieben. 2. Aufl. gr. 8. (16 S.) Wien 848, Lechner. 1/8 ₰ (1. Aufl., siehe: Oesterreich's Wiedergeburt.)

Heiard, Nicèse: Dissertatio canonica et moralis de impedimentis matrimonivm dirimentibvs; quam, praeside Petro Josepho Weber, S.T.D. Reverendissimi ac Serenissimi Archiepiscopi Principis Electoris nostri Consiliario Ecclesiastico, ecclesiastici iustitiae Senatus, Vicariatus archiepiscopalis et metropolitici, Commissionis scholarum Electoralium, et Facultatis Theologicae assessore, Pastore in Niedererbach, moralis theoreticae et practicae Professore publico, ordinario, ac Bibliothecario; vna cvm practicis thesibvs in antiqvissimo stvdio generali Trevirensi exponebant Reuerendi, nobiles ac pereruditi Domini, studii generalis Candidati . . . Proponebant Reuerendi, ac pereruditi Domini, Studii generalis Candidati: . . . R. D. Heiard Nicetius, ex Lindgen (sic), Diac., ad S. Maximinum prof. Augustae Trevirorum 1788. 2, 90, 4 S. 4°

Héjas, Andr., die Gewitter in Ungarn nach d. Beobachtgn. v. d. J. 1871—1895. Im Auftr. d. kgl. ung. naturwissenschaftl. Gesellschaft verf. (Kurzer Auszug d. ungar. Originals.) (Ungarisch u. deutsch.) gr. 8. (III, 174 S. m. 14 Taf.) Budapest 898. (F. Kilián Nachf.) n. 4. —

Hejbal, Ant., katolická dogmatika čili učení víry katolické pro lid obecný. Olmütz 861. Halauska. 8. (323 S.) n. 1 ₰

Heibel, Andr., poetischer Vogelhain. Lieder u. Gedichte. 12. (XV, 200 S.) Stuttgart (902). München, J. Roth. n. 2. 25; geb. n. 3. 25; in Salonbd. n. 3. 60

Heiber, Egon, bacc. iur.: Die Kündigung des Handlungsgehülfenverhältnisses. Königsberg i. P. 1910: Kümmel. 70 S. 8°
Leipzig, Jur. Diss. v. 28. Jan. 1910
[Geb 24. Okt. 82 Birkau b. Seitschen; Wohnort: Birkau; Staatsangeh.: Sachsen; Vorbildung: Gymn. Bautzen Reife O. 03; Studium: Freiburg i. B. 1, Berlin 1, Kiel 1, Leipzig 7 S.; Rig. 1. Aug. 08.] [U 10. 2727

Heiber, Fritz [aus Breslau]: Über alkylierte O r t h o - a m e i s e n s ä u r e ä t h e r . . .
Berlin, Druck v. M. Driesner, 1891, 29 S. 8°
Rostock, Phil. Fak., Inaug.-Diss. v. 16. März 1891

Heiber, Karl Aug., die confessionslose Volksschule. 8. (47 S.) Halle 874, Fricke. *

Heiberg, Organisation des höheren Unterrichts in Dänemark. München 897.

Heiberg, Asta, Erinnerungen aus meinem Leben. (271 S.) Berlin 1897. C. Heymann.

Heiberg, Asta, Erinnerungen aus m. Leben. 2. Aufl. gr. 8. (XI, 271 S.) Berlin 897. C. Heymann's Verl. n. 5. —; geb. n.n. 6. 50

Heiberg, Carl, s. H e i b e r g , Karl

Heiberg, Chr. Fr., Commentatio de Coremorphosi. 8 maj. (17½ B.) Christianiae 829. (Lipsiae, Barth; Hammoniae, Perthes et Besser.)

Heiberg, Chr. Fr., commentatio de coremorphosi. 8 maj. Christianiae 829, hat Kummer in Leipzig. ...

—— de familiari patriciorum nexu. 8 maj. (7 B.) Slesvici 829, (Koch.)

Heiberg, G., König Midas, s.: Universal-Bibliothek.

Heiberg, Gunnar, der Balkon. 3 Akte. Einzig berecht., vom Verf. durchgeseh. deutsche Ausg. v. G. Morgenstern. 8. (48 S.) Leipzig 894. W. Friedrich. n. 1. —

Heiberg's, Gunnar, Dramen, übers. v. Gust. Morgenstern. 4. Bd. 8. Leipzig, G. Merseburger. n. 2. —
Tragödie der Liebe. 4 Akte. (96 S.) (906.)
Die Bände 1—3 sind noch nicht erschienen.

Heiberg, Gunar, das große Los. Schausp. in 5 Akten. Einzig berecht., v. Verf. durchgeseh. deutsche Ausg. v. Gust. Morgenstern. 8. (VII, 90 S.) Leipzig 896. E. Gräfe. n. 1. 50

Heiberg, Herm., die Andere. Einmal im Himmel, s.: Reclam's Unterhaltungs-Bibliothek.

— die Andere. Einmal im Himmel, s.: Universal-Bibliothek.

— Auch Eine. Roman. (221 S.) 8. Glückstadt (910). M. Hansen. 9.—; geb. 4. —

Heiberg, Herm., Ausgetobt. (Roman.) 2 Bde. 8. (413 S.) Leipzig 883, Friedrich. *
—— dass. — 2. Aufl. 8. (413 S.) Ebendas. 883. *

—— Ausgetobt. 3. verb. Aufl. 8. (V, 375 S.) Ebd. 891.
* 6 —; geb. ** 7 —

— Ulrike Behrens, s.a. Siesta.

Ulrike Behrens. Erzählung von Hermann **Heiberg**. 3./7. Aufl. Berlin & Leipzig: Seemann [1910]. 128 S. 8°
(Siesta. 14.) [10. 16483

— fieberndes Blut. Ein Großstadt-Roman. 8. (444 S.) Ebd. 895. n. 6. —; geb. n.n. 7. —

Heiberg, Herm., Peter Brede. Jeg ets ter Dig, s.: Volksbücher, Wiesbadener. Nr. 43.

—— ein Buch. 1. Bd. 8. (255 S.) Ebendas. 885. * 4 —
geb. * 5 —
A. u. d. T.: Novellen, neue Folge, s. Heiberg, H., Schriften. 5. Bd.

Charaktere und Schicksale. Roman von Herman **Heiberg**. *Berlin: A. Schall (1901).* (351 S.) 8° [F.]
= Verein d. Bücherfreunde. Jg. 11, … [01. 13164

— durchbrochene Dämme. Roman. 2 Tle. in 1 Bde. 8. (190 u. 199 S.) Berlin 899. O. Janke. n. 6. —;
ermäß. Pr. n. 2. —

[F.] Daseinshumor. Geschichten v. Hermann **Heiberg** … *Berlin: O. Janke [1898].* (80 S.) 1 Bd 8.
(Collection Otto Janke.) [98. 5049

— Dunst aus der Tiefe. Berliner Roman. 2 Bde. 8. (349 u. 365 S.) Ebd. 890. n. 10. —

—— Esthers Ehe. 8. (414 S.) Ebendas. 886. * 6 —
geb. * 7 20

—— Esthers Ehe. 2. durchgeseh. Aufl. 8. (III, 428 S.) Ebd. 892.
* 6 —; geb. ** 7 —

— Eheleben. Roman. 8. (472 S.) Ebd. 893. n. 6. —;
geb. n.n. 7. —

— einer vom Adel, s.a. Kürschner's, Jos., Bücherschatz.

(Kürschners Bücherschatz. Nr. 142—143.)
Einer vom Adel. Roman von Hermann **Heiberg**. Bd. 1. Mit Illustrationen von R. A. Jaumann. Bd. 2. Seine Mutter. Mit Illustrationen v. W. Roegge. Berlin, Eisenach, Leipzig. (1899.) 8°

— Die Erben u. andere Erzählungen, s.: Engelhorn's Roman- u. Novellenschatz.

Norddeutsche **Erzähler**. Novellen v. Hermann Heiberg u. Konrad Telmann. Das Schicksal auf Moorheide. Ruggiero der Brigant. Berlin. 1893. 8°

— Frau Eva. 6 Novellen. 12. (III, 123 S.) Leipzig 895. G. Fock, Verlag. Geb. in Leinw. m. Goldschn. n. 1. 50

Heiberg, Hermann s. Familienbibliothek, Schweizer. Nr. 132. 135.

— fast um e. Nichts. Roman. 2 Tle. in 1 Bde. 8. (171 u. 220 S.) Berlin (900). O. Janke. n. 6. —

— zwischen drei Feuern. Roman. 2 Tle. in 1 Bde. 8. (172 u. 170 S.) Berlin 895. O. Janke. n. 6. —

— Zwischen drei Feuern, s.a. Kürschner's Bücherschatz.

Heiberg, Hermann: Zwischen drei Feuern. Roman von –. Mit Ill. von A. Lewin. Berlin, Leipzig: Hillger [1909]. 191 S. 8°
(Kürschners Bücherschatz. Nr 671/672.)

— Fluch der Schönheit, s.a. Bücher, die, des deutschen Hauses.

Heiberg, Hermann
Fluch der Schönheit. Roman.
Stuttgart, Leipzig: Dt. Verl.-Anst. 1895. 359 S. 8°

— Fluch d. Schönheit. Roman. 8. (359 S.) Stuttgart 896. Deutsche Verlags-Anstalt. n. 5. —; geb. n.n. 6. —

— Fluch der Schönheit. Roman. (Neue [Titel-]Ausg.) 8. (359 S.) Stuttgart [896.] (902). Deutsche Verlags-Anstalt. n. 1. 50; geb. n. 1. 75

Fluch der Schönheit. Roman von Hermann **Heiberg**. Ill. von Otto Dély. Berlin-Leipzig: Buchverl. fürs Deutsche Haus 1903. (304 S.) 8° [F.]
= **Bücher**, Die, d. Deutschen Hauses. Reihe 2, Bd 43. [08. 13336

—— eine vornehme Frau. (330 S.) 1886; 2. durchges. Aufl. 8. (372 S.) Ebendas. 888. *M 6.—.; geb. ** 7 —

— zwei Frauen. Roman. 8. (303 S.) Leipzig (901). H. Lautenschläger. n. 5. —; geb. in Leinw. m. Goldschn. n. 6. —

Zwischen engen Gassen. Roman von Hermann **Heiberg**. *Stuttgart & Leipzig: Deutsche Verl.-Anst. [1895].* (352 S.) 8° [F.]
(Fur d. Reise u. Daheim.) [99. 1744

— zwischen engen Gassen. Roman. 8. (352 S.) Stuttgart 896. Deutsche Verlagsanstalt. n. 5. —; geb. n.n. 6. —

— zwischen engen Gassen. Roman. (Neue [Titel-]Ausg.) 8. (352 S.) Stuttgart [896] (901). Deutsche Verlags-Anstalt. n. 1. 50; kart. n. 1. 75

—— Emmy Genze, s. Novellenschatz, neuer deutscher.

— 30 Geschichten. 8. (VIII, 377 S.) Leipzig (901). H. Lautenschläger. n. 4. —; geb. n. 5. —

—— Dunkle Geschichten. 8. (VII, 322 S.) Ebd. 892. * 5 —; geb. * 6 —

(Hermann Heibergs ausgewählte Romane und Novellen. Bd. 8.)
Dunkle Geschichten v. Hermann **Heiberg**. Leipzig. [1895.] 8°

—— ernsthafte Geschichten. 8. (V, 396 S.) Ebendas. 883.*

— Geschichten f. kleine Kinder u. f. Erwachsene m. Kinderherzen. (III, 99 S.) 8. Glückstadt 908. M. Hansen. Geb. in Leinw. 1. 80

Geschichten aus der Welt. Von Hermann **Heiberg**. Leipzig: Friedrich (1894). 209 S. 8° [10. 10143

— Grevinde, s.a. Veröffentlichungen d. Vereins d. Bücherfreunde.

[F.] Grevinde. Roman v. Hermann **Heiberg**. *Berlin: Schall & Grund (1898).* (1 Bl., 290 S.) 1 Bd 8.
= **Verein** d. Bücherfreunde. Jg. VII. [No] 7. [98. 6363

— im Hafenwinkel. Roman. 2 Tle. in 1 Bd. (176 u. 199 S.) 8. Berlin (904). O. Janke. n. 4. —

— Heimat. Roman. 2 Tle. in 1 Bde. 8. (186 u. 173 S.) Berlin (902). O. Janke. n. 5. —

—— Apotheker Heinrich. 8. (514 S.) Ebendas. 885. * 6 — geb. * 7 20

Heiberg, Herm. Apotheker Heinrich. Neue, durchgeseh. Aufl. 8. (481 S.) Lpz. 889, W. Friedrich. * 6 —; geb. 7 —

— Apotheker Heinrich. 3. (durchgeseh.) Aufl. 8. (511 S.) Leipzig 897. G. Fock, Verl. n. 3. —; geb. in Leinw. n. 4. —

—— Empörte Herzen. Novellen. 8. (359 S.) Ebd. (890). * 5 — geb. * 6 —

—— Höchste Liebe schweigt! —, s. Ottmann's Bücherschatz.

— höchste Liebe schweigt! Novelle. 2., umgearb. Aufl. 8. (187 S.) Leipzig 894. C. F. Müller. n. 1. —

— höchste Liebe schweigt!, s.a. Kürschners Bücherschatz.

[F.] Höchste Liebe schweigt! Roman v. Hermann Heiberg. M. Ill. v. Oskar Herrfurth. *Berlin, Eisenach, Leipzig: H. Hillger [1898].* (120 S.) 1 Bd 8.
— Bücherschatz, Kürschners. No 79. [98. 4711

— Hunger, s.: Lektüre, interessante.

—— Hunger, s. Novelletten, vier.

—— der Januskopf. 2 Tle. 8. (331; 344 S.) Leipzig 888, Friedrich. * 10 —

— Graf Jarl. 2 Tle. in 1 Bde. 8. (224 u. 236 S.) Leipzig 896. Gust. Fock, Verlag. n. 6. —; geb. in Leinw. n. 7. —

[F.] Ein doppeltes Ich. Roman v. Hermann Heiberg. Bd 1. 2. . . . *Berlin: O. Janke 1897.* 2 Bde 8.
1. (2 Bl., 222 S.) 2. (2 Bl., 198 S.) [97. 1451

— am Kamin. Erzählungen. 8. (308 S.) Leipzig 893. W. Friedrich. n. 5. —; geb. n.n. 6. —

(Deutsche Jugendbücherei. Nr. 34.)
Knabenstreiche v. Hermann Heiberg. Berlin. [1910.] 8°

— der Landvogt v. Pelworm, s.a. Universal-Bibliothek.

(Universal-Bibliothek 4273.)
Der Landvogt von Pelworm. Der Chronik nacherzählt von Hermann Heiberg. Leipzig. [1902.] 8°.

[F.] Lebensbürden. Novelletten v. Hermann Heiberg . . . *Berlin: O. Janke 1898.* (2 Bl., 75 S.) 1 Bd 8.
(Collection Otto Janke.) [98. 5050

[F.] Hinterm Lebensvorhang. Novelletten v. Hermann Heiberg . . . *Berlin: O. Janke [1898].* (2 Bl., 75 S.) 1 Bd 8.
(Collection Otto Janke.) [98. 5051

— hinterm Lebensvorhang, s.a. Schulze's Zehnpfennigbücher. Nr. 24.

Hinterm Lebensvorhang. Skizze von Hermann Heiberg. In vereinf. deutscher Stenogr. (System Stolze-Schrey). Berlin: F. Schulze [1902]. (16 S.) 8° [F. u. Ant.]
— Zehnpfennigbücher, Schulzes. No 24. [05. 7383

— Leiden e. Frau. Roman. 2 Bde. 8. (193 u. 207 S.) Breslau 898. Schles. Buchdruckerei ꝛc. n. 6. —; geb. n. 8. —

—— Leiden e. Frau. Roman. (Neue Aufl.) (264 S.) 8. Berlin (910). S. Schottlaenders schles. Verlagsanstalt. 4. —; geb. n 5. —

Reiche Leute von einst. Roman von Hermann Heiberg. *Berlin: G. Grote 1901.* (258 S.) 8° [F.]
— Sammlung, Grote'sche, von Werken zeitgenöss. Schriftsteller. Bd 72. [01. 3.66

— blinde Liebe. Roman. 8. (438 S.) Ebd. 893. n. 6. —; geb. n.n. 7. —

Blinde Liebe. Roman v. Hermann Heiberg. Leipzig. [1894] 8°

„Liebeswerben" und andere Geschichten v. Hermann Heiberg. Leipzig. o. J. 8°

—— „Liebeswerben" und andere Geschichten. 8. (293 S. Ebendas. 888. * 5 —

Ein Mann. Roman v. Hermann Heiberg. Leipzig. [1891] 8°

—— Ein Mann. Roman. 8. (III, 350 S.) Lpz. 891, W. Friedrich. * 6 —; geb. ** 7 —

— die schwarze Marit. Roman. (162 S.) 8. München 903. E. Koch. n. 3. —; geb. n. 4. —

— Um 1000 Mark, s.a. Bücher, bunte.

(Bunte Bücher, hrgg. v. d. freien Lehrervereinigung f. Kunstpflege in Berlin. Nr. 72.)
Um tausend Mark v. Hermann Heiberg. Reutlingen. [1910] 8°

— am Marktplatz, s.a. Fehsenfeld's Romansammlung.

(Fehsenfelds Romansammlung. Jg. 1, Bd. 23–24.)
Am Marktplatz. Roman in Kleinstadtbildern v. Hermann Heiberg. Bd. 1–2. Freiburg i. B. (1901.) 8°.

[F.] Norddeutsche Menschen. Erzählgn v. Hermann Heiberg . . . *Berlin: O. Janke [1898].* (2 Bl., 78 S., 1 Bl.) 1 Bd 8.
(Collection Otto Janke.) [98. 5052

— norddeutsche Menschen. Erzählgn. 8. (79 S.) Berlin 898. O. Janke. n. — 50

— Menschen untereinander. 8. (430 S.) Ebd. 888. n. 6. —

Merkur und Amor. Roman v. Hermann Heiberg. Leipzig [1897.] 8°

— Merkur u. Amor. Roman. 8. (343 S.) Leipzig 898. G. Fock, Verl. n. 5. —; geb. 6. —

Novellen v. Hermann Heiberg. Neue Folge. Leipzig. o J. 8°

— Novellen. 1. Bd. (Ulrike Behrens. — Emmy Genze. — Ila v. Pogwisch.) gr. 8. (V, 397 S.) Ebd. (894). n. 6. —

— acht Novellen. 8. (III, 255 S.) Ebend. 882. n. 4. —

— acht Novellen. 2. Aufl. 8. (V, 336 S.) Ebd. 895.
n. 3. —; geb. in Leinw. 4. —

— aus den Papieren der Herzogin v. Seeland. 8. (VIII, 419 S.) Ebd. 887. n. 3. —; geb. n. 4. —

— Dr. Gaarz' Patienten, s.a. Michow-Bücher.

— Dr. Gaarz' Patienten. Roman. 8. (437 S.) Ebd. 894.
n. 6. —; geb. n.n. 7. —

Dr. Gaarz' Patienten. Roman v. Hermann Heiborg, Schleswig. Th. I. II. . . . *Charlottenburg: A. Michow 1897.* 2 Bde 8.
I. (128 S.) II. (127 S.)
— Michow-Bücher. Bd IX. X. [98. 8726

—- Plaudereien mit der Herzogin von Seeland. 1. und 2. (Titel-)Aufl. 8. (III, 348 S.) Hamburg 881,84, Grädener. *

— die Rixdorfs. (Roman.) 8. (403 S.) Ebd. 897.
n. 5. —; geb. in Leinw. 6. —

— ausgew. Romane u. Novellen. 10 Bde. 8. Ebd. 895. Geb. in Leinw., in Leinw.-Truhe 40. —; einz. Bde. 4. —; in Liebhaberbd. 45. —; einz. Bde. 4. 50
1. Acht Novellen. 2. Aufl. (V, 335 S.)
2. Ausgetobt. 3. Aufl. (375 S.)
3. Ulrike Behrens u. and. Novellen. (V, 397 S.)
4. Apotheker Heinrich. 2. Aufl. (481 S.)
5. Esthers Ehe. 2. Aufl. (428 S.)
6. E. vornehme Frau. (372 S.)
7. A. d. Papieren d. Herzogin v. Seeland. (VIII, 419 S.)
8. Dunkle Geschichten. (VII, 322 S.)
9. Die Spinne. (436 S.)
10. Die Familie v. Stiegritz. (441 S.)

— das Schicksal auf Moorheide, s.: Erzähler, norddeutsche.

—— die goldene Schlange. 8. (360 S.) Leipzig 884, Friedrich *
geb. *

Die goldene Schlange. Roman v. Hermann Heiberg. Leipzig [1894]. 8°

Heiberg, Herm., Schriften. 1.—6. Bd. 8. Leipzig 885,86, Friedrich. à *M 3.—. * 18 —
geb. à *M 4.—. * 24 —
Inhalt:
Bd. 1. Ernsthafte Geschichten. (396 S.)
= 2. Ausgetobt. (413 S.)
= 3. Die goldene Schlange. (360 S.)
= 4. Novellen. (255 S.)
= 5. Novellen. Neue Folge. (255 S.)
Vgl.: Heiberg, H., ein Buch. [1. Bd.]
= 6. Apotheker Heinrich. (514 S.)

—— dass. — 7.—12. Bd. (2. Serie.) 8. Ebendas. 888.
*M 18.—.; geb. * 24 —
Inhalt:
Bd. 7. Esthers Ehe. (414 S.)
= 8. Eine vornehme Frau. (372 S.)
= 9. Aus den Papieren der Herzogin von Seeland. (419 S.)
= 10. Ein Weib. (350 S.)
= 11. 12. Der Januskopf. 2 Tle. (331 und 344 S.)

— schuldlos belastet. Roman. 2 Tle. in 1 Bde. 8. (185 u. 175 S.) Berlin (901). O. Janke. n. 6. —

— Schuldlos belastet, s.a. Kürschner's Bücherschatz.

Schuldlos belastet. Roman von Hermann Heiberg. Mit Ill. von A. Lewin. Berlin & Leipzig: Hillger [1910]. 207 S. 8°
(Kürschners Bücherschatz. Nr 738/739.) [10. 16168 B

Heiberg, H., Schulter an Schulter. Roman. 2 Bde. 8. (274 u. 429 S.) Leipzig 889. Friedrich. n. 10. —; geb. n. 11. 80

— drei Schwestern. Roman. 8. (548 S.) Leipzig 891. W. Friedrich. n. 6. —; geb. n.n. 7. —

— Seelenregungen. Roman. (293 S.) 8. Ebd. (903).
n. 3. —; geb. n. 4. —

Die Spinne. Roman v. Hermann Heiberg. Leipzig o. J. 8°

— die Spinne. Roman. 8. (V, 401 S.) Ebd. 890.
n. 6. —; geb. n.n. 7. —

—— Die Familie v. Stiegritz. Roman. 8. (441 S.) Ebd. 892.
* 6 —; geb. ** 7 —

— Streifzüge ins Leben. 1. Bd. Buchschmuck v. John Hörter. (124 S.) 8. Berlin (909). Harmonie. 3.—; geb. 4. —

Heiberg, Herm. Kays Töchter. Roman. [Fortsetzung v. „Menschen untereinander".] 8. (435 S.) Lpz. 889, W. Friedrich. * 6 —; geb. * 7 —

—— Todsünden. Roman. 8. (X, 380 S.) Berl. 891, Verein der Bücherfreunde. * 5 —; geb. * 5 75

— Vieles um Eine. Roman. 2 Bde. 8. (212 u. 211 S.) Dresden 900. E. Pierson. n. 6. —; geb. n. 8. —

Ⓒ — Vieles um Eine. 900. (AB231.) Jetzt: Berlin, Verlag Berlin-Wien.

— vom Stamm gerissen, s.: Reuter's Bibliothek f. Gabelsberger-Stenographen.

— s.: Was soll ich lesen?

— e. Weib. Roman. 8. (350 S.) Ebd. 887. n. 6. —; geb. n. 7. 20

—— Ein Weib. Roman. 2. durchgeseh. Aufl. 8. (V, 359 S.) Lpz. 890, W. Friedrich. * 6 —; geb. ** 7 —

[J.] Wer trifft das Rechte? Roman v. Hermann Heiberg. Bd I. 2. *Leipzig: W. Friedrich 1892.* 2 Bde 8.
1. (2 Bl., 268 S.) 2. (2 Bl., 188 S.) [97. 7484

—— Wer trifft das Rechte? Roman. 2 Bde.; 2. (Titel-)Ausg. in 1 Bde. 8. (268; 188 S.) Ebd. 892. [* 10 —] * 6 —; geb. * 7 —

Heiberg, Herm., gesamte Werke. Ster. Ausg. (In ca. 80 Lfgn.) 1.—13. Lfg. 8. Leipzig 895. W. Friedrich.
à n. — 40
1. Bd. Eine vornehme Frau. (372 S.) — 2. Bd. Novellen. (V, 397 S.) — 3. Bd. Die goldene Schlange. (S. 1—64.)

Heiberg, Herm., gesamte Werke. Ster.-Ausg. 14.—100. (Schluß-)Lfg. 8. Leipzig 895—896. G. Fock, Verlag.
à n. — 40
Die goldene Schlange. (S. 65—340.) — Die Spinne. (436 S.) — Der Tannekopf. Roman. 2 Tle. (340 u. 350 S.) — Esthers Ehe. 2., durchgeseh. Aufl. (628 S.) — Ausgetobt. 3., verb. Aufl. (375 S.) — Aus d. Papieren d. Herzogin v. Seeland. (VIII, 419 S.) 887. — Acht Novellen. 2. Aufl. (335 S.) — Wer trifft das Rechte? Roman. 2 [illegible] 2 Bde. (265 u. 188 S.) — Ein Weib. Roman. 2., [illegible] Aufl. (395 S.) — Blinde Liebe. Roman. (438 S.) — Ein Mann. Roman. (350 S.) — Am Kamin. Erzählgn. (308 S.) — Empörte Herzen. Novellen. (359 S.) — Geschichten aus d. Welt. (V, 269 S.)

Ⓢ Heiberg, Herm., ges. Werke. 895. 896. — Ausgew. Romane u. Novellen. 895. (KBL 29), sowie sämtl. Einzel-Ausgaben aus d. Verlage v. W. Friedrich, später G. Fock's Verl. Jetzt: Berlin, H. Seemann Nachf.

— aus allen Winkeln. Novellen. 8. (VII, 366 S.) Leipzig 896. G. Fock, Verl. n. 5. —; geb. in Leinw. 6. —

Heiberg, Hermann
Aus allen Winkeln. Roman.
Leipzig: Fock 1896. 366 S. 8°

— zwiefach getroffen!, s.a. Unterwegs u. Daheim.

[F.] Zwiefach getroffen! Novelle v. Hermann Heiberg. *Breslau: S. Schottlaender 1896.* (172 S.) 1 Bd 8.
= Unterwegs u. Daheim. (Ser.) II. (Bd) 5.

Heiberg, Hjalmar, die puerperalen u. pyämischen Processe. Mit 3 (lith.) Taf. gr. 8. (52 S.) Leipzig 873. F. C. W. Vogel. n. 2. —

Heiberg, Hjalmar, die Tuberculose in ihrer anatomischen Ausbreitung. gr. 8. (61 S.) Leipzig 882. F. C. W. Vogel. n. 1. —

Heiberg, Jac., Atlas der Hautnervengebiete. Ein Lehrmittel für Aerzte und Studirende, gezeichnet von Alfr. Fosterud. gr. 8. (10 color. Stnt. mit 10 Bl. und 4 S. Text.) Christiania 884, Cammermeyer. cart. *

—— über die Drehung des Vorderarms. gr. 8. (30 S. mit eingedr. Fig.) Leipzig 883, (Hinrichs'sche Buchh.) *
Aus: Christiania videnskabsselskab forhandlinger, besonders abgedruckt.

—— über die Drehungen der Hand. Historisch und experimentell bearb. gr. 8. (V, 90 S. mit 36 in den Text gedr. Holzschn.) Wien 884, Urban und Schwarzenberg. *

Heiberg, Jac., Schema der Wirkungsweise der Hirnnerven. Ein Lehrmittel für Ärzte und Studirende, in Farbendr. dargestellt. gr. 8. (4 S., wovon 2 in farb. Buchdr. auf starkem Papier.) Wiesbaden 885, Bergmann. cart. * 1 60

Heiberg, Jac., Schema üb. Wirkungsweise der Hirnnerven. Ein Lehrmittel f. Ärzte u. Studirende, in Farbendr. dargestellt. 2., durchgeseh. Aufl. gr. 8. (7 S.) Wiesbaden 893. J. F. Bergmann. Kart. n. 1. 20

Heiberg, Johan Ludvig

— De locis nonnullis Ranarum adnotatiunculae. S.-A. s. a. 8 S.

— Byzantin. Analekten. S.-A. 1898. 12 S.

Heiberg, J. L., Beiträge z. Geschichte Georg Valla's u. s. Bibliothek, s.a. Centralblatt f. Bibliothekswesen.

Beiträge zur Geschichte Georg Valla's und seiner Bibliothek v. Prof. Dr. J[ohan] L[udvig] Heiberg in Kopenhagen ... *Leipzig: O. Harrassowitz 1896.* (1 Bl., 129 S.) 8.
= Beihefte z. Centralblatt f. Bibliothekswesen. [No] 16.

— s. Eine in Allen.

Heiberg, J. L., der Elfenbain, s. Anthologie der nordgermanischen (skandinavischen), dramatischen Literatur in deutschen Uebertragungen.

— der Elfenbügel, s.: Bühnen-Repertoir, Nr. 136.

Heiberg, (Joh. Ludw.,) Formenlehre d. dänischen Sprache. 8. Altona 823, Hammerich.

— om den menneskelige Frihed. J. Anledning af de nyeste Stridigheder over denne Gjenstand. 8. Kiel 824, Univ.-Bchh.

— de poëseos dramaticae genere Hispanico, praec. de P. Calderone de la Barca, principe dramaticorum. Commentatio aesthetica. 8. Kopenh. 817. Gyldendal. 1 ℛ

— Emiliens Herzklopfen, s.: Album f. Liebhabertheater, hrsg. v. J. Kossa, 3. Hft.

Heiberg, J. E., Emiliens Herzklopfen, s. Bloch's, E., Dilettanten-Bühne.

Heiberg, Jh. Ldw. (Karl Bernh.), Ein Jahr in Kopenhagen. Novelle. Aus d. Dän. von L. Kruse. 2 Thle. 8. Leipzig 836. Kollmann. 2 1/4 ℛ

Heiberg, J. L., Die Kenntnisse des Archimedes über die Kegelschnitte. S.-A. 1880. 26 S. u. 1 Taf. 1.20

Heiberg, J. L., s.: Kommentar, anonymer, zu Platons Theaetet.

— der Kreuzweg. Novelle. Frei aus d. Dänischen übers. gr. 8. Oldenburg 845, Stalling. 1 ℛ

Johann Nicolai Madvig gest. 1886 von J. L. Heiberg. S.-A. 1887. 20 S.

– (Hrsg.), s. Maria. Novelle vom Verfasser einer Alltagsgeschichte.

— Mathematisches zu Aristoteles, s.a. Abhandlungen zur Geschichte der mathemat. Wissenschaften. 18. Hft.

Mathematisches zu Aristoteles von J[ohan] L[udvig] Heiberg. Mit 30 Fig. (*Leipzig: B. G. Teubner 1904.*) (49 S.) 8°
= Abhandlungen z. Geschichte d. mathemat. Wissenschaften. H. 18. [1.]

— Nordische Mythologie. Aus der Edda u. Oehlenschläger's mythischen Dichtungen dargestellt. Mit 3 Kpfrn. gr. 8. Schleswig 826, Taubstummen-Inst.

— Nordische Mythologie. Aus der Edda u. Oehlenschläger's mythischen Dichtungen dargestellt. Mit 3 Kpf. gr. 8. Schleswig 827. Taubstummen-Inst. 2 ℛ

— Nah u. Fern, s.: Bibliothek, Europäische, 53 Bd.

Heiberg, Jos. Ldw., Nah u. Fern, s. Sammlung dänischer Autoren.

— Nah u. Fern, s. Unterhaltungsbibliothek, skandinavische, 14. Lfg.

— die Neuvermählten. Romanzen-Cyclus. Im Versmaaße des dän. Originals übers. von F. A. Leo. 16. (80 S.) Leipzig 850, Avenarius & Mendelssohn. 1/2 ℛ; in Engl. Einb. mit Goldschn. 5/6 ℛ

– (Hrsg.), s. Novellen, Die, des Verfassers der Alltagsgeschichte.

— die Novellen des Verf. der Alltagsgeschichte, s.: Ausland, das belletristische, 1619—1629 u. 1739—1744. Bdchn.

— die Organisation d. höheren Unterrichts in Dänemark. [Aus: „Baumeister's Handb. d. Erziehungs- u. Unterrichtslehre f. höhere Schulen".] gr. 8. (20 S.) München 897. C. H. Beck. n. — 60

Heiberg, J. L., Quaestiones Archimedeae. Inest de arenae numero libellus. gr. 8. (205 S. mit 1 Stnt.) Kopenhagen 879, Klein. ** 3 50

Heiberg, J. L., u. H. G. Zeuthen, eine neue Schrift des Archimedes. (S. 319—363 m. Fig.) Lex. 8. Leipzig 907. B. G. Teubner. 1. 60
Sonderabdruck aus: „Bibliotheca mathematica".

Heiberg, J. L., ausgewählte dramatische Schriften. Aus d. Dän. v. K. L. Kannegießer. 1. u. 2. Thl. 8. (22⅞ B.) Leipzig 841. [Lorck.]
Inhalt: Ein Abenteuer im Rosenberger Garten. — Die Elfen. — Fata Morgana.

— ausgewählte dramatische Schriften. Aus d. Dänischen von K. L. Kannegießer. 1. u. 2. Thl. Ein Abenteuer im Rosenberger Garten. Die Elfen. — Fata Morgana. 8. Leipzig 841, J. J. Weber. 1⅔ ₰

Heiberg, Joh. Ludw., dramatische Schriften. Aus dem Dänischen von K. L. Kannegießer. 1. und 2. Thl. (Wohlf. Ausg.) Leipzig 847, Lorck. à Thl. * 15 Ngr. *
Thl. 1. Ein Abentheuer im Rosenberger Garten. — Die Elfen. (205 S.)
" 2. Fata Morgana. (150 S.)

Heiberg, Joh. Ludw., eine Seele nach dem Tode. Im Versmaße des dänischen Originals übers. von F. A. Leo. Berlin 861. Lüderitz' Verlag. 16. (144 S.) 24 ngr.

Heiberg, Joh. Ludw., Poetiske Skriiter. 8 Bde. (1 : IV u. 384 S. 2 : IV u. 430 S. 3 : IV u. 407 S. 4 : IV u. 479 S. 5 : IV u. 430 S. 6 : IV u. 432 S. 7 : IV u. 363 S. 8 : VI u. 381 S.) Kjøbenhavn 848. 49. (Leipzig, Lorck.) n. 8 ₰

—— litterargeschichtliche Studien über Euklid. gr. 8. (IV, 224 S.) Leipzig 882, Teubner. *

— Neue Studien zu Archimedes. Pr. 1890. 84 S. 2.—

—— philologische Studien zu griechischen Mathematikern. I—II. gr. 8. (45 S.) Ebendas. 880. *
—— dass. — III. gr. 8. (26 S.) Ebendas. 881. *
—— dass. — IV. gr. 8. (37 S.) Ebendas. 884. *
Vorstehende drei Schriften sind aus: Jahrbücher für classische Philologie, besonders abgedruckt.

— Thorwaldsen. Prolog bei der Trauerfeier d. Königl. Theaters zu Kopenhagen am 9. April 1844. (Aus d. Dänischen.) gr. 8. Kiel 844. (Schwero'sche Buchh.) ⅛ ₰

J. L. Heiberg: d. Zufall aus d. Gesichtpunkte d. Logik betrachtet; als Einleit. zu e. Theorie d. Zufalls. *Kopenh.*, Reitzel. 825. gr 8° 6 gl

Heiberg, Johanna Luise, ist die Schauspielkunst e. moralisch berechtigte Kunst? Aus dem Dän. übers. v. Hulda Prehn. (60 S.) 8. Leipzig 905. H. Haessel Verl. n. — 60

Heiberg, Johanna Luise. Ein Leben, in der Erinnerg. nochmal durchlebt. Frei nach dem Dän. v. Hulda Prehn. gr. 8. (VI, 316 S.) Leipzig 901. H. Haessel Verl. n. 4. 50; geb. n. 5. 50

Heiberg, Karl

Heiberg, C., schleswig-holsteinische Blätter, s. Blätter.

Der Burschenbund! am 18. October 1817. [Gedicht v.] Carl Heiberg. Schleswig. (1817.) 8° Ausschnitt aus: Königlich privilegirtes Intelligenzblatt. Stück 48. Mittwoch, den 26. Nov 1817.

Die Bielefeldschen Criminal-Kosten mit Rücksicht auf die Staatsverfassung der Stadt Schleswig. Von Carl Heiberg. Mit 5 Beilagen. Schleswig. 1833. 8°.

—— Mittheilungen üb. d. Armenwesen, mit Rücksicht auf d. Hrzgthr. Schleswig u. Holstein, u. d. Organisation desselb. in d. Stadt Schleswig. gr. 8. (19 B.) Altona 835. (Dessau, Aue.) *

Heiberg, C. D., das Princip der Nichtintervention in seiner Beziehung auf die äußere u. innere Organisation d. Staats. Eine publicistische Erörterung. gr. 8. Leipzig 842, Otto Wigand. n. 8 ngl

— das souveraine Herzogthum Schleswig in seiner staatsrechtl. Verbindung mit Holstein und seine völkerrechtl. Garantieen. Mit Urkunden u. einer Skizze. Ueber die Bezeichnung der Herzogth. Schleswig-Holstein vor und nach 1721. gr. 8. Lübeck 846, v. Rohden. ⅔ ₰

Heiberg, C., das souveräne Herzogthum Schleswig in seiner staatsrechtl. Verbindung mit Holstein u. seine völkerrechtlichen Garantieen. Mit Urkunden u. e. Skizze: Ueber die Bezeichng. der Herzogth. Schleswig-Holstein vor u. nach 1721. gr. 8. (201 S.) Lübeck 847, v. Rhoden. ⅔ ₰

Schleswig-Holsteins Wappen, Fahnen und Farben. Von Dr. Karl Heiberg. (Mit einer col. Abbildung.) Schleswig. 1815. 8°.
Die Abbildung fehlt.
—— Die fehlende Abbildung ist durch eine Handzeichnung des Baumeisters Hans Christian Hansen ersetzt. In Fol. gebunden.

Heiberg, C. Schleswig-Holsteins Wappen, Fahnen und Farben. (Mit einer colorirten Abbildung.) 2. Aufl. Schleswig, schleswig-holsteinsche Buch- und Kunsthandlung (T. Gudernudsen), 1845. 24 S. 8.

—— Schleswig-Holsteins Wappen, Fahnen u. Farben. 2. Aufl. gr. 8. (1½ B. u. 1 col. Abbild.) Schleswig 845. (Kiel, Universitäts-Buchh.) * —

Das Recht zur Theilnahme an dem Verfassungswerk in Schleswig-Holstein. Eine geschichtliche und staatsrechtliche Erörterung von Carl Friedrich Heiberg. Schleswig. 1831. 8°.

Heiberg, P. A.

— Heckingborn. Schspl., aus d. Dänischen. 8. Danzig 795. Troschel. (Nummer in Leipz.) 10 gl Dass., s. auch Chr. Fr. Sander, Auswahl.

Heiberg, P. A., die Hoftrauer, oder d. Testament, s. Chr. Fr. Sander, Auswahl.

Heiberg, Thorwald [aus Christiania]: Ueber einige Condensationsprodukte aus ortho-Diaminen und aromatischen ortho-Aldehydosäuren. Freiburg (Schweiz) 1898. 68 p. 8°.
Freiburg. Mathem.-naturw. Diss. 1897/98.

Heibert, Heinrich

—— hebräisches Vocabularium. 8. (VI, 46 S.) Leipzig 881, Bredt. *

Heibert, Heinr., vom Paradies bis zum Schilfmeer. Parallelen zwischen bibl. u. außerbibl. Berichten. gr. 8. (VI, 127 S.) Gera 877. Griesbach. n. 2. 25

Heibert, Heinr., vom Paradies bis zum Schilfmeer. Parallelen zwischen bibl. u. außerbibl. Berichten. 2. (Titel-) Ausg. gr. 8. (VII, 127 S.) Gera (1877) 878. Griesbach. n. 2. —

Heibert, Heinr., vom Paradies bis zum Schilfmeer. Parallelen zwischen bibl. und außerbibl. Berichten. 2. (Titel-)Ausg. gr. 8. (VII, 127 S.) Gera 881, Griesbach's Verlag. *

Heibey, Hermann [aus Börssum]: Die Laute der Mundart von Börssum. . . . Halle a. S., Druck v. E. Karras, 1891: 48 S. 8°
Jena, Phil. Fak., Inaug.-Diss. v. 1891

Heibey, Herm., die Laute der Mundart von Börssum. Diss. gr. 8. (48 S.) Halle a/S. 891. (Leipzig, Fock.) n. 1. —

Heibges, S., De clausulis Charitoneis. Diss. 1909. 111 S.

Heibling. Gebäudeversicherung im Kanton Graubünden. Die staatliche Landesversicherungsanstalt gegenüber den privaten Feuerversicherungs-Gesellschaften. Zürich 1907.

Heibold, E., Gebühren-Taxe für die Justiz-Kommissarien, in dem Mandats-, summarischen u. Bagatell-Prozesse. Nach den Bestimmungen der Gebühren-Taxen vom 23. Aug. 1815 und 9. Okt. 1833 entworfen. 8. Berlin 834. (Curths.) 1/4 ß

—— Gebühren-Taxe f. sämmtl. Ober- u. Untergerichte in d. Mandats-, summar. u. Bagatell-Prozesse. Nach d. Bestimmungen ꝛc. v. 23. Aug. 1815 u. 9. Oct. 1833 entworfen. 8. (4½ B.) Berlin 834, (Curths.)

Heichen, Paul, Afrika. Hand-Lexikon. gr. 8. (IV, 1344 S. mit vielen Abbild. und Karten.) Leipzig 885, Gressner und Schramm. * M 12.50.; compl. geb. in 3 Bdn. * 18 —
Erschien in 28 Lfgn. à * 50 Pf.

Heichen, Paul, Charles Dickens. S. Leben u. s. Werke. Mit 8 Bildn. u. 1 Autogramm v. Charles Dickens. (Ergänzungsbd. zu Charles Dickens sämtl. Romanen u. Erzählgn.) 8. (723 S.) Naumburg 898. A. Schirmer's Verl. n. 3. —; geb. in Leinw. n. 3. 50
Erschien auch in 8 Lfgn. à — 40.

Heichen, Paul, der Diebstahl im Warenhause, s. a. Weichert's Wochenbibliothek.

Der Diebstahl im Warenhause. Krim. Erzählung nach e. Belot'schen Roman von Paul Heichen. Mit 2 Vollbildern. *Berlin: A. Weichert [1901].* (62 S.) 8° [F.]
= Wochen-Bibliothek, Weicherts. Bd 101, [e]

Heichen, Paul. Die Drucker- u. Verleger-Zeichen der Gegenwart. Mit Voranstellg. einiger wicht. älteren Drucker-Signete. Gesammelt u. zusammengestellt. qu. gr. 4. (36 S. m. 28 Taf.) Berl. 892, Skopnik. cart. * 6 75
Subscr.-Preis, am 1. Septbr. 1892 erloschen, betrug * 2 —.

Heichen, P., Frankreich im Tornister. Dolmetsch und Wegweiser f. das kaiserlich-deutsche Heer. Mit 5 Karten. 2., unveränd. Aufl. 2.—3. Tausend. 82. (328 S.) Leipzig 887. Cavael. geb. n. 1. —

Das Geheimnis der Waldschenke. Eine Kriminalgeschichte von Fr. Wohlfahrt [d. i. Paul Heichen]. Frankfurt a. O.: H. Andres & C. [1897]. (140 S.) 8° [F.]

Heichen, Paul, illustrirte Geschichte der Vereinigten Staaten. Auf Grundlage des Lossing'schen Geschichtswerkes und mit Berücksicht. der neuesten Quellen bearb. 2 Bde. Lex.-8. (IV, 232; 257 S. mit ca. 380 Text-Illustr., 45 Tonbildern und 3 Karten.) Leipzig 886, [Unflad.] Greßner und Schramm. *
geb. in 1 Leinwbd. * M 12.—; in 1 Halbfrzbd. * *

—— dass. — Mit Berücksicht. der neuesten Quellen bearb. 2 Bde. (Volks-Ausg.) Lex.-8. (232; 256 S. mit eingedr. Holzschn.) Ebendas. 886. *

— Kabinettstücke der modernen französischen Novellistik, s.: Mehring's Unterhaltungsbibliothek.

Heichen, Paul, deutsches polygraphisches Kompendium. Encyklopäd. Hand- und Lehrbuch für Buchdruck, Schriftgießerei, Buchhandel und die verwandten Fächer: Lithographie, Photochemie, Xylographie, Zinkätzung, Kupferstechkunst, Stereotypie und Galvanotypie, Buchdruckerei, Papierfabrikation ꝛc. Vom gegenwärtigen Standpunkte der Technik unter Berücksicht. der neuesten Litteraturen und mit Unterstützung bewährter Fachmänner hrsg. 1.—14. Heft. Lex.-8. (XIII, S. 1—328; Anhang S. 1—120.) Leipzig 884, M. Schäfer.
à Heft * 50 Pf.

—— deutsches polygraphisches Kompendium. Encyklopädisches Hand- und Lehrbuch für Buchdruck, Schriftgießerei, Buchhandel und die verwandten Fächer: Lithographie, Photochemie, Xylographie, Zinkätzung, Kupferstechkunst, Stereotypie und Galvanotypie, Buchdruckerei, Papierfabrikation ꝛc. Vom gegenwärt. Standpunkte der Technik unter Berücksicht. der neuesten Litteraturen und mit Unterstützung bewährter Fachmänner hrsg. 15.—30. (Schluß-)Heft. Lex.-8. (1. Bd. S. 329—338; 2. Bd. 469 S.; Anhang S. 121—133.) Leipzig 885—89, M. Schäfer. à Lfg. * 50 Pf.
1.—14. Heft. Ebendas. 1884. à * 50 Pf.

—— Die Kulturgeschichte in Hauptdaten vom Altertum bis auf die Gegenwart. 8. (IV, 272 S.) Berl. 891, Lüstenöder. * 2 —
cart. * 2 40

—— die Familie Nascher und Frau Naschers Gardinenpredigten. 1.—5. Aufl. gr. 8. (180 S.) Leipzig 886, Unflad. *
geb. *

— deutscher Reichs-Orthograph. Ein Handlexikon f. deutsche Grammatik u. Rechtschreibg. 16. (VIII, 532 S.) Leipzig 884. M. Schäfer. n. 2. —

—— deutscher Reichs-Orthograph. Ein Handlexikon für deutsche Grammatik und Rechtschreibung. Enth.: den Wortschatz der deutschen Sprache einschließl. der wichtigsten Fremdwörter und Eigennamen in der durch die amtl. Regeln festgesetzten Schreibung, und die Erläuterung aller grammat. und stilist. Gesetze. Ein prakt. Hilfsbuch für jedermann. Bearb. unter Beratung von Schulmännern. Schulausg. 16. (VIII, 532 S.) Leipzig 885, M. Schäfer.

Heichen, Paul, über Satz und Correctur des Französischen. [Buchdrucker-Grammatik.] 8. (VI, 99 S.) Leipzig 879, Waldow. * 1 75
Aus: Archiv für Buchdruckerkunst, besonders abgedruckt.

—— Taschen-Lexikon der hervorragenden Buchdrucker und Buchhändler seit Gutenberg bis auf die Gegenwart. Ein Handbüchlein für Geschichte und Geographie der Buchdruckerkunst in alphabet. Ordnung. 16. (IV, 343 S. mit 7 Illustr.) Ebendas. 884.

—— s. Tilles, Sally Simon.

Heichen, Walt., s. a.: Eichner, Walt.

— s.: Buchhandelsblätter, deutsche.

— Lord Byron. (Eine Biographie.) 8. (163 S.) Berlin (902). A. Weichert. 1. —
Sonderabdruck aus: „Lord Byrons sämmtl. Werke".

Heichen, Walt., Fahrten u. Abenteuer des hochsinnigen Ritters Don Quichotte v. der Mancha u. seines launigen Knappen Sancho Pansa. Nach dem gleichnam. Roman des Miguel de Cervantes Saavedra unter Benutzg. der Uebersetzg. v. Ludw. Tieck. Für die Jugend bearb. Illustrationen nach Aquarellen (4 Farbdr.) u. Federzeichngn. v. Jul. Schlattmann. (160 S.) 8. Berlin (906). A. Weichert. Geb. 5. —; große Ausg. (256 S.) 6. —

Heichen, Walter [Hrsg.], s. Freiligrath, Ferdinand: Werke. 1907.

Heichen, Walt., Helden. Eine Sammlg. geschichtl. Erzählgn. 1.—5. Heft. (à 32 S.) Lex. 8. Altenburg 910. St. Geibel. à Heft — 25; in 1 Bd. geb. 2. 25

— Deutsche Heldensagen. Nach den Uebersetzgn. Simrocks f. die Jugend bearb. Mit (4) Autotypie-Vollbildern nach Originalen v. Herm. Tischler. Große Ausg. (XVI, 240 S.) 8. Berlin (910). A. Weichert.
Geb. in Halbleinw. (Urspr. Pr. 3.—)

– (Hrsg.), s. K e r n e r , Justinus: Sämtliche Werke in 8 Büchern.

Heichen, Walter [Hrsg.]
s. Ludwig, Otto: Ausgewählte Werke. 1902. [03. 700

Mensch. Von Erich Walter [d. i. Walter Heichen]. T. 1. Leipzig: Wolfgang Heichen [1910]. 8° [11. 12390

[F.] Ein politischer Pastor. Roman v. Walter Eichner [d. i. Walter Heichen]. *Berlin-Lichterfelde: W. & W. Heichen [1896].* (2 Bl., 220 S.) 1 Bd 8. [97 3595

— ein politischer Pastor, s. a. W e i c h e r t's Wochen-Bibliothek.

Ein politischer Pastor. Roman von Walter Heichen. Mit 3 Vollbildern. *Berlin: A. Weichert [1901].* (96 S.) 8° [F.]
= Wochen-Bibliothek, Weicherts. Bd 105. [01. 519

— das S a l z der Erde. Ein Hohenzollern-Scherz. (98 S.) kl. 8. Dresden (905). G. Herrlich. n. 1.—

— Auf dem S c h i e n e n s t r a n g. Ein Eisenbahnbilderbuch m. Text. (32 S.) 26×32 cm. Nürnberg (908). Th. Stroefer. Kart. 3. —

Auf See und in Kamerun. Ein Buch f. d. deutsche Jugend von Walter Heichen. Mit zahlr. Ill. Breslau, Kattowitz, Leipzig: Phönix-Verl. [1909]. 204 S. 8°
(Heichen: Die Spielplatzstadt. Bd 2.) [10. 17994

— Die S p i e l p l a t z s t a d t od.: Das Vermächtnis des Sonderlings. Eine Erzählg. f. die Jugend. Mit 1 Dreifarbendr. u. 9 Vollbildern nach Originalen v. Rich. Knötel. (VI, 242 S.) 8. Kattowitz (907). Phönix-Verlag.
Geb. in Leinw. 4. 50

— dasselbe. 2. Bd. Auf See u. in Kamerun. Ein Buch f. die deutsche Jugend. Mit zahlreichen Illustr. nach Photographien u. Originalen v. Max. Trübe. (VI, 264 S. m. 1 Plan.) 8. Kattowitz (909). Phönix-Verlag.
Geb. in Leinw. 4. 50

— die S t i e f k i n d e r der Alma mater. Roman aus e. Universitätsstadt. 1.—3. Taus. (VIII, 316 S.) kl. 8. Ebd. (905). n. 3.—; geb. n. 4.—

Traumbild. Von Erich Walter [d. i. Walter Heichen]. Leipzig: Wolfgang Heichen [1910]. 80 S. 8°
(Heichen: Mensch. T. 1.) [11. 12309

Heichen, Walt., der Waldläufer, s.: F e r r y , Gabr.

Des Ruderers schönste Lieder. Gesammelt u. hrsg. von Wilhelm Heichen. Breslau: F. Goerlich [1907]. (XXVIII, 150 S.) 8° [F.] [07. 11313

Heichen, Wilh., des Ruderers schönste Lieder. Gesammelt u. hrsg. 2. Aufl. (6.—10. Taus.) (XI, XXVIII, 150 S.) 16. Breslau (910). F. Goerlich. nn — 30

H e i c h e n - A b e n h e i m , Onkel Gustav. Eine Kindergeschichte mit ernsthaftem Ausgang. Nach John Habberton's „Helen's babies". 1.—3. Aufl. gr. 16. (IV, 208 S.) Stuttgart 877,78, Abenheim'sche Verlagsh.
cart. * 3 —
geb. mit Goldschn. * 4 —

—— Münchhausen in Amerika, s. R o m a n - B i b l i o t h e k, transatlantische.

Heick: Kurzer L e i t f a d e n zur Orientierung im Gebiete der neueren Karthographie u. Geographie,
s. S c h w o r e l l a .

Heick, Adolph August (Holstein), De transactionibus ad lib. ff. II. tit. XIV. Disp. jur. Präs. Nicolaus Martini. Kiel (Barthold Reuther) Dez. 1703. 9 Bl. (6.—) 13868

Heick, Gust., Ehre sei Gott in der Höhe. Der schönste Baum, s. a. A u f f ü h r u n g e n f. Weihnachten u. Neujahr. Nr. 6.

Ehre sei Gott in der Höhe. Der schönste Baum. 2 Weihnachts-Aufführungen von Gustav Heick. *Mühlhausen i. Th.: G. Danner [1901].* (20 S.) 8° [F.]
— Aufführungen f. Weihnachten u. Neujahr. No 6. [01. 809

— die hl. N a c h t. Ein Weihnachtsfestspiel. 2. [Umschlag-]Aufl. gr. 16. (15 S.) Düsseldorf (898). C. Schaffnit. n. — 20

— der S c h a t z. Eine romant. Erzählg. f. die reifere Jugend. 8. (156 S.) Dresden 901. E. Pierson. n. 2. 50; geb. n. 3. 50

Bericht über die Gründung, Entwicklung und Wirksamkeit des Erziehungs-Vereins von 1877 in Altona, in Anlass seines fünfundzwanzigjährigen Bestehens verf. von Wilh. Heick laut Beschluss der Generalversammlung vom 12. Mai 1902. Altona 1903: Adolff. 16 S. 8°
[Umschlagtit.:] Erziehungs-Verein von 1877. Gegründet von Brn der Loge „C[arl] z[um] F[elsen]" Altona. 1877 bis 1902.

Heicke, acht Hengste aus der k. k. spanischen Hofreitschule in Wien, dargestellt in den Gangarten der hohen Schule. 8 photogr. Drucke nach Gemälden. qu. Fol. Wien 883. v. Hölzl. In Carton-Mappe n. 12. —;
in Leinw.-Mappe n. 15. —

Heicke, Alfred. Ein Beitrag zur Kenntnis der Weichteile der Madreporarier. Diss. Phil. Bern. Hierzu eine Tafel und zwei Textfiguren. Separat-Abdruck aus dem Archiv für Naturgeschichte [Jahrg. 70,] Berlin 1904. 48 S. 8. Berlin, Nicolaische Verlags-Buchh., 1904.

Heicke, Carl, s. H e i c k e , Karl

Heicke, Fr. M., Materialien zum Religionsunterricht f. Katechumenen. 8. Halle 801. Hendel. 18 gr.

Heicke, G. F. W..., s. Reden, moral., z. Erbauung.

Heicke, Johann Heinrich

Heicke, J. H., Organismus d. Staats-Forst-Wirthschaft, nach d. Standpuncte d. Forstwissenschaft u. d. Anforderungen d. Zeit dargestellt. gr. 8. (8 B.) Neuhaldensleben 832, (Eyraud.)

Heicke, Jos., Sprung-Garten des kais. königl. Militair-Central-Equitations-Institutes in Wien. 14 (lith.) Blatt (in Farbendr.). Wien 862. (Stammler & Karlstein.) n. 25 Thlr;
einzelne Blatt à n. 1 Thlr 25 ngr.

Heicke, Jos., Thierschule nach der Natur gezeichnet u. lithogr. 1. u. 2. Hft. gr. Fol. Wien 842, A. Paterno's Wwe. à 2 Thlr

Heicke, Jos., Thierschule nach der Natur gezeich. u. lithographirt. 1. u. 2. Hft. gr. Fol. (12 Bl.) Wien 845, A. Paterno's Wwe. u. Sohn. Thlr. à

Heicke, Karl

Heicke, C., d. Baumpflanzungen in Straßen d. Städte, s.a. Neumann's, J., gärtner. Büchersammlung.

[F.] Die Baumpflanzungen in Strassen der Städte, ihre Vorbereitg u. Anordng. Von C[arl] **Heicke**, städt. Obergärtner in Aachen. M. 14 (u. d. Umschl.: 12) Abb. *Neudamm: J. Neumann 1896.* (2 Bl., 92 S.) 1 Bd 8.
— **Büchersammlung**, J. Neumanns Gärtnerische. Bd 13. [96. 489

Hülfstabellen zur leichten und schnellen Berechnung von Teilprämien, Teilzinsen etc. v. Carl **Heicke**, Lebensversichergstechniker in Aachen ... *Aachen: C. H. Georgi 1898.* (24 S.) 1 Bd 8. [98. 11277

— Tabellen zur Diskont- u. Zinsenberechnung, s.a. Hilf dir selbst.

[Kopft.:] Tabellen zur Diskont- und Zinsenberechnung v. Carl **Heicke**, Lebens-Versichergs-Mathem. *(Aachen: C. H. Georgi [1898].)* (40 S.) 1 Bd 8.
(Hilf dir selbst! Dein eigener Lehrer. [No 2.]) [98. 11681

— wie pflege ich meine Blumen?, s.a. Hilf dir selbst.

[F.] Wie pflege ich meine Blumen? Anleitg z. Pflege d. Blumen im Zimmer. Von Carl **Heicke**, städt. Obergärtner. *Aachen: C. H. Georgi [1898].* (39 S.) 1 Bd 8.
(Hilf dir selbst! Dein eigener Lehrer. [No 10.]) [98. 11690

Heicke, Paul, Referendar: Das Fixgeschäft. Borna-Leipzig 1910: Noske. IX, 40 S. 8°
Leipzig, Jur. Diss. v. 5. März 1910
[Geb. 28. Juli 86 Angstedt; Wohnort: Angstedt; Staatsangeh.: Preußen u. Schwarzburg-Sondershausen; Vorbildung: Gymn. Weimar Reife O. 06; Studium: Grenoble 1, Leipzig 2, Berlin 1, Jena 2 S.; Rig. 5. März 10.] [U 10. 2728

Heicken, Erich, Novellenkranz. I. Die Familie Brückheim. II. Die Verlobte des Ungekannten. III. Anhang. 8. (407 S.) Cassel 850, Bollmann.

Heickmann, Hermann, approb. Arzt aus Beckum i. Westf.: **Aus d. pathol. Institute zu Kiel. Ein Fall von Thrombose der Vena cava superior.** *Kiel 1901: H. Fiencke.* (18 S.) 8°
Kiel, Med. Diss. v. [13. Mai] 1901

Heicks: De Helena dea. 10 S.–Hedingen, Progr. 1863

Heicks, T., Veterum dicendi magistrorum de ambitu membris incisis praecepta I. Pr 1878. 10 S. 4°. 1.–

Hejcl, Joh., **das alttestamentliche Zinsverbot im Lichte der ethnologischen Jurisprudenz sowie des altorientalischen Zinswesens.** s.a. **Studien**, biblische. XII, 4.

Das alttestamentliche Zinsverbot im Lichte der ethnologischen Jurisprudenz sowie des altorientalischen Zinswesens. Von Dr. Johann **Hejcl**, Prof. Freiburg im Br.: Herder 1907. (VIII, 98 S.) 8°
— **Studien**, Biblische. Bd 12, H. 4. [07. 11314

Heid, (in Seligenstadt), s.a. Geschichte der Stadt Wimpfen.

(Held.) Geschichte der Stadt Wimpfen. (19 B.) 8. Darmstadt 1836. 4,00. — Heilbronn 1846.

Heid, ..., Geschichte d. Stadt Wimpfen. 8. Heilbronn 846, Landherr. ⅔ ℳ

Heid, A., der physikalische Unterricht in der Volksschule. Anleitg. zum Experimentieren. 2., umgearb. Aufl. gr. 8. (70 S.) Gießen 894. E. Roth. n. 1. —

Heid, Chr. van der, Pagat-Ultimo! Winke und Vortheile beim Tarokspiel und dem so beliebten Königrufen. 7. verbesserte und vermehrte Aufl. 24. (90 S. und Inhaltsverzeichniß) —.48
Wien: Wenedikt 1896

Heid, Chr. van der, Pagat Ultimo! Winke u. Vortheile bei d. Tarockspielen Zappen (zu 42 u. 64 Karten), nebst d. beliebten Königrufen. 7., rev. u. vervollständ. Aufl. 16. (92 S.) Wien 897. (Leipzig, Literar. Anstalt, A. Schulze.) n. — 96

Heid G. das Dezimal-Metersystem in Mass und Gewicht. Reutlingen 1872

Heid G. Schultabelle für das metrische Rechnen. 4° Reutlingen

Heid, G., Vorlagen für landwirtschaftliches Zeichnen. Entworfen und zusammengestellt für landwirtschaftl. und gewerbl. Lehranstalten, Fortbildungs- und Winterabendschulen, Gartenbauschulen etc., sowie für den Selbstunterricht unter Mitwirkung von C. Heinrich, M. Rumpel, H. Zeeb. qu.-4. (33 Stnt.) Mit erläut. Text. gr. 8. (28 S.) Stuttgart 885, Ulmer. In Mappe *
Ausg. in 3 Tln. *

Inhalt:
Tl. 1. Elementares Linearzeichnen. Geometrische Aufnahmen und Berechnungen. (14 Taf. mit 5 S. Text.) *ℳ 3.—.
» 2. Vorlagen für landwirtschaftliche Meliorationen. Plan- und Kulturzeichnen. (9 Taf. mit 10 S. Text.) *ℳ 3.—.
» 3. Landwirtschaftliches Bauzeichnen. Gerätezeichnen. (10 Taf. mit 7 S. Text.) *ℳ 2.50.

Heid, G., das Wichtigste des Obstbaues mit besonderer Berücksichtigung der rauheren Gegenden Württembergs. Nach Monaten eingetheilt. 2. Aufl. Stuttgart 864. Schober. 8. (88 S.) 7½ ngr.

Heid, Georg, prakt. Arzt in Münster i. E.: **Gebärmutterkrebs und Schwangerschaft.** Münster i. E. 1907: J. **Beck.** (18 S.) 8°
Straßburg, Med. Fak., Ref. Fehling, Diss. v. 30. Jan. 1907
[Geb. 29. Aug. 79 Münster, Kr. Colmar (Ob.-Els.); Wohnort: Münster; Staatsangeh.: Elsaß-Lothringen; Vorbildung: Gymn. Colmar i. E. Reife Juli 98; Studium: Straßburg 4, Berlin 1, Straßburg 5 S.; Coll. 20. Dez. 06; Approb. 20. Juli 03.]

Heid, J. A[dam]: Schillers Arbeitsweise auf Grund eigener Äusserungen. Ein Beitr. z. Poetik. Giessen 1908: v. Münchow. 82 S. 8° ¶(Gekrönte Preisarbeit d. phil. Fak. Gießen f. d. J. 1904/05.)
Gießen, Phil. Diss. v. 29. Aug. 1908, Ref. Behaghel
[Geb. 28. Mai 74 Gimbsheim; Wohnort: Gießen; Staatsangeh.: Hessen; Vorbildung: Realgymn. Darmstadt Reife Sommer 03; Studium: Gießen 7 S.; Rig. 11. Juni 07.] [U 09. 1308

Der Bauernkrieg im Reichskreise Franken. Von Martin Heid, Stdl. — 1874. Neustadt a. S., M. J. Mayer. — S. 3–35[4].
Progr. Münnerstadt, K. Gymn.

Das dritte Studiengenossenfest in Münnerstadt am 9., 10. und 11. August 1880. — Von Martin Heid, Stdl. — Schweinfurt, ibid. S. 3–46[8]. 1883
Progr. Münnerstadt, K. Gymn.

Heid, Ph.: Das Metronom und seine praktische Bedeutung. Neustadt im Schwarzwald (1910?)

Heidau, Karl, zur hundertjährigen Geburtstagsfeier Friedrich Fröbels. Ein Gedenkblatt. gr. 8. (16 S.) Kassel 882. Wigand. —30

Heidborn, A., Manuel de droit public et administratif de l'empire Ottoman. Livr. 1 et 2. (V, 442 S.) Lex. 8. Wien 908. 09. C. W. Stern. à 7.50

Heidbreede, Fr. Disput. de L. Ann. Senecae consolatione ad Marciam. 12 S. . . . .
Progr. Bielefeld 1839

Heidbreede, G., Naturkunde für Elementarschulen. Eine Zugabe zu jedem Schullesebuche. Bielefeld 862. Belhagen & Klasing. gr. 8. (VIII, 197 S.) n. 12 ngr.

Heidbreede, Georg. Heinr. Fr. (geb. Schildesche in Westf. 15. 7. 1812). De Sibyllis. Berolini (1835). (50 S.) 8°
Berlin, Phil. Diss. v. 22. Juli 1835

Der **Heide**. Blätter f. religiöse Renaissance. Nr. 1–38/39. 1901–1902. [Mehr nicht erschienen.] *(Charlottenburg: M. Hildebrandt; 21 ff. Berlin: M. Frh. v. Münchhausen) 1901–02.* 4° (312 Sp.) [Kopft. F.] 04. 8398

Heide, der. Blätter f. religiöse Renaissance. Hrsg. u. Red.: Max Frhr. v. Münchhausen. 1. Jahrg. Oktbr. 1901–Septbr. 1902. 52 Nrn. gr. 4. (à ca. 8 Sp.) Berlin, J. Belling. n. 5. —
Erscheint nicht mehr.

In der Hildener **Heide**. Exkursion d. Prov.-Lehrervereins f. Naturfreunde anlässl. d. 33. Rhein. Lehrertages. Bielefeld: Helmich [1910]. 48 S. 8°
(Pädagogische Abhandlungen. II. 118.) A 12. 7985

Heide, Marsch u. Moor in Bild u. Wort, s. a. Stimmungsbilder aus der Heide.

Heide, Marsch und Moor in Bild und Wort. 1. Hamburg & Goslar: Nordwestdeutscher Kunstverl. 1910. 4° 10. 13723 9

Heide

— s. a. **Heiden, Heyde, Heyden.**

Heide, Deutsche Fibel, s.: Elsner, A.

Heide, s.: Friedensfest, das im Gotteshause.

Heide u. Zeibig, prakt. Kursus z. Selbstunterr. in d. Stenographie (System Gabelsberger), s.: Panorama d. Wissens.

Heide, A., Vaterland, s. a. Wiemann's Hausbibliothek. 6.

Vaterland. Roman von A. **Heide**. *Barmen: D. B. Wiemann [1901].* (253 S.) 8° [F.]
— Hausbibliothek. Wiemanns. Bd 6. 01. 8197 5

Heide, August von der, Assistenzarzt an der Provinzial-Hebammen-Lehranstalt zu Magdeburg: Riesengeschwülste. Marburg 1908: J. A. Koch. (63 S.) 8°
Marburg, Med. Fak., Ref. Ahlfeld, Diss. v. 20. Juli 1908
[Geb. 6. Jan. 82 Schwelm i. W.; Wohnort: Detmold; Staatsangeh.: Preußen; Vorbildung: Gymn. Barmen Reife O. 01; Studium: Greifswald 5, Jena 1, Bonn 1, Marburg 3 S.; Coll. 14. April 08; Approb. 3. Febr. 06.]

Heide, C. v. der, die Obstweinbereitung, s.: Barth, Max.

Heide, Carel Christiaan van der, s. Heide, Karel Christiaan van der

Heide, Ernst, Glaube, Liebe, Leben. „Aufklärungsschrift". (93 S.) kl. 8. Leipzig (904). (Fritzsche & Schmidt.) n. — 75

Heide, F., Erwiderung auf die Vertheidigungsschrift des Herrn Prof. Dr. J. Reinkens in Sachen seiner Festschrift zur Jubelfeier der Breslauer Universität. Breslau 861. Aderholz. gr. 8. (32 S.) n. 5 ngr.

Heide, Frz., Hülfsbuch für öffentl. und Privatlehrer, wie auch für angehende Lehramts-Candidaten. Enthalt. eine Samml. moralischer Sätze zum Recht- u. Diktandoschreiben, mehrere kleine Sätze zu Vorschriften, schriftl. Aufsätzen. Nebst einem Anhange von An- u. Dankreden bei öffentl. Prüfungen 2c. 8. Prag, Leitmeritz n. Teplitz 834. Medau. 1/4 ℔

Heide, Frz., der Rock des Herrn zu Trier u. Jh. Ronge, oder über die Reliquienverehrung der kathol. Kirche. Predigt. gr. 8. Gleiwitz 845, Landsberger. n. 1/12 ℔

Heide, Gedeon v. der, Gedichte. Schaffhausen 857. Hurter. 8. (XVIII. 596 S.) n. 2 ℔ 12 ngr

Heide, Gedeon von der, Gnaden. (Gedichte.) 8. (VI und 354 S. mit 1 Stahlst.) Schaffhausen 856, Hurter'sche Buchh. *

— Gnaden. Mit 1 Stahlst. Schaffhausen 856. Hurter. 16. (VI, 354 S.) n. 1 ℔ 10 ngr

—— die Reise mit einer Seele. (Gedichte.) 8. (VIII und 240 S.) Schaffhausen 854, Hurter'sche Buchh.

Heide, Gedeon v. der, die Reise mit einer Seele. 2. Aufl. 16. (VIII, 239 S.) Regensburg 881. Manz. 2. 70

—— der Sieg der Wahrheit. (Gedicht.) 16. (58 S.) Coblenz 853, Hergt.

—— die Todtenschau. (Gedichte.) 16. (VII und 174 S. mit 1 Stahlst.) Frankfurt a. M. 854, Sauerländer's Verlag. *

—— drei Träume. gr. 8. (VII und 187 S.) Frankfurt a. M. 852, Sauerländer's Verlag.

Heide, Gust. Beiträge zur Geschichte Nürnbergs in der Reformationszeit, s. Taschenbuch, historisches.

Heide, Gust., s.: Lesebuch, deutsches, f. realistische Mittelschulen.

Heide, Gust., deutsches Lesebuch für technische Mittelschulen u. verwandte Anstalten, s.: Drechsel, Wilh.

— u. Wilh. Drechsel, die Technik des deutschen Aufsatzes. Kurzgefaßte Aufsatzlehre nebst Aufsatzmustern, zur Vorbereitg. f. Prüfgn. aller Art, sowie zum Schulgebrauch bearb. (VIII, 216 S.) gr. 8. München 908. M. Kellerer. 2.50; geb. in Leinw. 3. —

Heide, H. auf der, S. V. D., das leidende u. verherrlichte Gotteslamm od. Leben, Leiden u. Verherrlichung Jesu. Nach den Gesichten der gottsel. Anna Kath. Emmerich u. den Aufzeichngn. Klemens Brentanos. (486 S. m. Abbildgn., farb. Titel u. 1 Farbdr.) gr. 8. Steyl 903. Missionsdruckerei. Geb. in Leinw. 4. —

Heide, H. W. van, Methodik d. Gesangunterrichtes f. die Volksschule, sowie f. die unteren Klassen der höheren Schulen. gr. 8. (XII, 52 S.) Düsseldorf 888. Schwann. n. 1. —

Heide, Hans, Leidenschaft. Schauspiel in 3 Aufzügen. 8. (79 S.) Schwerin (900). (F. Bahn.) n. 1. —

Leidenschaft. Schauspiel in 3 Aufz. von Hans **Heide**. Schwerin i. M. [1900]: (Lehmann & Bernhard, Schönberg). (79 S.) 8° [F.] 16. 11307

Heide, Hans Karl, s.: Silvester, Ewald.

Heide, Herm[ann] auf der: Die Missionsgenossenschaft von Steyl. E. Bild d. ersten 25 Jahre ihres Bestehens. Jubiläumsgabe z. 8. Sept. 1900. Steyl '00. 607 S.

Heide, Hermann v. d., aus Duisburg a. Rh.: Ueber zwei Verbindungen der l. Aepfelsäure mit den beiden aktiven Weinsäuren nebst Beiträgen zur Erklärung der Aenderung des Drehvermögens dieser beiden Säuren. *Berlin-Charlottenburg (1903): J. Zaluchowski.* (38 S.) 8°
Berlin, Phil. Diss. v. 28. Nov. 1903

Heide, Karel Christiaan van der

Heide, Carel Christiaan van der: Gelatinöse Lösungen und Verflüssigungspunkt der Nährgelatine. *München 1897: R. Oldenbourg.* (35 S.) 8°
Strassburg, Med. Diss. v. 1897

Heide, Karl: Zur Bekämpfung des Rauschbrandes. Mit 2 Taf. Wien 1909. 17 S. 4°
Wien, Vet.-med. Diss. v. 1909.
Aus: Tierärztl. Zentralblatt. Jg. 1909.

von der Heide, Karl [aus München]: Über Verbindungen der niederen Molybdänoxyde und -sulfide mit Ammoniak und Cyankalium ... München, Druck v. V. Höfling, 1897; 30 S. 8.
München, Phil. Fak., Inaug.-Diss. v. 1897

Heide, Maria v. der, aus e. Jugend. Gedichte. (IV, 62 S.) 8. Dresden (907). E. Pierson. 1.50; geb. n 2.50

— Die Rosenstadt. Roman. 2 Tle. in 1 Bde. (127 u. 174 S.) 8. Berlin 908. O. Janke. 3.—

Heide, Michael Theodor (Bautzen), De hydrope antri Highmori. Diss. chirurg. nonnullos etiam de hac affectione adnotatos casus continens. Lpz. (A. Edelmann) 26. III. 1861. 32 S., tlws. dtsch. mit Literatur u. Biogr. (M.: M. Jesorka.) (5.—) 13869
Oppon.: B. Jurack, Th. Broske, Ad. Hottenroth (sämtl. Lausitz). — Gew.: Edward Wolff gen. Beef. — Krankengesch. d. Frau J. Prout, Ludwig Scorbeit, Johanne Heinold (Kötzschbe b. Zwenkau).

Heide, Minna von (Pseud.), s.a. Fick, Minna (wirkl.Name)

Heide, Minna v., auf Margaretenhof. Egon Leonhardt. 2 Novellen. (53 S.) 8. Stuttgart 904. Strecker & Schröder. n. —80

Heide, Minna v., Menschen u. Geschicke, s.a. Kürschner's Bücherschatz.

Menschen und Geschicke. Roman von Minna v. **Heide**. Mit Ill. von W. Roegge. Berlin, Leipzig: H. Hillger [1908]. (112 S.) 8° [F.]
= **Bücherschatz,** Kürschners. No 596. [08. 1006]

Heide, Osc. v. der, der krumme Jakob. Ein Märchenspiel in 3 Aufzügen. (38 S.) gr. 8. Leipzig (909). A. Strauch. 1.50

— König Karl. Dramatisches Gedicht in 4 Aufzügen. (133 S.) 8. Hamburg 907. Herold. 2.—

— Der gestiefelte Kater, s.: Jugend- u. Volksbühne.

— Kalif Storch, s.: Jugend- u. Volksbühne.

Heide, P. v., s.: Osiris-Bücher.

Heide, Paul von der, Referendar: Der Deutsche Scheck vor und nach dem Reichsscheckgesetz vom 11. März 1908. Borna-Leipzig 1909: Noske. IX, 50 S. 8°
Heidelberg, Jur. Diss. v. 7. Mai 1909, Ref. Schröder
[Geb. 3. Juli 86 Gevelsberg; Wohnort: Berlin; Staatsangeh.: Preußen; Vorbildung: Gymn. Hagen Reife O. 05; Studium: Tübingen 3, München 1, Berlin 8 S.; Rig. 9. März 09.] [U 09. 1802

Heide, Phil., Pniël I. Mose 32, 24—31. Weiherede zur Eröffnung des Hauses (Magdalenenasyl) am 2. Febr. 1882 geh. gr. 8. (8 S.) Dresden 882. (J. Naumann.) n.n. —15

Heide, Richard von der, a. Regensburg in Bayern: Spiegelbildisomerie bei Carbonsäuren des Cyclopropans. (Berlin 1906: A. Paul & Co.) (65 S.) 8°
Berlin, Phil. Fak., Ref. Gabriel, Diss. v. 3. Febr. 1906
[Geb. 6. Febr. 79 Regensburg; Wohnort: Charlottenburg; Staatsangeh. Preußen: Vorbildung: Oberrealsch. Charlottenburg Reife M. 00; Studium Berlin 10 S.; Rig. 11. Jan. 06.]

Heide, Wolfg. v. der, zu spät. Familiendrama in 3 Akten. (63 S.) kl. 8. Leipzig-Gohlis 910. B. Volger. 1.50

Heideblümchen. Berlin 1828. V: *Ferber, Otto.* (CGr)

Heideblumen, s.a. Baggesen.

Heideblumen ... Nebst einigen Proben der Oceama. Amsterdam 1808. V: *Baggensen, Jens.* (Ky) (BrVV)

Heideblumen. Vom Verf. d. Parthenais (J. Baggesen); nebst e. Proben d. Oceania. Mit Baggesens Bildn. 8. Amsterd. u. Leipz. 808. Brockhaus. 2 ½ ß Velinp. 3 ß

Heideblumen. Erzählung aus der Jugendzeit einer Großmutter. Hrsg. von G. v. R.-T. Augsburg 1883. V: *Richthofen-Tschammer, Gertrud von.* (EB)

Heideblumen. Erzählung aus der Jugendzeit einer Großmutter. Hrsg. von G. v. R.-T. 8. (165 S.) Augsburg 883, Preuß.

Heideblüthen, Nordlands. Berlin 1824. V: *Montenglaut, Artemisia Henriette Mariane von geb. v. Cronstein.* (NN)

Heidebreck

— **Jacob Adrian von** (Pommern'scher Adel), De juramento per alterius salutem. Disp. jur. circul. Präs. Caspar Matth. Müller. Rostock (Joh. Weppling) o. J. 13 Bl. (5.50) 13871

Heidebreck, Enno: Vergleichende Untersuchungen über die hydraulischen Eigenschaften der Überdruckturbinen. [1902.] 16 S. 4° ¶ Aus: Dinglers Polytechn. Journal. Jg. 83. Bd 317.
Hannover, Dr.-Ing.-Diss. v. 22. 11. 1901

Heideck, Mathilde von. Schausp. in 5 A. v. J. F. Schmidt. 8. Brandenb. Leich. 801.

Heideck, Frdr. Herr zu, christl. Ermahng. an Hrn. Walther v. Plettenberg, d. deutschen Ordens Meister in Livland. Königsberg 1526. Mit e. Einleitg. v. Paul Tschackert hrsg. von der Altertumsgesellschaft Prussia. [Aus: „Sitzungsber. der Altertumsgesellschaft Prussia".] gr. 8. (44 S.) Königsberg i/Pr. 892. (F. Beyer.) n. 1.—

Heideck, Karl Frhr. v., d. bayer. Philhellenen-Fahrt 1826—1829. Aus d. handschriftl. Nachlaß. 2 Thle. [Aus: „Darstellgn. aus d. bayer. Kriegs- u. Heeresgeschichte".] gr. 8. (118 S.) München 897. 98. J. Lindauer. n. 2.20

— dasselbe, s.a. Darstellungen aus d. bayer. Kriegs- u. Heeresgeschichte.

Heidecke, Benj., († d... Apr. 1811.) Anastasis, od. üb. die Pflicht, der Möglichkeit vorzubeugen, lebendig begraben zu werden. gr. 8. Riga 803. Hartmann. 6 gl. Dass. ins Französ. übers. von L. de Ronca: Anastasis, ou sur l'obligat. de prévenir la possibilité d'être enterré vif. gr. 8. Ebd. 803. 6 gl.

– s. Anfangsgründe d. deutschen Grammatik.

— Anfangsgründe d. französ. Grammatik. Mit e. Anh.: Abécédaire français etc. Mitau 804.

— Anfangsgründe der latein. Grammatik, gr. 8. Moskau 804.

– s. Böhmens, Jak.: Schattenriß.

– s. Für d. Leben in Hütten.

— Janus od. Russische Papiere. 18 Stck. Ebend. 800.

— Janus od. Russische Papiere. Eine Zeitschrift f. d. J. 1808. 18 Stck. 8. Riga 808. Hartmann; (a. Taubert in Leipz.) 1 ℛ

— Russisch. Merkur. Eine Zeitschrift. Jahrg. 805. 18—66 Stck. Mit Kpf. gr. 8. Riga 805. Meinshausen. 6 ℛ

— Russisch. Merkur. Eine Zeitschr. Jg. 1805. 18 2s Stück. m. K. gr. 8. Riga, Müller. 805.

– s. Reimers Constantinopel u. St. Petersburg.

– s.a. Tableau v. Leipzig.

Heidecke, Benj., Tableau v. Leipzig im J. 1788, s.a. Neudrucke, Leipziger. 8. Bdchn.

(Benjamin Heidecke.) Tableau von Leipzig im Jahr 1783. Eine Skizze. *Leipzig: J. C. Hinrichs 1902.* (IV, 156 S.) 8° [5.]
= Neudrucke. Leipziger. Bdch. 3. (02. 101

Heidecke, Ernst [app. Zahnarzt aus Breitenworbis]: Ueber den Schnabelwulst des jugendlichen Sperlings ... Leipzig, *Druck A. Lösche,* 1897; 50 S., 1 Bl., 1 Taf. 8.
Leipzig, Phil. Fak., Inaug.-Diss. v. [20. März] 1897

Heidecke, Paul, aus Seehausen Kr. W.: Untersuchungen über die ersten Embryonalstadien von Gammarus locusta. Mit 4 Taf. *Jena: Gustav Fischer 1903.* (48 S.) 8°
Rostock, Phil. Diss. v. [1. Aug.] 1903

Heidecker, David [Rechtspraktikant]: Beitrag zum Begriff „Konkursmasse" (§ 1 Abs. 1 d. Konkurs-Ordng v. 10 II. 1877.) ... Regensburg, Druck v. M. Wasner, *1893;* 52 S. 8.
Erlangen, Jur. Fak., Inaug.-Diss. v. 1893

Heidecker, Emil, graphisches Verfahren zur Ermittlg. der Spanngn. u. direkten Dimensionierg. v. Plattenbalken aus Eisenbeton. (24 S. m. 11 Fig. u. 1 Taf.) gr. 8. Wien (909). (Lehmann & Wentzel). 1. 20
Sonderabdr. a.: „Österr. Wochenschr. f. d. öff. Baudienst".

Heidecker, Fritz, Befehle der Frei- und Ordnungsübungen sowie eine Anzahl Stabübungen für die Turnvereine des IX. Kreises der D. T., Wiesbaden, 16 S., 16°.

Heidecker, Fritz, Die mittelrheinische Stoßfechtschule, nach d. dtsch. Turnsprache richtig bearb., m. Abb., Wiesbaden 1891, 58 S., 8°.

Heidecker, Hugo [Referendar]: Über die Bedeutung der §§ 660, 661 der deutschen C. P. O. für die materielle Rechtskraft ausländischer Urteile, insbes. ausländischer Ehescheidgsurteile ... Strassburg, Univ.-Buchdr. v. J. H. E. Heitz, 1892; 100 S. 8.
Strassburg, Rechts- u. staatswiss. Fak., Inaug.-Diss. v. 1892

Heidecker, Theodor, Referendar: Über die Eintragungsbewilligung des Grundbuchrechts. Wilhelmshaven 1908: Süß. X, 52 S. 8°
Leipzig, Jur. Diss. v. 15. Dez. 1908
[Geb. 25. Aug. 83 Leipzig-Lindenau; Wohnort: Treuen; Staatsangeh.: Bayern u. Sachsen; Vorbildung: Thomassch. Leipzig Reife O. 03; Studium: Leipzig 8 S.; Rig. 28. Jan. 07.] [U 09. 2538

(Heidegger. Johann Conrad H', Bürgermeister. geb. 1710. gest. 1778.) Njbl. *s.* [Escher, Jacob *I*].

Heidegger. Jo[hann] Conrad H' [1710–1778]. Njbl. *s.* [Hirzel, Salomon *III*].

Heidegger, Johann Conrad.
[Zürich 1861]. V: *Escher, Jac.* (Cat. d. Stadtbibl. Zürich. Zürich 1864—97.)

Heidegger, G., s.a. Heidegger, Heinrich

HEIDEGGER, G. Acerra Philologica nova ... Das ist: DCC merckwürdige Historien und Discursen, Theils aus den vorigen Editionen ausgelesen, verbess., bereichert, Theils aber von neuem ... hinzugefüget. 2. Aufl. Zürich, D. Geßner, 1735. *M. allegor. Frontispiz.* 1032 S. Vorbll. u. Reg. Kl. 8°. Ben. Pbd. d. Z. 28.—

Heidegger, Gotthard

Heidegger, Gotthl., apophoreta moral. 12. Zürich, Orell. 707.

— Enchiridion biblic. 8. Ienae. 723.

— d. Leyer Tyri od. Pat. Rudolf Gassers Possen rc. 8. Zürich, Orell F. u. Comp. 739.

— recreationes sacrae. II pts. 8. ibid. 711.

Gotthard Heidegger's Kleinere deutsche Schrifften. Nemlich Schutzrede der rothen Haare. Lobschrift des Tabackes. Oden und Ueberschrifften. Salernitanische Schule. Nebst einer Lustschrift von den Vortheilen des Jungfernstandes. (Hrsg. von Joh. Jac. Bodmer.) Zürich 1732. 8°. (In Berlin: Yz 4801; auch in Zürich.) 4 Bll., 337 S. (incl. 75 S. für die „Lustschrift"). Rar! (9 Mk., etwas gebraucht, Jacques Rosenthal, c. 1903.)
Anon.-Lex. II. p. 272 (nach Vetter, Joh. Jac. Bodmer. Denkschrift zum 100. Geburtstag. Zürich 1900).

(Heidegger, Heinrich.) Appel an die Gerechtigkeit des Richters und an meine Mitbürger. 4. [Zürich 1800.]

Heidegger, Heinrich. Beherzigungen für die Landesväter und Bürger Helvetiens. ([Mit Anhang:] Heinrich der Mörder. Oder die traurige Folge einer kostspieligen Process-Ordnung....) 8. Zürich 1800.

Heidegger, Heinrich. An die Bürger der Stadt Zürich, von H' H' dem Vater. Lausanne im Herbstmonat 1802. 8. *o. O.*

– s. Dorfprediger, der.

Heidegger, Hnr., († d. 11. Jan. 1823.) über das Eigenthum der Municipalität Zürich. gr. 8. Zürich 798. Geßner. 6 gl.

[Heidegger, Heinrich.] Demokratische Grundsätze für das Appenzeller-Volk, mit Hinsicht auf den gegenwärtigen Zustand im Lande. 8. Appenzell 1798.

– s.a. Handbuch für Reisende in der Schweiz.

[Heidegger, Heinrich.] Handbuch für Reisende durch die Schweitz. 8. Zurich 1787.

(Heidegger. H[einrich].) Handbuch für Reisende durch die Schweiz. 2 Abschnitte. 8. Zürich.
[Abschnitt 1.] 3., stark vermehrte und verbesserte Aufl. [Mit 1 Karte.] 1799. — Abschnitt 2: 1796.

(Heidegger. H[einrich].) Manuel de l'étranger qui voyage en Suisse. 2 Parties. 8.
[1re Partie.] Ed. corrigée et augmentée. [Avec 1 carte.] Zuric 1799. 2de Partie. Zurich 1790.

[Heidegger. Heinrich.] Manuel pour les voyages par la Suisse. 8. Zuric 1787.

Heidegger. Heinrich. Petition einer Bürger-Zahl über die Abänderung der Wahlmethode bey Vergebung der bürgerlichen Nutzungen. 8. Zürich 1800.

Heidegger, Heinrich s. Reflexionen eines Schweizers.... 1769 — Réflexions d'un Suisse.... 1769.

– s.a. Tagebuch e. unsichtbaren Reisenden.

Tagebuch eines unsichtbaren Reisenden. [Von G. Heidegger.] Bd 1. 2. Zürich: Orell 1793. 8°
Kl. 3967, TB. 92.

— — eines unsichtbaren Reisenden (von *Heinrich Heidegger*). 2 Thle. Mit 2 Titelvignetten u. 5 Kpfrn. O. O. (Zürich) 1793. 8°. 370 u. 306 S. (In Zürich, Stadtbibl., u. im British Museum.) (5 Mk., hübsches Expl., Max Jaeckel, Potsdam, 1910.)
Anon.-Lex. IV. p. 148 (nach Meusel u. Kayser).

Heidegger, J., Tempel des Herrn für Israeliten, s. Stunden der Andacht für Israeliten 5r Bd.

Heidegger, I. H., Corpus theologiae christianae. II Tmi. fol. Zürich, Orell. 711.

— dissertationes sel., theologiam etc. illust. IV Tmi. 4. ibid. 729.

— exercitationes biblicae. II Tmi. 4. ibid. 702.

— hist. sacra patriarchar. II Tmi. 4. Zürich, Orell, F. et C. 729.

— labores exegetici in Iosuam, Math. etc. 4. ibid. 710.

— Mark u. Kern d. christl. Gottesgelahrh. üb. d. N. Test. 4. Basel, Imhof. 734.

— medulla medullae theologiae christ. 8. ibid. 716.

— medulla theologiae christ. II pts. 4. ibid. 713.

— theologia biblica s. veritat. theol. epitome. 8. ibid. 736.

Heidegger, J[ohann] J[acob]. Zweite Oster-Predigt, gehalten ... bei der Beerdigung Rudolf Bebie's, den 11. April 1841.... 8. Zürich.

Heidekamp, Fr.

— s. Curvalus.

Heidekamp, Fr., gemeinnützige Portefeuille verm. Inhalts. 2 Stücke. 8. Lingen 788. 89. Jülicher. 16 K

Heidekampf, J. v., practische Anleitung zu einer vortheilhaften u. leichten Verfahrungsart, wonach jeder einfache Landwirth den Zucker aus Runkeln ohne großen Kostenaufwand darstellen und raffiniren kann, wie dieses zu Ebensfeld im kgl. baier. Oberfranken bereits seit 6 Jahren mit dem besten Erfolge betrieben wird. Nebst e. Apparate, durch Luftdruck den Syrup schnell u. rein aus dem Zucker zu verdrängen rc. Auch mit e. Anhange üb. v. Dombasle's neues, ebenfalls auf Maceration begründ. Verfahren in der Runkelrübenzuckerbereitung. gr. 8. (10½ B. u. 6 Stnt.) Weimar 842, Voigt.

Heidekampf, J. v., praktische Anleitung zu einer vortheilhaften und leichten Verfahrungsart, wonach jeder einfache Landwirth den Zucker aus Runkeln ohne großen Kostenaufwand darstellen u. raffiniren kann, wie dieses zu Ebensfeld im königl. bayer. Oberfranken bereits seit 6 Jahren mit dem besten Erfolge betrieben wird. Nebst einem Apparate, durch Luftdruck den Syrup schnell u. rein aus dem Zucker zu verdrängen rc. Auch mit einem Anhang über v. Dombasle's u. Schützenbach's neues rc. Verfahren in der Runkelrübenzuckerbereitung. Neue durch Chr. H. Schmidt verm. Ausg. Mit 16 lith. Fig. Weimar 855. Voigt. 8. (IV, 180 S. u. 6 lith. Taf.) 20 ngr

Heidel, Gustav, Bericht über die Gründung des Turnvereins zu Colditz, sowie über die 50 verflossenen Vereinsjahre, 13. 6. 1845—1895, Colditz 1895, 29 S., 8°.

Heidel, Herm., Umrisse zu Goethe's Iphigenie auf Tauris. In Kpfr. gest. von H. Sagert. qu. gr. Fol. (8 Bl. u. 1 Bl. Text.) Berlin 851, Besser's Verl. (Frz. Duncker) n. 4 ₰

Heidelbach, Paul, Till Eulenspiegel. Ein Volksbuch, nach der Ausg. v. 1519 bearb. (Mit Buchschmuck v. Willy Planck.) (XV, 150 S. m. Abbildgn. u. 4 Farbdr.) 8. Stuttgart (907). G. Weise. Geb. in Leinw. 3. —

— Uff Karle Klamberts Geborzdag. Kasseläner Verzählgn. (171 S.) 8. Cassel 908. C. Vietor. 1. 50
geb. in Leinw. 2. —

— Die Geschichte der Wilhelmshöhe. Mit Titelbild, 92 Abbildgn. u. 1 Situationsplan. (XI, 402 S.) gr. 8. Leipzig 909. Klinkhardt & Biermann. 5.—; geb. 6. —

Die Geschichte der Wilhelmshöhe. Von Paul **Heidelbach**. Mit Titelbild, 92 Abb. u. 1 Situationspl. Leipzig: Klinkhardt & Biermann 1909. (XI, 402 S.) 8° [F.] (08. 17551

Heidelbach, Paul, s.: Heimat, hessische.

Die Kampfmittel des Oberbibliothekars Dr. Brunner in Kassel. Eine Abwehr von Paul **Heidelbach**. Kassel: Heidelbach 1909. 19 S. 8° [Umschlagt.] (09. 17324 4

– (Hrsg.), s. Klambert, Karle: Was mäh so hin un widder bassiert äs.

Heidelbach, Paul, Leben u. Taten des scharfsinnigen Edlen Don Quixote v. la Mancha, s.: Cervantes Saavedra, Miguel de.

Heidelber, ..., der kleine Lutherische Katechismus. ... Münster ... Wundermann'sche Buchh. 1/3 ₰

Heidelberg [sachl. OW]

Heidelberg. Aus Seb. Münster, Cosmographie 1550, nach e. Zeichnung, die Pfalzgraf Otto Heinrich für dieses Werk herstellen liess. (Von d. Heidelberger Schlossverein seinen Mitgliedern gewidmet im Jahre 1899.) *[Heidelberg] 1899.* (1 Kartenbl. 24×70 cm) quer-2° (99. 2870

Heidelberg. Die schönsten Bauwerke, Denkmäler, Ansichten usw. (Städte-Bilder.) (29 Bromsilber-Photogr.) qu. 8. Berlin-Steglitz 904. Neue photograph. Gesellschaft. In Leinw.-Mappe 14. 50; einzelne Blatt — 50

Heidelberg et ses environs. Guide avec le plan (lith. et color.) de la ville et du château (in qu. gr. 8. u. qu. gr. 4.) 8. (52 S.) Heidelberg 875. K. Groos. 1. —

Heidelberg-Carlsruhe-Kaiserslautern. Führer für Reisende auf den Eisenbahnen zwischen Heidelberg und Carlsruhe sowie in der bairischen Pfalz, s. **Brockhaus'** Reise-Atlas.

Heidelberg, Mannheim u. Schwetzingen. m. e. Charte. 12. Heidelb. Mohr u. Z. 807.

Heidelberg und das Neckarthal. Prakt. Reisehandbuch. 2., neu bearb. Aufl. Mit 2 Kartenbeil. *Berlin: A. Goldschmidt 1900.* (VII, 63 S.) 8°
= **Reisebücher**, Griebens. Bd 38. [04. 8033 11

48. u. 49. Landtagswahlbezirk. **Heidelberg** Stadt und Land. *Bruchsal: O. Katz [1897].* 1 Ktnbl. 8. (.) [98. 1803

Heidelberg und Umgebung. Prakt. Reiseführer. 4. Aufl., neu bearb. von Prof. [Paul] Hintzelmann. Mit 2 Karten. Berlin: A. Goldschmidt 1908–09. (IV, 48 S.) 8°
= **Reiseführer**, Griebens. Bd 38. [08. 13373

Heidelberg und Umgebung. Prakt. Reiseführer. 5., neu bearb. Aufl. Mit 2 Kt. Berlin: A. Goldschmidt 1910–11. IV, 48 S. 8°
(Griebens Reiseführer. Bd 38.) [10. 4187

Heidelberg u. seine Umgebungen. Ein Führer für Fremde u. Einheimische, und Gabe freundl. Erinnerung an alle seine Söhne. Mit (9) Stahlst. gr. 8. Darmst. 846, Lange. n. 5/6 ℳ

Heidelberg und seine Umgebungen. Ein Führer für Fremde und Einheimische. 5. verm. und verb. Aufl. Mit 1 (lithogr.) Ansicht und 2 (lithogr.) Plänen in qu. 4. der Stadt und Umgebung. 8. (IV, 91 S.) Heidelberg 870, E. Mohr. geb. *
Ausg. mit 12 lithogr. Ansichten. geb. *

Heidelberg und Umgegend. Prakt. Führer. 3., neu bearb. Aufl. Mit 2 Karten. Berlin: A. Goldschmidt 1904–05. (IV, 46 S.) 8°
— **Reiseführer**, Griebens. Bd 38. [04. 5307

Heidelberg und seine Universität. Von Thdr. Palatinus. gr. 8. (VIII, 172 S.) Freiburg i. Br. 886, Herder'sche Verlagsh. *

Heidelberg, Universitätsbibliothek. Verwaltungsbericht des Oberbibliothekars vom 10. Juni 1875. Heidelberg 1877. V: *Zangemeister*, *Carl Frdr.* (Erman & Horn, Bibliogr. d. dtsch. Universitäten. 2. Leipz. u. Berl. 1904.) (ZP) (Rothsch)

Heidelberg [Schlagwort]

— s. a.: **Alb, schwäbische.** Generalkarte.

— s. a.: **Baden.** Karte. — **Deutschland.** Kürschner-Peip. — **Forstkarten.** Petters.

— s. a.: **Geolog. Karten.** Specialkarte (Baden).

— s. a. **Neckarthal.** — **Odenwald.**

— s. a.: **Radfahrerkarten.** Mittelbach.

Heidelberg. Ausflugs-Karte v. Heidelberg m. Odenwald, Neckarhügelland, Rheinebene u. Haardt. 1:200,000. 40,5×48,5 cm. Farbdr. Heidelberg (906). O. Petters. n. 1. 50; auf Leinw. n. 2. 40

Heidelberg. Beckmann's neuester Plan v. Heidelberg. Mit Genehmigg. der Stadtverwaltg. 1:7500. 41,5×55 cm. Farbdr. Mit Strassenverzeichnis an der Seite. Stuttgart (902). Klemm & Beckmann. n. — 50

Heidelberg. Beckmann-Plan. Neuester Plan von Heidelberg nach amtl. Material in 5 farb. Ausführg. m. Strassenverzeichnis etc. (4 S.) (Hergestellt nach dem vom städt. Vermessungsamt bearb. Stadtplan.) 1:7,500. (Neudr.) 47×57,5 cm. 8. Ebd. Stuttgart (910). W. Seifert. — 60

Heidelberg, Güther, F., Terrainkurkarte v. Heidelberg u. Umgeg., nach Oertel's System bearb. Hrsg. v. Stadtrath Heidelberg. 1:25,000. Chromolith. gr. Fol. Nebst Text. 8. (8 S.) Heidelberg 888. C. Winter. n.n. 1. 20

Heidelberg. Karte von Heidelberg u. Umgegend. 1:200,000. [Aus: „Touristen-Atlas f. Süddeutschland".] 18 × 24 cm. Farbendr. Bruchsal 895. O. Katz. n. — 30; auf Leinw. n. — 40

Heidelberg. Karte der Umgebung v. Heidelberg. 1:100,000. Farbendr. 38×54 cm. Mit e. ausführl. Verzeichniss empfehlenswerther Spaziergänge u. Ausflüge. 12. (7 S.) Heidelberg 892. O. Petters. n. 1. 20

— **Karte** der Umgebung von Heidelberg. 1:100,000. 4. Aufl. 38×55 cm. Farbdr. Mit e. ausführl. Verzeichnis empfohlenswerter Spaziergänge u. Ausflüge. (7 S.) 8. Ebd. (906). n. 1. 20; auf Leinw. n. 2. —

Heidelberg-Metz, s.: **Automobilkarten.** Mittelbach.

— **Naeher, J.,** Plan v. Schloss u. Stadt Heidelberg vor der Zerstörung. 35,5 × 52 cm. Autogr. Heidelberg 895. G. Köster. n. — 50

— **Petters, Otto,** Plan der Waldumgebung v. Heidelberg, nach dem Stand 1909 auf Grund des amtl. Planmaterials hrsg. 1:16,000. 4. Aufl. 57,5×52,5 cm. Farbdr. Heidelberg (909). O. Petters. 1.50; auf Leinw. 2. 40

Heidelberg — Plan der Stadt — Planzeichnung von F. L. **Hoffmeister.** Zeichnung der Ansichten von F. **Wernigk.** Im Verlage der neuen akademischen Buchhandlung von Carl Groos in Heidelberg 1830. Lithographirt von F. Hengstenberg. 1:6,800. 1 Bl. mit 24 Persp. Ansichten.

— **Plan** der Stadt Heidelberg. Stand vom 1. I. 1907. Bearb. vom städt. Vermessungsamt. 1:10,000. 2 Blatt à 92×54 cm. Farbdr. Heidelberg (907). (Weiss'sche Universitäts-Buchh.) 6. —

— dasselbe in Taschenformat. 44,5×71 cm. Farbdr. Mit Strassenverzeichnis an den Seiten. Ebd. (907). — 60

— **Plan** der Heidelberger Stadtwaldungen nach dem Stand v. 1896, auf Grund des städt. Planmaterials hrsg. v. Otto Petters. 1:16,000. 41 × 43 cm. Farbendr. Heidelberg 896. O. Petters. n. 1. —; auf Leinw. n. 1. 60

— **Specialkarte** von Heidelberg u. Umgegend mit genauer Einzeichnung der Waldwege. 1:25,000. Heidelberg 887. Meder's Hofkunsthandlg. n. 2. 50; auf Leinw. n. 3. 50

— Uebersichtsplan der Stadt Heidelberg u. Umgebung. Officiell angef. durch d. Tiefbauamt. 1 : 7,500. 40,5 × 55 cm. Ausg. 1895. Kpfrst. u. kolor. M. Text am Rande. Heidelberg 895. O. Petters. n. — 60

— Uebersichtsplan der Stadt Heidelberg u. Umgebung. Officiell angefertigt durch das Tiefbauamt. 1:7500. 41×55,5 cm. Farbdr. (Ausg. 1900.) Heidelberg, O. Petters. n. — 60

— Uebersichts-Plan der Stadt Heidelberg u. Umgebung. Amtlich angefertigt u. ergänzt. 13. Aufl. 1906. 1 : 7,500. 40,5×64,5 cm. Farbdr. Mit Strassenverzeichnis an den Seiten. Ebd. n. — 60

Heidelberg. Uebersichtsplan d. Stadt Heidelberg u. Umgegend. Mit 3 Abb. u. 1 Bl. Text in gr. 8. 1 : 7500. 47,5 × 56 cm. Farbendr. Heidelberg 896. vorm. Weiss' Sort. n. — 60

— Wander-, Rad- u. Autofahrerkarte der weiteren Umgebung v. Heidelberg (Odenwald—Rheinebene—Haardt—Schwarzwald). 1:300,000. 43×31,5 cm. Farbdr. Heidelberg (910). O. Petters. 1.—; auf Leinw. 1. 60

Heidelberg [Verf.]

Heidelberg, A., System der griechischen und lateinischen Syntax in vergleichender Uebersicht, mit besond. Rücksicht auf die oberen Gymnasialklassen. 1. Abthl.: Lehre vom einfachen Satze. gr. 8. (XII und 207 S.) Norden 857. (Emden, Roteboom.) * –

Heidelberg, Ernst, unter erschwerenden Umständen, s. a. Album f. Liebhaber-Bühnen.

Heidelberg, Ernst, unter erschwerenden Umständen, s. a. Vereinstheater. Nr. 128.

Unter erschwerenden Umständen. Posse in 1 Akt von Ernst Heidelberg. *Mühlhausen i. Th.: G. Danner [1903].* (40 S.) 8° [F.]
— Vereinstheater. 128. [04. 2,28

Heidelberg, (Stud.) F., erotische Lieder. Mit Vign. gr. 12. Lpz. 821. Er. Klein. 16 gr

Heidelberg, Franz Alef (Praes.), s. Dahmen, Johann Wilhelm Anton: Disput. jur. ordinaria, an & quando excipiens confiteri censeatur.

Heidelberg, G. A. W., Lehre vom einfachen Satze d. griech. u. latein. Sprache, in vergleich. Uebersicht f. Schulen. gr. 8. (10 B.) Bremen 837, Kaiser.

Heidelberg, H.

—— Elementargrammatik der deutschen Sprache für die unteren Gymnasial- und Realclassen, für Bürger- und höhere Töchterschulen. gr. 8. (V und 48 S.) Celle 858, Capaun-Karlowa'sche Buchh. *

— Elementargrammatik der deutschen Sprache für die unteren Gymnasial- u. Realclassen, für Bürger- u. höhere Töchterschulen. 2., verb. Aufl. Celle 864. Capaun-Karlowa. gr. 8. (V, 50 S.) n. 6 ngr

Heidelberg, H., Elementargrammatik der deutschen Sprache für die unteren Gymnasial- und Realklassen, für Bürger- und höhere Töchterschulen. 3.—5. verb. Aufl. gr. 8. (71 S.) Celle [Coburg] 870—75, Karlowa. cart. *

Heidelberg, H., Elementargrammatik der deutschen Sprache für die unteren Gymnasial- und Realclassen, für Bürger- und höhere Töchterschulen. 6. verb. Aufl. gr. 8. (71 S.) Koburg 878, Karlowa's Verlag. * 1 —

Heidelberg, H., Elementargrammatik der deutschen Sprache für die unteren Gymnasial- u. Realklassen, für Bürger- u. höhere Töchterschulen. 7., mit Berücksichtigung der neuen Orthographie sehr verb. u. verm. Aufl. gr. 8. (IV, 83 S.) Koburg 881. Karlowa. n. 1. —

Heidelberg, H., Elementargrammatik der deutschen Sprache f. die unteren Gymnasial- u. Realklassen, f. Bürger- u. höhere Töchterschulen. 8., verb. Aufl. gr. 8. (II, 86 S.) Coburg 888. [Karlowa.] Berlin, Weidmann. n. 1. —

Heidelberg, H., Elementargrammatik der deutschen Sprache f. höh. Unterrichtsanst. 9., sehr verm. u. verb. Aufl. gr. 8. (III, 99 S.) Berlin 898. Weidmann. Kart. n. 1. 20

Heidelberg, H., Elementargrammatik der deutschen Sprache f. höhere Unterrichtsanstalten. 10. verb. Aufl. Besorgt v. Carl Wagener. (III, 109 S.) gr. 8. Berlin 903. Weidmann. Kart. n. 1. 40

Heidelberg, H., in conscribenda avium fabula quid sit secutus consilium Aristophanes. Celle 860. (Schulze.) 4. (20 S.) n. 5 ngr

— System der griechischen und lateinischen Syntax in vergleichender Uebersicht, mit besonderer Rücksicht auf die oberen Gymnasialklassen. 1. Abth.: Lehre vom einfachen Satze. Norden 857. (Emden, Noteboom.) gr. 8. (XII, 207 S.) n. 22½ ngr

—— lateinisches Uebungs- und Lesebuch. Mit besond. Berücksicht. der Grammatiken von E. Berger und Ellendt-Seyffert. 1. und 2. Thl. 5. umgearb. und verm. Aufl. gr. 8. Celle [Coburg] 873, Karlowa. *

Inhalt:
Thl. 1. Für Sexta. (VI, 113 S.) *ℳ 1,20.
" 2. Für Quinta. (VI, 193 S.) *ℳ 1,80.

— lateinisches Uebungs- u. Lesebuch. Mit besonderer Berücksichtigung der Grammatiken von E. Berger u. Ellendt-Seyffert. 2. Thl.: für Quinta. 6., sorgfältig verb. Aufl. gr. 8. (VI, 193 S.) Ebend. 878. n. 1. 80

Heidelberg, H. Lateinisches Uebungs- u. Lesebuch. Mit besond. Berücksicht. der Grammatiken v. E. Berger u. Ellendt-Seyffert. 1. Tl. f. Sexta. 6. sorgfältig verb. Aufl. gr. 8. (VI, 113 S.) Berl. 880, Weidmann. * 1 20
2. Tl. Koburg 1879. Berl., Weidmann. * 1 80.

— Uebungsbücher zu der griechischen Grammatik v. E. Berger, s.: Berger, E.

Heidelberg, Max *(geb. Bromberg 22. 1. 1854)*: Zur Pathologie der quergestreiften Muskeln. Leipzig 1878. (20 S., 1 Taf.) 8° [Umschlagt.] *(Aus: Arch. f. exper. Path. u. Pharm. Bd 8. [1878.])*
Breslau, Med. Diss. v. 12. Febr. 1878

Heidelberg, Paul, allgemeiner Beweis des grossen Fermat'schen Satzes der Unlösbarkeit e. Gleichung $x^\lambda + y^\lambda = z^\lambda$ ($\lambda > 2$) in ganzen Zahlen. 2., veränd. Aufl. (3 S.) gr. 8. Wiesbaden 910. H. Staadt. 1. —
1. Aufl. (3 S.) 909. — 80.

Heidelberg, Wilh., Erzählungen. 8. (14 B.) Holzminden 838, Erdmann u. Müller.

— — Olos (ps.), Etwas zur Aufklarung des akademischen Lebens in Heidelberg. 1831.
Weller, Lex. Ps. p. 399.

Heidelberg, (W.,) Gedichte. 1r Thl. 8. Hannover 827, Helwing.

HEIDELBERG, Wilh., Erotische (sehr zahme) Lieder. spielender Studentenroman) . . . . 1785.

— erotische Lieder. Mit Vign. 8. Lpz. 821, E. Klein.

Heidelberg, Wilh., Orpheus u. Eurydice. Ein episches Gedicht in 12 Gesängen. 2 Thle. gr. 8. (25 B.) Braunschweig 829, G. C. E. Meyer

—— Philomele. Ein lyrisches Gedicht. 2., ganz umgearb. u. verb. Aufl. gr. 12. (7 B. u. Titvign.) Braunschweig 830, G. C. E. Meyer.

—— romant. Wälder. 4 Thle. 8. Merseburg 832, Weidmann.
Thl. 1., 2. Das böhmische Mädchen. — Die beiden Gemälde. — Die Dorfschenke. 2 Thle. (30½ B.) 1 Thlr. 12 Gr.
„ 3., 4. Der Regierungsrath. 2 Thle. (32¼ B.) 2 Thlr.

Heidelberger: Der dritte Römerzug Kaiser Heinrichs des II. 1021–1022. 25 S.–Nordhausen, Progr. 1868

Heidelberger, A[lwinus]: *De Babrii fabulis. 15 Bl. 4° (2")
Halle-Wittenberg, Phil. Diss. v. 4. Dez. 1862
Geb. [Tennstedt (Kr. Langensalza) 6. 2. 1840]

Heidelberger. Ezechiel. Ein freundlich Sendschreiben von dem Dorfschulmeister E' H', von Scherzwyl, an den Herrn Zeitungsschreiber N. N. zu Bern, über das Gewitterbüchlein des Herrn Sagefrey Wahrmund, eines liberalen Aristokraten von Bern. 8. Bern 1831.

Heidelberger-Katechismus, der. Mit Belegstellen nach der in Zürich kirchlich eingeführten Bibel-Uebersetzung. Zürich 867. C. Meyer. 8. (113 S.) cart. n. 5 ngr

Heidelberger Schloss, s.: Woerl's Reisehandbücher.

Heidelbergs Willkomm an sein Fürstenpaar. — Darstell. d. Feierlichkeiten bei d. Empfang u. Verweilen Ihrer Kgl. Hoheiten, d. Hrn. Großherzogs u. d. Frau Großherzogin Leopold u. Sophie am 9. u. 10. Mai 1830 zu Heidelberg. (Von L. Zschiegner.) Fol. (15 B. u. 6 Stndr.) Heidelberg 831, A. Oßwald. Thlr.

Heidelin, Joh. Jac., Toggenburg. Dissertatio medica inauguralis de praerogativa medicamentorum simplicium 1897
Basel: Med. Diss. 1704.

Heidelmann, A., s. a.: Namledich, A.

Heidelmann's, A., lebende Bilder. 1.—7. Heft. 8. Bonn, A. Heidelmann. n. 4. —
1. Der große Zapfenstreich. Großes leb. Bild m. Prolog. Von F. Sack. (6 S.) (905.) n. — 50
2. Pflicht! Lebendes Bild m. Prolog. Von F. Sack. (6 S.) (905.) n. — 50
3. Der tote Soldat. Drei leb. Bilder nach dem gleichnam. Gedichte v. J. G. Seidl. Arrangement u. Musik v. Willy Boyé. (4 S.) qu. 8. (906.) n. 1. —
4. Weihnachtsbesuch. Lebendes Bild m. Prolog. Von F. Sack. (5 S.) (906.) n. — 50
5. Verirrt. — Wiedergefunden. Zwei leb. Bilder m. Prolog f. Weihnachten. Von F. Sack. (6 S.) (906.) n. — 50
6. Heil dir, Sankt Barbara! Lebendes Bild u. Prolog, für Artillerie-Vereine geeignet. Von H. Diebäcker. (5 S.) (906.) n. — 50
7. Ausgewiesen. — Heimat. Zwei leb. Bilder m. Prolog. Von F. Sack. (7 S.) (906.) n. — 50

Heidelmann's, A., lebende Bilder. 8.—16. Heft. 8. Bonn, A. Heidelmann. 5. 60
Chamisso, Adelb. v., Frauen-Liebe u. Leben. Für die Darstellung m. 7 leb. Bildern u. Musikbegleitg. eingerichtet v. Demetr. Schrutz. (10 S.) (908.) (Hft. 15.) — 60
Freiligrath, Ferd., der Blumen Rache. Für die Darstellg. m. leb. Bilde eingerichtet v. Demetr. Schrutz. Die melodramat. Klavierbegleitg. v. Jul. Metz. (6 S.) (908). (Hft. 14.) — 60
Sack, F., arbeitslos. Großmütterchen. Ein Opfer der Pflicht. 3 leb. Bilder m. Prolog. (8 S.) (907.) (Hft. 8.) — 50
— Der Lotse. Dialog u. leb. Bild. — Der Geächtete. Lebendes Bild u. Vortrag. (7 S.) (908.) (Hft. 16.) — 50
Schiller, Christoph Frdr. v., das Lied v. der Glocke. Für die Bühnendarstellg. m. leb. Bildern eingerichtet v. Demetr. Schrutz. Musik von Pet. Jos. v. Lindpaintner. (19 S.) 908. (Hft. 10.) 1. —
Schrutz, Demetr., Dornröschen. Nach Ludw. Uhland's „Märchen". Für die Darstellg. m. leb. Bildern eingerichtet. (7 S.) (908.) (Hft. 11.) — 60
— Das Rosenwunder der hl. Elisabeth. (Zur Darstellg. m. leb. Bilde eingerichtet.) (4 S.) (908.) (Hft. 12.) — 60
— Schneewittchen u. die 7 Zwerge od. Die Schicksale e. verstoßenen Königstochter. In 8 leb. Bildern. Begleitender Text v. Sch. (8 S.) (908.) (Hft. 9.) — 60
Uhland, Ludw., des Sängers Fluch. Ballade. Für die Darstellg. m. leb. Bildern eingerichtet v. Demetr. Schrutz. Musik v. F. Corder. (6 S.) (908.) (Hft. 13.) — 60
Fortsetzg., s.: Bilder, lebende.

Heidelmann's, A., Damenbühne. 1.—4. 7. u. 8. Heft. 8. Bonn, A. Heidelmann. p 4. 65
Ewald, Fritz, unter falscher Flagge. Lustspiel in 1 Aufzuge. (19 S.) (909.) (Nr. 7.) — 90
— Der Geist od. Ueberlistet. Vers-Lustspiel in 1 Akt. (22 S.) (908.) (Nr. 1.) — 80
— Ein Rosenstrauß. Lustspiel in 1 Akt. (18 S.) (908.) (Nr. 2.) — 75
— Salonfähig. Humoristisches Gesellschaftsbild in 1 Aufzug. (24 S.) (909.) (Nr. 8.) — 80
— Am Weihnachtsabend. Heitere Familienszene in 1 Akt. (23 S.) (908.) (Nr. 3.) — 80
Heyer, Ernst, o diese Männer, 's ist schrecklich! Schwank in 1 Akt. (7 S.) (908.) (Nr. 4.) — 60
Fortsetzg., s.: Damenbühne.

— Kinder-Theater. 1. u. 6. Heft. Kl. 8. Ebd. 1. 20
Mittl, Hans, Beppos Weihnacht. Dramolett in 1 Akt. (8 S.) (908.) (Hft. 1.) — 30
Siebeberg, Gust., Rumpelstilzchen, der Kinderfresser. Märchenspiel in 3 Bildern. (32 S.) (909.) (Hft. 6.) — 90

— Pantomimen. 1.—7. Heft. 8. Ebd. à n. — 50
1. Die Mondbewohner. — Im Wartesaal 4. Klasse. Komische Pantomimen. Von F. Sack. (7 S.) (905.)
2. Die gestörte Vesper. — Die jüngsten Zöglinge. — Knalleffekt, od. Ein moderner Zahnkünstler. Komische Pantomimen. Von F. Sack. (8 S.) (905.)
3. Die erste Zigarre. — Die Rache. — Heimkehr vom Sommerfest. Komische Pantomimen. Von F. Sack. (8 S.) (905.)
4. Ein Reinfall. — Der Geschenkkorb. — Die Wirkung des Aeußeren od. Er weiß sich zu helfen. Komische Pantomimen. Von F. Sack. (8 S.) (905.)
5. Tante Gustes u. Tante Riekes Abenteuer. Komische Pantomimen. Von F. Sack. (8 S.) (906.)
6. Ein fideler Kellner. — Ein fideler Kerker. — Ein verhängnisvoller Sack Mehl. Komische Pantomimen. Von F. Sack. (8 S.) (906.)
7. Strafexerzieren. — Max u. Moritz als Schulschwänzer. — Lohengrün. Komische Pantomimen. Von F. Sack. (8 S.) (906.)

— Pantomimen. 8.—12. Heft. 8. Ebd. à — 50
Detering, Aug., alles versetzt. Pantomime in 1 Akt. (8 S.) (908.) (Hft. 12.)
— Ein interessantes Buch. Pantomime in 1 Akte. — Sack, F., der verhängnisvolle Automat. Komische Pantomime. (8 S.) (907.) (Hft. 8.)
— Ein Gaunerstreich. Pantomime in 1 Akte. (8 S.) (908.) (Hft. 9.)
— Vergiftet. Pantomime in 1 Akt. (7 S.) (908.) (Hft. 11.)
— Der Zauberkünstler. Pantomime in 1 Akt. — Ledermann, Kavalier u. Landstreicher. Komische Pantomime f. 2 Herren. (8 S.) (908.) (Hft. 10.)

— Solovorträge. 1.—9. Heft. 8. Ebd. à — 50
Löhr, Jos., der Maurer. Solo-Vortrag f. e. Herrn. (5 S.) (908.) (Hft. 8.)
— Das Pfeifchen. Solo Vortrag f. e. Herrn. (6 S.) (908.) (Hft. 4.)
— Der Polizeidiener v. Gundelhausen. Solo-Vortrag f. e. Herrn. (6 S.) (908.) (Hft. 7.)
— Der Schusterjunge. Solo-Vortrag f. e. Herrn. (5 S.) (908.) (Hft. 6.)
— Das vergessene Thema. Solo-Vortrag. (7 S.) (908.) (Hft. 5.)
— Die Volkslieder, der reine Un- u. Blödsinn. Solo-Vortrag. (8 S.) (908.) (Hft. 3.)
Marlo, S., Kandidat Schnüffels Rede an seine Wähler. Schneidermeister Hannebambel. Ein Entgleister. Urkomische Soloszenen. (8 S.) (907.) (Hft. 1.)
— Der Spaßmacher. Komische Vortragsstückchen. f. gesell. Kreise. (8 S.) (907.) (Hft. 2.)
— Dasselbe. 2. Heft. (12 S.) (908.) (Hft. 9.)
Fortsetzg., s.: Solovorträge.

Heidelmann's, A., Theaterbibliothek. 1.—4. Hft. 12. Bonn 898. A. Heidelmann. n. 2. 85
1. Zu dumm, um zu freien! Urkom. Schwank in 1 Act. Von Ernst Heyer. 1. u. 2. Aufl. (à 16 S.) n. — 75
2. O, diese Männer, 's ist schrecklich. Schwank in 1 Act. Von Ernst Heyer. (7 S.) n. — 60
3. Kasernenhofblüthen od. Nachexercieren u. Instructionsstunde auf d. Stube im Drillichanzug. Recht drast. militär. Schwank in 1 Act. Von Ernst Heyer. (8 S.) n. — 60
4. Bestrafte Untreue od. Edelsinn e. deutschen Generals. Schausp. in 4 Acten. Von Ernst Heyer. (20 S.) n. — 90

— Theaterbibliothek. 1., 3., u. 5.—61. Hft. 8. Bonn, A. Heidelmann. n. 49. 60

Inhaltsübersicht in alphabetischer Ordnung:

Althaber, W., Festgedichte f. weibliche Pensionate, besonders f. klösterliche Anstalten. (32 S.) (901.) (Hft. 37.) n. 1. —

— Gärtnerin u. Käuferin. — Zum Namenstag e. Oberin. 2 Zwiegespräche. (8 S.) (901.) (Hft. 41.) n. — 60

— die Hilfe in der Not. Festspiel. (Lustspiel in 1 Akt.) (8 S.) (901.) (Hft. 40.) n. — 60

— der Namenstag der Mutter. Festspiel (Lustspiel) in 3 Aufzügen. (8 S.) (901.) (Hft. 39.) n. — 60

— die Namenstags-Dichterinnen. Festspiel. (Lustspiel in 1 Akt.) (8 S.) (901.) (Hft. 43.) n. — 60

Bastian, Rud., das Stiftungsfest. Schwank in plattköln. Mundart m. Gesang in 1 Act. 12. (23 S.) (900.) (Hft. 10.) n. — 90

— dasselbe. Musikbeilage. qu. 4. (7 autogr. S.) (901). (Hft. 33.) n. 1. —

Delfossé, Paul, angeführt od. Drei unnütze Freier. Posse in 1 Aufzuge. (15 S.) (900.) (Hft. 22.) n. — 75

— die Auswanderer. Schwank in plattdeutscher Mundart in 3 Aufzügen. 12. (16 S.) (900.) (Hft. 15.) n. — 75

— wie Fridolin den Herrn spielte. Lustspiel in 2 Aufzügen. (32 S.) (901.) (Hft. 38.) n. — 90

— das liederliche Kleeblatt oder Es hätte auch anders kommen können! Schwank in 1 Aufzuge. 12. (14 S.) (900.) (Hft. 13.) n. — 75

— ein Vagabundenstreich. Posse m. Gesang in 1 Aufzuge. (16 S.) (900.) (Hft. 23.) n. — 75

— in des Waldes tiefsten Gründen od. Das tapfere Schneiderlein in der Räuberhöhle. Lustspiel in 2 Akten u. e. Nachspiel. 12. (19 S.) (900.) (Hft. 14.) n. — 80

Diebäcker, H., der Feind im Lager oder Die lustigen Vagabunden Robert u. Bertram auf ihren Wanderfahrten. Posse in 5 Akten. (60 S.) (902.) (Hft. 60.) n. 1. —

Drescher, M., Salve Regina. Schauspiel m. Gesang in 3 Akten. (27 S.) (901.) (Hft. 27.) n. — 90

— dasselbe. Musikbeilage. qu. 4. (8 S.) (901.) (Hft. 28.) n. — 90

Hansen, Osk., die Hohenzollern od. Der Friedenskaiser, Kaiser Wilhelm II. Dramatisches Festspiel m. Musik in 1 Akt zu all. patriot. Feierlichkeit. 12. (11 S.) (900.) (Hft. 12.) n. 1. —

Heyer, Ernst, in Feindes Land. Urkomischer Militär-Schwank in 1 Akt. (15 S.) (901.) (Hft. 34.) n. — 80

— Kasernenhofblüthen od. Nachexerciren u. Instructionsstunde auf der Stube im Drillichanzug. Recht drastisch militärischer Schwank in 1 Akt. 2. Aufl. (8 S.) (900.) (Hft 3.) n. — 60

— ein echter Studentenulk od. Merkwürdige Prozente. Urkomischer Schwank in 1 Akt. (35 S.) (901.) (Hft. 42.) n. — 80

— zu dumm, um zu freien. Urkomischer Schwank in 1 Akt. 3. Aufl. 12. (16 S.) (900.) (Hft. 1.) n. — 75

Kranzhoff, Wilh., Johanna oder Die Zerstörung Speyers. Historisches Schauspiel in 5 Akten m. leb. Bildern. (62 S.) (902.) (Hft. 61.) n. 1. 25

Lipphausen, Chr., Triumph des Glaubens. Trauerspiel in 5 Aufzügen. (45 S.) (901.) (Hft. 18.) n. 1. 25

Löhr, Jos., der pfiffige Bauer. Posse in 1 Akt. (12 S.) (902.) (Hft. 54.) n. — 60

— die verhexten Pantoffeln. Posse in 2 Akten. (24 S.) (902.) (Hft. 53.) n. — 90

— der entsprungene Turco. Lustspiel in 3 Akten. Nach Kleeberger frei bearb. (16 S.) (902.) (Hft. 57.) n. — 75

— der gestohlene Ueberzieher. Schwank in 1 Akt. (13 S.) (902.) (Hft. 55.) n. — 60

Löw, Wilh., die Räuber. Schwank in 3 Akten. (24 S.) 902. (Hft. 58.) n. — 80

— dasselbe. In plattköln. Mundart. (23 S.) (902.) (Hft. 59.) n. — 80

Mark, Wilh. v. der, die gestörte Aktionairen-Versammlung od. Nätzken van Dülmen bi dä Buren. Lustspiel in 4 Auftritten. (38 S.) (902.) (Hft. 51.) n. — 90

— der moderne Heilkünstler od. Hausknecht als Wunderdoktor. Lustspiel in 3 Aufzügen. (30 S.) (902.) (Hft 52.) n. — 90

Namiedieh, A., der Nachtwächter u. der Pudel od. d. schwarze u. der weiße Mohr. Eine lust. Wirthshausscene u. Gerichtsverhandlg. in 2 Aufzügen. (16 S.) (900.) (Hft. 25.) n. — 75

Offermann, Heinr., die Heldin v. Transvaal. Schauspiel in 4 Akten m. leb. Bildern u. Prolog. 1.—13. Aufl. (à 58 S.) (901. 902.) (Hft 48.) n. 1. 25

Radermacher, Joh., Fügungen u. Führungen od. Der verlorene Sohn. Religiöses Schauspiel in 5 Aufzügen. (48 S.) (899.) (Hft. 5.) n. 1. —

— dasselbe. Musik-Beilage f. die Gesänge. gr. 8. (3 S.) (901.) (Hft. 31.) n. — 75

— die Nordpol-Expedition. Lustspiel in 1 Akt. (18 S.) (899.) (Hft. 8.) n. — 60

— Schuld u. Sühne od. Die feindlichen Brüder. Romantisches Schauspiel in 5 Aufzügen m. Chören. (69 S.) (900.) (Hft. 17.) n. 1. 25

— dasselbe. Musikbeilage. qu. 4. (4 S.) (901.) (Hft. 49.) n. — 75

Radermacher, Joh., das Zugstück. Posse in 1 Akt. (20 S.) (901.) (Hft. 44.) n. — 75

Röhrig, Jos. A., Studio Bummel. Schwank in 1 Aufzug. 1. u. 2. Aufl. (à 14 S.) (899. 901.) (Hft. 6.) n. — 75

— die Diebe in der Falle oder Der gestohlene Lotteriegewinn. Schwank. 1. u. 2. Aufl. (à 18 S.) (899. 901.) (Hft. 9.) n. — 75

— die Herren Diener oder Nette Zustände in der Wohnung der Herren v. Höchst u. Weißenfeld. Posse m. Gesang in 1 Akt. (23 S.) (901.) (Hft. 35.) n. — 90

— dasselbe. Musikbeil. qu. 4. (4 autogr. S.) (901.) (Hft. 36.) n. — 60

— das Gespenst am Teufelstein oder Wie Knecht Peter seine Frau erobert. Lustspiel in 3 Aufzügen. 12. (48 S.) (900.) (Hft. 19.) n. 1. 25

— Räuber Lee od. Der geprellte Wirt. Posse m. Gesang in 1 Aufzug. 12. (28 S.) (900.) (Hft. 16.) n. — 90

— das verhängnisvolle Pfeifen. Militärischer Schwank in 1 Aufzug. (10 S.) (899.) (Hft. 7.) n. — 60

Santiago, L., der Photograph in der Klemme. Schwank in 1 Aufzuge. (16 S.) (902.) (Hft. 56.) n. — 75

Scheppenstieper, W., der geplagte Schriftsteller od. Das gestörte Ruhestündchen. Lustspiel. (12 S.) (901.) (Hft. 47.) n. — 60

Schreiner, K. J., tempi passati (vergangene Zeiten) oder Ein böser Sohn. Schauspiel in 5 Aufzügen. (42 S.) (901.) (Hft. 45.) n. 1. 25

dasselbe. Musikbeil. qu. 4. (3 autogr. S.) (901.) (Hft. 46.) n. — 90

Sevenig, Jos., Gregorio, das Opfer des Piraten. Schauspiel in 4 Aufzügen. (45 S.) (901.) (Hft. 50.) n. 1. —

Steffen, W., Dito. Luspiel in 1 Akte. (12 S.) (901.) (Hft. 29.) n. — 60

— verfehlte Heiratsspeculation. Lustspiel in 2 Akten. (15 S.) (900.) (Hft. 24.) n. — 75

— das verhexte Rasiermesser. Lustspiel in 4 Akten. (20 S.) (901.) (Hft. 30.) n. — 90

— der Streithofer. Ländliches Schauspiel in 7 Akten. (41 S.) (901.) (Hft. 32.) n. 1. —

— Unteroffizier Schnauzig u. Bauer Dämel. Militärlustspiel in 3 Akten. (20 S.) (900.) (Hft. 26.) n. — 90

Stengel, A., die Pensionskünstlerinnen. Lustspiel. 12. (16 S.) (900.) (Hft. 21.) n. — 75

Wilhelmus, A., Club der Harmlosen. Posse in 2 Akten. 12. (12 S.) (900.) (Hft. 11.) n. — 75

— Folgen ärztlicher Sprechstunde. Lustspiel in 3 Akten. (23 S.) (900.) (Hft. 20.) n. — 90

Heidelmann's, A., Theaterbibliothek. 1., 3., 5., 15., 17., 26., 48. u. 62.—208. Heft. 8. Bonn, A. Heidelmann. n. 123. 20

Albrecht, Adf., durch Kampf zum Sieg. Schauspiel aus dem Freiheitskampfe in 5 Akten. (70 S.) (905.) (Hft. 160.) n. 1. 25

Alwin, Th., Barbarossas Kreuzzug. Trauerspiel in 5 Aufzügen. (38 S.) (904.) (Hft. 116.) n. 1. —

— die Erstürmung der Saffenburg od. Die Schwedengeißel. Schauspiel in 4 Akten. (46 S.) (904.) (Hft. 109.) n. 1. —

— die Handwerksburschen f. e. Tag od. Wer niemals e. Reise tut. Lustspiel in 4 Aufzügen. (34 S.) (904.) (Hft. 106.) n. — 90

— der Nachtwächter. Nach Körner bearb. Lustspiel in 1 Akt. (20 S.) (904.) (Hft. 139.) n. — 90

— Schuld u. Strafe. Drama aus Neros Zeiten in 5 Akten. (61 S.) (904.) (Hft. 112.) n. 1. 25

— Soldaten vor 100 Jahren. Lustspiel in 2 Akten. (19 S.) (905.) (Hft. 168.) n. — 80

— der belehrte Studentenvater. Lustspiel m. Gesang in 4 Akten. (39 S.) (905.) (Hft. 166.) n. — 90

— die Türken vor Wien. Schauspiel in 4 Akten. (31 S.) (904.) (Hft. 114.) n. — 90

— Henning Wulf, der ditmarsische Tell. Schauspiel in 4 Akten (m. Gesang). (35 S.) (904.) (Hft. 138.) n. 1. —

Belly, G., Monsieur Herkules. Posse in 1 Akt. Nach B. f. Herrenaufführg. bearb. v. P. Riveler. (23 S.) (906.) (Hft. 185.) n. — 80

— u. P. Henrion, Hohe Gäste oder Excellenz u. Elefant. Schwank in 1 Akt. Nach B. u. H. f. die Bühne eingerichtet v. Demetr. Schrutz. (27 S.) (906.) (Hft. 186.) n — 80

Büring, W., Correspondenz. Schwank in 1 Akt. (22 S.) (906.) (Hft. 180.) n. — 80

Chamisso, Adalb. v., Frauen-Liebe u. Leben. Für die Darstellg. m. 7 leb. Bildern u. Musikbegleitg. eingerichtet von Demetr. Schrutz. (10 S.) (904.) (Hft. 130.) n. — 60

Dahms, Paul, die Versöhnung. Schwank in 1 Akt. (18 S.) (906.) (Hft. 202.) n. — 80

Delfossé, Paul, die Auswanderer. Schwank in plattdeutscher Mundart, in 3 Aufzügen. 2. Aufl. (14 S.) (903.) (Hft. 15.) n. — 75

— wie der Bauer Peter Ochsendorf beinah Bürgermeister war od.: Die Dummen werden nicht alle. Schwank in 1 Aufzuge. (Umschlag: 2. Aufl.) (13 S.) (906.) (Hft. 72.) n. — 60
1. Aufl. (11 S.) 903. n. — 60.

— dicke Bohnen od. Ein verhängnisvolles Mittagsmahl. Orig.-Schwank (in 1 Akt). (10 S.) (903.) (Hft. 68.) n. — 60

— Burschen! Ein fröhl. Blatt aus dem Studentenleben in 1 Akt. (32 S.) (906.) (Hft. 195.) n. — 80

— Bursche Johann od. Dummheit üb. Dummheit. Militärischer Schwank in 1 Aufzuge. 1.—4. Aufl. (18 S.) (903—906.) (Hft. 73.) n. — 75

— wenn man in Geldnöten ist, so muß man sich zu helfen wissen. Orig.-Schwank in 1 Aufzuge. (19 S.) (903.) (Hft. 75.) n. — 75

— Münchhausen Nr. 2 od. Ein hereingelegter Prahlhans. Studenten-Posse (in 1 Akt). (12 S.) (903.) (Hft. 78.) n. — 75

Diebäcker, H., die Badereise od. Ein Retter in der Not. Schwank in 1 Akt. (15 S.) (903.) (Hft. 96.) n. — 75

— Bay-Rum od. Eine verhängnisvolle Affenjagd. Posse in 1 Akt. (27 S.) (904.) (Hft. 145.) n. — 60

— um Geld u. Gut od. Die Versöhnung am Christfest. Schauspiel in 3 Akten. 1.—5. Aufl. (27 S.) (903—906.) (Hft. 95.) n. — 90

— Geprellt od. Studentenlist u. -Rache. Schwank in 2 Akten. (24 S.) (905.) (Hft. 154.) n. — 80

— das Gespenst um Mitternacht od. Der erste Nachtposten. Militärschwank in 1 Akt. (8 S.) (903.) (Hft. 108.) n. — 60

— der Heiratskandidat. Schwank in 2 Akten. (30 S.) (903.) (Hft. 93.) n. — 75

— der Lotteriegewinn od. Der verhängnisvolle Regenschirm. Schwank in 1 Akt. (19 S.) (904.) (Hft. 107.) n. — 80

— über eine Million od. Eulenspiegel als Heiratsvermittler. Schwank in 4 Akten. (74 S.) (905.) (Hft. 171.) n. 1. 25

— die beiden Mörder. Posse in 1 Akt. (19 S.) (903.) (Hft. 88.) n. — 75

— Musketier Krabbe od. Der Unglücksrabe. Schwank in 1 Akt. (18 S.) (903.) (Hft. 94.) n. — 75

— Direktor Petinella od. Die Räuber v. Schiller. Schwank in 1 Akt. (19 S.) (904.) (Hft. 105.) n. — 80

— der Pseudo-Prinz od. Auf frischer Tat ertappt. Schwank in 1 Akt. (15 S.) (903.) (Hft. 99.) n. — 60

— am Rande des Verderbens od. Durch Bruderliebe gerettet. Schauspiel mit Gesang in 4 Akten f. die Weihnachtszeit. (55 S.) (905.) (Hft. 172.) n. 1. —

— das verwechselte Weihnachtsgeschenk od. Ein falscher Baron. Schwank in 2 Akten. (43 S.) (905.) (Hft 173.) n. — 90

Emer, Maria, beim Vater Rhein. Lustspiel nach Brentanos Rheinmärchen in 4 Akten. (20 S.) (904.) (Hft. 143.) n. — 80

Fenger, Th., der Burggraf v. Nürnberg. Patriotisches Schauspiel in 3 Akten. (41 S.) (906.) (Hft. 206.) n. 1. —

Ferrius, Pet., eine Erfrischung od. Ein Dümpelkirchener Schildbürgerstreich. Schwank in 2 Akten. (11 S.) (904.) (Hft. 141.) n. — 75

Freiligrath, Ferd., der Blumen Rache. Für die Darstellg. m. leb. Bilde eingerichtet v. Demetr. Schrutz. Die melodramat. Klavierbegleitg. v. Jul. Metz. (6 S.) (904.) (Hft. 122.) n. — 60

Grubert, Otto, der Armenarzt od.: Schnelle Hilfe wirkt doppelt. Lustspiel in 1 Akt. (21 S.) (904.) (Hft. 133.) n. — 80

Grubert, Otto, Pech im Dienste, Glück in der Liebe. Militärschwank in 1 Akt. (16 S.) (904.) (Hft. 110.) n. — 75

— Die Rekruten sind da! Militär-Humoreske in 1 Akt. (14 S.) (904.) (Hft. 111.) n. — 75

— dem Weibe der höchste Preis od. Liebesglück durch e. Tasse Tee! Lustspiel in 1 Akt. (14 S.) (904.) (Hft. 138.) n. — 75

Heines, Pet., Alonso, Graf v. Oviedo od. Der wiedergefundene Sohn! Ritterschauspiel in 5 Akten. (58 S.) (906.) (Hft. 191.) n. 1. 25

— „bis hierher u. nicht weiter!“ od. Das Gespenst im Schlosse. Schauspiel in 5 Akten. (69 S.) (906.) (Hft. 190.) n. 1. 25

— Treu im Glauben od. Die deutschen Ordensritter. Ritterschauspiel m. Gesang in 6 Akten. (52 S.) (906.) (Hft. 192.) n. 1. —

Hello, Curt, Feuerwehrmanns Liebeswerben. Lustspiel in 1 Aufzug. (10 S.) (905.) (Hft. 149.) n. — 60

Herbrich, J., Friedhofs-Hyänen. Schauspiel in 1 Akt. (12 S.) (906.) (Hft. 198.) n. — 60

— St. Joseph hilft! Schauspiel in 1 Akt. (16 S.) (906.) (Hft. 203.) n. — 75

— das Marienkind. Schauspiel m. Gesang in 1 Akt. (15 S.) (906.) (Hft. 200.) n. — 75

— Thusnelda, die Tochter des Blinden. Schauspiel m. Gesang in 5 Akten. (58 S.) (906.) (Hft. 199.) n. 1. 25

— der Wilderer od. Der Findling in der Teufelsschlucht. Schauspiel m. Gesang in 5 Akten. (56 S.) (906.) (Hft. 197.) n. 1. —

Heyer, Ernst, Kasernenhofblüten od. Nachexerzieren u. Instruktionsstunde auf der Stube im Drillichanzug. Recht drastisch-militär. Schwank in 1 Akt. 4. Aufl. (8 S.) (906.) (Hft. 3.) n. — 60

— zu dumm, um zu freien! Urkomischer Schwank in 1 Akt. 7. Aufl. (16 S.) (906.) (Hft. 1.) n. — 75

Jung, J. C., „Bonifatius“, der Erretter Germaniens. Schauspiel in 5 Akten. (39 S.) (906.) (Hft. 188.) n. — 90

— fern der Heimat. Schauspiel in 3 Akten aus Deutsch-Südwest-Afrika. (28 S.) (904.) (Hft. 135.) n. — 90

— belohntes Gottvertrauen. Weihnachtsspiel in 3 Akten. (26 S.) (906.) (Hft. 204.) n. — 80

— kein Heim. Weihnachtsspiel in 2 Akten. (11 S.) (905.) (Hft. 164.) n. — 60

— im Schneesturm. Weihnachtsspiel in 3 Akten. (17 S.) (906.) (Hft. 194.) n. — 80

— Weihnachten im Walde. Schauspiel in 1 Akt m. Gesang u. lebenden Bildern. (7 S.) (904.) (Hft. 124.) n. — 60

Kreyes, Thdr., Bummler u. Polizeidiener. Posse in 1 Akt. (10 S.) (904.) (Hft. 125.) n. — 75

Langer, Frz. Sal., die Hexenlinde im Dohlengrund. Schauspiel in 5 Akten nebst e. Vorspiele. (43 S.) (903.) (Hft. 97.) n. 1. —

Lichtnecker, Frdr., Jugendfreunde. Lustspiel in 1 Akt. (21 S.) (906.) (Hft. 189.) n. — 80

— Blauer Montag od. Sein Stellvertreter. Schwank in 1 Akt. (16 S.) (906.) (Hft. 187.) n. — 75

Löhr, Jos., Abraham u. Isaak auf der Jagd. Schwank in 2 Akten. (28 S.) (906.) (Hft. 153.) n. — 80

— Baron-Dienstmann u. Dienstmann-Baron. Lustspiel in 2 Akten. (40 S.) (903.) (Hft. 89.) n. — 90

— die mißlungene Betrügerei. Posse in 3 Akten. (29 S.) (904.) (Hft. 129.) n. — 90

— Biermann vor Gericht. Komische Scene in 1 Akt. (12 S.) (903.) (Hft. 71.) n. — 75

— Emmy od. Fanny. Schwank in 1 Akt. (20 S.) (904.) (Hft. 134.) n. — 80

— die neue Feuerwehr. Schwank in 1 Akt. (16 S.) (904.) (Hft. 103.) n. — 75

— dasselbe. Musikbeilage. (4 autogr. S.) qu. gr. 4. (904.) (Hft. 104.) n. 1. —

— der unmusikalische Freier. Lustspiel in 3 Akten. (16 S.) (903.) (Hft. 91.) n. — 75

— dasselbe. Musikbeilage. (4 S.) qu. gr. 4. (903.) (Hft. 92.) n. 1. —

— der kurierte Geck. Lustspiel in 3 Akten. (16 S.) (903.) (Hft. 90.) n. — 75

— Goldkörnchen. Schauspiel in 1 Akt. (16 S.) (903.) (Hft. 79.) n. — 80

— die Grubesche Kur. Schwank in 2 Akten. (13 S.) (903.) (Hft. 80.) n. — 75

— eine Heiratsgeschichte. Lustspiel in 1 Akt. (21 S.) (903.) (Hft. 63.) n. — 80

— kein Jagdschein. Komische Jagdszene in 1 Akt. (13 S.) (903.) (Hft. 84.) n. — 60

— Malzextrakt. Komische Szene in 1 Akt. (11 S.) (903.) (Hft. 76.) n. — 75

— der Maurer. Solo-Vortrag f. e. Herrn. (5 S.) 903. (Hft. 66.) n. — 50

— die Mehlspeise od. Meier in tausend Aengsten. Komische Szene in 1 Akt. (12 S.) (903.) (Hft. 74.) n. — 75

— Mißverstanden. Ehestands-Szene in 1 Akt. (8 S.) (903.) (Hft. 77.) n. — 60

— wenn einer Pech hat. Schwank in 3 Akten. (24 S.) (905.) (Hft. 152.) n. — 80

— das Pfeifchen. Solo-Vortrag f. e. Herrn. (6 S.) (903.) (Hft. 69.) n. — 50

— der Polizeidiener v. Gundelhausen. Solo-Vortrag f. e. Herrn. (6 S.) (903.) (Hft. 65.) n. — 50

— der schlaue Polizist. Posse in 2 Akten. (22 S.) (903.) (Hft. 86.) n. — 80

— die Rache des Lehrlings od. Schneidermeister Zwirn als Wunderdoktor. Posse in 2 Akten. (18 S.) (904.) (Hft. 137.) n. — 75

— Rot od. Schwarz? Posse in 1 Akt. (9 S.) (903.) (Hft. 70.) n. — 60

— der verliebte Schneider. Posse m. Gesang in 2 Akten. (24 S.) (903.) (Hft. 81.) n. — 90

— dasselbe. Musikbeilage. (3 S.) qu. gr. 4. (903.) (Hft. 82.) n. — 75

Löhr, Jos., der Schnupfer. Schwank in 1 Akt. (12 S.) (904.) (Hft. 117.) n. — 60

— der Schusterjunge. Solo-Vortrag f. e. Herrn. (5 S.) (903.) (Hft. 64.) n. — 50

— ein Stündchen Kasernenleben. Militärischer Schwank in 1 Akt. (36 S.) (903.) (Hft. 85.) n. — 90

— das vergessene Thema. Solo-Vortrag. (7 S.) (903.) (Hft. 102.) n. — 50

— die Volkslieder, der reine Un- u. Blödsinn. Solo-Vortrag. (8 S.) (903.) (Hft. 67.) n. — 50

— die verhängnisvolle Wurst. Posse in 1 Akt. (10 S.) (904.) (Hft. 113.) n. — 60

— der lästige Zimmernachbar od. Wurst wider Wurst. Posse in 2 Akten. (42 S.) (905.) (Hft. 162.) n. — 90

Mantel, Fr., Kuno v. Hohenfels. Ritterschauspiel in 5 Aufzügen. (36 S.) (904.) (Hft. 130.) n. — 90

Mark, Wilh. v. der, Aiskotensauer od. Natz van Dülmen as Präses im Schmeukklub „Bruderbund“. Lustiger Schwank in 2 Auftritten. (16 S.) (903.) (Hft. 62.) n. — 90

Mausbach, A., u. W. Kobusch, im Banne des Goldes od. Die Liebe des Feuerwehrmannes. Schauspiel in 3 Akten. (24 S.) (906.) (Hft. 184.) n. — 80

Niveler, P., der Freischütz od. Der Kugelguß um Mitternacht. Volksschauspiel m. Gesang in 4 Akten. Bearb. nach der gleichnam. Oper. (87 S.) (905.) (Hft. 163.) n. — 90

— Joseph u. seine Brüder od. Das Wiedersehen in Aegypten. Schauspiel in 4 Akten. Frei nach der Mehul'schen Oper f. Herrenaufführg. bearb. (38 S.) (906.) (Hft. 207.) n. — 90

— wenn man sich nicht versteht. Schwank in 1 Akt. Nach dem Franz. (20 S.) (905.) (Hft. 148.) n. — 75

— wie man zu Geld kommt od. Die beiden Toten. Posse in 2 Akten. Nach e. vorhandenen Stoffe bearb. (16 S.) (906.) (Hft. 208.) n. — 75

Offermann, Heinr., der Fluch des Unglücklichen od. Im Tode versöhnt. Historisches Drama in 3 Akten. (44 S.) (903.) (Hft. 98.) n. 1. —

— die Heldin v. Transvaal. Schauspiel in 4 Akten m. leb. Bildern u. Prolog. 15. Aufl. (55 S.) (903.) (Hft. 48.) n. 1. 25

Ohler, Ph., u. P. Dahms, im Wirtshaus „Zur Post“. Schwank in 1 Akt. (23 S.) (906.) (Hft. 183.) n. — 80

Onkel u. Tante od. Uebertrumpft. Lustspiel in 1 Akt von H. v. P. (18 S.) (905.) (Hft. 165.) n. — 75

Rabermacher, Joh., Fügungen u. Führungen od. Der verlorene Sohn. Religiöses Schauspiel m. Gesang in 5 Aufzügen. 2. Aufl. (47 S.) (903.) (Hft. 5.) n. 1. —

— Schuld u. Sühne od. Die feindlichen Brüder. Romantisches Schauspiel in 5 Aufzügen m. Chören. 2. Aufl. (64 S.) (906.) (Hft. 17.) n. 1. 25

Renner, Gust., Ellis Geburtstag. Schwank in 1 Aufzuge. (20 S.) (904.) (Hft. 140.) n. — 50

Rüberjoß, J., der Krieg gegen die Hereros od. Tünnes in Afrika. Schwank m. Gesang in plattkölner Mundart. (16 S.) (905.) (Hft. 178.) n. — 75

Sack, F., Alarm. Militärischer Schwank in 1 Akt. (13 S.) (906.) (Hft. 182.) n. — 60

— Amors Fehlschuß. Lustspiel in 1 Akt. (14 S.) (905.) (Hft. 159.) n. — 60

— der neue Autler od. Durchs Automobil zur Frau. Schwank in 1 Akt. (11 S.) (905.) (Hft. 161.) n. — 60

— der Dorfschmied. Volksstück in 2 Akten. (21 S.) (905.) (Hft. 170.) n. — 80

— erlitten u. erstritten. Volksstück in 2 Akten. (15 S.) (905.) (Hft. 167.) n. — 75

— der Kamerad. Posse in 1 Akt. (9 S.) 905. (Hft. 157.) n. — 60

— Katerfrühstück. Posse in 1 Akt. (15 S.) (906.) (Hft. 179.) n. — 75

— Leidenschaft u. Pflicht. Volksstück in 1 Akt m. leb. Bild f. Weihnachten. (16 S.) (906.) (Hft. 177.) n. — 75

— der Rechte. Lustspiel in 1 Akt. (15 S.) (906.) (Hft. 201.) n. — 75

— Reserl. Oberbayrisches Volksstück in 1 Akt. (13 S.) (906.) (Hft. 181.) n. — 60

Santiago, L., die beiden Entgegengesetzten. Schwank in 1 Akt. (19 S.) (906.) (Hft. 196.) n. — 75

— die drei Ohnefurcht. Schwank in 1 Akt. (17 S.) (906.) (Hft. 205.) n. — 75

Sartor, H., unterm Pantoffel. Zukunftsskizze in 2 Akten. (7 S.) (904.) (Hft. 128.) n. — 60

— Verwechslung. Posse in 2 Akten. (7 S.) (904.) (Hft. 127.) n. — 60

Schare, Frdr., er soll heiraten od. Der Geiz ist die Wurzel alles Uebels. Lustspiel m. Gesang in 1 Aufzuge. Frei aus dem Holl. (27 S.) (905.) (Hft. 169.) n. — 90

— Gerettet. Preisgekrönte Tragödie aus dem Herero-Feldzug in 1 Aufzuge. (19 S.) (905.) (Hft. 156.) n. — 80

— vom Herzensfreund zum Todfeind. Historisches Schauspiel aus der Zeit der mexikan. Wirren in 5 Aufzügen (61 S.) (905.) (Hft. 158.) n. 1. —

Schier, Arth., das Brandmeister-Jubiläum od. Ein vierfaches Familienfest. Bild aus dem Leben m. Gesang in 1 Akt. (24 S.) (906.) (Hft. 193.) n. — 80

Schiller, Christoph Frdr. v., das Lied v. der Glocke. Für die Bühnendarstellg. m. leb. Bildern eingerichtet von Demetr. Schrutz. Musik von Pet. Jos. v. Lindpaintner. (19 S.) (904.) (Hft. 123.) n. 1. —

Schlndofen, Pierre, „Andreas Hofer“, der Held v. Passeier. Historisches Drama m. Gesang in 5 Akten. (88 S.) (905.) (Hft. 154.) n. 1. 25

Schlüter, H., der Frühschoppen. Schwank in 1 Akt. (21 S.) (904.) (Hft. 121.) n. — 80

Schrutz, Demetr., Dornröschen. Nach Ludw. Uhland's „Märchen“. Für die Darstellg. m. leb. Bildern eingerichtet. (7 S.) (904.) (Hft. 126.) n. — 60

— Genoveva, die unglückliche Pfalzgräfin am Rhein. Volksspiel in 5 Akten, nebst e. Vorspiel: Siegfrieds Abschied. Nach Christoph v. Schmids gleichnam. Erzählg. (38 S.) (903.) (Hft. 88.) n. — 90

Schrutz, Demetr., das Rosenwunder der hl. Elisabeth. (Zur Darstellg. m. leb. Bilde eingerichtet.) (4 S.) (904.) (Hft. 142.) n. — 60

— Schneewittchen u. Die sieben Zwerge od. Die Schicksale e. verstoßenen Königstochter. In 8 leb. Bildern. Begleitender Text. (8 S.) (904.) (Hft. 118.) n. — 60

Schwienhorst, Karl, Ende gut, alles gut. Schwank in 1 Akt. (32 S.) (905.) (Hft. 176.) n. — 90

— der Geisterstudent. Urkomischer Schwank in 1 Akt. (20 S.) (905.) (Hft. 174.) n. — 80

Sevenig, Jos., in der Gewalt des Revolutionärs. Drama aus der Zeit der französ. Revolution in 5 Aufzügen. (54 S.) (905.) (Hft. 146.) n. 1. —
— Francis Trezian, e. Bild aus Englands trüben Tagen. Drama in 5 Akten. (52 S.) (903.) (Hft. 87.) n. 1. —
Starke, Geo. Frdr., Einquartierung od. Die Millionenbraut. Schwank in 4 Akten. Nach St. f. die Bühne bearb. v. Demetr. Schrutz. (45 S.) (905.) (Hft. 175.) n. — 90
Steffen, W., die mutigen Jäger. Lustspiel in 2 Akten. (16 S.) (904.) (Hft. 120.) n. — 75
— die hl. Nacht. Weihnachtsspiel in 1 Akt u. e. leb. Bilde. (6 S.) (904.) (Hft. 116.) n. — 60
— Unteroffizier Schnauzig u. Bauer Dämel. Militärlustspiel in 3 Akten. (Umschlag: 2. Aufl.) (19 S.) (903.) (Hft. 26.) n. — 90
— ein heiterer Weihnachtsabend. Militärlustspiel in 1 Akt. 1. u. 2. Aufl. (10 S.) (904. 906.) (Hft. 182.) n. — 60
Taussig, Eman., der Weihnachtsposten. Singspiel in 1 Akt. Musik v. W. Lautenschläger. (13 S.) (905.) (Hft. 147.) n. — 60
Tursch, Z. (Umschlag: Th.), eine eifersüchtige Frau. Lustspiel nach Alex. Elz in 1 Akt. Für die Bühnenaufführg. bearb. (30 S.) (904.) (Hft. 144.) n. 1. —
Uhland, Ludw., des Sängers Fluch. Ballade. Für die Darstellg. m. leb. Bildern eingerichtet v. Demetr. Schrutz. Musik v. H. Corder. (6 S.) (904.) (Hft. 119.) n. — 60
Voß, Konr., die Rache des Bauern Pfiffikus. Lustspiel in 1 Aufzug. (16 S.) (903.) (Hft. 101.) n. — 75
— der letzte Streich e. Leutnantsburschen. Lustspiel in 2 Aufzügen. (15 S.) (903.) (Hft. 100.) n. — 75
Voys, Willy, geheime Liebe od. Die Rückkehr aus dem Bade. Orig.-Lustspiel in 1 Akt. (29 S.) (905.) (Hft. 155) n. — 90
Weddigen, Otto, auf dem Heiratsbureau. Lustspiel in 1 Akt. (17 S.) (905.) (Hft. 151.) n. — 80

— Theaterbibliothek. 1. 3.—7. 12. 14. 15. 18. 19. 26. 28. 50. 52.—54. 56. 60. 61. 68. 72. 73. 94. 95. 100. 101. 111. 132. 137. 141. 145. 150. 153. 156. 171.—174. 176. 178. 190. 197. 204. 209.—302. 156. Heft. 8. Ebd. 120. —

Böhlen, O. Fr. m., Kampf u. Sieg. (St. Ludwig v. Toulouse.) Schauspiel in 3 Akten. (55 S.) (908.) (Nr. 259.) 1. —
Boventer, J., der neue Bürgermeister. Lustspiel in 4 Akten. (48 S.) (907.) (Nr. 231.) 1. —
Delfosse, Paul, die Auswanderer. Schwank in plattdeutscher Mundart in 3 Akten. 3. Aufl. (16 S.) (908.) (Nr. 15.) — 75
— Wie der Bauer Peter Ochsendorf beinah Bürgermeister war od.: Die Dummen werden nicht alle. Schwank in 1 Aufzuge. 3. Aufl. (13 S.) (908.) (Nr. 72.) — 60
— Dicke Bohnen od. Ein verhängnisvolles Mittagsmahl. Orig.-Schwank in 1 Akt. 2. Aufl. (11 S.) (908.) (Nr. 68.) — 60
— Bursche Johann od. Dummheit üb. Dummheit. Militärischer Schwank in 1 Akt. 7. Aufl. (18 S.) (909.) (Nr. 73.) — 75
— Wie Fridolin d. Herrn spielte. Lustspiel in 3 Akten. 2. Aufl. (29 S.) (909.) (Nr. 38.) — 90
— In des Waldes tiefsten Gründen od. Das tapfere Schneiderlein in der Räuberhöhle. Lustspiel in 2 Akten m. e. Nachspiel. 3. Aufl. (19 S.) (907.) (Nr. 14.) — 80
Detering, Aug., mißglückte Entführung od. Billiger Sekt. Posse in 1 Akt. (35 S.) (908.) (Nr. 279.) — 90
— Die Erbschaft. Posse in 1 Akt. (23 S.) (908.) (Nr. 246.) — 75
— Die Generalprobe. Ein Possenspiel m. ernsten Zwischentönen. (38 S.) (908.) (Nr. 268.) — 90
— Sympathie. Lustspiel in 1 Akt. (46 S.) (907.) (Nr. 232.) 1. —
— Tante will heiraten. Posse in 1 Akt. (32 S.) (908.) (Nr. 278.) — 90
— Wir haben ihn. Gaunerposse m. Gesang in 1 Akt. (40 S.) (909.) (Nr. 283.) — 90
Diebäcker, H., Bay-Rum" od. Eine verhängnisvolle Affenjagd. Posse in 1 Akt. 3. Aufl. (20 S.) (909.) (Nr. 145.) — 80
— Der Feind im Lager od. Die lustigen Vagabunden Robert u. Bertram auf ihren Wanderfahrten. Posse in 5 Akten. 4. Aufl. (62 S.) (909.) (Nr. 60.) 1. —
— Um Geld u. Gut od. Die Versöhnung am Christfest. Schauspiel in 3 Akten. 10. Aufl. (28 S.) (909.) (Nr. 95.) — 90
— Über e. Million od. Eulenspiegel als Heiratsvermittler. Schwank in 4 Akten. 2. Aufl. (74 S.) (908.) (Nr. 171.) 1. 25
— Musketier Krabbe od. Der Unglücksrabe. Schwank in 1 Akt. 7. Aufl. (19 S.) (909.) (Nr. 94.) — 75
Diebäcker, H., am Rande des Verderbens od. Durch Bruderliebe gerettet. Schauspiel m. Gesang in 4 Akten f. d. Weihnachtszeit. 2. Aufl. (55 S.) (908.) (Nr. 172.(1. —
— Das verwechselte Weihnachtsgeschenk od. Ein falscher Baron. Schwank in 2 Akten. 2. Aufl. (43 S.) (909.) (Nr. 173.) — 90
Dietz, Pet., de Reis' nohm Nordpol. Kölner Lokalposse m. Gesang in 3 Aufzügen. (24 S.) (909.) (Nr. 288.) — 80
Ewald, Fritz, Anti-Alkohol. Lustspiel in 1 Akt. (16 S.) (908.) (Nr. 253.) — 75
— Das große Los. Lustspiel in 1 Akt. (16 S.) (908.) (Nr. 252.) — 75
— Der Raubmörder. Lustspiel in 1 Aufzuge. (14 S.) (909.) (Nr. 300.) — 80
— Bende Elianst. Lustspiel in 2 Akten. (16 S.) (908.) (Nr. 275.) — 75
— Im Wirtshaus zum „Blauen Affen". Radfahr-Schwank in 1 Akt. (14 S.) (908.) (Nr. 254.) — 75
— „Wohin? —" Lustspiel in 2 Akten. (61 S.) (909.) (Nr. 298.) 1. 25
Feldmann, Hans, Paul u. Fritz, e. Schusterjungenstreich. Posse in 1 Akt. 2. Aufl. (16 S.) (909.) (Nr. 270.) — 60
Fenger, Th., der Sohn der Zigeunerin od. „Mein ist die Rache". Schauspiel in 4 Akten. (43 S.) (907.) (Nr. 239.) 1. —
— Versöhnt od. Edel sei der Mensch. Schauspiel in 4 Akten. (57 S.) (907.) (Nr. 238.) 1. 25
— Frohe Weihnachten od. Wer auf den lieben Gott vertraut. Weihnachtsschauspiel m. Gesang in 8 Akten. (24 S.) (908.) (Nr. 265.) — 90

Ferrin, Pet., eine Erfrischung od. Ein Pümpelkirchener Schildbürgerstreich. Schwank in 2 Akten. 2. Aufl. (11 S.) (908.) (Nr. 141.) — 75
Gelders, Rich., die Waise v. Lourdes od. Der Triumph der Unschuld. Schauspiel in 3 Aufzügen. Nach d. Franz. (47 S.) (909.) (Nr. 287.) 1. —
Grubert, Otto, die Rekruten sind da! Militär-Humoreske in 1 Akt. 2. Aufl. (14 S.) (908.) (Nr. 111.) — 75
Hansen, Osk., die Hohenzollern od. Der Friedenskaiser, Kaiser Wilhelm II. Dramat. Festspiel m. Musik in 1 Akt zu allen patriot. Feierlichkeiten. 2. Aufl. (12 S.) (909.) (Nr. 12.) 1. —
Heines, Pet., „bis hierher u. nicht weiter!" od. Das Gespenst im Schlosse. Schauspiel in 5 Akten. 2. Aufl. (69 S.) (909.) (Nr. 190.) 1. 25
Herbrik, Jos., die Heldin der Vendée. Schausp. in 5 Akten aus der Zeit der französ. Revolution (Bürgerkrieg in der Vendée im J. 1793). (86 S.) (908.) (Nr. 251.) 1. 25
— Die Pußtaräuber. Schauspiel in 5 Akten. (75 S.) (908.) (Nr. 272.) 1. 25
— Die Soldatenbraut. Militär. Schauspiel in 5 Akten. (62 S.) (907.) (Nr. 223.) 1. 25
— Die Strafturnstunde od. Die Riege d. Klügsten. Turnerische Posse in 1 Akt. (23 S.) (908.) (Nr. 250.) — 80
— Belohntes Vertrauen od. St. Josef hilft in jeder Not. Schauspiel in 1 Akte. (19 S.) (907.) (Nr. 242.) — 80
— Weihnachten im Felde. Militär. Schauspiel in 1 Akt. Ein Nachspiel aus dem Feldzug 1878 in Bosnien. (17 S.) (907.) (Nr. 244.) — 80
— Die Wilderer od. Der Findling in d. Teufelsschlucht. Schauspiel m. Gesg. in 5 Akt. 3. Aufl. (58 S.) (909.) (Nr. 197.) 1. —
Heyer, Ernst, Kasernenhofblüten od. Nachexerzieren u. Instruktionsstunde auf der Stube im Drillichanzug. Drastisch-militär. Schwank in 1 Akt. 6. Aufl. (8 S.) (908.) (Nr. 3.) — 60
— Bestrafte Untreue od. Edelsinn e. deutsch. Generals. Schauspiel in 4 Akten. 2. Aufl. (20 S.) (908.) (Nr. 4.) — 90
— Zu dumm, um zu freien! Urkomischer Schwank in 1 Akt. 9. Aufl. (16 S.) (909.) (Nr. 1.) — 75
Jung, J. C., Blick empor. Weihnachtsspiel in 1 Akt. (21 S.) (908.) (Nr. 261.) — 75
— Belohntes Gottvertrauen. Weihnachtsspiel in 3 Akten. 2. Aufl. (26 S.) (909.) (Nr. 204.) — 80
— Der Heiland kommt. Weihnachtsspiel in 1 Akt m. leb. Bildern. (10 S.) (907.) (Nr. 235.) — 60
Kanisch, J., Nemesis od. Im eigenen Netz gefangen. Militär. Schwank in 3 Akten. (60 S.) (908.) (Nr. 248.) 1. —
Kohlmetz, Herm., er bemüht sich selbst od. Alles ums Trinkgeld. Ein lust. Verwandlungsscherz in 5 Szenen. (11 S.) (908.) (Nr. 262.) — 75
— Märchens Schwärmerei. Schwank in 1 Akt m. Benutzg. e. vorhand. Idee. (12 S.) (908.) (Nr. 261.) — 75
Kranzhoff, Wilh., Johanna od. Die Zerstörung Speyers. Histor. Schauspiel in 5 Akten m. leb. Bildern. 3. Aufl. (62 S.) (909.) (Nr. 61.) 1. 25
Kreuser, M., Kaiser Maximilian v. Mexiko. Tragödie in 5 Akten. (52 S.) (909.) (Nr. 281.) 1.
Küppers, Pet., die beiden Deserteure. Schwank in 2 Akten in köln. Mundart. 2. Aufl. (15 S.) (909.) (Nr. 230.) — 75
— Der behexte Schohmächer. Posse in 2 Akten. (12 S.) (907.) (Nr. 213.) — 75
Lagemann, C. D., im dunklen Forst od. Maria hilf! Schauspiel in 1 Akt. (15 S.) 907. (Nr. 219.) — 75
— Peter Schwarz od. Gott lebt noch. Ein Familienbild aus dem Handwerkerleben unserer Tage in 1 Akt. (30 S.) (907.) (Nr. 222.) — 80
Langkau, Paul, der Bauernaufstand in Schwaben. Histor. Schauspiel aus dem J. 1525 in 5 Akten. (37 S.) (907.) (Nr. 282.) — 90
Lasfargues, E., Don Petro de Gomez. Schauspiel in 3 Aufzügen. Frei nach dem Franz. bearb. v. Gesellenpräses Jos. Sevenig. (51 S.) (909.) (Nr. 302.) 1.
Lipphausen, Chr., Triumph des Glaubens. Trauerspiel in 5 Akten. (45 S.) (908.) (Nr. 18.) 1. 25
Löhr, Jos., Abraham u. Isaak auf der Jagd. Schwank in 2 Akten. 2. Aufl. (24 S.) (908.) (Nr. 153.) — 80
— Der pfiffige Bauer. Posse in 1 Akt. 2. Aufl. (13 S.) (908.) (Nr. 54.) — 60
— Die verhexten Pantoffeln. Posse in 2 Akten. 2. Aufl. (26 S.) (908.) (Nr. 53.) — 90
— Die Rache des Lehrlings od. Schneidermeister Zwirn als Wunderdoktor. Posse in 2 Akten. 4. Aufl. (18 S.) (909.) (Nr. 137.) — 75
Mark, Wilh. v. d., der moderne Heilkünstler od. Ein Hausknecht als Wunderdoktor. Lustspiel in 3 Aufzügen. 2. Aufl. (29 S.) (909.) (Nr. 52.) — 80
Marlo, S., das Balltuch od. Das Geschenk. Posse in 1 Akt. (15 S.) (907.) (Nr. 245.) — 75
— Biedermann als Freier. Schwank f. Herrenbühne. (9 S.) (907.) (Nr. 214.) — 60
— Das neue Mädchen. Lustspiel in 1 Akt. (16 S.) (908.) (Nr. 257.) — 75
— Das Versprechen. Volksstück in 1 Akt. (13 S.) (907.) (Nr. 225.) — 75
Mayer, J., der Liebfrauenthaler. Lebensbild aus den bayer. Bergen in 2 Akten. (16 S.) (909.) (Nr. 296.) — 80
Mittel, Hans, ein mißlungener Trick. Lustspiel in 2 Akten. (28 S.) (908.) (Nr. 263.) — 75
Neumann, Bernh., Onkel Watzel zum Vergnügen in der Residenz. Lustspiel in 1 Akt. (29 S.) (907.) (Nr. 211.) — 80
— Die Sonnenbrüder. Lustspiel in 2 Akten. (23 S.) (907.) (Nr. 236.) — 80
Oberhuber, Jos., der Dorfkrieg. Volksstück in 3 Akten. (64 S.) (908.) (Nr. 273.) 1. 25

Im Hollerhof. Schauspiel aus den Tiroler Bergen in 3 Akten. (76 S.) (907.) (Nr. 215.) 1. 25
— Die Millionen Note. Schwank in 3 Aufzügen. (48 S.) (909.) (Nr. 297.) 1. —
— Der Salontiroler. Schwank aus dem Tiroler Volksleben m. Gesang u. Tanz in 3 Akten. (82 S.) (907.) (Nr. 221.) 1. 25
Quinger, R., der Gauner als Hauptmann od. Der Schein trügt. Lustspiel in 3 Akten. (32 S.) (907.) (Nr. 210.) — 90
Radermacher, Joh., Fügungen u. Führungen od. Der verlorene Sohn. Religiöses Schauspiel m. Gesang in 5 Akten. 3. Aufl. (47 S.) (908.) (Nr. 5.) 1. —
Reuter, J., das Vater unser od. Unschuldig zum Tode verurteilt. Schauspiel in 8 Akten. 2. Aufl. (46 S.) (909.) (Nr. 269.) 1. —
Reinsch, Jos., durch Feuer u. Wasser. Tragikomisches Schauspiel in 5 Akten. (45 S.) (908.) (Nr. 258.) 1. —
Renner, Gust., nur geborgt. Schwank in e. Akt. (25 S.) (907.) (Nr. 240.) — 80
— Ihre Rose. Lustspiel in 1 Akt. (22 S.) (907.) (Nr. 241.) — 80
Riser, Mart., der kleine Salomo. Komödie in 2 Akten. (28 S.) (908.) (Nr. 219.) — 90
Ritter, Eug., der Schutzgeist der hl. Adelheid. Eine dramat. Legende in 5 Akten. (44 S.) (907.) (Nr. 243.) 1. —
Röderich, J., der Krieg gegen die Hereros od. Tünnes in Afrika. Schwank m. Gesang in plattkölner Mundart. 2. Aufl. (16 S.) (908.) (Nr. 178.) — 75
Röhrig, Jos. A., das Gespenst am Teufelstein od. Wie Knecht Peter seine Frau erobert. Lustspiel in 3 Akten. 3. Aufl. (17 S.) (909.) (Nr. 19.) 1. 25
— Das verhängnisvolle Pfeifen. Militärischer Schwank in 1 Akt. 3. Aufl. (11 S.) (907.) (Nr. 7.) — 60
— Studio Bummel. Schwank in 1 Akt. 3. Aufl. (14 S.) (907.) (Nr. 6.) — 75
Rosenfeld, Max, Erkennungszeichen „Butterblume". Schwank in e. Akt. (18 S.) (907.) (Nr. 233.) — 75
— Poesie u. Magenknurren. Schwank in 1 Akt. (11 S.) (907.) (Nr. 229.) — 60
— Die Schicksalsmacher. Schwank in 1 Akt. (18 S.) (907.) (Nr. 227.) — 75
— Die Tragische. Lustspiel in 1 Akt. (20 S.) (907.) (Nr. 226.) — 75
Sack, F., der Doktor. Studentenposse in 1 Akt. (10 S.) (907.) (Nr. 224.) — 60
— Ehre sei Gott in der Höhe. Weihnachtsspiel in 1 Akt. (10 S.) (907.) (Nr. 218.) — 60
— Der Termin. Schwank in 1 Akt. (16 S.) (908.) (Nr. 266.) — 75
— Ultimo od. Die Reise nach Berlin. Lustspiel in 2 Akten. (20 S.) (907.) (Nr. 212.) — 80
— Weiberlist. Schwank in 1 Akt. (20 S.) (907.) (Nr. 216.) — 75
Santiago, L., der Photograph in der Klemme. Schwank in 1 Aufzuge. 2. Aufl. (16 S.) (909.) (Nr. 56.) — 75
Schare, Frdr., das fünfte Gebot. Kriminal-Tragödie in 1 Aufzuge. (26 S.) (909.) (Nr. 289.) — 80
— Das achte Gebot od. Der letzte Graf v. Tschenkow. Preisgekröntes Drama aus dem Zarenreiche in 1 Aufzuge. (24 S.) (909.) (Nr. 290.) — 80
— Gerettet. Preisgekrönte Tragödie aus dem Herero-Feldzug in 1 Akt. 2. Aufl. (19 S.) (907.) (Nr. 156.) — 80
Schler, Art., der verkannte Branddirektor od. die Einweihung der neuen Spritze zu Bummelsdorf. Schwank in 1 Akt (2 Bildern). (16 S.) (908.) (Nr. 277.) — 75
— Die Feuerwehr zu Feuermeer od. Die Wehr, wie sie nicht sein soll. Burleske m. Gesang, Tanz u. Brandstiftg. in 3 Bildern. (16 S.) (908.) (Nr. 278.) — 60
— Strafinstruktion der Rauchheimer Feuerwehr. Schwank m. Gesang in 1 Akt. (11 S.) (908.) (Nr. 267.) — 75
— Durchs Telephon. Schwank m. Gesang in 1 Akt. (14 S.) (908.) (Nr. 271.) — 75
— Am Vorabend vor Kaisers Geburtstag od. Des alten Veteranen Traum. Patriotisches Festspiel in 1 Akt. (16 S.) (909.) (Nr. 285.) — 75
Schinhofen, Pierre, Andreas Hofer, der Held vom Passeier. Historisches Drama m. Gesang in 5 Akten. 4. Aufl. (90 S.) (909.) (Nr. 170.) 1. 25
Schneider, Louis, Kurmärker u. Picarde. Genrebild m. Gesang in 1 Akt. Für die Aufführg. in Gesellschaftskreisen eingerichtet v. Heinr. Vogel. (13 S.) (909.) (Nr. 301.) — 75
Schrup, Demetr., die Anna-Lise od. Bürgermädchen u. Fürstensohn. Lustspiel in 5 Akten. Nach Herm. Herich f. die Bühne eingerichtet u. m. den Extempores versehen. (60 S.) (909.) (Nr. 286.) 1. 25
— Einer muß heiraten. Lustspiel in 1 Akt. Nach A. Wilhelmi f. die Bühne eingerichtet u. m. den Extempores versehen. (24 S.) (908.) (Nr. 255.) — 90
— Andreas Hofer, der Sandwirt v. Passeyer. Trauerspiel in 5 Akten, nebst e. Vorspiel in 1 Akt: Der Kommandant v. Tirol. Nach Karl Immermann f. die Volksbühne bearb. Ausg. A m. nur Herrenrollen. (55 S.) (908.) (Nr. 280.) 1. —
— Dasselbe. Ausg. B m. Herren- u. Damenrollen. (61 S.) (908.) (Nr. 281.) 1. —
Schulten, Joh., die Dienstboten des Herrn Majors. Lustspiel in 2 Akten. (44 S.) (907.) (Nr. 220.) 1. —
Schwienhorst, Karl, Ende gut, alles gut. Schwank in 1 Akt. 3. Aufl. (32 S.) (909.) (Nr. 176.) — 90
— Der Geisterstudent. Urkomischer Schwank in 1 Akt. 3. u. 4. Aufl. (Je 20 S.) (908.) (Nr. 174.) — 80
— O diese Rekruten! Schwank in 1 Akt. 2. Aufl. (18 S.) (909.) (Nr. 247.) — 75
— Treu dem Volke, treu dem Glauben. Historisches Drama in 4 Akten. (60 S.) (908.) (Nr. 280.) 1. 25
Sevenig, Jos., Johann Beck. Nationales Drama in 4 Aufzügen. Zwei Musikeinlagen v. Gust. Kahnt. (68 S.) (908.) (Nr. 274.) 1. —
— Gregorio, das Opfer des Piraten. Schauspiel m. Gesang in 4 Akten. 2. Aufl. (42 S.) (907.) (Nr. 50.) 1. —
Sommer, F., die Roßdecke od. Verstoßen am Weihnachtsfeste. Schauspiel in 1 Akt f. die hl. Weihnachtszeit. (19 S.) (907.) (Nr. 209.) — 80
Stauff, Mathias, Robert der Teufel. Romantisches Volksschauspiel in 8 Bildern. Nach e. alten dramat. Legende bearb. (46 S.) (907.) (Nr. 237.) 1. —
— Schinderhannes od. der Ueberfall in der Waldmühle. Posse in 2 Akten. Nach e. älteren Stoffe bearb. (31 S.) (907.) (Nr. 228.) — 90
Steffen, W., Unteroffizier Schnauzig u. Bauer Dämel. Militär Lustspiel in 3 Akten. 6. Aufl. (23 S.) (909.) (Nr. 26.) — 90
— Ein heiterer Weihnachtsabend. Militärlustspiel in 1 Akt. 4. Aufl. (12 S.) (909.) (Nr. 132.) — 60
Uedelhofen, Gerh., Amtmann Wolf u. seine Töchter. Lustspiel in 4 Akten. (24 S.) (907.) (Nr. 217.) — 80
Vogt, J., Onkel Toms Hütte od. Der Sklavenhandel in Amerika. Schauspiel in 3 Akten nebst e. Vorspiel. Nach Harriet Beecher-Stowes gleichnam. Roman f. die Bühne bearb. (55 S.) (909.) (Nr. 299.) — 80
Voß, Konr., die Rache des Bauern Pfiffikus. Lustspiel in 1 Aufzuge. 2. Aufl. (16 S.) (908.) (Nr. 101.) — 75
— Der letzte Streich e. Leutnantsburschen. Lustspiel in 2 Akten. 3. Aufl. (16 S.) (909.) (Nr. 100.) — 75
Wippermann, F., Jodokus Eulenspiegel. Lustspiel in 1 Akt nach dem Holl. bearb. (31 S.) (907.) (Nr. 234.) — 90
Wohlauf, Nikol., Bethlehem u. Jerusalem. Ein Weihnachtsspiel (m. Gesang) in 5 Bildern. Für Schulen, Institute, Vereine 2c. (48 S.) (909.) (Nr. 293.) 1. —
— Auf Bethlehems Fluren. Ein Krippenspiel in 2 Bildern u. e. Anh.: Die 3 Könige vor der Krippe. Besonders f. Institute u. Erziehungsanstalten. (27 S.) (909.) (Nr. 292.) — 80
— Der Drachenkampf. Orig.-Zaubermärchen in 4 Bildern. Besonders f. Institute, Vereine 2c. (50 S.) (909.) (Nr. 291.) — 90
— Ehre sei Gott in der Höhe! Ein Krippenspiel in 2 Bildern u. e. Anh.: Die drei Weisen vor der Krippe. Besonders f. Institute, Erziehungsanstalten usw. (22 S.) (909.) (Nr. 295.) — 80
— Rom u. Bethlehem. Ein Weihnachtsspiel (m. Gesang) in 5 Bildern. Für Institute, Schulen, Vereine usw. (33 S.) (909.) (Nr. 294.) — 90
Wolfgang, Eberh., Er darf. Turnerlustspiel in 1 Aufzuge, m. Stabübgn. v. Turnlehr. Paul Hoffmann. (28 S.) (908.) (Nr. 256.) — 90
Fortsetzg., s.: Theaterbibliothek.

Heidelmann, Hoseas, s. Th. Adm. Hessel.

Heidelmann, W: Ill. Preisliste der Maschinenfabrik. Stuttgart (1896)

Heidelmeier, d. Blinde, v. Christ. Frank. 2 Thle. 8. Lpz. Beuj. Fleischer. 798.

Heideloff. Abbildungen des württ. Militärs. o. O. u. J. 59 farb. Bl. 4°

Heideloff, Karl

— u. F. W. **Ghillany**, der deutsche Adler, siehe: **Ghillany**, F. W.

Heideloff, Carl, der christl. **Altar**, archäolog. u. artist. dargest. Ein Beitr. z. Gesch. d. Altars u. z. Erhalt. älterer Kirchendenkmale u. deren Wiederherstellung. Für Geistliche aller Confessionen, Kirchenverwaltungen u. Architekten bearb. Mit erklär. Texte v. Geo. Neumann. Fol. (3½ B. u. 11 Kpfrt.) Nürnberg 838, Riegel u. Wiessner. *

Heideloff, Carl, der kleine **Altdeutsche** (Gothe) oder Grundzüge des altdeutschen Baustyles. Zum Handgebrauch für Architekten und Steinmetzen, besonders für techn. Lehranstalten bearb. 3 Curs. (3. Curs. à 2 Abthlgn.) 8. Nürnberg, Riegel und Wießner. [1. (X und 26 S. mit 22 Kpfrt.) 849., 2. (30 S. und 28 Kpfrt.) 850., 3. 1. Abthl. (XIV und 18 S. mit 20 Kpfrt.) 851., 3. 2. Abthl. (32 S. und 25 Kpfrt.) 852. 1. und 2. Curs. à 1 Thlr. 6 Ngr., 3. Curs. à Abthl. 1 Thlr. 6 Ngr.]

Heideloff, C., der kleine Altdeutsche [Gothe] od. Grundzüge d. altdeutschen Baustyles. Zum Handgebrauch f. Architekten u. Steinmetzen, besonders f. techn. Lehranstalten. 3 Curse. 8. Nürnberg 888. Korn. n. 14. 40
1. Mit 22 Kpfrtaf. 2. Aufl. (16 S.) n. 3. 60
2. Mit 28 Kpfrtaf. (23 S.) n. 3. 60
3. Mit 50 Kpfrtaf. 2. Aufl. (26 S.) n. 7. 20

Heideloff, Carl, u. Phil. **Walther**, der kleine Anatome oder Handbuch des figürlichen Zeichnens zum Gebrauch der Vorbereitungsschulen u. f. Liebhaber dieser Kunst. Mit 20 Kupfertaf. 8. (18 S.) Nürnberg 850, Riegel & Wießner. 1 ℛ

Heideloff, Carl, Anleitung z. Schatten-Construction. Zum Gebr. f. d. Schüler d. Vorbereitungs-Classe in d. Polytechn. Anstalt zu Nürnberg. (Als Anh. zu d. kl. Vignola.) 12. (1½ B. u. 18 Stnt.) Nürnberg 834, Campe.

—— Anleitung zur Schatten-Construction bei architekton. Zeichnungen als Folge von C. Heideloff's kleinem Vignola. Zum Gebrauch für Gewerbs- und polytechn. Schulen, sowie zum Selbststudium für sämmtl. Baugewerke. 3. (Titel-) Aufl. 16. (35 S. und 18 Stnt.) Nürnberg 851, Lotzbeck.

Heideloff, Carl, Anleitung zur Schatten-Construction bei architectonischen Zeichnungen als Folge von des Verf. kleinem Vignola. Zum Gebrauch für Gewerbs-, polytechn. und Baugewerksschulen, sowie zum Selbststudium für sämmtl. Baugewerke. 4., von F. X. Ziegler neu bearb. und verm. Aufl. 16. (42 S. mit 32 Kpfrt., wovon 10 in Tondr.) Nürnberg 859, Lotzbeck. Thlr. *

—— Anleitung zur Schattenkonstruktion bei architektonischen Zeichnungen als Folge von Heideloff's kleinem Vignola. 4. Aufl. 12. (42 S. mit 32 Kpfrt.) Ebendas. 888. *

Heideloff, Carl, Anleitung zur Schatten-Construction bei architectonischen Zeichnungen als Folge v. C. H.'s kleinem Vignola. Zum Gebrauch f. Gewerbs-, polytechn. u. Baugewerksschulen, sowie zum Selbststudium f. sämmtl. Baugewerke. 5. Aufl. 16. (47 S. m. 32 Kpfrtaf.) Nürnberg 892. F. Korn. n. 1. 50

– Arabesken in griechischen, römischen, byzantinischen, altdeutschen u. Rennaissance-Styl. Gezeichnet u. hrsg. Mit 5 Stahltaf. u. dem dazu erläut. Text. Abdr. aus dem größeren Werke „Architectonische Entwürfe u. ausgeführte Bauten 2. Hft." gr. 8. (16 S.) Nürnberg 851, Geiger. n. 24 ngl

— Nürnberg's Baudenkmale der Vorzeit, oder Musterbuch der altdeutschen Baukunst für Architekten und Gewerbschulen 1. u. 2. Hft. Mit 23 Kpft. Imp.-4. Nürnberg 838 u. 843, Fr. Campe. n. 4 ℛ

— Nürnbergs Baudenkmale der Vorzeit oder Musterbuch der altdeutschen Baukunst für Architekten u. Gewerbsschulen gesammelt u. herausg. (Neue Ausg.) Nürnberg (854.) Lotzbeck. Fol. (8 S. u. 24 Kpfrtaf.) 2 ℛ

– s. Bau - Entwürfe.

Heideloff, Carl, die Bauhütte des Mittelalters in Deutschland. Eine kurzgefaßte geschichtl. Darstellung m. Urkunden u. andern Beilagen, so wie e. Abhandlung üb. den Spitzbogen in der Architektur der Alten als Vorläufer der Grundzüge d. altdeutschen Baukunst rc. Mit vielen eingedr. Holzschn. gr. 4. (17½ B. u. 2 Kpfrt.) Nürnberg 844. [Geiger.]

Die Bauhütte des Mittelalters in Deutschland. Eine kurzgefasste geschichtliche Darstellung mit Urkunden und andern Beil., so wie einer Abhandlung über den Spitzbogen in der Architektur der Alten als Vorläufer der Grundzüge der altdeutschen Baukunst und auch an der des Verf. Werk „die Ornamentik des Mittelalters" sich anreihend von Ritter Carl **Heideloff.** Mit vielen im Text eingedr. Holzschn. und 2 Kpfrtaf. Nürnberg: Stein 1844. X, 130 S. 4⁰

Heideloff, C., der Bau- u. Möbel-Schreiner, od. Ebenist. Zum Handgebrauch f. das Schreiner-Gewerke u. für Bauliebhaber, insbesond. für den geschmackbild. u. technischen Theil in d. polyt. Anstalt zu Nürnberg. 2 Hfte. qu. Fol. Mit Kpft. Nürnb. 832 Riegel u. W. 1 ℛ

— der Bau- u. Möbel-Schreiner oder Ebenist. 28—48 Hft. Mit 26 Kpfrtaf. qu. Fol. Nürnberg 833, 34, 37. Riegel u. Wießner. 2½ ℛ (1 – 4: 3½ ℛ)

— der kleine Byzantiner. Taschenbuch des byzantin. Baustyles. Zum Handgebrauch für Architekten u. technische Lehranstalten bearb. 12. (Mit 36 Steintaf.) Nürnberg 837. Riegel u. Wießner. n. 1 ℛ

Heideloff, Carl, der kleine Byzantiner. Taschenbuch des byzantin. Baustyles. Zum Handgebrauch für Architekten und techn. Lehranstalten bearb. 3. Aufl. gr. 16. (20 S. mit 36 Kpfrt.) Nürnberg 887, Korn'sche Buchh. *

– s. Christuskirche, Die, in Wels.

—— Ehrenbuch, s. Ehrenbuch.

—— architektonische Entwürfe, s. Bau-Entwürfe.

Heideloff, Carl. Architectonische Entwurfe u. ausgefuhrte Bauten im byzantinischen u. altdeutschen Styl Nurnberg 1850-51 2 Bde. Text 8. u. 2 Bde. Tfln. Fol. [Text 2, Tfln. 3 Ex.]

—— Entwürfe zu e. neuen Theater-Gebäude in Nürnberg. Mit erläut. Texte. Fol. (2 B. u. 2 Kpfrt.) Nürnberg 829, Riegel u. Wiessner.

Heideloff, Carl. Gedenkblätter der Universitäten Heidelberg, Prag und Wien darstellend die ursprunglichen Trachten der Landsmannschaften mit den Rektoren, Siegeln und Schutzpatronen, nebst theilweiser Stadtansicht im Hintergrund ... Nurnberg, Verlag von J. L Lotzbeck ... [1848]. [Umschlagtit.]
3 Bl. m. 20 Holzschn.; 3 Taf. in Stahlst. 4°.
Zeichner: C. Heideloff; Stecher: Alex. Marx.

Heideloff, Carl, Gedenkblätter der Universitäten Heidelberg, Prag und Wien, darstellend die ursprünglichen Trachten der Landsmannschaften mit den Rektoren, Siegeln u. Schutzpatronen, nebst theilweiser Stadtansicht im Hintergrund. Nürnberg (856.) Lotzbeck. gr. 4. (3 Bl. m. Holzschn. im Text u. 3 Stahlst.) n. 10 ngl; einzelne Bl. à n. 4 ngl

—— die architecton. Glieder, deren Construction, Zusammenstellung u. Verzierung etc. Ein Beitr. z. Geschmacksbildungs-Lehre in Bau- u. Gewerbsschulen, f. d. polytechn. Anstalt in Nürnberg bearb. II Hfte. qu. Fol. Nürnberg 831, Riegel u. Wiessner. [I. (13 Kpfrt. u. 2 B. Text.) 20 Gr., II. ... 1 Thlr.]

—— der kleine Grieche. Taschenb. d. altgriech. Säulenordnn. Zum Handgebr. f. die Schüler d. Gewerbvorbereitungs- u. Handwerksschule zu Nürnberg bearb. 16. (1 B. u. 12 z. Theil col. Stnt.) Nürnberg 836, Riegel u. Wiessner.

— der kleine Grieche. Taschenbuch der altgriech. Säulenordngn. Zum Handgebrauch f. Schüler der Gewerbvorbereitungs- und Handwerks-Schulen bearb. 2. Aufl. Mit 12 Kpfrtaf. gr. 16. (14 S.) Ebd. 887. n. 1. —

— —, die katholische Kirche in Leipzig. Leipzig 1847.

—— über die Kirchen-Baukunst der Evangelischen, s. Christus-Kirche, die, in Wels.

—— die Kunst des Mittelalters in Schwaben. Denkmäler der Baukunst, Bildnerei und Malerei. Hrsg. unter Mitwirkung von C. Beisbarth. Mit erläuterndem Texte von Fr. Müller. 1—5. Lfg. Fol. (VIII und S. 1—62 mit eingedr. Holzschn. und 18 Stahlst., 1 Lithochrom. und 1 Holzschnt.) Stuttgart 854—56, Ebner und Seubert. à Lfg. * 1 Thlr. 10 Ngr. *

— die Kunst des Mittelalters in Schwaben. Denkmäler der Baukunst, Bildnerei u. Malerei. Unter Mitwirkung von C. Beisbarth. Mit erläuterndem Text von Frz. Müller. 1—5. Liefg. Stuttgart 855, 56. Ebner u. Seubert. Imp.-4. (2 Bl., IV, S. 1—62 mit Holzschn. im Text, 18 Stahlst., 1 lith. u. 1 Holzschnitttaf.) Jede Liefg. n. 1 ℛ 10 ngr

Heideloff, Carl Die Kunst des Mittelalters in Schwaben Denkmaler der Baukunst, Bildnerei u. Malerei. Unter Mitwirkung von C. Beisbarth hrsg. Text von Fr. Muller. (8 Lfrgn) Stuttgart 1855-64. 4. [2 Ex.] Suppl., siehe (am Schluss): Baudenkmale, Mittelalterliche.

Heideloff C, die Kunst des Mittelalters in Schwaben. 2 Bde 4° und Supplement 1-8. fol Stuttgart 1855-72

—— die Kunst des Mittelalters in Schwaben, Fortsetzung, s.a. Kunst, die, des Mittelalters in Schwaben.

—— und Fr. Müller, die Kunst des Mittelalters in Schwaben, Suppl., s.a. Baudenkmale, mittelalterliche, aus Schwaben.

— — Supplement I. Baudenkmale: Esslingen. (9 T m Text) — II. Baudenkmale: Bebenhausen. (6 T m Text) — III-VIII. Baudenkmale: Münster in Ulm. (31 T m Text) fol Stuttgart 1856-72

— die Lehre von Vignola's Säulenordnungen in Zusammenstellung mit jenen des Palladio, Serlio, Cataneo, Branca, Scamozzi u. einigen römischen Antiken. Zum Behufe des architektonischen Zeichnungsunterrichts in Bau-, Gewerbs- und polytechnischen Schulen, sowie auch für Künstler, Architekten u. Gewerksleute. Mit 10 gestochenen Taf. (in Fol.) Nürnberg (853.) Lotzbeck. Lex.-8. (14 S.) 1 ℛ 15 ngr

— Monarchie u. Republik. Eine geschichtl., artistische u. prakt. Skizze aus des Verf. Kunstmaterialien-Lexikon m. zeitgemäßen Zusätzen. gr. 8. (15 S.) Pforzheim 848, Flammer & Hoffmann. (Stuttgart, Scheitlin.) 4 ngr

—— Muster-Werke aus der nürnberger Bauhütte, s. Musterwerke.

—— Muster-Zeichnungen etc., s. Deininger, J.

— und Carl Gorgel, Architectural Ornaments of the Middle-ages. — Des Ornements du moyen age. — Die Ornamentik des Mittelalters. Eine Samml. auserwählter Verzierungen und Profile byzantinischer und deutscher Architektur. Hft. 1. gr. 4. (8 Kpfrtaf. u. 1¼ Bog. Text in engl., franz. u. deutscher Sprache.) Nürnberg 838. Stein. n. 1⅓ ℛ

— und Carl Görgel, architectual Ornaments of the middle-ages. — Des Ornaments de moyen âge. — Die Ornamentik d. Mittelalters. Eine Samml. auserwählter Verzierungen u. Profile byzantinischer u. deutscher Architektur. Heft II—XV. oder 1. 2. Bd. u. 3. Bd. 1.—3. Heft. Jedes mit 8 Kupfrtaf. Deutsch u. französischer Text. gr. 4. Nürnberg 840—46, Stein. (à) n. 1⅓ ℛ

— les ornéments du moyen âge. — Die Ornamentik des Mittelalters. Eine Sammlung auserwahlter Verzierungen u. Profile byzantin. u. deutscher Architectur. 16—24. Hft. gr. 4. od. III. Bd. 4—6. Hft. (32 S. mit 25 Stahltaf.) IV. Bd. 1—6. Hft. (51 S. mit 48 Stahltaf.) Nurnberg 847—50, Geiger. à Hft. n. 1⅓ ℛ (1—24: 32 ℛ)

— dass. 1—6. Hft. od. I. Bd. 6 Hfte. Neue Ausg. gr. 4. (24 S. mit 40 Stahlst.) Ebd. 852. (à n. 1⅓ ℛ) n. 8 ℛ

— les ornements du moyen âge. — Die Ornamentik des Mittelalters. Eine Sammlung auserwählter Verzierungen u. Profile byzantinischer u. deutscher Architektur. 25. Heft oder Suppl.-Bd. 1. Heft. Nürnberg 855. Geiger. gr. 4. (12 S. Text u. 8 Taf. in Stahlst.) n. 1 ℛ 10 ngr

– (Hrsg.), s. Sammlung von technischen Original-Zeichnungen in echt altdeutschem Stil.

—— Mad. Schroeder-Devrient als Romeo in Bellini's Oper: Romeo u. Julia. (I Capuleti ed i Montecchi.) Zwei Scenen in Umrissen dargest. (Mit d. italien. u. deutschen Texte d. ganzen Oper.) qu. ½ gr. Fol. (2 B. Text.) Nürnberg 836, Riegel u. Wießner.

Heideloff, C. „Der Spitzbogen in der Architectur der Alten". pg. 3—14. 4°. Mit einer Tafel und 5 Textabbildungen. Campe'sche Officin. Nürnberg, Progr. 1842/43

—— die Stadt-Pfarrkirche in Sonneberg, s.a. Henseldt.

Heideloff, C., die neue Stadtpfarrkirche in Sonneberg im Herzogth. Sachsen-Meiningen, beschrieb. von Hensoldt. Nürnberg. 1845. 8. 19 Sgr.

—— der Tüncher, verbunden mit d. Stuccator, Zimmermaler u. Decorateur, f. genannte Gewerbe sowohl als auch f. Architekten, Baumeister, Bauliebhaber, Gemeinde-Vorstände, insbesond. aber f. d. geschmacksbild. Theil polytechn. Anstalten u. Gewerbsschulen bearb. Nebst e. Anh. über hydraul. Kalk, anwendbar f. Tüncher, v. Fr. Panzer. I. Hft. (4¼ B. u. 19 z. Theil col. Taf. qu. ½ Fol.) Nürnberg 835, Schrag. *

—— der kleine Vignola. Zum Handgebr. f. d. Schüler d. Vorbereitungs-Classe in d. polytechn. Anstalt zu Nürnberg. 12. (1 B. u. 16 Stnt.) Nürnberg 832, Campe.

—— der kleine Vignola. Lehre der fünf Säulenordnungen und deren Construction. Zum Nachzeichnen, sowie zum Handgebrauch beim Anfangsunterricht in der Architektur in Gewerbs- und polytechn. Schulen, sowie zum Selbststudium für sämmtl. Baugewerke. 3. (Titel-)Aufl. 16. (24 S. und 16 Stnt.) Nürnberg 851, Lotzbeck.

— der kleine Vignola. Lehre der fünf Säulenordnungen u. deren Construction. Zum Nachzeichnen, sowie zum Handgebrauch beim Anfangsunterricht in der Architectur in Gewerbs- u. polytechn. Schulen, sowie zum Selbststudium f. sämmtl. Baugewerke. 3. Aufl. 16. (24 S. mit 16 lith. Taf.) Nürnberg 852, Lotzbeck. ½ ℛ

—— der kleine Vignola. Lehre von den 5 Säulen-Ordnungen. Zum Anfangsunterricht in der Architektur in Gewerbe- und polytechn. Schulen, sowie zum Selbststudium für sämmtl. Baugewerke. 4. Aufl. 12. (24 S. mit 16 Kpfrt.) Ebendas. 888. *

Die früheren Auflagen der Heideloff'schen Schriften erschienen in den 50er Jahren bei Lotzbeck in Nürnberg.

Heideloff, Carl. Der kleine Vignola. Lehre v. den fünf Säulen-Ordngn. Zum Anfangsunterricht in der Architectur in Gewerbe- u. polytechn. Schulen, sowie zum Selbststudium f. sämmtl. Baugewerke. 5. Aufl. 16. (24 S. m. 16 Taf.) Nürnb. 892, Korn. * 1 —

Heideloff, Carl, der kleine Vignola. Lehre v. den fünf Säulen-Ordngn. Zum Anfangsunterricht in der Architektur in Gewerbe- u. polytechn. Schulen, sowie zum Selbststudium f. sämtl. Baugewerke. 7. Aufl. (24 S. m. 15 Taf.) 12. Nürnberg (903). F. Korn. n. 1.—

Heideloff, Carl. Volkstrachten des Koenigreichs Würtemberg, nach der Natur gezeichnet von Carl Heideloff und herausgegeben von G. Ebner. Stuttgart, im Verlag der G. Ebnerschen Kunsthandlung [um 1810—1815].
M. d. Tit. 11 Taf. in kol. Kupferst. 8°.

— Vorlegeblätter für Handwerks-Schulen. 1. Liefg. Herausgeg. v. Engelmann, Vater u. Sohn. qu. gr. 4. (12 Bl.) Speyer 844, Lang. n. 5/6 ₰

Heideloff, C., Vorlegeblätter für technische Schulen. 1s. und 2s. Heft. enthaltend griechische und römische Capitäle. Nürnberg. 1837—1838. 1⅓ Thlr.

– dass., s.a. Heideloff, Manfred

— u. J. Roffée, Vorübungen zum Freihandzeichnen für Gewerbschulen. 2 Curse. Nürnb. 830. Riegel u. W. 1 ₰

– dass., s.a. Heideloff, Manfred

Heideloff, (C.,) Architekten. Zeichnungslehre f. politechn. Schulen. A. u. d. T.: die Lehre v. d. Säulenordnung &c. gr. Fol. Nürnb. 827, Campe.

Heideloff, C., Zeichnungslehre von den Ornamenten, nach den besten Mustern zusammengetragen. Nürnberg. Fol. 6 Hefte. 3 Thlr.

– dass., s.a. Heideloff, Manfred

Heideloff, Karl Alexander

Heideloff, Carl Alex. v., deutsches Fürsten- u. Ritter-Album der marianischen Ritterkapelle in Haßfurt. Mit genealog. Notizen u. Vorrede von A. v. Eye. gr. 4. (VIII 88 S. m. 2 Steintaf. u. 13 Chromolith.) Stuttgart 868. Frankfurt a/M. 873. J. St. Goar. n. 6. —

Heideloff, [Karl Alexander v.]. Costvm des Devtschen Ritterthvms. Heideloff del. Campe ex Fleischmann sc. [Nürnberg um 1830.]
Mit dem Tit. 12 Taf. in Kupferst. 4°.

Heideloff, C. A., Maximilian I., oder d. Zweikampf in Worms. 8. Gmünd, Ritter. 10 K

Heideloff, [Karl Alexander v.] [Polnisches Militair.] Heideloff del. Fleischmann sc. Nürnberg, bei Fr. Campe [1832].
11 Taf. in kol. Kupferst. 4°.
1 Taf. fehlt.

Heideloff, Manfr., Vorlege-Blätter f. techn. Schulen. I. u. II. Hft. Inh.: Griech. u. röm. Kapitäle. gr. Fol. (à 6 Stntaf.) Nürnberg 837, 38, Riegel u. Wiessner. à *

– dass., s.a. Heideloff, Karl

—— und J. Roffée, Vorübungen z. Freihandzeichnen f. Gewerbsschulen. 2 Curse. 4. Nürnberg 830, Riegel u. Wießner.

– dass., s.a. Heideloff, Karl

Heideloff, Manfred, Zeichnungslehre v. d. Ornamenten n. d. besten Mustern zusammengetr. 6 Hfte. qu. Fol. Nürnberg ..., Riegel u. Wießner. à Hft. 12 Gr.

– dass., s.a. Heideloff, Karl

Heideloff V.: Ansichten d. herzoglich-würtembergischen Landsizes Hohenheim nach der Natur gezeichnet u. durch kurze Beschreibungen erläutert. Nürnb. 1795. 32 kol. Tvl. m. Tekst (7 Tvl. mgl.). St. Fol.

Heideloff, Wilh., s.: Beschreibung v. Hohenheim.

Heidelstein [Schlagwort]

Heidelstein, s.: Bayern. Karte.

Heidemann

— s. auch Heidmann.

Heidemann, *Henricus Guilelmus* Adolphus [Berolinensis]: De Ciceronis in epistulis verborum ellipsis usu ... Berolini, typ. expr. G. Zahn & H. Baendel, Kirchhain N.-L., 1893; 2 Bl., 108 S., 1 Bl. 8.
Berlin, Phil. Fak., Inaug.-Diss. v. 8. Aug. 1893

Heidemann, Aug., 50 einstimmige Choräle für den Schulgebrauch nach den christl. Festen geordnet. gr. 16. Berlin 845, Plahn'sche Buchh. n. 1/6 ₰ (12 Expl. n. 1½ ₰)

—— Sang u. Klang f. Mädchenschulen. 3 Hfte. 16. Berlin (Plahn'sche Buchh.) à
Inhalt:
Hft. 1. 70 einstimmige Lieder. (5¾ B.) 844.
" 2. 80 zweistimmige Lieder. (5¼ B.) 844.
" 3. 47 meist mehrstimmige Lieder. (5¼ B.) 845.

Heidemann, Aug., Sang u. Klang für Mädchenschulen. In 3 Hftn. 1. Hft.: enth. 106 einstimm. Lieder. 2. verm. Aufl. 16. (IV u. 76 S.) Berlin 849, Plahn. — 2. Hft.: enth. 95 zweistimm. Lieder. 2. verm. Aufl. gr. 16. (IV u. 84 S.) Ebd. 847. à n. 1/6 ₰

Heidemann, Aug., Sang und Klang für Mädchenschulen. 1. Heft: enthltd. 106 einstimmige Lieder. 3. verm. Aufl., herausg. von Carl Colberg. Berlin 857. Gaertner. 16. (80 S.) n. 5 ngr

— — 2. Heft: enthltd. 95 zweistimmige Lieder. 3. Aufl. — 3. Heft: enthltd. 54 meist mehrstimmige Lieder. 2. Aufl. Berlin 853. Nitze. 16. (2 Bl., 84; 2 Bl., 84 S.) Jedes Heft n. 5 ngr

Heidemann, Aug., Sang und Klang für Mädchenschulen. 1. u. 2. Heft. 4. Aufl., herausg. von Carl Colberg. Berlin 862. Gaertner. 16. (80 S.; IV, 88 S.) Jedes Heft n. 5 ngr

Heidemann, Aug., Sang und Klang für Mädchenschulen. 3. Heft: enth. 54 meist mehrstimm. Lieder. 3. Aufl., hrsg. von Carl Colberg. gr. 16. (88 S.) Berlin 865, Gaertner. *

Heidemann, Aug., Sang u. Klang für Mädchenschulen. 1. u. 2. Heft. 5. Aufl. hrsg. von Carl Colberg. Berlin 867. Gaertner. 16. (80 S., IV, 84 S.) Jedes Heft n. 5 ngr

Heidemann, Aug., Sang und Klang für Mädchenschulen. (In 3 Heften.) 1. und 2. Heft. 6. Aufl. hrsg. von Carl Hering. 16. Berlin 874, Gärtner. à Heft * 50 Pf. *
Inhalt:
Heft 1. 106 einstimmige Lieder. (80 S.)
" 2. 95 zweistimmige Lieder. (88 S.)

Heidemann, Aug., Sang u. Klang für Mädchenschulen. In 3 Hftn. 2. u. 3. Hft. 16. Berlin 878. Gaertner. à n. — 50
2. 95 zweistimmige Lieder. 7. Aufl., hrsg. von Carl Hering. (88 S.) — 3. 50 mehrstimmige Gesänge. 4., veränd. u. verb. Aufl. von Thdr. Krause. (78 S.)

Heidemann, A., Sang und Klang für Knaben- und Mädchenschulen. 3 Hefte. Hrsg. von Thdr. Krause. 8. Berlin, Gaertner's Verlag. [1. Heft. 7. Aufl. (66 S.) 883; 2. Heft. 8. Aufl. (84 S.) 883; 3. Heft. 5. Aufl. (80 S.) 884.] à Heft - 50 Pf.

Heidemann, A., Sang u. Klang f. Knaben- u. Mädchenschulen. 3 Hfte. Hrsg. v. Thdr. Krause. 8. Berlin, Gaertner. à n. — 50
1. 7. Aufl. (66 S.) 883. — 2. 8. Aufl. (84 S.) 883. — 3. 5. Aufl. (80 S.) 885.

Heidemann, A., Sang u. Klang f. Knaben- u. Mädchenschulen. In 3 Hftn. 3. Hft.: enth. 18 einstimm. Choräle u. 44 zwei-, drei- u. vierstimm. Gesänge. 6. Aufl., hrsg. v. Th. Krause. gr. 8. (80 S.) Berlin 890. Gaertner. n. — 50

Heidemann, A., Sang u. Klang f. Knaben- u. Mädchenschulen. (In 3 Heften.) 3. Heft: enth. 18 einstimm. Choräle u. 44 zwei-, drei- u. vierstimm. Gesänge. 7. Aufl., hrsg. v. Thdr. Krause. (80 S.) 8. Berlin 905. Weidmann. n. — 50

Heidemann, August Wilhelm

Heidemann, Aug. Wilh., († d. 15. Oct. 1813.) zerstreute Blätter. 2 Bde. 8. Halle 796. (Osterloh). 1 Rthlr.

Heidemann, August Wilhelm (Stargard/Pommern), De conatu delinquendi. Diss. jur. Halle (I. C. Hendel) 8. V. 1799. 35 S. (5.50) 13872
Gew.: v. Scheibler.

Heidemann, A. W., das dicke Halstuch. Lstspl. in 1 A. 8. Berl. 796. (Wilke in Warschau). 3 Gr.

Heidemann, A. W., s. Marivaux, Amors Besuch.

— Rede üb. d. Pflichten d. Staatsbürger. 8. Königsb. Unzer. 803.

— Tugend u. Laster. Trspl. 8. Berl. 796. (Warschau, Wilke). 6 Gr.

— Weihnachts- od. Neujahrsgeschenk f. unverheirathete Frauenzimmer. Mit 1 Kpf. 8. Berl. 796.

— Zemire, od. Samml. unterhalt. Aufsätze. Mit 1 Kpf. 8. Halle 797. Hendel. 12 Gr.

Heidemann, E. F. Chr., Gedichte. Hrsg. v. d. christl. Frauen- u. Jungfrauenverein in Greifswald. 8. (XII u. 223 S.) Greifswald 852. Berlin, W. Schultze in Comm. n. 1/2 Rthlr.

Heideman, Ch. Architectura militaris od. Anlaitung wie auf unterschiedliche Arten starcke Böstungen zu bauen rc. Mit Taf. München 1664. 186 S. 4°

Heideman, Ch. Neu herfürgegebene Kriegs-Architectur. Mit Taf. München 1673. 39 S. 4°

Heidemann, Elisabeth

Heidemann, Elis., geb. Rabba, Anleitung zur Anfertigg. von Strick- u. Näharbeiten. Auszug aus dem Handbuch f. die Haushaltg. gr. 16. (IV, 44 S. m. Fig.) Essen 892. G. D. Baedeker. Kart. n. — 40

Heidemann, Elisabeth, Geschichten f. Kinder, s.: Kinderfreude.

Heidemann, E., geb. Rabba, Handbuch f. d. Haushaltung. Für Unterricht u. Selbstbelehrg. gr. 16. (XII, 115 S.) Essen 890. Baedeker. n. 1. 20; geb. n. 1. 50

Heidemann, Elis., geb. Rabba. Handbuch f. die Haushaltung. Für Unterricht u. Selbstbelehrg. 1. Aufl. (XII, 115 S.) 891; 2. Aufl. gr. 16. (XII, 145 S. m. Fig.) Essen 892, Baedeker.
1. Aufl. * 1 20; geb. * 1 50; 2. Aufl. cart. * — 75; geb. * 1 20

Heidemann, F. W. Praktische Bemerkungen über das Postwesen, mit besonderer Rücksicht auf das königl. Preuss. 8°. Weimar, Indust.-Compt., 1820.

— Darstellung des Postwesens in jedem deutschen Postbezirk und des Telegraphenwesens in Deutschland. Erfurt 1858. . . . . (KPA.)

Heidemann, F. W., Eisenbahn-Atlas. Karten über die Eisenbahnen, Dampfschifffahrten und bedeutenderen Postcourse in Deutschland und in den zu Oesterreich u. Preussen gehörenden nicht deutschen Ländern. Nebst Text. Berlin 859. Bosselmann. (Wiegandt & Hempel.) qu. 4. (7 lith. Karten m. 86 S. Text.) n. 15 ngr.

Heidemann, F. W., die Eisenbahnen nebst den dazu gehörenden Post-Coursen u. die Dampfschifffahrten in Deutschland. 1. Abth.: enthltd. die Eisenbahnen in Preussen, Sachsen, Hannover, Braunschweig, Kurfürstenthum u. Grossherzogthum Hessen, Weimar-Eisenach, Gotha, Nassau, Holstein, Lauenburg, Mecklenburg, und auf den Gebieten der freien Städte Frankfurt a. M., Hamburg, Lübeck u. Bremen. Merseburg 854. Garcke. 4. (VIII, 108 S. u. 10 lith. u. color. Karten in 4.) n. 1 Rthlr. 10 ngr.

— Handbuch d. Postgeographie d. königl. Preuß. Staaten, in Verbindung mit einer Postkarte. gr. 8. Weimar 819. Geograph. Institut, ohne Karte 2 Rthlr. mit Karte (2 Blatt) 3 Rthlr. 12 Gr. die Karte apart 1 Rthlr. 12 Gr.

Heidemann, F. W., Handbuch d. Postgeographie von Deutschl. 1r Thl.: diejenigen Länder, worin sich Fürstl. Turn- u. Taxische Posten befinden. Mit 1 Portr. gr. 8. Sondershaus. 822. Voigt in Ilmenau. 2 Rthlr.

Heidemann, (F. W.,) Handb. d. Postgeographie v. Deutschl. 2r Thl. Mit 1 Charte. gr. 8. Sondershausen 822. Voigt in Ulm. Rthlr.

— Handbuch für das correspondirende und Güter versendende Publikum sowie für die Beamten der Post und Eisenbahnen. Nach amtl. Quellen bearb. 2 Abthlgn. Nebst 1 (lithogr. und ill.) Karte über die Postbezirks- und Zollgrenzen rc. in Imp.-Fol.) gr. 8. Erfurt 857, Bartholomäus.

Inhalt:

Abthl. 1. Darstellung des Postwesens in jedem deutschen Post-Bezirk und des Telegraphenwesens in Deutschland. (VI und 143 S.)
„ 2. Darstellung der Bestimmungen und Tarife bei Beförderung von Normal-Fracht und Eilgut auf den deutschen Eisenbahnen, und der Zollgebiete in Deutschland. (VI und 180 S. mit 1 Tab. in gr. Fol.)

Heidemann, F. W. Karte vom Fürstlich Thurn- und Taxis'schen Post-Areal, betreffend die ordinairen Fahr-, Reit-, Kariol- und Boten-Posten. Weissensee 1822. 1 Bl. c. K.

Heidemann, F. W., Karte über die Schiffbarkeit der Flüsse und über die Dampfschiff-Course in Deutschland. Halle, Pfeffer, 1853. gr. Fol. Lith. u. kolor. . . (HC.)

Heidemann, F. W., Lehr- und Handbuch der Geographie von Preußen. Berlin 858. Wagner. gr. 8. (IV, 167 S.) n. 10 ngr.

— Ortschafts-Lexikon für den Post-, Eisenbahn-, Telegraphen- u. Schifffahrts-Verkehr in Deutschland u. in den zu Oesterreich u. Preußen gehörenden nicht deutschen Ländern. Mit genauen Nachweisungen über den deutsch-österreich. Post-Verein, die Ressort-Verhältnisse der Post-Verwaltungen, über die Eisenbahnen u. Telegraphen-Linien, nebst 2 (lith. u.) color. Karten von Deutschland (in gr. Fol.). Halle 853. Pfeffer. gr. 8. (VII, 254 S.) n. 1 ₰ 20 ngl

—— das Pferd, dessen Geschichte im Allgemeinen und im Besondern, mit Schilderung der verschied. Pferde und ihrer Racen in sämmtl. für die Pferdezucht bemerkenswerthen Ländern aller fünf Welttheile, so wie eine Darstellung vom Aeußeren des Pferdes. Für Pferdeliebhaber, Cavallerie-Offiziere, landwirthschaftl. und thierarzneil. Institute. gr. 8. (IX und 194 S. mit 2 lithogr. und ill. Karten in qu. gr. 4. und 2 Abbild. auf 2 Stnt.) Weimar 861, Voigt.

Heidemann, F. W., u. Hüttner, G. F. Das Postwesen unserer Zeit. Abhandlungen und Mittheilungen über alles Wissenswerthe in den Einrichtungen und Reformen des Postwesens aller Länder, des Postzeitungsvertriebes und aller dahin einschlagenden Zweige. 5 Theile in 2 Bänden. 8°. Leipzig 1854—1860.

Heidemann, F. W., Tarif-Buch für den Personen- und Güterverkehr der regelmässigen Dampfschifffahrten in Deutschland u. in den zu Oesterreich u. Preussen gehörenden nicht-deutschen Ländern. Nebst einem Verzeichniss der in Deutschland bestehenden grösseren Speditions-Anstalten. Berlin 862. Wagner. 8. (VIII, 148 S.) n. 20 ngr.

Heidemann, F. W., Transport-Karte v. Deutschland, enthalt. die Wasser-Straßen, durch Bezeichnung der Schiffbarkeit der Flüsse, deren Verbindung durch Kanäle, u. der besteh. Dampfschiffahrt, — und die Land-Straßen, durch Angabe der Kunst-Straßen u. Eisenbahnen. Imp.-Fol. Leipzig 836. Breitkopf u. Härtel. Ill. 3/4 ₰

— die Europäische und Asiatische Türkei. Geographisch-topographisch beschrieben, mit alphabetischer Aufführung der Städte u. bemerkenswerthesten Flecken u. Orte, nebst Inseln, mit besonderer Rücksicht auf den jetzigen Kriegsschauplatz. Merseburg 854. Garcke. gr. 8. (2 Bl., 45 S.) n. 8 ngl

— Verzeichniß sämmtl. Course der reitenden Posten in der Preuß. Monarchie, mit Bemerkung des Abgangs u. der Ankunft dieser Posten, in Verbindung mit dem Handbuche der Preuß. Postgeographie nebst d. Postkarte. gr. 8. Weimar 819. Geograph. Institut. 18 ql

—— die Wasserstraßen in Deutschland und in den zu Oesterreich und Preußen gehörenden nicht-deutschen Ländern. 1. Abthl.: Schiffbare Flüsse; — schiffbare Kanäle; — schiffbare Strand- und Landseen; — Seeschifffahrten. 8. (VII und 136 S.) Berlin 862, Wagner. *

Heidemann, F. W., topographisch-statistisches Wörterbuch der teutschen Bundesstaaten, 1e Abthl, 1r u. 2r Bd. A. u. d. T.: Topograph.-statist. Wörterbuch der Preuß. Monarchie. Mit einem Stammbaum des Preuß. Königshauses u. e. Anhang, enthalt.: 1) Die Darstellung der Entstehung der Preuß. Monarchie, deren Lage, Größe, phys. Beschaffenheit, Kultur des Bodens, Kunstfleiß, Handel, wissenschaftl. Kultur, Staatsverfassung u. Verwaltung, nebst Tabb. über die Eintheilung des Staats und der Regierungsbezirke, über die Bezirke der Ober-Landesgerichte u. über die Eintheilung der Armee, mit Angabe d. Cantonirung. 2) Die geograph.-topograph.-statist. Beschreibung des Fürstenthums Neufchatel. 2 Bde. A.—Z. gr. 8. Leipzig 836. Breitkopf u. Härtel. 3 ₰

Heidemann, Gust. (geb. Goritz 1812): De hypochondriae caussis. Berolini (1838). (31 S.) 8°
Berlin, Med. Diss. v. 26. Sept. 1838

Heidemann, Gustav Über Lessings Emilia Galotti. 21 S. *Saarburg* 1881. Progr.

Heidemann, H(enr.) E(wald.) R(einold.) (geb. Koslin 17. 2. 1831): De meningitide tuberculosa infantium acuta. Berolini (1854). (31 S.) 8°
Berlin, Med. Diss. v. 19. Dez. 1854

Heidemann, J., die Beguinenconvente Essens, s. Beiträge zur Geschichte von Stadt und Stift Essen.

Heidemann, J. Ant., vollständ. Theorie der Elektricität. 2 Bde. m. K. gr. 8. Wien, Wappler. 799.

— — dass. gr. 8. Wien, Camesina. 805.

Heidemann, Jos., Papst Clemens IV, s. a. Studien, kirchengeschichtliche. VI. 4.

Papst Clemens IV. Eine Monographie von Joseph Heidemann. T. 1. *Münster: H. Schöningh 1903.* 8°
— Studien, Kirchengeschichtliche. Bd 6, H. 4.

Heidemann, Joseph, Kaplan in Potsdam: Die englische Legation des Cardinals Guido Fulcodi, des spaeteren P. Clemens IV. *Münster i. W. 1904: Westfäl. Vereinsdruckerei.* (81 S.) 8°
¶ (Erschien vollst. [u. d. T.: Papst Clemens IV. Eine Monographie] als: Kirchengeschichtl. Studien, Bd 6, H. 4.)
Breslau, Kath.-theol. Diss. v. 4. Aug. 1903

Heidemann, Jul., Peter v. Aspelt als Kirchenfürst u. Staatsmann. Ein Beitrag zur Geschichte Deutschlands im 13. u. 14. Jahrh. gr. 8. (V, 324 S.) Berlin 875. Weidmann. n. 6. —

Heidemann, Jul., die Mark Brandenburg unter Jobst von Mähren. gr. 8. (VIII, 260 S.) Berlin 881. W. Weber. n. 5. —

— Geschichte d. grauen Klosters zu Berlin. Mit 4 (Holzschn.-)Taf. gr. 8. (VIII, 351 S.) Ebend. 874. n. 8. —

Zu der öffentlichen Prüfung ... des Berlinischen Gymnasiums zum grauen Kloster ... ladet ... ein der Director .. Inhalt: Abhandlung des Dr. Julius Heidemann: Hatto I, Erzbischof von Mainz, vom Jahre 891—913. .. 1865. 4°.

Heidemann, Julius: Die deutsche Kaiseridee und Kaisersage im Mittelalter und die falschen Friedriche. *Berlin: R. Gaertner 1898.* (40 S.) 4°
Berlin, Berlinisches G z. grauen Kloster, OP 1898 (51)

Heidemann, Julius (geb. Regenwalde in Pomm. 20. 7. 1834): Platonis de ideis doctrinam quomodo Kantius et intellexerit et excoluerit. Berolini (1863). (62 S.) 8°
Berlin, Phil. Diss. v. 27. Juni 1863

Heidemann, J., die Reformation in der Mark Brandenburg. gr. 8. (VIII, 363 S.) Berlin 889. Weidmann. n. 5. —

Heidemann, Julius. Studien zu Ekkehards IV. Casus St. Galli. [A.] 8. [Göttingen 1868.]

Heidemann, J. Ein Tagebuch des brandenburgischen Kanzlers Lampert Distelmeier. 22 S. Progr. Klost. *Berlin* 1885.

— ein Tagebuch d. brandenburgischen Kanzlers Lampert Distelmeier. 4. (22 S.) Berlin 885. Gaertner. n. 1.—

Heidemann, Jul.: Vorarbeiten zu einer Geschichte des höheren Schulwesens in Wesel. Erste Abtheilung 1516 bis 1543. 42 S. – Zweiter Theil. – Wesel, Progr. 1853/59.

Heidemann, Leo, a. Kl. Strenz (Schlesien): Die territoriale Entwicklung Lacedämons und Messeniens bis auf Alexander. (§ 1. A. Die dorische Wanderung.) (Berlin: Weidmann 1904.) (53 S.) 8° ¶ Ersch. vollst. in: Quellen u. Forschungen zur alten Gesch. u. Geogr.)
Berlin, Phil. Fak., Ref. Ed. Meyer, Sieglin, Diss. v. 3. Dez. 1904
[Geb. 17. März 80 Klein-Strenz b. Breslau; Heimatsort: Berlin; Staatsangeh.: Preußen; Vorbildung: Friedrich-Werdersches Gymn. Berlin Reife O. 00; Studium: Berlin 8 S.; Rig. 19. Mai 04.]

Heidemann, Leo [Referendar]: Die widerrechtliche That und der schuldhafte Wille beim einfachen Hausfriedensbruch ... Greifswald, Druck v. J. Abel, 1890; 42 S. 8.
Greifswald, Jur. Fak., Inaug.-Diss. v. 1890

Heidemann, *Julius* Max [pr. Arzt]: Ueber die Todes-Ursache nach der Ascites-Punction bei Leber-Cirrhose ... Berlin, gedr. bei L. Schumacher, 1894; 30 S., 1 Bl. 8.
Berlin, Med. Fak., Inaug.-Diss. v. 13. Juli 1894

Heidemann, Paul, zur Entwicklung des deutschen Sparkassenwesens unter besond. Berücksicht. der Postsparkassenfrage. (116 S. u. 15 S. Tab.) gr. 8. Halle 907. C. A. Kaemmerer & Co. 2. —

Heidemann, Paul, a. Treptow (Rega), Kaiserlicher Postinspektor in Halle (Saale): Zur Entwicklung des deutschen Sparkassenwesens unter besonderer Berücksichtigung der Postsparkassenfrage. Halle a. S. 1907 (C. A. Kaemmerer & Co.). (116 S., 8 Tab.) 8°
Heidelberg, Phil. Fak., Ref. Gothein, Diss. v. 20. Aug. 1907
[Geb. 20. Sept. 72 Treptow; Wohnort: Halle; Staatsangeh.: Preußen; Vorbildung: Gymn. Treptow Reife M. 91; Studium: Berlin 10 S.; Rig. 21. Juni 07.]

Heidemann, (Ern.) Rud. (geb. Lichtenau in Westf. 19. 2. 1842): De myelitide. Berolini (1865). (30 S.) 8°
Berlin, Med. Diss. v. 5. Aug. 1865

Heidemann, Th., s. Heydemann.

Heidemann, Theo. Albr. (wirkl. Name)
s.a. Albrecht, Carl (Pseud.)

Heidemann, Theoph. Albr., Adeon u. Euryone, od. die Gewalt d. Liebe; e. mytholog. Dichtung. 16. Berl. 798. Schmidt. 10 gr.

— s. Cartouche.

Heidemann, Thphl. Albr., romant. Dichtungen. 8. Liegn. 811. Kuhlmey. 12 gr.

— s.a. Diogenes, od. d. Mann mit d. Laterne.

DIOGENES oder der Mann mit der Laterne. I. (einz.) Quartal. (Vf.: *Theophil Albrecht Heidemann.*) Leipzig 1811.
Anon.-Lex. I., 407 (nach Kayser u. Meusel).

— Memnons Harfe u. Titans Strahl, od. üb. die Wirkungen der Phantasie. gr. 8. Leipz. (811). Joachim. 4 gr.

— s. Mansion, d. Miniaturmalerei.

— Mnemosyne, od. üb. die Wirkungen der Phantasie. 8. Berl. 798. Franke, (Barth in Leipz.) 3 gr.

— üb. den Nationalhaß der Engländer gegen die Franzosen. 8. Berl. 798.

— sanfte Naturschwärmereien f. d. höhern Lebensgenuß. 2 Bdchn. 8. Leipz. 798. Fr. Fleischer. 20 gr. holländ. Pap. 1 Rthl. 8 gr.

Heidemann, Theoph. Albr.: Papierblümchen und Novellen....
s. Albrecht, Carl (Pseud.)

Heidemann, Dr. (in Breslau), Neue und wichtige Verhandlungen über die „öffentlichen Freudenhäuser" (in Breslau). Mit critischen Bemerkungen und einer Designation sämmtlicher in der Stadt und den Vorstädten Breslaus befindlichen Bordelle. Ebd., C. F. Barth, 1810. 8°. 29 S.

— neue u. wichtige Verhandll. üb. die öffentl. Freudenhäuser, mit krit. Bemerkk. u. e. Designation sämmtl. in hiesiger Stadt befindl. Bordellen. 8. Bresl. 810. Haläufer. 4 gr.

— s. Voutier, Gemälde v. Griechenland.

HEIDEMANN, Dr., Was ist für und wider die öffentlichen Freudenhäuser zu sagen? Breslau, Kunst- u. Industrie-C., 1810. 8°. Selten! (4 ggr.) (1 Mk. 50 Pfg. G. Priewe 1895; 3 fl. Gilhofer & Ranschburg, c. 1888.)

— was ist für u. wider die öffentl. Freudenhäuser zu sagen? 8. Bresl. 810. Max u. Comp. 4 gr.

— s. Watin, Kunst d. Staffirmalers.

Heidemann, Wilh. [aus Bergeborbeck (Rheinland)]: Ueber partielle Rhinoplastik nebst Mitteilung eines neuen Falles.... Greifswald, Druck v. Julius Abel, 1890; 26 S. 8°
Greifswald, Med. Fak., Inaug.-Diss. v. 30. Jun. 1890

Heidemeyer, F. W., die Heimat des Lehrers, s.: Sammlung pädagogischer Vorträge.

Heidemeyer, F. W., Wohlthätigkeits- od. Rechtskasse? Ein Vermittelungsvorschlag u. zugleich e. Beleuchtg. der Denkschrift: „Die rhein. Pestalozzistiftg." 8. (26 S.) Hagen i/W. 890. Rath. n. — 50

Heidemüller, Gustav

Heidemüller, G., Johann Kalvin. Ein Lebensbild. Zum 400jähr. Geburtstag d. Reformators dargest. (132 S.) 8. Wittenberg 909. P. Wunschmann. 1.25; kart. 1.60

Heiden, aller, Trost. Kleine Schriften f. Heidenmission. Nr. 1—3. 8. Leipzig, Verl. d. Akadem. Buchh. à n. — 10
1. Der Missionskirchhof in Westafrika. Von Frdr. Ahlfeldt. (13 S.) 895.
2. Freud' u. Leid in d. Mission. Von G. Kurze. (16 S.) 895.
3. König Bamba od. Gekauft u. verkauft. Von Frdr. Ahlfeld. (10 S.) 896.

Heiden, fromme. 1. und 2. Aufl. 8. (48 S.) Basel 877,79. Missionsbuchhandlung. *

Heiden, fromme. 2. Aufl. 8. (48 S.) Basel 878. Missionsbuchhandlung. n. — 30

Heiden, der, Not, der Christen Pflicht. 8. (16 S. m. Abbildgn.) Basel 894. Missionsbuchh. n. — 10

Heiden, der, Not, der Christen Pflichten. 2. Aufl. 8. (16 S. m. Abbildgn.) Basel 899. Missionsbuchh. n. — 10

Heiden, die, u. wir, s.: Missionsschriften f. Kinder. Nr. 49.

Heiden, Adf., Silberarbeiten für Ihre K. Hoheiten den Prinzen und d. Prinzessin Wilhelm von Preussen, s. Ende, Herm.

Heiden, E.

— — Der Bau der Trocken-Docks im Arsenal des österr. Lloyd in Triest und im Arsenale der k. k. Kriegsmarine in Pola. Mit 9 lith. Tfln. Graz 1873. Fol.

Heiden, E., Anna Boleyn. Historisches Trauerspiel in 5 Aufzügen. gr. 8. (III, 60 S.) Fürth 887, [Eßmann.] Schmittner. *

Heiden, E., Gedichte. 8. (VIII, 174 S.) Leipzig 883, Breitkopf und Härtel. *M 3.; geb. *

—— Köpnickerstraße 120, s. Moser, G. v.

Heiden, E. u. F. Stahl. Der Herr Major auf Urlaub, s. Universal-Bibliothek Nr. 2537.

Heiden, Eduard

Heiden, Ed., die wissenschaftliche Abtheilung, s.: Berichte üb. die internationale landwirthschaftliche Ausstellung zu Bremen.

Heiden E.: Beiträge z. Ernährung d. Schweines. H. 1. Unter Mitwirk. v. F. Voigt. Hann. u. Leipz. 1876. 119 S.
(Mittheilungen aus der Versuchsstation Pommritz).

Heiden, Ed., Beiträge zur Ernährung des Schweines. 2. Hft. Ueber die Verdaulichkeit u. den Futtereffect der sauren Milch u. der Kartoffeln, sowie der Erbsen-, Mais- u. Gerstensamen m. Kartoffeln, resp. Stärkemehl u. saurer Milch in verschiedenem Nährstoffverhältnisse verabreicht. Unter Mitwirkung von Frz. Voigt u. Th. Wetzke. gr. 8. (IV, 176 S.) Hannover 877. Cohen. n. 4. 75
(1. u. 2.: n. 9. 25)
Das 1. Heft bildet: Heiden, E., Mittheilungen von der Versuchsstation Pommritz.

Heiden, Ed., Bericht über die Arbeiten der landwirthschaftl. Versuchs-Station des königl. sächsischen Markgrafenth. Oberlausitz zu Pommritz im J. 1868—1869. Stuttgart 870. Hannover, Cohen & Risch. gr. 8. (112 S. mit 3 Tabb. in qu. 4.) n. 16 ngr.

—— und P. Pietrusky, Bericht des Culturvereins für die Provinz Preußen über die im J. 1866 angestellten Düngungs- und Anbauversuche mit 60 Kartoffelsorten, s. Pietrusky, P.

— die Düngerlehre, s.: Bibliothek, landwirthschaftliche.

— die Düngerlehre, s.: Volksbücher, landwirthschaftliche.

— Die Düngerlehre in populär-wissenschaftlicher Darstellung. Berl. 1875. 144 S.

— die menschlichen Excremente in national-öconomischer, hygienischer, finanzieller u. landwirthschaftlicher Beziehung, mit besonderer Berücksichtigung der verschiedenen Systeme der Ansammlung u. Verwerthung derselben. gr. 8. (VII, 96 S.) Hannover 882. Cohen. n. 1. 50

Heiden, Eduard.
Ueber das Keimen der Gerste. Berlin, 1859. 8vo.

Heiden, Ed., Lehrbuch der Düngerlehre. Zum Gebrauch bei Vorlesungen an den höheren landwirthschaftl. Lehranstalten und zum Selbstunterricht. 2 Bde. gr. 8. Stuttgart 867,68, Cohen und Risch.
Inhalt:
Bd. 1. Theoretischer Theil. (XVIII und 446 S.) 2 Thlr.
„ 2. Practischer Theil. (XXII und 621 S. mit 3 lithogr. und ill. Taf. Baurisse.) 2 Thlr. 22½ Ngr.

—— Lehrbuch der Düngerlehre. 3. Bd.: Statik des Landbaues. Zum Gebrauch bei Vorlesungen an den höheren landwirthschaftl. Lehranstalten und zum Selbstunterricht. gr. 8. (XV, 368 S.) Hannover 871, Cohen und Risch.
1. und 2. Bd. Ebendas. 1867,68. M 14,25.

—— Lehrbuch der Düngerlehre. Zum Gebrauch bei Vorlesungen an den höheren landwirthschaftl. Lehranstalten und zum Selbstunterricht. 2. verm. und verb. Aufl. 1. Bd. 1. Abthl.: Theoretischer Theil. gr. 8. (VIII, 240 S.) Hannover 879, Cohen's Verlag. *

—— Lehrbuch der Düngerlehre. Zum Gebrauch bei Vorlesungen an den höheren landwirthschaftl. Lehranstalten und zum Selbstunterricht. 1. Bd. 2. (Schluß-)Abthl: Theoretischer Thl. gr. 8. (XV, S. 241—618.) Ebendas. 880. *
1. Bd. 1. Abthl. Ebendas. 1879. *M 4.

—— dass. — 2. verm. und verb. Aufl. 2. Bd.: Praktischer Thl. 2 Abthlgn. gr. 8. Ebendas. [1. Abthl. (S. 1—304.) 881. *M 5,75.; 2. Abthl. (S. 305—576.) 884. *M 3.] *

Heiden, Ed., Lehrbuch der Düngerlehre. Zum Gebrauch bei Vorlesungen an den höheren landwirthschaftl. Lehranstalten und zum Selbstunterricht. 2. verm. und verb. Aufl. 2. Bd.: Praktischer Theil. 3. (Schluß-)Abthl. gr. 8. (XXII, S. 577—1036 mit 3 Taf. Baurissen in Buntdr.) Hannover 887, Cohen. *
1. Bd. und 2. Bd. 1. und 2. Abthl. Ebendas. 1879—84. *M 16.75. — 1. und 2. Bd. zusammen genommen *M 19.50.; geb. *M 22.50. — 1. Bd. einzeln *M 9.—; geb. *M 10.50. — 2. Bd. einzeln *M 12.—; geb. *M 13.50. — 3. Bd. u. d. T.: Statik des Landbaues. Ebendas. 1870. [*M 6.75.] *M 4.—.

—— Leitfaden der gesammten Düngerlehre und Statik des Landbaues. 8. (XIX, 255 S.) Hannover 878, Cohen und Risch. *

— Leitfaden der gesamten Düngerlehre u. Statik des Landbaues. 2., verm. u. verb. Aufl. 8. (XIX, 265 S.) Ebend. 882. n. 3. —

Heiden, Ed., Leitfaden der gesamten Düngerlehre u. Statik d. Landbaues. 3., verm. Aufl., umgearb. von Herm. Gräfe. 8. (XVI, 287 S.) Hannover 892. Ph. Cohen. Kart. n. 3. 25

—— Mittheilungen von der Versuchsstation Pommritz. Beiträge zur Ernährung des Schweines. 1. Heft: Ueber die Verdaulichkeit und den Futtereffect der Erbsen-, Mais- und Gerstensamen, sowie der Roggenkleie. Unter Mitwirkung von Frz. Voigt. gr. 8. (119 S.) Hannover 876, [Cohen und Risch.] Cohen's Verlag. *

—— die Phosphorsäure in ihren Beziehungen zur Landwirthschaft. gr. 8. (VIII und 143 S.) Berlin 865. [Stuttgart, Cohen und Risch.]

—— Untersuchungen über die zweckmäßigste Ernährung des Schweines. [Titel-Ausg. der „Beiträge zur Ernährung des Schweines".] 2 Hefte in 1 Bd. gr. 8. (V, 119 und IV, 176 S.) Hannover 879, Cohen's Verlag. *

— Untersuchungen über die zweckmäßigste Ernährung des Schweines. [Titel-Ausg. der „Beiträge zur Ernährung des Schweines".] 2 Hfte. in 1 Bd. gr. 8. (V, 119 u. IV, 176 S.) Ebend. 880. n. 7. 50

Heiden E., Gruber C. v., Brunner L.: Versuche mit Rindvieh. Einfluss d. Fütterung v. rohen u. gedämpften Kartoffeln auf die qualitative u. quantitative Beschaffenheit d. Milch. U. St. o. A. (23) S. (Udsnit). P.

Heiden E.: Die landwirthschaftlichen Versuchsstationen. Vortrag. Leipz. 1873. 22 S. (Særtr.). P.

Heiden, E., die landwirthschaftlichen Versuchsstationen. Vortrag geh. in der Versammlg. der sächs. Landwirthe am 26. Mai 1873 zu Bautzen. 2. Aufl. gr. 8. (22 S.) Leipzig 874. Schmidt & Günther. — 30

Heiden, Ed., Alex. Müller u. Karl v. Langsdorff, die Verwerthung der städtischen Fäcalien. Mit 50 Holzschn. Lex.-8. (XVI, 467 S.) Hannover 885. Cohen. n. 9. 50

Heiden, Ed., Wie wird schwerer, roher Boden [Neuland] fruchtbar gemacht? Resultate 14jähr. Versuche und Untersuchungen. Unter Mitwirkung von Fr. Voigt, E. Glintz und Th. Wetzke. gr. 8. (VIII, 312 S.) Hannover 883, Cohen's Verlag. *

— die Wirkung d. Gypses auf Klee, s.: Georgika.

Heiden, Else v. der (Frl. Else v. Huber), Bettelkinder, s.: Miniatur-Bibliothek, deutsch-österreichische. Bd. 2. 3.

Heiden, Else v. der (Else Doerfler), Jugenderzählungen. (VII, 158 S. m. Titelbild.) 8. Dresden (907). E. Pierson. 2.—; geb. n 2.50

– Sonntags-Geschichten, s.: Jugendperlen 23. Bd.

Heiden, G. Bleyer, s. Bleyer-Heiden.

Heiden, Hans, Gesänge. (VIII, 286 S.) gr. 8. Dresden 905. E. Pierson. n. 4.—; geb. n. 5.—

Heiden, Harduin, über Heterotopien im Rückenmark, s.a. Abhandlungen, Münchener medicinische.

Heiden, Harduin [cand. med. aus München]: Ueber Heterotopien im Rückenmark ... München, J. F. Lehmann, 1894; 26 S. 8.
München, Med. Fak., Inaug.-Diss. v. 1894

Heiden, Heinrich [Lehrer in Rostock]: ... Ascidiae aggregatae und Ascidiae compositae von der Insel Menorca ... M. 1 lithogr. Taf. (Aus: Zool. Jahrb. Abth. f. System., Bd VII.) Jena, G. Fischer, 1893; 28 S., 1 Taf. 8.
Rostock, Phil. Fak., Inaug.-Diss. v. [9. Jan.] 1893

[Umschlagt.:] **Heiden,** Heinrich [Apotheker aus München]: Anatomische Characteristik der Combretaceen ... (Aus: Bot. Centralbl., Bd LV No 12/13 u. Bd LVI No 1/8.) *Cassel, Druck Gebr. Gotthelft,* 1893; 61 S., 1 Taf. 8.
Erlangen, Phil. Fak., Inaug.-Diss. v. 1893

Heiden, J., Frankfurter Haushaltungsrechnungen. Hrsg. vom Arbeitersekretariat Frankfurt a. M. Frankfurt a. M., 1907. 22 S. mit 1 Taf. [Ld 17

Heiden, Jos[ef] auf der: Aus der chirurgischen Klinik zu Bonn. Über 2 Fälle von Ersatz von Unterkieferstücken nach Partsch und Riegner. *Bonn 1898: K. Drobnig.* (36 S.) 8°
8. Bonn, Med. Diss. v. [11. Juni] 1898

Heiden, Max, Handwörterbuch f. Textilkunde aller Zeiten u. Völker. Für Studierende, Fabrikanten, Kaufleute, Sammler u. Zeichner der Gewebe, Stickereien, Spitzen, Teppiche u. dergl., sowie f. Schule u. Haus. (VI, 664 S. m. 356 Abbildgn. u. 16 Taf.) Lex.-8. Stuttgart 904. F. Enke. n. 20.—; geb. in Halbfrz. n. 22.50; Probeheft 2.40

Heiden, Max, Motive. Sammlung v. Einzelformen aller Techniken d. Kunstgewerbes, als Vorbilder u. Studienmaterial hrsg. (In 30 Doppelhftn.) 1.—8. Hft. Fol. (40 Taf.) Leipzig 890. Artur Seemann. In Mappe. Subscr.-Pr. à Doppelhft. n. 2.—

Heiden, Max. Motive. Sammlung v. Einzelformen aller Techniken d. Kunstgewerbes, als Vorbilder u. Studienmaterial hrsg. 60 Hefte. gr. Fol. (300 Taf. m. 8 Bl. Text.) Lpz. 890—92, A. Seemann. Subskr.-Pr. à Doppelheft * 2 —; in Mappe * 64

Heiden, Max, Muster-Atlas f. Industrie u. Kunstgewerbe. Darstellung v. Formen u. Dessins aller Zeiten u. Völker. 1. Bd. 1895/96. 24 Hfte. gr. 4. (à Hft. 6 Taf. m. 1 Bl. deutschem, französ. u. engl. Text.) Leipzig 895. E. Wartig's Verl. à Hft. n. 1.—

— Berliner Spitzen-Ausstellung 1905. Die wichtigsten Stücke der Berliner Spitzen-Ausstellg. 1905. Unter Mitwirkg. von Frl. Marie v. Bunsen hrsg. (32 Lichtdr.-Taf. m. IV S. Text. gr. Fol. Plauen 906. Ch. Stoll. In Mappe n. 32.—

Heiden, Max, die Textilkunst des Altertums bis zur Neuzeit. Eine Übersicht ihrer techn. u. stilgeschichtl. Entwickelg. (XVI S. u. 480 Sp. m. Abb.) Lex. 8. Berlin 909. Berliner Central-Verlag. Geb. 6.—

Die Textilkunst des Altertums bis zur Neuzeit. Eine Übersicht ihrer technischen u. stilgeschichtl. Entwickelung bearb. von Max **Heiden.** Berlin: Oestergaard 1909. XVI S., 480 Sp. 4°
(Das Wissen. Beil.) A 12. 11048

—, s. Uebersicht über die heraldische Ausstellung ...

Heiden, Nikolaus Adam

Heiden, Nikl. Adm., Anleit. zur Kenntniß d. Dichtkunst des alten Roms u. dessen vorzügl. Dichter. Aus d. Französ. mit Anmerkk. 2 Thle. 8. Nürnb. 815. Geyer. 1 Rthl. 4 gGr.

NIKOLAUS ADAM HEIDEN, Denkmal der Freundschaft dem verewigten Herrn Karl Wissmüller, Diakonus an der Haupt- und Pfarrkirche zu St. Lorenz errichtet im Namen des pegnesischen Blumenordens. Nürnberg 1822. 4o.

Heiden, Nikl. Adm., s. Sabinus, Julius.

– s. Versuche, poetische.

Heiden, P. D. D., vollständiger Briefsteller für das Geschäfts- u. Familienleben. Ein Hülfsbuch für alle Stände bei Abfassung von Briefen, Aufsätzen u. Documenten, Anzeigen rc. Nebst Angaben über Briefstyl, Titulaturen, das Postwesen u. sonstige Angelegenheiten, sowie einem Anhange, enth. Stammbuchsaufsätze u. das deutsche Wechselrecht. Herausg. unter Mitwirkung Mehrerer. Bielefeld 853. Helmich. 8. (XIV, 271 S.) 12½ ngr

v. Heiden, Rud., Grundriß e. Staatsverfassung des heil. Römischen Reichs. 8. Frankf. a. M. 752. Hechtel. 16 gGr.

Heiden-Herrdegen, Hans, Katharina Lanz, das Mädchen v. Spinges. 3 Bilder aus der Heldengeschichte Tirols. (VI, 76 S.) 8. Wien 909. C. Konegen. 1.25

Heiden-Rostock, H., Beitrag zur Algenflora Mecklenburgs. gr. 8. (18 S.) Güstrow 888, (Opitz und Comp.) *
Aus: Archiv der Freunde der Naturgeschichte in Mecklenburg, besonders abgedruckt.

Heidenau, J., der Hypnotiseur. Dramatischer Scherz in 1 Act. gr. 8. (24 S.) Berlin (901). M. Böhm. 1.50

Heidenbote: Der evangelische Heidenbote
① Organ der Evangelischen Missionsgesellschaft in Basel (1919—1925). Monatsblatt der Evangelischen Missionsgesellschaft in Basel (1926 cont., seit 1928 nur auf dem Heftumschlag). Es soll nicht durch Heer und Kraft, sondern durch meinen Geist geschehen, spricht der Herr Zebaoth. Sacharja 4, 6 (Juni 1914 cont.) ⑤ 1. 4. 1828 (cont.) ⑥ 4° (1828—1838. 1845—1912, vergr. 1873); 8° (1839—1844. 1913 cont.) ⑦ alle 14 Tage (1. 4. 1828—15. 11. 1838). Monatsblatt (Dezember 1838 cont.) ⑧ Basel: J. G. Neukirch (1828—1856). Felix Schneider (L. Geering) (1857—1860), Felix Schneider (1861—Januar 1890), Adolf Geering (Februar 1890—1900), Basler Druck- und Verlagsanstalt (1901—1944). Karl Werner AG (1945 cont.) ⑩ Missions-Institut zu Basel (1828—1838), Evangelische Missions-Gesellschaft in Basel (1839 cont.) ⑭ Bs: U; Be: L (die älteren Jahrgänge unvollständig) ⑮ Der Heidenbote enthält die Berichte der Missionäre der Gesellschaft und wendet sich an einen weiteren Leserkreis als das Evangelische Missionsmagazin. Regelmässig illustriert seit 1859.

Heidenbote, der evangelische, herausg. v. der Comité der evangel. Missionsgesellschaft in Basel. 1r u. 2r Jahrg. 1828 u. 29 gr. 4. Basel, Neukirch. à J. 18 gGr. (a. Spittler das.) 16 gGr.

Heidenbote, der evangel., hrsg. v. d. Committee d. evangel. Missionsgesellschaft in Basel. 1—8. Jahrg. 1828—35. à 26 Nrn. (½ B.) gr. 4. Basel, Spittler. à J.

Heidenbote, der evangel., hrsg. von d. Committee d. evangel. Missionsgesellschaft in Basel. (9—15. Jahrg.) 1836—42. à 26 Nrn. (à 1/2 Bog.) gr. 4. Basel, (Bahnmaier's Bh.) à J.
1—8. Jahrg. 1828—35. Ebendas. à 12 Gr.

Heidenbote, der evangelische, hrsg. von der Committee der evangel. Missionsgesellschaft in Basel. Jahrg. 1843—47. (16—20. Jahrg.) à 12 Nrn. (Bog.) 4. Basel. (Bahnmaier.) à J.
1—15. Jahrg. 1828—42. Ebendas. à J. 15 Ngr.

Heidenbote, der evangelische. 1848—52. (30—34. Jahrg.) à Jahrg. 12 Nrn. (Bog.) gr. 4. Basel, (Bahnmaier's Buchh. — Schneider.) à Jahrg. *
Vgl. 10. Bd. 1. Abthl. S. 347.

Heidenbote, der evangelische. Jahrg. 1853—56. à Jahrg. 12 Nrn. gr. 4. Basel, (Bahnmaier's Buchh. — Schneider.) [Jahrg. 1853 und 1854. à * 15 Ngr., 1855 und 1856. à Jahrg. * 14 Ngr.] *
Vgl. 11. Bd. 1. Abthl. S. 403.

Heidenbote, der evangelische. Jahrg. 1857—59. à Jahrg. 12 Nrn. (à 1—1 1/2 Bog.) gr. 4. Basel, (Bahnmaier's Verlagsh. — Schneider.) à Jahrg. *

—— dass. — Im Auftrag der Kommittee hrsg. von A. Ostertag. Jahrg. 1860 und 1861. à Jahrg. 12 Nrn. (à 1—1 1/2 Bog.) gr. 4. (Ebendas.) à Jahrg. *

Heidenbote, der evangelische. Im Auftrag der Kommittee hrsg. von A. Ostertag. Jahrg. 1862. 12 Nrn. (à 1—1 1/2 Bog.) gr. 4. Basel, (Bahnmaier's Verlag. — Schneider.) *

—— dass. — hrsg. von Josenhans. Jahrg. 1863—67. à Jahrg. 12 Nrn. (à 1—1 1/2 Bog.) gr. 4. (Ebendas.) à Jahrg. *

Heidenbote, der evangelische. Im Auftrag der Komittee hrsg. von Josenhans. 41.—47. Jahrg. 1868—1874. à Jahrg. 12 Nrn. (à 1—1 1/2 Bog. mit eingedr. Holzschn.) 4. Basel, Bahnmaier's Verlag. — Schneider. à Jahrg. *

Heidenbote, der evangelische. Im Auftrag der Kommittee hrsg. von Josenhans. 48.—50. Jahrg. 1875—1877. à Jahrg. 12 Nrn. (à 1—1 1/2 Bog. mit eingedr. Holzschn.) gr. 4. Basel, (Bahnmaier's Verlag. — Schneider.) Jahrg. 1875 und 1876 à * Jahrg. 1877 *

—— dass. — 51. und 52. Jahrg. 1878 und 1879. à Jahrg. 12 Nrn. (Bog. mit eingedr. Holzschn.) Imp.-4. Basel, Missionsbuchh. à Jahrg. *

Heidenbote, der evangelische. Im Auftrag des Kommittee hrsg. von Schott. 53.—57. Jahrg. 1880—1884. à Jahrg. 12 Nrn. (Bog. mit eingedr. Holzschn.) Imp.-4. Basel, Missionsbuchhandlung. à Jahrg. *

Heidenbote, der evangelische. Hrsg. von J. Riggenbach. 58. Jahrg. 1885. 12 Nrn. (Bog. mit eingedr. Holzschn.) Imp.-4. Basel, Missionsbuchhandlung. *

—— dass. — Hrsg. von Th. Oehler. 59. Jahrg. 1886. 12 Nrn. (Bog. mit eingedr. Holzschn.) Imp.-4. Ebendas. *

—— dass. — Hrsg. von Ch. Römer. 60. und 61. Jahrg. 1887 und 1888. à Jahrg. 12 Nrn. (Bog. mit eingedr. Holzschn.) Imp.-4. Ebendas. à Jahrg. *

Heidenbote, der evangelische. 62.—65. Jahrg. 1889—1892. à Jahrg. 12 Nrn. (à Nr. 1 Bog. m. eingedr. Holzschn.) Imp.-4. Basel, Missionsbuchh. à Jahrg. * 1 20
Französ. Ausg. u. d. T.: Le missionnaire.

— dasselbe. Hrsg. v. F. Würz. 65. u. 66. Jahrg. 1892. 1893. à 12 Nrn. (Bog. m. eingedr. Holzschn.) Imp.-4. Ebd. à Jahrg. n. 1. 20

Heidenbote, der evangelische. 67. Jahrg. 1894. (12 N^{os}.) Red. von *F. Würz*. N° 1. M. Illustr. Gr. in-4°. 8 S. Basel, Missionsbuchhandlung. Jährlich 1 60

Heidenbote, d. evangelische. Im Auftr. d. Missionskomites hrsg. v. F. Würz. 68.—71. Jahrg. 1895—1898. à 12 Nrn. (Bog. m. Abb.) Imp.-4. Basel, Missionsbuchh. à Jahrg. n. 1. 20
Der 70. u. 71. Jahrg. waren von Alb. Wenger redigiert.

Heidenbote, der evangelische. Im Auftrag des Missionskomitees hrsg. v. Paul Eppler. 72.—75. Jahrg. 1899—1902. à 12 Nrn. gr. 4. (à ca. 8 S. m. Abbildgn.) Basel, Missionsbuchh à Jahrg. n. 1. 20
Die Jahrgge. 72 u. 73 sind v. A. Wenger redigiert.

Heidenbote, der evangelische. Im Auftrag des Missionskomitees hrsg. v. Hans Anstein. 76.—79. Jahrg. 1903 – 1906. à 12 Nrn. (à Jahrg. 120 S. m. Abbildgn.) gr. 4. Basel, Basler Missionsbuchh. à Jhrg. n. 1. 20

Heidenbote, der evangelische. Im Auftrag des Missionskomitees hrsg. v. Hans Anstein. 80.—83. Jahrg. 1907—1910. à 12 Nrn. (à Jahrg. II, 96 S. m. Abbildgn.) 32,5×25 cm. Basel, Basler Missionsbuchh. à Jahrg. 1. 20

Heidenboten, die, Friedrichs IV., s. J. H. Brauer, Beiträge zur Geschichte der Heidenbekehrung.

Heidenfeld, Chronik der Stadt Kreuzburg, von Begründung derselben bis auf die neueste Zeit. Kreuzburg 861. (Kuhnert.) gr. 8. (115 S.) 15 ngr.

Heidenfeld, Albrecht Friedrich Theodor *(geb. Festenberg in Schles. 17. 7. 1834)*: Darstellung der von Cartesius, Spinoza und Leibnitz gegebenen Beweise für das Dasein Gottes. Th. 1. Breslau (1855). (34 S.) 8° [F.] *(Teil einer Breslauer Preisarbeit.)*
Breslau, Phil. Diss. v. 10. Febr. 1855

Heidenfeld, Thdr., die Dispositionsbefugniß der Parteien im Civilprozeß. Ein Beitrag zum Entwurfe der Prozeßordnung für den preuß. Staat. gr. 8. (IV, 181 S.) Berlin 868, Guttentag. *

Heidenfeld, Thdr., das preußische Immobiliarrecht nach den Gesetzen vom 5. Mai 1872. gr. 8. (IV, 147 S.) Berlin 873. Weidmann. n. 2. —

[Heidenfeld, Th.]: Systematischer Leitfaden zum praktischen Gebrauche der Reichsgebührenordnung vom 7. Juli 1879 in Civilprozeß- u. Konkurs-Sachen. Von einem Rechts-Anwalt. Berlin 1880. fol.

Heidenfeld, die Zwangsversteigerung von Grundstücken im Wege der Zwangsvollstreckung nach dem Gesetze vom 13. Juli 1883. Vorträge, gehalten im Berliner Anwalt-Verein. gr. 8. (VIII, 156 S.) Berlin 884, Vahlen. *

Heiden Frauenfreund: 1886?—1926? Cincinnati, OH
Missionary paper. Organ of Deutsche Methodistenkirche.

Heiden-Frauen-Freund: 1890—1892? Boston, MA
A monthly published by the Methodist-Episcopal Church.

Heidenfreund, der. Beilage zum evangel. Heidenboten. Hrsg.: W. Mehmke. 1. Jahrg. 1900. 12 Nrn. gr. 8. (à 4 S. m. Abbildgn.) Ebd. n.n. — 25

— dasselbe. Im Auftrage des Missionskomitees hrsg. v. F. Würz u. W. Hoch. 2. u. 3. Jahrg. 1901 u. 1902. à 12 Nrn. gr. 8. (à 4 S. m. Abbildgn.) Ebd. à Jahrg. n.n. — 30

Heidenfreund, der. Im Auftrage des Missionskomitees hrsg. von F. Würz u. W. Hoch. 4.—7. Jahrg. 1903. —1906. à 12 Nrn. (à ca. 4 S. m. Abbildgn.) Lex.-8. Ebd. à Jhrg. n.n. — 30

Heidenfreund, der. Im Auftrage des Missionskomitees hrsg. v. H. Anstein u. W. Hoch. 8.—11. Jahrg. 1907—1910. à 12 Nrn. (à Jhrg. 48 S. m. Abbildgn.) Lex. 8. Ebd. à Jahrg. nn — 25

Heidenhain, A., die Anwendung der §§ 10—14 d. Nahrungsmittelgesetzes [Fleischverkehr] vom 14. Mai 1879 im practischen Leben. Auf Grund der Reichsgerichts-Entscheidgn. betrachtet. gr. 8. (38 S.) Berlin 887. Hirschwald. n. — 80

Heidenhain, A., sexuelle Belehrung der aus der Volksschule entlassenen Mädchen, s.: Flugschriften der deutschen Gesellschaft zur Bekämpfung der Geschlechtskrankheiten.

— Desinfection im Hause u. in der Gemeinde. Populär-wissenschaftl. Anleitg. m. besond. Hinblick auf e. etwaige Cholera-Epidemie. gr. 8. (15 S.) Cöslin 887. Hendeß. — 60

Heidenhain, A. Desinfection im Hause u. in der Gemeinde. Populär-wissenschaftliche Anleitung mit besonderem Hinblick auf etwaige Cholera-Epidemie. gr. 8. (15 S.) Cöslin 889. Hendeß. — 40

Heidenhain, erste Hilfe vor Ankunft d. Arztes u. Desinfection (m. dem neuesten ministeriellen Erlaß vom 28. Juli 1892). Rath f. Schule u. Haus. Tabelle m. 16 Abbildgn. 56,5×76 cm. Cöslin 892. C. G. Hendeß. n. 1. —

Heidenhain, Anton *(geb. Marienwerder in Westpr 26 12 1845)*: Ueber die acinösen Drüsen der Schleimhäute, insbesondere der Nasen-Schleimhaut. Breslau 1870. (22 S.) 8°
Breslau, Med. Diss., nachgeliefert von dem am 22. [vielmehr 20.] Juli 1870 auf Thesen promovierten Verf.

Vor 38 J a h r e n. Erinnerungen u. Briefe e. Einjährig-Freiwilligen im 3. Garde-Gren.-Regt 'Königin Elisabeth'. 1870/71. Med. R. Dr. Anton **Heidenhain**. Insterburg 1908: Bittner. 52 S. 8°

Heidenhain, Ant., vor 38 Jahren. Erinnerungen u. Briefe e. Einjährig-Freiwilligen im 3. Garde-Grenadier-Regiment „Königin Elisabeth" 1870/71. (52 S.) gr. 8. Insterburg 908. (E. Herbst.) 1. —

Heidenhain, A., über den Nutzen des Schwitzens. gr. 8. (15 S.) Köslin 900. A. Hoffmann. n. — 75

Heidenhain, Anton *[geb. Marienwerder in Westpr. 26. 12. 1845]*: Thesen. Breslau (1870). (1 Bl.) 2°
Breslau, Med. Thesen v. 20. Juli 1870

Heidenhain, Arth., die Unionspolitik Landgraf Philipps des Grossmüthigen von Hessen und die Unterstützung der Hugenotten im ersten Religionskrieg. gr. 8. (III, 122 S.) Breslau 886, Koebner. *

Heidenhain, A., die Unionspolitik Landgraf Philipp's v. Hessen 1557—1562. gr. 8. (XIX, 480 u. 139 S.) Halle a/S. 890. Niemeyer. n. 16. —

Sexuelle Belehrung der aus der Volksschule entlassenen Mädchen. Vortrag geh. vor den Herbst 1906 u. Ostern 1907 zu Steglitz entlassenen Volksschülerinnen von San.R. Dr. A[ugust] **Heidenhain**. Steglitz. Mit 2 Taf. Leipzig: J. A. Barth 1907. (15 S.) 8°
—**Flugschriften** d. Deutschen Gesellschaft z. Bekämpfung d. Geschlechtskrankheiten. H. 8. 07. 14°31

Heidenhain, Bernhard *(geb. Marienwerder in Westpr [28. 5. 1851])*: Ueber die Verfettung fremder Körper in der Peritonealhöhle lebender Thiere. Breslau (1872). (22 S.) 8°
Breslau, Med. Diss. v. 2. Aug. 1872

Heidenhain, Franz (geb. Marienwerder 6. 2. 1845): Ueber Graptholithen führende Diluvial-Geschiebe der norddeutschen Ebene. Berlin (1869). (30 S.) 8° * Aus: Zeitschr. d. Deutschen geolog. Gesellsch. Bd 21 1869.
Berlin, Phil. Diss. v. 2. März 1869

Heidenhain, Frz., über Graptholithen führende Diluvial-Geschiebe der norddeutschen Ebene. Inaugural-Dissertation. gr. 8. (40 S. mit 1 Stnt.) Berlin 869, (Friedländer und Sohn.) *

Heidenhain, Friedrich [Prof. Dr.]: Zu den Apologi Aviani. Strasburg W.-Pr., Buchdr. v. A. Fuhrich, *1894*; 15 S. 4.
Strasburg W.-Pr., k. G., OP 1894 (41)

Heidenhain, Friedrich Die Arten der Tragoedie bei Aristoteles. Ein Beitrag zur Erklärung seiner Poetik und zur Geschichte der ästhetischen Homerkritik bei den Alten. II. und III. 1 (40 S.). ⟨I.: Rhein. Mus. 31 (1876) 349—369.⟩
Progr. G. *Strasburg W.-Pr.* 1887 (41)

Heidenhain, Friedr., die Arten der Tragoedie bei Aristoteles. Ein Beitrag zur Erklärung seiner Poetik und zur Geschichte der ästhet. Homerkritik bei den Alten. II. und III. gr. 4. (40 S.) Strasburg i. Wpr. 887. (Berlin, Mayer und Müller.) *
Der 1. Thl. im Rheinischen Museum N. F. XXXI, S. 349—369 erschienen.

Heidenhain, Fridericus: De doctrinae artium Aristotelicae principiis. Halae Saxonum (1875): (Baumann in Zeitz). 47 S. 8°
Halle-Wittenberg, Phil. Diss. v. 16. Febr. 1875
Geb. Graudenz 6. 3. 1845. V.
Im Buchhandel Zeitz (Berlin: Mayer & Müller) 1875.

Heidenhain, Geo., Beitrag zur Lehre des Diabetes mellitus insonderheit zur Lehre von der Glycogenbildung in der Leber. Inaugural-Dissertation. gr. 8. (29 S.) Königsberg 874. (Leipzig, Kessler.)

Heidenhain, Heinrich: Das Fieber an sich und das typhöse Fieber; physiologische, pathologische und therapeutische Untersuchungen. 407 S., gbd.

Berlin: Hirschwald 1845

JB 5.107

Heidenhain, Hnr., das Fieber an sich und das typhöse Fieber, physiologische, pathologische und therapeutische Untersuchungen. gr. 8. Berlin 846, Aug. Hirschwald. 1⅚ ₰

— die Medicinal-Reform im Sinne der Wissenschaft, ein aphoristischer Beitrag zur Tagesfrage. gr. 8. Marienwerder 846, Baumann. n. 8 ngl

Heidenhain, Heinrich (Neuenburg/Westpr.), Nonnulla de chloroseos pathologia et therapia. Diss. med. Halle (Friedrich Ruff) 22. XII. 1830. 52 S. mit Biogr. (M.: M. Lachmann.) (6.30) 13876
Gew.: Carl Ernst v. Baer, P. Krukenberg. — Widm. v.: Johann Friedrich Meckel.

— Schmidt's Reform der Medicinal-Verfassung Preußens, nach wissenschaftl. Gesichtspunkten beleuchtet. 8. Marienwerder 846, Levysohn. n. ⅓ ₰

Heidenhain, Heinr., die Priessnitz'schen Wasserkuren, an u. für sich u. im Vergleich mit d. allöopath. Kurverfahren in einzelnen Krankheiten gewürdigt. 8. (11 B.) Marienwerder 840, Baumann.

Heidenhain, Lothar [approb. Arzt]: Ueber Arthrotomie und Arthrektomie . . . . Halle a. S., *Druck v. Breitkopf & Härtel i. Leipzig*, 1886; 4 + 84 S. 8°
Halle, Med. Fak., Inaug.-Diss. v. 13. März 1886.

Allgemeine Anatomie der lebendigen Masse. Bearb. von Prof. Dr. Martin **Heidenhain**. Lfg 1. Jena: G. Fischer 1907. 8°
= Heidenhain: Plasma u. Zelle. Abt. 1, Lfg 1.
= **Handbuch** d. Anatomie des Menschen. Bd 8, Abt. 1. [07. 13089

Heidenhain, Martin [app. Arzt]: Beiträge zur Kenntnis der Topographie und Histologie der Kloake und ihrer drüsigen Adnexa bei den einheimischen Tritonen. . . . (Aus: Arch. f. Mikroskop. Anat. Bd. 35.) Freiburg i. Br., *Univ.-Buchdr. v. Carl Georgi in Bonn*, 1890; 2 Bl. + 94 S. 8°
Freiburg i. B., Med. Fak., Inaug.-Diss. v. 1890

Heidenhain, **Mart.** Über Kern u. Protoplasma. Fol. (S. 109—166 m. 3 Taf. u. 3 Bl. Erklärgn.) Lpz. 892, W. Engelmann. * 12 —
Aus: Festschr. f. A. v. Koelliker (s. d.), besonders abgedruckt.

Heidenhain, Mart., Plasma u. Zelle, s.a. Handbuch der Anatomie des Menschen.

Plasma und Zelle . . . bearb. von Prof. Dr. Martin **Heidenhain** in Tübingen. Abt. 1, Lfg 1. Jena: G. Fischer 1907. 8°
= **Handbuch** d. Anatomie des Menschen. Bd 8, Abt. 1. [07. 13088

(Aus d. anat. Anstalt d. Univ. Tübingen.) Ueber chemische Umsetzungen zwischen Eiweisskörpern und Anilinfarben. Von Prof. Dr. Martin Heidenhain. Tübingen. *Bonn: E. Strauss 1902.* (S. 115–230.) 8°
Aus: Archiv f. d. ges. Physiol. Bd 90. [01. 4·6) 8

Heidenhain, Martin [Dr. med., Prosector am Inst. f. vergl. Anat., Embryol. u. Histol. zu Würzburg]: Neue Untersuchungen ueber die Centralkörper und ihre Beziehungen zum Kern und Zellenprotoplasma . . . (Aus: Arch. f. mikr. Anat., Bd. 43.) Bonn, F. Cohen, 1894; 2 Bl., 423 758 S., 7 Taf. 8.
Würzburg, Med. Fak., Hab.-Schr. v. 1894
(Nicht für den Austausch)

Heidenhain, Martin Eberhard, a. Marienburg, Westpr.: Städtische Vermögenssteuern im Mittelalter. Leipzig 1906: (E. Wernick, Elbing.) (110 S.) 8°
Leipzig, Phil. Fak., Ref. Bücher, Stieda, Diss. v. 7. April 1906
[Geb. 22. Dez. 80 Marienburg; Wohnort: Marienburg; Staatsangeh.: Preußen; Vorbildung: Gymn. Marienburg Reife O. 99; Studium: Berlin 2, Leipzig 7, Berlin 2 S.; Rig. 22. Okt. 03.]

Heidenhain, Rudolph

Heidenhain, R., Beiträge zur Histologie u. Physiologie der Dünndarmschleimhaut, s.a. Archiv f. die gesammte Physiologie d. Menschen u. der Thiere.

Heidenhain R.: Beiträge z. Histologie u. Physiologie d. Dünndarmschleimhaut. Bonn 1888. 103 S. 4 kol. Tvl.
(Archiv f. die gesammte Physiologie. Bd. 43. Supplem.-heft). 207.

Heidenhain, Rudolfus Petrus Henricus! Disquisitiones criticae et experimentales de sanguinis quantitate in mammalium corpore exstantis. Halis (1857): Gebauer-Schwetschke. 36 S. 8° (4°)
Halle-Wittenberg, Med. Hab.-Schr. v. 23. März 1857
Ersch. im Ausz. u. d. T.: Zur Physiologie des Blutes. In: Archiv f. physiologische Heilkunde. N. F. Bd. 1. Stuttgart 1857. S. 507—543.

Heidenhain, Rud. Petr. Henr. (geb. Marienwerder 29. 1. 1834): Disquisitiones de nervis organisque centralibus cordis cordiumque ranae lymphaticorum experimentis illustratae. Berolini (1854). (64 S.) 8°
Berlin, Med. Diss. v. 12. Aug. 1854

Heidenhain, Rud., mechanische Leistung, Wärmeentwicklung und Stoffumsatz bei der Muskelthätigkeit. Ein Beitrag zur Theorie der Muskelkräfte. gr. 8. (VIII und 184 S. mit 1 Stnt. in 4. und 8 eingedr. Holzschn.) Leipzig 864, Breitkopf und Härtel.

Heidenhain, Rud., der sogenannte thierische Magnetismus. Physiolog. Beobachtungen. [Ein in der allgemeinen Sitzung der schles. Gesellschaft für vaterländ. Kultur am 19. Jan. 1880 gehaltener Vortrag.] (40 S.); 2. Aufl. (51 S.); 3. Aufl. gr. 8. (59 S.) Leipzig 880, Breitkopf und Härtel.

— - dass. — 4. nach ferneren Beobachtungen von R. Heidenhain und P. Grützner theilweise umgearb. Aufl. gr. 8. (82 S.) Ebendas. 880.

—— über pseudomotorische Nervenwirkungen, s. Archiv für Anatomie und Physiologie.

— u. B. **Luchsinger**, Physiologie der Absonderungsvorgänge, s.: Handbuch der Physiologie.

— Studien des physiologischen Instituts zu Breslau, s. Studien.

Heidenhain, Rud., physiologische Studien. Mit 3 lith. Taf. (in 4.) Berlin 856. A. Hirschwald. gr. 8. (2 Bl., 143 S.) n. 1 ₰

Heidenhain, Rudolphus Petrus Henricus: Symbolae ad anatomiam glandularum Peyeri. Vratislaviae (1859). (31 S., 1 Taf.) 8°
Breslau, Med. Fak., Antr.-Progr. als ord. Prof. v. 17. Juni 1859

—— die Vivisection. Auf Veranlassung des königl. preuß. Ministers der geistl., Unterrichts- und Medicinal-Angelegenheiten besprochen. gr. 8. (VI, 98 S.) Leipzig 884, Breitkopf und Härtel. * ℳ 2.; geb. *

— die Vivisection im Dienste der Heilkunde. gr. 8. (62 S.) Ebend. 878. n. 1. —

Heidenhain, Rud.: Die Vivisektion im Dienste der Heilkunde. 2. Aufl. Leipzig: Breitkopf u. H. 1879.

Heidenhain, W., s. Schriften d. Frauenhilfe.

Heidenhain, Walth., Gründung u. Leitung e. Kleinsiedlungsgenossenschaft, s.a. Schriften zur Förderung der inneren Kolonisation. 6. Heft.

Gründung und Leitung einer Kleinsiedlungsgenossenschaft. Von Amtsrichter Walther **Heidenhain**. Berlin: Deutsche Landbuchh. 1910. 34 S. 8°
Aus: Archiv f. innere Kolonisation. Bd 2, H. 1.
(Schriften z. Förderung d. inneren Kolonisation. II. 6.) [10. 13210

Heidenheim [Schlagwort]

Heidenheim, s.: Alb, schwäb. Karte. — Deutschland. Kürschner-Peip.

Heidenheim, s.: Geognostische Karten (Württemberg).

Heidingsfeld [Schlagwort]

Heidenheim, Ant., über die acinösen Drüsen der Schleimhäute, insbesondere der Nasen-Schleimhaut. Inaugural-Dissertation. gr. 8. (19 S.) Breslau 871, Maruschke und Berendt. *

Johannis-Festlied. [Von E. Heidenheim?] o. O. u. J. 1 Bl. 8° [Kopftit.]
Ohne Noten: „Brüder, erhebet mit frohem Entzücken . . .“

Johannis-Rosenlied. [Unterz.:] E. H[eidenheim]. o. O. u. J. 1 Bl. 8° [Kopftit.]
Ohne Noten: „Noch prangt im duft'gen Schmuck der Rose Leben, . . ."

Heidenheim, M., s. Bibliotheca samaritana.

Heidenheim, Moritz

Heidenheim, M., können wir nicht die Zeichen der Zeit erkennen? Rede, geh. am Grabe des am 4. Juni ermordeten, am 15. Juni auf dem Begräbnißplatze zu Rehalp begrabenen James Sadleir. gr. 8. (27 S.) Zürich 881. Höhr. n. — 50

Heidenheim, Rich. (geb. Sondershausen 1. 4. 1840): De struma. Berolini (1863). (31 S.) 8°
Berlin, Med. Diss. v. 21. März 1863

Heidenheim, Thilo, aus Köln a. Rh.: ⟨Aus d. chirurg. Universitätsklinik in Bonn.⟩ Die Erfolge der Gallenstein-Operationen. *Bonn 1903: C. Georgi.* (78 S.) 8°
Bonn, Med. Diss. v. 21. Jan. 1903

Heidenheim, Wolf

Heidenheim, W., s. Machsor für die sämmtlichen Feste der Israeliten. — Die sämmtlichen Festgebete rc.

Heidenheim, Wolf. Mischpeṭē haṭ-ṭeʿāmīm. Rödelheim 1808.

[Hebr., Ant.u. F.] **Siddūr** Śefat Emet. Mahadūra 110. Mē-ēt Wolf Heidenheim. Sephat Emeth. Rödelheim: S. Lehrberger & Co.; Frankfurt a. M.: J. Kauffmann 1802. (IV, 140 gez. Bl.)
[Gebetsordnung 'Lippe d. Wahrheit'. 110. Aufl. von W. H.] [illegible] 10

Heidenheimer, Heinr., Petrus Martyr Anglerius u. sein Opus epistolarum. Ein Beitrag zur Quellenkunde des Zeitalters der Renaissance u. der Reformation. gr. 8. (IV, 216 S.) Berlin 881. Seehagen. n. 4. 50

Heidenheimer, Heinr., Machiavelli's erste römische Legation. Ein Beitrag zur Beleuchtung seiner gesandtschaftl. Thätigkeit. Dissertation. gr. 8. (74 S.) Darmstadt 878. (Leipzig, Simmel und Comp.) *

Heidenheimer, Heinrich. Mitteilungen über den Rastatter Gesandtenmord. Nach bisher unbekannten Akten des Grossherzogl. Hessischen Staatsarchivs. (SA.) 8. [Trier 1883.]

Heidenkind, das. Ein Vergißmeinnicht f. die katholische Jugend zum Besten armer Heidenkinder. 3. Jahrg. 1890. 12 Doppelnrn. (B.) St. Ottilien. (Augsburg, Literar. Institut v. Dr. M. Huttler.) n. 1. —

Heidenkind, das. Ein Vergißmeinnicht f. die kathol. Jugend zum Besten armer Heidenkinder. Red. v. Maurus u. Paulus. 4.—7. Jahrg. 1891—1894. à 24 Nrn. (à ca. 1 Bog. m. Abbildgn.) gr. 8. St. Ottilien. (Augsburg, Literar. Institut v. Dr. M. Huttler.) à Jahrg. n. 1. —

Heidenkind, das. Illustr. Missions-Jugendschrift. Ein Vergißmeinnicht f. d. kathol. Jugend z. Besten armer Heidenkinder. Red. v. Cyrillus, O. S. B. 8.—11. Jahrg. 1895—1898. à 24 Nrn. (à ca. 12 S. m. Abb.) gr. 8. St. Ottilien zu Emming. (Regensburg, Nationale Verlagsanstalt.) à Jahrg. n. 1. —
Der 8. u. 9. Jahrg. waren von Paulus redigiert.

Heidenkind, das. Illustr. Missions-Jugendschrift. Ein Vergißmeinnicht f. die Jugend z. Besten armer Heidenkinder. Eigentum der St. Benediktus-Missionsgenossenschaft im St. Ottilien zu Emming. Red. v. Cyrillus Wehrmeister, O. S. B. 12.—15. Jahrg. 1899—1902. à 24 Nrn. gr. 8. (à ca. 12 S.) St. Ottilien zu Emming. (Augsburg, Literar. Institut v. Dr. M. Huttler).
à Jahrg. n. 1.

Heidenkind, das. Illustrierte Missions-Jugendschrift. Ein Vergißmeinnicht f. die Jugend zum Besten armer Heidenkinder. Eigentum der St. Benediktus-Missionsgenossenschaft in St. Ottilien zu Emming. Red. von Cyrillus Wehrmeister, O. S. B. 16. u. 17. Jahrg. 1903 u. 1904. à 24 Nrn. (à ca. 12 S.) gr. 8. St. Ottilien zu Emming. Missionsverlag. à Jhrg. n. 1. —

— dasselbe. Red.: Bonifacius Sauer, O. S. B. 18 u. 19. Jahrg. 1905 u. 1906. à 24 Nrn. (à ca. 12 S.) gr. 8. St. Ottilien, Missionsverlag. à Jhrg. n. 1. —

Heidenkind, das. Illustrierte Missions-Jugendschrift. Ein Vergißmeinnicht f. die Jugend zum Besten armer Heidenkinder. Red. v. Cyrillus Wehrmeister u. seit 1910: Chrysostomus Schmid, O. S. B. 20.—23. Jahrg. 1907—1910. à 24 Nrn. (IV, 288; IV, 284; IV, 288 u. IV, 284 S.) gr. 8. St. Ottilien, Missionsverlag. à Jahrg. 1. —

(U.-Titel:) Heidenkind und Christenkind. ¦ Aus dem Leben der Bassuto in Südafrika. ¦ (Fig.: *Missionsschule*, 67 × 97) Heidenschule. ¦ Dritte Auflage. ¦ Berlin NO 43. ¦ Buchhandlung der Berliner evangelischen Missionsgesellschaft, ¦ Friedenstraße 9. ¦ Preis 5 Pfennig. (*Missionsschriften für Kinder*. 7).
Kol.: Druck von Carl Hermann Müller in Berlin, Münzstr. 3. o. J. (um 1895). 16 S., 130 × 100. Fig. letzte U.-Seite: *Kirche und Missionarswohnung in Botschabelo*, quer. 8° 123
UB Tü Gk. II. 161.
Verfasser: A. Merensky.

Heidenmission in London, s. a. Missions-Traktate, kleine.

Heidenmission in London. 16. (19 S.) Basel 878. Missionsbuchhandlung. n. — 4

Heidenmission in London. 16. (19 S.) Basel 879, Missionsbuchh. *

Unsere **Heidenmission**. Monatsblatt z. Förderung d. Reiches Gottes unter d. Heiden. No 1. *Neu-Ruppin: F. W. Bergemann 1902.* 4° [illegible] 4

Heidenmission, unsere. Monatsblatt zur Förderg. des Reiches Gottes unter den Heiden. Hrsg. v. der Missionsgesellschaft der deutschen Baptisten. Schriftleitung: Karl Mascher. Jahrg. 1905. 12 Nrn. (à ca. 8 S. m. Abbildgn.) Lex.-8. Steglitz b. Berlin (Filandastr. 4), Karl Mascher. n. 1. —

Heidenmission, unsere. Monatsblatt zur Förderg. des Reiches Gottes unter den Heiden. Schriftleitung: Karl Mascher. Jahrg. 1907—1910. à 12 Nrn. (à Jahrg. 96 S. m. Abbildgn.) Lex. 8. Steglitz b. Berlin (Filandastr. 4), Missions-Gesellschaft der deutschen Baptisten. à Jahrg. 1. —

Heidenmissionen, die deutschen evangelischen. Eine gedrängte Darstellg. der deutschen Missionsgesellschaften. Hrsg. v. Paul Richter. (216 S.) 8. Berlin (908). Berliner Missionsgesellschaft. 2. —

Heidenreich, s.a. Heydenreich

Heidenreich, A. A.: Über die Phrenesie der Säufer. Darmstadt. 1824.

Heidenreich, Arthur [aus Oppeln]: Über Indoxazene . . . Breslau, E. Trewendt's Buchdr., 1895; 33 S. 8.
Heidelberg, Naturw.-math. Fak., Inaug.-Diss. v. [17. Mai] 1895

Heidenreich, Carl, s. Heidenreich, Karl

Heidenreich, Emilie, eine Erzähl. f. Kinder, s. Berchter, G. W.

Heidenreich, F. A. v., die Elemente der reinen Arithmetik. 1—3. Cursus. Leipzig 859. Gräbner. 8. (72 S.; 2 Bl., 94 S.; 77 S.) 1. u. 3.: à n. 10 ngr; 2.: n. 12 ngr

—— die Elemente der niedern Geometrie. 1. Cursus. 8. (IV und 66 S. mit 12 Stnt.) Leipzig 859, Gräbner. *

—— dass. — 2. und 3. Cursus. 8. (VIII und 190 S. mit 24 Stnt.) Ebendas. 862. à Cursus * 15 Ngr. *

Heidenreich, F. A. v., die Elemente der niedern Geometrie. 1. Cursus. 2., unveränd. Aufl. 8. (VII und 66 S. mit 4 Stnt. in qu. Fol.) Leipzig 865, Gräbner. *

Heidenreich, Friedrich Wilhelm

Heidenreich, Friedr. Wilh., die Bedeutung der medizin. Physik in ihrer Beziehung zu Mikroskopie u. organischer Chemie. Vortrag vor d. 23. Versammlg. teutsch. Naturforscher u. Aerzte zu Nürnberg am 18. Sept. 1845 gehalt. gr. 8. (1 B.) Ansbach 846, Gummi.

Heidenreich, Friedr(ich) Wilh(elm): Die subkutane Blepharotomie gegen subakuten Augenlidkrampf und krampfhaftes Entropium. 23 S., gbd.

Ansbach: Gummi 1844

Heidenreich, Friedr. Wilh., die Eisenquellen bei Steben. gr. 8. (4¼ B.) Nürnberg 835, Riegel u. Wießner.

Heidenreich, Friedr. Wilh., Elemente ein. medizin. Physik. I. Hft. Das Leben der unorgan. Natur, eine positive Kritik der bisherigen Naturwissenschaft. gr. 8. (12 B.) Leipzig 843, Otto Wigand. Thlr. *

Heidenreich, Friedr. Wilh., Elemente der therapeutischen Physik. gr. 8. (X und 314 S.) Leipzig 854, O. Wigand. *

— die vier Grundpfeiler d. Volksmedicin, d. Blutlassen, Brechen, Abführen u. d. äußerl. Mittel. gr. 8. Nürnb. 829. Riegel u. W. 10 gl

— die physiologische Induction als Beitrag zur medizin. u. Nerven-Physik. Mit 2 Taf. Abbild. gr. 8. Ansbach 846, Gummi. ⅝ ₰

—— die Influenza in d. Monaten Juni u. Juli 1831. gr. 8. (6¼ B.) Ansbach 831, Dollfuß.

—— der Kropf. Chirurgische Monographie. gr. 8. (17 B.) Ansbach 845, H. Gummi.

Heidenreich, Friedr(ich) Wilh(elm): Der Kropf. Chirurgische Monographie. 2. mit Nachträgen verm. Ausg. 261 S., gbd.

Ansbach: Gummi 1847

. F. W. Heidenreich vom Leben der menschl. Seele. *Erlang.*, Palm u. Enke. 826. gr 8° 22 gl

Heidenreich, Friedr. Wilh., einfache u. sichere Methode, die Schwefelung des Hopfens u. überhaupt das Vorhandensein von Schwefel u. Schwefelverbindungen in organischen Stoffen zu erkennen u. objectiv darzustellen. gr. 8. (1½ B. u. 1 Tab.) Ansbach 846, Dollfuß'sche Buchh.

— Orthopaedie, od. Werth d. Mechanik z. Heilung d. Verkrümmungen am menschl. Leibe. Mit 4 Steintaf. gr. 8. Berlin 827, Reimer.

Heidenreich, F(riedrich) W(ilhelm): Orthopädie oder Werth der Mechanik zur Heilung der Verkrümmungen am menschlichen Leibe. Abth. 2: Die Verkrümmungen der Wirbelsäule und des Rumpfes und deren Heilung. 332 S.,

Berlin: Reimer 1831

JB 3.455

—— das Prinzip der Medizinal-Reform. gr. 8. (26 S.) Ansbach 850, Gummi. *

—— Revision d. neuern Ansichten u. Behandlung von Croup. gr. 8. (5¾ B.) Erlangen 841, F. Enke.

—— die Verkehrtheit in der Erziehung u. Bildung der weibl. Jugend. 2., verb. u. m. Nachträgen verm. Aufl. gr. 8. (4½ B.) Ansbach 841, Gummi.

— die Verkehrtheit in der Erziehung u. Bildung der weiblichen Jugend. 2. verb. u. m. Nachträgen verm. Aufl. gr. 8. (71 S.) Ebd. 847. 9 ngr

F. W. Heidenreich: d. Verklärung im Tode. *Berl.*, Reimer. 837. gr 8° 12 gl

—— die Verkürzung des Schenkels im Hüftgelenke. Eine Kritik über die Ansichten und Behandlung der Coxalgie, veranlasst durch die in der Wildbergerschen orthopäd. Anstalt zu Bamberg gemachten Beobachtungen. Lex.-8. (73 S.) Ansbach 852, Junge. *

Heidenreich, F. W., Kaspar Hauser's Verwundung, Krankheit u. Leichenöffnung. gr. 8. (2¼ B.) Berlin 834, Reimer. Aus v. Gräfe u. v. Walthers „Journal etc." abgedruckt.

—— Vorkehr und Verfahren gegen die Cholera. Nach eigenen Beobachtungen in München und Augsburg. 1. und 2., verm. und verb. Aufl. Lex.-8. (30 S.) Ansbach 854, Junge. *

—— die Wirkungsart d. Mineralquellen bei Steben. Eine Entgegn. auf d. Schrift d. Dr. Reichel: über d. Eigenthümlichkeiten d. Stahlquellen Stebens. gr. 8. (2 B.) Nürnberg 839, Riegel u. Wießner.

Heidenreich, Gust., „gieb mir, mein Kind, dein Herz". Kurze Sätze zum württemberg. Konfirmationsbüchlein. 8. (31 S.) Stuttgart 892. Buchh. d. Evang. Gesellschaft. n. — 12

Heidenreich, Gust., „gib mir, mein Kind, dein Herz!" Kurze Sätze zum württemberg. Konfirmationsbüchlein. 5., durchgeseh. Aufl. (32 S.) kl. 8. Stuttgart 908. Buchh. der ev. Gesellschaft. p — 15

Heidenreich, J. Erdm. Aug.: „Ueber den Charakter des Landmanns in religiöser Hinsicht. Ein Beytrag für Psychologen und alle, die auf die religiöse Bildung desselben Einfluß haben, vorzüglich für Landprediger", Leipzig 1801 (Dyk).

Heidenreich, J. M. D., über die Behandlung der Pferde im Stalle und beim Fahren. Oder: Die Kunst, in kurzer Zeit ein tüchtiger Kutscher zu werden. Nebst einer Anweisung, Pferde abzurichten 2c. 8. (40 S.) Quedlinburg 847, Basse.

Heidenreich, J. M. D., praktische Erfahrungen f. den Landwirth. Enthalt. nützl. Rathschläge, gute Regeln u. probate Mittel aus dem Gebiete d. Land- u. Hauswirthschaft. Ein Beitrag z. Verbess. d. Landgüter 2c. 8. (7½ B.) Quedlinburg 846, Basse.

Heidenreich, Johann

Heidenreich, Joannes [Dr. sacerdos in castello Mitwitz]: Dissertatio in casum alterum constitutionis Pii P. IX. d. d. 12. Octob. 1869, quo excommunicatione l. s. episcopo reservata plectuntur: „procurantes abortum effectu secuto". Moguntiae, typ. Joannis Falk III., 1890; 1 Bl. + 104 S. 8°

Würzburg, Theol. Fak., Inaug.-Diss. v. 1890

Heidenreich, Joh., dissertatio in casum alterum constitutionis Pii P. IX., d. d. 12. Octob. 1869, quo excommunicatione l. s. episcopo reservata plectuntur: „Procurantes abortum effectu secuto". gr. 8. (104 S.) Moguntiae 890. (Bamberg, Züberlein.) n.n. 2. —

Heidenreich, Joh., das hl. Kaiserpaar Heinrich u. Kunegunda, Stifter des Bist. Bamberg. Aus Anlaß der 700jähr. Gedächtnis-Feier der Heiligsprechg. der hl. Kunegunda, dem gläub. Volke kurz dargestellt. gr. 16. (100 S.) Bamberg 901. (Schmidt.) n. — 30

Der neutestamentliche Text bei Cyprian verglichen mit dem Vulgata-Text, eine textkrit. Untersuchung zu den hl. Schriften d. neuen Testamentes von Dr. Joh. Heidenreich. *Bamberg: Schmidt 1900.* (147 S.) 8° [ca. 639]

Erzählungen und Märchen, Launigte (von *Joh. Christian Heidenreich*). Leipzig 1803.
Anon.-Lex. II. p. 64 (nach Meusel u. Ebert).
— —. Mit 1 Kupf. u. 1 schön. Tvign. v. Jury. Riga 1804. 8°. 356 S. (2 Mk. 50 Pfg., etwas fleckiges Expl., Adolf Weigel c. 1905.)

GUSTAF (d. i. *Joh. Heinr. Chrn. Heidenreich*), Launige Erzählungen und Märchen. Leipzig, bey Carl Friedrich Enoch Richter. 1804. (in Commission.) 8°. (1 Rthl.)
284 S. (incl. Titel, aber excl. 2 Bll. Widm.: „Meiner Freundin Elisabeth T—"). Enth. zahme Geschichten (z. Th. in Versen), die meisten ohne besondere Ueberschriften. (S. 29 bis 36: „Graf Birkhans Abentheuer", in 42 fünfzeil. Str.)

Heidenreich, Jos. Calasanz, der hl. Josef Calasanz, Stifter des Ordens der frommen Schulen. Ein kurzes Lebensbild. Nach dem Span. des Juan Cajetano Losada. (VII, 174 S. m. 5 Taf.) gr. 8. Wien 907. G. Eichinger. 2.50

Heidenreich, J(oseph) K(arl): Das Armenwesen der Stadt Warburg bis zum 19. Jahrhundert, mit Berücksichtigung der wichtigsten fürstbischöflich-paderbornischen Bettelordnungen. Münster: Regensberg 1909. VI, 86 S. 8°
Münster, Phil. Diss. v. 22. Dez. 1909, Ref. Meister
[Geb. 5. Mai 84 Warburg; Wohnort: Münster i. W.; Staatsangeh.: Preußen; Vorbildung: Gymn. Warburg Reife O. 05; Studium: Tübingen 3, Freiburg i. B. 1, Münster 4 S.; Rig. 23. Juli 09.] [U 10. 3773

Heidenreich, Karl *Friedrich* [aus Eutin]: Ueber die Hydrazide der Kohlensäure ... Kiel, Druck v. P. Peters, 1894; 45 S., 1 Bl., 1 Tab. 8.
Kiel, Phil. Fak., Inaug.-Diss. v. [18. Aug.] 1894

Heidenreich, Karl, der deutschen Jugend Kaiserfeier. Festspiel. (88 S.) gr. 8. Mannheim (904). Dr. H. Haas. n.n. 1.20

Heidenreich, Car. Fr., praes. Ge. Henr. Behr, Diss. de colica spasmodica, s. potius convulsiva. Argent. 4°. 1742

Heidenreich, Karl Ludwig, s. Praejudicia des Königlichen Kammergerichts zu Berlin.

Heidenreich, Mar. Theod. Charl., nachher. v. Siebold, geb. Heiland, üb. d. Schwangerschaft außerhalb d. Gebärmutter, u. üb. e. Bauchhöhlenschwangerschaft insbesondere. 4. Darmst. 817.

Heidenreich, Ole N. [aus Christiania (Norw.)]: Analytisch-chemische Untersuchungen ... Heidelberg, Univ.-Buchdr. v. J. Hörning, 1897; 31 S. 8.
Heidelberg, Naturw.-math. Fak., Inaug.-Diss. v. [7. Apr.] 1897

Heidenröslein, eine deutsche Rittergeschichte. Zofingen 1801. V: *Wächter, Leonh.* (BGE)

Heidenschild, William, Untersuchungen über die Wirkung des Giftes der Brillen- und der Klapper-Schlange. Inaugural-Dissertation. gr. 8. (51 S.) Dorpat 886, (Karow.) * 1 —

Heidenschuß, der, eine romant. Geschichte aus der Zeit der letzten türkischen Belagerung Wiens. 8. Wien, Haas. 820.

Heidensleben, Ernst [aus Goldberg i. M.]: Beitrag zur Kenntniss des Ersatzes der Halogene im Benzolkern .. Potsdam, Buchdr. v. E. Stein, *1892;* 2 Bl., 31 S., 1 Bl. 8.
Berlin, Phil. Fak., Inaug.-Diss. v. 22. Dez. 1892

Heidenstam, Verner v., Hans Alienus. Autoris. Übersetzg. aus dem Schwed. von E. Stine. (541 S.) 8. München (904). [Dr. J. Marchlewski & Co.] Etzold & Co. n. 8. —

— dasselbe. Roman in 3 Tln. Autoris. Uebersetzg. aus dem Schwed. v. E. Stine. (Neue [Titel-]Ausg.) (541 S.) 8. München [901] (906). Etzold & Co. n. 4. —

Heidenstam, Werner v. Endymion. Aus dem Schwed. übers. v. —h—. 8. (216 S.) Lpz. 891, Hobbing. * 2 25

dass. — s. a. Universal-Bibliothek Nr. 2952 u. 2953.

Gedichte. Verner v. **Heidenstam**. In e. Ausw. übertr. von Friedrich Steve. Berlin-Wilmersdorf: Meyer (1910). 79 S. 8° A 12. 553

— Sankt Georg u. der Drache. Übersetzg. aus dem Finn. v. E. Stine. 8. (148 S.) Leipzig (902). H. Seemann Nachf. n. 2. —; geb. n. 3. —

Heidenstam, Verner v., Carl XII. u. s. Krieger. Einz. autoris. Übersetzg. aus d. Schwed. v. Therese Krüger. 8. (338 S.) München 898. A. Langen. n. 3. 50

Heidenstam, Verner v., Carl XII. u. seine Krieger. Einzige berechtigte Übersetzg. aus dem Schwed. v. Therese Krüger. 3. Taus. (338 S.) 8. München 909. A. Langen. 3.50; geb. 4. 50

— die Karoliner. Erzählungen aus der Zeit Karls XII. Autoris. Uebersetzg. v. G. Bergman. (VI, 402 S.) 8. Rostock 906. C. J. E. Volckmann Nachf. n. 4. —; geb. in Leinw. n. 5. —

(ü) — Die Karolinger. 906. (KBL 33.) Jetzt: Leipzig, G. Merseburger.

HEIDENSTAM, Verner von
Classicität und Germanismus. Einige Worte über den Weltkampf von Verner von Heidenstam. Autorisirte Uebersetzung aus dem Schwedischen von E. Stine. Wien. Pest. Leipzig. 1900. Hartleben. 8°. VII, 52 S. K 1.60

Heidenstam, Verner von. Landschaften und Menschen. Reiseskizzen von Verner von Heidenstam. Autorisierte Uebersetzung von E. Stine. IV + 176 S. 8. Strassburg, J. H. Ed. Heitz, [1901]. [M. 2.50]

— die Pilgerfahrt der hl. Birgitta. Erzählung. Einzig autoris. Uebersetzg. aus dem Schwed. v. E. Stine. (224 S.) 8. Dresden 903. Moewig & Höffner. 3. —; geb. in Leinw. 4. —
Ladenpreis aufgehoben.

— Die Schweden u. ihre Häuptlinge. Ein Buch f. Junge u. Alte. Mit 23 Vollbildern. Einzige berecht. Übersetzg. aus dem Schwed. v. Pauline Klaiber. (385 S.) 8. München (909). A. Langen. 4.—; geb. 5.—

— Der Stamm der Folkunger. Das Schicksal e. schwed. Königsgeschlechts. Drei Erzählgn. aus dem Mittelalter. I. u. II. Einzige berecht. Übersetzg. aus dem Schwed. v. Emilie Stein. 8. Ebd. à 4.—; geb. 5.50; in Halbfrz. 7.—

I. Folke Filbnter. (283 S.) (909.)
II. Die Erben v. Bjälbo. (303 S.) (910.)

Heidenstam, V., e. Sylvesternacht, s.: Bibliothek der fremden Zungen.

Heidenstamm, Sven, Juliane Dery u. was sie gemordet, s.a. Diskussionen, Zürcher. II. 20/21.

DERY, Juliane. — Heidenstamm, Sven (Paris), Juliane Dery und was sie gemordet. 2 Hefte à 8 Seiten in 4⁰. Vergriffen! (10 Mk. Edm. Meyer, Berlin, c. 1905.)
Zürcher Diskussionen. Heft XX—XXI.

Heidensteinii, Rein. De bello moscovitico quod Stephanus rex Poloniae gessit libri VI. Cracoviae 1584. 4. s. l. 1587. 4. Basilae 1588. ed. ab Adalb. de Starczewski [Scriptores exteri saeculi XVI. historiae Ruthenicae vol. II.] (26 B.) 8. Berolini et Petropoli 1842. 9.00.

Heidenstein, Reinh., de dignitate et officio Cancellari regni Polon. etc. c. fig. 4. Gedani, Knoch. 742.

Heidentempel, der, in Znaim, seine Geschichte u. kunsthistor. Bedeutg., s.a. Beiträge zur Heimatskunde v. Znaim. 1.

Heidentempel, Der, in Znaim, seine Geschichte u. kunsthistorische Bedeutung. Znaim 1900. V: *Trapp, Moriz.* (EB)

(F) Der „Heidentempel" in Znaim, seine Geschichte und kunsthistorische Bedeutung. Mit 15 Abbildungen. [Beiträge zur Heimatskunde von Znaim und Umgebung. Heft 1.] Znaim. 1900. Fournier & Haberler. Gr.-8⁰. 26 S. K —.40

Heidenthor, Das. Aus dem Ausgrabungsbericht des Vereins »Carnuntum« f. d. Jahr 1891. Wien 1893. V: *Dell, Joseph.* (EB)

Neues christliches Heidentum oder französischer Katechismus, welcher die Ungeheuer der heutigen Philosophie gegen Gott u. die Religion aus ihren Quellen darstellt. Augsburg, Wolff, 1794, 8°.

Heidenwolf, H., die Entführung der ungarischen Krone im Jahre 1440 u. ihre Folgen. Geschichtliche Erinnergn. (135 S.) 8. Wien 906. (VII, Bandgasse 28), Wiener Deutsches Tagblatt. n. 1.—
Sonderabdruck aus: „Wiener deut. Tagbl."

Heidepriem, C., P. Hosemann, K. Specht, u. C. Zimmermann, die Unfallverhütung im Dampfkesselbetriebe, s.a. Schriften d. Vereins deutsch. Revisions-Ingenieure. Nr. 4.

Die Unfallverhütung im Dampfkesselbetriebe. Bearb. von d. Ingen. C. **Heidepriem**, P[aul] Hosemann, K[arl] Specht u. C. Zimmermann. Mit 201 Abb. u. 4 Taf. *Berlin: A. Seydel 1902.* (VII, 130 S.) 8°
= Schriften d. Vereins deutscher Revisions-Ingenieure. No 4.

Heidepriem, Eug., die Reinigung des Kesselspeisewassers, 2. Aufl. v. Johs. Bracht u. Geo. Hausdorff, s.a. Schriften des Vereins deutscher Revisions-Ingenieure. I.

Die Reinigung des Kesselspeisewassers. Bearb. v. Eugen **Heidepriem**, Ing. d. Westpr. Ver. z. Überwachg v. Dampfkesseln. M. 32 Abb. im Text. *Berlin: A. Seydel 1899.* (2 Bl., 17 S.) 1 Bd 4·8.)
= Schriften d. Vereins deutscher Revisions-Ingenieure. No 1.

Heidepriem, Eugen: Die Reinigung des Kesselspeisewassers. Von —. 2. verm. Aufl. Neu bearb. von Johannes Bracht u. Dr. Georg Hausdorff. Mit 38 Abb. Berlin: A. Seydel 1909. 74 S. 4⁰ (8⁰)
(Schriften d. Vereins deutscher Revisions-Ingenieure. Nr 1.)

Heidepriem, Frid. (Guil.) (geb. Berlin 5. 12. 1821): De Nephelini saxi prope Loebaviam inventi natura chemica. Berolini (1850). (44 S.) 8°
Berlin, Phil. Diss. v. 2. Febr. 1850

Heideprim, Herm, s.: Rangliste der höheren Reichs-Post- u. Telegraphenbeamten.

Heideprim, Herm., Verzeichniss der deutschen Reichs-Post- u. Telegraphen-Beamten, welche die höhere Verwaltungsprüfg. bestanden haben, nebst e. Altersliste der Post- u. Telegraphen-Direktoren. Nach den amtl. Veröffentlichgn. der Reichs-Postverwaltg. zusammengestellt. 2. Jahrg. gr. 8. (89 S.) Leipzig 901. Luckhardt's Buchh. f. Verkehrswesen. Kart. n. 3.—

Heideprim, Herm., Verzeichnis der deutschen Reichs-Post- u. Telegraphen-Beamten, Fortsetzg., s.: Rangliste der höheren Reichs-Post- u. Telegraphen-Beamten.

Heidepriem, Waldemar (geb. Smela in Russl. 12. 1. 1860): Beiträge zur Kniegelenksresection. Berlin (1883). (40 S.) 8°
Berlin. Med. Diss. v. 26. Juli 1883

Heidepriem, Wilhelm, aus Rathenow: Ueber die acetodiphosphorige Säure. *München 1901: V. Höfling.* (46 S.) 8°
München, Phil. Diss. v. 1901

Heider, Docent Adolf, †. Wien [1894]. V: *Gruber, Max.* (EB)

Heider

— s. a. **Heyder.**

Heider, s.a. Braun

Heider, A. v., Cerianthus membranaceus Haime. Ein Beitrag zur Anatomie der Actinien. [Mit 6 (5 lith. u. 1 chromolith.) Taf. u. 1 (eingedr.) Holzschn.] Aus dem zootom. Institute der Universität Graz.] [Aus: „Sitzungsber. d. k. Akad. d. Wiss."] Lex.-8. (51 S.) Wien 878. (Gerold's Sohn.) n. 3. 20

Heider, A. v., Cerianthus membranaceus Haime. Ein Beitrag zur Anatomie der Actinien. [Aus dem zootom. Institute der Universität Graz.] Lex.-8. (51 S. mit 6 Taf., wovon 5 lithogr. und 1 chromolithogr., und 1 eingedr. Holzschn.) Wien 879, (Gerold's Sohn.) *

Heider, A. v., die Gattung Cladocora Ehrenb. [Aus dem zootom. Institute der Universität Graz.] Lex.-8. (34 S. mit 4 lithogr. und photolithogr. Taf. und 3 eingedr. Holzschn.) Wien 882, (Gerold's Sohn.) *
Aus: Sitzungsberichte der k. Akademie der Wissenschaften, besonders abgedruckt.

—— Sagartia troglodytes Gosse. Ein Beitrag zur Anatomie der Actinien. [Aus dem zootom. Institute der Universität Graz.] Lex.-8. (52 S. mit 6 lithogr. Taf.) (Ebendas.) 877. *
Vorstehende Schrift aus: Sitzungsberichte der k. Akademie der Wissenschaften, besonders abgedruckt.

Heider, A., Zweck d. Gesundheitspflege. (16 S.) Wien 1891. Szelinski.

Heider, A. R. v., Korallenstudien, s.: Arbeiten aus dem zoologischen Institut zu Graz.

Heider, A. R. Korallenstudien. II., Madracis pharensis Heller, s. Arbeiten aus dem zoologischen Institut zu Graz.

Heider, A. R. v., über zwei Zoantheen, s.: Arbeiten aus dem zoolog. Institut zu Graz. VI. 3.

Heider, A. R. v., Zoanthus chiorchiae n. sp., s.: Arbeiten a. d. zoolog. Institut zu Graz.

— die Zoologie in der Medicin. [Aus: „Festschr. f. A. Rollett".] Imp.-4. (14 S.) Jena 893. G. Fischer. n. 1. 50

Heider, Adf., Untersuchungen üb. die Verunreinigung der Donau durch die Abwässer der Stadt Wien, s.a. Abhandlungen, wissenschaftliche, aus dem k. k. obersten Sanitätsrathe.

Heider, Dr. Adolf, Untersuchungen über die Verunreinigung der Donau durch die Abwässer der Stadt Wien. (Wissenschaftliche Abhandlungen aus dem k. k. obersten Sanitätsrathe. III.) Lex.-8. (44 S.) —.80
Wien: Hölder 1893.

Heider, Adf. Zweck der Gesundheitspflege, s. Vorträge, volksthümliche, d. allg. n.-ö. Volksbildungsvereins.

Heider, August, aus Hoachanas im Gross-Nama-Lande: Die aethiopische Bibelübersetzung. Ihre Herkunft, Art, Geschichte u. ihr Wert f. d. alt- u. neutestamentl. Wissenschaft. Mit Jeremia Cap. 1–13 als Textprobe, dem aeth. Pseudepigraph: die Prophetie d. Jeremia an Pashur u. einem General-Katalog d. abessin. Handschriften. (Als Prolegomena zu einer kritischen Ausgabe d. aeth. Bibel.) *Halle a. S. 1902: M. Schmersow, Kirchhain N.-L.* (34 S.) 8° ¶ (Erscheint vollst. bei E. Pfeiffer in Leipzig.)
Halle, Phil. Diss. v. 29. Juli 1902

Heider, Aug., die aethiopische Bibelübersetzung. Ihre Herkunft, Art, Geschichte u. ihr Wert für die alt- u. neutestamentl. Wissenschaft. Mit Jeremia Cap. 1—13 als Textprobe, dem aeth. Pseudepigraph: die Prophetie des Jeremia an Pashur u. e. General-Katalog der abessin. Handschriften. (Als Prolegomena zu e. krit. Ausg. der aeth. Bibel.) 1. Heft. Bibelkritische Abhandlg. — Die Prophetie des Jeremia an Pashur. Mit deutscher Uebersetzg. (VI, 48 S.) gr. 8. Leipzig 902. E. Pfeiffer. n. 4. —

— Harfenklänge u. Heimwehstimmen für stille Zionspilger. 2. verm. Aufl. (38 S. m. Titelbild.) kl. 8. Greifswald 906. J. Abel. n. — 40

Der Weg zur Wahrheit. Ein Briefwechsel zwischen e. Vernunftgläubigen u. e. Gottessucher, hrsg. von Dr. Nathanael Lichtwart [d. i. August Heider]. Greifswald: J. Abel 1905. (20 S.) 8° [05. 6096 B]

Heider, Carl, s. Heider, Karl

Heider, Chrn., de febris scarlatinae quae inde ab ineunte a. 1853 usque ad mens. Aug. a. 1854 Kiliae grassata est epidemia. Dissertatio inauguralis medica. 4maj. (12 S.) Kiliae 854, (Libr. academica.) *

Heider, Eduard J. v.

Heider, Ed. J., systematische Anleitung zum Traçiren und Project-Verfassen der Eisenbahnen für Ingenieure u. Eisenbahn-Unternehmungen. Wien 856. Zamarski. (Typogr.-liter.-artist. Anstalt.) gr. 8. (6 Bl., 120 S.) 1 ₰

Heider, Ed. J., systematische Anleitung zum Traçiren der Eisenbahnen. Ein Handbuch für Ingenieure und Eisenbahn-Unternehmungen. 2., bedeutend verm. Aufl. Leipzig 860. Schrag. (Zürich, Ernst.) Lex.-8. (XV, 167 S. m. Holzschn.) n. 1 ₰ 20 ngr.

Heider, Ed. Ritter v., der Bau der schiefen Brücke üb. den Sannfluss bei Steinbrück f. die südl. Staats-Eisenbahn Wien-Triest. Fol. (30 S. m. eingedr. Holzschn. u. 3 Steintaf. in gr. Fol.) Graz 872. Verlag „Leykam-Josefsthal." n. 6. —

— der Bau der vereinigten Slip- und Trocken-Dock's im neuen Arsenale des österreichischen Lloyd in Triest. Ein Beitrag über die Verwendung der Santorin-Erde zu Wasserbauten. Mit 6 lith. Plänen u. 1 (lith.) Ansicht des Bauplatzes (in 4. u. Fol.). Triest 856. (Literar.-artist. Abth. d. österreich. Lloyd.) gr. 4. (VIII, 68 S. mit Holzschn. im Text.) n. 2 ₰

— der Bau der vereinigten Slip- und Trocken-Dock's im neuen Arsenale des österreichischen Lloyd in Triest. Ein Beitrag über die Verwendung der Santorin-Erde zu Wasserbauten. Mit 6 lith. Plänen u. 1 (lith.) Ansicht des Bauplatzes. 2. verm. u. verb. Aufl. Triest 861. Direct. d. österr. Lloyd. Fol. (X, 68 S. m. Holzschn.) n. 3 ₰ 10 ngr.

— der Bau der Trocken-Docks im Arsenale des oesterreich. Lloyd in Triest und im Arsenale der k. k. Kriegs-Marine in Pola. gr. 4. (75 S. mit 9 lithogr. Taf. in gr. Fol.) Graz 873, Verlag Leykam-Josefsthal. *

Heider, Ed. J., Theorie der schiefen Gewölbe u. deren prakt. Ausführung. Mit 2 Kpfrtaf. gr. 8. Wien 846, Gerold's Verlag. 7/8 ₰

Heider, Erich, Frühlingsfeier. Liederfestspiel, im Anschluss an V. Goller's „Volksliederbuch" gedichtet. (Textbuch.) (11 S.) kl. 8. Regensburg (905). A. Coppenrath's Verl. n.n. — 10

Heider, Erich, Claudia Procula, s.: Dilettantenbühne, kath.

Heider, F., d. wahre u. d. falsche Ehrgefühl, s.a. Lehrer-Prüfungs- u. Informations-Arbeiten.

[F.] 1. Das wahre und das falsche Ehrgefühl. Wie ist das erstere durch die Schule zu fördern, das letztere zu bekämpfen? Von F. Heider, Mittelschull. in Sagan. 2. Friedrich Rückert, Wilhelm Hey u. Friedrich Güll, drei Freunde unserer Kinder. Von Johs. Streiber, Lehrer in Wilhelmshaven. *Minden: A. Hufeland 1896.* (46 S.) 1 Bd 8.
= Lehrer-Prüfungs-Informations-Arbeiten. H. 29. [96. 7139]

Heider, Frdr., s.: Erläuterungen zu sämtlichen Lesestücken in F. Hirts deutschem Lesebuch.

HEIDER, G.: 150 Hölzer in Natur. - Fürth o. J. 15 Taf.

— **Georg Christian** (Kauffbeuren), De Kauffburae liberae sacrae Caesareae majestatis sacrique Romani Imperii civitatis jurisdictione criminali per totum diffusa territorium. Diss. jur. Präs. Heinrich Brokes. Jena (Schill) 16. IX. 1750. 64 S., tlws. dtsch. (8.—) 13882
Widm. v.: Christian Gottlieb Buder, Jo. Rudolph Engau, Präs., W. E. Sonneschmid, Jo. Justus Ravensberg, Jacob Fels (Lindau), Johann Friederich Bilger (Kempten; dtsch.), Gottlieb Friedrich Stuß (Jena; dtsch.).

Heider, Gust., liturgische Gewänder aus dem Stifte St. Blasien im Schwarzwalde, dermalen aufbewahrt im Stifte St. Paul in Kärnten. Imp.-4. (66 S. mit 10 Stnt., wovon 4 in Farbendr., und 10 eingedr. Holzschn.) Wien 860, Braumüller's Sortiment. *
Aus: Jahrbuch der Central-Commission zur Erforschung und Erhaltung der Baudenkmale, besonders abgedruckt.

— (Red.), s. Jahrbuch der k.k. Central-Commission zur Erforschung und Erhaltung der Baudenkmale.

HEIDER, GUSTAV: Inventarium der Pressburger Domkirche vom Jahre 1425. In: Mitt. d. Centr. com. Jg. 2. 1857, S. 151-153, 275-278.

Heider, Gust., die Romanische Kirche zu Schöngrabern in Nieder-Oesterreich. Ein Beitrag zur christl. Kunst-Archäologie. Wien 855. Gerold. gr. 4. (5 Bl., 251 S. mit Holzschn. im Text u. 3 lith. Taf. in 4. u. Fol.) n. 5 ℳ 20 ℊ

—, Rud. v. Eitelberger und J. Hieser, mittelalterliche Kunstdenkmale des österreichischen Kaiserstaates. 1—3. Lfg. Fol. (S. 1—94 mit 10 Kpfrt., 2 chromolithogr. Holzschnt. und chromolithogr. Titel.) Stuttgart 856, Ebner und Seubert. à Lfg. * 1 Thlr. 10 Ngr. * Prachtausg. à Lfg. * 2 Thlr. 12 Ngr. *

—, Rud. v. Eitelberger und J. Hieser, mittelalterliche Kunstdenkmale des österreichischen Kaiserstaates. 4—18. Lfg. Fol. Stuttgart 857—60, Ebner und Seubert. [1. Bd. (S. 95—202.) 2. Bd. (VIII und 200 S. mit eingedr. Holzschn., 52 Kpfrt. und 7 Chromolithogr.) à Lfg. * 1 Thlr. 10 Ngr.] * Prachtausg. à Lfg. * 2 Thlr. 12 Ngr. *
1—3. Lfg. Ebendas. 1856. * 4 Thlr. Prachtausg * 7 Thlr. 6 Ngr.

— mittelalterliche Kunstdenkmale in Salzburg. Mit 4 (lith., theilweise in Farben gedr.) Taf. u. 56 Holzschn. (im Text). (Abdr. a. d. Jahrb. d. k. k. Central-Commiss. z. Erforschung etc. der Baudenkmale.) Wien 857. (Braumüller.) gr. 4. (1 Bl., 62 S.) n. 1 ℳ 10 ℊ

Heider, Gust., über Thier-Symbolik und das Symbol des Löwen in der christl. Kunst. Eine archäolog. Abhandlung. gr. 8. (III und 43 S.) Wien 849, Gerold, Verlag. *

Heider, Hermann (geb. am 25 Apr. 1845 in Köln): Das Ferrum oxydatum dialysatum als Antidotum bei Vergiftung mit arseniger Säure ... Bonn, gedr. bei J. F. Carthaus (1869). 29 S., 1 Bl. 8.
Bonn, Med. Fak., Diss. v. 3 Febr. 1869

Heider, J.: Archäologische N o t i z e n , ges. auf einem Ausfluge nach Herzogenburg . . ., sa. H ä u f l e r , J. V.

Heider J., Dr., und Haeufler J. V.: Archäologische Notizen, gesammelt auf einem Ausfluge nach Herzogenburg, Göttweih, Melk und Seitenstetten im September 1819. 1. Teil (mit 1 Taf.). Ar. 5. [illegible] . . . . vgr.
— — — 2. Teil (mit 7 Taf.). Ar. 5. [illegible] . . . . vgr.
Separatabdruck

— **Johann Christoph** (Schwerin/Meckl.), De regalibus fisci principum Germaniae circa acquisitionem praecipua. Diss. jur. Präs. Christian Thomasius. Halle (Joh. Christian Zahn) 7. VII. 1713. 72 S. mit Widm. v. Präs. (7.—) 13883

— — Dasselbe. Halle (Hendel) 1728. (7.—) 13884

Josef HEIDER — Die Bedeutung der Jesuiten fur die Geographie und Topographie Ostasiens. Prag: Phil. Diss. 1909/1910.

Heider, Karl

Heider, K., üb. die Anlage der Keimblätter v. Hydrophilus Piceus L. [Aus: „Abhandlgn. d. k. preuss. Akad. d. Wiss."] gr. 4. (47 S. m. 2 Taf.) Berlin 886. (G. Reimer.) Kart. n. 5. —

Heider, Karl, Beiträge z. Embryologie v. Salpa fusiformis Cuv. [Aus: „Abhandlgn. d. Senckenberg naturforsch. Gesellsch."] gr. 4. (89 S. m. Fig. u. 6 Taf.) Frankfurt a/M. 895. (M. Diesterweg.) n. 12. —

Heider, K., die Embryonalentwickelung v. Hydrophilus piceus L. Hrsg. m. Unterstützg. der Kgl. Academie der Wissenschaften. 1. Thl. Imp.-4. (VI, 98 S. m. 9 Abbildgn. u. 13 Taf.) Jena 889. Fischer. n. 20. —

Heider, K., Lehrbuch d. vergleich. Entwicklungsgeschichte d. wirbellosen Thiere, s.: Korschelt, E.

Heider, Carl, die Gattung Lernanthropus. gr. 8. (100 S. mit 5 lithogr. Taf.) Wien 879, Hölder. *
Aus: Arbeiten aus dem zoologischen Institute der Universität Wien, besonders abgedruckt.

Heider, Karl, zur Metamorphose der Oscarella lobularis O. Schm. gr. 8. (62 S. mit 3 lithogr. Taf.) Wien 886, Hölder. * 6 40
Aus: Arbeiten des zoologischen Instituts zu Wien, besonders abgedruckt.

— — Polyhymnia; poetisches Neujahrsgeschenk. 12. Ebend. 820.

Fritz Schaudinn ⟨1871-1906⟩. Ansprache, geh. von Prof. K[arl] Heider in s. Colleg v. 25. Juni 1906. Innsbruck: Selbstverl. 1906. (8 S.) 8° [F.]
Aus: Innsbrucker Nachrichten. 1906, No 144. 106. 9037

— Vererbung u. Chromosomen. Vortrag, geh. am 27. IX. 1905 in der Gesamtsitzung der beiden wissenschaftl. Hauptgruppen der 77. Versammlg. deutscher Naturforscher u. Aerzte zu Meran. (IV, 42 S. m. 40 z. Tl. farb. Fig.) gr. 8. Jena 906. G. Fischer. n. 1. 50

— **Martin Friedrich** (Freist. Schles.), De quinquennio studii juris. Präs. Peter Müller. Jena (Bauhofer) Jan. 1689. 54 S. mit Widm. v. Präs. (6.50) 13886

— — Dasselbe. Vom Fünffjährigen Studiren der Rechte. Jena (Paul Ehrich) 1714. (6.50) 13887

— — Dasselbe. Lpz. (Stopffel) 1747. 56 S. (6.50) 13888

Heider, Moritz, Anleitung z. Pflege der Zähne im gesunden u. kranken Zustande u. Andeutungen über künstl. Zähne u. Gebisse. 8. (5⅓ B.) Wien 845, Gerold, Verl.

Heider, M., und C. Wedl, Atlas zur Pathologie der Zähne. Die Zeichnungen sämmtlich nach der Natur aufgenommen von C. Heitzmann. — Atlas to the pathology of the teeth. 4 Lfgn. Fol. (16 Stnt., wovon 4 color., mit XII, 45 S. Text.) Leipzig 868,69, Felix. à Lfg. ℳ 6. *

Heider, M., u. C. Wedl, Atlas zur Pathologie d. Zähne. 2., verm. Aufl., bearb. v. J. v. Metnitz. (In 4 Lfgn.) 1. u. 2. Lfg. Imp.-4. (12 Taf. u. S. 1—40 deutschen u. engl. Text.) Leipzig 889. Felix. n. 8. —

Heider, M., u. C. Wedl, Atlas zur Pathologie der Zähne. 2., verm. Aufl., bearb. v. J. v. Metnitz. 3. u. 4. (Schluss-)Lfg. Imp.-4. (12 Taf. m. XVI S. u. S. 41—74 deutschen u. engl. Text.) Leipzig 893. A. Felix. à n. 8. — (kplt.: n. 32. —)

Heider, Mor., Louis XVI. u. Empire. Eine Sammlg. v. Façadendetails, Plafonds, Interieurs, Gittern, Möbeln, Vasen, Öfen, Ornamenten etc. in kaiserl. Schlössern, Kirchen, Stiften, Schlössern d. Adels u. and. Monumentalbauten Österreichs aus d. Epoche Josef II. bis Franz II. Gesammelt, aufgenommen u. gezeichnet v. H. 1.—3. Lfg. gr. Fol. (à 15 Taf. in Lichtdr.) Wien 896—898. A. Schroll & Co. In Mappe à n. 15. —

Heider, Mor., u. Osc. Grüner, Louis XVI. u. Empire. Eine Sammlg. v. Façadendetails, Plafonds, Interieurs, Gittern, Möbeln, Vasen, Öfen, Ornamenten etc. in kaiserl. Schlössern, Kirchen, Stiften, Schlössern des Adels u. anderen Monumentalbauten Österreichs aus der Epoche Josef II. bis Franz II. Gesammelt, aufgenommen u. gezeichnet v. H. u. G. 4. (Schluss-) Lfg. gr. Fol. (15 Taf. in Lichtdr.) Wien 900. A. Schroll & Co. In Mappe n. 15. —

— (Hrsg.), s. Mittheilungen des Central-Vereines Deutscher Zahnärzte.

Heider, Mor., zur Reform des zahnärztlichen Unterrichtes in Deutschland. gr. 8. (18 S.) Wien 864, (Gerold's Sohn.)

— (Red.), s. Vierteljahresschrift, Deutsche, für Zahnheilkunde.

Heider, Nicolai, üb. den schleunigen Eintritt des Todes nach Misshandlungen. Diss. gr. 8. (81 S. m. 7 Tab.) Jurjew (Dorpat) 893. (E. J. Karow.) n. 2. 30

Heider, Otto, a. Geisweid ⟨Westfalen⟩: Untersuchungen zur mittelenglischen erotischen Lyrik ⟨1250—1300⟩. Halle a. S. 1905: C. A. Kaemmerer. (58 S.) 8°
Halle, Phil. Fak., Ref. Wagner, Diss. v. 4. Okt. 1905
[Geb. 27. Okt. 82 Geisweid, Westf.; Wohnort: Halle a. S.; Staatsangeh.: Preußen; Vorbildung: Realgymn. Siegen Reife O. 02; Studium: Halle 7 S.; Rig. 23. Mai 05.]

Heider, R. v., Kork- u. Rohrfederschrift. Signier- u. Plakat-Schriften f. Kork-, Rohr- u. Paketfedern in 15 Taf. (3 S. Text.) Lex. 8. Ravensburg 907. O. Maier. 1.80

— Theophil (Lindau a. B.), Positiones aliquot juris publici, ad pacis Osnabrugo-Westphalicae art. V. §. quaecunque Monasteria, &c. Disp. jur. Strassburg (Daniel Maag) Sept. 1700. 36 Seiten. (6.50) 13889
Widm. v.: Jo. Schilter, Johann Heinrich Feltz, M. Joh. Philipp Bartenstein (Lindau).

Heider, W.: Kurtzer Unterricht von Unterweisung der Jugend. A. d. Lat. v. Paedonomo. Leipzig 1710. 48 S.

Heiderich, Alb., Einführg. in das Studium der gotischen Sprache. 10 prakt. Lektionen m. e. etymolog. Wörterverzeichnis u. e. Anh. zur Geschichte der deutschen Sprache. gr. 8. (VIII, 56 S.) München 900. Th. Ackermann. n. 1.20

Heiderich, Alb., der schwarze Fleck. Eine Geschichte f. kindl. Menschen. (137 S.) 8. Berlin 905. E. Ebering. n. 2. —

Heiderich, Alb., zwischen 12 u. 14 Uhr. gr. 8. (VII, 223 S.) Dresden 903. Moewig & Höffner. n. 2. —; geb. in Leinw. n. 3. —

Heiderich, Frz., s.: Anzeiger, geographischer.

Heiderich, Frz., die Erde. Eine allgem. Erd- u. Völkerkunde. M. 215 Illustr., 143 Textkärtchen u. 6 Karten in Farbendr. gr. 8 (XIII, 876 S.) Wien 896. A. Hartleben. Geb. in Halbfrz. n. 20. —

Heiderich, Frz. Die mittleren Erhebungsverhältnisse der Erdoberfläche, nebst e. Anh. üb. den wahren Betrag d. Luftdruckes auf der Erdoberfläche. Mit 1 Taf. u. zahlreichen Tab. Lex.-8. (S. 71—114.) Wien 891, Hölzel. * 2 —
Aus: Geograph. Abhandlgn., besonders abgedruckt.

Heiderich, Frz., Geographie d. Welthandels, s.: Andree, Karl.

Heiderich, Franz: Die mittlere Höhe Afrikas. ([S.-A.] Petermanns Geographische Mittheilungen. 1888. Heft 7.) Gotha 1888. 11 S. 4°.

Heiderich Franz: Ueber die mittlere Höhe des Landes und die mittlere Tiefe des Meeres.
1889 PN 577 Diss. Wien, Univ. 2343

— s.: Hölzel's geographische Charakter-Bilder.

— s.: Hölzel's Rassentypen des Menschen.

— Länderkunde d. außereuropäischen Erdteile, s.a. Sammlung Göschen.

Länderkunde der außereuropäischen Erdteile von Dr. Franz Heiderich, Prof. Mit 10 Textkt. u. Profil. 2. verb. Aufl. Leipzig: Göschen 1907. 171 S. 8°
(Sammlung Göschen 63.) [illegible] 3

— Länderkunde v. Europa, s.a. Sammlung Göschen.

Heiderich, Franz: Länderkunde von Europa. Mit 14 Textkärtchen und Diagrammen und einer Karte der Alpeneinteilung. (Sammlung Göschen No. 62.) Leipzig 1897. 182 S. 8°.

Heiderich F, Länderkunde von Europa. 2. Auflage. (175 S.) (Sammlung Göschen 62.) 16° Leipzig 1906

Länderkunde von Europa. Von Dr. Franz Heiderich, Prof. Mit 10 Textkt. u. Profilen, 1 Kt. u. 1 Tab. 3. verb. Aufl. Leipzig: Göschen 1910. 168 S. 8°
(Sammlung Göschen. 62.) [illegible]

Heiderich, Frz., österreichische Schulgeographie. 1. Tl.: Für die I., II. u. III. Classe der Mittelschulen. (Im Anschlusse an Kozenns geograph. Atlas f. Mittelschulen bearb.) gr. 8. (VI, 303 S. m. 49 Abbildgn. u. 35 Taf.) Wien 901. E. Hölzel. Geb. in Leinw. n. 3. —

— österreichische Schulgeographie. 1.—3. Tl. (Im Anschlusse an Kozenns geograph. Atlas f. Mittelschulen bearb.) gr. 8. Wien, E. Hölzel. Geb. n. 7. 20
1. Für die I. Klasse der Mittelschulen. 2., völlig umgearb. Aufl. Mit 34 Textillustr. u. 42 Taf. (83 S.) 906. Geb. n. 2. 20
2. Für die II. u. III. Klasse der Mittelschulen. Mit 9 Textillustr. (235 S.) 906. Geb. n. 3. —
3. Vaterlandskunde. Für die IV. Klasse der Mittelschulen. (187 S. m. 51 Abbildgn. u. 6 Taf.) 904. Geb. n. 2. —

Heiderich Franz, Österreichische Schulgeographie. I. Teil. Für die I. Klasse der Mittelschulen. 3., unveränderte, somit gemäß Min.-Erl. vom 14. März 1906, Z. 8156, allgemein zulässige Auflage. Wien 1908. Ed. Hölzel. Geh. K 2.—, geb. K 2.40.

— Österreichische Schulgeographie. 1.—3. Tl. (Im Auschlusse an Konzenns geograph. Atlas f. Mittelschulen bearb.) gr. 8. Wien. E. Hölzel. Geb. in Leinw. 8.—
1. Für d. I. Klasse d. Mittelschulen. 4. Aufl. (84 S. m. 35 Abb. u. 42 Taf.) 910. Geb. 2. 40
2. Für die II. u. III. Klasse d. Mittelschulen. 3. Aufl. (239 S. m. 11 Abb.) 910. Geb. 3. 40
3. Vaterlandskunde. Für d. IV. Klasse d. Mittelschulen. 2. Aufl. (137 S. m. 51 Abb. u. 6 Taf.) 910. Geb. 2. 20

Heiderich, F., Schulwandkarte von Asien. Politische Ausgabe. 1:8,000.000. 6 Bl. 138 × 174 *cm* roh K 18.— auf Leinw. in Hülse K 24.—, auf Leinw. mit Stäben K 26.—
Wien: Hölzel 1903.

Heiderich, F., Schulwandkarte von Australien und Polynesien. Stiller Ozean. 1:10,000.000. 6 Bl. 160 × 189 *cm* roh K 20.— auf Leinw. in Mappe K 28.—, auf Leinw. mit Stäben K 32.—
Wien: Hölzel 1903.

Heiderich, Dr. Franz, Geographische Vaterlandskunde für die VII Klasse der Realschulen. Laibach 1907. Kleinmayr und Bamberg. Geh. K 2.—. (Min.-Erl. vom 14. Jänner 1908, Z. 53650 ex 1907.)

Heiderich, Frz., Geographische Vaterlandskunde f. d. VII. Klasse d. Realschulen. (VI, 133 S.) 8. Laibach 908. I. v. Kleinmayr & F. Bamberg. Geb. 2. —

— Österreichische Vaterlandskunde, s.: Zeehe, Andr.

— s.: Vierteljahrshefte f. d. geograph. Unterricht.

Heiderich, F., Wandkarte von Nordamerika. 1 : 5,000.000. 9 Blatt unaufgespannt K 20.—, auf Leinwand gespannt in Mappe K 29.—
Wien:Hölzel 1908.

Heiderich, F., Wandkarte von Südamerika. 1 : 5,000.000. 6 Blatt unaufgespannt K 20.—, auf Leinwand gespannt in Mappe K 29.—
Wien: Hölzel 1908.

Heiderich, Friedrich, aus Hanau: Glatte **Muskelfasern** im ruhenden und thätigen Zustande. *Göttingen 1903: L. Hofer.* (30 S.) 8° ¶ [Aus: Anatomische Hefte, Abt. 1, Bd 19. 1902.]
Göttingen, Med. Diss. v. [26. März] 1903

Heiderich, Frdr., Glatte Muskelfasern im ruhenden u. thätigen Zustande. Diss. (30 S. m. 7 Fig.) gr. 8. Göttingen 903. (Vandenhoeck & Ruprecht.) n. — 80

Heiderich, Dr. H.
s. Heidrich, Jean Heinrich. A 12. 18545

Heiderich, Jean Heinrich

Heiderich, J. H., Geld-, Bank- u. Börsenwesen, s. a. Hillger's illustr. Volksbücher 53. Bd.

Geld-, Bank- und Börsenwesen von Dr. J[ean] H[einrich] **Heiderich**. Berlin, Leipzig: H. Hillger [1906]. (112 S.) 8° [J.]
— **Volksbücher**, Hillgers illustrierte. Bd 53. 07. 16104

Heiderich, Jean Heinrich [aus Wölfershausen '(Hessen-Nassau)']: Das Leipziger Kürschnergewerbe ... Heidelberg, Buchdr. v. A. Emmerling & Sohn, 1897; VIII, 126 S., 1 Bl. 8.
Heidelberg, Phil. Fak., Inaug.-Diss. v. [19. Juni] 1897

Das Wachstum Englands. Wirtschaftsgeschichtl. Skizze von Dr. Jean Heinrich **Heiderich**. *Cassel: G. Klaunig 1901.* (66 S.) 8°

Heiderich, Jean Heinr., das Wachstum Englands. Wirtschaftsgeschichtl. Skizze. gr. 8. (66 S.) Cassel 901. C. Vietor. n. 1.20

Heiderich, Paul. Der goldorische Erbfolgestreit 1537—1543. (Aus:) „Beiträge zur deutschen Territorial- und Stadtgeschichte etc." 1. Heft. — Kassel 1896.

Heideröschen. Roman v. Fr. Gräfin v. B. gr. 8. (168 S.) Olmütz 878. Slawik. 3. —

Heideröschen. Roman von Fr. Gräfin v. B..... gr. 8. (176 S.) Znaim 883, Fournier und Haberler. * 3 —

(HEIDERS, Dan.): Histor. Bericht von den alten Reichsvogteyen bey den Erb-, Frey- und Reichsstädten, wie auch bey dem Hoch-Stift- und andern Klöstern. *Stuttgart.* 655. u. *Ul.* 732. 4.

Heidewaldt, A. v., Friedrich v. Baden u. seine Feinde. Histor. Novelle. Hrsg. v. Georg Lotz. 8. (12 B.) Hamburg 831, Herold.

v. **Heidfeld**, Adam, († d. 30. Sept. 1780.) verschied. Abhandll. über die Contabilität, oder verbesserte Rechnung in doppelten Posten. 8. Wien 773.

Heidfeld, Armin. (geb. Marienwerder 29. 8. 1814): De vulneribus cerebri sanatis. Berolini (1842). (19 S.) 4°
Berlin, Med. Diss. v. 10. Febr. 1842

Heidfeld, Marianne, Reise-Erinnerungen aus Aegypten, Palästina, der Türkei u. Griechenland. 2 Vorträge, geh. im Verein „Frauenwohl". gr. 8. (58 S.) Danzig 891. (A. W. Kafemann.) n. — 50

Heidgen, Bernard [aus Bonn]: Aus d. Klinik f. Hautkrankheiten u. Syphilis zu Bonn. Ueber Sublimatintoxication. ... Bonn, Hauptmann'sche Buchdr. (1890); 43 + 1 S. + 1 Bl. 8°
Bonn, Med. Fak., Inaug.-Diss. v. [28. Jul.] 1890

Heidhues, Bernhard, Prof.: Bücherverzeichnis der Schülerbibliothek des Königlichen Friedrich-Wilhelms-Gymnasiums in Cöln. Cöln 1907: Gebr. Brocker. (56 S.) 8° [J.]
Cöln, k. Friedrich-Wilhelms-G OP 1907 (560)

Heidhues, Bernhard: Das Gedicht des Simonides in Platons Protagoras. *Bonn, Univ.-Buchdr. v. C. Georgi* (1890); 14 S. 4°
Köln, k. Friedrich-Wilhelms-G, P 1890 (425)

Heidhues, Bernhard: Über die Wolken des Aristophanes. *Bonn, Univ.-Buchdr. v. C. Georgi, 1897;* 59 S. 4.
Köln, Friedrich-Wilhelms-G, P 1897 (440)

Der Heidjer. Ein niedersächs. Kalenderbuch. Hrsg. von Hans Müller-Bravel. Mit Zeichn. von Hugo Friedr. Hartmann. [1.] Auf d. J. 1904 Christi. *Hannover: Gebr. Jänecke (1903).* 4° 04. 8334 7

Heidjer, der, ein niedersächsisches Kalenderbuch für 1904-06 Hannover 1904-06

Heidjer, der. Ein niedersächs. Kalenderbuch auf d. J. 1907. Hrsg. v. Hans Müller-Brauel. Mit 12 Dichterbildnissen. Buchschmuck v. Karl Hollek-Weithmann. (40 S.) schmal Lex.-8. Hannover, Dr. M. Jänecke. n. 1. —

Heidjer, der. Ein niedersächsisches Kalenderbuch. 1907-09. Hannover 1907-09

Heidjer, der. Ein niedersächs. Kalenderbuch auf d. J. 1909. Hrsg. v. Hans Müller-Brauel. Mit Zeichngn. v. Frido Witte. (36 S.) 28×17 cm. Hannover, Dr. M. Jänecke. 1.—

HEIDIGER, Jo. Jac.: Anleit. z. gründl. Verstand d. Wechselrechts, introductio ad jus cambiale. *Frankf.* 674. *Cöln.* 715. 4.

Heidinger's Wiener Münz- u. Wechselcourstabellen, deutsch u. italiänisch. 32. Wien, Geistinger.

Heidinger's, ..., Wiener Münz- u. Wechselcourstabellen, deutsch u. italienisch. 24. Wien, (Gerold). 8 K Hbg. Pr. 4 K

Heidinger, F. A., Nach dem Klostersturme. gr. 8. (VIII, 113 S.) Wien 870, Mayer und Comp. (*M 1.) *

Heidinger, Frz. Xav., kurzer Bericht über die Erzbruderschaft Unserer Lieben Frau, der Königin der Engel. 8. (70 S. mit 1 Holzschntaf.) Wien 877. Würzburg. Woerl in Comm. — 30

— die Erzbruderschaft unserer lieben Frau, der Königin der Engel. Ihr Zweck, ihre Entstehung, ihre Statuten. Nebst einer Sammlung von Gebeten u. Andachtsübungen. Zunächst ein Handbuch für die Mitglieder dieser Bruderschaft. 16. (544 S.) Wien 878. Mayer & Co. n. 2. 80

—— Leben der heiligen Amalia. Nach den besten Quellen, mit besond. Rücksicht auf den jungfräul. Stand zeitgemäß bearb. 8. (XVI, 126 S.) Ebendas. 877. *

Heidinger, Gotth., der Spiritismus. Auf Grund eigener Erfahrung und gewissenhafter Untersuchung für bult. Leser besprochen. gr. 8. (III, 42 S.) Riga 884, (Stieda.) *

Heidinger, Hermann: Die Lebensmittel-Politik der Stadt Zürich im Mittelalter. Ellwangen 1910: Buchdr. d. Ipf- u. Jagst-Zeitung. x, 98 S. 8°
Freiburg i. B., Phil. Diss. v. 1910, Ref. v. Below
[Geb. 5. Febr. 86 Freiburg i. B.; Wohnort: Freiburg; Staatsangeh.: Baden; Vorbildung: Berthold-Gymn. Freiburg i. B. Reife Juli 05; Studium: Freiburg i. B. 2, Paris 1, Freiburg i. B. 5 S.; Rig. 17. Juli 09.] [U 10. 1051

Heidinger, Wilhelm: Die Entwicklung der Sexualorgane bei Vaucheria. Berlin 1908. 55 S. 8° ¶(Aus: Berichte d. Deutschen Botan. Gesellsch. Bd 26.)
Freiburg i. B., Phil. Diss. v. 1908, Ref. Oltmanns
[Geb. 14. Nov. 74 Gernsbach; Wohnort: Freiburg i. B.; Staatsangeh.: Baden; Vorbildung: Realgymn. Mannheim Reife Juli 02; Studium: Freiburg i. B. 9 S.; Rig. 17. Mai 07.] [U 09. 1013

Heidinger, Rudolph, Die Laparotomie bei Darmocclusionen. Diss. Dorpat. 8°. 72 pp.
1861

Heidingsfeld [Schlagwort]

Heidingsfeld, s.: Deutschland. Kürschner-Pelp.

Heidingsfeld [Verf.]

Alte Burschenherrlichkeit. Studenten-Operette in 3 Akten. Musik von Ludwig **Heidingsfeld**. Text von Karl Biberfeld u. v. Komponisten. [Textbuch.] Cöln, Berlin, Leipzig, Paris: Ahn (1910). 56 S. 8°. [11. 10316

Text der Gesänge aus: Alte Burschenherrlichkeit. Studenten-Operette in 3 Akten. Musik von Ludwig **Heidingsfeld**. Text von Karl Biberfeld. [Textbuch.] Köln, Berlin, Leipzig, Paris: Ahn (1910). 35 S. 8°
(Ahns Text-Bibliothek. Nr 143.) [11. 10310

Vollständiges Textbuch. Der neue Dirigent. Komische Oper in 3 Akten von Ludwig **Heidingsfeld**. Text von Karl Biberfeld u. vom Komp. Dichtungen zu d. geschlossenen Gesängen von Karl Lentz u. vom Komp. Danzig: H. Lau in Komm. 1908. (55 S.) 8° [F.] [08, 678] 10

Heidingsfeld, Max: Gottfried von Strassburg als Schüler Hartmanns von Aue. Ein Beitrag zur deutschen Literaturgeschichte .... Rostock, Carl Boldt'sche Hof-Buchdr., 1888; 69 S. 8°.
Rostock, Phil. Fak., Inaug.-Diss. v. 16. März 1888.

Heidingsfeld, M., Gottfried v. Strassburg als Schüler Hartmann's v. Aue. Ein Beitrag zur deutschen Litteraturgeschichte. gr. 8. (69 S.) Leipzig 887. Fock. n. 2. —

Heidingsfeld, Wilhelm [pr. Arzt in Grossblittersdorf]: Das Codeïn als Narcoticum und Anästheticum . . . Strassburg, Els. Druck. u. Verlagsanst. vorm. G. Fischbach, 1890; 45 S. 8°
Strassburg, Med. Fak., Inaug.-Diss. v. 1890

Heidingsfelder, B., allgemeines Lexicon sämmtlicher jüdischen Gemeinden Deutschlands, nebst statist. und histor. Angaben, sowie Mittheilung der jüd. Hôtels, öffentl. und Privat-Restaurants zum Gebrauche für Behörden, Gemeindevorstände, Reisende, Gewerbetreibende etc. 12. (168 S.) Frankfurt a. M. 883, Hofmann. *

Heidi's Lehr- u. Wanderjahre. Eine Geschichte für Kinder u. auch für Solche, welche die Kinder lieb haben. Von der Verf. v. „Ein Blatt auf Vrony's Grab". 8. (III, 240 S.) Gotha 880. F. A. Perthes. n. 2. 40; geb. n. 3. 60

Heidkämper, die schaumburg-lippische Kirche, kurzer Überblick üb. ihre Entwickelung vor u. nach der Reformation. gr. 8. (63 S.) Bückeburg (900). (G. Frommhold.) n. 1. —
Sonderabdr. a.: „Zeitschr. d. Gesellsch. f. niedersächs. Kirchengesch."

Heidkämper, Schaumburg-Lippische Kirchengeschichte vom 30jährigen Kriege bis zur Gegenwart. (61 S.) 8. Bückeburg 908. (G. Frommhold.)
Sonderabdr. aus: „Ztschr. f. niedersächs. Kirchengesch."

Heidke, P., s.: Beobachtungen, deutsche überseeische meteorologische.

Heidke, Paul, aus Gollnow: Ueber **Kreisteilungsgleichungen** vom Primzahlgrad $p = p_1^{\pi_1} \cdot p_2^{\pi_2} \ldots p_\mu^{\pi_\mu} + 1$. $(\mu > 1)$. *Greifswald 1899: F. W. Kunike.* (28 S.) 8°
Greifswald, Phil. Diss. v. 21. Dez. 1899

Heidl, Karl, neue Grab-Denkmäler. 24 Taf. in Mappe m. 29 Entwürfen zu neuzeitl. Familien-Grabdenkmälern u. einfachen Grabsteinen, passend f. jede Gesteinsart u. alle Friedhofsanlagen. (1 Bl. Text.) Lex.8. München 909. E. Pohl. In Leinw.-Mappe 6. —

Heidlas, Frz. Jos., kleiner Führer durch Brüx u. Umgebung. (42 S.) kl. 8. Brüx 907. A. Kunz. — 50

Heidlas, Frz. Jos., die historisch denkwürdigen Orte Böhmens. Eine Sammlg. f. Lehrer zur Belebg. des Unterrichtes in der Geographie u. Geschichte. 2., verm. Aufl. (32 S.) 8. Prag (906). (G. Neugebauer). n. — 40

Heidlauff, Max, Rechtsprakt.: Die Entscheidung von Kompetenzkonflikten zwischen Gerichten und Verwaltungsbehörden in Baden mit besonderer Berücksichtigung der geschichtlichen Entwickelung von 1809—1879. Heidelberg 1908: Pfeffer. 83 S. 8°
Heidelberg, Jur. Diss. v. 1908, Ref. Anschütz
[Geb. 24. Okt. 84 Lahr i. B.; Wohnort: Lahr; Staatsangeh.: Baden; Vorbildung: Gymn. Lahr Reife M. 03; Studium: Freiburg i. B. 3, Kiel 1, Berlin 1, Heidelberg 2, Freiburg i. B. 1 S.; Rig. 6. Aug. 08.] [U 09. 1803

Heidlberg, Theodor, aus Budapest: Einfluss substituirenden Chlors auf die Nuance einiger Farbstoffe. — Ueber Umlagerungsversuche mit Diazoamidokörpern. Zür. Orell Füssli Cie Dr. 1887. 48 S. 8°.
Zürich, Phil. Diss. [v. 2. Dec. 1887].

Heidlen, Vormundschaft oder Pflegschaft, s.: Grenzfragen, juristisch-psychiatrische. II. 1. 2.

Heidler, Arth., s.: Jahrbuch der Staats- u. Fondsgüter-Verwaltung.

Heidler, Carl Jos. v., s. Heidler, Karl Jos. v.

Heidler, Hermann

Heidler, H., 50 Choräle nebst einem Anh., die gebräuchlichsten liturg. Chöre enth. für Männerstimmen. Für Seminarien u. die oberen Klassen der Gymnasien u. Realschulen etc. bearb. Leipzig 867. Merseburger. gr. 8. (IV, 36 S.) 8 ngr

Heidler, H., 50 Choräle nebst e. Anh., d. gebräuchl. liturg. Chöre enth., f. Männerstimmen. Für Seminarien u. d. ob. Klassen d. Gymnasien u. Realschulen, wie auch f. Lehrervereine bearb. 8. Aufl. gr. 8. (VI, 86 S.) Leipzig (896). C. Merseburger. — 60

Heidler, Herm., Choral- u. Volksmelodien, für Schule u. Haus ausgewählt u. hrsg. 1. Hft., 75 Choräle u. 50 Volkslieder enth. 3. Aufl. gr. 8. (VI, 53 S.) Leipzig 890. Merseburger. — 60

— Choral- u. Volksmelodien f. Schule u. Haus, ausgew. u. hrsg. 1. Hft., 75 Choräle u. 50 Volkslieder enth. 4. Aufl. gr. 8. (VI, 53 S.) Ebd. 897. — 60

Heidler, Herm., Choral- u. Volksmelodien für Schule u. Haus, ausgewählt u. hrsg. 1. Heft, 75 Choräle u. 50 Volkslieder enth. 5. Aufl. (VI, 53 S.) gr. 8. Leipzig 905. C. Merseburger. n. — 60

Heidler, C., Blüthen der Phantasie. (Gedichte.) 8. Zeiz, Webel. 819.

— lyrische Gedichte. Nebst e. Anhange, Napoleonskränze enthaltend. 8. Altenb. 831. Schnuphase. Druckvelinp. 1 ß Fein Velinp. 1 ß 12 ℛ

Heidler, Karl Joseph

Heidler Edler v. Heilborn, Carl Jos., die Aufsaugung in mineralischen Bädern. Abdr. aus der Abhandlung: Der neue Mineralmoor in Marienbad als eine Bereicherung der medicin. Vielseitigkeit dieses Curortes. gr. 8. (VIII und 48 S.) Prag 858, Calve'sche Universitäts-Buchh. *

Heidler, K(arl) J(oseph): Das Blut in seiner heilthätigen Beziehung zum Schmerz im Allgemeinen und zu den (wahren und unwahren) Neuralgien insbesondere. 57 S., gbd.

Prag: typ.Haase 1839

Heidler, Karl Jos., das Blut in seiner heilthät. Beziehung zum Schmerz im Allgem., u. zu den (wahren u. unwahren) Neuralgien insbesond. Zur vorläuf. Erörterung empfohlen. gr. 8. (3¾ B.) Prag 839, Kronberger u. Rziwnatz. *

Heidler, Carl Jos., die epidemische Cholera; ein neuer Versuch über ihre Ursache, Natur und Behandlung, ihre Schutzmittel und die Furcht vor derselben. (2 Abthlgn.) gr. 8. (XVI und 431 S.) Leipzig 848, Brockhaus. *

Heidler, Karl Jos., über d. Croup oder die häutige Bräune. 8. Prag 818. Krauß; (a. Haase S.) 10 ℛ

Heidler, C. v., üb. chronischen Darmkatarrh u. seine Beziehung zu Koprostase, zu Anaemie u. zur Behandlung m. Mineralwässern. [Aus: „Balneolog. Centralblatt".] gr. 8. (6 S.) Leipzig 892. Verlag d. „Reichs-Medicinal-Anzeiger", B. Konegen. n. — 20

— die Erschütterung als Diagnosticum und als Heilmittel; ein praktischer Beitrag zur physikalischen Seite der Pathologie und Therapie. Anhang: Die Erschütterung als Gegenbewegung oder Grundform des Lebens in der Natur. 1. Hälfte. Braunschweig 853. Vieweg. gr. 8. (4 Bl., XII, S. 1--176.) n. 1 ß

— über die Gasbäder in Marienbad, nebst einer Beschreibung dieses Kurortes. 8. Prag 819. Krauß; a. Wimmer in Wien. 1 ß (Haase S. das.) 12 ℛ

—— über d. Gebrauch mineralischer Wässer am Abend; mit besonderer Rücksicht auf Marienbad. 8. (6 B.) Leipzig 836, Hinrichssche Buchh.

— alte Gründe für den neuen Ruf von Marienbad. Aufgenommen in den Oesterreich. Jahrbüchern der Medizin, neueste Folge Bd. XI. Heft 2. gr. 16. Prag 837. Kronberger u. Weber. ¼ ß

Heidler-Heilborn, C. v., die stärkenden Heilmittel Marienbad's. 1. und 2. Aufl. gr. 8. (41 S.) Marienbad 883,84. Gschihay. *

Heidler, K(arl) J(oseph): Krampf und Krämpfe. Aus einem Manuscripte: "Uiber den Schmerz im Allgemeinen, und den Fothergill'schen Gesichtsschmerz (als wahre und unwahre Neuralgie) insbesondere." 34 S., gbd.

Prag: typ.Haase 1838

—— Krampf u. Krämpfe. Aus e. Mspte.: „Uiber d. Schmerz im Allgem., u. d. Fothergill'schen Gesichtsschmerz (als wahre u. unwahre Neuralgie) insbesond." gr. 8. (2¼ B.) Prag 838. (Leipzig, Hinrichssche Buchh.)

Heidler, C. J. v., die böhmischen Curorte. Eine Landesangelegenheit. gr. 8. (IV und 45 S.) Prag 864, Calve'sche Universitäts-Buchh.

Heidler-Heilborn, C. v., der Curort Marienbad, s.: Diotl, M. J.

Heidler, Charles Jos., Marienbad et ses differens moyens curatifs dans les maladies chroniques. Avec 5 Plchs. gr. in-8. (25 B. u. 1 Tab.) Prague 828, (Borrosch et André.)

—— Marienbad et ses différents moyens curatifs dans les maladies chroniques. 2. édit. augm. gr. in-8. (19½ B., 6 Taf. u. 1 Tab.) Prague 841, Kronberger u. Rziwnatz.

Heidler, (C. J.), Marienbad, nach eigenen bisher Beobachtungen u. Ansichten ärztlich dargestellt. 2 Bde. Mit 1 Tab. u. 1 Plan. 8. Wien 822, Gerold.

—— der neue Mineralmoor zu Marienbad als eine Bereicherung der medicinischen Vielseitigkeit dieses Curortes. gr. 8. (XXII und 353 S.) Prag 860, Calve'sche Universitäts-Buchh. *

Heidler, Karl Jos(eph): Die Nervenkraft im Sinne der Wissenschaft, gegenüber dem Blutleben in der Natur. Rudiment einer naturgemäßeren Physiologie, Pathologie und Therapie des Nervensystems. 392 S., gbd.

Braunschweig: Vieweg 1845

JB 4.546

—— Pflanzen u. Gebirgsarten v. Marienbad, gesamm. u. beschrieb. v. Prinzen Friedrich (August), Mitregenten (König) v. Sachsen, u. von J. W. v. Göthe; ergänzt, u. mit e. Anh. üb. d. andern naturhistor. Verhältnisse d. Curortes hrsg. gr. 8. (13⅓ B., 3 schw. u. 2 col. Abbild. u. 1 Tab.) Prag 837, [Kronberger u. Rziwnatz.]

— Pflanzen und Gebirgsarten von Marienbad, gesammelt und beschrieben von dem Prinzen Friedrich, Mitregenten von Sachsen, u. von J. W. v. Göthe; ergänzt u. mit einem Anh. über die andern naturhistor. Verhältnisse des Curortes herausg. Mit 5 Abbild. (wovon 2 colorirt sind). Mit 1 Tab. gr. 8. Prag 837. Kronberger u. Weber. 1½ ß

—— allgemeine Regeln für den Gebrauch der Gesundbrunnen und Heilbäder. 2., verb. Aufl. gr. 8. (X und 64 S.) Prag 847, Kronberger'sche Buchh. *

— allgem. Regeln f. Kranke bei d. Gebrauche e. Gesundbrunnens od. Heilbades, mit besond. Rücksicht auf d. Anwend. d. mineral. Schlamm-, Gas-, Dampf-, Douche-, Tropf- u. Schauerbäder. gr. 8. Prag 826, Borrosch.

— Regeln f. Kranke für den Gebrauch d. Gesundbrunnen u. Heilbäder in Marienbad. gr. 8. Prag 826, (Borrosch u. A.) 12 ℛ Dass. französ. gr. 8. Ebd. 826. (Ebd.) 12 ℛ

— Règles pour les malades sur l'usage des eaux minérales et des bains en general, et sur l'emploi des bains de boues, de gaz, de vapeurs et des douches en particulier. gr. 8. Prag 826. (Borrosch.)

—— über d. Schutzmittel geg. d. Cholera, u. darunter insbesond. üb. d. kohlensaure Gas z. äußerl. u. innerl. Gebr. gr. 8. (6½ B.) Prag 832, Kronberger u. Weber.

Heidler, C. J. v., die Schutzmittel gegen die Cholera mit Rücksicht auf ein ursächliches Luftinfusorium u. dessen nicht-contagiöse Natur. Anhang: Die Furcht schadet nicht! Für Aerzte u. gebildete Laien. Prag 854. (Tempsky.) 8. (XVI, 173 S. u. Beilage: Versuch einer neuen Begründung der Cholerawissenschaft. IV, 10 S.) n. 28 ngℛ; die Beilage allein n. 4 ngℛ

Heidler, Dr. C. J. — Versuch einer neuen Begründung der Cholera-Wissenschaft. Als Beilage zu der Abhandlung: Die Schutzmittel gegen die Cholera mit Rücksicht auf ein ursächliches Luftinfusorium und dessen nicht contagiöse Natur. Von — —. Prag. 1855. Druck der k. k. Hofbuchdruckerei von Gottlieb Haase Söhne. J. G. Calve'sche Buchhandlung. Fried. Tempsky. (10 S. 8)

— die Waldquelle zu Marienbad. Ein Auszug aus dessen amtl. Bericht vom Jahre 1830. Aufgenommen in Hufeland's und Osann's Journal der prakt. Heilkunde, LXXVI. Bd. 5s St. gr. 8. Prag 833. Kronberger u. Weber. 1/6 ₰

—— die Waldquelle zu Marienbad. Ein Ausz. aus dess. amtl. Bericht v. J. 1830. gr. 8. (1½ B.) Prag 837, [Kronberger u. Rziwnatz.]

Heidler-Heilborn, C. v., Wasser u. Wärme. Eine Skizze über deren Zustände u. Einflussnahme auf den Körper. gr. 8. (V, 96 S.) Marienbad 880. Gschihay in Comm. n. 2. —

Heidler, Paul: Zum Gebrauch der Tempora im Rumänischen. Leipzig: J. A. Barth 1909. VI, 73 S. 8° ¶(Aus: Jahresbericht d. Inst. f. rumän. Sprache zu Leipzig. 16.)
Leipzig, Phil. Diss v. 8. Dez. 1909, Ref. Birch-Hirschfeld, Weigand
[Geb. 13. Febr. 84 Krottendorf, Erzgeb.; Wohnort: Leipzig; Staatsangeh.: Sachsen; Vorbildung: Realgymn. Annaberg Reife O. 05; Studium: Straßburg 1, Leipzig 7 S.; Rig. 29. April 09.] [U 10. 3150

Heidler, Theodorus (Carolus Bertholdus) *(geb. Kottwitz bei Breslau 18. 1. 1860)*: De compositione metrica Promethei fabulae Aeschyleae capita IV. Vratislaviae 1884. (45 S.) 8°
[Im Buchhandel 1884 bei Köhler in Breslau]
Breslau, Phil. Diss v. 11. März 1884

Heidler, Thdr., de compositione metrica Promethei fabulae Aeschyleae capita IV. Dissertatio philologica. gr. 8. (46 S.) Breslau 884, (Köhler.) *

Heidler, W. F. Ueber philos. Grammatik, mit besonderer Beziehung auf die französische Sprache. 13 S. . . . .
Progr. Frankfurt 1831

Heidler, W. F. Einige Worte über d. Artikel, bes. im Griech. 12 S. . .
Progr. Frankfurt 1826

Heidler, X. L., über das Daseyn Gottes, mit Rückblick auf d. Geschichte. 8. Pilsen 814 (Prag, Widtmann). 16 Kr

Heidler-Heilborn, Karl Joseph Edler v., s. H e i d l e r

Heidlmair, Volksschulgesetze, s.: Burckhard, Max.

Heidlmair, Volksschulgesetze, s. Taschenausgabe, Manz'sche.

Heidloff, Erich, appr. Arzt a. Braunschweig: Ein Fall von Anaemia (Pseudoleukämia) splenica mit Arsenbehandlung als Beitrag zur Casuistik der Pseudoleukämia lienalis. Erlangen 1905: E. Th. Jacob. (42 S.) 8°
Erlangen, Med. Fak., Ref. von Strümpell, Diss. v. 13. Okt. 1905
[Geb. 13. Jan. 57 Lutter a. Berge; Wohnort: Braunschweig; Staatsangeh.: Braunschweig; Vorbildung: Gymn. Holzminden Reife 78; Studium: München 1, Göttingen 3, Erlangen 9 S.; Coll. 11. März 05; Approb. 6. Dez. 01.]

Heidmann Anton: Über Richtungsbewegungen, hervorgerufen durch Verletzungen und Assimilationshemmung (mit 2 Taf.). S. 122. I. 1887 . . . . 1.10
Separatabdruck

Heidmann, Ant., die österreich. Civil-Gerichts-Ordnungen in ihren Parallelstellen dargestellt. gr. 8. Wien 812, Braumüller u. Seidel. 1½ ₰

Heidmanni, Chr., Formulae declinationum latinarum cum articulis, qui praemitti fermo solent; itemque radices nominum latinorum et particularum. Acc. Promtuarium omnium paene verborum quatuor conjugationum. Edit. 5. Wolfenb. 704. 8.

F. W. Heidmann, Handbuch der Post-Geographie der Königl. preuß. Staaten, in Verbindung mit einer Postkarte der Königl. preuß. Monarchie, welche die Course der ordinairen fahrenden und Extraposten enthält. Weimar, 1819.

Heidmann, Georg

Heidmann, Technikerberuf! Ein Ratgeber f. Mittelschultechniker bei der Wahl e. Lebensstellg. (139 S.) 8. Hannover (910). Verlag „Technikerberuf". 1.50

Heidmann, J. H., Hamburg's Verkehrsmittel u. Wohnungsverhältnisse. gr. 8. (46 S.) Hamburg 891. Gassmann's Sort. n. — 50

Heidmann, Joh. Gust., praktische Anweisung, alle Arten Kunst- und Drahtseile, so wie starke Seile und Taue nach den neuesten Erfahrungen und Verbesserungen anzufertigen. Nebst Beschreibung und Abbildung der dazu erforderl. Apparate und Maschinen. Nach dem Engl. und Französ. bearb. 8. (64 S. und 5 Stnt. in qu. Fol.) Quedlinburg 847, Basse.

Heidmann, Johann Anton

— s. Foliervsy, Custeit d. Chemie.

Heidmann, Joh(ann) Anton: Zuverlässiges Prüfungsmittel zur Bestimmung des wahren von dem Scheintode, nebst neuen physiologischen Erfahrungen aus der Anwendung der verstärkten galvanischen Elektrizität auf den thierischen Organismus. 158 S., gbd., 1 Taf.

Wien: Camesina 1804

JB 5.232

— zuverläss. Prüfungsmittel zur Bestimmung des wahren von d. Scheintode, nebst einer physiolog. Erfahrung aus d. Anwendung d. verstärkten galvan. Elektricität des thierischen Organismus. Mit 1 Kpft. gr. 8. Wien 804. (Heubner). 18 Kr

Heidmann, Joh(ann) Anton (Hrsg.):

s.: Rollo, John: Abhandlung des Diabetes Mellitus oder der zuckerartigen Harnruhr. Mit chymischen Versuchen des Hrn. (William) Cruikshank über den Urin und Zucker. (An Account of two cases of the diabetes mellitus, with remarks... Dt.) Wien: 1801

JB 2.370

Heidmann, Joh(ann) Anton: Vollständige auf Versuche und Vernunftschlüsse gegründete Theorie der Elektricität. Bd 1-2, gbd., Abb.

Wien: Taubstummen-Institut 1799

JB 224

Heidmann, Jh. Ant., vollständ. auf Versuche u. Vernunftschlüsse gegründete Theorie d. Elektricität, 2 Bde. Mit 6 Kpf. gr. 8. Wien 799, 803. (Heubner). 3 ₰ 1r Bd., 2e Aufl. Mit 2 Kpf. gr. 8. Ebd. 806. Beck. 1 ₰ 8 Kr

Heidmann, J. A., auf Versuche und Erfahrung gegründete Theorie d. galvanischen Elektricität f. Aerzte, Chemiker. 1r Bd. m. K. gr. 8. Wien, Beck. 808. Rthlr.

Heidmann, Karl [aus Magdeburg]: Der Substanz-Begriff von Abälard bis Spinoza.... Berlin, Druck v. Gebr. Unger, 1880; 56 S. 8°
Berlin, Phil. Fak., Inaug.-Diss. v. 12. März 1880

Heidmann, [Martin]: Zur Frage der Berufswahl der Mittelschüler. *Quedlinburg 1900: Wendehake, Meyer & Stegmann.* (S. 3—5.) 4° [F.]
Quedlinburg, st. Knaben-Mittel-S, P 1900**

Heidmann, R., Hamburgs Kohlenhandel. Mit 2 Illustr. v. C. Schildt. gr. 8. (10 S.) Hamburg 897. Actien-Gesellschaft „Neue Börsen-Halle". n. — 65
Sonderabdruck aus: „Hamburgs Handel u. Verkehr".

Die commercielle Bedeutung des Mittelland-, des Dortmund-Rhein- und Dortmund-Ems-Kanals von R. W. Heidmann, Hamburg. *[Hamburg 1901.]* (16 S.) 8° [Ant. u. F.] [01. 6497 4

Heidmüller, O., u. Ch. Caßmann, die letzte Nacht. Romantisch-kom. Operette in 3 Acten. Musik v. Emil Christiani. (Texte der Gesänge.) 8. (50 S.) Wismar 888. (Hinstorff'sche Hofbuchh.) — 50

Heidner, F. W., praktischer Kursus der deutschen Sprache zum Gebrauch f. Volksschulen u. höhere Lehranstalten. 8. (VI, 348 S.) Chicago 877. (Philadelphia, Schäfer & Koradi.) geb. n. 6. —

Heidner, G., die Schule des Uhrmachers. Eine Anleitung zum Selbstunterricht in den theoret. Grundlehren der Zeitmeßkunst, so wie zur richtigen Construktion und Berechnung aller Arten von Uhren. Gemeinfaßlich dargestellt. Lex.-8. (VIII und 183 S. mit 33 Stnt. Abbild. in qu. Fol.) Wiesbaden 865, Kreidel's Verlag. *

Heidner, G., die Schule d. Uhrmachers. Eine Anleitg. zum Selbstunterricht in den theoret. Grundlehren der Zeitmeßkunst sowie zur richt. Construktion u. Berechng. aller Arten v. Uhren. Gemeinfaßlich dargestellt. Mit 33 Taf. lith. Abbildgn. (in qu. Fol.) Neue Ausg. gr. 8. (VIII 185 S.) Wiesbaden 871. Kreidel. n. 4. —

Heidner, Georg

Heidner, G. „Ueber die wichtigsten statischen Kraftverhältnisse beim Krahn". pg. 3—11. 4°. Mit einer Textfigur. Nürnberg, Fr. Campe & Sohn.
Schweinfurt, Progr. 1853/54

Heidner, Georg „Ueber ein Sinuselektrometer". pg. 3—7. 4°. Mit einer Abbildung. Nürnberg, Fr. Campe & Sohn.
Schweinfurt, Progr. 1857/58

Heidner, G. (Lehrer der Mathematik) „Ueber die Transformation geometrischer Eigenschaften in ihrer Bedeutung für das Lösen planimetrischer Aufgaben". pg. 3—13. 4°. Mit einer Tafel. Ansbach, Brügel.
Schweinfurt, Progr. 1852/53

Heidorn's praktische Auskunfts-Tafel f. Jedermann. 1. u. 2., verb. Aufl. 44×60 cm. Weimar 892. Weimarer Verlagsanstalt. — 25; auf Pappe — 40

Heidorn, Max, s.: Rhein-Album v. Mainz bis Düsseldorf.

Heidrich

— s. a. Heyderich.

KLORR, Hanns von, der Letzte seines Stammes. Eine Geschichte aus der jetzigen Ritterwelt (von *Heidrich*, Arzt zu Troppau, dann zu Wolmirstedt). Mit Titelkpf. *Zerbst*, bei Andreas Füchsel. 1795. 8°. (3 Mk. 50 Pfg. H. Lesser, Breslau, c. 1875; jetzt theurer!)

Heidrich, Christian Gottfr. (Freiburg/Schles.), Casum memorabilem ascitae et destructionis ovariorum. Diss. med. Bln. (Brüschck) 12. II. 1825. 30 S. mit Literatur, Biogr. (M.: Meyer) u. 1 Abb. (W. Anstatt del., F. Guimpel sc.) (6.30) 13890
Oppon.: J. Kirschner, H. Klaproth, G. Braun. — Gew.: Ernst Horn, Wilhelm Wagner. — Krankengesch. d. Johanna Ballen.

Heidrich, Diether, Referendar: Die Bedeutung des Irrtums im Strafrecht. Marklissa 1910: Menzel. 68 S. 8°
Breslau, Jur. Diss. v. 20. Juli 1910, Ref. Gretener, Leonhard
[Geb. 2. Febr. 88 Ortelsburg; Wohnort: Marklissa; Staatsangeh.: Preußen; Vorbildung: Gymn. Königsberg i. N. Reife O. 06; Studium: Grenoble 1, Genf 2, München 2, Breslau 3 S.; Rig. 15. Febr. 10.] [U 10. 494

Heidrich, Ernst (Hrsg.), s. Dürer, Albrecht: Schriftlicher Nachlaß.

Heidrich, Ernst, Dürer u. die Reformation. (XI, 82 S. m. Titelbild.) gr. 8. Leipzig 909. Klinkhardt & Biermann. 2. —; geb. 2. 75

Heidrich, Ernst, Geschichte des Dürerschen Marienbildes, s. a. Monographien, kunstgeschichtliche. III.

Geschichte des Dürerschen Marienbildes von Ernst Heidrich. Mit 26 Abb. Leipzig: K. W. Hiersemann 1906. (XIV, 209 S.) 4°(8°)
= Monographien, Kunstgeschichtliche. 3. [06. 814

Heidrich, Ernst, a. Nakel, Prov. Posen: Geschichte des Dürerschen Marienbildes. Kap. 1 und 2. (Leipzig: K. W. Hiersemann 1905.) (51 S.) 4°(8°) ¶(Erschien vollst. 1906 als kunstgeschichtl. Monographien 3.)
Berlin, Phil. Fak., Ref. Wölfflin, Diss. v. 9. Dez. 1905
[Geb. 5. Juli 80 Nakel; Wohnort: Nakel; Staatsangeh.: Preußen; Vorbildung: Gymn. Nakel Reife O. 97; Studium: Leipzig 2, Berlin 6, Berlin 4 S.; Rig. 13. Juli 05.]

Der Kampf um den 'Svíbwald' am 3. Juli 1866. Zsgest., mit Benützung d. österreich. u. preuss. Generalstabswerkes, sowie d. Geschichtswerke sämmtl. österr. u. preuss. Fusstruppen, welche an diesem Kampfe betheiligt waren, ferner des österr. Feld-Art.-Reg. Nr. 4. von Ernst Heidrich. (Mit 16 Ill., 3 Karten u. 15 Tab.) *Sadová: Selbstverl. d. Comités z. Erhaltung d. Denkmale auf d. Königgrätzer Schlachtfelde 1902.* (208 S.) 8° [F. u. Ant.] [03. 5759

Heidrich, Ernst, der Kampf um den „Svibwald" am 3. VII. 1866. Zusammengestellt, m. Benützung des österreich. u. preuss. Generalstabswerkes, sowie der Geschichtswerke sämmtl. österreich. u. preuss. Fusstruppen, welche an diesem Kampfe betheiligt waren, ferner des österr. Feld-Artillerie-Regiments Nr. 4. (208 S. m. 16 Abbildgn., 3 Karten u. 15 Tab.) gr. 8. Sadová 902. (Wien, L. W. Seidel & Sohn.) n. 6. —

— Die altdeutsche Malerei, s. a. Kunst, die, in Bildern.

Heidrich, Ernst. Die altdeutsche Malerei. 200 Nachbildungen, mit geschichtlicher Einführung und Erläuterungen von E' H'. 1—30 Tausend. IV + 276 S. gr.-8. Jena, Eugen Diederichs, 1909. (M. 4. 50, in Lwd. 5. 50)
Die Kunst in Bildern. ([Band] 1.)

-- Alt-niederländische Malerei, s.: Kunst, die, in Bildern.

Heidrich, Georg (Hrsg.), s. Arrianus Flavius: Anabasis. 1910

Heidrich, Georg: Katalog der Lehrerbibliothek. (Umschlagtitel: ... I. Theil.) 8 (S. 3—46).
Progr. K. k. zweites Staatsg. im II. Gemeindebezirke *Wien* 1900.

Heidrich, Georg: Katalog der Lehrerbibliothek. II. Theil. S. 11 bis 57. 8. III. Theil. S. 3—32. 8. — Zuwachs der Lehrerbibliothek seit 1. Juni 1902. S. 56—59. 8.
K. k. Erzherzog Rainer-Gymn. im II. Gemeindebezirke *Wien*
Progr. 1901. 1902. 1905.

Georg HEIDRICH Quaestiones grammaticae et criticae in M. Porci Catonis de agricultura librum
Prag: Phil. Diss. 1882-1886.

— Der Stil d. Varro. Pr. 1892. 82 S.

Heidrich Dr. Georg: Varroniana. (42. 82). Melk 90. 91.
Progr.

Heidrich, Georg Über Nonius' Citate aus Varros Werke vom Landbau und ihre Bedeutung für die Kritik. 8 (S. 31—46).
Progr. K. k. Staats-G. *Pola* 1893.

Heidrich, H., die Besoldg. d. sächs. Volksschullehrer, s. a. Scholze, E.

[J.] Die Besoldung der sächsischen Volksschullehrer. E. übersichtl. u. vgl. Darstellg d. Gehaltsstaffeln u. sonstigen Gehaltsverhältnisse d. sächs. Volksschullehrer in Stadt u. Land. Hrsg. v. E. **Scholze** u. H. Heidrich, Lehrern ... zu Zittau. *Zittau: Kommv. W. Fiedlers Antiqu.; Dr. v. Haupt & Schwager 1896.* (2 Bl., 81 S.) 1 Bd 8. [97. 4367

Heidrich, H., Bilder aus der südlichen Oberlausitz. Eine Heimatskunde v. Zittau u. Umgebg. gr. 8. (VIII, 84 S. m. Abbildgn.) Zittau 894. (W. Fiedler's Antiqu.) Kart. n. — 60

Heidrich, H., Bilder aus der südl. Oberlausitz. Eine Heimatkunde v. Zittau u. Umgebg. 4. bis 6. Taus. gr. 8. (VII, 87 S. m. Abbildgn.) Zittau 900. A. Graun. Kart. n.n. — 60; m. Karte n. — 80

Heidrich, H., Lehrb. d. franz. Sprache f. Bürgerschulen, s.: Wolf, A.

Heidrich, Hugo [aus Wien]: Beiträge zur Kenntnis der 1-5-Diketone ... Heidelberg, Univ.-Buchdr. v. J. Hörning, 1895; 58 S., 1 Bl. 8.
Heidelberg, Naturw.-math. Fak., Inaug.-Diss. v. [8. Juli] 1895

Der Bruderbund. [Zur Feier des Säkularfestes der Loge Archimedes zu den drei Reissbretern in Altenburg, am 31. Jan. 1842, gedichtet von Zacharias Kresse, in Musik gesetzt von Joh. Christian Heinr. **Heidrich.** Altenburg 1842.] 1 Bl. 8⁰ [Kopftit.]
Lied mit Chor ohne Noten: „Der Hammer ruft: Herbei aus Ost und Süd, . . .“ Mit Noten abgedr. in: An d. deutsch. Brr Frmr in Amerika. 1851 S. 3–4.

Freimaurer-Abendlied. Gedicht von Karl Back. Weise von Joh. Chr[istian] H[ei]nr. **Heidrich.** [Altenburg: 1851.] 1 Bl. quer 2⁰ [Lithogr.] [Kopftit.]

[Dasselbe.] Ebendas. [1851.] 1 Bl. 4⁰

[Dasselbe.] Ebendas. 1851. 1 Bl. 71, 5×27 cm.
Tt. 2395. Für Gesang u. Klavier. Mit Noten: „Die Kelle ruht, der Hammer schweigt, . . .“

Das Lied der Liebe. Johannisfestgruss. 5842. Gedichtet von Z[acharias] Kresse, in Musik gesetzt von [Joh. Christian Heinr.] **Heidrich.** Altenburg [1842]: Hofbuchdr. 2 Bl. 8⁰ [Umschlagtit.]
Ohne Noten: „Tretet eng zusammen, Brüder . . .“

Der Odem der Natur. Von Karl Back. [Komp. von Joh. Christian Heinr. Heidrich. Altenburg: ca 1855.] 1 Bl. 4⁰ [Kopftit.]
Mit Noten.

[Dasselbe.] o. O. u. J. 1 Bl. 8⁰
Ohne Noten abgedr. in: Back, K.: Vorläufer d. Zeichnungen f. Brr u. Freunde. 3 (1850) S. 1.
Tt. 2397.

[Dasselbe.] Altenburg o. J.: Hofbuchdr. 1 Bl. 8⁰

[Dasselbe.] [Ohne Noten.] Eisenberg [ca 1855]: Schnorr. 1 Bl. 8⁰

— **Johann Ernst** (Breiksdorf/Schles.), De febre puerperarum praevia morborum muliebrium historia. Diss. med.-obstetr. Jena (Schreiber & Co.) 17. V. 1815. 32 S. (5.—) 13891
Gew.: Jo. Heinrich Rücker (Hamburg).

Heidrich, Karl [cand. med. aus Bunzlau]: **Ueber Enchondrom** des Femur ... Würzburg, Druck d. Stahel'schen k. Hof-Buchdr., 1895; 30 S. 8.
Würzburg, Med. Fak., Inaug.-Diss. v. 1895

Heidrich Karl: Kondensationsvorgänge bei der Einwirkung von Azetessigäthylester auf Benzidin. S. 107. Hb. 730 . . . . vgr.
Separatabdruck .

Heidrich, Karl, Referendar in Görlitz: Das gemeinschaftliche Testament und der gemeinschaftliche Erbvertrag nach dem gemeinen Recht und nach dem Bürgerlichen Gesetzbuch. Borna-Leipzig 1906: R. Noske. (IX, 45 S.) 8° [J.]
Heidelberg, Jur. Fak., Ref. Endemann, Diss. v. 24. Dez. 1906
[Geb. 6. Juni 79 Liegnitz; Wohnort: Görlitz; Staatsangeh.: Preußen; Vorbildung: Gymn. z. heil. Kreuz Dresden Reife O. 00; Studium: Leipzig 2, München 1, Berlin 1, Breslau 3 S.; Rig. 5. Dez. 06.]

Heidrich, Karl Dav., († d. 15. Sept. 1804.) [illegible] ein guter Pferdekenner zu werden sei.

[**Heidrich,** Karl David]: Gründlicher Unterricht, wie man ein guter Pferdekenner werden und überhaupt bei dem Pferdehandel verfahren solle . . . Nebst e. angehängtem Rossarzneibuche. Frankfurt u. Leipzig 1795. 142 S.

Heidrich, Kurt, a. Nakel (Prov. Posen): Preußen im Kampfe gegen die französische Revolution bis zur zweiten Teilung Polens. 1. Abschnitt, Kap. 1 u. 2. (Stuttgart 1908: Union.) (48 S.) 8° ¶ (Erscheint vollst. b. J. G. Cotta Nachf., Stuttgart.)
Berlin, Phil. Fak., Ref. Lenz, Diss. v. 12. Aug. 1908
[Geb. 17. Dez. 84 Nakel; Wohnort: Berlin; Staatsangeh.: Preußen; Vorbildung: Gymn. Nakel Reife O. 02; Studium: Straßburg 1, Leipzig 1, München 1, Berlin 9 S.; Rig. 31. Mai 08.]

Heidrich, Kurt, Tierarzt a. Plauen i. V.: Aus d. Anat. Institut d. Tierärztl. Hochschule zu Dresden. ⟨Medizinalrat Prof. Dr. Baum.⟩ Anatomisch-physiologische Untersuchungen über den Schlundkopf des Vogels mit Berücksichtigung der Mundhöhlenschleimhaut und ihrer Drüsen bei Gallus domesticus. (Niedersedlitz i. Sa. 1905: Krey u. Sommerlad.) (82 S.) 8°
Gießen, Med. Fak., Ref. Martin, Diss. v. 4. Juli 1906
[Geb. 1. Febr. 78 Plauen i. Vogtl.; Wohnort: Plauen; Staatsangeh.: Sachsen; Vorbildung: Gymn. Plauen Reife O. 98; Studium: München und Dresden, Tierärztl. Hochsch., zus. 9 S.; Rig. 13. Juli 05.]

Briefe an eine schöne Frau. [Verf.: Leo Heidrich, Wien.] 2. Aufl. Berlin: Oesterheld 1910. 98 S. 8° (10. 1430) 11

Briefe an eine schöne Frau. [Verf.: Leo Heidrich, Wien.] 3. Aufl. Berlin: Oesterheld 1910. 98 S. 8° (10. 1044)

Heidrich, Martin, aus Reichenbach O.-L.: Aus d. chemischen Institut d. Universität Breslau. Ein Beitrag zur Charakterisierung aromatischer Amine, Amidosäuren und Pyridine. *Breslau 1901: H. Fleischmann.* (42 S.) 8°
Breslau, Phil. Diss. v. 27. Juli 1901

Heidrich, Max, die Technik des Belcanto, s.: **Lamperti,** G. B.

Heidrich, Oskar, aus Giessmannsdorf: Nicholas Breton. Sein Leben u. seine Gedichte. *(Leipzig-R. [1901]: Illgner & Enslin.)* (99 S.) 8°
Leipzig, Phil. Diss. v. [30. Okt.] 1901

Heidrich, Osk., Nicholas Breton. Sein Leben u. seine Gedichte. Diss. gr. 8. (99 S.) Leipzig (901). (Dr. Seele & Co.) n. 1.50

Heidrich, Paul: Beiträge zur Geschichte des Regensburger Reichstages vom Jahre 1541. Frankfurt a. M. (1910): Beck. S. 1—24. 4°
Frankfurt a. M., Sachsenhäuser OR OP 1910 (566) [S 10. 166

Heidrich, Paul: Beiträge zur Geschichte des Regensburger Reichstages vom Jahre 1541. S. 3—24. 4.
Progr. Sachsenhäuser Oberrealschule *Frankfurt a. M.* 1910 (566).
Aus des Verf.: Karl V. u. die deutschen Protestanten am Vorabend des Schmalkaldischen Krieges. 1. Teil: Die Reichstage der Jahre 1541—1543. Auf Grund vornehmlich der Reichstagsakten dargestellt (*Frankfurt a. M.: J. Baer & Co.* 1911) S. 7—53. Im Programm fehlen die Einleitung, die Quellenbelege u. die erläuternden Anmerkungen.

Heidrich, Paul, d. geldr. Erbfolgestreit 1537—1543, s. a. Beiträge z. deutschen Territorial- u. Stadtgeschichte.

Heidrich, Paul [aus Posen]: Der geldrische Erbfolgestreit. 1537—1543 ... [Erschien vollst. als Heft 1 d. I. Ser. von: Beitr. z. deutschen Territor.- u. Stadtgesch.] Kassel, M. Brunnemann, 1896; 2 Bl., 33 S., 1 Bl. 8.
Berlin, Phil. Fak., Inaug.-Diss. v. 16. Mai 1896

Heidrich, Paul: Nakel in den Jahren 1772—1806. Nach d. Akten d. Posener Staatsarchivs. *Nakel 1901: R. Giroud.* (S. 3—10.) 4° ¶(Verb. Abdruck eines 1892 geh. Vortrages.)
Nakel, k. G, Festschr. 1901 (174)

Heidrich, Rudolf

Heidrich, R., Abriß der Kirchengeschichte. [Aus: „Hülfsbuch f. den Religionsunterricht in den oberen Klassen", 2. Aufl.] gr. 8. (IV, 108 S.) Berlin 901. [J. J. Heine.] J. Guttentag. Geb. in Leinw. n. 1.40

Heidrich, R., Anhang zum Religionsbuch für höhere Schulen. Sonderabdruck aus dem Hilfsbuch des Verf. 3. Aufl. (IV, 157 S.) gr. 8. Berlin 904. J. Guttentag. Geb. in Leinw. n. 1.80

Heidrich, R., Christnachtsfeier u. Christnachtsgesänge in d. ev. Kirche. Nach den Akten d. Konsistorien u. d. Überliefg. d. Gemeinden. (VI, 194 S.) gr. 8. Göttingen 907. Vandenhoeck & Ruprecht. 4.80

Heidrich, R[udolf], Dir. Prof.: Die Feier des fünfundzwanzigjährigen Bestehens der Anstalt. (Umschlagt.: Bericht über ...) *Nakel 1902: R. Giroud Nachf.* (S. 3—8.) 4°
Nakel, k. G, P 1902 (179)

— Das Posener Gesangbuch. Mit e. Anh.: Dichter- u. Melodien-Verzeichnis. Eine Zugabe z. Gesangbuch. (65 S.) 8. Lissa 908. O. Eulitz. p — 50

Heidrich, R., Handbuch für den Religionsunterricht in den oberen Klassen. 1. u. 2. Tl. gr. 8. Berlin, J. J. Heine. n. 12.20; geb. n. 14.—
1. Kirchengeschichte. (XI, 420 S.) 888. n. 5.60; geb. n. 6.50
2. Heilige Geschichte. (XIV, 445 S.) 890. n. 6.60; geb. n. 7.50

Heidrich, R., Handbuch f. den Religionsunterricht in den oberen Klassen. 1. u. 3. Tl. gr. 8. Berlin, J. J. Heine's Verl. n. 11.80; geb. in Leinw. n. 13.80
1. Kirchengeschichte. 2., zum Tl. umgearb. Aufl. (XII, 488 S.) 894. n. 6.60; geb. n. 7.80
3. Glaubenslehre. (XII, 254 S.) 891. n. 5.20; geb. n. 6.

Heidrich, R., Handbuch f. d. Religionsunterricht in d. ob. Klassen. 2. Tl.: Heil. Geschichte. 2., umgearb. u. erweit. Aufl. gr. 8. (XIV, 600 S.) Berlin 897. J. J. Heine. n. 9.—; geb. in Leinw. n. 10.—; (1.—3.: n. 20.80; geb. n. 23.80)

— Handbuch f. den Religionsunterricht in den oberen Klassen. 3. Tl.: Glaubens- u. Sittenlehre. 2., nach dem neuen Lehrplan umgearb. u. erweit. Aufl. der „Glaubenslehre". gr. 8. (XV, 479 S.) Ebd. 900. n. 7.—; geb. in Leinw. n. 8.—; (kplt. n. 22.60; geb. n. 25.80)

Handbuch für den Religionsunterricht in den oberen Klassen. Von Prof. R[udolf] Heidrich, Gymn.Dir. a. D. 3., z. T. umgearb. Aufl. T. 1. Berlin: J. Guttentag 1905. 8° [J.] (05. 3333)

— Hülfsbuch f. den Religionsunterricht in den oberen Klassen. gr. 8. (XI, 248 S.) Ebd. 893. Geb. in Leinw. n. 3.—

Heidrich, R., Hülfsbuch f. den Religionsunterricht in den oberen Klassen. 2., verb. Aufl. gr. 8. (VIII, 272 S.) Berlin 901. [J. J. Heine.] J. Guttentag. Geb. in Leinw. n. 3.20

Hilfsbuch für den Religionsunterricht in den oberen Klassen. Von Prof. R[udolf] Heidrich, Gymn.Dir. a. D. 3., verb. Aufl. [Nebst] Anhang. *Berlin: J. Guttentag 1904.* 2 Bde. 8° [J.]
Anh. [u. d. T.:] Anhang z. Religionsbuch f. höh. Schulen. [Umschlagt.:] Hilfsbuch f. d. Religionsunterricht. Anhang. (04. 1 8..)

Heidrich, Rudolph, Prof., Dir.: Die ersten 25 Jahre des Königlichen Gymnasiums zu Nakel. *Nakel 1901: R. Giroud.* (S. 16—42.) 4°
Nakel, k. G, Festschr. 1901 (174)

Kirchenbuch für das evangelische Haus. Von Prof. R[udolf] Heidrich, Gymn.Dir. a. D. Berlin: J. Guttentag 1905. (VIII, 210 S.) 8° [J.]
Aus: Heidrich: Kirchengeschichte. 3. Aufl. (05. 7534)

[J.] **Heidrich,** *Rudolf* [Prof., Dir.]: Lehrplan für den evangelischen Religionsunterricht in den höheren Schulen. Nakel, Druck v. R. Giroud, *1892;* 16 S. 8.
Nakel, k. G, OP 1892 (158)

– Lehrplan f. den evangelischen Religionsunterricht in den höheren Schulen. Nach d. Verf. „Handbuch f. den Religionsunterricht" auf Grund d. Lehrplans vom 6. Jan. 1892 umgearb. u. erweitert. gr. 8. (16 S.) Ebd. 892. n – 60

[F.] **Heidrich,** *Rudolf* [Prof., Dir.]: Lehrplan für den evangelischen Religionsunterricht in Sexta. Nakel, Druck v. R. Giroud, *1894;* 20 S. 8.
Nakel, k. G, P 1894 (160)

[F.] **Heidrich,** *Rudolf* [Prof., Dir.]: Lehrplan für den evangelischen Religionsunterricht in Quinta. Nakel, Druck v. R. Giroud, *1895;* 25 S. 8.
Nakel, k. G, P 1895 (162)

Heidrich, R[udolf]: Lehrplan für den evangelischen Religionsunterricht in Quarta und Tertia. *Nakel (1898): R. Giroud.* (24 S.) 8° ¶ (Vgl. P-Beilagen 1894. 95.) [F.]
Nakel, k. G, P 1898 (169)

– : Lehrplan für den evangelischen Religionsunterricht in Quarta und Tertia. 8 (24 S.) . . . Sekunda und Prima. 8 (23 S., 1 S. unp.) **Progr.** Kgl. G. *Nakel* 1898 (169). 1899 (169).

Heidrich, R[udolf], Prof., Dir.: Lehrplan für den evangelischen Religionsunterricht in den höheren Schulen. 3. Bearbeitung. *Nakel 1903: R. Giroud.* (77 S.) 8° [F.] ¶ (Vgl. P-Beil. 1898. 1899.)
Nakel, k. G, P 1903 (191)

Heidrich, R., Materialien f. den Unterricht im Ebräischen. 8. (53 S.) Berlin 871. Weidmann. n. — 80

Heidrich, R[udolf], Prof., Dir.: Quellenbuch für den Religionsunterricht. T. 1. Luthers Person und Werk. *Dresden 1902: B. G. Teubner.* (82 S.) 8° [F.] ¶ (T. 2: 'Evang. Kirchenbuch' erschien als P-Beil. 1900.)
Nakel, k. G, P 1902 (179)**

Heidrich, R[udolf], Prof., Dir.: Quellenbuch für den Religionsunterricht. T. 2. Evang. Kirchenbuch. *Leipzig 1900: B. G. Teubner.* (57 S.) 8° [F.] ¶ (T. 1 erscheint später.)
Nakel, k. G, P 1900 (171)

— Quellenbuch f. den Religionsunterricht. 1. u. 2. Tl. gr. 8. Leipzig, B. G. Teubner. n. 2. —
1. Luthers Person u. Werk. (83 S.) 902. n. 1. 20
2. Evangelisches Kirchenbuch. (58 S.) 900. n. — 80

Heidrich, R. [Prof.]: Dr. Johannes Richter, Direktor des Königl. Gymnasiums zu Nakel. Sein Leben u. Wirken. Nakel, *Druck v. R. Giroud,* 1891; 8 S. 4°
Nakel, k. G. OP 1891 (155)

[F.] **Heidrich,** *Rudolf* [Prof., Dir.]: Der Sonntags-Gottesdienst in der preussischen Landeskirche. Nakel, Druck v. R. Giroud, 1896; 15 S. 8.
Nakel, k. G, P 1896 (163)

— d. Sonntags-Gottesdienst in d. preuß. Landeskirche. Progr. gr. 8. (15 S.) Ebd. 896. n. — 40

Heidrich: Das theologische System des Meister Eckhart. (Geb. um die Mitte des 13. Jhd.) 20 S. – Posen Fr. W., Progr. 1864.

Heidrich, Theodorus *(geb. Tarnowitz 7.11.1826)*: De fractura cruris. Vratislaviae (1849). (35 S.) 8°
Breslau, Med. Diss. v. 21. Aug. 1849

Heidrich, W., Unterrichtsbriefe zur Selbsterlernung der deutschen Stenographie nach dem System von W. Stolze. 1. u. 2. Liefg. Breslau 862. Aland in Comm. (Morgenstern.) gr. 8. (30 S.) Jede Liefg. n. 5 *ngr.*

Heidrich, W., Unterrichtsbriefe zur Selbsterlernung der deutschen Stenographie nach dem System von W. Stolze. 8–12. Liefg. Breslau 865. (Morgenstern.) gr. 8. Jede Liefg. (ca. 16 S.) n. 5 *ngr.*

Heidschollen. Vertellungen un Dichtgn. ut mine Heimat twischen Neinborg un Neistadt. (Von Aug. Biester.) (IV, 184 S. m. Abbildgn.) gr. 8. Hannover 904. Berenberg'sche Buchdr. n. 2. —; geb. n. 3. —

Heidsieck, Antonie, Bruderzwist u. Frieden. Novelle. (120 S.) 8. Leipzig-Gohlis 910. B. Volger. 1. —

Heidsieck, Carl, s. Heidsieck, Karl

Heidsieck, Frz. Hnr., († d. 22. Jan. 1796.) Gedanken über das Daseyn Gottes, Auferstehung u. Unsterblichkeit rc. 8. Hannov. 792. Hahn. 2 K

Heidsieck, Karl

Heidsieck, Carl, approb. Arzt aus Hohenlimburg: Aus d. med. Klinik zu Kiel. Ein Fall von Echinococcus hepatis mit Durchbruch in die Blase. *Kiel 1903: Schmidt & Klaunig.* (20 S.) 8°
Kiel, Med. Diss. v. [19. Mai] 1903

Heidsieck, Werner, Referendar in Altona: Inwieweit ist gesonderter Besitz an Bestandteilen einer Sache möglich? Borna-Leipzig 1907: R. Noske. (VIII, 69 S.) 8° [F.]
Leipzig, Jur. Fak., Diss. v. 29. Juli 1907
[Geb. 17. Juli 83 Großendorf; Wohnort: Altona; Staatsangeh.: Preußen; Vorbildung: Realgymn. Altona Reife O. 03; Studium: Kiel 4, Freiburg i. B. 1, München 2, Berlin 1 S.; Rig. 12. Juli 06.]

Heidsiek, Joh.

Heidsiek, J., e. Notschrei der Taubstummen. gr. 8. (60 S.) Breslau 891. Woywod. n. — 60

Heidsiek, J., hörende Taubstumme. Ein Beitrag z. Klärg. d. Methodenfrage. gr. 8. (49 S.) Breslau 897. (M. Woywod.) n. 1. —

Heidsiek, J., der Taubstumme u. seine Sprache. Erneute Untersuchgn. üb. das methodolog. Fundamentalprinzip der Taubstummenbildung. gr. 8. (IV, 318 S.) Breslau 889. Woywod. n. 6. —

Heidsiek, J., das Taubstummenbildungswesen in den Vereinigten Staaten Nordamerikas. Ein Reisebericht u. weiterer Beitrag zur Systemfrage. gr. 8. (II, 82 S. m. 1 Bildnis.) Breslau 899. (M. Woywod.) n. 2. —

Heidsiek, W. Die ritterliche Gesellschaft in den Dichtungen des Chrestien de Troies. Diss. Greifswald 1883. 40 S.

Heidt

— s. a. **Heyd.**

Heidt, Albert: Philosophische Beiträge aus Herbert Spencers Autobiographie. Göttingen 1908: Hubert & Co. (120 S.) 8°
Göttingen, Phil. Fak., Ref. Baumann, Diss. v. 25. April 1908
[Geb. 26. Febr. 81 Gronau (Hannover); Wohnort: Gronau; Staatsangeh.: Preußen; Vorbildung: Gymn. Helmstedt Reife M. 03; Studium: Münster 3, Göttingen 3 S.; Rig. 26. Febr. 08.]

Heidt, Carl, s. Heidt, Karl

Heidt, Georg Caspar (Wertheim a. Main), Dissert. inaug. differentias juris Romani et Germanici in concedenda venia aetatis. Präs. Johann Carl Koenig. Halle (Johann Christian Hendel) Mai 1753. 16 S. (5.50) 13892

Heidt, Karl

Heidt, Carl *Heinrich:* Goethes älteste Bearbeitungen des Götz von Berlichingen. (Umschlagt.: „Die älteste Fassung v. Goethes „Götz" u. d. Umarbeitg v. J. 1773".) Trier, F. Lintz'sche Buchdr., 1893; 1—22 S. 4.
Trier, k. G., P 1893 (464)

Heidt, Karl Maria, die Blut-Rache. Schauspiel in 1 Aufzuge. 8. (38 S.) Großenhain 885, Baumert und Ronge. * — 75

Heidt, Karl Maria, Gedichte. 8. (V, 178 S.) Großenhain 897. Baumert & Ronge. n. 2. —; geb. n. 3. —

—— das Buch Kassandra. Ein Sonettenkranz. 12. (17 S.) Ebendas. 886. * — 40

Heidt, K. M., zwei Seelen. Gedichte. 8. (160 S.) Großenhain 889. Baumert & Ronge. n. 2. —; geb. n. 3. —

Sein Vermächtnis. Poesie u. Prosa aus d. Nachlasse von Karl Maria **Heidt**. Hrsg. v. Leopold Hörmann u. Wolfgang Madjera. Linz, Wien, Leipzig: Oesterr. Verlagsanst. (1901). XXIV, 176 S. 8° A 11.7708

Heidt, Karl Maria, sein Vermächtnis. Poesie u. Prosa aus dem Nachlasse. Im Einverständnis m. der Witwe des Dichters hrsg. v. Leop. Hörmann u. Wolfg. Madjera. 8. (XXVIII, 176 S. m. Bildnis.) Linz (902). Wien, Österreich. Verlagsanstalt. n. 2. —

(B) **Heidt,** K. M., sein Vermächtnis. 902. (KVL 31.) Jetzt: Wien, C. Konegen.

Heidtmann: Beiträge zur Kritik und Interpretation der Schrift des Cicero de nat. deor. 48 S.–Neu-Stettin, Progr. 1858

Heidtmann, zur Kritik und Interpretation der Schrift Cicero's de natura deorum. gr. 4. (48 S.) Neustettin 858, (Eckstein.) * *

Heidtmann Garcia de Loaysa, Cardinal und Bischof von Osma, als Beichtvater und Rathgeber Kaiser Karls V im Jahre 1530. 21 S.
Neu-Stettin, Progr. 1850

Heidtmann, G. Beitrag zur Emendation der Aeneis (I 695—722). 6 S. **Progr.** *Wesel* 1881.

Heidtmann, G., Emendationen zu Vergil's Aeneis Buch I und IV. gr. 8. (VIII, 10 S.) Coblenz 885, Groos. * — 80

Heidtmann, G., Epistola critica ad G. F. Schoemannum Pr. 1856. 14 S. 4°.

Heidtmann: Haben wir ausreichende Garantien für die Aechtheit der dem Caesar zugeschriebenen drei Bücher de bello civili ? 7 S.–Essen, Progr. 1867

Heidtmann: Die Negation bei dem lateinischen Coniunctivus prohibitivus. 10 S.– Wesel, Progr. 1868.

Heidtmann, H. C., die evang.-luth. Zionsgemeinde in Hamburg in ihrer allmäligen Entstehung u. schließlichen Constituirung. 8. (28 S.) Hamburg 890. (Hermannsburg, Missionshandlg.) n. — 30

Heidtmann, Ludger: Die Gerichtsverfassung der Stadt Warburg in fürstbischöflicher Zeit. Münster: Regensberg 1910. 113 S. 8° ¶ (Aus: Zeitschrift f. vaterl. Gesch. u. Altertumsk. Bd 68, Abt. 1.)
Münster, Phil. Diss. v. 27. Dez. 1910, Ref. Meister
[Geb. 28. Juli 86 Münster i. W.; Wohnort: Münster; Staatsangeh.: Preußen; Vorbildung: Paulin. Gymn. Münster Reife O. 06; Studium: Münster 9 S.; Rig. 1. Juni 10.] [U 11. 3951

Heiduschka, A[lfred], Dr. phil., Dr.-Ing., a. Dresden: Beiträge zur Chemie und Analyse der Fette. München 1909: Bickel. 45 S. 8°
München, Phil. Hab.-Schr. v. 1909
(Nicht für den Austausch) [U 09. 3540

Heiduschka, Alfr., u. Karl Pfizenmaier, Beiträge z. Chemie u. Analyse d. Fette. (49 S. m. Kurven.) Lex.8. München 910. O. Schönhuth Nachf. 1. 80

Heiduschka, Alfred: Zur Kenntnis des p-Thio-p-tolylanilins. 1901. 55 S. 8° ¶ Etwas gekürzt in: Journal f. prakt. Chemie. Bd 176. N. F. Bd 68. 1903
Dresden, Dr.-Ing.-Diss. v. 15. 11. 1901

Heiduschka, Alfred, a. Dresden: Versuch zur Aufklärung des Schmelzprozesses, bei dem die Amidodiarylsulfide und die vom pharmazeutisch-chemischen Standpunkte wichtigen Oxydiarylsulfide entstehen. München 1907: Bickels Söhne. (50 S.) 8°
München, Phil. Fak., Ref. Paul, Diss. v. 10. Juni 1907
[Geb. 22. März 75 Dresden; Wohnort: München; Staatsangeh.: Sachsen; Vorbildung: Realgymn. (Dreikönigsch.) Dresden Reife M. 95; Studium: Univ. Genf 1, Leipzig 4, T.H. Dresden 4 S.; Rig. 10. Juni 07.]

HEJEL, Johannes: De verbali ss. Librorum inspiratione. — (1899) 171 S. 4° (Handschr.) Diss. 535
Diss. Wien, Univ.

Heierli, Jacob

Heierli, J., siehe: *Beiträge, thurgauische.*

Heierli, (J[acob]). Blicke in die Urgeschichte von Baden. SA. 8. Baden 1895.

Heierli, Jacob. Blicke in die Urgeschichte der Schweiz von Dr. Jakob Heierli... . [Illustriert.] Gratisbeilage zum Jahrg. 23 [1902/03] des «Fortbildungsschülers». IV + 32 S. 8. Solothurn, C. Gassmann, [1903]. Gesondert im Buchh. fr. —.50 R

Heierli, J[acob]. Die Chronologie in der Urgeschichte der Schweiz. [Mit Figuren und 6 Tafeln. Sep.-Ausg. aus: Festgabe auf die Eröffnung des Schweizerischen Landesmuseums in Zürich.] 4. [Zürich 1898.]

Heierli, J[acob]. Die archäologischen Funde des Kantons Schaffhausen in ihrer Beziehung zur Urgeschichte der Schweiz. Vortrag. [SA.] 5. [Aarau 1896.]

Heierli, J[acob]. Alamannisch-fränkische Gräber in Zürich. [Mit Figuren und 2 Tafeln.] SA. 4. [Zürich 1900.]

Heierli, J[acob]. Die ältesten Gräber in der Schweiz. [A.] 4. (Braunschweig 1897.)

Heierli, J[acob]. Ein Gräberfeld der La Tène-Zeit bei Gempenach (Champagny) im Kanton Freiburg. (Tafel 11 und 12.) SA. 4. [Zürich 1897.]

Heierli, Jak., die archäologische Karte des Kantons Aargau, nebst allgem. Erläuterungen u. Fundregister. gr. 8. (100 S. m. 1 farb. Karte.) Aarau 899. H. R. Sauerländer & Co. n. 3. —
Sonderabdruck aus: „Argovia".

Heierli, Jak., die archäologische Karte des Kantons Solothurn, s.a. Mitteilungen des historischen Vereins des Kts. Solothurn.

Heierli, J[acob]. Die archäologische Karte des Kantons Solothurn, nebst Erläuterungen und Fundregister. Mit 9 Tafeln. II + II + 92 S. 8. Solothurn, Theodor Petri, 1905. [fr. 4. —]
(Mitteilungen des Historischen Vereins des Kts. Solothurn. Heft 2.)

Heierli, J., das Kesslerloch bei Thaingen. Unter Mitwirkg. v. Henking, C. Hescheler, J. Meister, E. Neuweiler u. anderer Forscher. (VI, 214 S. m. 14 Abb., 32 Taf. u. 32 Bl. Erklärgn.) Lex. 8. Zürich 907. (Basel, Georg & Co.) nn 20. —
Sonderabdr. a.: „Denkschr. d. schweiz. naturf. Gesellsch."

Heierli, J[acob]. Das Kesslerloch bei Thaingen. Von Dr. J. H'..., unter Mitwirkung der Herren Prof. Dr. [Carl] Henking, Prof. Dr. C[arl] Hescheler, Prof. J[acob] Meister, Dr. E[rnst] Neuweiler und anderer Forscher. Mit 32 Tafeln [nebst Tafel-Erklärungen] und 14 Textillustrationen. II + VI + 215 [+ *Tafel-Erklärungen* 64] S. 4. Zürich, Druck Zürcher & Furrer, 1907. [fr. 25. —]
Neue Denkschriften der Schweizerischen Naturforschenden Gesellschaft.... Band 43.

Heierli, J[acob]. Die Näfelser Letzi. [SA.] 8. [Glarus 1897.]

Heierli, Jacob, Pfahlbauten, s.a. Mittheilungen der antiquarischen Gesellschaft in Zürich.

Heierli, Jacob. Pfahlbauten. Neunter Bericht. Unter Mitwirkung namhafter Forscher bearb. von Jakob H'. [Mit 21 Tafeln.] (Mitth. Ant. Ges. Zürich. Band 22, Heft 2.) 4. Leipzig 1888.

Heierli, J[acob]. Die bronzezeitliche Quellfassung von St. Moritz. [Illustriert.] Sonderabdruck aus dem Anzeiger für schweizerische Altertumskunde. N. F. Bd. 9. 1907. II + 14 S. 4. Zürich, Gebr. Leemann & Co., 1910.
Beilage zu: Ober-Engadiner medizinische Festschrift. (St. Moritz-Bad) 1910.

Heierli, J[acob]. Urgeschichtliche Sammlung im Museum Winterthur. (Katalog und Erläuterungen.) Separatabdruck aus Mitteilungen der Naturwissenschaftl. Gesellschaft Winterthur, Heft 8. II + 17 S. 8. Winterthur, Geschwister Ziegler, 1910.

Heierli, J[acob]. Die goldene Schüssel von Zürich. [Mit 2 Figuren und 2 Tafeln.] Sonderabdruck aus dem Anzeiger für schweizerische Altertumskunde [Neue Folge, Band 9,] 1907 Nr. 1. 7 S. gr.-8. [Zürich, Gebr. Leemann & Co.]

Heierli, J[acob]. Uebersicht über die Urgeschichte der Schweiz. 8. (Andelfingen [1893].)

— u. W. Oechsli, Urgeschichte Graubündens, s.a. Mitteilungen der antiquarischen Gesellschaft in Zürich. XXVI, 1.

Heierli, J[acob], und Oechsli, W[ilhelm]. Urgeschichte Graubündens, mit Einschluss der Römerzeit. Mit [9 Textfiguren,] fünf Tafeln und einem Uebersichtskärtchen. IV + 80 S. 4. Zürich, Fritz Amberger, Komm. Fäsi & Beer, 1903. (fr. 5. —)
(Mitteilungen der Antiquarischen Gesellschaft ... in Zürich:)
Ausg. A: (Band 26, Heft 1.)
Ausg. B: ([Neujahrsblatt] 67.)

Heierli, Jakob: Urgeschichte der Schweiz, s.a. Anthropologie und Vorgeschichte.

— dasselbe, s.a. Bibliographie der schweizer. Landeskunde. V. 2.

— Urgeschichte der Schweiz. Mit 4 Vollbildern u. 423 Text-Illustr. gr. 8. (XVI, 453 S.) Zürich 901. A. Müller's Verl. n. 12. —; geb. in Leinw. n. 14. —

Heierli, J., u. W. Oechsli, Urgeschichte d. Wallis, s.a. Mitteilungen d. antiquar. Gesellschaft in Zürich

Urgeschichte des Wallis v. J[ac.] Heierli u. W[ilh.] Oechsli. M. 9 Taf. u. 1 Uebersichtsktch. *Zürich: In Comm. b. Fäsi & Beer 1896.* (84 S., 9 Taf., 1 Kt.) 4.
— Mittheilungen d. antiqu. Gesellschaft ... in Zürich. Bd 24. H. 3.
[96. 8365

— Vindonissa. I. Quellen u. Literatur. Im Auftrage der Vindonissa-Kommission zusammengestellt. (112 S. m. 9 Taf. u. 1 Karte.) gr. 8. Aarau 905. H. R. Sauerländer & Co. n. 3. 80

Vindonissa. Im Auftr. d. Vindonissa-Kommission zsgest. von Dr. Jakob Heierli. 1. Aarau: (H. R. Sauerländer & Co.) 1905. 8°
= Argovia. Bd 31.
[06. 1904 9

Heierli, J., der Pfahlbau Wollishofen, s.a. Mittheilungen der antiquarischen Gesellschaft in Zürich.

Heierli, J[acob]. Der Pfahlbau Wollishofen. [Mit 4 Tafeln.] (Mitth. Ant. Ges. Zürich.) 4. Zürich 1886.
Ausg. A. (Band 22, Heft 1.) — *Ausg. B.* ([Njbl.] 50.)

Heierli, Julie, s.a. Schweizer-Trachten, die, v. XVII.—XIX. Jahrh.

Heierli, Jul[ie]. Die Schweizer-Trachten vom XVII—XIX Jahrhundert nach Originalen Dargestellt unter Leitung von Jul.[ie] Heierli ... Zürich, Druck und Verlag von Brunner & Hauser ... [1897—1898].
13 Bl. m. 32 Abb.; 36 Taf. gr 2°

SCHWEIZ. — Die Schweizer-Trachten vom XVII.—XIX. Jahrhundert nach Originalien. Dargestellt unter Leitung von Frau *Jul. Heierli* u. auf photomechanischem Wege in Farben ausgeführt. 6 Serien m. je 6 Blatt Trachten und erläut. Text. Imperial-Folio. Zürich 1897—1900. In Orig.-Mappe. (Mk. 100—.) (60 Mk., mit allen Orig.-Umschlägen, Carl Beck, Lpz., 1911.)

—. Schweizer-Trachten-Bilder ... Beschreibender Text von Julie Heierli ... mit einem Vorwort von H. Lehmann. Zürich, Wehrli A.-G. o. J.
2 Bl., 36 S.; 50 farb. Postkarten. 8°.

Heig, Pet., quaest. juris civ. et Sax. 4. Colon. 715.

Heigel, die glückliche Jagd, ein rührendes Lstspl. in 2 Aufz. 8. Augsb. 781. v. Jenisch u. St. 3 gl.

Heigel, Cäsar Max., dramat. Bagatellen. (Enth.: Der Perückenstock. — Das war ein Glück. — Der Bruder. — Des Dichters Liebschaften. — Civilverdienst). 8. Aarau 821. Sauerländer. 1 rß

H[eigel. Cäsar Max]. Bruchstücke aus den Ruinen meines Lebens. Von H*****. 8. Aarau 1820.

Heigel, C. M., Der Fasching in München im J. 1780 oder der Metzgersprung. Faschings-Posse in 3 Akten. 1829. 8°. (2 Mk. Emil Hirsch, 1904, ohne Ortsangabe.)

— Frau Hütt; ein Festspl. 8. Insbr. 813.

§ LEBEN, Nürnberger, von *C. M. H.* (d. i. *Caesar Max Heigel*). Nürnberg, G. Winter, 1832. 8°.

Heigel, Caes. Max., Lieder f. baierische Krieger. 18. Sulzb. 824. v. Seidel. 2 gl.

Heigel, Cäs. Max., Macbeth, heroische Oper in 3 Aufz. N. d. Franz. d. Rougèt de Lille frei bearb. Musik v. A. H. Chelard. 12. (3 B.) München 829, [Jaquet.]

— Macbeth; heroische Oper in 3 Aufz. Nach d. Französ. des Rougèt de Lille frei bearb. Musik von A. H. Chelard. 12. Münch. 829. Michaelis. Velinp. 6 gr.

—— d. 21. Mai. Skizze aus d. Nürnberger-Leben. (Gedicht.) 8. (1 B.) Nürnberg 832, Winter.

—— Maximilian Emanuel. Oder die Klause in Tyrol. Histor. Drama in 3 Aufz. 8.... Augsburg 828, [Kranzfelder'sche Brlsh.]

— s. Perückenstock, der.

Heigel, Cäs. Max, kleiner Plutarch f. d. Bühne. 16. (19½ B. u. 3 ill. Kpfrt.) Stuttgart 836, Hallberger'sche Brlsh.
Inh.: Sobiesky, Dramolet. — Ossunna, Schausp. — Helvetius, Lustsp.

— Reflexions sur la Cosmogénésie. 8. Oalch 810.

— die Schlacht von St. Jacob; vaterländ. Schspl. in 5 A. Mit Titelvign. 8. Basel 822. Neukirch. 16 gr.

— Skizzen aus d. Nürnberger Leben. 1. — Gelöste. (1 Hft.) 8. (Nürnb. 832. Winter). 12 gr.

— die Zeitalter. Drei flüchtige Skizzen zu e. chronolog. Charaktergemälde. Inh. I.: So sind gewesen. II.: So waren sie. III.: So sind sie. Wien 812. Wallishausser. 12 gr.

—— die Zeitalter. Drei flüchtige Skizzen zu e. Charakter-Gemälde. I. So sind sie gewesen 1520. II. So waren sie 1703. III. So sind sie 1830. gr. 12. (8½ B.) Nürnberg 832, Winter.

Heigel, Karl August

Heigel, C., Angenommen, s. Bloch's, E., Dilettanten-Bühne.

Heigel, Karl, Arion, s. Reiselectüre.

Heigel, Karl, Bar-Cochba der letzte Judenkönig. Dichtung. Hannover 857. Rümpler. 8. (2 Bl., 139 S.) 22½ ngr

Heigel, Karl August von

Benedictus. Roman. Bd. 1. 2.
Leipzig: Günther 1875. 8°

— Josefine Bonaparte, s.: Theater-Bibliothek, Münchener.

— die Dame ohne Herz. Roman. 8. (237 S.) Berlin 873. Gebr. Paetel. n. 4. —

— der Diplomat, s.: Reiselectüre.

Heigel, Karl v., die Durchgänger. Roman. (137 S.) 8. Leipzig (906). G. Müller-Mann. n. 1. —

Heigel, Karl v., ernste und heitere Erzählungen. 8. (292 S.) Berlin 887, Gebr. Paetel. *ℳ 5.—; geb. ** 6 50
Inhalt:
Der Sangesbruder. — Der Freund Tiberд. — Sie spekulirt. — Der Pansel strikt. — Timon von Tarsus. — Der Diplomat von Rumpolzkirchen. — Schweninger.

Heigel, Karl v., heitere Erzählungen. 8. (V, 201 S.) Berlin 898. Gebr. Paetel. n. 4.—; geb. in Leinw. n. 5.50

—— neue Erzählungen. [Benedictus. — Baron Niedgras in der Residenz.] 2 Bde. 8. (181; 180 S.) [Leipzig 876, E. J. Günther.] Berlin, Nicolai'sche Buchh.

—— Es regnet. Eine Münchener Geschichte. [Welt-Bibliothek.] 8. (159 S.) Berlin 868, Lesser. [Leipzig, Schulze und Comp.]

—— es regnet. Eine Münchener Geschichte. 2. Aufl. 8. (257 S.) Stuttgart 878, Hallberger. *ℳ 4.; geb. *

Heigel, Karl August von

Es regnet. Münchener Geschichte. 2. Aufl.
Stuttgart, Leipzig: Dt. Verl.-Anst. 1878. 257 S. 8°

—— des Kriegers Frau. Scene aus der Gegenwart. gr. 8. (12 S.) Berlin 871, Lassar's Buchh. *

— dasselbe, s.a. Bloch's, E., Theater-Gartenlaube.

HEIGEL, Carl v., Die nervöse Frau. (35. Tausend.) Illustriert von Paul Wendung. .... 1898. (1 Mk. 20 Pfg., franco, R. Klinger, Berlin, ca. 1905:)
„Ein durchaus moderner Roman, in dem Heigel zeigt, wie eine heissblütige junge Frau durch die kleinlichen Quälereien ihres nervösen Mannes und ihrer heiratstollen Schwiegermutter zu einem Fehltritt getrieben wird."

— die nervöse Frau, s.a. Eckstein's illustr. Romanbibliothek. II. 8.

Die nervöse Frau. Roman von Karl v. Heigel. Ill. von P. Wendling. 26.–35. Taus. *Berlin: R. Eckstein Nachf. [1901].* (160 S.) 8°
— Romanbibliothek, Ecksteins illustrierte. Jg. 2, Bd 8.

—— Freunde, s. Universal-Bibliothek Nr. 1120.

— am blauen Gardasee! Erzählung. Mit Illustr. v. Giovanni Armani. 8. (163 S.) Leipzig 899. W. Friedrich. n. 3. —; geb. n. 4. —

—— Das Geheimniß d. Königs. Roman. 8. (322 S.) Berl. 891, [Dominik.] Fontane u. Comp. * 5 —; geb. ** 6 —

— ohne Gewissen. Roman. gr. 8. (204 S.) Berlin 871. Gebr. Paetel n. 3. —

— Glück-Glück! Roman. 8. (210 S.) Dresden 895. Verlag des Universum. n. 3.50; geb. in Leinw. n. 4.50

Heigel, Karl v., Brömmels Glück u. Ende. Roman. 8. (VI, 201 S.) München 902. C. H. Beck. n. 2.50; geb. n. 3.50

— die neuen Heiligen. Roman in 2 Büchern. 8. (265 S.) Potsdam 901. Berlin, O. v. Huth. n. 2.50; geb. n. 3.50

— Humoresken. Geschichten v. Gardasee u. a. (184 S.) 8. Berlin (904). O. Janke. n. 1. —

Humoresken. Geschichten vom Gardasee u. a. von Karl v. Heigel. Berlin: O. Janke [1905]. (133 S.) 8° [J.]
(Kollektion Otto Janke.)

— im Isartal, s.a. Hesse's, Max, Volksbücherei.

— im Isarthal. Eine Erzählg. 8. (183 S.) Dresden 902. E. Pierson. n. 2. —; geb. n. 3. —

Ⓑ Heigel, Karl v., im Isarthal. 902. — Der Moharadschah. 900. (KBL 31.) Jetzt: Berlin, Verlag Berlin-Wien.

— der Karneval v. Venedig. Novelle. 8. (188 S.) Stuttgart 880. Deutsche Verlags-Anstalt. n. 3. —

—— der Leibarzt des Kurfürsten, s. Reiselectüre.

Heigel, K. A., das ewige Licht, s.: Universal-Bibliothek.

— König Ludwig II. v. Bayern. Ein Beitrag zu seiner Lebensgeschichte. 8. (387 S.) Stuttgart 893. A. Bonz & Co. n. 5. —; geb. in Leinw. n 6. —

Der Maharadschah. Roman von Karl v. Heigel. Dresden & Leipzig: Pierson 1900. 170 S. 8° A 14. 3338

— Marfa, s.: Universal-Bibliothek.

—— Mosaik, s. Universal-Bibliothek Nr. 2200.

— Baronin Müller, s.: Engelhorn's allgemeine Romanbibliothek.

Heigel, Carl Aug., Novellen. 8. (311 S.) Berlin 866, Gerschel's Verlag.

—— Neue Novellen. [Er kommt nicht. Hugilo und Waldrada. Packesel.] 8. (218 S.) Berlin 872, Gebr. Paetel.

— neueste Novellen. [Arion. — Unterm Krummstab. — Goldheim's Glücksstiefel.] 8. (318 S.) Braunschweig 878. Westermann. n. 4. 80

— Das Recht auf Liebe. Roman. (156 S.) 8. Berlin (910). R. Taendler. 2. —; geb. 3. —

Heigel, Karl August von
Der Roman einer Stadt. Roman.
Berlin, Leipzig,
Wien, Stuttgart: Bong (1889). 213 S. 8°

— d. Sänger, s.: Engelhorn's Romanbibliothek.

— am Sedanstag. Scene aus d. J. 1870. 16. (8 S.) München (898). Rubinverlag. n. 1. —

—— Sie spekulirt, s. Reiselectüre.

— d. Herr Stationschef, s.a. Engelhorn's allgem. Romanbibliothek.

[F.] Der Herr Stationschef. Roman v. Karl v. Heigel. *Stuttgart: J. Engelhorn 1897.* (158 S.) 1 Bd 8.
= Romanbibliothek, Engelhorns Allgemeine. Jg. 13. Bd 15. 98. K 8.8 G

— Der Theaterteufel, s.: Reclam's Novellen-Bibliothek.

— der Theaterteufel, s.: Reclam's Unterhaltungs-Bibl.

—— der Theaterteufel, s. Universal-Bibliothek Nr. 980

— der reine Thor, s.: Engelhorn's allgemeine Roman-Bibliothek.

— Die Veranda am Gardasee, s.: Reclam's Novellen-Bibliothek.

– Die Veranda am Gardasee, s. Universal-Bibliothek. Nr. 1131.

— d. Volksfreund. Roman. 8. (234 S.) Stuttgart 896. A. Bonz & Co. n. 3. 60; geb. in Leinw. n. 4. 80

Heigel, Carl, Walpurg. Eine Geschichte aus der Zeit Max Emanuels. Hannover 859. C. Rümpler. 12. (2 Bl., 172 S.) n. 24 ngr.

— der Weg zum Himmel. Roman. 2 Thle. in 1 Bde. 8. (201 u. 144 S.) München 889. Bassermann. n. 5. —; geb. n. 6. —

— Weltverächter, s.a. Eckstein's Miniaturbibliothek.

— Weltverächter, s.a. Kürschner's Bücherschatz.

Weltverächter. Novelle von K(arl) v. Heigel. Mit Ill. von H. Binde. Berlin, Leipzig: H. Hillger [1908]. (88 S.) 8° [F.]
= Bücherschatz, Kürschners. No 619. [08. 1363]

— Wolf, s. Roman-Bibliothek, neue.

—— Wohin?! Eine Novelle. 8. (218 S.) Berlin 873, Gebr. Paetel. *

— die Zarin. Drama in 5 Aufzgn. 16. (78 S.) München (898). Rubinverlag. n. 1. —

Heigel, Karl Theodor

—— s. Abhandlungen, historische, aus dem Münchener Seminar.

Heigel, Karl Thdr. v., die Münchner Akademie v. 1759 bis 1909. Festrede, geh. in d. öffentl. Festsitzg. d. k. Akademie d. Wissenschaften zur Feier d. 150. Stiftungstages am 10. III. 1909. (38 S.) Lex. 8. München 909. G. Franz' Verl. 1. 50

Heigel, Karl Thdr. v., zum Andenken an Karl v. Zittel. Rede in der öffentl. Festsitzg. der k. b. Akademie der Wissenschaften am 14. III. 1904. (17 S.) gr. 4. München 904. (G. Franz' Verl.) n. — 40

— Die Anfänge d. Weltbundes d. Akademien. Rede in d. öffentl. Sitzg. d. k. b. Akademie der Wissenschaften am 14. XII. 1907. (18 S.) Lex. 8. Ebd. 907. — 40

Heigel, Dr. Karl Theodor. Die Ansprüche des Kurfürsten Karl Albert von Bayern auf die österreichische Erbfolge Habilitationsschrift. 8. Nördlingen 1874.

Heigel, Carl Thdr., und Sigm. Otto Riezler, das Herzogth. Bayern zur Zeit Heinrichs des Löwen und Otto's v. Wittelsbach. gr. 8. (IV und 308 S.) München 867, Literarisch-artistische Anstalt. *

— — Die Beziehungen des Kurfürsten Max Emanuel von Bayern zu Franz Rakoczy 1703–1715. (Aus:) „Sitzungsberichte der königl. bayer. Akademie der Wissenschaften. Historische Classe.“ Sitzung vom 7. Februar 1885. 8. München 1885.

— geschichtl. Bilder u. Skizzen. gr. 8. (VII, 414 S.) München 897. J. F. Lehmann's Verl. n. 6. —; geb. n. 8. —

— die Brautwerbung des Markgrafen Ludwig Wilhelm v. Baden u. des Prinzen Eugen v. Savoyen 1689—1690. gr. 8. (S. 609—659.) München 901. (G. Franz' Verl.) n. — 60
Sonderabdruck aus: „Sitzungsber. d. bayer. Akad. d. Wiss.“

Heigel, K. Th. v., s. Bray-Steinburg.

— Denkwürdigkeiten des bayerischen Staatsrats Georg Ludwig v. Maurer. (S. 471—512.) gr. 8. Ebd. 903. n. — 80
Sonderabdruck aus: „Sitzungsber. d. bayer. Akad. d. Wiss.“

—— der österreichische Erbfolgestreit und die Kaiserwahl Karls VII. gr. 8. (XIV, 386 S.) Nördlingen 877, Beck'sche Buchh. *

— zur Erinnerung an den 80. Geburtstag des Prinz-regenten Luitpold v. Bayern, s.: Riezler, Sigm. v.

Biographische und kulturgeschichtliche Essays von Karl Theodor v. Heigel. Berlin: Allg. Ver. f. Deutsche Lit. 1906. (337 S.) 8° [F.]
= Verein, Allgemeiner, f. Deutsche Literatur. Abt. 32, [2.] [07. 8168 4]

Biographische und kulturgeschichtliche Essays von Karl Theodor v. Heigel. 2. Aufl. Berlin: Allgem. Ver. f. Deutsche Lit. 1906. (337 S.) 8° [F.]
= Verein, Allgemeiner, f. Deutsche Literatur. Abt. 32, [2.]

Heigel, Karl Thdr. Essays aus neuerer Geschichte. gr. 8. (V, 317 S.) Bamb. 892, Buchner, Verlag. * 8 —

— neue geschichtliche Essays. gr. 8. (IV, 331 S.) München 902. C. H. Beck. n. 7. —; geb. n. 8. 50

Heigel, K. Th. v. Friedrich d. Gr. und der Ursprung des siebenjährigen Krieges. Freiburg i. B. 1896. 8°. (Aus: Deutsche Zeitschr. für Geschichtswissensch.)

— zu Schillers Gedächtnis. Rede in der öffentl. Sitzg. der k. b. Akademie der Wissenschaften am 15. III. 1905. (12 S.) Lex.-8. München 905. (G. Franz' Verl.) n. — 40

— Deutsche Geschichte vom Tode Friedrichs d. Großen bis zur Auflösg. d. alten Reichs, s. a. Bibliothek deutscher Geschichte.

Deutsche Geschichte vom Tode Friedrichs d. Gr. bis zur Auflösung des alten Reiches. Von K[arl] Th[eodor] Heigel. Bd 1. 2. Stuttgart & Berlin: Cotta 1892–1911. 8°
1. Vom Tode Friedrichs d. Gr. bis z. Feldzug in d. Champagne. (1786–1792) 1892–99.
2. Vom Feldzug in d. Champagne bis z. Auflösung d. alten Reiches. (1792–1806.) 1902–11.
(Bibliothek Deutscher Geschichte. [Nr 11.]) 10

— München's Geschichte 1158—1806. Ein Kommentar zu Karl v. Piloty's Kolossalgemälde im neuen Rathaus zu München. gr. 8. (56 S. mit lithogr. Erläuterungstaf.) München 882, Rieger'sche Universitäts-Buchh.

Heigel, K. Th. v. Zur Geschichte des sogenannten Nymphenburger Tractats vom 22. 5. 1741. (München 1884.) 8°. (Aus: Sitzungsberichte d. philos.-philol. u. hist. Classe d. k. b. Akad. d. Wissensch.)

Heigel, Karl Thdr., zur Geschichte des Censurwesens in der Gesellschaft Jesu, s. Publikationen des Börsen-Vereins der deutschen Buchhändler.

— Politische Hauptströmungen in Europa im 19. Jahrh., s. a. Aus Natur u. Geisteswelt.

Politische Hauptströmungen in Europa im 19. Jahrhundert. Von Karl Theodor Heigel. Leipzig: B. G. Teubner 1906. (112 S.) 8° [F.]
= Natur, Aus, u. Geisteswelt. Bdch. 129.

Heigel, K. Thdr. Andreas Hofer. (IV. 24) 8. München 1874. 0,40.

— Andreas Hofer. Ein Vortrag. gr. 8. (IV, 24 S.) München 875, Th. Ackermann. *

— aus drei Jahrhunderten. Vortrag aus der neueren deutschen Geschichte. gr. 8. (V, 277 S.) Wien 881, Braumüller.

— — Kronprinz Joseph Ferdinand von Bayern und die spanische Erbfolge. (Aus:) „Sitzungsberichte der königl. bayer. Akademie der Wissenschaften. Historische Classe." Sitzung vom 1. März 1879. 8. München 1879.

— die deutschen Kaiser, s. Frauen-Bibliothek.

– (Hrsg.), s. Karl VII.

— der Karneval von Venedig. Novelle. 8. (188 S.) Stuttgart 880, [Hallberger.] Deutsche Verlags-Anstalt. *

Heigel, Karl Thdr., die Correspondenz Karl's VII. mit Josef Franz Graf v. Seinsheim. 1738—1743. [Aus: „Abhandlungen d. k. b. Akademie d. Wiss."] gr. 4. (63 S.) München 878. Franz in Comm. n.n. 1. 80

Heigel, Karl Thdr., Ludwig I. König von Bayern. gr. 8. (VIII, 423 S.) Leipzig 872, Duncker und Humblot. *
geb. *

Heigel, Karl Th., Ludwig I., König v. Bayern. 2., unveränd. (Titel-)Ausg. gr. 8. (VIII, 423 S.) Leipzig 888. Duncker & Humblot. n. 4. —; geb. n. 5. —

v. Heigel, König Ludwig II. v. Bayern. Beitrag zu seiner Lebensgeschichte. Stuttgart 892.

— Nymphenburg, s. a. Bibliothek, bayerische.

Heigel K Th. Nymphenburg. (Bayerische Bibliothek 25) Bamberg 1891

Heigel, Karl Thdr., Quellen u. Abhandlungen zur neueren Geschichte Bayerns. gr. 8. (IV, 400 S.) München 884. Rieger. n. 10. —

— Quellen und Abhandlungen zur neueren Geschichte Bayerns. Neue Folge. gr. 8. (424 S.) München 890. Rieger. n. 10. — (1. 2.: n. 20. —)

— Karl Stieler, s. a. Bibliothek, bayerische.

Heigel K v. Karl Stieler. (Bayerische Bibliothek 23) Bamberg 1890

— — s. Tagebuch, das, Kaiser Karl's VII.

— die Uebergabe der pfalzbayrischen Festung Mannheim an die Franzosen am 20. Septbr. 1795 u. die Verhaftung der Minister Graf Oberndorff u. Salabert am 23. Novbr. 1795. [Aus: „Abhandlgn. d. k. b. Akad. d. Wiss."] gr. 4. (105 S.) München 893. (G. Franz' Verl.) n.n. 3. 20

Heigel, Dr. Karl Theodor von, Professor. Der Uebergang der Stadt Lindau im Bodensee an Bayern. (Aus:) „Schriften des Vereins für Geschichte des Bodensees und seiner Umgebung." gr. 8. Lindau i./B. 1902

— Der Umschwung der bayerischen Politik in d. J. 1679—1683. gr. 4. (116 S.) Münch. 889, (Franz' Verlag). * * 3 50
Aus: Abhandlgn. der k. b. Akad. d. Wissensch., besonders abgedruckt.

Heigel, Karl Theodor: Die Verlegung der Ludwigs-Maximilians-Universität nach München. *München 1897: Dr. C. Wolf & Sohn.* (37 S.) 4° [F.]
München, Rede bei Antritt d. Rektorats am 20. Nov. 1897

— historische Vorträge u. Studien. 3. Folge. gr. 8. (VII, 365 S.) München 887. Rieger. n. 7. —
Früher erschienen:
1. Thl. u. d. T.: Aus 3 Jahrhunderten. Wien 881. Braumüller. n. 6. —
2. Thl. u. d. T.: Neue histor. Vorträge u. Aufsätze. München 883. Rieger. n. 6. —

— neue historische Vorträge u. Aufsätze. gr. 8. (V, 308 S.) München 883. Rieger. n. 6. —

— die Wittelsbacher. Festschrift zur Feier des 700jähr. Regierungs-Jubiläums des Hauses Wittelsbach. 8. (131 S. mit eingedr. Holzschn. und 8 Holzschntaf.) Ebendas. 880. geb.

— die Wittelsbacher in Schweden. Festrede, gehalten in der öffentl. Sitzung der k. bayr. Akademie der Wissenschaften zu München zur Feier ihres 122. Stiftungstages am 28. März 1881. gr. 4. (60 S.) München 881, (Franz'sche Buchh.) *

Heigel, M., Die Beziehungen der früheren Territorialzugehörigkeit zur Confessionsangehörigkeit in den deutschen Staaten. Würzburg 1861. 8.

Heigel, Th., verlorene Sangesmüh, s. a. Wallner's Thespiskarren.

Verlorne Sangesmüh. Operette in 1 Aufz. von Th. Heigel. Musik von A. Heerung. Aufgef. vom 'Akadem. Gesangver.' zu München in d. Pichlsterknerpe am 4. März 1876. *Berlin: E. Bloch [1894].* (S. 170–192. 8°) ...

-- Thespiskarren. Wallner's. Lfg 19.

Heigel, B. C., ein Grab im Rhein. Lebensbild. Leipzig 869. Kollmann. gr. 16. (289 S.) 1 ₰ 10 ngr

-- Wildröslein, s. Novellenstrauß.

Heigelin. Ueber die Erbauung einer Cathedralkirche zu Rottenburg. Tübingen. 4°.

Heigelin, Jh. Fr., Briefe über Graubündten. Mit 6 Kpf. 8. Stuttg. 793. (Nauck in Leipz.) 16 gr

Heigelin. J F . Briefe über Graubünden. Mit [1 Vignette,] sechs Kupfern [Tafeln, und 1 Tabelle]. 8. Stuttgard 1797

— s. A. Dante, die göttl. Komödie.

Heigelin, J. F., allgemeines Fremdwörter-Handbuch f. Deutsche, worin zur Verständigung, Ausscheidung u. Würdigung der in deutschen Schriften u. in der Kunst- u. Umgangssprache vorkommenden fremdartigen Wörter, Ausdrücke etc. Anleitung gegeben wird. Ein ausführlicher Beitrag zur deutschen Sprachreinigung etc. 3 Abtheill. gr. 8. Tübing. 818. Osiander. 3 ₰ 8 gr

Heigelin, M. J. F., allgemeines Fremdwörter-Handbuch für Deutsche, worin zur Verständigung, Ausscheidung und Würdigung der in deutschen Schriften und in der Kunst- und Umgangssprache vorkommenden fremdartigen Wörter, Ausdrücke etc. Anleitung gegeben wird. Ein ausführlicher Beytrag zur deutschen Sprachreinigung etc. 3 Abth. gr. 8. Tübingen, Osiander. 819.

Heigelin, J. F., allgem. Fremdwörter-Handbuch f. Teutsche, od. Erklär. aller fremdart. Ausdrücke d. teutschen Conversations-Sprache etc. Ein gemeinnütz. Handbuch f. alle Stände etc. 2 Bde. (od. 4 Abthln.) 2., verb. u. verm. Aufl. gr. 8. (79 B.) Tübingen 838, Osiander'sche Buchh.

Heigelin, Jh. Fr., allgemeines Fremdwörterbuch für Deutsche, oder Erklärung aller fremdartigen Ausdrücke der deutschen Sprache. Neue verb. u. verm. Aufl. In 8 Liefg. 1.—8. Lfg. gr. 8. Tübingen 843, 44, Osiander. à 1/6 ₰

Heigelin, J. F., allgemeines Handbuch der Fremdwörter. Nebst gedrängter Sacherklärung. Ein gemeinnütziges Handbuch für alle Stände. 3. Aufl. nach dem Bedürfnisse der Gegenwart verm. u. verb. 853. — 4. Aufl. Tübingen 855. Osiander. gr. 8. (VI, 730 S.) 1 ₰ 24 ngr

Heigelin, J. F., allgemeines Handbuch der Fremdwörter. Nebst gedrängter Sacherklärung. Ein gemeinnütz. Handbuch für alle Stände. Der 4. Aufl. neue, nach dem Bedürfnisse der Gegenwart verm. und verb. (Titel-)Ausg. gr. 8. (VI und 730 S.) Tübingen (855)60, Osiander'sche Buchh.

— s. Seneca, moral. Paragraphen.

Entwurf einer erweiterten Organisazion der technischen Zentralschule zu Stuttgart. (Durch amtl. Auftrag veranlasste Arbeit.) Von Dr. **K[arl] M[arcell] Heigelin,** Prof. an d. Gewerbesch. Stuttgart: Metzler 1831. IV, 32 S. 8° *S*

Heigelin, C. M., allgemeines Handbuch der verschiedenen Arten der Heizung. Stuttgart. 1825. 8. 1 Thlr 26¼ Sgr.

— allgem. Handbuch der Heizung. Mit 18 Kpft. gr. 8. Stuttg. 827. (Brodhag). 1 ₰ 21 gr

Heigelin, C. M. D.: „Allgemeines Handbuch der verschiedenen Arten der Heizung, nähmlich der französischen Camine, deutschen und russischen Oefen, der Heizung mit Rauchröhren, Dämpfen, erwärmter Luft etc.", Stuttgart 1827 (Frankh).

Heigelin, K. M., († d. 4. Aug. 1833.) Handbuch d. neuesten ökonom. Baukeh. Mit 10 Kpft. gr. 8. Tübing. 827. (Osiander). 1 ₰ 6 gr

Heigelin, K. M., Lehrbuch d. höhern Baukunst f. Deutsche. 1r, 2r Bd. Mit 50 Kpft. gr. 4. Leipz. 829, 30. Er. Fleischer. 9 ₰ 16 gr

Heigelin, K. M., Lehrbuch der höheren Baukunst für Deutsche. 3r Bd. Mit 21 Kpfrtaf. gr. 4. Leipzig 833. (Fr. Fleischer.) 5 ₰. Alle 3 Bde, mit 71 Kpfrtaf., (à 5 ₰) 15 ₰

Heigenlechner, Josef. Untersuchungen über die therapeutischen und toxikologischen Wirkungen des Therapogen. Diss. Vet.-Med. Bern. 57 S. 8. München, Dr. C. Wolf & Sohn, 1910.

Heigenmooser, Jos., Pfarrer Bartholomäus Bucher, s.a. Texte u. Forschungen zur Geschichte der Erziehg. u. des Unterrichts.

Pfarrer Bartholomäus Bacher, ein Schulmann des Chiemgaues aus d. Anfange d. 19. Jahrhunderts. Schulgeschichtl. Studie von Jos. **Heigenmooser**, Dir. in München. *(Berlin: J. Harrwitz Nachf. 1901.)* (60 S.) 8°
— Beiträge z. Geschichte d. Erziehung u. d. Unterrichts in Bayern. 2, [1.]
— **Texte** u. Forschungen z. Geschichte d. Erziehung u. d. Unterrichts in d. Ländern deutscher Zunge. 5, [1.] [04. 3910

Jos. **Heigenmooser**: Eremitenschulen in Altbayern. Ein Beitrag z. bayer. Schulgeschichte im 18. Jh. *Berlin: A. Hofmann & Co. 1903.* (101 S.) 8°
— Beiträge z. Gesch. d. Erziehung u. d. Unterr. in Bayern. H. 4.
— Texte u. Forschungen z. Gesch. d. Erziehung u. d. Unterr. in d. Ländern deutscher Zunge. 7.
— **Mitteilungen** d. Gesellschaft f. deutsche Erziehungs- u. Schulgeschichte. Beihefte. 2.

— dasselbe, s.a. Mitteilungen der Gesellsch. f. deutsche Erziehungs- u. Schulgeschichte. 4. Beiheft.

— u. Alfons Bock, Geschichte d. Pädagogik. Quellenbuch u. Überblick d. Geschichte d. Pädagogik. Mit besond. Berücksicht. der bayer. Erziehungs- u. Schulgeschichte. (2 Tle. in 1 Bde.) (XIV, 280 u. 239 S. m. 54 Abb.) gr. 8. München (909). C. A. Seyfried & Co. Geb. in Leinw. nn 3. 80

Heigenmooser. Jos., Franz Xaver Hofmann, Hofvokal-Bassist in München, e. Kämpfer f. d. Lautiermethode, s.a. Mitteilungen d. Gesellschaft f. deutsche Erziehungs- u. Schulgeschichte. 16. Beiheft.

Franz Xaver Hofmann, Hofvokal-Bassist in München, e. Kämpfer f. d. Lautiermethode. Methodenstreit von 1772–1785. Von Jos. **Heigenmooser**, Sem.Dir. Berlin: A. Hofmann & Co. 1908. (76 S.) 8°
— Beiträge z. Geschichte d. Erziehung u. d. Unterrichts in Bayern. (9.)
— **Mitteilungen** d. Gesellschaft f. deutsche Erziehungs- u. Schulgeschichte. Beihefte. 16. [08. 8910

Heigenmooser, Jos., Max Kurz, ein Chiemgauer Volksdichter. gr. 8. (34 S. m. 1 Bildnis.) München 902. (J. Lindauer.) n. — 50
Sonderabdruck aus: „Das Bayerland".

Überblick der geschichtlichen Entwicklung des höheren Mädchenschulwesens in Bayern bis zur Gegenwart. Von Joseph **Heigenmooser**. Berlin: A. Hofmann & Ko. 1905. (95 S.) 8°
— Beiträge z. Gesch. d. Erziehung u. d. Unterr. in Bayern. [7.]
— **Mitteilungen** d. Gesellschaft f. deutsche Erziehungs- u. Schulgesch. Beih. 8. [05. 10638

— dasselbe, s.a. Mitteilungen d. Gesellsch. f. deutsche Erziehungs- u. Schulgeschichte. 8. Beiheft.

— Zur bayerischen Volksschulkunde f. Seminarien u. d. bayer. Lehrerwelt. (IV, 71 S.) 8. Nürnberg 910. F. Korn. 1.—; geb. n 1. 20

Heger, Franz, Goldgeräthe von den Philippinen. Mit 1 Tafel (IV) in Lichtdruck. 4. (5 S.) Wien:Hölder 1893. — 80

Altmexikanische Reliquien aus dem Schlosse Ambras in Tirol. Mit 5 Tafeln, davon eine in Farbendruck. (Sep.-Abdr. aus Bd. VII, Heft 4. des naturhistorischen Hofmuseums.) Lex.-8. (22 S.) 3.50 Wien:Hölder 1893.

Heighway, Will., praktische Portrait-Photographie. In deutscher Uebersetzung hrsg. von Jul. Schnauß. 8. (VIII, 157 S.) Leipzig 877, Quandt und Händel. *

Heigl, medicin. Notizenbuch. gr. 8. (18½ B.) Regensburg 840, (Pustet.) *

Heigl, A., s. Heigl, Georg Anton

Heigl, Bartholomäus, D. d. Theol.: Die Beziehung von Wunder und Naturgesetz nach der Lehre der katholischen Theologie. *Freising 1903: F. P. Datterer & Co.* (113 S.) 8° ¶ (Soll fortgesetzt werden.)
München, Theol. Diss. v. 1903
(Nur in beschränkter Zahl für den Austausch)

Heigl, Bartholomäus, Dr.: Verfasser und Adresse des Briefes an die Hebräer. Eine Studie zur neutestamentlichen Einleitung. Freiburg i. B.: Herder 1905. (268 S.) 8°
München, Theol. Hab.-Schr. v. 1905
(Nicht für den Austausch)

Heigl, Ferd., der hl. Alfons v. Liguori, Graßmanns Broschüre u. seine Gegner. 4. Tauf. 8. (74 S.) Berlin 902. H. Bermühler n. 1.—

Heigl, Ferd., Der heilige Alfons von Liguori, Grassmann's Broschüre und seine Gegner. Berlin, Hugo Bermühler.
Verboten v. Kr.-G. Reichenberg, 8. XI. 1901. §§ 302, 303, 516.

Der heilige Alfons von Liguori, Grassmanns Broschüre u. s. Gegner von Ferd. Heigl. 3. Taus. *Berlin: H. Bermühler 1902.* (74 S.) 8° [J.] [illegible]

— China, seine Dynastien, Verwaltung u. Verfassung. [Aus: „H., Die Religion u. Kultur Chinas".] 8. (173 S.) Ebd. 900. n. 1.50

Heigl, Ferd., s.: Dunkelarrest, der, vor dem Schwurgerichte.

Heigl, Ferd., Schweizer Freiheit u. deutsche Reaktion. Oeffentl. Vortrag, geh. in Nürnberg auf Veranlassg. d. dort. Volksvereins am 14. I. 1897. M. einleit. Worten, Anmerkgn. u. e. Abrisse d. Verfassungsgeschichte d. Schweiz. gr. 8. (56 S.) Bamberg 897. Handelsdruckerei u. Verlagsh. n. —75

— Freistaat u. Monarchie, s. a. Volksschriften zur Umwälzung der Geister. 29. Hft.

Heigl, Ferd. Freistaat u. Monarchie. Rede. 8. (16 S.) Bamb. 890, Handelsdruckerei u. Verlagshandlg. — 25

— Gedanken üb. die soziale Frage. gr. 8. (22 S.) Ebd. 892. n. —20

— dasselbe. 2., verm. Aufl. 12. (48 S.) Ebd. 894. n. —45

Ferd. Heigl's freireligiöse Gedichte und Verwandtes. Bamberg: Handelsdr. o. J. 74 S. 8°
in: Heigl, F.: Lieder e. Kämpfers. 1. (Volksschriften z. Umwälzung d. Geister. 12.)
Enth. (S. 53—68) auch eine Abteilung Freimaurerisches.

— Goldsack u. Gerechtigkeit, s.: Volksschriften zur Umwälzung der Geister.

— aus Herz u. Welt. Gedichte. 16. (126 S.) Bamberg 890. Handels-Druckerei u. Verlagsh. n. 1. —

— d. Hexenglaube, s.: Volksschriften z. Umwälzg. d. Geister.

Loge zur Verbrüderung a.·. d.·. Regnitz im Or.·. Bamberg. Instruktion für den III. Grad. Verf. von Ferd. Heigl. Bamberg o. J.: Handels-Dr. 10 S. 8°
Üb. die Notwendigkeit u. den gegenwärtigen Stand der Frmrei, ihr Geheimnis, ihre Verpflichtungen u. die Bedeutung der Zeremonie der Mstraufnahme.

Instruktion zum Lehrlingsgrade der Freimaurerei vorgetragen in der Loge zur Verbrüderung an der Regnitz in Bamberg von Ferdinand Heigl. Als Ms. f. Logen gedr. [Bayreuth o. J.: Mühl.] 18 S. 8°. [Umschlagtit.]

Teppich: Instruktion zum Lehrlingsgrade der Freimaurerei, vorgetragen in der Loge zur Verbrüderung an der Regnitz in Bamberg von Ferd. Heigl. Als Ms. f. Logen gedr. [Bayreuth] o. J.: [Mühl]. 18 S. 8°
Recens: FZ. 43 (1889) S. 303.
Erklärung des Teppichs u. sonstiger Logensymbole, Wesen u. Ziele des Bundes.

Heigl, Ferd., Lieder e. Kämpfers, s.: Volksschriften zur Umwälzung der Geister. 12. Hft.

Heigl, Ferd., einige Lücken und Mängel unserer deutschen Justizgesetzgebung. Ein Druckbogen für Juristen und Volk. gr. 8. (32 S.) Nürnberg 884, (Hermann und Sattow.)

Die Religion und Kultur Chinas. T. 1. Die Reichsreligion von China. T. 2. Die Kultur Chinas in 5 Anh. enthaltend: 1. einen Ueberblick über d. Anfänge d. Chinesen u. ihre Dynastien ... Von Ferdinand Heigl. 1. Taus. *Berlin: H. Bermühler 1900.* (VII, 678 S.) 8° [J.] [illegible]

— die Religion u. Kultur Chinas. 1. Tl. Die Reichsreligion v. China. 2. Tl. Die Kultur Chinas, in 5 Anhängen enth.: 1. e. Ueberblick üb. die Anfänge d. Chinesen u. ihre Dynastien, 2. e. Ueberblick üb. d. Verwaltg. u. Verfassung des chines. Reiches, 3. e. Ueberblick üb. chines. Sprache u. Litteratur, 4. Züge aus der chines. Geschichte, 5. Weisheit auf d. Gasse in China (auserlesene Sprichwörter der Chinesen). 2. Tausend. 8. (VII, 679 S.) Berlin 900. H. Bermühler. n. 5.—; geb. n. 6.—

Heigl, F., Spaziergänge e. Atheisten. Ein Pfadweiser zur Erkenntnis der Wahrheit. Polemisches u. Akademisches. 8. (XXII, 122 S.) Bamberg 889. Selbstverlag d. Verfassers. n.n. 1. 20

—— dass. — 3.–5. Aufl. 8. (74 S.) Bamb. 890,91, Handelsdr. — 60

— Spaziergänge e. Atheisten. Ein Pfadweiser zur Erkenntnis der Wahrheit. Polemisches u. Akademisches. 6. Aufl. 8. (83 S. m. Bildnis.) Bamberg 893. Handels-Druckerei u. Verlagsh. n. — 60

— Spaziergänge e. Atheisten. Ein Pfadweiser z. Erkenntnis d. Wahrheit. Polemisches u. Akademisches. 7. Aufl. 8. (90 S.) Bamberg 898. Handels-Druckerei u. Verlagshandlg. n. — 60

– Der Spiritismus, s. Volksschriften z. Umwälzung d. Geister.

Heigl, Ferd., chinesische Sprache, Schrift u. Litteratur. [Aus: „H., Die Religion u. Kultur Chinas".] gr. 8. (174 S.) Berlin 900. H. Bermühler. n. 1. 50

— s.: Verbrecherjagd im Urwalde.

— s.: Vor dem Schwurgerichte.

— Weisheit auf der Gasse in China. (Auserlesene Sprüchwörter der Chinesen.) [Aus: „H., Die Reichsreligion v. China".] 8. (71 S.) Ebd. 900. n. — 75

Das Cölibat. Gedanken u. Thatsachen. Von Ferdinand Heigl. 1. Taus. *Berlin: H. Bermühler 1902.* (131 S.) 8° [F.]

Das Cölibat. Gedanken u. Thatsachen. Von Ferdinand Heigl. 4. Taus. *Berlin: H. Bermühler 1902.* (131 S.) 8° [F. u. Ant.]

— Züge aus der chinesischen Geschichte. [Aus: „H., Die Reichsreligion v. China".] 8. (53 S.) Ebd. 900. n. — 75

Heigl, Georg Anton

Heigl, A., über die Antigone und die Electra des Sophokles. gr. 8. Regensburg 828. (Augsburg, Kollmann.) 2 gr.

Heigl, Geo. Ant., über d. Antigone u. d. Elektra d. Sophokles. gr. 8. (21 B.) Passau 828, [Regensburg,] Pustet.

Der Bericht des Porphyrios über Origines. Von G. A. Heigl, P. d. Philos. — 1835. Ebend. — 2. 3–10.
Progr. Regensburg.

Heigl, G. A., die platonische Dialektik. gr. 8. Landshut, Krüll. 812.

Heigl, G. A., die platonische Physik. 8. Landsh. Krüll. 815. Rthlr.

Ant. Heigl die Plotinische Physik. Landshut 1816. 8.

— s. Plotini ad gnosticos liber.

Heigl, Geo. Ant., die Syllogismen. gr. 8. (96 S.) Regensburg 851, Pustet.

Die auf uns gekommenen Tragödien des Sophokles können überarbeitet seyn. Von Georg Ant. Heigl, P. der Geschichte und Philol. — 1825. Ohne Druckort. — S. 3–8.
Progr. Neuburg.

Heigl, Gustav: Giambattista Bolza als Vermittler zwischen der deutschen und italienischen Literatur. 8 (S. 3—35). Progr. K. k. Staats-G. *Innsbruck* 1896.

Heigl, Gustav: Regierungsrat Dr. Alois Pernter. (Umschlagtitel: ... Ein Nachruf.) S. 1—6. 8.
Progr.

Heigl Dr. Gustav: Regierungsrat Dr. Alois Pernter, †. 6. Triest St. G. 05.
Progr.

Heigl, G., die Quellen des Plinius im XI. Buche seiner Naturgeschichte. 1. Thl. gr. 8. (III, 45 S.) Marburg a. D. 885. (Wien, Pichler's Wwe. und Sohn.) * 1 —

Heigl, *Gustav* Die Quellen des Plinius im XI. Buche seiner Naturgeschichte. II. Theil. 8 (56 S.).
Progr. Staats-G. *Marburg* 1886.

Heigl, K. M., die Zeitalter, 3 flüchtige Skizzen, zu einem chronolog. Charaktergemälde. 8. Wien, Wallishausser. 812

HEIGL, Peter (Seebach): De sudore atque evaporatione.- Landishuti: Storno (1818). 42 S.
5.3.1818 - Pe 365; F 58
Diss. Ingolst.-Landsh.-Mchn.

Heigl, Richard [app. Arzt]: August Wittmann's freigelegtes Herz. Geschichte der Operation nebst Beobachtungen über die normalen Bewegungen des Herzens. ... (Aus: Deutsch. Arch. f. klin. Med. Bd. XLV.) Leipzig. Druck v. J. B. Hirschfeld. 1889; 1 Bl. + 16 S. u. 1 Taf. 8°
München, Med. Fak., Inaug.-Diss. v. 1889

Heije, J. P., Aschenbrödel. Allen frommen deutschen Kindern zu Liebe aus dem Holländ. übers. von Henriette Heinze-Berg. — Asschepoester. Een Sprookje uit de oude Doos etc. hoch 4. (110 S. mit eingedr. Holzschn.) Amsterdam 865. (Leipzig, Brockhaus' Sortiment und Antiquarium.) geb.

—— Griechenlands Kampf und Erlösung. Eine neue niederländ. Dichtung zu Beethoven's Ruinen von Athen. gr. 8. (48 S.) Amsterdam 867. (Leipzig, Brockhaus' Sortiment und Antiquarium. — F. Fleischer.) *

—— der gestiefelte Kater. Allen frommen deutschen Kindern zu Liebe aus dem Holländ. übers. von Henriette Heinze-Berg. — De gelaarsde Kat. Een sprookje uit de oude doos. hoch 4. (64 S. mit eingedr. Holzschn.) Amsterdam 867. (Leipzig, Brockhaus' Sortiment und Antiquarium.) geb. *

Heije, J. P., Unsterblichkeit. Eine symphonische Dichtung. Der holländ. Text, mit deutscher Uebersetzung von Wilh. Berg. 8. (29 S.) Berlin 870, Behr's Buchh. *

Heijermans jr., Herm., s. a.: Heyermans.

— Ahasver, s.: Universal-Bibliothek.

— Allerseelen, ein Spiel in 3 Akten. Buchschmuck v. Lucian Bernhard. (126 S.) 8. Berlin 906. E. Fleischel & Co. n. 2.—; geb. n. 3.—

Heijermans, Herm., die Augen od. Jobs wundersame Erlebnisse. Roman. Umschlag-Zeichng. v. Ernst Pickardt. (XIV, 247 S.) 8. Berlin (910). Boll & Pickardt. 4.—; geb. 5.—

Diamantstadt. Roman von Hermann Heijermans. *Berlin: E. Fleischel & Co. 1904.* (380 S.) 8° [F.]

— Erlösung. Ein Lebens- u. Traumspiel in 2 Akten. (88 S.) 8. Berlin 907. F. Bloch Erben. 3.—

Erlösung. Ein Lebens- und Traumspiel in 2 Akten von Hermann Heijermans. Berlin: E. Bloch Erben 1908. (84 S.) 8° [F.]

— ausgewählte Falkland-Skizzen. 1. u. 2. Bd. Uebers. u. zusammengestellt von R. Ruben. Einzig autoris. Uebersetzerin S. Falklands (Herm. Heyermans jr.) (VIII, 289 u. 315 S.) 8. Pößneck (903. 904). B. Feigenspan. à n. 2.—; geb. in Leinw. à n. 2. 80

— das 7. Gebot, s.a. Bibliothek der Gesamtlitteratur.

Das siebente Gebot [Het zevende gebod]. Bürgerl. Sittenkomödie in 4 Akten von Herm. Hoijermaus jr. Übers. u. f. d. deutsche Bühne bearb. von Egbert Soltau. Einzige vom Verf. autor. deutsche Bearb. Mit e. Vorbemerkung. *Halle a. d. S.: O. Hendel [1903]*. (IV, 87 S.) 8° [F.]
= Bibliothek d. Gesamtlitteratur d. In- u. Auslandes. No 1734. [-4. 1978

— Ghetto. Ein Trauerspiel in 3 Aufzügen. Einzig autoris. Uebersetzg. Deutsch v. Franziska de Graaff. (107 S.) 8. Leipzig 903. K. F. Koehler. n. 2. —; geb. n. 3. —

— dasselbe, s.a. Universal-Bibliothek.

— dasselbe. Der Panzer. Romantisches Soldatenspiel in 3 Akten. (VII, 198 S.) 8. Berlin 905. E. Fleischel & Co. n. 3. —; geb. n. 4. —

— die Hoffnung auf Segen, s.a. Universal-Bibliothek.

— die Hoffnung auf Segen, s.a. Bibliothek der Gesamtlitteratur.

Die Hoffnung auf Segen. (Op hoop van zegen.) Eine Fischer-Tragodie in 4 Akten von Herm. Heijermans jr. Übers. u. f. d. deutsche Bühne bearb. von O. van Bergh. Bühneneinrichtung nach d. ersten Aufführung in Amsterdam. Mit e. Vorbemerkung d. Übers. *Halle a. S.: O. Hendel (1901)*. (IV, 91 S.) 8° [F.]
(Bibliothek d. Gesamtlitteratur d. In- u. Auslandes. No 1513.) [01. 12607

— Intérieurs. Einzig autoris. deutsche Uebersetzg. von R. Ruben. (III, 318 S.) 8. Pößneck 903. B. Feigenspan. n. 2. —; geb. in Leinw. n. 3. —

— Kettenglieder. Ein fröhl. Spiel am häusl. Herd in 4 Aufzügen. (V, 139 S.) 8. Berlin 904. E. Fleischel & Co. n. 2. —; geb. n. 3. —

Ora et labora. Ein fries. Bild in 3 Aufz. von Hermann Heijermans. Für d. deutsche Bühne bearb. Einzige autor. Übers. von Francisca de Graaff. *Berlin: E. Fleischel & Co. 1904.* (69 S.) 8° [Ant. u. F.] [04. 4874

— Sabbath. Eine Studie. Einzig autoris., nach dem Mskr. hergestellte Uebersetzg. v. R. Ruben. (78 S.) gr. 8. Pößneck (903). B. Feigenspan. n. 1. —

— Schande, s.a. Concordia-Bibliothek, kleine. 5. Bd.

Schande. Erzählungen von Herm. Heijermans. Deutsch von Else Otten. 2. Taus. Berlin: Concordia [1907]. 101 S. 8°
(Kleine Concordia-Bibliothek. Bd 5.) [09. 8575 I I

— dasselbe, s.a. Siesta.

Schande. Erzählungen von Herm. Heijermans. Deutsch von Else Otten. Berlin & Leipzig: Seemann [1910]. 101 S. 8°
(Siesta. 8.) [10. 16477

— Schauspiele. I.—III. 8. Berlin, Boll & Pickardt. 8.—
I. Seltsame Jagd. Das Mädchen. (166 S.) 909. 3. —
II. Der große Flug. Erlösung. (188 S.) 909. 3. —
III. Die neue Sonne. (91 S.) 910. 2. —

Berliner Skizzenbuch von Hermann Heijermans. Mit Zeichn. von Ernst Pickardt. Berlin: Boll & Pickardt 1908. (255 S.) 8° [F.] [08. 16338

— 24 Stunden in der Irrenanstalt. (59 S.) gr. 8. Ebd. 910. — 80

— Geflügelte Taten, einige entsetzenerregende, herzbeklemmende, aber keineswegs unmoralische Familienabenteuer. Im Text befinden sich verschiedene nach der Natur u. dem Leben aufgenommene, außergewöhnlich schöne Federzeichngn. v. der Hand des Autors. Deutsch v. R. Ruben. 1. u. 2. Aufl. (Je 204 S.) 8. Berlin 907. E. Fleischel & Co. 2. —; geb. 3. —

— Trinette. Skizze. Einzig autoris. deutsche Uebersetzg. v. R. Ruben. 8. (V, 287 S.) Berlin 902. S. Fischer, Verl. n. 3. 50; geb. n.n. 4. 50

Heif, s.: Krebe Ben Heif.

Heika Monogatari

Heike Monogatari, [Récits de l'histoire du Japon au XIIe siècle], s.a. Atsume Gusa.

Heika Monogatari, Récits de l'histoire du Japon au XIIme siècle, traduits du Japonais par François Turrettini. 1re partie. 23 pp. et 3 pl. in-4. Bâle et Genève, H. Georg. 1871 4. —
Forme aussi le 1. fascic. de „Atsume Gusa", voir cet article.

Heike, s.a. Heicke.

Heike, F. W., Beitrag zum Weinbau in Aufsätzen über Veredelung und Vermehrung des Weinstocks, Aufbewahrung der Weintrauben ꝛc. nebst einem Anhange über Vermehrung der Gewächse durch Absenken und über den Aprikosenbaum. gr. 12. (IV und 104 S.) Berlin 853, Nauck'sche Buchh. *

Heike, F. M., Material. z. Religionsunterr. für Catechumenen ꝛc. 8. Halle, Hendel. 801.

Heike, W., Leitfaden f. Eisenhütten-Laboratorien, s.: Ledebur, A.

Heike, Wilhelm, approb. Arzt aus Gröningen: **Blutdruckmessungen nach Verabreichung von Digitalis, ausgeführt mittelst des Riva-Rocci'schen Sphygmomanometers.** *Halle a. S. 1901: C. A. Kaemmerer & Co.* (62 S.) 8°
Halle, Med. Diss. v. 10. Aug. 1901

Heike, Wilhelm Adolph

Heike, Guil. Adolph. (geb. Aken a. E. 8. 11. 1832): De punctione hydrocephali chronici. Berolini (1856). (28 S.) 8°
Berlin, Med. Diss. v. 4. Aug. 1856

Heikel, Axel O., antiquités de la Sibérie occidentale, s.: Mémoires de la société finno-ougrienne.

— ethnograph. Forschgn. auf d. Gebiete d. finn. Völkerschaften. I. D. Gebäude d. Ceremissen, Mordwinen, Esten u. Finnen, s.: Journal de la société finno-ougrienne.

Heikel, Axel O., ethnographische Forschungen auf dem Gebiete der finnischen Völkerschaften. III. Volkstrachten in den Ostseeprovinzen u. in Setukesien, s.: Travaux ethnographiques. IV.

— Trachten u. Muster d. Mordwinen. Hrsg. v. d. Société finno-ougrienne. (In finn. u. deutscher Sprache.) 10 Lfgn. hoch 4. (à ca. 16 Farbdr.) Helsingfors 897. (Leipzig, O. Harrassowitz.) n.n. 30. —

Heikel, Axel O., Trachten u. Muster der Mordvinen. Hrsg. v. der Société finno-ougrienne. (In finn. u. deutscher Sprache.) Ergänzungslfg. hoch 4. (45 z. Tl. farb. Taf.) Helsingfors 899. (Leipzig, O. Harrassowitz). n.n. 6.—
Hauptwerk Ebd. 897. n.n. 30. —.

— dasselbe. Praktische Ergänzungsblätter. gr. 4. (45 Bl.) Ebd. 897—900. n.n. 8. —

Heikel, Gunnar: Ueber die Birotation der Galactose. (1904.) 38 S. 8° ¶ Aus: J. Liebig's Annalen d. Chemie. Bd 338. 1905. Hannover, Dr.-Ing.-Diss. v. 15. 12. 1904

Heikel, I. A. Beiträge zur Erklärung v. Plutarchs Biographie d. Perikles. gr. 4. (18 S.) Helsingfors 891. (Berl., Mayer u. Müller.) * 1 20

Heikel, I. A, über die sogenannte βούλευσις in Mordprocessen. gr. 4. (13 S.) Helsingfors 886. (Berlin, Mayer und Müller.) * — 80
Aus: Acta societatis scientiarum fennicae, besonders abgedruckt.

—— Seneca's Character und politische Thätigkeit, aus seinen Schriften beleuchtet. gr. 8. (Ebendas.) 886. * 1 50
Aus: Acta societatis scientiarum fennicae, besonders abgedruckt.

—— Ueber die Entstehung der Konstruktionen bei πρίν. gr. 8. (S. 271—298.) (Ebd.) 891. * 1 —
Aus: Skandinav. Archiv, besonders abgedruckt.

Heikel, I. A., de praeparationis evangelicae Eusebii edenda ratione. gr. 8. (VIII, 106 u. Textausg. 75 S.) Helsingforsiae 888. (Berlin, Mayer & Müller.) n. 2. 40

Heikel, J. A. De participiorum apud Herodotum usu. Diss. 1884. 144 S.

Heikel, J. A., de participiorum apud Herodotum usu. gr. 8. (VII, 144 S.) Helsingforsiae 884. (Berlin, Mayer und Müller.) *

Heikel, V.: Hausgymnastik am „Palästron". (Helsingfors um 1891.) 43 S. m. Abb.

Heiken, Johann Christian Werner, Prediger zu Nieder-Börnecke, Der Friede der Länder, als eine der unschätzbarsten Gnaden-Wohlthaten Gottes wurde an dem erseufzten und glückseligen Friedens-Feste, welches den 13 Mart. 1763, wegen des zwischen des Königes in Preussen der Kayserin Königin v. Ungarn und Böhmen und des Königes von Polen Majestät den 15. Febr. zu Hubertsburg geschlossenen Friedens feyerlichst begangen wurde der Gemeinde des Herrn zu Nieder-Börnecke vorgetragen und auf Verlangen dem Druck überlassen von — — — Magdeburg, Frankfurt und Leipzig, Verlegts und zu finden bey dem Königl. Preuss. Commercien-Rath und privileg. Buchhändler Daniel Christian Hechtel. 8. 38 S.

Heikens, Hans Frank, Helgoland, s. a. Helgoland.

⊙ Helgoland und die Helgolander. Memorabilien des alten Helgolander Schiffscapitains Hans Frank **Heikens.** Hrgg. v. Adolf Stahr. Oldenburg. 1844. 8°.

Heikens, Hans Frank, Memorabilien, s. Helgoland und die Helgoländer.

Heikes, Heiko, Referendar zu Hannover: Das ostfriesische Gesinderecht auf Grund der Dienstbotenordnung für Ostfriesland und Harlingerland vom 10. Juli 1859 unter Berücksichtigung des deutschen Bürgerlichen Gesetzbuchs. Aurich 1906: A. H. F. Dunkmann. (VI, 100 S.) 8° [F.]
Rostock, Jur. Fak., Ref. Lehmann, Diss. v. 28. Febr. 1906
[Geb. 25. Sept. 80 Monslagt, Kr. Emden; Wohnort: Hannover; Staatsangeh.: Preußen; Vorbildung: Wilh.-Gymn. Emden Reife O. 00; Studium: Heidelberg 1, Berlin 1, München 1, Leipzig 1, Göttingen 2 S.; Rig. 27. Febr. 05.]

Heil Alldeutschland allewege! Stimmungswort e. Norddeutschen aus d. Süden. 8. (32 S.) Braunschweig 896. H. Wollermann. n. — 60

Heil für Alle, die es nicht mutwillig von sich stossen. Traktat für Schriftforschung. [Millennium-Tages-Anbruch-Schrift. SA. aus: Die Aussicht.... Jahrg. 4, 1906, No. 1 u. 2.] 16 S. 8. Thun, Verlag der «Aussicht», 1908.

Heil. Das Christliche H'. Fünf Vorträge, gehalten am 6., 13., 20., 27. November und 4. Dezember 1906 zu Strassburg i. E. von Prälat [Gottlieb] v[on] Weitbrecht aus Stuttgart — Pastor D. Otto Funcke aus Bremen — Pfarrer (Fr) Federlin aus Ruprechtsau — Pfarrer [Friedrich] Mahling aus Frankfurt a. M. — Pfarrer [Gustav] Benz aus Basel. 100 S. 8. Strassburg i. Els., Buchh. der Evangelischen Gesellschaft, 1907. [M. 1.20] N 5842
S. 76—98: Der Christ und die Welt. Vortrag von Pfarrer [Gustav] Benz, Basel.

Heil dem Brautpaar! Eine ausgewählte Sammlung v. Kranz-, Schleier- u. Rosenkranzgedichten, Vorträgen, Aufführgn., Gedichten u. Liedern f. Verlobg., Polterabend u. Hochzeit. Neue Ster.-Ausg. (32 S.) kl. 8. Reutlingen (904). Enßlin & Laiblin. — 20

Heil dem deutschen Reiche! Liederbuch zur Erinnerung und Ermunterung. Von einem Süddeutschen. 8. (124 S.) Landshut 874, (Krüll'sche Buchh.) *

Heil dem Hause der Hohenzollern. Fest-Spiel ... Berlin am 18. Oct. 1840. [Privatdruck.] V: *Förster, Friedrich.* Vgl. Stümcke, Hohenzollernfürsten im Drama. Leipzig 1903. S. 284. (DARP)

Heil dem Hause Wettin! Festschrift zur 800jährigen Jubelfeier. Kurze Geschichte unserer vaterländischen Geschichte ... 1089—1889. Dresden [1889]. V: *Kunath, Paul.* (Bem I, 1, S. 70)

— dem Kaiser, s.: Kinderbibliothek.

—— dem Kaiser von Oesterreich! Ein bayerischer Gruß nach Salzburg. gr. 8. (14 S.) München 867, (Lentner'sche Buchh.)

Heil dem Kaiserpaare! Festblatt zum 6. Sept. 1903. Hrsg. von d. Halleschen Zeitung. Schriftleitung: Dr. Walther Gebensleben in Halle a. S. *Halle a. S.: O. Thiele (1903).* (15 Bl.) 4° [F.]
Zum Kaisertage in Halle. 6. Sept. 1903. [03. 7965

— dir, mein Osterreich! Volksstimmen aus den ersten Regierungsjahren unseres Kaisers. (192 S.) 8. Magdeburg (908). Magdeburger Verlags-Anstalt. —90; geb. 1. 20

Heil dir im Siegerkranz rc. (Preußens Volkslied) mit dem Portrait Sr. Majestät des Königs in einer allegorischen Umgebung. Taschenbuchformat u. zum Ziehen. Berl. 832. Gropius. Brauner Druck. 12 ℊℊ Sauber colorirt. 16 ℊℊ Pracht-Exemplar (Gold- u. Silberdruck). 1 ₰ 8 ℊℊ

Heil Euch im Siegerkranz ... Heil, Deutschland, Dir! Berlin, Druck von E. Krause. 1 Bl. 8
Flugblatt. Berlin. 1848/49.

Gut Heil! Officielles Organ des Chicago Turn Bezirks. 2v. 104 nos. Chicago, 1904-06.

Heil im Gebete. Vollständiges katholisches Gebet- und Andachtsbuch bearb. von einem Pfarrgeistlichen. M.-Gladbach 863. Riffarth. 32. (VIII, 472 S. u. 1 Stahlst.) 12½ ngr.

Heil im Glauben. Katholisches Gebet- und Gesangbuch. Zunächst für höhere Lehranstalten. 3., verb. und verm. Aufl. gr. 12. (XX und 364 S.) Köln 857, Du Mont-Schauberg'sche Buchh. *

Heil Kaiser dir! Ein Lied vom neuen deutschen Reich, vorgetragen in Grimma am Geburtstage Kaiser Wilhelms II. 12. (14 S.) Grimma 891. Gensel. — 30

Heil unserm Kaiser. Vier Festgesänge z. Geburtstage Sr. Maj. d. Kaisers Wilhelm II. 8. (7 S.) Strassb. i. E. 891, Heitz. * — 10

Heil Kaiser Wilhelm II.! Schulfeier des Geburtstages Sr. Maj. des Kaisers und Königs. Enthaltend: Geistliche Lieder, Bibellectionen, Gebete, Ansprachen, Reden, Dispositionen, Gedichte und Lieder. 2. und 3. Aufl. 12. (32 S.) Landsberg a. d. W. 888, Volger und Klein. — 25

Heil, Kaiser Wilhelm, Dir! Gedichte u. Festspiele f. Deutschlands Schuljugend z. 27. Jan. Von e. Ursulinerin. Breslau: F. Goerlich [1908]. (29 S.) 8° [F.] [08. 7063 2

—— das, außer der Kirche, s. u. Flugschriften, katholische, zur Wehr u. Lehr'.

Das Heil außer der Kirche im Widerschein der protest. Presse. Berlin, Germania, 1891, 16°, 110 S., 2. Aufl., 20 Pf. (Flugschriften zur Wehr u. Lehr'. Nr. 25 u. 26.)
—— (Zugleich Forts. zu Nr. 25 u. 26.) Das. 1892, 16°, 96 S., 10 Pf. (Kath. Flugschr. Nr. 59 u. 60.)

Heil und Leben. Weihnachtsbescherungen u. Lebenserfahrungen einer Suchenden. Herausg. von *M. Klotz*. In-8⁰. 72 S. Basel, R. Reich. 1 25
1896

Heil mir! ich bin ein Christ! . . . Stuttgart 1811. V: *Dann*, *Christoph Adam.* (NN) (MGT) (Ky)

Heil mir! ich bin ein Christ! Eine Denkschrift f. die confirmirte Jugend, (von Chr. A. Dann). 8. Stuttg. 811. 3e Aufl. 818. Steinkopf. 4 gr

Heil mir! ich bin ein Christ! Eine Denkschrift f. d. confirmirte Jugend. 2te Aufl. 8. Stuttgart. Steinkopf. 818.

Heil, Oesterreichs. Gedanken eines österreichischen Patrioten. Prag 1903. 2. Aufl. 1905. V: *Harrach*, *Joh. Graf.* (EB)

Österreichs Heil! Gedanken eines österr. Patrioten. 2. Aufl. Gr.-8°. (71 S.) * K 1.—
Prag: Řivnáč 1905.

— unser, in dem gekreuzigten u. auferstandenen Christus. Passions- u. Osterpredigten üb. die Eisenacher Perikopen, in Verbindg. m. Herm. Josephson, Karl Obly, Herm. Nebensburg u. a. hrsg. v. Heinr. Rocholl. (VIII, 270 S.) gr. 8. Leipzig 903. G. Strübig. n. 3. 60; geb. n. 4. 60
Erschien auch in 6 Liefgn. à n. — 60.

Heil unserm Kaiserpaar! Festschrift z. silbernen Hochzeitsfeier d. Kaiserpaares am 27. Febr. 1906. Erzählungen u. Deklamationen f. d. Jugend. Dargeboten von e. Schulmann. Essen a. d. Ruhr: Hoeves & Oebbecke 1906. (34 S.) 8° [J.] 06. 14291

Waidmanns Heil! Illustr. Zeitschrift für Jagd-, Fischerei- und Schützenwesen in Oesterreich. Unter Mitwirkung von Jagdfreunden herausgegeben. 9. Jahrg. 1889. 24 Nrn. à 1—1½ B. mit eingedruckten Holzschnitten). Gr.-4. Vierteljährlich * 1.—
Klagenfurt: Leon 1889.

Waidmann's Heil! Illustrirte Zeitschrift f. Jagd, Fischerei u. Schützenwesen in Oesterreich. Herausgegeben und redigirt von Friedrich Leon. Mitredacteur: F. C. Keller. 9. Jahrg. 1889. Mit eingedruckten Holzschnitten. Gr.-4. Nr. 13. Pro III. Quartal 1.—
Klagenfurt: Leon 1889.

Waidmanns Heil! Illustrirte Zeitschrift für Jagd, Fischerei und Schützenwesen. Herausgegeben und redigirt von Frdr. Leon. Mitredacteur: F C. Keller. 12. Jahrg. 1892. Complet (Mit eingedr. Holzschnitten.) Gr.-8. (308 S.) 4.—, in Lwd. geb. 5.—
XIII. Jahrg. 1893. 24 Nrn. (à 1—1½ B. m. eingedr Holzschnitten). Viertelj. * 1.—
Klagenfurt: Leon 1893.

Waidmann's Heil! Illustrirte Zeitschrift für Jagd, Fischerei und Schützenwesen. Herausgegeben und redigirt von Frdr. Leon. Mitredacteur: F. C. Keller. 14. Jahrg. 1894. 4. 24 Nrn. (à 1—1½ B. mit eingedr. Holzschnitten). Vierteljährig * 1.—
Klagenfurt: Leon 1894.

Waidmann's Heil. Illustrirte Zeitschrift für Jagd, Fischerei und Schützenwesen. Herausgegeben von Friedr. Leon. XIII. Jahrg. 4. (III, 332 S. und Inseratenbeilage.) In Lwd. geb. 5.—, in Nummern 4.—
Klagenfurt: Leon 1894.

Heil, das, der Welt, aus Norden, s. a. Heynig, J. G.

Heil, Das, der Welt aus Norden. Plauen 1836. V: *Heynig*, *Joh. Glob.* (Ky)

Heil, das, der Welt aus Norden. (Von J. G. Heynig.) gr. 8. Plauen 836. (Schmidt. Hof, Grau.) n. ¼ rf) — 2¼ Licht. gr. 8. Ebd. 837. (Grau. n. ¼ rf

Heil

Heil, die Gründg. d. nordostdeutschen Kolonialstädte u. ihre Entwickelg. b. z. Ende d. 13. Jahrh. gr. 8. (38 S.) Wiesbaden 896. (Lützenkirchen & Bröcking.) n. — 80

Heil, Adf., u. W. Esch, Handbuch der Gummiwaren-Fabrikation. Ein prakt. Hilfsbuch für Fabrikanten, Chemiker, Betriebsleiter u. Kaufleute in Gummiwaren-Fabriken. (IV, 252 S. m. Abbildgn.) gr. 8. Dresden 906. Steinkopff & Springer. n. 10. —; geb. n. 11. 50

Heil, A., Resultate der Einschätzungen zur Einkommensteuer in Hessen, Sachsen u. Hamburg in Bezug auf die Entwickelung des Mittelstandes, s. a. Studien, staatswissenschaftliche.

Heil, Adolf: Resultate der Einschätzungen zur Einkommensteuer in Hessen, Sachsen und Hamburg in Bezug auf die Entwickelung des Mittelstandes. . . . Jena, Gustav Fischer, 1888; 3 Bl. | 63 S. 8°
Giessen, Phil. Fak., Inaug.-Diss. v. 1888

Heil, Alfr., Aphorismen über Philosophie und Poesie der Gegenwart. 8. (44 S.) Leipzig 887, Zangenberg und Himly. — 60

Heil, Alfr., Erläuterungen zu den Klassikern, s.: Düntzer, Heinr.

— dasselbe, s.: Düntzer, Heinr., Rob. Prölß.

Heil, Alfr. Führer durch Gluck's Hauptwerke. 8. (62 S.) Lpz. 889, Zangenberg u. Himly. * — 80

Heil, Alfr., grammatische Uebungen. Eine Auswahl zur Befestigg. der Anfangsgründe. (III, 48 S.) 8. Berlin 904. G. Grote. n. — 50

Heil, Alf., Zukunftsphilosophie. Ein paar Tagebuchblätter. 8. (15 S.) Leipzig 900. Alwin Schmidt. n. — 30

Heil, Aug., die politischen Beziehgn. zwischen Otto dem Grossen u. Ludwig IV. v. Frankreich, s. a. Studien, histor. 46. Hft.

Heil, August, aus Sonneberg (S. M.): Die politischen Beziehungen zwischen Otto dem Großen und Ludwig IV. von Frankreich (936—954). T. 1. *Berlin 1904: E. Ebering.* (35 S.) 8° ¶Erscheint vollst. als: Hist. Studien, H. 46.
Jena, Phil. Diss. v. (16. Dez.) 1903

Heil, B., u. H. Schmitt, lateinische Schulgrammatik, s.: Putsche-Schottmüller.

Heil, Bernhard (Boehlitz), Conspectus in instituto clinico chirurgico Lipsiensi, excell. Guenthero moderatore, a die 15. X. 1841 ad finem a. 1843 usque actorum, additis aliquot de fascia glutinata s. Seutini etc. commentariolis. Diss. med. Lpz. (Staritz) 28. IX. 1844. 24 S. (5.—) 13895

Heil, *Bernhard* [Dr.]: Die Gründung der nordostdeutschen Kolonialstädte u. ihre Entwickelg bis z. Ende d. dreizehnten Jhs. Wiesbaden, Buchdr. v. C. Ritter, 1896; 38 S. 8.
Wiesbaden, k. G, P 1896 (408)

Heil, Bernh., logographis qui dicuntur num Herodotus usus esse videatur. Dissertatio inauguralis. gr. 8. (61 S.) Marpurgi Cattorum 884. (Leipzig, Fock.)

Heil, Bernh., die deutschen Städte u. Bürger im Mittelalter, s. a. Aus Natur u. Geisteswelt.

Heil B, die deutschen Stadte und Burger im Mittelalter. (152 S) (Aus Natur und Geisteswelt 43) Leipzig 1903

Die deutschen Städte und Bürger im Mittelalter. Von Prof. Dr. B[ernhard] **Heil.** 2., verb. Aufl. Mit zahlr. Abb. im Text u. auf 1 Doppeltaf. Leipzig: B. G. Teubner 1906. (164 S.) 8° [F.]
= Natur, Aus, u. Geisteswelt. Bdch. 43. [07. 9047

Heil, Christian Jakob

— — De beneficio competentiae civitatibus non competente. Disp. jur. Präs. Casp. Heinr. Horn. Wittbg. (Gerdes) 21. X. 1706. 40 S. (6.20) 13898

— — Dasselbe. Ob denen Städten die Rechts= Wohlthat des nöthigen Unterhalts zustehe? Wittbg. 1740. (6.—) 13899

Heil, Chr. Jac.: Consultationes juris quibus variae quaestiones singulares ac valde utiles resolvuntur ac deciduntur. Ubi jus quoque provinc. Lusatiae superioris speciatim annot. est. Budissae et Lipsiae 1728.

Heil, C. Iac., consultationes juris. XIII pts. 8. Budiss. Drachstädt. 728-30.

Heil, C. Jak., Judex et defensor processus inquisitionis. 4. Hildburgh. 765. Ed. n. 768. (Er. Fleischer in Leipz.); (auch Taubert das.) 1 ℛ 8 ℊ

— Judex et defensor processus inquisitionis. 4. Hildburghausen, Hanisch. 765.

— **Christian Jacob** (Jessen/Saxo.), De usu actionum poenalium. Diss. jur. Präs. Jo. Heinrich Berger. Wittbg. (Christian Schroedter) 20. VI. 1705. 70 Seiten. (6.50) 13896

— — Dasselbe. Vom Nutzen derer rechtlichen Klagen, so in Römischen Rechten auf eine gewisse Strafe gerichtet seyn. Wittbg. (1740). (6.30) 13897

Heil, F., s. Zeitschrift f. Polizei- u. Verwaltungsbeamte.

Heil, Frz., verliebte Cavallerie, s.: Böhm, Mart.

Heil, Frz., Burische Panofsky, s.: Böhm, Mart.

Heil, G., s.: Festalbum.

Heil, G. F., Erinna. Drama in 4 Aufzügen. 8. (VII, 123 S.) Dresden 902. E. Pierson. n. 2.—

— s.: Lieder einer Verstorbenen.

Heil, G. F., **Undine.** Märchendichtung in 3 Tln. m. freier Benutzung des gleichnam. Sagenstoffes. (III, 119 S.) 8. Dresden 903. E. Pierson. n. 2.50

— **Visionen.** (116 S.) kl. 8. Berlin 904. C. A. Schwetschke & Sohn. n. 2.—; geb. n. 3.—

[F.] **Heil,** Georg: Steins Rücktritt aus dem preussischen Ministerium und das sogenannte politische Testament. ([Umschlagt.:] ... u. sein polit. Testament.) Darmstadt, C. F. Winter'sche Buchdr., 1896; 32 S. 4.
Darmstadt, grossh. R. OP 1896 (650)

Heil, Gust. Zehn Jahre Berliner Kunstgeschichte. [1870—1880.] Humorist. Extrafahrten nach der Kunstausstellg. Mit e. Vorwort v. Ludw. Pietsch. 8. (VII, 136 S.) Berl. 889, Hüttig. * 2 —
Aus: Tribüne, besonders abgedruckt.

Heil, Gustav, pharmaceutisch-technisches Manuale. Anleitung zur rationellen Darstellung pharmaceutischer Präparate, Composita u. Hilfsmittel, Bereitung officineller und nichtofficineller Arzneimittel, sowie zum richtigen Betriebe der pharmaceutischen Nebenindustrie. I. Pharmaceutischer Theil. Arbeits- und Nachschlagebuch für Receptur und Defectur. 3., umgearbeitete und wesentlich vermehrte Auflage. gr. 8°. (V, 478 S.) Troppau. Buchholz & Diebel. fl. 4.50.
— — Dasselbe eleg. geb. fl. 5.—.

Heil, Heinr., Untersuchungen über die Constitution des Leucins. Inaugural-Dissertation. gr. 8. (23 S.) Giessen 881. (Fohsenfeld.) n. — 50

Heil, H[einrich]. Untersuchungen über das Rehs'sche Phenanthrol. Diss. Phil. [II.] Univ. Zürich. 35 S. 8. Zürich, Müller, Werder & Cie., 1901.

Heil, J. D., der Taubstumme und seine Bildung. Ein Leitfaden zum Gebrauch bei der Theorie des Taubstummen-Unterrichts in Schullehrer-Seminarien. gr. 8. (VIII und 132 S.) Hildburghausen 865, Gadow und Sohn.

Heil, J. D., der Taubstumme und seine Bildung. Ein Leitfaden für Seminaristen, Volksschullehrer und angehende Taubstummenlehrer zum Gebrauche bei der Theorie und Praxis des Taubstummen-Unterrichts. 2. verm. und verb. Aufl. gr. 8. (VIII, 239 S.) Hildburghausen 871, Gadow und Sohn.

Heil, J. D., der Taubstumme und seine Bildung, sowie auch eine kurze Anleitung zur Erziehung und zum Unterricht der Blinden und Blödsinnigen und zur Heilung des Stotterns. Ein Leitfaden für Seminaristen, Volksschullehrer und angehende Speciallehrer der genannten abnormen Kinder. 3. verm. und verb. Aufl. gr. 8. (VII, 288 S.) Hildburghausen 880, Gadow und Sohn.

Heil, Karl [aus Darmstadt]: Der Fimbrienstrom und die Ueberwanderung des Eies vom Ovarium zur Tube ... Leipzig, Druck v. A. Th. Engelhardt, 1893; 1 Bl., 31 S. 8.
Heidelberg, Med. Fak., Inaug.-Diss. v. [8. Mai] 1893

Heil, Karl, die Reichsbank u. die bayer. Notenbank in ihrer gegenseit. Entwicklung in Bayern 1876—1899, s. a. Wirtschafts- u. Verwaltungsstudien m. besond. Berücksicht. Bayerns. IX.

Heil, Karl, aus Höchberg: Die **Reichsbank und die bayerische Notenbank in ihrer gegenseitigen Entwicklung in Bayern** 1876 1899. *Naumburg a. S. 1900: Lippert & Co.* (51 S.) 8° [F.] ¶ [Erschien vollst. 1900 als No 9 d. Wirtschafts- u. Verwaltungsstudien m. bes. Berücks. Bayerns.]
Würzburg, Jur. Diss. v. 1899

Die **Reichsbank** und die bayerische Notenbank in ihrer gegenseitigen Entwicklung in Bayern 1876–1899 von Dr. Karl **Heil**. Mit 1 Karte. *Leipzig: A. Deichert 1900.* (68 S.) 8° [F.]
— **Wirtschafts-** u. **Verwaltungsstudien** m. bes. Berücks. Bayerns. 9. [00. 5836

Heil, K., s.: Verhandlungsbericht der mittelrheinischen Gesellschaft f. Geburtshülfe u. Gynäkologie.

Heil, P. D., poetische Versuche. 8. (32 S.) Neuwied 852, van der Beeck. 1/4 ₰

Heil, Peter

Heil, Regierungsbaumeister: Der Neubau der Realschule zu Recklinghausen. Recklinghausen (1909): Neue Druckerei. 13 S. 4°
Recklinghausen, R i. E. OP 1909 (523) [S 09. 171

Heil, [Peter] (Regierungsbaumeister): Der Neubau der Realschule zu Recklinghausen. (Umschlagtitel: Beschreibung des neuen Schulgebäudes.) 13 S., 4 Taf., 3 Pl. 4.
Progr. Städt. Realschule i. E. *Recklinghausen* 1909 (523).

Heil, Richard, Referendar aus Hayingen (Lothr.): **Die Lehre von der Schuldübernahme unter besonderer Berücksichtigung des Succesionsbegriffes.** *Erlangen 1903: Junge & Sohn.* (158 S.) 8° [J.]
Rostock, Jur. Diss. v. [20. Nov.] 1903

Heil, Wilhelm: Zur Theorie der Kaufmannschen Versuche über die elektromagnetische Ablenkung der β-Strahlen. (Berlin 1909: Ebering.) 64 S. 8°
Berlin, Phil. Diss. v. 31. März 1909, Ref. Planck
[Geb. 1. Dez. 81 Trier; Wohnort: Hermsdorf b. Berlin; Staatsangeh.: Preußen; Vorbildung: Realgymn. Trier Reife O. 03; Studium: Berlin 9 S.; Rig. 1. März 09.] [U 09. 185

Heil, Wilhelm [app. Arzt aus Hersfeld a/F. '(Hessen-Nassau)']: Über den Wert der Anamnese für die Prognose der Geburt ... Hersfeld, E. Hoehl's Buchdr., 1892; 38 S., Bl. 8.
Würzburg, Med. Fak., Inaug.-Diss. v. 1892

Heiland, der, ein christl. Weihnachtsgeschenk f. gute Kinder m. 63 lith. bildl. Darstelln. u. kurzem erklär. Texte, die interessantesten Momente aus d. Leben d. Erlösers u. der Apostel vorstellend. qu. 12. Magdeburg 837, [Baensch.] 1/3 Thlr., col. Thlr.

Heiland, der, ein christl. Weihnachtsgeschenk für gute Kinder, mit 63 lithogr. bildl. Darstellungen und kurzem erklär. Texte, die interessantesten Momente aus dem Leben des Erlösers u. der Apostel vorstellend. qu. 12. Magdeburg 837, Richter. 1/2 ₰

—— der. (Heiland.) Altsächsische Evangelien-Harmonie, übers. von Carl Ludw. Kannegießer. gr. 8. (VIII und 170 S.) Berlin 847. [Leipzig,] Herm. Schultze.

Heiland, der. Ein christl. Weihnachts-Geschenk für gute Kinder. Mit 63 sauber lithogr. bildl. Darstellungen und kurzer erklär. Unterschrift, die interessantesten Momente aus dem Leben des Erlösers und der Apostel vorstellend. (2., unveränd. Aufl.) qu. 16. Magdeburg 849, Baensch.

Heiland im Gebete, der — Ein kathol. Gebetbuch für alle Stände. Von einem *Weltpriester.* 5. Aufl. *Wien. Jac. Wallner's* Verlag. 384 S. 16°. mit 1 Stahlst. und Holzschnitten. 30 kr.

Heiland, der, im Gebete. Gebetbuch für alle Stände, gesammelt von einem Weltgeistlichen. 6. Aufl. 8. (384 S.) Wien, Wallner. 80 kr.
1861

Heiland, dem, nach. (Nr. 1 u. 2.) à 12 Hefte m. christl. Erzählgn., m. farb. Titelbild. (à 16 S.) kl. 8. Lengerich (903. 904). Bischof & Klein. In Umschlag à — 70

— dasselbe. Christliche Erzählgn. f. die Jugend. 1.—6. Bd. (à 64 S.) kl. 8. Ebd. (903. 904). Kart. à — 25

Heiland, der suchende. 3. Aufl. 8. (23 S.) Elberfeld 878. (Langewiesche's Buchh.) *

Heiland, der suchende. 6. Aufl. 8. (23 S.) Elberfeld 886. (Faßbender.) n. — 10

Heiland, der suchende. Der am Kreuze gerettete Räuber. Mein Herz ist so hart. 7. Aufl. 8. (21 S.) Elberfeld 890. (J. Faßbender.) n. — 10

Der suchende **Heiland**. Der am Kreuze gerettete Räuber. 'Mein Herz ist so hart!' 8. Aufl. *Elberfeld: R. Brockhaus 1899.* (24 S.) 8° [J.]
= [**Schriften** z. Erbauung d. Gläubigen.] No 177. [00. 1893

Der suchende **Heiland**. Der am Kreuz gerettete Räuber. 'Mein Herz ist so hart!' 9. Aufl. Elberfeld: R. Brockhaus [1905]. (21 S.) 8° [J.]
= [**Schriften** z. Erbauung d. Gläubigen.] No 177. [06. 400

Heiland

Heiland. Metrische Beobachtungen. 9 S. — [Ueber die Stichomythie bei den Griechischen Tragikern.]
Stendal, Progr. 1855

Heiland. Mit Auto und Büchse um Asien. Berlin. Ill. geb. M. 10.—

Heiland. Rede bei der Einführung in das Directoriat.
Oels, Progr. 1852

Heiland. Rede bei der Einführung in das Directorat am 6. November 1854. 8 S.
Stendal, Progr. 1855

Heiland. Rede zur Vorfeier des Königlichen Geburtstages.
Oels, Progr. 1852

Heiland: Ueber die Stichomythie bei den griech. Tragikern. 9 S.–Stendal, Progr. 1855

Heiland, Bernh., über kardioidische Centralbewegung. Inaugural-Dissertation. gr. 8. (53 S. mit 1 Stnt.) Jena 885, (Neuenhahn.) * 1 75

Heiland, Carl Gustav, s. Heiland, Karl Gustav

Heiland, F., u. K. Muthesius, Rechenbuch f. Volksschulen. In amtl. Auftrage bearb. 3.—5. Hft. Ausg. f. Schüler. 8. Weimar, H. Böhlau. n.n. 1. 60
3. (88 S.) 892. n.n. — 55. — 4. (88 S.) 893. n.n. — 55. — 5. (80 S.) 894. n.n. — 50.
Bildet die neue Ausg. d. Rechenbuches v. H. Francke, A. Merseburg u. K. Zenker. Hft. 1 u. 2 erscheinen später.

Heiland, F., u. K. Muthesius, Rechenbuch f. Volksschulen. Im amtl. Auftr. bearb. 1.—4. Hft. Ausg. f. Schüler. 2., unveränd. Aufl. gr. 8. Weimar, H. Böhlau Nachf. n.n. 1. 95 (1.—5.: n.n. 2. 45)
1. (55 S.) 896. n.n. — 35. — 2. (84 S.) 896. n.n. — 50.
3. (88 S.) 894. n.n. — 55. — 4. (88 S.) 895. n.n. — 55.

Heiland, F., u. K. Muthesius, Rechenbuch f. Volksschulen. Im amtl. Auftrage bearb. 5 Hfte. Ausg. f. Schüler. gr. 8. Weimar, H. Böhlau's Nachf. n.n. 2. 45
1. 3. unveränd. Aufl. (55 S.) 900. n.n. — 35
2. 3. unveränd. Aufl. (84 S.) 898. n.n. — 50
3. 3. unveränd. Aufl. (88 S.) 899. n.n. — 55
4. 3. Aufl. (88 S.) 901. n.n. — 55
5. 2. Aufl. (80 S.) 899. n.n. — 50

Heiland, F., u. K. Muthesius, Rechenbuch f. Volksschulen. In amtl. Auftrage bearb. 5 Hefte. Ausg. f. Schüler. Weimar, H. Böhlau's Nachf. n.n. 2. 45
I. 5. unveränd. Aufl. (55 S.) 906. n.n. — 35
II. 5. unveränd. Aufl. (84 S.) 906. n.n. — 50
III. 4. unveränd. Aufl. (88 S.) 903. n.n. — 55
IV. 4. Aufl. (84 S.) 906. n.n. — 55
V. 3. Aufl. (79 S.) 906. n.n. — 50

Heiland, F., u. K. Muthesius, Rechenbuch f. Volksschulen. In amtl. Auftrage bearb. I.—IV. Heft. Ausg. f. Schüler. 8. Weimar, H. Böhlau's Nachf. nn 1. 75
I. 7. unveränd. Aufl. (55 S.) 910. nn — 35
II. 7. unveränd. Aufl. (84 S.) 910. nn — 50
III. 5. unveränd. Aufl. (88 S.) 907. nn — 55
IV. 5. Aufl. (88 S.) 910. nn — 55

— — dasselbe. 3.—5. Hft. Ausg. f. Lehrer. 8. Ebd. n. 5. 50
3. (VIII, 166 S.) 892. n.n. 2. —. — 4. (VIII, 184 S.) 894. n.n. 1. 80. — 5. (VI, 170 S.) 894. n.n. 1. 70.

Heiland, F., u. K. Muthesius, Rechenbuch f. Volksschulen. Im amtl. Auftr. bearb. Ausg. f. Lehrer. 1. u. 2. Hft. gr. 8. (VIII, 200 u. IV, 214 S.) Weimar 895. H. Böhlau Nachf. à n.n. 2. —; (1.—5.: n.n. 9. 10)

— — dasselbe. Beilage. V. Hft. Ausg. f. Lehrer. Zusammenstellg. der in d. 2. Aufl. des V. Heftes (Ausg. f. Schüler) abgeänderten Aufgaben, nebst ihren Lösgn. gr. 8. (21 S.) Ebd. 900. n.n. — 30

— — Rechenbuch f. ungeteilte Volksschulen. Im amtl. Auftrage bearb. 4 Hfte. Ausg. f. Schüler gr. 8. Ebd. 900. n.n. 1. 30
1. (26 S.) n. — 20. — 2. (48 S.) n.n. — 30.
3. (44 S.) n.n. — 30. — 4. (76 S.) n.n. — 50.

Heiland, F., u. K. Muthesius, Rechenbuch f. ungeteilte Volksschulen. In amtl. Auftrage bearb. I.—III. Heft. Ausg. f. Schüler. 2. Aufl. 8. Weimar, H. Böhlau's Nachf. n.n. — 80
I. (26 S.) 904. n.n. — 20. — II. (48 S.) 904. n.n. — 30. — III. (44 S.) 905. n.n. — 30.

— — dasselbe. Ausg. f. Lehrer. (Ergebnisheft.) (78 S.) 8. Ebd. 904. n. 1. 20

— — Rechenbuch f. ungeteilte Volksschulen. In amtl. Auftrage bearb. I., II. u. IV. Heft. Ausg. f. Schüler. 8. Ebd. nn 1. —
I. 3. Aufl. (26 S.) 909. — 20
II. 3. Aufl. (48 S.) 909. nn — 30
IV. 2. Aufl. (78 S.) 906. nn — 50

— **Franz Georg Andreas** (Bamberg), De successione secundum jus primogeniturae. Diss. ex jure publico. Rector Tobias Jac. Reinharth. Erfurt (Hering) Dez. 1734. 56 S. (6.30) 13902

Heiland, Frz. Mor., Darstell. des Verhältnisses zwischen der rechten u. linken Hälfte des menschl. Körpers u. ihrer Verschiedenheiten im gesunden Zustande. Mit 2 Kpf. gr. 8. Nürnb. 807. Felssecker. 1 rß

Heiland, Friedrich (Hrsg.), s. Gleichmann, August: Über Herbarts Lehre von den Stufen des Unterrichts.

Heiland, Friedr., das geographische Zeichnen. Ein Beitrag zur Methodik des geograph. Unterrichts. gr. 8. (VI, 66 S. mit 2 lithogr. Taf.) Dresden 886, Bleyl und Kaemmerer. * 2 —

Heiland, Fritz, a. Dermbach: Hüllflächen einer Schar von Regelflächen zweiter Ordnung. Eisenach 1908: H. Kahle. (69 S.) 8°
Jena, Phil. Fak., Ref. Haussner, Diss. v. 19. Mai 1908
[Geb. 5. Febr. 84 Weimar; Wohnort: Weimar; Staatsangeh.: Sachsen-Weimar; Vorbildung: Gymn. Eisenach Reife O. 03; Studium: Heidelberg 1, München 2, Jena 7 S.; Rig. 24. Febr. 08.]

— **Georg Franz** (Duderstad), De investitura circa feuda regalia comitum ac baronum et quatenus ea Sacri R. Imperii vicariis competat. Diss. publ.-feudalis. Erfurt (Jo. Christoph Hering) 25. IX. 1748. 32 S. (6.20) 13903

Heiland, Johann Friedrich: De arcana medendi methodo. Diss. 36 S., gbd.
Halae Magdeburgicae: Henckel 1717

Heiland, *Joseph* Beiträge zur Textkritik des Euripides. 8 (36 u. 1 unpag. S.). Progr. Studienanst. *Speier* 1887.

Heiland, Karl: Erkenntnislehre und Ethik des Bernardinus Telesius. . . . Leipzig, *G. Pätz'sche Buchdr., Naumburg a/S.*, 1891; 2 Bl., 52 S., 1 Bl.
Leipzig Phil. Fak., Inaug.-Diss. v. [14. Mai] 1891

Heiland, Karl, die Lutherdrucke d. Erlanger Universitätsbibliothek aus d. J. 1518—1523, s. a. Centralblatt f. Bibliothekswesen.

Die Lutherdrucke der Erlanger Universitätsbibliothek aus den Jahren 1518—1523 v. Dr. phil. Karl **Heiland.** *Leipzig: O. Harrassowitz 1898.* (3 Bl., 71 S.) 8.
= **Beihefte** z. Centralblatt f. Bibliothekswesen. [No] 21.

Heiland, Karl Gustav

Heiland, Carl Gust., s. Xenophons Agesilaus.

Heiland, Karl Gust., die Aufgabe des evangelischen Gymnasiums nach ihren wesentlichsten Seiten dargestellt in Schulreden. Weimar 860. Böhlau. 8. (X, 274 S.) n. 24 ngr.

— zur Frage über die Reform der Gymnasien. gr. 8. (IV und 109 S.) Halle 850, Buchhandlung des Waisenhauses.

Heiland, Carl Gust., über Gymnasialbildung. Zwei Reden gehalten im Domgymnasium zu Halberstadt bei Entlassung der Abiturienten. gr. 8. (24 S.) Halberstadt 850, Frantz.

Heiland, Karl Gust., s. Herbst, Wilh.

Heiland, C. G. Quaestionum de dialecto Xenophontea capita selecta. 20 S.
Halberstadt, Progr. 1844

Heiland, C. G., Quaestiones Xenophonteae. Pr. 1856. 12 S. 4°. 1.50

— und A. Schöll, Reden bei Enthüllung der Dichter-Denkmäler, s. Schöll, A.

— und O. **Frick,** Reden zur feierlichen Eröffnung des Gymnasiums zu Burg am 11. April 1864 gehalten. Burg 864. Hopfer. 8. (31 S.) 7½ ngr.

Heiland, Mariane Theodore Charlotte (Darmstadt)
Ueber Schwangerschaft ausserhalb der Gebärmutter und über eine Bauchhöhlenschwangerschaft insbesondere.
[Giessen] Schröder 1817. 23 S.
Diss. med. 26.3.1817.
Sätze welche den 26. März 1817 zur Erlangung der Doctor-Würde in der Entbindungskunst öffentlich auf der Ludwigs-Universität vertheidigen wird Charlotte Heiland genannt v. Siebold, aus Heiligenstadt.
Giessen: Schröder 1817. 8 S. vorh. 17.7.11.

Heiland, Maximilian, Balladenzyklus, illustr. v. O. Struck, 6 Kunstbl., 2°.

Heiland, Paul: Dirk Bouts und die Hauptwerke seiner Schule. Ein stilkritischer Versuch. *Potsdam: E. Stein (1902).* (167 S.) 8°
Straßburg, Phil. Diss. v. 1902

Heilandes, unseres, Erdenwallen. Ein bibl. Bilderbuch. IV Tle. gr. 4. (à 16 S. m. z. Tl. farb. Abb.) Konstanz 897. C. Hirsch. à 1. —

Heilandes, unseres, Jesu Christi Geburt und Kindheit. Mit den Worten der heil. Schrift erzählt und mit (7 farb.) Bildern ausgestattet. Eine Weihnachtsgabe für unsere Kindergottesdienste. gr. 8. (16 S.) Leipzig 887, J. Naumann. ** — 80

Heilands, des, Wiederkunft. (14 S). gr. 8. Leipzig (906). C. G. Naumann. n. — 30

Heilandsworte f. alle Tage d. Jahres. (Von K. Bergwitz.) 12. (V, 183 S.) Riga 894. L. Hoerschelmann. Geb. in Halbleinw. n. 1. 20; in Leinw. n. 1. 50

Heilanstalt, die. Fachblatt f. Bau, wirtschaftl. u. sanitären Betrieb, Einrichtg. u. Verwaltg. v. Heilanstalten aller Arten. Red.: Eug. Bloss. 2.—5. Jahrg. 1907—1910. 12. 12. 24 u. 24 Nrn. (152, 264, 300 u. 368 S. m. Abbild.) 31,5×23,5 cm. Leipzig, W. Möschke. 1907: 4. –; 1908—10 à Jahrg. 4. 50

Kantonale Heil-Anstalt Breitenau Schaffhausen. Haus-Ordnung. 15 S. 8. Schaffhausen, Kühn & Comp., 1902.

Orthopädische Heilanstalt der Doktoren Lorinser und Fürstenberg, in Unter-Döbling nächst Wien. Wien, 1857. Gedr. bei A. Pichlers Witwe und Sohn. (2 Bl. 8.)

Heilanstalt, die, des Dr. Windelincx für Krebs- und Drüsenleiden. 122, Rue Gallait, Brüssel. gr. 8. (16 S.) Cleve 888, Knipping. * — 20

Heil-Anstalten, die, f. Cholerakranke in Hamburg. gr. 4. (1 B. u. 5 Stnt. qu. Fol.) Hamburg 832, Perthes u. Besser.

Heil- u. Pflegeanstalten, deutsche, f. Psychischkranke in Wort u. Bild. Den Mitgliedern des IV. internationalen Kongresses zur Fürsorge f. Geisteskranke, Berlin, den 3.—7. X. 1910 gewidmet. Red. v. Johs. Bresler. (VI, 666 S. m. Abbild. u. Taf.) Lex. 8. Halle 910. C. Marhold. Geb. in Halbfrz. 28. —

Die deutschen **Heilanstalten** für Alkoholkranke im Jahre 1903. Unter Mitwirkung der Anstaltsvorsteher hrgg. v. Kruse. Bremen. 1903. 4°.

D. neuen akadem. Heilanst. i. Kiel. (S.-A.) Kiel 1863. 4.

Heilanstalten, die, im preußischen Staate, s. a. Statistik, preußische.

Heilanstalten (Die) im preußischen Staate von 1876 1900 (für je 3 Jahre 1 Heft). Preußische Statistik. Kgl. Statist. Bureau. Berlin.

Heilanstalten im preuss. Staate, die, während der J. 1886—88. Hrsg. v. Königl. Preuss. Statist. Bureau. Berlin 891.

Die **Heilanstalten** im Preußischen Staate. *[Schließt mit 1906 ab.]*

Heil- und Versorgungs-Anstalten, Die, zu Gratz. Gratz 1843. V: *Streinz, Wenzel Matern.* (WBL)

Heilart, neu entdeckte, d. Schwäche d. Geschlechtshülfe einer Mannsperf. zu heilen. 8. Berl. Schöne. 807.

— gründliche, der Lungenschwindsucht, für Aerzte u. Leidende an dieser Krankheit, nebst Anweisung, wie sich diese Kranken im Essen, Trinken, Schlafen, Kleidung, Gehen, Reiten rc. zu verhalten haben. Mit 1 Kpf. 8. Wien 804. 2e Aufl. 820. Kupfer. 16 K

— gründliche, d. Lungenschwindsucht. 8. Wien, Kupfer u. W. 805.

Heilart, die, der ausgeart. vener. Krankheiten, den von Sr. Majest. dem König v. Schweden d. Untersuchung derselben ernannten Herren Commissarien vorgelegt, von C. G. Oebeck. Aus dem Franz. von N. Meyer. 8. Brem. Heyse. 813.

— neue u. gründl., aller Wassersuchten u. Geschwülste des Krebses d. Polypen rc. 8. Wien, Gerold. 803.

Heil und Wundarzt für Mann und Pferde, oder nützliche und bewährte Hilfsmittel wider die gemeinsten Krankheiten der Menschen und Pferde. 8 vo. Schwabach 760.

Heil- u. Wundarzt f. Pferd u. Mann. 8. Schwab. Enderes. 760.

v. **Heilbach,** Joh. Christ. Nachricht von der sehr alten Lieben Frauen-Kirche u. von dem dabei gestandenen Jungfrauen-Kloster zu Arnstadt. Arnstadt 1821. 8

Heilbach, J. Ch. v.: Nachricht von der sehr alten Liebenfrauenkirche zu Arnstadt und von dem dabei gestandenen Jungfrauenkloster. Arnstadt. 1828. 8°

Die **Heilbehandlung** der gegen Unfall und Invalidität versicherten Arbeiter in Deutschland. Für die Weltausstellung zu Paris bearbeitet. Berlin 1900.

Heilberg, die Idee des allgemeinen Völkerfriedens. Vortrag. [Aus: „Jahresbericht d. Humboldt-Verein f. Volksbildg."] gr. 8. (16 S.) Breslau 893. (Schletter.) n. — 30

Nationale Lebens- und Ehrenfragen. Von Prof. Dr. Ludwig **Quidde.** Diplomatie u. Völkerfriede. Von Just.R. [Adolf] Heilberg. (Esslingen a. N.) 1910: (Langguth). 31 S. 8°
Aus: Bericht über d. 3. Deutschen Friedenskongreß in Wiesbaden (Mai 1910). [11. 6733 2

Der Rezeß über die Bergwerksgerechtsame der freien Standesherrschaft Pleß vom 4. März 1824. Von A[dolf] **Heilberg,** Rechtsanw., Breslau. Kattowitz: Gebr. Böhm 1908. (108 S.) 8° [F.] [08. 1: 43

Heilberg, J. L., Handschriftliches zum Commentar des Simplicius zu Aristoteles de caelo. Gel. 1892. 18 S. u. 1 Taf.

Heilberg, Joh. Ludw., zwei Zeitalter, siehe: Bibliothek, Skandinavische, 2. Bdchn.

Heilberg, K., Die Mineralöl-Zollordnung (Beschluss des Bundesrates vom 15. II. 1906) u. die hiezu ergangene Überwachungs- u. Vollzugs-Vorschriften, nebst den m. Mustereinträgen versehenen Formularien f. den prakt. Gebrauch zusammengestellt u. bearb. (II, 76 S.) gr. 8. Ansbach, C. Brügel & Sohn. 1907 1. —

Heilberg, S. L., Sammlung aus alten (hebr.) Manuscripten, s. Sammlung.

Heilborn, Adf., die deutschen Kolonien (Land u. Leute), s. a. Aus Natur u. Geisteswelt.

Die deutschen Kolonien (Land u. Leute). 10 Vorlesungen von Dr. Adolf **Heilborn.** Mit vielen Abb. u. 2 Karten. Leipzig: B. G. Teubner 1906. (168 S.) 8° [F.]
— **Natur,** Aus, u. Geisteswelt. Bdch. 98. [07. 7030

Die deutschen Kolonien. (Land u. Leute.) 10 Vorlesungen von Dr. Adolf **Heilborn.** 2., verb. u. verm. Aufl. Mit vielen Abb. u. 2 Karten. Leipzig: B. G. Teubner 1908. (IV, 170 S.) 8° [F.]
— **Natur,** Aus, u. Geisteswelt. Bdch. 98. [08. 5865

– Der Mensch, s.a. Aus Natur u. Geisteswelt.

Heilborn A, der Mensch. (110 S) (Aus Natur und Geisteswelt 62) Leipzig, 1904

— Der Mensch der Urzeit, s. a. Aus Natur u. Geisteswelt.

Der Mensch der Urzeit. 4 Vorlesungen aus d. Entwickelungsgeschichte des Menschengeschlechts. Von Dr. Adolf **Heilborn.** Mit zahlr. Abb. 2. Aufl. Leipzig: Teubner 1910. VII, 104 S. 8°
(Aus Natur u. Geisteswelt. Bdch. 62.) [10. 17551

Heilborn, Adf., allgem. Völkerkunde in kurzgef. Darstellg. M. 156 Abb., darunter 15 Vollbild. gr. 8. (200 S.) Leipzig 898. F. Hirt & Sohn. 3. —; geb. in Leinw. 4. —

— Wach auf, mein Herz! Bilder u. Klänge. (VII, 111 S.) kl. 8. München 910. G. Müller. 3.—; geb. 4. —

Heilborn, Arth., das deutsche Reichs-Preßrecht, s. a. Freund's politische Handbücher.

Heilborn, deut. Reichspressrecht. Bresl. 891.

Heilborn, Edwin. **Fuchs, Schakal und Wolf. Vergleichende Morphologie des Schädels. Diss. Phil. Bern. Hierzu [4 Tabellen und] 3 Tafeln. 46 S. 8. Bern, Bühler & Werder, 1905.**

Heilborn, Ernst, Josua Kersten. Roman. (361 S.) 8. Berlin (908). E. Fleischel & Co. 5. —

Heilborn, Ernst, Kleefeld. Roman. 8. (156 S.) Stuttgart 900. J. G. Cotta Nachf. n. 2. —; geb. n. 3. —

Heilborn, Ernst, die rechtsgestaltende Kraft der Sachverbindung, s. a. Studien zur Erläuterung des bürgerl. Rechts.

Die rechtsgestaltende Kraft der Sachverbindung von Dr. Ernst **Heilborn.** Rechtsanw. Breslau: Marcus 1909. VIII, 130 S. 8°
[Ein T. erschien als Inaug.-Diss. Breslau 1907 u. d. T.: Tignum iunctum, plantatio u. accessio.]
(Studien z. Erläuterung d. bürgerl. Rechts. H. 30.) [09. 6780

— Novalis, der Romantiker. 8. (V, 228 S.) Berlin 901. G. Reimer. n. 3. —; geb. n. 4. —

Der Notgroschen. Erzählung von Ernst **Heilborn.** Matz und Murks. Humoreske von Rudolf Boddenhausen. In vereinf. deutscher Stenographie (Einigungssystem Stolze-Schrey). Berlin: Reh [um 1910]. 52 S. 8° [Umschlagt.]
(Kleine Erzählungen. [6.]) A 12. 10705

Heilborn, Ernst, Ring u. Stab. 2 Erzählgn. (319 S.) 8. Berlin 905. Gebr. Paetel. n. 4. —; geb. in Leinw. n. 5. —

— der Samariter. Roman. 8. (188 S.) Berlin 901. Gebr. Paetel. n. 3. —; geb. in Leinw. n. 4. —

Die steile Stufe. Roman von Ernst **Heilborn.** Berlin: Fleischel 1910. 225 S. 8° [10. 15005

— das Tier Jehovahs. Ein kulturhistor. Essay. (III, 110 S.) 8. Berlin 905. G. Reimer. Kart. n. 3. —

Heilborn, Ernst, Rechtsanwalt: Tignum iunctum, plantatio und accessio. Breslau: M. & H. Marcus 1907. (37 S.) 8° ¶ (Erscheint vollst. u. d. T.: „Die rechtsgestaltende Kraft der Sachverbindung in geschichtlicher Entwickelung" in: Studien z. Erläuterung d. Bürgerl. Rechts.)
Breslau, Jur. Fak., Ref. Leonhard-Schott, Diss. v. 4. Okt. 1907
[Geb. 21. Jan. 77 Breslau; Wohnort: Breslau; Staatsangeh.: Preußen; Vorbildung: Johannes-Gymn. Breslau Reife O. 96; Studium: Breslau 6 S.; Rig. 14. Juli 99.]

Heilborn, Ernst [aus Berlin]: Der wortschatz der sogenannten ersten schlesischen dichterschule in wortbildung und wortzusammensetzung dargestellt. I. Teil: Wortbildung. . . . Berlin, Buchdr. v. Gustav Schade (Otto Francke) (1890); 82 S. + 1 Bl. 8°
Berlin, Phil. Fak., Inaug.-Diss. v. 12. Jul. 1890

Heilborn, Ernst [aus Breslau]: Ueber den Zusammenhang der physikalischen Eigenschaften der Flüssigkeiten. . . . *Breslau, Druck v. P. Cohn, 1891;* 2 Bl., 41 S., 1 Bl., 1 Taf. 8°
Breslau, Phil. Fak., Inaug.-Diss. v. 31. Jul. 1891

Heilborn, Ernst. **Ueber den Zusammenhang der physikalischen Eigenschaften der Flüssigkeiten. Diss. gr. 8. (44 S. m. 1 Tab.) Bresl. 891, (Köhler). * 1 —**

Heilborn, Frz., die Bedeutung der Augenhygiene f. den Staat m. besond. Berücksicht. der Wehrfrage. (X, 188 S. m. Abb.) gr. 8. Berlin 910. S. Karger. 4. —

Heilborn, Franz [aus Breslau]: Ueber Veränderungen im Darme nach Vergiftungen mit Arsen, Chlorbaryum und Phosphor. . . . Würzburg, P. Scheiner's Buchdr., 1891; 38 S. 8°
Würzburg, Med. Fak., Inaug.-Diss. v. 1891

Heilborn, Karl [pr. Arzt aus Berlinchen]: **Ueber den schnellenden Finger . . . Berlin, gedr. bei L. Schumacher,** 1895; 47 S. 8.
Erlangen, Med. Fak., Inaug.-Diss. v. 28. Febr. 1895

Heilborn, Leonh., unser Schreiner-Handwerk, s.: Stetter, Art.

Heilborn, Marcus (geb. Würbitz 1795): De dentibus aphorismi. Berolini (1821). (20 S.) 8°
Berlin, Med. Diss. v. 17. Apr. 1821

Heilborn, Max (geb. Ratibor 6. 8. 1845): Ueber 37 im pathologischen Institut zu Berlin in der von [!] Zeit 1850 bis zum 1. August 1868 vorgekommene Fälle von Krebs der Harnblase. Berlin (1868). (36 S.) 8°
Berlin, Med. Diss. v. 8. Aug. 1868

Heilborn, Otto, Referendar am Landger. zu Görlitz: Die **Familien des hohen Adels sind Korporationen.** ***Breslau: Schlatter 1899.*** **(XVI, 49 S.) 8°** [J.]
Breslau, Jur. Diss. v. 1899

Heilborn, Otto, die „freien" Gewerkschaften seit 1890. Ein Überblick üb. ihre Organisation, ihre Ziele u. ihr Verhältnis zur sozialdemokrat. Partei. (VI, 197 S.) gr. 8. Jena 907. G. Fischer. 4. —

Heilborn, Paul, der Agent provocateur. Eine strafrechtl. Studie. gr. 8. (III, 191 S.) Berlin 901. J. Springer. n. 3. —

Heilborn, Paul, die kurze Freiheitsstrafe, s. a. Beiträge, kritische, zur Strafrechtsreform. 3. Heft.

Die kurze Freiheitsstrafe von Dr. Paul **Heilborn,** Prof. Leipzig: W. Engelmann 1908. (VI, 91 S.) 8°
= **Beiträge,** Kritische, z. Strafrechtsreform. H. 3. [08. 17007

Heilborn, Paul. Das völkerrechtliche Protektorat. gr. 8. (III, 187 S.) Berl. 891, Springer. * 4 —

Heilborn, Paul [aus Berlin]: **Rechte und Pflichten der neutralen Staaten in Bezug auf die während des Krieges auf ihr Gebiet übertretenden Angehörigen einer Armee und das dorthin gebrachte Kriegsmaterial der kriegführenden Parteien . . . . Berlin, Verl. v. Julius Springer, 1887;** 3 Bl. + 83 + 1 S. 8°.
Berlin, Jur. Fak., Inaug.-Diss. v. 21. Mai 1887.

Heilborn, Paul, **Rechte und Pflichten der neutralen Staaten in Bezug auf die während des Krieges auf ihr Gebiet übertretenden Angehörigen einer Armee und das dorthin gebrachte Kriegsmaterial der kriegführenden Parteien. Von der Bluntschli-Stiftung in München gekrönte Preisschrift. gr. 8. (83 S.) Berlin 888, Springer. * 2 —**

Heilborn, (Paul), Religionsvergehen usw., s.: Kahl, W.

Heilborn, Paul, d. System d. Völkerrechts, entwickelt aus d. völkerrechtl. Begriffen. gr. 8. (IV, 417 S.) Berlin 896. J. Springer. n. 7. —

Heilborn, Walter, a. Frankfurt a. O.: Studien über Nickeldicyandiamidin und seine Verwendung in der quantitativen Analyse. Potsdam 1909: Hayn. 30 S. 8°
Münster, Phil. Diss. v. 10. Juli 1909, Ref. Salkowski
[Geb. 4. März 85 Breslau; Wohnort: Münster i. W.; Staatsangeh.: Preußen; Vorbildung: Gymn. Frankfurt a. O. Reife M. 04; Studium: München Univ. 3, Techn. Hochsch. 3, Berlin 2, Münster 1 S.; Rig. 8. Mai 09.] [U 09. 3590

Heilbron, des Heiligen Römischen Reichs Statt 1658. Nach einem alten Original gezeichnet von G Bätzner. Gefalzt 4° in Mappe. 1887

Heilbron, David

Heilbron, D., Abhandl. vom Belege auf der Zunge. Preisschrift. Aus d. Holländ. 8. Hildburgh. 785. Hanisch. 8 gl

Heilbron, Isidor: Über die polychromen Salze aus Oximidooxazolonen. Weida i. Th. 1910: Thomas & Hubert. 61 S. 8°
Leipzig, Phil. Diss. v. 15. Okt. 1910, Ref. Hantzsch, Beckmann
[Geb. 6. Nov. 86 Glasgow; Wohnort: Glasgow; Staatsangeh.: Großbritannien; Vorbildung: Diplomexamen am Inst. of Chemistry of Great Britain London 06; Studium: Leipzig 6 S.; Rig. 15. Juli 10.] [U 11. 3214

Heilbronn [Sachl. OW]

Heilbronn, Das Oberamt.

O. O. [1843]. V: *Binder, Gustav.* (Heyd)

Heilbronn a. N., unsere Heimat. (Stadt u. Bezirk.) (Von Remppis.) 2., gänzlich umgearb. Aufl. (43 S. m. 25 Abb.) gr. 8. Heilbronn 910. A. Scheurlen. — 50

Heilbronn mit Umgebung. Maßst. 1 : 200,000. Zsgest. aus d. Blättern Heilbronn, Hall, Stuttgart u. Ulm d. Generalkarte d. Königr. Württemberg. Bearb. im Kgl. Württ. Statist. Landesamt. [Mit Legende.] *(Stuttgart: H. Lindemann in Komm. 1903.)* (1 Kartenbl. 45×44 cm.) 8°
[Umschlagt.:] Karte von Heilbronn mit Umgebung. [e4. 9557

Heilbronn mit Umgebung. Hrsg. von d. Kgl. Statist. Landesamt 1904. Zsgest. aus d. Sektionen d. Neuen Topogr. Karte ... mit Nachträgen bis 1904. Maßst. = 1 : 25,000. *([Stuttgart] 1901): K. Stat. Landesamt.* (1 Kartenbl. 60×73 cm mit Legende.) [kol.] [e4. 9556

Heilbronn [Schlagwort]

— s. a.: Deutschland, Grundkarte.

Heilbronn, s.a. Deutschland. Karte (Abt. Württ.).

Heilbronn, s.a. Deutschland, Kürschner-Peip.

— s. a.: Radfahrerkarten. Mittelbach.

Heilbronn, s.a. Touristenkarten. Hopf.

Heilbronn, s.a. Woerl's Reisehandbücher.

Heilbronn, s.a. Württemberg, Generalkarte.

Heilbronn, s.a. Württemberg. Höhenkurvenkarte.

Heilbronn. Karte von Heilbronn u. Umgebung. 1:200,000. 3., erweit. Aufl. Lith. gr. Fol. Tübingen 889. Fues. n. 1. 40; auf Leinw. n. 2. —

Heilbronn. Karte v. Heilbronn u. Umgebung. 1:50,000. Lithogr. 58,5×58,5 cm. Stuttgart 892. (K. Aue.) n. — 75

Heilbronn. Karte von Heilbronn m. Umgebung. Zusammengestellt aus den Blättern Heilbronn, Hall, Stuttgart u. Ulm der Generalkarte des Königr. Württemberg. Bearb. im königl. württ. statist. Landesamt. 1 : 200,000. 46,5×46,5 cm. Lith. Stuttgart 903. (H. Lindemann.) n.n. 1. —

— — von Heilbronn u. Umgebung. Hrsg. von dem königl. statist. Landesamt. Zusammengestellt aus den Sektionen der neuen topograph. Karte Nr. 14, 15, 22, 23, 32, 33, m. Nachträgen bis 1904. 1 : 25,000. 76×63 cm. Farbdr. Ebd. 904. n.n. 2. 50

— — dasselbe in 3 Farben m. Höhenkurven. 1:25,000. 76,5×63 cm. Ebd. 904. n.n. 2. 70; auf Leinw. n.n. 3. 75

Heilbronn. Karte v. Heilbronn u. Umgegend. 1 : 100,000. 18,5×24 cm. Photolith. u. Farbdr. Bruchsal (901). O. Katz. — 30; auf Leinw. — 40

— Rübsamen, Wilh. C., Wandkarte vom O/A. Heilbronn. 1 : 25,000. 2 Blatt à 60×96 cm. Farbdr. Heilbronn (904). A. Scheurlen. n. 11. —; auf Leinw. n. 14. —

— Sprandl, Karte v. Heilbronn u. Umgebung. 1:25,000. Lith. Imp.-Fol. Heilbronn 887. Becker. n. 2. —; auf Leinw. n. 3. 50

Heilbronn. Umgebungskarte v. Heilbronn, hrsg. v. dem königl. statist. Landesamt. 1 : 50,000. Neue Ausg. 1898. 48×48 cm. Lith. Stuttgart 898. (H. Lindemann.) n.n. — 75

— Verkehrskarte von Heilbronn m. seiner weiteren Umgebung. 26,5×33,5 cm. Farbdr. Nebst Abgangs- u. Ankunftszeiten der in Heilbronn ankomm. u. abfahr. Züge. kl. 4. (2 S.) Heilbronn (900). Dr. J. Determann. n. — 10

— Wolf, L., Handkarte vom Oberamt Heilbronn u. Umgebung. 1:60,000. Farbendr. 32,5×39,5 cm. Esslingen 891. A. Lung. n. — 20

Heilbronn [Verf.]

Heilbronn, Dr., s. Donné, Al., die Milch.

Heilbronn, Mittheilungen üb. d. Cholera-Epidemie in Berlin. Aus Berichten an d. Kgl. Regierung zu Minden. 8. (5 B.) Minden 831, (Eßmann.)

Heilbronn, Alfred: Apogamie, Bastardierung und Erblichkeitsverhältnisse bei einigen Farnen. Jena: Fischer 1910. 41 S. 8° ¶ (Aus: Flora oder Allg. botan. Zeitung. Bd 101, H. 1.)
München, Phil. Diss. v. 17. Dez. 1909, Ref. v. Göbel
[Geb. 28. Mai 85 Fürth i. B.; Wohnort: Fürth; Staatsangeh.: Bayern; Vorbildung: Realgymn. Nürnberg Reife Juli 04; Studium: München Techn. Hochsch. 1, Univ. 9 S.; Rig. 17. Dez. 09.] [U 10. 3653

Heilbronn, Dav. (geb. 13. 8. 1799): De variis cataractae curandae methodis. Berolini (1820). (28 S.) 8°
Berlin, Med. Diss. v. 12. Dez. 1820

Heilbronn, Josefine, Oberst v. Rochlitz u. seine Söhne. Patriot. Charakterstück in 1 Akt. 8. (11 S.) Minden (898). W. Köhler. — 75

Oberst von Rochlitz und seine Söhne. Patriot. Charakterstück in 1 Akt von Josefine Heilbronn. *Minden i. W.: W. Köhler [1899].* (11 S.) 8° [F.]
— Theater-Bibliothek, Köhlers, f. Vereine. [11.] [e4. 5404

Heilbronn, Joseph, aus Tann a. d. Rhön: Über congenitale Nierenanomalien. *Würzburg 1902: Stahel.* (33 S.) 8°
Würzburg, Med. Diss. v. 1902

Heilbronn, Justus, Kaltwasser-Kuren und Ilmenau. Eine nach allgemein diätetischen Bedürfnissen angestellte Betrachtung der Kaltwasser-Heilmethode, nebst e. authent. Bericht der in den letzten Jahren in Ilmenau behandelten Krankheitsfälle. 8. Leipzig 843. (Brauns.) n. 1/3 ₰

Heilbronn, Just., Kaltwasser-Kuren u. Ilmenau. Eine nach allgemein diätetischen Bedürfnissen angestellte Betrachtung der Kaltwasser-Heilmethode, nebst e. authent. Bericht der in den letzten Jahren in Ilmenau behandelten Krankheitsfälle. 8. (1/3 B.) Leipzig 843, Theile. *

Heilbronn, Kalmann, über Placenta praevia mit besonderer Berücksichtigung der Tamponade als therapeutisches Verfahren. Diss. Marburg 1887, N. G. Elwertsche Univ.-Buchh. 8°. 56 S.

Heilbronn, Kalmann [in Gailingen (Baden)]: Über Placenta praevia mit besonderer Berücksichtigung der Tamponade als therapeutisches Verfahren .... Marburg, *Druck v. Friedr. Stadler in Konstanz*, 1887; 56 S. 8°
Marburg, Med. Fak., Inaug.-Diss. v. [1. Febr.] 1888

Heilbronn, Ludw., Hoogeland. Ein Drama vom Meer in 4 Aufzügen. (122 S.) 8. Dresden 909. C. Reißner. 1.50

Heilbronn, Simon (geb. Rössel in Ostpr. 8. 9. 1832): De melanaemia. Berolini (1856). (20 S.) 8°
Berlin, Med. Diss. v. 8. Nov. 1856

Heilbronner

— s. a. **Hallbronner.**

Heilbronner, Friedrich (Ulm), De superioritate territoriali civitatum imperialium. Diss. jur. Präs. Christ. Wildvogel. Jena (Joh. Adolph Müller) Juni 1709. 58 S., tlws. dtsch. (6.50) 13907
Widm. v.: Präs., Johann Friedrich Hertel.

— — Dasselbe. Von Landes=Hoheit der Reichs=Städte. Jena (Müller) 1735. 28 Bl., ohne Widm. (6.20) 13908

Heilbronner, J. C., versch. geometr. Aufgaben u. Auflösungen. 4. Leipz. Schwan. 745.

Johann Christoph Heilbronner

Verschiedene geometrische Aufgaben, nebst derselben Auflösung, welche in der Ausübung, entweder allein mit Stäben oder Tischlein oder Winkel-Messer nebst der Boussole, nach Anleitung der Geometrie und Trigonometrie, können aufgeloset werden ... Verfertiget von Johann Christoph Heilbronner. Leipzig 1745. 40 S. 8°

* Hiſtoria matheſeos univerſae a Mundo condito ad ſeculum p. C. N. XVI. Praecipuorum Mathematicorum Vitas, Dogmata, Scripta et Manuſcripta complexa. Accedit Recenſio Elementorum, Compendiorum et Operum mathematicorum atque hiſtoria Arithmetices ad noſtra tempora. Autore *Jo. Chriſtoph. Heilbronner*. Lipſiae, Impenſis Joh. Friderici Gleditſchii. med. 4. pp. 924. 1 Bog. Titel, Zuſchrift und Vorrede, und 66 Seiten 3faches Regiſter. (2 Rthlr. 8 gr.)
1742.

Johann Christoph Heilbronner

Versuch einer mathematischen Historie. Von Johann Christoph Heilbronner. Th.1. Franckfurt & Leipzig: Wohler 1739. 8°

Th.1: Darinnen eine Abhandlung von dem Nutzen der Mathematic überhaupt, und die Historie der Rechen-Kunst enthalten sind.

— Vers. einer mathemat. Historie u. Hist. d. Rechenkunst. 8. Frankf. Wohler. 739.

Heilbronner, Julius: Der Begriff „Unterdrückung wahrer Thatsachen" beim Betruge. *München: J. Schweitzer 1898.* (46 S.) 8° [J.]
Erlangen, Jur. Diss. v. 27. Nov. 1897

Heilbronner, Karl, Aphasie u. Geisteskrankheit, s.a. **Abhandlungen, psychiatrische.**

Aphasie und Geisteskrankheit v. Dr. med. Karl **Heilbronner,** Assistenzarzt ... zu Breslau. *Breslau: Schletter 1896.* (1 Bl., 53 S.) 8.
= **Abhandlungen,** Psychiatrische. H. 1. [96. 111

– Über Asymbolie, s.a. Abhandlungen, psychiatrische.

Ueber Asymbolie v. Dr. Karl **Heilbronner,** Assistenzarzt ... Breslau. *Breslau: Schletter 1897.* (1 Bl., 60 S.) 1 Bd 8.
= **Abhandlungen,** Psychiatrische. H. 3/4. [98. 3135 Br

Heilbronner, Karl, über die Aufgaben der klinischen Psychiatrie. Oeffentliche Antrittsrede, geh. bei der Uebernahme der ord. Professur an der Universität Utrecht am 18. I. 1904. (21 S.) gr. 8. Utrecht 904. (Kemink & Zoon). n. — 60

— die strafrechtliche Begutachtung der Trinker, s.a. Sammlung zwangloser Abhandlgn. aus d. Gebiete der Nerven- u. Geisteskrankheiten. V. 6–8.

Die strafrechtliche Begutachtung der Trinker. Von Dr. Karl **Heilbronner,** Prof. Halle: C. Marhold 1905. (141 S.) 8°
= **Sammlung** zwangloser Abhandlungen aus d. Geb. d. Nerven- u. Geisteskrankheiten. Bd 5, H. 6/8. [05. 3686 3

Heilbronner, Karl [app. Arzt aus München]: Ueber Krankheitsdauer und Todesursachen bei der progressiven Paralyse ... (Aus: Zeitschr. f. Psychiatr. etc., Bd. 51.) Berlin, *G. Reimer*, 1894; 78 S., 1 Bl. 8.
München, Med. Fak., Inaug.-Diss. v. 1894

Heilbronner, Karl: Rückenmarksveränderungen bei multipler Neuritis der Trinker. *Berlin: S. Karger 1898.* (80 S. mit Taf.) 8° ¶(Aus: Monatsschrift für Psychiatrie und Neurologie, Bd 3.)
Halle, Med. Hab.-Schr. v. [15. Mai] 1898

Heilbronner, K., über d. heut. Stand der patholog. Anatomie der sogen. funktionellen Psychosen, s.: Ergebnisse der allgem. Pathologie u. patholog. Anatomie d. Auges.

Heilbronner, Karl, über autonome Verstimmungen. (8 S.) gr. 8. Leipzig 910. B. Konegen. 1. —
Sonderabdruck aus: „Reichs-Med.-Anz."

Heilbronner, Martin

Heilbronner, M., die Bestimmungen üb. die Staats-, Diplom- u. Fachprüfungen im Hochbau-, Bauingenieur-, Maschineningenieur- u. chem.-techn. Fache f. die Studirenden der technischen Hochschulen Deutschlands u. der Schweiz. Nebst Anh.: Apothekerprüfung u. Prüfungsordng. der Bergakademien Deutschlands. Lex.-8. (V, 287 S.) Karlsruhe 894. O. Nemnich. n. 2. 50

Heilbronner, Martin [aus München]: Ueber Jodoniumbasen aus o-Jodtoluol ... Heidelberg, Univ.-Buchdr. v. J. Hörning, 1896; 30 S., 1 Bl. 8.
Heidelberg, Naturw.-math. Fak., Inaug.-Diss. v. [18. Juni] 1896

HEILBRONNER, M., und POLLAK, F.
Tabellenbuch der gesammten chemischen Verbindungen. Ein Hilfs- und Nachschlagebuch für Chemiker, Apotheker, Aerzte etc. Karlsruhe, 1894. 8vo.
Cf. Pollak, F.

— wie lauten d. Examenbestimmungen d. techn. Hochschulen Deutschlands u. d. Schweiz? Nebst Anhang Apothekerprüfg. u. Prüfungsordng. d. Bergakademien Deutschlands. Nach amtl. Quellen zusammengest. (Neue [Titel-] Ausg.) gr. 8. (IV, 287 S.) Karlsruhe (894) 898. Wiesbaden, O. Nemnich. 1. —

Heilbronner, Wilhelm: Über die Sulfurierung des o-Nitro-o-kresols. 1906. 40 S. 8°
München, Dr.-Ing.-Diss. v. 20. 5. 1906

Heilbrun, Alex, aus Mühlhausen i. Th. z. Zt. Referendar am Kgl. Landgericht in Erfurt: Die besondere privatrechtliche Regelung der Abzahlungsgeschäfte nach dem geltenden deutschen Reichsrechte. *Borna-Leipzig 1903: R. Noske.* (XII, 108 S.) 8°
Leipzig, Jur. Diss. v. 1903

Heilbrun, Kurt, appr. Arzt: Ein Beitrag zur Blasenmolenfrage. Aus d. Univ.-Frauenklin. in Halle a. S. Halle a. S. 1909: Karras. 48 S. 8°
Halle, Med. Diss. v. 9. Juni 1909, Ref. Veit
[Geb. 1. Nov. 84 Mühlhausen i. Th.; Wohnort: Mühlhausen; Staatsangeh.: Preußen; Vorbildung: Gymn. Mühlhausen Reife O. 03; Studium: Würzburg 1, Berlin 2, Halle 3, München 1, Halle 3 S.; Coll. 31. Juli 08; Approb. 3. Juni 09.] [U 09. 1606

Heilbrun, Rich., elementare Vorlesgn. üb. Telegraphie u. Telephonie. (In etwa 5 Lfgn.) 1. u. 2. Lfg. gr. 8. (S. 1—128 m. Abbildgn.) Berlin 902. G. Siemens. à n. 1. 60

Heilbrun, Rich., elementare Vorlesungen über Telegraphie u. Telephonie. Mit 360 Abbildgn. im Text u. auf Taf. 8.—9. (Schluss-)Lfg. (XV u. S. 129—576.) gr. 8. Berlin 903—906. G. Siemens. à n. 1. 60
(Kplt. geb. in Leinw. n. 15. —)

Ⓑ **Heilbrun,** Rich., elementare Vorlesungen. 902—906. (KBL 31. 33.) Erm. Pr. geb. 10. —

Heilbrun, Richard Ludwig [aus Berlin]: Über einige schwefelhaltige Abkömmlinge des Urazols ... Berlin, A. W. Schade's Buchdr., 1895; 36 S., 1 Bl. 8.
Heidelberg, Naturw.-math. Fak., Inaug.-Diss. v. [8. Okt.] 1895

Heilbrunn [Schlagwort]

Heilbrunn, s.: **Bayern. Karte.**

Heilbrunn [Verf.]

Heilbrunn, Abr. (geb. Immenrode in Thur. 3. 4. 1833): De ecstasi. Berolini (1857). (32 S.) 8°
Berlin, Med. Diss. v. 26. Aug. 1857

Heilbrunn, Berthold [aus Fulda]: Heinrich von Deventer und seine Anschauungen uber die verkehrten Lagen der Gebärmutter. Historisch kritische Studie .... Wurzburg, Druck d. Bonitas-Bauer'schen Buchdr., 1887; 19 S. 8°.
Würzburg, Med. Fak., Inaug.-Diss. v. 1887.

Heilbrunn, Berthold, Heinrich von Deventer und seine Anschauungen über die verkehrten Lagen der Gebärmutter. Historisch-kritische Studie. Diss. Würzburg 1887, Stahelsche Univ.-Buchh. 8°. 19 S.

Heilbrunn, *Kappel* [app. Arzt aus Gotha]: Aus d. anatom. Institut zu Kiel. Ein Beitrag zur Histologie der Milz. ... Kiel, Druck d. „Nord-Ostsee-Zeitung", 1890; 14 S., 1 Bl. 8°
Kiel, Med. Fak., Inaug.-Diss. v. [4. Okt.] 1890

Heilbrunn, K., ein Beitrag zur Histologie der Milz. Inaug.-Diss. gr. 8. (14 S.) Kiel 890. (Lipsius & Tischer.) n. 1. —

Heilbrunn, Ludw., s.: Monatsschrift f. Handelsrecht u. Bankwesen.

— die Reform des Börsengesetzes. Juristische u. ökonomische Glossen. (27 S.) gr. 8. Frankfurt a/M. 904. Mahlau & Waldschmidt. n. 1. —

Heilbut, die Grundwahrheiten des Judenthums. In kurze r Uebersicht dargestellt. 8. (IV u. 43 S.) Stade 851, Pockwitz. n. 4 ngr; geb. n. 1/6 rthl

— das neue Krankenhaus der israelit. Gemeinde in Hamburg, erbaut v. Salomon Heine. gr. 4. (1 3/4 B. u. 5 Stnt.) Hamburg 843, Perthes-Besser u. Mauke. *

Die Impressionisten von Emil **Heilbut.** *Berlin: B. Cassirer 1903.* (68 S.) 8°
Aus: Kunst u. Künstler. [03. 9964

Heilbut, Fel., Standpunkte. Satiren u. Fabeln. (VIII, 78 S.) 8. Dresden 903. E. Pierson. n. 1.50; geb. n. 2.50

Heilbut, Iwan, die Thätigkeit des Gerichtsschreibers im Civilproceß u. Konkursverfahren. Uebersichtlich dargestellt. 8. (VI, 180 S.) Berlin 879. Guttentag. cart. n. 2. —

Heilbut, Louis [aus Altona]: Ueber die ursprüngliche und richtige Eintheilung des Dekalogs. Altona, Druck von Gebrüder Bonn, 1873. 8. IV, 39 S.

Heilbut, L., über die ursprüngliche und richtige Eintheilung des Dekalogs. gr. 8. (39 S.) Berlin 874, Benzian. *

Heilbutt, rabbinische Chrestomathie für Universitäten, Seminarien und jüdische Volksschulen. Hannover 856. Hahn. gr. 8. (VIII, 104 S.) 12 1/2 ngr

Heilbutt, A., die Erbsünde vom sittlich-religiösen Standpunkte des Judenthums. Mit besond. Beziehung auf die vom Bischof Dr. Sartorius in seiner „Lehre von d. heiligen Liebe" ausgesprochene Theorie. gr. 8. Kiel 843, Bünsow. n. 1/6 rthl

Heilbut, die Erbsünde, vom sittlich-religiösen Standpunkte des Judenthums. Mit besond. Beziehung auf die vom Bischof Dr. Sartorius in seiner „Lehre von d. heiligen Liebe“ ausgesprochene Theorie. gr. 8. (1⅛ B.) Kiel 813. [Rack.] *

— Fragen und Bemerkungen, veranlaßt durch die Schrift des Herrn Carl Valentiner, Diakonus in Crempe, „Ueber die Aufnahme der Juden in den christlichen Staat.“ gr. 8. Altona 841, Blatt. 1/8 ₰

Heilbutt, C. M., geschichtliche und actengemäße Darstellung der von dem königl. Ministerium für Holstein und Lauenburg wegen Verlags der Geschichte des Rabbi Jeschua ben Josef hanootzri gegen mich geführten fiscal. Prozesses, s. Geschichte des Rabbi Jeschua.

—— Denkschrift über die nach auswärtiger Requisition, auf Verfügung des holsteinischen Ministeriums, am 1. Febr. 1857 erfolgte polizeiliche Beschlagnahme des Verlagswerks: Geschichte des Rabbi Jeschua ben Josef hanootzri, genannt Jesus Christus, zur Begründung meiner Beschwerde über das Ministerium, eingereicht bei der holstein. Ständeversammlung, im August 1857. 8. (VII und 76 S.) Hamburg 857, Rüter. **

Heilbutt, C. M., Salomo Levy Steinheim, Dr. d. Medicin in Altona, vor d. Forum d. öffentl. Meinung, nebst veranlaßten Bemerkn. üb. Erbrecht, Offenbarung u. Pädagogik. gr. 8. (3¼ B.) Altenburg 839, Helbig. *

—— an die höchstpreislichen königl. sächs. Staatsministerien des Innern und der Justiz ergebenste Vorstellung und Beschwerdeführung über die Leitung des in Leipzig erscheinenden „Börsenblattes für den deutschen Buchhandel.“ gr. 8. (20 S.) Altona 856(58), Heilbutt. *

Heilcur, s. Heilkur.

Heile, Bernhard [aus Holtorf Prov. Hannover]: Ueber maligne Geschwülste der Ohrmuschel ... Göttingen, Druck d. Dieterichschen Univ.-Buchdr., 1897; 1 Bl., 5–35 S. 8.
Göttingen, Med. Fak., Inaug.-Diss. v. [16. Juni] 1897

Heile, Bernh., experimentelle Prüfung neuerer Antiseptika m. besond. Berücksicht. des Parajodoanisols (Isoform), s.a. Sammlung klinischer Vorträge Nr. 388.

Heile, Bernhard, Dr. med.: Experimentelle Prüfung neuerer Antiseptika mit besonderer Berücksichtigung des Parajodoanisols (Isoform). Breslau 1905: Bresl. Genoss. Buchdr. (S. 149–164.) 8° ¶ (Aus: Sammlung klinischer Vorträge, Nr. 388.)
Breslau, Med. Fak., Hab.-Schr. v. 31. Mai 1905
(Nicht für den Austausch)

Heile, Gerhard, aus Emden: Der Feldzug gegen die Türken und die Eroberung Stuhlweissenburg's unter dem Erzherzog Matthias von Oesterreich im Jahre 1601. *Rostock 1901: C. Hinstorff.* (72 S.) 8° [J.]
Rostock, Phil. Diss. v. [6. Nov.] 1900

Heile, W., Unkenntnis Andersgläubiger in catholicis. Ein Beitrag zur Frage der protestant. Superiorität. (95 S.) 8. Trier 908. Paulinus-Druckerei. 1. —

Heilemann, Ernst, im Familienbad u. anderswo, s.: Künstlerhefte der Lustigen Blätter. IV.

— Die Herren Leutnants. — Künstler-Album. (16 S. m. z. Tl. farb. Abbildgn.) 34,5×26 cm. Berlin (910). Verlag der „Lust. Blätter“. — 50

— Die Berliner Pflanze. Album. (32 z. Tl. farb. Bl.) 41×30,5 cm. München 908. A. Langen. Geb. in Leinw. 7. 50

— Der Roman e. Modells. Künstlermappe. (10 farb. Taf. m. 2 S. Text.) 38,5×30,5 cm. Berlin (910). Verlag der Lustigen Blätter. 2. 50

Heilemann, Franz Julius

Heilemann, F. J., der Blitzableiter. Das Neueste über dessen Herstellung und Sicherheit bringende Anwendung. Wichtig für Baumeister und Fachleute, sowie für jeden Haus- und Landwirth. Mit (eingedr. Holzschn.-)Illustr., nebst einer Abhandlung über Elektrizität. 8. (36 S.) Görlitz 880, (Richter.)

Systematische Erklärung der Naturkräfte: Anziehungskraft d. Erde, Capillarität, Magnetismus, Elektrizität u. d. Leben auf ihren gemeinschaftl. Ursprung zurückgeführt von Julius **Heilemann.** Berlin-Weissensee: 'Isothermal' 1892. 111 S. 8° (10. 5/63

Heilemann-Vollshausen, Frz. J., die Kraft des Weltalls. Physikalisch-ökonom. Skizze zur Aufklärung der Erscheinungsursachen v. der Gravitation, v. Ebbe u. Fluth, v. Magnetismus u. Electricität, v. Wachsen, v. Leben, v. Seele u. Geist etc., u. Schaffg. des der Naturwissensch. u. Volkswirthsch. fehl. Fundaments. gr. 8. (III, 275 S.) Schöneberg-Berlin 900. (Berlin, J. Schwerin). 2. 80

Heilemann-Vollshausen, zur Reform d. Volkswirthschaft. Kritiken u. Vorschläge. Aufruf z. Befreig. v. polit. Parteiwirrniß. gr. 8. (IV, 212 S.) Berlin 896. H. Walther. n. 2. —

Heilemann, Herm., König u. Schau-Spieler, s.: Wallner's allgem. Schaubühne.

Heilemann, Hugo, appr. Arzt aus Böhlen i. S.: **Aus d. anat. Anstalt d. Universität Leipzig. Das Verhalten der Muskelgefässe während der Contraction.** *Leipzig 1901: B. Georgi.* (16 S.) 8°
Leipzig, Med. Diss. v. (12. Nov.) 1901

Heilemann, Julius, s. Heilemann, Franz Julius

Heilemann, Paul August, a. Rötha i. Sa., cand. rev. min. u. Oberlehrer a. d. II. Städt. Realsch. zu Leipzig-Reudnitz: Die Gotteslehre des Christian Wolff. Versuch einer Darstellung und Beurteilung. Leipzig: Dr. Seele & Co. 1907. (80 S.) 8° [J.]
Leipzig, Phil. Fak., Ref. Heinze-Volkelt, Diss. v. 17. Mai 1907
[Geb. 23. Nov. 74 Rötha i. S.; Wohnort: Leipzig; Staatsangeh.: Sachsen; Vorbildung: Nikolai-Gymn. Leipzig Reife O. 94; Studium: Leipzig 14 S.; Rig. 29. Jan. 07.]

Heilemann, Walt., Beitrag zur Kenntnis des Wirkungsgrades trockener Luftkompressoren, s.a. Mitteilungen üb. Forschungsarbeiten auf dem Gebiete des Ingenieurwesens. 58. Heft.

Heilemann, Walter: Beitrag zur Kenntnis des Wirkungsgrades trockener Luftkompressoren. 1908. 81 S. 4° ¶ Auch als: Mitteilungen über Forschungsarbeiten auf d. Gebiete d. Ingenieurwesens. H. 58; Ausz. in: Zeitschrift d. Vereines deutscher Ingenieure. Bd 52, Halbj. 1.
Dresden, Dr.-Ing.-Diss. v. 24. 7. 1907

Beitrag zur Kenntnis des Wirkungsgrades trockener Luftkompressoren. Von Dr.-Ing. Walter **Heilemann.** (Berlin: J. Springer in Komm. 1908.) (79 S.) 4°(8°) [Kopft.]
— **Mitteilungen** über Forschungsarbeiten auf d. Geb. des Ingenieurwesens. H. 58. (08. 13407 7

Heilemann-Vollshausen, s. Heilemann, Franz Julius

Hellenbeck, Julius (Barmen), De musculis dorsi et cervicis comparatis. Diss. anatom. Bln. (Nietack) 28. V. 1836. 32 S. mit Biogr. (M.: J. E Siepermann.) (6.—) 13910
Oppon.: Johann Mich. Foehr, H. Ph. Kisker, Fr. G. Mueser. — Gew.: F. G. J. Henle.

Hellenbeck, Wilhelm, Gerichtsreferendar in Düsseldorf: **Die Sondernachfolge nach der Zivilprozeßordnung in den Fällen der Veräußerung und Abtretung.** Borna-Leipzig 1907: R. Noske. (VIII, 65 S.) 8° [J.]
Rostock, Jur. Fak., Ref. Wachenfeld, Diss. v. 5. Nov. 1907
[Geb. 22. März 85 Düsseldorf; Wohnort: Düsseldorf; Staatsangeh.: Preußen; Vorbildung: Gymn. Düsseldorf Reife O. 03; Studium: Freiburg i. B. 3, Berlin 1, Bonn 2 S.; Rig. 21. Juni 07.]

Heller, Adolf, approb. Arzt aus Sierck (Lothr.): **Aus d. pathol. Institut zu Greifswald. Über den Schwund der Harnblase durch tuberkulöse Geschwüre.** *Greifswald 1903: H. Adler.* (34 S.) 8°
Greifswald, Med. Diss. v. 25. Aug. 1903

Heller CW, Handbuch für Genossenschaftsbanken. Calw 1881

Heiler, C. W., Handbuch für Genossenschaftsbanken. Anleitung zur Gründung, Geschäfts- und Buchführung derselben. Mit einem Anhang, enthaltend Schemata zu Statuten und Formularien, sowie das deutsche Genossenschaftsgesetz. gr. 8. (89 S. mit 1 Tab.) Stuttgart 884, Levy und Müller. geb. *

Heiler, C. W., Reductionstabelle von Mark in Gulden, Thaler und Francs. Ausg. A.: Mark in Gulden, Thaler und Francs und umgekehrt. Von 1 Pfennig bis 400,000 Mark, von 1 Kreuzer bis 100,000 Gulden, von 1 Pfennig bis 100,000 Thaler und von 5 Centimes bis 100,000 Francs. 1 Blatt in gr. Fol. Stuttgart 874, (Ulrich.)
— dass. — Ausg. B.: Reduction von Mark in Gulden und umgekehrt. Von 1 Pfennig bis 100,000 Mark und von 1 Kreuzer bis 100,000 Gulden. 1 Bl. in gr. 4. (Ebendas.) 874.
— dass. — Ausg. C.: Reduction von Mark in Thaler und umgekehrt. Von 1 Pfennig bis 100,000 Mark und von 1 Pfennig bis 100,000 Thlr. 1 Bl. in gr. 4. (Ebendas.) 874.
— dass. — Ausg. D.: Reduction von Mark in Francs und umgekehrt. Von 1 Pfennig bis 100,000 Mark und von 5 Centimes bis 100,000 Francs. 1 Bl. in gr. 4. (Ebendas.) 874.

Heiler, Günther, Jesusgedanken in allen Nöthen. m. K. 8. Frankf. Eßlinger. 766.

Heiler, K. L., Anhang zu Müllers griechischer Grammatik od. Wörterb. d. derselb. angehenkt. Chrestomathie. 8. **Marburg, Krieger.** 776.

Heiler, Karl Ludwig

Heiler, Carolus Ludovicus: De Tatiani apologetae dicendi genere. Marpurgi Cattorum 1909: Koch. 104 S. 8°
Marburg, Phil. Diss. v. 9. Nov. 1909, Ref. Kalbfleisch
[Geb. 20. Mai 87 Biebrich a. Rh.; Wohnort: Biebrich; Staatsangeh.: Preußen; Vorbildung: Gymn. Wiesbaden Reife O. 05; Studium: Heidelberg 2, München 1, Berlin 1, Marburg 5 S.; Rig. 10. Juni 09.] [U 10. 3360

Heiler, Otto [aus München]: Beitrag zur Oxydation der Orthodiamine ... Erlangen, k. b. Hofbuchdr. v. A. Vollrath, 1894; 29 S. 8.
Erlangen, Phil. Fak., Inaug.-Diss. v. 1894

Heilermann, Hermann

Heilermann, H. Bemerkungen über den mathematischen Unterricht an der Realschule. 7 S. Progr. Rg. *Essen* 1882.

Heilermann, Hermann [Dir. Dr.]: **Bemerkungen über die Verwendung der einfachsten Reihen bei der Begründung der algebraischen Regeln.** Essen, Druck v. G. D. Baedeker, 1893; 3—11 S. 4.
Essen, RG m. HB (R)', OP 1893 (480)

— Über Einrichtung und Betrieb der Gasanstalt. Coblenz, Schul-/Univ.-Schrift 1863.

— Die Gelehrtenschulen nach den Bedürfnissen der Gegenwart mit einem Vorworte über die Vermittelung der pädagogischen Gegensätze unserer Zeit. Ebd. 1843. 32 u. 38 S. Progr.

Heilermann, *Hermann* [Dir. Dr.]: Zur Geschichte des Realgymnasiums und der höheren Bürgerschule. Essen, Druck v. G. D. Baedeker, 1889; S. 5—24, 5 Taf. 8°
Essen, RG u. HB, Festschr. 1889 [1890 471]

— u. J. **Diekmann,** Grundlehren der Trigonometrie u. Stereometrie. 1. u. 2. Tl. gr. 8. Essen, Baedeker. à n. — 40
1. Ebene Trigonometrie. (IV, 34 S. m. 8 Fig.) 889.
2. Stereometrie. Mit 26 Fig., zahlr. Übungen u. Aufgaben. (43 S.) 890.

— u. J. **Diekmann,** Grundlehren d. Trigonometrie u. Stereometrie. I. Tl. gr. 8. Ebd. 895. n. — 40
Ebene Trigonometrie m. 8 Fig., zahlr. Übungen u. Aufgaben. 2. Aufl. (V, 34 S.)

Heilermann, H., u. J. **Diekmann,** Grundlehren d. Trigonometrie u. Stereometrie. 2. Tl. Stereometrie, m. 26 Fig., zahlr. Übgn. u. Aufgaben. 3. Aufl. gr. 8. (III, 43 S.) Essen 902. G. D. Baedeker. n. — 40

Heilermann, H., u. Jos. **Diekmann's** Grundlehren der Trigonometrie u. Stereometrie, hrsg. v. D. I. Tl. Ebene Trigonometrie m. 8 Fig., zahlreichen Uebgn. u. Aufgaben. 3. Aufl. (V, 34 S.) 8. Essen 905. G. D. Baedeker. n. — 40

Heilermann, die Gründung der Realschule zu Essen. Essen. 4. 17 S.
Schul-/Univ.-Schrift 1865

Heilermann, Herm., Lehrbuch für gewerbliche Fortbildungsschulen. 1. Thl.: Planimetrie. gr. 8. (V, 62 S. mit 9 Stnt.) Essen 872, Radke. *M. 1,25.; geb. *

Heilermann, Herm., Lehrbuch für gewerbliche Fortbildungsschulen. 2 Thle. gr. 8. Essen, (Radke.) **
Inhalt:
Thl. 1. Planimetrie. 2. Aufl. (67 S. mit 9 Stnt.) 877. ** M. 1,25.
" 2. Buchstabenrechnung. (36 S.) 875. ** 85 Pf.

— Lehrbuch f. gewerbl. Fortbildungsschulen. 1. Thl.: Planimetrie. 3. Aufl. 8. (74 S.) (Ebd.) 889. geb. ** 1 30
2. Thl. Essen 1875, (Radke). ** — 85.

— Lehrbuch f. gewerbliche Fortbildungsschulen. 1. Tl. Planimetrie. 4. Aufl. gr 8. (74 S. m. 8 Taf.) Ebd. 894. Kart. n.n. 1. 30

Heilermann, Herm., und J. **Diekmann,** Lehr- und Uebungsbuch für den Unterricht in der Algebra an Gymnasien, Real- und Gewerbeschulen. 3 Thle. gr. 8. Essen, Bädeker. à Thl. * M. 1,20. *
Inhalt:
Thl. 1. Die vier Grundrechnungen. — Die linearen Gleichungen. (VII, 117 S.) 878.
" 2. Die Erweiterung der vier Grundrechnungen. — Die Gleichungen 2., 3. und 4. Grades. (IV, 122 S.) 879.
" 3. Die Progressionen, die Kettenbrüche und die diophant. Gleichungen. Niedere Analysis. (IV, 110 S.) 879.

— u. J. **Diekmann,** Lehr- u. Uebungsbuch für den Unterricht in der Algebra an Gymnasien, Real- u. Gewerbeschulen. 1—3. Thl. gr. 8. Essen 879—81. Bädeker. à n. 1. 20
1. Die 4 Grundrechnungen. — Die linearen Gleichungen. 2., verm. Aufl. (VII, 127 S.)
2. Die Erweiterung der 4 Grundrechnungen. — Die Gleichungen 2., 3. u. 4. Grades. (IV, 122 S.)
3. Die Progressionen, die Kettenbrüche u. die diophant. Gleichungen. Niedere Analysis. (IV, 110 S.)

—— —— Lehr- u. Übungsbuch f. den Unterricht in der Algebra an Gymnasien, Real- u. Gewerbeschulen. 3 Tle. gr. 8. Ebd. à Tl. * 1 20; * 3 60; geb. à Tl. * 1 50; * 4 50

1. Die vier Grundrechnungen. — Die linearen Gleichgn. 4. Aufl. (VIII, 136 S.) 893. — Die Potenzrechngn. — Die Gleichgn. 2. Grades. — Die Progressionen. 3. Aufl. (135 S.) 888. — 3. Kettenbrüche u. diophant. Gleichungen. Gleichgn. 3. u. 4. Grades. — Niedere Analysis. 2. Aufl. (V, 121 S.) 889.

— u. J. Diekmann, Lehr- u. Übungsbuch f. den Unterricht in der Algebra an Gymnasien, Real- u. Gewerbeschulen. 1. Tl. gr. 8. Essen 892. G. D. Baedeker. Geb. n. 1. 60

Die vier Grundrechnungen. — Die linearen Gleichgn. 5. Aufl. (VIII, 136 S.)

— — dasselbe. Ergänzungshft. zur 5. Aufl. d. 1. Tls. gr. 8. Ebd. 893. n. — 60

Die Potenzrechnungen. Die quadratischen Gleichungen. (S. 137—225.)

— — dasselbe f. den Unterricht in der Algebra an den höheren Schulen. I. u. II. Tl. gr. 8. Ebd. Geb. in Leinw. à n. 2. 25

I. Die 4 Grundrechnungen. Die linearen Gleichungen. Die Potenzrechnungen. Die quadratischen Gleichungen. 6. Aufl. (IX, 225 S.) 893.

II. Die Gleichungen 2. Grades m. mehreren Unbekannten. Die Progressionen. Die kub. u. biquadrat. Gleichungen. Niedere Analyse 4. Aufl. (V, 198 S.) 891.

Lehr- und Übungsbuch für den Unterricht in der Algebra an den höheren Schulen. Von Dr. H[erm.] Heilermann, Geh. Reg.R. u. Prof. Dr. J[osef] Diekmann. 9. Aufl. T. 1. *Essen: G. D. Baedeker 1900.* 8° [00. 5940

— — Lehr- u. Übungsbuch f. den Unterricht in der Algebra an den höh. Schulen. 1. u. 2. Tl. gr. 8. Ebd. Geb. in Leinw. n. 5. 05

1. Die vier Grundrechnungen. — Die linearen Gleichgn. — Die Potenzrechngn. — Die quadrat. Gleichgn. 10. Aufl. (X, 215 S.) 902. n. 2. 25

2. Die Gleichgn. 2. Grades m. mehreren Unbekannten. — Die Progressionen. — Die kub. u. biquadrat. Gleichgn. — Niedere Analysis. 5. Aufl. (VII, 238 S.) 900. n. 2. 80

— — Lehr- u. Uebungsbuch f. den Unterricht in der Algebra an den höheren Schulen. 1. Tl. gr. 8. Ebd. 904. Geb. in Leinw. n. 2. 25

Die vier Grundrechnungen. — Die linearen Gleichungen. — Die Potenzrechnungen. — Die quadratischen Gleichungen. 11. Aufl. (IV, 215 S.)

Heilermann, H., u. J. Diekmann's, Lehr- u. Übungsbuch f. den Unterricht in der Algebra an den höh. Schulen. Neu bearb. v. Karl Knops. 2 Tle. gr. 8. Essen, G. D. Baedeker. Geb. 5. 60

I. Die vier Grundrechnungen. — Die linearen Gleichgn. — Die Potenzrechngn. — Die quadrat. Gleichungen. 13. Aufl. (VIII, 265 S.) 909. Geb. 2. 80; Auflösungen (58 S.) 907. 1. —

II. Quadratische Gleichungen m. mehreren Unbekannten. Arithmetische u. geometr. Reihen. Komplexe Grössen. Gleichungen 3. u. 4. Grades. Reihen der niederen Analysis. Elemente der Differentialrechng. Grösste u. kleinste Werte. 6. Aufl. (V, 214 S.) 907. Geb. 2. 80

Heilermann, Lehr- und Uebungsbuch für den Unterricht in der Mathematik an Gymnasien, Real- und Gewerbeschulen. 2 Thle. gr. 8. Koblenz 863,64, Hergt. *

Inhalt:

Thl. 1. Geometrie der Ebene. (IV und 156 S. mit vielen in den Text gedr. Fig. in Holzschn.) * 18¾ Ngr.

» 2. Ebene Trigonometrie, Geometrie des Raumes. (III und 148 S mit vielen in den Text gedr. Fig. in Holzschn.) * 20 Ngr.

— Lehr- u. Uebungsbuch f. den Unterricht in der Mathematik an Gymnasien. Real- u. Gewerbeschulen. 1. Thl. u. 2. Thl. 1. u. 2. Abth. Mit vielen in den Text gedr. Figuren in Holzschn. 2. Aufl, gr. 8. Koblenz 872—76. Hergt. n. 4. 38

I. Geometrie der Ebene. (IV, 164 S.) n. 1. 88

II. 1. Ebene Trigonometrie. Mit mehreren in den Text gedr. Fig. in Holzschn. (48 S.) n. — 75

2. Geometrie d. Raumes. Mit vielen in den Text gedr. Fig. in Holzschn. (108 S.) n. 1. 75

— Lehr- u. Uebungsbuch für den Unterricht in der Mathematik an Gymnasien, Real- u. Gewerbe-Schulen. 1. Thl. Geometrie der Ebene. Mit vielen in den Text gedr. Fig. in Holzschn. 3. Aufl. gr. 8. (III, 157 S.) Koblenz 878. Hergt. n.n. 1. 90

— Lehr- u. Uebungsbuch f. den Unterricht in der Mathematik an Gymnasien, Real- u. Gewerbeschulen. 1. Tl.: Geometrie der Ebene. 4. Aufl. gr. 8. (VI, 163 S. m. Holzschn.) Frankf. a. M. 891, Jaeger's Verlag. * 2 —

2. u. 3. Tl. Koblenz 1876, Herz. * 2 50.

— eine elementare Methode zur Bestimmung von grössten und kleinsten Werthen nebst vielen Aufgaben. gr. 8. (VII, 104 S. mit eingedr. Holzschn.) Leipzig 871, Teubner. *

Heilermann, Hermann [Dir. Dr.]: Quadratur des Hyperbelsektors. Essen, Druck v. G. D. Baedeker, 1880; S. 100—106; 8°

Essen, RG u. HB, Festschr. 1880 [1880 (474)]

Heilermann, H., Sammlung geometrischer Aufgaben. 1. und 2. Thl. 12. (XIV und 179 S.) Coblenz 856. 58, Hölscher's Verlag. à Thl. 7½ Ngr.

— Sammlung geometrischer Aufgaben. 1. Thl. 2. Aufl 12. (IX und 86 S.) Coblenz 862, Hölscher's Verlag.

— Sammlung geometrischer Aufgaben. 2. Thl. 2. verm. Aufl. 8. (XI, 95 S.) Coblenz 872, Hölscher.

Heilermann, H., Sammlung geometrischer Aufgaben. 2 Tle. gr. 8. Essen, Bädeker. à Tl. * 80 Pf. *

Inhalt:

Tl. 1. Aufgaben, welche ohne Anwendung der Lehre von der Proportionalität der Linien gelöst werden können. 5. verm. Aufl. (VII, 51 S.) 884.

» 2. Aufgaben, zu deren Auflösung die Lehre von der Proportionalität der Linien und Flächen erforderlich ist. 3. verm. und verb. Aufl. (55 S.) 883.

Heilermann, H., Sammlung geometrischer Aufgaben. 1. Tl. Aufgaben, d. ohne Anwendg. d. Lehre v. d. Proportionalität d. Linien gelöst werden können. 6. Aufl. gr. 8. (VII, 51 S.) Essen 895. G. D. Baedeker. n. — 80

Heilermann, Hermann, Direktor Dr.: Schulreden aus den Jahren 1864 bis 1894. Essen 1907: C. W. Haarfeld. (79 S.) 4°
Essen, RG OP 1907 (604)

Schulreden aus den Jahren 1864 bis 1894, geh. von Dir. Dr. Hermann Heilermann, Geh. Reg.R. (Hrsg.: Dr. [Viktor] Steinecke, Dir., [u.] W[ilhelm] Heilermann, Landger.R.) Essen 1907: C. W. Haarfeld. (79 S.) 8° [07. 9830

Heilfron, Adf., der Radlerfeind, s.: Lustspiele f. Radfahrer Nr. 3.

Heilfron, C: Über einige neuere Fragen aus dem elektrischen Vollbahnwesen. Frankfurt a. M. 1910

Geld-, Bank- und Börsenwesen. Von Prof. Dr. Ed[uard] Heilfron, Amtsger.R. Berlin: Speyer & Peters 1909. X, 300 S. 8°
(Heilfron: Lehrbuch d. Handelsrechts. Erg.Bd.)
(Heilfron: Das Bürgerl. Recht d. Deutschen Reichs. T. 3, Erg.Bd.) [09. 11842

Geschichte des Gemeinen Privatrechts und Civilprozesses. Ein Hülfsb. f. Referend. u. Studier. v. Dr. Ed. Heilfron, Gerichtsass. Abt. 1. 2. *Berlin: Speyer & Peters 1893—94.* 2 Bde 8° [F. u. Ant.]

1. Röm. Rechtsgesch. Civilprozess. Konkurs. 2. Deutsche Rechtsgesch.

— Heilfron: Das Gem. Privatrecht d. Deutschen Reiches. T. 1. 2. [94. 7353

[F. u. Ant.] Geschichte des Gemeinen Privatrechts und Civilprozesses. E. Hülfsb. f. Referendare u. Studierende v. Dr. Ed. Heilfron, Amtsrichter. 2. umgearb. u. verm. Aufl. Abt. I. II. *Berlin: Speyer & Peters 1895. 96.* 2 Bde 8.

I. Römische Rechtsgeschichte. Civilprozess. Konkurs. 1895. (XII, 420 S., 2 Bl.)
II. Deutsche Rechtsgeschichte. 1896. (X, 551 S.)

— Heilfron, Ed.: D. Gemeine Privatrecht d. Deutschen Reichs. T. 1. [96. 1111

Heilfron, Ed., die Gesetzgebung üb. Geld-, Bank- u. Börsenwesen. (XII, 476 S.) 8. Berlin 911. Speyer & Peters. Geb. in Leinw. 3. 50

Lehrbuch des Handelsrechts. Von Prof Dr. Ed[uard] **Heilfron**, Amtsger.R. Bd 1. 2. [Nebst] Erg.Bd. Berlin: Speyer & Peters 1907–09. 8°
1. HGB. Buch 1 u. 2. – KaufmGG. – GmbHG. – GenG. – Buchführungslehre. 1907.

Lehrbuch des Konkursrechts. Von Prof. Dr. Ed[uard] **Heilfron**, Amtsger.R., u. Georg **Pick**, Amtsrichter. Berlin: Speyer & Peters 1905. (XII, 243 S.) 8° [F.]
— **Heilfron**: Das Bürgerl. Recht d. Deutschen Reichs. T. 4. [05. 6908

Lehrbuch des Konkursrechts. Von Prof. Dr. Ed[uard] **Heilfron**, Amtsger.R., u. Georg **Pick**, Amtsrichter. Berlin: Speyer & Peters 1905. (XII, 243 S.) 8° [F.]
— **Heilfron**: Das Bürgerl. Recht d. Deutschen Reichs. T. 5. [07. 13096

Lehrbuch des Bürgerlichen Rechts auf der Grundlage des Bürgerlichen Gesetzbuchs. Von Dr. Ed. **Heilfron**, Amtsrichter. Abt. 1–4. *Berlin: Speyer & Peters 1897–1901.* 4 Bde 8° [F. u. Ant.]
1. Allgem. Teil. 1897. 2. Recht d. Schuldverhältnisse u. Handelsrecht. 1900.
3. Sachenrecht bearb. von Heilfron u. Georg **Pick**, Gerichtsass. 1900.
4. Familien- u. Erbrecht. 1901.
— **Heilfron**: Das Bürgerl. Recht d. Deutschen Reiches. T. 2. [01. 9317

Lehrbuch des Bürgerlichen Rechts auf der Grundlage des Bürgerlichen Gesetzbuchs. Von Dr. Ed. **Heilfron**, Amtsrichter. 2., verm. Aufl. Abt. 1. *Berlin: Speyer & Peters 1900.* 8° [F.]
= **Heilfron**: Das Bürgerl. Recht d. Deutschen Reiches. T. 2, Abt. 1. [00. 5391

Lehrbuch des Bürgerlichen Rechts auf der Grundlage des BGB. Von Dr. Ed[uard] **Heilfron**, Amtsger R. (3: u. Georg **Pick**, Amtsrichter). Abt. 1–4. Berlin: Speyer & Peters 1903–05. 4 Bde 8° [F.]
1. Allgem. Teil. 3., neu bearb. Aufl. 1904.
2. Recht d. Schuldverhältnisse. 3., neu bearb. Aufl. 1905.
3. Sachenrecht. 2., verb. Aufl. 1903. 4. Familien- u. Erbrecht. 2. Aufl. 1904.
= **Heilfron**: Das Bürgerl. Recht d. Deutschen Reichs. T. 2. [06. 11230 10

Heilfron, Ed[u.], Lehrbuch des Bürgerlichen Rechts auf der Grundlage des Bürgerlichen Gesetzbuchs. 3. Aufl. Abt. 3. Berlin 1907. 8°.
3. Sachenrecht, bearb. von Ed. *Heilfron* u. Georg *Pick*. 1907.

Lehrbuch des Bürgerlichen Rechts auf der Grundlage des Bürgerlichen Gesetzbuchs. Von Prof. Dr. Ed[uard] **Heilfron**. 4., neu bearb. Aufl. Abt. 1. Berlin: Speyer & Peters 1908. 8° [F.]
— **Heilfron**: Das Bürgerliche Recht. T. 2. [08. 163

Lehrbuch des Civilprozeßrechts. Von Prof. Dr. E[duard] **Heilfron**, Amtsger.R., u. Georg **Pick**, Amtsrichter. Bd 1. 2. Berlin: Speyer & Peters 1904–05. 2 Bde 8° [F.]
1. GVG.–CPO. Buch 1 u. 2. 1904. 2. CPO. Buch 3–10.–ZwVG. 1905.
— **Heilfron**: Das Bürgerl. Recht d. Deutschen Reichs. T. 3. [05. 11045

Lehrbuch des Civilprozeßrechts. Von Prof. Dr. E[duard] **Heilfron**, Amtsger.R., u. Georg **Pick**, Amtsrichter. Bd 1.2. Berlin: Speyer & Peters 1904–05. 2 Bde 8° [F.]
1. GVG.–CPO. Buch 1 u. 2. 1904. 2. CPO. Buch 3–10.–ZwVG. 1905.
— **Heilfron**: Das Bürgerl. Recht d. Deutschen Reichs. T. 4. [07. 13095

Lehrbuch des Zivilprozeßrechts. Von Prof. Dr. E[duard] **Heilfron**, Amtsger.R., u. Georg **Pick**, Landger.R. 2., neubearb. Aufl. Bd 1. 2. Berlin: Speyer & Peters 1910–11. 8°
(Heilfron: Das bürgerl. Recht d. Deutschen Reichs. 2. Aufl. T. 5.) [11. 13788

Heilfron, Ed., das gemeine Privatrecht d. Deutschen Reichs. Ein Hülfsbuch f. Referendare u. Studierende. I. Tl. Geschichte d. gemeinen Privatrechts u. Civilprozesses. 1. u. 2. Abtlg. 8. Berlin, Speyer & Peters. Geb. in Leinw. n. 8. 50
1. Römische Rechtsgeschichte. Civilprozeß. Konkurs. (XII, 322 S.) 893. n. 3. 50
2. Deutsche Rechtsgeschichte. (VIII, 464 S.) 894. n. 5. —

— das gemeine Privatrecht des Deutschen Reichs. 2., umgearb. u. verm. Aufl. 8. 1. Tl., I. u. II. Abtlg. Berlin, Speyer & Peters. Geb. in Leinw. n. 11. —
1. I. Geschichte d. gem. Privatrechts u. Civilprozesses. E. Hülfsbuch f. Referendare u. Studierende. I. Abtlg. Röm. Rechtsgeschichte, Civilproceß. Konkurs. (XII, 420 S.) 895. geb. n. 5. —
1. II. Dasselbe. II. Abtlg. Deutsche Rechtsgeschichte. (X, 551 S.) 896. geb. n. 6. —

Heilfron, Ed., d. bürgerliche Recht d. Deutschen Reiches. 1. Tl. 2 Abtlgn. u. 2. Tl. 1. Abtlg. 8. Berlin, Speyer & Peters. Geb. in Leinw. n. 20. 50
I. 1. Gesch. d. bürgerl. Rechts. 1. Abtlg. Röm. Rechtsgeschichte. Civilproceß. Konkurs. 3., umgearb. u. verm. Aufl. (XI, 845 S.) 897. geb n. 5. 50
I. 2. Dasselbe. 2. Abtlg. A. u. d. T.: Deutsche Rechtsgeschichte. Staatsrecht. Kirchenrecht. 3., umgearb. u. verm. Aufl. (XI, 845 S.) 898. Geb. n. 8. —
II. Lehrbuch d. bürgerl. Rechts auf d. Grundlage d. bürgerl. Gesetzbuchs. I Abtlg.: Allgem. Tl. (X, 669 S.) 897. Geb. n. 7. —

Heilfron, Ed., das bürgerliche Recht des Deutschen Reiches. I. Tl. 2 Abtlgn. u. II. Tl. 4 Abtlgn. 8. Berlin, Speyer & Peters. Geb. in Leinw. n. 48. —
I. 1. Geschichte des bürgerl. Rechts. 1. Abtlg.: Römische Rechtsgeschichte. Civilprozeß. Konkurs. 4. verm. Aufl. (XIV, 779 S.) 900. Geb. n. 8. —
2. Dasselbe. 2. Abtlg.: Deutsche Rechtsgeschichte. Staatsrecht. Kirchenrecht. 5., verm. Aufl. (X, 870 S.) 900. Geb. n. 8. —
II. 1. Lehrbuch des bürgerl. Rechts auf der Grundlage des bürgerl. Gesetzbuchs. 1. Abtlg.: Allgemeiner Tl. 2., verm. Aufl. (X, 708 S.) 900. Geb. n. 7. —
2. Dasselbe. 2. Abtlg.: Recht der Schuldverhältnisse u. Handelsrecht. 2. Aufl. (XIV, 943 S.) 902. Geb. in Leinw. n. 9. —
3. Dasselbe. 3. Abtlg.: Sachenrecht, bearb. v. Ed. Heilfron u. Geo. Pick. (XI, 762 S.) 900. Geb. n. 7. 50
4. Dasselbe. 4. Abtlg.: Familien- u. Erbrecht. (XII, 830 S. m. 1 Tab.) 901. Geb. n. 8. 50

Heilfron, Ed., das bürgerliche Recht des Deutschen Reichs. I. Tl. 1. u. 2. Abtlg., II. Tl. 1.—4. Abtlg., III. Tl. 1. u. 2. Bd. u. IV. Tl. 8. Berlin, Speyer & Peters. Geb. in Leinw. n. 67. —
I. 1. Geschichte des bürgerl. Rechts. 1. Abtlg.: Römische Rechtsgeschichte u. System des röm. Privatrechts. (5. Aufl. der röm. Rechtsgeschichte.) (XX, 1160 S.) 903. n. 10. —
2. Dasselbe. 2. Abtlg.: Deutsche Rechtsgeschichte. Staatsrecht. Kirchenrecht. 6., neubearb. Aufl. (XIX, 1014 S.) 905. n. 8. —
II. 1. Lehrbuch des bürgerlichen Rechts auf der Grundlage des bürgerlichen Gesetzbuchs. 1. Abtlg.: Allgemeiner Tl. 3., neu bearb. Aufl. (XII, 788 S.) 904. n. 7. —
2. Dasselbe. 2. Abtlg.: Recht der Schuldverhältnisse. 3., neu bearb. Aufl. (XVI, 988 S.) 905. n. 9. —
3. Dasselbe. 3. Abtlg.: Sachenrecht, bearb. v. Ed. Heilfron u. Geo. Pick. 2., verb. Aufl. (XI, 747 S.) 903. n. 7. 50
4. Dasselbe. 4. Abtlg.: Familien- u. Erbrecht. 2. Aufl. (XII, 808 S. m. 1 Tab.) 904. n. 8. 50
III. 1. Lehrbuch des Civilprozeßrechts. Von Ed. Heilfron u. Geo. Pick. 1. Bd. GVG. — CPO. Buch I u. II. (XVI, 855 S.) 904. n. 8. —
2. Dasselbe. 2. Bd. CPO. Buch III—X. — ZwVG. (XII, 646 S.) 905. n. 6. —
IV. Lehrbuch des Konkursrechts. Von Ed. Heilfron u. Geo. Pick. (XII, 243 S.) 905. n. 3. —

— Das bürgerliche Recht des Deutschen Reichs. I. Tl. 1. u. 2. Abtlg.; II. Tl. 1.—4. Abtlg.; III. Tl. 2 Bde. u. Erg.-Bd. u. IV. Tl. 1. Bd. 8. Ebd. Geb. in Leinw. 76. 50
I, 1. Geschichte d. bürgerlichen Rechts. 1. Abtlg. Römische Rechtsgeschichte u. System des röm. Privatrechts. 6. Aufl. (XXIII, 1156 S.) 908. Geb. 10. —
2. Dasselbe. 2. Abtlg. Deutsche Rechtsgeschichte. Staatsrecht. Kirchenrecht. 7., neu bearb. Aufl. (XXIV, 1080 S.) 908. Geb. 9. —
II, 1. Lehrbuch des bürgerl. Rechts auf der Grundlage d. bürgerl. Gesetzbuchs. 1. Abtlg.: Allgemeiner Tl. 4., neu bearb. Aufl. (XV, 823 S.) 908. Geb. 8. —
2. Dasselbe. 2. Abtlg.: Recht der Schuldverhältnisse. 4., neu bearb. Aufl. (XVI, 1060 S.) 909. Geb. 9. —
3. Dasselbe. 3. Abtlg.: Sachenrecht, bearb. v. Ed. Heilfron u. Geo. Pick. 3. verm. Aufl. (XIV, 927 S.) 907. Geb. 8. —
II, 4. Dasselbe. 4. Abtlg.: Familien- u. Erbrecht. 3., neu bearb. Aufl. (XV, 878 S. m. 1 Tab.) 908. Geb. 8. 50
III, 1. Lehrbuch des Handelsrechts. 1. Bd. HGB. Buch I u. II. — KaufmGG. — GmbHG. — GenG. — Buchführungslehre. (XVI, 756 S. m. 2 Tab.) 907. Geb. 6. —
2. Dasselbe. 2. Bd. Handelsgeschäfte. — Eisenbahn-, Post- u. Telegraphenrecht. — Buchhandel. — Versicherungswesen. — Seerecht. — Wechselrecht. (XVI, 917 S.) 909. Geb. 6. —
III. Ergänzungsbd. Geld-, Bank- u. Börsenwesen. (X, 360 S.) 909. Geb. 3. 50
IV, 1. Lehrbuch des Zivilprozeßrechts. Von Ed. Heilfron u. Geo. Pick. 2., neu bearb. Aufl. (9.—12. Taus.) 1. Bd. GVG. — ZPO. Buch I u. II. (XIX, 935 u. 8 S.) 910. Geb. nn 8. 50

[F.] Deutsche Rechtsgeschichte. Staatsrecht. Kirchenrecht. Von Dr. Ed. **Heilfron**, Amtsrichter. 3. umgearb. u. verm. Aufl. *Berlin: Speyer & Peters 1898.* (XI, 845 S.) 1 Bd 8.
= **Heilfron**, E.: D. Bürgerl. Recht d. Deutschen Reiches. Th1, Abt. II. [99. 2056

Deutsche Rechtsgeschichte. Staatsrecht. Kirchenrecht. Von Dr. Ed. **Heilfron**. Amtsrichter. 3. unveränd. Aufl. *Berlin: Speyer & Peters 1899.* (XI, 845 S.) 8° [F. u. Ant.]
= **Heilfron**: D. Bürgerl. Recht d. Deutschen Reiches. T. 1, Abt. 2. [99. 11560

Deutsche Rechtsgeschichte. Staatsrecht. Kirchenrecht. Von Dr. Ed. **Heilfron**, Amtsrichter. 4. unveränd. Aufl. *Berlin: Speyer & Peters 1899.* (XI, 845 S.) 8° [F. u. Ant.]
= **Heilfron**: Das Bürgerl. Recht d. Deutschen Reiches. T. 1, Abt. 2. [00. 363

Deutsche Rechtsgeschichte. Staatsrecht. Kirchenrecht. Von Dr. Ed. **Heilfron**, Amtsrichter. 5., verm. Aufl. *Berlin: Speyer & Peters 1900.* (X, 870 S.) 8° [F.]
= **Heilfron**: Das Bürgerl. Recht d. Deutschen Reiches. T. 1, Abt. 2. [00. 5596

Deutsche Rechtsgeschichte. Staatsrecht. Kirchenrecht. Von Prof. Dr. Ed[uard] **Heilfron**, Amtsger.R. 6., neubearb. Aufl. Berlin: Speyer & Peters 1905. (XIX, 1014 S.) 8° [F.]
= **Heilfron**: Das Bürgerl. Recht d. Deutschen Reichs. T. 1, Abt. 2. [06. 6319 10

Deutsche Rechtsgeschichte. Staatsrecht. Kirchenrecht. Von Prof. Dr. Ed[uard] **Heilfron**. 7., neu bearb. Aufl. Berlin: Speyer & Peters 1908. XXIV, 1080 S. 8°
(Heilfron: Das bürgerl. Recht d. deutschen Reichs. T. 1, Abt. 2.) [10. 8313

[F. u. Ant.] Römische Rechtsgeschichte. Civilprozess. Konkurs. Von Dr. Ed. **Heilfron**, Amtsrichter. 3. verm. Aufl. *Berlin: A. Hoffmann 1897.* (XIII, 461 S.) 1 Bd 8.
= **Heilfron**, E.: Das Bürgerl. Recht d. Deutschen Reichs. Tl 1. Abt. 1. [97. 2040

Heilfron, römische Rechtsgeschichte. 4. Aufl. Berlin 899.

Römische Rechtsgeschichte. Civilprozess. Konkurs. Von Dr. Ed. **Heilfron**, Amtsrichter. 4. verm. Aufl. *Berlin: Speyer & Peters 1900.* (XIV, 779 S.) 8° [F.]
= **Heilfron**: Das Bürgerl. Recht d. Deutschen Reiches. T. 1, Abt. 1. [00. 5595

Römische Rechtsgeschichte und System des römischen Privatrechts. Von Dr. Ed[uard] **Heilfron**, Amtsger.R. (5. Aufl. d. Römischen Rechtsgesch.) *Berlin: Speyer & Peters 1903.* (XX, 1160 S.) 8° [F.]
— **Heilfron**: Das Bürgerliche Recht d. Deutschen Reichs. 5. Aufl. T. 1, Abt. 1. [03. 10499

— römische Rechtsgeschichte u. System des römischen Privatrechts für Oesterreich bearb. von Paul v. Vittorelli u. Alfr. Bloch. (XVI, 1186 S.) 8. Berlin 905. Speyer & Peters. — Wien, Manz. Geb. in Leinw. n. 8.50

Römische Rechtsgeschichte und System des römischen Privatrechts. Von Prof. Dr. Ed[uard] **Heilfron**. 6. Aufl. Berlin: Speyer & Peters 1908. XXIII, 1156 S. 8°
(Heilfron: Das bürgerl. Recht d. Deutschen Reiches. T. 1, Abt. 1.) [10. 6171 11

Heil'ge Christ, der. Das rechte Weihnachtsbuch f. gute Kinder. 8. (9 B. u. 4 ill. Holzschn.) Leipzig 841, Teubner. –

Heilgehülfe, der. Illustrirte Zeitschrift f. Wundärzte, Heil- u. Lazarethgehülfen, desgl. f. Krankenpfleger u. Pflegerinnen. Red.: A. O. H. Krüger. 1. Jahrg. April-Decbr. 1876. 39 Nrn. (B. m. eingedr. Holzschn.) gr. 4. Wurzen, Literar. Anstalt. n. 6. —

Heilgehülfe, der. Zeitschrift für prakt. Heilkunde. Blätter für Sachkundige und Laien. Redig. von Reyher. 1. Bd. 24 Nrn. (Bog.) Lex.-8. Leipzig 877, Minde. * 8 —
Nicht weiter erschienen.

Heilgehilfenordnung f. den Landespolizeibezirk Berlin vom 11. IV. 1903. (4 S.) gr. 8. Berlin (903). R Schoetz.

Heilgehülfenordnung f. die Stadtkreise Berlin u. Charlottenburg. gr. 8. (4 S.) Berlin (899). R. Schoetz. n.n. — 10

Heilgehülfen-Zeitung, deutsche. Central-Blatt für Volksgesundheitspflege und Heilmittellehre. Organ für Bade- und Heilanstalten, sowie des deutschen Heilgehülfen-Verbandes. Redact.: Hoffers. 1. und 2. Jahrg. 1880 und 1881. à Jahrg. 24 Nrn. (à Nr. 1/2—1 Bog.) gr. 4. Berlin, (Bohne.) à Jahrg. *
Nicht weiter erschienen.

Heilgendorff, Max *Leo Wilhelm* [aus Gostomie, Kr. Carthaus '(Westpr.)']: Aus d. geburtshülfl. Poliklinik d. Kgl. Charité. '(Geh. Rat Prof. Dr. Gusserow.)' Ein Fall von Einkeilung oligo- und polyhydramniotischer Zwillinge während der Geburt ... Berlin, Buchdr. v. G. Schade, *1897;* 27 S., 2 Bl. 8.
Berlin, Med. Fak., Inaug.-Diss. v. 13. Aug. 1897

Heilgendorff, Walther, Ref. in Berlin: Die Vollstreckungsgegenklage. Charlottenburg 1906: J. Zalachowski. (121 S.) 8°
Leipzig, Jur. Fak., Diss. v. 8. Aug. 1906
[Geb. 7. Aug. 82 Schöneberg b. Berlin; Wohnort: Schöneberg; Staatsangeh.: Preußen; Vorbildung: Prinz Heinrich-Gymn. Schöneberg Reife O. 01; Studium: Berlin 1, Breslau 3, Berlin 2 S.; Rig. 13. Dez. 04.]

Heilgenstein, Emma von, Ritterschausp. in 5 A. 8. Cassel, Griesbach. 799. Rthlr. -

v. **Heilgenstein**, Emma; Ritterschspl. in 5 A. 8. Cassel 799. (Luckhardt). 8 gr.

Heilgers, Johann Jacob (Jülich), De pubertate morbosa. Diss. med. Bln. (August Petsch) 14. X. 1828. 23 S. mit Biograph. (M.: M. König.) (6.—) 13912
Oppon.: F. Püllenberg, L. Vagedes, C. Dünkelberg. — Gew.: G. Freudenberg (Geilenkirchen).

Heilgers, Joan. Jac. (geb. Jülich 29. 10. 1804): De pubertate morbosa. Berolini (1828). 123 [vielmehr 22] S.) 8°
Berlin, Med. Diss. v. 14. Okt. 1828

Heilgers, Jos., Blicke ins Menschenleben. 8. (IV, 319 S.) Paderborn 883, F. Schöningh. *

Heilgers, Jos., Blicke ins Menschenleben. 2. Aufl. (384 S.) gr. 16. Steyl 903. Missionsdruckerei. Geb. in Leinw. n. 2.—

— geistliche Blumenlese aus den Schriften des hl. Alfons Maria v. Liguori u. einiger anderer Heiligen. Ein vollständ. Gebet- u. Erbauungsbuch m. Unterrichten, 31 Altarsbesuchgn., 26 verschiedenen Betrachtgn., 5 Meßandachten u. allen gewöhnl. Andachten e. kathol. Christen. 5. Aufl. (752 S. m. 18 Abbildgn. u. 1 Stahlst.) 16. Einsiedeln 905. Verlagsanstalt Benziger & Co.
Geb. in Leinw. n. 1.60; in Ldr. m. Goldschn. n. 2.80

Heilgers, Josef (Bearb.), s. Ceberg, Alfons: Maria, unsere Hoffnung.

Heilgers, J., d. Gründg. d. afrikan. Mission durch d. ehrwürd. Libermann, d. Stifter d. Kongregation v. hl. Geiste u. v. hl. Herzen Marias. Anweisgn. u. Belehrgn. f. s. Missionäre. Nach s. Briefen dargest. gr. 8. (VIII, 259 S.) Paderborn 896. F. Schöningh. 3. —

Heilgers, J., das Ideal des Priestertums, s.: Libermann.
— ideales Leben u. Streben der christlichen Frauen u. Jungfrauen,

— vom Leben u. für d. Leben. Ein Weihnachtsgabe f. Kinder. 12. (154 S. m. Abb.) Steyl 897. Missionsdruckerei. Geb. in Damast n. 2. —

Maria, Unsere Liebe Frau von der immerwährenden Hülfe. Unterrichts- u. Gebetbuch f. fromme Verehrer d. Allerseligsten Jungfrau u. Mutter Gottes Maria. Neu bearb. von Pfarrer [Josef] **Heilgers** in Roisdorf. 17. Aufl. *Einsiedeln, Köln: Benziger & Co. (1902).* (576 S.) 8° [F.] [03. 14934

— Maria, Unsere Liebe Frau von der immerwährenden Hülfe. Unterrichts- u. Gebetbuch f. fromme Verehrer der allerseligsten Jungfrau u. Mutter Gottes Maria. Neu bearb. 17. Aufl. (576 S. m. Abbildgn. u. 1 Farbdr.) 16. Ebd. 903. Geb. in Leinw. n. 1.20; m. Goldschn. n. 1.60; in Ldr. m. Goldschn. n. 2.20; in unecht Kalbldr. m. Goldschn. n. 3. —

Heili

— das internationale Privatrecht u. die Staatskonferenzen im Haag. Zürich 900.

Heilig dem Herrn! Wochenblatt f. jedermann. Hrsg. u. verantwortlich: Ernst Modersohn. 1. Jahrg. 1910. 52 Nrn. (à ca. 16 S.) gr. 8. Blankenburg, Verlag d. ev. Allianzhauses. nn 2. 60

Heilig, heilig, heilig! Ein Andachtsb. f. kathol. Christen. Von e. Priester d. Diocese Augsburg. 16. (5¼ B. u. Ttlkpfr.) Augsburg 837, [Kreuzer u. Comp.]

Heilig, heilig, heilig! Ein Andachtsbuch für kathol. Christen. Von e. Priester der Diöcese Augsburg. Mit 1 Stahlst. 16. Augsburg 844, Kreuzer u. Comp. (Fahrmbacher.) n. 4 *ngl*

Heilig, heilig, heilig ist der Herr Gott Sabaoth! Handbuch der Erzbruderschaft zur Sühnung der Gotteslästerungen und der Entheiligung der Sonntage. Aus dem Französ. nach der 5. Aufl. übers., und mit vielen dem Zwecke der Erzbruderschaft angemessenen Belehrungen, Gebeten und den gewöhnl. Andachtsübungen verm. von Laurenz Hecht. Geziert mit dem (lithogr.) Sinnbilde dieser Erzbruderschaft. 12. (320 S.) Einsiedeln 851, Gebr. Benziger.

Heilig, heilig, heilig ist der Herr Gott Zebaoth. Gesang. O. O. 17??. V: *Lavater, Joh. Casp.* (Cat. d. Stadtbibl. Zürich. Zürich 1864—97.)

Heilig, Ad., Katechesen zum Unterricht in der Heimatkunde. Nach den Bestimmgn. des Lehrplans § 90 zusammengestellt. gr. 8. (V, 18 S.) Bühl 896. (Bruchsal, O. Katz). n. — 20

— der Amtsbez. Mosbach. Unter Benützg. der historisch-topographisch-statist. Beschreibg. des Amtsbez. Mosbach f. die Hand der Schüler bearb. 2. verm. u. verb. Aufl. Mit e. Kärtchen des Amtsbez. gr. 8. (24 S.) Bühl 902. Konkordia. n. — 25

Heilig, Adf., Präparationen f. den Unterricht in der Geographie v. Baden. Nach den Bestimmungen des neuen Unterrichtsplans f. d. Hand d. Lehrers bearb. (IV, 124 S. m. Abb.) 8. Bühl 910. Konkordia. Geb. 1. 60

Heilig, August Fr.

Heilig, A. Fr., die einfache u. doppelte Buchführung, s.: Neufeld's Unterrichtsbriefe.

Heilig, A. Fr., die Buchführung f. Handwerker u. Kleingewerbetreibende. In 3 Geschäftsbeispielen ausgeführt zum Gebrauche f. Schul- u. Selbstunterricht. 8. (VII, 166 S.) Glogau (902). C. Flemming. Geb. in Leinw. n. 1. 50

Heilig, A. Fr., deutsche Handelskorrespondenz, s.: Neufeld's Unterrichtsbriefe f. das Selbststudium.

— Die kaufmännische Kontor-Praxis, s.: Neufeld's Unterrichtsbriefe.

Heilig, Aug., Material zum Unterricht in der Buchführung. Sep.-Abdr. der Geschäfts-Vorfälle des Unterrichts zur Selbsterlernung der einfachen und doppelten [italien.] Buchführung. 1. und 2. Aufl. 8. (29 S.) Hirschberg 882,83, Heilig. *

Heilig, A., Material zum Unterricht in der Buchführung. Sep.-Abdr. der Geschäfts-Vorfälle des Unterrichts zur Selbsterlernung der einfachen und doppelten [italien.] Buchführung. 3. verb. Aufl. 8. (31 S.) Hirschberg 885, Heilig. * — 60

—— das Rechnen unter besond. Berücksicht. der gewerblichen Verhältnisse unter Zugrundelegung bewährter Vortheile des Schnellrechnens. Zum Selbst-Unterricht bearb. für Jedermann, der sich zum tüchtigen Rechner heranbilden will, insbesondere für Kaufleute und Gewerbetreibende jeder Art. In Lectionen hrsg. (In ca. 5 Lfgn.) 1. Lfg. 8. (S. 1—96.) Ebendas. 881. *

— Rechnen, s.a. Neufeld's Unterrichtsbriefe f. d. Selbststudium.

Rechnen. Die Theorie u. Praxis d. Rechnens, mit zahlr. gelösten Beispielen unter Zugrundelegung bewährter Vorteile d. Schnellrechnens... Bearb. u. hrsg. von A[ugust] Fr. Heilig, Vorst. e. handelswiss. Inst. zu Hirschberg i. Schl. 2., neubearb. Aufl. *Berlin: Neufeld & Henius [1902].* (256 S.) 8° [F.]
(Neufeld's Unterrichtsbriefe f. d. Selbststudium.) [04. 6146

—— Unterricht in der einfachen kaufmännischen Buchführung für Handwerker und Kleingewerbetreibende. In Lectionen für den Selbstunterricht bearb. und hrsg. 8. (67 S.) Ebendas. 885. * 1 20

—— Unterricht in der Buchführung für Handwerker und Kleingewerbetreibende. In 2 Geschäftsbeispielen zum Gebrauch für Fortbildungs-Schulen und zum Selbstunterricht bearb. 2. verb. und verm. Aufl. 8. (91 S.) Ebendas. 886. 1 50

—— dass. — In 3 Geschäftsbeispielen (Klempnerei, Tischlerei und Buchbinderei) zum Gebrauch für Fortbildungs-Schulen und zum Selbstunterricht bearb. 3. verb. und verm. Aufl. 8. (125 S.) Ebendas. 887. 1 50

—— Unterricht zur Selbsterlernung der einfachen und doppelten [italien.] Buchführung nach einer praktischen und bewährten Methode für Kaufleute, Gewerbetreibende, Fabrikanten etc. 15 Lectionen. gr. 8. (291 S.) Ebendas. 880. *

Heilig, A., Unterricht zur Selbsterlernung der einfachen u. doppelten [italienischen] Buchführung nach e. practischen u. bewährten Methode für Kaufleute, Gewerbetreibende, Fabrikanten etc. In 15 Lectionen bearb. u. hrsg. 2. Aufl. gr. 8. (291 S.) Hirschberg 887. Heilig. à Lection n. — 50; cplt.: n. 7. 50; geb. n. 8. 50

— Unterrichtsbriefe zur Selbsterlernung der einfachen u. doppelten Buchführung nach e. prakt. u. bewährt. Methode f. Kaufleute, Gewerbetreibende, Fabrikanten u. a. In 15 Briefen bearb. u. hrsg. 3., neu bearb. Aufl. (Neufeld's Unterrichtsbriefe f. das Selbststudium.) gr. 8. (256 S.) Berlin (901). Neufeld & Henius. 7. 50; geb. 8. 50

Unterrichtsbriefe zur Selbsterlernung der einfachen und doppelten Buchführung, nach e. prakt. u. bewährten Methode f. Kaufleute, Gewerbetreibende, Fabrikanten u.a. In 15 Briefen bearb. u. hrsg. von A[ugust] Fr. Heilig, Vorst. e. Privat-Inst. 3., neubearb. Aufl. *Berlin: Neufeld & Henius [1902].* (256 S.) 8° [F.]
(Neufeld's Unterrichtsbriefe f. d. Selbststudium.) [04. 6147

—— Unterrichtsstoff zur Buchführung für Handwerker und Kleingewerbetreibende. [Buchbinderei.] Zum Gebrauch für Fortbildungs-Schulen und zum Selbstunterricht bearb. 8. (12 S.) Ebendas. 888. * — 15

Heilig, Gerhard, appr. Arzt a. Cassel, Unterarzt b. Inf.-Reg. v. Wittich ⟨3. Kurhess.⟩ Nr. 83: Aus der Nervenheilstätte „Haus Schönow" bei Zehlendorf ⟨Direktor: Prof. Dr. M. Laehr⟩. Fabrikarbeit und Nervenleiden. Beitrag zur Ätiologie der Arbeiterneurosen. Berlin (1908): Vereinigte Verlagsanstalten G. Braunbeck & Gutenberg-Druckerei. (34 S.) 8°
Berlin, Med. Fak., Ref. Ziehen, Diss. v. 2. Juni 1908
[Geb. 17. Juli 83 Kassel; Wohnort: Berlin; Staatsangeh.: Preußen; Vorbildung: Luisen-Gymn. Berlin Reife O. 03; Studium: Berlin 10 S.; Coll. 30. Mai 08; Approb. 26. Mai 08.]

Heilig, Jos., katholisches Exempelbuch. (288 S.) 8. Buchs (904). Verlag des „Emmanuel". n. 1. 70

Heilig, Jos., Priesterseminar u. Persönlichkeitsrecht. Erlebnisse u. Zustände im Priesterseminar zu Rottenburg. (IV, 94 S.) gr. 8. München 909. J. F. Lehmann's Verl. 1. 50

Heilig, Mich., Methodus confessiones generales in sacro poenitentiae tribunali excipiendi juxta doctrinam et ordinem theologiae moralis S. Alph. de Ligorio in gratiam neoconfessariorum. Editio ex cl. auctoris mandato et curis in Germania I. 8. (88 S.) Regensburg 857, Manz. Thlr.

Heilig, Michel: Theologia moralis S. Alphonsi de Liguorio, Fundatoris Congregationis ss. Redemptoris ac olim Episcopi S. Agathae Gothorum. Accedunt: 1. Dissertatio P. Zachariae in S. Alphonsi theol. mor. 2. Praxis confessarii ad bene excipiendas confessiones. 3. Examen ordinandorum. 4. Epitome doctrinae moralis et canonicae ex operibus Benedicti XIV. 5. Decreta romanorum Pontificum et propositiones damnatae. 6. Appendix. I. De privilegiis scilicet Episcoporum, Ecclesiasticorum et Religiosorum. 7. Appendix II. De prohibitione librorum nocivorum. 8. Elenchus quaestionum reformatarum ab auctore. 9. Index. I. Auctorum qui hoc in opere citantur. 10. Index II. Capitum et dubiorum. 11. Index III. rerum notabilium quae in toto opere continentur. Editio novissima, omnium accuratior, collata cum editionibus Venetis, Romanis et Bassanensibus, ac continens quidquid Auctor in caeteris addidit, reformavit vel explicavit. Plurima in aliis editionibus omissa restituenda, citationes innumeras corrigendas, permulta impressione corrupta castiganda et annotationes necessarias addendas. Mechliniae 1845–46. 10 Bde. 12°

Dass. 6 Bde. Mechliniae. 8°

Heilig, Otto: Beiträge zu einem Wörterbuch der ostfränkischen Mundart des Taubergrundes. Leipzig, Druck v. Breitkopf & Härtel, 1894; 20 S. 4.
Heidelberg, R, MP 1894 (620)

Heilig, Otto, Grammatik d. ostfränk. Mundart d. Taubergrundes, s. c. S a m m l u n g kurzer Grammatiken deutscher Mundarten.

Grammatik der ostfränkischen Mundart des Taubergrundes und d. Nachbarmundarten v. Otto **Heilig**. Lautlehre ... *Leipzig: Breitkopf & Härtel 1898.* (xiii, 239 S., 1 Kt.) 1 Bd 8.
= Sammlung kurzer Grammatiken deutscher Mundarten. Bd v.
(98. 11539

– (Hrsg.), s. H e b e l, Johann Peter: Alemannische Gedichte.

Heilig, Otto, die Ortsnamen des Grossherzogt. Baden gemeinfasslich dargestellt. Ein Beitrag zur Heimatkunde. (X, 157 S.) gr. 8. Karlsruhe (906). F. Gutsch. n. 3. —; geb. n. 3. 60

Heilig, Otto, s.: Schiller, Frdr. v., Gedichte in leichtfaßl. Lautschrift.

— s.: Zeitschrift f. deutsche Mundarten.

Heilig, Otto, s.: Zeitschrift f. hochdeutsche Mundarten.

Heilig, P. M., s. Ligorio, S. Alph., de theologia morali.

Heiligbrodt, Robert: Fragment de Gormund et Isembart. Text nebst Einleitung, Anmerkungen und vollständigem Wortindex. I. Einleitung und Anmerkungen. (Separat-Abdruck aus den Roman. Studien, hrsg. v. Ed. Boehmer. Heft XII.) Strassburg, Karl J. Trübner. 1878. 8. 82 S.)

Heilige, Die entlarvte, oder die neue Katharina von Siena, in der Geschichte einer Nonne . . . Leipzig 1786. Ü: *Wichmann, Christian August.* (MGT)

Heilige, die entlarvte, oder die neue Katharina von Siene rc. gr. 8. Leipz. Gleditsch. 786.

HEILIGE des XIX. Jahrhunderts. Eine kitzliche Geschichte in Reimen. Mit zahlreichen Illustr. Berlin, o. J. Gr. 8°. (12 Mk. Max Harrwitz, 1903:)
„Mit zahlr. Federzeichnungen zum Teil sehr freien, aber immer graziösen Charakters. Der begleitende Text in flotten witzigen Versen erhebt das Schriftchen weit über das Niveau der meisten gleichartigen Erscheinungen."

Heilige Maria bitt' für uns! Katholisches Gebet- und Andachtsbuch für Verehrer der allersel. Jungfrau Maria. Von einem Priester der Diözese Metz. Saarlouis 851. Stein. 32. (2 Bl., VI, 256 S. u. 1 Stahlst.) geb. 7½ ngr

— — 6. verm. Aufl. Ebend. 857. 32. (VI, 280 S. u. 1 Stahlst.) 3½ ngr; Velinp. mit lith. Titel in Farbendr. 5½ ngr

Heilige-Drei-Könige-Lied, Das. Aachen 1868. V: *Debey, Matthias Hubert Dominik Maria.* (KN)

Heiligelinde [Schlagwort]

Heiligelinde, s.: Geologische Karten (Preussen).

Heiligen, die. Vom Verf. der „Gottes-Mörder". 8. (VII, 415 S.) Pest 872, Heckenast.

Heiligen, Die. Vom Verfasser der »Gottesmörder«. Preßburg 1874. V: *Vacano, Emile Mario.* (RUSSELL XII, 2, 2215)

Heiligen England's, die. Angelsächs. u. latein. hrsg., s. Liebermann, F.

Heiligen, der, Geleit zum Himmel. Gebete zur heil. Messe und zu den heil. Sakramenten, auf alle Zeiten des Tages und Jahres, in allen Anliegen und Bedrängnissen, aus den Schriften von Heiligen, als: h. Alphons Maria v. Liguori, h. Ambrosius, h. Anselmus rc. sowie aus der heil. Schrift, dem Missale rc. 1. und 2. Aufl. 32. (XV und 645 S. mit 1 Stahlst. und Titel in Stahlst.) Münster 860, [Aschendorff'sche Buchh.]
In Leder geb. zu 2 Thlr. 15 Ngr.; * 1 Thlr. 22½ Ngr. und

—— dass. — Ausg. in gr. 16. (IV und 588 S. mit 1 Stahlst. und Titel in Stahlst.) Ebendas. 860.

—— dass. — 5. Aufl. 16. (XV und 639 S. mit 8 Stahlst.) Ebendas. 861.

—— dass. — 7., sorgfältig durchgeseh. Aufl. gr. 16. (IV und 538 S. mit 8 Stahlst.) Ebendas. 861.

—— Gottes, die, in ihren Gebeten. Vollständiges Andachts- und Gebetbuch für kathol. Christen. Aus den Schriften der Heiligen: Augustinus, Alphons v. Liguori, Bernhard rc. 16. (432 S. mit eingedr. Holzschn. und 2 Chromolithogr.) Einsiedeln 871, Gebr. Benziger.
Feine Ausg. mit violetter Einfassung und 3 Stahlst.

Heiligen Gottes, die, in ihren Gebeten. Vollständiges Andachts- u. Gebetbuch für katholische Christen. Aus den Schriften der Heiligen: Augustinus, Alphons v. Liguori, Bernhard ꝛc., sowie aus dem römischen Missale u. Vesperale. Von einem Priester der Diözese Freiburg. 2. Aufl. Feine Ausg. mit Bildern (in Stahlst. u. Lith.). 16. (432 S.) Einsiedeln 877. Benziger. 1. 20

Heiligen, die, der Kirche. 1.—4. Bd. 8. Regensburg, Verlagsanstalt vorm G. J. Manz. n. 7. —

1. Leben der hl. Klara v. Assisi, ersten Aebtissin des Klosters St. Damian (1194—1253). Von Demore. Neubearb. von Bernh. Schmid, O. S. B. (VIII, 286 S.) 905. n. 2. —
2. Leben des hl. Aloisius Gonzaga, aus der Gesellschaft Jesu. Nach Virgil Cepari, S. J. Neu hrsg. v. e. Priester der Diözese Regensburg. Zugleich Erinnerungsgabe an sein 300jähr. Todesjahr. 1591. 5., verb. u. verm. [Titel-]Aufl. (XXIV, 475 S.) [890] (905). n. 2. —
3. Der ehrwürdige Diener Gottes P. Januarius Maria Sarnelli, Priester der Kongregation des allerheiligsten Erlösers u. Gefährte des hl. Alfonsus. Dargestellt in seinem Leben u. Wirken. Von Gebh. Wiggermann, C. Ss. R. Mit dem Bildnisse des Dieners Gottes. (Neue [Titel-]Ausg.) (XII, 579 S.) [888] (905). n. 2. —
4. Leben des hl. Simon v. Stock, 6. Generals der Karmeliten u. Begründers der Bruderschaft vom hl. Skapulier. Von Alfr. Monbrun. Autoris. Uebersetzung v. Bernhard vom heiligsten Sakramente, O. D. (Neue [Titel-]Ausg.) (XXXII, 192 S.) [888] (905). n. 1. —

Heiligen u. Schutzpatrone, die, der kathol. Kirche in wahrhaften Abbildgn. 3. Jahrg. 1847. 4 Lfgn. 8. (100 Stahlst.) Stuttgart, Dittmarsch. n. 1½ ℛ

Die **Heiligen** und Seligen Tirols. 1. 2. Wien: Mayer 1910. 8°
1. Christliches Altertum u. früheres Mittelalter. Von Johann Kröss.
2. Späteres Mittelalter u. Neuzeit.
(Austria sancta. [1.])
(Studien u. Mitteilungen aus d. kirchengeschichtl. Seminar d. theol. Fakultät d. k. k. Univ. in Wien. H. 5. 6.) [11. 1820

Heiligen, Die, nach den Volksbegriffen. Leipzig u. Linz 1791. V: *Eybel, Jos. Valentin.* (BGE) (MGT) (Ky) (BrMm) (WBL)

Heiligen, die, nach den Volksbegriffen, (v. J. V. Eybel), 4 Bde. 8. Leipz. u. Linz 791, (Haßlinger). 3 ℛ

Heiligen, die, n. d. Volksbegr. 4. Bde. 8. Linz, Rohrmoser. 792.

Heiligenbeil [Schlagwort]

Heiligenbeil, s.a. Königsberg, Reg.-Bez.

Kreise **Heiligenbeil** und Braunsberg. (Maßst. 1:150,000. Glogau: C. Flemming [1904].) (1 Kartenbl. 38×45 cm mit Legende.) 8° [Kopft. lith.] [kol.]
— **Kreiskarten,** Carl Flemmings Neue. Bl. 67. [06. 23196

Heiligenbilder, 100 Stück, mit Gebeten. 16. Augsburg 844, M. Rieger'sche Buchh. 5/12 ℛ

Heiligenbilder, 100 Stück, mit Gebeten. kl. 8. Augsburg 846, Rieger'sche Buchh.

Heiligenbilder, 100, in Farbendruck mit Gebeten. Neue Ausg. 12. Augsburg 847, Rieger. 5/12 ℛ

Heiligenbilder in Farbendruck mit Gebeten. Neue Ausg. 12 (100 Blatt mit Text.) Augsburg 866, Rieger'sche Buchh. In Couvert

Heiligendamm [Sachl. OW]

Heiligendamm, das Ostseebad, bei Doberan in Mecklenburg. Seine Vorzüge als Seebad und Luftkurort, Lage, Naturschönheiten und Umgebungen. Geschichtliches. Nebst detaillirtem Preistarif. gr. 8. (86 S. mit 1 Totalansicht, 1 Grundrisse und 1 Eisenbahn-Fahrplan.) Güstrow 887. (Berlin, Steinitz.)

Heiligendamm [Schlagwort]

Heiligendamm, s.: Ostseebäder.

Heiligendorf [Schlagwort]

Heiligendorf, s.: Preussen. Messtischblätter.

Heiligendörfer, G. Auflösung einer höheren Gleichung vermittelst geometr. Construction. Ein Beitrag zur analytischen Behandlung der Curven. 15 S. . . . .

Progr. Königsberg in d. Rmk. 1828

Heiligendörfer, G. In eine Curve des 2. Grades ein Dreieck zu beschreiben, dessen Seiten durch drei gegebene Punkte gehen. 19 S. . . .

Progr. Königsberg in d. Rmk. 1839

Heiligen-Festbuch, katholisches. Ein Unterrichts- und Erbauungsbuch für die Gedächtnißtage der denkwürdigsten Heiligen. Zugleich Religions- und Kirchengeschichte in zusammenhängender Darstellung der Wirksamkeit der denkwürdigsten gleichzeit. Diener der Kirche aller Jahrh. insbesondere Deutschlands, sowie Einleitung und Beigabe zu allen Legenden. 8. (332 S.) Bonn 848, (Wittmann.)

Heiligen-Geistes-Blume, d. E. Pfingstmärchen f. fromme Kinder. 16. (40 S.) Paderborn 897. Bonifacius-Druckerei. n. — 10

Ostseebad **Heiligenhafen** (Ost-Holstein). Heiligenhafen. o. J. [1909?] 8°

Prospekt. Ostseebad **Heiligenhafen** in Holstein. Hrgg. v. Magistrat. Heiligenhafen. o. J. 8°

Heiligenheil [Schlagwort]

Heiligenheil, Kreis, s.: Kreiskarten.

Heiligenkalender. Hottinger H'- K' für 1907, oder wohlmeinender Wegweiser zu den Dichtern, so in Helvetiens rauhen Gebirgen dem holdseligen Dienst der Musen ergeben sind. [Illustriert.] IV + 50 S. 4. (Zürich, Fritz Amberger.) [fr. 3.50]
(Bildnisse von Ernst Würtenberger, Rahmen und Schrift von Adolf Sulzberger, Verse v. Hugo Blümner. Auf das Maskenfest vom 17. März 1906 hrg. und vorlegt vom Lesezirkel Hottingen in Zürich. — *Exemplar* No. 254.)

Heiligenkreuz [Sachl. OW]

Heiligenkreuz, Das Cistercienserstift, in Niederösterreich. Wien [1894]. V: *Lanz-Liebenfels, Jörg.* (EB)

Heiligenkreuz [Schlagwort]

Heiligenkreuz, s.: Wiener Ausflugskarten.

Heiligenlegende. Enth. die Lebensbeschreibung derjenigen Heiligen, welche die v. Sr. Eminenz dem Herrn Kardinal-Fürstbischof entworfenen u. v. den königl. Regiergn. zu Breslau u. Oppeln herausgegebenen Lehrpläne f. den Religions-Unterricht in den kathol. Schulen zu lernen vorschreiben, nebst e. Erklärg. d. Kirchenjahres, der kirchl. Feste, der Ceremonien, Weihgn. ꝛc. 8. (39 S.) Breslau 894. G. P. Aderholz. n. — 20

Heiligenlegende. Enth. die Lebensbeschreibg. derjenigen Heiligen, welche die von dem Cardinal-Fürstbischof entworf. u. von d. kgl. Regiergn. zu Breslau u. Oppeln herausgegeb. Lehrpläne f. d. Religions-Unterr. in den kathol. Schulen zu lernen vorschreiben, nebst e. Erklärg. d. Kirchenjahres, d. kirchl. Feste, d. Ceremonien, Weihgn. rc. 3. Aufl. 8. (IV, 39 S.) Breslau 898. G. P. Aderholz. n. — 20

Heiligen-Legende, große illustrirte, auf alle Tage des Jahres. Mit 1000 Holzschn. Bearb. von Albert Werfer, Frz. Xav. Steck, Ph. B. Lander und C. Borromäus Reiching. 1—61. Heft. gr. 4. (S. 1—656. mit 3 Holzschnt. und eingedr. Holzschn.) Ulm 855—56, J. Ebner'sche Buchh. à Heft 2 Ngr.

Heiligen-Legende, große illustrirte, auf alle Tage des Jahres. Mit 1000 Holzschn. Bearb. von Albert Werfer, Frz. Xav. Steck, Ph. B. Lander und C. Borromäus Reiching. 62—108. (Schluß-) Heft. gr. 4. (XIV und S. 657—1218 mit eingedr. Holzschn., 1 Holzschnt. und Titel in Holzschn.) Ulm 857. 58, Ebner'sche Buchh. à Heft 2 Ngr.
1—61. Heft. Ebendas. 1855,56. 4 Thlr. 2 Ngr.

—— dass. — 2. Aufl. Bearb. von Alb. Werfer, Frz. Xav. Steck und Ph. B. Lander. 24 Hefte. gr. 4. (XIV und 1096 S. mit eingedr. Holzschn., 8 Holzschnt. und Titel in Holzschn.) Ebendas. 859,60. à Heft 7½ Ngr.

[F.] **Kleine Heiligenlegende.** Enth. d. kurze Lebensbeschreibg derj. Heiligen, welche d. amtl. Lehrplan-Entwurf f. d. kath. Schulen d. Prov. Schlesien zu lernen vorschreibt . . . *Breslau: G. P. Aderholz [1897?].* (24 S.) 1 Bd 8. [97. 4389

Heiligen-Legende, kleine. Enth. kurze Lebensbeschreibungen derjenigen Heiligen, die der amtl. Lehrplan-Entwurf f. die kathol. Schulen der Prov. Schlesien zu lernen vorschreibt. Neue verb. Aufl. (24 S.) 16. Breslau (905). G. P. Aderholz. n.n. — 05

Heiligenlegende, kurze ab. gemeinnützige, zum öffentl. Gebrauch in d. Kirche u. z. häusl Erbauung. 2te Aufl. m. 12 Kupf. 2 Bde. 8. Prag, Gottl. Haas. 815. Schreibp.

Heiligen-Legende, kurze, auf alle Tage des Jahres. Nebst kurzen Morgen-, Abend-, Meß-, Beicht-, Communion- und anderen Gebeten. 16. (119 S.) Regensburg 865, Bößenecker.

Heiligenlegende, neue verbesserte, z. Erbauung rc. 2 Thle. gr. 4. Bamb. Göbhard. 801.

Heiligenlegende, Würtemberg., s. Leben Tabea.

Heiligen-Legende, Würtembergische, oder das Leben der heiligen Tabea von Stuttgart . . . Halle 1789. V: *Duttenhofer*, *Christian Friedrich.* (MGT)

Heiligenlegenden, altitalienische, hrsg. v. Wilh. Friedmann, s.: Gesellschaft f. romanische Literatur. 14.

Heiligen-Lexikon, Ausführliches. Cöln u. Frankfurt [Leipzig] 1719. N. A. 1735. V: *Schmauss*, *Joh. Jac.* (Wr)

Heiligen-Lexikon, vollständiges, s. Stadler, Joh. Evang., und Fr. Jos. Heim, vollständiges Heiligen-Lexikon.

Heiligen-Patronate, Die, der Kirchen und Kapellen in der Erzdiöcese Salzburg . . . Salzburg 1895. V: *Reitlechner*, *Gregor.* (Hr)

Heiligensee [Schlagwort]

Heiligensee, s.: Mark.

Heiligen-Spiegel, vorgehalten d. Feiertagsschul-pflichtigen Jugend v. e. emeritirten Priester. gr. 8. (14½ B.) Augsburg 816, Kollmann'sche Buchh.

Heiligenstadt [Schlagwort]

Heiligenstadt, s.: Deutschland. Kürschner-Pelp.

Heiligenstadt, s.: Geologische Karten. Preussen 112.

Heiligenstadt [Verf.]

Heiligenstadt, Karl

Heiligenstadt. Fragen des Geldmarktes. (Verhandlungen des Königl. Landes-Ökonomie-Kollegiums 1906. Sonderabdruck.) Berlin 1906.

Heiligenstadt, C. Der deutsche Geldmarkt. (Aus dem Schmollerschen Jahrbuch für Gesetzgebung, Verwaltung und Volkswirtschaft, Jahrgang 31, Heft 4. Leipzig 1907.)

Heiligenstadt u. Kautz, ländlicher Meliorations- u. Bau-Kredit im Deutschen Reiche, s. a. Arbeiten der deutschen Landwirtschafts-Gesellschaft.

Ländlicher Meliorations- und Bau-Kredit im Deutschen Reiche. Auf Anregung d. Betriebs-Abt. d. Deutschen Landwirtsch.-Gesellsch. hrsg. von Dr. [Karl] **Heiligenstadt** u. [Emil] Kautz. Berlin: Deutsche Landwirtschafts-Gesellsch. 1907. (231 S.) 8° [F.]
— **Arbeiten** d. Deutschen Landwirtsch.-Gesellschaft. H. 131. [08. 1033

Heiligenstadt u. **Kautz,** Ländlicher Meliorations- und Baukredit im Deutschen Reiche. 8°. Berlin, Deutsche Landwirtschafts-Gesellschaft, 1908. (Arbeiten der Deutschen Landwirtschafts-Gesellschaft, 131.)

Heiligenstadt, Carl, d. preuss. Central-Genossenschafts-Kasse. 8. (III, 102 S.) Jena 897. G. Fischer. n. 1. 60; geb. n. 2. 25

Heiligenstaedt, Fridericus: Fasti aedilicii inde a Caesaris nece usque ad imperium Alexandri Severi. Halis Sax. 1910: Kaemmerer. VIII, 80 S. 8°
Halle, Phil. Diss. v. 19. März 1910, Ref. Wissowa
[Geb. 3. Sept. 87 Roßleben; Wohnort: Roßleben; Staatsangeh.: Preußen; Vorbildung: Klostersch. Roßleben Reife O. 05; Studium: Halle 4, Leipzig 1, Halle 5 S.; Rig. 22. Nov. 09.] [U 10. 1746

Heiligenstaedt, G. (Primaner) Carmen elegicum. Beim Tode des Primaners L. Erxleben, 19. Septbr. 4 S. . . . .
Progr. Luckau 1839

Heiligenstaedt, Ricardus: De enuntiatorum finalium usu Herodoteo cum Homerico ex parte comparato. P. prior. Halis Saxonum 1883: Ploetz. 56 S. 8°
Halle-Wittenberg, Phil. Diss. v. [26. Mai] 1883
Geb. Eilenburg 31. 10. 1858. V.
P. 2 ersch. Görlitz 1892: Görlitzer Nachr. u. Anzeiger. 29 S. 4° Rossleben, Klosterschule. Progr.

Heiligenstädt, Richard [Dr.]: De finalium enuntiatorum usu Herodoteo cum Homerico comparato. P. II. (P. I: Inaug.-Diss. Halle 1883.) Görlitz, Druck d. Act.-Ges. Görl. Nachr. u. Anzeiger, 1892; 3—29 S. 4.
Rossleben, Kloster-S, P 1892 (247)

Heiligenthal, F., die Anstalt für mechanische Heilgymnastik im grossherzogl. Friedrichsbade in Baden-Baden. 8. (VIII, 80 S. mit eingedr. Holzschn.) Baden-Baden 884, (Marx.) *

Heiligenthal, F., die Apparate f. mechanische Heilgymnastik u. deren Anwendung im grossherzogl. Friedrichsbade in Baden-Baden. 8. (83 S. m. eingedr. Abbildgn.) Baden-Baden 886. (Marx.) n.n. 1. —

—— Baden-Baden. Das Klima, die heissen Quellen und die Kuranstalten. 8. (VIII, 200 S.) Ebendas. 886. * 2 —

Heiligenthal, F. Baden-Baden, ses thermes, ses ressources curatives et ses établissements thermaux. 8. (VIII, 176 S.) Baden-Baden 889, Marx. * 2 —

Heiligenthal, Dr. F. Die Heilerfolge der Thermen in Baden-Baden bei den in der Winterstation verpflegten Verwundeten und Kranken aus dem letzten Kriege. Nebst dem Geschäftsberichte der Winterstation von A. Sachs, Sekretär und Cassier. 8 Baden-Baden 1871.

—— die heissen Luft- und Dampfbäder in Baden-Baden, s. Frey, A.

— die heißen Quellen in Baden-Baden u. deren Verwendung zu Trink- u. Badekuren, nebst Anhang über Molken- u. Milchkuren. gr. 16. (55 S.) Baden-Baden 878. Marx. n. — 80

Heiligenthal, F., die heißen Quellen in Baden-Baden und deren Verwendung zu Trink- und Badekuren, nebst Anhang über Molken- und Milchkuren. gr. 16. (55 S.) Baden-Baden 879, Marx. * — 80

—— the hot Springs in Baden-Baden and their application to drinking and bathing cures, with appendix on whey and milk cures. Translated by T. Archibald S. White. 12. (50 S.) Baden-Baden 880, Marx. *

— die Thermen in Baden-Baden. Ihre Anwendung u. Erfolge nach den Erfahrungen im dortigen Armonbade. gr. 8. (IV, 160 S.) Ebend. 877. n. 2. —

Heiligenthal, Roman Friedrich

Heiligenthal, R., Baugeschichte der Stadt Bruchsal vom 13.—17. Jahrh., s. a. Zeitschrift f. Geschichte der Architektur. 2. Beiheft.

Heiligenthal, Roman Friedrich: Baugeschichte der Stadt Bruchsal vom 13. bis 17. Jahrhundert. Heidelberg: Winter 1909. 149 S., 1 Taf. 4⁰ ¶ Um Abb. verm. als: Zeitschrift f. Geschichte d. Architektur. Beih. 2.
Karlsruhe, Dr.-Ing.-Diss. v. 15. 7. 1908

Baugeschichte der Stadt Bruchsal vom 13. bis 17. Jahrhundert von Dr. ing. R. Heiligenthal. Mit 1 Pl. u. 101 Textabb. Heidelberg: Winter 1909. 101 S. 4°
(Zeitschrift f. Geschichte d. Architektur. Beih. 2.) [09. 13:11

— Bruchsal im XVII. Jahrh. Vortrag, geh. im kaufmänn. Verein am 28. XII. 1906. (55 S. m. 11 Taf. u. 1 farb. Plan.) 8. Bruchsal 907. (W. Ott.) 1. 60

Heiligenthal, Rudolf [app. Arzt aus Baden-Baden]: Ein Fall von Ausgedehnter marantischer Thrombose im Gebiete der Vena cava superior ... Leipzig, G. Thieme, 1893; 20 S. 8.
Tübingen, Med. Fak., Inaug.-Diss. v. 1893

Heiliger Antonius von Padua, bitt für uns! Andacht an d. 9 Dienstagen zu Ehren dieses großen Heiligen. Nebst d. gewöhnl. Andachtsübungen. *Einsiedeln, Köln: Benziger & Co. [um 1902].* (240 S.) 8° [J.] [03. 10830

Hl. Joseph, bitt für uns! Betrachtungen u. Gebete z. Verehrung d. hl. Joseph auf alle Tage im Monat März nebst e. vollst. Andachtsbuch. Bearb. von e. Priester d. Erzdiöcese Cincinnati. *Einsiedeln, Köln: Benziger & Co. 1900.* (384 S.) 8° [J.] [03. 13767

Heiliger

— s. a. Heyliger.

Heiliger, Ernst Anton

Heiliger, E. A., De campis Roncaliae habitisque ibi curiis sollemnibus liber singularis. Götting. (Gg. Ludw. Schultz) 1751. 76 S. (7.—) 13913
Tit.-Vign.: Kaltenhofer fec. Goett.

— — Dasselbe. Ed. II. Lpz. (Langenheim) 1752. 91 S. (7.—) 13914
Tit.-Vign.: J. C. G. Fritzsch sc.

Heiliger, F. A., Chronologiae advocatorum provincialium in Ducatu Cellensi quae generales etc. fol. Hannov. Hahn. 800.

Les serenissimes ducs de l'auguste maison de Bronsvick-Lunebourg representés comme des héros dans la république des lettres ou harangue prononcée le 2. d'août de l'an 1747 dans le grand auditoire du collège Carolin de Bronsvick à l'occasion de l'anniversaire de l'heureuse naissance de ... Charles duc regnant de Bronsvick et de Lunebourg etc. par Erneste Antoine Heiliger, étudiand en belles-lettres et membre du susdit collège. 1747. 12 S. 4⁰ *Br LandschB*

— Verzeichniß der in d. kurhannöv. Landen in d. laufenden Jahrhundert publ. Landes- u. Namensveränderungen. 4. Hannov. 782. Hahn. 4 gr.

Heiliger, J. F.: Geographische Karte ..., s. Hogrewe, J. L.

Heiliger, Josef, appr. Arzt: Ueber die congenitale cystenartige Erweiterung des Ductus choledochus. Giessen 1910: v. Münchow. 32 S. 8°
Gießen, Med. Diss. v. 13. Aug. 1910, Ref. Bostroem
[Geb. 6. Jan. 79 Grevenberg; Wohnort: Gießen; Staatsangeh.: Preußen; Vorbildung: Gymn. Krefeld Reife O. 03; Studium: Bonn 2, Kiel 3, München 1, Bonn 1, Gießen 3 S.; Coll. 18. Mai 09; Approb. 5. Juni 09.] [U 10. 1140

Heiliger, Wilhelm, Referendar aus Sielhorst i. Westfalen: Die Tragung der Gefahr bei gegenseitigen Verträgen nach Gemeinem Recht und nach Bürgerlichem Gesetzbuch. *Düsseldorf 1899: L. Schwann.* (52 S.) 8°
Erlangen, Jur. Diss. v. 3. Febr. 1898

Heilig-Geist-Bruderschaft, die, an der Pfarrkirche zum heiligen Geist in München. 16. (28 S.) Regensburg 890. Pustet. n. — 15

Heil. Geistes-Hospital in Zürich; eine Darstellung auf die Säkular-Feyer der Glaubens-Verbesserung. [Zürich] 1819. V: *Ott, Salomon.* (CLZür Forts. II) (Cat. d. Stadtbibl. Zürich. Zürich 1864—97.)

Ueber die Heiligkeit der jüdischen Feiertage. Wien, 1855. Gedr. bei Adalbert della Torre. (XVI. 38 S. 8.) (Hebräisch.)

Heiligkeit, die, u. d. Gerechtigkeit Gottes, s. (Petersen, J. F.)

— die, und die Gerechtigkeit Gottes sind die herrlichsten Offenbarungen der göttl. Liebe. Von Joh. Fr. Petersen. gr. 8. Lübeck 835. Aschenfeldt. 5/12 ℛ

Heiligkeit Gottes, die. 3. Aufl. 16. (20 S.) Barmen 871. (Wiemann.) n. — 10

Die Heiligkeit der katholischen Kirche im 19. Jahrhundert. *Paderborn: F. Schöningh 1900.* (S. 126–172.) 8°
— Broschüren-Cyklus f. d. kathol. Deutschland. Jg. 35, H. 8–10. (00. 9153)

Die Heiligkeit des Namens Gottes. [Verf.: Jakob Vetter, Evangelist.] (Barmen-Wichlinghausen [1907]: Montanus & Ehrenstein.) (32 S.) 8° [F.]
= Vetter: Arm-Sünder-Glöckchen. Folge 4 [vielm. 2]. (08. 9348

— die, in der Zelle, s. a. Waitzmann, J. G.

Heiligkeit, die, in der Zelle, d. i. Lebensgeschichten heil. Ordensstifterinnen und Aebtissinnen. Ein Lese- und Erbauungsbuch auf dem Wege zur christl. Vollkommenheit, für das weibliche Geschlecht jedes Alters u. Standes bearb. (von J. Geo. Waitzmann). 8. Augsburg 835. Math. Rieger's Buchh. (Himmer.) 5 ɏ — 2e Ausg. Mit 1 Stahlstich. 8. Ebd. 840. 5 ɏ

Heilig-Kreuz-Kalender, Donauwörther, f. das katholische Volk. 1901. Red. v. J. M. Schmidinger. 2. Jahrg. 4. (176 Sp. u. 37 S. m. Abbildgn., 1 Farbdr. u. Wandkalender.) Donauwörth, L. Auer. n. — 50

Heil.-Rock-Album. Eine Zusammenstellung der wichtigsten Aktenstücke, Briefe, Adressen, Berichte und Zeitungsartikel über die Ausstellung des heil. Rockes in Trier. 8. Leipzig 845, Mayer u. Wigand. 1/4 ℛ

Heiligsprechungsfeier des heil. Alph. Maria v. Liguori. Enthalt.: das Festprogramm, die Heiligsprechungsbulle (Canonisationsbulle) u. elf Reden. Hrsg. v. d. Versammlung d. heiligsten Erlösers. 8. (17¼ B. u. Bildn.) Wien 842. (Leipzig Fr. Fleischer.) *

Heiligstedt, A(ug.), Commentarius in ecclesiasten et canticum canticorum, s. Maurer, F. J. V. D.

Heiligstedt, Aug., Commentarius grammat. hist. crit. in Iobum. gr. 8. (XXIV u. 287 S.) Lipsiae 847, Renger. 1½ ℛ

Heiligstedt, Augustus. Commentarius in Jobum. [= Franc. Jos. Valent. Dominic. Maureri Commentarius grammaticus historicus criticus in Vetus Testamentum. Vol. IV. Sect. I.] Lipsiae 1847.

Heiligstedt, Aug., s. Gesenius, Wilh., hebräisches Elementarbuch.

Heiligstes Herz Jesu, du Sitz aller Tugenden, du Schatzkammer aller Gnaden und ewige Freude der Auserwählten, erbarme dich unser! Gebetbüchlein f. fromme Verehrer d. heiligsten Herzens Jesu. 12. Aufl. *Dülmen: A. Laumann [1903].* (31 S.) 8° [F.] (04. 14519

Heiligstes Herz Mariä, Du Zuflucht der Sünder, bitte für uns! Gebetbüchl. f. d. Mitgl. d. Bruderschaft d. heiligsten u. unbefleckten Herzens Mariä z. Bekehrung d. Sünder. 18. Aufl. *Dülmen: A. Laumann 1899.* (32 S.) 8° [F.] (00. 3839 6

Heiligstes Herz Mariae, Du Zuflucht der Sünder, bitte für uns. Gebetbüchlein f. d. Mitgl. d. Bruderschaft d. heiligsten u. unbefleckten Herzens Mariä z. Bekehrung d. Sünder. 19. Aufl. *Dülmen: A. Laumann 1901.* (32 S.) 8° [F.] (02. 4691 6

Heiligstedt, Aug., Praeparation zur Genesis mit den nöthigen die Uebersetzung und das Verständniss des Textes erleichternden Anmerkungen. gr. 8. (VIII, 127 S.) Halle 872, Anton. *

Heiligstedt, Aug., Praeparation zur Genesis mit den nöthigen die Uebersetzung und das Verständniss des Textes erleichternden Anmerkungen. 2. verb. Aufl. gr. 8. (VIII, 126 S.) Halle 883, Anton. *

Heiligstedt, Aug., Präparation zur Genesis mit den nötigen, die Übersetzung und das Verständnis des Textes erleichternden Anmerkungen. In 3. verb. Aufl. hrsg. von Max Budie. gr. 8. (VIII, 126 S.) Halle 888, Anton. * 1 80

Heiligstedt, Aug., Präparation zur Genesis mit den nötigen d. Übersetzg. u. d. Verständnis d. Textes erleicht. Anmerkgn. In 4. u. 5. verb. Doppel-Aufl. hrsg. v. Max Budie. gr. 8. (XII, 126 S.) Halle 894. E. Anton. n. 1. 80

— Praeparation zum Buche Hiob mit den nöthigen die Uebersetzung und das Verständniss des Textes erleichternden Anmerkungen. gr. 8. (VIII, 158 S.) Halle 871, Anton. *

Heiligstedt, Aug. Präparation zum Buche Hiob m. den nötigen die Übersetzg. u. das Verständnis d. Textes erleicht. Anmerkgn. In 2. verb. Aufl. hrsg. v. O. Unbekannt. gr. 8. (VIII, 151 S.) Halle 889, Anton. * 2 40

— Praeparation zum Propheten Jesaja mit den nöthigen die Uebersetzung und das Verständniss des Textes erleichternden Anmerkungen. gr. 8. (VIII, 154 S.) Halle 869, Anton. *

Heiligstedt, Aug., Praeparation zum Propheten Jesaja mit den nöthigen, die Uebersetzung und das Verständniss des Textes erleichternden Anmerkungen. 2. verb. Aufl. gr. 8. (156 S.) Halle 878, Anton. * 1 80

— Praeparation zum Propheten Jesaja mit den nötigen die Uebersetzung und das Verständniss des Textes erleichternden Anmerkungen. In 3. und 4. verb. Aufl. hrsg. von Max Budie. gr. 8. (IV, 156 S.) Halle 885,88, Anton. *

Heiligstedt, Aug., Präparation zum Propheten Jesaja m. den nötigen die Übersetzung u. das Verständnis d. Textes erleichternden Anmerkungen. In 5., verb. Aufl. hrsg. v. Max Budie. gr. 8. (IV, 158 S.) Halle a/S. 891. E. Anton. n. 2. 20

— dasselbe zum Propheten Jesaja. In 6. verb. Aufl. hrsg. v. Max Budie. gr. 8. (IV, 158 S.) Ebd. 893. n. 2. 20

Heiligstedt, Aug., Praeparation zu den Psalmen mit den Uebersetzung und das Verständniss des Textes erleicht. Anmerkungen. gr. 8. (IV und 108 S.) Halle 867, Anton. *

— Praeparation zu den Psalmen mit den nöthigen die Uebersetzung und das Verständniss des Textes erleichternden Anmerkungen. 2. verb. Aufl. gr. 8. (IV, 120 S.) Halle 874, Anton. *

— Präparation zu den Psalmen mit den nöthigen die Uebersetzung und das Verständniss des Textes erleichternden Anmerkungen. 3. verb. Aufl. gr. 8. (IV, 120 S.) Ebendas. 882. *

Heiligstedt, Aug., Präparation zu den Psalmen mit den nötigen die Übersetzung und das Verständnis des Textes erleichternden Anmerkungen. 4. verb. Aufl. Hrsg. von O. Unbekannt. gr. 8. (IV, 120 S.) Ebendas. 887. *

— Präparationen zu den Psalmen m. den nötigen, die Übersetzg. u. das Verständnis d. Textes erleicht. Anmerkgn. 5. verb. Aufl. Hrsg. v. O. Unbekannt. gr. 8. (IV, 115 S.) Ebd. 890. * 1 60

Heiligstedt, Aug., Präparation zu den Psalmen m. d. nötigen, die Übersetzg. u. das Verständnis d. Textes erleichternden Anmerkungen. 6. verb. Aufl. Hrsg. v. O. Unbekannt. gr. 8. (IV, 177 S.) Leipzig 902. F. Hirt & Sohn. n. 2.40

Heiligstedt, Aug., Präparation zu den Psalmen m. den nötigen, die Übersetzung u. d. Verständnis d. Textes erleichternden Anmerkgn. 7. Aufl. Hrsg. v. O. Unbekannt. (IV, 177 S.) gr. 8. Leipzig 909. F. Hirt & Sohn. 2.40

—— s. Psalmen, die.

Heiligtag, Fritz, aus Pasewalk, Assistenzarzt im 1. Kurhess. Inf.-Reg. No 81 in Frankfurt a. M.: Zur **Perityphlitis**. *Berlin (1904): G. Schade.* (28 S.) 8°
Berlin, Med. Diss. v. 23. Jan. 1904

Heiligthum, das, Vorspiel in 1 Aufzug von K. Schall. 8. Breslau, Holäufer. 818.

Vom **Heiligthum** der Ehe und der Bedeutung der kirchlichen Trauformel. Halle 1878.

Heiligthum, Eichstättisches, in dem Leben und Wunderthaten . . . der jungfräulein Äbtisssin Walburgae. München 1750. V: *Luidl, Ambr.* (SO)

Heiligthum, Das, der Freimaurerei: Gespräche über die Vorurtheile gegen maurerischen Bund, über die Wirksamkeit und Segen desselben. Leipzig 1860. 2. Aufl. Leipzig 1884. V: *Pilz, Karl.* (wolfstieg II, 896)

Heiligthum, das, der Maurerei. Gespräche über die Vorurtheile gegen den maurerischen Bund, über die Wirksamkeit und den Segen desselben. (Abdr. aus der Freimaurer-Zeitung.) Leipzig 860. Fries in Comm. 8. (VII, 208 S.) 22½ ngr.

Heiligthumbuch, das Wiener. Nach der Ausgabe vom Jahre 1502 sammt den Nachträgen von 1514 mit Unterstützung des k. k. Handelsministeriums hrsg. vom k. k. österr. Museum für Kunst u. Industrie. 4. (XV, 56 fcsm. S.) Wien 882. Gerold & Co. n. 8. —

Heiligthumbuch, Das Wiener, nach der Ausgabe v. J. 1802. Wien 1882. V: *Heuperger, Matthaeus.* H: *Ritter, Franze.* (EB)

Heiligthümer aus dem Archive der Tempelherren oder die wahre Entstehung der Freimaurerei. Erfurt 1811. V: *Arnold, Theodor Ferdinand Cajetan.* (BGE III², 117)

Heiligthümer aus dem Archive der Tempelherren. Erfurt: Knick 1811. 358 S. 8°

Heiligthümer aus d. Archiv d. Tempelherren. 1r Bd. 8. Erfurt, Müller. 811.

[N. Ausg. u. d. Tit.:]
Heiligthümer aus dem Archiv der Tempelherren; oder Die wahre Entstehung der Freimaurerei. Für Maurer und Nichtmaurer, und hauptsächlich für die Leser des Sarsena oder des vollkommenen Baumeisters, welche Wahrheit wünschen. Neue Ausg. mit 2 ill. Kupfern. Berlin u. Leipzig: 1817. 358 S. 8°

[Dasselbe.] Ebendas. 1818. 358 S. 8°
cf. L. 23 (1864) S. 28—29.
Kl. 3988, Tt. 2651, TB. 215. 4 Liebes- u. Leidensgeschichten von Templern.
1817 in 193; 1818 in 341.

Heiligthümer aus dem Archiv der Tempelherren, oder die wahre Entstehung der Freymaurerey 2c. N. A. mit 2 Kupf. gr. 8. Gotha, Hennings. 818.

Heiligthümer, Die orthodoxen, in . . . Weimar [und Wiesbaden]. [Jena 1896]. V: *Kužičić, Nikanor.* (EB)

Heiligthumsbuch, Hallisches, s. XVIII. Bd. 2. Abthl. S. 52: Liebhaber-Bibliothek alter Illustratoren.

Heiligthumsfahrt

— die! Oder getreue Abbildung des Domes und der Heiligthümer zu Aachen und seiner Umgebung nebst Beschreibung und Geschichte. Mit 30 lithogr. Abbild. 12. Coblenz 846, Hölscher. ¼ ₰

Heiligthumsfahrt, die, zu Aachen, Burtscheid und Cornelimünster. Mit Beschreibung und Ablaßgebeten. 12. (17 S.) Aachen 881. (M. Jacobi.)

— Aachener. Passendes Festgeschenk. 8. (16 S. m. 1 Holzschn.) Aachen 881. Schweitzer. n. — 10

— dasselbe, s. a. Für die Feste u. Freunde d. Gustav-Adolf-Vereins.

—— die Aachener. Das älteste nationale Kirchenfest der Deutschen von Johannes Aquensis. [Zum Nutzen und Frommen der Heiligthumsfahrer aus der „Heil. Stadt Gottes" hier eigens eingedruckt.] 12. (48 S. mit 11 eingedr. Abbild.) Steyl 881, Missionsdruckerei. **

Heiligthumsfahrt, die Aachener, u. die in d. hohen Münsterkirche daselbst befindl., alle 7 Jahre der Verehrung der Gläubigen ausgestellten heil. Reliquien. Histor. dargestellt von e. kathol. Laien. Mit 1 lith. Abbild. 8. Aachen 846, Boisserée, Cremer, Hensen u. C., Mayer, Wengler. ⅓ ₰

Heiligthumsfahrt, die Aachener, und die in der hohen Münsterkirche daselbst befindlichen, alle sieben Jahre der Verehrung der Gläubigen ausgestellten heiligen Reliquien. Historisch dargestellt von einem kathol. Laien. Mit 1 lith. Taf. Abbildgn. derselben (in 4.). (Neue Titel-Ausg.) Aachen (846.) 853. Hensen u. Co. 8. (VIII, 96 S.) 7½ ngr

Heiligtumsfahrt, die Aachener, und die Reliquienverehrung überhaupt. 1.—6. Aufl. 12. (65 S. mit Abbild.) Barmen 888, Klein. *

Heiligung. Hrsg. v. der Wupperthaler Traktat-Gesellschaft. 8. (8 S.) Barmen 875. Wiemann. n. — 4

Heiligung, d. Monatsschrift f. bibl. Heiligg. Hrsg. von J. Paul. (1.) Jahrg. Oktbr. 1898—Septbr. 1899 12 Hfte. (à ca. 20 S.) 8. Ravenstein i/P., O. Schwarz 2. —; einz. Hfte. — 20
Kann auch halbjährlich bezogen werden.

Heiligung, die. Monatsschrift f. bibl. Heiligg. Hrsg. v. J. Paul. (2.) Jahrg. Oktbr. 1899—Septbr. 1900. 12 Hfte. 8. (à ca. 16 S.) Elmshorn, Gebr. Bramstedt. n.n.n. 2.—
Nicht durch den Buchhandel zu beziehen.

Heiligung, Ansprachen, Gedanken und Erfahrungen. Hrsg. von der Heilsarmee. gr. 8. (II, 123 S.) Zürich 887. (Bonn, Schergens.) *

—— im Dienste der schmerzhaften Mutter oder das Leben der sieben heiligen Väter. gr. 8. (92 S.) Innsbruck 888, Vereinsbuchhandlung. *

Heiligung, die, Gottes, in d. Herz. e. bußf. Communicanten. 12. Leipz. Junius. 717.

Heiligung, Die, der Handarbeit. Anleitung zur Vollkommenheit zunächst für Laienbrüder ... Innsbruck 1881. 2. Aufl. 1887. B: *Müllendorff, Julius.* (margr)

Heiligung, die, der Handarbeit. Anleitung zur Vollkommenheit zunächst für Laienbrüder, dann aber auch Allen nützlich, die sich mit tägl. Handarbeit beschäftigen. Nach den Werken von Felix Cumplido und Thom. Leblanc, deutsch bearb. von einem Priester derselben Gesellschaft. 12. (IV, 342 S. mit 1 Stahlst.) Innsbruck 881, F. Rauch's Buchh. *

—— die, der Handarbeit. Anleitung zur Vollkommenheit zunächst für Laienbrüder, dann aber auch Allen nützlich, die sich mit tägl. Handarbeit beschäftigen. Nach den Werken von Cumplido und Thom. Leblanc, S. J., deutsch bearb. von einem Priester derselben Gesellschaft. 2. Aufl. 12. (IV, 344 S. mit 1 Stahlst.) Innsbruck 887, F. Rauch. *

— die, der Handarbeit. Anleitung zur Vollkommenheit zunächst f. Laienbrüder, dann aber auch Allen nützlich, die sich m. tägl. Handarbeit beschäftigen. Nach den Werken v. Fel. Cumplido u. Thom. Leblanc, S. J., deutsch bearb. v. J. Müllendorff, S. J. 3. Aufl. 12. (IV, 346 S. m. 1 Stahlstich.) Innsbruck 899. F. Rauch. n. 1.20

Heiligung, die, der Krankheit, durch ständliche Uebung von Tugend-Akten. Für Kranke, und für Seelsorger zum Zuspruch am Krankenbette sehr geeignet. Von einem Priester der Diözese Brixen. 12. (XVI und 272 S. mit 1 Stnt.) Innsbruck 857, F. Rauch.

Heiligung d. Morgen- u. Abendstunden in auserles. Gebetliedern 2c., s. Morgen- u. Abendgebete. 3r Bd.

Heiligung des Priesters durch die rechte, liebevolle u. kluge Ausspendung des Sakramentes der Buße. Od.: Eigenschaften eines guten Beichtvaters; seine Pflichten gegen den Nächsten u. gegen sich selbst; Regeln u. Mittel zur Bekehrung d. Sünder. — Nach d. Italien. bearb. von Mich. Sintzel. gr. 12. (16⅓ B.) Landshut 846, Thomann'sche Buchh.

Heiligung des Priesters durch die rechte, liebevolle u. kluge Ausspendung des Sakramentes der Buße. Nach dem Italien. von Mich. Sintzel. 12. (389 S.) Landshut 847, Thomann. ½ ℛ

Heiligung, die, des Priesters, durch die sorgfältige Verrichtung des Breviergebets, durch die andächtige Darbringung des heil. Meßopfers und durch die richtige Verwaltung des Bußsakraments. Aus dem Italien. übers. von einem Priester des Bisthums Breslau. 24. (729 S.) Regensburg 856, Manz.

— die, d. Priesters durch d. sorgfält. Verrichtg. d. Breviergebetes, d. andächt. Darbringg. d. hl. Meßopfers u. d. richt. Verwaltg. d. Bußsakraments. Aus dem Ital. übers. 2., v. e. Priester der Erzdiöcese Freiburg i. B. besorgte Aufl. 12. (XVI, 491 S.) Regensburg 896. Nationale Verlagsanstalt. n. 2. —

[F.] Unsere Heiligung! D. brennendste Frage aller gläubigen Christen. Vier Referate ... (Vorr.: Jul. Dammann.) *Hagen i. W.: Buchh. 'Immanuel' 1897.* (32 S.) 1 Bd 8. [58. 3054]

Heiligung d. Volks auf d. folg. Tag, od. Beichtandachten. s. Lilienthal.

Die sogenannte Heiligungslehre im Lichte des Wortes Gottes. Nach d. Engl. von J. C. R. *Elberfeld: R. Brockhaus 1900.* (43 S.) 8° [F.]
— [Schriften z. Erbauung u. Befestigung d. Gläubigen.] No 256. [01. 318]

Heiligungslieder s.: Wächterlieder.

Heiling, Fritz, Unwichtiges u. Wichtiges aus der Sprachlehre, s.: Sammlung pädagog. Vorträge. XVIII, 4. 5.

Heiling, Hans, actenmäß. Beiträge zur Charakteristik kurhess. Zustände. — Die hersfelder Petition f. die Deutschkatholiken in Kurhessen, u. das Verhalten der Staatsregierung gegenüber derselben. gr. 8. (1¼ B.) Frankfurt a. M. 846, Oehler.

Heiling, Hans, Märchen aus dem alten u. neuen Jahrhundert. Buchschmuck v. F. W. Haller. 4. (VI, 185 S. m. 4 Farbdr.) Freiburg i/B. 902. F. E. Fehsenfeld. Geb. in Leinw. n. 4. —

Heiling, Hans, vierter u. letzter Regent d. Erd- Luft- Feuer- u. Wassergeister. Ein Volksmährchen des 10ten Jahrh. von Chr. Hch. Spieß. 4 Thle. 8. Lpz. Voß. 798—99.

Heiling, (J. C.,) über das Wiederkauen bei Menschen. gr. 4. Nürnb. 824, Monath u. K.

Heilingbrunner, Anton

— u. M. Zeheter, drittes Elementarbuch der nöthigsten Sach- u. Sprachgegenstände f. Volksschulen. 8. Landshut 822, Krüll.

Heilingbrunner, A., Gratulations-Briefe zu Namens- u. Geburtstagen und zum neuen Jahre. 8. München, Fleischmann. 821.

Heilingbrunner, (A.,) Gratulationsbriefe z. Namens- u. Geburtstagen u. z. neuen Jahre. Ein nützl. Hülfsbüchlein f. d. zartere Jugend in Elementarschulen. 2e Aufl. 8. Münch. 826, Fleischmann.

Heilingbrunner, Ant., Fall und Rettung. Ein Theaterstück nach den Grundsätzen der Thierschutzvereine verfaßt. München 863. Lentner. 16. (48 S.) 6 ngr.

Heilingbrunner, Anton, Lehrkurs der deutschen Sprachlehre u.: Deutsche Sprachlehre, s. beide: Elementarschüler. der.

Heilingbrunner, Ant., 14 drei- und vierstimmige Lieder, braven Schulkindern gewidmet und in Musik gesetzt. Wasserburg a/I. 855. (München, Kaiser.) qu. 8. (31 lith. S.) n. 4 ngr

— die Schulgesetze, erklärt u. durch lehrreiche Geschichtchen erläutert. Mit Vorrede von M. Zeheter. 8. München 820. 2e Aufl. 828. Fleischmann. 4 gr

Heilingbrunner sen., Ant., deutsche Sprachlehre nach der geistbildenden Methode. I. Abthl., für Schüler der II. Elementar-Klasse. 5. verb. Aufl. 8. 844. 1/8 ₰ — II. Abthl., für Schüler der III. Elementar-Klasse. 3. verb. Aufl. 8. Regensburg 843, Manz. 1/8 ₰

Heilingbrunner, Ant., Deutsche Sprachlehre nach der geistbildenden Methode. 1. Abth., f. Schüler der 2. Elementar-Klasse. 6. verb. Aufl. 8. (102 S.) Regensburg 849, Manz. — 2. Abth., f. Schüler der 3. Elementar-Klasse. 4. verb. Aufl. 8. (96 S.) Ebd. 848. (à 1/8 ₰) 1/4 ₰

Heilingbrunner, Ant., deutsche Sprachlehre nach der geistbildenden Methode. 1. Abthl., für Schüler der 2. Elementar-Klasse. 7., verb. Aufl. 8. (102 S.) Regensburg 856(57,) Manz. Thlr.

Heilingbrunner sen., Ant., deutsche Sprachlehre nach der geistbildenden Methode. 2. Abthl., für Schüler der dritten Elementar-Klasse. 5., verb. Aufl. 8. (96 S.) Regensburg 858, Manz.
1. Abthl. 7. Aufl. Ebendas. 1856. 3¾ Ngr.

—— deutsche Sprachlehre nach der geistbildenden Methode 1. Abthl., für Schüler der 2. Elementarklasse. 8., verb. Aufl 8. (IV und 102 S.) Regensburg 867, Manz.

— Unterhaltungsstunden im Gesellenhause. Eine Festgabe für katholische Gesellenvereine. Freysing 862. Datterer. 8. (V, 124 S.) 8 ngr.

Heilinger, Alois. Beitrag zur Theorie d. deutschen Privatrechtes. Fortsetzg. der „Krit. Studien aus dem Privatrechte". gr. 8. (28 S.) Wien 892, Manz. * — 80
„Krit. Studien etc." Ebd. 1887. * 1 80.

[F.] Oesterreichisches Gewerberecht. Von Dr. Alois Heilinger, Magistratsconcipist ... Commentar d. Gewerbeordng. Bd I—III. [&] Nachtrag. *Wien: Manz 1894—97.* 4 Bde 8.
I. M. e. Reg. v. Dr. M. Felber, Hof- u. Gerichtsadv. in Wien. 1894. (VIII, 465 S.)
II. 1895. (1 Bl., 339 S.)
III. '(Schluss)'. M. e. Sachreg. üb. das ganze Werk. 1895. (IV, 253 S.)
Nachtrag. 1897. (1 Bl., 115 S.) [98. 2394

Heilinger, Alois, Oesterreichisches Gewerberecht. N. d. neuesten Stande d. Gesetzgebg., Rechtsprechg. u. Literatur bearb. Commentar d. Gewerbeordng. M. e. Register v. M. Felber. 3 Thle. in 1 Bd. 2., m. e. Nachtrage verm. Ausg. gr. 8. (VIII, 465; 339, IV, 253 u. Nachtrag 115 S.) Wien 898. Manz. n. 12. —; geb. n. 18. 20; Nachtrag allein (115 S.) 897. n. 1. —

Österreichisches Gewerberecht. Von Dr. Alois Heilinger. Kommentar d. Gewerbeordnung. 3., v. Verf. durchges. Aufl., bearb. von Dr. Michael Plachy u. Dr. Alois Tischler. Wien: Manz 1909. X, 813 S. 8° [09. 13[illegible]

Heilinger, Alois, die Pensionsversorgung des Gewerbestandes. Eine Forderg. der Gewerbepolitik. 8. (15 S.) Wien 899. Manz. n. — 40

Heilinger, A., Recht u. Macht. gr. 8. (76 S.) Wien 890. Manz. n. 1. 80

— das Recht d. Zahntechniker. gr. 8. (19 S.) Ebd. 898. n. — 80

Kritische Studien aus dem Privatrechte. Von Dr. Alois Heilinger. Th. 1. (2). Wien: Manz 1887–92. 2 Bde 8°
1. Vermögensrechte. 1887.
2 [u. d. T.:] Beitrag z. Theorie d. deutschen Privatrechtes. 1892. [07. 9408

Die Heilkraft gewisser Bewegungen des Körpers zur Vertreibung hartnäckiger Hypochondrie, Gicht und einiger anderer Krankheiten, n. Anzeige e. neu erfundenen Mittels, d. Schwäche d. Augen zu heben u. sich d. d. beschwerlichen Brille zu befreyen, V. e. Nichtarzte, 2. Aufl., Leipzig. XII u. 114 S., 8°.

Heilkraft, die, gewisser Bewegungen des Körpers zur Vertreibung hartnäckiger Hypochondrie, Gicht und einiger andern Krankheiten. 3te Aufl. 8. Leipzig, Lauffer. 812.

Heilkraft, die, gewisser Bewegungen d. Körpers zur gänzlichen Vertreibung hartnäckiger Hypochondrie, Gicht, Brustbeschwerden, Magenschwäche, Hämorrhoiden rc. 4., verb. Aufl. 8. (6½ B.) Leipzig 813, Lauffer.

Heilkraft, die, gewisser Bewegungen des Körpers bis in die spätern Lebensjahre zur gänzlichen Vertreibung hartnäckiger Hypochondrie, Gicht, Rheumatismus rc. nebst Angabe der durch 50jähr. Erfahrung bewährten einfachen und naturgemäßen Mittel dagegen. Zur Beförderung des körperl. Wohles faßlich dargestellt von einem Nichtarzte. 4. Aufl. (IV und 100 S.) 1851. und 5., verb. Aufl. 8. (88 S.) Leipzig 852, Geibel.

Heilkraft, die, gewisser Bewegungen des Körpers bis in die spätern Lebensjahre zur gänzl. Vertreibung hartnäckiger Hämorrhoiden, Gicht, Rheumatismus, Hypochondrie, Schwindel rc., nebst Angabe der bewährten einfachen und naturgemäßen Mittel dagegen. Nach 50jähr. Erfahrungen faßlich dargestellt von einem Nichtarzte. 6., verb. Aufl., revid. von F. Möller. 8. (88 S.) Leipzig 855(56), Geibel.

Heilkraft, die, gewisser Bewegungen des Körpers bis in die spätern Lebensjahre zur gänzlichen Vertreibung hartnäckiger Hämorrhoiden, Gicht, Rheumatismus rc. nebst Angabe der bewährten einfachen und naturgemäßen Mittel dagegen. Nach 50jähr. Erfahrungen faßlich dargestellt von einem Nichtarzte. 7. Aufl. 1859. und 8., verb. Aufl. revid. von F. Möller. 8. (88 S.) Leipzig 860, Geibel.

Heilkraft, die, gewisser Bewegungen des Körpers bis in die spätern Lebensjahre zur gänzlichen Vertreibung hartnäckiger Hämorrhoiden, Gicht, Rheumatismus rc. nebst Angabe der bewährten einfachen und naturgemäßen Mittel dagegen. Nach 50jähr. Erfahrungen faßlich dargestellt von einem Nichtarzte. 9., verb. Aufl. revid. von F. Möller. 8. (88 S.) Leipzig 866, Geibel.

Heilkraft, die, gewisser Bewegungen des Körpers bis in die spätern Lebensjahre zur gänzl. Vertreibung hartnäckiger Hämorrhoiden, Brustbeschwerden und mehrerer anderer, durch sitzende oder unregelmäßige Lebensweise entstandenen Krankheiten, nebst Angabe der bewährten einfachen und naturgemäßen Mittel dagegen. Nach 50jähr. Erfahrungen faßlich dargestellt von einem Nichtarzte. 10. verb. Aufl., revid. von F. Möller. 8. (88 S.) Leipzig 870, Geibel.

—— die neuentdeckte, der weissen Senfsamen, s. Mittel, ein, zur Verlängerung des menschl. Lebens.

Heilkräfte, Die, der Gemüse, sowie der einheimischen Obstfrüchte . . . Nordhausen 1844 [1843]. V: *Martini, Ludolph.* (call)

Heilkräfte, die untrüglichen u. naturgemäßen, der Kräuter- u. Pflanzenwelt, namentlich die Heilkraft der Le Roi'schen Kräuter-Arzeneien als sicherer u. gefahrloser Mittel gegen Auszehrung, Augenkrankheiten, Ausschlag aller Art, Bandwurm, Blattern rc. sowie der Milter'schen Magenkrampf-Tropfen als eines unfehlbaren u. schnell wirkenden Mittels gegen den Magenkrampf u. der Stougthon-Drops als eines vorzügl. Mittels gegen Appetitlosigkeit u. gestörte Verdauung. Mitgetheilt nach Le Roi. br. 8. (61 S.) Braunschweig 850, Oehme & Müller. 1/4 ₰ — 4. umgearb. u. verm. Aufl. gr. 8. (VI u. 208 S.) Ebd. 851. 1/3 ₰

Heilkräfte, die, des kalten Wassers, nachgewiesen durch hundert Erfahrungssätze berühmter Aerzte ält. u. neuerer Zeit. Nebst e. Sachregister u. e. Uebersicht d. vorzügl. Literatur üb. Wasserheilkunde. 16. (96 Seit.) Nördlingen 839, Beck'sche Bh.

Heilkunde, die. Monatsschrift f. prakt. Medicin. Organ f. d. Studium d. Fortschritte auf allen Gebieten der Heilkunde u. zur Wahrg. d. Gesammt-Interessen des ärztl. Standes. Unt. Mitwirkg. zahlr. Fachautoritäten red. v. Jul. Weiss u. Fel. Frhr. v. Oefele. 1. Jahrg. Octbr. 1896 Septbr. 1897. 12 Hfte. (à ca. 5 Bog. m. Taf.) Lex.-8. Teschen, K. Prochaska. n. 14. —

— dasselbe unter ständ. red. Mitarbeiterschaft von C. Arnd, Th. Borgen, J. P. zum Busch u. a. hrsg. u. red. von Jul. Weiss. 2. u. 3. Jahrg. Oktbr. 1897—Septbr. 1899. à 12 Hfte. (à 4—5 Bog.) Lex.-8. Wien, Spielhagen & Schurich. à Jahrg. n. 12. —

Heilkunde, die. Monatsschrift f. prakt. Medicin, unter ständ. red. Mitarbeiterschaft v. S. Alexander, C. Arnd, Th. Borgen u. a. hrsg. u. red. v. Jul. Weiss. 4. Jahrg. Oktbr. 1899—Septbr. 1900. 12 Hfte. Lex.-8. (II, 870 S.) Wien u. Berlin, Verlag d. „Heilkunde". n.n. 12. —

— dasselbe, unter ständ. correspondir. Mitarbeiterschaft v. C. Arnd, Th. Borgen, J. P. zum Busch u. a. hrsg. v. Kossmann u. Jul. Weiss. Red.: Kossmann. Jahrg. 1901 u. 1902. à 12 Hfte. Lex.-8. (II, 672 u. II, 588 S.) Ebd. à Jahrg. n. 12. —

Heilkunde, die. Monatsschrift f. pract. Medicin, unter ständ. correspondier. Mitarbeiterschaft v. C. Arnd, Th. Borgen, J. P. zum Busch u. a. hrsg. v. Kossmann u. Jul. Weiss. Red.: Kossmann. Jahrg. 1903—1906. à 12 Hefte. (587, 587, 581 u. 576 S.) Lex.-8. Berlin, Verlag „Die Heilkunde". à Jhrg. n. 12. —

Heilkunde, die. Monatsschrift f. prakt. Medizin. Organ der internation. freien Vereinigg. ärztl. Praktiker. Amsterdam, Basel, Berlin usw. Hrsg. v. Carl Schleich u. Jul. Weiss. Jahrg. 1907—1910. à 12 Hefte. (498, 474, 476 u. 481 S.) Lex. 8. Berlin, Verlag „Die Heilkunde". à Jahrg. 12. —
Hat mit Ende 1910 ihr Erscheinen eingestellt.

Heilkunde Bauchwassersuchten Hautwassersuchten

Heilkunde der Bauch- und Hautwassersuchten. Nach den neuesten Entdeckungen und Erfahrungen. Aus dem Französischen. 402 S., gbd.

Erfurt: Hennings 1806

JB 2.065

— u. Einfalt. Von einem Arzte. (40 S.) 8. Brugg 904. Effingerhof. n. 1. —

Heilkunde der religiösen Gefühle. 8. Königsb. 803. (M. Härtel in Leipz.) 1 ℛ 8 gr. Hbg. Pr. 8 gr. Velinp. 1 ℛ 16 gr.

Heilkunde d. religiös. Gefühle. 8. Königsb. Nicolovius. 803.

Velinp.

— magnetische. Methode nach Dr. med. F. A. Mesmer. (22 S.) 8. Emmendingen 905. Druck- u. Verlags-Gesellschaft vorm. Dölter. n. 1. —

Heilkunde, die sympathetisch-magnetische, s.: Bibliothek der Zauber-, Geheimniß- u. Offenbarungsbücher, 15. Abth.

Heilkunst, die, und das Apotheker-Gewerbe. Ihr gegenwärtiger Zustand und Vorschläge zu Reformen in Bezug auf Beide. 8. (XVI und 222 S.) Friedrichshafen 859, Lincke. —

Heilkunst, die neue. Familienblatt zur Beförderg. der Volkswohlfahrt, insbesondere durch die arzneilose u. operationslose Heilweise u. die naturgemässe Gesundheitspflege. Hrsg. von L. Volkmar. 1. u. 2. Jahrg. 1889. 1890. à 24 Nrn. (B.) gr. 4. Leipzig, L. Volkmar, Flossplatz 24. à Jahrg. n. 6. —

Heilkunst, die neue. Familienblatt zur Beförderg. der Volkswohlfahrt insbesondere durch die arzneilose u. operationslose Heilweise u. die naturgemässe Gesundheitspflege. Hrsg. v. Lothar Volkmar. 3.—6. Jahrg. 1891—1894. à 24 Nrn. (Bog.) gr. 4. Berlin. Oranienburg, Verlag der neuen Heilkunst. à Jahrg. n. 6. —

Heilkunst, die neue. Familienblatt z. Beförderg. der Volkswohlfahrt insbes. durch d. arzneilose u. operationslose Heilweise u. d. naturgem. Gesundheitspflege. Hrsg. von Lothar Volkmar. Red.: G. A. Seiss. 7.—9. Jahrg. 1895—1897. à 24 Nrn. (Bog.) gr. 4. Berlin, W. Möller. à Jahrg. n. 6. —
Der 8. u. 9. Jahrg. waren von Reinh. Gerling redigiert.

— dasselbe. Volkstüml. Halbmonatsschrift f. naturgem. Gesundheitspflege, soz. Hygiene, Magnetismus, Suggestion, Hypnotismus u. Seelenkunde. Org. d. magnet. Gesellschaft zu Berlin u. ihrer Zweig-Gesellschaften. Schriftleiter: Rhold. Gerling. 10. Jahrg. 1898. 24 Nrn. (à ca. 12 S.) gr. 4. Ebd. n. 6. —
Kann auch vierteljährlich bezogen werden.

Heilkunst, die neue. Volkstümliche Halbmonatsschrift f. naturgemässe Gesundheitspflege, soziale Hygiene, Magnetismus, Suggestion, Hypnotismus u. Seelenkunde. Schriftleiter: Rhold. Gerling. 11.—14. Jahrg. 1899—1902. à 24 Nrn. gr. 4. (à ca. 8 S.) Nebst Gratis-Beilage: Gesunde Kinder! Gesunde Frauen! Red.: Wilh. Möller. à 12 Nrn. gr. 8. (à ca. 16 S. m. Abbildgn.) Berlin, Möller & Borel. à Jahrg. n. 6. —

Heilkunst, die neue. Volkstümliche Halbmonatsschrift für naturgemässe Gesundheitspflege, soziale Hygiene, Magnetismus, Suggestion, Hypnotismus u. Seelenkunde. Schriftleiter: Rhold. Gerling. 15.—17. Jahrg. 1903—1905. à 24 Nrn. (II, 196; II, 192 u. II, 192 S. m. Abbildgn.) 4. Nebst Gratis-Beilage: Gesunde Kinder! Gesunde Frauen! Red.: Wilh. Möller. 8.—10. Jahrg. à 12 Nrn. gr. 8. Berlin, Möller & Borel. à Jhrg. 6. —

— dasselbe. 18. Jahrg. 1906. 12 Nrn. (IV, 240 S.) Nebst: Gesunde Kinder! Gesunde Frauen! Schriftleitung u. Red.: Wilh. Möller. 11. Jahrg. 12 Nrn. gr. 8. Ebd. 4. —

Heilkunst, neue. Volkstümliche Monatsschrift f. naturgemässe Gesundheitspflege, soziale Hygiene, Hypnotismus, Seelenkunde, Erziehg. u. Grenzwissenschaften. Hrsg.: Reinh. Gerling. Schriftleiter: Willy Vierath. 19. Jahrg. 1907. 12 Nrn. (à ca. 20 S.) Nebst: Für denkende Frauen. Monatsblätter f. Körper- u. Gesundheitspflege. Sonderausg. d. Körperkultur. Schriftleiter: Karl Roghe. 12 Nrn. (à ca. 12 S. m. Abb.) Lex. 8. Oranienburg, Orania-Verlag. 4. —

— dasselbe. Blätter f. Volksaufklärg. Hrsg.: Reinh. Gerling u. Willy Vierath. 20. Jahrg. 1908. 12 Nrn. (à ca. 20 S.) gr. 8. Ebd. 4. —
Fortsetzg., s.: Blätter f. Volksaufklärung.

Heilkunst, Die, der Verrenkungen, Verstauchungen ... Gotha 1818. V: *Vogel, Ldw.* [?] (call)

Heilkunst, Die, der Wunden, Fracturen... Gotha 1817. V: *Vogel, Ldw.* (call)

Heilkur

Heil-Cur, die Schrot'sche, als letzte Lebensrettung bei chronischen Krankheiten. In Rücksicht auf häusl. Selbstanwendung derselben, zunächst für den unvermög. Mittelstand, leichtfaßlich dargestellt von einem Natur-Arzte. 3., verb. und stark verm. Aufl. 8. (72 S.) Hamburg 864, Nestler und Melle. *

Heilcur, die Schroth'sche, als letzte Lebensrettung bei acuten od. hitzigen Fieber-, Entzündungs-, sowie chron., langwierigen inneren u. äusseren Krankheiten, leichtfasslich dargestellt v. e. Natur-Arzt. Mit e. Portr. d. Joh. Schroth u. e. Ansicht v. Lindewiese. 8. Aufl. 8. (71 S.) Freiwaldau 893. A. Blažek. n. 90

— die Schroth'sche, als letzte Lebensrettung bei acuten od. hitzigen Fieber-, Entzündungs-, sowie chronischen, langwierigen, inneren u. äusseren Krankheiten, leichtfasslich dargestellt v. e. Natur-Arzt. Mit dem Portr. des Johann Schroth. 10. Aufl. 8. (71 S.) Freiwaldau (900). A. Blažek. n. — 75

Heilkur, d. Schroth'sche, als letzte Lebensrettg. bei akut. od. hitzigen Fieber-, Entzündungs-, sowie chronischen, langwierigen, inneren u. äusseren Krankheiten, leichtfasslich dargestellt v. e. Natur-Arzt. (Neue Aufl.) (73 S. m. 1 Bildnis.) 8. Freiwaldau-Gräfenberg (909). Freiwaldau, A. Blažek. 1. 40

— die gesammte Schroth'sche, als letzte Lebensrettung, v. e. Naturarzte. a) Heilung der acuten, sowie chron. Krankheiten, — der Blattern, — Gicht u. Rheumatismus, — der Hämorrhoiden, Hypochondrie u. Hysterie, — Lungenkrankheiten, — Magenkrankheiten durch Schrot-sche Heilcur. b) Der Naturarzt Johann Schroth u. dessen Heilmethode. Mit den Portr. des Johann u. Emanuel Schroth u. e. Ansicht der Curanstalt zu N.-Lindewiest, österr. Schlesien. 12. (71, 23, 34, 24, 41, 39 u. 16 S.) Freiwaldau (899). A. Blažek. Kart. n. 2. 40

Die gesamte Schroth'sche Heilkur als letzte Lebensrettung von einem Naturarzt. 33. Aufl. 8°. K 3.60
Freiwaldau: Blážek 1909.

Heilkur, die gesamte Schroth'sche, als letzte Lebensrettung v. e. Natur-Arzte. Durchgesehen u. rev. v. Karl Schroth. a) Heilung der akuten, sowie chron. Krankheiten, d. Blattern, Gicht u. Rheumatismus, d. Hämorrhoiden, Hypochondrie u. Hysterie, Lungenkrankheiten, Magenkrankheiten durch d. Schroth'sche Heilkur. b) Der Naturarzt Johann Schroth u. dessen Heilmethode. 34. Aufl. (73, 23, 35, 24, 40, 39 u. 19 S. m. 2 Bildnissen u. 1 Abb.) kl. 8. Freiwaldau (909). A. Blažek. Kart. 3. —

Heill

— d. internat. Unionen üb. d. Recht der Weltverkehrsanstalten u. des geistigen Eigentums. Vortrag. Leipz. 889.

Heillehre, die homöopath., in ihren Hauptzügen dargest. v. St. R. D. v. St—n. gr. 8. (1 B.) Leipzig 832, Berger.

Heiller, Karl

HEILLER, CARL: Antrittsrede, gehalten am 15. August 1849 im Dome zu Preßburg. Preßburg 1849: C. F. Wigand. 19 S. - 4°

HEILLER, CARL: Bild des katholischen Priesters in seiner Wirksamkeit als Seelsorger. Predigt bei der am 28. August 1853 begonnenen Priester-Jubiläums-Feier des Hochgebornen und Hochwürdigen Herrn Josef Freiherrn von Metzburg, Pfarrers in der Neustadt in Preßburg. Preßburg 1853: Druck v. Alois Schreiber. 14 S. - gr. 8°

HEILLER, KARL: Zwei Festpredigten zu Weihnacht und am Jahresschlusse gehalten im Dome zu St. Martin. Preßburg 1822: L. A. Krapp. 24 S. - gr. 8°

Heiller, Carl, zwei Festpredigten zu Weihnacht und am Jahresschlusse. 8. (24 S.) Preßburg 852, Krapp. *

Heiller, Carl, Glaube, Hoffnung und Liebe. Sieben Fastenpredigten. gr. 8. (90 S.) Preßburg 849, Wigand. Blnp.

HEILLER, CARL: Predigt am jährlichen Buß- und Bettage, zur Erinnerung an das verheerende Feuer, welches am 18. Juli im Jahre 1800 in der königl. freien Krönungs-Stadt wüthete. Gehalten in der Collegiat- und Stadt-Pfarr-Kirche zum heil. Martin, am 6. Sonntage nach Pfingsten von Carl Heiller, Domprediger allda. Auf Verlangen und auf Kosten mehrerer Bürger zum Drucke befördert und der Betrag dem hiesigen städtischen Waisenhause gewidmet. Preßburg o. J.: Gedr. b. Anton Edl. v. Schmid. 23 S. - 8°

HEILLER, CARL: Predigt gehalten am Sylvester-Abend des J. 1850 im Dome zu St. Martin. Preßburg 1851. Gedr. bei C. F. Wigand. 16 S. - 8°

HEILLER, CARL: Predigt zur zweihundertjährigen Jubelwallfahrt der katholischen Pressburger Gemeinde nach dem Gnadenorte Maria-Zell. Am 21. August 1852 daselbst abgehalten von Carl Heiller. Pressburg 1852: L. A. Krapp. 15 S. - gr. 8°

— Predigten an den sechs Sonntagen der heil. Fastenzeit im J. 1851. gr. 8. (78 S.) Preßburg 851, Krapp. 12 ngr.

HEILLER, CARL: Predigten an den sechs Sonntagen der heiligen Fastenzeit im J. 1851. gehalten im Dome zu St. Martin von Carl Heiller. Preßburg 1852: L. A. Krapp. 78 S. - gr. 8°

— Predigten an den sechs Sonntagen der heil. Fastenzeit im J. 1851. gr. 8. (78 S.) Preßburg 852, Krapp.

HEILLER, CARL: Trauerrede auf den Tod Sr. Excellenz des Feldmarschall-Leutnants Franz Phil. Grafen von Lamberg, gehalten bei den feierlichen Exequien in der Domkirche zu Pressburg am 6. Februar 1849 von Carl Heiller. Pressburg 1849: C. F. Wigand. 14 S. - 8°

HEILLER, CARL: Das Vater unser in sieben Fastenpredigten von Carl Heiller. Preßburg 1841: Druck von Anton Edl. v. Schmid. Jos. Landes'sche Buchhandlung. (2) 128 (2) S. - 200 mm

HEILLER, CARL: Wallfahrtsbuch zum Gebrauche der frommen Pilger nach Maria-Zell in Steiermark. Aus den bewährtesten katholischen Schriftstellern gesammelt von Carl Heiller, Abt, Domherr und Stadtpfarrer. Pressburg 1852. Verlag von L. A. Krapp. 2 f. 187 S. 1 t. - kl. 8°
- Dass. Preßburg 1858. 187 S. 2 f.
- Dass. Preßburg 1868, 187 S. - kl. 8°

HEILLER, CARL: Wallfahrts-Predigt bei Gelegenheit der Preßburger Votiv-Prozession nach dem Gnadenort Maria-Zell, daselbst gehalten am 21. August 1850 von Carl Heiller, Abt, Domherr u. Stadtpfarrer von Preßburg. Preßburg 1850: C. F. Wigand. 16 S. - gr. 8°

HEILLIGER, JOANNES FRA.: Schau-Spiel der Liebe Gottes und des Nächsten, zu welchen eine heilige Elisabeth, als eine heilige Wittfrau der Welt, denen Englen, und denen Menschen in einer Lob- und Ehren-Rede den 19. November 1759 Hochfeyerlich begangen. Pest 1759: Eitzenberger 24 S. - 200 mm

Heilmagnetismus, der. Von e. prakt. Arzte. 8. (28 S.) Düsseldorf 889. (de Haen'sche Buchhandlg.) n. — 50

Heilmaier, Alois, Assistenzarzt im K. b. 4. Inf.-Reg.: Die entzündete Gaumenmandel als Ausgangspunkt von Infektionen. Mit kasuist. Beiträgen. *München 1903: Kastner & Callwey.* (100 S.) 8°
München, Med. Diss. v. 1903

Heilmaier, Joh. Mich., über d. Entstehung d. romaischen Sprache unt. d. Einflusse fremder Zungen. Ein Beitr. z. vergleich. Sprachstudium. gr. 4. (5½ B.) Aschaffenburg 834, Pergay.

Heilmaier, Mich. E., Geschichte d. Erfindung solcher Gegenstände, die zur Befriedigung d. Bedürfnisse d. Menschen beitragen. 8. Landsh. 812. Krüll. 12 gr.

— s. a. Kunst d. Ehefrauen.

KUNST der Ehefrauen, rohe und unartige Männer zahm und gefällig zu machen .... (von *Michael E. Heilmaier*). Landshut 1818.
Anon.-Lex. II. p. 378 (nach Kayser). — Sehr selten!

— die christl. Woche, oder Betrachtt. auf jeden Tag der Woche, nebst tägl. Gewissensforschung. 12. München, Jaquet. Das Dutzend. 6 gr

Heilmaier, Oskar, aus Kleinwallstadt: **Beitrag zur Frage des Zusammenhanges von Augen- und Nasenerkrankungen.** *Berlin: S. Karger 1899.* (17 S.) 8°
Würzburg, Med. Diss. v. 1899

Heilmann, oder Unterricht, wie der Mensch erzogen werden und leben muss, um gesund zu seyn . . . Schnepfenthal 1800. V: *Beutler, Joh. Hnr. Chn.* (MGT) (Ky)

Heilmann, oder Unterricht, wie der Mensch erzogen werden u. leben muß, um gesund zu sein rc., (v. J. H. C. Beutler). 1r Thl. 8. Schnepfenth. 800. (Erf. 805. Keyser). 12 gr

Heilmann

— s. a. **Heylmann.**

Heilmann, ..., s. a. Freuden.

§ **FREUDEN.** (3 Bücher anakreont. Gedichte von *Heilmann.*) (Motto aus Gresset: Une éternité de gloire, vaut elle un jour de bonheur?) Biel, in der Heilmannischen Buchhandlung. MDCCLXVIII. (1768.) 8°. 96 S. (Auch in Zürich, Stadtbibl.) (2 Mk. 20 Pfg. Carl Uebelen, München, 1892.)
Das O. M. V. 1768. p. 934 firmirt: Bern, bey der typogr. Gesellschaft. — Name d. Verfassers im Anon.-Lex. II. p. 123 (nach Kayser).

Heilmann Festgesang der Schüler. Bei Einweih. des neuen Schulgeb. 3 S.
Progr. Königsberg 1829

Heilmann, ..., Geheimnisse der Blumenwelt, od. der erfahrene Blumist rc. 8. Lpz. (823). Centr.-Cpt. 14 gr

Heilmann, Geheimnisse d. Blumenwelt od. d. erfahrene Blumist. 8. Leipzig, 1823. (Joachim.) — 17½

— Geheimnisse d. Gärtnerei u. Gärtnerkünste. 2 Hefte. (2s Heft. Auch u. d. T.: der erfahrene Gemüsegärtner, od. Geheimnisse der Küchengärtnerei.) 8. Leipz. (824). Central-Cpt. 1s Heft 14 gr 2s Heft 20 gr 1 rß 10 gr

— s. K. J. A. Hochheimer, n. Taschenbuch.

Heilmann & Littmann, d. königl. Hofbräuhaus in München. 8. (28 S. m. Abb. u. 8 Grundrissen.) München 897. (L. Werner.) n.n. 1. 50

Heilmann, s.: **Klinik,** die königl. psychiatrische, in München.

Heilmann & Littmann, s.: Kurhaus, das königl., in Bad Reichenhall.

Heilmann's Musterblätter für Bildhauer. 10 Hefte. Fol. (à 6 Chromolithogr.) Reichenbach i. V. 875,76. Selbstverlag. à Heft *M* 7,50. 75 —

Heilmann's Musterblätter f. Bildhauer. 1—6. Hft. Fol (à 6 Chromolith.) Reichenbach i/V. 876. (Leipzig B. Köhler.) à 7. 50

Heilmann & Littmann, Familienhäuser-Colonie Nymphenburg-Gern. Ein prakt. Versuch zur Lösg. der volkswirthschaftl. Frage d. Familienhauses. gr. 4. (17 S. m. Abbildgn. u. 1 farb. Plan.) München 892. (L. Werner.) n. 1. 50

— — dasselbe. 2. Aufl. gr. 4. (17 S. m. Abbildgn. u. 1 Plan.) Ebd. 893. n. — 80

— — dasselbe. 3. Aufl. gr. 4. (7 S. m. 14 Taf. Abbildgn. u. 2 Plänen.) Ebd. 894. n. 1. —

Heilmann u. Littmann

— — s. a. **Schauspielhaus, das Münchner.**

Heilmann u Littmann, das Münchener Schauspielhaus. (25 S) München 1901

Heilmann (Schwimm-Lehrer), die prakt. Schwimmschule, s. Eder, J.

— die natürl. u. künstl. Witterungsverkündiger od. Anleit., d. Witterung aus Beobachtt. an Gegenständen des Thier-, Pflanzen- u. Mineralreichs an Himmelskörpern, Lufterscheinungen rc. vorher sagen zu können rc. Mit Kupf. 8. Lpz. 823, Litr. Centr.-Compt.

– (Red.), s. Zeitschrift, Oesterreichische, f. Verwaltung.

Heilmann, A. s.: Charakterbilder, geogr., aus Österr.

— Die hauptsächlichsten Formen d. Erdoberfläche. Nach den Angaben des A. Wollensack gemalt. 2 Blatt. Je 59×78 cm. Farbdr. Wien (908). A. Pichler's Wwe. & Sohn. Mit Leinw.-Rand u. Ösen à 3. —
I. Im Hochgebirge. — II. An der Meeresküste.

Heilmann, A., Geschichte der waldensischen Kolonie Waldensberg, s.: **Geschichtsblätter des deutschen Hugenotten-Vereins.**

Heilmann, A., der goldene Hausschatz. Ein unentbehrl. Familienbuch für Haus-, Garten- und Landwirthschaft. 12. (96 S.) Reutlingen 887, Bardtenschlager.

— der Heidelberger Katechismus f. den Schul- u. Konfirmandenunterricht bearb. Nebst 8 Anhängen: 1. Geschichte des Heidelberger Katechismus. 2. Bibelkunde. 3. Kurzer Abriß der Geschichte der christl. Kirche. 4. Uebersicht üb. die Religionen. 5. Die Heidenmission. 6. Die innere Mission. 7. Christliche Sitte u. kirchl. Ordng. 8. Gebete. (X, 169 S.) 8. Göttingen 905. Vandenhoeck & Ruprecht. n. — 70; geb. n. — 95

Heilmann, A., Urkundenheft zu der Geschichte der waldensischen Kolonie Waldensberg, s.: **Geschichtsblätter des deutschen Hugenotten-Vereins. XII. 10.**

Heilmann, A., s.: **Volkskalender,** reformirter.

– Wandbilder der Erdoberfläche, s. Wollensack, A.

Heilmann's, A., alpine Zeichen-Studien. Lose Blätter aus seinem Skizzenbuche zum Studium u. zur Vervollkommng. im landschaftl. Zeichnen. 5 Lfgn. gr. Fol. (à 4 Taf. in Steindr.) Wien 893. Freytag & Berndt. à n. 1. 50

Die Begründung der evangelisch-reformierten Gemeinde in Göttingen dargest. von A[dam] **Heilmann,** Pastor d. Gemeinde. Göttingen: Selbstverl. d. Gemeinde (1903). (40 S.) 8° [J.]
in: **Nachrichten,** Kirchliche, aus d. ev.-ref. Gemeinde zu Göttingen. Jg. 3.
[03. 5179 4

Heilmann, Adam (Hasfurt), De eo, quod circa accessionem juris naturalis est: una cum brevi tentamine critices legum Romanarum, quae de jure accessionis statuunt, ad normam legum naturalium. Diss. jur. Präs. Johann Bapt. Aloys Samhaber. Würzburg (Franz Ernst Nitribitt) Juli 1795. 66 S. (6.50) 13915

Wozu die Kirche? Von A[dam] **Heilmann.** Vandenhoeck & Ruprecht 1908. 15 S. 8°

Heilmann, Adolf, a. Eilenburg: Beitrag zur Pathologie und Therapie der habituellen Schultergelenkluxation. Leipzig 1906: B. Georgi. (47 S.) 8°
Leipzig, Med. Fak., Ref. Trendelenburg, Diss. v. 9. Juli 1906
[Geb. 7. Dez. 75 Eilenburg; Wohnort: Leipzig; Staatsangeh.: Sachsen; Vorbildung: Thomasgymn. Leipzig Reife M. 98; Studium: Leipzig 4, Freiburg i. B. 1, Leipzig 6 S.; Coll. 12. Juli 06; Approb. März 05.]

Heilmann, Alfons, die Klostervogtei im rechtsrheinischen Teil der Diözese Konstanz bis zur Mitte des 13. Jahrh., s.a. Görres-Gesellschaft z. Pflege der Wissenschaft im kathol. Deutschland.

Heilmann, Alfons, a. Ödheim, O.-A. Neckarsulm: **Die Klostervogtei im rechtsrheinischen Teil der Diözese Konstanz bis zur Mitte des dreizehnten Jahrhunderts. Köln 1908:** J. P. Bachem. (80 S.) 8° ¶(Erscheint vollst. als H. 3 d. Görresgesellschaft im gleichen Verlage.)
Tübingen, Phil. Fak., Ref. v. Götz, Diss. v. 14. April 1908
[Geb. 15. Okt. 83 Ödheim, O.-A. Neckarsulm; Wohnort: Ödheim; Staatsangeh.: Württemberg; Vorbildung: Gymn. Rottweil Reife M. 04; Studium: Tübingen 7 S.; Coll. 6. Dez. 07.]

Heilmann, Carl, s. H e i l m a n n , Karl

Heilmann, Clemens, s. H e i l m a n n , Klemens

Heilmann, Ella: Vauvenargues als Moralphilosoph und Kritiker. Leipzig 1906: O. Nuschke. (58 S.) 8°
Heidelberg, Phil. Fak., Ref. Neumann, Diss. v. 23. April 1906
[Geb. 26. Mai 79 Reichenbach, Vogtl.; Wohnort: Leipzig; Staatsangeh.: Sachsen; Vorbildung: Kgl. Gymn. Dresden Reife M. 01; Studium: Leipzig 9 S.; Rig. 24. Jan. 06.]

Heilmann, Ernestus: De ileo. Halis Saxonum (1846): Colbatzki. 31 S. 8°
Halle-Wittenberg, Med. Diss. v. 18. Apr. 1846
Geb. Elberfeld 1. 12. 1820. V.
Verf. erlebte die Diplomerneuerung 1896 als Geheimer Sanitätsrat in Krefeld.

Heilmann, Ernst [aus Berlin]: Das Xylalphtalid und seine Derivate. . . . Berlin, A. W. Schade's Buchdr. (L. Schade), 1889; 40 S. + 1 Bl. 8°
Berlin, Phil. Fak., Inaug.-Diss. v. 26. Jul. 1889

Heilmann, F., k. bayer. Oberlieut. etc. Beitrag zur Geschichte des Feldzuges von 1757. 8. Berlin 1854.

Heilmann, F., Geburtstag u. andern Erzähl. in Br. 8. Basel, Schweighäuser. 777.

Heilmann, F., Lehrbuch des deutschen Konkursrechts. (XX, 707 S.) gr. 8. Berlin, O. Häring. 1907 15. —; geb. in Halbfrz. 17. —.

Heilmann, Friedr., Mulhausen, Helvetus. Dissertatio inauguralis medica de usu legitimo oleosorum in variorum morborum medela.
Basel: Med. Diss. 1781.

Heilmann, Fr., **Diss. med. de usu legitimo oleosorum. 4. Basel 781. Schweighäuser. 3 Ж**

Heilmann, Gabriel (Praes.), s. B i e r m a n n , Georg-Friedrch: De corporibus juxta articulos mobilibus ...

Heilmann, Gabriel (Präs.), s. G e i e r , Georg Franz: Natura medicatrix philosophiae ...

Heilmann, Gabr., († d. 1. Jan. 1806.) **Diss. sistens observationem de injectione per nares. 8. Würzb. 777.**

Heilmann, Georg [pract. Arzt aus Berlin]: Die geschichtliche Entwicklung des Begriffes „Gegengift“ . . . . Berlin, Buchdr. v. Rosenthal & Co., 1888; 58 S. 8°
Würzburg, Med. Fak., Inaug.-Diss. v. 1888

Heilmann, Gerh., der Krankheitsfeind. Die Beseitigg. u. Vorbeuge der Krankheiten durch e. Ernährungstherapie, m. Anh. Erhöhg. d. Nährwertes unserer Speisen. 2. verb. Aufl. (29 S.) 8. Leipzig (908). E. Marré. nn — 50

Heilmann, Gustav: Das Klima von Berlin. Th. 1. Niederschläge. Gewitter. (Abhandlungen des Königlich Preussischen Meteorologischen Instituts. Bd. 1. No. 4. S. 77—114.) Berlin 1891. 38 S. 4°.

Heilmann, H., Darstellung mehrer interessant. Beobachtungen u. Heilungen hartnäckiger Augenkrankheiten, nach eigenen Erfahrungen am Krankenbette. gr. 8. (122 S.) Köln 847, Lengfeld. n. ⅔ Ж

Heilmann, Hans, chinesische Lyrik, s.a. Fruchtschale, die.

Chinesische Lyrik vom 12. Jh. v. Chr. bis z. Gegenwart. In deutscher Übers. m. Einl. u. Anm. von Hans **Heilmann.** München & Leipzig: Piper (1905). LVI, 159 S. 8°
(Die Fruchtschale. Bd 1.) [11. 4752

Wilhelm Tell. Schauspiel von **Friedrich v. Schiller.** Mit Einl. u. Anm. sowie e. Übersichtskarte. Hrsg. im Auftr. d. Literar. Vereinigung d. Berliner Lehrerver. von H[ans] **Heilmann.** *Berlin: A. Anton & Co. [1903].* (XII, 131 S.) 8° [F.]
— **Bücherei, Weises Deutsche.** 3. [03. 9631

Heilmann, J.

Heilmann, Antheil d. 2. bayerischen Armee-Corps an dem Feldzuge 1870—1871 gegen Frankreich. Mit 2 (lith. u color.) Plänen (in Imp.-Fol.) gr. 8. (VIII, 156 S. m 1 Tabelle in qu. Fol.) München 872. literar.-artist. Anstalt. n. 4. 50

Die Bayern im Kriege. Ein Blick in die Geschichte. (240 S. München 1861. 2,70.

Heilmann, J., Beitrag zur Geschichte des Feldzugs von 1757, s.a. Beitrag.

Heilmann, J. Beitrag z. Geschichte des Feldzuges v. 1757. (63.) 8. Berlin 1854. 1,20.

— Beiträge zur Geschichte des Feldzuges von 1814. Nach authentischen Quellen. München 1859. 52 S.

Direktiven für die Ausbildung des bayer. 4. Inf.-Rgts. (von J. Heilmann). Metz 1875. 40 S.

Heilmann, der Feldzug von 1800 in Deutschland. Mit besond. Bezugnahme auf den Anteil der bayer. Truppen bearb. gr. 8. (III, 132 S.) Berlin 886, Wilhelmi. *
Aus: Jahrbücher für die deutsche Armee und Marine, besonders abgedruckt.

Heilmann, J. Der Feldzug von 1865 in Bayern, Tirol u. Mähren. Mit bes. Bezugnahme auf den Anteil der bayer. Truppen nach Kriegsakten bearb. Berlin 1887. 80 S.

Heilmann, J. (k. b. Oberlieut.). Feldzug von 1813. Antheil der Bayern seit dem Rieder-Vertrag. Mit Plan d. Schlachtfeldes bei Hanau. München, J. Deschler. 1857. Gr. 8°. Ehw. wasserfl. Tisris.
XVII 339 S., 1 S. Err. Lat. Lett. — König Maximilian II. gewidm.

Heilmann, J., Feldzug von 1818. Antheil der Bayern seit dem Rieder-Vertrag. Lex.-8. (XVII und 842 S. mit 1 in Stahl gest. Plane des Schlachtfeldes bei Hanau in qu. 4.) München 857, (Lindauer'sche Buchh.) *

Heilmann, J., die Feldzüge der Bayern in den J. 1643, 1644 und 1645 unter den Befehlen des Feldmarschalls Franz. Frhrn. v. Mercy. Nach den im königl. bayer. Reichsarchiv zu München befindl. Akten des 30jähr. Krieges und sonstigen Quellen bearb. und kritisch beleuchtet. gr. 8. (XVI und 312 S. mit 4 lithogr. Plänen in gr. 4.) Meißen 851, Goedsche'sche Buchh. *
Blnp. *

—— Geschichte Bayerns. gr. 8. (XXII und 274 S.) Regensburg 853, Manz.

Heilmann, J., der kleine Klavierspieler; eine Reihe belehrender, vom Leichtesten z. Schwereren fortschreitender Handstücke. (1s Heft). qu. Fol. Frankf. 832. Dunst. 10 gr

Heilmann, J. (Major im k. b. Generalstab), Kriegsgeschichte von Bayern, Franken, Pfalz u. Schwaben von 1506—1651. 2 in 3 Bdn. (Bd. 2 in 2 Abth.) München 1868. Gr. 8°. Hlwdbde. Schönes Expl.
1: VIII, 406 S. 2: VII, 522 S., 1 S. Err. 3: S. 523—1146, 2 S. Err.

Heilmann, Major J., Kriegsgeschichte von Bayern, Franken, Pfalz und Schwaben von 1506 bis 1651. 2 Bde. gr. 8. München 868. [Stuttgart, Cotta'sche Buchh.] *

Inhalt:

Bd. 1. Kriegsgeschichte und Kriegswesen von 1506—1598. (VIII, 456 S.) *M. 5.40.

„ 2. 1. Abthl. Kriegsgeschichte und Kriegswesen von 1598—1634. (V, S. 1—523.) *M. 7.

„ 2. 2. Abthl. Kriegsgeschichte von 1634—1651 und Kriegswesen von 1598—1651. (IX, S. 524—1148.) *M. 8.40.

Vgl.: Würdinger, J., Kriegsgeschichte.

—— die Kriegskunst der Preußen unter König Friedrich dem Großen. 2 Abthlgn. gr. 8. Meißen, Goedsche'sche Buchh. [Abthl. 1. (XVI und 348 S.) 852., 3 Thlr., 2. (IV und 431 S.) 853. 3 Thlr. 15 Ngr.]

Heilmann, J., das Kriegswesen der Kaiserlichen und Schweden zur Zeit des dreißigjähr. Krieges, mit besond. Rücksichtnahme auf Aufbringung, Ergänzung, Unterhalt und Kriegszucht der Truppen, nebst den Schlachten bei Breitenfeld und Lützen. Bearb. und kritisch beleuchtet. gr. 8. (VIII und 100 S. mit 2 lithogr. Plänen in gr. 4. und einer lithogr. Abbild. damal. Krieger.) Meißen 850, Goedsche'sche Buchh. Thlr.

—— Leben des Grafen Bernhard Erasmus v. Deroy, k. b. Generals der Infanterie. gr. 8. (VIII und 130 S.) Augsburg 855, Rieger'sche Buchh.

Heilmann, J. (II.), München in seiner baulichen Entwicklung. Ein Blick in die Vergangenheit, Gegenwart und Zukunft. gr. 8. (36 S.) München 881, [Kellerer.] de Crignis. *

—— die Schlacht bei Leuthen am 5. Decbr. 1757. gr. 8. (VIII und 72 S. mit 1 lithogr. und ill. Plane in gr. 4.) Berlin 849, Mittler und Sohn.

Heilmann, J. Der bayerische Soldat im Felde. Beispiele aus der bayerischen Kriegsgeschichte zur Anwendung im Felddienste u. besonders zur Aufmunterung u. Steigerung des kriegerischen Geistes. Im Allerhöchsten Auftrage S. M. des Königs Maximilian II. München 1853. 333 S.

Heilmann, J. Der Urlauber. Eine Erzählung aus dem österreichischen Landleben für die Jugend. Von — —. 8. (178 S. 1 Bl. und 2 illum. Bilder) Wien. Gedruckt bei Leopold Grund. 1853.
Verlag der Schulbücher-Verschleiß-Administration

Heilmann, J. Der verbotene Weg. Eine Erzählung aus dem österreichischen Landleben für die Jugend. Von — —. 8. (146 S. und 2 illuminirte Bilder.) Wien. Gedruckt bei Leopold Grund. 1853.
Verlag der Schulbücher-Verschleiß-Administration

Heilmann, J. (k. b. Oberlieut.), die Wittelsbacher im Thronsaal der neuen Residenz zu München. Eine Reihe von Biographien. Mit 12 Abbild. in Stahlst. (u. TVign. in Hlzsch.: Der Thronsaal). Regensburg, G. J. Manz, 1854. Gr. 8°. Eleg. blau Srsb. m. Goldtit. auf Deckel.
57 S. in Einf. 1 Stammtaf. 1 Bl. Inh. 1. Otto der Erlauchte. 2. Ludwig der Bayer. 3. Ruprecht v. d. Pfalz. 4. Friedrich der Siegreiche. 5. Ludwig der Reiche. 6. Albrecht IV., der Weise. 7. Friedrich d. Weise v. d. Pfalz. 8. Albrecht V., d. Grossmüthige. 9. Maximilian d. Gr. 10. Karl XI. v. Schweden. 11. Johann Wilhelm v. d. Pfalz. 12. Karl XII. v. Schweden.

Heilmann, J. (I.), Feldmarschall Fürst Wrede. Mit dem Portr. des Feldmarschalls (in Lichtdr.). gr. 8. (X, 501 S.) Leipzig 881, Duncker und Humblot. *

Heilmann, J. Die Zukunft der europäischen Armeen oder Bekämpfungssystem der Aufstände in grossen Städten. Nach dem Franz. des Gen. Roguet. 8. Meissen 1850. — (VI 210) 8. Leipzig 1851.

Heilmann, Johann August

Heilmann, J. A., De genetivi Graeci maxime Homerici usu. Diss. 1878. 47 S.

Heilmann, Joh. Aug., de genetivi graeci maxime Homerici usu. Dissertatio inauguralis. 8. (47 S.) Marburg 874, Ehrhardt. *

Johann August Moritz Heilmann

De Arthritide. Berolini (1824:) Feister. 30 S. 4°
Berlin, Med. Diss. v. 23. Dez. 1824

Heilmann, Joh. Dav.

— commentatio de auctoritate librorum N. T. apud Manichaeos. 4. Halle 750.

— compend. theologiae dogmaticae. 8maj. Götting. 761. Ed. II. 774. Ed. III. 780. Vandenhöck u. R. 16 gr

Heilmann, J. D., consecratio Sanctorum apud Pontificios usitata ad ἀποθεώσεις vett. Romanorum efficta. Hal. 1754. 4; rep. in ejsd. opusc. 1. p. 109—200.

— Diss. Consecrationem Sanctorum apud Pontifices usitatam ad ἀποθεώσεις veterum Romanorum afflictam ostendens. (Praes. Baumgarten). 4. Halle 754.

— de Evangelio Matthaei apud Barnabam reperto. 4. Halle 751.

Heilmann, J. D., de evangelio Matthaei apud Barnabam reperto. Hal. 1758. 4; rep. in ejsd. opusc. 1. p. 89—108.

— krit. Gedanken v. dem Charakter u. der Schreibart des Thucydides. 4. Lemgo 758. Meyer. 4 gr

Heilmann, J. D., de humili Chr. infantia. Gotting. 1761. 4; rep. in ejsd. opusc. 2. p. 499—528.

Heilmann, J. D., de finienda justa sacramenti notione. Rint. 1757. 4; rep. in ejsd. opusc. 1. p. 431—90.

Heilmann, Jh. Dav., († d. 22. Febr. 1764.) opuscula maximam partem theologici argumenti ed. Danovius. II Pts. 8. Jena 774. Gollner. 1 ℛ 12 gr

— der Prediger u. seine Zuhörer in ihrem wahren Verhältniß. gr. 8. Götting. 763. Vandenhöck u. R. 6 gr

— Prüfung e. neulich herausgekomm. Uebersetzung des Herodotus mit e. Gedanken vom Uebersetzer. 4. Osnabrück 757.

Heilmann, J. D., de ratione, qua Jesus sua ex mortuis ἀναστάσει Messias demonstratus est. Gotting. 1763. 4; rep. in ejsd. opusc. 2. p. 329—70.

— s. Jak. Emm. Roques de Maumont, Schule d. Christen

Heilmann, J. D., de scholis priscorum Christianorum theologicis. Riut. 1754. 4; rep. in ejsd. opusc. 1. p. 201—34.

— **Jo. David,** De sensu quem dicunt morali ejusque in morum doctrina vero pretio prolusio Götting. (Schulz) 1759. 20 S. (4.—) 13918

Heilmann, J. D., de antiquo baptismi paschalis solemni. Gotting. 1758. 4; rep. in ejsd. opusc. 2. p. 299—340.

Heilmann, J. D., de florente literarum statu et habitu ad relig. chr. initia. Riut. 1755. 4; rep. in ejsd. opusc. 1. p. 235—276.

— s. Thucydides, Geschichte.

Heilmann, Joan. Frid. Maur. (geb. Marklissa 10. 9. 1829): De lithiasi. Berolini (1855). (30 S.) 8°
Berlin, Med. Diss. v. 20. Febr. 1855

— **Johann Gottlieb** (Annaburg/Saxo), De haemorrhoidum divisione atque cura. Diss. med. Präs. Salomon Constantin Titius. Wittenberg (Tzschiedrich) 26. II. 1799. 18 S. (5.50) 13919
Gew.: Johann Carl Vogel (Lauterstein), Christian Ludwig Lindner (Weissenfels).

[F.] **Heilmann,** *Johannes August* [Rekt. Prof. Dr.]: Antrittsrede *über die Principien seiner Amtsführung.* Görlitz, Druck d. Akt.-Ges. Görl. Nachr. u. Anzeiger, 1893; 7—13 S. 4.
Rossleben, Kloster-S, P 1893 (250)

[F.] **Heilmann,** *Johannes August* [Prof. Dr., Rektor]: *Die Feier der Enthüllung eines Denkmals für den früheren Rektor Prof. Dr. August Friedrich Moritz Anton.* Görlitz, Druck d. Akt.-Ges. Görl. Nachr. u. Anzeiger, 1896; 16—20 S. 4.
Rossleben, Kloster-S, P 1896 (252)

[F.] **Heilmann,** *Johannes August* [Prof. Dr., Rektor]: *Die Vigilie für die verstorbenen ehemaligen Klosterschüler am 24. November 1895.* Görlitz, Druck d. Akt.-Ges. Görl. Nachr. u. Anzeiger, 1896; 21—23 S. 4.
Rossleben, Kloster-S, P 1896 (252)

[F.] **Heilmann,** *Johannes August* [Prof. Dr., Rektor]: *Die Vigilie für die verstorbenen ehemaligen Klosterschüler am 21. November 1896.* Görlitz, Druck d. Görl. Nachr. u. Anzeiger, 1897; 15—17 S. 4.
Rossleben, Kloster-S, P 1897 (255)

Heilmann, [Johannes August]: [Die Vigilie für die verstorbenen ehemaligen Klosterschüler am 20. November 1897.] *Görlitz 1898: Görl. Nachr. u. Anzeiger.* (14—15 S.) 4° [F.]
Rossleben, Kloster-S, P 1898 (257)

Heilmann, Karl

Heilmann, Carl *Josef* [app. Arzt aus Osnabrück i/H.]: Aus d. patholog. Institut zu Greifswald. Über Bildung der Gallerte im Carcinoma gelatinosum ... Greifswald, Druck v. J. Abel, 1897; 31 S. 8.
Greifswald, Med. Fak., Inaug.-Diss. v. 24. Juli 1897

Heilmann, Karl, Erziehungs- u. Unterrichtslehre. Ein Handbuch d. Pädagogik. gr. 8. (140 S. m. 9 Fig.) Leipzig 897. Dürr'sche Buchh. n. 2. —; geb. in Leinw. n. 2. 20

— dasselbe 2 Bde. gr. 8. Ebd. 898. à n. 2. 80; geb. à n. 2. 60

1. Erziehungslehre. Unterrichtslehre (allgem.) oder Didaktik Erziehungsstätten u. Erzieher. 2., verb. Aufl. Mit 11 Fig (159 S.)
2. Besond. Unterrichtslehre od. Methodik d. Unterrichts. Mit 3 Fig. u. 1 ill. Anh. (188 u. 16 S. in qu. gr. 4.)

Heilmann, Karl, Erziehungs- u. Unterrichtslehre. Ein Handbuch der Pädagogik. 2 Bde. gr. 8. Leipzig, Dürr'sche Buchh. n. 6. —

1. Erziehungslehre. Unterrichtslehre (allgemeine) od. Didaktik. Erziehungsstätten u. Erzieher. 3. verb. Aufl. Mit 14 Fig. (201 S.) 900. n. 2. 30; geb. n. 2. 50
2. Besondere Unterrichtslehre od. Methodik des Unterrichts. 2., verb. Aufl. Mit 4 Fig. u. 1 illustr. Anh. (271 u. 32 S.) 899. n. 3. 70

Heilmann, K., Forderungen der gegenwärtigen Zeit an den Volksschul-Unterricht. Ein erweit. Vortrag, geh. auf der Seminar-Konferenz zu Eisleben am 27. Aug. 1891. gr. 8. (15 S.) Halle a/S. 892. H. Schroedel. n. — 60

— Geschichte der deutschen Nationallitteratur. Nebst e. Abriß der deutschen Poetik. Ein Hilfsbuch f. Schule u. Haus. gr. 8. (144 S.) Breslau 893. F. Hirt. Geb. in Leinw. n. 1. 60

Heilmann, Karl, Geschichte d. deutschen Nationallitteratur, nebst e. Abriß d. deutschen Poetik. 3., verb. Aufl. Ausg. A: Ohne Abb. gr. 8. (160 S.) Breslau 897. F. Hirt. Geb. in Leinw. n. 2. —; Ausg. B: M. 30 Dichterporträts, geb. in Leinw. n. 3. —

— Geschichte der deutschen Nationalliteratur, nebst e. Abriß der deutschen Poetik. 4., verb. Aufl. Ausg. m. 30 Dichterportr. gr. 8. (152 S.) Breslau 902. F. Hirt. Geb. in Leinw. n. 3. —

— dasselbe. 4., verb. Aufl., in der neuesten amtl. Rechtschreibg. Ausg. ohne Abbildgn. gr. 8. (152 S.) Ebd. 902. Geb. in Leinw. n. 2. —

Heilmann, Karl, Geschichte der deutschen Nationallitteratur, nebst e. Abriß der deutschen Poetik. 5., erweit. u. verb. Aufl. (20.—27. Taus.) Ausg. m. 30 Dichterportr. (168 S.) gr. 8. Breslau 905. F. Hirt. Geb. n. 3. —.

— dasselbe. Ausg. ohne Abbildgn. (168 S.) gr. 8. Ebd. 905. Geb. in Leinw. n. 2. —

Heilmann, Karl, Geschichte d. deutschen Nationalliteratur nebst e. Abriß der deutschen Poetik. 6., durchgesch. Aufl. (28.—33. Taus.) Ausg. m. 30 Dichterporträts. (168 S. m. 8 Taf.) gr. 8. Breslau 909. F. Hirt. Geb. 3. —

— dasselbe. 6., durchgesch. Aufl. (28.—33. Taus.) Ausg. ohne Abb. (168 S.) 8. Ebd. 909. Geb. 2. —

— Handbuch der Pädagogik. 1.—3. Bd. gr. 8. Leipzig, Dürr'sche Buchh. n. 8. 95

1. Erziehungslehre. Unterrichtslehre (allgemeine) od. Didaktik. Erziehungsstätten u. Erzieher. 4. verb. Aufl. Mit Tab. u. 19 Fig. (222 S.) 901. n. 2. 50; geb. n. 2. 80
2. Besondere Unterrichtslehre od. Methodik des Unterrichts. 3., verb. u. verm. Aufl. Mit 5 Skizzen, Tab. u. 1 illustr. Anh. (283 u. 32 S.) 901. n. 3. 95; geb. n. 4. 30
3. Geschichte der Pädagogik. Mit Abbildgn. u. Kartenskizzen. (167 S.) 901. n. 2. 50

— dasselbe, nach den neuen Lehrplänen bearb. 1. u. 3. Bd. gr. 8. Ebd. n. 6. 70; geb. in Leinw. n. 7.60

1. Psychologie u. Logik. Unterrichtslehre (allgemeine) u. Didaktik. Erziehungslehre. Erziehungsstätten u. Erzieher (Schulkunde). 5. u. 6. Aufl. Mit Tabellen u. 24 Fig. (295 S.) 902. n. 3. 50; geb. n. 4. —
3. Geschichte der Pädagogik. Mit Abbildgn. u. Kartenskizzen. 2., verm. Aufl. (256 S.) 902. n. 3. 20; geb. n. 3. 60

— Handbuch der Pädagogik, nach den neuen Lehrplänen bearb. 1.—3. Bd. gr. 8. Leipzig, Dürr'sche Buchh. à n. 4. —; geb. in Leinw. n. 4. 60
1. Psychologie u. Logik. Unterrichtslehre (allgemeine) od. Didaktik. Erziehungslehre. Schulkunde. 10., verb. Aufl. Mit Tabellen u. 56 Fig. (387 S.) 908. n. 4. —; geb. n. 4. 60
7. Aufl. (356 S.) 903. — 9. Aufl. (368 S.) 904.
2. Besondere Unterrichtslehre od. Methodik des Unterrichtes. 4.—6. verb. Aufl. Mit 5 Skizzen u. e. illustr. Anh. (à 312 S.) 903—906. n. 4. —; geb. n. 4. 60; Ausg. m. Methodik des kathol. Religionsunterrichtes (312 S.) n. 4. 20; geb. n. 4. 80
3. Geschichte der Pädagogik. Mit Abbildgn. u. Kartenskizzen. 6., verb. Aufl. (335 S.) 906. n. 4. —; geb. n. 4. 60
3. Aufl. (278 S.) 903. — 5. Aufl. (283 S.) 904.

— Handbuch der Pädagogik, nach den neuen Lehrplänen bearb. 3 Bde. gr. 8. Leipzig, Dürr'sche Buchh. à 4. —; geb. in Leinw. à 4. 60
1. Psychologie u. Logik. Unterrichts- u. Erziehungslehre. Schulkunde. 14. verb. Aufl. (378 S. m. 55 Abb. u. Tab.) 910.
2. Besondere Unterrichtslehre od. Methodik des Unterrichtes. 7. u. 8. verb. Aufl. Mit 5 Skizzen u. e. illustr. Anh. (310 u. 32 S.) 909.
3. Geschichte der Pädagogik. Mit Abbildgn. u. Kartenskizzen. 9., verb. Aufl. (340 S.) 911.

Heilmann, Karl, Handbuch d. Pädagogik. 3 Bde. — Psychologie u. Logik. — Quellenbuch z. Pädagogik. 4 Hefte. — Tabelle zu Geschichte d. Pädagogik. Jetzt: Berlin, Union, Zweigniederlassg.

Heilmann, Karl, das Hl. Land. Der Israeliten religiöses u. bürgerl. Leben sowie die geograph. Verhältnisse des Landes dargestellt zum Schulgebrauche. 2. Aufl., in der neuesten amtl. Rechtschreibg. gr. 8. (44 S. m. 22 Abb. u. 5 Karten.) Königsberg 902. J. H. Bon's Verl. n. — 80

[J.] Missionskarte der Erde nebst Begleitwort. M. bes. Berücks. d. Deutschen Kolonien. Von Dr. K(arl) Heilmann. 3., verb. Aufl. *Gütersloh: C. Bertelsmann 1897.* (VII, 45 S., 1 Kt.) 1 Bd 8. [97. 8184

Missionskarte der Erde nebst Begleitwort. Unter bes. Berücks. d. Deutschen Kolonien. Von Dr. K(arl) Heilmann, Sem.Dir. Mit 6 Fig. u. 17 Abb. (Mittl. Massst. 1 : 50000000.) 4. Aufl. *Gütersloh: C. Bertelsmann 1900.* (45 S., 1 Kartenbl. 33×69 cm.) 8° [J.] [00. 3320

— d. Missionsunterricht nach Theorie u. Praxis. M. e. Vorwort v. G. Warneck. gr. 8. (80 S.) Ebd. 895. n. — 50

— Psychologie, s.: Jahn, M.

— Psychologie mit Anwendg. auf Erziehg. u. Schulpraxis. Für Lehrer- u. Lehrerinnen-Seminare, sow. z. Selbstunterrichte. Unt. Mitwirkg. v. Jahn hrsg. 2., verb. Aufl. gr. 8. (84 S. m. 6 Fig.) Leipzig 897. Dürr'sche Buchh. Kart. n. 1. 20

— Psychologie m. Anwendung auf Erziehung u. Schulpraxis. Für Lehrer- u. Lehrerinnen-Seminare u. zum Selbstunterrichte. Unter Mitwirkg. von Jahn hrsg. 4., verb. Aufl. gr. 8. (92 S. m. 11 Fig.) Leipzig 900. Dürr'sche Buchh. Kart. n. 1. 20
3. Aufl. (86 S. m. 9 Fig.) Ebd. 899. n. 1. 20.

— Psychologie als Grundwissenschaft der Pädagogik, s.: Jahn, M.

— Psychologie u. Logik m. Anwendung auf Erziehung u. Unterricht. Für Lehrer- u. Lehrerinnen-Seminare u. zum Selbstunterrichte. Unter Mitwirkg. v. Jahn hrsg. 5. u. 6. nach den neuen Lehrplänen bearb. Aufl. gr. 8. (122 S. m. 15 Fig.) Leipzig 902. Dürr'sche Buchh. Kart. n. 1. 40

— dasselbe. 7. u. 8., verb. Aufl. Nach den neuen Lehrplänen bearb. gr. 8. (184 S. m. 48 Abbildgn.) Ebd. 903. Kart. n. 2. —

— Psychologie u. Logik m. Anwendung auf Erziehung u. Unterricht. Für Lehrer- u. Lehrerinnen-Seminare sowie zum Selbstunterrichte. Unter Mitwirkg. v. Jahn hrsg. 10. verb. Aufl. Nach den neuen Lehrplänen bearb. (190 S. m. 52 Abbildgn.) 8. Ebd. 906. Kart. n. 2. —
9. Aufl. (192 S. m. 53 Abb.) 904. n. 2. —.

— Psychologie u. Logik m. Anwendung auf Erziehung u. Unterricht. Für Lehrer- u. Lehrerinnen-Seminare sowie zum Selbstunterrichte. Unter Mitwirkg. v. Jahn hrsg. 13., verb. Aufl. Nach d. neuen Lehrplänen bearb. (206 S. m. 52 Abb.) 8. Leipzig 910. Dürr'sche Buchh. Geb. in Halbleinw. 2. —

— Quellenbuch zur Pädagogik. Quellenschriften u. Quellenstücke f. die Vor- u. Fortbildg. des Lehrers. Mit erläut. Anmerkgn. hrsg. (VI, 634 S.) gr. 8. Leipzig 905. Dürr'sche Buchh. n. 6. 50; geb. in Leinw. n. 7. 50

— Quellenbuch zur Pädagogik. Quellenschriften u. Quellenstücke f. die Vor- u. Fortbildg. des Lehrers. Mit erläut. Anmerkgn. hrsg. 4 Hefte. gr. 8. Ebd. 8. 40
1. (102 u. II S.) 3. Aufl. 911. 1. 60
2. (S. 103—224 u. II S.) 2. verb. Aufl. 909. 1. 80
3. (S. 227—458 u. IV S.) 2. verb. Aufl. 909. 2. 80
4. (S. 459—626 u. II S.) 2. verb. Aufl. 909. 2. 20

Heilmann, Carolus: Quibus auctoribus Strabo usus sit in describenda ora maris Pontici a Byzantio usque ad Tanain. Halis Saxonum 1885: Orphanotropheum. 30 S. 8°
Halle-Wittenberg. Phil. Diss. v. [9. Juni] 1885
Geb. Hohenzell (Kr. Schlüchtern) 18. 10. 1857. V.

— Tabelle zur Geschichte der Pädagogik. (54 S.) gr. 8. Ebd. 906. Kart. n. 1. —

— Tabelle zur Geschichte der Pädagogik. Leben u. Würdigg. bedeut. Pädagogen nebst übersichtl. Inhaltsangabe pädagog. Werke. 3., verb. Aufl. (63 S.) 8. Ebd. 910. Geb. 1. 20

Heilmann, Klemens

HEILMANN, CLEMENS. Dissertatio de zinco chlorato. Gryphiswaldæ, 1851.

Heilbrunn, L. Die Reform des Börsengesetzes. Juristische und ökonomische Glossen. Frankfurt a. M. 1904.

Heilmann, Ludwig

Heilmann, Ludw. Führer durch Worms u. Umgebg. f. Fremde u. Einheim. 8. (VI, 97 S. m. Plan u. Kärtchen.) Worms 889, Reiss. * 1 30

Heilmann, Ludovicus (Albigensis)
De infinitivi syntaxi herodotea. Diss. inaug.
Gissae: Keller 1879. 68 S.
Diss. phil. 19.5.1879. vorh. 26. 7.

Heilmann, Ludw., de infinitivi syntaxi herodotea. Dissortatio inauguralis. gr. 8. (VIII, 67 S.) Giesson 879. (Ricker.) n. 1. 20

Heilmann, M(ax): Kunstleben und Zeichenunterricht. *Berlin: R. Gaertner 1901.* (17 S.) 4°
Frankfurt a. d. O., k. Friedrichs-G, OP 1901 (72)

Heilmann, M., Kunstleben u. Zeichenunterricht. 4. (17 S.) Borlin 901. [R. Gaortnor.] Woidmann. n. 1. —

Heilmann, Michael

Heilmann, M., Friedrichs des Großen Feldherrentum von Leuthen bis zum Ende des siebenjährigen Krieges, s.a. Beiheft zum Militär-Wochenblatt. 1905. Hft. 1.

Friedrichs des Großen Feldherrntum von Leuthen bis zum Ende des Siebenjährigen Krieges. Von M[ichael] Heilmann, Oberstlt. z. D. Berlin: E. S. Mittler & Sohn 1905. (44 S.) 8° [J.]
— Militär-Wochenblatt. 1905, Beih. 1. [05. 1435

— dasselbe von Mollwitz bis Leuthen, s.a. Beiheft zum Militär-Wochenblatt. 1904. Hft. 8.

Friedrichs des Großen Feldherrntum von Mollwitz bis Leuthen. Von M. **Heilmann,** Oberstlt. z. D. *Berlin: E. S. Mittler & Sohn 1904.* (S. 81–123.) 8° [F.]
— **Militär-Wochenblatt.** 1904, Beiheft 3. [04. 1449

Heilmann, Nik. Lhrd.

Heilmann, N. L., Gedichte. 16 Bdchen. gr. 8. Essen u. Duisburg, Bädecker. 817.

Heilmann, (N. L.,) Gedichte. 2s Bdchen. A. u. d. Titel: Vesperklänge. 8. Essen 826. Bädeker.

Heilmann, Nik. Lhrd., Lazarus von Bethanien; eine dramat. Poesie. 8. Duisb. 807. Bädecker 6 𝒦 (NB der wahre Verfasser soll d. Kaufm. Köttgen zu Langenberg sein.)

— Leichenpredigt auf d. in Köln, wie nicht zu zweifeln, durch Mörderhand gefallenen Wlh. Sönen von Crefeld, 28 Jahre alt; gehalten am Tage seines Begräbnisses zu Crefeld d. 19. Dec. 1816. 8. Crefeld 822. (Köln, Bachem). 2 𝒦

Heilmann, Otto, appr. Arzt a. Osnabrück: Aus der Leipziger Medizinischen Universitätspoliklinik. Direktor Geh. Medizinalrat Prof. Dr. F. A. Hoffmann. Zur Behandlung der Lungenphthise mit Solveol. Leipzig 1907: B. Georgi. (34 S.) 8°

Leipzig, Med. Fak., Ref. Hoffmann, Diss. v. 13. Juni 1907

[Geb. 20. Juli 80 Osnabrück; Wohnort: Leipzig; Staatsangeh.: Preußen; Vorbildung: Annensch. Dresden Reife O. 99; Studium: Jena 4, Leipzig 9 S.; Coll. 22. Juni 07; Approb. 7. März 06.]

Heilmann, P. F., entdeckte Geheimnisse. 12. Leipzig, Joachim. 815.

Heilmann, P. L. Gustavus Adolphus. 4. Frankfurt 1703.

Heilmann, Paul [aus Crefeld]: Beiträge zur Lehre von der Perityphlitis ... Marburg, Buchdr. F. Sömmering, 1893; 2 Bl., 80 S., 1 Bl. 8.

Marburg, Med. Fak., Inaug.-Diss. v. 14. Sept. 1893

Heilmann, Paul, Beiträge zur Lehre v. der Perityphlitis. Diss. gr. 8. (80 S.) Marburg 893. C. Kraatz. n. 1.—

Heilmann, R., Manuale sacrum seu compendium ritualis Romano-Salisburgensis, s. Manuale.

Heilmann, Romul., Gedichte. 8. (7 B.) Berlin 836, Plahn'sche Buchh. *

—— Gedichte. Neue Folge. gr. 12. (6 B.) Frankfurt a. d. O. 837, Tempel. (?) *

HEILMANN, Rudolf (Kaiserslautern): Ueber Carcinom-Recidive.- München: Wolf 1888. 20 S.
4.2.1888 - Chr 1887/88,19; Jv 1887/88,210
Diss. Ingolst.-Landsh.-Mchn.

Heilmann, S., Aufgaben-Sammlung für den Rechen-Unterricht an landwirtschaftlichen Winterschulen, landwirtschaftlichen Fortbildungsschulen, sowie Oberklassen der Volksschulen auf dem Lande. 8. (87 S.) Landshut 885, Thomann'sche Buchh. cart.

Heilmann, S., die Handels-Fortbildungsschule. Beispiele u. Aufgaben f. den Unterricht im Rechnen u. in der Buchführg. 4 Tle. gr. 8. München 894. J. Lindauer. à n. — 60

1. Elementares Rechnen. (V, 47 S.) — 2. Wechsellehre u. kaufmännisches Rechnen. (IV, 59 S.) — 3. Einfache Buchführung. (III, 64 S.) — 4. Systematische Buchführung. (III, 53 S.)

Heilmann, S., die Handels-Fortbildungsschule. Beispiele u. Aufgaben f. den Unterricht im Rechnen. 2. Tl.: Wechsellehre u. kaufmänn. Rechnen. 2. Aufl. (IV, 59 S.) gr. 8. München 904. J. Lindauer. n. — 60

Heilmann's Handels-Fortbildungsschule. Beispiele u. Aufgaben f. den Unterricht im Rechnen. 2. u. 3. Tl. gr. 8. München, J. Lindauer. 1.45; kart. 1.75

2. Kaufmännisches Rechnen. 3. Aufl. (IV, 56 S.) 910. — 60; kart. — 75
3. Einfache Buchführung. (Neue Ausg.) (IV, 77 S.) 910. — 85; kart. 1. -

— dasselbe. Einführung in das Wesen der Wechsellehre u. Scheckkunde. Neu bearb. v. Hans Kappelmayer. 5. Tl.: Wechsellehre u. Scheckkunde. (IV, 81 S.) gr. 8. Ebd. 910. 1.—; kart. 1.20

Heilmann, S. Lehrbuch der Handelskunde f. Real- u. Handelsschulen, sowie zum Selbstunterrichte m. zahlreichen Beispielen u. Aufgaben. 2 Tle. gr. 8. Münch., Lindauer. à Tl. * 2 —; * 4 —

1. Das kaufmännische Rechnen u. die Wechsellehre. (VI, 113; IV, 61 S.) 891. — 2. Die Buchführung. (V, 161 S.) 892.

Heilmann, S., Lehrbuch der Handelskunde f. Real- u. Handelsschulen, sowie zum Selbstunterrichte, m. zahlr. Beispielen u. Aufgaben. 3 Tle. gr. 8. München 901. J. Lindauer. n. 4.20

1. Das kaufmännische Rechnen. (VIII, 128 S.) n. 1.60
2. Systematische Buchführung. (IV, 140 S.) n. 1.60
3. Handels- u. Wechsellehre. (IV, 87 S.) n. 1.--

—— Materialien f. den Unterricht im Rechnen u. in der Buchführung f. die oberen Kurse der Realschulen — allgemeine Abteilung —, sowie zum Selbstunterrichte m. zahlreichen Beispielen u. Aufgaben. gr. 8. (VIII, 167 S.) Ebd. 892. * 1 80

Heilmann, S., Materialien f. d. Unterricht im Rechnen u. in d. Buchführg. f. d. oberen Kurse d. Realschule — allgem. Abteilg. — sow. z. Selbstunterr. m. zahlr. Beispielen u. Aufgaben. 2. Aufl. gr. 8. (VIII, 170 S.) München 897. J. Lindauer. n. 1.80; geb. n. 2.40

— Materialien f. den Unterricht im Rechnen u. in der Buchführung f. die oberen Kurse der Realschule — allgemeine Abteilung — sowie zum Selbstunterrichte m. zahlr. Beispielen u. Aufgaben. 3. Aufl. gr. 8. (VIII, 168 S.) Ebd. 901. n. 1.80; geb. n. 2.20

— Materialien f. den Unterricht im Rechnen u. in der Buchführung f. die oberen Kurse der Realschule — allgemeine Abteilung — sowie zum Selbstunterrichte m. zahlreichen Beispielen u. Aufgaben. 4. Aufl. (VIII, 168 S.) gr. 8. Ebd. 906. n. 1.80; geb. n. 2.20

Heilmann, Sebastian, aus Merseburg: Eine neue **Methode zur** Gewinnung arylierter Fettkohlenwasserstoffe. *Heidelberg 1904: Heidelb. Verlagsanst. u. Druckerei.* (41 S.) 8°
Heidelberg, Naturw.-math. Diss. v. 1904

Heilmann, W., der weiße Fluß od. Mutter-Catarrh d. Frauen. Wie kann man dieser Krankheit vorbeugen, sie ärztlich behandeln, gründlich heilen und ihre nachtheil. Folgen für Schönheit und Gesundheit verhüten? Eine Schrift für Aerzte und Nichtärzte. 12. Nordhausen 836. Fürst. 2/3 𝔰𝔤

Heilmann, W., der weiße Fluß od. Mutter-Catarrh d. Frauen. Neue (Titel-)Ausg. 12. (132 S.) Nordhausen 848, Fürst. (Leipzig, Hentze.) 2/3 𝔰𝔤

Die Gesellschaft der Rosenkreuzer. [Unterz.:] Sekretär der deutschen Abteilung: Walter Heilmann. o. O. u. J. 1 Bl. 8°. [Kopftit.]

Die Rosenkreuzer-Gesellschaft in Deutschland. [Von Walter Heilmann.] o. O. u. J. 1 Bl. 8°. [Kopftit.]

Heilmann, Wilhelm, Referendar am Königl. Amtsgericht zu Burgsteinfurt i. Westfalen: Über Schuldtilgung durch fremdes Geld. Greifswald 1906: J. Abel. (73 S.) 8° [F.]
Greifswald, Jur. Fak., Ref. Stampe, Diss. v. 15. Dez. 1906

[Geb. 31. Jan. 82 Magdeburg; Wohnort: Burgsteinfurt i. Westf.; Staatsangeh.: Preußen; Vorbildung: Gymn. Flensburg Reife M. 01; Studium: Marburg 4, Greifswald 4 S.; Rig. 14. Mai 06.]

— **Wilhelm Leonhard** (Crefeld), De febri nervosa cum labe intestinali. Diss. med.-chir. Bln. (Nietack) 22. VIII. 1835. 48 S. mit Literatur u. Biogr. (M.: S. M. Ploenis.) (6.—) 13920
Oppon.: H. Feldmann, H. Urner, M. Nettekoven.

Heilmayer, Jos. A., Lehrbuch f. Buchdrucker. Satz. Zum Gebrauche an gewerbl. Lehranstalten. 184 Fig. u. Beispiele im Texte u. 22 Beilagen. (V, 208 S.) gr. 8. Wien 910. A. Hölder. Geb. in Leinw. 3. 60

Heilmayr, M. E., die christl. Charwoche, od. Betrachtungen auf jeden Tag der Woche nach den 7 Bitten des heil. Vater Unsers ꝛc., nebst tägl. Gewissenserforschung. 2., verb. Aufl. 12. (1 B.) Augsburg 846, Jaquet. *

Heil-Methode, Electro-homöopathische, des Grafen Mattei. 8. Genf, K. Menz. 1877 2. 80

Heil-Methode, electro-homöopathische, des Grafen Cesare Mattei. Neue Methode, welche das Blut bessert, den Organismus heilt, vom Grafen Cesare Mattei zum Wohl der Völker veröffentlicht, deren Heilung mittelst Electro-Homöopathie die meisten Aerzte verweigern. 8. (193 S.) Stuttgart 879. Hahn. geb. n. 3. —

Heil-Methode, elektro-homöopathische, nach dem System des Grafen Mattei, mit den nötigen Erläuterungen für die Heilung aller und besonders der für unheilbar gehalt. Krankheiten. Neue Wissenschaft. 4. Aufl., nach der von Bérard hrsg. 5. französ. bearb. 8. (292 S. mit 1 Stnt.) Genf 880, Burkhardt.
Vergriffen.

— f. diejen. v. beyd. Geschlecht., so an e. Schwäche d. Geburtsglieder leiden. 8. Bresl. Korn d. ält. 789.

— e. leichte u. faßl. für diejenigen von beiden Geschlechtern, so an einer Schwäche d. Geburtsglieder leiden. 8. Bresl. 789. J. F. Korn. 3 gGr. Dass. 8. Lingen 794. Jülicher. 2 gGr.

Heilmethode, e. leichte u. faßl. f. diejen. v. beid. Geschlechtern, so an e. Schwäche d. Geburtsglieder u. Nerven ꝛc. heiml. leiden. 8. Hambg. Schilling. 795.

Heilmethode, die magnetische oder sogen. Huth'sche. Hrsg. v. M. M. Henriksen's Verlagshandlg. in Kopenhagen. Durchgesehen v. C. Hansen. Ins Deutsche übers. v. G. H. gr. 8. (VIII, 28 S. m. 5 Taf. Abbildungen.) Leipzig 890. Mutze. n. — 60

Heilmethode, d. magnetische od. sogen. Huth'sche. Hrsg. v. M. M. Henriksen's Verlagshandlg. in Kopenhagen. Durchges. v. Carl Hansen. Mit Bewilligg. des Herausgebers u. Verlegers ins Deutsche übers. von G. H. 2. Aufl. gr. 8. (VIII, 28 S. m. 5 Taf. Abb.) Leipzig 895. O. Mutze. n. 1. —

Heilmethode, die magnetische, od. sogenannte Huth'sche. (Anleitung zum Magnetisieren.) Durchgesehen von Carl Hansen. Mit Bewilligg. des Hrsg. u. Verlegers in's Deutsche übers. v. G. H. 3. Aufl. gr. 8. (VIII, 28 S. m. 5 Taf.) Leipzig (900). O. Mutze. n. 1. —

Heilmethode, Neue specifische, der epidemischen Cholera . . . Hannover 1831. V: *Sachs, Ldw. Wilh.* (call)

Heilmethode, neue specif., d. epidem. Cholera, od.: (richtiger) d. Cholera-Fiebers, mittelst d. fiebervertreibenden Princips d. Chinarinde. gr. 8. (5 B.) Hannover 831, Hahn.

Heilmethode, die, des Naturarztes Johann Schroth u. ihre ausgezeichneten Erfolge. Nebst kurzen Bemerkungen üb. die Mängel u. Nachtheile der in Gräfenberg üblichen Wasserkur. Nach eigener Erfahrung u. langer Beobachtung zum Wohl der leidenden Menschheit getreu dargestellt von ein. prakt. Arzte. gr. 16. (7 B.) Frankfurt a. M. 846, Bayrhoffer.

Heilmethode, die, des Naturarztes Joh. Schroth u. ihre ausgezeichneten Erfolge. Von einem prakt. Arzte. 16. (112 S.) Frankfurt a. M. 847, Bayrhoffer. 11 ngl.

Heilmethoden, neue. Sammlung modern-medizin. Einzelschriften. I u. II. 8. Leipzig, Modern-medizin. Verl. à 2. 50
I. Sexualunsitten. Ihre Folgen u. deren Heilg. durch neue Kuren. Von W. Schuster. (VII, 183 S.) (899.)
II. Gesundheit, Schönheit, Eheglück. Ärztliche Erfahrgn. u. Ratschläge. Von v. Ammon, Becker, Schuster. Mit Illustr. (VII, 162 S.) 900.

Heilmethoden, die physikalischen, in Einzeldarstellungen f. prakt. Ärzte u. Studierende, in Verbindg. m. Conr. Clar, E. Epstein, L. Ewer u. a. hrsg. v. Otto Marburg. (V, 425 S. m. 75 Abbildgn. u. 1 Taf.) 8. Wien 905. F. Deuticke. n. 6. —

Heilmeyer, Alex., Albert Bartholomé. Betrachtgn. zu Raffael Schuster-Woldans Deckengemälde im Bundesratssaale des Reichstagsgebäudes zu Berlin. (S. 45—65 m. Abbildgn. u. 6 Taf.) 36×27 cm. München (904). F. Hanfstaengl. 4. —

— Wilhelm v. Diez. (36 S. m. Abbildgn. u. 12 Taf.) 36,5×27 cm. Ebd. (907). 8. —
2 Sonderabdrucke aus: „Die Kunst uns. Zeit".

Heilmeyer, Alex., Karl Gussow. — Ankelen, Eug., am tyrrhenisch. Meer. Studien u. Gemälde v. Albert Wenk. (S. 93—116 m. Abbildgn. u. 6 Taf.) 36×27 cm. München (908). F. Hanfstaengl. 4. —

Heilmeyer, Alex., Adolf Hildebrand, s. a. Künstler-Monographien.

Adolf Hildebrand. Von Alexander Heilmeyer. Mit Portr. u. 99 Abb. *Bielefeld & Leipzig: Velhagen & Klasing 1902.* (90 S.) 4°(8°) [F.]
= Künstler-Monographien. 60. [02. 9025]

Heilmeyer, Alex., über die Münchener Jahresausstellungen 1902. (S. 183—190 m. Abbildgn. u. 18 Taf.) Imp.-4. München (902). F. Hanfstaengl. n. 12. —
Sonderabdruck aus: „Die Kunst uns. Zeit".

— Über Kleinmalerei. (S. 65—96 m. Abbildgn. u. 2 Taf.) 36×27 cm. Ebd. (902). 8. —

— Über die VIII. internationale Kunstausstellung in München 1901. (S. 143—206 m. Abbildgn. u. 25 Taf.) 36×27 cm. Ebd. (901). 16. —

— Die Münchener Kunstausstellungen 1908. (S. 169—208 m. Abbildgn. u. 12 Taf.) 36,5×27 cm. Ebd. 908. 8. —

— Constantin Meunier. (S. 103—126 m. Abbildgn. u. 6 Taf.) 36×27 cm. Ebd. (906). 4. —
5 Sonderabdrucke aus: „Die Kunst uns. Zeit".

— die Stadt München, s.a. Wie wir unsere Heimat sehen.

Die Stadt München. Verf. von A[lexander] **Heilmeyer**. Zeichn. von L. Koch-Hanau. Leipzig: K. G. Th. Scheffer; München: K. Schüler 1906. (135 S.) 8° [F.]
— **Wie** wir unsere Heimat sehen. Bd 6. 07. 9205

— Die Plastik seit Beginn des 19. Jahrh., s.a. Sammlung Göschen.

Die Plastik seit Beginn des 19. Jahrhunderts von Alexander **Heilmeyer**. Mit 41 Abb. Leipzig: Göschen 1907. 108 S. 8°
(Sammlung Göschen. 321.) A 12.1243 II

Heilmeyer A, die Plastik seit Beginn des 20. Jahrhunderts. (108 S 21 T) (Sammlung Göschen 321) 16° Leipzig 1907

— über deutsche Plastik. Imp.-4. (S. 157—220 m. Abb. u. 18 Taf.) München (901). F. Hanfstaengl. n. 12. —
Sonderabdruck aus: „Die Kunst unserer Zeit".

— Ueber deutsche Plastik. (S. 157—220 m. Abbildgn. u. 18 Taf.) 36,5×27 cm. München (909). F. Hanfstaengl. 12. —

— moderne Plastik. 50 Reproduktionen v. hervorrag. Werken moderner Plastik, zusammengestellt u. erläutert. 12 Hefte. (52 Taf. m. VI u. VI S., 24 Bl., 2, 3, 3, 2 u. 2 S. Text.) gr. 4. Leipzig (904. 905). Deutsche Verlagsactiengesellschaft. à n. 1. —; Mappe dazu n. 3. —

— die moderne Plastik in Deutschland, s.a. Sammlung illustr. Monographien. 10. Bd.

Die moderne Plastik in Deutschland. Von A(lexander) **Heilmeyer**. Mit e. Titelb. u. 184 Abb. *Bielefeld & Leipzig: Velhagen & Klasing 1903.* (154 S.) 4°(8°) [F.]
— **Sammlung** Illustrierter Monographien. 10. 03. 6897

— Hans Sandreuter. (S. 39—70 m. Abb. u. 12 Taf.) 36×27 cm. Ebd. (903). 8. —

— Philipp Otto Schaefer. (S. 73—92 m. Abbildgn. u. 6 Taf.) 36×27 cm. Ebd. (900). 4. —

— Raffael Schuster-Woldan. (28 S. m. Abbildgn. u. 14 Taf.) 36×27 cm. Ebd. (899). 8. —

— Karl Spitzweg. (16 S. m. Abbildgn. u. 6 Taf.) 36×27 cm. Ebd. (903). 4. —
Sonderabdruck aus: „Die Kunst uns. Zeit".

Heilmittel, bei deren Herstellg. undenaturierter Branntwein steuerfrei verwendet werden darf. Gültig v. 1. X. 1900 ab. Fol. (1 Bl.) Berlin (900). Selbstverlag des deutschen Apotheker-Vereins. n. — 20

Das einzige **Heilmittel**. Elberfeld: R. Brockhaus [1905]. (15 S.) 8° [F.]
— [**Schriften** z. Erbauung d. Gläubigen.] No 108. 06. 4138

Heilmittel, das einzige gründliche, gegen das socialdemokratische Uebel. Ein Aufruf aus der Mitte der arbeit. Bevölkerg. an das zur Herbeiführung d. Völkerfriedens u. zur Lösg. der socialen Aufgaben v. der Vorsehg. verjüngte u. vorangestellte Deutschland. gr. 8. (8 S.) Einbeck 890. Ibbeken. n. — 10

Heilmittel, das einzige gründliche, gegen das socialdemokratische Uebel. Ein Aufruf aus der Mitte der arbeit. Bevölkerg. an das zur Herbeiführg. d. Völkerfriedens u. zur Lösg. der socialen Aufgaben v. der Vorsehg. verjüngte u. vorangestellte Deutschland. gr. 8. (8 S.) Einbeck 891, Ibbeken. * — 10

Heilmittel, elektro-homöopathische, des Grafen Mattei, mit den nöthigen Erläuterungen für die Heilung aller u. besonders der für unheilbar gehaltenen Krankheiten. Neue Wissenschaft. (Hrsg. von S. Berard.) Aus dem Französischen übersetzt. 8. (260 S.) Genf 877. Menz. n. 2. 25

Heilmittel, erprobte, gegen Flechten, Scropheln und andere Drüsen-Leiden, Kröpfe, Bleichsucht, Lungenkrankheiten etc., die jodhaltigen, doppeltkohlensauren Natronquellen von Krankenheil bei Tölz im bayer'schen Hochlande. Nach den Erfahrungen verschiedener Aerzte, nebst einer Anleitung zur Lebensordnung u. dem richtigen Gebrauch der Krankenheiler Quellenprodukte, einer Anzahl Krankengeschichten etc. 10. u. für den Buchhandel 2. revid. u. mit der neuesten Analyse dieser Quellen von R. Fresenius verm. Ausg. München 856. gr. 8. (Köhler u. Co.) (2 Bl., 155 S.) 20 ngr

Inhalt: Die Natur in den näheren und weiteren Umgebungen der Krankenheiler Jodquellen. Von Fel. Schiller. — Chemische Analyse der festen Bestandtheile oder des Quellsalzes von Krankenheil, von R. Fresenius. (Nebst 2 vergleich. Tab. über die chemische Zusammensetzung ähnlicher Mineralwässer.) — Die Pflanzenwelt des Blomberges von O. Sendtner. — Geognostische Skizze des Blomberges oberhalb Sauersberg, ein Beitrag zur Geschichte der Formation, aus der die Jodquellen zu Krankenheil ihren Ursprung nehmen. Von R. Rohatzsch. (Nebst einem Sendschreiben von B. Geinitz an den Verf. über diesen Gegenstand.) — Die Wirkungen der Krankenheiler Quellen in verschiedenen Krankheiten, namentlich Flechten, Scropheln u. Phthisis, nach eigenen u. fremden Beobachtungen von Höfler.

Heilmittel, Die gewissesten und bewährtesten, gegen die Fallsucht ... Quedlinb. 1823. V: *Westphal, Carl.* (MGT)

Heilmittel, die gewissenhaftesten u. bewährtesten, gegen die Fallsucht v. einem prakt. Arzte. (C. Westphal.) 8. Quedlinburg 823, Basse.

Heilmittel, Die gewissesten und wirksamsten diätetischen und arzeneylichen, gegen den Magenkrampf ... Quedlinb. 1823. V: *Westphal, Carl.* (MGT)

Heilmittel, die vorzüglichsten und wirksamsten, gegen die Nervosität, erprobt und empfohlen von den berühmtesten Spezial-Ärzten aller Nationen, von Ziemßen, Beard, Graham ꝛc. Für Laien. gr. 8. (7 S.) Landsberg a. d. W. 882, Schönrock. Verklebt *

Heilmittel, zusammengesetzte, der Araber. Nach d. 5. Buch des Canons von Ebn Sina aus d. Arabischen übersetzt von Sontheimer. gr. 8. (18⅞ B.) Freiburg 845, Herder'sche Vrlgsh.

Heilmittellehre, prakt.-populaire, s.a. E. F. Molwitz, Versuch e. popul. Heilmittellehre.

Heilmittellehre, Practisch-populäre, oder Hausmittel für alle Stände ... Stuttgart 1829 [1828]. V: *Molwiz, Eberhard Frdr.* (call)

Heilmittellehre, prakt.-populäre, od. Hausmittel f. alle Stände, besond. f. Prediger, Gemeindevorsteher u. Landleute ꝛc. (Von Fr. Molwitz.) 8. (19 B.) Stuttgart 829, [Weise.]
Wurde bereits 1808 gedruckt u. erscheint hier nur unt. neuem, etwas veränd. Tit.

Heil-Mystik. **Früheste und neueste Hinweise für alle Krankheiten des unverletzten Körpers, Geheimnisse für Religiöse, Freimaurer, hohe Herrschaften, Geheimbünde und Mystik-Aerzte. Chemnitz [ca. 1896]. V: *Seeber, Christian Heinrich.* (wolfstieg II, 657)**

Heil-Mystik. Früheste u. neueste Heilweise für alle Krankheiten d. unverletzten Körpers. Geheimnisse, f. Religiöse, Freimaurer, hohe Herrschaften, Geheimbünde u. Mystik-Aerzte. gr. 8. (32 S.) Chemnitz 896. M. Winter. n. 1. —

Heil-Mystik-Artikel u. deren Anwendg. f. Gesunde u. Kranke bei tägl. Vorkommnissen. 3., verm. Ausg. gr. 8. (27 S.) Leipzig 896. Ebd. n. — 50

— dasselbe, neue Aufl., s.: Wunder-Heilkraft der Spiegel.

Heilnberg, Peter, Nothnägel. Universal-Predigten, durch beigefügte Einleitungen und Beispiele verwendbar, sowohl für verschiedene Sonn- und Festtagspredigten, als auch für zusammenhängende Predigten und Gelegenheitsreden. [Versehen mit 3 Inhaltsverzeichnissen.] gr. 8. (XIV, 303 S.) Wien 886, Kirsch. *
Aus: Blätter für Kanzelberedsamkeit, besonders abgedruckt.

Heilnberg, P., Nothnägel. Universal-Predigten, durch beigefügte Einleitungen u. Beispiele verwendbar sowohl f. verschiedene Sonn- u. Festtagspredigten, als auch f. zusammenhäng. Predigten u. Gelegenheitsreden. [Versehen m. 3 Inhaltsverzeichnissen.] [Aus: „Blätter f. Kanzelberedsamkeit".] gr. 8. (XIV, 303 S.) Wien 888. Kirsch. n. 2. 40

Heilner, Ernst, approb. Arzt aus Stuttgart: Aus d. pathol. Institut d. Universität München. Über einen **Fall** von Thymushypertrophie beim Erwachsenen. *München 1902: C. Wolf & Sohn.* (27 S.) 8°
München, Med. Diss. v. 1902

Heilner, Ernst, Dr. med.: Die Wirkung des dem Tierkörper per os und subkutan zugeführten Traubenzuckers. Mit besonderer Berücksichtigung der Frage von der „Verdauungs-Arbeit." ⟨Aus dem physiologischen Institut zu München.⟩ München 1906: R. Oldenbourg. (92 S.) 8°
¶ [Aus Zeitschrift f. Biologie Bd 48, H. 2.]
München, Med. Fak., Hab.-Schr. v. 1906
(Nicht für den Austausch)

Heilner, Rob., System d. Logik im Sinne e. allgem. Organon der menschlichen Erkenntnis. 8. (X, 58 S.) Leipzig 897. Voit & Co. n. 1. 20

Heilpädagog, der. Zeitschrift für Taubstummen-, Blinden- und Idioten-Erziehung. Redig. von Paul Hübner. 1. Jahrg. 1871. 12 Nrn. (Bog.) Lex.-8. Wien, Pichler's Wwe. und Sohn.
—— dass. — Zeitschrift für Erziehung taubstummer, blinder, schwachsinniger und besserungsbedürftiger Kinder. Redig. von Paul Hübner. 2. Jahrg. 1872. 12 Nrn. (à 1—2 Bog.) gr. 8. Ebendas. *

Heilpern Aron: Die subjektlosen Sätze im Polnischen.
H. 1904 PN 1755 **Diss.** Wien, Univ. 2703

Heilpern Johann: Über das sogenannte Carbothiacetonin. S. 105. IIb. 191 . . . . vgr.
Separatabdruck

Heilpern, W. (Hrsg.), s. Assecuranz-Tribüne, Die.

Heilpern, Wilh., Mehr Licht. Ein Neujahrs-Geschenk für die Assecuranz-Welt. Feder-Skizzen [aus der Reisemappe eines Lebensversicherungs-Inspectors]. 8. (114 S.) Stuttgart 874, Schlegel. geb.

Heilpflanzen, s.: Eigenschaften.

Heilpflege- und Erziehungsanstalt Levana, die — auf Schloss Liesing bei Wien. *Wien* 1858. *Wallishausser's* Buchhdl. *(J. Klemm).* 24 S., 8°.
Extraabdr. a. d. öst. »Jahrb. für Kinderfreunde«.

Heilprin, Jechiel, Seder Ha-Dorot. [Chronologia et bibliographia.]. 2 vol. (In hebr. Sprache.) gr. 8. (119; 291 S.) Berlin 875, Adf. Cohn. * 12 —

Bibelkritische Notizen. Ein nachgelassenes Manuskript von Michael **Heilprin.** ⟨Als Ms. gedr.⟩. (Vorr.: Benjamin Szold.) Baltimore 1893: Friedenwald Co. (185 S.) 8° [J.]

Heilquelle, Die, von Borssék, nach eigenen Erfahrungen in Kürze beschrieben . . . Pest 1825. V: *Scheint, Dan. Gottlieb.* (Trausch)

Heilquelle Borszék beschrieben
Die Heilquelle von Borszék, nach eigenen Erfahrungen in Kürze beschrieben von einem praktischen Arzte. 55 S., gbd., 1 Taf.

Wien: Wallishausser 1825

JB 2,789

Heilquelle, Die, in Nieder-Langenau bei Habelschwerd . . . Breslau [1823]. V: *Friese, Friedrich Gotthelf.* (Ky) (MGT) (LVS) (Nent) (Nowack, Schles. Schriftst. Bresl. 1836—43. V, 28.)

Heilquelle, die, in Nieder-Langenau bei Habelschwerd in d. Grafsch. Glaz. (Von Dr. Friese.) Mit 1 Steindr. u. 1 Vign. 12. Breslau 824, (J. Fr. Korn.)

Heilquelle, Die wohlthätige, des Grindbrunnens bei und in dem Gebiete der freien Stadt Frankfurt. Frankfurt 1818. V: *Schreppler, Maria.* (Linde, Nassauer Brunnenlitt. Wiesbaden 1883.)

Heilquellen und Bäder, die, zu Sulza. gr. 8. (15 S.) Jena 849, Frommann.

— u. Bäder, die, zu Sulza. gr. 8. (15 S.) Jena 850, Frommann. 3 ngr

Heilquellen, die, und Bäder von Tarasp (Tarasp-Schuls) im Unterengadin, Graubünden. Eine gedrängte Uebersicht für prakt. Aerzte. gr. 8. (35 S.) Chur 866, (Gsell.)

Heilquellen, die, und Bäder von Tarasp [Tarasp-Schuls] in Unter-Engadin, Graubünden. Eine gedrängte Uebersicht für prakt. Aerzte. 3. und 4. Aufl. 1870,72. * 50 Pf.; 5. Aufl. 1873. 60 Pf., und 6. Aufl. 8. (48 S.) Chur 874, (Gsell.) *

Deutschlands **Heilquellen** und Bäder. Hrsg. vom Kais. Gesundheits-Amt zu Berlin. (Bains et sources minérales d'Allemagne ... The baths and mineral springs of Germany ...) *Berlin: O. Seehagen 1900.* (XVI, 400 S.) 4°
[Text in deutscher, franz. u. engl. Sprache.]

Heilquellen Gleichenberg Tal
Die Heilquellen des Thales Gleichenberg in der Steiermark. Hrsg.von Leopold Langer. 182 S., gbd.

Gratz: Ludewig 1836

JB 2.819

Die Heilquellen von Kissingen Ragozi und Pandur. Mit bes. Rucks. auf den Nutzen und Gebrauch derselben. Würzburg 1830: F.Bauer. 31 S. 8°

Heilquellen und Curorte Mittel-Europa's. Wegweiser zu den bekannteren Quellen und Curorten, nebst Angabe ihrer Höhenlage, sowie der Temperatur und des Charakters der Quellen. Mit 1 Karte der Heilquellen und Curorte Mittel-Europa's in Farbendr. 8. (73 S.) Wien 881, Braumüller. *

Heilquellen, die, des Hrzgth. Nassau im J. 1836. gr. 8. (9½ B.) Berlin 837, [Klemann.]
Aus: Jahrbücher f. Deutschlands Heilquellen u. Seebäder von v. Gräfe u. Kalisch, besond. abgedruckt.

Heilquellen, die Nassauischen, Soden, Cronthal, Weilbach, Wiesbaden, Schlangenbad, Schwalbach u. Ems, beschrieben durch einem Verein v. Aerzten, nebst geognost. Skizze u. (lithochrom.) Karte des Taunus (in Fol.). gr. 8. (VIII u. 331 S.) Wiesbaden 851, Kreidel. 1 ß 6 ngr

Heilquellen, die, des Taunus. Wiesbaden — Weilbach — Soden — Homburg — Ems — Assmannshausen — Schwalbach — Schlangenbad — Selters — Fachingen — Geilnau — Cronthal. Dargestellt von einem Vereine von Ärzten. Hrsg. von Grossmann. gr. 8. (VII, 448 S.) Wiesbaden 887, Bergmann. *

Heilquellen, Die, am Unterharze. Stuttg. 1829. V: *Hoffmann, Frdr. Aug.* & *Joh. Friedrich Lebrecht Hoffmann.* (Call) (EngG)

Heilquellen, die, am Unterharze. M. 5 Abbild. 8. 7½ B.) Stuttgart 829, [Weise.]

Heilquellen, die vorzüglichsten, in Europa. In chem. u. therapeutischer Beziehung nach d. neuesten Erfahrungen vollständig zusammengestellt. gr. 8. (10¾ B.) Berlin 812, Hayn.

Heilquellen, wichtige, Europas oder in welches Bad sollen wir reisen? Eine Würdigung ihrer Heilkräfte u. ihrer zweckmäßigen Anwendung, f. Kranke u. Gichtkranke. 2e Ausg. gr. 8. Berlin 825, Klittner.

Heilquellen, wichtige, Europas oder in welches Bad sollen wir reisen? Eine Würdigung ihrer Heilkräfte u. ihrer zweckmäßigen Anwendung, f. Kranke u. Gichtkranke. 2e Ausg., mit Dr. Welpers Bildniß. gr. 8. Berl. 825. (Sander). 1 ß 16 gr Hbg. Pr. 1 ß

Heilquellen-Karte, oder die Brunnen u. Bäder, d. h. die Eisen-, Schwefel-, Alkalien-, Bittersalz-, Glaubersalz- oder Kohlensäure-haltigen Mineralwasser u. Gas- u. Schlammbäder, so wie auch d. künstl. Mineralwasseranstalten Deutschlands, der Schweiz u. der Niederlande. Fol. Weimar 830. Geogr.-Instit. Kupferstich u. ill. 8 gr

Heils, Christian Jacob (Bautzen), Consultationes juris (Lusat. Super.) I. Quaestione an fidei commissarius successor rerum fidei commissariarum dominus sit, propterea que rem ex venditione aut permutatione rei fidei commisso subjectae acquisitam, licet fuerit, a possessore intermedio gravato, postmodum alienata, nihilominus tanquam rem fidei commisso subjectam, a tertio possessore vindicare possit. Bautzen & Leipzig (David Richter) 1728. 76 S., z. Tl. dtsch. (8.50) 13921
Betr. die Familie v. Salza (Ludwigsdorf u. Kl.-Biessnitz b. Görlitz).

— — Dasselbe. II. De jure separationis in concursu creditorum et utrum hoc jus in Lusatia Superiori etiam post quinquennium locum habeat. Bautzen (David Richter) o. J. 36 Seiten. (6.—) 13922

— — Dasselbe. III. Quaenam requirantur ad solennia alienationis bonorum immobilium pupilli vel minoris et quaenam ad ipsam ejusdem substantiam. Item: Quid intersit inter nullitatem, quae circa solennia, et eam, quae circa substantiam alienationis ejusmodi bonorum committitur? Bautzen (David Richter) o. J. S. 113—152. (6.—) 13923

— — Dasselbe. IV. Quousque parentibus licitum sit liberis suis hereditatem detrahere et quid ad voluntatem parentum maxime nuncupativam probandam requritur et an hoc jus in marchionatu Lusatiae Superioris idem observatur. Bautzen (David Richter) o. J. S. 153—192, tlws. dtsch. (6.—) 13924

— — Dasselbe. V. Qualem regressum habeat indossatarius, sive cessionarius cambialis, si ei debitum cambiale stato die non solvatur. Bautzen (David Richter) o. J. S. 193—232, vorwiegend deutsch. Text. (6.20) 13925

— — Dasselbe. VI u. VII. Si quis nomen cessum sub conditione evictionis acceptet, an et qualem actionem habeat acceptans adversus cedentem, periculo existente: et qualem actionem hoc casu habeat cedens adversus debitorem, alteri jam cessum. et Quale spatium citatio edictalis ad sui subsistentiam necessario continere debeat? Bautzen (David Richter) o. J. S. 233—282. (6.30) 13926

— — Dasselbe. VIII. In quantum et quibus modis uxor pro marito valide se obligare queat? et, quid hac in re, cumprimis in Lusatia Superiore, sit juris? Bautzen (David Richter) o. J. S. 283 bis 348. (6.50) 13927

— — Dasselbe. IX. Quousque superstes conjux, altera parte defuncta, in bonorum possessione defendi, eaque ipsi competere queat? Bautzen (David Richter) o. J. S. 349—412. (6.40) 13928

Heilsarmee. Selbst-Verleugnungs-Woche vom 27. Oktober bis 2. November 1901. [Illustriert.] II + 15 S. 8. Basel, Emil Birkhäuser.

Heilsarmee. Selbstverleugnungswoche vom 26. Okt. bis 1. Nov 1902. Handbuch für die Feldoffiziere. II + 8 S. 8. (Bern, Sutor & Lierow, 1902.)

Heils-Armee, die. Regeln u. Verordnungen f. Lokal-Offiziere. (60 S.) kl. 8. Berlin (901). Heilsarmee-Grundstücks-Gesellschaft. n. — 20

Heilsarmee, Die moralische, in Berlin. Männerbund zur Bekämpfung der öffentlichen Unsittlichkeit. Berlin 1889. V: *Schönhoff, Leopold.* (EB)

Heils-Armee-Liederbuch. (160 S.) 16. Ebd. (901). n. — 20; geb. in Leinw. n. — 60

Heilsberg [Schlagwort]

Heilsberg, s.a. Geologische Karten (Preussen).

Heilsberg, Kreis, s.: Königsberg, Reg.-Bez.

Heilsberg. Karte des Kreises Heilsberg im Reg.-Bez. Königsberg. Hrsg. v. der kartogr. Abteilg. der königl. preuss. Landesaufnahme 1906. Aufgenommen vom königl. preuss. Generalstab 1866—71. Einzelne Nachträge bis 1905. 1:100,000. 48×63 cm. Farbdr. Berlin, (R. Eisenschmidt). n.n. 2. —; ermäss. Preis n.n. 1. 50

Heilsberg [Verf.]

Heilsberg, Alois

– Bemerkungen über modernen Betrieb des naturgeschichtlichen Unterrichtes am Gymnasium. 12. ibd. 08.
Progr.

Heilsberg Alois: Ein Lehrplan für die Mineralogie im Obergymnasium. 24. Wien XIX. 00.
Progr.

Heilsberg, Alois Alfr., Materialien f. den Unterricht des gewerblichen Rechnens an den Fachlehranstalten der Schankgewerbetreibenden. Aufgabensammlung, im Auftrage der Schulausschüsse der Wiener fachl. Fortbildungsschulen f. Lehrlinge der Gastwirte, Hoteliers u. Kaffeesieder verf. v. den Rechenlehrern der vorbezeichneten Lehranstalten. Theoret. Tl. v. H. Red. v. Adf. Fr. Hess u. Alois Alfr. Heilsberg. 2 Tle. 8. Wien (F. Deuticke). 2. 20
I. 2., unveränd. Aufl. (V, 196 S.) 905. 1. 20
II. (III, 63 u. XXVI S.) 900. Kart. 1. —

Heilsberg, Alois Alfr., Materialien f. den Unterricht d. gewerblichen Rechnens an den Fachlehranstalten der Schankgewerbetreibenden. Aufgabensammlung, im Auftrage der Schulausschüsse der Wiener fachl. Fortbildungsschulen f. Lehrlinge der Gastwirte, Hoteliers u. Kaffeesieder verf. v. den Rechenlehrern der vorbezeichneten Lehranstalten. Theoretischer Tl. v. H. Red. v. Adf. Fr. Hess u. Alois Alfr. Heilsberg. 2. Tl. 2., verb. Aufl. (III, 107 S.) 8. Wien 907. (F. Deuticke.) 1. —

Heilsberg Franz: Geschichte der Besiedlung und des Grundbesitzes im Waldviertel während des Mittelalters.
1904 PN 1694 Diss. Wien, Univ. 880

Geschichte des Marktes Vitis. Im Auftr. d. Marktgemeinde Vitis hrsg. von Dr. Franz Heilsberg. Vitis: Bürgermeisteramt 1909. VII, 126 S. 8° [11. 1590]

Heilsberger, Jo. Hieronymus (Ragnit/Preuss.), De locatione conductione jurisdictionis. Diss. jur. Präs. Jo. Gottl. Heineccius. Halle (Jo. Christ. Grunert) 1. VII. 1738. 64 S. (6.50) 13930
Gew.: Samuel Frh. v. Cocceji.

— — Dasselbe. Halle 1759. 62 S., ohne Widm. (6.50) 13931

Der Heils-Bote: Jahrgang 1–20?, 1898–1917?
Monthly. Organ of Wehrlose Mennoniten-Brüder in Christo von Nord-Amerika. Place of publication varies: Chicago, Ill., 1898–? Ed. by C. R. Egle, ?–1917.
Berne, IN

Heilsgewißheit, die. Nordische Glaubenszeugnisse. Hrsg. v. S. Simonsen. 2. Jahrg. 1902. 12 Nrn. 8. (à ca. 16 S.) Plau, (L. Hancke). n. 2. 40
Erscheint nicht mehr.

Heilsjahr, das, der Kirche. Lieder v. Redeatis nihil deerit vobis). (240 S.) kl. 8. Steyl 908. Missionsdruckerei. Geb. in Leinw. m. Goldschn. 1. 50

Heilsklänge. (Hrsg. v. Tiele-Winckler.) (15 S.) kl. 8. Neumünster (909). Vereinsbuchh. G. Ihloff & Co. p — 10

— dasselbe. (Mit Noten.) (29 S.) gr. 8. Ebd. (909). — 75

Heilslehre, christliche. Leitfaden für den Confirmandenunterricht. gr. 8. (36 S.) St. Gallen 864, Scheitlin und Zollikofer.

Heilslehre, christliche. Leitfaden für den Confirmandenunterricht. 7. Aufl. 8. (34 S.) St. Gallen 873, Scheitlin und Zollikofer. *

Heilslehre, die, der Theologia Deutsch. Nebst einem auf sie bezügl. Abriß der christl. Mystik bis auf Luther. Von Friedr. Gust. Lisco. 8. (XII und 305 S.) Stuttgart 857, S. G. Liesching. *

Heilslehren, d. göttl., im Catechism. Lutheri rc. in Tabellenform. 8. Sorau, Hebold. 745.

Heils- u. Gnadenmittel, die, in d. kathol. Kirche, od. die christ.-kathol. Lehre von den heiligen Sakramenten. Dargestellt nach der heil. Schrift, nach der Erblehre, sowie nach den Satzungen der ältesten Kirchen-Versammlungen von ein. kathol. Dorfpfarrer. 8. (33 B.) Neuburg a. d. Donau 842, Prechter.

Heilsordnung, Katechetische, als eine Grundlage für Kinder, welche zum würdigen Genuss des heil. Abendmahls zubereitet ... werden ... 2. Aufl. Breszlau 1752. V: *Klein, Michael.* (Pk)

Kurzgefasste Heils-Ordnung, Kinderfragen und Unterricht vom Glauben. U. St. o. A. [179*]. (uden Titelbl.). P.

Heilstatt, Otto, allerlei Gereimtes u. Ungereimtes. (VI, 160 S.) 8. Solothurn 909. Buch- u. Kunstdruckerei Union. 1. 50

Heilstatt, Otto, wohin steuern wir? u. Wie soll gesteuert werden? Sozialpolitische Studie. 8. (81 S.) Solothurn 893. (Jent & Co.) n. — 50

— Die zürcherische Heilstätte für arme, scrofulose und rachitische Kinder bei Aegeri. Mit Ansicht und Panorama der Anstalt und mehreren Skizzen. In-8°, 16 S. Zürich, Druck von Orell Füssli & Cie. 1885

Die von Invaliditäts- und Altersversicherungsanstalten im Harze angelegten Heilstätten für Lungenkranke. *o. O. (1899.)* (26 Taf. mit Erl.Bl.) quer-4° [99. 2330]

Heilstätten, deutsche, s. Lungenkranke. Berichterstatter: Hamel u. Frdr. Peters, s.a. Tuberkulose-Arbeiten aus dem kaiserl. Gesundheitsamte. 8. Heft.

Deutsche Heilstätten für Lungenkranke Geschichtliche und statistische Mitteilungen. Berichterstatter: Hamel I—III. Berlin 1904—08. Bg 704, 2.5.8 (Tuberkulose-Arbeiten. H. 2. 5. 8.)

Heilstätten, Neuere schweizerische, für Lungenkranke. O. O. [1899]. V: *Baiter, Hans.* (Zuwachsverz. d. Bibliotheken in Zürich 1898 ff.)

Heilstätten-Bote, der. Zeitschrift f. Volksgesundheitspflege u. Krankheitsverhütg. Red.: Geo. Liebe. Jahrg. 1902. 12 Hfte. hoch 4. (à ca. 12 S.) Frankfurt a/M. J. Alt. n. 3. —

Heilstätten-Bote, der. Zeitschrift f. Volksgesundheitspflege u. Krankheitsverhütg. Red.: Geo. Liebe. Jahrg. 1903. 12 Hefte. (à ca. 24 S. m. Abbildgn.) hoch 4. Frankfurt a/M., J. Alt. n. 3. —
Fortsetzg., s.: Werde gesund!

Heilswahrheiten, Einige. Offenbach 1774. V: *Goué, Aug. Siegfr. v.* (VLBS VI, 151.)

Heilswahrheiten oder Worte der Ermahnung, des Raths und des Trostes zusammengestellt in auserlesenen Bibelsprüchen auf 31 Tab. Fol. Basel 867, Spittler. *

Heilswahrheiten u. Heilsleben od. Glaube u. Heiligg. Bibl. Betrachtgn. zum Gebrauch f. Mädchen- u. Jungfrauen-Vereine. Frei nach dem Engl. 8. (VI, 240 S.) Gotha 889, F. A. Perthes. * 3 —

Heilsweg, der. Eine kurze Schilderung der Gnadenordnung des Herrn. 8. (32 S.) Bremen 887, Verlag des Tractathauses. *

Heilsweg, der, Gottes. [Nach dem Engl.] 16. (28 S.) Basel 880. Spittler. n. — 10

Heilsystem, das, der Zukunft. Zeitschrift zur Verbreitg. der Scheibler'schen Oscillationstheorie. Red. u. Hrsg.: W. R. Scheibler. 1. u. 2. Jahrg. 1901 u. 1902. à 24 Nrn. hoch 4. (à ca. 8 S.) Berlin, W. R. Scheibler. à Jahrg. 3. —

Heilung, üb. e. v. Hrn. Wolfart angebl. bewirkte, e. Augenkranken. gr. 8. Berlin 822. Reimer.

HEILUNG, Die, der Baronin. Erotische Erzählung. (c. 1908.) (Mk. 1.—.)

Heilung der Bauchwassersucht. Krankengeschichte des Dr. Christ. v. Hellfeld in Jena, welcher, 53 Jahre alt vom Schlag getroffen, die hartnäckigste Wassersucht bekam, sich durch ein ganz einfaches Mittel selbst kurirte, und, gänzlich hergestellt, 83 J. alt wurde. Von ihm selbst niedergeschr. u. von seinem Sohne hrsg. 8. Weimar 843, Hoffmann. *

Heilung, die, durch Eisenfeilspäne. Eine Entdeckung neuester Zeit. Zum Heil der Menschheit mitgetheilt von M. J. R. 2. verb. u. durch neue Erfahrungen verm. Aufl. Cöslin 854. Hendeß. gr. 8. (32 S.) n. 9 ngl

— die, der Flechten od. die neuesten u. bewährt. Heilmittel u. Kurmethoden gegen diesen lästigen Ausschlag, ein Buch zur Belehr. u. Selbsthülfe, von (C. Westphal). 8. Quedlinb. 823. Basse. 10 gl

Heilung, Die, der Flechten oder die neuesten . . . Kurmethoden gegen diesen lästigen Ausschlag . . . Quedlinburg 1823. V: *Westphal, Carl.* (Ky) (MGT) (EngM)

Heilung, die, der Flechten, od. die neuesten u. bewährtesten Heilmittel u. Kurmethoden geg. dies. lästigen Ausschlag. Ein Buch z. Belehr. u. Selbsthülfe v. e. prakt. Arzt. 8. (4½ B.) Quedlinburg 835, Basse.

— die, des übeln Geruchs aus Mund, Nase u. Füßen. gr. 8. Gotha 827, Hennings.

Heilung, die gründliche, chronischer und sonst unheilbarer Krankheiten, als Syphilis, Gicht, Rheumatismus rc. auf naturgemäßem Wege. Dargestellt von Aerzten und Geheilten der Dittmann'schen Lohkur. gr. 16. (23 S.) Berlin 868, Jansen.

Heilung, homöopath., d. Cholera. Mittheiln. e. prakt. Arztes in Italien. Hrsg. v. Fr. Emmrich. gr. 8. (2 B.) Leipzig 837, C. H. Reclam.

Heilung, die, d. Impotenz, od. d. männl. Unvermögens z. Beischlaf. Neue verbess. Aufl. 8. Lpz. 826, Central-Cpt.

Heilung durch Kothumschläge. Goth., gel. Z. 1780, St. 40. *Friedreich,* Literärgesch. 1830, S. 366.

1780

Heilung der Krankheit, die — durch stündliche Uebung von Tugend-Akten. Für Kranke und für Seelsorger zum Zuspruch am Krankenbette sehr geeignet. Von einem Priester der Diözese Brixen. Mit Gutheißung des hochw. f. b. Ordinariates Brixen. Innsbruck, 1857. Druck und Verlag von Felician Rauch. (XII. 272 S. 8.)

Heilung, Die, des Kropfes und des dicken Halses . . . Quedlinburg 1824. V: *Westphal, Carl.* (Call) (EngM)

— die, des Kropfes u. d. dicken Halses. Von e. prakt. Arzte. 8. Quedlinb. 824, Basse.

Heilung, die, des Lahmen am Tempel. 8. Landshut, Storno. 821.

Merkwürdige Heilungen und Facta, welche sich zu Ellwangen bey dem Hochehrwürdigen Herrn Johann Joseph Gaßner, Sr. Hochfürstlichen Gnaden Bischoffen zu Regensburg, Fürsten u. Probsten zu Ellwangen rc. geistlichen Rath, u. Hofkapellan in dem Jahr 1775 zugetragen. (Auszüge von Protokollen.) s. l. et a. 8.

—— die, u. Prophylaxis d. asiat. Cholera. Als Abschrift e. von J. E. Veith zu Wien auf Verlangen d. K. bayer. Regierung entworf. Aufsatzes, v. Verf. selbst beglaubigt u. übersendet an C. v. Bönninghausen. 12. (1 B.) Hamm 832, Schulz.

— - radicale, der Frostbeulen u. erfrorenen Glieder. 8. (6 B.) Nordhausen 845, Fürst.

Heilung, radicale, der Frostbeulen u. erfrornen Glieder. Eine vollständ. Sammlung bewährter Mittel: alle Frostschäden schnell u. sicher zu heilen, so wie auch ihr Wiedererscheinen zu verhüten. 2. (Titel-)Aufl. 8. (IV u. 92 S.) Leipzig (848) 850, Hentze. 1/4 ℛ

— über die radicale, d. Hämorrhoiden nach dem Systeme des Dr. Mackenzie. Ein nothwendiges Hülfsbuch für alle an Hämorrhoiden Leidenden, besond. aber für die Besitzer des Werks: „Keine Hämorrhoiden mehr" v. Dr. Mackenzie. gr. 16. (63 S.) Magdeburg 848, Quednow. n. 1/3 ℛ

— die radicale, der Hämorrhoiden nach Dr. Mackenzie's System. 16. Magdeburg 851, Quednow.

Heilung, Radicale sichere und gefahrlose, aller Hämorrhoidalbeschwerden in kürzester Frist, fasslich dargestellt von einem Nichtarzte. Hamb. 1852. V: *Günther, W.* (schr)

— radicale, aller Unterleibskrankheiten als: Magenschwäche, Verdauungsbeschwerden, Stuhlverstopfung etc. durch Anwendung der bekannten Dr. Kiesow'schen Lebens-Essenz. Die Entstehung der Unterleibskrankheiten etc. aus seiner Praxis mitgetheilt von einem prakt. Arzte für Nichtärzte. 8. (64 S.) Augsburg 855. (Gera, Illgen's Erben.)

— die, des Rheumatismus, der Gicht, Hypochondrie etc. nach einer sichern, schnellen und neuen Methode. Nebst Anleitung zur Vorbeugung der Wiederkehr dieser Feinde menschlichen Wohlbefindens. Vermächtniß eines alten Feld- und Schiffs Arztes. Quedlinburg 860. Basse. 8. (40 S.) 10 ngr.

Heilung, die, der Schwindsucht durch Prof. R. Koch. 8. (23 S.) Leipzig 890. Radelli. n. — 35

Heilung, die, der Schwindsucht durch Prof. R. Koch. gr. 8. (23 S.) Berl. 891, Abel u. Comp. * — 35

Heilung, sichere, der Kartoffelkrankheit. Aus Erfahrung geschrieben von einem praktischen Landwirthe. Celle 862. Schulze. 8. (19 S.) n. 4 ngr.

— die sichere und völlige, des üblen Geruchs aus Mund und Nase. Ein bewährter Rathgeber für alle Diejenigen, welche an diesen Uebeln leiden. 2. (Titel-)Aufl. 8. (IV und 67 S.) Bautzen 849, Reichel. *

— sichere, der Wasserscheu durch die Hydrotherapie von einem Hydropathen. 8. (IV und 54 S.) Leipzig 852, Magazin für Literatur. *

Heilung, Sichere — der Wasserscheu. Zweite Ausgabe. Wien. 1855. Druck von A. Pichler's Wwe. und Sohn. In Kommission bei R. Lechner. (1 Bl. 54 S. 8.) geh.

Heilung u. Ausrottung, sicherste, d. asiat. Cholera. (Von Sam. Hahnemann.) 4., mit d. Regeln d. homöopath. Diät stark verm. u. verb. Aufl. gr. 12. (1 B.) Leipzig 831, Glück.
Die Regeln der homöopath. Diät, apart 6 Pf.
Val. Hahnemann.

Heilung und Ausrottung, Sicherste, der epidemischen Cholera. 4.... Aufl. Leipzig 1831. V: *Hahnemann, Sam.* (call) (Ky) (EngM)

Heilung, Sicherste, gründliche und auf Erfahrung gegründete, der Frostbeulen und erfrornen Glieder. Hamburg 1810. V: *Albrecht, Johann Frdr. Ernst.* (call)

— die, d. Scrofeln durch Königshand, s.(Choulant, Ludw.)

Heilung, Die, der Scropheln durch Königshand ... Dresden 1833. V: *Choulant, Johann Ludwig.* (call) (choulant) (EngM) (Ky)

— die, der Scrofeln durch Königshand. Denkschrift zur Feier der 50jähr. Amtsführung ihres hochverehrten Mitgliedes des Hrn. Dr. Joh. Aug. Wlh. Hedenus etc. (v. L. Choulant). Herausg. von der Gesellschaft für Natur- u. Heilkunde in Dresden, Am 16. Juli 1833. gr. 4. (Leipzig 833. Voß.) 1/4 ℛ

Heilung, Die wunderbare, einer Enkelin des Grafen de Maistre in Nizza. [München 1842.] V: *Görres, Guido.* (Bücher-Samml. d. hist. Ver. v. u. f. Oberbayern. Münch. 1867.)

— die wunderbare, der Magdalene Kade in Philippsdorf bei Georgswalde. Eine Sammlung der über diese Begebenheit erschienenen Schriftstücke. 8. (30 S.) Rumburg 866, (Pfeifer.) *

— wunderbare, der Gräfin Mirabelle von Rosenhain, oder Triumph d. homöopath. Heilmethoden, v. Z. 8. Glogau 827, neue Güntherſche Buchh.

Heilung, die, der Zahnschmerzen durch homöopathische Arzneien, s. Hausbibliothek, homöopathische.

— die, der Zahnschmerzen durch homöopathische Arzneien als Prüfstein der Wahrheit der Homöopathie. Zur Nachprüfung Jedermann empfohlen von einem homöopath. Arzte. 8. (32 S.) Leipzig 867, Schwabe.

— die, der Zahnschmerzen durch homöopathische Arzneien als Prüfstein der Wahrheit der Homöopathie. Zur Nachprüfung Jedermann empfohlen von einem homöopath. Arzte. 2. verm. und verb. Aufl. (40 S.) 1872, und 3. verb. Aufl. 8. (32 S.) Leipzig 875, Dr. Schwabe. *

Heilungen, 23 wunderbare, die sich während der Ausstellung des heil. Rockes in der Domkirche zu Trier vom 18. Aug. bis 6. Oktbr. 1844 ereigneten. Ein Sendschreiben f. Alle, welche Wahrheit lieben u. suchen. 12. (4 B.) Coblenz 845, Hölscher.*

Heilungsart, Die, der herrschenden Faulfieber, für Landärzte und Landleute ... Bern 1785. V: *Wyss, Samuel.* (Ky) (MGT) (NN)

Heilungsart, die, der herrschenden Faulfieber, für Landärzte u. Landleute, (v. S. Wyß). gr. 8. Bern 785.

Die sogenannte Heiligungslehre im Lichte des Wortes Gottes. Nach d. Engl. von J. C. R. *Elberfeld: R. Brockhaus 1900.* (43 S.) 8° [J.] [illegible]

Heilverfahren, ein höchst einfaches, durch die Erfahrung erprobtes, gegen das Nervenfieber. Veröffentlicht für Alle. 8. (80 S.) Werdau 857, Schreiber'sche Buchh.

Lose Hefte über Kneipp'sches Heilverfahren
im Hausgebrauche 1896

Ueber das Heilverfahren des Dr. Lobethal in Breslau als wichtiges Schutz- u. Heilmittel gegen chronische Catarrhe u. beginnende Lungenschwindsucht. *Wien* 1859. *F. Klemm.* 22 S. 12°. 6 kr.

Heilversuche, homöopath., an kranken Hausthieren. Von e. Laien. 1. u. 2. Brief. gr. 8. Magdeburg, Heinrichshofen.
A. u. d. Ttln.:
Brief. 1. Homöop. Heilversuche an Pferden. 1. Aufl. (7¼ B.) 835. 10 Gr., 2., ganz umgearb. A. (21 B.) 837. 1 Thlr. 8 Gr.
" 2. Homöop. Heilversuche an Rindern. (9 B.) 836. 14 Gr.

Heilversuche, homöopathische, an kranken Hausthieren. 3. Brief: Heilung der Schafe. Von ein. Laien. gr. 8. (11 B.) Magdeburg 843, Heinrichshofen.
1. u. 2. Brief. Ebendas. 1836, 37. 1 Thlr. 27½ Ngr.

Homöopathische *Heilversuche* an Schafen. V. einem Laien. Magdeb. 1843. (19) 191 S.

Heilwasser. Das H' oder Bad zu Seewen im Kanton Schwyz. 8. Schwyz 1833.

Heilweise, die neue. Volkstümliche Monatsschrift f. naturgemäße Gesundheitspflege. Organ der Naturheilvereine v. Bernburg u. Umgegend. Hrsg. u. Schriftleiter: Konr. Grams. 1. Jahrg. März 1906—Febr. 1907. 12 Nrn (à ca. 8 S.) gr. 8. Bernburg, Konr. Grams. (Nur direkt.) n. 2. —

Heilweise, die neue. Volkstümliche Monatsschrift f. naturgemäße Gesundheitspflege. Organ der Naturheilvereine v. Bernburg u. Umgegend. Hrsg. u. Schriftleiter: Konr. Grams. 2. Jahrg. 1907. 12 Nrn. (à ca. 8 S.) gr. 8. Bernburg, (M. Held). 2. —
Hat ihr Erscheinen eingestellt.

Heilwerth, Emanuel; eine Geschichte aus dem Teutschen Vaterlande. Leipzig 1787—88. V: *Quedenfeld, Johann Christoph.* (Ky) (MGT)

Heilwerth, Emanuel, e. Gesch. aus d. deutsch. Vaterlande. 4 Thle. 8. Lpzg. Crusius. (W. Vogel.) 787—88. (I. 16 gr. II. 12 gr. III. 18 gr. IV. 14 gr.)

Heilwerth, Josa Matzner Edle v. (Hrsg.),
s. Radlerin, Die.

Heilwissenschaft, neue. Zeitschrift f. naturgemäße Gesundheitspflege, arzneilose Heilweise, soziale Hygiene, Magnetismus, Vegetarismus, Suggestionstherapie, Anti-Vivisektion u. besonders auch Geschlechtsreform. Hrsg. v. Minna Kube. 14 Jahrg. 1907. 12 Nrn. (à ca. 12 S.) Lex. 8. Charlottenburg (Wielandstr. 17), Frl. M. Kube. nn 4. 50
Nicht durch den Buchhandel zu beziehen.

Heim. Von M. v. O., s.: Macht, die, d. Liebe. 18.

Heim, oder die Geschichte des bestraften Eigensinns ... Leipz. 1778. V: *Hopffgarten, Ludw. Ferd. von.* (MGT) (Ky)

Heim, oder die Geschichte des bestraften Eigensinnes, in Briefen, 2 Thle. 8. Daselbst, 778. Feinb. 23 sgl.

Heim, oder Gesch. des bestraften Eigensinns, (v. L. F. v. Hopfgarten). 2 Thle. 8. Leipz: 778. Glebitsch. (Brockhaus). 18 K

Heim.
(Dokan). Festschrift zur Feier des fünfzigjährigen Bestandes der appenzell. gemeinnützigen Gesellschaft. In-8°, 56 S. Trogen, Druck der Schläpfer'schen Buchdruckerei. 1882

Heim: Fürs Heim
v. Der Grütlianer.

Heim: Für's Heim
① Illustriertes Unterhaltungs- und Erbauungsblatt für das christliche Volk (Januar 1904—11. 11. 1905 = 1. Untertitel), Schweizerische illustrierte Wochenschrift für Volksbildung, Literatur und Kunst, für religiöses und soziales Leben (1910—28. 6. 1913 = letzter Untertitel) ④ Das Schweizer Heim (Zh) ⑤ Januar 1904—28. 6. 1913 ⑥ 4° ⑦ Wochenblatt ⑧ Basel: Gasser & Co. (Januar 1904—29. 4. 1905); Bern: Kipfer & Co. (6. 5. 1905—29. 9. 1906), Jules Werder (6. 10. 1906—10. 11. 1906); Zürich: Arnold Bopp (17. 11. 1906—28. 6. 1913) ⑨ Mode und Heim (1909—1910; 4°; Wochenbeilage; Berlin: John Schwerin Verlag AG; Red.: Charlottenburg), Unser Kamerad; Jugendheim (Blätter für die schulpflichtige Jugend zur Unterhaltung und Belehrung. Januar 1910—Juni 1913; 4°; Monatsbeilage), Blätter für Mode und Handarbeit (1911—Juni 1913; 4°; Wochenblatt; Berlin-Schöneberg) ⑩ Verlag «Fürs Heim», Basel, später Bern (Januar 1904—3. 11. 1906); Arnold Bopp, Zürich (10. 11. 1906—28. 6. 1913) ⑪ 1. Redaktor: Pfr. Paul Sutermeister, Bern (Januar 1904—4. 1. 1905) ⑫ seit Ende 1906 der christlichen Sozialreform gewidmetes Organ, das allmählich wiederum den Charakter eines Familienblattes annimmt ⑭ Be: L; Zh: Z (seit 1907).

Heim. Für's H'. Christlicher Familien-Kalender auf das Jahr 1906. [Jahrg. 1.] Redigiert von E[ugen] und F[riedrich] Sutermeister. [Illustriert.] IV + 112 S. 4. Bern, Verlag «Für's Heim»: Buchdr. Kipfer & Co. (fr. —. 40)

Heim. Für's H'. Familien-Kalender auf das Jahr 1907. Redigiert von F[riedrich] Sutermeister. *Aufdruck:* Jahrg. 3. [Illustriert.] IV + 84 S. 4. Bern, Verlag «Für's Heim»: Buchdr. Kipfer & Co. (fr. —. 40)
Forts. s. Heimkalender. Schweizer H'-K'... Zürich...

Heim, ach nur heim! Eine Erzählung frei aus dem Engl. der Mrs. *Walton* von *M. K.-G.* 4. Aufl. Mit Titelbild. In-12°. 41 S. Basel, Jäger & Kober. 1896 — 25

Heim, der alte. Ein Arzt v. Gottes Gnaden, s. Friedrichs, E.

Berner Heim
① Der Untertitel mehrmals verändert, ab 1938: Sonntags-Beilage des Berner Tagblatt ⑤ 1890—1945; 1918—1919 nicht erschienen; 1945 zufolge Papierknappheit sistiert, Wiedererscheinen vorgesehen ⑥ 4°, 2° (während einiger Zeit) ⑦ Wochenblatt ⑧ Bern: Buchdruckerei des Berner Tagblatt ⑪ G. Strasser, Pfarrer, Grindelwald, Rud. v. Tavel, Schriftsteller, Alb. v. Tavel, Christ. Gerber, Paul Sutermeister, Wilh. Thormann, Chefredaktor des Berner Tagblatt (III) ⑫ Unterhaltungsblatt ⑬ BGSZ: 12, 866; HBLS: V, 644 (Tavel) ⑭ Be: L, S, St ⑮ Beilage zum «Berner Tagblatt» (III), 1890—1898 auch zur «Bauern-Zeitung». — Vorwiegend historisch orientiert.

Heim und Beruf
v. Die Arbeiterin.

Heim für deutsche Blinde in Königs-Wusterhausen. (Photogr. Aufnahmen während der Bauzeit, zsgest. u. hrsg. vom Architekten Oscar **Schmidt.**) o. O. u. J. [um 1901]. 14 Taf. quer-8° [Umschlagt.]
[10. 17382

Heim, das deutsche, s.: Figaro, illustrirter.

Heim, deutsches. Berliner Sonntagsblatt. Redact.: Adph. Kohut. 1. Jahrg. Octbr. 1879—Septbr. 1880. 52 Nrn. (à 2 Bog.) gr. 4. Berlin, Expedition. 4 —

Heim, deutsches. Berliner Sonntagsblatt. Red.: Adph. Kohut. 4. Jahrg. Oktbr. 1879—Septbr. 1880. 52 Nrn. (2 B.) gr. 4. Berlin, Exped. n. 4. —

Heim, deutsches. Unterhaltungsblatt für alle Stände. Redact.: Adph. Kohut. 5.—8. Jahrg. Oktbr. 1880—Septbr. 1884. à Jahrg. 52 Nrn. (à Nr. 2 Bog. mit eingedr. Holzschn.) gr. 4. Berlin, (Engelmann.) à Jahrg. *

— dass. — Redact.: Paul Ehrentraut. 9. Jahrg. Oktbr. 1884 —Septbr. 1885. à Jahrg. 52 Nrn. (à Nr. 2 Bog.) gr. 4. (Ebendas.) à Jahrg. *

Heim, deutsches. Unterhaltungsblatt für alle Stände. Redact.: Paul Ehrentraut. 10.—13. Jahrg. Oktbr. 1885—Septbr. 1889. à Jahrg. 52 Nrn. (à Nr. 2 Bog.) gr. 4. Berlin, (Engelmann.) à Jahrg. *

Heim, deutsches, und deutscher Herd. Familienblatt für Stadt und Land. 1. Jahrg. Oktbr. 1887—Septbr. 1888. 52 Nrn. (à Nr. 2 Bog.) gr. 4. Leipzig, Reinboth.

— e. glückliches. Katholischen Eheleuten gewidmet. (96 S.) kl. 8. Essen 906. Fredebeul & Koenen. n. 1. —; geb. in Leinw. m. Goldschn. n 1.50

Heim, Heinz. Das Werk d. Malers Heinz Heim. Hrsg. v. Geo. Fuchs. M. Titelzeichng. u. Initialen v. Jos. Sattler. Fol. (23 S. m. Abb. u. 21 Taf.) Berlin 896, J. A. Stargardt. Geb. in Leinw. n. 20. —

Heim u. Herd. Deutsche Jugend- u. Hausbücherei. (Im Auftrag der Jugendschriftenausschüsse in Karlsruhe u. Mannheim hrsg. v. Otto Fritz u. Karl Lauer.) 1. u. 2. Bd. 8. Lahr 910. M. Schauenburg. à p 1. —
1. Geschichten, heitere. (118 S.)
2. Taler, der, der vom Himmel fiel, u. andere Märchen. (129 S.)

— der Jugend. Ein Jahrbuch f. Kinder u. Eltern. Hrsg. v. Adf. Cronbach u. Hanns Heinz Ewers. 1905. (VIII, 388 S. m. Abbildgn. u. z. Tl. farb. Taf.) 4. Berlin, S. Cronbach. Geb. in Leinw. 6. —; Prachtausg. 10. —

Mein Heim. Den lieben Brüdern gewidmet. o. O. u. J. 2 Bl. 8° [Umschlagtit.]
Gedicht von Heinr. Friedr. Schiffmann: „Kennst Du mein Heim, von treuer Lieb' gewahret, . . .“

Heim, mein, mein Stolz, s.: Zeitschrift, illustr. kunstgewerbliche, f. Innen-Dekoration.

Das Neue Heim: Theil 1--15, 1871/72—1878/79†

Weekly. Sub-title: Deutsch-amerikanisches Familienblatt für Unterhaltung und Belehrung. Vehicle for at least one long "Novelle." Quarto, each issue 24—36 pages; each "Theil" has title-page and contents. Circulation: 1875, 3000. Edited & published by Georg Degen.
New York, NY

Heim, Das neue, der Loge Minerva zu den drei Palmen in Leipzig. Nachrichten über den Neubau und Berichte über die ersten Festlichkeiten im neuen Hause. Leipzig 1906. V: *Linge, Albert.* (wolfstieg I, 581)

Im neuen Heim. Festschrift zur Einweihung des neuen Verwaltungsgebäudes des Vereins für Handlungs-Commis von 1858 <Kaufmännischer Verein> in Hamburg. Hrsg. im Auftr. d. Verwaltung von Henry Schaper. — Hamburg: Verein 1910. 79 S.

Im neuen Heim der Königsberger Allgemeinen Zeitung'. Den Lesern gewidmet. (Königsberg i. Pr.: Königsb. Allg. Zeitung 1906.) (8 Bl.) quer-8° [Umschlagt. F.] [ey. asee 10

Staatsverband der Deutschen Römisch-Katholischen Unterstützungs- und Jünglings-Vereine von Wisconsin und Ober-Michigan. Ein neues Heim für deutsche Katholiken. Milwaukee 1899 [?].

Heim, Das Schweizer, s. Schweizerheim, Das.

Fürs traute Heim. Ill. Rundschau f. Haus u. Familie. Jg. 1. Königsberg i. Pr.: (Ostpr. Dr. u. Verlagsanst.) 19(08–)09. 4°

Im trauten Heim. Ein österreichisches Familienblatt. Redigirt von Arthur Kirchner. I. Jahrg 1893. 36 Nrn. 4. (Nr. 1. S. 1—20.) Pro complet 4.—, ½jähr. 2.—, ¼jähr. 1.—, pro Nummer apart —.12
Wien: Fromme.

„Im trauten Heim.“ Ein österreichisches Familienblatt. Redigirt von Arthur Kirchner I. Jahrg. 1893. 36 Nrn. 4. (Nr. 14. S. 261—280.) Pro II. Quartal 1.—
Wien: Fromme.

„Im trauten Heim.“ Ein österreichisches Familienblatt. Redigirt von Arthur Kirchner. I. Jahrg. 1893. 36 Nrn. 4. (Nr. 19. S. 361—380.) Pro III. Quartal 1.—
Wien: Fromme.

„Im trauten Heim.“ Ein österreichisches Familienblatt. Redigirt von Arthur Kirchner. I. Jahrg. 1893. 36 Nrn. 4. (Nr. 21. S. 401—420.) Pro III. Quartal 1.—
Wien: Fromme.

„Im trauten Heim.“ Ein österreichisches Familienblatt. Redigirt von Josef Siebenlist. II. Jahrg. 1894. 52 Nrn. 4. 4.—, pro Nummer apart —.15
Wien: Fromme.

„Im trauten Heim.“ Ein österreichisches Familienblatt. Redigirt von Josef Siebenlist. II. Jahrg. 1894. Nr. 30. 4. 4.—, pro Nummer apart —.15
Wien: Fromme.

„Im trauten Heim.“ Ein österreichisches Familienblatt. Redigirt von Josef Siebenlist. II. Jahrg. 1894. 52 Nummern. 4. * 4.—, Nr. 40, pro IV. Quartal * 1.—, pro Nummer apart * —.15
Wien: Fromme.

„Im trauten Heim.“ Ein österreichisches Familienblatt. Redigirt von Josef Siebenlist. III. Jahrg. 1895. 52 Nummern. 4. * 4.—, Nr. 1, pro I. Quartal * 1.—, pro Nummer apart * —.15
Wien: Fromme.

„Im trauten Heim.“ Ein österreichisches Familienblatt. Redigirt von Josef Siebenlist. Dritter Jahrgang. 1895. 52 Nummern. 4. * 4.— Nr. 14. Pro II. Quartal * 1.—, pro Nummer apart * —.15
Wien: Fromme.

„Im trauten Heim." Ein österreichisches Familienblatt. Chef-Redacteur: Hugo Astl-Leonhard. Dritter Jahrg. 1895. 52 Nummern. 4. * 4.— Nr. 15. Pro III. Quartal * 1.—, pro Nummer apart * —.15
Wien: Fromme.

„Im trauten Heim." Ein österreichisches Familienblatt. Chef-Redacteur: Hugo Astl-Leonhard. Dritter Jahrg. 1895. 52 Nummern. 4. * 4.— Nr. 16. Pro III. Quartal * 1.—, pro Nummer apart * —.15
Wien: Fromme.

„Im trauten Heim." Ein österreichisches Familienblatt. Chef-Redacteur: Hugo Astl-Leonhard. Dritter Jahrg. 1895. 52 Nummern. 4. * 4.— Nr. 18. Pro III. Quartal * 1.—, pro Nummer apart * —.15
Wien: Fromme.

„Im trauten Heim." Ein österreichisches Familienblatt. Chef-Redacteur: Hugo Astl-Leonhard. Dritter Jahrg. 1895. 52 Nummern. 4. * 4.— Nr. 19. Pro III. Quartal * 1.—, pro Nummer apart * —.15
Wien: Fromme.

„Im trauten Heim." Ein österreichisches Familienblatt. Chef-Redacteur: Hugo Astl-Leonhard. Dritter Jahrg. 1895. 52 Nummern. 4. * 4.— Nr. 20—21. Pro III. Quartal * 1.—, pro Nummer apart * —.15
Wien: Fromme.

„Im trauten Heim." Ein österreichisches Familienblatt. Redigirt von Josef Siebenlist. III. Jahrg. 1895. 52 Nrn. 4. (Nr. 24. S. 557—580.)
Wien: Fromme.

„Im trauten Heim." Ein österreichisches Familienblatt. Redigirt von Hugo Astl-Leonhard. Dritter Jahrgang. 1895. 26 Nummern. 4. * 4.— pro III. Quart. * 1.—, pro Nummer apart * —.18
Wien: Fromme.

„Im trauten Heim." Ein österreichisches Familienblatt. Redigirt von Josef Siebenlist. III. Jahrg. 1895. 52 Nummern. 4. * 4.—, pro erstes Quartal * 1.—, pro Nummer apart * —.15
Wien: Fromme.

„Im trauten Heim." Ein österreichisches Familienblatt. Redigirt von Josef Siebenlist. IV. Jahrg. 1896. 52 Nrn. 4. (Nr. 1. S. 1—24.) Ganzjährig * 4.—, pro I. Quartal * 1.—, pro Nummer apart * —.15
Wien: Fromme.

„Im trauten Heim." Ein österreichisches Familienblatt. Redigirt von Josef Siebenlist. IV. Jahrg. 1896. 52 Nrn. 4. (Nr. 4. S. 73—96.) Ganzjährig * 4.—, pro I. Quartal * 1.—, pro Nummer apart * —.15
Wien: Fromme.

„Im trauten Heim." Ein österreichisches Familienblatt. Redigirt von Josef Siebenlist. IV. Jahrg. 1896. 52 Nrn. 4. (Nr. 7. S. 145—168.) Ganzjährig * 4.—, pro I. Quartal * 1.—, pro Nummer apart * —.15
Wien: Fromme.

„Im trauten Heim." Ein österreichisches Familienblatt. Redigirt von Josef Siebenlist. IV. Jahrg. 1896. 52 Nrn. 4. (Nr. 5. S. 97—120.) Ganzjährig * 4.—, pro I. Quartal * 1.—, pro Nummer apart * —.15
Wien: Fromme.

„Im trauten Heim." Ein österreichisches Familienblatt. Redigirt von Josef Siebenlist. IV. Jahrg. 1896. 52 Nrn. 4. (Nr. 8. S. 169—192.) Ganzjährig * 4.—, pro I. Quartal * 1.—, pro Nummer apart * —.15
Wien: Fromme.

„Im trauten Heim." Ein österreichisches Familienblatt. Redigirt von Hugo Astl-Leonhard. Vierter Jahrgang. 1896. 24 Nrn. 4. (Nr. 9. S. 193 bis 216.) Ganzjährig * 4.—, pro II. Quartal * 1.—, pro Nummer apart * —.15
Wien: Fromme.

„Im trauten Heim." Ein österreichisches Familienblatt. Redigirt von Hugo Astl-Leonhard. Vierter Jahrgang. 1896. 24 Nrn. 4. (Nr. 10. S. 217 bis 240.) Ganzjährig * 4.—, pro II. Quartal * 1.—, pro Nummer apart * —.15
Wien: Fromme.

„Im trauten Heim." Ein österreichisches Familienblatt. Redigirt von Hugo Astl-Leonhard. Vierter Jahrgang. 1896. 24 Nrn. 4. (Nr. 11. S. 241 bis 264.) Ganzjährig * 4.—, pro II. Quartal * 1.—, pro Nummer apart * —.15
Wien: Fromme.

„Im trauten Heim." Ein österreichisches Familienblatt. Redigirt von Hugo Astl-Leonhard. Vierter Jahrgang. 1896. 24 Nrn. 4. (Nr. 13. S. 289 bis 312.) Ganzjährig * 4.—, pro III. Quartal * 1.—, pro Nummer apart * —.15
Wien: Fromme.

„Im trauten Heim." Ein österreichisches Familienblatt. Redigirt von Hugo Astl-Leonhard. Vierter Jahrgang. 1896. 24 Nrn. 4. (Nr. 15. S. 337 bis 360.) Ganzjährig * 4.—, pro III. Quartal * 1.—, pro Nummer apart * —.15
Wien: Fromme.

„Im trauten Heim." Ein österreichisches Familienblatt. Redigirt von Hugo Astl-Leonhard. Vierter Jahrgang. 1896. 24 Nrn. 4. (Nr. 19. S. 433 bis 456.) Ganzjährig * 4.—, pro III. Quartal * 1.—, pro Nummer apart * —.15
Wien: Fromme.

„Im trauten Heim." Ein österreichisches Familienblatt. Redigirt von Hugo Afstl-Leonhard. Vierter Jahrgang. 1896. 24 Nrn. 4. (Nr. 20. S. 457 bis 481.) Ganzjährig * 4.—, pro IV. Quartal * 1.—, pro Nummer apart * —.15
Wien: Fromme.

„Im trauten Heim." Ein österreichisches Familienblatt. Redigirt von Fritz Lemmermayer. V. Jahrgang. 1897. 4. Nr. 4. (S. 161—180.) —.18
Pro Quartal 1.—
Wien: Breitenstein.

„Im trauten Heim." Ein österreichisches Familienblatt. Redigirt von Fritz Lemmermayer. V. Jahrgang. 1897. 4. Nr. 6. (S. 201—220) —.18
Pro Quartal 1.—
Wien: Breitenstein.

„Im trauten Heim." Ein österreichisches Familienblatt. Redigirt von Fritz Lemmermayer. V. Jahrgang. 1897. 4. Nr. 7. (S. 221—240) —.18
Pro II. Quartal 1.—
Wien: Breitenstein.

„Im trauten Heim." Ein österreichisches Familienblatt. Redigirt von Fritz Lemmermayer. V. Jahrgang. 1897. 4. Nr. 8—9. (S. 241—282) —.18
Pro II. Quartal 1.—, pro Nummer —.18
Wien: Breitenstein.

„Im trauten Heim." Ein österreichisches Familienblatt. Redigirt von Fritz Lemmermayer. V. Jahrgang. 1897. 4. Nr. 10. (S. 283—300) —.18
Pro II. Quartal 1.—, pro Nummer —.18
Wien: Breitenstein.

„Im trauten Heim." Ein österreichisches Familienblatt. Redigirt von Fritz Lemmermayer. V. Jahrgang. 1897. 4. Nr. 13. (S. 341—360) —.18
Pro III. Quartal 1.—, pro Nummer —.18
Wien: Breitenstein.

„Im trauten Heim." Ein österreichisches Familienblatt. Redigirt von Fritz Lemmermayer. V. Jahrgang. 1897. 4. Nr. 14. (S. 361—380) —.18
Pro III. Quartal 1.—, pro Nummer —.18
Wien: Breitenstein.

„Im trauten Heim." Ein österreichisches Familienblatt. Redigirt von Fritz Lemmermayer. V. Jahrgang. 1897. 4. Nr. 15. (S. 381—400) —.18
Pro Quartal 1.—, pro Nummer —.18
Wien: Breitenstein.

„Im trauten Heim." Ein österreichisches Familienblatt. Redigirt von Fritz Lemmermayer. V. Jahrgang. 1897. 4. Nr. 17. (S. 421—440) —.18
Pro Quartal 1.—, pro Nummer —.18
Wien: Breitenstein.

„Im trauten Heim." Redigirt von Fritz Lemmermayer. V. Jahrgang. 1897. 26 Nrn. 4. 4.—
Pro I. Quartal 1.—
Wien: Administration „Im trauten Heim".

Heim, Unser. Zürich 1888. V: *Meyer-Rahn, Cäcilie.* (zuwzür 1911)

— unser. Patriot. belletrist. Wochenblatt f. alle Stände m. humorist. Unterhaltungsblatt „D. Falter" 3. Jahrg. Oktbr. 1898—Septbr. 1899. 52 Nrn. (à ca. 20 S. m. Abb.) gr. 4. Berlin, Buchwald & Co. n. 4.—
Kann auch vierteljährlich bezogen werden.

Für unser Heim! Bunte Spenden deutscher Dichter u. Denker d. Gegenw. f. d. Deutsche Schriftstellerheim in Jena zsgest. von Dr. Timon Schroeter. (Vorr.: Otto v. Leixner.) *Leipzig (1902): J. J. Weber.* (399 S.) 4° [illegible]

— unser, im Schmuck der Kunst. Ein Bildercyclus zur Einrichtung des Wohnhauses in künstler. Ausstattung von J. Schmid, Weichardt u. A. Mit beschreibendem Text von O. Mothes. 7 Lfgn. Fol. (34 S. mit eingedr. Holzschn., 14 Lichtdr.-Bildern und Titel in Lichtdr.) Leipzig 879, Schloemp. à Lfg. * ℳ 2. * 14 —
geb. * 25 —

— unser, im Schmuck der Kunst. Ein Bildercyclus zur Einrichtung des Wohnhauses in künstler. Ausstattung v. J. Schmid, Weichardt u. A. Mit beschreib. Text v. O. Mothes. 7 Lfgn. Fol. (34 S. m. eingedr. Holzschn., 14 Lichtdr.-Bildern u. Titel in Lichtdr.) Leipzig 880. Schloemp. à n. 2.—;
cplt. geb. n. 25.—

— dasselbe. 2., verb. u. verm. Aufl. (In 10 Lfgn.) 1—9. Lfg. Fol. (38 S. m. je 2 Lichtdr. u. Titel in Lichtdr.) Ebend. 880—82. à n. 2.—

Heim, unser, im Schmuck der Kunst. Ein Bildercyclus zur Einrichtg. d. Wohnhauses in künstler. Ausstattg. v. W. Friedrich, J. Schmid, Weichardt, M. Wilberg u. A. Mit beschreib. Text v. Mothes u. A. Rosenberg. Mit 19 Lichtdr. u. 20 Holzschn. 2. Aufl. Fol. (40 S.) Leipzig 882. Unflad. In Mappe.
n. 10.—; geb. n.n. 12.—

Heim. Unser H' im Schmuck der Kunst. Ein zuverlässiger Wegweiser bei der Auswahl eines Kunstblattes. Zusammengestellt [von Lipsius & Fischer in Kiel] und ihrer Kundschaft überreicht.... [Illustriert.] (*Vorwort* + *zus.* 408 S.) 8. (Burg b. M., A. Hopfer, [1905].
... überreicht von der Buch- und Kunsthandlung A. Francke .... Bern.... (VI + *zus.* 408 S.) [fr. 4.—]

Unser **Heim** im Schmuck der Kunst. Ein zuverlässiger Wegweiser bei d. Auswahl e. Kunstblattes. Bonn: Röhrscheidt [1910]. 163 Bl. 8° [illegible] 5

Heim zu! Eine Volksschrift vom Verfasser des „Flachstüchlein." 16 S. 8. Basel, C. F. Spittler. 1876 —.10

Heim

— s. a. **Haym, Heyme.**

Heim (H.), das geistliche Amt. Synodalpredigt, gehalten in Herisau den 1. Oktbr. 1857. gr. 8. (14 S.) Herisau 857, Meisel's Buchh. *

Heim, der socialen Anschauungen Pestalozzis. [Aus: „Flieg. Blätter aus d. Rauhen Hause".] gr. 8. (22 S.) Hamburg 896. Agentur d. Rauhen Hauses. n. —40

Heim, die Gemeinschaftsbewegung, e. Verwirklichung v. Gedanken Luthers, s. a. Hefte d. freien kirchlich-soz. Konferenz.

Die Gemeinschaftsbewegung, eine Verwirklichung von Gedanken Luthers. Aus d. Verhandlungen d. 6. Hauptversamml. d. freien kirchl.-soz. Konferenz zu Stuttgart 1901. Referat von Pfarrer Heim. Dettingen a. d. Erms, mit Diskussion u. e. Überblick über d. Stuttgarter Tagung. *Berlin: Berl. Stadtmiss. 1901.* (59 S.) 8° [F.]
= Hefte d. freien kirchlich-sozialen Konferenz. H. 18.

Heim (I.), Geschichte der Kriege in Algier. 2 Bde. gr. 8. (XVI und 616 S. mit 2 chromolithogr. Karten und 1 lithogr. Plane in qu. Fol. und gr. Fol.) Königsberg 861, Theile's Buchh. *

Heim. Geschichte der Kriege in Algier. Bd 1. 2. Mit Pl. Königsberg 1861.
Bd 1. Von der Schlacht bei Zama bis zum Fall v. Konstantine.
Bd 2. Von der Eroberung von Konstantine bis zur gänzlichen Unterwerfung Algiers.

Heim, d. Progymnasium u. d. seine Stellung zum Gymnasium. Hildburgh. 1868. 4.
Schul-/Univ.-Schrift

Heim (III.), die Tyrannen von Bellevue, s. Erzählungen und Novellen, neue.

Heim, Wand-Kalender für Bibelleser auf 1854. 1 Bog. in Fol. Reutlingen 853, Fleischhauer und Spohn.

Heim, A.

Heim, Dekan in Gais. Die neueste konstitutionelle Entwicklung der reformirten Landeskirche von Appenzell A./Rh. In-8°, 45 S. Trogen, Schläpfer-sche Buchdruckerei. 1886
*** Separat-Abdruck aus den „Appenzellischen Jahrbüchern". III. Folge, Heft 1.

Heim, Dekan in Gais, über das religiös-kirchliche Leben in Appenzell-Ausser-Rhoden. 28 Stn. 8. Trogen, Druck v. J. Schläpfer. 1872

Heim, A. (Red.), s. Jahrbücher, Appenzeller.

Heim, A., Qua ratione composita Homericae linguae epitheta conformata sint. Pr. 1860 8 S. 4°. —.90

— — Rede gehalten in Appenzell den 2. Februar 1881 bei der Einweihung des Betsaales für die Reformirten in Appenzell. In-8°, 13 S. Herisau, Druck der Schläpfer'schen Buchdruckerei. — 30 1881

— (Dekan in Gais). Trauerrede gehalten in Urnäsch den 12. October 1880 bei der Beerdigung des Herrn Johannes Altherr, gew. Pfarrers von Schwellbrunn und Urnäsch, mit Personalien. In-8°, 17 S. Herisau, Druck der Schläpfer'schen Buchdruckerei. 1881 **— 30**

Heim, A., Prof. Siehe: „Unglück".

Heim. Wie ist die neue Kirchenordnung im Kant. Appenzell A.-Rh. ausgeführt worden und wie hat sie sich im Volke eingelebt? In-8°, 17 S. 1885

Heim, A. H., neueste Behandlung gewisser Geschlechts-Krankheiten mit südamerikanischen Mitteln. 2. Aufl. gr. 8. (84 S.) Augsburg 868. (Neuburg a. D., Prechter.) *

Heim, Adam

Heim, Adm., Fastenpredigten. Mit Vorbericht von H. E. Heim. gr. 8. Frankf. a. M. 787. Andreä. 20 xr

— christl. Fest- u. Feiertagsreden. 1r Jahrg. Herausg. von H. E. Heim. gr. 8. Frankf. a. M. 792. Andreä. 1 fl

— geistl. Reden. 3 Jahrgg. 8. Frankf. a. M. 780—85. Andreä. 3 fl 12 xr

Heim, Adele, Durch eigene Kraft. Novelle. Leipzig 857. O. Wigand. 8. (418 S.) 1 fl 24 xr

—— Wahnsinn kein Scheidungsgrund. Zeitnovelle. 8. (VI und 237 S.) Leipzig 857. O. Wigand.

Heim, Adf., die Blennorrhoea neonatorum u. deren Verhütg. in d. Schweiz. Diss. gr. 8. (104 S. m. 5 Tab.) Olten 895. (Bern, H. Körber.) n. 2. —

Heim, Albert, der Ausbruch des Vesuv im April 1872. Mit einer allgemeinen Einführung in die Erscheinungen der Vulkane und 4 (lithogr.) Taf. (in 4. und qu. gr. 4.) gr. 8. (XV, 52 S.) Basel 873, Schweighauser'sche Buchh. *

Heim, Alb., der Bau der Schweizeralpen, s. a. Neujahrsblatt der naturforschenden Gesellschaft in Zürich. 110.

Heim, Alb[ert]. Der Bau der Schweizeralpen. Vortrag gehalten im Rathause Zürich den 24. Jan(uar) 1907. Mit 2 Tafeln und 9 Illustrationen. 26 S. 4. Zürich, Zürcher & Furrer, Komm. Fäsi & Beer, (1908). [fr. 3. —]
Neujahrsblatt der Naturforschenden Gesellschaft in Zürich auf das Jahr 1908. Stück 110.

Heim, Albert [app. Arzt aus Brieg Breslau]: Casuistischer Beitrag zur Lehre vom primären Nieren-Carcinom ... Brieg. Buchdr. T. T. Heinze, 1892; 24 S. 8.
München, Med. Fak., Inaug.-Diss. v. 1892

Heim, Albert: Der alte Bergsturz von Flims (Graubündner Oberland). ([S.-A.] Jahrbuch des Schweizer Alpen-Club. Jahrg. 18.) Bern 1883. 15 S. 8°.

Heim, Alb., der Bergsturz v. Elm, s. a. Buß, E.

Heim, A. Der Bergsturz von Elm. 1882. (Abhandlung).

Heim, A. Über den Bergsturz von Elm. 1882. (Brief an W. Dames).

—— über Bergstürze. gr. 4. (31 S. mit 1 lithogr. Taf.) Zürich 882, Wurster und Comp. *

Heim, Albert. Bericht und Gutachten an das Baudepartement des Kantons Luzern über die Abrutschungen im Sörenberggebiete vom Mai/Juni 1910, verfasst von Dr. A' H'.... [Mit 1 Tafel.] 12 S. 8. Luzern, Räber & Cie., 1910.

—— Bericht über das Reliefwesen der Schweiz, s. Amrein, K. C., Bericht über Gruppe 36 der schweizerischen Landesausstellung Zürich 1883: Kartographie.

— J. L., Geologische Beschreibung des Thüringer Waldgebürgs. I. Theil, II. Theil [5 Abtheil.], III. Theil. [6 Bde.] Meiningen 1796, 1798, 1799, 1803, 1806, 1812.

Heim, Albert. Blick auf die Geschichte der Alpen. Vortrag, gehalten in der allgemeinen Sitzung der schweizerischen naturforschenden Gesellschaft in Frauenfeld ... den 23. August 1871. [Mit 1 Tafel. SA.] 8. (Frauenfeld 1871.)

Heim, Albert, s. B u s s , Ernst, und Heim, Albert

Heim, A., s.: Catastrophe, die, v. Zug 5. Juli 1887.

Heim. A., siehe: *Centralblatt.*

— **les dislocations de l'écorce terrestre, s.a. Margerie, E. de.**

Heim, Albert, Dr. Prof. et Emanuel de Margerie. Les dislocations de l'écorce terrestre. Die Dislocationen der Erdrinde. Essai de définition et de nomenclature. Versuch einer Definition und Bezeichnung. Text französisch und deutsch, Synonymie französisch, deutsch und englisch. Gr. in-8°, VII u. 154 S., mit 114 Abbildungen. Zürich, J. Wurster & Cie. 1888 5 —

H e i m , Albert. Die Erdbeben und deren Beobachtung. Auf Veranlassung der Erdbeben-Commission der Schweizerischen Naturforschenden Gesellschaft verfasst. 8.
[1. Aufl.:] Zurich 1879. — [2. Aufl.] Basel 1880

— — die Erdbeben und deren Beobachtung. Auf Veranlassung der Erdbeben-Commission der schweizer. naturforschenden Gesellschaft. 8. (31 S.) Basel 880, Schwabe.

Heim, A. Das ostschweizerische Erdbeben vom 2. Mai 1877.

— — die schweizerischen Erdbeben vom Novbr. 1879 bis Ende 1880. Nach den von der schweizer. Erdbebenkommission gesammelten Berichten zusammengestellt. gr. 4. (25 S. mit 1 lithogr. Taf.) Bern 881, (Haller.)

H e i m , Albert. Die Schweizerischen Erdbeben im Jahre 1881. Nach den von der schweiz. Erdbebenkommission gesammelten Berichten zusammengestellt. ([Beilage zu:] Jahrbücher des Tellurischen Observatoriums zu Bern.... 1881.) 4. Bern 1882.

Heim, A. Über die Erosion im Gebiete der Reuss. 1879.

(H[eim], A[lbert].) Prof. Dr. Arnold Escher von der Linth, geboren den 8. Juni 1807 in Zürich († 1872). [Necrolog. A.] 8. [Schaffhausen 1874.]

Heim, Alb, geologische Excursion quer durch die östlichen Schweizer-Alpen. [Aus: „Livret guide géologique dans le Jura et les Alpes de la Suisse".] gr. 8. (16 S. m. 1 Taf.) Lausanne 894. F. Payot. n.n. 1.60

Heim, Albert, s.a. F a h r t . Die F' der „Wega" ... Basel 1899

Heim, Alb., Jul. Maurer, Ed. Spelterini, die Fahrt der „Wega" üb. Alpen u. Jura am 3. X. 1898. Mit Profilen, Karten u. zahlr. Lichtdr.-Bildern. gr. 8. (VII, 125 S.) Basel 899. B. Schwabe. n. 4. 80

—— über einen Fund aus der Rennthierzeit in der Schweiz, s.a. **Mittheilungen der antiquarischen Gesellschaft.**

H e i m , Albert. Ueber einen Fund aus der Renthierzeit in der Schweiz. [Mit 1 Tafel.] (Mitth. Ant. Ges. Zürich. Band 18, Heft 5.) 4. Zürich 1874.

— die Gebirge, s.a. **Vorträge, öffentliche, geh. in der Schweiz.**

H e i m , Albert. Die Gebirge. Vortrag. Mit einer Tafel. 8. Basel 1881. L
(Oeffentliche Vorträge gehalten in der Schweiz. Band 6, Heft 7.)

Heim, A. Gebirgs-Ansicht vom Stadthausplatz Zürich. Im Auftrage der Quaibautendirection. Mit Anhang von allgemein interessanten Local-Notizen über Zürich. Kl. in-8°. Zürich, Hofer & Burger. 1892 Cart. 4 —

Heim. A. Allgemeine Geologie (autogr. nach L. Wehrli). 1892. 2 Bde.

— Geologie der Hochalpen zwischen Reuss u. Rhein, s.a. **Beiträge zur geologischen Karte der Schweiz.**

H e i m , Albert. Geologie der Hochalpen zwischen Reuss und Rhein. Text zur geolog. Karte der Schweiz in 1 : 100,000. Blatt 14 ... von Dr. A. H.... Mit einem Anhang von petrographischen Beiträgen von Dr Carl S c h m i d t ... [und 8 Tafeln]. Beitr. Geol. Karte Schweiz. Liefg. 25. 4. Bern 1891.

H e i m , Alb[ert]. Die Geologie der Umgebung von Zürich. Conférence. ‹Avec 2 planches chromolithographiées.› [F.] 8. [Lausanne 1897.]

Heim, Albert, aus der Geschichte der Schöpfung, s.a. Vorträge, öffentliche.

Heim, A., Aus der Geschichte der Schöpfung. Vortrag. 44 Seiten. 8. Basel, Schweighauser'sche Verlagshandlung. 1872 1. —
Oeffentliche Vorträge, geh. in der Schweiz. Heft 7.

Heim, Alb. Die Geschichte d. Zürichsee, s.a. Neujahrsblatt, hrsg. v. der naturforschenden Gesellschaft.

H e i m , Albert. Die Geschichte des Zürichsee. Vortrag, gehalten ... [in] Zürich den 8. November 1888. [Mit 1 Karte.] (Njbl. Naturf. Ges. Zürich 1891.) 4. Zürich 1890.

— Das Geschlechtsleben des Menschen vom Standpunkte der natürlichen Entwicklungsgeschichte, s.a. **Druckschriften** der akademischen Vereinigung „Ethos", Zürich. 1. Heft.

Heim, Alb., das Geschlechtsleben des Menschen vom Standpunkte der natürlichen Entwicklungsgeschichte, s.a. Druckschriften der akademischen Vereinigung „Ethos" Zürich. 2. Hft.

H e i m , Alb[ert]. Das Geschlechtsleben des Menschen vom Standpunkte der natürlichen Entwicklungsgeschichte. Vortrag, gehalten am 13. und 23. Februar 1900 vor der männlichen studierenden Jugend beider Hochschulen ... in Zürich. 4. fast unveränderte Aufl. 17.—20. (**Umschlag:* 21.) Tausend. VI + 34 S. 8. Zürich, Albert Müller, 1908. [fr. —. 50]
Druckschriften der akademischen Vereinigung «Ethos», Zürich. Heft 1.

Heim, A. Die Glarner-Doppelfalte. 1880.

Heim, A. Über Gletscher. 1871. Auch 81799 u. 7254 (Annalen d. Phys. u. Chem. Ergzgsbd. 5).

Heim, A., Prof., über den Gletschergarten in Luzern. Mit 2 Tafeln. 8 Stn. 8. Luzern, Druck von J. Bucher. 1874

Heim, Albert, Ueber den Gletschergarten in Luzern. Mit zahlreichen Illustrationen [und 2 Tafeln]. II + 16 S. 8. Luzern, Selbstverlag der Besitzerin; Impr. C. J. Bucher, Lucerne, 1902. [fr. —. 30]

Heim, Alb., Léon Du Pasquier u. F. A. Forel, die Gletscherlawine an d. Altels am 11. Septbr. 1895, s.a. Neujahrsblatt d. zürcher. naturforsch. Gesellschaft.

Die Gletscherlawine an der Altels am 11. September 1895. Im Auftr. d. Gletscherkommission d. schweizer. naturforsch. Gesellsch. bearb. unt. Mitw. d. Herren Dr. Léon Du Pasquier, Prof. in Neuchâtel u. Prof. Dr. F[rançois] A[lphonse] Forel in Morges v. Dr. Albert Heim, Prof. in Zürich. *Zürich: Dr. v. Zürcher & Furrer 1895.* (63 S., 3 Taf.) 1 Bd 4.
— Neujahrsblatt d. Naturforschenden Gesellschaft in Zürich 1896. [No] 98. [96. 704

Heim, Albert, s.a. Gutachten über die am 5. Juli 1887 in Zug vorgekommene Rutschung. Zürich 1888.

Heim, A., Rob. Moser u. A. Bürkli-Ziegler. Gutachten über die am 5. Juli 1887 in Zug vorgekommene Rutschung. Zürich 1888.

(Heim, Alb[ert].) Gutachten an die tit. Schweizerische Mobiliar-Versicherungs-Gesellschaft in Bern ([über den] Versicherungswert von S[imon] Simon's Relief des Berner Oberlandes. Zürich, 24. IV. 1905). 3 S. 8.

—— Handbuch der Gletscherkunde. gr. 8. (XVI, 560 S. mit 2 Taf. und 1 chromolithogr. Karte.) Stuttgart 885. Engelhorn. *

Heim, Albert. Handbuch der Gletscherkunde. Mit zwei Tafeln [*d. i.* 2 Textfiguren. 1 Tafel] und einer Karte. 8. Stuttgart 1885.
Bibliothek geographischer Handbücher hrg. von Prof. Dr. Friedrich Ratzel ...

Heim, A. Handbuch der Gletscherkunde. Mit Abbildgn. u. 1 Karte. In-8°. Stuttgart, Engelhorn. 1893 18 —

— und C. Schmidt. Geologische Karte der Schweiz auf Grund der „Beiträge zur geologischen Karte der Schweiz" und der neuesten Materialien. 1 : 500,000. Bern, Schmid, Francke & Co. 13 — 1894 aufgez. 14 —

Heim, A. Zum Mechanismus der Gebirgsbildung. 1880.

Heim, Albert: Geologische Nachlese. Nr. 3. Der Eisgang der Sihl in Zürich am 3. Februar 1893. Nr. 4. Der diluviale Bergsturz von Glärnisch-Guppen. (Hierzu eine Tafel.) Nr. 5. Rothpletz in den Glarneralpen. (Hierzu eine Tafel.) ([S.-A.] Vierteljahrsschrift der Naturforsch. Gesellschaft in Zürich. Jahrg. 39 u. 40.) Zürich 1894 u. 1895. 1 Bd. 14. 32. 38 S. 8°.

— Alb., siehe: *Neujahrsblatt der Naturforsch. Gesellsch. Zürich.*

Heim, Alb[ert]. Neuseeland. Zwei Vorträge. Mit 10 Illustrationen und 1 Tafel. IV+42 S. 4. Zürich, Zürcher & Furrer, Komm. Fäsi & Beer, (1905). [fr. 3. 60]
Neujahrsblatt der Naturforschenden Gesellschaft in Zürich auf das Jahr 1905. Stück 107.

Heim, Alb., Panorama von der grossen Mythe, 1903 Meter oder 6343 Schweizerfuss über Meer für die Mythengesellschaft aufgenommen. 4 Blatt. Lithogr. gr. Fol. (8 S. Text in 8.) Schaffhausen 867. (Zürich, Schabelitz'sche Buchh.) In Carton. *

Heim, Alb., Panorama vom Pizzo centrale St. Gotthard. Fol. (mit 8 S. Text in 8.) Zürich 869, (Schmidt.) In Carton *

Heim, A., Prof. Panorama des Pizzo centrale in der Gotthardgruppe. Zürich, Orell Füssli & Cie. 1888 4 —

— Panorama vom Ruchen-Glärnisch, 2910 m. üb. Meer. 6,5×305,5 cm. Farbondr. Nebst 1 farb. Karte. 8. Glarus 894. (Baeschlin.) In Karton. n.n. 1. 50

—— die Quellen, s.a. Vorträge, öffentliche, gehalten in der Schweiz.

Heim, Albert. Die Quellen. Vortrag, gehalten... in Zürich den 20. November 1884. 8. Basel 1885.
(Oeffentliche Vorträge gehalten in der Schweiz. Band 8, Heft 9.)

Heim, Alb. Die Quellen. Vortrag. In-8°. Basel, Schwabe. 1885 1 —

Heim, Alb[ert]. Das Relief. Vortrag, gehalten bei Gelegenheit der Übergabe des Säntis-Reliefs in 1 : 5000 an das Naturhistorische Museum am 8. Januar 1904 in St. Gallen. Separatabdruck aus dem Jahrbuch der St. Gallischen Naturwissenschaftlichen Gesellschaft für das Jahr 1903. II+21 S. 8. St. Gallen, Zollikofer, 1904.

Heim, A. Die Rutschung a. d. Südostbahn zwischen Sattel u. Steinerberg. Zürich 1890.

—— Ueber Sammlungen f. allgemeine Geologie. Imp.-4. (8 S.) Zür. 891, A. Müller's Verlag. * 1 —
Aus: Festschrift zur Feier d. 50jähr. Doctor-Jubiläums der Herren v. Nägeli u. v. Kölliker, besonders abgedruckt.

— das Säntisgebirge, s.a. Beiträge zur geologischen Karte der Schweiz. N. F. 16.

Heim, Alb(ert). Das Säntisgebirge, untersucht und dargestellt von Dr. Alb. H', Professor.... Mitarbeiter: Dr. Mario [Charlotte] Jerosch ⟨Abschnitt C, Teil 1⟩, Dr. Arnold Heim ⟨Teil 2⟩, Dr. Ernst Blumer ⟨Teil 3⟩. (*Band I:* Mit Titelbild, 120 Textfiguren und einem Atlas von 42 Tafeln, darunter 3 geologische Karten in 1 : 25,000.) [2 Bände.] 4. Bern, Komm. A. Francke, 1905. (*zus.* — Atlas *geb. Lwd.* — fr. 50. —)
Beiträge zur geologischen Karte der Schweiz.... Neue Folge, Liefg. 16; des ganzen Werkes Liefg. 46.
[Band] I. Textband. [Mit Abbildungen und 1 Tafel.] X+654 S. — *S. 123 - 267:* (Teil 1, Abschnitt) C. Die Querstörungen im mittleren Teil des Säntisgebirges. ⟨Von Mario [Charlotte] Jerosch⟩; *S. 313 – 517:* (Teil) 2. Westlicher Teil des S. ⟨Von Arnold Heim⟩; *S. 518 – 638:* (Teil) 3. Östlicher Teil des S. ⟨Von Ernst Blumer⟩.
[Band] II. Atlas. Enthaltend 42 Tafeln mit Erläuterungen. 32 S.

Heim, Albert: Die Schweiz, in: Länderkunde der fünf Erdteile. Bd 1.

Heim, Alb., Sehen u. Zeichnen. Vortrag geh. 1. Febr. 1894. gr. 8. (31 S.) Basel 894. B. Schwabe. n. — 80

— Sentis-Panorama. Hrsg. v. der Section St. Gallen S. A. C. 3. Aufl. qu. schmal Fol. (8 Bl.) St. Gallen 888. (F. B. Müller.) In Carton. n. 7. —

— dasselbe. 4. Aufl. qu. Fol. (8 Bl. in Farbendruck.) St. Gallen 890. (Huber & Co.) In Carton. n. 4. 20

Heim, Alb., über die Stauung und Faltung der Erdrinde. Eine kurze Zusammenfassung der wichtigsten Resultate aus des Verf. Werk: „Untersuchungen über den Mechanismus der Gebirgsbildung". gr. 8. (33 S.) Basel 878, Schwabe. * — 80

Heim, Albert. Les tremblements de terre et leur étude scientifique. Notice rédigée à la demande de la Commission d'étude des tr de t de la Société helvétique des Sciences naturelles. Traduction par F[rançois] A[lphonse] Forel.... 8. Zurich 1880.

Heim, Albert, (Prof. der Geologie am eidgen. Polytechnikum u. d. Universität zu Zürich). Untersuchungen ü. d. Mechanismus d. Gebirgsbildung im Anschluss a. d. geolog. Monographie der Tödi-Windgällen-Gruppe. I. Theil: Geognosie und Geologie. Mit Atlas von 17 Kart. u. Tfln. wovon 14 color. Gr. 4°, circa 45 Bg. Text. Basel, Schweighauser. 1878

Heim, Albert, (Prof. der Geologie an d. Universität zu Zürich). Untersuchungen über den Mechanismus der Gebirgsbildung im Anschluss an die geolog. Monographie d. Tödi-Windgällen-Gruppe. II. Theil. Allgem. Unters. über d. Mechanismus der Gebirgsbildung. 4°. Basel, Schwabe. 1878

—— über die Verwitterung im Gebirge, s. Vorträge, öffentliche, gehalten in der Schweiz.

Heim, Albert. Ueber die Verwitterung im Gebirge. Mit 17 Abbildungen [auf 1 Tafel]. 8. Basel 1879.
(Oeffentliche Vorträge gehalten in der Schweiz. Band 5, Heft 5.)

Heim, Alb. (Prof. d. Geologie). Ueber d. Verwittern im Gebirge. Mit 17 lithogr. Abbild. Basel, H. Richter. 1879 1 50

Heim, Albert. Einiges über die Verwitterungsformen der Berge. Mit 2 Figurentafeln. (Njbl. Naturf. Ges. Zürich 1874.) 4. Zürich 1874.

Heim, A. Der Vesuv im April 1872. (Zweiter Bericht.)

(**Heim, Alb[ert].**) Ueber die geologische Voraussicht beim Simplon-Tunnel. Antwort auf die Angriffe des Herrn Nationalrat Ed[uard] Sulzer-Ziegler (verfasst von Prof. Dr Alb. H'. Im Auftrage der geologischen Simplon-Kommission...). Separatabdruck aus Eclogae Geologicae Helvetiae, Vol. 8, No 4, November 1904. II S. + S. 365—384. 8. Lausanne, Georg Bridel & cie.

Heim, A. Vorträge über allgemeine Geologie. Aut.

Heim, A. Vorträge über technische Geologie. Zürich 1883. Aut.

—— Was ist und will Geologie, ihr Ziel, ihre Forschungsart und ihre Resultate. Vortrag gehalten den 8. Febr. 1872 auf dem Rathhaus in Zürich und den 27. Febr. im Museumssaal in St. Gallen. gr. 8. (32 S.) Zürich 872, Schmidt.

Heim, Arnold. Monographie der Churfirsten-Mattstock-Gruppe. ⟨Dazu Geologische Karte der Gebirge am Walensee 1 : 50,000, Spezialkarte Nr. 44, erschienen 1907.⟩ Text. Teil 1 ... [und] Atlas. Teil 1 .... 4. Bern, Komm. A. Francke, Buchdr. Stämpfli & Cie., 1910. (zus. fr. 20.—)

Text. Teil 1: Einleitung und Stratigraphie vom Tertiär bis zur mittleren Kreide. Mit 89 Textfiguren und [2] Einlagen. Dazu Atlas Teil 1 mit 16 Tafeln. X + 272 S.

Atlas. Teil 1. Tafeln I bis XVI [nebst Erklärungen]. XXXIV S. + 16 Tafeln.

Beiträge zur geologischen Karte der Schweiz .... Neue Folge, Liefg. 20: des ganzen Werkes Liefg. 50.

Heim, Arnold, die Nummuliten- u. Flyschbildungen der Schweizeralpen. Versuch zu e. Revision der alpinen Eocaen-Stratigraphie. (XI, 302 S. m. 26 Fig., 8 Lichtdr.-Taf. u. 7 Bl. Erklärgn.) 32,5×24 cm. Zürich 908. (Basel, Georg & Co. — Berlin, R. Friedländer & Sohn.) nn 24.—
Sonderabdr. a.: „Abhdlgn. d. schweiz. paläont. Gesellsch."

Heim, Arnold, Sommerfahrten in Grönland, s.: Rikli, Mart.

— Über die Stratigraphie der autochthonen Kreide u. d. Eocäns am Kistenpass, s.: Beiträge zur geologischen Karte der Schweiz. 24.

Heim, Arnold, von St. Gallen und Zürich: Der westliche Teil des Säntisgebirges (mit 1 geologischen Karte, 3 chromolithographischen, 2 photolithographischen, 1 mikrophotographischen Tafel und 52 Abbildungen im Text). Bern 1905. VII + 204 S. 4°. S.-A. a. d. Beitr. z. geolog. Karte der Schweiz. Lfg. 16. N. F. [11. VII. 05.]

Zurich. Phil. Diss. II. S. 1904/1905

— Palaeontologisch-stratigraphische Untersuchung zweier Fossilhorizonte an der Valangien-Hauterivien-Grenze im Churfirsten-Mattstockgebiet, s.: Baumberger, Ernst.

— u. H. **Brockmann-Jerosch,** Vegetationsbilder vom Nordrand der algerischen Sahara, s.: Vegetationsbilder. VI. 4.

Heim, Arth., Scheckgesetz. Mit Erläutergn. (57 S.) 8. Leipzig 908. C. E. Poeschel. Geb. in Leinw. 1. 20

Heim, August Wilhelm (Berlin), Nonnulla de menstruatione. Diss. physiol. Götting. (J. C. Baier) 11. VII. 1812. 42 S. (6.40) 13932

Katalog von Antiquitäten, Kunstsachen, Möbeln u. Einrichtungs-Gegenständen, Oelgemälden etc. Münchener Privat-Sammlung, Nachlass C. Heim, Kronach ... *München 1901: (Schön & Maison, J. Velisch).* (75 S.) 4°
[01. 13707 3

Heim, Carl, s. Heim, Karl

Heim, Charlotte, d. kleinen Gratulanten. Gelegenheitsgedichte f. Kinder. M. e. Anh. f. d. reif. Jugend. gr. 8. (80 S.) München 896. J. J. Lentner. n. — 90; geb. n. 1. 20

Heim (E.). Das Schulturnwesen in Österreich vor der Einführung des Turnens bis zur Gegenwart 1891. Wien, Graeser. 8°. 118 S. M. 1.60.

Heim, Elise, Wieneck. Geschichte e. deutschen Familie zur Zeit der Freiheitskriege. Nach Ueberliefgn. erzählt. (167 S.) 8. Braunschweig 903. Leipzig, R. Sattler. n. 2.—

Heim, Emil. Neuerungen d. Entwurfs e. bürgerlichen Gesetzbuches f. das deutsche Reich im Vergleich m. dem bürgerl. Gesetzbuche f. das Königr. Sachsen, nebst Sachregister zu d. Entwurfe. gr. 8. (X, 259 S.) Lpz. 891, Roßberg. * 3 60

Heim, Emma, das Grafenschloss, — falscher Stolz, s.: Collection Seitz & Schauer.

Heim, Ernst

Heim, Ernestus Carol(us) Lud(ovicus): De cholera Halis anno 1849 observata. Halis Saxonum (1850): Ploetz. 41 S. 8°
Halle-Wittenberg, Med. Diss. v. 2. Febr. 1850
Geb. Stettin [17. 7. 1828]. V.

Heim, E., neuer Führer durch die Violin-Litteratur. Ein, zur Erleichterung für Lehrende u. Lernende in Schwierigkeitsgrade eingeteiltes, mit kurzen Besprechungen versehenes Verzeichnis der gesamten Violin-Litteratur, m. besond. Berücksicht. der f. den Unterricht nützl. Werke. 12. (VII, 262 S.) Hannover 889. L. Oertel. n. 1. 25; geb. n. 1. 50

Neuer Führer durch die Violin-Litteratur. Ein z. Erleichterung f. Lehrende u. Lernende in Schwierigkeitsgrade eingeteiltes... Verzeichnis d. gesamten Violin-Litteratur, mit besond. Berücks. der f. d. Unterr. nützl. Werke von Ernst **Heim**, Musikdir. 2. bis auf d. Neuzeit erg. Aufl. bearb. von Otto Girschner. Hannover: L. Oertel [um 1896]. (VIII, 358 S.) 8°
[97. 8169

Neuer Führer durch die Violin-Litteratur. Ein z. Erleichterung f. Lehrende u. Lernende in Schwierigkeitsgrade eingeteiltes, mit kurzen Besprechungen versehenes Verzeichnis d. ges. Violin-Litteratur, mit besond. Berücks. der f. d. Unterr. nützl. Werke von Ernst **Heim**, Musikdir. 2. bis auf d. Neuzeit erg. Aufl. bearb. von Otto Girschner. *Hannover: L. Oertel [1900].* (VIII, 358 S.) 8°
[01. 3696 7

Heim, Ernst, neuer Führer durch die Violin-Litteratur. Ein z. Erleichterg. f. Lehrende u. Lernende in Schwierigkeitsgrade eingeteiltes, m. kurzen Besprechgn. versehenes Verzeichnis der gesamten Violin-Litteratur, m. besond. Berücksicht. der f. den Unterricht nützl. Werke. 2. bis auf die Neuzeit ergänzte Aufl., bearb. v. Otto Girschner. 8. (VIII, 358 S.) Hannover (901). L. Oertel. n. 1.25

Heim, Ernst: Über die Radicaloperation von Schenkelhernien. Bericht über 57 Beobachtungen an d. Chir. Klin. in Erlangen (1902—1906). Ansbach 1909: Brügel. 62 S. 8°
Erlangen, Med. Diss. v. 26. März 1909, Ref. Graser
[Geb. 13. März 84 Rentweinsdorf; Wohnort: Ansbach; Staatsangeh.: Bayern; Vorbildung: Gymn. Erlangen Reife Juli 02; Studium: Erlangen 5, München 1, Erlangen 4 S.; Coll. 9. Juli 08; Approb. 6. Febr. 09.] [U 09. 771

Heim, Ernst [aus Berlin]: Über die partielle Reduction von aromatischen Dinitroverbindungen. . . . Berlin, Buchdr. v. Max Boding 1889): 2 Bl. + 68 S. + 2 Bl. 8°
Berlin, Phil. Fak., Inaug.-Diss. v. 12. Jan. 1889

Heim, Ernst, d. akustische Sängerbühne im Freien, m. Bauplänen v. G. Issler. 8. (12 S. m. Fig. u. 8 Taf.) Davos 896. H. Richter. n. — 80

Heim, Ritter Er. Ldw., d. Arsenik als Fiebermittel, (aus Horn's Archiv besond. abgedr.) gr. 8. Berl. 811. (Dümmler). 6 gGr

Ernst Ludwig Heim

Der Arsenik als Fiebermittel. Erfahrungen über den Nutzen und Anweisung zu e. zweckmäßigen Anwendungsart desselben. Von Ernst Ludwig Heim. Berlin: Hitzig 1811. 30 S. 8°
Aus: Horns Archiv für medizinische Erfahrung.

— krit. Bemerkk. über A. F. Markus Schrift: die Natur u. Behandlungsart der häutigen Bräune, nach e. Beobachtung u. Erfahrung über diese Krankheit. (Aus Horn's Archiv f. die medicin. Erfahrung besond. abgedruckt.) gr. 8. Berl. 810. (Dümmler). 6 gGr Mit 1 ill. Kpft. 20 gGr Die Kpft. apart 6 gGr ill. 12 gGr

— üb. A. F. Markus Schrift: d. Natur u. Behandlungsart der häutigen Bräune, nebst e. Beobacht. und Erfahrung über d. Krankh. (aus Horns Archiv f. d. medicin. Erfahr. besond. abgedruckt.) m. K. gr. 8. Berlin, Hitzig. 810.
m. ill. K.

— Erfahrr. u. Bemerkk. über Schwangerschaften außerhalb der Gebärmutter. (Aus Horn's Archiv besond. abgedruckt.) gr. 8. Berl. 812. (Dümmler). 6 gGr

Heim, E. L., Erfahrungen u. Bemerk. üb. Schwangerschaften außerhalb d. Gebärmutter. (Aus Horns Archiv besond. abgedruckt.) gr. 8. Berl. Hitzig. 812.

Heim's, Ernst Ludw., Leben, v. Keßler, s. Volks-Bibliothek.

Heim's, Ernst Ludwig, Leben und Wirken, s. Keßler, G. W.

Heim, Ernst Ludw., vermischte medicin. Schriften. Im Auftrage d. Verf. nach hinterlass. Papieren gesamm. u. hrsg. v. A. Paetsch. gr. 8. (26½ B.) Leipzig 836, Brockhaus.

Aus den Tagebüchern des alten Heim. Tagebuch-Aufzeichnungen Ernst Ludwig Heims aus d. Jahren 1795 bis 1834. Mitgeth. u. erl. von Georg Siegerist. *(Berlin: P. Stankiewicz 1901.)* (III, 196 S.) 8°
— Archiv d. Brandenburgia. Bd 7. 1.60

— Verzeichniß d. Arzneimittel, die in d. Pharmacopoea Boruss. vom J. 1799 neue Benennungen erhalten haben. gr. 8. Berl. 800. (Herbig). 8 gGr

Heim, Eugen M. A., über d. Mercurial-Krankheit. Inaug.-Abhandl. gr. 8. (3½ B.) Erlangen 835, (Palm u. Enke.)

Heim F, Album Wiener Musiktitel aus der Musikalien-Druckerei J Eberle & Co. (100 T) fol Wien 1890

Heim, F., s. Seely, Beobachtungen.

Heim, F. F., Referendar zu Straßburg: Wesen und Voraussetzungen der Hauptintervention. Nördlingen 1906: C. H. Beck. (VI, 53 S.) 8° ¶[Erscheint vollst. als: Fischers Abhandlungen z. Privatrecht u. Zivilprozeß Bd 15 H. 2. 1907.]
Straßburg, Rechts- u. staatsw. Fak., Ref. Schultze, Diss. v. 26. Juli 1906
[Geb. 9. Juni 78 Erstein, Els.; Wohnort: Straßburg; Staatsangeh.: Elsaß-Lothringen; Vorbildung: Gymn. Colmar; Studium: Straßburg 8 S.]

Heim, F. Tim., († d. 3. Juli 1821.) s. Truchseß v. Wetzhausen, Classification d. Kirschsorten.

Heim, Ferdinand, Die fesche Godl; s.: Theater-Repertoir, Wiener.

Heim, Ferd., der bürgerliche Sänger. Eine Auswahl von 55 Jugendliedern zum Gebrauche in höhern Bürgerschulen und obern Elementarklassen gesammelt und die meisten mit Berücksicht. der Kräfte und des Geschmackes der Schüler 2-, 3- oder 4stimmig bearb. 8. (VI und 56 S.) Donaueschingen 855(56,) Schmidt'sche Hofbuchh. *

Heim, Fr.

Heim, F., les eaux thermales de Wildbad, royaume de Wurtemberg. Traité topographique et médical. Traduit par J. M. Gérard. Orné de 5 gravures (en taille-douce) et d'une carte des environs de Wildbad (en taille-douce, in Fol.) 2. édition. 8. (XII u. 571 S.) Stuttgart (839) 850, Frz. Köhler. 1 ß 6 ngr

Heim, Fr., die Flucht aus dem Irrenhause. 2. Aufl. 16. (231 S.) Leipzig 858, O. Wigand.

Heim, M. F., Wildbad, dans le Royaume de Wurtemberg, et ses eaux thermales. Traité topograph. et méd. Trad. du Manuscrit allem. par J. M. Gérard. 8. (36¾ B., 5 Kpfr. u. 1 Karte.) Stoutgart 839, [Scheible, Rieger u. Sattler.] Thlr. *

Heim, Fr. Jak. Ph., Bibelstunden. Auslegung über das A. Testament. 1.—4. Liefg. Stuttgart 845. (J. F. Steinkopf.) à n. ⅓ ß

— s. Stark, Jh. Fr., Epistel-Predigtbuch. — Storr, Jh. Chr., Hausbuch.

Heim, F. J. Ph., über Taufe u. Confirmation. Ein Wort z. Verständig. f. alle Gläubigen. gr. 8. (2¼ B.) Stuttgart 841, J. F. Steinkopf.

Heim, Frz., histor.-krit. Darstellung d. Pockenseuchen, d. gesammt. Impf- u. Revaccinationswesens im Königr. Württemberg innerhalb d. fünf Jahre Juli 1831 bis Juni 1836. Nach d. bei d. kgl. Medicinalkolleg. vorlieg. Physikatsberichten bearb. Lex.-8. (41½ B.) Stuttgart 838, [Liesching u. Comp.]

— Resultate der Revaccination im Königl. Württemb. Militär in den Jahren 1833—1835. ... (Hamburg) 836. Berendsohn. ⅔ ß

Heim, F. Resultate d. Revakkination i. d. K. württemb. Militär i. d. J. 1833—35. Ludwigsburg 1836.

Heim, Frz. Ant., Predigt-Magazin, s. Predigt-Magazin.

— und W. Hoffmann, die Propheten d. alt. Bundes, s. Propheten.

Heim, Frz. Ant., s. Propheten, die großen.

Heim, Frz. Ant., s. Quartalschrift für das prakt. Schulwesen.

Heim, Frz. Felician, die Hauptintervention, s. Abhandlungen zum Privatrecht u. Zivilprozeß des Deutschen Reiches. XV, 2.

Heim. Franz Felician: Die Hauptintervention. München 1907. (5. 2)
(Abhandlungen z. Privatrecht u. Zivilprozeß hrsg. von Fischer. Bd 15. H. 2.)

Heim, Frz. Jos., Andeutungen üb. zeitgemäßes Predigen. Auch ein kleiner Beitrag zur Homiletik der Neuzeit. [Aus dem Predigt-Magazin abgedr.] gr. 8. (56 S.) Augsburg 850, Rieger. 1/4 ℳ

Heim, Fr. Jos., und Joh. Evang. Stadler, Heiligen-Lexicon, s. Stadler, Joh. Evang.

Heim, Frz. Jos., s. Quartalschrift für praktisches Schulwesen. — Predigt-Magazin.

Heim, F. J., Predigten auf die Festtage der seligsten Jungfrau Maria, s. Predigten.

Heim, Frz. Jos., biblische Realkonkordanz, s.: Lueg, Sev.

—— Repertorium, oder vollständig alphabetisch geordn. Real- und Personal-Register zu den bisher erschien. 16 Bänden des Predigt-Magazins. gr. 8. (171 S.) Augsburg 848, Rieger'sche Buchh. *

— Repertorium, od. vollständig alphabetisch geordn. Real- u. Personal-Register zu den bisher erschien. 16 Bänden des Predigt-Magazins. gr. 8. (171 S.) Ebd. 850. n. 1/3 ℳ

Heim, Frz. Jos., die Residenzpflicht der Pfarrer, Curaten und aller, welche ein mit der Cura animarum verbundenes Beneficium inne haben. Eine canonist. Abhandlung. gr. 8. (IV, 156 S.) Augsburg 888, Kranzfelder. *

Heim, Friedrich, a. Berlin: [1.] Über das Verhalten des Phenylnitroäthylens und γ-Nitrostilbens gegen Alkali. [2.] Zur Bestimmung der Salpeter- und salpetrigen Säure. (Berlin 1906: G. Schade.) (78 S.) 8°
Berlin, Phil. Fak., Ref. Gabriel, Diss. v. 8. Dez. 1906
[Geb. 2. April 81 Berlin; Wohnort: Bonn; Staatsangeh.: Preußen; Vorbildung: Klinger-Oberrealsch. Frankfurt a. M. Reife M. 00; Studium: Berlin 12 S.; Rig. 29. Nov. 06.]

Heim, G., Tabellen über die Gewichte von Rundeisen, Wellen, Flacheisen, Eisenblech, schmied- und gusseiserne Röhren. 16. (14 S.) Stuttgart 872, Wittwer.

Heim, G. L., Predigten über die Sonn- und Festtags-Episteln. 2 Thle. gr. 8. [Neu-Eckerode, Buchh. der Idioten-Anstalt.] Braunschweig, Buchh. für evangel. Theologie. * 3 50
Inhalt:
Thl. 1. Von Advent bis Pfingstmontag, nebst 6 Predigten für kleinere Festtage. (VIII, 233 S.) 877. (ℳ 3.) *ℳ 2.
2. Vom Trinitatisfeste bis zum 27. Sonntage nach Trinitatis. (VIII, 132 S.) 880. *ℳ 1,50.

Heim, G. L., Verzeichn. d. Arzneymittel, d. in d. Pharmacop. Boruss. v. J. 1799 neue Benenn. erh. h. L. 8. Berl. Schade. 803.

Georg Heim, Bauernbriefe über Gründung und Geschäftsleitung von Genossenschaften.
Für die Genossensch. des Bayr. Christl. Bauernvereins. (W)
Regensburg 1895

G. Heim und F. X. Zahnbrecher, Die b. Bauernvereine in Vergangenheit, Gegenwart und Zukunft.
Herausgeg. von der Zentralstelle der b. Bauernvereine. Heim (W).
Regensburg 1906

Heim, Geo., der bayerische Bauernverein in Vergangenheit, Gegenwart u. Zukunft. Hrsg. unt. Beihilfe v. Zahnbrecher. 4. verm. Aufl. (133 S.) 8. Ansbach (907). (Regensburg, Verlagsanstalt vorm. G. J. Manz.) 1. —

Georg Heim, Die ländliche Dienstboten-Organisation. München 1907
(W)

— Die ländliche Dienstboten-Organisation. 1.—3. Aufl. (41 S.) 8. Regensburg (907). (J. Habbel. — Verlagsanstalt vorm. G. J. Manz.) 1. —

Heim, Georg, Die ländliche Dienstboten-Organisation. 3. Aufl. Regensburg [1907]. 8°.

Heim, Georg: Die ländliche Dienstbotenorganisation. 4. Aufl. — Regensburg: Habbel 1907. 41 S. 8°

Heim, Geo. Die Goldfelder Südafrikas, s. Ruhland, G. Die Zukunft d. Goldes u. die Süss'sche Theorie.

Heim, Geo., geschäftliches Handbuch f. den Landmann. (IV, 172 S.) gr. 8. Regensburg 903. Verlagsanstalt vorm. G. J. Manz. n. 2. —

— Geschäftliches Handbuch f. den Landmann. 5. verb. u. verm. Aufl. (IV, 267 S.) gr. 8. Regensburg 910. Verlagsanstalt vorm. G. J. Manz. nn 2. —

Heim, Geo., ist e. Abnahme der Goldproduktion zu befürchten?, s.a. Zeitfragen, volkswirthschaftliche.

Heim, Georg [(Lehramtsassist.) in Wunsiedel]: Ist eine Abnahme der Goldproduktion zu befürchten? E. Vorfrage z. Währgsfrage. ([Umschlagt.:] Eine Vorfrage zur Währungsfrage.) [= Volkswirthsch. Zeitfragen, Heft 115/116.] Berlin, L. Simion, 1893; 68 S. 8.
München, Staatswirtsch. Fak., Inaug.-Diss. v. 1893

Georg Heim

De Realibus succenturiatis. Berolini 1824. 31 S. 8
Berlin, Med. Diss. v. 25. Nov. 1824

— das Revisionsverfahren bei unseren landwirtschaftlichen Genossenschaften. Geschrieben aus Anlaß des Falles Heilarn. (24 S.) 8. Ebd. 904. n. — 30

Heim, Georg Christoph

— geol. Beschr. d. Thüring. Waldgebirgs. 2 Thle. 8. Hildburgh. Hanisch. 796—806. (I. 16 gr. II. 1r 1 Rthlr. 2r 1 Rthlr. 4 gr. 2r Thl. 3te und 4te Abthl. 1 Rthlr. 2r Thl. 5te 1 Rthlr. 16 gr.)

Heim, (Geo. Cph., († d. 2. Mai 1807.) deutsche Flora, Fortsetzung des Botanikers in der compendiösen Bibliothek, in 2 Abtheill. 8. Gera 799, 800. Heinsius. 2 ℳ 12 ₰

— Georg Ernst (Hermansfeld/Henneberg), De jure viarum publicarum. Diss. jur. Präs. Gebhard Christian Bastineller. Wittbg. (Wwe. Gaebaerdt) April 1729. 40 S. mit Widm. v. Präs. (6.50) 13934

— — Dasselbe. vulgo Von öffentlichen freyen Heer= und Land=Strassen. Ed. II. Wittbg. (Ephraim Gottlob Eichsfeld) 1755. (6.50) 13935

Heim, Gustav *Hugo* [aus Meschede in Westf.]: Die Beobachtungen während der Cholera-Epidemie 1884–1887 in ihren Beziehungen zur Prophylaxe. . . . (Aus: Centralblatt f. allg. Gesundheitspflege X. Jahrg., H. 1.) Bonn, Druck v. P. Neusser, *1890*; 2 Bl., 27 S., 1 Bl. 8°
Bonn, Med. Fak., Inaug.-Diss. v. 12. Dez. 1890

Heim, Gust., hoch das Turnspiel, s.: Lustspiele, turnerische.

— Jahn im Olymp. Ein turn. Festspiel in 1 Aufzug. — Rübezahl. Ein turn. Festspiel in 1 Aufzug. (10 u. 10 S.) 8. Brieg (906). (Stuttgart, P. Mähler.) n. 1. 50

Heim, Hans (Mombach)
Ueber die Echtheit des französischen Textes der Gesetze Wilhelms des Eroberers.
Giessen: W. Keller 1882. 45 S.
Diss. phil. 8.1.1882. vorh. 26. 7.

Heim, Hans, die amtlichen Schriftstücke zur Reform der französ. Syntax u. Orthographie, s.a. Sprachen, die neueren. VIII. Supp.-Hft.

Die amtlichen Schriftstücke zur Reform der französischen Syntax und Orthographie. Mit Einl. u. Anm. hrsg. von Prof. Dr. Hans Heim, Darmstadt. *Marburg: N. G. Elwert 1901.* (59 S.) 8°
— Sprachen, Die neueren. Bd 8, Suppl.II.

Heim, [Heinrich Jacob]. Die Einweihung des Eschersteins in der Schwendi. den 1. Oktober 1876. [Mit 1 Tafel.] SA. 8. Bern 1877.

Heim, [Heinrich Jacob]. Eine Monterosafahrt (im Juli 1869). ⟨SA.⟩ 8. Trogen 1870.

Heim, Heinr. Jak., Dr. Titus Tobler, der Palästinafahrer. Ein appenzell. Lebensbild. Nach handschriftl. Quellen bearb. gr. 8. (121 S. mit Portr. in Holzschn.) Zürich 879, Schultheß. * 2 40

Heim, [Heinrich Jacob]. Trauerrede, gehalten in Urnäsch den 12. Oktober 1880, bei der Beerdigung des Herrn Johannes Altherr, gewes. Pfarrers von Schwellbrunn und Urnäsch, mit Personalien. 8. Herisau.

Heim, Hermann, Referendar: Die Ablehnung von Beweisanträgen der Hauptverhandlung im Strafverfahren. Tübingen 1909: Weil. 76 S. 8°
Heidelberg, Jur. Diss. v. 18. Okt. 1909, Ref. v. Lilienthal
[Geb. 23. Dez. 67 Waiblingen; Wohnort: Tübingen-Langenburg; Staatsangeh.: Württemberg; Vorbildung: Eberhard-Ludwigs-Gymn. Stuttgart Reife Juli 85; Studium: Tübingen 5, Leipzig 2, Tübingen 1 S.; Rig. 9. März 09.] [U 10. 1886

Heim, Hermann [prakt. Arzt von Neuendorf (Solothurn)]: Über zwei Fälle von Endocarditis parietalis. Zürich 1897. 39 S. 8⁰.
Zürich. Med. Diss. 1897/98.

Heim, H[ermann]. Kurz gefasste Geschichte des interkantonalen Verbandes für Naturalverpflegung armer Durchreisender und statistische Erhebungen auf diesem Gebiete. Separatabdruck aus der «Zeitschrift für schweizerische Statistik», Jahrg. 41, 1905. 4 S. 4. [Bern, Stämpfli & Cie.]

Heim, Hugo, d. jüngsten u. d. ältesten Verbrecher nebst Lebensbeschreibg. e. Zuchthaussträflings nach dessen eig. Aufzeichngn. Ein Beitrag z. Lösg. d. sozialen Frage. gr. 8. (228 S.) Berlin 897. Wiegandt & Grieben. n. 2. 50

Heim, Hugo Eberh.

— histor.=numismat. Abhandl. über die im Kurmainz. von 1783 bis 86 vorgefund. alten Münzen. 4. Erfurt 789. Keyser. 5 K

— üb. d. im Churmainz. v. 1783–85. vorgef. alten Münzen. 4. Frft. Keyser. 789.

Heim, Hugo Eberh., († d. 5. Jan. 1800.) histor.=philolog. Abhandl. über die zu Aschaffenburg von 1777—87 neu entdeckten Röm. Alterthümer. 4. Frkf. a. M. 790. Varrentrapp 8 K

– s.a. Gelegenheitsreden, festtägl.

— Gelegenheitsreden. gr. 8. Frft. Andreä. 788.

– s. Heim, Ad.: Fastenpredigten u. dess. Fest- u. Feiertagspredigten.

— Wolfgang, Erzbischof u. Kurfürst zu Mainz, aus d. Geschlechte v. Dalberg, neu ans Licht gestellt. Mit Kpf. u. Urkunden. 8. Mainz (789).

Heim, J., & H. Brendicke: Bericht des Berliner Turnrathes über seine Thätigkeit 1883—1887. Berlin 1888. 40 S.

Heim, J.: Der Etikettenschatz, s. Meyer, H.

Heim, J., Zur Geschichte der Kantonsschule in Trogen. Trogen 1875.
Progr.

Heim J. amerikanische Merkantil-Arbeiten. (24 T) 4° Wien

Heim, J., das Priester=Jubelfest zu Hundersingen. Oder Predigt u. Beschreib. der Feierlichkeiten bei d. Sekundiz des Hrn. Ign. Zindstein d. 3. Oct. 1824. 8. Kempt. 825. Kösel. 1 K

Heim, Dr. J. Referat über Massregeln gegen Alkoholmissbrauch. Wien 1881.

Heim, J. G., Beschreibung eines neuen Apparats zu ein. verkürzten Heilung d. Schenkelhalsbruches, m. 2 K. 8. Wurzb. Stabel. 811.

Heim, J. J., die Appreturen der Baumwollwaaren, s. a. Mäcken's, Carl, technische Handbibliothek.

Heim JJ, die Appreturen der Baumwollenwaren. Mit Atlas. Stuttgart 1861

Heim, J. J., die Appreturen der Baumwollenwaaren aller Gattungen. Nebst einem Anh. über die neuesten Bleichverfahren. 2., wohlf. (Titel=)Ausg. gr. 8. (X und 184 S. mit Atlas, enth. 18 Stnt. in qu. Fol.) Stuttgart (861)68, Mäcken.

Heim, J. P. G. v., Beitrag zur Theorie der Bewegung der Räderfuhrwerke, insbesondere der Dampfwagen. gr. 4. (IV und 148 S. mit 1 Stnt.) Cannstatt 835, Bosheuyer. Thlr. *

Heim, J. P. G. v., Beiträge zur Ballistik, in besond. Beziehung auf die Umwendung der Artillerie-Geschoße. gr. 4. (IV und 242 lithogr. S. mit 1 Stnt.) Ulm 848, (Gebr. Rübling.) *

Heim, J. P. G. v., über Gleichgewicht u. Bewegung gespannter elast. fester Körper. Mit e. Anh. üb. d. Berechn. d. Widerstandes u. d. vortheilhafteste Gestalt d. Eisenbahn-Schienen. gr. 8. (42¼ B. u. 3 Stnt.) Stuttgart u. Tübingen 838, Cotta'sche Buchh.

Heim, J. P. G. v. Theorie der Bewegung der Räderfuhrwerke. Cannstadt 1835. 4.

Heim, J(an), appr. Arzt a. Lunden: Aus der chirurgischen Universitäts-Klinik zu Kiel. 43 Fälle von Genu valgum adolescentium. Kiel 1904: H. Fiencke. (16 S.) 8°
Kiel, Med. Fak., Ref. Helferich, Diss. v. 21. Dez. 1904
[Geb. 31. Juli 73 Lunden (Holstein); Wohnort: Lunden; Staatsangeh.: Preußen; Vorbildg.: Gymn. Plön Reife O. 95; Studium: München 1, Halle 3, Berlin 2, Kiel 7 S.; Coll. 3. Okt. 03; Approb. 28. Juni 03.]

Heim, Ign., s. a Sammlung v. Volksgesängen f. gem. Chor.

Heim, Ign., Sammlung von Volksgesängen für den gemischten Chor. Liederbuch für Schulen und Vereine, hrsg. von der Musik-Kommission der zürcher. Schulsynode. 16.—25. Ster.-Ausg. 8. (VIII, 440 S.) Zürich 874—79. (Leipzig, Siegismund und Volkening.) *M 1,25.; geb. * 1 75

Heim, Ign., Sammlung von Volksgesängen für den gemischten Chor. Liederbuch für Schulen und Vereine. Hrsg. von der Musikkommission der zürcher. Schulsynode. 26. und 27. Ster.-Ausg. (VIII, 440 S.) 1881,82; 28.—30. Ster.-Ausg. 8. (VII, 480 S.) Zürich 882,83. (Leipzig, Siegismund und Volkening.) *M 1,25.; geb. *

— s. a. dasselbe f. Knaben, Mädchen u. Frauen.

—— Sammlung von drei- und vierstimmigen Volksgesängen für Knaben, Mädchen und Frauen. Liederbuch für Schule, Haus und Verein, hrsg. von der Musikkommission der zürcher. Schulsynode. 6.—9. Ster.-Ausg. 8. (VIII, 392 S.) (Ebendas.) 875—79. *M 1,25.; geb. * 1 75

—— Sammlung von drei- und vierstimmigen Volksgesängen für Knaben, Mädchen und Frauen. Liederbuch für Schule, Haus und Verein, hrsg. von der Musikkommission der zürcher. Schulsynode. 10. Ster.-Ausg. 8. (VIII, 392 S.) (Ebendas.) 881. *M 1,25.; geb. *

— s. a. dasselbe f. d. Männerchor.

—— dass. — für den Männerchor. Liederbuch für Schulen und Vereine. Hrsg. von der Musik-Kommission der zürcher. Schulsynode. 32.—43. Aufl. Neue Ster.-Ausg. 8. (IX, 454 S.) (Ebendas.) 875—79. *M 1,25.; geb. * 1 75

—— dass. — Für den Männerchor. 44.—50. Aufl. Neue Ster.-Ausg. 8. (IV, 454 S.) (Ebendas.) 880—83. *
geb. *

Heim, I[gnaz]. Sammlung von Volksgesängen für Männerchor. Band 3. 2 Teile. Liederbuch für Schule, Haus und Verein. Hrg. von der Zürcherischen Liederbuchanstalt ..., unter Redaktion von Fr[iedrich] Hegar.... 1. Stereotyp-Ausgabe. 1902 u. 1903. (zus. 604 S.) 8. Zürich, Selbstverlag der Liederbuchanstalt; Hauptdepot ... P. Pabst, Leipzig, [19]02-03. (zus. fr. 1. 50, geb. 1. 90 u. 2. 10; in 2 Teilen je —. 50 weniger)
Teil 1. VIII + 300 S. [19]02. — Teil 2. VIII S. + S. 297—584. [19]03.

— Sammlung v. Volksgesängen f. Männerchor. 3 Bde. Liederbuch f. Haus, Schule u. Verein. Hrsg. v. d. zürcher. Liederbuchanstalt, vormals Musik-Kommission d. zürcher. Schulsynode. 8. Zürich. (Leipzig, P. Pabst.) nn 3. 60; Einbde. in Leinw. à n — 35; elegant à — 60
I. Unter Red. v. J. Heim. 151. Ster.-Ausg. (X, 454 S.) (908.) nn 1.05; m. Anh. 18. Aufl. (II u. S. 455—533.) 907. nn 1.25; Anh. allein nn — 35; 50. Ausg. f. Deutschland. (IX, 454 S.) nn 1. 05
II. Unter Red. v. Gust. Weber. 20. Ster.-Ausg. (VIII, 519 S.) nn 1. 05
III. Unter Red. v. Fr. Hegar. I. Ster.-Ausg. (VIII, 583 S.) 902. 03. nn 1.50; in 2 Tln. à 1. —

—— Zweites Volksgesangbuch für den gemischten Chor. Liedersammlung für Schulen und Gesangvereine. 5. Ster.-Ausg. (VI, 263 S.) 1876; 6. Ster.-Ausg. 8. (VIII, 263 S.) (Ebendas.) 879. *M 1,50.; geb. ** 1 80

— 2.—4. Volksgesangbuch f. d. gem. Chor. Liedersammlg. f. Schulen u. Gesangvereine. 8. Zürich (Leipzig, P. Pabst). n.n. 4. 60; Einbde. in Halbleinw. à n.n.n. — 20
2. 11. Ster.-Ausg. (VIII, 263 S.) 892. n.n. 1. —
3. 6. Ster.-Ausg. (VIII, 424 S.) 892. n.n. 1. 80
4. 4. Ster.-Ausg. (VII, 376 S.) 893. n.n. 1. 80

—— Drittes Volksgesangbuch für den gemischten Chor. Liedersammlung für Schulen und Gesangvereine. 2. Ster.-Ausg. 8. (VIII, 424 S.) (Ebendas.) 876. * 2 75
geb. ** 3 20

— 3. Volksgesangbuch für den gemischten Chor. Liedersammlung für Schulen u. Gesangvereine. 8. Ster.-Ausg. 8. (VIII, 424 S.) Ebend. 881. n. 2. 75; geb. n.n. 3. 15

Heim, Ign., Viertes Volksgesangbuch für den gemischten Chor. Ster.-Ausg. 8. (VII, 376 S.) Zürich 881. (Leipzig, Siegismund und Volkening.) *M 2,75.; geb. *

—— Zweites Volksgesangbuch für Knaben, Mädchen und Frauen. Drei- und vierstimmige Sopran- und Altlieder zum Gebrauch in Schule, Haus und Verein. Ster.-Ausg. 8. (VII, 280 S.) (Ebendas.) 882. *M 1,85.; geb. *

—— dass. — für Knaben, Mädchen und Frauen. Drei- und vierstimm. Sopran- und Altlieder zum Gebrauche in Schule, Haus und Verein. 2. Ster.-Ausg. 8. (VII, 280 S.) Ebendas. 877. * 1 85
geb. ** 2 20

— 2. Volksgesangbuch f. Knaben, Mädchen u. Frauen. 3- u. 4stimm. Sopran- u. Altlieder z. Gebr. in Schule, Haus u. Verein. 6. Ster.-Ausg. 8. (VII, 280 S.) Ebd. 891. n.n. 1. 20; Einbd. in Halbleinw. n.n n. — 20

— „Neue" Volksgesänge f. gemischten Chor. Liederbuch f. Schule, Haus u. Verein. II.—IV. Bd. 8. Ebd. 4. —; Einbde. in Leinw. à n — 35
II. 14. Ster.-Ausg. (VIII, 283 S.) 904. 1. —
III. 9. Ster.-Ausg. (VII, 424 S.) 906. 1. 50
IV. 6. Ster.-Ausg. (VII, 376 S.) 904. 1. 50

— dasselbe f. Knaben, Mädchen u. Frauen. 3- u. 4stimm. Sopran- u. Altlieder zum Gebrauche in Schule, Haus u. Verein. 10. Ster.-Ausg. (VII, 280 S.) Ebd. 906. 1.—; geb. in Leinw. n 1. 35

— neue Volksgesänge für den Männerchor. Hrsg. unter Mitwirkung deutscher u. schweizer. Tonsetzer. 1—6. Bdchn. 8. Ebend. 875—81. n. 8. 95; geb. n.n. 10. 55
1. 7. Ster.-Aufl. (VIII, 216 S.) n. 1. 25; geb. n.n. 1. 50
2. 7. Ster.-Ausg. (IV, 252 S.) n. 1. 25; geb. n.n. 1. 50
3. 8. Ster.-Ausg. (VII, 296 S.) n. 1. 85; geb. n.n. 2. 15
4. 4. Ster.-Ausg. (VII, 312 S.) n. 1. 85; geb. n.n. 2. 15
5. 6. (X, 400 S.) n. 2. 75; geb. n.n. 3. 25

—— neue Volksgesänge für den Männerchor. Liederbuch für Schulen und Vereine. Hrsg. unter Mitwirkung deutscher und schweizer. Tonsetzer. 1.—3. Bdchn. 8. (Ebendas.) [1. Bdchn. 9. Ster.-Aufl. (VIII, 216 S.) 881. *M 1,20.; geb. *M 1,60.; 2. Bdchn. 9. und 10. Ster.-Ausg. (IV, 252 S.) 880,81. *M 1,20.; geb. *M 1,60.; 3. Bdchn. 8. Ster.-Ausg. (VII, 296 S.) 881. *M 1,80.; geb. *M 2,20.] *M 4,20.; geb. *
4.—6. Bdchn. Ebendas. 1875,79. *M 4,50.; geb. *M 5,30.

— neue Volksgesänge f. d. Männerchor. Liederbuch f. Schulen u. Vereine. Hrsg. unt. Mitwirkg. deutscher u. schweizer. Tonsetzer. 6 Bdchn. 8. Ebd. n.n. 5. 80; Einbde. in Halbleinw. à n.n.n. — 20
1. 11. Ster.-Aufl. (VIII, 216 S.) 891. n.n. — 80
2. 12. Ster.-Ausg. (252 u. IV S.) 891. n.n. — 80
3. 10. Ster.-Ausg. (VII, 296 S.) 892. n.n. 1. 20
4. 9. Ster.-Ausg. (VII, 312 S.) 892. n.n. 1. 20
5. 6. in 1 Bd. 2. Ster.-Ausg. (IX, 440 S.) 888. n.n. 1. 80

— dasselbe f. Männerchor. 6 Bdchn. 8. Ebd. 5.10; Einbd. in Leinw. à n — 35

I. Liederbuch f. Schule, Haus u. Verein. 9. Ster.-Ausg. (VIII, 216 S.) 903. — 80

II. Liederbuch f. Schulen u. Vereine. Hrsg. unter Mitwirkg. deutscher u. schweizer. Tonsetzer. 13. Ster.-Ausg. (252 u. IV S.) 897. — 80

III. Liederbuch f. Schule, Haus u. Verein. 11. Ster.-Ausg. (VII, 295 S.) 906. 1. —

IV. Liederbuch f. Schule, Haus u. Verein. 12. Ster.-Ausg. (VIII, 312 S.) 906. 1. —

V. VI. Liederbuch f. Schulen u. Vereine. Hrsg. unter Mitwirkg. deutscher u. schweizer. Tonsetzer. 3. Ster.-Ausg. (IX u. S. 3—440.) 895. 1. 50

Heim, Joh(ann) Heinrich: Die Heilkräfte der Alpenziegen-Molken und der Molkenkurort Gais. 184 S., gbd., Abb.

Zürich: Schultheß 1844

JB 2.881

Heim, Joh[ann] Heinrich. Die Heilkräfte der Alpenziegen-Molken und der Molkenkurort Gais. ([Mit 1 Tafel und] Anhang: Auszüge aus J[ohann] C[onrad] Appenzeller's ungedruckten und U[lrich] Hegner's gedruckten Schriften, mit einigen Gedichten.) 8. Zürich 1844.

Heim, Johann Jakob

Heim, Joh. Jak., des wahren Vaterlandsfreundes Bettags-Gebet, dargest. in d. Abend-Predigt, am gemeinvaterländ. Bettage, d. 16. Herbstmonat 1832. gr. 8. ... St. Gallen, (Huber u. Comp.)

Heim, J. J.: Leben John Newton's, s.a. Sonntags-Bibliothek.

Heim, J. J., Leben John Newtons, der zuerst Schiffskadett, dann Matrose, Sklave in Afrika, Sklavenhändler, Schiffskapitän, Zollaufseher u. zuletzt Prediger d. Evangeliums in London war. 2. Aufl. 8. (59 S.) Bielefeld 874. Velhagen & Klasing. n. — 50

Heim, J. J.: Leben Heinrich Stäheli's, s.a. Sonntags-Bibliothek.

Heim, J[ohann] J[acob]. Leben Heinrich Stäheli's, Pfarrer und Dekan (1698–1778). 8. Bielefeld 1851.
(Sonntags-Bibliothek. Lebensbeschreibungen christlich-frommer Männer.... Eingeleitet von Dr. A[ugust] Tholuck.... Band 5, [Heft] 1.)

Heim, J. J.: Leben David Zeisberger's s. Sonntags-Bibliothek.

Heim, J[ohann] J[acob]. Leichenrede bei der Beerdigung von Frau Anna Maria Boelger, geb. Huber, ... zu Frenkendorf ... den 5. August 1837. 8. Basel.

[Heim, Johann Jacob]. Sehet zu, dass Euch nicht Jemand verführe! (Marcus 13. 5 ff.) Ein treu gemeintes Wort, veranlasst durch die Berufung des Dr. [David Friedrich] Strauss auf den einzigen Lehrstuhl der Dogmatik ... an Zürich's Hochschule. 8. St. Gallen 1839.

Heim, [Johann Jacob]. Die unermüdliche Treue des guten Hirten ... vorgestellt im Leben und den Schicksalen (*Umschlag*: Merkwürdige Geschichte des Lebens und der Schicksale) John Newton's.... Dargestellt von H'.... 8. Bielefeld 1848.
(Sonntags-Bibliothek. Lebensbeschreibungen christlich-frommer Männer.... Eingeleitet von Dr. A[ugust] Tholuck.... Band 3, [Heft 3].)

Heim, J. J.: David Zeisberger, der Apostel der Indianer in Nord-Amerika, wie er unter denselben 67 Jahre lebte, wirkte und starb. ***Bielefeld: Druck von Velhagen und Klasing 1849. 83 S.***

Heim, J[ohann] J[acob]. David Zeisberger (1721–1808), der Apostel der Indianer in Nord-Amerika.... Dargestellt von J. J. H'.... 8. Bielefeld 1849.
(Sonntags-Bibliothek. Lebensbeschreibungen christlich-frommer Männer.... Eingeleitet von Dr. A[ugust] Tholuck.... Band 3, [Heft 4].)

Heim, J. J., David Zeisberger, der Apostel der Indianer. 4. Aufl. 8. (62 S.) Basel 882, Missionsbuchhandlung.

Heim, Johann Ludwig

Heim, Jh. Ldw., († 1785.) zwei Abhandll., 1) von d. Schlacht bei Fladenheim, welche Kaiser Heinrich IV. gehalten; 2) von d. Besitzern u. Herren des Amts Fischberg. gr. 8. Meiningen 766. Griesbach. 4 K

Heim, J. Ludw., zwo Abhandl. 1) v. d. Schlacht b. Fladenheim. 2) v. d. Besitzern Fischberg. gr. 8. Memming. Griesbach. 768.

— das 200jähr. Andenken d. Religionsfriedens. 8. Meining. 755.

— Beschreib. der zwei uralten Henneberg. Bergschlösser Dißburg u. Hutsberg. 8. Frankf. 761. (Schäfer). 8 K

Heim, Jh. Ldw., s.a. Beschreib. des Thüringer Waldgebirgs.

Heim, J. L., herzogl. sachsen-meining. Hof- und Consistorialrath. Geologische Beschreibung des Thüringer Waldgebirgs. (3 Bde.) 8. Meiningen 1796 – 1803.

Heim, J. L., genealogische Beschreib. des Thüringer Waldgebürgs. 3r Thl.
Auch unt. d. Titel:
Kurze Uebersicht d. Thüringer Waldes, nach d. Anordnung, Gestaltung u. Gruppirung sein. Gebürgslager, nebst einigen daraus abgeleiteten allgem. Resultaten. 8. Hildburgh. Hanisch. 812.

Heim, J. L., Hennebergische Chronika, darin von den uralten und löblichen Grafen und Fürsten zu Henneberg Wasunger Linie und der davon abstammenden Grafen und Herren zu Frankenstein, Stein und Creinberg. Meiningen 1767. 4.

— Henneberg. Chronik. 3 Thle. 4. Meining. 766—77. Griesbach. 4 ℳ 4 K

Heim, J. L. Von der Schlacht bei Fladenheim, 1078, welche Kaiser Heinrich IV. gehalten. 8. Meiningen 1766. 0,50.

— s. Versuch über d. Bildung d. Thäler.

Heim, Jos., s.: Album lithographique.

***Heim**, Joseph, von Scheer, Württemberg: De revaccinatione. Promotion v. 24. Aug. 1837.

[J. u. Ant.] **Heim,** *Julius* [Dr.]: Der botanische Schulgarten der Herzogl. Realschule '(Ernestinum)' zu Coburg. [o. O.], *1896*; 55 S., 1 Pl. 8.
Coburg, herz. R '(Ernestinum)', OP 1896 (718)

Heim, Julius [Dr.]: Zur Vorgeschichte des südöstlichen Thüringer Waldes und seines fränkischen Vorlandes. (Umschl.-Tit.: Beiträge zur Vorgeschichte des Herzogtums Coburg und des Meininger Oberlandes.) Coburg, Druck d. Dietz'schen Hofbuchdr. (1890); S. 1–21; 4°
Coburg, herz. Ernestinum (RS), OP 1890 (687)

Heim, Karl

Heim, Carl. Die Accumulatoren f. stationäre elektrische Beleuchtungsanlagen. gr. 8. (VI, 104 S. m. 62 Abbildgn.) Lpz. 892, Leiner. * 2 —; geb. in Leinw. * 2 50

Heim, Carl, die Accumulatoren f. stationäre elektr. Anlagen. 2., verm. Aufl. gr. 8. (VI, 138 S. m. 83 Abb.) Leipzig 897. O. Leiner. n. 3. —; geb. in Leinw. n. 4. —

Heim, Carl, die Accumulatoren f. stationäre elektrische Anlagen, 3., umgearb. Aufl. gr. 8. (VI, 116 S. m. 77 Abbildgn.) Leipzig 899. O. Leiner. n. 3. —; geb. n. 4. —

Heim, Carl, die Accumulatoren f. stationäre elektrische Anlagen. 4., völlig umgearb. u. verm. Aufl. (VI, 163 S. m. 85 Abbildgn.) gr. 8. Leipzig 906. O. Leiner. n. 4. —; geb. in Leinw. n. 4. 50

Heim, Karl, bilden ungelöste Fragen e. Hindernis f. den Glauben? Vortrag, geh. auf der allgemeinen deutschen christl. Studentenkonferenz in Wernigerode a. H. (7—11. VIII. 1905.) 1.—3. Aufl. (Je 19 S.) Lex.-8. Ascona 905. 906. C. v. Schmidtz. — 60

— dasselbe. Vortrag. 4. Aufl. (27 S.) gr. 8. Ebd. 906. — 60

—— Die Einrichtung elektrischer Beleuchtungsanlagen f. Gleichstrombetrieb. Mit üb. 300 Abbildgn. gr. 8. (XVI, 503 S.) Ebd. 892. * 8 —; geb. in Leinw. * 9 —

— die Einrichtg. elektr. Beleuchtungsanlagen f. Gleichstrombetrieb. 3., umgearb. Aufl. M. 542 Abb. gr. 8. (XV, 620 S.) Ebd. 898. n. 10. —; geb. in Leinw. n. 11. 50

erschien auch in 10 Lfgn. à n. 1. —.

— die Einrichtung elektrischer Beleuchtungsanlagen f. Gleichstrombetrieb. 4, umgearb. Aufl. (XI, 672 S. m. 605 Abbildgn.) gr. 8. Ebd. 903. n. 11. 50; geb. in Leinw. n. 12. 50

Heim, Carl, Gas od. Elektrizität? Eine zeitgemässe Betrachtg. zur Beleuchtungsfrage. Vortrag, geh. im „Hannov. Bez.-Verein deutscher Ingenieure" am 22. III. 1907. In etwas erweiterter, allgemein verständl. Form hrsg. (32 S. m. 4 Abbildgn.) 8. Hannover 907. Dr. M. Jänecke. — 90

Heim, Karl, Lic. theol. Dr. phil.: Die Lehre von der gratia gratis data nach Alexander Halesius. Leipzig: M. Heinsius Nachf. 1907. (IV, S. 70—116.) ¶(Aus: Das Wesen der Gnade und ihr Verhältnis zu den natürlichen Funktionen des Menschen bei Alexander Halesius.)
Halle, Theol. Fak., Hab.-Schr. v. 1907

Heim, Karl, Psychologismus od. Antipsychologismus? Entwurf e. erkenntnistheoret. Fundamentierg. der modernen Energetik. gr. 8. (VII, 159 S.) Berlin 902. C. A. Schwetschke & Sohn. n. 4. —

Heim, Carl: Untersuchungen über Farnprothallien ... (Aus: Flora od. allg. Bot. Zeitg, Bd. 82 Heft III.) München, Druck v. V. Höfling, 1896; 47 S. 8.
München, Phil. Fak., Inaug.-Diss. v. 1896

— das Weltbild der Zukunft. Eine Auseinandersetzung zwischen Philosophie, Naturwissenschaft u. Theologie. (XI, 299 S.) gr. 8. Berlin 904. [C. A. Schwetschke & Sohn.] Leipzig, M. Heinsius Nachf. n. 4. —; geb. n. 5. —

Heim, Karl, das Wesen der Gnade u. ihr Verhältnis zu den natürl. Funktionen des Menschen bei Alexander Halesius. (III, 152 S.) gr. 8. Leipzig 907. M. Heinsius Nachf. 4. —

Heim, Klaus, die dafür büßen. Illustriert v. Ed. Cucuel. 1.—3. Taus. (301 S.) 8. Stuttgart (909). Union. 3.—; geb. in Leinw. 4. —

Heim, L., und O. **Peters**, der Central-Bahnhof zu Magdeburg. Fol. (18 S. mit eingedr. Holzschn. und 18 Kpfr.-Taf.) Berlin 881, Ernst und Korn. cart. *

Heim, Ludwig

Heim, L. Zwei Apparate f. bakteriologische Arbeiten (zur Untersuchg. d. Auswurfs). gr. 8. (5 S.) Würzb. 891, Stahel. * — 50
Aus: Sitzungsber. d. Würzb. phys.-med. Gesellsch., besonders abgedruckt.

Heim, Ludw., das Bedürfniß größerer Sauberkeit im Kleinvertrieb v. Nahrungsmitteln. gr. 8. (37 S.) Braunschweig (900). F. Vieweg & Sohn. n. — 50
Sonderabdruck aus: „Deutsche Vierteljahrsschr. f. öff. Gesundheitspflege".

Heim, Ludw., Leben u. Liebe. Gedichte. (IV, 120 S.) 8. Oldenburg (909). Schulze. 2.—; geb. 3. —

Heim, Ludw., Lehrbuch d. Bakteriologie m. bes. Berücksicht. d. bakteriolog. Untersuchg. u. Diagnostik. (Bibliothek d. Arztes.) Mit 166 vielfach nach Orig.-Photogrammen hergest. Abb. im Text u. m. 8 Taf. in Lichtdr., enth. 50 Photogramme v. Mikroorganismen. 2. Aufl. gr. 8. (XVIII, 604 S. m. 8 Bl. Erklärgn.) Stuttgart 898. F. Enke. n. 16. —

Heim, Ludw., Lehrbuch der Bakteriologie m. besond. Berücksicht. der Untersuchungsmethoden. Diagnostik u. Immunitätslehre. 3., vollständig umgearb. Aufl. Mit 233 Abbildgn. im Text u. 13 mikrophotograph. Taf. (XII, 550 S. m. 13 Bl. Erklärgn.) Lex.-8. Stuttgart 906. F. Enke. n. 14. 60; geb. in Leinw. n. 16. —

— Lehrbuch der Hygiene. (Bibliothek des Arztes.) (VIII, 363 S. m. 43 Abbildgn.) gr. 8. Ebd. 903. n. 8. —; geb. in Leinw. n. 9. —

— Lehrbuch der bakteriologischen Untersuchung u. Diagnostik. Eine Anleitg. zur Ausführg. bakteriolog. Arbeiten u. zur Einrichtg. bakteriolog. Arbeitsstätten m. zahlreichen, vielfach nach Orig.-Photogrammen hergestellten Abbildungen u. 8 Taf. in Lichtdr., enth. 50 Photogramme v. Mikroorganismen. (Bibliothek d. Arztes.) gr. 8. (XIX, 528 S. m. 8 Bl. Erklärgn.) Stuttgart 894. F. Enke. n. 16. —

— Mitteilungen aus dem hygienisch-bakteriologischen Institut. gr. 8. (22 S.) Leipzig 901. A. Deichert Nachf. n. — 80
Sonderabdruck aus: „Festschr. d. Univ. Erlangen f. Prinzregent Luitpold".

— u. Geo. **Buss**, das königl. Opernhaus f. Berlin. Mit 1 Lageplan in Autotypie. (VII, 88 S.) 8. Berlin 910. Weise & Co. 2. —

Heim, M. F., s. Heim, Fr.

Heim, **Max**, Inselbad bei Paderborn. Seine Heilmittel u. Kur-Einrichtgn. m. besond. Berücksicht. der daselbst geübten Behandlungsmethoden. Zum 25jähr. Jubiläum der Umwandlg. des Inselbades aus e. offenen Badeorte in e. Sanatorium (1878—1903). (81 S. m. Abbildgn. u. 1 Karte.) 8. Paderborn 903. (Junfermann.) n. 1. 20

Heim, **Max** [aus Berlin]: Zur Kenntniss des Hydrastins. Ueber die Einwirkung von Ammoniak und Aminen auf alkylirte Hydrastine. ... Berlin, Buchdr. v. M. Bading, *1891;* 2 Bl., 51 S., 2 Bl. 8°
Berlin, Phil. Fak., Inaug.-Diss. v. 24. Febr. 1891

Heim, **Max**, die künstlichen Nährpräparate u. Anregungsmittel. Mit besond. Berücksicht. der Ernährungstherapie u. m. e. Anh.: Diätetische Kuren. gr. 8. (VIII, 231 S. m. 6 Abbildgn. u. 18 Tab.) Berlin 901. A. Hirschwald. n. 5. —

Heim, M: Die künstlichen Nährpräparate und Anregungsmittel. Anh.: Diätetische Kuren. Bonn 1901

— die norvöse Sohlaflosigkeit, ihre Ursachen u. ihro Behandlg. gr. 8. (59 S.) Bonn 902. F. Cohon. n. 1.—

Heim, Max, die Steingutfabrikation, s. a. Bibliothek der gesamten Technik.

Die Steingutfabrikation. Nach d. Praxis dargest. von Dr. Max Heim. Mit 28 Abb. Hannover: Jänecke [1910]. VI, 172 S. 8°
(Bibliothek d. gesamten Technik. Bd 145.) [illegible] 7

Heim, Max *Wilhelm Ernst* [aus Attendorn]: Aus d. med. Klinik zu Bonn. Ueber Tetanie bei Gastrektasie und die Erhöhung der mechanischen Erregbarkeit der Nerven ... Bonn, Hauptmann'sche Buchdr., 1893; 29 S., 1 Bl. 8.
Bonn, Med. Fak., Inaug.-Diss. v. [9. März] 1893

Heim, Nik., d. hl. Antonius v. Padua. S. Leben u. s. Verehrg. anläßl. s. 700jähr. Wiegenfeier, ausführl. u. nach authent. Quellen u. Urkunden geschrieben. gr. 8. (XXI, 533 S. m. Abb. u. 6 Lichtdr.) Kempten 895. J. Kösel. n. 6. 60; geb. in Leinw. n. 8. —; m. Goldschn. n. 8. 40; in Halbfrz. n. 8. 60

Heim, Nik., der hl. Antonius v. Padua. Leben u. Verehrg. des großen Minderbruders nach authent. Quellen u. Urkunden geschrieben. 2., verm. u. verb. Aufl. 8. (XXVI, 643 S. m. Abbildgn. u. Taf.) Kempten 899. J. Kösel. n. 5. 80; geb. in Leinw. n. 7. 20; in Halbfrz. n.n. 7. 80

— Christus victor! Kampf u. Sieg der Kirche Jesu unter Kaiser Julian dem Apostaten. Ein Buch zur Belehrung f. jedermann. gr. 8. (XVI, 364 S.) Ebd. 902. n. 4. 50; geb. in Leinw. n. 6. —

— unser Herr Jesus v. Nazareth, der „Menschensohn". Land, Volk u. Verwandschaft Christi nach Bibel, Geschichte u. Tradition. Ein Hausbuch f. das kathol. Volk. Mit 2 farb. Titelbildern u. zahlr. Abbildgn. reich illustr. gr. 8. (XXIII, 623 S.) Köln (899). J. P. Bachem. n. 9. —; geb. n. 11. —

Unser Herr Jesus von Nazareth der 'Menschensohn'. Land, Volk u. Verwandtschaft Christi nach Bibel, Geschichte u. Tradition. Ein Hausbuch f. d. kath. Volk von Dr. Nikolaus Heim. Mit 2 Titelbild. u. zahlr. Abb. 2. Aufl. *Köln a. Rh.: J. P. Bachem [1899].* (623 S.) 4° [ℑ.] [illegible] 5

Heim, Nik., Johannes. Der Vorläufer des Herrn, nach Bibel, Geschichte u. Tradition dargestellt. (XXXII, 792 S. m. Titelbild.) kl. 8. Regensburg 908. J. Habbel. 5.—; geb. in Leinw. 6. —

Heim, Nik., der hl. Benedikt Joseph Labre. Erstes deutsches Orig.-Leben d. glorreichen Gottesarmen, nach authent. Quellen geschrieben. (XX, 498 S. m. Abbildgn.) gr. 8. Kempten 903. J. Kösel. n. 6. —; geb. in Leinw. n. 7. 50

— Paulus. Der Völkerapostel nach Bibel, Geschichte u. Tradition. Mit Lichtdr.-Titelbild, e. chronolog. Tab. u. e. nach dem Text gezeichneten farb. Karte. (XXXI, 766 S.) gr. 8. Salzburg 905. A. Pustet. n. 8. —; geb. in Halbfrz. n. 9. 70

Heim, Otto Heinrich, appr. Arzt a. Attendorn i. W.: Über Lupus mit Tumorenbildung. Leipzig: G. Fock 1905. (30 S.) 8°
Leipzig, Med. Fak., Ref. Marchand, Diss. v. 4. April 1905
[Geb. 23. Jan. 77 Attendorn; Wohnort: Cöln (Rhein); Staatsangeh.: Preußen; Vorbildung: Gymn. Attendorn Reife O. 95; Studium: Bonn 5, Marburg 2, Berlin 2, Berlin 2, Leipzig 8 S.; Coll. 13. Apr. 05; Approb. 16. Juli 03.]

Heim, P. A., de motu muscularium ejusdemque morbis. 4. Gött. Brose. 806.

Heim, R., Rechnungs-Aufgaben f. gewerbliche Schulen. Hrsg. durch den Verband bad. Gewerbeschulmänner. 1. Heft. gr. 8. Bühl (904). (Konkordia.) n. — 30
Berechnung v. Umfang, Flächen-, Oberflächen- u. Kubikinhalt, Gewichts- u. Preisberechnung u. Prozentrechnen, nebst Mass- u. Gewichts-Tabellen etc. 5. Aufl. (14 S. m. Fig.)

Heim, R., Rechnungs-Aufgaben f. gewerbliche Schulen. I. Heft. Berechng. v. Umfang, Flächen-, Oberflächen- u. Kubikinhalt, Gewichts- u. Preisberechng. u. Prozentrechnen nebst Mass- u. Gewichtstabellen etc. Hrsg. durch den Verband bad. Gewerbeschulmänner. 17. Aufl. (14 S. m. Fig.) 8. Bühl (910). Konkordia. nn — 30

Heim, Ricardus *Laurentius Maria* [Attendoriensis]: Incantamenta magica graeca latina ... Lipsiae, typ. B. G. Teubneri, 1892; [nur Titelbl., Vita u. Thesen.] 2 Bl. 8.
Bonn, Phil. Fak., Inaug.-Diss. v. 5. Aug. 1892
(Nicht für den Austausch)

Heim, Ricardus *Laurentius Maria* [Attendoriensis Guestf.]: Incantamenta magica Graeca Latina ... (Aus: Jahrb. f. Philol., Suppl.-Bd. XIX. — Erschien vollst. ebd.) Lipsiae, typ. B. G. Teubneri, 1892; 2 Bl., 465—492 S., 1 Bl. 8. [vgl. 1891,92 Bonn No 77.]
Bonn, Phil. Fak., Inaug.-Diss. v. 5. Aug. 1892*)

Heim, Rich., incantamenta magica graeca latina. Collegit, disposuit, edidit R. H. [Aus: „Jahrbb. f. class. Philol.", 19. Suppl.-Bd.] gr. 8. (118 S.) Leipzig 893. B. G. Teubner. n. 2. 80

Heim, Rich., die Rechtsstellung des Emissionshauses bei der Einführung v. Aktien in den Verkehr, s. a. Arbeiten zum Handels-, Gewerbe- u. Landwirtschaftsrecht. Nr. 5.

Heim, Richard, Referendar: Die Rechtsstellung des Emissionshauses bei der Einführung von Aktien in den Verkehr. Marburg 1900: Friedrich. 60 S. 8°
Marburg, Jur. Diss. v. 7. Dez. 1900, Ref. Heymann
[Geb. 22. Nov. 83 Kaltensundheim; Wohnort: Kaltensundheim; Staatsangeh.: Sachsen-Weimar; Vorbildung: Oberrealsch. St. Johann-Saarbrücken Reife O. 04; Studium: Marburg 5, Berlin 1 S.; Rig. 4 Febr. 09.] [U 10. [illegible]

Heim, Rud., Herzensblüthen. Festgedichte. 8. (84 S.) Prag 881. (Kosmack & Neugebauer.) n. 2. —

Heim, Rudolf, aus Offenbach a. M. '(Grossherzogthum Hessen)': Ueber einige Phenolester der Phosphorsäure. — Ueber die Umwandlung der Phenole in Nitrile & Säuren. Hottingen-Zür. H. Zürcher Dr. 1883. 43 S. 8°.
Zürich, Phil. Diss. [v. 14. Juni 1883].

Heim, Sophie, Elementarbuch der italienischen Sprache für den Schul- und Privatunterricht. gr. 8. (VIII, 254 S.) Zürich 882, Schultheß. *

Heim, Sophie, Elementarbuch der italienischen Sprache f. den Schul- u. Privatunterricht. 2. durchgeseh. u. m. e. Wörterverzeichniß verseh. Aufl. gr. 8. (IV, 284 S.) Zürich 884. Schultheß. n. 3. 60

Heim, Sophie, Elementarbuch der italienischen Sprache für den Schul- und Privatunterricht. 3. durchgeseh. und mit einem Wörterverzeichnis versehene Aufl. gr. 8. (IV, 284 S.) Zürich 887, Schultheß. *

Heim, Sophie. Elementarbuch der italienischen Sprache f. den Schul- u. Privatunterricht. 4. durchges. u. m. e. Wörterverzeichnis verseh. Aufl. gr. 8. (IV, 284 S.) Zürich 891, Schultheß. * 3 —

Heim, Sophie, Elementarbuch der italienischen Sprache f. den Schul- u. Privatunterricht. 5., durchgeseh. u. m. e. Wörterverzeichniß verseh. Aufl. gr. 8. (IV, 284 S.) Zürich 893. F. Schultheß. n. 3. —

Heim, Sophie, Elementarbuch der italienischen Sprache f. den Schul- u. Privatunterricht. 6. durchgeseh. u. m. e. Wörterverzeichnis verseh. Aufl. gr. 8. (IV, 301 S.) Zürich 902. Schultheß & Co. n. 3. —; geb. in Leinw. n.n. 3. 40

Heim, Sophie, Elementarbuch der italienischen Sprache f. den Schul- u. Privatunterricht. 7. Aufl. Umgearb. u. m. Lesestücken u. Wörterverzeichnis versehen. (IV, 274 S.) 8. Zürich 908. Schultheß & Co. 2.80; geb. n 3. 20

—— Aus Italien. Material f. den Unterricht in der italien. Sprache, gesammelt u. m. Anmerkgn. versehen. 2 Hefte. gr. 8. Ebd. * 2 60
1. Italienisch-Deutsch. (VI, 80 S.) 889. * 1 20. — 2. Deutsch-Italienisch. (IV, 87 S.) 890. * 1 40.

Heim, Sophie, aus Italien. Material f. den Unterricht in der italien. Sprache, gesammelt u. m. Anmerkgn. versehen. 1. Heft: Italienisch-Deutsch. 2. Aufl. m. Anh. (VII, 111 S.) 8. Zürich 904. Schultheß & Co. n. 1. 40

— kleines Lehrbuch der italienischen Sprache. gr. 8. (IV, 140 S.) Ebd. 894. n. 1. 40

Heim, Sophie, kleines Lehrbuch d. italienischen Sprache. 2., verb. Aufl. gr. 8. (IV, 139 S.) Zürich 897. F. Schultheß. n. 1. 40; geb. in Leinw. n. 1. 80

Heim, Sophie. Kleines Lehrbuch der italienischen Sprache. 3. verbesserte Aufl. IV + 139 S. 8. Zürich, Schulthess & Co., 1902. (br. fr. 1. 60, geb. fr. 2. —)

Heim, Sophie. Kleines Lehrbuch der italienischen Sprache. 4., umgearb. und vermehrte Aufl. VIII + 185 S. 8. Zürich, Schulthess & Co., 1905. (fr. 1. 60, geb. 2. —)

— Kleines Lehrbuch der italienischen Sprache. 5. Aufl. (VIII, 186 S.) 8. Ebd. 908. 1.40; geb. 1. 80

Heim, Sofia, Letture italiane, tratte da autori recenti e annotate. gr. 8. (IV, 169 S.) Zürich 879, Schulthess. * 2 40

Heim, S. Letture italiane tratte da opere recenti e annotate. 2. ed. riveduta e migliorata. In-8⁰. IV, 168 p. Zurigo, F. Schulthess, 1892. 2 80

Heim, Walther, aus Rentweinsdorf: Die Königsgestalten bei den griechischen Tragikern. Erlangen 1904: E. Th. Jacob. (106 S.) 8°

Erlangen, Phil. Fak., Ref. Roemer, Diss. v. 18. Dez. 1903

[Geb. 17. Aug. 81 Rentweinsdorf; Staatsangeh.: Bayern; Vorbildung: Gymn. Erlangen Reife 99; Studium: Erlangen 3, München 4, Erlangen 4 S.; Rig. 18. Dez. 03.]

[H.] Vor 25 Jahren. Erinnergn e. Konstanzer Füsiliers. Von Wilhelm Heim. *Konstanz: Selbstv.; Komm.-V. (u. Dr.) v. O. Reuss 1895.* (74 S.) 1 Bd 8. [96. 1230

Heim, Wilh., vor 25 Jahren. Erinnergn. e. Konstanzer Füsiliers. 8. (74 S.) Basel 896. Wilh. Heim. n. — 80

Heim. Wilhelm. Vor 40 Jahren. Erinnerungen eines Konstanzer Füsiliers. (2. Aufl.) 83 S. 8. (Basel,) Selbstverlag des Verfassers; Konstanz, Komm. Buchdr. Reuss & Itta, 1910. [M. —. 50]

Heim-Vögtlin, Frau Marie, die Aufgabe der Mutter in der Erziehung der Jugend zur Sittlichkeit. Vortrag, geh. an der Jahresversammlg. des Zürcher Frauenbundes zur Hebg. der Sittlichkeit am 19. V. 1904. 1. u. 2. Aufl. (à 26 S.) 8. Zürich 904. (Zürcher & Furrer.) n. — 20

— dasselbe. 3. Aufl. (24 S.) 8. Ebd. 904. n. — 20

Heim-Vögtlin, Marie. Die Aufgabe der Mutter in der Erziehung der Jugend zur Sittlichkeit. Vortrag, gehalten an der Jahresversammlung des Zürcher Frauenbundes zur Hebung der S' am 19. Mai 1904 von Frau Dr. M' H'-V'. 4. Aufl. II + 24 S. 8. Zürich, Zürcher & Furrer, 1907. [fr. —. 20]

Heim-Vögtlin, Marie. Die Pflege des Kindes im ersten Lebensjahr. 8⁰. 63 S. Verlag des schweizer. Frauenvereins 1898. — 15

Heim-Vögtlin, Marie, die Pflege des Kindes im ersten Lebensjahr. 10 Briefe an e. junge Freundin, im Auftrag des schweizer. gemeinnütz. Frauenvereins verf. 2. Aufl. Nebst e. Taf. üb. Gewichts-Zunahme bei Kindern. gr. 8. (63 S.) Leipzig 900. R. Gerhard. n. 1. —; geb. in Leinw. n. 1. 50

Heim-Vögtlin, Marie, die Pflege des Kindes im ersten Lebensjahr. 10 Briefe an e. junge Freundin, im Auftrag des schweizer. gemeinnütz. Frauenvereins verf. 3., verb. Aufl. Nebst e. Taf. üb. Gewichts-Zunahme bei Kindern. (63 S.) 8. Leipzig 907. R. Gerhard. 1.20; geb. in Leinw. 1.80

Heiman, A. Vide: Volksbibliothek (Wiener politische).

Beiträge zur Geschichte des Neckarschiffergewerbes und der Neckarschiffahrt von Dr. Hanns **Heiman**. Heidelberg: C. Winter 1907. (IX, 402 S.) 8°
— **Heiman**: Die Neckarschiffer. T. 1. [07. 4169

Die Lage der Neckarschiffer seit Einführung der Schleppschiffahrt von Dr. Hanns **Heiman**. Heidelberg: C. Winter 1907. (IX, 505 S.) 8°
— **Heiman**: Die Neckarschiffer. T. 2. [07. 9410 6

Heiman, Hanns, a. Breslau: Die Neckarschiffahrt seit Einführung der Schleppschiffahrt. Berlin 1905: Schmitz & Bukofzer. (109 S.) 8°

Heidelberg, Phil. Fak., Ref. Rathgen, Diss. v. 20. März 1906

[Geb. 14. Febr. 79 Breslau; Wohnort: Breslau; Staatsangeh.: Preußen; Vorbildung: Magdalenen-Gymn. Breslau Unterprima 96; Studium: Breslau 2, München 2, Heidelberg 4 S.; Rig. 19. Juli 02.]

Heiman, Hanns, die Neckarschiffer. 2 Tle. gr. 8. Heidelberg 907. C. Winter, Verl. 29. —
I. Beiträge zur Geschichte des Neckarschiffergewerbes u. der Neckarschiffahrt. (IX, 402 S. m. 1 eingedr. Kartenskizze.) 13. —
II. Die Lage der Neckarschiffer seit Einführg. der Schleppschiffahrt. (XI, 505 S. m. 1 eingedr. Kartenskizze.) 16. —

Heiman, Thdr., über lotale Ohrerkrankungen, s.: Vorträge, klin., a. d. Gebiete d. Otologie etc. V. 2.

Heimann

— s. a. **Haeymann, Haymann, Heyman(n).**

Heimann, die Bundesverfassung der schweizerischen Eidgenossenschaft und die Staatsverfassungen der Kantone. gr. 8. (IX und 624 S.) Nidau 864. (Basel, Bahnmaier's Verlag.) *

Heimann, Adalbert *[geb. Bernstadt in Schles. 20. 2. 1847]*:
Thesen . . . behufs Erlangung der medicinischen Doctorwürde.
[Breslau] (1870.) (1 Bl.) 2°

Breslau, Med. Thesen v. 23. Juli 1870

Heimann, Adolph [Referendar]: Ueber Gültigkeit und Wirkung eines einem Kaufvertrage beigefügten pactum de non praestanda evictione nach gemeinem Recht ... Greifswald, Druck v. F. W. Kunike, 1893; 2 Bl., 34 S. 8.

Greifswald, Jur. Fak., Inaug.-Diss. v. 1893

Heimann, Adolph (Inowratislawiae / Posen), De Thucydidis orationibus. Diss. philos. Bln. (Conrad Feister) 7. XII. 1833. 48 S. mit Biograph. (6.30) 13936

Oppon.: Wilhelm Thilenius, Fr. Wilh. Curth, F. Kaempf. — Gew.: Joseph Mendelssohn, Ferdinand Oppert.

Heimann, Alexander: Resultate der Operationen der Cruralhernien. Emmendingen: Dölter 1909. 47 S. 8°

Freiburg i. B., Med. Diss. v. 1909, Ref. Kraske

[Geb. 6. Febr. 83 Libau; Wohnort: Freiburg i. B.; Staatsangeh.: Rußland; Vorbildung: Nikolai-Gymn. Libau Reife O. 02; Studium: Berlin 6, München 2, Freiburg i. B. 2 S.; Rig. 12. Febr. 09.] [U 09. 933

Heimann, Alfred, aus Mülheim a. d. Ruhr: Aus d. pathol. Institut d. Universität Bonn. Über das lobuläre Emphysem. *Bonn 1902: C. Georgi.* (50 S.) 8°
Bonn, Med. Diss. v. 12. Nov. 1902

Maurer-Lied. [Am Ende:] Verf. von Alfr. **Heimann.** Gewidmet von Ph. Schl. [Berlin] o. J. 1 Bl. 8° [Kopftit.]
Ohne Noten.

Heimann, Anton [prakt. Arzt aus Berlin]: Ueber Paralysis agitans (Schüttellähmung ... Berlin, gedr. bei L. Schumacher, 1888; 2 Bl. + 91 S. 8°
Berlin, Med. Fak., Inaug.-Diss. v. 15. März 1888

Heimann, A., über Paralysis agitans [Schüttellähmg.]. gr. 8. (90 S.) Berlin 888. Hirschwald. n. 2.40

Heimann, Arnold. En Bärgdorf uf Mägisalp ⟨Aelplerfest auf dem Hasliborg bei Meiringen⟩. Singspiel in 2 Aufzügen von A'H'. Für Gemischten Chor, Soli und Pianoforte komponiert von J[ohann] Rudolf] Krenger. [Textheft.] 32 S. 8. Interlaken, Otto Schlaefli, 1904. [fr. —.60]

Heimann, A. Elsi, die seltsame Magd. Volksstück n. d. gleichnamigen Erzählung des Jerem. Gotthelf. In-12°. (83 S.) Biel, Ernst Kuhn. 1 — 1898

Heimann, Arnold, Hinteregglüt. Bernisches Volksstück in 4 Akten. 12. (84 S.) Biel 899. E. Kuhn. n. 1.—

Heimann, A., Klaus Leuenberger. Vaterländ. Trauersp. in 5 Akten. 8. (112 S.) Biel 895. E. Kuhn. n. 1.60

Heimann, A., Schweizerherz. Volksschauspiel aus der Bourbakizeit in 4 Akten. 12. (79 S.) Biel 894. E. Kuhn. n. —80

— Schweizerherz. Volksschausp. aus d. Bourbakizeit in 4 Akten. 2. Aufl. 12. (78 S.) Ebd. 895. n. —80

— Schweizerherz. Volksschauspiel aus der Bourbakizeit in 4 Akten. 3. Aufl. 12. (78 S.) Ebd. 900. n. 1.—

Heimann, Arnold, der Thalgutbauer. Volksstück. 12. (85 S.) Biel 900. E. Kuhn. n. 1.—

Heimann, A[rnold]. Wenn Frauen reisen. Schwank in zwei Aufzügen. 27 S. 8. Lyss, Verlag «Helvetia» ⟨A. Wenger-Kocher⟩, [1907]. fr. —.90

Heimann, Arnold. Der Würgengel. Schweizerisches Volksstück in 5 Akten. Ort: Ein Dorf im Bernbiet. Zeit: Gegenwart. 103 S. 8. Biel, Ernst Kuhn, 1903. [fr. 1.20]

Heimann, Arthur, aus Frankfurt a. M.: Technik und Endresultat der Arthrodesen. *Frankfurt a. M. 1895 [vielm. 1901/02]: Gebr. Knauer.* (21 S.) 8°
Würzburg, Med. Diss. v. 1895

Heimann, August, Assistenzarzt am Knappschaftslaz.: Aus d. Knappschaftslaz. zu Zabrze O./S. ⟨Chefarzt Altmann⟩. Ein Beitrag zur Lehre von der Knochenplastik. Neustadt O./S. 1910: Neustädter Zeitung. 48 S. 8°
Breslau, Med. Diss. v. 30. Sept. 1910, Ref. Küttner
[Geb. 12. Juli 81 Gierichswalde; Wohnort: Zabrze; Staatsangeh.: Preußen; Vorbildung: Gymn. Glatz Reife O. 03; Studium: Breslau kath. Theol. 2, Med. 10 S.; Coll. 18. Juli 10; Approb. 27. Juni 10.] [U 11.679

Heimann, Carl, s. Heimann, Karl

Heimann, David [pr. Arzt aus Oberdorf '(Württemb.)']: Ueber Kropfbehandlung mittels Schilddrüsenfütterung ... Strassburg i. E., Buchdr. C. Goeller, 1895; 35 S. 8.
Strassburg, Med. Fak., Inaug.-Diss. v. 1895

Heimann, Eberhard, a. Berlin: (1) Ueber neue Metalltrennungen in einem Salzsäurestrome. (2) Ueber die quantitative Verflüchtigung der Phosphorsäure aus ihren Salzen. Heidelberg 1907: K. Rössler. (46 S.) 8°
Heidelberg, Math.-naturw. Fak., Ref. Curtius, Diss. v. 20. März 1907
[Geb. 6. Jan. 83 Berlin; Wohnort: Berlin; Staatsangeh.: Preußen; Vorbildung: Luisenstadt. Realgymn. Berlin Reife O. 01; Studium: T.H. Berlin 7, Univ. Heidelberg 1 S.; Rig. 7. Febr. 07.]

Natur und Freimaurerei. Vortrag in der Loge Schiller Or.·. Pressburg, gehalten von Edu. **Heimann.** Budapest 1880: Weiszmann. 19 S. 8°
Abgedr. in: Hn. [7] (1880) S. 44—48, 55—60.

Heimann, Emil (geb. Brieg 1. 7. 1857): Ueber die Coincidenz von Rheumatismus articulorum acutus und Ischias. Berlin (1882). (26 S.) 8°
Berlin, Med. Diss. v. 20. Mai 1882

Heimann, Ernst [cand. med. aus Berlin]: Zur Casuistik der Blutcysten am Halse ... Würzburg, Becker's Univ.-Buchdr., 1896; 61 S. 8.
Würzburg, Med. Fak., Inaug.-Diss. v. 1896

Heimann, Ernst, internationale Sehprobentafel f. Kinder. 4. (4 S.) Nebst Text in deutscher, französ., engl. u. russ. Sprache. qu. schmal Fol. (2 S.) Berlin 902. Fischer's medicin. Buchh. n. 2.—

Heimann, F., die Cholera-Epidemie in Köln im J. 1849. Resultate der Beobachtung und Behandlung im dortigen Bürger-Hospital. Nebst numer. Zusammenstellungen über die Erfolge der Gendrin'schen Behandlungs-Methode und den Einfluß der allgem. Blutentziehungen insbesondere. gr. 8. (VIII und 120 S.) Köln 850, Du Mont-Schauberg'sche Buchh.

Heimann, F., des Kindes Liederbuch, s.: Zahler, R.

Heimann, Franz, a. Dessau: Die Landesverteidigung im Fürstentum Anhalt von der Auflösung der Union bis zum Einmarsch der Kaiserlichen. Mai 1621 bis Januar 1626. Leipzig: W. Fiedler 1906. (452 S.) 8°
Leipzig, Phil. Fak., Ref. Brandenburg-Seeliger, Diss. v. 27. Sept. 1906
[Geb. 16. Mai 63 Dessau; Wohnort: Wiesbaden; Staatsangeh.: Anhalt; Vorbildung: Gymn. Dessau Reife O. 83; Studium: Leipzig 8 S.; Rig. 18. Juli 05.]

Heimann, Franc. Joseph. Maria (geb. Cöln a. Rh. 1818): De phthisi laryngea. Berolini (1840). (32 S.) 8°
Berlin, Med. Diss. v. 4. Sept. 1840

Heimann, F[riedrich]. Lehrbuch der französischen Sprache = Nouvelle méthode de français basée sur l'enseignement intuitif. 1re et 2de années. [1re] Éd. ornée de gravures. [2 parties.] 8. Berne, Édition de l'auteur [Impr. Büchler & Co.], 1909—1910.
[1re partie] u. d. T.: Lehrbuch.... [Avec des mélodies.] 148 p. 1909.
[2de partie] u. d. T.: Nouvelle méthode de français. Supplément de la 1re éd. = Lehrbuch.... Ergänzung zur 1. Aufl. II + 26 p. 1910.

Heimann, F[riedrich]. Lehrbuch der französischen Sprache = Nouvelle méthode de français basée sur l'enseignement intuitif. 1re et 2de années. 2e éd. ornée de gravures, revue et augmentée. [Avec des mélodies.] 192 p. 8. Berne, Edition de l'auteur [Impr. Büchler & Co.], 1910. [cart. fr. 2.30]

— Violin-Schule. Violin-School. Vol. I. II. Leipzig.

Heimann, Fritz, a. Brieg ⟨Bez. Breslau⟩: Aus d. patholog.-anatom. Anstalt d. städt. Krankenhauses Moabit zu Berlin. ⟨Vorstand Prof. Dr. Benda.⟩ Ueber metastatische Karzinome der Meningen. Leipzig 1908: B. Georgi. (32 S.) 8°
Leipzig, Med. Fak., Ref. Marchand, Diss. v. 5. März 1908
[Geb. 25. Juli 82 Brieg; Wohnort: Berlin; Staatsangeh.: Preußen; Vorbildung: Maria-Magdalena-Gymn. Breslau Reife O. 02; Studium: Heidelberg 1, München 1, Breslau 9 S.; Coll. 7. März 08; Approb. 1. Juni 08.]

Heimann, Georg [aus Glatz '(Schles.)']: '(Aus d. n. med. Klinik d. Hrn Geh.-Rat Prof. Dr. Gerhardt in Berlin.)' Beitrag zur operativen Behandlung der Hautwassersucht ... Berlin, Buchdr. v. G. Schade, *1896;* 31 S. 8.
Berlin, Med. Fak., Inaug.-Diss. v. 10. Juli 1896

Heimann, Geo., d. Ergebnisse d. berufsgenossenschaftl. Unfallversicherung. gr. 8. (99 S.) Berlin 897. F. Dümmler's Verl. n. 4. —

Heimann, Georg (geb. Berlin 23. 9. 1858): Ueber Gehirnerscheinungen bei Ileotyphus. Berlin (1882). (29 S.) 8°
Berlin, Med. Diss. v. 10. Juni 1882

Heimann, **H., pathologiae medicae elementa. 8. Wilna 811. (Leipz.,) Kühn. 21 ₰**

Heimann, Hans, appr. Arzt a. Berlin: **Über einige neue Apparate zur Bestimmung der Helligkeit auf Arbeitsplätzen.** Kiel 1905: H. Fiencke. (20 S.) 8°
Kiel, Med. Fak., Ref. Fischer, Diss. v. 2. März 1905
[Geb. 19. Aug. 79 Berlin; Wohnort: Berlin; Staatsangeh.: Preußen; Vorbildung: Kgl. Franz. Gymn. Berlin Reife O. 98; Studium: Berlin 2, Heidelberg 3, Berlin 3, Kiel 2 S.; Coll. 21. Juni 04; Approb. 21. Nov. 03.]

Heimann, Hans. Das Ferris-Rad. (S.-A. a. d. „Ztschr. d. Vereins dt. Ing.", XXXVIII). Berlin 1894. 4.

Heimann, Heinrich, aus Frankfurt a. M.: Über die äquivalenten **Pole** eines Magnets und die Methoden zu ihrer Berechnung. *Rostock 1902: H. Winterberg.* (55 S.) 8°
Rostock, Phil. Diss. v. [5. Febr.] 1902

Heimann, Heinrich [aus Hamm]: **Untersuchung über Bromcotarnin ... Marburg, Buchdr. F. Sömmering, 1892; 53 S., 1 Bl. 8.**
Marburg, Phil. Fak., Inaug.-Diss. v. [4. Aug.] 1892

Heimann, Jac., der Kohlensäuregehalt der Luft in Dorpat, bestimmt in den Monaten Juni bis Septbr. 1888. Inaugural-Dissertation. gr. 8. (53 S.) Dorpat 888, (Karow.) *

Heimann, Jos., Dankrede auf d. glückl. erfolgte Wiederbesetzung d. päpstl. Stuhles durch Se. Päpstl. Heiligkeit Gregor XVI. am 13. März 1831. gr. 8. (1¼ B.) Wiesbaden 831, Schellenberg.

Handbuch für Fortbildungsschullehrer von J[osef] **Heimann,** Fachlehrer. Breslau: Priebatsch 1909. (VI, 128 S.) 8° [F.] 16737

Heimann, Joseph, Referendar a. Cöln: **Zur Lehre vom Kreditauftrag.** Borna-Leipzig 1904: R. Noske. (IX, 50 S.) 8°
Rostock, Jur. Fak., Ref. Bernhöft, Diss. v. 31. Okt. 1904
[Geb. 13. Mai 81 Cöln a. Rh.; Wohnort: Cöln; Staatsangeh.: Preußen; Vorbildung: Gymn. Cöln Reife O. 00; Studium: Bonn 4, München 2 S.; Rig. 2. Aug. 04.]

Lehrplanentwurf für die Klasse der Arbeits- und Laufburschen. J[osef] **Heimann,** Fachlehrer, Breslau. Breslau: Priebatsch [1908]. (10 S.) 4° [Umschlagt.] 17333 2

— Ratgeber f. die Berufswahl, s.: Fischer, K.

— Rechenbuch f. die Klassen der Arbeits- u. Laufburschen. (84 S.) 8. Breslau 909. F. Hirt. — 70

— s.: Rechenwerk f. die Fachklassen der gewerblichen Fortbildungsschulen des Ostens.

Heimann, Jos., von den Segnungen Gottes in seinen heiligen Wohnungen. Fest-Rede, womit die 500jähr. Jubelfeier der Einweihung der Kirche zu unserer lieben Frau in Oberwesel d. 15. Aug. 1831 eröffnet wurde. 8. Coblenz 832. Hergt. 1/8 ₰

— Wirtschaftsbuchführung, s.: Freter, Jul.

Heimann, Julius, aus Schwäb.-Gmünd: **Beiträge zur Kenntnis der Ortho- und Metaphosphorsäure.** *Heidelberg 1902: Moriell.* (76 S.) 8°
Heidelberg, Naturw.-math. Diss. v. 1902

Heimann, Julius, Dr. philos.: Suarezius contra Tribonianum, sive de jure antejustinianeo in jure Borussico. Halis: Pfeffer 1851. 36 S. 8°
Halle-Wittenberg, Jur. Diss. v. [26. März] 1851
Geb. [Breslau 11. 9. 1827]

Heimann, Karl, bacc. jur., Referendar aus Cöln: Die **Bereicherungsklage wegen Nichteintritts des mit der Leistung bezweckten Erfolges.** ⟨B.G.B. § 812 Abschnitt 1 Satz 2.⟩ *Borna-Leipzig 1901: R. Noske.* (VII, 32 S.) 8°
Leipzig, Jur. Diss. v. 1901

Heimann, Carl, Regierungs-Referendar in Düsseldorf: **Der Fruchterwerb nach gemeinem Recht und nach dem Bürgerlichen Gesetzbuch.** Borna-Leipzig 1908: R. Noske. (VIII, 86 S.) 8° [F.]
Leipzig, Jur. Fak., Diss. v. 15. Juni 1908
[Geb. 12. Jan. 82 Cöln a. Rh.; Wohnort: Düsseldorf; Staatsangeh.: Preußen; Vorbildung: Gymn. i. d. Kreuzgasse Cöln Reife O. 02; Studium: Bonn 4, Göttingen 2 S.; Rig. 28. Sept. 05.]

Heimann, L. (Hrsg.), s. Uhrmacher-Zeitung, Deutsche.

Heimann, L. (Red.), s. Versicherungs-Presse, Allgemeine.

— **Leo** (Konitz/Westpr.), Zur Prognose der complicirten Knochenfracturen. Diss. med.-chir. Bln. (Gust. Schade [O. Francke]) 6. VIII. 1887. 32 S. mit Biogr. (5.—) 13937
Oppon.: George Meyer, Paul Dahlke, Oswald Grunmach.

Heimann, Leopoldus *(geb. Brieg 11. 2. 1814)*: De glaucomate. Vratislaviae (1837). (38 S.) 8°
Breslau, Med. Diss. v. 25. Okt. 1837

Heimann, Ludwig

Heimann, Ludovicus *(geb. Brieg 6. 1. 1808)*: De osteosarcomate. Vratislaviae (1831). (VI, 20 S., 1 Taf.) 4° *[Verf. erlebte die Diplomerneuerung 1881 als Sanitätsrat in Breslau, vgl. Anh. Nr 295.]*
Breslau, Med. Diss. v. 15. Okt. 1831

Heimann, Max [aus Berlin]: Ueber einen **Fall von Endocarditis mitralis traumatica nebst krit. Bemerkgn zu d. bisher veröffentl. Fällen d. Traumen d. Myocardiums u. Endocardiums** ... Berlin, C. Vogts Buchdr., *1896;* 71 S. 8.
Berlin, Med. Fak., Inaug.-Diss. v. 5. Juni 1896

Heimann, Max [app. Arzt aus Garnsee '(Westpr.)']: Klinische Untersuchungen über Eudermol ... Berlin, Buchdr. v. G. Schade, *1897;* 22 S., 1 Bl. 8.
Leipzig, Med. Fak., Inaug.-Diss. v. 5. Juli 1897

Heimann, Maximilianus (Fridericus) *(geb. Breslau 14. 10. 1832)*: Quam vim exerceat carboneum sulphuratum in amalgama natrii quaeritur. Vratislaviae (1858). (25 S.) 8°
Breslau, Phil. Diss. v. 9. Juni 1858

Heimann, Mor., Joachim v. Brandt. Eine Komödie in 5 Akten. (167 S.) 8. Berlin 908. S. Fischer, Verl. 2.50; geb. n 3.50

Heimann, Mor., Gleichnisse. 3 Novellen. (146 S.) kl. 8. *Wien 905. Wiener Verlag. n. 2. —; geb. n.n. 3. —

— Kritik der Kritik? (20 S.) 8. Berlin 903. Halensee, Verlag Helianthus. n. — 50

— die Liebesschule. Eine dramat. Dichtg. (173 S.) 8. Berlin 905. S. Fischer, Verl. n. 2. 50; geb. n.n. 3. 50

Heimann, Mor., d. Weiberschreck. Lustsp. in 3 Akten. 8. (VII, 184 S.) Berlin 896. S. Fischer, Verl. n. 2. —

Des Künstlers Leben ist die That. Festzeichnung, vorgetragen am Johannisfeste, verbunden mit dem 30jährigen Maurerjubiläum des Brs C[arl] Frech durch [Moses] **Heimann.** O. Schwäbisch Hall, den 20. Juli 1897. Frankfurt a. M. 1897: Mahlau & Waldschmidt. 8 S. 8° [Umschlagtit.]
Aus: Bh. 40 (1897) S. 273—276.

Heimann, Moses (geb. am 6 Apr. 1858 in Vreden Westf.): Ueber die mit Hülfe älterer Methoden, speciell bei Anwendung des Dupuytren'schen Enterotoms erreichten Resultate in der Behandlung des Anus praeternaturalis ... Bonn, Univ.-Buchdr. v. C. Georgi 1881. 43 S., 1 Bl. 8.
Bonn, Med. Fak., Diss. v. 30 Juli 1881

Heimann, Paul [aus Berlin]: Beiträge zur Kenntnis des Gabbrozuges bei Neurode m. spec. Berücks. d. daraus entstand. feuerfesten Schieferthone ... Halle a. S., Druck v. E. Karras, 1897; 2 Bl., 51 S., 1 Kt. 8.
Halle, Phil. Fak., Inaug.-Diss. v. [14. Aug.] 1897

Heimann, Rudolf [approb. Arzt aus Kaiserslautern (Pfalz)]: Ueber Carcinom-Recidive .... München, k. Hof- & Univ.-Buchdr. v. Dr. C. Wolf & Sohn, 1888; 20 S. 8°
München, Med. Fak., Inaug.-Diss. v. 1888

Heimann, Rudolf, Referendar: Der Rechtsgrund für die Haftung der Gesellschafter von offenen Handels- und Kommanditgesellschaften bei Nichtigkeit oder Anfechtbarkeit des zugrunde liegenden Gesellschaftsvertrages für die im Namen der Gesellschaft eingegangenen Verbindlichkeiten. Ein Beitr. z. Lehre von d. Bedeutung d. öffentlichen Kundgebungen. Borna-Leipzig 1910: Noske. VII, 53 S. 8°
Erlangen, Jur. Diss. v. 19. Juli 1910, Ref. Schling
[Geb. 9. Jan. 87 Berlin; Wohnort: Berlin; Staatsangeh.: Preußen; Vorbildung: Falk-Realgymn. Berlin Reife M. 05; Studium: Berlin 4, München 1, Genf 1 S.; Rig. 11. Nov. 10.] [U 11. 813

Heimann, Sigmund, approb. Arzt aus Göppingen (Württemberg): Einige Fälle von Steinen in der Urethra. *Strassburg i. E.: J. Singer 1898.* (50 S.) 8°
Strassburg, Med. Diss. v. 1898

Heimann, Stanislaw, a. Lodz (Rußland), Referendar am Landgericht Insterburg: Die rechtliche Natur des Zwangsvergleichs. Borna-Leipzig 1907: R. Noske. (VIII, 45 S.) 8°
Leipzig, Jur. Fak., Diss. v. 22. Okt. 1907
[Geb. 28. Okt. 83 Lodz (Rußland); Wohnort: Insterburg; Staatsangeh.: Preußen; Vorbildung: Französ. Gymn. Berlin Reife M. 02; Studium: Leipzig 1, Heidelberg 3, Berlin 1, Königsberg 2 S.; Rig. 29. Sept. 06.]

Heimann, W., und A. Häuser, über Dampfmaschinen, Dampfwagen u. Eisenbahnen. Nebst e. Anh. u. Plan üb. d. Richtung d. künft. Eisenbahn zwischen Frankfurt, Mainz u. Wiesbaden. 8. (5¾ B. u. 5 Stnt.) Frankfurt a. M. 836, [Varrentrapp's Verl.]

Heimann, Wilhelm: I. Ueber Azofarbstoffe aus Methylphenylglycin. II. Ueber die quantitative Trennung der Selensäure und Tellursäure von Schwefelsäure und Phosphorsäure. *Heidelberg 1898: J. Hörning.* (39 S.) 8°
Heidelberg, Naturw.-math. Diss. v. [12. Apr.] 1898

Heimann, Wilh., technische Grundlagen des Violinspiels. Zum Gebrauch in Lehrerbildungsanstalten u. zur Selbstbelehrg. verf. u. m. Zeichngn. versehen. (43 S. m. Abbildgn.) 8. Berlin-Gross-Lichterfelde (910). Ch. F. Vieweg. — 75

Heimann, Willy, Medizinalprakt.: Aus den Städt. Thiem'schen Heilanst. zu Cottbus. Über einige subkutane Muskel- und Sehnenverletzungen an den oberen Gliedmassen. Leipzig 1908: Pries. 29 S. 8° ¶(Aus: Monatsschr. f. Unfallheilk. Jg. 15.)
Halle, Med. Diss. v. 20. Nov. 1908, Ref. v. Bramann
[Geb. 15. Nov. 81 Berlin; Wohnort: Halle a. S.; Staatsangeh.: Preußen; Vorbildung: Luisen-Gymn. Berlin Reife O. 02; Studium: Freiburg i. B. 1, Berlin 6, München 1, Berlin 2 S.; Coll. 22. Juli 08; Approb. 1. Aug. 08.] [U 09. 1607

Heimanns, Heinr., C. Ss. R., Herz Jesu, du himmlische Gnadenquelle. Vollständiges Gebet- u. Andachtsbuch, dem lieben Alter gewidmet. 2. Aufl. (479 S. m. Titelbild.) 32. Kevelaer (903). J. Thum.
Geb. in Leinw. n. — 90; in Ldr. m. Goldschn. n. 1. 80

Heimannsberg, Alban, a. Neviges: Studien über die Methodik der Nikotinbestimmung in Zigarren. Würzburg 1906: F. Staudenraus. (27 S.) 8°
Würzburg, Med. Fak., Ref. Lehmann, Diss. v. 20. Juli 1906
[Geb. 3. April 80 Neviges b. Elberfeld; Wohnort: Würzburg; Staatsangeh.: Preußen; Vorbildung: Gymn. Elberfeld Reife O. 01; Studium: Bonn 1, Würzburg 7, Berlin 1, München 1 S.; Coll. 28. Febr. 06; Approb. 19. Febr. 06.]

Heimansohn, Gabriel, approb. Arzt aus Herrnstadt (Schles.): Ueber das Schicksal des bromhaltigen Fettes (Bromipin) im Stoffwechsel des Säugetieres. *Würzburg 1903: F. Staudenraus.* (19 S.) 8°
Würzburg, Med. Diss. v. 1903

Heimarbeit (Die) in Berlin. Bericht der Handelskammer zu Berlin. 8⁰. Berlin 1906.

Heimarbeit (Die) in Berlin. Die Antwort der beteiligten freien Gewerkschaften auf die Denkschrift der Berliner Handelskammer vom October 1906. 4⁰. Berlin, Verlag d. Generalkomm. d. Gewerkschaften Deutschlands, 1909.

Heimarbeit (Die) in der Buchbinderei, Portefeuille-, Kartonnagen- und Papierwaren-Industrie. 8⁰. Berlin, Buchdr. Vorwärts, 1906.

Die **Heimarbeit** in der Gold- und Politurleisten-Industrie. Hrsg. v. Hauptvorst. d. Verbandes der im Vergoldergewerbe beschäftigten Arbeiter und Arbeiterinnen Deutschlands. Berlin 1906: Eichler. 11 S. 8° [illegible]

Heimarbeit (Die) in der Handschuhindustrie. 8⁰. Berlin, Buchdr. Vorwärts, 1906.

Heimarbeit und Lohnfrage. 3 Vorträge, geh. von Anna Schmidt, Gertrud Dyhrenfurth, Alice Salomon. — Jena: Fischer 1909. 48 S. 8⁰ (Schriften d. ständ. Ausschusses z. Förderung d. Arbeiterinneninteressen. 1.)

Heimarbeit (Die) in der Portefeuilleindustrie. Hrsg. vom Verband der Portefeuiller durch H. Weinschild. 8°. Offenbach a. M., Druck von C. Ulrich, 1906.

Heimarbeit (Die) in der Schneiderei und Konfektion. 8°. Berlin, Buchdr. Vorwärts, 1906.

Die **Heimarbeit** der Tabak-Industrie in Hamburg, Altona-Ottensen und Wandsbek. Ein Beitrag z. Erkenntnis d. sozialen Lage d. Tabakarbeiter. Altona: Vorortskomm. Altona d. deutschen Tabakarbeiter-Verb. 1904. (30 S.) 8° [B.] [08. 17145

Heimarbeit (Die) in der Textilindustrie. Hrsg. vom Centralverband deutscher Textilarbeiter durch Karl Hübsch. 8°. Berlin, Druck v. Landgraf u. Co., Chemnitz, 1906.

Heimarbeit, die, und ihre Verbreit. in d. Metallindustrie. (63 S) Stuttgart 1904

Die **Heimarbeit** im rhein-mainischen Wirtschaftsgebiet. Monographien, hrsg. i. Auftr. d. wissenschaftl. Ausschusses d. Heimarbeitausstellung Frankfurt a. M. 1908 von Paul Arndt. Bd 1-3. — Jena: Fischer 1909-13. 8°

Die **Heimarbeiterin.** Organ des Gewerkvereins der Heimarbeiterinnen. Hrsg. v. Hauptvorstande. (Schriftl.: Margarete Behm; früher: [Reinhard] Mumm.) Jg. 1 ff. — Berlin: Marg. Behm (früher: Mumm) 1901 ff. 4°

Der Untertitel lautete zeitweise: Organ der christl. Heimarbeiterinnenbewegung.

Heimat: Die Heimat
va. Wiler Bote.

Heimat, s.a. Heimath

Heimat
va. Zürcher Nachrichten, Neue Zürcher Nachrichten.

Heimat: Die Heimat
(15) Ursprünglich vorgesehener Titel für die liechtensteinische Zeitung «Die Landeszeitung».

Heimat, Die. A. d. Engl. von A. v. Treskow. Lpzg. 1837. V: *Sedgwick, Catharina Maria.* (Ky)

Heimat, die, ein Volks-Kalender f. die Rheinprovinz, zur Lehr u. Kurzweil. Jahrg. 1849. 8. (XXXVIII u. 60 S. m. 2 Lith.) Kreuznach, Voigtländer. n. 1/6 ß

— die. **Volksbuch** für die Rhein-Provinz. Zur Lehr und Kurzweil. Jahrg. 1850. Mit astronom. Kalender für 1850 als Beigabe. (65 S. in 16.) 8. (55 S. und 1 Stnt.) Kreuznach, Voigtländer. *

Die Heimat : 1860? - › Chicago, IL
Weekly. See *Scott*, who states that this title appears in the city directory of 1860.

Die **Heimat.** Illustrirtes Familienblatt 1.—4. 7.—12. Jahrg. 1876—1879. 1882—1887. Verlags-Expedition der „Heimat", Wien.
Mit Abb. 4°.
3. Jahrg. 1878 ff. Verlag der Manz'schen K. K. Hof-Buchhandlung in Wien.
Mehr nicht erschienen.

Heimat, die. Illustrirtes Familienblatt. Hrsgbr.: C. v. Vincenti. Redact.: F. Groß. 1. Jahrg. 1876. April bis Septbr. 26 Nrn. (à 2—2½ Bog. mit eingedr. Holzschn.) gr. 4. Wien, Expedition. *

— dass. — 2. Jahrg. Octbr. 1876—Septbr. 1877. 52 Nrn. (à 2—2½ Bog. mit eingedr. Holzschn.) gr. 4. Ebendas. *
In 15 Heften à Heft 50 Pf.

— dass. — Hrsgbr. und Redact.: C. v. Vincenti. 3. und 4. Jahrg. Octbr. 1877—Septbr. 1879. à Jahrg. 52 Nrn. (à 2—2½ Bog. mit eingedr. Holzschn.) gr. 4. Wien, Manz'sche Hofbuchh. à Jahrg. *
In 24 Heften à Heft 35 Pf.

— dass. — Redact.: Johs. Emmer. 5. Jahrg. Octbr. 1879—Septbr. 1880. 52 Nrn. (à 2 Bog. mit eingedr. Holzschn.) gr. 4. Wien, Expedition. *
In 24 Heften à Heft 35 Pf.

Heimat, die. Illustrirtes Familienblatt. Redact.: Johs. Emmer. 6. und 7. Jahrg. Oktbr. 1880—Septbr. 1882. à Jahrg. 52 Nrn. (à Nr. 2 Bog. mit eingedr. Holzschn.) gr. 4. Wien, Expedition. à Jahrg.
In 24 Heften à 35 Pf.

— dass. — Hrsgbr.: Ludw. Anzengruber. Redact.: Jos. Rank. 8. Jahrg. Oktbr. 1882—Septbr. 1883. 52 Nrn. (à Nr. 2 Bog. mit eingedr. Holzschn.) gr. 4. Ebendas.
In 24 Heften à 35 Pf.

— dass. — Hrsgbr. und Redact.: Ludw. Anzengruber. 9. Jahrg. Oktbr. 1883—Septbr. 1884. 52 Nrn. (à Nr. 2—2½ Bog. mit eingedr. Holzschn.) gr. 4. Ebendas.
In 26 Heften à 35 Pf.

Heimat, die. Illustrirtes Familienblatt. Hrsgbr. und Redact.: Ludw. Anzengruber. 10. Jahrg. Oktbr. 1884—Septbr. 1885. 52 Nrn. (à Nr. 2—2½ Bog. mit eingedr. Holzschn.) gr. 4. Wien, Expedition. *

— dass. — Hrsgbr.: Karl Teschner. Redact.: Mor. Amster. 11. Jahrg. Oktbr. 1885—Septbr. 1886. 52 Nrn. (à Nr. 2—2½ Bog.) gr. 4. Breslau, Schottländer. *

— dass. — Hrsgbr.: Karl Teschner. Redact.: Leop. Siller. 12. und 13. Jahrg. Oktbr. 1886—Septbr. 1888. à Jahrg. 52 Nrn. (à Nr. 2—2½ Bog.) gr. 4. Ebendas. à Jahrg. *
Vorstehende Jahrgänge gelangten auch in je 26 Heften à 30 Pf. zur Ausgabe.

Heimat, die. Illustrierte Familienblatt. Redact.: [Leop. Siller] Joh. Häusler. 14.—18. Jahrg. Octbr. 1888—Septbr. 1893. à Jahrg. 52 Nrn. (à Nr. 2 Bog.) gr. 4. Bresl., Schles. Verlags-Anstalt.
à Jahrg. 6 80; Auch in 26 Heften à Heft — 30

Heimat, die. Illustr. Familienblatt. Hrsg. Osk. Wilda. Red.: Joh. Häusler. 19. Jahrg. Octbr. 1893 - Decbr. 1894. 5. Quartal. 18 Nrn. (à 2 Bog.) gr. 4. Breslau, Schles. Buchdruckerei 2c. 1. 70

— dasselbe. 20.—21. Jahrg. 1895—1896. à 52 Nrn. (à 2 Bog.) gr. 4. Ebd. à Jahrg. 6. 80; in 26 Hftn. à — 30

— dasselbe. 22. Jahrg. (Jan.—Septbr.) 1897. 39 Nrn. (à 2 Bog.) gr. 4. Ebd. 5. 10

— dasselbe. 23. u. 24. Jahrg. Oktbr. 1887—Septbr. 1899. à 52 Nrn. (à 2 Bog.) gr. 4. Ebd. à Jahrg. 6. 80; in 26 Hftn. à — 30
Kann auch vierteljährlich bezogen werden.

— die. Illustr. Familienblatt. Hrsg.: Osk. Wilda. Red.: Joh. Häusler. 25. u. 26. Jahrg. Oktbr. 1899—Septbr. 1901. à 52 Nrn. Nebst Beilagen à 13 Nrn.: 1. Der Kinderfreund. 2. Die Küche. 3. Die Mode. 4. Das Möbel. gr. 4. (à ca. 16 u. 4 S.) Breslau, Schles. Buchdruckerei rc. à Jahrg. 6. 80; auch in 26 Hftn. à — 30
Fortsetzung s.: Wochen-Zeitung, neue illustr.

—— die. Pfälzisches Sonntagsblatt. Redact.: Ed. Jost. Jahrg. 1885. 52 Nrn. (Bog.) Fol. Kaiserslautern, A. Gotthold's Verlag. *

—— dass. — Pfälzisches Sonntagsblatt. 2. Jahrg. April 1886—März 1887. 52 Nrn. (à Nr. 1½ Bog.) hoch 4. Ebendas. *

— die. Pfälzisches Sonntagsblatt. Red.: K. G. Hoffmann. Jahrg. 1887. April—Juni. 13 Nrn. (B.) gr. 4. Kaiserslautern, A. Gotthold's Verl. n. — 60
Erschien nicht weiter.

DIE HEIMAT. Monatsschrift des Vereins zur Pflege der Natur- und Landeskunde in Schleswig-Holstein, Hamburg und Lübeck.
Jahrg. I—IV. Kiel 1891—1894. Druck von A. F. Jensen. 8°.

DIE HEIMAT. Monatsschrift des Vereins zur Pflege der Natur- und Landeskunde in Schleswig-Holstein, Hamburg, Lübeck und dem Fürstentum Lübeck.
Jahrg. V. ib. 1895. —
Jahrg. VI. Mit Beilage: 4. Litteraturbericht für Schleswig-Holstein, Hamburg und Lübeck 1895. ib. 1896. —
Jahrg. VII—XVIII [1]). ib. 1897—1908. —
Jahrg. XIX. Mit 103 Text-Illustrationen. ib. 1909. —
Jahrg. XX. Mit 5 Text-Illustrationen. ib. 1910. —
Jahrg. XXI. 1911. No. 1—12. (ib. 1911. —)
Jahrg. XXII. 1912. No. 1—12. (ib. 1912. —)
Jahrg. XXIII. 1913. No. 1—12. (ib. 1913. —)

[1]) Inhalts-Verzeichnis der Jahrgänge I bis X (1891 bis 1900) ist als Beilage zu No. 5, Jahrg. 13, Mai 1903, erschienen.

Die Heimat. Monatsschr. des Vereins zur Pflege der Natur- und Landeskunde in Schleswig-Holstein, Hamburg, Lübeck und dem Fürstentum Lübeck. Jg 1 ff. — Neumünster i. H.: Wachholtz (1891—1931: Kiel: Verein zur Pflege . . . .) 1891 ff

— die. Monatsschrift des Vereins zur Pflege der Natur- u. Landeskunde in Schleswig-Holstein, Hamburg u. Lübeck. 1.—3. Jahrg. 1891—1893. à 12 Hfte. (à ca. 1½ Bog.) gr. 8. Kiel, (Lipsius & Tischer). à Jahrg. n.n. 3. —

— die. Monatsschrift d. Vereins z. Pflege d. Natur- u. Landeskunde in Schleswig-Holstein, Hamburg, Lübeck u. d. Fürstent. Eutin. Hrsg.: H. Dannmeier. 5.—8. Jahrg. 1895—1898. à 12 Hfte. (à ca. 2 Bog. m. Abb.) gr. 8. Kiel, E. Marquardsen. à Jahrg. n.n. 3. —; einz. Hfte. n.n. — 40
Der 7. u. 8. Jahrg. war von Heinr. Lund redigiert.

— die. Monatsschrift des Vereins zur Pflege der Natur- u. Landeskunde in Schleswig-Holstein, Hamburg, Lübeck u. dem Fürstent. Lübeck. Schriftleiter: Heinr. Lund; i/V.: Joach. Eckmann. 9.—11. Jahrg. 1899—1901. à 12 Nrn. gr. 8. (à ca. 20 S. m. Abbildgn.) Kiel, (E. Marquardsen). à Jahrg. n.n. 3. —

— die. Monatsschrift des Vereins zur Pflege der Natur- u. Landeskunde in Schleswig-Holstein, Hamburg, Lübeck u. dem Fürstent. Lübeck. Schriftleiter: Joach. Eckmann. 13—16. Jahrg. 1903—1906. à 12 Nrn. (IV, XLVIII, 288; IV, XXVIII, 300; IV, XXVIII, 300 u. IV, XXVIII, 314 S. m. Abbildgn.) gr. 8. Kiel (Lipsius & Tischer). à Jhrg. n.n. 2. 50

Heimat, die. Monatsschrift des Vereins zur Pflege der Natur- u. Landeskunde in Schleswig-Holstein, Hamburg, Lübeck u. dem Fürstent. Lübeck. Schriftleiter: Joach. Eckmann. 17.—20. Jahrg. 1907—1910. à 12 Nrn. (à ca. 28 S. m. Abbildgn.) gr. 8. Kiel (Lipsius & Tischer). à Jahrg. nn 3. 50

Heimat. Neue Folge des Boten für deutsche Litteratur. Blätter f. Litteratur u. Volkstum. (Red. des 1. Bds.: Fritz Lienhardt.) 1.—3. Bd. Jan.—Septbr. 1900. 18 Hfte. gr. 8. (à ca. 68 S.) Berlin, G. H. Meyer. n. 6. —
Fortsetzung s.: Heimat, deutsche.

— die. Ein deutsches Familienblatt. Der Unterhaltg. u. Belehrg. gewidmet. Red.: Otto Weichert. 1. Jahrg. Septbr. 1902—Aug. 1903. 60 Nrn. gr. 4. (à ca. 16 S.) Berlin, A. Weichert. à Nr. — 15

Die Heimat. Deutsches Familienblatt. (Jg. 1, No 1—60.) [Mehr nicht erschienen.] Berlin: A. Weichert [1902—03]. (950 S.) 4° [illegible]

Heimat. Bilder aus dem Bereich der deutschen Hansestädte. 1—10. Collection. (Je 10 Bl.) gr. 4. Hamburg, F. W. Kähler Erben. Einzelpr. à n. 3. —; Subskr.-Pr. f. 10 Collectionen m. Mappe n. 25. —; Vorzugsausg. n. 50. —
Feldmann, W., aus Bremen u. Umgegend. 10 Zeichngn. (903.) (Coll. 6.)
— Lüneburg u. Lauenburg. 10 Zeichngn. (904.) (Coll. 8.)
— im Sachsenwald. 10 Zeichngn. (903.) (Coll. 3.)
Müller-Kaempff, P., an der Alster. 10 Federzeichngn. (902.) (Coll. 2.)
— Bilder aus der Haide. 10 Zeichngn. (904.) (Coll. 9.)
— Fahrten durch Marsch u. Geest. I. 10 Zeichngn. (903.) (Coll. 4.)
— dasselbe. II. 10 Zeichngn. (903.) (Coll. 5.)
Wachenhusen, F., v. Cuxhaven nach Helgoland. 10 Federzeichngn. (903.) (Coll. 10.)
— Lübeck u. Umgegend. 10 Zeichngn. (903.) (Coll. 7.)
— Malerisches aus Hamburg. 10 Zeichngn. (904.) (Coll. 1.)

Aus der Heimat: 1886 – 1888

Independent weekly. Circulation: 1888, 1163. Edited & published by Carl A. Brüderle, 1886 – 88
Fond Du Lac, WI

AUS DER HEIMAT. Blätter der Vereinigung für Gothaische Geschichte und Altertumsforschung.
Jahrg. 1. 1. Oktober 1897/98. Gotha. Druck von Friedrich Andreas Perthes. 8°.
Jahrg. 2. 1. Oktober 1898/99. ib. — 3. 1. Oktober 1899/1900. (Mit 1 Karte.) ib. —.
Fortges. u. d. T.:
Mitteilung der Vereinigung für Gothaische Geschichte und Altertumsforschung.

Aus der Heimat. Berichte über Heimatforschung, Heimatkunde u. z. Belebung d. Heimatsinns. (Monatsbeil. z. Großenhainer Tageblatt.) Hrsg. von d. Ortsgruppe Großenhain d. Vereins f. Sächsische Volkskunde. Jg. 1. (Großenhain): Starke 1910/11. 4° [illegible]

— braunschweigische. Zeitschrift des Landesvereins f. Heimatschutz im Herzogt. Braunschweig. Schriftleitg.: Noldewey u. Heydenreich. 1. Jahrg. 1910. 4 Nrn. (176 S. m. Abb.) gr. 8. Braunschweig, E. Appelhans & Co. 3. —

BRAUNSCHWEIGISCHE HEIMAT. Herausgegeben vom Landesverein für Heimatschutz im Herzogtum Braunschweig, . . . (Zeitschrift des Landesvereins für Heimatschutz im Herzogtum Braunschweig.)
Nr. 1. (1. Jahrg.) 1910. (Mit Abbildungen.) Braunschweig. E. Appelhans & Comp., G. m. b. H. (Rud. Stolle & Gust. Roselieb.) 8°.
Nr. 2. (1. Jahrg.) 1910. (Mit Abbildungen.) ib. —
Nr. 3. (1. Jahrg.) 1910. (Mit Abbildungen.) ib. —
Nr. 4. (1. Jahrg.) 1910. (Mit Abbildungen.) ib. —
Nr. 1. (2. Jahrg.) 1911. (Mit Abbildungen.) ib. —

—— deutsche. Blätter für Geist und Herz. Unter Mitwirkung der namhaftesten Dichter und Schriftsteller hrsg. von Aloys Heinr. Essing. 1. und 2. Jahrg. 1886 und 1887. à Jahrg. 52 Nrn. (à Nr. 1—1½ Bog.) gr. 8. Konstanz, Verlag der „Deutschen Heimat". à Jahrg. *

— deutsche. Red.: A. H. Essing. 2. 3. Jahrg. 1887. 1888. à 52 Nrn. (B.) gr. 8. Konstanz, Verlag der „Deutschen Heimat". à Jahrg. n. 4. 80

— deutsche. Blätter f. Litteratur u. Volkstum. Neue Folge der „Heimat". Schriftleiter: Eug. Kalkschmidt. 4. Bd. Oktbr.—Dezbr. 1900. 13 Nrn. gr. 8. (à ca. 30 S.) Berlin, G. H. Meyer. n. 1.—

— dasselbe. 4. Jahrg. 1901. 52 Nrn. gr. 8. (à ca. 30 S.) Ebd. n. 4.—

— dasselbe. Blätter f. Kunst u. Volkstum. 5. Jahrg. 1902. 52 Hfte. gr. 8. (à ca. 32 S.) Ebd. n. 4. 80
Vergl.: Heimat, die.

— deutsche. Blätter f. Kunst u. Volkstum. Hrsg.: Ed. Eyck u., v. Nr. 27 an, Graf E. zu Reventlow. 6. Jahrg. Oktbr. 1902—Septbr. 1903. 52 Hefte. (à ca. 32 S.) gr. 8. Berlin, Heimat-Verlag. n. 6. 40

— dasselbe. Hrsg.: Graf Ernst zu Reventlow. 7. Jahrg. 1. Halbj. Oktbr. 1903—April 1904. 26 Hefte. (à ca. 32 S.) gr. 8. Ebd. n. 3. 20

— dasselbe. 7. Jahrg. 2. Halbj. Mai—Oktbr. 1904. 26 Hefte. (à ca. 64 S. m. Abbildgn.) gr. 8. Halle (Gebauer-Schwetschke). 4.—

— deutsche. Blatt f. deutsche Volkskunde u. Kulturgeschichte in Österreich. Hrsg. v. Verein „Deutsche Heimat" in Wien. Schriftleiter: Eduard Stepan. 2. Jahrg. Oktbr. 1906—Septbr. 1907. 24 Nrn. (à ca. 10 S. m. Abbildgn. u. Taf.) Lex. 8. Wien (VII, Kirchengasse 26), Verein „Deutsche Heimat". nnn 6.—
Nicht im Buchhandel.

Heimat und Fremde, s.a. Anzeiger, Werdenberger.

Heimat und Fremde, s.a. Botschaft, Die.

Heimat und Fremde, s.a. Echo vom Homberg.

Heimat und Fremde, s.a. Entlebucher.

Heimat und Fremde, s.a. Heimath und Fremde

Heimat und Fremde, s.a. Landbote, Berner.

Heimat und Fremde s.a. Landzeitung, Luzerner.

Heimat und Fremde, s.a. Zeitung, Schaffhauser.

Heimat und Fremde (I)
① Blätter zur Unterhaltung und Belehrung (einige Zeit hinzugefügt: Organ für Volkswirtschaft, Kolonisation und für die Schweizer im Auslande). Änderungen im Untertitel ab 1899. 1903 und 1926 ③ Mittwochsblatt Helvetia (III) ④ Heimat und Fremde (Be II) (?) ⑤ 12. 1887—1911 ⑥ 4° ⑦ Wochenblatt ⑧ Biel: Schüler AG ⑭ Be: S ⑮ Gratisbeilage zum »Schweizer Handels-Courier«.

Aus Heimat und Fremde. Illustrirte Romane aller Nationen. Unterhaltungsblätter für Jedermann. Red. von Wilhelm Wetter. 14. Jahrgang. 1894. 26 Hefte. Nl.-4. 26 Heft. (S. 709—736)
Stuttgart: Deutsche Verlagsanstalt 1894. —.12

— u. Fremde. Illustr. Familienblatt f. Stadt u. Land. 1. Jahrg. Oktbr. 1893—Septbr. 1894. 80 Nrn. (2 Bog.) gr. 4. Dresden, A. Wolf. n. 8.—; in Nrn. à —10; in Hftn. à —20
Tritt an die Stelle des „Weltspiegel".

— u. Fremde. Illustr. Familienblatt f. Stadt u. Land. Red.: Max Dittrich. 2. Jahrg. Oktbr. 1894—Septbr. 1895. 80 Nrn. (à ca. 2 Bog.) gr. 4. Dresden, A. Wolf. 8.—; in Nrn. à —10; in Hftn. à —20

— — dasselbe. Fortsetzg., s.: Weltspiegel.

— u. Fremde. Ein illustr. Familienblatt. 1. Jahrg. Oktbr. 1909—Novbr. 1910 u. 2. Jahrg. Dezbr. 1910—Novbr. 1911. à 80 Hefte. (à ca. 12 S.) Lex. 8. Dresden, R. H. Dietrich. à Heft —10

Heimat. Aus der Heimath in die Heimath. Zur Erinnerung an Elise Wenger, verehelichte Steinemann. Geb. 18. Febr. 1835 in Bern. Gest. 3. Febr. 1867 in Wegbe. Als Manuscript für die Freunde gedruckt. 8. Bern 1867.

AUS DER HEIMAT — FÜR DIE HEIMAT. Beiträge zur Naturkunde des Gebietes zwischen Elb- und Wesermündung. Jahrbuch des Vereins für Naturkunde an der Unterweser.
Im Auftrage des Vereins herausgegeben von F. PLETTKE.
Für 1898. Bremerhaven 1899. Georg Schipper, vorm. Chr. G. Tienken. 8°.
AUS DER HEIMAT — FÜR DIE HEIMAT. Beiträge zur Naturkunde Nordwestdeutschlands. Jahrbuch des Vereins für Naturkunde an der Unterweser.
Im Auftrage des Vereins herausgegeben von F. PLETTKE.
Für 1899. ib. 1900. Georg Schipper.
Für 1900. ib. 1901. Verlag der v. Vangerow'schen Buchhandlung, Georg Schipper.
Für 1901 u. 1902. ib. 1903. — Für 1903 und 1904. ib. 1905. —
AUS DER HEIMAT — FÜR DIE HEIMAT. Beiträge zur Naturkunde Nordwestdeutschlands.
Im Auftrage des Vereins für Naturkunde an der Unterweser herausgegeben von FR. PLETTKE.
N. F. Heft 1. Mit 1 farbigen Tafel und 26 Textfiguren. Leipzig 1908. Verlag von Wilhelm Engelmann.

— hessische. Ein litterar. Jahrbuch f. 1902. Hrsg. v. Paul Heidelbach. Buchschmuck v. Adf. Wagner. gr. 8. (142 S. m. Abbildgn., 1 Fksm. u. Musikbeilagen 7 S.) Cassel (901). C. Victor. Geb. in Leinw. n. 2.—

Heimat, hessische. Ein litterar. Jahrbuch. Hrsg. v. P. Heidelbach. Buchschmuck v. Hans Meyer. (II. Bd.) (195 S. m. Abb. u. Musikbeilagen 3 S.) 8. Cassel (907). C. Victor. Kart. 2.—

Heimat und Kirche im Appenzellerland
v. Appenzeller Volksfreund (II).

Die neue Heimath, | schreckliche Erlebnisse in Sibirien, | oder: Bleibe im Lande und nähre dich redlich. ' Abenteuer sechs elternloser Kinder, | welche ihre Eltern in Sibirien verloren und obdachlos | und verlassen dastanden. | Herausgegeben und im Selbst-Verlag | von Adolph Pawelka in Stettin. Kol.: Druck von Carl Hermann Müller in Berlin.
o. J., 4 Bl. n. n., 180 × 115.
LBO Bänkelsängerlit. III, 129.

Oberschlesische Heimat. Zeitschr. des oberschlesischen Geschichtsvereins. Jg 1—16. — Oppeln: Oberschlesischer Geschichtsverein 1905—1920.

— oberschlesische. Zeitschrift des oberschles. Geschichtsvereins. Hrsg. v. O. Wilpert. 1. Bd. 3 Hefte u. 2. Bd. 4 Hefte. (XII, 178 u. VIII, 244 S. m. Abbildgn.) gr. 8. Oppeln 905. 906. (Groß-Strehlitz, A. Wilpert.) à Heft n.n. 2.—

— oberschlesische. Zeitschrift des oberschles. Geschichtsvereins. Hrsg. v. O. Wilpert. 3.—6. Bd. gr. 8. Oppeln, Groß-Strehlitz, A. Wilpert. nn 30.—
3. (VII, 232 u. 60 S. m. Abb.) 907. nn 7. 50. — 4. (VIII, 274 S. m. Abb. u. 2 Taf.) 908. nn 8. 50. — 5. (VIII, 214 u. 64 S. m. Abb. u. 5 Taf.) 908. 09. nn 7. 20. — 6. (VI, 128 S. u. 65—106 m. Abb.) 910. nn 6. 80.

Heimat, schwäbische. Blätter f. Volkswohlfahrt u Heimatpflege auf dem Lande. 1907-13. 4° Stuttgart 1907-13

—— Ungarische, Heimats-, Liebes- und Heldenlieder von Arany, Bajza, Bazzai ꝛc. Deutsch im Versmaß des Originals von G. W. Henning. 16. (172 S.) Wien 874, Hartleben's Verlag. geb. mit Goldschn. *

„UNSERE HEIMAT". Illustrierte Monatsschrift für das gesamte Erzgebirge, Osterland und Vogtland.
Organ des Verbandes vogtländischer Gebirgsvereine. — Organ des Vereins der Naturfreunde in Plauen i. V. — Organ des Vereins für Naturkunde in Reichenbach i. V. Organ der Verschönerungsvereine zu Lichtenstein, Waldheim u. a.
Begründet und unter Mitwirkung vieler nahmhafter Schriftsteller herausgegeben von HEINRICH SPINDLER in Zwickau Sa.
Jahrg. II [1]. (No. 1—12. Oktober 1902 — September 1903.) (Mit 1 Karte.) Zwickau i. S. Der Verlag „Unserer Heimat". 4°.
Jahrg. III. (No. 1—12. Oktober 1903 — September 1904.) ib. —

[1] „UNSERE HEIMAT". Illustrierte Monatsschrift für das gesamte Erzgebirge und Vogtland. Jahrg. I. Begründet und unter Mitwirkung vieler namhafter Schriftsteller herausgegeben von HEINRICH SPINDLER, Zwickau i. S. Druck: Kunstdruckerei F. Ullmann. 4°.

„UNSERE HEIMAT". Illustrierte Monatsschrift für die obersächsischen Lande.
Organ des Verbandes vogtländischer Gebirgsvereine. Organ des Vereins der Naturfreunde in Plauen i. V. — Organ des Vereins für Naturkunde in Reichenbach i. V. — Organ der Verschönerungsvereine zu Lichtenstein, Waldheim u. a.
Begründet und unter Mitwirkung vieler namhafter Schriftsteller herausgegeben von HEINRICH SPINDLER, Zwickau Sa.
Jahrg. IV. 1904/1905. (Mit Tafeln.) ib. 1905. —
Jahrg. V. 1905/1906. (Mit 1 Kunstbeilage.) ib. 1906. —
Jahrg. VI. [2] No. 1—11. Oktober 1906 bis August 1907. (Mit Tafeln.) ib. —.

[2] Mehr nicht erschienen.

— unsere. Eine Heimatkunde des Kreises Gladbach u. der Stadtkreise M.Gladbach u. Rheydt. Von Hans Nolden, Pet. Beumann, Eduard Richartz, Frz. Wiebringhaus, Bernh. Dünte. (180 S. m. Abbildgn. u. 1 Karte.) 8. M. Gladbach 907. F. Kerlé. Geb. 2. 75

Unsere Heimat. Eine Heimatkunde d. Kreises Gladbach u. d. Stadtkreise M.Gladbach u. Rheydt. Von Hans Nolden [u. a.] Mit zahlr. Abb. u. 1 Kt. 2., durchges. Aufl. M.Gladbach: Kerlé 1908. 191 S. 8° [10. 16/6

— unsre. Baltische Lieder. 2.Aufl. (151 S. m. Titelbild.) 8. Riga 907. Jonck & Poliewsky. 2. —

Aus unserer Heimat. Geschichtl. u. geogr. Bilder vom Untersee u. Hegau. Verf. von Mitgliedern d. Freien Lehrerkonferenz Radolfzell-Singen. Bühl (Baden): Konkordia 1910. 138 S. 8° [11. 11964

Heimat und Volksbildung. Hrsg. von d. Gesellsch. f. Verbreitung von Volksbildung. Inh.: 1. Heimat u. Volksbildung. Zur Einführung. Von J[ohann] Tews. 2. Heimatbücher u. Volksbüchereien von C. L[ouis] A. Pretzel. 3. Heimatgeschichte u. Volksbildung. Von Dr. V[iktor] Pohlmeyer. 4. Heimat u. Haus. Von Dr. Alfred Koeppen. 5. Heimatl. Naturleben. Von Hermann Löns. Berlin: Gesellsch. z. Verbreitung von Volksbildung 1907. (78 S.) 8° [J.] [08. 17146

— u. Welt. Monatsschrift der „Vereinigg. Heimat u. Welt." Red.: Ernst Mühlbach. 1. Jahrg. Oktbr. 1910—Septbr. 1911. 12 Hefte. (à ca. 32 S. m. Abbildgn. u. Taf.) Lex. 8. Berlin, Heimat u. Welt-Verl. 3.50; m. Buchbeilagen 6. —

Heimat und Welt. (Monatshefte d. 'Vereinigung Heimat u. Welt.' Jg. 1.) 1910/1911. H. 1. Berlin: Weicher (1910). 8° [10. 14748

— westpreussische. Beiträge zur Geschichte u. Landeskunde Westpreussens. I. II. 8. Danzig, Dr. B. Lehmann. n. 1. 60
I. Geschichte der Stadt Danzig. Von Hans Wistulanus. (98 S.) 891. n. 1. —
II. Das Kloster Zuckau, die Klosterpropstei u. deren neueste Reparaturbauten. Von Joh. Steuzel. (36 S.) 892. n. — 50

Heimatatlas

— — Brünner. Bearbeitet von J. G. Rothaug und F. Netopil. Herausgegeben vom Brünner Lehrervereine. 9 Blatt. Folio. Chromolithogr. Cartonnirt —.60
Wien: Freytag & Berndt 1895.

— — Linzer, für Volksschulen. Bearbeitet von H. Commenda und J. G. Rothaug. 8 Blatt. Folio. Chromolithogr. Cart. —.60
Wien: Freytag & Berndt 1895.

Heimatbilder aus Niedersachsen. I—III. Serie. (à 16 Bl. m. IV, III u. IV S. Text.) gr. Fol. Bremen (903. 904). C. Schünemann. à n. 4. —

Heimatblätter
v. Neues Winterthurer Tagblatt.

BADISCHE HEIMATBLÄTTER. Beilage zur „Alemannia".
Herausgegeben von Dr. H. FLAMM im Auftrag des Vereins für Volkskunde, ländliche Wohlfahrtspflege, Heimat- und Denkmalschutz.
Badische Heimat 1913. Heft 1—3. (Freiburg i. Br. Verlag: Fr. Ernst Fehsenfeld. Ohne bes. Titelbl.) 8°.

Hinterthurgauer Heimatblätter
v. Volksblatt vom Hörnli.

Baselbieter Heimatblätter
v. Der Landschäftler (I).

Henneberger Heimatblätter. Beiträge f. hennebergische Geschichte, Heimat- u. Volkskunde, Sprache u. Literatur. Nr. 1. Suhl: Müller 1910. 8°
(Gratisbeil. z. Henneberg. Zeitung.)

Heimatblätter aus dem Sarganserland
v. Der Sarganserländer.

Schaffhauser Heimatblätter
v. Schleitheimer Bote.

Schlesische Heimatblätter. Zeitschrift f. schles. Kultur. Hrsg. Dr. O. Reier. Jg. [1.] 1907/08. Hirschberg, Schles.: Dr. u. Verl. Anst. (1908). 4° [08. 1913

— schlesische. Zeitschrift f. schles. Kultur. Unter Mitwirkg. des Dürerbundes, des Liegnitzer Geschichts- u. Altertumsvereins u. des Bundes Heimatschutz, hrsg. v. R. Henseling. Begründer: O. Reier. Verantwortlich: R. Henseling, f. die Heimatschau mitverantwortlich: H. H. Borcherdt. 1.—4. Jahrg. Oktbr. 1907—Septbr. 1911. à 24 Nrn. (I.—III. Jahrg. 596, 620, 652 S. m. 58, 66 u. 78 Taf.) Lex. 8. Hirschberg, Schlesische Druckerei u. Verlagsanstalt. à Jahrg. 6. —

Weinfelder Heimatblätter
v. Thurgauer Tagblatt (II).

Heimatbote
v. Der freie Schweizer (Sz II).

Heimatbuch der Deutschen aus Rußland. Hrsg. v. der Landsmannschaft der Deutschen aus Rußland. Stuttgart. Ist in fast allen Instituts- und Universitätsbibliotheken in der Bundesrepublik. IfA

Berliner Heimatbücher. Hrsg. von der Diesterweg-Stiftung in Berlin. 1. Leipzig: Quelle & Meyer 1910. 8° [11. 1881

Heimat-Colonie, Die, in Düring. [Bremerhaven 1887.] V: *Cronemeyer, Eberhard.* (Kat. d. stat. Bureaus. Dresden 1890.)

Heimaterde, s. a. Jungbrunnen.

Heimaterde. Der Heimat Lob in Liedern mit Bildern von Ernst Liebermann. Berlin: Fischer & Franke [1901]. (28 Bl.) 8° [Umschlagt. F. u. Ant.]
= Jungbrunnen. 21. [05. 1008]

Heimatfest, das, od.: Aus der Kindheit Tagen. Von ..... (80 S.) 8. Braunschweig 907. H. Wollermann. — 80

— in Wallhausen a. Kyffhäuser vom 20.—22.VI.1908 zur Erinnerung an die Kirchweihe vor 500 Jahren u. an die Hochzeit Heinrich des Vogelstellers vor 1000 Jahren. (16 S. m. Abbildgn.) 8. Wallhausen a. Kyffhäuser (908). Fest-Ausschuss d. Heimatfestes. nn — 25

Heimatfreund, der innerösterreichische. Kalender und Volksbuch für das J. 1847. Hrsg. von J. B. Sonntag. 1. Jahrg. gr. 4. (115 S., 1 Stahlst. und 1 Höhen-Tableau.) Gratz, Dirnböck. *

Heimatgesetz, das, s.: Gesetze, österreichische.

Heimatgesetznovelle, die, s. Handausgabe der österreichischen Gesetze u. Verordnungen. Hst. 67a.

Die Heimatgesetznovelle vom 5. Dezember 1896, RGB. Nr. 222, samt den bis Ende Oktober 1903 erflossenen einschlägigen Erkenntnissen des k. k. Verwaltungsgerichtshofes. [Handausgabe der österr. Gesetze und Verordnungen. 67 a.] 8°. (86 S.) K —.50
Wien: Hof- u. Staatsdruckerei 1903.

Heimatglocken. Hrsg. v. A. H. Vollmar. 1.—3. Jahrg. 1891—1894. à 12 Nrn. (Bog. m. Abbildgn.) gr. 8. Berlin, (Wiegandt & Grieben). à Jahrg. n. 1. 50

Heimatglocken. Hrsg. v. A. H. Vollmar. 4.—7. Jahrg. 1895—1898. à 12 Nrn. (Bog. m. Abb.) gr. 8. Berlin (Wiegandt & Grieben). à Jahrg. n. 1. 50

Heimatglocken. Hrsg. v. A. H. Vollmar. 7.—11. Jahrg. 1899—1902. à 12 Nrn. gr. 8. (à ca. 16 S. m. Abbildgn.) Berlin (Wiegandt & Grieben). à Jahrg. n. 1. 50

Heimatglocken. Hrsg. v. A. H. Vollmar. 12—14. Jahrg. 1903—1905. à 12 Nrn. (à 16 S. m. Abbildgn.) gr. 8. Berlin (W. Schultze). à Jhrg. n. 1. 50

— dasselbe. 15. Jahrg. 1906. 12 Nrn. (à 16 S. m. Abbildgn.) gr. 8. Ebd. n. 2. —

Heimatglocken. Hrsg. v. A. H. Vollmar. 16.—19. Jahrg. 1907—1910. à 12 Nrn. (à 16 S. m. Abbildgn.) gr. 8. Berlin (W. Schultze). à Jahrg. 2. —

— Illustrierte Wochenschrift f. die schles. Schuljugend. Hrsg. v. Sannig u. Bonk. Red.: Jos. Sannig. 1. Jahrg. 1904. 24 Hefte. (à ca. 16 S.) gr. 8. Chorzow. (Königshütte, M. Hautzinger's Nachf.) n. 2. —

Heimatglocken. Wochenschrift (evang.) für Stadt und Land. Hrsg. v. Pastor Hugo Günther. Talofka, Gouv. Saratow, seit 1905—1915

Heimatglocken. Evang. Gemeindeblatt f. d. Synode Wollin. Jg. 1. (Wollin-Misdroy) 1907: (Lipski). 4° [10. 16376 0]

Heimatgrüße aus Amerika. 3d ed. NY, 1870.

Heimathgrüße aus Amerika. 8. Aufl. 16. (59 S.) New-York 871, Steiger. cart. mit Goldschn.

Heimath, s.a. Heimat

Heimat(h), die. Eine Erzählung für das Volk von O'St.... berg. gr. 16. (79 S.) Breslau 848, [Trewendt und Granier.] *

Aus der Heimath, ein naturwissenschaftliches Volksblatt, herausg. von E. A. Rossmässler. Jhg. 1859—60. Glogau, von 1862 an: Leipzig. 4.

Heimath, die. Deutsches Unterhaltungsblatt mit Illustr. (in eingedr. Holzschn.) Redact.: Feodor Wehl. 1. und 2. Bd. à Bd. 52 Nrn. (Bog.) gr. 4. Dresden 862—64, Meinhold und Söhne. à Bd. *

Aus der Heimath. Blätter für Unterhaltung und Belehrung. Verantw. Redacteur: Franz X. Liebisch, Hauptmitarbeiter (eigentl. Redacteur): Anton Prokop Schnitt. 12 Hefte. gr. 4. (à 3—4 Bg.) und 2 große photo-lithogr. Beilagen nach Original-Aufnahmen. Prag, Liebisch. à fl. Mit Postversandt 4 fl. 30 kr. Einzelne Hefte 35 kr.
1865

Die Heimath: Jahrgang 1, 1870—1877.
Formerly „Sonntagsblatt" Bought out Deutsche La Plata Zeitung and continued with Deutsche La Plata Zeitung as sub-title, then dropped Die Heimath and took sub-title as main title. See Die Heimath, Deutsche La Plata Zeitung.
Buenos Aires

Heimath, eine. 16. (4 S.) Barmen 874, (Wiemann.) *

Zur Heimath: Jahrgang 1—7, Feb. 1875—Dec. 21, 1881.
Monthly, 1875; semi-monthly, 1876—81. Sub-title: Ein Monatsblatt, unter Aegide der Mennonite Board of Guardians, 1875; 2) Zur Unterhaltung und Belehrung, 1876—81. Place of publication varies: Summerfield, Ill., 1875. English edition: OUR HOME. A prospectus, 2 pages, was issued, which states: Ein Ansiedler Organ des Westens, herausgegeben von der Westlichen Publikations-Gesellschaft, Halstead. Zur Unterhaltung und Belehrung. Issued gratis in 1875, in an edition of 10,000. Edited by David Goerz, & published by the Westliche Publikations-Gesellschaft.
Halstead, KS

Die Heimath, Deutsche La Plata *Zeitung*. April 1, 1877—March 21, 1878
Tri-weekly, then daily, except Monday and day after festivals. Formerly „Heimath" and before that „Sonntagsblatt", which see. Bought out Deutsche La Plata Zeitung, then Die Heimath, Deutsche La Plata Zeitung, then Deutsche La Plata Zeitung, which see. Since June 14, 1877 combined with Deutsche La Plata Zeitung. Office: Calle Esmeralda 92. Redaktion: Dr. Willmes, Bachmann, Rohde
Buenos Aires

Heimath, die alte u. die neue. Od.: Bleibe im Lande u. nähre dich redlich. 12. (6¼ B.) Zürich 844, Meyer u. Zeller.

Heimath, deutsche. Unterhaltungsblatt für Jedermann. 1. Jahrg. 60 Nrn. (2 B.) gr. 4. Dresden 879. Lindenberg & Co. à Nr. — 10

Freie Heimath: 1850?
Edited & published by August Gläser, a "Liberal" who was contributing to Weitling's newspaper.
Philadelphia, PA

Heimath und Fremde, s.a. Heimat und Fremde

Heimath und Fremde. Album der Natur und Kunst. 1. Jahrg. 1863. 14 Hefte (à 2—3 Bgn. m. 2 Lithogr.). Görlitz, Dreßler. 4. Jedes Heft n. 4 *ngr.*

Heimath und Fremde: April 1, 1872—June 19, or August 1, 1872
Semi-monthly. Founded by Amerlan and Berkling.
Buenos Aires

Heimath, des Greises, s. Schillings-Bücher ꝛc.

Heimath, die, in Hafen, s. Kindererzählungen, illustrirte.

Heimath, die, d. Heimathlosen. Ein Märchen v. der Nordsee. 12. (56 S. m. 2 Abb.) Hannover 896. (F. Cruse.) Kart. n. 1. —

[F.] Die Heimath der Heimathlosen. E. Märchen v. d. Nordsee. *Hannover: Dr. v. G. Jacob 1896.* (56 S., 2 Taf.) 1 Bd 8. [98. 323 ...]

Heimath, eine neue, in Illinois [Nordamerika]. Celle 860. (H. Schulze.) 8. (16 S.) 3 *ngr.*

Heimath, die, der Szlachcicen. Zwanglose Federzeichnungen e. Galizianers. gr. 8. (66 S.) Leipzig 888. E. H. Mayer. n. 2.—

—— unsere. Ein Volksbuch. 1. Bdchn.: Das Weltall von E. Ed. Müller. 8. (IV und 106 S. mit 21 eingedr. Holzschn.) Leipzig 853, O. Wigand.

Unsere Alte Heimath: 1877—? New York, NY

Unsere Alte Heimath: 1877?—1878?
Weekly. Dated also at New York, and at Fort Wayne, Ind. Edited & published by Wertheimer & Co.
Cincinnati, OH

Heimath, Verehelichung und Aufenthalt. Gesetz vom 16. April 1868 und 23. Febr. 1872. Mit Erläuterungen aus den Motiven zum Gesetzentwurf, den Vorträgen und Referenten und den Sitzungsprotokollen der besonderen Ausschüsse der beiden Kammern, sowie den Kammerverhandlungen, endlich aus der neueren Reichs- und bayer. Gesetzgebung von einem rechtskund. Beamten. 1. Aufl. (40 S.) 1868; 2. sehr verm. Aufl. 8. (IV, 39 S.) Würzburg 878, Stahel'sche Buchh.

RÜSTRINGER HEIMATHBUND.
Jahresheft 1. Nordenham 1894. Druck von W. Böning. 8°.

Heimath-Gesetz, s. Gesetze, österreichische.

Heimathgrüße aus Amerika, s. Heimatgrüße.

Heimathlos. Zwei Geschichten für Kinder und auch für Solche, welche die Kinder lieb haben. Von der Verf. von „Ein Blatt auf Vrony's Grab". 1. Aufl. (235 S.) 1878; 2. Aufl. gr. 8. (IV, 236 S.) Gotha 879, F. A. Perthes. * ℳ 2,40.; geb. *

Heimatlos. Zwei Geschichten für Kinder und auch für Solche, welche die Kinder lieb haben. Von der Verfasserin von »Ein Blatt auf Vrony's Grab«. 2. Aufl. Gotha 1879. V: *Spyri, Johanna.* (Russell IV, 694)

Heimathlose, der. Erzählung. Aachen 863. Cremer. 8. (192 S.) 18 ngr.

Heimathlosen, die, von J. C. Appenzeller. 8. Bern, Jenni. 821.

Heimath-Mission, die, und die evangel. Gesellschaft. Zugleich als 1. Jahresbericht der evangel. Gesellschaft für Deutschland. gr. 8. (64 S.) Gütersloh 849, (Bertelsmann.) *

Heimaths-Atlas, Wiener, für Volksschulen Stufengang des ersten geographischen Unterrichtes. Bearbeitet von J. G. Rothaug. Zehn Blatt. Cart. Kl.-Fol. * —.60
Wien: Freytag & Berndt 1893.

Wiener Heimatsatlas für Volksschulen. 3. Aufl. Lex.-8° (25 Karten) geb. K 1.6·
Wien: Freytag & Berndt 1910.

Heimathsbote, der. Im Auftrag des Vorstandes des evangel. Vereins für innere Mission und des evangel. Vereinshauses hrsg. von Daniel von Coelln. Jahrg. 1869. Juli—Decbr. 4 Hefte. (à 1½ Bog.) gr. 8. Breslau 871. (Leipzig, Bredt.) *

—— dass. — Jahrg. 1870 und 1871. à Jahrg. 8 Hefte. (à 1½ Bog.) gr. 8. Ebendas. à Jahrg. *

Heimathsfreund, der norddeutsche, auf das Schaltjahr 1872. Des plattdütschen Klenners neue Folge. 1. Jahrg. gr. 8. (96 S.) Oldenburg, (Bültmann und Gerriets.) *

Heimath's Kalender, Katholischer, für Stadt- und Dorfleute, s. Heimats-Kalender

Heimathsklänge, s.a. Heimatklänge.

Heimathsklänge, s. a. Jarisch.

Heimathsklänge. Eine Sammlung von Gedichten in der Mundart der Deutschen in Nordböhmen und Schlesien. Hrsg. von Ant. Jarisch. 16. (VIII und 100 S.) Wien 853. (Leipzig, Hübner.) *

Heimatkunde vom Großherzogtum Hessen, bearb. von hessischen Schulmännern. Anhang zur Weltkunde von Hüttmann, Jastram, Marten. 2., neue durchgeseh. Aufl. gr. 8. (36 S.) Hannover 882. Helwing's Verl. n.n. —30; als Anh. zur Weltkunde n. —20

—— vom Großherzogt. Hessen, bearb. von hess. Schulmännern. Anhang zur Weltkunde von Hüttmann, Jastram, Marten. 3. neu durchgeseh. Aufl. 8. (36 S.) Hannover 888, Helwing's Verlag. **
Als Anhang zur Weltkunde *

Heimathskunde, kleine, vom Großherzogth. Posen für Elementarschulen. gr. 12. (42 S.) Lissa 856, Günther. *

—— kleine, der Prov. Schleswig-Holstein. Ein Auszug aus H. H. v. Osten's Handbuch der Heimathskunde für die Hand der Schüler. 8. (62 S.) Flensburg 875, Westphalen. *

—— kleine, der Prov. Schleswig-Holstein. Ein Auszug aus H. H. v. Osten's Handbuch der Heimatskunde für die Hand der Schüler. 3. verb. Aufl. 8. (67 S.) Flensburg 885, Westfalen. * —40

— kleine, der Prov. Schleswig-Holstein. Ein Auszug aus H. H. v. Ostens Handbuch der Heimatskunde f. die Hand der Schüler. 4., verb. Aufl. M. 1 (farb.) Karte v. A. Göttsch. 8. (67 S.) Flensburg 892. A. Westphalen. n. —40

— kleine, d. Prov. Schleswig-Holstein. Ein Auszug aus H. H. v. Ostens Handbuch der Heimatkunde f. d. Hand d. Schüler. 5., verb. Aufl. M. 1 (farb.) Karte v. A. Göttsch. 8. (67 S.) Flensburg 898. A. Westphalen. n. —40

— kleine, der Prov. Schleswig-Holstein. Ein Auszug aus H. H. v. Ostens Handbuch der Heimatskunde f. die Hand der Schüler. 6., verb. Aufl. Mit 1 (farb.) Karte v. A. Göttsch. 8. (67 S.) Flensburg 902. A. Westphalen. n. —40

Heimatskunde, kleine, der Prov. Schleswig-Holstein. Ein Auszug aus H. H. v. Ostens Handbuch der Heimatskunde f. die Hand der Schüler. 7. verb. Aufl. Mit 1 (farb.) Karte v. A. Göttsch. (68 S.) Flensburg 907. A. Westphalen. —40

Heimatskunde. Die (*4-6: Der) Heimathskunde für den Kanton Luzern. 6 Lieferungen. 8. Luzern 1867–1883.

Lieferung 1 Sempach. Von J[oseph] Bölsterli.... Mit topographischer Karte.... 1867.

Lieferung 2 Malters. Von X[aver] Thürig.... Mit top. Karte.... 1870.

Lieferung 3 Neudorf. Von M[elchior] Estermann.... Zugleich ein Beitrag zur Geschichte der Stift Beromunster und des St. Michaels-Amtes. [Mit 1 Karte.] 1875.

Lieferung 4. Geschichte der Pfarrei Rickenbach. Von Mel[chior] Estermann.... 1882.

[Lieferung=] Bändchen 5. Geschichte der alten Pfarrei Pfaffikon, gelegen theils im Kanton Luzern..., theils im Kanton Bern - jetzt Aargau —.... Von M[elchior] Estermann.... 1882.

[Lieferung=] Bändchen 6. Geschichte der Pfarrei Horw. Von Raphael Reinhard.. [Mit 1 Tafel.] 1883.

Heimathskunde, die, für den Kanton Luzern. 2. Liefg. Malters. Von X. Thürig. Mit topograph. (lith.) Karte der Gemeinde Malters (in Fol.). Luzern 870. Prell. 8. (IV, 217 S.) n. 14 ngr.

—— die, für den Kanton Luzern. 3. Lfg.: Neudorf. Von M. Estermann. Zugleich ein Beitrag zur Geschichte der Stift Beromünster und des St. Michaels-Amtes. 8. (468 S. mit 1 lithogr. Karte in gr. 8.) Luzern 875, Gebr. Räber. *
1. und 2. Lfg. Luzern 1867,70. Prell. à *M 1,40.

Heimathskunde, die, für den Kanton Luzern. 4. u. 5. Lfg. 8. Luzern 882. Räber. à n. 2. 40 (1—5.: n. 10. 60)
4. Geschichte der Pfarrei Rickenbach. Von Mel. Estermann. (326 S.)
5. Geschichte der alten Pfarrei Pfäffikon, gelegen theils im Kanton Luzern — heut. Pfarrei Pfäffikon — theils im Kanton Bern — jetzt Aargau — heut. Pfarreien Gundiswil u. Reinach. Von M. Estermann. (300 S.)

Heimathskunde für Volksschulen. Mit besond. Berücksichtigung des Regierungsbezirkes Erfurt. 8. (40 S.) Erfurt 867, (Villaret.) cart. *

Heimathskunde der Provinz Westfalen, s.a. Heimatkunde – Heimatskunde.

—— der Prov. Westfalen. Hrsg. von dem Lehrer-Verein in Dortmund. 1. Aufl. (III, 96 S.); 2. verb. Aufl. 8. (IV, 90 S.) Dortmund 877, Köppen'sche Buchh. cart. *

—— der Prov. Westfalen. Hrsg. von dem Lehrerverein zu Dortmund. 3. und 4. Aufl. gr. 16. (89 S. mit 1 Karte.) Dortmund 880,82, Köppen'sche Buchh. cart. *
Ausg. ohne Karte *

—— der Prov. Westfalen. Hrsg. von dem Lehrer-Verein zu Dortmund. 5. Aufl. 8. (IV, 90 S.) Dortmund 885, Köppen'sche Buchh. cart. * — 50
Mit 1 Karte * — 60

— d. Prov. Westfalen. Hrsg. v. d. Beurhaus-Stiftg. zu Dortmund. 7. Aufl. 8. (IV, 91 S. m. 2 farb. Karten.) Dortmund 898. Köppen. n. — 75

Heimaths-Lieder, Harzer, s. Heimat-Lieder

Heimathsrecht, über das, der deutschen Volksschullehrer überhaupt und das der Schullehrer in Bayern insonderheit. Nach Grundsätzen d. öffentl. Rechts u. d. Staatspädagogik. 8. Fürth 846. Schmid'sche Buchh. 1/2 ꝟ

Heimatkarte Rumburg-Warnsdorf. 1 : 50.000 K —.30
Rumburg: Pfeifer 1908.

Heimatklänge, s.a. Anzeiger des Wahlkreises Thalwil.

Heimatklänge, s.a. Bodenseezeitung, Schweizerische.

Heimatklänge, s.a. Bote, Der Toggenburger.

Heimat-Klänge, s.a. Heimathsklänge

Heimatklänge, s.a. Nachrichten, Zuger.

Heimatklänge, s.a. Post, Bündener.

Heimatklänge, s.a. Rheintaler, Der.

Heimatklänge, s.a. Simmenthaler-Blatt.

Heimatklänge, s.a. Tagblatt, Oberaargauer.

Heimatklänge, s.a. Tagblatt, Oberländer.

Heimatklänge, s.a. Volksfreund, Bülach-Dielsdorfer.

Heimatklänge, s.a. Wächter am Napf.

Heimatklänge, s.a. Wochenblatt, Urner.

Heimatklänge, s.a. Zeitung, Prättigauer.

Heimatklänge, s.a. Zeitung, Rorschacher.

Heimatklänge, s.a. Zeitung, Wiler.

Heimat-Klänge. Poetisches Taschenbuch für 1825. Wien. H: *Thurn, Georg Graf von.* (GGr)

Heimaths-Klänge. Poetisches Taschenbuch f. d. Jahr 1825. Mit Kupf. u. Musikbeil. 12. Wien, Mörschner u. Jasper.

Heimatklänge vom Greifensee
v. Der Bote von Uster (II).

Heimatklänge vom Homberg
v. Echo vom Homberg.

Heimatkunde, die, oder Deutschland und seine Nachbarländer, s. Lesebuch der Erdkunde.

Heimatkunde. Topographische, historische und statistische Beschreibung von Hamburg und der Vorstadt St. Georg. Hamb. 1863. V: *Wichmann, Ernst Heinrich.* (A)

Heimatkunde, beschreibende und geschichtliche Darstellung der Gemeinde Läufelfingen. Liestal 1865. V: *Buser, Hnr.* (Cat. d. Stadtbibl. Zürich. Zürich 1864—97.) (ADB 19, 714)

Heimatkunde. Hilfsbuch für den geographischen Unterricht über den Kreis Landeshut... 2. Aufl. Liebau 1891. V: *Majunke, Hugo.* (Nent)

Heimatkunde für das **Gymnasium Augustum** der Stadt Görlitz. (Redigiert von Dir. Prof. Emil Stutzer.) T. 1. Allgemeines. *Görlitz 1901: Hoffmann & Reiber.* (135 S.) 8°
Görlitz, G Augustum, P 1901 (201)**

Heimatkunde f. das Gymnasium Augustum der Stadt Görlitz. 1. Tl. Allgemeines. gr. 8. (IV, 136 S.) Görlitz 901. (H. Tzschaschel.) n. — 80

Heimatkunde für das **Gymnasium Augustum** der Stadt Görlitz. [Redigiert von Dir. Prof. Emil Stutzer.] T. 2. Einzelschilderungen. *Görlitz 1902: Hoffmann & Reiber.* (100 S.) 8° ¶[Forts. d. P-Beil. 1901.]
Görlitz, G Augustum, P 1903 (221)**

— f. das Gymnasium Augustum der Stadt Görlitz. 2. Tl. Einzelschilderungen. (III, 100 S.) gr. 8. Görlitz 902. (H. Tzschaschel.) n. — 80

Heimatkunde der Stadt Baden-Baden mit den angrenzenden Dörfern Scheuern und Lichtenthal. gr. 8. (27 S.) Baden-Baden 888, Spies. **

Heimatkunde der Stadt Basel… Zürich 1903. V: *Zollinger, Edwin & Rud.*

Heimatkunde von **Beuthen** (Oberschlesien). T. 1. Hrsg. v. d. Lehrerkollegium d. städt. kath. Realschule zu Beuthen O.-S. *Beuthen 1903: Th. Kirsch (G. Müller).* (67 S.) 8°
Beuthen O.-S., st. kath. R i. d. E. zur OR, OP 1903 (258)

Heimatkunde von Beuthen (Oberschlesien). T. 2. Hrsg. von dem Lehrerkollegium der städtischen katholischen Realschule — Oberrealschule i. E. — zu Beuthen O.-S. Beuthen 1904: Th. Kirsch. (69—107 S.) 8° ¶[Forts. d. P-Beil. 1903.]
Beuthen, st. kathol. OR i. E. OP 1904 (262)

Heimatkunde v. Beuthen (Oberschlesien). 1—3. Tl. gr. 8. Beuthen (H. Freund). à n. — 60
1. Hrsg. v. dem Lehrerkollegium der städt. kathol. Realschule zu Beuthen O.-S. Progr. (IV, 67 S.) 903.
2. Hrsg. v. dem Lehrerkollegium der städt. kathol. Realschule — Oberrealschule i. E. — zu Beuthen O.-S. Progr. (II u. S. 69—107.) 904.
3. Hrsg. v. dem Lehrerkollegium der städt. kathol. Oberrealschule i. E. zu Beuthen O.-S. Bergbau u. Hüttenbetrieb, v. Herm. Flaschel. Progr. (S. 108—155 m. 3 Taf.) 905.

Braunauer **Heimatkunde.** Hrsg. von den beiden Lehrervereinen des dt. Schulbezirkes Braunau. — Braunau: 1894. 245 S.

Heimatkunde d. Reg.-Bez. Düsseldorf. Auf der Grundlage der neuen Kreiseinteilg. u. m. Angabe der gegenwärt. Einwohnerzahlen f. den heimatkundl. Unterricht v. mehreren prakt. Schulmännern zusammengestellt. gr. 8. (IV, 30 S.) Essen 891, Geck. * — 25

Heimatkunde für die Elementarschulen des Kantons Schaffhausen. Schaffhausen 1897 *s.a.*[Wanner, Johann Ulrich].

— f. d. Elementarschulen des Kantons Schaffhausen. Obligator. Lehrmittel f. d. 5. u. 6. Schulj. gr. 8. (60 S. m. 8 Abb. u. 1 farb. Plan.) Schaffhausen 897. (C. Schoch.) Kart. n.n. — 50

Heimatkunde des politischen Bezirkes Falkenau. Hrsg. vom Bezirkslehrerverein Falkenau. — Falkenau: 1898. [Weitere bibliogr. Angaben nicht feststellbar.]

Heimatkunde des politischen Bezirkes Freiwaldau. Hrsg. vom Bezirkslehrerverein Freiwaldau. gr. 8. (III, 292 S. m. Abbildgn.) Freiwaldau 898. (A. Blažek.) n. 2. 50; geb. n. 3. 50

Zur **Heimatkunde** von Halberstadt. H. 1. Halberstadt: Schimmelburg 1910. 8° A 12.1074.3

Heimatkunde vom Großherzogtum Hessen, s.a. Heimathskunde.

Heimatkunde der Gemeinde Kappel, Bezirk Obertoggenburg.... Ebnat s. (I[nhelder], J[acob]).

Heimatkunde der Gemeinde Kappel, Kanton St. Gallen. Ebn. [1869]. V: *Inhelder, Jac.* (Cat. d. Stadtbibl. Zürich. Zürich 1864—97.)

Heimatkunde, Kleine. Illustrirte Geschichte und Geographie der Schweiz … Einsiedeln 1885. V: (Geschichte): *Marty, Joh.* V (Geogr.): *Waser, Maurus.* (Ky)

—— kleine. Illustrirte Geschichte und Geographie der Schweiz für die obern Klassen der Primarschule und für die Fortbildungsschule. (Geschichte von J. Marty. — Geographie von M. Waser.) 8. (102, 64 S. mit farb. Titel und eingedr. Holzschn.) Einsiedeln 885, Benziger und Comp. cart. * — 75

Heimatkunde, Kleine, der Prov. Schleswig-Holstein, s. Heimathskunde.

(F) Kleine Heimatkunde von Steiermark nach Landschafts-Gebieten. Für die häusliche Wiederholung bearbeitet von Eduard **Maierl. Leoben.** 1901. Ensserer. 8°. 27 S. K—.30

Heimatkunde vom Linthgebiet
v. Volksblatt, zunächst für Sargans, Gaster und Seebezirk.

— v. **München** u. Umgebung. Stoff-Sammlg. f. den heimatkundl. Unterricht der Münchener Volksschulen, zusammengestellt u. m. den einschläg. Plänen versehen vom Lehrerinnen-Verein München. gr. 8. (XI, 125 S. m. 1 Abbild.) München 893. L. Finsterlin. n. 1. —; kart. n. 1. 30

Heimatkunde v. **München** u. Umgebung. Stoff-Sammlg. f. d. heimatkundl. Unterricht d. Münchener Volksschulen. Nach d. Münchener Verhältn. u. d. Münchener Lehrplane zusammengest. u. m. d. einschläg. Plänen vers. v. Lehrerinnen-Verein München. 2. Aufl. 8. (XI, 134 S. m. Abb. u. 2 Plänen.) München 897. L. Finsterlin. Kart. n.n. 1. 30

— v. **München** u. Umgebung. Stoff-Sammlung f. den heimatkundl. Unterricht d. Münchener Volksschulen. Nach d. Münchener Lehrplane zusammengestellt u. m. den einschläg. Plänen versehen vom Lehrerinnen-Verein München. 3. umgearb. Aufl. 8. (XVI, 104 S. m. Abb. u. 1 Plan.) München 901. L. Finsterlin. Kart. n.n. 1. 30

— der **Oberpfalz** u. v. Regensburg. Bearb. f. die Hand der Schüler. Mit e. (farb.) Kärtchen der Oberpfalz. 10. Aufl. (16 S.) 8. Regensburg 907. F. Pustet. n. — 15

Heimatkunde der **Oberpfalz** u. v. Regensburg. Bearb. f. die Hand d. Schüler. Mit e. (farb.) Kärtchen der Oberpfalz. 11. Aufl. (16 S.) 8. Regensburg 908. F. Pustet. — 15

— **pfälzische.** Monatsschrift f. Schule u. Haus. Unter Berücksicht. der Bedürfnisse der pfälz. Schulen. Schriftleiter: Ph. Fauth. 1. u. 2. Jahrg. 1905 u. 1906. à 12 Nrn. (à ca. 12 S.) Lex.-8. Kaiserslautern, H. Kayser. à Jhrg. n. 2. 50

— **pfälzische.** Monatsschrift f. Schule u. Haus. Unter Berücksicht. der Bedürfnisse der pfälz. Schulen. Schriftleiter: Ph. Fauth. 3.—5. Jahrg. 1907—1909. à 12 Nrn. (152, 144 u. 160 S.) Lex. 8. Kaiserslautern, H. Kayser. à Jahrg. 2. 50

— dasselbe. Monatsschrift zur Förderg. v. Natur- u. Landeskunde in der Rheinpfalz. Hrsg.: D. Häberle. 6. Jahrg. 1910. 12 Nrn. (162 S. m. Abb. u. 1 Taf.) gr. 8. Ebd. 2. 50

— praktische. Ein Handbuch zur Erteilg. des heimatkundl. Unterrichtes in ausgeführten Lektionen. Mit 4 Kartenskizzen. 1. u. 2., verb. Aufl. gr. 8. (VI, 84 S.) Düsseldorf 893. 894. L. Schwann. n. 1. 60

— preußische. Zur Geographie u. Geschichte sämmtl. Provinzen des preuß. Staats. Illustr. durch (12) in den Text gedr. geograph. Skizzen (in Holzschn.). 3., durchweg verb. u. erweit. Bearbeitg. Breslau 869. Hirt. gr. 8. (384 S.) n. 15 ngr.

[Zur Heimatkunde des Kreises Querfurt. H. 1.] Querfurt: Jaeckel (1903). 8° [10. 16308

— v. Regensburg. Bearb. f. d. Hand d. Schüler an den unt. Klassen d. hiesig. Volksschulen. 5. Aufl. 8. (16 S. m. 1 farb. Karte.) Regensburg 898. F. Pustet. n. — 15

— von Regensburg. Bearb. f. die Hand der Schüler an den unteren Klassen der hiesigen Volksschulen. 6., verb. Aufl. (16 S. m. 1 farb. Karte.) 8. Regensburg 905. F. Pustet. n. — 15

Heimatkunde des Saalkreises, einschließlich des Stadtkreises Halle und des Mansfelder Seekreises. Unter Mitw. zahlr. Fachmänner hrsg. von Dr. Willi Ule, Prof. Lfg 1. Halle a. S.: Waisenhaus 1906. 8° [06. 1970

Heimatkunde des Saalkreises einschl. des Stadtkreises Halle u. d. Mansfelder Seekreises. Unter Mitwirk. . . . hrsg. von Willi *Ule*. Halle a. S. 1909. 8°.

— d. Königr. Sachsen, s.: Ehrecke, G., u. F. Hammermann, deutsches Lesebuch f. mehrklass. Volksschulen.

Heimatkunde des St. Michelsamtes und seiner luzernerischen Nachbarschaft v. Anzeiger für das Michelsamt.

— des Reg.-Bez. Stade. I. Bd. Allgemeine Landes- u. Volkskunde. Bearb. v. W. Arens, Fr. Borcherding, H. Bulle u. a. Mit 1 (farb.) Karte des Bezirks, vielen Abbildgn. im Text, Tafeln u. Kartenskizzen, sowie m. Beiträgen Worpsweder u. anderer heimatl. Künstler. Hrsg. im Auftrage des Lehrervereins f. Geestemünde, Lehe u. Umgegend v. Fr. Plettke. (XXIV, 608 S.) Lex. 8. Bremen 909. C. Schünemann. 6.—; geb. 7.—

Heimatkunde des Herzogthums Steiermark von Dr. Karl Hirsch. Zum Gebrauche an Lehrer- und Lehrerinnen-Bildungsanstalten und für Volksschullehrer. Umgearbeitet und in 2. Auflage herausgegeben von Ferdinand Zafita. Wien 1896. Alfred Hölder. (Min.-Erl. v. 27. Nov. 1896, Z. 28941.) Geh. 1.—, geb. 1.20

— v. Stettin, hrsg. vom Stettiner Lehrerinnen-Verein, m. e. Skizze der Umgegend Stettins, gezeichnet v. O. Bartz, u. e. Plan der Stadt Stettin. gr. 8. (62 S.) Stettin 900. H. Dannenberg & Co. n. 1. 50

Heimatkunde der Stadt Teuchern und zugleich Leitfaden für den Unterricht in der Heimatkunde des Stadt- und Landkreises Weissenfels. Weissenfels 1902. V: *Neumann, Wilhelm Otto.* (Berl)

— der Stadt Teuchern u. zugleich Leitfaden f. den Unterricht in d. Heimatkunde des Stadt- u. Landkreises Weißenfels, sowie der Geographie d. Prov. Sachsen. Mit 3 Karten: Stadtplan, Kreis Weißenfels u. Prov. Sachsen. gr. 8. (64 S.) Weißenfels 902. M. Lehmstedt. n.n. — 60

Heimatkunde für den Stadt- u. Landkreis Weißenfels, s.a. Heimatskunde.

Heimatkunde für den Stadt- u. Landkreis Weißenfels u. zugleich Leitfaden f. den Unterricht in der Geographie der Prov. Sachsen. (Mit 3 Karten: Stadtplan, Kreis Weißenfels u. Prov. Sachsen.) Hrsg. v. e. Kommission des Weißenfelser „Lehrervereins". 5. Aufl. gr. 8. (64 S.) Weißenfels 902. M. Lehmstedt. n. — 50

Heimatkunde der Provinz Westfalen, s.a. Heimathskunde.

— der Prov. Westfalen m. besond. Berücksicht. der Kreise Hagen (Stadt u. Land) u. Schwelm. 8. (III, 64 S. m. 1 farb. Karte.) Hagen 890. C. Stracke. Kart. n.n. — 50 s.a. Heimatskunde.

Heimatkunde von Winterthur und Umgebung. Hrg. vom Lehrerverein W. [Mit Illustrationen und 23 Tafeln.] 8. Winterthur 1887.

— des politischen Bez. Znaim. (Deutscher Antheil.) Kaiser-Jubiläums-Gedenkblatt 1898, hrsg. vom Znaimer Landlehrerverein. I. Historischer Thl. 1.—10. Hft. gr. 8. Znaim (Fournier & Haberler). n. 13. 60

1. Frainer Bezirk: Chwalatitz, Edenthurn, Kurlupp, Liliendorf, Luggau, Milleschitz, Schiltern, Schröfelsdorf, Zaisa, Vöttau. (46 S.) 898. n. 1. 20
2. Frainer Bezirk: Frain, Freistein, Ober-Fröschau, Landschau, Petrein, Schassa, Stallek u. die eingeschulten Gemeinden. (55 S.) 898. n. 1. 20
3. Joslowitzer Bezirk: Klein-Grillowitz, Joslowitz, Miezmanns, Waltrowitz, Zulb, Erdberg, Gr.-Grillowitz, Höflein, Possitz, Groß-Tajax u. die eingeschulten Gemeinden. (68 S.) 898. n. 1. 20
4. Frischau, Grafendorf, Grusbach, Moskowitz, Probitz u. die eingeschulten Gemeinden. (62 S.) 899. n. 1. 20
5. Baumöhl, Pöltenberg u. Frainersdorf. (75 S.) 899. n. 1. 20
6. Znaimer Bezirk: Gnadlersdorf, Naidling, Konitz, Popplitz, Schattau, Dörflitz, Gerstenfeld, Kallendorf, Naschetitz, Mannsenbruck, Klein-Tajax u. Urbau. (74 S.) 898. n. 1. 20
7. Gurwitz, Hödnitz, Mühlfraun, Taßwitz, Borotitz, Lechwitz, Groß-Olkowitz, Pandlitz, Pratsch, Prosmeritz, Schackwitz, Selletitz, Teßwitz an der Wiese, Töstitz, Mainitz u. die eingeschulten Gemeinden. (106 S.) 899. n. 1. 20
8. Klosterbruck, Oblas, Pumlitz, Kl.-Teßwitz, Zuckerkandl u. die eingeschulten Gemeinden. (122 S.) 899. n. 1. 20
9. Die Chronik der Stadt Znaim. Von Ant. Vrbka. (146 S.) 902. n. 2.—
10. Die Stadt Znaim. (Gotteshäuser u. Schulen.) Von Jul. Wisnar. (175 S.) 899. n. 2.—

Heinrich Kerps Heimatkunden. [H. 1.] *Trier: F. Lintz 1901.* 8° [Ä.] [01. 8439

— des Königr. Preußen. Hrsg. v. Frdr. Bamberg. 1. Bd. 8. Leipzig 909. F. W. Grunow. Kart. 1.
Heimatkunde der Prov. Brandenburg nach natürlichen Landschaftsgebieten. Von Frdr. Bamberg. Mit 28 Bildern u. 1 Karte. (104 S.)

Heimatkunden des Deutschen Reiches. Hrsg. v. E. Steckel unter Mitwirkg. vieler Schulmanner. 1., 6., 12. u. 13. Heft. gr. 8. Leipzig, [H. A. L. Degener]. Chemnitz-Gablenz, Thüringer Verlagsanstalt. 2. 50
Bruntsch, die Heimat. Landeskunde vom Königr. Sachsen. (73 S. m. Abbildgn.) (908.) (Heft 13.) — 70
Ottsen, die Heimat. Landeskunde v. der Rheinprovinz m. Hohenzollern. Mit 26 Abbild. (76 S.) (909.) (Heft 12.) — 70
Steckel, E., die Heimat. Landeskunde der Prov. Sachsen u. der angrenz. Gebiete. (Herzogt. Anhalt, Braunschweig u. die thüring. Staaten.) 4., verb. Aufl. Mit 80 Abbildgn. (VIII, 54 u. 5 S.) (909.) (Heft 1.) — 40
Sturm, L., die Heimat. Landeskunde der Prov. Schlesien. Mit 21 Abbildgn. (51 S.) (909.) (Heft 6.) — 70
Die fehlenden Hefte sind noch nicht erschienen.

Heimatkunden d. Deutschen Reiches. 12. Heft:
Ottsen, die Heimat. Landeskunde v. der Rheinprovinz.
Jetzt: Moers, Aug. Steiger.

Heimatland, s.a. E c h o vom Rigi.

Heimatland, s.a. V a t e r l a n d , Das.

Heimatland, s.a. V o l k s b l a t t , Badener.

Heimatland, s.a. V o l k s b l a t t , Luzerner.

Heimatland, s.a. W y n e n t a l e r - Blatt.

Heimatland. Illustr. Blätter f. d. Heimatkunde d. Kreises Grafschaft Hohenstein, d. Eichsfeldes u. d. angrenz. Gebiete. Hrsg. von Lehrer W[ilhelm] K o l b e, Bleicherode. Jg. 1, No 1. (Bleicherode: C. F. Köhler) 1904. 4° [F.] (05. 1900

„Heimatland". Illustrierte Blätter f. die Heimatkunde des Kreises Grafsch. Hohenstein, des Eichsfeldes u. der angrenz. Gebiete. Hrsg. u. Schriftleiter: Wilh. Kolbe. 1. bis 3. Jahrg. Oktbr. 1904—Septbr. 1907. à 24 Nrn. (1. u. 2. Jahrg. IV, 192 u. 196 S.) gr. 8. Nordhausen. Bleicherode, Lehr. Kolbe. (Nur direkt.) Geb. à Jhrg. n. 4.—

„Heimatland". Illustrierte Blätter f. die Heimatkunde des Kreises Grafsch. Hohenstein, des Eichsfeldes u. der angrenz. Gebiete. Hrsg. v. Wilh. Kolbe. 4.—6. Jahrg. Oktbr. 1907—Septbr. 1910. à 24 Nrn. (à Jahrg. IV, 192 S.) gr. 8. Nordhausen. Bleicherode, Heimatland-Verlag. (Nur direkt.) 3.20; geb. 4. —

H e i m a t - L i e d e r. Ein Album neuerer deutscher Lyrik, ausgewählt v. Frauenhand. Mit zahlr. Illustr., sowie 8 farb. Vollbildern. 12. (112 S.) Lpz. 891, Cavael. geb. in Leinw. m. Goldschn. * 2 —

Heimat-Lieder. Ein Album neuerer deutscher Lyrik, ausgewählt v. Frauenhand (Pauline S c h a n z). Mit zahlreichen Illustr., sowie 8 farb. Vollbildern. gr. 16. (112 S.) Leipzig 892. F. Cavael. Geb. in Leinw. m. Goldschn. n. 2. —

Heimatlieder, Harzer, den Harzer Sängern gewidmet. 2. Aufl. Osterode [ca. 1885]. V: *Nitsch, Adolf.* (Der Harz. Jg. 15, 1908, Sp. 185.)

H e i m a t h s - L i e d e r, Harzer. 3. verb. und verm. Aufl. 12. (34 S.) Osterode 888. (Leipzig, Fr. Schneider.) * — 50

Heimatlos, s. H e i m a t h l o s .

Heimatlosen, die, s.: K o r n b l u m e n. Nr. 3.

Heimatloser, Ein. Pseud. for Carus, Paul.

D a s r e f o r m i r t e ö s t e r r e i c h i s c h e H e i m a t r e c h t. Eine theorethische und praktische Darstellung unter Berücksichtigung der strittigen Fragen nebst einer Formulariensammlung von Dr. Emil P o s t e l b e r g und Dr. Max M o d e r n. [Oesterr. Gesetze. Mit Erläuterungen aus den Materialien. Einzelausgabe. Heft Nr. 68.] W i e n. 1901. Perles. 8°. VI, 80 S. K 1.—

Heimatsrecht und Zuständigkeit. Redactionelle Beilage des kärntnerischen Gemeindeblattes vom August 1889. 8. (23 S.) —.24
Klagenfurt: Heyn 1889.

Heimatrecht u. Zuständigkeit. Redactionelle Beilage des kärntn. Gemeindeblattes vom Aug. 1889. gr. 8. (21 S.) Klagenfurt 889. (v. Kleinmayr.) n. — 48

(F) H e i m a t r e c h t u n d Z u s t ä n d i g k e i t. 2. Auflage. Redactionelle Beilage des „Kärntn. Gemeindeblattes" 1899. [K l a g e n f u r t. In Comm. Kleinmayr.] 8°. 23 S. fl. —.24

Heimats-Atlas für den Bezirk Bruck a/Leita. Bearbeitet von J. G. Rothaug u. J. Basswald. 10 Blatt. Folio. Chromolithogr. Cart. —.60
Wien: Freytag & Berndt 1895.

Heimatsatlas, W i e n e r , für Volksschulen, s. H e i m a t h s a t l a s

Heimatsbilder, österreichische. Nr. 1–4. 12. Klagenfurt 895. (Linz, E. Mareis.) n.n. 1. 20
1. 2. Seebad Millstatt u. d. Millstätter See in Kärnten v. Dan. K o t z. (36 S. m. Illustr.) n.n. — 60
3. 4. Curbad Pörtschach u. Krumpendorf am Wörthersee. (57 S. m. Textbildern, 17 Bilder- u. 2 Kurventaf.) n.n. — 60

Pommersche **Heimats-Blätter.** Für Geschichte, Sage u. Märchen, Sitte u. Brauch, Lied u. Kunst. [Jg. 1.] 1907/08. Hrsg. von Ludwig H a m a n n. Stargard i. Pom.: Hendeß 1907–08. 4°
Beil. z. Stargarder Zeitung. (11. 13106

Heimats-Blätter, p o m m e r s c h e, f. Geschichte, Sage u. Märchen, Sitte u. Brauch, Lied u. Kunst. Hrsg. v. Ludw. Hamann. 1.—3. Jahrg. Oktbr. 1907—Septbr. 1910 à 12 Nrn. (à Jahrg. 320 S. m. Abb. u. 2, 1 u. 1 Taf.) Lex. 8. Kolberg, W. Prange. à Jahrg. 3.—; geb. 4. —

Heimatsblätter, S c h l e s i s c h e , s. H e i m a t b l ä t t e r .

M i t t e i l u n g e n des Bundes Heimatschutz (Jg. 4 ff.: **Heimatschutz**). Hrsg. im Auftrage d. Vorstandes von d. Geschäftstelle (Jg. 4 ff.: Hrsg. v. geschäftsführenden Vorstand d. Bundes Heimatschutz). Jg. 1. Halle a. S. 1905: Gebauer-Schwetschke.) 8° (10. 14814

Heimatschutz. Bericht üb. die Jahresversammlg. des Bundes Heimatschutz in Goslar am 12—14. VI. 1905. (III, 98 S. m. 40 Abbildgn.) gr. 8. Halle 906. Gebauer-Schwetschke. n. 1. —

Heimatschutz in B r a n d e n b u r g

Heimatschutz. Mitteilungen der Landesgruppe Brandenburg des Bundes Heimatschutz. Schriftleiter: Rob. Mielke. Jahrg. 1909. 4 Nrn. (112 S. m. Abbild.) gr. 8. Berlin, (Geschäftsstelle des Reichsboten). 3. —
Fortsetzung u. d. T.:

Heimatschutz in Brandenburg. Mitteilungen d. Landesgruppe Brandenburg d. Bundes Heimatschutz. [Jg. 1], Nr 1. (Berlin: Landesgruppe Brandenburg) 1909. 8° (09. 10274

— in **B r a n d e n b u r g.** Mitteilungen der Landesgruppe Brandenburg des Bundes Heimatschutz. Schriftleiter: Rob. Mielke. Jahrg. 1910. 4 Nrn. (à ca. 36 S. m. Abb.) gr. 8. Ebd. 3. —

— in S a c h s e n. Vorträge v. Rich. Beck, Osk. Drude, Cornel. Gurlitt, Arn. Jacobi, Ernst Kühn, Frz. Mammen, Rob. Wuttke. Dresdner Volkshochschulkurse. (IV, 184 S. m. Abbildgn.) 8. Leipzig 909. B. G. Teubner. 2. 25

SÄCHSISCHER HEIMATSCHUTZ, LANDESVEREIN ZUR PFLEGE HEIMATLICHER NATUR, KUNST U. BAUWEISE. MITTEILUNGEN DES LANDESVEREINS SÄCHSISCHER HEIMATSCHUTZ.
Bd. 1. 1908—1910. Herausgegeben vom geschäftsführenden Vorstand. (Dresden, Gerhard Kühtmann, Verlagsbuchhandlung.) — A. u. d. T.:

SÄCHSISCHER HEIMATSCHUTZ. LANDESVEREIN ZUR PFLEGE HEIMATLICHER NATUR, KUNST U. BAUWEISE. MITTEILUNGEN.
Heft 1–3. Dresden 1908. Gerhard Kühtmann, Verlagsbuchhandlung. 4°.
Heft 4. Inhalt: Volkskunst. — Heimatschutz. — Dorfidyllen in der Oberlausitz. — Baum- und Waldbilder aus Sachsen. — Die Formgebung der heimatlichen Bauweise in wirtschaftlicher Beleuchtung mit besonderer Berücksichtigung ländlicher Schulbauten. — An unsere Herren Architekten-Mitglieder. — Gesetz gegen die Verunstaltung von Stadt und Land. — Aus unserem Wirkungskreise. (Mit Abbildungen.) ib. 1908. —
Heft 5. Inhalt: Bilder aus Dorf und Stadt. — Das Pfarrhaus im Dorfbilde. — Baum- und Waldbilder aus Sachsen (Fortsetzung). — Der Frohnauer Hammer. — Farbige Künstler-Steinzeichnungen für Schule und Haus. — Trinkbrunnen. — Heimatschutz und Verkehr. (Mit Abbildungen und 1 Tafel.) ib. 1909. (—)
Heft 6. Inhalt: Ziegelrohbau oder Putzbau. — Ein Friedhof. — Spritzenhaus, Arrest- und Schuppengebäude. — Inventarisierung der natur- und vorgeschichtlichen Denkmäler. — Stiefkinder im Wohnhausbau. — Baurat August Grothe †. — Ländliche Grundrisstypen und Heimatschutz. (Mit 1 Tafel und Abbildungen.) ib. 1909. (—)
Heft 7 und 8. Inhalt: Die Tagung für Denkmalpflege und Heimatschutz 1909 in Trier. — Das neue sächsische Gesetz gegen die Verunstaltung von Stadt und Land und die Massnahmen zu dessen Durchführung. — Die Formgebung der heimatlichen Bauweise in wirtschaftlicher Beleuchtung. — Heimatschutz und römische Rechtsanschauung. — Scheunen-Planungen für das Rittergut Grossgrabe. — Kleinwohnungsbau und Bodenreform. Beiträge aus der Baupraxis: I. über Bebauungspläne, II. Mietwerte für Kleinwohnungen in ländlichen und kleinstädtischen Verhältnissen. — Die Bebauung von Berg- und Hügelgelände. — Ehrendiplom für ländliche Arbeiter. — Deutsche Dichter und Heimatschutz. — Verschiedenes. (Mit Abbildungen.) ib. 1909. (.—.)
Heft 9. Inhalt: Der Siebenschläfer, ein Naturdenkmal unseres Vaterlandes. — Der Hirtstein. — Einige Naturdenkmäler der Rochlitzer Gegend. — „Bodenständige" Strassen- und Platznamen. — Die Gefährdung unserer Kriechtiere und Lurche. — Kriegerdenkmal in Markneukirchen. — Baum- und Waldbilder aus Sachsen. — Der Sahnwald bei Crimmitschau. — Die Wohnküche im Arbeiterwohnhaus. — Wettbewerb für Militärvereinsfahnen. (Mit Abbildungen.) ib. 1910. (—.)
Heft 10. Inhalt: Waldschutztafeln. — Schwarzenberg. — Volkskunst. — Schützt das Kleinleben der Heimat. — Aus der Praxis der Bauberatungsstelle des Sächsischen Heimatschutzes. — Aus unserem Wirkungskreise. (Mit Tafeln und Abbildungen.) ib. 1910. (.—.)
Heft 11. Inhalt: Kirchliche Denkmalpflege, von Dr. ing. RAUDA, Zittau. — Der Wettbewerb zur Erlangung von Skizzen für den Neubau einer Turnhalle mit Feuerwehrdepot in Buchholz i. Sa., vom Regierungsbaumeister GREINER in Chemnitz. — Wettbewerb zur Erlangung von Verbesserungsvorschlägen für die Planung eines Landgasthauses, veranstaltet vom Bauwissenschaftlichen Verein „Motiv" in Dresden unter seinen Mitgliedern, von Baumeister EUGEN PÖNISCH, Dresden. — Weltausstellung Brüssel 1910. — Heimatschutzpostkarten. — Verschiedenes. (Mit Tafeln und Abbildungen.) ib. 1910. (.—.)
Heft 12. Inhalt: Praktische Wege des Heimatschutzes, Vortrag von Professor Dr. ARNO NAUMANN. — Im restaurierten Frohnauer Hammer, von WALDEMAR BERGER, Annaberg. — Aus der Oberlausitz, von Eisenbahnschaffner QUEITSCH, Zittau. — Neue Bauten in heimatlicher Bauweise. — Volkskundliche Bude auf der Dresdner Vogelwiese, von Hofrat Professor SEYFFERT. — Grabdenkmäler. — Der Deutsche Tag für Denkmalspflege in Danzig 1910. — Zeichenunterricht und Naturschutz. (Mit Abbildungen.) ib. 1910. (.—.)

Heimatsfest, Das, in Hohenbruck am 16.—18. Juli 1816. Prag 1818. V: *Held, Joh. Theobald von.* (WBL VIII/244) (biblport)

Heimats-, Verehelichungs- und Aufenthalts-Gesetz, das neue bayerische. Angenommen von beiden Kammern des Landtages. Mit Register. 16. (59 S.) München 868, Fleischmann's Buchh. *

Heimatsgesetze. (Volksausgabe norddeutscher Bundesgesetze.) 12° Berlin 1869

Heimatsgrüsse. Ein Liederstrauss deutscher Dichtgn. kl. 4. (42 S. m. Abbildgn.) Lpz. 890, Meissner u. Buch. geb. m. Goldschn. * 3 —
Bilder allein ohne Text geb. m. Goldschn. * 3 —

Heimatskalender für den Kreis Anklam. Zsgest. u. hrsg. von Prof. Max Sander in Anklam. Jg. 1. 1906. Anklam: Selbstverl. (1906). 8° [F.]

Heimats-Kalender f. die Prov. Brandenburg. 1891. gr. 4. (76 S. m. Abbildgn. nebst 1 Wand- u. 1 Portemonnaie-Kalender.) Spandau 890. Jürgens. — 50

Heimaths-Kalender, katholischer, zu 14 kr., für Stadt- und Dorfleute auf das Jahr 1870. 3. Jahrgang. Mit vielen Bildern. kl. 8. (62 S.) Wels, Haas. 14 kr.
1869

Heimath's Kalender, katholischer für Stadt- u. Dorfleute a. das Schaltjahr 1884. 17. Jahrg. Mit vielen Original-Holzschn. kl. 8. (78 S.) Wels, Joh. Haas. 15 kr.
1883

Heimats-Kalender, Katholischer, zu 15 kr. für Stadt- und Dorfleute auf das Jahr 1898. Mit vielen Original-Holzschnitten. 31. Jahrg. 16. (96 S.) —.15
Wien: Haas 1897.

Heimats-Kalender, katholischer, f. Stadt- u. Dorfleute auf d. J. 1907. Mit vielen Orig.-Holzschn. 40. Jahrg. (78 S.) kl. 8. Wels, J. Haas. n. — 20

(F) **Katholischer Heimatskalender** für Stadt- und Dorfleute auf das Jahr 1910. 8°. (96 S.) K —.20
Wien: Haas 1909.

Heimats-Kalender, katholischer, f. Stadt- u. Dorfleute auf d. J. 1911. Mit vielen Orig.-Holzschn. 44. Jahrg. (80 S.) kl. 8. Wels, J. Haas. — 20

Heimats-Kalender für den Kreis Rügen. Jg. 1. 1908. Bergen a. R.: H. Baethge [1907]. 8° [F.]

— 1911 f. den Kreis Rügen. 4. Jahrg. (100 S. m. Abbildgn. u. 1 Farbdr.) gr. 8. Bergen, H. Baethge. — 50

Heimatskärtchen [Schlagwort]

Heimatskärtchen. Nr. 1—8, 13—21, 23—27, 29—34, 36, 42—53. Chromolith. qu. gr. 4. Leipzig 889. Lang. à — 15

1—5. Mit Rheinprovinz. 1:1,200,000. 1. Reg.-B. Cöln. 1:400,000. — 2. Reg.-Bez. Düsseldorf. 1:500,000. — 3. Reg.-Bez. Trier u. Fürstent. Birkenfeld. 1:500,000. — 4. Reg.-Bez. Aachen. 1:500,000. — 5. Reg.-Bez. Coblenz. 1:650,000.
6—8. Mit Prov. Westfalen. 1:1,000,000. 6. Reg.-Bez. Arnsberg. 1:600,000. — 7. Reg.-Bez. Münster. 1:600,000. — 8. Reg.-Bez. Minden. 1:600,000.
13—17. Mit Niedersachsen. 1:1,500,000. 13. Reg.-Bez. Hannover, Fürstent. Lippe u. Schaumburg-Lippe. 1:500,000. — 14. Reg.-Bez. Lüneburg. 1:750,000. — 15. Reg.-Bez. Stade. 1:500,000. — 16. Reg.-Bez. Hildesheim u. Herzogt. Braunschweig. 1:750,000. — 17. Reg.-Bezirke Aurich u. Osnabrück, Grossherzogt. Oldenburg. 1:750,000.
18. 19. Mit Karte der Prov. Hessen-Nassau. 1:1,000,000. 18. Reg.-Bez. Cassel. 1:600,000. — 19. Reg.-Bez. Wiesbaden. 1:400,000.
20. 21. Mit Karte der Prov. Schleswig-Holstein. 1:1,000,000. 20. Herzogt. Schleswig. 1:600,000. — 21. Herzogtümer Holstein u. Lauenburg, freie Städte Hamburg u. Lübeck, Fürstent. Lübeck. 1:600,000.
23. 24. Mit Karte der Prov. Sachsen u. d Herzogt. Anhalt. 1:1,200,000. 23. Reg.-Bez. Merseburg. 1:600,000. — 24. Reg.-Bez. Erfurt. 1:400,000.
25—27. Mit Karte der Prov. Schlesien. 1:1,200,000. 25. Reg.-Bez. Breslau. 1:600,000. — 26. Reg.-Bez. Liegnitz. 1:800,000. 27. Reg.-Bez. Oppeln. 1:600,000.
29. 30. Mit Karte der Prov. Brandenburg. 1:1,200,000. 29. Reg.-Bez. Potsdam. 1:800,000. — 30. Reg.-Bez. Frankfurt. 1:800,000.
31—33. Mit Karte der Prov. Pommern. 1:1,200,000. 31. Reg.-Bez. Stettin. 1:800,000. — 32. Reg.-Bez. Stralsund. 1:400,000. — 33. Reg.-Bez. Cöslin. 1:800,000.
34. Prov. Posen. 1:1,000,000. Mit Karte d. Preuss. Staates. 1:4,000,000.
36. Grossherzogtümer Mecklenburg-Schwerin u. Mecklenburg-Strelitz. 1:800,000.
42—49. Mit Karte d. Königr. Bayern. 1:1,500,000. 42. Reg.-Bez. Oberbayern. 1:800,000. — 43. Reg.-Bez. Niederbayern. 1:600,000. — 44. Reg.-Bez. Oberpfalz. 1:600,000. — 45. Reg.-Bez. Oberfranken. 1:500,000. — 46. Reg.-Bez. Mittelfranken. 1:500,000. — 47. Reg.-Bez. Unterfranken. 1:500,000. — 48. Reg.-Bez. Schwaben. 1:800,000. — 49. Die Rheinpfalz. 1:500,000.
50. Grossherzogt. Hessen. 1:600,000. Die süddeutschen Staaten. 1:2,000,000.
51. Bez. Ober-Elsass. 1:400,000. Elsass-Lothringen. 1:800,000.
52. Bez. Unter-Elsass. 1:500,000. Bez. Ober-Elsass. 1:400,000.
53. Bez. Lothringen. 1:500,000. Elsass-Lothringen. 1:800,000.

Neue Heimats-Karte von Dithmarschen. (Massst. 1:125,000.) *Meldorf: M. Hansen [1900.]* (1 Kartenbl. 47×34 cm.) 8° [Umschlagt.] [1900. 9403

Heimatskarten [Schlagwort]

Heimats-Karten. Flemming's, Carl, Heimats-Karten. Ergänzungsblätter zu allen Schulatlanten. Bayern. 1:1,600,000. Prov. Brandenburg. 1:1,090,000. Prov. Hessen-Nassau u. das Fürstent. Waldeck m. Pyrmont. 1:840,000. Königr. Sachsen. 1:840,000. Prov. Sachsen. u. Herzogt. Anhalt. 1:1,200,000. Prov. Schlesien. 1:1,400,000. Prov. Schleswig-Holstein u. die freien Städte Hamburg u. Lübeck. 1:840,000. Chromolith. qu. gr. 4. Glogau 887. Flemming. à n. — 20

Heimatskarten. Flemming's, C., Heimatskarten. Ergänzungsblätter zu allen Schulatlanten. Farbendr. Glogau, C. Flemming. à n. — 20
Grossherzogt. Baden. 1:900,000. 30,5×24 cm. 891. — Königr. Bayern. 1:1,600,000. 30,5×24 cm. 893. — Prov. Brandenburg. 1:1,090,000. 24×31 cm. 891. — Prov. Hannover, Grossherzogt. Oldenburg, Herzogt. Braunschweig u. Freie Stadt Bremen. 1:1,350,000. 24,5×31 cm. 891. — Prov. Hessen-Nassau u. Fürstent. Waldeck m. Pyrmont. 1:840,000. 31×24 cm. 891. — Prov. Ostpreussen. 1:1,110,000. 30,5×24,5 cm. 891. — Prov. Pommern. 1:1,300,000. 24×30,5 cm. 891. — Prov. Posen. 1:1,000,000. 30,5×24,5 cm. 891. — Rheinprovinz u. Hohenzollernsche Lande. 1:1,050,000. 30,5×24 cm. 891. — Königr. Sachsen. 1:840,000. 24×31 cm. 891. — Prov. Sachsen u. Herzogt. Anhalt. 1:1,200,000. 31×24 cm. 891. — Prov. Schlesien. 1:1,400,000. 24×31 cm. 891. — Prov. Schleswig-Holstein u. freien Städte Hamburg u. Lübeck. 1:840,000. 31×24 cm. 891. — Prov. Westfalen, Fürstentümer Waldeck, Lippe-Detmold u. Schaumburg. 1:925,000. 24×30,5 cm. 891. — Prov. Westpreussen. 1:1,000,000. 24×30,5 cm. 891.

Heimatskarten. Hobbing & Büchle's Kartenhefte zur Heimatskunde. Nr. 4. Elsass-Lothringen. 26×20,5 cm. Farbdr. Mit 2 Abbildgn. auf der Rückseite u. Text auf dem Umschlag. Stuttgart 899. Hobbing & Büchle. Gebrochen in gr. 8 n. — 10

Heimatskarten. Spezialkarten zur Heimatskunde zu H. Lange's u. C. Diercke's Schulatlanten. Zweiseitig, politisch u. physisch. (Neue Ausg.) Farbdr. Braunschweig, G. Westermann. à — 25
Grossherzogth. Baden. 1:750,000. 33,5×26,5 cm. — Königr. Bayern, nördlicher Tl. u. die Pfalz. 1:1,000,000. 37×33,5 cm. 905. — Dasselbe. Südlicher Tl. u. die Pfalz. 1:1,000,000. 26,5×33 cm. — Prov. Brandenburg. 1:1,000,000. 26,5×33,5 cm. 905. — Herzogt. Braunschweig. 1:500,000. 26,5×33,5 cm. — Reichsland Elsass-Lothringen. 1:750,000. 33,5×26,5 cm. — Prov. Hannover. 1:1,000,000. 26,5×33,5 cm. 905. — Grossherzogt. Hessen. 1:600,000. 33,5×26,5 cm. — Prov. Hessen-Nassau. 1:750,000. 26,5×33,5 cm. 905. — Grossherzogt. Mecklenburg-Schwerin u. Grossherzogt. Mecklenburg-Strelitz. 1:800,000. 26,5×33,5 cm. 905. — Grossherzogt. Oldenburg. 1:500,000. 33,5×26,5 cm. — Prov. Ostpreussen. 1:1,000,000. 33,5×26,5 cm. 905. — Prov. Pommern. 1:1,000,000. 26,5×43 cm. — Prov. Posen. 1:1,000,000. 32,5×26,5 cm. — Rheinprovinz. 1:750,000. 43,5×26,5 cm. 905. — Prov. Sachsen. Herzogt. Anhalt. 1:1,000,000. 33,5×26,5 cm. 905. — Provinz Schlesien. 1:1,000,000. 26,5×43,5 cm. 905. — Prov. Schleswig-Holstein. 1:800,000. 32,5×26,5 cm. 906. — Thüringische Staaten. Thüringen. 1:600,000. 26,5×33,5 cm. 905. — Prov. Westfalen. Fürstentümer Waldeck u. Lippe. 1:750,000. 26,5×33,5 cm. 906. — Prov. Westpreussen. 1:1,000,000. 26,5×33,5 cm. — Königr. Württemberg. 1:750,000. 33×26,5 cm.

Heimatsklång. Plattdütsch Lederbook. Rutgeben von den plattdütschen Vereen „Quickborn" to Berlin. 2. Uplag. gr. 8. (VIII, 56 S. mit 8 S. Musikbeilage.) Berlin 888, Speyer und Peters. — 75

Heimatsklänge. Eine Sammlung von Gedichten in der Mundart der Deutschen in Nordböhmen u. Schlesien. Herausg. von Dr. Anton Jarisch. 2. verb. u. stark verm. Aufl. 16. (VIII. 134 S.) Wien 1864. F. Klemm in Comm. geb.
1863 Lwdbd. mit Goldschnitt 1 fl.

Heimatsklänge, Dichtungen der hervorragendsten ungarischen Poeten mit einem Anhang von National-Volksliedern. In's Deutsche umgedichtet von Dr. Jos. Steinbach. 12. (96 S.) geb. 1 fl., eleg. geb. 1 fl. 80 kr.
Gr.-Kanizsa. Wajdits 1882.

Heimatsklänge. Eine Sammlung der beliebtesten deutschen Volks u. Vaterlandslieder. 16. (VII, 87 S.) Berl. 890, [Jßleib.] Schuhr. — 50

Heimatsklänge. Monatsschrift für Vegetarisch-soziale Gesundheitspflege (*No. 1:* auf christlicher Grundlage). Herausgeber: Fr[iedrich] Fellenberg-Egli. Verlag u. Expedition: Naturheilanstalt Erlenbach am Zürichsee ⟨Schweiz⟩. (Jahrg. 1.) 12 Nos. 1901 August—1902 Juli 15. 96 S. 4. (Zürich, Buchdr. J. Rüegg.) jährlich fr. 2. — oder ⟨für Deutschland⟩ M. 2. —
Hat zu erscheinen aufgehört.

Heimats-Klänge: 1903-1908 Erie, PA
Independent weekly. Edited & published by Hans Krauss.

Heimatsklänge. Erzählungen f. jung u. alt. 1.—6. Heft. (à 32 S.) 8. Berlin (907). Emil Richter. à p — 15

Heimatsklänge, christliche. Eine Sammlg. v. Predigten der hervorragendsten kirchl. Würdenträger u. Kanzelredner f. alle Sonn- u. Festtage e. Kirchenjahres. Hrsg. v. C. Tittel. 1—10. Taus. (VIII, VIII, 699 S. m. 8 Farbdr.) gr. 4. Leipzig 903. Jacobi & Quillet.
Geb. in Leinw. n. 14. —

Germania Heimatsklänge. Milwaukee, 1893.

Heimatskunde des Stadt- u. Landkreises Bochum, nebst einer Uebersicht über den Reg.-Bez. Arnsberg u. über die Provinz Westfalen. Bearbeitet im Anschlusse an die von der Bochumer Lehrer-Wittwenkasse hrsg. Wandkarte vom Stadt- u. Landkreise Bochum. 8. (27 S.) Bochum 880. (Endemann.) n. — 30

—— der Prov. Brandenburg. Mit Anhang: Grundriß der Geographie und Bilder aus der vaterländ. Geschichte. Hrsg. von einem Verein von Lehrern. 1.—6. Aufl. Mit 1 (lithogr. und color.) Kreiskarte. 8. (40 S.) Potsdam 880—84, Rentel's Buchh.
Ohne Kreiskarte *
Kreiskarte allein *

Heimatskunde der Prov. Brandenburg. Mit Anhang: I. Grundriß der Geographie. II. Brandenburg-preuß. Geschichte. Hrsg. von einem Vereine von Lehrern. 7. Aufl. 8. (32 S.) Potsdam 885, Rentel's Verlag. * — 20
Mit 1 Kreiskarte * 25 Pf.; Karte allein * — 10

— der Prov. Brandenburg. Mit Anh.: I. Grundriß der Geographie. II. Bilder aus der vaterländ. Geschichte. Hrsg. v. e. Vereine v. Lehrern. 10. Aufl. 8. (64 S.) Potsdam 890. Rentel. n. — 20; m. color. Kreiskarte v. Th. Delius n. — 25; Kreiskarte allein n. — 10

—— der Prov. Brandenburg. Mit Anh.: I. Grundriß der Geographie. II. Bilder aus der vaterländ. Geschichte. Hrsg. v. e. Vereine v. Lehrern. 11. Aufl. 12. (64 S.) Potsd. 892, Rentel. * — 20
Mit color. Karte v. Th. Delius * — 25; Karte allein * — 10

Heimatskunde d. Prov. Brandenburg. 13., wesentl. umgest. u. verb. Aufl. Neu hrsg. v. Fr. K. A. Friesicke. 12. (87 S. m. 1 farb. Karte.) Berlin 897. J. Rentel. n. — 35; Karte allein n. — 10

Heimatskunde der Bucowina. 8. (V, 61 S.) Czernowitz 872, Pardini. *

Heimatskunde f. d. Elementarschulen des Kantons Schaffhausen, s. Heimatkunde.

Heimatskunde der Provinz Hessen-Nassau. Bearb. von Carl Hessler. *Marburg: N. G. Elwert (1896).* (70 S.) 8° [F.] [01. 3038 4

—— kleine, des lübeckischen Freistaats für die Hand der Schüler. Mit (chromolithogr.) Karte. gr. 8. (14 S.) Lübeck 883, Carstens. *

Heimatskunde, Kleine, der Prov. Schleswig-Holstein, s. Heimathskunde

Heimatskunde d. bergischen Landes v. einem bergischen Schulmanne. Schulausg. 12. (IV, 102 S. m. 1 Karte u. 5 Illustr.) Barmen 889. Inderau. cart. n. — 60; Ausg. fürs Haus. geb. n. 1. —

Heimatskunde, Die, für den Kanton Luzern, s. Heimathskunde.

Heimatskunde. Der Kreis Neustadt in Oberschlesien. Kurzgefaßte Beschreibg. nach den neuesten amtl. Quellen. Ausg. f. Schüler. gr. 4. (4 S. m. 1 farb. autogr. Karte.) Neustadt O./Schl. 890. Frz. Heinisch. n. — 15

— Der Kreis Neustadt in Oberschlesien u. das Wissenswerteste v. der Prov. Schlesien. Ein Hilfsbüchlein f. den geograph. Unterricht in der Mittelklasse. Bearb. v. e. Elementarlehrer. Ausg. f. Schüler. 2., verm. Aufl. gr. 8. (16 S. m. 1 farb. Karte.) Neustadt i/Ob. Schl. 892. Frz. Heinisch. n. — 20
f.: Heimatkunde.

— Der Kreis Neustadt in Oberschlesien u. d. Wissenswerteste v. d. Prov. Schlesien. E. Hilfsbüchlein f. den geograph. Unterricht i. d. Mittelklasse. Bearb. v. e. Elementarlehrer. Ausg. f. Schüler. 3., verb. u. verm. Aufl. 8. (16 S. m. 1 farb. Karte.) Neustadt, O.-Schl. 895. Frz. Heinisch. n. — 20

Heimatskunde. Der Kreis Neustadt in Oberschlesien u. das Wissenswerteste v. der Prov. Schlesien. Ein Hilfsbüchlein f. den geograph. Unterricht in der Mittelklasse. Bearb. v. e. Elementarlehrer. Ausg. f. Schüler. 4. verb. u. verm. Aufl. 8. (16 S. m. 1 Karte.) Neustadt O/Schl. (901). Frz. Heinisch. n. — 20

—— des Kreises Schlettstadt. Methodisches, Geschichtliches und Geographisches. Bearb. unter Mitwirkung der Lehrer des Kreises. 8. (78 S.) Gebweiler 888, Boltze. cart. * — 60

—— für Schulen in Stadt und Kreis Cottbus. 2. neubearb. Aufl. gr. 8. (28 S. mit 2 Karten.) Cottbus 886, Differt's Buchh. * — 50

—— f. Schulen d. Stadt- u. Landkreises Cottbus. 2. Aufl. der Neubearbeitg. gr. 8. (32 S. m. 2 Karten.) Cottb. 891, Brodbeck. ** — 50

Heimatskunde der Stadt Weißenfels, s.a. Heimatkunde.

— d. Stadt Weißenfels u. zugl. Leitfaden f. d. Unterricht i. d. Geographie d. Prov. Sachsen. (Mit 2 Karten: Stadtplan u. Kreis Weißenfels.) Hrsg. v. e. Kommission d. Weißenfelser „Lehrervereins". gr. 8. (IV, 44 S.) Weißenfels 895. M. Lehmstedt. n. — 80

Heimatskunde der Prov. Westfalen, s.a. Heimathskunde.

Heimatkunde der Prov. Westfalen m. besond. Berücksichtigung der Kreise Hagen (Stadt u. Land) u. Schwelm. Mit 1 Karte. 8. (64 S.) Hagen i. W. 890, Stracke. cart. * — 50

– dass., s.a. Heimatkunde

Heimatskunde des politischen Bezirkes Znaim, s. Heimatkunde

Heimats-, Liebes- u. Heldenlieder, ungarische, v. Arany, Bajza, Bazzai 2c. Deutsch im Versmaß d. Originals v. G. W. Henning. 16. (172 S.) Wien 874. Hartleben. 2. 25; geb. m. Goldschn. n. 3. 50

Heimatspiegel v. Der Freisinnige (Zh).

Heimatsrecht und Zuständigkeit, s. Heimatrecht

Heimatstimmen. Baltisches Jahrb. Hrsg. v. Carl Hunnius u. Viktor Wittrock. Jg. [1]—5. Reval '04—12.

Heimatstimmen. Ein balt. Jahrbuch (m. Illustr.). Hrsg. v. Carl Hunnius u. Vikt. Wittrock. 2. Jahrg. (VII, 438 S. m. 1 Bildnis.) 8. Reval 906. F. Kluge. n. 5. 50; geb. in Leinw. n. 6. 50

Heimatstimmen. Ein balt. Jahrbuch (m. Illustr.). Hrsg. v. Carl Hunnius u. Vikt. Wittrock. III. Jahrg. (VII, 378 S. m. Taf.) 8. Reval 908. F. Kluge. 5.—; geb. in Leinw. 6. —

— dasselbe. Ein balt. Hausbuch. Hrsg. v. Carl Hunnius u. Vikt. Wittrock. 4. Jahrg. (Buchschmuck v. Ebba Weiß.) (IV, 400 S. m. Abbildgn. u. z. Tl. farb. Taf.) 8. Ebd. 910. 5.50; geb. in Leinw. 6. 50

Heimatstöne nach der erfreulichen Vermählungsfeyer Seiner Durchlaucht ... Ferdinand Fürsten zu Lobkowitz ... mit der ... Prinzessin Marie von Lichtenstein. Prag 1826. V: *Kanka, Joh. Nep.* (GGr)

Aus dem Heimatverein. (Beidenfleth.) o. J. 8°

Heimbach, der Blumenliebhaber. Kurzer u. deutlicher, auf 35jähr. Erfahr. gegründ. Unterr. üb. Erzieh., Pflege u. Vermehr. d. Gewächse e. Blumengartens, insbesond. d. Sommerblumen u. perennir. Pflanzen. gr. 8. (7 B.) Magdeburg 841, Bühlersche Bh.

Heimbach, der Blumenliebhaber. Neue Ausg. 8. (7 B.) Quedlinburg 845, Ernst'sche Buchh.

Heimbach, zwei Freunde. Preisgekr. Erzählg. 12. (117 S.) Elberfeld (902). Westdeutscher Jünglingsbund. Geb. in Leinw. n. 1. —

Heimbach, A., Schönschreibschule. Anleitung zur Erlangg. e. schönen Handschrift durch Selbstunterricht. (I, 15 S.) 8. Reutlingen (910). Ensslin & Laiblin. — 60

Heimbach, Carl ..., s. Heimbach, Karl

Heimbach, Gustav Ernst

— s. Ἀνέκδοτα.

— s.a. Authenticum.

Heimbach, G. E.: Authenticum. Novellarum Constitutionum Justiniani versio vulgata quam ex Codd. mss. rec. praelegomenis, adnotatione critica instruxit. P. 1. 2. Lipsiae 1851. 2 Bde

Heimbach, Gust. Ern., Basilicorum etc., s. Basilicorum.

Heimbach, Gust. Er., über Ulpians Fragmente. Eine kritische Abhandlung. gr. 8. Leipzig 834. Barth. 1/4 ℳ

Heimbach, Gust. Ernst, die Lehre von dem Creditum nach den gemeinen in Deutschland geltenden Rechten. gr. 8. (XVI und 692 S.) Leipzig 849, Barth.

Heimbach, Gust. Ernst, die Lehre von der Frucht, nach den gemeinen, in Deutschland geltenden Rechten. Eine Reihe von Abhandlungen. gr. 8. (21 B.) Leipzig 813. [Köhler'sche Vrlgsh.] 1

—— Observationum juris Graeco-Romani Lib. I. Anonymi librum de actionibus adhuc ineditum ex tribus Codd. Mss. ed. prolegomenisque instr. 8maj. (5 B.) Lipsiae 830, (Barth.)

— **Gustav Ernst** (Leipzig) u. (Respond.) **Moritz Haupt** (Lausitz), Observationum juris Graeco-Romani pars I. — Scriptoris anonymi de actionibus librum ex tribus codd. mss. primus edidit, prolegomenis instruxit. Lpz. (Wilhelm Haack) 24. VII. 1830. 76 S. (6.50) 13946
Gew.: Werner Conrad Ernst Heimbach (Vater), Gustav Haenel.

—— Observationum juris Romani liber, in quo de certi condictione disputatio est et ad legis, quae de Gallia Cisalpina dicitur, cap. XXI. commentar. 8maj. (4½ B.) Lipsiae 834, (Goethe.)

— — Observationum juris Romani liber, in quo de certi condictione disputatio est et ad legis, quae de Gallia cisalpina dicitur, caput XXI. commentarius. Lpz. (Wilhelm Haack) 23. X. 1834. 66 S. (6.50) 13947
Gew.: Julius Timotheus Jacob v. Koenneritz.

—— de origine et fatis corporis, quod CLXVIII. novellis constitutionibus constat. 8maj. (2¼ B.) Lipsiae 844. (Barth.)

— — De origine et fatis corporis, quod 168. novellis constitutionibus constat. Lpz. (I. B. Hirschfeld) 3. VII. 1844. 36 S. (5.50) 13948

Heimbach, Hans Rudolf [aus Dresden]: Geologische Neuaufnahme der Farchanter Alpen m. e. Karte 1:50000 u. e. Profiltaf. ... Dresden, Buchdr. M. & R. Zocher, 1895; 30 S., 1 Taf., 1 Kt. 8.
München, Phil. Fak., Inaug.-Diss. v. 1895

Heimbach, Hans, geologische Neuaufnahme d. Farchanter Alpen m. 1 Karte 1:50,000 u. 1 Profiltaf. gr. 8. (30 S.) München 895. (Literarisch-artist. Anstalt.) n.n. 1.50

Heimbach, (Hans Rudolf), Dr.: Zur philosophischen Propädeutik, eine Anregung zur Einflechtung spekulativer Elemente in den Realschulunterricht. Chemnitz 1900: Pickenhahn & S. (22 S.) 4° [.ℨ.]
Chemnitz, st. R OP 1900 (700)

Heimbach, Joseph [aus Viersen]: Aus d. chirurgichen [sic!] Klinik zu Bonn. Über Hodentuberculose. . . . Bonn, Buch- u. Steindr. Joseph Bach Wwe., 1890; 31 S. + 1 Bl. 8°
Bonn, Med. Fak., Inaug.-Diss. v. [8. März] 1890

Heimbach, Karl Ludwig

Heimbach, Car. Ludov. (geb. Düren 10. 5. 1826): De exarticulatione pedis. Berolini (1850). (25 S.) 8°
Berlin, Med. Diss. v. 23. Dez. 1850

Heimbach, Karl Wilhelm Ernst

Heimbach, Carl Wilh. Ernst, juristische Abhandlungen, s. Abhandlungen.

— — (Merseburg), De C. Aelio Gallo Icto ejusque fragmentis dissertatio. Präs. Christ. Gottl. Haubold. Lpz. (Carl Tauchnitz) 25. IX. 1823. 68 S. (6.20) 13941
Gew.: Werner Conrad Ernst Heimbach (Vater), Detlev Carl Wilhelm Baumgarten-Crusius. — Widm. v. Präs.

Heimbach, Carl Wilh. Ernst, Andeutungen üb. eine allgemeine deutsche Civilgesetzgebung. gr. 8. (100 S.) Jena 848, Hochhausen. ½ ng

Heimbach, C. W. E., s. **Basilicorum libri LX.**

Heimbach, Car. Guil. Ern.: Basilicorum libri 60. Post Annibalis Fabroti curas ope codd. mss. a Gust. Ern. Heimbachio aliisque collatorum integriores cum scholiis ed., translationem Latinam et adnotationem criticam adjecit. T. 1—6 nebst] Suppl. [1.] 2. Lipsiae 1833—97. 8 Bde fol.
Suppl. [1.] editionis Basilicorum Heimbachianae lib. 15—18 cum scholiis antiquis integros nec non lib. 19 Basilicorum novis auxilias restitutum continens. Ed. C. E. Zachariae a Lingenthal. 1846.
2. . . . reliquias librorum ineditorum ex libro rescripto Ambrosiano ed. E. C. Ferrini et J. Mercati. Praefationem versionem Latinam notas app. addidit E. C. Ferrini. 1897.

— — **Basilicorum cum jure Justinianeo collatorum specim. I.** Jena (Croeker) 19. VII. 1828. 26 S. (4.50) 13944

Heimbach, C. W., Beiträge zur Revision des Justinianischen Codex, s. F. A. Biener.

—— de Basilicorum etc., s. Luden, H.

— — Viro Heinrich Luden (Jena) summos in utr. jure honores.—Praemiss. est Constitutionum XII. XV. XVI. XX. C. de haereticis I. 5. et constitutionum IX. X. C. de paganis. I. 11. e Basilicorum libro I. ad fidem Codicis ms. Coisliniani CLI. nunc Parisiensis graece et latine editarum specimen. Jena (Friedrich Frommann) 18. VIII. 1831. 30 S. mit Biogr. L.'s. (6.—) 13945

—— Erörterung aus dem gemeinen und sächs. Civilrechte und Civilprocesse mit Rücksicht auf die Entscheidungen des Oberappellationsgerichts zu Jena. 1. Bdchn. gr. 8. (VI und 143 S.) Jena 849, Hochhausen's Buchh. *

—— Lehrbuch des particulären Privatrechts der zu den O.-A.-Gerichten zu Jena und Zerbst vereinten großherzogl. und herzogl. sächsischen, fürstl. reußischen, fürstl. schwarzburgischen und herzogl. anhaltischen Länder. gr. 8. (XVI und 750 S.) Jena 848, Crökersche Buchh.

Heimbach, Carl Wilh. Ernst, Lehrbuch des particulären Privatrechts der zu den O.-A.-Gerichten zu Jena und Zerbst vereinten großherzogl. und herzogl. sächs., fürstl. reuß., fürstl. schwarzburg. und herzogl. anhalt. Länder. 2. Thl. Die Nachträge enthaltend. gr. 8. (IV und 396 S.) Jena 853, Cröker'sche Buchh.
1. Thl. Ebendas. 1848. 3 Thlr.

—— Lehrbuch des sächsischen bürgerlichen Processes mit besond. Rücksicht auf die Gesetzgebung der zu dem O.-A.-Gericht zu Jena vereinten Länder. (In 2 Bdn.) 1. Bd.: Allgemeiner Theil und ordentl. Proceß. gr. 8. (XX und 535 S.) Jena 852, Mauke. *

— Deutsche Monarchie od. Republik? gr. 8. (19 S.) Jena 848, Hochhausen. 3 ngr

Heimbach, Carl Wilhelm Ernst, De Horis. Commentatio mythologica. Viro Christoph Gottlob v. Burgsdorff praesidi splend. faustum natalem gratul. Lpz. (Sommer) März 1788. 19 S. (5.—) 13938

— — De sacrorum privatorum mortui continuandorum apud Romanos necessitate. Lpz. (Gust. Naumann) 26. IX. 1827. 39 S. (6.—) 13943

— — De Basilicorum origine fontibus hodierna conditione atque nova editione adornanda. Diss. jur. Lpz. (Carl Tauchnitz) 8. III. 1825. 164 S. (8.—) 13942
Gew.: Ern. Frid. Carl Emil Frh. v. Werthern (Dondorf, Oberau).

Heimbach, C. W. E., griechisch-römisches Recht im Mittelalter u. in der Neuzeit, s. Griechenland.

HEIMBACH, Car. Guil. Ern.: De dominii probatione ex principiis juris tam Romani quam Saxonici disseruit etc. 8maj. *Lipsiae*, (E. Fleischer.) 827. (1 Thl.)

Heimbach, Karl Wlh. Er., Aelii Galli Icti de verborum quae ad jus civile pertinent significatione fragmenta. 8. Lpz. 823. Tauchnitz. 6 gl.

(— —). — Virum M. **Carl Wilhelm Ernst Heimbach,** rectorem scholae Portensis d. 10. X. 1801 placide defunctum supremo honore prosequuntur pie lugentes alumni et extranei Portenses. Weissenfels (Friedrich Severin). 4 S. (4.50) 13939

(— —). — De vita et virtutibus viri **Carl Wilhelm Ernst Heimbach** (Hettstad/Mansfeld), rectoris scholae electoralis, quae Portae prope Numburgum floret, optime meriti brevit. diss. memoriam ejus recolunt et commendant collegae et magistri. Weissenfels (Friedrich Severin) 21. XI. 1801. 17 S. mit Biogr. H.'s (M.: Ch. E. Kipsch) u. Namen d. Herausg. (6.—) 13940

Heimbach, Leonh., die Seligpreisungen der Bergpredigt. In acht bibl. Betrachtungen ausgelegt. gr. 8. (83 S.) Berlin 884, W. Schultze's Verlag.

Heimbach, Martin, Kurfürst Friedrich der Erste. Schauspiel in 5 Akten. 8. (93 S.) Berlin 884, (C. Duncker.) *

Heimbach, Matth.

— florilegium philosophicum. 8. ibid. 720.

— philosophia argumentosa. 8. ibid. 747.

Heimbach, Matth. praxis catechetica. 8. Col. 727.

— rhetorica christ. sacra etc. Fol. Augsb. 720.

— u. Schaubühne d. Todes od. Leichenpredigten. 4. Agsb. M. Rieger. 744.

Heimbach, Matth., Schaubühne des Todes. Eine reichhaltige Sammlung auserlesener Grabreden auf die verschiedensten Alter, Stände und Anlässe des menschlichen Lebens. Neu bearb. von G. M. Schuler. (In 6 Liefgn.) 1—4. Liefg. Augsburg 864. Schmid. gr. 8. (S. 1—320.) Jede Liefg. 7½ ngr.

Heimbach, Matth., Schaubühne des Todes. Eine reichhaltige Sammlung auserles. Grabreden auf die verschiedensten Alter, Stände u. Anlässe des menschl. Lebens. Neu bearb. von G. M. Schuler. 5. u. 6. Liefg. Augsburg 864, 65. Schmid's Verlag. gr. 8. (S. 321—477.) Jede Liefg. 7½ ngr.

Heimbach, Schaubühne des Todes. Leichenreden für alle Fälle, Stände u. Altersklassen. Neu bearb. von G. M. Schuler. Neue (Titel-)Ausg. gr. 8. (477 S.) Augsburg (1865) 881. Schmid's Verl. 4. 50

Heimbach, P. (Aug. Schiffmacher), ist Eigenthum Diebstahl?, s.: Volksaufklärung.

Heimbach, P., nicht Verschiebung der Konfirmation, aber neue Kirchenordnungen zum Festhalten der Konfirmierten. Eine Antwort auf die Erfurter Vorschläge u. e. Vorschlag an die Synoden v. e. Superintendenten u. mehreren Geistlichen, dargelegt. 8. (14 S.) Magdeburg 891. E. Baensch jun. — 25

Heimbach, Wern. Conr. Ernst, Beleuchtung der u. d. T.: Sachsen u. seine Hoffnungen erschien. polit. Denkschrift v. K. v Steinbach, in Bezieh. auf d. Ereignisse in Leipzig. 8. (4¼ B.) Leipzig 830, Leo. Thlr.

Heimbach, Wilhelm, Gerichtsrefer.: Akzessorietät im Hypothekenrechte des Bürgerlichen Gesetzbuches für das Deutsche Reich. Borna-Leipzig 1910: Noske. VIII, 36 S. 8°
Rostock, Jur. Diss. v. 25. Aug. 1910, Ref. Matthiaß
[Geb. 26. Jan. 85 Malmedy; Wohnort: Düsseldorf; Staatsangeh.: Preußen; Vorbildung: Gymn. Emmerich Reife O. 04; Studium: Lausanne 1, München 1, Bonn 1, Berlin 1, Münster 2 S.; Rig. 23. Juni 10.] [U 10. 3843

Heimbach, Wilh., u. Carl Hödlmoser, die Militär-Kartographie auf der Weltausstellung in Paris 1900. Nach den Berichten v. H. u. H. gr. 8. (S. 194—212.) Wien 901. (R. Lechner's Sort.) n.n. — 80
Sonderabdruck a.: „Mittheilgn. d. militär-geogr. Institutes".

Heimbach, Gvilelmvs (geb. am 27 Juli 1855 in Miel Rgbz. Köln): Qvaeritvr qvid et qvantvm Cassivs Dio in historia conscribenda inde a l. XL vsqve ad l. XLVII e Livio desvmpserit ... Bonnae, typ. C. Georgi 1878. 48 S., 1 Bl. 8.
Bonn, Phil. Fak., Diss. v. 8 Aug. 1878

Heimberger, Carl, s. Heimberger, Karl

Heimberger, Hans, Rechtspraktikant in Adelsheim ⟨Baden⟩: Das dritte badische Organisationsedikt von 1803 Ziffer XX und das Genußrecht an konfessionell beschränkten Stiftungen. Stuttgart 1907: Union. (XIV, 53 S.) 8° ¶(Erscheint vollst. u. d. T.: 'Die konfessionell beschränkte weltliche Stiftung u. ihre Verwaltung im Großh. Baden' in 'Kirchenrechtl. Abh.')
Bonn, Jur. Fak., Ref. Stutz, Diss. v. 7. Mai 1907
[Geb. 25. Jan. 83 Überlingen a. Bodensee; Wohnort: Würzburg; Staatsangeh.: Bayern; Vorbildung: Gymn. Wertheim a. M. Reife Juli 03; Studium: Würzburg 7, Bonn 1, Heidelberg 1 S.; Rig. 3. Mai 07.]

Heimberger, Hans, die konfessionell beschränkte weltliche Stiftung u. ihre Verwaltung im Grossherzogt. Baden, s. a. Abhandlungen, kirchenrechtliche. 41.

Die konfessionell beschränkte weltliche Stiftung und ihre Verwaltung im Großherzogtum Baden. Von Dr. Hans **Heimberger**, Rechtsprakt. Stuttgart: F. Enke 1907. (XVI, 149 S.) 8°
— **Abhandlungen,** Kirchenrechtliche. H. 41. [07. 7373

Heimberger, Jos., das landesherrliche Abolitionsrecht. gr. 8. (V, 136 S.) Leipzig 901. A. Deichert Nachf. n. 2. 80

Heimberger, Jos., der Begriff der Gerechtigkeit im Strafrecht. Antrittsvorlesung, geh. am 28. IV. 1903 an der Universität Bonn. (36 S.) gr. 8. Leipzig 903. A. Deichert Nachf. n. — 80

Heimberger, Jos., Fragen der Gerichtsorganisation im künftigen Strafprozess. (38 S.) gr. 8. Leipzig 909. A. Deichert Nachf. — 80

— Rechtmässiges u. rechtswidriges Handeln. Berufsrechte u. verwandte Fälle, s.: Darstellung, vergleichende, des deutschen u. ausländ. Strafrechts. IV.

— Zur Lehre vom Ausschluss der Rechtswidrigkeit, s.a. Festschrift f. die juristische Fakultät in Giessen.

Heimberger, Jos., Zur Lehre vom Ausschluss der Rechtswidrigkeit. E. geschicht. Beitr. Giessen 1907. 8°.
Aus: Festschrift d. Giessener jur. Fakultät z. 3. Jahrhundertfeier d. Univ. Giessen.

Zur Reform des Strafvollzugs. Von Dr. Joseph Heimberger, Prof. Leipzig: A. Deichert 1905. (44 S.) 8° [05. 10419

[F.] Heimberger, Joseph [Dr. jur.]: Die staatskirchenrechtliche Stellung der Israeliten in Bayern. E. Beitr. z. Lehre v. d. Privatkirchengesellschaften ... Freiburg i. B. & Leipzig, J. C. B. Mohr, 1893; VII, 207 S. 8.
Würzburg, Jur. Fak., Hab.-Schr. v. 1893
(Nur in beschränkter Zahl für den Austausch)

— Strafkolonien, s.a. Zeit- u. Streitfragen, neue. III. 3.

Strafkolonien. Vortrag geh. zu Dresden 1906 von Dr. Joseph Heimberger. Dresden: v. Zahn & Jaensch 1906. (29 S.) 8° [F.]
— Zeit- u. Streit-Fragen, Neue, hrsg. von d. Gehestiftung. Jg. 3, H. 3. [06. 3118

Heimberger, Joseph [Rechtspraktikant]: Ueber die Straflosigkeit der Perforation. . . . (Aus: Eulenberg's Vierteljahrsschr. f. gerichtl. Med. u. öff. Sanitätswesen. N. F. L. 2.) Berlin, gedr. bei L. Schumacher, 1889; 88 S. 8°
München, Jur. Fak., Inaug.-Diss. v. 1889

— Strafrecht u. Medizin. gr. 8. (III, 65 S.) München 899. C. H. Beck. n. 1. 50

Heimberger, Jos., d. Teilnahme am Verbrechen in Gesetzgebg. u. Litteratur v. Schwarzenberg bis Feuerbach. Mit e. Einleitg. üb. d. Lehre v. d. Teilnahme bei den italien. Praktikern. gr. 8. (VIII, 288 S.) Freiburg i/B. 896. J. C. B. Mohr. n. 6. —

Heimberger, Jos., s.: Verbrechen u. Vergehen wider die öffentliche Ordnung.

— Was dürfen wir v. e. neuen Strafgesetzbuch erwarten? Rede, zur Feier des 50. Geburtstages Sr. Maj. des Kaisers am 27. I. 1909 in der Aula der rhein. Friedrich-Wilhelms-Universität zu Bonn geh. (28 S.) gr. 8. Leipzig 909. A. Deichert Nachf. — 60

Heimberger, Karl

Heimberger, Carl, die Aufbewahrung und Behandlung wie die Erkennung des Weines zum Gebrauche allen Freunden dieses Göttertrankes gewidmet. gr. 16. (23 S.) Sulzbach 853, (v. Seidel'sche Buchh.)

Heimberger, Philipp — Humoristisches Postbüchel für das Jahr 1857 von — —. Bochnia, 1856. Gedr. bei Laurenz Pisch. (24 S. 8.)

Heimberger, Theodor, prakt. Arzt in Pirmasens, aus Amorbach: Ueber Kaiserschnitt und Symphyseotomie. *Würzburg 1901: V. N. Seubert.* (50 S.) 8°
Würzburg, Med. Diss. v. 1901

Heimbrod, (Joseph.) Alfr. (geb. Gleiwitz 15. 7. 1819): De haemorrhagiis activis generalia. Berolini (1840). (32 S.) 8°
Berlin, Med. Diss. v. 25. Juli 1840

Heimbrod, Josef

Heimbrod, J. De Soph. Ajace. (Ueb. Sujet u. Charaktere d. Trag.) 14 S.
Progr. Gleiwitz 1825

Heimbrod, J., Anleitung z. Uebersetzen a. d. Deutschen ins Latein., f. d. unt. u. mittl. Klassen an Gymnasien. 8. (19 B.) Breslau 830, Leuckart.

Heimbrod, Jos., Anleitung z. Uebersetzen a. d. Deutschen ins Latein. f. die unt. u. mittl. Klassen an Gymnasien ausgearb. (Neue Ausg. mit umgearb. Register.) 8. (22½ B.) Breslau 837, Leuckart.

Heimbrod, Jos., Beiträge z. Kenntniß des Elementar-Schulwesens Oberschlesiens von 1764—1838. kl. 8. (Mit 1 Tab.) Gleiwitz u. Beuthen 842, Landsberger. n. ⅓ ß

Heimbrod, Joh. M. Tullius Cicero inde ab idibus Martiis 710 usque ad Calend. Januar. 711. p. R. c. 22 S.
Gleiwitz, Progr. 1844

Heimbrod, Jos. De Sophoclis Electra. 14 S.
Gleiwitz, Progr. 1848

—— über d. Erlernen d. griech. Sprache auf Gymnasien. Eine Schulrede. gr. 8. (2 B.) Breslau 839, W. G. Korn.

Heimbrod, J. Brevis Romanae ling. historia, cui adnexa est recensio auctorum, qui ad orationem prosam ediscendam atque exercendam in scholis legendi sint. 27 S.
Progr. Gleiwitz 1828

—— brevis Romanae linguae historia, cui adnexa est recensio eorum auctor. Latinor., qui ad prosam oration. ediscendam et exercendam legendi sint. 4. (4 B.) Glivicii 828. (Vratislaviae, Leuckart.)

Heimbrod, J. Brevis Graecar. litter. historia usq. ad pugn. Chaeronensem. 26 S. . . . .
Progr. Gleiwitz 1838

Heimbrod: De oraculo Delphico. 15 S.–Gleiwitz, Progr. 1859

Heimbrod, Jos. De Atheniensium sacerdotibus. 14 S.
Gleiwitz, Progr. 1854

Heimbrod: Ueber die deutsche Sprache in dem polnischen Oberschlesien. 23 S.–Gleiwitz, Progr. 1865

Heimbrod, Jos.: Ueber die dt. Sprache in dem polnischen Oberschlesien. -- Oberglogau 1872. 26 S. 4°
Gleiwitz, Gymn.-P 1865.

Heimbrod, J. T. Fl. Vespasiani Rom. Imp. vita. 19 S. . . . .
Progr. Gleiwitz 1833

Heimbrod, J., Titi Flavii Vespasiani Romani imperatoris vita. 1833. 31 S. 4°.

—— wie sollen wir lehren u. erziehen? 8. (2¼ B.) Gleiwitz 843, Landsberger.

Heimbrodt, Friedrich: Diffusionskoeffizienten in Abhängigkeit von der Konzentration, bestimmt mit Hilfe gekrümmter Lichtstrahlen. *Leipzig 1903: Grimm & Wohlleben.* (56 S.) 8°
Leipzig, Phil. Diss. v. 1903

Heimbrodt, Johann Sebastian, Die // Durch Antrieb des Heil. Geistes // hervor gebrachte und GOtt- //wohlgefällige // Hertzens- // und // Seelen- // MUSIC, // Welche // In geistreichen Liedern bestehet // auff gewisse Sprüche H. Schrifft ge- //richtet / und nach eines jeden Anliegen und Andacht zu GOtt erbaulicher // Lust kan gebrauchet werden // Worbey zu finden // So wohl die Noten als auch noch // à parte die bekandten Melodeyen // Zum Druck befördert // und verlegt // Von // J. S. Heimbrodt / L. mod. & Organist. // Leipzig / Anno 1715. - Mit Noten. - 106 S.
B. S. T. 8°.297.

Heimbuch, deutsches, als Familien-Chronik. gr. 8. (48 S.) Dresden 895. Lehmann'sche Buchdr. Geb. — 80

Heimbucher, Christoph, a. Dietfurt: I. Über einige physicochemische Konstanten von Merkuro- und Merkurisalzen. II. Über die Reduktion des Strychnins mit Jodwasserstoffsäure und Phosphor. Würzburg 1904: Stahel. (48 S.) 8°
Würzburg, Phil. Fak., Ref. Tafel, Diss. v. 22. Juli 1904
[Geb. 11. März 81 Dietfurt; Wohnort: Dietfurt; Staatsangeh.: Preußen; Vorbildung: Industriesch. Nurnberg Reife Juli 00; Studium: Würzburg 8 S.; Rig. 27. Juni 04.]

Heimbucher, Karl

Heimbucher, Carl, prakt. Arzt: Aus d. Kgl. Universitäts-Frauenklinik zu Königsberg i. Pr. Ueber **Indication** und Prognose der manuellen Placentarlösung. *Königsberg i. Pr. 1900: M. Liedtke.* (53 S.) 8°
Königsberg, Med. Diss. v. 12. Apr. 1900

Heimbucher, Max, die **Bibliothek** des Priesters. Praktische Winke für deren Anlage und Erweiterung mit besond. Berücksicht. der neueren und neuesten theolog. Litteratur. gr. 8. (VIII, 140 S.) Regensburg 885, Verlags-Anstalt. * 1 80

Heimbucher, Max, Die Bibliothek des Priesters. Praktische Winke für deren Anlage und Erweiterung mit besonderer Berücksichtigung der neueren und neuesten theologischen Litteratur. Regensburg, Verl.-Anst., 1893, 8°, 3. Aufl., XIX, 335 S., 3 Mk.
Erste Auflage 1885. Giebt nach sachkundigen einleitenden Bemerkungen über Bücherkaufen und Einrichtung einer Privatbibliothek unter vorwaltender Berücksichtigung der praktischen Theologie eine gedrängte Übersicht (in 18 Hauptrubriken) des Gediegensten und Gangbarsten aus der neuern katholisch-theol. Litteratur, wobei auch gelegentliche Hinweise auf ältere kathol. und verwandte Erscheinungen von akathol. Autoren vorkommen. Vgl. Hülskamp, Litt. Handw. 1885, S. 84—85.

Heimbucher, Max, die Bibliothek des Priesters. Mit prakt. Winken f. deren Anlage u. Erweiterg. Zugleich e. Handbuch der katholisch-theolog. Literatur. 5. verb. u. bedeutend verm. Aufl. (VIII, 476 S.) gr. 8. Regensburg 904. Verlagsanstalt vorm. G. J. Manz. n. 5. —; geb. in Leinw. n. 6. —

—— Erinnerungen an Paulus Klostermaier, erzbischöfl. geistl. Rat und kgl. Lycealrektor in Freising. gr. 8. (39 S.) Freising 886, Datterer. — 40

Heimbucher, Max. Die heil. Firmung, das Sakrament d. heil. Geistes. In dogmat., histor. u. liturg. Beziehg. f. den prakt. Seelsorger dargestellt. gr. 8. (VIII, 328 S.) Augsb. 889, Liter. Institut v. Huttler. 4 —

— kurze Geschichte Freisings u. seiner Bischöfe. 2., größere Ausg. gr. 8. (XI, 76 S.) Freising 887. (München, Stahl sen.) n. — 60

— die heilige Ölung. Mit besond. Rücksicht auf die prakt. Seelsorge dargestellt. gr. 8. (IV, 122 S.) Regensburg 888. Verlags-Anstalt. n. 1. 60

Heimbucher, Max, d. Orden u. Kongregationen d. kathol. Kirche, s. a. **Handbibliothek,** wissenschaftl.

[F.] Die Orden und Kongregationen der katholischen Kirche. Von Dr. Max **Heimbucher,** kgl. Lycealprof. in Bamberg. Bd 1. 2. *Paderborn: F. Schöningh 1896.97.* 2 Bde 8.
1. 1896. (X, 583 S.) 2. 1897. (VII, 557 S.)
— **Handbibliothek,** Wissenschaftliche. Reihe 1. [No] X. XI. (96. 8366

Heimbucher, Max. Die Orden und Kongregationen der katholischen Kirche. 3 Bände. 2., grossenteils neubearbeitete Aufl. 8. Paderborn, Ferdinand Schöningh, 1907—1908. [*je* M. 6.—, geb. 7.20]
Band 1. VIII + 523 S. 1907. — Band 2. VIII + 629 S. 1907. — 3. ⟨Schluss-⟩Band. VIII + 635 S. 1908.
Auch schweizer. Orte mehrfach betr. (s. bes. Band 1: Einsiedeln, St. Gallen *etc.*). — *1. Aufl.* 2 Bände. 1896—1897: Lesesaal

— die **Papstwahlen** unter den Karolingern. gr. 8. (X, 200 S.) Augsburg 889. Literar. Institut v. Dr. M. Huttler. n. 4. —

— die praktisch-soziale Tätigkeit des Priesters od. Wie kann jeder Priester einiges zur Lösung der sozialen Frage beitragen?, s. a. Seelsorger-Praxis. 1.

Die Praktisch-sociale Thätigkeit des Priesters oder Wie kann jeder Priester einiges z. Lösung d. soc. Frage beitragen? Mit e. Führer durch d. kath. soc. Litt. Von Dr. Max **Heimbucher,** Lycealprof. in Bamberg. *Paderborn: F. Schöningh 1902.* (VI, 229 S.) 8° [F.]
— **Seelsorger-Praxis.** 1. (02. 4303

Die Praktisch-soziale Tätigkeit des Priesters oder: Wie kann jeder Priester einiges zur Lösung der sozialen Frage beitragen? Mit e. Führer durch d. soziale Literatur. Von Dr. Max **Heimbucher,** Lycealprof. in Bamberg. 3., verm. **Aufl.** Paderborn: F. Schöningh 1904. (VI, 292 S.) 8° [F.]
— **Seelsorger-Praxis.** 1. (03. 1237

HEIMBUCHER, Max (Freising): Die Wirkungen der heiligen Kommunion.- Regensburg: Manz 1884. XII,256 S.
4.7.1885 - Urk (Titel: De effectuum s. communionis explicatione.); Chr 1885/86,15
Diss.Ingolst.-Landsh.-Mchn.

Heimburg und Marie. Lustsp. v. Bretzner. 8. Leipz. Jacobaer. 796.

Heimburg, E. v., Beitrag zur Frage der Beforstung öder und uncultivirter, im Privatbesitze befindlicher Sand- und Moorflächen, mit besond. Berücksicht. des Commissions-Entwurfes eines Gesetzes für das Herzogth. Oldenburg über die Beförderung von Waldculturen. gr. 8. (37 S.) Oldenburg 884, Schulze'sche Hofbuchh.

v. **Heimburg, E.,** romant. Erzählungen. 16 Bdchen. Mit 6 Kpf. 8. Bremen 809. Müller. 1 Rthl (NB. Hatte früher den Titel: Romant. Taschenbuch.)

Heimburg, E. v., das Grunderbrecht in seinem Verhältnisse zum Geiste unserer Zeit und in seinem Einflusse auf den Bauernstand seines Gebietes im Herzogth. Oldenburg. gr. 8. (38 S.) Oldenburg 871, Schulze'sche Buchh. *

— romant. Taschenbuch auf d. J. 1809. Mit Kpf. 12. Aurich u. Bremen 809.

— —, Romantisches, auf das Jahr 1809. Von E. v. Heimburg. Mit Kpfrn. Bremen, Müller, 1809. 12°. (1⅓ Rthl.) Selten!

v. **Heimburg, Er.,** Zeichnungen nach Natur u. Phantasie. Mit Kpf. u. Musik. 8. Oldenb. 807. Schulze. 1 Rthl

Heimburg, Ern. Aug. Heinr., De Matth. Flacio Illyrico professore olim Jenensi fortissimo atque acerrimo theologiae Lutheranae propugnatore. — Oratio ad memor. August. confess. Jena (Friedrich Frommann) 30. V. 1839. 36 S. (6.50) 13949
Gew.: Johann Friedrich Roehr, Chr. Gottl. Leber. Grossmann.

—— de Matth. Flacio Illyrico professore olim Jenensi fortissimo atque acerr. theologiae Lutheranae propugnatore. 8 maj. (2¼ B.) Jenae 843, Frommann.

— — De Caspare Peucere evangelicae doctrinae ingenuo ac constanti defensore ejusque gravissimis in emendationem sacrorum meritis. — Oratio ad memor. August. confess. Jena (Georg Schreiber) 30. V. 1841. 36 S. (6.50) 13950
Gew.: Heinr. Carl Fr. Peucer (Weimar. Eisenach).

Heimburg, Ern. Aug. Henr., de Caspare Peucero evangelicae doctrinae ingenuo ac constanti defensore eiusque gravissimis in emendationem sacrorum meritis. Oratio. 8 maj. (2¼ B.) Jenae 842. (Frommann.) *

—— Plan u. Einrichtung des Heimburgschen Knabeninstitutes in Jena. gr. 8. (2¼ B.) Jena 842, Frommann. *

Heimburg, H. v., das Scheibenschießen der mit dem Thouvenin'schen Gewehr bewaffneten Infanterie. gr. 16. (VII und 71 S. mit 1 Stnt. in qu. gr. 4.) Oldenburg 855, Schmidt. *

Heimburg, J. E. v. Chaussee od. Eisenbahn?! Ein Beitrag zu der Frage: Wo liegt die Noth der Landwirthschaft u. was thut der Landwirthschaft noth? gr. 8. (48 S.) Oldenb. 890, Schulze. * — 50

Heimburg, J. E. v., 50,000 Kilometer landwirthschaftliche Localbahnen, ihre Nothwendigkeit u. ihre Durchführbarkeit im Wege der genossenschaftlichen Selbsthülfe. gr. 8. (72 S. m. 1 Karte.) Oldenburg 892. Schulze. n. 1. —

Heimburg, J. E. v., d. Kleinbahn, ihre Bedeutg. u. ihr Platz im heut. Verkehrsleben. gr. 8. (77 S.) Oldenburg 895. Schulze. n. 1. —

Heimburg, Johann Kaspar

— — Programma quo inquiritur an oblatio libelli principi facta litispententiam inducat. — Auspic. dissert. candidati Georg Christian Heider (Kauffbeuren) de Kauffburae liberae sacrae Caesareae majestatis sacrique Romani Imperii civitatis jurisdictione criminali per totum diffusa territorium praemissum. Jena (Schill) 19. IX. 1750. 14 S. mit Biogr. Heider's. (M.: A. S. Hoermann v. u. zu Guttenberg.) (4.50) 13963

— — De anticategoria vulgo recriminatione in processu accusatorio ex Romano jure spectata. Diss. jur. Jena (Horn) 12. I. 1737. 44 S. (6.50) 13952

Heimburg, Jo. Caspar (Präs.), s. Buhl, Joh. Engel: Quaestionem an is, qui jure praelationis ...

— — De compossessione juris lignandi. — Dissert. inaug. candidati Jo. Ernst Schroeter (Jena) de juris communis et Germanici differentiis in doctrina de fideicommissis praemissum. Jena (Jo. Friedrich Ritter) 7. X. 1743. 16 S. mit Biogr. S.'s. (M.: A. D. Goez.) (5.—) 13956

— — Programma de creditore ad jura tertio cedenda haud obligato. — Candidati Jo. Wilhelm Westphal (Quedlinburg) inaug. dissertat. de furto magno praemissum. Jena (Marggraf) 30. VII. 1745. 6 Bl. mit Biogr. W.'s. (M.: A. D. Bethge.) (4.50) 13957

— **Johann Caspar** (Gotha), De eo quod circa facta universitatum licita justum est. Diss. jur. Präs. Jo. Christ. Schroeter (Wickerstedt). Jena (Wwe. Erich) 17. VIII. 1729. 80 S. (7.—) 13951
Gew.: Johann Friedrich Frh. Bachoff v. Echt (Dobitsch . .), Daniel Eusebius Jaeger.

Heimburg, Jo. Casp. [Praes.], s. Fricke, Franz Otto: De jure creditorum facta de hereditate transactione.

— — Programma de furto aratrorum. — Candidati Ludwig Albert Haeckhel (Ulm) inaug. disput. de diplomate suppositltio quo Ulmam villam regalem a Carolo M. an. 813. coenobio Augensi donatam assertum fuit addita brevi perantiquae Ulmensis immedietatis probatione praemissum. Jena (Schill) 7. IV. 1755. 12 S. mit Biogr. Hae.'s. (M.: S. R. Holl.) (4.50) 13964

Heimburg, Jo. Kaspar (Präs.), s. Gärtner, Helfr.Nic.: De potestate executorum alienae sententiae in causa civ. pronunciatae.

Heimburg, Jo. Casp. (Präs.), s. Hagnauer, Brandolph (Resp.): De jure creditorum, facta cessione, adversus tertium competente.

Heimburg, Jo. Casp. (Präs.), s. Hellfeldt, Jo. August: De condictione mulieri intercedenti competente.

— — Programma I de interlocutionibus principum occasione L. 1. §. 1. D. de Const. Princ. — Auspic. dissert. candidati Johann Joachim Storch (Güstrow/Meckl.) de jure molendinorum pneumaticorum praemissum. Jena (Christian Franz Buch) 20. V. 1739. 4 Bl. mit genealog. Biogr. St.'s. (M.: S. D. Schoepfer.) (5.—) 13953

— — Dasselbe. II. — Auspic. dissertat. candidati Jo. Aug. Hellfeld (Gotha) de condictione mulieri intecedenti competente praemissum. Jena (Croeker) 24. V. 1739. 12 S. mit Biogr. Hellfeld's. (M.: C. F. Mattenberg.) (4.50) 13954

— — De interruptione praescriptionis per pignorationem. — Candidati Alb. Christian Heinrich Schröder (Schwerin/Meckl.) inaug. dissertat. de jure creditorum allodialium intuitu feudi et concursus feudalis habendae praemissum. Jena (Schill) 11. IV. 1755. 12 S. mit Biogr. S.'s. (M.: M. S. Rassov.) (5.—) 13965

— — Programma de interventione principali anomala candidati Wilh. Fried. Kreidenmann (Wien) inaug. dissertat. de remediis legitimis adversus sententias praesertim in Augustissimo consilio imperiali aulico latas habendae praemissum. Jena (Schill) 12. XI. 1756. 11 S. mit Biogr. K.'s. (M.: M. M. Straub.) (5.—) 13966

— — De judicato anomalo in clausula remotae appellationis rescripto addita conspicuo dissertat. inaug. candidati Achaz Ludwig Carl Schmidt (Jena) de operis Burgensium praemissum. Jena (Fickelscherr) 27. IX. 1748. 12 S. mit Biogr. S.'s. (M.: E. L. Kunhold.) (5.—) 13962

— — De jurisdictione in vasallum nondum investitum jure Saxonico competente. — Diss. inaug. candidati Christoph Wilh. Ludw. Boecklen (Königsbronn/Württbg.) de commissario imperiali in caussis feudalibus praemissum. Jena (Jo. Friedrich Ritter) Aug. 1743. 8. S. m. Biogr. B.'s. (M.: M. C. Hepplen.) (4.20) 13955

— — Programma de praescriptione immemoriali contra legem prohibentem valente. — Candidati Jo. Ludwig Schmid (Quedlinburg) inaug. dissert. de praescriptione actionis pigneraticiae directae praemissum. Jena (Schill) 25. XI. 1756. 16 S. mit Biogr. S.'s. (M.: A. M. Degen.) (6.—) 13967

— — Quaestio: an advocatus fisci ad consequendam poenam, quam reus incurrit, peculiari processu opus habeat?. — Dissertat. inaug. candidati Johann Andr. Hoffmann (Tambach, Gotha) de juribus indigenarum Germaniae praemissum. Jena (Jo. Christ. Croeker) 12. V. 1747. 8 S. mit Biogr. Ho.'s. (M.: S. M. Heusinger.) (3.50) 13958

— — Dasselbe. Jena (Croeker). (4.20) 13959

— — **Dasselbe. Jena (Schill) 1760.** (4.20) 13960

— — Programma quo quaestio, quaenam poena incestus materterae cum ejus sororis filio commissi jure criminali Carolino obtineat? exam. candidati Gotth. Just. Wilhelm Salzmann (Jena) dissertationi de actore forum rei haud semper sequenue praemissum. Jena (Schill) 17. IV. 1765. 8 S. mit Biogr. S.'s. (M.: M. E. Erhard.) (5.—) 13969

— — Programma I de spolio non restituendo dissertat. inaug. a candidato Gebhard Christian Kuetemeyer (Schwerin) praemissum. Jena (Fickelscherr) 31. VII. 1747. 4 Bl. mit Biogr. K.'s. (M.: Ch. D. Schomer.) (5.—) 13961

— — Programma de taedio vitae poenam homicidii non mitigante candidati Christian Justus Wideburg (Jena) inaug. dissertat. de juramento minorationis seu minutionis praemissum. Jena (Marggraf) 25. IV. 1757. 16 S. mit Biogr. W.'s. (M.: M. S. Schroeter.) (5.50) 13968

Heimburg, Nellie v., Perlen der Kochkunst. Sammlung erprobter Rezepte. (3. Aufl.) (93 u. 589 S.) 8. Köslin (910). (Verlag der Perlen der Kochkunst.) Geb. in Leinw. 4. 45

Helmburg, Paul v., Hauptm. und Compagnie-Chef im 4. westph. Inf.-Reg. Nr. 17. Grundriss der Pädagogik für Officiere, welche an Erziehungs-Instituten wirken wollen. 8. Berlin 1871.

Heimburg, Hauptm. v., Grundzüge der Pädagogik für Offiziere, die an Militair-Bildungsanstalten unterrichten. 8. Berlin 871, Mittler und Sohn. *

Heimburg, B. Festschrift zum 25jährigen Bestehen der Kaiser Wilhelms-Stiftung für deutsche Invaliden. Berlin 1896. 4 Bl.

Heimburg, Wilhelmine [Pseud.]
s.d. Behrens, Bertha [Wirkl. Name]

†Heimburg, W. [Bertha Behrens], die Andere. Roman. (322 S.) 1886; 2. Aufl. 8. (346 S.) Leipzig 888, Keil's Nachf. 4 50
geb. * 5 50

— Haus Beetzen. Roman. 8. (266 S.) Ebd. 896. 4. 50; geb. in Leinw. n. 5. 50; erm. Pr. 3. —; geb. n. 4. —

Heimburg, W., ihr einziger Bruder. Novelle. 8. (411 S.) Leipzig 882, Gebhardt's Verlag. ℳ 6.; geb. *
—— dass. — 2. und 3. Aufl. Mit dem Bildnis der Verf. in Lichtdr. und Facs. 8. (411 S.) Ebendas. 883,84. geb. *

—— ihr einziger Bruder. Novelle. 4. und 5. Aufl. 8. (411 S. mit dem Bildnis der Verf. in Lichtdr. und Facs.) Leipzig 885,86, Gebhardt's Verlag. 6 —
geb. * 7 20

— ihr einziger Bruder. Novelle. 5.—7. Aufl. Mit dem Bildnis der Verf. in Lichtdr. u. Fksm. 8. (411 S.) Leipzig 886—889. Gebhardt's Verl. 6. —; geb. n. 7. 20

—— Ihr einziger Bruder. Novelle. 7. u. 8. Aufl. 8. (111 S. m. Lichtdr.-Bild.) Lpz. 889,90, Gebhardt's Verlag. 6 —; geb. 7 20

Heimburg, W. (Bertha Behrens), ihr einziger Bruder. Novelle. 9. Aufl. 8. (411 S. m. Lichtdr.-Bildnis.) Leipzig 892. J. M. Gebhardt's Verl. 6. —; geb. n. 7. 20

— ihr einziger Bruder. Novelle. 11. Aufl. 8. (411 S. m. Bildn. m. Fksm.) Leipzig 896. J. M. Gebhardt. 6. —; geb. n. 7. 20

Heimburg, W. (Frl. Bertha Behrens), ihr einziger Bruder. Novelle. 15. Aufl. (411 S. m. Bildnis u. Fksm.) kl. 8. Leipzig (909). J. M. Gebhardt. 6.—; geb. in Leinw. 7. 20

Heimburg, W. (Frl. Bertha Behrens), Doktor Danz u. seine Frau. Roman. 1. u. 2. Aufl. (Je 347 S.) 8. Leipzig (903). Stuttgart, Union. n. 3. —;
geb. in Leinw. n. 4. —

—— Dazumal. Vier Novellen. [Unverstanden. Ursula. Im Banne der Musen. Das Fräulein Pathe.] 8. (VI, 326 S.) Leipzig 884, Keil's Nachf.

—— Dazumal. Vier Novellen. [Unverstanden. Ursula. Im Banne der Musen. Das Fräulein Pathe.] 2. Aufl. 8. (VI, 323 S.) Leipzig 887, Keil's Nachf. 4 50
geb. * 5 50

— Antons Erben. Roman. 8. (434 S.) Ebd. 898. 3. —; geb. in Leinw. n. 4. —

—— Eine unbedeutende Frau. Roman in 2 Bdn. 8. (220; 221 S.) Lpz. 891, Keil's Nachf. 6 —; geb. in 1 Leinw.-Bd. 7 —

— Sabinens Freier. Auf schwankem Boden. 2 Novellen. 8. (180 S.) Ebd. 894. 3. —; geb. in Leinw. n. 4. —

— Sabinens Freier. Auf schwankem Boden. 2 Novellen. 2. Aufl. 8. (180 S.) Ebd. 895. 3. —;
geb. in Leinw. n. 4. —

†Heimburg, W. [Bertha Behrens], Trudchens Heirath. Roman. (282 S.) 1885; 2. Aufl. 8. (290 S.) Leipzig 887, Keil's Nachf. ℳ 4.50.; geb. * 5 50

— Trotzige Herzen. Roman. 1. u. 2. Aufl. 8. (368 S.) Leipzig 897. E. Keil's Nachf. 3. —; geb. in Leinw. n. 4. —

— Trotzige Herzen. Roman. 4. Aufl. (368 S.) kl. 8. Ebd. (908.) 3.—; geb. in Leinw. 4. —

— Herzenskrisen. Roman. 2 Bde. 8. (215 u. 214 S.) Ebd. 887. 6. —; geb. n. 7. —

Heimburg, W., aus dem Leben meiner alten Freundin. 1. und 2. unveränd. Aufl. 8. (III, 408 S.) Magdeburg 878,79, Faber'sche Buchdruckerei. *ℳ 5,70.; geb. *

— dasselbe, s.a. Romanbibliothek der Gartenlaube.

—— aus dem Leben meiner alten Freundin. 3. unveränd. Aufl. 8. (443 S.) Ebendas. 881.

—— aus dem Leben meiner alten Freundin. 5. und 6. unveränd. Aufl. 8. (443 S.) Ebendas. 885,88. 5 —
geb. * 6 —

— Aus dem Leben meiner alten Freundin. 12. Aufl. (335 S.) 8. Ebd. (908.) 3.—; geb. in Leinw. 4. —

— alte Liebe u. anderes. Erzählungen. (329 S.) 8. Ebd. (904). n. 3. —; geb. in Leinw. n. 4. —

Heimburg, W. (Frl. Bertha Behrens), Lotte Oldenroths Liebe. Roman. 1. u. 2. Aufl. 8. (à 406 S.) Leipzig (902). E. Keil's Nachf. n. 3. —; geb. in Leinw. n. 4. —

—— Lumpenmüller's Lieschen. Roman. 8. (454 S.) Leipzig 879, Keil.

— dasselbe, s. a. Romanbibliothek der Gartenlaube.

—— Lumpenmüller's Lieschen. Roman. 2. und 3. Aufl. 8. (454 S.) Ebendas. 885,88. ℳ 5.—.; geb. * 6 —

—— unter der Linde. Sieben Novellen. [Am Abgrund. Unsere Hausglocke. Unser Männe. Jascha. In der Webergasse. Großmütterchen. Aus meinen vier Pfählen.] 8. (VI, 270 S.) Leipzig 888, Keil's Nachf. ℳ 4.50.; geb. * 5 50

— Unter der Linde. Sieben Novellen. 3. Aufl. (IV, 270 S.) kl. 8. Ebd. (909.) 3.—; geb. in Leinw. 4. —

— — ein armes Mädchen. Roman. 8. (309 S.) Leipzig 884, Keil's Nachf.

—— ein armes Mädchen. Roman. 2. Aufl. 8. (309 S.) Leipzig 886, Keil's Nachf. ℳ 4.50.; geb. 5 50

Die lustige Frau Regine. Novellen u. Skizzen von W. **Heimburg** [d. i. Berta Behrens]. Stuttgart, Berlin, Leipzig: Union (1910). 205 S. 8° [11. 5343

Heimburg's, W. [Bertha Behrens], gesammelte Romane u. Novellen. Mit Illustr. 75 Lfgn. oder 10 Bde. 8. Lpz. 890—93, Keil's Nachf. à Lfg. — 40; à Bd. 3 —; geb. 4 —

1. Aus dem Leben meiner alten Freundin. (284 S.)
2. Lumpenmüller's Lieschen. (328 S.)
3. Kloster Wendhusen. Ursula. (338 S.)
4. Ein armes Mädchen. Das Fräulein Pate. (280 S.)
5. Trudchens Heirat. Im Banne der Musen. (310 S.)
6. Die Andere. Unverstanden. (314 S.)
7. Herzenskrisen. Roman. (315 S.)
8. Lore v. Tollen. (364 S.)
9. Eine unbedeutende Frau. (352 S.)
10. Unter der Linde. 12 Novellen. (464 S.)

Heimburg's, W. (Bertha Behrens), ges. Romane u. Novellen. Illustr. Ausg. 2. Aufl. 10 Bde. 8. Leipzig 894—897. E. Keil's Nachf. à 3.—; geb. in Leinw. à n. 4. —

1. Bd. Aus d. Leben meiner alten Freundin. M. Illustr. v. W. Claudius. (284 S.)
2. Bd. Lumpenmüllers Lieschen. M. Illustr. v. R. Wehle (328 S.)
3. Bd. Kloster Wendhusen. — Ursula. M. Illustr. v. A. Zick. (338 S.)
4. Bd. Ein armes Mädchen. Das Fräulein Pate. M. Illustr. v. A. Mandlick. (280 S.)
5. Bd. Trudchens Heirat. Im Banne d. Musen. M. Illustr. v. E. Ravel. (310 S.)
6. Bd. Die Andere. Unverstanden. M. Illustr. v. W. Claudius. (316 S.)
7. Bd. Herzenskrisen. Roman. M. Illustr. v. Carl Zopf. (315 S.)
8. Bd. Lore v. Tollen. Roman. M. Illustr. v. M. Flashar u. H. Albrecht. (361 S.)
9. Bd. Eine unbedeutende Frau. Roman. M. Illustr. v. R. Gutschmidt. (352 S.)
10. Bd. Unter d. Linde. Zwölf Novellen. M. Illustr. v. A. Mandlick, A. Zick, C. Koch u. a. (461 S.)

Erschien auch in 71 Lfgn. à n. — 40.

Heimburg's, W. (Bertha Behrens), illustr. Romane u. Novellen. Neue Folge. 5 Bde. 8. Leipzig, E. Keil's Nachf. à 3. —; geb. in Leinw. à n. 4. —

1. Bd. Mamsell Unnütz. Roman. M. Illustr. v. W. Claudius. (320 S.) 896.
2. Bd. Um fremde Schuld. Roman. M. Illustr. v. H. G. Jentzsch. (368 S.) 896.
3. Bd. Erzählungen. (Sabinens Freier. Franziska v. Schlehen. Das Raupenhäuschen. Der silberne Hirschfänger. Großmutters Whistkränzchen. Marianne Sievening.) M. Illustr. v. W. Reinicke, W. Claudius u. Fritz Bergen. (342 S.) 897.
4. Bd. Haus Beetzen. Roman. M. Illustr. v. Pet. Schnorr. (320 S.) 897.
5. Bd. Trotzige Herzen. Roman. M. Illustr. v. W. Claudius. (422 S.) 898.

— illustrierte Romane u. Novellen. 3. Folge. 35 Lfgn. 8. Ebd. à n. — 40; auch in 5 Bdn. à n. 3. —; geb. in Leinw. à n. 4. —

1. Bd. Antons Erben. Roman. Mit Illustr. v. M. Barascudts. (428 S.) (904. 905.)
2. Bd. Im Wasserwinkel. Roman. Mit Illustr. v. H. Grobet. (365 S.) (905.)
3. Bd. Sette Oldenroths Liebe. Roman. Mit Illustr. v. M. Barascudts. (359 S.) (905.)
4. Bd. Doktor Daunz u. seine Frau. Roman. Mit Illustr. v. E. Münch. (296 S.) (905.)
5. Bd. Alte Liebe u. anderes. Novellen. Mit Illustr. v. Fritz Bergen. (200 S.) (905. 906.)

— um fremde Schuld. Roman. 8. (310 S.) Ebd. 895. 5. —; geb. in Leinw. n. 6. —; erm. Pr. 3. —; geb. n. 4. —

— Um fremde Schuld. Roman. 3. Aufl. (310 S.) kl. 8. Ebd. (909.) 3.—; geb. in Leinw. 4. —

— Großvaters Stammbuch u. anderes. Novellen. (367 S.) 8. Ebd. (904). n. 3. —; geb. in Leinw. n. 4. —

— Der Stärkere. Roman. (414 S.) 8. Ebd. (909.) 3.—; geb. in Leinw. 4. —

— Lore v. Tollen. Roman. 2 Bde. 1. u. 2. Aufl. 8. (254 u. 231 S.) Ebd. 889. 7. —; geb. n. 8. —

— Lore v. Tollen. 4. Aufl. (345 S.) kl. 8. Ebd. (908). 3.—; geb. in Leinw. 4. —

— Mamsell Unnütz. Roman. 8. (254 S.) Ebd. 893. 4. 50; geb. in Leinw. n. 5. 50

— Mamsell Unnütz. Roman. 4. Aufl. (339 S.) kl. 8. Ebd. (910.) 3.—; geb. in Leinw. 4. —

— — „Waldblumen". Acht Novellen. 1. und 2. Aufl. 8. (VII, 438 S.) Leipzig 882, Gebhardt's Verlag. geb.

—— Waldblumen. 8 Novellen. 3. und 4. Aufl. 8. (VII, 438 S.) Leipzig 885,86, Gebhardt's Verlag. 6 — geb. * 7 20

— Waldblumen. 8 Novellen. 5. Aufl. 8. (VII, 438 S.) Leipzig 890. J. M. Gebhardt's Verl. 6. —; geb. n. 7. 20

— im Wasserwinkel. Roman. 1.—3. Aufl. gr. 8. (à 386 S.) Ebd. (900). 3. —; geb. in Leinw. n. 4. —

— Über steinige Wege. Roman. 1.—5. Aufl. (366 S.) kl. 8. Ebd. (908—10). 3.—; geb. in Leinw. 4. —

— Kloster Wendhusen. 8. (378 S.) Leipzig 880. Keil. 4. 50

— dasselbe, s. a. Romanbibliothek der Gartenlaube.

—— Kloster Wendhusen. 2. und 3. Aufl. 8. (378 S.) Leipzig 885,87, Keil's Nachf. 4 50.; geb. * 5 50

— Kloster Wendhusen. Roman. 7. Aufl. (333 S.) kl. 8. Ebd. (910.) 3.—; geb. in Leinw. 4. —

— Wie auch wir vergeben ... Roman. 1.—6. Aufl. (318 S.) 8. Ebd. (907—10). 3.—; geb. in Leinw. 4. —

Wie auch wir vergeben ... Roman von W[ilhelmine] **Heimburg** [d. i. Bertha Behrens]. 5. Aufl. Stuttgart, Berlin, Leipzig: Union [1907]. (318 S.) 8° [F.] [08. 2403

Heimburger, Andr.: De stupendo naturae mysterio anima humana sibi ipsi ignota, s. Hollmann, Chr. (Praes.)

Heimburger, J. A., Harmonia inter animam et corpus. Viteb. 4°. 1725

Heimburger, Jost. Neu eröffneter Bau- und Zimmerplatz, oder vollständige Anweisung zum Zimmerwerk Frankfurt und Leipzig 1729. Fol.

Heimburger, Jost, Bau- u. Zimmerplatz, od. Anw. z. Zimmerwerk. m. K. gr. Fol. Frkf. Bötticher. 729.

Heimburger, Karl [aus Ottenheim]: Grammatische Darstellung der Mundart des Dorfes Ottenheim. Lautlehre .... (Sonderabdr. aus d. Beiträgen z. Gesch. d. Deutschen Sprache u. Lit. XIII. 2.) Halle a. S., Druck v. Ehrhardt Karras, 1887; 2 Bl. + 37 S. 8°.
Freiburg i. B., Phil. Fak., Inaug.-Diss. v. 1887.

Heimburger, Karl [Dr.]: Der Erwerb der Gebietshoheit. Eine staats- und völkerrechtliche Studie. I. Teil. Karlsruhe, Druck d. G. Braun'schen Hofbuchdr., 1888; VII + 155 S. 8°
Heidelberg, Jur. Fak., Hab.-Schr. v. 1888

Heimbürger, Alex., das Zauberbuch, s. a. Taschenbücher, illustr. f. die Jugend. 16 Bdchn.

Das Zauberbuch. Bearb. von Alexander Heimbürger. Mit 66 Abb. Hrsg. von d. Red. d. Guten Kameraden. 3. Aufl. *Stuttgart, Berlin, Leipzig: Union [1901].* (128 S.) 8° [F.]
— Taschenbücher, Illustrierte, f. d. Jugend. 16. [01. 1860

Heimbürger, Alex., ein moderner Zauberer. Tagebuchblätter von Alexander. 2 Bde. Mit einer Einleitung von Levin Schücking. 8. (VII, 293 u. V, 296 S.) Münster 882. Coppenrath. à n. 2. 50

Heimbürger, Hch. Chr.

Heimbürger, H. Ch., christl. Abendstunden, in Betrachtungen, Gebeten u. Liedern zur häusl. Erbauung. 8. (13½ B.) Celle 840, (Schulze'sche Buchh.)

Heimbürger, H. Chr.: Andeutungen über die freie Seelsorge des evangel. Geistlichen. Den Freunden der Kirche zur Beachtung und Anregung dargeboten. gr. 8. (IX und 142 S.). Celle: Capaun-Karlowasche Buchh. 1848.

— Eller, weiland Doctor der Philos. u. Rabbiner zu Celle nach seinem Leben u. Wirken kurz geschildert, nebst einigen Vorträgen des Verewigten. 8. (XX u. 75 S.) Ebd. 848. n. ⅔ ℛ

— Eller, weiland Doctor der Philosophie und Rabbiner zu Celle nach seinem Leben und Wirken kurz geschildert, nebst einigen Vorträgen des Verewigten. 8. (XX und 75 S.) Celle 849, Capaun-Karlowasche Buchh. *

— Ernst d. Bekenner, Herzog v. Braunschweig u. Lüneburg. Biograph. Versuch. gr. 8. (12½ B.) Celle 839, Schulze'sche Bh.

Heimbürger, H. Ch., christliche Feierklänge für Jünglinge und Jungfrauen vor und nach ihrer Confirmation. Eine Mitgabe für's Leben und Beitrag zur häusl. Erbauung. Neue (Titel-) Ausg. 8. (III und 170 S.) Celle (839)62, Schulze'sche Buchh. *

Heimbürger, H. Chr., Den Gefangenen zu Hülfe! Ein wohlgemeintes Wort, für die Gefangenen an die Nichtgefangenen gerichtet. 12. (VII und 73 S.) Celle 854, Schulze'sche Buchh. * —

— Georg Wilhelm, Herzog von Braunschweig und Lüneburg. Ein Lebens- und Zeitbild, nach gedruckten und ungedruckten Quellen dargestellt. gr. 12. (X und 280 S.) Celle 852, Capaun-Karlowa'sche Buchh. *

— das blutige Hochgericht eine laut redende Warnungstafel für Jedermann. Eine Predigt am 19. März 1847 kurz vor der Hinrichtung des Mörders G. C. H. D. Thöne gehalten. 8. (20 S.) Celle 847, Schulze'sche Buchh.

Heimbürger, H. Ch., die Jugend unserer Zeit, ein Gegenstand gerechter Besorgniß für die Erwachsenen. Eine Predigt in der Stadt-Kirche zu Celle gehalten. 8. Celle 843, Schulze. ⅛ ℛ

— keine gedeihliche Jugenderziehung in der Schule ohne Mitwirksamkeit des Hauses. 8. (2¾ B.) Celle 843, Schulze'sche Buchh.

— Karoline Mathilde, Königin von Dänemark, nach ihrem Leben und Leiden, aus zum Theil ungedruckten Quellen dargestellt. 12. (IV und 202 S.) Celle 851, Capaun-Karlowasche Buchh.

Heimbürger, H. C., Karoline Mathilde, Königin v. Dänemark. (202 S.) Coburg 1851. Karlowa.

— christl. Krankenfreund. Ein Andachtsbuch in Betrachtungen, Gebeten u. Liedern, zur Stärkung u. Tröstung für Kranke. 12. (10½ B.) Celle 844. (Capaun-Karlowasche Bh.)*

— Kreuz u. Psalter. Christl. Betrachtungen zur Stärkung u. Tröstung f. Leidende. 8. (15 B.) Celle 841, Schulze'sche Bh. *

— die heilige Lebenssache, die uns d. Todestag Ernsts des Bekenners an das Herz legt. Eine Predigt am 1. Epiphaniassonnt. den 11. Jan. 1846, als am 300jähr. Gedenktage des Todes dieses hochh. Förderers d. Reformation, damal. Herzogs v. Braunschweig u. Lüneburg geh. gr. 8. (¾ B.) Celle, Capaun-Karlowasche Buchh.

— christl. Morgenstunden in Betrachtn., Gebeten u. Liedern z. häusl. Erbauung. gr. 8. (12¾ B.) Celle 839, (Schulze'sche Bh.)

— das christliche Priesterthum deutscher Frauen und Jungfrauen. 12. (VII und 135 S.) Celle 852, Capaun-Karlowa'sche Buchh. *

— Urbanus Rhegius. Nach gedruckten u. ungedruckten Quellen dargestellt. gr. 8. (VIII u. 295 S.) Hamburg u. Gotha 851, Fr. & Andr. Perthes. 1 ℛ 18 ngr

— Stimmen aus d. Heimath f. Leidtragende Herzen. Acht Predigten. 2., verb. u. verm. Aufl. gr. 8. (8½ B.) Celle 837, (Schulze'sche Buchh.)

Heimbürger, H. Ch., Wilhelm der Jüngere, Herzog von Braunschweig-Lüneburg und Stammvater des Hauses Hannover. Ein Lebens- und Zeitbild nach ungedruckten und gedruckten Quellen dargestellt. gr. 12. (X und 206 S.) Celle 857, Schulze'sche Buchh. *

— Woher u. Wohin? ein zeitgemäßes Wort über die auch in Deutschland zunehmende Verarmung. gr. 8. (2⅛ B.) Celle 845, Capaun-Karlowa'sche Buchh.

Heimchen, von G. Schilling. (Der sämmtl. Schriften 2te Samml. 5r Bd.) 8. Dresden, Arnold. 819.

Heimchen am Herd. Illustr. Wochenschrift f. d. Familie. Red.: Alfr. Hauschild. 1. Jahrg. Oktbr. 1895—Septbr. 1896. 52 Nrn. (à ca. 16 S. m. Abb. u. Taf.) gr. 4. [Dresden, Verl. d. Universum.] Leipzig, P. Reclam jun. 5. 20; einz. Nrn. — 10; auch in 18 Hftn. à — 40
Weiter nicht erschienen.

Heimdal. Zeitschrift f. neuere deutsche Kunst u. Kultur. Hrsg.: Otto Payer. gr. 8. (79 S.) Prag 896. J. G. Calve. n. 1. 80
Weiter nicht erschienen.

HEIMDAL (ps.?), Lillis Schelmenstreiche. Berlin SW., Satyr-Verlag.
Confiscirt im Frühjahr 1912, soweit das Buch die Abbildgn. Seite 4, 5, 6, 7, 9, 17 oben enthält.

Heimdall. Zeitschrift f. reines Deutschtum u. All-Deutschtum, zugl. Mitteilgn. d. Allgem. Deutschen Schriftvereins. Schriftleiter u. Hrsg.: Adf. Reinecke. 1. Jahrg. 1896. 7 Nrn. (à ca. 5 Bog.) gr. 4. Berlin (W, Eisenacher Str. 73), Zeitschrift „Heimdall". n. 1. —

— dasselbe. 2. Jahrg. 1897. 24 Nrn. gr. 4. (IV, 144 S.) Ebd. n. 3. —

— dasselbe, zugl. Vereinsblatt d. Allgem. Deutschen Schriftvereins, d. Sprachvereins d. Deutschen in d. Ostmark (Wien), d. Deutschen Sprach- u. Schriftvereins (Berlin) u. and. Vereine. Schriftleiter u. Hrsg.: Adf. Reinecke. 8. Jahrg. 1898. 24 Nrn. (à ca. 1 Bog.) gr. 4. Ebd. n. 3. —

Heimdall. Zeitschrift f. reines Deutschtum u. All-Deutschtum, zugleich Vereinsblatt des Alldeutschen Sprach- u. Schriftvereins, des Allgemeinen Deutschen Schriftvereins u. anderer Vereine. Hrsg. u. Schriftleiter: Adf. Reinecke. 4.—7. Jahrg. 1899—1902. à 24 Nrn. gr. 4. (à ca. 8 S.) Berlin (W., Eisenacherstr. 73), A. Reinecke. à Jahrg. n. 4. —

Heimdall. Zeitschrift f. reines Deutschtum u. All-Deutschtum, zugleich Vereinsblatt des Alldeutschen Sprach- u. Schriftvereins, des Allgemeinen Deutschen Schriftvereins usw. u. anderer Vereine. Hrsg. u. Schriftleiter: Adf. Reinecke. 8—11. Jahrg. 1903—1906. à 24 Nrn. (IV, 184; IV, 144; IV, 144 u. IV, 144 S.) 4. Berlin-Zehlendorf [A. Reinecke]. Leipzig, A. Hasert & Co. à Jhrg. n. 4. —

Heimdall. Zeitschrift f. reines Deutschtum u. All-Deutschtum, zugleich Vereinsblatt des Alldeutschen Sprach- u. Schriftvereins, des allgemeinen deutschen Schriftvereins, jungdeutscher Bünde u. deutsch-völk. Vereine. Hrsg., Schriftleiter u. Begründer: Adf. Reinecke. 12.—15. Jahrg. 1907—1910. 12 Nrn. (à ca. 12 S.) 31,5×23,5 cm. Berlin. Leipzig-Vorsdorf, Verlag A. Hasert & Co. à Jahrg. 4. —

Heimdall, s. a. Berlin's Ende.

Berlins Ende. Zeitroman von Heimdall. Berlin & Leipzig: H. Seemann [1908]. 152 S. 8°
(Dekamerone von Berlin. 2.) 09. 656

Heime, Friedrich

Heime, F., ein Beitrag z. Vereinfachung d. Rechenunterrichts u. d. mathemat. Unterr. überhaupt. gr. 8. (5 B.) Berlin 841, Schultze. *

Heime, Friedr., Leitfaden für den Unterricht in der Planimetrie. gr. 8. (VII und 72 S. mit eingedr. Holzschn.) Berlin 854, G. Reimer.

Heime. Ueber relative Prim- und correspondirende Zahlen, primitive und secundäre Wurzeln und periodische Decimalbrüche. Berlin 1860. 4.

Heime, F. W. A., Untersuchungen, besonders in Bezug auf relative Primzahlen, primitive und secundäre Wurzeln, quadratische Reste und Nichtreste; nebst Berechnung der kleinsten primitiven Wurzeln von allen Primzahlen zwischen 1 und 1000. 4. (48 S.) Berlin 868, Uthemann und Müller. *

Heime, F. W. A., Untersuchungen besonders in Bezug auf relative Primzahlen, primitive und secundäre Wurzeln, quadratische Reste und Nichtreste nebst Berechnung der kleinsten primitiven Wurzeln von allen Primzahlen zwischen 1 und 1000. 2. Aufl. 4. (48 S.) Berlin 869, Thiele. *

Heimel-Purschke, Marie Sidonie, ein Tugendkranz im Demantglanz. Allegorisches Festgedicht zum 60 jähr. Regierungsjubiläum Sr. Maj. des Kaisers Franz Josef I. v. Oesterreich. (8 S.) 8. Wien 908. H. Kirsch. —20

Heimelchen, das. Dämmermährchen von Allerlei Rauh, aus der Familie der Heimeli im blauen Ländchen. 2. Aufl. 8. (VIII und 70 S. mit 9 Stnt. und lithogr. Titel.) Berlin 848, [Arnim's Verlag.] *

Heimen, Jak., Beiträge zur Diplomatik Erzbischof Engelberts des Heiligen v. Köln (1216—1225), s. a. Beiträge, Münstersche, zur Geschichtsforschung. N. F. 1.

Heimen, Jakob, (aus Oberheimbach a. Rh.): Beiträge zur Diplomatik Erzbischof Engelberts des Heiligen von Köln ⟨1216—1225⟩. *Paderborn 1903: F. Schöningh.* (49 S.) 8°
Münster, Phil. Diss. v. (14. Mai) 1903

Heimendinger, Arthur, a. Grussenheim: Beiträge zur pathologischen Anatomie der Kieferhöhle. Straßburg i. E. 1900: Els. Druckerei. (42 S.) 8°
Straßburg, Med. Fak., Ref. v. Recklinghausen, Diss. v. 27. April 1906
[Geb. 23. Nov. 80 Grussenheim, Kr. Colmar; Wohnort: Straßburg; Staatsangeh.: Elsaß-Lothringen; Vorbildung: Lyzeum Colmar Reife M. 00; Studium: Straßburg 5, München 1, Straßburg 3 S.; Coll. 7. März 06; Approb. 20. Juni 05.]

Heimer, A., Studia Pindarica. Diss. 1885. 148 S. 4°.

Heimer, Frz. Seraph, die Heiligkeit des katholischen Priesterthums. Eine Primizpredigt. (Nur auf mehrfaches Verlangen in Druck gegeben.) 8. Augsburg 842, Matth. Rieger'sche Buchh. 1/12 ℳ

Heimer, R., Lieder eines Christlichen. (III, 71 S.) 8. Dresden 903. E. Pierson. n. 1. 50; geb. n. 2. 50

Heimerdinger, Arth., das Stottern und seine naturgemässe Heilung auf sprach-gymnastischem Wege. Für Eltern, Lehrer, Erzieher und zum Selbststudium für Stotternde. gr. 8. (XII, 52 S.) Strassburg 881, (Bensheimer.) *

Heimerdinger, Friedr., Aufgaben für Schule und Haus zur Vorbereitung für die Elemente des Zeichnens nach körperlichen Gegenständen. gr. 8. (82 S. mit 80 in den Text gedr. Abbild. in Holzschn.) Hamburg 868, B. S. Berendsohn. *
Schlüssel dazu (92 S.) *

Heimerdinger, Friedr., ein lebendes Bild. Lustspiel in 2 Acten. 8. (32 S.) Hamburg 878, Heimerdinger. *

Heimerdinger, Friedr., die Elemente des Zeichnens nach körperlichen Gegenständen. Für Lehrer u. zum Selbstunterricht, wie auch für techn. Lehranstalten. Mit 57 in den Text gedr. Abbildgn. (Holzschn.) Hamburg 857. O. Meißner. gr. 8. (2 Bl., 75 S.) 15 ngr

—— Lust und Leid. Gedichte. 32. (72 S.) Ebendas. 878. geb. mit Goldschn. *

—— Seelenverwandtschaft. Bürgerliches Schauspiel in 4 Acten. 8. (63 S.) Ebendas. 878. *

—— Vorübungen zu den Elementen des Zeichnens nach körperlichen Gegenständen für Kinder von 7—10 Jahren in 40 Wandtafeln. Für den Schul- und Privatgebrauch. gr. 8. (12 S. mit 2 Stnt.) Hamburg 868, B. S. Berendsohn. *
40 (lithogr.) Wandtaf. dazu (in qu. Fol.) *

Heimerdinger, Gust. Arbeitsunterricht, s. Götze, Wold. Aus der Lehrerbildungsanstalt.

Heimerdinger, G., Aufgaben f. den Unterricht in der Raumlehre, s.: Fränzel, E.

— Präparationen f. den Katechismusunterricht auf der Oberstufe der evangelischen Volksschule. gr. 8. (VIII, 300 S.) Altenburg 901. St. Geibel. n. 3. 60; geb. n. 4. 50

Heimerdinger, G., Präparationen f. den Katechismusunterricht auf der Oberstufe der evangel. Volksschule. 2., verb. Aufl. (XIV, 252 S.) gr. 8. Altenburg 908. St. Geibel. 3.60; geb. in Leinw. 4. 50

— Rechenbuch f. Volksschulen, s.: Fränzel, E.

Heimerdinger, G., zur Reform d. Katechismusunterrichts, s.: Zeit- u. Streitfragen, pädagogische.

Heimerdinger, Gust., Vortrag üb. den Arbeitsunterricht, s.: Götze, Wold., aus der Lehrerbildungsanstalt d. deutschen Vereins f. Knabenhandarbeit.

Heimerdinger, Kurt, approb. Arzt aus Berlin: Ueber das uterine Flimmerepithel, speziell bei Erkrankungen der Gebärmutter. *Halle a. S. 1902: C. A. Kaemmerer & Co.* (59 S.) 8° Halle, Med. Diss. v. 28. Nov. 1902

Heimerdinger-Spadoni, Alma, Quadrille française, Quadrille à la Cour und Quadrille de Lanciers. Nach dem Lehrplan der deutschen Akademie der Tanzlehrkunst zusammengestellt und zum Ausrufen eingerichtet. 24. (23 S.) Strassburg 880, Bensheimer.

Heimerdinger-Spadoni, Alma, Quadrille Française (Contre-Tanz), Quadrille à la Cour u. Quadrille de Lanciers. N. d. Lehrplan d. deutschen Akademie d. Tanzlehrkunst zusammengest. u. z. Ausrufen eingerichtet. 3., durchgeseh. Aufl. 32. (23 S.) Strassburg 895. W. Heinrich. n. — 50

Heimerich, (Al.,) Bruchstücke. 1r Bd. 8. Kopenhagen 825, Brummer.

Heimerl, Ant., über einige Arten der Gattung Xyris aus dem Herbare des Wiener Hofmuseums. (S. 61—71 m. 1 Taf.) Lex. 8. Wien 906. (A. Hölder.) 4. 20
Sonderabdr.a.:„Annalen d. k. k. naturhist. Hofmuseums".

Heimerl Dr. A.: Die niederösterr. Ascoboleen. 30 u. 1 Taf. Wien R. Sechsh. 89. Progr.

Heimerl, Lehr. Ant.: Beiträge zur Anatomie der Nyctagineen. I. Zur Kenntniss des Blüthenbaues und der Fruchtentwickelung einiger Nyctagineen. [Mirabilis Jalapa L. u. Longiflora L., Oxybaphus Nyctagineus Sweet.] [Mit 3 Tafeln.] [Aus: „Denkschrift d. k. Akademie der Wissenschaften."] Imp.- 4° (18 S.) Wien, Gerold's Sohn. 1887. In Comm. fl. 1.30.

Heimerl, Ant., Beiträge zur Anatomie der Nyctagineen. I. Zur Kenntniss des Blüthenbaues und der Fruchtentwicklung einiger Nyctagineen [Mirabilis Jalapa L. und Longiflora L., Oxybaphus Nyctagineus Sweet]. Imp.-4. (18 S. mit 3 Taf.) Wien 887, (Tempsky.) * 2 60

Heimerl, Ant. Beiträge zur Anatomie der Nyctaginaceen-Früchte. [Mit 1 Taf.] Lex.-8. (12 S.) Wien 889, (Tempsky). * — 50
Aus: Sitzungsberichte d. k. Akademie d. Wissensch., besonders abgedruckt.

Heimerl Dr. Anton: Beiträge zur Systematik der Nyctaginaceen. (88). Wien XV. R. 97. Progr.

Heimerl, Ant., üb. die Einlagerung v. Calciumoxalat in die Zellwand bei Nyctagineen. [Mit 1 Taf.] Lex.-8. (16 S.) Wien 886. (Gerold's Sohn.) n.n. — 50

Heimerl, Ant., Monographia sectionis „Ptarmica" Achilleae generis. Die Arten, Unterarten, Varietäten und Hybriden der Section Ptarmica des Genus Achillea. gr. 4. (80 S. mit 3 lithogr. Taf.) Wien 884, (Gerold's Sohn.) *
Aus: Denkschriften der k. Akademie der Wissenschaften, besonders abgedruckt.

Heimerl, Ant., Monographie der Nyctaginaceen. I. Bougainvillea, Phaeoptilum, Colignonia. gr. 4. (41 S. m. 9 Fig., 2 Taf. u. 2 Bl. Erklärgn.) Wien 900. (C. Gerold's Sohn.) n. 4. 20
Sonderabdruck aus: „Denkschr. d. k. Akad. d. Wiss."

—— Phytolaccaceae, Nyctaginaceae, s. Engler, A. u. K. Prantl. Die natürlichen Pflanzenfamilien.

Heimerl, Ant., Schulflora v. Oesterreich. (Alpen- u. Sudetenländer, Küstenland südlich bis zum Gebiete v. Triest.) Mit 1597 Einzelabbildgn. in 538 Fig. (IV, 543 S.) 8. Wien 903. A. Pichler's Wwe. & Sohn. Geb. in Leinw. n. 5. —

Heimerl, Ant., Vorschule d. Botanik, s.: Wretschko, Matthias v.

Heimes, Frz. Nikol., von der Schulbank ins Feld 1870—71. Ein Lebensjahr aus großer Zeit. Mit e. Uebersichtskarte. (IV, 328 S.) 8. Berlin 907. A. Duncker. n. 3. —; geb. in Leinw. n. 4. —

Heimes, Hans, aus Westfalen: Beitrag zu den Schnittverletzungen des Kehlkopfes. *Greifswald 1898: J. Abel.* (27 S.) 8° Greifswald, Med. Diss. v. 30. Sept. 1898

Walder Heimet: Vo euser Walder Heimet v. Schweizerisches Volksblatt vom Bachtel.

Heimfahrt, die, und die Einzugsfeier in Berlin. Ausführliche Beschreibung der bei der Reise u. dem Einzuge Ihrer Königl. Hoh. des Prinzen u. der Prinzessin Friedrich Wilhelm v. Preußen stattgehabten Festlichkeiten. Von einem Augenzeugen. Stettin 858. Müller. gr. 8. (56 S.) n. 5 ngr

Heimfahrt, die, von D. B. 16. (90 S.) Halle 868, Fricke. *
Aus: Perlenbächlein, Blatt für christl. Erbauung, besonders abgedruckt.

Heimfalls- und fiskalische Occupations-Recht, Das, des Erzhauses Österreich auf den in dessen Erbstaaten gelegenen Besitzungen ... O. O. 1803. V: *Benzel auf Sternau und Hohenau, Joh. Bapt. Jos. Graf.* (Klueber, Öff. Recht des dtsch. Bundes.) (HS) (Ky) (MGT)

Heimfels, A., Imagina. Ein Sang aus Nassaus Vergangenheit. (86 S.) 12. Wiesbaden 903. Moritz & Münzel. n. — 75

Heimfelsen, J. [Autorname] = Kerausch, Joseph.

Heimfelsen, J. (Jos. Kerausch-Heimfelsen). Abgeschossen. Oesterreichischer Militär-Roman. (219 S.) 8. Berlin (906). Verlag Continent. n. 3. —; geb. n. 4. —

Heimfelsen, J. (J. Kerausch), Kleine Erzählungen. 8. (III, 124 S. m. Bildn.) Zürich 897. Leipzig, Berl. d. literar. Bulletin. n. 1. 50

— d. Generalshose, s.: Universal-Bibliothek.

— d. Großberghofer. Volksstück m. Gesang in 4 Acten. 2. Aufl. gr. 8. (VII, 88 S.) Leipzig 896. Literar. Anstalt, A. Schulze. n. 1. 60

Andreas Hofer. Zeitbild aus d. Tiroler Befreiungskriegen in 4 Acten von Josef Kerausch-Heimfelsen. Wien: L. Rosner 1893. (93 S.) 8°

— u. E. Jackenack, neuester illustr. Reise-Führer durch Südtirol nach dem Gardasee, Oberitalien bis Mailand, Verona, Venedig, s. a. Reiseführer, billige illustr. Nr. 5.

Heimfelsen, J. und Jackenack, E., Neuester illustrierter Reiseführer durch Südtirol nach dem Gardasee, Oberitalien bis Mailand, Verona, Venedig. 8°. (224 S.) K 3.—
Linz: Mareis 1905.

— von Bozen bis an den Gardasee. (186 S. m. 4 Karten.) kl. 8. Bozen (904). Deutsche Buchh. n. 3. —

Heimfelsen, J. Von Bozen-Gries auf die Mendel mit Benützung der elektrischen Bergbahn Kaltern-Mendelpass. Besprochen von J. H'. [Mit Illustrationen und 2 Karten.] 56 S. 8. Bozen, «Deutsche Buchhandlung», (1904). [M. 1.—]
(«Die Mendelbahn» *ist erbaut* von Ingenieur E(mil) Strub aus Zürich.)

— von Bozen-Gries auf die Mendel m. Benützung der elektrischen Bergbahn Kaltern-Mendelpass. (Neue Aufl.) (48 S. m. Abbildgn.) kl. 8. Ebd. (906). n. — 70; m. 2 Karten n. — 90

Heimfelsen, J., von Bozen-Gries auf die Mendel m. Benützung der elektr. Bergbahn Kaltern-Mendelpass. 3. Aufl. Durchgesehen u. ergänzt v. Karl Fel. Wolff. Mit 12 Illustr. nach photograph. Orig.-Aufnahmen v. L. Fränzl. (34 S.) kl. 8. Bozen (908). Deutsche Buchh. 1. —

Heimfelsen, J. (J. Kerausch), zu spät! Modernes Drama in 5 Acten. 8. (IX, 146 S.) Leipzig 896. Literar. Anstalt, A. Schulze. n. 2. —

Heimfried, Hally (Pseud.), s.a. Chappuis, Edgar (wirkl. Name)

Heimfried, Hally, Bergfrieden. Ein Bergroman aus der Gegenwart. (212 S.) kl. 8. Leipzig 908. Verlag f. Literatur, Kunst u. Musik. 1. 75

— Dennoch! 4 Skizzen aus dem Leben. (57 S.) 8. Leipzig 910. Modernes Verlagsbureau. 1. 20

Heimgang, der. Von der Verf. des kleinen Matthis, Krummschnäbelchen rc. 2. Aufl. 8. (20 S.) Straßburg 868. (Berlin, Beck.) *

Heimgang, der, zum Herrn, od. Ermunterung, Trost u. Erhebung in heil. Gesängen bei den Leichenbegängnissen evangel. Christen, in d. Trauer üb. d. Hintritt geliebter Personen, rc. Nebst e. Anh. v. auserles. Stellen d. heil. Schrift, nach d. Reihenfolge d. Gesänge geordnet. 2. Aufl. 8. (10¾ B.) Sulzbach 835, v. Seidel'sche Buchh.

—— der, zum Herrn oder Ermunterung, Trost und Erhebung in heiligen Gesängen bei den Leichenbegängnissen evangelischer Christen rc. Nebst Perlen der heiligen Schrift. 4. Aufl. 8. (VI, 170 S.) Leipzig 869, M. Schäfer.

—— August Ferdinand Huhn's, Pastor's zu St. Olai in Reval. gr. 8. (8 S.) Dorpat 871, Gläser. [Schnakenburg.] *

[Ant. u. J.] In piam memoriam. Rudolf Kögel's Heimgang ... *Berlin: M. Warneck [1896]*. (28 S.) 1 Bd 8.(4.) [95. 6761

Heimgang der Kön. Luise v. Preußen, ihre Ankunft im Elysium rc. 2te Aufl. 8. Magdeburg, v. Schütz. 810. geh.

Heimgang, Des Freiherrn Alexander Saurzapff und seines alten Geschlechtes. München 1861. V: *Leoprechting, Karl Freiherr von.* (BMarsch 423)

Heimgang, seliger, frommer Kinder. Erzählungen für d. Jugend. 16. (47 S. m. Titelbild.) Brem. 891, Verlag d. Tractathauses. * — 25

Heimgang, seliger, v. Kindern, s.a. Missions-Traktate, kleine. Nr. 31.

Seliger **Heimgang** von Kindern. Ein Büchlein aus d. Mission f. Kinder. *Barmen: Missionshaus 1900.* (20 S.) 8° [J.]
— Missions-Traktate, Kleine. No 31. [01. 3703 B

—— seliger, eines Missionarssohnes. 32. (15 S.) Barmen 872, (Wiemann.)

Heimgang, seliger, eines Missionarssohnes. 16. (16 S.) Barmen 879, (Wiemann.)

Heimgang und Trost. Ein Kranz auf's Grab unserer Lieben. 13 Briefblättchen. 32. Gernsbach 883, Christl. Colportage-Verein.

Heimgarten, der. Ein Haus- und Volksblatt mit Bildern. Hrsg. von Herm. Schmid. 1. Jahrg. 1864. 52 Nrn. (à 1½—2 Bog. mit eingedr. Holzschn.) gr. 4. München, Expedition.

—— dass. — Hrsg. von Herm. Schmid und C. A. Wolff. 2. Jahrg. 1865. 52 Nrn. (à 1½—2 Bog. mit eingedr. Holzschn.) gr. 4. Ebendas.

Heimgarten. Eine Monatsschrift, hrsg. von P. K. Rosegger. 1.—4. Jahrg. Octbr. 1876—Septbr. 1880. à Jahrg. 12 Hefte. (à 5 Bog.) Lex.-8. Graz, Verlag Leykam-Josefsthal. à Heft 60 Pf.; à Jahrg.

Heimgarten. Eine Monatsschrift, gegründet und geleitet von P. K. Rosegger. 5.—9. Jahrg. Oktbr. 1880—Septbr. 1885. à Jahrg. 12 Hefte. (à Heft 5 Bog.) gr. 8. Graz, Verlagsh. „Leykam". à Heft 60 Pf.; à Jahrg.

Heimgarten. Eine Monatsschrift, gegründet und geleitet von P. K. Rosegger. 10.—13. Jahrg. Oktbr. 1885—Septbr. 1889. à Jahrg. 12 Hefte. (à Heft 5 Bog.) gr. 8. Graz, Leykam. à Heft 60 Pf.; à Jahrg. * 7 20

Heimgarten. Eine Monatsschrift, gegründet u. geleitet v. P. K. Rosegger. 12.—14. Jahrg. Octbr. 1887—Septbr. 1890. à 12 Hfte. (5 B.) gr. 8. Graz, Leykam. à Hft. — 60

Heimgarten. Eine Monatsschrift, gegründet u. geleitet v. Pet. Rosegger. 15.—19. Jahrg. Octbr. 1890—Septbr. 1895. à 12 Hfte. (5 Bog.) gr. 8. Graz, Leykam. à Hft. — 60

Heimgarten. E. Monatsschrift, gegründ. u. geleitet v. Pet. Rosegger. 20.-23. Jahrg. Octbr. 1895—Septbr. 1899. à 12 Hfte. (à ca. 5 Bog.) gr. 8. Graz, Leykam. à Hft. — 60

Heimgarten. Eine Monatsschrift, gegründet u. geleitet v. Pet. Rosegger. 24.—27. Jahrg. Octbr. 1899—Septbr. 1903. à 12 Hfte. gr. 8. (à ca. 80 S.) Graz, Leykam. à Hft. — 60

Heimgarten. Eine Monatsschrift, gegründet v. Pet. Rosegger. Red.: Jos. Köck. 28.—31. Jahrg. Oktbr. 1903—Septbr. 1907. à 12 Hefte. (28.—30. Jhrg. 948, 960 u. 956 S.) Lex.-8. Graz, Leykam. à Hft. — 60

Heimgarten. Eine Monatsschr., gegründet v. Pet. Rosegger. Red.: Jos. Köck. 32.—35. Jahrg. Oktbr. 1907—Septbr. 1911. à 12 Hefte. (32.—34. Jahrg. VIII, 950; VIII, 950 u. VII, 960.) Lex. 8. Graz, Leykam. à Heft — 60

1. Geburtstagsheft. 31. Juli 1903. **Heimgarten.** 60. Jg. von Peter Rosegger. (Freundesgaben z. 60. Geburtstag von P.R. Hrsg.: Anton Bettelheim, Richard Foregger, Eduard Pötzl.) *Graz: Leykam 1903.* (72 S.) 8° [Umschlagt. J.]
Als Hs. für Freunde gedruckt. [03. 10365

— deutscher Dichtung. Ein Almanach vom Oberrhein. Hrsg.: Frdr. Geßler, Ludw. Auerbach. 1. Jahrg. 12. (XI, 308 S. mit lith. Portr. Wilh. Jensen's.) Lahr 880. Schömperlen. geb. m. Goldschn. n. 5. —

Heimgartner, Cölestin. Die Offizialen des exemten und konsistorialen Cistercienser-Stiftes Wettingen-Mehrerau, 1227—1907, von P. C' H', weiland Kapitularen zu W'. Erweitert und hrg. von Dominicus Willi, Ord. Cisterc. [Mit Wappen-Vignette auf dem Umschlag.] IV + 72 S. 8. Limburg a. d. Lahn, Druck und Komm. Limburger Vereinsdruckerei, 1907. [M. 2. —]

Heimgefunden. Erzählung von M. v. O. (215 S.) 8. Schwerin 911. F. Bahn. 3. —; geb. 3. 60

Heimhalt, Festschrift zur 50jähr. Jubelfeier des Weseler Turnvereins, gegr. 1860, Juni 1910, 48 S., 8°.

Heimhalt, Hans Höfer v.
s. Höfer v. Heimhalt. A 13. 10930

[Umschlagt.:] [J.] **Heimhalt**, Hermann: Die Blockade der Festung Wesel vom November 1813 bis 10. Mai 1814. E. Beitr. z. Geschichte Wesels aus d. Anfang unseres Jahrhunderts. Wesel, Buchdr. v. C. Kühler, 1895; 32 S., 1 Kt. 8.
Wesel. k. G, OP 1895 (477)

Heimhold, Der achtzehnte des Weinmonats in Fraunholm, Gedicht in vier Gesängen, Berlin 1819, 50 S., 10°.

Heimhold, der achtzehnte des Weinmonds in Freunholm. Ein Gedicht in 4 Gesängen. gr. 8. (Berlin, Nauck in C.) 819.

Heiming, Franz (Horn/Westf.), De nephritide ejusque in suppurationem exitu. Diss. med.-pathol. Bln. (Ferdin. Nietack) Dez. 1831. 31 S. mit Biogr. (M.: G. Tochtrop.) (6.—) 13971
Oppon.: Jos. Cassel, Joh. Gerlach, Jos. Nap. Liese. — Gew.: Casp. Ant. Heiming.

Heimisch, A. Fr., Instruction an d. im Fürstl. Kemptischen Landen sich befindlichen Barbierer. 8. Kempten, Kösel. 770.

— kurze Instruktion, das obwaltende Faulfieber zu behandeln. 8. Kempt. 772.

Heimkalender. Schweizer H'-K'. Volkstümliches Jahrbuch für 1908 u. 1909. [Jahrg. 1 u. 2.] Redaktion: Oskar Frei, Zürich (*1909: Höngg); unter Mitarbeit von ... Nanny von Escher, Albis-Langnau, ... Pfarrer A[ugust] Waldburger, Ragaz, ..., Und Andere mehr. 8. Zürich, Arnold Bopp. [je fr. 1.—] P
Forts. von: Für's Heim. Familien-Kalender.... Bern....
... 1908. [Jahrg. 1. Mit Illustrationen und Tafeln.] IV + XXXVI + 172 [+ *Tafeln* XV] S.
... 1909. [Jahrg. 2. Mit einer Melodie, Illustrationen und Tafeln.] IV + 180 + *Tafeln* XVI S.

Heimkalender. Schweizer H'-K'. Volkstümliches Jahrbuch für 1910. Jahrg. 3. Herausgeber: Oskar Frei, Höngg und Alt-St. Johann; unter Mitarbeit von Dr. Albert Baur, Zürich, ... [und] Dr. Eugen Ziegler, Lenzburg. [Mit Illustrationen und Tafeln.] VI + 180 + *Tafeln* XVI S. 8. Zürich, Arnold Bopp. fr. 1. 25

Heim-Kalender, schweizer. Volkstümliches Jahrb. f. 1911. 4. Jahrg. Hrsg.: Osk. Frei unter Mitarbeit v. Paul Altheer, Hermine Bachmann, Goswina v. Berlepsch u. a. (IV, 180 S. m. Abbildgn. u. 17 [1 farb.] Taf.) gr. 8. Zürich, A. Bopp. 1.—

Heimke, Arthur Hugo Wilhelm Die logische Lehre von der Einteilung der Begriffe. 11 S. Progr. *Verden* 1876.

Heimkehr aus Amerika, s. a. Volksschriftenverlag Hermannstadt. 20—22.

(F) Heimkehr aus Amerika. Eine Geschichte aus dem Altland. Mit Bildern von Mathilde Roth. [Volksschriften-Verlag, Hermannstadt. Nr. 20, 21, 22.] Hermannstadt. 1901. Krafft. 8°. 56 S. K —.60

Heimkehr der Fam. Bonaparte, s. Bonaparte.

Bonaparte, Der Familie — Heimkehr nach Corsica. Ein Schwank in zwey Acten. Ridendo dicere verum! London und St. Petersburg (Quedlinburg, Basse) 1814. 12°. 88 S.
Goedeke VII, 864, 232; Weller, fing. Druckorte.

Heimkehr aus der Fremde. Ein Liederspiel in 1 Act, Musik von Felix Mendelssohn Bartholdy. 8. (48 S.) Leipzig 851, Breitkopf und Härtel.

Des Königs Friedrich August des Gerechten Heimkehr und Empfang am 7ten Juni 1815. Dresden, zu finden in der Königlichen Hofbuchdruckerei ... o. J. 158 S.; 6 Taf. in Kupferst. 8°.

Friedrich August, Des Königs, des Gerechten Heimkehr und Empfang am 7. Juni 1815. 8. Dresden (1815).

— fröhliche, u. and. Geschichtchen, s. Blütenzweige. Nr. 8.

Fröhliche Heimkehr und andere Geschichtchen von F. F. *Witten a. d. R.: Stadtmission [1900].* (16 S.) 8° [F.]
— Blütenzweige. No 8.

Heimkehr. Glückliche H' aus langer Irre. Basel 1867 s. a. [Thumm, Wilhelm Friedrich].

Heimkehr, glückliche, aus langer Irre. Lebensgeschichte von Rud. Bürgi aus Neftenbach. Hrsg. für Jünglinge und Jünglings-Vereine vom Verf. der „Treue im Kleinen." 8. (335 S.) Basel 867, Spittler. *

— die, des grossen Churfürsten, s. Schauspiele f. Preussen

Heimkehr, die, des Matrosen. Eine wahre Geschichte. A. u. d. Ttl.: Karl Grafton. 12. (1½ B. u. 2 Stnt.) Straßburg 846, Levrault'sche Buchh.

Heimkehr, die, des Matrosen. Eine wahre Geschichte. gr. 16. (22 S.) Barmen 870, (Klein.) *

Heimkunft, Die, der Kroaten 1779. Wien 1779. V: *Denis, Joh. Nep. Cosmas Mich.* (Haydinger)

Heimkunst. Mitteilungen des Kunstgewerbe-Museums der Stadt Zürich. Hrsg. v. de Praetere. II. Serie. 1909. 10 Hefte. (1. Heft. IV, 8 S. m. 4 Taf.) 31,5×24,5 cm. Zürich, Rascher & Co. 6.—

Heimleuchtung des Herrn Rabbiner Süsskind. Von einem „Paganus". gr. 8. (24 S.) Frankfurt a. M. 876, Kauffmann. *

1. Wilhelm Tell. Ein hochnotpeinliches, landvogtliches Strafverfahren mit demonstrativer Streik-Tendenz in 4 Auf- u. Abtritten. Frei geschriftstehlert von Heimlich u. Stillvergnügt. 2. Die Räuber. Verwahrloste Sittenkomödie in verschiedenen Scenen u. e. Schluss-Apfelregen. Freigestohlen von Langfinger u. Mausemann. Mühlhausen i. Th.: G. Danner [1907]. (24 S.) 8° [F.]
— Carnevals-Bühne. No 11.

Die dunkele Heimlichkeit der Freymäurer erklärt und widerleget von einem Kinde des Lichtes, um zu erleuchten diejenigen, welche in den Finsternissen und in dem Schatten des Todes sitzen. [Cöln: Haas] 1779. 64 S. 8°
Kl. 1914. Selten. Gründet sich auf „L'ordre des fr-maç. trahi et le secret des mopses révélé" 1771 u. verlangt, dass die Frmrei vertilgt werden möge.
[N. Ausg. u. d. Tit.:]
Die entdeckte Heimlichkeit der Freymäurer. [Augsburg] 1779. 72 S. 8° [Umschlagtit.]
Darin: Nachricht, welche Montalto i. J. 1752 aus Neapel üb. die dort einreissende u. von dem Könige verbothene Freymäurey erhalten hat. 1785.
(Neueste Sammlung jener Schriften, die von einigen Jahren her üb. verschiedene wichtige Gegenstände z. Steuer der Wahrheit im Druck ersch. sind. 1785. 193.)
Kl. 1914. Selten.

HEIMLICHKEIT, Hundert und Eine Entdeckte, aus dem Archiv der verliebten und galanten Welt, oder Sammlung einiger lustiger und lesenswürdiger Begebenheiten aus dem Reiche der Liebe. Zu einem angenehmen Zeitvertreib aus dem Frantzösischen ins Teutsche übersetzt von Sperander (Fr. Gladow). Erlangen und Leipzig (Pätsch in Erlangen) 1746. 8°. 160 S. (18 Mk. Adolf Weigel, Lpz. 1907.)
Enthält 15 „Paquete" Liebesgeschichten u. galante Novellen aus verschiedenen Städten (Berlin, Dresden, Leipzig, München, Danzig, Breslau u. s. w.). — Ungemein rar!

Heimlichkeiten, od. Begattung u. Fortpflanzungen im Himmel und auf Erden, s. G. Müller u. Ernst Schulz.

Heimlichkeiten oder Begattung und Fortpflanzung am Himmel und Erden ... Berlin 1804—5. V: *Flittner*, *Chn Gfr.* (BGG)

Heimlichkeiten

Heimlichkeiten oder Begattung und Fortpflanzung am Himmel und auf Erden. Hrsg. von Gottlieb Müller [/[illegible]] u. Ernst Schulz [/[illegible]]. Th. 1. Berlin: Matzdorff 1804. 8.

Th. 1: 1804.

Heimlichkeiten oder Begattung und Fortpflanzung am Himmel und auf Erden. Hrsg. von Gottlieb M u e l l e r u. Ernst S c h u l z. Mit Kupfern. Tl 1. 2. Berlin 1804—05.

HEIMLICHKEITEN, Entdeckte, die sich mit einigen Personen vom ersten Range am Englischen Hofe zugetragen. Nach der Verfasserin selbst eigenen Wissenschafft, die sie um jede Begebenheit gehabt, getreulich erzehlet. (9 Nrn. z.Th. erot. Erzählgn.) Nebst einem *vorgesetzten Schlüssel* zur Erläuterung der Historien. (Typ. Ornam.) Aus d. Engl. übersetzt. Franckfurt u. Leipzig (o. Adresse) 1740. 8° (In Dresden: Hist. Britann. C. 157.)
126 S. (incl. Tit., 1 Bl. „Schlüssel", 1 Bl. Zuschr. d. angebl. Verfasserin an eine Herzogin v. Bolton), 1 Bl. Inh.

— entdeckte, des Lebens d. heiligen Ignatii. 8. Augsburg, Wolf. 758.
in 12.

Heimlichkeiten, Entdeckte, einer zuletzt glücklich gewordenen Maitresse. [A. d. Engl.] Haag 1765. V: *Cleland*, *John*. (BGE)

Heimlichkeiten, entdeckte, einer glücklich gewordenen Maitresse. 8. Haag, Vollmann. 765.

Heimlichkeiten, Eröffnete, des gantzen Weiblichen Geschlechts, oder Medizinischer Bericht aller weiblichen Kranckheiten . . . Leipzig u. Dantzig 1700. V: *Woyt*, *Joh. Jac.* (BGG)

Heimonskinder, die, s. Osterwald, K. W., Erzählungen aus der alten Welt.

Heimpel, August (Hrsg.), s. S t a m m b u c h der Lotichier aus Schlüchtern.

HEIMPEL, Christian (Lindau): Bemerkungen aus der Chirurgischen Clinik zu München im Jahre 1841/42.- München: Deschler 1843. 31 S.
12.8.1841 - Urk (Titel: Annotationes clinici chirurgici Monacensis.); F 63
Diss.Ingolst.-Landsh.Mchn.

HEIMPEL, Ernst (Lindau): Eine Dermoidcyste an der Basis des kleinen Gehirns.- München: Druck Rinner, Augsburg 1871. 16 S.
21.7.1870 - Urk (Titel: De cysta dermoidale in cerebello.); F 72; Chr 1870/71,13
Diss. Ingolst.-Landsh.-Mchn.

Heimreich, A., s. Katechismus, der kleine.

Heimreich, Adf., das heilige Abendmahl und die Beichte. Betrachtungen für Christen, die noch nicht mit sich fertig sind. gr. 16. (VI, 204 S.) Leipzig 877, Barth. *
geb. *

Zur Erklärung von Jacobus 2. v. Adolph **Heimreich**. Kiel. Gymn.-Progr. 4°.

Aus alter Zeit [v. Adolf Jacob Wilhelm **Heimreich**]. (S. ... o. J. vor 1876). 8°.

Heimreich, Anton, nordfresische Chronik: zum drittenmale mit den Zugaben des Verfassers u. der Fortsetzung seines Sohnes Heinrich, auch einigen andern zur nordfresischen Geschichte gehörigen Nachrichten vermehrt, herausgegeben von N. Falck. II Thle. 8. Tondern, Perthes u. B. 819.

Heimreich, August Cirsovius

Heimreich, A. C., ist es ein. evangel. Predigers würdig, Mitglied eines Mäßigkeitsvereines zu sein? Zur Beseitigung von Mißverständnissen u. Bedenklichkeiten beantw. gr. 8. (2½ B.) Hamburg 813, Bödecker. *

Heimreich, A. C., Rede bei der Einführung des Hrn. Archidiakonus Wolf als Hauptprediger an der St. Nicolai-Gemeinde zu Kiel am 4. Sonnt. n. Trin., den 1. Juli 1849, über 1 Cor. 4, 1—5 gehalten. gr. 8. (16 S.) Kiel 849, Schwers'sche Buchh.

Heimreich, C., s. H e i m r i c h

Heimreich, Christian

Heimreich, Chr. Kritische Beiträge zur Würdigung der alten Sophoklesscholien. 19 S. Progr. Plön 1884.

Heimreich, Chr. Das erste Buch der Ilias und die Liedertheorie. 16 S. Progr. Plön 1883.

Miscellanea critica scripsit Christianus **Heimreich**. (1. Homeri Odyss. *α*, 1—20. 2. Sophoclis Oedipus Coloneus. Electra. Antigona. 3. Aristophanis Plutus. Nubes.) Flensburg. 1865. 8°. Gymn.-Progr.

Heimreich, C., Miscellanea critica. (Darin: Aristoph. Plut. 140—148. 221. 745—747. 750—756. Nub. 112—118. 94.) Pr. 1865. 24 S. 4°.

Heimreich, C., Miscellanea critica. (Darin: Hom. Od. *α*, 1—20). Pr. 1865. 24 S. 4°.

Heimreich, C., Miscellanea critica. (Darin: Soph. O. C. 419. 658. 662. 818. 961. 982. 1086. 1098. 1516. Elect. 563. 571. 611. 1209—1211. Antig. 891—928.) Pr. 1865. 14 S. 4°. 1.—

Heimreich, Christianvs (geb. am 16 Sept. 1839 in Rendsburg Holst.): Qvaestiones Propertianae ... Bonnae, form. C. Georgi (1863). 2 Bl., 55 S., 1 Bl. 8. ¶ Erschien zugleich selbständig bei Cohen & Sohn in Bonn. — Novae quaest. in d. Symbola philol. Bonn. 1864—67 S. 667 ff.
Bonn, Phil. Fak., Diss. v. 9 März 1863

Heimreich, Chrn., die Telemachie und der jüngere Nostos. Ein Beitrag zur Kritik der Composition der Odyssee von A. Kirchhoff. gr. 4. (27 S.) Flensburg 871. (Berlin, Calvary und Comp.) *

Heimreich, Heinr(ich) Karl Aug(ust) (Übers.):

s.: Frank, Johann Peter: Klinische Erklärungen auserlesener Beobachtungen... (Interpretationes clinicae observationum selectarum... Dt.) Kiel: 1835

JB 2.217

Heimreich, I., de aqua comm. 4. Cob. Ahl. 748.

Heimreich, J. Chr., (+ im Nov. 1812,) Darstellung der wider d. angebl. amerikan. Schiff Minerva Smith in d. Appellat. = Instanz erörterten Condemnationsgründe, nebst beigefügtem Beweise d. Unstatthaftigkeit der in Hinsicht dieser Schiffe ministeriel geschehenen Reclamationen. 8. Kiel 812.

Heimreise, Die, des Papstes Pius des VI. von Wien nach Rom ... [Wien] 1782. V: *Gaum, Joh. Ferd.* (MGT) (Ky)

Heimreise, die, des Papstes Pius VI. von Wien nach Rom. 8. Ulm 782, Stettin. 4 gr (Vergl. Pius. VI. Reise).

Heimrich, Karl, das Buch der Liebe, oder d. Kunst durch Liebe glücklich zu machen. 12. Ulm 824. Stettin. 14 gr

— — Dasselbe. Mit 1 Kupfer. Ebd. 1850. 8°. (1/4 Rthl. Lippert, Halle, vor 1870.)

Heim's, d. alten, Lebensbild, s.: Friederichs, E.

Heims, Arthur: Rechtliche Natur und Rechtswirkungen der Subscription auf ein Lieferungswerk. *Blankenese 1903: J. Kröger.* (50 S.) 8°
Rostock, Jur. Diss. v. [15. Juli] 1903

Heims, Bruno: Über die Aneignung des Wortschatzes beim Unterricht in den neueren Sprachen nebst einem systematischen Vokabular für das Englische auf den Unterstufen. Bergedorf, gedr. i. E. Wagners Buchdr., 1889; S. 3—49; 4°
Bergedorf, Hansa S, OP 1889 (687)

Heims, Ed., Ornamente f. Stubenmaler, zum pract. Gebrauch in anwendbarer Grösse gezeichnet. 1. Hft. (6 Bl. gr. Imp.-Fol.) Berlin 844. (Heymann.) *

Heims, Friedr. Drei Hohenzollern ohne Gleichen. Friedrich Wilhelm, der große Kurfürst, Friedrich II., der Große, u. Wilhelm I., der Siegreiche. 8. (90 S.) Bielef. 892, Helmich. * — 80; geb. * 1 —

Heims, H., s. Galerie, die, des Palais Royal.

Heims, Paul Gerh. (Gerh. Walter), s. a.: Walter, Gerh.

Heims, P. G. (Gerh. Walter), eine Begegnung, s.: Bücherschatz, stenographischer. A. 1.

— Daheim u. Draußen, s. a. Eckstein's Reise-Bibliothek.

[F.] Daheim und Draussen. Skizzen u. Novellen v. P[aul] G. **Heims.** *Berlin: R. Eckstein Nf. [1897].* (139 S.) 1 Bd 8.
— **Reisebibliothek,** Ecksteins. No 168. [98. 7607

— eine seltene Ehre u. andere Novellen, s. a. Kürschner's, Jos., Bücherschatz.

Eine seltene Ehre u. andere Novellen. Von Paul **Heims.** Mit Ill. von Arthur Lewin. *Berlin, Eisenach, Leipzig: H. Hillger [1902].* (109 S.) 8° [F.]
— **Bücherschatz,** Kürschners. No 284. [03. 003

— fernab v. der Straße. Vier Novellen. 2. (Titel-)Aufl. 8. (V, 338 S.) Jena 891. H. Costenoble. n. 4. —

Drei Feste. Ein Novellenkranz von P[aul] G[erhard] **Heims** ⟨Gerhard Walter⟩. 3. ⟨der Min.-Ausg. 1.⟩ Aufl. Kiel: M. Liebscher [1899]. (111 S.) 8° [F.]
— **Heims:** In stillen Winkeln. Bd 1. [03. 1705 8

In Frost und Glut. Ein Novellenkranz von P[aul] G[erhard] **Heims** ⟨Gerhard Walter⟩. 3. ⟨der Min.-Ausg. 1.⟩ Aufl. Kiel: M. Liebscher [1899]. (136 S.) 8° [F.]
— **Heims:** In stillen Winkeln. Bd 2. [03. 1706 8

— zu Füßen der Wartburg, s. a. Goldschmidt's Bibliothek f. Haus u. Reise.

Zu Füßen der Wartburg. Novellen u. Skizzen von P[aul] G. **Heims** ⟨Gerhard Walter⟩. *Berlin: A. Goldschmidt 1903.* (102 S.) 8° [F.]
— **Bibliothek,** Goldschmidts, f. Haus u. Reise. Bd 108. [04. 3077

— das Heimweh u. andere Novellen. (212 S.) 8. Glückstadt (905). M. Hansen. n. 2. —; geb. n. 3. —

— unter dem Joche der Cäsaren, s.: Höcker, Osk., der Sieg des Kreuzes. I.

— s. a. Kiel u. der Kaiser-Wilhelm-Kanal.

Kiel und der Kaiser-Wilhelm-Kanal. 12 Lichtdrucke mit begleitendem Text v. **P. Heims.** Kiel. 1896. Fol.

Heims, P. G., unter der Kriegsflagge des Deutschen Reichs. Bilder und Skizzen von der Weltreise S. M. Schiffes Elisabeth 1881—1883. gr. 8. (400 S. mit mehreren Karten der Reise.) Leipzig 885, Hirt und Sohn. *M 6.—.; geb. * 8 —
—— dass. — 1. und 2. Reihe. gr. 8. Ebendas.
à Bd. *M 6.—. * 12 —
geb. à Bd. *M 8.—. * 16 —

Inhalt:

Reihe 1. Rund um die Erde. Bilder und Skizzen von der Weltreise S. M. Kreuzer-Fregatte Elisabeth 1881—1883. 2. verb. Aufl. (400 S. mit mehreren Karten der Reise.) 887.
" 2. Kreuzfahrten in Ost und West. Bilder und Skizzen von der Reise S. M. Kreuzer-Korvette Nymphe April 1884—Oktbr. 1885. (304 S.) 886.

—— das Leben in den Tropen. Ein Wort zur Kolonialfrage. gr. 8. (22 S.) Kiel 888, Homann. * — 60

— Lebensfragen. Gedanken üb. allerlei Alltägliches. 1. Reihe. 12. (V, 81 S.) Kiel 893. H. Eckardt. n. 1. 80

— Lebensfragen. Gedanken üb. allerlei Alltägliches. 1. Reihe. 2., unveränd. [Titel-]Aufl. 12. (VII, 81 S.) Kiel [893.] 899. Siegen, M. Liebscher.
Geb. in Leinw. m. Goldschn. n. 1. 80

Hexe Loreley. Novelle v. Gerhard Walter [d. i. Paul G. **Heims**]. Ill. v. W. Werner. 1.—3. Taus. *Berlin: R. Eckstein Nachf. [1896].* (123 S.) 1 Bd 8. [97. 4884

[F.] Ausgewählte Novellen v. P[aul] G. **Heims,** Kaiserl. Marinepfarrer a. D. *Weimar & Berlin: Schriftenvertriebsanst. [1898].* (2 Bl., 131 S., 4 Taf.) 1 Bd 8. [98. 8797

— unter einsamen Menschen. Novellen. 8. (V, 395 S.) Jena 895. H. Costenoble. n. 5. —; geb. n.n. 6. 20

— ausgew. Novellen. [Aus: „H., Im Rauschen d. Wogen; In stillen Winkeln u. in freier Luft".] gr. 8. (III, 181 S. m. 4 Vollbild.) Berlin 898. Schriftenvertriebsanstalt. — 50

— auf feuchten Pfaden, s. a. Kürschner's, Jos., Bücherschatz.

Auf feuchten Pfaden. 4 Erzählungen von P(aul) G. **Heims.** Mit Ill. von W. Roegge. *Berlin, Eisenach, Leipzig: H. Hillger [1903].* (107 S.) 8° [F.]
= **Bücherschatz,** Kürschners. No 396. [04. 11055

—— Im Rauschen der Wogen, im Branden der Flut. Bilder aus dem Seemannsleben u. v. der Wasserkante. 1. u. 2. Aufl. gr. 8. (352 S.) Lpz. 890, Hirt u. Sohn. * 6 —; geb. * 8 —

Seemannsgarn. Von P[aul] G. **Heims.** (Berlin: F. Schulze [1907].) (S. 11—16.) 8° [Umschlagt. Text stenogr.]
— **Zehnpfennigbücher,** Schulzes. No 57. [2.] [07. 9700

— Seemannslatein u. anderes. 8. (94 S.) Berlin 898. F. Fontane & Co. n. 1. —

—— Seespuk. Aberglauben, Märchen und Schnurren, in Seemannskreisen gesammelt und bearb. gr. 8. (208 S. mit Abbild. nach Orig.-Zeichnungen von Joh. Gehrts.) Leipzig 888, Hirt und Sohn. *M 4.50.; geb. * 6 —

Heims, G. P. *Seespuk.* Aberglaube, Märchen und Schnurren in Seemannskreisen gesammelt und bearbeitet. 2. Aufl. Leipzig, F. Hirt, 1888. 208 SS. u. 4 Tafeln v. J. Gehrts. 8°. Illustr. Orlwd. 12.—
Interessante Sammlung von Seesagen aus ältester u. neuer Zeit. 1 Tafel eingeklebt; gutes Ex.

Heims, P. G., der Sieg des Kreuzes, s.: Höcker, Ost.

— Skizzen u. Randzeichnungen. Kleine Novellen. gr. 16. (VII, 280 S.) Osterwieck 900. A. W. Zickfeldt. n. 2. —; geb. in Leinw. n. 3. —

Skizzen und Randzeichnungen. Kleine Novellen von P[aul] G. Heims. *Osterwieck: A. W. Zickfeldt 1901.* (208 S.) 8°

[F.] Soldatenliebe. Drei Novellen v. Gerhard Walter [d. i. Paul G. Heims]. *Berlin: A. Goldschmidt 1898.* (1 Bl., 101 S.) 1 Bd 8.
= Bibliothek, Goldschmidts, f. Haus u. Reise. Bd 71.

Tannenreis. 5 Novellen von Gerhard Walter [d. i. Paul G. Heims]. *Berlin: A. Goldschmidt 1901.* (107 S.) 8° [F.]
— Bibliothek, Goldschmidts, f. Haus u. Reise. Bd 95.

— Wandlungen. Illustr. v. Willy Werner. 1.—3. Taus. schmal 12. (117 S.) [Berlin 897, R. Eckstein Nachf.] Leipzig, G. Müller-Mann. n. 1. —

— auf blauem Wasser. Ein Buch v. der See f. die deutsche Jugend. gr. 8. (XVI, 391 S. m. Abbildgn., eingedr. farb. Kartenskizzen u. 6 farb. Taf.) Braunschweig 903. G. Westermann. Geb. in Leinw. n. 10. —

— auf blauem Wasser. Ein Buch v. der See f. die deutsche Jugend. 2. verm. Aufl. Mit 184 Textbildern u. 6 farb. Kunstblättern. (XVI, 415 S.) gr. 8. Braunschweig 904. G. Westermann. Geb. in Leinw. n. 8. —

— von d. Wasserkante, s. a. Eckstein's Reise-Bibliothek.

[F.] Von der Wasserkante. Skizzen u. Erinnergsblätter v. P[aul] G. Heims, Marinepfarrer a. D. *Berlin: R. Eckstein Nachf. [1897].* (152 S.) 1 Bd 8.
= Reise-Bibliothek, Ecksteins. No 167.

—— In stillen Winkeln. Skizzen u. Stimmungsbilder. 8. (139 S.) Kiel 889, Haeseler's Sort. 2 50

— in stillen Winkeln. Skizzen u. Stimmungsbilder. 2. (Titel-)Ausg. 8. (139 S.) Kiel 892. H. Eckardt. n. 1. 50

Heims, P. G. (Gerh. Walter), in stillen Winkeln. Novellen u. Skizzen. 3 Bde. gr. 16. Siegen, M. Liebscher. Geb. in Leinw. à n. 1. 25; in 1 Bd. geb. n. 3. —
1. Drei Feste. Ein Novellenkranz. 3. (der Min.-Ausg. 1.) Aufl. (111 S.) Kiel (900.)
— 2. Zu Frost u. Glut. Ein Novellenkranz. 3. (der Min.-Ausg. 1.) Aufl. (136 S.) Kiel (900).
3. Nachbarskinder. Eine Erzählung. (113 S.) (903.)

Wilhelm Heims. Rudolf Steiner und seine Anhänger. Eine Erwiderung. Leipzig: Heims o. J. 23 S. 8°. [Kopftit.]
Entgegnung auf Lévy's: R. Steiners Weltanschauung. — Stellt S. 10 R. Steiner in Parallele zu Cagliostro und offenbart das „geschäftliche" Treiben einiger Steiner-Logen.

Heims, Wilh., wie erlernt man fremde Sprachen? Winke für den Selbstunterricht, zugleich ein Beitrag zur Methodik des Studiums fremder Sprachen für prakt. Zwecke. gr. 8. (48 S.) Gera 885, Kanitz' Verlag. * — 75

Heims, Wilh., wie erlernt man fremde Sprachen? Winke f. den Selbstunterricht, zugleich e. Beitrag zur Methodik d. Studiums fremder Sprachen f. prakt. Zwecke. 3. Aufl. (80 S.) 8. Leipzig 907. W. Heims. 1. —

Handwerksbrauch der alten Steinhauer, Maurer und Zimmerleute. Dargest. von Carl Heimsch. Stuttgart: Wittwer 1872. 71 S. 1 Taf. 8°
Recens: FZ. 26 (1872) S. 165—166.
cf. Bh. 15 (1872) S. 69; L. 29 (1873) S. 159—162.
Tt. 794.

Heimsoth, Gustav, a. Schüren i. Westf.: Beiträge zur Kenntnis der gemischten Fettsäureglyceride. Berlin: J. Springer 1907. (57 S.) 8°
Münster, Phil. Fak., Ref. König, Diss. v. 15. Okt. 1907
[Geb. 23. Nov. 81 Schüren; Wohnort: Münster; Staatsangeh.: Preußen; Vorbildung: Gymn. Dortmund Reife O. 01; Studium: Marburg 4, Münster 8 S.; Rig. 26. Juli 07.]

Heimsoeth, Franz (geb. am 12 Mai 1847 in Köln): Ueber Craniotomie mittelst der Kephalotribe und des Cranioclast ... Bonn, Buchdr. v. P. Neusser 1871. 2 Bl., 41 S., 1 Bl. 8.
Bonn, Med. Fak., Diss. v. 28 Juli 1871

Heimsoeth, Friedrich

Heimsoeth, Frid., Addenda et corrigenda in comment. Pindari. Ps. I. 8maj. (4³/₄ B.) Bonnae 840, Weber. *

Index scholarvm qvae ... in vniversitate Fridericia Gvilelmia Rhenana per m. aest. a. 1872 ... habebvntvr. — Praecedit Friderici Heimsoethi de Madvigii Havniensis Adversariis criticis commentatio II. Bonnae, form. C. Georgi (1872). XXX, 11 S., 3 Bl. 4.
¶ Comm. I im Ind. schol. 1871—72 *u. d. T.:* De vitiorum in veterum scriptorum codicibus obviorum generibus a Madvigio nuper definitis.

—— Beiträge z. richtigen Lectüre d. griech. Dramen. 1. — A. u. d. T.: Vom Vortrage d. Chores in d. griech. Dramen. gr. 8. (7 B.) Bonn 841, Habicht. *

Index scholarvm qvae ... in vniversitate Fridericia Gvilelmia Rhenana per m. hib. a. 1877—78 ... habebvntvr. — Praecedit Friderici Heimsoethi commentatio de parodi in Aeschyli fabvla Thebana conformatione. Bonnae, typ. C. Georgi (1877). 16, 11 S., 3 Bl. 4.
¶ In Komm. bei Behrendt in Bonn.

Heimsoeth, commentatio de parodi in Aeschyli fabula thebana conformatione. gr. 4. (16 S.) Bonn 877. (Behrendt.) n. — 80

Heimsoeth, Fridericus (geb. am 10 Febr. 1814 in Köln): Democriti de anima doctrina. Addita sunt Democritea ... Bonnae, typ. C. Georgii 1835. IV, 58 S. 8. ¶ In Komm. bei Weber in Bonn.
Bonn, Phil. Fak., Diss. v. [5 Dez.] 1835

F. Heimsoeth: Democriti de anima doctrina; add. sunt Democritea; dissertat. *Bonn.* (Weber in C.) 835. gr 8° 8 *gl*

Index scholarvm qvae ... in vniversitate Fridericia Gvilelmia Rhenana per m. hib. a. 1866 et 67 ... habebvntvr. — Praecedit Friderici Heimsoethi commentatio critica [I] de diversa diversorvm mendorvm emendatione. Bonnae, form. C. Georgi (1866). XXI, 11 S., 3 Bl. 4. ¶ Comm. II u. III in den Ind. schol. 1867 u. 1867—68.

Index scholarvm qvae ... in vniversitate Fridericia Gvilelmia Rhenana per m. aest. a. 1867 ... habebvntvr. — Praecedit Friderici Heimsoethi de diversa diversorvm mendorvm emendatione commentatio II. Bonnae, form. C. Georgi (1867). XXI, 11 S., 3 Bl. 4.
¶ Comm. I u. III in den Ind. schol. 1866—67 u. 1867—68.

Index scholarvm qvae ... in vniversitate Fridericia Gvilelmia Rhenana per m. hib. a. 1867 et 68 ... habebvntvr. — Praecedit Friderici **Heimsoethi** de diversa diversorvm mendorvm emendatione commentatio III in qva de interpolationibvs agitvr [sive De interpolationibus Comm. I]. Bonnae, form. C. Georgi (1867). XVIII, 11 S., 3 Bl. 4. ¶ Comm. I u. II in den Ind. schol. 1866–67 u. 1867. — Für d. Forts. s. d. Ind. schol. 1868.

Natalicia ... Gvilelmi Imperatoris ... ab vniversitate Fridericia Gvilelmia Rhenana d. XXII m. Mart. ... concelebranda ... indicit Fridericvs Heimsoeth, eloq. Prof. P. O. — Insvnt Friderici **Heimsoethi** emendationes Theognideae. [Pars I.] Bonnae, form. C. Georgi [1873]. 20 S. 4. ¶ Pars II u. III in den Königsgeb.-Progr. 1874 u. 1875.

Natalicia ... Gvilelmi I ... ab vniversitate Fridericia Gvilelmia Rhenana d. XXII m. Mart. ... concelebranda ... indicit Fridericvs Heimsoeth, eloq. Prof. P. O. — Inest Friderici **Heimsoethi** emendationvm Theognidearvm Pars II. Bonnae, form. C. Georgi [1874]. 19 S. 4. ¶ Pars I u. III in den Königsgeb.-Progr. 1873 u. 1875.

Natalicia ... Gvilelmi Imperatoris ... ab vniversitate Fridericia Gvilelmia Rhenana d. XXII m. Mart. ... concelebranda ... indicit Fridericvs Heimsoeth, eloq. Prof. P. O. — Inest Friderici **Heimsoethi** emendationvm Theognidearvm Pars III. Bonnae, form. C. Georgi [1875]. 24 S. 4. ¶ Pars I u. II in den Königsgeb.-Progr. 1873 u. 1874.

Index scholarvm qvae ... in vniversitate Fridericia Gvilelmia Rhenana per m. hib. a. CIƆIƆCCCLXXVI–XXVII [!] ... habebvntvr. — Praecedit Friderici **Heimsoethi** epistola Florentina de cod. Lavrent. IX Plvt. XXXII. Bonnae, typ. C. Georgi (1876). 27 S., 3 Bl. 4. ¶ In Komm. bei Behrendt in Bonn.

—— Epistola Florentina de codice Laurentiano IX Plut. XXXII. gr. 4. (16 S.) (Ebendas.) 876. *

Index scholarvm qvae ... in vniversitate Fridericia Gvilelmia Rhenana per m. aest. a. 1875 ... habebvntvr. — Praecedit Friderici **Heimsoethi** de dvplici qvod fertvr dactylorvm et anapaestorvm genere in rhythmis Graecorvm commentatio. Bonnae, form. C. Georgi (1875). XIV, 11 S., 3 Bl. 4.

Index scholarvm qvae ... in vniversitate Fridericia Gvilelmia Rhenana per m. hib. a. 1871 et 72 ... habebvntvr. — Praecedit Friderici **Heimsoethi** commentatio critica de vitiorvm in vetervm scriptorvm codicibvs obviorvm generibvs a Madvigio Havniensi nvper definitis [sive De Madvigii Adversariis criticis commentatio I]. Bonnae, form. C. Georgi (1871). XXII, 11 S., 3 Bl. 4. ¶ Comm. II im Ind. schol. 1872.

Heimsoeth, F., I. De vitiorum in veterum scriptorum codicibus obviorum generibus a Madvigio Hauniensi nuper definitis. II. De Madvigii Hauniensis adversariis criticis. Pr. 1871–72. 22, 30 S. 4°. A —.90

Index scholarvm qvae ... in vniversitate Fridericia Gvilelmia Rhenana per m. hib. a. 1873–74 ... habebvntvr. — Praecedit Friderici **Heimsoethi** de voce ὑποκριτής commentariolvs. Bonnae, form. C. Georgi (1873). XIV, 11 S., 3 Bl. 4.

— De interpolationibus II–VII. (Ad Sophoclem maxime, Euripidem, Aeschylum). Pr. 1868–1875. 14, 25, 19, 16, 14, 18 S. 4°. A 1.—

Index scholarvm qvae ... in vniversitate Fridericia Gvilelmia Rhenana per m. aest. a. 1868 ... habebvntvr. — Praecedit Friderici **Heimsoethi** de interpolationibvs commentatio II. Bonnae, form. C. Georgi (1868). XIV, 11 S., 3 Bl. 4. ¶ Comm. I im Ind. schol. 1867–68 *u. d. T.:* De diversa diversorum mendorum emendatione Comm. III in qua de interpolationibus agitur; Comm. III–VII in den Ind. schol. 1871, 1872–73, 1873, 1874 u. 1874–75.

Index scholarvm qvae ... in vniversitate Fridericia Gvilelmia Rhenana per m. aest. a. 1871 ... habebvntvr. — Praecedit Friderici **Heimsoethi** de interpolationibvs commentatio III. Bonnae, form. C. Georgi (1871). XXV, 11 S., 3 Bl. 4. ¶ Comm. I, II, IV–VII in den Ind. schol. 1867–68, 1868, 1872–73, 1873, 1874 u. 1874–75.

Index scholarvm qvae ... in vniversitate Fridericia Gvilelmia Rhenana per m. hib. a. 1872 et 73 ... habebvntvr. — Praecedit Friderici **Heimsoethi** de interpolationibvs commentatio IV. Bonnae, form. C. Georgi (1872). XIX, 11 S., 3 Bl. 4. ¶ Comm. I–III u. V–VII in den Ind. schol. 1867–68, 1868, 1871 u. 1873, 1874, 1874–75.

Index scholarvm qvae ... in vniversitate Fridericia Gvilelmia Rhenana per m. aest. a. 1873 ... habebvntvr. — Praecedit Friderici **Heimsoethi** de interpolationibvs commentatio V. Bonnae, form. C. Georgi (1873). XVI, 11 S., 3 Bl. 4. ¶ Comm. I–IV u. VI–VII in den Ind. schol. 1867–68, 1868, 1871, 1872–73 u. 1874, 1874–75.

Index scholarvm qvae ... in vniversitate Fridericia Gvilelmia Rhenana per m. aest. a. 1874 ... habebvntvr. — Praecedit Friderici **Heimsoethi** de interpolationibvs commentatio VI. Bonnae, form. C. Georgi (1874). XIV, 11 S., 3 Bl. 4. ¶ Comm. I–V u. VII in den Ind. schol. 1867–68, 1868, 1871, 1872–73, 1873 u. 1874–75.

Index scholarvm qvae ... in vniversitate Fridericia Gvilelmia Rhenana per m. hib. a. 1874–75 ... habebvntvr. — Praecedit Friderici **Heimsoethi** de interpolationibvs commentatio VII. Bonnae, form. C. Georgi (1874). XIV, 11 S., 3 Bl. 4. ¶ Comm. I–VI in den Ind. schol. 1867–68, 1868, 1871, 1872–73, 1873 u. 1874.

Natalicia ... Gvilelmi I ... ab vniversitate Fridericia Gvilelmia Rhenana d. XXII m. Mart. ... concelebranda ... indicit Fridericvs Heimsoeth, eloq. Prof. P. O. — Inest Friderici **Heimsoethi** de syllabarvm in versibvs antiqvis mensvra commentatio. Bonnae, litt. C. Georgi 1869. 9 S. 4.

Natalicia Gvilelmi I ... ab vniversitate Fridericia Gvilelmia Rhenana d. XXII m. Mart. ... concelebranda ... indicit Fridericvs Heimsoeth, eloq. Prof. P. O. — Inest Friderici **Heimsoethi** de versvvm Ionicorvm mensvra commentatio. Bonnae, form. C. Georgi [1871]. 21 S. 4.

[Heimsoeth, Friedrich.] Ludwig van Beethoven's missa solennis op. 123. Eine kurze erklärende Beschreibung. Bonn 1845.

Heimsoeth, Friedr., Pindars erste pythische Ode. Lex.-8. (IV und 26 S.) Bonn 859. [Cohen und Sohn.] *

Natalicia ... Gvilelmi I ab vniversitate Fridericia Gvilelmia Rhenana d. XXII m. Mart. ... concelebranda ... indicit Fridericvs **Heimsoeth**, eloq. Prof. P. O. — [Praecedit eiusdem quam d. III m. Aug. a. 1866 habuit oratiuncula piae Friderici Guilelmi III memoriae novissimarum Borussiae rerum laetitiam iungens.] Bonnae, litt. C. Georgi 1867. 8 S. 4.

Natalicia ... Gvilelmi I ab vniversitate Fridericia Gvilelmia Rhenana d. XXII m. Mart. ... concelebranda ... indicit Fridericvs Heimsoeth, eloq. Prof. P. O. — Inest Friderici **Heimsoethi** commentatio de ratione qvae intercedat inter Aeschyli scholia Medicea et scholiastam A. Bonnae, litt. C. Georgi 1868. 15 S. 4.

— De scaena in parte Eumenidum Aeschyli Atheniensi non mutata. (681–710). Pr. 1870. 9 S. 4°. 1.20

Index scholarvm qvae ... in vniversitate Fridericia Gvilelmia Rhenana per m. hib. a. 1870 et 71 ... habebvntvr. — Praecedit Friderici **Heimsoethi** commentatio de scaena in parte Evmenidvm Aeschyli Atheniensi non mvtata. Bonnae, form. C. Georgi (1870). IX, 11 S., 3 Bl. 4.

Sacra semisaecvlaria vniversitatis Fridericiae Gvilelmiae Rhenanae ... d. II. III. IV m. Avg. a. 1868 ... celebranda indicvnt rector et senatvs [interprete Friderico Heimsoetho]. Bonnae, form. C. Georgi 1868. 8 S. 4. ¶ Wieder abgedr. in dem Bericht über d. 50j. Jubil. d. Rhein. Friedr.-Wilh.-Univ. Bonn 1868 S. 3 ff.

Natalicia ... Gvilelmi Imperatoris ... ab vniversitate Fridericia Gvilelmia Rhenana d. XXII m. Mart. ... concelebranda ... indicit Fridericvs Heimsoeth, eloq. Prof. P. O. — Inest Friderici **Heimsoethi** commentatio de versvvm in tragoediis Graecorvm strvctvra. Bonnae, form. C. Georgi [1872]. 15 S. 4.

Heimsoeth, Friedr., kritische Studien zu den griechischen Tragikern. 1. Abthl.: Eine nothwend. Ergänzung der krit. Methode. gr. 8. (VIII und 417 S.) Bonn 865, Cohen und Sohn. *

Index scholarvm qvae ... in vniversitate Fridericia Gvilelmia Rhenana per m. hib. a. 1868 et 69 ... habebvntvr. — Inest Friderici Heimsoethi narratio de epistolarvm ad Frid. Avg. a Schlegel datarvm thesavro, praemisso commentariolo de scholiis in Aeschyli Agamemnonem scholiasta Mediceo vetvstioribvs. Bonnae, form. C. Georgi (1868). XX, 28, 11 S., 3 Bl. 4.

Index scholarvm qvam [!] ... in vniversitate Fridericia Gvilelmia Rhenana per m. aest. a. 1869 ... habebvntvr. — Praecedit Friderici Heimsoethi de tragoediae Graecae trilogiis commentatio. Bonnae, form. C. Georgi (1869). VIII, 11 S., 3 Bl., 1 Bl. Corrigenda. 4.

—— die indirecte Ueberlieferung des aeschylischen Textes. Ein Nachtrag zu der Schrift über die Wiederherstellung der Dramen des Aeschylus, zugleich ein Bericht über die Aeschylus-Handschriften in Deutschland. gr. 8. (197 S.) Bonn 862, Cohen und Sohn. *

Index scholarvm qvae ... in vniversitate Fridericia Gvilelmia Rhenana per m. hib. a. 1869 et 70 ... habebvntvr. — Praecedit Friderici Heimsoethi commentatio de necessaria in re critica vigilantia, perseverantia atqve avdacia. Bonnae, form. C. Georgi (1869). XVII, 11 S., 3 Bl. 4.

Heimsoeth, Friedr., die Wahrheit über den Rhythmus in den Gesängen der alten Griechen. Nebst e. Anh. üb. die Aufführung d. griechischen Gesänge. gr. 8. (3¼ B.) Bonn 846, Henry u. Cohen.

—— die Wiederherstellung der Dramen des Aeschylus. Die Quellen. Als Einleitung zu einer neuen Recension des Aeschylus. Ebend. 861. gr. 8. (500 S.) n. 3 Thlr.

Heimsoeth, H[enricus] (geb. am 24 Febr. 1811 in Köln): Theses ... Coloniae, typ. M. Dumont-Schauberg 1831. 2 Bl. 4.
Bonn, Jur. Fak., Thes. v. 16 Sept. 1831

Heimsoeth, Henr. (geb. am 24 Febr. 1811 in Köln): De usufructu accrescendo ex iure romano ... Coloniae, typ. M. Dumont-Schauberg 1831. 50 S., 1 Bl. 8. ¶ Erschien zugleich selbständig im Verlag des Druckers.
Bonn, Jur. Fak., Diss. v. [16 Sept.] 1831

Heimsoeth, Henr., de usufructu accrescendo ex jure roman. Dissert. inaug. 8maj. (3¼ B.) Coloniae 831, DuMont-Schauberg.

Heimsoeth, Rudolf, Referendar in Cöln a. Rh.: Betrachtung der strafbaren Handlungen, welche nach § 2339 Abs. 1. Nr. 4. B.G.B. Erbunwürdigkeit begründen. *Borna-Leipzig 1903: R. Noske.* (46 S.) 8°
Leipzig, Jur. Diss. v. 1903

Heimstatt, die. Blätter der Unterhaltg. u. des Wissens. Hrsg. u. geleitet v. Walt. Britting. 1. Jahrg. 1910. 12 Nrn. (à ca. 16 S. m. Abbildgn.) Lex. 8. Wolfenbüttel, Heckner. 2.—

Heimstätt, Karl v., s.: Peyrer Ritter v. Heimstätt, Karl.

Heimstätte, e. — Durch Erdenmacht zur Himmelspracht, s.: Christblumen.

Heimstätten in Arkansas. [Prospekt der Little Rock und Fort Smith Eisenbahn-Gesellschaft.] Little Rock [cr. 1862]. 32 S., 2 Krt. 8°.

Heimstätten für deutsche Auswanderer. Redact.: F. Stein. 1. Jahrg. 1881. 13 Nrn. (à Nr. ½ Bog.) gr. 4. Magdeburg, Gebr. Stein. *
Nicht weiter erschienen.

Heimstätten für Lungenkranke. Den Mitgliedern des Kongresses zur Bekämpfung der Tuberkulose als Volkskrankheit überr. von den Gemeindebehörden Berlins am 24. Mai 1899. Berlin (1899): W. & S. Loewenthal. (16 S.) 8°

Heimstätten- und andere Wirthschaftsgesetze der Vereinigten Staaten von Amerika, von Canada, Russland, China, Indien, Rumänien, Serbien und England. Hrsg. und mit einleitenden und erläuternden Abhandlungen von Rud. Meyer. Mit bisher noch ungedruckten Briefen Jefferson's und Entwurf zu einem neuen Agrarrecht. gr. 8. (VIII, XXXII, 632 S.) Berlin 883, Bahr. *

Heimstättenrecht, ein Recht für Jedermann. 8°. Berlin 1891.

Heimstättenrecht. Ein Recht für Jedermann. 2. Tausend. gr. 8. (56 S.) Berl. 891, Wilhelmi. * — 50

Heimster, Hermann: Die fortgesetzte Belastung der ..., s.a. Loeper, Paul: Moderne Städte-Ent- und Bewässerung.

Heimster: Die fortgesetzte Belastung der Haus- und Grundbesitzer nebst Erörter. üb. d. allg. Steuerfrage. Berlin 1909. 8°

Heimsuchung, die, von G. Schilling (oder G. Schilling's Schriften 45r Bd.) 8. Ebend. 818.

Heimsuchung. Von D. N. 8. (4 S.) [Bonn 882, Schergens.] Gernsbach, Buchh. des christl. Colportage-Vereins. *

Heimsuchung des Marianischen Gnadentempels auf dem Plainberge. Salzburg 1870. V: *Mühleder, Joseph.* (Hr)

Heimsuchung, die, in Toskana. Ein Zeitbild. 8. (54 S.) Wien 859, (Lechner's Universitäts-Buchh.) *

v. Heimthal, H. E., (Domain-Secret. Diesing), Anweis. z. Verfertig. mehr. Arten künstl. Hefen, f. Branntweinbrenner, Bierbräuer, Bäcker u. f. d. Haushalt. 8. Brünn 826, Traßler. 3 kr

v. Heimthal, (H. E.,) Anweis. z. Verfertigung mehrerer Arten künstl. Hefen. 8. Brünn 827, Traßler.

Heimwald, M., zum Herzen, Märchen für die weibl. Jugend, s. Jugend, der, Lust und Lehre.

Heimwärts! Eine Geschichte aus unsern Tagen. 8. (III und 256 S.) Berlin 866, Wiegandt und Grieben. *

Heimwege, Erzählungen von „Unserm alten Freunde." Berlin 864. Hertz. 8. (2 Bl., 245 S.) 1 Thlr.

Heimweh, das, e. Gesch. v. Heinr. Stilling. (Jung.) 4 Thle. nebst d. Schlüssel, od. 5ten Thle. 8. Marburg, Krieger. 794. Schreibp.

Heimweh, das, von Heinrich Stilling, nebst den Schlüssel dazu, 5 Theile, 8. Frankfurt und Leipzig, (Gießen) 794 - 96. (Krieger) Schreibpapier. 6 Rthl. 5 fgl.
Dasselbe Buch, nebst den Schlüssel dazu. Druckpapier. 3 Rthl. 5 fgl.

Heimweh, Das, ... Marburg 1794—96. N. A. 1800. V: *Jung, Johann Heinrich.* (MGT)

Heimweh. Eine Gabe f. Alle welche im Hause des Herrn ihre Heimath haben. 12. (3¼ B.) Grünberg 845, Weiß. *

Heimweh. Erzählung v. M. v. O. 1.—3. Aufl. (83 S. m. 2 Vollbildern.) 8. Schwerin 910. F. Bahn. — 90; geb. n 1. —

Heimweh, J., s.: Lösung d. elsässisch-lothring. Frage.

Hein

— s. a. **Hain, Hayn, Heyn.**

Hein: Die Methoden der qualitativen Analyse. 29 S. 8° – Troppau, OR., Progr. 1870, 1871.

Hein, Vorbereitung u. Berufswahl der Juristen. Ein Handbuch f. Rechtskandidaten u. Referendare in Preußen. gr. 8. (VIII, 167 S.) Berlin 894. C. Heymanns Verl. n. 3. —

Hein, A., neueste und sicherste Zuschneide-Methode. Nach der besten französ. Zuschneide-Kunst aufgestellt und vielfach verbessert. Den Moden der Neuzeit und der modernen Zuschneide-Kunst entsprechend. Imp.-4. (22 S. mit 8 Stnt.) Eßlingen 881, (Fröbner.) *

Hein, Adb., Alois Raim. Hein u. Wilh. Hein, dopp. Lehrg. f. d. ornamentale Freihandzeichnen. M. Angabe d. Entlehng. u. Vorwertg. d. einz. Formen, ihres Stils u. ihrer kolorist. Behandlg. f. 8 aufeinanderfolg. Schuljahre zusammengest. 8 Hfte. qu.-4. Leipzig 896. J. Klinkhardt. In Mappen n. 16. —; Einzelpr. n. 17. 60

1. Für d. 1. Schulj. (VI, 16 S. m. 25 Taf.) n. 1. 60
2.—5. Für d. 2., 3., 4. u. 5. Schulj. (à VI S. m. 24 Taf.) à n. 1. 60
6.—8. Für d. 6., 7. u. 8. Schulj. (à VI S. m. 48 Taf.) à n. 3. 20

Hein, Adalbert, Alois Reimund Hein und **Dr. Wilhelm Hein**, Doppelter Lehrgang für das ornamentale Freihandzeichnen an Volks- und Bürgerschulen, zugleich Formensammlung für gewerbliche Fortbildungsschulen. 1.—5. Heft. Für Volksschulen. Quer-4. In Mappe 4.50, pro Heft apart 1.—
— — 6.—8. Heft. Für Bürgerschulen. Quer-4. In Mappe 5.50, Preis des einzelnen Heftes 2.
— — 8 Hefte complet. Quer-4. In Mappe 10.—
Einzelne Blätter —.05
Wien: Manz 1896.

Hein, Albert, (Dr.), prakt. Arzt aus Breslau: Ueber ein Peritheliom der weichen Hirnhaeute nebst kurzer Betrachtung über die Entstehung der Neoplasmen überhaupt. *Kitzingen a. M. 1901: Meschett & Hissiger.* (26 S.) 8°
Würzburg, Med. Diss. v. 1901

Hein, Alfons [app. Arzt aus Posen]: Über traumatische Epithelcysten '(Epidermoide)' ... Freiburg i. B., Buchdr. H. Epstein, 1896; 32 S., 1 Bl. 8.
Freiburg i. B., Med. Fak., Inaug.-Diss. v. 1896

Hein, Alois Raimund

Hein, Alois R. Die Alhambra. 36 S. 8. Progr. *Oberhollabrunn* 1880.

Hein, Alois Raim., geometrische Formenlehre, s.: Hilfsbuch f. den Zeichen- u. Kunstunterricht.

Hein A R, Hilfsbuch für den Zeichen- und Kunstunterricht. Heft 1 u 3. Wien 1900

— d. bildend. Künste b. d. Dayaks auf Borneo. Ein Beitrag z. allg. Kunstgeschichte. Lex.-8. (XIV, 228 S. m. Illustr., Titelbild, 10 Tafeln u. 1 Karte.) Wien 890. Leipzig, K. W. Hiersemann. n. 14. —; ermäss. Pr. n. 9. —

Hein, A. R., die bildenden Künste bei den Dayaks auf Borneo. Ein Beitrag zur allgemeinen Kunstgeschichte. Lex.-8. (XIV, 228 S. m. 1 Titelbilde, 10 Taf., 90 Text-Illustr. u. 1 Karte.) Wien 890. Hölder. n. 14. —

— Kunsttechnologie, s.: Hilfsbuch f. den Zeichen- u. Kunstunterricht. 3. Hft.

Hein, Alois Raimund: Doppelter Lehrgang ..., s. Hein, Adalbert

— Mäander, Kreuze, Hakenkreuze u. urmotiv. Wirbelornamente i. Amerika. gr. 8. (VII, 48 S. m. 30 Abb.) Wien 891. Leipzig, K. W. Hiersemann. n. — 80

Hein, Alois Raim. Mäander, Kreuze, Hakenkreuze u. urmotivische Wirbelornamente in Amerika. gr. 8. (VII, 48 S. m. 30 Illustr.) Wien 891, Hölder. * — 80

— Malerei u. technische Künste bei den Dayaks. Lex.-8. (92 S. m. 80 Abbildgn. u. 10 Taf.) Ebd. 889. * 12 —
Aus: Annalen d. k. k. naturhistor. Hofmuseums, besonders abgedruckt.

— Ornamente der Dayaks. Vortrag. Mit 10 Taf. u. 8 Orig.-Illustr. gr. 8. (29 S.) Wien 889, (Pichler's Wwe. u. Sohn). * 1 60
Aus: Zeitschr. d. Vereins österr. Zeichenlehrer, besonders abgedruckt.

— Schriftvorlagen zur Beschreibung v. Zeichnungen, Plänen u. s. w. qu. gr. 8. (8 Bl.) Wien 900. W. Braumüller. n. — 50

Hein, Alois Raimund, Adalbert Stifter. Sein Leben u. seine Werke. Mit bisher ungedr. Briefen u. Handschriften, 1 ffsm. Stammbuchblatte, 7 Heliograv., 3 Kupferradiergn., 2 Photolith. u. 114 Textbildern. (XV, 691 S.) Lex.-8. Prag 904. (J. G. Calve.) n. 10. —

Hein, Frau Anna, die Frau. Ein hygien. Werk. Orig.-Aufl. 8. (38 S.) Berlin (902). (Berolina-Versand-Buchhandlg.) — 50

— von der Frau f. die Frau. Broschüre üb. Frauenschutz. 9. verb. u. vervollkommnete Orig.-Aufl. 8. (47 S.) Ebd. 899. — 50

— Frauenschatz, ein unentbehrlicher Ratgeber f. Ehefrauen. 15. verb. u. vervollkommnete Orig.-Aufl. 8. (78 S. m. Abbildgn.) Ebd. (901.) — 50

— Ratgeber f. Ehefrauen. Orig.-Aufl. 8. (78 S.) Ebd. (902). — 50

Hein, Ant., s. Heins.

Hein, Anton [pract. Arzt aus Ost-Preussen]: Beitrag zur Myomotomia intra graviditatem .... Greifswald, Druck v. Carl Sell, 1886; 25 + 1 S. + 1 Bl. 8°.
Greifswald, Med. Fak., Inaug.-Diss. v. 9. Nov. 1886.

— Betr. über die Nothwendigk. f. nach Vorschr. d. Natur zu richten. 8. Lpz. Breitkopf. (Schwickert.) 764.

Hein, Anton: Gedanken von der Hornvieh-Seuche nebst Anpreisung eines sicheren und bewährt befundenen Präservativ-Mittels ... Hamburg 1776. 124 S.

Hein, Ant., patriot. Medicus. 2 Bde. in 8 Thlen. gr. 8. Hamb. (Hertel, a. Schwickert in Lpz.) 765—68.

Hein, Ant., pharmacia rational. od. Gebr. äußerl. Gesundmittel. gr. 4. Ebend. 757. Rthlr.

Hein, Anton [app. Arzt aus Hausdorf '(Kr. Neurode.)']: Ueber das Vorkommen eosinophiler Zellen im Sputum ... Würzburg, Druck v. F. Fromme, 1894; 31 S. 8.
Erlangen, Med. Fak., Inaug.-Diss. v. [22. Juli] 1894

Hein, Benno, aus Goldbach: Die **Sprache** der altenglischen Glosse zu Eadwine's Canterbury Psalter. *Würzburg 1905: C. J. Becker.* (65 S.) 8°
Würzburg, Phil. Diss. v. 1905

Hein, Chr., der orthographisch-grammatische Unterricht auf der Unterstufe der Volksschule. Theoretisch-prakt. Hilfsbuch f. die Hand der Lehrer an Stadt- u. Landschulen. (IV, 160 S. m. Abbildgn.) Lex. 8. Kiel 907. Lipsius & Tischer. 2.40; geb. 3. —

Hein, E[mil]: Studien über den Londoner Grafschaftsrat. Osnabrück 1908: J. G. Kisling. (57 S.) 8°
München, Staatswirtsch. Fak., Ref. Lotz, Diss. v. 10. Juni 1907
[Geb. 26. Sept. 75 Berlin; Wohnort: Osnabrück; Staatsangeh.: Preußen; Vorbildung: Königstädt. Realgymn. Berlin Reife M. 96; Studium: Phil. u. Jura Berlin 8, Phil. Halle 2, Staatsw. München 2 S.; Rig. 10. Juni 07.]

Hein, Erich, die Freimaurerei im Lichte der Wahrheit! Strebet nach Licht ihr Blinden! (30 S.) gr. 8. Leipzig-Dölitz (906). Monist. Centralbuchh., E. Teichmann. n. 1.—

[Dasselbe.] [Anderer Druck.] Leipzig-Dölitz: Monistische Central-Buchh. [1906]. 20 S. 8°
S. 1—15 abgedr. in: Monist. 1 (1906—1907) Nr 4, 5.
cf. DrL. 37 (1906—1907) S. 103—104 (A. Denecke); L. 31 (1908) S. 79; Z. 38 (1907 bis 1908) S. 247—248, abgedr. in: Al. 34 (1908) S. 204—205.
Verlangt Reform des Bundes, Beseitigung aller religiösen Bestrebungen in demselben u. fordert zur Gründung eines „Allgemeinen Frmr-Bundes auf monistischer Weltanschauung" auf.

Hein, Ernst [aus Königsberg]: Ueber die trockene Destillation des buttersauren Baryums .... Königsberg in Pr., Druck v. M. Liedtke, 1888; 2 Bl. + 48 S. + 2 Bl. 8°
Königsberg, Phil. Fak., Inaug.-Diss. v. 2. Jun. 1888

Hein, Ernst, über die trockene Destillation des buttersauren Baryums. Inaugural-Dissertation. gr. 8. (48 S.) Königsberg 888, (Gräfe und Unzer.) ** 1 —

Hein, Ernst, Gründe des Interdiotenschutzes. gr. 8. (19 S.) Königsberg 902. (Hartung.) — 80

— die Römer im Kampfe um den Besitz. 8. (40 S.) Ebd. 901. n. — 60

Hein, Ernest. Das Schul-Turnwesen in Österreich. Von der Einführg. d. Turnens bis zur Gegenwart, m. besond. Berücksicht. Wiens. gr. 8. (VIII, 148 S.) Wien 891, Graeser. * 1 60

Hein, F., Figürliches, s.: Vorlagen u Motive zur Porzellan-, Majolika- u. Fayence-Malerei.

Hein, F., Majolika-, Fayence-, Porzellan-Malerei, s.: Braun, Irene.

Hein, Ferdinand, aus Schwartau ⟨Oldenb.⟩, Assist. am anat. Inst.: **Hernia** lumbalis. *Berlin (1902): G. Schade.* (63 S.) 8°
Berlin, Med. Diss. v. 2. Aug. 1902

Hein, Frz., Lieder u. Bilder. 8. (102 S. m. Abbildgn.) Karlsruhe 903. G. Braun'sche Hofbuchdr. Geb. in Leinw. n. 4. —

— die Nixe. Ein Märchenspiel in 5 Aufzügen. 8. (104 S.) Ebd. 902. n. 2. —

Hein, Frz., hellenische Sänger in deutschen Versen, s.: Preisendanz, K.

— Scheherasade. Ein Märchen in 2 Aufzügen. (33 S.) 8. Heidelberg 906. C. Winter, Verl. n. 1. —

Hein, Franz: **Stiftungsurkunde** [der Erzpriester Franz Hein-Stiftung am Königlichen Gymnasium zu Neustadt Ob.-Schl.]. *Neustadt OS. (1898): R. Reichelt.* (46—47 S.) 4°
Neustadt Ob.-Schl., k. G. OP 1898 (207)

Hein, G. M. (Red.), s. Weltblatt

Hein, Georg Wilhelm

Hein, Georg. Guil. (geb. Danzig 14. 7. 1833): De vario modo electricitatis effectuum quod ad therapiam. Berolini (1857). (30 S.) 8°
Berlin, Med. Diss. v. 10. Okt 1857

Hein, H. R., Angelegenheiten d. Volksschulwesens, f. Volksschullehrer. 8. Grimma u. Leipz. 821. (Göschen). 12 gl

Hein, H. R., Plan zur Errichtung der Volksschulen in den Städten u. auf dem Lande, nebst einem Anh. von Auszügen aus den Landesgesetzen rc. gr. 8. Berl. 816. (Logier). 16 gl

Hein, H. R., zwölf Schullehrer-Conferenzen in Buchholz, od. kurzgef. Anweisung, wie sich Lehrer in Volksschulen in allen Lectionen eine zweckmäßige Methode aneignen können. Nebst einer kleinen Schulbibliothek rc. 8. Berlin, Späthen. 819.

Hein, Heinr., die Anlegung und Erhaltung feiner dauernder Gartenrasen. 8. (IV, 43 S.) Quedlinburg 885, Basse. * 1 50

Hein, Heinr., d. Anlegung u. Erhaltung feiner dauernder Gartenrasen. 2., verm. u. verb. Aufl. gr. 8. (XI, 44 S.) Frankfurt a/O. 895. Trowitzsch & Sohn. n. 1. —

Hein, Heinr., kurze Beschreibung der wichtigsten in Deutschland einheimischen und angebauten Gramineen, Cyperaceen und Juncaceen, mit theilweiser Berücksicht. ihrer Nutzbarkeit und Angabe ihrer gewöhnl. Fundorte im Zustande des Wildwachsens. gr. 8. (36 S.) Hamburg 876, Vetter. *

Hein, Heinr., ökonomische Flora in getrockneten Exemplaren. Fol. Hamburg 881, Vetter. In Mappe *

—— Deutschlands Giftpflanzen. Eine kurze Beschreibung der gift. und verdächt. einheim. Pflanzen, nebst Hinweis auf deren Verwendung in der Pharmacie, zugleich als Text für die vom Verf. herausgegebenen Giftpflanzen-Herbarien für Lehrer, Schüler und zum Hausgebrauche. gr. 8. (74 S.) Ebendas. 880. *

Hein H, deutsche Giftpflanzen in getrockneten Exemplaren. 100 Species in 5 Heften m. Text.

—— Gräserflora von Nord- und Mittel-Deutschland. Eine genaue Beschreibung der verschiedenen Gattungen und Arten der im obengenannten Gebiete vorkomm. Gramineen, Cyperaceen und Juncaceen, mit ganz besond. Berücksicht. der Synonymen und Bemerkungen über den Werth der einzelnen Arten für die Landwirthschaft. Nebst einem Anhange, enth. Beschreibung der werthvollsten Kleearten und Futterkräuter, Anleitung zur Wiesen- und Weidenkultur, Zusammenstellungen von Grassamenmischungen zur Besamung von Wiesen und Weiden, Böschungen von Eisenbahndämmen, Parks, Bleichplätzen, Rasenflächen in Ziergärten, Anleitung zur Anlage und Erhaltung solcher Rasenflächen, Zusammenstellung derjenigen Grasarten der deutschen Flora, welche für die Bouquetfabrikation besonders beachtenswerth sind und Hinweis auf die vom Verf. dieses Werkes herausgegebenen Unterrichts-Hülfsmittel. Ein Hülfs- und Nachschlagebuch für Gutsbesitzer, Forst- und Landwirthe, Samenhändler, Kunst- und Handelsgärtner, Gartenbesitzer, Naturfreunde, Lehrer und Schüler. gr. 8. (X, 420 S.) Weimar 877, B. F. Voigt.

— Gräserflora von Nord- und Mittel-Deutschland. Eine genaue Beschreibung der Gattungen und Arten der in diesem Gebiete vorkomm. Gramineen, Cyperaceen und Juncaceen, mit ganz besond. Berücksicht. der Synonymen und Bemerkungen über den Werth der einzelnen Arten für die Landwirthschaft. Nebst einem Anhang, enthaltend die Beschreibung der werthvollsten Kleearten und Futterkräuter und Anleitung zur rationellen Wiesen- und Weidenkultur. Ein Hülfsbuch für Guts- und Gartenbesitzer, Forst- und Landwirthe, Samenhändler, Kunst- und Handelsgärtner rc. 2. (Titel-)Aufl. gr. 8. (X, 420 S.) Weimar 880, B. F. Voigt.

— Sammlung von (62) in Deutschland heimischen und angebauten ächten Gräsern und Scheingräsern. [Gramineae, Cyperaceae und Juncaceae.] Fol. (34 Bl. mit aufgeklebten Pflanzen.) Mit Textheft. gr. 8. (36 S.) Hamburg 881, Vetter.

— das Trocknen u. Färben natürlicher Blumen u. Gräser. Nach vieljähr. prakt. Erfahrg. gr. 8. (X, 59 S.) Weimar 875. B. F. Voigt. 1. 50

— das Trocknen u. Färben natürl. Blumen u. Gräser, sow. Präparation alles natürl. Bouquetmaterials. Nach vieljähr. prakt. Erfahrg. hrsg. 2., gänzlich umgearb. u. erweit. Aufl. gr. 8. (VIII, 163 S.) Weimar 896. Leipzig, B. F. Voigt. 8. —

Hein, Heinrich, a. Hamburg: Untersuchung über faserige Kieselsäuren und deren Verhältnis zu Opal und Quarz. Kiel 1907 (Stuttgart: C. Grüninger). (S. 182—231.) 8° ¶ (Aus: Neues Jahrbuch f. Mineralogie usw. Beil.-Bd 25.)
Kiel, Phil. Fak., Ref. Brauns, Diss. v. 23. Okt. 1907
[Geb. 23. Sept. 83 Niendorf b. Pinneberg; Wohnort: Hamburg; Staatsangeh.: Hamburg; Vorbildung: Matthias-Claudius-Gymn. Wandsbek Reife O. 02; Studium: Kiel 4, Techn. Hochsch. Berlin 1, Univ. Rostock 1, Kiel 3 S.; Rig. 7. März 07.]

Hein, J., Fibel f. den ersten Schreibleseunterricht an Sprachganzen, s.: Maltsch, C.

— Der erste Lese- u. Schreibunterr. an Sprachganzen, s.: Maltsch, C.

Hein, J. C., de istis cordis deformationibus, quae sanguinem venosum cum arterioso misceri permittunt. 4maj. Götting., Vandenhök et R. (in comm.) 817.

Aus Segebergs Vorzeit. Mitgeteilt v. (J. C.) Hein. Segeberg 1901. 8°.

Hein, J. H., Lehrbuch zu Erlernung d. Decimalrechnungen. 8. Herborn 812. (Krieger in Marb.) 12 K

— **Jo. Christian Ernst** (Dahme/Querfurt), De rebus duarum tribuum regni Judaici adversis. Präs. Jo. David Müller. Lpz. (Langenheim) 10. III. 1745. 40 S. (6.50) 13979

Hein, Joa. Ernst

— compend. ad Zoesium in libros pandectar. 8. Nrnb. Zieger. 712.

Hein, Io. Ern. Olymp. de, jus publ. imperii rom. german. 4. Nrnb. Löchner. 717.

de Hein, J. Ern. Olymp.: Promtuarium jur. canon., feud., civ. et crimin. absolutiss. II. Voll. *Norimb.* 720. fol.

Hein, Joa. Er.: Promtuarium jur. can. et feud. *Vienn.* 747. II. fol. (3 Thl. 8 Gr.)

Hein, Johann

Hein, Joh., Handbuch aller in das kaiserl. Patent vom 17. Jänner 1850 einschlägigen nachträglichen Verordnungen des Strafgesetzbuches I. und 2. Thls. sammt den neu hiezu erlassenen Gesetzen. gr. 8. (IV und 112 S.) Olmütz 850, Neugebauer.

— Strafgerichts-Competenz-Tabelle nach dem kais. Patente vom 17. Jänner 1850. 2. Aufl. Lex. 8. (IV u. 100 S.) Ebd. 850. 1/2 ℳ

Hein, Joh., das österreichische Strafgesetz vom 27. Mai 1852 als Strafgerichts-Competenz-Tabelle für die neu organisirten Gerichtsbehörden im ganzen Umfange des Reiches, mit Ausnahme der Militärgrenze, sammt einem Anhange. Lex.-8. (IV und 241 S.) Wien 855, Gerold's Sohn.

Hein (Heyn), Johann. Tractat von Cometen . . . Berlin 1746. V (Vorrede): *Gottsched, Joh. Chph.* (Waniek, Gottsched. Leipzig 1894, S. 393.)

— **Johann Abraham**, Meditationes de noxis abusu calidae. Lpz. (Langenheim) 12. V. 1747. 44 S. (6.50) 13977

— **Johann August** (Danzig)

Hein, Johannes Augustus: Nervorum veli palatini historia. Halis (1845): Ploetz. 25 S. 8°
Halle-Wittenberg, Med. Diss. v. 25. Juni 1845
Geb. Danzig 3. 10. 1821. V.
Lateinische Umarbeitung aus des Verf. Aufsatz: Ueber die Nerven des Gaumen-Seegels. Deutsche Bearb. einer Heidelberger medizinischen gekrönten Preisschrift. In: Archiv f. Anatomie, Physiologie u. wissenschaftl. Medicin. Hrsg.: Joh. Müller. Berlin 1844. S. 297—358.
Eine Forts. De calculis bilinis wollte der Verf. im Journal f. praktische Chemie. Hrsg.: O. L. Erdmann und R. F. Marchand veröffentlichen.

Hein, Jh. Aug., Versuch z. Darlegung d. gegenwärt. Standes der Wissenschaft in Bezug auf die Lehre von der Urzeugung. Festschrift zur Feier des 300jährigen Bestehens der Albrechts-Hochschule zu Königsberg in Preußen. gr. 8. Halle 844, Schwetschke u. Sohn. 7/8 ℳ

Johann Karl Hein

Ioannes Carolus Hein: De istis cordis Deformationibus quae sanguinem venosum cum arterioso misceri permittunt. Goettingae 1816: Herbst. IV, 50 S. 8°
Göttingen, Med. Diss. v. 1816

— **Johann Samuel** (Rochlitz), An poena delicti perfecti ordinaria puniendus sit conatus proximus? Problema jur. criminalis. Präs. Traugott Thomasius. Lpz. (Breitkopf) 20. I. 1735. 24 S. (6.50) 13980
Gew.: Johann Michael Thomae.

Hein, Johannes, Referendar in Berlin: Die völkerrechtlichen Einrichtungen zum Zwecke der Ausdehnung der deutschen Sozialgesetzgebung auf die Angehörigen fremder Staaten. Greifswald 1907: F. W. Kunike. (88 S.) 8°
Greifswald, Jur. Fak., Ref. Stoerk, Diss. v. 17. Juni 1907
[Geb. 9. Juni 82 Bromberg; Wohnort: Dt.-Wilmersdorf b. Berlin; Staatsangeh.: Preußen; Vorbildung: Gymn. Danzig Reife O. 00; Studium: Königsberg 1, Berlin 5 S.; Rig. 28. Jan. 07.]

Hein, Johannes (geb. Kreuzendorf in Schles. 17. 1. 1846): Die Stricturen des Oesophagus. Berlin (1872). (30 S.) 8°
Berlin, Med. Diss. v. 16. Mai 1872

Hein, John [aus Libau in Kurl.]: Ueber das spezifische Drehungsvermögen und das Molekulargewicht des Nicotins in Lösungen ... Berlin, C. Vogts Buchdr., *1896*; 39 S. 8.
Berlin, Phil. Fak., Inaug.-Diss. v. 1. Aug. 1896

Hein, Isidor, über das Verhältniss zwischen Tast- u. Gehörwahrnehmungen. [Aus: „Sitzungsber. d. k. Akad. d. Wiss."] Lex.-8. (9 S.) Wien 876. (Gerold's Sohn.) n. — 20

Hein, Isidor, über das Verhältniss zwischen Tast- und Gehörwahrnehmungen. Lex.-8. (9 S.) Wien 877, (Gerold's Sohn.) *

Aus: Sitzungsberichte der k. Akademie der Wissenschaften, besonders abgedruckt.

Hein, Jul., der Gnadenwahl-Streit und seine nächsten Folgen in der evangelisch-lutherischen Freikirche in Sachsen u. a. St. Ein Zeugniß und Warnung für gottsel. luther. Christen, die's auch bleiben wollen. 8. (32 S.) Frankfurt a. M. 881, Alt.

—— der Gnadenwahl-Streit. Zweites Tractat. Zum Zeugniß und Abwehr crypto-calvinist. Lehr- und Kampfes-Weise in der evangelisch-luther. Freikirche in Sachsen u. a. St. 8. (28 S.) Ebendas. 881.

Philadelphia 1869
Hein J, die Konstitution der Vereinigten Staaten, nebst Erläuterungen. 16°

Hein, Jul., die Constitution der Vereinigten Staaten, nebst Erläuterungen und geschichtl. Einleitung. Zur speziellen Benutzung für Einwanderer und Schulen. 2. Aufl. 16. (146 S. mit 1 Holzschntaf.) Philadelphia 870, Schäfer und Koradi. cart.

Hein, Julius [aus Berlin]: Ueber die bildliche Verneinung in der mittelenglischen Poesie ... (Aus: Anglia, zeitschr. f. engl. philol., n. f. bd III.) Halle a. S., Druck v. E. Karras, 1893; 2 Bl., 238 S. 8.
Rostock, Phil. Fak., Inaug.-Diss. v. [20. Febr.] 1892

Hein, Karl, prakt. Arzt: Über das Adenokystom der Nieren und der Leber. *Danzig 1899: F. Raczkiewicz.* (32 S.) 8°
Königsberg, Med. Diss. v. 22. Juli 1899

Hein, Carl, Rechtsanwalt in Worms: Das elterliche Nutzniessungsrecht am Kindesvermögen nach dem B.G.B. Worms 1908: Gebr. Hoffmann. (IV, 124 S) 8°
Gießen, Jur. Fak., Ref. Schmidt, Diss. v. 1. Aug. 1908
[Geb. 21. Febr. 82 Worms; Wohnort: Worms; Staatsangeh.: Hessen; Vorbildung: Gymn. Worms Reife O. 00; Studium: Heidelberg 2, Munchen 1, Gießen 3 S.; Rig. 8. April 08.]

Hein, Karl, Hilfsprediger d. ref. Gem. zu Elberfeld: Die Sakramentslehre des Johannes a Lasco. *(Bonn 1904.)* (102 S.) 8°
Bonn, Ev.-theol. Diss. v. 11. Mai 1904

Hein, Karl, die Sakramentslehre des Johannes a Lasco. (188 S.) gr. 8. Berlin 904. [C. A. Schwetschke & Sohn.] Leipzig, M. Heinsius Nachf. n. 5. —

Hein, M.

Hein, das kleine Buch vom deutschen Heere. Ein Hand- u. Nachschlagebuch zur Belehrg. üb. die deutsche Kriegsmacht. Nach den neuesten Bestimmgn. bearb. Mit 400 Abbildgn. im Text u. 17 farb. Taf. 8. (XIII, 347 S.) Kiel 901. Lipsius & Tischer. Geb. in Leinw. n. 2. —

— dasselbe. 11.—20. Taus. Mit 400 Abbildgn. im Text u. 17 farb. Taf. Mit Nachtrag. Ausgeg. am 15. V. 1901. 8. (XIII, 347 u. 14 S. m. 1 Bl. Erklärgn.) Ebd. 901. Geb. in Leinw. n. 2. —

Hein, das kleine Buch vom deutschen Heere. Nachtrag. Ausg. am 1. I. 1904. (8 Bl.) 8. Kiel 904. Lipsius & Tischer. n. — 20

— dasselbe. Nachtrag. Ausg. am 1. XI. 1904. (8 S.) 8. Ebd. 904. n. — 20

— dasselbe. Nachtrag. Ausg. am 1. VII. 1906. (16 S.) 8. Ebd. n. — 30

Hein, das kleine Buch vom deutschen Heere. Nachtrag. Ausg. am 15. X. 1908. (21 S.) 8. Kiel, Lipsius & Tischer. —30
Hauptwerk. Ebd. 901. 2. —

Hein. Inhalts-Verzeichnis der Vorträge über Artillerie im ersten Coetus der vereinigten Artillerie- und Ingenieur-Schule. (T. 1—3.) Berlin 1839. 1842.

Hein, die Kämpfe um Metz 1870. Zusammengestellt f. den Unterricht auf den Kriegsschulen. (IX, 86 S. m. 1 Fig.) gr. 8. Oldenburg (903). G. Stalling's Verl. n. 1. 20

Hein, M.: Die österr. K r e d i t a n s t a l t in ihrem Gebahren und die nothwendigen Reformen derselben. Von –. Wien, 1857. Druck von Leopold Grund. (62 S. 8°)

Hein, M., die österreichische Creditanstalt in ihrem Gebahren und die nothwendigen Reformen derselben. Lex.-8. (63 S.) Wien 857, Wallishausser'sche Buchh. *

Hein, M., architecton. Verzierungen f. Decorationsmaler, Stuccatur- u. Bronzearbeiter. 2. Hft. qu. Fol. (6 lith. Taf.) Leipzig 828, Fr. Fleischer.
1. Hft. Ebendas. 1827. 1 Thlr. 4 Gr.

Hein, Mathias, u. Jacques Federspiel: Bericht über die zweite allgemeine Luxemburger Lehrer-Versammlung, gehalten zu Luxemburg, am 18. Dezember 1873. Luxemburg: Bourger 1873. 64 S. 8°

Hein, Max [pr. Arzt]: Über einen Fall von spontaner Herzruptur ... Königsberg i. Pr., Druck v. M. Liedtke, 1892; 19 S., 2 Bl. 8.
Königsberg, Med. Fak., Inaug.-Diss. v. 27. Febr. 1892

Hein, Max. Über e. Fall v. spontaner Herzruptur. Diss. gr. 8. (19 S.) Königsb. i. Pr, 892, (Koch). * — 60

Hein, Max: Die Kanzlei und das Urkundenwesen der Erzbischöfe von Mainz im früheren Mittelalter ⟨1060—1249⟩. Kap. 4: Die inneren Merkmale der Urkunden. (Berlin 1909: Ebering.) 77 S. 8° ¶ (Ersch. vollst. in etwa 2 Jahren.)
Berlin, Phil. Diss. v. 24. Juli 1909, Ref. Tangl
[Geb. 7. Okt. 85 Angerburg; Wohnort: Charlottenburg; Staatsangeh.: Preußen; Vorbildung: Gymn. Königsberg i. P. Reife O. 05; Studium: Heidelberg 2, Berlin 6 S.; Rig. 6. Mai 09.] [U 09. 186

Hein, Max [app. Arzt aus Glatz]: Die Schlundsondenfütterung bei abstinirenden Geisteskranken. . . . München, Buchdr. v. M. Ernst, 1888; 38 S. 8°
München, Med. Fak., Inaug.-Diss. v. 1888

Hein, Nic., Podragist. 8. Amst. 703.

— gemarc. Venuspriester od. v. Franzosenkur. 8. Amst. 711.

— Zeughaus d. Gesundheit. 8. Amst. 707.

Hein, Dr. Oskar, Auch ein Abgeordneter! Porträt eines „unverfälschten Deutschen". 8. (22 S.) Wien: Hein 1889. —.20

Hein, O., der Experte d. Grafen Egbert Belcredi. Porträt e. „vereinigten Christen". gr. 8. (37 S.) Wien 889. (Löwit.) n. — 50

—— Aus der Werkstatt der Reaction. Die Prozeßaffaire gegen Mechaniker Schneider in altenmäß. Darstellg. gr. 8. (96 S.) Wien 891, (Weiß). * 1 —

Hein, Otto, Abzahlgesetz u. Kredithäuser. (VIII, 132 S.) gr. 8. Berlin 910. F. Vahlen. 3. —

Hein, Paul, die Zusammenlegung (Commassation) der landwirthschaftlichen Grundstücke. Mit besond. Berücksicht. der landwirtsch. Verhältnisse Niederösterreichs. 8. (26 S.) Wien 900. W. Frick. n. 1. —

Hein, Reinold. (geb. Danzig 13. 7. 1832): De ossium medulla. Berolini (1856). (28 S.) 8°

Berlin, Med. Diss. v. 21. Juni 1856

— **Samuel Gottlieb** (Greif./Schles.), De aere Lipsiensi. Präs. Christian Michael Adolphi. Lpz. (Imman. Titius) Apr. 1717. 56 S. (7.50) 13981

Hein, Sam. Gottl., praxis homilet. theor. rivinianae. 8. Lips. Junius. 714.

Hein, Thdr., Analyse eines Meteoriten aus Dacea in Bengalen, ausgeführt im Laboratorium des Herrn Prof. Dr. Redtenbacher. Lex.-8. (4 S.) Wien 867, (Gerold's Sohn.)
Aus: Sitzungsberichte der k. Akademie der Wissenschaften, besonders abgedruckt.

Hein, Th., Synthese des Hydroxylamines, s. Ludwig, E.

Hein, Theodor Polykarp, prakt. Arzt a. Hausdorf: Ueber Mesenterialcysten. Leipzig 1907: B. Georgi. (44 S.) 8°

Leipzig, Med. Fak., Ref. Trendelenburg, Diss. v. 29. Juli 1907

[Geb. 23. Jan. 73 Hausdorf i. Schl.; Wohnort: Plauen i. V.; Staatsangeh.: Sachsen; Vorbildung: Gymn. Glatz Reife O. 92; Studium: Erlangen 2, Kiel 2, Breslau 3, Halle 2 S.; Coll. 2. Aug. 07; Approb. 13. Apr. 97.]

Hein, Tob., Uebungsbuch im kaufmännischen Rechnen, f. Handel-, Gewerbe-, Real- u. Bürgerschulen. 1. u. 2. Hft. 8. (143 u. 96 S.) Baden-Baden 874. 76. Haendcke & Lehmkuhl. n. 3. 75; Auflösungen. (22 u. 16 S.) n. — 90

Hein, Tob., Uebungsbuch im kaufmännischen Rechnen für Handels-, Gewerbe-, Real- u. Bürgerschulen. 1. Hft. 2. Ausg. gr. 8. (VII, 120 S.) Hamburg 877. Haendcke & Lehmkuhl. n. 1. 50; Auflösgn. (16 S.) n. — 50

Hein, T., Grundleg. z. Kaufm.-Rechnung. 8. Hamburg, Hein.

— Schatzkammer d. Kaufm.-Rechnung. 8. Ebend.

Hein, Walter

W. Hein, Zur Biologie der Forellenbrut. I. Versuche über das Nahrungsbedürfnis der Bachforellenbrut im Bruttrog und im künstlichen Brutbett. II. Über die absolute Druckfestigkeit der Bachforelleneier. III. Über die Wirkungen von Druck, Stoß und Fall auf die Entwicklung der Bachforelleneier. IV. Zur Kieserbrütung. V. Zwei neue Erbrütungsversuche. VI. Zur weiteren Entwicklung der Kiesbettbrut.
München 1906/07

W. Hein, Nochmals zur Kieserbrütung.
München 1908

Hein, Walt., die Süsswasserfische Deutschlands, s.: Nitsche, Hinrich.

W. Hein, Einige Versuche über den Einfluß mechanischer Störungen auf die Entwicklung der Bachforelleneier.
Ber. K. B. Biol. Versuchsanstalt, München, I.
Stuttgart 1908

W. Hein, Über die Wirkungen des Steinkohlenteers auf Fische und einige Wirbellose.
Ber. K. B. Biol. Versuchsanstalt München, I.
Stuttgart 1908

Hein, Wilh., s.: Beiträge, ethnographische.

Zur Entwicklungsgeschichte des Ornamentes bei den Dajaks. Von Dr. Wilhelm **Hein**. Mit 29 Abb. Wien: Hölder 1895. S. 94–114. 4° [Umschlagt.]
Aus: Annalen d. K. K. Naturhist. Hofmuseums. Bd 10, H. 2. A 12. 3748

Hein, Wilhelm: Doppelter Lehrgang ..., s. Hein, Adalbert

Hein, Wilh., u. Dav. Heinr. **Müller**, Mehri- u. Hadrami-Texte, gesammelt im J. 1902 in Gischin, s.: Expedition, südarabische. IX.

Hein Wilhelm: Omar II. in seinem Verhältnis zum Staate.
1885 PN 398 Diss. Wien, Univ. 700

Hein, Wilh., Indonesische Schwertgriffe. Lex.-8. (S. 317—358 m. 101 Abb.) Wien 899. A. Hölder. n. 4.—
Sonderabdr. aus: „Annalen d. k. k. naturhist. Hofmuseums".

Hein, Wilh., die Todtenbretter im Böhmerwalde. [Aus: „Mittheilgn. d. anthropolog. Gesellsch. in Wien".] gr. 4. (16 S. m. 2 Taf. u. 6 Text-Illustr.) Wien 891. (A. Hölder.) n. 3. 20

— die geographische Verbreitung der Todtenbretter. [Aus: „Mittheilgn. d. anthropolog. Gesellsch. in Wien".] gr. 4. (17 S. m. 2 Lichtdr.-Taf.) Ebd. 894. n. 3.—

—— Die Verwendung der Menschengestalt in Flechtwerken. Imp.-4. (S. 45–56 m. 8 Illustr.) (Ebd.) 891. * 1 20
Vorstehende Schrift a . aus: Mittheilgn. d. anthropolog. Gesellsch., besonders abgedruckt.

Hein, Wolfgang, Referendar in Halle: Die guten Sitten. Ein Beitrag zu der Lehre von dem richtigen Rechte. Breslau: M. & H. Marcus 1906. (36 S.) 8° ¶(Ersch. vollst. im gleichen Verl. u. d. T.: 'Die Verleitung zum Vertragsbruch nach bürgerlichem Recht'.) *)

Halle, Jur. Fak., Ref. Stammler, Diss. v. 27. März 1906

[Geb. 31. Okt. 83 Schmiegel i. Posen; Wohnort: Halle a. S.; Staatsangeh.: Preußen; Vorbildung: Gymn. Nordhausen Reife O. 01; Studium: Leipzig 3, Genf 1, Leipzig 1, Halle 2 S.; Rig. 6. Jan. 06.]

Hein, Wolfg., die Verleitung zum Vertragsbruch nach bürgerl. Recht, s. a. Studien zur Erläuterung des bürgerl. Rechts. 18. Hft.

Die Verleitung zum Vertragsbruch nach bürgerlichem Recht. Ein krit. Beitrag z. Lehre von d. Kausalität im Rechtssinn u. z. Bestimmung d. Begriffs d. guten Sitten von Dr. Wolfgang **Hein**. Breslau: M. & H. Marcus 1906. (VI, 133 S.) 8°
— Studien z. Erläuterung d. bürgerl. Rechts. H. 18.

Hein, Lehmann & Co.: Signal-Weichenstellwerks- und sonstige Sicherheitseinrichtungen. Auszug aus dem Haupt-Katalog. Berlin und Düsseldorf (1896)

Heinatz, s. Heynatz.

Johann Friedrich Heinatz ausführliches Rechenbuch. Berl. 8. 1 Alph. 7 B. 1777
1780. — 2te vermehrte Aufl.

[Heinbucher von Bikkessy, J. Pannoniens Bewohner. Wien 1820.]
78 Taf. in kol. Kupferst. 4°.
Tit. u. Text fehlen. Die Taf. mit ungar. u. deutschen Unterschriften; die letzten zwölf signiert Heinbucher Edler Bikkessy pinxit — Carl Beyer scripsit. Dieselben Taf. schon 1816 veröffentlicht. Graesse III, 231.

Heincke, Frz., Bericht über Garten-, Obst- und Weinbau, s. Berichte über die internationale landwirthschaftliche Ausstellung.

Die Biologische Anstalt auf Helgoland und ihre Thätigkeit im Jahre 1893. (Von Friedrich **Heincke**. Mit 7 Fig. im Text. Kiel und Leipzig. 1894.) Siehe in: Wissenschaftl. Meeresuntersuchungen. N. F., Bd. I, Heft 1. 4° g.

Die Einweihung des Nordseemuseums auf Helgoland verbunden mit einer Gedächtnisfeier für Nathanael Pringsheim am 20. Aug. 1899. Festrede d. Dir. der Biol. Anst., Prof. Dr. Fr[iedrich] **Heincke**. ⟨Als Ms. gedr.⟩ *Oldenburg i. Gr. (1899): A. Littmann.* (13 S.) 4°(8°) [F.]

Heineke, Friedr., die Fische der Ostsee, s. Möbius, K.

Heincke, Frdr., Naturgeschichte d. Herings, s.a. Abhandlungen d. deutschen Seefischerei-Vereins.

Naturgeschichte des Herings von Prof. Dr. Friedrich **Heincke** ... Tl 1. *Berlin: O. Salle 1898.* 4.
= **Abhandlungen** d. Deutschen Seefischerei-Vereins. Bdn. H. 1. 2.
[98. 7094 Gr

Über Schollen und Schollenfischerei in der südöstlichen Nordsee. Nach deutschen Untersuchungen von Fr[iedrich] **Heincke** u. H[ermann] Henking. Mit 18 Tab. u. 7 Fig. Berlin: Salle 1907. 90 S. 4°(8°)
[Nebent.:] Plaice and plaice-fishing. German investigations in the south-eastern part of the North-Sea.
(Die Beteiligung Deutschlands an d. internat. Meeresforschung. Jahresbericht. 4/5. Anh.)
[10. 6235 11

Heincke, F., die Seefischerei Norwegens, s.: Decker, W.

Die Thätigkeit der Kgl. Biologischen Anstalt auf Helgoland in den Jahren 1894 bis 1896. 2. Bericht (v. Friedrich **Heincke**). (Kiel und Leipzig. 1897.) Siehe in: Wissenschaftl. Meeresuntersuchungen. N. F. Bd. 2. Heft 1. Abt. 2. Fg.

—— die nutzbaren Tiere der nordischen Meere und die Bedingungen ihrer Existenz. gr. 8. (40 S. mit 15 in den Text gedr. Holzschn.) Stuttgart 882, Enke. *

Heincke, Friedr., die Varietäten des Herings. Zugleich ein Beitrag zur Descendenztheorie. Fol. (98 S. mit 3 Stnt.) Berlin 877, (Friedländer und Sohn.) *
Aus: Jahresbericht der Commission zur wissenschaftl. Untersuchung der deutschen Meere in Kiel, besonders abgedruckt.

—— die Varietäten des Herings. 2. Thl. Zugleich ein Beitrag zur Descendenztheorie und Systematik. Fol. (86 S. mit 2 Stnt. und 1 Tab.) Berlin 881, (Friedländer und Sohn.) *
Aus: VII. Bericht der Commission zur Untersuchung der deutschen Meere, besonders abgedruckt.
1. Thl. Ebendas. 1877. •ℳ 10.

Heincke, Ida, in Freud u. Leid. Gedichte. I. 8. (135 u. VI S.) Dresden 897. E. Pierson. n. 2. —; geb. n. 3. —

Waldblumen. Neue Gedichte von Ida **Heincke**. Dresden & Leipzig: E. Pierson 1898. (VIII, 143 S.) 8° [F.]
[07. 8716

Heincke, Johannes: Über den Gebrauch des reinen und praepositionalen Infinitiva bei Mathurin Régnier. *Hamburg 1902: Lütcke & Wulff.* (30 S.) 4°
Hamburg, R vor d. Lübeckerthore, P 1902 (818)

Dr. Heinckelmann, eine biographische Skizze von befreundeter Hand. Bamberg 1866. 12 S. 8.

Heincken, Ph., Witterungs-Beobachtungen zu Bremen in den 30 Jahren von 1829 bis 1858 und in den 8 Jahren von 1859 bis 1866. (Mitgetheilt von L. Häpke.) (Aus den Abhandl. herausg. vom Naturw. Vereine zu Bremen. 1. Bd.) [Bremen 1868.]

Heincks, Wilhelm

Heincks, W., Berechnung und Schnitt der Segel. Handbuch für Schiffer, Steuerleute und Segelmacher. gr. 8. (VI, 184 S. mit eingedr. Holzschn.) Bremen 877, Selbstverlag. cart. *

Heincks, Wilh., Berechnung und Schnitt der Segel. Handbuch für Kapitäne, Steuerleute und Segelmacher. 2. verb. Aufl. 8. (VII, 134 S. mit Fig.) Bremerhaven 887, (v. Vangerow.) cart. * 3 50

Heindel, Christian Gottlieb (Reichenbach/O.-Lausitz), Dissertatio de debitorum ante leges XII. Tabb. fortuna. — Viro Jo. August Bach gratul Lpz. (Stopffel) 1754. 14 S. (6.—) 13982

— — De his quae imputantur in quartam fiduciarii ad L. XCI. II. ad leg. falc. Disp. jur. civil. Präs. Jo. August Bach. Lpz. (Stopffel) Sept. 1756. 28 S. (6.50) 13983
Gew.: Jo. Friedr. Ernst Frh. v. Friese (Koenigsbrueck, Schoenfeld . .). — Widm. v. Präs.

— — Super monte pietatis. Disp. jur. Lpz. (Langenheim) 19. VIII. 1762. 36 S. (6.50) 13984

Heindel, Chr. Gli., s. Parallele zwischen d. Versuchung Christi rc.

Heindl, Adalb., Therapie der Mund-, Rachen- u. Kehlkopf-Krankheiten, s.a. Handbibliothek, medicinische. 7. Bd.

Heindl, A., Therapie der Mund-, Rachen- und Kehlkopfkrankheiten. [Medizinische Bibliothek. 7. Bd.] 8°. (VIII, 237 S.) Wien: Hölder 1903. geb. K 3.60

Heindl, Ant., hoch v. Dachstein, s.a. Kürschner's, Jos., Bücherschatz.

Hoch vom Dachstein. Roman aus d. Sommerfrische von Anton **Heindl**. Mit Ill. von W. Roegge. Berlin, Eisenach, Leipzig: H. Hillger [1904]. (110 S.) 8° [F.]
— **Bücherschatz**, Kürschners. No 407.
[05. 10586

Heindl, Aug., Chlor gegen Cholera, als therapeut. Beitrag. gr. 8. (15 S.) Augsburg 849, v. Jenisch und Stage'sche Buchh. *

HEINDL, August (Dillingen): Ueber die im Herbste 1834 zu Dillingen und dessen Umgebung geherrscht habende Ruhrepidemie.- (München): Giesser 1836. 18 S. Diss. Ingolst.-Landsh.-Mchn. 30.6.1835 - Urk (De dysenteria epidemica.); F 62

Heindl, Clemens, s. Heindl, Klemens

Heindl, Emmeram, O. S. B., die hl. Berg Andechs, in s. Geschichte, s. Merkwürdigkeiten u. Heiligthümern geschild. gr. 8. (XVI, 196 S. m. 41 Abb., 1 Plan u. 1 Stammtaf.) München 895. J. J. Lentner. n. 2. 80

Heindl, Emmeram, O. S. B., das Pfarrdorf Erling bei Andechs in seiner Vergangenheit u. Gegenwart. Ergänzung u. 2. Tl. zu des Verf. Buch. „Der hl. Berg Andechs." gr. 8. (VIII, 106 S. m. 1 Abbildg. u. Titelbild.) München 899. J. J. Lentner. n. 2. —
1. Tl. Ebd. 895. n. 2. 80.

Heindl, Frz., der eiserne Oberbau System Heindl verglichen m. Holzschwellen-Oberbau, s.a. Vorträge u. Abhandlungen, techn.

Der eiserne Oberbau System Heindl verglichen mit Holzschwellen-Oberbau. Von Franz **Heindl**, k. k. Regierungsr. ... M. 1 Taf. SA. aus d. Ztschr. d. Oesterr. Ing.- u. Archit.-Ver. 1895, Nr. 45. *Wien: Spielhagen & Schurich 1896.* (21 S., 1 Taf.) 1 Bd 8.
— **Vorträge**, Technische, u. Abhandlungen. [No] 28.
[96. 870

Heindl, Frz., der Oberbau mit eisernen Querschwellen. hoch 4. (III, 15 S. mit 1 photolithogr. Taf. und 7 Text-Fig.) Wien 884, Spielhagen und Schurich. *

Heindl, Friedrich Xavier

Heindl, Fr. Xaver, pädagog. Aehrenlese, s. Aehrenlese.

Heindl, F(r.) X(aver), lehrreiche Erzählungen für Kinder, zum leichteren Verstehen für dieselben mit Fragen versehen. 1. Bdchn. 12. (VIII und 160 S.) Donauwörth 848, Veith'sche Buchh. Thlr. *

Heindl, Fr. Xav., Fragen üb. d. biblische Geschichte f. Kinder, zum allgem. Gebr. in den Volksschulen Bayerns. Mit Vorw. v. Chrph. v. Schmid. 1. Bdchn. Altes Testament. 8. (8¾ B.) Augsburg 845, Schmid'sche Buchh. *

—— - dass. 2. Bdchn. Neues Testament. 8. (11 B.) Ebds. 845.*

siehe: Repertorium der pädagogischen Journalistik.

Heindl, F. X., u. J. B. Heindl, s.: Repertorium der Pädagogik.

Heindl, Hans, d'Oberlandler. Gedichte in oberbayer. Mundart. gr.16.(31S.) München 901. Bayer. Kolonialhaus. — 60

Heindl, Hans, Weiß u. Blau, s.: Frietinger, Al.

Heindl, Hermann, Rechtsprakt. a. Regensburg: Der Umschlag rumänischen Petroleums auf der Donau in Regensburg, seine Bedeutung und die Mittel, ihn zu heben. Borna-Leipzig 1900: R. Noske. (VI, 30 S.) 8°

Würzburg, Jur. Fak., Ref. Schanz, Diss. v. 30. Juli 1906

[Geb. 6. Sept. 81 Regensburg; Wohnort: Regensburg; Staatsangeh.: Bayern; Vorbildung: Gymn. Regensburg Reife Juli 00; Studium: München 4, Würzburg 4 S.; Rig. 20. Juli 06.]

Heindl, J.

—— Die Dienstverhältnisse u. Gebührnisse d. Beurlaubtenstandes d. deutschen Heeres. Nach der neuen Wehr- u. Heerordnug. u. den übrigen einschläg. Bestimmgn. Lex. 8. (123 S.) Ebd. 889. * 2 —

— Dienstverhältnisse u. Gebührnisse der Einjährig-Freiwilligen d. deutschen Heeres. Nach der neuen Wehr- u. Heerordnung u. den übrigen einschläg. Bestimmgn. Lex.-8. (47 S.) Ebd. 889. n. — 80

Heindl, J., die Dienstverhältnisse u. Gebührnisse d. königl. bayer. Heeres. Unterchargen, Dienstpferde u. Truppen-Ökonomie. 30 Lfgn. u. Vorwort u. Einleitg. Lex.-8. Würzburg 888. 889. Staudinger.
Subscr.-Pr. n. 39. 80; Einzelpr. n. 59. —

Vorwort u. Einleitung. (32 S.) n. — 75
1. Lfg. 1. Kap.: Ergänzung des Heeres. (66 S.) n. 1. 60
2. Lfg. 1. Abtlg. 2. Kap.: Löhnung. 3. Kap.: Zulagen. (17 S.) n. — 45
2. Lfg. 2. Abtlg. 4. Kap.: Naturalverpflegung. (40 S.) n. — 95
2. Lfg. 3. Abtlg. 5. Kap.: Bekleidung und Ausrüstung. 1. u. 2. Aufl. (40 S.) n. — 90
3. 4. Lfg. 1. Abtlg. 6. Kap.: Kasernierung. (176 S.) n. 4. —
3. 4. Lfg. 2. Abtlg. 7. Kap.: Rang- und Vorgesetzten-Verhältnis. (12 S.) n. — 30
5. 6. Lfg. 8. Kap.: Beförderung u. Dienstverhältnis. 1. Tl. (172 S.) n. 4. —
7. 8. Lfg. — dasselbe. 2. Tl. (188 S.) n. 4. 20
9. Lfg. 9. Kap.: Wachtdienst. 10. Kap.: Arbeitsdienst. 11. Kap.: Religiöse Pflege der Armee. 12. Kap.: Gesundheits-Visitationen. 13. Kap.: Revaccination. 14. Kap.: Portovergünstigung der Militär-Personen. 15. Kap.: Schulen. (37 S.) n. — 90
10. Lfg. 16. Kap.: Verehelichung. Verehelichte. (48 S.) n. 1. 10
11. 12. Lfg. 17. Kap.: Kommandos. Dienstreisen. 18. Kap.: Stellvertretung. (160 S.) n. 3. 75
13. Lfg. 19. Kap.: Disziplinarstrafen. 20. Kap.: Untersuchung. Fahnenflucht. 21. Kap.: Transport Fahnenflüchtiger und anderer Militär-Arrestaten. 22. Kap.: Arrest. Gefängnis. 23. Kap.: Ärarialschulden. 24. Kap.: Strafbuch. 25. Kap.: Rehabilitierung. 26. Kap.: Degradation. 27. Kap.: Beschwerden. (74 S.) n. 1. 70
14. Lfg. 28. Kap.: Urlaub. 29. Kap.: Versetzungen. 30. Kap.: Dislokation u. Garnisonwechsel. 31. Kap.: Mobilmachung. 32. Kap.: Krankheit. 33. Kap.: Unglücksfall. 34. Kap.: Epidemien. 35. Kap.: Todesfall. (94 S.) n. 2. 25
15. Lfg. 36. Kap.: Invaliden-Versorgung. (94 S.) n. 2. 25
16. 17. Lfg. 37. Kap.: Zivilversorgung. (289 S.) n. 6. 90
18. Lfg. 38. Kap.: Anstellung im oberen Militärverwaltungs-Dienste. (44 S.) n. 1. 5
19. Lfg. 39. Kap.: Orden u. Ehrenzeichen. (44 S.) n. 1. 5
20. Lfg. 43. Kap.: Untere Militärbeamte. 1.—5. Abschn. (32 S.) n. — 75
21. Lfg. 40. Kap.: Entlassung. (57 S.) n. 1. 35
22. Lfg. 41. u. 42. Kap.: Beurlaubtenstand. (122 S.) n. 2. 75
23. Lfg. 44. Kap.: Untere Zivilbedienstete der Militär-Verwaltung. (51 S.) n. 1. 20
24. Lfg. 45. Kap.: Gehalt der Unterbeamten u. Unterbediensteten. 46. Kap.: Kasernenquartiere u. Dienstwohnungen. 47. Kap.: Wohnungsgeldzuschuß. 48. Kap.: Dienstreisen. Kommandos der Unterbeamten u. Unterbediensteten. 49. Kap.: Versetzung der Unterbeamten u. Unterbediensteten. 50. Kap.: Pensionierung der Unterbeamten u. Unterbediensteten. (70 S.) n. 1. 60
25. Lfg. 51. Kap.: Remontierung. 52. Kap.: Offizier-Chargenpferde. 53. Kap.: Verpflegung der Truppen- u. Offizier-Pferde. 54. Kap.: Kasernierung der Dienstpferde. 55. Kap.: Ausrüstung der Dienstpferde. 56. Kap.: Gesundheits-Visitationen der Dienstpferde. 57. Kap.: Krankheit der Dienstpferde. 58. Kap.: Beschlagschmieden. (117 S.) n. 2. 75
26. 27. Lfg. 59. Kap.: Selbstbewirtschaftungsfonds. (143 S.) n. 3. 35
28. Lfg. 60. Kap.: Quartierleistung. (32 S.) n. — 75
29. Lfg. 61. Kap.: Naturalleistungen. (204 S.) n. 4. 80
30. Lfg. 62. Kap.: Märsche. 63. Kap.: Truppen-Übungen. (67 S.) n. 1. 60

Heindl, J. Die Dienstverhältnisse u. Gebührnisse d. königl. bayerischen Heeres. Unterchargen, Dienstpferde u. Truppen-Ökonomie. 2. Lfg. 3. Abthl., Ergänzungsheft zur 7. u. 8. Lfg. 21., 22., 26. u. 27. Lfg., Vorw. u. Einleitg. Lex.-8. Würzb. 889, Staudinger. Einzelpr. * 9 90

2. Lfg. 3. Abthlg. Kap. V. Bekleidung u. Ausrüstung. 2. nach der neuen Bekleidungs-Ordng. vollst. umgearb. Aufl. (40 S.) * — 90.
Ergänzungsheft. zur 7. u. 8. Lfg. (48 S.) * — 80.
21. Lfg. 40. Kap. Entlassung. (57 S.) * 1 35.
22. Lfg. 41. u. 42. Kap. Beurlaubtenstand. (122 S.) * 2 75.
26. 27. Lfg. 59. Kap. Selbstbewirtschaftungsfonds. (143 S.) * 3 35.
Vorwort u. Einleitung. (32 S.) * — 75.
1. u. 2. Lfg. 1. u. 2. Abthl. 3.—20., 23.—25., 28.—30. Lfg. Ebd. 1888. * 49 90.

—— dass. — Tecturen zu Kapitel I—LXIII. Lex.-8. (30¼ Bog.) Ebd. 890. * 7 20

—— dass. — Tecturen zu Kapitel I—LXIII. Abgeschlossen am 11. März 1892. Lex. 8. (44 gummirte Bl. u. 30 S.) Ebd. 892. * 1 90

Compl. in 30 Lfgn. mit Tecturen. [* 41 60] * 25 —.

— zur Invaliditäts- u. Alters-Versicherung. Eine kurze Anleitg. f. Arbeitgeber u. Versicherte, m. besond. Berücksicht. der bayer. u. speziell der Münchner Verhältnisse. gr. 16. (40 S.) München 890. Beck's Verl. n. — 30

Heindl. Zur Invaliditäts- u. Altersversicherung. Eine kurze Anleitg. f. Arbeitgeber u. Versicherte, m. besond. Berücksicht. der bayer. u. speziell der Münchner Verhältnisse. 5. Abdr. 12. (40 S.) Münch. 891, Beck. * — 30

Heindl, J. (Red.), s. Zeitschrift d. Brauindustrie Vereines im Kgr. Böhmen.

Heindl, Joh., das kirchliche Oesterreich-Ungarn. Allgemeines Real- u. Personal-Handbuch der kathol. Kirche in Oesterreich-Ungarn einschliesslich Bosnien u. Hercegovina. Nach amtl. Quellen u. Erhebgn. bearb. gr. 8. (XII, 1036 S.) Wien 894. J. Heindl. 12. —

Heindl Johann Baptist: Über kristallinische Verbindungen von Chlorkalzium mit Alkoholen. S. 83. II. 530 . . . . vgr.
Separatabdruck

HEINDL, Joseph (Mörsdorf): De regimen in syphilide strictissime observandi remediique circumspectissime adhibendi summa necessitate observationibus propriis illustrata.- Landishuti: Thomann (1820). 23 S.,4 Bl.
1.9.1820 - Pa 381; F 58
Diss.Ingolst.-Landsh.-Mchn.

Heindl, Jos. Bapt.

—— Biographieen der berühmtesten und verdienstvollsten Pädagogen und Schulmänner aus der Vergangenheit. gr. 8. (X und 510 S.) Augsburg 860, Schlosser's Buchh.

Heindl, Jos. Bapt., Biographieen um das Schulwesen und die Jugenderziehung besonders verdienter Männer, s. Münch, M. C., Universal-Lexikon der Erziehungs- und Unterrichtslehre.

—— Galerie berühmter Pädagogen, s. Repertorium der pädagogischen Journalistik.

Heindl, Gallerie berühmter Pädagogen 2c., s. Repertorium der pädagog. Journalistik, Beilagehefte.

—— Kalender für Lehrer und Schulfreunde, s. Kalender.

Heindl, Jos. Bapt., Repertorium der pädagog. Literatur, s. Repertorium.

—— mein Wirken als Lehrer und Hausvater an der k. Taubstummen-Anstalt für Schwaben und Neuburg zu Dillingen, Lauingen und Augsburg vom J. 1840—1861 in chronolog. Zeitfolge nach amtl. und Privat-Documenten und nach öffentl. Blättern zusammengestellt. (Als Mscr. gedr.) gr. Lex.-8. (49 S.) München 862, (L. Finsterlin.) *

Heindl, Klemens

Heindl, Clemens. Beiträge zur Histologie der Coccidiosis der Kaninchenleber. Aus der Prosektur des Krankenhauses r. d. Isar in München.... Diss. Vet.-Med. Bern. Mit 1 Tafel. 22 S. 8. (Holzkirchen, G. Vogler, 1910.)

Heindl, Max, s: Taschen-Kalender f. Post u. Telegraphie.

Heindl, Rob., Geschichte, Zweckmäßigkeit u. rechtl. Grundlage der Theater-Zensur. (94 S.) gr. 8. München 908. A. Ackermann's Nachf. 2.40

Heindl, Robert, a. München: Die Theaterzensur. Wolfratshausen 1907: A. Schwankl. (78 S.) 8° [J.]
Erlangen, Jur. Fak., Ref. Rieker, Diss. v. 17. Dez. 1907
[Geb. 24. Juli 83 München; Wohnort: München; Staatsangeh.: Bayern; Vorbildung: Wilhelms-Gymn. München Reife 03; Studium: München 3, Lausanne 2, Erlangen 4 S.; Rig. 29. Juli 07.]

— Vogelschutzgesetz f. d. Deutsche Reich v. 30. V. 1908, nebst den einschläg. Gesetzen, Verordngn. u. polizeil. Bestimmgn. sowie e. Sachregister hrsg. (III, 42 S.) kl. 8. München 909. J. Schweitzer Verl. Geb. in Leinw. 1. —

Heindl, Rudolf, Rechtspraktikant a. Regensburg: Der sachenrechtliche Notstandsparagraph. Interpretation des § 904. Stadtamhof 1907: J. & K. Mayr. (71 S.) 8°
Würzburg, Jur. Fak., Ref. Mendelssohn-Bartholdy, Diss. v. 28. Aug. 1907
[Geb. 6. Dez. 84 Regensburg; Wohnort: Regensburg; Staatsangeh.: Bayern; Vorbildung: Gymn. Regensburg Reife Juli 03; Studium: München 2, Würzburg 6 S.; Rig. 11. Juli 07.]

Heindl, Wilhelm, Gymnasialassist.: Quaestiones Sophocleae criticae. *München 1902: J. B. Lindl.* (36 S.) 8° ¶ [— phil. Diss. München 1902.]
München, k. Luitpold-G, P 1902*

Heindl, Wilhelm: Textkritische Untersuchungen zu Sophokles' Dramen und zu Aischylos' Choephoren. München 1909: Kutzner. 23 S. 8°
München, k. Wilhelms-G P 1909* [S 09. 172

Heindl, Wilhelm: Textkritische Untersuchungen zu Sophokles' Dramen und zu Aischylos' Choephoren. München 1909: Kutzner. 23 S. 8°
München, k. Wilhelms-G P 1910* [S 10. 167

Heindle, Karl (Hrsg.), s. Eisenbeton.

Heindorf

— s. a. Heinsdorff.

Heindorf, A., Pathologie u. Therapie d. Geistes- u. Gemüthskrankheiten. gr. 8. Karlsr. 811. Braun. 1 ₰ 12 ℊ

Heindorf, Auguste, prakt. Unterricht im Maßnehmen u. Zuschneiden aller Arten weibl. Kleidungsstücke, sowie auch d. hauptsächl. männl. Nebst Anweisn., z. Verfertig. d. vorzügl. u. schönsten weibl. Handarbeiten u. Stickereien. Für junge Frauenzimmer jed. Standes. M. 121 Abbild. in Stndr. (auf 4 Taf. Fol.) 8. (4½ B.) Quedlinburg 832, Basse.

[Heindorf, Ludovicus Fridericus H.: Adhortatio ad studiosos novae universitatis.] Berolini 1810. (S. 2-3) 4°
Berlin, Ind. lect. W. S. 1810-11

– s. Cebes: Gemälde.

– s. Cicero: de natura.

Heindorf, Ludwig Friedrich (gymnasii Berolin. prof.), Specimen conjecturarum in Platonem. Präs. Johann August Eberhard. Halle (Fr. Aug. Grunert sen.) 5. I. 1798. 36 S. (6.50) 13985
Gew. Christian Benjamin Wackenroder.

— — Dasselbe. Ohne Präs. Bln. (G. C. Nauk) 1798 (6.50) 13986

Heindorf, L. F., s. Horatius Fl. Satiren.

– s. Plato: Gorgias. – Dialogi IV. – Dialogi selecti. – Pliaedo. – Protagoras.

– s. Theocriti Bion et Moschi carmina.

Heindrichs, H., Geschichtliches zum Entwurf d. neuen Volksschulgesetzes. gr. 8. (11 S.) Bielefeld 891. Helmich. n. 26

Heine, Domherr C., in seinem Lebensgange durch sich selbst geschildert aus seinen Predigten, Reden und Gebeten. Eine Erinnerungsgabe bei der ersten Wiederkehr des Jahrestages seines Scheidens seinen Freunden von Freundeshand dargeboten. gr. 8. (VIII, 189 S.) Dresden 874, Burdach. *

Heine. – Heinrich Heine.

– s.a. Albert, Joh.

—— Versuch einer ästhetisch-kritischen Analyse seiner Werke und seiner Weltanschauung, s. Bölsche, Wilh.

– s.a. Embden, Baron Ludwig v.

Heine, Heinr., s.a. Heine-Buch.

— s.a. Heine-Reliquien.

Heine, Heinr., aus dem Leben desselben, s.: Hüffer, H.

– s.a. Kalischer, Alfr. Christl.

– s.a. Keiter, Heinr.

Heine, Heinrich. s.a. Klassiker, moderne.

– s.a. Netoliczka, Osk.

—— s.a. Proelß, R.

– s.a. Seelig, Max.

—— s.a. Was dünket euch um Heine?

Heine, Heinrich. Sein Leben in s. Liedern (1797—1856). Ein Breviarium z. 100. Geburtstage (13. XII. 1897). Hrsg. v. Rich. Schaukal. (Fischer & Franke's Bibliothek f. Bücherliebhaber.) 12. (X, 443 S.) Berlin 897. Fischer & Franke. Geb. in Leinw. n. 7. 50

Heine, Heinrich. (Gedächtnisblatt.) (16 S. m. Abbildgn.) 4. Berlin (906). Buchh. Vorwärts. n. — 20

Heine's, Heinr., Biographie, s.: Karpeles, G.

Heine, Heinrich, u. die Frauen, s.: Kohut, A.

Heine's, Heinr., Leben und Werke, s. Strodtmann, Adf.

—— und seine Zeitgenossen, s. Karpeles, G.

Heine, Missionar Wilhelm. Ein Lebensbild, aus Briefen u. Berichten zusammengestellt v. seinem Sohn. Mit Vorwort v. Sam. Keller. (184 S. m. Bildnis.) 8. Prischib, G. Schaad (909). (Stuttgart, Verlag d. ev. Gesellschaft.) Geb. in Leinw. 3. —

Heine

— s. a. Haine, Heinen, Heyne.

Heine, kurzer Bericht über die XXI. Versammlung deutscher Land- und Forstwirthe zu Heidelberg. Lex.-8. (IV und 47 S.) Halle 861, (Pfeffer.) *

Heine & Co.: Beschreibung der von der Firma auf der Weltausstellung in Paris ausgestellten chemischen Fabrikate. Leipzig 1900

Heine. d. Besserg. als Strafzweck. Leipz 866.

Heine, Denkschrift über die Beförderung der Landespferdezucht im preuß. Staate. gr. 8. (IV und 63 S.) Zörbig 850. Halle, (Heynemann.) *

Heine, Gebr., Zentrifugenfabrik: Kataloge. 1910 ff. Viersen (Rhld.)

Heine, der kleine Mathematiker. Berlin, Haselberg. 820.

Heine & Co., Fabrik ätherischer Öle: Mitteilungen. Leipzig
Februar 1902
Januar 1903
Mai 1904

Heine, s.: Neisser, Alb., stereoscop. medicin. Atlas.

Heine, Repetitorium f. das Einjährig-Freiwilligen- u. Fähnrichs-Examen in der deutschen Armee, s.: Kemper.

Heine, Geognostische Untersuchung der Umgegend von Ibbenbüren. (Zeitschrift der deutschen Geologischen Gesellschaft.) Berlin 1861. 8.

Heine, über die Versammlung deutscher Land- u. Forstwirthe zu Altenburg, s. Ueber die Versammlung.

Heine, Dr. ..., s. Versammlung, über die, deutscher Forst- und Landwirthe in Altenburg.

HEINE: Über die große, bedeutungsvolle und volksthümliche Versammlung deutscher Land- und Forstwirthe zu Altenburg im September 1843. - Leipzig 1843

Heine & Co.: Vorzugs-Preisliste der Fabrik aetherischer Oele, Essenzen und chemischer Produkte. Leipzig 1905

Zur Frage wie erhalten wir lebensfähige Vereine zur Fürsorge für entlassene Gefangene? Vom Director Heine. Lingen. 1881. 8°.

Heine (I.), Worte des Gedächtnisses, gesprochen am Grabe des Hrn. Stadtrats Herm. Küster, Minden den 11. Novbr. 1886. gr. 8. (12 S.) Minden 886, Hufeland. *

— s. Zeitschrift des landwirthschaftlichen Central-Vereins der Provinz Sachsen.

Heine, A., s. Heine, Johann August

Heine, Adph., Abhandlung über das Warrant-System. gr. 8. (III, 83 S.) Tübingen 867, Laupp'sche Buchh. *
Aus: Zeitschrift für Staatswissenschaft, besonders abgedruckt.

Heine, Adph., kurze Anweisung für das elementarische und das Kopfrechnen. 1. Thl. 8. (X und 182 S.) Frankfurt a. M. 850, Brönner.

—— Aufgaben für das Kopf- und Denkrechnen. 1. Heft. 8. (70 S.) Frankfurt a. M. 850, Brönner.

Heine, Ad., Leitfaden für d. Unterricht in d. Naturlehre f. Seminarien, Bürger- u. gehobene Volksschulen. 1. Curs. 8. (4¾ B.) Hildburghausen 844, Kesselring'sche Hofbuchh. *

—— Leitfaden für d. Unterricht in d. Naturlehre für Seminarien, Bürger- u. gehobene Volksschulen. 2. Curs. 8. (13¾ B.) Ebds. 847. *

Heine, Adph., Leitfaden für den Unterricht in der Naturlehre für Seminarien, Mittelschulen, Volks- und Fortbildungsschulen. 1. Kursus. 2. Aufl. gr. 8. (VIII, 208 S.) Hildburghausen 875, Kesselring'sche Hofbuchh. *

—— die Säcular-Geburtsfeier Pestalozzi's am 12. Jan. 1846 in Hildburghausen. gr. 8. (5½ B.) Hildburghausen, Kesselring'sche Hofbuchh. *

—— einige Winke üb. d. Unterricht in d. Naturlehre, nebst e. kurz. Anweis. z. zweckmäß. Gebr. d. 1. Curs. d. Leitfadens 2c. 8. (2½ B. u. 4 Stnt.) Hildburghausen 844, Kesselring'sche Hofbuchh. *

Heine, Albr., Bemerkungen zum Unterricht im speziellen Pflanzenbau. (Zunächst f. meine Schüler bestimmt.) gr. 8. (48 S.) Osterwieck (902). A. W. Zickfeldt. Kart. n. 1. —

Heine, Albrecht, aus Wernigerode: Grundzüge der Verfassungsgeschichte des Harzgaues im XII. und XIII. Jahrhundert. *Göttingen 1903: Dieterich.* (70 S.) 8°
Göttingen, Phil. Diss. v. [17. Juli] 1903

Heine, Albr., Grundzüge der Verfassungsgeschichte des Harzgaues im XII. u. XIII. Jahrh. Diss. (70 S.) gr. 8. Göttingen 903. (Vandenhoeck & Ruprecht.) n. 1.60

Heine, Albrecht [aus Dortmund]: Über Ischias scoliotica im Anschl. an e. in d. Greifswalder chirurg. Klinik beobacht. Fall ... Greifswald, Druck v. J. Abel, 1895; 31 S. 8.
Greifswald, Med. Fak., Inaug.-Diss. v. 11. Apr. 1895

Heine, Anselm
s. Heine, Anselma

Heine, Anselma

Heine, Anselm (Frl. Selma Heine), Bis ins dritte u. vierte Glied, s.: Engelhorn's allgem. Romanbibliothek. XVIII.

Heine, Anselma (Frl. Selma Heine), vom Markte der Liebe. (209 S.) 8. Berlin 907. Gebr. Paetel. 3. —; geb. in Leinw. 4. —

Heine, Anselma (Frl. Selma Heine), Maeterlinck, s. a. Dichtung, die. 38. Bd.

Maeterlinck. Von Anselma [d. i. Selma] **Heine**. Berlin & Leipzig: Schuster & Loeffler [1905]. 92 S. 8°
(Die Dichtung. Bd 33.) [05. 5363 11

— **Mütter.** Roman. (III, 489 S.) 8. Braunschweig 905. G. Westermann. n. 4. —; geb. n. 5. —

Heine, Anselm (Selma Heine), drei Novellen. 8. (VII, 314 S.) Berlin 896. Gebr. Paetel. n. 5. —; geb. in Leinw. n. 6. 50

— Eine Peri. Roman. (253 S.) Berlin 909. E. Fleischel & Co. 3.—; geb. 4. —

— auf der Schwelle. Studien u. Erzählgn. 8. (V, 263 S.) Berlin 900. Gebr. Paetel. n. 3.—; geb. in Leinw. n. 4.—

— aus Suomi-Land. Erzählungen. (158 S. m. Titelbild.) 8. Berlin 905. Concordia. n. 3. —; geb. n. 4. —

Unterwegs. Novellen v. Anselm **Heine**. *Berlin: Gebr. Paetel 1897.* (314 S.) 1 Bd 8. [97. 8325

— Der Wegweiser, s.: Engelhorn's allgemeine Roman-Bibliothek.

Heine, Aug., ein Bauernsocialist üb. die sociale Frage u. d. Landwirtschaft. Den Mitgliedern d. socialdemokrat. Agrarkommission gewidmet. gr. 8. (81 S.) Leipzig 895. E. Wiest Nachf. — 10

— **August Heinrich** (Celle), De asphyxia. Dissert. med. Götting. (J. C. Baier) 25. IX. 1811. 30 S. (6.20) 13988
Gew.: Wilhelm Heine (Hannover).

Operationen am Ohr. Die Operationen bei Mittelohreiterungen u. ihren intrakraniellen Complicationen. Für Aerzte u. Studierende von Dr. B[ernhard] **Heine**, 1. Assist., Berlin. Mit 29 Abb. u. 7 Taf. *Berlin: S. Karger 1904.* (178 S.) 4°(8°) [04. 316

Heine, Bernhard [cand. med. aus Görlitz]: Antipyrin und Antifebrin als schmerzstillende Heilmittel .... München, k. Hof- u. Univ.-Buchdr. Dr. C. Wolf & Sohn, 1888; 27 S. 8°
München, Med. Fak., Inaug.-Diss. v. 1888

Operationen am Ohr. Die Operationen bei Mittelohreiterungen u. ihren intrakraniellen Komplikationen. Für Ärzte u. Studierende von Dr. B[ernhard] **Heine**, Prof. zu Königsberg. 2., neubearb. Aufl. Mit 29 Abb. u. 7 Taf. Berlin: S. Karger 1906. (VIII, 197 S.) 8° [07. 460

Heine, B., s.: Verhandlungen des Vereins f. wissenschaftliche Heilkunde in Königsberg i. Pr.

Heine, Bruno: Über die Erzeugung elektrischer Energie mit Hilfe von Kanalisations-Klärschlamm. 1904. 37 S. 4°
Berlin, Dr.-Ing.-Diss. v. 15. 7. 1904

Heine, Bruno: Ein Sonntag in der Gemeinde Alvear. [1910]. Ebenda. 16 S. [Gut Deutsch und Evangelisch allewege, Nr. 4 u. 8.]

Heine, Bruno: Wie es in Argentinien zur Gründung der Deutschrussengemeinden kam. Potsdam [1910]: Stiftungsverlag. 16 S.

Heine, C., ueber angioma arteriale racemosum [aneurysma cirsoides] am Kopfe und dessen Behandlung. gr. 8. (91 S.) Prag 870, Reichenecker. [Leipzig, Hirschfeld.] *
Aus: Vierteljahresschrift für praktische Heilkunde, besonders abgedruckt.

Heine, C., d. Baumwolle. Ihre Kultur, Ernte, Verarbeitg. u. der Internationale Baumwollhandel, nach „Cotton" v. Ch. W. Burkett u. Cl. Hamilton Poe unter bes. Berücksicht. der deutschen Kolonien als baumwollproduzier. Land übers. u. bearb. Mit 71 Abbildgn. im Text u. auf 30 Taf. (VII, 303 S.) gr. 8. Leipzig 908. O. Wigand. 10.—; geb. 11. 50

— Die Herstellung v. Werkzeugen u. d. Massenfabrikation nach amerikanischem System, s.: Woodworth, Jos. V.

Heine, C., die Schussverletzungen der unteren Extremitäten. Nach eigenen Erfahrungen im letzten schleswig-holstein. Feldzuge. gr. 8. (XIV und 406 S.) Berlin 866, A. Hirschwald. *

Heine, C., ausgeführte Thierköpfe, s.: Zeichenschule, allgemeine.

Heine, C. J., der Bergwerksfreund, s. Bergwerksfreund.

—— chemische Untersuchung der Soolen, Salze, Gradir- u. Siede-Abfälle von sämmtl. Salinen, welche von dem kgl. preuss. Ober-Berg-Amt f. Sachsen u. Thüringen ressortiren. gr. 8. (23⅛ B. u. 9 Tab.) Berlin 815, G. Reimer.
Aus: Archiv f. Mineralogie, Geognosie etc., besond. abgedruckt.

Heine, Carl, s. Heine, Karl

Heine, Dr. Ph., s. G. A. Bürger, Eleonore, lateinisch. — Fr. v. Schiller, Campana.

Heine, Dietrich, aus Lübsee: Wiclifs Lehre vom Güterbesitz. *Gütersloh 1903: C. Bertelsmann.* (58 S.) 8°
Erlangen, Phil. Diss. v. 2. März 1903

Heine, E.: De Lucretii carmine de rerum natura. 14 S. 4° Halae, Schul-/Univ.-Schrift 1865

Heine, E., das Newton'sche Gesetz. Halle 864. Buchhdlg. des Waisenhauses. 16. (40 S.) 3 *ngr.*

Heine, E., Handbuch der Kugelfunction. Lex.-8. (XV und 882 S.) Berlin 861, G. Reimer.

Heine, E., Handbuch der Kugelfunctionen, Theorie u. Anwendungen. 2 Bde. 2., umgearb. u. verm. Aufl. gr. 8. Berlin 878. 81. G. Reimer. n. 14. —
1. Theorie der Kugelfunctionen u. der verwandten Functionen. (XVI, 484 S.) n. 8. —
2. Anwendung der Kugelfunctionen u. der verwandten Functionen. (XII, 380 S.) n. 6. —

Heine, E., Handbuch der Kugelfunctionen, Anh., s.: Haentzschel, Emil, Studien üb. die Reduction der Potentialgleichung auf gewöhnliche Differentialgleichungen.

Heine, E., Jetzt ist die gnadenreiche Zeit! Ein Fastenbuch für den Gebrauch bei der häusl. Andacht aus Predigten. Zusammengestellt und hrsg. von einem seiner Beichtkinder. gr. 8. (125 S.) Dresden 878, Burbach. *

Heine, E., der hl. Weihnachtskreis. Ein Betrachtungsbuch aus dem Nachlasse. Zusammengestellt u. zu seinem Andenken hrsg. v. einem seiner Beichtkinder. 2 Tle. gr. 8. Karlsruhe, (Malsch & Vogel). n.n. 7. —
1. Das Adventbuch. Tägliche Morgen- u. Abendbetrachtgn. f. die hl. Adventzeit. Von der Vigil des 1. Adventsonntages bis zur Vigil des Erscheinungsfestes. (XI, 489 S. m. Bildnis.) 892. n.n. 4. —
2. Das Epiphanienbuch. Tägliche Betrachtgn. f. die hl. Epiphanienzeit. Von der Vigil des Erscheinungsfestes bis zum Samstag der letzten Epiphanienwoche. (X, 326 S.) 893. n.n. 3. —

Heine, E. W., die germanischen, ägyptischen u. griechischen Mysterien. gr.8. (VIII, 111, 109 u. 16 S.) Hannover 878. Hahn in Comm. n. 3. —

Heine, Edmund. Untersuchungen über das dritte Augenlid der Haustiere. Diss. Vet.-Med. Bern. Mit 13 Abbildungen [auf 4 Tafeln]. *Kopftitel:* Aus dem Physiologischen und Histologischen Institut der Königl. Tierärztlichen Hochschule zu Dresden.... 66 S. 8. Dresden, Otto Franke, 1909.

Heine, Eduard

– s. James: Histor. Romane. 2r Bd.

– s. Missionair, Der.

Heine, Ed., Rückblicke auf e. buntes Leben, od. Scenen aus d. Kriegen d. Engländer in Nordamerika und Ostindien. Romant. Gemälde. 2 Thle. (33¾ B.) Neuhaldensleben 834, Eyraud.

Heine, Emil, unverbrüchliche Achtung vor dem Gesetz und seinen berufenen Wächtern und Vollstreckern! Predigt am 12. März als am 1. Sonnt. der heil. Fastenzeit 1848, gehalten. gr. 8. (15 S.) Dresden 848. Leipzig, (Jackowitz.) **

—— sechs Fastenvorträge über einige besonders gangbare Reden und Grundsätze der Welt. Nebst einer Ernte-Dank-Festpredigt. gr. 8. (VIII und 84 S.) Leipzig 848, Jackowitz.

Heine, Emma, die Hausfrau, s.: Davidis, Henriette.

Heine, Emmy, Lehrbuch der Handarbeit. Die gesammten Handarbeitsarten für Schule u. Haus. Mit erläut. Abbildgn. 1. Bd. Die Schule des Strickens, m. Vorwort, 102 (eingr. Holzschn.-)Abbildgn. u. Beschreibgn. qu.8. (64 S.) Leipzig 878. Wagner in Comm. n. — 80

Heine, Emmy, Lehrbücher der Handarbeit. Die gesammten Handarbeitsarten für Schule und Haus. Mit erläut. Abbild. 6 Bde. gr. 8. Leipzig, (F. Wagner.) In Carton *

Inhalt:
Bd. 1. Die Schule des Strickens. Mit Vorwort, 103 Abbild. und Beschreibungen. 2. verb. Aufl. (64 S.) 882. * 80 Pf.
" 2. Die Schule des Häkelns. Mit Vorwort, 136 Abbild. und Beschreibungen. 1. und 2. verm. Aufl. (68 S.) 883. * ℳ 1.
" 3. Die Schule der Filet-, Knüpf- und Frivolitäten-Arbeiten. Mit Vorwort, 169 Abbild. und Beschreibungen. (64 S.) 880. * ℳ 1.
" 4. Die Schule der Tapisserie-Arbeit, Holbein-Technik und Phantasie [point russe] Stickerei. Mit Vorwort, 227 Abbild. und Beschreibungen. (62 S.) 880. * ℳ 1.
" 5. Die Schule des Wäschenähens, Wäsche-Zuschneidens, der Weiß- und point-place-Stickerei. Mit Vorwort, 270 Abbild. und Beschreibungen. (64 S.) 880. * ℳ 1.
" 6. Die Schule des Tüll-Durchzugs, der Stopf-, Spitzen-, genähten Guipüre-, Durchbruch- (punto-tirato), Plattstich- und Kunstarbeiten. Mit Vorwort, 161 Abbild. und Beschreibungen. (62 S.) 880. * ℳ 1.

Heine, Emmy, Lehrbücher der Handarbeit. Die gesammten Handarbeiten f. Schule u. Haus. Mit erläut. Abbildgn. qu. 8. Leipzig, (F. Wagner). n. 5. 80; in Karton n. 6. —
1. Die Schule d. Strickens, m. Vorwort, 107 Abbildgn. u. Beschreibgn. 4., verm. u. verb. Aufl. (65 S.) 890. n. — 80
2. Die Schule des Häkelns, m. Vorwort, 136 Abbildgn. u. Beschreibgn. 4., verm. u. verb. Aufl. (68 S.) 890. n. 1. —
3. Die Schule der Filet-, Knüpf- u. Frivolitäten-Arbeiten, m. Vorwort, 174 Abbildgn. u. Beschreibgn. 3., verb. Aufl. (64 S.) 890. n. 1. —
4. Die Schule der Tapisserie-Arbeit, Holbein-Technik u. Phantasie-[point-russe] Stickerei, m. Vorwort, 227 Abbildgn. u. Beschreibgn. 3. Aufl. (62 S.) 891. n. 1. —
5. Die Schule d. Wäschenähens, Wäsche-Zuschneidens, der Weiß- u. point-lace-Stickerei, m. Vorwort, 270 Abbildgn. u. Beschreibgn. 3. Aufl. (61 S.) 891. n. 1. —
6. Die Schule d. Tüll-Durchzugs, der Stopf-, Spitzen-, genähten Guipüre-, Durchbruch- [punto-tirato], Plattstich- u. Kunstarbeiten. Mit Vorwort, 164 Abbildgn. u. Beschreibgn. 2., verm. u. verb. Aufl. (63 S.) 887. n. 1. —

Heine, E., Die Schule der Filet-, Knüpf- u. Frivolitäten-Arbeiten. (64 S.) Leipzig 1892. Wagner.

— Die Schule des Tülldurchzugs, der Stopf-, Spitzen-, genähten Guipüre-, Durchbruch- (punto-tirato), Plattstich- und Kunstarbeiten. (63 S.) Ebd. 1892.

— Die Schule des Wäschenähens, Wäschezuschneidens, der Weiss- und point-lace-Stickerei. (64 S.) Ebd. 1892.

Heine, Ernst

— u. Rob. Hennings, zum Besten f. Robert Blum's Kinder 2 Gedichte: „Robert Blum's Tod" f. die wahren Deutschen. 16. (8 S.) Leipzig 848, Keil & Co. (Krüger.) n. 1 ngl.

Heine, Ernst, die Nationalversammlung zu Krähwinkel, wie sie ißt und trinkt, oder Verhandlungen der Deputirten des Volks im Staate Krähwinkel mit der Krone zur Vereinbarung einer Verfassung. Satirisches Lustspiel in sehr unbestimmten Aufzügen, nebst Bemerkungen. 1. Heftchen. 12. (23 S.) Erfurt 848, (Hennings und Hopf.)

Heine, Ernst, (E. Krüger,) Prost Neujahr! des deutschen Klitschklatsch-Pumpernickel. 16. (14 S. und 4 Illustr. in Holzschn.) Leipzig 849, (Krüger.)

Heine, Ernst, Referendar a. Oschersleben: Über das Verhältnis der §§ 226 und 826 des Bürgerlichen Gesetzbuchs zueinander. Heidelberg 1906: J. Hörning. (51 S.) 8°
Heidelberg, Jur. Fak., Ref. Bekker, Diss. v. 16. Juli 1906
[Geb. 8. Aug. 83 Oschersleben; Wohnort: Oschersleben; Staatsangeh.: Preußen; Vorbildung: Gymn. Quedlinburg Reife O. 03; Studium: Bonn 1, Berlin 1, München 1, Berlin 1, Halle 2 S.; Rig. 22. Juni 05.]

Heine, (Ernst Friedrich Wilhelm): Leitfaden der Entbindungskunst. 175 S., gbd.

Braunschweig: Horneyer 1835

JB 4.018

Heine, Ernst Fr(iedrich) Wilh(elm) (Übers.):

s.: Perfect, William: Annalen einer Anstalt für Wahnsinnige. (Annals of insanity, comprising a selection of curious and interesting cases in the different species of lunacy, melancholy, or madness... Dt.) Hannover: 1804

JB 4.492

Heine, Er. Fr. Wlh., († d. 4. Febr. 1833.) Diss. inaug. med. de vasorum absorbent. ad rhachitidem procreand. potentia. 4. Götting. 792. Dieterich. 4 gGr.

— Ernst Carl Erdmann (Leipzig). De principiis juris in usu fluviorum adhibendis. Dissert. jur. Lpz. (Staritz) 30. V. 1843. 28 S. (6.—) 13989
Gew.: Johann Carl Friedrich Heine (Vater), Jo. August Adolph Winter.

Heine, F., sechs Aufsätze über maurerische Gegenstände. (Nur f. Brüder.) 8. Rostock 814. Stiller. 12 gr.

Heine, J., Grundzüge eines Unterrichtsplanes in der Kunst des mündlichen Vortrags. 8. (IV und 48 S.) Dresden 859, [Dietze.] *

Heine, J. C. W., kurzgefaßter Unterricht üb. das Vormundschaftsrecht d. Königreichs Westphalen. gr. 8. Quedlinb. Ernst. 811.

– Dass., s.a. Heine, Fd. L. Mor.

Heine, Ferdinand. Abbildungen der neuen Uniformen der Koniglich Sächsischen Armee, gezeichnet und lithographirt von Ferdinand Heine, gedruckt von L. Zöllner. Dresden. Morasch et Skerl [1834].
Tit.; 16 Taf. in kol. Lithogr. 4°

– s. Corbiere, Ed.: Die Martin-Vaz-Inseln.

Heine, Ferdinand [Übers.]
s. Dumas, A.: Schriften. Supplemente. 1856.

Heine, Ferd., der Grenadier von Elba. Erinnerungsblätter a. d. Jahren 1814 u. 1815. Nach Barginet de Grenoble frei bearb. 2 Thle. 8. (40⅛ B.) Leipzig 844, Kollmann.

Heine, Ferd., und Jean Cabanis, Museum Heineanum, s. Cabanis, Jean.

Heine, Ferd. u. Ant. Reichenow. Nomenclator musei Heineani ornithologici. Verzeichniss der Vogel-Sammlg. d. Oberamtmanns Ferd. Heine. Lex. 8. (VI, 373 S. m. Portr. in Lichtdr.) Berl. 882—90, Friedländer u. Sohn. * 10 —

Heine, Ferdinand: Die relocatio tacita nach gemeinem und preussischem Rechte nebst einem Anhange über die einschlägigen Bestimmungen des bürgerlichen Gesetzbuches. *Erlangen 1898: F. Junge.* (VIII, 97 S.) 8°
Erlangen, Jur. Diss. v. 15. März 1898

—— Richmond. Ein Roman aus d. letzten Zeiten des Kaiserreichs. Nach J. de Saint Felix. 2 Bdchn. 8. (43¼ B.) Leipzig 844, Kollmann.

– s. Suaude Varennes: Die Pariser Matrosen.

Heine, Ferd., s. Wagner's, R., Briefe an Th. Uhlig, Wilh. Fischer, F. Heine.

Heine, Fd. L. Mor., kurzgefaßter Unterricht üb. das Vormundschaftsrecht d. Königreichs Westphalen. gr. 8. Quedlinb. 811. Ernst. 6 K

– Dass., s.a. Heine, F. C. W.

Heine, Frz., die Rast im Walde. Dramatischer Vorgang, auf dem natürl. Schauplatze in der Dresdner Heide darzustellen. gr. 8. (29 S.) Dresden (899). O. V. Böhmert. n. — 20

Heine, Frdr.: Geschichte der Grafsch. Mühlingen, s.a. Beiträge zur anhalt. Geschichte.

Geschichte der Grafschaft Mühlingen. Von Friedrich Heine-Wörbzig. *Cöthen: P. Schettlers Erben 1900.* (55 S.) 8° [F.]
— Beiträge z. Anhaltischen Geschichte. Heftch. 2. [illegible]

Heine, Frdr.: Geschichte v. Wörbzig u. Frenz, s.a. Beiträge zur anhalt. Geschichte.

Geschichte von Wörbzig und Frenz. Von Friedrich Heine-Wörbzig. *Cöthen: P. Schettlers Erben 1902.* (134 S.) 8° [F.]
— Beiträge z. Anhaltischen Geschichte. Heftch. 5. [illegible]

— Fürstin Gisela Agnes (v. Anhalt), s. Beiträge zur anhaltischen Geschichte. 14. Heft.

Heine, Frdr., Gisela Agnes. Eine kultur-histor. Roman. (281 S.) gr. 8. Cöthen 909. P. Schettler's Erben. 3.50; geb. n 5. —

— Die ersten Kirchenvisitationen im Cöthener Lande während des Reformationszeitalters, s. Beiträge zur anhaltischen Geschichte.

Die ersten Kirchenvisitationen im Cöthener Lande während des Reformationszeitalters. Von Friedrich Heine, Pastor in Wörbzig. Cöthen-Anhalt: P. Schettler's Erben 1907. (67 S.) 8° [F.]
— Beiträge z. Anhaltischen Geschichte. Heftch. 9. [illegible] 7397

— Unsere Stellung als evangelische Christen zur Feuerbestattung. (30 S.) 8. Cöthen 907. O. Schulze Verl. — 40

Heine, Frdr., wie Wörbzig christlich u. deutsch wurde, s.: Missionsschriften, neue. Nr. 76.

Heine, Frid. Leop. Julius (geb. Osterwieck 27. 2. 1815): De valvularum cordis vitiis. Berolini (1851). (50 S.) 8°
Berlin, Med. Diss. v. 2. Okt. 1851

Friedrich Rudolf Heine

De Indicationibus ad amputationem. ([Berlin] 1822:) Brüschcke. 31 S. 8
Berlin, Med. Diss. v. 4. Mai 1822

Heine, Fritz [aus Eilsdorf]: Aus d. Laboratorium d. medizin. Klinik zu Bonn. Ueber die Gährungsverhältnisse der Faeces ... Bonn, Buchdr. v. A. Henry, 1896; 28 S. 8.
Bonn, Med. Fak., Inaug.-Diss. v. [16.] Okt. 1896

Heine, G.

— s. Baurecht, das im Königreich Sachsen geltende.

Heine, G., das im Königr. Sachsen geltende Baurecht. 1r. Theil die das Bauwesen betreff. Rechtsmaterien. Dresden u. Leipzig. 1846. 8. 1 Thlr.

Heine, G., das im Königreich Sachsen geltende Baurecht. Ein Handbuch zum Gebrauch als Leitfaden bei Vorträgen in Bauschulen, sowie zur Selbstbelehrung ꝛc. 1 Thl.: Die das Bauwesen betreff. Rechtsmaterien. Unter jurist. Beihilfe bearb. 2. (Titel-) Ausg. gr. 8. (XVI u. 240 S.) Leipzig (846) 850, Arnold. 6 ngl.

Heine, G., Briefe an Karl V., s. Briefe. — Cartas.

Heine, G., Darstellung der allgemeinen Baukunde, zum Gebrauche als Leitfaden bei Vorträgen über dieselbe in Gewerb- und Baugewerbschulen, sowie zur Selbstbelehrung für Baugewerken, Bauliebhaber und Cameralisten, als 2. Aufl. des kurzen Unterrichts in der bürgerlichen und Landbaukunde. Mit 309 Figuren auf 26 Steintaf. gr. 8. Dresden u. Leipzig 842, Arnoldische Buchh. 4 ℛ — 2. unveränd. wohlf. Ausg. Mit 20 Steindrucktaf. gr. 4. Ebend. 843. 3 ℛ

Heine, G., Darstellung der allgemeinen Baukunde, zum Gebrauche als Leitfaden bei Vorträgen über dieselbe in Gewerb- u. Baugewerbschulen, so wie zur Selbstbelehrung für Baugewerken, Bauliebhaber u. Cameralisten, als 3. Aufl. des kurzen Unterrichts in der bürgerlichen u. Landbaukunde. Mit 314 Fig. auf 27 Steintaf. (in qu. Fol.) Leipzig 853. Arnold. gr. 8. (XX, 447 S.) n. 2 ℛ 20 ngl.

—— Handbuch d. landwirthschaftl. Baukunde; zum Gebr. als Leitfaden bei Vorträgen üb. dies., so wie insbesond. z. Selbstbelehr. f. Baumeister, Landwirthe u. Cameralisten. gr. 4. (25 B. u. 20 Stnt. qu. ½ Roy.-Fol.) Dresden u. Leipzig 838, Arnoldische Buchh.

Heine, G., Handbuch der landwirthschaftl. Baukunde; z. Selbstbelehrung f. Baumeister, Landwirthe u. Cameralisten, so wie auch als Leitfaden bei Vorträgen. 2., unveränd. wohlf. Ausg. gr. 4. (25 B. u. 20 Stnt.) Dresden 843, Arnoldische Buchh.

Heine, G. Handbuch der Kugelfunktionen. Berlin. 1861.
dgl. 2. Auflage. I. II. Ebend., 1878—1881.

—— kurzer Unterricht in d. bürgerl. u. Land-Baukunst; e. Leitfaden bei Vorlesn. in Sonntag- u. Gewerbeschulen, so wie z. Selbst-Belehr. f. Bau-Gewerken u. Bauliebhaber. gr. 8. (7½ B. 19 Stnt. qu. ½ Roy.-Fol.) Dresden u. Leipzig 836, Arnoldische Bh.
Die 2. Aufl. hiervon, s. oben dess., Darstellung.

— practischer kurzer Unterricht im perspectivischen Zeichnen zum Gebrauche als Leitfaden für Lehrer u. zum Nachstudium für Lernende. Mit 27 Steintaf. (in 4. u. Fol.) 854. n. 2 ₰; — 2. (Titel-) Aufl. Leipzig 856. Arnold. Lex.-8. (XVI, 111 S. mit Holzschn. im Text.) n. 1 ₰ 10 ngr

Heine, Georg, Referendar am Kgl. Amtsgericht zu Grimma: Der Mäklervertrag nach Bürgerlichem Gesetzbuche. *Borna-Leipzig 1903: R. Noske.* (X, 77 S.) 8°
Leipzig, Jur. Diss. v. 1903

Heine, Geo. Gottlob, d. Buchhalter u. Handelsmann. 4. Lpz. Junius. 726.

Heine, Gerhard

Heine, Gerh., Ferd. Avenarius als Dichter, s. Dichter, deutsche, des 19. Jahrh. 13. Bdchn.

Ferd. Avenarius als Dichter. Von Dr. Gerhard Heine. Bernburg. *Leipzig & Berlin: B. G. Teubner 1901.* (48 S.) 8° [ℌ]
= Dichter, Deutsche, d. neunzehnten Jahrhunderts. Bdch. 13. [04. 899

Heine, Gerh., Beiträge zum Verständniß der Lehrweise unsres Herrn Jesu Christi. Zunächst für Geistliche und Lehrer. gr. 8. (VI, 204 S.) Gütersloh 868, Bertelsmann's Verlag. *

Heine, Gerh., Bemerkungen zur Beurtheilung und Behandlung der sogenannten hypochondrischen Verstimmungen. Ein Conferenz-Vortrag zunächst für Geistliche und Lehrer. gr. 8. (40 S.) Cöthen 861, Heine. *

Heine, Gerhard, tägliche Betrachtungen über Sprüche aus der heiligen Schrift nach der Ordnung des Katechismus u. des Kirchenjahres. gr. 8. (VIII, 378 S.) Köthen 879. Schettler's Verl. n. 4. —

Heine, Gerh., Bilder u. Skizzen aus der Geschichte der luther. Kirche u. d. St. Agnus-Gemeinde in Cöthen. gr. 8. (VII, 185 S. m. 5 Vollbild.) Cöthen 898. P. Schettler's Erben. n. 1. —

Heine, Gerh., Briefe üb. Fragen der christlichen Religion f. Suchende u. Zweifelnde. 8. (VII, 206 S.) Cöthen 893. Schriften-Niederlage d. evangel. Vereinshauses. n. 2. 40; geb. n.n. 3. —

Die neuere deutsche Dichtung im Wandel der Weltanschauung. Von Prof. Dr. Gerhard Heine. Bernburg: Böttger 1911. 24 S. 8° [11.13237 4

Heine, Gerhard, Dr.: Entwicklung allgemeiner Begriffe im Anschluß an Schillersche Gedichte. ⟨Ein Beitrag zur philos. Propädeutik.⟩ *Bernburg 1903: O. Dornblüth.* (31 S.) 8°
Bernburg, herz. Karls-G, OP 1902 (758)

Heine, Gerh., evangelische Erkenntnislehre als Grundlage f. die Religionslehre u. Religionsphilosophie. (IX, 242 S.) gr. 8. Cöthen (903). P. Schettler's Erben. n. 4.—

—— Erläuterungen und Sprucherklärungen zur Einführung in ein tieferes Verständniß des Katechismus. gr. 8. (VIII, 376 S.) Dessau 872, Heine. *

— Fragestücke christlicher Lehre nach dem Bekenntniß der evangelischen Kirche. In Verbindung mit mehreren Geistlichen auf Grund des bibl. Spruchbuches für die Schulen des Herzogth. Anhalt zusammengestellt. 1. und 2. Aufl. 8. (40 S.) Ebendas. 877,78. * — 40

Heine, Gerh., Fragestücke christlicher Lehre nach dem Bekenntnis der evangelischen Kirche. In Verbindung mit mehreren Geistlichen auf Grund des bibl. Spruchbuches für die Schulen des Herzogt. Anhalt zusammengestellt. 4. durchges. Aufl. gr. 8. (40 S.) Cöthen 887, Schettler's Erben, Verlag. *

— Fragestücke christlicher Lehre nach dem Bekenntnis der evangelischen Kirche. In Verbindg. m. mehreren Geistlichen auf Grund des bibl. Spruchbuches f. die Schulen des Herzogtums Anhalt zusammengestellt. 7., durchgeseh. Aufl. (44 S.) 8. Ebd. 906. n. — 40

Heine, Gerh., grundlegende Gedanken zur Lehre von der Erziehung und dem erziehenden Unterricht. Eine Lebensanschauung. gr. 8. (96 S.) Ebendas. 886. *
Aus dem 8. Jahresbericht des herzogl. anhaltischen Landesseminar zu Cöthen, besonders abgedruckt.

—— Vaterländische Gedichte aus dem Kriege der Deutschen gegen die Franzosen 1870 und 1871. 2. sehr verm. und verb. Aufl. gr. 8. (IV, 88 S.) Cöthen 871, Heine. *

— lateinische Gesänge f. gemischten Chor zum Gebrauch bei dem katholischen Gottesdienste an höheren Schulen, wie auch f. Kirchenchöre. gr. 8. (IV, 80 S.) Münster 894. E. Bisping. n. 1. —

— u. J. Hesse, lateinische u. deutsche Gesänge f. den Gottesdienst an den höheren katholischen Lehranstalten. 1. u. 2. Tl. gr. 8. u. 12. Ebd. 887. 888. geb. n. 4. 25
1. Einstimmige latein. Gesänge. 12. (IV, 131 S.) n. 1. 25
2. Lateinischer Choral u. mehrstimmige Gesänge. gr. 8. (VIII, 200 S.) n. 3. —

Heine, G., Gesangschule für die unteren Klassen der Gymnasien, Real-, Bürger- und höheren Töchterschulen. 8. (36 S.) Münster 887, Niemann. *

— Gesangschule f. die unteren Klassen der Gymnasien, Real-, Bürger- u. höheren Töchterschulen. 3. Aufl. 12. (44 S.) Ebd. 894. n. — 50

Heine, Gerh., Geschichte des Landes Anhalt und seiner Fürsten. Ein Stück deutscher Geschichte, dem anhalt. Volke erzählt. 8. (VIII und 232 S.) Cöthen 866, Heine. *

Geschichte des Heinrichshauses zu Großpaschleben von 1853 bis 1903. (Verf.: Gerhard Heine, Schulrat.) Hrsg. v. Vorstande d. Heinrichshauses. *Cöthen: P. Schettlers Erben 1903.* (68 S.) 8° [F.]
= Beiträge z. Anhaltischen Geschichte. Heftch. 8. [04. 7144

—— Biblische Geschichten für die Mittelstufe, nebst einem Anhang für die Oberstufe. 4. Aufl. (II, 110 S.) 1869, und 5. verb. und verm. Aufl. 8. (127 S.) Dessau 873, Heine. cart. *

— biblische Geschichten für die Mittelstufe, nebst einem Anhang für die Oberstufe. 6. Aufl. 8. (127 S.) Dessau 875, Heine. * 40 Pf.; cart. * — 50
— dass. — nebst einem Anhang für den Katechismus-Unterricht. 7. durchgeseh. (Ster.-)Aufl. 8. (128 S.) Köthen 877, Schettler's Verlag. * 40 Pf.; geb. * — 50

Heine, Gerh., biblische Geschichten für die Mittelstufe. 8. verb. und verm. Aufl. 8. (II, 130 S.) Köthen 881, Schettler's Verlag. geb.

Heine, Gerh., biblische Geschichten f. die Mittelstufe. 9., verb. u. verm. Aufl. Mit e. (farb.) Kärtchen v. Palästina. gr. 8. (III, 131 S.) Cöthen 900. P. Schettler's Erben. n. — 60; geb. — 75

—— Handreichung zum Katechismus-Unterricht. 2. umgearb. Aufl. gr. 8. (VIII, 158 S.) Ebendas. 881. *

Heine, Gerh., Hülfsbuch zur Einführung in ein tieferes Verständniß der biblischen Geschichte für Schullehrerseminare und für die obern Klassen an höhern Schulanstalten. 1. Aufl. (VIII, 80 S.) 1869. 90 Pf., und 2. sehr verb. und verm. Aufl. gr. 8. (VI, 92 S.) Dessau 872, Heine. geb. *

— Hülfsbuch zur Einführung in ein tieferes Verständniß der biblischen Geschichte für Schullehrerseminare und für die oberen Klassen an höhern Schulanstalten. 3. verm. und verb. Aufl. gr. 8. (VI, 90 S.) Ebendas. 877. * 1 —

— Internat oder Externat? Offener Brief an den hohen Landtag des Herzogth. Anhalt. 8. (16 S.) Ebendas. 875. * — 15

Heine, Gerh., das Volk Israel u. die Christenheit. Vortrag. gr. 16. (III, 88 S.) Cöthen 886. Schettler's Verl. n. — 60

— unserer lieben Jugend zum 2. Septbr. 53 Volks- und Vaterlands-Lieder. 8. (32 S.) Ebendas. 873. * — 20

Heine, Gerh. Die Katechismusfrage in Anhalt. Referat, vorgetragen im Lehrerzweigverein „Cöthen". gr. 8. (59 S.) Cöthen 890, Schettler's Erben Verlag. * 1 —

—— Katechismuspredigten für schlichte Christen. gr. 8. (VIII, 358 S.) Ebendas. 887. *

— Kinder-Predigten üb. die Sonntags-Evangelien. gr. 8. (VIII, 343 S.) Eisleben 885. Christl. Verein im nördl. Deutschland. Geb. n. 1. 80

— die unierte Kirche, ihr Wesen u. ihre Katechismuslehre. gr. 8. (115 S.) Cöthen 891. Schettler's Erben, Verl. n. 1. 50

Heine, Gerh., Kleinkrieg in Weisenberg. Erzählung. (223 S.) 8. Dresden 907. C. Reißner. 3.—; geb. in Leinw. 4.—

— die christl. Lehre v. d. Reiche Gottes, nach dem Bekenntnis d. evang. Kirche f. reif. Schüler dargest. gr. 8. (X, 48 S.) Essen 895. G. D. Baedeker. Kart. n. — 50

—— Lehr- u. Lesestücke zur Einführung in die Seelenlehre u. ihre Beziehungen zur Erziehungs- u. Unterrichtslehre. 6 Abtlgn. od. 2 Bde. gr. 8. (1. Bd. XII, XIII, XIV, 440 S.; 2. Bd. 318 S.) Ebd. 890. à Abtlg. * 1 25; * 7 50

Heine, Gerhard, Dr.: Das deutsche Lesebuch für Prima und seine Stellung im Unterricht. Bernburg 1905: O. Dornblüth. (19 S.) 4°
Bernburg, herz. Karls-G OP 1905 (818)

— zur Methodik des biblischen Spruchbuches für die Schulen des Herzogth. Anhalt. Ein Beitrag zur Methodik des Katechismusunterrichtes. gr. 8. (56 S.) Ebendas. 877. * — 80

— die Person u. das Werk Jesu Christi. Vortrag. Aus Anlaß v. Frenssen's „Hilligenlei" dem Druck übergeben. (61 S.) 8. Ebd. 906. n. 1. —

— verschneite Seelen. Roman. (324 S.) 8. Dresden (905) C. Reißner. n. 4. —; geb. n. 5. —

—— Evangelische Seelenlehre für Volksschullehrer. gr. 8. (VII, 189 S.) Dessau 874, Heine. *

— die pädagogische Seelenlehre, als Grundlage für die Erziehungs- u. allgemeine Unterrichtslehre. Der „Evangel. Seelenlehre" 2., völlig umgearb. Aufl. gr. 8. (VIII, 111 S.) Ebend. 879. n. 1. 50

Heine, Gerhard, Dr.: Shakespeares „Sommernachtstraum" und „Romeo und Julia." Bernburg 1907: O. Dornblüth. (32 S.) 4°
Bernburg, herz. Karls-G OP 1907 (852)

— Synonymik des neutestamentl. Griechisch. gr. 8. (XXIV, 222 S.) Leipzig 898. E. Haberland. n. 4. —; geb. n. 5. 20

— Unterricht in der Bildersprache. s. a. Magazin, pädagogisches.

Unterricht in der Bildersprache. Von Dr. Gerhard Heine in Bernburg. Langensalza: H. Beyer & Söhne 1904. (15 S.) 8°
— Magazin, Pädagogisches. H. 240.

—— die Unterweisung im Christenthume in der evangelischen Volksschule. 1. Abthl.: Die Anweisung. gr. 8. (78 S.) Cöthen 860, Heine.

—— die Unterweisung im Christenthume in der evangelischen Volksschule. 2. Abthl.: Die Beispiele. gr. 8. (VIII und S. 73—314.) Cöthen 863, Heine.
1. Abthl. Ebendas. 1860. 6 Ngr.

—— die Unterweisung im Christenthume in der evangelischen Volksschule. 1. Abthl.: Die Anweisung. 2. sehr verm. Aufl. gr. 8. (62 S.) Cöthen 869, Heine.

— die Unterweisung im Christenthum in der evangelischen Volksschule. Für Geistliche und Lehrer. 2 Abthlgn. 1. Abthl.: Die Anweisung, 3. Aufl., — 2. Abthl.: Die Beispiele, 2. sehr verm., zum Theil umgearb. Aufl. gr. 8. (VI, 349 S.) Ebendas. 876. * 2 40

[F.] Heine, Gerhard [Gymn.-Oberl.]: Das Verhältnis der Ästhetik zur Ethik bei Schiller ... Cöthen, Druck v. P. Schettler's Erben, 1894; 56 S., 1 Bl. 8.
Leipzig, Phil. Fak., Inaug.-Diss. v. [16. Juli] 1894

— das Verhältnis der Ästhetik zur Ethik bei Schiller. (Diss.) gr. 8. (56 S) Cöthen 894. (J. A. Elvers.) n. — 80

— das Wesen der religiösen Erfahrung. gr. 8. (III, 103 S.) Leipzig 900. E. Haberland. n. 2. —

—— von christlicher Wohlanständigkeit. Sieben Vorträge, vor Seminarzöglingen gehalten. 12. (VI, 187 S.) Ebendas. 882. *

—— Von christlicher Wohlanständigkeit. Sieben Vorträge. vor Seminar-Zöglingen gehalten. 2. unveränd. Aufl. kl. 8. (VIII, 187 S.) Ebendas. 886. *

— aus der silbernen Zeit unserer Literatur. Mörike, Ludwig, Hebbel u. C. F. Meyer, s. Velhagen & Klasing's Sammlung deutscher Schulausgaben. 113. Lfg.

Heine, Gerhard. Aus der silbernen Zeit unserer Literatur: (Eduard) Mörike, (Otto) Ludwig, (Friedrich) Hebbel und C(onrad) F(erdinand) Meyer. [Biographien und Charakteristiken.] IV + 96 S. 8. Bielefeld und Leipzig, Velhagen & Klasing, 1905. ([geb.] M. —. 80)

(Velhagen & Klasings Sammlung deutscher Schulausgaben. Liefg. 113.)

— Zeugnisse aus unseren Kindergottesdiensten. 1. u. 2. Bd. 8. Ebd. 887. 888. à n. 3. —
1. Katechismuspredigten für schlichte Christen. (VIII, 358 S.)
2. Kinderpredigten über Geschichten aus dem alten Testament. (VIII, 278 S.)

— üb. d. Zuverlässigkeit d. hl. Schrift. Für gebild. Nichtgelehrte. gr. 8. (114 S.) Essen 896. G. D. Baedeker. n. 1. 20

Auflösungen zu den schriftlichen Aufgaben des Rechenbuches für Realschulen von F. A. Westrick, Oberl., u. G. Heine, Lehrer zu Münster i. W. Neu bearb. von G[ottfried] **Heine** u. Fr[iedrich] Thedsen, Lehrer. Münster i. W.: Aschendorff 1906. (68 S.) 8° [F.] [07. 7648 6

Heine, Gottfr., Blaumen un Disseln. Nigge Vertellekes intem Surlande. (VIII, 94 S.) kl. 8. Paderborn 907. F. Schöningh. 1. —

Heine (H.). Chorlieder f. Schüler höherer Lehranstalten zum Gebrauch bei Ausflügen rc. 16. (IV, 111 S.) Münster i. W. 891, Aschendorff. cart. * — 50

Heine, G., Chorlieder f. Schüler höherer Lehranstalten zum Gebrauch bei Ausflügen rc. 16. (IV, 111 S.) Münster i/W. 891. Aschendorff. Kart. n. — 50

Chorlieder für Schüler höherer Lehranstalten zum Gebrauch beim Unterricht, sowie bei Ausflügen etc. Zsgest. von G[ottfried] **Heine**. 2. Aufl. *Münster: Aschendorff 1899.* (IV, 111 S.) 8° [F.] [00. 4130 6

Lateinische Gesänge für gemischten Chor z. Gebr. bei d. kathol. Gottesdienste an höheren Schulen wie auch f. Kirchenchöre bearb. u. zsgest. v. G[ottfr.] Heine, Gesanglehrer ... zu Münster i. W. *Münster i. W.: E. Bisping (1894).* (IV, 80 S.) 1 Bd 8. [97. 7466

Heine, Gottfr., Krümeln un Knasten. Nigge Vertellekes intem Surlande. (VIII, 143 S.) kl. 8. Paderborn (906). F. Schöningh. n. 1. 40

—— Liederkranz für die studierende Jugend. Zum Gebrauche an höheren Schulen. 12. (95 S.) Ebendas. 887. * geb. *

— Liederkranz f. die studierende Jugend. Zum Gebrauche an Gymnasien, Progymnasien, Rektorat- u. höheren Stadtschulen sowie Präparandenanstalten hrsg. 3., verb. Aufl. gr. 16. (IV, 112 S.) Ebd. 894. n. — 75

[F.] Liederkranz für die studierende Jugend. Z. Gebr. an Gymn., Progymn. ... hrsg. v. G[ottfr.] **Heine**, Gesanglehrer ... zu Münster i. W. 4. unveränd. Aufl. *Münster i. W.: C. Bisping 1896.* (IV, 112 S.) 1 Bd 8. [97. 7467

Heine, G., Rechenbuch nebst Aufgaben z. ersten Einführg. in d. Geometrie, s. a. Westrick, F. A.

— u. A. Westrick, Rechenbuch nebst Aufgaben zur ersten Einführung in die Geometrie f. höhere u. mittlere Lehranstalten, sowie zum Selbstunterricht. 8. (VIII, 288 S. m. Fig.) Münster 890. Aschendorff. geb. n. 3. —

Heine, G. u. A. Westrick. Rechenbuch nebst Aufgaben zur ersten Einführung in die Geometrie f. höhere u. mittlere Lehranstalten, sowie zum Selbstunterricht hrsg. gr. 8. (VIII, 288 S.) Münster i. W. 891, Aschendorff. geb. ** 3 —

Heine, G., Rechenbuch f. Vorschulen, s.: Schaltz, A.

Heine, Gust., Anweisung, Feuersbrünste schnell u. sicher zu löschen, nebst Beschreibung der zweckmäßigsten Lösch- u. Rettungs-Geräthschaften u. der Lösch- u. Hülfsordnung. 8. (6½ B. u. 4 Abbild.) Quedlinburg 844, Ernst'sche Buchh.

Heine, Gustav, approb. Arzt aus Mölleneck b. Bismark i. Altm.: **Beitrag** zur Lehre von traumatischen **Aneurysmen** der Extremitäten. *Leipzig 1901: B. Georgi.* (24 S.) 8°
Leipzig, Med. Diss. v. (15. Juli) 1901

Heine, Gust., Onkel Toms Hütte, s.: Beecher Stowe, Harriet.

Heine, Gust. Ad., Handbuch der Fahrkunst. Eine deutliche u. prakt. Anweisung, das Fahren gründlich ein-, zwei-, vier- u. sechsspännig vom Sattel sowohl, als vom Bock zu erlernen rc. 8. (7¾ B. u. 1 Kpfr.) Halle 845. (Heynemann.)

Heine, H. (I.). Die Braugerste, s. a. Thaer-Bibliothek.

Heine, H., die Braugerste, ihre Kultur u. Eigenschaften f. die Malzbereitung. Gekrönte Preisschrift. 8. (IV, 164 S. m. 11 Abbildgn.) Berlin 889. Parey. geb. n. 2. 50

Heine, H., wilde Heckenrosen. Humoristische u. satyr. Gedichte in plattdeutschen Mundarten. 8. (60 S.) Berlin 1877. Leipzig 878. C. A. Koch in Comm. n. 1. —

—— Die Heubereitung, s. Landmanns, d., Winterabende.

—— Die Kälbermast, s. Preisschriften u. Sonderabdrücke der deutschen landwirtschaftlichen Presse.

Heine, H., Lehrbuch der englischen Sprache, s.: Pünjer, J.

— Lehrbuch der französischen Sprache f. Handelsschulen, s.: Pünjer, J.

— Lehr- u. Lesebuch der englischen, bezw. französ. Sprache f. Handelsschulen, s.: Pünjer, J.

Heine, H. (I.), Professor Reuleaux und die deutsche Industrie. Eine Skizze auf Grundlage amerikan. sowie deutscher Beobachtungen und Erfahrungen. gr. 8. (42 S.) Berlin 876, Polytechn. Buchh. * — 80

— d. Schutz geg. Flurschädiggn. durch gewerbl. Einwirkgn., s.: König, J.

— Deutsche Übungssätze f. das 1. Kapitel des Lehrbuches der englischen Sprache f. Handelsschulen, s.: Pünjer, J.

Heine, H., d. Verfälschgn. d. käufl. Futtermittel. gr. 8. (IV, 79 S.) Stuttgart 895. E. Ulmer. n. 1. —

Heine, H. F., das schwarze Buch, s. Bühnen-Repertoir des Auslandes. Nr. 138.

Heine, Hans, **Referendar:** Der **Eigentumserwerb an dem auf** eine **Postanweisung** ausgezahlten **Gelde. Borna-Leipzig 1906: R. Noske.** (VIII [vielm. VI], 35 S.) 8°
Rostock, Jur. Fak., Ref. Bernhöft, Diss. v. 10. Aug. 1906
[Geb. 14. Febr. 84 Nienburg, Weser; Wohnort: Hannover; Staatsangeh.: Preußen; Vorbildung: Gymn. Herford Reife O. 03; Studium: Tübingen 3, Leipzig 1, Bonn 3 S.; Rig. 28. Juni 06.]

Heine, Hans: Die Korbflechterei in Oberfranken. **Ein Beitr.** z. Beurteilung ländl. industrieller Arbeit. **München & Berlin:** Schweitzer 1910. 61 S. 8°
Erlangen, Phil. Diss. v. 2. April 1910, Ref. v. Eheberg
[Geb. 7. April 84 Lichtenfels; Wohnort: Lichtenfels; Staatsangeh.: Bayern; Vorbildung: Altes Gymn. Bamberg Reife 03; Studium: München 7, Heidelberg 1, Erlangen 2 S.; Rig. 2. März 09.] [U 10. 864

Heine, Heino, Assistenzarzt in d. Augenheilanstalt d. H. Prof. Dr. P. Bunge, a. Halberstadt: Über knöcherne Geschwülste der Orbitalhöhle und ihre Röntgendurchleuchtung. Halle a. S. 1905: C. A. Kaemmerer & Co. (79 S.) 8°
Halle, Med. Fak., Ref. Schmidt-Rimpler, Diss. v. 27. Juli 1905
[Geb. 28. Febr. 77 Halberstadt; Wohnort: Halle a. S.; Staatsangeh.: Preußen; Vorbildung: Gymn. Clausthal Reife M. 98; Studium: Halle 3, Marburg 2, Rostock 1, Halle 4 S.; Coll. 4. Juli 05; Approb. 22. Apr. 04.]

Heine, Heinrich (Harsum)
Ueber die Absorption der Wärme durch Gase und eine darauf beruhende Methode zur Bestimmung des Kohlensäuregehaltes der atmosphärischen Luft.
Giessen 1882. 43 S. u. 1 Taf.
Diss. phil. 22. Okt. 1881. vorh. 26.7

— Almansor, s. Breitkopf und Härtel's Text-Bibliothek Nr. 68.

— Almansor, s.: Universal-Bibliothek.

— Auswahl, s. Dichter, deutsche, in Auswahl.

— Auswahl aus den Dichtungen, s.: Heinebuch.

— Auswahl aus sämmtl. Gedichten, f. deutsche Frauen u. deutsche Jugend zusammengestellt u. m. Vorwort u. Biographie versehen von Dietr. Eckart. 12. (XLIII, 227 S. m. Bildnis.) Leipzig u. Baden-Baden 893. C. Wild. Geb. in Leinw. m. Goldschn. n. 3.50; in Halbfrz. m. Goldschn. n. 4.50; in Ldr. n. 5.50

— Auswahl aus seinen prosaischen u. poetischen Schriften, hrsg. v. Achim v. Winterfeld, s.: Dietrich's, F., Auswahl-Bibl. 2. Bd.

Heine, Heinrich, Autobiographie. Nach seinen Werken, Briefen und Gesprächen. Hrsg. von Gust. Karpeles. 8. (VI, 586 S.) Berlin 888, Oppenheim. *M 8.—; geb. * 9 50

—— Berg-Idylle. qu. 12. (8 S. m. farb. Illustr.) [Münch. 889.] Nürnb., Stroefer. cart. m. Goldschn. * — 60

—— Berlin. Herbstmährchen in 27 Kapiteln. 8. (159 S.) Amsterdam 861, Gebr. Binger. *

Heine, Heinrich, Berlin. Herbstmärchen in 27 Kapiteln . . . Amsterdam 1861. H & B: *Steinmann, Friedrich Arnold.* (VLBS IV, 468.) (ADB 35, 744—746)

Heine, Heinr., Bilder aus d. vaterländ. Geschichte d. Neuzeit. Für Klasse V der Mittelschulen. Vorstufe zu Kaiser-Heines Bildern u. Lebensbeschreibgn. aus der Weltgeschichte. Nach den Bestimmgn. üb. die Neuordng. des Mittelschulwesens in Preußen v. 3. II. 1910 bearb. (64 S.) gr. 8. Hannover 910. C. Meyer. Geb. — 80

Heine, Heinr., Bilder u. Lebensbeschreibungen aus der Weltgeschichte, s.: Kaiser, W.

Heine, Heinr., über Ludwig Börne. 8. (23¾ B.) Hamburg 840, Hoffmann u. Campe. *

— Briefe, s.a. Briefe.

— Briefe, s.a. Heine-Briefe.

—— Briefe. Hrsg. von Friedr. Steinmann. (In 5 Thln.) 1. und 2. Thl. 8. (XXXIX und 508 S.) Amsterdam 861, Gebr. Binger. *

—— Briefe. 4 Bde. 8. (XII, 434; VII, 318; VIII, 367; XIII, 478 S.) Ebendas. 876.

— Briefe. (Hrsg. v. Hans Daffis. Neu durchgeseh. [Volks-] Ausg. 5.—10. Taus.) (Titel u. Einbandzeichng. v. Rud. A. Pinner.) (XXIX, 447 S.) 8. Berlin 911. Pan-Verlag. 3.—; geb. 4.—; in Ldr. 6.50

— Briefe an Heinr. Laube, s.: Urkunden zur Geschichte der neueren deutschen Literatur.

—— Briefe an seinen Freund Moses Moser. 8. (VII und 232 S.) Leipzig 862, O. Wigand.

Heine, Heinrich. Briefe an seinen Freund Moses Moser. Leipzig 1862. H: *Laur, Ernst.* Vgl. Heine-Briefe, hg. von Hirth 1, S. 17 f. (DARP)

Heine, Heinrich: Buch der Lieder.

— dasselbe, s.a. Bibliothek der Gesamt-Litteratur d. In- u. Auslandes.

— dasselbe, s.a. Collection Spemann.

— dasselbe, s.a. Elzevier-Ausgaben, illustr. XVI.

— dasselbe, s.a. Klassiker-Ausgaben, illustrierte, „Minerva".

— dasselbe, s.a. Klassiker-Bibliothek, illustrirte.

— dasselbe, s.a. Litteraturdenkmale, deutsche, des 18. u. 19. Jahrhdts.

— dasselbe, s.a. Meyer's Volksbücher.

– Dasselbe, s.a. Universal=Bibliothek. Nr. 2231 und 2232.

— dasselbe, s.a. Universal-Bibliothek der Gabelsbergischen Stenographie.

— das Buch d. Lieder, s.a. Volks-Bibliothek, allgem.

Heine, (H.,) das Buch d. Lieder. 8. Hamburg 827, Hoffmann u. Campe. 1 Rthlr. Velinpap.

—— Buch der Lieder. 2. Aufl. 8. (22¾ B.) 837., 3. A. gr. 12. (15⅚ B.) 839., u. 4. A. gr. 12. (16 B. u. Titvign.) Hamburg 841, Hoffmann u. Campe. a

Heine, Heinr., Buch der Lieder. 5. Aufl. 8. (23⅞ B.) Hamburg 844, Hoffmann u. Campe.

—— Buch der Lieder. (Gedichte. 1. Bd.) 7. Aufl. 8. 1849., 8. Aufl. 8. 1 Thlr. 15 Ngr., 9. Aufl. 1851. und 10. Aufl. (2. Stereotyp-Ausg.) 16. (XIX und 362 S. mit rad. Titel.) Hamburg 852, Hoffmann und Campe. *

—— Buch der Lieder. [Min.-Ausg.] 29. Aufl. 16. (XVI, 360 S.) Hamburg 869, Hoffmann und Campe. geb. mit Goldschn. *

—— dass. — Min.-Ausg. 30.—50. Aufl. 16. (XVI, 360 S.) Ebendas. 870—83. geb. mit Goldschn. *

—— Buch der Lieder. 48.—55. Aufl. 8. (XII, 312 S.) Ebendas. 881—85. *

Heine, Heinr., Buch der Lieder, Bilder dazu, s.a. Thumann, Paul.

—— dass. — Mit 12 Lichtdr.-Bildern und 100 Textillustr. nach Orig.-Zeichnungen von Paul Thumann. 1.—3. Aufl. der ersten illustr. Ausg. gr. 4. (134 S.) Leipzig 883,84, Titze. geb. mit Goldschn. *

—— dass. — [Mit Ausschluß des „Nordsee-Cyclus".] 4. Aufl. der 1. illustr. Ausg. gr. 4. (131 S. mit 12 Lichtdr.-Bildern und 100 Textillustr. nach Orig.-Zeichnungen von Paul Thumann.) Leipzig 886, Titze. geb. mit Goldschn. * 25 —

— dasselbe. 8. (XIV, 186 S.) Halle 887. Hendel. geb. m. Goldschn. 1. 20

— dasselbe. Mit dem Medaillonportr. Heinr. Heine's. 8. (240 S.) Hamburg 887. Hoffmann & Campe Verl. geb. n. 1. —

— dasselbe. Illustr. v. P. Thumann, 5. u. 6. Aufl. der ersten illustr. Ausg. (Kleine Ausg.) 4. (197 S. m. eingedr. Holzschn.) Leipzig 887. 888. Titze. geb. m. Goldschn. 12. —

Heine, Heinr., Buch der Lieder. Für die Frauenwelt ausgewählt von Clara Braun. Illustr. v. R. E. Kepler. (Diamant-Ausg.) 1.—4. Aufl. 16. (XVI, 286 S. m. 8 Lichtdr.) Stuttgart 887—889. Greiner & Pfeiffer. geb. m. Goldschn. n. 3. 50

— dasselbe. 16. (XVI, 319 S. m. Bild.) Stuttgart 887. Krabbe. geb. n. 3. —

— dasselbe. Illustrierte Pracht-Ausg. Hrsg. v. H. Laube. Lex.-8. (IV, 228 S.) Wien 887. Bensinger. geb. m. Goldschn. n. 12. —

— dasselbe. Mit Illustr. v. P. Grot Johann. gr. 4. (VIII, 139 S.) Ebd. 888. geb. m. Goldschn. n. 20. —

— dasselbe. Min.-Ausg. 16. (XXXII, 258 S. m. Lichtdr.-Bild.) Düsseldorf 888. F. Bagel. geb. m. Goldschn. n. 3. 50

—— dass. — 12. (223 S.) Leipzig 888, [Leipziger Verlagshaus.] H. Knauer. geb. mit Goldschn. * 1 50

— Buch der Lieder. Diamant-Ausg. Mit 12 Kpfrdr. nach Zeichngn. v. P. Grot Johann. 16. (VII, 270 S.) Berlin 889. G. Grote's Verl. geb. m. Goldschn. n. 4. —

— dasselbe. Min.-Ausg. 12. (XII, 296 S.) Leipzig 889. Fock. geb. m. Goldschn. n. 1. 50

— dasselbe. 16. (223 S. m. 1 Portr.) Leipzig 889. Knaur. geb. m. Goldschn. n. 1. 80

—— Buch der Lieder. Min.-Ausg. 2. Aufl. gr. 16. (XVI, 332 S.) Stuttg. 889, Krabbe. geb. * 3 —

— dasselbe. 12. (IX, 210 S.) Berlin 890. Warschauer. geb. n. 1. —; m. Irisfarbendr. 1. 20

—— dass. — Für die Frauenwelt ausgewählt v. Clara Braun. Illustr. v. R. E. Kepler. 4.—7. Aufl. 32. (XVI, 286 S. m. 8 Lichtdr.) Stuttg. 890—92, Greiner u. Pfeiffer. geb. in Leinw. m. Goldschn. * 3 50

— dass. — 16. (174 S.) Lpz. 892, Versandt-Bureau (W. Fiedler). geb. m. Goldschn. * — 90

— dasselbe. 16. (IV, 269 S.) Leipzig 893. W. Fiedler. Geb. m. Goldschn. n. 1. 50

— dasselbe. Mit e. biographisch-litterarhistor. Einleitg. v. Steph. Born. 8. (272 S. m. Portr.) Stuttgart 893. J. G. Cotta Nachf. Geb. in Leinw. n. 1. —

— dasselbe. 3. Aufl. 12. (XVI, 332 S.) Stuttgart 893. E. Krabbe. Geb. in Halbleinw. n. 3. —

— Buch der Lieder. Mit Illustr. v. P. Grot Johann. 2., verb. Aufl. gr. 4. (VIII, 139 S. m. Text-Bildern u. 10 Heliograv.) Berlin 894. G. Grote. Geb. in Leinw. m. Goldschn. 20. —

— dasselbe. (Neue Aufl.) 12. (XII, 296 S.) Leipzig 894. G. Fock. Geb. in Leinw. m. Goldschn. 1. 80

— dasselbe. Illustr. v. Edm. Brüning. gr. 4. (160 S.) Leipzig 897. W. Fiedler. Geb. in Damast m. Goldschn. 8. —

— dasselbe. gr. 8. (144 S. m. Abb. u. Bildn.) Leipzig 898. Verlag d. Literaturwerke „Minerva". Geb. in Leinw. 8. —

— dasselbe. Illustrirt v. Paul Thumann. (Kleine Ausg.) 7. Aufl. der 1. illustr. Ausg. (Neue bill. Ausg.) 4. (197 S. m. 122 Illustr.) Leipzig 898. A. Titze. Geb. in Leinw. m. Goldschn. 12. —

— dasselbe. Illustriert v. Carl Bauer, Rich. Gutschmidt, Carl Hans Pleß u. A. Schmidhammer. gr. 8. (VIII, 262 S.) Stuttgart 898. Greiner & Pfeiffer. Geb. in Leinw. m. Goldschn. n. 10. —

— Buch der Lieder. 12. (200 S.) Leipzig (900). M. Hesse. Geb. in Leinw. 1. —; m. Goldschn. 1. 25

— dasselbe. 12. (254 S. m. Bildnis.) Stuttgart (900). (E. Grüninger.) Geb. in Leinw. 3. 50; in Pergament n. 5. —

Heine H, Buch der Lieder. Herausg. von W Rippmann. (254 S) Stuttgart 1900

— dasselbe. (Min.-Ausg.) 4. Aufl. 12. (XVI, 332 S.) Stuttgart 900. E. Krabbe. Geb. in Halbleinw. n. 3. —

— dasselbe. (Pantheon-Ausg. Textrevision u. Einleitg. v. Ernst Elster.) gr. 16. (XXVI, 250 S. m. Bildn.) Berlin 902. S. Fischer, Verl. Geb. in Ldr. m. Goldschn. n. 2. 50

— dasselbe, s.a. Handbibliothek, Cotta'sche.

Buch der Lieder von Heinrich Heine. Mit e. biogr.-litterarhist. Einl. von Stephan Born. *Stuttgart & Berlin: J. G. Cotta Nachf. [1902].* (272 S.) 8° [F.]
— Handbibliothek, Cotta'sche. No 38.

— dasselbe. Mit Illustr. (74 Textabb. u. 10 Kpfrdr.-Taf.) v. P. Grot Johann. 3. Aufl. (VIII, 139 S.) 33,5×25 cm. Berlin 907. G. Grote. Geb. in Leinw. m. Goldschn. 20. —

— dasselbe. (448 S.) 5,2×3,8 cm. Leipzig (907). H. Schmidt & C. Günther. Geb. in Ldr. m. Goldschn. 1. 50

— Buch der Lieder. (206 S.) kl. 8. Leipzig (910). C. F. Amelang. Geb. in Leinw. 1.—; auf Dünndr.-Pap., geb. in Ldr. 2.—; auf Büttenpap., geb. in Ldr. m. Goldschnitt 7.50; auf Japan-Perg., geb. in Ldr. m. Goldschn. 10. —

— das neue Buch der Lieder. Automatisch geschrieben v. Gisella Bánfi. Hrsg. v. Joh. Bánfi. (XI, 195 S. m. 1 Bildnis.) 8. Leipzig (906). E. Fiedler. n. 3. —; geb. n. 4. 50

— s. Cervantes, Don Quixote.

Heine, Heinrich (Pseud.)

— Daniel in der Löwengrube Vom Verfasser des „Neuen Wintermärchens". 8°. Zürich, Volksbuchh. (J. Franz), 1876. 3. Aufl. 8°. Berlin, „Vorwärts", 1891.

—— Deutschland, s. a. Bibliothek der Gesamt-Litteratur des In- und Auslandes.
—— dass. — Atta Troll, s. a. Universal-Bibliothek Nr. 2261.
—— dass. — s. a. Meyer's Volksbücher.

—— Ueber Deutschland, 1. u. 2. Theil, Französische Zustände, 1. Theil. Amsterdam 1870. 8.

—— Deutschland, ein Wintermärchen. Atta Troll, ein Sommernachtstraum. Min.-Ausg. 16. (XIV, 321 S.) Hamburg 871, Hoffmann und Campe. geb. mit Goldschn. *

—— Dichtungen. 2 Thle. 8. (XX und 859 S.) Amsterdam 860,61, Gebr. Binger. à Thl. 1 Thlr.

Heine, Heinrich. Dichtungen Amsterdam 1861. H & B: *Steinmann, Friedrich Arnold.* (Meyer, Fr., H. Heine-Bibliothek. Leipz. 1905. S. 105.) (VLBS IV, 468.) (ADB 35, 744.)

—— Dichtungen. Ausgewählt und erläut. von Karl Hessel. Mit einer Biographie des Dichters und einem Verzeichnis der Compositionen Heinescher Lieder. 8. (349 S. mit 1 bisher unbekannten Bildnis des Dichters aus dem J. 1828.) Bonn 887, Weber. * 3 —

— Dichtungen. Für die deutsche Familie ausgewählt v. A. Lohr. (XV, 233 S.) 8. Köln (906). J. P. Bachem. Geb. in Leinw. n. 3. —

—— der Doctor Faust. Ein Tanzpoem, nebst kuriosen Berichten über Teufel, Hexen und Dichtkunst. 8. (100 S.) Hamburg 851, Hoffmann und Campe. *

—— neuer Frühling. Gedichte. Gesammtausg. der lyr. Gedichte für die Frauenhand. 8. (XII, 258 S.) Hamburg 887, Hoffmann und Campe, Verlag. geb. mit Goldschn. * 3 —

Heine, Heinr., Gedichte, s. a. Volksbücher, Wiesbadener.

— Gedichte. 8. Berl. 822, Maurersche Buchh.

— Gedichte. 8. 822. jetzt Heymann in Berlin. 1 ℳ

Heine, Heinr., Gedichte. 1. Bd. A. u. d. T.: Buch der Lieder. 12. Aufl. 8. (XVI und 362 S.) 1854. 1 Thlr. 15 Ngr. und 13. Aufl. 16. (XX und 362 S. mit lithogr. Titel.) Hamburg 855, Hoffmann und Campe. *

—— dass. — 4. Bd.: Deutschland. Atta Troll. 16. (XIV und 320 S.) Ebds. 856(57.) *

Heine, Heinr., Gedichte. 4. Bd.: Deutschland. Atta Troll. Hamburg 857. Hoffmann u. Campe. 8. (XIV, 320 S.) 1 ℳ 15 ngr

— — (Taschen-Ausgabe.) Ebend. 857. 16. (XIV, 320 S.) n. 1 ℳ 20 ngr

—— Gedichte. Auswahl f. Haus u. Familie. 12. (XXIII, 318 S.) Halle a. S. 891, Gesenius. geb. in Leinw. m. Goldschn. * 3 50

Heine, Heinr., ausgewählte Gedichte. Hrsg. mit Einleitung und Erläuterungen von O. Hellinghaus. 12. (XVI, 272 S.) Münster 888, Aschendorff'sche Buchh. * 1 20
geb. * ℳ 2.—.; mit Goldschn. * 2 25

—— dass. — s. a. Meisterwerke unserer Dichter.

—— letzte Gedichte, s. Bibliothek der Gesamt-Litteratur des In- und Auslandes.

—— Letzte Gedichte und Gedanken. Aus dem Nachlasse des Dichters zum ersten Male veröffentlicht. 3. Aufl. 8. (XX, 407 S.) Hamburg 870, Hoffmann und Campe. *
Vgl.: Strodtmann, Adf.

—— letzte Gedichte und Gedanken. Aus dem Nachlaß des Dichters zum ersten Mal veröffentlicht. 4. Aufl. 8. (XIX, 327 S.) Ebendas. 875.

—— neue Gedichte. (Gedichte 2. Bd.) 3., veränd. Aufl. 8. (XVI und 332 S.) Hamburg 851(52,) Hoffmann und Campe.

—— dass. — s. a. Bibliothek der Gesamt-Litteratur des In- und Auslandes.
—— dass. — s. a. Meyer's Volksbücher.
—— dass. — s. a. Universal-Bibliothek Nr. 2241.

—— neue Gedichte. (Gedichte. 2. Bd.) 4. Aufl. 16. (XVI und 332 S.) Hamburg 853, Hoffmann und Campe. *

—— dass. — Min.-Ausg. 16. (XVI, 332 S.) Ebendas. 874. geb. mit Goldschn. *

—— neue Gedichte. 8. (XI, 270 S.) Ebendas. 876. *

—— neue Gedichte. Zeitgedichte. 8. (XII, 108 S. mit Bild des Verf.) Halle 887, Hendel. geb. mit Goldschn. * 1 —

—— neue Gedichte. Letzte Gedichte. 12. (VIII, 351 S.) Stuttgart 887, Krabbe. geb. * 3 —

—— neue Gedichte. Zeitgedichte. Atta Troll. Deutschland. 8. (278 S. mit Medaillonportr.) Hamburg 888, Hoffmann und Campe, Verlag. geb. * 1 —

— neue Gedichte. Letzte Gedichte. 12. (VIII, 351 S.) Stuttgart 888. Krabbe. geb. n. 3. —

— neue Gedichte. Zeitgedichte. Atta Troll. Deutschland. 12. (238 S.) Leipzig (900). M. Hesse. Geb. in Leinw. 1. —

[F.] Deutsche Geschichte ... bearbeitet v. H. Weigand und A. Tecklenburg. Ergänzungsheft für die Provinz Sachsen bearb. v. Heinrich Heine. *Hannover: C. Meyer 1896.* (32 S.) 1 Bd 8.
= Weigand, Heinrich u. Tecklenburg, A.: Deutsche Geschichte. Ergänzungsheft (No 3). 109. 227 7

Deutsche Geschichte. Nach d. Forderungen d. Gegenwart f. Schule u. Haus bearb. von H. Weigand und A. Tecklenburg. Erg.H. für d. Prov. Sachsen bearb. von Heinrich Heine. *Hannover: C. Meyer 1899.* (32 S.) 8° [F.] 100. 9191 3

Heine, H(einr.)., zur Geschichte d. neueren schönen Literatur in Deutschland. 2 Thle. gr. 12. Paris 833, Heideloff u. Campe. [1. (6½ B.) 1 Thlr. 6 Gr., 2. (8⅙ B.) 1 Thlr. 8 Gr.]

Heine, Heinr., Geschichte v. Nordhausen u. dem Kreise „Grafsch. Hohenstein". Zugleich heimatgeschichtl. Ergänzungsheft zur „deutschen Geschichte" v. H. Weigand u. A. Tecklenburg, sowie zur Geschichte der Prov. Sachsen v. Heinr. Heine. gr. 8. (69 S.) Hannover 900. C. Meyer. n. — 45

Geschichte von Nordhausen und dem Kreise 'Grafschaft Hohenstein'. Bearb. von Heinrich Heine. Zugl. heimatgeschichtl. Erg.H. zur 'Deutschen Geschichte' von H. Weigand u. A. Tecklenburg sowie z. Gesch. d. Prov. Sachsen von H. Heine. *Hannover, Berlin: C. Meyer 1900.* (69 S.) 8° [F.]
— Weigand, Heinrich: Deutsche Geschichte. Erg.H. No 5. 101. 0067

—— zur Geschichte der Religion und Philosophie in Deutschland, s. Bibliothek der Gesamt-Litteratur des In- und Auslandes.

Heine, Heinr., Geschichte d. Prov. Sachsen, s.a. Weigand, H., u. A. Tecklenburg, deutsche Geschichte.

— Geschichte der Provinz Sachsen f. die Hand der Schüler. 2. verm. Aufl. Zugleich stammesgeschichtl. Ergänzungsheft. Nr. 3. zur „Deutschen Geschichte" von H. Weigand u. A. Tecklenburg. (44 S.) 8. Hannover 906. C. Meyer. — 25

— u. H. Rosenburg, Geschichte der Provinz Sachsen für Lehrer, Lehrerbildungs- u. andere Lehranstalten der Provinz, sowie für Schul- u. Volksbibliotheken. (VIII, 180 S.) 8. Hannover 906. C. Meyer. Geb. n. 1. 80

Geschichte der Provinz Sachsen für Lehrer, Lehrerbildungs- u. andere Lehranstalten d. Provinz ... von H[einrich] Heine, Mittelschullehrer, u. H[ermann] Rosenburg, Seminarl. Hannover-List, Berlin: C. Meyer 1906. (VIII, 179 S.) 8° [F.] 103. 15009 3

Heine, Heinr., Gewerbekunde in Einzeldarstellungen für gewerbl. Fortbildungsschulen. 1.—3. Heft. 8. Wittenberg, R. Herrosé. à n. — 60
1. Für Holzarbeiter. (IV, 56 S.) 904.
2. Für Maurer u. Steinhauer. (IV, 62 S.) 905.
3. Für Eisenarbeiter. (IV, 60 S.) 906.

—— politisches Glaubensbekenntniß, oder: Epistel an Deutschland. Geschrieben im Octbr. 1832. gr. 16. (23 S.) Leipzig 848, Zirges.

— die verbannten Götter. Aus dem Französ. Nebst Mittheilungen über den kranken Dichter. Berlin 853. Hempel. 8. (XVI, 67 S.) n. 10 ngr

—— die Harzreise. 16. (152 S.) Hamburg 853, Hoffmann und Campe. *
Aus des Verf. „Reisebilder, 1. Thl.", besonders abgedruckt.

—— dass. — s.a. Bibliothek der Gesamt-Litteratur des In- und Auslandes.

— dasselbe, s.a. Elzevier-Ausgaben, illustr.

—— dass. — s.a. Hausbibliothek, kleine, für die Jugend.
—— dass. — s.a. Universal-Bibliothek Nr. 2221.

— die Harzreise, s.a. Volks-Bibliothek, allgemeine.

— Die Harzreise, s.a. Volksbibliothek des Lahrer hinkend. Boten.

— dasselbe. gr. 8. (67 S.) Harburg 886. Stolle. 1. 25

— die Harzreise. 8. (70 S.) Hamburg 887. Hoffmann & Campe Verl. n. — 60

—— dass. — [1824]. In Gabelsbergersche Stenographie übertr. und autogr. von Ed. Christ. 8. (80 S.) Leipzig 887, Zehl. * 1 20
geb. * 1 50

— dasselbe. In vereinfachte Stenographie (System Schrey) übertr. v. Ernst Knebel. 12. (102 autogr. S.) Berlin 892. F. Schrey. n. 1. 20

— dasselbe. F. d. reif. Jugend bearb. 12. (60 S.) Leipzig 893. Berlin, L. Lewin. kart. — 60

— die Harzreise. Für die reifere Jugend bearb. 12. (60 S.) Leipzig 893. Greßner & Schramm. Kart. n. — 50

Die Harzreise von Heinrich Heine. In vereinfachte Stenographie '(System Stolze-Schrey)' übertr. von Lehrer Ernst Knebel. *Berlin: F. Schrey 1898.* (99 S.) 8° [Umschlagt.] [Text lithogr.] 98. 839

— die Harzreise. 12. (141 S. m. Abbildgn. u. Bildnis.) München (900). A. Schupp. Geb. in Leinw. n. — 80; Luxusausg., kart. 1. 60

Heine, Heinr., Heimatbuch für Nordhausen u. die Grafsch. Hohenstein. Hrsg. unter Mitwirkg. heimatl. Schriftsteller. (VIII, 243 S.) gr. 8. Nordhausen (908). G. Wimmer. 1.50; geb. in Leinw. n 2. —

— u. H. Thierack, Heimatkunde der Stadt Nordhausen u. des Kreises „Grafsch. Hohenstein" nebst Landeskunde der Prov. Sachsen. Für die Schulen der Stadt Nordhausen bearb. Mit 6 lithogr. Taf. (IV, 76 S.) 8. Nordhausen 904. C. Haacke. Kart. n.n. — 50

Heine, Heinrich: H e i n e .

—— s.a. Bibliothek, Cotta'sche, d. Weltlitteratur. — Klassiker-Bibliothek, deutsche. — Klassiker-Bibliothek, illustrirte. — Meyer's Volksbücher.

(Heinrich) Heine. Hrsg. von Dr. Heinrich Hubert Houben. (Mit Portr. u. Einl.) *Berlin: G. E. Kitzler [1900].* (128 S.) 8° [F.]
[Auszüge.]
— Dichter, Deutsche, in Auswahl für's Volk. H. 2. 100. 10030

Heine's, Heinrich, Himmelfahrt. Eine Geisterstimme. 8. (59 S.) Trier 857, Troschel.

Heine, Heinrich, Höllenfahrt. 1. und 2. Aufl. 8. (140 S.) Hannover 856, Rümpler. –

— Ich klage sie an!, s.: Vorkämpfer deutscher Freiheit.

—— Kahldorf über d. Adel in Briefen an d. Grafen M. v. Moltke. 8. (9¼ B.) Hamburg 831, Hoffmann u. Campe.

Heine, Heinrich. Kahldorf über den Adel in Briefen an den Grafen M. von Moltke. Nürnberg, Hoffmann und Campe 1831. 152 S. 8.

— das Buch Le Grand, s.: Meyer's Volksbücher.

—— Shakspeares Maedchen u. Frauen, mit Erlaeutern. Lex.-8. (45 Portr., Stahlst. u. 14½ B. Text.) Leipzig 839, Brockhaus u. Avenarius.

—— Memoiren, s.a. Universal-Bibliothek Nr. 2301.

— Memoiren. Nach seinen Werken, Briefen u. Gesprächen. Hrsg. v. Gust. Karpeles. 3. Aufl. (VIII, 572 S.) 8. Berlin 909. K. Curtius. 4.—; kart. 5.—; geb. m. Goldschn. 6. —

– Aus den Memoiren d. Herren v. Schnabelewopski, s.a. Meyer's Volksbücher.

Гейне, Гейнрихъ, изъ записокъ господина Фон-Шнабелевопскаго. (Heine, Heinr., aus den Memoiren des Herrn v. Schnabelebopski.) 16. (VII und 108 S.) Berlin 862, [Behr's Buchh.]

— Aus den Memoiren d. Herrn v. Schnabelewopsky. Mit (z. Tl. farb.) lith. Zeichngn. v. Jul. Pascin. (85 S.) 32×24,5 cm. Berlin 910. P. Cassirer. Geb. 80.—; feine Ausg. n 120. —

– Florentinische Nächte, s. Meyer's Volksbücher.

Heine, Henricus: De hydrometra nonnulla. Halae [1829]: Baentsch. 35 S. 8°
Halle-Wittenberg, Med. Diss., nachgeliefert von dem am 31. Dez. 1828 auf Thesen promovierten Verf.
Geb. [London 3.] 12. 1806. V.

—— die Nordsee; das Buch Le Grand, s.a. Meyer's Volksbücher.

— die Nordsee. Meerdichtungen. Nebst e. Anh.: Heinrich Heine als Dichter d. Meeres. Von Karl Hessel. 12. (IV, 160 S.) Norden 893. H. Braams. n. 3. —; geb. in Leinw. m. Goldschn. n. 4. 50

— Die Nordsee. 1825. 1826. (46 S.) gr. 8. Leipzig (909). Insel-Verlag. Geb. in Perg. 18. —

— Ueber thüringisch-sächsische Ortsnamen, s.a. Magazin, pädagogisches. 274. Hft.

Über thüringisch-sächsische Ortsnamen. Ein Beitrag z. Heimatkunde. Von Heinrich Heine, Nordhausen. Langensalza: H. Beyer & Söhne 1906. (21 S.) 8°
— Magazin, Pädagogisches. H. 274. [06. 606, 3

—— Pictures of travel. Translated from the German by Charles G. Leland. 2. Edit. gr. 12. (471 S. mit in Stahl gest. Portr.) Leipzig 857, Voigt und Günther. geb. *

— Poésies choisies, trad. par Nancey, s.a. Nancey.

—— Poésies choisies, suivies de diverses autres poésies allemandes, traduites en vers par C. M. Nancey. 16. (XI und 147 S.) Berlin 858, Behr's Buchh. * 20 Ngr.; geb. *

—— der Rabbi von Bacharach, s. Universal-Bibliothek Nr. 2350.

— Walter Ratcliff, s.a. Mascagni, Pietro.

— dasselbe, s.a. Universal-Bibliothek.

[F.] Ratcliff. E. Operndichtg v. Heinrich Heine. Vollst. Buch. Durchges. u. hrsg. v. Carl Friedrich Wittmann. *Leipzig: Ph. Reclam jun. [1895].* (60 S.) 1 Bd 8.
— Universal-Bibliothek. [No] 3460. [94. 1030

—— Reisebilder, s.a. Bibliothek der Gesamt-Litteratur des In- und Auslandes.
—— dass. — s.a. Meyer's Volksbücher.

— Reisebilder. 1r u. 2r Thl. 8. Hamb. 826 u. 27, Hoffmann u. C. 3 Rthl. 8 gr., fein Vel. 4 Rthlr. Engl. Velinp.

—— Reisebilder. 3. Thl. u. Nachträge (od. 4. Thl.) 8. Hamburg, Hoffmann u. Campe. [3. (26 B.) 830. 2 Thlr., 4. (21 B.) 831. 1 Thlr. 16 Gr.]
1. u. 2. Thl. Ebendas. 1826, 27. 3 Thlr. 8 Gr.

Heine, Heinr., Reisebilder. 4 Thle. 8. Hamburg, Hoffmann u. Campe. 7 Thlr., Vlnp. Thlr.
Thl. 1. Die Harzreise. 2. Aufl. 830. u. 3. A. (à 20¼ B.) 840. à 1 Thlr. 16 Gr., Vlnp. 2 Thlr.
" 2. Das Buch le Grand. 2. Aufl. 832. 1 Thlr. 16 Gr., Vlnp. 2 Thlr.
" 3. Die Reise in Tyrol, Italien u. d. Bäder v. Lucca. 2. Aufl. 834. 2 Thlr., Vlnp. 2 Thlr. 8 Gr.
" 4. Stadt Lucca u. engl. Fragmente. 2. Aufl. 834. 1 Thlr. 16 Gr., Vlnp. 2 Thlr.

—— Reisebilder. 2. Thl. 3. Aufl. 8. (19¾ B.) Hamburg 843, Hoffmann u. Campe.
Vgl. 9. Bd. 1. Abthl. S. 387.

—— Reisebilder. 4 Thle. 4. Aufl. 8. Hamburg, Hoffmann und Campe. [1. (324 S.) 848., 2. (VIII und 303 S.) 851. à 1 Thlr. 20 Ngr., 3. (410 S.) 850. 4 Thlr., 4. (328 S.) 850. 1 Thlr. 20 Ngr.]

—— Reisebilder. 4 Thle. 5. Aufl. 8. (XXIV und 1352 S.) Hamburg 856, Hoffmann und Campe.

Heine, Hnr., (ursprünglich Harri), Reisebilder. Vollständig in einem Bande. Amsterdam 1868. 12.

—— Reisebilder. 2 Bde. 8. (XLVIII, 320; 429 S.) Ebendas. 884.

Heine, Heinr., Romancero, s.a. Meyer's Volksbücher.

—— dass. — s.a. Bibliothek der Gesamt-Litteratur des In- und Auslandes.

— dasselbe, s.a. Universal-Bibliothek.

— Romanzero. [Gedichte. 3. Bd.] 8. (VI u. 314 S.) Ebd. 851. n. 2 ℛ — 2. Aufl. 8. (VI u. 314 S.) Ebd. 851. — 3. Aufl. 8. (VI u. 314 S.) Ebd. 851. — 4. Aufl. 16. (VIII u. 311 S.) Ebd. 852. In Engl. Einb. m. Goldschn. n. 2½ ℛ

—— Romanzero und letzte Gedichte. 8. (XII, 399 S.) Ebendas. 884.

—— Romancero. Illustr. Pracht-Ausg. Hrsg. von Heinr. Laube Lex.-8. (IV, 232 S.) Wien 887, Bensinger. geb. mit Goldschn. * 12 —

—— Romanzero. Letzte Gedichte. 8. (312 S. mit Medaillonportr.) Hamburg 888, Hoffmann und Campe, Verlag. geb. * 1 —

— Romancero. Letzte Gedichte. 12. (272 S.) Leipzig (900). M. Hesse. Geb. in Leinw. 1. —

— Romanzero, s.a. Handbibliothek, Cotta'sche.

Romanzero. Von Heinrich Heine. *Stuttgart & Berlin: J. G. Cotta Nachf [1903].* (259 S.) 8° [F.]
— Handbibliothek, Cotta'sche. No 50. [03. 1456

— dasselbe. (Textrevision, Einleitg. u. Erläutergn. v. Rich. M. Meyer.) (Pantheon-Ausg.) (XIV, 248 S. m. Bildnis.) 16. Berlin (907). S. Fischer, Verl. Geb. in Ldr. m. Goldschn. 3.—; in Perg. 4. —

— Romanzero. (418 S.) 5,1×3,8 cm. Leipzig (907). H. Schmidt & C. Günther. Geb. in Ldr. m. Goldschn. 1.50

— die schönsten Sagen, Märchen und Bilder aus dem Harze. Nach alten Legenden und mündl. Ueberlieferungen frei bearb. 16. (144 S.) Leipzig 878, C. A. Koch's Verlagsh. * 1 60

—— der Salon. 1. u. 2. Bd. 8. Hamburg, Hoffmann u. Campe. [1. (22½ B.) 834., 2. (21⅜ B.) 835. à 1 Thlr. 16 Gr.]

—— der Salon. 3. u. 4. Bd. 8. (21 u. 21¾ B.) Hamburg 836, 40, Hoffmann u. Campe. à
1. u. 2. Bd. Ebendas. 1834, 35. à 1 Thlr. 16 Gr.

—— der Salon. 1. und 2. Bd. 2. Aufl. 8. Hamburg, Hoffmann und Campe. [1. (XX und 328 S.) 849., 2. (XX und 304 S.) 852. à 1 Thlr. 20 Ngr.]
3. und 4. Bd. Ebendas. 1836—40. 3 Thlr. 10 Ngr.

—— der Salon. 1. und 2. Bd. 3. Aufl., 3. und 4. Bd. 2. Aufl. 8. Hamburg, Hoffmann und Campe. [1. Bd. (XXVIII und 339 S.) 860., 2. Bd. (XX und 303 S.) 861., 3. Bd. (XLVII und 280 S.) 857., 4. Bd. (V und 326 S.) 857. à Bd. 1 Thlr. 20 Ngr.] .

Heine, Heinr., Schatten u. Licht. Mediumistische Mitteilgn. Hrsg. v. Joh. Bánsi. (84 S.) 8. Leipzig (904). E. Fiedler. n. 1. 60

—— vermischte Schriften. 3 Bde. 8. Hamburg 854, Hoffmann und Campe. *
Inhalt:
Bd. 1. Geständnisse. (322 S.)
" 2., 3. Lutezia. Berichte über Politik, Kunst und Volksleben. 2 Thle. (XVIII und 629 S.)
Vgl.: Klassiker, moderne.

—— die romantische Schule, s.a. Bibliothek der Gesamt-Litteratur des In- und Auslandes.

—— die romant. Schule. 8. (22¼ B.) Hamburg 836, Hoffmann u. Campe.

Heine, Henricus: Theses (loco dissertationis de morbis aetatum). Halis (1828): Grunert. 2 Bl. 8°
Halle-Wittenberg, Med Thesen v. 31. Dez. 1828

Heine, Harri, Tragödien, nebst einem lyrischen Intermezzo. 8. Berl. 823. Dümmler. 1 ₰ 6 gr

— Tragödien, nebst einem lyrischen Intermezzo. 2. Aufl. Ebend. 857. 8. (4 Bl., 244 S.) 1 ₰ 7½ ngr
Inhalt: William Ratcliff. — Almansor.

— Atta Troll, s.a Bibliothek der Gesamt-Litteratur d. In- u. Auslandes.

— dasselbe, s.a Meyer's Volksbücher.

— dasselbe, s.a Universal-Bibliothek.

Heine, Heinr., Atta Troll. Ein Sommernachtstraum. 8. (XIV und 158 S.) Hamburg 847, Hoffmann und Campe.

—— Werke. Illustrirte Pracht-Ausg. Hrsg. von Heinr. Laube. (In ca. 90 Lfgn.) 1.—8. Lfg. Lex.-8. (1. Bd. S. 1—192 mit eingedr. Holzschn.) Wien 884, Bensinger. à Lfg. * 50 Pf. *

—— Werke. Illustr. Pracht-Ausg. Hrsg. von Heinr. Laube. 9.—96. (Schluß-)Lfg. Lex.-8. (1. Bd. V, S. 193—378; 2. Bd. 385 S.; 3. Bd. 375 S.; 4. Bd. 379 S.; 5. Bd. 380 S.; 6. Bd. 382 S. mit eingedr. Holzschn.) Wien 885—88, Bensinger. à Lfg. * 50 Pf. * 44 — geb. à Bd. * 11 —
1.—8. Lfg. Ebendas. 1884. à * 50 Pf. — Compl. geb. in 6 Bdn. * ℳ 66.—.

Heine's, Heinr., Werke. Illustrirte Pracht-Ausg., hrsg. v. Heinr. Laube. 2. Aufl. 6 Bde. gr. 8. (378, 384, 375, 376, 378, 377 S.) Wien 889—91, Bensinger. à Bd. geb. * 11 —; * 66 — Auch in 96 Lfgn. à * — 50

— Werke. Neue, reich illustr. Prachtausg. in 1 Bde. Mit e. Lebensskizze des Dichters u. 70 Abbildgn. v. L. Klingebeil, Ludw. Berwald u. A., in e. Auswahl hrsg. v. Osw. Marschner. gr. 8. (X, 602 S.) Leipzig 901. O. Maier. Geb. in Leinw. n. 3. —

— Werke, s.a. Klassiker-Bibliothek, goldene.

(Heinrich) Heines Werke in 15 Tlen. Hrsg., mit Einl. u. Anm. versehen von Hermann Friedemann, Helene Herrmann, Erwin Kalischer, Raimund Pissin u. Veit Valentin. T. 1–15 [in 5 Bden]. Berlin, Leipzig, Wien & Stuttgart: Bong & Co. [1908]. 15 Bde 8° [F.]
1. Buch d. Lieder. Mit e. Lebensbild v. E. Kalischer.
2. Neue Gedichte. 3. Nachlese.
4. Atta Troll. Deutschland, e. Wintermärchen.
5. Almansor. Ratcliff. Der Doktor Faust. Die Göttin Diana.
6. Der Rabbi von Bacharach. Memoiren d. Herren v Schnabelewopski. Florentinische Nächte.
7. Reisebilder 1 u. 2. 8. Reisebilder 3 u. 4. Gedanken u. Einfälle.
9. Die Romanantische Schule. Zur Geschichte Religion u. Philosophie in Deutschland.
10. Elementargeister. Die Götter im Exil. Shakespeares Mädchen u. Frauen.
11. Französ. Maler. Über d. Französ. Bühne. Vorreden u. Einleitungen. Rezensionen.
12. Über Polen. Französ. Zustände, Briefe aus Berlin. 13. Lutezia.
14. Ludwig Börne. Kleinere Invektiven.
15. Geständnisse. Memoiren. Kleinere biogr. Dokumente.
(Goldene Klassiker-Bibliothek.) [08. 6331

Heine, Heinrich: Werke. Neue ill. Ausg. in 2 Bden, hrsg. von Dr. Gustav Karpeles. Mit Ill. von H. Tischler, Ed. Brüning u.a. 15. Aufl. Bd.1. 2. Berlin:Herlet (1909). 8°

—— ausgewählte Werke in 4 Bdn. Hrsg. von Gust. Karpeles. 8. (957 S.) Berlin 888, Fried und Comp. geb. in 1 Bd. * 1 75

Heine, Heinrich: Gesammelte Werke.

— dasselbe, s.a. Bibliothek, Cotta'sche, der Weltlitteratur.

— gesammelte Werke. Hrsg. v. Gust. Karpeles. Kritische Gesammtausg. (In 9 Bdn.) 1. Bd. 8. (LXXV, 402 S.) Berlin 887. Grote. n. 2. 50; geb. n. 3. 50

— gesammelte Werke. Hrsg. v. G. Karpeles. Kritische Gesammtausg. 2.—9. (Schluß-)Bd. 8. (XIX, 590; XXII, 398; XXIV, 380; XXIV, 461; XVII, 482; XVII, 501; X, 499; 543 S.) Berlin 887. Grote. à n. 2. 50; geb. à n. 3. 50

— dasselbe, m. Biographie v. J. Neuper, nebst Einleitgn. u. dem Portr. d. Dichters. 30 Lfgn. = 4 Bde. 8. (1. Bd. LXXX, 720; 2. Bd. VI, 734; 3. Bd. 759; 4. Bd. 790 S.) Halle 887. 888. Hendel. à Lfg. n. — 25 (geb. à Bd. 2. 50)

— dasselbe. Mit e. Biographie d. Dichters u. Einleitgn. v. W. Bölsche. Ausg. in 6 Bdn. 8. (XXVIII, 440; XII, 452; XII, 490; X, 421; VII, 540 u. X, 374 S.) Leipzig 887. [Dürselen.] Berlin, R. Trenkel. geb. n.n. 13. 50; auch in 20 Hftn. à n. — 50

— dasselbe. Mit Heine's Lebensbeschreibg., e. neuen Portr. u. einigen Autographen d. Dichters, sowie Einleitgn., erläut. Anmerkgn. u. Verzeichnissen sämtl. Lesarten. Von Ernst Elster. 47 Lfgn. 8. (1. Bd. 572; 2. Bd. 555; 3. Bd. 580; 4. Bd. 635; 5. Bd. 555; 6. Bd. 636; 7. Bd. 122 u. 656 S.) Leipzig 887—890. Bibliograph. Institut. à Lfg. — 30 (à Bd. geb.: n. 2. 25; 7 Bde. cplt. geb.: n. 16. —)

— dasselbe. Hrsg. von O. F. Lachmann. 12 Lfgn. = 4 Bde. 12. (1. Bd. 787; 2. Bd. 640; 3. Bd. 722; 4. Bd. 780 S.) Leipzig 887. Ph. Reclam jun. à Lfg. — 30; à Bd. geb. n. 1. 50

— dasselbe. Illustr. Pracht-Ausg. Hrsg. v. H. Laube. 62.—96. (Schluß-)Lfg. Lex.-8. (4. Bd. S. 313—379; 5. Bd. 380; 6. Bd. 382 S.) Wien 887. 888. Bensinger. à Lfg. — 50 (geb. à Bd. n. 11. —)

Heine's, Heinr., gesammelte Werke. Hrsg. v. Gust. Karpeles. Kritische Gesammtausg. 9 Bde. 2. Aufl. gr. 8. (LXXV, 402; XIX, 590; XXII, 403; XXIV, 380; XXXIV, 463; XVII, 481; XVII, 505; X, 618 u. 579 S.) Berlin 893. G. Grote. n. 22. 50; geb. in Halbfrz. n. 31. 50

Heinrich **Heine**'s Gesammelte Werke. Hrsg. von Gustav Karpeles. Krit. Gesammtausg. 2. (verb. u. verm.) Aufl. Bd 1–9. Berlin: Grote 1893–94. 8°

1. (Biogr. Einl. von C[arl] A[dolf] Buchheim. Buch d. Lieder. Neue Gedichte. Zeitgedichte.) 1893.
2. (Tragödien. Atta Troll. Deutschland. Romancero. Letzte Gedichte.) 1893.
3. (Reisebilder. 1–4.) 1894.
4. (Engl. Fragmente. Shakespeares Mädchen u. Frauen. Der Rabbi von Bacharach. Aus d. Memoiren d. Herrn v. Schnabelewopski. Florentinische Nächte.) 1893.
5. (Zur Geschichte d. Religion u. Philos. in Deutschl. Die romant. Schule. Elementargeister. Dr. Faust. Die Götter im Exil. Die Göttin Diana.) 1893.
6. (Französische Zustände. Lutetia 1.) 1894.
7. (Lutetia 2. Ludwig Börne. Memoiren. Geständnisse.) 1893.
8. (Vermischte Schriften. Briefe.) 1893. 9. (Briefe.) 1894. **log. 12488**

— Gesammelte Werke. Hrsg. v. Gust. Karpeles. Kritische Gesamtausg. 3. Aufl. 9 Bde. (LXXV, 402; XIX, 590; XXII, 403; XXIV, 380; XXIV, 463; XVII, 481; XVII, 505; X, 618 u. 579 S.) 8. Berlin 909. G. Grote.
Geb. in Leinw. 27.– ; in Halbfrz. 31.50; in Halbperg. 45. —

—— poetische Werke. 1. Bd. A. u. d. T.: Buch der Lieder. 15—17. Aufl. 16. (XVI und 362 S. mit lithogr. Titel.) Hamburg 857—59, Hoffmann und Campe. geb. *

—— dass. — 1. und 2. Bd. 8. Ebendas. 859. 60. à Bd. 1 Thlr. 15 Ngr.

Inhalt:
Bd. 1. Buch der Lieder. 18. Aufl. (XVI und 362 S.)
„ 2. Neue Gedichte. 6. Aufl. (XVI und 332 S.)

—— poetische Werke. 1. Bd.: Buch der Lieder. 22. Aufl. 8 (XVI und 362 S.) Hamburg 864, Hoffmann und Campe.

—— poetische Werke. 4 Bde. 8. Hamburg 874, Hoffmann und Campe. *

Inhalt:
Bd. 1. Buch der Lieder. (XVI, 334 S.)
„ 2. Neue Gedichte und Tragödien. (XV, 287 S.)
„ 3. Deutschland. Atta Troll. (VII, 263 S.)
„ 4. Romanzero und letzte Gedichte. (XII, 309 S.)

Heine, Hch. Sämmtliche Werke. 4. A. Philadelphia 1857. 6 Bde.

— dasselbe, s. a. Klassiker-Bibliothek, deutsche.

— dasselbe, s. a. Volksbibliothek, Cotta'sche.

Heine, Heinrich. Sämtliche Werke. Rechtmässige Original-Ausg. Hamburg 1861—69. H: *Srodtmann*, *Adolph*. (Meyer, Fr., Heine-Bibliothek. Leipzig 1905. S. 105.)

Heine's, Heinr., sämmtliche Werke. Rechtmäßige Orig.-Ausg. (In 18 Bdn.) 1–9. Bd. 8. (CILI und 2976 S.) Hamburg 861, Hoffmann und Campe. à Bd. 25 Ngr.

Heine's, Heinr., sämmtliche Werke. Rechtmäßige Orig.-Ausg. 10.—21. Bd. 8. (CXXIX und 4126 S.) Hamburg 862—66, Hoffmann und Campe. à Bd. 25 Ngr.
1.–9. Bd. Ebendas. 1861. 7 Thlr. 15 Ngr.

Heine's, Heinr., sämmtliche Werke. Neue Ausg. 18 Bde. in 54 Lfgn. 8. (LXXIV und 5483 S.) Hamburg 867,68, Hoffmann und Campe. à Lfg. * 5 Ngr.

Heine, Heinr., sämmtliche Werke. Neue verm. Ausg. 18 Bde. in 54 Lfgn. 8. (à Lfg. 7 Bog.) Hamburg 874, Hoffmann und Campe. à Lfg. * 50 Pf. *

Heine's, Heinr., sämmtliche Werke. Volksausgabe. 36 Lfgn. oder 12 Bde. gr. 16. (210; 234; 235; 196; IV, 268; 292; 239; 219; 210; VII, 247; VI, 264; IV, 199 S.) Hamburg 876,77, Hoffmann und Campe.
à Lfg. 50 Pf.; compl. geb. in 4 Bde. * 18 —

—— dass. — Mit einer Biographie von G. Karpeles. Neue Ausg. 50 Lfgn. oder 12 Bde. 8. Ebendas. 884.
à Lfg. * 20 Pf. *
geb. in 4 Bde. * ℳ 12.; in 6 Bde. *

Inhalt:
Bd. 1. Biographie. — Buch der Lieder. (XI, 150, 210 S.)
„ 2. Neue Gedichte. — Zeitgedichte. — Atta Troll. Ein Sommernachtstraum. — Deutschland. Ein Wintermärchen. (VII, 247 S.)
„ 3. Romancero. — Letzte Gedichte. (VI, 270 S.)
„ 4. Tragödien. — Shakespeare's Mädchen und Frauen. (IV, 199 S.)
„ 5. Reisebilder I. — Memoiren. (257 S.)
„ 6. Reisebilder II. — Englische Fragmente. (234 S.)
„ 7. 8. Deutschland I und II. (235; 196 S.)
„ 9. 10. Französische Zustände I und II. (IV, 268; IV, 292 S.)
„ 11. Novellistische Fragmente. — Ludwig Börne. (239 S.)
„ 12. Vermischte Schriften. (219 S.)

Heine's, Heinr., sämmtliche Werke. Rechtmäßige Orig.-Ausg. Suppl.-Bd.: Memoiren und neugesammelte Gedichte, Prosa und Briefe. Mit Einleitung hrsg. von Ed. Engel. 1.—10. Tausend. 8. (V, 359 S.) Hamburg 884, Hoffmann und Campe. * ℳ 4.; geb. *

Heine's, Heinr., sämmtliche Werke. Bibliothek-Ausg. 13 Bde. 8. Hamburg 885, Hoffmann und Campe, Verlag.
geb. à Bd. * ℳ 1.—. *

Inhalt:
Bd. 1. Buch der Lieder. (210 S.)
„ 2. Neue Gedichte. — Zeitgedichte. — Atta Troll. — Deutschland. (278 S.)
„ 3. Romancero. — Letzte Gedichte. (312 S.)
„ 4. Almansor. — Ratcliff. — Shakespeare's Mädchen und Frauen. (315 S.)
„ 5. Reisebilder I. — Memoiren. (319 S.)
„ 6. Reisebilder II. — Englische Fragmente. (302 S.)
„ 7. 8. Deutschland I. II. (302; 255 S.)
„ 9. 10. Französische Zustände I. II. (334; 370 S.)
„ 11. Novellistische Fragmente. — Ludwig Börne. (301 S.)
„ 12. Vermischte Schriften. (244 S.)
„ 13. Biographie. (231 S.)

—— dass. — Neue Ausg. in 12 Bdn. (oder 50 Lfgn.) 8. (IX, 152; 210; VII, 247; VI, 270; IV, 199; 257; 234; 235; 196; IV, 268; IV, 292; 239; 219 S.) Ebendas. 887. à Lfg. *
geb. in 4 Leinw.-Bde. *

—— dass. — Mit Biographie von Jul. Neuper, nebst Einleitungen und dem Portr. des Dichters. 30 Lfgn. oder 4 Bde. 8. (1. Bd. LXXX, 720 S.; 2. Bd. VI, 734 S.; 3. Bd. 759 S.; 4. Bd. 790 S.) Halle 887,88, Hendel. à Lfg. * 25 Pf. *
geb. à Bd. * ℳ 2.50. *

—— dass. — Mit einer Biographie des Dichters und Einleitungen von Wilh. Bölsche. Ausg. in 6 Bdn. (oder 20 Hefte). 8. (XXVIII, 440; XII, 452; XII, 490; X, 421; VII, 540; X, 374 S.) Leipzig 887, Dürfelen.
à Heft * 50 Pf. *
In Luxus-Einbdn. *

—— dass. — Mit Heine's Lebensbeschreibung, einem neuen Portr. und einigen Autographen des Dichters, sowie Einleitungen, erläut. Anmerkungen und Verzeichnissen sämmtl. Lesarten. Von Ernst Elster. 1.—37. Lfg. 8. (1. Bd. 572 S.; 2. Bd. 555 S.; 3. Bd. 580 S.; 4. Bd. 635 S.; 5. Bd. 555 S.; 6. Bd. S. 1—192.) Leipzig 887,88, Bibliograph. Institut.
à Lfg. 30 Pf.
geb. à Bd. *

—— dass. — Hrsg. von Otto F. Lachmann. 12 Lfgn. oder 4 Bde. 12. (787; 640; 722; 780 S.) Leipzig 887, Ph. Reclam jun. à Lfg. 30 Pf.
geb. in 4 Bde.

—— dass. — 12 Bde. 8. (IX, 210; VII, 261; VII, 318; III, 230; III, 196; III, 248; IV, 216; III, 236; III, 206; III, 277; IV, 304; III, 198 S.) Berlin 888, Warschauer.
geb. in 4 Bde. ℳ 6.—.; in 6 Bde.

—— sämmtliche Werke. Mit Heine's Lebensbeschreibg., e. neuen Portr. u. einigen Autographen d. Dichters, sowie Einleitgn., erläut. Anmerkgn. u. Verzeichnissen sämtl. Lesarten. Von Ernst Elster. 38.—47. (Schluß-)Lfg. 8. (6. Bd. S. 193—636 u. 7. Bd. 122, 656 S.) Lpz. 889,90, Bibliograph. Institut. à Lfg. — 30; 3 —
1.–37. Lfg. Ebd. 1887,88. 11 10; compl. geb. in Leinw. * 16 —; in Saffian * 24 —.

— dasselbe in 12 Bdn. 12. (228, 307, 246, 191, 220, 252, 228, 247, 246, 240, 284 u. 276 S. m. Bildnis.) Ebd. 898. In 6 Leinwbdn. n. 6. —

[F.] Heinrich Heines Sämtliche Werke. Hrsg. v. Prof. Dr. Ernst Elster. Krit. durchges. u. erläut. Ausg. Neuer Abdr. Bd 1—7. *Leipzig & Wien: Bibliogr. Institut (1893).* 7 Bde 8.
1. (2 Bl., 576 S.) 2. (2 Bl., 555 S.) 3. (2 Bl., 579 S.) 4. (2 Bl., 634 S., 1 Bl.) 5. (2 Bl., 554 S., 1 Bl.) 6. (2 Bl., 635 S.) 7. (2 Bl., 655 S.)
(Meyers Klassiker-Ausgaben.) [98. 4780 lle

— sämmtliche Werke in 12 Bdn. Mit e. biographisch-litterarhistor. Einleitg. v. Steph. Born. 8. (272, 326, 259, 228, 248, 287, 264, 272, 288, 276, 320 u. 312 S. m. Bildnis.) Stuttgart 893. J. G. Cotta Nachf. In 6 Leinwbdn. n. 12. —

Heine's, Heinr., sämtliche Werke. Mit e. Biographie des Dichters u. Einleitgn. v. Wilh. Bölsche. Ausg. in 6 Bdn. 2., verm. u. verb. Aufl. 8. (XXX, 440; XIV, 468; XIV, 490; X, 421; VII, 540 u. X, 374 S.) Berlin (892) 895. R. Trenkel. Geb. in Leinw. n. 18. 50; in Liebhaberbd. n. 21. —

— dasselbe in 12 Bdn. M. e. Biographie v. G. Karpeles. 12. (200, 288, 272, 168, 247, 236, 235, 192, 263, 294, 231 u. 188 S. m. Bildnis.) Leipzig 898. M. Hesse. In 3 Halbleinw.-Bdn. n. 4. 50; in 4 Leinw.-Bdn. 6. —; in 4 Halbfrz.-Bdn. n. 9. 50; in 4 Liebhaber-Halbfrz.-Bdn. m. Goldschn. 12. 50

Heine's, Heinr., sämtliche Werke. Mit e. biographisch-litterargeschichtl. Geleitwort v. Ludw. Holthof u. dem Bildnisse des Dichters. gr. 8. (XX, 1036 S.) Stuttgart (899). Deutsche Verlags-Anstalt. Geb. in Leinw. n. 3. —; feine Ausg., geh. n. 5. —; geb. in Halbfrz. n.n. 7. —

— dasselbe. 1.—4. Bd. 8. (IX, 460; V, 336; III, 477 u. III, 508 S.) Leipzig (901). Berlin, Th. Knaur Nachf. Geb. 7. 50; 8. — u. 10. 50; in 2 Bde. geb. 6. —; 6. 50; 7. — u. 8. —

Heine's, Heinr., sämtliche Werke. Mit e. biographisch-litterargeschichtl. Geleitwort v. Ludw. Holthof u. dem Bildnisse des Dichters. 7.—10. Aufl. (à XX, 1036 S.) gr. 8. Stuttgart (903—906). Deutsche Verlags-Anstalt. Geb. in Leinw. n. 3. —; feine Ausg. geh. n. 5. —; geb. in Halbfrz. n. 7. —

— dasselbe in 12 Bdn. Mit Einleitung v. Adph. Kohut. (XXIII, 450; IV, 145; IV, 190; III, 477; III, 508; III, 229; III, 185 u. III, 538 S.) kl. 8. Berlin (904). Th. Knaur Nachf. In 4 Bdn. geb. in Leinw. 6. —; Halbfrz. 10. — u. 12. —

— Sämtliche Werke in 12 Bdn. Mit e. Bilde Heines, sowie e. Einleitg.: Heinrich Heines Leben u. Werke v. Frdr Düsel. (XLI, 196, 232, 260, 172, 262, 246, 236, 191, 248, 301, 240 u. 194 S.) 8. Leipzig (905). Bibliograph. Anstalt A. Schumann. In 4 Leinw.-Bdn. 8. —

— dasselbe. Mit e. biographisch-litterargeschichtl. Geleitwort v. Ludw. Holthof u. dem Bildnisse d. Dichters. 11. u. 12. Aufl. (XX, 1036 S.) gr. 8. Stuttgart (907. 08.) Deutsche Verlags-Anstalt. Geb. in Leinw. 3. —; feine Ausg. geh. 5. —; geb. in Halbfrz. 7. —

Heine, Heinrich: Sämtliche W e r k e in 12 Bden. Mit Bildnis u. e. Biogr. Heines von Gustav Karpeles. Bd. 1-12. Leipzig: Hesse (1909). 8°
1. Biographie. Buch der Lieder.
2. Neue Gedichte. Zeitgedichte. Atta Troll. Deutschland.
3. Romancero. Letzte Gedichte.
4. Tragödien. Shakespeare's Mädchen u. Frauen.
5. Reisebilder 1. Memoiren.
6. Reisebilder 2. Englische Fragmente.
7,8. Deutschland 1. 2.
9.10. Französische Zustände 1. 2.
11. Novellistische Fragmente. Ludwig Börne.
12. Vermischte Schriften.

(Max Hesses Neue Leipziger Klassiker-Ausgaben.)

— dasselbe in 10 Bdn. Unt. Mitwirkg. v. Jonas Fränkel, Ludw. Krähe, Alb. Leitzmann u. Jul. Petersen hrsg. v. Osk. Walzel. 7. u. 9. Bd. (Hrsg. v. Osk. Walzel.) (506 u. 533 S.) 8. Leipzig 910. Insel-Verlag. à Bd. 2,—; geb. in Halbperg. 3.—; Vorzugsausg. 5.—; geb. in Halbldr. 7.—; in Ldr. 10. —

— dasselbe. (Hrsg.: Rud. Unger.) 10 Bde. 8. Leipzig, Tempel-Verlag. Geb. in Leinw. à Bd. 3.—; in Halbldr. 3.75; Vorzugsausg. 12. —
1. Das Buch der Lieder. Neue Gedichte. Historien. Lamentationen. (Hrsg. v. Rud. Unger.) (497 S.) (909.) — 2. Hebräische Melodien. Poetische Nachlese. Tragödien. (Hrsg. v. Rud. Unger.) (462 S.) (909.) — 3. Erzählgn. in Versen. Reisebilder. (Hrsg.: Rud. Fürst.) (510 S.) — 4. Erzählungen in Prosa. Italienische Reisebilder. (Hrsg.: Rud. Fürst.) (559 S.) — 5. Shakespeare's Mädchen u. Frauen. Pantomimen. Memoiren. (Hrsg.: Rud. Fürst.) (485 S.) — 6. Elementargeister. Die romant. Schule. Religion und Philosophie in Deutschland. (Hrsg.: Jul. Zeitler.) (429 S.) — 7. Frankreich I. Französische Maler. Französische Zustände. Über die französ. Bühne. (Hrsg.: Hans Daffis.) (419 S.) — 8. Frankreich II. Lutezia. (Hrsg.: Hans Daffis.) (421 S.) — 9. Ludwig Börne. Kleinere u. vermischte Schriften. Testamente (Hrsg.: Jul. Zeitler.) (490 S.) — 10. Fürst, Rud.: Leben, Werke und Briefe. (539 S.)

Heines Sämtliche Werke. Bd 1–10. (Leipzig: Tempel-Verl. [1910].) 8°
1. Das Buch d. Lieder. Neue Gedichte. Historien. Lamentationen. (Hrsg.: Rudolf Unger.) 2. Hebr. Melodien. Poet. Nachlese. Tragödien. (Hrsg.: Unger.) 3. Erzählungen in Versen. Reisebilder. (Hrsg.: Rudolf Fürst.) 4. Erzählungen in Prosa. Italien. Reisebilder. (Hrsg.: Fürst.) 5. Shakespeares Mädchen u. Frauen. Pantomimen. Memoiren. (Hrsg.: Fürst.) 6. Elementargeister. Die romant. Schule. Religion u. Philosophie in Deutschland. (Hrsg.: Julius Zeitler.) 7. 8. Frankreich. 1. 2. (Hrsg.: Hans Daffis.) 1. Französ. Maler. Französ. Zustände. Über d. französische Bühne. 2. Lutezia. 9. Ludwig Börne. Kleinere u. vermischte Schriften. Testamente. (Hrsg.: Zeitler.) 10. Fürst, Rudolf: Heinrich Heines Leben, Werke u. Briefe.
(Tempel-Klassiker.) 1ll. 70

Heine, Heinr. (Pseudonym), Ein neues Wintermärchen. Heine's Besuch im neuen deutschen Reich der Gottesfurcht und frommen Sitte. Den Herrn Staats- und Gesellschaftsvertretern gewidmet. 8°. London, German Cooperative Publishing Co., s. a. 8°. Boston, „Pionier", 1872.

—— französische Zustände. 8. (27¼ B.) Hamburg 833, Hoffmann u. Campe.

Heine, Henr. Eduard. (geb. Berlin 15. 3. 1821): De aequationibus nonnullis differentialibus. Berolini (1842). (26 S.) 4°
Berlin, Phil. Diss. v. 30. Apr. 1842

Heine, Herm., Friedrich Schneider's Choralbuch. Ein Gedenkblatt zum 50jähr. Bestehen dieses Werkes im J. 1879. gr. 8. (12 S.) Dessau 879. Reißner. n. — 20

Heine, Herm., Durch Nacht zum Licht. Rom und Golgatha. Weihnachtsgedanken. gr. 16. (67 S.) Dessau 874, Heine. *

Heine, Herm., der Erbe. Scene im Gerichtssaal. 8. (11 S.) Cöthen 893. Stuttgart, Holland & Josenhans. n. — 20
Auch dessélb. Verf. Festspiel „Es ist noch Raum da" ist in oblg. Verlag übergegangen.

Heine, Herm., der Erbe. Scene im Gerichtssaal. Den deutschen Jünglings-Vereinen gewidmet. 8. (11 S.) Cöthen 893. Schriften-Niederlage d. evangel. Vereinshauses. n. — 20

— Es ist noch Raum da. (Nach e. alten Historie.) Kleines kirchl. Festspiel. 8. (23 S.) Ebd. 893. n. — 40

Heine, Herm., fröhliche Gedanken. Gedichte. 16. (XVIII, 184 S.) Dessau 873. Heine. n. 1. 75

— zur Geschichte d. Dorfes Erdeborn im Mansfeldischen. [Aus: „Mansfelder Blätter".] gr. 8. (66 S.) Eisleben 891. (Sangerhausen, B. Franke.) n. 1. —

Heine, Herm., die Dresdner Heide u. ihre Bedeutung f. die Volkserholung, s.: Volkswohl-Schriften.

— Heinrich der Schwarze. Historisches Schauspiel in 5 Aufzügen. [Den Bühnen gegenüber Mscr.] 16. (V, 165 S.) Ebend. 874. n. 2. —

— Von oben. Sociale Gedanken. 16. (12 S.) Dessau 872, Heine. *

— Ostern bis Pfingsten. Sonette. 8. (46 S.) Ebend. 879. n. — 60

Heine, H., neuester Plan von Dessau und Umgegend, nebst den festgestellten Baufluchtlinien der projectirten Strassen. Nach den neuesten Veränderungen berichtigt. Lithogr. Imp.-Fol. Dessau 878, Reissner. *

— drei Tage in Jerusalem. In 3 Bildern. Den deutschen Jünglingsvereinen gewidmet. 8. (IV, 84 S.) Barmen, D. B. Wiemann. n. 1. 50

— Taunus-Lieder. 16. (31 S.) Dessau 875, Heine. * — 30

Heine, Herm., Vortrag über die Canalisationsfrage der Stadt Dessau mit Bezug auf das Gutachten des Stadtbaumeisters Dr. Hobrecht in Berlin. Gehalten im Gewerbe-Verein am 7. Febr. 1887. gr. 8. (20 S.) Dessau 887, Heine. * Nachtrag (17 S.)

Heine, J. v., kurzer Bericht über die 25jährige Wirksamkeit der orthopädischen Heilanstalt in Cannstatt; von dem Gründer und Vorsteher. gr. Lex.-8. (IV und 48 S. mit 1 lithogr. Ansicht der Anstalt.) Cannstatt 854, Bosheuyer. *

Heine, J. F., Dispositionen üb. alle Evang. u. Epist. rc. 8. Hannov. 726.

Heine, J. L., Beschr. d. fränkischen Bergschlösser Duisburg u. Hutsberg. 8. Frft. Eßlinger. 761.

Heine, J. P., de aeno. Christi imagine. Hal. 1729. 4.

Heine, Jac. v., spinale Kinderlähmung. Monographie. 2., umgearb. und verm. Aufl. Lex.-8. (VIII und 204 S. mit 14 Stnt. in Tondr.) Stuttgart 860, Cotta'sche Buchh.

Heine, Johann August

— u. Chr. Fr. Müller, antike Blätter, ob. architekton. Verzierungen f. Architekten, Decorationsmaler, Bildhauer rc. 4 Hefte. Mit Kpf. gr. 4. Leipz. 808 u. ff. Magazin f. Ind. 4 ₰ Hbg. Pr. 2 ₰ 16 gr.

— unterrichtende architekton. Blätter. 7 Liefer. gr. 4. m. K. Lpz. Leo. 802–5. (à 1 Rthlr.)

– Modell – Magazin f. Oekonomen oder Abbildung u. Beschreibung ..., s. Riem, J.

Heine, Jh. Aug., Samml. unterrichtender architekton. Blätter in Rücksicht auf Gebäude, für angehende Architekten, Bildhauer rc. 7 Hefte. Mit Kpf. gr. 4. Leipz. 802—5. Leo. 7 ₰

Heine, Johann August. Die Stallungen der vorzüglichsten Haus- und Nutzthiere ... Leipzig 1804. MV: *Reutter, Gottlob Sigmund.* (Ky)

— (u. Glo. S. Reutter,) die Stallungen d. vorzügl. Haus u. Nutzthiere, u. Zeichnungen zu Ställen, Häusern u. Hütten mit Grundrissen, Aufrissen u. Durchschnitten zu Unterbringung dieser Thiere. 8 Hfte. Mit 50 Kpf. Fol. Leipz. 804. Voß. 10 ₰ Dass., mit französ. Text. 10 ₰ Velinp. 20 ₰

— — dass. Buch a. französisch. m. K. Fol. Ebend. 802.

HEINE, M. Joh. Chp. — M. *Joh. Christoph Heinens* („D. G. W. zu Altenhausen im H. M."), MAGNALIA PROVIDENTIÆ DIVINÆ: Oder anmuthige Erzehlung vieler Grosser Dinge, so die gnädige Vorsorge Gottes für die Menschen an etlich tausend Personen von allerhand Stande, Geschlecht u. Alter, in alten u. neuen Zeiten, hin u. wieder zu ihrem u. anderer grossem Troste verrichtet u. gethan hat: Aus denen berühmtesten Geschichtschreibern u. allerhand glaubwürdigen Relationibus mit Fleiß zusammen getragen .... mit e. vierfach. Register .... LEIPZIG, in Verlegung der Lanckischen Erben, 1702. (Nebst Kupfertit., unsign.) 8°.
20 Bll. Vorst. (incl. Tit. in Roth- u. Schwarzdruck), 1076 S., 74 Bll. Reg. — Handelt u. a. über Amazonen (S. 591—602), Agnes Bernauerin (S. 647—48), Philippine Welserin (S. 649—50), etc.

Heine, I. C., magnalia providentiae divinae. 8. Lips. 703.

— singularia providentiae div. 8. Dresd. 729.

— bist. Schaubühne. Lpz. Gleditsch. 737.

Heine, Jh. Fr. Er., Diss. inaug. med. de medicamentis vegetabilibus adstringentibus. 4. Hannov. 785. (Dieterich in Götting.) 3 gr.

Heine, Johann Georg

Johann Georg Heine

Beschreibung einer Amputations- Säge und deren erforderliche Eigenschaften. ([Verf.:] J[ohann] G[eorg] Heine.) Wurzburg 1817: J. S. Richter. 15 S. 8°

Heine, Jh. Geo., Beschreibung einer Amputationssäge u. deren erforderl. Eigenschaften. Mit 1 Kpft. 8. Würzb. 181.. Stahel. 6 gr.

— Beschreib. eines neuen Apparats zu einer verkürzten Heilung d. Schenkelhalsbruches. Mit 2 Kpf. 8. Würzb. 811. (Stahel). 16 gr.

Heine, J(ohann) G(eorg): Beschreibung eines neuen künstlichen Fusses für den Ober- und Unterschenkel; nebst einer mathematisch-physiologischen Abhandlung über das Gehen und Stehen. 84 S., gbd., 2 Taf.

Würzburg: Selbstverlag } 1811
Nürnberg: Zehe

JB 3.484

— Beschreib. eines neuen künstl. Fußes für den Ober- u. Unterschenkel; nebst e. mathemat.-physiolog. Abhandl. üb. d. Gehen u. Stehen. Mit 2 Kpft. 8. Würzb. 811. Stahel. 18 gr.

— allgemeine historische, scientivische u. biographische Darstellung über die politischen Verhältnisse des Erfinders des neuen orthopaed. Heilsystems mit denen, seiner für sich frei von ihm gestifteten u. organisirten neuen orthopaed. Heilanstalten, als der ersten oder Mutter-Anstalt zu Würzburg, mit der ersten orthopaed. Seebade-Anstalt zwischen Haag u. Scheveningen, in Copien von Briefen u. in einem angefügten Postscriptum rc. gr. 4. Bonn 836. Marcus. 1/3 ₰ (NB. Auf den ersten Titel steht fälschlich Heyne.)

— Etat systematique du Cabinet de Modèles de l'institut de la Haye avec une description méthodique de tous les appareils et de tous les instrumens de l'invention de l'auteur, pour le traitement de toutes les diverses affections de l'organisation du corps humain, mentionnées dans cet ouvrage, faisant partie materielle du système d'instruction orthopédique, dont la Ire Partie parut en allemand, l'an 1826. (Mit e. Anhange von 1835.) Mit 1 Steindr. gr. 8. Offenbach 829. (Bonn, Marcus.) 5/6 rß — Der Anhang auch unt. d. Titel: Physiologie de l'effet des bains sur l'organisme vital de l'homme etc. etc. Mit 1 Steindr. gr. in-8. La Haye 835. (Bonn, Marcus.) 1/3 rß

— üb. künstliche Füße, nebst Beschreibung eines neuen künstl. Ober- u. Unterschenkels, mit K. 8. Würzburg Stahel. 811.

Heine, (J. G.,) Hausordnung des orthopäd. Carolinen-Instituts zu Würzburg. Nebst e. literar. Anhange zweier das Institut betreff. histor. Kunst-Notizen. 8. Würzburg 826, Etlinger.

— Copie eines Briefes an einen berühmten Philosophen und Naturforscher über die Grundverhältnisse des intellectuellen u. des organischen, vegetativen Lebens des Menschen, so wie von d. natürl. Grenzen zwischen diesen zwei großen Lebenselementen in unserm Dasein, bezogen auf des Verfassers neues orthopaed. Heilsystem mit Hindeutung auf die Philosophie des Studiums u. der Praxis des angehenden Arztes, nebst histor. Beziehungen ɾc. 4. Amsterdam 834. (Bonn, Marcus.) 1/8 rß

Heine, Jh. Geo., Copie eines Briefes an mehrere höchste und hohe Staatsmitglieder, behufs einer nähern Aufklärung der Angelegenheiten der orthopaedischen Seebade-Anstalt bey's Gravenhage, wie überhaupt die Verhältnisse des neuen orthopaed. Heilsystems betreffend. gr. 4. La Haye 834. (Bonn, Marcus.) 1/4 rß

— Copie von einem tabellar. Verzeichniß der Krankheiten und der Curresultaten an 93 Curisten, welche vom August 1829 bis jetzt (1835) in der orthopaedischen Seebadeanstalt bei Scheveningen u. dem Haag, methodisch behandelt wurden, mit Beifügung von gesetzmäßigen, physiolog., patholog. u. therapeut. Abstractionen ɾc. Mit 5 lithogr. patholog. Abbildd. vom Thorax u. den Extremitäten. gr. Fol. Bonn 835. Marcus. 1 1/2 rß

— Nachricht von dem gegenwärt. Zustande des orthopädischen Instituts zu Würzburg. 4. Würzb. 821. (Stahel). 6 gr

— Physiologie de l'effet des bains sur l'organisme vital de l'homme. Avec des observations sur les principes de la pathologie et thérapie orthopédiques et une planche lithographiée représ. la voiture des bains de mer à machines orthopédiques. gr. in-8. Bonn 835. Marcus. 1/3 rß

— Physiologie üb. die organische Wirkung der Bäder in dem belebten menschlichen Organismus, dies, die kalten, und die, aus der Natur hervorquellenden, warmen, oder die künstlich erwärmten betreffend. Mit 1 lithogr. Abbild. des orthopaed. Maschinen-Seebadwagens. 4. La Haye 835. (Bonn, Marcus.) 1/3 rß

Johann Georg Heine

Preiß-Verzeichniß [Freiaverzeichnis] neuer chirurgischer Maschinen und Bandagen zur Heilung und Einrichtung der Beinbruche der untern und obern Extremitaten und des Schlusselbeins u. zur Erricbtung luxirter Gelenke... von Johann Georg Heine. Würzburg: Verf.; Stahel [in Komm.] 1817. 32 S. 8°

Heine, J(ohann) G(eorg): Systematisches Verzeichnis chirurgischer Instrumente, Bandagen und Maschinen nach Anleitung der besten Wundärzte älterer und neuerer Zeit, welche nach beygesetzten Preissen verfertiget werden und zu haben sind. 96 S., gbd.

Würzburg: Stahel 1807

JB 3.483

Johann Georg Heine

Neues Verzeichniß [Verzeichnis] chirurgischer Instrumenten, Bandagen und Maschinen, welche um beygesetzte Preise verfertigt werden u. zu haben sind bey J[ohann] G[eorg] Heine. Nebst einigen neuen Bemerkungen uber die Trepankrone, den Tirefond, e. neue Extensionsmaschine,... Wurzburg: Hrsg.; Nurnbeg 1811: Zeh. VIII, 64 S. 8°

Heine, Jos., Beiträge zur Lehre von der Syphilis in ihrer Verbindung mit Vaccine u. Diphteritis, nebst einem Auszuge aus den Akten des Dr. Hübner'schen Prozesses. — Ueber die Regulation der Gesetzgebung gegenüber der toxikologischen Casuistik als Anhang. Würzburg 854. Halm. gr. 8. (2 Bl., 68 S.) n. 12 ngr

Heine, Jos., Beobachtungen üb. Lähmungszustände d. untern Extremitäten u. deren Behandlung. gr. 4. (10 3/4 B. u. 7 Stnt.) Stuttgart 840, Köhler. *

Heine, Jos., polit. Betrachtungen eines Unpolitischen üb. das gegenwärt. Verhältniß Deutschlands zur Revolution u. zur Parlamentsfrage über die Bestellg. e. Reichsoberhauptes für Deutschland. gr. 8. (VIII u. 112 S.) Heidelberg 848, C. F. Winter. n. 12 ngr

Heine, Jos., die epidemische Cholera in ihren elementaren Lebenseigenschaften und ihrer physiologischen Behandlungsmethode, aus der großen Epidemie von Speyer 1873 dargestellt. gr. 8. (121 S. mit 2 lithogr. und color. Plänen in gr. 4.) Würzburg 874, (Stahel'sche Buchh.) *

Heine, Jos., collectio synodarum Erfordiensium historico-critica. 8. Erfurt 792.

Heine, Jos, I. Zur ältesten Geschichte Deutschlands, insbes. der Völkerstämme in dem Flussgebiete des Rheines und namentlich über die verschiedenen Stammsitze der Franken. — II. Zu dem Nibelungenliede als Eigenthum des Rheines und einer einheitlichen ursprünglichen Dichterkraft. Festgabe gewidmet der 36. Versammlung deut. Naturforscher u. Ärzte. Speyer 1861. 4.

Heine, Jos., über spontane und congenitale Luxationen, so wie über einen neuen Schenkelhalsbruch-Apparat. Lex.-8. (5 3/4 B. u. 5 Stnt.) Stuttgart 842, Ebner u. Seubert. *

Heine, Jos, Zu dem Niebelungenliede. 1861. sieh J. Heine, Zur ältesten Geschichte Deutschlands. in Abt. V. 1.

—— physio-pathologische Studien aus d. ärztl. Leben von Vater u. Sohn. Eine Gedächtnißschrift f. Johann Georg Heine den Orthopäden. gr. 8. (15 B.) Stuttgart u. Tübingen 842, Cotta'sche Buchh.

Heine, Jos., über d. Unterbindung d. Arteria subclavia. Inaugural-Abhandl. gr. 8. (5 1/2 B.) Würzburg 829, (Strecker.)

—— über d. Verhältniß d. nervösen Fieber zu Cholera u. Intermittens. Patholog.-therapeut. Abhandl. 8. (8 1/4 B.) München 833. (Erlangen, Palm u. Enke.)

Heine, Julius: De fistula colli congenita. Hamburgi 1840: Nestler & Melle. 16 S. 8° (4°)

Halle-Wittenberg, Med. Diss., nachgeliefert von dem am 5. Sept. 1839 promovierten Verf.

Geb. Hamburg [11. 4. 1817]

Heine, Iwan: Excisionis partium degeneratarum ossis maxillae inferioris casus tres. Cum tabulis tribus lithographicis. Halis (1831): Baentsch. 24 S., 3 Taf. 4°

Halle-Wittenberg, Med. Diss. v. 28. Mai 1831

Geb. Hamburg 22. 7. 1807. V. vorh. Marburg UB

Verf. wurde als Stotterer ohne Disputation promoviert.

Heine, K., der heilige Brun v. Querfurt, der Apostel der Petschenegen, u. die Entstehung des Querfurter Wiesenmarktes. Nach den neuesten Forschungen bearb. 8. (27 S. m. 1 Steintaf.) Querfurt 877. Rötscher. n. — 50

Heine, K., Chronik der Stadt Ellrich. gr. 8. (VIII, 191 S. m. 5 Abbildgn.) Ellrich 899. G. Krause.
Geb. in Leinw. m. Goldschn. n. 4. —

Heine, K., e. Wandertag an den beiden Mansfelder Seen. Heimatsstudie aus der Grafschafe Mansfeld. 8. (VII, 55 S.) Halle 872. Hendel. — 75

Heine, Karl

Heine, Carl, angeborene Atresie des Ostium arteriosum dextrum. Beitrag zur Lehre von den angeborenen Herzanomalien. Lex.-8. (72 S. mit 1 Kpfrt.) Tübingen 861, (Laupp'sche Buchh.) Thlr. *

Heine, Karl, s.: Aus der Praxis der mod. Jugenderziehung.

Heine, [Karl], Bauinspektor: Beschreibung des neuen Schulgebäudes. Luckenwalde: Gutdeutsch 1910. S. 1—9. 4°
Luckenwalde, Friedrichs-S, Reform-RG i. E. m. R u. VS P 1910 (132) [S 10. 168

Heine, K., Einführung in die englische Konversation auf Grund d. Anschauung nach d. Bildertafeln v. Ed. Hölzel. Mit e. kurzgef. Grammatik als Anh. Für die Hand d. Schüler bearb. gr. 8. (VII, 181 S. m. 4 Bild. im Text.) Hannover 898. C. Meyer. n. 1.40; geb. n. 1.80

— Einführung in die englische Konversation auf Grund der Anschauung nach d. Bildertafeln v. Ed. Hölzel. Mit e. kurzgefaßten Grammatik als Anh. Für die Hand der Schüler bearb. 2. verm. Aufl. gr. 8. (VIII, 150 S. m. 4 Bildern.) Hannover 902. C. Meyer. n. 1.40; geb. n. 1.80

— Einführung in die englische Konversation auf Grund der Anschauung nach den Bildertafeln v. Ed. Hölzel. Mit e. kurzgefaßten Grammatik als Anh. Für die Hand der Schüler bearb. 3. Ster.-Aufl. (VIII, 150 S. m. 4 Bildern.) 8. Hannover 905. C. Meyer. n. 1.40; geb. n. 1.80

Heine, K., Einführg. in die englische Konversation auf Grund der Anschauung nach d. Bildertaf. v. Ed. Hölzel. Mit e. kurzgefaßten Grammatik als Anh. Für die Hand der Schüler bearb. 5. (Ster.-)Aufl. (VIII, 150 S. m. 4 Bildern.) 8. Hannover 909. C. Meyer. Geb. 1.80

— Einführung in die französische Konversation auf Grund d. Anschauung. Ausg. A. Nach d. Bildern v. Strübing-Winckelmann. Für d. Hand d. Schüler bearb. gr. 8. (VII, 58 S.) Ebd. 896. n. — 60; geb. n. — 90
93

— Einführung in die französische Konversation auf Grund der Anschauung. Ausg. A. Nach den Bildern v. Strübing-Winckelmann. Für die Hand der Schüler bearb. 2. Aufl. gr. 8. (VII, 59 S.) Ebd. 901. Geb. n. — 90

— Einführung in die französische Konversation auf Grund der Anschauung. Ausg. A. Nach den Bildern v. Strübing-Winckelmann. Für die Hand der Schüler bearb. 3. Ster.-Aufl. (VII, 59 S.) 8. Ebd. 904. Geb. n. — 90

Heine, K., Einführung in die französ. Konversation auf Grund d. Anschauung. Introduotion à la conversation française à base d'intuition. Ausg. B. Nach d. Bildertafeln v. Ed. Hölzel. Für d. Hand d. Schüler bearb. gr. 8. (VII, 72 S. m. 4 Bild.) Hannover 896. C. Meyer. n. — 70; geb. n. 1. —

[F.] Einführung in die französische Konversation auf Grund d. Anschauung. M. e. kurzgef. Gramm. als Anh. Ausg. B. Nach d. Bildertaf. v. Ed. Hölzel. F. d. Hand d. Schülerbearb. v. K[arl] Heine, ... Rektor ... in Ellrich am Harz. 2. Aufl. *Hannover & Berlin: C. Meyer 1898.* [A. T.:] Introduction à la conversation franç. à base d'intuition ... p. C. Heine ... (VII, 99 S.) 1 Bd 8. [illegible]

— dasselbe auf Grund der Anschauung: Introduotion à la conversation française ensoignóe par l'imago. Mit e. kurzgefaßten Grammatik als Anh. Ausg. B. Nach den Bildertafeln v. Ed. Hölzel. Für die Hand der Schüler bearb. 3. Aufl. gr. 8. (VIII, 111 S. m. 4 Bildern.) Ebd. 902. Geb. n. 1.30

— dasselbe. Introduotion à la oonversation française enseignée par l'image. Mit e. kurz gefaßten Grammatik als Anh. Ausg. B. Nach den Bildertafeln v. Ed. Hölzel. Für die Hand der Schüler bearb. 5. Ster.-Aufl. (VIII, 111 S. m. 4 Bildern.) 8. Ebd. 906. Geb. n. 1.30

— Einführung in die französische Konversation auf Grund d. Anschauung. Introduction à la conversation française enseignée par l'image. Mit e. kurz gefaßten Grammatik als Anh. Ausg. B. Nach den Bildertafeln v. Ed. Hölzel. Für die Hand der Schüler bearb. 6. u. 7. (Ster.-)Aufl. (VIII, 111 S. m. 4 Bildern.) 8. Ebd. 907. Geb. 1.30

Heine, Carl, Herren u. Diener der Schauspielkunst. Dramaturgische Wäggn. u. Erwäggn. (III, 46 S.) 8. Hamburg 905. J. Kriebel. n. 1.50

— Französisches Lesebuch f. Handelsschulen. Nach den neuesten ministeriellen Bestimmgn. verf. (VI, 195 S.) gr. 8. Ebd. 908. Geb. in Leinw. 2.50

— Nordhausen u. Preußen. Festbeitrag zur Jubelfeier der 100jähr. Zugehörigkeit Nordhausens zu Preußen am 6. VI. 1902. Nach urkundl. Quellen zusammengestellt. gr. 8. (VIII, 119 S.) Nordhausen 902. L. Hornickel. n. 1.25

Heine, Karl: Ueber Oxyphtalsäuren. Halle a. S. 1880: Plötz. 33 S. 8°
Halle-Wittenberg, Phil. Diss. v. [16. Aug.] 1880
Geb. Querfurt 25. 4. 1856. V.

Heine, Carl. Der Roman in Deutschland von 1774 bis 1778. gr. 8. (VI, 140 S.) Halle a. S. 892, Niemeyer. * 3 —

Heine, C., das Schauspiel der deutschen Wanderbühne vor Gottsched. gr. 8. (VII, 92 S.) Halle 889. Niemeyer. n. 2. —

— das Theater in Deutschland, s. a. Lesser's Handbibliothek f. Zeitungsleser.

Heine, Karl, Das Theater in Deutschland. Seine geschichtliche Entwickelung und kulturelle Bedeutung bis zur Gegenwart. Einbeck 1893. 8.
Ist: Lesser's Handbibliothek. Bd. 3.

—— s. Todes-Fall, der unglückselige, Caroli XII. Ein Drama des 18. Jahrh.

Heine, Carl [aus Halle]: Johannes Velten. Ein Beitrag zur Geschichte des deutschen Theaters im XVII. Jahrhundert .... Halle a/S., Druck v. Ehrhardt Karras, 1887; 2 Bl. + 63 S. + 1 Bl. 8°.
Halle, Phil. Fak., Inaug.-Diss. v. 22. Jan. 1887.

Heine, Carl, Johannes Velten. Ein Beitrag zur Geschichte des deutschen Theaters im 17. Jahrh. 8. (66 S.) Halle 887, Niemeyer. *

— method. Winke f. die Introduotion à la conversation française à base d'intuition. Ausg. A. u. B. gr. 8. (16 S.) Ebd. 896. n. — 25

— methodische Winke f. die Introduotion à la conversation française u. English conversation. (16 S.) gr. 8. Ebd. 906. n. — 25

[Lied.] Dem Hochw. Protektor. ▭ zu den drei Verbündeten im O.·. zu Düsseldorf 5842. [Unterz.: Karl Joh.] Heine. [Düsseldorf 1842]: Wolf. 2 Bl. 8⁰ [Umschlagtit.]
Ohne Noten: „Jauchzet ihr Brüder, ihr Treuen beim Mahl!“

Liegnitz: [Lieder.] Zur Stiftungsfeier am 13. April 5848 den geliebt.·. Brüdern der ▭ Pythagoras zu den drei Höhen im O.·. zu Liegnitz von ihrem tr.·. ergeb.·. Br.·. [Karl Joh.] **Heine.** Düsseldorf [1848]: Voss. 8 Bl. 8⁰ [Umschlagtit.]
7 Lieder ohne Noten.

Rechenschafts-Bericht über das maurerische Frühlingsfest zu Mülheim an der Ruhr am 14. Mai 5843. [Von Karl Joh. **Heine.**] Als Ms. Düsseldorf 1843: Wolf. IV, 5—32 S. 8⁰
Rede von Natorp: Üb. den Zweck der Mrei, u. Heine: Üb. die Tendenz des Bundes.

Rede gehalten am 24. Juni 5842 im O.·. zu Düsseldorf. Vom Br. [Karl Joh.] **Heine.** Als Ms. gedr. [Düsseldorf 1842]: Wolf. 16 S. 8⁰ [Umschlagtit.]
Zweck u. Ziel d. Frmrei, Ursachen des Verfalls vieler ▭, Mittel zur Verhütung desselben.

Rede zum 15. Okt. 5842, gesprochen im O.·. zu Düsseldorf. [Unterz.:] [Karl Joh.] **Heine.** Als Ms gedr. [Düsseldorf 1842]: Wolf. 16 S. 8⁰ [Umschlagtit.]
Mahnt die deutsche Mrwelt zur Einheit u. tadelt insbes. die Intoleranz der preuss. Logen gegen Andersgläubige.

Heine, Leo [aus Köthen i. Anh., app. Arzt]: **Über solide Ovarialtumoren** ... Cöthen, Druck v. P. Schettler's Erben, 1894; 42 S., 1 Bl. 8.
Erlangen, Med. Fak., Inaug.-Diss. v. [13. Febr.] 1894

Heine, Leopold

Heine, Anleitung zur Augenuntersuchung bei Allgemeinerkrankungen. (XII, 142 S. m. 19 Abbildgn. u. 1 Textbeilage.) 8. Jena 906. G. Fischer. n. 2.50; geb. n. 3.—

Heine, Anleitg. z. Augenuntersuchung bei Allgemeinerkrankungen. 2. erweit. Aufl. (XII, 150 S. m. 19 Abbildgn. u. 1 Beilage.) 8. Jena 910. G. Fischer.
2.50; geb. 3.—

Aus d. kgl. Univ.-Augenklinik zu Breslau. Über Farbensehen besonders der Kunstmaler von Prof. [Leopold] **Heine** u. Dr. [Georg] Lenz. Mit 1 Taf., 2 Fig. u. 11 Kurven. Jena: G. Fischer 1907. (40 S.) 8° [07. 10781]

Heine, L.[eopold], Dr., I. Assist. an d. Klinik zu Marburg: **Physiologisch-anatomische Untersuchungen über die Accommodation des Vogelauges. Mit 3 Taf. u. 6 Fig. im Text.** *Leipzig: W. Engelmann 1898.* (30 S.) 8° ¶ (Aus: v. Graefe's Archiv f. Ophthalmologie, Bd 45, Abth. 3.)
Marburg, Med. Hab.-Schr. v. [23. Juni] 1898

Heine, Ludwig, approb. Arzt aus Berlin: **Ueber multiple Magengeschwüre bei Tuberkulose.** *Freiburg i. B.: Speyer & Kaerner 1898.* (32 S.) 8°
Freiburg i. B., Med. Diss. v. 1899

Heine, Margar., studierende Frauen, s. a. Frau, die.

Heine, Margarete: Studierende Frauen. 3. Aufl. — Leipzig: Rothbarth (1906). 90 S. 8° (Die Frau. Ser. 1. Bd 10.)

Heine, Margarete, aus Celle: **Substantiva mit a privativum.** *München: A. Buchholz 1902.* (51 S.) 8°
München, Phil. Diss. v. 1902

Heine, Margar., geb. Goßrau, Auguste Victoria, deutsche Kaiserin. Dramat. Gedicht m. leb. Bildern in 3 Aufzügen. (Umschlag: 2. Aufl.) (20 S.) 8. Gardelegen 908. (J. Manger.) 1. 25

Heine, Max., **Beiträge z. Geschichte d. oriental. Pest. gr. 8. (7½ B.) St. Petersburg 846. (Leipzig, Hartmann.)**

Heine, **Max., Bilder aus d. Türkei. Nach eigener Anschauung skizzirt. gr. 8. (15¼ B. u. 1 Stndr.) St. Petersburg 833, Brieff.**

Heine, Max., Erinnerungen an Heinrich Heine und seine Familie. 8. (X, 247 S.) Berlin, Dümmler's Verlag. *

Heine, **Max., Fragmente aus der Geschichte der Medicin in Russland. gr. 8. (155 S.) St. Petersburg 848, Eggers und Comp. (Leipzig, Hartmann.)** *

Heine, Max [aus Magdeburg]: **Ueber das tertiäre Phosphin, Arsin und Stibin des Meta-Xylols ... Berlin, gedr. bei J. Sittenfeld, 1892; 37 S. 8.**
Rostock, Phil. Fak., Inaug.-Diss. v. [22. Febr.] 1892

—— medicinisch-topograph. Skizze v. St. Petersburg. Lex.-8. (5 B.) St. Petersburg 844, Kurth u. Comp. (Braunschweig, Leibrock.) *

Heine, M(aximilian) (Hrsg.):

s.: Zeitung, Medicinische, Russlands. Jg.3-11. St. Petersburg: 1846-54.

JB 6.162

Heine, N., Volapük. Mit e. Wörterbuch, e. Sammlg. von Gesprächen, Übungsaufgaben, Briefen ꝛc. **Internationale Handels- u. Umgangssprache f. Haus u. Geschäft. Für die Praxis bearb. 8. (IV, 76 S.) Bielefeld 887. Helmich.**
n. 1. —; geb. n. 1. 30

Heine, N. **Der kaufmännische Volapükist. Handelskorrespondenz in Deutsch u. Volapük, nebst Grammatik u. kaufmänn. Wörterverzeichnis. gr. 8. (XVI, 192 S.) Berl. 891, Verlag f. Sprach- u. Handelswissenschaft. * 5 —; geb. ** 6 50**

Heine, Otto [Dir. Prof. Dr., Domherr]: *Karl Emil Friedrich Ferdinand Hermann Graf von Bredow-Friesack, Kurator der Ritterakademie, gest. am 7. Februar 1893.* Brandenburg a. d. H., Druck v. G. Matthes, *1894;* S. 19. 4.
Brandenburg a. H., RAk, OP 1894 (68)

Heine, Otto: De ‚Ciceronis Tusculanis disputationibus. Halis Saxonum (1854): Ploetz. 33 S. 8°
Halle-Wittenberg, Phil. Diss. v. 14. Jan. 1854
Geb. Eisleben 13. 1. 1832. V.
Verf. erlebte die Diplomerneuerung 1904 als Geheimrat, Direktor a. D. der Ritterakademie in Brandenburg, in Weimar, vgl. Anh. Nr. 632. Vom Verf. ersch. ferner: Quaestionum Tullianarum specimen. (Stellen aus Tusc. und Nat. D.) Posen 1862. 23 S. 4° Friedr.-Wilh.-Gymn., Progr. und: De fontibus Tusculanarum disputationum. Weimar 1863: Hofbuchdr. 21 S. 4° Wilh.-Ernst-Gymn., Progr.

Heine, Otto: Stoicorum de fato doctrina. 52 S. – Progr. Pforta 1859.

Heine, Otto, aus Celle: Eisencyanverbindungen. *Pößneck i. Th. [1904]: B. Feigenspan.* (72 S.) 8°
München, Phil. Diss. v. 1903

— De fontibus Tusculanarum disputationum. Pr. 1863. 21 S. 4°. 1.20 Weimar.

Heine, Otto *Georg Guttmann* †. 4 (S. 15–16 der Schuln.)
Progr. Ritter-Akad. *Brandenburg a. H.* 1889 (66)

Heine, Otto, aus Bochum: Über multiple Knochentuberkulose. *Greifswald 1899: H. Adler.* (36 S.) 8°
Greifswald, Med. Diss. v. 16. März 1899

Heine, Otto, die Krüppel in der Schule, s. o. Abhandlungen, pädagogische. 90. Hft.

Die Krüppel in der Schule. Von Dr. Otto Heine, Specialarzt. Bielefeld: A. Helmich [1905]. (23 S.) 8° [F.]
— Abhandlungen. Pädagogische. H. 90. [05. 14475

Heine, O.: Stobaei eclogarum loci nonnulli ad Stoicam philosophiam pertinentes emendantur. 17 S. – Hirschberg, Progr. 1869.

Heine: Quaestiones Tullianae. 23 S.–Posen Fr.W., Progr. 1862

Heine, Otto [Dir. Prof. Dr., Domherr]: *Rede bei der Trauerfeier für den Kurator der Ritterakademie Hans Wilhelm von Rochow, gest. d. 18. Jan. 1891.* Brandenburg a. d. H., Druck v. G. Matthes, *1891;* S. 16–19; 4°
Brandenburg a. H., RAk, OP 1891 (68)

Heine, Otto. Studien über das Harzrind, mit besonderer Berücksichtigung des Oberharzer männlichen Zuchtviehs. Aus dem Zootechnischen Institute der Universität Bern.... Diss. Vet.-Med. Bern. 54 S. 8. Hannover, M. & H. Schaper, 1910.

[F. u. Ant.] Seid fröhlich in Hoffnung, geduldig in Trübsal, haltet an am Gebet. Röm. 12, V. 12. Predigt am Sonntag XI. p. Trin., d. 25. Aug. 1895, b. Kirchenbesuch Sr. Kgl. Hoh. d. Prinzen Albrecht v. Preussen ... in d. kgl. Schlosskirche zu Königsberg i Pr. geh. v. Dr. [P.] Heine, K. Militär-Oberpfarrer ... *Königsberg i. Pr.: Gräfe & Unzer 1895.* (12 S.) 1 Bd 8. [96. 3374

Heine, P., aus der Hohenzollernschen Urzeit. Rückblicke aus den großen Tagen der Gegenwart. 8. (32 S.) Minden 888. Bruns. n. — 40

Heine, Paul, Hülfsbuch f. Fleischbeschauer. (IV, 108 S.) 8. Hannover 906. M. & H. Schaper. Geb. in Leinw. n. 2. 75

Heine, Paul, Hülfsbuch f. Fleischbeschauer. 8. Aufl. (IV, 123 S. m. Abb.) 8. Hannover 909. M. & H. Schaper. Geb. in Leinw. 3. —

Heine, Paulus: * Historia Israelis ex Cantico Deborae illustrata. 50 S. 4° (2°)
Halle-Wittenberg, Phil. Diss. v. 10. Juni 1869
Geb. [Berlin 25. 5. 1845]

— Leitfaden der Trichinenschau. (IV, 47 S.) 8. Ebd. 905. Geb. n. 1. 50

— Leitfaden der Trichinenschau. 3. stark verm. Aufl. (67 S. m. Abb.) 8. Ebd. 909. Geb. 1. 75

— Das Reichs-Fleischbeschaugesetz v. 3. VI. 1900 nebst Ausführungsbestimmungen des Bundesrates A, B, C, D b u. E sowie den preuß. Ausführungsbestimmungen. (143 S.) kl. 8. Ebd. 908. Geb. in Leinw. 1. 25

Heine, Paul, aus Hannover: Untersuchungen über den Bau und die Entwicklung des Herzens der Salpen und der Ciona intestinalis. Mit 3 Taf. *Leipzig: W. Engelmann 1902.* (71 S.) 8° ¶ (Aus: Zeitschr. f. wiss. Zool., Bd 73, H. 3.)
Rostock, Phil. Diss. v. [26. Aug.] 1902

Praktische Ziegenzucht. Ein Handbuch z. Gebr. f. Ziegenhalter u. Ziegenzüchter. Von Dr. P. Heine, Hannover. Mit 40 Abb. Neudamm: J. Neumann 1907. (XI, 179 S.) 8° [F.]
(J. Neumann's Landwirtschaftl. Büchersammlung.) [07. 7374

— R., Quaest. de M. T. Ciceronis et M. Bruti epistulis capita duo. Diss. 1875. 42 S.

Heine, Rich., Qualm! Studenten-Humoreske. 8. (146 S.) Dresden 895. E. Pierson. n. 2. —; geb. n. 3. —

Heine, Rob. Hilfsbuch f. den Religionsunterricht. Mit e. Karte v. Palästina. gr. 8. (72 S.) Halle 890, Anton. * — 80

— Lernbüchlein f. evangelische Schulen. Enth.: A. Die 5 Hauptstücke. B. Gebete. C. Die 80 Kirchenlieder. D. Die bibl. Bücher. 8. (IV, 88 S.) Osterwieck 889. Zickfeldt. cart. n. — 30

— Spruchbuch f. ein- bis dreiklassige evangelische Schulen. Mit e. Anh., enth. acht Psalmen, die wichtigsten messian. Weissagn., die bibl. Bücher, das Einmaleins und die Münzen, Maße, Gewichte u. Zählungsarten. Im Anschluß an den v. der königl. Regierung zu Magdeburg hrsg. „Lehrplan f. die Altmark" zusammengestellt. 8. (48 S.) Halle 890. Anton. n. — 40

Heine, Rud., vom täglichen Brot für die Jugenderziehung. Erfahrungen u. Grundsätze e. erfahrenen Lehrmeisters. (64 S.) gr. 8. Gütersloh 903. C. Bertelsmann. n. 1. —
Sonderabdruck aus: „Evang. Schulbl."

Heine, Rudolf: Ueber primäre Enterostomie bei Ileus paralyticus. ⟨Peritonitis.⟩ Leipzig 1909: Georgi. 35 S. 8°
Leipzig, Med. Diss. v. 19. Febr. 1909, Ref. Trendelenburg
[Geb. 3. Juni 83 Grimma; Wohnort: Leipzig; Staatsangeh.: Sachsen; Vorbildung: Realgymn. Döbeln Reife O. 03; Studium: Leipzig 10 S.; Coll. 26. Febr. 09.] [U 09. 2788

Heine, Rud., über einige Grundmängel des jetzigen Elementarunterrichtes, besonders in Hinsicht auf die natürl. Entwickelung des menschlichen Geistes und Körpers. Nebst Vorschlägen, wie denselben hauptsächlich durch naturgeschichtl. Unterricht in Verbindung mit geregelter Körperausbildung abzuhelfen sei. gr. 8. Leipzig 842, Barth. 1/2 ℛ︁

Heine, Rud., üb. einige Grundmängel des jetzigen Elementarunterrichtes, besond. in Hinsicht auf die natürl. Entwickelung des menschl. Geistes u. Körpers. Nebst Vorschlägen, wie denselben hauptsächlich durch naturgeschichtl. Unterricht in Verbindung mit geregelter Körperausbildung abzuhelfen sei. gr. 8. (6 1/4 B.) Leipzig 843, Barth. Thlr.

— der Idealismus als Bildungs- u. Lebenselement. Eine sozial-pädagog. Studie auf histor. Grundlage. (67 S.) gr. 8. Langensalza 904. H. Beyer & Söhne. n. 1. 20
Sonderabdruck aus: „Ztschr. f. Philosophie u. Pädagogik".

— kaum glaublich, aber wahr. Ein Beitrag zur Kennzeichnung v. Misständen auf dem Gebiete der prakt. Psychiatrie unter sorgfält. Verwendung zuverlässiger Aktenmaterials. (181 S.) 8. Leipzig (904). (R. Uhlig). n. 1. 50

Heine, Rud., die rechte Lebenskunst, s.a. Volkswohl-Schriften. 31. Hft.

Heine R. die rechte Lebenskunst. Wirtschaftliche und sittliche Grundsätze. (64 S) (Volkswohlschriften 31) Leipzig 1900

Heine, Rud. Rektor M. Andreas Reyher, Verfasser des Gothaischen Schulmethodus. 28 S. Progr. *Holzminden* 1882.

Heine, S. A., Ökonom.-veterinär. Hefte, s.: Riem, J.

Sechs Aufsätze über maurerische Gegenstände verf. von [Sam.] Friedr. Heine. (Nur f. Brr.) Rostock: Stiller 1814. 119 S. 8⁰
Kl. 1185.

Drey Reden, gehalten in einem Verein vertrauter Freunde, hrsg. von Sam. Friedr. Heine. Schwerin 1819. 60 S. 8⁰
Kl. 1217.

Heine, Sam. Gli., richtiges Alterth. d. röm. Kirche. 8. Hamb. 711.

— hist. Beitr. d. St. u. Grafschaft Rochlitz in Meißen. 4. Lpz. Martini. 719.

— paratol. Spruchbuch. 8. Ebend. 722.

Heine, Frl. Selma, s.: Heine, Anselma.

Heine, Siegfried, approb. Arzt aus Breslau: (Aus d. Kgl. Universitäts-Frauenklinik zu Berlin. Direktor: Geh. Med.-Rat Prof. Dr. Olshausen.) Ein **Beitrag zur Entstehung der Adenomyome der weiblichen Genitalien.** *Berlin (1903): G. Schade.* (39 S.) 8° ¶ (Teil d. eingereichten Arbeit.)
Berlin, Med. Diss. v. 4. Aug. 1903

— **Simon** (Bückeburg), De pulsatione abdominali. Diss. med. Bln. (Aug. Petsch) 20. XII. 1826. 39 Seiten mit Biogr. (6.50) 13993
Oppon.: M. Troschel, W. Grattenauer, C. Weiss.

Heine, Stefan: Die **Landwirtschaft im Kreise von Słupca im XIX. Jahrhundert.** 1. T. Beitrag zur Geschichte der Landwirtschaft in Polen. *Breslau 1898: Dr. R. Galle.* (74 S.) 8°
Breslau, Phil. Diss. v. 15. März 1898

Heine, Stef., die Landwirtschaft im Kreise v. Słupca im XIX. Jahrh. 1. Thl. Beitrag zur Geschichte d. Landwirtschaft in Polen. Diss. gr. 8. (75 S.) Breslau 898. (Schletter.) n.n. 1. —

[Umschlagt.:] **Heine,** Theodor [Dr.]: Methodische Behandlung der Dassätze im Lateinischen. Kreuzburg O.-S., Druck v. E. Thielmann, *1896;* 1–30 S. 4.
Kreuzburg O.-S., k. G, OP 1896 (195)

Heine, Theod. Methodische Behandlung des lateinischen Genetivs mit einer Einleitung über die ethische Erziehung der Jugend. 43 S. Progr. *Creuzburg O/S.* 1883.

Heine, Theodor, Prof. Dr.: **Beitrag zu einer deutsch-lateinischen Satzlehre:** Die Objektsetzung. *Breslau 1903: O. Gutsmann.* (S. 1–51.) 4° [Umschlagt.]
Breslau, k. König-Wilhelms-G, P 1903 (211)

Heine, Theodor, Prof. Dr.: Beitrag zu einer deutsch-lateinischen Satzlehre: Die Objektsetzung, T. 2. Breslau 1904: O. Gutsmann. (S. 1–26.) 4° ¶ [Forts. d. P-Beil. 1903.]
Breslau, k. König-Wilhelms-G P 1904 (215)

Heine, Theodorus *(geb. Klettendorf bei Breslau 25. 12. 1855)*: De ratione quae Platoni cum poetis Graecorum intercedit, qui ante eum floruerunt. Vratislaviae (1880). (73 S.) 8°
[Im Buchhandel 1880 bei Köhler in Breslau.]
Breslau, Phil. Diss. v. 5. Juli 1880

Heine, Thdr., de ratione quae Platoni cum poetis Graecorum intercedit, qui ante cum floruerunt. Dissertatio inauguralis philologica. gr. 8. (73 S.) Breslau 880. (Köhler.) n. 1. —

Heine, Theodor Studia Aristotelica I. Aristoteles: Ueber die Arten der Tragödie. 4 (29 S.). G. *Kreuzburg O.-S.* 1887 (179). Progr.

Heine, Thdr. Carl Heinr., Corneille's „Médée" in ihrem Verhältnisse zu den Medea-Tragödien des Euripides und des Seneca betrachtet mit Berücksicht. der Medea-Dichtungen Glover's, Klinger's, Grillparzer's und Legouvé's. Dissertation. gr. 8. (38 S.) Heilbronn 881, Gebr. Henninger. *
Aus: Französische Studien, besonders abgedruckt.

Heine, Thomas Theodor

Heine, Th. Th., Bilder aus dem Familienleben. Fol. (82 meist farb. Taf. m. 82 Bl. Text.) München 898. A. Langen. Kart. n. 7. 50

— u. Ludw. **Thoma,** die bösen Buben. (46 Bl. m. farb. Abbildgn.) gr. 8. München 903. A. Langen. Kart. n. 2. —

Heine, Thom. Thdr., s.: Kanzler, der neue.

— die Prinzeßin Luise v. Koburg, s.: Thoma, Ludw.

— das große Malöhr im Juni 1903, s.: Thoma, Ludw.

Heine, Thom. Thdr., die Gräfin Montignoso, s.: Thoma, Ludw.

Heine, Th. Th., Thorheiten. Album. Fol. (32 S. m. z. Tl. farb. Abbildgn.) München (901). A. Langen.
Geb. in Leinw. n. 6. —

Heine, W., die Besserung als Strafzweck und das Aufsichtspersonal der Strafanstalten. Ein Beitrag zur Gefängnisslehre. gr. 8. (III und 77 S.) Leipzig 866, J. A. Barth.

Heine, Walter, Assistenzarzt bei Hofrat Haenel, Dresden: **Ueber Darmblasenfisteln** infolge von Darmdivertikel. *Leipzig 1904: B. Georgi.* (42 S.) 8°
Leipzig, Med. Diss. v. (3. Mai) 1904

Heine, Wilh. Auf welchen Wegen sollten verfassungsmäfsig die Gesetze in Athen zustande kommen, und wie wich man in einzelnen Fällen davon ab? 24 S. Progr. *Rawitsch* 1883.

[F.] **Heine,** Wilhelm [Rekt. Prof. Dr.]: *Bericht über die Feier des 50jährigen Jubiläums des Realprogymnasiums zu Solingen.* Solingen, Druck v. R. Koch, 1892; 13–16 S. 4.
Solingen, st. RPG, OP 1892 (498)

[F.] **Heine,** Wilhelm [Dir. Prof. Dr.]: **Die staatlichen, gesellschaftlichen und wirtschaftlichen Bestandteile des geschichtlichen Lehrstoffes in Untersekunda.** Solingen, Druck v. A. Pfeiffer, 1894; 20 S. 4.
Solingen, st. RPG '(R u. PG)', OP 1894 (487)

— Die Buchhaltung d. Mechanikers, s.a. Gruber u. Wallantschek, Lehrbuch der gewerbl. Buchführg. VII.

65. (F) **Heine,** W., Die Buchhaltung des Mechanikers. [Ergänzungshefte zu Gruber-Wallantscheks Lehrbuch der gewerblichen Buchführung. VII.] Gr.-8°. (106 S.) K 1.20
Wien: Deuticke 1909.

Heine, Wilh., die Buchhaltg. des Schlossers, s. a. Gruber, Joh., u. Karl Wallantscheck, Lehrb. der gewerbl. Buchführg. VI.

(F) **Heine, W.,** Die Buchhaltung des Schlossers. [Ergänzungshefte zu Gruber-Wallantscheks Lehrbuch der gewerblichen Buchführung. VI.] 8°. (106 S.) K 1.20
Wien: Deuticke 1909.

Heine, Wilhelm: [Die Einweihung des neuen Gebäudes am 29. Oktober 1909.] S. 11—15. 4. **Progr.** Kgl. Realschule *Kulm* 1910 (59).

Heine, Wilhelm: Die Eröffnungsfeier des neuen Gebäudes der Realschule und des Progymnasiums. *Solingen 1898: A. Pfeiffer.* (17—22 S.) 4° [F.]
Solingen, st. R m. PG, OP 1898 (528)

Heine, Wilh., die Expedition in die Seen von China, Japan und Ochotsk unter Commando von Calw. Ringgold und John Rodgers und die Erforschung des Amurgebiets durch P. Collins, im Auftrage der Regierung der Vereinigten Staaten unternommen in den J. 1853 bis 1857 unter Zuziehung der officiellen Autoritäten und Quellen. Deutsche Orig.-Ausg. 3 Bde. Zugleich Fortsetzung der Reise um die Erde nach Japan. Mit 28 vom Verf. nach der Natur gez. Ansichten, Portraits, landwirthschaftl. Maschinen rc. in Holzschn. und Tondr., nebst 7 lithogr. Karten in Lex.-8., qu. Fol. und Imp.-Fol. und 16 Taf. Lex.-8. Leipzig 858. 59, [Purfürst.] [1. und 2. Bd. (XXVIII und 722 S.) 3. Bd. (VI und 424 S.) à Bd. 3 Thlr. 7½ Ngr.] Thlr. 8

[F.] **Heine,** Wilhelm [Prof. Dr., Rekt.]: Geschichte des **städtischen Real-Progymnasiums** '(höhere Bürgerschule)' zu **Solingen.** 1841—1891. Solingen, Druck v: R. Koch, 1892; 25 S. 4.
Solingen, st. RPG, OP 1892 (495 [vielm. 498])

Heine, Wilh., Japan. Beiträge zur Kenntniss des Landes und seiner Bewohner. 1. Abthl. 10 Lfgn. Imp.-Fol. (à Lfg. 5 Photogr. mit 5 Bl. Text.) Dresden 873—75. (Berlin, Bette. — Leipzig, Brockhaus' Sortiment und Antiquarium.) à Lfg. **M. 45. ** 4

Heine, W., Japan. Beiträge zur Kenntniss des Landes u. seiner Bewohner in Wort u. Bild. 1—5. Abth. gr. 8. (à 10 Bl. in Lichtdr. m. 10 Bl. Text.) Dresden 880. Leipzig, Urban in Comm. à n. 5 —

Heine, Wilh., Japan und seine Bewohner. Geschichtliche Rückblicke und ethnograph. Schilderungen von Land und Leuten. gr. 8. (XX und 388 S.) Leipzig 860, [Purfürst.] *

—, *Das fünfzigjährige Jubiläum des Realprogymnasiums.* 4 (S. 13—16 der Schuln.). **Progr.** Städt. Rprg. *Solingen* 1892 (498).

— Lernbüchlein aus der Naturlehre, f. die Hand d. österreich. Volks- u. Bürgerschulen zur häusl. Wiederholg. u. Einübg. des Lehrstoffes aus der Naturlehre zusammengestellt. (XII. Heft, Handbüchel aus den Realien. — Naturlehre.) 3. verm. u. verb. Aufl. 22.—36. Tauf. (40 S.) 8. Sternberg 908. A. R. Hitschfeld. —23

Heine, Wilh., Nachweisungen zum Rechte d. Gutsherren u. Bauern im Königr. Hannover. gr. 8. (5⅓ B.) Lüneburg 831, Herold u. Wahlstab.
Vgl. Payne.

— Rechenbuch f. die Vorbereitungsklasse gewerbl. Fortbildungs- u. Fachschulen, s. a. Lehrtexte f. die österreich. gewerbl. Fortbildungs- u. Fachschulen.

(F) **Heine,** W., Rechenbuch für die Vorbereitungsklasse gewerblicher Fortbildungs- und Fachschulen. [Lehrtexte für die österr. gewerblichen Fortbildungs- und Fachschulen.] 8°. (57 S.) K —.70
Wien: Deuticke 1908.

Heine, Wilh., Reise um die Erde nach Japan am Bord der Expeditions-Escadre unter Commodore M. C. Perry in den J. 1853, 1854 und 1855, unternommen im Auftrage der Regierung der vereinigten Staaten. Deutsche Orig.-Ausg. 2 Bde. Lex.-8. (XXXIV und 696 S. mit 5 vom Verf. nach der Natur aufgenommenen Ansichten in Tondr., ausgeführt in Holzschn. von Ed. Kretzschmar und mit eingedr. Holzschn.) Leipzig 856, Costenoble. à Bd. 3 Thlr.

Heine, Wilhelm, Direktor Prof. Dr.: Die Schillerfeier am 9. Mai 1905 bei der Königl. Realschule zu Culm. Culm 1906: C. Brandt. (34 S.) 8° [F.]
Culm, k. R. OP 1906 (50)

— eine Sommerreise nach Tripolis. Berlin 860. Hertz. 8. (XVI, 302 S. u. Titel in Holzschn.) 1 ₰ 15 ngr.

—— Wanderbilder aus Central-Amerika. Skizzen eines deutschen Malers. Mit einem Vorwort von Friedr. Gerstäcker. 1. Aufl. 1853. und 2. (Titel-)Aufl. 8. (XVI und 264 S.) Leipzig 856, Costenoble.

— Wanderbilder aus Central-Amerika. Skizzen eines deutschen Malers. Mit einem Vorw. von F. Gerstäcker. 853. — 2. (Titel-) Aufl. Leipzig 857. Costenoble. 8. (XVI, 264 S.) 1 ₰ 7½ ngr

— eine Weltreise um die nördliche Hemisphäre in Verbindung mit der ostasiatischen Expedition in den Jahren 1860 u. 1861. 2 Thle. Leipzig 864. Brockhaus. gr. 8. (XXII, 593 S.) n. 3 ₰ 10 ngr.

Heine, Wolfg., die Sozialdemokratie u. d. Schichten d. Studirten. N. 2 Versammlungsreden, geh. am 25. V. u. 1. VI. 1897. 2., ergänzte Aufl. gr. 8. (28 S.) Berlin 898. Verlag d. sozialist. Monatshefte. n. — 50

Heine, Wolfg., Vereinsgesetz v. 19. IV. 1908 m. sämtlichen Ausführungsbestimmungen. Für den prakt. Gebrauch der Juristen u. Laien erläutert. 3. rev. u. ergänzte Aufl. (158 S.) kl. 8. Berlin 908. Buchh. Vorwärts. — 50; geb. — 75

— Wählen od. Nichtwählen? Ein Wort z. Frage d. Betheiligung d. Sozialdemokratie an den preuß. Landtagswahlen. 8. (82 S.) Berlin 898. J. Sassenbach. — 50; Volksausg. — 20

Heine, Xav., allgemeine Grundsätze über die Uhrenmacherei, oder Handbuch für die Schwarzwälder-Uhrmacher und Uhrenhändler. 8. (VI und 126 S.) Villingen 849, (Förderer.)

Heine-Geldern, Max. Frhr. v., s.: Heine-Reliquien.

Heine-Almanach. Als Protest gegen die Düsseldorfer Denkmalverweigerg. Hrsg. in Verbindg. m. hervorrag. Schriftstellern von der „Literarischen Gesellschaft" in Nürnberg. gr. 8. (V, 217 S. m. Bildnis.) Nürnberg 893. C. Koch. n. 2. —

Heineberg, Hugo, Referendar: Die Sicherheitsleistung im Strafprozeß. Borna-Leipzig 1910: Noske. IX, 63 S. 8°
Rostock, Jur. Diss. v. 15. Juni 1910, Ref. Wachenfeld
[Geb. 21. Juni 84 Peckelsheim i. Westfalen; Wohnort: Düsseldorf; Staatsangeh.: Preußen; Vorbildung: Gymn. Warburg Reife O. 03; Studium: Würzburg 1, Berlin 4, Münster 3 S.; Rig. 2. März 10.] [U 10. 3844

Heine-Brevier. Berlin [1895].
V: *Poppenberg, Felix.* (Berl)

Heine-Brevier. 82. (128 S.) Berlin 895. F. Huldschinsky. Geb. in Kart. n. 1. —

[Heinrich **Heine**:] Heine-Brevier. Von Hanns Holzschuher. Berlin & Leipzig: Schuster & Loeffler 1905. (201 S.) 8° [F.] [05. 1186]

Heine-Brevier, zusammengestellt v. Alfr. Daniel, s.a Ecksteine der neueren Literatur, 7.–9. Bd.

[Heinrich] **Heine**-Brevier. Des Dichters Meisterwerke in Vers u. Prosa f. 6 Leseabende zsgest. u. erl. von Alfred Daniel. Berlin: Gerdes & Hödel 1906. (240 S.) 8° [Text stenogr.]
— **Ecksteine** d. neueren Literatur. Bd 7–9. [07. 10283]

Heine-Briefe. Gesammelt u. hrsg. v. Hans Daffis, s.a Pan-Bibliothek. II.

— dasselbe, s.a. Pan-Bibliothek. III.

[Heinrich] **Heine**-Briefe. Gesammelt u. hrsg. von Hans Daffis. Bd 1. 2. Berlin: Pan-Verl. 1906–07. 2 Bde 8° [Ant. u. F.]
1. 3. Aufl. 1906. 2. 1907.
— **Pan-Bibliothek.** 2. 3. [07. 6334 9]

Heine-Briefe. Gesammelt u. hrsg. v. Hans Daffis. 2 Bde. 4. Aufl. (XVI, 429 u. XIV, 346 S. m. Bildnis.) kl. 8. Berlin 909. Pan-Verlag. 6.—; geb. in Leinw. 8. —

Heinebuch. Eine Auswahl aus Heinr. Heines Dichtgn., hrsg. v. Otto Ernst, s.: Hausbücherei der deutschen Dichter-Gedächtnis-Stiftg.

Heine-Buch f. Schule u. Haus. Hrsg. v. Alex. Dauge. (IV, 172 S. m. 1 Bildnis.) 8. Warschau (910). (Leipzig, Fritzsche & Schmidt.) 1.20; geb. 1.60

Heinebuch, Karl

Heinebuch, C., Auszug aus d. Matutin für geistl. Synoden, s.: Kaftan, Th.

Liturgisches Formular und Materialien zu einem Vespergottesdienst am heil. Christabend [v. Carl **Heinebuch**]. Hrgg. vom Vorstand des Provinzialvereins zur Pflege kirchlicher Musik in Schleswig-Holstein. Flensburg. 1887. 4°.
Autogr. Druck.

Heinebuch, C., Matutin für geistliche Synoden, s.: Kaftan, Th.

— liturgiske Melodier til Brug ved den lutherske Høimesse, s.: Prahl, H. S.

Heinebuch, C., Melodier til evangelisk luthersk Psalmebog for de dansktalende Menigheder i Slesvig, s.: Prahl, H. H.

— Melodier til evangelisk luthersk psalmebog, s.: Prahl, H. S.

Die Orgel in der St. Marien-Kirche zu Flensburg. Nach den Akten des Kirchen-Inventars dargestellt v. Carl **Heinebuch**. (Flensburg. 1895.) 8°.

Heineccius, Constantin, s. Heineccius, Konstantin

Heineccius, Friedrich August (Osterfeld), An alimenta viduae ex bonis mariti ante dotalitium praestitum data sint loco dotalitii. Quaestio juris controv. Präs. Christian Heinr. Breuning. Lpz. (Rumpf) 25. VIII. 1770. 8 S. (5.—) 13994
Gew.: Friedr. Abrah. v. Hopffgarten (Mulverstad ..).

Heineccius, J. G., de genuina nativ. Chr. aera. Hal. 1708. 4.

— Gründl. Beantwortung derer nichtigen und ungegründeten Anmerkungen, welche von Seiten Balth. Friedr. Grafen von Promnitz . . . zum Vorschein gekommen. 1744. fol.

Heineccius, J. G., De collegiis et corporibus opificum, von Handwerkern und Zünften. 8°. Halle 1723.

Heineccius, J. G., de habitu et insignibus app. sacerdotalibus. Lips. 1702. 4; rep. in opusc. var. p. 1 ss.

Heineccius, Johann Christian Gottlieb

— s. J. G. *Heinecii* antiquitates — ejusd. recitationes — et ejusd. Opera omnia.

Heineccius, Jh. Chr. Gtl., († d. 5. Aug. 1791.) s. Dn. Nettelbladt, Anfangsgründe.

Heineccius, Jo. Chr. Gottl.: Ad edictum aedilitium florum sparsio seu diss. histor. et jur. qua et aedilitii edicti historia, et ipsum, quod superest, edictum passim illustratur. Halae 1738.

Heineccius, I. C. G., et I. C., Dissertatio ad edictum aedilitium. 4. Halae, Waisenh. 738.

— s. G. A. *Struvii* Jurisprudentia.

Heineccius, Johann Gottlieb (auch: Gottlob)

Dess. **Anfangsgründe des bürgerlichen Rechts nach der Ordnung der Institutionen. 1. 2.** *Lpz.* (*Wien*, **von Mösle und Braumüller.) 796. 8. (2 Thl.)**

HEINECCIUS Johann Gottlieb. Anfangsgründe des bürgerlichen Rechtes in der Ordnung der Pandekten. Von Johann Gottlieb Heinekz. Deutsche Uibersetzung. Zum Gebrauche der Rechtsbeflissenen . . . Gassler, Wien 1784–1789. 7 Bde. in 4 vol.

Heineccius, Joh. Gottl.: „Anfangsgründe des Wechselrechts, zum Behuf akademischen Fleisses; ins Deutsche übersetzt, auch durch Zusätze aus den neuern, vorzüglich aber k. preussischen Gesetzen, brauchbar gemacht, von G. F. Müller", Halle 1781 (Waisenhausbuchh.). — Vorh.: Com. Bibl. Hamburg und Bücherei der Ind.- und Handelskammer Leipzig.

Ders.: **Anfangsgründe d. Wechselrechts z. Behuf akad. Fleisses, übers., auch durch Zusätze aus d. neuern, vorzügl. aber k. preuss. Gesetzen verm. v. G. F. Müller.** *Halle*, **Waisenh.-B. 781. 8. (1 Thl. 8 Gr.)**

— Anl. zur Historie der Weltweisheit. 8. Berlin, Voß. 742.

Heineccius, Johann Gottlob. Vermischte Anmerkungen und rechtliche Gutachten. Berlin 1742. H: *Uhl, Johann Ludwig.* (ML)

Heineccius, Jo. Gottl.: Antiquitates Germanicae iurisprudentiam patriam illustrantes. T. 1. 2, P. 1. Hafniae et Lipsiae 1772. 73. 2 Bde

Heineccius, Jh. Glo., (†..,) antiquitates germ. jurisprud. patr. illustr., c. J. C. G. Heineccii. Tom. I et II. p. 1. 2. 8 maj. Kopenh. 772, 73. (Brummer). 3 ℛ 20 𝔤𝔤

Heineccii, J. Glo.: Antiquitatt. Germ. jurisprud. patriam illustr. in quibus jurium etiamnunc in Germania receptorum origines ex genuinis fontibus et principiis derivantur. ed. J. Ch. Gli. Heineccius. *Kopenh.*, Proft, (Krummer). 772—73. 2 Thle. 8. (2 Thl. 20 Gr.)

Heineccius, Joh. Gottl.: „Antiquitates Germanicae iurisprudentiam patriam illustrantes", 2 Teile in 2 Bänden, Leipzig 1772, 1773. — Vorh.: Bibl. des Kammergerichts Berlin — Bc. 870.

Heineccii, J. G., Antiquitates Romanae jurisprudentiam illustrantes. Halae 719. 8. Argent. 730. 2 P. 8. Ib. 741. 8. Ib. 755. 8. 1 rthl. 16 gr. Basil. 742. 8. 2 rthl. 16 gr. Francof. 771. 8. 2 rthl. Ed. nova. Diligentissime castigavit, anim. Herm. Cannegieteri aliaque adjecit Chr. Gottl. Haubold. Francof. 822. 8.

Heineccius, Joh. Gottl. (ICtus, cons. aulae regiae pruss. et in ill. Viadrina prof. p. o., n. 1681, † 1741), *antiquitatum Romanarum jurisprudentiam illustrantium syntagma*, sec. ordinem Justiniani digestum, in quo multa juris romani atque auctorum veterum loca explicantur atque illustrantur. 2 pts. (1 vol.) Ed. V. auctior & emendatior. Argentorati, sumptibus Jo. Reinh. Dulsseckeri. MDCCXLI. (1741.) 4°. Gepr. Hlzpgmtb. mit Schl. (wohl älter als das Buch).
I: TKpf. (Weis fec. Arg. 1740). Tit. (roth u. schwarz gedr.), 14 Bll. Vorst., 562 S. II: 386 S. u. 33 Bll. Index. — Die beiden Vorreden sind dat.: Wittembergae 1718 u. Franequerae 1726.

Heineccius, syntagma antiquitat. roman. 8. Basel, Flick. 742.

Heineccii, J. Gli: Antiquit. Roman. jurisprud. illustr. syntagma, sec. ord. institutt. Justiniani digestum. (*Halle* 719 u. a. Ausg.) *Frcf. a. M.*, Brönner. (771.) — context. auct. et adlata ab eo antiq. scriptt. testimonia diligentiss. castig., adcess. ed. Genev., animadv. *Hm. Cannegieteri*, praefat., argum. operis ablegationibus ad *Gajum* et *Gst. Hugonis* hist. jur. rom, distinctum, deniq. epicrisin libri *Heinecc.* adi. Ch. Gli. Haubold. *Frcf.* 822. gr. 8.

Heineccii, (Joh. Gottl.,) antiquitatum Rom. jurisprud. illustr. syntagma secund. ordin. institut. Justin. digestum etc. Contextum auctoris etc. adjecit C. G. Haubold. 8 maj. Francof. 822, Brönner.

Heineccii, J. G., antiquitatum Roman. jurisprud. illustrantium syntagma sec. ord. institutionum Justiniani digestum, in quo multa juris Rom. atque auctorum vett. loca explicantur atque illustrantur. Contextum auctoris et adlata ab eo antiquor. scriptor. testimonia diligentissime castigavit, adcessiones editt. aliquot recentiorum, animadverss. H. Cannegieseri, praefat., denique notulas operi adjecit Chr. G. Haubold. Ed. III., quam retractavit suisque observatt. auxit Chr. F. Mühlenbruch. 8 maj. Francofurti ad M. 840. Brönner. 4 ℛ

Heineccii, Jo. Gli., Antiquitatum Romanarum jurisprudentiam illustrantium syntagma secundum ordinem institutionum Justiniani digestum in quo multa juris Romani atque auctorum veterum loca explicantur atque illustrantur. Contextum auctoris et adlata ab eo antiquorum scriptorum testimonia diligentiss. castigavit, adcessiones edit. aliquot recentiorum, animadversiones Herm. Cannegieteri, praefationem, denique notulas operi adjecit Chr. Gottl. Haubold. Denuo opus retractavit suisque ipsius observationibus auxit Chr. Fr. Mühlenbruch. 8 maj. (Mit 1 Lith.) Francofurti ad Moenum 841, Broenner. 4 ℛ

— — Oratio de C. Aquillio Gallo, jurisconsulto celeberrimo, qua ipso die S. Galli, XVII. kal. novembr. magistratum academicum in illustr. Viadrina auspicatus est. Frankfurt/O. (Joh. Gottfried Conradi) 1731. 32 S. (6.40) 14008
Gew.: Samuel v. Cocceji.

— — De caussa servitutum perpetua. Diss. jur. Halle (Jo. Christ. Grunert). Neudruck 1756. 56 Seiten. (6.50) 14012

— — De P. Juventio Celso, jurisconsulto eximio, suique saeculi ornamento, dissertatio. Frankfurt/O. (Johann Gottfried Conradi) 6. XI. 1727. 27 S. (6.20) 14005

— — Dasselbe. Frankfurt / O. (Jo. Christoph Schwartz). (6.20) 14006

— **Jo. Gottlieb**, De verae falsaeque sapientiae characteribus. Halle (Christian Henckel) 1713. 32 S. (6.50) 13995

Heineccius, J. Glo.: Ad leg. Juliam et Papiam Poppaeam commentar. *Amst.* 726. 4. — *Ib.* 731. 4. — *Lips.* 778. 4.

— ad legem Iuliam et Papiam poppaeam comment, etc. 4. Lps. Schwickert. 778.

Heineccius, J. Gli.: Consilia, decisiones et responsa juris cur. Joa. Chr. Gtl. Heineccii. *Vratisl.*, Korn. 744. Fol. (3 Thl. 12 Gr.)

Heineccius, J. G., Corpus juris germanici antiqui .... (Titel sehr lang), adornavit *P. Georgisch.* Halae Magdeb. (Waisenhaus) 1738. 4°. Pgtb. (Steht bei Fol.)
Titel roth u. schwarz gedr., 13 Bll. Vorr. Heineccii, 2 Bll. Vorr. d. Herausg., 2 Bll. Elenchus, 2230 doppelt gez. S., 58 Bll. Index.

Ej. Dictata ad elementa jur. civ. sec. ord. Instt. adornata. *Berolin.* 744. 8.

— dictata ad elementa juris civ. etc. 8. Berl. Voss. 744.

Heineccius. Jo. Gottl.: De dominis, subditos suos in judicio suo convenientibus. Halae M. (1738).

Heineccius, Jo. Gottl.: „Elementa iuris cambialis, commoda auditoribus methodo adornata", Amsterdam 1742. — Ed. 2, priori auctior multo et emendatior, Francft. ad. Viadr. 1748, vorh.: Bibl. des Kammergerichts Berlin — Ff. 1715³ — und Com. Bibl. Hamburg. — Ed. 6, Frankf. und Leipzig 1756, vorh.: Com. Bibl. Hamburg. — Ed. 7, Nürnberg 1764, vorh.: Bücherei der Industrie- und Handelskammer Leipzig. — Ed. 8, cum animadversionibus Chr. Gmelin, Nürnberg 1770, vorh.: Com. Bibl. Hamburg.

Heineccius, J. Gli.: Elementa jur. cambial. (*Amst.* 742. *Venet.* 746. 12. *Viteb.* 748. 8. *Genev.* 748. 4. *Francof.* 748. 4. et cum Ayreri diatribe *Francof.* et *Lips.* 756. 8.) ed. 8a. c. animadv. Ch. Gmelin. *Nürnb.*, Felsecker. 779. 8. (8 Gr.)

— — Elèmenta juris cambialis commoda auditoribus methodo adornata. — Accedit Ge. Heinr. Ayrer, De cambialis instituti vestigiis apud Romanos diatribe. Editio altera. Frankfurt/O. (Johann Christian Winter) 1748. XX, 108 S. (9.—) 14011
Gew. (v. Herausg. Johann Ludwig Uhl): Samuel Frh. v. Cocceji (Wussecken ..).

— elementa juris cambialis; Ed. VIII. c. not. Chr. Gmelin. 8 maj. Frkf. a. M. u. Lpz. 779. Felssecker in Nürnb. 8 𝔤𝔤

Heineccius, J. Gli.: Elem. Juris civ. sec. ord. Institutionum; (*Frcf. a. M.* 725.) Ed. alt. *Amst.* 728. — c. animadv. J. G. Estoris. *Giess.* 726. [d. animadv. besond. *Berlin.* 741.] c. animadvers. *J. G. Estoris* ed. L. Jul. F. Höpfner. *Giess.*, Krieger. 775. 8. (16 Gr.) Ed. n. *Höpfner. Gött.*, Vandenhöck. Ed. 1-4. 778. Ed. 5a. 806. gr. 8. (1 Thl. 6 Gr.)

— id. lib. c. annot. J. G. Estoris. 8. Giessen 726. N. Aufl. 774. Krieger. 16 gl

— id. lib. c. annott. Gesneri. 8. Leipz. Edit. V, 750. Ed. nova 766. (Hahn). 16 gl

Ej. elementa Juris civ. — commoda auditoribus methodo adornata. Edit. noviss., priori auctior multo atque emendatior. Joa. L. Uhl. *Berol.* (762.) 765. 8. — Ed. IX. prioribus auct. et emend. *Magdeburg.* 764. 8.

Heineccius, Jo. Gottl.: Elementa iuris civilis secundum ordinem Institutionum commoda auditoribus methodo adornata. Ed. Berolinensis altera. Berolini 1765.

— — id. lib. c. annot. Gesneri. 8. Lps. Fritsch. 766.

Ej. elementa Juris civ. — c. annot. Gesneri. Ed. nova. *Lips.* (Hahn.) 766. 8. (16 Gr.)

— — id. lib. c. annot. Estoris. 8. Giess. Krieger. 774.

— Ed. nov., cum animadversionibus Jo. Ge. Estoris. Giessae 1775.

— id. lib. c. praef. et annott. L. J. F. Höpfneri. 8maj. Gött. 775. N. A. 778, 82, 87, 90, 93, 95, 806. Vandenhöck u. R. 1 ℛ 6 gl

Ej. elem. J. c. iterum relegit, polivit et praelectt. adaptavit J. Ch. Woltaer. *Halle*, Oephanotr. 785. gr. 8. (1 Thl. 4 Gr.)

— — id. lib. ed. Biener. 8. maj. Lps. Graffé, (et Hinrichs.) 787.

Ej. elem. J. c. — sub tit.: J. Glt. Heinecc. emend. atque reform. a J. Pt. Waldeck. *Gött.*, Dieterich. (Ed. 1-4. 788—800.) Ed. 5a 806. gr. 8. (1 Thl. 8 Gr.)

Ej. elem. J. c. — nunc ab emblematt. liber., integr. suae restit., notis passim adsp. emend., suppl. jam sec. text. typ. Waesberg. exc. corr. ed. Ch. Glo. Biener. *Lpz.*, (Beer. 789.) Ed. 2da. *Eb.* Barth. 815. gr. 8. (1 Thl. 6 Gr.)

— id. lib. ed. Chr. Glo. Biener. 8 maj. Leipz. 789. (Hinrichs). 1 ℛ 4 gl Ed. II. 8 maj. ibid. 815. Barth. 1 ℛ 6 gl Schrbp. 1 ℛ 15 gl

— Nunc ab emblematibus liberata, correcta, suppleta ed. Chr. Gottlob Bienerus. Argentorati 1794.

Ej. Elem. — sec. ed. 4m *Waesberg.* cur. Ch. Glo. Richter. *Lpz.*, Schwickert. 797. 2 Th. gr. 8. (1 Thl. 12 Gr.)

— — id. lib. ed. Höpfner. 8. maj. Gött. Vandenhök. 806.

Heineccii, J. G., Elementa juris civilis secund. Ordinem Institutionum Just. ed. C. G. Biener. 8maj. Lips. Barth. 815

Heineccii, J. Gli.: Elementa Jur. civ. sec. ord. Pandect. (*Amst.* 731. u. f. *Frcf. a. M. J. Varrentrapp.* 725. 757. 796.) (1 Thl. 12 Gr.) 9. Ausg. *Magd.* 764. 5. Ausg. *Utrecht u. Brem.*, Cramer. 772. gr. 8. (2 Thl. 12 Gr.)

— — id. lib. 8 maj. Amst. 738.

— elementa juris civ. sec. ordin. Pandectar. II Ptes. Ed. VIII. 8. Frankf. a. M. 770. Ed. nov. 796. Varrentrapp. 1 ℛ 12 gl

Heineccius, Jo. Gottl.: Elementa iuris Germanici tum hodierni. T. 1. (Ed. nova.) 2 Halae 1736. 37. 2 Bde

Heineccius, Joa. Gli.: Elementa juris Germanici. T. I. II. Ed. III. *Hal.* (736. 737.) 746. 8. (1 Thl. 16 Gr.)

— Elementa juris german. etc. II Tmi. 8. maj. Halae, Waisenh. 746.
Schrbp.

Heineccius, J. Gli.: Elementa juris naturae et gentium etc. Ed. V. *Halae*, Orphanotropheum. (736.) 746. 8maj. (1 Thl. 16 Gr.) — cum castigatt. ex cath. doctr. a Jos. M. de Mendoza. *Madritti.* 789. 8.

Heineccius, Joh. Gottl.: „Elementa juris naturae et gentium", Halae 1738. — Vorh.: Bibl. des Oberlandesgerichts Celle — An. 13.

— elementa juris nat. et gentium etc. 8 maj. Halle 768. Waisenh.-B. 14 gl Schrbp. 21 gl

— elementa philosophiae ration. et moral. 8. Amsterd. 747.

— Epistolae amoebaeae, s. Pagenstecher, E. O. A. C.

Ej. explanatio elementorum ad instituta jur. civ. (ed. J. A. Tiller.) I—IV. *Graecii.* Tasch. 786. 8maj. (2. Thl. 12 Gr.)

— — id. lib. IV Tmi. 8. maj. Salzb. Mayr. 786.

Heineccii Fundamenta stili cultioris. Francof. 726. 8. oft hernach. Cum notis Gesneri et suis ed. Niclas. Lips. 776. 8. 16 gr. Ib. 791. 8. 16 gr.

Heineccius, Jo. Gottl. Fundamenta stili cultioris in usum auditorii . . . adjectis adnotationibus JO. MATTHIAE GESNERI. Amsterdam 1744. 8 Bl. 520 S. 28 Bl. (letztes leer).

— fundamenta stili cultioris, cum J. M. Gesneri animadverss. ed. J. N. Niclas. 8. Leipz. 761. Ed. II. 766. Ed. III. 791 (Hahn). 16 gl

— fundamenta stili cult. c. ann. Gesner. 8. Lps. Fritzsch. 790.

— — De Ulpiani jurisconsulti Hebraismis. Programma inaug. summis in jure honoribus candidato Heinrich Düsing (Bremen). Frankfurt/O. Mai 1730. 4 Bl. mit genealog. Biogr. D.'s. (M.: (A. v. dem Busch.) (6.—) 14007

Heineccius, Jo. Gottl. (Präs.), s. Heilsberger, Jo. Hieronymus: De locatione conductione jurisdictionis.

Heineccii, J. Gli.: Histor. jur. Rom. et Germ. (*Halle* 733. *Leyden* 748.) observatt. aucta a J. Dn. Ritter et J. Mt. Silberrad. *Strassb.*, Treuttel. (757.) 765. 8. (1 Thl. 8 Gr.)

— historia juris civilis Romani et Germanici, edid. suasque adj. observationes Jh. Dn. Ritter. 8. Leyd. 748. 8. Strassb. 765. Treuttel u. W. 1 ℛ 8 ℊ

Heineccius, I. Glo., hist. juris civ. rom. ac. germ. stud. Ritter. 8. Strasburg. Treuttel. 763. Dithlr.

— Institution. juris civ. Nottbeckii. 8. Lpz. Compt. f. Lit. 768.

— de jure nautico. 4. ibid. 740.

Miles, M. H. (Praeses: J. G. Heineccio): „De jure principis circa commerciorum libertatem tuendam", Halae 1738. — Vorh.: Com. Bibl. Hamburg.

— — De jurisconsultis semidoctis, caussisque, cur tam pauci hodie ad veram jurisprudentiae laudem perveniant. Oratio inaug. Frankfurt/O. (Johann Gottfried Conradi) 4. XI. 1727. 23 Seiten. (6.—) 14004
Widm. v.: Peter Wesseling (Franeker).

– Dass., in: Wieling, Abr.: Repetitio inst. iur. civ.

— — De variis Saturninis jureconsultis disserit et disputat. inaug. a Jo. Gottfried Richter (Bautzen) pro licentia summos in utr. jure honores capess. Frankfurt/O. (Sigismund Gabriel Alex) 14. XII. 1731. 4 Bl. mit Biogr. R.'s. (M.: D. E. Weise.) (5.—) 14009

— — De jurisprudentia veterum Rom. formularia, ritibusque, quibus negotia civilia explicabant, sollemnibus. Oratio inaug. Franeker (Heinrich Halma) 4. IV. 1724. 48 S. (6.50) 14002

— — Dasselbe. Ed. nov. 1734. 32 S. (6.50) 14003

— notae in Arn. Vinnii comment. ad institution. 4. Frft. Varrentrapp. 732.

Heineccii, J. Gli.: In h. l. notae, nunc primum seorsim editae. *Francf.* 732. 4.

— idem liber in IV. libr. Institutionum. 4. min. Frankft. et Lps. Göthe. 769.

Ej. Observatt. theoretico-practicae ad Instt. Ed. alt. *Frcf. ad Viadr.*, Stranss. 763. 8. (8 Gr.).

— observat. theoretico-practicae ad pandectas. 8 maj. Frankf. a. d. O. 760. (Voss in Berl.) 12 ℊ

Ej. Observv. theoretico-practicae ad Pandectas. *Francf. ad Viadr.* (*Berlin*, Voss.) 769. 8. (12 Gr.)

Heineccii, J. G., Opera ad universam jurisprudentiam, philosophiam et literas humaniores pertinentia. Genev. 744–49. 8 Tom. 4. Ib. 765–71. 9 Vol. 4. 10 rthl. Venet. 746. 18 Vol. 12. Neap. 759. 12 Vol. 4.

Heineccius, J. Gli.: Opera omnia. *Genf*, de Tournes. VIII. T. (744—48.) 769. 10 T. 4. (20 Thl.) *Id.* Opuscc. minora var. arg. Acc. ind. script. Heineccianor. *Amst.* 738. 8. (1 Thl.) *Id.* Opusculor. varior. sylloge. *Hal.* 735. 4. (1 Thl. 8 Gr.)

— opera omnia, c. J. C. G. Heineccii. IX Tom. 4. Genf 771.

— opuscula ad hist. juris. 4. Halae, Waish. 735.

— Opuscula minora varii argumenti. Arnhem. 735. 8. 1 rthl. 6 gr. Duisb. 754. 4. 1 rthl.

Heineccius, Jo. Gottl.: Opuscula minora varii argumenti. Arnhemiae (1738).

— opuscula minora var. argum. 4. Duisb. 754. (Frankf. a. M., Wesché). 1 ℛ

Heineccius, J. Glo.: Opuscula posthuma, in quibus historia edictor. edictique perpetui, ipsiusque edicti restituti Partes II. E schedis patern. ed. a J. C. Glo. Heineccio. *Hal.* 744. 4.

— — posthuma. 4. Halae, Waish. 744.

— — De origine atque indole jurisdictionis patrimonialis. Diss. jur. Halle (Joh. Gruner) Jan. 1716. 44 S. (6.50) 13996

— — Dasselbe. Halle (Johann Grunert) 1729. (6.50) 13997

— — Dasselbe. (Vom Ursprunge und Beschaffenheit der erblichen Gerichtsbarkeit.) (Ohne Ort u. Druck.) 1734. 40 S. (6.50) 13998

— — Dasselbe (ohne deutsch. Untertitel.) Halle (Joh. Friedr. Grunert) 1739. 44 S. (6.50) 13999

— — Dasselbe (mit deutsch. Untertitel). Wittbg. (Hake) 1740. 40 S. (6.50) 14000

Heineccius, Jo. Gottl.: „Praelectiones acad. in Hug. Grotii de iure belli et pacis libros 3", Berolini 1744. — Vorh.: Bibl. des Kammergerichts Berlin — Lc. 590.

Heineccius, J. Gli.: Praelectt. acad. in *H. G.* *Berol.*, Voss. 744. 8. (1 Thl.)

— praelect. in Pufendorf de officio hom. etc. 8. Amsterd. 743.

— praelect. in Pufendorf. Ed. nova. Vien. Trattner. 757.

— recitationes in elementa juris civilis sec. ordin. instit. cum commentario de ejus vita c. J. C. G. Heineccii. 8 maj. Bresl. 765. Edit. II. 773. Edit. III. 789. J. F. Korn. 18 ℊ

Dess. akademische Reden über dess. elementa jur. civ. sec. ord. Instt. *Frcf.*, Herrmann. (2te Aufl. 758.) 781. 4. (1 Thl. 16 Gr.)

Heineccius, Jo. Gottl.: Academische Reden über desselben Elementa iuris civilis secundum ordinem Institutionum. 3. Aufl. Frankfurt a. M. 1766.

Heineccius, Jh. Glo., akadem. Reden über s. Elem. juris civ. sec. ordin. institut. 4. Frankf. a. M. 781. Hermann; (auch Gebhard u. K.; auch Brönner). 1 ₰ 16 ℛ

— — De Salvio Juliano, jurisconsultorum sua aetate coryphaeo. Programma inaug. Halle (Grunert) Juni 1733. 12 Bl. (6.—) 14010

– s. Schilter, Jo.

. Heineccius, J. Gli.: Fasciculus scriptorum de jure nautico et maritimo. *Halae*, Orphanotropheum. 740. 4. (1 Thl. 12 Gr.)

– Dass., s.a. Scriptores ...

Heineccii, J. G., Sylloge opusculorum variorum. Halae 735. 4. 1 rthl. 12 gr.

— — Jacobi Perizonii, Ant. f. dissertationum trias, quarum in prima de constitutione divina super ducenda defuncti fratris uxore, secunda de lege Voconia feminarumque apud veteres hereditatibus, tertia de variis antiquorum nummis agitur. Denuo recensuit et praefationem adjecit. Halle (Jo. Christoph Krebs) 1722. 184 S. mit Abbild. (12.—) 14001
Gew. (v. P.): Bernhard Justus v. Welevelt, Unicon Ripperdae, Heinrich v. Iselmuden, Rudolph Steenberg, Otto Gansenebb gen. Tengnagel, Heinrich Quesen.

— — Dissertatio de tutela pactitia seu conventionali. Lpz. (Langenheim) 1765. 47 S. (6.50) 14013

— — Dasselbe. 1777. (6.50) 14014

— — Commentatio de usu et praestantia veterum numismatum in jurisprudentia. Andreas Goez seorsim edidit. Nürnberg (Bauer / Johann Joseph Fleischmann) 1774 (1784?). 110 S. (7.—) 14015
Gew. v. Hrsg.: Johann Georg Marx (Nürnberg).

— commentatio de usu et praestantia veterum numismatum in jurisprud. ed. Andr. Gœzius. 8. Nürnb. 774. Schmidmer. 6 ℛ

— vindiciae methodi in element. juris civ. 8. maj. Traj. ad Rhen. 734.

— diss. de vitiis negociationis cambial. 8. maj. Halae, Waish. 763.

Heineccius, Jh. Edw., Beschreibung von Magdeburg.

Prov. Sachsen. Heineccius, Ausführl. topographische Beschreibung des Herzogthums Magdeburg. Berlin, 1785. 4.

Heineccius, Johann Michael

— Abbild. d. alt. u. neuen griech. Kirche. m. K. 3 Thle. 4. Lpz. Gleditsch. 711.

Heineccius, J. M. Antiquitatum Goslariensium libri sex. Frankfurt a/M., 1707. 2 Ex.

Heineccius, J. M., de absolutione mortuorum excommunicatorum in eccl. graeca. Helmst. 1709. 4.

Heineccius, J. Mich., hundertjähr. Denkmaal d. Reformation. 4. Halle, Renger. 718. Rthlr.

— Jo. Michael, De jurisconsultis christianis priorum seculorum eorumque in ecclesiam meritis qua viro Andreas Ockel (Halle) natalem 55. gratul. (Halle (Renger) Dez. 1713. 38 S. (7.—) 14016

— Leichenabdankungsreden. 8. Lpz. Gleditsch. 721.

Heineccius, J. M., de ministris Caesarum gentilium christianis eorumque in ecclesiam meritis. Hal. 1712. 4.

— Prüfung der neuen Propheten. 4. Halle, Renger. 715.

Heineccii, J. M., et Leuckfeldi, Scriptores rerum Germanicarum. Cum figg. Francof. 707. f. 4 rthlr.

Heineccii, J. M., de veterum Germanorum et aliarum nationum sigillis syntagma. Cum figg. Francof. 709. folio. 2 rthl. 20 gr.

— de veterib. Germanor. aliorumque sigillis. c. fig. fol. Erf. (Helwing in Hannov.) 729.

Heineccius, Konstantin

Heineccius, Constantin: Die kräfftige Wirckungen des Geistes Eliä ... [Leichenpredigt auf Thomas Heering, Pastor, † 24. Mai 1702.] – Dantzig (1702): Reniger. 54 S. 8° (4°)

Heineck, C. F., s. Verzeichniß der Advocaten u. Gerichtsdirectoren rc. im Königr. Sachsen.

Heineck, Carl, s. Heineck, Karl

Heineck, Fr(iedrich), Gießen: Die Diabase an der Bahnstrecke Hartenrod - Uebernthal bei Herborn. (Mit Taf. V—XII u. 11 Textfig.) *Stuttgart: E. Schweizerbart 1903.* (S. 77—160.) 8° ¶(Aus: N. Jahrbuch f. Mineralogie etc., Beil. Bd 17. — Ohne die Taf.)
Gießen, Phil. Diss. v. 1903

Heineck, H., der Harz u. Kyffhäuser, in 12 Tagen zu bereisen. s. a. Lorenz' Reiseführer.

Heineck, H., der Harz u. Kyffhäuser in 12 Tagen genussreich zu bereisen. Mit e. guten Karte des Harzes, einer Eisenbahnkarte u. 4 Spezialkarten. (Kollektion Lorenz.) (68 S.) kl. 8. Freiburg i/B. 904. F. P. Lorenz. n. 1. 20

Heineck, Hermann, Bausteine zur Geschichte des Männerturnvereins „Vater Jahn" zu Nordhausen, Nordhausen 1898, 28 S., 8°.
(Angeb.): Zeitungsausschn. üb. d. Feier d. 38. u. 50. Stiftungsf.

Heineck, Herm., Brandenburg-Preußen u. Nordhausen in urkundlicher Darstellung. Zur Feier der 100jähr. Zugehörigkeit der Stadt Nordhausen zur Krone Preußen. (6. VI. 1902.) gr. 8. (IV, 239 S.) Nordhausen (902). (C. Haacke.) Geb. in Leinw. n. 2. —

Zum 50jährigen Bestehen der Buchhandlung C. Haacke, Nordhausen ⟨Inh. Friedrich Krause⟩. (1855–1905.) (Verf.: H[ermann] Heineck.) (Nordhausen 1905: O. Ebert.) (21 S.) 8° [06. 1906

Heineck, Herm., die älteste **Fassung** v. Melanchthons Ethik. Zum 1. Mal hrsg. [Aus: „Philosoph. Monatshefte".] gr. 8. (55 S.) Berlin 893. Philos.-histor. Verlag, R. Salinger. n. 1. –

— urkundl. Geschichte des städt. Museums in Nordhausen (1876—1901), s. a. **Festschrift** zur 25jährigen Jubelfeier des städt. Museums in Nordhausen.

Heineck, Herm., urkundl. Geschichte der **Schützen-Compagnie** zu Nordhausen. gr. 4. (10 S.) Nordhausen 896. Selbstverl. d. städt. Museums. n.n. — 50

— der **Kämmerei-Etat** d. kaiserl. freien Reichsstadt **Nordhausen** am Ausgang d. 18. Jahrh. 1. Tl. Die Einnahmen. Auf Grund archival. Materials zusammengest. gr. 8. (105 S.) Nordhausen 897. (C. Haacke.) n.n. 1. —

— Frdr. Christian **Lesser,** der Chronist von Nordhausen. Festschrift im Auftrag d. Nordhäuser Altertums- u. Geschichts-Vereins hrsg. gr. 8. (59 S.) Nordhausen 892. (C. Haacke.) n.n. 1. —

— s.: **Spangenberg,** Cyriacus, 3 Briefe an M. Andreas Fabricius.

Heineck, Jo. Gottl. (Präs.), s. Egelgraser, Jo. Matthaeus: De reductione monetae ad justum pretium.

Heineck, Jo. Gottl. (Präs.), s. Engelken, Christian Heinrich: De eminentioribus ducatus ducumque Lotharingiae praerogativis.

Heineck, Karl

Heineck, Carl, aus Dresden: Invariante Kurvenintegrale bei infinitesimalen Transformationen in drei Veränderlichen *x, y, z* und deren Verwertung. *Leipzig 1899: B. G. Teubner.* (75 S.) 8°
Leipzig, Phil. Diss. v. [22. Apr.] 1899

Heineck, Otto [aus Hungen]: Beitrag zur Kenntnis des feineren Baues der Fruchtschale der Kompositen. . . . Leipzig, Druck v. C. G. Naumann, 1890; 26 S. + 1 Bl. u. 4 Taf. u. 1 Tab. 8°
Giessen, Phil. Fak., Inaug.-Diss. v. 1890

Heinecke, A., über das Brennen v. Porzellan. (20 S.) 8. Berlin 908. Tonindustrie-Zeitg. 1.—
Sonderabdr. aus: „Tonindustrie-Zeitg."

Heinecke, neuere **Oefen** d. königl. Porcellan-Manufactur. [Aus: „Thonindustrie-Zeitg."] gr. 8. (23 S. m. 28 Fig.) Berlin 897. Thonindustrie-Zeitung, Verlagsabth. n. 1.—

Heinecke, A: Über die Zusammensetzung einiger künstlicher keramischer Massen. Berlin 1904

Heinecke, Albert (geb. Thiedenwiese bei Hannover 3. 3. [1854]): Ueber β-Naphtothiamid und β-Menaphtylamin. Berlin (1880). (28 S.) 8°
Berlin, Phil. Diss. v. 18. März 1880

Heinecke, Aug., **Lesebuch** f. gewerbliche Fortbildungsschulen. Nach den „Vorschriften" des Hrn. Ministers f. Handel u. Gewerbe vom 5. VII. 1897 unter Mitwirkg. hervorrag. Fachmänner bearb. u. hrsg. 1.—30. Taus. gr. 8. (à VIII, 452 S. m. 71 Abbildgn.) Essen 900. 901. G. D. Baedeker. Geb. in Leinw. n.n. 1. 50

— dasselbe. Beilage zum 1.—10. Taus., enth. die neuen u. neu bearb. Lesestücke des 11.—20. Taus., nebst 4 neuen Abbildgn. gr. 8. (II, 22 S.) Ebd. 901. n. — 15

— dasselbe, 31—40. Taus. Ausg. B. (VIII, 463 S. m. 72 Abbildgn.) gr. 8. Ebd. 903. Geb. in Leinw. n n. 1. 50

Heinecke, Aug., **Lesebuch** f. gewerbl. Fortbildungsschulen. Nach den „Vorschriften" des Herrn Ministers f. Handel u. Gewerbe vom 5. VII. 1897 unter Mitwirkg. hervorragender Fachmänner bearb. u. hrsg. 86—100. Taus. (VIII, 463 S. m. 73 Abbildgn.) gr. 8. Essen 907. G. D. Baedeker. Geb. n.n. 1. 50

Heinecke, Aug., Lesebuch f. gewerbl. Fortbildungsschulen. Nach den „Vorschriften" des Hrn. Ministers f. Handel u. Gewerbe unt. Mitwirkg. hervorr. Fachmänner bearb. u. hrsg. 121.—140. Taus. (VIII, 463 S. m. 72 Abbild.) gr. 8. Essen 910. G. D. Baedeker. Geb. in Leinw. nn 1. 50

Lesebuch für evangelische Volksschulen. Unter Mitw. von Heinr. Franzmann u. Joh. Jonas, Lehrern in Essen, hrsg. von Aug. Heinecke, Rektor in Essen. Ausg. f. d. Reg.-Bez. Düsseldorf. T. 1. 2. [Nebst] Begleitwort. *Essen: G. D. Baedeker 1898.* 3 Bde 8° [X]
1. Mittelstufe. (Ohne Bild.-Anh.) 2. Oberstufe. (Mit Bild.-Anh.) Begleitwort zu d. Lesebuch. (n. Inh.-Verz.)

Heinecke, Aug., **Lesebuch** f. mehrklassige evangelische Volksschulen, s.: **Bartholomäus,** Wilh.

— die **Rheinprovinz.** Heimatkundl. Lesestücke. Sonder-Ausg. d. Anh. zu dem Lesebuch f. mehrklass. evangel. Volksschulen von Bartholomäus u. Heinecke. I. Tl. (Mittelstufe.) gr. 8. (II, 67 S.) Essen 894. G. D. Baedeker. n. — 40

— die **Provinz Schlesien.** Heimatkundliche Lesestücke. Sonder-Ausg. d. Anh. zu dem deutschen Lesebuch f. Volksschulen v. Haesters-Richter, sowie zu dem Lesebuch f. mehrklass. evangel. Volksschulen v. Bartholomäus u. Heinecke. gr. 8. (II, 64 S.) Ebd. 894. n. – 40

— der deutsche **Unterricht** in der Fortbildungsschule. Zugleich e. Anleitg. zum Gebrauch des Lesebuchs f. gewerbl. Fortbildungsschulen v. Aug. Heinecke. gr. 8. (54 S.) Ebd. 900. n. — 40

— dasselbe. 2. Hft.: Die method. Behandlg. v. Lesestücken. gr. 8. (42 S.) Ebd. 901. n. — 60

— der deutsche **Unterricht** in der Fortbildungsschule. 1. u. 3. Heft. gr. 8. Ebd. n. — 80
1. 2. Aufl. Zugleich e. Anleitg. zum Gebrauch des Lesebuchs für gewerbl. Fortbildungsschulen v. Aug. Heinecke. (30 S.) 903. n. — 30
3. Der Anschluß d. gewerbekundl. u. bürgerkundl. sowie v. Aufsatz- u. Rechenstoffen an die Lesestücke. (62 S.) 905. n. — 50

— die **Provinz Westfalen,** s.: **Bartholomäus,** Wilh.

Heinecke, C., die Lautung, od. naturgemäße u. gründl. Leselehre, e. method. Lehrgang für d. erste Sprachbildung der Unmündigen in d. häusl. Unterweisung u. in Elementarschulen d. Volks. gr. 8. Berl. 813. Maurers B. 10 Gr.

Heinecke C, De Lelegibus et Lyciis. Pr. 1863. 11 S. 4°. Wernigerode.

Heinecke, C. Ab., tentamina juris aggeralis rei publ. Bremens. 4. Gött. Dietrich. 774.

Heinecke, Chrstn., Andeutungen üb. d. Princip d. Vermittelung in homer. Götter- u. Helden-Dualismus. breit gr. 8. (9½ B.) Quedlinburg 834, Basse.

—— Homer u. Lykurg, od. d. Alter d. Iliade u. d. polit. Tendenz ihrer Poesie. Ein Versuch üb. d. Glaubwürdigkeit d. herodoteischen Nachricht v. Zeitalter Homer's. gr. 8. (9 B.) Leipzig 833, Hartmann.

CHRISTIAN HEINECKE, Orchomenos und der Herrnstand der Kureten. Ein Beitrag zur ältesten Religions- und Verfassungsgeschichte Griechenlands. Vorgetragen im wissenschaftlichen Vereine zu Wernigerode (Mit Tafeln.) Wernigerode, 1849. Gedruckt bei C. Ziegeler. 8°.

Heinecke, C., Orchomenos u. d. Herrnstand d. Kureten. E. Beitr. z. ältest. Relig.- u. Verfassungsgesch. Griechenlands. Gel. 1819. 122 S m. 2 Tfln. 2.—

Heinecke, F., Memoiren oder Abenteuer und Schicksale eines engl. Werbers im Jahre 1809. 8. (118 S.) Hannover 847, Pockwitz.

Heinecke, Friedrich, prakt. Arzt in Menslage (Hannover), Assistenzarzt d. R.: Beiträge zur Behandlung der Spina ventosa mittels freier Autoplastik. Berlin (1908): G. Schade. (29 S.) 8°
Berlin, Med. Fak., Ref. Hildebrand, Diss. v. 25. Jan. 1908
[Geb. 9. Juli 80 Zerf; Wohnort: Menslage; Staatsangeh.: Preußen; Vorbildung: Gymn. Bonn Reife M. 00; Studium: Berlin 10 S.; Coll. 24. Jan. 08; Approb. 21. Dez. 06.]

Heinecke, Gustav: Untersuchungen über ein doppelt induktiv gekoppeltes Empfangssystem für drahtlose Telegraphie. Halle a. S. 1909: Kaemmerer. 33 S. 4° ¶ (Mitteilungen d. physik. Versuchs-Station Halle-Cröllwitz. No 17.)
Halle, Phil. Diss. v. 10. Juli 1909, Ref. Dorn
[Geb. 1. Aug. 80 Magdeburg; Wohnort: Magdeburg; Staatsangeh.: Preußen; Vorbildung: Oberrealsch. Magdeburg Reife O. 05; Studium: Halle 8 S.; Rig. 4. Marz 09.] [U 09. 1657

Heinecke, H., Kinderfreude. 3 Erzählungen f. die liebe Jugend. 4. (12 S. m. 3 Farbendr.) Halberstadt 889. Schimmelburg. —60

— Kinderlust. 3 Erzählungen f. die liebe Jugend. 4. (14 S. m. 3 Farbendr.) Ebd. 889. —60

— Kinderspiele. 3 Erzählgn. f. die Jugend. qu. 4. (15 S. m. 3 Farbendr.) Ebd. 889. —60

— Lesefreude. 3 Erzählgn. f. die liebe Jugend. qu. 4. (12 S. m. 3 Farbendr.) Ebd. 889. —60

Heinecke, (J. A.,) Materialien z. Unterr. in d. Regimentsschulen u. z. Selbstbelehrung f. Unteroffiziere u. Gemeine. 8. Halberstadt 827. Brüggemann.

Heinecke, J. A., Materialien z. Unterricht in den Regimentsschulen u. zur Selbstbelehrung f. Unteroffiziere u. Gemeine. 8. Halberst. 827. (Schreck in Leipz.) 16 gr

— Soldatenbuch. Enthält das Wissenswürdigste zur Selbstbelehrung für Freiwillige, Unteroffiziere u. Gemeine, so wie auch zum Unterricht in preuß. Regimentsschulen. Mit 1 Tabelle. 8. Leipzig 835. Schreck. 1/2 ß

Heinecke, Jh. Rud. Aug., animadvers. in Juvenalis satiras s. censur. editionum Rupertinarum. 8 maj. Halle 805. Waisenh.-B. 8 gr

— s. Longinus, v. Erhabenen.

Heinecke, K. H. v., s.a. Heinecken

— d. gelehrt. Lübeckisch. Jünglings Lebensbeschr. 8. Hamb. 725.

Heinecke K. H. v.: Nachricht u. Beschreibung einer vollständigen Sammlung v. Obst-Sorten ... Von neuem durchges., erweitert u. berichtiget v. J. F. B(enade). 2 Bd. Sorau u. Leipz. 1804-05. (34, 569) S.
(1. Kernobst-Sorten. — 2 Steinobst-Sorten).

— Pflicht des Menschen od. d. Moral. 8. Dresden, Gröll. 740.

Heinecke, K. H. v., Vorschmack. d. dänisch. Geschichte. 4. Lüb. 724.

Heinecke, Konrad, Referendar: Der Ausschluß des Gesellschafters vom Stimmrecht bei der Gesellschaft mit beschränkter Haftung. Greifswald 1910: Abel. 48 S. 8°
Greifswald, Jur. Diss. v. 4. Okt. 1910, Ref. Frommhold
[Geb. 25. Dez. 86 Berlin; Wohnort: Neu-Ruppin; Staatsangeh.: Preußen; Vorbildung: Bismarck-Gymn. Wilmersdorf Reife O. 05; Studium: München 1, Berlin 5 S.; Rig. 25. Juli 10.] [U 11. 1590

Heinecke, Max, Referendar zu Naumburg a. S.: Das Verhältnis des Wandlungsanspruchs zur Anfechtung des Kaufs wegen Irrtums. Borna-Leipzig 1907: R. Noske. (VIII, 37 S.) 8° [F.]
Leipzig, Jur. Fak., Diss. v. 21. Jan. 1907
[Geb. 11. Okt. 76 Eichenbarleben; Wohnort: Halle a. S.; Staatsangeh.: Preußen; Vorbildung: Gymn. Helmstedt Reife M. 96; Studium: Tübingen 3, Berlin 1, Halle 5 S.; Rig. 28. Nov. 02.]

[F. u. Ant.] **Heinecke,** *Otto:* Über Voltaire's comédies larmoyantes. Apolda, Druck v. R. Birkner, *1896;* 3—11 S. 4.
Apolda, grossh. W. & L. Zimmermann's R, OP 1896**

Heinecke, Otto, der Valutenausgleichszoll. Ein Beitrag zur Lösung der Währungs- u. Schutzzoll-Frage. gr. 8. (27 S.) Leipzig 898. Roßberg. n. — 60

Heinecke, P., Spiegel d. Perspective. m K. Fol. Augsburg, 752.

Heinecke, Paul: Ueber kongenitalen Schlüsselbeindefekt. Rostock 1909. 22 S. 8° ¶ (Aus: Zeitschrift f. orthopäd. Chirurgie. Bd 23.)
Rostock, Med. Diss. v. 9. Juni 1910, Ref. Barfurth
[Geb. 8. Nov. 84 Berlin; Wohnort: Rostock; Staatsangeh.: Preußen; Vorbildung: Dorotheenstädt. Realgymn. Berlin Reife M. 02; Studium: Berlin 2, Bonn 3, Rostock 5 S.; Coll. 18. Mai 09; Approb. 1. Juni 10.] [U 10. 3902

Heinecke, Rhold., Jesus u. seine Botschaft in deutschem Gewande. (XII, 129 S.) 8. Stuttgart 906. Strecker & Schröder. 1.40

Heinecke. W., die Regierungszeit des Gegenkönigs Hermann von Luxemburg (1081—88), nach den Quellen dargestellt. Jena. 26 p.
Schul-/Univ.-Schrift 1867

Heinecke, Walth., Beiträge zur Kenntniss und Behandlung der Krankheiten des Knies. gr. 8. (VI und 286 S. mit eingedr. Holzschn.) Danzig 866, Ziemssen.

Heinecke, Walther, appr. Arzt a. Magdeburg: Aus d. städt. Krankenhause Magdeburg-Sudenburg. Untersuchungen über die Ophthalmoreaktion bei Tuberkulose. Kiel 1908: Schmidt & Klaunig. (28 S.) 8°
Kiel, Med. Fak., Ref. Quincke, Diss. v. 26. März 1908
[Geb. 16. Febr. 82 Eichenbarleben; Wohnort: Magdeburg; Staatsangeh.: Preußen; Vorbildung: Gymn. Helmstedt Reife O. 01; Studium: Würzburg 5, Berlin 1, Kiel 1, Würzburg 4 S.; Coll. 9. März 08; Approb. 13. Jan. 08.]

Heinecken, Karl Heinrich v., s.a. Heinecke

— s. a. Dictionnaire des artistes.

Heinecken, Carl Heinrich von. Dictionnaire des Artistes ... Leipz. 1778-90. H (Bd. 1. 2.): *Huber, Mich.* (BrMm)

von Heinecken. Dictionnaire des artistes, dont nous avons des estampes, avec une notice detaillée de leurs ouvrages gravés. 4 Bde. (Unvollständig.) Leipzig 1778—1790. 8°.

— s. Idée générale.

Heinecken, C. H. v. Nachricht und Beschreibung einer vollständigen Sammlung von Obstsorten ... O. O. 1804-5. H: *Benade, Johann Friedrich.* (Ky)

Heinecken, Karl Heinr. v., Nachricht u. Beschreib. e. vollständ. Samml. v. Obst-Sorten, welche ders. ehemals vornehml. in Altdöbern b. Calau in d. Nieder-Lausitz selbsten erbauet etc. Von J. F. B(enade). 2 Bde. 8. Sorau u. Leipzig, 1803. (Fritzsche.) 2. —

— Beschr. einer vollständigen Sammlung von Obstsorten. 1r 2r Band. 8. Sorau, Ackermann. (Leipzig, Bevgang.) 804–5.

— Nachricht u. Beschreib. einer vollständ. Samml. von Obstsorten, welche derselbe ehemals vornehmlich in Altdöbern bei Calau in d. Niederlausitz selbsten erbauet, auch daselbsten u. in der Nähe größtentheils noch befindlich sind; von Neuem durchgesehen, erweitert u. berichtigt von J. F. B. (Jh. Fr. Benade.) 1r Bd. Kernobst-Sorten. 804. 2r Bd. Steinobst-Sorten. 805. 8. Sorau u. Leipz., (Fr. Fleischer; a. Joachim). 1 ₰ 12 ℊℊ (auch Taubert das.)

— s.a. Nachrr. v. Künstlern.

[Heinecken, C. H. v.]. Nachrichten von Künstlern und Kunstsachen. Leipzig, J. P. Krauss 1768—1769.
2 Teile. 8°.

v. Heinecken, Karl Hnr., († d. 23. Jan. 1791.) neue Nachricht v. Künstlern u. Kunstsachen. Mit Kpf. gr. 8. Dresden 786. N. Titel, Leipz. 804. Feind. 1 ₰

— s. Recueil des estampes.

Heinecker, Edgar, Arzt: Aus dem Institut für Gerichtliche Medizin an der Kgl. Albertus-Univ. zu Königsberg i. Pr. Zur Frage der Specifität der Haarverletzungen durch scharfe und stumpfe Gewalten. Königsberg i. Pr. 1906: R. Leupold. (57 S.) 8°
Königsberg, Med. Fak., Ref. Beneke, Diss. v. 3. Mai 1906
[Geb. 8. Okt. 74 Arys, Ostpr.; Wohnort: Königsberg i. Pr.; Staatsangeh.: Preußen; Vorbildung: Gymn. Lyck Reife M. 94; Studium: Königsberg 8, Freiburg i. B. 3, München 2, Berlin 1, Heidelberg 1 S.; Coll. 26. April 06; Approb. 20. April 05.]

Heine-Kalender s.a. Heinrich-Heine-Kalender

Heine-Kalender. Hrsg. von Eugen Korn. Mit Schmuck von Anna Heinemann. (1.) Für d. Jahr 1910. Berlin, Leipzig: C. Wigand (1909). 8° [10. 11901

Heinekamp, R., d. Priester am Kranken- u. Sterbebette, s.: Tappehorn, Ant.

Heinekamp, Rudolf Die Lateinschule zu Siegburg bis zum Jahre 1855. 4 (S. 3—20). **Progr.** G. *Siegburg* 1888 (428).

Heinekamp, Rud., Siegburgs Vergangenheit u. Gegenwart. gr. 8. (VIII, 478 S. m. 10 Lichtdr.-Taf. u. 1 Plan.) Siegburg 897. (C. Dietzgen.)
Geb. in Leinw. n. 7. 50

Heineke. Festschrift zum 25jährigen Professoren-Jubilaeum von Walther Heineke am 1. Mai 1892. [Aus: „Münch. Medicin. Wochenschr."] gr. 8. (148 S. m. Abbildgn., 1 Tab. u. 1 Bildnis.) München 892. J. F. Lehmann's Verl. n. 4. —

Heineke, Albert, approb. Arzt aus Erlangen: **Zur pathologischen Anatomie und Klinik der Kompression des Rückenmarks bei Karies der Wirbelsäule.** *Erlangen 1903: Junge & Sohn.* (55 S.) 8°
Erlangen, Med. Diss. v. 3. Juni 1903

Heineke, Bernhard Adalbert (Ballenstedt/Bernburg). De fissura ani. Diss. med. Halle (Carl Grunert) 22. VIII. 1836. 47 S. mit Literatur u. Biogr. (M.: F. Camman.) (6.50) 14017
Oppon.: Fr. Buettner, Aug. Reichenau, Br. Augustin. — Gew.: Christ. Fried. Heineke (Vater), Carl Sam. Leb. Hermann (Schoenebeck).

Heineke, Carl Friedrich, s. Heineke, Karl Friedrich

Heineke, Erich, die Ganoiden u. Teleostier des litograph. Schiefers v. Nusplingen, s.: Abhandlungen, geologische u. palaeontologische. N. F. VIII, 3.

Heineke, Gustavus Adolphus: De sideratione digitorum disquisitio physiologico-pathologica. Halae (1831): Baentsch. 41 S. 8°
Halle-Wittenberg, Med. Diss. v. 11. Juli 1831
Geb. Halberstadt [3. 9.] 1808. V.
Verf. erlebte die Diplomerneuerung 1881 als Arzt in Halberstadt, vgl. Anh. Nr. 360. Sein Dankschreiben unterzeichnete er mit der Namensform Heinecke.

Heineke, Hermann [aus Erlangen]: **Zur Kenntniss der hypertrophischen Lebercirrhose ... (Aus: Beitr. z. pathol. Anat. u. z. allg. Pathol., Bd. XXII.)** Erlangen, *Lippert & C., Naumburg a. S.*, 1897; 43 S., 1 Taf. 8.
Erlangen, Med. Fak., Inaug.-Diss. v. 12. Nov. 1895

Heineke, Karl Friedrich

— **Carl Friedrich** (Halberstadt). De mastodynia nervosa. Diss. med. Bln. (Brueschck) 26. XI. 1821. 39 S. mit Biogr. (M.: Oldenbruch) u. 2 Abb. (Vogel del. Thiele sc.) (6.50) 14018
Oppon.: Gustav Lieber, Leopold Schmidt, Carl Schneider. — Gew.: Carl Ferd. Graefe.

Heineke, Ph., Ophthalmobiotik, od. Regeln u. Anweisung zur Erhaltung d. Augen. 8. Bremen u. Leipz. Kaisers Comt. 815.

Heineke, Reinold, Synopse der drei ersten kanon. Evangelien mit Parallelen aus dem Johannes-Evangelium. 3 Tle. Lex.-8. Gießen 898. J. Ricker. n. 5. —; in 1 Bd. geb. n. 7. —
I. D. Markus-Evangelium m. d. Parallelen a. d. Lukas- u. Matthäus-Evangelium. (VIII, 120 S.) n. 3. —
II. D. Lukas-Evangelium m. d. Parallelen aus d. Matthäus-Evangelium. (VI u. S. 121—166.) n. 1. 20
III. D. Matthäus-Evangelium m. Parallelen aus d. Lukas-Evangelium nebst 2 Anhängen: Die Urmarkus-λόγια-stellen des Matthäus-Evangeliums. Verzeichnis d. Johannesparallelen. (V u. S. 167—196.) n. — 80

Heineke, Sam., Die Denkart der Taubstummen. Lpz. 8°. 1780

Heineke, Walter Hermann

Heineke, W., die Anatomie und Pathologie der Schleimbeutel und Sehnenscheiden. 4. (VIII, 132 S.) Erlangen 869, Deichert.

Heineke, W., Blutung, Blutstillung, Transfusion, nebst Lufteintritt und Infusion, s.a. Chirurgie, deutsche.

Heineke, W[alter Hermann]: Blutung, Blutstillung, Transfusion nebst Lufteintritt und Infusion. Mit 14 in d. Text gedr. Holzschn. Stuttgart 1885. XXXV, 158 S.
(Deutsche Chirurgie. Lfg 18.)

—— Entzündungen, Anschwellungen und Geschwülste des Unterleibes, s. Handbuch der allgemeinen und speciellen Chirurgie.

—— die Fermentintoxication und deren Beziehung zur Sublimat- und Leuchtgasvergiftung, s. Beiträge zur pathologischen Anatomie, experimentellen Pathologie und praktischen Medicin.

Heineke, Walter, s. Festschrift.

—— Compendium der chirurgischen Operations- und Verbandlehre. Mit zahlreichen (eingedr.) Holzschn. 2 Hälften. gr. 8. Erlangen, Besold. [1. Hälfte. (S. 1—288.) 870. ℳ 6.; 2. Hälfte. (XVI, S. 289—756.) 872. *ℳ 8.] *

Heineke, W., Compendium der chirurgischen Operations- und Verbandlehre. 2. Aufl. gr. 8. (XVI, 824 S. mit zahlreichen eingedr. Holzschn.) Erlangen 876, Besold. * 15 —

Heineke, W., Compendium der chirurgischen Operations- und Verbandlehre mit Berücksicht. der Orthopädie. 3. gänzl. umgearb. und vielfach verm. Aufl. 2 Thle. gr. 8. Erlangen, Besold. [1. Thl. (VIII, S. 1—360 mit 198 Holzschn.) 884. ℳ 7.; 2. Thl. (XII, S. 361—920 mit 253 Holzschn.) 886. ℳ 9.]

Heineke, W: Compendium der chirurgischen Operations- und Verbandlehre. 3. Aufl. 2. Ausg. Erlangen 1890

—— die chirurgischen Krankheiten des Kopfes, s. Chirurgie, deutsche.

Heineke, W[alter Hermann]: Die chirurgischen Krankheiten des Kopfes. Mit 34 Holzschn. Stuttgart 1882. XLII, 252 S.
(Deutsche Chirurgie. Lfg 31.)

—— über die Nekrose der Knochen, s. Sammlung klinischer Vorträge.

Heineke, Walter [cand. med. aus Erlangen]: Ueber maligne Nierengeschwülste im Kindesalter ... Erlangen, Druck d. Univ.-Buchdr. v. E. Th. Jacob, 1897; 82 S., 1 Bl. 8.
München, Med. Fak., Inaug.-Diss. v. 1897

Heineken, Agnes: Zur Frage der Mädchenschulreform in Bremen. ⟨Auszug aus e. Vortrag.⟩ Vegesack 1910: Vaßmers. S. 25—31. 4°
Vegesack, st. HM P 1910 [269] [S 10. 169]

Heineken, Carl ..., s. Heineken, Karl

Heincken, Chr. Abr., († im Juli 1818.) tentamina juris aggeralis rei publ. Bremens. 4. Gütting. 774. Dieterich. 12 gr

Heineken, Conrad, s. Heineken, Konrad

— Gustav (Löbnitz b. Delitzsch. Merseburg), Ueber Extrauterinschwangerschaften mit Berücksichtigung eines Falles von Laparotomie bei Graviditas ovaria. Diss. med.-chir. Halle (E. Karras) 23. XII. 1881. 36 S. mit Biogr. (5.50) 14023
Oppon.: Barth, Herbst.

Heineken, Heinr. (geb. Delitzsch 3. 9. 1847): Ueber die unwillkürliche associirte Augenbewegung und Drehung des Kopfes bei gewissen Gehirnaffectionen. Berlin (1872). (32 S.) 8°
Berlin, Med. Diss. v. 3. Aug. 1872

De paroemia dia juris Germanici Hand muss Hand wahren imprimis ex jure statutario liberae reipublicae Bremensis dissertatio inauguralis quam eruditorum examini offert Henricus Gerhardus Heineken. Gottingae. 1823. 4°.

Heineken, Herm., der Salzhandel Lüneburgs m. Lübeck bis zum Anfg. d. 15. Jahrh., s.a. Studien, histor. 63. Heft.

Heineken, Hermann, a. Gommern: Der Salzhandel Lüneburgs mit Lübeck bis zum Anfang des 15. Jahrhunderts. ⟨Einleitung - Kapitel 1 — Exkurs 2.⟩ (Berlin 1908: E. Ebering.) (30 S.) 8° ¶ (Erscheint vollst. als „Historische Studien" H. 63.)
Berlin, Phil. Fak., Ref. Schäfer, Diss. v. 5. Juni 1908
[Geb. 6. Jan. 85 Gommern; Wohnort: Charlottenburg; Staatsangeh.: Preußen; Vorbildung: Franziszeum Zerbst Reife O. 03; Studium: Leipzig 2, Tübingen 2, Berlin 4 S.; Rig. 27. Febr. 08.]

Heineken, Johann

Heineken, Jh., Aussichten in einige Gebiete d. Lebens u. den Kreis von Erscheinungen desselben, die mit denen, bei der Anwendung des thier. Magnetismus beobacht., in Verbindung stehen. gr. 8. Bremen 820. Kaiser. 20 gr

Heineken, Joh., Beobachtungen u. Erfahrn., gesammelt auf d. Felde d. prakt. Heilkunde, nebst Bemerkn. üb. d. asiat. Cholera. gr. 8. (23½ B.) Bremen 832, Kaiser.

Heineken, J(ohann) (Comm.):

s.: Clarke, Charles Mansfield: Beobachtungen über die Krankheiten des Weibes, welche von Ausflüssen begleitet sind. (Observations on those diseases of females which are attended by discharges... Dt.) Übers. von P(hilipp Cornelius) Heineken. Th.1. Hannover: 1818

JB 3.966/1

— über die wichtigsten Fortschritte in der Physik u. Chemie in den letzten 30 Jahren; e. Vorlesung. 8. Brem. 808. Heyse. 4 gr

— Eilzens Heilquellen u. die Umgebung. 8. Hannov. 808. Hahn. 16 gr

— Ideen u. Beobachtt. den thier. Magnetismus betreff. gr. 8. Bremen 800. Fr. Wilmanns in Frankf. a. M. 1 ß

Heineken, Jo., De morbis nervorum eorumque frequentissima ex abdomine origine. 72 pp. Gott. 4°. *Ludwig*, II, 291—322. J. de méd. LXIII, 121. *Doering*, I, 97.

1783

— de morbis nervor. eorumq. ex abdomine orig. 4. Gött. Dietrich. 783.

Heineken, J., u. Falguerolles Rückblick auf Lilienthals Wälder b. Bremen. 8. Bremen, Müller. 802.

— Umriß der Geburtshülfe. 8. Brem. 792. 2e Aufl. Leipz. 798. Rabenhorst. 12 gr

— Vorschlag z. größern Oekonomie bei d. Feuerungsverbrauch in Küchen. Mit 1 Kpf. 8. Bremen 800. Fr. Wilmanns in Frkf. a. M. 5 gr

— — Ein Wort an Mütter, zur Belehrung und Beruhigung bey der jetzt herrschenden Masernepidemie. 8. Ebendas. 81S.

Heineken, Johanna: Die Anfänge der sächsischen Frauenklöster. Göttingen 1909: Dieterich. 128 S. 8°
Göttingen, Phil. Diss. v. 11. Mai 1909, Ref. Brandi
[Geb. 12. März 78 Bremen; Wohnort: Bremen; Staatsangeh.: Bremen; Vorbildung: Gymn. Bremen Reife M. 04; Studium: Göttingen 9 S.; Rig. 22. Jan. 09.] [U 09. 1353

Heineken, Karl Friedrich v.

— **Carl Friedrich von,** De natura et indole hominum propriorum in Lusatia inferiori adspersis Romani Saxonicique juris differentiis exercitatio quam sub abitum ex academia Lipsiensi scripsit. Lpz. (Breitkopf) März 1774. 46 S. (6.20) 14021

Heineken, Karl Heinrich v., s. Heinecke. – Heinecken

HEINEKEN, Carl Otto v.: Erinnerungen aus dem Gebiete der Jagd. - Dresden 1841. 127 S.

Heineken, Konrad

— **Conrad** (Bremen), De parentibus et fratribus ex lege XXX. C. de inofficioso testamento agere valentibus. Diss. jur. Helmstedt (Leuckart) April 1762. 68 S. (7.—) 14022
Widm. v.: Johann Jacob Hoefler, Philipp Schoene, Albert Gröning (Bremen).

Paul Heinekens Lucidum Profpectivae Speculum, d. i. ein heller Spiegel der Perfpective, nebft 18 Platfonds, oder Decken-Stücken, von diverfen Sorten, beftehend in CV. Kupferplatten, und deren Erklährung. Augfpurg. (Biblioth. *Schmiedlein.* p. 192.) 1727

Heineken, Ph., die freie Hansestadt Bremen u. ihr Gebiet in topograph., medizin. u. naturhistorischer Hinsicht geschildert. 2 Bde. gr. 8. Bremen 836, 37, Geisler. 2 ߧ

Bremen, (Heineken, Ph., Dr.), Witterungstabellen zu Bremen des Jahres 1833—1840 und 1842, nebst: „Tabellarische Uebersicht der Temperatur der Winter von 1830 auf 31 bis von 1840 auf 41."

Heineken, Philipp

Heineken, Ph., das Cricket-Spiel, nach den neuesten vom engl. Marylebone Cricket Club hrsg. Regeln bearb. [Aus: „H., Rasenspiele".] 12. (III, 26 S. m. Illustr.) Stuttgart 893. G. Weise. Kart. n. — 60

— **das Croquet-Spiel,** nach den neuesten vom früheren All England Croquet Club, jetzt All England Lawn Tennis Club hrsg. Regeln bearb. [Aus: „H., Rasenspiele".] 12. (18 S. m. Illustr.) Ebd. 893. Kart. n. — 50

— **Fussball (Rugby u. Association).** Hrsg. im Auftrag des Cannstatter Fussballklubs nach den neuesten engl. von der Rugby Union u. Fussball-Association hrsg. Regeln, bearb. [Aus: „H., Rasenspiele".] 12. (VI, 104 S. m. Illustr.) Ebd. 893. Kart. n. 1.25

Heineken, Ph.: Das Fußballspiel. Association u. Rugby. Stuttgart 1898. 248 S. (Sportspiele im Freien. 2.)

Heineken, Ph.: Das Golfspiel. Stuttgart 1898. 118 S. (Sportspiele im Freien. 1.)

Heineken, Ph.: Lawn-Tennis. Seine Geschichte u. Taktik. Stuttgart 1900. 227 S. m. Abb. (Sportspiele im Freien. 3.)

Heineken, Ph., Lawn Tennis, nach den neuesten v. der englischen Lawn Tennis Association hrsg. Regeln bearb. Mit 48 Illustr. u. zahlr. Tab. 5. rev. Aufl. 8. (88 S.) Stuttgart 902. G. Weise. Kart. n. 1. 25

Heineken, Ph., Lawn Tennis u. andere Spiele, s. Taschenbücher, illustr., f. die Jugend.

Heineken, Ph.: Lawn Tennis und andere Spiele. Stuttgart um 1900. 118 S. m. Abb. (Ill. Taschenbücher f. d. Jugend. 19.)
— — 4. Aufl. um 1903.

Lawn Tennis und andere Spiele bearb. von Ph. Heineken. Mit 83 Abb. Hrsg. von d. Red. d. Guten Kameraden. 5. Aufl. *Stuttgart, Berlin, Leipzig: Union [1902].* (118 S.) 8° [F.]
= Taschenbücher, Illustrierte, f. d. Jugend. 19. [03. 1394

Heineken (Ph.). Lawn-Tennis u. andere Spiele. 8. Aufl. (118 S. m. Abb.) (Taschenbücher. illustr. f. die Jugend no. 19). kl. 8°. Stuttgart. 1910. geb. M. 1.—

— **das Lawn Tennis-Spiel,** nach den neuesten v. der engl. Lawn Tennis Association hrsg. Regeln bearb. [Aus: „H., Rasenspiele".] 12. (III, 65 S. m. Illustr.) Ebd. 893. Kart. n. — 80

Heineken, Ph., das Lawn Tennis-Spiel nach den neuesten v. d. engl. Lawn Tennis Association hrsg. Regeln. M. zahlr. Textillustr. 2. Aufl. 8. (III, 65 S.) Stuttgart 895. G. Weise. Kart. n. — 80

— **die beliebtesten Rasenspiele.** Eine Zusammenstellg. der hauptsächlichsten engl. Out Door Games zum Zwecke ihrer Einführg. in Deutschland. Hrsg. im Auftrag des Fussballklubs. 12. (XIV, XLVIII, 362 S. m. 180 Illustr.) Ebd. 893. Geb. n. 4.—

— **Sportspiele im Freien.** I. u. II. Bd. 8. (M. Abb.) Ebd. 898. Geb. 5.—
I. Das Golfspiel. (VII, 110 S.) 2.—
II. Das Fussballspiel. Association u. Rugby. (VIII, 236 S.) 3.—

— **Sportspiele im Freien.** 3. Bd. Lawn-Tennis. Seine Geschichte u. Taktik. gr. 8. (VIII, 227 S. m. 137 Illustr. u. 1 Tab.) Stuttgart 900. G. Weise. Geb. 2. 50
I. u. II. Bd. Ebd. 898. n. 5.—.

Heineken, P(hilipp Cornelius) (Übers.):

s.: Clarke, Charles Mansfield: Beobachtungen über die Krankheiten des Weibes, welche von Ausflüssen begleitet sind. (Observations on those diseases of females which are attended by discharges... Dt.) Th.1 mit...Anmerkungen begleitet von J(ohann) Heineken. Th.1 - 2. Hannover: 1818 - 1823

JB 3.966

Philipp Kornelius Heineken

De Docimasia pulmonum incerto vitae et mortis recens natorum signo. Goettingae (1811:) Baier. 48 S. 8°

Göttingen, Med. Diss. v. 1811

– Diss. inaug. in qua agitur de docimasia pulmonum ut certo vitae et mortis recens natorum signo. 4. Götting. 811. Vandenhöck u. R. 8 gr

Heineken, Philipp (Cornelius) (Übers.):

s.: Jurine, Louis: Abhandlung über den Croup. (Mémoire sur le croup. Dt.) Mit einer Vorrede und Anmerkungen hrsg.von J(ohann) A(braham) Albers. Leipzig: 1816

JB 4.166

– s. Marcet, A.: Versuch.

Heineken, Ph. Korn., Opthalmobiotik, od. Regeln u. Anweisung zur Erhaltung d. Augen. 8. Bremen 815. Kaiser. 12 gr

– s. Osgood, D.: Schreiben u. dess. Vorsichtsmaßregeln.

– s. Sutton: Abhandlung.

Heinel, Carl, s. Heinel, Karl

Heinel, E., slavische Trachten, s. Jarwart, S.

Heinel, Eduard Fr. Richard

Heinel, Ed. (Fr. Richard), Geschichte Preußens f. d. Volk u. d. Jugend. 1. Aufl. (37 1/2 B.) 829., 2., verm. Ausg. (31 1/4 B.) 8. Königsberg 832, Unzer. n

– Geschichte Preußens, für das Volk u. die Jugend bearbeitet. 8. Königsb. 829. 2e verm. Aufl. 832. Unzer. 1 Thlr 8 gr Als Anh.: Dessen gedrängte Uebersicht d. vaterländ. Geschichte f. Schüler. 8. Ebd. 829. 3 gr

– Geschichte Preußens für das Volk u. die Jugend. 3e verm. u. verb. Ausg. 8. Königsberg 836. Unzer. Mit Anhang 1 1/3 Thlr — Der Anhang apart unt. d. T.: Grundriß der Geschichte Brandenburgs bis zur Vereinigung dieses Landes mit d. Herzogthume Preußen. 8. Ebd. 1/8 Thlr

Heinel, Ed. Fried. Rich., Geschichte Preußens f. das Volk u. die Jugend bearb. 4. verb. u. bis auf die neueste Zeit fortgeführte Aufl. 5 Lfgn. gr. 8. (VIII u. 504 S.) Königsberg 850, Unzer. (à n. 8 ngr) n. 1 1/3 Thlr

Heinel, Ed., Geschichte Preußens (bis auf die neueste Zeit) für das Volk u. die Jugend, nebst einem Anhange, das Wichtigste aus der Geschichte Brandenburgs enthaltend. 5. verb. etc. Aufl. Königsberg 857. Unzer. gr. 8. (IV, 391, 48 S.) n. 1 Thlr 10 ngr

Heinel, Ed., Geschichte Preußens [bis auf die neueste Zeit] für das Volk u. die Jugend nebst einem Anhange, das Wichtigste aus der Geschichte Brandenburgs enth. 6. verb. u. verm. Aufl. Mit 1 (lith. u. color.) Karte von Preußen während der Herrschaft des deutschen Ordens (in 4.). Königsberg 861. Unzer. gr. 8. (VIII, 140 S.) n. 1 Thlr 15 ngr

Heinel, Ed., Geschichte Preußens für das Volk und die Jugend, nebst einem Anh., das Wichtigste aus der Geschichte Brandenburgs enth. 6. Aufl. 2. Ausg., zum Theil neu bearb. und bis auf die neueste Zeit fortgeführt. gr. 8. (VIII und 492 S. mit 1 lithogr. und ill. Karte von Preußen zur Zeit des deutschen Ordens in 4.) Königsberg 867, Unzer. geb. *

—— Geschichte Preußens nebst einem Anhang, das Wichtigste aus der Geschichte Brandenburgs enth. Bearb. und bis zum J. 1871 fortgeführt von C. F. Laudin. 7. Aufl. 1. Thl. Mit 1 Karte von Preußen zur Zeit des deutschen Ordens. gr. 8. (V, 139 S.) Königsberg 872, Akadem. Buchh. von Schubert und Seidel. *

Heinel's, Ed., Geschichte Preußens. Bearb. und vom J. 1867 —1871 fortgeführt von C. F. Laudien. 7. Aufl. Mit 1 (lithogr. und color.) Karte von Preußen zur Zeit des Deutschen Ordens und (lithogr.) Skizzen zu den Hauptschlachten des Krieges 1870—71. 2. (Schluß-)Thl. gr. 8. (XXV, 607 S.) [Königsberg 876, Akadem. Buchh.] Gütersloh, Bertelsmann. * 5 —
1. Thl. Ebendas. 872. * M. 1,50.

Heinel's, Eduard, Geschichte Preußens, nebst e. Anh., das Wichtigste aus der Geschichte Brandenburgs enth. Bearb. u. bis zum J. 1871 fortgeführt v. C. F. Laudien. Mit 1 Karte v. Preußen zur Zeit des Deutschen Ordens. (Die Ordensgeschichte Preußens. [1. Tl. der „Geschichte Preußens".] Hrsg. zur 100jähr. Jubelfeier der Wiedervereinigung Westpreußens m. der preuß. Monarchie.) (VII, 172 S.) gr. 8. Graudenz (903). Königberg, J. G. Bon's Verl. n. 1. —; geb. n.n. 1. 90

Heinel, Ed. (Fr. Richard), Geschichte des Preuß. Staates und Volkes, für alle Stände bearbeitet. (Wohlf. Ausg.) 1e—16e Lfrg. oder 1r u. 2r Bd. gr. 8. Danzig 834—38. Gerhard; jetzt Duncker u. Humblot in Berlin. (à Lfrg. 1/4 Thlr) 4 Thlr — 17e 22e Lfrg. oder 3r Bd. 1e—6e Lfrg. gr. 8. Berlin 839, 40. Ebd. (à Lfrg. 1/4 Thlr) 1 1/2 Thlr

Heinel, Ed., Geschichte des preußischen Staates u. Volkes, für alle Stände bearbeitet. 3. Bd. 7. Liefg. (23. des ganzen Werkes.) gr. 8. Berlin 841, Duncker u. Humblot. (à) 1/4 Thlr

— dass. 3. Bd. 8. Liefg. (24. des ganzen Werkes.) gr. 8. Ebend. 841. 3/8 Thlr

— dass. Ausg. in Bänden. — 3. Bd. — A. u. d. T.: Geschichte der Herzogthümer Klewe, Jülich u. Berg bis zur Vereinigung mit dem Kurfürstenthum Brandenburg. gr. 8. Ebend. 841. 2 1/8 Thlr (1. 2. Bd. 4 Thlr)

— dass. 4. Bd. 1.—8. Liefg.: A. u. d. T.: Neuere Geschichte des Preuß. Staates u. Volkes, von d. Zeit des großen Kurfürsten bis auf unsere Tage, von Frz. Kugler. 1. Thl. 1.—8. Liefg. (25.—32. des ganzen Werkes.) gr. 8. Ebend. 842, 43. 1.—4. à 1/4 Thlr 5.—8. Liefg. 1 1/8 Thlr 1.—4. Bd. 8 1/4 Thlr

Heinel, Ed. Fried. Rich., Geschichte d. Preußischen Staates u. Volkes f. alle Stände bearb. Fortges. v. F. Kugler u. K. A. Menzel. 5. Bd. 8 Lfgn. [33—40. Lfg. d. ganzen Werkes.] A. u. d. T.: Neuere Geschichte d. Preuß. Staates u. Volkes von der Zeit des großen Kurfürsten bis auf unsere Tage. 2. Thl. Vom Tode Friedrichs II. bis zum Ausbruche d. Krieges von 1806. Von K. A. Menzel. 8 Lfgn. gr. 8. (VIII u. 756 S.) Berlin 848. 49. Duncker u. Humblot. (à 1/4 Thlr) 2 Thlr (I—V: 10 1/4 Thlr)

—— Grundriß d. Gesch. Brandenburgs bis z. Vereinigung dies. Landes mit d. Hrzgth. Preußen. 8. (5 B.) Königsberg 836, Unzer.
Bildet auch den Anhang zu: Dess., Gesch. Preußens f. d. Volk u. d. Jugend. Königsberg 836.

—— Kränze um Urnen Preuß. Vorzeit. (Gedichte.) 8. (12 1/2 B.) Königsberg 828. Unzer.

Heinel, C. F. R., Leitfaden b. d. Religionsunterricht d. Katechumenen. 8. Berl. Maurer. 810.

Heinel, (Ed. Fr. Rich.) Leitfaden beim Religionsunterricht f. Katechumenen. Mit e. Anh. d. Katechismus Lutheri enthaltend. 8. ... 3e Aufl. 8. Berl. 809. Maurers B. 3 K 4e Aufl. 8. Danzig 823. Ewert. 2 K

Heinel, Ed. (Fr. Richard), das Pfingstfest. Eine erzähl. Dichtung in drei Gesängen. 16. (11½ B.) Königsberg 833, Unzer. Thlr.

—— Tobias. Eine idyll. Erzählung in drei Gesängen, frei nach d. heil. Urkunde. gr. 16. (1¼ B.) Königsberg 832, Unzer.

—— gedrängte Uebersicht d. vaterländ. Geschichte, als Hilfsbuch z. Erlern. ders. f. Schüler. 1. Aufl. (3½ B.) 829., 2. A. (?), 3., verb. A. (4 B.) 8. Königsberg 835, Unzer. à

—— gedrängte Uebersicht d. vaterländ. Gesch., als Hilfsb. z. Erlern. ders. f. Schüler u. als Anh. d. Gesch. Preußens f. d. Volk u. d. Jugend. 4., verb. Aufl. 8. (4 B.) Königsberg 838, Unzer.
Veränderter Titel doch gleicher Inhalt der vorhergeh. Schrift.

Heinel, Ed. (Fr. Richard), gedrängte Uebersicht der vaterländ. Geschichte, als Hilfsbuch zur Erlernung ders. für Schüler u. als Anhang d. Geschichte Preußens f. das Volk u. die Jugend. 6., verb. u. verm. Aufl. 8. (5 B.) Königsberg 844, Unzer.

—— gedrängte Uebersicht der vaterländ. Geschichte, als Hilfsbuch zur Erlernung derselben für Schüler und als Anhang der Geschichte Preußens für das Volk und die Jugend. 8., verb. Aufl. 8. (80 S.) Königsberg 850, Unzer.

—— gedrängte Uebersicht der vaterländischen Geschichte, als Hilfsbuch zur Erlernung derselben für Schüler und als Anhang der Geschichte Preußens für das Volk und die Jugend. 10. Aufl. 1857. und 11., verm. Aufl. 8. (IV und 68 S.) Königsberg 860, Unzer.

—— gedrängte Uebersicht der vaterländischen Geschichte, als Hilfsbuch zur Erlernung derselben für Schüler und als Anhang der Geschichte Preußens für das Volk und die Jugend. 12.—14. Aufl. 8. (80 S.) Königsberg 863—67, Unzer.

Heinel, Ed., gedrängte Uebersicht der vaterländischen Geschichte, als Hilfsbuch zur Erlernung derselben für Schüler und als Anhang der Geschichte Preußens für das Volk und für die Jugend. 15. vielfach veränderte Aufl. 8. (78 S.) Königsberg 870, Hartung'sche Buchdruckerei. *

—— dass. — Vollständig umgearb. mit Berücksicht. der deutschen Geschichte von Fr. Krosta. 16. Aufl. 8. (79 S. mit 1 histor. chromolithogr. Karte.) Königsberg 874, Akadem. Buchh. von Schubert und Seidel. * 50 Pf.; cart. *

—— gedrängte Uebersicht der vaterländischen Geschichte. Vollständig umgearb. mit Berücksicht. der deutschen Geschichte von Fr. Krosta. 17.—19. Aufl. 8. (IV, 80 S. mit 1 histor. lithogr. und color. Karte.) Ebendas. 876—78. cart. * — 60

Heinel's, Ed., gedrängte Uebersicht der vaterländischen Geschichte. Vollständig umgearb. mit Berücksicht. der deutschen Geschichte von Fr. Krosta. 20.—22. Aufl. 8. (IV, 80 S. mit 1 histor. lithogr. und color. Karte.) Gütersloh 880—84, Bertelsmann. cart. *

Heinel, Ed., gedrängte Übersicht der Vaterländischen Geschichte. Vollständig umgearb. mit Berücksicht. der deutschen Geschichte von Fr. Krosta. 23. Aufl. gr. 8. (IV, 76 S. mit 1 histor. Karte.) Gütersloh 885, Bertelsmann. cart.

Heinel, Ed. Gedrängte Übersicht der Vaterländischen Geschichte. Vollständig umgearbeitet mit Berücksichtigung der deutschen Geschichte v. Fr. Krosta. 24. Aufl. Mit einer historischen Karte. gr. 8. (IV, 76 S.) Gütersloh 891, Bertelsmann. cart. * — 60

Heinel's, Ed., gedrängte Übersicht der vaterländischen Geschichte. 25. Aufl. Mit e. histor. Karte. Neue Orthographie. 8. (80 S.) Gütersloh 899. C. Bertelsmann. Kart. n. — 60

Heinel's, Eduard, gedrängte Übersicht der vaterländischen Geschichte. Neu bearb. v. Al. Zimmermann. 26. Aufl. Mit 1 (farb.) histor. Karte. (108 S.) 8. Gütersloh 908. C. Bertelsmann. Kart. — 80

Heinel, (E.) Versuch e. Bearbeitung d. Gesch. Preußens f. Volksschulen. 8. Danzig 823, Alberti.

Heinel, Ed. Fr. Richard, Versuch einer Bearbeitung d. Geschichte Preußens f. Volksschulen. 8. Danzig 823. Ewert. 12 K

Heinel, Karl

Heinel, C., Bau u. Betrieb v. Kälte-Maschinenanlagen, s. a. Oldenbourg's technische Handbibliothek. 8. Bd.

Bau- und Betrieb von Kälte-Maschinenanlagen. Zahlenstoff u. Winke f. Ingenieure, Baubehörden, Kältemaschinenbesitzer etc. Von Ingen. C[arl] **Heinel**, Privatd., Berlin. Mit 108 Abb. u. 19 Taf. München & Berlin: R. Oldenbourg 1906. (XV, 251 S.) 8°
— **Handbibliothek**, Oldenbourgs Technische. Bd 8. [06. 8300]

— vereinfachte Behandlung thermodynamischer Aufgaben des praktischen Maschinenbaues vermittelst Schaulinien. (III, XX, 43 S. m. 49 Fig. u. 4 Taf.) 4. Weimar 906. C. Steinert. n. 2. 80

Heinel, C., neuere Kühlmaschinen, s.: Lorenz, Hans.

— s.: Mitteilungen f. die Pressluft-Industrie.

— die Pressluft-Erzeugung u. Verwendung. 1. Die Pressluft-Erzeugg. (103 S. m. 21 Diagr.) 8. Weimar 904. C. Steinert. n. 1. 80

Heinel, C[arl]: Zahlenstoff und Winke für Bau und Betrieb von Kältemaschinenanlagen. 1907. XIV, 190 S., 19 Taf. 8° ¶ Vollst. bei Oldenbourg in München u. d. T.: Bau u. Betrieb v. Kälte-Maschinenanlagen. Zahlenstoff u. Winke f. Ingenieure.., 1906. (Oldenbourgs Techn. Handbibliothek. Bd 8.)
Berlin, Dr.-Ing.-Diss. v. 14. 12. 1906

Heinel, C., s.: Zeitschrift f. komprimierte u. flüss. Gase.

— s.: Zeitschrift f. die gesamte Kälte-Industrie.

Heinel, G., Versuch e. kl. Katechismus, od. kurzer Auszug d. Lehre Jesu u. s. Apostel. 8. Braunschw. 791. Schulbuchh. 2 K

Heinelt, Eman., die Provinz Brandenburg in geographischer u. geschichtlicher Beziehung. Ein Leitfaden für Schüler in den katholischen Elementarschulen Brandenburgs. Schwiebus 859. Wagner. 12. (39 S.) n. 3 ngr.

Heineman, H[enry] Newton, Prd., aus New-York: Experimentelle Untersuchung am Menschen über den Einfluss der Muskelarbeit auf den Stoffverbrauch und die Bedeutung der einzelnen Nährstoffe als Quelle der Muskelkraft. *München 1898: Kastner & Lossen.* (51 S.) 8°
München, Med. Diss. v. 1899

Heinemann, Otto von. Gestorben in Wolfenbüttel den 7. Juni 1904. Braunschweig 1904. V: *Milchsack, Gustav.* (Stadtbibl. Frankf. a. M. Kat. der Neueren Bestände.)

Heinemann

— s. a. **Haineman(n), Haynemann.**

v. **Heinemann** Entstehung der Stadtverfassung in Italien. Eine histor. Untersuchg. Leipzig 896.

Heinemann. Erinnerungsblätter an Feldgottesdienst u. Predigt, geh. auf Befehl Sr. Maj. d. Königs Albert v. Sachsen in Gegenwart Sr. Maj. d. Kaisers Wilhelm II. bei Oschatz am 8. Septbr. 1889. gr. 8. (15 S.) Dresd. 889, Lehmann. ** — 25

Heinemann, Dr., Das Koalitionsrecht in Deutschland und der Vorentwurf zu einem deutschen Strafgesetzbuch. Referat. 8°. Berlin, Vorwärts, 1911.

Heinemann, die Wiederaufhebung des Börsengesetzes. Berlin 897.
— Die Regierung u. die Productenhändler. Berlin 899.
— Der Börsenterminhandel u. das Reichsgericht, nebst e. kurzen Darlegg. der kammergerichtl. Rechtssprechg. Berlin 900.

Heinemann, einige Züge aus Jesus Leben, eine Predigt am 17. Jan. 1813 gehalten, gr. 8. Frankfurt, Eichenberg. 813

Heinemann, A., die Anlage v. Viehweiden u. die Düngung von Wiesen u. Grasfeldern im Sauerlande (Reg.-Bez. Arnsberg). Beschrieben u. durch photograph. Aufnahmen dargestellt. gr. 8. (32 S.) Berlin (902). Paß & Garleb. 1. —

Heinemann, A., prakt. Aufgaben f. das Rechnen im Anschluß an die Gewerbekunde f. Bäcker u. Konditoren, s.: Gewerbetreibende, der rechnende.

Heinemann, A., Gesang-Schule f. achtklassige Volksschulen, unter Berücksichtigung der eingeführten Lesebücher. 8 Hfte. 8. Bremen 882. Heinsius. n. 2. 5
1. 2. (16 u. 23 S.) à n. — 20. — 3—5. (32, 40 u. 36 S.) à n. — 25. — 6—8. (à 40 S.) à n. — 30

Heinemann, A., Geschichte des Volksschulwesens im Herzogt. Braunschweig. Von den Anfängen bis zum Tode Herzog Wilhelms. Kurz u. übersichtlich dargestellt. gr. 8. (V, 49 S.) Braunschweig 900. E. Appelhans & Co. n. — 80

Heinemann, A., Grundregeln der Wiesenpflege. Den Wiesenwirten dargeboten. 4. Aufl. (32 S. m. Fig.) 8. Siegen 902. H. Montanus. — 50

Heinemann, A., & Co.: Katalog moderner Kontormöbel. Berlin (1904?)

Heinemann, A. Die Lebensversicherungs-Anstalten als die sichersten Sparkassen. 1833.

Heinemann, A., Leitfaden u. Normal-Entwürfe für die Aufstellung u. Ausführung v. Wasserleitungsprojekten f. Landgemeinden. Aus der Praxis entnommen u. f. die Praxis bearb. (VII, 120 S. m. 73 Abbildgn. u. 15 Taf.) gr. 8. Berlin 906. P. Parey. Kart. n. 6. 50

— Leitfaden u. Normal-Entwürfe f. die Aufstellung u. Ausführung v. Wasserleitungsprojekten f. Landgemeinden. Aus der Praxis entnommen u. f. die Praxis bearb. 2., neubearb. u. verm. Aufl. (VIII, 167 S. m. 107 Abbildgn. u. 19 Taf.) gr. 8. Berlin 910. P. Parey. Kart. 7. —

Die Orgel. Ihr Bau und ihre Behandlung. Für Seminaristen u. Lehrer bearb. von A. **Heinemann.** Mit 9 Taf. Abb. *Langensalza: F. G. L. Gressler.* (36 S.) 8° [F.] [03. 1908]

Heinemann, A., die Orgel. Ihr Bau u. ihre Behandlg. Für Seminaristen u. Lehrer bearb. 8. (III, 36 S. m. 9 Taf.) Langensalza 902. Schulbuchh. Kart. 1. 20

— Statistisches über das Volksschulwesen im Herzogt. Braunschweig, s.: Vollmer, G.

Heinemann, A., Stoffe für den deutschen Rechtschreib- u. Aufsatzunterricht in Volksschulen. Bearb. u. hrsg. (VIII, 127 S.) 8. Braunschweig 905. E. Appelhans & Co. n. — 60

Heinemann, Alf., der Einjährig-Freiwillige. Eine systemat. Vorbereitg. für das Freiwilligen-Examen in Latein, Französisch, Englisch, Deutsch, Geschichte, Geographie, Mathematik u. Naturwissenschaften. Für die Privatvorbereitg. bestimmt. Ausg. für Norddeutschland. 1—43. Liefg. Berlin 868—70. Heimann. gr. 8. (1. Bd. 544 S., 2. Bd. 576 S. u. 3. Bd. S. 1—256.) Jede Liefg. 7½ ngr

Heinemann, Adf., der Einjährig-Freiwillige. Eine systemat. Vorbereitg. f. das Freiwilligen-Examen in Latein, Französisch, Englisch, Deutsch, Geschichte, Geographie, Mathematik u. Naturwissenschaften. Für die Privatvorbereitg. bestimmt. Ausg. f. Norddeutschland. 44—51. Lfg. gr. 8. (3. Bd. XV, u. S. 257—606.) Berlin 870—73. L. Heimann. à n. — 75

— — Ausg. für Süddeutschland. 1—43. Liefg. Ebend. 868—70. gr. 8. (1. Bd. 544 S., 2. Bd. 576 S. u. 3. Bd. S. 1—256.) Jede Liefg. 7½ ngr

— dasselbe. Ausg. f. Süddeutschland. 44—51. Lfg. gr. 8. (3. Bd. XV, u. S. 257—606.) Ebend. 870—73. à — 75

Heinemann, Adolf [aus Magdeburg]: Über die Natur des Schwefels in einigen organischen Verbindungen. . . . Göttingen, Druck d. R. Wapler'schen Buchdr. Magdeburg, 1891; 54 S., 1 Bl. 8°
Göttingen, Phil. Fak., Inaug.-Diss. v. [4. März] 1891

Heinemann, Adf., üb. die Natur des Schwefels in einigen organischen Verbindungen. Diss. gr. 8. (54 S.) Magdeburg 891. (Göttingen, Vandenhoeck & Ruprecht. n. 1. 20

Heinemann, Alfred, aus Hannover: Ein **Beitrag zur operativen Behandlung des Leber-Echinokokkus.** *Würzburg 1888 [vielm. 1901/02]: H. Stürtz.* (31 S.) 8°
Würzburg, Med. Diss. v. 1888

Heinemann, Alfred, approb. Arzt aus Hildesheim: **Zur Statistik der in der mediz. Klinik zu Göttingen beobachteten Fälle von akuten und chronischen Intoxicationen.** *Hildesheim 1902: F. Borgmeyer.* (62 S.) 8°
Göttingen, Med. Diss. v. [24. Juni] 1902

Heinemann, Alfr., zur Statistik der in der mediz. Klinik zu Göttingen beobachteten Fälle v. akuten u. chronischen Intoxicationen. Diss. gr. 8. (60 S.) Hildesheim 902. (Göttingen, Vandenhoeck & Ruprecht.) n. 1. 40

Heinemann, Bartholom. (Barthel), Beiträge zum Urkundenwesen der Bischöfe v. Konstanz im XIII. Jahrh., s.a. Abhandlungen zur mittleren neueren Geschichte. 14. Hft.

Heinemann, Bartholomaeus: Beiträge zum Urkundenwesen der Bischöfe von Konstanz im XIII. Jahrhundert. Berlin & Leipzig 1909: Rothschild. 62 S. 8° ¶(Ersch. vollst. als: Abhandlungen z. mittl. u. neueren Geschichte. H. 14.)

Freiburg i. B., Phil. Diss. v. 1909, Ref. Finke

[Geb. 28. März 85 St. Georgen (Schwarzwald); Wohnort: St. Georgen; Staatsangeh.: Baden; Vorbildung: Gymn. Donaueschingen Reife Juli 04; Studium: München 2, Berlin 2, Freiburg i. B. 4 S.; Rig. 14. Nov. 08.] [U 09. 1014

Heinemann, Berthold, aus Liegnitz: Das Handelsregister nach dem neuen Handelsgesetzbuche. *Breslau 1900: Bresl. Genossenschafts-Buchdr.* (59 S.) 8°

Erlangen, Jur. Diss. v. 28. Febr. 1900

Heinemann, Bruno, die wirtschaftliche u. soziale Entwickelung der deutschen Ziegelindustrie unter dem Einflusse der Technik, s.a. Monographien, technisch-volkswirtschaftliche.

Heinemann, Bruno: Die wirtschaftliche und soziale Entwickelung der deutschen Ziegelindustrie unter dem Einflusse der Technik. Leipzig 1909: Brandstetter. 84 S. 8° ¶(Erschien vollst. als: Technisch-volksw. Monographien. Bd 6.)

München, Staatswirtsch. Diss. v. 4. März 1909, Ref. Sinzheimer, Brentano

[Geb. 15. Jan. 84 Braunschweig; Wohnort: Braunschweig; Staatsangeh.: Braunschweig; Vorbildung: Realgymn. Braunschweig Reife M. 04; Studium: Archit. Braunschweig Techn. Hochsch. 1, Leipzig Handelshochsch. 2, Jura und Staatsw. München 5 S.; Rig. 4. März 09.] [U 09. 3262

Die wirtschaftliche und soziale Entwickelung der deutschen Ziegelindustrie unter dem Einflusse der Technik. Von Bruno **Heinemann**-Braunschweig. Leipzig: Klinkhardt 1909. 137 S. 8°

[Ein T. erschien als Inaug.-Diss. München 1909.]

(Technisch-volkswirtschaftl. Monographien. Bd 6.) 09. 18328

Heinemann, C., die Familie Arnold. Erholungsstunden zur angenehmen u. nützlichen Unterhaltung für die Jugend. Magdeburg (853.) Creutz. 16. (2 Bl., 203 S.) 10 ngl; mit 6 lith. u. color. Bildern 25 ngl

Heinemann, C., **Bilder aus fremden Zonen** zur Unterhaltung und Belehrung für Kinder von 9 bis 12 Jahren gesammelt und bearb. 8. (III und 127 S. mit 4 lithogr. ill. Bildern.) Magdeburg 854, Creutz'sche Buchh. –

Heinemann, C., Buch für die Jugend und ihre Freunde. Erzählungen u. Mährchen zur Unterhaltung u. Belehrung. Neue Aufl. Magdeburg (853.) Creutz. gr. 16. (209 S.) 10 ngl; mit 6 lith. u. color. Bildern 25 ngl

Heinemann, C., **das Eichhörnchen**. Eine Erzählung f. d. Jugend u. ihre Freunde. 12. (5½ B.) Magdeburg 842, Creutz'sche Buchh. *

— **der Jugend Feierstunden.** Neue Mährchen für Kinder von 8 bis 10 Jahren. Mit 4 (lith. u.) sauber color. Bildern. Ebend. (854.) 8. (2 Bl., 112 S.) 15 ngl

— **Frischer Mährchenstrauß für die Jugend und ihre Freunde. Neuer Abdruck. Ebend. (853.) 16. (2 Bl., 207 S.)** 10 ngl; mit 6 lith. u. color. Bildern 25 ngl

—— **der Pflegesohn.** Eine Erzählung f. d. Jugend u. ihre Freunde. 12. (5½ B.) Magdeburg 842, Creutz'sche Buchh. *

—— **die Schule der Leiden.** Ein Mährchen f. d. Jugend u. ihre Freunde. 12. (6 B.) Magdeburg 842, Creutz'sche Buchh. *

—— **der Zimmermann.** Eine Erzählung f. d. reifere Jugend. gr. 16. (10½ B.) Magdeburg 844. [Baensch.]

Heinemann, C., der Zimmermann. Eine Erzählung für die liebe Jugend. 2., verb. Aufl. 16. (162 S. und 4 Steint.) Magdeburg 847, Baensch. * ill.

Heinemann, Carl ..., s. Heinemann, Karl ...

Heinemann, Cl., u. A. Koppel: Heimarbeit u. Hausindustrie in Deutschland. Ihre Lohn- u. Arbeitsverhältnisse. Hrsg. im Zusammenhange m. der deutschen Heimarbeit-Ausstellg. 1906 in Berlin vom Bureau f. Sozialpolitik. (232 S. m. 1 Formular.) Lex.-8°
Berlin, Puttkammer & Mühlbrecht 1906.

Heinemann, Curt, s. Heinemann, Kurt

v. **Heinemann,** E. **Braunschweig** mit der Promenade und den daran stossenden Gärten. Braunschweig. 1 Bl. K.

Heinemann, E., deutsches Lesebuch f. Volksschulen. 2 Tle. gr. 8. Braunschweig, E. Appelhans & Co. Geb. n.n. 3.05
1. Für Mittelklassen. Mit 24 Illustr. 14. Aufl (XII, 252 S.) 899. n.n. 1.15
2. Für Oberklassen. Mit 46 Illustr. 12. Aufl. (XII, 418 u. 99 S.) 900. n.n. 1.90

Heinemann, Emil [Oberl.]: Ueber thermische Nachwirkungen von Zinkstäben. Lyck, gedr. in A. Glanert's Buchdr., 1891; 26 S. 4°
Lyck, k. G, OP 1891 (13)

Heinemann, Erna, Gedichte. (94 S.) 16. Neurode 906. E. Rose. Kart. 3. —

Heinemann, Ernst, die **Bilanz d. Christenthums.** gr. 8. (90 S.) Berlin 898. H. Walther. n. 1.50

Heinemann, Ernst, der Börsenterminhandel u. das Reichsgericht, nebst e. kurzen Darlegg. der kammergerichtl. Rechtssprechg. gr. 8. (48 S.) Berlin 900. [J. J. Heine.] J. Guttentag. n. 1.—

Heinemann, Ernst, die Grundlagen d. Schleiermacher'schen Theologie. Eine krit. Untersuchg. **gr. 8. (48 S.) Berlin 900. H. Walther.** n. 1.20

— das Grundprinzip der Aktienform u. der Nachschußzwang bei Aktiengesellschaften. Eine aktienrechtl. Untersuchg. gr. 8. (72 S.) Berlin 902. Haude & Spener. n. 1.50

Heinemann, Ernst, ist der Verein d. Berliner Productenhändler e. Börse? gr. 8. (11 S.) Berlin 897. Verl. d. Correspondenz Geld. n. — 50

Heinemann, Ernst, a. Messeler Forsthaus b. Darmstadt: Die gemischte Kegelschnittschar. ⟨Das Kegelschnittsystem S (1 p, 3 l).⟩ Darmstadt 1908: H. Uhde. (84 S., 1 Taf.) 8°

Gießen, Phil. Fak., Ref. Pasch, Diss. v. 16. Juni 1908

[Geb. 6. Juni 84 Forsthaus Messel b. Darmstadt; Wohnort: Darmstadt; Staatsangeh.: Hessen; Vorbildung: Neues Gymn. Darmstadt Reife O. 02; Studium: Techn. Hochsch. Darmstadt 2, München 2, Gießen 4 S.; Rig. 14. Dez. 07.]

— das Problem der deutschen Börsenreform in rechtl. u. wirthschaftl. Beziehung, unter besond. Berücksicht. der Judikatur des Reichsgerichts u. des Oberverwaltungsgerichts. gr. 8. (VII, 136 S.) Berlin 901. C. Heymann. n. 2.40

Die Regierung und die Productenhändler. Von Ernst Heinemann. *Berlin: Arends & Mossner 1898.* (10 S.) 8° [Umschlagt. J. u. Ant.] [98. 8435

— die Regierung u. die Productenhändler. 8. (10 S.) Berlin 898. Finanzverlag. n.n. — 50

Heinemann, Ernst, s.: Saling's Börsen-Papiere.

— die erlaubten u. die verbotenen Termingeschäfte u. die Rechtsprechung des Reichsgerichts. gr. 8. (70 S.) Berlin 899. Haude & Spener. n. 1. 20

Heinemann, Ernst, **Richard Wagner u. das Ende der Musik.** (VIII, 175 S.) 8. Berlin-Schöneberg 910. Brüning & Hörhold. 3. —

[Umschlagt.:] Die Wiederaufhebung des Börsengesetzes. Von Ernst Heinemann ... *Berlin: Correspondenz Gelb 1897.* (18 S.) 1 Bd 8. [97. 3098

Heinemann, Ernst Albert, Assessor: Zur Auslegung der §§ 1828 bis 1831 BGB. Borna, Bez. Leipzig 1908: Noske. VI, 100 S. 8°

Leipzig, Jur. Diss. v. 19. Nov. 1908

[Geb. 11. Okt. 78 Hamburg; Wohnort: Hamburg; Staatsangeh.: Hamburg; Vorbildung: Wilhelm-Gymn. Hamburg Reife O. 97; Studium: Berlin 1, Marburg 3, Göttingen 2 S.; Rig. 20. Febr. 04.] [U 09. 2539

Heinemann, F. v. Die Einweihung des neuen Gymnasialgebäudes. 13 S. **Progr.** *Wolfenbüttel* 1880.

— Erläuterungen zu Sophokles Antigone. Pr. 1863. 36 S. 4°. 1.20

—— **Gedächtnißtafeln zu Welter's Lehrbuch der Weltgeschichte,** s. Gedächtnißtafeln.

(Heinemann, F. v.), Gedächtnißtafeln zu Welter's Lehrbuch der Weltgeschichte für Schulen. 2. durchges. Aufl. Braunschweig 858. J. H. Meyer. 4. (1 Bl., 33 S.) 3¾ ngr

Heinemann, F. v., Gedichte. 8. (11 B.) Braunschweig 845, Leibrock. * —

Heinemann, F., siehe: *Geschichtsblätter.*

Heinemann, F. v., Claus Hansen. Drama in 5 Aufzügen. (Den Bühnen gegenüber als Mscr. gedr.) gr. 8. (III und 80 S.) Braunschweig 859(61). (Hamburg, Perthes-Besser und Mauke.) *

Heinemann, F. v., Zur ästhetischen Kritik von Sophokles' König Oedipus. Pr. 1858. 82 S. 4°. 1.20

Heinemann, F. v., Robespierre. Trauerspiel in 5 Aufzügen. (Den Bühnen gegenüber als Mscr. gedr.) 8. (134 S.) Braunschweig 850, J. H. Meyer.

— s. Tegnér, Es., die Frithiofssage.

—— vor 1838. Novelle. 8. (179 S.) Braunschweig 850, J. H. Meyer.

Heinemann, F. v., der Waffenschmied v. Braunschweig. Drama in 5 Aufzügen. br. 8. (123 S.) Braunschweig 876. Haering & Co. n. 2. 50

Heinemann, Felix, aus Berlin: **Untersuchungen über das Benzylisonitromethan und über den Dicyan-Benzoylessigester.** *Berlin (1899): E. Ebering.* (44 S.) 8°
Berlin, Phil. Diss. v. 5. Aug. 1899

Heinemann, Fel., Vorposten. Eine Sammlg. 8. (109 S.) Leipzig 892. W. Friedrich. n. 2. —

Heinemann, Fr., Bilder aus meinem Kriegs- u. Wanderleben. Nach dessen mündl. Erzählungen bearbeitet u. mitgetheilt von H. E. R. Belani. 3 Thle. 8. Neuhaldensl. 833. Eyraud. 4 ₰

Heinemann, Fr., u. H. Th. Matth. Meyer, Handels- u. Wirtschaftsgeographie von Südamerika, s.: Handels- u. Wirtschaftsgeographie.

Heinemann, Frz., Aberglaube, geheime Wissenschaften, Wundersucht, s. Bibliographie der schweizerischen Landeskunde. V, 5.

Heinemann, Franz. Aberglaube, Geheime Wissenschaften, Wundersucht. ⟨1. und 2. Hälfte.⟩ Bearb. von Dr. F' H'.... Heft 1 der Kulturgeschichte und Volkskunde ⟨Folklore⟩ der Schweiz. XXVIII + 591 S. 8. Bern, K. J. Wyss, 1907. [fr. 7. —]

⟨1. Hälfte.⟩ XVIII + 240 S. 1907. [fr. 3. —.] — (2. Hälfte.) XXVIII S. + S. 241—591. 1907. [fr. 4.—]

Ausg. A mit deutschen Titeln. — Bibliographie der Schweizerischen Landeskunde.... Faszikel V 5.

Ausg. B mit französ. Titeln: Superstitions, Occultisme, Croyance au surnaturel et aux miracles. ⟨1re et 2e moitié.⟩ Rédigé par le Dr. F' H'.... 1er cahier de l'histoire de la civilisation et des us et coutumes ⟨Folklore⟩ de la Suisse. Berne ... 1907. — Bibliographie nationale suisse.... Fascicule V 5.

Heinemann, Franz. Alt Luzern. Ein kunstgeschichtlicher Führer. [Mit Illustrationen und 2 Tafeln.] II + 71 S. quer-8. Luzern, E. Goetz, [1909]. [geb. fr. 3. —]

Heinemann, Frz., das Crimen Falsi in der altitalienischen Doktrin, s. Beiträge, Berliner juristische. 5. Hft.

Das Crimen Falsi in der altitalienischen Doktrin von Franz Heinemann, Kammerger.Ref. Berlin: R. v. Decker 1904. (36 S.) 8° [J. u. Ant.]
= Beiträge, Berliner Jurist. z. Civilrecht, Handelsr., Strafrecht. H. 5. [05. 136

Heinemann, Frz., die deutschen Freiwilligen in Griechenland bis zu ihrer Wiederauflösung unter König Otto I. nebst Reisebeschreibung von München bis zur Landung auf jenem classischen Boden und Topographie der wichtigsten Plätze dieses Landes. 8. Heiligenstadt 844. (Delion.) ⅞ ₰

Heinemann, Franz. Friedens-Ringen. Prolog von F' H', Luzern, zum 14. Internationalen Friedens-Kongress in Luzern 1905. [Mit Vignetten.] 7 S. 8. Luzern, C. J. Bucher.

Heinemann, Franz. Kirchliche und religiöse Gebräuche. Bearb. von Dr. F' H'.... Heft 4 der Kulturgeschichte und Volkskunde ⟨Folklore⟩ der Schweiz. XVI + 195 S. 8. Bern, K. J. Wyss, 1910. [fr. 2. 50] Bibl.—Lesesaal

Ausg. A mit deutschen Titeln. — Bibliographie der Schweizerischen Landeskunde.... Faszikel V 5.

Ausg. B mit französ. Titeln: Usages ecclésiastiques et religieux. Rédigé par le Dr. F' H'.... 4e cahier de l'histoire de la civilisation et des us et coutume ⟨Folklore⟩ de la Suisse. Berne, K.-J. Wyss, 1910. — Bibliographie nationale suisse.... Fascicule V 5.

Heinemann, Frz., Geschichte des Schul- u. Bildungslebens im alten Freiburg b. zum 17. Jahrh. Mit d. Bildnisse Peter Schneuwlys. (Nach d. im Jesuitenkollegium sich befindl. Original.) (Teilweise abgezogen als Jahrg. II d. Freib. Geschichtsblätter 1895.) gr. 8. (VII, 175 S.) Freiburg (Schweiz) 896. Universitätsbuchh. n. 3. —

— Albrecht v. Haller als Vivisektor. Ein Beitrag zu seinem 200. Geburtstag. (20 S.) gr. 8. Bern 908. A. Francke. — 70
Sonderabdruck aus: „Wissen u. Leben".

Heinemann, Frz., **die Henker u. Scharfrichter als Volks- u. Viehärzte seit Ausgang des Mittelalters.** gr. 8. (16 S.) Zürich 900. (Geschw. Doleschal Nachf.) n. — 70
Sonderabdruck aus: „Schweiz. Archiv f. Volkskde."

Heinemann, Frz.: Inquisition. Intoleranz. Exkommunikation. Interdikt. Index. Zensur,
s.a. Bibliographie der schweizer. Landeskunde.

Heinemann, Franz. Inquisition, Intoleranz, Exkommunication (*2. *Hälfte:* Exkommunikat'), Interdikt, Index, Zensur. Sektenwesen. Hexenwahn und Hexenprozesse, Rechtsanschauungen. Bearb. von Dr. F' H'.... Heft 2 ⟨1. u. 2. Hälfte⟩ der Kulturgeschichte und Volkskunde ⟨Folklore⟩ der Schweiz. XXXVI + 484 S. 8. Bern, K. J. Wyss, 1908—1909. [fr. 6. —] Bibl.—Lesesaal

⟨1. Hälfte.⟩ XXII + 216 S. 1908. [fr. 3. —.] — ⟨2. Hälfte.⟩ XXXVI S. + S. 217—484. 1909. [fr. 3. —]

Ausg. A mit deutschen Titeln. — Bibliographie der Schweizerischen Landeskunde.... Faszikel V 5.

Ausg. B mit französ. Titeln: Inquisition, Intolérance, Excommunication, Interdit, Mise à l'Index, Censure. Sectes et sectaires, Sorcellerie et procès de sorc', Us et coutumes judiciaires. Rédigé par le Dr. F' H'.... 2e cahier ⟨1re et 2de partie⟩ de l'histoire de la civilisation et des us et coutumes ⟨Folklore⟩ de la Suisse. Berne, K.-J. Wyss, 1908—1909. — Bibliographie nationale suisse.... Fascicule V 5.

Heinemann, Frz., s.: Katharinenbuch, d. sogen.

Heinemann, Franz. Krieg und Frieden. Melodramatisches Oratorium. Dichtung von F' H'. Litterarische Festgabe zum 14. Internationalen Friedens-Kongress. Luzern, September 1905. 20 S. 8. Luzern, C. J. Bucher.

Heinemann, Frz.: Märchen u. Fabeln,
s. Bibliographie der schweizer. Landeskunde.

Heinemann, Franz. Menschenverachtung und Menschenverbrauch im Kriege. Vortrag, gehalten im Friedensverein Luzern. II + 37 S. 8. Luzern, Verlag des Friedensvereins, 1909. [fr. —. 20]

Heinemann, Frz., der Richter u. die Rechtspflege in der deutsch. Vergangenheit, s. Monographien z. deutsch. Kulturgeschichte. 4. Bd.

Heinemann, Franz. Der Richter und die Rechtspflege in der deutschen Vergangenheit. Mit 159 Abbildungen und Beilagen [woven 7 Tafeln] nach den Originalen aus dem fünfzehnten bis achtzehnten Jahrhundert. 4. [Leipzig 1900.]

Monographien zur deutschen Kulturgeschichte.... (Band 4. Altertümliche Ausg.)

Heinemann, Frz.: Sagen u. Legenden,
s.a. Bibliographie der schweizer. Landeskunde.

Heinemann, Franz. Sagen und Legenden. — Märchen und Fabeln. Bearb. von Dr. F' H'.... Heft 3 der Kulturgeschichte und Volkskunde ⟨Folklore⟩ der Schweiz. XXII + 211 S. 8. Bern, K. J. Wyss, 1910. [fr. 2. 50] Bibl.—Lesesaal

Ausg. A mit deutschen Titeln. — Bibliographie der Schweizerischen Landeskunde.... Faszikel V 5.

Ausg. B mit französ. Titeln: Mythes et Traditions. — Légendes. — Contes et Fables. Rédigé par le Dr. F' H'.... 3e cahier de l'histoire de la civilisation et des us et coutumes ⟨Folklore⟩ de la Suisse. Berne, K.-J. Wyss, 1910. — Bibliographie nationale suisse.... Fascicule V 5.

— die Schrecken des Krieges im Lichte der bildenden Kunst. gr. 8. (36 S. m. Abbildgn.) Luzern (902). Internationales Kriegs- u. Friedensmuseum. (Nur direkt.) n. — 50; französ. Ausg. (34 S.) n. — 50

Heinemann, Frz.: Sektenwesen. Hexenwahn u. Hexenprozesse. Rechtsanschauungen,
s. Bibliographie der schweizer. Landeskunde.

— s.: Spichtig's, Pet., Dreikönigspiel v. Lungern.

Heinemann, Franz. Tell-Bibliographie, umfassend 1. die Tellsage vor und ausser Schiller ⟨15.—20. Jahrhundert⟩, sowie 2. (Friedrich von) Schillers Tell-Dichtung ⟨1804—1906⟩. [Sep.-Abdr. aus: Der Geschichtsfreund. Mitteilungen des historischen Vereins der fünf Orte.... Band 61.] II + 189 S. 8. Bern, K. J. Wyss, 1907. fr. 4. —]

— Tell-Ikonographie. Wilhelm Tell u. sein Apfelschuss im Lichte der bild. Kunst e. halben Jahrtausends (15.—20. Jahrh.) m. Berücksicht. der Wechselwirkg. der Tell-Poesie. Mit 4 Kunst-Beilagen u. 54 Orig.-Reproduktionen. gr. 4. (74 S.) Luzern (902). Geschw. Doleschal Nachf. — Leipzig, E. Avenarius. n. 4. 20

Heinemann, Friedrich, prakt. Arzt aus Wernigerode a. H.: Die chirurgische **Behandlung** der Lebercirrhose. *Berlin (1901): G. Schade.* (30 S.) 8°

Berlin, Med. Diss. v. 26. Febr. 1901

Heinemann, Friedr., Bilder aus meinem Kriegs- u. Wanderleben. Nach dess. mündl. Erzähln. bearb. u. mitgetheilt v. † H. E. R. Belani. 3 Thle. 8. (42 B.) Neuhaldensleben 833, Eyraud.

Die Anpflanzung und Pflege des Hochstamm- und Zwergobstes im freien Lande, v. F[riedrich] C[arl] **Heinemann,** ... Samenhandlg ... in Erfurt. 4. erweit. Aufl. m. Abb. *Leipzig: H. Dege (1897).* (42 S.) 1 Bd 8.
= **Heinemann,** F. C.: Garten-Bibliothek. No 12. 98. 394

Aquarium, Terrarium u. Zimmergewächshäuschen, ihre Verwendg, Bepflanzg etc., nebst Verz. d. schönsten Wasserpflanzen f. Teiche, Bassins, Zimmer-Aquarien u. s. w., sowie d. beliebtesten Miniaturpflanzen f. Zimmerterrarien. 3. verm. u. vollst. umgearb. Aufl. v. F[riedr.] C[arl] **Heinemann,** Kgl. Preuss. Hoflief. ... in Erfurt ... *Leipzig: H. Dege [1897?].* (61 S.) 1 Bd 8.
= **Heinemann,** F. C.: Garten-Bibliothek. No 16. 98. 1320

Die Beerenobststräucher. E. Leitf. f. deren Kultur u. wirtschaftl. Ausnützg m. bes. Berücks. d. Weinbereitg. v. F[riedr.] C[arl] **Heinemann,** Kgl. Preuss. Hoflieferant ... in Erfurt ... *Leipzig: H. Voigt [1894].* (32 S.) 1 Bd 8.
= **Heinemann,** Friedr. Carl: Garten-Bibliothek. No 20. 96. 7919

Das Chrysanthemum ... (Von F[riedrich] C[arl] **Heinemann.**) M. 22 in d. Text gedr. Abb. *Leipzig: H. Voigt [1892].* (60 S.) 1 Bd 8.
= **Heinemann,** Friedr. Carl: Garten-Bibliothek. No 17. 96. 7950

Heinemann, F. C., die Clematis, s.: Hartwig, J.

Heinemann's, F. C., Gartenbibliothek. Nr. 1, 2, 3, 6a—d, 7, 9—12, 14 u. 16. Mit eingedr. Abbildgn. gr. 8. Erfurt 880—890. (Leipzig, H. Voigt.) n. 9. 50

1. Die Clematis. Eintheilung, Pflege u. Verwendg. der Clematis, m. e. beschreib. Verzeichnisse der bis jetzt gezüchteten Varietäten u. Hibriden, nach „The Clematis as a garden flower" v. Thomas Moore u. George Jackmann bearb. durch J. Hartwig u. F. C. Heinemann. Mit 7 in den Text gedr. Abbildgn. (III, 102 S.) n. 2. 50
2. Die Pflege der Obstbäume in Töpfen od. Kübeln. 4., verb. Aufl. (18 S.) n. — 50
3. Anleitung zur Anpflanzung der Obstbäume, zur Hebung d. Obstbaues auf dem Lande, hrsg. vom Präsidium der internationalen Gartenbaugesellschaft zu Erfurt. (28 S.) n. — 50
6a. Die Kultur der Erdbeeren im freien Lande u. im Topfe, nebst Angabe üb. Verwendung d. Erdbeer-Schoners. 3., umgearb. Aufl. (10 S.) n. — 30
6b. Die Kultur d. Spargels [Asparagus officinalis]. 5., umgearb. Aufl. (11 S.) n. — 30
6c. Die Cultur d. Champignon [Agaricus campestris]. 4. Aufl. (11 S.) n. — 30
6d. Die Cultur d. Weissdorns [Crataegus Oxyacantha]. (11 S.) n. — 30
7. Die Cultur der Futtergräser u. Futterkräuter im Felde u. im Garten v. „The Lawson nursery and seed Company, Edinburgh and London". Mit Erlaubniss d. Verf. übers. (IV, 53 S.) n. 1. —
9. Die Cultur der Blumenzwiebeln und Knollengewächse. 3., verm. Aufl. (60 S.) n. 1. 50
10. Die Pflege der Pflanzen im Zimmer. 3., verm. Aufl. (24 S.) n. — 50
11. Der Schmuck d. Altares. 2. Aufl. (8 S.) n. — 30
12. Die Pflege d. Zwergobstes, der Pyramide, Palmette u. d. Cordons im freien Lande. 2., verb. Aufl. (18 S.) n — 50
14. Die Kultur u. Verwendung der bekanntesten Sommergewächse. (48 S.) n. — 50
16. Aquarium, Terrarium u. Zimmergewächshäuschen, ihre Verwendg., Bepflanzg. etc., nebst Verzeichniss d. schönsten Wasserpflanzen f. Teiche, Bassins, Zimmer-Aquarien u. s. w., sowie der beliebtesten Miniaturpflanzen f. Zimmerterrarien. (40 S.) n. — 50

Heinemann's, F. C., Garten-Bibliothek. Nr. 1, 6c, 17, 18 u. 20. gr. 8. Leipzig, [H. Voigt]. H. Dege. n. 5. 30
1. Die C[illegible] Verwendg. der C[illegible] m. e. [illegible] der bl[illegible] gemachten [illegible] „The Cl[illegible]" v. [illegible] u. George Jackman [illegible] v. F. J. Hartwig u. C. Heinemann. 2. Aufl. (112 S. m. 7 Abbildgn.) 891. n. 2. 50
6c. Die Kultur d. Champignon (Agaricus campestris). 6., verm. Aufl. (12 S. m. Abbildgn.) 893. n. — 30
17. Das Chrysanthemum. Geschichtliches, seine Vermehrg., Behandlg. der jungen Pflanzen, Anzucht in Buschform, Erziehg. der niederen Pflanzen, Erziehg. in Pyramidenform, Erziehg. zu Hochstämmen, frühblüh. Chrysanthemum u. deren Kultur, Kultur zu Ausstellungszwecken, das Düngen, Feinde d. Chrysanthemum, monatl. Arbeits-Kalender f. Laien wie Fachleute. Mit 22 in den Text gedr. Abbildgn. (60 S.) 893. n. 1.
18. Der Küchengarten od. der Anbau der Gemüsegewächse. (106 S. m. Abbildgn.) 893. n. 1. —
20. Die Beerenobststräucher. Ein Leitfaden f. deren Kultur u. wirthschaftl. Ausnützg. m. besond. Berücksicht. der Weinbereitg. (32 S. m. Abbildgn.) 894. n. — 50

Heinemann's, F. C., Garten-Bibliothek. Nr. 2, 6a, 6b, 6c, 12, 16, 18 u. 20. gr. 8. Leipzig, H. Dege. n. 3. 70
2. D. Pflege d. Obstbäume in Töpfen od. Kübeln. 6., verm. u. verb. Aufl. (15 S. m. Abb.) 898. n. — 30
6a. D. Kultur d. Erdbeeren im freien Lande u. im Topfe, sow. d. Treiben derselben. 6. Aufl. (20 S. m. Abb.) 897. n. — 30
6b. D. Kultur d. Spargels (Asparagus officinalis). 8., verm. Aufl. (14 S. m. Abb.) 895. n. — 30
6c. D. Kultur d. Champignon (Agarius campestris). 7., verm. Aufl. (13 S. m. Abb.) 896. n. — 30
12. D. Anpflanzg. u. Pflege des Hochstamm- u. Zwergobstes im freien Lande. 4., erweit. Aufl. m. Abb. (42 S.) 897. n. — 50
16. Aquarium, Terrarium u. Zimmergewächshäuschen, ihre Verwendg., Bepflanzg. etc., nebst Verzeichnis d. schönsten Wasserpflanzen f. Teiche, Bassins, Zimmer-Aquarien u. s. w., sow. d. beliebtesten Miniaturpflanzen f. Zimmerterrarien. 3., verm. u. vollst. umgearb. Aufl. (61 S. m. Abb.) 896. n. — 50
18. D. Küchen- od. Gemüsegarten. 5., bedeut. verm. u. verb. Aufl. (152 S. m. Abb.) 896. n. 1. —
20. D. Beerenobststräucher. Ein Leitfaden f. deren Kultur u. wirtschaftl. Ausnützg. m. bes. Berücksicht. d. Weinbereitg. 2., verm. u. verb. Aufl. (32 S. m. Abb.) 898. n. — 50

Heinemann's, F. C., Garten-Bibliothek. Nr. 6d, 9, 14, 16 u. 23—26. gr. 8. Leipzig, H. Dege. n. 4. 35
6d. Die Kultur des Weissdorns (Crataegus oxyacantha) als Heckenpflanze. 3. verm. Aufl. (13 S. m. 2 Abbildgn.) (903.) n. — 30
9. Die Kultur der bekanntesten Blumenzwiebeln u. Knollengewächse. 5. verm. u. verb. Aufl. (95 S. m. Abbildgn.) (903.) n. 1. —
14. Die Kultur u. Verwendung der bekanntesten Sommergewächse m. Einschluss einiger beliebter Stauden- u. Topfgewächse. 3. verm. u. verb. Aufl. (96 S. m. Abbildgn.) (903.) n. — 75
16. Sumpf- u. Wasserpflanzen. Anleitung zu ihrer Verwendg. f. die Bepflanzung v. Uferrändern, Teichen, Bassins etc., nebst e. Verzeichnis der schönsten Ufer-, Sumpf- u. Wasserpflanzen fürs Freie. 4. verm. u. vollständig umgearb. Aufl. (28 S. m. Abbildgn.) (905.) n. — 50
23. Die Blumen als Schmuck in den katholischen Kirchen. (8 S.) (903.) n. — 30
24. Die Kultur der Gesneriaceen (Begonien, Gloxinien usw.) (15 S. m. Abbildgn.) (903.) n. — 20
25. Der Pflanzenschmuck des Grabes. Bearb. v. Rud. Reichhardt. (16 S. m. Abbildgn.) (903.) n. — 30
26. Die Kultur der Staudengewächse, ihre Anzucht aus Samen u. Vermehrg. (58 S. m. Abbildgn.) (904.) n. 1. —
Nr. 22 u. d. T.: Haage, Fr. Aug., Cacteen-Zimmer-Cultur. Ebd. 898. n. — 75.

Heinemann's, F. C., Gartenbibliothek. Nr. 18. 8. Leipzig (909). H. Dege. 1. 50
Der Küchen- od. Gemüsegarten. 6. verm. u. verb. Aufl. (X, 210 S. m. Abbildgn.)

Guide to the raising from seed and cultivation of all Kinds of vegetables, flowers, shrubs &c. &c. &c. Publ. by F[riedrich] C[arl] Heinemann, Erfurt ... (*München: Dr.: Nat. Verlagsanst. A.-G. 1895.*) (2 Bl., 77 S., 1 Bl.) 1 Bd 8. [96. 7951

Heinemann, Friedrich Carl, s. Jäger, Herm.

Der Küchen- oder Gemüsegarten v. F[riedr.] C[arl] Heinemann, Kgl. Preuss. Hoflieferant ... in Erfurt ... 3. verm. u. verb. Aufl. ... *Leipzig: H. Dege [1896].* (152 S.) 1 Bd 8.
= Heinemann, Friedr. Carl: Garten-Bibliothek. No 18. [96. 7950

Die Kultur der bekanntesten Blumenzwiebeln und Knollengewächse v. F[riedrich] C[arl] Heinemann, Kgl. Preuss. Hoflieferant ... in Erfurt ... 4. verm. u. verb. Aufl. *Leipzig: H. Voigt [1894?].* (93 S.) 1 Bd 8.
= Heinemann, Friedr. Carl: Garten-Bibliothek. No 9. [96. 7953

Die Kultur des Champignon '(Agaricus campestris)' v. F[riedrich] C[arl] Heinemann, Kgl. Preuss. Hoflieferant ... in Erfurt ... 7. verm. Aufl. *Leipzig: H. Dege [1896].* (13 S.) 1 Bd 8.
= Heinemann, Friedr. Carl: Garten-Bibliothek. No 6c. [96. 7954

Die Kultur der Erdbeeren im freien Lande und im Topfe, sowie d. Treiben ders. v. F[riedr.] C[arl] Heinemann, Kgl. preuss. Hoflief. ... zu Erfurt. 6. Aufl. *Leipzig: H. Dege [1897].* (20 S.) 1 Bd 8.
= Heinemann, F. C.: Garten-Bibliothek. No 6a. [96. 1579

Die Kultur des Spargels '(Asparagus officinalis)' v. F[riedrich] C[arl] Heinemann, Kgl. Preuss. Hoflieferant ... in Erfurt. 8. verm. Aufl. *Leipzig: H. Dege [1895].* (14 S.) 1 Bd 8.
= Heinemann, Friedrich Carl: Garten-Bibliothek. No 6b. [96 7955

Die Kultur und Verwendung der bekanntesten Sommergewächse, m. Einschluss einiger beliebter Stauden- u. Topfgewächse, v. F[riedr.] C[arl] Heinemann, Kgl. preuss. Hoflief. ... 3. verm. u. verb. Aufl. *Leipzig: H. Dege [1897?].* (96 S.) 1 Bd 8.
= Heinemann, F. C.: Garten-Bibliothek. No 14. [96. 1580

Die Pflege der Pflanzen im Zimmer nebst Kulturangaben d. schönsten u. beliebtesten Zimmerpflanzen ... v. F[riedrich] C[arl] Heinemann, Kgl. Preuss. Hoflieferant ... in Erfurt ... 5. verm. Aufl. *Leipzig: H. Voigt [1894?].* (96 S.) 1 Bd 8.
= Heinemann, Friedrich Carl: Garten-Bibliothek. No 10. [96. 7956

Heinemann, F. C., allgemeine Regeln bei den Aussaaten sowie specielle Cultur-Anweisung der vorzüglichsten einjährigen Mode- und Sortiments-Pflanzen für Blumenfreunde. gr. 8. (32 S.) Erfurt 853, Körner's Verlag. Thlr. *

Heinemann, F. C., allgem. Regeln bei d. Aussaaten, sowie spezielle Cultur-Anweis. d. vorzügl. einjähr. Mode- u. Sortiments-Pflanzen f. Blumenfreunde. gr. 8. Erfurt, 1853. Körner. — 7½

Heinemann, Fritz: Die Politik des Grafen Brandenburg. (Berlin: Nauck 1909.) 71 S. 8°
Berlin, Phil. Diss. v. 7. Aug. 1909, Ref. Delbrück
[Geb. 8. Juli 80 Berlin; Wohnort: Berlin; Staatsangeh.: Preußen; Vorbildung: Lessing-Gymn. Berlin Reife M. 01; Studium: Heidelberg 1, Berlin 9 S.; Rig. 24. Juni 09.] [U 09. 187

Heinemann, G., siehe: *Thierwelt.*

Heinemann, G. W. F., eine Katechisation über Joh. 3, 16 und einige Erzählungen von Beispielen in der Glaubenstreue und Buße als Weihnachts- und Pathengeschenk für fleißige Kinder. gr. 8. (16 S.) Uelzen 849. (Lüneburg, Engel's Buchh.) **

Heinemann, G. W. F. De dütsch-französische Krieg 1870—71, in 59 plattdütschen Gedichten wiß un wahrhaft vörtellt för Heer, Schaul un Volk. 8. (55 S.) Braunschw. 892, Wollermann. * — 60

Heinemann, G. W. F., ein Missionskleeblatt, bestehend aus einer Missionspredigt über Sach. 14, 6—9 von C. J. Ph. Spitta, aus einer lieblichen Missionserzählung „Ogyomi" von Hinderer u. aus einem neuen Missionsliedersträuße gebunden vom Herausgeber. Neu-Ruppin 863. Oehmigke. 16. (54 S.) n. 4 ngr; feine Ausg. n. 5 ngr.

— Rätsel u. vermischte Gedichte. 2. Sammlg. 8. (IV, 217 S.) Ebd. 892. * 1 —; cart. * 1 20
1. Sammlg. Ebd. 1883. * — 60; geb. * 1 —

Heinemann, G. W. F., Räthsel, Lieder und vermischte Gedichte für christliche Kreise. 8. (188 S.) [Neu-Erkerode 876, Buchh. der Idioten-Anstalt.] Braunschweig, Buchh. für evangel. Theologie. ℳ 1,20.; cart. * 1 40
geb. * 1 80

Heinemann, G. W. F., Räthsel, Lieder und vermischte Gedichte für christliche Kreise. 2. Aufl. 8. (188 S.) Braunschweig 883, Wollermann. cart. geb.

— 30 Schulentlassungs-, Stammbuchs- und sonstige Gedenkblätter auch als Pathen- und Weihnachtsgaben und zur Zimmerverzierung dienlich. Lithogr. qu. 4. Neu-Ruppin 863, Oehmigke. In Couvert.

— Schul- und Familienfeier am 50. Gedenktage der Schlacht bei Waterloo, den 18. Juni 1865. 8. (36 S.) Hannover 865, Meyer.

Heinemann, G. W. F., kleine Schul- und Familienharfe. Eine Sammlung liebl. Lieder mit ein- und zweistimmigen Singweisen im Kirchen- und Volkston, geordnet nach den 12 Monaten des Jahres. gr. 16. (84 S.) Hermannsburg 861. Leipzig, Naumann. *

— kleine Schul- u. Familienharfe. Eine Sammlg. liebl. Lieder m. Melodien. 2. verb. u. verm. Aufl. gr. 16. (190 S.) Hermannsburg 875. Missionshausdr. n. — 60

Heinemann, Georg, a. Bremen: Shadwell-Studien. Kiel 1907: H. Fiencke. (IX, 105 S.) 8°
Kiel, Phil. Fak., Ref. Holthausen, Diss. v. 26. Okt. 1907
[Geb. 12. März 85 Bremen; Wohnort: Bremen; Staatsangeh.: Bremen; Vorbildung: Oberrealsch. Bremen Reife O. 03; Studium: Heidelberg 2, Berlin 2, Kiel 2 S.; Rig. 13. Juli 07.]

Heinemann, Georg Wilhelm

Heinemann, Georg. Guil. (geb. Seehausen in d. Altm. 17. 4. 1841): De sanationis processu post articulorum resectionem et quaenam mutationes in resectis articulis observentur. Berolini (1865). (32 S.) 8°
Berlin, Med. Diss. v. 11. März 1865

Heinemann, Gustav: Ueber die Aenderung der Magnetisierungsfunktion bei hohen Spannungen. *Göttingen 1897: Dieterich.* (40 S. mit Taf.) 8°
Göttingen, Phil. Diss. v. [3. Nov.] 1897

Heinemann, H., siehe Festgabe f. Wilke.

Heinemann, H. v., die Schmetterlinge Deutschlands und der Schweiz systematisch bearb. Nebst analyt. Tabellen zum Bestimmen der Schmetterlinge. (In 2 Abthlgn.) 1. Abthl.: Grossschmetterlinge. Mit in den Text gedr. Holzschn. zur Erläuterung der Terminologie. gr. 8. (XXIII und 850 S. mit Tabellen 118 S.) Braunschweig 859, Vieweg und Sohn. * Die Tabellen apart *

Heinemann, H. v., die Schmetterlinge Deutschlands und der Schweiz systematisch bearb. Nebst analyt. Tab. zum Bestimmen der Schmetterlinge. 2. Abthl.: Kleinschmetterlinge. 1. Bd. 2 Hefte. gr. 8. Braunschweig 863,65, Schwetschke und Sohn. *
Inhalt:
Heft 1. Die Wickler. (287 S.) * 2 Thlr.
„ 2. Die Zünsler. (VIII und 241 S.) * 1 Thlr. 18 Ngr.
1. Abthl. Ebendas. 1859. * 3 Thlr. 15 Ngr.

Heinemann, H. v., die Schmetterlinge Deutschlands und der Schweiz systematisch bearb. Nebst analyt. Tab. zum Bestimmen der Schmetterlinge. 2. Abthl.: Kleinschmetterlinge. 2. Bd.: Die Motten und Federmotten. 1. Heft. gr. 8. (388 S.) Braunschweig 870, (Schwetschke und Sohn.) *
1. Abthl. und 2. Abthl. 1. Bd. Ebendas. 1859—65. * ℳ 21,30.

Heinemann, H. v., die Schmetterlinge Deutschlands und der Schweiz systematisch bearb. Nebst analyt. Tabellen zum Bestimmen der Schmetterlinge. 2. Abthl.: Kleinschmetterlinge. 2. Bd.: Die Motten und Federmotten. 2. (Schluss-)Heft. Von H. v. Heinemann und M. F. Wocke. gr. 8. (VI, S. 389—825, 102 S.) Braunschweig 877, (Schwetschke und Sohn.) * 12 —
1. Abthl. Braunschweig 1859, Vieweg und Sohn, vergriffen. 2. Abthl. 1. Bd. und 2. Bd. 1. Heft. Braunschweig 1859—65, Schwetschke und Sohn. * ℳ 13,40.

Heinemann, H. v., Schmetterlingsbuch, s.: Berge, Fr.

Heinemann, H., die Binding'sche Schuldlehre, s.: Abhandlungen d. kriminalistischen Seminars zu Marburg.

Heinemann, H., Shylock und Nathan. Vortrag, gehalten im Verein für jüd. Geschichte und Literatur zu Frankfurt a. M. am 20. Jan. 1886. gr. 8. (14 S.) Frankfurt a. M. 886, Kauffmann. *

Heinemann, H., u. E. Oppermann, zum Tagewerk. Lesebuch f. die Fortbildungsschulen des Herzogt. Braunschweig. (IV, 428 S.) 8. Braunschweig 910. E. Appelhans & Co. Geb. 2. —

Heinemann, Hans: Histologische Studien zur Osteomyelitis syphilitica. *Würzburg 1897: A. Boegler.* (24 S.) 8°
Würzburg, Med. Diss. v. 1897

Heinemann, Heinr., Beethoven u. sein Neffe. Drama in 3 Aufzügen u. 1 Vorspiel. (133 S.) gr. 8. Braunschweig 903. A. Graff. n. 1. 60

Heinemann, Heinr., der Schriftstellertag, s. Bloch's, Ed., Volks-Theater.

— Teufelspredigt zur Walpurgisfeier am 30. IV./1. V. 1903, s.: Teufelspredigt Nr. 1.

Heinemann, Heinr., gesammelte dramat. Werke (D. Schriftstellertag. Herr u. Frau Doktor. Auf glatter Bahn. Die Geisige), s. a. Universal-Bibliothek.

[5.] Gesammelte dramatische Werke v. Heinrich Heinemann. Bd 1. *Leipzig: Ph. Reclam jun. (1897).* 8. [gl. 8981 f.]

Heinemann, Henry: Die Spontanruptur des Herzens. München 1907: Wolf. 32 S. 8°
München, Med. Diss. v. 20. Aug. 1908, Ref. v. Bauer
[Geb. 2. Nov. 83 Lüneburg; Wohnort: Lüneburg; Staatsangeh.: Preußen; Vorbildung: Gymn. Lüneburg Reife O. 02; Studium: München 9, Freiburg i. B. 1 S.; Coll. 20. Aug. 08; Approb. 3. Aug. 08.] [U 09. 3332

Heinemann, Hermann

Heinemann, H., u. Fr. **Schreyer,** Rechenbuch f. kaufmännische Fortbildungsschulen. Im Auftr. d. Handelskammer f. das Herzogth. Braunschweig (Abteilg. f. d. kaufm. Unterrichtswesen) bearb. 1.—4. Hft. gr. 8. Braunschweig. [Braunschweiger Verlag f. kaufmänn. Unterrichtswesen u. Wirthschaftskunde.] Leipzig, B. G. Teubner. n. 4. 40; Lehrerausg. n. 5. —
1. (VII, 116 S. m. Abb.) 900. n. 1. 20; Lehrerausgabe (VII, 132 S. m. Abb.) n. 1. 50
2. (106 S. m. Fig.) 900. n. 1. 20; Lehrerausg. (126 S. m. Fig.) n. 1. 50
3. 4. (197 S.) 901. n. 2. —; Lehrerausg. (206 S.) n. 2. —

Heinemann, H., u. F. Schreyer, Rechenbuch f. kaufmännische Fortbildungsschulen. Im Auftrage der Handelskammer f. das Herzogt. Braunschweig (Abteilg. f. das kaufmänn. Unterrichtswesen) bearb. Ausg. A. 1.—4. Heft. gr. 8. Leipzig, B. G. Teubner. n. 4. 60
1. 2. Aufl. (VI, 104 S.) 904. n. 1. 20
2. 3. Aufl. (111 S.) 906. n. 1. 20
3. 3. Aufl. (117 S.) 906. n. 1. 20
4. 2. Aufl. (88 S.) 903. n. 1. —

— u. Fr. Schreyer, Rechenbuch f. kaufmännische Fortbildungsschulen. Im Auftrage der Handelskammer f. das Herzogt. Braunschweig (Abteilg. f. das kaufmänn. Unterrichtswesen) bearb. Ausg. A. I. u. IV. Heft. 3. Aufl. gr. 8. Leipzig, B. G. Teubner. 2. 20
I. (111 S.) 907. 1.20. — II. (109 S.) 908. 1.—.

— — dasselbe. Ausg. B. 1.—4. Heft. gr. 8. Ebd. n. 4. —
1. (IV, 76 S.) 904. n. 1. —. — 2. (86 S.) 904. n. 1. —. — 3. (92 S.) 904. n. 1. —. — 4. (84 S.) 903. n. 1. —; 3 u. 4 in 1 Hefte n. 1. 80.

— — dasselbe. Ausg. C. Für einfache Schulverhältnisse. 1. u. 2. Heft. gr. 8. Ebd. 904. n. 2. 20
1. (IV, 92 S.) n. 1. —. — 2. (97 S.) n. 1. 20.

— — dasselbe. Ausg. C. Für einfache Schulverhältnisse. I. u. II. Heft. 2. Aufl. gr. 8. Ebd. 2. 20
I. (104 S.) 908. 1.—. — II. (118 S.) 909. 1.20.

Heinemann, Herm., kaufmänn. Rechnen, s.: Schreyer, Fritz.

Heinemann, Herm. Olaf, „aus der Jugendzeit". Verse. (65 S.) kl. 8. Strassburg 908. J. Singer. Kart. 2. —

— Requiem u. andere Novellen, s.: Aus Vergangenheit u. Gegenwart.

Heinemann, Hugo: Zur Behandlung der Streikvergehen in der deutschen Gesetzgebung u. Rechtsprechung. Berlin 1900.

Heinemann, Hugo, s: Festgabe der Rechtsanwaltschaft des Kammergerichts f. Dr. Richard Wilke.

— Führer durch die Strafprozeßordnung. Rechte des Angeklagten vor Strafgericht u. Polizei. 12. (80 S.) Berlin 901. Buchh. Vorwärts. n. — 40

Heinemann, Hugo, Führer durch die Strafprozeßordnung. Rechte des Angeklagten vor Strafgericht u. Polizei. 2., vollständig umgearb. Aufl. (99 S.) kl. 8. Berlin 910. Buchh. Vorwärts. — 30

Heinemann, Hugo, die Hydraulik als exacte Wissenschaft. Vortrag, gehalten auf der Hauptversammlung deutscher Ingenieure zu Cassel am 17. Septbr. 1871. gr. 8. (22 S.) Hagen 871, Hammerschmidt.

Heinemann, Hugo [Kammergerichts-Ref. aus Berlin]: Ist das Bewusstsein des Thäters, mit seiner gewollten und objektiv die Merkmale eines Deliktes erfüllenden Handlung ein Strafverbot zu verletzen, zur Strafbarkeit dieser Handlung erforderlich? . . . Berlin, *Druck v. C. A. Wagner in Freiburg i. B.*, 1889; 48 S. 8°
Berlin, Jur. Fak., Inaug.-Diss. v. 10. Okt. 1889

Heinemann, Hugo, die Lehre v. der Idealkonkurrenz. gr. 8. (IV, 140 S.) Berlin 893. O. Liebmann. n. 3. —

— die Rational-Theorie der Bewegung des Wassers als Lehrbuch der Hydrodynamik und für den prakt. Gebrauch des Hydrotekten auf vollständig neuen Grundlagen bearb. gr. 8. (XVI, 284 S. mit 115 eingedr. Holzschn.) Hagen 872, Hammerschmidt. *

— Zur Reform der Strafprozeßordnung. (51 S.) gr. 8. Stuttgart 909. J. H. W. Dietz Nachf. — 75
Sonderabdruck aus „Die neue Zeit".

Heinemann, Hugo. Die Binding'sche Schuldlehre, s.a. Abhandlungen d. kriminalistischen Seminars zu Marburg.

Heinemann, Hugo: Die Binding'sche Schuldlehre. E. Beitr. zu ihrer Widerlegung. Freiburg i. B. 1889. 1,4)

Heinemann, Hugo, die rechtliche Stellung des Angeklagten nach den Protokollen der Kommission f. die Reform des Strafprozesses. (60 S.) gr. 8. Berlin 906. J. Guttentag. n. 1. 60
Sonderabdruck aus: „Ztschr. f. d. ges. Strafrechtswiss."

Heinemann, J. (H.), Komödiant und Vagabund. Humoristisch-satyr. Kriminal-Roman. 8. (114 S.) Bamberg 875. (Würzburg, Kreßner.) * 1 20

Heinemann, J.: Musterblätter für die Uhrenschildmaler des Schwarzwaldes, s. Frank, H.

— die Organisation der doppelten Buchhaltung. Oder Nachweis eines von vielen Handlungen übersehenen wesentl. Fehlers bei ihrer Buchhaltung. In 6 Briefen. 8. (24 S.) Berlin 847, Bureau f. Literatur u. Kunst. 6 ngl

– (Hrsg.), s. Salzmann, L. E.

Samml. der, die religiöse u. bürgerl. Verfassung d. Juden in d. Kön. Preuss. Staaten betreff. Gesetze, Verordnn., Gutachten, Berichte u. Erkenntnisse. Mit e. Anh., welcher Gesetze fremder Staaten enth. Hrsg. v. J. Heinemann. 2e verb. u. sehr verm. Aufl. — A. u. d. T.: Ergänzz. u. Erläuterr. der die religiöse u. bürgerl. Verfass. d. Juden in d. Kön. Preuss. Staaten betreff. Gesetze u. s. w. Hrsg. v. Jos. Harbig. *Glogau.* (*Berlin.*) Heymann. (831.) 835. gr. 8. (2 Thl. 8 Gr.)
Der Nachtrag apart — 12 Gr.

Neueste Samml. der die relig. u. bürgerl. Verfass. d. Juden in d. Kön. Preuss. Staaten betreff. Gesetze, Verordnn., Gutachten, Berichte u. Erkenntnisse. Mit ein. Anh., welcher Gesetze fremder Staaten enth. Herausg. v. J. Heinemann. — A. u. d. T.: Ergänzz. u. Erläuterr. der die relig. u. bürgerl. Verfass. d. Juden in d. Kön. Preuss. Staaten betreff. Gesetze. 2r Nachtr., enth. die J. 1833—38. Hrsg. v. J. Heinemann. *Breslau*, Aderholz. 839. gr. 8. (1 Thl. 6 Gr.)

Heinemann, J. Schlacht bei Kissingen u. Nüdlingen am 10. Juli 1866. Kissingen 1866. 29 S.

Heinemann, J., die neuesten Schulbauten in Bern. E. hygien. Studie. Diss. gr. 8. (40 S. m. 1 Plan.) Bern 894. (H. Körber.) n. — 75

Heinemann, J., Zeittafeln zur Kulturgeschichte. (IV, 48 S.) 8. Frankfurt a/M. (905). Kesselring. n. — 60

Heinemann, Jerem.

Heinemann, J., Almanach f. d. israelitische Jugend. s. Almanach.

— deutsches Andachtsbuch für Israeliten. 8. Berl. 825.

– s.a Archiv, allgem., des Judenthums.

Heinemann, J(erem.), allgem. Archiv d. Judenthums, s. Archiv.
Jetzt (1843) Verlag des: Bureau f. Lit. u. Kunst in Berlin. 1. Bd. brdgs. Pr. 18 Gr.

Heinemann, J., Bilder-Bibel. 40 kolor. Darstellgn. der wichtigsten Begebenheiten des Alten u. Neuen Testaments (m. 111 S. Text). (Neue Ausg. auf größerem Papierformat.) Nebst Textbeilage: Schuster, J.: Kurze biblische Geschichte. qu. gr. Fol. (12 S.) Freiburg i/B. 897. Herder. n. 14.—; lackiert n. 16.—; Halbleinw.-Mappe n.n.n. 1.—; Leinw.-Mappe n.n.n. 3.—

Heinemann, J., Bilder-Bibel. 40 kolor. Darstellgn. der wichtigsten Begebenheiten des Alten u. Neuen Testaments. Ausg. 1906. (2 Bl. Text.) Nebst Textheft: Schuster, J., kurze biblische Geschichte. (12 S.) 44,5×50 cm. Freiburg i/B., Herder. 14.—; lackiert 16.—; einz. Blatt —35; lackiert —40; Halbleinw.-Mappe nn 1.50; Leinw.-Mappe nn 4.—

– s. Brüder, an meine, aus d. Hause Israel.

— Erläuterungen rc. der d. Juden betreff. Gesetze, s. Samml. der d. Juden betreff. Gesetze.

—— das Buch Ester, s. Ester.

– s. Fest-Gebete der Israeliten.

– s.a. Gebetbuch, alllgem., d. Israeliten.

Heinemann, J., allgemeines Gebetbuch für Israeliten. Die sämmtl. Gebete an d. Wochen-, Sabbath- u. Neumondstagen. Zum Gebr. in d. Synagoge für das weibl. Geschlecht. Deutsch bearbeitet. Mit e. Anhange d. Tisch- u. Nachtgebete. 8. Leipzig 5598. (1838.) Weber. 1 ß

—— allgem. Gebetbuch d. Israeliten (Tefilloth Jisrael) geordnet f. d. Jugend. Stereot.-Ausg. gr. 8. (17 B.) Leipzig 840, Barth.

Heinemann, J., allgem. Gebetbuch der Israeliten. Zum Gebrauche in der Synagoge für das weibl. Geschlecht deutsch bearb. 2. Ausg. 8. Leipzig 845, Schrey. ½ ß

—— Gebetbuch f. Israeliten, s. Gebetbuch.

– s. Gebete, 1e Abtheil.

Heinemann, J., סֵדֶר הַזְכָּרַת נְשָׁמוֹת Gedächtniß der Hingeschiedenen. Nebst erbaulichen Betrachtgn. u. Gebeten. Zunächst f. das weibl. Geschlecht. 16. (16 S.) Berlin 849, Bureau f. Literatur u. Kunst. n. 4 ngr; 10 Expl. n. 1 ß

— deutsche Gesänge für Israeliten auf alle Tage in d. Woche. 8. Cassel 810. (Berl., Heinemann). 4 K

— hebräische Gesänge auf alle Tage in der Woche. 8. Berlin, Büreau f. Litt. u. K.

— religiöse Gesänge für Israeliten, insbesond. für d. weibl. Geschlecht u. d. Jugend. 8. Cassel 810. Berl. 812. 2e A. 815. 3e A. 817. 4e A. 822. Heinemann. 8 K

—— Geschichte der Juden. 2 Abthlgn. in 1 Bd. 1. Abthl.: bis 3339 J. der Welt, in genealog. Tafeln mit erläut. Anmerkungen zum Verständniß der heil. Schrift. Mit einer chronolog. Gedächtnißtafel. — 2. Abthl.: bis zur Zerstörung des zweiten Tempels durch Titus im J. der Welt 3828. (68 n. Chr.) Mit einem Schlußworte. Für den Schul- und Privat-Gebrauch. 8. (137 S.) Berlin 849, Bureau für Literatur und Kunst. –

— Gesetze über die Verfassung der Juden, s. Sammlung der die religiöse u. bürgerl. Verfassung d. Juden in d. k. Preuß. Staaten betreff. Gesetze rc.

Heinemann, Jer., Gold- u. Silber-Fein-Gehaltstabellen, s. Salzmann, L. E.

—— Hagadat-Pesach, s. Hagadat-Pesach.

—— Jedidja, Zeitschr. f. Religion, s.a. Jedidja.

— Jedidja, eine relig., moral. u. pädagog. Zeitschrift. 1r—5r Jahrg., oder 1r—10r Bd. gr. 8. Berl. 817—31. Heinemann. (Leipz., Wolbrecht). (à Jahrg. von 2 Bden od. 4 Heften 4 ß) 20 ß Engl. P. 25 ß

Heinemann, (J.) Jedidja; e. religiös.-moral.- u. pädag. Zeitschrift 4r Jahrgg. 1s, 2s H. od. 7r Bd. 1821 u. 22. gr. 8. Berl., Büreau f. Litt. 4 Rthl. Engl. Pap.

—— Jesaia etc., s. 9. Bd. Jesaia.

– s. Jesaia, der Prophet.

– s. Iris, e. Zeitschrift.

– s. Jugendfreund, d. deutsche.

Heinemann, J., Berliner Kalender für jüdische Gemeinden, s.a. Kalender.

Heinemann, J., לוח berliner Kalender für jüdische Gemeinden auf das J. 5618 vom 18. Septbr. 1857 bis 9. Septbr. 1858. Hrsg. von Marcus Heinemann. 32. (52 S.) Berlin 857, (Adolf und Comp.) *

—— dass. — Auf die J. 5619—22, hrsg. von dessen Erben. 32. (à Jahrg. 56—60 S.) Ebendas. 858—61. à Jahrg. * Vlnp. und durchschossen à Jahrg. *

Heinemann, J., Berliner Kalender für jüdische Gemeinden auf 5623—28, vom 25. Septbr. 1862 bis 29. Septbr. 1867. Hrsg. von dessen Erben. 16. (à Jahrg. 56 S.) Berlin, Cohn. à Jahrg. * Fein Papier durchschossen. à Jahrg. *

Heinemann, J., Berliner Kalender für jüdische Gemeinden auf 5626—30, vom 25. Septbr. 1865 bis 29. Septbr. 1870. Hersg. von dessen Erben. Berlin, Cohn. 16. Jeder Jahrg. (56 S.) n. 5 ngr; Fein Papier durchschossen n. 7½ ngr

— Kalender der jüdischen Gemeinde zu Berlin 5601 (28. Septbr. 1840. — 15. Septbr. 1841.) 16. Berlin 840. Herausg. ⅙ ß

—— Kalender d jüdischen Gemeinde zu Berlin. (Vom 16. Sept. 1841, bis 4. Sept. 1842. Mit Angabe aller Ritualgebräuche u. d. Jahrmärkte in d. kgl. Preuss. u. d. umlieg. Staaten.) 16. (29 Bl.) Berlin 841, (Büreau f. Literatur u. Kunst.) *

Heinemann, J., Kalender auf das Jahr 5579 mit Erinnerungsblättchen durchschossen. Berlin, Büreau f. Lit. u. Kunst. Rthlr.

— — — auf das Jahr 5580 mit Titel und Monatsvignetten. Ebend.

— — — auf das Jahr 5581 (v. 9. Sept. 1820 bis 26. Sept. 1821.) Ebend. 820.

— Kalender für Israeliten auf d. J. 5579—5585. Mit Vign. 12. Berl. (819—25.) Heinemann. (à 6 gr) 1 ℛ 18 gr

– s.a. Kalender d. Juden.

—— Kalender d. Juden. 5602. (Vom 16. Sept. 1841 bis 4. Sept. 1842.) Mit Angabe d. religiösen u. bürgerl. Feste u. sonst wichtigen Tage. Für Frauen, u. z. Gebrauch f. Kaufleute. 16. (1 B. m. Vign.) Berlin 841, (Büreau f. Literatur u. Kunst.) *

— תּוֹרוֹת דַּת יִשְׂרָאֵל Lehren der Religion Jisrael's. In Fragen und Antworten. Als Leitfaden beim Unterrichte des theoretischen Theils der Religion u. zum Gebrauche bei Einsegnungen. 3. sehr erweiterte Aufl. gr. 8. Berlin 841. (Heymann.) 1/3 ℛ

— Leitfaden zum Unterricht in d. Religion d. Israeliten. 8. Cassel 814. 2e A. 8. Berl. 826. Heinemann. 1 ℛ 12 gr

— — Leitfaden zum Unterricht in der Religion der Israeliten. Ebend. 820.

– s. Machsor Rosch haschana.

– s.a Machsor - Pesach, Synagogalgebete.

— Machsor-Pesach. Synagogal-Gebete am Opferfeste. Mit e. neuen hochdeutschen Uebersetzung ꝛc. nebst der Hagada. gr. 8. Ebend. 841. 1 3/4 ℛ Schrpp. 2 ℛ

– s. Machsor - Schebuoth.

— Machsor-Sucoth. Synagogal-Gebete am Laubhüttenfeste. Mit e. neuen hochdeutschen Uebersetzung. Zunächst f. Frauen. gr. 8. Ebend. 841. 1 3/4 ℛ — Schrbp. 2 ℛ

—— Moses Mendelssohn. — Samml. theils noch ungedr., theils in and. Schriften zerstreuter Aufsätze u. Briefe v. ihm, an u. üb. ihn. Mit Ttlkpfr. (Mendelssohn u. Socrates im Medaillon). gr. 8. (28 1/2 B.) Leipzig 831, (Kayser.)

Jer. Heinemann: Mos. Mendelssohn; Samml. theils noch ungedr. th. in and. Schrr. zerstreuter Aufss. u. Briefe v. ihm, an u. über ihn. *Lpz.*, Wolbrecht. 831. gr8° 1 ℛ 18 gr

—— frankfurter Meß-Tabelle (deutsch und hebräisch) auf die J. 1849—1860. Nach Vorschrift der königl. preuß. Regierung. 1 Bl. in qu. 4. Berlin 849, Bureau für Literatur und Kunst. *

—— leipziger Meß-Tabelle (deutsch und hebräisch) auf die J. 1849—1860. Nach Vorschrift des leipziger hochedlen Rathes. 1 Bl. in qu. 4. Berlin 849, Bureau für Literatur und Kunst. *

Heinemann, J., Minhagim, Gebräuche der Juden fürs ganze Jahr. (Hebräisch.) 16. (48 S.) Berlin 852, Heinemann.

– s. Mose, d. 5 Bücher.

– s.a Na - Ami.

— — Na-Ami, Taschenbuch zur Belehrung und Unterhaltung der Jugend. 12. Ebend. 819.

—— die Organisation der doppelten Buchhaltung. Oder Nachweis eines von vielen Handlungen übersehenen wesentl. Fehlers bei ihrer Buchhaltung. In 6 Briefen. 8. (24 S.) Berlin 847, Bureau für Literatur und Kunst.

—— מִצְוֹת וְחֻקֵּי דַת יִשְׂרָאֵל — Pflichten u. Gesetze d. Religion Jisrael's. Ein Leitfaden beim Unterr. d. prakt. Theils d. Religion. gr. 8. (1 B.) Berlin 841, (Büreau f. Literatur u. Kunst.) Mit dem theoret. Thle. ungetrennt 12 Gr.

— Pomona, Taschenbuch für d. Jugend. s. *Na-Ami*.

— — Pomona, Taschenbuch für die Jugend 1820; (oder Forts. des Taschenbuchs: Na-Ami.) Ebend.

— die Reihe der römischen Päpste [275]. Von Petrus bis auf Pius IX., gegenwärtig zu Rom regierenden Papst. Mit Angabe der Jahre ihrer Einsetzung u. m. kurzen interessanten Notizen. [Zugleich ein Hülfsmittel beim Geschichts-Unterricht.] gr. 8. (26 S.) Berlin 851, Lindow. 1/6 ℛ

— Religionsbekenntniß für Israeliten, oder Grundlehren d. Religion d. Israeliten, mit den nöthigen Beweisstellen aus den heil. Urkunden. 8. Cassel 810. 2e A. 8. Berl. 820. Heinemann. 12 gr

— Religionsbekenntnisse für Israeliten, in Frage u. Antwort, zum Gebrauch bei Einsegnungen. 8. Cassel ... (Berl.), Heinemann. 6 gr Dass., in hebr. Sprache, abgekürzt. Ebd. 820. 8 gr Dass., in französ. Sprache. Ebd. 820. 6 gr

—— Religions-Lehre d. Israeliten, in Fragen u. Antworten. Zum Gebr. bei Einsegnungen. 8. (3 B.) Berlin 829, Büreau f. Lit. u. Kunst.

—— Religions- u. Schulreden f. Israeliten, s. Religions- u. Schulreden.

1804–1904. Magine Rèim (Verein zu gegenseitiger Hülfe). Ein Rückblick auf 100 Jahre. (Verf.: Dr. J[eremias] Heinemann; fortges. von Dr. jur. Georg Minden.) (Berlin 1904: L. Borchardt.) (63 S.) 4°(8°) [illegible]

—— neueste Sammlung der die Juden in Preußen betreff. Gesetze, Verordnungen ꝛc., s. Sammlung.

— Samml. d. die religiöse u. bürgerl. Verfass. d. Juden betreff. Gesetze ꝛc., s. Sammlung.

– s. Schire - Tehilla.

– s. Schrift, d. heil.

– s. Selichoth - Jom - Kippur.

— zum Studium des Pentateuchs in seiner Ursprache. Ein sehr nützliches Hülfsmittel zur Uebersetzung u. Erklärung der hebräischen Bibel, insbesondere für Kandidaten bei ihrer Vorbereitung. Enthält: Erstes Buch Mose Kap. 1—31 Vers 1—20, mit einer wortgetreuen deutschen Uebersetzung u. mit einem deutschen vollständigen exegetischen, sprachlichen, synonymischen Commentar, verbunden mit geograph., geschichtl. u. naturhistor. Bemerkungen. Berlin 854. Büreau f. Literatur u. Kunst. 8. (2 Bl., 256 S.) 10 ngl

Heinemann, J., Tabellen für die jüdische Synagoge oder Zeitbestimmung des öffentlichen u. häuslichen Gottesdienstes. (Hebräisch.) Berlin (853.) Bureau für Literatur u. Kunst. 32. (32 S.) 6 ngl

Heinemann, Verbesserungen d. Israeliten. 8. Braunschw. Heinemann. 808.

—— die Verfass. d. Juden betreff. Gesetze 2c., s. Sammlung der, die Verfass. d. Juden in d. Kgl. Preuß. Staaten betreff. Gesetze 2c.

—— Vocabularium zum Siddur סדור nebst einem alphabetischen Wörterbuch und einem Anhang enthaltend die Fundamente der hebr. Sprache. Zum Selbstunterricht und Schulgebrauch. 8. (Titel-)Ausg. gr. 8. (IV und 158 S.) Berlin (845)57, Adolf und Comp. *

— die Wahrheiten der Religion Jisrael's. Aus der heiligen Schrift nachgewiesen. Nebst einer systematisch geordneten Zusammenstellung der Pflichten u. Gesetze Jisrael's. Für den Schul- u. Privat-Unterricht der reiferen Jugend. Berlin 853. (Verfasser.) 8. (1 Bl., 91 S.) n. 8 ngl

— Wörterbuch zu Fr. von Schillers Gedichten. Oder vollständ. Erklärung u. Erläuterung aller in denselben vorkomm. Namen u. Ausdrücke aus der Mythologie, aus der alten u. neuen Geschichte u. Geographie. Alphabetisch geordnet. Ein unentbehrl. lehrreiches u. unterhaltendes Hülfsbuch f. die, welche Schillers Gedichte lesen u. verstehen wollen. Mit Titelkpfr. 16. Berlin 834. Büreau für Literatur. 7/12 ℛ — Unveränd. Ausg. 16. Hamburg 838. (Leipzig, Böhme.) n. 1/2 ℛ

— Hebräisch-Deutsches kursorisches u. alphabet. Wörterbuch zum Allgemeinen Siddur, in 2 Abthll. Ein unentbehrl. Hülfsmittel beim Uebersetzen des allgem. hebräischen Gebetbuchs in jeder Ausgabe, zum Selbstunterrichte u. Schulgebrauch. Mit vielen grammat. Andeutungen u. Erklärr., so wie mit einem Anhange über die Fundamentallehre der hebr. Grammatik u. e. Anweisung zum richtigen Gebrauche dieses Wörterbuchs. gr. 8. Leipzig 839. Weber. 3/4 ℛ

— kursorisch-alphabetisch-Hebräisch-Deutsches Wörterbuch zum Allgemeinen Siddur, in 2 Abthl. 2. Ausg. gr. 8. Leipzig 845. Schrey. 1/2 ℛ

Heinemann, Joh., s.: Kalender f. Lehrer an höheren Schulen.

Heinemann, Joh., Johann Meyer, e. schleswig-holsteinischer Dichter. Festschrift zu seinem 70. Geburtstage. 3 Bde. gr. 8. Hamburg, C. Boysen. n. 10. —; geb. in 2 Halbfrz.-Bdn. n. 15. —

1. Johann Meyer's Lebensgeschichte u. Charakteristik. (VII, 370 S. m. Abbildgn.) 899.
2. Johann Meyer als lyrischer u. epischer Dichter. (VII, 363 S. m. 1 Bildnis.) 899.
3. Johann Meyer als dramat. Dichter. (X, 437 S. m. Abbildgn. u. 2 Taf.) 900.

Heinemann, Johann (Hessen), Num moto concursu usurarum cursus sistatur retractata quaestio. Präs. Johann Peter Bucher. Rinteln (Anton Heinr. Boesendahl) Dez. 1774. 40 S. (6.50) 14024
Gew.: Christoph Friedrich Heinrich Kaden.

Heinemann, Jh. Chr., grammatikal. Anleitung zur Sprache d. Briten. 8. Jena 782.

— Edelmuth u. Kluge, oder Etwas 2c. zur Aufklärung u. Befestigung d. Christenglaubens. 8. Hildburgh. 802. (Er. Fleischer in Leipz., a. Taubert.) 10 gl

Heinemann, J. C., Edelmuth u. Kluge, od. Etwas 2c. z. Aufklär. und Befestigung des Christenglaubens. 8. Hldbgh. Hanisch. 802.

— Etwas von Gellert, der groß war als Schriftsteller, als Christ u. Philosoph. Arnstadt 783.

— 2 Predigten über auserles. Stellen d. heil. Schrift. 8. Hildburgh. 799. Hanisch. 2 gl

Heinemann, Jh. Wlh., († d. 9. Aug. 1794.) Abhandl. über d. Feuerlöschanstalten. 8. Lemgo 777. Meyer. 3 gl

Heinemann, Johannes

Heinemann, J. (I.), die krystallinischen Geschiebe Schleswig-Holsteins. gr. 8. (39 S.) Kiel 879, v. Maack's Buchh. 1 —

Heinemann, Isaac [Moenofrancofurtanus]: Stvdia Solonea. (Theil e. gekr. Preisarbeit.) Berolini, typ. impr. C. Vogt, 97; 50 S., 1 Bl. 8.
Berlin, Phil. Fak., Inaug.-Diss. v. 24. Febr. 1897

Die Arbeitsformen der einklassigen Volksschule. Gedanken u. Ratschläge in Bezug auf Helferdienst u. stille Beschäftigung u. ihr Verhältnis z. unmittelb. Unterrichte. Von K[arl] Heinemann, Sem.Lehrer in Halberstadt. *Langensalza: H. Beyer & S. 1900.* (30 S.) 8° [F.] 3

Heinemann, Karl [pr. Arzt aus Rendsburg]: Aus d. patholog. Institut zu Kiel. Beitrag zur Lehre vom Ileus. . . . Kiel, Druck v. A. F. Jensen, 1890; 23 S. 8°
Kiel, Med. Fak., Inaug.-Diss. v. [20. Dez.] 1890

Heinemann, Karl (I.). Beitrag zur Lehre vom Ileus. Diss. gr. 8. (23 S.) Kiel 890, (Lipsius u. Tischer). * 1 —

Heinemann, Karl, Arzt in Eschwege: Beiträge zur Statistik der Ohrenkrankheiten mit Rücksicht auf Alter und Geschlecht der Patienten und die Seite der Erkrankung. *Göttingen 1900: Dieterich.* (25 S.) 8°
Göttingen, Med. Diss. v. [15. Juni] 1900

Heinemann, Karl, Beiträge zur Statistik der Ohrenkrankheiten m. Rücksicht auf Alter u. Geschlecht der Patienten u. die Seite der Erkrankung. Diss. gr. 8. (25 S.) Göttingen 900. (Vandenhoeck & Ruprecht.) n. — 60

Heinemann, Carl: Bericht über die in Vera Cruz während der letzten sechs Jahre beobachteten Krankheiten. ([S.-A.] Virchow's Archiv für pathologische Anatomie und Physiologie und für klinische Medicin. Bd. 58.) Berlin 1873. 21 S. 8°.

Heinemann, K., s.: Briefe v. Goethe's Mutter an die Herzogin Anna Amalia.

Heinemann, Karl, die deutsche Dichtung. Grundriß der deutschen Literaturgeschichte. (Kröners Taschenausg.) (299 S.) kl. 8. Leipzig 910. A. Kröner. Geb. in Leinw. 1. —

— u. H. Sandt, Fibel f. Stadtkinder. Mit (z. Tl. farb.) Bildern v. W. Wiegmann. Ausg. B. (IV, 124 S.) gr. 8. Leipzig 910. J. Klinkhardt. Geb. — 90

Heinemann, Karl, über das Hrabanische Glossar. gr. 8. (V, 92 S.) Halle 881. Niemeyer. n. 2. 40

Heinemann, Karl, Goethe. 2 Bde. gr. 8. Leipzig 895. E. A. Seemann. n. 12. —; geb. in Leinw. n. 15. —
1. (XII u. 480 S. m. Abb.) n. 6. —
2. (VII u. 448 S. m. Abb.) n. 6. —

Heinemann, Karl, Goethe. 2., verb. Aufl. gr. 8. (XVI, 774 S. m. 277 Abbildgn., Fksms., Plänen u. 1 Heliograv.) Leipzig 899. E. A. Seemann. n. 10. —; geb. in Leinw. n. 12. —; in Halbfrz. n. 14. —

Heinemann, Karl, Goethe. 3., verb. Aufl. Mit 271 Abbildgn. u. 6 Kunstbeilagen. (XVI, 780 S.) gr. 8. Leipzig 903. E. A. Seemann. n. 10. —; geb. n. 12. —

— Goethebrevier. Auszüge aus Goethes Briefen u. Gesprächen, nebst e. Zitatenschatz aus Goethes Werken. 1.—5. Taus. (VII, 384 S. m. 1 Bildnis.) 8. Gießen (905). E. Roth. n. 2. —; geb. n. 3. —

— litterar. Jahresbericht, s.: Seemann.

Heinemann, Karl, s. Jugend-Bibliothek belehrende und unterhaltende.

— Goethes Leben u. Werke, s.: Meyer's Volksbücher.

— Goethes Leben u. Werke, s.: Velhagen & Klasing's Sammlung deutscher Schulausgaben.

Heinemann, Karl (II.). Klopstock's Leben u. Werke, s. Velhagen u. Klasing's Sammlung deutscher Schulausgaben.

— u. A. Schröder, erstes Lesebuch. Ausg. A. 3 Tle. gr. 8. Langensalza 889. Beyer & Söhne. geb. n. 1. 60
1. I. Schuljahr. Mit 34 Illustr., entworfen u. auf Holz gezeichnet v. E. Härtel. (86 S.) n. — 50. — 2. II. Schuljahr. Mit 18 in den Text gedr. Abbildgn. (100 S.) n. — 50. — 3. III. Schuljahr. (132 S.) n. — 60.

— — dasselbe. Ausg. B. 2 Tle. gr. 8. Ebd. 889. geb. à n. — 50
1. I. Schulj. Mit 34 Illustr., entworfen u. auf Holz gezeichnet v. E. Härtel. (86 S.) — 2. II. Schulj. [bezw. 2. Leseabteilg.]. Mit 15 in den Text gedr. Abbildgn. (114 S.)

— — dasselbe. Ausg. C. 2 Tle. gr. 8. Ebd. 889. geb. n. 1. 10
1. I. Schulj. Mit 36 Illustr., entworfen u. auf Holz gezeichnet v. E. Härtel. (104 S.) n. — 50. — 2. II. Schulj. (132 S.) n. — 60.

— — dasselbe. Begleitwort dazu. gr. 8. (36 S.) Ebd. 889. — 30

— u. A. Schröder, erstes Lesebuch. 1. Tl.: 1. Schulj. Mit 31 Illustr. v. E. Härtel. Ausg. A. 4., verb. Aufl. gr. 8. (VI, 86 S.) Ebd. 894. Geb. n. — 50; Ausg. B. 4., verb. Aufl. (VI, 86 S.) Geb. n. — 50; Ausg. C. 6., verb. Aufl. (VI, 112 S.) Geb. n. — 50

— u. A. Schröder, erstes Lesebuch. Ausg. A. 1. Tl.: Erstes Schulj. M. 31 Illustr., entworfen u. auf Holz gezeichnet v. E. Härtel. 6., verb. Aufl. gr. 8. (VI, 86 S.) Langensalza 896. H. Beyer & Söhne. Geb. n. — 50

— — dasselbe. Ausg. A. 1. Tl.: 1. Schulj. Zugleich Ausg. B. 1. Tl.: 1. Schulj. M. 31 Illustr., entworfen u. auf Holz gezeichnet v. E. Härtel. 6. Aufl. gr. 8. (VI, 86 S.) Ebd. 897. Geb. n. — 50

— — dasselbe. Ausg. B. 2. Tl.: 2. Schulj. (bezw. 2. Leseabteilg.). M. 15 in d. Text gedr. Abb. 3., verb. Aufl. gr. 8. (IX, 122 S.) Ebd. 897. Geb. n. — 50

— — dasselbe. Ausg. C. 2 Tle. gr. 8. Ebd. Geb. n. 1. 10
1. 1. Schulj. M. 31 Illustr., entworfen u. auf Holz gezeichnet v. E. Härtel. 8. Aufl. (VI, 112 S.) 897. n. — 50
2. 2. Schulj. M. 8 in d. Text gedr. Abb. 2., verb. Aufl. (IX, 139 S.) 893. n. — 60

— u. A. Schröder, erstes Lesebuch. Ausg. A. u. B. 2 Tle. Neubearbeitg. gr. 8. Langensalza, H. Beyer & Söhne. Geb. n. 1. 10
1. Erstes Schulj. Mit 32 Illustr. v. E. Hartel u. Aug. H. Plinke u. m. 7 Zeichenvorlagen-Taf. 13., der Neubearbeitg. 3. Aufl. (VI, 69 S.) 904. n. — 50
2. Zweites Schulj. (bezw. zweite Leseabteilg.). Mit 12 in den Text gedr. Abbildgn. 6., der Neubearbeitg. 2. Aufl. (XII, 122 S.) 904. n. — 60

— — dasselbe. Ausg. A. 3. Tl.: Drittes Schulj. Zugleich: Ausg. C. 2. Tl.: Zweites Schulj. Neubearbeitung. Mit 5 in den Text gedr. Abbildgn. 4., der Neubearbeitung. 1. Aufl. (XV, 172 S.) gr. 8. Ebd. 903. Geb. n. — 80

— — dasselbe. Ausg. C. 1. Tl.: Erstes Schulj. Neubearbeitung. Mit 33 Illustr. v. E. Hartel u. Aug. H. Plinke u. m. 7 Zeichenvorlagen-Taf. 11., der Neubearbeitung. 1. Aufl. (VI, 95 S.) gr. 8. Ebd. 903. Geb. n. — 50

Heinemann, K., Lesebuch zur Pflege nationaler Bildung, s.: Jütting, W. U.

— Lesebuch zur Pflege vaterländischer Bildung, s.: Jütting, W. U.

— Goethes Mutter. Ein Lebensbild nach den Quellen. Mit vielen Abbildgn. in u. außer dem Text u. 2 Heliograv. 1. u. 2. unveränd. Aufl. gr. 8. (XII, 368 S.) Leipzig 891. 892. A. Seemann. n. 6. 50; geb. in Leinw. n. 8. —

— dasselbe. 3. u. 4., verb. Aufl. Mit vielen Abbildgn. in u. außer dem Text u. 4 Heliograv. gr. 8. (X, 388 S.) Ebd. 892. 893. n. 6. 50; geb. in Leinw. n. 8. —; in Halbfrz. n. 9. —

— Goethes Mutter. E. Lebensbild nach d. Quellen. 5., verb. Aufl. Mit vielen Abb. in u. außer d. Text u. 4 Heliogravüren. gr. 8. (XII, 358 S.) Ebd. 895. n. 6. 50; geb. n. 8. —

— Goethes Mutter. Ein Lebensbild nach den Quellen. 6., verb. Aufl. Mit vielen Abbildgn. in u. außer dem Text u. 4 Heliogr. gr. 8. (XII, 358 S.) Leipzig 900. E. A. Seemann. n. 6. 50; geb. in Leinw. n. 8. —

— Goethes Mutter. Ein Lebensbild nach den Quellen. 7., verb. Aufl. Mit vielen Abbildgn. in u. außer dem Text u. 4 Heliograv. (XII, 358 S.) gr. 8. Leipzig 903. E. A. Seemann. n. 6. 50; geb. in Leinw. n. 8. —; in Halbfrz. n. 9. —

— Goethes Mutter. Ein Lebensbild nach den Quellen. 8., verb. Aufl. Mit vielen Abbildgn. in u. außer dem Text u. 4 Heliograv. (XII, 358 S.) gr. 8. Leipzig 909. E. A. Seemann. 6.50; geb. in Leinw. 8.—; in Halbfrz. 9. —

Heinemann, K., die Organisation der Volksschulen. Untersuchungen u. Vorschläge in Bezug auf Schulsysteme, Klassen- u. Abteilungsstufen. Für Lehrer, sowie f. Pfleger u. Berater der Volksschule. gr. 8. (V, 84 S.) Gera 393. Th. Hofmann. n. 1. —

Heinemann, K., Rechenaufgaben für die einklassige Volksschule. 8. (64 S.) Gera 886, Th. Hofmann. *

Heinemann, K., Rechenaufgaben f. Volksschulen, bes. f. Klassen m. mehr. Jahrgängen. 3 Hfte. gr. 8. Gera 897. Th. Hofmann. n.n. — 60
1. 2. Unterstufe u. Mittelstufe. (à 32 S.) à n.n. — 15
3. Oberstufe. (48 S.) n.n. — 20

—— der Rechenunterricht in der einklassigen Volksschule. gr. 8. (32 S.) Ebendas. 886. *

— d. einheitl. Sprachunterricht in d. ersten Schuljahren m. angelehntem Singen u. Zeichnen. Für junge Lehrer u. Seminaristen bearb. gr. 8. (VI, 156 S. m. 7 Taf.) Langensalza 895. H. Beyer & Söhne. n. 1.50

— der einheitliche Sprachunterricht in den ersten Schuljahren m. angelehntem Singen u. Zeichnen. Für junge Lehrer u. Seminaristen bearb. 2., verb. Aufl. (VI, 178 S. m. Abbildgn. u. 7 Taf.) gr. 8. Langensalza 903. H. Beyer & Söhne. n. 2. —

Heinemann, K., die einklassige Volksschule. gr. 8. (167 S. m. eingedr. Fig.) Gera 887. Th. Hofmann. n. 1.80

— d. einklass. Volksschule in d. Grundzügen ihrer Eigenart. M. bes. Rücksicht auf Lehranfänger bearb. 2., erweit. u. umgearb. Aufl. M. 10 Fig.-Taf. f. d. Zeichenunterr. gr. 8. (VII, 215 S.) Gera 897. Th. Hofmann. n. 2.40; geb. n.n. 2.80

— die einklassige Volksschule in den Grundzügen ihrer Eigenart. Mit besond. Rücksicht auf Lehranfänger bearb. 3., verb. Aufl. Mit 10 Fig.-Taf. f. den Zeichenunterricht. (VII, 176 S.) gr. 8. Leipzig 903. [Th. Hofmann.] B. G. Teubner. n. 2.80; geb. in Leinw. n. 3.20

— Die einklassige Volksschule in den Grundzügen ihrer Eigenart. Mit besond. Rücksicht auf Lehranfänger bearb. 4., umgearb. Aufl. (VI, 169 S.) gr. 8. Leipzig 908. B. G. Teubner. 2.80; geb. 3.20

— dasselbe. Katholische Ausg., bearb. v. J. Brückmann. 4., umgearb. Aufl. (VI, 169 S.) gr. 8. Ebd. 908. 2.80; geb. 3.20

— Wandlesetafeln, als Ergänzg. zu jeder Fibel, m. besond. Rücksicht auf das erste Lesebuch v. K. Heinemann u. A. Schröder. 10 Taf. à 60,5×85,5 cm m. 1 Bl. Text. Langensalza 894. H. Beyer & Söhne. n. 4. —

— Wandlesetafeln in Schreibschrift. (30 Taf. m. Abb.) 64×94 cm. Langensalza (907). H. Beyer & Söhne. Auf Pappe 20. —

Heinemann, Car. Ulr. (geb. Breslau 23. 2. 1836): Nonnulla de nervo vago ranarum experimenta. Berolini (1858). (32 S.) 8°
Berlin, Med. Diss. v. 2. Sept. 1858

Heinemann, Karl Wilhelm Anton

Heinemann, K. W. Ant., die statutarischen Rechte für Erfurt u. sein Gebiet. Versuch e. geschichtl. u. system. Zusammenstellung derselben. gr. 8. Erfurt 822. (Otto). 2 ℛ 12 ℊ

Reden, gesprochen in der St. Joh. Loge Karl zu den drei Adlern im Or. zu Erfurt. 1. Bei der Gedächtnissfeyer der Reformation 1817. 2. Am Sylvester-Abend 1817. 3. Am Johannisfeste 1818. Vom Br. [Karl Wilh. Anton] Heinemann. Gedr. auf Kosten der Loge. Erfurt 1818: [Uckermann]. 28 S. 8° [Umschlagtit.]
Rede 1. üb. Religion, 2. üb. Mängel in der Mrei u. deren Besserung, 3. üb. die Enttäuschten in der Mrei.

— d. Subhastation, nach rationellen u. polit. Grundsätzen, nach gem. deutschen Rechten u. nach großherz. sächs. Gesetzen im Zusammenhalt mit den königl. sächs., preuß. u. französ. Proceßordnungen. gr. 8. Weim. 832. Hoffmann. 1 ℛ 12 ℊ

Heinemann, Konrad, a. Stralsund: Aus der chirurgischen Klinik zu Kiel. Weitere Beiträge zur sogenannten Autoplastik nach der Radikaloperation des Carcinoma mammae. Kiel 1904: Schmidt & Klaunig. (18 S.) 8°
Kiel, Med. Fak., Ref. Helferich, Diss. v. 4. Okt. 1904
[Geb. 20. Juni 79 Stralsund; Wohnort: Stralsund; Staatsangeh.: Preußen; Vorbildung: Gymn. Stralsund Reife O. 98; Studium: Freiburg i. B. 1, Leipzig 3, Greifswald 2, Kiel 6 S.; Coll. 18. März 04; Approb. 7. März 04.]

Heinemann, Kurt

Heinemann, Curt, appr. Arzt a. Erfurt, Unterarzt im 4. Hannov. Inf.-Reg. Nr. 164: Über einen Fall von sekundärem Uteruscarcinom durch peritoneale Implantation bei Magenkrebs. Berlin (1905): G. Schade. (36 S.) 8°
Berlin, Med. Fak., Ref. Orth, Diss. v. 10. März 1905
[Geb. 5 Sept. 80 Erfurt; Heimatsort: Berlin; Staatsangeh.: Preußen; Vorbildung: Kgl. Gymn. Erfurt Reife O. 99; Studium: Berlin, K. Wilh.-Akad. 9 S.; Coll. 13. u. 14. März 05; Approb. 11. März 05.]

Heinemann, Kurt: Thanatos in Poesie und Kunst der Griechen. München: Buchholz in Komm. 1913. 89 S., 11 Taf. 8°
¶ Im Buchh. ebd.
München, Phil. Diss. v. 4. Febr. 1910, Ref. Wolters, Crusius
[Geb. 2. April 84 Braunschweig; Wohnort: München; Staatsangeh.: Braunschweig; Vorbildung: Neues G. Braunschweig Reife 02; Studium: München 3, Berlin 8 S.; Rig. 4. Febr. 10.] [U 13. 4320

Heinemann, L.

—— Herbarts Bedeutung für die Volksschule. Ein Vortrag, gehalten in der braunschweig. Landes-Lehrerversammlung zu Königslutter. 8. (24 S.) Königslutter 887, Böckel.

Heinemann, L., Bildertafeln f. d. Anschauungs-Unterricht, s.: Wilke.

Heinemann, L., biblische Geschichten, s.: Bosse, G.

— deutsches Lesebuch für Volksschulen. Mit (eingedr. Holzschn.-)Illustr. 2 Thle. gr. 8. Braunschweig 877. Bruhn's Verl. n. 2. —
1. Für Mittelklassen. (XII, 208 S.) n. — 80. — 2. Für Oberklassen. (X, 400 S.) n. 1. 20

—— deutsches Lesebuch für Volksschulen. Mit 45 Illustr. 2. Tl.: Für Oberklassen. 2. und 3. Aufl. Mit Realien. gr. 8. (X, 398 S.; Anhang 66 S.) [Braunschweig 882,84, Bruhn.] Hafferburg. * ℳ 1,40.; ohne Realien
1. Tl. Ebendas. 1877. * 80 Pf.

Heinemann, L., deutsches Lesebuch für Volksschulen. 2 Tle. gr. 8. Braunschweig, Bruhn's Verlag. *

Inhalt:

Tl. 1. Für Mittelklassen. 3.–5. Aufl. (XII, 216 S. mit 24 Illustr.) 881–87. * 80 Pf.

- 2. Für Oberklassen. 4. und 5. Aufl. mit Realien. (X, 398, 66 S. mit 45 Illustr.) 885,87. * ℳ 1.40.

— deutsches Lesebuch f. Volksschulen. Mit Illustr. 2 Tle. gr. 8. Braunschweig, Bruhn's Verl. n. 2. 20

1. Für Mittelklassen. 6. Aufl. (XII, 216 S. m. 24 Illustr.) 889. n. — 80

2. Für Oberklassen. 5. Aufl. Nebst Wiederholungsbuch f. die Weltkunde. (X, 398 u. 67 S. m. 45 Illustr.) 888. n. 1. 40

—— Deutsches Lesebuch für Volksschulen. 2 Tle. 7. Aufl. gr. 8. Braunschw., Appelhans u. Pfenningstorff. * 2 20; geb. * 2 95

1. Tl. Für Mittelklassen. (XII, 236 S. m. 24 Illustr.) 891. * — 80; geb. * 1 10.
2. Tl. Für Oberklassen. (X, 402, 88 S. m. 46 Illustr.) 892. * 1 40; geb. * 1 85.

— deutsches Lesebuch f. Volksschulen. 2 Tle. gr. 8. Braunschweig, Appelhans & Pfenningstorff. Geb. n.n. 3.5

1. Für Mittelklassen. 9. Aufl. (XII, 236 S. m. 24 Illustr.) 894. Geb. n.n. 1. 15

2. Für Oberklassen. 8. Aufl. (X, 402 u. 88 S. m. 46 Illustr.) 893. n. 1. 40; geb. n.n. 1. 90

Heinemann, L., deutsches Lesebuch f. Volksschulen. Mit 46 Illustr. 2. Tl. Für Oberklassen. 10. Aufl. gr. 8. (XII, 418 u. 99 S.) Braunschweig 897. E. Appelhans & Co. n. 1. 40; geb. n. 1. 90

— deutsches Lesebuch f. Volksschulen. Mit 24 Illustr. 1. Tl. Für Mittelklassen. 12. Aufl. gr. 8. (XII, 248 u. 4 S.) Braunschweig 898. E. Appelhans & Co. Geb. in Halbldr. n.n. 1. 15

— deutsches Lesebuch f. Volksschulen. Mit 24 Illustr. 1. Tl. Für Mittelklassen. 16. Aufl. gr. 8. (XII, 248 u. 4 S.) Braunschweig 902. E. Appelhans & Co. Geb. n.n. 1. 15

—— Luther als Pädagoge. Eine Festgabe an Eltern und Lehrer zu Luthers 400. Geburtstage. 1. und 2. unveränd. Abdr. gr. 8. (IV, 90 S.) Ebendas. 883.

Heinemann, L., Materialien für die Stilübungen in Volksschulen. 1. und 2. Thl. 1. Aufl. 1872, und 2. verm. Aufl. 8. Braunschweig 875, Wreden. *

Inhalt:

Thl. 1. Für die Unter- und Mittelstufe. (VIII, 95 S.) * 60 Pf.

- 2. Für die Oberstufe. (VII, 128 S.) * ℳ 1.

— Materialien für die Stilübungen in Volksschulen. 2 Tle. 3., verm. Aufl. 8. Braunschweig 882. Wreden. n. 1. 60

1. Für die Unter- u. Mittelstufe. (VIII, 94 S.) n. — 60

2. Für die Oberstufe. (VIII, 124 S.) n. 1. —

—— Materialien f. die Stilübungen in Volksschulen. 2 Tle. gr. 8. Berl. 892, Wreden. * 2 40

1. Für die Unter- u. Mittelstufe. 4. verm. Aufl. (IX, 90 S.) * — 90. — 2. Für die Oberstufe. 4. umgearb. u. verm. Aufl. (VII, 156 S.) * 1 50.

—— Rechenbuch f. Volksschulen. 3 Tle. 8. Wolfenb., Zwißler. cart. * 1 20

1. Unterstufe. 3. verb. Aufl. (66 S.) 892. * — 30. — 2. Mittelstufe. 4. verb. Aufl. (II, 90 S.) 891. * — 40. — 3. Oberstufe. 3. verb. Aufl. (94 S.) 892. * — 50.

—— dass. — Auflösungen zum 2. u. 3. Tl. 8. (40; 33 S.) Ebd. 889. cart. à Tl. * — 25; * — 50

— Rechenbuch f. Volksschulen. 3 Tle. 8. Wolfenbüttel, J. Zwißler. n. 1. 80

1. Unterstufe. Zahlenkreis v. 1–10, 1–20, 1–100. 7., verb. Aufl. (II, 66 S. m. Fig.) 898. n. — 30

2. Mittelstufe. D. Zahlenkreis v. 1–1000, d. höh. Zahlenkreis, d. Rechnen m. mehrfach benannten Zahlen, leichte Aufgaben aus d. Zeit- u. Durchschnittsrechng. 8., verb. Aufl. (90 S.) 897. n. — 40

3. Oberstufe. 6. Aufl. (IV, 128 S. m. Fig.) 898. Kart. n. — 60

— Rechenbuch f. Volksschulen. 3 Tle. u. Auflösgn. z. 3. Tl. 8. Wolfenbüttel, J. Zwißler. n. 1. 60

1. Unterstufe. Zahlenkreis von 1–10, 1–20, 1–100. 9. verb., 10. u. 11. Aufl. (à II, 66 S. m. Fig.) (900–902.) n. — 30

2. Mittelstufe. Der Zahlenkreis von 1–1000, der höhere Zahlenkreis, das Rechnen m. mehrfach benannten Zahlen, leichte Aufgaben aus der Zeit- u. Durchschnittsrechng. 10. u. 11. verb. Aufl. (à 90 S.) 900. 902. n. — 40

3. Oberstufe. 8. Aufl. (IV, 130 S.) (901.) Kart. n. — 60
Auflösungen. 2. ergänzte Aufl. (44 S.) n.n. — 30

—— Uebungsstoffe für den deutschen Sprachunterricht in Volksschulen. 1. Aufl. (67 S.) 1870. * 40 Pf., und 2. verm. Aufl. 8. (80 S.) Braunschweig 874, H. Bruhn. *

—— Übungsstoffe für den deutschen Sprachunterricht in Volksschulen. 3.–7. Aufl. (80 S.) 876–81; 8. Aufl. 8. (90 S.) [Braunschweig 883, Bruhn.] Hafferburg.

—— Übungsstoffe für den deutschen Sprachunterricht in Volksschulen. 9.–11. Aufl. 8. (90 S.) Ebendas. 885–88. *

— Übungsstoffe f. den deutschen Sprachunterricht in Volksschulen. 12. Aufl. gr. 8. (90 S.) Braunschweig 890. Bruhn's Verl. n.n. — 50

— Übungsstoffe f. den deutschen Sprachunterricht in Volksschulen. 13. Aufl. 8. (90 S.) Braunschweig 891. Appelhans & Pfenningstorff. n. — 50

— Übungsstoffe für den deutschen Sprachunterricht in Volksschulen. 16. Aufl. 8. (90 S.) Braunschweig 897. E. Appelhans & Co. n. — 50

— Übungsstoffe für den deutschen Sprachunterricht in Volksschulen. 20. Aufl. gr. 8. (116 S.) Braunschweig 902. E. Appelhans & Co. n. — 60

— Uebungsstoffe f. den deutschen Sprachunterricht in Volksschulen. 21. Aufl. (4, 112 S.) gr. 8. Braunschweig 903. E. Appelhans & Co. n. — 60

— Übungsstoffe f. den deutschen Sprachunterricht in Volksschulen. Nach neueren Grundsätzen umgearb. v. Herm. u. Paul Heinemann. 28. Aufl. (VII, 147 S.) 8. Braunschweig 909. E. Appelhans & Co. Kart. — 70

Heinemann, Loth. v., Heinrich von Braunschweig, Pfalzgraf bei Rhein. Ein Beitrag zur Geschichte des staufischen Zeitalters. gr. 8. (VIII, 350 S.) Gotha 882. F. A. Perthes. n. 6. —

Heinemann, Loth. v., zur Entstehung der **Stadtverfassung** in Italien. Eine histor. Untersuchg. gr. 8. (III, 75 S.) Leipzig 896. C. E. M. Pfeffer. n. 2. —

Heinemann, Loth. v., Geschichte der Normannen in Unteritalien u. Sicilien bis zum Aussterben des normannischen Königshauses. (In 2 Bdn.) 1. Bd. gr. 8. (V, 403 S. m. 1 Tab.) Leipzig 894. C. E. M. Pfeffer. n. 6. 50

Heinemann, Lothar von, Dr., o. Prof. d. Geschichte: **Normannische Herzogs- und Königsurkunden aus Unteritalien und Sicilien.** Hrsg. *Tübingen 1899: H. Laupp jr.* (XVI, 48 S.) 4°

Tübingen, Einladungsprogr. zum Geburtstage d. Königs 1899

von Heinemann, Lothar [Dr. phil.]: Der Patriciat der deutschen Könige. Ein Beitrag zur Geschichte der Beziehungen zwischen Staat und Kirche im Mittelalter. . . . Wolfenbüttel, Druck v. Otto Wollermann (1888); 1 Bl. + 89 S. 8°

Halle, Phil. Fak., Hab.-Schr. v. 24. Okt. 1888

Heinemann, Louis, s. Thiers, A., Geschichte des Consulats.

Heinemann, Ludwig

Heinemann, L., Handbuch für den Anschauungsunterricht und die Heimathskunde. Mit Berücksicht. der neuen Ausg. der Wilke'schen Bildertaf. bearb. 1. Aufl. (VIII, 290 S.) 1875; 2. verb. und verm. Aufl. gr. 8. (X, 302 S.) Braunschweig 879, Wreden. * 3 20

Heinemann, L., Handbuch für den Anschauungsunterricht und die Heimatskunde. Mit Berücksicht. der neuen Ausg. der Wilke'schen Bildertafeln bearb. 3. Aufl. (X, 302 S.) 1882; 4. Aufl. gr. 8. (XII, 312 S.) Braunschweig 884, Wreden. * geb. *

Heinemann, L., Handbuch f. den Anschauungsunterricht u. die Heimatskunde. Mit Berücksicht. der neuen Ausg. der Wilke'schen Bildertafeln bearb. 5. Aufl. gr. 8. (XII, 309 S.) Berlin 888. Wreden. n. 3. 20; geb. n. 3. 80

Heinemann, L. Handbuch f. den Anschauungsunterricht u. die Heimatskunde. Mit Berücksicht. der verbreitetsten Anschauungsbilder bearb. 6. umgearb. u. verm. Aufl. gr. 8. (XII, 360 S.) Berl. 892, Wreden. * 3 —; geb. * 3 60

— Handbuch f. d. Anschauungsunterricht u. d. Heimatskunde. M. Berücksicht. d. verbreitetsten Anschauungsbilder bearb. 7. Aufl. gr. 8. (XII, 362 S.) Berlin 897. Braunschweig, F. Wreden. n. 3.—

Heinemann, L., Handbuch f. den Anschauungsunterricht u. die Heimatskunde. Mit Berücksicht. der verbreitetsten Anschauungsbilder bearb. 8. Aufl. gr. 8. (XII, 356 S.) Leipzig 902. S. Hirzel. n. 3.—; geb. n. 3. 60

Heinemann, L., Handbuch f. den Anschauungsunterricht u. die Heimatskunde. Mit Berücksicht. der verbreitetsten Anschauungsbilder bearb. 9. Aufl. (XII, 356 S.) gr. 8. Leipzig 907. S. Hirzel. 3.—; geb. 3. 60

Heinemann, (M.,) Edmund u. Rosalie, die beiden Schützlinge d. Tugend. 8. Leipz. 822, Wienbrack.

HEINEMANN, M., Edmund und Rosalie, die beiden Schützlinge der Tugend. Leipzig 1823. 8°. 185 S. (7 Mk. H. Streisand, Berlin, 1908.)

Heinemann, M. Offener Geleitsbrief für die Abgeordneten an die Parlamente in Berlin und Frankfurt a. M. Druck von Gebrüder Schlesinger. 2 Bl. 8.
Flugblatt. Berlin, 22. Mai 1848.

Heinemann, Margret, landschaftliche Elemente in der griechischen Kunst bis Polygnot, s. a. Arbeiten aus dem akademischen Kunstmuseum zu Bonn. II.

Heinemann, Margret: Landschaftliche Elemente in der griechischen Kunst bis Polygnot. Bonn: Cohen 1910. 104 S. 8° ¶ (Ersch. auch als: Arbeiten aus d. akad. Kunstmus. z. Bonn. 2.)
Bonn, Phil. Diss. v. 20. Jan. 1910, Ref. Loeschcke
[Geb. 29. Mai 83 Frankenberg i. H.; Wohnort: Kassel; Staatsangeh.: Preußen; Vorbildung: Mädchengymn. Karlsruhe Reife Juli 03; Studium: München 3, Berlin 3, Bonn 5 S.; Rig. 16. Juni 09.] [U 10. 377

Heinemann, Max, Epistulae amatoriae quomodo cohaereant cum elegiis Alexandrinis, s. a. Dissertationes philologicae Argentoratenses selectae.

Heinemann, Maximilianus: Epistulae amatoriae quomodo cohaereant cum elegiis Alexandrinis. Argentorati: Truebner 1909. 60 S. 8° ¶ (Ersch. vollst. als: Dissertationes philol. Argentoratenses selectae. Vol. 14, Fasc. 3.)
Straßburg, Phil. Diss. v. 14. Dez. 1907, Ref. Reitzenstein, Keil
[Geb. 22. Dez. 81 Berlin; Wohnort: Berlin; Staatsangeh.: Preußen; Vorbildung: Friedrich-Wilhelms-Gymn. Berlin Reife O. 02; Studium: Berlin 1, Straßburg 2, Berlin 2, Marburg 1, Straßburg 3 S.] [U 10. 4080

Heinemann, Max, der Prozeß Graef und die deutsche Kunst. Eine Antwort auf Dr. Karl Frenzel's Abhandlung in der Nationalzeitung: „Die Kunst und das Strafgesetz". 1.—8. Aufl. gr. 8. (16 S.) Berlin 885, Luckhardt. *

Heinemann, Max [Dresdensis]: Quaestiones Zonareae. Part. 1 ... Dresdae, typ. B. G. Teubneri, 1895; 54 S., 1 Bl. 8.
Leipzig, Phil. Fak., Inaug.-Diss. v. [21. Nov.] 1895

Heinemann, Moriz, approb. Arzt aus Schweinfurt: Ueber die bacilläre Heredität der Tuberkulose an der Hand einiger genau histologisch analysierter Fälle. *Würzburg 1900: A. Boegler.* (32 S.) 8°
Würzburg, Med. Diss. v. 1900

Heinemann, Moses

Heinemann, Moses, Abriß d. physikal. Geographie. Als Leitf. f. d. Schulgebr. u. d. Selbstunterr. bearb. Mit e., für d. Zweck d. Wissenschaft berechn., terminolog. Sach-Register. 8. (6 B.) Berlin 832, Schüppel.

—— theoret. Bildung d. Kaufmannes als Rechnungsführer. Nach Grundsatz e. neuen Systems. gr. 16. (1 B.) Berlin 832, Fröhlich u. Comp.

Heinemann, M., theoretische Bildung des Kaufmanns als Rechnungsführer, nach den Grundsätzen eines neuen Systems. 8. 832. jetzt Heymann in Berlin. 1/6 ß

Heinemann, (M.,) religiöse Blüthen zur Beförderung frommer Gesinnung. 8. Berlin 827. (Hold.)

Heinemann, M(oses)., neuester kaufmänn. Briefsteller; nebst e. kurzgefaßten synonym. Wörtersamml. u. e. Theorie d. Wechsel, mit Rücksicht auf d. preuß. Wechselrecht. Zum Gebr. f. Handlungsbeflissene bearb. gr. 8. (35 B.) Berlin 837, Amelang. Thlr.

— der kaufmänn. Buchhalter im neunzehnten Jahrhundert, oder: Theoret.-prakt. Mittheilung einer Idee, die veraltete Form des italienisch doppelten Buchhaltens mit einer neuen, weit gefälligern, bessern, bequemern, weniger Zeit raubenden u. bedeutend minder kostspieligen zu vertauschen. Mit besond. Rücksicht auf d. Kleinhandel u. das Wechsel- u. Staatspapier-Geschäft. gr. 16. Berlin 839. (Wolff.) 1/2 ß — 2e unveränd. aber revid. Aufl. 8. Berlin 840. Hayn. 1/2 ß

—— das M. Heinemann'sche Buchhaltungs-System z. Gebr. f. Kaufleute u. Banquiers. Mit Rücksicht auf d. Kleinhandel u. d. Wechsel- u. Fonds-Geschäft. — A. u. d. T.: Allerneueste Buchhaltungsform etc. 4. (12 B.) Berlin 831, Laue.

Heinemann, M(oses), alphabetische Darstellung der allgem. deutschen Wechselordnung, mit Berücksicht. der neuen preuß. Einführungsordnung vom 6. Jan. 1849. Zum Gebrauch für Jedermann. 1. und 2., unveränd. Aufl. 8. (48 S.) Berlin 849, Adolf und Comp.

Heinemann, M., alphabetische Darstellung der allgemeinen deutschen Wechselordnung nebst dem Gesetz betr. die Einführung der allgem. Wechselordnung für Deutschland vom 15. Febr. 1850 rc. Neue (Titel-)Aufl. 8. (III, 66 S.) Berlin 868, Ad. Cohn's Verlag.

Heinemann, M., gründliche **Definition** des Rechts, oder allererster Elementar-Unterricht in der Rechtswissenschaft für den Uebergang aus der Schule zum Studium. Nach authentisch encyclopädischen Quellen auch für Nichtstudirende bearb. Berlin 860. Thiele. (Leipzig, Wartig.) 16. (27 S.) n. 5 ngr.

—— das kaufmänn. **Engros-Geschäft**, in Verbind. m. Commissions- u. Speditionsgeschäften, seinem ganzen Umfange nach theoret. u. prakt. dargestellt. Zur Selbstbelehr. f. Handlungsbeflissene, u. als Contor-Handb. nach eigenen u. fremden Erfahrn., u. mit Berücksichtigung d. zuverläss. Quellen bearb. gr. 8. (27 B. u. Titvign.) Berlin 835, [Förstner.]

—— erinnerndes **Familienbuch** f. d. Hausstand. Enthalt.: Erinnerungs-Tabellen f. Geburten, Einsegnungen, Hochzeitsfeier u. Sterbefälle. Mit ausgesuchten Bibelstellen versehen. 2. verm. Aufl. br. 8. (1 B.) Berlin 836, Crantz.

—— .עבודת למנוחה ומועדים לשמחה — Der jüdische **Festspiegel**, od. Beschreib. d. Sabbaths, d. festl. Zeiten u. d. Feiertage d. Juden, mit Rücksicht auf ihre Begründung u. Bedeutung. Zur geschichtl. Belehr. f. unterrichtete Kinder beiderlei Geschlechts bearb. 8. (2½ B.) Berlin 837,. Förstner.

(——) die **Frommen** aus Gottstadt. Taschenbüchlein f. d. reif. Jugend. Zur relig.-moral. Bildung d. Geistes u. Herzens. 16. (4 B.) Cöslin 831, Hendeß.

—— das **Geld-, Wechsel-, Fonds- und Eisenbahn-Actien-Geschäft**, nebst den Handels-Usancen an der Börse. Prakt. Belehrung für den jungen angehenden Kaufmann und den Privat-Spekulanten ꝛc. 4. (72 S.) Berlin 847, L. Schlesinger.

—— der vorsicht. **Geldverleiher**, od. gemeinnütz. Rathgeber f. Jeden, der sein Vermögen od. seine Ersparnisse vortheilhaft anzulegen u. sich dabei gegen Verluste jeder Art sicher zu stellen wünscht. Nebst Zinsen-, Berechnungs- u. Münzvergleichungs-Tabn. gr. 8. (6 B.) Berlin 834, Schüppel.

Heinemann, Moses, der examinirende **Geograph**. Ein Handbüchlein für die allerunterste Klasse u. den allerersten Privatunterricht in der Geographie. 826. 8. Halle, Coldiz'sche Buchh. 1/6 ₰

— der examinirende Geograph. Ein Handbüchlein f. d. allerunterste Klasse u. d. allerersten Privatunterr. in d. Geographie. 2e Aufl. 8. Kottbus 827. Berlin 828, Plahn.

— d. examinirende Geograph. Ein Handbüchlein für d. allerunterste Klasse u. d. allerersten Privatunterr. in d. Geographie. 8. Kottbus 826. 2e A. 8. Berl. 828, (Plahn, u. Krause) 4 ℋ

— der examinirende **Geograph**. Ein Handbüchlein für Schüler. 2e sehr verbess. u. verm. Aufl. 8. Berlin 828. (H. Schultze.) 1/6 ₰

— d. **Geschäftsführer als Buchhalter**, oder verbessertes Buchhaltungssystem für d. Kaufmannsstand. Mit Rücksicht auf den Kleinhandel u. d. Wechsel- u. Fonds-, Ein- u. Verkaufs-Geschäft. Nebst Anhang für d. Schemas einiger Nebenbücher. gr. 8. Ilmenau 832. Voigt, 20 ℋ

Heinemann, M(oses), **Geschäftsführer** als Buchhalter, od. zweckmässigstes Buchhaltungssystem f. d. Kaufmanns-Stand. Mit Rücks. auf den Kleinhandel u. das Wechsel- u. Fonds-, Ein- u. Verkaufs-Geschäft. 2., umgearb. u. verm. Aufl. Hrsg. v. Ign. Bernh. Montag. 4. (36½ B.) Weimar 843, Voigt.

Heinemann, Moses, **Geschäfts-Nebenbücher** f. Fabrik u. Handlung. Eine unentbehrl. Mustersamml. f. Fabrikanten, Kaufleute u. Banquiers. gr. 8. (4 B.) Berlin 831, Hayn.

—— **Geschichts-Tableau** d. Preuss. Hauses aus d. Hohenzollern'schen Linie. 1 Bl. mit Einfass. Imp.-Fol. Berlin 833, (Zesch.)

—— **Grundriß** d. kaufmänn., doppelt-italien. Buchhaltens. Behuf d. Unterr. 8. (1½ B.) Berlin 828, Nortmann. (?)

—— **Handbuch** f. k. preuß. Zollbeamte u. Branntwein-Brennerei-Besitzer, enth. e. tabellar. dargest. Berechn., sowohl üb. d. Versteuerung d. Meisches, als auch üb. d. Bonifikation bei'm Export d. Branntweins in d. Ausland, nach gesetzl. festgestellten Procenten. gr. 8. (11¼ B.) Berlin 836, [Förstner.]

— d. solide Handlung en detail, oder theoret.-prakt. Anweis., wie d. Bücher e. Waarenhandlung en detail nach doppelter italien. Art geführt werden können. 8. Braunschw. 822. 2e verb. Aufl. 8. Leipz. 823. Wienbrack. 12 ℋ

Heinemann, M., **Imperial-Preis-Tabelle**. Nach authent. Angabe des Gewichts-Verhältnisses seit dem 1. Juli 1858. Zum Course von 450—460 Thlr. pro Pfund fein sorgfältig berechnet. Fol. Berlin 862, Thiele.

—— die betende **Jüdin**. Eine Samml. ausgewählter Gebete, den verschied. Verhältnissen d. Lebens angemessen, zunächst f. d. weibl. Geschlecht mosaischen Glaubens. gr. 12. (8 B.) Berlin 839, Thome.

— Katechismus d. kaufmänn. doppelten italien. Buchhaltens für Lehrer u. Lernende u. alle Geschäftsleute. gr. 8. Leipz. 826. Baumgärtner. 16 ℋ

—— der **Kaufmann als Banquier**, od. theoret.-prakt. Unterricht in d. Gesammtwissenschaften d. Banquier-Geschäfts. Zum Selbstunterr. f. Handlungsbeflissene u. als Contor-Handbuch z. prakt. Gebr. f. Kaufleute, Banquiers, Geldwechsler, Courtiers, Handlungs- u. Meßreisende, so wie f. gebild. Geschäftsmänner überh. gr. 8. (42 B. u. Titvign.) Berlin 833, Schüppel.

—— der Kaufmann als **Rechnungsführer** eines Waaren-, Wechsel- u. Fond-Ein- u. Verkaufs-Geschäfts. Ein kaufmänn.-prakt., auf e. neues u. bess. System sich gründ. Wegweiser. 4. (9½ B.) Berlin 831, Bechtold u. Hartje.

—— משה הלוי סאח מהודנמה ומבוארה הפטרה שבת חנכה — Exeget. **Commentar** e. Haftorah aus Secharjah, Kap. 2, V. 14 bis 4, 8. Mit grammat. Anmerkn. Ein Beitr. z. Exegese. 8. (1 B.) Berlin 830, (Plahn.)

—— der deutsche **Concipient** in außergerichtl. Angelegenheiten. Ein unentbehrl. Werk f. d. Bürger u. Landmann. Nebst e. kleinen Wörterbuche z. Verständigung aller jurist., bei d. Verhandln. d. Behörden gebräuchl. u. bei Abfassung d. Eingaben ꝛc. anwendbaren Ausdrücke. Mit Erörtern. u. nach Grundsätzen d. besten Schreibart bearb. gr. 8. (21½ B.) Berlin 838, Amelang.

—— der wohlunterr. **Contorist** u. Kaufmann, ob. theoret.-prakt. Anleit. zu regelrechter Anfertigung d. höh. Contor-Arbeiten, Abschließung v. Handelsverträgen aller Art, Societäts-Contracten, Regulirung v. Fallimenten ꝛc. Nebst e. vollständ. Gewichts- u. Maßkunde aller europ. u. außereurop. Handelsplätze. Nach d. neuesten u. zuverläss. Quellen. gr. 8. (22½ B.) Berlin 834, Schüppel.

— Lehrbuch der doppelten italienischen Buchführung. Eine praktische Anleitung zur gründlichen u. leichten Erlernung der Buchhaltung in einer für Jedermann leicht verständlichen Methode. Anschaulich gemacht durch correspondirende Erklärungen u. vollständige Formulare. 2. Aufl. Berlin 865. Mode. 4. (IV, 95 S.) 20 ngr.

—— kurzer **Leitfaden** beim Unterr. im kaufmänn., doppelt-italien. Buchhalten. 8. (3¼ B.) Berlin 828, Natorff u. Comp.

— der Lotterie-Gewinner im preuß. Staate. Neuer, auf Grund e. hoh. Bescheides des Finanz-Ministers v. 25. Jan. 1812 berichtigter Abdruck. gr. 8. (1/2 B.) Berlin 812, Förstner.

— le maitre de langue et ses disciples. Der Sprachlehrer u. seine Schüler. Theoret. prakt. Methode, kleinen Kindern, die geläufig Deutsch lesen können, aber durchaus noch keinen Begriff von Grammatik haben, sowohl d. Regeln d. deutschen Sprache, als auch die d. französ., gemeinschaftl. fortschreitend, auf e. ungemein leicht faßl., angenehme u. zugleich Lust erreg. Weise beizubringen. 16. (8 1/2 B.) Berlin 841, (Wolff u. Comp.)

— Münz-Tableau f. Banquiers, Kaufleute, Geldwechsler, Zeitungsleser, Rechnungsführer, Buchhalter etc. Die gangbarsten geprägten Gold- u. Silbermünzen d. Handelsplätze Europa's enthalt. Nach Eisenbeiss, Meldola, Nelckenbrecher, Schellenberg u. a. dargestellt. Roy.-Fol. Berlin 833, Gropius.

— Nachweisungs-Tabelle f. Lotterie-Einnehmer u. Lotterie-Spieler in d. k. preuß. Staaten 2c. (Berechnung d. Gewinne.) Neuer, verb. u. bericht. Abdr. gr. 8. (1 B.) Berlin 836, [Förstner.]

— der Pesachabend, od. Beschreib. d. Ceremoniels d. Juden am sogen. Osterabend. Ein Beitr. z. gottesdienstl. Cultus d. Israeliten. 8. (2 B.) Berlin 835, G. Gropius. (?) *

Heinemann, M., drei ausgerechnete Preis-Tabellen für das neue Gewicht (Zollgewicht). Nach dem am 1. Juli 1858 in Kraft tretenden Gesetz vom 17. Mai 1856 bearb. Berlin 856. Bergemann. (1 Bl. in Fol.) 2 1/2 ngr

— drei ausgerechnete Preis-Tabellen für das neue Gewicht (Zollgewicht.) Nach dem am 1. Juli 1858 in Kraft tretenden Gesetz vom 17. Mai 1856 bearb. 1 Bog. in Fol. Berlin 858, Bergemann.

Heinemann, M., neues Rechenbuch für junge Kaufleute. Praktische Anleitung, die auf dem Comtoiren vorkommenden Aufgaben höherer Art verstandesmäßig zu lösen. Nach eigener Erfahrung bearb. und hrsg. 8. (VII und 51 S.) Berlin 855, Mohr und Comp.

— der umgekehrte Rechenknecht oder wie viel kostet 1 Pfund, 1 Scheffel und 1 Metze, wenn der Centner, der Wispel und der Scheffel so und so viel kostet? Für jeden Geschäftsmann 2c. 3., durch Maaszusatz verm. Aufl. gr. 8. (IV und 123 S.) Berlin 852, [Grobe.]

— der umgekehrte Rechenknecht oder wie viel kostet 1 Pfd., wenn der Centner so und so viel kostet? 4. Aufl. auf Grund des am 1. Juli 1858 in Kraft tretenden Gesetzes vom 17. Mai 1856, die Einführung eines allgemeinen Landesgewichts betr., sorgfältig umgearb. Nebst einer Ausrechnung über Wispel, Scheffel u. Metzen. Berlin (858.) Bergemann. gr. 8. (2 Bl., 123 S.) 15 ngr

— der umgekehrte Rechenknecht f. Wollhändler, Lederhändler, Eisenhändler u. alle diejen. Kaufleute, welche nach Centnern einkaufen u. pfundweise wieder verkaufen. Von 1/24 bis 200 Rthlr pro Cent. sorgfält. ausgerechnet. gr. 12. (9 B.) Berlin 837, Morin.

— der Rechenknecht für Cigarrenhändler. Nachweis, wieviel 1/2, 1/4, 1/5, 1/10 Kiste, 1 und 25 Cigarren kosten, wenn 1000 Stück (1 Kiste) zum Fabrikpreise von so und so viel verkauft werden. Von 2 1/2 ℛ bis 100 ℛ ausgerechnet. qu. 32. (112 S.) Berlin 852, [Grobe.]

— der zuverläss. Rechenknecht, od. genaue Nachweisung, wieviel 1/4 bis 100 Stück kosten, wenn d. Preis Eines Stücks so u. soviel ist. 1. Aufl. (13 B.) 837., u. 2. Ausg., verm. durch Cours-Tabellen üb. Friedrichs- u. Louisd'or v. 4 pCt. Agio an, u. Dukaten, so wie durch e. Zinsen-Berechn.-Tabelle. gr. 12. (13 1/4 B.) Berlin 841, Morin. à

— der zuverläss. Rechenknecht, od. genaue Nachweisung wie viel 1/4 bis 100 Stück, wenn der Preis eines Stückes so u. so viel ist, kostet. Nebst ein. Anh., enth.: Agio-Tabellen üb. Ducaten u. Friedrichs- u. Ld'or.; Interessen-Rechnung u. s. w. 3., verb. Aufl. gr. 8. (14 3/4 B.) Berlin 846, Morin.

— der zuverlässige Rechenknecht od. genaue Nachweisung wieviel 1/4 bis 100 Stück kosten, wenn der Preis Eines Stücks so u. so viel ist. Nebst e. Anh., enth.: Agio-Tabellen üb. Dukaten u. Friedrichs- u. Louisd'or; Interessen-Rechnung; Etwas üb. Eisenbahn-Actien u. den ausgerechneten Berliner Wechsel-Cours-Zettel. 4. Aufl. gr. 8. (IV u. 232 S.) Berlin 849, Morin. — 4. Aufl. 2. Stereotyp-Ausg. gr. 8. (IV u. 232 S.) Ebd. 851. 1/2 ℛ

— der zuverlässige Rechenknecht oder genaue Anweisung, wieviel 1/4 bis 100 Stück kosten, wenn der Preis eines Stücks so und so viel ist. Nebst einem Anhange, enth.: Agio-Tabellen 2c.; Interessen-Rechnung; Etwas über Eisenbahn-Actien 2c. 4. Aufl. 1. und 2. Abdr. (IV und 232 S.) 1849,51. und 5. Aufl. gr. 8. (III und 239 S.) Berlin 852, Morin.

— der zuverlässige Rechenknecht oder genaue Anweisung, wie viel 1/4 bis 100 Stück kosten, wenn der Preis Eines Stücks so und so viel ist. Nebst einem Anhange: enth.: Agio-Tabellen 2c.; Interessen-Rechnung; Etwas über Eisenbahn-Actien 2c. 5. Aufl. gr. 8. (III und 239 S.) Berlin 853, [Grobe.]

— der zuverlässige Rechenknecht oder genaue Nachweisung, wieviel 1/4 bis 100 Stück kosten, wenn der Preis Eines Stücks so u. so viel ist. Nebst einem Anhange, enthaltend: Agio-Tabellen über Dukaten u. Friedrichs- u. Louisd'or; Interessen-Rechnung; Etwas über Eisenbahnen-Actien 2c. 6. Aufl. Berlin 860. Bergemann. gr. 8. (V, 238 S.) 15 ngr

— Rechnen mit Verstand. Praktische Anleitg., neben dem Reese'schen Kettensatz das Fazit der Zins-, Disconto-, Kapital-Cours-, Agio, Waaren- u. Wechsel-Berechnung mittelst eigener Ueberzeugung richtig darzustellen. 8. (54 S.) Berlin 851, Moll & Co. n. 8 ngr

— s. Rumpf, J. D. F., die Abfassung von Bittschriften.

— der Schnitt-Waaren-Händler als Buchhalter. Od.: theoret.-pract. Anleit., d. Handlungsbücher e. Waaren-Ein- u. Verkaufs-Geschäfts en detail nach Grundsatz e. systemat. bearb. Buchhaltungsform doppelter Art führen zu können. Zum Gebr. f. Schnitt-Waaren-Handlungen. 4. (14 B.) Berlin 832, Nicolai.

— der richtige Spiritus-Berechner bei'm Ein- u. Verkauf des z. Destilliren bestimmt. Branntweines zu 54½ Tralles u. à 200 Quart das Faß. Zum Gebr. f. Kaufleute, Brennerei-Besitzer, Spiritus-Händler u. Destillateure. Tabellar. dargest. 8. (5 1/4 B.) Berlin 835, Plahnsche Buchh.

— die Staatspapiere u. d. Verkehr mit selbigen. Ein Handb. f. Staatsbeamte, Capitalisten, Banquiers u. alle gebild. Geschäftsmänner. Nach d. zuverläss. Quellen dargest. gr. 8. (4 B.) Berlin 832, Schüppel.

— Preußens Stammbaum aus d. Hause Hohenzollern. Ein Beitr. z. Vaterlandskunde. Mit d. Bildn. Sr. Maj. d. Königs Friedr. Wilhelm III. 2. Aufl. 8. (5 B.) Berlin 832, Fröhlich u. Comp.

Heinemann, M(oses)., Preußens Stammbaum aus d. Hause Hohenzollern. Ein Beitr. z. Vaterlandskunde. 3., verb. Aufl. 16. (6 3/4 B.) Berlin 841, Heymann. Thlr. *

— Taschenbuch f. Handlungsbeflissene, od. theoret.-prakt. Unterr. in d. italien. doppelten Buchhaltung sowohl f. d. Waaren- als Wechselgeschäft, in Anfertigung v. Waaren-Calculationen, Conto-Currents, Zinsenberechnungen, so wie in den Verhältnissen d. Münzwesens 2c. Nach eigener Erfahr. mitgetheilt. br. 12. (16 B.) Berlin 835, [Förstner.]

—- kaufmänn. Taschenbuch d. Münz-, Maaß- u. Gewichtskunde aller Erdtheile, nebst Wechselcoursen einiger größern Städte u. Uebersicht der Respecttage. Aus d. besten Quellen geschöpft u. nach d. sichersten Mittheilungen bearb. — Auch m. d. Umschlags-Ttl.: Alles Geld in der Welt f. 20 Sgr. 16. (7 B.) Berlin 842. (Springer.) *

— vollständ. Titularbuch, nach alphabet. Reihefolge für jeden Stand der menschl. Gesellschaft. Ein nothwendiges Hülfsmittel bei Abfassung von Briefen, Eingaben, Bittschriften, Gesuchen, Vorstellungen etc. Mit e. Anhange; enth. die Titulatur in franz. Sprache. 8. Berlin 839. Cranz. 1/4 rß

—— קֹהֶלֶת — Uebersetzung d. Koheleth, nebst grammat. exeget. Commentar. 8. (8¼ B.) Berlin 831, (Voss.)

— der Unterricht im italienisch doppelten Buchhalten durch populär stylisirte Briefe. Eine, auf klares Verständniß gegründete Methode zur gründlichen Erlernung dieser Wissenschaft für angehende Banquiers u. Kaufleute. Berlin 861. Bach. 4. (IV, 95 S.) 22½ ngr.

—— מורה דרך לשון עברי — Elementar. Unterrichts-Buch bei Erlernung d. hebr. Sprache. Zum Schul- u. Privat-Gebr. gr. 8. (8½ B.) Berlin 830, Schlesinger.

— kurzgefaßte Wechselkunde, zum Gebrauch für Contoristen u. gebild. Geschäftsmänner, u. zur Richtschnur beim Wechselstreit. Theoret. u. prakt. bearb. Nebst e. Anhange, den Uso u. die Respekttage vieler Handelsplätze enthalt. gr. 8. Berlin 833. (Cosmar u. Krause.) ½ rß

—— kurzgefaßte Wechselkunde, z. Gebr. f. Comtoristen u. Geschäftsmänner. Neue unveränd. Ausg. gr. 8. (8¾ B.) Berlin 841, Klemann.

Heinemann, (M.,) der gebahnte Weg zum Buchhalten; od. natürl. Reihefolge f. den Unterricht im kaufmänn. doppelt. italienischen Buchhalten. 8. Züllichau 825, Darnmann.

—— der gebahnte Weg z. Buchhalten, od. natürl. Reihefolge f. d. Unterr. im kaufmänn. doppelt-italien. Buchhalten. Für Lehrer u. d. Selbstunterr. u. z. Gebr. f. Manufaktur-, Material-, Kurze-Waaren- u. Wein-Handlungen. 2., durchgес., abgeänd. u. verb. Aufl. 8. (16½ B. u. 1½ B. Tab.) Cöslin 829, Hendeß.

—— wie viel kostet 1 Pfund, wenn d. Centner so u. so viel kostet? Ein gemeinnütz. Nachweiser f. jed. Geschäftsmann, der centnerweise einkauft u. nach Pfunden wieder verkauft. Als 2. Aufl. des umgekehrten Rechenknechts. 12. (9 B.) Berlin 846. Morin.

—— juridisch mercantil. Wörterbuch z. preuß. Wechselrecht, od. Darstell. d. preuß. Wechselrechts nach alphabet. Ordn. Ein ungemein nützl. Hülfsb. f. Kaufleute, Banquiers, Courtiers u. alle gebild. Geschäftsmänner. gr. 12. (18 B.) Berlin 836, [Förstner.]

— juridisch-merkantilisches Wörterbuch zum Preuß. Wechselrecht, oder Darstellung des preuß. Wechselrechts nach alphabet. Ordnung. Ein ungemein nützliches Hülfsbuch für Kaufleute, Banquiers, Courtiers u. alle gebildeten Geschäftsmänner. gr. 12. Berlin 836. Schüppel. 1½ rß

—— vollständ. Zinstabellen f. alle, auf d. berliner Cours-anzeiger notirte in- u. ausländ. Staatspapiere, auf beide halbjähr. Zahlungstermine v. 1 bis 360 Tage. Zum allgem. nützl. Gebr. f. Capitalisten, Staatspapierhändler, Banquiers etc. sorgfältig berechnet. qu. gr. 4. (23 B.) Berlin 837, Förstner.

Heinemann, O., die preußischen Baufonds, s.: Dreger, W.

Heinemann, O. v.: Die älteren Siegel des Anhaltischen Fürstenhauses. Bernb. Schul-/Univ.-Schrift 1867

Albrecht der Bär. Eine quellenmäßige Darstellung seines Lebens von O[tto] von Heinemann. Nebst 1 Stammtaf. — Darmstadt: Lange 1864. VII, 496 S. 8°

Heinemann, Otto [aus Eschwege]: Über Anosmie. . . . Göttingen, Druck d. Univ. Buchdr. v. W. Fr. Kästner, 1888; 51 S. 8°
Göttingen, Med. Fak., Inaug.-Diss. v. 20. Okt. 1888

Heinemann, O., üb. Anosmie. Inaug.-Diss. gr. 8. (51 S.) Göttingen 888. (Vandenhoeck & Ruprecht's Verl.) n. 1. 20

Heinemann, Otto *Heinrich Julius* [aus Göttingen]: Beiträge zur Diplomatik der älteren Bischöfe von Hildesheim. '(1130—1246)'. Th. 1 ... [Erschien vollst. 1895 bei N. G. Elwert in Marburg.] Marburg, Univ.-Buchdr. '(R. Friedrich)', 1895; VIII, 74 S., 1 Bl. 8.
Göttingen, Phil. Fak., Inaug.-Diss. v. [16. Febr.] 1895

Heinemann, O., Bestimmungen üb. die Benutzung, Einrichtung u. Unterhaltung, sowie üb. die Besteuerung der Dienstwohnungen der preuß. Staatsbeamten. Für den prakt. Gebrauch der Behörden u. Beamten aller Staatsverwaltungszweige zusammengestellt u. erläutert. Mit ausführl. alphabet. Sachregister. 4. (IV, 251 S.) Potsdam 901. A. Stein. n. 6. —; geb. n. 6. 50

Die wichtigsten Bestimmungen der preußischen Staatsbeamten-Gesetzgebung. Für d. prakt. Gebrauch zsgest. u. erl. von O[tto] Heinemann. Potsdam: Stein 1909. 267 S. 4° (8°)
(Heinemann: Handbuch über d. Organisation u. Verwaltung d. staatl... Unterrichtsanstalten in Preußen. Anh.)

Heinemann, O. v., die herzogliche Bibliothek zu Wolfenbüttel. Ein Vortrag. Hrsg. von dem Ortsverein f. Geschichte u. Alterthumskunde zu Braunschweig u. Wolfenbüttel. gr. 8. (48 S.) Wolfenbüttel 879. Zwißler. n. 1. —

Heinemann, O. v., die herzogl. Bibliothek zu Wolfenbüttel. Ein Beitrag zur Geschichte deutscher Büchersammlgn. 2., völlig neugearb. Aufl. Mit 4 bildl. Darstellgn. gr. 8. (VIII, 345 S.) Wolfenbüttel 894. J. Zwissler. n. 6. —; geb. in Halbfrz. n. 8. —

Heinemann, O. v., s.: Codex diplomaticus Anhaltinus.

— die Burg Dankwarderode. Vortrag, geh. in der Versammlung des Architekten- u. Ingenieur-Vereins. [Aus: „Braunschweig. Anzeigen".] gr. 8. (15 S.) Braunschweig 880. Häring & Co. n. — 40

—— zur Erinnerung an Gotthold Ephraim Lessing. Briefe und Aktenstücke aus den Papieren der herzogl. Bibliothek und den Akten des herzogl. Landeshauptarchivs zu Wolfenbüttel. 8. (VII, 212 S.) Leipzig 870, Hirzel. *

Heinemann, O. v., die Ex-Libris-Sammlung der herzogl. Bibliothek z. Wolfenbüttel. 160 (z. Tl. farb.) ausgew. Bücherzeichen d. XV.—XIX. Jahrh. M. e. Einleitg. 4. (33 S. m. 8 Abb.) Berlin 895. J. A. Stargardt. n. 40. —

— Festrede, geh. am 100jähr. Todestage Lessings. Nebst Prolog. 12. (IV, 31 S.) Wolfenbüttel 881. Zwißler. n. — 50

— Markgraf Gero. Eine historische Monographie. Nebst Stammtafel u. (lith. u. color.) Karte (in Fol.). Braunschweig 860. Schwetschke & Sohn. gr. 8. (XII, 174 S. mit 1 Holzschntaf.) n. 24 ngr.

— Geschichte der Abtei u. Beschreibung der Stiftskirche zu Gernrode. Mit 6 Kunstbeilagen (in Aubeldr.). gr. 4. (58 S.) Quedlinburg 877. Huch. n. 2. —

—— Geschichte von Braunschweig und Hannover. (In 3 Bdn.) 1. Bd. gr. 8. (VIII, 350 S.) Gotha 884, F. A. Perthes.

Heinemann, Otto v., Geschichte von Braunschweig und Hannover. 2. Bd. gr. 8. (IV, 498 S. mit 1 Tab.) Gotha 886, F. A. Perthes. *
1. Bd. Ebendas. 1884. *M 6.—.

Heinemann, Otto v. Geschichte von Braunschweig u. Hannover. 3. Bd. gr. 8. (III, 483 S.) Gotha 892, F. A. Perthes. * 9 —
1. u. 2. Bd. Ebd. 1884 u. 1886. * 15 —.

Heinemann, Otto, Geschichte des Geschlechts v. der Lancken. Im Auftrage des Familienverbandes bearb. 1. Bd.: Urkundenbuch. 1. Abtl.: 1285—1524. (S. 1—144.) Lex.-8. Stettin 906. P. Niekammer. n. 6. —

Heinemann, Otto, Geschichte des Geschlechts v. der Lancken. Im Auftrage des Familienverbandes bearb. I. Bd.: Urkundenbuch. 2. Abtlg.: 1525—1906 u. Nachträge. (VIII u. S. 145—418.) Lex. 8. Stettin 908. P. Niekammer. 10.— (I. Bd. vollst. 16.—)

Heinemann, O., Handbuch üb. die Organisation u. Verwaltung der öffentlichen preußischen Unterrichtsanstalten. Zum Gebrauche f. Kuratoren u. Leiter 2c. v. Unterrichtsanstalten, Staats- u. Kommunalbehörden, Stiftungsverwaltgn., Handels-, Handwerks- u. Landwirtschaftskammern, Bibliotheken, sowie f. Schul-, Verwaltungs-, Kassen- u. Rechnungsbeamte. In lexikal. Form bearb. u. hrsg. Mit e. Anh., enth. die wichtigsten Bestimmungn. der preuß. allgemeinen Staatsbeamten-Gesetzgebg. u. m. e. chronolog. Register der einschläg. Gesetze, Verordngn., Ministerial-Erlasse usw. (VIII, 1779 S.) Lex. 8. Potsdam (907—09). A. Stein. 40.—; in 2 Bde. geb. 44.—; auch in 16 Lfgn.

— dasselbe. Anh. (17. Schluß-Lfg.) Die wichtigsten Bestimmungen der preußischen Staatsbeamten-Gesetzgebung. Für den prakt. Gebrauch zusammengestellt u. erläutert. (III, 267 S.) gr. 8. Ebd. 909. 2.—; geb. in Halbfrz. 2.50

— die Handschriften der herzogl. Bibliothek zu Wolfenbüttel, beschrieben. 1. Abth. Die Helmstedter Handschriften. I. u. II. Lex.-8. Wolfenbüttel, Zwissler. à n. 15. —
I. Mit e. Ansicht der alten Bibliothek in Lichtdr. u. 10 Taf. Schriftproben in Stein- u. Farbendr. (XII, 380 S.) 884.
II. Mit e. Ansicht der alten Bibliothekar-Wohng. [Lessing-Haus] in Lichtdr. u. 6 Taf. Schriftproben in farb. Lichtdr. 8. (340 S.) 884.

—— die Handschriften der herzogl. Bibliothek zu Wolfenbüttel. 1. Abthl.: Die Helmstedter Handschriften. II. Lex.-8. (340 S. mit 1 Ansicht der alten Bibliothekar-Wohnung [Lessing-Haus] in Lichtdr. und 6 Taf. Schriftproben in farb. Lichtdr.) Wolfenbüttel 886, Zwissler. *

Heinemann, O. v., die Handschriften der herzogl. Bibliothek zu Wolfenbüttel. Beschrieben von O. v. H. 1. Abth. Die Helmstedter Handschriften. III. Mit e Ansicht der neuen Bibliothek u. 8 Taf. Schriftproben in farb. Lichtdr. Lex.-8. (280 S.) Wolfenbüttel 888. Zwissler. n. 15. — (1. Abth. I—III.: n. 45. —)

— dasselbe. 2. Abth. Die Augusteischen Handschriften. I. Mit dem Bildnisse d. Herzogs August v. Braunschweig u. 4 farb. Lichtdr.-Taf. Lex.-8. (XI, 320 S.) Ebd. 890. n. 15. —

— dasselbe. 8. Abth. Die Handschriften nebst d. älteren Druckwerken der Musik-Abtheilung, beschrieben von E. Vogel. Mit 1 Fcsm.-Taf. Lex.-8. (VIII, 280 S.) Ebd. 890. n. 12. —

— d. Handschriften d. herzogl. Bibliothek zu Wolfenbüttel, beschrieben. II. Abth. 2. u. 3. Thl. (Des ganzen Werkes V. u. VI. Bd.) Lex.-8. Wolfenbüttel, J. Zwissler. à n. 15. — (I, 1—3; II, 1—3 u. VIII.: n. 102. —)
II, 2. D. Augusteischen Handschriften. II. (V, 361 S. m. 5 farb. Lichtdr.-Taf.) 895.
II, 3. dasselbe. III. (III, 411 S. m. 7 [3 farb.] Lichtdr.-Taf.) 898.

Heinemann, Otto v., die Handschriften der herzogl. Bibliothek zu Wolfenbüttel, beschrieben. II. Abth. 4. Thl. (Des ganzen Werkes VII. Bd.) Lex.-8. Wolfenbüttel, J. Zwissler. n. 20. —; (I. 1—3; II. 1—4 u. VIII. n. 122. —)
Die Augusteischen Handschriften. IV. Mit 13 Fcsms, meist in farb. Lichtdr. (III, 380 S.) 900.

Heinemann, Otto v., die Handschriften der herzogl. Bibliothek zu Wolfenbüttel, beschrieben. II. Abth. 5. Thl. (Des ganzen Werkes VIII. Bd.) Lex.-8. Wolfenbüttel, J. Zwissler. 20. —
Die Augusteischen Handschriften. V. Nebst Zugabe zu Abth. II u. Anh. zu Abth. I/II. Mit 4 Fcsms in farb. Lichtdr. (V, 328 S.) 903.

Heinemann, O. v., das Königreich Hannover und das Herzogthum Braunschweig, s. Hannover.

Adelheid von Holstein. Gemahlin des Grafen Dietrich VI. von Honstein v. Otto Heinemann. Ausschnitt aus: Zeitschrift des Harzvereins. Bd. 28. Wernigerode. 1905. 8°.

—— Lothar der Sachse und Konrad II., s. Erzählungen aus dem deutschen Mittelalter.

Die Pensionskasse für die Gußstahlfabrik der Firma Fried. Krupp in Essen. Vortrag geh. 1903 im Kruppschen Bildungsverein von Otto Heinemann nebst einigen erg. Tabellen u. Erl. Essen (1903): Buchdr. d. Gußstahlfabrik von F. Krupp. (38 S.) 4° 108. 5417 10

Heinemann, O., Die Pensionskasse für die Gußstahlfabrik der Firma Fried. Krupp A.-G. in Essen. 2. Aufl. Essen, 1908. 42 S.

— Die preußische Staatsbeamten-Gesetzgebung. Systematische Darstellg. d. Gesetze, Verordngn., Ausführungsvorschriften u. s. w. Für den prakt. Gebrauch der Behörden u. Beamten nach dem neuesten Stande der Gesetzgebg. 2c. bearb. (X, 267 S.) Lex. 8. Ebd. 909. Geb. in Leinw. 3.50

—— die Stiftskirche zu Gernrode und ihre Wiederherstellung. 4. (49 S.) Bernburg 865, Reiter.

— aus vergangenen Tagen. Lebenserinnerungen in Umrissen u. Ausführgn. gr. 8. (VII, 402 S. m. 4 Lichtdr.) Ebd. 902. n. 5. —

— s.: Urkundenbuch, pommersches.

— aus der Vergangenheit des Welfischen Hauses, s. a. Aufsätze u. Vorträge aus verschiedenen Wissensgebieten.

—— aus der Vergangenheit des Welfischen Hauses. Sechs Vorträge. 8. (VI, 245 S.) Ebendas. 880.
geb.

— aus der Vergangenheit des Welfischen Hauses. Sechs Vorträge. 8. (VI, 245 S.) Wolfenbüttel 881. Zwißler. n. 3. —; geb. n. 4. —

Verzeichnis der Mitglieder des Verbandes Historischer Vereine an deutschen Hochschulen. 2. Ausgabe. Zusammengestellt von OTTO HEINEMANN-Magdeburg. Gross-lichterfelde 1911. Verlag von K. G. Th. Scheffer. 8°.

Heinemann, Olaf, Geschichten aus Banausia. 1. u. 2. Tausend. (143 S.) kl. 8. Berlin (910). G. Hering. 2.—; geb. in Leinw. n 3. —

Cesparin u. andere Novellen. Von Hermann Olaf Heinemann. Kevelaer: Butzon & Bercker [1908]. 95 S. 8°
(Aus Vergangenheit u. Gegenwart. Bdch. [illegible]) [illegible]

Heinemann, Philipp, a. Flensburg: Untersuchungen über die Entwicklung des Mesoderms und den Bau des Ruderschwanzes bei den Ascidienlarven. Mit Tafel I—IV. Leipzig: W. Engelmann 1905. (76 S.) 8° ¶(Aus: Zeitschrift f. wiss. Zoologie Bd 79, H. 1.)
Rostock, Phil. Fak., Ref. Seeliger, Diss. v. 19. Mai 1905
[Geb. 10. Jan. 78 Sonderburg; Wohnort: Rheydt; Staatsangeh.: Preußen; Vorbildung: Realgymn. Bützow Reife f. Unterprima O. 98; Studium: Göttingen 1, Würzburg 5, Rostock 5 S.; Rig. 19. Dez. 03.]

Heinemann, Rudolf, Rechtspraktikant: Die Entführung. Nürnberg 1907: Th. Birkner. (59 S.) 8°
Heidelberg, Jur. Fak., Ref. v. Lilienthal, Diss. v. 1907
[Geb. 9. April 84 Schweinfurt; Wohnort: Nürnberg; Staatsangeh.: Bayern; Vorbildung: Neues Gymn. Würzburg Reife Juli 02; Studium: München 2, Würzburg 1, Berlin 3, Würzburg 2 S.; Rig. 6. Dez. 07.]

Heinemann, S., Verhandlungen, die, des rheinhess. Hochverrathsprocesses, s. Verhandlungen.

Heinemann, Salomo ⟨geb. am 31 Juli 1806 in Kreuznach⟩: De dispositione ad vesaniam . . . Bonnae, typ. F. C. Baaden (1828). 2 Bl., 16 S., 1 Bl. 4.
Bonn, Med. Fak., Diss. v. [18 Nov.] 1828

Heinemann, Theodor [aus Frankenberg (Hessen)]: Ein Fall von Aplasie und ein Fall von Aphasie mit Agraphie nach traumatischer Läsion der linken Grosshirn-Hemisphäre .... Würzburg, Becker's Univ.-Buchdr., 1887; 14 S. 8°.
Würzburg, Med. Fak., Inaug.-Diss. v. 1887.

Heinemann, Ulrich, a. Pargow i. Pom.: Lehnserteilungen und lehnarechtliche Verfügungen Kaiser Karls IV. Halle a. S. 1907: R. P. Nietschmann. (95 S.) 8° ¶(Enthält nur d. ersten Teil d. Arbeit; der Rest erscheint später.)
Halle, Phil. Fak., Ref. Lindner, Diss. v. 11. Juni 1907
[Geb. 17. Aug. 80 Pargow i. Pom.; Wohnort: Halle a. S.; Staatsangeh.: Preußen; Vorbildung: Gymn. Stargard Reife M. 00; Studium: München 1, Tübingen 1, Greifswald 3, Halle 3 S.; Rig. 20. Dez. 06.]

Heinemann, W., Goethes Faust in England und Amerika. Bibliogr. Zusammenstellung. 8. (VII, 32 S.) (Berlin 886.) Leipzig, Hettler. *

Heinemann, W., Religion und Naturwissenschaft. Ein Wort gegen den Materialismus. 8. (67 S.) Darmstadt 871, Jonghaus' Verlag. *

Heinemann, W: Wohlfahrts- und Wohlthätigkeits-Anstalten zu Neuß a. Rhein. Neuß (1896)

Heinemann, Walter, Medizinalpraktikant: Ueber Hemiatrophia faciei. Leipzig 1907: B. Georgi. (29 S.) 8°
Leipzig, Med. Fak., Ref. Hoffmann, Diss. v. 28. Juli 1907
[Geb. 16. Aug. 83 Braunschweig; Wohnort: Berlin; Staatsangeh.: Preußen; Vorbildung: Neues Gymn. Braunschweig Reife M. 01; Studium: Berlin 5, München 1, Berlin 4 S.; Coll. 6. Juli 07; Approb. 25. März 07.]

Heinemann, Wilhelm [aus Eschwege]: Statistisches über Otitis media ... Göttingen, Druck d. Dieterich'schen Univ.-Buchdr., 1891; 56 S. 8.
Göttingen, Med. Fak., Inaug.-Diss. v. [24. Juli] 1891

Heinemann, Wilh., Statistisches üb. Otitis media. Diss. gr. 8. (56 S.) Göttingen 891. (Vandenhoeck & Ruprecht.) n. 1. 20

Heinemann, Willy: Die Villenbauten des Andrea Palladio. 1909. 135 S. 4°
Dresden, Dr.-Ing.-Diss. v. 18. 5. 1909

Heinemann-Grautoff, Erna, von weitem Wandern. Gedichte. (VII, 116 S.) 8. Leipzig 910. F. Eckardt. 2.—; geb. 3. —

(Allgem. Geogr. Ephemeriden. Bd. 25. Stück 2. Febr. 1808.)
1. Ueber Helgoland v. Heinemeyer. ⟨Mit 1 Charte.⟩ [Weimar.] 1808. 8°.

Heinemeyer, Hnr. Konr., s. Rubrikwörterbuch.

Heinen

— s. a. Haine, Heine, Heyne.

v. Heinen, ..., s. Bemerkk. über d. stehende Heer.

Bemerkungen über das stehende Heer in Dännemark v. von Heinen, veranlasst durch die patriotischen Gedanken eines Dänen über stehende Heere, politisches Gleichgewicht und Staatsrevolutionen. o. O. 1793. 8°

Heinen, A., mein Gebetbüchlein zum täglichen Gebrauche. Mit Kreuzweg-Andacht. Neu bearb. (262 S. m. Abbildgn. u. 1 Farbdr. 32. Einsiedeln 904. Verlagsanstalt Benziger & Co. Geb. in Leinw. n. — 35; m. Goldschn. n. — 55; in Ldr.-Imitation m. Goldschn. n. — 65; in Ldr. m. Goldschn. n. 1. —

Heinen, A., moderne Ideen im Lichte des Vaterunsers. 8 Vorträge. 2. Aufl. (VIII, 152 S.) 8. Kempten 909. J. Kösel. 1.50; geb. 2. —

Heinen, Adolf: Die Nephthydeen und Lycorideen der Nord- und Ostsee einschließlich der verbindenden Meeresteile. Kiel 1911: Schmidt & Klaunig. 86 S., 5 Taf. 4° ¶(Aus: Wissensch. Meeresuntersuchungen. Abt. Kiel. Bd 13.)
Kiel, Phil. Diss. v. 2. Mai 1911, Ref. Brandt
[Geb. 18. Dez. 87 Wardenburg; Wohnort: Wardenburg; Staatsangeh.: Oldenburg; Vorbildung: Oberrealsch. Oldenburg Reife O. 07; Studium: Göttingen 2, Freiburg i. B. 1, Berlin 1, Kiel 3 S.; Rig. 5. Nov. 10.] [U 11. 2632

Heinen, Carl, s. Heinen, Karl

Heinen, Engelb. Mich. Jos.

Heinen, E. M. J., rheinische Glockentöne. Bevorwortet von J. B. Rousseau u. Wilh. v. Waldbrühl. 2. Ausg. Bonn 859. Habicht in Comm. 8. (629 S.) n. 1 ₰

— Leben, Fahrten u. Martyrtod der heil. Ursula u. ihrer Gesellschaft. Eine lehrreiche Erzählung zur Erbauung für kathol. Christen jedes Alters u. jeden Standes. Mit Kpfr. 8. Cöln 838. Gaul u. Tonger. 1/6 ₰

Heinen, Engelb. Mich. Jos., Leben u. Martertod d. heil. Ursula u. ihrer Gesellschaft. 3. verb. Aufl. 8. Cöln 841, Gaul u. Tonger. 1/6 ₰

Heinen, Engelb. Mich. Jos., der Palmgarten d. Friedens. Ein christkathol. Gebet- u. Gesangbuch z. Gebr. bei d. öffentl. Gottesdienste u. bei d. häusl. Andacht. 8. (36 B. u. Titlbild.) Cöln 834, (Ritzefeld.) 1 Thlr., Vln. - Schrbv.

—— drei Reden, üb. d. Erziehung z. Gottseligkeit. gr. 8. (3¼ B.) Köln 831. (Düsseldorf, Stahl.)

Heinen, Engelb. Mich. Jos., drei Reden üb. d. Erziehung zur Gottseligkeit. Ein Wort z. Zeit. 2. Aufl. gr. 8. (2¼ B.) Köln 838, Du Mont-Schauberg.

—— Trauer-Rede auf d. Tod d. höchstsel. Königes v. Preußen Friedrich Wilhelm III. Nebst e. Festode u. „Des Königs letzter Wille" als Anh. gr. 8. (1¾ B.) Köln 840. (Leipzig, Polet.)

Heinen, (Engelbert Jos.), Helena Wallraff v. Brüggen, Pfarrei Kirdorf bei Lechenich, die merkwürdigste Seherin am Rhein. Eine kurze Lebensbeschreibung nebst den Hauptzügen ihrer Offenbarung, welche der ehrwürd. Pfarrer Heinen in Kirdorf aus ihrem Munde aufzeichnete ꝛc. Aus der Nachlassenschaft seines ehrwürd. Onkels hrsg. gr. 16. (28 S.) Euskirchen 849. (Cöln, Lengfeld.) n. 2 ngr

—— die Würde d. kathol. Priesterthumes. Eine Rede. gr. 8. (2¼ B.) Cöln 830. (Düsseldorf, Stahl.)

Heinen, Franciscus: De catenaria vulgari.
Halle-Wittenberg, Phil. Diss. v. 17. Juni 1835
Geb. [Düsseldorf 5. 6. 1807]
Ms. fehlt.

Heinen, Franz, das Dipleidoscop. Seine Theorie, Einrichtung und Anwendung. gr. 8. (29 S. und 2 Stnt.) Düsseldorf 847, Bötticher. *

Heinen, Dr., s. Museum des Rheinisch-westfäl. Schulmänner-Vereins.

Heinen, Franz [aus Köln a. Rh.]: Ueber o. Amidobenzylparabromanilin und Derivate desselben ... Erlangen, k. b. Hof- u. Univ.-Buchdr. v. F. Junge, 1892; 40 S. 8.
Erlangen, Phil. Fak., Inaug.-Diss. v. 1892

Heinen, Frz., die städtische Realschule 1. Ordnung zu Düsseldorf, nebst Geschichtlichem aus der Entwickelung des Realschulwesens überhaupt. Einladungsschrift zur Feier des 25jähr. Bestehens der Anstalt am 28. Mai 1863. gr. 8. (92 S.) Düsseldorf 863, Schaub'sche Buchh.

Heinen, Frz., über einige Rotations-Apparate insbesondere den Fissel'schen. Mit in den Text eingedr. Holzschn. Braunschweig 857. Vieweg. gr. 8. (4 Bl., 76 S.) n. 20 ngr

Heinen: Einige planimetrische Sätze. Düsseldorf. 15 S. u. Tafel. 1865.
Schul-/Univ.-Schrift

— die Schule u. die Freiheit. Rede gehalt. am 14. Oktbr. 1848 zur Vorfeier des Geburtstages Sr. Maj. des Königs in der Realschule zu Düsseldorf. gr. 8. (11 S.) Ebd. 848. 1/12 ßf

—— Schulreden. gr. 8. (X und 148 S.) Düsseldorf 860, (Schaub'sche Buchh.) * -

Heinen, Frz., über Systeme von Kräften, deren Intensitäten sich wie die n. Potenzen der Entfernungen gegebener Punkte von einem Central-Punkte verhalten, in Beziehung auf Punkte, für welche d. Summe der n. Entfernungs-Potenzen ein Maximum oder Minimum ist. Nebst 1 Steintaf. gr. 4. Essen 834. Bädeker. 1/3 ßf

Heinen: Worte z. Eröffn. d. Versamml. rhein. Schulmänner. Düsseldorf, Schul-/Univ.-Schrift 1863.

Heinen, *Johann* Gerhard [aus Bonn]: Aus d. chirurg. Klinik zu Bonn. Ueber Dermoide und Teratome des Hodens ... Bonn, Druck v. E. Heydorn, *1893*; 19 S. 8.
Bonn, Med. Fak., Inaug.-Diss. v. [17.] Febr. 1893

Heinen, H., der Stukkolustro u. seine Herstellung, s. Flugblätter, technische, der deutschen Malerzeitung Die Mappe, Nr. 6.

Heinen, H. J., Samml. geistl. Lieder für d. kathol. Landvolk. Zu Verbreit. d. häusl. Andacht u. zum Gebrauch bei d. öffentl. Gottdienste. 8. Köln 825. (Bachem). 6 gr

Heinen, Hermann

— Seneca's Character u. politische Thätigkeit, aus seinen Schriften beleuchtet. 4. (25 S.) Ebend. 886. n. 1. 60

Heinen, Herm., Einwirkung v. Jodallyl auf Anhydrobenzdiamidotoluol, Benzenyltoluylendiamin [-amidin]. gr. 8. (30 S.) Göttingen 884. (Vandenhoeck & Ruprecht.) n. — 80

— de participiorum apud Herodotum usu. gr. 8. (VII, 144 S.) Ebend. 884. n. 2. 40

Heinen, Hubert: Zur Begründung des römischen Kaiserkultes. Chronolog. Uebersicht von 48 v. bis 14 n. Chr. Tübingen 1910: Laupp. VI, 49 S. 4°
Bonn, Phil. Diss. v. 15. Okt. 1910, Ref. Nissen
[Geb. 11. Juni 83 M.-Gladbach; Wohnort: M.-Gladbach; Staatsangeh.: Preußen; Vorbildung: Gymn. M.-Gladbach Reife O. 05; Studium: Bonn 4, Straßburg 1, Bonn 4 S.; Rig. 8. Juni 10.] [U 11. 470

Heinen, J. Fr., Dispositiones üb. alle S. u. Festt. 8. Hannover, Helwing.

Heinen, Jacob Georg (Düsseldorf), De capitis dolore. Diss. med. Bln. (Aug. Petsch) 30. VIII. 1830. 31 S. mit Biogr. (M.: Schmitz.) (6.50) 14025
Oppon.: E. A. Groos, C. Uhlemann, J. Hoppe. — Gew.: Nicolaus Heinen (Vater), Carl Heinen (Bruder).

[F.] Pfarrgeschichte Eupens. M. bes. Berücks. d. Ortsgeschichte vf. v. d. Privatgeistl. Johann Gerhard **Heinen**. M. 4 Bildertaf. in Lichtdr. ... *Eupen: Selbstr.; Dr. v. K. Braselmann 1896.* (XI, 329 S., 4 Taf.) 1 Bd 8.
[98. 79]

Heinen, Josef

Heinen, J. Plan der Stadt **Barmen**. 1 : 10000. 1893 und 1895: Je 1 Bl. c. L.

Plan der Stadt Barmen. Angefertigt durch d. Stadt-Geometer J[osef] **Heinen**. Zum amtl. Adressbuch von Barmen 1901. Massst. 1 : 10,000. *Barmen: L. Schwarze & Oberhoff (1901): Lith. E. Mansfeld.* (1 Kartenbl. 60 60 cm mit Legende.) gr. 2° [kol.] [01. 1978

Heinen, Karl

Heinen, Carl, Mit welchen Krankheiten kann die Rinderpest leicht verwechselt werden und welches sind die wesentlichsten Momente für die Differential-Diagnose? Inaugural-Dissertation. gr. 8. (23 S.) Göttingen 878, (Vandenhoeck und Ruprecht's Verlag.) * — 60

Heinen, Mathias, Referendar in Cöln a. Rh.: Das Recht des Eigentümers zur Vertiefung seines Grundstücks nach römischem, gemeinem Rechte und nach dem Bürgerlichen Gesetzbuch. Cöln 1907: Th. Fröhlich. (58 S.) 8°
Leipzig, Jur. Fak., Diss. v. 26. März 1907
[Geb. 24. Febr. 79 Cöln a. Rh.; Wohnort: Cöln; Staatsangeh.: Preußen; Vorbildung: Gymn. Diedenhofen Reife M. 00; Studium: München 1, Heidelberg 1, Berlin 2, Bonn 2 S.; Rig. 16. Dez. 03.]

Heinen, [Peter]: Wie läßt sich für die kulturhistorischen Unterweisungen im Geschichtsunterrichte der nötige Raum gewinnen? *Saarlouis 1902: F. Stein Nachf.* (S. 3–14.) 4°
Saarlouis, G. i. E., P 1902 (510)

Heinen, Wilhelm, approb. Arzt aus Köln a. Rh.: Ueber Adenocarcinom der Cervix. *München 1903: Kastner & Callwey.* (23 S.) 8°
München, Med. Diss. v. 1903

Heinen, Wlh. Jos., d. Begleiter auf Reisen in Deutschland, ein höchst merkwürd. Werk für Reisende, Fremde u. Kaufleute, mit 1 Postkarte. 2 Thle. 8. Köln 808. Rommerskirchen. 1 rℬ 12 ℊℊ Dass.; 2 Thle, mit 1 Karte. gr. 8. Elberf. 811. Mannes. 1 rℬ 8 ℊℊ

Heiner, Christian Friedrich (Seuptendorf/Vogtl.), De methodi gastricae in curandis febribus indicatione rite instituenda. Dissertat. med. Präs. Friedrich Ludwig Kreysig. Wittbg. (Adam Christian Charisius) 7. X. 1802. 24 S. (6.40) 14026

HEINER, Felix (Leipzig): Grundrente und Wohnungsfrage in Plauen i.V.- Altenburg: Geibel 1907. XV,183 S., 1 Plan.- Im Buchhandel: Leipzig: Duncker & Humblot.
13.3.1907 - Chr 1906/07,22; Jv 1907/08,511
Diss. Ingolst.-Landsh.-Mchn.

Heiner, Franz

Heiner, Frz., s.: Archiv f. kathol. Kirchenrecht.

— des Grafen Paul v. Hoensbroech neuer Beweis des jesuitischen Grundsatzes Der Zweck heiligt die Mittel, beleuchtet. (Umschlag: 2., unveränd. Aufl.) (III, 55 S.) gr. 8. Freiburg i/B. 904. Geschäftsstelle des Charitasverbandes f. das kathol. Deutschland. n. 1. —

— Christentum u. Kirche im Kampfe m. der Sozialdemokratie. Ein offenes Wort. (IV, 139 S.) gr. 8. Freiburg i/B. 903. Geschäftsstelle des Charitasverbandes f. das kathol. Deutschland. n. 1. 50

— die kirchlichen Erlasse, Verordnungen u. Bekanntmachgn. d. Erzdiöcese Freiburg. Gesammelt, geordnet u. hrsg. 2., verm. Aufl. gr. 8. (VIII, 842 S.) Freiburg i/B. 898. Herder. n. 9. —; Einbd. in Halbfrz. n.n.n. 1. 50

— theologische Fakultäten u. tridentinische Seminarien. Ein Wort zur Aufklärg. u. Verständigg. gr. 8. (84 S.) Paderborn 900. F. Schöningh. n. 1. 40

Theologische Fakultäten und Tridentinische Seminarien. Ein Wort z. Aufklärung u. Verständigung. Von Prälat Dr. [Franz Xav.] Heiner. Univ.Prof. z. Taus. *Paderborn: F. Schöningh 1900.* (83 S.) 8° [F.] (00. 11

— nochmals theologische Fakultäten u. tridentinische Seminarien m. besond. Berücksicht. der Straßburger Fakultätsfrage. Ein neues Wort zur Aufklärg. u. Verständigg. gr. 8. (133 S.) Ebd. 901. n. 2. 40

— dasselbe. 2. Aufl. Wohlf. Ausg. gr. 8. (133 S.) Ebd. 901. n. 1. 40

— konfessioneller Geisteskampf u. Reformkatholizismus auf Grund des Preisausschreibens „Ein Wort zum konfessionellen Frieden" (Preuß. Jahrbücher 1905, Maiheft, Bd. 120,2). (VI, 220 S.) gr. 8. Paderborn 906. F. Schöningh. n. 2. 30

Heiner, F. X., Gesetze, die katholische Kirche betr., s.a. Handbibliothek badischer Gesetze.

Heiner, Gesetze betr. d. kathol. Kirche. Freibg. 890.

— Grundriss des kathol. Eherechts, s.a. Sammlung v. Kompendien f. das Studium u. die Praxis. II. 1.

Heiner, Franz: Grundriß des katholischen Eherechts. Münster i. W. 1889.

Grundriss des katholischen Eherechts v. Dr. Franz Heiner, o. ö. Prof. ... d. Univ. Freiburg i. Br. 3. verb. Aufl. *Münster: H. Schöningh 1895.* (4 Bl., 286 S.) 1 Bd 8.
— **Sammlung** v. Kompendien f. d. Studium u. d. Praxis. Ser. II. [No] 1. (96. 3043

Grundriss des katholischen Eherechts von Dr. Franz Heiner, Prof. in Freiburg i. B. 4. verb. u. verm. Aufl. *Münster i. W.: H. Schöningh 1900.* (VI, 304 S.) 8°
(Sammlung v. Kompendien f. d. Studium u. d. Praxis 2, 1.) (01. 7883

— Grundriss des katholischen Eherechts. 5. verb. u. verm. Aufl. (VIII, 319 S.) gr. 8. Münster 905. H. Schöningh. n. 4. 20; geb. in Leinw. n. 5. —; in Halbfrz. n. 5. 60

— Grundriss des katholischen Eherechts. 6. verb. u. verm. Aufl. (VIII, 300 S.) gr. 8. Münster 910. H. Schöningh. 4.—; geb. in Leinw. 4.80; in Halbfrz. 5. 40

— die Jesuiten u. ihre Gegner, s.: „Glaube u. Wissen".

— protestantische Jesuitenhetze in Deutschland. Ein Wort zur Aufklärg. u. Abwehr. (IV, 83 S) gr. 8. Freiburg i/B. 903. Geschäftsstelle des Charitasverbandes f. das kathol. Deutschland. n. — 35

— der Jesuitismus in seinem Wesen, seiner Gefährlichkeit u. Bekämpfung. Mit besond. Rücksicht auf Deutschland. 2. Aufl. gr. 8. (140 S.) Paderborn 902. F. Schöningh. n. 1. 50

— der Jesuitismus in seinem Wesen, seiner Gefährlichkeit u. Bekämpfung. Mit besond. Rücksicht auf Deutschland. 4. u. 5. Aufl. (140 S.) gr. 8. Paderborn 903. F. Schöningh. n. 1. 50

— katholisches Kirchenrecht, s.a. Handbibliothek, wissenschaftliche. V. VI.

Heiner, Franz, Katholisches Kirchenrecht. 4. Aufl. Bd 1. 2. Paderborn 1901. 1905. 8°. *[1. Aufl. 1893.]*
1: D. Verfass. d. Kirche nebst allg. u. speziell. Einl. 1904.
2: D. Regier. d. Kirche. 1905.
(Wissenschaftl. Handbibliothek. 1. Reihe: Theolog. Lehrbücher. Bd 5. 6.)

[F.] Katholisches Kirchenrecht ... v. Franz Heiner, ... Prof. ... an ... d. Univ. Freiburg i. Br. 2., verb. Aufl. Bd 1. 2. *Paderborn: F. Schöningh 1897.* 2 Bde 8.
1. D. Verfassg d. Kirche nebst allg. u. spec. Einl. (XII, 395 S.)
2. D. Regierg d. Kirche. (IX, 402 S.)
— **Handbibliothek,** Wissenschaftliche. Reihe 1. [No] V. VI. (97. 8487

Katholisches Kirchenrecht ... von Franz Heiner, Prof., Freiburg i. B. 3., verb. Aufl., Bd 1. 2. *Paderborn: F. Schöningh 1901.* 2 Bde 8° [F.]
1. Die Verfassung d. Kirche nebst allg. u. spez. Einl.
2. Die Regierung d. Kirche.
— **Handbibliothek,** Wissenschaftliche. Reihe 1. 5. 6. (02. 3898

Katholisches Kirchenrecht ... Von Franz Heiner, Prof., Freiburg i. B. 4., verb. Aufl. Bd 1. 2. Paderborn: F. Schöningh 1904–05. 2 Bde 8° [F.]
1. Die Verfassung d. Kirche nebst allgem. u. spez. Einl. 1904.
2. Die Regierung d. Kirche. 1905.
— **Handbibliothek,** Wissenschaftliche. Reihe 1, 5. 6. (06. 450

Katholisches Kirchenrecht. Von Franz Heiner, Prof. 5., verb. Aufl. Bd 1. 2. Paderborn: Schöningh 1909. 8°
1. Die Verfassung d. Kirche nebst allg. u. spez. Einl.
2. Die Regierung d. Kirche.
(Wissenschaftliche Handbibliothek. Reihe 1, 5. 6.) (10. 1776

Heiner, Frz., die katholischen Kirchenvorstände und Gemeindevertretungen in Preußen. Die Grenzen ihrer Befugnisse nach kirchl. und weltl. Gesetzen. gr. 8. (III, 121 S.) Paderborn 885, Bonifacius-Druckerei.

— eine **Lebensfrage** der katholischen Kirche in Deutschland od. der herrschende Priestermangel. Ein freies Wort. gr. 8. (91 S.) Ebend. 883. — 75

— Die **Maßregeln** Pius' X. gegen den Modernismus, nach der Enzyklika Pascendi v. 8. IX. 1907 in Verbindg. m. dem Motu proprio v. 1. IX. 1910, verteidigt u. erläutert. 1.—3. Tausf. (VII, 100 S.) gr. 8. Paderborn 910. Bonifacius-Druckerei. 1. 50

Heiner, Frz., die kanonische Obedienz oder der Diöcesanklerus u. sein Bischof. Eine kirchenrechtlich-ascetische Abhandlung. gr. 8. (102 S.) Paderborn 882. Bonifaciusdruckerei. 1. —

— s.: **Seelsorger**, d. katholische.

— der **Syllabus** in ultramontaner u. antiultramontaner Beleuchtung dargestellt. (IV, 384 S.) gr. 8. Mainz 905. Kirchheim & Co. n. 7. —; geb. n. 8. —

Der neue Syllabus Pius x. oder Dekret des Hl. Offiziums 'Lamentabili' v. 3. Juli 1907. Dargest. u. komment. von Dr. Franz **Heiner**, Univ.Prof. Mainz: Kirchheim & Co. 1907. (IV, 300 S.) 8° [07. 18074 8

— Der neue **Syllabus** Pius' X. od. Dekret des hl. Offiziums „Lamentabili" vom 3. VII. 1907. Dargestellt u. kommentiert. 2. verb. u. verm. Aufl. (VIII, 330 S.) gr. 8. Mainz 908. Kirchheim & Co. 5.50; geb. in Halbleinw. 6. 50
1. Aufl. (IV, 300 S.) 907. 5.—; geb. 6.—.

Der sog. Toleranzantrag oder Gesetzentwurf über die Freiheit der Religionsübung im Deutschen Reiche, enthaltend d. betr. Reichstags- u. Kommissionsverhandlungen nebst e. Zusammenstellung d. bestehenden Reichs-, Bundes- u. Landesgesetzgebungen über d. Religionsübung in Deutschland. Hrsg. von Dr. Franz **Heiner**, Prof., Freiburg i. Br. *Mainz: F. Kirchheim 1902.* (VI, 515 S.) 8°
= Archiv f. katholisches Kirchenrecht. Bd 82 (3. F. Bd 6), 2. Quartal-Heft. [02. 8415

— der sog. **Toleranzantrag** od. Gesetzentwurf üb. die Freiheit der Religionsübung im Deutschen Reiche nach der 2. u. 3. Beratung des Reichstags, nebst e. Einleitg. u. e. Sachregister. Ergänzungsbd. zu dem im J. 1902 erschienenen Bde. „Der sog. Toleranzantrag nach der 1. Beratg." (V u. S. 517—849.) gr. 8. Ebd. 904. n. 4. —

— Das neue **Verlöbnis- u. Eheschliessungsrecht** in der katholischen Kirche. Für die Praxis dargestellt. (IV, 75 S.) gr. 8. Münster 908. H. Schöningh. 1. 20

—— **was sollen und wollen** die katholischen Kirchenvorstände? Einige Gewissensfragen für die Katholiken Preußens. gr. 8. (56 S.) Ebendas. 886.

Heiner, Franz: „Wo stehen wir jetzt?" Kirchenpolitische Stellung der katholischen Kirche in Preußen nach dem Gesetz vom 21. Mai 1886. Zugleich e. Antwort auf den Commentar des Prof. Hinschius. Dessau 1886.

Heiner, Frz., die kirchlichen **Censuren** od. prakt. Erklärung aller noch zu Recht bestehenden Exkommunikationen, Suspensionen u. Interdikte i. s. der Bulle „Apostolicae Sedis", d. Konzils v. Trient u. der Konstitution „Romanus Pontifex". gr. 8. (IV, 437 S.) Paderborn 884. Bonifacius-Druckerei. n. 5. 40

— Der kirchliche **Zivilprozeß**. Nach gelt. Rechte prakt. dargestellt. (144 S.) gr. 8. Köln 910. J. P. Bachem. 2.20; geb. 2. 80

Heiner, Georg. Ueber die Zusammensetzung des Rindstalgs. Erlangen, 1877.

Heiner, Wilh.

Heiner, W., **Elementarbuch** der französischen Sprache. gr. 8. (VI, 108 S.) Berlin 893. R. G. Wiegandt. n. 1. 20

Heiner, W., Lehrbuch der französischen Sprache. 1. Cursus. gr. 8. (VI, 166 S.) Elberfeld 875. Friederichs. n. 1. 50

Heiner, W., Lehrbuch der französischen Sprache. 2 Curse. gr. 8. Elberfeld, Friderichs. [1. Cursus. 2. verb. Aufl. (VIII, 172 S.) 877. * *M* 1,50.; 2. Cursus. (X, 196 S.) 878. * *M* 2.] cart. *

Heiner, W., Lehrbuch der französischen Sprache. 1. Kursus. 3. und 4. verb. und nach der neuen Orthographie umgearb. Aufl. gr. 8. (VIII, 172 S.) Elberfeld 878,82, Friderichs. geb. *
2. Kursus. Ebendas. 1878. * *M* 2.

Heiner, W., Lehrbuch der französischen Sprache. 2 Kurse. gr. 8. Elberfeld, Friderichs. [1. Kurs. 5. neu durchgeseh. Aufl. (VIII, 172 S.) 885. geb. * *M* 1.50.; 2. Kurs. 3. verb. und verm. Aufl. (X, 211 S.) 887. geb. * *M* 2.—.] *

Heiner, W., **Lehrbuch** der französischen Sprache. 1. Kurs. 6., neu durchgeseh. Aufl. gr. 8. (VIII, 174 S.) Berlin 890. Wiegandt & Schotte. n. 1. 80

Heiner, W., Lehrbuch d. französischen Sprache. 1. Kurs., 7., unveränd. Aufl. gr. 8. (VIII, 174 S. m. 1 Fig.) Berlin 892. [R. G. Wiegandt.] H. Friedrich. n. 1. 80

— **Ziele** u. Berechtigungen der höheren Schulen. Ein Wort an die Eltern zum Beginn d. neuen Schuljahrs. gr. 8. (30 S.) Ebd. 889. n. — 50

Heine-Reliquien. Neue Briefe u. Aufsätze Heinr. Heines. Hrsg. von Max Frhrn. v. Heine-Geldern u. Gust. Karpeles m. 5 Bildnissen u. 5 Fksms. (357 S.) 8. Berlin 911. K. Curtius. 7.50; geb. 9. —

Heinersdorf [Schlagwort]

Heinersdorf, s.: Berlin.

Heinersdorf, s.: Preussen, Messtischblätter.

Heinersdorf [Verf.]

Heinersdorf, R., die politischen Parteien in Breslau. Color. Plan u. statistische Uebersicht der Reichstags-Wahlen am 27. Octbr. 1881 m. Berücksichtigung der Wahlresultate d. früheren Legislatur-Perioden. qu. gr. 4. Breslau 881. Morgenstern. n. — 10

Heinersdorff, Hans [aus Elberfeld]: Aus d. pharmakolog. Institute zu Bonn. Ueber die abortive Wirkung des salicylsauren Natriums ... Bonn, Druck v. E. Heydorn, *1893:* 39 S. 8.
Bonn, Med. Fak., Inaug.-Diss. v. [18. Juli] 1893

Heinersdorff, Karl

Heinersdorff, C., die Arbeit an den Gefangenen, Entlassenen und Magdalenen im Wupperthal. 52. Jahresbericht über die Wirksamkeit der Elberfeld-Barmer Gefängnis-Gesellschaft und der mit dieser verbundenen Vereine, erstattet beim Jahresfest in der ersten luther. Kirche zu Elberfeld am 28. Febr. 1886. gr. 8. (16 S.) Elberfeld 886. (Barmen, Klein.) *

Heinersdorff, K[arl]: Das Elberfeld-Barmer Vorasyl zur Rettung gesunkener Mädchen. Mitteilungen üb. d. Wirksamkeit dieser Anstalt. 2., verm. Abdr. — Barmen (1888): Wiemann. 8 S. 8°
1. Abdr. 1888.

Heinersdorff, Karl, EM gab — ich nahm. Erinnerungn. aus der Jugend u. aus dem Gemeinde- u. Anstaltsamt. 2., wesentlich erweit. Aufl. (VII, 481 S. m. Bildnis.) 8. Kaiserswerth 910. Buchh. der Diakonissen-Anstalt. 6.—; geb. 6.50
1. Aufl. (III, 371 S.) 909. 3.50; geb. 4.20

Heinersdorff, Carl, Reinhold Buchholz' Reisen in West-Afrika. Nach seinen hinterlassenen Tagebüchern und Briefen. Nebst einem Lebensabriss des Verstorbenen. Leipzig 1880.

Heinersdorff, Paul Gerh., Volksschriften-Catalog. Eine Auswahl d. Besten deutscher Volksliteratur zur Anlegung von Volksbibliotheken. Mit einem Vorwort „Ueber Volksschriften" von Zeglin-Dramburg. 8. (61 S.) Berlin [Leipzig] 870, Heinersdorff.

Heines, Pet., „Bis hierher u. nicht weiter!" od. Das Gespenst im Schlosse, s.: Heidelmann's, A., Theaterbibliothek.

— dasselbe, s.: Theaterbibliothek.

Heines, Pet., s.: Heidelmann's, A., Theaterbibliothek.

— Alonso Graf v. Oviedo od.: Der wiedergefundene Sohn, s.: Theaterbibliothek.

Heine'sche Lieder im Bilde, s. Braun, Heinr.

Heinevetter, [Hermann,] appr. Arzt a. Dresden: Ueber Chorea paralytica. Leipzig 1906: B. Georgi. (51 S.) 8°
Leipzig, Med. Fak., Ref. Flechsig, Diss. v. 31. März 1906
[Geb. 10. Aug. 73 Ferna, Prov. Sachsen; Wohnort: Dresden; Staatsangeh.: Preußen; Vorbildung: Gymn. Seehausen i. A. Reife O. 93; Studium: Marburg 1, München 3, Leipzig 1, Breslau 1, Leipzig 1, Göttingen 3, München 1, Leipzig 3 S.; Coll. 31. März 06; Approb. 20. Juli 01.]

Heinhold, J. A., Vorzugsrechte d. Stapel- u. Meßgerecht. in Leipzig. Lpz. Gesner. 741.

Heinhold, Max, Kgl. Bergreferendar a. Iawenden: Über die Entstehung des Pyropissits. Berlin 1906: A. W. Schade. (49 S.) 4°(8°)
Gießen, Phil. Fak., Ref. Kaiser, Diss. v. 24. Juli 1906
[Geb. 27. Juni 81 Iawenden im Saalkreis; Wohnort: Lautenthal; Staatsangeh.: Preußen; Vorbildung: Lateinische Hauptsch. Halle a. S. Reife O. 00; Studium: Charlottenburg T.H. 2, Berlin Bergakad. 1, Halle 1, Berlin 4 S.; Rig. 7. Dez. 05.]

Heini, Etter, uß dem Schwitzerland samt einem Vorspiel. Erläutert und herausgegeben von H. M. Kottinger. Quedlinburg u. Leipzig 1847. V: *Knof, Jacob* (?). (Heinemann, Tell-Bibliographie. Bern 1907. S. 76.)

* **HEINI,** Joach. Chrn., Lüneburg., Die Erste Frucht Poetischer Lust-Stunden Aus Geistlichen, Moralischen, Galanten, Historischen, Sinn- Schertz- und Panegyrischen Gedichten wird Nebst einem Anhang von der Curieuxen Stadt Lünebourg, ... praesentiret von —. Mit Titelkpf. Braunschweig, Bey Chp. Fr. Fickeln, Buchh. 1709. 8°. 200 S. (In Berlin: an Yc 3902.)
Meist weltliche Gedichte, darunter ziemlich freie. Höchst selten, wie das folgende:

§ * — — Früchte Poetischer Lust-Stunden, Aus Biblischen, Moralischen und vermischten, wie auch Satyrischen Sinn- und Schertz-Gedichten, Denen Liebhabern der Poesie anderweitig mitgetheilet von J. C. HEINI, Luneburg. Zu finden im Neuen Buch-Laden daselbst. 1719. 8°. (In Berlin 2 Expll.: Yl 1301 u. an Yk 171; auch in Zürich.)
8 Bll., 90 S., Reg. u. Errata. — Vorrede des Verlegers dat. Lüneb. 6. Aug. 1719. — Einiges frei!

Heinich, Kurt: Über die Entspannung des Markes im Gewebeverbande und sein Wachstum im isolierten Zustand. Leipzig: Borntraeger 1908. 63 S. 8° ¶(Aus: Jahrbücher f. wissensch. Botanik. Bd 40.)
Leipzig, Phil. Diss. v. 16. Nov. 1908, Ref. Pfeffer, Chun
[Geb. 27. Dez. 82 Noßwitz; Wohnort: Leipzig; Staatsangeh.: Sachsen; Vorbildung: Realgymn. Leipzig Reife O. 03; Studium: Leipzig 2, München 1, Leipzig 7 S.; Rig. 7. Juli 08.] [U 09. 2982

Heinich, Rudolf, a. Meusdorf b. Kohren: Die geologisch-petrographischen Verhältnisse der Umgegend von Rothau im böhmischen Erzgebirge. Stuttgart: E. Schweizerbart 1907. (S. 474—528.) 8° ¶(Aus: Neues Jahrbuch für Mineralogie Beil.-Bd 23.)
Leipzig, Phil. Fak., Ref. Zirkel-Credner, Diss. v. 24. April 1907
[Geb. 30. Mai 83 Meusdorf b. Kohren (Sachsen); Wohnort: Dresden; Staatsangeh.: Sachsen; Vorbildung: Drei-König-Sch. (Realgymn.) Dresden-N. Reife O. 02; Studium: Leipzig 8 S.; Rig. 14. Mai 06.]

Heinichen (Hrsg.), s. Anzeiger, Neuer europäischer.

Heinichen, Arnold [Cand. med.]: Ueber die Wirkung des Calomel bei Hydropsieen . . . Göttingen, Druck d. Dieterich'schen Univ.-Buchdr., 1896; 30 S. 8.
Göttingen, Med. Fak., Inaug.-Diss. v. [8. Juli] 1896

Heinichen, Arnold, über d. Wirkung d. Calomel bei Hydropsieen. Diss. gr. 8. (80 S.) Göttingen 896. (Vandenhoeck & Ruprecht.) n. — 80

Heinichen, Friedrich: Beiträge zur Lehre von der Polyneuritis. *Göttingen 1898: Dieterich.* (52 S.) 8°
Göttingen, Med. Diss. v. [7. März] 1898

Heinichen, Friedrich Adolph

Heinichen, Frider. Ado., de alogis Theodotianis atque Artemonitis. 8 maj. (6½ B.) Lipsiae 829, [Hartmann.] 10 Gr., Schrbp.

Heinichen, F. A., Erörterungen üb. einige Punkte d. Lateinischen Stilistik. Pr. 1844. 38 S. 1.—

— s. Eusebii histor. eccles. et ejusd. de vita Constantini.

— s. Homeri Odyssea, graece.

Heinichen, Friedr. Ad., Lehrbuch der Theorie des latein. Stils. Zum Schul- u. Privatgebr. verfasst u. mit den erforderl. antibarbarist. Bemerkgn. begleitet. gr. 8. (21 B.) Leipzig 842. [Köhlersche Vrlgsh.] *

Heinichen, Friedr. Adph., Lehrbuch der Theorie des latein. Stils. Zum Schul- und Privatgebrauch mit planmässig ausgewählten antibarbaristischen Bemerkungen. 2., verb. und verm. Aufl. gr. 8. (XII und 332 S.) Leipzig 848, [Winter.]

Heinichen, Friedrich Adolph (Rector), Einige Nachrichten von dem Lyceum zu Chemnitz nebst pädagogisch-didaktischen Noten zum Text. — Programm zur Salomon Siegelschen Gedächtnißfeier. Chemnitz (C. G. Kretschmar) 13. III. 1832. 11 S. (ohne Noten). (4.50) 14027

Heinichen, Friedrich Adolf: Quaestionum Philonearum part. I. de theologiae Philonis fontibus et auctoritate, s. Großmann, Christian Gottlob Leberecht (Präs.)

— — Prolusio de futuri exacti ft formularum videro, tu videris etc. ratione et usu ad memoriam Salamonis Siegelii. Chemnitz (Kretschmar) 13. III. 1835. 20 S. (4.50) 14028

Heinichen, Frdr. Adph., lateinisch-deutsches u. deutsch-lateinisches Schulwörterbuch, 1. Theil. Lateinisch-deutsches Schulwörterbuch. Leipzig 864. Teubner. Lex.-8. (X, 800 S.) 1 *ℛ* 24 *ngr.*

Heinichen, Friedr. Adph., lateinisch-deutsches u. deutsch-lateinisches Schulwörterbuch. 2 Thle. Leipzig 866, 70. Teubner. Lex.-8. 3 *ℛ* 12 *ngr.*
1. Thl. Lateinisch-deutsches Schulwörterbuch zu den Prosaikern Cicero, Caesar, Sallust etc. u. zu den Dichtern Plautus, Terenz, Catull etc. 2. neu bearb. u. durchaus verb. sowie stark verm. Aufl. (XII, 960 S.) 1 *ℛ* 24 *ngr.*
2. Thl. Deutsch-lateinisches Schulwörterbuch mit synonym. u. stilist., insbesond. antibarbarist. Bemerkungen. (VIII, 720 S.) 1 *ℛ* 18 *ngr.*

Heinichen, Frdr. Adph., lateinisch-deutsches u. deutsch-lateinisches Schulwörterbuch. 2 Thle. Lex.-8. Leipzig 873. 75. Teubner. n. 10. 20
1. Lateinisch-deutsches Schulwörterbuch zu den Prosaikern Cicero, Caesar, Sallust etc. u. zu den Dichtern Plautus, Terenz, Catull etc. 3., umgearb. u. vielfach verb. sowie verm. Aufl. (XVI, 1128 S.) n. 5. 40
2. Deutsch-latein. Schulwörterbuch m. synonym. u. stilist., insbehondere antibarbarist. Bemerkgn. 2. neu bearb. u. durchaus verb. sowie stark verm. Aufl. (VIII, 880 S.) n. 4. 80

Heinichen, Friedr. Adph., lateinisch-deutsches und deutsch-lateinisches Schulwörterbuch. 3. umgearb. und vielfach verb. sowie verm. Aufl. 2 Thle. Lex.-8. Leipzig, Teubner. *
Inhalt:
Thl. 1. Lateinisch-deutsches Schulwörterbuch zu den Prosaikern Cicero, Caesar, Sallust etc. und zu den Dichtern Plautus, Terenz, Catull etc. (XVI, 1128 S.) 876. *ℳ 6.
» 2. Deutsch-lateinisches Schulwörterbuch mit synonym. und stilist., insbesondere antibarbarist. Bemerkungen. (X, 1006 S.) 877. *ℳ 5.

Heinichen, Friedr. Adph., lateinisch-deutsches und deutsch-lateinisches Schulwörterbuch. 4. verb. Aufl. bearb. von A. Draeger. 2 Thle. Lex.-8. Leipzig, Teubner.
Inhalt:
Thl. 1. Lateinisch-deutsches Schulwörterbuch zu den Prosaikern Cicero, Caesar, Sallust etc. und zu den Dichtern Plautus, Terenz, Catull etc. (X, 957 S.) 881. *ℳ 6.
» 2. Deutsch-lateinisches Schulwörterbuch mit synonymischen und stilistischen, insbesondere antibarbaristischen Bemerkungen. (X, 866 S.) 883. *ℳ 5.

Heinichen, F. A., lateinisch-deutsches u. deutsch-lateinisches Schulwörterbuch. 1. Tl. gr. 8. Leipzig 887. Teubner. n. 6. — (cplt.: n. 11. —)
Lateinisch-deutsches Schulwörterbuch zu den Prosaikern Cicero, Caesar, Sallust, Nepos, Livius, Curtius, Plinius d. J. [Briefe], Quintilian [10. Buch], Tacitus, Sueton, Justin, Aurelius Victor, Eutrop u. zu d. Dichtern Plautus, Terenz, Catull, Vergil, Horaz, Tibull, Properz, Ovid u. Phaedrus. 5., verb. Aufl., bearb. v. A. Draeger. (XI, 914 S.)

Heinichen, Frdr. Adph., lateinisch-deutsches u. deutsch-lateinisches Schulwörterbuch. 1. Tl.: Lateinisch-deutsches Schulwörterbuch zu d. Prosaikern Cicero, Caesar, Sallust, Nepos, Livius, Curtius, Plinius d. J. (Briefe), Quintilian (10. Buch), Tacitus, Sueton, Justin, Aurelius Victor, Eutrop u. zu d. Dichtern Plautus, Terenz, Catull, Virgil, Horaz, Tibull, Properz, Ovid u. Phaedrus. 6., verb. Aufl., bearb. v. C. Wagener. Lex.-8. (XXIX, 926 S.) Leipzig 897. B. G. Teubner. 6. 30; geb. in Halbfrz. 7. 50

Heinichen, Frdr. Adph., lateinisch-deutsches u. deutsch-lateinisches Schulwörterbuch. 1. Tl.: Lateinisch-deutsches Schulwörterbuch zu den Prosaikern Cicero, Caesar, Sallust, Nepos, Livius, Curtius, Plinius d. J. (Briefe), Quintilian (10. Buch), Tacitus, Sueton, Justin, Aurelius Victor, Eutrop u. zu den Dichtern Plautus, Terenz, Catull, Virgil, Horaz, Tibull, Properz, Ovid u. Phaedrus. 7. verb. Aufl., bearb. v. C. Wagener. (XXVI, 937 S.) Lex.-8. Leipzig 903. B. G. Teubner. Geb. in Halbfrz. 7. 50

Heinichen's lateinisches Schulwörterbuch. 2 Tle. Lex. 8. Leipzig, B. G. Teubner. 12.50; geb. in Halbfrz. 15. —
1. Lateinisch-deutsches Schulwörterbuch zu den Prosaikern Cicero, Caesar, Sallust, Nepos, Livius, Curtius, Plinius d. J. (Briefe), Quintilian (10. Buch), Tacitus, Sueton, Justin u. zu den Dichtern Plautus, Terenz, Catull, Vergil, Horaz, Tibull, Properz, Ovid, Phaedrus. 8. Aufl., neubearb. v. Heinr. Blase u. Wilh. Reeb. Mit e. Abriß der latein. Laut-, Formen- u. Wortbildungslehre v. E. Hermann, der Bedeutungslehre u. Stilistik v. K. Reissinger, sowie e. Abriß der röm. Literaturgeschichte. (LXVI, 921 S.) 909. 6.75; geb. 8. —
2. Deutsch-lateinisches Schulwörterbuch m. synonym. u. stilist., insbesond. antibarbarist. Bemerkgn. 6. verb. Aufl., neubearb. v. C. Wagener. (VIII, 883 S.) 909. 5.75; geb. 7. —

— historisch-theologische Studien. 1. Heft. Leipzig 862. A. Winter. gr. 8. (46 S.) $7\frac{1}{2}$ *ngr.*
Inhalt: De Augustini doctrinae anthropologicae origine commentatio et de praecipuis quibusdam theologicae Melanthonis disciplinae laudibus oratio.

Heinichen, Friedr. Ado., Supplementa notarum ad Eusebii histor. ecclesiast. et excerpta ex edit. Burtoniana c. ejusd. ac Schoedelii vindiciar. Flavianar. censura et c. collatione cod. Dresd. 8maj. ($5\frac{1}{2}$ B.) Lipsiae 840, [B. Tauchnitz jun.]
Eusebii Histor. ecclesiast. lib. X. III Tl. [Ibid.] 827, 28. 7 Thlr. 12 Gr., Vlnp. 10 Thlr.

Heinichen, Fr. Ad., Uebungen im lateinischen Stil. Für obere Gymnasialclassen herausg. gr. 8. Leipzig 839. Kayser'sche Buchh. (Beyer.) 5/8 *ℛ*

— Uebungen im lateinischen Stil. Für obere Gymnasialclassen mit Hinweisungen insbesondere auf Zumpt's Grammatik u. des Verf. Theorie des lateinischen Stils. 2. durchaus verb. u. verm. Aufl. gr. 8. (XII u. 163 S.) Leipzig 852, Kössling (jetzt: Luckau, Kutzscher). 18 *ngr.*

—— Übungen im lateinischen Stil. Für obere Gymnasialklassen mit Hinweisungen insbesondere auf Zumpts Grammatik und des Verf. „Theorie des lateinischen Stils". 3. verb. Aufl. gr. 8. (VIII, 148 S.) Leipzig 883, C. A. Koch's Verlagsh. *

— Uebungen im Uebersetzen aus dem Deutschen u. Lateinischen in das Griechische. Für obere Gymnasialclassen. gr. 8. Leipzig 845, B. Tauchnitz jun. 1/2 *ℛ*

Heinichen, Joh. Adam

Heinichen, Dr. (Pseud.), s. Bergk, Joh. Adam.

u. H. Kerndörfer, Athanasia, s.: Kerndörfer, H.

Heinichen, (Dr. Bergk,) Blicke auf Europa, od. d. Zustand dieses Erdtheiles in den Jahren 1804, 11, 15 u. 22, in polit. u. statist. Hinsicht. gr. 8. Leipz. 822, Exp. d. eur. Auss.

†Heinichen, Dr., (Joh. Adm. Bergk,) das Bücherlesen, od. Anweis., wie man Bücher lesen, welche Bücher man lesen u. welche Zwecke man dadurch zu erreichen streben muß. Mit Betrachtn. üb. Bücher, Schriftsteller u. Literatur. 8. (7 B.) Leipzig 828, Expedit. d. europ. Aufsehers.

Heinichen, (Dr. Bergk) das Bücherlesen, oder Anweisung, wie man Bücher lesen, welche Bücher man lesen u. welche Zwecke man dadurch zu erreichen streben muß. Mit Betrachtungen üb. Bücher, Schriftsteller u. Literatur. N. Ausg. 8. Quedlinburg 838, Ernst. 1/4 ₰

Heinichen, Dr., † (Joh. Ad. Bergk,) vom Bücherlesen u. d. Bücher-Kunde ꝛc. 2. Ausg. 8. (8 B.) Quedlinburg 839, Ernst'sche Buchh.

Heinichen, † (Joh. Ad. Bergk,) vom Bücherlesen u. d. Bücher-Kunde. Mit Betrachtungen üb. Literatur ꝛc. 2. Ausg. 8. (8 B.) Quedlinburg 842, Ernst'sche Buchh. Thlr.

— s. Franklin.

— Napoleons Kalender, oder Nachrichten auf jeden Tag im Jahre, aus d. Kaisers Napoleon Leben. 8. Leipz. 1e u. 2e Aufl. 822. Exped. d. europ. Auff.; a. Joachim. 6 gr

—— Napoleons-Kalender, od. Nachrichten auf jeden Tag im Jahre aus d. Kaisers Napoleon Leben. Neue Ausg. gr. 8. (3 B.) Quedlinburg 840, Ernst'sche Buchh.

— die Kunst, sich in unsern Tagen durch die Welt zu helfen. 8. Leipz. 827, Exped. d. europ. Auff.

—— die Kunst sich durch die Welt zu helfen. Neue Ausg. 8. (5½ B.) Quedlinburg 838, Ernst'sche Buchh.

— die Kunst zu denken, zu sprechen und zu schreiben. 8. Lpz. 825, Exp. d. eur. Auff.

—— Kunst zu denken, zu sprechen, zu schreiben u. seine Zeit wohlanzuwenden. Ein Wegweiser f. Jeden, der sich im Denken, Sprechen u. Schreiben üben u. vervollkommnen will. Auf's neue hrsg. u. verb. v. Kerndörffer. 8. (9½ B.) Quedlinburg 839, Ernst'sche Buchh.

—— Kunst zu denken, zu sprechen, zu schreiben u. seine Zeit wohl anzuwenden. Aufs Neue hrsg. u. verbess. v. Menzel. (Neue Ausg.) 8. (8½ B.) Quedlinburg 842, Ernst'sche Buchh.

Heinichen, (Berg), Kunst zu denken, zu sprechen, zu schreiben u. seine Zeit wohl anzuwenden. Ein Wegweiser für Jeden, der sich im richtigen Denken, Sprechen u. Schreiben üben u. vervollkommnen will. Auf's Neue hrsg. v. Kerndörfer. (Neue Titelausg.) 8. (VIII u. 143 S.) Quedlinburg 850, Ernst. ½ ₰

— die natürl. Religion. Nebst einem Anhange. 8. Leipz. 825, Exped. d. europ. Auff.

—— die natürliche Religion. Neue Ausg. 8. (9½ B.) Quedlinburg 838, Ernst'sche Buchh.

— Sachsen-Kalender, oder Nachricht v. den Ereignissen in Sachsen vom Jahre 1806—1823 auf jeden Tag im Jahre. gr. 8. Leipz. 822, Exped. d. europ. Auff.

—— die Schule und die Freiheit. Rede gehalten am 14. Oktbr. 1848 zur Vorfeier des Geburtstages Sr. Maj. des Königs in der Realschule zu Düsseldorf. gr. 8. (11 S.) Düsseldorf 851, Bötticher.

— d. Staatsweisheitslehre, oder d. Politik von Joh. v. Müller, dargestellt u. ergänzt; nebst polit. Bemerkk. u. Maximen von Machiavelli u. Montesquieu. 8. Leipz. 810. Baumgärtner. 1 ₰ 12 gr

Heinichen, (J. A. Bergk), Taschenbuch für Menschenkenntniß u. Menschenverbesserung ꝛc. Auch zum Gebrauch für Stammbücher. 8. Leipz. 826. Exped. d. europ. Auff. 10 gr

—— Taschenbuch f. Menschenkenntniß u. Menschenbesserung ꝛc. Neue Ausg. 8. (8 B.) Quedlinburg 838, Ernst'sche Buchh.

— werden wir uns nach diesem Leben wieder sehen? — Beantwortet. 8. Lpz. 826. (Dr. Bergk.)

— vom Wiedersehen. Wohin gelangen wir nach diesem Leben u. wie ist da unser Loos beschaffen? Mit Betrachtungen über Tod, Unsterblichkeit u. Wiedersehen. 2e verm. Aufl. 8. Quedlinburg 838. 3/8 ₰ — 3e verm. u. verb. Aufl. u. d. T.: Vom Wiedersehen. Ob, wann und wo wir uns wiedersehen? wohin gelangen wir nach diesem Leben, — wie ist da unser Loos beschaffen? und Gründe über die Unsterblichkeit der menschl. Seele. Nebst Betrachtungen über das Dasein u. die Liebe Gottes, üb. Tod, Unsterblichkeit u. Wiedersehen. 8. Ebd. 838. 1/3 ₰ — 4e Ausg. 839. 5e Ausg. 840. 1/3 ₰

—— vom Wiedersehen u. der Fortdauer uns. Seele nach dem Tode, vom großen Jenseits u. d. wahren christl. Glauben ꝛc. 6. Ausg. (8 B.) 843 u. 7., verb. Aufl. 8. (7½ B.) Quedlinburg 845, Ernst'sche Buchh. à

—— vom Wiedersehen und der Fortdauer unserer Seele nach dem Tode. Ein Andachtsbuch für Frohe und Trauernde zur Begründung wahren Glaubens und wahrer Seelenruhe. Nach bezügl. Mittheilungen aus den Werken von Bretschneider, Eylert, Dräseke ꝛc. 8. Aufl. (128 S.) 1847. und 9., umgearb. Aufl. 8. (V und 108 S.) Quedlinburg 852, Ernst'sche Buchh.

Heinichen, vom Wiedersehen und der Fortdauer unserer Seele nach dem Tode. Ein Andachtsbuch für Frohe u. Trauernde zur Begründung wahren Glaubens u. wahrer Seelenruhe. Nebst bezüglichen Mittheilungen aus den Werken von Bretschneider, Eylert, Dräseke, Niemeyer, Zollikofer. 10. umgearb. Aufl. 854. (2 Bl., 108 S.) — 10. (11.) umgearb. Aufl. Quedlinburg 856. Ernst. 8. (2 Bl., 112 S.) 10 ngr

Heinichen, vom Wiedersehen und der Fortdauer unserer Seele nach dem Tode. Ein Andachtsbuch für Frohe und Trauernde zur Begründung wahren Glaubens und wahrer Seelenruhe. Nebst bezügl. Mittheilungen aus den Werken von Bretschneider, Eylert, Dräseke ꝛc. 11., verb. Aufl. 8. (IV und 112 S.) Quedlinburg 859, Ernst'sche Buchh.

Heinichen, vom Wiedersehen und der Fortdauer unserer Seele nach dem Tode. Ein Andachtsbuch für Frohe und Trauernde zur Begründung wahren Glaubens und wahrer Seelenruhe. Nebst bezügl. Mittheilungen aus den Werken von Bretschneider, Eylert, Dräseke ꝛc. 12. Aufl. 1862. und 13., verb. Aufl. 8. (IV und 112 S.) Quedlinburg 865, Ernst'sche Buchh.

Heinichen, vom Wiedersehen u. der Fortdauer unserer Seele nach dem Tode, nebst Erbauungsgedichten u. Betrachtgn. f. Kranke u. Sterbende. Nach Mittheilgn. u. den Werken v. Eylert, Dräseke, Niemeyer u. Zollikofer. 14., verb. Aufl. 8. (IV, 124 S.) Quedlinburg 890. Ernst. n. 1.—

— **Joh. August** (Leipzig), Difficultates in medicina addiscenda recensens. Diss. med. Präs. Friedrich Hoffmann. Halle (Christian Henckel) 5. II. 1718. 40 S. (6.80) 14029

Heinichen, Johann David. Neu erfundene und gründliche Anweisung ... Zu vollkommener Erlernung des General-Basses. Hamburg 1711.

Heinichen, J. Dav., Generalbaß in d. Composition. 4. Dresden. 728.

Heinichen, Karl W., Hand- u. Hausbuch gemeinnütz. Kenntnisse rc., s. Hand- u. Hausbuch.

Heinichen, Otto [aus Reudnitz bei Leipzig]: Über die Dibromsulfanilsäure und einige Derivate derselben .... Halle a. S., *Druck v. B. G. Teubner in Dresden,* 1888; 39 + 1 S. + 1 Bl. 8°
Halle, Phil. Fak., Inaug.-Diss. v. [13. Jul.] 1888

. **Maurerische Symbolik und materialistische Weltanschauung.** Vortrag, gehalten in Mannheim am Vorabend der Jahres-Versammlung der Grossloge „Zur Sonne" [in Bayreuth] am 11. Mai 1907 von **Otto Heinichen.** [Bayreuth 1907: Mühl.] 16 S. 8° [Kopftit.] (Sonder-Beil. zum Bayr. Bbl. 7 (1906 bis 1907) No 11.)
Dän. Übers. in: Bifrøst. 3 (1908) S. 3—23. 23.

Heinichen-Klöber, G. M., Ernstes u. Heiteres, s.: Cassau, Karl.

Heinichen-Klöber, G. M., u. Karl **Cassau,** heitere Leseabende. Erzählungen f. Mädchen u. Knaben. Mit 6 feinen Farbendr.-Bildern nach Aquarellen v. W. Schäfer. 8. (119 S.) Wesel 893. W. Düms. Kart. 1.—

Heinichen-Klöber, G. M. u. Karl **Cassau,** heitere Leseabende. Erzählgn. f. Mädchen u. Knaben. M. 6 feinen Farbendr.-Bild. n. Aquarellen v. W. Schäfer. 10.—18. Taus. 8. (120 S.) Wesel 898. W. Düms. Geb. 1.—

— u. Karl **Cassau,** Lohn edler Taten u. andere Erzählgn. Für Knaben u. Mädchen. Mit (2) Farbendr.-Bildern v. W. Schäfer. 33.—35. Taus. Neue Ausg. (120 S.) gr. 8. Wesel (910). W. Düms. Geb. — 80 u. 1. —

Heinichen-Klöber, G. M., u. Karl **Cassau,** zu Wasser u. zu Lande. Erzählungen f. Mädchen u. Knaben. Mit 4 feinen Farbendr.-Bildern nach Aquarellen v. W. Schäfer. (1.—7. Taus.) gr. 8. (120 S.) Wesel (899). W. Düms. Geb. 1.—

Heinick, Emil. Beitrag zur Kenntniss der Bakterienflora des Schweinedarmes. Diss. Vet.-Med. Bern. *Kopftitel:* Aus dem Königl. Hygienischen Institute zu Posen. — (Sonder-Abdruck aus dem Archiv für wissensch. u. prakt. Thierheilkunde. Bd. 29. H. 5. 1903.) IV + 49 S. 8. Berlin, L. Schumacher, 1903.

Heinick, Paul, a. Dirschau: Aus d. Zoolog. Museum d. Univ. Königsberg i. Pr. Über die Entwicklung des Zahnsystems von Castor fiber L. Naumburg a. S. 1908: Lippert & Co. (48 S., 3 Taf.) 8° ¶ (Aus: Zoolog. Jahrbücher, Abt. f. Anat. Bd 26, Jena 1908.)
Königsberg, Phil. Fak., Ref. Braun, Diss. v. 14. Mai 1908
[Geb. 30. Aug. 80 Dirschau; Wohnort: Caymen b. Pr.-Holland; Staatsangeh.: Preußen; Vorbildung: Realgymn. St. Johann Danzig Reife O. 01; Studium: Breslau 2, Königsberg 10 S.; Rig. 28. Nov. 07.]

Heinicke, praes. Friesen., De usurarum labe. Jenae 1701.

Heinicke, Alexander [pr. Arzt]: Ueber einen Fall von Hydrocephalus internus congenitus mit Spaltbildungen des Gesichts.... Königsberg i. Pr., A. Kiewning's Buchdr. (G. Kensies), 1890; 23 S. u. 2 Taf. 8°
Königsberg, Med. Fak., Inaug.-Diss. v. 3. Jul. 1890

Heinicke, Alex., üb. e. Fall v. Hydrocephalus internus congenitus m. Spaltbildungen d. Gesichts. Inaug.-Diss. gr. 8. (22 S. m. 2 Taf.) Königsberg i/Pr. 890. (Koch.) n. 1. —

Heinicke, Balduinus, Rhenanus: De Quintiliani Sexti Asclepiadis arte grammatica. *Straßburg 1904: M. DuMont Schauberg.* (79 S.) 8°
Straßburg, Phil. Diss. v. 1903

Heinicke, Balduin, de Quintiliani Sexti Asclepiadis arte grammatica. Diss. (79 S.) gr. 8. Strassburg 904. (Schlesier & Schweikhardt.) n. 1. 60

Heinicke, S., die Lautung, od. naturgemäße u. gründl Leselehre. 8. Berl. Maurer'sche Buchh. 813.

Heinicke, C. A.: Principia jur. civ. Romano-Germanici et Saxonici Regii in usum juris studiosor. adumbrata. *Lips.*, Köhler 827. 8 maj. (1 Thl. 12 Gr.)

Heinicke, C. E. (Resp): De crimine rugarum, s. Alberti, M. (Praes.)

Heinicke, Ch. F., Elementarunterricht für Volksschulen rc. 1r 2r Thl. 8. Warschau, Wilke. 805.

Heinicke, G. L. J. Der Aufstand des polnischen Adels gegen Sigismund III Wasa. (27.) 4. Königsberg 1874.

Heinicke, Herm., u. Rich. **Bretschneider,** die Alkoholfrage in Bild u. Wort. Mit 6 Bildertaf. 1.—10. Taus. (15 S.) gr. 8. Dresden (904). (A. Müller-Fröbelhaus.) n.n. — 15

— — Dresdner Bilder gegen den Alkohol. (6 Bl.) 58×83 cm. Farbdr. Ebd. 903. n.n. 10. —; einzelne Bl. n.n. 2. —; m. Leinw.-Rand u. Oesen n.n. 11. 80; einzelne Bl. n.n. 2. 30; auf Leinw. m. Stäben n.n. 19. —; einzelne Bl. n.n. 3. 50; Text dazu: Beiträge zur Alkoholfrage, zugleich e. Erläuterg. der „Dresdner Bilder gegen den Alkohol". Mit 6 verkleinerten Abbildgn. der farb. Wandtafeln. 1. u. 2. Taus. (56 S.) gr. 8. n.n. 1. —

Heinicke, Herm., praktisches Handbuch der drahtlosen Telegraphie u. Telephonie, s.: Zacharias, Johs.

Heinicke, J. W. G. Anthropologica Thucydidis, max. part. psychologica. Dissert. I. 21 S. II. 10 S. . . . .

Progr. Rastenburg 1834, 1841

Derselbe Epilogus Anni Saecularis MDCCCXXXXVI. 8 S.

Rastenburg, Progr. 1846. 1847

Heinicke, J. W. G. Zur ältesten Geschichte des Gymnasiums bis in die Mitte des achtzehnten Jahrhunderts. 92 S. — Die dritte Säcularfeier des Gymnasiums. 39 S. und: Sacra Gymnasii Regii Rastenburgensis saecularia tertia etc. praecinit. 22 S.

Heinicke, Joh. Wilh. Theop., Natalitia regis serenissimi in gymnasio Rastenburgensi. — Praemissa comment. I. de Glyconeorum natura in Sophoclis fabulis. Berlin (Maurer. Druck: Schade) 1821. 16 S. (5.50) 14030

Heinicke, De graecis adverbiis loci. Pr. 1885. 5 S. 4°.

Heinicke, Julius De adverbiis loci linguae graecae. 5 S. *Hohenstein* 1885. Progr.

Heinicke, Jul. Johann Sarynsz Zamoyski von Zamose, Großkanzler und Kronfeldherr von Polen (geb. 1541). 52 S.
Hohenstein, Progr. 1853

Heinicke, Kurt (Georg Herm.) geb. Custrin 18. 2. 1855. Ueber Rectalstricturen. Berlin (1882). (34 S.) 8°
Berlin, Med. Diss. v. 8. Nov. 1882

Heinicke, Paul, im Werden. Gedichte. 8. (143 S.) Dresden 897. E. Pierson. n. 2. —; geb. n. 3. —

Heinicke, Sam.

Heinicke, Samuel (Hrsg.), s. A b r a h a m a Santa Clara: Etwas für Alle!

— neues ABC=, Sylben= u. Lesebuch; nebst e. Anweis., d. Lesen ohne Buchstabiren zu lernen, 8. Leipz. 779. Neueste A. 790.

— über Apostel ohne Gott, f. Conventionsmünze, 1 Sam. 5, 4. 8. Frankf. 787.

— Beobachtt. über Stumme u. über d. menschl. Sprache. 1r Thl. 8. Hamb. 778. (Stiller in Rostock). 8 gr

- s.a. C l a v i c u l a Salomonis

Heinike, Sam., Clavicula Salomonis oder Schlüssel zur höchsten Weisheit. Presb. 789. 8. (gegen Hyperphysik nach Kants Ansichten.)

HEINICKE Samuel Clavicula Salomonis oder Schlussel zur hochsten Weisheit erklärt von 1. und 2. Theil. Mahler. Pressburg 1789 1 vol. 4 Bl. + 158 S.

— über d. Denkart d. Taubstummen u. d. Mißhandlungen, denen sie durch unsinnige Kuren ausgesetzt sind. 8. Leipz. 780. Compt. f. Liter. 3 gr

— wichtige Entwickelungen u. Beitrr. z. Seelenlehre u. zur menschl. Sprache. 8. Leipz. 787. Barth. 8 gr

— bibl. Geschichte d. Alten Testaments, zum Unterr. taubstummer Personen. 1e Abthl. 8. Hamb. 775.

Heinicke, Geschichte d. ersten Taubstummenunterrichts, s.: Epée.

– s. J a g d verkappter Recensenten.

– s. I n s t r u k t i o n für Preuß. Ediktsgegner.

— über d. alten u. neuen Lehrarten unter d. Menschen. in vier Fragmenten. 8. Leipz. 782. Compt. f. Liter. 7 gr

— Metaphysik für Schulmeister u. Plusmacher. 8. Halle 785. Hendel. 18 gr

Heinicke, Sam., († d. 30. April 1790.) Nothwehr wider Cranz. 8. Leipz. 783. Jacobäer. 2 gr

— über Scheingötterei d. Naturalisten, Deisten u. Atheisten rc. 8. Köthen 787. Glandenberg. 16 gr

— über graue Vorurtheile u. ihre Schädlichkeit; erwiesen durch Grundsätze d. Vernunftkritik. 8. Kopenh. 787. (Brummer) 1 ℔

Heinicke, Wilhelm

Heinicke, *Fridericus* Guilelmus *Ludovicus* [Berolinensis]: De Ciceronis doctrina, quae pertinet ad materiam artis rhetoricae et ad inventionem ... Regimonti, ex offic. Hartungiana, *1891;* 2 Bl., 106 S., 1 Bl. 8.
Königsberg, Phil. Fak., Inaug.-Diss. v. 23. Sept. 1891

Heinicke, Guilelm, de Ciceronis doctrina quae pertinet ad materiam artis rhetoricae et ad inventionem. Diss. gr. 8. (106 S.) Königsberg i/Pr. 891. (W. Koch.) n. 1.20

Heinig, Alb., wie stählt der junge Kaufmann am besten seinen Charakter in den Versuchungen u. Schwierigkeiten seines Lebens, s.a. Veröffentlichungen des deutschen Verbandes f. das kaufmännische Unterrichtswesen. 27. Bd.

Wie stählt der junge Kaufmann am besten seinen Charakter in den Versuchungen und Schwierigkeiten seines Lebens? Von Albert Heinig, Lehrer, Zwickau. *Leipzig: B. G. Teubner 1903.* (19 S.) 8°
= Veröffentlichungen d. Deutschen Verbandes f. d. kaufmänn. Unterrichtswesen. Bd 27. [03. 8509

Heinig, Arno, Niemand kommt zum Vater, denn nur durch Jesum Christum. Predigten von des christl. Lebens Werden und Seligkeit. gr. 8. (VII, 90 S.) Leipzig 887, Rother. *

Heinig, Emil, Conrad Besserer, Bürgermeister v. Ulm. Historisches Schauspiel in 5 Aufzügen. (112 S.) 8. Straßburg (905). Süddeutscher Merker. n. 1.50

Heinig, J. G., s. Heynig.

Heinig, Karl Moritz

Heinig, Carl Moritz (Rosswein), De luxatione scapulae. Diss. med. Lpz. (Stange) 28. X. 1845. 15 S. u. 1 Abbild. (5.50) 14032
Krankengesch. d. Jacob Zuschke (Stiebitz b. Bautzen).

Heinig, Max Eugen [Dioc. zu Mutzschen]: Die Ethik des Lactantius .... Grimma, Druck v. Fr. Bode, 1887; 1 Bl. + 90 S. + 1 Bl. 8°
Leipzig, Phil. Fak., Inaug.-Diss. v. 13. Okt. 1887

Heinig, Max Eugen, die Ethik des Lactantius. Diss. Leipzig 1887, Gustav Fock. 8° 90 S.

Heiniger, J., tägliche Andachten in fortlauf. Betrachtgn. üb. d. Evangelien d. Lukas u. Johannes u. d. Apostelgeschichte. gr. 8. (VI, 370 S.) Basel 897. Kober. n. 3. —; geb. in Leinw. n. 4. —

Heiniger, J., erbauliche Anwendungen samt Sprüchen u. Erzählungen zu biblischen Geschichten. 3 Bdchn. 8. Basel, Jaeger & Kober. n. 4. —; geb. n. 6. —; in 1 Leinwbd. geb. n. 5. —
1. Leben Jesu bis zur letzten Reise nach Jerusalem. 52 Geschichten. (VIII, 144 S.) 891. n. 1. – ; geb. n. 1. 60
2. Lebens- u. Herrlichkeitsgeschichte Jesu, nebst Erzählungen aus der Apostelgeschichte. 52 Geschichten. (IV, 211 S.) 892. n. 1. 40; geb. n. 2. —
3. Geschichten aus dem Alten Testament. 52 Geschichten. (IV, 276 S.) 891. n. 1. 60; geb. n. 2. 40

Heiniger, J., erbauliche Anwendungen samt Sprüchen u. Erzählungen zu biblischen Gedichten. 1. Bdchn.: Leben Jesu bis zur letzten Reise nach Jerusalem. 52 Geschichten. 2. Aufl. 8. (VIII, 146 S.) Basel 899. Kober. n. 1.—; geb. n. 1. 60

Heiniger, J., erbauliche Anwendungen samt Sprüchen u. Erzählungen zu biblischen Geschichten. II. u. III. Bdchn. 8. Basel, Kober. n. 3.—; geb. n. 4. 40
II. Leidens- u. Herrlichkeitsgeschichte Jesu, nebst Erzählgn. aus der Apostelgeschichte. 58 Geschichten. 2. Aufl. (IV, 211 S.) 902. n. 1.40; geb, n. 2.—
III. 52 Geschichten aus dem alten Testament. 2. Aufl. (IV, 276 S.) 904. n. 1.60; geb. in Leinw. n. 2.40

— die Bedeutung d. Todes Christi f. unser inneres Leben, nach 1. Petri 2,24.25. 8. (19 S.) Ebd. 892. n.n. — 20

— bist du m. Gott zufrieden? Eine Frage an Jedermann. 2. Aufl. 12. (16 S.) Ebd. 892. n. — 8

— bist du m. Gott zufrieden? Eine Frage an Jedermann. 8. Aufl. 12. (16 S.) Ebd. 896. n. — 08

Heiniger, Otto. Ueber die Dauer-Erfolge chirurgischer Behandlung der Kniegelenks-Tuberkulose. Diss. Med. Bern. *Kopftitel:* Aus der Abteilung ([von] Professor Dr. [Paul]) Niehans des Inselspitals Bern. 41 S. 8. Bern, Lierow & Cie., 1906.

Heinigke, Karl

Heinigke, Carl (Goessnitz), De caussis obstipationis. Diss. physiol.-patholog. Lpz. (Sturm & Koppe [A. Dennhardt]) 5. V. 1856. 24 S. mit Biogr. (M.: L. F. Keyssler.) (6.20) 14033

Heinigke's Handbuch der homöopath. Arzneiwirkungslehre, Ergänzungsbd., s. Voorhoeve, J., Arzneiwirkungslehre neuerer homöopath. Heilmittel.

Heinigke, Carl, Handbuch der homöopathischen Arzneiwirkungslehre. Nach den vorhandenen Quellen bearb. gr. 8. (VIII, 534 S.) Leipzig 880. Dr. W. Schwabe. n. 10. 50

Heinigke's, Carl, Handbuch der homöopathischen Arzneiwirkungslehre. 2. verm. Aufl. Bearb. v. Th. Hengstebeck. (XI, 658 S.) gr. 8. Leipzig 905. Dr. W. Schwabe. n. 12.—; geb. in Halbfrz. n. 14.—

Heinigke, C., die homöopathische Heilmethode vor der dritten Strafkammer des kgl. Landgerichts zu Leipzig. Mit besond. Berücksicht. des von E. L. Wagner in Leipzig abgegebenen Gutachtens. gr. 8. (57 S.) Reudnitz 882, Müser. *

Heinigke, C., die homöopathische Heilmethode vor der dritten Strafkammer des Kgl. Landgerichts zu Leipzig. Mit besond. Berücksicht. des von E. L. Wagner in Leipzig abgegebenen Gutachtens. Besprochen und hrsg. 2. veränd. Aufl., nebst Anhang. 12. (95 S.) Leipzig 883, (Schwabe's Homöopath. Buchh.)

Heinigke, Carl, der Keuchhusten u. dessen Heilung. Ein Wort der Belehrung für Eltern. 2. Aufl. 8. (26 S.) Leipzig 880. Dr. W. Schwabe. n. — 50

Heinigke, Carl, die Principien der Homoeopathie nebst erläut. pharmakolog. Studien f. Aerzte u. Studirende der Medicin. gr. 8. (IV, 146 S.) Leipzig 871. Schwabe. n. 3. —

— die brandige Rachenbräune, s.: Billig, H., die häutige Bräune.

— über die brandige Rachenbräune [Diphteritis] u. deren Behandlung, s.: Haus-Bibliothek, homöopath.

—— s. Sammlung wissenschaftl. Abhandlungen aus dem Gebiete der Homöopathie.

— Carl Gottlob Wilhelm (Altenburg), De functione placentae. Diss. med. Jena (Schreiber & Co.) 13. V. 1825. 30 S. mit Biogr. (M.: S. Keyssler.) (6.20) 14034
Gew.: Johann Christian Stark.

— **Wilhelm Johann Friedrich** (Altenburg), De utero secundinas expellente sectio prior theoretica. Diss. med.-chir. Präs. Johann Carl Gehler. Lpz. (Langenheim) 30. VIII. 1765. 28 S. (6.20) 14036

Heinike, Sam., s. Heinicke, Sam.

Heininger, das Sachrechnen, s.: Welt.

Heininger, J. A., Geschäftlimacherei und Rechtspflege im Kanton Bern oder der Kronenhandel von Neuenstadt. 8. Bern. 2. –
1873

Heininger, P., illustr. Führer durch die Stadt Bunzlau. Im Auftrage der Stadtverwaltg. hrsg. u. bearb. (58 S. m. 1 Plan.) schmal 8. Bunzlau 904. G. Kreuschmer. n. — 75

Heinis, Fritz. Systematik und Biologie der moosbewohnenden Rhizopoden, Rotatorien und Tardigraden der Umgebung von Basel, mit Berücksichtigung der übrigen Schweiz. Diss. Phil. Basel. Mit 6 Figuren im Text. (Sonderabdruck aus dem Archiv für Hydrobiologie und Plantonkunde Bd. 5. 1910.) IV + 116 S. 8. Stuttgart. E. Schweizerbart. 1910.

Heinisch, De nonnullis Taciti locis disputatio. Pr. 1859. 14 S. 4°.

Heinisch, A., die Brunnen-, Bade- und Schafmolken-Kur-Anstalt zu Karlsbrunn im k. k. Schlesien. 8. Troppau 845, Ad. Traßler. 3/4 ₰

Heinisch, F. Annot. ad ll. quosd. Quintiliani difficiliores specim. I. II. 20 und 14 S. (Zum 8ten Buche u. m. a. St.)
Progr. Glatz 1828, 1837

Heinisch, F. Annotationes ad locos quosdam Taciti. (Hist. I. 5, 7, 8, 11, 12) 13 S. . . . .
Progr. Glatz 1840

Heinisch, F. Adnotationes ad locos quosdam Taciti difficiliores fasc. II. 12 S. [Annal. IV, 69. XIV, 8. 16. 58. 59. XV, 40—51. 74. Agricol. 28.]
fasc. III. 15 S. [Histor. II, 7. III, 13. IV, 12. IV, 55—58. 60. Ann. II, 63. III, 55. XI, 38. XIV, 54. XV, 50.]
fasc. IV. 15 S. [Histor. I, 31. III, 18. IV, 12. Agr. 18. Ann. I, 20. III, 11. IV, 13. IV, 28. XI, 23. XII, 54. XIII, 26. XIV, 60. XVI, 26.] .
Glaz, Progr. 1843, 1846, 1850

Heinisch, F. Adnotationes ad locos quosdam Taciti difficiliores fasc. V. [Ann. V. 4. XII., 33. XII., 65. XIII., 55. XIV., 15. 57. 61. XV., 54. Hist. I., 2. 26. 37. 71. 87. II., 4. 20. III., 6. 12. Agricol. 31.] 18 S. — fasc. II. [Ann. I. 32. Ann. I., 59. Ann. III., 14. Ann. III., 57 Ann. IV. 65. Ann. XI., 6. Ann. XI., 23. Ann. XI., 28. Ann. XIII., 41. Ann. XIV., 7. Ann. XV. 35. Ann. XV., 74.] 14 S.
Glatz, Progr. 1853, 1859

Heinisch, F. A. Ueber d. Einfluß des hebr. Sprachstudiums auf Verstandes-, Herzens- und Geschmacks-Bildung 15 S. . . . .
Progr. Quedlinburg 1830

Heinisch, Franciscus (*geb. Neurode bei Glatz 11. 12. 1799*): Prolegomena ad Euripidis Helenam. Vratislaviae (1825). (68 S.) 8°
Breslau, Phil. Diss. v. 22. Nov. 1825

Heinisch, Georg Friedr.

Heinisch, G(eorg) Fr(iedr.), kurzer Abriß der Erdbeschreibung für die Hand der Schüler bearb. 8. (VI und 41 S.) Bamberg 852, Buchner'sche Buchh.

Heinisch, G. Fr., kurzer Abriß der Erdbeschreibung für die Hand der Schüler bearb. 2. verm. u. verb. Aufl. Bamberg 858. Buchner. gr. 8. (2 Bl., 60 S.) n. 4 ngr.

Heinisch, G. Fr., Abriß der Erdbeschreibung für die Hand der Schüler bearb. 3., mit Rücksicht auf die neuesten staatl. Verändergn. umgearb. Aufl. Bamberg 868. Buchner. 8. (87 S.) n. 5 ngr.

Heinisch, G. Fr., Abriß der Erdbeschreibung f. die Hand der Schüler bearb. 3. umgearb. Aufl. Mit Nachträgen: die seit 1870 vorgekomm. Verändergn. enth. 8. (96 S.) Bamberg 872. Buchner. n. — 50

— Anleitung zur gewerblichen Buchhaltung, zur Anfertigung von Herstellungs-Calculationen, Kostenvoranschlägen und Rechnungs-Auszügen so wie Uebungs-Aufgaben hiezu und praktische Durchführung derselben. Für den Unterricht an Gewerb-, Real- und Sonntagsschulen und für Gewerbtreibende bearb. br. gr. 8. (XII und 291 S.) Bamberg 859, Buchner'sche Buchh. *

Heinisch, G. Fr., Anleitung zur gewerblichen Buchhaltung, zur Anfertigung von Herstellungs-Calculationen, Kostenvoranschlägen und Rechnungs-Auszügen so wie Uebungs-Aufgaben hiezu für Schüler an Gewerb-, Real- und Sonntagsschulen. 2., verb. Aufl. (Größere Schülerausg.) gr. 8. (106 S.) Bamberg 863, Buchner'sche Buchh.

— dass. — Für den Unterricht an Gewerb-, Real- und Sonntagsschulen und für Gewerbtreibende bearb. 2., verb. und durch neue Aufgaben verm. Aufl. gr. 8. (XIII und 272 S.) Ebendas. 864. *

— Anleitung zur gewerblichen Buchhaltung, zur Anfertigg. v. Herstellungs-Calculationen, Kosten-Voranschlägen u. Rechnungs-Auszügen, so wie Uebungs-Aufgaben hiezu u. prakt. Durchführg. derselben. Für den Unterricht an Gewerb-, Real- u. Fortbildungs-Schulen u. f. Gewerbtreibende bearb. 3. umgearb. Aufl. gr. 8. (XII, 274 S. Ebend. 875. n. 4 —; größere Schüler-Ausg. (104 S. n. 1. 20; kleinere Schüler-Ausg. [Auszug] (66 S.) n. — 50

Heinisch, G. Fr., Anleitung zur kaufmännischen Geschäftsführung des Handwerkers unter besond. Berücksicht. des Genossenschaftswesens. Für Schulen, Kurse u. das gewerbl. Leben. Neue Aufl. v. Hans Bergmeir. 2 Tle. 8. Bamberg 904. C. C. Buchner's Verl. Kart. à 1. —
1. Anleitung zur gewerblichen Kostenberechnung u. Buchführg. Auszüge aus der Gewerbeordng., dem Gewerbegerichtsgesetze u. d. Arbeiterversicherungsgesetzen. 4. neu bearb. Aufl. (X, 157 S.)
2. Anleitung zum gewerblichen Briefwechsel u. zur Wechsellehre. 2. Aufl., neu bearb. (VII, 115 S.)

— Aufgaben zum Kopf- und Zifferrechnen. Besonders abgedr. aus der mit Rücksichtnahme auf die neuen Münzverhältnisse umgearbeiteten 2. Aufl. des „Rechenbuches zum Schul- und Hausgebrauche." 1—4. Heft. br. 8. Bamberg 858. 59, Buchner'sche Buchh. *
Inhalt:
Heft 1. Die Grundrechnungen im Zahlenraume von 1—100. (48 S.) * 2 Ngr.
„ 2. Die Grundrechnungen in gleich- und ungleichbenannten Zahlen im Zahlenraume von 100 — zu Millionen ꝛc. (55 S.) 2½ Ngr.
„ 3. Die Grundrechnungen in ungleichbenannten Zahlen. (60 S.) * 2½ Ngr.
„ 4. Die Bruchrechnungen. (54 S.) * 3 Ngr.

— Aufgaben zum Kopf- und Zifferrechnen. 1.—6. Heft. 8. Bamberg 871, Buchner'sche Buchh. *
Inhalt:
Heft 1. 1. Stufe. Zahlenraum von 1—100. (47 S.) * 20 Pf.
„ 2. 2. Stufe. Die Rechnungsarten im unbegränzten Zahlenraum. (52 S.) * 25 Pf.
„ 3. (49 S.) * 25 Pf.
„ 4. (73 S.) * 40 Pf.
„ 5. (52 S.) * 30 Pf.
„ 6. (60 S.) * 30 Pf.
Aus: Rechenbuch zum Schul- und Hausgebrauche, besonders abgedruckt.

— dass. — Im 2. [speciellen] Thle. [3. umgearb. Aufl.] gr. 8. (153 S.) Ebendas. 870.

— Aufgaben zum Kopf- und Zifferrechnen. 6 Hefte. 8. Ebendas. 871. *
Inhalt:
Heft 1. 1. Stufe: Zahlenraum von 1—100. (47 S.) * 20 Pf.
„ 2. 2. Stufe: Die Rechnungsarten im unbegrenzten Raum. (52 S.) * 25 Pf.
„ 3. 3. Stufe: Die Grundrechnungen mit mehrfach benannten Zahlen. (49 S.) * 25 Pf.
„ 4. 4. und 5. Stufe: Die Bruchrechnungen. (73 S.) * 40 Pf.
„ 5. 6. Stufe: Die Zweisatz- oder Schluß-, die Proportions- und die Kettenrechnung, die Procent- und Zinsrechnung. (52 S.) * 30 Pf.
„ 6. 6. Stufe: Gewinn- und Verlust-, Discont-, Rabatt-, Tara- und Gutgewicht-, Fusti-, Termin-, Zinseszins-, Theilungs- und Gesellschafts-, Mischungs- mit Gold- und Silberrechnung. 7. Stufe: Flächen- und Körperberechnung, Quadrat- und Cubikzahlen und ihre Wurzeln. (60 S.) * 30 Pf.

— Einschreib-Buch zur gewerblichen Buchhaltung. (40 S.) Ebend. 875. n. — 4

Heinisch, G. F., Einschreib-Buch zur gewerblichen Buchhaltung. Neue verm. Aufl. 4. (44 S.) Bamberg 886, Buchner'sche Buchh. **

Heinisch, Geo. Friedr., der Gemeindegesang in der evangel. Kirche von der Zeit der Reformation bis auf unsre Tage. Eine Kritik des rhythm. Chorals, wie er in unseren evangel. Kirchen und Schulen eingeführt werden soll. gr. 8. (IV und 98 S.) Bayreuth 848, Buchner'sche Buchh.

— Geschäftsbriefe und Geschäftsaufsätze für Gewerbtreibende zum Unterrichte in Schulen und zum Gebrauche im gewerbl. Leben. 8. (XI und 96 S.) Bamberg 864, Buchner'sche Buchh. *

— Geschichte Bayerns. Für die vaterländ. Jugend bearb. gr. 8. (XIV und 176 S.) Bamberg 853, Buchner'sche Buchh. *

— Geschichte Bayerns. Für Lehranstalten bearb. 2., verb. und verm. Aufl. gr. 8. (XVI und 195 S.) Bamberg 858, Buchner'sche Buchh.

— Geschichte Bayerns von der frühesten bis auf die gegenwärtige Zeit mit Rücksichtnahme auf deutsche Geschichte. Für Lehranstalten nach den für dieselben besteh. allerh. Verordnungen bearb. 3., verb. und verm. Aufl. gr. 8. (XVI und 212 S.) Bamberg 867, Buchner'sche Buchh.

— Geschichte Bayerns von der frühesten bis auf die gegenwärtige Zeit mit Rücksichtnahme auf deutsche Geschichte. Für Lehranstalten nach den für dieselben bestehenden allerh. Verordnungen bearb. 3. verb. und verm., bis auf die neueste Zeit ergänzte Aufl. 8. (VIII, 216 S.) Ebendas. 874. *

—— und J. L. Ludwig, kurze Geschichte der deutschen Sprache und Literatur, nach den Werken der anerkanntesten Schriftsteller dieses Faches für höhere Lehranstalten und zur Selbstbelehrung. Mit Proben von Ulfilas bis Klopstock. 1. Thl.: Vom 4. bis zu Anfang des 17. Jahrhunderts. gr. 8. (XVI und 228 S.) Bamberg 856, Buchner'sche Buchh. *

—— und J. L. Ludwig, kurze Geschichte der deutschen Sprache und Literatur nach den Werken der anerkanntesten Schriftsteller dieses Faches für höhere Lehranstalten und zur Selbstbelehrung. Mit Proben von Ulfilas bis Klopstock. 2. Thl.: Vom Anfang des 17. Jahrh. bis zur Gegenwart. gr. 8. (XII und 228 S.) Bamberg 857, Buchner'sche Buchh.

1. Thl. Ebendas. 1856. 28 Ngr.

—— Grundriß der Geschichte der deutschen Literatur. Für höhere Lehranstalten bearb. gr. 8. (83 S.) Bamberg 867, Buchner'sche Buchh. *

—— die Lehre von den Wechseln. Ein leichtfaßl. Rathgeber bei Vornahme von Wechselgeschäften aller Art für Handel- und Gewerbtreibende, sowie ein Hilfsmittel beim Unterrichte in Schulen. Unter steter Hinweisung auf die allgem. deutsche Wechselordnung kurz und leichtfaßlich dargestellt. 8. (IV und 84 S.) Bamberg 864, Buchner'sche Buchh. *

—— und V. Groß, Lesebuch für die Mittelklasse der Landschulen. 2 Abthlgn. 8. Bamberg 862, Buchner'sche Buchh.

Inhalt:

Abthl. 1. Der Mensch. — Geographisches. — Geschichtliches. (IX und 138 S.) * 5 Ngr.

" 2. Naturgeschichtliches. — Einiges aus der Naturlehre. — Briefe. (IV und 111 S.) * 4 Ngr.

—— —— dass. — für die Oberklasse der Landschulen sowie für Sonntagsschulen. 2 Abthlgn. 8. Ebendas. 863.

Inhalt:

Abthl. 1. Das Leben des Menschen in Gesellschaft. Geographisches. Geschichtliches. (IV und 172 S.) * 5 Ngr.

" 2. Naturgeschichtliches und Landwirthschaftliches. Einiges aus der Naturlehre. Briefe und Geschäftsaufsätze. (IV und 211 S.) * 6 Ngr.

—— Lesebuch für die Unterklasse. 2 Abthlgn. 8. (X und 187 S.) Bamberg 862, Buchner'sche Buchh. *

— Lösungen der Uebungs-Aufgaben im 2. u. 3. Thl. des obigen. br. 8. (44 S.) Ebd. 852. n. 3 ngr

Heinisch, G(eorg) Fr(iedr.), Lösungen der Uebungs-Aufgaben zum 4. und 5. Theile des Rechenbuchs zum Schul- und Hausgebrauche. 8. (23 und 51 S.) Bamberg 853—54, Buchner'sche Buchh. [Zum 4. Thl. * 3 Ngr., zum 5. Thl. * 5 Ngr.] Thlr. *

Vgl. 11. Bd. 1. Abthl. S. 406.

— Lösungen der Uebungs-Aufgaben im 1. Thle. des Rechenbuches rc. 2. verb. Aufl. Ebend. 858. gr. 8. (44 S.) n. 4 ngr

—— Lösungen der Uebungs-Aufgaben im 2. und 3. Theile des Rechenbuches zum Schul- und Hausgebrauche. 2., verb. Aufl. 8. (à Thl. 24 S.) Bamberg 860, Buchner'sche Buchh. à Thl. * 3 Ngr. *

—— Lösungen der Uebungs-Aufgaben, in der 2. Aufl. des kaufmännischen Rechenbuches. gr. 8. (152 S.) Bamberg 860, Buchner'sche Buchh. *

—— Lösungen der Uebungs-Aufgaben im 1. [allgemeinen] Thle. des kaufmännischen Rechenbuches. [3. umgearb. Aufl.] gr. 8. (40 S.) Bamberg 870, Buchner'sche Buchh.

—— dass. — 6. Heft. 1. Abschn.: Die Decimalbruchrechnung und ihre Anwendung auf die neuen Maße und Gewichte. 8. (40 S.) Bamberg 870, Buchner'sche Buchh. **

Auflösungen **

Aus der 2. Aufl. des Rechenbuches zum Schul- und Hausgebrauche, besonders abgedruckt.

—— Lösungen der Uebungs-Aufgaben im 1.—4. Thle. des Rechenbuches zum Schul- und Hausgebrauche. 3. verb. Aufl. 8. (37; 38; 22; 21 S.) Bamberg 871, Buchner'sche Buchh. à Thl. * 40 Pf. *

—— neuester Bamberger Münz-Faulenzer oder Tabellen zur Umwandlung der neuen deutschen Reichsmünzen in die bisher. Gulden, Kreuzer und Pfennige süddeutscher Währung und umgekehrt der Gulden, Kreuzer und Pfennige süddeutscher Währung in die neuen deutschen Reichsmünzen. [Nebst den hauptsächl. Bestimmungen des Münzgesetzes vom 9. Juli 1873. 1.—8. verm. Aufl. 16. (32 S.) Bamberg 874, Buchner'sche Buchh. *

—— dass. — Placatformat. Ebendas. 874. *

—— kaufmännisches Rechenbuch für Handels-, Gewerbs- und Realschulen, so wie zum Selbstunterrichte für Geschäftsleute, mit nahe an 1200 Uebungsaufgaben. 8. (XVI und 502 S.) Bamberg 854, Buchner'sche Buchh.

Heinisch, G. Fr., kaufmännisches Rechenbuch für Handels-, Gewerb-, Real- und höhere Bürgerschulen, so wie zum Selbstunterrichte für Geschäftsleute mit mehr als 2000 Uebungsaufgaben. (Des Rechenbuches zum Schul- und Hausgebrauche 5. Thl.) 2., sehr verm. und mit Berücksicht. aller im Münz- und Gewichtswesen, so wie in den Coursverhältnissen eingetretenen Veränderungen gänzlich umgearb. Aufl. gr. 8. (XVI und 590 S.) Bamberg 860, Buchner'sche Buchh. Thlr. *

Heinisch, Georg Friedr., kaufmännisches Rechenbuch für Handels-, Gewerb-, Real- und höhere Bürgerschulen, sowie zum Selbstunterrichte für Geschäftsleute, mit nahe an 4000 Uebungsaufgaben. In 2 Abthlgn. 3., sehr verm. und mit Berücksicht. aller im Maß-, Gewichts-, Münz- und Courswesen eingetretenen Veränderungen gänzlich umgearb. Aufl. gr. 8. Bamberg 870, Buchner'sche Buchh. *

Inhalt:

Abthl. 1. Allgemeiner Theil. (XII, 274 S.) ℳ 2,70.

" 2. Specieller Theil. (VIII, 330 S.) ℳ 2,80.

—— Rechenbuch zum Schul- und Hausgebrauche. Eine nach dem bewährtesten methodischen Grundsätzen bearb. prakt. Anweisung zum Kopf- und Zifferrechnen, mit sehr vielen Uebungsaufgaben. 1—3. Thl. br. 8. Bamberg, Buchner'sche Buchh. *

Thl. 1. Die Grundrechnungsarten in gleich- und ungleichbenannten Zahlen. (XVI und 188 S.) 851. * 6 Ngr.

" 2. Die Bruchrechnung. (90 S.) 852. * 4 Ngr.

Heinisch, Geo. Friedr., Rechenbuch zum Schul- und Hausgebrauche rc. 1—3. Thl.

Thl. 3. Der Zweisatz, der Dreisatz in Bruchform, die Proportions- und die Kettenrechnung. (XVI und 154 S.) 852. * 8 Ngr.

Die Lösungen der Uebungsaufgaben zum 2. und 3. Thl. des vorstehenden Rechenbuchs (44 S.) erschienen ebendas. 1852. und kosten * 3 Ngr.

—— Rechenbuch zum Schul- und Hausgebrauche. Eine nach den bewährtesten method. Grundsätzen bearb. prakt. Anweisung zum Kopf- und Zifferrechnen, mit sehr vielen Uebungsaufgaben. 4. Thl.: Die Decimalbrüche, die Procent- und Zinseszins-, Allegations- oder Vermischungsrechnung rc. und die Berechnung der Quadrat- und Cubikzahlen und ihrer Wurzeln. br. 8. (XII und 170 S.) Bamberg 853, Buchner'sche Buchh. *

—— dass. — 5. Thl.: Die sämmtl. kaufmänn. Rechnungen enthaltend. br. 8. (XVI und 502 S.) Bamberg 854, Buchner'sche Buchh. *

— Rechenbuch zum Schul- und Hausgebrauche. Eine nach den bewährtesten method. Grundsätzen bearb. prakt. Anweisung zum Kopf- und Zifferrechnen, mit sehr vielen Uebungs-Aufgaben. 1. Thl.: Die Grundrechnungsarten in gleich- und ungleichbenannten Zahlen. 2., verb. und verm. Aufl. br. 8. (XVI und 194 S.) Bamberg 858, Buchner'sche Buchh. *

— dass. — Lösungen dazu. 2., verb. Aufl. br. 8. (44 S.) Ebendas. 858. *

— Rechenbuch zum Schul- u. Hausgebrauche. 4. Thl. 1. Abth.: Die Decimalbruchrechnung u. ihre Anwendung auf die neuen Maße u. Gewichte in Bayern. 2., sehr verm. Aufl. Ebend. 870. 8. (72 S.) n. 5 ngr.

—— Rechenbuch zum Schul- und Hausgebrauche. Eine nach den bewährtesten method. Grundsätzen bearb. prakt. Anweisung zum Kopf- und Zifferrechnen mit sehr vielen Uebungsaufgaben. 4 Thle. 3. nach den neuen metr. Maßen ꝛc. und h. Ministerial-Verordnungen vom 20. Aug. und 2. Novbr. 1870, sowie mit steter Rücksichtsnahme auf das norddeutsche Bundesgesetz vom 16. Aug. 1868 umgearb. Aufl. 8. Ebendas. 871. *

Inhalt:

Thl. 1. 1.—3. Stufe: Die Grundrechnungsarten in gleich- und mehrfachbenannten Zahlen. (XIV, 207 S.) *M 1.
" 2. 4. und 5. Stufe: Die Decimalbrüche. Die gemeinen Brüche. (VIII, 166 S.) *M 1.
" 3. 6. Stufe: Die Zweisatz- oder Schluß-, die Proportions- und die Kettenrechnung, die Procent- und Zinsrechnung. (VII, 152 S.) *M 1.
" 4. 6. und 7. Stufe: Gewinn- und Verlust-, Discont-, Rabatt-, Tara- und Gutgewicht-, Fusti-, Termin-, Zinseszins-, Theilungs-, Mischungs- mit Gold- und Silberrechnung. Flächen- und Körperberechnung. Quadrat- und Cubikzahlen und ihre Wurzeln. (VIII, 166 S. mit 36 Fig.) *M 1,40.

—— Rechenbuch zum Schul- und Hausgebrauche. Eine nach den bewährtesten method. Grundsätzen bearb. prakt. Anweisung zum Kopf- und Zifferrechnen mit sehr vielen Uebungsaufgaben. 4 Thle. 3., mit Rücksichtnahme auf die neuen Maß- und Gewichtsverhältnisse nach den Ministerial-Verordnungen vom 20. Aug. und 2. Novbr. 1870 umgearb. Aufl. gr. 8. Bamberg 871, Buchner'sche Buchh. *

Inhalt:

Thl. 1. Die Grundrechnungsarten in gleich- und mehrfachbenannten Zahlen. (XIV, 207 S.) *M 1.
" 2. (VIII, 166 S.) *M 1.
" 3. (VII, 152 S.) *M 1.
" 4. (VIII, 166 S.) *M 1,40.

—— dass. — 4. Thl. 1. Abschn.: Die Decimalbruchrechnung und ihre Anwendung auf die neuen Maße und Gewichte in Bayern. 2. sehr verm. Aufl. 8. (72 S.) Ebendas. 870. *

— das Rechnen mit den neuen Maßen u. Gewichten in Bayern ohne Anwendg. der Dezimalbruchrechng. zum Schul- u. Hausgebrauche. [Nachtrag zu dem Rechenbuche zum Schul- u. Hausgebrauche.] Ebend. 870. 8. (IV, 62 S.) n. 4 ngr.; Auflösungen (16 S.) n. 2 ngr.

—— und J. L. Ludwig, erstes Sprach- und Lesebuch für Volksschulen. Ein Lesebuch für die zwei bis drei ersten Schuljahre. In 3 Abthlgn. 1. Aufl. (XVI und 164 S.) 1850., 2. Aufl. (XXII und 164 S.) 1851. und 3., verb. Aufl. 8. (VI und 176 S.) Bamberg 851(52), Buchner'sche Buchh. *

—— —— erstes Sprach- und Lesebuch für Volksschulen. Ein Lesebuch für die zwei bis drei ersten Schuljahre. In 3 Abthlgn. 4. Aufl. Protestant. Ausg. (XIX und 164 S.) 1853. und 6., verb. Aufl. 8. (160 S.) Bamberg 854, Buchner'sche Buchh. *

—— —— dass. — Ein Lesebuch für die zwei bis drei ersten Schuljahre. In 3 Abthlgn. 8., verb. Aufl. (Für kathol. Schulen.) 8. (XXII und 128 S.) Bamberg 856, Buchner'sche Buchh. *

—— —— erstes Sprach- und Lesebuch für Volksschulen. Ein Lesebuch für die zwei bis drei ersten Schuljahre. In 3 Abthlgn. 9., verb. Aufl. (Ausg. für protestant. Schulen.) 8. (VI und 138 S.) Bamberg 858, Buchner'sche Buchh. *

—— —— dass. — 10., verb. Aufl. (Ausg. für kathol. Schulen.) 8. (VI und 138 S.) Ebendas. 858. *

—— —— dass. — 11., verb. Aufl. (Ausg. für protestant. Schulen.) 8. (VI und 136 S.) Ebendas. 860. *

—— —— dass. — 12., verb. Aufl., für kathol. Schulen bearb. von Geo. Jos. Dreer. 8. (XXIII und 142 S.) Ebendas. 861. *

—— und J. L. Ludwig, erstes Sprach- und Lesebuch für Volksschulen. Ein Lesebuch für die zwei bis drei ersten Schuljahre. In 3 Abthlgn. 13. und 15., verb. Aufl. (Ausg. für protestant. Schulen.) 8. (VIII und 168 S.) Bamberg 862,65, Buchner'sche Buchh. *

—— —— dass. — In 3 Abthlgn. 14. und 16., verb. Aufl. für kathol. Schulen bearb. von Geo. Jos. Dreer (revid. von Cl. Schmitt). 8. (VIII und 190 S.) Ebendas. 864,66. *

—— und J. L. Ludwig, erstes Sprach- und Lesebuch für Volksschulen. 1. Abthl.: Fibel [Ausg. B.], enth. die ersten Schreib- und Leseübungen in der deutschen Current- und deutschen Druckschrift. 8. (IV, 59 S.) Bamberg 873, Buchner'sche Buchh. *

—— —— dass. — Ein Lesebuch für die zwei bis drei ersten Schuljahre. 20. verb. Aufl. 8. (VI, 141 S.) Ebendas. 873. *

—— —— dass. — In 3 Abthlgn. 21. verb. Aufl., für kathol. Schulen bearb. von Jos. Geo. Dreer, revid. von L. Cl. Schmitt. 8. (207 S.) Ebendas. 874. *

Heinisch, Geo. Friedr., und J. L. Ludwig, erstes Sprach- und Lesebuch für Volksschulen. Ein Lesebuch für die zwei bis drei ersten Schuljahre. 3 Abthlgn. in 1 Bd. 21. und 22. verb., nach der amtl. Rechtschreibung bearb. Aufl. 8. Bamberg 881, Buchner'sche Buchh. [1. Abthl. Fibel B. (60 S.) Einzelpr. * 25 Pf.; 2. und 3. Abthl. (141 S.) Einzelpr. * 45 Pf.] * *

—— —— zweites Sprach- und Lesebuch. Ein Lesebuch für die mittlere Schulklasse. 1. Aufl. (XII und 248 S.) 1850. und 2., verb. Aufl. gr. 8. (XIV und 246 S.) Ebds. 852. *

—— —— zweites Sprach- und Lesebuch. Ein Lesebuch für die mittlere Schulklasse. 3., verb. und verm. Aufl. gr. 8. (XV und 280 S.) Bamberg 856, Buchner'sche Buchh. *

—— —— zweites Sprach- und Lesebuch. Ein Lesebuch für die mittlere Schulklasse. 4., verb. Aufl. gr. 8. (XV und 282 S.) Bamberg 860, Buchner'sche Buchh. *

—— —— zweites Sprach- und Lesebuch. 5. Aufl. 1863. * 9 Ngr. und 6., 7. und 9., verb. und verm. Aufl. (Ausg. für protestant. Schulen.) gr. 8. (XV und 268 S.) Bamberg 864—68, Buchner'sche Buchh. *

—— —— dass. — Ein Lesebuch für die mittlere Schulklasse. 8., verb. Aufl., für kathol. Schulen bearb. von Geo. Jos. Dreer. (Revid. von L. Cl. Schmitt.) gr. 8. (XV und 266 S.) Ebendas. 867. *

—— —— zweites Sprach- und Lesebuch. Ein Lesebuch für die mittlere Schulklasse. 10. verb. Aufl. Protestantische Ausg. gr. 8. (X, 266 S.) Ebendas. 874. *

—— —— dass. — 10. verb. Aufl. Katholische Ausg., bearb. von Jos. Geo. Dreer, revid. von L. Cl. Schmitt. gr. 8. (X, 266 S.) Ebendas. 874. *

—— —— drittes Sprach- und Lesebuch. Ein Lesebuch für die Oberklasse der Volksschule und für die unteren Klassen höherer Lehranstalten. 8. (XVIII und 372 S.) Ebds. 851. *

—— —— drittes Sprach- und Lesebuch. Ein Lesebuch für die Oberklasse der Volksschule und für die unteren Klassen höherer Lehranstalten. 2., verm. und verb. Aufl. gr. 8. (XVI und 410 S.) Bamberg 854, Buchner'sche Buchh. *

2. und 4. Sprach- und Lesebuch. Ebendas. 1852. * 1 Thlr. 16 Ngr.

—— —— drittes Sprach- und Lesebuch. Ein Lesebuch für die Oberklasse der Volksschule und für die untern Klassen höherer Lehranstalten. 3., verm. und verb. Aufl. gr. 8. (XXXI und 424 S.) Bamberg 860, Buchner'sche Buchh. *

—— —— drittes Sprach- und Lesebuch. Ein Lesebuch für die Oberklasse der Volksschulen und für die untern Klassen höherer Lehranstalten. 4., verb. Aufl. (Ausg. für protestant. Schulen.) gr. 8. (XVI und 416 S.) Bamberg 864, Buchner'sche Buchh.

—— —— dass. — 5., verb. Aufl. für kathol. Schulen bearb. von Geo. Jos. Dréer. gr. 8. (XIV und 412 S.) Ebendas. 864. *

—— —— dass. — 6., verb. Aufl. für kathol. Schulen bearb. von Geo. Jos. Dréer (revid. von L. Cl. Schmitt.) gr. 8. (XIV und 413 S.) Ebendas. 867. *

—— —— drittes Sprach- und Lesebuch für Schulen. 7. verm. und verb. Aufl. [Zum Gebrauche in Schulen und sonst. Lehranstalten ministeriell genehmigt.] Protestantische Ausg. gr. 8. (XVI, 419 S.) Ebendas. 878. *

—— —— dass. — 7. verb. Aufl. für katholische Schulen bearb. von Jos. Geo. Dréer, revid. von L. Cl. Schmitt. gr. 8. (X, 266 S.) Ebendas. 878. *

—— —— viertes Sprach- und Lesebuch. Ein Sprach- und Lesebuch für höhere Lehranstalten und Familien. A. u. d. T.: Die Sprache der Prosa, Poesie und Beredsamkeit, theoretisch erläutert und mit vielen Beispielen aus den Schriften der besten deutschen Klassiker versehen. gr. 8. (XXXVIII und 764 S.) Ebds. 852. *

—— —— viertes Sprach- und Lesebuch für höhere Lehranstalten. A. u. d. T.: Die Sprache der Prosa, Poesie und Beredsamkeit, theoretisch erläut. und mit vielen Beispielen aus den Schriften der besten deutschen Klassiker versehen. Für höhere Lehranstalten bearb. 2., sehr verm. und verb. Aufl. gr. 8. (XXXVII und 718 S.) Bamberg 867, Buchner'sche Buchh.

Heinisch, Georg Friedrich „Ueber die Versuche zur Verbesserung und Vereinfachung der doppelten Buchhaltung". pg. 3—19. 4°. Fr. Humann'sche Off.
Bamberg, Progr. 1857/58

—— Wandtafeln zur Betreibung des ersten Leseunterrichts nach dem methodischen Gang in der I. Abthl. des von G. Fr. Heinisch und J. L. Ludwig verfaßten ersten Sprach- und Lesebuches bearb. 25 Bog. Imp.-Fol. Bamberg 857, Buchner'sche Buchh. *

—— Wandtafeln zur Betreibung des ersten Leseunterrichts, nach dem method. Gang in der 1. Abthl. des von G. Fr. Heinisch und J. L. Ludwig verfaßten „ersten Sprach- und Lesebuchs" bearb. 2., verb. Aufl. 25 Bog. gr. Fol. Bamberg 864, Buchner'sche Buchh. *

—— die allgemeine deutsche Wechselordnung mit Beifügung der gesetzlichen Abänderungen in den einzelnen Staaten und der Vorschläge der nürnberger Handels-Conferenz. Unter Berücksicht. vieler Erkenntnisse hoher deutscher Gerichtshöfe ausführl. erläutert und hrsg. mit einem Anhang, die erschienenen Gesetze über kaufmänn. Anweisungen enthaltend. gr. 8. (X und 296 S.) Bamberg 861, Buchner'sche Buchh.

—— kleine Weltkunde für Schule und Haus. 1. Aufl. (XVI und 116 S.) 1850. und 2., verb. und verm. Aufl. br. 8. (XII und 123 S.) Bamberg 852, Buchner'sche Buchh. Thlr. *

—— kleine Weltkunde für Schule und Haus. 3., verb. und verm. Aufl. br. 8. (XII und 157 S.) Bamberg 857, Buchner'sche Buchh. *

Heinisch, G. Fr., kleine Weltkunde für Schule und Haus. Enth.: Geographie (nach den neuesten staatlichen Veränderungen umgearb.), Naturlehre, Naturgeschichte, Körper- und Seelenlehre. 4. Aufl. 1862. * 6 Ngr. und 5., verm. und verb. Aufl. 12. (X und 165 S.) Bamberg 868, Buchner'sche Buchh. *

—— kleine Weltkunde für Schule und Haus. 5. verb. und verm. Aufl. Nachträge: Die seit 1870 in geograph. und geschichtl. Beziehung vorgekomm. Veränderungen enth. gr. 8. (7 S.) Bamberg 871, Buchner'sche Buchh. *

—— dass. — [Enth.: Geographie (nach den neuesten staatl. Veränderungen umgearb.), Naturlehre, Naturgeschichte, Körper- und Seelenlehre.] 6. verb. und verm. Aufl. br. 8. (X, 182 S.) Ebendas. 874. *

—— kleine Weltkunde für Schule und Haus. 7. Aufl. 8. (140 S.) Ebendas. 887. **

—— das Wissenswürdigste aus der Geographie und Geschichte Bayerns. 1. Aufl. (23 S.) 1850. 1½ Ngr. und 2., verb. und mit Rücksicht auf die allerhöchste Verordnung vom 13. Jan. 1851 bearb. Aufl. 8. (32 S.) Bamberg 851, Buchner'sche Buchh. *

—— das Wissenswürdigste aus der Geographie und Geschichte Bayerns. 5. Aufl. 1853. und 6., verm. und mit Rücksicht auf die neuesten allerhöchsten Bestimmungen ꝛc. bearb. Aufl. gr. 8. (39 S.) Bamberg 855, Buchner'sche Buchh. *
Erschien in zwei Ausg. für protestant. oder kathol. Schulen.

—— das Wissenswürdigste aus der Geographie und Geschichte Bayerns. 7. Aufl. 1857. und 8., durchgeseh., mit Rücksicht auf die neuesten allerhöchsten Bestimmungen, sowie mit Bezugnahme auf die erschienenen zwölf Bilder aus dem Leben bayer. Fürsten bearb. Aufl. gr. 8. (40 S.) Bamberg 858, Buchner'sche Buchh. *

—— das Wissenswürdigste aus der Geographie und Geschichte Bayerns. 9.—11., durchgeseh. Aufl. 8. (40 S.) Bamberg 862—68, Buchner'sche Buchh.
Erschien auch für katholische Schulen zu gleichem Preise.

—— das Wissenswürdigste aus der Geographie und Geschichte Bayerns. 12. durchgeseh. und mit Rücksicht auf die neuesten Ereignisse bearb. Aufl. 8. (42 S.) Bamberg 871, Buchner'sche Buchh. *

[F. u. Ant.] Heinisch, Hans: Urkundliche Beiträge zur Geschichte des Gymnasium poeticum in Regensburg. I. Tl. Stadtamhof, Druck v. J. & K. Mayr, *1895*; 37 S. 8.
Regensburg, k. altes G, P 1895*

[F. u. Ant.] Heinisch, Hans: Urkundliche Beiträge zur Geschichte des Gymnasium poeticum in Regensburg. II. Tl. (Forts. d. P-Beil. 1895.) Stadtamhof, Druck v. J. & K. Mayr, *1897*; 37 S. 8.
Regensburg, k. altes G, P 1897*

*Heinisch, Jeremias, Zeugnis der reinen Wahrheit von den Sonder- und wunderbaren Wirkungen eines insgemein sogenannten Kobolds oder unsichtbaren Wesens in der Pfarr-Wohnung zu Gröben, nebst einem zu Prüfung übergebenen Versuch, wie weit in der Erkenntnis dieser Sache zu gelangen? Jena 723. 4.

Heinisch, Max [Oberl.]: Beiträge zur Klimatologie von Leobschütz. I. Niederschlagsverhältnisse. . . . Leobschütz, Druck v. J. Gomolka (1889); S. 1—11; 4°
Leobschütz, k. kath. G, OP 1889 (184)

Heinisch, Max [Oberl. Prof.]: Beiträge zur Klimatologie der Stadt Leobschütz. Tl II: Gewitterverhältnisse. (I: P-Beil. 1889.) Leobschütz, Druck v. W. Witke, *1892*; 1—9 S. 4.
Leobschütz, k. kath. G, OP 1892 (192)

Heinisch, Max Ist die Scheidung der Linnéschen Tierklasse Amphibia in zwei Klassen Reptilia und Amphibia auf Grund ihrer anatomischen Unterschiede und ihrer Entwickelungsgeschichte gerechtfertigt? IX S. Progr. *Leobschütz* 1883.

Heinisch, Paul, der Einfluss Philos auf die älteste christliche Exegese (Barnabas, Justin u. Clemens v. Alexandria), s. a. Abhandlungen, alttestamentliche. Heft 1. 2.

Heinisch, Paul, Cooperator in Zauchwitz, Kr. Leobschütz: Der Einfluss Philos auf die älteste christliche Exegese. 1. (§ 1—6, 2.) Münster i. W. 1907: Aschendorff. (64 S.) 8° ¶(Erscheint als: „Alttestamentliche Abhandlungen" H. 1.)
Breslau, Kath.-theol. Fak., Ref. Nikel, Diss. v. 24. Juli 1907
[Geb. 25. März 78 Leobschütz; Wohnort: Zauchwitz, Kr. Leobschütz; Staatsangeh.: Preußen; Vorbildung: Gymn. Leobschütz Reife O. 98; Studium: Breslau 7 S.; Rig. 14. Mai 07.]

— Griechentum u. Judentum im letzten Jahrhundert v. Christus, s.a. Zeitfragen, biblische. I, 12.

Griechentum und Judentum im letzten Jahrhundert vor Christus. Von Dr. Paul **Heinisch**. 1. u. 2. Aufl. Münster i. W.: Aschendorff **1908**. 13 S. 8°
(Biblische Zeitfragen. Folge 1, H. 12.) [09. 1126 2

— Die griechische Philosophie im Buche der Weisheit, s.a. Abhandlungen, alttestamentliche, I, 4.

Heinisch, Paul, Dr.: Die griechische Philosophie im Buche der Weisheit. 1. (§ 1—3, 2). Münster i. W. 1908: Aschendorff. (50 S.) 8° ¶(Erscheint vollst. als „Alttestamentliche Abhandlungen" H. 4.)
Breslau, Kath.-theol. Fak., Hab.-Schr. v. [3. März] 1908
(Nicht für den Austausch)

Heinisch, Wilhelm

— und Zellner Julius, Dr.: Zur Chemie des Fliegenpilzes (*Amanita Muscaria* L.). S. 113. IIb. 172 . . . . . vgr.
Separatabdruck

— Über einige Derivate der Veratrumsäure und des Veratrols. S. 103. IIb. 171 . . vgr.
Separatabdruck

— Über die trockene Destillation des Kalksalzes der Diäthylprotocatechusäure. S. 103. IIb. 177 . . . . . vgr.
Separatabdruck

— Über eine Graphitbildung. S. 120. IIb. 85 . . . . . vgr.
Separatabdruck

Heinisch Wilhelm: Über das Verhalten des veratrumsauren Kalkes bei der trockenen Destillation. S. 102. IIb. 468 . . . . . vgr.
Separatabdruck

Heinitz, ..., Taschenbuch für Freunde d. vaterländ. Geschichte, zugleich Adreßbuch vom Ober-Mainkreise, für d. J. 1822 u. 23. Mit 4 Kpf. 8. Bamb. 822. Lachmüller. 12 gr.

Heinitz, Ernst, s.: Formularbuch f. die freiwillige Gerichtsbarkeit.

Heinitz, Ernst, s.: Juristen-Zeitung, deutsche.

Heinitz, Ernst, Kommentar zum preuß. Stempelsteuergesetz nebst Tarif v. 31. Juli 1895. M. Tabellen, d. ges. Ausführungsbestimmgn., dem Reichsstempelgesetz u. d. Erbschaftssteuergesetz u. e. Anh.: Die d. Notaren als Amtsstellen d. Steuerverwaltg. zusteh. Befugnisse u. oblieg. Verpflichtgn. 2 Lfgn. gr. 8. (XVI, 587 S.) Berlin 896. O. Liebmann. n. 12. —; geb. in Halbfrz. n. 14. —

— Kommentar zum preußischen Stempelsteuergesetz nebst Tarif vom 31. VII. 1895. Mit Tabellen, den gesamten Ausführungsbestimmgn., dem Reichsstempelgesetz, dem Erbschaftssteuergesetz u. e. Anh.: Die den Notaren als Amtsstellen der Steuerverwaltg. zusteh. Befugnisse u. oblieg. Verpflichtgn. 2., gänzlich umgearb. Aufl. auf der Grundlage des bürgerl. Gesetzbuchs, seiner Nebengesetze u. der preuß. Ausführungsgesetze. gr. 8. (XI, 846 S.) Berlin 900. 901. O. Liebmann. n. 21. —; geb. n.n. 23. 50

— Kommentar zum preußischen Stempelsteuergesetz nebst Tarif vom 31. VII. 1905. Mit Tabellen, den gesamten Ausführungsbestimmgn., dem Reichsstempelgesetz, dem Erbschaftssteuergesetz u. e. Anh.: Die den Notaren als Amtsstellen der Steuerverwaltg. zusteh. Befugnisse u. oblieg. Verpflichtgn. 3., veränd. u. verm. Aufl. 1. u. 2. Lfg. (S. 1.—416.) Lex.-8. Berlin 905. O. Liebmann. n. 10. 50

— Kommentar zum preuß. Stempelsteuergesetz v. 31. VII. 1895 u. zur Novelle v. 26./30. VI. 1909. Mit den Anhängen: Die den Notaren als Amtsstellen der Steuerverwaltg. zusteh. Befugnisse u. oblieg. Verpflichtgn. u. die Reichsstempelabgabe f. Grundstücksübertraggn. 3., veränd. u. verm. Aufl. 3. - 5. Lfg. (XII, u. S. 417—1172.) Lex. 8. Berlin 907—09. O. Liebmann. 21.—; (vollst. 31.50; geb. n 34. —)

— das Reichsgesetz üb. das Verlagsrecht, s. Guttentag's Sammlung deutscher Reichsgesetze.

Der Schutzverein der Berliner Bauinteressenten von 1878 bis 1903. (Verf.: E[rnst] **Heinitz**. Berlin [1903]: Büxenstein.) 17 S. 4° [Umschlagt.] [09. 3224

Heinitz, E., Verlagsrecht, s. Guttentag's Sammlg.

v. Heinitz, F. A., Berghauptmann zu Clausthal. Bild. Ohne Ort und Jahr.

Heinitz, Frhr. Fr. Ant. v., s.a. Abhandl. über d. Produkte d. Mineralreichs.

Heinitz, von: „Abhandlungen über die Produkte des Mineralreichs in den königlich preussischen Staaten und über die Mittel, diesen Zweig des Staats-Haushalts immer mehr empor zu bringen", Berlin 1786.

Heinitz, Frhr. Fr. Ant. v., s.a. Mémoire sur les produits du regne minéral.

(Frhr. a. Heinitz.) Mémoire sur les produits du Regne Mineral de la Monarchie Prussienne, et sur les moyens de cultiver cette branche de l'Economie politique. Berlin, 1786. 4. (5 B.) — Uebersetzt von Rosenstiel unter dem Titel: Abhandlung über die Produkte des Mineralreichs in den Königl. Preuß. Staaten, und über die Mittel, diesen Zweig des Staatshaushalts immer mehr emporzubringen. Berlin, 1786.

Heinitz, Georg [aus Berlin]: Elementare Berechnung der Zahl μ, welche den quadratischen Restcharakter bestimmt ... Göttingen, Druck d. Dieterich'schen Univ.-Buchdr., 1893; 47 S. 8.
Göttingen, Phil. Fak., Inaug.-Diss. v. [28. Mai] 1893

Heinitz, Geo., olementare Borochnung der Zahl μ, welche den quadratischen Restcharakter bestimmt. Diss. gr. 8. (47 S.) Göttingen 893. (Vandonhoock & Ruprecht.) n. 1. —

Heinitz, Georg (Hrsg.), s. Bericht über die Rudolf Mosse'sche Erziehungsanstalt. . .

Heinitz, *Georg:* [Dr.]: Eine neue Bestimmung des quadratischen Restcharakters. [= Inaug.-Diss. v. Göttingen 1893: Elementare Berechng d. Zahl μ, welche den quadrat. Restcharakter bestimmt.] Göttingen, Druck d. Dieterich'schen Univ.-Buchdr., 1893; 47 S. 8.
Seesen a. H., Jacobson-S, OP 1893 (694)

Heintz, H., die ersten Blüthen. Gedichte. 8. (95 S.) Magdeburg 889. (Rathke's Verl.) n. 2. —; geb. m. Goldschn. n. 3. —

— wenn man e. Frau sucht auf dem nicht mehr ungewöhnlichen Wege. Auf e. Heirats-Gesuch eingegangene Orig.-Briefe m. Antworten. 1.—3. Aufl. 8. (90 S.) Berlin 889. Siegismund. n. 1. —

Heintz, Herm., wenn man e. Frau sucht auf dem nicht mehr ungewöhnlichen Wege. Auf e. Heirats-Gesuch eingegangene Orig.-Briefe m. Antworten. 4. Aufl. 8. (90 S.) Berlin 890. K. Siegismund. n. 1. —

Heinitz, Karl, Unterricht in der Schwimmkunst, nach der in der k. k. Militärschwimmanstalt in Wien eingeführten Lehrmethode, Wien 1816, 88 S., 8°. 2 Bde.
Abbildungen z. —, 5 Taf.

Heinius, Ernst, Conversations-Buch oder Anweisung, sich im Umgange, Verkehr und auf der Reise in französ., engl. und deutscher Sprache unterhalten zu können 2c. (Neue Titelausg.) gr. 16. (IV und 191 S.) Leipzig 849, [Baensch.]

Johann Abraham Heinius

Meditationes de noxis ex abusu calidae. Lipsiae (1747:) Langenheim. 44 S. 8°

Leipzig, Med. Diss. v. 12. Mai 1747

Zwischengeb.: Quellmaltz, Samuel Theodor: De Infuso foliorum theae. (Lipsiae 1747.)

Heink, F. C., zur Lehre von der Cautionshypothek nach königl. sächsischem Rechte. gr. 8. (31 S.) Leipzig 889. Roßberg. n. — 80

Heink, Joh. Ant.

Heink, (J. A.,) prakt. Bemerkk. über die kleine Jagd. Nebst e. Anh. über die Jagd d. Raubvögel. Mit 27 lithogr. u. ill. Abbild. gr 4. Dresd. 827. (Lpz. Fr. Fleischer.) 2 Rthl. 16 gr. ill.

HEINK, J. A.: Praktische Bemerkungen über die kleine Jagd, oder Anleitung zur Behandlung und einträglichen Bewirthschaftung eines Jagdreviers, und Angabe der Mittel, ein vernachlässigtes Revier wieder in Stand zu setzen etc. Nebst naturgeschichtlichem Anhange über die, der Jagd schädlichen Raubvögel. - Dresden 1827. 132 S., 27 Taf. - 2. Ausg. u. d. T.: Die kleine Jagd etc. Leipzig 1832. 132 S., 27 Taf.

Heink, J. A., die kleine Jagd. Od. Anleit. z. Behandl. u. einträgl. Bewirthschaftung e. Jagdreviers, u. Angabe d. Mittel e. vernachläss. Revier wieder in Stand zu setzen u. einträgl. zu machen. Nebst e. Beschreib. der d. Jagd nachtheil. Raubvögel. 2. Ausg. M. 27 (lith.) Abbild. gr. 4. (19¼ B.) Leipzig 831, Fr. Fleischer. Hrbgs. Pr. 1 Thlr. 18 Gr., ill.

Heink, J. H., der Jagdökonom und der größte Nutzen für jagdbare Thiere oder gesammelte Erfahrungen aus dem prakt. Jägerleben. Nebst einem Anh.: Die Wilddieberei, der Schutz dagegen und die Leiden und Fährlichkeiten des Waidmanns mit ihrem Gefolge. Dresden 858. Ernst. gr. 8. (XII, 203 S.) 1 ₰

Heink, J. A., denkwürdige Momente aus Napoleon's Aufenthalte in Sachsen. Erlebnisse eines 82jährigen Greises. Dresden 860. am Ende. gr. 8. (31 S.) n. 5 ngr.

Heink, Paul Anton (Mariaestellensis [= Marienstern]), De regula juris: „Locus regit actum". Diss. jur. Lpz. (Staritz) 14. VII. 1842. 42 Seiten. (6.—) 14038
Gew.: Peter Malach Krahl.

Heink, Paul Friedr., über den Einfluss der Bestimmungen der Civilprocessordnung § 796 fg. auf die Bestimmungen in § 218 und § 219 der kgl. Sächs. Verordnung vom 9. Jan. 1865, s. Reichsrecht und Landesrecht.

Heinke, Armin. (Frid.) (geb. Breslau): De functionibus diaphragmatis. Berolini (1845). (35 S.) 8°
Berlin, Med. Diss. v. 31. Jan. 1845

Heinke, Curt, s. Heinke, Kurt

[F.] Prinz Louis Ferdinand von Preussen. E. Erinnerungsbl. v. F[erdinand] Heinke, Hauptm. ... M. 5 Abb. *Berlin: Liebel 1898.* (55 S.) 1 Bd 8.

Heinke, F., Kaiser Friedrich III. als Soldat. Dem deutschen Heere erzählt. 8. (32 S.) Berlin 888. Liebel. n. — 15

— die Mühle von Poscherun. Historisches Lustspiel in 1 Akt. 8. (45 S.) Ebd. 887. n. 1. 20

Heinke, F., zur Sedanfeier 1894. Festrede, geh. im Feldmarschallsaale der königl. Haupt-Kadettenanstalt. gr. 8. (19 S.) Berlin 894 Liebel. n. — 30

Heinke, F. Unser Soldatenkaiser Wilhelm I. Gedenkblatt f. den deutschen Soldaten. 10. verm. Aufl. Mit Anh.: Aus den letztwill. Aufzeichngn. Kaiser Wilhelm I. 16. (20 S. m. 1 Bildnis.) Berl. 891, Liebel. ** — 15

[F.] Unser Soldatenkaiser Wilhelm I. Gedenkblatt z. hundertj. Geburtstage d. grossen Kaisers dem deutschen Soldaten dargebracht v. F. Heinke, Hauptmann à la suite d. Kadettenkorps ... 11. verm. Aufl. Mit Anh.: Aus d. letztwilligen Aufzeichngn Kaiser Wilhelms I. *Berlin: Liebel [1897].* (20 S.) 1 Bd 8.

— unser Soldatenkaiser Wilhelm I. Zur Erinnerg. an Kaiser Wilhelm d. Großen, d. deutschen Soldaten dargebracht. 17. Aufl. M. 7 Abb. u. Anh.: Aus d. letztwill. Aufzeichngn. Kaiser Wilhelms I. 12. (24 S.) Ebd. 897. n.n. — 15

— Kaiser Wilhelm II. als Soldat. Dem deutschen Heere erzählt. 8. (48 S. m. Bild.) Ebd. 889. n. — 20

— Kaiser Wilhelm II. als Soldat. Den Mannschaften d. Heer u. Marine erzählt. 4. Aufl. Mit e. Anh., enth. Proklamationen, Reden 2c. Sr. Majestät. 12. (47 S. m. 1 Bildnis.) Ebd. 892. n. — 25

— dasselbe. 6. Aufl. Mit e. Anh. 8. (48 S. m. Bildnis.) Ebd. 894. n. — 40

v. Heinke, Edler Frz. Jos., († d. 2. März 1803.) Beiträge zur Behandlung, Pflege u. Vermehrung d. Fruchtbäume 2c. 8. Wien 798. 2e verm. Aufl. 800. Wallishauser. 1 ₰ 8 gr Hbg. Pr. 16 gr

Heinke, Frz. Jos. v., Beiträge z. Behandlung, Pflege u. Vermehrung d Fruchtbäume, f. Liebhaber d. Gärtnerei. 8. Wien, 1798. 2. Aufl. 1802. Wallishausser. — 20

Heinke, Frhr. v., Beytr. z. Behandl. 2c. d. Fruchtbäume. 8. Wien, Pichler (a. Sammer) 802.

— über d. Exemptiones d. geistl. Orden u. Gemeinden von d. Gewalt d. ordentl. Bischoffs 2c. 8. Wien 782.

Heinke, G., ein Beitrag z. Geschichte d. baugewerbl. Arbeiterschutz-Gesetzgebung in Deutschland. Mit e. Vorwort vers. v. A. Bringmann. gr. 8. (40 S.) Hamburg 6, 897. Generalkommission d. Gewerkschaften Deutschlands, C. Legien. n.n. — 30

Heinke, Hans Ulrich, a. Legde: Das Prignitzer Rind. Weida i. Thür. 1905: Thomas & Hubert. (64 S.) 8°
Leipzig, Phil. Fak., Ref. Kirchner u. Stieda, Diss. v. 21. Apr. 1905
[Geb. 10. Febr. 81 Legde, Brandenburg; Wohnort: Legde; Staatsangeh.: Preußen; Vorbildung: Realgymn. Lüneburg Reife O. 99; Studium: Bonn 3, Berlin 2, Leipzig 3 S.; Rig. 22. Febr. 05.]

Heinke, Herm., die Brandversicherungsgesetzgebung d. Königr. Sachsen. Enth. das Gesetz vom 23. Aug. 1862, nebst den damit in Verbindg. steh., in den J. 1863 bis 1875 ergangenen Gesetzen u. Verordngn. Mit e. Einleitg., Entscheidgn. der Oberbehörden u. e. Sachregister hrsg. 8. (VI, 240 S.) Dresden 875. Meinhold & Söhne n. 2. —

— das Reichsgesetz üb. den Unterstützungswohnsitz vom 6. Juni 1870. Unter Berücksicht. der Entscheidgn. d. Bundesamtes f. das Heimathswesen, sowie d. königl. sächs. Ministeriums d. Innern, sammt den königl. sächs. Verordngn. vom 6. Juni 1871 u. 15. Juni 1876 u. der einschlag. Literatur erläutert. Nebst Anh. u. Sachregister. 8. (XV, 244 S.) Ebend. 876. n. 2. 50

Heinke, J., Bericht an den 2. Bauarbeiterschutz-Kongress zu Berlin. 8°. Berlin, Auer u. Co., 1903.

Heinke, John Leathart, aus Manchester: Über die Einwirkung von Diazomethan auf einige Nitroverbindungen. *Strassburg i. E. 1898: C. & J. Goeller.* (40 S.) 8°
Tübingen, Naturw. Diss. v. 1898

Heinke, Jos. Prokop. v.

v. Heinke, J. Procop.: Kurze Darstell. d. in den österr. deutsch. Land. übl. Lehnr. *Wien*, Bauer. (812.) 3e A. 831. gr. 8. (1 Thl. 12 Gr.)

Heinke's, Jos. v., kurze Darstellung des in den Oesterreichisch-Deutschen Erbstaaten üblichen Lehenrechtes. 2te Aufl. gr. 8. Wien, Bauer. 817.

Heinke, Jos. Prokop., kurze Darstellung d. in den österr.-deutschen Staaten üblichen Lehnrechtes. 3. Aufl. gr. 8. (20 B.) Wien 831, Volke.

Heinke, Jos. Prokop Frhr. v., Grundlinien des in d. österr. Staaten besteh. Lehenverhältnisses. Zum Gebr. d. Vasallen u. der in Lehengeschäften arbeit. Beamten. gr. 8. (6¾ B.) Wien 830, Becksche Univ.-Buchh.

v. Heinke, Frhr. Jos. Prokop., Handbuch d. niederösterr. Lehenrechts. 2 Thle. gr. 8. Wien 812, 13. Bauer. 3 ℛ 8 ℊ (Volke das.) Hbg. Pr. 1 ℛ 8 ℊ

Eb.: Handbuch d. niederösterr. Lehnr. *Eb.* 813. 2 Thle. 8. (3 Thl. 8 Gr.)

Heinke, Kurt

Heinke, *Curt:* Beiträge zur Messung von Inductionscoëfficienten und Capacitäten ... Düsseldorf, Buchdr. v. A. Bagel, 1894; 69 S. 8.
München, Phil. Fak., Inaug.-Diss. v. 1894

Heinke, C., Beiträge zur Messung v. Inductionscoëfficienten u. Capacitäten. Diss. gr. 8. (69 S.) Düsseldorf 894. (München, Literarisch-art. Anstalt.) n. 2. —

Heinke, C., Einführung in die Elektrotechnik. Hochschulvorlesungen. (XIX, 501 S. m. 512 Abbildgn.) gr. 8. Leipzig 909. S. Hirzel. 13. —; geb. 14. —

— u. H. Ebert, die Elektrophysik u. die Theorie des Elektromagnetismus, s. a. Handbuch der Elektrotechnik. I. 1.

Heinke, K., und H. Ebert, Die Elektrophysik und die Theorie des Elektromagnetismus. 3 Abt. in 2 Bden. Leipzig, 1902—1904.
[Bd I.] Abt. 1. Heinke, K., Die Entwicklung der Elektrophysik. Die Hilfsvorstellungen der Elektrophysik. Elektrische Spannungserregung und dielektrische Erscheinungen. Leipzig. 1902. 408 S. mit 77 Abb.
[Bd II.] Abt. 2. Heinke, K., Die elektrischen Ausgleichvorgänge. Der Ferromagnetismus. — Abt. 3. Ebert, H., Die Theorie des Elektromagnetismus. 1904. 631 S. mit 372 Abb.

Heinke, C., die Grundlagen der Messtechnik, s.: Handbuch der Elektrotechnik. II.

Heinke C. die Grundvorstellungen über Elektrizität. (61 S) Leipzig 1895

— die Grundvorstellungen üb. Elektrizität u. deren techn. Verwendg. In Form e. Gespräches zwischen Laie u. Fachmann. 2., durchgeseh. u. ergänzte Aufl. m. 24 Skizzen u. Abb. gr. 8. (80 S.) Leipzig 898. O. Leiner. n. 1. 50

— Die Grundvorstelluugen üb. Elektrizität u. deren technische Verwendung. In Form e. Gespräch. zwischen Laie u. Fachmann. 3., durchgeseh. u. erg. Aufl. m. 24 Skizzen u. Abbildgn. (88 S.) 8. Leipzig 908. O. Leiner. 2. —; geb. in Leinw. 2. 40

Heinke, C., s.: Handbuch der Elektrotechnik.

— d. Hauptbegriffe d. Gleich- u. Wechselstromtechnik, s. a. Sammlung elektrotechn. Vorträge.

— Die Hauptbegriffe der Gleich- und Wechselstromtechnik. (Sammlung elektrotechnischer Vorträge I, 5. 6) Stuttgart 1898

— J. Kollert, R. O. Heinrich u. R. Ziegenberg, die Messtechnik, s. a. Handbuch der Elektrotechnik. II.

Heinke, K., [Handbuch der elektrischen] Meßtechnik. 6 Abt. in 2 Bden. Leipzig, 1905—1908.
[Bd 1.] Abt. I. Heinke, K., Die Grundlagen der Meßtechnik. — Abt. II u. III. Kollert, J., Gleichstrommessungen und Photometrie. 1904. 472 S. mit 408 Abb.
[Bd 2.] Abt. IV. Heinke, K., Wechselstrommessungen, Wellenstrommessungen und magnetische Messungen. — Abt. V. Heinrich, R. O., und D. Bercovitz, Die technischen Meßinstrumente. — Abt. VI. Ziegenberg, R., Die Elektrizitätszähler. 1908. 655 S. mit 566 Abb. und 1 Taf.

– Elektrotechnisches Praktikum, s. Voit, E.

— energetische Streifzüge. Eine Studie üb. physikal. Probleme. gr. 8. (III, 49 S.) Leipzig 899. S. Hirzel. n. 1. 40

— Wechselstrommessgn. u. magnet. Messgn., s.: Voit, E., u. C. Heinke, elektrotechn. Praktikum.

– Wechselstrommessungen, Wellenstrommessungen u. magnetische Messungen, s.: Handbuch der Elektrotechnik.

— Wissen u. Glauben in der Elektrophysik, s. a. Flugschriften des deutschen Monistenbundes.

Wissen und Glauben in der Elektrophysik. Vortrag, geh. von Dr. C[urt] Heinke, Prof. Berlin: Deutscher Monistenbund 1908. 24 S. 8°
(Deutscher Monistenbund. Flugschrift d. Ortsgruppe München. 1.)
(Flugschriften d. Deutschen Monistenbundes. H. 11 [vielmehr 12].) [10. 10438

Heinke, O., ein Winterbesuch in Umanak, Missionsstation in Grönland, nacherz. v. J. Grunewald, s.: Traktate, kleine, aus d. Brüdermission.

Heinke, R. [prakt. Arzt aus Dortmund]: **Aus d. chirurg. Klinik zu Bonn. Ueber die Resection des Kniegelenkes ....** Bonn, Buchdr. Jos. Bach Wwe., 1888; 1 Bl. + 39 + 1 S. 8°
Bonn, Med. Fak., Inaug.-Diss. v. 28. Jul. 1888

Heinkelmann, Dr. Eine biographische Skizze von befreundeter Hand. Bamberg 1866. V: *Heger, K.* (?). (BMarsch 183)

Heinkelmann, Dr. Heinr. Frdr. Aug. (verdienter Arzt, einer der Führer d. bayer. Demokratie in 1848. geb. d. 8. Mai 1807 zu Bamberg, † ebd. d. 15. Febr. 1866). Eine biograph. Skizze von befreundeter Hand. Bamberg 1866. Gedr. in der Humann'schen Officin (Fr. Göttling). 8°. 12 S. Cart.

HEINKELMANN, Heinrich Friedrich Aug. (Bamberg): Ueber die Bleichsucht.- München: Giesser 1838. 16 S. 25.12.1836 - Urk (Titel: De chlorosi.); P 62 (= Heinzelmann)
Diss. Ingolst.-Landsh.-Mchn.

Heinker, [Alwin]. u. **Witzschel,** [Kurt]. Architekten: **Der Neubau des Progymnasiums.** *Neunkirchen (Bez. Trier) 1901: C. A. Ohle.* (S. 4—7.) 4° [Ant. u. F.]
Neunkirchen (Reg.-Bez. Trier), PG m. Engl. (RG i. E.), P 1901 (499)

Heinl, B., wer hat recht? (16 S.) gr. 8. Kassel (903). E. Röttger. n. — 20

Heinle, Eugen: Über Nitro- und Aminophenanthrene und deren Abkömmlinge. 1910. 70 S. 8° ¶ Vgl. Berichte d. Deutschen Chem. Gesellschaft. Jg. 44. 1911. Stuttgart, Dr.-Ing.-Diss. v. 26. 7. 1910

Handbuch für die Gemeindevorsteher, Gutsvorsteher und Gendarmen in Form e. landrätl. Anweisung ausgearb. von Fr. **Heinle,** Reg.Ass. Johannisburg 1892: A Gonschorowski. (VII, 347 S.) 8° [F. u. Ant.] 07.3826 10

Heinle, Frdr., zur Reform des Gemeindefinanzwesens. 1.—3. Aufl. (à 44 S.) gr. 8. Berlin 906. C. Heymann. n. — 60

Heinle, Friedr. C. M., populäre Festtags-Predigten gehalten zu St. Paul im J. 1871 bis 1872. gr. 8. (166 S.) Philadelphia 872, (Schäfer und Koradi.) geb. *

Heinle, J. F., Ansichten, Erklärung u. Anwendung der von ihm erfund. Naß-, Trocken-, Hand-, Schrot- u. Mahlmühle, herausg. v. C. F. T. v. Schad. Mit 1 Kpft. 4. Leipz. 805. 4e A, 821. (W. Nauck). 16 K

Heinle, J. F., Ansicht., Erkl. u. Anw. d. v. ihm erf. Naß-Trock-, Hand-, Schrot- u. Mahlmühle, herausg. v. Schad. m. K. 4. Lpz. Sommer. 805.

Heinle, J. F., Ansicht, Erklärung u. Anwendung der von ihm erfundenen, vorzügl. bey entstandenem Wassermangel, anwendbaren Naß-, Trocken-, Hand-, Schrot- u. Mahlmühle. Herausgeg. von C. F. T. von Schad. 4te Aufl. Mit 1 Kupfert. gr. 8. Leipzig, Sommer. 821.

Heinlein, A., Betrachtungen
üb. die Leipziger Messe,
— hätt' ich das gewusst, da
wär ich heem geblieben,
— so fliegt man in die Käse,
— warte nur, Du Friede,
s.: Couplet-Sammlung, Leipziger.

Heinlein, Christoph Friedrich (Coburg), Vindiciae amoris dei puri adversus subtilissimas Fenelonii corruptelas. Präs. Johann Martin Chladen. Erlangen (Johann Carl Tezschner) 19. X. 1757. 48 S. mit Widm. v. Präs. (7.—) 14039

Heinlein Ferd.: **Einige Flugschriften aus den Jahren 1667—78 betreffend den ersten u. 2. Raubkrieg Ludwig XIV. 12. 44. 19. Waldhofen a/Th. 77. 80. 82. Progr.**

Heinlein, Ferdinand: K a t a l o g der Lehrerbibliothek. 15 u. 21 S. Waidhofen a./Th., P 1898. 1899

Heinlein, Hnr., Festgabe zur vierten Säcularfeier der Erfindung der Buchdruckerkunst. Eine Darstellung der Entstehung, Ausbreitung u. Vervollkommnung der Typographie bis zur gegenwärtigen Zeit. Mit 1 Abbild. des Festsalons. gr. 8. Leipzig 840. Drobisch. 1/2 ₰

Heinlein, Heinr., der Friedhof zu Leipzig in seiner jetzigen Gestalt, od. vollständ. Sammlung aller Inschriften auf den ältesten u. neuesten Denkmälern daselbst. gr. 8. (14 B. u. 1 Plan d. Friedhofes. Leipzig 844. (C. F. Fritzsche.) **

Heinlein, Heinr., ein Gedächtnißblatt. Ungarns Kampf und Fall. Dem Andenken des Grafen Ludw. Batthyany geweihet. Gedicht. gr. 8. (8 S.) Leipzig 849, (Matthes.) *

Heinlein, Heinr., neue Lieder nach alten Weisen für heitere Kreise. Leipzig 860. Jünger. 16. (VIII, 87 S.) n. 7½ ngr.

— **Photographikon. Hülfsbuch auf Grund der neuesten Entdeckungen u. Erfahrungen in allen Zweigen der photographischen Praxis. Nebst ihrer Anwendung auf Wissenschaft u. Kunst mit steter Rücksicht auf tägliche Vorkommnisse, Uebelstände u. Verlegenheiten systematisch geordnet nach den Lehren der bewährtesten Meister aller Nationen sowie nach eigenen Studien. Zugleich an Stelle der 4. Aufl. von J. Krüger's Vademecum für den praktischen Photographen.** Leipzig 864. Spamer. gr. 8. (XX, 425 S.) n. 1 ₰ 15 ngr.; geb. n. 1 ₰ 25 ngr.

Heinlein, Heinr., ein Reis in Sachsens Rautenkranz. Gedicht. hoch 4. (16 S.) Leipzig 855, C. L. Fritzsche. *

– (Red.), s. V a t e r l a n d s k u n d e , Deutsche, in Bild und Wort.

Sondheim einst und jetzt. Von Kantor L. **Heinlein.** Hersfeld 1908: Hoehl. 16 S. 8° [Umschlagt.] 09. 13687 4

Heinlein, Ludwig, aus Nürnberg: Hegesipps **Rede** περὶ Ἀλοννήσου verglichen mit den Demosthenischen Reden. *Würzburg 1900: H. Stürtz.* (51 S.) 8°
Erlangen, Phil. Diss. v. 26. Juli 1899

Heinlein, Philipp [pr. Arzt in Albersweiler (Pfalz)]: **Arbeitsunfähigkeit die Folge von Schulterverletzungen, Mittel zu deren Verhütung. . . .** Erlangen, Druck d. Univ.-Buchdr. v. E. Th. Jacob, *1890*; 24 S. 8°
Erlangen, Med. Fak., Inaug.-Diss. v. 18. Nov. 1887

v. Heinleth, Karl [aus München]: **Ueber Scrophulose und deren Heilbarkeit. . . .** Wurzburg, Paul Scheiner's Buchdr., 1890; 36 S. 8°
Würzburg, Med. Fak., Inaug.-Diss. v. 1890

Heinmar, (Hrsg.), s. A b r a h a m a Santa Clara: Auch eine Heerpredigt wider den Türken. . .

Heinmar (Hrsg.), s. A b r a h a m a Santa Clara: Ein Buch für jeden Stand, oder Etwas für alle.

Heinmar (Hrsg.), s. A b r a h a m a Santa Clara: Kurzgefaßte Sontagspostille.

Heinmar (Hrsg.), s. A b r a h a m a Santa Clara: Merks Wien!

Heinmiller, G., Sonntagsschul-Handbuch. Ein Wegweiser f. Beamte, Lehrer u. Freunde der Sonntagsschule. Erstmals hrsg. v. H. Vollständig neu bearb. u. erweitert v. R. Rücklich. (VIII, 142 S.) 8. Stuttgart (905). Christliches Verlagshaus. Geb. in Leinw. n. 1. —

Heino Martine, oder: Merkwürdige Bildungsgeschichte eines Schulmannes im Hannoverschen, nebst dessen Amts- u. Lebenserfahrungen. Nebst vier Beilagen. gr. 8. Hannover 839. Hahn. 5/6 ₰

Heino, Johann Theophil (Bautzen), Variae juris quaestiones. Präs. Gottfried Ernst Schumann. Wittbg. (Wwe. Tzschiedrich) 25. II. 1805. 22 S. (6.—) 14040
Gew.: Carl Gottfried Herrmann (Bautzen). Johann Valentin Gleichmann (Bautzen).

Heino, R., die Selbstkenntniß des Menschen nach den Zeugnissen der Natur u. Offenbarung. Ein Wort für Jedermann. Bautzen 860. (Weller.) gr. 8. (42 S. u. 1 lith. Taf.) n. 6 ngr.

Heinold, Ant., kurze Biographie aller bekannten griech. u. latein. Schriftsteller, vom Anfange d. Wissenschaften bis ins 5te Jahrhundert. gr. 8. Neub. 809. (Haas in Wien). 1 ꝟ

Heinold, Emil, Prüfungsaufgaben, gestellt von österreichischen Prüfungs-Kommissionen bei den schriftlichen Lehrbefähigungsprüfungen f. Volksschulen, Bürgerschulen u. französische Sprache, m. e. Anh.: Prüfungsvorschriften f. die Lehrbefähigungsprüfungen. 8. verm. Aufl. (VII, 208 S.) 8. Wien 906. A. Pichler's Wwe & Sohn. n. 3. —

Heinold, J. Jac., Verbind. d. Gesetz. u. Evangel. wider einige schädl. Lehrart. 8. Halle, Waisenh. 747.

Heinold, Johann Jacob (Frankfurt), Dissertatio de ethnarcha Judaeorum Damascenorum Paullo insidiantium act. VIII. 23. 24. coll. II. Cor. XI. 32. Präs. Jo. Ern. Imman. Walch. Jena (Schill) 25. V. 1757. 12 S. (6.—) 14041

Hejnowski, L. v., Die Lohnzahlungsformen und Lohnsysteme in der Landwirtschaft. 8⁰. Thorn 1876.

Heinrich [sachl. OW]

Heinrich. Eine Gesch., a. d. Engl. des Hrn. Cumberland, m. K. 4 Thle. 8. Bremen, Willmanns. 796—97. Schreibp.

* — eine Geschichte, aus d. Engl. des berühmten Cumberland. 4 Bde. mit 4 K. 8. Gotha, Becker. 796—97.

— VIII., König, von Shakespeare, übersetzt von Wolf, Grafen von Baudissin. gr. 8. Hamburg, Perthes u. B. 818.

— der Achte, König von England und seine Familie, 1r Theil, 8. Leipzig, 792. 1 Rthl. 20 sgl.

— von Anjou, Trauerspiel in 5 Aufz. von J. B. v. Zahlhas. 8. Leipzig, Voß. 819.

Heinrich, der arme, . . s.a. Chr. Gtl Barth.

Heinrich, der arme, von Hartmann von der Aue, s.a. im Alphabet Hartmann v. der Aue.

Heinrich, der arme, nach Hartmann von Aue, v. Marbach, s.a. Volksbücher.

Heinrich, der arme, s.a. Volksbücher von C. Simrock.

— d. arme, e. altdeutsche Erzähl. v. J. G. Büsching, m. K. gr. 12. Zürich, Orell F. u. C. 819. Velinp.

Heinrich, Der arme. (II, 9100.) 1. Aufl. 1828. Vgl. Litbl. z. Morgenbl. 1828, S. 235 f. (DARP)

Heinrich, der arme, od. d. Pilgerhütte am Weißenstein. Eine Erzähl. f. Christenkinder. (Von Chr. Gtl. Barth.) 12. (5½ B.) Stuttgart 828, Steinkopf.

Heinrich, der arme, e. erzähl. Gedicht d. Hartmann von (der) Aue, metr. übers. v. K. Simrock. Nebst d. Sage v. „Amicus u. Amelius" u. verwandten Gedichten d. Uebersetzers. 8. (9 B.) Berlin 830, Laue.

Heinrich, Der arme, oder die Pilgerhütte am Weissenstein. Neue Aufl. Stuttgart [ca. 1836.] V: *Barth, Chn Glob.* (KY)

Heinrich, der arme, od. die Pilgerhütte am Weißenstein. Eine Erzählung f. Christenkinder. 4. Aufl. 12. (1½ B.) Stuttgart 846, J. F. Steinkopf. *

Heinrich, der arme, oder die Pilgerhütte am Weißenstein. Eine Erzählung für Christenkinder. (Von Ch. G. Barth.) 5. Aufl. Stuttgart 858. J. F. Steinkopf. 16. (112 S.) 5 ngr.

Heinrich, Der arme. Ein Drama, bearbeitet nach . . . Hartmann von der Aue, von der Verf. der »Johanna usw.« Hamburg 1861. V: *Valett, Bertha.* Vgl. BRÜ 2 (1877), S. 448. (DARP)

Heinrich, der arme. Ein Drama bearb. nach der poetischen Erzählung gleiches Namens von Hartmann von der Aue, von der Verfasserin der „Johanna oder der Lebensweg einer Verlassenen." Hamburg 861. Nestler & Melle. gr. 8. (80 S.) 12 ngr.

Heinrich, der arme, oder die Pilgerhütte am Weißenstein. Eine Erzählung für Christenkinder. (Von C. G. Barth.) 6. Aufl. 16. (104 S.) Stuttgart 867, J. F. Steinkopf. +

Heinrich der Bastard und seine Eltern, eine wahre Geschichte aus den Ritterzeiten, 8. Oschatz, 797. Oldekop (Leipzig G. Fleischer in Komm.) 18 sgl.

Heinrich von Dinkelsbühl. Eine Erzählung für die gesammte edlere Lesewelt, besonders für die reifere Jugend. Von d. Verf. der Beatushöhle. Mit Stahlst. nach Originalzeichnung von J. Leudner. kl. 8. Regensburg 842, Manz. ⅜ ꝟ

Heinrich v. Dinkelsbühl. Eine Erzählung für die gesammte edlere Lesewelt, besonders für die reifere Jugend. Von dem Verf. der Beatushöhle. 2. Aufl. 8. (176 S. mit Stahlst. nach Orig.-Zeichnung von J. Leudner.) Regensburg 865, Manz. –

Heinrich v. Dinkelsbühl. Eine Erzählung für die gesammte edlere Lesewelt, besonders für die reifere Jugend. Von dem Verf. der Beatushöhle (W. Bauberger). 3. Aufl. 8. (176 S. mit 1 Stahlst.) Regensburg 870, Manz.

Heinrich von Dinkelsbühl. Eine Erzählung für die gesammte edlere Lesewelt, besonders für die reifere Jugend. Von dem Verfasser der Beatushöhle. 4. Aufl. Regensburg 1873. V: *Bauberger, Wilhelm.* (RUSSELL IX, 532)

Heinrich v. Dinkelsbühl. Eine Erzählung für die gesammte edlere Lesewelt, besonders für die reifere Jugend. Von dem Verf. der Beatushöhle (W. Bauberger). 4. und 5. Aufl. 8. (176 S. mit 2 Stahlst.) Regensburg 873,79, Manz.

Heinrich von Dinkelsbühl. Eine Erzählung für die gesammte edlere Lesewelt, besonders für die reifere Jugend. Von dem Verf. der Beatushöhle (W. Bauberger). 6. und 7. Aufl. 8. (176 S. mit 2 Stahlst.) Regensburg 882,84, Manz.

Heinrich v. Dinkelsbühl, eine Erzählung für die gesammte edlere Lesewelt, besonders für die reifere Jugend. Von dem Verf. der Beatushöhle (W. Bauberger). 8. Aufl. 8. (IV, 176 S. mit 1 Stahlst.) Regensburg 887, Verlags-Anstalt. ℳ 1.15.; cart. 1 35

Heinrich v. Eichenfels, s.a. v. Eichenfels.

Heinrich von Eichenfels

Wie Heinrich von Eichenfels zur Erkenntniß Gottes kam. Erzählung für Kinder und Kinderfreunde. Von dem Verf. der Ostereyer. 1817

s.a Schmid, Christof [Verf.]

Heinrich v. Eichenfels. Ein Schausp. f. Kinder in 2 Aufz. Nach Chr. Schmids Erzähl. bearb. v. J. A. Sch...r. 12. (2½ B.) Augsburg 832. (Regensburg, Manz.)

Heinrich von Eichenfels. Ein Schauspl. für Kinder in 2 Aufz. Nach Chr. Schmids Erzählung bearbeitet von J. A. Sch...r. 12. Augsb. 832. (Landsh., Krüll). 2 gr.

Heinrich von Eichenfels. Ein Schauspiel für Kinder in zwei Aufzügen . . . 2. Aufl. Augsburg 1848. H: *Schirmer, J. Adolph* [?]. (Ky)

Heinrich von Eichenfels oder die Erkenntniß Gottes. Eine Erzählung für Kinder. Mit Titelbild. 8° (80 S.) Kornenburg, Kühkopf 1868 geb. 24 kr.

Heinrich v. Eichenfels, oder die Wege Gottes sind wunderbar. Eine Erzählung für die Jugend u. deren Freunde. 2. Aufl. Reutlingen 870. Enßlin & Laiblin. 8. (62 S. mit eingedr. Holzschn.) 2 ngr.

Heinrich v. Eichenfels od. d. Wege Gottes sind wunderbar. Eine Erzählung f. die Jugend u. deren Freunde. 3. Aufl. 8. (62 S. m. eingedr. Holzschn.) Reutlingen 873. Enßlin & Laiblin. — 20

Heinrich v. Eichenfels, oder die Wege Gottes sind wunderbar. Eine Erzählung für die Jugend und deren Freunde. 4. und 5. Aufl. 8. (62 S.) Reutlingen 873,75, Enßlin und Laiblin's Verlagsh. — 20

Heinrich von Eisenberg und Louise von Trautmannsfeld . . . Nürnberg 1787. V: *Braun, Johann Adam.* (Ky) (MGT)

Heinrich der Eiserne, Graf von Holstein; eine Geschichte . . . Leipzig 1790. V: *Heinse, Glob Hnr.* (Ky) (MGT) (GGr)

— der Eiserne, Graf von Hollstein, eine Geschichte aus dem vierzehnt. Jahrhunderte, in zwey Theilen, mit 1 Kupf. 8. Leipz. 791. Weygand. 1 Rthl. 10 sgl.

— u. Emilie, od. die Irrungen d. Liebe; e. Gesch. 8. Stendal, Franzen. 788.

Heinrich u. Emma, ein Gedicht, nach d. nußbraunen Mädchen; aus d. Engl. des Prior (v. Fr. Just. Bertuch). 8. Altenb. 772. Graz. 5 gr.

— und Emma, ein Gedicht nach den Modell des nußbraunen Mädchens, aus dem Engl. 8. Altenburg, 772. Richter. 8 sgl.

Heinrich und Emma; od. d. heimliche Gericht. Schausp. 8. Lpz. Sommer. 799.

— u. Emma, od. das heimliche Gericht. Schspl. 8. Leipz. 799. a. 809. (W. Rauck). 8 gr.

Heinrich von Feldheim, oder der Officier, wie er seyn sollte . . . Jena 1801. V: *Pölitz, Carl Heinrich Ludwig.* (Ky) (MGT) (NN)

— der Finkler, dramat. Legende in 1 Akt von A. Klingemann. gr. 8. Braunschweig, Meyer. 817.

— der Finkler, oder die Ungar-Schlacht; histor. Drama in 4 Akten von Friedr. Krug von Nidda, mit 1 Kupf. 8. Leipzig, Dycks. 819.

HEINRICH der Förstersohn und seine Familie. (Zahmer Roman.) 2 Thle. Mit Titelkpfrn. u. gestoch. Titeln. Prag, bey Karl Barth, 1803. 8°. 314+301 S., 1 S. Inh.

Heinrich der Förstersohn. 2 Thle. Mit Kupf. 8. Prag, Barth. 803. (Hartmann in Prag.)

— der Förstersohn, u. seine Familie. 2 Thle. Mit Kpf. 8. Prag 803. (Eggenberger). 1 ß 8 gr

Heinrich Frauenlob, od. der Sänger, (r. d. Erzh.) von Nikl. Vogt). 8. Mainz. 792.

Heinrich, der f r o m m e , Herzog zu Schlesien. Histor., Schausp. in 4 Aufz. v. E. G. Schneider. 8°. Liegnitz: Kuhlmey 1815.

Heinrich: Der grüne Heinrich (Be)

⑤ 1907 (13 Nummern + Schützenfest-Nummer) ⑥ 4° ⑦ Wochenblatt ⑧ Bern-Bümpliz: A. Benteli & Co. ⑪ Redaktions-Kommission: E. Beurmann (Basel), E. Cardinaux (Bern), M. Girardet (Genf), C. A. Loosli (Bümpliz); Redaktoren: Carl Bernhard (Chur), Gg. Mischeck (Bern); Mitarbeiter u. a: Burkhard Mangold (Basel), E. Stiefel (Zürich), Max Buri (Brienz), Hs. Beat Wieland (München), F. Liermann (Bern), Rud. Münger (Bern), E. Würtenberger (Zürich), R. Schaupp (München), C. Amiet (Oschwand), C. F. Wiegand, E. v. Bodman, Oskar Fäßler, Hs. Bloesch, Ernst Zahn, Viktor Hardung, Konrad Falke ⑰ satirisch ⑱ Be: L.

— Grünholz; e. Geschichte aus d. vorigen Jahrzehend. 2 Thle. 8. Hamb. 780. (Campe). 1 ß 4 gr

Heinrich von Heimburg und Mechthilde von Treseburg. Rittergeschichte . . . Leipzig 1820. V: *Leibrock, Aug.* (Ky) (MGT)

— von Helmburg u. Mechtilde von Treseburg, Rittergeschichte aus der ersten Halbscheid des 12ten Jahrhunderts, vom Verf. des Aranzo. 8. Leipzig, Kollmann. 820.

— und Henriette; oder die unglückliche Verschwiegenheit. Trauersp. v. Möller. 8. Leipz. Böhme. 778.

— u. Henriette, od. d. traurigen Folgen eines zu raschen Entschlusses; e. Robinsonade. 8. Gera, Haller. 790.

— und Henriette, oder die traurigen Folgen eines zu raschen Entschlusses, eine Robinsonade, 8. Gera, 790. Rothe. 20 sgl.

HEINRICH und Henriette oder Die traurigen Folgen eines zur raschen Entschlußes. Eine Robinsonade. Gera 1800. bei Heinrich Gottlieb Rothe. 8°. (Im Besitze Dr. Ullrich's in Brandenb. a. H.)
Tit., 6 unbez. S. Vorr., 4 unbez. S. Inh., 243 S. Text.

Heinrich Jasomirgott eine Lobschrift auf Ihre kaiserliche königliche Majestäten bey Gelegenheit der feyerlichen Erneuerung der uralten Universität zu Wien. Wien 1756. V: *Scheyb, Franz Christoph von.* (EB)

— und Julie, oder der Bund treuer Liebe, von Fr. Arter. N. Aufl. 8. Bamberg, Göbhardt. 820.

Heinrich Kaiser, der Vogler, v. Lögler. Schausp. in 1 Akt. 8°. Augsburg: Stage 1815.

— u. Caroline, od. Tugend u. wahre Seelengröße adeln mehr als Ahnen. 8. Erfurt, Ettinger. 799.

— u. Klärchen, eine wahre Geschichte aus den letzten Kriegsjahren. (Aus dem 18n Hefte d. Ameise besond. abgedr.) 12. Leipzig, Baumgärtner. 816.

Heinrich, Der kleine, und sein Wärter. [A. d. Engl.] O. O. 1835. V: *Oncken, Joh. Gerhard.* (schr)

Heinrich, der kleine, u. sein Wärter. (A. d. Engl.) 16. (4 B.) Hamburg 835. (Leipzig, Barth.) *

— der kleine, und sein Wärter. Eine wahre Geschichte. gr. 16. (56 S.) Cincinnati 819. (Bremen, Heyse.) *

— der kleine, u. sein Wärter. Eine Geschichte f. Kinder, die gern in den Himmel kommen wollen. 8. Aufl. 16. (30 S.) Barmen 874. Wiemann. — 15

Heinrich, der kleine, u. sein Wärter. Eine Geschichte für Kinder, die gerne in den Himmel kommen wollen. Hrsg. von der Wupperthaler-Traktat-Gesellschaft. 12. (30 S.) Barmen 881. Wiemann. — 15

Heinrich und Kunigunde, od. wie zarte Liebende durch die Blume sprechen. Neue Blumensprache in Berliner Redensarten. Mit 1 ill. Karrikatur. 16. Zerbst 837. (Kummer.) 1/4 ℛ

Heinrich der Lange, ein historisches Gedicht. O. O. 1778. V: *Weppen, Johann August.* (MGT)

— der Löwe. Trauersp. s. a. Theater v. A. Klingemann 1r.

Heinrich der Löwe, eine dramatisirte Geschichte. Leipzig 1791. V: *Finck, Wilhelm.* (Ky) (ML)

— der Löwe, (v. Wlh. Finck). 2 Thle. 8. Leipz. 791. Hamann. 2 ℛ

— der Löwe. Singsp. v. Schneider. gr. 8. Frankf. Varrentrapp. 792.

— d. Löwe. 2 Bde. m. K. 8. Wien, Ant. Doll. 810.

— der Löwe, Herzog von Braunschweig. Schausp. v. Reinhard. 8. Brschw. Schröder. 793.

— Lutinroille u. Henriette Wolff. 2 Bde. N. A. 8. Leipz. 811. Hinrichs. 2 ℛ

Heinrich und Lyda, eine Scene aus dem menschlichen Leben. Leipzig 1776. V: *Arien, Bernh. Chph d'.* (Cat. d. Stadtbibl. Zürich. Zürich 1864—97.)

— u. Marie, von Carol. de la Motte Fouqué. 3 Theile. 8. Jena, Schmid. 820.

Heinrich Masterton ..., s.a. James, Geo. Payne Rainsford

Heinrich Masterton, od. Abentheuer e. jungen Cavaliers. Vom Verf. d. „Kardinal Richelieu" ꝛc. (Geo. Payne Rainsf. James.) Uebers. a. d. Engl. v. Ch. Fischer. 3 Bde. 8. (69¼ B.) Leipzig 833, Kollmann.

— der Matrosenknabe und Oheim Gilbert. Nach dem Engl. 16. (96 S. m. e. Holzschntaf.) Cleveland 871. (Philadelphia, Schäfer & Koradi.) geb. n. 1. —

Heinrich von Melchthal, Sarnen mit List eingenommen. Der Hass der Tyrannei. Zürich 1775. V: *Bodmer, Joh. Jac.* (JL)

Heinrich, ein aufgeklärter Dominikaner Mönch . . . [Braunschweig 1803.] V: *Bruns, Paul Jacob.* (MGT)

Heinrich von Neideck; ein romantisches Gemählde . . . Erlangen 1791. V: *Rebmann, Andreas Gg Frdr.* (Ky) (MGT)

Heinrich von Plauen und seine Neffen, Ritter des deutschen Ordens . . . Leipzig 1793. V: *Naubert, Christ. Benedicte Eug. geb. Hebenstreit.* (MGT) (Ky) (EE) (BrMm)

Heinrich von Preussen. Schilderung des Privat-Lebens eines grossen Prinzen; oder geheime Nachrichten von den Vergnügungen des Prinzen ..... zu Reinsberg. kl. 8. Frankfurt und Leipzig 1785.

— — Anekdoten, Charakterzüge und Kriegsfahrten aus dem Leben des Prinzen ...... (2 Thle.) 8. Göttingen 1803 und 1804.

Heinrich von Preussen, Prinz; Kritische Geschichte seiner Feldzüge . . . Berlin 1805. V: *Bülow, Adam Heinrich Dietrich von.* (Ky) (MGT)

— Raugraf von Meinungen. Trauersp. in 4 A. v. K. Koch. 8. Altona, Bechtold. 798.

— Reuß von Plauen; od. d. Belagerung von Marienburg. Trauersp. in 5 Aufz. v. A. v. Kotzebue. 8. Leipz. Kummer. 805.

— des Lord, Reisen, v. d. Verf. des klein. Pompejus u. d. Gefahr d. erst. Fehltritts, a. d. Frz. 8. Weißenf. Jse. 785.

— Schänder, ein wahres Romänchen. 8. Lpz. 797. (Knobloch). 16 gr

Heinrich, Kaiser H. VII. zu Bern, im Jahr 1310. Njbl. Bern 1819; s.a [Stierlin, Emanuel].

Heinrich der Siebente, Kaiser, zu Bern im Jahre 1310. [Bern 1819.] V: *Stierlin, Eman.* (AarK)

Heinrich, Sir, oder er hat seines Gleichen. Lstspl. in 2 A. 8. Frankf. 780. (v. Jenisch u. St. in Augsb.) 3 gr

— Sir; od. er hat seines Gleichen. Lustsp. in 2 A. 8. Frankf. (Stage in Augsb.) 780.

Heinrich von Stretelingen. Ein altdeutsches Gedicht den Freunden älterer deutscher Dichtung dargebracht aufs Neujahr 1854. O. O. [1854]. V: *Pfeiffer, Franz.* (Mitth. Prof. Dr. M. H. Jellinek.)

Heinrich IV., s. a. Horn, Karl.
Müller, Hugo.
Rockrohr, Paul.

Heinrich der Vierte; ein Gedicht. Wien 1783. V: *Voltaire, Franç. Marie Arouet de.* Ü: *Schrämbl, Franz Ant.* (Ky)

Heinrich IV.; ein Gedicht, (v. F. A. Schrämbl). 8. Wien 783.

— der Vierte. Schausp. nach Shakespear von Schröder. 8. Wien, Kurzböck. 783.

— IV., Trauerspiel in 5 Aufz. von A. Berger. N. Ausg. 8. Königsberg, Unzer. 817.

Heinrich der Vierte, Kaiser; eine dialogisirte Geschichte ... Dresden u. Leipzig 1788—95. V: *Schlenkert, Friedrich Christian.* (MGT)

— der Vierte, Kaiser, eine dialogisirte Geschichte, vom Verf. Friedrichs mit der gebißnen Wange, (F. C. Schlenkert) 5 Theile, mit Kupf. 8. Dresden, 789/95. Richter. 7 Rthl. 15 sgl.

— Kaiser, IV. Eine dialogisirte Geschichte von Fr. Schlenkert, Verf. Friedrichs m. d. gebißnen Wange. 5 Bde. m. K. 8. Dresden. (Sommer in Lpz.) 789—95.

Heinrich der Vierte, Kaiser. 1. Theil. Heinrich und Gregor. Schauspiel in fünf Aufzügen. Stuttgart 1844. V: *Streiter, Josef.* (margr)

— der Vierte, Kaiser. Trauerspiel. 8. (240 S.) Berlin 847, Trautwein'sche Buchh.

Heinrich der Vierte, Kaiser. Trauerspiel. Berlin 1848. V: *Schrader, Julius.* (Ky)

Heinrich der Vierte, Kaiser. Trauerspiel (v. J. Schrader). 8. (240 S.) Berlin 848, Trautwein'sche Buchhandlung. 1 rß

— IV., Kaiser v. Deutschland. Trspl. in 5 A. v. F. v. M. gr. 8. Neustrelitz 821. (Fr. Fleischer in Leipz.) 16 gr (Dümmler in Neubrandenb.) 8 gr

— IV., Kaiser von Teutschland; Trauerspiel in 5 Akten von F. v. M. gr. 8. Neustrelitz, Violet. 821.

Heinrich der Vierte, Kaiser von Deutschland. Trauerspiel in fünf Akten ... Neustrelitz 1826. V: *Maltzahn, Friedrich Freiherr von.* (GGr)

Heinrich der Vierte, König von Frankreich; eine Biographie ... Zürich 1797. V: *Dominikus, Jacob.* (Ky) (MGT)

— der Vierte, König von Frankreich. Trauersp. in 5 Aufz. v. A. Bergen. 8. Königsb. Unzer. 802.

Heinrich der Vierte, König von Frankreich. Trauerspiel in fünf Aufzügen. Königsberg 1802. N. A. 1817. V: *Blech, Abraham Friedrich.* (GGr)

— König v. Frankr., Liebesgeschichten, nebst einig. Originalbriefen an seine Maitressen, a. d. Frz. 8. Lpz. Kummer. 790.

— IV., König v. Frankreich u. Navarra. Trspl. in 5 A. gr. 8. Leipz. 808. (Fr. Fleischer). 16 gr Velinp. 1 rß

Heinrich der Vierte, König von Frankreich, der Stammvater der Bourbons ... Leipzig 1822. V: *Becker, Gottfried Wilhelm.* (Ky)

Heinrich IV., König v. Frankreich, der Stammvater d. Bourbons; histor. Darstellung v. °r. 8. Lpz. 822, Klein.

Heinrich IV. König v. Castilien, Liebesgeschichten. 8. Stralsund. (Mylius in Berl.) 751.

Heinrich der Vierte, König von Navarra und Frankreich. Zürich 1797 s. a. [Dominikus, Jacob].

Heinrich IV. König v. Navarra u. Frankr. 2 Thle. gr. 8. Zürich, Ziegler. 797.

— König v. Navarra u. Frankreich; e. Biographie (v. J. Dominikus). 2 Thle. gr. 8. Zürich 798. Ziegler u. S. 1 rß 20 gr Mit n. Titel 818. 1 rß 8 gr

Heinrich der Vierte, König von Navarra und Frankreich; eine Biographie. 2. Aufl. Zürich 1818. V: *Dominikus, Jakob.* (zuwzür 1912)

Heinrichs des Vierten, Kaiser, Leben u. Tod. Schausp. v. Soden. 8. Berlin, Maurer. 790.

Heinrich XIV., Fürst von Reuß j. L., s. Festschrift.

Heinrich der Vogler oder die gedämpften Hunnen. Versuch eines Heldengedichtes. Berlin 1757. V: *Schönaich, Chph Otto Freih. von.* (Ky) (EE)

Heinrich d. Vogler; oder d. gedämpften Hunnen; ein Heldengedicht, (v. Cph. O. v. Schönaich). 4. Berl. 757. Haude u. Sp. 12 gr

Heinrich der Vogler, Hertzog zu Braunschweig . . . In einem Singespiele . . . vorgestellet. O. O. 1719. V: *König, Joh. Ulrich von.* (Schr)

Heinrich von Walheim oder Weiberliebe und Schwärmerey. Kein Roman, eine wahre Geschichte. Frankfurt u. Leipzig [Wien] 1785. V: *Friedel, Johann.* (GGr) (Ky) (ML)

Heinrich von Z.; eine Erziehungsgeschichte . . . Kempten 1787. V: *Kolb, Albrecht.* (Ky) (MGT) (Adel)

— v. Z., eine Erziehungsgeschichte eines jungen Adeligen, (von Albr. Kolb). 8. Kempt, 788. Dannheimer. 14 gl.

— v. Z.; e. Erziehungsgeschichte eines jungen Adelichen. 8. Kempten, Typographie. (a. Köhler in Lpz.) 788.

Heinrich II., Herzog von Montmorency. Ein historisch-dramat. Gedicht in 5 Akten von C. E. Sommer. gr. 8. Wien, Gerold. 817.

(Heinrich II. von Orleans, ... Fürst von Neuenburg. 1595–1663.) Nibl. s. [Füssli, Hans Heinrich].

Heinrich [persönl. Name]

Heinrich II. et Arduinus, Diplomata, s.: Monumenta germaniae historica. III. 1.

[HEINRICH VON ALKMAR.] Reineke de Voss Mit Dem Koker. [Herausgegeben von F. A. HACKMANN.] Wolfenbuttel, Frytag, 1711. Kl. 8°. 9 Bl. 330 S. *Mit kuriosem gestoch. Frontispiz u. 2 Holzschnittvign.* Berieb. u. leicht. bestoß. Ld. d. Z. (Rucken läd.). 125.—

G. I, 483, 18. Die von Hackmann nach dem Lübecker Druck von 1498 besorgte Ausgabe, die Gottsched für seine Ausgabe von 1752 benutzte [illegible] Heinrich von Alkmar [illegible] Goedeke [illegible] Glosse hinzu, die niederdeutsche Fassung selbst stammt [illegible] Buchdrucker Barkhusen [illegible] alter beigefügte Koker (Kocher), e. Sammlung von versificirten Sprichwörtern u. Sittenlehren . . . wird zwar von Hackmann für ein altes Product ausgegeben, ist aber wahrscheinlich neu u. vielleicht seine eigene Arbeit." (Ebert 1884.)

HEINRICH VON ALKMAR. Reineke der Fuchs, mit schönen Kupfern; Nach der Ausgabe von 1498 ins Hochdeutsche übersetzet, und mit einer Abhandlung, von dem Urheber, wahren Alter und großen Werthe dieses Gedichtes versehen, von Johann Christoph Gottscheden. Leipzig und Amsterdam, Verlegts P. Schenk, 1752. 4°. 52, 340, 83 S. (falsch pag. 93). *Mit 2 Titelvign. u. 60 schönen, von Blätter- und Traubenranken umrahmten Radierungen von S. Fokke nach Allart von Everdingen.* Hübscher marmor. Pbd. von ca. 1820. Rücken etwas lädiert.

G. I, 483. 19 u. III. 361. 36. FdF. 1777. Gute Übersetzung und Ausgabe mit ausführl. kritischem u. bibliographisch unterbautem Vorwort Gottscheds. Heinrich von Alkmar ist hier irrig als Vf. des niederdeutschen Reinhart-Gedichtes angegeben: er fügte dem Werk nur eine prosaische Glosse zu. Der eigentl. nd. Bearbeiter war der Buchdrucker Barkhusen (vgl. Goed. I, 481, 6 etc.). Die Vorreden Heinrichs und Nikolaus Baumanns (von 1549) sind mit abgedruckt, der plattdeutsche Urtext mit separatem Titel bildet den 2. Teil des Buches. — Erster Abdruck der prächtigen Kupfer (vgl. Lanckorońska-Oehler I, S. 68, & Rümann 18. Jh. 23). Brunet IV, 1226: „Ouvrage recherchée à cause des gravures". Everdingens „außerordentliches Talent bewegte sich auch in der Tierfabel mit großer Leichtigkeit; seine Tiere passen vortrefflich zu der Landschaft und harmonieren mit ihr aufs Anmutigste" (Nagler).

Heinrich von Beringen. Das Schachgedicht, hrsg. v. P. Zimmermann, s. XVIII. Bd. 1. Abthl. S. 158:/Bibliothek des litterar. Vereins in Stuttgart. Bd. 166.

Heinrich, Herzogs von Braunschweig, Klagelied, s. Mittler.

Heinrich I. Bischof von Breslau
s. **Henricus** I. episcopus Vratislaviensis.

Heinrich IV v. Frankreich

Heinrich der Vierte über seine Liebe zu den Wissenschaften; a. d. Franz. Helmstädt 1792. Ü: *Küster, Elieser Gottlieb.* (Ky)

— über seine Liebe zu den Wissenschaften; aus d. Französ. (v. E. Küster). 8. Helmst. 792. 2e A. 806. Fleckeisen, 20 gl.

Heinrich von Freiberg, s. Wiggers, Julius M.

Heinrich v. Freiberg. Mit Einleitgn. üb. Stil, Sprache, Metrik, Quellen u. die Persönlichkeit des Dichters hrsg. v. Alois Bernt. Gedr. m. Unterstützg. der Gesellschaft zur Förderg. deutscher Wissenschaft, Kunst u. Literatur in Böhmen. Mit 1 Lichtdr.-Beilage. (VIII, 208 u. 272 S.) gr. 8. Halle 906. M. Niemeyer. n. 12.—

Heinrich v. Freiberg, Tristan, s.: Dichtungen, deutsche, des Mittelalters.

Heinrich am Grund (Pfr. Ming), Bruder Klaus u. Hr. Prof. E. L. Rochholz in Aarau. 34 Stn. 8. Luzern, Gebr. Räber. 1874

Heinrich Prinz v. Hanau, Absolutismus u. Föderalismus od. die Quelle alles Uebels u. dessen Heilg. 2. Aufl. gr. 8. (82 S.) Prag 876. Dominicus. n. 1.—

Heinrich's v. Hesler Apokalypse, hrsg. v. Karl Helm, s. a. Texte, deutsche, d. Mittelalters.

Die Apokalypse **Heinrichs** von Hesler aus d. Danziger Hs. hrsg. von Karl Helm. Mit 2 Taf. Berlin: Weidmann 1907. (XX, 414 S.) 8°
= Dichtungen d. Deutschen Ordens. 1.
= **Texte,** Deutsche, d. Mittelalters. Bd 8. [07. 11458]

Das Evangelium Nicodemi von **Heinrich** v. Hesler. Hrsg. von Karl Helm. *Tübingen: Litt. Ver. in Stuttgart 1902.* (C, 284 S.) 8°
= **Bibliothek** d. litterarischen Vereins in Stuttgart. 224. [illegible]

Kriegstagebücher vom Prinzen **Heinrich** von Hessen. 1. Tagebuch, geführt während des Feldzugs in Schleswig und Jütland 1864. Ausschnitt aus: Allgemeine Militar-Zeitung. Jg. 77. Nr. 1–6. Darmstadt. 1902. 4°.

Heinrich von Isernia
s. **Henricus** de Isernia. [illegible]

Heinrich von Lettland

Heinrici chronicon Lyvoniae, s.: Sriptores rerum Germanicarum.

Heinrich von Lettland: Livländische Chronik, ein getreuer Bericht, wie das Christentum und die dt. Herrschaft sich im Lande der Liven, Letten und Ehsten Bahn gebrochen. Aus dem Lateinischen übers. und erl. von Eduard Pabst. Zum Jubelfest des fünfundzwanzigjähr. Bestehens der Ehstländischen Literärischen Ges. in Reval. — Reval 1867: Gressel. XIV, 366 S.

Heinrich's von Lettland Livländische Chronik, ein getreuer Bericht, wie das Christenthum und die deutsche Herrschaft sich im Lande der Liven, Letten und Ehsten Bahn gebrochen. Nach Handschriften mit vielfacher Berichtigung des üblichen Textes aus dem Lateinischen übersetzt und erläutert von Ed. Pabst. gr. 8. (XV, 367 S.) Reval 867, Kluge's Verlag. *

Heinrich's v. Lettland livländische Chronik, ein getreuer Bericht, wie das Christenthum und die deutsche Herrschaft sich im Lande der Liven, Letten und Ehsten Bahn gebrochen. Nach Handschriften mit vielfacher Berichtigung des übl. Textes aus dem Latein. übers. und erläut. von Ed. Pabst. gr. 8. (XV und 367 S.) Reval 867, Wassermann.

Heinrichs von Meißen, des Frauenlobes Leiche rc., s. Bibliothek der deutschen National-Literatur.

Heinrich v. Melk. Hrsg. von Rich. Heinzel. gr. 8. (VIII und 154 S.) Berlin 867, Weidmann'sche Buchh.

Heinrich von Morungen. Aus dem Mittelhochdeutschen metrisch übertragen. Jena 1875. Ü: *Womatschka, Othmar.* (Scriptores ordinis S. Benedicti. Vindob. 1881. S. 525.)

HEINRICH der Nachtfalter (ps.), Junggesellen-Almanach. Budapest, Gustav Grimm . . . . (c. 1900?).

Heinrich v. Neustadt: Apollonius. — Von Gotes Zuokunft. Im Auszuge m. Einleitg., Anmerkgn. u. Glossar hrsg. v. Jos. Strobl. gr. 8. (XXXVII, 298 S.) Wien 875. Braumüller. n. 8. —

Heinrich's v. Neustadt 'Apollonius v. Tyrland', 'Gottes Zukunft' u. 'Visio Philiberti', hrsg. von S. Singer, s.a. Texte, deutsche, des Mittelalters. VII.

Heinrichs von Neustadt 'Apollonius von Tyrland' nach der Gothaer Hs., 'Gottes Zukunft' u. 'Visio Philiberti' nach d. Heidelberger Hs. hrsg. von S[amuel] Singer. Mit 3 Taf. Berlin: Weidmann 1906. (XIII, 534 S.) 8°
— **Texte**, Deutsche, d. Mittelalters. Bd 7. [06. 6330

Heinrich, Bischof v. Passau, Hirtenbrief an d. gesammten, ehrwürd. Klerus u. alle übrigen Bisthums-Angehörigen, z. Bisthums-Antritte erlassen. gr. 4. (1½ B.) Passau 840, Ambrosi.

Heinrich von Plauen, der Führer durch das Ordenshaus Marienburg in Preussen. 8. M. 1 Taf. Danzig 1824. 2,00.

Heinrich v. Plauen, der Führer durch das Ordenshaus Marienburg in Preußen. Mit 1 Taf. in Steindr. gr. 8. Danzig 824. (Berlin, Reimer.)

Heinrich, Prinz v. Preußen, s. a. Langguth, Adf.

Briefwechsel zwischen **Heinrich** Prinz von Preußen und Katharina [Ekaterina] II. von Rußland. Von Dr. R. Krauel, kais. Gesandten z. D. *Berlin: A. Duncker 1903.* (VIII, 178 S.) 8° [F.]
— **Quellen** u. Untersuchungen z. Geschichte d. Hauses Hohenzollern. Bd 8. [04. 6630 B

Heinrich, Prinz v. Preußen, krit. Geschichte seiner Feldzüge, (von H. v. Bülow). 2 Bde, mit 4 Kpf. gr. 8. Berl. 805. (Reimer). 2 ₰ 12 ₰

(**Heinrich XI., Graf Reuß**) Gedanken über die Anwendung der Richtung der Kriegs-Völker. Dresden 1776. 8°.

Heinrich XII., Graf Reuß zu Schleiz, († d. 26. Juni 1784.) erbaul. Anwendung d. Fastenzeit nach Anleit. d. Leidensgeschichte unsers Heilandes. 8. Jena 761.

Heinrich XII., jüngerer Reuß, Graf und Herr zu Plauen, Nahrung des Glaubens an der Gnadentafel des Herrn für Christliche Communicanten. Mitgabe bei der Confirmation seines Sohnes (1767). Mit einem Vorwort von Fr. Ahlfeld. 2. Aufl. 854. — 3. (Titel-)Aufl. Leipzig 856. Schlicke. 8. (XII, 139 S.) n. 16 ngr; geb. n. 1 ₰

Heinrich XII., jüngerer Reuß, Graf, Nahrung des Glaubens an der Gnadentafel des Herrn für christliche Communicanten. Mitgabe bei der Confirmation seines Sohnes [1767]. Mit einer Einführung von Fr. Ahlfeld. 4. Aufl. 8. (XV, 150 S.) Leipzig 878. Schlicke. n. 2. —; geb. n. 3. —

— etwas Seelenspeise zur Nahrung des Glaubens christl. Communikanten. 8. Schleiz 767.

Heinrich XII., weil. Graf Reuß zu Schleiz, Seelenspeise zur Nahrung d. Glaubens f. christliche Communicanten. Aufs neue dargeboten von Adf. Meyer. 8. (153 S.) Eisleben 874. Christl. Verein im nördlichen Deutschland. geb. — 75

Quintett (Cdur) für Pianoforte, 2 Violinen, Viola und Violoncell comp. von **Heinrich** XXIV j. L. Prinz Reuß. Op. 15. [Partitur u. Stimmen.] *Hamburg & Leipzig: D. Rahter 1902.* (Getr. Pag.) 4° [04. 1026

Der korrekte Diener. Handb. f. Herrschaften u. deren Diener von **Heinrich** XXVIII. Prinz Reuss j. L. Mit Textabb. *Berlin: P. Parey 1900.* (51 S.) 8° [F.] [00. 5837

Der korrekte Diener. Handbuch f. Herrschaften u. deren Diener von **Heinrich** XXVIII. Prinz Reuß j. L. 2., neubearb. Aufl. Mit Textabb. Berlin: P. Parey 1908. (48 S.) 8° [F.] [08. 3307

Heinrich XXVIII., Prinz Reuß j. L.: Der korrekte Kutscher. Berlin 1890

[F.] Der korrekte Kutscher. Handb. f. Equipagenbesitzer u. deren Kutscher v. **Heinrich** XXVIII. Prinz Reuss j. L. 2., neubearb. Aufl. M. 51 Textabb. *Berlin: P. Parey 1897.* (2 Bl., 93 S.) 1 Bd 8. [97. 3099

Der korrekte Kutscher. Handbuch f. Equipagenbesitzer u. deren Kutscher von **Heinrich** XXVIII. Prinz Reuß j. L. 3., neubearb. Aufl. Mit 51 Textabb. Berlin: P. Parey 1905. (87 S.) 8° [F.] [05. 2481

Heinrich XXXIII., Prinz Reuß j. L.: Der britische Imperialismus. (Altenburg) 1905: Pierersche Hofbuchdruckerei. (VIII, 168 S.) 8°
Heidelberg, Phil. Fak., Ref. Jellinek, Diss. v. 18. Juli 1905
[Geb. 26. Juli 79 Mauer b. Wien; Wohnort: Heidelberg; Staatsangeh.: Reuß j. L.; Vorbildung: Gymn. Goslar Reife O. 01; Studium: Lausanne 1, München 4, Heidelberg 3 S.; Rig. 2. März 05.]

Der britische Imperialismus. Von **Heinrich** XXXIII. Prinz Reuß j. L., Lt. Berlin: O. Häring 1905. (VIII, 168 S.) 8°
Erschien auch als Inaug.-Diss. Heidelberg. [06. 4328 B

Heinrich LXXII. — Dem Durchl. Fürsten und Herrn, Herrn Heinrich LXXII jüngerer Linie souverainen Fürsten Reuss Grafen und Herrn v. Plauen etc. regierenden Fürsten zu Lobenstein-Ebersdorf und Mitregenten des Fürstenthums Gera bei der Jubelfeier seiner 25 jährigen Regierung in tiefster Ehrfurcht gewidmet von der Freimaurer-Loge Archimedes z. e. Bunde in Gera. Den 12. Juli 1847. 4. 2 Bl.

Heinrich der Taube (Heinrich v. Rebdorf), Kaiser- u. Papstgeschichte, s. a. Geschichtschreiber, die, der deutschen Vorzeit. 85. Bd.

Heinrich der Taube. Kaiser und Papstgeschichte von H' dem Tauben (früher Heinrich von Rebdorf). Uebersetzt von Georg Grandaur. 8. Leipzig 1883.
Die Geschichtschreiber der deutschen Vorzeit.... XIV. Jahrhundert. Band 7.

Heinrich von dem Türlin, diu Crône, s. a. Bibliothek des litterarischen Vereins in Stuttgart XXVII.

§ * **HEINRICH** von dem Türlin (oesterreich. Dichter, der um 1220 blühte). — Der Abenteuer Krone *Heinrichs von dem Türlin.* Von G. H. F. Scholl. Stuttgart, Litt. Verein, 27. Publ., 1852. Gr. 8⁰.
Umfangreiches Gedicht, vom Vf. selbst (Vers 29967) „die Krone" genannt. Die Verse 182—216 bilden das Akrostichon: „Heinrikh von dem Türlin hat mich getihtet." Zu Grunde liegt ein französ. Original des Crestien de Troyes (laut Vers 221, 23046, 23982).

Heinrich von Uri, s. Bauernpractica.

HEINRICH Julius, Herzog von Braunschweig (geb. 15. Octob. 1564 zu Wolfenbüttel, reg. seit 1589, † 20. Juli 1613 in Prag. — Goedeke II, 520: Seine Arbeiten bezeichnete er mit den Anfangsbuchstaben seines Namens und Titels, bald *Hibaldeha*, bald *Hiehadbel*, *Hibeldeha*, *Hidbelepihal*, die sich in „Henricus Julius Dux Brunsvicensis Et Luneburgensis Episcopatus Halberstadensis Antistes" auflösen; an ein „Edidit Hunc Actum [wie z. B. bei Wolfg. Menzel] oder „Poeta Editor Inventor" ist nicht zu denken).

Heinrich Julius, des Herzogs v. Braunschweig, Comödia. Schwank vom dreimal geprellten Wirte. Für die Bühne neu bearb. v. Wilh. Wieves. gr. 8. (35 S.) Hamburg 900. G. A. Rudolph. n. 1. —

Herzog Heinrichs von Braunschweig Klagelied. Mit einem Nachworte über das Leben und die Dichtungen des Burkard Waldis von Franz Ludwig Mittler. Vermehrter Abdruck aus dem Hessischen Jahrbuche für 1855. Cassel, 1855. 8⁰.

Heinrich Julius v. Braunschweig, Herzog, Schauspiele, s. a. Dichter, deutsche, d. 16. Jahrh.

§ * — — Schauspiele, Die, des Herzogs *Heinrich Julius von Braunschweig* nach alten Drucken u. Handschriften hrsg. von Dr. Wilh. Ludw. Holland. Stuttgart. Gedruckt auf Kosten des litterar. Vereins (36. Publication), 1855. Gr. 8°. Vergriffen! (8 Mk. Koebner.) (In Berlin: Yq 1421.)

VI u. 906 SS. Inh.: 1. Von der Susanna, mit 34 Personen. 1593. 2. Von der Susanna, mit 21 Personen. 1593. 3. Von einem Buhler und Buhlerin, mit 17 Personen. 1593. 4. Von einem Weibe, mit 6 Personen. 1593. 5. Von einem Wirthe und dreien Wandersgesellen, mit 13 Personen. 1593. 6. Von einem ungerathnen Sohn, mit 18 Personen. 1593. 7. Von einer Ehebrecherin, mit 8 Personen. 1594. 8. Von einem Wirthe oder Gastgeber, mit 11 Personen. 1594. 9. Von einem Edelman, welcher einem Abt drei Fragen aufgegeben, mit 5 Personen. 1594. 10. Von Vincentio Ladislao Satrapa von Mantua Kempfern zu Ross und Fuss, mit 12 Personen. 1594. 11. Der Fleischhauer. (Aus der Handschrift.) (Sämmtl. Prosa.) — Die Originale s. bei Goedeke und Holland.

Alle seine Stücke sind in Prosa geschrieben u. haben in dem lustigen Diener einen Hanswurst, der immer plattdeutsch spricht, während die übrigen Personen sich hochdeutsch ausdrücken. — Kurze Inh.-Angabe von 10 Stücken bei Wolfg. Menzel II. p. 394—97.

§ * — — Die Schauspiele des Herzogs *Heinrich Julius von Braunschweig.* Hrsg. von Julius Tittmann. Leipzig, Brockhaus, 1880. 8°. XLVI—264 S. (In München: P. o. germ. 274 e, 14.)

Auch titulo: Deutsche Dichter des XVI. Jahrhunderts. Mit Einleitungen und Worterklärungen. Hrsg. von Karl Goedeke und Julius Tittmann. Bd. 14.

Heinrich Julius, Herzog v. Braunschweig, Vincentius Ladislaus, s.: National-Literatur, deutsche.

Heinrich [Familienname]

Heinrich, s.a. Henrici

Heinrich, Nachbar, (Herm. Werner Dieter. Bräß, oder ... Dreyßig?) K. F. Bahrdt's unruhiges Leben, sein Tod u. Begräbniß, für Neu- u. Wißbegierige beschrieben; mit Anmerkk. 8. Hamburg 792.

Heinrich. Unserem Freunde Doktor Innocenz zum Abschiede im Namen Aller. Von — —. Gedruckt bei J. A. Kienreich. (7 S. 8.) 1856

Die deutschen Anstalten für sittlich gesunkene und gefährdete Personen weiblichen Geschlechts, auf Grund neuer Erhebungen d. Allgem. Konferenz d. deutschen Sittlichkeitsvereine zsgest. u. mit statist. Angaben versehen von Kandidat **Heinrich**. *Berlin: Deutsche Sittlichkeitsvereine 1892.* (48 S.) 8° [F.]
—**Streitfragen**. Wiss. Fachorgan d. dtsch. Sittlichkeitsvereine. H. 7. (92-1932)

Heinrich, Bemerkungen über die Witterung von 1820, verglichen mit einem aus vierzigjährigen Beobachtungen hergeleiteten Mitteljahre für Regensburg. (Journal für Chemie. N. R. 2. Bd., Heft 3.) Regensburg 1821.

Heinrich: Gabriel Bethlen. 52 S. 8°–Mediasch, Progr. 1868

Heinrich, Bruder, s.a. Brüder, fromme.

[F.] Fromme Brüder. Neue Verse gehauen u. gestochen vom sanften Bruder **Heinrich**. *Berlin: Commv. v. H. Baake; (Dr. v. Jantzewski & Quitt) [1895].* (29 S.) 1 Bd 8. (97. 5355

Heinrich, s.: Dietsch, Prediger F., der neueste Metzer Geschichtsforscher &c.

Heinrich: Ueber d. sogenannte Einwanderung d. Claudier. 9 S. – Laibach, Progr. 1866.

Heinrich, Past., Erinnerungen an das Baracken-Lazareth auf dem Tempelhofer Felde bei Berlin während des Krieges 1870/71. 8. (63 S.) Brandenburg 872, Wiesike. *

Heinrich, Von der Familie der germanischen Sprachen. Einleitung. 1. Die Gothen und ihre Sprache. Pest 1869.
Progr. ev. Gymn. Pest.

Heinrich, Gedächtnißpredigt auf den hochseligen König Friedrich Wilhelm IV., gehalten am Sonntage Invocavit 1861. — Zeugniß gegen die Civilehe, abgelegt in der Gustav-Adolfs-Stunde zu Jüterbog, den 24. Januar 1861. Jüterbog 861. (Berlin, Beck.) 8. (24 S.) n. 3½ ngr.

Heinrich, die Glückseligkeiten des Himmels. 12. (252 S.) Dülmen 881, Laumann'sche Verlagsh. M 1.; cart. *

Heinrich, die ersten 25 Jahre des 4. Magdeburgischen Infanterie-Regiments Nr. 67. Im Auftrage des königl. Regiments nach offiziellen und privaten Mittheilungen bearb. und dargestellt. gr. 8. (IV, 347, 101 S. mit 1 Kartentaf.) Berlin 885, Mittler und Sohn. * 7 50

Heinrich, Hauptmann etc. Die ersten 25 Jahre des 4. Magdeburgischen Inf.-Reg. Nr. 67. (1860–1884.) Ergänzte und bis 1899 fortgeführte Auflage. Auf Befehl des Königl. Regimentes bearbeitet von Weberstedt, Leut. im Regiment. Mit Abbildg., Karten und Plänen. 8. Berlin 1899

Heinrich, Lehre v. d. Abschätzung der Landgüter z. Behuf d. darauf zu bewillig. Kredites. Bresl. 845.

Heinrich, landwirthschaftliche Lesestücke. Anh. zum Lesebuch. gr. 8. (36 S. m. eingedr. Holzschn.) Prag 883. Tempsky. — Leipzig, Freytag. n.n. — 20

Heinrich, Pfarrer, Die Quellen der Verarmung unter dem Landvolke. Ein einfaches gut gemeintes Wort zur rechten Zeit. 8°. Lichtensteg, gedr. bei Mosberger u. Co., 1848.

Heinrich, s. Ratgeber, jurist.

Heinrich, d. Verwaltung d. Kirchenvermögens nach d. Gesetze v. 20./6. 75 dargestellt. Köln 876. Vergriffen.

Heinrich, Wagnerbüchlein. Richard Wagners Leben u. Schaffen u. der Nibelungenring nach seinem Inhalte u. den zu Grund lieg. deutschen Mythen, zu besserem Verständnis den Laien, insbesondere Theaterbesuchern erzählt. 12. (96 S.) Dresden 894. Lehmann'sche Buchdr. n. — 60

Heinrich, Waldeinsamkeit in deutschen Liedern, s.a. Waldeinsamkeit.

Heinrich, Waldeinsamkeit in deutschen Liedern. Gesammelt. Marburg 854. Elwert. 16. (249 S.) 12 ngr

Heinrich: Welche bildenden Elemente bietet der Unterricht in der Gabelsberger'schen Stenographie? 7 S.–Laibach, Progr. 1869

— wir rühmen, daß Du uns hilfst, u. im Namen Gottes werfen wir Panier auf. Der Herr gewähre dich aller deiner Bitte. Psalm 20, V. 6. Abschieds-Predigt geh. am 28. April bei dem Schlusse d. königl. Baracken-Lazareths auf dem Tempelhofer Felde bei Berlin in dem dort. Betsaale. gr. 8. (14 S.) Bielefeld 871. Gülker & Co. n. — 25

—— Wir rühmen, daß Du uns hilfst, und im Namen Gottes werfen wir Panier auf. Der Herr gewähre dich aller deiner Bitte. Psalm 20, V. 6. Abschieds-Predigt gehalten am 28. April bei dem Schlusse des königl. Baracken-Lazareths auf dem Tempelhofer Felde bei Berlin in dem dort. Betsaale. gr. 8. (14 S.) Berlin [Leipzig] 871, Heinersdorff. *

Heinrich, Wittenberg u. Rom. 1. Die sociale Befähigung der Kirche in protestantischer Beleuchtung, s.: Christ od. Antichrist.

Heinrich, Dr.: Die Zukunft der Deutsch-Oesterreicher, s. Herkner

Heinrich, A. Beiträge zur Kenntniss der geogn. Verhältnisse des mährischen Gesenkes in d. Sudeten. (Aus d. Jahrb. d. k. k. geol. Reichsanst.) Wien. 1845. 4.

Heinrich, A., Diss. inaug. med. de aëris effectu in corpus humanum. 8maj. Wien 777. Trattner. 2 gr

Heinrich, A.: Zur Geschichte von Krain, Görz und Triest. 10 S. 8° – Laibach, OG., Progr. 1873.

Heinrich, A., s. Handels- u. Gewerbe-Adressenbuch für Wien.

Heinrich, Adf., Methodik des Geschichtsunterrichtes. (VI, 329 S.) gr. 8. Wien 909. Manz. 4. 30

Heinrich, Albin, Mährens und k. k. Schlesiens Fische, Reptilien u. Vögel. Ein Beitrag zur Fauna beider Kronländer. Brünn 856. Nitsch u. Grosse in Comm. Lex.-8. (X, 201 S.) n. 24 ngr

— das Franzensmuseum: beschrieben rc. Brünn 853. (Nitsch u. Große.) 12. (86 S.) n. 6 ngr

Heinrich Albin. Das Franzensmuseum. (86 S.) Brünn, Rohrer's Erben 1853.

Heinrich, Albin, der brünner Kreis in Mähren, s. Oesterreich.

Heinrich, Albin: Der Brünner Kreis im Markgrafthume Mähren. Mit 1 Kt. und 5 Taf. — Wien: Müller 1840. 44 S. (Das pittoreske Oesterreich. Nr 11.)

Heinrich, Albin, k. k. Prof. am akadem. Gymnasium und Kustos des Franzens-Museums in Brünn etc. Der Teschner Kreis im Herzogthume k. k. Schlesien. Mit einer Karte und 5 Chromolithographien. Nach Originalhandzeichnungen von Jakob Alt. 4. Wien 1843.

Heinrich, Albin, Versuch über d. Geschichte d. Herzogth. Teschen, von den ältesten bis auf d. gegenwärt. Zeiten. 8. Teschen 818. Prochaska.

— des Vaters Wanderstab u. des Großvaters Erbe. 2 Erzählungen für die Jugend. Wohlf. Ausg. 8. (96 S.) Ebd. 847. n. 1/6 rf

Heinrich Alfons: Der Reichstag in Augsburg im Jahre 1566.
1901 PN 1412 Diss. Wien, Univ. 833

Joannes Sikeliota. Heinrich, *Alfred* Die Chronik des Johannes Sikeliota der Wiener Hofbibliothek. 8 (S. 3—15). Progr. K. k. erstes Staats-G. *Graz* 1892.

Heinrich, A[lfr.], Lukian und Horaz. gr. 8. (20 S.) Graz 885, (Wien, Pichler's Wwe. und Sohn.) * — 50

Heinrich, Alfred Quatenus carminum Buranorum auctores veterum Romanorum poetas imitati sint. S. 3—19. Progr. *Cilli* 1882.

Heinrich, Alfr., s.: Rothe's, Joh., Passion.

Heinrich, Alfred, a. Frankfurt a. O.: Studien zu Johannes Rothe als Einleitung zu einer Ausgabe seiner Passion. Marburg 1905. (59 S.) 8° ¶ (Die vollständige Arbeit ersch. als Heft 26 der „Germanistischen Abhandlungen.")
Marburg, Phil. Fak., Ref. Vogt, Diss. v. 13. Juli 1905
[Geb. 6. Nov. 82 Frankfurt a. O.; Wohnort: Frankfurt a. O.; Staatsangeh.: Preußen; Vorbildung: Friedrichgymn. Frankfurt a. O. Reife M. 00; Studium: Berlin 3, Marburg 5 S.; Rig. 5. Nov. 04.]

Heinrich, Alfr., Troja bei Homer u. i. d. Wirklichkeit. Progr. Lex.-8. (47 S.) Graz 895. (Styria.) n. 1.20

Heinrich, Alfr. Verwertung des siebenten pseudo-platonischen Briefes als Quelle für Platons sicilische Reisen. 17 S. 8. *Cilli* 1880. Progr.

Heinrich, Alois Eduard, aus Kekitten, Assistenzarzt an der Universitäts-Poliklinik: Über Tabes dorsalis im jugendlichen Alter. Erlangen 1905: E. Th. Jacob. (31 S.) 8°
Erlangen, Med. Fak., Ref. Voit, Diss. v. 9. Juni 1905
[Geb. 20. Nov. 74 Kekitten, Kr. Rössel, Reg. Bez. Königsberg; Wohnort: Erlangen; Staatsangeh.: Preußen; Vorbildung: Gymn. Rössel Reife O. 99; Studium: Königsberg 5, München 1, Erlangen 4 S.; Rig. 11. Juni 04.]

Heinrich, Ant. I., Beschreib. e. Studier-, Spar- u. Nachtlampe, mit 2 Kpft. gr. 8. Bresl. 798. J. F. Korn. 6 gr

Heinrich, Ant., die Debattenschrift. gr. 8. (VI u. 73 lith. stenogr. S.) Laibach 874. v. Kleinmayr & Bamberg. n. 3. —

— — die Debattenschrift. 3. Aufl. Gabelsberger's Stenographie nach Ahn-Ollendorf's Methoden. II. Th. 8°. (93 S.) Ebd. cart. n. —.80. 1886

Heinrich's, Ant., Debattenschrift d. Gabelsberger'schen Systems. 4. Aufl. F. d. Schul- u. Selbstunterr. umgearb. n. d. Beschlüssen d. V. deutschen Stenographentags in Wien (1895) v. Vinc. Zwierzina u. Karl Hempel. gr. 8. (VIII, 96 S.) Laibach 897. I. v. Kleinmayr & F. Bamberg. Kart. n. 1. 80

Heinrich, Ant., Diktandoheft. Nach der Orthographie der „inner-österreich. Mittelschule" u. des „steiermärk. Lehrerbundes". [Aus: „Grammatik der neuhochdeutschen Sprache" 7. Aufl.] 8. (42 S.) Laibach 879. v. Kleinmayr & Bamberg. n. — 50

Heinrich, Anton, die territoriale Entwickelung Oesterreichs und genealogische Chronologie seiner Fürsten. 8. (... S.) Laibach 860, (Giontini.)

Heinrich, Ant., die territoriale Entwickelung Oesterreichs u. genealogische Chronologie seiner Fürsten. 3. Aufl. Troppau 862. (Schiller.) gr. 8. (30 S.) n. 6 ngr

Heinrich, Anton, Prof. Der österreichische Feldzug im Jahre 1812. Mit 1 Karte. (Aus: „Jahresbericht des k. k. Obergymnasiums zu Laibach, veröffentlicht am Schlusse des Schuljahres 1883".) gr. 8. Laibach 1883.

Heinrich, Ant., deutsche Grammatik für die österreichischen Gymnasien. Nach der Verordnung Sr. Exc. des Herrn Ministers für Cultus und Unterricht vom 26. Mai 1884 und in Übereinstimmung mit Karl Schmidts latein. Schulgrammatik und J. Haulers latein. Übungsbuche umgearb. 2 Bde. gr. 8. Laibach, v. Kleinmayr und Bamberg. geb. * 5 20
Inhalt:
Bd. 1. Für die 1. und 2. Classe. 9. Aufl. (VI, 204 S.) 885. * M 2.20.
» 2. Für die 3. und 4. Classe. 10. Aufl. (263 S.) 887. * M 3.—.

— Grammatik der deutschen Sprache für Mittelschulen und verwandte Anstalten besonders in mehrsprach. Ländern. 1. Aufl. (VII, 160 S.) 1873, und 2. verm. und verb. Aufl. gr. 8. (172 S.) Laibach 874, v. Kleinmayr und Bamberg. *

Heinrich, Ant., Grammatik der neuhochdeutschen Sprache für die k. k. Militärschulen der österreichisch-ungar. Monarchie. 6. Aufl., nach der 4. seiner Grammatik für Mittelschulen nach Angaben des hohen k. k. Reichs-Kriegsministeriums bearb. gr. 8. (VIII, 217 S.) Laibach 880, v. Kleinmayr und Bamberg. *

— dasselbe für höhere Bildungsanstalten. 5. Aufl. gr. 8. (X, 230 S.) Ebend. 879. n. 2. 50

— Grammatik der neuhochdeutschen Sprache für Mittelschulen und verwandte Anstalten, besonders in mehrsprach. Ländern. 3. abermals verm. und verb. Aufl. (X, 196 S.) 1875; 4. Aufl. gr. 8. (VII, 204 S.) Ebendas. 876. *

—— dass. — für höhere Bildungsanstalten. 8. und 4. Aufl. 1875,76. * ℳ 2,20.; 5. Aufl. gr. 8. (X, 230 S.) Ebendas. 879. *

— Grammatik der neuhochdeutschen Sprache für Mittelschulen in mehrsprachigen Ländern. 7. Aufl., ganz gleichlautend mit der 4. gr. 8. (VIII, 211 S.) Ebendas. 880. !
—— dass. — 8. Aufl. gr. 8. (VIII, 216 S.) Ebendas. 882. *

— Grammatik der neuhochdeutschen Sprache für Mittelschulen in mehrsprachigen Ländern. 8. Aufl. gr. 8. (VIII, 216 S.) Ebend. 881. n. 2. 20

Heinrich, Ant., Grammatik der neuhochdeutschen Sprache f. Mittelschulen in mehrsprachigen Ländern. 8. Aufl. (Neudr.) gr. 8. (VI, 216 S.) Laibach 899. F. v. Kleinmayr & F. Bamberg. Geb. in Leinw. n. 2. —

Heinrich, Ant., Lehrbuch der Gabelsberger'schen Stenographie f. den Schul- u. Selbstunterricht. Auf Grund der Beschlüsse des V. deutschen Stenographentages in Wien 1895 verb. u. umgearb. v. Alex. Pucskó u. Karl Hempel. 4. Aufl. gr. 8. (VII, 82 u. 86 autogr. S.) Laibach 899. F. v. Kleinmayr & F. Bamberg. Geb. n. 2. 40

— deutsches Lesebuch f. die 1. Klasse der Mittelschulen. gr. 8. (XVI, 188 S.) Ebend. 875. n. 2. —

— Monatshefte. Geschichte der deutschen u. der österreichischen Völker in zusammenhängenden Bildern; kurze, nicht zusammenhängende Aufsätze, Gedichte, Beurtheilung von Werken, Rathschläge für Studierende, Annoncen ꝛc. 1. Jahrgang. Octbr. 1863 — Septbr. 1864. 12 Hefte (à 3 Bgn.). Troppau, Heinrich. (Wien, Beck.) Lex.-8. 2 ℛ︎ 20 ngr.

—— dass. — 2. Jahrg. Octbr. 1864 [bis Septbr. 1865. 12 Hefte. Lex.-8. (à Heft 78 S.) Troppau, Heinrich. (Wien, Beck'sche Universitäts-Buchh.) *

— Monatshefte zur Aufklärung u. Unterhaltung des Volkes. 2. Jahrg. Octbr. 1864 — Septbr. 1865. 12 Hefte (à 5 Bgn.). Ebend. Lex.-8. n. 3 ℛ︎ 6 ngr.

— Predigten f. Handwerksgesellen. 8. Prag. (Hamberger, Breslau) (Siegert, Liegn.) 861.

Heinrich, Ant. II., Predigten für Handwerksgesellen. 8. Prag 861. (Siegert in Liegnitz). 15 Ngr

— Regeln für deutsche Rechtschreibung nebst Aufzählung u. Erklärung der jetzt verschiedenartig geschriebenen Wörter. Troppau 862. Schüller. 8. (23 S.) 6 ngr.

—— die Schlacht bei Novara. 16. (IV und 113 S.) Wien 857, Manz und Comp. *

— die deutsche Schreibung nach den Beschlüssen der Berliner Konferenz, die in den österreichischen Volksschulbüchern beobachtete, die Zukunftsortografie von Duden, die Schreibung nach Bezzenberger, nach Saur u. a. m. in Regeln u. Wörterverzeichnis behufs Gewinnung einer vernünftigen Rechtschreibung der Gegenwart übersichtlich nebeneinander gestellt. 8. (88 S.) Ebend. 877. n. 1. —

— Gabelsberger's Stenographie nach Ahn-Ollendorf's Methode in 2 bis 3 Monaten durch Selbstunterricht zu erlernen. gr. 8. (VII, 144 S. wovon 121 lith.) Ebend. 875. n. 4. —

— Gabelsbergers Stenographie, nach Ahn-Ollendorfs Methode zu erlernen. Für Schul- u. Selbstunterricht. 2. Aufl. gr. 8. (192 S., wovon 96 autogr.) Ebend. 882. n. 3. —

—— Gabelsbergers Stenographie, nach Ahn-Ollendorfs Methode zu erlernen. 2. Thl.: Die Debattenschrift. 3. Aufl. Autogr. nach den Dresdner Beschlüssen von V. Zwierzina. gr. 8. (VII, 93 lithogr. stenogr. S.) Ebendas. 886. geb. ** 1 30
1. Thl. 2. Aufl. Ebendas. 1882. * ℳ 3.—

— erster geographischer Unterricht. In Fragen u. Antworten. Für die erste Klasse der Mittelschulen u. f. die oberen der Volks- und Bürgerschulen. Mit 68 in den Text gedr. Fig., Karten u. Bildern. gr. 8. (142 S.) Wien 874. Pichler's Wwe. & Sohn. 1. 40

Heinrich, Anton Philipp. („Vater Heinrich.") Zur Lebensgeschichte des Veteran Komposlteurs, unseres aus der neuen Welt heimgekehrten Landsmannes. Prag. Dr. von Gottlieb Haase Söhne 1857. (12 S. 8.)

Heinrich, Arminius Stephanus: De fracturis ossium pelvis. Halis Saxonum (1858): Orphanotropheum. 30 S. 8°
Halle-Wittenberg, Med. Diss. v. 2. Aug. 1858
Geb. Freyburg a. d. Unstrut 10. [10.] 1831. V.

Heinrich, Arthur, appr. Arzt a. Cathrienhöfen in Ostpreußen: Experimentelle Beiträge zu den Schrotschussverletzungen des Auges. Breslau 1907: Breslauer Genossenschafts-Buchdruckerei. (40 S.) 8°
Breslau, Med. Fak., Ref. Uhthoff, Diss. v. 19. Nov. 1907
[Geb. 2. Aug. 77 Cathrienhöfen (Ostpr.); Wohnort: Breslau; Staatsangeh.: Preußen; Vorbildung: Wilhelms-Gymn. Königsberg i. Pr., Reife M. 98; Studium: Königsberg 2, Leipzig 2, Königsberg 2, Breslau 7 S.; Coll. 30. Okt. 07; Approb. 31. Aug. 07.]

Heinrich, Arthur Der Konvent der Minoriten in Sagan. 4 (S. 3—14). Progr. Kath. G. *Sagan* 1887 (192).

Heinrich, Arth., geschichtliche Nachrichten üb. Naumburg a. B., Freiwaldau u. Halbau. Aus den Quellen zusammengestellt. gr. 8. (IV, 129 S.) Sagan 900. (R. Schoenborn.) n n. 1. 20

— geschichtliche Nachrichten üb. Priebus. Aus den Quellen zusammengestellt. gr. 8. (III, 179 S.) Ebd. 898. n.n. 1. 50

Heinrich, Arthur [Geistl. Rat Prof.]: Geschichtliche Nachrichten über das Saganer Schloss ... I. Tl. Bis zum Tode Wallensteins. Sagan, Druck v. P. Mertsching's Nachf., 1894; 3—14 S., 1 Taf. 4.
Sagan, k. kath. G, OP 1894 (205)

Heinrich, Arthur [Geistl. Rat Prof.]: Geschichtliche Nachrichten über das Saganer Schloss. II. Tl. Vom Tode Wallensteins bis in d. Gegenwart. (Forts. d. P-Beil 1894.) Sagan, P. Mertsching's Nachf., *1895;* 3—19 S. 4.
Sagan, k. kath. G, OP 1895 (207)

Heinrich, Arthur Das Stift der regulierten Augustiner-Chorherrn zu Sagan in Schlesien und sein Besitzstand im 15ten Jahrhundert. Nach dem Zinsregister des Abtes Ludolph I. vom Jahre 1417. 24 S. Progr. *Sagan* 1881.

Heinrich, Arth., Wallenstein als Herzog v. Sagan. gr. 8. (VII, 96 S.) Breslau 896. Goerlich & Coch. n. 1. 20

Heinrich, August

Heinrich, A., Almanach für Freunde der Schauspielkunst, s. Almanach.

Heinrich, Aug., Christoph v. Alzenau, od.: der Jungfrauenraub zu Goldberg. Romant. Erzähl. aus Schlesiens Vorzeit. Und: Das Gelübde. 8. (13 B.) Nordhausen 840, Fürst.

Heinrich, A. (H.), der Augenblick des Glücks. Intriguen-Stück in 5 Acten. Frei bearb. nach Hackländer's gleichnam. Romane. (Den Bühnen gegenüber Mscr.) 16. (194 S.) Berlin 865, Th. Grieben.

Heinrich's, A., deutscher Bühnen-Almanach, s. Bühnen-Almanach.

— classische Denksteine. Sammlung ausgewählter Gedanken u. Sentenzen über Welt u. Menschenleben, aus den Werken der Griechen u. Römer. In den Originalsprachen mit deutschen Uebersetzungen. 8. Leipzig 838. Klein. 3/8 ₰

—— Epheuranken. Eine Mustersamml. v. Kraftstellen üb. Welt- u. Menschenleben, best. in 312 deutscher u. 230 griech., lat., italien., französ. u. engl. Sprache, mit deutschen Uebersetzn. Zum Gebr. f. Stammbücher, Schulvorschriften, Inschriften auf Denkmähler, wie auch z. Bildung d. Geistes u. d. Herzens. 8. (11½ B.) Quedlinburg 838, Ernst'sche Buchh.

—— vierzig moral. Erzählungen f. Kinder v. 5 bis 10 Jahren. 12. (5 B. u. 7 ill. Bild.) Leipzig 841, Künzel. (?)

—— das Försterhäuschen. Eine moral. Erzähl. f. Kinder. 8. (3½ B. u. 4 ill. Bild.) Leipzig 838, Künzel. (?)

—— das Försterhäuschen. Eine moral. Erzählung für Kinder. Wohlf. Ausg. 8. (IV und 51 S.) Hamburg 847, Berendsohn.

—— Geschichte d. Kreuzzüge. Für Gebildete aller Stände bearb. 2 Thle. 8. (à 16½ B.) Leipzig 840, 43, E. Klein. à 7/8 Thlr.

— Geschichte d. Kreuzzüge. Für Gebildete aller Stände bearb. 2. Thl. — Als Anhang: Skizze u. Geschichte der Johanniter- oder Malteser-Ritter u. der Tempelherren. kl. 8. Leipzig 843, E. Klein. 7/8 ₰ Beide Thle. 1¾ ₰

——, Emil v. Grünthal od. die Waise, e. moral. Erzähl. f. d. Jugend. 8. (8¼ B. u. 7 ill. Bild.) Leipzig 838, Künzel. (?)

—— Emil v. Grünthal oder die Waise. Eine moralische Erzählung für die Jugend. Wohlf. Ausg. 8. (130 S.) Hamburg 848, Berendsohn.

—— die Kunst d. Frauen sich die Liebe u. Treue ihrer Gatten zu sichern. Festgabe f. bräutl. Jungfrauen u. junge Frauen. 8. (6 B.) Leipzig 838, E. Klein.

— unbewußte Liebe. — Estelle. — s. Bühnen-Repertoir, Bd. X.

—— Mara, od. das Buch d. Sagen: Libussa, od. die Gründung v. Prag. — Rübezahl, od. d. Schuldverschreibung. — Rübezahl's Goldsegen. 8. (6 B. u. 4 Kpfrt.) Leipzig 841, Künzel. (?)

—— Heinrich Monte, s. Volksbücher, preußische.

—— Novellen. Schicksalsfügungen od. d. Hazardspieler. Der blinde Harfner. 1. Aufl. 838., u. 2., m. 2 Bildern verm. Ausg. gr. 12. (à 11 B.) Leipzig 840, Künzel. (?)

Heinrich, Aug., die Schlacht bei Novara. Wien 857. Manz. 16. (IV, 113 S.) n. 12 ngr

– s. Theater des In- u. Auslandes.

Heinrich, A., Versuch über die Geschichte des Herzogth. Teschen, von den ältesten bis auf die gegenwärtigen Zeiten. 8. Teschen, Prochaska. 818.

—— des Vaters Wanderstab u. d. Großvaters Erbe. Zwei Erzähln. f. d. Jugend. gr. 12. (4¼ B. u. Ttlkpfr.) Leipzig 840, (Künzel. ?)

—— des Vaters Wanderstab und des Großvaters Erbe. 2 Erzählungen für die Jugend. Wohlf. Ausg. 8. (96 S.) Hamburg 847, Berendsohn.

Heinrich, B., schreitet die Menschheit fort? s.: Vorträge, gemeinfaßliche, zum Vorlesen in Vereinen.

Heinrich, Bened. Wilh. (Cöthen/Anhalt), Descriptio novae forcipis obstestriciae. Diss. obstetr. Bln. (Gebr. Unger) 7. IV. 1830. 32 S. mit Biogr. (M.: Neuber) u. 1 Tfl. Abb. (6.50) 14042
Oppon.: G. Schwalbe, F. Meier, C. Zillmer. — Gew.: Wilh. Heinr. Busch.

Heinrich, C., s. Dorf-Zeitung, Sächsische.

Heinrich, C., Zur Erinnerung an die Eröffnung des Turnplatzes in der Hasenheide, Friedrich Ludwig Jahn zum Gedächtnis, Berlin, 24 S., 8°.

Heinrich, C. G., an et quatenus Christus ejusque apostoli in tradeuda religione ad opiniones vulgi se accommodaverint? Torg. 1792. 4.

Heinrich, C. J. C., Commentatio de iis, quae potissimum contulerint ad Lutherum sacrorum reformatorem sensim effingendum. 4maj. Göttingae, Dietrich. 820.

Heinrich, C. P., das Gesetz des Lebens rc., s. Schatzgräber, der.

Heinrich, Carl ..., s. Heinrich, Karl ...

Heinrich, Chr. Fr. Demonstratio mathematica infinitatis Dei. Jenae 1729. 4.

Heinrich, Chr. Gfr.

— einige Betrachtt. über d. Vorzüge d. Ehestandes. 8. Lpz. 777.

Heinrich, Chr. G., christl. Evangelienbuch f. denk. Bibelfreunde, od. Sonntagserbauungen f. d. christl. Bürger u. Landmann, nach d. Sonn- u. Festtagsevangelien d. ganzen Jahres. — A. m. d. Umschl.-Ttl.: Kleine evangel. Hauspostille. br. gr. 16. (18½ B.) Grimma 840, Verlags-Comptoir. Thlr.

— d. wahre Gottseligkeit, als d. sicherste Mittel, eheliche Glückseligkeit zu befördern. 8. Leipz. 785.

Heinrich, Chr. Gf., († d. 29. Sept. 1802.) Versuch einer Gesch. d. verschied. Lehrarten d. christl. Glaubenswahrheiten, nach d. merkwürd. Systeme u. Compendium derselben, von Christo an bis auf unsere Zeiten. gr. 8. Leipz. 790. Weidmann. 1 ₰ 16 gr

— **Christian Ludwig Wilhelm** (Gotha), De polyporum cordis genuinorum natura et origine. Diss. med. Jena (Schlotter) April 1828. 21 S. (6.—) 14043

Christoph Heinrich

Altitudo poli sive Latitudo geographica Wratislaviae. In...universitate Leopoldina...anno 1705...juxta...methodus à Joan.Bapt.Ricciolo...descriptam...à Christophoro Heinrich. Nissae 1708: Schlögel. 24 S. 8°

Heinrich, Christoph Gottlob

— Geschichte von England. 4 Bde. gr. 8. Leipz. 806—10. Kummer. 8 Thlr 16 gr

— Geschichte von Frankreich. 3 Thle. gr. 8. Lpz. 802—4. (Hahn). 5 Thlr 8 gr

— Geschichte v. Frankr. 3 Thle. gr. 8. Lpz. Fritsch. 802–4. (1r 1 Thlr. 12 gr. 2r 1 Thlr. 20 gr. 3r 2 Thlr.)

Heinrich, Chr. Gtl., Geschichte des deutschen Reichs. s. Geschichte.

Heinrich, Cph. Glo., († d. 24. Mai 1810.) Geschichte d. deutschen Reichs. 3 Bde. (1r u. 2r anonym).* gr. 8. Riga 778, 79. Hartknoch in Leipz. 4 Thlr 12 gr

— sächsische Geschichte. 2 Thle. gr. 8. Leipz. 780, 82. Weidmann. 1 Thlr 20 gr

— Handbuch d. sächs. Geschichte. 1r Bd., neue umgearb. Aufl. gr. 8. Leipz. 810. Weidmann. 1 Thlr 8 gr 2r Bd., nebst Register über beide Bde, fortgesetzt u. ergänzt von K. H. L. Pölitz. gr. 8. Ebd. 811. 2 Thlr 16 gr Schrbp. 3 Thlr

— Handb. d. deutsch. Reichsgesch. gr. 8. Lpz. Weidmann 800.

Heinrich, Chr. Gtli., Handbuch d. deutschen Reichsgeschichte. 2te berichtigte, verm. u. bis zum J. 1819 fortgesetzte, Auflage, von K. H. L. Pölitz. gr. 8. Leipzig, Weidmanns. 819.

Schreibpap.

Heinrich, Christoph Gottl. (Präs.), s. Hasse, Jo. Gottfr.: De forma Imperii Rom. Germ.

Heinrich, Chr. Glob., das sächsische Perikopenbuch für Volksschullehrer, d. i. Hülfsbüchlein z. Verständniß der Predigtperikopen im K. Sachsen für Volksschullehrer. Histor.-didactischer Textcyclus. 1—4. Hft. 8. (33½ B.) Grimma 814, 45, Verlags-Comptoir. à

— deutsche Reichsgeschichte. 9 Bde, s. a. allgem. Weltgeschichte. 9r Bd.

Heinrich, Christoph Gottlob, ordentl. Prof. der Geschichte zu Jena. Teutsche Reichsgeschichte (9 Bde.) 8. Leipzig 1787—1805.

Heinrich, Claus, s. Heinrich, Klaus

Heinrich, Conrad, s. Heinrich, Konrad

Heinrich, Curt, s. Heinrich, Kurt

Heinrich, Dav. Fr., moral. Betrachtt. nach Anleit. einzelner Stellen aus d. Prediger Salomonis. gr. 8. Leipz. (798,) (Brockhaus). 12 gr

— Predigten über d. Vorsehung Gottes, nach Anleit. aller Sonn- u. Festtags-Evangelien d. ganzen Jahres. 3 Thle. gr. 8. Leipz. 811. (Gr. Fleischer). 3 Thlr

— heil. Reden über d. Hauptwahrheiten d. christl. Sittenlehre. gr. 8. Gera 793. Haller. 16 gr

Heinrich, E. (I.), Johann Sebastian Bach. Ein kurzes Lebensbild. gr. 8. (56 S.) Berlin 885, Baensch. * 1 —

Heinrich, E., ein Beitrag zur Lösung der Frage: Was kann dem Arbeiterstande behufs Verbesserung seiner Lage in der jetzigen Zeit gewährt werden? gr. 12. (36 S.) Oppeln 848. (Brieg, Ziegler.) n. ⅙ Thlr

Heinrich, E., Beiträge zu d. Lehre von d. Abschätzung der Landgüter, zum Behuf des darauf zu bewilligenden Kredites. gr. 8. (11½ B.) Breslau 815, W. G. Korn.

Heinrich, E., landwirthschaftliche Betriebs-Lehre. Breslau 854. Max u. Co. gr. 8. (2 Bl., XII, 288 S. u. 3 lith. Taf. in 4. u. Fol.) 1 Thlr 10 ngr

—— über Bodenveranschlagung zum Behuf der zwangsweisen Terrain-Erwerbung für Eisenbahnen. gr. 8. (4 B.) Breslau 844, W. G. Korn.

Heinrich, E., General Bülow v. Dennewitz, s.: Jugend- u. Volksbibliothek, deutsche.

—— über den Einfluß der neueren Gesetzgebung auf d. landwirthschaftl. Verhältnisse Schlesiens, insbesond. üb. d. Folgen der unbeschränkten Theilbarkeit des Grund u. Bodens. gr. 8. (6½ B.) Berlin 842, Heymann.

Heinrich, E., Friedrich Friesen u. die Lützower, s. a. Jugend- u. Volksbibliothek, deutsche.

Heinrich, E., Friedrich Friesen und die Lützower, Stuttgart 1890, 156 S., 8°.

— Georg Friedrich Händel. Ein deutscher Tonmeister. 8. (IV, 139 S.) Hamburg 884. Agentur d. Rauhen Hauses. n. 1. 80; geb. n. 2. 70

Heinrich, E., Georg Friedrich Händel. Ein deutscher Tonmeister. 8. (IV, 139 S.) Leipzig 884, Matthies. geb. *

—— Hohenzollern-Fürstinnen, s. Bibliothek, patriotische.

Heinrich, E., s.: Jahre, 80, unt. d. Schirm d. Höchsten u. unt. d. Schatten d. Allmächtigen.

— Jakob Keith. Ein Feldmarschall Friedrichs d. Großen. 12. (106 S. m. 4 Abb.) Altenburg 895. St. Geibel. Kart. — 75; geb. n. 1. —

— kurze Lebensbilder der Hohenzollern-Fürstinnen auf dem brandenburgisch-preußischen Throne, s. a. Bibliothek, patriotische.

Heinrich, E., Kurze Lebensbilder d. Hohenzollern-Fürstinnen. (280 S.) Langensalza 1891. Schulbuchhandlung.

— die National-Oeconomie in ihrer Beziehung zur Landwirthschaft. Leipzig 856. G. Wigand. gr. 8. (VI, 269 S.) n. 2 Thlr

Heinrich, E. (II.), Max von Schenkendorf. Ein Sänger der Freiheitskriege. Mit einem Vorwort von W. Baur. 8. (VI, 167 S.) Hamburg 886, Agentur des Rauhen Hauses. * 1 20 geb. * 2 —

Heinrich, E., Steuererklärung u. Vermögensanzeige. Anleitung f. Steuerpflichtige zur richt. Aufstellg. d. Steuererklärg. u. Vermögensanzeige nebst Formularen zu Abschriften der abgegebenen Steuererklärgn. f. 12 Jahre. Nach amtl. Quellen u. unter Berücksicht. der Entscheidgn. der zuständ. Behörden zusammengestellt u. bearb. (IV, 68 u. 32 S.) 8. Wiesbaden (907). P. Plaum. 1. —

— die Wetterfahne, s.: Liebhaber-Theater.

— Hans Karl v. Winterfeldt. Seines Königs Freund. Eine Erzählg. f. das Volk u. die deutsche Jugend. 12. (110 S. m. 4 Abbildgn.) Altenburg 893. St. Geibel. Kart. — 75; geb. in Leinw. n. 1. —

— Schlesiens landwirthschaftl. Zustände im Jahre 1845. gr. 8. (2¾ B.) Breslau 845, Graß, Barth u. Comp., Berl.

— über Zweck u. Wirksamkeit landwirthschaftl. Lehr-Institute, mit besonderer Beziehung auf Schlesien u. die in Proskau zu errichtende landwirthschaftl. Lehr-Anstalt. In Briefen. gr. 8. (VIII u. 136 S. m. 3 lith. Taf.) Breslau 847, Korn. 1 ₰

Heinrich, C. H., 128 Weihnachts- und Neujahrs-Wünsche für Kinder von 3—14 Jahren. 16. (IV und 76 S.) Brieg 868, Gebhardi.

Heinrich, Edm., u. Otto Vogel, 27 Formulare kaufmännischer Arbeiten in Schreibschrift. Systematisch geordnet u. mit einer Anleitung zur Anfertigung derartiger Arbeiten versehen. Dresden 863. Dietze. gr. 4. (42 S.) n. 20 ngr.

Heinrich, Edm., und Otto Vogel, Formulare kaufmännischer Arbeiten in Schreibschrift. Systematisch geordnet und mit einer Anleitung zur Anfertigung derartiger Arbeiten versehen. 1. Aufl. 1863. * 20 Ngr. und 2., verm. Aufl. gr. 4. (15 und 24 lithogr. S.) Dresden 868, Dietze. cart.

Heinrich, Edm., Formulare kaufmännischer Arbeiten in Schreibschrift. Systematisch geordnet u. m. e. Anh. zur Anfertigg. derart. Arbeiten versehen. 3. verm. Aufl. gr. 4. (23 Steintaf. in gr. 4. u. qu. gr. 4.) Dresden 874. G. Dietze. geb. n. 2. 40

Heinrich, Edm., Formulare kaufmännischer Arbeiten in Schreibschrift. Systematisch geordnet u. m. einer Anleitung zur Anfertigung derartiger Arbeiten versehen. 4., verm. Aufl. gr. 4. (72 S.) Dresden 882. G. Dietze. cart. n. 3. —

Heinrich, Edm., Formulare kaufmännischer Arbeiten in Schreibschrift. Systematisch geordnet u. m. e. Anleitg. zur Anfertigg. derart. Arbeiten versehen. 5., verb. Aufl. v. Wilh. Treuber u. Rob. Spalteholz. gr. 4. (20 S. m. Formularen.) Dresden 891. G. Dietze. Kart. n. 3. —

Heinrich, Edm., Formulare kaufmännischer Arbeiten in Schreibschrift. Systematisch geordnet u. m. e. Anleitg. zur Anfertigg. derart. Arbeiten versehen. 6. verb. Aufl. v. Rob. Spalteholz. gr. 4. (18 S. m. 26 Bl. Formularen.) Dresden 900. F. Jacobi. Kart. n. 3. —

Heinrich, Elisabeth, Gesangsdilettanten. [Aus: „Hamburger Signale".] 8. (18 S.) Potsdam 896. (Riegel.) n. — 50

— s.: Schopenhauer, Arth., Gedanken.

— Wunsch-Mariechen. Lustsp. in 1 Akt f. d. liebe Jugend z. Weihnachtszeit. 12. (31 S.) Mülheim a/R. 896. J. Bagel. n. — 50

Heinrich, Else, Schlüssel zur Handschriftdeutung nach allgemeinen Regeln der Graphologie. (Jedermann in 5 Minuten Graphologe!) Kurz u. sachlich zusammengefaßt. (53 S. m. Bildnis.) schmal 8. Berlin (906). Verlagsanstalt Buntdruck. n. 1. —

Heinrich, Emma, unrecht Gut, s.: Ungeleut's Vereinsbühne.

HEINRICH, Emanuel (München): Die radikale Heilung des äusseren beweglichen Leistenbruches.- München 1847. 1 Bl.,12 S.
10.8.1847 - Urk (Titel: De operatione radicali herniae inguinalis externae.); P 66
Diss.Ingolst.-Landsh.-Mchn.

Heinrich, Erich, Dr. jur.: Untersuchungen zur Lehre vom Begriff. Göttingen 1910: Kaestner. VI, 136 S. 8°
Göttingen, Phil. Diss. v. 2. Febr. 1910, Ref. Husserl
[Geb. 26. Jan. 81 Berlin; Wohnort: Berlin; Staatsangeh.: Preußen; Vorbildung: Joachimsth. Gymn. Berlin Reife O. 99; Studium: Jura u. Phil. Freiburg i. B., München, Berlin 6, Göttingen 1 S.; Rig. 3. Febr. 09.] [U 10. 1419

Heinrich, Ernst, s. a.: Bauernfeind, E. H.

Heinrich, Ernst, Assist.-Arzt aus Görlitz: Beitrag zur Histogenese des Myosarkoma uteri. Leipzig 1903: B. Georgi. (48 S.) 8°
Leipzig, Med. Diss. v. 20. Mai 1903

— Erden- od. Aschengeschöpfe u. Ammoniakgeschöpfe! od. Natur u. Unnatur! Die Wahrheit üb. den Unterschied zwischen Abort-, Stallmist-, Jauche- u. Kunstdüngg. u. zwischen Aschen-, Mineral-, Steinmehl- od. Naturdüngg. u. deren Einfluss auf die Gesundheit der Pflanzen, Tiere u. Menschen! 3. Aufl. Zumeist Sonderabdr. aus: Schmidtbauers Zeitschrift f. gesunde od. naturgemässe Erziehg. u. f. den Unterricht in Gesundheitslehre. gr. 8. (32 S.) Eyb bei Ansbach 900. (Berlin, H. Zitelmann.) n.n. — 25

Heinrich, Ernst, aus Angerburg i. Ostpr.: Zur Geschichte der Lehre von der Perspiratio insensibilis bis auf Bryan Robinson. *Würzburg 1897: Becker.* (63 S.) 8°
Würzburg, Med. Diss. v. 1897

Heinrich, Ernst, Natur- u. Kunstdüngung! od.: Die Bedeutg. der Erden-, Mineral- od. Aschenstoffe f. die Gesunderhaltg. aller Geschöpfe u. deren Verteilg. in den Nährmitteln u. Körperteilen. Neue Bearbeitg. meiner 2. Schrift: Die Wahrheit üb. den Unterschied zwischen Stall- u. Abortmist, Jauche u. Künstdüngg. u. zwisch. Aschen-, Mineral-, Steinmehl- od. Naturdüngg.! sowie deren Einfluss auf die Gesundheit der Pflanzen, Tiere u. Menschen! Neue, verb. u. sehr verm. Aufl. Eine Schrift f. den deutschen Landwirt, Gärtner, Lehrer, auch f. Forstleute u. Verwaltungsbeamte. (5, 120 S.) gr. 8. Lorch 908. (K. Rohm.) 2. —

Geschichte des Antiquariats: Ferd. Raabe's Nachf. Eugen Heinrich zu Königsberg i. Pr. Als Ms. hrsg. im 102. Jahre d. Bestehens. [Verf.: Eugen Heinrich.] *Königsberg 1902: (Hartung).* (11 S.) 8°

Heinrich, Eugen Fr., s. Ermunterung zur Gottseligkeit. — Erinnerung an d. liebe Menschheit.

Heinrich, Eugène s. Henry, Eugène.

Heinrich, F., v. Nah u. Fern, s.: Boudoir-Geschichten, amusante.

Heinrich, F., über den Stil von Guillaume de Lorris und Jean de Meung, s. Ausgaben und Abhandlungen aus dem Gebiete der romanischen Philologie.

Heinrich, F. Ueber den Stil von Guillaume de Lorris und Jean de Meung. Diss. Marburg 1884. 48 S.

Heinrich, F., die Wissenschaft der Speisekarte. Alle auf der Speisekarte vorkomm. deutschen u. fremdländ. Ausdrücke in richt. schriftl. Wiedergabe, Aussprache, sprachl. Ableitg. u. sachl. Erklärg., nebst zahlreichen erläut. Bemerkgn. 1.—3. Aufl. 12. (IV, 73 S.) Berlin 891. O. Schuhr. n. 1. —

Heinrich, F., die Wissenschaft der Speisekarte. Alle auf der Speisekarte vorkomm. deutschen u. fremdsprachl. Ausdrücke in richt. schriftl. Wiedergabe, Aussprache, sprachl. Ableitg. u. sachl. Erklärg. nebst zahlreichen erläut. Bemerkgn. f. Jedermann u. zum prakt. Gebrauch f. Gastwirte, Köche, Kellner, auch f. Redactionen, Buchdruckereien etc. 2., verb. Aufl. 12. (80 S.) Berlin 901. G. Schuhr. n. 1. 20

Die Wissenschaft der Speisekarte. Alle auf der Speisekarte vorkommenden deutschen u. fremdsprachl. Ausdrücke in richtiger schriftl. Wiedergabe, Aussprache, sprachl. Ableitung u. sachl. Erklärung nebst zahlr. erl. Bemerkungen für Jedermann u. zum prakt. Gebr. f. Gastwirthe, Köche, Kellner, auch f. Redactionen, Buchdruckereien etc. von F. Heinrich. 3. verb. Aufl. *Berlin: G. Schuhr 1901.* (80 S.) 8° [03. 11806

Heinrich, F. O., Leben und Werke der berühmtesten Maler aller Zeiten und Länder. Unter Mitwirkung mehrerer Gelehrten und Kunstfreunde hrsg. 1. Bd. 1—5. Lfg. gr. 8. (S. 1—180.) Berlin 853, David. à Lfg. * 12 Ngr. *

— dass. — 1. Bd. 6. Lfg. A. u. d. T.: Die berühmtesten Maler der italien. Schule. 1. Bd.: Schulen von Toscana. 6. Lfg. gr. 8. (VII und S. 481—583.) Berlin 854, Nesselmann und Comp. *

Heinrich, F. W., Andeutung d. rechtl. Grundsätze e. Criminalgerichts-Verfassung, mit besond. Bezieh. auf d. besteh. Unterschied d. beständ. u. Geschwornen-Gerichte, nebst Bemerkn. üb. e. ausserordentl. Strafe. 8. (5½ B.) Berlin 834, Natorff u. Comp.

Heinrich, F. W., Krieg und Eifersucht. Ein Zeitgemälde in dramat. Form aus dem Kriegsleben des J. 1848 in Schleswig-Holstein. (Den Bühnen gegenüber als Mscr. gedr.) 12. (VII und 119 S.) Oldenburg 864, (Schmidt.) *

Heinrich, Felix: Der derzeitige Stand der Sectio caesarea und der Pubeotomie. Würzburg 1907: Scheiner. 85 S. 8°
Würzburg, Med. Diss. v. 4. Sept. 1909, Ref. Hofmeier
[Geb. 6. April 82 Köpenick; Wohnort: Würzburg; Staatsangeh.: Preußen; Vorbildung: Gymn. z. Grauen Kloster Berlin Reife O. 01; Studium: Berlin 2, Freiburg i. B. 1, Berlin 2, Würzburg 5 S.; Coll. 12. Juni 07; Approb. 15. Febr. 07.] [U 10. 4350

Heinrich, Fr., die Griechen in Krähwinkel. Posse in 3 A. 8. Ulm 826. Stettin. 9 gK

Heinrich, Fr., s. Spener, Ph. J., Predigten.

Heinrich, Fr., s. Ph. J. Spener's Predigten über Arnd Christenthum.

— das Volte-Fest. Posse in 3 A. 8. Ulm 825. Stettin. 9 gK

Heinrich, Fr. Aug. (Pseud.), s. a. Baumann, Friedrich

Heinrich, Fr. Aug., Homöopath Vollbebing u. d. Seinen. Ein Beitrag z. Cultur- u. Sittengeschichte unserer Zeit. gr. 8. (80 S.) Leipzig 896. (E. O. Jahn.) n. — 50

Heinrich, Franck

—: Die Ernährung der Pflanzen. 22 S. 8.
Progr. Städt. Gymn. *Dortmund* 1909 (468).

Heinrich, Frank (Rich. Thiede), vom Golde verführt. Sensations-Schausp. in 4 Acten u. 9 Bild., nach dem gleichnam. berühmten Roman f. d. Bühne bearb. gr. 8. (60 S.) Berlin (886) 898. M. Böhm. 3. —

Die Literatur der Aachener Mundart. Von Franz Heinrich. Aachen: Speckheuer 1909. 23 S. 8°
Aus: Oecher Platt. [09. 14535 6

Heinrich, Frz., Doktor Muth. Ernste u. heitere Gedichte aus dem ärztl. Leben zur Unterhaltg. f. Gesunde u. Kranke. (42 S.) kl. 8. Berlin (909). Berlinische Verlagsanstalt. Geb. in Leinw. 1. 50

Heinrich, Franz, a. Buttstädt i. Thür.: Laurence Sterne und Edward Bulwer (Lord Lytton). Buttstädt 1904: Fr. Kühn. (78 S.) 8°
Leipzig, Phil. Fak., Wülker u. Birch-Hirschfeld, Diss. v. 12. Sept. 1904
[Geb. 16. März 81 Buttstädt, S.-Weimar; Wohnort: Leipzig; Staatsangeh.: S.-Weimar; Vorbildung: Realgymn. Weimar Reife O. 00; Studium: Freiburg i. B. 1, Leipzig 6 S.; Rig. 23. Okt. 05.]

Heinrich, Frz., genealogisch-historisches Tagebuch des Großherzogthums Hessen u. bei Rhein. Vom Landgrafen Georg I. bis zum Regierungsantritt des Großherzogs Ludwig III. Augsburg 861. (Darmstadt, Küchler.) 8. (XVIII, 136 S. u. 3 Tab. in Fol.) n. 18 ngr.

Heinrich, Friedrich (Hrsg.), s. Minnesinger.

Heinrich, Fritz: Zur Geschichte der Anstalt. S. 5—11. 4.
Progr. Realgymn. i. E. *Caternberg* 1910 (654).

Heinrich, Fritz: Das Klären des Weines. Gründliche und leichtverständliche Anleitung trübe Weine glanzhell zu machen. Neue Aufl. der Frings'schen Anleitung. Nach rheinischen Prinzipien umgearb. Mainz: Michel 1894. 16 S.

Heinrich, Fritz, das Klären d. Weines. Gründliche u. leichtverständl. Anleitg., trübe Weine glanzhell zu machen. Neue Aufl. der Frings'schen Anleitg. Nach rhein. Prinzipien umgearb. gr. 8. (16 S.) Mainz 892. (V. v. Zabern.) n. 1. —

Heinrich, Fritz, s. a. Medizinbuch, e. mittelenglisches.

Heinrich, Fritz [aus Münster]: Ein mittelenglisches Medizinbuch nach den Manuscripten des British Museum: Sloane 3153, Sloane 405, Royal 17 A III, Royal 19,674, Harleian 1600 unter Zugrundelegg des Br. M. Additional Ms. 33,996 ... (Erscheint vollst. bei M. Niemeyer in Halle.) Halle a. S., Druck v. E. Karras, 1895; 2 Bl., 39 S., 2 Bl. 8.
Münster, Phil. Fak., Inaug.-Diss. v. [6. März] 1895

Heinrich, [Fritz]: Das Wesen der Reformschulen und die Berechtigungen der höheren Lehranstalten. Vortrag. Caternberg 1908: Grewer. Bl. 9—11. 4° ¶[Nachträglich geliefert.]
Katernberg, HK OP 1908** [S 09. 173

Heinrich, G., Fuormas grammaticalas del linguach Tudaisch in benefici dellas scuolas romauntschas. 2. Ediziun. gr. 16. (99 S.) Chur 855, Grubenmann'sche Buchh.

Heinrich, G., fuormas grammaticalas del linguach tudaisch in benefici dellas scuolas romauntschas. 2. ediz. Chur (856.) Grubenmann. 16. (99 S.) 7½ ngr

— ed E. Lechner, istorias della sencha scrittüra. Nel dialect d'Engiadina ota. Coira 857. (St. Gallen, Huber u. Co.) 8. (Vegl Testam. tres G. Heinrich. 4 Bl., 119 S.; Nouv Testam. tres E. Lechner. 2 Bl., 77 S.) n. 20 ngr

Heinrich, G. [app. Arzt aus Fuhrberg]: Untersuchung über die Wirkung schräggestellter sphärischer Brillengläser an emmetropischen und ametropischen Augen und Vergleichung dieser Wirkung mit der Wirkung cylindrischer Gläser. . . . Rostock, Univ.-Buchdr. v. Adler's Erben, 1890; 32 S., 6 Taf. 8°
Rostock, Med. Fak., Inaug.-Diss. v. [17. Mai] 1890

Heinrich, G., Weltuntergang. Ein Gedicht. gr. 8. (IV, 25 S.) Hamburg 888. Verlags-Anstalt u. Druckerei, A.-G. n. — 80

Heinrich, G., Zigeunerzinken u. andere Humoresken. (102 S. m. Abb.) 8. Halle 910. C. Nietschmann. 1. 25; geb. 1. 50

Heinrich, G. A., das Büchlein von der Beharrlichkeit. Ratschläge nach der ersten heil. Kommunion, mit begleitenden Briefen des Mgr. Perraud, Bischofs v. Autun 2c. Einzig autoris. Übersetzung von Bettina Ringseis. 16. (XL, 219 S.) Augsburg 886, Literar. Institut von Dr. M. Huttler. * 1 50
geb. ** 2 20

Heinrich, G. L. v., de gymnicorum exercitiorum utilitate et vero consilio, s. Guts Muths, J. Ch. F., über vaterländische Erziehung.

Heinrich, Georg *Wilhelm* [aus Auras in Schles.]: Ueber die Bedeutung der Mikroorganismen der Mundhöhle und deren Desinfektion. . . . Greifswald, Druck v. J. Abel, 1891; 36 S. 8°
Greifswald, Med. Fak., Inaug.-Diss. v. 31. Jul. 1891

Heinrich, Georg, approb. Arzt, aus Fulda i. Hess.-Nass.: Beitrag zur Frage der Diagnose von Knochenverletzungen durch das Röntgenbild. *Greifswald 1903: J. Abel.* (33 S.) 8°
Greifswald, Med. Diss. v. 29. Mai 1903

Heinrich, Geo., Gedichte. (102 S.) 8. Strassburg 907. J. Singer. 2. —

Heinrich, Georg Friedrich. Soldatensätze, Staatslehren und Bauernurthel. Bey Gelegenheit des bei Maxen den 20. und 21. des Wintermondes 1759 erfochtenen rühmlichen Sieges, in gebundener Rede entworfen. (Donation Liechtenstein.) Fol. Wien 1759.

Heinrich, Geo. Sam., d. große Schauspiel d. französ. Revolution bis zu ihrer Vollendung durch d. Frieden v. Amiens. 8. Essen u. Frankf. a. M. 802. Behrens.

Heinrich, Geo. Sam., d. Staaten Europas. 8. Essen 810.

Heinrich, Glieb., Weltuntergang. Ein Gedicht. gr. 8. (IV, 25 S.) Hamburg 888, Verlags-Anstalt und Druckerei, A.-G. * — 80

Cantate zur Feier des 25jährigen Stiftungs-Festes der sehr ehrw. St. Johannis-Loge zu den drei Rosen im Walde im Or. zu Sorau. Den 29. Mai 1845. [Unterz.:] [Gust.] Rob.] Paschke und [Gottlob] Heinrich. [Sorau 1845]: Rauert. 7 S. 8⁰ [Umschlagtit.]
Ohne Noten: „Heil der hochbeglückten Stunde, . . .“

[Dasselbe u. d. Tit.:]
Cantate zur Feier des 50jährigen Stiftungs-Festes der sehr ehrw. St. Johannis-Loge zu den drei Rosen im Walde im Or. zu Sorau. Am 29. Mai 1870. [Am Ende:] Gedichtet von [Gust. Rob.] Paschke und comp. von [Gottlob] Heinrich. Sorau [1870]: Klinkmüller. 3 Bl. 8⁰ [Umschlagtit.]
Ohne Noten.

Heinrich, Gust., deutsches Lehr- und Lesebuch für höhere Lehranstalten, insbesondere für Obergymnasien und Oberrealschulen. 3 Bde. gr. 8. Budapest, Lampel. [1. Bd. 3. wesentl. verm. und verb. Aufl. (III, 316 S.) 1881; 4. Aufl. Mit einem Grundriß der Stilistik. (VII, 313 S.) 884. *ℳ 2,80.; 2. Bd. 5. verm. und verb. Aufl. (VIII, 323 S.) 1881; 6. Aufl. Mit einem Grundriß der Poetik. (IX, 342 S.) 884. *ℳ 2,80.; 3. Bd. 1. Aufl. (XI, 348 S.) 1877; 2. sehr verm. Aufl. (IV, 412 S.) 881. *ℳ 3,60.] *

Heinrich, G., deutsches Lehr- u. Lesebuch für höhere Lehranstalten, insbes. für Obergymnasien u. Oberrealschulen. 3 Bde. gr. 8. Budapest 887—889. Lampel. n. 9. 20
1. 5. Aufl., mit e. Grundriß der Stilistik. (IV, 316 S.) n. 2. 80
2. 7. Aufl., mit e. Grundriß der Poetik. (VIII, 344 S.) n. 2. 80
3. 4. Aufl., mit e. Grundriß der Literaturgeschichte. (IV, 448 S.) n. 3. 60

Heinrich, Gust., deutsches Lesebuch für höhere Lehranstalten, insbesond. für Obergymnasien u. Oberrealschulen. 1. Bd. Mit e. Grundriß der Poetik u. erklär. Anmerkungen. Pest 870. Lampel. gr. 8. (VIII, 272 S.) n. 24 ngr.

Heinrich, Gust., deutsches Lesebuch f. höhere Lehranstalten, insbesondere f. Obergymnasien u. Oberrealschulen. 2. Bd. Mit e. Grundriß der Rhetorik u. erklär. Anmerkgn. gr. 8. (VII, 260 S.) Budapest 872. Lampel. (à) n. 2. 40

– (Hrsg.), s. Revue, Ungarische.

Heinrich, Gust., deutsche Verslehre, zunächst für höhere Lehranstalten. 2., verm. u. verb. Aufl. 8. (VIII, 144 S.) Budapest 878. Leipzig, Haessel. n. 1. 60

Heinrich, Gust. Adolf Agrarische Sitten und Gebräuche unter den Sachsen Siebenbürgens. 33 S. Progr. *Sächsisch-Regen* 1880

Heinrich, H., Denkmäler d. Freundschaft u. Liebe. Eine Samml. ausgewählter Stellen v. deutschen, griech., lat., italián., franz. u. engl. Schriftstellern. In d. Origspr. mit Uebersetz., z. Gebr. f. Stammbücher. 1. Aufl. Leipzig 837., u. 2. Ausg. 8. (à 7 B.) Quedlinburg 839, Ernst'sche Buchh. à

Heinrich, H., ein musikalischer Polterabendscherz, s. Bloch's Dilettanten-Bühne.

Heinrich, H., Skizzen aus dem öffentlichen Haushalt Russlands. gr. 8. (III, 121 S. mit 2 Tab.) Riga 878, Deubner. *

Heinrich, Hans, aus Canth i. Schl.: Über den Schlundkopf einiger dibranchiaten Cephalopoden. *Halle a. S. 1904: E. Karras.* (40 S.) 8° ¶ (Aus: Zeitschr. f. Naturwiss., Bd 77.)
Leipzig, Phil. Diss. v. 1904

Heinrich, Hayd.

Wesen und Ursprung der menschlichen Seele. – Von demselben. — 1888, Freising, ebenda. – S. 1—66.
Progr. Freising, K. Lyzeum und Gymnasium

Heinrich, Heinr., 52 ein-, zwei- u. dreistimmige Gesänge für Volksschulen. 2. Aufl. 8. (3⅛ B.) Halle 844. [Knapp.]

Heinrich, Heinr. Münchhausen im Waffenrock, s. Eckstein's humoristische Bibliothek.

Heinrich, Hellmuth, Kammergerichtsrefer., Wriezen: Das Delikt der gefährlichen Körperverletzung ⟨§ 223a des Reichsstrafgesetzbuches⟩. Eberswalde 1910: Kähler. 82 S. 8°
Greifswald, Jur. Diss. v. 21. Sept. 1910, Ref. Weismann
[Geb. 4. Febr. 87 Eberswalde; Wohnort: Eberswalde; Staatsangeh.: Preußen; Vorbildung: Gymn. Eberswalde Reife O. 06; Studium: Berlin 3, München 1, Greifswald 3 S.; Rig. 1. Aug. 10.] [U 11. 1591

Heinrich, Hermann (Pseud.), s.o D i e t m a n n , Hermann (wirkl.Name)

Albrecht der Bär. Erzählung aus d. vaterländ. Gesch. Von Hermann Heinrich Potsdam: A. Stein [1901] (152 S.) 8° [S.]
— Heinrich: Die Siegesallee Bd 1. [02. 1713

Heinrich, Herm., Bileam. Trauerspiel in 5 Aufzügen. 8. (V, 127 S.) Berlin 883, Freund und Jeckel. *

Heinrich, Herm. (Nathanael Karl Martin Ludw.) (geb. Lobsens in Posen 26. 12. 1859): Ueber Blennorrhoea neonatorum mit besonderer Berücksichtigung der Desinfektionsfrage in der Therapie. Berlin (1882). (31 S.) 8°
Berlin, Med. Diss. v. 18. März 1882

Heinrich, Herm., d. Freunde d. Wahrheit. Gedanken aus d. Leben f. d. Leben. 3. Aufl. (7.—10. Tauf.) gr. 16. (56 S.) Regensburg 896. Nationale Verlagsanstalt. n. — 15

Heinrich, Herm., um Glück u. Ruhm. Künstler-Novelle. (98 S.) 8. Leipzig (904). Erfurt, F. Kirchner. n. 1. —

Heinrich, Herm., Jahresreigen. Gedichte. (VI, 195 S.) 8. Berlin (907). Nicolai's Verl. Geb. in Leinw. 2. 40

Otto der Erste. Erzählung aus d. vaterländ. Geschichte von Hermann Heinrich. Potsdam: A. Stein [1907]. (143 S.) 8°
— Heinrich: Die Siegesallee. Bd 2. [08. 1198

Heinrich, Herm., das geflügelte Rad. Roman. 8. (322 S.) Leipzig 892. (Dresden, E. Reißner.) n. 4. —

Heinrich, Herm., aus der Schuldhaft! Ein Nothschrei an unsere Gesetzgeber. gr. 8. (32 S.) Leipzig 865, J. A. Barth. *

Heinrich, Herm., die Siegesallee. Erzählungen aus der vaterländ. Geschichte. 1. Bd. Albrecht der Bär. 8. (152 S. m. 2 Vollbildern.) Potsdam (901). A. Stein. n. 1. 25; geb. n. 1. 50

— Die Siegesallee. Erzählungen aus der vaterländ. Geschichte. 2. Bd. Otto I. (143 S.) 8. Potsdam (907). A. Stein. 1.—; geb. 1. 20

— ein Studentenstreich, s.: Unterhaltungsbücher, neue, für Stenographen (System Stolze-Schrey). Nr. 4.

— Ueberwunden u. Versöhnt. 2 Erzählgn. aus den vierziger Jahren des 19. Jahrh. 12. (135 S.) Ebd. 900. Kart. n. 1. 20

[S.] Von echtem Schrot u. Korn. Vier Erzählgn aus Deutschlands Vergangenheit. Von Hermann Heinrich. *Berlin: Fischer & Franke 1897.* (VI S., 1 Bl., 187 S.) 1 Bd 8.
— Bibliothek, Fischer & Franke's, f. Bücherliebhaber. Bd 2. [98. 1733

Zwei Arbeiten aus der Loge Minerva zu den drei Palmen im Or. Leipzig. [Von J. Heinrich.] Leipzig 1896: Leiner. 51 S. 8°
Recens: Bbl. 10 (1896) S. 366 (A. W. Sellin); FZ. 50 (1896) S 200; R. 23 (1896) S. 56.
Bericht üb. die Trauerloge für F. Schuster u. üb. die Festloge für A. Mahlmann.

Heinrich, J. (Red.), s. A u e , die goldene.

Heinrich, J., die gewerbliche Buchführung nebst Anleitung zur Steuererklärung. Methodisches u. prakt Handbuch f. Meisterkurse, Fortbildungs- u. Fachschulen, sowie f. den Selbstunterricht. (64 S.) gr. 8. Leipzig 904. A. Hahn. n. — 60

Heinrich, J., die Ernährungstherapie bei Konsumtionskrankheiten m. besond. Berücksicht. der „Odda M. R." (7 S.) 8. Leipzig 908. B. Konegen. 1. —
Sonderabdruck aus: „Reichs-Medizinal-Anzeiger".

Heinrich, J., thierärztliches Handbuch zur Belehrung für Landwirthe, Viehbesitzer, Thierärzte u. Agenten von Vieh-Versicherungs-Gesellschaften. Enthltd. das Wichtigste der Gesundheits- u. Krankheitslehre der nutzbaren Hausthiere. Mit mehreren Abbildgn. Magdeburg 857. Schäfer in Comm. 8. (80 S. u. 3 lith. Taf. in 4. u. Fol.) n. 10 ngr

Heinrich, J., die Kastration der Kühe, s. Bibliothek der Viehzucht.

Heinrich, J., die Kastration der Kühe als ein Mittel zur Erzielung größeren Milchertrages u. vollkommener Mästung. Auf Grund praktischer Erfahrung. Mit 4 Abbildungen (Holzschn.). Berlin 861. Schotte & Co. (Stuttgart, Johannsen.) 8. (45 S.) 7½ ngr.

— die Kolik der Pferde. Nach der Erfahrungswissenschaft für Pferdebesitzer u. Thierärzte gemeinfaßlich dargestellt. Nordhausen 863. Büchting. gr. 8. (IV, 62 S.) 10 ngr.

— — Der rationelle Pferdezüchter, Zucht, Wartung und Pflege der Pferde, ihre Krankheiten und deren homöopathische Heilung. 8. (VIII. u. 166 S.) Quedlinburg 52. Ernst. M. 2.50

Heinrich, J., der Protokollführer in Strafsitzungen. Praktische Anleitg., besonders f. Rechtspraktikanten u. Sekretariatsadspiranten. 12. (VIII, 87 S.) Würzburg 893. Stahel. Kart. n. 1. —

Heinrich, J., der kaufmänn. Schreibemeister in deutscher, franz., engl. u. holländ. Schrift. gr. Fol. Wesel, Klönne. 815.

Heinrich, J., d. praktische Thierarzt. Gemeinverständlicher Leitfaden d. Gesundheitspflege, Krankheits- u. Heilmittellehre unserer landwirthschaftl. Hausthiere. 3. vollständig neu bearb. Aufl. Mit 3 (lith.) Taf. Abbildgn. (in 4. u. qu. Fol.) 8. (VIII, 128 S.) Berlin 873. Wiegandt, Hempel & Parey. n. 2. —

— — Der praktische Tierarzt. Gemeinverständlicher Leitfaden der Gesundheitspflege, Krankheits- und Heilmittellehre unserer landwirtschaftl. Haustiere. (III.) Mit 3 Taf. (128 S.) Dresd. 73. Schönfeld. M. 2.—

Heinrich, J., Übersicht über die ersten 20 Jahre des Bestehens des Akademischen Turnvereins zu Berlin, Berlin 1880, 8 S., 8°.

Heinrich, J. Über Viehversicherung mit besonderer Bezugnahme auf den Zentral-Viehversicherungs-Verein. Berlin 1890.

— deutsche, franz. u. engl. Vorschriften. 4 Hefte. Querfol. Essen u. Duisb. Bädecker. (in Comm.) 812. (Jedes Heft 2 Rthlr.)
(1stes Heft enth. deutsche, franz. u. engl. Vorschriften. 2s Hft. deutsche Vorschriften. 3s Hft. franz. Modèles d'écriture contenant le trois genres etc. 4s Hft. engl. Vorschriften Exemples containing sets of round Text.)

Heinrich, J. Bt., Abhandl. über d. Kultur d. Waids u. d. Indigobereitung aus demselben. Mit 4 Kpf. 4. Wien 812.

Heinrich, J. G., der accentuirend-rhythmische Choral. Oder: Wie läßt sich der evangelische Choralgesang in seiner wahren Einfachheit allgemein durchführen? Für Seminaristen, Lehrer, Organisten, Cantoren u. Geistliche bearb. Glogau 861. Flemming. gr. 8. (2 Bl., 52 S.) 7½ ngr.

Heinrich, J. G., aktenmäßige Darstellung des eingeleiteten Strafverfahrens wegen einer (von ihm) am Reformationsfeste 1852 gehaltenen ꝛc. Predigt, s. Darstellung.

Heinrich, J. G., das practische Kirchen- u. Haus-Choralbuch, m. metrisch geordneten Melodien, f. die Orgel, das Harmonium u. den Sängerchor vierstimmig gesetzt u. m. mehreren Uebergängen zwischen den Versen bearb. qu. 4. (XVI, 192 S.) Leipzig 874. Heinrich's Verl. (?) n. 7. 50

Heinrich, J. G., Orgelbau-Denkschrift, od. der erfahrene Orgelbau-Revisor. Ein Rathgeber f. Gemeinde-Kirchenräthe, Geistliche, Organisten, Cantoren, sowie f. Alle, welche Interesse am Orgelbau nehmen. Gemeinfasslich beschrieben. gr. 8. (VIII, 79 S.) Weimar 877. B. F. Voigt. 1. 50

Heinrich, J. G., Orgelbaurevisor, 2. Aufl., s.: Hartmann, Ludw., die Orgel.

— Orgellehre. Structur u. Erhaltung der Orgel. Für Seminarien, Lehrer, Organisten ꝛc. leichtfaßlich bearb. Ebend. 861. gr. 8. (XII, 99 S.) 12 ngr.

Heinrich, Jakob, k. k. Oberlieut. Auditor. Auszug der Gesetze für die k. k. Armee. 8 Wien und Prag 1787.

Heinrich, Jac., Gesetzbuch für die K. K. Armee. gr. 8. Prag, Schönfeld. 785.

Heinrich, Jakob: Gesetze für die k.k.Armée In Auszug, nach alphabetischer Ordnung der Gegenstände eingerichtet. 564 S., gbd.

Wien u.Prag: v.Schönfeld 1785

JB 3.621

Heinrich, Jakob: Gesetze für die k.k.Armée In Auszug, nach alphabetischer Ordnung der Gegenstände eingerichtet. Fortgesetzte Aufl. 626 S., gbd.

Wien u.Prag: v.Schönfeld 1787

JB 3.622

HEINRICH, Jac.: Gesetze f. d. k. k. Armee im Ausz. nach alphab. Ordn. d. Gegenstände. *Wien u. Prag*, v. Schönfeld. (1—2e A. 784—85.) 3e A. 789. gr. 8. (1 Thl. 8 Gr.)

Heinrich, Jak., s.: Greulein, Jean.

Heinrich, Jak., Georg Usteri, s.: Bobio, Herm., aus helvetischen Landen.

Heinrich, Johann

Heinrich, Joh., poetischer Blumenstrauss, gepflückt, gesammelt u. gebunden. Eine Sammlg. meist lyr. Gedichte (1894—1898). 8. (VII, 79 S.) Dresden 900. E. Pierson. geb. 1. 50; geb. n. 2. 50

Heinrich, Joh., die Bordellwirtschaft in Oldenburg. Ein Wort der Mahng. u. Warng. an alle, die es angeht. 3. Aufl. gr. 8. (30 S.) Oldenburg 901. Eschen & Fasting. — 30

Nur in Partien v. mindestens 12 Ex. zu beziehen.

— der Magistrat u. die Bordelle in Oldenburg. gr. 8. (31 S.) Ebd. 901. — 30

Nur in Partien v. mindestens 12 Ex. zu beziehen.

Heinrich, Johann Baptist

Heinrich, J. B., die Beweise für die Wahrheit u. Nothwendigkeit des Christenthums u. der Kirche. Kurz u. gemeinfaßlich zusammengestellt. Nebst einer Einleitung über die heutigen Feinde des Christenthums u. ihre Waffen. Mainz 863. Kirchheim. 8. (VIII, 120 S.) n. 5 ngr.

Heinrich, Joh. Bapt., die Beweise für die Wahrheit des Christenthums und der Kirche. Mit einer Einleitung über die Gegner des Christenthums und ihre Waffen. Neue verb. und verm. Aufl. 12. (VIII, 143 S.) Mainz 885, Kirchheim. 1 —

Heinrich, J. B., ein Blick in die religiöse Vergangenheit, Gegenwart u. Zukunft der Stadt u. des Bisthums Mainz. Eine Predigt, gehalten am Kirchweihfeste zu Mainz. gr. 8. (16 S.) Mainz 850, Kirchheim & Schott. n. 2 ngr.

Heinrich, J. B., Clemens Brentano. (3. Vereinsschrift der Görres-Gesellschaft für 1878.) gr. 8. (VII, 104 S.) Köln 878. Bachem in Comm. n. 1. 80

—— der selige Petrus Canisius. Eine Predigt zur Feier seiner Seligsprechung gehalten im Münster zu Straßburg. gr. 8. (24 S.) Mainz 865, Kirchheim.

—— Christus. Ein Nachweis seiner geschichtl. Existenz und göttl. Persönlichkeit, zugleich eine Kritik des Rationalismus, des Straußischen Mythicismus und des Lebens Jesu von Renan. 16. (XII und 244 S.) Mainz 864, Kirchheim.

Heinrich, J. B., das erste dogmatische Decret des vaticanischen Conciles. In deutscher Uebersetzung mitgetheilt, sodann erklärt. gr. 8. (80 S.) Münster 870, Russell's Verlag.

Heinrich, J. B., Ermunterungen zur Bußfertigkeit u. sühnenden Fürbitte. Ein Jubiläums- u. Missions-Andenken. gr. 16. (VII, 124 S.) Mainz 886. Kirchheim. n. — 75

Heinrich, J. B., Franz von Assisi und seine culturhistorische Bedeutung, s. Broschüren, Frankfurter zeitgemäße.

— Gebetsverein f. Deutschland. Erwägungen u. Gebete. 16. (78 S.) Mainz 880. Kirchheim. n. — 20

Heinrich, J. B.: Joseph v. Görres, s.a. Broschüren, Zeitgemäße.

Heinrich, Dr. J. B., Joseph von Görres. Ein Lebensbild. (Broschüren-Verein. Jahrg. III. No. 5.) Frankfurt a. M., Verlag für Kunst und Wissensch. (G. Hamacher), 1867. Gr. 8°. Cart.

31 S. — Ultramontane Schrift, gleich zu Anfang mit Ausfällen auf den „menschenvergötternden Cultus des Genies" (Goethe etc.).

— Joseph Görres. Gedächtnißrede an seinem 100. Geburtstage, geh. zu Coblenz am 25. Januar 1876. gr. 8. (17 S.) Mainz 876. Kirchheim. — 15.

Heinrich, J[ohann] B[aptist] B.: Kosmologischer Gottesbeweis und Kant's Kritik der reinen Vernunft. *(Mainz 1898: H. Prickarts.)* (XXXI S.) 4°

Mainz, grossh. G, P 1898 (1898)

Heinrich, J. B. J., kosmologischer Gottesbeweis u. Kants Kritik der reinen Vernunft. Progr. gr. 4. (XXXIS.) Mainz 898. (H. Quasthoff.) n. 1. 40

Heinrich, J. B., die Heiligkeit des heil. Märtyrers Bonifacius, des Apostels der Deutschen. Eine Predigt, gehalten am 2. Pfingsttage zur Vorfeier des Bonifaciusfestes zu Mainz. Mainz 855. Kirchheim. gr. 8. (16 S.) 2 ngl

Heinrich, Joannes Baptista (Mainz)
De hereditate legatove absenti delato, tam secundum ius commune Germanicum, quam secundum legem Franco-Gallorum, et antiquam et novam. Diss. inaug.
Gissae: Lichtenberger 1841. 29 S.
Diss. Habil. jur. 2.11.1840. vorh. 12. Δ

— Jubiläums-Büchlein. Eine Anleitg. das Jubiläum in frommer Weise zu feiern nebst e. Triduum zur Vorbereitg. 16. (56 S.) Mainz 875. Kirchheim. — 15

— Jubiläums-Büchlein für das von Sr. Heil. Papst Leo XIII. verkündete allgemeine Gebets-Jubiläum zur Erflehung der göttlichen Hilfe. 16. (62 S.) Ebendas. 879.

— Jubiläumsbüchlein für das von Sr. Heil. Papst Leo XIII. verkündete außerordentliche Jubiläum. Nebst Betrachtungen und Belehrungen zur Vorbereitung auf die Jubiläumsbeichte. 16. (48 S.) Ebendas. 881.

— Jubiläums-Büchlein f. das v. Sr. Heil. Papst Leo XIII. verkündete u. unter den besond. Schutz der Königin d. hl. Rosenkranzes gestellte außerordentliche Jubiläum d. J. d. Herrn 1886. Nebst Betrachtgn. u. Belehrgn. zur Vorbereitg. auf die Jubiläumsbeichte. 5. Aufl. 16. (48 S.) Mainz 886. Kirchheim. — 12

— Jubiläums-Büchlein für das von Sr. Hl. Papst Leo XIII. verkündete und unter den besondern Schutz der Königin des Heiligen Rosenkranzes gestellte außerordentl. Jubiläum des Jahres des Herrn 1886. Nebst Betrachtungen und Belehrungen zur Vorbereitung auf die Jubiläumsbeichte. 1.—5. Aufl. 16. (48 S.) Ebendas. 887. — 12

— die wahre Kirche oder das sichtbare Reich Gottes auf Erden. Zum Nachweis und zur Beleuchtung der Irrthümer und Fehlschlüsse in der Schrift des Hrn. Nonweiler: Das Reich Gottes und die Kirche. Mainz 855. Kirchheim. gr. 8. (30 S.) n. 2 ngl

Heinrich, J. B., d. Kirchenjahr, s.: Guéranger, Dom Prosp.

– Die Klöster und ihre Gegner, s. Broschüren, Zeitgemäße.

— die Klöster in der Geschichte, s. Broschüren-Verein, kathol.

— das Leben und Wirken des heil. Bonifacius, Erzbischofs von Mainz u. Apostels der Deutschen, zur 11. Säcularfeier seines Märtyrertodes kurz geschildert. Mainz 855. Wirth. gr. 8. (32 S. u. 1 Stahlst.) 4 ngl

Heinrich, J. B., Lehrbuch der katholischen Dogmatik. Bearb. u. hrsg. v. Phpp. Huppert. 1. Halbbd. gr. 8. (XI, 318 S.) Mainz 898. F. Kirchheim. n. 5.—
93*

— Lehrbuch der katholischen Dogmatik. Bearb. u. hrsg. v. Phpp. Huppert. 2. Halbbd. 2 Abteilgn. gr. 8. (V, IV u. S. 319–910.) Mainz (899. 900). [F. Kirchheim.] Münster, Aschendorff. n. 9.—; (kplt. n. 14.—; geb. n. 16. 50)

— die Reaction des sogenannten Fortschritts gegen die Freiheit der Kirche und des religiösen Lebens. Mit besond. Rücksicht auf die kirchl. Zustände Mitteldeutschlands und die neuesten Vorgänge im Großherzogth. Hessen. gr. 8. (XII und 242 S.) Mainz 863, Kirchheim.

— die kirchliche Reform. Eine Beleuchtung der Hirscher'schen Schrift: „Die kirchlichen Zustände der Gegenwart." 1. Hälfte: Von der Freiheit und Verfassung der Kirche — insbesondere von der Diöcesansynode. gr. 8. (IV und 144 S.) Mainz 850, [Kirchheim.]

— dass. — 2. Hälfte: Von den Mitteln zur Regeneration des religiösen Lebens und den kirchl. Reformen, nebst einem Anhange über Hirscher's: „Antwort an die Gegner meiner Schrift rc." gr. 8. (IV und 214 S.) Ebds. 850.

— dogmatische Theologie. 1. Bd. 3 Abthlgn. gr. 8. Mainz 874, Kirchheim. [1. Abthl. (XV, S. 1—320.) *ℳ 3,60.; 2. Abthl. (S. 321—560.) *ℳ 2,60.; 3. Abthl. (XX, S. 561—864.) *ℳ 3.] *

Heinrich, J. B., dogmatische Theologie. 2. und 3. Bd. à 3 Abthlgn. gr. 8. Mainz, Kirchheim. [2. Bd. 1. Abthl. (S. 1—304.) 875. *ℳ 3,40.; 2. Abthl. (S. 305—560.) 876. *ℳ 2,80.; 3. Abthl. (VII, S. 561—824.) 876. *ℳ 3.; 3. Bd. 1. Abthl. (S. 1—256.) 877. *ℳ 3,20.; 2. Abthl. (S. 257—512.) 878. *ℳ 3,20.; 3. Abthl. (VIII, S. 513—892.) 879. *ℳ 3,60.] * 19 20
1. Bd. Ebendas. 1874. *ℳ 9,20.

— dogmatische Theologie. 1.—5. Bd. gr. 8. Ebendas. [1. und 2. Bd. 2. Aufl. (XVI, 832; VII, 802 S.) 881,82. à *ℳ 9,20.; 3. Bd. 2. Aufl. (VIII, 864 S.) 883. *ℳ 10.; 4. Bd. 1. Abthl. (S. 1—256.) 880. *ℳ 3,20.; 2. Abthl. (VIII, S. 257—652.) 881. *ℳ 5,40.; 5. Bd. 1. und 2. Abthl. (S. 1—512.) 882,83. à *ℳ 3,20.; 3. Abthl. (VIII, S. 513—824.) 884. *ℳ 3,60.] *

— dogmatische Theologie. 4. und 6. Bd. in 3 Abthlgn. gr. 8. Ebendas. [4. Bd. (VIII, 640 S.) 885. *ℳ 8.60.; 6. Bd. 1. Abthl. (S. 1—240.) 885. *ℳ 3.—; 2. Abthl. (S. 241—480.) 886. *ℳ 3.—; 3. Abthl. (VIII, S. 481—862.) 888. *ℳ 5.—.] * 19 60
1.—3. und 5. Bd. Ebendas. 1881—84. *ℳ 38.40.

— dogmatische Theologie. 6. Bd. 2. u. 3. (letzte Abth.); 7. Bd. 1. Abth. gr. 8. Ebd. n. 11.— (I—VII, 1.: n. 61.—)
VI. 2. (S. 241—480.) 886. n. 3. —. — VI. 3. (VIII u. S. 481—862.) 887. n. 5. —. — VII. 1. (S. 1—240.) 889. n. 3. —.

Heinrich, J. B., dogmatische Theologie. Fortgeführt v. C. Gutberlet. 7. Bd. 2. u. 3. Abth. u. 8. Bd. gr. 8. Mainz, F. Kirchheim. n. 21.— (I—VIII n. 82.—)
7. II. (S. 241—480.) 896. n. 8. 40
7. III. M. Portr. u. Lebensskizze v. J. B. Heinrich. (XXXIX u. S. 481–846.) 896. n. 5. 60
8. (VII, 696 S.) 897. n. 12. —

— dogmatische Theologie. Fortgeführt durch Const. Gutberlet. 6. Bd. u. 9. Bd. 1. u. 2. Abth. gr. 8. Ebd. n. 25. 75
6. 2. Aufl. (VII, 862 S.) 900. n. 12. —
9. I. (262 S.) 899. n. 3. 75
II. (S. 263—886.) 901. n. 10. —
Bd. 1–5, 7 u. 8 jetzt Ebd. 881–897. n. 70. —.

Heinrich, J. B., Dogmatische Theologie. Fortgeführt durch Const. Gutberlet. X. Bd. 2 Abthlgn. (VII, 953 S.) gr. 8. Münster 902. 904. Aschendorff. n. 14. 25
Bd. 1–9, jetzt Ebd. 881–901. n. 95. 75.

— Trauerrede bei der Bestattung des hochsel. Bischofs Wilhelm Emmanuel Frhrn. v. Ketteler. Gehalt. am 18. Juli im Dome zu Mainz. 8. (12 S.) Ebend. 877. n. — 10

— Was gewinnt die Herzen für Pius IX.? Rede gehalten in der Katholiken-Versammlung zu Mainz den 9. März 1869. gr. 8. (16 S.) Mainz 869, Kirchheim.

Heinrich, Jh. Dav., († d. 14. Oct. 1814.), s. Wört, ein, ans Herz u. ins Ohr.

-- **Johann Georg,** Technologiae vegetabilis specimen de oleis expressis. Präs. Georg Rudolph Boehmer. Wittbg. (Carl Christian Dürr) 22. III. 1792. 38 S. (6.50) 14044

Heinrich, Joh. Glieb., Abschieds-Predigt gehalt. am 13. Octbr. 1841 vor der evangel.-luther. Gemeinde zu Wupperfeld. 2. Aufl. gr. 8. (1 B.) Barmen 845, Sartorius.

— ich schäme mich des Evangelii von Christo nicht. Predigt üb. Römer 1, Vers 16 gehalten am 1. Sonnt. n. Trin. 1844. 8. (¼ B.) Barmen 844, Sartorius.

Heinrich, Joh. M., Bruder Fridunand. Roman aus dem XIII. Jahrh. 8. (315 S.) Ebd. 900. n. 5. —; geb. n. 6. —

Heinrich, Jh. Mch., (Jh. Mch. Tzschoppe); s. Geschichte d. Geheimnisses d. Ordens d. Illuminaten.

Heinrich, J. M., Vers. üb. d. Sekte d. Illuminaten (v. J. M. Tzschoppe) a. d. Frz. gr. 8. Freyberg, Graz u. G. 789. -

Heinrich, Johanne, unsere Weihnachtstanne. Ein Wintermärchen f. Erwachsene (109 S.) 8. Magdeburg (906.) R. Zacharias. n. 2. 50; geb. in Leinw. n. 3. —

Unsere Weihnachtstanne. Ein Wintermärchen f. Erwachsene von Johanne Heinrich. Magdeburg [1907]: R. Zacharias. (109 S.) 8° [F.]

Heinrich, Johe. Christiane, vollständ. Handbuch f. Küche u. Haus, od. gründl. Anweis. z. Koch- u. Backkunst, sowie zu allen denjen. Sachen, welche in ein. grösseren od. klein. Hauswesen vorkommen. Nach langjähr. Erfahr. hrsg. f. deutsche Frauen u. Mädchen. 2. Aufl. 8. (34¼ B., 10 Abbild. u. Titlkpfr.) Dresden u. Leipzig 839, Arnoldische Buchh. *

Heinrich, Johanne Christiane, vollständiges Handbuch f. Küche u. Haus oder gründl. Anweisung zur Koch- u. Backkunst, sowie zu allen denjenigen Sachen, welche in einem grösseren oder kleineren Hauswesen vorkommen. Nach langjähr. Erfahrung hrsg. für deutsche Frauen u. Mädchen. 3. Aufl. m. 1 Titelkpfr. u. 10 Abbildgn. 4 Hfte. gr. 8. (XVI u. 344 S. m. 2 lith. Taf.) Dresden 849, Adler & Dietze (à 6 ngl) 24 ngl

Heinrich, Johanne Christiane, vollständiges Handbuch für Küche und Haus oder gründl. Anweisung zur Koch- und Backkunst, sowie zu allen denjenigen Sachen, welche in einem grösseren oder kleineren Hauswesen vorkommen. Nach langjähr. Erfahrung hrsg. für deutsche Frauen und Mädchen. 3. Aufl. Mit 10 Abbildungen. gr. 8. (XVI und 344 S. mit 2 Stnt. und Titlkpfr.) Dresden 850, Adler und Dietze.

Heinrich, Johanne Christiane, vollständiges Handbuch für Küche und Haus oder gründl. Anweisung zur Koch- und Backkunst, sowie zu allen denjenigen Sachen, welche in einem grösseren oder kleineren Hauswesen vorkommen. Nach langjähr. Erfahrung hrsg. für deutsche Frauen und Mädchen. 4. Aufl. gr. 8. XVI, 344 S. mit 1 lithogr. Titelkpfr. und 10 Abbild. auf 1 Stnt.) Dresden 858, G. Dietze. cart.

Heinrich, Johanne Christiane, vollständiges Handbuch f. Küche u. Haus. Mit e. (lith.) Titelkpfr. u. 10 Abbildgn. (1 Steintaf.) 4. Aufl. gr. 8. (XVI, 344 S.) Dresden 855. G. Dietze. cart. 2. 70

Heinrich, Johannes (Hrsg.), s. Ratgeber zur Pflege der körperlichen Spiele an den deutschen Hochschulen.

Heinrich, J., Ratgeber zur Pflege der körperlichen Spiele an den deutschen Hochschulen, s.: Schenckendorff, E. v.

Heinrich, Jos., saunten Heinrich, Placid.

Heinrich, Jos., Bilder-Fibel für den ersten Schreib- u. Lese-Unterricht. Nach method. Grundsätzen bearb. Mit vielen künstlerisch ausgeführten Origin.-Illustr. (in eingedr. Holzschn.). gr. 4. (VIII, 84 S.) Prag 878. Tempsky. cart. n. 4. —

Heinrich, Josef (Hrsg.), s. Lehrerzeitung, Allgemeine österr.

Heinrich, Jos., Lese- und Sprachbuch für Elementarschulen. 1. Thl. Zunächst für die 2. Klasse der österreich. Volks- und Bürgerschulen. gr. 8. (192 S. mit mehreren Illustr. in eingedr. Holzschn.) Prag 872, Tempsky.
— dass. — 2. Thl. Zunächst für die ein- und mehrklass. österreich. Volksschulen. gr. 8. (237 S. mit vielen Illustr. in eingedr. Holzschn.) Ebendas. 874. *
— dass. — für Elementar- und Fortbildungsschulen. Zunächst für die Oberabtheilungen der mehrklass. österreich. Volksschulen. 3., abschließ. Thl. 2. Aufl. gr. 8. (IV, 396 S. mit vielen Illustr. in eingedr. Holzschn.) Ebendas. 876. **

— Lese- und Sprachbuch für Elementarschulen. Zunächst für die ein- und mehrclass. österreich. Volksschulen. 3 Thle. Mit vielen (eingedr. Holzschn.-)Illustr. gr. 8. Ebendas. [1. Thl. 2.—56. unveränd. Aufl. (192 S.) 872—79. geb. in Halbleinw. ** 86 Pf., in Halbleder ** 92 Pf.; 2. Thl. 2.—37. unveränd. Aufl. (IV, 304 S. mit 1 chromolithogr. Karte von Oesterreich-Ungarn.) 874—79. geb. in Halbleinw. ** ℳ 1,40., in Halbleder ** ℳ 1,46.; 3. Thl. (Für Elementar- und Fortbildungsschulen. Zunächst für die Oberabthlgn. der mehrclass. österreich. Volksschulen.) 3.—13. unveränd. Aufl. (IV, 400 S.) 877—79. geb. in Halbleinw. ** ℳ 1,70., in Halbleder ** ℳ 1,76.]
geb. in Halbleinw. * 3 96
geb. in Halbleder ** 4 14

Heinrich, Jos., Lese- und Sprachbuch für Elementarschulen. Zunächst für die ein- und mehrclass. österreich. Volksschulen. 3 Thle. Mit vielen (eingedr. Holzschn.-)Illustr. gr. 8. Prag, Tempsky. [1. Thl. 57.—101. unveränd. Aufl. (192 S.) 880—85. geb. in Halbleinw. ** 86 Pf.; 2. Thl. 38.—40. unveränd. Aufl. (IV, 304 S. mit 1 chromolithogr. Karte von Oesterreich-Ungarn.) 880—84. geb. in Halbleinw. ** ℳ 1,40.; 3. Thl. (Für Elementar- und Fortbildungsschulen. Zunächst für die Oberabthlgn. der mehrclass. österreich. Volksschulen.) 14.—28. unveränd. Aufl. (IV, 400 S.) 880—83. geb. in Halbleinw. ** ℳ 1,70.] geb. in Halbleinw. **

Heinrich, Jos., Lese- und Sprachbuch für Elementarschulen. Zunächst für die ein- und mehrclass. österreich. Volksschulen. 3 Thle. (Mit Illustr.) gr. 8. Prag 885—88, Tempsky. [1. Thl. 102.—109. unveränd. Aufl. (192 S.) ** 86 Pf.; 2. Thl. 70.—77. unveränd. Aufl. (304 S. mit 1 chromolithogr. Karte.) ** ℳ 1.40.; 3. abschließender Thl., auch für Fortbildungsschulen 29.—31. Aufl. (407 S.) ** ℳ 1.70.] ** 3 96
— dass. — Ausg. für die fünf- und mehrclass. österreich. Volksschulen. Nach den neuen Lehrplänen unter Mitwirkung mehrerer Schulmänner durchgef. und hrsg. von Em. Reinelt. 5 Thle. gr. 8. Ebendas. [1. Thl. Schreiblesefibel. 8. Aufl. (72 S. mit Illustr.) 884. geb. * 40 Pf.; 2. Thl. (116 S.) 886. geb. * 70 Pf.; 3. Thl. (208 S. mit Illustr.) 886. geb. * 90 Pf.; 4. Thl. (288 S. mit Illustr. und 1 Karte.) 886. geb. * ℳ 1.40.; 5. (abschließender) Thl. (429 S. mit Illustr. und 10 Karten.) 887. * ℳ 1.80.] * 5 20

Heinrich, Josef. Lese- und Sprachbuch für die ein- bis vierclassigen österreichischen allgemeinen Volksschulen. I. Theil (für das 2. und 3. Schuljahr) mit vielen Abbildungen. 139. umgearb. Aufl. Verlag von F. Tempsky, Wien und Prag 1892.

Heinrich, Josef, Lese- und Sprachbuch für die ein- bis vierclassigen österreichischen allgemeinen Volksschulen. II. Theil (für das 4. und 5. Schuljahr) mit vielen Abbildungen und einer Karte von Oesterreich-Ungarn in Farbendruck. 102. umgearbeitete Auflage. Wien und Prag. Verlag von F. Tempsky. (Min.-Erl. v 31. Januar 1893, Z. 521.) Gebunden —.75

Heinrich, Josef, Lese- und Sprachbuch für die ein- bis vierclassigen österreichischen allgemeinen Volksschulen. III. Theil (für das 6., 7. u. 8. Schuljahr). Mit 56 Abbildungen. 47. umgearbeitete Auflage. Wien und Prag, 1895. Verlag von F. Tempsky. (Min.-Erl. vom 5: Februar 1896, Z. 2138.) Geb. —.90

Heinrich, Josef, Lese- und Sprachbuch für die ein- bis vierclassigen österreichischen allgemeinen Volksschulen. III. Theil. (Für das 6., 7. und 8. Schuljahr.) Mit 56 Abbildungen. 49. erweiterte und verbesserte Auflage. Wien und Prag Verlag von F. Tempsky, 1898. (Min.-Erl. v. 7. November 1897, Z. 25782.) Geb. —.95

Heinrich, Jos., Lese- u. Sprachbuch f. die ein- bis vierklassigen österr. allgem. Volksschulen. 2 Tle. gr. 8. Wien 903. F. Tempsky. Geb. n.n. 2. 60

I. (Für das 2. u. 3. Schulj.) Mit vielen Abbildgn. 159., nach der neuen Rechtschreibg. umgearb., sonst unveränd. Aufl. (VI, 150 S.) n.n. 1. 10

II. (Für das 4. u. 5. Schulj.) Mit vielen Abbildgn. u. 1 Karte von Oesterreich-Ungarn in Farbendr. 108., nach der neuen Rechtschreibg. umgearb., sonst im wesentlichen unveränd. Aufl. (VIII, 312 S.) n.n. 1. 50

Heinrich Josef, Lese- und Sprachbuch für die ein- bis vierklassi[n] österreichischen allgemeinen Volksschulen. III. Teil. (Für das [6.], 7. und 8. Schuljahr.) Mit 56 Abbildungen und 8 Karten in Farb[en]druck. 52. Auflage. Im wesentlichen unveränderter, nach der ne[ue]n Rechtschreibung hergestellter Abdruck der mit dem Erlasse [de]s Ministeriums für Kultus und Unterricht vom 23. Juli 1901, Z. 17[...]1, approbierten 51. Auflage. Wien 1904 F. Tempsky. Preis, gebun[de]n 2 K 10 h.

Heinrich, Jos., Lese- u. Sprachbuch f. die 5- u. mehrclassigen österreichischen allgemeinen Volksschulen. Von den neuen Lehrplänen unter Mitwirkg. mehrerer Schulmänner bearb. u. hrsg. v. Eman. Reinelt. 2.—5. Thl. gr. 8. Wien, F. Tempsky. Geb. n.n. 5. 40

2. (Für das 2. Schulj.) Mit 1 Titelbild. 15. Aufl. Unveränd. Abdr. der 14. Aufl. (110 S.) 898. n.n. — 80

3. (Für das 3. Schulj.) Mit 1 Titelbild u. vielen Abbildgn. 13. Aufl. Unveränd. Abdr. der 12. Aufl. (196 S.) 896. n.n. 1. —

4. (Für das 4. u. 5. Schulj.) Mit 1 Titelbild u. vielen Textabbildgn. u. m. e. Karte v. Österreich-Ungarn in Farbendr. 13. Aufl. (Unveränd. Abdr. der 12. Aufl. (367 S.) 897. n.n. 1. 70

5. (Für das 6., 7. u. 8. Schulj.) Mit 1 Titelbild u. vielen Abbildgn. u. 10 Karten in Farbendr. 9. Aufl. Unveränd. Abdr. der 8. Aufl. (483 S.) 897. n.n. 1. 90

— dasselbe für die fünf- u. mehrklassigen österr. allgem. Volksschulen. Nach den neuen Lehrplänen unter Mitwirkg. mehrerer Schulmänner bearb. u. hrsg. v. Eman. Reinelt. II.—V. Tl. gr. 8. Ebd. 903. Geb. n.n. 5. 60

II. (Für das 2. Schulj.) Mit mehreren Abbildgn. u. 1 Titelbild. 17., nach der neuen Rechtschreibg. umgearb., sonst unveränd. Aufl. (99 S.) n.n. — 80

III. (Für das 3. Schulj.) Mit 1 Titelbild u. vielen Abbildgn. 17., nach d. neuen Rechtschreibg. umgearb., sonst im wesentlichen unveränd. Aufl. (164 S.) n.n. 1. 20

IV. (Für das 4. u. 5. Schulj.) Mit 1 Titelbild, vielen Textabbildgn. u. m. 1 Karte v. Oesterreich-Ungarn in Farbendr. 16., nach d. neuen Rechtschreibg. umgearb. inhaltlich gekürzte Aufl. (308 S.) n.n. 1. 70

V. (Für das 6., 7. u. 8. Schulj.) Mit 1 Titelbild, zahlreichen Textabbildgn. u. 9 Karten in Farbendr. 11., nach der neuen Rechtschreibg. umgearb., inhaltlich gekürzte Aufl. (416 S.) n.n. 1. 90

Heinrichs Lese- und Sprachbuch für die fünf- und mehrklassigen österreichischen allgemeinen Volksschulen. Nach den neuen Lehrplänen unter Mitwirkung mehrerer Schulmänner bearbeitet und herausgegeben von Emanuel Reinelt. IV. Teil. (Für das 4. und 5. Schuljahr.) Mit einem Titelbild, vielen Textabbildungen und mit einer Karte von Österreich-Ungarn in Farbendruck. 19.. unveränderte Auflage. Wien 1906. F. Tempsky. Geb. K 1.85.

Heinrichs Lese- und Sprachbuch für vier- und mehrklassige Schulen, neu bearbeitet von Julius John. III. Teil. Für das 6., 7. und 8. Schuljahr. 14. Auflage. Mit 135 Textabbildungen, 1 Titelbild, 2 farbigen Tafeln und 4 Karten. Wien 1910. F. Tempsky. Geb. K 2.50.

—— landwirthschaftliche Lesestücke. Anhang zum Lesebuch. gr. 8. (36 S. mit eingedr. Holzschn.) Ebendas. 883. **

Heinrich's, Jos., Schreib-Lese-Fibel, herausgegeben vom „Deutschen pädagogischen Verein in Prag". 8. (88 S.) Prag, Satow. 20 kr.

1869

(10.) Heinrich's, Jos., Schreib-Lese-Fibel, herausgegeben vom „Deutschen pädagogischen Vereine in Prag". 3. Auflage. kl. 8. (96 S.) Prag, Hunger. 20 kr. Einband 6 kr.

1870

—— Schreib-Lese-Fibel, hrsg. vom „deutschen pädagog. Vereine in Prag". 14.—25. verb. Aufl. 8. (96 S. mit eingedr. Holzschn.) Prag 870—72, Hunger. *

—— dass. — 1. Abthl. 26.—100. Aufl.; 2. Abthl. 26.—96. Aufl. gr. 8. (40 S. mit eingedr. Holzschn.; 56 S.) Prag 872—75, Tempsky. *

geb. in 1 Bd. **

—— Schreib-Lese-Fibel, hrsg. vom „Deutschen pädagog. Vereine in Prag". 2 Abthlgn. 8. Ebendas. 876—79. [1. Abthl. 101.—169. verb. Aufl. (40 S. mit eingedr. Holzschn.); 2. Abthl. 97.—161. verb. Aufl. (56 S.)] à Abthl. ** 32 Pf. ** — 64

geb. in 1 Bd. ** — 52

—— Schreib-Lese-Fibel, hrsg. vom „Deutschen pädagog. Vereine in Prag". 2 Abthlgn. 8. Ebendas. 880—84. [1. Abthl. 170.—318. verb. Aufl. (40 S. mit eingedr. Holzschn.); 2. Abthl. 162.—294. verb. Aufl. (56 S.)] à Abthl. ** 32 Pf. **

geb. in 1 Bd. **

—— Schreib-Lese-Fibel, hrsg. vom „Deutsch-pädagogischen Vereine in Prag". 2 Abthlgn. gr. 8. Ebendas. 885. [1. Abthl. 319.—329. unveränd. Aufl. (40 S. mit Illustr.); 2. Abthl. 295.—303. unveränd. Aufl. (56 S.)] geb. à Abthl. ** — 32

geb. in 1 Bd. * — 52

geb. mit Lederrücken * — 54

—— dass. — Ausg. mit Greiner'schen Schriftformen. 2 Abthlgn. gr. 8. Ebendas. 883—86. [1. Abthl. 267.—331. unveränd. Aufl. (40 S. mit Illustr.); 2. Abthl. 250.—304. unveränd. Aufl. (56 S.)] geb. à Abthl. * 32 Pf. * — 64

— Schreib-Lese-Fibel, hrsg. vom „Deutschen pädagog. Vereine in Prag". 1. u. 2. Abth. Ausg. m. Tust'schen Schriftformen. gr. 8. Ebd. 897. Kart. à n.n. — 32

1. 434. Aufl. Unveränd. Abdr. der 433. Aufl. (40 S. m. Abb.)

2. 390. Aufl. Unveränd. Abdr. der 389. Aufl. (56 S.)

— dasselbe. 2. Abth. Ausg. m. Greiner'schen Schriftformen. 391. Aufl. Unveränd. Abdr. der 390. Aufl. gr. 8. Ebd. 898. Geb. n.n. — 82

— dasselbe f. die österreich. allgem. Volksschulen. Ausg. m. Schrägschrift. 47. Aufl. Unveränd. Abdr. der 46. Aufl. gr. 8. (72 S. m. Abbildgn.) Ebd. 897. Geb. n.n. — 50

— dasselbe. Ausg. m. Steilschrift. 46. Aufl. Unveränd. Abdr. der 45. Aufl. gr. 8. (72 S. m. Abbildgn.) Ebd. 897. Geb. n.n. — 50

— Schreib-Lese-Fibel. Hrsg. vom „Deutschen pädagog. Vereine in Prag". Ausg. A in 2 Abtlgn. m. Greiner-schen Schriftformen. gr. 8. Ebd. 904. Geb. à n.n. — 40
I. 439., nach der neuen Rechtschreibg. umgearb. Aufl. Inhaltlich unveränd. Abdr. der 436. Aufl. der Ausg. m. Tust-schen Schriftformen. (56 S. m. Abbildgn.)
II. 392., nach der neuen Rechtschreibg. umgearb. Aufl. (56 S.)

— dasselbe. Ausg. A in 2 Abtlgn. m. Tust'schen Schriftformen. gr. 8. Ebd. 904. Geb. à n.n. — 40
I. 436., nach der neuen Rechtschreibg. umgearb. Aufl. (56 S. m. Abbildgn.)
II. 392., nach der neuen Rechtschreibg. umgearb. Aufl. (56 S.)

— dasselbe f. die österr. allgem. Volksschulen. Ausg. B. in 1 Abtlg. 50., nach der neuen Rechtschreibg. umgearb. Aufl. (79 S. m. Abb.) gr. 8. Ebd. 904. n.n. — 60

Heinrich, Jos., Sendschreiben an Johannes Ronge zur Widerlegung. 8. (2 B.) Breslau 811, Max u. Comp.

— Sprachübungen [Rechtschreiben, Sprachlehre und Stil] für die Hand der Schüler in den österreich. Elementarschulen. 1. Heft: Für die 2. Abthl. der einclass., — für die 2. Abthl. der 1. Classe der zwei- und dreiclass. — und für die 2. Classe der vier- und mehrclass. Volksschulen. 8. (36 S.) Ebendas. 877. ** — 20
Das 2. Heft ist nicht erschienen.

Heinrich, Jos., Weckrufe an meine Heimatgenossen. Prag. Administr. d. „Landboten". 10 kr.
1885

Heinrich, Just., Johannes. Ein modernes Evangelium. 12. (65 S.) Berlin-Wilhelmshagen 895. Verlags- u. Versandhaus f. Volkslitteratur C. Teistler & Co. Kart. n. 1. 50

Heinrich, (K. E. G.,) was jezt und immer das Amt des christl. Geistlichen sey? Eine Predigt zu Löwenberg gehalten. gr. 8. Hirschberg, Leipz. 822, (Magaz. f. Ind.)

Heinrich, K. J., Notizen, enth. Warnungen u. Winke f. Auswanderer nach Amerika. 8. (5½ B.) Kassel 839, Luckhardt'sche Hofbuchh. *

Heinrich, Karl

Heinrich, Carl (III.), Andachtsbuch zum häuslichen Gebrauche für die Jugend. gr. 16. (XX und 105 S. mit 1 Holzschnt.) Eckartsberga 847, Eckartshaus.

Heinrich, Carl, Andachtsbuch zum häusl. Gebrauch für die Jugend. gr. 16. (XX u. 105 S.) Magdeburg 847, Falckenberg & Co. — (Neue Titel-Ausg.) gr. 16. (XX u. 105 S. m. 1 Holzschn.) Eckartsberga 850, Eckartshaus. 12 ngr

Heinrich, Carl (I.), Anna. Ein Idyll in sieben Gesängen. 1. Aufl. gr. 8. (88 S.) 1850. * 15 Ngr. und 2., umgearb. Aufl. 16. (144 S.) Kiel 852, Schröder und Comp. *

Heinrich, Karl, Anna. Ein Idyll in sieben Gesängen. 2. Aufl. 859. (104 S.) n. 15 ngr — 3. Aufl. Kiel 860. Schröder & Co. 16. (142 S.) n. 20 ngr

Heinrich, Karl, die Bibel. Eine vollständige Bibelkunde, zugleich e. Unterweisg. zum verständ. u. erbaul. Lesen der heil. Schrift. 1. Bd. Die histor. Bücher d. alten Testaments. 1. Buch Mose bis Buch Esther. 1. u. 2. Hft. gr. 8. (VI u. S. 1—256.) Halle 872. Hendel à n. 1. —

Heinrich, Karl, der richtige Blick, s.: Dilettanten-Theater.

Heinrich, Karl, Denksteine für sieben in den Jahren 69 entschlafene evangel. Sänger. gr. 16. (VII, 67 S.) Halle 870, Hendel.

— Erzählungen über das Bibelwort: „Irret euch nicht, Gott läßt sich nicht spotten." Gal. 6, 7. Gesammelt und hrsg. 8. (VII und 140 S.) Eckartsberga 850, Eckartshaus.

Heinrich, Carl, Erzählungen über das Bibelwort: „Irret euch nicht, Gott läßt sich nicht spotten." Gal. 6, 7. 2., verb. und verm. Aufl. 8. (VI und 156 S.) Eckartsberga 856, Eckartshaus. *

— Erzählungen über evangelische Kirchenlieder u. über einzelne Verse für Jung u. Alt. 2 Thle. 8. (1: 289 S. 2: X u. 292 S.) Magdeburg 846. 48, Falckenberg & Co. — 2 Thle. (Neue Titel-Ausg.) 8. Eckartsberga 850, Eckartshaus. (1: 21 ngr 2: 18 ngr) 1 ℛ 9 ngr

— dies. 3 Thl. 8. (XVIII u. 382 S.) Halle 849, Mühlmann. 27 ngr

— Erzählungen über evangelische Kirchenlieder und über einzelne Verse für Jung u. Alt. Mit einem Vorworte von F. Ahlfeld. 1. Thl. 2. verb. u. verm. Aufl. 854. (XXIV, 312 S.) 21 ngr. — 2. Thl. 2. verb. rc. Aufl. 855. (XVI, 330 S.) 21 ngr. — 3. Thl. Neue (Titel-)Ausg. (849.) 855. (XVIII, 382 S.) 27 ngr. Halle, Graeger. 8. 2 ℛ 9 ngr

dass. — 3. Thl. Neue (Titel-)Ausg. 8. (XVIII und 382 S.) Ebds. 853.

Heinrich, Carl (II.), Erzählungen über evangelische Kirchenlieder und über einzelne Verse für Jung und Alt. 4. Thl. Mit einem Namen- und Sachregister über sämmtl. 4 Thle. 8. (X und 335 S.) Halle 860, Graeger. —
1. und 2. Thl. 2. Aufl. 1854. und 3. Thl. 1853. Ebendas. 2 Thlr. 15 Ngr.

— Erzählungen über evangelische Kirchenlieder aus dem Kinderkreise. Für die liebe Jugend zusammengestellt. Halle 855. Gräger. 8. (VI, 96 S.) 6 ngr

Heinrich, Carl (II.), Gebete f. christl. Volksschulen, nebst e. Anh. Mit e. Vorw. v. (F. A. D.) Tholuck. 8. (11 B.) Halle 838, Buchh. d. Waisenhauses.

Heinrich, Karl, zwei Gelegenheits-Predigten, a) zur evangel. Synode, b) beim Antritt d. Prediger-Diakonates. gr. 8. (2 B.) Erfurt 835, Otto.

— 30 ein-, zwei-, drei- u. vierstimmige Gesänge f. Volksschulen. 8. (3 B.) Eisleben 840, (Reichardt.)

— siebzig ein-, zwei- und dreistimmige Gesänge für Schulen. 3. verm. Aufl. gr. 16. (IV, 59 S.) Ebendas. 872. cart. *

Heinrich, Karl, schöne Geschichten für kleine Kinder von 3 bis 6 Jahren. Mit 8 (lithogr. und) color. Bildern. qu. gr. 4. (24 S.) Leipzig 877, Berndt's Verlag. cart. 3 —

Heinrich, Carl (I.), Gianettino u. Gaetana, od. d. Bandit v. Venedig. Roman in drei Büchern. 8. (12½ B.) Leipzig 839, E. Klein.

Heinrich, Carl, die Hand Gottes. Proben von Gottes wunderbarer Hülfe in allerlei Noth und Gefahr. Erzählungen. 2., verm. Aufl. gr. 16. (VII und 204 S.) Halle 867, Hendel.

— Svenskt och Tyskt, och Tyskt och Svenskt Hand-Lexicon. (Schwedisch-deutsch u. deutsch-schwed. Handwörterbuch). Nya Upplagan. (II Deele). 12. Strals. 809. Löffler. (a. Trinius). 3 ℛ 20 ℊ

Heinrich, C., Svenskt och Tyskt, och Tyskt och Svenskt Hand-Lexikon. (Schwed.-Deutsches, u. Deutsch-Schwed. Hand-Wörterbuch.) Nya Upplagan. (II Deele.) 12. (60 B.) Stralsund 829, Löffler.

Heinrich, Carl (III.), Tyskt och Svenskt och Svenskt och Tyskt Hand-Lexikon. II Dele. 3. tillökta och förbätt. upplagan. 12. (69⅞ B.) Stralsund 835, 36, Löfflerska Bokh. *

— neues schwedisch-deutsches u. deutsch-schwedisches Handwörterbuch. 2 Thle. 2e Aufl. 12. Stralsund 826, Trinius.

Heinrich, Carl. Schwedisch-deutsches und deutsch-schwedisches Handlexikon. (2 Bde.) 8. Stralsund 1836.

— die Kaiserwahl zu Frankfurt. Komödie in 3 Akten. 1. Aufl. (92 S.) und 2., mit einem Vorwort verm. Aufl. gr. 8. (96 S.) Kiel 850, Schröder und Comp. *

Heinrich, Karl, Aus der Kinderwelt. Wahre Geschichten von der Güte u. Hülfe Gottes für Jung u. Alt. Leipzig 863. Bredt. 8. (VII, 142 S.) 10 ngr.

Heinrich, C., Svenskt och Tyskt Lexicon. 2 Thle. gr. 4. Christianst. 814. (Hinrichs in Leipz.) 6 Thlr 6 gr

— 60 alte, unveränderte geistliche Lieder, worunter die von der hochlöbl. Regierung zu Merseburg für Volksschulen bestimmten 40 Lieder zum Auswendiglernen. Mit beigefügten Erzählungen. Für Schule und Haus zusammengestellt. 8. (X und 110 S.) Halle 855, Graeger.

— Liedersegen. Neue Sammlung von Liedergeschichten. Leipzig 864. Bredt. 8. (X, 319 S.) 20 ngr.

— Mitgabe für Confirmanden. 1.—5., verb. Aufl. 16. (48 S.) Halle 862—68, Hendel.
Größere Ausg. (VIII und 88 S.)

— Mitgabe für Confirmanden. 6. verb. Aufl. 16. (48 S.) Ebendas. 870. *

Heinrich, Carl, Mitgabe für Confirmanden. 7., verb. Aufl. 16. (52 S.) Halle 878. Hendel. — 25

Heinrich, Karl, Mitgabe für Confirmanden. 8., verb. Aufl. 16. (46 S.) Halle 881. Hendel. — 25

Heinrich, Karl, Mitgabe f. christl. Volksschullehrer zur Belehrung und Erbauung; enthaltend geistl. Lieder, Gedichte, Gebete, Betrachtungen ꝛc. gr. 8. Halle 846, Mühlmann. 1 Thlr

— Mitgabe für christl. Volksschullehrer zur Belehrung und Erbauung, enthalt. geistl. Lieder, Gedichte, Gebete, Betrachtungen ꝛc. gr. 8. (XVI und 326 S.) Halle 847, Mühlmann.

Heinrich, Carl (II.), nieder mit den griech. und röm. Klassikern! Nieder mit den Gymnasien! Eine Rede in vertraulicher Sitzung an die Vorsteher des Hilfs-Vereins zu B. gehalten. 8. (48 S.) Danzig 850, Kabus. *

— und H. Haase, Pfarr-Almanach, s. Pfarr-Almanach.

— die Pfingstweihe. Ein Idyll in drei Gesängen. 24. (104 S.) Kiel 854, Schröder und Comp. *

— die Pfingstweihe. Ein Idyll in 3 Gesängen. 2. (Titel-)Aufl. 24. (104 S.) Kiel (854)59. Schroeder und Comp. *

— Proben von Gottes wunderbarer Hülfe. Erzählungen. Leipzig 859. Naumann. 8. (IV, 124 S.) n. 6 ngr.

Heinrich, Karl, die Schreckenswoche in Prag vom 12. bis 18. Juni 1848. Nach eigener Anschauung u. den Berichten von verlaßl. Augenzeugen zusammengestellt. Mit mehreren (5) Kpfrst. 8. (31 S.) Prag 848. (Borrosch & André.) n. 7 ngr

Heinrich, Carl, Schulgesangbuch zum Gebr. beim Anfange u. Schlusse des Unterrichts in christl. Volksschulen. 8. (5½ B.) Halle 844, Buchh. des Waisenhauses.

— Silberblicke. Eine Reihe hellleuchtender Beweise der Güte und Hülfe Gottes. 8. (VII und 232 S.) Leipzig 862, Bredt.

Heinrich, Carl (III.), 10 Tabellen zur schnellen Berechnung des Bierpreises von 1—800 Maas bei 5, 5½, 6½ ꝛc. bis 10 Kreuzer die Maas für Bierbrauer und Zapfenwirthe. 10 Blatt. qu. Fol. Tübingen 861, Heckenhauer.

— Thatsachen aus dem Reiche Gottes auf dem Gebiete des evangelischen Kernliedes. 8. (XIV und 260 S.) Grimma 853, Gebhardt.

Heinrich, Carl, Trostbüchlein für Eltern bei dem Tode eines geliebten Kindes. Leipzig 861. Bredt. 16. (IV, 102 S.) 7½ ngr.

— Trostlieder beim Tode geliebter Kinder, gesammelt. 2., verm. Aufl. 8. (27 S.) Eckartsberga 850, Eckartshaus. *

— kurzer Unterricht üb. d. christl. Sonn- u. Festtage, nebst e. Verzeichnisse v. Liederdichtern, mit kurzer Angabe ihrer Lebensumstände f. d. Jugend. 8. (4¼ B.) Halle 840, [Lippert u. Schmidt.]

— Versbüchlein, mit erläut. Anmerkn. bei d. Unterr. in d. bibl. Gesch. u. d. katechet. Unterr. in Volksschulen zu gebrauchen. Nebst e. Zeittaf. u. den Hauptstücken d. Katechismus Lutheri. Mit e. Vorw. v. (F. A. D.) Tholuck. 8. (15½ B.) Leipzig 840, Friese.

— der christliche Volksschullehrer in seinem Amte und Hause, enth. allerlei Anweisungen, Winke, Rathschläge, Erfahrungen, Erzählungen und Lieder zur gesegneten Amtsführung. gr. 8. (XII, 323 S.) Halle 868, Buchh. des Waisenhauses.

Heinrich, Carolus Bertholdus (geb. am 17 Apr. 1819 in Bonn): De Chryse insula et dea in Philoctete Sophoclis ... Bonnae ad Rh., impr. C. Georgi 1839. 3 Bl., 32 S. 8. ¶ Erschien zugleich selbständig bei Marcus in Bonn.
Bonn, Phil. Fak., Diss. v. [7 Dez.] 1839

Heinrich, Car. Berthold., de Chryse insula et dea in Philoctete Sophoclis. 8maj. (2¼ B.) Bonnae 839, Marcus. *

Heinrich, Carolus Bertholdus (geb. am 17 Apr. 1819 in Bonn): De idiosyncrasia ... Bonnae ad Rh., impr. C. Georgi (1841). VIII, 44 S. 8.
Bonn, Med. Fak., Diss. v. 4 Sept. 1841

Heinrich, Carl Berthold, die Krankheiten der Milz. Eine pathologisch-therapeut. Abhandlung. gr. 8. (XVI u. 450 S.) Leipzig 847. Voss. n. 2 Thlr

Heinrich, Carolus Berthold. (geb. am 17 Apr. 1819 in Bonn): Theses controversae quas una cum dissertatione De Chryse insula et dea in Philoctete Sophoclis ... defendet. Bonnae ad Rh., impr. C. Georgi (1839). 4 Bl. 8.
Bonn, Phil. Fak., Thes. v. 7 Dez. 1839

Heinrich, Karl Borromäus, Karl Asenkofer. Geschichte e. Jugend. (308 S.) 8. München 907. A. Langen. 3.50; geb. n 5. —

— Karl Asenkofers Flucht u. Zuflucht. (224 S.) 8. Ebd. 909. 3.—; geb. in Leinw. 4.—; in Halbfrz. 6. —

— Menschen v. Gottes Gnaden. Erzählung. (219 S.) 8. Ebd. (910). 3.—; geb. 4.—; in Halbfrz. 6. —

Heinrich, Karl Borromaeus: Nietzsches Stellung zur Geschichte. München 1908: (Leopold-Dr.). 61 S. 8° ¶ (Ersch. auch als Buch b. d. Verlagsgesellsch. München 1909.)
Erlangen, Phil. Diss. v. 4. Dez. 1909, Ref. Hensel
[Geb. 22. Juli 84 Hangenham; Wohnort: München; Staatsangeh.: Bayern; Vorbildung: Luitpold-Gymn. München Reife 02; Studium: München 3, Paris 2, München 3 S.; Rig. 2. Juli 08.] [U 10. 865

Heinrich, Carl Ernst. Verzeichniss einer Sammlung von Kupferstichen und Kupferstichwerken des verstorbenen Herrn C. W. von Blücher. 2 Bde. Dresden 1826–1827. 8°.

Heinrich, Karl Friedrich

— specimen; animadvers. in Musaei carmen de Herone et Leandro. 8. Götting. 792.

— Anmerkk. zu Virgils Aeneis, s. Encyklopädie d. Classiker.

Heinrich, C. F., Auctarium emendationum in Frontonis reliquias ex nupera edit. Berolinensi. Kilon. 817. 8.

– s. Cicero, orationes pro Scauro, pro Tullio, pro Flacco – de republica.

— Comment. I. et II. in Juvenalis satiras. 4. Kiel u. Hamb. 806, 10. Hesse. Perthes u. B. 12 gr

• — Commentatio I et II. in Juvenalis Satyras.
• — Diatribe de Diasceuastis H meriicis etc.
• — Explanationum Horatianarum Prooemium.
• — Lectionum suarum etc., sind sämmtl. Verlag d. Akadem. Buchh. in Kiel.

– s. Cornelius Nepos.

— demonstratio et restitutio loci corrupti e Platonis Protagora. 8. Kiel 813. Hesse. 8 gr

Heinrich, Carl Friedr., demonstratio et restitutio loci corrupti e Platonis Protagora. 8. Kiel, Academ. Buchh. 814.

— Progr. Para prior diatribe de diasceuastis Homericis veterumque monumentorum diasceuasi. 4. Kiel 807. Hesse. 6 gr

Heinrich, Karl Fr., Epimenides aus Kreta; e. krit. histor. Zusammenstellung aus Bruchstücken d. Alterthums etc. gr. 8. Leipz. 801. Dyck. 16 gr

— Epistola ad Gf. Wlh. Körberum. Disputantur nonnulla de Aeschylo, poëta scenico, obscuro quidem, sed satis Atheniensibus intellecto. 4. Bresl. 800.

— Progr. Explanationum Horatianarum prooemium. 4. Kiel 808. Hesse. (Hamb., Perthes u. B.) 6 gr

— z. Feier d. Geburtsfestes d. Königin u. d. Kronprinzessin v. Dänemark. 8. Kiel, Akad. Buchhdl. 808.

— zur Feier d. Geburtsfestes d. Königin u. d. Kronprinzessin von Dänemark. 8. Kiel 808. Hesse. 4 gr

Ueber eine Frage, die Herder gethan hat. („Haben wir noch das Publikum und das Vaterland der Alten?“) Eine akademische Rede bei der Feier des allerhöchsten Geburtsfestes gehalten v. Carl Friedrich **Heinrich**. Kiel. 1810. 4°.

— über eine Frage, die Herder gethan hat; eine acad. Rede. 4. Kiel 810. Hesse. 8 gr

– s. Hesiodi scutum Herculis.

– s. vetus Inscriptio inedita.

— disp. de instituto scriptionis publ. in academ. tuendo vel revocando. Fol. Hannov. 809. Hahn. 8 gr

— Judicium literar. de nupera Juvenalis editione Parisiensi. 4. Kiel 811. Hesse. 6 gr

Heinrich, Karl Fr., s. Juvenalis Satirae.

Index praelectionum ... in academia Borussica Rhenana recens condita per m. hib. a. 1818–19 ... habendarum. [Inest Caroli Friderici **Heinrichii** praefatiuncula qua 'Germaniae iuventus' ad studia in nova Academia ingredienda invitatur.] Bonnae, ex off. P. Neusseri (1818). VI, 7–11 S. 4. ¶ Wieder abgedr. im Jahrb. d. Preuss. Rhein-Univ. I 1821 S. 22 ff.

– s. Köppen, J. H. J.: Anmerkungen zum Homer.

– s. Lycurgi oratio.

— Memoria Ph. G. Hensleri. 4. Kiel 806. Hesse. 6 gr

– s. Musaeus, carmen de Herone et Leandro.

– s. Nöhden, G. H.: Anmerkungen zum Virgil.

— Claudii Salmasii notae ineditae ad J. Scaligeri animadversiones in chronologica Eusebii e monumento M. Gudii nunc primum in lucem prolatae. 4maj. Kiel 812. Hesse. 8 gr

— observatt. in auctor. veteres. Part. I. 8. Hannov. 794. Hahn. 8 gr

Car. Frid. Heinrich commentatio academica, qua hermaphroditorum, artis antiquae illustrium, origines et causae explicantur. Kilon. 1805. 4.; Hamburgi 1805. 4. —

— Commentatio academ., qua hermaphroditorum origines et causae explicantur. 4. Hamb. 805. Perthes u. B. 12 gr

— de Jul. Pomponio Sabino, Virgilii interprete. 4. Bonn 824.

— lectionum suarum promulg. ad comilitones. 4. Kiel 805. Hesse. (Hamb., Perthes u. B.) 4 gr

Christomnesti Eudoxi [d. i.: Caroli Friderici **Heinrich**] Responsio adversus theses 95. Jasperi Boyseni, Nicolai Harmsii totidem thesibus oppositas. Kiliae. 1818. 4° k.

— in Sachen d. Breslauischen Theaterdirektion. 8. Bresl. 803.

Heinrich, C. Fr., des Persius Satiren, s. Persius.

Heinrich, Carol. Frid., Schedae Lycurgeae. Digessit suisque annotationibus auctas ed. Joan. Freudenberg. 4maj. (40 S.) Bonnae 850, Marcus.

Ueber den Dänischen Staat. Depesche Nr. 17. [Von Carl Friedrich **Heinrich**?] Wien. 1814. 8°.

Index praelectionum ... in academia Borussica Rhenana per m. aest. a. 1819 ... habendarum. [Inest Caroli Friderici Heinrichii de optimis studiis ad optimas rationes colendis praefatiuncula.] Bonnae, A. Marcus et E. Weber (1819). 12 S. 4.

Index praelectionum ... in academia Borussica Rhenana per m. hib. a. 1819—20 ... habendarum. [Inest Caroli Friderici Heinrichii de vita recte moderanda praefatiuncula.] Bonnae, A. Marcus et E. Weber (1819). 12 S. 4.

Heinrich, Karl Wilhelm [wirkl. Name], s. Contzen, Heinrich [Pseud.]

Heinrich, Klaus

Heinrich, C., Schleswig-Holstein. Handbuch für Reisende. 3 Tle. 12. Kiel, Lipsius und Tischer. geb. à Tl. *ℳ 2.—. * 6 —

Inhalt:

Tl. 1. Ost-Holstein. (III, 73 S. mit Karten-Beigabe.) 885.

» 2. West- und Mittel-Schleswig-Holstein. (IV, 84 S. mit Karten-Beigabe.) 886.

» 3. Ost-Schleswig und die dänische Grenze. (II, 89 S. mit 1 Karte von Ost-Schleswig.) 888.

Heinrich, C., Schleswig-Holstein. Handbuch f. Reisende. 1. u. 3. Tl. 12. Kiel, Lipsius & Tischer. In Leinw. cart. à n. 2.— (1—3.: n. 6.—)

1. Ost-Holstein u. Lauenburg. 2., verm. Aufl. (IV, 98 S. m. Karte.) 889.

3. Ost-Schleswig u. die dänische Grenze. Mit 1 Karte von Ost-Schleswig. (II, 89 S.) 888.

Heinrich, Konrad

Heinrich, Conr., Anlage, Bepflanzung und Pflege der Hausgärten auf dem Lande. Anleitung für Lehrer auf dem Lande. 1.—6. Aufl. gr. 8. (32 S. mit 4 lithogr. Taf.) Berlin 878,79, Wiegandt, Hempel und Parey.

— dass. — 7. Aufl. gr. 8. (32 S. mit 4 lithogr. Taf.) Berlin 882, Parey.

Heinrich, Konr., Anlage, Bepflanzung und Pflege der Hausgärten auf dem Lande. Anleitung für Lehrer auf dem Lande. Vom Verein zur Beförderung des Gartenbaues in den königl. Preußischen Staaten mit dem ersten, seitens des königl. Preußischen Ministerium für die geistl. Angelegenheiten bewilligten Preise gekrönt. 8. Aufl. gr. 8. (32 S. mit 4 lithogr. Taf.) Berlin 887, Parey. * — 50

Heinrich, Konr., Anlage, Bepflanzung u. Pflege der Hausgärten auf dem Lande. Anleitung f. Lehrer auf dem Lande. Gekr. Preisschrift. 9. Aufl. Mit 4 lith. Taf. gr. 8. (32 S.) Berlin 892. P. Parey. n. — 50

Heinrich, Conrad: Die Cultur der Weinrebe im norddeutschen Klima. Mit 4 Taf. Berlin: Parey 1880. 48 S. -- Gel 1*

Heinrich, Konr., der Obst- u. Hausgarten, seine Anlage, Bepflanzg. u. Pflege, nebst Beschreibg. u. Kulturanweisg. der besten Nutz- u. Zierpflanzen. Praktische Anleitg. f. Gartenliebhaber, Baumschulenbesitzer, Landwirte u. Lehrer. Mit 268 Textabbildgn. u. 12 Taf. gr. 8. (VIII, 363 S.) Berlin 887. Parey. cart. n. 5. —

—— Die Pflege d. Obstbaumes. Vortrag. 12. (30 S.) Marburg 889, Elwert's Verlag. — 30

—— erster Unterricht im gärtnerischen Planzeichnen. 4 Taf. in Farbendr. nebst erläut. Text. gr. 4. (11 S.) Berlin 880, [Wiegandt, Hempel und Parey.] Parey. cart. *

Heinrich, Konrad, approb. Arzt aus München: Über die Wirkung einiger noch nicht untersuchter fluoreszierender Stoffe auf Paramaecien. *München 1903: C. Wolf & Sohn.* (16 S.) 8° München, Med. Diss. v. 1903

Heinrich, Kurt

Heinrich, Curt, aus Stettin: Die komischen Elemente in den Lustspielen von Johann Christian Brandes. *Greifswald 1900: H. Adler.* (79 S.) 8° ¶(Soll fortgesetzt werden.) Heidelberg, Phil. Diss. v. 1900

Heinrich, L., die Reform der direkten Steuern, insbesondere die Einführung der Selbsteinschätzung in Preußen. gr. 8. (IV, 80 S.) Berlin 888, C. Heymanns Verlag. * 1 —

Heinrich, L., Spruch- und Versbüchlein, s. Handbibliothek, pädagogische.

Heinrich, Landfridus, Introductio historico-chronologica in Vetus Testamentum. Regensburg, 1759—1761, 4°, 3 Teile.

Heinrich, Ludolf, d. Verwaltung d. Kirchenvermögens nach Erlaß d. Gesetzes vom 20. Juni 1875 m. besond. Berücksicht. der Verhältnisse in der preuß. Rheinprovinz u. namentlich in d. Erzdiöcese Köln. gr. 8. (VIII, 172 S.) Köln 876. Bachem. 2. —

Heinrich, Ludw., der Anthropophag oder die Kinder des Doctors. Brasilianisches Lebensbild aus den Papieren eines Touristen. Orig.-Roman. 3 Bde. 8. (270; 307; 278 S.) Breslau 869, Trewendt.

Heinrich, Ludw. (geb. Hohndorf in d. Prov. Sachs. 30. 5. 1846): Ueber Eclampsia puerperalis. Berlin (1872). (34 S.) 8° Berlin, Med. Diss. v. 3. Jan. 1872

Heinrich, Ludw., der ehrbare Mann u. die prostituierte Frau. Ein Zeitgemälde. gr. 8. (24 S.) Leipzig 894. R. Werther. n. — 30

Heinrich, Ludw., der ehrbare Mann u. d. prostituierte Frau. Ein Zeitgemälde. 2. Aufl. gr. 8. (32 S.) Hann.-Münden 897. R. Werther. n. — 50

(S) Heinrich, L., d. ehrbare Mann u. die prostituierte Frau. 897. (R B 29.) Jetzt: Leipzig, H. Hedwig Nachf.

Heinrich, Ludw., der Sclavenhändler. Orig.-Roman aus den Papieren eines Touristen. 2 Bde. gr. 8. (V und 455 S.) Breslau 867, Trewendt.

Heinrich, Ludwig Wilhelm Constantin

Heinrich, Ludow. Guil. Constantin. (geb. Landsberg in Ostpr. 3. 8. 1842): De dentitione. Berolini (1865). (32 S.) 8° Berlin, Med. Diss. v. 10. Apr. 1865

Heinrich, M. Alphabetisches, zu J. Sporschils großer Chronik gehöriges Sach- und Namenregister. Braunschweig 1844. 118 S.

Heinrich, M. W., wenn man zu höflich ist. Schwank in 1 Aufzug. (25 S.) 8. Aachen (904). Martinus-Verlag. (Nur direkt.) n. 1. —

Ein geheimnisvoller Auftrag. Eine Erzählung von Martin Heinrich. *Styrum: A. Spaarmann [1899].* (32 S.) 8° [J.]
— Jugend-Bibliothek, Kleine. No 169. [04. 4886

– Der verhängnißvolle Brief, s.a. Erzählungen, Patriotische.

[J.] Der verhängnisvolle Brief. E. Erzählg aus d. Kriegsjahren v. 1870 71. Von Martin Heinrich. *Styrum a. d. R. & Leipzig: A. Spaarmann [1893].* (48 S.) 1 Bd 8.
— Erzählungen, Patriotische. No 4. [96. 2369

Heinrich, M., der rote Douglas, s.: Volks- u. Jugend-Erzählungen.

Der Flüchtling. Eine irische Erzählung von **Martin Heinrich**. *Styrum: A. Spaarmann [1899?].* (32 S.) 8° [F.]
— **Jugend-Bibliothek**, Kleine. No 173. [01. 4810

Heinrich, M., die Goldquelle in der Sierra Nevada, s. Volks- und Jugend-Erzählungen.

Der Hund des Waldläufers. Eine Erzählung von **Martin Heinrich**. *Styrum: A. Spaarmann [1899?].* (32 S.) 8° [F.]
— **Jugend-Bibliothek**, Kleine. No 170. [01. 4887

– Unter Korsaren oder die Tochter der Israeliten, s. Jugend-Bibliothek, Neue.

– Bei Langensalza, s.a. Erzählungen, Patriotische.

[F.] Bei Langensalza. E. Erzählg aus d. Kriege v. 1866. Von **Martin Heinrich**. *Styrum a. d. R. & Leipzig: A. Spaarmann [1893].* (48 S.) 1 Bd 8.
— **Erzählungen**, Patriotische. No 5. [96. 2369

Logarithmen-Tafeln, vierstellig und dreistellig in neuer Anordnung von M[artin] **Heinrich**, Oberl., Berlin. Berlin: Grote 1909. V, 30 S. 8° [09. 22036

Heinrich, M., der Pawneehäuptling, s. Volks- und Jugend-Erzählungen.

Der Sohn des Schmugglers. Eine Erzählung von M[artin] **Heinrich**. *Styrum: A. Spaarmann [1899?].* (32 S.) 8° [F.]
— **Jugend-Bibliothek**, Kleine. No 164. [01. 4881

– Die Tochter des Revolutionärs oder in den Urwald geflüchtet, s. Jugend-Bibliothek, Neue.

Die wiedergefundene Tochter. Eine Erzählung aus d. Urwäldern von Amerika. Von **Martin Heinrich**. *Styrum: A. Spaarmann [1899?].* (32 S.) 8° [F.]
— **Jugend-Bibliothek**, Kleine. No 165. [01. 4880

– Der Ueberfall v. Chatillon, s.a. Erzählungen, Patriotische.

[F.] Der Ueberfall von Chatillon. E. Erzählg aus d. deutsch-französ. Kriege v. **Martin Heinrich**. *Styrum a. d. R. & Leipzig: A. Spaarmann [1893].* (48 S.) 1 Bd 8.
— **Erzählungen**, Patriotische. No 6. [96. 2369

Ueberlistet. Eine Kriminalgesch. von **Martin Heinrich**. *Styrum: A. Spaarmann [1899?].* (32 S.) 8° [F.]
— **Jugend-Bibliothek**, Kleine. No 168. [01. 4885

– Die geraubte Uhr, s.a. Erzählungen, Patriotische.

[F.] Die geraubte Uhr. E. Erzählg aus d. Tagen d. Kämpfe vor Metz. Von **Martin Heinrich**. *Styrum a. d. R. & Leipzig: A. Spaarmann [1893].* (48 S.) 1 Bd 8.
— **Erzählungen**, Patriotische. No 3. [96. 2369

Heinrich, Mart.. Vor Belfort gefangen, s.a. Erzählungen, Patriotische.

[F.] Vor Belfort gefangen. E. Erzählg aus d. letzten Kriege v. **Martin Heinrich**. *Styrum a. d. R. & Leipzig: A. Spaarmann [1893].* (48 S.) 1 Bd 8.
— **Erzählungen**, Patriotische. No 2. [96. 2369

– Vor u. in Paris, s.a. Erzählungen, Patriotische.

[F.] Vor und in Paris. E. Erzählg aus d. Deutsch-französ. Kriege 1870—1871 v. **Martin Heinrich**. *Styrum a. d. R. & Leipzig: A. Spaarmann [1893].* (48 S.) 1 Bd 8.
— **Erzählungen**, Patriotische. No 1. [96. 2369

Der Zahn des Offiziers. Eine heitere Erzählung von **Martin Heinrich**. *Styrum: A. Spaarmann [1899?].* (32 S.) 8° [F.]
— **Jugend-Bibliothek**, Kleine. No 172. [01. 4883

Heinrich, Max, approb. Arzt aus Hohndorf (Kr. Torgau): **Bericht über 23 klinisch behandelte Fälle von Sarkom u. 27 Fälle von Gliom des Auges unter besonderer Berücksichtigung ihres Verlaufes.** *Halle a. S. 1904: C. A. Kaemmerer & Co.* (64 S.) 8°
Halle, Med. Diss. v. 26. März 1904

Heinrich, Max, lyrische u. epische Gedichte des 19. Jahrh. Für den Schulgebrauch ausgewählt. (292 S.) 12. Leipzig 903. G. Freytag. Geb. n. 1. 80

Heinrich, Geschichte des 4. Magdeburg. Infanterie-Regiments Nr. 67, neue Aufl., s.a. Weberstedt.

Geschichte des 4. Magdeburgischen Infanterie-Regiments Nr. 67. Ergänzte u. bis 1899 fortgef. Aufl. von 'Die ersten 25 Jahre des 24. Magdeburg. Inf.-Reg. Nr. 67 dargest. von (**Max**) **Heinrich**, s. Zt. Hauptm.' Auf Befehl d. Königl. Reg. bearb. von (Hans) Weberstedt, Lt. im Reg. Mit Abb., Karten u. Plänen. *Berlin: E. S. Mittler & Sohn 1899.* (V, 543 S.) 8° [F.] [00. 8962

Heinrich, Max, a. Berlin: Zur Kasuistik der Mesenterialcysten. (Ursache unstillbaren Erbrechens.) Berlin 1907: W. Axt. (31 S.) 8°
Leipzig, Med. Fak., Ref. Hoffmann, Diss. v. 7. Dez. 1907
[Geb. 12. Juli 83 Zoppot; Wohnort: Berlin; Staatsangeh.: Preußen; Vorbildung: Lessing-Gymn. Berlin Reife M. 01; Studium: Berlin 10 S.; Coll. 23. Dez. 07; Approb. 5. März 08.]

Methode Rustin. Pädagogische Selbstunterrichtsbriefe ... Hrsg. vom Rustinschen Lehrinstitut ... Bearb. von Dr. **Max Heinrich**. Lfg 1. *Potsdam & Leipzig: Bonness & Hachfeld [1902].* 4°(8°) [F.]
— **Selbst-Unterrichts-Briefe**. [6.] Lfg 1. [illegible]

Heinrich, Otto, aus Augsburg: Ein **Fall von Decapitation bei Tetanus uteri mit Vorausschickung der Brachiotomie.** *München 1900: Kastner & Lossen.* (33 S.) 8°
München, Med. Diss. v. 1900

Heinrich, Otto: De fontibus et auctoritate Plutarchi in vitis Gracchorum. Halae (1865): Ploetz. 39 S. 8°
Halle-Wittenberg, Phil. Diss. v. 23. Okt. 1865
Geb. [Freyburg a. d. Unstrut (Kr. Querfurt) 26. 4. 1840]

Heinrich, Otto, de fontibus et auctoritate Plutarchi in vitis Gracchorum. Dissertatio inauguralis philologica. gr. 8. (40 S.) Halae 866. (Berlin, Calvary und Comp.)

Heinrich, P., s.a. Benno, M.

Heinrich, P., Erlebnisse e. Kriegskorrespondenten aus den J. 1859, 1866 u. 1870. 1. u. 2. Taus. (VII, 276 S.) 8. Wien 908. C. Konegen. 3.—; geb. 4. —

– Dass., s.a. Pollak, Heinrich

Heinrich, P., Erzherzog Johann. Ein Charakterbild. Mit Beiträgen zur Geschichte der Begründg. der zweiten Dynastie Bulgariens nach authent. Quellen u. Briefen des Erzherzogs. gr. 8. (VII, 259 S.) Wien 901. A. W. Künast. n. 6. —; geb. n. 8. —

Heinrich, P., die Namen der Hamlettragödie. (90 S. m. 1 Tab.) gr. 8. Leipzig 904. E. Haberland n. 2. 50

Heinrich, P., das Neueste und Wissenswürdigste der Getreide- und Kartoffel-Branntweinbrennerei. Oder: Wie kann der Brenner den höchsten Ertrag und eine fast immer gleiche Ausbeute an Alkohol erzielen? Vom prakt. und theoret. Gesichtspunkte aus faßlich dargestellt. 8., (72 S.) Quedlinburg 849, Basse.

Heinrich, P., kleine Residenzgeschichten. Eingeleitet von Norbert Bechhöfer. 8. (XVI, 235 S.) Wien 884, (Verlag „Steyrermühl".)

Heinrich, P., Kleine Residenzgeschichten. Eingeleitet von Norbert Beckhöfer. 2. Auflage. (XVI und 235 S.) Wien, „Steyrermühl". 1 fl. 80 kr. 1884

Das Gebieth der Stadt **Hamburg** mit den angrenzenden Landen **P. G. Heinrich.** (ca 1 : 90000.) (Hamburg.) 1810. Kupferstich, kol. 1 Bl. Fol., ca. 52 48 cm (beschn.), aufgez. a. Carton. Mit 1 Nebenstehen über das Amt Ritzebüttel.
Aus: Jonas Ludwig v. Hess, Topographie von Hamburg. 2 Aufl. 1810. Mit handschriftlichen Eintragungen.

Grundriss der Vorstadt von Hamburg **St. Georg.** Hrgg. v. **P. G. Heinrich.** (Hamburg.) 1827. Kupferstich. 1 Bl. Imp.-Fol. 55 15 cm. (Rand beschädigt.)

Heinrich, P. W., „Für" u. „Wider" Alfred Meißner. Klarstellung des litterar. Verhältnisses zwischen Alfred Meißner u. Franz Hedrich auf Grund d. Briefwechsels zwischen den Beiden vom J. 1854 bis zu dem im J. 1885 erfolgten Tode Meißner's u. unter Zugrundelegg. der Broschüren: „Alfred Meißner — Franz Hedrich" v. Frz. Hedrich, Berlin, Otto Janke's Verl. u. „die Antwort Alfred Meißner's" von Rob. Byr, München, G. Franz'sche Hofbuchhandlg. 8. (294 S.) Berlin 890. Sauernheimer. n. 3. —

Heinrich, Paul, Examen-Aufgaben, speziell bei der Einjährig-Freiwilligen-Prüfung. (87 S.) 8. Leipzig 906. A. Grunert. n. 1. 75

Heinrich, Paul, französ. Genusregeln in Versen f. d. Schulgebr. u. d. Selbstunterr. Suppl. zu jeder Schulgrammatik. M. e. Anh., enth. weit. Versregeln üb. d. wichtigsten Gebiete d. französ. Syntax. gr. 8. (24 S.) Straßburg 898. J. Singer. n. — 40

Die griechische Philosophie im Buche der Weisheit. Von Dr. Paul **Heinrich,** Privatd. Münster i. W.: Aschendorff 1908. (158 S.) 8°
— **Abhandlungen,** Alttestamentliche. Bd 1, H. 4. (od. 1572) 2

Das Schlachtfeld von Spichern am 6. August 1870. Karte m. Führer u. kurzer Beschreibung d. Schlacht. Hrsg. von Paul **Heinrich.** Saarbrücken: Bock & Seip 1910. 8 S. 8° [Umschlagt.] A12.8695

Heinrich, Paul, Selbst-Unterrichtsbriefe in Sprachen u. Wissenschaften zur Erlangung e. allgemeinen Bildung, die zum Einjährig-Freiwilligen-Examen u. anderen Prüfungen (Realschul-Abiturium, Mittelschullehrer-Examen, Examen f. die Postcarrière der Militäranwärter 2c.) bei Volksschul-Vorbildung berechtigt. Umfassend: Deutsch, Französisch, Englisch, Religion, Geographie, Geschichte, Litteratur, Arithmetik, Geometrie, Naturwissenschaften. 1.—40. Brief. gr. 8. (S. 1—1651 m. Fig.) Leipzig 900—902. [W. Fiedler.] A. Grunert. à 1. —
Auch m. Umschlag: Selbst-Unterrichtsbriefe f. das Einjährig-Freiwilligen-Examen.

Heinrich, Paul (Aemil. Rich. Samuel Fel. Frid. Alex.) (geb. Rosenhain in Schles. 6. 8. 1840): De tractus intestinalis vulneribus. Berolini (1863). (32 S.) 8°
Berlin, Med. Diss. v. 12. Aug. 1863

Heinrich, Ph., gründl. Anweisung z. richtigen Interpunktion d. deutschen Sätze. 1. Aufl. 837. 5 Gr., 2. Ausg. u. d. T.: Schlüssel z. Interpunktion d. deutsch. Sätze. 8. (à 3⅛ B.) Kitzingen 842. [Nürnberg, Zeh'sche Buchh.] à

Heinrich, Ph., Schlüssel zur Interpunktion d. deutschen Sätze. 2. Ausg. 8. Kitzingen 842, Köpplinger'sche Buchh. ⅙ fl

Heinrich, Pinkas. Fragment eines Gebetbuches aus Yemen. Ein Beitrag zur Geschichte der jüdischen und jüdisch-arabischen Synagogalpoesie und zur Kenntnis des arabischen Vulgärdialects in Yemen. Diss. Phil. I. [Univ.] Zürich. Bearb. und hrg. von Pinkas Heinrich. IV + 84 S. 8. Wien, (Comm. Carl Gerold's Sohn,) 1902.

Regensburg, (Heinrich, Placidus), Auszug des meteorologischen Tagebuchs zu St. Emmeran in Regensburg von 1810—23. (Aus dem Journ. f. Chemie u. Physik, Bd. 1—30, und aus dem Journ. f. Chemie, N. R., Bd. 2—22.) [Nurnberg.]

— Bestimmung d. Maße u. Gewichte d. Fürstenth. Regensburg. gr. 8. Regensb. 809. Montag u. W. 16 xr Velinp. 20 xr

— s. Ephemeriden, meteorolog., d. Academie 2c.

— über d. mittlere Kraft u. Richtung d. Winde, mit 2 Kpf. 4. Münch., (Franz). 12 xr

— kurze Lebensgeschichte des letzten Fürst-Abtes zu St. Emmeram in Regensburg 2c. kl. 8. Regensb. 819.

— de longitud. et latitudine geogr. urbis Ratisbonae, observation. astronomicis determinata. Tent. 1. c. tab. aen. 4maj. Regensb. 802. Muntag u. W. 12 xr

Heinrich, Placid., monumentum Keplero Dedicatum Ratisbonae de 27. Decbr. 1808. c. fig. fol. maj. Regensburg, Montag et W. 809.

— von d. Natur u. Eigenschaften d. Lichts. Eine von d. k. Acad. d. W. in Petersburg gekrönte Abhandlung. 4. Petersb. 808.

— oscillationes mercurii in tubo Torricelliano etc. 4. München, (Franz). 10 xr

— d. Phosphorescenz d. Körper, oder d. im Dunkeln bemerkbaren Lichtphänomene d. unorgan. Natur, durch eine Reihe eigener Erfahrr. u. Versuche geprüft u. bestimmt. Erste Abhandl., (von der durch Licht bewirkten Phosphorescenz). gr. 8. Nürnb. 811. Schrag. 1 fl 3 xr

Heinrich, Placid., d. Phosphorescenz d. Körper 2c., 2e Abhandl., (von d. durch äußere Temperaturerhöhung bewirkten Phosphorescenz). gr. 4. Ebd. 812. 1 fl 12 xr

— d. Phosphorescenz d. Körper 2c. 3e Abhandl., vom Leuchten vegetabilischer u. thier. Substanzen. gr. 4. Nürnb. 816. Schrag. 1 fl 3 xr

— Dass., 4e Abhandl., (von d. durch mechan. Verfahren oder durch Druck, Bruch u. Reibung bewirkten Phosphorescenz). 5e u. letzte Abhandl., von d. Phosphorescenz durch chem. Mischungen. gr. 4. Ebd. 820. (IV. 2 fl 12 xr V. 16 xr) 3 fl 4 xr

— positiones physicae et mathematicae. 4. Regensb. 788.

— positiones physicae et mathematicae, quas annuo labore explicavit, experimentis confirmavit et nunc publico eruditorum examini submittit. 4. Regensb. 799.

— über d. Preisfrage: Kommt d. Newtonsche oder d. Eulerische System vom Lichte 2c. Mit 1 Kpf. 4. Münch., (Franz). 1 fl 6 xr

— de sectionibus conicis, c. tab. 8. Ingolst. et (Erlang.) 796. (Krüll). 1 fl

— de sectionibus conicis, cum tab. 8. Regensb. (Grattenauer, Nürnb.) Krüll, Ingolst., 787.

Heinrich, Placid., (eigentl. Jos.), († d. 18. Januar 1825.) pyrometrische Versuche über d. Ausdehnung d. Eises u. d. Holzkohle. 4. Münch., (Franz). 2 xr

— über d. Wirkung d. Geschützes auf Gewitterwolken. 4. Münch., (Franz). 1 fl

Heinrich, R. O., u. D. **Bercovitz,** die technischen Messinstrumente, s.: Handbuch der Elektrotechnik. II, 5.

Heinrich, R. O., die Messtechnik, s.: Heinke, C.

Heinrich, Reinhold

Heinrich, R., s.: Bericht üb. die Verhältnisse u. Wirksamkeit der landwirthschaftl. Versuchs-Station in Rostock.

Heinrich, R., s.: Bodenkarten, landwirtschaftliche.

— Dünger u. Düngen. Anleitung zur prakt. Verwendg. v. Stall- u. Kunstdünger, Gekr. Preisschrift. gr. 8. (IV, 95 S.) Berlin 892. P. Parey. n. 1.50

— dasselbe. 2., umgearb. Aufl. gr. 8. (VI, 98 S.) Ebd. 894. n. 1.50

Heinrich, R., Dünger u. Düngen. Anleitg. z. prakt. Verwendg. v. Stall- u. Kunstdünger. Von d. mecklenburg. patriot. Verein gekrönte Preisschrift. 3., neu bearb. Aufl. gr. 8. (VI, 98 S.) Berlin 896. P. Parey. n. 1.50

Heinrich, R., Dünger u. Düngen. Anleitung zur prakt. Verwendg. v. Stall- u. Kunstdünger. Von dem mecklenburg. patriot. Verein gekrönte Preisschrift. 4., neubearb. Aufl. gr. 8. (VI, 104 S.) Berlin 899. P. Parey. n. 1.50

Heinrich, R., Dünger u. Düngen. Anleitung zur prakt. Verwendg. v. Stall- u. Kunstdünger. Von dem mecklenburg. patriot. Verein gekrönte Preisschrift. 5., ergänzte Aufl. (VI, 106 S.) gr. 8. Berlin 904. P. Parey. n. 1.50

— Dünger u. Düngen. Anleitung zur prakt. Verwendg. v. Stall- u. Kunstdünger. Von dem mecklenburg. patriot. Verein gekrönte Preisschrift. 6., ergänzte Aufl. (VI, 115 S.) gr. 8. Berlin 910. P. Parey. 1.50

— d. Ergebnisse d. meteorolog. Beobachtungen, angest. auf d. landwirthschaftlichen Versuchs-Station z. Rostock im J. 1896. [Aus: „Archiv d. Vereins d. Freunde d. Naturgesch. in Meckl."] gr. 8. (2 Tab. u. 1 graph. Taf.) Güstrow 897. (Opitz & Co.) n. — 50

— Futter u. Füttern d. landwirtschaftl. Nutztiere. Merkbuch z. zweckmäß. Verwendg. d. in d. Wirtschaft erzeugten u. im Handel befindl. Futterstoffe f. d. verschied. Zweige d. Viehhaltg. Von d. mecklenburg. patriot. Verein gekrönte Preisschrift. gr. 8. (X, 197 S.) Ebd. 896. n. 2.50

Heinrich, Reinhold [Hilfsl.]: Schleiermachers ethische Grundgedanken, nach den von ihm selbst veröffentlichten ethischen Werken dargestellt und in ihrem Zusammenhange mit der deutschen Romantik betrachtet. Kempen, gedr. i. P. Amulong's Buchdr. (1880); 21 S. 4°
Kempen, st. PG, OP 1880 (148)

Heinrich, R., Grundlage zur Beurteilung der Ackerkrume in Beziehung auf landwirthschaftliche Pflanzenproduktion. Von dem mecklenburg. patriot. Vereine gekrönte Preisschrift. gr. 8. (IV, 244 S. mit 4 Taf. Abbild. und 8 in den Text gedr. Holzschn.) Wismar 882, Hinstorff'sche Hofbuchh. *

— Mergel u. Mergeln. Beschreibg. d. Wirkgn. u. Anleitg. z. zweckmäß. Anwendg. v. Mergel u. Düngekalk. Von d. mecklenburg. patriot. Verein gekrönte Preisschrift gr. 8. (III, 68 S. m. 14 Abb.) Ebd. 896. n. 1.20

— Mergel u. Mergeln. Beschreibung der Wirkgn. u. Anleitg. zur zweckmäß. Anwendg. v. Mergel u. Düngekalk. Von dem mecklenburg. patriot. Verein gekrönte Preisschrift. 2. Aufl. (IV, 66 S. m. 14 Abb.) 8. Ebd. 908. 1.20

— Sonnenschein-Dauer in Rostock (landwirthschaftl. Versuchs-Station) im J. 1897. (In ganzen u. hundertstel Stunden.) — Ergebnisse d. meteorolog. Beobachtgn., angestellt. auf d. landwirthschaftl. Versuchs-Station zu Rostock im J. 1897. [Aus: „Archiv d. Ver. d. Freunde d. Naturgesch. in Mecklbg."] gr. 8. (2 Tab. u. 1 Taf.) Ebd. 898. n. — 40

Heinrich, Richard, Rechtsprakt.: Der Miterbe als Nachlassgläubiger nach dem Bürgerlichen Gesetzbuch. München 1910: Victor. V, 88 S. 8°
München, Jur. Diss. v. 19. Nov. 1910, Ref. v. Seuffert
[Geb. 13. April 83 Uebersee; Wohnort: München; Staatsangeh.: Bayern; Vorbildung: Theresien-Gymn. München Reife Juli 03; Studium: München Phil. 2, Jura 6 S.; Rig. 19. Nov. 10.] [U 11. 3543

Heinrich, Rich., e. Wiedersehen auf dem Schlachtfelde, s.: Jugend-Bibliothek, kleine.

Heinrich, Rob., die beiden Wirthe, s. Wallner's allgemeine Schaubühne.

Heinrich, Rudolf, approb. Arzt: Über Nephritis, urämische Zustände und deren Behandlung. *München 1901: C. Wolf & Sohn.* (25 S.) 8°
München, Med. Diss. v. 1901

Heinrich, S. G., wie wir uns bei einer neuen Glaubensrichtung zu verhalten haben? Predigt am 3. Advent 1845, geh. über Evangel. Matth. 11, 2—10. gr. 8. (1 B.) Breslau, Scholz. Thlr. *

Heinrich, Sebastian [app. Arzt]: Zur Casuistik der Nervennaht ... München, Druck v. A. Gradinger & C., *1895*; 39 S. 8.
München, Med. Fak., Inaug.-Diss. v. 1895

Heinrich Simon, Johann Jacoby und das berliner Preßgericht. Leipzig 1866. 31 S. 8.

Heinrich, Th., Freifräulein Anna v. Grundeck. Roman aus der Neuzeit. 8. (347 S.) Linden-Hannover 889. Manz. n. 4. —

Heinrich, Th., Grammatik der deutschen Stenographie. Eine Veranschaulichung der Grundzüge des Gabelsberger-schen Systems. gr. 8. (16 autogr. S.) Königsberg 875, (Akadem. Buchh.) * — 50
— dass. — 2. durchgesch. Aufl. gr. 8. (IV, 16 autogr. S.) Königsberg 876, (Laudien's Verlag.) cart. * 1 —

Heinrich, Th., Grammatik der deutschen Stenographie nach Gabelsberger. Eine Veranschaulichg. der Grundzüge seines Systems. 3. durchgesch. Aufl. gr. 8. (II, 16 S.) Königsberg 901. Akadem. Buchh. v. Schubert & Seidel. n. — 60

Heinrich, Th., Handbuch zur Ausrechnung landschaftlicher Taxen mit Tabellen für Multiplikation und Division. Hrsg. von der ostpreuß. General-Landschafts-Direktion. gr. 8. (135 S.) Königsberg 880, (Braun und Weber.) *

Heinrich, Th., die geheime Hilfe. Allgemeinverständliche Abhandlung über alle Krankheiten der Geschlechtstheile, besonders über männliches Unvermögen, weibliche Unfruchtbarkeit, Onanie rc., nebst einem Anhange von Recepten zur gründlichen u. schnellen Selbst-Heilung aller dieser Krankheiten, Mainz 859. Janitsch. 12. (VIII, 118 S. u. 20 lith. Bl.) verklebt n. 2 ₰

— Lesebuch für den Elementar-Unterricht in der deutschen Stenographie nach Gabelsbergers System. Zur „Grammatik der deutschen Stenographie". gr. 8. (IV, 32 S.) Ebend. 876. n. 1. —

Heinrich, Theodor [pr. Arzt in Weiltingen]: Ueber einen Fall von Cephalocele lateralis mit Hydrocephalus ... München, Liter. Inst. v. Dr. M. Huttler, 1892; 19 S., 1 Taf. 8.
Erlangen, Med. Fak., Inaug.-Diss. v. 23. Juli 1892

Heinrich, Traugott: Zur Aussprache der Stosslaute in der Neuhochdeutschen Schriftsprache. (Ein Beitrag zur Aussprachfrage.) Berlin 1907: Weidmann. (35 S.) 4°
Berlin, H. R OP 1907 (137)

Heinrich, Traug., Studien über deutsche Gesangsaussprache. Ein Beitrag zur Gewinng. e. deutschen Sangeskunst. (XI, 227 S.) gr. 8. Berlin 906. A. Duncker. n. 6. —

(8)— Studien üb. Gesangsaussprache. 906. (KBL 33.) Erm. Pr. 4. —

Heinrich, Viktor, approb. Arzt aus Königsberg i. Pr.: Beitrag zur Begutachtung von Unfallverletzten mit besonderer Berücksichtigung von Fussverletzungen. *Leipzig 1901: B. Georgi.* (23 S.) 8°
Leipzig, Med. Diss. v. (7. Jan.) 1901

Heinrich, Vladimír, vorläufiger Bericht üb. e. neuen Planeten in der Nähe Jupiters. (2 S.) gr. 8. Prag 907. (F. Řivnáč.) — 20

— Untersuchungen üb. die Bahn des zweiten Planeten der Jupitergruppe „(617) Patroclus". (17 S.) Lex. 8. Ebd. 908. — 30
Sonderabdr. a.: „Sitzgsber. d. böhm. Gesellsch. d. Wiss."

Heinrich, Vollmar, Festbericht über das am 24. und 25. 6. 1899 stattgehabte 10jährige Stiftungsfest, verbunden mit Fahnenweihe des Turnerbundes Heidelberg, Freiburg i. Br. 1899, 19 S., 8°.

Heinrich, W. Die religiöse Frage, die wichtigste aller Zeitfragen. gr. 8. (62 S.) Lpz. 891, Spohr. * 1 20

Heinrich, W., Gott u. Materie. Betrachtungen zur Versöhnung von Religion u. Wissenschaft. gr. 8. (57 S.) Leipzig 890. Spohr. n. 1. 20

Heinrich, W., Christian Rauch und seine Schüler Ernst Rietschel und Friedrich Drake. gr. 8. (144 S. mit 8 Holzschn.-Portr.) Basel 884, Riehm. *ℳ 2.; geb. *

Heinrich, W. Christian Rauch und seine Schüler Ernst Rietschel und F. Drake. In-8°. Basel, Riehm. 1893 br. 2 50. geb. 3 —

Heinrich, W., der Tierfreund, s.: Unterhaltungsbücher, neue, f. Stenographen (System Stolze-Schrey). Nr. 2.

Heinrich, Walth., Effektenzinsen-Tabelle. s.: Jokisch, Eug.

Heinrich, Walther E. [wirkl. Name], s. Unus, Walther [Pseud.]

Heinrich, Wenzel (Red.), s. Wochenblatt, Böhmisch-Leipaër.

Heinrich, Wilh., aus Sentas Elternhause. Ein Familienbild. 8. (IV, 103 S.) Berlin 899. W. Möller. n. — 75; geb. 1. 25

Hoch Münster! Marsch von Wilh. Heinrich. *Münster i. W.: P. Adrena [1895].* (7 S.) 4° [...]

Heinrich, Wilh., zum Kampfe der liberalen Parteien mit der Socialdemokratie. gr. 8. (47 S.) Leipzig 890. Mindc. n. — 50

Heinrich, Wilh., der Kolonist, s. a. Jugend-Bibliothek, kleine.

Der Kolonist. Eine Erzählung aus d. Urwäldern Amerikas. Von Wilh. Heinrich. 2. Aufl. *Styrum: A. Spaarmann [1899?].* (32 S.) 8° [F.]
= Jugend-Bibliothek, Kleine. No 153. [...]

Lustig durch die Welt. Polka-Mazurka f. Pianoforte komp. von Wilh. Heinrich. *Münster i. W.: P. Adrena [1895].* (3 S.) 4° [...] 6

Heinrich, Wilh., das Testament d. 19. Jahrhunderts. gr. 8. (IX, 176 S.) Berlin 893. Alb. Lehmann. n. 2. —

Heinrich, Wilh., Warngn. u. Ratschläge f. Radfahrer. M. ärztl. Anmerkgn. u. e. Einleitg. v. Jaenicke. gr. 16. (34 S.) Berlin 897. W. Möller. — 40

Heinrich, W[ladislaus], aus Warschau: Bemerkungen zur neueren Physiologischen Psychologie in Deutschland mit besonderer Berücksichtigung der Aufmerksamkeit. [Erschien vollständig im gleichen Verl.: V, 235 S. 1895]. Zür. E. Speidel 1895. IV, 1 Bl., 79 S., 1 Bl. 8°.
Zürich, Phil. Diss. I. S. [v. 3. Dec. 1895].

Heinrich, W., zur Prinzipienfrage der Psychologie. gr. 8. (V, 74 S.) Zürich 899. E. Speidel. n. 2. —

Heinrich, W., d. moderne physiolog. Psychologie in Deutschland. E. histor.-krit. Untersuchg. m. bes. Berücksicht. d. Problems d. Aufmerksamkeit. gr. 8. (V, 235 S.) Zürich 895. E. Speidel. n. 4. —

— d. moderne physiologische Psychologie in Deutschland. Eine historisch-krit. Untersuchg. m. besond. Berücksicht. des Problems der Aufmerksamkeit. 2., teilweise umgearb. u. vergröss. Ausg. gr. 8. (VII, 249 S.) Ebd. 899. n. 4. —

Heinrichbüchlein, das. 66 kurze und leichte Erzählungen für kleine Kinder zur Uebung im Lesen. Zugabe zur Fibel. gr. 16. (24 S.) Bern 878, Jenni's Verlag. * — 25

Heinricher, Bern., Vorübungen z. prakt. Rechnen f. Vorschulen u. f. die untern Klassen d. Elementarsch. 8. (3 B.) Münster 845, Aschendorff'sche Buchh.

Heinricher, Emil, über Adventivknospen an der Wedelspreite einiger Farne. [Mit 1 (lith.) Taf.] [Aus: „Sitzungsber. d. k. Akad. d. Wiss."] Lex.-8. (16 S.) Wien 878. (Gerold's Sohn.) n. — 60

— Ph. Van Tieghem's Anschauungen üb. d. Bau d. Balanophora-Knolle. (10 S.) gr. 8. Ebd. 908. — 35
Sonderabdr. aus „Sitzungsber. d. k. Akad. d. Wiss."

Heinricher, E., die Aufzucht u. Kultur der parasitischen Samenpflanzen. (V, 53 S. m. 8 Abb.) gr. 8. Jena 910. G. Fischer. 2. —

Heinricher, E., anatomischer Bau u. Leitung d. Saugorgane d. Schuppenwurz-Arten. (Lathraea Clandestina Lam. u. L. Squamaria L.) [Aus: „Beiträge z. Biologie d. Pflanzen".] gr. 8. (92 S. m. 7 Taf.) Breslau 895. J. U. Kern's Verl. n. 7. —

— Beiträge z. Kenntnis d. Gattung Balanophora. (27 S. m. 3 Fig. u. 1 Taf.) gr. 8. Wien 907. (A. Hölder). 1.25

Heinricher, E., Beiträge zur Kenntnis der Rafflesiaceae. I. (25 S. m. 2 Fig., 3 Taf. u. 3 Bl. Erklärgn.) 4. Wien 905. (A. Hölder.) n. 2.70
Sonderabdruck aus: „Denkschr. d. k. Akad. d. Wiss."

Heinricher, E., Beiträge zur Pflanzenteratologie. Lex.-8. (83 S. mit 6 lithogr. Taf. und 5 eingedr. Holzschn.) Wien 881, (Gerold's Sohn.)

Heinricher, Emil, Beiträge zur Pflanzenteratologie u. Blüthenmorphologie. [Mit 2 (lith.) Taf. u. 3 (eingedr.) Holzschn.] [Aus: „Sitzungsber. d. k. Akad. d. Wiss."] Lex.-8. (39 S.) Wien 883. (Gerold's Sohn.) n. 1. 40

Heinricher, E., über e. eigenthümlichen Fall v. Umgestaltung e. Oberhaut u. dessen biologische Deutung. [Aus: „Sitzungsber. d. k. Akad. d. Wiss."] Lex.-8. (15 S. m. 1 Taf. u. 2 Textfig.) Wien 890. (Tempsky.) n. — 60

— Bei der Kultur von Misteln beobachtete Korrelationserscheinungen und die das Wachstum der Mistel begleitenden Krummungsbewegungen (mit 3 Taf.) S. 122. I. 159 „ 1.50
Separatabdruck

— Samenreife und Samenruhe der Mistel (*Viscum album* L.) und die Umstände, welche die Keimung beeinflussen (mit 1 Textfigur). S. 121. I. 573 . . . . „ 1.20
Separatabdruck

— Die Schuppenwurz, Lathraea Squamaria, s.: Wandtafeln, pflanzenpathologische. III.

— die jüngsten Stadien der Adventivknospen an der Wedelspreite v. Asplenium bulbiferum Forst. [Mit 1 (lith.) Taf.] [Aus: „Sitzungsber. d. k. Akad. d. Wiss."] Lex.-8. (6 S.) Ebend. 881. n. — 60

Heinricher, E., biologische Studien an der Gattung Lathraea. (I. Mittheilg.) [Aus: „Sitzungsber. d. k. Akad. d. Wiss."] Lex.-8. (55 S. m. 2 Fig. u. 2 Taf.) Wien 892. (F. Tempsky.) n. 1. 40

— Versuche, die Mistel (*Viscum album* L.) auf monokotylen und sukkulenten Gewächshauspflanzen zu ziehen (mit 1 Taf. und 12 Textfiguren). S. 121. I. 541 . . . „ 1.80
Separatabdruck

— die näheren Vorgänge bei der Sporenbildung der Salvinia natans verglichen m. der der übrigen Rhizocarpeen. [Mit 2 (lith. u. color.) Taf. u. 1 (eingedr.) Holzschn.] [Aus: „Sitzungsber. d. k. Akad. d. Wiss."] Lex.-8. (29 S.) Ebend. 882. n. 1. 60

Heinrich-Feier. Gedenkblatt an d. 50jähr. Amtsjubiläum d. Rektors Claus Heinrich am 1. IX. 1897. (Hrsg. v. Sell.) 8. (54 S. m. Bildn.) Kiel 897. Lipsius & Tischer. n. — 50

Heinrich Heine-Denkmal, das, oder der Scandal auf dem Parnasse. Ein dramat. Capriccio von †Christophorus Treumund [Paul v. Hofmann-Wellenhof]. 1.—3. Aufl. 8. (40 S.) Wien 888, Vetter. — 60
Aus: Österr. Reformer, besonders abgedruckt.

Heinrich **Heine-Kalender** f. 1907. 12 Gedichte v. Heinr. Heine. Mit Illustr. v. Heinr. Compioi. (49 S. m. 12 Farbdr.) 4. Wien, M. Munk. n. 5. 50

Heinrich **Heine-Kalender** f. 1910. 12 Gedichte v. Heinr. Heine. Mit Illustr. v. Heinr. Complol. (26 S. m. 12 farb. Taf.) 30,5×21,5 cm. Wien, M. Munk. 5. 50

Heine-Kalender f. d. J. 1910. Zu Weihnachten 1909 hrsg. v. Eug. Korn. Mit Schmuck v. Anna Heinemann. (80 S.) gr. 8. Leipzig 909. Modernes Verlagsbureau. 1.—; Luxusausg. 2. —

HEINRICHMAYER, J. L.: Tract. de juribus et consuetnd. forens. circa stupra et fornicationes. *Erl.* 786. 8.

Heinrich's Briefe an Friederiken. 8. Stuttgart, Eichele. 815.

— d. Fünften Jugendjahre. Lustsp. in 3 A. v. Iffland, a. d. Franz. d. Duval. 8. Berl. Braunes. -

Heinrich's des fünften, König, Jugendjahre, in 3 Akten nach d. Franz. des Al. Duval, von A. W. Iffland. 8. Ist jetzt Verlag von Sommerbrodt in Berlin, u. d. Pr.

Heinrichs, Vetter, u. Vetter Gottliebs gewechselte Briefe über —? 8. Berl. Maurer. 799.
Schreibv.

Heinrich, Vetter, und Vetter Gottliebs Briefe über — — —? Berlin 1799. V: *Maurer, Friedrich.* (Ky)

Heinrichs, s.a. Henrici

Heinrichs (Hrsg.), s. Apokalypsin.

Heinrichs, Commentar üb. d. Offenbar. Johannis, auszügl. verteutscht v. e. Landgeistlichen. 8. (4 B.) Stuttgart 833, Fischer.

Heinrichs, Taschen-Felddienst-Ordnung f. den Infanteristen u. Jäger. Bearb. auf Grund der neuen Felddienst-Ordnung vom 23. Mai 1887. 2. u. 3. Aufl. 16. (48 S.) Berlin 887. 888. Bath. n.n. — 25

Heinrichs, Adeline, deutsches Kochbuch. Vollständigste und umfassendste Anweisung zur Koch- und Backkunst in mehr als 2000 erprobten Vorschriften für die einfachste, wie für die feinste Tafel. Erläutert durch zahlreiche Illustr. Für deutsche Frauen und Mädchen. gr. 8. (688 S.) Dresden 885, A. Wolf. *

Deutsche Niederlassungsverträge und Übernahmeabkommen. Von A[dolf] **Heinrichs,** Gen. Oberreg.R. Berlin: C. Heymann 1908. (XI, 410 S.) 8°
08. 7718 9

Heinrichs, Aug. Kaiser Friedrich-Reden. Für vaterländ. Gedenktage, besonders in Schulen, auf Grund aller bis jetzt veröffentlichten Quellen bearb. 1.—3. Aufl. gr. 8. (108 S. m. Portr.) Berl. 890, Franz. * 1 50; geb. * 1 80

Heinrichs, Aug., Kaiser Friedrich-Reden. Für vaterländ. Gedenktage, besonders in Schulen, auf Grund aller bis jetzt veröffentlichten Quellen bearb. 4. Aufl. gr. 8. (108 S. m. Bildnis.) Berlin 894. A. Franz. n. 1.50; geb. n. 1.80

— Das Schulbücherwesen muß verstaatlicht werden. Ein Mahnruf an das deutsche Volk. gr. 8. (V, 88 S.) Zittau 890, Pahl. * 1 20

Heinrichs: Themata zu lateinischen Aufsätzen für Secunda. Zs. 33 S.– Elbing, Progr. 1857,63.

Heinrichs: De Ablativi apud Terentium usu et ratione. P.I. 28 S. P.II. 44 S. – Elbing, Progr. 1858-60.

Heinrichs, Aug., de ablativi apud Terentium usu et ratione. Elbing 859. (Neumann-Hartmann.) gr. 4. (44 S.) n. 10 ngr.

Heinrichs, Axel, Ueber das Klima von Hango. Helsingfors 1895.

Schnee- und Eisverhältnisse in Finnland im Winter [illegible] von Axel Heinrichs. Helsingfors 1906: Helsingin uusi kirjapaino-osakeyhtiö. 4°
[illegible] Observations publ. p. l'Inst. météorol. central de la Société des sciences de Finlande. État des glaces et neiges en Finlande, exposé par A. Heinrichs
(Meteorologisches Jahrbuch f. Finnland. Bd 1, Beil.) [illegible]

Heinrichs, Bruno. Hirudineen der Umgebung von Bern. Beitrag zur Kenntnis der schweizerischen Hirudineenfauna. Diss. Phil. Bern. 48 S. 8. Hannover, Vereinsbuchdr., 1905.

Heinrichs, Bruno, aus Goslar: Die **Modalsätze** im Französischen. *Göttingen 1903: L. Hofer.* (X, 100 S.) 8°
Göttingen, Phil. Diss. v. [26. Febr.] 1903

Heinrichs, Bruno, die Modalsätze im Französischen. Diss. (X, 100 S.) gr. 8. Göttingen 903. (Vandenhoeck & Ruprecht.) n. 2.—

Heinrichs, C. F. C., Predigt in Beziehung auf das v. der Gemeinde am 23. April 1852 gefeierte 25jähr. Jubiläum meiner hies. Amtswirksamkeit, gehalten am nächstfolg. Sonntag Mis. Dom. d. 25. April 1852 zu Detmold. gr. 8. (27 S.) Detmold 852, Meyer. n. 4 ngr

Heinrichs, Carl, s. Heinrichs, Karl

Heinrichs, Clemens, s. Heinrichs, Klemens

Heinrichs, C. B., s. Carpentier's erster Lehrmeister im Gesang-Unterricht.

Heinrichs, Emil, s. Heinrichs, Emilie

Heinrichs, Emilie, Bettler und Millionär. Roman aus der Neuzeit. 8. (III und 248 S.) Berlin 867, Sacco Nachf.

—— Henning Brabandt, der braunschweiger Bürgerhauptmann. Historischer Roman. 2 Bde. 2. (Titel-)Ausg. 8. (576 S.) Hannover (861)64, Wedekind.

Heinrichs, Emil, Kapitain Carpfänger oder das Gastmahl des Seelöwen. Eine Erzählung aus Hamburgs Vorzeit. 8. (64 S.) Hamburg 879, Kramer. — 25

Heinrichs, Emilie, der Erbe von Grundhoff. Roman. 8. (288 S.) Berlin 868, Janke.

Heinrichs, Emilie, geb. Schmidt, norddeutsches Familienbuch. 2 Bde. Hannover 856. (Hamburg, Würger.) 4. (2 Bl., 204; 2 Bl., 255 S.) n. 1 ℛ 25 ngr

— über der Felsenhöhle. Eine Indianergeschichte. 8. (64 S.) Ebend. 879. — 25

— das Geheimniß des Henkers. Eine Erzählung aus Hannovers Vergangenheit. 8. (64 S.) Ebend. 878. — 25

Das Geheimniss des Henkers. Eine Erzählung aus Hannovers Vergangenh. von E. Heinrichs. *Berlin: A. Weichert [1899].* (64 S.) 8° [F.]
— Indianer- u. Volksbibliothek. 86. [illegible]

— die Glocke v. Attendorn. Eine Erzählung. 8. (64 S.) Ebend. 878. — 25

Heinrichs, Em., im Goldlande oder die Höhle des gelben Wolfs. Erzählung. 8. (64 S.) Hamburg 880, Kramer.

—— Auf der Menschheit Höhen. Roman aus der jüngsten Vergangenheit. 8. (288 S.) Berlin 868, Janke.

Heinrichs, Emilie, im Irrenhause. Roman. 8. (276 S.) Hamburg 873. Richter. n. 3. —

— ein deutscher Kaiser, s. Novellen-Sammlung.

—— Kaleidoskop. Novellen, Erzählungen und Gedichte. 1. und 2. Bd. 8. Hannover, (Meyer.) [1. (III und 320 S.) 2. (III und 372 S.) 855. à Bd. * 25 Ngr.] *

—— der Commerzienrath. Roman aus der Gegenwart. 8. (308 S.) Hannover 865, Wedekind.

—— Leibrenten. Roman aus der Gegenwart. 2 Bde. gr. 8. (524 S.) Hannover 866, Wedekind.

Heinrichs, E. Des Tertianers Lust u. Leid. 2. Aufl. gr. 8. (64 S.) Wiesb. 890, Sadowsky. * 1 —

— der Maskenball oder: die Hexe der Neustadt. Historischer Roman. Hannover 860. (Lohse.) 8. (480 S.) n. 1 ℛ 15 ngr

— Novellen. 2 Bde. 8. (III, 288 u. III, 308 S. Hannover 871. Schulze. 8. —

— das Opfer des großen Sterns, oder der Messer-Häuptling. Eine Indianergeschichte. 8. (62 S.) Ebend. 879. — 25

—— eine Räuberfamilie. Erzählung der Neuzeit nach wahren Thatsachen. 8. (III und 352 S.) Berlin 867, Sacco Nachf.

— unter den Rothhäuten oder die Mutter d. Findlings. Eine Indianergeschichte. 8. (64 S.) Ebend. 879. — 25

— die Seeräuber u. der alte Fritz. Erzählung. 8. (64 S.) Ebend. 879. — 25

Die Seeräuber und der alte Fritz. Erzählung von E. Heinrichs. *Berlin: A. Weichert [1899].* (64 S.) 8° [F.]
— Indianer- u. Volksbibliothek. 82. [illegible]

Heinrichs, Emilie, der Stadtschreiber v. Osnabrück. Historische Erzählg. aus dem 13. Jahrh. 2. Aufl. 8. (124 S.) Osnabrück 887. (Veith.) — 75

—— dunkle Tage. Historischer Roman. 2 Bde. 1. Aufl. 1863. und 2. (Titel-)Aufl. gr. 8. (VIII und 672 S.) Hannover 865, Wedekind.

Die | Tochter des Mohrenfürsten. | Nach einer wahren Begebenheit | von | E. Heinrichs. | Hamburg. | Verlag von G. Kramer.
Kol.: Druck von Gräfius und Möller, Hamburg.
o. J., 64 S., 165 × 110, kol. U.-Fig.: – – – »*Das ist ein guter Geist, seine Augen sind wie der Himmel.*«, 132 × 94.
Priv.-Bes.

— die Tochter des Mohrenfürsten. Nach einer wahren Begebenheit. 8. (64 S.) Ebend. 878. — 25

Die Tochter des Mohrenfürsten. Nach e. wahren Begebenheit von E. Heinrichs. *Berlin: A. Weichert [1896].* (64 S.) 8° [F.]
— Indianer- u. Volksbibliothek. 84. [05. 1902]

— der Weihnachtsabend eines Gefangenen. Nach wahrer Begebenheit. 8. (64 S.) Ebend. 878. — 25

—— der Weihnachtsabend eines Gefangenen. Nach wahrer Begebenheit. 8. (64 S.) Ebendas. 879. — 25

—— Friedrich Wildt, s. Novellen-Sammlung.

— der Zigeuner-Toni. Eine Erzählung. 8. (63 S.) Ebend. 879. — 25

Heinrichs, Ernst [aus Wermelskirchen]: Ueber den Bündel derjenigen kubischen Raumcurven, welche ein gegebenes Tetraeder in derselben Art zum gemeinsamen Schmiegungstetraeder haben .... Wermelskirchen, Buchdr. v. Wilhelm Kensler, 1887; 48 S. 8°.
Münster, Phil. Fak., Inaug.-Diss. v. 7. Mai 1887.

Heinrichs, Ernst, ueber den Bündel derjenigen kubischen Raumkurven, wesche ein gegebenes Tetraeder in derselben Art zum gemeinsamen Schmiegungstetraeder haben. Diss. Münster 1887, H. Mitsdörffer. 8°. 48 S.

Heinrichs, Ernst, Deutschlands Dichterhort. Gedichtsammlg. zum Deklamieren f. d. Schulgebrauch. gr. 8. (VI, 326 S.) Hannover 895. Manz & Lange. n. 2. —; geb. n. 2. 40

Heinrichs, E., Karl der Fünfte. Schauspiel in 5 Akten. gr. 8. (85 S.) Hannover 887. Schmorl & v. Seefeld. n. 1. 50

Heinrichs, Ernst, der Jugend Lust und Leid. Epos in vier Gesängen. 8. (55 S.) Hannover 885, Schmorl und v. Seefeld. *

Heinrichs, Ernst, ein Meisterstück Lessings oder Fragen und Anmerkungen zu Minna v. Barnhelm. gr. 8. (29 S.) Hannover 870, Brandes. **

—— 24 Stunden auf dem Carcer. Eine Erinnerung an Göttingen. gr. 8. (15 S.) Ebendas. 887.

—— der falsche Vetter. Schwank in 3 Akten. gr. 8. (47 S.) Ebendas. 886. *

Heinrichs, Ernst Joh. Geschichte der Königstädtischen Realschule. 35 S. Progr. Königst. Rg. *Berlin* 1877.

Heinrichs, Gustav (Ed.), s. Saint Louis and Carondelet.

Heinrichs, Hans, u. Ernst Pfusch, frisch gesungen! Sammlung v. gemischten Chören u. einstimm. Liedern z. Gebrauch in d. mittleren u. oberen Klassen der Gymnasien, Lyceen, Realgymnasien, Reformschulen. Oberrealschulen, Realschulen. 2. Aufl. 4.—6. Taus. (XXIV, 415 S.) 8. Hannover 910. C. Meyer. Geb. in Leinw. 3. —

Heinrichs, Hugo, approb. Arzt aus Renninghausen: Aus d. pathol. Institut zu Kiel. Ein Fall von primärem Gallenblasenkrebs. *Kiel 1901: A. F. Jensen.* (15 S.) 8°
Kiel, Med. Diss. v. [4. Nov.] 1901

Heinrichs, J., s.: Kahle's, Adf., vollständiger Stempelsteuer-Tarif.

Heinrichs, Joh. Ernst

Heinrichs, Joan. Ern. (geb. Thorn 1. 11. 1827): De ephebia Attica (Specimen.) Berolini (1851). (31 S.) 8° * Fortsetzung bis 1899 nicht erschienen.
Berlin, Phil. Diss. v. 23. Jan. 1851

Heinrichs, Joh. Ernst, Grundriß der Geographie, s.: Dielitz.
— Handbuch der deutschen Literatur,

Heinrichs, J. E. Der Kriegsdienst bei den Athenern. 4. Berlin 1864.

Heinrichs, J. E., Der Kriegsdienst bei den Athenern. Pr. 1864. 25 S. 4°.

Heinrichs, Joh. Ernst, geographischer Leitfaden für die unteren Klassen [Sexta und Quinta] höherer Lehranstalten mit 15 in den Text gedr. Kartenskizzen. gr. 8. (60 S.) Altenburg 884, Pierer. *

Heinrichs, Joh. Ernst, Leitfaden für den Unterricht in der deutschen Grammatik. gr. 8. (VII und 74 S.) Berlin 855, Rücker und Püchler. Thlr. *

Heinrichs, Joh. Ernst, Leitfaden für den Unterricht in der deutschen Grammatik. 2. Aufl. gr. 8. (X und 107 S.) Berlin 862, Rücker und Püchler.

Heinrichs, Joh. Ernst, Leitfaden für den Unterricht in der deutschen Grammatik. 5. Aufl. gr. 8. (X, 106 S.) Berlin 873, Bernhard. *

—— Leitfaden für den Unterricht in der deutschen Grammatik. 6. Aufl. gr. 8. (VIII, 120 S.) Berlin 876, Bernhardi. * 1 —

—— Leitfaden für den Unterricht in der deutschen Grammatik. 7. und 8. Aufl. gr. 8. (VIII, 104 S.) Berlin 884, Bernhardi. *M 1.; geb. *

—— deutsches Lesebuch für die unteren Klassen höherer Lehranstalten, s. Dielitz, Thdr.

— Themata zu deutschen, lateinischen u. französischen Aufsätzen f. die oberen Klassen höherer Lehranstalten. Nebst e. Anh., enth. Aufgaben zu französ. u. engl. Exercitien. Gesammelt u. geordnet. gr. 8. (XXXII, 868 S.) Paderborn 884. F. Schöningh. n. 4. —

Heinrichs, Johann Heinrich

— de auctore atque aetate capitis Genes. XLIX. commentatio. 8, Götting. 790. Brose. 4 gr.

Heinrichs, J. H., Beyträge z. Beförd. d. theol. Wissenschaften rc. 1r Band. 1s u. 2s Stck. 8. Hannov. Hahn. 804. (1s 10 gr. 2s 12 gr.) —

— disquisitio brevis in locum Paulinum. Rom. VIII. 8maj. Götting. 791. Brose. 4 gr.

— Comment. de antiquo illo documento. 8. Götting. 790. Brose. 4 gr.

Heinrichs, Johann Heinrich (Hannover), Commentatio de aucta sensim per providentiam divinam humani generis felicitate. Götting. (Johann Christian Dieterich) 4. VI. 1786. 52 S. (6.—) 14045

— Comment. de aucta sensim per providentiam divinam humani generis felicitate. 4maj. Götting. 796. Dieterich, (a. Vandenhöck u. R.) 6 gr.

— — Commentatio de luxu num et quatenus secundum religionis christianae praecepta licitus sit an illicitus. Götting. (Jo. Christ. Dieterich) 4. VI. 1788. 64 S. (7.—) 14046

— Comment. de luxu, num et quatenus secund. religionis Christ. praecepta licitus sit an illicitus. 4maj. Götting. (788.) Dieterich; (a. Vandenhöck u. R.) 8 gr.

— s. Testament. nov. a Koppe.

Heinrichs, Johannes, appr. Arzt a. Groß-Ammensleben b. Magdeburg: Über konstitutionelle ⟨orthotische⟩ Albuminurie. Halle a. S. 1907: Hohmann. (38 S.) 8°
Halle, Med. Fak., Ref. Schmidt, Diss. v. 23. Dez. 1907
[Geb. 22. Okt. 76 Gr. Ammensleben; Wohnort: Halle a. S.; Staatsangeh.: Preußen; Gymn. Neuhaldensleben Reife O. 95; Studium: Jura Halle 3, Bonn 8, Med. Leipzig 1, Halle 9 S.; Coll. 19. Dez. 07; Approb. 1. Aug. 07.]

Heinrichs, Joseph: Die Emancipation der Frauen. Den Frauen gewidmet. — Posen: Merzbach 1863. 21 S. 8°

Heinrichs, Joseph, a. Brühl: Über die spezifische Wärme des Schwefels und roten Phosphors bis zu Temperaturen von ca. 300°. Bonn 1906: P. Hauptmann. (57 S.) 8°
Bonn, Phil. Fak., Ref. Kayser, Diss. v. 8. März 1906
[Geb. 12. Okt. 80 Kempen a. Rh.; Wohnort: Brühl; Staatsangeh.: Preußen; Vorbildung: Gymn. Kreuzgasse Cöln Reife O. 01; Studium: Bonn 10 S.; Rig. 24. Jan. 06.]

Heinrichs, K. Fr. Cph., Comment. de iis, quae potissimum contulerint ad Lutherum sacrorum reformatorum sensim effingendum? 4 maj. Götting. 819. Ed. nov. 826. Dieterich. 8 gr.

Heinrichs, (C. Fr. C.,) Comment. historico-psychologica ad Lutherum sacrorum reformatorem sensim effingendum? Ed. nova. 4maj. Götting. 826, Dieterich.

Heinrichs, Karl

Heinrichs, Carl, aus Hessloch: Ueber α-β-Dicarbonsäurederivate primärer Hydrazine. *Erlangen 1900: E. Th. Jacob.* (62 S.) 8°
Erlangen, Phil. Diss. v. 7. [übergeklebt: 14.] Nov. 1899

Heinrichs, Karl, a. Rüsselsheim: Die Entstehung der Doppelvornamen. Straßburg 1908 (Du Mont-Schauberg). (64 S.) 8° ¶ (Erschien vollst. als: Quellen u. Forschungen zur Sprach- u. Kulturgeschichte d. german. Völker H. 102.)
Gießen, Phil. Fak. Ref. Behaghel, Diss. v. 16. März 1908
[Geb. 29. Okt. 84 Rüsselsheim; Wohnort: Gießen; Staatsangeh.: Hessen; Vorbildung: Oster-Gymn. Mainz Reife O. 03; Studium: München 2, Gießen 4 S.; Rig. 18. Okt. 06.]

Heinrichs, Karl, Studien üb. d. Namengebung im Deutschen seit d. Anfang d. 16. Jahrh., s. a. Quellen u. Forschungen z. Sprach- u. Culturgesch. d. german. Völker. 102. Hft.

Studien über die Namengebung im Deutschen seit dem Anfang des XVI. Jahrhunderts. Von Karl **Heinrichs**, Dr. phil. Strassburg: K. J. Trübner 1908. (XIV, 510 S.) 8°
Ein T. erschien auch als Inaug.-Diss. Giessen 1908.
— **Quellen** u. Forschungen z. Sprach- u. Kulturgeschichte d. german. Völker. H. 102. [08. 1549]

Heinrichs, Klemens

Heinrichs, *Clemens* Wortschatz in der Vorschule der französischen Sprache von Probst, zum Zwecke des Memorierens gruppiert. (Erster und zweiter Abschnitt.) 4 (S. 3—12).
Progr. G. Petrinum *Brilon* 1886 (324).

Heinrichs, L., die Genugtuungstheorie d. hl. Anselmus v. Canterbury, s. a. Forschungen z. christl. Literatur- u. Dogmengeschichte. IX. 1.

Heinrichs, L[udwig], Rektor in Bad Meinberg-Horn u. Dir. am Priv.-Lehrinst. daselbst: Die Genugtuungstheorie des hl. Anselmus von Canterbury neu dargestellt und dogmatisch geprüft. Paderborn: Schöningh 1909. X, 173 S. 8° ¶ (Ersch. auch als: Forschungen z. christl. Liter.- u. Dogmengesch. Bd 9, H. 1.)
Würzburg, Theol. Diss. v. 19. April 1909, Ref. Kiefl
[Geb. 4. Febr. 76 Duisburg; Wohnort: Meinberg-Horn; Staatsangeh.: Preußen; Vorbildung: Gymn. Ellwangen Reife Juli 05; Studium: Rom 8, Würzburg 3 S.; Rig. 19. Dez. 07.] [U 09. 4031

Heinrichs, O., d. Löwe v. Flandern, s.: Conscience, Heinr.

— der letzte Mohikaner, s.: Cooper, James Fenimore.

Heinrichs, Otto, s.: Jugendschatz.

Heinrichs, P., Gedichte zu Kaisersgeburtstag u. anderen patriotischen Festen. Für die unteren u. mittleren Volksschulklassen gesammelt u. zum Teil verf. (IV, 64 S.) 8. Paderborn 905. F. Schöningh. n. —80

Heinrichs, V., unsere wichtigsten Heilpflanzen, s.: Miniatur-Bibliothek.

— Die wildwachs. u. im Garten gezogenen Heilpflanzen, s.: Müller, E.

— aus Wurzelpeters Reich. Allerlei Neues u. Nützliches v. unsern Gift- u. Heilpflanzen. Für die Jugend erzählt. (131 S. m. Abbildgn. u. 15 farb. Taf.) 8. Stuttgart 905. Verlag f. Naturkunde. Geb. n. 2. 60

Heinrichs, P. J., Denk-, Sprach- und Stylübungen oder methodisch geordneter Uebungsstoff für den mündlichen und schriftlichen Gedankenausdruck. 2., verb. und mit den von demselben Verf. früher erschienenen „100 orthograph. Uebungen" und mit Musterbeispielen zu Aufsätzen fürs bürgerl. Leben verm. Aufl. 8. (84 S.) Elberfeld 857, Bädeker'sche Buchh. *

Heinrichs, P. J., Denk-, Sprach- und Stylübungen oder methodisch geordneter Uebungsstoff für den mündl. und schriftl. Gedankenausdruck. 3., verb. und verm. Aufl. 8. (80 S.) Elberfeld 867, Bädeker'sche Buchh. *

Heinrichs, P. J., Handfibel f. d. Schreibleseunterricht. 2. Aufl. 8. (65 S. wovon 26 lith.) Köln 851, Bollig. n. n. 3 ngr

—— Handfibel für den Schreibleseunterricht. 7., mit einigen Zusätzen verm. Aufl. 12. (66 S., wovon 26 lithogr.) Köln 857, Bollig's Buchh. geb. **

Heinrichs, P. J., Vorlegeblätter zur Uebung in der Perspektive, mit erläuternden Anmerkungen versehen. 1. Heft: Gegenstände mit frontaler Vorderseite. qu. 4. (12 Stnt.) Langensalza 855, Schulbuchhandlung des thüringer Lehrer-Vereins.

—— dass. — 2. Heft: Gewölbe und Kreisflächen. qu. 4. (12 Stnt.) Ebds. 856.

—— Vorlegeblätter zur Uebung in der Perspective, mit erläuternden Anmerkungen. 3. Heft: Schlagschatten. qu. 4. (12 Stnt. mit 4 S. Text.) Langensalza 858, [Schulbuchhandlung von Greßler.]
1. und 2. Heft. Ebendas. 1855, 56. 19⅓ Ngr.

Heinrichs, Paul, Königin Luise. Historisches Trauerspiel in 5 Aufzügen. (104 S.) 8. Leipzig (910). Reform-Verlag. 1.50

Heinrichs, R., d. Aufhebg. d. Magdeburger Domschatzes durch d. Administrator Christian Wilhelm v. Brandenburg im J. 1630. gr. 8. (26 S.) Cleve 897. F. Boss Wwe. — 75

Heinrichs, R. Mathias Bredenbach u. die Reformation, s. Broschüren, Frankfurter zeitgemäße.

Heinrichs, R., der niederrheinische Humanist u. Schulmann Mathias Bredenbach u. sein Urtheil üb. die Reformation, s.: Broschüren, Frankfurter zeitgemäße.

Heinrichs, R., ein protestantischer Prediger auf dem Reformationsfeste in geschichtlicher Beleuchtg. gr. 8. (63 S.) Cleve 902. F. Boß Wwe. n. — 75

Heinrichs, Rich., Anleitung z. Verwaltung d. hl. Bußsakramentes, s.: Tappenhorn, Ant.

Heinrichs, Richard, Referendar aus Saarbrücken: **Besitzerwerb und Besitzerhaltung durch Stellvertreter nach gemeinem Recht und nach dem Rechte des Bürgerlichen Gesetzbuches.** *Saarbrücken 1900: Gebr. Hofer.* (58 S.) 8°
Rostock, Jur. Diss. v. [30. Okt.] 1900

Heinrichs, Rich., Besitzerwerb und Besitzerhaltung durch Stellvertreter nach gemeinem Recht u. nach d. Rechte des bürgerl. Gesetzbuches. Diss. gr. 8. (58 S.) Saarbrücken 900. (C. Schmidtke.) n. 1. 20

Heinrichs, Rich., die Lohengrin-Dichtung u. ihre Deutung, s.a. Broschüren, Frankfurter zeitgemäße. XXIV. 5. 6.

Die Lohengrin-Dichtung und ihre Deutung. Von Richard Heinrichs. Hamm: Breer & Thiemann 1905. (56 S.) 8° [F.]
= **Broschüren**, Frankfurter Zeitgemäße. N. F. Bd 24, H. 5 u. 6. 105. 1909

—s.: Thomas a Kempis, Meditationes de incarnatione Christi.

Heinrichs, T., Erfahrungen und Belehrungen aus meiner Praxis. Für Branntweinbrenner und Bierbrauer, Destillateure, Essig- u. Liqueur-Fabrikanten u. alle Diejenigen, die sich hierin vervollkommnen wollen. Mit den dazu gehörigen Abbildd. auf 5 Kpfrtaf. u. den beigefügten Attesten. gr. 8. Hamburg 840. Herold. $1\frac{1}{3}$ ℛ

Heinrichs, T., Erfahrungen u. Belehrungen aus seiner Praxis. Für Branntweinbrenner u. Bierbrauer, Destillateure, Essig- u. Liqueur-Fabrikanten u. s. w. Mit Abbild. auf 5 Kpfrt. u. Attesten. 2., mit e. Anh. verm. Ausg. gr. 8. ($16\frac{1}{2}$ B.) Hamburg 843, Heroldsche Buchh.

—— nützliches u. lehrr. Hülfsbuch f. Gewerbtreibende jeden Standes, auf prakt. Erfahr. begründet. gr. 8. (8 B.) Hamburg 840, Heroldsche Buchh.

— lehrreiches Hülfsbuch f. Gewerbtreibende. Ein auf Erfahrung begründeter Unterricht z. Verfertigung v. 66 Handels-Artikeln, als: Alle Arten Siegellacke, — wohlriechende Wasser, — chemische Schreib- u. Zeichen-Dinte, xc. zu verfertigen. — Ferner: Alte Oelgemälde zu reinigen. — Für Alle, die solche Gegenstände selbst anfertigen wollen. Neue Ausg. gr. 8. Quedlinburg 846, Ernst. $\frac{1}{2}$ ℛ

—— prakt. verbesserte Lehrmethode des Bier- u. Essig-Brauens, Destillirens, u. d. dazu gehörenden Geschäftszweige. Als: Bereitung der doppelten Liqueure, des Rums, Cognac's xc. m. beigefügten Attesten. Mit e. Abbild. einer Essig-Spritmaschine. 1. Ausg. 842. $22\frac{1}{2}$ Ngr. u. neue Ausg. gr. 8. (à $2\frac{1}{2}$ B.) Quedlinburg 846, Ernst'sche Buchh.

Heinrichs, Wilhelm

Heinrichs, W., die Gewerbe-Ordnung für das Königr. Hannover, s.a. Gewerbe-Ordnung.

Heinrichs, Wilh., die Gewerbe-Ordnung für das Königr. Hannover mit ihren Nebengesetzen und Vollzugs-Vorschriften mit Anmerkungen versehen. 854. (VII, 76 S.) — 2. verm. Aufl. Hannover 855. Helwing. gr. 8. (VII, 83 S.) $7\frac{1}{2}$ ngr.

Heinrichs, W., die Gewerbe-Ordnung für das Königr. Hannover mit ihren Nebengesetzen und Vollzugs-Vorschriften mit Anmerkungen versehen. 3. Aufl., hrsg. und mit Nachträgen versehen von G. Schow. gr. 8. (VII und 83 S.) Hannover (861)62, Helwing'sche Hofbuchh. *

Heinrichsdorf [Schlagwort]

Heinrichsdorf, s.: Geologische Karten. Karte (Preussen).

Heinrichsdorff, Karl

Heinrichsdorff, Carl, approb. Arzt aus Berlin: **Über Fremdkörper-Darmverschluß.** *Freiburg i. B.: Speyer & Kaerner 1903.* (30 S.) 8°
Freiburg i. B., Med. Diss. v. 1903

Heinrichsdorff, Paul, approb. Arzt aus Reval (Russl.): **Aus d. chirurg. Klinik in Kiel. Über traumatische Epiphysenlösungen.** *Kiel 1901: H. Fiencke.* (18 S.) 8°
Kiel, Med. Diss. v. [7. Dez.] 1901

Heinrichsdorff, Wilh., Erziehung zum bewußten Sehen, Empfinden u. Darstellen. Lehrb. f. d. neuzeitl. Zeichenunterricht in den Volksschulen. 1. u. 2. Tl. 35×25 cm. Bielefeld, W. Bertelsmann. 9. —
1. (51 S. m. Abb. u. 31 Taf.) 909. kart. 4.—
2. (IV, 78 S. m. Abb. u. 6 Taf.) 910. 5.—

Heinrichsen, G., s. Rehfeldt, H.: Lehrplan für den englischen und französischen Unterricht.

Heinrichsen, H., katechet. Elementarunterricht in der deutsch. Sprachlehre u. im schriftl. Gedankenausdruck. 2te Aufl. 8. Altona, Hammerich. 814.

Heinrichsen, Heinr., Ideen üb. d. wechselseit. Elektricitätsverhältniß zwischen d. thier. Organismus u. d. äußern Natur, mit Entfaltung zweier, bisher übergangener, alle Processe d. Lebens bedingender Naturkräfte. gr. 8. ($21\frac{1}{2}$ B.) Leipzig 839, L. Schumann.

—— das Wesen d. Wechselfiebers, d. Fallsucht u. d. Blennorrhoe, dargest. von Seiten ihrer elektr. Natur, u. begleitet mit e. eigenen Behandlungsart d. beyden letzt. Krankheitsformen. gr. 8. ($4\frac{1}{2}$ B.) Leipzig 839, L. Schumann. *

Heinrichsen, Joh. Friedr., Lehrbuch der demonstrativen gemeinen Arithmetik. Für Schul-Unterricht und Selbst-Studium. gr. 8. (XII und 144 S. mit: Aufgaben dazu 36 S. und Resultate der Aufgaben 24 S.) Dorpat 855(58), (Gläser's Verlag.) *

Heinrichsen, K., Kreislauf der Stoffe im Gutsbetrieb. (1 farb. Bl.) 60,5×85 cm. Stuttgart (906). E. Ulmer. n. 8 —

Heinrichsen, Karl

Heinrichsen, C., einfachste landwirtschaftl. Buchführg. Inventur u. Tage-Buch. schmal Fol. (19 u. 60 S.) Passau (900). M. Waldbauer. n.n. 2. —

— Ent- u. Bewässerg., Urbarmachg. v. Ödländereien, s.: Landmanns, des, Winterabende. 78. Bdchn.

Heinrichsen, Karl, der Kunstdünger u. seine Anwendung, s.: Merkblätter, landwirtschaftl.

Heinrichsen, Wilh., Nürnberg in seiner Glanzzeit u. in der Zeit seines tiefsten Verfalles. Ein kurzer kulturhistor. Rückblick von 1100—1820. Für jung u. alt neu hrsg. vom Nürnberger Jugendschriftenausschuß. (IV, 120 S.) 8. Nürnberg 909. Heerdegen-Barbeck. Geb. 1. —

Heinrici

— s. a. Henrici.

Heinrici, Alexander (geb. Memel 21. 11. 1850): Drei Fälle von Transfusion mit defibrinirtem Menschenblut. Berlin (1875). (30 S.) 8°
Berlin, Med. Diss. v. 10. März 1875

Heinrici, C., s.: Rechtsprechung, die, d. Reichsger. in Zivilsachen.

Heinrici, G., das Christenthum nach römisch-griechischen Ansichten, s.: Vorträge, wissenschaftliche, über religiöse Fragen.

Heinrici, G., dein Wort ist meines Fußes Leuchte. Predigt am 53. Jahresfeste d. Leipziger Bibelgesellschaft, am 10. Febr. in d. Nikolaikirche geh. gr. 8. (16 S.) Leipzig 895. H. G. Wallmann. n. — 25

Heinrici, G., Grundzüge z. e. Theorie d. Polizeywissensch. gr. 8. Landsh. Herold u. W. 808.

Heinrici, G., Handbuch für einjährig Freiwillige bei der Vorbereitung zum Landwehr-Officiers-Examen und für Subaltern-Officiere der Landwehr. gr. 8. (XVI, 240 S. mit 1 Kpfrt. in qu. 4.) Kiel 868, G. v. Maack's Buchh. *

—— die norddeutsche Kriegsmarine. gr. 8. (23 S.) Berlin 868, Mittler und Sohn. *

—— s. Rathgeber für Officiere des Beurlaubtenstandes.

— die Sünde nach Wesen u. Ursprung, s.: Vorträge, wissenschaftliche, über religiöse Fragen.

Heinrici, Georg

Heinrici, C. F. Geo., s.: Abhandlungen, theologische.

Heinrici, C. F. Geo., zur patristischen Aporienliteratur, s.: Abhandlungen d. königl. sächs. Gesellsch. d. Wissenschaften. Philol.-histor. Kl. XXVII, 24.

— Beiträge zur Geschichte u. Erklärung des Neuen Testamentes. I. Lex.-8. Leipzig 894. Dürr'sche Buchh. n.n. 1. 80; geb. n.n. 2. 60
Das Urchristentum in der Kirchengeschichte des Eusebius. Literarische Verhältnisse des 2. Jahrh. (V, 78 S.)

Heinrici, C. F. Geo., Beiträge zur Geschichte u. Erklärung des Neuen Testamentes. II. Die Bergpredigt (Matth. 5—7. Luk. 6, 20—49). Quellenkritisch u. begriffsgeschichtlich untersucht. Lex.-8. (III, 81 S.) Leipzig 900. Dürr'sche Buchh. n. 1. 60
I. Ebd. 891. n. 1. 80; geb. n.n. 2. 60.

Heinrici, C. F. Geo., Beiträge zur Geschichte u. Erklärung des Neuen Testaments. III. 1 u. IV. Lex.-8. Leipzig, Dürr'sche Buchh. n. 6. —
III. 1. Die Bergpredigt (Matth. 5—7. Luk. 6, 20—49) begriffsgeschichtlich untersucht. 2. Aus der Hinterlassenschaft des Petrus v. Laodicea. (III, 120 S.) 905. n. 3. —
IV. Die Leipziger Papyrusfragmente der Psalmen. Hrsg. u. untersucht. Nebst 2 Schrifttaf. (IV, 68 S.) 903. n. 3. —
I u. II. Ebd. 894. 900. n. 3. 40.

— Beiträge zur Geschichte u. Erklärung d. Neuen Testamentes. V. Des Petrus v. Laodicea Erklärg. d. Matthäusevangelium. Zum ersten Male hrsg. u. untersucht. (XLVIII, 356 S.) Lex. 8. Leipzig 908. Dürr'sche Buchh. 20. —
I—IV. Ebd. 894—905. 9. 40

Heinrici, Georg, D.: Die Bergpredigt (Matth. 5—7. Luk. 6, 20—49). Leipzig 1899: A. Edelmann. (81 S.) 4°
Leipzig, Progr. zum Reformationsfeste u. Rektoratswechsel 1899

Die Bergpredigt (Matth. 5–7. Luk. 6, 20–49) quellenkrit. u. begriffsgeschichtl. untersucht (von Dr. C. F. Georg Heinrici). Leipzig: Dürr 1900. (81 S.) 4° (8°)
= Heinrici: Beiträge z. Gesch. u. Erklärung d. N. T. 2. [00. 7356

1. Die Bergpredigt (Matth. 5–7. Luk. 6, 20–49.). Begriffsgeschichtlich untersucht. 2. Aus d. Hinterlassenschaft d. Petrus von Laodicea. Von D. C[arl] F[riedrich] Georg Heinrici. Leipzig: Dürr 1905. (120 S.) 4° (8°)
= Heinrici: Beiträge z. Geschichte u. Erklärung d. N. T. 3. [05. 1866

Heinrici, Georg, D.: Die Bergpredigt (Matth. 5—7, Luk. 6, 20—49) begriffsgeschichtlich untersucht. Leipzig 1905: A. Edelmann. (98 S.) 4°
Leipzig, Progr. zum Reformationsfeste u. Rektoratswechsel 1905

Heinrici, C. F. Geo., d. 1. Brief an d. Korinther, s.a. Kommentar, kritisch-exeget., üb. d. Neue Testament.

Der erste Brief an die Korinther neu bearb. von Dr. C[arl] F[riedrich] Georg Heinrici, ... Prof. ... Leipzig. Göttingen: Vandenhoeck & Ruprecht 1896. (x, 530 S.) 1 Bd 8.
= Meyer, Heinr. Aug. Wilh.: Krit.-exeget. Kommentar üb. d. Neue Testament. 8. Aufl. Abth. 5. [97. 7488 I.

— der 2. Brief an die Korinther. Mit e. Anh.: Zum Hellenismus des Paulus, s.a. Kommentar, kritisch-exegetischer, üb. das Neue Testament. VI.

Heinrici, C. F. G., der zweite Brief an die Korinther, s.a. Meyer's, H. A. W., kritisch exegetischer Kommentar üb. das Neue Testament.

Der zweite Brief an die Korinther neu bearb. von Dr. C[arl] F[riedr.] Georg Heinrici, Prof., Leipzig. Mit e. Anh.: Zum Hellenismus d. Paulus. (8. Aufl.) Göttingen: Vandenhoeck & Ruprecht 1900. (VIII, 463 S.) 8° [Ant. u. F.]
= Meyer, Heinr. Aug. Wilh.: Krit.-exeget. Kommentar üb. d. Neue Testament. 8. Aufl. Abth. 6. [00. 5063

— Der litterarische Charakter der neutestamentl. Schriften. (VIII, 127 S.) 8. Ebd. 908. 2. 40

— dürfen wir noch Christen bleiben? Kritische Betrachtgn. zur Theologie der Gegenwart. (Vortrag f. die Meißener Konferenz am 2. VII. 1901.) gr. 8. (32 S.) Leipzig 901. Dürr'sche Buchh. n. — 60

— theologische Encyklopädie, s.: Grundriss der theologischen Wissenschaften.

— die Entstehung d. Neuen Testamentes, s.: Hochschul-Vorträge f. Jedermann. 13. Hft.

Heinrici, C. F. Geo., Erklärung der Korinthierbriefe in 2 Bdn. 1. Bd. A. u. d. T.: Das erste Sendschreiben des Apostel Paulus an die Korinthier erklärt. gr. 8. (XI, 574 S.) Berlin 880. Hertz. n. 10. —

— Erklärung der Korinthierbriefe in 2 Bdn. 2. Bd. A. u. d. T.: Das zweite Sendschreiben d. Apostel Paulus an die Korinthier, erklärt. gr. 8. (X, 606 S.) Berlin 887. Hertz. n. 10. — (cplt.: n. 20. —)

Zur Feier des Reformationsfestes und des Übergangs des Rectorats auf Dr. Paul Flechsig ladet hiermit ein der Rector der Universität Dr. Johannes Wislicenus durch den designierten Decan der theologischen Facultät D. Carl Friedrich Georg **Heinrici.** Das Urchristentum in der Kirchengeschichte des Eusebius. Leipzig, Druck v. A. Edelmann, Universitätsbuchdr., 1891; 2 Bl., 70 S. 4.

— die Forschungen üb. die paulinischen Briefe, s.: Sell, K., die geschichtliche Entwickelung der Kirche im 19. Jahrh.

Heinrici, Geo., die Valentinianische Gnosis und die heilige Schrift. Eine Studie. gr. 8. (VII, 192 S.) Berlin 871, Wiegandt und Grieben. *

— kritisch exegetisches Handbuch üb. den 1. Brief an die Korinther, s.: Meyer, H. A. W., kritisch exegetischer Kommentar üb. das Neue Testament.

— Hellenismus u. Christentum, s. a. Zeit- u. Streitfragen, bibl.

Hellenismus und Christentum. Von D. C[arl] F[riedrich] Georg **Heinrici**, Prof. Gr.Lichterfelde-Berlin: Runge 1909. 50 S. 8°
(Biblische Zeit- u. Streitfragen. Ser. 5. H. 8.) (10. 720

— ist die Lebenslehre Jesu zeitgemäß? (35 S.) gr. 8. Ebd. 904. n. — 60

— Nekrolog auf Max Heinze, s.: Berichte üb. die Verhandlungen d. königl. sächs. Gesellschaft der Wissenschaften. Philol.-histor. Kl. 61, III.

— Paulus als Seelsorger, s. a. Zeit- u. Streitfragen, bibl. VI, 1.

Paulus als Seelsorger. Von D. C. F. Georg **Heinrici**, Prof. Gr.Lichterfelde: Runge 1910. 34 S. 8°
(Biblische Zeit- u. Streitfragen z. Aufklärung d. Gebildeten. Ser. 6, H. 1.) (10. 14411

– (Hrsg.), s. Petrus Laodicenus: Erklärung des Matthäusevangeliums.

– (Hrsg.), s. Psalmi.

— Am Sarge v. D. Dr. Max Heinze, Prof. u. königl. sächs. Geheimen Rat. Rede, geh. im Trauerhause am 19.XI.1909. (16 S.) 8. Leipzig 909. J. C. Hinrichs' Verl. — 25

— Schriftforschung u. Schriftautorität. Vortrag, auf der Casseler Pastoral-Konferenz am 29. Mai 1890 geh. 8. (31 S.) Marburg 890. Elwert'sche Verlagsb. n. — 60

— Schriftforschung u. Schriftautorität. Vortrag. gr. 8. (31 S.) Marburg i/H. 891. Elwert's Verl. n. — 60

Heinrici, Georgius: Alexandri Vineti sententiae de individuo, societate, civitate, ecclesia. Halis Saxonum (1866: Lindow in Berlin). 40 S. 8°
Halle-Wittenberg, Phil. Diss. v. 14. Apr. 1866
Geb. [Karkeln (Kr. Heydekrug, Ostpr.) 14. 3. 1844]
Teildr. einer von der Berliner theol. Fakultät mit dem Accessit gekrönten Preisarbeit. — Im Buchhandel Halis Saxonum (Berlin: Calvary) 1867. 41 S. 8°

Heinrici, Geo., Alexandri Vineti sententiae de individuo, societate, civitate, ecclesia. Dissertatio inauguralis. gr. 8. (41 S.) Halis Saxonum 867. (Berlin, Calvary und Comp.) *

— Theologie u. Religionswissenschaft. (Vortrag, auf der kirchl. Konferenz f. die Kurmark in Potsdam geh. am 13. V. 1902.) gr. 8. (35 S.) Leipzig 902. Dürr'sche Buchh. n. — 50

Heinrici, Car. Frid. Georg.: Theses theologicae. Berolini (1868). (2 Bl.) 4°
Berlin, Theol. Thes. v. 17. März 1868

— D. August Twesten nach Tagebüchern u. Briefen. Mit dem Bildniß. 8. (IV, 490 S.) Berlin 889. Hertz. n. 7. —; geb. n. 8. —

— das Urchristentum. gr. 8. (VIII, 143 S.) Göttingen 902. Vandenhoeck & Ruprecht. n. 2. 40; geb. n. 3. —

Das Urchristentum in der Kirchengeschichte des Eusebius. Litt. Verhältnisse d. 2. Jhs. (von C. F. Georg **Heinrici**.) *Leipzig: Dürr 1894.* (V, 78 S.) 4°(8°)
= **Heinrici**: Beiträge z. Gesch. u. Erklärung d. N. T. 1. (61. 7355

—— v. Wesen und Aufgabe der evangelisch-theologischen Facultäten. Rede, beim Antritt des Rectorats der Universität Marburg am 19. Oktbr. 1884 gehalten. gr. 8. (23 S.) Marburg 885, Elwert's Verlag. *

Heinrici, Karl Friedrich Georg: Worte der Erinnerung, s. Arndt, Friedrich

Heinrici, H., Tela ex pharetra Apollinis a Mercurio in sui securitatem subducta, sive testimonia et argumenta medica, pro Mercurio militantia, cum contra pugnantibus ex adversariorum praecipue commentariis collecta etc. 84 pp. Hal. 4°.
1713

Henricus Heinrici

De Abscessu mesenterii et musculorum abdominis plane singulari, recentioribus aliquot observationibus illustrato. [Resp.:] Georg[ius] Ludov[icus] Schröder. Halae Magdeb. (1712:) Zeitler. 35 S. 8°

Halle, Med. Diss. v. 22. Apr. 1712

— Johann Daniel (Strassburg) u. (Respond.) Heinrich Scharbau (Lübeck), Homicidium dolosum supra aggratiandi jus positum. Diss. morali. Jena (Gollner) 13. X. 1708. 38 S. (6.80) 14051
Gew.: Joh. Jacob Wormbser v. Vendenheim, Franz Reiseisen, Joh. Reinbold Friderici (sämtl. Strassburg). — Hdschrftl. Widm.

Heinrici, Johs., unser Erntedank. Predigt üb. Luc. 12, 16—21, in den Tagen vor seinem Tode ausgearb. u. bestimmt f. das Erntedankfest am 30. IX. 1900. gr. 8. (8 S.) Königsberg 900. W. Koch. n. — 20

— vom Sorgenfrei der Gotteskinder. Letzte Predigt, geh. am 15. Sonntage nach Trinitatis, den 23. IX. 1900. gr. 8. (8 S.) Ebd. 900. n. — 20

Heinrici, Jul., Anleitung zu Berechnungen der Geschwindigkeiten f. Riemscheiben, Räderbetrieb u. s. w. u. Zusammensetzungen der Räderverhältnisse beim Gewindeschneiden, unter Berücksichtigung e. Tabelle, die f. jede Leitspindel passt. 12. (163 S.) Königsberg i/Pr. 890. (Teichert.) n. 1. 20

Heinrici, Karl Friedrich Georg, s. Heinrici, Georg

Heinrici, Ludov. Otto (geb. Tapiau 19. 10. 1814): Quaenam sit causa mortis animalium, nervis vagis dissectis. Berolini (1843). (29 S.) 8°
Berlin, Med. Diss. v. 27. März 1843

[Heinrici, Max]: Das Buch der Deutschen in Amerika. *Herausgegeben unter den Auspicien des Deutsch-Amerikanischen National-Bundes. Philadelphia, Pa.: Walther's Buchdruckerei 1909. VII, 974 S., ill.*

Heinrici, Walter [aus Eisenach]: Über die Einwirkung von Phosphoroxychlorid auf gechlorte und bromierte aromatische Amine ... Rostock, C. Boldt'sche Hof-Buchdr., 1895; 29 S. 8.
Rostock, Phil. Fak., Inaug.-Diss. v. [22. Aug.] 1895

Heinricius, G., und H. **Kronecker,** Beiträge zur Kenntniss des Einflusses der Respirationsbewegungen auf den Blutlauf im Aortensysteme. Lex.-8. (25 S. mit 5 Taf.) Leipzig 888, Hirzel. *
Aus: Abhandlungen der k. sächs. Gesellschaft der Wissenschaften, besonders abgedruckt.

Heinricus de Dissenhofen, s. **Fontes** rerum austriacarum.

Heinricy, Flieder, s.a. Radetzki, gärtnerische Kultur-Anweisungen. 2. Heft.

Flieder. Die Kultur u. Treiberei d. Flieders von **Heinricy**, Insp. in Hohenkreuz. 2. Aufl. Berlin: Berliner Gärtner-Börse [1904]. (11 S.) 8°
= Kultur-Anweisungen, Gärtnerische. H. 2. [o4. 164

Flieder. Die Kultur u. Treiberei d. Flieders von **Heinricy**, Steglitz. Neu durchgesehen von A[dolf] Radetzki. 3. verm. u. verb. Aufl. Berlin: Berliner Gärtner-Börse [1904]. (16 S.) 8°
= Kultur-Anweisungen, Gärtnerische. H. 2. [07. 15307 11

Heinrigs, Joh., das kleine u. große Alphabet der deutschen Schreibschrift, zum Aufkleben für Wandtafeln in Elementarschulen. Fol. (12 Bl.) Köln 843. Berlin, Trautwein u. Comp.

—— das kleine u. große Alphabet der engl. Schreibschrift (in 30 Bl.) zum Aufkleben für Wandtafeln in Elementarschulen. qu. Fol. Berlin 843, Trautwein u. Comp.

Heinrigs, J(oh.), **Alphabete** englischer, italienischer, deutscher Fractur und Kanzlei-, gothischer, französischer Ronde- und römischer Schriftarten. qu. gr. 4. (16 Kpfrt.) Cöln 853, Heinrigs.

Heinrigs, Joh., **Alphabete** europäischer Schriftarten alter u. neuer Zeit. 1—3. Hft. qu. ½ Fol. (à 10 Bl. in Kpfrst. u. Titvign.) Cöln. (Berlin, Trautwein.)
Hft. 1. Gothische alt- u. neu-deutsche Schrift. 834. 2 Thlr.
- 2. Römische, latein., engl. u. moderne goth. Schriften. 834. 2 Thlr.
- 3. Lat. Mönchsschrift, italien., russ., poln., griech. u. hebr. Schriften. 835. 1 Thlr.

Heinrigs, Joh., **Alphabete** europäischer Schriftarten alter u. neuer Zeit. 4. u. 5. Hft. qu. ½ Fol. Cöln. (Berlin, Trautwein u. Comp.) à 1 Thlr.
Hft. 4. Französ., altfränk., russische, angelsächs., verschied. altdeutsche, u. einige Abweichungen röm. Schriften. (10 Bl. Kpfrt. u. Titvign.) 836.
- 5. Ornamentirte Initial-Buchstaben. (13 Bl. Kpfrst.) 839.
1—3. Hft. Ebendas. 1834, 35. 5 Thlr.

—— **Exemples** d'Ecriture Anglaise à l'usage des Ecoles. 1. et 2. Cah. 4. Berlin, Trautwein. [1. (11 Bl. in Kpfrst. u. 1 Bl. Erkl.) (830.) 12 Gr., 2. (10 Bl. in Kpfrst.) (833.) 20 Gr.]

— d. zehn Gebote. (Trautwein in Berl.) 5 ℳ

— gegrüßet seyst du Maria. (Trautwein in Berl.) 3 ℳ

— die vier Jahreszeiten. Ein schön verziertes kalligraph. Blatt. Imp.-Fol. Cöln (833.) Berlin, Trautwein. Subscr.-Preis 5 ℳ

—— (das **Königsblatt**, grosser symbol.-kalligraph. Kpfrst., v. 26⅛" Höhe u. 18⅞" Breite, geziert mit d. höchst ähnl. Brustbilde Sr. Maj. d. Königs v. Preussen.) Die Architectur gest. unt. Direct. d. Prof. Buchhorn, v. Fink. Das Portr. Sr. M. u. Emblem d. Preuss. Ruhms gest. v. C. W. Lehmann. Die Kalligraphie u. Verziern. gest. v. Engels u. Zens. Gedr. in d. Kpfrdr. d. Verf. in Cöln. 12. (Berlin 831, Trautwein.)
Mit d. Beil.: Heil d. Koenige! 12 Preuss. Lieder v. Carl v. Holtei. 4. (8 B.)

—— symbol.-kalligraph. **Kunstblätter.** 1. u. 2. Lfg. qu. Fol. Coeln. (Berlin, Trautwein.) [1. (9 gest. Bl. u. Vign.) (831.) 2 Thlr., 2. (8 gest. Bl.) (832.) 3 Thlr.]

—— symbolisch-kalligraph. **Kunstblätter.** 1. u. 2. Lfg. (Wohlf. Ausg.) qu. ½ Fol. (20 Bl. Kpfrst.) Cöln 840. (Berlin, Trautwein u. Comp.) à 1½ Thlr.

Heinrigs, Joh., kleine sinnbildl. **Kunsttafeln** f. d. elegante Welt; mit Vign. 1—3. Samml. qu. 16. (à 6 kalligraph. ausgeführte, gestoch. Blätter.) Cöln (832, 33.) (Berlin, Trautwein.) à 1 Thlr. 6 Gr., in Gold- od. Silberdr. 2 Thlr, in Farbendr. Thlr.
Jedes Blatt d. verschiedenen Ausg. einzeln à 5 Gr. — 8 Gr. — 10 Gr.

— le Maitre d'Ecriture des commençans en Caractères Français, Anglais, Hollandais, Italiens et Allemands. Der kaufmänn. Schreibmeister 2c. 1r, 2r Heft. Fol. Crefeld 813.

Heinrigs, Joh., **Musterblätter** für Liebhaber der höhern Calligraphie. II Hefte. gr. Fol. Berlin, Trautwein, 820.

— Musterblätter f. Liebhaber d. höhern Kalligraphie. 3s Heft. qu. gr. Fol. Berl. 822, Trautwein.

—— **Musterblätter** f. Liebhaber der höhern Calligraphie. 3 Thle. Neue, verm. u. verb. Aufl. 1839. qu. Imp.-Fol. (17 Kpfrt.) Berlin 814, Trautwein u. Comp.

— Prämienblatt für Schüler. kl. Fol. Berl., Trautwein. 2 ℊ

— d. Schöpfung Gottes. Roy.-Fol. Berl., Trautwein. Subscr.-Pr. 8 ℳ

— d. kaufmänn. Schreibmeister. 1r Heft, deutsche, engl., französ., italien. u. holländ. Muster. Wohlf. Ausg. 20 Blätter in Fol. Berl. 817. Trautwein. 3 ℳ 4 ℊ 2r Heft, 12 Blatt in Fol. Ebd. 817. 2 ℳ

— d. kleine kaufmänn. Schreibmeister, oder kalligraph. Uebungsblätter für junge Kaufleute u. Comptoiristen. Deutsch u. englisch. qu. 4. Berl. 823. Trautwein. 1 ℳ

Heinrigs, J. und Lehmann, F. W. Schriftproben: dargestellt in Allegorien, den 10 Geboten, dem Vaterunser u. s. w. 13 Blatt in Kupferstich und Lithographie. Cöln und Berlin 1827. Fol.

— allgem. deutsche Schulvorschriften z. weitern Ausbild. im Schönschreiben. 1s—3s Hft. gr. 4 Berlin, Trautwein.

—— dies. zur weitern Ausbildung im Schönschreiben u. Uebung in verzierten Ueberschriften. 3. Hft. 2 Abthln. qu. gr. 4. (à 10 Bl. Kpfrst.) Ebds. (829.) à 20 Gr.

—— dies. 1. u. 2. Ergänzungshft. kl. 4. (à 10 Bl. Kpfrst.) Cöln (832). (Berlin, Trautwein.) à 8 Gr.

—— allgem. deutsche **Schulvorschriften** f. den ersten Unterricht im Schönschreiben. (1. Hft.) 2 Abthln. qu. kl. 4. (11 u. 10 Bl. Kpfrst. u. 1 Bl. Text.) ... Cöln (818.) (Berlin, Trautwein.) à 10 Gr.

— — allgemeine deutsche Schulvorschriften für den ersten Unterricht im Schönschreiben, 53 einzeilige, methodisch geordnete Vorlegeblätter enthaltend. Ebend. 818. -

—— allgem. deutsche Schulvorschriften f. d. ersten Unterr. im Schönschreiben. 1. Hft. 1. Abthl. 3. Ausg. qu. Lex.-8. (11 Bl. Kpfrst., m. Ttlvign., u. 1 Bl. Text.) Cöln 837. (Berlin, Trautwein u. Comp.)

- allgemeine deutsche Schulvorschriften für den ersten Unterricht im Schönschreiben. 2. Ergänzungsheft. (Neue Ausg.) Cöln (853.) Heinrigs. qu. 4. (10 Bl. in Kpfrst.) 10 ngr.

—— dies. f. d. zweiten Unterricht. (2. Hft.) 2 Abthln. qu. kl. 4. (14 u. 12 Bl. Kpfrst.) Ebds. (821, 28.) à 16 Gr.

---- allgem. deutsche Schulvorschriften f. d. Unterricht im Schönschreiben. Hft. II. Abthl. I. 3., m. neuen Texten versehene Ausg. qu. Lex.-8. (10 Kpfrt.) Berlin 842, Trautwein u. Comp. –

1. Hft. 1. Abthl. Ebendas. 1837. 12½ Ngr.

— engl. Schulvorschriften mit deutschem Texte, zum Unterricht im Schönschreiben für den ersten Unterricht. 2 Hefte. 4. Berl. 818, 24. Trautwein. 20 gGr.

—— englische Schulvorschriften (mit deutschem Texte) z. Unterr. im Schönschreiben f. d. ersten Unterr. 1. Hft. 2 Abthln. qu. kl. 4. (à 10 Bl. Kpfrst.) Cöln (828.) (Berlin, Trautwein.) à 10 Gr.

— Dies., für den zweiten Unterricht. 2 Abthll. 4. Ebd. (à 12 gGr.) 1 Thlr.

—— dies. f. d. zweiten Unterr. 2. Hft. 2 Abthln. qu. kl. 4. (à 10 Bl. Kpfrst.) Ebds. (829.) à 12 Gr.

——. dies. zur weitern Ausbildung im Schönschreiben u. Uebung in leichten Zügen u. Verzierungen. 3. Hft. 2 Abthln. qu. gr. 4. (10 u. 9 Bl. Kpfrst.) Ebds. (828, 30.) à 20 Gr.

Um eine leichte Uebersicht zu gewähren, schien es zweckmässig, d. „Schulvorschriften" nochmals aber vollständig aufzuführen.

— Englische Schulvorschriften mit deutschem Texte, für den Unterricht im Schönschreiben. 1s Hft. 1e Abthl. qu. 4. Cöln 834. Berlin, Trautwein. 5/12 Thlr.

——- englische Schulvorschriften mit deutsch. Texte f. d. Unterricht im Schönschreiben. 1. Hft. 1. Abthl. 3. Ausg. qu. Lex.-8. (10 Kpfrt.) Berlin 844, Trautwein u. Comp. –

—· englische Schulvorschriften zum Unterricht im Schönschreiben. 2. Heft. 1. Abth. Ebend. (854.) qu. 4. (10 Bl. in Kpfrst.) 15 ngr.

—— englische Schulvorschriften zum Unterricht im Schönschreiben. 2. Heft. 1. Abthl. qu. 4. (10 Bl. in Kpfrst.) Cöln 855, Heinrigs.

——- kleine einzeilige deutsche Schulvorschriften. qu. schmal 8. (9 Bl.) Berlin 845, Trautwein u. Comp.

—— kleine einzeilige englische Schulvorschriften. qu. schmal 8. (9 Bl.) Berlin 845, Trautwein u. Comp.

Heinrigs, Joh., neue deutsche Schulvorschriften, mit engl. Buchstaben vereinigt, für den Unterricht im Schön- und Schnellschreiben. 1. und 2. Heft. qu. gr. 8. Köln, Heinrigs. [1. (8 Kpfrt. und 1 Bl. Text.) 2. (8 Kpfrt.) 850. à 7½ Ngr.]

—— neue deutsche u. engl. Schulvorschriften z. Erlern. e. geläuf. Geschäftshand. 1. Hft. qu. Lex.-8. (10 Bl. Kpfrst.) Cöln 839. (Berlin, Trautwein u. Comp.)

—— neue deutsche und englische Schulvorschriften zur Erlernung einer geläufigen Geschäftshand. 2. Heft. qu. 4. (10 Kpfrt.) Cöln 854, Heinrigs. –

—- Titulaturen von Fürsten u. hohen Standespersonen (als Vorlegeblätter z. Schönschreiben). 1. Hft. qu. schmal gr. 4. (12 Bl. in Kpfrst.) Cöln. Berlin 843, Trautwein u. Comp.

— d. Vater-Unser, kalligraph. Text für kathol. Kultus dargestellt. Imp.-Fol. Berl. 826. Trautwein. 2 Thlr.

—— dass. kalligraph. dargest. (f. Katholiken). Gest. v. F. Ludy u. J. Schubert. Imp.-Fol. (M. ¼ B. Erklär. gr. 4.) Ebds. (828.)

— Dass., mit Text für evangel. Kultus. Ebd. 2 Thlr. Dass. in holländ. Sprache 2 Thlr. 12 gGr. Dass. mit den Textworten für Lutheraner 2 Thlr. 12 gGr.

—— das Vater-Unser. Kalligraph. komponirt (f. Evangelische). Gest. v. F. Wolff u. A. Karcher. 1 schön verziertes Blatt in Imp.-Fol. (M. ¼ B. Erklär. gr. 4.) Berlin 828, Trautwein.

——- hollandsche en engelsche Voorschriften ter Oefening in het kunstmatig Schryven. qu. ½ gr. 4. (17 Bl. Kpfrst.) Cöln 835. (Berlin, Trautwein u. Comp.)

— deutsche u. engl. Vorlegeblätter. 1r Jahrg. in 2 Heften. qu. 4. (Berl. 815. Wohlf. Ausg. 817. Trautwein). 1 Thlr. 22 gGr. Fein Velinp. 2 Thlr. 8 gGr. 2r Jahrg. in 2 Heften. Ebd. 817. 1 Thlr. 22 gGr. Fein Velinp. 2 Thlr. 8 gGr.

— Neue Vorlegeblätter f. alle Stufengange d. Schreibunterr. 1. H. (10 Bl) qu 4° Köln 1844

—- neue Vorlegeblätter f. alle Stufengänge d. Schreibeunterrichts. im Deutschen u. Englischen, in Fractur u. andern Schriftarten. 1. u. 2. Hft. qu. gr. 8. (à 10 Kpfrt.) Berlin 845, 46, Trautwein u. Comp. à

Heinrigs, Joh., neue Vorlegeblätter für alle Stufengänge des Schreibunterrichts. 3. Heft. qu. gr. 8. (10 Kpfrt.) Köln 848, Heinrigs Thlr.

1. und 2. Heft. Ebendas. 1845—46. à Heft 10 Ngr.

— deutsche, französ. u. engl. Vorschriften. 1r Heft. 4. Berl. wohlf. Ausg. 817. Trautwein. 1 Thlr. 6 gGr. 2r Heft, deutsche Currentschrift. Ebd. 817. 1 Thlr. 6 gGr. 3r Heft, modèles d'écriture française. Ebd. 817. 1 Thlr. 6 gGr. 4r Heft. English Examples. Ebd. 817. 1 Thlr. 6 gGr.

— kalligraph. Vorschriften zum Gebrauch für Militärschulen. 2 Hefte. 4. Berl. 822. Trautwein. 1 Thlr. 8 gGr.

— — kleine Wiederholungen in Geschichte, Naturgeschichte u. Geographie. Zum Behuf der Declamation für Kinder. 8. Ebend. (Leipzig, Lauffer.) 817. -

Heinritz, Jh. Geo., Geschäftsrepertorium für Geistliche etc. in den Fürstenth. Ansbach u. Bayreuth. 4. Bayr. 803. Anhang. 4. Ebd. 806.

— Taschenbuch merkwürd. Ereignisse in u. außer meinem Vaterlande. 8. Bayr. 809.

— s. Taschenbuch für Freunde d. vaterländ. Geschichte.

Heinrock, Globar, ein Brief aus Amerika, von e. Deutschen. Für d. Bürger u. Landmann hrsg. u. allen denen gewidmet, die je auszuwandern entschlossen sind. Nebst e. Anh. 8. (1½ B.) Leipzig 834, Reimann.

Heinroth, Frau Elisabeth, s.: Mittland, Klaus.

Heinroth, J. Ch. A., Eins ist Noth bei der Feuer-Versicherungs-Gesellschaft für Deutschland in Gotha. Eine Ergänzungsschrift zu der Brochüre: die Schattenseite der Feuer-Versicherungsbank in Gotha. gr. 8. Nordhausen 843, Schmidt. 1/6 ₰

— die Schattenseite d. Feuer-Versicherungsbank in Gotha. Eine Schrift durch die Brochüre des Herrn Dr. Unger in Erfurt „die Feuer-Versicherungsbank für Deutschland zu Gotha" veranlaßt. 8. Göttingen 843, Vandenhoeck u. Ruprecht. n. 1/6 ₰

Heinroth, J. E. A. Von den Grundfehlern der Erziehung und ihren Folgen für Aeltern, Erzieher und psychische Aerzte. gr. 8. *Leipzig, Vogel.* 1 6 2 8

Heinroth, Jh. A. Gtth.

— Abriß d. Jacobsohn'schen Schule zu Seesen in Seesen. gr. 8. Braunschw. 805.

— d. kleine Declamator, oder Lieder u. Fabeln für Kinder aller Stände. 8. Hildesh. (812.) Gerstenberg. 8 gr

— Gedichte. 1. Hft., enthalt. Fabeln u. Erzählungen z. Declamiren. 16. (8 B.) Göttingen 832, Deuerlich.

Heinroth, J. A. Gttfr., Gedichte. 3 Hfte. 16. Göttingen 843. (Nordhausen, Köhne.) n. 2/3 ₰

— vermischte Gedichte. 16 Bdchen. 8. 808. 2e Aufl. 8. Nordh. 817. Happach. (Lauffer in Leipz.) 1 ₰

— s. Schicksale Napoleons.

Heinroth, Jh. A. Gtth., kleine Wiederholungen in d. Geschichte, Naturgeschichte u. Geographie. Zum Behuf d. Declamation für Kinder. 8. Nordh. 817. (Leipz., Lauffer). 12 gr (A. u. d. T.: kl. Museum d. Declamation für Kinder. 821.)

Heinroth, Joh. Aug. Günther

— Anleit. d. Choral-Melodien leichter u. geschwinder nach Noten als nach Zahlen singen zu lernen. Nebst Gesangbuch, enthalt. 166 Choral-Melodien nach Böttner, in leichten Tonarten componirt. gr. 8. Götting. 827. Vandenhöck u. R. 6 gr

Heinroth, Joh. Aug. Günther, kurze Anleitung, d. Clavier od. Forte-Piano spielen zu lehren, besond. f. Hauslehrer od. f. Lehrer in kleinen Städten u. auf d. Lande. gr. 4. (4¼ B. u. 3 B. Noten-Taf.) Göttingen 828, Vandenhoeck u. Ruprecht.

— 169 Choral-Melodieen nach Böttner, mit Harmonieen begleitet, in welchen z. Beförder. d. mehrstimm. Gesanges d. Mittelstimmen sehr leicht gesetzt sind, nebst e. Anh., die beym gewöhnl. Gottesdienste gebräuchl. Antiphonen f. Prediger u. Gemeinden enthalt. gr. 4. (14 B.) Göttingen 829, Deuerlich.

— Gesangs-Unterricht-Methode für höhere u. niedere Schulen. 3 Thle. gr. 8. Götting. 821—22. Vandenhöck u. R. 1 ₰

— musikal. Hülfsbuch f. Prediger, Cantoren u. Organisten, enthalt. d. nöth. Kenntnisse v. Gesange, Clavierspiele, Orgelspiele, v. d. Kirchenmusik, v. d. Orgel selbst u. von d. Glocken, nebst Anzeige d. Literatur üb. eben genannte Gegenstände. 8. (8½ B.) Göttingen 833, [Vandenhoeck u. Ruprecht.]

— VI dreistimm. Lieder, 2 Discante u. Bass f. Volks-Schulen, besond. f. solche, welche nach dess. vereinfachter Ton-Schrift singen. 1. Hft. Lithogr. Fol. (2½ B. u. ½ gedr. B. 8.) Göttingen (831), Vandenhoeck u. Ruprecht.

— Rüge einiger Irrungen u. Wortverdrehungen in der von dem Hrn. Cantor Bühring abgefaßten Ehrenrettung d. Tonziffern-Systems gegen meinen kleinen Aufsatz: Ueber unsere Tonschrift in Beziehung auf d. neue musikal. Ziffernschrift. Den Freunden d. Volksgesanges zur Kurzweil geschrieben. 8. Götting. 828. Deuerlich. 2 gr

— Volksnote, od. vereinfachte Tonschrift f. Chöre an Gymnasien u. bei Theatern, besond. aber f. Cantoren an Stadt- u. Landschulen, um Gesangsstücke aller Art mit wenigem Zeitaufwande die Schüler singen zu lehren; melod. u. rhythm. bearb. gr. 4. (2½ B. u. 1½ B. Musikbeil.) Göttingen 828, [Vandenhoeck u. Ruprecht.] 1 Thlr.

— Volksnote, oder vereinfachte Tonschrift für Chöre an Gymnasien u. bei Theatern, besonders aber für Cantoren an Stadt- u. Landschulen, um Gesangsstücke aller Art mit wenigem Zeitaufwande die Schüler singen zu lehren; melodisch u. rhythmisch bearbeitet. gr. 4. Götting. 828. Deuerlich. 12 gr

Heinroth, Johann Christian August

— s. Wellentreter, Tr.

Heinroth, Joh(ann) Chr(istian) Aug(ust): Anti-Organon oder das Irrige der Hahnemannischen Lehre im Organon der Heilkunst. 243 S., gbd.

Leipzig: Hartmann 1825

JB 2.598

Heinroth, J(ohann) C(hristian) A(ugust): Anweisung für angehende Irrenärzte zu richtiger Behandlung ihrer Kranken. 244 S., gbd.

Leipzig: Vogel 1825
(Heinroth, J.C.A.: Lehrbuch der Störungen des Seelenlebens oder der Seelenstörungen und ihrer Behandlung. Anhang)

JB 4.510/Anh.

Heinroth, Joh. Chrstn. (Friedr.) Aug., † (Treumund Wellentreter,) über d. Begriff d. Erziehung, das Verhältniß d. Erziehung z. Bildung, die Beschaffenheit d. Selbstbild., u. die Würde d. Menschen als Erziehungs- u. Bildungs-fähigen Wesens. gr. 8. (1¼ B.) Leipzig 836, Vogel.

— Beitrag zur Krankheitslehre. 8. Gotha 810. Perthes. 1 ₰ 8 gr

— s. Bell, Jh.: Zergliederung des menschl. Körpers.

— s. Bibliothek d. ausländ. Literatur f. Medicin. Bd. 6.

— s. Bolzano, B.: Wissenschaftslehre.

— s. Burrow, G. W.: Untersuchungen.

— s. Danz, G. F.: Semiotik.

— — De morborum animi et pathematum animi differentia. Lpz. (Solbrig) 10. IV. 1811. 16 S. (5.50) 14053

—— über Erziehung u. Selbstbildung. In Vorträgen. gr. 8. (20¼ B.) Leipzig 837, Enobloch.

— — u. **Carl August Haynel** (Lengefeld), De facinore aperto ad medicorum judicium non deferendo. Diss. med. psychol. Lpz. (Fr. Chr. Wilh. Vogel) Nov. 1830. 51 S. (6.50) 14056

— quaestio medicinae forensis de facinore aperto ad medicorum judicium non deferendo. 8maj. Leipz. 831. W. Vogel. 8 gr

– s. G e o r g e t : Über d. Verrücktheit.

Heinroth, Joh. Chrstn. (Friedr.) Aug., †(Treumund Wellentreter,) Geschichte u. Kritik d. Mysticismus aller bekannten Völker u. Zeiten. Ein Beitr. z. Seelenheilkunde. gr. 8. (34 B.) Leipzig 830, Hartmann.

J. Ch. A. **Heinroth**'s Geschichte u. Kritik d. Mysticismus aller bekannten Völker u. Zeiten; e. Beitr. z. Seelenheilkunde. *Lpz.*, Hartmann (j. Geuther.) 830. gr8° 2 ß 12 gl

—— von d. Grundfehlern d. Erziehung u. ihren Folgen. Für Eltern, Erzieher u. psych. Aerzte. gr. 8. (27½ B.) Leipzig 828, Vogel.

— Grundzüge d. Criminal-Psychologie, oder d. Theorie des Bösen in ihrer Anwendung auf d. Criminal-Rechtspflege. gr. 8. Berl. 833. (832.) Dümmler. 2 ß

— Grundzüge d. Naturlehre d. menschl. Organismus, zum Behuf seiner Vorträge. gr. 8. Leipz. 807. (Fr. Fleischer). 18 gr

— Grundzüge d. Naturlehre des menschl. Organismus. gr. 8. Lpz. Solbrig. 807. –

—— über d. Hypothese d. Materie u. ihren Einfluß auf Wissenschaft u. Leben. gr. 8. (15 B.) Leipzig 828, Hartmann.

J. Ch. A. **Heinroth** üb. d. Hypothese d. Materie u. ihren Einfluss a. Wissensch. u. Leben. *Lpz.*, Hartmann (j. Wöller.) 828. gr 8° 1 ß 4 gl

— — De materiae hypothesi quantum naturae scrutatores et medicos. Lpz. (Hartmann) 17. I. 1827. 31 S. (5.50) 14055

— de materiae hypothesi quantum ad naturae scrutatores et medicos. gr. 8. Leipz. 827. (Lehnhold). 4 gr

— — (Leipzig) u. **Carl Christian Anton** (Görlitz), De voluntate medici medicamento insaniae hypothesis. Lpz. (Fried. Christ. Wilh. Vogel) 25. X. 1817. 48 S. (6.40) 14054

— de voluntate medici medicamento insaniae hypothesis. 8maj. Leipz. 818. W. Vogel. 8 gr

– s. L a n g n e r , C. R. L.: Anthropologie.

— Lebens-Studien oder mein Testament für Mit- u. Nachwelt. Mit einer Vorrede von Gottfr. Hermann. (2 Bde.) 8. Leipzig 845, 46, O. Wigand. 2⅚ ß

Heinroth, J. Ch. A., Lebens-Studien oder mein Testament f. Mit- u. Nachwelt. Mit e. Vorrede v. Gottfr. Hermann. 2. (Titel-)Ausg. in 1 Bd. 8. (IV u. 610 S.) Leipzig (845. 46) 848, O. Wigand. 2 ß

Heinroth, Jh. Chr. Aug., Lehrbuch d. Anthropologie, zum Behuf academ. Vorträge u. zum Privatstudium. gr. 8. Leipz. 822. W. Vogel. 1 ß 21 gr 2e A. 831. 2 ß

—— Lehrbuch d. Anthropologie. Zum Behuf academ. Vortr., u. zum Privatstudium. Nebst Beilagen erläut. u. beweisführ. Aufsätze. 2., verm. u. verb. Ausg. gr. 8. (33 B.) Leipzig 831, Vogel.

— Lehrbuch d. Seelengesundheitskunde. Zum Behuf academ. Vorträge u. zum Privatstudium. 2 Thle. (1r Thl. Theorie u. Lehre von d. Leibespflege. 2r Thl. Seelenpflege, Geistespflege.) gr. 8. Leipz. 823—24. W. Vogel. 3 ß 12 gr

— Lehrbuch d. Seelenstörungen u. ihrer Behandlung. 2 Thle. gr. 8. Leipz. 818. W. Vogel. 3 ß

Heinroth, J(ohann) C(hristian) A(ugust):
Lehrbuch der Störungen des Seelenlebens oder der Seelenstörungen und ihrer Behandlung.
Vom rationellen Standpunkt aus entworfen.
Th. 1 - 2, Anhang, gbd.

Leipzig: Vogel 1818 - 1825
Anhang: Heinroth, J.C.A.: Anweisung für angehende Irrenärzte zu richtiger Behandlung ihrer Kranken. 1825

JB 4.510

—— die Lüge. Ein Beitr. z. Seelenkrankheitskunde, f. Aerzte, Geistliche, Erzieher ꝛc. gr. 8. (32 B.) Leipzig 834, Fr. Fleischer.

— — Meletemata psychiatrica. I. De principio diagnostico amentiae. Lpz. (Wilh. Staritz) 23. II. 1841. 16 S. mit Biogr. v. Albert Gustav Carus (Dresden; M.: C. J. Carus). (4.80) 14057

— — Dasselbe. II. De formis amentiae. Lpz. 21. V. 1841. 11 S. mit Biogr. v. Eduard Theodor Gritzner (Kürbitz/Vogtl.; M.: W. Enders). (4.50) 14058

— — Dasselbe. III. De principio therapeutico amentiae. Lpz. (Staritz) 13. VIII. 1841. 16 S. m. Biogr. v. Rudolph Leonhard Schrag (Dresden; M.: J. W. Goethe). (4.80) 14059

— — Dasselbe. IV. De fatuitate puerili vera et falsa. Part. 1. Lpz. (Wilh. Staritz) 29. III. 1842. 12 S. mit Biogr. v. Adolph Theophil Grossmann (Dresden; M.: M. M. Frauenstein.) (4.80) 14060

— — Dasselbe. V. 2. Lpz. (Wilh. Staritz) 13. IV. 1842. 15 S. mit Biogr. v. Friedmar Gotthelf Naumann (Dresden; M.: Ch. F. Landmann). (4.80) 14061

— — Dasselbe. VI. De delirio inter somnum et vigiliam. Lpz. (Wilh. Staritz) 16. VIII. 1842. 10 S. mit Biogr. v. Johann Ernst Kanig (Hochkirch b. Bautzen; M.: M. Schuster.) (4.50) 14062

— — Dasselbe. VII. De paranoia fixa perperam dicta Monomania. Lpz. (Wilh. Staritz) 23. IX. 1842. 10 S. mit Biogr. v. Franz Gottfried Eduard Schluessler (Borna; M.: F. Steinberg-Riedeler). (4.80) 14063

— — Dasselbe. VIII. Contra adversarios; adjecto Abuliae sanatae exemplo. Lpz. (Staritz) 29. XI. 1842. 12 S. mit Biogr. v. Theodor Leonhardi (Dresden; M.: S. C. W. Aster). (5.—) 14064

— — Dasselbe. IX. De mentis imbecillitate delicta excusante. Lpz. (Staritz) 3. III. 1843. 12 S. mit Biogr. v. Hermann Ludwig Goepel (Leipzig; M.: E. Fuessel). (5.—) 14065

— — Dasselbe. X. Amentiae et fictae et falso suspectae specimen. Lpz. (Staritz) 7. IV. 1843. 12 S. mit Biogr. v. Carl Roemisch (Chemnitz; M.: F. Eschke). (4.80) 14066

— — Dasselbe. XI. De limitando medicorum super reis judicio quantum ad amentiam. Lpz. (Staritz) 5. V. 1843. 11 S. mit Biogr. v. Ludwig Loehr (Merseburg; M.: A. E. Guilhauman). (4.80) 14067

— — Dasselbe. XII. De limitando defensorum super reis judicio quantum ad amentiam. Leipzig (Staritz) 12. V. 1843. 11 S. mit Biogr. v. Johann Heinrich Wahl (Schneeberg; M.: J. J. Haenel). (5.—) 14068

— — Dasselbe. XIII. De mente sana. Part. 1. Lpz. (Staritz) 23. VI. 1843. 14 S. mit Biogr. v. Gustav Erdmann Keiler (Berthelsdorf b. Herrnhuth; M.: Ch. E. Kretschmar). (5.—) 14069

— — Dasselbe. XIV. 2. Lpz. (Staritz) 1. VIII. 1843. 12 S. mit Biographien v. August Blochmann (Dresden; M.: F. Otto) u. Gustav Eduard Loesche (Dresden; M.: H. S. Eichler). (4.80) 14070

Heinroth, Joh. Chrstn. (Friedr.) Aug., † (Treumund Wellentreter,) Orthobiotik, od. d. Lehre vom richtigen Leben. gr. 8. (24½ B.) Leipzig 839, K. Tauchnitz. Thlr.

– s. Palloni, G.: Medicin. Beobachtt.

—— Pisteobicee, od. Resultate freier Forschung üb. Geschichte, Philosophie u. Glauben. gr. 8. (29¼ B.) Leipzig 829, Vogel.

Heinroth, Joh. Chrstn. (Friedr.) Aug., † (Treumund Wellentreter,) gerichtsärztliche u. Privat-Gutachten, hauptsächl. in Betreff zweifelhafter Seelenzustände. Gesammelt u. hrsg. v. Herm. Th. Schletter. Nebst e. biogr. Skizze d. Verf. v. Ferd. Mor. Aug. Querl. gr. 8. (13 B.) Leipzig 847, Fest'sche Vrlgsh. Thlr.

— die Psychologie, als Selbsterkenntnißlehre. gr. 8. Leipz. 827, W. Vogel.

— d. Psychologie als Selbsterkenntnißlehre. gr. 8. Leipz. 828. W. Vogel. 2 Rthl. 20 Gr.

Heinroth, Johann Christian August (Leipzig), Medicinae discendae et exercendae ratio. Lpz. (Solbrig) 1. XI. 1805. 44 S. (6.50) 14052

Heinroth, Johann Christian August: Der Schlüssel zu Himmel und Hölle im Menschen; oder über moralische Kraft und Passivität. Ein Beitrag zur Seelenheilkunde. Wohlfeile Ausg. 403 S., gbd.

Leipzig: Lehnhold 1839

JB 4.511

— der Schlüssel zu Himmel u. Hölle im Menschen rc. gr. 8. Leipzig 839. Lehnhold, ist der Pr. herabges. auf 1½ Rthl.

J. Ch. A. **Heinroth**: d. Schlüssel zu Hölle u. Himmel im Menschen, od. üb. moral. Kraft u. Passivität; e. Beitr. z. Seelenheilkunde. (*Lpz.*, Lehnhold. 829.) Wohlf. Ausg. *Lpz.*, Wöller. 839. gr8° 2 Rthl.

— über die, gegen das Gutachten des Hrn. Dr. Clarus von Hrn. Dr. C. M. Mark abgefaßte Schrift: war der am 27. August 1824 zu Leipzig hingerichtete Mörder J. C. Woyzeck zurechnungsfähig? gr. 8. Leipz. 825, Hartmann. Rthlr.

— über die, gegen d. Gutachten des Hrn. Dr. Clarus von Hrn. Dr. C. M. Mark abgefaßte Schrift: war der am 27. August 1824 zu Leipzig hingerichtete Mörder J. C. Woyzeck zurechnungsfähig? gr. 8. Leipz. 825. (Lehnhold). 10 Gr.

STUNDEN, Heitere. Von Treumund Wellentreter [i. e. J. C. A. Heinroth]. Leipzig, bei C. H. F. Hartmann, 1827. 8°. (6) + 407 + (1) S.
S. 44—48: Erotische Elegien [mit zahlreichen deutlichen Anklängen an die »Römischen Elegien«]. Katalog der Sammlung Kippenberg, Nr. 789.

— System der physisch-gerichtl. Medizin, od. theoretisch-prakt. Anweisung zur wissenschaftl. Erkenntniß u. gutachtlichen Darstellung der krankhaften persönlichen Zustände, welche vor Gericht in Betracht kommen. gr 8. Lpz. 825, Hartmann.

— System d. physisch-gerichtl. Medicin, oder theoret.-prakt. Anweis. zur wissenschaftl. Erkenntniß u. gutachtl. Darstellung d. krankhaften persönl. Zustände, welche vor Gericht in Betracht kommen. gr. 8. Leipz. 825. (Lehnhold). 2 Rthl. 12 Gr.

—— Unterricht in zweckmäß. Selbstbehandl. bei beginnenden Seelenkrankheiten. gr. 8. (28 B.) Leipzig 834, Vogel.

Heinroth, J. Über d. falsche ärztliche Verfahren bei kriminal-gerichtl. Untersuchungen zweifelhaft. Gemütszustände. Berlin 1828.

– s. Vom Aerger.

. J. Ch. A. **Heinroth** üb. d. Wahrheit. *Lpz.*, Hartmann (j. Wöller). 824. gr8° 1 Rthl. 16 Gr.

— über d. Wahrheit. gr. 8. Leipz. 824. Lehnhold. 1 Rthl. 16 Gr.

Heinroth, O., die Brautente Lampronessa sponsa (L.), u. ihre Einbürgerung auf unser. Parkgewässern. (VIII, 71 S. m. 5 [1 frb.] Taf.) gr. 8. Neudamm 910. J. Neumann. 2.40

Heinroth, Oskar *August* [app. Arzt aus Kastel b. Mainz]: Aus d. physiolog. Institut in Kiel. Untersuchungen über den Fischharn ... Kiel, Druck v. A. F. Jensen, 1895; 16 S. 8.
Kiel, Med. Fak., Inaug.-Diss. v. [20. Sept.] 1895

Heinry, Matth., eines frommen Christen tägl. Umgang mit Gott, a. d. Engl. 8. Danz. Knoch. 735.

Heins, Freund, Erich. s.a. Freund.

Heins, Freund, Erscheinungen; in Holbeins Manier. (Von J. K. A. Musäus). Mit Kpf. von J. R. Schellenberg. 8. Winterth. 785. Steiner. 2 ℛ 6 ℊ

— Wanderungen, (v. Jh. Gli. Münch). 8. Görlitz 795. (Anton in Halle). 1 ℛ

Heins, Freund, Wanderungen, mit Kupf. 8. Görlitz, 795. Hermsdorf. 1 Rthl.

Heins

— s. a. **Heinsius, Heintz, Heinzius.**

Heins, Adolf

Heins, A., über das Verhältnis d. Redaktion TL zur Redaktion $A_1 R_1$ im 1. Abschn. d. 2. Tls. v. Jehan Bodels Sachsenlied, s.a. Ausgaben u. Abhandlungen aus d. Gebiete d. roman. Philologie. 100.

Heins, Adolf, Oberlehrer am Johanneum in Lübeck: Über das Verhältnis der Redaktion TL zur Redaktion $A_1 R_1$ im ersten Abschnitt des zweiten Teiles von Jehan Bodels Sachsenlied. Greifswald 1906. (XXXIX S.) 8°

Greifswald, Phil. Fak., Ref. Stengel, Diss. v. 16. Nov. 1906

[Geb. 19. Febr. 80 Alt-Töplitz; Wohnort: Greifswald; Staatsangeh.: Preußen; Vorbildung: Realgymn. Potsdam Reife O. 99; Studium: Berlin 3, Heidelberg 3, Greifswald 4 S.; Rig. 25. Juli 06.]

Heins, Ant., († d. 29. Sept. 1804.) Pharmacia rationalis, od. vernünftiger Gebrauch auserlesener Genesmittel. Mit e. Vorrede von Jh. Er. Hebenstreit. 2 Thle. 4. Hamb. 757. (Breitkopf u. H. in Leipz.) 1 ℛ 12 ℊ

Anton Heins

A(ntonius) Heins, Betrachtungen über die Notwendigkeit sich in gesunden und kranken Tagen nach der Vorschrift der Natur zu richten; nebst e. Anzeige einiger von ihm erfundenen geprüften Arzeneyen... Hamburg: Fritsch 1764. 139 S. 8°

— Betracht. über d. Nothwendigkeit, sich in gesunden u. kranken Tagen nach d. Vorschrift d. Natur zu richten. 8. Hamb. 764. (Leipz., Schwickert). 8 ℊ

— Gedanken von den Hornviehseuchen ꝛc. 8. Hamb. 777.

Anton Heins

Der patriotische Medicus [Medikus]. Entworfen von Anton Heins. [Bd 1.] 2. Hamburg: Beneken 1765-66. 1 Bd 8°

[Bd 1,] Th. 2-4 [u.d.T.]: Der patriotische Medicus [Medikus]. 1765.

Bd 2, Th. 1: 1766.

— d. patriot. Medicus. 1r, 2r Bd. 8. Hamb. 765. 66. 2e A. 768. (Schwickert in Leipz.) 3 ℛ 8 ℊ

Anton Heins

Der patriotische Medicus [Medikus]. Entworfen von Anton Heins. Bd [1.] 2. Leipzig & Frankfurt: Dodsley & Moser 1767.

[Bd 1, Th. 1:] 2., verb. Aufl. 1767.
Bd 2, Th. 2 [u.d.T.]: Der patriotische Medicus [Medikus]. 1767.

Anton Heins

Anton Heins, Pharmacia rationalis, oder Vernünftiger Gebrauch auserlesener Genesmittel in 2 Th., ... Nebst e. Vorr. Johann Ernst Hebenstreits [Hebenstreit], Von der Wahl des besten Mittels, u. e. doppelten Reg. ... Leipzig: Breitkopf 1757. XVI, 510 S. 4°

Heins, Ant., über d. Ursachen d. Krankheiten u. deren Heilung ꝛc. 8. Hamburg 786.

— des patriot. Medicus patriot. Vorschläge, den Klagen über schlechte Zeiten abzuhelfen ꝛc. 8. Hamb. 772.

Heins, Benedict (Hamburg), De perjurii poena. Diss. jur. Präs. Conr. Wilhelm Strecker. Erfurt (Jo. Christoph Hering) 31. X. 1736. 28 S. (6.50) 14071

Heins, Bernhard [Gerichtsass. in Achim]: Der Rücktritt des Mitthäters. . . . Achim, Druck v. H. Engelke, 1890; 27 S. + 1 Bl. 8°

Göttingen, Jur. Fak., Inaug.-Diss. v. 5. Febr. 1890

Heins, B., der Rücktritt d. Mitthäters. Inaug.-Diss. gr. 8. (30 S.) Achim 890. (Göttingen, Vandenhoeck & Ruprecht's Verl.) n. — 80

Heins, Hans [prakt. Arzt aus Hagenow i. Mecklenb.]: Ueber zwei unter dem Bilde einer akuten Geistesstörung verlaufene Fälle von Sinusthrombose . . . . Berlin, Buchdr. v. Gustav Schade (Otto Francke) (1888); 20 + 1 S. + 1 Bl. 8°

Berlin, Med. Fak., Inaug. Diss. v. 15. März 1888

Heins, Hermann: Die Volksdichte im nordwestindischen Flachlande und ihr Zusammenhang mit den Bewässerungsverhältnissen. Mit 1 Karte im Maßst. 1 : 3000000 u. 1 Skizze. Göttingen 1909: Dieterich. VI, 80 S. 8° ¶ (Gekürzt in: Mitteilungen a. J. Perthes' Geograph. Anst. Bd 55, H. 7.)

Göttingen, Phil. Diss. v. 6. Aug. 1909, Ref. Wagner

[Geb. 18. Aug. 78 Hemelingen; Wohnort: Hemelingen; Staatsangeh.: Preußen; Vorbildung: Realgymn. Quakenbrück Reife O. 05; Studium: Göttingen 3, Berlin 2, Göttingen 5 S.; Rig. 3. März 09.] [U 09. 1354

HEINS, Hinrich Andreas
Von den Wohlthätigen Absichten der Privilegirten Teutschen Gesellschaft, zu Philadelphia, in Pennsilvanien, In einer vor der Gesellschaft, an ihrem Jahrs-Tage, den 20ten September, 1796 Gehaltenen Rede, von Hinrichs Andreas Heins ...
Philadelphia: Cist. [1797]. 4, 24 S. 8°.
Historical Society of Pennsylvania Library Philadelphia
Evans 32243.

Heins, J., Buchführung f. Konsumvereine (184 S.) gr. 8. Hamburg 904. Verlagsanstalt des Zentralverbandes deutscher Konsumvereine v. H. Kaufmann & Co. Geb. in Leinw. n. 2. —

Heins, Julian, Alwila. Eine Dichtung in 6 Gesängen. 8. (7⅞ B.) Leipzig 846, Jurann.

—— Lebens-Studien od. mein Testament f. Mit- u. Nachwelt. Mit e. Vorr. v. Gottfr. Hermann. 2 Bde. 8. Leipzig, Otto Wigand. [1. (25½ B.) 815. * 1 Thlr. 25 Ngr., 2. (13⅛ B.) 46. * 1 Thlr.] *

Heins, Max, Terminologie d. Speisen u. Gerichte nebst Getränkekunde in deutsch., portugiesisch. u. span. Sprache. (IV, 56 S.) 8. Altona (910). Hamburg (Green u. Krause.) Geb. 2. 40

HEINS, N. v. Der gemarterter (!) Venuspriester geheilt und gerettet. Oder eine genaue Verhandlung von den Venus-Krankheiten etc. Mit Titelkupfer. Amsterdam 1711. 8°. 328 S.

Valentin Heins

Gazophylacium mercatorio - arithmeticum. Das ist: Schatz-Kammer der kauffmannischen Rechnung... Vormahls eroffnet; Nun aber mit vielen neuen Zugaben verm.; denenselben auch die Solutiones von denen schweresten Aufgaben beygefüget worden, von Valentino Heins. [Nebst:] Haubt-Schlussel. Hamburg: Auctoris Erben [um 1710]: v.Wiering. 1 Bd 8°
[Hauptw.:] 3.ed.
Haubt-Schlussel: Heins: Haubt-Schlussel zur Schatz-Kammer der kauffmannischen Rechnung, Das ist: Solutiones. 2.& 3. ed.

Valentin Heins Hauptschlüssel zur Schaz-Kammer. Hamb. 1701

Heinsberg [Schlagwort]

Heinsberg. Kreis. s.: Aachen, Reg.-Bez.

Heinsberg [Verf.]

Heinsberg, Friedrich [aus Odenkirchen '(Rheinl.)']: Aus d. pharmakolog. Institut d. Univ. Würzburg. Über die Einwirkung der Chloroformnarkose auf den Kohlehydratbestand des tierischen Organismus ... Würzburg, P. Scheiner's Buchdr., 1895; 28 S. 8.
Würzburg, Med. Fak., Inaug.-Diss. v. 1895

ab **Heinsberg,** Hermannus Theodorus (geb. am 12 Jan. 1803 in Köln): De morbis e sero testium descensu oriundis ... Bonnae, typ. P. Neusseri (1825). 2 Bl., 20 S. 4.
Bonn, Med. Fak., Diss. v. 23 Juli 1825

Heinsberger, Elisab., deutsches Lesebuch f. höhere Mädchenschulen. s.: Wacker, K.

Heinsberger, Paul, approb. Arzt aus Bochum: **Aus d. Universitäts-Augenklinik zu Giessen. Zur Casuistik der retrobulbären Neuritis optica auf hereditärer Grundlage.** *Giessen 1902: v. Münchow.* (33 S.) 8°
Giessen, Med. Diss. v. 1902

Heinsburg, Baptist [Pseud.], s.o Nicolai, Carl

v. Heinsburg, Bapt., (K. Nicolai), Joachims Abentheuer, od. die Kunst, ein großer Herr zu werden. 2 Thle. 8. Quedlinb. 815. Basse. 2 ₰

— Mary u. Jeroma, od. Liebe u. Betrug. 2 Thle. 8. Quedlinb. 815. Basse. 1 ₰ 18 gr Hbd. Pr. 1 ₰

Heinsch, Joseph Commentationum Euripidearum specimen. 4 (24 S.). **Progr.** Kath. G. *Glatz* 1886 (168).

Heinsch, Jos., commentationum Euripidearum specimen. 4. (24 S.) Leipzig 886, Fock. *

Heinsch, Joseph *(geb. Mittelwalde in Schles. 20. 12. 1851)*: Die Reiche der Angelsachsen zur Zeit Karl's des Grossen. Breslau 1875. (105 S.) 8° *[Im Buchhandel 1875 bei Aderholz in Breslau]*
Breslau, Phil. Diss. v. 31. Juli 1875

Heinsch, Joseph [Dr.]: Reiseskizzen aus der Türkei und aus Griechenland, Tl 1. Leobschütz, Druck v. W. Witke, *1894;* 15 S. 4.
Leobschütz, k. kath. G, OP 1894 (199)

Heinsch, Joseph [Dr.]: Reiseskizzen aus der Türkei und aus Griechenland, Tl II. (Forts. d. P-Beil. 1894.) Leobschütz, Druck v. J. Gomolka, *1895;* 1 Bl., XVI S. 4.
Leobschütz, k. kath. G, OP 1895 (199)

Heinsch, Josephus *(geb. Mittelwalde in Schles. 21. 1. 1810)*: De excerebrationis usu. Vratislaviae (1835). (38 S.) 8°
Breslau, Med. Diss. v. 31. Okt. 1835

Heinsch, Paul [app. Arzt, aus Berlin]: Über die atypische Form des Morbus Basedowii ... Lüchow, Druck d. „Act.-Dr. Lüchow", 1893; 31 S. 8.
Leipzig, Med. Fak., Inaug.-Diss. v. 5. Juli 1893

Heinsdorff

— s. a. **Heindorf.**

Heinsdorff, Johann Carl (Dahme), **Observationes de delictis quae jure familiaritatis excusantur ad L. XXXXVI. §. VII. D. de furtis. Präs. Christoph Ludw. Crell. Wittbg. (Scheffler) Dez. 1750. 36 S. (6.50)** 14072

Heinse's, Joh. Jak. Wilh., Leben und Werke, s. Schober, Joh.

Heinse, E. F. W., Beschreib. der durch die am 1. Sept. d. J. gefallenen Wolkenbrüche entstandenen Calamitäten. Mit 2 Kpf. 8. Dresd. 822.

† **Heinse, Friedr., (Wilhelm, Graf v. Hohenthal-Städteln,) Reise- u. Lebens-Skizzen nebst dramat. Blättern. 1. Thl. Böhmen. 8. (19½ B.) Leipzig 837, [O. A. Schulz.]**

—— dass. — 2. Thl. 8. (14¼ B. u. 2 Musikbeil.) Leipzig 839, (Hinrichssche Buchh.)

Heinse, Gottlieb (Gottlob) Heinrich

– s.a. Adolph der Vierte.

Graf Adolf der Vierte, aus Schauenburgischem Stamme, Bestätiger der Freyheit Hamburgs [v. **Gottlob Heinrich Heinse**]. (Mit Titelkpfr. Hohenzollern [d. i.: Wien]. 1791. 8°.

– s. Albrecht d. Weise.

ALLTAGSGESCHICHTEN an den Fest- und Arbeitstagen unserer Zeitgenossen vorgefallen und erzählt an den Feierabenden (von *Gottlieb Heinr. Heinse*). Altona 1804. 8°.
Selten! 11 Erzählungen: Der abscheuliche Bube. — Das ehrlose Weib. — Das Opfer sinnlicher Begierden etc. (3½ Mk. Koebner.)

– s. A n g a b e e. Mittels, d. Theuerung abzuhelfen.

Heinse, Glo. Hnr., Beschreib. von Basel. s. unten Reisen durch d. südl. Deutschland.

— Blätter z. Unterhalt. u. z. Beförder. d. Cultur, 2 Bde. 8. Basel, Flick. 808. 809.

— Darstellung e. sichern Mittels, Dürftigkeit u. Mangel aus jedem Staate gänzlich zu entfernen. 8. Leipz. 803. Steinacker. 12 gl.

– s. D i e t r i c h d. Bedrängte.

– s.a. E g o i s t , Der.

EGOIST, D e r , u n d s e i n e G e s c h w i s t e r , oder: S c h l a c k e n u n d E r z (von *Gottlieb Heinrich Heinse*). Chemnitz, Jacobäer, 1800. 8°.
X u. 430 S. Am Schluß steht: Ende des 1. (einz.?) Theils. Zahm.

– s.a. E h e s t a n d s g e h e i m n i s s e .

HENKE d. Jüng. (d. i. *Gottlieb Heinr. Heinse*), E h e s t a n d s - g e h e i m n i s s e u n d E r z i e h u n g s k ü n s t e . Ein moralisch-satyrisch-komischer (zahmer) Roman. Cirkassien, im kallipädischen Institute (Liegnitz, Siegert) 1799. 8°. VIII—440 SS. (3 Mk. Koebner, Breslau, v o r 1885.)

– s.a. E l i s e v. Böhmen.

— — von B ö h m e n , L i b u s s e n s l e t z t e r S p r ö ß - l i n g (von *Gottlieb Heinr. Heinse*). 2 Thle. Leipzig 1793. 8°. 240 u. 260 S.
Anon.-Lex. II. p. 19 (nach Kayser u. Meusel). Goedeke V, 515, 23.

— — Dasselbe. Neue unveränderte Ausgabe. Ebd., Jacobäer, 1818. 8°.
Tit., 240 (19 ist Druckf.) u. 260 SS.

– s. E p o c h e n d. türk. Reichs.

– s. E r s c h e i n u n g e n meiner Katze.

– s.a. E r z ä h l u n g e n , Dialogisirte.

— —, z u m T h e i l d i a l o g i s i r t (von *Gottlieb Heinr. Heinse*). Gera, bei Heinrich Gottlieb Rothe. 1789. Kl. 8°. Zahm.
216 S. Enth. 4 Erzählgn.
Anon.-Lex. II. p. 62 hat „1788" (nach Kayser u. Meusel).

LAURUS, Zacharias, Lexicographus anserinus (d. i. *Gottlieb Heinr. Heinse*, geb. 1766 zu Gera, lebte noch 1812 in Linz), G i d e o n H e r r m a n n s F ä h r l i c h k e i t e n , a u c h a n g e - n e h m e B e g e g n i s s e , von ihm selbst erzählt. (Schlüpfriger Roman.) Mit Anmerkgn. erleuchtet (!), auch mit einer k r i t - i s c h e n N a c h r e d e geharnischt. Glogau, Günther, 1801. 8°. (1 Rthl.) 7 Bll., 383 S. Rarl

HEINZE, G. H. (= *Gottlob Heinr. Heinse*, geb. 1766, lebte noch 1812 in Linz), F r a n z F l a m m e r , e i n e Z e i c h - n u n g a u s W i e n . (Zahmer Familien-Roman.) Sitten (Wallis, Schweiz) bey Friedrich Tanner (Ferber in Giessen) 1804. 8°. (3 Mk. 20 Pfg. Friedr. Klüber's Nachf., München, 1908.)
518 S. (incl. Tit.). Kayser p. 96. — Auf d. Titel steht „*Heinze*".

— d. Franzos u. d. Deutsche, oder Auswahl von französ. u. deutschen Gesprächen. 8. Zeiz 807. Webel. 8 gl. (Auch mit französ. Titel)

– s. G e i s t u. Kritik d. n. über d. Theuerung erschien. Schriften.

Heinse, G. H., Geister u. Gespenster in einer Reihe von Erzählungen dargestellt. 2 Bde. 8. Basel, Flick. 810. weiß Pap.

— Geister u. Gespenster in einer Reihe von Erzählungen. 2 Bde. 8. Basel 810. (Neukirch). 1 Rthl. 8 gl. Wohlf. Ausg. 811. 22 gl.

(Heinse, Gottlieb Heinrich.) G e m ä h l d e v o n E u r o p a. Im letzten Jahre des achtzehnten Jahrhunderts entworfen von H i p p o l y t u s a L a p i d o, dem Jüngeren. (Mit 1 Titelbild.) (2 Bde. in 1 Bd.)
kl. 8. Berlin, Leipzig, Genua 1801.

– s. G e m ä l d e u. Scenen.

– s. G e s c h i c h t e d. Kriegs zwischen Frankreich.

— hängt Deutschlands u. Europens Lage von Frankreichs Willkür ab? 8. Leipz. 803. Steinacker. 10 gl.

– s.a. H e i n r i c h der Eiserne.

Heinrich der Eiserne. Graf von Holstein. Eine Geschichte aus dem 14. Jahrh. [v. Gottlob Heinrich Heinse]. In zwey Theilen. Leipzig. 1791. 8°.

– s.a. H e l l b e r g , Ldw.

GABE, Heinr. (d. i. *Gottlob Heinr. Heinse*), L u d w i g H e l l - b e r g a l s J ü n g l i n g u n d a l s M a n n . 2 Bde. Mainz, in der Buchhandlung der Verlagsgesellschaft. 1798—99. 8°. (2⅔ Rthl.) (3 Mk. 80 Pfg. Bd. 1 apart, A. Bielefeld, 1911.)
I: Tit. u. 448 S. (incl. 6 Bll. Vorr. d. Herausgebers). Hat auch d. Titel: „S c h ä r f e i n d e n G o t t e s k a s t e n d e r M e n s c h e n k u n d e aus Originalpapieren wider die Ordnung des Speisemeisters zu Canaan, mitgetheilt von *Hinrich Gabe*." II lag nicht vor.

– s. J a c o b i n e v. Baiern.

– s. I d a v. Schwaben.

– s.a. K a n u t der Heilige.

Kanut der Heilige, König der Wenden [v. Gottlob Heinrich Heinse]. (Mit 1 Titelkupfer.) 2 Theile. Leipzig. 1793. 8°

– s.a. K l i p p e n u. Sandbänke.

KLIPPEN u n d S a n d b ä n k e a u f d e r L e b e n s r e i s e A d o l p h s u n d s e i n e s S t e u e r m a n n s P a u l (von *Gottlieb Heinrich Heinse*). 2 Bde. Mit 1 Titelkpfr. Altona und Leipzig, Kaven, 1800. 8°. 418 u. 350 S. Zahm.
Anon.-Lex. II. p. 365 (nach Kayser u. Meusel).

– s. K o l o n i s t , D. russ.

– s. K r i e g , d. letzte, d. letzte Friede zu Preßburg.

– s.a. K u n s t , auch in den Stürmen des Unglücks ...

KUNST, D i e , a u c h i n d e n S t ü r m e n d e s U n g l ü c k s g l ü c k l i c h z u s e i n . In einer Reihe biographischer Darstellungen aus dem L e b e n K a r l R ö h n e r s (von *Gottlob Heinr. Heinse*). 2 Thle. Gera, 1800, bei Karl Gottlob Haller u. Sohn. 8°.
Titel, 245 u. 414 S. Zahm. — Anon.-Lex. II. p. 378 (nach Kayser u. Meusel).

– s. L a p i d e , Hippolit a, d. Jüngere.

– s. L a u r u s , Zach.

– s.a. Lottchens Leben u. Ehestand.

LOTTENS Leben und Ehestand (von *Gottlieb Heinr. Heinse*). 2 Thle. Gera, Rothe, 1789. 8°. (4 Mk., mit Lesespuren, Paul Neubner, Cöln, 1892.)
Ziemlich zahm. — Fehlt im Anon.-Lex. Allg. dtsch. Bibl. 97, 425. (Goedeke V, 515, 6.)

— Linz u. seine Umgebungen, mit e. Ueberblick d. merkwürdigsten Städte u. Gegenden von Oberösterreich. kl. 8. Linz 812, Acad. Buchh. 8 gr

– s. Ludwig der Springer.

– s.a. Margarethe mit d. großen Maule.

MARGARETHE Maultasch. — Margaretha mit dem großen Maule, Erbin von Kärnthen und Tirol. (Stellenw. etwas freier Roman von *Gottlob Heinrich Heinse*.) 2 Thle. Leipzig 1792. 8°. 298 u. 276 S.
Neue Allg. dtsch. Bibl. 10, 271 ff. — Anon.-Lex. III. p. 114 (nach Kayser u. Meusel).
— — Dasselbe. Neue Auflage. Ebd. 1818. 8°.

– s.a. Margarethe v. Oestreich.

§ **MARGARETHA** von Oesterreich, Gemahlin des unglücklichen Königs Heinrich von Hohenstaufen. Aus dem 13. Jahrhundert. (Histor. Roman von *Gottlob Heinr. Heinse*.) 2 Thle. Leipzig, Weygand, 1792. 8°. (1½ Thlr.) (In München: P. o. germ. 593 tf.)
Fehlt bei Goedeke; Anon.-Lex. III. p. 115 hat (nach Kayser, Meusel, Weller): „Hohenzollern (Wien) 1791." (?)
— — Dasselbe (Nachdruck). 2 Thle. Mit 1 Kpfr. Frankfurt und Leipzig 1793. 8°. 232 u. 236 S. (12 Mk. [sol] Hugo Streisand, Berlin, 1908.)

– s. Meaupuis Graf.

Heinse, Gottlob H. Ueber die Mittel, der Dürftigkeit abzuhelfen. 8. *Leipzig, Steinacker.* 1803

— Mittel, Dürftigkeit und Mangel ꝛc. zu entfernen. 8. Ebend. 803.

Heinse. Sicheres Mittel, die Armuth aus jedem Staate zu entfernen. *Leipzig, Steinacker.* 1805

NEAPOLITANERIN, Die schöne. Eine italienische Geschichte, von dem Verfasser des Ardinghello. (Nachdruck der „Fiormona", Roman von *Gottlieb Heinr. Heinse*.) Mit Portr. Kreuznach, b. Ludw. Chrn. Kehr, 1808. 8°. (⅔ Rthl., H. W. Schmidt, Halle, vor 1875; jetzt theurer!).
228 SS. Bei demselben Verleger erschien bereits 1803 ein Nachdruck mit dem Orig.-Titel „Fiormona" &c., ebenfalls 228 SS. stark, m. Portr. Fiormona's.

* — Noth- u. Hülfstafel zur Verständigung mit fremder Einquartierung. Fol. Zwickau, Gebr. Schumann. 807.

– s. Othelrich Herzog v. Böhmen.

– s.a. Otto der Schütz.

OTTO der Schütz, Junker von Hessen, Urenkel der heiligen Elisabeth. Geschichte aus dem 14. Jahrhundert (von *Gottlieb Heinr. Heinse*). 2 Bde. Leipzig, Breitkopf u. Härtel, 1792. 8°. (1 Rthl.) (1 Mk. 50 Pfg., Riemann, Coburg, vor 1885; jetzt theurer!)
— — Dasselbe. (Nachdruck.) 2 Thle. Mit Titelvignetten. Frankfurt und Leipzig 1792. 8°.
1: 1 Bl., 154 S. 2: 1 Bl., 221 S. — Zahm.

– s.a. Pflegling Dianorens.

PFLEGLING, Der, Dianorens von Cenami, ein Zeitgenosse Ludwigs des Baiern. (Zahmer Roman von *Gottlob Heinrich Heinse*.) 2 Thle. Gotha, Ettinger, 1792. 8°. (1⅙ Rthl.) 180 u. 215 S.
Neue Allg. dtsch. Bibl. 5, 503. — Anon.-Lex. III. p. 267 (nach Weller, Kayser, Meusel).

— — Dasselbe. (Nachdruck.) 2 Thle. Hohenzollern (Wien, Wallishausser) 1792. 8°.

– s. Plan u. Aufruf e. ehrl. Vaterlandsfreundes.

– s.a. Rambold u. Mariane.

RAMBOLD und Mariane. eine Geschichte in Briefen, von dem Verf. Adolf Sellwarts (von *Gottlob Heinr. Heinse*). 2 Thle. Gera, Rothe 1787. 8°. (2½ Rthl.)
Anon.-Lex. III. p. 329 (nach Meusel u. Kayser).

— Reisen durch d. südl. Deutschland u. d. Schweiz in d. Jahren 1808, 9. 2 Bde, mit Kpf. 8. Leipz. 810. Hinrichs, Schrbp. 3 rthl 8 gr (2r Thl. A. u. d. T.: Beschreib. von Basel u. seinen Umgebungen. 1 rthl 8 gr)

– s.a. Sellwart, Adolph

SELLWART, Adolph. Eine Geschichte, wie sie die Welt aufstellen kann (von *Gottlob Heinrich Heinse*). 2 Thle. Gera, Rothe, 1786. 8°. (1⅓ Rthl.)
Frühestes Produkt des Vf. Goedeke V, 515, 1 hat ohne Theilesangabe unrichtig „Sellwärt". — Anon.-Lex. IV. p. 68 (nach Kayser u. Meusel).

– s.a. Siegfried, Der Däne.

SIEGFRIED der Däne, Graf von Orlamünde. Eine Geschichte aus d. 12. Jahrh. (von *Heinr. Gottlob Heinse*). Mit Titelkpfr. Hohenzollern (Wien), bey Joh. Bapt. Wallishausser. 1792. 8°.
Nachdruck. 344 S. Einiges etwas frei. — Das Original erschien Leipzig 1791. 8°. (Anon.-Lex. IV. p. 84, nach Kayser, Meusel u. Collin.)

– s. Sigbritte, Frau.

TANZ, Der glückliche, oder was ein Mädchen nicht kann. Ein (zahmer) Roman in 2 Büchern. (Vf.: *Gottlob Heinr. Heinse*.) Mit hübscher Titelvignette. Berlin (Gera, Rothe) 1788. 8°. (¾ Rthl.) 5 Bll. u. 276 S. (5 Mk. Ernst Frensdorff, 1904: „ohne Jahr"; 2 Mk., „1788", Frdr. Klüber, 1904.)
Anon.-Lex. IV. p. 150 (nach Meusel).

– s. Thaten u. Schicksale Ypsikanti.

– s.a. Trauer- u. Freudentage.

TRAUER- und Freudentage der Familie Klinner. (von *Gottlob Heinr. Heinse*). Budissin 1799. Kl. 8°. (1 Mk. 20 Pfg., etw. wurmst. u. fleckig, Beck, Nördl., 1892.)
Anon.-Lex. IV. p. 188 (nach Meusel); Kayser hat: „Brandenburg, Leich".

– s. Turnier, Das, zu Prag.

Heinse, G. H.: „Cosmopolitischer Vorschlag, wie der Handel Oesterreichs und Sachsens in höhern Flor als jemals gebracht werden könnte", Wittenberg 1802.

— patriot. Vorschlag, wie d. Handel Sachsens u. Oesterreichs in höhern Flor gebracht werden könnte. 8. Zeiz 803. Webel. 9 gr

Heinse, G. H.: „Patriotischer Vorschlag, wie dem Verfall der sächsischen Manufacturen nicht nur zu steuern, sondern auch der Flor derselben höher als je zu bringen wäre", Wittenberg 1802.

WALLFELD, Die Familie —. (Roman von *Gottlob Heinr. Heinse.*) Chemnitz 1801.
Anon.-Lex. IV. p. 370 (nach Meusel u. Kayser).

– s. Weltgeschichte im Auszuge.

– s. Wörterbuch, Encyklopäd.

Heinse, J. W., alte kerstlingeröder Denkwürdigkeiten. 4. Hannov. Helwing. 724.

Heinse, Joh. Ph.

Heinse, Jh. Ph., (ein unstudirter Landmann), einige Ansichten, Meinungen u. Maximen über d. menschl. Leben, in Beziehung auf d. vier Jahreszeiten. Ein Beitrag zur Erweckung u. Beförderung eines moral. Wandels. 8. Rudolst. 832. (Hofbuchh.) 12 gl.

Heinse's (, Joh. Ph.,) Aufheiterungs- und Unterhaltungs-Lexikon. Für Freunde der Moral, des Scherzes und der heitern Laune. Ein Zeitspiegel rc. 2. (Titel-)Ausg. gr. 8. (VI und 95 S.) Gotha 854, Klett.

Heinse, Jh. Ph., s. Hausmittel-Apotheke.

Heinse, Joh. Ph., Hausmittel-Apotheke. Eine Sammlung der besten u. wirksamsten Heil- u. Hilfsmittel gegen die meisten u. am häufigsten vorkommenden Krankheiten, Gebrechen u. Unglücksfälle der Menschen. Ein Noth- u. Hilfsbuch f. Familienväter, Hausmütter u. Auswanderer. Als freundliche Zugabe Hufeland's Haus- u. Reiseapotheke. 3. Aufl. 8. (XXVIII u. 416 S.) Gotha 852, Klett. n. 1 ℛ

— Hausmittel-Apotheke. Eine Sammlung der besten u. wirksamsten Heil- u. Hülfsmittel gegen die meisten u. am häufigsten vorkommenden Krankheiten, Gebrechen u. Unglücksfälle der Menschen. Ein Noth- u. Hilfsbuch f. Familienväter, Hausmütter u. Auswanderer. Nebst Anweisgn. über die Bereitung u. den Gebrauch der verschied. Arten von Säften, Salben, Musen, Tränken rc. Als freundliche Zugabe Hufeland's Haus- u. Reiseapotheke. 4. (Titel-)Aufl. Ebend. (854.) 8. (XXVIII, 416 S.) 1 ℛ

Heinse, Joh. Ph., das höchst merkwürdige Jahr 1842. Denkmal der Mit- u. Nachwelt gewidmet. 2., verb. u. verm. Aufl. 8. (2½ B.) Gotha 843, Verlags-Comptoir.

— Thüringens Merkwürdigkeiten der Vorzeit. Eine kurzgefaßte Zusammenstellung aller beachtenswerthen Ereignisse u. Begebenheiten des Alterthums von länger als 1000 Jahren her. Aus vielen über diesen Gegenstand geschriebenen Werken u. anderen alterthüml. Urkunden gesammelt u. zusammengestellt. Mit (6) verschiedenen lith. Abbildgn. (in 8. u. 4.) Rudolstadt 857. (Scheitz. — Erfurt, Körner'sche Buchhdlg.) 8. (VIII, 134 S.) n. 15 ngr.

—— medicinisches Noth- u. Hülfsbüchlein. Für die ärmere Volksklasse, für von Aerzten entfernt wohnende Familien u. f. Auswanderer, enth. die besten u. bewährtesten Hausmittel. Als Anh. Hufelands Haus- u. Reise-Apotheke. 2., verb. u. verm. Aufl. — A. u. d. Ttl.: Hausmittel-Apotheke. Eine Sammlung Heilmittel gegen die meisten Krankheiten, Gebrechen u. Unglücksfälle. 8. (28 B.) Gotha 843, Verlags-Comptoir. *

Heinse, J. P.: „Worin hat die überhandnehmende Armuth ihren Grund, und wie ist ihr abzuhelfen? Als Anleitung zu einer zweckmässigen Benutzung unserer Grundstücke und zur Erzeugung von Düngemitteln .....", Rudolstadt 1839 (Hofbuchhdlg.).

— kurzgefaßte Zusammenstellung der merkwürdigsten, in der Thüringischen Hauptstadt Erfurt seit länger als 1000 Jahren vorgefallenen Ereignisse und Begebenheiten. Aus vielen historischen Werken und andern alterthümlichen Urkunden zusammengetragen und herausg. Mit 1 lith. Ansicht der ehemaligen Hauptstadt (in 4.). Blumenau 856. — (Erfurt, Körner'sche Buchhdlg.) 8. (2 Bl., 34 S.) n. 3 ngr.

Heinse, Johann Jacob Wilhelm

(Heinse, Wilh.,) Anastasia u. das Schachspiel, s. Anastasia.

Heinse, W., Anastasia u. d. Schachspiel. Briefe a. Ital. v. Verf. d. Ardinghello. 2 Bde. 8. Frkf. Varrentrapp. 803.

Heinse, Anastasia und das Schachspiel rc. Neue Aufl. 8. Frankf. a. M., Boselli. 820.

Heinse, W., s.a. Ardinghello.

§ * — — Ardinghello und die glückseeligen Inseln. Eine Italiänische Geschichte aus dem sechzehnten Jahrhundert. (Vignette.) Erster, Zweyter Band. Mit reizenden Titelvignetten. Lemgo, im Verlage der Meyerschen Buchhandlung 1787. 8°. 407+374 S. u. je 1 Bl. Druckf. (Auch in der Berliner Magistratsbibl.) (40 Mk. J. Halle, München, 1907; 31 Mk. Auct. Max Perl, l. c. no. 457.)
Erste, anonym ersch. Ausgabe von Heinse's Hauptwerk.
„Ardinghello darf heute mit seiner vulkanischen Sehnsucht nach Grösse auf ein starkes aktuelles Interesse Anspruch erheben; er ist der Vorbote des deutschen Renaissanceromans, der ja heute eine neue Blüte erlebt; seine Auseinandersetzungen und Bemerkungen über Kunst haben sich einen dauernden ästhetischen Wert bewahrt und sind von der neueren Kunstentwicklung zum Teil in überraschender Weise bestätigt worden." [Westermanns Monatshefte.]
Französ. Uebersetzg.: Ardinghello et les Iles de la Félicité, histoire italienne du XVIe siècle; trad. de l'allemand par les citoyens Weltzien et Faye jeune. Paris, Cramer, an VIII (1800). 12°. 340 pp. avec figg. (3 Mk. Scheible, 1886; jetzt theurer!)

— — Dasselbe (Nachdruck). 2 Bde. Mit 1 schönen Titelvign. (Venus v. Medici), gestoch. von Anton Karcher. Frankfurt und Leipzig 1792. 8°. (In Hannover, Stadtbibl.) VI—366 u. 318 S. (20 Mk. Adolf Weigel, 1907; 8 Mk. H. Hugendubel, München, c. 1903.)
Dieser erste Nachdruck ist schöner als das Original.

§ * — — Dasselbe. Zweyte, rechtmässige verbesserte Auflage. 2 Bde. Lemgo, im Verlage der Meyerschen Buchhandlung 1794. 8°. 320, 288 S., 1 S. Druckfehler. (13 Mk., schönes Expl., Auct. Max Perl, l. c. no. 458.)
Seltene zweite, textkritisch sehr wichtige Ausgabe.

— — Dasselbe (Nachdruck), titulo: Ardinghello. 2 Thle. (I: Das Leben. II: Die Kunst.) Mit den Portraits Heinse's u. Ardinghello's. Heilbronn, bey G. G. Strasser. 1819. 24°. Lat. Typen. X—228+186 S., 1 Bl. Inh.
Etui-Bibliothek d. Deutschen Classiker. No. 44—45.

— — Dasselbe. Dritte, nach der zweyten rechtmässigen verbesserten Auflage unveränderte Ausgabe (sol). 2 Bde. Ebd. 1820. 8°. (4 Mk., fleckiges Expl., Adolf Weigel, 1907.)

— — Dasselbe. Vierte, einzig rechtmäss. Aufl. 2 Thle. in 1 Bde. Ebd. 1838. 8°. (1 Rthl.) (R. Zinke's Dresdener Novbr.-Auct. 1905, no. 1203; Engelmann, Bd. 2, 1846, S. 127.

— — Dasselbe. (Nachdruck.) Detmold 1838. 8°.
(1 fl. 20 kr. oestr. Taussig.)

— — Dasselbe (rechtmässige Ausgabe?), titulo: Ardinghello u. die glückseligen Inseln. Eine italiänische Geschichte aus dem sechzehnten Jahrhundert. Vollständig in 1 Bde. Stuttgart, Fr. Henne, 1856. 12°. Titel. XII S. Biogr., 499 S.

— Ardinghello u. die glückseeligen Inseln. (Hrsg. v. Carl Schüddekopf.) 2. Aufl. (425 S.) 8. Ebd. 907.
6.—; geb. in Halbldr. 8. —

s. Ariosto: Ras. Roland.

Heinse, Wilh. Briefe, s. Grisebach, Ed., das Goethe'sche Zeitalter der deutschen Dichtung.

– s. Briefe zwischen Gleim ...

Heinse, Briefwechsel m. Gleim, s.: Briefwechsel.

Heinse, s.: Briefwechsel zwischen Gleim u. Heinse.

s.a. Dialogen, Musikal.

Heinse, Johann Jacob Wilhelm [?]. Musikalische Dialogen ... Leipzig 1805. H: *Arnold, Ignaz Ferd. (Theodor Ferd. Caj.).* (BrMm) vgl.: GGr IV, 343.

– s. Erzählungen f. junge Damen.

– s.a. Hildegard v. Hohenthal.

§ * — — Hildegard von Hohenthal. 3 Theile. Berlin, in der Vossischen Buchhandlung. 1795—96. 8⁰. (Auch in der Berliner Magistratsbibl.) (20 Mk. E. Frensdorff, 1905, prächt. Expl.; 28 Mk., unbeschn. Expl., Leo Liepmannssohn, 1906; 25 Mk. Adolf Weigel, 1907; 48 Mk. Oscar Rauthe, Friedenau-Berlin, 1908.)

Sehr seltene erste Ausgabe dieses musikalisch-erotischen Romanes. — Von den Kupfern sind die feinen Darstellungen der menschlichen Hör- und Stimmorgane von Interesse. — Auch Expll. auf Velinpapier vorhanden

Der Roman, in den ein System der Musik und Akustik verwoben ist, enth. einige grobe Anstössigkeiten. I: 2 Bll., 341 SS. Mit TKpf., nach J. W. Meil gest. v. J. Penzel, u. 2 Vign. II: 421 SS. Mit 2 Vign. III: 368 SS. Mit TKpf. u. 2 Vign. Die Vignetten u. das 2. Kupfer sind nach Zeichnungen von Soemmering gestoch. (anatom. Abbildgn. mit deren Beschreibung).

* — — Dasselbe. Ausgabe auf Schreibpapier mit breitem Rande. 8⁰.

— — Dasselbe. Neue Ausgabe. 3 Thle. Mit TKpf. u. Vignn. Ibid. 1804. 8⁰. (15 Mk., Lesesp., Südd. Antiqu., München, 1907.)

— — Hildegard von Hohenthal. Vignette. Erster (Zweiter, Dritter) Theil. Einzig rechtmäßige Ausgabe. Berlin, Verlag der Voß'schen Buchhandlung, 1838. Kl. 8⁰. Mit 2 Frontispizen und 3 Titel-Vignetten.

— — Dasselbe. Einzig rechtmässige Ausgabe. (Nachdruck!) 3 Thle. Mit (den hübschen J. W. Meil'schen) Kpfrn. Berlin 1838. 8⁰. (10 Mk. E. Frensdorff, 1907.)

– s.a. Kirschen, Die.

* — — Die Kirschen. Ludentem verba lasciva decent. Horat. in arte Poët. Berlin (Quedlinb.?) 1773. 8⁰. 45 S. (25 Mk. l. c. no. 463.)

Sehr rarer erster Druck! Bearbeitung des berühmten erotischen Gedichts „Les Cerises" von Dorat, von Heinse auf Gleim's Veranlassung ausgeführt. Goedeke kennt nur einen Druck von 80 S.; da aber der vorliegende von 45 S. der späteren definitiven Fassung gegenüber nicht unerhebliche Abweichungen aufweist, so ist er mit grosser Wahrscheinlichkeit als frühester Druck anzusehen.

Orig.: Les Cerises et la double méprise, contes en vers... (par *Claude Jos. Dorat*). La Haye, Paris 1768. 8⁰. fig. — Der Stoff ist entnommen dem Moyen de parvenir... (attrib. à Franç. Béroalde de Verville). Imprimé cette anée (Anfg. d. 17. Jh.) 12⁰. 595 p. u. ö.

* — — Dasselbe. Ibid. eod. a. 8⁰. 80 S. Mit Titelvignette. (3 Mk. Baer & Co., vor 1885; jetzt viel theurer!)

Goedeke IV, 341, 4 kennt nur diesen Druck.

* — — Dasselbe. Derselbe Druck, aber ohne die Titelvignette. 8⁰. (30 Mk., breitrand., schönes Expl., A. Buchholz, München, 1908.)

— — Dasselbe. Quedlinb., Biesterfeld, 1774. 8⁰.

Cat. Monath II. Nürnb. 1783. p. 444.

– s.a. Laidion.

§ * — — Laidion oder die Eleusinischen Geheimnisse. Es ist immer das beste, die Wahrheit zu sagen: ohne Wahrheit kann man nicht ruhig leben. Menander. Erster (einziger) Theil. Mit reizender Titelvign. von C. G. Geyser. Lemgo in der Meyerschen Buchhandlung 1774. 8⁰. 464 S. (Auch in der Berliner Magistratsbibl. u. in Darmstadt.) (30 Mk. Adolf Weigel, 1907; 33 Mk., sehr schönes Expl. auf starkem Pap., Max Perl's Berliner Oct.-Auct. 1907, no. 464.)

Erste Ausgabe. Der „Anhang" (S. 437 — Schluss) enthält den Abdruck eines Fragment gebliebenen epischen Gedichts von Heinse (50 achtzeilige Strophen in Ottaverimenform). Ueber die „Laidion" und Anhang schrieb Goethe am 4. Juli 1774 an Schönborn: „Laidion, mit der blühendsten Schwärmerey der geilen Grazien geschrieben. Hintenan sind Ottave gedruckt, die alles übertreffen, was je mit Schmelzfarben gemalt worden."

[Dasselbe.] [Ohne d. Angabe. Th. 1.] 2. Aufl. Ebendas. 1799. 342 S. 8⁰

TB. 23. Nicht mehr erschienen. Vgl. Goedeke: Grundr. der Geschichte der deutschen Dichtung. 2. Aufl. 4 1891 S. 341, wo auch weitere Literatur zu finden ist.

– s. Petron: Begebenheiten.

—— Schriften. 1. Bd. — A. u. d. T.: Ardinghello u. d. glücksel. Inseln. Ausg. in ein. Bde. 4., einzig rechtmäß. Aufl. 8. (20½ B.) Lemgo 838, Meyer'sche Hofbuchh.

§ * — — Sämmtliche Schriften. Herausgeg. von Heinr. Laube. 10 Bde. Leipzig 1838. Volkmar. 8⁰. (6⅔ Rthl.) Vergriffen! (13 Mk. Rich. Bertling, Dresden, 1889; 30 Kronen Rudolf Heger, Wien, 1902.)

1. 2. Bd. Ardinghello u. die glückseligen Inseln. 2 Bde. (Der 1. Bd. enthält als Einleitung das Leben u. die Charakteristik Heinse's von Laube.) 1: LXIII—277 S. 2: 258 S.
3. 4. Bd. Hildegard von Hohenthal. 2 Thle. 360 + 338 S.
5. Bd. Laidion oder die Eleusinischen Geheimnisse. XXIV —238 S.
6. 7. Bd. Anastasia u. das Schachspiel. 2 Thle. VI—162 + 200 S.
8. 9. Bd. Briefe. 2 Thle. 200 + 280 S.
10. Bd. Gedichte und vermischte Schriften. 384 S. (Enth. Sinngedichte, die Kirschen, die Schäferstunde [nicht von Heinse, sondern von Joh. Chp. Rost]. — Leben des Torquato Tasso; Armida od. (pros.) Auszug aus dem befreiten Jerusalem des Tasso. — Sappho. — Briefe der Theano an junge Frauen. Aus d. Griech. — Erziehung der Töchter. — Frauenzimmer-Bibliothek. — Geschichte des Kalenders. — Schlusswort des Herausgebers.)

* — — Dasselbe. Original-Ausgabe. Zweite Auflage. 5 Bde. Ebd. 1857. 8⁰. (15 Mk., schönes Expl., Max Perl's Berliner Oct.-Auct. 1907, no. 455; 24 Kr. Halm & Goldmann. Wien, 1904.)

Vergriffen u. selten! Inhalt: I. Ardinghello. II. Hildegard v. Hohenthal. III. Laidion. IV. Gedichte. V. Briefe.

Heinse's, Wilh., sämmtliche Schriften. Orig.-Ausg. 2. Aufl. 5 Bde. in 21 Lfgn. gr. 16. (1. Bd. III und 352 S., 2—4. Bd. XXV und 1153 S., 5. Bd. 878 S.) Leipzig 857. [Altenburg, Pierer.] à Lfg. * 5 Ngr.

* **HEINSE**, Joh. Jac. Wilh. (1746—1803) Sinngedichte von *Wilhelm Heinse*. Halberstadt, bey Johann Heinrich Groß, 1771. 8º. 64 S. (41 Mk. Max Perl's Berliner Octob.-Auct. 1907, no. 466.) Rar!

Enth. 50 unbeziff. Nrn., einige mehr als frei (z. B. S. 54—56: „Auf die Leda der Griechen"), aber meistens recht geistreich. H's früheste selbständige Veröffentlichung. Am Schluss (S. 57 ff.) eine „Uebersetzung der 27sten Ode Petrarcka", mit beigefügtem italien. Text. — S. auch Teutscher Merkur 1773, 4, 265.

Heinse, W., Sinngedichte. 8. Halberstadt (Sommer, Leipz.) 771. Richlr.

– s. Taffo's: Jerusalem.

Heinse, Wilh., sämmtliche Werke. Hrsg. v. Carl Schüddekopf. (In 10 Bdn.) 4. u. 5. Bd. gr. 8. Leipzig 902. Insel-Verlag. Subskr.-Pr. bis 1. IX. 1902 à n. 5.50; geb. in Halbldr. à n. 7.50; Einzelpr. à n. 6.—; geb. à n. 8.—

4. Ardinghello u. die glückseel. Inseln. (414 S.)
5. Hildegard v. Hohenthal. 1. u. 2. Thl. (368 S.)

Bd. 1—3 erscheinen später.

Heinse, Wilh., sämmtliche Werke. Hrsg. v. Carl Schüddekopf. 2., 3., 6. u. 9. Bd. gr. 8. Leipzig, Insel-Verlag. à n. 6.—; geb. à n.n. 8.—; in Ldr. à n.n. 9.—; Subskr.-Pr. à n. 5.50; geb. à n. 7.50; in Ldr. à n. 8.50

2. Begebenheiten des Enkolp. Die Kirschen. Erzählungen. (370 S.) 903.
3. Laidion. Kleine Schriften I. (378 S.) 903.
6. Hildegard v. Hohenthal. III. — Anastasia u. das Schachspiel. (460 S.) 903.
9. Briefe. 1. Bd. Bis zur italiän. Reise. (420 S.) 904.

Die Bände 1, 7 u. 8 sind noch nicht erschienen.

Heinse, Wilh., sämtliche Werke. Hrsg. v. Carl Schüddekopf. 3. Bd., 2. Abtlg. u. 7. Bd 8. Leipzig, Insel-Verl. à 6.—; geb. à 8.—; in Ldr. à n 9.—; Subskr.-Pr. à 5.50; geb. à 7.50; in Ldr. à 8.50

3. II. Kleine Schriften II. (S. 374—646.) 908.
7. Tagebücher von 1780 bis 1800. (360 S.) 909.

Die Bände 1 u. 8 sind noch nicht erschienen.

Heinse, Karl Gf.

— Beschreib. d. Wolkensteiner Bades. 8. Frberg 808. Graz u. G. 8 K

– s.a. Geschichte aus d. menschl. Leben.

— —, Kurze, aus dem menschlichen Leben, als Beiträge zur Charakteristik des menschlichen Herzens (von *Carl Gottfr. Heinse*). Gera 1786, bei Heinr. Gli. Rothen. 8º. 4 Bll. u. 216 SS.

Anon.-Lex. II. p. 212 (nach Callisen, Meusel u. Kayser).

Heinse, Karl Gf., Handbuch für Eltern, welchen d. Wunsch am Herzen liegt, gesunde Kinder zu haben rc. 8. Frbera 803. Graz u. G. 18 K

– s. Handbuch, Medicin.

— Ideen u. Vorschläge zu einer zweckmäßigen Einrichtung des gesammten Hebammenwesens. Mit Kpf. 8. Frberg 806. Graz u. G. 12 K

— kurzer Unterricht über den weißen Fluß u. d. Unfruchtbarkeit d. Weiber rc. 8. Leipz. 803. Fr. Fleischer. 8 K

— Unterricht über d. Verhalten bei Kinderkrankheiten. 8. Frberg 803. Graz u. G. 8 K (Ist aus d. Handbuche besond. abgedr.)

Heinse, Wilhelm, s. Heinse, Johann Jacob Wilhelm

Heinsen, Adolf [app. Arzt aus Wilhelmsburg a. d. Elbe]: Die Sterblichkeit an Lungenschwindsucht in verschiedenen Städten Deutschlands und in Wien ... München, Buchdr. v. M. Ernst, 1893; 21 S. 8.

München, Med. Fak., Inaug.-Diss. v. 1893

Heinsen, E., Beobachtungen üb. den neuen Getreidepilz Rhynchosporium graminicola. Lex.-8. (13 S. m. 4 [1 farb.] Taf.) Hamburg 901. (L. Gräfe & Sillem.) n. 2.—

Sonderabdruck aus: „Mitteilgn. a. d. botan. Museum".

Heinsen, Ernst [aus Glücksburg]: Die Makrosporen und das weibliche Prothallium von Selaginella ... (Aus: Flora oder allg. Bot. Zeitg, 1894, Heft 3.) München, Druck v. V. Höfling, 1894; 33 S., 1 Taf. 8.

Rostock, Phil. Fak., Inaug.-Diss. v. [22. Febr.] 1894

Westphal, Max: Trauerrede zum Gedächtnis der gefallenen Brüder: Max Westphal und Albert Westphal. Gehalten am 16. April 1914 vom Br. Peter H. **Heinsen** □ Hansa-Hamburg. Hamburg [1914]: Lehmann. 8 S. 8º. [Umschlagtit.]

Heinsen, J. C., Dativ oder Accusativ? Mir oder Mich, Sie oder Ihnen? Anweisung sich des Mir, Dir, Sie, Mich und Ihnen am rechten Orte zu bedienen. Ein in alphabet. Ordnung zusammengestelltes Wörterbuch, durch Beispiele erläutert für Jeden, der ohne eingehende Kenntniß der Grammatik richtig deutsch schreiben und sprechen will. Nebst einem Anhang: Die Grundregeln der deutschen Sprache. 1. Aufl. 1860. und 2. Aufl. 32. (174 S.) Hamburg 861, B. S. Berendsohn.

Heinsen, J. C., Dativ oder Accusativ? mir oder mich, Sie oder Ihnen? Anweisung sich die Wörter mir, dir, — mich, dich, — Sie, Ihnen am rechten Orte zu bedienen. Ein in alphabet. Ordnung zusammengestelltes Wörterbuch, durch Beispiele erläutert für Jeden, der ohne eingehende Kenntniß der Grammatik richtig deutsch schreiben und sprechen will. Nebst einem Anh.: Die Grund-Regeln der deutschen Sprache. 3. Aufl. 32. (185 S.) Hamburg 863, B. S. Berendsohn.

Heinsen, J. C., Dativ oder Accusativ? mir oder mich, Sie oder Ihnen? Anweisung sich des mir, dir, — mich, dich, — Sie, Ihnen am rechten Orte zu bedienen. Ein in alphabet. Ordnung zusammengestelltes Wörterbuch, durch Beispiele erläutert für Jeden, der ohne eingeh. Kenntniß der Grammatik richtig deutsch schreiben und sprechen will. Nebst einem Anhang: der kleine Deutsche, die Grundregeln der deutschen Sprache umfassend. 4. durchgehend verb. Aufl. 16. (190 S.) Hamburg 872, B. S. Berendsohn. cart.

Heinsen, J. C., der kleine Deutsche, od. die Kunst, die Muttersprache in 24 Stunden ohne Lehrer richtig sprechen u. schreiben zu lernen. 1—6. Aufl. 32. (124 S.) Hamburg 843—46, Berendsohn. à

Heinsen, J. C., der kleine Deutsche oder die Kunst, die Muttersprache in 24 Stunden, ohne Lehrer richtig sprechen und schreiben zu lernen rc. 6—8. Aufl. 1847—50. und 9. Aufl. 32. (124 S.) Hamburg 851, Berendsohn.

Heinsen, J. C., der kleine Deutsche oder die Kunst, die Muttersprache in 24 Stunden, ohne Lehrer, richtig sprechen und schreiben zu lernen. Nebst einer durch viele Beispiele erläut. Anweisung, die oft vorkommenden rc. Verwechselungen des mir und mich rc. zu vermeiden. 11. Aufl. 32. (124 S.) Hamburg 855, B. S. Berendsohn.

Heinsen, J. C., Mir oder Mich, Sie oder Ihnen? Dativ oder Accusativ? Anweisung, sich des Mir und Mich, Dir und Dich, Sie und Ihnen am rechten Orte zu bedienen. Ein in alphabet. Ordnung zusammengestelltes Wörterbuch, durch Beispiele erläutert für Jeden, der ohne eingehende Kenntniß der Grammatik richtig deutsch schreiben und sprechen will. Nebst einem Anhang: Die Grundregeln der deutschen Sprache. 6. Aufl. 16. (206 S.) Hamburg 882, Berendsohn. cart.

Heinsen, J. C. Mir od. Mich, Sie od. Ihnen? Dativ od. Accusativ? Anweisung, sich d. Mir u. Mich, Dir u. Dich, Sie u. Ihnen am rechten Orte zu bedienen. Nebst e. Anh.: Die Grundregeln der deutschen Sprache. 7. Aufl. 16. (189 S.) Hamb. 889, Berendsohn. cart. * 1 —

Heinsen, Newton (geb. Boldixum auf Föhr 23. 8. 1849): Ueber Parametritis puerperalis. Berlin (1876). (30 S.) 8°
Berlin, Med. Diss. v. 18. Apr. 1876

Heinsheimer, Emil, Referendar: Die Voraussetzungen der Ehescheidung. Frankfurt a. M. 1909: Baumbach. VII, 148 S. 8°
Marburg, Jur. Diss. v. 27. April 1909, Ref. Leonhard
[Geb. 16. Sept. 84 Frankfurt a. M.; Wohnort: Frankfurt; Staatsangeh.: Preußen; Vorbildung: Lessing-Gymn. Frankfurt Reife O. 03; Studium: Heidelberg 1, München 2, Berlin 1, Marburg 2 S.; Rig. 28. Jan. 09.] [U 09. 3121

Heinsheimer, Frdr., Entwickelg. u. jetz. Stand d. Schilddrüsenbehandlg., s. a. Abhandlungen, Münchener medicin.

Heinsheimer, Friedrich [aus Karlsruhe]: Entwicklung und jetziger Stand der Schilddrüsenbehandlung ... München, J. F. Lehmann, 1895; 94 S. 8.
München, Med. Fak., Inaug.-Diss. v. 1895

Heinsheimer, Karl, bad. Ausführungs- u. Spezialgesetze üb. bürgerl. Recht u. Verfahren, s.: Endemann, F.

Heinsheimer, Karl, das deutsche bürgerliche Gesetzbuch m. s. Nebengesetzen u. d. bad. Recht. (In 5 Lfgn.) 1. Lfg. u. 2. Lfg. 1. Abtlg. gr. 8. (IV u. S. 1—180.) Karlsruhe 898. G. Braun'sche Hofbuchdr. u. Verl. n. 2. 60

Heinsheimer, Karl, das deutsche bürgerliche Gesetzbuch m. seinen Nebengesetzen u. das badische Recht. 2. Lfg. 2. Abtlg. u. 3. u. 4. Lfg. gr. 8. (XVI u. S. 181—557.) Karlsruhe 899. 900. G. Braun'sche Hofbuchdr. à n. 1. 80; (1. Bd. kplt. n. 8. —; geb. n. n. 9. —)

— dasselbe. 1. Bd. Allgemeiner Tl. Recht der Schuldverhältnisse. Sachenrecht. 2., teilw. umgearb. Aufl. gr. 8. (XVI, 604 S.) Ebd. 901. Geb. in Leinw. n. 10. —

— dasselbe. II. Bd. 1. u. 2. Lfg. Familienrecht. 1. u. 2. Abtlg. 1. u. 2. Aufl. gr. 8. (S. 1—224.) Ebd. 901. 902. à n. 1. 80

Heinsheimer, Karl, das deutsche bürgerliche Gesetzbuch m. seinen Nebengesetzen u. das badische Recht. II. Bd. Familienrecht. Erbrecht. 3. u. 4. (Schluß-)Lfg. Erbrecht. 1. u. 2. Aufl. (XIX u. S. 225—713.) gr. 8. Karlsruhe 903. 905. G. Braun'sche Hofbuchdr. n. 5. 80 (II. Bd. geb. in Leinw. n. 10. —; vollständig: n. 19. 40)

Heinsheimer, Karl, d. badische Landrecht, s.: Hachenburg, Max.

— typische Prozesse. Ein Zivilprozeßpraktikum zum Gebrauch bei akadem. Uebgn. u. zum Selbststudium. (VII, 100 S.) 8. Berlin 906. O. Liebmann. Kart. n. 2. 20

— Typische Prozesse. Ein Zivilprozeßpraktikum z. Gebr. bei akadem. Übgn. u. zum Selbststudium. 2., verm. Aufl. (VII, 106 S.) 8. Berlin 908. O. Liebmann. Kart. 2. 40

— Das Recht des Mannes am Vermögen der Frau bei dem ordentlichen gesetzlichen Güterstande des bürgerl. Gesetzbuches für das Deutsche Reich, s. a. Abhandlungen zum Privatrecht u. Civilprozeß des Deutschen Reiches. X. 3.

Heinsheimer, Karl, Dr., Landgerichtsrat u. Privatdoz. a. d. Univ. Heidelb.: Das Recht des Mannes am Vermögen der Frau bei dem ordentlichen gesetzlichen Güterstande des Bürgerlichen Gesetzbuches für das Deutsche Reich. *Jena: G. Fischer 1903.* (IV, 97 S.) 8° [F.]
Heidelberg, Jur. Hab.-Schr. v. 1903

— Prakt. Übungen im bürgerl. Recht. Für d. akadem. Gebrauch u. zum Selbststudium. (VI, 114 S.) 8. Ebd. 909. Kart. 2. 60

— Die Zivilprozeßgesetze d. Deutschen Reiches in der v. 1. IV. 1910 an geltenden Fassung, nebst landesrechtl. Ergänzgn. f. Preußen, Bayern, Sachsen, Württemberg, Baden. (XII, 745 S.) kl. 8. Stuttgart 910. J. Heß. Geb. in Leinw. 8. 60

Heinsheimer, K[arl]: Die Zivilprozeßgesetze des Deutschen Reiches in der vom 1. Juni 1910 an geltenden Fassung nebst landesrechtl. Erg. f. Preußen, Bayern, Sachsen, Württemberg, Baden. 2. Aufl. Stuttgart 1910. 8° *[1. Aufl. 1909.]*

Heinsheimer, Max

Heinsheimer, M., Führer durch die deutschen Reichs-Justiz-Gesetze, s.: Stoesser, K. v.

Heinsheimer, M., Gesetze und Verordnungen über Gerichtsverfassung, Rechtsanwaltschaft, Gerichtskosten, Gebühren, s. Kamm, Edm.

—— die civilrechtliche Verantwortlichkeit der Architekten und Ingenieure nach französischem und badischem Rechte. Auf Veranlassung des bad. Techniker-Vereins dargestellt. gr. 8. (19 S.) Karlsruhe 881, (Braun'sche Hofbuchh.) *

—— die englische Wechsel-Ordnung vom J. 1882, s. a. Zeitschrift für das gesammte Handelsrecht.

Heinsheimer, d. engl. Wechselordnung v. J. 1882 m. Erläutergn. Stuttg. 882.

Heinsheimer, R. M., s.: Zeitschrift f. französ. Civilrecht.

Heinsius' des kgl. Prof. Dr. Theodor, funfzigjähriges Amts-Jubiläum. gr. 8. (4½ B.) Berlin 845, Duncker u. Humblot.*

Heinsius

— s. a. Heins, Heinsius, Heinzius.

Heinsius, s.: Entscheidungen d. kgl. preuß. Oberverwaltungsgerichts in Staatssteuersachen.

Heinsius, die allgemeinen Tarifvorschriften nebst Güterklassifikation, s. a. Archiv für Eisenbahnwesen.

Heinsius, die allgemeinen Tarifvorschriften nebst Güterklassifikation. Berlin 1885

Heinsius, A., Handbuch der menschlichen Wohlfahrts-Oekonomie. In einer neuen allgem. systemat. Darstellung. gr. 8. (VIII und 35 S.) Berlin 853, David. *

Heinsius, *Adam Wilhelm August* Adolf [Kammergerichtsref. zu Berlin]: Der Eintritt des Dies cedens der Vermächtnisse, denen ein Dies hinzugefügt ist ... Berlin, gedr. bei J. Sittenfeld, 1895; 36 S., 1 Bl. 8.
Erlangen, Jur. Fak., Inaug.-Diss. v. 1895

Heinsius, Albert (Haffn. [= Kopenhagen]), De foro legati delinquentis. Disp. jur. Präs. Casp. Matthäus Müller. Rostock (Joh. Weppling) 1704. 56 Seiten. (7.—) 14073
Gew.: Paul u. Joh. Joach. Heins (Brüder).

Heinsius, Alexander, Oberarzt im Inf.-Reg. 137: Über Eiterungen im Mediastinum. Strassburg 1909: Müh. 24 S. 8°
Straßburg, Med. Diss. v. 15. März 1909, Ref. Madelung
[Geb. 15. Nov. 78 Grundhof, Reg.-Bez. Frankfurt a. O.; Wohnort: Hagenau; Staatsangeh.: Preußen; Vorbildung: Gymn. Görlitz Reife O. 97; Studium: Berlin 10 S.; Coll. 28. Jan. 09; Approb. 29. Dez. 03.] [U 09. 3801

Heinsius, August

Heinsius, A., die gegenwärtige religiöse Frage in ihrer Hauptbedeutung, Jedermann verständlich erläutert und beantwortet. Neue, umgearb. und vervollständ. Ausg. der früher betitelten Schrift: „Religion oder Philosophie." gr. 8. (63 S.) Zürich 878, Verlags-Magazin. *

Heinsius, A., Meine Religion in ihren Grundzügen. Eigene Darstellung. 16. (IV, 60 S.) Coburg 869, Sendelbach. *

— dass. — Gewidmet allen Denen, welche im alten Schriftglauben keine genügende Befriedigung mehr finden, welche aber auch der neuen Lehre des Unglaubens nicht zu huldigen vermögen. Verb. und zum Theil umgearb. 2. Aufl. gr. 16. (72 S.) Ebendas. 870. *

Heinsius, Aug., e. neue Religion. Oder: Was haben wir unter dem Gottesbegriff zu verstehen? In zwei Gesprächen. gr. 8. (43 S.) Leipzig 892. O. Wigand. n. — 50

— dasselbe. Verb. u. vervollständ. 2. Aufl. gr. 8. (45 S.) Ebd. 893. n. — 50

Heinsius, A., Religion od. Philosophie? Eine hochwicht. Zeitfrage, beantwortet. gr. 8. (50 S.) Zürich 876. Verlags-Magazin. n. — 80

Heinsius, Balth. Erdm., kurze Hauptfragen v. christlichen Glauben u. Religion. 8. Lpz. Blechberg. 746.

— **Balthasar Erdmann** (Tribella/Lausitz), Vaticinium Zachariae de Jesu trigenta argenteis vendito ab evangelista Matthaeo cap. XXVII. 9. 10. sub Jeremiae nomine rite citatum. Präs. M. Johann Fidalck (Danzig). Lpz. (Breitkopf) 11. V. 1729. 46 S. (6.80) 14074

— **Christian Friedrich Sigesm.** (Sorau/Laus.), De praesumtione contra usum geradae apud ignobiles in Lusatia inferiore disputatio. Präs. Georg Stephan Wiesand. Lpz. (Langenheim) 19. IV. 1764. 32 S. mit Widm. v. Präs. (6.—) 14077

— **Christian Carl Ferdinand** (Bautzen), De pneumonia imprimisque sthenica. Diss. pathol. Präs. Johann Christian Rosenmueller. Lpz. (Carl Tauchnitz) 31. III. 1814. 36 S. (6.—) 14076

Heinsius, Dan.

— ausführl., in e. Sendschreiben an Jac. Primarius ertheilte Antwort auf d. wichtigen Fragen: Ob e. Gelehrter heirathen, was für eine Frau er nehmen, u. wie er sie lieben soll? Aus d. Latein. übers. v. J. D. Müller. 8. Magdeb, 809. Heinrichshofen. ½ K

Heinsius, Dn., († ...) vier Bücher von d. Verachtung d. Todes; aus d. Latein. von L. F. Hudemann. 8. Rostock 749. Mit n. Titel 755. Bödner. 3 K

Heinsius, Dan., v. d. Veracht. d. Todes, a. d. Latein. 8. Rost. Bödner. 755.

Heinsius, Ernst, Conversations-Buch oder Anweisung sich im Umgange, Verkehr und auf der Reise in französ., engl. und deutscher Sprache in den gebräuchlichen Redensarten unterhalten zu können. gr. 16. (IV und 191 S.) Gera 818. [Leipzig, E. Schäfer.]

Heinsius' deutsch-englisch-französisches Conversationsbuch oder Anweisung sich im Umgange und auf der Reise in französischer, englischer und deutscher Sprache in den gebräuchlichsten Redensarten unterhalten zu können. 2. Aufl., durchweg verb. und mit einer Sammlung von Anglicismen, Gallicismen und Germanismen verm. von Aug. Albrecht. gr. 16. (206 S.) Leipzig 860, Gräbner.

Heinsius, F. Conr., Anleit. z. Schreibekunst. gr. 8. Augsb. Etage. 791.

Heinsius, Fritz: Aus der Kgl. Universitäts-Frauenklinik in Breslau (Prof. Dr. Küstner). Die Geburten bei engem Becken in den Jahren 1894/95 1896/97. Eine klinisch-statistische Studie. *Breslau 1898: Bresl. Gen.-Buchdr.* (68 S.) 8°
Breslau, Med. Diss. v. 25. Juli 1898

Heinsius, Fritz, die Heissluftherapie bei Frauenkrankheiten, s. c. Klinik, Berliner. 194. Hft.

Die Heißlufttherapie bei Frauenkrankheiten. Von Fritz Heinsius, Frauenarzt in Berlin-Schöneberg. *Berlin: Fischer 1904.* (26 S.) 8°
— Klinik, Berliner. H. 194. [04. 1247

Heinsius, Fritz, ein gynäkologischer Universaloperations- u. Untersuchungstisch. (3 S. m. 3 Abb.) Lex. 8. Leipzig 908. B. Konegen. 1. —
Sonderabdr. aus: „Der Frauenarzt".

Heinsius, Georg: Klinische Beiträge zur forensischen Bedeutung der Dementia praecox. Erlangen 1909: Junge. 35 S. 8°
Erlangen, Med. Diss. v. 21. Sept. 1909, Ref. Specht
[Geb. 23. Okt. 82 Berlin; Wohnort: Berlin; Staatsangeh.: Preußen; Vorbildung: Königstädt. Gymn. Berlin Reife M. 02; Studium: Berlin 8, München 1, Heidelberg 2 S.; Coll. 8. Jan. 09; Approb. 25. Juli 08.] [U 10. 801

Heinsius, Gottfried

— de apparentiis annali Saturni. 4. Lips. Langenheim. 745.

Heinsius, Gf., Beschr. d. 1743. ersch. Cometen. m. K. 4. Petersb. (Hartknoch in Lpz.) 744.

De casuum ambiguorum atque determinatorum in trigonometria, praesertim sphaerica dijudicatione disserit atque ad trigam orationum memoriae *Heinricianae Ridelianae* et *Seyfertianae* sacrarum quae in auditorio philosophor. ad diem I. Octobr. a. 1755. recitabuntur invitat *Godofredus Heinsius* Mathem P. P. Ordinis philos. h. t. Decanus. Lipsiae ex officina Langenhemiana. 4. 8 Seit. nebst einer Tafel. 1755

— **Gottfried**, Ad actum renuntiationis baccalaureorum philosophiae . . invitat et ea quae nuper de computo refractionum astronomicarum exposita sunt illustrat. Lpz. 20. XII. 1749. 8 Seiten. (3.50) 14078

* Notiones et discrimen virium vivarum et mortuarum amicae responsioni viri clarissimi M. *Frid. Vilelm. Stübner* qua animadversa in ejus virium mensuram sub examen revocavit, opponit M. *Gothofredus Heinsius*. Lipsiae typis Breitkopfianis. 4. 24 S.
1735.

— — De phasi rotunda Saturni quae an. 1760 rediit disserit. Lpz. (Langenheim) 26. VIII. 1761. 12 S. u. 1 Abbild. (4.50) 14079

— — De phasi rotunda Saturni quae an. 1760 rediit observationes et conclusiones profert. Lpz. (Langenheim) 25. II. 1762. 16 S. mit Namen. (4.—) 14080

De viribus motricibus praes. *Christiano Aug. Hausen* Mathes. Prof. Ord. et Fac. phil. h. t. Decano disputabit auctor *Gothofredus Heinsius* Numburgensis. Lipsiae apud Joh. Georg. Schniebes. 4. 32 S. 1733

Heinsius, Gregor, Schr. an s. Timotheum, wider Langens allgem. Gnade Gottes. 8. Marburg, Müller. 736.

— **Heinrich** (Lützen. Merseburg), De litis contestatione eventuali. Disp. jur. Präs. Samuel Stryk. Halle (Joh. Jac. Krebs) 13. VIII. 1704. 32 S. (6.—) 14082

Heinsius, J. Dav., Anbeter im Geist u. in d. Wahrheit. 12. Waldb. Harnisch. 723.

— **Jo. Gottlieb** (Langensalza/Thür.), De marasmo seu marcore. Diss. med. Präs. Johann Jacob Fick. Jena (Fickelscherr) 10. V. 1724. 35 Seiten. (6.80) 14084
Widm. v.: Präs., Christ. Gabriel Tettenborn (Quedl.)

Heinsius, Jh. Aug., († d. 29. Oct. 1803.) Beitr. zu den Versuchen, welche mit künstl. Magneten in verschied. Krankheiten angestellt worden. 8. Leipz. 776. (Aue in Altona). 3 gr

– Gründe für u. wider d. Pockeninoculation. 8. Leipz. 780. Hertel. 6 gr

Heinsius, Jh. Geo., († d. ... 1733.) kurze Fragen aus d. Kirchenhistorie d. N. Testam., nach Jh. Hübner's Methode. 1r—9r Thl. Jena 724. 1r—9r Thl, N. A, 731—36. u. 10r Thl. 733. Ebd. 1e—3e Forts. 738—47. 4e—7e Forts. 1e, 2e Abthl., von Chr. W. Becker, J. Chr. Mylius u. J. M. Schröckh. Ebd. 751—66. N. A. unt. d. T.: unpartheiische Kirchenhistorie A. u. N. Testam., v. Erschaffung d. Welt bis auf d. J. nach Ch. G. 1730. 4 Thle. gr. 4. Jena 735—66. Hartung. 17 rß

— **Johann Christian** (Bautzen), De mortis causa donatione qua titulo justo usucapionis. Specim. cont. caput juris controvers. Präs. Christian Heinr. Breuning. Lpz. (Langenheim) 3. IX. 1768. 8 S. (4.80) 14083
Gew.: Rudolph Dietrich v. Schoenberg (Thammenhayn).

Heinsius, Jh. Konrad

J. C. Heinsius gründliche Anleitung zur Rechenkunst mit deutlichen Regeln und hinlänglichen Exempeln versehen. Memmingen. 8. 20 B. 1778

Heinsius, Jh. Konr., gründl. Anleit. zur Rechenkunst. 8. Memmingen 788.

Heinsius, Jh. Konr., († d. 10. März 1796.) kurze u. gründl. Anleit. zur Schreibekunst, d. Schön- u. Rechtschreibens. gr. 8. Augsb. 771. ... 3e A., mit 8 Kpft, 790. v. Jenisch u. St. 5 gr

Heinsius, Johann Sigismund

Heinsius, J. Siegm., Augsb. Confession m. Anm. 8. Leipz. Frommann. 731.

— **Johann Sigismund** (Gaudicio/Misn.), De ratiocinatione causali. Disp. philos. Präs. M. Adolph Friedrich Hoffmann. Lpz. (Immanuel Titius) 16. VI. 1725. 54 S. (6.—) 14085
Gew.: (v. Präs.): Gottfried Lange.

Heinsius, Jul., Gruß an Johannes Ronge, eine Zeitstimme. (Gedicht.) gr. 8. (1 B.) Berlin 844. (Morin.) *

Heinsius, Jul., Kaiser Heinrich der Vierte. Geschichtliches Trauerspiel in fünf Acten. (Den Bühnen gegenüber Handschrift.) 16. (IV und 217 S.) Berlin 854, Jonas'sche Sortimentsb. *

Heinsius, Jul., den Manen Friedrich's des Großen bei Enthüllung seines Standbildes zu Berlin am 31. Mai 1851. Eine Festgabe. 4. (8 S. und 1 Holzschn.) Berlin 851, Schnitzer.

—— Märzlieder, seinen deutschen Brüdern zum Andenken an die Tage des 18. bis 22. März 1848 gewidmet. gr. 16. (32 S.) Berlin 848, Mylius'sche Vrlgsb. *

—— dass. — (2. Heft.) Gruß an Deutschland's ed'le Frauen und Jungfrauen. gr. 16. (40 S. und 1 Stnt.) Ebds. 848.

—— dass. — (3. Heft.) Der deutschen Bürger- und Landwehr, besond. auch den Freischaaren der Kunst und Wissenschaften gewidmet. gr. 16. (72 S.) Ebds. 848.

Heinsius, Julius. Märzlieder. 2. Aufl. Berlin, Mylius 1848. 32 S. 8.
Flugblatt. Berlin, 1848/49.

—— Ostseebilder. (Gedichte.) 12. (4 B.) Berlin 845, Morin.

—— Romanesken. Gedichte. gr. 8. (XVI und 324 S.) Berlin 848, Mylius'sche Vrlgsb.

—— die Rose vom Kuban. Gedicht. 16. (50 S.) Berlin 856(57,) Hoevel. *

Heinsius, Jul., die Rose vom Kuban. Gedicht. 2. (Titel-) Aufl. 8. (50 S.) Berlin (857)62, Plahn'sche Buchh.
geb. mit Goldschn.

—— der Thurm von Babel. Gedicht. 16. (85 S.) Berlin 856(57,) Hoevel. *

—— der Thurm von Babel. Gedicht. 2. (Titel-)Aufl. 16. (85 S.) Berlin (857)62, Plahn'sche Buchh. geb. mit Goldschn. *

Heinsius, N., Adversariorum libri IV., in quib. loca plur. vet. auct. emend. c. Burmann. c. fig. 4. Harling. 742.

§ * **AVANTURIER**, Der Kurtzweilige, Oder: Miran) dors Seltsamer Lebens-Lauf Worinnen unterschiedene sonderbare Begebnisse, wunderliche Zufälle, angenehme (stellenw. pikante) Liebes-Händel, nützliche Anmerckungen über den jetzigen Zustand der Welt und ernstliche Bestraffung der heut zu Tag im Schwang gehenden Laster und Thorheiten zu finden. Aus dem Holländischen (des *Nicolaus Heinsius*) in das Hoch-Teutsche übersetzet. Ridendo dicere verum, quis vetat? 2 Thle. Mit (sechstheiligen) Titelkpfrn. Augspurg, druckts und verlegts Andreas Maschenbauer und auch zu finden In Regenspurg bey Johann Zacharias Seydel Buchhändlern allda. 1714. 8°. (Auch in Warmbrunn, Reichsgräfl. v. Schaffgotsch'sche Majorats-Bibl.)

I: Titelkpf., 342 S. (incl. doppelseitigem Titel in Roth- u. Schwarzdruck, 1 S. Vorr. des deutschen Uebersetzers, 1 S. Vorr. d. Verfassers). II: Titelkpf. (wie bei I), u. 322 S. (incl. abgekürztem Titel). Mildebrath, S. 14—46.

Das Original dieses Schelmenromans erschien zuerst 1695 unter dem Titel: Den Vermakelyken Avanturier ofte de Wispelturige en niet min Wonderlyke Levens-loop van Mirandor etc. Spätere Ausgaben: Amsterdam, 1704, 2 Deele; 1722, 2 Deele; 1727, 2 Deele etc. Ueber die 8 holländ. Drucke (wovon 1715 u. 1727 in Berlin, 1704 in München) vgl. ten Brink, S. 36—38.

Französische Uebersetzung: L'Aventurier Hollandois ou la Vie et les Avantures divertissantes et extraordinaires d'un Hollandois. Amsterdam 1729. 2 vols.; rep. ib. 1747. II. 12°. (3 Mk. Stuber, Würzburg, c. 1885.)

Englische Uebersetzung: The life and surprizing Adventures of Mirandor. Translated from the Dutch. Adorned with thirteen Cuts. In Two Volumes. London 1730. 8°. (In Berlin nur vol. 1.)

Italienische Uebersetzung (nach der französischen) unter dem Titel: L'Avventuriere Ollandese. Trad. dal francese. Venezia 1732. 2 parti.

Vgl. Kippenberg, S. 64—65 u. XI; Jonckbloet, Geschiedenis der nederlandsche letterkunde, deutsch von Martin, 1870—72; Bd. II, S. 488—489.

— — Dasselbe (Nachdruck) mit dem Titel: Der Niederländische Robinson, oder: Mirandors seltsamer Lebens-Lauff worinnen unterschieden sonderbare Begebnisse, wunderliche Zufälle, angenehme Liebes-Händel, nützliche Anmerckungen über den jetzigen Zustand der Welt und ernstliche Bestraffung der heut zu Tage im Schwang gehenden Laster und Thorheiten zu finden. Aus dem Holländischen in das Hochteutsche übersetzet und mit vielen Kupffern außgezieret. Ridendo dicere verum quis vetat? 2 Thle. Mit 1 Titelkpf. und 6+6 Kpfrn. im Text. Franckfurt u. Leipzig 1724. 8°. (Besitzt Dr. Ullrich.)

I: 342 S. (incl. Titelkpf. u. Titel in Roth- u. Schwarzdruck). II: 322 S. (incl. Tit.). Ullrich p. 224—225.

Heinsius, Otto, Prof.: Rationale **Dreiecke.** *Chemnitz 1900: J. C. F. Pickenhahn & Sohn.* (S. 3—40.) 4° [F.]
Chemnitz, techn. Staatslehranstalten, OP 1900**

Heinsius, Otto Friedrich Theodor, s. Heinsius, Theodor

Heinsius, Theodor

– s. Adelung, H. C.: Über d. deutschen Styl.

Heinsius, (Otto Fr.) Thdr., Andeutungen über d. Erziehungskunst; ein Blüthenstrauß aus J. P. Richters Levana u. Karol. Rudolphi, Gemälde weibl. Erziehung 2c. 8. Berl. 807. Mittler. 4 Gr.

Heinsius, Th. Histor. pädag. Andeutungen üb. den ersten Sprachunterricht auf Schulen, mit besond. Rücksicht auf das Deutsche. 19 S.
Progr. Berlin, G.K. 1830

— Anhang zu Moriz Briefsteller. (ist der vollkomm. Geschäftsmann.

— Anleit. zur Bildung d. äußerl. Vortrags, für Schulen, s. oben Sprachlehre. 3r Thl.

— Anw. z. Erlern. d. deutschen Sprache (ist d. Sprachl. 1r) 8. Berl. Braun. 802.

— d. Bardenhain, für Deutschlands edle Söhne u. Töchter. Ein Schul- u. Familienbuch. 3 Thle. 8. Berl. 808—10. 1r Thl. 2e A. 812. 3e A. 817. 2r Thl. 2e A. 814. 3e A. 819. 1r—3r Thl. 4e A. u. 4r Thl., mit Titelkpf. 823—25. Mittler. 6 Rthlr. (4r Thl. A. u. d. T.: episch-dramat. Blumenlese für höhere Schulklassen 2c. 8. 825. 1 Rthlr. 12 Gr.)

Heinsius (Otto Friedr.) Theodor, Bemerkungen üb. den Cölner Dom, s. Manenburg.

Heinsius, Th., die Bestimmung der Jungfrau und Frau. Belehrungen über Anstand, Anmuth und Würde des weibl. Geschlechtes und über das Verhältniß der Jungfrau als Braut. Eine belehr. Anweisung, wie sich das weibl. Geschlecht zu beglück. Gattinnen, bild. Müttern ihrer Kinder und weisen Vorsteherinnen des Hauswesens ausbilden und sich das ehel. und häusl. Leben angenehm machen können. Nebst Anhang, enth.: Vom Einfluß der Frauen auf alle Lebensverhältnisse. — Vom Benehmen. — Erziehung 2c. 8. (IV, 124 S.) Berlin 872, Mode's Verlag.

Heinsius, Th., die Bestimmung der Jungfrau und Frau. Belehrungen über Anmuth und Würde des weibl. Geschlechts und das Verhältniß der Jungfrau als Braut. Eine belehrende Anweisung, wie sich das weibl. Geschlecht zu beglückenden Gattinnen, bildenden Müttern ihrer Kinder und weisen Vorsteherinnen des Hauswesens ausbilden und sich das ehel. und häusl. Leben angenehm machen kann. 2.—6. Aufl. 8. (IV, 124 S.) Berlin 872—84, Mode's Verlag.

— erste Berlin. Bilderschule für Knaben u. Mädchen von 2 bis 4 Jahren. Mit 6 ill. Blätt. 8. Berl. 817. Hasselberg. 12 Gr.

Heinsius, (Otto Friedr.) Theod., die Bildung zur Deutschen Beredsamkeit. In Briefen an e. Staatsmann. gr. 8. (6 B.) Berlin 831, Duncker u. Humblot.

— theoret. u. prakt. Bild. d. mündl. Vortrags. 8. Ebend. (a. Dunker u. H.) 802. (ist d. Sprachlehre 3r.)

— einige Blicke auf Schul- u. häusl. Bildung d. Weibes. 8. Berl. 808. Mittler. 2 Gr.

— allgem. deutscher Briefsteller. 7te Aufl. 8. Berlin, Maurer'sche Buchh. 815.

— Anhang dazu, s. dessen Geschäftsmann.

Heinsius, Th., allgemeiner Briefsteller oder prakt. Anleitung, wie man Briefe für alle Fälle des menschl. Lebens, Geschäftsaufsätze 2c., richtig und nach den Regeln des guten Styls selbst zu schreiben und einrichten soll. Eine Sammlung von zahlreichen Freundschafts-, Familienbriefen, Glückwunsch-, Einladungs-, Danksagungsschreiben 2c., sowie kaufmänn. und Geschäftsbriefe und ein Wörterbuch. 8. (VIII und 280 S.) Berlin 866, Mode's Verlag.

—— allgemeiner Briefsteller, oder praktische Anleitung, wie man Briefe für alle Fälle des menschl. Lebens, Geschäftsaufsätze 2c. richtig und nach den Regeln des guten Styls selbst schreiben und einrichten soll. Eine Sammlung von zahlreichen Freundschafts-, Familienbriefen, Glückwunsch- 2c. Schreiben 2c. Ferner Bittschriften, Verweise, Mahnbriefe 2c., sowie kaufmänn. und Geschäftsbriefe nebst vielen Formularen zu Anzeigen, Quittungen, Wechseln 2c. und einem Fremdwörterbuch. 5.—8. verm. und verb. Aufl. 8. (XII, 272 S.) Ebendas. 869—73.

—— dass. — Nebst einem Abriß der deutschen Sprachlehre. Eine Sammlung von zahlreichen Freundschafts-, Familienbriefen, Glückwunschschreiben 2c. sowie kaufmänn. und Geschäftsbriefen, nebst vielen Formularen, zu Anzeigen, Quittungen, Wechseln, Anweisungen 2c. und einem Fremdwörterbuch. 9. verm. und verb. Aufl. 8. (X, 368 S.) Ebendas. 874.

Heinsius', Th., allgemeiner Briefsteller oder prakt. Anleitung, wie man Briefe für alle Fälle des menschl. Lebens, Geschäftsaufsätze rc. richtig und nach den Regeln des guten Styls selbst schreiben und einrichten soll. Nebst einem Abriß der deutschen Sprachlehre. Eine Sammlung von zahlreichen Freundschafts-, Familienbriefen, Glückwunschschreiben rc., nebst vielen Formularen zu Anzeigen, Quittungen, Wechseln rc. und einem Fremdwörterbuch. 10.—15. verm. und verb. Aufl. 8. (VIII, 368 S.) Berlin 876—79, Mode's Verlag.

Heinsius', Th., allgemeiner Briefsteller oder prakt. Anleitung, wie man Briefe für alle Fälle des menschl. Lebens, Geschäftsaufsätze rc. richtig und nach den Regeln des guten Styls selbst schreiben und einrichten soll. Nebst einem Abriß der deutschen Sprachlehre. Eine Sammlung von zahlreichen Freundschafts-, Familienbriefen, Glückwunschschreiben rc., sowie kaufmänn. und Geschäftsbriefen, nebst vielen Formularen zu Anzeigen, Quittungen, Wechseln rc. und einem Fremdwörterbuch. 16.—22. verm. und verb. Aufl. 8. (VIII, 368 S.) Berlin 880—84, Mode's Verlag.

Heinsius, Th., allgemeiner Briefsteller oder prakt. Anleitung, wie man Briefe für alle Fälle des menschl. Lebens, Geschäftsaufsätze rc. richtig und nach den Regeln des guten Styls selbst schreiben und einrichten soll. Nebst einem Abriß der deutschen Sprachlehre. Eine Sammlung von zahlreichen Freundschafts-, Familienbriefen, Glückwunschschreiben rc., sowie kaufmänn. und Geschäftsbriefen, nebst vielen Formularen zu Anzeigen, Quittungen, Wechseln rc. und einem Fremdwörterbuch. 24.—27. verm. und verb. Aufl. 8. (VIII, 368 S.) Berlin 885—87, Mode's Verlag.

Heinsius, Th. Allgemeiner Briefsteller. Nebst e. Abriß der deutschen Sprachlehre rc. u. e. Fremdwörterbuch. 33. verm. u. verb. Aufl. 8. (VIII, 368 S.) Berl. 890, Mode's Verlag. 1 50

Heinsius, Th., allgemeiner Briefsteller. Nebst e. Abriß der deutschen Sprachlehre u. e. Fremdwörterbuch. 36., verm. Aufl. 8. (VIII, 368 S.) Berlin 893. S. Mode's Verl. 1.50

Heinsius, Th., allgem. Briefsteller od. prakt. Anleitg. wie man Briefe f. alle Fälle d. menschl. Lebens, Geschäftsaufsätze rc. richtig u. nach d. Regeln d. guten Styls selbst schreiben u. einrichten soll. Nebst e. Abriß d. deutsch. Sprachlehre. E. Sammlg. v. zahlr. Freundschafts-, Familienbriefen, Glückwunsch-, Einladungs-, Danksagungs-, Trost-, Empehlungsschreiben, Bittschriften, Verweisen, Mahnbriefen, Liebesbriefen u. Heirathsanträgen rc., sow. kaufm. u. Geschäftsbriefen, nebst vielen Formularen zu Anzeigen, Quittgn., Wechseln, Anweisgn., Eingaben, Klagen, Kontrakten, Vollmachten rc. u. e. Fremdwörterbuch. 41. u. 42. Aufl. 8. (à VIII, 368 S.) Berlin 898. S. Mode's Verl. 1.50

Dr. Th[eodor] Heinsius' Allgemeiner Briefsteller. Nebst e. Abriss d. deutschen Sprachlehre. Eine Sammlung von zahlr. Freundschafts-, Familienbriefen, sowie kaufmänn. u. Geschäftsbriefen u. 1 Fremdwörterb. 43. Aufl. *Berlin: S. Mode [1899].* (VIII, 368 S.) 8° [F.] 100 1106 11

Heinsius', Th., allgem. Briefsteller od. prakt. Anleitg. wie man Briefe f. alle Fälle des menschl. Lebens, Geschäftsaufsätze rc. richtig u. nach den Regeln des guten Styls selbst schreiben u. einrichten soll. Nebst e. Abriß der deutschen Sprachlehre. Eine Sammlg. v. zahlr. Freundschafts-, Familienbriefen, Glückwunsch-, Einladungs-, Danksagungs-, Trost-, Empfehlungsschreiben, Bittschriften, Verweisen, Mahnbriefen, Liebesbriefen u. Heiratsanträgen rc., sowie kaufmänn. u. Geschäftsbriefen, nebst viel. Formularen zu Anzeigen, Quittgn., Wechseln, Anweisgn., Eingaben, Klagen, Kontrakten, Vollmachten rc. u. e. Fremdwörterbuch. 46. verm. u. verb. Aufl. 8. (VIII, 368 S.) Berlin (900). S. Mode. 1.50

Heinsius', Th., allgem. Briefsteller od. prakt. Anleitg., wie man Briefe f. alle Fälle des menschl. Lebens, Geschäftsaufsätze rc. richtig u. nach den Regeln des guten Styls selbst schreiben u. einrichten soll. Nebst e. Abriß der deutschen Sprachlehre. Eine Sammlg. v. zahlreichen Freundschafts-, Familienbriefen, Glückwunsch-, Einladungs-, Danksagungs-, Trost-, Empfehlungsschreiben, Bittschriften, Verweisen, Mahnbriefen, Liebesbriefen u. Heiraths-anträgen rc., sowie kaufmänn. u. Geschäftsbriefen, nebst vielen Formularen zu Anzeigen, Quittgn., Wechseln, Anweisgn., Eingaben, Klagen, Kontrakten, Vollmachten rc. u. e. Fremdwörterbuch. 48 Aufl. (VIII, 368 S.) 8. Berlin (903). S. Mode. 1.50

Heinsius, Th., allgem. Briefsteller od. prakt. Anleitg., wie man Briefe f. alle Fälle d. menschl. Lebens, Geschäftsaufsätze rc. richtig u. nach d. Regeln d. guten Styls selbst schreiben u. einrichten soll. Nebst e. Abriß d. deutschen Sprachlehre. Eine Sammlg. v. zahlreichen Freundschafts-, Familienbriefen, Glückwunsch-, Einladungs-, Danksagungs-, Trost-, Empfehlungsschreiben, Bittschriften, Verweisen, Mahnbriefen, Liebesbriefen u. Heirathsanträgen etc., sowie kaufmänn. u. Geschäftsbriefen, nebst vielen Formularen zu Anzeigen, Quittgn., Wechseln, Anweisgn., Eingaben, Klagen, Kontrakten, Vollmachten etc. u. e. Fremdwörterbuch. 50. Aufl. (VIII, 368 S.) 8. Berlin (907). S. Mode. 1.50

— d. Bürgerschule, oder wissenschaftl. Lehr- u. Lernbuch für Knaben u. Mädchen in Schul- u. Feierstunden. 8. Berl. 807. 2e A. 810. 3e A. 815. 4e A. A. u. d. T.: Rochow, d. Jugendfreund, e. wissenschaftl. Lehr- u. Lernbuch für Knaben u. Mädchen. 1r Thl. 817. 5e A. 826. Mittler. 12 ₰

Heinsius, (Otto Friedr.) Theod., die Bürgerschule. Ein wissenschaftl. Lehr- u. Lernbuch f. Knaben u. Mädchen in Schul- u. Freistunden. 6., verb. u. verm. Ausg. 8. (14 B.) Berlin, Posen u. Bromberg 839, Mittler.

– (Hrsg.), s. Denkwürdigkeiten und Tagesgeschichte der Mark Brandenburg.

– s. Ehrmann's ländl. Freuden.

— Einleit. in d. Grammatik, oder Vorbereitungslehre zu jedem grammat. Unterricht. 8. Berl. ... 2e A. 806. Voß. 12 ₰

— Fabeldichter, deutscher, s. unten Musen.

— neues vollständiges Fremdwörterbuch zur Erklärung aller fremden Ausdrücke. Enth. über 25000 fremde Wörter und Redensarten, welche im geschäftl., amtl. und privaten Verkehr, in der Schrift- und Umgangssprache vorkommen. Ein Hand- und Nachschlagebuch für Kaufleute, Fabrikanten, Beamte. Nebst Angabe der Aussprache der Fremdwörter und den vorkomm. Abkürzungen. gr. 16. (336 S.) Ebendas. 874. *

— neuestes vollständiges Fremdwörterbuch zur Erklärung aller fremden Ausdrücke. Enth. über 25000 fremde Wörter und Redensarten, welche im geschäftl., amtl. und privaten Verkehr in der Schrift- und Umgangssprache vorkommen. Ein Hand- und Nachschlagebuch für Kaufleute, Fabrikanten, Beamte. Nebst Angabe der Aussprache der Fremdwörter und den vorkomm. Abkürzungen. 2.—6. verm. Aufl. 16. (336 S.) Ebendas. 876—78. *

— neuestes vollständiges Fremdwörterbuch zur Erklärung aller fremden Ausdrücke. Enthaltend über 25000 fremde Wörter und Redensarten, welche im Verkehr, in der Schrift- und Umgangssprache vorkommen. Nebst Aussprache der Fremdwörter und den vorkommenden Abkürzungen. 13. verb. Aufl. 12. (336 S.) Ebendas. 888. *

— neuestes vollständiges Fremdwörterbuch zur Erklärung aller fremden Ausdrücke. Nebst Aussprache der Fremdwörter u. den vorkomm. Abkürzgn. 16., verb. Aufl. 12. (336 S.) Ebd. 893. n. 1.—

Heinsius, Th., neues vollständiges Fremdwörterbuch zur Erklärg. aller fremden Ausdrücke. Enth. über 25,000 fremde Wörter u. Redensarten, welche im geschäftl., amtl. u. privat. Verkehr, in der Schrift- u. Umgangssprache vorkommen. Ein Hand- u. Nachschlagebuch f. Kaufleute, Fabrikanten, Beamte, Studirende u. A. Nebst Aussprache der Fremdwörter u. den vorkomm. Abkürzgn. 19. verb. Aufl. 12. (336 S.) Berlin (899.) S. Mode. n. 1. —

— Neuestes vollständiges Fremdwörterbuch z. Erklärung aller fremden Ausdrücke. Enth. üb. 25000 fremde Wörter u. Redensarten, welche im geschäftl., amtl. u. privaten Verkehr, in d. Schrift- u. Umgangssprache vorkommen. Ein Hand- u. Nachschlagebuch f. Kaufleute, Fabrikanten, Beamte, Studierende u. A. Nebst Angabe d. Aussprache d. Fremdwörter u. den vorkomm. Abkürzgn. 21. verb. Aufl. (336 S.) 16. Ebd. (907). 1. —

—— Friedrich d. Zweite u. sein Jahrh., in Bezug auf Sprache u. Literatur, Schule u. Volksbildung. Eine vaterländ. Säcular-Schrift. gr. 8. (11¼ B.) Berlin, Posen u. Bromberg 840, Mittler.

Heinsius, (Otto Friedr.) Theod., die Germanologie auf deutschen Lehrstühlen. gr. 8. (48 S.) Berlin 848, Mylius'sche Vrlgsh.

— vollkommener Geschäftsmann, e. Anleit. zur sichern u. richtigen Kenntniß d. Correspondenzen rc. (A. u. d. T.: Anhang zu K. P. Moritz's allgem. deutschen Briefsteller.) 8. Berl. 803. 3e A. 812. Maurers B. 6 ggr.

— der vollkommene Geschäftsmann, od. Anleitung z. sichern u. richtigen Führung der Korrespondenz. 3e Aufl. 8. Berlin 828. Heymann. ¼ Rthlr.

— Geschichte des 7jähr. Krieges in Deutschland, von J. W. v. Archenholz. Für die Jugend bearbeitet. Mit d. Bildn. Friedrichs II., 1 Karte u. 7 Kpfr. 8. Berlin 828. Haude u. Spener. (Joseephy.) 1¼ Rthlr.

HEINSIUS, Thdr.: D. preuss. Gesetzlehrer, od. Anleit. z. richt. Kenntniss d. Gesetze u. Verfass. d. preuss. Staats z. Gebr. in Bürgerschulen; auch unter d. Titel: Der Patriot, oder kurzer Unterricht üb. d. Verfass. e. wohleingerichteten Staats. *Berl.*, Voss. 800. 8. (16 Gr.)

— Gleichnißreden, s. unten Musen.

— nouv. Grammaire allemande. Trad. par J. D. M. Taillefer 8. Dresden 824. Arnold.

—— nouvelle Grammaire allemande, ou Principes généraux et particuliers de cette langue. Traduit par J. B. M. Taillefer. 2. Edit. 8. (28 B.) Dresde 828, Arnold.

—— Grundstriche zu einer constitutionellen Schul- und Volksbildung in Deutschland. gr. 8. (47 S.) Berlin 848, Lindow.

—— encyklopäd. Hand-Wörterbuch f. Wissenschaft u. Leben, zum Schul- u. Haus-Gebr. f. junge Studirende u. Wissenschaftsfreunde. gr. 8. (23 B.) Berlin 828, Duncker u. Humblot.

— Hausfreund, d. Preußische. 8. Berl. 806—9.

— deutscher Hausschatz für Jedermann, od. allverständl. deutsches Sprachbuch für den Nährstand u. d. Geschäftsleben, zur Vermeidung d. Fehlerhaften u. Undeutschen im Sprechen u. Schreiben. 8. Berl. 814. 2e A. 824. Nicolai. 1 Rthlr.

—— deutscher Hausschatz für Jedermann, oder allverständl. erklärendes Sprachbuch für den Nährstand und das Geschäftsleben, zur Vermeidung des Fehlerhaften und zur Verdeutschung der Fremd- und Kunstwörter im Sprechen und Schreiben. 3., verb. und verm. Aufl. 8. (IV und 470 S.) Berlin 847, Nicolaische Buchh.

Heinsius, (Otto Friedr.) Thdr., deutscher Hausschatz für Jedermann, oder allverständliches erklärendes Sprachbuch für den Nährstand und das Geschäftsleben, zur Vermeidung des Fehlerhaften und zur Verdeutschung der Fremd- und Kunstwörter im Sprechen und Schreiben. 4. (Titel-)Ausg. 8. (VI und 470 S.) Berlin 855, Nicolaische Buchh.

– s. Hertha.

—— Histoire de la littérature Allemande, s. Henry.

— Hygea u. d. Gymnasien. Beleucht. d. Abhandl. d. Medic.-Raths Dr. Lorinser: „Zum Schutz d. Gesundheit in d. Schulen." gr. 8. (1¾ B.) Berlin 836, Hold.

Heinsius, (Otto. Fr.) Thdr., Ideen u. Vorschläge zur Errichtung von Pensions-Anstalten für alte Dienstboten. 8°. Berlin 1803. Mit n. Titel. 8°. Leipzig, Hinrichs, 1805.

— Ideen u. Vorschl. z. Verbesser. d. Landschulen in d. M. Brandenb. 8. Lpz. Mittler (a. Dieterici in Berl.) 798.

– s. Klopstock's: 3 Gebete.

—— Concordat zwischen Schule u. Leben, oder Vermittelung des Humanismus u. Realismus aus national. Standpunkt betrachtet. gr. 8. (6 B.) Berlin 812, Herm. Schultze.

— neuer angehender Lateiner. 8. Berl. 801. (Kummer in Leipz.) 6 ggr. 2e A., s. unten latein. Vorschule.

—— Lebenskatechismus als Fruchtkeim zur Förderung deutscher Volkssittlichkeit f. Stadt u. Land. gr. 8. (3 B.) Berlin 815, Hermes.

— Lehrbuch d. deutschen Geschäftsstyls für angehende Geschäftsmänner. gr. 8. Berl. 806. Duncker u. H. 1 Rthlr. (A. u. d. T.: Lehrbuch d. ges. deutschen Sprachunterrichts. 6r Thl.)

— Lehrb. d. deutsch. Sprache f. Schul. (ist d. Sprachl. 2r) 8. Ebend. 802.

— Lehrbuch d. deutschen Sprachunterrichts, s. unten Teut.

— Luther, s. unten Musen.

Heinsius, Theod., Luther, od. Samml. von Meister- u. Meisterschriften deutscher Dichter u. Prosaiker. 1r Thl. Fabeldichter. 8. Leipz. Gerh. Fleischer. 816. Rthlr.
Hat auch den Titel:
Deutsche Fabeldichter mit Anmerkungen u. Lesearten.

— s. Mayenburg, A., die Volkssage vom Cölner Dom.

– s. Moritz, K. Ph.: Briefsteller.

— d. Musen. (A. u. d. T.: Luther), oder Samml. von Meisterschriften deutscher Dichter u. Prosaisten, mit Lesarten u. Anmerkk. für Schulen. 2 Thle. 8. Leipz. 816. Er. Fleischer. 1 ₰ 8 gl. 1r Thl. A. u. d. T.: deutsche Fabeldichter, mit Lesarten u. Anmerkk. Musen (oder Luther). 1r Thl. 8. Ebd. 816. 16 gl. 2r Thl. A. u. d. T.: Gleichnißreden u. erzählende Gedichte rc. Musen (oder Luther). 2r Thl. 8. Ebd. 816. 16 gl.

— — die Musen, od. Sammlung von Meister- u. Musterschriften deutscher Dichter u. Prosaisten. Mit Lesarten u. Anmerkungen. Für Schulen. 2 Theile. 8. Leipzig, G. Fleischer. 820. à 16 Gr.
1r Theil auch unter dem Titel:
Der deutsche Fabeldichter.
2r Theil auch unter dem Titel:
Gleichnißreden und erzählende Gedichte.

— Nachricht von der (in Berlin befindl.) Henrichschen Töchterbildungsanstalt. gr. 8. Berl. 803.

Heinsius, Th. Nekrolog des Directors G. G. S. Köpke 21 S. . . .
Progr. Berlin G.K. 1838

—— die Pädagogik d. Hauses. Eine klass. Fruchtlese f. Eltern u. deren Stellvertreter. gr. 12. (15½ B.) Berlin 838, Amelang.

—— zeitgemäße Pädagogik der Schule. Histor. u. kritisch aufgefaßt f. das gesammte Schulpublikum. 12. (12 B.) Berlin 844, C. F. Amelang, Verl.

— d. Patriot, oder kurzer Unterricht über d. Verfassung eines wohleingerichteten Staats. 8. Berl. 800. Voß. 16 gl.

—— die bedingte Preßfreiheit histor.-krit. entwick. u. beleuchtet. gr. 8. (5⅛ B.) Berlin 841, Duncker u. Humblot.

— d. deutsche Rathgeber, oder Noth- u. Hülfswörterbuch d. deutschen Sprache. gr. 8. Berl. 799. 6e A. 828. Boike. 20 gl.

— d. deutsche Rathgeber, oder Noth- u. Hülfswörterbuch d. deutschen Sprache. gr. 8. Berl. Akad. Buchhdl. 806.

— — der deutsche Rathgeber, oder Noth- und Hülfs-Wörterbuch der deutschen Sprache, zum Nachschlagen in zweifelhaften grammatikalischen Fällen. 3te verb. Aufl. gr. 8. Leipzig, Liebeskind. 817.

— d. deutsche Rathgeber, od. alphab. Noth- u. Hülfswörterbuch z. grammat. Rechtschreibung u. Wortfügung in allen zweifelh. Fällen. 5e Ausg. gr. 8. Berl. 825, Boicke.

—— der Deutsche Rathgeber, od. alphabet. Noth- u. Hülfs-Wörterbuch z. grammat. Rechtschreibung u. Wortfügung in allen zweifelhaften Fällen, f. diejen., welche Briefe u. Aufsätze aller Art möglichst fehlerfrei zu schreiben wünschen. 6. u. 7., bericht. Ausg. gr. 8. (à 16 B. u. 1 Tab.) Berlin 828, 34, [Veit. u. Comp.] à

—— der deutsche Rathgeber, od. alphabet. Noth- u. Hülfs-Wörterbuch zur grammat. Rechtschreib. u. Wortfügung, f. diejenigen, welche Briefe u. Aufsätze aller Art möglichst fehlerfrei zu schreiben wünschen. 8., bericht. u. verm. Ausg. gr. 8. (18 B.) Berlin 843, Veit u. Comp.

— der deutsche Rathgeber, od. alphabet. Noth- u. Hülfs-Wörterbuch zur Wortfügung u. grammat. Rechtschreibung in allen zweifelhaften Fällen, u. zur Erklärung dunkler Ausdrücke u. Fremdwörter, f. Geschäfts- u. Gerichtsstuben, sowie f. alle diejenigen, welche Briefe u. Aufsätze verschied. Art möglichst fehlerfrei zu schreiben u. sich üb. die Richtigkeit einer Sprachform schnell zu belehren wünschen. 9. durchweg verb. u. stark verm. Ausg. 8. (VIII u. 374 S.) Berlin 850, Veit & Co. ⅚ ₰

— Rede bei Klopstock's Jahrhundertfeier in Berlin gehalten. 8. Berl. 824.

Heinsius, Thdr., Sammlung von deutschen Barbarismen und Solöcismen nebst einem kleinen Verzeichnisse von Synonymen. Berlin 1802. 8. . . . . (10)

— Schulkalender für d. Jahre 1814, 15 u. 16, oder Tage- u. Taschenbuch für Rektoren, Schulinspektoren rc. 8. Berl., Maurers B. 1 ₰ 8 gl.

— Sendschreiben ein. Schulmanns an seine Amtsbrüder u. an d. Hrrn. Schulvorsteher. 8. Berl. Dunker u. H. 816.

— s. Sendschreiben e. preuß. Schulmanns.

— biogr. Skizze Ramlers. 8. Ebend. (a. Belitz in Berl.) 798.

— Sokrates u. Christus, od.: die logische u. ethische Vernunft der philosoph. u. geoffenbarten Religionslehre. Ein Denkmal f. seine Schüler u. Freunde, bei Niederlegung seines 53jähr. Lehramts. Mit d. Bildn. d. Verf. (Stahlst.) 8. (X u. 217 S.) Berlin 848, Simion. n. ⅚ ₰

——, Sokrates nach dem Grade seiner Schuld z. Schutz geg. neuere Verunglimpfung. gr. 8. (4¼ B.) Leipzig 839, Kollmann.

— d. Sprach- u. Sittenanzeiger f. d. J. 1817. (1r u. letzt. Jahrg.) 4. Berl., Maurers B. 4 ₰

Heinsius, (Otto Fr.) Thdr., d. Sprachgerichtshof, oder d. französ. u. deutsche Sprache in Deutschland vor d. Richterstuhl d. Denker u. Gelehrten. 8. Berl. 814. Maurers B. 10 gl.

— kleiner deutscher Sprachkatechismus f. Stadt u. Land. 8. Berl. 812. 3e verb. A. 819. Rücker. 6 gl.

— deutsche Sprchlehre, 3 Thle. 8. Berl. Braun. 801—2. (1r u. 2r à 14 gr. 3r 12 gr.)

— — Anhang dazu, oder Sammlung v. Barbarismen rc. 8. Ebend. 802.

— — 1r Thl. Sprachlehre der Deutschen. 817.

— kleine Sprachlehre. 8. Berl. Dunker u. H. 810.

— kleine theoret.-prakt. deutsche Sprachlehre f. Schulen u. Gymnasien. 8. Berl. 804. 2e Aufl. 810. 10e A. 824. 12e A. 829. Duncker u. H. 12 gl.

— kleine theoret.-praktische deutsche Sprachlehre, für Schulen u. Gymnasien. 5te durchaus verb. Ausgabe. 8. Berl. Dunker u. Homblott. 816.

— — kleine theoret.-praktische deutsche Sprachlehre für Schulen u. Gymnasien. 8te verb. u. verm. Aufl. 8. Berlin, Dunker u. Humblot. 819.

— kl. theoret.-prakt. deutsche Sprachlehre. 10e Ausg. 8. Berl. 824. Dunker u. H.

—— kleine theoret.-prakt. Deutsche Sprachlehre f. Schulen u. Gymnasien. 11. Ausg. (16 B.) 828., 12. A. (16½ B.) 829., 13., rechtmäß., stark verm. u. verb. A. (17½ B.) Berlin 834, Duncker u. Humblot. à

— neue deutsche Sprachlehre, besonders zum Gebrauch in Schulen. 3 Thle. 8. Berl. 801, 2. 2e A. 814. 4e Ausg. in 3 Thlen. 8. Leipz. 821. Er. Fleischer. 2 Rthlr. (2r u. 3r Thl. A. u. d. T.: prakt. Lehrbuch d. deutschen Sprache. 3r Thl. auch noch unter d. T.: theoret.-prakt. Anleit. zur Bildung d. mündl. Vortrags.)

— Anhang dazu, oder Samml. von deutschen Barbarismen ꝛc. 8. Berl. 802. Braun. 12 Gr.

— — neue deutsche Sprachlehre, besonders zum Gebrauch in Schulen und zur Selbstbelehrung eingerichtet. 3 Theile. 3te berichtigte u. verm. Ausg. 8. Leipzig, Gerh. Fleischer. 817.

— neue deutsche Sprachlehre, besonders zum Gebrauch in Schulen u. z. Selbstbelehrung eingerichtet. 3 Thle. 4e Ausg. 8. Leipz. 822, Gerh. Fleischer.

— d. Sprachlehrer für die Jugend. gr. 8. Berl. 801. Braun. 14 Gr.

— d. Sprachschule, oder geordneter Stoff zu deutschen Sprachübungen für Schule u. Haus. Nach einem dreifachen Lehrgange in einzelnen Uebungsstücken u. Aufgaben für Schulen bearbeitet. 8. Berl. 815. 2e verb. Aufl. 819. 3e Aufl. 826. Nicolai. 10 Gr.

—— neue Sprach- u. Redeschule d. Deutschen, z. Schul- u. Selbstunterr. 5., durchweg bericht. u. verm. Ausg. der neuen Deutschen Sprachlehre. 3 Thle. — A. u. d. Ttln.: Theoret. Deutsche Sprachlehre. — Prakt. Lehrbuch d. Deutschen Sprache. — Theoret.-Prakt. Lehrbuch d. Lese- u. Vortragskunst. 8. (61 B.) Leipzig 833, E. Fleischer.

—— neue Sprach- und Redeschule der Deutschen zum Schul- und Selbstunterricht. 3 Bde. 6. (Titel-)Aufl. 8. Leipzig 853, E. Fleischer. à Bd. 15 Ngr.

— Teut, oder theoret.-prakt. Lehrbuch d. gesammten deutschen Sprachunterrichts. 4 Thle. 8. Berl. 807—11. Duncker u. H. (1r Thl. Sprachlehre d. Deutschen. 807. 2e A. 814. 3e A. 817. 4e A. 825. 1 Rthlr. 2r Thl., grammat.-stylistische Vorschule, oder theoret.-prakt. Anleit. zum richtigen Sprechen, Schreiben u. Verstehen d. deutschen Sprache. 808. 3e A. 821. 4e A. 826. 1 Rthlr. 12 Gr. 3r Thl., d. Redner u. Dichter, oder Anleit. zur Rede- u. Dichtkunst. 810. 2e A. 817. 3e A. 824. 4e A. 828. 5e A. 830. 18 Gr. 4r Thl., 1r, 2r Bd. Geschichte d. deutschen Literatur, oder d. Sprach-, Dicht- u. Redekunst. 811. 2e A. 818. 3e A. 823. 4e A. 829. 1 Rthlr. 12 Gr. 5r Thl., Stoff zu Ausarbeitungen u. Reden, in einer Menge wissenschaftl. geordneter Aufgaben, Abhandlungen u. Dispositionen. 811. 2e A. 819. 3e A. 823. 4e A. 829. 1 Rthlr.) 5 Rthlr. 18 Gr.

— Teut, oder theoret.-prakt. Lehrbuch der gesammten Deutschen Sprachwissenschaft. 1r Thl. A. u. d. T.: Sprachlehre d. Deutschen. 5e umgearb. u. verm. Aufl. 8. Berlin 835. Duncker u. Humblot. $1\frac{1}{6}$ Rthlr. — 2r Thl. A. u. d. T.: Vorschule der Sprach- u. Redekunst ꝛc. 5e verb. Ausg. 8. Ebd. 838. $1\frac{1}{2}$ Rthlr. — 3r Thl. Der Redner u. Dichter; oder Anleitung z. Rede- u. Dichtkunst. 6e verb. u. verm. Ausg. 8. Ebd. 838. $\frac{3}{4}$ Rthlr. — 4r Thl. A. u. d. T.: Geschichte d. Deutschen Literatur, od. der Sprach-, Dicht- u. Redekunst der Deutschen bis auf unsere Zeit. 5e durchweg umgearb. u. mit vielen Zusätzen verm. Ausg. 8. Ebd. 835. $1\frac{1}{2}$ Rthlr. — 5r Thl. Stoff zu Ausarbeitungen, freien Vorträgen u. Reden ꝛc. 5e Ausg. 8. Ebd. 836. 1 Rthlr. — 6r Thl. A. u. d. T.: Handbuch des Deutschen Geschäftsstyls zur Vorbildung für Nicht-Studirende u. angehende Geschäftsleute. 2e durchweg umgearb. Ausg. 8. Ebd. 837. 1 Rthlr.

——, Teut, od. theoret.-prakt. Lehrbuch d. gesammt. deutschen Sprachwissenschaft. 6 Thle. (od. 12 Lfgn.) 8. Berlin, Duncker u. Humblot. Zusamm. genomm.

A. u. d. Ttln.:

Thl. 1. Sprachlehre d. Deutschen. 5., umgearb. u. verm. Aufl. ($31\frac{1}{4}$ B.) 835. 1 Thlr. 4 Gr.
" 2. Vorschule d. Sprach- u. Redekunst. 5., verb. Aufl. ($32\frac{1}{4}$ B.) 838. 1 Thlr. 12 Gr.
" 3. Der Redner u. Dichter. 6., verb. Aufl. ($18\frac{1}{4}$ B.) 838. 18 Gr.
" 4. Geschichte d. deutschen Literatur. 5., umgearb. u. verm. Ausg. (44 B.) 835. 1 Thlr. 12 Gr.
" 5. Stoff zu Ausarbeitungen, Besprechungen, freien Vorträgen u. Reden, in e. Menge wissenschaftl. geordn. Aufgaben, Dispositionen u. Stylproben. Ein Ideen-Magazin f. Lehrer. 5., verm. u. verb. Ausg. ($22\frac{1}{2}$ B.) 840. 1 Thlr.
" 6. Handbuch d. deutschen Geschäftsstyls z. Vorbild. f. Nicht-Studirende u. angeh. Geschäftsleute. 2., umgearb. Ausg. (16 B.) 837. 1 Thlr.

—— Teut, od. theoret.-prakt. Lehrbuch der gesammten deutschen Sprachwissenschaft. 4. Thl. 6. Ausg. — A. u. d. T.: Geschichte d. deutschen Literatur, od. der Sprach-, Dicht- u. Redekunst d. Deutschen bis auf unsere Zeit. 8. ($46\frac{1}{2}$ B.) Berlin 843, Duncker u. Humblot.

Vgl. 9. Bd. 1. Abthl. S. 380.

— d. Töchterschule, ein Lese- u. Unterrichtsbuch für weibl. Lehranstalten. 8. Leipz. 816. 2e A. 825. Er. Fleischer. 12 Gr. (Auch d. 1sten Lehrmeister 13r Thl.)

— die Töchterschule 2e A., s. Lehrmeister ꝛc. 13r Thl.

— Preußens Trauer u. Glanz. Eine histor. Uebersicht d. Zeitraums von 1806 bis zum Dank- u. Friedensfeste 1816. Mit 1 Titelkpf. 2 Thle. 8. Berl. 814 u. 16. (1r Thl. 2e Aufl. 816.) Mittler. (à 18 Gr.) 1 Rthlr. 12 Gr.

—— Verhältniß d. Moralität z. Intelligenz in d. Pädagogik uns. Zeit. 8. ($4\frac{1}{2}$ B.) Glogau 835, Flemming.

— Versuch e. biograph. Skizze Rammler's. 8. Leipz. 798. (Belitz in Berl.) 3 Gr.

—— Vorbereitung zu philosoph. Studien. Für d. höh. Schul- u. Selbstunterr. 8. (10 B.) Berlin 833, Duncker u. Humblot.

— grammat.-stylistische Vorschule, s. oben Teut.

Heinsius, Theod., grammat. stylistische Vorschule ꝛc. 8. Berl. Braun'6. 808. Rthlr.

Heinsius, Th., lateinische Vorschule, oder neuer angehender Lateiner, oder praktischer Unterricht in der latein. Sprache für die ersten Anfänger. Berl. 801. 8. 6 gr. Ausg. 3 verb. und verm. Ebend. 820. 8.

— latein. Vorschule, oder neuer angehender Lateiner. 2e Aufl. 8. Berl. 808. 3e A. 821. L. Oehmigke. 6 Gr.

—— der Weg zur Wissenschaft, f. studirende Jünglinge u. deren Väter. gr. 8. (3 B.) Berlin 841, Springer.

— Wegweiser für Volksschullehrer, oder Anleit. zur zweckmäßigen Führung ihres Amts. 8. Berl. 801. Duncker u. H. 20 Gr.

—— vom Wiedersehen nach dem Tode und die Unsterblichkeit unserer Seele. Ein Lehr-, Trost- und Erbauungsbuch für Nachdenkende aller Confessionen. 8. (VI und 106 S.) Berlin 866, More's Verlag.

——— neuestes vollständiges Wörterbuch zur Erklärung aller fremden Ausdrücke. Enthaltend über 25000 fremde Wörter und Redensarten, welche im geschäftl., amtl. und privaten Verkehr, in der Schrift- und Umgangssprache vorkommen. Ein Hand- und Nachschlagebuch für Kaufleute, Fabrikanten, Beamte, Studirende u. A. Nebst Angabe der Aussprache der Fremdwörter und den vorkommenden Abkürzungen. 7.—10. verb. Aufl. 16. (336 S.) Ebendas. 879—82.

— volksthüml. Wörterbuch d. deutschen Sprache, mit Bezeichnung d. Aussprache u. Betonung für d. Geschäfts- u. Lesewelt. 4 Bde. gr. 8. Hannov. 818—22. Hahn. 10 Rthlr. Schrbp. 13 Rthlr. 8 Gr.

Heinsius, Dr. Theodor, Prof. Vollständiges Wörterbuch der deutschen Sprache mit Bezeichnung der Aussprache und Betonung für die Geschäfts- und Lesewelt. (4 Bde.) 8. Wien 1840.

— über d. Würde d. preuß. Thrones u. Volks. Eine Rede, gesprochen am 3. Aug. 1815 auf d. Gesundbrunnen zu Freienwalde. 8. Berl. 815. Mittler. 3 ℊ

— — religiöse u. politische Zeitbegriffe f. Freunde des Fortschritts in Wissenschaft u. Leben. gr. 8. (8½ B.) Berlin 846, Ferd. Bethge.

Heinsius, Wilhelm

— s. Billard-Reglement.

Allgemeines Bücher-Lexikon oder vollst. Alphab. Verzeichniss aller von 1700 bis Ende 1892 erschienenen Bücher, welche in Deutschland u. in den durch Sprache u. Literatur damit verwandten Ländern gedruckt worden sind. Nebst Angabe d. Druckorte, d. Verleger u. d. Preise. Von Wilhelm Heinsius. Bd. 1–19. Leipzig: J. F. Gleditsch (8 ff.: F. A. Brockhaus) 1812–1894. 32 Bde 4°

[Bd 8–19 Nebent.:] Allgem. Deutsches Bücher-Lexikon. Bd 1–12.

1–4. Verzeichniss aller von 1700 bis 1810 erschien. Bücher. Neue umgearb. verb. u. verm. Aufl. 1812.
5. 1811–1815. 1817.
6. 1816–1821 u. Berichtigungen. Hrsg. von Christ. Gottlob Kayser. 1822.
7. 1822–1827. Mit Vorr. von F[riedr.] A[dolf] Ebert. (Abth. 1.2.) Hrsg. von Kayser. 1828.
8. 1828 bis 1834. Bearb. von Otto Aug. Schulz. Abth. 1.2. 1836–38.
9. 1835 bis 1841. Bearb. von Schulz. Abth. 1.2. 1846–49.
10. 1842 bis 1846. Bearb. von Ludw. Franz Alb. Schiller. Abth. 1.2. 1848–49.
11. 1847 bis 1851. Bearb. von Schiller. Abth. 1.2. 1854–55.
12. 1852 bis 1856. Bearb. von Schiller. Abth. 1.2. 1858.
13. 1857 bis 1861. Bearb. von Karl Rob. Heumann. Abth. 1.2. 1863–64.
14. 1862 bis 1867. Bearb. von Heumann. Abth. 1.2. 1869–71.
15. 1868 bis 1874. Bearb. von Herm. Ziegenbalg. Abth. 1.2. 1877–78.
16. 1875 bis 1879. Bearb. von Otto Kistner. Abth. 1.2. 1881–82.
17. 1880 bis 1884. Bearb. von Kistner. Abth. 1.2. 1886–87.
18. 1885 bis 1888. Bearb. von Karl Bothoevener. Abth. 1.2. 1889–90.
19. 1889 bis 1892. Bearb. von Bolhoevener. Abth. 1.2. 1893–94.

Heinsius, Wlh., († d. 1. Oct. 1817.) allgem. Bücher-Lexikon, od. vollständ. alphabet. Verzeichniß aller von 1700 bis 1793 erschienenen neuen Bücher, welche in Deutschland u. in d. durch Sprache u. Literatur damit verwandten Ländern gedruckt worden sind. Nebst Angabe d. Druckorte, d. Verleger u. d. Preise. 4 Bde. 4. Leipz. 793. u. Suppl. als 5r Bd. bis 1798, fortges. (v. Fr. Bruder). Heinsius. 3 ℛ Schrbp. 3 ℛ 16 ℊ 2e Aufl., von 1700 bis z. J. 1810 fortges. 4 Bde. gr. 4. Leipz. 812. (Brockhaus). 18 ℛ Schrbp. 22 ℛ

Heinsius, Wilh., allgemeines Bücher-Lexicon, oder vollständiges alphabet. Verzeichniß aller von 1700 an erschienenen Bücher, welche in Deutschland u. in den durch Sprache und Literatur damit verwandten Ländern gedruckt worden sind. Nebst Angabe der Druckorte, der Verleger u. d. Preise. 4 Bände, welche die Jahre 1700—1810 enthalten. Neue verm. u. verb. Aufl. gr. 4. Leipzig, Gleditsch. 812. 1
Schreibpap. 2

— 5r Bd., oder erstes Suppl., d. Jahre 1811 bis 15 enthaltend. gr. 4. Ebd. 817. 4 ℛ 16 ℊ Schrbp. 5 ℛ 12 ℊ 6r u. 7r Bd., oder 2s u. 3s Suppl., fortges. von Chr. Glo. Kayser. Die J. 1816—27 enthalt. gr. 4. Ebd. 822, 28. 12 ℛ 20 ℊ Schrbp. 14 ℛ 8 ℊ Hbg. Pr. aller 7 Bde 20 ℛ

Heinsius, Wlh., allgemeines Bücher-Lexicon, oder vollständ. alphabet. Verzeichniß aller von 1700 bis zu Ende 1834 erschien. Bücher, welche in Deutschland und in den durch Sprache und Literatur damit verwandten Ländern gedruckt worden sind rc. 8r Bd., welcher die von 1828 bis Ende 1834 erschienenen Bücher und die Berichtigungen früherer Erscheinungen enthält. Herausg. von Otto Aug. Schulz. 12 Lfrgg. Nebst 3 Beilagen. A. u. d. T.: Allgemeines deutsches Bücher-Lexicon rc. 1r Bd. gr. 4. Leipzig 835—38. Brockhaus. 10½ ℛ, Schreibpap. 12⅔ ℛ — 1r—7r Bd. Ebd. n. 20 ℛ

Heinsius, Wlh., allgemeines Bücher-Lexikon, oder vollständ. alphabet. Verzeichniß aller von 1700 bis Ende 1841 erschienenen Bücher, welche in Deutschland u. in den durch Sprache u. Literatur damit verwandten Ländern gedruckt worden sind. 9. Bd. 1835 bis Ende 1841. Herausgeg. v. O. Aug. Schulz. 1.—9. Liefg. u. 2. Abthl. 1.—9. Liefg. gr. 4. Leipzig 843—46, Brockhaus. à n. ⅚ ℛ — Schreibp. à n. 1 ℛ 6 ngr

Heinsius, Wilh., allgem. Bücher-Lexikon od. vollständ. alphab. Verzeichniß aller v. 1700 bis Ende 1841 erschienenen Bücher, welche in Deutschland u. in den durch Sprache u. Literatur damit verwandten Ländern gedruckt worden sind. 9. Bd. 1835 bis Ende 1851. Hrsg. v. O. Aug. Schulz. 10—14. Lfg. [2. Abthlg. Bog. 16—64: Pfeil—Iznafer nebst 2 Beilagen.] gr. 4. Leipzig 847—49, Brockhaus. à n. ⅚ ℛ Schreibpap. à n. 1 ℛ 6 ngr (14 Lfgn. n. 11⅔ ℛ Schreibpap. n. 16 ℛ 24 ngr)

— dass. od. vollständ. alphab. Verzeichniß aller v. 1700 bis Ende 1846 erschienenen Bücher rc. 10. Bd. 1842 bis Ende 1847. Hrsg. v. Albert Schiller. 12 Lfgn. gr. 4. (1. Abthlg.: IV u. 526 S. 2. Abthlg.: 480 S.) Ebd. 847—49. (1—11. Lfg. à n. ⅚ ℛ Schreibpap. à n. 1 ℛ 6 ngr — 12. Lfg. n. 1½ ℛ Schreibpap. n. 2 ℛ 4 ngr) n. 10⅔ ℛ Schreibpap. n. 15⅓ ℛ

— dass. oder vollständ. alphabet. Verzeichniß aller von 1700 bis Ende 1851 erschienenen Bücher rc. Nebst Angabe der Druckorte, der Verleger, des Erscheinungsjahrs, der Seitenzahl, des Formats, der Preise rc. 11. Bd., welcher die von 1847 bis Ende 1851 erschienenen Bücher u. die Berichtigungen früherer Erscheinungen enthält. Hrsg. v. Albert Schiller. 1—3. Lfg. Bog. 1—30. A—Elssner. gr. 4. (11. Bd. S. 1—240.) Ebd. 852. (à n. ⅚ ℛ) n. 2½ ℛ Schreibpap. (à n. 1 ℛ 6 ngr) n. 3 ℛ 18 ngr

Heinsius, Wilh., allgemeines Bücher-Lexikon oder vollständiges alphabetisches Verzeichniß aller von 1700 bis zu Ende 1851 erschienenen Bücher, welche in Deutschland rc. gedruckt worden sind. Nebst Angabe der Druckorte, der Verleger, der Preise rc. 11. Bd., welcher die von 1847 bis Ende 1851 erschienenen Bücher rc. enth. Bearb. u. herausg. v. L. Fr. Alb. Schiller. A. u. d. T.: Allgemeines Deutsches Bücher-Lexikon oder vollständiges alphabet. Verzeichniß derjenigen Schriften, welche in Deutschland und in den angrenzenden, mit deutscher Sprache und Literatur verwandten Ländern gedruckt worden sind. Mit ausführlichen Angaben der Verleger, Druckorte, Preise, Auflagen rc. 4. Bd., die von 1847 bis Ende 1851 erschienenen Schriften enthaltend. Bearb. u. herausg. von L. Fr. Alb. Schiller. 4—14. (letzte) Liefg. Leipzig 853—55. Brockhaus. gr. 4. (1. Abth.: 2 Bl., S. 241—607; 2. Abth.: 508 S.) Jede Lief. n. 25 ngr; Schreibp. n. 1 ℛ. 6 ngr

— — 12. Bd., welcher die von 1852 bis Ende 1856 erschienenen Bücher und die Berichtigungen früherer Erscheinungen enthält. Bearb. u. herausg. von L. Fr. Alb. Schiller. A. u. d. T.: Allgemeines deutsches Bücher-Lexikon rc. 5. Bd. Die von 1852 bis Ende 1856 erschienenen Schriften enthltd. Bearb. rc. von L. Fr. Alb. Schiller. 2 Abthlgn. Leipzig 857, 58. Brockhaus. gr. 4. (1. Abth.: 2 Bl., 631 S.; 2. Abth.: 2 Bl., 528 S.) n. 12 ℛ. 5 ngr; Velinp. n. 17 ℛ. 12 ngr

Heinsius, Wilh., allgemeines Bücher-Lexikon oder vollständiges alphabetisches Verzeichniß aller von 1700 bis Ende 1861 erschienenen Bücher, welche in Deutschland und in den durch Sprache und Literatur damit verwandten Ländern gedruckt worden sind. Mit Angabe der Druckorte, der Verleger, der Preise rc. 13. Bd., welcher die von 1857 bis Ende 1861 erschienenen Bücher und die Berichtigungen früherer Erscheinungen enthält. Bearb. u. herausg. von Rob. Heumann. Leipzig 862—64. Brockhaus. gr. 4. (1. Abth.: 591 S.; 2. Abth.: 622 S.) n. 12 ℛ 25 ngr; Velinp. n. 18 ℛ 12 ngr

Heinsius, Wilh., allgemeines Bücher-Lexikon oder vollständiges alphabet. Verzeichniß aller von 1700 bis Ende 1867 erschienenen Bücher, welche in Deutschland und in den durch Sprache und Literatur damit verwandten Ländern gedruckt worden sind. Nebst Angabe der Druckorte, der Verleger, des Erscheinungsjahres, der Seitenzahl, des Formats, der Preise rc. 14. Bd., welcher die von 1862 bis Ende 1867 erschienenen Bücher und die Berichtigungen früherer Erscheinungen enthält. Hrsg. von Karl Rob. Heumann. 2 Abthlgn. in 18 Lfgn. gr. 4. (IV, 732; IV, 739 S.) Leipzig 869—71, Brockhaus. [1.—17. Lfg. à *ℳ 2,50.; Velinp. à *ℳ 3,60.; 18. Lfg. *ℳ 3,50.; Velinp. *ℳ 5.] *
Velinp. *

— dasselbe. 15. Bd., welcher die von 1868 bis Ende 1874 erschienenen Bücher u. die Berichtiggn. früherer Erscheingn. enthält. Hrsg. v. Herm. Ziegenbalg. 1—10. Lfg. gr. 4. (1. Abth. S. 1—870.) Ebend. 875. 76. à n. 3. —; Schreibpap. à n. 4. —

Heinsius, Wilh., allgemeines Bücher-Lexikon oder vollständ. alphabet. Verzeichniß aller von 1700 bis Ende 1874 erschienenen Bücher, welche in Deutschland u. in den durch Sprache u. Literatur damit verwandten Ländern gedruckt worden sind. Nebst Angabe der Druckorte, der Verleger, des Erscheinungsjahres, der Seitenzahl, des Formats, der Preise rc. 15. Bd., welcher die von 1868 bis Ende 1874 erschienenen Bücher u. die Berichtigungen früherer Erscheinungen enthält. Hrsg. v. Herm. Ziegenbalg. 11—25. Lfg. gr. 4. (1. Abth. S. 801—991 u. 2. Abth. 928 S.) Leipzig 877. 78. Brockhaus. à n. 3. —; Schreibpap. à n. 4. —

— dasselbe. 16. Bd., welcher die von 1875 bis Ende 1879 erschienenen Bücher u. die Berichtigungen früherer Erscheinungen enthält. Hrsg. von Otto Kistner. 21 Lfgn. gr. 4. (1. Abth. 812 S. u. 2. Abth. 876 S.) Ebend. 880—82. n. 63. 60; Schreibpap. n. 84. 80

Heinsius, Wilh., allgemeines Bücher-Lexikon od. vollständ. alphabet. Verzeichniß aller von 1700 bis Ende 1884 erschienenen Bücher, welche in Deutschland u. in den durch Sprache u. Literatur damit verwandten Ländern gedruckt worden sind. 17. Bd., welcher die von 1880 bis Ende 1884 erschienenen Bücher u. die Berichtiggn. früherer Erscheingn. enthält. Hrsg. v. Otto Kistner. 1—20. Lfg. gr. 4. (1. Abth. 931 S. u. 2. Abth. S. 1—664.) Leipzig 885—86. Brockhaus. à n. 3. —; auf Schreibpap. à n. 4. —

Heinsius, Wilh., allgemeines Bücher-Lexikon od. vollständ. alphabet. Verzeichniß aller von 1700 bis Ende 1884 erschienenen Bücher, welche in Deutschland u. in den durch Sprache u. Literatur damit verwandten Ländern gedruckt worden sind. Nebst Angabe der Druckorte, der Verleger, d. Erscheinungsjahres, d. Seitenzahl, d. Formats, der Preise rc. 17. Bd., welcher die von 1880 bis Ende 1884 erschienenen Bücher u. die Berichtigungen früherer Erscheingn. enthält. Hrsg. v. Otto Kistner. 21.—24. (Schluß-)Lfg. (2. Abth. S. 665—1028.) Leipzig 887. Brockhaus. n. 13. 80; auf Schreibpap. n. 18. 40 (cplt.: n. 73. 80; auf Schreibpap. n. 98. 40)
21.—23. Lfg. à n. 3. —; auf Schreibpap. à n. 4. —. — 24. Lfg. n. 4. 80: auf Schreibpap. n. 6. 40.

— dasselbe. 18. Bd., welcher die von 1885 bis Ende 1888 erschienenen Bücher u. die Berichtiggn. früherer Erscheingn. enthält. Hrsg. v. Karl Bolhoevener. 24 Lfgn. gr. 4. (1. Abth. 903; 2. Abth. 1033 S.) Leipzig 889. 890. Brockhaus. n. 72. 80; auf Schreibpap. n. 97. —
1.—23. Lfg. à n. 3. —; auf Schreibpap. à n. 4. —. — 24. Lfg. n. 3. 80; auf Schreibpap. n. 5. —.

Heinsius, Wilh., allgemeines Bücher-Lexikon od. vollständ. alphabet. Verzeichniß aller von 1700 bis Ende 1892 erschienenen Bücher, welche in Deutschland u. in den durch Sprache u. Litteratur damit verwandten Ländern gedruckt worden sind. Nebst Angabe der Druckorte, der Verleger, des Erscheinungsjahres, der Seitenzahl, des Formats, der Preise rc. 19. Bd., welcher die von 1889 bis Ende 1892 erschienenen Bücher u. die Berichtiggn. früherer Erscheingn. enthält. Hrsg. v. Karl Bolhoevener. 20 Lfgn. gr. 4. (1. Abth. VI, 772 S., 2. Abth. 851 S.) Leipzig 893. 894. F. A. Brockhaus. n. 61. 50; auf Schreibpap.: n. 82. —

Heinsius, (Wilh.,) allgem. Bücherlexicon, Forts., s. Kayser, Chr. G.

Heinsius von Mayenburg, Ottomar, aus Schönheide i. Sachs.: Lösungsconcentration und Turgorregulation bei den Schimmelpilzen. *Leipzig: Gebr. Borntraeger 1901.* (40 S.) 8°
¶ [Aus: Jahrbücher f. wiss. Botanik, Bd 36, H. 3.]
Leipzig, Phil. Diss. v. [16. Aug.] 1901

Heinsohn, Franz [app. Arzt aus Heist in Holst.]: Schwangerschaftszeichen der ersten Wochen ... Freiburg i. B., Speyer & Kaerner, 1866; 2 Bl., 65 S. 8.
Freiburg i. B., Med. Fak., Inaug.-Diss. v. 1866

Heinss, Ludov. Albert. (geb. Nauen 12. 2. 1822): De angina membranacea. Berolini (1847). (24 S.) 8°
Berlin, Med. Diss. v. 27. März 1847

Heinsz, Wilh.: Abenteuer d. Radfahrervereins „Kleeblatt", s.a. Pantomimen.

Heinß, Wilh. Abenteuer d. Radfahrerverein „Kleeblatt". Komische Pantomime in 1 Act. 8. (12 S.) Aschersleben 892. (Mühlh. i. Th., Danner.) * — 75

— Radfahrerstreiche od. der Spuk in d. Dorfschmiede, s.a. Pantomimen.

— Radfahrerstreiche od. der Spuk in der Dorfschmiede. Humoristische Pantomime in 1 Akt. 8. (15 S.) Mühlhausen i/Th. 893. G. Danner. n. 1. —

Radfahrerstreiche oder: Der Spuk in d. Dorfschmiede. Humor. Pantomime in 1 Akt von Wilh. Heinss. 2. Aufl. *Mühlhausen i. Th.: G. Danner [1898].* (16 S.) 8° [8.]
— Pantomimen. No 6.

Heinse, s. Heinse.

Heintel d. J., Fr. v.: Kurze Darstell. d. Patrim.-Gerichtsbarkeit im Erzherzogth. Oesterreich unt. d. Enns. *Wien.* 819. 8.

Heintel, Karl, Reg.-Baumeister: Die Berechnung der Einsenkung von Eisenbetonplatten und Plattenbalken. Berlin: Springer 1908. IV, 45 S., 1 Taf. 8° ¶ Buchausg. u. d. T.: Berechnung der Einsenkung ... 1909.
Stuttgart, Dr.-Ing.-Diss. v. 27. 7. 1908

Heintel, Karl, Berechnung der Einsenkung v. Eisenbetonplatten u. Plattenbalken. (III, 46 S. m. 87 Fig.) gr. 8. Berlin 909. J. Springer. 2. 60

v. Heinthal, (H. Ed.,) Anweis. z. Verfertigung mehrerer Arten künstlicher Hefen. 8 Brünn 826, Traßler.

Heintke, Gedenkblätter an die Sterbestunde u. Beerdigungsfeier des am 3. Octbr. 1892 auf Klein-Koden, Kr. Guhrau, verstorbenen königl. Landr., Geh. Reg.-R. Eugen v. Goßler. Auf Wunsch der Familie zusammengestellt. 12. (46 S. m. Bildnis.) Guhrau 893. (M. Lemke.)
Nicht im Handel.

Heintl, Carl, s. Heintl, Karl

Heintl, Franz von

— Anleit., den Seidenbau im Freien zu betreiben u. mit d. üblichen Seidenraupenzucht im Zimmer in e. nützl. Verbindung zu bringen. 8. Wien 815.

— Anleitung, den Seidenbau im Freien zu betreiben ꝛc. gr. 8. Wien 815. (J. Klang.) 2/3 ₰, jetzt 1/3 ₰

v. Heintl, Ritter Frz., Aufruf an seine Mitbürger zur Vereinigung gegen den eindring. Holzmangel. 8. Wien 805.

v. Heintl, Ritter Frz., Bemerkungen auf einer Reise von Wien nach Paris im Jahre 1831. 4 Bde. gr. 8. Wien 832—34. Sollinger. (à Bd. 1 ₰) 4 ₰, bei J. Klang das. 1 1/3 ₰

Heintl, Frz. v., einige Bemerkungen üb. Viehseuchen u. Krankheiten d. Hausthiere, e. Beitr. z. Samml. d. Erfahrn. f. d. Thierheilkunde. gr. 8. (9 B.) Wien 839, (Tendler u. Schäfer.) Thlr.

Heintl, Frz. v., Über die Blattern d. Schafe, deren Behandlung u. Impfung. Wien 23. Beck. M. 2.—

— über d. Blattern d. Schafe, derselben Behandlung u. Impfung. gr. 8. Wien 823. (Gerold). 16 gr

—— über Bohrbrunnen u. Springquellen z. Beseitigung d. Wassernoth. Mit einigen Bemerkn.: Ueber d. Ebbe u. Fluth, u. üb. d. beständ. Kreislauf d. Gewässer im Erdkörper. gr. 8. (4 B.) Wien 836, (Gerold's Brlsh.) *

— Einladung an die Weinpflanzer der sämmtl. österreich. k. k. Erbländer zur Errichtung einer Rebschule, um Veredlung des Weinbaues und der inländischen Weine zu bewirken. 8. Wien 817. (J. Klang.) 1/12 ₰

Heintl, Franz Ritter von: Einladung an die Weinpflanzer der sämmtlichen österr. k.k. Erblande zur Errichtung einer Rebschule, um Veredlung des Weinbaues und der inländischen Weine zu bewirken. Wien: Strauß 1817. 8 S.

v. Heintl, Ritter Frz., über d. Errichtung einer überseeischen National-Handlungs-Gesellschaft in Wien. 8. Prag 826. Calve. 3 gr

Heintl, F., d. Landwirthschaft d. österr. Kaiserthums. 2 Thle. gr. 8. Wien, Pichler. 808. (1r 1 Rthlr. 16 gr. 2r 2 Rthlr. 8 gr.)

Heintl, Fr. von, die Landwirthschaft des östr. Kaiserthums. 3 Thle. gr. 8. Wien, Gerold. (in Comm.) 811 u. 12.

—— die Landwirthschaft d. österreich. Kaiserthumes. 5. (letzt.) Thl. — A. u. d. T.: Der Weinbau d. österreich. Kaiserthumes. Zugleich Anleit. z. Bereitung, Wartung u. Pflege d. Weine. 2. Bd. gr. 8. (29 1/2 B. u. 1 Stnt.) Wien 835, [Klang.] *
1—4. Bd. Ebendas. 1808—21. * 7 Thlr. 12 Gr. — 5 Bde. zus. hrbgs. Pr. * 3 Thlr. 16 Gr.

Heintl, Franz Ritter von: Ueber die Mittel, durch welche die, dem Leben der Menschen gefährliche kohlensaure Luft unschädlich gemacht, auch aus den Kellern ganz entfernt werden kann. Wien: Verf., Wallishauser in Comm. 1825. 45 S.

— über die Mittel, die Futtererzeugung in Oesterreich unter der Enns zu vermehren. (Gekrönte Preisschrift.) gr. 8. Wien 831. (J. Klang.) 1/4 ₰

— über die Nothwendigkeit und über die Mittel, große Theuerung der Lebensbedürfnisse u. Hungersnoth abzuwehren ꝛc. 8. Wien 805. (J. Klang.) 1/8 ₰

v. Heintl, Ritter Frz., Rede, gehalten bei Eröffnung der ersten allgem. Versammlung der k. k. Landwirthschafts-Gesellschaft in Wien am 30. Januar 1808. 2e Aufl. 8. Wien 824. (J. Klang.) 1/12 ₰

— Statuten der wechselseitigen Hagelschaden-Versicherungs-Anstalt zu Wien. 8. Wien 831. (J. Klang.) 1/12 ₰

Heintl, Frz. v., Unterricht üb. d. Obstbaumzucht f. d. Landleute. 8. Wien, 1810. (Klang). (— 20) — 6 1/4

— Unterricht über d. Obstbaumzucht für d. Landleute. 8. Wien 810. Pichler. 16 gr

—— Unterricht im Seidenbau. gr. 8. (11 B.) Wien 829. (Sollinger; Leipzig, Liebeskind.)

—— der Weinbau. Nach d. 12 Monaten d. Jahres in 12 Abthln. vorgetragen. 8. (8 1/2 B.) Leipzig 831, Baumgärtner.
Aus der „Allgem. Encyclopädie d. Land- u. Hauswirthschaft ꝛc. hrsg. v. Putsche" besonders abgedruckt.

— d. Weinbau d. österreich. Kaiserthums, s. oben d. Landwirthschaft ꝛc

Heintl, Franz Ritter v., der Weinbau des österreich. Kaiserthums. Zugleich Anleitung, die Rebenkultur nützlich zu betreiben, zu erweitern und zu veredeln. 1r Band. gr. 8. Wien, Gerold. 821.

--- Ders.: Der Weinbau des österreichischen Kaiserthums. Bd 1.2. Wien: Selbstverl. 1821-35. (Die Landwirthschaft des österreichischen Kaiserthums. Th. 4.5.) -- 21*. Frei 100
1. Zugleich Anleitung die Rebenkultur nützlich zu betreiben, zu erweitern und zu veredeln. 1821. XVI, 424 S. 2. Zugleich Anleitung zur Bereitung, Wartung und Pflege der Weine. 1835. XXXVI, 435 S., 1 Taf.

Heintl, Karl

Heintl, C., Mittheilungen aus den Universitäts-Acten, s. Mittheilungen.

Heintl, Dr. Carl Ritter v., Mitglied der k. k. Akademie der Künste und Wissenschaften zu Padua etc. Die 717. Rectors-Wahl an der Wiener k. k. Universität den 30. November 1837.
8. Wien 1837.

Heintschel, Erwin, a. Berlin: Beiträge zur Kondensation des Oxyhydrochinons mit Aldehyden. (Berlin 1906: E. Ebering.) (45 S.) 8°
Berlin, Phil. Fak., Ref. Gabriel, Diss. v. 3. Febr. 1906
[Geb. 1. Jan. 81 Berlin; Wohnort: Berlin; Staatsangeh.: Preußen; Vorbildung: Luisengymn. Berlin Reife O. 00; Studium: Charlottenburg T.H. 6, Berlin 4 S.; Rig. 16. Nov. 05.]

Heintz, Alb., d. fliegende Holländer v. Richard Wagner. Nach Dichtg. u. musikal. Entwickelg. dargest. M. 32 in d. Text gedr. Notenbeispielen. gr. 8. (48 S.) Charlottenburg 895. Verlag d. Allgem. Musik-Zeitung. n. 1.—

Heintz, Alb., Rich. Wagner's Lohengrin. Nach Dichtg. u. musikal. Entwickelg. dargestellt. Mit 50 in den Text gedr. Notenbeispielen. gr. 8. (82 S.) Charlottenburg 894. Verl. d. „Allg. Musik-Zeitung". n. 1. 20

Heintz, Albert. Die Meistersinger von Nürnberg von Richard Wagner. Versuch einer musikalischen Erklärung. Charlottenburg (-Berlin) 1885.

Heintz, Alb., die Meistersinger von Nürnberg von Richard Wagner. Versuch einer musikal. Erklärung. Mit 84 in den Text gedr. Notenbeispielen. 1. und 2. Aufl. 8. (83 S.) Charlottenburg 888, Verlag der Allgem. Musik-Zeitung. *

— R. Wagner's Bühnenweihfestspiel „Parsifal" nach Sagenstoff u. musikal. Entwickelung in den Motiven. Mit 66 ausführl. Notenbeispielen. gr. 4. (24 S.) Ebd. 882. n. 1.50

Richard Wagner's Bühnenweihfestspiel 'Parsifal'. Nach Sagenstoff u. mus. Entwick. in d. Motiven dargest. von Albert Hointz. Mit 67 Notenbeisp. 3. Aufl. *Charlottenburg: Allg. Musik-Zeitung* 1893. (57 S.) 8°

— Richard Wagner's Bühnenweihfestspiel „Parsifal". Nach Sagenstoff u. musikal. Entwickelg. in d. Motiven dargest. M. 67 in d. Text gedr. ausführl. Notenbeispielen. 4. Aufl. gr. 8. (57 S.) Ebd. 893. n. 1.25

— „Der Ring der Nibelungen". Geschichtliches üb. R. Wagner's Tetralogie. 8. (36 S.) Ebd. 887. n. — 60

— „der Ring d. Nibelungen". Geschichtl. üb. Richard Wagner's Tetralogie. gr. 8. (36 S.) Ebd. (888). n. — 60

Tannhäuser und der Sängerkrieg auf der Wartburg v. Richard Wagner. Nach d. musikal. Entwickelg d. Werkes in d. Motiven dargest. v. Albert Hointz. M. 40 in d. Text gedr. Notenbeisp. *Charlottenburg: Allg. Musik-Zeitg* 1899. (52 S.) 1 Bd 8.

Heintz, Alb. Richard Wagner's Tristan u. Isolde. Nach d. musikal. Entwicklg. d. Werkes in den Motiven dargestellt. Mit 66 in den Text gedr. Notenbeispielen. gr. 8. (75 S.) Charlottenb. 891, Verlag d. allg. Musik-Zeitg. (Lessmann). * 1 25

— Richard Wagner's Tristan u. Isolde. N. d. musikal. Entwickelg. d. Werkes i. d. Motiven dargest. M. 66 i. d. Text gedr. Notenbeispielen. 2. Aufl. gr. 8. (75 S.) Ebd. 892. n. 1.25

— s.: Wagner, Rich., Briefe an Otto Wesendonck.

— Wegweiser durch die Motivenwelt der Musik zu Richard Wagner's Bühnenfestspiel „Der Ring der Nibelungen", in besond. Rücksicht auf ihren organ. Zusammenhang m. dem dichter. Gehalte des Dramas. 4 Tle. Mit 245 in den Text gedr. Notenbeispielen u. e. vollständ. Motiv-Verzeichniss. gr. 8. Ebd. 893. n. 6. —

I. Das Rheingold. (46 S.) n. 1. —. — II. Die Walküre. (78 S.) n. 1.50. — III. Siegfried. (90 S.) n. 1.50. — IV. Götterdämmerung. (135 u. VI S.) n. 2. —

Heints, Antonius Josephus Wilhelm [Arzt zu Rotterdam. Geb. in Zutphen '(Holland)']: Aus d. Boerhave-Laboratorium zu Leiden. Der protrahirte Chloroformtod. Klinische, patholog.-anatom. u. experiment. Beobachtgn ... Rotterdam, Druck ([Umschlagt.:] Verl.) v. M. Wyt & Zoon, 1896; 5 Bl., 92 S., 1 Taf. 8.

Freiburg i. B., Med. Fak., Inaug.-Diss. v. 1896

Heintz, Arnold, die Thonwaaren-Industrie auf der Pariser Welt-Ausstellung 1878. Frei nach einem Vortrag, gehalten im Cölner Bezirksverein deutscher Ingenieure. gr. 8. (21 S.) Berlin 880, Gaertner's Verlag.

Aus: Wochenschrift des Vereines deutscher Ingenieure, besonders abgedruckt.

Heintz, C: Illustrated catalogue of chemical, physical and scientific apparatus and instruments. Stützerbach (Thuringia) (1895)

Heintz, C. F., s.: Annalen der Rechtspflege.

Heintz, Georg

— — De solutione pupillis ac minoribus et ab iis tuto facienda. Disp. jur. Präs. Jacob Born. Lpz. (Johann Erich Hahn) 27. X. 1664. 28 S. (6.50) 14091

Gew.: M. Heinrich Meier. — Widm. v.: Präs., Balthasar Bebel, Johann Freymuth (Danzig).

— — Dasselbe. Lpz. (Brandenburger) 1704. 30 S. ohne Widm. (6.20) 14092

Heintz, H. W., Lehrbuch der Zoochemie. gr. 8. (XIX und 1108 S. mit 2 Kpfrt. in qu. Fol. und 19 in den Text gedr. Holzschn.) Berlin 853, G. Reimer.

– Dass., s.a. Heinz, H. W.

Heintz, Heinr., Schondoch's Gedichte, untersucht u. hrsg., s. a. Abhandlungen, germanistische. 30. Hft.

Heintz, Heinrich, a. Frankfurt a. M.: Schondochs Gedichte untersucht und herausgegeben. T. 1: Untersuchung. Marburg a. L. 1908. (41 S.) 8° ¶ (Erscheint vollst. als: Germanistische Abhandlungen H. 30 b. M. u. H. Marcus, Breslau.)

Marburg, Phil. Fak., Ref. Vogt, Diss. v. 24. Febr. 1908

[Geb. 31. Aug. 83 Frankfurt a. M.-Bockenheim; Wohnort: Marburg; Staatsangeh.: Preußen; Vorbildung: Wöhler-Sch. (Realgymn.) Frankfurt a. M. Reife O. 02; Studium: Marburg 2, Berlin 3, Marburg 4 S.; Rig. 27. Febr. 07.]

Schondochs Gedichte untersucht u. hrsg. von Heinrich Heintz. Breslau: M. & H. Marcus 1908. (155 S.) 8°

— Abhandlungen, Germanistische. H. 30.

Heintz, J.: Das belgische Hasen-Kaninchen, s. Poppe's, F.: Bibliothek f. Kaninschenzüchter.

Heintz, J., das blaue Wiener Kaninchen, nach Angaben v. G. Enzinger, s.: Poppe's, F., Bibliothek f. Kaninchenzüchter. 12. Bd.

– Das belgische Landkaninchen, s. Poppe's, F.: Bibliothek f. Kaninchenzüchter.

– Das engliche Schecken-Kaninchen, s. Poppe's F.: Bibliothek f. Kaninchenzüchter.

— Das rheinische Scheckenkaninchen, s.: Poppe's, F., Bibliothek f. Kaninchenzüchter. 17. Bd.

Heintz, Jacob. Aus Musestunden, Gedichte und Lieder. New York: Lauter, 1888. GSP, UC

Heintz, Karl, der Angelsport im Süsswasser. Mit 285 Textabbildgn. u. 7 farb. Taf. (VIII, 452 S.) gr. 8. München 903. R. Oldenbourg. Geb. in Leinw. n. 15. —

(B) Heintz, Karl, der Angelsport. 903. (KBL 83.) Ern.Pr. 8.—

Heintz, Ch., le petit lecteur alsacien, ou exercices gradués pour apprendre facilement à lire le français, à l'usage des écoles primaires des deux Départements du Rhin. Méthode adoptée par le Comité supérieur d'instruction primaire de Strasbourg. gr. in-12. Strasbourg 839. Levrault. $2^1/_2$ sr

Heintz, Karl, le petit Lecteur Alsacien, ou exercices gradués pour apprendre facilement à lire le Français, à l'usage des écoles primaires et des salles d'asile. 2. édit., revue et augm. 12. Strasbourg 844, Vve. Levrault. relié. 1/8 ℛ

—- et J. J. Roth, Lectures pratiques à l'usage des classes moyennes des écoles primaires de l'Alsace. 1. édit. (12 1/2 B.) 813. et 4. édit., revue et corrigée. 12. (11 1/2 B.) Strasbourg 815, libr. Levrault. —

-- s. Schartau, Henric, 10 Predigten. — Stanley, A. P., Thomas Arnold.

HEINTZ, Karl (München): Über die Wirkung des Narceinum muriaticum bei subcutaner Anwendung.- München: Wolf 1874. 34 S.
14.11.1874 - Urk; Chr 1874/75,12
Diss.Ingolst.-Landsh.-Mchn.

Heintz, L. Ph. W., Bilder aus d. kirchl. Leben unserer Zeit. In religiös. Vorträgen. gr. 8. (16 7/8 B.) Landau 845. (Kaußler.) *

Heintz, L. Ph. W., vermischte Predigten. gr. 8. (8 B.) Mannheim 830, Löffler.

Heintz, Nikolaus, Rechtspraktikant in Berneck: Vergleichende Studien über die Rechtsverhältnisse der Procuristen, Handlungsbevollmächtigten und Handlungsgehülfen, unter Berücksichtigung des neuen Handelsgesetzbuches vom 10. Mai 1897 und des bürgerlichen Gesetzbuches vom 18. August 1896. *Berneck 1899: O. Teichmann.* (45 S.) 8° [J.]
Erlangen, Jur. Diss. v. 1899

Heintz, Phil.Cas.(Mitarb.), s. A b h a n d l u n g e n d.bayer.Akad. d.Wiss.Denkschriften. Bd.2 .

— über d. Anerkennung d. Vorzüge u. Verdienste d. Kaisers Ruprecht v. d. Pfalz. Münch. 827. (Franz). 5 ℛ

– s. J a g d g e s e t z e , d. Preuß.

Heintz, Ph. Kas., d. Liebe zu d. Vaterlande; e. Predigt, gehalten in d. protestant. Hof- u. Pfarrkirche zu München, in Gegenwart d. evangel. Reichsräthe u. Abgeordneten zur Ständeversammlung. gr. 8. Sulzb. 822. v. Seidel. 2 ℛ

Heintz, Phil. Casim. (Dr. theol., k. b. Ober-Consist.-Rath etc), Pfalzgraf Stephan etc. Ein Beitrag z. Geschichte d. baier Regentenhauses. München, Akad., 1823. 4°. Ppb.
75 S. Munz-Abbild. auf d. Titel.

— Pfalzgraf Stephan, erster Herzog v. Pfalz-Zweibrücken, ein Beitrag zur Geschichte d. baier. Regentenhauses. gr. 4. Münch. 823. (Franz). 10 ℛ

Heintz, Phil. Casp., das ehemal. Fürstenthum Pfalz-Zweybrücken u. seine Herzoge, sa. A b h a n d l u n g e n d. kgl. Bayer. A k a d e m i e etc., 2. Bd.

Heintz, Phpp. Kasimir, d. ehemal. Fürstent. Pfalz-Zweibrücken währ. d. 30jähr. Krieges. E. Beitrag z. Spezial-Geschichte d. Departemente zwischen Rhein u. Mosel. (1. Aufl. Zweibrücken, gedruckt b. P. P. Hallanzy 1810.) 2. Aufl. gr. 8. (IX, 113 u. 16 S.) Zweibrücken 892. (Kaiserslautern, E. Crusius.) n. 1. —

Heintz. Phpp. Kasimir, das ehem. Fürstent. Pfalz-Zweibrücken während des 30jährigen Krieges. Ein Beitrag zur Spezial-Geschichte der Departemente zwischen Rhein u. Mosel. 3. [Titel-]Aufl. gr. 8. (IX, 113 u. 16 S.) Kaiserslautern [892.] 899. E. Crusius. n. 1. –

– s. S a m m l . d. königl. preuß. Polizei-Gesetze.

— geograph.-statist.-geschichtl. Uebersicht d. Löwenberg. Kreises in Schlesien. Nebst 1 Karte. u. 1 Steindr. 8. Löwenb. 825.

— wie merkwürdig u. folgenreich d. Gründung d. ehemal. Herzogthums Pfalz-Zweibrücken war. gr. 8. Münch. 822. J. Lindauer. 3 ℛ

—— über d. Zeit, in welcher d. luther. Katechismus in d. protestant. Gebietstheilen d. jetzigen Königr. Bayern, diesseits d. Rheins, eingeführt worden ist, u. in wie fern er nur in denselben e. symbol. Ansehen erhalten habe. Nebst d. wörtl. Abdruck e. früheren evangel. Katechismus f. d. ehemal. Markgrafschaften Ansbach u. Bayreuth. 8. (5 B.) Erlangen 832, Palm'sche Vrlsbuchh.

Heintz, W. (Hrsg.), s. A b h a n d l u n g e n d. naturwissenschaftlichen Vereines f. Sachsen u. Thüringen.

Heintz, W., Ueber Diglycolimid, Diglycolaminsäure und die Producte der Zersetzung der Diglycolsäure durch trockene Destillation.

Heintz, W. Über die Margarinsäure. 1857.

Heintz, W. Über die Zusammensetzung des festen Theiles des Olivenöls. 1857.

Heintz, Walter: Ueber Baumwollsamenöl, Japantalg und Petersilienöl. Rudolstadt 1910: Mänicke & Jahn. 45 S. 8°
Jena, Phil. Diss. v. 22. März 1910, Ref. Matthes
[Geb. 27. Juli 82 Stützerbach; Wohnort: Stützerbach; Staatsangeh.: Sachsen-Weimar; Vorbildung: Realgymn. Weimar Reife Juli 09; Studium: Jena 10 S.; Rig. 26. Nov. 09.] [U 10. 2345

Heintz, Wilhelm

Heintz, Guil. (geb. Berlin 29. 3. 1816): De auscultatione gravidarum. Berolini (1839). (64 S.) 8°
Berlin, Med. Diss. v. 15. Febr. 1839

Heintz, Wilh., Constitution der Ammoniakderivate des Acetons. gr. 4. (22 S.) Halle 879, Niemeyer. *
Aus: Festschrift der naturforschenden Gesellschaft zu Halle, besonders abgedruckt.

—— Leitfaden für die qualitative chemische Analyse zum Gebrauche im chem. Laboratorium zu Halle. gr. 8. (VIII, 100 S. mit 11 Tab. in qu. gr. 4.) Halle 875, Buchh. des Waisenhauses. cart. *

Heintz, Wilhelm Heinrich

Heintz, Guil. Henr. (geb. Berlin 1817): De acido saccharico ejusque salibus. Berolini (1844). (54 S.) 8°
Berlin, Phil. Diss. v. 27. Febr. 1844

Heintze

— s. a. **Heinsius, Heinze, Heinzius.**

Heintze, A., dramatische Bilder. Zur Darstellung in höheren Schulen. gr. 8. (143 S.) Stolp 874, Eschenhagen. *

Heintze, A., mittelhochdeutsches Lesebuch für höhere Lehranstalten. Zusammengestellt und mit einem Wörterbuche sowie den Haupt-Paradigmen der Flexion versehen. gr. 8. (VI und 322 S.) Stolp 864, Eschenhagen. *

Heintze, A., mittelhochdeutsches Lesebuch für höhere Lehranstalten. Zusammengestellt und mit literargeschichtl. Einleitungen, sowie den Haupt-Paradigmen der Flexion und einem Wörterbuche versehen. 2. verb. Aufl. gr. 8. (V, 305 S.) Stolp 872, Eschenhagen. [Cöslin, Schulz.] *

Heintze, A. Versuch einer Parallele zwischen dem sophokleischen Orestes und dem shakespearischen Hamlet. Treptow a. d. Rega, G., 1857. 37 S. 4. Progr.

Geschichte der Stadt Treptow an der Rega von Adolf Heintze. 1. Treptow a. R.: K. E. Lass 1906. 8° [J.]

Heintze, Alb., gut Deutsch. Eine Anleitg. zur Vermeidg. der häufigsten Verstöße gegen den guten Sprachgebrauch u. e. Ratgeber in Fällen schwank. Ausdrucksweise. 8. (VIII, 202 S.) Berlin 894. C. Regenhardt. Geb. in Leinw. n. 1. 50

— dasselbe. 2.—4. Aufl. 8. (VIII, 180 S.) Ebd. 894. Geb. in Leinw. n. 1. 50

— gut Deutsch. Eine Anleitg. z. Vermeidg. d. häufigsten Verstöße geg. d. guten Sprachgebrauch u. e. Ratgeber in Fällen schwank. Ausdrucksweise. 8., mehrfach ergänzte Aufl. 8. (VIII, 200 S.) Ebd. 897. Geb. in Leinw. n. 1. 50

Heintze, Alb., gut Deutsch. Eine Anleitg. zur Vermeidg. der häufigsten Verstöße gegen den guten Sprachgebrauch u. e. Ratgeber in Fällen schwank. Ausdrucksweise. 10. u. 11. ergänzte Aufl. 8. (à 8, 203 S.) Berlin 901. 902. C. Regenhardt. Geb. in Leinw. n. 1. 50

(B) Heintze, Alb., gut Deutsch. 901. 902. (KBL 31.) Jetzt: Berlin, W. Ihleib. Geb. 1. 80

Gut Deutsch. Eine Anleitung z. Vermeidung von Verstössen gegen d. guten Sprachgebrauch ... von Prof. Albert Heintze. 12. erg. Aufl. Berlin: Regenhardt 1905. 8, 203 S. 8°

Heintze, Alb., Ehrenpreis. Vaterländ. Schauspiele f. Deutschlands Töchter z. Aufführg. in Mädchenschulen u. Familienkreisen. 12. (VII, 94 S.) Berlin (894). C. Regenhardt. Geb. in Leinw. n. 1. —

[J.] Ehrenpreis. Vaterländ. Schauspiele f. Deutschlands Töchter z. Aufführg in Mädchenschulen u. Familienkreisen v. Albert Heintze. *Berlin: C. Regenhardt [1895].* (4 Bl., 94 S.) 1 Bd 8.

Heintze, Alb., die deutschen Familien-Namen geschichtlich, geographisch, sprachlich. gr. 8. (VIII, 227 S.) Halle 882. Buchh. d. Waisenh. n. 4. 50

Heintze, Alb., die deutschen Familiennamen, geschichtlich, geographisch, sprachlich. 2., verb. u. sehr verm. Aufl. (VIII, 266 S.) gr. 8. Halle 903. Buchh. des Waisenhauses. n. 6. —; geb. n. 7. —

— Die deutschen Familiennamen geschichtlich, geogr., sprachlich. 3., verb. u. sehr verm. Aufl., hrsg. v. P. Cascorbi. (VIII, 280 S.) Lex. 8. Halle 908. Buchh. d. Waisenhauses. 7. —

Heintze: Die Familiennamen von Stolp mit Berücksichtigung d. Umgegend. 37 S. – Stolp, Progr. 1866.

Heintze, A. Gregorius auf dem Steine, der mittelalterliche Oedipus. Stolp, G., 1877. 23 S. 4. Progr.

— evang. Gymnasial-Katechismus, s.: Krahner.

— Latein u. deutsch. Ein Beitrag zum zeitgemäßen Ausbau höherer Lehranstalten. gr. 8. (78 S.) Stolp 902. H. Hildebrandt. n. 1. 50

— deutscher Sprachhort. Ein Stilwörterbuch. gr. 8. (IV, 694 S.) Leipzig (900). Renger. n. 12. —; geb. in Halbfrz. n. 14. —
Erschien auch in 6 Lfgn. à n. 2. —.

Heintze, Bruno [pr. Arzt aus Posen]: Ueber Todesursachen nach Laparatomie. . . . Greifswald, Druck v. Julius Abel, 1890; 28 S. 8°
Greifswald, Med. Fak., Inaug.-Diss. v. 26. Jan. 1890

Heintze, C. A. Ueber einige Derivate der Oxybenzoësäure und über die Einwirkung von Chlorbenzoyl auf salzsaures Hydroxylamin. Göttingen, 1869.

C. T. E. Heintze, Die preuß. Jagd-Gesetze mit besond. Rücksicht auf das Herzogthum Schlesien u. d. Grafschaft Glatz. 2. A. Liegnitz, 1830.

. Die Preuss. Jagdgesetze, mit besond. Rücksicht auf d. Herzogth. Schlesien u. die Grafsch. Glatz. Gesamm. u. herausg. v. C. Tr. E. Heintze. 2e verm. A. *Liegnitz*, Kuhlmey. (827.) 830. gr. 12. (8 Gr.)

Heintze, Carl ..., s. Heintze, Karl

Heintze, Fr. C., praes. J. C. Kemme, De vasorum paralysi. 16 pp. Hal. 4°. 1773

Heintze, Gottfried (Sor./Laus.), De nervis eorumque praestantia in corpore humano. Diss. anatom.-physiol. Präs. Joh. Friedr. Bauer. Lpz. (Zeidler) 27. III. 1725. 40 S. (6.80) 14093
Gew.: Lorenz Lasius (Zibellensis), Christian Gottfried Finger.

Heintze, Gustav, Referendar in Hannover: Das bedingte und befristete Vermächtnis im gemeinen Rechte und Bürgerlichen Gesetzbuch. Borna-Leipzig 1907: R. Noske. (VIII, 71 S.) 8°
Rostock, Jur. Fak., Ref. Bernhöft, Diss. v. 10. Okt. 1907
[Geb. 27. Nov. 82 Antwerpen; Wohnort: Hannover; Staatsangeh.: Preußen; Vorbildung: Lyzeum I Hannover Reife O. 00; Studium: Lausanne 1, Göttingen 2, Berlin 1, Göttingen 2 S.; Rig. 16. Mai 07.]

Heintze, H., das freie Gebet im Kämmerlein u. in der Gemeinschaft. Vortrag. — Luther, Mart., wie man beten soll! Für Meister Peter Balbierer. 8. (35 S.) Hermannsburg 902. Missionshandlung. — 30

Heintze, Hnr. Jul., s. Burns, R., Lieder u. Balladen. — Caledon.

Heintze, J. Chr. praes. G. Detharding, De erotomania, von der Krankheit, da man verliebt ist. 30 l. Rost. 4°. 1719

Heintze, Johannes, Kammergerichts-Referendar a. Berlin: Die Schadenersatzverpflichtung nach ungerechtfertigter Vollstreckung im Gebiete des Privatrechts. Berlin 1905: Denter & Nicolas. (58 S.) 8°
Freiburg i. B., rechts- u. staatsw. Fak., Ref. Schmidt, Diss. v. 1905
[Geb. 27. März 81 Berlin; Wohnort: Zossen; Staatsangeh.: Preußen; Vorbildung: Askanisches Gymn. Berlin; Studium: Berlin 2, Freiburg 2, Kiel 1, Berlin 1 S.; Rig. 29. Febr. 04.]

Heintze, Jul., s. Winckler, Emil, technisch-chem. Recept-Taschenbuch.

Heintze, Karl

Heintze, Carl, Staats-Kredit. (VIII, 186 S. m. 1 Formular.) gr. 8. Berlin 907. Puttkammer & Mühlbrecht. 3. —

Heintze, Carl [prakt. Arzt]: Aus d. K. med. Klinik zu Breslau. Ueber die Tuberculose des Bauchfells . . . . Breslau, Druck v. Grass, Barth & Comp. (W. Friedrich), 1888; 54 S. + 1 Bl. 8°
Breslau, Med. Fak., Inaug.-Diss. v. 6. Aug. 1888

Heintze, Carl, über die Tuberculose des Bauchfells. Inaugural-Dissertation. gr. 8. (52 S.) Breslau 888, (Köhler.) *

Heintze, Karl Benjamin

Heintze, Carolus Benjamin: De Asthmate spasmodico flatulento ex Causa minerali. Vratislaviae 1812. (14 S.) 4°
Breslau, Med. Diss. v. 1812

— Diss. inaug. Observat. de asthmate spasmodico flatulento ex causa minerali. 4. Bresl. 813.

Heintze, C. B. Sammlung von Nachrichten über die freie Bergstadt Reichenstein. 4. Breslau 1817.

Heinze, K. Benj., († d. 29. Aug. 1819.) Samml. von Nachrr. über d. Bergstadt Reichenstein (in Schlesien), in topograph., bergbaul., histor., statist. Beziehung. Mit Kpf. gr. 4. Bresl. 819. Graß, B. u. C. 2 ₰ 12 ₰

Heintze, D. C. B., Sammlung von Nachrichten über die Bergstadt Reichenstein (in Schlesien), in topogr. bergbaul. histor. statist. Beziehung. Mit Kupf. gr. 4. (Breslau, Schäfer in Comm.) 819.

HEINTZE, L. JULIUS. Zur Kenntniss einiger Chromverbindungen. (Jena) Leipzig, 1871.

Heintze, Otto, krystallographische Untersuchung einiger organischen Verbindungen. Inaugural-Dissertation. gr. 8. (31 S. mit 1 lithogr. Taf.) Rawitsch 884, (Frank'sche Buchh.) +

Heintze, Reinho. Wold., Real-Repertorium der v. J. 1826 bis Ende Dec. 1838 ergang. Landes-Gesetze u. Verordnn. d. Hrzgth. Sachsen-Meiningen. In Auszügen nach alphabet. Ordn. entworfen. gr. 4. (33½ B.) Jena 839, Hochhausen. *

—— Sammlung v. Gebeten u. Betrachtn. z. Selbsterbau. f. Strafgefangene. 8. (25 B.) Görlitz 840, Heyn'sche Buchh. *

Die hoheits- und privatrechtlichen Ansprüche von Mecklenburg-Strelitz in bezug auf den Ratzeburger See v. T[raugott] von **Heintze.** (Mölln i. L. [1907.]) 8° Sonderabdruck aus: Archiv des Vereins für die Geschichte des Herzogtums Lauenburg. Bd. 8, H. 3.

Heintze, Traug. Frhr. v., lauenburgisches Sonderrecht. Die Sonderstellg. des Kreises Herzogt. Lauenburg auf d. Gebiet des öffentl. Rechts unter spezieller Berücksicht. der geschichtl. Entwicklg. Im Auftrage d. Kreis- u. Landeskommunalverbandes Herzogt. Lauenburg dargestellt. (XV, 376 S.) 8. Ratzeburg 909. M. Schmidt.
Geb. in Leinw. 6. —

Das social-ökonomische System J. F. Bray's v. Traugott Frhr. v. **Heintze.** (Berlin. 1903.) 8°, geb. in 4° Sonderabdruck aus der Zeitschrift für Sozialwissenschaft. VI, 2.

Heintze, Traugott Frh. von, Referendar aus Bordesholm b. Kiel: Der nichtrechtsfähige **Verein** des neuen Rechts. *Marburg 1902: R. Friedrich.* (79 S.) 8°
Marburg, Jur. Diss. v. [7. Mai] 1902

Heintze, Wilhelm, pr. Arzt: Aus d. chir. Privatkl. d. Primärarztes Winckler, Breslau. Über die doppelte Harnblase an der Hand eines durch Operation geheilten Falles. Breslau 1909: Breslauer Genossensch.-Buchdr. 43 S. 8°
Breslau, Med. Diss. v. 1. April 1909, Ref. Küttner
[Geb. 1. Mai 78 Kreuzburg O.-S.; Wohnort: Münsterberg i. Schl.; Staatsangeh.: Preußen; Vorbildung: Gymn. Kreuzburg Reife O. 97; Studium: Straßburg 1, Greifswald 1, Leipzig 2, Breslau 8 S.; Coll. 13. März 09; Approb. 25. März 03.] [U 09. 554

Heintze, Wilh., türkischer Sprachführer, s. a. Meyer's Sprachführer.

Heintze, W., türkischer Sprachführer. Konversations-Wörterbuch für Reisende. 32. (IV, 256 S.) Leipzig 882. Bibliograph. Institut. geb. n. 6. —

Heintze, Wilh., Türkischer Sprachführer. Konversations-Wörterbuch. 2., verb. u. verm. Aufl. 32. (VI, 353 S.) Leipzig 898. Bibliograph. Institut.
Geb. in Leinw. n. 5. —

Die Herstellung der Schreibfeder. Als Vortrag gedr. **Heintze & Blanckertz,** Berlin. (Berlin: Heintze & Blanckertz [1906].) (9 S.) 4° [06. 1904

Heintze & Blanckertz: Verzeichniß der Stahlfedern und Federhalter. Berlin 1899. 1900. 1908 u. 1910 ff.

Heintzel, Erich, aus Berlin: **Hermogenes der Hauptvertreter des philosophischen Dualismus in der alten Kirche. Ein Beitrag zur Geschichte d. patrist. Philosophie.** *Berlin 1902: Berl. Buchdr.-Akt.-Ges.* (VIII, 83 S.) 8°
Erlangen, Phil. Diss. v. 11. Febr. 1902

Heintzel, Erich, Hermogenes, der Hauptvertreter des philosophischen Dualismus in der alten Kirche. gr. 8. (VIII, 83 S.) Berlin 902. Mayer & Müller. n. 2. 40

Heintzel, Hans, aus Lüneburg: Ueber die **Kondensation** einiger Ester mit Urethan und Glycocollester. *(Berlin 1904: E. Ebering.)* (31 S.) 8°
Berlin, Phil. Diss. v. 6. Aug. 1904

Heintzel, Karl

HEINTZEL, CARL. Ueber das Triamidophenol und das Amidodiimidophenol. Leipzig, 1867.

Heintzel, Kurt, aus Breslau: Contagiöse **Pflanzenkrankheiten** ohne Microben unter besonderer Berücksichtigung der Mosaikkrankheit der Tabaksblätter. *Erlangen 1900: A. Vollrath.* (46 S.) 8°
Erlangen, Phil. Diss. v. 17. Jan. 1900

Heinzel, Richard (Mitarb.), s. Abhandlungen zur germanischen Philologie.

Heintzel, Waldemar, aus Strehlen in Schlesien, Referendar: Wie gestalten sich die Besitzverhältnisse bei einer gefundenen Sache nach B.G.B.? Dargestellt unter Berücksichtigung der geschichtlichen Entwickelung. Breslau 1904: H. Fleischmann. (72 S.) 8°
Erlangen, Jur. Fak., Diss. v. 7. Juli 1904
[Geb. 12. Febr. 79 Strehlen; Staatsangeh.: Preußen; Vorbildung: Wilhelms-Gymn. Strehlen Reife O. 99; Coll. 19. Juli 04; Approb. 7. Juli 04.]

Heintzeler, A.

Heintzeler. Heilige Bande. Ehe u. Familie, Vaterland u. Kirche. Ein Blütenstrauß, aus den Gärten der heil. Schrift u. der christl. Dichtg. gepflückt. 12. (VIII, 379 S.) Stuttg. 891, Greiner u. Pfeiffer.
geb. in Leinw. * 4 50

Heintzeler, A., zu Fried u. Freud d. Alters. Aus den Schätzen der heil. Schrift u. der christl. Dichtkunst dargereicht. 8. (XIX, 285 S.) Stuttgart 887. Greiner & Pfeiffer. geb. m. Goldschn. n. 4. —

—— Gott schütze Dich! Eine Mitgabe fürs Leben aus den Schätzen christl. Dichtkunst. 2. Aufl. 8. (XII, 180 S. mit 4 Illustr. in Lichtdr.) Ebendas. 888. geb. mit Goldschn. *

—— Gott schütze Dich! Eine Mitgabe für's Leben aus den Schätzen christl. Dichtkunst. Mit 4 Illustr. in Lichtdr. 3.—13. Aufl. 8. (XII, 180 S.) Ebd. 889—92. geb. in Leinw. m. Goldschn. * 3 —

— Gott schütze dich! Eine Mitgabe für's Leben aus den Schätzen christl. Dichtkunst. Mit 4 Illustr. in Lichtdr. 7.—18. Aufl. 8. (XII, 180 S.) Ebd. 891—894. Geb. in Leinw. m. Goldschn. n. 3. —

Heintzeler, A., Gott schütze dich! Eine Mitgabe fürs Leben aus d. Schätzen christl. Dichtkunst. 25. Aufl. 8. (XII, 180 S. m. 8 Illustr.) Stuttgart 896. Greiner & Pfeiffer. Geb. in Leinw. m. Goldschn. n. 3. —

— das Leben Jesu in auserwählten Liedern. Mit 16 Vollbildern. 8. (XII, 244 S.) Ebd. 888. geb. m. Goldschn. n. 4. —

— seid eingedenk! Lieder u. Bibelsprüche zur Bereitg. d. Konfirmation u. zur Bewahrg. d. Taufbundes. Ausgewählt u. zu e. Ganzen verbunden. Mit e. Titelbild v. P. Thumann. 8. (XV, 192 S.) Ebd. 889. geb. n. 2. 50

— seid eingedenk! Lieder u. Bibelsprüche zur Bereitg. der Konfirmation u. zur Bewahrg. d. Taufbundes. Ausgewählt u. zu e. Ganzen verbunden. Mit e. Titelbild v. Paul Thumann. 2. Aufl. 8 (XV, 192 S.) Ebd. 891. Geb. n. 2. 50

Heintzeler, C. A.

—— und Meyer, katechetische Bearbeitung der Württembergischen Kinderlehre mit ihren Anhängen. 2 Thle. gr. 8. (XII und 582 S.) Stuttgart 865, Nitzschke. *

Heinzeler, C. A., Liederbibel. Eine Sammlung von Liedern und Bibelsprüchen zu Rath und Trost für Angefochtene und Leidende. Zugleich ein Handbuch für Seelsorger. 8. (XX und 608 S.) Stuttgart 866, Liesching und Comp.

Heintzeler, Eug., d. wissenschaftl. notwend. Grundlagen f. e. brauchbare Weltsprache. Zugl. Beweis, dass wir e. Weltsprache schon haben. M. 2 Beilagen: 1. Aufruf an d. Friedensfreunde. 2. Lexikonsprobe (100 Wörter in 8 Sprachen). gr. 8. (18 S.) Moran 895. F. W. Ellmenreich. n. — 50

Heintzeler, [Eugen], Prof. Dr.: The English School Language. *Stuttgart 1902: C. Liebich.* (S. 1-–34.) 4°
Stuttgart, Karls-G, P 1902 (662)

– Dass., s.a. Heintzeler, Wilhelm

Heintzeler, Eug. Universala. Weltsprache auf Grund der roman. Sprachen u. d. Latein. gr. 8. (76 S. m. 1 Tab.) Stuttg. 892, J. Roth. * 1 50

. Heintzeler E, Universala. Weltsprache auf Grund der romanischen Sprache und des Latein. Stuttgart 1893

Heinzeler, H. Was die Päpste thaten. III. Gregor der Große, f. Schriften f. das evangelische Deutschland.

Heintzeler, Oskar, Gerichtsreferendar in Stuttgart: Die Rechtsnatur der Sicherheitsleistung zwecks Abwendung der Untersuchungshaft, insbesondere der Sicherheitsleistung durch Bürgschaft. Stuttgart 1906: W. Kohlhammer. (31 S.) 8°
Tübingen, Jur. Fak., Ref. Frank, Diss. v. 26. April 1906
[Geb. 7. Aug. 78 Stuttgart; Wohnort: Stuttgart; Staatsangeh.: Württemberg; Vorbildung: Karlsgymn. Stuttgart; Studium: Tübingen 3, Leipzig 1, Berlin 2, Tübingen 1 S.]

Heintzeler, Theodor

Heinzeler, Th., die Anstöße in der heil. Schrift. Ein Beitrag zur Vertheidigung der Bibel wider ihre Verächter. 8. (159 S.) Stuttgart 864, Belser'e Verlag.

Heintzeler, Th., Bibel-Erklärung. Ein Hilfsbuch f. Geistliche, Lehrer u. f. das evangel. Volk überhaupt. Neue wohlf. (Titel-)Ausg. 27 Lfgn. 8. (A. T. 1. Bd. 727; 2. Bd. 368 S. u. N. T. VII, 289 S.) Straßburg 893. Straßburger Druckerei u. Verlagsanstalt. à Lfg. n. — 30

Heinzeler, Th. Erklärung der sämtlichen geschichtlichen u. poetischen Bücher d. Alten Testaments. Ein Hilfsbuch f. Geistliche, Lehrer u. f. das evangel. Volk überhaupt. 2 Abtlgn. 8. Straßb. i. E., Straßburger Druckerei u. Verlagsanstalt. 11 —; geb. * 12 50
Auch in 22 Lfgn. à — 50
1. Geschichtliche Bücher. (727 S.) 891. 7 50; geb. * 8 50.
2. Poetische Bücher. (368 S.) 893. 3 50; geb. * 4 . .

Heinzeler, Thdr., Erklärung der vier Evangelien und der Apostelgeschichte. Nachdenklichen Bibellesern dargeboten. 8. (VII, 289 S.) Cannstatt 886, Bosheuyer's Buchh. *
geb. *

Heintzeler, Wilh. Über die Gedichte des sogenannten Seifried Helbling. 27 S. Realanst. *Reutlingen* 1883.
Progr.

(**Heintzeler**, [Wilhelm], Prof. Dr.): Katalog der Bibliothek des Karlsgymnasiums in Stuttgart. Stuttgart 1905: C. Liebich. (104 S.) 8°
Stuttgart, KarlsG P 1905 (713)

Heintzeler, [Wilhelm]: The English School Language. 33 S., 1 S. ungez. 4. Progr. Karls-Gymn. *Stuttgart* 1902 (662).

– Dass., s.a. Heintzeler, Eugen

Heintzmann, E., Liederbuch f. d. Offizierverein zu Wiesbaden. 12. (76 S.) Wiesbaden 902. (H. Staadt.) Kart. n. 1. 50

Heintzmann, E., das Vereinsrecht nach den Bestimmgn. des bürgerl. Gesetzbuchs. Für den prakt. Gebrauch bearb. gr. 8. (23 S.) Wiesbaden 900. H. Staadt. n. — 75

Heintzmann, Hugo (geb. Bochum 13. 10. 1819): De strictura oesophagi organica. Berolini (1842). (27 S.) 8°
Berlin, Med. Diss. v. 26. Sept. 1842

HEINY, Wilhelm

(F) Lernbüchlein aus der Naturgeschichte. Zusammengestellt von Wilhelm Heiny. 1. Auflage. Sternberg. 1901. Hitschfeld. 8°. 89 S. K—.25

Heiny, Wilh., Lernbüchlein aus der Naturgeschichte. 11. Aufl. gr. 8. (40 S.) Sternberg 901. A. R. Hitschfeld. n. — 25

Heiny, W., Lernbüchlein aus der Naturgeschichte. 2. Aufl. 8°. (46 S.) K —.25
Sternberg: Hitschfeld 1903.

Heiny, Wilh., Lernbuchlein aus der Naturgeschichte. (XI. Heft, Handbüchlein aus den Realien.) 3. verm. u. verb. Aufl. (72 S.) 8. Sternberg 906. A. R. Hitschfeld. n. — 26

HEINY, Wilhelm
(F) Lernbüchlein aus der Naturlehre von Wilhelm Heiny. 1. Auflage. Sternberg. 1901. Hitschfeld. 8°. 25 S K—.20

Heinz, Der Maler Joseph, aus Bern . . . [Zürich 1842.] V: *Hardmeyer, Carl.* (Cat. d. Stadtbibl. Zürich. Zürich 1864—97.)

Heinz v. Stain, der kühne Raubritter und Mädchenräuber. 2. und 3. Aufl. 1869,72. 10 Pf., und 4. Aufl. 8. (48 S. mit eingedr. Holzschn.) Reutlingen 875, Enßlin und Laiblin.

Heinz, Vater. Eine Sammlung von Erzählungen . . . Wien 1833. V: *Klinkowström, Frdr. August v.* (Kalemkiar)

Heinz, Vater. Eine Sammlung Erzählungen und Märchen. Von einem Erzieher. 2. Aufl. 8. (250 S.) Wien 862, Mechitharisten-Congregations-Buchh.

Heinz: Begründung der Aufnahme der Naturgeschichte in das Gymnasium. 12 S.– Laibach, Progr. 1852.

Heinz, s.a. Kriegscorrespondenten, die.

Heinz, Die Kriegs-Correspondenten. Eine wahrhafte Geschichte nach Skizzen von Heinz, illustrirt von L. E. Petrovits. 8. (72 S.) geh 1 fl. 20 kr.
Wien: Rosner 1882.

Heinz, Albert

Heinz, Alb., Stand u. Ausbau des Franzens-Kanals, s.a. Verbands-Schriften des deutsch-oesterr.-ungar. Verbandes f. Binnenschiffahrt. Nr. 57.

Stand und Ausbau des Franzens-Kanals. Von Baurath Alfred Heinz. *Budapest 1899: Schlesinger & Kleinberger.* (23 S.) 8°
— Deutsch-Oesterr.-Ung. Verband f. Binnenschiffahrt. Verbands-Schriften. No 57. (oe. 8580

Heinz, Albrecht

Heinz, A., die Herrin von Schwarzenhof, s.a. Album. Bibliothek deutscher Originalromane.

Heinz, Albrecht
Die Herrin vom Schwarzenhof. Roman. Leipzig: Günther 1866. 219 S. 8°

Heinz, Alfred, s.a. Heinz, Albert

Heinz, Alfr., am Hohenstein. Offiziers-Tragödie in 2 Akten. (35 S.) kl. 8. Leipzig 907. Verlag f. Literatur, Kunst u. Musik. 1.50; geb. n 2.50

Lustige Pennälergeschichten von August Heinz. Berlin-Leipzig: C. Wigand 1907. (76 S.) 8° (oe. 5886

Heinz, Aug., lustige Pennälergeschichten. (76 S.) 8. Leipzig 907. Modernes Verlagsbureau. 1. —

Heinz, Benj., Elementar-Unterr. i. Fachzeichnen od. Patronieren z. Gebrauche an gewerbl. Weberfortbildungsschulen, Mädchenschulen u. z. Selbstunterr. gr. 4. (10 farb. Taf. m. 11 S. Text.) Wien 895. A. Hartleben. n. 1.50

Heinz, C. H., Tascheneisenbahnatlas. Leipzig u. Dresden, Payne, 1861. 24. [Mitteleuropa.] . . . . . (D.)
—, — Ebda. Leipzig u. Dresden 1863. 24.

Heinz, C. H., Taschen-Eisenbahn-Atlas von Mittel-Europa. (18 Karten.) Bearb. zum Theil nach amtl. Mittheilungen der Bahndirectionen. Kpfrst. 3., verm. Aufl. qu. 8. Leipzig 863, Payne.

Heinz, C. H., Taschen-Eisenbahnatlas von Mittel-Europa. 4. Aufl. 32. (40 S. und 17 Karten.) Leipzig 870, Payne.

Heinz, C. H., Taschen-Eisenbahn-Atlas von Mittel-Europa. 18 Karten. 3. verm. Aufl. Leipzig, Payne, 1863. 24. Kupferst.
—, — 17 Karten. 4. Aufl. Ebenda 1870. 32. . . . . . (Br. Mus.)
—, — Ebda. [1874?] . . . . . (Br. Mus.)

Heinz, Carl, s. Heinz, Karl

Heinz, Constantin, s. Heinz, Konstantin

Heinz, Edwin. Der Reservemann. Lustspiel in 1 Aufzuge. gr. 8. (22 S.) Lpz. 892, Hiller. * 3 —

Heinz, Edw., auf d. Station. Lustsp. in 1 Aufz. gr. 8. (23 S.) Leipzig (893). G. Hiller. n. 3. —

— Wer wagt gewinnt. Lustspiel in 1 Aufzuge. gr. 8. (22 S.) Ebd. 892. * 3 —

Heinz, Franz. Nach Materien geordnetes Sach- u. Nachschlage-Register zu den Jahrgängen 1872 bis incl. 1891 d. Landesgesetzblattes f. Krain. 8. (32 S.) Laibach 892, v. Kleinmayr u. Bamberg. * 1 —

Heinz, Frdr., Gehorsam! Roman. (457 S.) 8. Dresden 905. E. Pierson. n. 5. —; geb. n. 6. —

Heinz, Friedr., Reichsgesetz, betreffend den Schutz von Vögeln. Vom 22. März 1888. Mit Einleitung, Erläuterungen, sowie einem Anhang, die landesgesetzl. Regelung des Vogelschutzes in den deutschen Bundesstaaten betreffend, bearb. gr. 16. (IV, 45 S.) [Nördlingen 888.] München, Beck'sche Verlagsb. cart. *

— der Triftbauer. Ein Dorf-Roman. (393 S.) 8. Ebd. 905. n. 4. —; geb. n. 5. —

— der Vogelschutz in Bayern. Nach dem neuesten Stande der Gesetzgebg. bearb. 8. (IV, 40 S.) München 890. Beck. cart. n. 1. —

Heinz, Fritz: Neue Beiträge zur Kenntniss der Histologie der Naevi pigmentosi. *Würzburg 1898: P. Schreiner.* (47 S.) 8°
Würzburg, Med. Diss. v. 1898

Die Comenius-Gesellschaft. Ihre Geschichte, ihre Ziele und Aufgaben in der Gegenwart von Georg Heinz. Berlin: Unger. o. J. 12 S. 8°.

Heinz, Georg (Heinz Georg Müller-Heim), s.a. Leipzig u. die Leipziger.

HEINZ, Georg, der Rathaustürmer (ps.), Leipzig und die Leipziger. Leute, Dinge, Sitten, Winke. Hrsg. von —. Leipzig, Teutonia-Verlag, 1906. 8°. (Mk. 2—.)

Heinz, Gerh. v., Kadettenliebe. Erzählung. 1.—3. Aufl. (248 S.) 8. Dresden (908). H. Minden. 3.—; geb. n 4.—

Heinz, H. W., Lehrbuch der Zoochemie. Mit 2 Kpfrtaf. (in 4.) und 19 in den Text gedr. Holzschn. Berlin 853. G. Reimer. gr. 8. (XVIII, 1108 S.) 4 *ß*. 25 *ngr.*

– Dass., s.a. Heintz, H. W.

Heinz, Johann [Dr.]: Hohenzollern während des dreissigjährigen Krieges. (Umschlagt.: Die Hohenzollernschen Lande ...) Sigmaringen, M. Liehner'sche Hofbuchdr., 1892; 1 28 S. 4.
Sigmaringen, k. kath. G, P 1892 (459)

Heinz, Joh. Verhältnis des Kyros zur medischen Königsfamilie. Sein Abfall von Medien. 29 S. **Progr.** *Sigmaringen* 1876.

Heinz, Jules, s.a. Dictionnaire technique et nautique de marine.

– Nautical technical dictionary for the navy. Vol. II, Part I, s. Normann-Friedenfels, E. v.

Heinz, J., Dictionnaire Technique et Nautique. — Nautical Technical Dictionary for the Navy. Vol. II, L.—Z. Gr.-8°. (XIII, 1115 S.) geb. K 25.—
Wien: Gerold 1910.

Heinz, Jul., s.a. Wörterbuch, nautisch-technisches, der Marine.

Heinz (Dabovich), Nautisch-technisches Wörterbuch. Ergänzungsband zum 1. Bd Pola 1900. 8°.

Heinz, K., ein Jahr in Dunkelhausen. Eine Lehrer- u. Pastorengeschichte aus dem modernen Schilda. (Umschlagzeichng., Buchschmuck u. Arrangement v. Ernst Liebisch.) (80 S.) 8. Berlin (910). Silva-Verlag. 3.—; geb. 4.—

Heinz, Karl

Heinz, Karl, s. a.: Gatow, Hans.

Heinz, Karl, Findlinge. Gedichte. (68 S.) gr. 8. Krefeld 902. G. Hohns. n. 1.50

— Die Körperpflege im höh. Lebensalter, s.: Bibliothek f. Körperkultur. 3. Heft.

Heinz, Carl, s.: Saxen-Hausen.

Heinz, Konstantin

Heinz, Const., Beiträge zum Bau der Brücken, Durchlässe und Futtermauern bei Eisenbahnen. Eine Sammlung von Erfahrungen bei deren Ausführung. 4. (46 S. mit 31 Stnt. in qu. gr. 4.) Berlin 874, Nicolai's Verlag. *

Napoleon und Josephine. Geschichtl. Schauspiel in 5 Akten von Kurt **Heinz** [d.i. Emmy Mau]. Dresden: E. Pierson [1906]. (156 S.) 8° [F.] (05.1179

Heinz, Kurt, Napoleon u. Josephine. Geschichtliches Schauspiel in 5 Akten. (III, 156 S.) 8. Dresden (907). E. Pierson. 2.—

Heinz, Maria

Heinz, M., gesundes Familienglück, s.a. Frau u. Sittlichkeit.

Heinz, M. Gesundes Familienglück. Eine ernste Erzählung aus Schlaf- und Kinderstube. 31 S. 8. Zürich, Albert Müller, 1904. [fr. —.60]
(Frau und Sittlichkeit. Züricher Beiträge zur ethischen und Frauenbewegung. Heft 1.)

— Leibeigen, s.: Frauen-Bibliothek, moderne. Nr. 8.

Heinz, Maria, leibeigen, s.: Siesta.

— Durch dunkle Stunden. Roman. (241 S.) 8. Potsdam 909. A. Stein. 3.—; geb. 4.—

Heinz, Pet., August als Kunstfahrer, s.: Lustspiele f. Radfahrer.

Heinz, Pet., der Doppelgänger, s.: Lustspiele. Nr. 5.

— die gestörte Einquartierung, s.: Lustspiele, turnerische. Nr. 13.

— Einquartierung m. Hindernissen, s.: Turnerbühne.

— eine fidele Gläubigerversammlung, s.: Lustspiele. Nr. 8.

— das Glück erradelt, s.: Lustspiele f. Radfahrer. Nr. 2.

— Das Gretel vom Erlengrund, s.: Lustspiele.

— Lustige Handwerksburschen, s.: Lustspiele, turnerische.

— Der Herzog kommt, s.: Lustspiele.

— Die kranke Liese, s.: Lustspiele.

— das lenkbare Luftschiff, s.: Lustspiele. Nr. 2.

Heinz, Pet., Mampe in tausend Nöten, s.: Turnerbühne.

— Mars u. Amor, s.: Teich's Vereinstheater.

— Onkels erster Maskenball, s.: Lustspiele.

— das verunglückte Schlachtfest, s.: Lustspiele. Nr. 11.

— Schlump als Dauerschläfer od. Der 1. April, s.: Turnerbühne.

— das dressierte Schwein, s.: Turner-Pantomimen. Nr. 10.

— tolle Streiche od. e. verunglückte Brautwerbg., s.: Lustspiele für Radfahrer. Nr. 4.

— Turner auf „Nummero Sicher", s.: Turnerbühne.

— der Turner im Verhör, s.: Lustspiele, turnerische. Nr. 23.

— Turnerfest-Abenteuer, s.: Turnerbühne.

— Turner-Rache, s.: Lustspiele, turnerische. Nr. 14.

— Eine Turnstunde in der Apotheke, s.: Turnerbühne.

— Eine Turnstunde auf dem Leihhaus, s.: Turnerbühne.

— eine Turnstunde auf dem Standesamt, s.: Lustspiele, turnerische. Nr. 8.

— Überlistet, s.: Lustspiele, turnerische.

— die Verlobung in der Packkammer, s.: Lustspiele. Nr. 16.

Heinz, (Ph. C.) die Liebe zu dem Vaterlande; e. Predigt, gehalten in d. protestant. Hof- u. Pfarrkirche zu München, in Gegenwart d. evangel. Reichsräthe u. Abgeordneten zur Ständeversammlung. gr. 8. Sulzbach 822, v. Seidel. Rthlr.

Heinz, (Ph. K.) wie merkwürdig u. folgenreich die Gründung des ehemal. Herzogthums Pfalz-Zweybrücken war. gr. 8. München 822, Lindauer.

Heinz, R. v., Staffelzölle. Eine Studie. gr. 8. (40 S.) Berlin 901. E. Hofmann & Co. n. 1. 25

Heinz, Rob., einige neuere Aufgaben der Pharmakologie. gr. 8. (28 S.) Leipzig 901. A. Deichert Nachf. n. — 90
Sonderabdruck aus: „Festschr. d. Univ. Erlangen f. Prinzreg. Luitpold".

Heinz, R., Handbuch der experimentellen Pathologie u. Pharmakologie. I. Bd. 2 Hälften u. II. Bd. 1. Hälfte. Lex.-8. Jena, G. Fischer. n. 55. —
I. 1. Mit 4 (farb.) lithogr. Taf. u. 80 Abbildgn. im Text nach Zeichngn. des Verf. (X, 479 S.) 904. n. 15. —
2. (VIII u. S. 481—1102 m. 134 Abbildgn.) 905. n. 20. —
II. 1. (VIII, 649 S. m. 81 Abbildgn.) 906. n. 20. —

Heinz, Robert: Ueber Jod und Jodverbindungen. *München 1898: R. Oldenbourg.* (59 S.) 8°
Erlangen, Med. Hab.-Schr. v. 1898

Heinz, R., Lehrbuch der Arzneimittellehre. (VIII, 426 S.) Lex. 8. Jena 907. G. Fischer. 9.—; geb. 10. —

Heinz, Robert [Dr. med., Assist. am Pharmakol. Inst. d. kgl. Univ. Breslau]: Natur und Entstehungsart der bei Arsenik-Vergiftung auftretenden Gefäss-Verlegungen ... Breslau, Buchdr. A. Schreiber, 1891; 1 Bl., 27 S., 1 Bl. 8.
Breslau, Med. Fak., Hab.-Schr. v. 31. Okt. 1891

Heinz, Robert [pr. Arzt]: Untersuchungen über den Bau und die Entwickelung der menschlichen Placenta. Von der medicinischen Facultät zu Breslau preisgekrönte Arbeit. . . . Leipzig, Druck v. A. Th. Engelhardt (1888); 2 Bl. + 80 S. + 1 Bl. 8°
Breslau, Med. Fak., Inaug.-Diss. v. 16. Okt. 1888

Heinz, Seb., d. Celtenthum in Obervinschgau, resp. im Gerichte Glurns. (Sep.-Ausg. d. Tirolensien V, ergänzt m. e. Vorrede u. e. Namens- u. Sachreg.) gr. 8. (V, 200 S.) Bozen 895. A. Auer & Co. n. 1. 20

— dasselbe, s. a. Tirolensien.

Heinz, Siegfr., des Bürgermeisters Töchterlein. Ein Sang aus Nürnberg. 8. (173 S.) Schw. Hall (899). W. German's Verl. Geb. in Leinw. m. Goldschn. n. 2. 80

Heinz, T. v.

— Eva. Eine Erzählg. f. erwachsene Mädchen. gr. 8. (III, 288 S.) Ebd. 891. geb. 4 50

— Ullas Geheimnis. Erzählung f. junge Mädchen. 8. (III, 275 S. m. 4 Vollbildern.) Stuttgart (900). G. Weise. Geb. in Leinw. 4. 50

— Glückskind. Erzählung f. junge Mädchen. 8. (317 S.) Leipzig 894. G. Wigand. Geb. in Leinw. n. 4. 50

Heinz, T. v. (H. v. Tempelhoff), Goldköpfchen. Erzählg. f. junge Mädchen. Mit 4 Bildern v. A. Groh. 8. (246 S.) Stuttgart (901). G. Weise. Geb. in Leinw. 3. —

Heinz, T. v. (H. v. Tempelhoff), Ines. Eine Erzählg. f. Mädchen. Mit Bildern v. A. Groh (224 S.) 8. Reutlingen (904). Enßlin & Laiblin. Geb. in Leinw. 2. 50

Heinz, T. v. Die Cousinen. Erzählung f. erwachsene Mädchen. gr. 8. (255 S.) Stuttg. 891, G. Weise. geb. in Leinw. 4 50

Heinz, T. v., Lebenswege. Erzählung f. junge Mädchen. 8. (288 S.) Berlin 884. Winckelmann & Söhne. geb. n. 4. 50

— Susis Lehrjahre. Erzählung f. junge Mädchen von 12—14 Jahren. 8. (223 S. m. Titelbild.) Stuttgart 893. G. Weise. Geb. in Leinw. 3. —

— Susis Lehrjahre. Erzählg. f. junge Mädchen v. 12—14 Jahren. M. 1 (farb.) Titelbild. 4. Aufl. 8. (223 S.) Ebd. 896. Geb. in Leinw. 3. —; in Celluloid 4. 50

— der Retter in der Noth, s.: Theater, kleines.

Heinz, T. v. (H. v. Tempelhoff), unser Schloßfräulein. Erzählung f. die weibl. Jugend. Mit vielen Bildern v. M. Hohneck. (224 S.) 8. Reutlingen (907). Enßlin & Laiblin. Geb. in Leinw. 2. 50

— Tante Sybille. Erzählg. f. Mädchen. Mit 10 Text- u. Vollbildern. 8. (224 S.) Reutlingen (902). Enßlin & Laiblin. Geb. in Leinw. 2. 50

— Tante Sybille. Erzählung f. Mädchen. Mit 10 Text- u. Vollbildern. (224 S.) gr. 8. Ebd. (903). Geb. in Leinw. 2. 50

— Pension Velden. Erzählg. f. erwachsene junge Mädchen. Mit 1 Titelbild in Farbendr. u. 12 Textillustr. nach Originalen v. Alfr. Mailick. gr. 8. (III, 322 S.) Leipzig (902). J. M. Gebhardt. Geb. in Leinw. 6. —

— die Wahl der Gefährtin, s.: Mädchen-Bühne.

Heinz, T. v. (H. v. Tempelhoff), im Waldschloß. Erzählg. f. erwachs. Mädchen. M. 28 Illustr. v. A. Groh. 2. Aufl. 8. (III, 284 S.) Stuttgart 897. G. Weise. Geb. in Leinw. 4. 50; in Celluloid 6. —

Heinz, Wilhelm [aus Trier]: Aus d. Pharmakolog. Institut d. Univ. Bonn. Die Grösse der Atmung unter dem Einfluss einiger wichtiger Arzneistoffe. . . . Trier, Buchdr. v. A. Sonnenburg, 1890; 88 S. + 1 Bl. 8°
Bonn, Med. Fak., Inaug.-Diss. v. [21. Jul.] 1890

Heinz, Wilhelm: Die Gmünder tschechische Sprachzunge in Niederösterreich. Mit Karte. DE. 1909, S. 131 ff.

Heinz, W[ilhelm]: Studien über die ehemalige freie Reichsstadt Wetzlar und ihre Bauten. 1907. 59 S., 26 Taf., 1 Pl. 8°
Hannover, Dr.-Ing.-Diss. v. 17. 11. 1905

Lex Heinze. Nebst Anh.: Gesetz betr. Änderungen u. Ergänzungen d. Strafgesetzbuchs. Vom 25. Juni 1900. Dargest. nach d. Verhandlungen d. Reichstags von *** *Berlin: W. Baensch 1901.* (47 S.) 8° [F.]
— Bibliothek f. Politik u. Volkswirthschaft. H. 3. [01. 11046

Wider die 'lex Heinze' in ihren Bestimmungen über Litteratur, Kunst und Theater. Stenogr. Bericht über d. öffentl. Versammlung in Berlin d. 4. März 1900. (Berlin 1909: Ullstein.) 38 S. 8° [Umschlagt.]
[10. 803 5

Lex Heinze in Bezug auf die früheren Hamburger Bordelle und das jetzige freie Prostitutionswesen. Hamburg 1893. 8⁰. (50 Pfg. M. Glogau jr., Hamb., 1906.)

Die Lex Heinze und ihre Gefahr für Kunst, Litteratur u. Sittlichkeit. Von e. Parlamentarier. *Köln: J. P. Bachem [1900].* (54 S.) 8° [F.] [00. 4469

Der Mord-Prozess Heinze. ⟨Verhandelt vor d. Schwurgericht zu Berlin in d. Jahren 1891 u. 1892.⟩ Der unfreiwill. Taufpate d. 'Lex Heinze'. *Berlin: J. Gnadenfeld 1900.* (78 S.) 8° [F.] [00, 11098

Heinze

— s. a. **Heinsius, Heintze, Heinzius.**

Heinze, Armee-Eintheilg. u. Quartier-Liste, s.: Stechert.

Heinze, s.: Geschäftsbericht des Vereins f. Förderung des Arbeiterwohnungswesens.

Heinze, Hauptm., Geschichte der Preußischen Garde-Landwehr. Aus Anlaß der fünfzigjährigen Stiftungsfeier ihrer dritten Bataillone und mit besond. Berücksicht. des 3. Bataillons (Cottbus) 2. Garde-Landwehr-Regiments. 8. Berlin 870, Mittler und Sohn. *

Heinze's, Dr., Anklageschrift „Hungarica" im Lichte der Wahrheit. gr. 8. (151 S.) Pressburg 882. Stampfel. n. 2. —

Heinze's, Dr., Anklageschrift „Hungarica" im Lichte der Wahrheit. 8. Pressburg und Leipzig 1892.

Heinze, Kanäle u. Sammelbecken, s. a. Zeit- u. Streit-Fragen, deutsche.

Heinze, Kanäle und Sammelbecken. (Zeit- und Streitfragen 94) Berlin 1877

Heinze. Materialien zur comparativen Geographie. 64 S. Görlitz, Progr. 1855

Heinze, ..., s. Ossian, Gedichte.

Heinze, Prodikos aus Keos. S.-A. 1889. 21 S.

– (Red.), s. Vereinsblatt, Ärztliches, für Deutschland.

Heinze, was gehört in uns. Zeit dazu, wenn Studirende mit glückl. Erfolg e. Universität beziehen wollen? Für Studirende u. deren Väter od. Aufseher. gr. 8. (7 B.) Neustadt a. d. O. 831, Wagner.

Heinze, A., Die metaphysischen Grundlehren der älteren Pythagoraeer. Diss. 1871 35 S.

Heinze, A., der Pferdestall, sein Bau u. seine Ausstattung. Für Techniker, Landwirte, Industrielle u. Rennstallbesitzer. (VI, 121 S. m. Abbildgn. u. 4 Taf.) 8. Leipzig 906. Berlin, R. C. Schmidt & Co. Geb. in Leinw. n. 3. —

Ⓑ Heinze, A., d. Pferdestall. 906. (KBL 83.) Jetzt: Hannover, M. & H. Schaper.

Heinze, A. H., Altwasser und seine Heilquellen. 8. Breslau, W. G. Korn. 804.

Heinze, Abph., praktische Anleitung zum Disponiren für die oberen Klassen höherer Lehranstalten. A. u. d. T.: Sachgemäße logisch-entwickelte Dispositionsentwürfe. 1. Aufl. (XX, 322 S.) 1869. ℳ 3,75., und 2. verb. und verm. Aufl. gr. 8. (XXIII, 361 S.) Leipzig 874, Engelmann.

Heinze, Abph., praktische Anleitung zum Disponiren für die oberen Klassen höherer Lehranstalten. Nach dem Tode des Verf. neu bearb. von Herm. Heinze. 3. verm. und verb. Aufl. gr. 8. (XXVII, 408 S.) Leipzig 879, Engelmann. *
geb. **

Heinze, Adf., praktische Anleitung zum Disponieren für die oberen Klassen höherer Lehranstalten. Nach dem Tode des Verf. neu bearb. von Herm. Heinze. 4. verm. und in der neuen Orthographie gedr. Aufl. gr. 8. (XXVII, 415 S.) Leipzig 882, Engelmann. *ℳ 4.; geb. **

Heinze's, Adf. Praktische Anleitung zum Disponieren deutscher Aufsätze. Gänzlich umgearb. v. Herm. Heinze. 5. verm. u. erweit. Aufl. 5 Bdchn. gr. 8. Lpz. 890,91, W. Engelmann. * 4 50; cart. * 5 60
1. Themata 1- 125. (XII, 144 S.) * 1 —; cart. * 1 25.
2. Stoff aus deutschen Schriftstellern; Sprichwörter, Sprüche ꝛc. Synonyma. (VI, 121 S.) * 1 —; cart. * 1 25.
3. Aussprüche u. Sinnsprüche deutscher Denker u. Schriftsteller. (VIII, 125 S.) * 1 —; cart. * 1 25.
4. Stoff aus der Geographie, dem Natur- u. Menschenleben. (V, 97 S.) * 1 – ; cart. * 1 25.
5. Anleitung zum Disponieren u. Register üb. Heft 1—4. (IV, 45 S.) * — 50; cart. * — 60.

Heinze's, Adf., praktische Anleitg. zum Disponieren deutscher Aufsätze. Gänzlich umgearb. v. Herm. Heinze. 6., verb. u. erweit. Aufl. 1.—4. Bdchn. gr. 8. Leipzig, 98. Engelmann. à n. 1. —; kart. à n.n. 1. 30
1. Aufgaben 1—125. (XII, 147 S.) 901.
2. Stoff aus deutschen Schriftstellern; Sprichwörter, Sprüche, sinnverwandte Wörter. (VI, 130 S.) 899.
3. Aussprüche u. Sinnsprüche. (VIII, 130 S.) 900.
4. Stoff aus der Erdkunde, dem Natur- u. Menschenleben. (V, 104 S.) 901.

Heinze's, Adf., praktische Anleitung zum Disponieren deutscher Aufsätze. Gänzlich umgearb. v. Herm. Heinze. 2., 3. u. 5. Bdchn. 8. Leipzig, W. Engelmann. Kart. n. 3. 40
2. 7. verm. Aufl. Stoff aus deutschen Schriftstellern; Sprichwörter, Sprüche, sinnverwandte Wörter. (VI, 137 S.) 905. Kart. n. 1. 30
3. 7. Aufl. Aussprüche u. Sinnsprüche. (VIII, 136 S.) 905 Kart. n. 1. 30
5. 6. verm. Aufl. Anleitung zum Disponieren u. die Register f. alle Bändchen. (IV, 51 S.) 903. n. — 60; kart. n. — 80

Heinze's, Adf., praktische Anleitung zum Disponieren deutscher Aufsätze. Gänzlich umgearb. v. Herm. Heinze. 1., 2., 4. u. 5. Bdchn. 8. Leipzig, W. Engelmann. Kart. 5. 20
1. Aufg. 1—126. 7., verb. u. erweit. Aufl. (XII, 153 S.) 908. Kart. 1. 50
2. Stoff aus deutschen Schriftstellern; Sprichwörter, Sprüche, sinnverwandte Wörter. 8. Aufl. (VI, 148 S.) 910. Geb. 1. 40
4. Stoff aus der Erdkunde, dem Natur- u. Menschenleben. 7. verb. Aufl. (VI, 113 S.) 908. Kart. 1. 30
5. Anleitung zum Disponieren u. die Register zu allen Bdchn. 7. durchgesch. Aufl. (IV, 49 S.) 908. Kart. 1. —

Heinze, A. A., theoretisch-praktische Anleitung zum Disponiren. Eine Vorschule f. logisch-richtiges Denken, f. geordnete schriftliche Darstellung u. f. den freien mündlichen Vortrag. 2 Lfgn. gr. 8. (1: IV u. 199 S. 2: VI u. 100 S.) Görlitz 850, Heyn. (1: n. ²/₃ ₰ 2: n. ¹/₃ ₰) n. 1 ₰

Heinze, A. A., theoretisch-praktische Anleitung zum Disponiren. Eine Vorschule für logisch-richtiges Denken, für geordnete schriftliche Darstellung und für den freien mündlichen Vortrag. 2 Thle. 2. verm. Aufl. Görlitz 854. Heyn. gr. 8. (X. 161; XII. 213 S.) n. 1 ₰.

Heinze, Adf., John Bost, e. Bannerträger der inneren Mission in Frankreich, s.: Für Feste u. Freunde d. inneren Mission.

Heinze, Alex. Clarus, Dictionnaire portatif des armes spéciales. Franç.-Allemand. 16. (24½ B.) Leipzig 846, Teubner.

Heinze, Alex. Clarus., Dictionnaire portatif des armes spéciales. Français-Allemand. 2. Édition. 16. (VIII und 380 S.) Leipzig 850, Teubner.

—— Katechismus der Bajonetfechtkunst. Nach J. Pinette, Théorie de l'Escrime à la baïonette frei bearb. Mit in den Text gedr. Abbildungen. 8. (XII und 76 S. mit 16 Holzschn.) Leipzig 851, Weber. *

—— der hellenische Nationalcongress zu Athen in d. J. 1843 u. 1844. Nach der Originalausg. der Congressverhandlungen im Auszug bearb. u. m. geschichtl. Notizen, Actenstücken u. s. w. begleitet. gr. 8. (27¼ B.) Leipzig 845, Mayer.

Heinze, A. C. Taschenwörterbuch der Artillerie-Ingenieur- u. Generalstabswissenschaften. Deutsch-franz. u. franz.-deutsch. Bd 1. 2. Leipzig 1846.

—— Taschenwörterbuch d. Artillerie-, Ingenieur- u. Generalstabs-Wissenschaften. Deutsch-Französisch. 16. (42 B.) Leipzig 846, Teubner.

—— Taschenbuch der Artillerie-, Ingenieur- und Generalstabs-Wissenschaften. Deutsch-Französisch. 2. Stereotyp-Ausg. 16. (XIV und 658 S.) Leipzig 850, Teubner.

Heinze, Alfred

Heinze, A., Dresden im siebenjährigen Kriege, s. a. Mitteilungen des Vereins für Geschichte und Topographie Dresdens und seiner Umgebung.

Heinze, Alfred, Ratsarchivar a. D. Dresden im siebenjährigen Kriege. 8. Dresden 1885.

Heinze, Alfred [aus Neu-Ruppin]: Zur altenglischen Genesis. . . . Berlin. Druck v. G. Bernstein, 1889; 63 S. 8°
Berlin, Phil. Fak., Inaug.-Diss. v. 16. Apr. 1889

Heinze, Alfr., und Paul Heinze, s. Musenalmanach.

Heinze, Alfred *Emil Ernst* [aus Carlstein '(Kr. Krotoschin, Prov. Posen)']: Die Pflichten des Emphyteuta gegenüber dem dominus ... Berlin, C. Vogts Buchdr., 1896; 79 S. 8.
Erlangen, Jur. Fak., Inaug.-Diss. v. [6. März] 1896

Heinze, Alfred: Die soziale Tendenz in George Eliots Schriften. 4 (S. 21—48).
Festschrift z. 150jähr. Bestehen des Kgl. Rg. *Berlin* 1897.
Nicht im Tauschverkehr.
Progr.

Heinze, Anna, aus Dur u. Moll, s.: Heinze, Paul.

Heinze, B., s.: Arbeiten der agrik.-chem. Versuchsstation Halle a. S. d. Landwirtschaftskammer f. die Prov. Sachsen.

Heinze, Berthold [aus Köstitz S. W.]: Beiträge zur Kenntnis der gemischten Amidine und der bei denselben auftretenden Tautomerieerscheinungen ... Tübingen, Druck v. H. Laupp jr, 1897; 32 S. 8.
Tübingen, Naturw. Fak., Inaug.-Diss. v. 1897

Heinze, C., die prismatischen und pyramidalen Drehungskörper. 4. (22 S. mit 1 lithogr. Taf.) Cöthen 874, Schulze. *

Heinze C. G. Der Finalzustand eines rechtwinkligen homogenen Parallelepipedons, das an allen Punkten seiner Oberfläche bei beliebigen von der Zeit unabhängigen Temperaturen erhalten wird. 1870. 8.
Rostock, Diss.

Heinze, C. Th. E., Anleitung z. zweckmäß. Führung u. Revision d. Gemeinde-Rechnungen, nebst d. nöth. Formularen. gr. 8. (4 B.) Bunzlau 829, Appun. (N. Tit.)

Heinze, C. Th. E.: „Anweisung zur zweckmässigen Führung und Revision der Gemeinderechnungen, mit vollständig ausgeführten Formularen dazu", Berlin 1821. — Neue Auflage Bunzlau 1829 (Appun).

—— die Preuß. Bau-Polizei-Gesetze, s. Sammlung.

Heinze, C. T. E., die Einlieferung zur, u. die Entlassung aus d. Strafanstalt u. Festung. Oder: Der 6. Tit. d. Kriminal-Ordn. f. d. preuß. Staaten, von d. Vollstreckung d. Erkenntnisses, nebst den dazu gehör. Ergänz.-Reskripten u. Deklarationen. Ein Handb. f. Festungs-Kommandanten, Justiz-Beamte, rc. 1. Aufl. 1⅙ Thlr., u. wohlf. Ausg. gr. 8. (à 16¼ B. u. 1 Stnt.) Liegnitz 836, Kuhlmey.

— vergl. Gesindeordnung.

— d. preuß. Gesinde-Ordnung, nebst den dazu gehör. Erläuterungen u. späteren Verordnungen. 8. Löwenb. 825. Dittrich. 2e A. 8. Berl. 825. (Mittler). 6 gr 4e A. 8. Liegnitz 827. Kuhlmey. 8 gr

—— die Preuß. Gesinde-Ordnung nebst d. dazu gehör. Erläuterungen u. späteren Verordnungen. Ein f. jede Haushalt. unentbehrl. Handbüchlein. 5. Aufl. 8. (7 B.) Liegnitz 833, Kuhlmey.

—— die Preuß. Jagd-Gesetze, s. Jagdgesetze.

— d. preuß. Paßgesetz, nebst den dazu gehör. Erläuterungen u. späteren Verordnungen. 8. Hirschb. ... 2e A. 823. Neuer Abdr. 8. Liegn. 826. Kuhlmey. 12 gr

Heinze. C. T. E.: Sammlung der Preußischen Bau-Polizei-Gesetze, Verordnungen und Deklarationen derselben. E. Handbuch. Bunzlau 1830.

— Sammlung von Gebeten u. Betrachtungen zur Selbsterbauung für Strafgefangene. 8. Görlitz 840. Heyn. n. 5/12 rℓ

Heinze, Carl, s. Heinze, Karl

Heinze, Christoph, Licht- u. Schattenbilder aus dem Schulmeisterleben vergangener Zeiten. Mit e. Vorwort v. Pet. Rosegger. (VII, 265 S.) 8. Leipzig (909). F. Brandstetter. 3.—; geb. in Leinw. 3.60

Heinze, Curt, s. Heinze, Kurt

Heinze, E., Fachzeichnen f. Gärtner, s.: Freter, Jul.

Heinze, E., Geschichte d. kgl. bayer. 6. Chevaulegers-Regts. „Prinz Albrecht v. Preußen" 1803–1871 sow. d. Stammabteilgn. d. Regiments. Im Auftr. d. Regiments bearb. gr. 8. (XX, 799 S. m. eingedr. Skizzen.) Leipzig 898. (Bayreuth, C. Giessel.)
Geb. in Leinw. n.n. 22.—

Heinze, E. Th. E., s. Heinze, C. Th. E.

Der Matte oder Paraná-Tee. Seine Gewinnung u. Verwertung, s. gegenwärtiger u. künftiger Verbrauch. Auf Grund amtl. Materials bearb. von Eduard Heinze, Konsul. (Berlin 1910: Mittler.) 63 S. 8°
(Der Tropenpflanzer. Beihefte. Bd 11, Nr 1.) [11. 4698

Heinze, Emil, der Anstreicher-Lehrling, s. a. Koepper's, Gust., Handwerkerbibliothek. 7. Bd.

Heinze E, der Anstreicherlehrling. (62 S) (Koeppers Handw. Bibl. 7) Leipzig 1906

Heinze, Emil [aus Berlin]: Über einen Fall von Pott'scher Paraplegie ... Halle a. S., Hofbuchdr. v. C. A. Kaemmerer & C., 1896; 30 S., 2 Bl., 1 Taf. 8.
Halle, Med. Fak., Inaug.-Diss. v. 20. Juli 1896

Heinze, Ernst, Lehrbuch f. d. Unterricht in d. Chemie, s.: Waeber, R.

Heinze, F., s.: Adreßbuch, Hallisches, f. 1852.

Heinze, F. A., kleine Vorträge und Ansprachen bei dem Richten von Privatgebäuden und Bauwerken für die Oeffentlichkeit. Zum Gebrauche für Maurer und Zimmerpoliere und andere Baubeflissene. Glogau 856. Wagner. 16. (2 Bl., 92 S.) 7½ ngr.

Geschäftskunde für die Fachklasse der Tischler und verwandter Berufe. Von Felix **Heinze** in Leipzig-Lindenau. *(Gräfenhainichen [1899]: Herrosé & Ziemsen.)* (36 S.) 8° [Kopft. F.] 557

Heinze, Fel., Geschäftskunde f. die Fachklasse der Tischler u. verwandter Berufe. gr. 8. (36 S.) Wittenberg 899. R. Herrosé. n. — 25

Geschäftskunde für Tischlerfachklassen. Von Felix **Heinze**, Leipzig-Lindenau. 2. Aufl. Wittenberg: R. Herrosé 1905. (IV, 46 S.) 8° [F.] 3

— Lehrgang f. das Fachzeichnen der Holzarbeiter (Möbel- u. Bautischler, Glaser u. Zimmerleute) an den gewerbl. Fortbildungsschulen. gr. 8. (IV, 30 S.) Ebd. 899. n. — 40

Heinze, Frieda, der Mutter Schatzkästlein, enth. fremde u. eigene Spiele, Reimchen u. Geburtstagswünsche f. die Allerkleinsten. 8. (VII, 91 S.) Dresden 889. Meinhold & Söhne. cart. n. 1. —

Heinze, Friedrich Adolph (Übers.):

s. Bang, Frederik Ludvig: Medicinische Praxis, systematisch erklärt... (Praxis medica. Dt.) Kopenhagen: 1791

JB 2.304

Heinze: Geschichte einer Blattern-Impfung mit Kuhblattern-Lymphe in der Probstei u. einigen angränzenden adlichen Gütern im Herzogthum Holstein. Hamb. 1802. 78 S. 1 Tvl.

Heinze, Fr. Ad., Geschichte einer Blatternimpfung mit Kuhblatternlymphe in d. Probstei u. einigen angrenz. adel. Gütern im Herzogth. Holstein. Mit ill. Kpf. gr. 8. Hamb. 803. Perthes u. B. 14 gr

Friedrich Adolf Heinze

De Ortu et discrimine polyporum praecipue polyporum uteri. Ienae (1790:) Goepferdt. 24 S. 8°

Jena, Med. Diss. v. 12. Marz 1790

Heinze, Fritz: Zur sozialen Lage der Kontorlehrlinge in Baden. Tübingen 1910: Laupp. 49 S. 8° ¶ (Aus: Archiv f. Sozialwissensch. u. Sozialpolitik. Bd 30.)
Heidelberg, Phil. Diss. v. 3. Febr. 1910, Ref. Gothein
[Geb. 24. Juni 83 Mannheim; Wohnort: Mannheim; Staatsangeh.: Baden; Vorbildung: Gymn. Mannheim Reife M. 03; Studium: Heidelberg 2, München 3, Rostock 1, Berlin 1, Heidelberg 2 S.; Rig. 8. Febr. 08.] [U 10. 2135

Heinze, G.: Geschichte der Bonner Burschenschaft (1819-1833), s. Aschoff, Ludwig

Heinze, G., Gustav Adolf-Vereinsabend, s.: Familienabend, der.

Heinze, G. G., Franz Flammer, eine Zeichnung aus Wien. 8. Gießen 804. (Leipzig, Fr. Fleischer.) 1⅓ gr

Heinze, G.H. [Pseud.], s. Heinse, Gottlob Heinrich

Heinze, H., die Prov. Brandenburg, s. a. Landeskunde Preußens. 7. Hft.

Die Provinz Brandenburg bearb. von **H. Heinze**, Seminarlehrer in Friedeberg Nm. Mit 28 Abb. u. Skizzen. (Ausg. A.) *Berlin & Stuttgart: W. Spemann 1901.* (VI, 148 S.) 8° [F.]
= Landeskunde Preussens. H. 7. 5420

— physische Geographie, nebst e. Anh. üb. Kartographie f. Lehrerbildungsanstalten u. andere höh. Schulen. Im Anschlusse an die „Mathemat. Geographie" von Lorch-Eggert hrsg. Mit 58 Skizzen u. Abbildgn. gr. 8. (127 S.) Leipzig 902. Dürr'sche Buchh. Geb. n. 2. —

Heinze, H., physische Geographie, nebst e. Anh. üb. Kartographie für Lehrerbildungsanstalten u. andere höhere Schulen. Im Anschlusse an die „Mathemat. Geographie" v. Eggert hrsg. 3. Aufl. Mit 58 Skizzen u. Abbildgn. (139 S.) 8. Leipzig 906. Dürr'sche Buchh. Geb. n. 2. —

Heinze, H., physische Geographie, nebst e. Anh. üb. Kartographie f. Lehrerbildungsanstalten u. höhere Schulen. Im Anschlusse an die „Mathemat. Geographie" v. Eggert hrsg. 6. u. 7. Aufl. Mit 66 Skizzen u. Abb. (158 S.) 8. Leipzig 911. Dürr'sche Buchh. Geb. in Halbleinw. 2. —

Heinze, H., physische Geographie. — Der Unterricht in d. Erdkunde. Jetzt: Berlin, Union, Zweigniederlassg.

— Heimatkunde des Kreises Friedeberg N.-M. gr. 8. (31 S.) Friedeberg 902. M. Kohlschmidt. n.n. — 30
Sonderabdruck aus: „Schulblatt f. die Provinz Brandenburg".

Heinze, H. de, Mémoire sur les produits etc. voyez Mémoire.

—— hymnologische Mittheilungen. 1. Abthl.: Die Festlieder. Für den Religionsunterricht zusammengestellt. gr. 6. (36 S.) Freienwalde 873, Draeseke. *

Heinze, H. De rebus Eretriensium. (68) 8. Göttingen 1868. 0,60.

Heinze, H., de rebus Eretriensium. Dissertatio inauguralis. gr. 8. (48 S.) Göttingen 869. (Görlitz, Tzschaschel.) *

Heinze, H., Schulandachten, s.: Felsch, H.

Heinze, H., der Unterricht in der Erdkunde auf der Grundlage des Landschaftsprinzipes. Ein Lehrbuch für Seminaristen u. junge Lehrer. Ein Leitfaden zur Vorbereitg. auf die Mittelschullehrer- u. Rektorprüfg. Mit 52 Abbildgn. u. Skizzen. (128 S.) gr. 8. Leipzig 904. Dürr'sche Buchh. Kart. n. 2. —

— Der Unterricht in der Erdkunde auf der Grundlage des Landschaftsprinzipes. Ein Lehrbuch f. Seminaristen u. junge Lehrer. Ein Leitfaden zur Vorbereitg. auf die Mittelschullehrer- u. Rektorprüfg. 2. Aufl. Mit 54 Abbildgn. u. Skizzen. (156 S.) 8. Ebd. 909. Kart. 2. 20

Heinze, Herm., prakt. Anleitung zum Disponieren deutscher Aufsätze, s.: Heinze, Adf.

Heinze, H., u. W. Schröder, Aufgaben aus deutschen Dramen. 1.—3. Bdchn. gr. 8. Leipzig 894. W. Engelmann. n. 2 60; kart. n. 3. 20
1. Aufgaben aus „Wilhelm Tell", zusammengestellt v. Heinze. (VII, 89 S.) n. — 80; kart. n. 1. —
2. Aufgaben aus „Die Jungfrau v. Orleans", zusammengestellt v. Schröder. (VI, 80 S.) n. — 80; kart. n. 1. —
3. Aufgaben aus „Wallenstein", zusammengestellt v. Heinze. (IX, 118 S.) n. 1. —; kart. n. 1. 20

Heinze, H., u. W. Schröder, Aufgaben a. deutsch. Dramen. 4.—8. Bdchn. gr. 8. Leipzig, W. Engelmann. à n. — 80; kart. à n. 1. — (1.—8.: 6. 60; kart. n. 8. 20)
4. Aufgaben aus „Götz v. Berlichingen" u. „Egmont" zusammengest. v. Heinze. (V, 88 S.) 895.
5. Aufgaben aus „Iphigenie auf Tauris", zusammengest. v. Heinze. (VII, 81 S.) 895.
6. Aufgaben aus „Hermann u. Dorothea", zusammengest. v. Heinze. (VII, 87 S.) 896.
7. Aufgaben aus „Minna v. Barnhelm", zusammengest. v. Schröder. (VII, 89 S.) 896.
8. Aufgaben aus „Die Braut v. Messina", zusammengest. v. Schröder. (VII, 90 S.) 896.

— — dasselbe. 9. Bdchn. gr. 8. Ebd. 897. n. 1. 50; kart. n. 1. 70
Aufgaben aus Scheffels u. Freytags Romanen. Von Heinze. (VIII, 147 S.)

— dasselbe. 10. u. 11. Bdchn. gr. 8. Ebd. à n. — 80; kart. à n. 1. — (1.—11.: n. 9. 70; kart. n.n. 11. 90)
10. Aufgaben aus „Maria Stuart". Von Heinze. (VII, 88 S.) 897.
11. Aufgaben aus „Torquato Tasso". Von Heinze. (VI, 85 S.) 898.

— u. W. **Schröder,** Aufgaben aus klassischen Dramen, Epen u. Romanen. 1.—8., 10. u. 12.—19. Bdchn. gr. 8. Leipzig, W. Engelmann. Kart. n. 18. 30
1. Aufgaben aus „Wilhelm Tell". Von Heinze. 3., durchgeseh. Aufl. (VIII, 142 S.) 901. Kart. n. 1. 40
   2. Aufl. (VIII, 142 S.) 899. n. 1. 20; kart. n. 1. 50.
2. Aufgaben aus „Die Jungfrau v. Orleans". Von Schröder. 3., durchgeseh. Aufl. (VI, 134 S.) 902. Kart. n. 1. 40
   2. Aufl. (VI, 134 S.) 899. n. 1. 20; kart. n. 1. 50.
3. Aufgaben aus „Wallenstein". Von Heinze. 2. u. 3. durchgeseh. Aufl. (à IX, 135 S.) 899. 901. Kart. n. 1. 20
4. Aufgaben aus „Götz v. Berlichingen" u. „Egmont". Von Heinze. 2. umgearb. u. verm. Aufl. (VI, 107 S.) 900. n. — 80; kart. n. 1. —
5. Aufgaben aus „Iphigenie auf Tauris". Von Heinze. 2., verm. u. verb. Aufl. (VII, 87 S.) 900. n. — 80; kart. n. 1. —
6. Aufgaben aus „Hermann u. Dorothea". Von Heinze. 2. u. 3., durchgeseh. Aufl. (à 105 S.) 900. 902. Kart. n. 1. —
7. Aufgaben aus „Minna v. Barnhelm". Von Schröder. 2., umgearb. u. verm. Aufl. (VI, 95 S.) 900. n. — 80; kart. n. 1. —
8. Aufgaben aus „Die Braut v. Messina". Von Schröder. 2., umgearb. u. verm. Aufl. (VII, 101 S.) 902. Kart. n. 1. —
10. Aufgaben aus „Maria Stuart". Von Heinze. 2., umgearb. u. verm. Aufl. (VII, 91 S.) 902. Kart. n. 1. —
12. Aufgaben aus Lessings „Philotas", „Emilia Galotti", „Nathan der Weise". Von Schröder. (VII, 130 S.) 899. n. 1. 20; kart. n. 1. 50
13. Aufgaben aus Kleist's „Prinz Friedrich v. Homburg", der „Hermannsschlacht" u. Körners „Zriny". Von Heinze. (VI, 110 S.) 899. n. — 80; kart. n. 1. —
14. Aufgaben aus „Julius Cäsar" u. „Coriolan". Von Heinze. (V, 75 S.) 901. n. — 80; kart. n. 1. —
15. **Aufgaben aus „Macbeth" u. „Hamlet". Von Heinze. (IV, 62 S.) 901. Kart. n. — 80**
16. **Aufgab. a. Schillers Jugenddramen („Die Räuber", „Fiesko", „Kabale u. Liebe"), „Don Karlos" u. „Demetrius". Von Schröder. (VI, 68 S.) 902. Kart. n. 1. —**
17. Aufgaben aus Grillparzers „Sappho" u. „Goldenem Vlies". Von Heinze. (V, 72 S) 902. Kart. n. 1. —
18. Aufgaben aus Homers „Ilias". Von Heinze. (VIII, 112 S.) 902. Kart. n. 1. —
19. Aufgaben a. Homers „Odyssee". Von Heinze. (VI, 83 S.) 902. Kart. n. 1. —

Heinze, H(ermann). Aufgaben aus «Wilhelm Tell», zusammengestellt von Dr. Heinze. — Aufgaben aus klassischen Dramen, Epen und Romanen, zusammengestellt von Dr. H. Heinze ... und Dr. W[ilhelm] Schröder.... Bändchen 1. — 4., neu bearbeitete Aufl. VIII + 154 S. 8. Leipzig, Wilhelm Engelmann, 1903. (cart. M. 1. 40)

— u. W. **Schröder,** Aufgaben aus klassischen Dramen, Epen u. Romanen. 1.—8., 10.—14. u. 20.—23. Bdchn. 8. Leipzig, W. Engelmann. Kart. n. 18. —
1. Aufgaben aus „Wilhelm Tell". Von Heinze. 5. verb. Aufl. (VIII, 157 S.) 905. n. 1. 40
   4. neubearb. Aufl. (VIII, 154 S.) 903. n. 1. 40.
2. Aufgaben aus „Die Jungfrau v. Orleans". Von Schröder. 4. neu bearb. u. 5. verm. Aufl. (à VI, 160 S.) 903. 906. n. 1. 40
3. Aufgaben aus „Wallenstein". Von Heinze. 5. verb. Aufl. (X, 147 S.) 905. n. 1. 20
   4. neu bearb. Aufl. (X, 144 S.) 903. n. 1. 20.
4. Aufgaben aus „Götz v. Berlichingen" u. „Egmont". Von Heinze. 5. durchgeseh. Aufl. (VI, 111 S.) 906. n. 1. —
   3. u. 4. Aufl. (à VI, 107 S.) 902. 903. n. 1. —.
5. Aufgaben aus „Iphigenie auf Tauris". Von Heinze. 4. durchgeſ. Aufl. (VIII, 88 S.) 906. n. 1. —
   3. Aufl. (VII, 87 S.) 903. n. 1. —.
6. Aufgaben aus „Hermann u. Dorothea". Von Heinze. 4. durchgeseh. Aufl. (VIII, 112 S.) 904. n. 1. —
7. Aufgaben aus „Minna v. Barnhelm". Von Schröder. 4. neubearb. Aufl. (VI, 110 S.) 904. n. 1. —
   3. Aufl. (VI, 95 S.) 902. n. 1. —.
8. Aufgaben aus „Die Braut v. Messina". Von Schröder. 3. neubearb. Aufl. (VIII, 128 S.) 905. n. 1. —
10. Aufgaben aus „Maria Stuart". Von Heinze. 3. umgearb. Aufl. (VI, 94 S.) 905. n. 1. —
11. Aufgaben aus „Torquato Tasso". Von Heinze. 3., durchgeseh. u. verm. Aufl. (VII, 104 S.) 906. n. 1. —
   2. Aufl. (VII, 101 S.) 903. n. 1. —.
12. Aufgaben aus Lessings „Philotas", „Emilia Galotti", „Nathan der Weise". Von Schröder. 3 verm. Aufl. (VII, 151 S.) 906. n. 1. 40
   2. Aufl. (VII, 148 S.) 903. n. 1. 40.
13. Aufgaben aus Kleist's „Prinz Friedrich v. Homburg" u. „Hermannsschlacht" u. Körners „Zriny". Von Heinze. 2. umgearb. Aufl. (VIII, 116 S.) 904. n. 1. —
14. Aufgaben aus Shakespeares „Julius Cäsar" u. „Coriolan". Von Heinze. 2. verb. Aufl. (VI, 82 S.) 904. n. 1. —
20. Aufgaben aus den Gedichten des Horaz. Von Heinze. (VIII, 80 S.) 903. n. 1. —
21. Aufgaben aus Grillparzers Dramen „König Ottokars Glück u. Ende", „Der Traum e. Leben", „Weh' Dem, der lügt!" Von Heinze. (III, 64 S.) 903. n. — 80
22. Aufgaben aus Shakespeares „König Lear" u. „Kaufmann v. Venedig". Von Heinze. (IV, 61 S.) 904. n. — 80
23. Aufgaben aus Uhlands „Ernst, Herzog v. Schwaben" u. „Ludwig der Bayer" u. aus Herders „Cid". Von Schröder. (VI, 86 S.) 901. n. 1. —

Heinze, H., u. W. **Schröder,** Aufg. aus klassischen Dramen, Epen u. Romanen. 1.—10., 12., 13., 15.—19., 23. u. 24. Bdchn. 8. Leipzig, W. Engelmann. Kart. 21. 50
Heinze, H., „Götz v. Berlichingen" u. „Egmont". 6., durchgeseh. Aufl. (VI, 116 S.) 909. (4. Bdch.) Kart. 1. —
— Grillparzers „Sappho" u. „Goldenem Vlies". 2., verb. Aufl. (V, 78 S.) 908. (17. Bdch.) Kart. 1. —
— „Hermann u. Dorothea". 6., durchgeseh. Aufl. (VIII, 116 S.) 910. (6. Bdch.) Geb. 1. 10
— „Ilias". 2., verb. Aufl. (VIII, 119 S.) 908. (18. Bdch.) Kart. 1. 20
— Homers „Odyssee". 2., verb. Aufl. (VI, 90 S.) 908. (19. Bdch.) Kart. 1. —
— „Iphigenie auf Tauris". 5., durchgeseh. Aufl. (VIII, 90 S.) 909. (5. Bdch.) Kart. 1. 20
— Kleist's „Prinz Friedrich v. Homburg" u. „Hermannsschlacht" u. Körners „Zriny". 3., umgearb. Aufl. (VI, 121 S.) 907. (13. Bdch.) Kart. 1. 20
— „Macbeth" u. „Hamlet". 2., durchgeseh. u. verb. Aufl. (IV, 68 S.) 906. (15. Bdch.) Kart — 80
— „Maria Stuart". 4., durchgeseh. Aufl. (VI, 96 S.) 909. (10. Bdch.) Kart. 1. —
— Scheffels u. Freytags Romanen, entworfen u. zusammengestellt. 2., verb. Aufl. (VIII, 141 S.) 908. (9. Bdch.) Kart. 1. 40
— Sophokles' „Antigone", „Ajax" u. „Philoktet". (VI, 66 S.) 909. (24. Bdch.) Kart. — 80
— „Wallenstein". 7., verb. Aufl. (X, 162 S.) 910. (3. Bdch.) Geb. 1. 40
— „Wilhelm Tell". 6. verb. Aufl. (VIII, 158 S.) 910. (1. Bdch.) Geb. 1. 40
Schröder, W., „die Braut v. Messina". 4., verm. Aufl. (VIII, 136 S.) 909. (8. Bdch.) Kart. 1. —
— „Die Jungfrau v. Orleans". 6., verm. Aufl. (VII, 167 S.) 908. (2. Bdch.) Kart. 1. 40
— Lessings „Philotas", „Emilia Galotti", „Nathan der Weise". 4., verm. Aufl. (VIII, 159 S.) 910. (12. Bdch.) Geb. 1. 40
— „Minna v. Barnhelm". 5., durchgeseh. Aufl. (VI, 111 S.) 906. (7. Bdch.) Kart. 1. 20
— Schillers Jugenddramen („Die Räuber", „Fiesko", „Kabale u. Liebe"), „Don Karlos" u. „Demetrius". 2., verm. Aufl. (VII, 83 S.) 907. (16. Bdch.) Kart. 1. —
— Uhlands „Ernst, Herzog v. Schwaben" u. „Ludwig der Bayer" u. aus Herders „Cid". 2., verm. Aufl. (VI, 94 S.) 910. (23. Bdch.) Geb. 1.

Heinze, Hermann [aus Gräfenthal]: B e i t r a g zur Kenntniss der Dextrine ... Erlangen, kgl. bayer. Hofbuchdr. v. A. Vollrath, 1895; 38 S., 1 Bl. 8°
Erlangen, Phil. Fak., Inaug.-Diss. v. [19. Dez.] 1894

Heinze, (H[ermann]), Dr., Dir.: **Dido.** Dramatische Dichtung. *Minden i. W. 1901: J. C. C. Bruns.* (VI, 52 S.) 8° [F.]
Minden, k. ev. G u. R, OP 1901 (389)

Heinze, *Hermann* Die Familie des Plutarch von Chaeronea. 4 (VII S. u. 1 S. unp.). Progr. Friedrichs-G. *Pr. Stargard* 1886 (40).

Heinze, Herm., de spuriis actorum diurnorum fragmentis undecim commentatio critica. Fasc. I. Greifswald 860. (Akadem. Buchhdlg.) gr. 8. (52 S.) n. 8 *ngr.*

— Jahresber. üb. Plut.'s Moralia f. 1878 u. 79. S.-A. 1879. 28 S.
— — f. 1880 u. 1881. S.-A. 1881. 39 S.
— — f. 1882 u. 1883. S.-A. 1883. 33 S.

Heinze, Sachl. Kommentar zu Plutarch „περὶ ἀθλεοχίας"—. Pr. 1873. 20 S. 4°. 2.—

Heinze, Herm. Sachlicher Kommentar zu Plutarchs pythischen Schriften: 1. De *Ei* delphico 2. De Pythiae oraculis. 22 S. *Marienburg* 1878. Progr.

– u. W. Schröder

— — neues deutsches Lesebuch f. höhere Lehranstalten. 1. Tl. f. Sexta. gr. 8. (XI, 215 S.) Minden i/W. 892. W. Köhler. Geb. n. 1. 60

Heinze, H., Plutarcheische Untersuchungen. I. 1872. 46 S.

Heinze, Herm., Plutarcheische Untersuchungen, 1. Hft. gr. 8. (VIII, 46 S.) Berlin 873. Calvary & Co. n. 1. .

Heinze, J., d. Forstverwaltung in Frankreich, oder Dar-Nachstellung d. Gesetze u. Verordnn., welche d. Forst- u. Fischereiwesen betreff. gr. 8. Köln 808. Rommerskirchen. 12 *K*

Heinze, J. F. G., über die Bekämpfung der Lustseuche durch eine modificirte Inunctionskur u. die Vertilgung organischer Afterprodukte der Harnröhre, welche den freien Abgang des Harns hemmen oder gänzlich sperren. Mit einer Anleitung zur sehr leichten Selbstverfertigung der hierzu nöthigen Instrumente. Mit 3 lithogr. Taf. gr. 8. Wien 836. (Rohrmann u. Schweigerd.) 1 5/12 *rß*

Heinze, Joh. Chrn. Carl, Christian Gottlob Leberecht Großmann und G. Antoine Augustin Govéan. Ereignisse und Berichte, Thaten und Reden des 16. Octbr. zu Prießnitz seit d. J. 1806 bis zum J. 1856 nebst 3 Briefen aus Frankreich vom J. 1857. Naumburg 857. Domrich. gr. 8. (VII, 160 S.) 10 *ngr.*

Heinze, (Joh. Friedr.,) allgem. kaufmänn. Briefsteller u. Handlungs-Comptorist. 2e Aufl. 8. Quedlinb. 826, Basse.

Heinze, Joh. Friedr., allgem. kaufmänn. Briefsteller u. Handlungs-Comptorist. Nebst e. ausführl. merkantil.-terminolog. Wörterbuche. 3. Aufl. (29 B.) 828., 4. A. (28 B.) 8. Quedlinburg 833, Basse. à

Heinze's, Joh. Friedr., allgemeiner kaufmännischer Briefsteller und Handlungs-Comptoirist. Enthaltend alle Arten im kaufmännischen Geschäftsleben vorkommender Briefe und Aufsätze, nach den neuesten und besten Mustern. Ein nützliches Hülfsbuch für Kaufleute, Fabrikanten, Manufacturisten ꝛc. Nebst einem Anhange, enthaltend: Kaufmännisches Wörterbuch. Eine kurzgefaßte Erklärung der im Handel üblichen Wörter und Ausdrücke. 4. Aufl., (VIII und 422 S.) 1852. 1 Thlr. und 5., verb. Aufl. 8. (VIII und 406 S.) Quedlinburg 854, Basse.

Jo. Geo. **Heinze** commentatio de incrementis botanicae contemplationis muscorum. Epist. ad. Alb. de Haller. Gotting. 1747. 4.

— Jo. Gottlob (Dresd.), De exceptione jus tertii concernente. Diss. jur. Präs. Jo. Friedr. Olearius. Lpz. (Titius) 9. V. 1715. 36 S. (6.80) 14097

Heinze, Johann Michael

— Anfang einer Uebersetzung der Gespräche des Cicero v. d. best. Gesetzen. Pr. 1782. 8 S. 4°. —.75

Heinze, Jh. Mch., († d. 6. Oct. 1790.) Anmerkk. über Gottsched'e deutsche Sprachlehre, nebst e. Anhang e. neuen Prosodie. 8. Götting. u. Leipz. 759. Kübler. 8 *K*

Heinze, J. M., Disseritur de arte facile discendi ex L. Crassi sententia. Pr. 1780. 7 S. 4°.

– s. Aeschines Socraticus: Drei Gespräche von der Tugend ...

Heinzii, J. M., Chrestomathia Latina poëtica. Mit Anmerk. Ausg. III. Leipz. 787. 8. 12 gr.

– s.a. Chrestomathia poetica.

Heinze, Mich., Chrestomathia poëtica. 8. Leipz. Böhme. 787.

– s. Cicero, Marcus Tullius: Von den Gesetzen [De legibus].

– s. Cicero, Marcus Tullius: Gespräche von den besten Gesetzen [De legibus].

– s. Cicero, Marcus Tullius: Von den Pflichten [De officiis].

– s. Cicero, Marcus Tullius: Auserlesene Reden. 1787.

– s. Cicero, Marcus Tullius: Drei Gespräche von dem Redner [Vom Redner].

Heinze, J. M., Coroll. loco nonnulla in Epist. Cic. ad Var. interpretandi causa recens. Pr. 1776. 6 S. 4°. —.60

Heinze, H., M. Corollarium strictur. quarund. Ovidian. Pr. 1772. 8 S. 4°.

Heinzii, J. M., Corollarium stricturarum quarundam Ovidianarum. Vinar. 772. 4. Steht auch in seinen *Opusculis*.

Heinze, J. M., Disputatio de Floro non historico, sed rhetore. Pr. 1787. 8 S. 4°.

Heinze, J. M. Programm von der Geschicklichkeit der französischen Sprache zu den griechischen und lateinischen Versarten. Weimar, G., 1786. 4. Progr.

— de immortalitate. 4. Lüneb. 762.

Heinze, J. M., Loca quaedam Livii excutiuntur. Pr. 1777. 8 S. 4°.

— vermischte Nachrr. aus den Acten d. fruchtbringenden Gesellsch. unter den Schmackhaften. 4. Weimar 781.

Heinzii, J. M., Opuscula. Götting. 788. 8. 18 gr

Heinze, J. M., Prael. quaedam ex antiqu. de inaugur. regum. Pr. 1775. 8 S. 4°.

Heinze, J., M., . . die andere olynth. Rede des Demosthenes. (Uebersetzung.) Pr. 1784. 6 S. 4°. —.60

— Progr. Zweite Olynthische Rede des Demosthenes, übersetzt. 4. Weimar 784.

— Dritte Olynth. Rede des Demosth. (Uebersetzg.) Pr. 1785. 9 S. 4°.

— Progr. Dritte Olynthische Rede d. Demosthenes. 4. Weimar 785.

— Die vierte Philippische Rede des Cicero. (Uebersetzung). Pr. 1789. 7 S. 4°.

– s. Seneca, Lucius Annaeus: Zwei Bücher von der Gnade.

— Schreiben über d. Kunzische Vertheidigung d. Gottschedischen Sprachlehre. 8. Helmst. 760.

Heinze's, J. M., Kleine deutsche Schriften vermischten Inhalts. Götting. 789. 2 Thle. 8. 1 rthl. 12 gr.

— kleine deutsche Schriften. 2 Thle. 8. Götting. 789. Vandenhöck u. R. 1 Rthlr 12 gGr

— Soliloquium, h. e. quo consilio genitus sit homo deliberatio; ex Germanico latine versa. 8. Lüneb. 765.

— syntagma opusculorum scholasticor. varii argum. 8. Götting. 788. Vandenhöck u. R. 18 gGr

Heinze, J. M., Uebersetzung des Platonischen Gespräches Krito. Pr. 1781. 14 S. 4°

Heinze, J. M., Uebersetzung eines Socr. Gespräches vom Reichtum, aus d. Griech. d. Aeschines. Pr. 1782. 16 S. 4°.

— Progr. Uebersetzung d. Socrat. Gesprächs vom Reichthum; aus d. Griech. d. Aeschines. 4. Weimar 782.

Heinze, J. M., Xenophons Verteidigung des Sokrates, übersetzt. Pr. 1776. 15 S. 4°.

— Praem. Vindicicae Apol. Socr. Xenophont. Pr. 1776. 7 S. 4°.

– s. Xenophon: Vier Bücher sokratischer Denkwürdigkeiten.

Heinze, Johannes Walther, Referendar in Leipzig: H.G.B. § 3. Leipzig: O. Wigand 1908. (55 S.) 8°
Leipzig, Jur. Fak., Diss. v. 25. Febr. 1908
[Geb. 21. April 83 Stötteritz b. Leipzig; Wohnort: Stötteritz; Staatsangeh.: Sachsen; Vorbildung: Thomassch. Leipzig Reife O. 03; Studium: München 1, Leipzig 7 S.; Rig. 21. Febr. 07.]

Heinze, Josef [prakt. Arzt aus Ziegenhals]: Ein Beitrag zur Behandlung des diabetischen Comas mit Alkalien .... Breslau, Druck v. Th. Schatzky, 1888; 22 S. 8°
Erlangen, Med. Fak., Inaug.-Diss. v. 21. Jun. 1887

Beiträge zur Geschichte i. der adeligen Familie von Hoerde u. der Stadt Hoerde. Nach Urkunden u. Quellen bearb. von Julius Heinze. Dortmund 1909: Krüger. 111 S. 4° A 12.2270

Heinze, Karl

Heinze, Carl: Ein Beitrag zur Behandlung der deutschen Literaturgeschichte in den höheren Schulen. Cassel 1909: Weber & Weidemeyer. 26 S. 4°
Kassel, k. Wilhelms-G OP 1909 (526) [S 09. 174

Heinze, Carl, kritische Beleuchtung der Euklidischen Geometrie. [Einleitung zu des Verf. „Elementar-Geometrie für den Schulgebrauch."] gr. 8. (24 S.) Berlin 876, Friedberg und Mode. *

Heinze, Carl, Cornelius Nepos e Thucydide emendandus atque judicandus est. Diss. philol. Jena (Mauk) 8. IX. 1821. 45 S. (6.20) 14095

—— die Elementar-Geometrie, für den Schulgebrauch bearb. gr. 8. (IV, 74 S. mit Fig. auf 4 lithogr. Taf. in qu. gr. 4.) Ebendas. 877. *

Heinze, Carl: Platens romantische Komödien, ihre Komposition, Quellen und Vorbilder. *Marburg 1897: (C. L. Pfeil).* (67 S.) 8° [F.]
Marburg, Phil. Diss. v. [20. Dez.] 1897

Plan von Stendal, Haferbreite u. Röxe. Entw. vom Kreisbauinsp. [Karl] Heinze. *Stendal: Franzen & Grosse [1901?].* (1 Kartenbl. 57×54 cm.) gr. 2° [farbig] [04. 9498

Heinze, Karl, appr. Arzt a. Alexandrien, Egypten: Die Präventivbehandlung der Syphilis. Kiel 1905: Schmidt & Klaunig. (17 S.) 8°
Kiel, Med. Fak., Ref. Quincke, Diss. v. 29. März 1906
[Geb. 21. Mai 78 Alexandrien, Egypten; Wohnort: Kiel; Staatsangeh.: Preußen; Vorbildung: Gymn. Steglitz Reife O. 99; Studium: Freiburg i. B. 6, Berlin 1, Kiel 3 S.; Coll. 18. Jan. 05; Approb. 25. März 06.]

Heinze, Carl, die Regelung des Schulwesens durch die Disciplin. gr. 8. (26 S.) Berlin 873, Oppenheim. *

Heinze, Carl, Referendar in Berlin: Der Scheck als Legitimationspapier im Sinne des § 808 B.G.B. Berlin 1907: A. W. Hayn's Erben. (83 S.) 8°
Heidelberg, Phil. Fak., Ref. Schroeder, Diss. v. 1907
[Geb. 10. Dez. 78 Berlin; Wohnort: Berlin; Staatsangeh.: Preußen; Vorbildung: Friedrichs-Gymn. Berlin Reife M. 00; Studium: Berlin 6 S.; Rig. 29. Juli 07.]

Heinze, Karl, genetische Stereometrie. Bearb. von Frz. Lucke. gr. 8. (XII, 194 S. mit 12 lithogr. Taf.) Leipzig 886, Teubner. *

Heinze, Karl Chr. Tr.

— s. Archiv von u. für Schlesien.

HEINZE, K. C. T., Gedichte. Leipzig. In Commiss. bei Joh. Gottlob Hamann. 1792. 8°. Lat. Lett.
Tit., 5 Bll. Zueignung (an Chp. Otto Frhrn. v. Schönaich, Baron zu Beuthen, Herrn d. Herrschaft Amtitz u. Zubehör etc.), 2 Bll. Inh., 255 S. — Dieses fast unbekannt gebliebene Bdchn. enth. auch einige freie Sachen, u. a.: Der Weiberhimmel (S. 117—124: 20 achtzeil. Str.); das schöne Weib (S. 132—144: 24 achtzeil. Str.); der falsche Eid, od. das untreue Mädchen (S. 156—163: 21 achtzeil. Str.); Libussa (S. 204—219: 40 fünfzeil. Str.) etc.

Heinze, Karl Chr. Tr., († d 29. Juli 1813.) Gedichte. 8. Leipz. 792. Manh. 795. Löffler. 16 gGr

— — dies. 8. Bregenz, Brentano. 794.

Heinze, Karl Friedrich Rudolf

—— zum revid. Entwurf eines Strafgesetzbuchs für den norddeutschen Bund, s. a. Sammlung von Abhandlungen der Mitglieder der Juristenfacultät zu Leipzig.

Heinze, C. F. R.: Zum revidirten Entwurf eines Strafgesetzbuchs für den Norddeutschen Bund. Leipzig 1870.

Heinze, Carl Friedr. Rud., staatsrechtliche und strafrechtliche Erörterungen zu dem amtlichen Entwurf eines Strafgesetzbuches für den norddeutschen Bund. Mit Straftab. und Index. gr. 8. (XIV, 273 S.) Leipzig 870, Gebhardt. *

Heinze, Carl Friedr. Rud., ein deutsches Geschwornengericht. 2., umgearb. Ausg. gr. 8. (XII und 196 S.) Leipzig 865, B. Tauchnitz.

—— Parallelen zwischen der englischen Jury und dem französisch-deutschen Geschwornengericht, s.a. Gerichtssaal, der.

-- s.a. Heinze, Rudolf

Heinze, Parallelen zw. d. engl. Jury u. d. franz.-deut. Geschwornengericht. Erlangen 864.

—— das Recht der Untersuchungshaft. Vorlesung zum Antritt der ordentl. Professur des Criminalrechts an der Universität Leipzig am 24. Octbr. 1865 gehalten. gr. 8. (36 S.) Leipzig 865, B. Tauchnitz. *

Aus: Zeitschrift für Rechtspflege und Verwaltung zunächst für das K. Sachsen, besonders abgedruckt.

—— das Verhältniss des Reichsstrafrechts zu dem Landesstrafrecht mit besond. Berücksicht. der durch das norddeutsche Strafgesetzbuch veranlassten Landesgesetze. Mit Inhaltsübersicht und Index. gr. 8. (VIII, 159 S.) Leipzig 871, Dürr'sche Buchh.

Heinze, Karl Teuthold, Allgemeines Repertorium zum Bragur
s.a. Bragur.

Heinze, K. Teuth., Repertorium über die 6 ersten Bände von F. D. Gräter's Bragur, nebst einem Versuch einer vollständigen Literatur aller in den 6 letzten Jahren des 18. Jahrhunderts über die vaterländischen Alterthümer erschienenen u. a. vaterländischen Schriften. Leipzig 1804. 8.

— **Carl Wilhelm** (Freiberg), De exophthalmo cum struma et cordis affectione. Diss. med. Präs. C. A. Wunderlich. Lpz. (A. Dennhardt) 21. XI. 1861. 32 S. mit Biogr. (M.: F. Lungwitz.) (6.—) 14096

Oppon.: Emil Kiessling, Alfred Hering, Zimmermann. — Gew.: Gustav Ettmueller (Freiberg). — Krankengesch. d. Auguste Buchheim (Wetterwitz b. Mutschen).

Heinze, Kurt Paul

Heinze, Curt Paul, Referendar in Oelsnitz i. V.: Die Schlüsselgewalt der Ehefrau gemäss § 1357 des B.G.B. Leipzig 1905: W. Wigand. (100 S.) 8°

Leipzig, Jur. Fak., Diss. v. 16. März 1905

[Geb. 11. Juli 79 Stötteritz b. Leipzig; Wohnort: Oelsnitz i. V.; Staatsangeh.: Sachsen; Vorbildung: Thomasgymn. Leipzig Reife O. 99; Studium: Leipzig 9. München 1 S.; Rig. 1. Febr. 04.]

Heinze L. Anwendung der Dreiteilung der ellipt. Functionen auf die Theorie der Wendepunkte einer C_3. 1883. 8.

Königsberg, Diss.

Heinze, Leo, der Scheck, s.: Genossenschafts-Bibliothek. 5.

Heinze, Leopold

— u. W. **Osburg,** 1.—4. Arbeitsheft. Progressiv fortschreit. Übungsaufgaben in d. Harmonielehre. 16,5×26,5 cm. Breslau (909). H. Handel. à Heft — 60

1. Für d. Unterstufe d. Lehrerseminare bearb. 11. Aufl. (37 S.)
2. Hrsg. v. H. 7. Aufl. (29 S.)
3. (Parallelheft zum 1. Arbeitshefte.) Für Seminarien bearb. v. H. 6. Aufl. (II, 38 S.)
4. (Parallelheft zum 2. Arbeitshefte.) Für Seminare bearbeitet. 4. Aufl. (35 S.)

Heinze, Leop., 1.—5. Arbeitsheft. Progressiv fortschreit. Uebungsaufgaben in der Harmonielehre. Für Seminarien bearb. qu. schmal gr. 8. Breslau, H. Handel. à n. — 60

I. 8. Aufl. (II, 20 S.) (904.) — II. 5. Aufl. (29 S.) (904.) — III. (Parallelheft zum 1. Arbeitshefte.) 4. Aufl. (II, 20 S.) (901.) — IV. (Parallelheft zum 2. Arbeitshefte.) 3. Aufl. (19 S.) (902.) — V. (27 S.) 904.

Heinze, Leop., 43 auserlesene Choräle für Männerstimmen, zunächst für katholische Gymnasien, Seminarien etc. bearb. u. mit Bemerkungen über den richtigen Vortrag derselben versehen. Erfurt 863. Körner's Verlag. 4. (IV, 34 S.) n. 10 ngr.

Heinze, Leop., auserlesene Choräle für Männerstimmen, zunächst für kathol. Gymnasien, Seminarien etc. bearb. u. m. Bemerkungen über den richt. Vortrag derselben versehen. 2. Aufl. gr. 8. (IV, 44 S.) Ober-Glogau 882. Handel. n. — 60

Heinze, L., auserlesene Choräle f. Männerstimmen, zunächst f. kathol. Gymnasien, Seminarien u. Präparanden-anstalten bearb. u. m. Bemerkgn. üb. den richt. Vortrag derselben versehen. 3. Aufl. Lex.-8. (IV, 44 S.) Breslau 890. Handel. n. — 80

Heinze, Leop., auserlesene Choräle f. Männerstimmen, zun. f. kathol. Gymnasien, Seminare u. Präparandenanst. bearb. u. m. Bemerkgn. üb. d. richt. Vortrag derselben vers. 4. Aufl. gr. 8. (IV, 44 S.) Breslau 897. H. Handel. n. — 80

— auserlesene Choräle für Männerstimmen, Anh., s.: Hoppe, K., 20 Kirchenlieder.

— u. Wilhelm Osburg

-- — Musikal. Formenlehre u. Orgelkunde f. Seminaristen u. Musikschüler. Nach d. Lehrplan v. 1. VII. 1901 bearb., m. Abb. u. Taf. zur Orgelbaulehre. (Abschn. I u. II aus „Harmonie- u. Musiklehre" II. Tl.) 6., verm. u. verb. Aufl. (IV, 107 S. m. 3 Taf.) gr. 8. Ebd. (909). Geb. in Leinw. 1. 60

— — Geschichte der abendländ. Musik f. Seminaristen u. Musikschüler. Nach dem Lehrplane v. 1. VII. 1901 bearb. (Abschn. III aus „Harmonie- u. Musiklehre" II. Tl.) 6., verm. u. verb. Aufl. (III, 107 S.) gr. 8. Ebd. (909). Geb. in Leinw. 1. 40

Heinze, Léopold. Grammaire musicale comprenant les principes élémentaires de la musique, l'harmonie, le contrepoint simple et double, les imitations, la fugue et les formes principales des œuvres de musique. A l'usage des amateurs, des artistes et des maisons d'éducation d'après le traité d'harmonie et de musique de Léopold Heinze. Extrait, traduit et annoté par Johannes Weber. In-8°, 102 p. Bâle et Genève, H. Georg. 1880. 3 —

—— Grammaire musicale, comprenant les principes élémentaires de la musique, l'harmonie, le contrepoint simple et double, les imitations, la fugue et les formes principales des oeuvres de musique à l'usage des amateurs, des artistes et des maisons d'éducation, d'après le traité d'harmonie et de musique. Extrait, traduit et annoté par Johs. Weber. gr. 8. (IV, 102 S.) Ober-Glogau 880, Handel. *

— grammaire musicale, comprenant les principes élémentaires de la musique, l'harmonie, le contrepoint simple et double, les imitations, la fugue et les formes principales des oeuvres de musique à l'usage des amateurs, des artistes et des maisons d'éducation, d'après le traité d'harmonie et de musique. Extrait, traduit et annoté par Johs. Weber. gr. 8. (IV, 102 S.) Ebend. 881. n. 2. 40

— u. M. Hübner, Grundzüge der Kranken-, Unfall-, Invaliditäts- u. Altersversicherung, nebst Rechen-Aufgaben aus diesen Gebieten f. Schule u. Haus. Unter Mitwirkg. v. M. Fremdling. Zugleich Ergänzungsheft zur Lehrer-Ausg. v. Heinze u. Hübner's Rechenbuch, Hft. IV, V u. VI. 3., verb. Aufl. unter Berücksicht. der Krankenversicherungs-Novelle vom 10. Apr. 1892. gr. 8. (69 S.) Breslau 894. F. Görlich. n. — 60

Grundzüge der Kranken-, Unfall- und Invalidenversicherung, nebst Rechenaufgaben aus diesen Gebieten für Schule und Haus. Bearb. von L[eopold] Heinze, Sem.Oberl., u. M[ax] Hübner, Sem.Dir., unter Mitw. von M[ax] Fremdling, Sekr. d. Landesversicherungsanstalt Schlesien. Zugleich Erg.H. zu Heinze u. Hübners Methodik d. Rechnens. 4., verb. Aufl. unter Berücks. d. Krankenversicherungs-Novelle v. 25. Mai 1903. *Breslau: F. Goerlich [1904].* (58 S.) 8° [F.] [04. 10359

– u. Wilhelm Osburg

Kleine Ausgabe der Harmonielehre für Lehrerbildungsanstalten. Bearb. von L[eopold] **Heinze**, Sem.Oberl., u. W[ilhelm] Osburg, Sem.Lehrer. 2. Aufl. Breslau: H. Handel 1907. (131 S.) 8° [08. 3309 2

— Harmonie- u. Musiklehre. 2. Tl. Formenlehre, Organik u. Geschichte der abendländ. Musik f. Seminaristen u. Musikschüler. Mit Portraits der berühmtesten Komponisten. 2. Aufl. gr. 8. (VIII, 118 S.) Ebend. 885. n. 1. 40

— Harmonie- u. Musiklehre. 2. Tl. gr. 8. Ebd. 894. n. 1. 25; geb. n. 1. 65
Formenlehre, Organik u. Geschichte der abendländischen Musik f. Seminaristen u. Musikschüler. 3. Aufl. (VI, 120 S.)

Heinze, Leop., u. W. Osburg, Harmonie- u. Musiklehre. 2. Tl. Formenlehre. Organik u. Geschichte der abendländ. Musik f. Seminaristen u. Musikschüler. 4. Aufl. gr. 8. (XII, 143 S.) Breslau (900). H. Handel. n. 1. 60; Einbd. n.n. — 30

Heinze Leopold, Theoretisch-praktische Harmonielehre nach pädagogischen Grundsätzen. Für österreichische Lehrerbildungsanstalten etc. eingerichtet von Franz Krenn. Ober-Glogau. Heinrich Handel. Preis 80 kr.
1881.

Heinze, Leop., theoretisch-praktische Harmonielehre nach pädagogischen Grundsätzen, nebst specieller u. ausführl. Behandlg. der Harmonieen der Kirchentonarten bearb. 7. Aufl. gr. 8. (VIII, 192 S.) Ober-Glogau 883. Handel. n. 2. —

—— theoretisch-praktische Harmonielehre nach pädagogischen Grundsätzen, nebst specieller und ausführl. Behandlung der Harmonieen der Kirchentonarten bearb. Präparanden, Seminaristen, Lehrern, Organisten und Freunden der Tonkunst gewidmet. 7. Aufl. gr. 8. (VIII, 192 S.) Ebendas. 884. *

Heinze, Leop., theoretisch-praktische Harmonielehre, nach pädagog. Grundsätzen nebst spezieller und ausführl. Behandlung der Harmonieen der Kirchentonarten bearb. Präparanden, Seminaristen, Lehrern, Organisten und Freunden der Tonkunst gewidmet. 8. Aufl. gr. 8. (VIII, 192 S.) [Ober-Glogau 887.] Breslau, Handel. *

—— Theoretisch-praktische Harmonielehre, nach pädagog. Grundsätzen nebst specieller u. ausführl. Behandlg. d. Harmonieen d. Kirchentonarten bearb. Präparanden, Seminaristen, Lehrern, Organisten u. Freunden der Tonkunst gewidmet. 9. Aufl. gr. 8. (VIII, 191 S.) Ebd. 891. * 2 —

—— dass. — Kleine Ausg. gr. 8. (VIII, 120 S.) Ebd. 890. * 1 40

—— dass. — Übungsheft. qu. Lex.-8. (II, 28 S.) Ebd. 890. * — 75

Heinze, Leop., theoretisch-praktische Harmonielehre nach pädagogischen Grundsätzen, nebst spezieller u. ausführl. Behandlg. der Harmonieen der Kirchentonarten bearb. 9. u. 10. Aufl. gr. 8. (VI, 191 S.) Breslau 891. 894. H. Handel. n. 2. —

— dasselbe. Für den Gebrauch in evangelisch-luther. Lehrerbildungsanstalten bearb. v. Bernh. Reichardt. gr. 8. (VII, 171 S.) Ebd. 893. n. 2. —; geb. n.n. 2. 30

— theoret.-prakt. Harmonielehre nach pädagog. Grundsätzen, nebst spez. u. ausführl. Behandlg. d. Harmonieen d. Kirchentonarten bearb. Präparanden, Seminaristen, Lehrern, Organisten u. Freunden d. Tonkunst gewidmet. 11. Aufl. gr. 8. (VIII, 191 S.) Ebd. 897. n. 2. —

— u. W. Osburg, theoretisch-praktische Harmonielehre nach pädagog. Grundsätzen, nebst spezieller u. ausführl. Behandlung der Harmonieen der Kirchentonarten bearb. Für Präparanden, Seminaristen, Lehrer, Organisten u. Freunde der Tonkunst. 12. Aufl. gr. 8. (VIII, 191 S.) Breslau 901. H. Handel. n. 2. —; geb. n. 2. 40

Theoretisch-praktische Harmonielehre f. Seminaristen, Lehrer, Organisten u. Freunde d. Tonkunst. Nach d. Lehrplänen f. Lehrerseminare v. 1. Juli 1901 bearb. von Leopold Heinze, Seminaroberl., u. Wilhelm Osburg. 13. Aufl. Breslau: H. Handel 1904. (200 S.) 8° [F.] [05. 3..

— u. Wilh. Osburg, theoretisch-praktische Harmonielehre f. Seminaristen, Lehrer, Organisten u. Freunde der Tonkunst. Nach den Lehrplänen f. Lehrerseminare vom 1. VII. 1901 bearb. 14. Aufl. (IV, 200 S.) gr. 8. Breslau 906. H. Handel. n. 2. 20; geb. n n. 2. 60

—— theoretisch-praktische Harmonie- und Musiklehre nach pädagogischen Grundsätzen nebst specieller und ausführl. Behandlung der Kirchentonarten bearb. Präparanden, Seminaristen, Lehrern rc. gewidmet. gr. 8. (VII und 243 S.) Ober-Glogau 867, Handel. *

Heinze, Leop., theoretisch-praktische Harmonie- und Musiklehre nach pädagog. Grundsätzen nebst specieller und ausführl. Behandlung der Harmonien der Kirchentonarten bearb. Präparanden, Seminaristen, Lehrern, Organisten und Freunden der Tonkunst gewidmet. 2. Aufl. 1871. * ℳ 3., und 3. umgearb. und erweit. Aufl. gr. 8. (VI, 239 S.) Ob.-Glogau 874, Handel. *

—— dass. — 2. Thl.: Musikalisches Lese- und Bildungsbuch für Seminaristen, Gesang- und Clavierlehrer, Organisten, Cantoren und Chordirigenten. gr. 8. (VIII, 397 S.) Ebendas. 873. *

Heinze, Leop., theoretisch-praktische Harmonie- und Musiklehre, nach pädagogischen Grundsätzen, nebst specieller und ausführl. Behandlung der Harmonien der Kirchentonarten bearb. 1. Thl.: Präparanden, Seminaristen, Lehrern rc. gewidmet. 4. und 5. Aufl. gr. 8. (VI, 266 S.) Ober-Glogau 876,79, Handel. *
2. Thl. Ebendas. 1873. (* ℳ 4.) * ℳ 2.

—— theoretisch-praktische Harmonie- und Musiklehre nach pädagogischen Grundsätzen, nebst specieller und ausführl. Behandlung der Harmonieen der Kirchentonarten bearb. 2 Tle. gr. 8. Ebendas. 881. *

Inhalt:
Tl. 1. Theoretisch-prakt. Harmonielehre nach pädagogischen Grundsätzen. 6. Aufl. (VI, 236 S.) * ℳ 2,70.
2. Formenlehre, Organik und Geschichte der abendländischen Musik für Seminaristen und Musikschüler. 2. Aufl. [Mit Portraits (eingedr. Holzschn.) der berühmtesten Komponisten.] (VIII, 115 S.) * ℳ 1,40.

— u. F. Hochhelfer, Lehr- u. Übungsbuch f. den Rechenunterricht an Lehrerbildungsanstalten. Nach den Lehrplänen vom 1. VI. 1901 bearb. 1. Tl.: Für die Unterstufe der Präparandenanstalten. (Mit e. Stoffverteilungsplane.) gr. 8. (IV, 209 S.) Breslau (902). F. Goerlich. n. 2. —; geb. in Halbleinw. n.n. 2. 25

— u. F. Hochhelfer, Lehr- u. Uebungsbuch f. den Rechenunterricht an Lehrerbildungsanstalten. Nach den Lehrplänen vom 1. VII. 1901 bearb. 2.—5. Tl. gr. 8. Ebd. à n. 1. 50; geb. à n.n. 1. 75
2. Für die Mittelstufe der Präparandenanstalten. (Mit e. Stoffverteilungsplane.) (IV, 152 S.) (903.)
3. Für die Oberstufe der Präparandenanstalten. (Mit e. Stoffverteilungsplane.) (IV, 118 S.) 903.
4. Für die Unterstufe der Lehrerseminare. (IV, 116 S.) (903.)
5. Für die Mittel- u. Oberstufe der Lehrerseminare. (VI, 121 S.) (904.)

Heinze, Leop., u. F. Hochheiser, Lehr- u. Uebungsbuch f. den Rechenunterricht an Lehrerbildungsanstalten. Nach den Lehrplänen vom 1. VII. 1901 bearb. Ergebnisse. gr. 8. Breslau, F. Goerlich. n.n. 2. 25
I—III. Für Präparandenanstalten. (92 S.) 903. n. 1. 50
IV. V. Für Lehrerseminare. (31 S.) (904.) n.n. — 75; geb. n.n. — 90

Heinze, L., Liedergarten. Auswahl von 111 Liedern geistlichen und weltlichen Inhalts für katholische Schulen. Gesammelt u. herausg. rc. 1. 2. Heft. Erfurt (857.) Körner's Verlag. gr. 16. (1 Bl., S. 1—68.) Jedes Heft 3 ngr.

Heinze, Leop. u. Max Hübner. Methodik d. Rechnens. Lehrer-Ausg. d. Rechenbuches A. In 7 Heften u. e. Ergänzungsheft: Einführung in die Kranken-, Unfall-, Invaliditäts- u. Altersversicherg. Aufgaben u. Auflösgn. m. method. Anweisgn. u. vielen Musterlektionen, e. Anleitg. zum Gebrauch der Rechenhefte, Stoffverteilungsplänen f. d. einzelnen Schulsysteme, volkswirtschaftl. Belehrgn. rc. 1.—7. Heft u. Anh. z. 4. Heft. 2. verm. Aufl. gr. 8. Bresl. 891, Goerlich. [1. 2. Heft. (XXVIII, 46; 64 S.) à Heft * — 60. — 3. Heft. (87 S.) * — 80. — 4. 5. Heft. (96; 112 S.) à Heft * 1 —. — Anh. z. 4. Heft. (24 S.) * — 25. — 6. Heft. (120; XVI S.) * 1 30. — 7. Heft. (88 S.) * — 80.] * 6 35
—— —— dass. — Lehrer-Ausg. d. Rechenbuches f. einfache Schulverhältnisse. Ausg. B. enth. Aufgaben u. Auflösgn. m. method. Anweisgn. u. vielen Musterlektionen. 3 Hefte. gr. 8. Ebd. 891. [1., 2. Heft. (XXII, 76; 92 S.) à Heft * — 90. — 3. Heft. (162 S.) * 1 40.] * 3 20

— u. Max Hübner, Methodik d. Rechnens. Lehrer-Ausg. d. Rechenbuches f. einf. Schulverhältnisse (B), enth. Aufg. u. Auflösgn. m. method. Anweisgn. u. vielen Musterlektionen. 3 Hfte. gr. 8. Breslau (891). F. Goerlich. n. 3. 50
1. (76 u. XXII S.) n. — 90. — 2. (92 S.) n. — 90.
3. (175 S.) n. 1. 70.

[F.] Methodik des Rechnens. Lehrer-Ausg. d. Rechenbuches f. einfache Schulverhältnisse '(Ausg. D)' enth. Aufgaben u. Auflösgn m. method. Anweisgn u. 90 meist ausgef. Lektionen v. [Leopold] Heinze, Kgl. Seminar-Oberl. u. [Max] Hübner, Kgl. Kreis-Schulinsp. *Breslau: F. Goerlich [1897].* (XXIV, 158 S., 1 Bl.) 1 Bd 8. [98. 1373

— u. Max Hübner, Methodik des Rechnens. Lehrerausg. des Rechenbuches f. Stadt- u. Landschulen, A u. C. Aufgaben u. Auflösgn. m. method. Anweisungen u. vielen Musterlektionen, meist nach den formalen Stufen bearb., e. Anleitg. zum Gebrauch der Rechenhefte, Stoffverteilungsplänen, volkswirtschaftl. Belehrgn. u. e. Einleitung in die Arbeiterversichergn. 6 Hfte. 3. Aufl. Neu bearb. v. L. Heinze. gr. 8. Breslau (901). F. Goerlich. n. 7. 80
1. Das Zahlengebiet v. 1—10. (VII, LXXVI, 68 S.) n. 1. 80; erm. Pr. n. 1. 40
2. Das Zahlengebiet v. 1—100. (Das Leichteste v. d. Brüchen.) (IV, 76 S.) n. — 80
3. Das Zahlengebiet v. 1—1000. (IV, 108 S.) n. 1. 20
4. Erweiterung des Zahlengebietes bis 100,000 u. 1 000,000, d. 4 Grundrechnungsarten mit ganzen u. zweifach benannten Zahlen u. m. leichten Brüchen. Die Dezimalbruchrechnung, Regeldetri, Durchschnitts- u. Mischungsrechng. (IV, 124 S.) n. 1. 20
5. Unbegrenzter Zahlenraum. Die Bruchrechng. Die vier Grundrechnungsarten m. Brüchen. Die Durchschnittsrechng. Regeldetri. Algebraische Aufgaben. Prakt. Aufgaben a. d. Haus- u. Volkswirtschaft. Aufgaben aus den Arbeiterversicherungen.) (VI, 138 S.) n. 1. 20
6. Regeldetri. Gewinn- u. Verlustrechng. Rabattrechnung. Allgemeine Prozentrechng. Zinsrechnung. Diskont- u. Wechselrechnung. Berechnung v. Wertpapieren. Verteilungsrechng. Durchschnitts- u. Mischungsrechnung. Algebraische Aufgaben. Prakt. Aufgaben a. d. Haus- u. Volkswirtschaft. Aufgaben a. d. Geschichte, Geographie, Naturbeschreibg. u. Naturlehre. Das Ausziehen d. Quadratwurzel u. der Kubikwurzel. Aufgaben a. d. Arbeiterversichergn. (IV, 207 S.) n. 2. —

— — Methodik des Rechnens. Lehrerausg. des Rechenbuches f. Stadt- u. Landschulen. Ausg. B in 3 Heften, enth. die Aufgaben u. Auflösgn., Stoffverteilungspläne, method. Anweisgn. u. viele, meist ausgeführte Lektionen. 2. Aufl. Neu bearb. v. L. Heinze u. F. Hochheiser. Ebd. n. 4. 40
1. (IV, 144 S.) (905.) n. 1. 50
2. (IV, 104 S. m. Abbildgn.) (906.) n. 1. 10; geb. n.n. 1. 30
3. (IV, 146 S.) (908.) n. 1. 80; geb. n.n. 2. —

— — dasselbe. Lehrerausg. zur Rechenfibel u. zu den Rechenbüchern f. Volksschulen, Ausg. D u. E, enth. die Aufgaben u. Auflösgn., Stoffverteilungspläne, method. Anweisungen u. viele, meist ausgeführte Lektionen. 2. Aufl. Neu bearb. v. L. Heinze. 1. u. 2. Heft. gr. 8. Ebd. (905). n. 3. 50
1. (VIII, 192 S. m. Abbildgn.) n. 2. —
2. (IV, 121 S.) n. 1. 50

— u. Hübner, Methodik des Rechnens. Lehrerausg. d. Rechenbuches (+ (A. 1909) u. F. Aufgaben u. Auflösgn. m. method. Anweisgn., Stoffverteilungsplänen u. vielen Musterlektionen. Neu bearb. v. Frz. Hochheiser. I.—VI. Heft. gr. 8. Breslau, F. Goerlich. 8. 70
I. (Die Zahlenreihen von 1—5, 1—10 u. 1—20.) 4. Aufl. (IV, 129 S.) (910.) 1. 70
II. (Die Zahlenreihe bis 100.) 4. Aufl. (III, 70 S. m. Abbildgn.) (910.) 1. —
III. (Die Zahlenreihe bis 1000.) 4. Aufl. (III, 71 S. m. Abbildgn.) (910.) 1. —
IV. (Die unbegrenzte Reihe der ganzen Zahlen. Vorübungen f. die Bruchrechngn. u. den Dreisatz. Zweifach benannte Zahlen. Durchschnittsrechnung.) 4. Aufl. (III, 75 S. m. Abbildgn.) (910.) 1. —
V. (Die gewöhnlichen Brüche. Die Dezimalbrüche.) 4. Aufl. (IV, 116 S. m. Abbildgn.) (910.) 1. 50
VI. (Die Dreisatzrechnung. Prozentrechnungen. Haus- u. Volkswirtschaft. Aufgaben aus den Realien u. aus der Raumlehre.) 4. Aufl. (VIII, 251 S. m. Abbildgn.) (910.) 2. 50

allgemeine Musiklehre für Seminaristen, Präparanden und Musikschüler. gr. 8. (IV, 51 S.) Ebendas. 881. cart. *

— allgemeine Musiklehre f. Seminaristen, Präparanden u. Musikschüler. Der neuen Bearbeitg. 2. Aufl. gr. 8. (IV, 52 S.) Ebend. 884. cart. n. — 75

—— allgemeine Musiklehre für Seminaristen, Präparanden und Musikschüler. Der neuen Bearbeitung 3. Aufl. gr. 8. (IV, 55 S.) Ebendas. 887. cart. *

— allgemeine Musiklehre f. Seminaristen, Präparanden u. Musikschüler. 10. Aufl. gr. 8. (IV, 55 S.) Ebd. 889. cart. n. — 75

— dasselbe. Arbeitsheft A u. B. qu. Lex.-8. Ebd. 890. à n. — 60
A. Übungen im Bilden der Tonleiter, Intervalle u. Accorde. (20 S.) — B. Übungen in den einfachsten Accordverbindungen u. Schlüssen. (22 S.)

— allgemeine Musiklehre f. Seminaristen, Präparanden u. Musikschüler. 11.—13. Aufl. gr. 8. (IV, 55 S.) Ebd. 891—895. Kart. n. — 75

— allgem. Musiklehre f. Seminaristen, Präparanden u. Musikschüler. 14. Aufl. gr. 8. (IV, 55 S.) Ebd. 896. Kart. n. — 75

Heinze, Leop., allgemeine Musiklehre f. Seminaristen, Präparanden u. Musikschüler. 16. Aufl. gr. 8. (IV, 55 S.) Breslau 900. H. Handel. Kart. n. — 75

– u. Wilhelm Osburg

— — allgemeine Musiklehre f. Seminaristen, Präparanden u. Musikschüler. 17. Aufl. gr. 8. (IV, 56 S.) Ebd. 901. Kart. n. — 75

Heinze, Leop., u. Wilh. Osburg, allgemeine Musiklehre f. Seminaristen, Präparanden u. Musikschüler. Nach den Lehrplänen vom 1. VII. 1901 bearb. 18. Aufl. (VI, 70 S.) gr. 8. Breslau 903. H. Handel. Kart. n. — 90

– Arbeitsheft A zur „Allgemeinen Musiklehre". Uebungen im Bilden der Tonleitern, Intervalle u. Akkorde. 8. Aufl. (20 S.) qu. kl. 8. Ebd. (905). n. — 60

Allgemeine Musiklehre für Präparanden, Seminaristen und Musikschüler. Nach d. Lehrplänen v. 1. Juli 1901 bearb. von L[eopold] **Heinze** u. W[ilhelm] Osburg. 20. Aufl. Breslau: H. Handel 1906. (VI, 70 S.) 8° [F.] [07. 9833 2

— — Arbeitsheft A u. B zur „Allgem. Musiklehre". 16,5×26,5 cm. Ebd. à — 50
A. Übgn. im Bilden d. Tonleitern, Intervalle u. Akkorde. 11. Aufl. (20 S.) (909.)
B. Übgn. in d. einfachst. Akkordverbindgn. u. Schlüssen. 7. Aufl. (28 S.) (909.)

— — Allgemeine Musiklehre f. Präparanden, Seminaristen u. Musikschüler. Nach den Lehrplänen v. 1. VII. 1901 bearb. 22. Aufl. (VI, 71 S.) 8. Ebd. 910. Geb. — 90

—— theoretisch-praktische Musik- und Harmonielehre nach pädagogischen Grundsätzen. 2 Tle. gr. 8. Ebendas. 884. *
Inhalt:
Tl. 1. Musik- und Harmonielehre. 3. Aufl. (VII, 172 S.) *ℳ 1,80.
" 2. Formenlehre, Organik, Musikgeschichte und Methodik des Gesangunterrichtes in der Volksschule. (VII, 126 S.) *ℳ 1,50.

Heinze, Leop., theoretisch-praktische Musik- und Harmonielehre nach pädagogischen Grundsätzen. Für österreich. Lehrerbildungsanstalten, Musikschulen ꝛc. eingerichtet von Frz. Krenn. 1. Thl.: Musik- und Harmonielehre. 3. Aufl. gr. 8. (VII, 172 S.) Breslau 888, Handel. * 1 80

— theoretisch-praktische Musik- u. Harmonielehre nach pädagogischen Grundsätzen. Für österr. Lehrerbildungsanstalten, Musikschulen ꝛc. eingerichtet v. Frz. Krenn. 1. Thl.: Musik- u. Harmonielehre. 4. 5. Aufl. gr. 8. (VII, 172 S.) Ebd. 891. 893. n. 1. 80

— theoret.-prakt. Musik- u. Harmonielehre n. pädagog. Grundsätzen. Für österr. Lehrerbildungsanstalten, Musikschulen ꝛc. eingerichtet v. Frz. Krenn. 1. Thl.: Musik- u. Harmonielehre. 6. Aufl. gr. 8. (VII, 172 S.) Ebd. 895. n. 1. 80; geb. n. 2. 20

Theoretisch-praktische Musik- und Harmonielehre nach pädagog. Grundsätzen von Leopold **Heinze**. Für österr. Lehrerbildungsanst. etc. eingerichtet von Franz Krenn (2: von Hubert Wondra). *Breslau: H. Handel 1899–1901.* 2 Bde 8° [F.]
1. Musik- u. Harmonielehre. 7. Aufl. 1899.
2. Formenlehre, Organik, Musikgesch. u. Methodik d. Gesangunterr. Mit 10 Abb. 2. Aufl. bearb. von Hans Wagner. 1901. [01. 5552

— dasselbe. Für österreich. Lehrerbildungsanstalten eingerichtet v. Hub. Wondra. 2. Aufl. bearb. v. Hans Wagner. 2. Thl.: Formenlehre, Organik, Musikgeschichte u. Methodik des Gesangunterrichtes in der Volksschule. gr. 8. (VII, 163 S. m. 10 Abbildgn.) Ebd. 901. n. 1. 70; geb. n. 2. 10

— theoretisch-praktische Musik- u. Harmonielehre n. pädagog. Grundsätzen. Für österreich. Lehrerbildungsanstalten, Musikschulen ꝛc. eingerichtet von Frz. Krenn. I. Tl.: Musik- u. Harmonielehre. 8. Aufl., bearb. v. Hans Wagner. gr. 8. (VIII, 184 S.) Ebd. 903. n. 1. 80; geb. n.n. 2. 20

Heinze Leopold, Theoretisch-praktische Musik- und Harmonielehre nach pädagogischen Grundsätzen. Für österreichische Lehrerbildungsanstalten eingerichtet von Hubert Wondra. II. Teil: Formenlehre, Organik, Musikgeschichte und Methodik des Gesangunterrichtes in der Volksschule. Mit 10 Abbildungen. Breslau 1905. Heinrich Handel. (3., von Hans Wagner bearbeitete, im wesentlichen unveränderte, zulässige Auflage.) Brosch. K 2.—, geb. K 2.50.

Heinze, Leop., theoretisch-praktische Musik- u. Harmonielehre nach pädagogischen Grundsätzen. Für österreich. Lehrerbildungsanstalten, Musikschulen ꝛc. eingerichtet v. Frz. Krenn. I. Tl. Musik- u. Harmonielehre. 9. Aufl., bearb. v. Hans Wagner. (VIII, 185 S.) gr. 8. Breslau 906. H. Handel. 1.80; geb. nn 2. 15

— u. Max Hübner

— — Raumlehre f. Volksschulen. (Heinze u. Hübner, Rechenbuch), Ausg. A u. C, Hft. VII.) Ausg. f. Schüler. gr. 8. (50 S. m. Fig.) Ebd. 898. n. — 30

— — dasselbe. Ausg. f. Lehrer. 3., verm. u. verb. Aufl. gr. 8. (IV, 132 S. m. Fig.) Ebd. 898. n. 1. 60

Raumlehre für Volksschulen. Von (L[eop.]) **Heinze** u. (M[ax]) Hübner. Ausg. f. Lehrer. 3. verm. u. verb. Aufl. *Breslau: F. Goerlich [1901].* (132 S.) 8° [F.]
— **Heinze**: Methodik d. Rechnens. H. 7. [01. 3833

Raumlehre für mehrklassige Volksschulen und für Fortbildungsschulen. Von [Leopold] **Heinze**, Kgl. Sem.Oberl., u. [Max] Hübner, Kgl. Sem.Dir. Ausg. f. Schüler. ⟨Mit 141 Abb.⟩ 4., verm. u. verb. Aufl. ⟨39.–43. Taus. d. Gesamtaufl.,⟩ bearb. von Heinze u. [Franz] Hochheiser, Kgl. Sem.Lehrer. Breslau: F. Goerlich [1905]. (72 S.) 8° [F.] [06. 8857 2

Raumlehre für mehrklassige Volksschulen und für Fortbildungsschulen. Von [Leopold] **Heinze** u. [Max] Hübner. Ausg. f. Lehrer. 4., verb. u. verm. Aufl., bearb. von [Leop.] Heinze u. [Franz] Hochheiser. Breslau: F. Goerlich [1903]. (160 S.) 8° [F.]
— **Heinze**: Methodik d. Rechnens. H. 7. [07. 173 2

Heinze und Hübner, Rechenbuch für Stadt- und Landschulen. 6 Hefte und Anhang zum 4. Heft. Ausg. für Schüler. gr. 8. Breslau 884, Goerlich's Verlag. [1. Heft. (24 S.) * 15 Pf.; 2. Heft. (40 S.) * 20 Pf.; 3. und 4. Heft. (à 48 S.) à * 25 Pf.; Anhang zum 4. Heft. (16 S.) * 15 Pf.; 5. Heft. (49 S.) * 25 Pf.; 6. Heft. (64 S.) * 40 Pf.] *

Heinze und Hübner, Rechenbuch für Stadt- und Landschulen. [In 6 Heften.] 6 Hefte mit Anhang zum 4. Heft. Ausg. für Schüler. gr. 8. Breslau 885—88, Goerlich. [1. Heft. 2. und 3. [Ster.-]Aufl. (24 S.) * 15 Pf.; 2. Heft. 2.—9. [Ster.-]Aufl. (40 S.) * 20 Pf.; 3. Heft. 2.—10. [Ster.-]Aufl. (48 S.) * 25 Pf.; 4. Heft. 2.—9. [Ster.-]Aufl. (48 S.) * 25 Pf.; Anhang dazu für Schulen, welche mit diesem Hefte abschließen wollen. 2.—4. [Ster.-]Aufl. (16 S.) * 15 Pf.; 5. Heft. 2. und 3. [Ster.-]Aufl. (49 S.) * 25 Pf.; 6. Heft. 2.—4. [Ster.-]Aufl. (64 S.) * 40 Pf.] *

Heinze u. Hübner, Rechenbuch f. Stadt- u. Landschulen. [In 6 Hftn.] 6 Hfte. m. Anh. zum 4. Hft. Ausg. f. Schüler. gr. 8. Breslau, Goerlich. n. 1. 65
1. 3. [Ster.-]Aufl. (24 S.) 885. n. — 15. — 2. 5. [Ster.-]Aufl. (40 S.) 886. n. — 20. — 3. 6. [Ster.-]Aufl. (48 S.) 886. n. — 25. — 4. 5. [Ster.-]Aufl. (48 S.) 886. n. — 25. — Anh. dazu. 2. [Ster.-]Aufl. (16 S.) 885. n. — 15. — 5. 3. [Ster.-]Aufl. (49 S.) 885. n. — 25. — 6. 3. [Ster.-]Aufl. (64 S.) 885. n. — 40

—— dass. — Ausg. für Lehrer [enthaltend die Aufgaben mit Auflösungen und method. Anweisungen]. 6 Hefte mit Anhang zum 4. Heft. gr. 8. Ebendas. 885. [1. Heft. (VIII, 38 S.) * 40 Pf.; 2. Heft. (63 S.) * 60 Pf.; 3. und 4. Heft. (à 84 S.) à * 80 Pf.; Anhang zum 4. Heft. (24 S.) * 25 Pf.; 5. Heft. (97 S.) * ℳ 1.—; 6. Heft. (128 S.) * ℳ 1.20.] *

— — dasselbe. Anhang zum 4. Hft. für Schulen, welche mit diesem Heft abschließen wollen. 4. [Ster.-]Aufl. gr. 8. (16 S.) Ebd. 888. n. — 15

Heinze, L., u. Hübner, Rechenbuch für Stadt- u. Landschulen. Ausg. A in 7 Hftn. 1.—6. Hft. Ausg. f. Schüler. gr. 8. Breslau 890. Goerlich. n. 1. 35
1. 7. [Ster.-]Aufl. [26.—30. Tausend.] (24 S.) n. — 15. —
2. 12. [Ster.-]Aufl. [46.—50. Tausend.] (40 S.) n. — 20. —
3. 13. [Ster.-]Aufl. [51.—55. Tausend.] (48 S.) n. — 25. —
4. 12. [Ster.-]Aufl. [46.—50. Tausend.] (48 S.) n. — 25. —
5. 7. [Ster.-]Aufl. [26.—30. Tausend.] (48 S.) n. — 25. —
6. 6. [Ster.-]Aufl. [16.—20. Tausend.] (47 S.) n. — 25.

— — dasselbe. Ausg. B in 3 Hftn. Für einfache Schulverhältnisse hrsg. Ausg. f. Schüler. gr. 8. Ebd. 890. n. — 75
1. (48 S.) n. — 20. — 2. (48 S.) n. — 25. — 3. (64 S.) n. — 30.

— — Rechenbuch f. Stadt- u. Landschulen. Ausg. A in 7 Heften. 1.—7. Heft u. Anh. zum 4. Heft. Ausg. f. Schüler. gr. 8. Ebd. 892. * 1 85

1. Heft. 9. Aufl. (24 S.) * — 15. — 2. Heft. 15. Aufl. (40 S.) * — 20. — 3. Heft. 16. Aufl. (48 S.) * — 25. — 4. Heft. 14. Aufl. (52 S.) * — 25; Anh. 6. Aufl. (16; 8 S.) * — 20. — 5. Heft. 9. Aufl. (52 S.) * — 25. — 6. Heft. 7. Aufl. (63 S.) * — 30. — 7. Heft. 2. Aufl. (40 S. m. Abbildgn.) * — 25.

Heinze, Leop., u. M. Hübner, Rechenbuch f. Stadt- u. Landschulen. Methodik d. Rechnens. Lehrer-Ausg. d. Rechenbuches A. 7 Hfte. u. Anhang zum 4. Hft. Aufgaben u. Auflösgn. m. method. Anweisgn. u. vielen Musterlektionen, e. Anleitg. zum Gebrauch der Rechenhefte, Stoffverteilungsplänen f. die einzelnen Schulsysteme, volkswirtschaftl. Belehrgn. rc. gr. 8. Breslau, F. Görlich. n. 6. 70

1. 2. Aufl. (XXVIII, 46 S.) 892. n. — 60. — 2. 2. Aufl. (64 S.) 892. n. — 60. — 3. 2. Aufl. (87 S.) 892. n. — 80. — 4. 2. Aufl. (96 S.) 892. n. 1. —; Anhang zum 4. Heft f. Schulen, welche mit diesem Hefte abschließen wollen. 2., verm. Aufl. (72 S.) 894. n. — 60. — 5. 2. Aufl. (112 S.) 892. n. 1. —. — 6. 2. Aufl. (136, XVI S.) 892. n. 1. 30. — 7. 2. Aufl. (88 S.) 892. n. — 80.

— — dass. — Ausg. B in 3 Heften. Für einfache Schulverhältnisse hrsg. Ausg. f. Schüler. gr. 8. Ebd. * — 75

1. Heft. (48 S.) 890. * — 20. — 2. Heft. 2. Aufl. (48 S.) 892. * — 25. — 3. Heft. (64 S.) 890. * — 30.

— — dasselbe. Ausg. B. Für einfache Schulverhältnisse. Schülerausg. 3 Hfte. gr. 8. Ebd. n. — 75

1. 2. Aufl. (48 S.) 890. n. — 20. — 2. 3. Aufl. (48 S.) 891. n. — 25. — 3. 2. Aufl. (72 S.) 890. n. — 30.

— — dasselbe. Methodik d. Rechnens. Lehrer-Ausg. d. Rechenbuches f. einfache Schulverhältnisse (Ausg. B.), enth. Aufgaben u. Auflösgn. m. method. Anweisgn. u. vielen Musterlektionen. 3 Hfte. gr. 8. Ebd. n. 3. 20

1. (XII, 76 S.) 891. n. — 90. — 2. (92 S.) 891. n. — 90. — 3. (142 S.) 891. n. 1. 40.

— — Rechenbuch f. Stadt- u. Landschulen. Ausg. A. Schülerausg 7 Hfte. gr. 8. Ebd. n. 1. 65; Anhang zum 4. Hft. n. — 20

1. 11. Aufl. (24 S.) 894. n. — 15. — 2. 18. Aufl. (40 S.) 894. n. — 20. — 3. 20. Aufl. (48 S.) 894. n. — 25. — 4. 16. Aufl. (48 S.) 894. n. — 25; Anhang hierzu (24 S.) n. — 20. — 5. 12. Aufl. (52 S.) 894. n. — 25. — 6. 9. Aufl. (64 S.) 894. n. — 30. — 7. 2. Aufl. (40 S. m. Abbildgn.) 891. n. — 25.

— — Rechenbuch f. Stadt- u. Landschulen. Ausg. A in 7 Hftn. Ausg. f. Schüler. gr. 8. Ebd. 898. n. 1. 70

1. (D. Zahlenkreis v. 1—5, 1—10 u. 1—20.) 14. (Ster.-) Aufl. (61.—65. Taus.) (24 S.) n.n. — 15
2. (D. Zahlenkreis v. 1—100.) 23. (Ster.-) Aufl. (101.—105. Taus.) (40 S.) n. — 20
3. (D. Zahlenkreis v. 1—1000. Vorübgn. f. d. Bruchrechng. Rechnen m. Zahlen in dezimaler Schreibg.) 25. (Ster.-) Aufl. (111.—115. Taus.) (48 S.) n. — 25
4. (Erweiterg. d. Zahlenkreises bis Million. Zweif. benannte Zahlen. Leichte gemeine Brüche. Dezimalbruchrechng. Leichte Aufgaben aus d. Invaliditäts- u. Altersversicherung. 21. (Ster.-) Aufl. (91.—95. Taus.) (52 S.) n. — 25
5. (Weiterführg. d. 4 Grundrechngn. m. ganzen Zahlen u. Dezimalbrüchen. D. Zeitrechng. D. gemeine Bruchrechng. D. Durchschnitts- u. Mischungsrechng. D. Invaliditäts- u. Altersversicherg. 17. (Ster.-) Aufl.) (54.—56. Taus.) (52 S.) n. — 25
6. (Regeldetri. D. bürgerl. Rechnungsarten. Aufgaben aus d. Kranken-, Unfall-, Invaliditäts- u. Altersversicherg. D. Ausziehen d. Quadrat- u. Kubikwurzel.) 12. (Ster.-) Aufl. (37.—39. Taus.) (64 S.) n. — 30
7. Raumlehre. 4., umgearb. Aufl. (16.—17. Taus.) (50 S. m. Fig.) n. — 30

Heinze, Leop., u. Max Hübner, Rechenbuch f. Stadt- u. Landschulen. Ausg. B. In 3 Hftn. Für einf. Schulverhältnisse. gr. 8. Breslau 898. F. Goerlich. n. — 80

1. (Zahlenkreis v. 1—5, 1—10, 1—20 u. 1—100.) 6. (Ster.-) Aufl. (16.—18. Taus.) (48 S.) n. — 25
2. (D. Zahlenkreis v. 1—1000. Vorübgn. f. d. Bruchrechng. Dezimales Rechnen.) 6. (Ster.-) Aufl. (16.—18. Taus.) (48 S.) n. — 25
3. D. Zahlenkreis b. Million. Rechnen m. dezim. Zahlen u. gem. Brüchen. Regeldetri; bürgerl. Rechnungsarten. Aufgaben aus d. Kranken-, Unfall-, Invaliditäts- u. Altersversicherg. D. Notwendigste aus d. Raumlehre. 5. (Ster.-) Aufl. (13.—15. Taus.) (72 S. m. Fig.) n. — 30

Heinze, Leop., u. Max Hübner, Rechenbuch f. Stadt- u. Landschulen. Ausg. A in 7 Hftn. nebst Anh. z. 4. Hft. Ausg. f. Schüler. gr. 8. Ebd. (901). n.n. 1. 90

1. Der Zahlenkreis von 1—5, 1—10 u. 1—20. 16. Aufl. (74.—78. Taus.) (32 S.) n.n. — 15
2. Der Zahlenkreis von 1—100. 27. Aufl. (122.—126. Taus.) (48 S.) n. — 20
3. Der Zahlenkreis von 1—1000. Vorübungen f. die Bruchrechng. Rechnen m. Zahlen in dezimaler Schreibung.) 29. (Ster.-)Aufl. (48 S.) n. — 25
4. Erweiterung des Zahlenkreises bis Million. Zweifach benannte Zahlen. Leichte gemeine Brüche. Dezimalbruchrechng. 25. (Ster.-)Aufl. (108.—111. Taus.) (52 S.) n. — 25

   Anh. f. Schulen, welche m. diesem Hfte. abschließen wollen. Inhalt: Die gemeine Bruchrechng. Die Zeit-, Durchschnitts- u. Mischungsrechng. Leichte Aufgaben aus d. bürgerl. Rechnungsarten u. aus d. Raumlehre. Aufgaben aus d. Kranken-, Unfall-, Invaliditäts- u. Altersversicherg. 10. (Ster.-)Aufl. (23.—24. Taus.) (23 S.) 899. n. — 20
5. Weiterführung der 4 Grundrechnungen mit ganzen Zahlen u. Dezimalbrüchen. Die Zeitrechng. Die gemeine Bruchrechng. Die Durchschnitts- u. Mischungsrechng. Aufgaben aus den Arbeiterversichergn. 20. (Ster.-)Aufl. (63.—65. Taus.) (52 S.) n. — 25
6. 14. Aufl. (80 S.) n. — 30
7. Raumlehre. 7., umgearb. Aufl. (23.—25. Taus.) (50 S. m. Fig.) n. — 30

— — dasselbe. Neubearbeitung. Ausg. f. Schüler. gr. 8. Ebd. (900. 901.) n.n. 1. 80

1. (32 S. m. Fig.) n.n. — 15. — 2. (48 S.) n. — 20. — 3. (48 S.) n. — 25. — 4. (64 S.) n. — 30. — 5. (68 S.) n. — 30. — 6. (80 S.) n. — 30. — 7. Raumlehre. (50 S. m. Fig.) n. — 30.

— — dasselbe. Ausg. B in 3 Hftn. Für einfache Schulverhältnisse. gr. 8. Ebd. n. — 60

1. Zahlenkreis von 1—5, 1—10, 1—20 u. 1—100. 9. (Ster.-) Aufl. (25.—27. Taus.) (48 S.) (901.) n. — 25
2. Der Zahlenkreis von 1—1000. Vorübungen f. Bruchrechng. Dezimales Rechnen. 9. (Ster.-)Aufl. (25.—27. Taus.) (48 S.) (901.) n. — 25
3. Der Zahlenkreis bis 1 000 000. Rechnen m. dezimal. Zahlen u. gemeinen Brüchen. Regeldetri: bürgerl. Rechnungsarten. Aufgaben aus der Kranken-, Unfall-, Invaliditäts- u. Alters-Versicherg. Das Notwendigste aus der Raumlehre. 7. (Ster.-) Aufl. (19.—21. Taus.) (72 S. m. Fig.) (900.) n. — 30

— — Rechenbuch f. Stadt- u. Landschulen. Ausg. A in 7 Heften. Neubearbeitung. Ausg. für Schüler. 8. Ebd. n.n. 1. 85

I. (Zahlenkreis von 1—5, 1—10 u. 1—20.) (96.—100. Tauf. der Gesamtaufl.) (32 S. m. Fig.) (906.) n.n. — 15
II. (Das Zahlengebiet von 1—100.) (166.—175. Tauf. der Gesamtaufl.) (48 S.) (906.) n. — 20
III. (Das Zahlengebiet von 1—1000.) (186.—195. Tauf. der Gesamtaufl.) (48 S.) (906.) n. — 25
IV. (151.—160. Tauf. der Gesamtaufl.) (64 S.) (906.) n. — 30
V. (96.—100. Tauf. der Gesamtaufl.) (68 S.) (906.) n. — 30
VI. (66.—70. Tauf. der Gesamtaufl.) (80 S.) (906.) n. — 30
VII. Raumlehre. (39.—43. Tauf. der Gesamtaufl.) (72 S. m. Fig.) (906.) n. — 35

— — dasselbe. Ergänzungsheft zu Heft I—IV f. Schulen, welche m. diesem Hefte abschließen wollen. Ausg. f. Schüler. Neubearbeitung v. L. Heinze. (28.—30. Tauf. der Gesamtaufl.) (86 S. m. Fig.) 8. Ebd. (906). n. — 30

— — dasselbe. Ausg. B in 3 Heften. Ausg. f. Schüler. Neu bearb. v. L. Heinze. 8. Ebd. (906). n. — 80

I. (Das Zahlgebiet von 1—10, 1—20 u. 1—100.) (42.—46. Tauf. der Gesamtaufl.) (56 S.) n. — 25
II. (Das Zahlgebiet bis 1000 u. bis in die Millionen. Das Rechnen m. Dezimalbrüchen u. zweifach benannten Zahlen. Praktische Aufgaben aus der Haus- u. Volkswirtschaft.) (44.—46. Tauf. der Gesamtaufl.) (64 S. m. Fig.) n. — 25
III. (Unbegrenzter Zahlenraum. Die Bruchrechnung. Regeldetri; bürgerl. Rechnungsarten. Aufgaben aus den Arbeiterversicherungen u. der Haus- u. Volkswirtschaft. Das Notwendigste aus der Raumlehre.) (35.—37. Tauf. der Gesamtaufl.) (82 S. m. Fig.) n. — 30

— — Rechenbuch f. Stadt- u. Landschulen. Ausg. A in 7 Heften. Neubearbeitung. Ausg. f. Schüler. 8. Ebd. nn 1. 85

I. (Das Zahlengebiet von 1—5, 1—10 u. 1—20.) (111.—115. Tauf. der Gesamtaufl.) (32 S.) (909.) nn — 15
II. (Das Zahlengebiet von 1—100.) (226.—230. Tauf. der Gesamtaufl.) (48 S.) (910.) — 20
III. (Das Zahlengebiet von 1—1000.) (241.—245. Tauf. der Gesamtaufl.) (48 S.) (910.) — 25
IV. (171.—180. Tauf. der Gesamtaufl.) (64 S.) (909.) — 30
V. (140.—144. Tauf. der Gesamtaufl.) (68 S.) (910.) — 30
VI. (102.—108. Tauf. der Gesamtaufl.) (80 S.) (910.) — 30
VII. Raumlehre. (75.—77. Tauf. der Gesamtaufl.) (72 S. m. Fig.) (910.) nn — 35

— — dasselbe. Ausg. A in 7 Heften. Neubearbeitung 1909. Ausg. f. Schüler. 8. Ebd. nn 1. 90
I. (Die Zahlenreihen von 1—5, 1—10 u. 1—20.) (116.—125. Taus. der Gesamtaufl. der Ausgaben A, F u. G.) (28 S. m. Abbildgn.) (909.) nn — 15
II. (Die Zahlenreihe bis 100.) (196.—205. Taus. der Gesamtaufl. der Ausgaben A, F u. G.) (48 S. m. Abbildgn.) (909.) — 20
III. (Die Zahlenreihe bis 1000.) (206.—215. Taus. der Gesamtaufl. der Ausgaben A, F u. G.) (48 S. m. Abbildgn.) (909.) — 25
IV. (181.—190. Taus. der Gesamtaufl. der Ausgaben A, F u. G.) (52 S. m. Abbildgn.) (909.) — 30
V. (Die gewöhnlichen Brüche. — Die Dezimalbrüche.) (117.—121. Taus. der Gesamtaufl. der Ausgaben A u. G.) (68 S. m. Abbildgn.) (909.) — 30
VI. (Die Dreisatzrechnung. Prozentrechnungen. Haus- u. Volkswirtschaft.) (85. u. 86. Taus. der Gesamtaufl. der Ausgaben A u. G.) (88 S. m. Abbildgn.) (910.) nn — 35
VII. Raumlehre, bearb. v. Frz. Hochheiser. (51.—56. Taus. der Gesamtaufl.) (72 S. m. Fig.) (909.) — 35

— — dasselbe. Ausg. B in 3 Heften. Ausg. f. Schüler. Neu bearb. v. L. Heinze. 8. Ebd. — 80
I. (Das Zahlengebiet von 1—10, 1—20 u. 1—100.) (54. u. 55. Taus. der Gesamtaufl.) (56 S.) (910.) — 25
II. (Das Zahlengebiet bis 1000 u. bis in die Millionen. Das Rechnen m. Dezimalbrüchen u. zweifach benannten Zahlen. Praktische Aufgaben aus der Haus- u. Volkswirtschaft.) (59. u. 60. Taus. der Gesamtaufl.) (64 S. m. Fig.) (910.) — 25
III. (Unbegrenzter Zahlenraum. Die Bruchrechng. Regeldetri: bürgerl. Rechnungsarten. Aufgaben aus den Arbeiterversichergn. u. der Haus- u. Volkswirtschaft. Das Notwendigste aus der Raumlehre.) (46. u. 47. Taus. der Gesamtaufl.) (82 S. m. Fig.) (910.) — 30

— — dasselbe. Ausg. F in 5 Heften, bearb. v. Frz. Hochheiser. Ausg. f. Schüler. 8. Ebd. nn 1. 25
I. (Die Zahlenreihen von 1—5, 1—10 u. 1—20.) (116.—125. Taus. der Gesamtaufl. der Ausgaben A, F u. G.) (28 S. m. Abbildgn.) (909.) nn — 15
II. (Die Zahlenreihe bis 100.) (196.—205. Taus. der Gesamtaufl. der Ausgaben A, F u. G.) (48 S. m. Abbildgn.) (909.) — 20
III. (Die Zahlenreihe bis 1000.) (206.—215. Taus. der Gesamtaufl. der Ausgaben A, F u. G.) (48 S. m. Abbildgn.) (909.) — 25
IV. (181.—190. Taus. der Gesamtaufl. der Ausgaben A, F u. G.) (52 S. m. Abbildgn.) (909.) — 30
V. (Die Bruchrechnungen. Der Dreisatz. Prozentrechngn. Volkswirtschaft. Aufgaben aus der Raumlehre.) (33. u. 34. Taus. der Gesamtaufl.) (88 S. m. Abbildgn.) (910.) nn — 35

— — dasselbe. Stoffverteilung. (1 Bl.) 28,5×45 cm. Ebd. (909.) Gebrochen in 8 — 25

— — dasselbe. Ausg. G in 7 Rechenheften f. sieben- u. achtklass. Schulen, bearb. v. Frz. Hochheiser. Ausg. f. Schüler. 8. Ebd. nn 1, 85
I. (Die Zahlenreihen von 1—5, 1—10 u. 1—20.) (116.—125. Taus. der Gesamtaufl. der Ausgaben A, F u. G.) (28 S. m. Abbildgn.) (909.) nn — 15
II. (Die Zahlenreihe bis 100.) (206.—215. Taus. der Gesamtaufl. der Ausg. A, F u. G.) (48 S. m. Abb.) (910.) — 20
III. (Die Zahlenreihe von 1—1000.) (221.—230. Taus. d. Gesamtaufl. der Ausg. A, F u. G.) (48 S. m. Abb.) (910.) — 25
IV. (Die unbegrenzte Reihe der ganzen Zahlen. Vorübungen f. die Bruchrechngn. u. den Dreisatz. Zweifach benannte Zahlen. Durchschnittsrechnung.) (191.—200. Taus. der Gesamtaufl. der Ausg. A, F u. G.) (52 S. m. Abb.) (910.) — 30
V. (Die gewöhnl. Brüche. — Die Dezimalbrüche.) (125.—129. Taus. der Gesamtaufl. der Ausg. A u. G.) (68 S. m. Abb.) (910.) — 30
VI. (Die Dreisatzrechnung. Einfachere Aufgaben aus den Prozentrechngn. u. der Volkswirtschaft. Raumlehre: Aufgaben üb. die Linien, Winkel u. Figuren.) (87.—91. Taus. der Gesamtaufl. der Ausg. A u. G.) (68 S. m. Abb.) (910.) — 30
VII. (Prozentrechnungen. Haus- u. Volkswirtschaft. Raumlehre: Aufgaben zur Körperberechng.) (60.—64. Taus. der Gesamtaufl. der Ausg. A u. G.) (88 S.) (910.) nn — 35

Heinze, Leop., u. Hübner, Rechenbuch f. Stadt- u. Landschulen. Stoffverteilg. (1 Bl.) 28,5×45 cm. Breslau (909). F. Goerlich. Gebrochen in 8 — 25

— — Rechenbuch f. Volksschulen u. die untersten Klassen höherer Lehranstalten. Ausg. C. 7 Hfte. gr. 8. Ebd. n. 1. 70
1. (32 S.) 891. n. — 20. — 2. (40 S.) 891. n. — 20. — 3. 2. Aufl. (52 S. m. Fig.) 894. n. — 25. — 4. 2. Aufl. (48 S. m. Fig.) 894. n. — 25. — 5. (48 S. m. Fig.) 891. n. — 25. — 6. (68 S.) 891. n. — 30. — 7. (40 S. m. Fig.) 891. n. — 25.

— — dasselbe. Auflösungen zum 3.—6. Hft. gr. 8. Ebd. n. 1. 50
3. (36 S.) 891. n. — 30. — 4. (32 S.) 891. n. — 30. — 5. (44 S.) 891. n. — 40. — 6. (48 S.) 891. n. — 50.

—— —— dass. — Ergänzungen zur Lehrer-Ausg. 4., 5. u. 6. Heft: Einführung in die Kranken-, Unfall-, Invaliditäts- u. Altersversicherg., nebst Rechen-Aufgaben aus diesen Gebieten. gr. 8. (III, 40 S.) Ebd. 891. * — 50

— — dasselbe f. Volksschulen u. d. unt. Klassen höh. Lehranst. Ausg. C. In 7 Hftn. 2., 3. u. 5.—7. Hft. gr. 8. Ebd. n. 1. 30
2. 2. Aufl. (40 S.) 897. n. — 20
3. 3. (Ster.-)Aufl. (7.—9. Taus.) (52 S.) 897. n. — 25
5. 2. (Ster.-)Aufl. (4.—6. Taus.) (48 S.) 895. n. — 25
6. D. bürgerl. Rechnungsarten. Aufgaben aus d. Kranken-, Unfall-, Invaliditäts- u. Altersversicherg., d. Haus- u. Landwirtschaft u. aus d. Gebiete d. Realien; d. Ausziehen d. Quadrat- u. Kubikwurzel. 2. (Ster.-)Aufl. (4.—6. Taus.) (68 S.) 898. n. — 30
7. Raumlehre. (50 S. m. Fig.) 898. n. — 30

— — dasselbe f. Volksschulen. Ausg. D in 1 Hfte. Für einf. Schulverhältnisse. Ausg. f. Schüler. 2. Aufl. (6.—8. Taus.) gr. 8. (64 S. m. Abb.) Ebd. 898. n. — 30

— — Rechenbuch f. Volksschulen, die unteren Klassen höh. Lehranstalten u. f. Fortbildungsschulen. Ausg. C in 7 Hftn. 3. u. 5. Hft. gr. 8. Ebd. (900.) à n. — 25
3. Der Zahlenkreis von 1—1000. Vorübgn. f. die Bruchrechng. Rechnen m. Zahlen in dezimaler Schreibg. Die vier Grundrechnungsarten im unbegrenzten Zahlenraum. 4. (Ster.-) Aufl. (10. u. 11. Taus.) (52 S.)
5. Weiterführung der vier Grundrechnungen m. ganzen Zahlen u. Dezimalbrüchen. Die gemeine Bruchrechnung. Die Durchschnittsrechng. Regeldetri; Algebraische Aufgaben. Aufgaben a. d. Arbeiterversicherungen. Aufgaben aus der Geschichte u. Geographie. Hauswirtschaftl. Aufgaben. 3. (Ster.-)Aufl. (7. Taus.) (50 S.)

— — Rechenbuch f. Volksschulen. Ausg. D in 1 Hfte. Für einfache Schulverhältnisse. Ausg. f. Schüler. 3. Aufl. (9.—11. Taus.) gr. 8. (64 S. m. Abb.) Ebd. (900). n. — 30

— — dasselbe. Ausgabe E in 2 Heften. Für einfache Schulverhältnisse. Ausg. für Schüler. Bearb. von L. Heinze. (1.—3. Taus.) (54 u. 80 S. m. Abbildgn.) 8. Ebd. (904). à n. — 25

— — Rechenbuch f. Volksschulen. Ausg. D in 1 Hefte. Für einfache Schulverhältnisse. Ausg. f. Schüler. Neu bearb. v. L. Heinze. 7. Aufl. (22.—24. Taus.) (88 S. m. Fig.) 8. Ebd. (906). n. — 30

— — Rechenbuch f. Volksschulen u. d. unteren Klassen höh. Lehranstalten. Ausg. C in 7 Heften. Neubearbeitg. II.—V. Heft. 8. Ebd. 1, 05
II. Das Zahlgebiet von 1—100. 4. Aufl. (48 S.) (907.) — 20
III. Der Zahlenkreis von 1—1000. 5. Aufl. (48 S.) (907.) — 25
IV. 4. Aufl. (64 S.) (907.) — 30
V. 4. Aufl. (68 S.) (907.) — 30

— — dasselbe. Ausg. D in 1 Hefte. Für einfache Schulverhältnisse. Ausg. f. Schüler. Neu bearb. v. L. Heinze. 9. Aufl. (28.—30. Taus.) (88 S. m. Abbildgn.) 8. Ebd. (909). — 30

— Rechenfibel. Das Zahlengebiet von 1—20. Vorstufe f. Heinze u. Hübners Rechenbücher, Ausg. D in 1 Hefte u. E in 2 Heften. Ausg. f. Schüler. (27 S. m. Abb.) gr. 8. Breslau (904). F. Goerlich. n.n. — 15

Progressiv fortschreitende Übungsaufgaben in der Harmonielehre. Für Seminarien bearb. von L[eopold] Heinze, Sem.Oberl. 9. Aufl. Arbeitsheft 1. Breslau: H. Handel [1904]. quer-8° [05. 13406 2

Heinze, Louis Der Vorbereitungsunterricht in der Geometrie in Quinta. 4 (20 S.). Kneiphöf. Stadt-G. *Königsberg i. Pr.* 1888 (10).
Progr.

Heinze, Max

— Bericht üb. die in d. J. 1876—1880 erschien. auf die nacharistotel. Philosophie bezgl. Schriften. S.-A. 1880. 60 S. 1.50

Heinze, (Franc. Frid.) Maximil. (geb. Priessnitz in Thür. 13. 12. 1835): Stoicorum de affectibus doctrina. Berolini (1860). (72 S.) 8°
Berlin, Phil. Diss. v. 10. Febr. 1860

— Moritz Wilh. Drobisch. Gedächtnissrede, geh. in d. Sitzg. d. kgl. sächs. Gesellschaft d. Wissenschaften am 5. XII. 1896. gr. 8. (25 S.) Leipzig 897. S. Hirzel. n. — 60

Heinze, Max, Pfalzgräfin Elisabeth und Descartes, s. Taschenbuch, historisches.

— Maximilian, Zur Erkenntnisslehre der Stoiker. (Ex ordinis philosophorum mandato renuntiantur philosophiae doctores et artium liberalium magistri Rector Ludwig Lange, Decan Maximilian Heinze, Procancellar Ferdinand Zirkel inde a 1879 usque ad 1880 creati.) Lpz. (A. Edelmann). 47 S. mit Namen. (6.50) 14098

Heinze: Stoicorum ethica ad origines suas relata. 44 S. –Pforta, Progr. 1862.

Heinze, Max, der Eudämonismus in der griechischen Philosophie. 1. Abhandlung: Vorsokratiker, Demokrit, Sokrates. Lex.-8. (113 S.) Leipzig 883, Hirzel. *
Aus: Abhandlungen der philologisch-historischen Classe der k. sächs. Gesellschaft der Wissenschaften, besonders abgedruckt.

— Grundriss der Geschichte der Philosophie, s.: Ueberweg, Frdr.

Heinze, Max, aus Radeberg i. Sachs.: Zur Kenntnis der Amidoazokörper und über neue Synthesen von Leukauraminen. *Dresden 1901: Lehmann.* (55 S.) 8°
Rostock, Phil. Diss. v. [20. Febr.] 1901

Heinze, Max, die Lehre vom Logos in der griechischen Philosophie. gr. 8. (XIV, 336 S.) Oldenburg 872, Schmidt's Verlag. *

Heinze, *Friedrich Hermann* Max [app. Arzt aus Lauterbach]: Nephritis nach Angina ... Berlin, Buchdr. v. G. Schade, *1897;* 40 S., 1 Bl. 8.
Leipzig, Med. Fak., Inaug.-Diss. v. 8. Mai 1897

Heinze, Max, Nephritis nach Angina. Diss. gr. 8. (40 S.) Berlin 897. (Leipzig, Buchhdlg. G. Fock.) n. 1. —

—— die Sittenlehre des Descartes. Vortrag. gr. 8. (28 S.) Leipzig 872, Hinrichs' Verlag.

— s.: Vierteljahrsschrift f. wissenschaftl. Philosophie.

— Vorlesungen Kants üb. Metaphysik aus drei Semestern. [Aus: „Abhandlg. d. k. sächs. Gesellsch. d. Wiss."] Lex.-8. (248 S.) Leipzig 894. S. Hirzel. n. 8. —

— Vorlesungen Kants über Metaphysik a. drei Semestern. Lex.-8. (248 S.) Leipzig 894. B. G. Teubner. n. 8.—; ermäss. Pr. n. 4. —

— Ueber d. bleibenden Werth platonisch-aristotelischer Grundgedanken in d. Staatslehre. Gel. 1885. 19 S. 1.20

— Ethische Werte bei Aristoteles, s.: Abhandlungen der kgl. sächs. Gesellsch. d. Wiss. Philol.-histor. Kl. XXVII, 1.

Heinze, Michael, s. Heinze, Johann Michael

Heinze, C., Lehrgg. d. Gabelsberger'schen Stenographie, s.: Girndt, M.

Heinze, Osc., Gesetz, die ärztlichen Bezirksvereine im Königr. Sachsen betr., sowie die Standesordnung u. Ehrengerichtsordnung, s.: Handbibliothek, Leipziger jurist.

— Gesetz, d. ärztl. Bezirksvereine im Königr. Sachsen betr., v. 23. März 1896, s.a. Meinhold's jurist. Handbibliothek.

Heinze, ärztliche Bezirksvereine in Sachsen. Gesetz vom 23. März 1896. In seiner Entwickelung dargestellt. Leipzig 896.

Heinze, O., d. Kehlkopf im gesunden u. erkrankten Zustande, s.: Merkel, Carl Ludw.

Heinze, Osc., die Kehlkopfschwindsucht. Nach Untersuchungen im patholog. Institute der Universität Leipzig. Mit 4 (lith. u. chromolith.) Taf., nach den mikroskop. Präparaten gez. von Sänger. gr. 8. (99 S.) Leipzig 879. Voit & Co. n. 8. —

Heinze, Otto [aus Pommern]: Ueber myopathische und mechanische Stimmstörungen. . . . Greifswald, Druck v. Julius Abel, 1889; 40 S. 8°
Greifswald, Med. Fak., Inaug.-Diss. v. 10. Aug. 1889

Heinze, Otto Robert, appr. Arzt a. Waldenburg in Schl.: Ueber plötzliche Todesfälle beim mechanisch bedingten kriminellen Abort. Leipzig 1910: Lehmann. 48 S. 8°
Leipzig, Med. Diss. v. 21. Nov. 1910, Ref. Zweifel
[Geb. 2. Aug. 86 Bauerwitz; Wohnort: Leipzig; Staatsangeh.: Preußen; Vorbildung: Gymn. Waldenburg i. Schl. Reife M. 02; Studium: Breslau 3, Greifswald 5, Leipzig 5 S.; Coll. 9. Dez. 10; Approb. 29. Juli 10.] [U 11. 3027

Heinze, Paul

— u. Anna Heinze, aus Dur u. Moll. Gedichte. 8. (VI, 302 S.) Leipzig 897. Breitkopf & Härtel. n. 3. 50; geb. n. 4. 50

Heinze, Paul, Kandidat d. höhern Schulamts a. Frankfurt a. d. Oder: Die Engel auf der mittelalterlichen Mysterienbühne Frankreichs. Greifswald 1905. (45 S.) 8°
Greifswald, Phil. Fak., Ref. Stengel, Diss. v. 14. Jan. 1905
[Geb. 28. Juni 81 Frankfurt a. O.; Wohnort: Frankfurt; Staatsangeh.: Preußen; Vorbildung: Realgymn. Frankfurt a. O. Reife M. 99; Studium: Berlin 4, Greifswald 4 S.; Rig. 26. Nov. 04.]

Heinze, Paul u. Rud. Goette. Geschichte der deutschen Litteratur v. Goethe's Tode bis zur Gegenwart. Mit e. Einleitg. üb. die deutsche Litteratur von 1800—1832. gr. 8. (VI, 460 S. m. Portraits.) Dresd.-Striesen 889, Heinze. * 6 —; geb. in Leinw. * 7 —; geb. in Hlbfrz. * 7 50; auch in 6 Lfgn. à * 1 —

Heinze, Paul. Geschichte der Deutschen Literatur von Goethes Tode bis zur Gegenwart. Mit einer Einleitung über die deutsche Literatur von 1800—1832. Mit 16 Bildnissen und Namenszeichnungen deutscher Dichter [Tafeln]. Vollständig umgearb., unter besonderer Berücksichtigung der jüngsten Vergangenheit ergänzte und bedeutend vermehrte 2. Aufl. VIII + 545 S. 8. Leipzig, F. A. Berger, 1903. ([br.] M. 7. —, in Hfz. M. 9. —)

—— Deutsche Poetik. Umriß der Lehre vom Wesen u. v. den Formen der Dichtkunst. Mit e. Einführg. in das Gebiet der Kunstlehre. gr. 8. (V, 363 S.) Ebd. 891. * 5 —; geb. * 6 —

Heinze, P., der kathol. Religions-Unterricht im ersten Schuljahre. (In ausgeführten Lektionen.) 8. (IV, 114 S.) Breslau 899. H. Handel. Kart. n. 1. 20

Der katholische Religions-Unterricht im zweiten Schuljahre. (In ausgeführten Lektionen.) Bearb. von P[aul] Heinze, Lehrer. *Breslau: H. Handel 1900.* (70 S.) 8° [F.]

Heinze, P., der katholische Religions-Unterricht im ersten Schuljahre. (In ausgeführten Lektionen.) 2., verb. Aufl. (IV, 110 S.) gr. 8. Breslau 904. H. Handel. Kart. n. 1. 20

Heinze, Paul [Arzt]: Über multiple Sklerose im Kindesalter. Kasuist. Beitrag z. Kenntnis dieser Krankheit aus d. Klinik d. Hrn Prof. Dr. Soltmann ... Leipzig, Druck v. Hesse & Becker, 1896; 22 S., 1 Bl. 8.
Leipzig, Med. Fak., Inaug.-Diss. v. 18. Juli 1896

Heinze, Paul, im Wechsel der Tage, s.: Brennecke, Adf.

Heinze, R., Bliemchen in Kamerun. Schwank in 1 Akt. Text u. Musik v. H. Op. 80. Regie- u. Soufflirbuch. 8. (32 S.) Schleusingen (892). Coburg, C. Glaser. n. – 90; Textbuch (8 S.) n. — 10

Heinze, R., s. Handbibliothek, juristische, 75. Bd.

Heinze, R., Verfassung u. Verwaltungsorganisation der Städte des Königr. Sachsen, s.: Häpe, G.

Heinze, Rich., Ciceros politische Anfänge, s.a. Abhandlungen der kgl. sächs. Gesellsch. d. Wiss. Philol.-histor. Kl. XXVII, 27.

Heinze, R., Ciceros politische Anfänge 66 S. Lex.-8. Leipzig, B.G. Teubner. 2. 60.
Abhandlungen d. Kgl. Sächs. Gesellsch. d. Wissenschaften. Philolog.-histor. Klasse. 27. Bd. Nr. XXVII. 1916.

Heinze, R., Animadversiones in Varronis rerum rusticarum libros, s. Commentationes Philologae quibus Ottoni Ribbeckio congratulantur Discipuli Lipsienses.

Richard **Heinze**. Tertullians Apologeticum. Leipzig: Teubner 1910. S. 279–490. 8° [Umschlagt.]
(Berichte über d. Verhandlungen d. Kgl. Sächs. Gesellsch. d. Wiss. zu Leipzig. Philol.-hist. Kl. Bd 62, H. 10.)

Heinze, Ricardus [Lipsiensis]: De Horatio Bionis imitatore ... Bonnae, typ. Caroli Georgi univ. typogr. (1889); 80 S. + 1 Bl. 8°
Bonn, Phil. Fak., Inaug.-Diss. v. 14. Aug. 1889

Heinze, R., de Horatio Bionis imitatore. Diss. philol. 8. (32 S.) Bonn 889. (Leipzig, Fock.) n. 1. —

Heinze, R., rec. T. Lucreti Cari De rerum nat. libri VI, ed. C. Giussano. S.-A. 1898. 28 S. 1.—

Virgils epische Technik. Von Richard **Heinze**. *Leipzig: B. G. Teubner 1903.* (VIII, 48 S.) 8°

— Virgils epische Technik. 2. Aufl. (X, 498 S.) gr. 8. Leipzig 908. B.G.Teubner. 12.—; geb. in Halbfrz. 14. —

Heinze, Rich., Xenokrates. Darstellung der Lehre u. Sammlg. der Fragmente. gr. 8. (XII, 204 S.) Leipzig 892. B. G. Teubner. n. 5. 60

Heinze, Rob., Anleitung zur chemischen Untersuchung und rationellen Beurtheilung der landwirthschaftlich wichtigsten Stoffe. Ein dem prakt. Bedürfnisse angepaßtes analyt. Handbuch für Landwirthe, Fabrikanten künstl. Düngemittel, Chemiker, Lehrer der Agriculturchemie und Studirende höherer landwirthschaftl. Lehr-Anstalten. Nach dem neuesten Stande der Wissenschaft und Praxis verfaßt. 8. (IV, 288 S. mit 15 eingedr. Abbild.) Wien 883, Hartleben's Verlag.

Heinze R, Anleitung zur chemischen Untersuchung und Beurteilung der landwirtschaftlich wichtigsten Stoffe. (Bibliothek, Chemisch-technische 107) Wien 1883

Heinze, Rob., ein Beitrag zur Ultramarinfabrikation unter Berücksicht. volkswirthschaftl. Interessen. gr. 8. (18 S.) Dresden 879, Kaufmann's Sortiment. *

Heinze, Robert *Emil Emanuel* [aus Krotoschin]: Zur Casuistik der primären Dünndarmsarkome ... Greifswald, Druck v. J. Abel, 1897; 26 S. 8.
Greifswald, Med. Fak., Inaug.-Diss. v. 12. März 1897

Heinze, Rudolf, Ueber Lassalle's Briefe an Sophie Soluzeff. (Sep.-Abdr. aus: „Unsere Zeit", 1881, Heft 2.) gr. 8°. Leipzig, Brockhaus, s. a.

Heinze, R., strafprocessuale Erörterungen, s.a. Gerichtssaal, der, Beilageheft zu Bd. 27.

Heinze, Rud.: Strafprocessuale Erörterungen. Beitr. zur Kritik der dem Reichstag vorliegenden Entwürfe einer Strafprozeßordnung u. eines Gerichtsverfassungsgesetzes. Stuttgart 1875.

Heinze, Rud., Gesetz z. Bekämpfg. d. unlaut. Wettbewerbes, s.: Meinhold's jurist. Handbibliothek.

Heinze, Rud., Hungarica. Eine Anklageschrift. gr. 8. (XII, 128 S.) Freiburg i/Br. 882. Mohr. n. 2. —

Heinze, Dr., Anklageschrift „Hungarica" im Lichte der Wahrheit. gr. 8. (151 S.) geh. 1 fl.
Pressburg: Stampfel 1882.

Heinze, R., Parallelen zwischen der englischen Jury und dem französisch-deutschen Geschwornengericht, s. Gerichtssaal, der.

-- s.a. Heinze, Karl Friedrich Rudolf

Heinze, Rud.: Parallelen zwischen der englischen Jury und dem französisch-deutschen Geschwornengericht. Erlangen 1864.

Heinze, Rud., die Straflosigkeit parlamentarischer Rechtsverletzungen und die Aufgabe der Reichsgesetzgebung. gr. 8. (49 S.) Stuttgart 879, Enke. *

Heinze, Rud., universelle u. partikuläre Strafrechtspflege, s.a. Festgabe zur Feier d. 70. Geburtstages d. Grossherzogs Friedrich v. Baden.

Heinze, üb. universelle u. partikuläre Strafrechtspflege. Heidelbg. 896

Heinze, T., u. Theod. Bernd ꝛc. Archiv v. u. f. Schlesien, s. Archiv ꝛc.

Heinze, T., Autobiographie eines v. Unglück vielfach heimgesuchten u. hart geprüften Mannes. 12. (3½ B.) Görlitz 834, Grüson'sche Buchh.

Heinze, T., Potpourri auserles. Denksprüche, Sprüchwörter, Aphorismen, Gnomen u. Aufsätze in Stammbücher ꝛc. 3e verb. u. verm. Aufl. 12. Berl. 824. Mittler. 16 ℳ

Heinze: De tribunis militum consulari potestate. 49 S. –Stettin, Progr. 1861

Heinze, Theodor

Heinze, Th. Die Allitteration im Munde des deutschen Volkes. 31 S. Progr. Anclam 1882.

Heinze, Theod. (I.), Andeutungen zu einer zweckmäß. Einrichtung u. Beaufsichtigung der Straf-Anstalten u. Kriminal-Gefängnisse in Deutschland. gr. 8. (4½ B. u. 4 Stnt.) Leipzig 842, Hinrichssche Buchh.

H[einze] T.: Die Bewegungslehre d. geregelten Grundgangarten d. Pferdes, als Fundament d. Reitkunde ... Leipz. 1853. 67 S. P.

— s. Damoiseau, L., hippolog. Wanderungen in Syrien rc.

Heinze, Th., über die Fremdwörter im Deutschen, s. Zeit- und Streit-Fragen, deutsche.

Heinze, Thdr, Über die Fremdwörter im Deutschen. Berlin 1876. 8. Lit: Deut. Z. u. Str.-Fr. Jhg. 7. H. 106. (D.; LHK.; BPA.)

Heinze: Anna Luise Karschin, eine biograph. literarhist. Skizze. 20 S.–Anclam, Progr. 1866

Heinze, Thdr. (I.), Anna Luise Karschin. Eine biograph. und literaturhistor. Skizze. gr. 4. (20 S.) Anclam 866, (Dietze.)

Heinze, Thdr., Pferd u. Fahrer od. die Fahrkunde in ihrem ganzen Umfange, m. besond. Berücksicht. v. Geschirr, Wagen u. Schlitten. Nach rationeller, rasch u. sicher zum Ziele führ. Methode. Theoretisch u. praktisch erläutert. Mit 190 in den Text gedr. Illustr. u. e. Titelbilde (in Holzschn.) gr. 8. (XVI, 512 S.) Leipzig 876. Spamer. n. 8. —; geb. n. 10. —

Heinze, Thdr., Pferd und Fahrer oder die Fahrkunde in ihrem ganzen Umfange, mit besond. Berücksicht. von Geschirr, Wagen und Schlitten. Nach rationeller, rasch und sicher zum Ziele führender Methode. Theoretisch und praktisch erläutert. 2. stark verm. Aufl. gr. 8. (XIV, 472 S. mit 207 in den Text gedr. Illustr. und 1 Titelbilde.) Leipzig 886, Spamer. * 8 — geb. * 10 —

Heinze, Thdr., Pferd und Reiter oder die Reitkunst in ihrem ganzen Umfange. Nach rationeller, allein auf die Natur des Menschen so wie des Pferdes gegründeter, rasch und sicher zum Ziele führender Methode. Theoretisch u. praktisch erläutert. Mit 100 in den Text gedr. Illustrationen (Holzschn.), nach Zeichngn. von M. Krantz. Leipzig 863. Spamer. gr. 8. (XVI, 472 S.) geb. n. 2 ₰ 20 ngr.

Heinze, Thdr. (II.), Pferd und Reiter oder die Reitkunst in ihrem ganzen Umfange. Nach rationeller, allein auf die Natur des Menschen, sowie des Pferdes gegründeter, rasch und sicher zum Ziele führ. Methode. Theoretisch und praktisch erläut. 1. Aufl. 1863. und 2., stark verm. Aufl. gr. 8. (XXII und 506 S. mit über 100 in den Text gedr. Illustr. und einem Titelbild in Holzschn.) Leipzig 868, Spamer. geb. *

Heinze, Thdr., Pferd und Reiter oder die Reitkunst in ihrem ganzen Umfange. Nach rationeller, allein auf die Natur des Menschen, sowie des Pferdes gegründeter, rasch und sicher zum Ziele führ. Methode. Theoretisch und prakt. erläut. 3. stark verm. Aufl. gr. 8. (XXII, 512 S. mit über 118 in den Text gedr. Illustr. in Holzschn. und 1 Titelbild in Holzschntaf.) Leipzig 878, Spamer. (*ℳ 7,50.) * geb. (*ℳ 9.) *

—— Pferd und Reiter oder die Reitkunst in ihrem ganzen Umfange. Nach rationeller, allein auf die Natur des Menschen, sowie des Pferdes gegründeter, rasch und sicher zum Ziele führ. Methode theoretisch und praktisch erläutert. 4. stark verm. Aufl. gr. 8. (XXII, 536 S. mit über 150 in den Text gedr. Holzschn.-Illustr. und 1 Titelbild in Tondr.) Ebendas. 877. * geb. *

Heinze, Thdr., Pferd u. Reiter od. die Reitkunst in ihrem ganzen Umfange. Nach rationeller, allein auf die Natur des Menschen, sowie d. Pferdes gegründeter, rasch u. sicher zum Ziele führ. Methode. Theoretisch u. prakt. erläutert. 4., stark verm. Aufl. Mit 159 in den Text gedr. Illustr. u. 1 Titelbild. gr. 8. (XXII, 538 S.) Leipzig 882. Spamer. n. 8. —; geb. n. 10. —

Heinze, Th., Pferd u. Reiter od. die Reitkunst in ihrem ganzen Umfange. Nach rationeller, allein auf die Natur d. Menschen, sowie d. Pferdes gegründeter, rasch u. sicher zum Ziele führ. Methode. Theoretisch u. praktisch erläutert. 6., stark. verm. Aufl. Mit 156 in den Text gedr. Illustr. u. 1 Titelbild. gr. 8. (XVIII, 540 S.) Leipzig 889. Spamer. n. 8. —; geb. n. 10. —

Heinze, Theod. (II.), hippologische Reisen in Deutschland, Frankreich, England u. Belgien. Nebst e. Beurtheilung der Reit- u. Abrichtungsmethode des Stallmeisters F. Baucher in Paris. 8. (12 B.) Leipzig 846, G. Wigand.

—— Vorschläge zu einer nothwendigen Reform der deutschen Landgestüte und Reitanstalten. Eine Denkschrift an alle deutsche Reiter, Gestütsmänner, Thierärzte rc. gr. 8. (V und 28 S.) Dresden 862, Klemm's Verlag.

Heinze, Valentin August

Heinze, V. A., hist. Abhl. d. Gesellsch. d. Wiss. in Cop. s. Abhandlungen.

– s. Bibliothek der Geschichte der Menschheit.

– s. Chalmers, George: Schätzung der Stärke von Großbritannien ...

– s. Christiani, Wilhelm Ernst: Geschichte der Herzogtümer Schleswig und Holstein.

Heinze, Val. Aug., († d. 7. Nov. 1801.) diplomat. Geschichte des dänischen Königs Waldemar III., Christoph II. Sohn. gr. 8. Leipz. 781. Weidmann. 14 ℊ

– s.a. Magazin, Kielisches ...

— Kielisches Magazin für d. Geschichte, Staatsklugheit u. Staatskunde. 2 Bde in 6 Stücken. 8. Kiel, Dessau u. Leipz. 783—86. (Kopenh., Proft). 2 ₰ Neues Magazin rc. 2 Bde oder 6 Stücke. 8. Ebd. 786—88. 2 ₰

⊙ Nachrichten von Wilhelm Ernst Christiani's Leben und Schriften. Nebst seinem Bildnisse v. Valentin August Heinze. Kiel. 1797. 8°.

— Nachrr. von W. E. Christiani's Leben u. Schriften, nebst seinem Bildnisse. gr. 8. Kiel 787. Hesse. 8 ℊ

– s. Reise, Ökonomische und statistische, durch Mecklenburg ...

– s. Rothe, Tyge: Über Preußens König Friedrich II.

– s.a. Sammlungen zur Geschichte und Staatswissenschaft.

— Sammll. zur Geschichte d. Staatswissenschaft. 2 Bde. gr. 8. Götting. 790, 91. Vandenhöck u. R. 1 ℛ 18 gl

– s. Schriften, die Aufhebung der Leibeigenschaft in Dänemark betr.

– s. Taschenbuch für die Einwohner der Stadt Kiel.

– s. Toze, Eobald: Einleitung zur allgemeinen und besonderen europäischen Staatskunde.

Heinze, Wenzel Sigmund

— s. 1) Eybel, kl. latein. Schriften. 2) Fenelon, Abhandl. über d. Freiheiten d. Kirche.

Heinze, Wenz. Sigm., lyrische Gedichte. 2 Thle. 8. Linz, Frenner. 780.

— Ode z. Lobe d. Bücher-Censur. 8. Ebend. 780.

HEINZE W[enzel] S[iegmund]. Ode an das Verdienst, als [Joseph Valentin] Eybels Bildniß den Bildnißen anderer berühmten Männer in dem Universitätssaale in Wien beygehangt wurde. Von ... Kurzbeck. Wien 1781. 1 vol. 4 Bl.

— vermischte Schriften. 2 Thle. 8. Linz 780. 81. Frenner. 16 gl

[F.] Im Amt. E. Handb. f. Schulamtskandidaten u. junge Lehrer u. Lehrerinnen. Bearb. v. W[ilh.] Heinze, Seminarl. *Osterburg i. A.: R. Danehl 1897.* (VII, 256 S.) 1 Bd 8. 98. 8538

Heinze, W., Im Amt. Ein Handbuch u. amtl. Führer f. junge Lehrer u. Lehrerinnen, insonderheit e. Wegweiser b. d. Vorbereitg. auf d. 2. Lehrerprüfg. 2., verb. Aufl. gr. 8. (VII, 248 S.) Osterburg 898. R. Danehl's Verl. n. 2. 40

Heinze, Wilh., im Amt. Ein Handbuch u. amtl. Führer f. junge Lehrer u. Lehrerinnen, insonderheit e. Wegweiser bei der Vorbereitg. auf die 2. Lehrerprüfg. 3., verb. Aufl. gr. 8. (VII, 266 S.) Osterburg 900. Goslar, R. Danehl. n. 2. 80; geb. n. 3. 40

— dasselbe. 4., verb. u. erweit. Aufl. Unter Mitwirkg. v. Werther hrsg. v. G. Hohmann. gr. 8. (XIV, 333 S.) Goslar 902. R. Danehl. n. 3. —; geb. n. 3. 60

Heinze, Wilh., im Amt. Ein Handbuch u. amtl. Führer f. junge Lehrer u. Lehrerinnen, insbesonderheit e. Wegweiser bei der Vorbereitung auf die 2. Lehrerprüfung. 5., verb. u. erweit. Aufl. Unter Mitwirkung v. Werther hrsg. v. G. Hohmann. (XVI, 428 S.) gr. 8. Goslar 905. R. Danehl. n. 3. 80; geb. n. 4. 60

Heinze, Wilh., im Amt. Ein Handbuch u. amtl. Führer f. junge Lehrer u. Lehrerinnen, insonderheit e. Wegweiser bei der Vorbereitg. auf die 2. Lehrerprüfg. 6., verb. u. erweit. Aufl. Mit e. Bilderanh. Unter Mitwirkg. v. Werther hrsg. v. G. Hohmann. (XVI, 489 u. XXXII S.) gr. 8. Goslar 908. R. Danehl. 4.60; geb. n 5.20

Heinze, W., der Elementarzeichenunterricht f. Stadt- u. Landschulen. 2., nach der ministeriellen Verfügg. vom 20. Mai 1887 umgearb. Aufl. Mit 5 lith. Taf. gr. 8. (16 S.) Hannover 888. Helwing's Verl. n. — 50

Heinze, Wilh., zehn Fürstinnen auf dem Throne der Hohenzollern in Brandenburg-Preußen. In Lebensbildern f. die Jugend geschildert. gr. 8. (100 S. m. 7 Bildnissen.) Hannover-Linden 892. Manz & Lange. n. 1. 60; geb. n. 2. 60; Schulausg. kart. n. 1. —

Die Geschichte für Lehrerbildungsanstalten. ⟨4 Teile.⟩ Von (W[ilh.]) **Heinze**, Seminarl. (2 ff.: & Hermann Rosenburg, Seminarl.). Mit Bildertafeln z. Kunstgesch. T. 1–4. *Hannover, Berlin: C. Meyer 1902–03.* 4 Bde 8° [F.]

1. Die alte Geschichte. 2. Aufl. Für d. 1. Präparandenklasse. 1902.
2. Deutsche Gesch. bis 1648. 2. Aufl. Für d. 3. Seminarklasse. 1902.
3. Die vaterländ. Gesch. von 1648 bis 1815. 2. Aufl. Für d. 2. Seminarkl. 1903.
4. Neueste Gesch. seit 1815 bis z. Gegenw. Selbständig bearb. von Rosenburg. Für d. 1. Seminarkl. 1902.

04. 10360

— die Geschichte für Lehrerbildungsanstalten. (4 Tle.) Weiter bearb. v. Herm. Rosenburg. 1.—3. Tl. 8. Hannover, C. Meyer. Geb. à n. 2. 50

1. Die alte Geschichte. 4., neu bearb. Aufl. Mit 5 Bildertaf. zur Kunstgeschichte. Für die 1. Präparandenklasse. (XIV, 204 S.) 906.
2. Deutsche Geschichte bis 1648. 4., verb. Aufl. Mit 5 Bildertaf. zur Kunstgeschichte. Für die III. Seminarklasse. (VIII, 247 S.) 906.
3. Die vaterländische Geschichte von 1648—1815. 3. Aufl. Mit 2 Bildertaf. zur Kunstgeschichte. Für die zweite Seminarklasse. (VIII, 209 S.) 905.

— u. Herm. Rosenburg, die Geschichte f. Lehrerbildungsanstalten. (4 Tle.) 4. Tl.: Neueste Geschichte seit 1815 bis zur Gegenwart. Selbständig bearb. v. Herm. Rosenburg. Mit 5 Bildertaf. zur Kunstgeschichte. Für die I. Seminarklasse. 3., verb. Aufl. (VII, 183 S. m. 1 Bildnis.) 8. Ebd. 906. n. 2. —; geb. n. 2. 50

— Die Geschichte f. Lehrerbildungsanstalten. (4 Tle.) Neu bearb. v. Herm. Rosenburg. 1.—3. Tl. 8. Hannover, C. Meyer. Geb. in Leinw. à 2. 50

1. Die alte Geschichte. 7. Aufl. Mit 5 Bildertaf. zur Kunstgeschichte. Für die I. Präparandenklasse. (XII, 204 S.) 910.
2. Deutsche Geschichte bis 1648. 7. Aufl. Mit 5 Bildertaf. zur Kunstgeschichte. Für die III. Seminarklasse. (VIII, 254 S.) 910.
3. Die vaterländ. Geschichte v. 1648—1815. 6. verb. Aufl. Mit 2 Bildertaf. zur Kunstgeschichte. Für die 2. Seminarklasse. (VIII, 226 S.) 909.

— u. Herm. Rosenburg, die Geschichte f. Lehrerbildungsanstalten. (4 Tle.) 4. Tl.: Neueste Geschichte seit 1815 bis zur Gegenwart. Selbständ. bearb. v. Herm. Rosenburg. Mit 5 Bildertaf. zur Kunstgeschichte. Für die I. Seminarklasse. 6. u. 7. Aufl. (VII, 188 S. m. 1 Bildnis.) 8. Ebd. 911. Geb. in Leinw. 2. 50

— d. Geschichte f. Lehrerseminare. Ein Hülfs- u. Lesebuch. 3 Tle. gr. 8. Hannover 898. C. Meyer. n. 8. 50 geb. n.n. 10. —

1. D. Altertum. M. 5 Bildertaf. z. Kunstgeschichte. (XV, 280 S.) n. 3. —; geb. n.n. 3. 50
2. D. Mittelalter u. d. neue Zeit bis 1648. M. 5 Bildertaf. z. Kunstgeschichte. (VIII, 210 S.) n. 2. 50; geb. n.n. 3. —
3. D. neue u. d. neueste Zeit v. 1648 bis jetzt. M. 2 Bildertaf. z. Kunstgeschichte. (VIII, 293 S.) n. 3. — ; geb. n.n. 3. 50

– Preußens Geschichte in Wort und Bild, s. Schumann, Gottlob

— die Geschichte in tabellarischer Übersicht. Ein Hülfsbuch f. den Geschichtsunterricht. gr. 8. (IV. 224 S.) Ebd. 887. n. 1. 50

— die Geschichte in tabellarischer Übersicht. Ein Hülfsbuch für den Geschichtsunterricht. gr. 8. (IV, 224 S.) Ebendas. 888. * 1 50

— Die Geschichte in tabellarischer Übersicht. Ein Hülfsbuch f. den Geschichtsunterricht. 2. völlig umgearb. Aufl. gr. 8. (VI, 242 S.) Hannov. 891, Helwing. * 1 50

— die Geschichte in tabellarischer Übersicht. Ein Hülfsbuch f. den Geschichtsunterricht. 3., umgearb. Aufl. gr. 8. (IV, 237 S.) Hannover 894. Helwing's Verl. n. 1. 50

[F.] Die Geschichte in tabellarischer Übersicht. E. Hülfsb. f. d. Geschichtsunterr., bearb. v. W[ilhelm] Heinze. 6. verb. Aufl. *Hannover: Helwing 1897.* (IV, 238 S.) 1 Bd 8. [illegible] 7

[F.] Die Geschichte in tabellarischer Übersicht. E. Hülfsb. f. d. Geschichtsunterricht, bearb. von W[ilhelm] Heinze. 7. verb. Aufl. *Hannover: Helwing 1898.* (IV, 238 S., 1 Bl.) 1 Bd 8. [illegible] 7

Heinze, W., d. Geschichte in tabellar. Übersicht. E. Hülfsbuch f. d. Geschichtsunterricht. 8., verb. Aufl. gr. 8. (VI, 238 S.) Hannover 898. Helwing. n. 1.50; Einbd. n.n.n. — 35

[F.] Die Geschichte in tabellarischer Übersicht. E. Hülfsb. f. d. Geschichtsunterricht, bearb. v. W[ilhelm] Heinze. 9. verb. Aufl. *Hannover: Helwing 1899.* (IV, 238 S., 1 Bl.) 1 Bd 8. [illegible] 7

Die Geschichte in tabellarischer Übersicht. Ein Hülfsbuch f. d. Geschichtsunterr. bearb. von W[ilhelm] Heinze. 10. verb. u. verm. Aufl. *Hannover: Helwing 1900.* (IV, 266 S.) 8° [F.] [illegible] 7

Die Geschichte in tabellarischer Übersicht. Ein Hülfsbuch f. d. Geschichtsunterr. bearb. von W[ilhelm] Heinze. 13., unveränd. Aufl. *Hannover: Helwing 1901.* (IV, 266 S.) 8° [F.] [illegible] 7

— die Geschichte in tabellarischer Übersicht. Ein Hülfsbuch f. den Geschichtsunterricht. 14., verb. Aufl. Hrsg. v. K. Dageförde. gr. 8. (IV, 267 S.) Hannover 902. Helwing. Geb. n. 2. —

Die Geschichte in tabellarischer Übersicht. Ein Hülfsbuch f. d. Geschichtsunterr. bearb. von W[ilhelm] Heinze. 18. verb. Aufl. Hrsg. von K. Dageförde. Hannover: Helwing 1905. (248 S.) 8° [F.] [illegible] 7

— die Geschichte in tabellarischer Uebersicht. Ein Hülfsbuch für den Geschichtsunterricht. 19. verb. Aufl. (27.—32. Taus.) Hrsg. v. K. Dageförde. (IV, 249 S.) 8. Ebd. 906. Geb. n. 2. —

Heinze, Wilh., die Geschichte in tabellarischer Übersicht. Ein Hülfsbuch f. d. Geschichtsunterricht. 22. verb. Aufl. (39.—44. Taus.) Hrsg. v. K. Dageförde. (IV, 249 S.) 8. Hannover 911. Helwing. Geb. in Leinw. 2. —

—— Die Hohenzollern, die Gründer d. brandenburgisch-preußischen Staates u. Einiger Deutschlands, in ihren landesväterlichen Bestrebungen um die Wohlfahrt ihres Volkes. Dargestellt f. Volk u. Heer. 1.—6. Aufl. gr. 8. (IV, 96 S. m. 11 Bildnissen.) Hannov.-Linden 891,92, Manz u. Lange. 1.—3. Aufl. * 1 60; geb. * 2 60
4.—6. Aufl. * 1 50; geb. * 2 50

—— Lehrbuch der brandenburgisch-preußischen Geschichte, s. Schumann, J. Chr. Glob.

– Lehrbuch der deutschen Geschichte, s. Schumann, Gottlob

— Lehrgang f. den Zeichenunterricht in einfachen Schulverhältnissen. Erläuterndes Begleitwort zu den 24 Wandtafeln für den Zeichenunterricht u. dem dieselbe ergänz. Vorlagenwerk. Text m. 1 Taf. u. 21 Holzschn., nebst 24 Taf. Zeichn. in besond. Mappe A u. 26 Ergänzungsvorlagen in Mappe B. gr. 8. (VIII, 56 S.) Dortmund 890. Crüwell's Verl. cart. n. 3. 60

— Lehrgang f. den Zeichenunterricht in einfachen Schulverhältnissen. Erläuterndes Begleitwort zu den 28 Wandtafeln f. den Zeichenunterricht u. dem dieselben ergänz. Vorlagenwerk. Text m. 42 Holzschn. Dazu 37 lith. Taf. Zeichngn. in besonderer Mappe. 2., verm. Aufl. gr. 8. (VI, 62 S.) Dortmund 891. W. Crüwell's Verl. Kart. 3. —

— Lehrgang f. den Zeichenunterricht in einfachen Schulverhältnissen. Erläuterndes Begleitwort zu den 26 Wandtafeln f. den Zeichenunterricht u. dem diese ergänz. Vorlagenwerk. Text m. 39 Fig. Dazu 29 lith. Taf. Zeichngn. (in 4) in besonderer Mappe. 3., verm. u. verb. Aufl. gr. 8. (V, 55 S.) Dortmund 898. W. Crüwell. Kart. n. 3. —

— Leitfaden der preußischen Geschichte, s.: Schumann, Glob.

— Leitfaden der preußischen Geschichte, s.: Schumann, J. Chr. Glob.

— Das Projektionszeichen als Vorstufe f. das Fachzeichnen, s. Back, H.

— Quellen-Lesebuch f. d. Unterricht in d. vaterländ. Geschichte. F. höh. Lehranst. zusammengest. gr. 8. (XII, 468 S.) Hannover 895. C. Meyer. n. 3. —; geb. in Leinw. n. 3. 60

— Quellen-Lesebuch f. den Unterricht in der vaterländ. Geschichte. Für Lehrer-Bildungsanstalten u. Lehrer zur Belebg. u. Vertiefg. des Geschichtsunterrichts zusammengestellt. 2., verb. u. verm. Aufl. gr. 8. (XIV, 560 S.) Hannover 900. C. Meyer. n. 2. 40; geb. n. 3. —

— dasselbe. Weiter hrsg. v. Herm. Rosenburg. (In 2 Tln.) 1. Tl. gr. 8. Ebd. n. 1. 20; geb. n. 1. 60
Deutsche Geschichte bis 1648. Für die III. Seminarklasse. 3., verb. Aufl. (XI, 224 S.) 903.

— Quellen-Lesebuch für den Unterricht in der vaterländischen Geschichte. Für Lehrerbildungsanstalten u. Lehrer. Weiter hrsg. v. Herm. Rosenburg. In 2 Tln. 8. Hannover, C. Meyer. Geb. n. 3. 60
1. Deutsche Geschichte bis 1648. Für die 3. Seminarklasse. 5., verb. Aufl. (VIII, 224 S.) 906. n. 1. 60; geb. n. 2. —
2. Die Hohenzollern u. das deutsche Vaterland. Für die II. u. I. Seminarklasse. 3., verm. u. verb. Aufl. (VIII, 328 S.) 903. n. 1. 60; geb. n. 2. —

— Quellen-Lesebuch f. den Unterricht in der vaterländischen Geschichte. Für Lehrerbildungsanstalten u. Lehrer. Weiter hrsg. v. Herm. Rosenburg. In 2 Tln. gr. 8. Hannover, C. Meyer. Geb. in Leinw. 3. 60
1. Deutsche Geschichte bis 1648. 8. (Ster.-)Aufl. (XI, 224 S.) 910. Geb. 1. 60
2. Die Hohenzollern u. d. deutsche Vaterland. Brandenburgische Geschichte bis 1640. Deutsche, besond. brandenburgisch-preuß. Geschichte v. 1640 bis zur Gegenwart. 7. (Ster.-)Aufl. (VIII, 329 S.) 910. Geb. 2. —

—— Vorlagen zum Musterzeichnen f. Mädchen. gr. 8. (5 lithogr. Taf. u. 4 S. erläut. Text.) Dortm. 890, Crüwell's Verlag. * — 40

— 28 Wandtafeln f. den Unterricht im Zeichnen in 1- bis 8klassigen Schulen. à 67,5×90 cm. Als 14 lith. Doppeltaf. auf starkem Carton gedr. 2., verm. Aufl. Dortmund 891. W. Crüwell's Verl. Mit Kasten n.n. 18.—

—— 24 Wandtafeln f. den Zeichenunterricht in einfachen Schulverhältnissen. Imp.-Fol. Ebd. 890. Mit Kasten ** 16 —

—— Zeichenhefte. 6 Hefte. 4. Hannover 885—88, Helwing's Verlag. [1. Heft. 1.—8. Aufl. (16 S.) ** 15 Pf.; 9. Aufl. (16 S.) ** 20 Pf.; 2. Heft. 1.—5. Aufl. (16 S.) ** 15 Pf.; 3. Heft. 1.—5. Aufl. (16 S.) ** 15 Pf.; 4. Heft. 1.—3. Aufl. (16 S.) ** 15 Pf.; 5. Heft. 1. und 2. Aufl. (20 S.) * 20 Pf.; 6. Heft. 1.—5. Aufl. (20 S.) ** 20 Pf.] [** M 1.—] ** 1 5

— das geometrische Zeichnen, insbesondere das Zeichnen v. einfach gestalteten Gegenständen (Zimmergeräten, Gebäuden rc.) nach gegebenem Maßstab zum Gebrauch in Fortbildungsschulen. Mit 16 lith. Taf. (in 4.) u. erläut. Text. gr. 8. (8 S.) Dortmund 890. Crüwell's Verl. In Mappe. n. 1. 20

— das Zeichnen v. Mustern f. weibl. Handarbeiten zum Gebrauch in Mädchen- u. Volksschulen. 2. Aufl. 5 Taf. m. erläut. Text. gr. 8. (4 S.) Dortmund (900). W. Crüwell. n. — 40

Heinze, Wolfg., die Belagerung der Pekinger Gesandtschaften. Eine völkerrechtl. Studie. gr. 8. (III, 278 S.) Heidelberg 901. C. Winter. n. 5. —

— die Beschlagnahme der deutschen Postdampfer durch die Engländer. Zur Frage der Seerechtsreform. gr. 8. (VII, 95 S.) Ebd. 900. n. 1. 80

Heinze-Voigt, Anna, ausgewählte Gedichte. Mit Bildnis u. Namenszug d. Verf. Hrsg. v. Paul Heinze. (199 S.) 8. Dresden 909. W. Baensch. 3.—; geb. in Leinw. 4. —

Heinzel, Adf., einige Nachrichten über die Stadt Braunau in Böhmen u. deren Umgebung vom Anfange d. 13. Jahrhunderts bis zum Jahre 1848. 8. (88 S.) Braunau 871. Prag, (Kosmack & Neugebauer). n. — 50

Heinzel, Alois, method. Stufen-Folge zum Vortrage der deutschen Sprachlehre in d. öffentl. Lehr-Anstalten sowohl, als auch bey dem Privat-Unterrichte. Nach pädagog. u. rationellen Grundsätzen bearbeitet. gr. 8. (13½ B.) Steyer 842. (Tübingen, Sortiments-Buchh. Zu-Guttenberg, Wien, Volke's Bh.) *

Heinzel, Alois, ein Wort über den Stand der Volksschulen in Oesterreich und über die nothwend. Umgestaltung derselben. gr. 16. (32 S.) Steyer 849, Haas. *

Heinzel, Ericus Justus (geb. Glogau 27. 9. 1840): De phosphoro veneno. Berolini (1863). (32 S.) 8°
Berlin, Med. Diss. v. 24. März 1863

Heinzel, Ferdinand (Bearb.), s.a. Eisenbahnen, Die, u. Dampfschiffahrten . . .

Heinzel, Ferd., Die Eisenbahnen u. Dampfschifffahrten nebst den dazu gehörigen Post-Coursen in Oesterreich, Deutschland, Italien u. den angrenzenden Ländern, dann die sämmtlichen Postrouten u. deren Distanzen in der österreich. Monarchie, Rittergebühren-Tarife für Extraposten, nebst einem Auszuge aus dem Telegraphen-Reglement des deutsch-österreich. Telegraphen-Vereines. Nach amtl. Quellen bearb. Ebda. Wien 1855—58. br. 8. (Mit 2 lithogr. Uebersichtskarten u. 2 Tab. in Fol.,

— die Eisenbahnen und Dampfschifffahrten nebst den dazu gehörigen Post-Coursen in Oesterreich, Deutschland, Italien u. den angrenzenden Ländern, dann die sämmtlichen Postrouten und deren Distanzen in der österreich. Monarchie, Rittgebühren-Tarife für Extraposten, nebst e. Auszuge aus dem Telegraphen-Reglement des deutsch-österreich. Telegraphen-Vereines. Nach amtlichen Quellen bearb. August 1855 u. October 1855. (Jedes Heft) mit 2 (lith.) Uebersichtskarten und (2) Tab. (in Fol.) Wien, Lechner. gr. 16. (à 312 S.) Jede Nr. 20 ngr.

Heinzel, Ferd. — Die Eisenbahnen und Dampfschifffahrten nebst den dazu gehörigen Post-Koursen in Oesterreich, Deutschland, Italien und den angrenzenden Ländern, dann die sämmtlichen Postrouten und deren Distanzen in der österr. Monarchie, Rittgebühren-Tarife für Extraposten, nebst einem Auszuge aus dem Telegraphen-Reglement des deutsch-österreichischen Telegraphen-Vereines. Nach ämtlichen Quellen bearbeitet von — —. Dezember 1855. Mit zwei Uebersichtskarten und Tabellen. Wien. Aus der k. k. Hof- und Staatsdruckerei. Im Verlag von Rudolph Lechners Universitäts-Buchhandlung. (320 S. 8.) Die Karten sind: 1. Post-Routen-Karte der österreichischen Monarchie. Verfaßt, gezeichnet und lithographirt vom k. k. Postoffizialen Alexander Mayer. 2. Uebersichtskarte der Eisenbahn- und Telegraphen-Verbindungen von Mittel-Europa.

Heinzel, Ferd. — Die Eisenbahnen und Dampfschifffahrten nebst den dazu gehörigen Post-Koursen in Oesterreich, Deutschland, Italien und den angränzenden Ländern, dann die sämmtlichen Postrouten und deren Distanzen in der österreichischen Monarchie. Rittgebühren-Tarife für Extraposten, nebst einem Auszuge aus dem Telegraphen-Reglement des deutsch-österreichischen Telegraphen-Vereines. Nach ämtlichen Quellen bearbeitet von — —. Erste Ausgabe. Nr. 1. März 1856. Mit zwei Uebersichtskarten und Tabellen. Wien. Aus der k. k. Hof- und Staatsdruckerei. Im Verlage von Rudolph Lechner's Universitäts-Buchhandlung. (308 S. 8.)

— — 1. Ausg. 1856. (254 S. u. 1 lith. Karte.) n. 16 ngr. — 2. u. 3. Ausg. (à 323 S. u. 2 lith. Karten in Roy.-Fol.) n. 20 ngr. Ebend. gr. 16. n. 1 thlr. 6 ngr.

Separatabdruck daraus:

— neueste Fahrordnungen und Tarifsätze auf den österreichischen Eisenbahnen vom 20. Mai 1856 an. Ebend. gr. 16. (S. 17—48.) n. 2 ngr.

Heinzel, Ferd. — Die Eisenbahnen und Dampfschifffahrten nebst den dazu gehörigen Post-Koursen in Oesterreich, Deutschland, Italien und den angrenzenden Ländern. Nach ämtlichen Quellen bearbeitet von — —. 3te Ausgabe, 1856. Mit zwei Karten und zwei Telegraphen-Tarifen. Wien. Aus der k. k. Hof- und Staatsdruckerei. Im Verlage von Rudolph Lechners Universitäts-Buchhandlung. (328 S. 8.)

Heinzel, Ferdinand — Die Eisenbahnen und Dampfschifffahrten nebst den dazu gehörigen Post-Coursen in Oesterreich, Deutschland, Italien und den angränzenden Ländern. Nach ämtlichen Quellen bearbeitet von — —. 4te Ausgabe. Dezember 1856. Mit 2 Karten und 2 Telegraphen-Tarifen. Wien. Aus der k. k. Hof- und Staatsdruckerei. Im Verlage von Rudolf Lechner's Universitäts-Buchhandlung, (328 S. 8.)

— die Eisenbahnen und Dampfschifffahrten nebst den dazu gehörigen Post-Coursen in Oesterreich, Deutschland, Italien u. den angrenzenden Ländern. Nach amtl. Quellen bearb. 1857. 1—4. Ausg. Mit 2 (lith.) Karten u. 2 Telegraphen-Tarifen in Fol. Wien, Lechner. gr. 16. (296; 256; 296; 296 S.) Jede Ausg. n. 20 ngr.

Heinzel, Ferdinand — Die Eisenbahnen und Dampfschifffahrten nebst den dazu gehörigen Post-Kursen in Oesterreich, Deutschland, Italien und den angränzenden Ländern. Nach ämtlichen Quellen bearbeitet von — —. 2te Ausgabe. 1857. Juni. Wien. Aus der k. k. Hof- und Staatsdruckerei. Im Verlage von Rudolph Lechners Universitäts-Buchhandlung. (256 S. 8. Mit einer Uebersichts-karte der Eisenbahn und Telegraphen-Verbindungen von Mittel-Europa. Eine Post-Routenkarte der österr. Monarchie und einem Depeschentarif.)

— — 1858. Nr. 1. März. — Nr. 2. Juni. — Nr. 3. Septbr. — Nr. 4. Octbr. Ebend. gr. 16. (à 296 S.) Jede Ausg. mit 2 lith. Karten u. 2 Telegraphen-Tarifen in Fol. n. 20 ngr.

Heinzel, Ferdinand —. Eisenbahn-, Dampfschiff- und Post-Koursbuch. Bearbeitet nach ämtlichen Quellen von — —. Nr. 2. Juni, 1856. Wien. Aus der k. k. Hof- und Staatsdruckerei. Im Verlage von R. Lechner's Universitäts-Buchhandlung. (260 S. 8.)

—— neueste Fahrordnungen und Tarifsätze auf den österreichischen Eisenbahnen vom 20. Mai 1856 an. br. 8. (32 S.) Wien 856, Lechner's Universitäts-Buchh.

Heinzel, Ferdinand —. Post-, Eisenbahn- und Dampfschiff-Koursbuch. Alphabetische Uebersicht über Abgang und Ankunft der Posten rc., mit ihren Influenzen in Oesterreich, Deutschland rc. nebst Angabe der Entfernungen, Telegraphengebühren, einem Verzeichnisse der Extra-, Post und Kourier-Taxen und einer Vergleichungstabelle der verschiedenen Geld-Währungen und Meilenmaße. Nach ämtlichen Quellen. 1. Lieferung. Februar 1854. 8 (VIII und 190 S) Wien. Verlag von Rudolph Lechner. Druck von J. P. Sollinger's Witwe. (36 kr.)

Heinzel, Ferd., Post-, Eisenbahn- und Dampfschiff-Cours-Buch. Alphabetische Uebersicht über Abgang und Ankunft der Posten, Eisenbahnen, Dampfschiffe und Messagerien (Stellfahrten) mit ihren Influenzen in Oesterreich, Deutschland und den angrenzenden Ländern, nebst Angabe der Entfernungen, Beförderungszeit, der Passagierstaxen, dann der einfachen Telegraphen-Gebühren etc. u. einer Vergleichungstabelle der verschiedenen Geld-Währungen u. Meilenmaasse. Nach amtlichen Quellen bearb. 1. Jahrg. 854. 10 Liefgn. (à ca. 12 Bgn.) Wien, Lechner. gr. 16. n. 2 ℛℳ.; einzelne Liefgn. à n. 10 ngr.

Heinzel, Ferdinand —. Post-, Eisenbahn- und Dampfschiff-Cours- und Routen-Buch. Alphabetische Uebersicht über Abgang und Ankunft der Posten, Eisenbahnen, Dampfschiffe und Messagerien (Stellfahrten) mit ihren Influenzen in Oesterreich, Deutschland und den angrenzenden Ländern, nebst Angabe der Entfernungen, Beförderungszeiten, Passagierstaxen, der einfachen Telegraphen-Gebühren zwischen Wien und den meisten Telegraphen-Stationen des Kontinentes, ferner mit einem Verzeichnisse der österreichischen Post- und Eisenbahnrouten und der Extra-Post- und Courier-Taxen und einer Vergleichungstabelle der verschiedenen Geld-Währungen und Meilenmaße. Mit einer Post-routenkarte der österr. Monarchie und einer Uebersichtskarte der Eisenbahn- und Telegrafen-Verbindungen in Mittel-Europa. Nach ämtlichen Quellen bearbeitet von — —. Nr. 7. Januar, Februar, März 1855. Wien. 1855. Druck von L. C. Zamarski. Im Verlage von R. Lechner's Universitäts-Buchhandlung. (XX, 334 S. und 2 Karten. 8.)

Heinzel, Ferdinand —. Post-Eisenbahn- und Dampfschiff-Cours- und Routen-Buch. Alphabetische Uebersicht über Abgang und Ankunft der Posten, Eisenbahnen, Dampfschiffe und Messagerien (Stellfahrten) mit ihren Influenzen in Oesterreich, Deutschland und den angrenzenden Ländern, nebst Angabe der Entfernung, Beförderungszeiten, Passagierstaxen, der einfachen Telegraphengebühren zwischen Wien und den meisten Telegraphenstationen des Kontinentes, ferner mit einem Verzeichnisse der Post- und Eisenbahnrouten und der Extra-Post- und Courir-Taxen auf dem Kontinente und einer Vergleichungstabelle der verschiedenen Geld-Währungen und Meilenmaaße. Nach ämtlichen Quellen bearbeitet von — —. Nr. 9 u. 10. Juni, Juli 1855. Wien, 1855. Verlag von Rudolph Lechner's k. k. Universitäts-Buchhandlung. (XX. 340 S. 8.)

HEINZEL, Ferdinand

(F) Die Schlacht von Custozza 24. Juni 1866. Dem Militär-Veteranen-Vereine Erzherzog Albrecht in Wien und seinen Bruder-Vereinen gewidmet von Ferdinand Heinzel. Wien 1899. In Comm. Seidel & Sohn. 8°. 52 S. mit 1 Karte. fl. —.25

Heinzel, Ferdinand, k. und k. Oberst a. D. Die Schlacht von Novara 23. März 1849. 8. Mödling 1898.

Heinzel, G., de Macrozamia Preissii, s. Acta n. phys.-med. Acad. Caes. Leopold. Carol. XXI. Prs. I.

Heinzel, Georg, aus Breslau: Versuch einer Lösung des Willensproblems im Anschluss an eine Darstellung und Kritik der Theorien von Münsterberg, Wundt und Lipps. Breslau F. W. Jungfer Dr [1897]. 4 Bl., 79 S. 8°.
Zürich, Phil. Diss. [v. 19. Oct. 1897].

Heinzel, (Philippus) Gustavus *(geb. Breslau 21. 12. 1816)*: De Macrozamia Preissii. Vratislaviae (1844). (56 S.) 4°
[Aus: Nova Acta Acad. Leop.-Carol. Vol. 21, P. 1. 1845, woselbst auch die den Tauschexemplaren fehlenden 4 Tafeln.]
Breslau, Phil. Diss. v. 11. Nov. 1844

Heinzel G, Vorschule für das Maschinenzeichnen. (15 T mit Text) fol Wien 1888

Heinzel, G., Vorschule für das Maschinen-Zeichnen. Vorlagebl. zum Gebrauche an den gewerbl. Fortbildungssch., allgem. Handwerk.- und Werkmeisterschulen. Mit Unterstützung des k. k. Ministeriums f. Cultus u. Unterricht. 15 Blatt. Lithogr. Gr.-Fol., in Mappe. Mit Textbeilage. Gr.-8. 8 S. 6.—
Wien: Graeser 1889.

Heinzel, Gust., Vorschule f. das Maschinen-Zeichnen. Vorlageblätter z. Gebrauche an gewerbl. Fortbildungsschulen, allgem. Handwerkerschulen u. Werkmeisterschulen. Mit Unterstützg. des Ministeriums f. Cultus u. Unterricht hrsg. Rev. v. J. Wilh. Mayer. 2. Aufl. gr. Fol. (15 z. Tl. farb. Taf. m. 8 S. Text in gr. 8.) Wien 899. C. Graeser & Co. In Mappe n. 12.—

Heinzel, Josef Viktorin

— Böhmens Geschichte in belehr. u. unterhalt. Erzählungen für die reifere Jugend. 2. verb. Aufl. Mit 30 Abbildg. 6 Liefg. 8. Prag 844. Leitmeritz, Medau. 1½ ℛℳ

Heinzel, Josef Viktorin — Böhmens Geschichte in belehrenden und unterhaltenden Erzählungen für die reifere Jugend bearbeitet von — —. Dritte unveränderte Auflage. Mit 14 Abbild. Leitmeritz, 1856. Druck und Verlag von C. W. Medau. (VIII. 377 S. 8.)

Heinzel, Jos. Viktorin, das anbethungswürdige göttliche Werk der Menschenerlösung. Dargestellt in sieben Fastenreden und einer Osterpredigt, gehalten in der Kapuziner-Ordenskirche zu Rumburg im Jahre 1842. 8. Leitmeritz 844. (Bautzen, Schulze.) 1/2 ℔

— Ludwig u. Richard, ein Briefwechsel zweier altösterreichischer Schulmänner. (K. Enk von der Berg u. W. Heinzel.) 8°. (133 S.) Prag, Tempsky. fl. 1.80.
1117.

Heinzel, Marcus, [Postverwalter in Raab, Ungarn]: Deutsche Weihnachtspiele in Ungarn, geschildert von M. H. Wien Selbstverlag des Verf. [1866]. 31 S. 8°.
[Zürich, Phil. Diss. v. 13. Jan. 1866].

Heinzel Mark. Joh. Oesterreichisches Post-Handbuch. 8. (300 S.) Olmütz, Ant. Halauska 1853.

Heinzel, Marc. Joh. Oesterr. Posthandbuch für Postbeamte, Juristen und Geschäftsleute. 2. Auflage. 8. (XVI. u. 306 S.) Olmütz, A. Halauska, 1853.

Heinzel, Markus Joh., österreichisches Post-Handbuch. 3., verm. und verb. Aufl. gr. 8. (VIII und 232 S.) Wien 856, (Lechner's Universitäts-Buchh.) Thlr.

Heinzel, Max, a lustiger Bruder. Neue schläsche Schnoken. 1. u. 2. Aufl. 8. (143 S.) Breslau 882. Max & Co. n. 1. 60; geb. n. 2. 60

Heinzel, Max, a lustiger Bruder. Schläsche Verzählsel u. Verschel. 3., verm. Aufl. 8. (IX, 192 S.) Schweidnitz 897. L. Heege. n. 1. 50; geb. in Leinw. n. 2. —; in Prachtbd. n. 2. 50; m. Goldschn. n. 2. 75

Heinzel, Max, s.: Familien-Kalender, allgemeiner.

— humoristische Genrebilder. Allerlei Heiteres. 8. (III, 124 S.) Breslau 881. Leuckart. n. 2. —; geb. 2. 80

Heinzel, Max, humoristische Genrebilder. Allerlei Heiteres. 2. Aufl. 8. (III, 124 S.) Breslau 889. J. Max, Verl. n. 1. 60; geb. n. 2. 40
Richtigstellung d. Angabe d. Verlegers in Bd. XXV.

Heinzel, Max, fahrende Gesellen. Hochdeutsches und Mundartliches. 8. (III, 106 S.) Breslau 885, (Max und Comp.) * 1 20

— 's Julerle vum Priezelte. Schwank m. Gesang in 1 Aufzuge. 2. Aufl. (22 S.) kl. 8. Schweidnitz (909). L. Heege. — 60

—— mei jüngstes Kindel. Allerhand schläsche Geschichten. Mit dem (Holzschn.-)Portr. des Verf. 8. (IV, 148 S.) Breslau 884, Max und Comp. *

— Mei jüngstes Kindel. Allerhand schläsche Geschichten. 2., veränd. Aufl. (VII, 83 S.) 8. Ebd. (909). — 80; kart. 1. 20

—— Maiglöckel. Dichtungen in schles. Mundart. 8. (123 S.) Breslau 888, Max und Comp. *ℳ 1.60.; geb. * 2 40

Maiglöckel. Dichtungen in schles. Mundart von Max **Heinzel**. 2. verm. Aufl. Schweidnitz: L. Heege [1906]. (124 S.) 8° [F.] [07. 8558

—— der schlesische Kurort Ober-Salzbrunn und seine Umgegend. Ein Büchlein für Kurgäste. 8. (47 S. mit eingedr. Holzschn. und 8 Stnt.) Freiburg i. Schl. 885, Heiber. * — 60

—— ock ni trübetimplig! Schläsche Verzählsel. 1. und 2. Aufl. 12. (112 S.) Ebendas. 881. *

—— dass. — Allerhand schläsche Verzählsel. 3. verm. Aufl. 8. (III, 132 S.) Ebendas. 883. *

[F.] Ock ni trübetümplig. Schläsche Verzählsel v. Max Heinzel. 4. verm. Aufl. *Breslau: J. Max 1895.* (2 Bl., 158 S., 1 Bl.) 1 Bd 8. [96. 3915

Ock ni trübetimplig. Schläsche Verzählsel von Max **Heinzel**. 5. verm. Aufl. Schweidnitz: L. Heege [1905]. (155 S.) 8° [F.] [06. 5558

Heinzel, Max, a schläsches Pukettel. Gereimtes und Ungereimtes. (IV, 96 S.) 1880. *ℳ 1,20.; 2. verm. Aufl. 8. (IV, 124 S.) Breslau 881, Max und Comp. *
geb. *

—— A schläsches Pukettel. Gereimtes u. Ungereimtes in schles. Mundart. 3. verm. Aufl. 8. (IV, 136 S.) Bresl. 892, Max u. Comp. * 1 60; geb. 2 40

— a schläsches Pukettel. Gereimtes u. Ungereimtes in schles. Mundart. 4. verm. Aufl. 8. (IV, 160 S. m. Bildn.) Schweidnitz (901). L. Heege. n. 1. 50; geb. n. 2. —; eleg. geb. n. 2. 50.

A schläsches Pukettel. Gereimtes u. Ungereimtes in schles. Mundart von Max Heinzel. 4. verm. Aufl. *Schweidnitz: L. Heege [1903].* (160 S.) 8° [F.] [04. 19535 2

— In Rübezahls Reich u. andere Dichtungen. 8. (V, 118 S.) Großenhain 891, Baumert u. Ronge. * 1 50; geb. * 2 50

— a frisches Richel. Hochdeutsches u. Mundartliches. 8. (VIII, 192 S. m. Bildnis.) Schweidnitz 893. L. Heege. n. 1. 50; geb. in Leinw. n. 2. —; in Prachtbd. n. 2. 60; m. Goldschn n. 2. 75

[F.] A frisches Richel. Hochdeutsches u. Mundartliches v. Max Heinzel. *Schweidnitz: L. Heege [1894].* (5 Bl., 192 S.) 1 Bd 8. [96. 4209

— A frisches Richel. Hochdeutsches u. Mundartliches. 2. veränd. Aufl. (VIII, 190 S.) 8. Ebd. (908.) 1.50; geb. in Leinw. 2. —

— s.: Schläsinger, d. gemittliche.

—— in Sturm und Wetter. Dichtungen. 8. (119 S.) Ebendas. 888. *ℳ 1.60.; geb. * 2 40

— In Sturm u. Wetter. Hochdeutsche Dichtgn. 2. verm. u. veränd. Aufl. (IV, 111 S.) 8. Schweidnitz (907). L. Heege. 1.50; geb. 2. —

Heinzel, Max, Vägerle, flieg' aus! Gedichte in schles. Mundart. 8. (VIII, 105 S.) Ratibor 875, Schmeer und Söhne. *
geb. *

— Vägerle flieg' aus. Mundartl. Dichtgn. 2., bedeutend verm. Aufl. 8. (VIII, 160 S. m. farb. Titelbild.) Schweidnitz 896. L. Heege. n. 1. 50; geb. in Leinw. n. 2. —; in Prachtbd. n. 2. 50; m. Goldschn. n. 2. 75

Heinzel, Meta, Flocken. 8. (V, 94 S.) Danzig 897. A. W. Kasemann. n. 2. —

Heinzel, Richard

— Abhandlungen zum altdeutschen Drama. S. 134 10 . . . . 2.60
Separatabdruck

Heinzel, Rich., Abhandlungen zum altdeutschen Drama. [Aus: „Sitzungsber. d. k. Akad. d. Wiss."] gr. 8. (118 S.) Wien 896. (C. Gerold's Sohn.) n. 2. 60

Heinzel, Richard, Beschreibung der Isländischen Saga. (Sitzb. d. k. Akad. d. Wissensch. Phil.-hist. Cl. 97. Bd. 1. Heft.) gr. 8. (204 S.) geb. In Comm. 1 fl. 70 kr.

Heinzel, Rich., Beschreibung der isländischen Saga. Lex.-8. (204 S.) Wien 880, (Gerold's Sohn.) *
Aus: Sitzungsberichte der k. Akademie der Wissenschaften, besonders abgedruckt.

— Beschreibg. d. geistl. Schauspiels im deutschen Mittelalter, s.a. Beiträge zur Ästhetik.

Beschreibung des geistlichen Schauspiels im deutschen Mittelalter v. Richard Heinzel. *Hamburg & Leipzig: L. Voss 1898.* (VII, 354 S.) 1 Bd 8.
= Beiträge z. Ästhetik. [No] IV. [98. 554

— Über die Endsilben der altnordischen Sprache. S. 87. 343 . . . . 2.40
Separatabdruck

Heinzel, Rich., über die Endsilben der altnordischen Sprache. Lex.-8. (144 S.) Wien 877, (Gerold's Sohn.) *
Aus: Sitzungsberichte der k. Akademie der Wissenschaften, besonders abgedruckt.

— Über das Gedicht vom König Orendel. S. 126/1 . . . . 1.80
Separatabdruck

—— Ueber das Gedicht vom König Orendel. Lex.-8. (90 S.) (Ebd.) 892. * 1 80
Vorstehende 2 Schriften sind aus: Sitzungsber. d. k. Akad. d. Wissensch., besonders abgedruckt.

Heinzel, Rich., Geschichte der niederfränkischen Geschäftssprache. gr. 8. (464 S.) Paderborn 874 Schöningh. n. 8. —

— Über die französischen Gralromane. D 40/3 . . . . 10.—
Separatabdruck

Heinzel, Rich. Ueber die französischen Gralromane. Imp.-4. (196 S.) Wien 891, (Tempsky). * 10 —
Aus: Denkschriften d. k. Akad. d. Wissensch., besonders abgedruckt.

Heinzel, R., Heinrich v. Melk, s. Heinrich v. Melk.

— Über die ostgotische Heldensage. S. 119/3 . . . . vgr.
Separatabdruck

Heinzel, R., üb. die ostgothische Heldensage. [Aus: „Sitzungsber. d. k. Akad. d. Wiss."] Lex.-8. (98 S.) Wien 889. (Tempsky.) n. 1. 60

— Über die Hervararsaga. S. 114. 417 . . . . vgr.
Separatabdruck

Heinzel, R., üb. die Hervararsaga. [Aus: „Sitzungsber. d. k. Akad. d. Wiss."] Lex.-8. (105 S.) Wien 887. (Tempsky.) n. 1. 60

— Über die Nibelungensage. S. 109. 671 . . . . vgr.
Separatabdruck

Heinzel, Rich., üb. die Nibelungensage. Lex.-8. (50 S.) Wien 885. (Gerold's. Sohn.) n. — 80.

—— s. Notkers Psalmen.

— Über Wolfram von Eschenbachs „Parzival". S. 130 1 . . . . 2.30
Separatabdruck

— üb. Wolframs v. Eschenbach Parzival. [Aus: „Sitzungsber. d. k. Akad. d. Wiss."] Lex.-8. (114 S.) Ebd. 893. n. 2. 30

Heinzel, R., s.: Saemundar Edda.

Kleine Schriften von Richard Heinzel. Hrsg. von M[ax] H[ermann] Jellinek u. C[arl] v. Kraus. Heidelberg: C. Winter 1907. (VIII, 456 S.) 8°
[07. 17181

—— über den Stil der altgermanischen Poesie, s. Quellen und Forschungen zur Sprach- und Culturgeschichte der germanischen Völker.

— Über die Walthersage. S. 117/2 . . . . vgr.
Separatabdruck

— üb. die Walthersage. [Aus: „Sitzungsber. d. k. Akad. d. Wiss.] Lex.-8. (100 S.) Ebd. 888. n. 1. 40

Heinzel Richard, Dr.: Über den Wortschatz und die Sprachformen der Wiener Notker-handschrift. 1. Teil. S. 80. 679 . . . . 1.—
— Wortschatz und Sprachformen der Wiener Notkerhandschrift. 2. Teil. S. 81. 83 . . 2.40
— — 3. Teil. S. 82. 53 . . . . —.40
Separatabdruck

—— Wortschatz und Sprachformen der Wiener Notker-Handschrift. 3 Thle. Lex.-8. Wien, (Gerold's Sohn.) [1. Thl. (68 S.) 875. * M 1.; 2. Thl. (150 S.) 876. * M 2,40.; 3. Thl. (20 S.) 876. * 40 Pf.] *
Aus: Sitzungsberichte der k. Akademie der Wissenschaften, besonders abgedruckt.

Heinzel, S., Goethe u. Schiller vor dem Amtsvorsteher Wehrhahn. Parodistische Scene. schmal Fol. (11 S.) Karlsruhe (901). (J. Lindt.) n.n. — 50

Heinzel, W., s.: Briefwechsel, e., zweier altösterreichischer Schulmänner.

AMUR (sic!) Der Got (!) —, Ein erzehlendes Gedicht des XV. (?) Jahrhunderts — (von *Heinzelein von Constanz;* war bereits Ende d. XIII. Jh. Küchenmeister des 1298 † Grafen Albrecht von Hohenberg u. Heigerloh). Zum ersten Male aus der Handschrift abgedruckt. (Hrsg. von Chp. Heinr. Müller.) Berlin, Spener, 1783. 4°. (6 Mk. A. Bielefeld, Carlsruhe, 1891; 1 Mk. 50 Pfg. L. Liepmannssohn, Berlin, 1906.)
20 S. Sehr selten! Anon.-Lex. I. p. 46.

Heinzelein von Constanz v. Frz. Pfeiffer. gr. 8. (XVIII u. 150 S.) Leipzig 852, T. O. Weigel. n. 1 ß

Heinzelmann: Augustins Lehre vom Wesen u. Ursprung d. menschlichen Seele. – Halberstadt, Progr. 1868.

Heinzelmann, Carl, s. Heinzelmann, Karl

Heinzelmann [Ernst]: Frankfurter Altertümer und Denkwürdigkeiten für den Geschichtsunterricht. Frankfurt a. M. 1907: C. Adelmann. (S. 3—18.) 4° [F.]
Frankfurt a. M., Humboldt-S (HM) OP 1907 [93]

Heinzelmann, Friedrich

Heinzelmann, F. Die Baum- und Rebschule. Anleitung zur rationellen Erziehung und Veredlung der Obstbäume und Reben. Für Baum- u. Rebzüchter, Landwirthe, Seminaristen, Ackerbau- u. Fortbildungsschulen u. s. w. bearbeitet. In-8°, 102 S., mit 12 lithogr. Tfln. Aarau, Ph. Wirz-Christen. cart. 2 —
1886.

Heinzelmann, Fr., immerwährender Garten-Kalender für den Gartenbesitzer und Landmann oder übersichtl. Zusammenstellung der Arbeiten im Obst-, Gemüse-, Reb- und Blumengarten und der Baumschule, nach Monaten geordnet. 8. (48 S.) Zürich 884, Schmidt. cart. *

Heinzelmann, Fr[iedrich]. Immerwährender Garten-Kalender für den Gartenbesitzer und Landmann oder Übersichtliche Zusammenstellung der Arbeiten im Obst-, Gemüse-, Reb- und Blumengarten und der Baumschule, nach Monaten geordnet. 2. umgearbeitete und erweiterte Aufl. [Mit Vignetten.] IV + 61 S. 8. Aarau, Emil Wirz, 1908. [cart. fr. 1. —]

Heinzelmann, F. Grundriß der allgem. Weltgeschichte für mittlere Klassen der Gymnasien. 102 S. 8. . . . .
Progr. Salzwedel 1837

Heinzelmann, Friedr., Grundriß d. allgem. Weltgeschichte f. d. mittl. Klassen d. Gymnasien u. a. höh. Lehranstalten. gr. 8. (6½ B.) Magdeburg 837, Creutz'sche Buchh.

—— kurzgefaßte Hauptregeln d. lat. Sprache nach C. G. Zumpt's Grammatik z. Gebr. f. d. unt. Klassen d. Gymnasien. 8. (4 B.) Berlin 839, Dümmler.

— Haus- u. Gemüsegarten, s.: Kraft, A.

- s.: Jahrbuch des Vereins der Spiritus-Fabrikanten in Deutschland.

Heinzelmann, Friedr., Jerusalem in 10 Gesängen. 8. (112 S.) Leipzig 865, F. Fleischer.

Heinzelmann, Friedr., Sanct Johannes auf Patmos. Religiös-epische Dichtung in zwölf Gesängen. Leipzig 855. Fr. Fleischer. br. 8. (2 Bl., 228 S.) n. 1 Thlr. 10 ngr.

— s. Phädri, Fabeln.

Heinzelmann, Fr., das Reich Gottes in d. heil. Schrift u. Geschichte. Für d. Schul- u. Confirmanden-Unterricht. 8. (11½ B.) Leipzig 846, Weichardt's Sequestration. *

—— Andeutungen zu Obigem. 8. (5 B.) Ebds. 846. *

Heinzelmann, Friedrich: Reisebilder und Skizzen aus Galizien, Ungarn, dem Banat und Siebenbürgen . . . — Lpz.: Fleischer 1853. X, 545 S. (Weltkunde. Bd 11.)

– Dass., s.a. Weltkunde, Die, in einer planmäßig geordneten Rundschau.

Reisen in den mittleren und nördlichen Festlandern Asiens, in Japan und den Sandwichs-Inseln. Herausgegeben von Friedrich Heinzelmann. (Die Weltkunde in einer planmässig geordneten Rundschau. Bd. 16) Leipzig 1855. XX, 558 S., 1 Tf., 1 Krt. 8°.

– Dass., s.a. Weltkunde, Die, in einer planmäßig geordneten Rundschau.

Reisen in Persien und den beiden Indien. Herausgegeben von Friedrich Heinzelmann. (Die Weltkunde in einer planmässig geordneten Rundschau. Bd. 14.) Leipzig 1855. X, 597 S., 1 Tf. 8°.

– Dass., s.a. Weltkunde, Die, in einer planmäßig geordneten Rundschau.

– Reisen in Südamerika und Westindien, s. Weltkunde, Die, in einer planmäßig geordneten Rundschau.

—— Schattenrisse aus Wallers Tagebuche. (Gedichte.) 8. (13¼ B.) Magdeburg 835, (Creutz'sche Buchh.)

Heinzelmann, Friedr., das deutsche Vaterland, s. Weltkunde, die.

Heinzelmann, Frdr., Das deutsche Vaterland in Reisebildern und Skizzen für das Jünglingsalter und die Gebildeteren aller Stände dargestellt. Bd. 1—5. Leipzig 1856—1861. 8. . . . . (D.)
A. u. d. T.: Die Weltkunde, herausg. von F. Heinzelmann. Suppl. Bd. 1.

—— Marschall Vorwärts u. d. Freiheitskriege, in Liedern. gr. 8. (6½ B.) Magdeburg 838, Creutz'sche Buchh.

Heinzelmann, F., s. a. Weltkunde.

— die Weltkunde, in einer planmäßig geordneten Rundschau der wichtigsten neueren Land- und Seereisen, auf Grund des Reisewerkes von Dr. Wilh. Harnisch dargestellt und herausg. Supplemente. 1. u. 2. Bd. Leipzig 858. Fr. Fleischer. gr. 8. (XI, 400; XIV, 449 S.) Jeder Bd. 1 Thlr. 10 ngr.
1. Bd.: Das deutsche Vaterland in Reisebildern u. Skizzen für das Jünglingsalter u. die Gebildeten aller Stände dargestellt. (In 4 Bdn.) 1. B.: Das Tiefland des Ostsee-Randes. —
2. Bd.: Das Tiefland des Nordsee-Randes, der Harz u. die sächs. Schweiz.

Heinzelmann, Georg, approb. Arzt aus Langenhagen b. Hannover: Ueber Endresultate bei der Behandlung der Aktinomykose. *Tübingen 1903: H. Laupp Jr.* (33 S.) 8° ¶(Aus: Beiträge zur klinischen Chirurgie, Bd 39, H. 2.)
Tübingen, Med. Diss. v. 1903

Heinzelmann, Gerhard, cand. min.: Der Begriff der Seele und die Idee der Unsterblichkeit bei Wilhelm Wundt. Tübingen 1910: Laupp. VIII, 107 S. 8° ¶(Ersch. auch als Buch b. Mohr, Tübingen.)
Mit: Thesen ... z. Erlangung d. theol. Licentiatenwürde ... am 26. Febr. 1910. Göttingen (1910: Huth.) 2 Bl. 8°
Göttingen, Theol. Diss. v. 26. Febr. 1910, Ref. Titius
(Thesen nur in beschränkter Zahl für den Austausch)
[Geb. 10. Juni 84 Koswig; Wohnort: Bernburg; Staatsangeh.: Anhalt; Vorbildung: Gymn. Bernburg Reife O. 02; Studium: Tübingen 2, Halle 3, Berlin 1 S.; Coll. 22. Jan. 10.] [U 10. 1324

Heinzelmann, Gerh., der Begriff der Seele u. die Idee der Unsterblichkeit bei Wilhelm Wundt. Darstellung u. Beurteilung. (XII, 107 S.) gr. 8. Tübingen 910. J. C. B. Mohr. 2. —

Heinzelmann, Heinrich Christoph Wilhelm

— Anweis., besonders für Frauenzimmer, zur Vermeidung d. fehlerhaften Redens u. Schreibens ihrer Muttersprache; mit e. Anh. gr. 8. Stendal 798. Franzen u. Gr. 16 gr.

Heinzelmann, Hnr. Cph. Wlh., Briefe u. Unterhaltt. f. Frauenzimmer zur Berichtigung d. Muttersprache im Reden u. Schreiben. Nebst e. Anh. 8. Stendal 801. Franzen u. Gr. 10 gr.

Heinzelmann, (Heinr.) Chrstph. Wilh., kurzes Fremd'wörterbuch d. gebräuchlichsten aus d. Fremde bei uns eingeschlich'nen Wörter, zu'r Sprach-reinigung u. Bereich'rung, so wie z. Verstehn d. Zeitungen rc. rc. erklärt u. verteútscht, z. Theil auch d. Teútschen veráhnlicht. 8. (13½ B.) Magdeburg 828, Rubach.

– kurzes Fremdwörterbuch d. gebräuchlichsten aus d. Fremde bei uns eingeschlichenen Wörter, zur Sprachreinigung u. Bereich'rung, so wie z. Verstehn d. Zeitungen rc., erklärt u. verteutscht, zum Theil auch dem Teutschen verähnlicht. 8. Magdeb. 829. Rubach. 12 gr.

—— Noth- u. Hülfsbuch d. Rechtschreibung u. sprachkundl. Rechtsprechung im Teútschen, auch z. Bestimmung noch schwank. Fälle; mit Anmerkn. f. Forscher. Nebst e. auch f. sich verkäufl. kurzen Fremdwörterbuche (Fremd'wörter-buch. 828.) 2., gar ansehnlich verm. Aufl. 8. (37½ B.) Magdeburg 830, Rubach. Ohne Wörterbuch 16 Gr.

— Noth- u. Hülfsbüchlein d. Rechtschreibung. 8. Berl. 801. Berlin. 4 gr.

— Probe e. Sprachverähnlichung an fremden Wörtern im Deutschen. gr. 8. Stendal 798. Franzen u. Gr. 8 gl

— s. Schulfibel, neu eingerichtete.

Heinzelmann, Hugo [pr. Arzt u. Assistenzarzt am allg. städt. Krankenhause München r. d. I.]: Ein seltener Fall von tödtlicher Leberruptur.... Nürnberg, K. Bayr. Hof-Buchdr. G. P. J. Bieling-Dietz (1886); 1 Bl. | 17 S. 8°.
München, Med. Fak., Inaug.-Diss. v. 1886.

Heinzelmann, Hugo, ein seltener Fall von tödtlicher Leberruptur. Diss. München 1886, A. Buchholz. 8°. 17 S.

Heinzelmann, Hugo, die Fehlböden [Zwischendecken], s.: Abhandlungen, Münchener medicinische.

Heinzelmann, Hugo. Gardone Riviera am Gardasee. In-12°. 70 S. E. Speidel, Zürich-Oberstrass. 1894. fr. 2 —

— Gardone Riviera am Gardasee. Nebst e. naturwissenschaftl. Beitrag von v. Gümbel. 8. (70 S. m. 2 Kartenskizzen.) München 895. J. F. Lehmann's Verl. n. 1. 50

Heinzelmann, J. Paradies der Menschheit! Das Ideal-Staatswesen von morgen! von J' H', Luzern. IV + 46 S. 8. (Luzern,) Im Selbstverlag des Verfassers ... Genossenschaftsbuchdr., November 1906. (fr. —. 85)

Heinzelmann, J. Bern.

— Pensées über Trauer und Betrübniß. 8. Ebend. 714.

Heinzelmann, J. Bern., System d. neuern Geographie. 8. Hannov. Helwing. 728.

Heinzelmann, J. C.. de διακόνοις νεοφύτοις. Ibid. 1739. 4.

Heinzelmann, J. Geo., die Untheilbarkeit der Servituten. Inaugural-Abhandlung. Lex. 8. (35 S.) Nördlingen 852, Beck. 8 ngr

Heinzelmann, Johann Christian Friedrich

— u. C. D. Voß, philosoph. Blicke auf Wissenschaft u. Menschenleben. 2 Stücke. 8. Halle 789. Schwetschke u. S. 18 gl

Heinzelmann, J. C. F.: Von den alten cimbrischen u. sächsischen Eidgerichten überhaupt, und von der dithmarsischen Nemede insbesondere. Kiel 1793.
(S.-A. a.: Schleswig-holstein. Provinzialberichte. Jg. 7, H. 2.)

HEINZELMANN, J. Ch. F.: Von d. alten Cimbrischen u. Sächs. Eidesgerichten überh., und v. d. Dithmars. Nemede insbes. *Kiel*, Mohr. (*Alt.*, Hammerich.) 793. 8. (3 Gr.)

— s.a. Gespräche, Sokratische ...

(J. Ch. F. Heinzelmann's) Sokrat. Gespräche zur Einleitung u. Erläuterung d. *Bahrdt*. Katech. d. natürlichen Religion. *Eb.* 793. 8° 20 gl

Heinzelmann's Griechisches Lesebuch. Halle 786. 8. 8gr. Verb. Ebend. 793. 8. Ebend. 803. 8. Ebend. 816. 8. 8 gr.

Heinzelmann, Jh. Chr. Fr., griech. Lesebuch. 8. Halle 786. 2e A. 793. 3e A. 804. 4e A. 816. Waisenh.-B. 8 gl

Heinzelmann, J. C. F., griech. Lesebuch für die untere Classe. 4te Aufl. 8. Halle, Waisenhausbuchh. 816.

Heinzelmann, Jh. Chr. Fr., († 1830.) griech. Lesebuch für d. untern Klassen. Nach d. 4ten Aufl. ins Deutsche übersetzt. 8. Arnst. 820. Hildebrand. 9 gl

— s. Riegels, N. Detlev de: Versuch einer Geschichte Christians V.

Heinzelmann, Karl

Heinzelmann, Karl, Elysium. Gedichte. gr. 12. (16½ B.) Berlin 836, (Behr'sche Buchh.)

Heinzelmann, Carl, des Königs Majestät Wilhelm I. Allerhöchster Geburtstag, der 22. März 1867. gr. 8. (16 S.) Königsberg 867, Richter.

Heinzelmann, Carl, poetische Grüße aus Sicilien. 1. Bd Mit dem (lith.) Bildniß d. Verf. 8. (256 S.) Leipzig 874 Schneider. n. 3. —; geb. m. Goldschn. n. 4. 50

Heinzelmann, Carl, an Deutschlands Söhne. Vaterländisches Gedicht. Zum Geburtstage des Königs Wilhelm I., am 22. März 1869. gr. 8. (22 S.) Berlin 869, Schweigger'sche Hofbuchh. *

Heinzelmann, Karl, a. Steinhilben (Hohenzollern): Die Farfenser Streitschriften. Ein Beitrag zur Geschichte des Investiturstreites. Straßburg i. E. 1904: C. Müh & Cie. (125 S.) 8°
Straßburg, Phil. Fak., Ref. Bresslau, Meinecke, Diss. v. 27. Febr. 1904
[Geb. 19. Dez. 78 Steinhilben, Hohenzollern: Wohnort; Steinhilben; Staatsangeh.: Preußen; Vorbildung: Gymn. Sigmaringen Reife O. 99; Studium: Freiburg i. B. 4, Straßburg 6 S.; Rig. 27. Febr. 04.]

Heinzelmann, K., die Farfenser Streitschriften. Ein Beitrag zur Geschichte des Investiturstreites. (125 S.) gr. 8. Strassburg 904. (W. Heinrich.) n. 2. 50

Heinzelmann, Kurt, volkstümliche deutsche Strafrechtskunde, s.: Büchersammlung, allgemeine, der freien Vereinigung v. Schriftstellern, Literatur- u. Kunstfreunden.

Heinzelmann, Otto, Andachten über Dr. Martin Luther's kleinen Katechismus. 8. (248 S.) Potsdam 871, Stein's Verlag. *

Heinzelmann, Otto. Andachten über Dr. M. Luthers kleinen Katechismus. 2. Aufl. Potsdam 1893. H: *Heinzelmann, C.* (Berl)

— Predigten über die Episteln aller Sonn- und Festtage des christl. Kirchenjahres. gr. 8. (IV, 388 S.) Potsdam 873, Stein's Verlag. *

— Predigten üb. die Episteln aller Sonn- u. Festtage des christlichen Kirchenjahres. 2. Aufl. gr. 8. (VIII, 400 S.) Ebd. 894. n. 4. 50; geb. n.n. 5. 50

— Predigten über die Evangelien aller Sonn- und Festtage des christl. Kirchenjahres. gr. 8. (VIII, 453 S.) Potsdam 869, Riegel'sche Buchh. [Stein's Verlag.] *

Heinzelmann, Otto, Predigten über die Evangelien aller Sonn- und Festtage des christlichen Kirchenjahres. 2. Aufl. gr. 8. (VIII, 453 S.) Potsdam 883, Stein's Verlagsb. *

— Predigten uber freie Texte für alle Sonn- und Festtage des christl. Kirchenjahres. gr. 8. (VIII, 398 S.) Potsdam 875, Stein's Verlag. *

Predigten über freie Texte f. alle Sonn- u. Festtage d. Kirchenjahres von Otto Heinzelmann. 2. durchges. Aufl. Potsdam: A. Stein [1905]. (403 S.) 8° [J.] [04. 3974

Heinzelmann, R: Die Erfindungen auf dem Gebiete der Abläuterung der Würze in geschichtlicher Darstellung. (Berlin) 1905

Heinzelmann, R: Die Erfindungen auf dem Gebiete der Hopfenbehandlung zum Zwecke der Hopfenersparnis in geschichtlicher Darstellung. (Berlin) 1904

Heinzelmann, R: Neue Erfindungen auf dem Gebiete der pneumatischen Mälzerei. Berlin 1902

Heinzelmann, R: Die Erfindungen auf dem Gebiete des Pasteurisierens von Bier in geschichtlicher Bedeutung. Berlin 1906

Heinzelmann, R: Die Zentrifugalmaischapparate in zusammenfassender und geschichtlicher Darstellung. (Berlin) 1903

Heinzelmann, (Ern.) Rich. (geb. Havelberg 4. 1. 1820): De euthanasia medica. Berolini (1845). (28 S.) 8°
Berlin, Med. Diss. v. 14. Aug. 1845

Heinzelmann, Rich., dramatische Werke. 1.—5. Thl. 8. Berlin, Lassar's Buchh. à Thl. ℳ 1,50.
Inhalt:
Thl. 1. Der Schein trügt. Schauspiel in 4 Akten. (87 S.) 880.
„ 2. Studentenstreiche am 1. April. Posse in 2 Akten. (84 S.) 881.
„ 3. Rosa Aloe. Schauspiel in 4 Akten. (89 S.) 881.
4. Der Materialist. Lustspiel in 2 Akten. (44 S.) 882.
„ 5. Die Heuchler. Lustspiel in 3 Akten. (69 S.) 884.

Heinzelmann, Rich., dramatische Werke. 5. Thl. 8. Berlin 885. Lassar. n. 1. 50
Die Heuchler. Lustspiel in 3 Akten. (69 S.)

Heinzelmann, Robert [aus Biberach]: Ueber einige neue Derivate der Schleimsäure. Strassburg. Buchdruckerei H. L. Kayser. 1876. 8. 32 S.

HEINZELMANN, Robert (Kaufbeuren): De insultu epileptico quodam.- Monachii: Deschler 1859. 24 S.
11.8.1837 - Urk; F 65
Diss. Ingolst.-Landsh.-Mchn.

Heinzelmann, Rudolf Friedrich Otto, s. B i b l i a .
Neue Übersetzung und Bearbeitung von R. F. O. Heinzelmann.

Heinzelmann, Rudolph Fried. Otto (Herlinga/Magdeburg), Commentatio de infelicitate hominum praesenti, teste contra naturalismum, pro illa recuperandae salutis via, quam Christi doctrina ostendit. Präs. Johann Salomon Semler. Halle (Hendel) März 1759. 46 S. (6.50) 14099
Widm. v.: Präs., Johann August Noesselt.

— de priscorum Christianorum precibus. 4. Altenb. 760.

Heinzelmann, Rud. Fr. Otto, († d. 19. April 1805.) überzeugende Unterr. des beunruhigten Christen, vom Ursprunge d. Religion. 8. Götting. 771. Kübler. 6 gr

– s. Z u s c h r i f t an eine Freundin, die durch Gespräche ...

– s. Z u s c h r i f t an Verehrer der Religion.

Heinzelmann, W., der polarische Gegensatz in der Musik oder neues System der Tonreihen für Jedermann verständlich ohne Noten. gr. 8. (164 S.) Leipzig 867, Fr. Fleischer.

Heinzelmann, Wilhelm: Zur Behandlung der Kirchengeschichte im evangelischen Religionsunterrichte der Gymnasien. *Erfurt 1898: F. Bartholomäus.* (68 S.) 8°
Erfurt, k. G, OP 1898 (241)

Zur Behandlung der Kirchengeschichte im evangelischen Religionsunterrichte der Gymnasien. Von Dr. W[ilhelm] Heinzelmann ... *Erfurt: C. Villaret [1898].* (68 S.) 1 Bd 8. [98. 9306 Ha

Heinzelmann, Wilh., über den ethischen Beruf der Kunst. Festvortrag, geh. am 26. I. 1903 in der öffentl. Festversammlg. der königl. Akademie zur Vorfeier des Allerhöchsten Geburtstages Sr. Maj. des Kaisers u. Königs Wilhelm II. (30 S.) gr. 8. Erfurt 903. C. Villaret. n. — 80
Separatabdruck

Der praktische Beruf der Wissenschaft und die Aufgabe der Erfurter Akademie. Einl. Vortrag geh. 1894 von Prof. Dr. W[ilhelm] Heinzelmann. Erfurt: C. Villaret 1895. (24 S.) 8°
Aus: Jahrbücher d. Kgl. Akad. gemeinnütz. Wiss. zu Erfurt. N. F. H. 21. [05. 14657 8

Heinzelmann, Wilh., über Bildung und Einfalt. Ein Vortrag. 8. (55 S.) Berlin 885, Wiegandt und Grieben. * — 80

Heinzelmann, W., aus der Blüthezeit der Erfurter Universität. Die Anfänge des Humanismus. Vortrag. gr. 8. (40 S.) Erfurt 876, Stenger. *

Heinzelmann, Wilhelm [Dr., Prof.]: Der Brief an Diognet. Übersetzt u. gewürdigt. Erfurt, Druck v. F. Bartholomäus, 1896; 1—32 S. 8.
Erfurt, k. G, Festschr. 1896**

— d. Brief an Diognet, „d. Perle d. christl. Altertums". Uebers. u. gewürdigt. gr. 8. (32 S.) Erfurt 896. H. Neumann. n. — 60

[J.] Christentum und moderne Weltanschauung. E. apologet. Beitr. v. Prof. Dr. W[ilhelm] Heinzelmann, Oberl. ... zu Erfurt. *Erfurt: C. Villaret 1897.* (119 S.) 1 Bd 8. [98. 306

Heinzelmann, W., Goethes religiöse Entwicklung, s.: Vorträge u. Aufsätze aus der Comenius-Gesellschaft.

— d. Universität Erfurt u. d. Humanismus, s.: Luther in Erfurt.

Heinzelmann, W., üb. die Erziehung zur Freiheit. Ein pädagog. Beitrag. gr. 8. (59 S.) Berlin 887. Wiegandt & Grieben. n. 1. —

Heinzelmann, Wilhelm Ueber die Freiheit als Ziel der Erziehung. Festrede, gehalten am Sedantage 2. September 1886. Nachtrag: 24 Thesen als Bausteine zur Grundlegung einer künftigen Erziehungslehre. (Umschlagtitel: Ueber die Freiheit als Ziel der Erziehung.) 4 (17 S.). Progr. G. *Erfurt* 1887 (216).

Gedenkrede auf den verewigten Prinzen Georg von Preußen, den langjähr. Präsidenten d. Kgl. Akad. Geh. 1902 in d. öffentl. Trauerversamml. d. Akad. von Prof. Dr. W[ilhelm] Heinzelmann. Erfurt: C. Villaret 1902. (16 S.) 8°
Aus: Jahrbücher d. Kgl. Akad. gemeinnütz. Wiss. zu Erfurt. N. F. H. 29. [03. 14658 8

— Gedenkrede auf den verewigten Prinzen Georg v. Preussen, den langjährigen Präsidenten der königl. Akademie. Geh. am 15. V. 1902 in der öffentl. Trauerversammlung der Akademie. (16 S. m. 1 Bildnis u. 1 Fksm.) gr. 8. Ebd. 903. n. — 80
Sonderabdruck aus: „Jahrbb. d. kgl. Akad. gemeinnütz. Wiss. zu Erfurt".

— Gedenkrede auf Wilhelm Frhrn. v. Tettau, geh. am 17. Oktbr. 1894 in d. öffentl. Trauerfeier d. kgl. Akademie gemeinnütz. Wissenschaften zu Erfurt. [Aus: „Jahrbb. d. k. Akad. gemeinnütz. Wissenschaften zu Erfurt".] gr. 8. (30 S.) Ebd. 895. n. — 60

— Goethe's Iphigenie. Ein Vortrag. gr. 8. (V, 38 S.) Erfurt 891. (H. Neumann.) n. — 60

— üb. Ludwig Meinardus' Reformations-Oratorium „Luther in Worms". Vortrag, geh. in Erfurt u. Naumburg a/S. gr. 8. (26 S.) Erfurt 890. Bartholomäus. n. — 40

— Goethes Odendichtung aus d. J. 1772—1782. Vortrag, in d. öffentl. Sitzg. d. kgl. Akademie gemeinnütz. Wissenschaften zu Erfurt am 9. VI. 1898 geh. [Aus: „Jahrbb. d. kgl. Akad. gemeinnütz. Wiss. zu Erfurt".] gr. 8. (36 S. m. 1 graph. Taf.) Ebd. 898. n. — 60

— üb. den deutschen Volkscharakter. Vortrag. [Aus: „Jahrbb. d. k. Akad. gemeinnütz. Wissensch. zu Erfurt".] gr. 8. (37 S.) Erfurt 893. C. Villaret. n. — 60

Deutsch-christliche Weltanschauung. Gesammelte Vorträge u. Abhandlungen von D. Dr. Wilhelm Heinzelmann, Prof. zu Erfurt. Halle a. S.: Waisenhaus 1905. (364 S.) 8° [J.]

—— wie ist der Religions-Unterricht in den oberen Klassen höherer Lehranstalten zu erteilen, damit derselbe seine erziehliche Aufgabe nicht verfehle? Vortrag, gehalten am 4. Oktbr. 1884 in der pädagog. Sektion der 37. Versammlung deutscher Philologen und Schulmänner zu Dessau. gr. 4. (22 S.) Leipzig 885, (Teubner.) — 60
Aus: Verhandlungen der 37. Versammlung etc., besonders abgedruckt.

Heinzen, J., die Forstverwaltung in Frankreich; oder Darstellung der Gesetze und Verordnungen, welche das Forst-, Jagd- und Fischereiwesen betreffen. gr. 8. Cöln, Rommerskirchen. 808.

Heinzen, Karl

Heinzen, K., Meine Ausweisung aus Zürich. 8°. Bern 1847.

— Ein Stück Beamtenleben oder staatsdienstliche Erfahrungen. Ein Supplement zu der „preußischen Büreaukratie". Herisau, literarisches Institut 1846. 142 S. 8.

Heinzen, Carl, ein Stück Beamtenleben od. staatsdienstliche Erfahrungen. Ein Supplement zu der „preußischen Büreaukratie." 8. (9 B.) Herisau 846. [Schläpfer.] — 9

Heinzen, Karl, einige Blicke auf die badisch-pfälzische Revolution. gr. 12. (52 S.) Bern 849, Jenni Sohn. ¼ ₰

Heinzen, Karl, sechs Briefe an einen frommen Mann. Mit einem Vorwort an einen Jesuiten und einem Nachwort an einen „Humbuger". 3., verm. Aufl. 8. (87 S.) New-York 866, (Steiger.)

Heinzen, Karl, sechs Briefe an einen frommen Mann. Mit einem Vorwort an einen Jesuiten und einem Nachwort an einen „Humbuger". Hrsg. von dem „Verein zur Verbreitung radikaler Prinzipien". 8. (84 S.) St. Gallen 878, Fuhrimann.

--Sechs Briefe an einen frommen Mann, nebst einem Vorwort an einen Jesuiten u einem Nachwort an einen "Humbugger." 7th ed. Milwaukee. 1885.

Heinzen, Karl, sechs Briefe an e. frommen Mann. M. e. Biographie d. Verf. gr. 8. (X, 64 S. m. Bildn.) Bamberg 895. Handelsdruckerei. n. 1. —

—— Frankreichs „brüderlicher Bund mit Deutschland." 16. (21 S.) Rheinfelden 848. (Basel, Fischer.)

Heinzen, Karl. Die preußische Büreaukratie. Darmstadt, C. W. Leske 1845. VIII 324 S. 8.

— Dankadresse deutscher Preussen an Itzstein und Hecker. 1845.

—— die Teutschen und die Amerikaner. 2. Aufl. 8. (59 S.) Boston 860. (New-York, Steiger.)

Heinzen, Karl. Der teutsche Editoren-Kongress zu Cincinnati oder das gebrochene Herz. Boston: Selbstverlag, 1872. GSP

Heinzen, Karl, die Ehre. Eine Flugschrift. gr. 8. (1⅛ B.) Köln 841, (Welter.)

— Einiges über teutschen Servilismus und Liberalismus. 12°. New York 1847.

--Erlebtes. I. Teil: Vor meiner Exilirung. Bost. 1864 (forming v3 of Gesammelte Schr); 2. Teil: Nach meiner Exilirung. Boston, 1874 (forming v4 of Gesammelte Schriften).

Heinzen, K., Erst reine Luft, dann reinen Boden! (Briefe eines Atheisten an einen Frommen.) 8°. Bern 1848.

—— erst reine Luft, dann reinen Boden! gr. 12. (47 S.) Bern 848, Jenni, Sohn.

—— politische u. unpolitische Fahrten u. Abenteuer. 2 Bde. 8. (34⅝ B.) Mannheim 846, Hoff.
Inhalt:
Bd. 1. Aeltere Fahrten.
„ 2. Neuere Fahrten etc. relig. Romantik.

—— Gedichte. 8. (15½ B.) Köln 841, J. u. W. Boisserée.

--Gedichte. 3d ed. Bost. 1867 (forming v1 of Gesammelte Schriften)

—— Gedichte. 3., verm. Aufl. 8. (VIII und 250 S.) Boston 867. (New-York, Steiger.)

—— der Herr Gott an Friedr. Wilh. IV. 1 qu. Bl. — —

—— die Helden des teutschen Kommunismus. Dem Hrn. Carl Marx gewidmet. gr. 12. (104 S.) Bern 848, Jenni, Sohn.

—— Herzensmeinungen eines ächten Preußen u. Teutschen. 16. (3 B.) Herisau 846. (Schläpfer.)

— Künftige Kabinetsordres Olims des Grossen. 1845.

—— die geheimen Konduitenlisten der Beamten. Eine Flugschrift. gr. 8. (1 B.) Köln 842, Ritzefeld.

—— dreißig Kriegsartikel der neuen Zeit f. Officiere u. Gemeine in despotischen Staaten. 8. (2½ B.) Neustadt c. J. (Herisau, Schläpfer.)

— 30 Kriegsartikel der neuen Zeit für Officiere und Gemeine in despotischen Staaten. 18°. Neustadt, Selbstverlag, s. a.

Heinzen, Carl. Dreissig Kriegsartikel der neuen Zeit für Officiere und Gemeine in despotischen Staaten. Von K. H'.... 8. Neustadt [1846].

— Ueber Kommunismus und Socialismus. (Hrsg. von dem Verein zur Verbreitung radikaler Principien.) 57 pp. kl.-8°. Indianopolis, 1872.

Heinzen, Karl. Lustspiele. New York, 1859. GSP

--Lustspiele. 2d ed. Bost. 1872 (also in v2 of Gesammelte Schr).

— Eine Mahnung an die teutschen Liberalen. Macht euch bereit. Ein Wort an das deutsche Volk. Herisau 1846. 63, 64 S. 12.

—— eine Mahnung an die teutschen Liberalen. 16. (2 B.) Herisau 846. (Schläpfer.)

—— Mehr als 20 Bogen. 8. (23 B.) Darmstadt 845, Leske.

--Mensch und Magen. Vortrag. Indianapolis, 1870.

Heinzen, Carl (II.), über Musik und Kunst. 8. (16 S.) Leipzig 848, Weller.

—— Dokter Nebel, od. Gelehrsamkeit u. Leben. Lustsp. in 5 Aufzügen. 8. (9¾ B.) Köln 842, J. M. Boisserée. *

-- s.a. Opposition, Die.

Heinzen, Carl, die Opposition. gr. 8. (22½ B.) Mannheim 846, Hoff. Thlr. *

– Plan zur Revolutionierung und Republikanisierung Deutschlands, s. Struve, Gustav von

—— Preußisches und Teutsches. Den preußischen u. teutschen Landtagsdeputirten gewidmet. 8. (6¾ B.) Belle-Vue 845, Verlags-Buchh.

—— teutscher Radikalismus in Amerika. Ausgewählte Vorträge. gr. 8. (364 S.) New-York 864, (Steiger.)

— Teutscher Radikalismus in Amerika. Ausgewählte Vorträge. (Hrsg. von dem Verein zur Verbreitung radikaler Principien.) 8°. 1867.

--Dter Radikalismus in A. Arr and ed: Karl Schmemann. N. s. (v1: 1854-61; v2: 1862-70). 2v. Milwaukee, 1890, 1898.

Heinzen, K., über die Rechte und Stellung der Frauen, s.a. Gesundheit, Wohlstand und Glück.

[Heinzen, Carl:] Über die Rechte und Stellung der Frauen. Von einem Deutschamerikaner. — Neustadt: Weilshäuser [zw. 1860 u. 1864]. 72 S. 8°

Heinzen K, über die Rechte und Stellung der Frauen. 2. Auflage. Berlin 1869

Heinzen, K., üb. die Rechte u. die Stellg. der Frauen, s.a. Gut, das höchste.

Heinzen, K., Ueber die Rechte und die Stellung der Frauen. »Gut, Das höchste.« (110 S.) Ebd. 1874. Grieben. —.75

—— Reise nach Batavia. gr. 12. (9 B.) Köln 841, J. u. W. Boisserée.

—— Reise eines teutschen Romantikers nach Batavia. 2., verm. Aufl. 8. (20¾ B.) Mannheim 845, Bassermann.

— Teutsche Revolution. Gesammelte Flugschriften. 8°. Bern, Jenni Sohn, 1847.

Heinzen, Carl, gesammelte Schriften. 1. und 2. Bd. 8. New-York 858. 59. (Philadelphia, Schäfer und Koradi.) *

Inhalt:

Bd. 1. Gedichte. (XIII und 228 S. mit lithogr. Portr.) * 2 Thlr. 10 Ngr.
" 2. Lustspiele. (213 S.) * 2 Thlr.,

—— gesammelte Schriften. 3. Bd. Erlebtes. 1. Thl. Vor meiner Exilirung. 8. (374 S.) Boston 864. (New-York, Steiger.)

Bd. 1. ist auf 2 Thlr. und Bd. 2. auf 1 Thlr. 10 Ngr. herabgesetzt. Vgl. XIII. Bd. 1. Abthl. S. 439.

— Gesammelte Schriften. 3 Bde. 8°. Boston 1864—67.

—— gesammelte Schriften. 5 Bde. gr. 8. Boston. (Philadelphia, Schäfer und Koradi.) *

Inhalt:

Bd. 1. Gedichte. (250 S.) 868. * ℳ 6.
" 2. Lustspiele. 2. Aufl. (213 S.) 872. * ℳ 4.
" 3. 4. Erlebtes. 2 Thle. (374; 517 S.) 864.74. à Thl. * ℳ 6.
" 5. Der teutsche Editoren-Kongreß zu Cincinnati, oder das gebrochene Herz. (418 S.) 872. * ℳ 5.

—— ein Steckbrief. Schärbeck Selbstverlag d. Verf. 845. gr. 8. (3 B.) *

– s. Stephan: Der Heinzensche Staat.

Heinzen, Carl s. Struve, Gustav von, und Heinzen, Carl.

– s. Tribun, Der deutsche.

Heinzen, Carl. Böse Tugend und gute Untugend. Herausgeg. vom amerik. Verein z. Verbreitung radicaler Principien. In-16°, 43 S. St. Gallen, H. Fuhrimann. 1879.

Heinzen, Karl. Böse Tugenden und gute Untugenden. Hrsg: Verein zur Verbreitung radikaler Principien. Indianapolis, 1874.

— Böse Tugenden u. gute Untugenden. Ein Vortrag, hrsg. v. „Amerikanischen Verein z. Verbreitung radikaler Prinzipien." Europ.-deutsche Ausgabe. In-8°, 44 S. Ibid. 1878. — 80

—— die Wahrheit. 8. (54 S.) Boston 865. (New-York, Steiger.)

--Die Wahrheit. 2d ed. Boston, 1882.

--Was ist Humanität? ein Vortrag. Indianapolis, 1869.

Heinzen, Karl. Was ist Humanität? Ein Vortrag, hrsg. v. „Amerikanischen Verein z. Verbreitung radikaler Prinzipien." Europäisch-deutsche Ausgabe. In-8°, 43 S. St. Gallen, Fuhrimann — 80 1878.

--Was ist wahre Demokratie? beantwortet durch eine Beleuchtung der Verfassung der VS. Milwaukee, 1871.

— Was ist die wahre Demokratie? 8°. New York 1871.

— Weniger als 20 Bogen. 1845.

—— Weniger als 20 Bogen. 16. (3¾ B.) Münster 846. (Aschendorf'sche Buchh.)

— Wer und was ist das Volk? Hrsg. von dem Verein zur Verbreitung radikaler Principien. 8⁰. Sandusky, Ohio, 1869.

— Ein neues Wintermärchen. Besuch im neuen Deutschen Reich der Gottesfurcht und frommen Sitte von Heinrich Heine, dem wiedererstandenen Höllenbewohner. Gedruckt und verlegt in der Hölle. 8⁰. Zürich, s. a.

—. Ein neues Wintermärchen. Boston: Selbstverlag, 1872. GSP

Heinzer, Alois [aus Muotathal, Schweiz]: Ueber Myxosarkoma uteri ... Würzburg, kgl. Universitätsdr. v. H. Stürtz, 1893; 29 S., 1 Bl. 8.
Würzburg, Med. Fak., Inaug.-Diss. v. 1893

Heinzerling, Beruf u. Bildungsgang d. Juristen. Darmstadt 870.

Heinzerling, Caroline, s. Heinzerling, Karoline

Heinzerling, Chr., Abriss der chemischen Technologie mit besonderer Rücksicht auf Statistik und Preisverhältnisse. 10 Lfgn. gr. 8. (IV, 855 S.) Kassel 887,88, Fischer. à Lfg. *ℳ 2.—. * 20 —

Heinzerling, Ch., neuere Beobachtungen und Erfahrungen über Entstehung von Explosionen in Bergwerken, Mühlen etc. gr. 8. (15 S.) Offenburg 881, Hambrecht's Buchh.

— die Fabrikation der Kautschuk- u. Guttaperchawaaren, sowie d. Celluloids u. der wasserdichten Gewebe, s. a. Handbuch der chemischen Technologie.

Heinzerling Ch, die Fabrikation der Kautschuk- und Guttaperchawaren, des Celluloids und der wasserdichten Gewebe. (Handbuch der chemischen Technologie von Bolley VI, 4. II) Braunschweig 1883

— die Gefahren u. Krankheiten in der chemischen Industrie u. die Mittel zu ihrer Verhütung u. Beseitigung. Mit Rücksicht auf Concessionswesen u. Gewerbe-Gesetzgebung hrsg. Mit vielen Holzschn. (In 15—20 Hftn.) 1-9. Hft. gr. 8. (1. Bd. XVI, 470 u. 2. Bd. VI, 262 S.) Halle 885. 86. Knapp. n. 19. 20

Heinzerling, C: Die Gefahren und Krankheiten in der chemischen Industrie und die Mittel zu ihrer Verhütung und Beseitigung. Bd 1. 2. Halle a. S. 1886—1887
Anh. zu Bd 2. Die Abwässer. 1885

Heinzerling, Ch., Grundzüge der Lederbereitung, s. a. Handbuch der chemischen Technologie.

Heinzerling Ch, Grundzüge der Lederbereitung. (Handbuch der chemischen Technologie von Bolley VI, 4. I.) Braunschweig 1882

Heinzerling, Chr., Hygiene d. chem. Grossindustrie, s.: Goldschmidt, F.

— die Conservirung des Holzes. 6 Hefte. gr. 8. (VI, 248 S. mit 55 Holzschn. und 2 Taf.) Halle 884,85, Knapp. à Heft *ℳ 1. *

— die Conservirung der Nahrungs- und Genussmittel. 3 Hefte. gr. 8. (XII, 389 S. mit 59 Holzschn.) Ebendas. 883. à Heft *ℳ 3. *

— die Conservirung der Nahrungs- u. Genussmittel. Mit vielen (eingedr.) Holzschn. gr. 8. (XII, 389 S.) Ebend. 883. 84. n. 9. —

Heinzerling, C: Die speciellen Methoden der Fleischconservirung. Halle a. S. 1883

— (Hrsg.), s. Mittheilungen, Die chemisch-technischen der neuesten Zeit.

Heinzerling, Ch. Petroleum u. Leuchtgas. Halle a. S. 1885.

Heinzerling, Chr., Schlagwetter u. Sicherheitslampen. Entstehung u. Erkenng. der schlag. Wetter u. Konstruktion der wichtigeren Typen der Sicherheitslampen. gr. 8. (XI, 276 S. m. 119 Holzschn.) Stuttgart 891. J. G. Cotta Nachf. n. 8. —

Heinzerling, Friedrich

Heinzerling, F., Ansichten von Giessen und seiner Nachbarschaft, s. Ansichten.

Heinzerling, Bau- u. Kunstdenkmäler v. Westfalen, s.: Ludorff, A.

Heinzerling, Friedr., die Brücken in Eisen, s. a. Schule, die, der Baukunst.

Heinzerling, Dr. F., Ingenieur und ordentl. Prof. der Bau- und Ingenieur-Wissenschaften an der Universität Giessen, etc. Die Brücken in Eisen. Baumaterial, technische Entwicklung, Construction und statische Berechnung der eisernen Brücken. Für Ingenieure, Eisenbautechniker und technische Lehranstalten. Mit über 1000 Abbild., nach den Zeichnungen des Verfassers in Holz geschnitten durch die Artistische Anstalt von Otto Spamer in Leipzig. (Aus: „Die Schule der Baukunst". II. Bd. 4. Abth.) kl. 8. Leipzig 1870.

Heinzerling, Fr., die Brücken in Eisen. 2 Thle. 8. Leipzig 876. Berlin, Toeche.

Heinzerling, F: Die Brücken der Gegenwart.
Abth. 1. Eiserne Brücken.
H. 1. Eiserne Balkenbrücken mit vollen Wandungen. Aachen 1873. Fol.
H. 2. Eiserne Balkenbrücken mit parallelen Gurten und gegliederten Wandungen. Aachen 1874. Fol.
H. 3. Eiserne Balkenbrücken mit polygonalen Gurten und gegliederten Wandungen. Aachen 1876. Fol.
H. 4. Eiserne Bogenbrücken. Aachen 1880. Fol.
H. 5. Eiserne Hängebrücken. Aachen 1880. Fol. Beigeb.: Die eisernen Viaducte. Bearb. von F. Heinzerling. Leipzig 1887. Fol.
Abth. 2. Steinerne Brücken.
H. 1. Durchlässe, Viaducte und kleine Brücken. Aachen 1875. Fol.
H. 2. Strombrücken, Thalbrücken, Aquaducte und schiefgewölbte Brücken. Aachen 1877. Fol.
Abth. 3. Hölzerne Brücken und Lehrgerüste. Aachen 1876. Fol.
Bd 4. Die beweglichen Brücken. Bearb. von F. Heinzerling. Leipzig 1883. Fol.

Heinzerling, F., die Brücken der Gegenwart. Systematisch geordnete Sammlg. der geläufigsten neuern Brückenconstructionen, gezeichnet v. Studirenden d. Brückenbaus an der kgl. rheinisch-westphäl., polytechn. Schule zu Aachen. Zum Gebrauch bei Vorlesgn. u. Privatstudien üb. Brückenbau, sowie bei dem Berechnen, Entwerfen u. Veranschlagn. v. Brücken zusammengestellt u. m. Text begleitet. 1. Abth. 1. u. 2. Hft., 2. Abth. 1. Hft. u. 3. Abth. gr. Fol. Aachen 874—76. Mayer. n. 34. 40
1. Abth. Eiserne Brücken. 1. Hft. Eiserne Balkenbrücken m. vollen Wandgn. Mit 6 lith. Taf. in gross Doppel-Fol. u. 7 Bogen Text m. 11 (eingedr.) Holzschn. (22 S.) n. 6. —.
1. Abth. 2. Hft. Eiserne Balkenbrücken m. parallelen Gurten u. gegliederten Wandgn. Mit 6 lith. Taf. in gross Doppel-Fol. u. 12 Bogen Text m. 62 (eingedr.) Holzschn. (VIII, 88 S.) n. 8. 40
2. Abth. Steinerne Brücken. 1. Hft. Durchlässe, Viaducte u. kleine Brücken. Mit 6 lith. Taf. in gross Doppel-Fol. u. 12 Bogen Text m. 38 (eingedr.) Holzschn. (VI, 42 S.) n. 10. —
3. Abth. Hölzerne Brücken u. Lehrgerüste. Mit 6 lith. Taf. in gross Doppel-Fol. u. 12 Bogen Text m. 63 (eingedr.) Holzschn. (VIII, 40 S.) n. 10. —

Heinzerling, Friedr., die Brücken der Gegenwart. Systematisch geordnete Sammlung der geläufigsten neueren Brückenconstructionen, gezeichnet von Studirenden des Brückenbaues an der königl. rheinisch-westphäl.-polytechn. Schule zu Aachen. Zum Gebrauch bei Vorlesungen und Privatstudien über Brückenbau, sowie bei dem Berechnen, Entwerfen und Veranschlagen von Brücken zusammengestellt und mit Text begleitet. 1. Abthl. 3. Heft, 2. Abthl. 2. Heft und 3. Abthl. gr. Fol. Aachen, Mayer. * 38 —

Inhalt:

Abthl. 1. 3. Heft: Eiserne Balkenbrücken mit polygonalen Gurten und gegliederten Wandungen. (VIII, 82 S. mit 128 eingedr. Holzschn., 2 Stnt. im Text und 6 lithogr. Taf. in gr. Doppel-Fol.) 876. *M 18.

» 2. Steinerne Brücken. 2. Heft: Strombrücken, Thalbrücken, Aquaducte und schiefgewölbte Brücken. (VIII, 33 S. mit 6 lithogr. Taf. in gr. Doppel-Fol., 3 lithogr. Texttaf. und 11½ Bog. Text mit 20 eingedr. Holzschn.) 877. *M 10.

» 3. Hölzerne Brücken und Lehrgerüste. (VIII, 40 S. mit 6 lithogr. Taf. in gr. Doppel-Fol. und 12 Bog. Text mit 63 eingedr. Holzschn.) 876. *M 10.

1. Abthl. 1. und 2. Heft, und 2. Abthl. 1. Heft. Ebendas. 1874,75. *M 24,40.

Heinzerling, Frdr., die Brücken der Gegenwart. Systematisch geordnete Sammlung der geläufigsten neueren Brückenconstructionen, gezeichnet von Studirenden d. Brückenbaues an der kgl. rheinisch-westphäl. polytechn. Schule zu Aachen. Zum Gebrauch bei Vorlesungen u. Privatstudien über Brückenbau, sowie bei dem Berechnen, Entwerfen u. Veranschlagen von Brücken zusammengestellt u. m. Text begleitet. 1. Abth. Eiserne Brücken. 3—5. Hft. gr. Fol. Aachen 876—81. Mayer. n. 46. —

3. Eiserne Balkenbrücken m. polygonalen Gurten u. gegliederten Wandungen. Mit 6 lith. Taf. in gr. Doppel-Fol. (VIII, 82 S. m. 128 eingedr. Holzschn. u. 2 Steintaf. im Text.) n. 18. —

4. Eiserne Bogenbrücken. Mit 6 lith. Taf. in gross Doppel-Fol., 2 lith. Texttaf. u. 15½ Bogen Text m. 55 (eingedr.) Holzschn. (IV, 56 S.) n. 14. —

5. Eiserne Hängebrücken. Mit 6 lith. Taf. in gross Doppel-Fol., 1 lith. Texttaf. u. 15 Bogen Text mit 23 (eingedr.) Holzschn. (IV, 53 S.) n. 14. —

Heinzerling, Friedr., die Brücken der Gegenwart. Systematisch geordnete Sammlung der geläufigsten neueren Brückenconstructionen, gezeichnet von Studirenden des Brückenbaues an der königl. rheinisch-westphäl. techn. Hochschule zu Aachen. Zum Gebrauch bei Vorlesungen und Privatstudien über Brückenbau, sowie bei dem Berechnen, Entwerfen und Veranschlagen von Brücken zusammengestellt und mit Text begleitet. 1. Abthl.: Eiserne Brücken. 1., 4. und 5. Heft. Fol. Leipzig, Baumgärtner's Buchh. *

Inhalt:

Heft 1. Eiserne Balkenbrücken mit Massiv- und Blechträgern. [Massiv- und Blechbalkenbrücken.] Mit 135 Holzschn., 1 (lithogr.) Texttaf. und 6 lithogr. Taf. in gr. Doppel-Fol. 2. völlig umgearb. und stark verm. Aufl. Fol. (VIII, 68 S.) 884. *M 16.

» 4. Eiserne Bogenbrücken. Mit 6 lithogr. Taf. in gr. Doppel-Fol., 2 lithogr. Texttaf. und 15½ Bog. Text mit 55 (eingedr.) Holzschn. (IV, 56 S.) 880. *M 14.

» 5. Eiserne Hängebrücken. Mit 6 lithogr. Taf. in gr. Doppel-Fol., 1 lithogr. Texttaf. und 15 Bog. Text mit 23 (eingedr.) Holzschn. (IV, 53 S.) 880. *M 14.

Heinzerling, F., die Brücken der Gegenwart. Systematisch geordnete Sammlg. der geläufigsten neueren Brücken-Constructionen, zum Gebrauche bei Vorlesgn. u. Privatstudien üb. Brückenbau, sowie bei dem Berechnen, Entwerfen u. Veranschlagen v. Brücken zusammengestellt u. m. Text begleitet. 4. Abth.: Die bewegl. Brücken. Fol. (VIII, 62 S. m. 87 eingedr. Holzschn. u. 7 Steintaf.) Leipzig 883. Baumgärtner. n. 18. – (I, 1–5. II—IV.: n. 110. —)

Heinzerling, Dr. F., königl. Baurath und ord. Prof. an der königl. technischen Hochschule zu Aachen. Die Brücken der Gegenwart. Systematisch geordnete Sammlung der geläufigsten neueren Brücken-Constructionen, zum Gebrauche bei Vorlesungen und Privatstudien über Brückenbau sowie bei dem Berechnen. Entwerfen und Veranschlagen von Brücken. I. Abth. Eiserne Brücken. 1. Hft. Die Massiv- und Blechbalkenbrücken. 2. Aufl. Mit 6 lithogr. Taf. in gross Doppel-Folio. 2. Hft. Die eisernen Balkenbrücken mit gegliederten Parallelbalkenträgern. 2. Aufl. 3. Hft. Eiserne Bogenbalkenbrücken. Mit 6 lithogr. Taf. in Doppel-Fol. 4. Hft. Eiserne Bogenbrücken. Mit 6 lithogr. Taf. in gr. Doppel-Fol. 5. Hft. Eiserne Hängebrücken. Mit 6 lithogr. Taf. in gr. Doppel-Fol. 6. Hft. Eiserne Viaducte. Mit 6 lithogr. Taf. in gr. Doppel-Fol. II. Abth. Steinerne Brücken. 1. Hft. Durchlässe und kleine gewölbte Brücken. 2. Aufl. Mit 6 lithogr. Taf. in gr. Doppel-Fol. 2. Hft. Strombrücken, Thalbrücken, Canalbrücken und schiefgewölbte Brücken. Mit 6 lithogr. Taf. in gr. Doppel-Fol. III. Abth. Hölzerne Brücken und Lehrgerüste. 2. Aufl. Mit 6 lithogr. Taf. in gr. Doppel-Fol. IV. Abth. Bewegliche Brücken. Mit 6 lithogr. Taf. in gr. Doppel-Fol. (10 Hfte. in einer Mappe.)

gr. Fol. Leipzig 1882—1891.

Heinzerling, E: Die Brücken der Gegenwart. 2. Aufl.

Abth. 1. Eiserne Brücken.

H. 1. Eiserne Balkenbrücken mit Massiv- und Blechträgern (Massiv- und Blechbalkenbrücken). Leipzig 1884. Fol.

H. 2. Die eisernen Balkenbrücken mit gegliederten Parallelträgern. Leipzig 1885. Fol.

H. 3. Die eisernen Bogen-Balkenbrücken (Eiserne Balkenbrücken mit gegliederten Polygonalträgern einschl. der Auslegerbrücken) Leipzig 1897. Fol.

Abt. 2. Steinerne Brücken.

H. 1. Durchlässe und kleine gewölbte Brücken. Berlin (Leipzig) 1891

H. 2. Strombrücken, Thalbrücken, Canalbrücken und schiefe Brücken in Stein, Beton und Beton mit Eiseneinlagen, mit Gelenken und ohne Gelenke. Berlin 1900. Fol.

Abt. 3. Hölzerne Brücken und Lehrgerüste. Berlin (Leipzig 1891)

— dasselbe. 2. Aufl. 1. Abth.: Eiserne Brücken. 1. u. 2. Hft. Fol. Leipzig, Baumgärtner. n. 34. —

1. Eiserne Balkenbrücken m. Massiv- u. Blechträgern. [Massiv- u. Blechbalkenbrücken.] Mit Holzschn. u. Lith. (VIII, 68 S.) 884. n. 16. —

2. Eiserne Balkenbrücken m. gegliederten Parallelträgern. (VIII, 87 S. m. Holzschn. u. Steintaf.) 885. n. 18. —

Heinzerling, F., die Brücken der Gegenwart. Systematisch geordnete Sammlg. der geläufigsten neueren Brücken-Constructionen zum Gebrauche bei Vorlesgn. u. Privatstudien üb. Brückenbau, sowie bei dem Berechnen, Entwerfen u. Veranschlagen v. Brücken zusammengestellt und mit Text begleitet. 1. Abth.: Eiserne Brücken. 6. Heft: Eiserne Viadukte. Fol. (IX, 120 S. mit 279 Textfig. u. 8 Steintaf.) Leipzig 887. Baumgärtner. n. 22. — (I, 1—6. II—IV.: n. 132. —)

Heinzerling, Frdr., die Brücken d. Gegenwart. Systemat. geordn. Sammlg. d. geläufigsten neueren Brücken-Constructionen z. Gebr. bei Vorlesgn. u. Privatstudium üb. Brückenbau, sow. bei d. Berechnen, Entwerfen u. Veranschlagen v. Brücken zusammengest. u. m. Text begleitet. I. Abth.: Eiserne Brücken. 3. Hft. Die eisernen Bogen-Balkenbrücken. (Eiserne Balkenbrücken m. geglied. Polygonalträgern einschliessl. d. Auslegerbrücken.) 34 Bog. Text m. 325 Textabb., 3 Texttaf. u. 8 lith. Taf. in Doppel-Fol. 2., umgearb. u. stark verm. Aufl. gr. Fol. (VIII, 128 S.) Leipzig 897. Berlin, W. & S. Loewenthal. n. 24. —

Heinzerling, Frdr., die Brücken der Gegenwart. Systematisch geordnete Sammlg. der geläufigsten neueren Brücken-Constructionen, zum Gebrauche bei Vorlesgn. u. Privatstudium üb. Brückenbau, sowie bei dem Berechnen, Entwerfen u. Veranschlagen von Brücken. II. Abth.: Steinerne Brücken. 2. Hft. Strombrücken, Thalbrücken, Canalbrücken u. schiefe Brücken in Stein, Beton u. Beton m. Eiseneinlagen, m. Gelenken u. ohne Gelenke. 25 Bog. Text m. 176 Textabbildgn., 6 Texttaf. u. 7 lith. Taf. in Doppel-Fol. 2. völlig umgearb. u. stark verm. Aufl. gr. Fol. (VIII, 92 S.) Berlin 900. W. & S. Loewenthal. n. 20. —

Heinzerling, Frdr., hölzerne Brücken, s.: Baumeister, B.

– Hölzerne Brücken, s. Handbuch der Ingenieurwissenschaften.

—— die hölzernen Brücken und Lehrgerüste. Zum Gebrauche bei deren Berechnen, Entwerfen und Veranschlagen bearb. Fol. (VI, 40 S. mit 63 eingedr. Holzschn. und 6 Stnt.) [Aachen 881, Mayer.] Leipzig, Baumgärtner's Buchh. *

– Steinerne Brücken, s. Handbuch der Ingenieurwissenschaften.

Heinzerling, Friedr., die steinernen Brücken. Zum Gebrauche bei deren Berechnen, Entwerfen und Veranschlagen bearb. 2 Hefte. Fol. [Aachen 881, Mayer.] Leipzig, Baumgärtner's Buchh. à Heft *M 10. *

Inhalt:

Heft 1. Durchlässe, Wegebrücken und kleine Flussbrücken. (VI, 49 S. mit 38 eingedr. Holzschn. und 6 Stnt.)

» 2. Strombrücken, Thalbrücken, Aquaducte und schiefgewölbte Brücken. (VI, 38 S. mit 20 eingedr. Holzschn. und 6 Stnt.)

Vorstehende zwei Schriften sind aus: Die Brücken der Gegenwart, besonders abgedruckt.

– Die eisernen Brückenpfeiler, s. Handbuch der Ingenieurwissenschaften.

Heinzerling Fr, Denkschrift zum 25jährigen Bestehen des Gewerbevereins für Aachen, Burtscheid und Umgebung. 1878-1903. (74 S 1 T) Aachen 1903

Denkschrift zum 25jähr. Bestehen der Aktien-Gesellschaft Schwimm-Anstalt am Kaiserplatz (Aachen) von 1880 —1905. Unter Mitw. . . . von Friedrich Heinzerling. — Aachen 1905: La Ruelle. 50 S., 2 Taf. 8° 38 A.

— Dreieck u. Kraftübertragung in Baukonstruktionslehre u. Bauwesen. Grundzüge e. Dynamo-Statik der Baugefüge. Mit 156 Textfig. u. 3 Fig.-Taf. (XI, 96 S.) gr. 8. Leipzig 904. C. Scholtze. n. 5. 50; geb. n. 6. 50

Heinzerling, F., der Eisenhochbau der Gegenwart. Systematisch geordnete Sammlg. neuerer eiserner Hochbau-Constructionen. Zum Gebrauche bei Vorlesgn. u. Privatstudien. sowie bei dem Entwerfen, Berechnen u. Veranschlagen v. Eisenhochbauten zusammengestellt u. m. Text begleitet. 1. Hft. Hochbauten m. eisernen Pult- u. Satteldächern. Fol. (VI, 68 S. m. 139 eingedr. Holzschn. u. 6 Steintaf. in Imp.-Fol.) Aachen 876. Mayer. n 14. —

Heinzerling, Friedr., der Eisenhochbau der Gegenwart. Systematisch geordnete Sammlung neuerer eiserner Hochbau-Constructionen. Zum Gebrauch bei Vorlesungen und Privatstudien, sowie bei dem Entwerfen, Berechnen und Veranschlagen von Eisenhochbauten zusammengestellt und mit Text begleitet. 1. und 2. Heft. Fol. Ebendas. * 27 40

Inhalt:

Heft 1. Hochbauten mit eisernen Pult- und Satteldächern. 1. und 2. unveränd. Abdr. (VI, 68 S. mit 139 eingedr. Holzschn. und 6 Stnt. in qu. gr. Fol.) 876,78. *M 14.

» 2. Hochbauten mit eisernen Tonnendächern. (VIII, 49 S. mit 45 eingedr. Holzschn. und 8 Stnt. in qu. gr. Fol.) 878. *M 13,40.

— der Eisenhochbau der Gegenwart. Eine systematisch geordnete Sammlung neuerer eiserner Hochbau-Constructionen, zum Gebrauche b. Vorlesgn. u. Privatstudien, sowie bei dem Entwerfen, Berechnen und Veranschlagen v. Eisenhochbauten zusammengestellt u. m. Text begleitet. 3. Hft. Hochbauten mit eisernen Zeltdächern u. eisernen Kuppeldächern. Fol. (VIII, 82 S. m. 269 Textfig. u. 8 Taf.) Ebd. 889. n. 18.—; Mappe dazu n.n. — 30 (1–3.: n. 45. 40)

— der Eisenhochbau der Gegenwart. Eine systematisch geordnete Sammlg. neuerer eiserner Hochbau-Konstruktionen zum Gebrauche bei Vorlesungen u. Privatstudien sowie bei dem Entwerfen, Berechnen u. Veranschlagen v. Eisenhochbauten zusammengestellt u. m. Text begleitet. 1. Heft. Hochbauten m. eisernen Krag-, Pult-, Sattel- u. Staffeldächern. Mit 255 Textabbildgn., 1 Texttaf. u. 6 lith. Taf. in Gross-Doppel-Folio. 2. völlig umgearb. u. stark verm. Aufl. (IV, 87 S.) gr. Fol. Berlin (905). W. & S. Loewenthal. n. 18. —

—— Grundzüge der constructiven Anordnung und statistischen Berechnung der Brücken- und Hochbau-Constructionen. Ein Beitrag zur Begründung einer allgemeinen Theorie und Systemkunde der Bauconstructionen. gr. 4. (VI, 132 Sp. mit 8 lithogr. Taf. in gr. und qu. Fol.) Leipzig 870, Felix. *

—— dass. — 2. Thl.: Die statische Berechnung der Brückenconstructionen. 1. und 2. Heft. gr. 4. Ebendas. *

Inhalt:

Heft 1. Die statische Berechnung der Brückenbalken. Mit zahlreichen durchgerechneten Beispielen und 9 lithogr. Taf. (in gr. und qu. Fol.). Zum Gebrauche bei Vorträgen und Privatstudien über Brückenbau, sowie bei statischen Berechnungen von Brücken. (VI, 78 Sp.) 873. *M 9.

» 2. Die statische Berechnung der gestützten und aufgehängten Brücken. Mit zahlreichen, durchgerechneten Beispielen und 11 lithogr. Taf. (in gr. und qu. Fol.). Zum Gebrauche bei Vorträgen und Privatstudien über Brückenbau, sowie bei statischen Berechnungen von Brücken. (VI, 196 Sp.) 874. *M 10.

Aus: Der Civilingenieur, besonders abgedruckt.

— s.: Handbuch der Ingenieurwissenschaften, II. Bd. 5. Abtlg.

Heinzerling, Frdr., die eisernen Häng-Brücken. Zum Gebrauche bei dem Berechnen, Entwerfen u. Veranschlagen v. eisernen Hängbrücken. [Aus: „Brücken der Gegenwart".] Fol. 53 S. mit 23 eingedr. Holzschn. u. 7 Steintaf.) Aachen 881. Mayer. n. 14. —

Hochbauten mit eisernen Krag-, Pult-, Sattel- und Staffeldächern. Zum Gebr. bei deren Berechnen, Entwerfen u. Veranschlagen bearb. von Dr. Friedrich Heinzerling, Prof. zu Aachen. Mit 255 Textabb., 1 Texttaf. u. 6 lith. Taf. 2. völlig umgearb. u. stark verm. Aufl. Berlin: W. & S. Loewenthal (1905). (IV, 87 S.) gr. 2°
— Heinzerling: Der Eisenhochbau d. Gegenwart. II. 1. [05. 13468]

Heinzerling F, Hochbaut. m. eis. Zelt- u Kuppeldäch. (81 S 8 T) fol Leipzig 1889

— Konstruktionselemente in Holz, s.: Handbuch der Architektur. III. Tl. 1. Bd.

Heinzerling, F., die angreifenden und widerstehenden Kräfte der Brücken- und Hochbau-Constructionen. Zum Gebrauch beim Berechnen von Brücken und Hochbauten für Ingenieure und Architekten, sowie für techn. Lehranstalten. 8. (VI und 101 S. mit 180 in den Text eingedr. Holzschn. und 7 Reductionstab.) Berlin 867, Ernst und Korn. *

—— die angreifenden und widerstehenden Kräfte der Brücken- und Hochbau-Constructionen. Zum Gebrauch beim Berechnen von Brücken und Hochbauten für Ingenieure, Architekten und techn. Lehranstalten. 2. verm. Aufl. gr. 16. (XII, 204 S. mit 203 in den Text eingedr. Holzschn., 7 Reductions- und 14 Metallsortentabellen.) Berlin 876, Ernst und Korn. cart. * 4 —

— u. O. Intze, deutsches Normalprofil-Buch für Walzeisen. Im Auftrage u. im Namen der vom Verbande deutscher Architekten- u. Ingenieur-Vereine u. vom Vereine deutscher Ingenieure niedergesetzten Kommission zur Aufstellung von Normalprofilen für Walzeisen bearb. u. hrsg. Fol. (VIII, 41 S. mit eingedr. Holzschn. u. 18 Chromolith.) Aachen 881. La Ruelle. cart. n.n. 6. 50

—— und O. Intze, deutsches Normalprofil-Buch für Walzeisen. Im Auftrage und im Namen der vom Verbande deutscher Architekten- und Ingenieur-Vereine und vom Vereine deutscher Ingenieure niedergesetzten Kommission zur Aufstellung von Normalprofilen für Walzeisen bearb. und hrsg. 3. verm. Aufl. Fol. (VIII, 57 S. mit 24 color. Stnt.) Aachen 886, La Ruelle. geb. * 10 —

— u. Otto Intze, deutsches Normalprofil-Buch f. Walzeisen zu Bau- u. Schiffbau-Zwecken. Im Auftr. u. im Namen d. v. d. Verbande deutscher Architekten- u. Ingenieur-Vereine, Vereine deutscher Ingenieure u. Vereine deutscher Eisenhüttenleute niedergesetzten Kommission z. Aufstellg. v. Normalprofilen f. Walzeisen hrsg. 5., verm. u. verb. Aufl. Fol. (VI, 64 S. m. Fig. u. 30 farb. Taf.) Aachen 897. J. La Ruelle. Geb. in Leinw. n. 10. —

— u. Otto Intze, deutsches Normalprofil-Buch f. Walzeisen zu Bau- u. Schiffbau-Zwecken. 1. Bd. Normalprofile f. Walzeisen zu Bauzwecken. Im Auftrage u. im Namen der von dem Verbande deutscher Architekten- u. Ingenieur-Vereine, Vereine deutscher Ingenieure, Vereine deutscher Eisenhüttenleute u. Vereine deutscher Schiffswerften niedergesetzten Kommission zur Aufstellg. v. Normalprofilen f. Walzeisen hrsg. 6. verb. Aufl. (VI, 47 S. m. Fig. u. 18 farb. Taf.) gr. 4. Aachen 904. (J. La Ruelle.) Geb. in Leinw. n. 7.50

—— —— deutsche Normalprofile für Walzeisen. Im Auftrage der von dem Verbande deutscher Architekten- und Ingenieur-Vereine und dem Vereine deutscher Ingenieure gemeinschaftlich gewählten Kommission zur Aufstellung von Normalprofilen für Walzeisen bearb. und hrsg. gr. 8. (16 S. mit 1 Stnt.) Berlin 880, Toeche.
Aus: Deutsche Bauzeitung, besonders abgedruckt.

— der Steinbau, s.: Menzel, C. A.

Heinzerling, [Friedrich]: Das Vermittelungs-Gesetz. [1893.] 23 S. 8⁰ Aachen.

Heinzerling F, die eisernen Viadukte. (120 S 6 T) fol Leipzig 1867

Heinzerling, Geo., Handlungsfähigkeit der Minderjährigen nach gemeinem Recht unt. Berücksicht. d. Partikularrechte u. d. Entwurfs e. bürgerl. Gesetzbuchs f. d. Deutsche Reich in 1. u. 2. Lesung, nebst bezügl. Gegenentwurf. gr. 8. (VIII, 275 S.) Darmstadt 895. E. Bernin. n. 5. 80

Das Großherzoglich Hessische Privatrecht, wie es in den Provinzen Starkenburg und Oberhessen neben d. BGB. u. der sonstigen Reichsgesetzgebung in Geltung ist. Von Georg **Heinzerling**, Amtsrichter. Buch 1: Liegenschaftsrecht (mit d. alten Grundbuchrecht). Buch 2: Freiwillige Gerichtsbarkeit (mit d. Überleitung z. neuen Grundbuchwesen). *Darmstadt: A. Bergstraeßer 1904.* (VII, 471 S.) 8° [F.]

Heinzerling, Jakob

Heinzerling, J. [Oberl. Dr.]: Fremdwörter unter deutschen und englischen Tiernamen. Siegen, Druck v. W. Vorländer, 1889; 30 S. 8⁰
Siegen, RG, OP 1889 (353)

Heinzerling, Jak. Fremdwörter unter deutschen u. englischen Tiernamen. gr. 8. (30 S.) Siegen 889. Lpz., Fock. * 1 —

Heinzerling, [Jakob]: Zum Gedächtnis des verstorbenen Direktors Utgenannt. S. 3—4. 4.
Progr. Reform-Realgymn. u. Realschule i. E. *Siegen* 1908 (484).

Heinzerling, Jakob Die Namen der wirbellosen Tiere in der siegerländer Mundart, verglichen mit denen anderer deutscher Mundarten und germanischer Schriftsprachen. 25 S. *Siegen* 1879.
Progr.

Heinzerling, J., die Namen der wirbellosen Thiere in der siegerländer Mundart, verglichen m. denen anderer deutscher Mundarten u. germanischer Schriftsprachen. 4. (25 S.) Siegen 879. Montanus in Comm. n. 1. 60

[F.] **Heinzerling**, Jakob [Dr.]: Probe eines Wörterbuches der Siegerländer Mundart. (Vgl.: Über Vokalism. u. Konsonantism. d. Sieg. M. Inaug.-Diss. Marburg 1871.) Siegen, Druck v. W. Vorländer, 1891; 39 S. 8⁰
Siegen, RG, P 1891 (365)

—— Probe e. Wörterbuches der Siegerländer Mundart. gr. 8. (39 S.) Lpz. 891, Fock. * 1 —

Heinzerling, Karoline

Heinzerling, Caroline, s.: Kunde, die alte, alte.

Heinzerling, Otto, a. Biedenkopf a. d. Lahn: Der Bau der Diatomeenzelle mit besonderer Berücksichtigung der ergastischen Gebilde und der Beziehung des Baues zur Systematik. Marburg 1908 (Cannstatt: W. Drück). (85 S.) 4° ¶ (Erschien mit 3 Taf. in: Bibliotheca Botanica — Stuttgart: E. Schweizerbart 1908.)
Marburg, Phil. Fak., Ref. Meyer, Diss. v. 12. Juni 1908
[Geb. 15. Nov. 82 Biedenkopf; Wohnort: Biedenkopf; Staatsangeh.: Preußen; Vorbildung: Realprogymn. Biedenkopf, Realgymn. Gießen Reife O. 01; Studium: Techn. Hochsch. Darmstadt 3, Univ. Berlin 2, Marburg 7 S.; Rig. 8. Mai 07.]

Heinzerling, Otto, der Bau der Diatomeenzelle m. besond. Berücksicht. der ergastischen Gebilde u. der Beziehung des Baues zur Systematik, s.: Bibliotheca botanica. 69. Heft

Der Bau der Diatomeenzelle mit besond. Berücks. d. ergastischen Gebilde u. d. Beziehung d. Baues z. Systematik. Arbeit aus d. botan. Inst. d. Univ. Marburg. Von Dr. Otto **Heinzerling**. Mit 3 Taf. Stuttgart: E. Schweizerbart 1908. (88 S.) 4°
= Bibliotheca botanica. H. 69.

Heinzerling, S., u. **Th. Jaeger**, Liturgie zur Feier des Christfestes in Kirche od. Schule. Ausg. A m. Noten. 8. (20 S.) Wittenberg 887. Herrosé Verl. n. — 20; Ausg. B ohne Noten (8 S.) n. — 10

Heinzerling, S, u. Th. Jaeger, Liturgie zur Feier des Christfestes in Kirche od. Schule. Ausg. A. m. Noten. 2., wesentlich verb. Aufl. 8. (23 S.) Wittenberg 894. R. Herrosé. n. — 20; Ausg. B. ohne Noten. 2., wesentlich verb. Aufl. (8 S.) n. — 10

Heinzerling, Wilhelm

Heinzerling, W., s.: Archiv f. prakt. Rechtswissenschaft.

Heinzerling, W., die Collateralsteuer im Großherzogth. Hessen und die dabei den Gerichten zugewiesenen Thätigkeiten. gr. 8. (18 S.) Darmstadt 877, Bernin. * — 80
Aus: Archiv für praktische Rechtswissenschaft, besonders abgedruckt.

Heinzerling, W., Prüfung u. Kritik e. Bilanz. (Warengeschäft.) Durchgeführt an e. Beispiele der Praxis. (40 S.) gr. 8. Berlin 908. H. Th. Hoffmann. 1. —

Heinzerling, Wilh., der Schutz der Parteien gegen nachtheilige thatsächliche Anführungen der öffentlichen Anwälte, soweit solche auf Irrthum oder Versehen der Letzteren beruhen. Mit besond. Rücksicht auf Aussprüche der rechtsrhein. Gerichtshöfe des Großherzogth. Hessen. gr. 8. (84 S.) Darmstadt 867, Bernin.

Heinzerling, Wilh., die gemeindeutsche Civilprozeß-Restitution systematisch dargestellt. Darmstadt 865. Schorkopf. gr. 8. (XIV, 272 S. mit 1 Tab. in 4.) n. 1 ⅔ 15 ngr

— — Belege dazu. Ebend. 866. gr. 8. (XIX, 178 S.) n. 25 ngr

Heinzerling, Wilh., die gemeindeutsche Civilprozeß-Restitution mit besond. Berücksicht. des in den rechtsrhein. Provinzen des Großherzogth. Hessen gelt. Prozeßrechts in den Noten systematisch dargestellt. Nebst einer Beilage: Das Remedium und Beneficium restitutionis der Rechtsprechung des Oberappellationsgerichts in Darmstadt, und 90 Belegen. 2. durch Zusätze und 20 Belege verm. Ausg. gr. 8. (XVIII, 275 S. mit 1 Tab. in 4.; XX, 192 S.) Darmstadt 870, Scherkopf. *

Das Tromballspiel. (Bewegungsspiel f. deutsche Studenten.) Festgabe z. 10jähr. Bestehen d. Leipziger Freien Studentenschaft von Bürgermeister Dr. (Arthur) **Heinzig**. (Als Ms. gedr.) Kahla ⟨Thüringen⟩: Selbstverl. (1906). (19 S.) 8° [F.] [06. 735

Heinzig, Bernhard (Eduard)

Heinzig, B. E. Beiträge zur Geschichte des französischen Unterrichtswesens vom Beginn der Revolution bis zur Gründung der „Université de France." Plauen i/V., G., 1876. 35 S. 4. Progr.

Heinzig, Bernh., Beiträge zur Geschichte des französischen Unterrichtswesens vom Beginn der Revolution bis zur Gründung der „Université de France". gr. 4. (35 S.) Plauen 876, Neupert. * 1 20

Heinzig, Bernh. Die Schule Frankreichs in ihrer historischen Entwickelung besonders seit dem deutsch-französischen Kriege v. 1870—71, nebst e. Übersetzg. d. neuesten französ. Primärschulgesetzes. gr. 8. (V, 90 S.) Frankf. a. M. 891, Kesselring. * 1 50

Heinzig, Bernh., die Schule Frankreichs in ihrer historischen Entwickelung, besonders seit dem deutsch-französischen Kriege von 1870—71. 2. verm. Aufl. gr. 8. (IV, 132 S.) Frankfurt a/M. (902). Kesselring. n. 1. 50

Heinzius

— s. a. **Heins, Heinsius, Heintz, Heintze, Heinze.**

— **Jo. Mich.**, Prolusio de immortalitate actui oratorio in Michaeleo Luneburgensi. Lüneburg (Stern) 16. IV. 1762. 16 S. (5.50) 14105

Heinzius, Karl Friedrich

— — Dissertatio prior de eo quod justum est circa expositionem infantum. Lpz. (Langenheim) 15. XI. 1731. 42 S. (6.50) 14103
Gew.: Johann Florenz Rivinus, Carl Friedrich Romanus.

— — Domitium Ulpianum ictum. Präs. M. Adrian Steger (Leipzig). Lpz. (Immanuel Titius) 14. VII. 1725. 32 S. (6.50) 14101

— — De patre, filiam, quae dotem amisit, iterum dotare non cogendo. Präs. Franz Carl Conradi. Lpz. (Immanuel Titius) 15. I. 1728. 32 S. (6.50) 14102
Gew.: Adrian Steger. — Widm. v. Präs.

Heinzius, Carl Friedrich (Leipzig), Theses juris naturae. Präs. Adrian Steger (Leipzig). Lpz. (Immanuel Titius) 26. VII. 1724. 4 Bl. (4.50) 14100

Heinzmann, Eduard v., Oberstlieut.

Heinzmann, Ed. v., die Grundzüge der Terrainlehre. Mit landschaftlichen, geographischen u. physikalischen Karakterschilderungen für Subalternoffiziere der Linie ausgearbeitet. Mit mehreren Holzschn. u. (3 lith.) Plänen (in 4.). Stuttgart 861. Aue. gr. 8. (X, 242 S.) n. 1 ℛ 24 ngr

Heinzmann, Franz, a. Böhmenkirch: Justinus Kerner als Romantiker. Tübingen 1908: H. Laupp jr. (48 S.) 8°
¶ (Nur Kap. 2 u. 3, erscheint vollst. im gleichen Verlage.)
Tübingen, Phil. Fak., Ref. v. Fischer, Diss. v. 20. Juni 1908
[Geb. 14. Jan. 83 Böhmenkirch, O.-A. Geislingen; Wohnort: Böhmenkirch; Staatsangeh.: Württemberg; Vorbildung: Gymn. Rottweil Reife M. 02; Studium: Tübingen 4, Berlin 2, Techn. Hochsch. Stuttgart 1, Univ. Tübingen 3 S.; Coll. 20. Febr. 08.]

Heinzmann, Frz., Justinus Kerner als Romantiker. (VIII, 131 S.) gr. 8. Tübingen 908. H. Laupp. 3. 60

Heinzmann, Johann Georg

(Da d. Verfasser seine Schriften häufig unter vielerlei Titeln u. Jahrzahlen ins Publikum brachte, so ist es wohl möglich, daß hier Manches davon unter verschied. Titeln mehrfach aufgeführt ist; wer es besser weis, theile mir d. Richtigere mit.)

— ABC-Buch für gute Kinder. Mit Fig. gr. 8. Bern 800.

Heinzmann, Jh. Geo., († d. 23. Nov. 1802.) neues ABC- u. Lesebuch für Kinder von 6 bis 10 Jahren. 8. Bern ... N. A. 811. 6 𝒦 Dass., 2r Thl. oder Schul- u. Lesebuch für d. Schweizerjugend von 11 bis 14 Jahren. 8. 811. 16 𝒦 Bern, Walthardt. 22 𝒦

– s. Academie junger Schweizer.

Heinzmann, J. G., Akad. junger Schweizer, s. Akademie.

– s. Analekten für die Literatur.

— Appell an meine Nation über Aufklärung, Gelehrsamkeit, Büchermanufakturisten rc. (A. u. d. T.: über Pest d. Literatur.) gr. 8. Bern 795. Typogr. Soc. (J. Ebner in Ulm). 1 ℛ 8 𝒦

– s. Archiv, Patriotisches, für die Schweiz.

– s.a. Beobachtungen und Anmerkungen auf Reisen durch Deutschland.

BEOBACHTUNGEN und Anmerkungen auf Reisen durch Deutschland. In Fragmenten und Briefen (von *Joh. Geo. Heinzmannn*). Mit Titelvign. (B. A. Dunker del. et sc.) Leipzig 1788. (Ulm, Stettin'sche Buchhdlg.) 8°.
Titel, 3 Bll., 544 S., 4 Bll. Reg. — Ueber Berlin: Französ. Litteratur; gesellschaftliches Leben; Phantasterey in Berlin; Armenanstalten; Karakter der Juden; das jüdische Frauenzimmer erhält Vortheile über den Talmud; die jungen Damen und Herren französiren sich; die jüdische Orthodoxie; Geschichte zweier jüdischer Frauenzimmer, die zur christlichen Kirche übertraten; Streit der Orthodoxen und Heterodoxen. — Dr. Franz Schnitzer's Bibl. München 1902. No. 48.

– s. Beschäftigungen für Kranke.

(Heinzmann, Johann Georg.) Beschreibung der Stadt und Republik Bern. [Mit Tabellen.] 2 Theile. 8. Bern 1794–1796.
(Theil 1.) Nebst vielen nützlichen Nachrichten für Fremde und Einheimische. 1794. ([Mit 1 Vignette, 1 Tafel und Anhang:] Berner Addreß-Handbuch der Handelshäuser, Fabrikanten ... und Profeßionisten im Kanton. Erster Versuch [und] 1te Fortsetzung ... 1795–1796.)
Theil 2. Welcher auch ... Verbesserungen und Zusätze zum ersten Theil enthält. [Mit 1 Vignette und 1 Tafel.] 1796.

– s. Bildersammlung für junge Leute.

– s. Briefe eines Schweizer Jünglings an seine Braut.

– s. Burkhardt, August: Anleitung zur Bücherkunde in allen Wissenschaften.

– s.a. Chronik, Literarische.

Heinzmann, J. G. Litterarische Chronik. Zweyter Band. Bern 1786. 8°.

– s. D i c t i o n n a i r e , Le petit, français-allemand et allemand-français.

— le petit Dictionnaire des Voyageurs, franç. allem. et allem. franç. 12. Bas. Flick. (a. Soc. Typ. in Bern.) 802.

– s. F e i e r s t u n d e n , Die, der Grazien.

— meine Frühstunden in Paris. gr. 8. Basel 800. (Neukirch); (a. Steiner in Winterth.) 1 Rthlr 8 gr (Ebner in Ulm). 1 Rthlr 16 gr

HEINZMANN (Joh. Geo., ehem. Buchhändler in Ulm, von wo er verwiesen wurde). M e i n e F r ü h s t u n d e n i n P a r i s. Beobachtungen, Anmerckungen und Wünsche F r a n k r e i c h u n d d i e R e v o l u t i o n b e t r e f f e n d. Nebst Fragment einer kleinen Schweizerreise. Basel, auf Kosten des Verfassers, 1800. 8°. 254 u. 248 SS. (10 Mk. Paul Neubner, Cöln, 1893; 4 Mk. O. Rauthe, Berlin, 1909:)

Seltenes Werk, interessant für die Sittengeschichte Frankreichs während der Jahre 1798—99. Der Verfasser giebt erschöpfende Details über die G a l a n t e r i e n in Paris, die Filles à prix und Dames entretenues.

F r a n z ö s. A u s g a b e: V o y a g e d'u n A l l e m a n d à P a r i s e t r e t o u r p a r l a S u i s s e. Lausanne 1800. 8°. (6 Mk., d.-rel., Frdr. Klüber, 1898:) Ouvrage rare et recherché, cont. e. a.: Allemands à Paris; ballons; divorce; établissement pour les filles de débauches; femmes de Paris; filles publiques à Paris; habillement voluptueux en France; indécence dans les tableaux et statues; maitresses et dames entretenues; maladies véneriennes. etc. etc.

– s. G e b e t b u c h guter Republikaner.

— über d. Geist d. Aufklärung d. Deutschen am Ende d. 18ten Jahrh. 8. Wien 796. Sammer. (Schaumburg u. C.) 16 gr

– s.a. G e m ä l d e aus dem aufgeklärten 18. Jahrhundert.

§ **GEMÄLDE** a u s d e m a u f g e k l ä r t e n a c h t z e h n t e n J a h r h u n d e r t (von *Joh. Georg Heinzmann*). 2 Thle. Bern u. Leipzig, Haller, 1786. 8°. (2 fl. 15 kr.) (In München: Biogr. coll. 122, 2 voll.; auch im British Museum) (1 fl. 80 xr., Taussig, Cat. 5; jetzt theurer!)

„Nicht alle Aufsätze sind von Heinzmann; einige 20 (zahme) Characterschilderungen sind jedoch von ihm." G r a d m a n n, Joh. Jac., d. gelehrte Schwaben, 1802. p. 225.

– s. G e s a n g b u c h , Neues reformiertes, für die christlichen Gemeinden in der Schweiz.

– s. G r a m m a t i k , Französische, für Landleute und Unstudierte.

– s. H a l l e r , Albrecht von: Alpengedicht.

– s. H a l l e r , Albrecht von: Tagebuch seiner Beobachtungen über Schriftsteller und über sich selbst.

– s.a. L e b e n und Heldentaten Bonapartes.

L e b e n u n d H e l d e n t h a t e n B o n a p a r t e ' s (von *Joh. Georg Heinzmann*). Bern (Fleischmann in München). 1800.

Weller, fingirte Druckorte.

– s.a. L e b e n Hoches.

(Heinzmann, J. Geo.) Leben Hoche's, Obergenerals der Nordarmee. 8. Bern, s. a. (1798.)

— Lesebuch zur Erweiterung d. gemeinnütz. Aufklärung rc. 3 Bde. 8. Leipz. ... (Ebner in Ulm). 3 Rthlr 8 gr

– s. M o r g e n - und Abend a n d a c h t e n auf alle Tage der Woche.

(H e i n z m a n n, Joh[ann] Georg.) Nachrichten für Reisende in der Schweiz. Nebst einer neuen Karte der Hauptstrassen und der Entfernungen.... 8. Bern, Basel, Zürich ... 1796.

— Nachrr. für Reisende in d. Schweiz; nebst 1 Karte. gr. 8. Bern 796. Typogr. Soc. 21 gr Dass., französ.: avis au voyageur etc. gr. 8. Ebd. 796.

– s.a. N a t i o n e n - G a l l e r i e .

NATIONEN-GALLERIE. Beschreibung aller Völker .... (von *Joh. Georg Heinzmann*). Bern 1797.

Anon.-Lex. III. p. 202 (nach Kayser u. Meusel).

– s. N e u j a h r s g e s c h e n k für gute Kinder.

– s. P a r l e m e n t , Nouveau, français et allemand.

HEINZMANN, Joh. Geo. (1757—1802), U e b e r d i e P e s t d e r d e u t s c h e n L i t e r a t u r. (Zweiter Titel:) A p p e l a n m e i n e N a t i o n über Aufklärung und Aufklärer; über Gelehrsamkeit und Schriftsteller; über Büchermanufakturisten, Rezensenten, über moderne Philosophen und Menschenerzieher; auch über mancherley anderes, was Menschenfreyheit und Menschenrechte betrifft. Mit 1 prächtigen satyr. Titelvignette (der Recensent und sein Publicum). Bern, auf Kosten des Verfassers. 1795. 8°. 546 S., 1 Bl. (6 Mk. 50 Pfg., sehr schönes unbeschn. Expl. auf starkem Papier, Max Perl's Berliner Oct.-Auct. 1907, no. 468.)

Interess. Satyren. Handelt u. a. über: Bahrdt. — Das aufgeklärte Berlin. — Berliner Aufklärung, was sie sey. — Berliner Juden. — Bodmers Rezensentenhass. — Pflichten u. Charakter des Buchhändlers. — F r a u e n z i m m e r - L e s e r e y. — Geldautoren. — Gelehrte Windbeutels. — Lesegesellschaften. — M ä d c h e n. — Aufklärung. — Deutsche Pedanten, etc.

H e i n z m a n n, J[ohann] G[eorg]. Rathgeber, für junge Reisende. ([Mit] Anhang: Schreiben eines alten Kaufmanns, über die Sitten junger Leute, die in Condition gehen.) 8. Leipzig und Bern 1793.

— Rathgeber für junge Reisende. gr. 8. Leipz. u. Bern 793. (J. Ebner in Ulm). 1 Rthlr

— Rathgeber f. junge Reisende. gr. 8. Ebend. 796.

— Rathgeber f. junge Reisende, ehemals Verlag von Wecker in Ulm, ist jetzt Verlag von Jakob Ebner daselbst.

– s. S c h w e i t z e r - B ü r g e r - J o u r n a l .

– s.a. S c h w e i z e r - C h r o n i k , Kleine.

H e i n z m a n n, Joh(ann) Georg. Kleine Schweizer-Chronik. 3 Theile. 8. Bern 1795—1805.

[Theil 1] *u. d. T.*: Ein neues feines Schweizer-Kroniklein voll auserlesener ... Geschichten.... Zu Nutzen ... der lieben Bauersame ... zusammengelesen von einem Freund des Landmanns. Mit Figuren [20 Tafeln] (* *Vortitel*: Kleine Chronick für Schweizer 1795). 1795.

Theil 2. Enthält die Ereignisse seit 1700 bis 1801 mit Einschluss der Revolutionsgeschichte von Helvetien (* *Vortitel*: Neue Chronik der Schweizer, während dem Zeitraum von 1700 bis 1801. Nebst 40 Figuren [Tafeln]). 1801. — *A. u. d. T.*: Neuere Geschichte der Schweizer. Band 1.... 1805.

[Theil =] Band 3. Enthält die Ereignisse von 1801 bis 1804, samt dem Vermittlungs-Akt des ersten Consuls ... für die Schweiz. [Mit 4 Tafeln.] 1804. — *A. u. d. T.*: Neuere Geschichte der Schweizer. Band 2.... 1805.

(Heinzmann, J. G.) kleine Schweizer-Chronik. Mit Kupfern. 3 Bde. Bern 1801—04. Hfzbde. 16.

Selten vollständig! 7. 50

– s.a. S c h w e i z e r - R e i s e , Kleine.

Schweizer-Reise, Kleine (von *Joh. Georg Heinzmann*). Bern (Heidelberg) 1799.
Anon.-Lex. IV. p. 61 (nach Kayser, Meusel, Weller).

Heinzmann, Johann Georg. Kleine Schweizerreise im August 1796. [Mit 1 Vignette.] 8. Basel 1797.

— kl. Schweizer-Reise im Aug. 1796. 8. Bern, Typ. 798.

Heinzmann, J. G., die Seligkeit der Gläubigen in Christo. 8. Leipz. Weygand. 748.

-- s.a. Sprachlehre, Große französische.

— französische Sprachlehre. 8. Bern, Typograph. Societät. (a. Bürglen in Augsb.) 797.

– s. Taschen-Lexikon der französischen Sprache.

Heinzmann, K., Volkstümliche deutsche Strafrechtskunde für gebildete Laien, bes. f. Schöffen u. Geschworene, sowie f. Studierende u. angeh. Gerichts- u. Polizeibeamte. 8. 282 S. Leipzig, G. Körner. 3. —
1910.

Heinzmann, Karl, appr. Arzt a. Augsburg: Aus d. Prosektur d. Krankenhauses r. I. in München. Ueber die auf der Bifurkationshöhe und der hinteren Wand der Trachea lokalisierten Geschwulstbildungen. München 1904: Kastner & Callwey. (26 S.) 8°
München, Med. Fak., Ref. v. Bollinger, Diss. v. 10. Nov. 1904
[Geb. 7. Juni 80 Augsburg; Wohnort: München; Staatsangeh.: Bayern; Vorbildung: Maximiliansgymn. München Reife Juli 99; Studium: München 9 S.; Coll. 26. Juli 04; Approb. 13. Juni 04.]

Deutsches Theaterrecht. Von Dr. Kurt Heinzmann, Staatsanw. München: C. H. Beck 1905. (XII, 200 S.) 8° [J.] 05.8354

Heip, Fritz: Über die Dihydrouvitincarbonsäure. Ein Beitrag zur Kenntnis der Metamorphose der Brenztraubensäure. *Jena 1896: G. Neuenhahn.* (36 S.) 8°
Jena, Phil. Diss. v. [21. Dez.] 1895

Heir, the, of Redclyffe, s. Collection of british authors.

Heirat(h)

Heirath, s.a. Heurath.

Heirath, s.a. Heyrath.

Heirat, Die; eine Komödie. Berlin 1773. V: *Brumbey, Carl Wilh.* (Ky)

— die; e. Komödie, (v. K. W. Brumbey). 8. Berl. 773. Birnstiel. 4 gr

Heirath, die. Seitenstück z. Erbschaft von derselben Verfass. Aus d. Engl. nach der 3ten Aufl. v. *r. 3 Bde. 8. Leipz. 827, Focke.

Heirat, Die. Aus dem Englischen ... Wien 1829. Leipzig 1827. V: *Ferriar, Miss.* Ü: *Becker, Gottfried Wilhelm.* (Zeitschr. f. Büch. 1923, S. 88)

Heirat, Die. A. d. Engl. nach der dritten Aufl. . . . Wien 1829. H: *Becker, Gottfried Wilh.* (Ky)

Heirath, die, des Antonio. Ein Divertissement. 8. Amsterd. 790. Jülicher in Lingen. 3 gr

— die, durch Betrug. Lstspl., s. J. F. Asimont.

Heirath, Die bürgerliche; ein Lustspiel in einem Aufzuge. O. O. 1766. V: *Klemm, Chn Glob.* (GGr)

Heirat, Die glückliche, . . . Zürich [Hamb.] 1765. V: *Kritzinger, Frdr. Adolph Audemar.* (Wr)

Heirat, Die glückliche, Allen zum Vergnügen von G***. Zürich [Luzern] 1765. V: *Kritzinger, Friedrich Adolph Audemar.* (DGE III[3], 131—132)

Heirat, Die heimliche. Ein Lustspiel in fünf Aufzügen. Nach dem Englischen [Garrick]. Wien 1772. V: *Schröder, Fch. Ludwig.* (Joh. Hch. Fch. Müller, Theatralische Neuigkeiten. Wien 1773) (Bibl Port)

— ohne Liebe. Lstspl. 8. Rotenb. 778. Hermstädt. 3 gr

Heirat aus Liebe; ein Nachspiel mit Arien und Gesängen. Gotha 1781. V: *Ewald, Schack Hermann.* (MGT) »1788« (Ky)

— die, aus Liebe. Nachspl. mit Arien u. Gesängen, (v. Schak H. Ewald). 8. Gotha 788. Ettinger. 4 gr

Heirat, Die, durch List. Original-Lustspiel in drey Aufzügen. Wien 1805. V: *Kaspar, J.* (Ky)

— die, durch List. Origin.-Lstspl. in 3 Aufz. (v. J. Kaspar). 8. Wien 805. Wallishausser. 6 gr

— die, durchs Loos. Lstspl. 8. Frankf. 752. ... 2 gr

HEIRATH, Die, nach der Mode. Lustspiel. Hamburg (Nürnb.) 1762.
Weller. fing. Druckorte. Nachtr.

Heirat, Die, wider die Mode. Ein Lustspiel. Wien 1767; 1768. V: *Klemm, Christian Gottlob.* (GGr V, 310) (Zeitschr. f. Büch. 1923, S. 88)

— die, wider die Mode. Lstspl. in 3 A. gr. 12. Wien 767. Trattner. 4 gr

§ **HEIRATH,** Die, wieder (!) die Mode, ein Lustspiel. O. O. 1768. 8°. (In München: P. o. germ. 240, 4.)

HEIRATH, Neue babylonische, eine physionomische Unterhaltung, mit 24 Kupfern, bestehend in 12 weiblichen und 12 männlichen Portraits, welche durch eine leichte Zusammensetzung in 3456 unter sich verschiedenen Portraits umgewandelt werden können. Leipzig, Industrie-Compt., 1805. 8°. (1⅓ Rthl.) Höchst selten!

Heirath, eine, durch's Telefon. Schwank in 1 Akt v. W. E. M. 8. (15 S.) Wien 878. Neidl. n. — 40

Heirath, eine, durch's Telefon. Schwank in 1 Akt von W. E. M. 8. (15 S.) Wien 879, Neidl. * — 40

Heirat, Eine, in der grossen Welt ... A. d. Engl. von Carl M. Böhm. Wien 1837. V: *Scott, Caroline Lucy.* (EB)

Heirath, eine, in der großen Welt. (A Marriage in high Life.) Von d. Verfin. v. „Trevelyan, Flirtation etc." A. d. Engl. übers. v. Carl M. Böhm. 2 Thle. gr. 12. (17⅙ B.) Wien 837, [Gerold's Vrlgh.]

Heirat, Die, durch ein Wochenblatt. Eine Posse in einem Aufzuge. Wien 1808. Wien 1786. V: *Schröder, Fch. Ludw.* (BiblPort)

Heirat, Die, durch ein Wochenblatt. Posse in einem Aufzuge. Wien 1826. V: *Schröder, Frdr. Ludwig.* (EB)

Heirath, eine, durch Zeitungsblätter, s. Eisenbahn- und Unterhaltungsbibliothek, deutsche.

Heirat, Die zweite, ein Lustspiel in fünf Aufzügen. Amsterdam 1809. V: *Stein, Carl.* (MGT) (GGr)

Dass., s.a. Baillie, Joanna

Heirathen, über die, als ein Pendant zur Abhandl. über d. Ehe. 2 Thle. 8. Potsd. 779. Horvath. 1 ℛ 4 𝒢

— Dasselbe. 8. Presb., Pazko. 12 𝒢

Über die frühen Heirathen. aus d. Englischen (übers. von Heinr. Jul. Ludw. v. Rohr). (Leipzig 1794.) Anon.-Lex. IV. p. 219 (nach Meusel).

Heirathen und Hochzeiten aller Völker der Erde, s. Bergson's Eisenbahnbücher.

HEIRATHEN und Hochzeiten aller Völker der Erde. (Auch titulo: Bergson's Eisenbahnbücher No. 59.) Leipzig, J. A. Bergson-Sonenberg, o. J. (187*). Kl. 8°. Zahm. (1 Mk. 50 Pfg., Expl. im Orig.-Umschl., Oscar Rauthe, Friedenau-Berlin, 1908.)
Tit., 1 Bl. Inh. u. 88 S. — Vergriffen!

HEIRATEN — ODER NICHT? oder Wahl zwischen Liebe und Reichtum. (Roman. 20 Bdchn.) Mit Illustrationen. (190*.) (Mk. 10.—) (8 Mk. O. Rauthe, Berlin, 1909, ohne Orts- u. Jahrsangabe.)

[F.] **Heiraten** — oder nicht? oder Wahl zwischen Liebe u. Reichtum. Roman aus d. Gegenwart in 2 Bdn. Ill. Bd I. II. (In 20 Lfgn) ... *Berlin: Verlagshaus f. Volkslitt. u. Kunst [1896].* 2 Bde 8.
I. (2 Bl., 1200 S., 1 Facs., 50 Taf.) II. (2 Bl., 1201—2400 S., 50 Taf.) [58. 1300

Heiraten — od. nicht? od. Wahl zwischen Liebe u. Reichtum. Roman aus d. Leben nach e. wahren Begebenheit. 100 Hfte. gr. 8. (2400 S. m. 100 Vollbild.) Berlin (896. 97). Verlagshaus f. Volkslitteratur u. Kunst. à — 10; auch in 20 Bdn. à — 60

Heirathen, Zwei, s.a. Romane, Moderne, des Auslandes.

Heiraten, Zwei, vom Verfasser von John Halifax, Gentleman ... Aus dem Engl. übersetzt von Ludovica Hesekiel. Berl. 1868. V: *Craik, Dinah Mary, geb. Mulock.* (EB)

Heiraths-Anträge u. Liebes-Erklärungen, komische u. ernste, od. Liebes-Briefsteller. 16. (72 S.) Mügeln 877. (Leipzig, G. Senf.) — 50

Heiraths-Anzeiger: Band 1—10 (Jan. 1874—1883)
Fortnightly, 1874—79; monthly, 1880—83. Sub-title: Beförderung des Heirathens. Large quarto, each issue 4 pages, increased to 8 pages in 1881—83. Circulation: 1880, 4900. Edited & published by Wilhelm Raich, 1874—83.
New York, NY

Heirathsgeschenk für Neuverehelichte u. Verlobte. (A. u. d. T.: Taschenbuch für Neuverehelichte, von Chr. Fr. Tr. Voigt u. Fr. Ant. Man.) Mit 1 Kpf. 12. Leipz. 809. 2e Aufl., (herausg. von J. P. (G. Hesse) 816. Seeger. 16 𝒢 N. Aufl. unt. d. Tit.: Nebenstunden für Verlobte, s. auch Nebenstunden.

Heiratsgeschenk für Neuverehelichte und Verlobte ... 2. Aufl. Leipz. 1816. H: *Hesse, Joh. Hnr. Glieb.* (Call)

Lustige Heiratsgeschichten. Wien: Szelinski 1890. 64 S. 24° (= Österr.-ungar. Volksbücher. Nr. 19.)

Heirats-Gesuche! Für od. wider? Nebst Ratschlägen, glücklich an d. Mann od. an die Frau zu kommen. Mit 42 Orig.-Briefen auf Heirats-Annoncen. Von einem, der's erprobt hat. gr. 8. (51 S.) Münch. 892, Seitz u. Schauer. * 1 —

Heirathsgut, das, mit Lug u. Trug vermischte. Schäferspl. 8. Langens. 770. Schneider. 2 𝒢

Heirathskabinett, neueröffnetes. 8. Sorau 763. Hebold. 4 𝒢

Heiraths-Kandidaten, die, die Heiraths-Gesuche u. die Heiraths-Vermittler. Interessante u. pikante Enthüllgn. a. d. mod. Leben. 8. (16 S. m. 10 Abbildgn.) Chemnitz (899). C. A. Hager. — 10

Heiraths- und Sterbekassen (Ueber die), besonders die Cellischen. 12°. Celle (Schulze) 1789.

Heiratskonsens, der. (Eine zusammenfass. Antwort auf verschiedene Briefkasten-Anfragen.) (9 S.) kl. 8. Oldenburg 909. G. Stalling's Verl. — 20
Sonderabdruck aus: „Deut. Offizierbl."

Heirathskontrast, der, e. Buch f. Verlobte. 2 Thle. 8. Leipz. 805. (Aue in Altona). 21 𝒢

Heiraths-Lotterie

— die, oder was bekomme ich für einen Mann. Ein Scherzspiel für erwachsene Mädchen, junge Wittwen u. überhaupt heirathslustige Damen. Mit 12 Blumenkarten, 12 Tabb. u. deutl. Erklärung. 32. Dresd. u. Pirna 832. Friese. In Etuis 12 Gr.

Heiraths-Lotterie, neuerrichtete, in welcher 90 Herren u. 90 Damen als Ehegewinnste ausgespielt werden. Ein Gesellschaftsspiel zur angenehmen Unterhaltung. Nebst e. Anhange: Neueste Planeten-Regeln, zur scherzhaften Belustigung, enthaltend. N. Aufl. 12. Berl. 832. Krause. 4 Gr.

HEIRATHSLUSTIGE, Der, oder die sieben Frauen. Ein Roman aus d. Französ. 2 Thle. Leipzig, Carl Berger, 1835. 8°.
Zahmen Inhalts. 234 u. 227 SS.

Heiratslustigen, Die. Komische Duo-Szene. Wien [1909]. V: *Neidl, Julius.* (EB)

[F.] Der Stadt Regensburg Heirats-Ordnung v. 14. Sept. 1580 hrsg. v. Dr. jur. K. Holfelder, Rechtsprakt. *Regensburg: In Comm. b. H. Bauhof: Dr. v. M. Wasner 1896.* (49 S.) 1 Bd 8. 56. 454

Heiraths- u. Ehestands-Salon, od. belehrender Scherz u. Ernst f. Heirathslustige u. Unheirathslustige, Verheirathete u. Unverheirathete. (Auszug VI. aus d. „gemüthlichen Festleiter.") gr. 16. (2⅝ B.) Crefeld 844, Klein.

Heiratsschwindel v. Philos, s.: Zur Psychologie unserer Zeit. 10. Heft.

Heirathssteuern, über die. gr. 8. Augsb. 827. v. Jenisch u. St. 2 Gr.

Heiratsstudien oder Die Kunst, schnell u. sicher einen Mann oder e. Frau zu bekommen. Gemeinnützige Ratschläge zu Nutz u. Frommen aller Heiratslustigen. Berlin: L. Gronau & Co. [1905]. (20 S.) 8° [F.] 05.

Heiratstempel, Allgemeiner, für Verehelichte und Unverehelichte beyderley Geschlechts. Penig 1801—2. H: *Pohl, Hans Friedrich.* (KY) (MGT)

HEIRATHSTEMPEL, Allgemeiner, für Verehlichte und Unverehlichte beyderley Geschlechts (hrsg. von Hans Friedr. Pohl). Jahrg. 1801—2. (à 6 Stücke). Penig, Ferd. Dienemann u. Cie. 8°. (à Jahrg. 2 Rthl.) Höchst selten!
Anz. d. Verlegers; Anon.-Lex. II. p. 274 (nach Kayser u. Meusel). — Mehr erschien nicht.

Heirathstempel, allgem., für Verehelichte u. Unverehelichte, (v. H. F. Pohl). Jahrg 1801, 1802. (à 6 Stücke). 8. Penig, Dienemann. (Leich in Leipz.) (1801, 1 Thlr. 12 Gr. 1802, 2 Thlr.) 3 Thlr. 12 Gr.

Heiress, the. Comedy. 8. Berl. 790. Unger. (Kosmar u. Kr.) 8 Gr.

Heiress, the, of Haughton, s. Collection of british autors.

Heiri: Der wandernde Heiri aus'm Tößtal
(1) Eine Zeitschrift (4) Der Landbote (Zh) (5) 17. 12. 1836—1839 (6) 4° (7) Wochenblatt (8) Winterthur: A. G. Hegners Buchdruckerei (10) der Drucker (11) Heinrich Heß (12) republikanisch (14) Zh: Z.

Heiring, Gabriel (Braunschweig), De privatis legatorum sacris. Diss. juris gentium. Präs. Justus Henning Böhmer. Halle (Joh. Gruner) 31. V. 1713 64 S. mit Widm. v. Präs. (7.—) 14106

— — Dasselbe. 1721. (7.—) 14107

— — Dasselbe. Halle (Johann Grunert) 1729. (7.—) 14108

— — Dasselbe. Halle (Johann Friedrich Grunert) 1741. 62 S. (7.—) 14109

Heis, ..., Siegener Haupt-Revier-Karte. Maasstab 1 : 20,000 (In 8 Sectionen.) Sect.: 1, 2, 4 u. 8. [Littfeld, Müsen, Siegen u. Burbach.] Reducirt u. gezeichn. 1842 — 1845. (4 lith. u. theils color. Bl. in qu. Imp. Fol.) Berlin 848, Schropp & Co. n. 5 Thlr.

Heis, Eduard

Heis, Ed., atlas coelestis eclipticus. VIII continens tabulas (lith.) ad delineandum lumen zodiacale. qu. gr. 4. (4 S.) Köln 878. Du Mont-Schauberg. n. 6. —

Heis, Eduard, matemath. Aufgabensammlung, Auflösgn., s.: Auflösungen.

Heis, Ed., Auflösungen zu dem Rechenbuche für die Gymnasien, Real- und Gewerbschulen Oesterreichs. gr. 8. (III und 115 S.) Köln 851, Du Mont-Schauberg'sche Buchh. *

Heis, E. Beobachtungen, deren Anstellung den Mitgliedern der Expedition zur Beobachtung des Durchganges der Venus empfohlen wird. Münster 1874.

— u. Adalb. **Krueger,** Beobachtungen veränderlicher Sterne, v. H. aus den J. 1840—1877 u. v. K. aus den J. 1853—1892, hrsg. v. J. G. Hagen, S. J., unter Mitwirkg. v. E. Goetz, S. J., u. R. Martin, S. J. (III, 220 S.) gr. 8. Berlin 903. F. L. Dames. n.n. 20. —

— s. Debey, M., Beiträge zur Lebens- u. Entwickelungsgeschichte der Rüsselkäfer.

– Denkschrift über die Prinzipien der gregorianischen Schaltmethode ..., in: Sendschreiben. Das Freie Deutsche Hochstift ... 1864.

—— grosse Feuerkugel in der Nacht des 10—11. März in Westfalen und Hannover. gr. 8. (12 S. mit 1 lithogr. Karte in gr. 4.) Halle 866, Schmidt's Verlag.
aus: Wochenschrift für Astronomie etc., besonders abgedruckt.

—— die grosse Feuerkugel, welche am Abende des 4. März 1863 in Holland, Deutschland, Belgien und England gesehen worden ist. gr. 8. (56 S. nebst 1 lithogr. Karte in qu. gr. 4.) Halle 863, Schmidt's Verlag.
Separatabdruck

Heis, E., die Feuerkugel, welche am Abende des 3. Decbr. 1861 in Deutschland gesehen worden ist. Mit 1 lith. Taf. (Abdr. aus der „Wochenschrift für Astronomie.") Halle 862. Schmidt's Verlag. gr. 8. (18 S.) 6 *ngr.*

Heis, E. Die Finsternisse während des peloponesischen Krieges. (Genauere Bestimmung der Zeit derselben.) 12 S. . . .
Progr. Cöln e. 1834

—— s. Frischauf, J.

Heis, Ed., die hyperbolischen Funktionen. Zugabe zu L. A. Sohncke's Sammlg. v. Aufgaben aus der Differential- u. Integralrechng. gr. 8. (17 S. m. eingedr. Holzschn.) Halle 875. Schmidt. n. — 60

Heis, Ed., der im Oct. 1835 sichtbare Halley'schen Komet in seiner wahren u. scheinbaren Bahn währ. d. J. 1835 u. 1836. Gemeinfaßl. dargest. gr. 8. (2¼ B. u. 2 Karten.) Köln 835, Du Mont-Schauberg.

Heis, Ed., u. Th. Jos. Eschweiler, Lehrbuch der Geometrie zum Gebrauche an höheren Lehranstalten. 1. Thl. Planimetrie. 855. (VII, 277 S.) — 2. verb. u. verm. Aufl. Köln 858. Du Mont-Schauberg. gr. 8. (VII, 292 S. m. Holzschn. im Text.) n. 22½ ngr.

—— und Thom. Jos. Eschweiler, Lehrbuch der Geometrie zum Gebrauche an höheren Lehranstalten. 3 Thle. gr. 8. Köln 867, DuMont-Schauberg'sche Buchh. à Thl. * 25 Ngr.
Inhalt:
Thl. 1. Planimetrie. 4., verm. und verb. Aufl. (VII und 296 S. mit eingedr. Holzschn.)
" 2. Stereometrie. (IV und 269 S. mit eingedr. Holzschn.)
" 3. Ebene und sphärische Trigonometrie, bearb. von Ed. Heis. (VIII und 304 S. mit eingedr. Holzschn.)

—— und Thom. Jos. Eschweiler, Lehrbuch der Geometrie zum Gebrauche an höheren Lehranstalten. 3 Thle. gr. 8. Köln, DuMont-Schauberg'sche Buchh. à Thl. (*M 2,50.) *M 2,80. *
Inhalt:
Thl. 1. Planimetrie. 5. Aufl. 1870. und 6. verm. und verb. Aufl. (VII, 296 S. mit eingedr. Holzschn.) 875.
" 2. Stereometrie. 3. Aufl. (IV, 269 S. mit eingedr. Holzschn.) 874.
" 3. Ebene und sphärische Trigonometrie, bearb. von Ed. Heis. (VIII, 304 S. mit eingedr. Holzschn.) 867.

—— und Thom. Jos. Eschweiler, Lehrbuch der Geometrie zum Gebrauche an höheren Lehranstalten. 3. Thl.: Ebene und sphärische Trigonometrie, bearb. von Ed. Heis. 2. verb. und verm. Aufl. gr. 8. (VI, 305 S. mit eingedr. Holzschn.) Ebendas. 875. * 2 80
1. und 2. Thl. Ebendas. 1874,76. à Thl. *M 2,80.

—— u. Thom. Jos. Eschweiler, Lehrbuch der Geometrie zum Gebrauche an höheren Lehranstalten. 6., verb. u. verm. Aufl. 1. Thl. Planimetrie. gr. 8. (VIII, 306 S. m. eingedr. Holzschn.) Ebend. 876. n. 2. 80

—— und Thom. Jos. Eschweiler, Lehrbuch der Geometrie zum Gebrauche an höheren Lehranstalten. 1. und 2. Tl. gr. 8. Ebendas. 881. à Tl. *M 2,80.
Inhalt:
Tl. 1. Planimetrie. 7. verb. und verm. Aufl. (X, 306 S. mit eingedr. Holzschn.)
" 2. Stereometrie. 4. verb. und verm. Aufl. (IV, 269 S. mit eingedr. Holzschn.)
3. Tl. Ebendas. 1875. *M 2,80.

— u. Thom. Jos. Eschweiler, Lehrbuch der Geometrie zum Gebrauche an höheren Lehranstalten. 1. u. 2. Tl. gr. 8. Köln 881. 82. Du Mont-Schauberg. à n. 2. 80
1. Planimetrie. 7., verb. u. verm. Aufl. (X, 306 S. m. eingedr. Holzschn.)
2. Stereometrie. 4., verb. u. verm. Aufl. (IV, 269 S. m. eingedr. Holzschn.)

—— und Thom. Jos. Eschweiler, Lehrbuch der Geometrie zum Gebrauche an höheren Lehranstalten. 3. verb. Aufl. 3. Tl.: Ebene und sphärische Trigonometrie, bearb. von Heis. gr. 8. (VI, 308 S. mit Fig.) Ebendas. 888. * 2 80
1. und 2. Tl. Ebendas. 1881. à *M 2.80.

Heis, Ed., Leitfaden zu meinen Vorlesungen über populäre Astronomie. Münster (853.) Cazin. 8. (1 Bl., 15 S.) n. 2½ ngr.

—— de magnitudine relativa numeroque accurato stellarum quae solis oculis conspiciuntur fixarum. Commentatio. 4maj. (16 S.) Coloniae 852, libr. Du Mont-Schauberg. *

Heis E, Rechenbuch für Gewerb- und Handwerkerschulen, sowie zum Selbstunterricht. Köln 1847

— Rechenbuch für Gewerb- und Handwerkerschulen, so wie zum Selbstunterrichte für Baubeflissene, Bauhandwerker, Mechaniker u. Techniker. 2. verm. u. verb. Aufl. Köln 855. DuMont-Schauberg. 12. (IV, 252 S.) 15 ngr.

Heis, Ed., Rechenbuch für Gewerb- und Handwerkerschulen sowie zum Selbstunterrichte für Baubeflissene, Bauhandwerker, Mechaniker und Techniker. 4., mit besond. Berücksicht. der neuen Maß- und Gewichtsverhältnisse verm. und verb. Aufl. gr. 8. (XII, 275 S.) Köln 870, DuMont-Schauberg'sche Buchh.

—— Rechenbuch für die Gymnasien, Realschulen und Gewerbschulen Oesterreichs, in systemat. Folge bearb. gr. 12. (XVI und 283 S.) Köln 851, Du Mont-Schauberg'sche Buchh.

— Rechenbuch für die Gymnasien, Realschulen und Gewerbschulen Oesterreichs, in systematischer Folge bearb. 4. verb. Aufl. Köln 865. Du Mont-Schauberg. 12. (XX, 315 S.) 20 ngr.

—— Rechenbuch für die Gymnasien, Realschulen und Gewerbschulen Oesterreichs, in systemat. Folge bearb. 5. Aufl. 1868. M 2., und 6. verm. und verb. Aufl. gr. 8. (XX, 315 S.) Köln 872, DuMont-Schauberg'sche Buchh.
Auflösungen dazu. Ebendas. 1851. *M 1,20.

— Rechenbuch für Real- und Gewerbeschulen, Gymnasien und andere höhere Lehr-Anstalten, so wie zum Selbstunterrichte für Baubeflissene, Bauhandwerker, Mechaniker und Techniker. 5., mit besond. Berücksicht. der neuen Münz-, Maß- und Gewichtsverhältnisse gänzlich umgearb., verb. und verm. Aufl. gr. 8. (XII, 271 S.) Köln 879, DuMont-Schauberg'sche Buchh. * 2 —

Heis, Ed., Reductions-Tabellen für das alte und neue Gold-, Silber- und Juwelen-Gewicht. Nach den Bestimmungen des Gesetzes vom 5. Mai 1857 berechnet. Lex.-8. (8 Bl.) Köln 858. Du Mont-Schauberg'sche Buchh.

— Resultate der in den 43 Jahren 1833—1875 angestellten Sternschnuppen-Beobachtungen. gr. 4. (IV, 178 S.) Ebend. 877. n. 6. —

—— Sammlung v. Beispielen u. Aufgaben aus d. allgem. Arithmetik u. Algebra. Für Gymnasien, höh. Bürgerschulen u. Gewerbschulen in systemat. Folge bearbeitet. 1. Aufl. (20⅞ B.) 837., 2., verm. A. gr. 8. (22 B.) Köln 840, Du Mont Schauberg. à

Heis, Ed., Sammlung von Beispielen u. Aufgaben aus d. allgem. Arithmetik u. Algebra. Für Gymnasien, höhere Bürgerschulen u. Gewerbschulen in systemat. Folge bearb. 3., verm. Aufl. gr. 8. (23 B.) Köln 844, Du Mont-Schauberg'sche Buchh.

—— Sammlung von Beispielen und Aufgaben aus der allgem. Arithmetik und Algebra. Für Gymnasien, höhere Bürgerschulen und Gewerbschulen in systemat. Folge bearb. 5., verb. und verm. Aufl. gr. 8. (IV und 364 S.) Köln 850, Du Mont-Schauberg'sche Buchh.

— Sammlung v. Beispielen u. Aufgaben aus der allgemeinen Arithmetik u. Algebra. Für Gymnasien, höhere Bürgerschulen u. Gewerbschulen in systemat. Folge bearb. 5. verb. u. verm. Aufl. gr. 8. (IV u. 364 S.) Ebd. 851. 1 ᵱ

— Sammlung von Beispielen und Aufgaben aus der allgemeinen Arithmetik und Algebra. In systemat. Folge bearb. für Gymnasien, höhere Bürgerschulen und Gewerbschulen. 6. verb. Aufl. 853. (2 Bl., 368 S.) — 7. verb. Aufl. 856. (2 Bl., 381 S.) — 8. verb. ꝛc. Aufl. Köln 858. DuMont-Schauberg. gr. 8. (IV, 388 S.) 1 ᵱ.

—— Sammlung von Beispielen und Aufgaben aus der allgemeinen Arithmetik und Algebra. In systemat. Folge bearb. für Gymnasien, Real-, höhere Bürger- und Gewerbschulen. 9.—18. Aufl. gr. 8. (IV und 403 S.) Köln 861—67, DuMont-Schauberg'sche Buchh.

—— Sammlung von Beispielen und Aufgaben aus der allgemeinen Arithmetik und Algebra. In systemat. Folge bearb. für Gymnasien, Realschulen, höhere Bürgerschulen und Gewerbschulen. 19.—38. Aufl. gr. 8. (IV, 400 S.) Cöln 868—74, DuMont-Schauberg'sche Buchh.

—— Auflösungen dazu, s. Ruland, N.
Vgl.: Neumann, Karl Wilh., Lehrbuch.

Heis, Ed., Sammlung von Beispielen und Aufgaben aus der allgemeinen Arithmetik und Algebra. In systematischer Folge bearb. für Gymnasien, Realschulen, höhere Bürgerschulen und Gewerbschulen. 39.—52. Aufl. (IV, 402 S.) gr. 8. Köln 875—79, DuMont-Schauberg'sche Buchh. 8 —
—— dass. — Auflösungen, s. Ruland, N.
—— dass. — Schlüssel, s. Matthiessen, L.

Heis, Ed., Sammlung von Beispielen und Aufgaben aus der allgemeinen Arithmetik und Algebra. In systemat. Folge bearb. für Gymnasien, Realschulen, höhere Bürgerschulen und Gewerbeschulen. 53.—61. verm. und verb. Aufl. (IV, 403 S.) 880—82; 62.—66. Aufl. gr. 8. (IV, 404 S.) Köln 883,84, Du Mont-Schauberg'sche Buchh.

Heis, Ed., Sammlung von Beispielen und Aufgaben aus der allgemeinen Arithmetik und Algebra. In systemat. Folge bearb. für Gymnasien, Realschulen, höhere Bürgerschulen und Gewerbeschulen. 67.—78. Aufl. gr. 8. (IV, 403 S.) Köln 885—89, Du Mont-Schauberg'sche Buchh. 3 —
Vgl.: Matthiessen, L., Schlüssel etc. und Uebungsbuch etc. — Ruland, N., praktische Anleitung zum gründlichen Unterrichte in der Algebra.

Heis, Ed., Sammlung v. Beispielen u. Aufgaben aus der allgemeinen Arithmetik u. Algebra. 81. Aufl. gr. 8. (IV, 403 S.) Köln 890. Du Mont-Schauberg. 3. —

— dasselbe. Ausg. für d. Schulen Österreichs. 1. Aufl. [Der ganzen Reihe 82. Aufl.] gr. 8. (IV, 420 S.) Ebd. 890. n. 3. —

Heis, Ed. Sammlung v. Beispielen u. Aufgaben aus der allgemeinen Arithmetik u. Algebra. In systemat. Folge bearb. f. Gymnasien, Realschulen, höhere Bürgerschulen u. Gewerbschulen. 85. Aufl. gr. 8. (IV, 403 S.) Köln 891. Du Mont-Schauberg. * 3 —

Heis, Ed., Sammlung v. Beispielen u. Aufgaben aus der allgemeinen Arithmetik u. Algebra. In systemat. Folge bearb. f. Gymnasien, Realschulen, höhere Bürgerschulen u. Gewerbschulen. 92. Aufl. gr. 8. (IV, 403 S.) Köln 894. M. Du Mont-Schauberg. n. 3. —

Heis, Eduard. Sammlung von Beispielen und Aufgaben aus der allgemeinen Arithmetik und Algebra ... 2. Aufl. Köln 1894. H: *Matthiessen, Ldw.* (Berl)

Heis, Dr. Eduard, Sammlung von Beispielen und Aufgaben aus der allgemeinen Arithmetik und Algebra. Ausgaben für die Schulen Oesterreichs. 2. Auflage. M. Du Mont-Schauberg. Köln 1894. (Min.-Erl. v. 16. April 1894, Z. 7962.) Ungebunden 1.80

[F.] Sammlung von Beispielen und Aufgaben aus der allgemeinen Arithmetik und Algebra. In systemat. Folge bearb. f. Gymn., Realsch., Gewerbesch. u. gleichstehende Lehranst. v. Dr. Eduard Heis, weil. Prof. ... zu Münster. Ausg. f. d. Schulen Österreichs. 3. Aufl. ... (Hrsg.: Dr. Ludwig Matthiessen.) *Köln: M. Du Mont-Schauberg 1897.* (IV, 420 S., 1 Bl.) 1 Bd 8. (97. 8189)

Heis, Ed., Sammlg. v. Beispielen u. Aufgaben aus der allgem. Arithmetik u. Algebra. In systemat. Folge bearb. f. Gymnasien, Realgymnasien, Oberrealschulen u. Gewerbschulen. 97. u. 98. Aufl. gr. 8. (IV, 403 S.) Köln 898. M. Du Mont-Schauberg. n. 3. —

— dasselbe, Auflösgn., s.: Ruland, N.

Heis, Eduard, Sammlung v. Beispielen u. Aufgaben aus der allgemeinen Arithmetik u. Algebra. In systemat. Folge bearb. f. Gymnasien, Realgymnasien, Oberrealschulen u. Gewerbschulen. 99.—105. Aufl. gr. 8. (à IV, 403 S.) Köln 900—902. M. Du Mont-Schauberg. n. 3. —
Kommentar dazu, s.: Matthiessen, Ludw.

— dasselbe. Ausg. f. die Schulen Österreichs. 4. Aufl. gr. 8. (III, 421 S.) Ebd. 901. n. 3. —

— Sammlung v. Beispielen u. Aufgaben aus der allgemeinen Arithmetik u. Algebra. In systemat. Folge bearb. f. Gymnasien, Realgymnasien, Oberrealschulen u. Gewerbeschulen. 109—111. verb. Aufl. (IV, 391 S.) gr. 8. Köln 906. M. Du Mont-Schauberg. n. 3. —

— dasselbe. Auflösg., s.: Ruland, N., prakt. Anleitung zum gründlichen Unterrichte in der höheren Mathematik.

Heis, Eduard, Sammlung v. Beispielen u. Aufgaben aus der allgem. Arithmetik u. Algebra zum Gebrauche an höheren Schulen. Nach den zeitgemässen Anfordergn. des mathemat. Unterrichts neubearb. u. erweitert v. J. Druxes. 1. u. 2. Tl. gr. 8. Cöln, M. Du Mont-Schauberg. Geb. 5. 80
I. Pensum der Unter-, Obertertia u. Unter-Sekunda. (VII, 287 S.) 114. u. 115. Aufl. 910. Geb. 3. —
II. Pensum der Ober-Sekunda, Unter- u. Ober-Prima. 112. Aufl. (VII, 273 S.) 908. 2.40; geb. 2. 80

—— Sammlung von 5 Sternkarten für die Himmelsgegenden Nord, Ost, Süd, West und für das Zenith, zum Einzeichnen der Sternschnuppen der November-Periode entworfen. Lithogr. qu. Fol. Köln 868, DuMont-Schauberg'sche Buchh. *

—— die Sonnenfinsterniss am 17. Mai 1863. gr. 8. (7 S. nebst 1 lithogr. Karte in 4.) Halle 863, Schmidt's Verlag. *
Aus: Wochenschrift für Astronomie etc., besonders abgedruckt.

—— die Sonnenfinsterniss vom 18. Juli 1860. Nebst 1 Karte für die Umstände der Finsterniss in Deutschland. gr. 8. (10 S. mit 1 lithogr. Karte in gr. 4.) Halle 860, Schmidt's Verlagsh. *
Aus: Wochenschrift für Astronomie etc., besonders abgedruckt.

Heis, E. Die Sonnen- und Mondfinsternisse in Deutschland im Jahr 1858. Münster 1858.

—— die periodischen Sternschnuppen und die Resultate der Erscheinungen, abgeleitet aus den während der letzten 10 Jahre zu Aachen angestellten Beobachtungen. gr. 4. (40 S. und 1 Stnt.) Köln 849, Du Mont-Schauberg'sche Buchh. *

Heis, Die Witterungs-Verhältnisse des Monats Februar. (Aus: Unterhaltungen im Gebiete der Astronomie, Geographie und Meteorologie.) 1857.

—— mittlere Zeit an verschiedenen Orten gegen Kölner mittlere Zeit. gr. 16. (3 S. auf Carton.) Köln 874, Du-Mont-Schauberg'sche Buchh. ** — 30

— Zodiacallicht-Beobachtungen in den letzten 29 Jahren 1847—1875. 1. Veröffentlichg. der königl. Sternwarte zu Münster. gr. 4. (VI, 60 S. m. eingedr. Holzschn.) Ebend. 875. n. 2. —

Heis, G., R. P. O. S. F., Sacra peregrinatio per sanctam crucis viam ad montem Calvariae. 8. Kempt. Kösel. 761.

— vindiciae summorum. pontificum adv. adversar. 4. Augsb. Wolff. 751.

Heisch, Joseph, 1846—1909. Ein Lebensbild gewidmet den Freunden des Verstorbenen. Luzern 1909. V: *Segesser, Franz.* (BBullschw 12, S. 279)

Heischmann, John. Beim Kaiser zu Gast: Zur Erinnerung an die Einweihung des Domes in Berlin am 27. Febr. 1905. New York, 1905. GSP

Heischmann, Otto, u. Thom. Meister, Aufsätze f. die Mittelklassen der Volksschule. (XV, 208 S.) kl. 8. Bayreuth 910. Grau. Geb. in Leinw. 2. —

— — Lesebuch zum Sachunterricht. (Naturgeschichte, Erdkunde u. Geschichte.) 4. u. 5. Schulj. (57 S.) 8. Ebd. nn — 70
4. Schulj. (57 S.) 909. — 30. — 5. Schulj. (93 S.) 910. — 40.

— — dasselbe. (Naturgeschichte, Naturlehre, Erdkunde u. Geschichte.) 6. Schulj. (118 S.) 8. Ebd. (910.) nn — 40

— — oberfränkisches Realienbuch. Naturgeschichte, Naturlehre, Erdkunde u. Geschichte. 7. Schulj. (117 S.) 8. Ebd. (909.) nn — 50

Heise

— s. a. **Heisius.**

— s. auch Heyse.

Heise. Diss. de antispasmodicis eorumque usu necessario. Fref. 4°.
1797

Heise, Adolph Wilhelm (Verden), De venenorum actione in organismum animalem. Diss. med.-physiol. Götting. (Baier) 7. III. 1805. 52 Seiten. (6.50) 14110
Gew.: Johann Friedrich Blumenbach.

Heise, Alb., Leben u. Tod, s.: Danmar, William.

— Mitteilungen aus dem Jenseits. Sammlg. interessanter Trancereden. Gesammelt u. ausgewählt. gr. 8. (II, 82 S. m. 1 Bildnis.) Leipzig 900. (W. Besser.) n. — 60

Heise, Alexander [aus Bromberg]: Über Schilddrüsentumoren im Innern des Kehlkopfes und der Luftröhre .... Tübingen, Druck v. H. Laupp jr., 1887; 28 S. 8°.
Tübingen, Med. Fak., Inaug.-Diss. v. 1887.

Heise, Alexander, über Schilddrüsentumoren im Innern des Kehlkopfes und der Luftröhre. Diss. Tübingen 1887, Fues' Sort. 8°. 28 S.

Heise, Armin.(Ferd.) (geb. Rathenow): De herbae Digitalis in morbis febrilibus chronicis adhibitae vi antiphlogistica. Berolini (1852). (29 S.) 8°
Berlin, Med. Diss. v. 8. Apr. 1852

Heise, Arnold

— u. Fr. Cropp, jurist. Abhandlungen mit Entscheidungen d. Ober-Appellationsgerichts in Lübeck. 1r Thl. gr. 8. Hamburg 827. Fr. Perthes.

— und Friedr. Cropp, jurist. Abhandlungen mit Entscheidungen d. Oberappellationsgerichts d. vier freien Städte Deutschlands. 2. Bd. gr. 8. (41 B.) Hamburg 830, Fr. Perthes.
1. Bd. Ebendas. 1827. 2 Thlr. 18 Gr.

Heise, Arn., Entw. e. Syst. des heut. gewöhnl. Civilrechts, z. Behuf einer Pandektenvorlesung. 8. Frft. (Mohr u. Z. in Heidelb.) 807.

Heise, Arn.: Grundr. e. Systems d. gem. Civilrechts, z. Beh. v. Pand. Vorless. *Heidelb.*, (Mohr u. Zimmer.) Winter. (807.) 2e A. 816. wieder abgedruckt 819 u. 830. 8. (1 Thl.)

Heise, Arn., Grundriß d. Systems d. gemeinen Civilrechts, zum Behufe e. Pandektenvorlesung. 8. Frankf. a. M. 807. 2e umgearb. Ausg. gr. 8. Heidelb. 816. 3e A. 819. 2r Abdr. 823 3e A. 4r Abdr. 830. Winter. 1 Thlr.

Heise, A., Grundriß eines Systems des gemeinen Civilrechts. 2te Aufl. gr. 8. Heidelberg, Mohr u. Winter. 813.

Heise A., Grundriß eines Systems des gemeinen Civilrechts. 3te Aufl. gr. 8. Heidelberg, Mohr u. W. 819.

Heise, (A.,) Grundriß e. Systems des gem. Civilrechts, zum Behuf von Pandecten-Vorlesungen. 3e verb. Ausg. 3r Abdruck. gr. 8. Heidelberg 823, Winter.

Heise, Arn., Grundriss e. Systems d. gemeinen Civilrechts zum Behufe v. Pandecten-Vorlesn. 3. Aufl. 4. Abdr. gr. 8. ... Heidelberg 830, Winter. Thlr.

Heise, A., Grundriß eines Systems des gemeinen Civilrechts, zum Behufe v. Pandekten-Vorlesungen. 3e Aufl. 5r Abdruck. gr. 8. Heidelberg 834. Winter. 1 Thlr.

Heise, Arnold. Handelsrecht. Nach dem Original-Manuscript. Frankf. a. M. 1858. H: *Wunderlich, August.* (schz)

Heise: Handelsrecht. Nach dem Orig.-Ms. [Hrsg. von Agath. Wunderlich.] Frankfurt a. M. 1858.

Heise's Handelsrecht. Nach dem Orig.-Manuscript. Frankfurt a. M. 858. Sauerländer's Verlag. gr. 8. (VIII, 452 S.) n. 2 Thlr. 20 ngr.

— juristische Studien. gr. 8. Ebend. 811.

Heise, C., populäre Diätetik des Ohres. gr. 16. (53 S.) Schwerin 873, Stiller'sche Hofbuchh. *

Heise, C., der Achtfelderwirthschaft Nutzen und Vortheile vor der Dreifelderwirthschaft, Angabe ihrer Fruchtfolge, nebst Rathschlägen zur ersten Einrichtung ꝛc. 8. (16 S.) Neu-Ruppin 847, (Oehmigke und Riemschneider.) *

Heise, C. C., s. Camões, Luís Vaz de: Die Lusiade.

Heise, C. C., s. Fortiguerra, Nicolo, Richardett; e. Heldengedicht.

— **Christian Daniel** (Obisfelde/Magdeburg), De hernia carnosa vulgo Sarcocele dicta. Diss. med.-chir. Präs. Lorenz Heister. Helmstedt (Paul Dietrich Schnorr) 15. VI. 1754. 44 S. u. 4 Abb. (7.—) 14112
Widm. v.: Präs., B. Hoepcke (Hadeln), G. F. Cappel (Aachen), J. A. Dettmer (dtsch.).

Heise, Christoph

— — Bemerkungen über Tornister für die Infanterie etc. Uebersetzt durch Wilh. v. Heugel, königl. grossbritannisch-hannoverischen Major etc., nebst lithogr. Zeichnung. 4. Breslau 1829.

– Dass., s.a. Heise, K.

Heise, Christoph, Captain Royal hanoverian Jäger Guards etc. Observation on the Infantry Knapsack addressed to the Adjutant-General of the British Army. With 1 lithog. Plate. 4. Hannover 1828.

Heise, Erich (in d. Vita: Ernst), Kammergerichtsref.: **Die Anwendung der §§ 134, 138 B.G.B. auf die abstrakten Rechtsgeschäfte des Sachen- und Obligationenrechts.** *Berlin 1902: W. Pilz.* (XIV, 95 S.) 8°
Rostock, Jur. Diss. v. [25. Mai] 1902

Heise, Ernst

— u. **Marquardt,** Erdkunde f. Lehrerbildungsanstalten in 5 Tln. I., IV. u. V. Tl. 8. Ebd. Geb. in Leinw. 10. 50
I. Erdkunde f. Präparanden-Anstalten. (3 Tle.) 1. Tl.: Für die III. Präparandenklasse. [Aus der allgemeinen Erdkunde. Deutschland.] Von H. (XII, 389 S. m. Abb. u. 1 Titelbild.) 910. Geb. 3. 50
IV. Erdkunde f. Lehrer-Seminare, bearb. v. M. 2 Tle. 1. Tl.: Für die III. Seminarklasse. [Allgemeine phys. Geographie, die außereuropäischen Erdteile, das außerdeutsche Europa.] (XVI, 325 S. m. Abbildgn. u. 1 farb. Taf.) 910. Geb. 3. 50
V. Dasselbe. 2. Tl.: Für die II. u. I. Seminarklasse. [Deutschland nebst Handelsgeographie u. Weltverkehr, mathemat. Geographie, Kartographie, Methodik.] (XIV, 317 S. m. Abb. u. 1 farb. Karte.) 910. Geb. 3. 50
II u. III sind noch nicht erschienen.

Heise, Ernst, die Heimatskunde nebst den Vorbegriffen der Himmelskunde, in ausführlichen Lehrbeispielen dargeboten. Einführung in das Kartenverständnis. Unter Berücksicht. der neueren Bestrebgn. f. Seminaristen u. Lehrer bearb. Mit 1 Zeichng., 3 Grundrissen, 4 Plänen u. 2 Karten. (VIII, 183 S.) 8. Hannover 909. C. Meyer. Geb. 2. 50

— **Methodik des erdkundlichen Unterrichts nebst ausführlichen Lehrbeispielen der Heimatskunde, der Vorbegriffe der Himmelskunde, der Länderkunde sowie der mathemat. Erdkunde. Einführung in das Kartenverständnis. Unter Berücksicht. der neueren Bestrebgn. f. Seminaristen u. Lehrer sowie zur Vorbereitg. auf die Mittelschullehrer- u. Rektorprüfg. bearb. Mit 1 Zeichng., 1 Grundriß, 1 Plan u. 1 Karte. (VII, 276 S.) 8. Ebd. 909.** 2.50; geb. 3. —

Heise, F., Album der Rittergüter Sachsens, s. **Album.**

Heise, F., Album der Rittergüter und Schlösser des Königr. Sachsen. Nach der Natur neu aufgenommen. Unter Mitwirkung tüchtiger Fachmänner so wie unter den Auspicien der betreffenden geehrten HH. Grundbesitzer und unter Beihülfe anerkannter Geschichtsforscher und der besten Quellen. Mit historisch-statistisch bearb. Texte hrsg. von G. A. Poenicke. Einzige Orig.-Ausg. 1—59. Heft. qu. Fol. Leipzig 854—56, Expedition. (G. Poenicke.) *
Sect. 1. Leipziger Kreis. 1—15. Heft. (S. 1—120. mit 60 Stnt. in Tondr.) 1. Heft * 1 Thlr. 10 Ngr., 2—15. à Heft * 1 Thlr. * 15 Thlr. 10 Ngr.
2. Meissner Kreis. 1—12. Heft. (S. 1—96. mit 48 Stnt. in Tondr., à Heft * 1 Thlr. * 12 Thlr.
3. Markgrafthum Oberlausitz. 1—12. Heft. (S. 1—96. mit 48 Stnt. in Tondr.) à Heft * 1 Thlr. * 12 Thlr.
4. Erzgebirgischer Kreis. 1—10. Heft. (S. 1—80. mit 40 Stnt. in Tondr.) à Heft * 1 Thlr. * 10 Thlr.
5. Voigtländischer Kreis. 1—10. Heft. (S. 1—80. mit 40 Stnt. in Tondr.) à Heft * 1 Thlr. * 10 Thlr.

Heise, F., Album der Rittergüter und Schlösser im Königr. Sachsen. Nach der Natur neu aufgenommen. Mit historisch-statistisch und topographisch bearb. Text. Hrsg. von G. A. Poenicke. 60—146. Heft. qu. Fol. Leipzig 857—61, Expedition (G. Poenicke.) à Heft * 1 Thlr. Thlr. *
Inhalt:
Sect. 1. Leipziger Kreis. 16—30. Heft. (S. 121—240 mit 60 Stnt. in Tondr.)
» 2. Meissner Kreis. 13—30. Heft. (S. 97—240 mit 72 Stnt. in Tondr.)
» 3. Lausitzer Kreis. 13—31. Heft. (S. 97—264 mit 72 Stnt. in Tondr.)
» 4. Erzgebirgischer Kreis. 11—27. Heft. (S. 81—224 mit 64 Stnt. in Tondr.)
» 5. Voigtländischer Kreis. 11—26. Heft. (S. 81—216 mit 59 Stnt. in Tondr.)
Voigtländischer Kreis. 27. und 28. Heft. (Supplementbd. von Alb. Schiffner. 43 S. mit 1 Stnt. in Tondr.)
1—59. Heft. Ebendas. 1854—56. * 59 Thlr. 10 Ngr.

Heise, F., Album der Rittergüter und Schlösser im Königr. Sachsen. Nach der Natur neu aufgenommen. Mit historisch-statistisch und topographisch bearb. Texte. Hrsg. von G. A. Poenicke. 147. und 148. Heft. qu. Fol. Leipzig 862, Expedition. (G. Poenicke.) à Heft * 1 Thlr.
Inhalt:
Heft 147. I. Section. Leipziger Kreis. 31. Heft. (24 S.)
» 148. II. Section. Meissner Kreis. 31. Heft. (22 S.)
1.—146. Heft. Ebendas. 1851—61. * 146 Thlr. 10 Ngr.

Heise, F. I., de natura et mutua ratione sonorum vocalium linguae Hebraeorum commentatio. 8. (117 S.) Havniae 819, (Reitzel.) Thlr. **

Heise, Ferd., populäre Naturgeschichte od. Hat Professor Ladenburg die Sprache der Natur in bezug auf Gott u. unsere Unsterblichkeit richtig verstanden? Eine auf teilweise noch nicht angewandten Grundlagen fuß. u. gemeinverständlich erläuterte Weltanschaug. (31 S.) gr. 8. Leipzig 904. Siegismund & Volkening. n. — 75

Heise, Ferd., populäre Naturphilosophie od. die Sprache der Natur in bezug auf Gott u. unsere Unsterblichkeit. Eine auf teilweise noch nicht angewandten Grundlagen fuß. u. gemeinverständlich erläuterte Weltanschauung. 2. Aufl. (81 S.) gr. 8. Leipzig (907). Siegismund & Volkening. — 60

— **Ziele u. Wege zur Vervollkommnung des Menschengeschlechts, s. a. Studien, pädagogische. 185. Heft.**

Ziele und Wege zur Vervollkommnung des Menschengeschlechts. Gedanken u. Anregungen f. alle aufrichtigen Menschenfreunde von Ferd[inand] **Heise**, Charlottenburg. Leipzig: Siegismund & Volkening [1906]. 60 S. 8°
(Pädagogische Studien. H. 185.) [11. 1378

[Umschlagt.:] [F. u. Ant.] Ueber den Ortsnamen Berlin—Köln und einige andere v. Friedrich Karl **Heise**. *Berlin: Stube 1896.* (16 S.) 1 Bd 8. [96. 4210

Heise, Fritz, u. Friedrich Herbst

Heise, F., u. F. Herbst, Lehrbuch der Bergbaukunde m. besond. Berücksicht. des Steinkohlenbergbaus. 2 Bde. (XIX, 604 S. m. 583 Fig. u. 2 farb. Taf. u. XVI, 590 S. u. 566 S.) gr. 8. Berlin 908. 10. J. Springer. Geb. in Leinw. à 11. —

Heise, F., Sprengstoffe u. Zündung der Sprengschüsse m. besond. Berücksicht. der Schlagwetter- u. Kohlenstaubgefahr auf Steinkohlengruben. (XI, 241 S. m. 146 Fig.) gr. 8. Berlin 904. J. Springer.
Geb. in Leinw. n. 7. —

Heise, F., Neue Tubbings. Düsseldorf, 1905. 10 S. mit 12 Abb.

Heise, G. A., s. Heise, Arnold

Heise, H.

— Vide: Kellner, G., u. Heise, H.

Heise, Hans, Erwachen, s.: Teuordank. 9.

Heise, Heinr. (Carl) (geb. Cörlin an d. Pers. 27. 10. 1853): Ein Beitrag zu Ileus. Berlin (1880). (31 S.) 8°
Berlin, Med. Diss. v. 10. Juli 1880

— Heinrich (Celle), Ueber Osteotomie bei rachitischen Curvaturen des Unterschenkels. Dissert. med.-chir. Halle (E. Karras) 27. IV. 1881. 32 S. mit Biogr. u. Krankengeschichten (Namen). (5.50) 14113
Oppon.: E. Weigt, C. Fleischmann.

Heise, H(einr.), Programm des demokrat. Vereins zu Kassel, s. Programm.

—— das Volk siegt doch! gr. 8. (35 S.) Frankfurt a. M. 851. (Cassel, Raabé und Comp.)

Heise, Heinr., *das Volk siegt doch!* Frankfurt a. M. Druck auf eigenen Pressen. (Selbstverl.) 1851. 8°. Cart.
35 S. Interess. Flugschrift, voll der heftigsten Angriffe auf die deutschen Fürsten, den Kaiser Nicolaus u. die Reaktion. — Selten!

Heise, J. C. A., Hülfsbuch s. Heyse.

Heise, J. H., (Diss. inaug.) De natura atque indole contract. cambialis. 4. Götting. 802. Dieterich. 4 gr.

Heise, J. W., Antiquitates Kerstlingerodanae oder alte Kerstlingerödische Denckwürdigkeiten, worinnen der Herren von Kerstlingerode Ursprung etc., ebenso derer von Hopffgarten, Hammerstein, Usslar, Schlitz etc. histor. Nachrichten. Mit Wappen. Frankfurt 1724. 4.

• Heise, J. W., alte Kerstlingrödische Denkwürdigkeiten. 4. Hannov. Helwing. 724.

Die Bau- und Kunstdenkmäler Pomesaniens. Bearb. im Auftr. d. Westpreuß. Prov.-Landtages von (Joh. **Heise** u.) Bernhard Schmid. Mit Abb. u. Beil. [1–]3. Danzig: Selbstverl. d. Prov.-Verbandes f. Westpreußen; Saunier in Komm. 1898–1909. 4°
1 [u. d. T.:] (Heise, Joh.): Die Bau- u. Kunstdenkmäler d. Kreises Marienwerder östlich d. Weichsel. 1898.
2 [u. d. T.:] (Schmid, Bernh.): Die Bau- u. Kunstdenkmäler d. Kreises Rosenberg. 1906.
3. Kreis Stuhm von Bernhard Schmid. 1909.
(Die Bau- u. Kunstdenkmäler d. Prov. Westpreußen. H. 11. 12. 13.) [09. 18398

Heise, Joh., s. a. Bau- u. Kunstdenkmäler, die d. Prov. Westpreussen.

Heise, Joh.: Die Bau- und Kunstdenkmäler der Provinz Westpreußen. Bearb. im Auftr. d. Westpreuß. Prov.-Landtages. Bd 1—3. Danzig 1884—1895. 4°
— Qb 3430. —
1. Pomerellen mit Ausnahme d. Stadt Danzig. Mit 290 Holzschn., 35 Kunstbeil. u. 1 Übersichtskte. 1884—1887.
2. Kulmerland u. Löbau. Mit 540 Abb., 74 Beil. u. 1 Übersichtskarte. 1887—1895.
3. Pomesanien.

— die Denkmalspflege, ihre Entwickelg. u. ihre Organisation u. d. wichtigsten f. dieselbe erlass. Gesetze u. minister. Verfüggn. Merkbüchlein, zusammengest. im Auftrage d. erweit. Kommission z. Erforschg. u. zum Schutze der Denkmäler in der Prov. Westpreußen. 12. (IV, 97 S.) Danzig 896. (Th. Bertling.) Kart. n. — 75

[F.] Die Denkmalspflege, ihre Entwickelung und ihre Organisation u. d. wichtigsten f. dieselbe erlassenen Gesetze u. ministeriellen Verfüggn. Merkbüchlein zsgest. im Auftr. d. erweit. Komm. z. Erforschg u. z. Schutze d. Denkmäler in d. Prov. Westpreussen v. Joh. Heise, Landesbauinsp. ... *Danzig: A. W. Kafemann 1896.* (2 Bl., 97 S.) 1 Bd 8. [98. 1039

Heise, Jh. Chr., kleine ländl. Gemälde u. Lieder. 8. Hamb. 803. Schmidt. 12 gr.

— s. Lieder d. Religion u. Tugend.

— religiöse u. moral. Lieder. 8. Hamb. 810. (Aue in Altona). 12 gr.

Heise, J. C., religiöse u. moral. Lieder. 8. Hamb. Gundermann. 811.

— kleine Liedersammlung für Bürgerschulen. 12. Hamb. ... 2e A. 802. (Aue in Altona). 8 gr. 3e A. 8. Ebd. 818. Campe. 8 gr.

— kleine Liedersamml. f. Bürgerschul. 12. Hamb. Gundermann. 802.

Heise, J. C., kleine Liedersammlung für Bürgerschulen und zum häuslichen Gebrauch. 3te Aufl. 8. Hamburg, Hoffmann u. Campe. 818.

Heise, Jh. Geo., Entwurf zum Plan einer Hamburgischen Hülfs-Brand-Casse für die bei der Bleberschen Association versicherten Brandbeschädigten, nebst einem Commentar. gr. 8. Hamburg 812, Nestler u. Melle. n. 1/3 Rthlr

Heise, Johann Gottlob (Übers.):

s.: Astruc, (Jean): Abhandlung aller Venuskrankheiten. (De morbis venereis libri novem... Dt.) Aus dem Französischen (Traité des maladies vénériennes... Seconde édition.) übers. Frankfurth u. Leipzig: 1764
JB 4.594

Heise, Johann Heinrich: De eo quod justum est circa conditionem, quam testator inserere destinavit ...,
s. Kortholt, Franz Justus [Praes.]

Heise, Johannes: Die Verhältnismäßigkeit im Sinne des § 25 der Königl. Sächs. Revidierten Städteordnung (§ 16 der Königl. Sächs. Revidierten Landgemeindeordnung) insbesondere in der Intensität der Belastung.
Borna-Leipzig 1908: Noske. IX, 94 S. 8°
Leipzig, Jur. Diss. v. 20. Nov. 1908
[Geb. 12. Okt. 80 Dresden; Wohnort: Dresden; Staatsangeh.: Sachsen; Vorbildung: Fürstensch. Grimma Reife O. 01; Studium: Kiel 4, München 1, Berlin 1, Leipzig 4 S.; Rig. 7. Febr. 06.]
[U 09. 2540

Heise, Johannes Arnoldus: De re officiaria Hamburgensi. — Kiliae 1771: Bartsch. 31 S. 8° (4°)

Heise, K. Bemerkungen über Tornister für die Inf. A. d. Engl. v. W. v. Heugel. Mit 1 Taf. Breslau 1829. 13 S. 4°

– Dass., s.a. Heise, Christoph

Heise, K. G., Feier des dritten Reformationsfestes oder einige Vorschläge bei d. künftigen Organisation d. niedern Stadt- u. Landschulen. 8. Stendal 817. (Franzen u. Gr.) 6 gr.

— Fibel, oder vollständ. Anleitung d, deutsche Lesen nach leichten u. allgemeinen Grundsätzen bald u. richtig zu erlernen. 8. Stendal 817. (Franzen u. Gr.) 4 gr.

— Siegespredigt, anbefohlen durch d. Generalstatthalterschaft in Halle, gehalten in d. Stadt Arneburg d. 28. Nov. 1813. 8. Stendal, Franzen u. Gr. 2 gr.

Heise, Karl *Heinrich Louis Theodor* [aus Celle]: Ueber die operative Behandlung des Pleura-Empyems ... Berlin, Buchdr. v. G. Schade, *1892*; 30 S., 1 Bl. 8.
Berlin, Med. Fak., Inaug.-Diss. v. 6. Febr. 1892

Heise, Karl, Lourdes. (16 S.) kl. 8. Lorch 908. K. Rohm. — 10

— Vom Pfad zum unermeßlichen Lichte. Eine Studie üb. den Buddhismus. (16 S.) kl. 8. Ebd. 909. — 10

Meinem Claudius (v. C. J. H. [d. i.: Carl Johann Heise]). Hamburg, den 21. Januar 1815. o. O. u. J. 4 Bl. 8°

Heise, Carolus Joannes: De febre hectica. Halae (1827): Gebauer. 62 S. 8°
Halle-Wittenberg, Med. Diss. v. (22. Okt.) 1827
[Beigedr.:] Dzondi, Carolus Henricus: Pathologiae systematis cutanei brevis adumbratio. (1827).
Geb. Hamburg [30. 1.] 1805. V.

Heise, Kurt, Ref. a. Bütow i. Pommern: Die rechtliche Natur des Schecks. Leipzig 1906: Feodor Reinboth. (VIII, 70 S.) 8°
Leipzig, Jur. Fak., Diss. v. 24. Juli 1906
[Geb. 4. Okt. 80 Polschen, Kr. Bütow; Wohnort: Oliva-Danzig; Staatsangeh.: Preußen; Vorbildung: Gymn. Konitz i. W.-Pr. Reife O. 01; Studium: Straßburg 1, Berlin 1, Greifswald 1, Königsberg 3 S.; Rig. 9. März 05.]

Heise, Leop., politisches Journal etc., s. 9. Bd. Journal.

Heise, Martin [aus Rathenow]: Über Epilepsia alkoholica. . . . Berlin, Buchdr. v. Gustav Schade (Otto Francke) (1890); 29 + 1 S. + 1 Bl. 8°
Berlin, Med. Fak., Inaug.-Diss. v. 26. Jul. 1890

Heise, Max, Referendar: Bestechung und Bestechlichkeit §§ 332—335 RStGB. Greifswald 1909: Adler. 86 S. 8°
Greifswald, Jur. Diss. v. 16. Juni 1909, Ref. Weismann
[Geb. 12. Okt. 83 Posen; Wohnort: Bentschen; Staatsangeh.: Preußen; Vorbildung: Gymn. Fraustadt Reife O. 05; Studium: Marburg 1, Berlin 2, Breslau 1, Greifswald 2 S.; Rig. 5. Nov. 08.] [U 09. 1458

Heise, Max, Referendar a. Springe a. D.: Die Delikte des Schiffsführers auf deutschen Kauffahrteischiffen in der Seegesetzgebung des Deutschen Reiches. Darmstadt [1910]: Hohmann. 135, VI S. 8°
Göttingen, Jur. Diss. v. 1. Okt. 1910, Ref. v. Bar
[Geb. 6. Jan. 87 Leck; Wohnort: Leck; Staatsangeh.: Preußen; Vorbildung: Neues Gymn. Darmstadt Reife O. 05; Studium: Heidelberg 3, Göttingen 1, Kiel 3, Göttingen 2 S.; Rig. 22. Dez. 09.] [U 11. 1417

Heise, Otto, die Freien im hannoverschen Amte Ilten. Nach den Quellen. gr. 8. (VI und 87 S. mit 1 Stat.) Hannover 858, (Hahn'sche Hofbuchh.) *
Aus: Zeitschrift des historischen Vereins für Niedersachsen, besonders abgedruckt.

Heise, Paul, suchet in der Schrift! Eine Bitte an die Annengemeinde als Dank f. alle seit 25 Jahren erfahrene Liebe. (189 S. m. 4 Taf.) kl. 8. Dresden 904. O. & M. Becker. Kart. n. — 60

Heise, Paul, Vergißmeinnicht. 500 Album- und Stammbuch-Verse, Inschriften und Devisen der Liebe und Freundschaft. Auswahl aus den besten Schriftstellern. 21. verb. Aufl. 8. (56 S.) Einbeck 869, Ehlers.

Heise, R., Beiträge zur Photographie der Blutspektra, s.: Rost, E.

Heise, R: Die staubbindenden Fußbodenöle, ihre Zusammensetzung, Eigenschaften und Verwendbarkeit in Buchdruckereien und Schriftgießereien. Berlin 1909

Heise, R. u. Ch. Trueb, Taschenbuch d. Naturheilkunde nebst D. neue Kräuterheilverfahren. Ein Ratgeber für Gesunde u. Kranke. 12. (143 S.) St. Gallen 897. Heise. Kart. n. 1. —

Heise, R., Untersuchung üb. die Beschaffenheit des zur Versorgung der Haupt- usw. Stadt Dessau benutzten Wassers, s.: Paul, Th.

HEISE, Richard. Das ist nicht von Goethe? Berlin 1893. 8°.
Verb. d. Ldg. I Berlin J. II. B. 295/93.

[Ant. u. F.] Die Heiligkeit der Ehe! Sociales Lustsp. in 1 Akt v. Richard **Heise**, Berliner Volks-Humorist ... *Berlin: R. Heise:* (übergekl.: *A. Hoffmann) [1896]*. (24 S.) 1 Bd 8. [97. 6617

Freie Liebe oder: Spar-Agnes. Tragikom. Orig.-Komödie in 1 Akt von Richard **Heise**. *Berlin: A. Hoffmann [1896]*. (19 S.) 8° [Umschlagt. F.]
(Heise's socialist. Theaterstücke.) [00 136.8

— d. Vagabond od. e. Agitationstour. Soziales Lebensbild in 1 Akt. 16. (20 S.) Ebd. 896. — 25

[F.] Der Vagabund. Lebensbild in 1 Akte v. Richard **Heise** ... *Berlin: A. Hoffmann [1896]*. (20 S.) 1 Bd 8. [97. 6618

Heise, Rich., der Vagabund. Lebensbild in 1 Akt. 3. Aufl. gr. 8. (20 S.) Berlin (900). A. Hoffmann. — 25

Heise, R., W. Strzelewicz u. A., Vorträge, Couplets, Duette, Lieder etc. ernsten, humorist. u. satyr. Inhalts. 12. (82 S.) Berlin 898. A. Hoffmann. — 10

Heise, Robert [aus Berlin]: Ueber die Einwirkung von Aluminiumchlorid auf Benzolhomologe mit längeren Seitenketten und auf die drei Xylole ... Rostock 1891: Boldt. 45 S., 1 Taf. 8°
Rostock, Phil. Fak., Inaug.-Diss. v. [10. Jun.] 1891

Heise, Thdr., Vergißmeinnicht, ein Kranz von 400 ausgewählten Stammbuchsversen der Liebe und Freundschaft geweiht. 16., verb. Aufl. 8. (64 S.) Einbeck 866, Ehler's Verlag.

Heise, W., Rechenfibel f. Mittel-, Bürger- u. Volksschulen. gr. 8. (28 S.) Aschersleben 879. Schlegel. n. — 15; cart. n. — 20

Heise, Walther: Diabetes insipidus und Medulla oblongata. *Berlin (1898): E. Ebering.* (31 S.) 8°
Berlin, Med. Diss. v. 8. März 1898

Heise, Wilhelm, approb. Arzt aus Neuhaldensleben: Aus d. psychiatr. u. Nervenklinik zu Kiel. Über einen Fall von Hysterie und Epilepsie mit tötlichem Ausgang. Kiel 1903: P. Peters. (31 S.) 8°
Kiel, Med. Diss. v. [5. Okt.] 1903

Heise, Wilhelm, aus Bornhausen: Die **Gleichnisse in Edmund Spenser's** Faerie Queene und ihre Vorbilder. *Königsee (Thür.) 1902: S. v. Ende.* (XII, 181 S.) 8°
Strassburg, Phil. Diss. v. 1901

† Heisen, Fr. v., (Herm. Frhr. v. Friesen,) Novellen u. Erzählungen. 1. Bd. — A. u. d. T.: Der Ring. — Der Rattenfänger. Zwei Novellen. gr. 12. (14 B.) Baltimore Md. 836. [Leipzig, Einhorn's Vrlsexped.]

Heisen, Heinrich

— — **Dissert. philol. critica prior et posterior demonstrans vocem *Ο ΑΓΑΠΗΤΟΣ*, quae proprie dilectus significat in gemino coelesti oraculo Matth. III, 17. XVII, 5.** Bremen 1747 (Collectio opusculorum histor.-philolog.-theolog. I, 3. Bremen [Jo. Heinr. Cramer] 1768. S. 373—92). (5.50) 14115

— novae hypothes., interpretandae epist. Jacobi etc. 4. Brem. 739.

Heisen, Heinrich, De metaphora aquae et spiritus, à Christo Joh. III. 5. adhibitâ, memoriae reditûs viri Friedrich Adolph Lampe. Bremen (Hermann Christoph Jan) Aug. 1727. 40 S. (6.50) 14114

Heisenius, Henr., Oratio de eloquentia veterum Germanorum. Bremae 1732. 4. (D.)

Heisen, Wilhelm [aus Asbach]: Ueber Pyelonephritis ...
Würzburg, Druck d. Ferdinand Röhrl'schen Buchdr., 1889; 38 S. + 1 Bl. 8°
Würzburg, Med. Fak., Inaug.-Diss. v. 1889

Heisenberg, August: Analecta. Mitteilungen aus italien. Handschr. byzantinischer Chronographen. *München 1901: J. B. Lindl.* (47 S.) 8° ¶(— Progr. München, Luitpold-Gymn. 1901.)
Würzburg, Phil. Hab.-Schr. v. 1901

Heisenberg, August, Dr.: Analecta. Mitteilungen aus italienischen Handschriften byzantinischer Chronographen. (1. Theodoros Skutariotes. 2. Nikolaos Mesarites. 3. Eine Biographie d. Kaisers Johannes Dukas Batatzes.) *München 1901: J. B. Lindl.* (45 S.) 8° ¶[— Phil. Hab.-Schr. Würzburg 1901.]
München, k. Luitpold-G, P 1901*

Heisenberg, Aug., Grabeskirche u. Apostelkirche, zwei Basiliken Konstantins. Untersuchungen zur Kunst u. Literatur des ausgeh. Altertums. 2 Tle. Lex. 8. Leipzig 908. J. C. Hinrichs' Verl. 40.—; geb. in Leinw. n 45. —
1. Die Grabeskirche in Jerusalem. Mit 14 Taf. u. 14 Fig. im Texte. (VIII, 234 S.)
2. Die Apostelkirche in Konstantinopel. Mit 10 Taf. u. 3 Fig. im Texte. (VIII, 284 S.)

Heisenberg, Aug[ust], Prof. Dr.: Nikolaos Mesarites, die Palastrevolution des Johannes Komnenos. Würzburg 1907: H. Stürtz. (77 S., 1 Taf.) 8°
Würzburg, k. Altes G P 1907*

Heisenberg, August: Nikolaos Mesarites die Palastrevolution des Johannes Komnenos. 77 S., 1 Facs. 8.
Progr K. Altes Gymn. *Würzburg* 1907.
I. Zur handschriftlichen Überlieferung des Nikolaos Mesarites. II. Die Palastrevolution des Joh. K. [Text]. III. Kommentar.

Heisenberg, Aug*ust* [Assist.]: Studien zur Textgeschichte des Georgios Akropolites. [= Inaug.-Diss. v. München 1894.] (Theil e. gröss. Arb.) Landau, Buchdr. K. & A. Kaussler, 1894; 55 S. 8.
Landau, k. humanist. G, P 1894*

Heisenberg, Aug*ust*: Studien zur Textgeschichte des Georgios Akropolites ... (= Progr. d. Gymn. zu Landau 1894. — Theil e. gröss. Arb.) Landau, Buchdr. v. K. & A. Kaussler, 1894; 55 S., 1 Bl. 8.
München, Phil. Fak., Inaug.-Diss. v. 1894

— s.: Zeitschrift, byzantinische.

Heisenius, s. Heisen

Heiser & Co.: Patentierte, preisgekrönte Halbgas-Feuerung. Berlin 1883

Heiser, Albert [aus Frankfurt a. M.]: Beiträge zur Kenntnis der Substitution am Benzolkern. ... Freiburg i. B., Buchdr. v. Chr. Ströcker, 1890; 51 S. + 1 Bl. 8°
Freiburg i. B., Phil. Fak., Inaug.-Diss. v. 1890

Heiser-Harttung [auf d. Diplom: Harttung-Heiser], Franz, aus Berlin: Ländliche und städtische Arbeiter. Ein Vergleich ihrer Budgets. *Merseburg 1902: F. Stollberg.* (VI, 95 S.) 8°
Rostock, Phil. Diss. v. [6. Mai] 1902

Heiserer, Josef

Heiserer, J., topographische Geschichte der Stadt Wasserburg am Inn, s. a. Geschichte, topographische, der Städte Oberbayerns.

Heiserer, Jos. (ehem. Stadtschreiber das.), topogr. Geschichte der Stadt Wasserburg am Inn. Mit d. Grundplane d. Stadt. (S.-A. aus Bd. 19 d. oberbayer. Archivs.) München 1860. Gr. 8°. Ppb.
96 S., Plan, 1 Bl. Erklär.

Heisig, Anleitung zur Behandlung der den zweisprachigen Schulen des Reg.-Bez. Bromberg überwiesenen Modelle. Im Auftrage u. unter Mitwirkg. der königl. Regierg., Abteilg. II, in Bromberg bearb. (23 S.) 8. Breslau 908. Priebatsch. Geb. in Leinw. 1. —

Heisig, Regeln der deutschen Sprachlehre f. Schulen, s.: Rohn, R. A.

Heisig, Jos., die historische Entwickelung der landwirtschaftlichen Verhältnisse auf den reichsgräflich-freistandesherrlich-Schaffgotschischen Güterkomplexen in Preussisch-Schlesien, s. **Sammlung national-ökonomischer und statistischer Abhandlungen des staatswissenschaftlichen Seminars zu Halle a. d. S.**

Heisig, Josef: Die Entwickelung der landwirtschaftlichen Verhältnisse auf den reichsgräfl.-freistandesherrlich-Schaffgotschischen Güterkomplexen in der Provinz Pr.-Schlesien. Halle a. S. (1883: Issleib & Rietzschel in Gera). 49 S. 8°
Halle-Wittenberg, Phil. Diss. v. 29. Nov. 1883
Geb. [Gleiwitz (Schlesien)] 4. 1. 1857. V.
Ersch. vollst. im Buchhandel u. d. T.: Die historische Entwickelung der ... Jena: Fischer 1884. V, 219 S. (Sammlung nationalökonomischer u. statistischer Abhandlungen. Bd 3. H. 3.)

Heisig, histor. Entwickelg. d. landwirthschaftl. Verhältnisse auf d. reichsgräflichen Schaffgotschischen Güterkomplexen. Jena 884.

Heisig, Oswald [aus Schlesien]: Beitrag zur Statistik menschlicher Entozoen ... Greifswald, Druck v. J. Abel, 1893; 28 S. 8.
Greifswald, Med. Fak., Inaug.-Diss. v. 3. Aug. 1893

Heisig, Walter *Friedrich Franz* [aus Glatz in Schles.]: Aus d. Patholog. Institut. Ueber einen seltenen Fall von polypösem Dünndarmfibrom ... Greifswald, Druck v. J. Abel, 1897; 24 S., 1 Taf. 8.
Greifswald, Med. Fak., Inaug.-Diss. v. 11. Aug. 1897

Heising, Albert, (geb. Wiedenbrück 23.5.1823):
De aquis Arminicis ad fontes Luppiae. Berolini (1846). (32 S.) 8° Berlin, Med. Diss. v. 21. Sept. 1846

Heising, Albert, die Deutschen in Australien. gr. 8. (76 S.) Berlin 852(53,) J. A. Wohlgemuth. *

— England und die angelsächsische Staaten-Bildung in Amerika, Westindien und Australien vom Ursprung bis auf die Gegenwart. Historische Darlegung. Berlin (854.) Sacco. 8. (252 S.) 22½ ngr.

Heising, Albert: England und die anglo-sächsische Staaten-Bildung in Amerika. Westindien und Australien vom Ursprung bis auf die Gegenwart. Historische Darlegung. Berlin [1857]. 252 S. 8°.

Heising, Alb., das australische Festland. Die Goldentdeckungen und die Civilisation der Südsee. Regensburg 855. Manz. 8. (94 S.) 12 ngr.

Heising, Alb., Magdeburg nicht durch Tilly zerstört. Gustav Adolph in Deutschland. Zwei histor. Abhandlungen. gr. 8. Berlin 846, Eyssenhardt. n. 2/3 ₰

— Magdeburg nicht durch Tilly zerstört. — Die Politik Gustav Adolph's in Deutschland. Zwei historische Abhandlungen. 2. verb. etc. Aufl. Berlin 854. F. Schneider. 8. (VII, 256 S.) n. 24 ngr.

— Nothwendigkeit und Geist einer katholischen Universal-Encyklopädie. Rede. Gehalten zu Linz am 5. Septbr. 1856 in der achten General-Versammlung der kathol. Vereine Deutschlands. Regensburg 857. Manz. gr. 8. (20 S.) 3 ngr.

Heising, Albert, Süd-Australien. Vortrag, gehalten im wissenschaftl. Verein zu Berlin am 16. März 1850. Mit Anmerkungen. gr. 8. (39 S.) Berlin 852. J. A. Wohlgemuth. 1/4 ₰

Heising, Joseph Ferd. (Wiedenbrück/Westfal.), Disquisitio causarum sterilitatis. Diss. med. Berlin (Johann Friedrich Starck) 29. VI. 1819. 20 S. mit Biogr. (6.50) 14116
Gew.: Friedrich Gerstein (Reckenberg), Carl v. Donop.

Heising, *Wilhelm* (Stadtbaumstr.): Das neue Gebäude der städtischen Realschule. (Umschlagtitel: Beschreibung des neuen Schulgebäudes (mit Grundriß).) 4 (3 S. der Schuln.)
Progr.

Heisinger, Fr.: Die Stadt Elbogen und die Herren von Schlick. 21 S. – Elbogen, RG. u. OR., Progr. 1870.

Heisinger Franz: Zur Geschichte der Hauptschule und des Praeparandencurses in Eger 1774–1869. 41. Eger LBA. 95.
Progr.

HEISLAINGER, Joseph (Rottach): De hydrophobia.- Monachii: Wild 1841. 23 S.
24.8.1841 - Urk: F 63
Diss.Ingolst.-Landsh.-Mchn.

Heisius

— s. a. **Heise.**

Heisius, Christian Benjamin (Dresden), De stilo optimo et praestantissimo dicendi effectore ac magistro. Disp. rhetor.-theol. Präs. Michael Weber. Wittbg. (Adam Christian Charisius) 12. I. 1791. 16 S. (6.—) 14117
Gew.: Christoph Gottlob v. Burgsdorff. — Widm. v. Präs.

Heisler, Aug., Nahrungsmitteltabelle zur Aufstellung u. Berechnung v. Diätverordnungen, s.: Schall, Herm.

— Die Praxis der Ernährungstherapie der Zuckerkrankheit, s.: Schall, Herm.

— Schemata zum Einzeichnen v. Kurven bei Stoffwechselkrankheiten, s.: Schall, Herm.

Heisler, August, a. Mannheim: Untersuchungen über die Infectiosität von Tuberkelbazillen verschiedener Herkunft. München 1905: Kastner & Callwey. (67 S.) 8°
Freiburg i. B., Med. Fak., Ref. Schottelius, Diss. v. 1905
[Geb. 12. Sept. 81 Mannheim; Wohnort: Mannheim; Staatsangeh.: Baden; Vorbildung: Gymn. Mannheim Reife Juli 99; Studium: Kiel 4, Freiburg 1, München 1, Freiburg 4 S.; Coll. 3. März 05.]

Heisler, C. P. J., s. Heisler, Philipp Jakob

Heisler, Herm. Ein Ausflug in das Gebiet d. Bewußtseins. gr. 8. (IV, 90 S.) Basel 892, Schweiz. Verlags-Druckerei. * 1 80

Heisler, Herm., Boileau als polit. Schriftsteller. Eine Studie. gr. 8. (II, 138 S.) Emmendingen 897. Emmendinger Druck- u. Verlagsgesellschaft vorm. Dölter. n. 1.60

— Erziehung u. Persönlichkeit, s.: Persönlichkeit u. Erziehung.

Heisler, Herm., Gedanken über das Denken. (III, 62 S.) 8. Stuttgart 904. Strecker & Schröder. n. 1.—

Heisler, Herm., eine Schwarzwalderinnerung. gr. 8. (65 S.) Freiburg i/B. 900. F. P. Lorenz. n. 1.20

Heisler, Herm., wie baut man e. evangelische Kirche auf dem Lande? (40 u. 11 S. m. 19 Abbildgn.) 8. München 908. G. D. W. Callwey. 2.—

Heisler, Johann Nepomuk (Dillingen), Dissertatio inaug. rariorem atque memoratu dignissimam aneurysmatis aortae sternum perforantis historiam exhibens. Präs. D. G. Augustin Bertele. Landshut (Joseph Thomann) 6. IX. 1817. 31 S. (6.50) 14118
Krankengeschichte d. Andreas Was (Achdorf b. Landshut).

Heisler, Otto, Prediger an d. Neuroßgärter Kirche zu Königsberg: Schopenhauers Satz vom Subjekt-Objekt. *Königsberg i. Pr. 1903: O. Kümmel.* (63 S.) 8° ¶ (Teil d. eingereichten Arbeit.)
Königsberg, Phil. Diss. v. 12. Mai 1903

Heisler, Philipp Jakob

— — Jurist. Abhdlg. der Frage: Ob die Ehe eines Mannes mit der Mutter seiner Stiefmutter den Rechten nach zugelassen sey? (Kl. Ornam.) Ebd. 1783. 4°. 23 S.

HEISLER, D. Phil. Jac. („ordentl. Lehrer d. Rechte", 1718 bis 1781), Jurist. Abhandlung von Verjährung der Blutschande u. übrigen fleischlichen Vermischungen in verbothenen (!) Graden. (Ornam.) Halle, bey Joh. Chrn. Hendel. 1778. 4°. 42 S.

— — Jurist. Abhdlg. über die Zulässigkeit der ehelichen Verbindung mit des Stiefsohns nachgelassener Witwe, wie auch mit der verstorbenen Stieftochter Mann. (Kl. Ornam.) Ebd. 1783. 4°. 20 S.

Heisler, Philipp Jacob. Juristische Abhandlungen und Erörterungen einiger wichtigen und streitigen Fragen ... Halle 1783. H: *Bathe, Johann Christian.* (Ky) (Engj)

Heisler, Phil. Jak., († d. 24. Nov. 1781.) jurist. Abhandll. u. Erörterungen einiger wichtigen Streitfragen aus d. bürgerl. u. peinl. Rechte, gesamm. u. herausg. (v. Jh. Ch. Bathe.) 3 Thle. Mit 1 Portr. 4. Halle 783. Hendel. 1 ℛ 16 𝔤𝔤 (NB. Sämmtl. darin befindl. (17) Abhandll. sind auch einzeln à 2, 3 𝔤𝔤 zu haben.)

Heisler, Phil. Jac.: Beantwortung der Frage: Ob die Zulassung eines Judeneydes wider einen Christen bedenklich sey? Halle 1778.

HEISLER, Ph. J. Rechtliche Entscheidung der Frage: Ob jemand, der mit einer Person sich öffentlich verlobet, nachher auch deren leibliche Schwester beschlafen, die Erlaubnis, diese oder jene heyrathen zu dürfen, von der hohen Obrigkeit wohl erhalten könne? Halle 1783. 4°. 20 S.

— — Rechtl. Erörterung der Frage: Sind Eltern ihre Kinder, welche sich wider ihren Willen verheyrathen, zu enterben befugt? (Kl. Ornam.) Ebd. 1783. 4°. 40 S.

Heisler, Phil. Jac.: Exercitationum academicarum ad diversas materias iuris pertinentium fasc. de annis 1750–75. Halae Sal. 1776.

— exercitationum academicarum ad diversas materias juris pertinent. fasc. de 1750—75. 4. Halle 777. Hendel. 10 𝔤𝔤

Heisler, Philippus Jacobus, Festos dies propter pacem . . . felicissime restitutam aget academia Fridericiana. Halae 1763. fol.

— — Rechtliches Gutachten von der Zulässigkeit einer Ehe mit des Bruders Tochter. (Hübsch. Ornam.) Ebd. 1783. 4°.

— **Philipp Jacob** (Allgäu-Schwaben), De pupillariter substituto heredes legitimos praecipue matrem pupilli excludente. Diss. jur. Halle (Johann Christian Hilliger) 14. X. 1750. 60 S. (7.—) 14119

— — Dasselbe. Halle (Hendel) 1765. 64 Seiten. (6.80) 14120

— — Dasselbe. 1776. 54 S. (6.80) 14121

Heisling, Heinrich (Buxtehude), De eo, quod justum est, circa vulnera liberorum hominum. Diss. jur. Präs. Adrian Beier. Jena (Nis/Heinr. Beyer) 12. VIII. 1701. 38 S. mit Widm. v. Präs. (7.—) 14122

Heislinger, Anton

— Resolutiones moral. in causis justitiae commutativae ad utrumq. forum. II Tmi. 4. Ingst. Krüll. 738.

Heislinger, Ant., resolut. moral. de matrimonio. 4. Augsb. Wolf. 739.

— Resp. mor. in causis sponsalitiis et matrimon. 8. ibid. 723.

— Resp. moral. de restitutione et contract. II Tmi. 4. ibid. 726.

Heisrath, Frdr., über die Abflusswege d. Humor aqueus, m. besond. Berücksichtigung d. sogenannten Fontana'schen u. Schlemm'schen Kanals. Inaugural-Dissertation. gr. 8. (42 S. m. 1 Steintaf.) Königsberg 881. (Beyer.) n. 1. 20

Heisrath, Frdr., über die Behandlung der granulösen Augenentzündung m. besond. Berücksicht. des Operationsverfahrens. Nach dem Tode des Verf. m. e. Vorwort hrsg. v. Leo Pollnow. 1. u. unveränd. 2. Aufl. (Je XII, 46 S.) 8. Leipzig 904. J. A. Barth. n. — 80

Über die Behandlung der granulösen Augenentzündung mit besond. Berücks. d. Operationsverfahrens von Prof. Dr. Friedrich **Heisrath**. Nach d. Tode d. Verf. mit e. Vorr. hrsg. von Dr. Leo Pollnow. Unveränd. 2. Aufl. Leipzig: J. A. Barth 1905. (XII, 46 S.) 8° (07. 9414 10

Esmarch, Erwinus de, ord. med. h. t. decanus: **Lectiones** cursorias, quas . . . Fridericus Heisrath **Med. Dr.** sub titulo 'Ueber Simulation und Aggravation von Sehschwäche' ad docendi facultatem rite impetrandam die XXIV. m. Decembris . . . habebit, indicit. *Regimonti Bor. 1898: Liedtke.* (1 Bl.) 4°

Heiss

— s. a. **Heiss.**

Heiß, Bischof, Erhebung des heil. Franz v. Sales zum Doctor ecclesiae. Vortrag gehalten am 20. Jan. dieses J. im Seminar des heil. Franz v. Sales. 8. (16 S.) St. Louis, Mo. 878. (Freiburg i. Br., Herder'sche Verlagsh.) * — 30
Aus: Pastoralblatt, besonders abgedruckt.

Heiß, A., Fibel, } s.: Kieffer, Frz. Xav.
— Lesebuch f. die deutschen Volksschulen, }

Heiss, Adolf [pr. Arzt in Starnberg]: Über Vulvitis pruriginosa . . . Starnberg, F. X. Gegenfurtner's Buchdr., 1895; 19 S. 8.
Erlangen, Med. Fak., Inaug.-Diss. v. 1895

Heiss, Alois [cand. med. aus Freising]: Ein Fall von Tod des Kindes durch Trauma . . . München, Druck v. F. Bickel, 1893; 16 S. 8.
München, Med. Fak., Inaug.-Diss. v. 1893

Heiß, Clemens, s. Heiß, Klemens

Heiss, Ernst: Der Zimmern'sche Totentanz und seine Copien. *Heidelberg 1901: Moriell.* (69 S.) 8°
Giessen, Phil. Diss. v. 1901

Heiss, Hanns, a. München: Blüte und Niedergang der französischen burlesken Modedichtung des XVII. Jahrhunderts. Erlangen 1905: Junge u. Sohn. (154 S.) 8° ¶ (Erscheint vollst. in: Romanische Forschungen Bd 21.)
Würzburg, Phil. Fak., Ref. Schneegans, Diss. v. 14. Okt. 1905
[Geb. 29. Mai 77 München; Wohnort: München; Staatsangeh.: Bayern; Vorbildung: Luitpold-Gymn. München Reife Juli 97; Studium: Paris 2, Würzburg 2, München 4 S.; Rig. 26. Juli 04.]

Heiss, Hanns, Dr. phil.: Studien über einige Beziehungen zwischen der deutschen und der französischen Literatur im XVIII. Jahrhundert. 1. Der Übersetzer und Vermittler Michael Huber (1727—1804). Erlangen 1907: Junge & Sohn. (VI, 80 S.) 8° ¶ (Aus: Romanische Forschungen Bd 25.)
Würzburg, Phil. Fak., Hab.-Schr. v. 1907

Heiß, Hugo

Heiß, H., das Betäuben der Schlachttiere mittels blitzartig wirkender Betäubungsapparate. Preisschrift des L. Bolza-schen Preisausschreibens. (XI, 82 S. m. Abbildgn.) gr. 8. Leipzig 904. (Berlin, H. Seemann Nachf.) n. — 75

— s.: Winke f. Schlachthofbauende Städte.

Heiß, Johann Baptist

Heiss: Beitrag zur Grammatik der Vulgata. Formenlehre. 20 S.–München W., Progr. 1864.

Heiss, J. B., Ueber die römischen Personen-Namen. Pr. 1878. 24 S.

Heiß, Joh. Bapt., über die römischen Personen-Namen. gr. 8. (24 S.) Straubing 874. (Berlin, Calvary und Comp.) *

Übungsstoff zur arabischen Formenlehre begründet auf eine hebräisch-arab.-latein. Wörtersammlung. — Von J. B. Heiß, L. P. — 1880, Passau, ibid. — S. 2—32*.
Progr. Passau, K. Lyzeum

Heiß, J. B., Uebungsstoff zur arabischen Formenlehre, begründet auf eine hebräisch-arabisch-lateinische Wörtersammlung. gr. 8. (32 S.) Passau 880. (Leipzig, O. Schulze.) *

Heiß, Joh. Rud., auch ein Votum in der zürcherischen Orgelfrage. gr. 8. (23 S.) Zürich 847, (Höhr.) *

Heiß, Klemens

Heiß, Cl., moderne Arbeiterfragen, s.a. Bücherei, burschenschaftliche.

Moderne Arbeiterfragen. Von Dr. Cl. Heiß. Berlin: C. Heymann 1904. (97 S.) 8° [F.]
— Bücherei, Burschenschaftliche. Bd 2, H. 6. [07. 7841]

Heiß, Cl., Auslese u. Anpassung der Arbeiterschaft in der Elektroindustrie usw., s.a. Schriften d. Vereins f. Sozialpolitik Nr. 134.

Heiß, K., Auslese und Anpassung der Arbeiter in der Berliner Feinmechanik. Leipzig, 1910. 129 S.

— Beiträge zur Warenhausfrage! 3. Aufl. (16 S.) 8. Ebd. —. 20.

— die Bildungsbestrebungen der deutschen Arbeiter, s.a. Bücherei, burschenschaftliche.

Heiss, C., Die Bildungsbestrebungen der deutschen Arbeiter. (VIII, 52 S.) 8. Berlin, C. Heymann. 1906. —. 60.
Aus „Burschenschaftliche Bücherei" hrsg von H. Böttger. III. II. 1.

Heiss, Clemens [Regierungsref.]: Die grossen Einkommen in Deutschland und ihre Zunahme in den letzten Jahrzehnten ... (Gekr. Preisschrift.) (Aus: Ann. d. Deutsch. Reichs, 1893.) München & Leipzig, G. Hirth, 1893; IV, 107 S. 8°
Tübingen, Staatswiss. Fak., Inaug.-Diss. v. 1893 (Nicht für den Austausch)

Heiß, Clem., die großen Einkommen in Deutschland u. ihre Zunahme in den letzten Jahrzehnten. Mit dem akadem. Preise gekrönte Arbeit. Diss. [Aus: „Annalen d. Deutschen Reichs".] Lex.-8. (IV, 107 S.) München 893. G. Hirth. n. 1. 75

Heiss, Cl., die Entlöhnungsmethoden in der Berliner Feinmechanik, s.a. Untersuchungen üb. die Entlöhnungsmethoden in der deutschen Eisen- u. Maschinenindustrie.

Heiss, Cl., Die Entlöhnungsmethoden in der Berliner Feinmechanik. 8°. Berlin, L. Simion Nachf., 1909. (Untersuchungen über die Entlöhnungsmethoden in der deutschen Eisen- u. Maschinen-Industrie, Heft 8.)
X, 466 S.

Heiss, Kl[emens], u. A[ugust] Koppel: Heimarbeit und Hausindustrie in Deutschland, ihre Lohn- u. Arbeitsverhältnisse. Hrsg. i. Zus.hange mit d. Dtsch. Heimarbeit-Ausstellung 1906 i. Berlin v. Bureau f. Sozialpolitik. — Berlin: Puttkammer & Mühlbrecht 1906. 232 S. 8°

Heiss, C., s. Loria, Soziologie.

Heiss, s. Schriften d. Vereins f. Sozialpolitik.

— Wohnungsreform u. Lokalverkehr, s.a. Wohnungsfrage, die, u. das Reich. 7. Hft.

Wohnungsreform und Lokalverkehr. Von Dr. sc. pol. Clemens Heiß-Berlin. Hrsg. vom Verein Reichs-Wohnungsgesetz. Mit e. Literaturverzeichnisse. *Göttingen: Vandenhoeck & Ruprecht 1903.* (128 S.) 8° [F.]
— Wohnungsfrage, Die, u. d. Reich. H. 7. [03. ...]

Heiss, Leonhard (Memmingen), Dissertatio de vocatione divina ad ministerium ecclesiasticum. Präs. Christoph August Heumann. Götting. (Jo. Fried. Hager) 18. III. 1747. 32 S. mit Widm. v. Präs. (6.80) 14123

Heiß, Ludw., die Art der Abfindung bei der Ablösung von Forstservituten. Der Einfluß des Staates auf die Privatwaldwirthschaft. Ein Beitrag zur Lösung dieser Fragen. gr. 8. (46 S.) Berlin 878, Springer. * 1 20

HEISS, Ludwig (Geiselhöring): De pneumonia.- München: Weiss 1857. 27 S.
3.8.1855 - Urk: F 68
Diss. Ingolst.-Landsh.-Mchn.

Heiß, Ludw., der Wald u. die Gesetzgebung. 8. (VII, 196 S.) Berlin 875. Springer's Verl. n. 2. 80

Heiß, L., die Waldstreufrage vom forsttechnischen und volkswirthschaftlichen Standpunkte. Ein Beitrag zur Lösung dieser Frage und einer Beleuchtung der Broschüre des Herrn Bürgermeisters Boos v. Edesheim. gr. 8. (56 S.) Neustadt a. d. H. 866, Gottschick-Witter's Buchh. *

Heiss, M., de matrimonio. Tractatus V usui venerabilis cleri americani accomodati appendice adjecta duplici. München 861. (Lentner.) gr. 8. (XV, 426 S.) n. 1 Thlr 26 ngr.

Heiss, Markus, Medizinalpraktikant a. Augsburg: Aus d. Prosektur d. städt. Krankenhauses r. d. Isar. Prosektor: Privatd. Dr. Oberndorfer. Zwei seltene Fälle von geheilter Peritonitis tuberculosa. ⟨Mit e. Abb.⟩ München 1908: C. Wolf & Sohn. (21 S., 1 Taf.) 8°
München, Med. Fak., Ref. v. Bollinger, Diss. v. 17. Juli 1908
[Geb. 21. Dez. 82 Augsburg; Wohnort: München; Staatsangeh.: Bayern; Vorbildung: Ludwigs-Gymn. München Reife Juli 00; Studium: München 2, Erlangen 1, München 7 S.; Coll. 17. Juli 08; Approb. 30. Juni 08.]

Heiß, Phil., die Bierbrauerei mit besonderer Berücksichtigung der Dickmaischbrauerei dargestellt. München 853. (Augsburg, v. Jenisch u. Stage.) gr. 8. (XIV, 359 S. u. 11 lith. Taf. in 4. u. Fol.) nn. 3 Thlr. 15 ngr.

Heiß, Philipp: Die Bierbrauerei mit besonderer Berücksichtigung der Dickmaischbrauerei. 2. Aufl. München 1855

Heiß, Phil., die Bierbrauerei mit besond. Berücksicht. der Dickmaischbrauerei. Nebst einem Anhang enthaltend die im Braubetriebe gebräuchlichen Rohstoffe und deren Verwendung, sowie über neue Braumethoden und Essigfabrikation. 3., sehr verb. und verm. Aufl. Mit der (lithogr.) Ansicht der Aktienbrauerei zum „Felsenkeller" bei Dresden und dem (lithogr.) Entwurf eines Bräuhauses nach neuestem System in Grundplänen mit Detailzeichnung (in Imp.-Fol.) nebst Berechnung auf 11 (Stn.-) Taf. und noch 8 andern ganz neuen (lithogr.) Plänen (in qu. gr. 4., qu. gr. Fol. und Imp.-Fol.) gr. 8. (XVIII und 442 S.) Augsburg 860, Lampart und Comp. *

Heiß, Phil., die Bierbrauerei mit besond. Berücksichtigung der Dickmaischbrauerei. Nebst einem Anh. enth. die im Braubetriebe gebräuchl. Rohstoffe und deren Verwendung, sowie über neue Braumethoden und Essigfabrikation. 4. Aufl. gr. 8. (XVIII und 434 S. mit der lithogr. Ansicht der Aktienbrauerei „zum Felsenkeller" bei Dresden und dem Entwurf eines Bräuhauses nach neuestem System in Grundplänen und Detailzeichnung nebst Berechnung auf 11 Stnt. und noch 8 andern lithogr. Plänen in gr. Fol.) Augsburg 864, Lampart und Comp. *

Heiß, Phil., die Bierbrauerei mit besond. Berücksicht. der Dickmaischbrauerei. Nebst einem Anhang enth. die im Braubetrieb gebräuchl. Rohstoffe und deren Verwendung, sowie über neue Braumethoden und Essigfabrikation. 5., nach den neuesten Fortschritten verb. und verm. Aufl. Mit dem Portr. des Verf. (in Stahlst.), dem Entwurf eines Brauhauses nach neuestem System in Grundplänen und Detailzeichnung nebst Berechnung auf 11 lithogr. Taf. und noch 11 andern (lithogr.) Plänen (in qu. 4. und Fol.) 5 Lfgn. gr. 8. (XX, 463 S.) Augsburg 869,70, Lampart und Comp. *

Heiß, Pf., die Bierbrauerei m. besond. Berücksicht. der Dickmaischbrauerei. Nebst e. Anh. enth. die im Braubetriebe gebräuchl. Rohstoffe u. deren Verwendg., sowie neue Braumethoden u. Essigfabrikation. 6. verm. u. verb. Aufl. Nach den neuesten Fortschritten bearb. v. V. Griesmayer. Mit dem Portrait d. Verf. u. 25 lith. Taf. gr. 8. (180 S.) Augsburg 874. Lampart & Co. à n. 2. —

Heiß, Phpp., die Bierbrauerei mit besond. Berücksichtigung der Dickmaischbrauerei. 8. Augsburg 875, Haugg. *

Heiß, Phpp., die Bierbrauerei mit besond. Berücksicht. der Dickmaischbrauerei. 7. verm. und verb. Aufl. Nach den neuesten Fortschritten bearb. von Emil Leyser. Mit vielen (eingedr.) Abbild. in Holzschn., nebst einem Anhang, enthaltend: Die einfache und doppelte Buchführung für Braugeschäfte. 6 Lfgn. gr. 8. (XII, 540 S.) Augsburg 880,81, Lampart und Comp. à Lfg. *M 2. *

Heiß, Philipp: Die Bierbrauerei mit besonderer Berücksichtigung der Dickmaischbrauerei. 8. Aufl. von E. Leyser. Stuttgart 1887

Heiss, Th.: Die Bierbrauerei mit besonderer Berücksichtigung der Dickmaisch-Brauerei. Nebst einem Anhange, enthaltend die im Braubetriebe gebräuchlichen Rohstoffe und deren Verwendung, sowie über neue Braumethoden und Essigfabrikation. 9. Aufl. Augsburg. 1893.

Heiß, Philipp: Die Bierbrauerei mit besonderer Berücksichtigung der Dickmaischbrauerei. 9. Aufl. von E. Leyser. Stuttgart 1893

Heiß, die Bierbrauerei, 10. Aufl., s. a. Leyser, E., die Malz- u. Bierbereitung.

Heiß, Philipp: Die Bierbrauerei. 10. Aufl. u. d. T.: Die Malz- und Bierbereitung Von E. Leyser. Stuttgart 1900

Heiß, Philipp: Die Bierbrauerei. 11. Aufl. u. d. T.: Die Malz- und Bierbereitung Von E. Leyser. Stuttgart. (Brautechnische Handbibliothek)
Bd 1. 1910
Bd 2. 1910
Bd 3. Chemische, biologische und maschinentechnische Betriebskontrolle. Bearb von Schnegg und Franz Wimbersky. 1911
Bd 4. Redenbacher, W: Maschinen- und feuerungstechnische Betriebskontrolle in der Brauerei. 1913

—— über die im Braubetriebe gebräuchlichen Rohstoffe und deren Verwendung, sowie über neue Braumethoden. Nebst einem Anhang über Essigfabrikation. 1. Aufl. 1858. und 2. Aufl. Mit einem Plane: Gaffauers Apparat zum Bierbrauen mit Anwendung direkten Dampfes darstellend. gr. 8. (VIII und 66 S. mit 1 Stnt. in qu. gr. 4.) Augsburg 860, Lampart und Comp. *

Heiss, Wilib., vindiciae summorum pontificum. 4. Augsb. 756. Wolff. 16 gr.

Heissen, Henr., Diss. de jure privatorum sacrorum apud Romanos. P. I et II. Brem. 744. 4.

Heißenberger, Joh., das Disciplinar-Strafrecht in der k. k. Armee nebst den zur Disciplinar-Behandlung geeigneten Vergehen u. Uebertretungen, auf Grundlage der bestehenden Gesetze zusammengestellt. 859. (IV, 63 S.)
n. 15 ngr.

Heißenberger, Hauptm.-Auditor Dr. J., das Disciplinar-Strafrecht in der k. k. Armee, nebst den zur Disciplinar-Behandlung geeigneten Vergehen und Uebertretungen, auf Grund der bestehenden Gesetze zusammengestellt. 2. Aufl. gr. 8. (64 S.) Wien, Gerold. 1860. . 75 kr.

Heißenberger, Joh., das Disciplinar-Strafrecht im k. k. Heere und in der Militärgrenze nebst den der Disciplinar-Bestrafung unterliegenden Vergehen. 3., auf Grund der neuesten Vorschrift umgearb. Aufl. (IV, 135 S.) 1869. *M 2., und 4. verb. Aufl. 8. (143 S.) Wien 872, Braumüller. *

Heißenberger, Joh., Handbuch in Strafsachen für die Offiziere der k. k. Armee, insbesond. für die Gerichtsherrn und Kommandanten aller Waffengattungen. 8. (130 S.) Wien 864, Markgraf und Müller. *

— — Studien über das Militär-Strafrecht in seinem materiellen und formellen Theile mit Hinblick auf die neueren Militär-Strafgesetze und vorzugsweiser Berücksichtigung des österr. Militär-Strafgesetzbuches vom Jahre 1855. 8. Wien 1862.

—— die Vorschrift für die Ehrengerichte in der k. k. Armee und Kriegs-Marine erläutert. gr. 8. (VI, 101 S.) Wien 868. Braumüller. *

Heißenberger, Rudolf, und Genossen. Singübungen und Lieder für Bürgerschulen. Ausgabe in einem Hefte. Baden 1893. H. Haase's Witwe. (Min.-Erl. v. 3. Februar 1894, Z. 28291.) Gebunden —.65

Singübungen und Lieder für die Oberclassen der Volksschulen. 6., 7. und 8. Schuljahr. Ausgabe in einem Hefte. Bearbeitet von Rudolf Heißenberger und Genossen. Baden 1897. Eigenthum des Lehrervereines Baden. (Min.-Erl. v. 1. November 1897, Z. 23028.) Geb. —.45

Heissig, Lehre v. der Konkurrenz der Klagen nach römischen Rechte. Stuttgart 887.

Heißig, Ferdinand (Alexander)

Heißig, Ferdinand —. Anleitung zum freien Auffassen und Zeichnen geometrischer Linien, Flächen und Körper im Raume. Gemeinverständlich für Realschulen, Gewerbeschulen und Kunstschulen, so wie auch für den Selbstunterricht verfaßt von — —. 1. Lieferung enthält geradlinige Figuren mit 9 Druckbogen und 18 Kupfertafeln. 8. (144 S.) Druck und Verlag von Karl Gerold u. Sohn. 1854.

Heißig, Ferdinand A. — Anleitung zum freien Auffassen und Zeichnen geometrischer Linien, Flächen und Körper im Raume. Gemeinverständlich für Realschulen, Gewerbeschulen und Kunstschulen so wie auch für den Selbst-Unterricht verfaßt von — —. 2. Lieferung. (XII, von 145 — 192 S.) 8. Wien. Druck und Verlag von Karl Gerold und Sohn. 1854.

Heißig, Ferd. A., Anleitung zum freien Auffassen und Zeichnen geometrischer Linien, Flächen und Körper im Raume. Gemeinverständlich für Realschulen, Gewerbeschulen und Kunstschulen, so wie auch für den Selbstunterricht verfaßt. Mit 26 Kpfrtaf. u. 2 (lith.) Taf. in Fol. Wien 854. Gerold. Lex.-8. (XII, 192 S.) n. 3 ₰. 10 ngr.

Heißig, Ferdinand A. — Anleitung zum Zirkel- und Lineal-Zeichnen als Vorschule für die darstellende Geometrie, das Architektur-, Maschinen- und Situations-Zeichnen für Realschulen, Gewerbeschulen, Kunstschulen, angehende Architekten und Ingenieure, so wie auch für den Selbstunterricht. Verfaßt von — —. Mit 7 Figurentafeln und circa 250 Figuren Wien. 1855. Druck und Verlag von Karl Gerold und Sohn. (VIII, 56 S. 7 Taf. 4.)

Heißig, Ferd. A., Anleitung zum Zirkel- und Lineal-Zeichnen als Vorschule für die darstellende Geometrie, das Architektur-, Maschinen- u. Situations-Zeichnen für Realschulen, Gewerbeschulen, Kunstschulen ꝛc. 2. Aufl. Wien 863. Gerold. Lex.-8. (VIII, 72 S. m. Holzschn. u. 7 lith. Taf.) 1 ₰

Heißig, Ferd. A., Anleitung zum Zirkel- u. Linear-Zeichnen als Vorschule f. die darstellende Geometrie, das Architektur-, Maschinen- u. Situationszeichnen f. Realschulen, Gymnasien, Real-Gymnasien, Gewerbeschulen, Kunstschulen, angeh. Architekten u. Ingenieure, sowie auch f. den Selbstunterricht. 3., verb., verm. u. mit mathemat. Begründg. verseh. Aufl. Mit 7 (lith.) Fig.-Taf. u. (eingedr.) xylograph. Formen, zusammen ca. 300 Fig. Lex.-8. (XII, 143 S.) Wien 875. Gerold's Sohn. n. 4. 80

Heißig, Ferd. Alex., Grundlehre des Zirkel- und Lineal-Zeichnens als Vorschule für zeichnende Wissenschaften und Künste, enthaltend die Stereometrie, nach Grundsätzen moderner Lehrkunst mit vielen Übungsaufgaben verfaßt für Realschulen, Real-Gymnasien, Gymnasien, Gewerbeschulen, Lehrerbildungsanstalten, angehende Architekten und Ingenieure, sowie auch für den Selbstunterricht. Lex.-8. (IV, 202 S. mit 6 Fig.-Taf. und xylogr. Formen.) Wien 888, (Halm und Goldmann.) **

Heissig, Ferd. Alex., Grundzüge einer trimetrischen Projectionsmethode mit ihrer Anwendung auf das Entwerfen geometrischer Objecte vermittelst oder ohne einen Trimeter für Ingenieure, Maschinenbauer, Architekten, Bau- und Zimmermeister, Steinmetze, Cartographen, sowie für techn., montan., naut. Lehranstalten, Realschulen und Gymnasien. 2. (Titel-) Ausg. gr. 8. (X, 80 S. mit 10 Kpfrt., mehreren Holzschn. und Prolegomena.) Wien (862)885, Spielhagen und Schurich. *

— Lehrbuch der darstellenden Geometrie und ihrer Anwendungen auf die Schatten-Constructionen, freie Perspective und auf das technische Zeichnen für Ober-Realschulen, sowie auch für den Selbstunterricht angehender Ingenieure, Architekten u. Maler. Mit 28 Kpfrtaf. [ca. 300 Fig.] Ebend. 859. gr. 4. (VI, 130 S.) n. 2 ₰ 10 ngr.

— Vorlagen zum Zeichnen griechischer Bautheile für Unter- und Ober-Realschulen u. Gewerbeschulen. Wien 855. (Typogr.-literar.-artist. Anstalt.) qu. Fol. (8 lith. Bl.) n. 1 ₰.

— Vorlagen zum Zeichnen griechischer Bautheile für Unter- und Ober-Realschulen und Gewerbeschulen. qu. Fol. (8 lithogr. und chromolithogr. Bl.) Wien 859, (Typographisch-literarisch-artistische Anstalt.) *

— dass. — 2. Aufl. Fol. (8 chromolithogr. Bl.) Leipzig 861. [Dresden, Schrag'sche Verlags-Anstalt.] Einzelne Blätter

Heißig, Ferdinand —. Vorlegeblätter zum freien Auffassen und Zeichnen geometrischer Linien, Flächen und Körper im Raume. Von — —. 4. (10 Blätter.) Druck von Karl Gerold und Sohn. 1854.

Heißig, Ferd., Vorschule zum perspectivischen Zeichnen geometrischer Objecte nach der Anschauung, enth. das Zeichnen geometr. Formen in der Ebene aus freier Hand. Gemeinverständlich für Realschulen u. den Selbstunterricht bearb. Mit 13 Kpfrtaf. (in qu. Imp. 4.) hoch 4. (VIII u. 61 S.) Wien 852, Braumüller. n. 1 ₰

Heissig, Ferd., A. *ö. o. Lehrer a. d. Oberrealschule Landstrasse etc.* Vorschule zum perspektivischen Zeichnen geometrischer Objecte nach der Anschauung, enthaltend das Zeichnen geometrischer Formen in der Ebene aus freier Hand. Für Realschulen und den Selbstunterr. Mit 15 Kupf.-Taf. II. verm. u. verb. Aufl. *Wien* 1858. **Druck d. typ.-lit.-art. Anst. *L. C. Zamarski*, *C. Dittmarsch & C.* VIII, 68 S. gr. 8°.**

— Vorschule zum perspectivischen Zeichnen geometrischer Objecte nach der Anschauung, enthltd. das Zeichnen geometrischer Formen in der Ebene aus freier Hand. Für Realschulen u. den Selbstunterricht verfaßt. Mit 15 Kpfrtaf. (in qu. Fol.) 2. verm. u. verb. Aufl. Wien 858. (Gerold.) Lex.-8. 8. (XII, 68 S.) n. 1 ₰. 10 ngr.

— 3., verm. u. verb. Aufl. Ebd. 1868. XIV, 72 S.

Heissig: Ueber das geometrische Zeichnen in der k.k. Oberrealschule auf der Landstrasse. 20 S. 8° —Wien OR.L., Progr. 1855

Heissinger, Franz K. Gedichte. NY, n. d.

Heissinger, Frz. X., Erzählungen und Reise-Skizzen. München 864. (L. Finsterlin.) 16. (146 S.) n. 10 ngr.

— eine Stimme der Zeit. Ein Blick auf Schleswig-Holstein und die Lage der Teutschen zu den übrigen Völkern Europa's. 8. (30 S.) München 864, (L. Finsterlin.) *

Heißler, Fr. G., Vater Benno, s. Edmund's, Pater, Erzählungen, 3. Bdchn.

Heißler, F. G., Vater Benno, s. Pater Edmunds Erzählungen.

EDMUND'S, Pater (d. i. *Fr. G. Heissler*), Erzählungen und Volkssagen. I. Die Marienkapelle. Mit Kpfr. Neuburg a. d. D. 1841. 8°. 89 S. (2 Mk. 50 Pfg. H. Streisand, Berlin, 1908.) Ziemlich zahm.

Heißler, Fr. G., Leitfaden zum Unterricht in der Landwirthschaft für die deutschen Schulen. gr. 8. (IV und 89 S.) Augsburg 858, Schmid'sche Verlagsbuchh. Thlr. *

Heißler, Frz. Geo., der Obstbaumzüchter und der Obstdieb. Ein Büchlein der Belehrung und Warnung für das liebe Landvolk. gr. 8. (32 S.) Augsburg 848, Schmid'sche Buchh.

HEISSLER, Franz Xaver (Eichstätt): Ueber einen Fall von Rachitis. Mit 1 Taf.- München: Wolf 1883. 34 S.,1 Bl.,Taf.
2.8.1883 - Urk (Titel: De rachitide.); Chr 1883/84,13
Diss. Ingolst.-Landsh.-Mchn.

Heissler, Ludwig [approb. Arzt aus Eichstatt]: Zur Lehre von der Plethora ..... Stuttgart, Druck v. Gebr. Kröner, 1886; 28 S. 8°. München. Med. Fak., Inaug.-Diss. v. 1886.

Heissler, Ludwig, zur Lehre von der Plethora. Diss. München 1886, A. Buchholz. 8°. 28 S.

Heißler, Mart., kurze Anleitung z. Rechenkunst f. d. Schuljugend in den mittlern u. untern Klassen d. deutschen Werk- u. Sonntagsschulen. 1. Aufl. 842. u. 2., verb. Aufl. 8. (à 1 B.) München 845, Fleischmann. à

—— Aufgaben z. Selbstbeschäftigung d. Schüler in den Volksschulen. Stufenweise geordn. zur Ausbildung d. Denk-, Sprach- u. Schreibvermögens. 1. Aufl. 842. u. 2., verb. u. verm. Aufl. 8. (à 1 B.) München 845, Fleischmann. *

—— neueste Beschreibung des Königr. Bayern in geograph.-statist. u. topograph. Hinsicht. Nebst einer Uebersicht von Württemberg, Baden u. Hohenzollern ꝛc. Mit Titelkupf. u. 1 Karte. 12. Landshut 846, Thomann. 18 ngl

Heißler, Mart., neueste Beschreibung des Königr. Bayern in geograph.-statist. und topograph. Hinsicht. Nebst einer Uebersicht von Würtemberg, Baden und Hohenzollern ꝛc. 12. (224 S. mit Ttlkpfr. und 1 Karte in 4.) Landshut 847, Thomann'sche Buchh.

Heißler, Mart., Deklamir-Büchlein für Schulen. Eine Sammlung von Gedichten und Liedern behufs deklamatorischer Vorträge. 8. (VIII und 118 S.) München 858, [Fleischmann's Separat-Conto.]

Heißler, Martin, kleine Erdbeschreibung in Fragen u. Antworten für die deutschen Werktags-Schulen im Königr. Bayern. 4e verb. u. mit einer kurzen Vaterlands-Geschichte verm. Aufl. gr. 12. München 839. Fleischmann. 1 ℳ

—— kleine Erdbeschreibung in Fragen u. Antworten sammt e. kurz. Vaterlandsgesch. f. d. deutschen Werktags-Schulen im Königr. Bayern. 5—8. Aufl. (à 1½ B.) 842—44. u. 9., verb. Aufl. 8. (1 B.) München 845, Fleischmann. à

—— kleine Erdbeschreibung in Fragen und Antworten sammt einer kurzen Vaterlandsgeschichte für die deutschen Werktags-Schulen im Königreich Bayern. 12., verb. Aufl. 12. (24 S.) München 851, Fleischmann.

— kleine Erdbeschreibung in Fragen und Antworten sammt einer kurzen Vaterlandsgeschichte für die deutschen Werktags-Schulen im Königreich Bayern. 13. u. 14. verb. Aufl. München 853. Fleischmann. 8. (24 S.) 1½ ngr.

Heißler, Mart., kleine Erdbeschreibung in Fragen und Antworten sammt einer kurzen Vaterlandsgeschichte für die deutschen Werktagsschulen im Königr. Bayern. 22., verb. Aufl. 8. (32 S.) München 867, Fleischmann's Buchh.

Heißler, Mart., kleine Erdbeschreibung in Fragen und Antworten sammt einer kurzen Vaterlandsgeschichte für die deutschen Werktagsschulen im Königr. Bayern. 23. und 24. verb. Aufl. 8. (32 S.) München 870,72, Fleischmann's Hofbuchh.

—— dass. — 25. Aufl. verb. von einem Schulmann. 8. (30 S.) Regensburg 875, Coppenrath.

Heißler, Mart., kleine Erdbeschreibung in Fragen und Antworten sammt einer kurzen Vaterlandsgeschichte für die deutschen Werktagsschulen im Königr. Bayern. 26. Aufl. 8. (30 S.) Regensburg 877, Coppenrath. — 15

Heißler, Mart., kleine Erdbeschreibung in Fragen und Antworten, samt einer kurzen Vaterlandsgeschichte, für die deutschen Werktagsschulen im Königr. Bayern, mit Berücksicht. der neuen Orthographie. 27. Aufl., verm. und verb. von einem Schulmanne. (32 S.) 1880; 28. Aufl. 8. (36 S.) Regensburg 884, Coppenrath. **

Heißler, Mart. kleine Erdbeschreibung in Fragen u. Antworten, samt e. kurzen Vaterlandsgeschichte, f. die deutschen Werktagsschulen im Königr. Bayern. 29. verm. u. verb. Aufl. 8. (40 S.) Regensb. 889, Coppenrath's Verlag. ** — 15

Heißler, Mart., kleine Erdbeschreibung in Fragen u. Antworten, samt e. kurzen Vaterlandsgeschichte für d. deutschen Werktagsschulen i. Königr. Bayern, m. Berücksicht. der neuen Orthographie. 30. Aufl., verb. von e. Schulmanne. 12. (40 S.) Regensburg 896. A. Coppenrath's Verl. n.n. — 15

Heißler, Mart., kleine Erdbeschreibung in Fragen u. Antworten, samt e. kurzen Vaterlandsgeschichte f. die deutschen Werktagsschulen im Königr. Bayern, m. Berücksicht. der neuen Orthographie. 31. Aufl., verb. v. e. Schulmanne. 12. (41 S.) Regensburg 900. A. Coppenrath's Verl. n.n. — 15

—— kleine Geographie d. Kaiserth. Oesterreich. Ein Handbüchlein f. d. Jugend ꝛc. 8. (2½ B. u. 1 Karte v. Oesterr.) Salzburg 846, Duyle'sche Buchh. *

— kleine Geographie des Kaiserthums Oesterreich. Ein Handbüchl. für die Jugend. Nebst einer Uebersicht d. Staaten Europa's. Mit 1 Karte von Oesterreich (in 4.) 8. (IV u. 86 S.) Salzburg 847, Duyle. n. 4 ngl

Heißler, Martin —. Kleine Geographie des Kaiserthums Oesterreich. Ein Handbüchlein für die Jugend und für Jeden, der sich eine kurze und doch vollständige Uebersicht von Oesterreich verschaffen will. Nebst einer Uebersicht der Staaten Europa's, der auswärtigen Besitzungen derselben, so wie der deutschen Bundesstaaten. Von ——. Dritte, durchaus verbesserte und zum Theil vermehrte Auflage. Salzburg. 1855. Oberer'sche (Endl und Penker) Buchdruckerei. Verlag v. M. Glonner. (IV, 44 S. 8.)

—— Handbüchlein zum Lesenlernen verschiedener Schriften mit deutschen und lateinischen Buchstaben. Enth. das Wissenswürdigste vom Körper und von der Seele des Menschen, vom Weltgebäude, von der Erde insbesondere ꝛc. Für deutsche Schulen bearb. 4. Aufl. Mit 1 (lithogr.) Karte von Palästina (in qu. 4.). 8. (IV, 92 S., wovon 64 lithogr.) Landshut 870, Thomann'sche Buchh.

—— Kalender für Schullehrer und Schulfreunde, s. Kalender für Schullehrer.

— Naturgeschichte u. Naturlehre in Fragen u. Antworten f. d. Schuljugend. Zum Gebr. f. d. wiederhol. Unterricht im Anschl. an das Lesebuch neu bearb. von Eustach. Großmann. 11., verm. u. verb. Aufl. 8. (42 S.) Ebd. 895. n.n. — 15

—— das Nöthigste aus d. Naturgeschichte u. Naturlehre, in Fragen u. Antworten f. d. Jugend. 1—3., verb. u. verm. Aufl. 8. (à 1 B.) München 842—46, Fleischmann. à

—— das Nöthigste aus der Naturgeschichte und Naturlehre, in Fragen und Antworten für die Schuljugend. 4. Aufl. 8. (16 S.) München 853, Fleischmann. *

—— das Nöthigste aus der Naturgeschichte und Naturlehre in Fragen und Antworten für die Schuljugend. 7. Aufl., durchgesehen und verm. von einem Schulmann. 8. (28 S.) München 870, Fleischmann'sche Hofbuchh.

—— dass. — 8. Aufl. 8. (23 S.) Regensburg 874, Coppenrath.

—— das Nöthigste aus der Naturgeschichte und Naturlehre in Fragen und Antworten für die Schuljugend. 9. Aufl., durchaus umgearb., verm. und verb. von einem Schulmanne. 8. (30 S.) Ebendas. 879. — 15

Heißler, Mart., das Nötigste aus der Naturgeschichte und Naturlehre in Fragen und Antworten für die Schuljugend. 10. Aufl., verm. und verb. von einem Schulmanne. 8. (32 S.) Regensburg 885, Coppenrath. *

-- s. Schulbote, der deutsche.

kurze u. leichtfaßliche Sprach- u. Rechtschreiblehre, in Fragen u. Antworten für die Schuljugend. 2. verb. u. verm. Aufl. 8. Ebend. 841. $^1/_{24}$ ß — 4. verb. Aufl. 8. Ebend. 845. $^1/_{24}$ ß

-- kurze und leichtfaßliche deutsche Sprach- und Rechtschreiblehre, in Fragen und Antworten für die Schuljugend. 8. verb. Aufl. Ebend. 853. 8. (32 S.) $1^1/_2$ ngr.

— kurze u. leichtfaßliche deutsche Sprach- u. Rechtschreiblehre in Fragen u. Antworten f. die Schuljugend. 13. Aufl., verb. v. e. Schulmanne. 8. (38 S.) Ebend. 876. — 15

—— kurze und leichtfaßliche deutsche Sprach- und Rechtschreiblehre in Fragen und Antworten mit Berücksicht. der neuen Orthographie für die Schuljugend. 14. Aufl., durchaus umgearb., verm. und verb. von einem Schulmanne. 8. (40 S.) Ebendas. 880. **

— kurze u. leichtfaßliche deutsche Sprach- u. Rechtschreiblehre in Fragen u. Antworten, m. Berücksicht. der neuen Orthographie, f. die Schuljugend. 16., verb. Aufl. Bearb. v. e. Schulmanne. 8. (48 S.) Ebd. 900. n.n. — 15

—— das Wissenswürdigste aus d. allgem. u. vaterländ. (bayer.) Geographie. 8. ($2^3/_4$ B.) München 845, Fleischmann.

Heissluftturbine (Feuerturbine), die, v. F. Stolze-Charlottenburg u. ihre Vorzüge (16 S. m. Abbildgn. u. 1 Taf.) Lex.-8. Rostock 904. C. J. E. Volckmann Nachf. n. 1. —

Heissmeyer, Ludwig, approb. Arzt, aus Gellersen: **Beitrag zur** Statistik der Pleuritis. *Göttingen 1902: L. Hofer.* (46 S.) 8° Göttingen, Med. Diss. v. [12. Mai] 1902

Heissmeyer, Ludw., Beitrag zur Statistik der Pleuritis. Diss. gr. 8. (46 S.) Göttingen 902. (Vandenhoeck & Ruprecht.) n. 1. 20

Heißner, Walth., deutsches Grundbuchrecht, s.: Miniatur-Bibliothek.

Heißt'n Stuß, s. Gedichte und Scherze in jüdischer Mundart.

Heister, Der Schulinspector,
oder die Elementarmethode zu Südershausen. Ein pädagogischer Roman. Berlin 1817. V: *Zarnack, Joach. Aug. Chn.* (NN) (Ky) (GGr)

Heister, der Schulinspector, od. die Elementar-Methode zu Süderhausen. Ein pädagog. Roman, (von A. Zarnack). 8. Berl. 817. Maurers B. 1 ß

Heister der Schulinspektor, oder die Elementarmethode zu Süderhausen. Ein pädagog. Roman. 8. Berlin, Maurersche Buchh. 817. *Kuhr.*

Heister, Bernard Anton, Geständnisse, Leiden u. Warnungen. Ein Vermächtniß für d. unerfahrne Jugend. 8. Leipz. 781. Weygand. 14 gr.

Heister, Bernhard Anton.
Geständnisse, Leiden und Warnungen . . . Leipz. 1784. V: *Winkopp, Peter Adolph.* (MGT)

Heister, B. A. Geständnisse, Leiden u. Warnungen, herausg. v. Winkopp. 8. Lpz. Weygand. 784.

Heister, Bruno Chlodwig v., auf der Wanderung. Verse. (71 S.) 8. Leipzig 908. Modernes Verlagsbureau. 1. —

Heister, Carl von, s. Heister, Karl von

Elias Friedrich Heister

Epistola de mente a corpore humano natura longe diversa...ab Elia Friderico Heistero [Heister]. Helmstadii (1738:) Schnorr. 4 Bl. 8°

Heister, J. H., s. Suffraganei Coloniensis etc., sive de sacrae Coloniensis etc.

Heister, J. P., Deum auctoritatem divinam rel. chr. confirmasse signis majoribus legislatione Sinaitica. Hal. 1773. 4.

Heister, Karl von

Heister, Carl v., Einleitung in die Geschichte der Ameisen, Bienen und Termiten. Vorgelesen am Frauentage des literar. Vereins zu Naumburg den 6. December 1859. gr. 8. (64 S.) Naumburg 860, (Tauerschmidt.) ** –

Heister, Karl v., die Gefangennehmung und die Gefangenschaft Philipps des Grossmüthigen, Landgrafen von Hessen, 1547 bis 1552. gr. 8. (IV, 124 S.) Marburg 868, Elwert'sche Verlagsh.

Heister, Carl v., Der Gladiatorenkampf, Die Fechtenden, 1860, 26 S., 8°.

Heister, K. v.: Röm. Gladiatorenwesen. Der Kampf. Naumburg um 1860. 52 S.

—— Nachrichten über Gottfried Christoph Beireis, Prof. zu Helmstedt von 1759—1809. Mit (8 lithogr.) Illustr. gr. 8. (V und 376 S. mit 2 Stnt. in Tondr.) Berlin 860, Nicolai'sche Verlagsh. *

Heister, Carl v., ethnographische u. geschichtl. Notizen üb. die Zigeuner. gr. 8. ($10^1/_2$ B.) Königsberg 842. [Münster. Wundermann'sche Buchh.] *

Heister, Karl v., geschichtliche Untersuchungen über Israel. 3. Heft. Die Juden. Aufgebürdete Verbrechen. Erlittene Verfolgung. Angethane Schmach. Als Vorläufer abgedr. Lex.-8. (139 S.) Naumburg 863, Tauerschmidt. –

Lorenz Heister

De venae sectionum Abusu apud Gallos. [Resp.:] Theodor[us] August[us] Schlegel [Schleger]. Helmstadii (1750:) Schnorr. 40 S. 8°

Helmstedt, Med. Diss. v. 23. Nov. 1750

Heister, Laur., resp. **Vogt,** Diss. de amaurosi salivatione curata. Altd. 4°. Auch in seinem: Med. Hdb. Th. 2. Wahrnehm. n. 221. *Haller* Bibl. chir. II, 5. 1713

Laur. Heister (resp. Cramer) an chirurgus adolescens sit optimus? Helmestad. 1747. 4. (Ad Cels. VII. 1.)

Laur. Heister progr. quo inquiritur an sanguinis circulus veteribus fuerit incognitus. Altorf. 1714. 4.; Helmstad. 1721. 4. (Negat.)

Heister, Laur., Apologia et uberior illustratio systematis sui de cataracta, glaucomato et amaurosi contra objectiones *Wolhusii* et Parisiensis medicorum diarii. 307 pp. Altd. 1717. 8°. *Haller*, Bibl. chir. II, 5. Bibl. anat. II, 54.

Lorenz Heister

Laurentii Heisteri [Heister]Apologia et uberior illustratio systematis sui de cataracta glaucomate et amaurosi contra Wolhusii ocularii Parisiensis cavillationes & obiectiones itemque Parisiensis eruditorum diarii iniquam censuram. Altorfii 1717: Kohlesius. 307 S. 8°

Heister, Laur., De apoplexia magis chirurgicis praesidiis quam aliis curanda. Helmst. 4°.

1742

Lorenz Heister

De alto adparatu [Apparatu] hoc est De methodo calculum vesicae super osse pubis extrahendi. [Resp.] Ioann[es] Georg[ius] Frider[icus] Weise. Helmstadii (1728:) Schnorr. 64 S. 8°

Helmstedt, Med. Disp. v. 8. Dez. 1728

Lorenz Heister

De Asthmate scirrhoso hactenus fere neglecto. [Resp.:] Christophorus Henricus Dyckar. Helmstadii (1749:) Schnorr. 24 S. 8°

Helmstedt, Med. Diss. v. 31. März 1749

– (Praes.), s. Behrens, Jo. B. H.: De partu mirabili foetus vivi ...

—Beschreibung einer Pflanze, Brunsuigia genannt. Mit Kpf. Fol. Braunschw. 755. Schulbuchhandl. 1 ℛ︀

Heister, Laur., Beschreib. e. sehr raren, überaus schönen Pflanze, aus d. Familie d. Zwiebelgewächse. Mit 3 col. Kpf. gr. Fol. Braunschweig, 1755. Schulbuchhdlg. (Vieweg u. S.) 1. —

– (Praes.), s. Buescher, Jo. God.: De perturbatione animi atque corporis.

Heister, Lor., Tractatus de cataracta, glaucomate et amaurosi. Altd. 1712. 1720. 4°.

Lorenz Heister

Laurentii Heisteri [Heister] De Cataracta glaucomate et amaurosi tractatio,(De Cataracta in lente crystallina ;De Amaurosi salivatione curata) in qua multae novae opiniones & inventa contra vulgatas medicorum,... nec non mathematicorum sententias continentur. Altorfii 1713: Kohlesius. 368 S. 8°

Lorenz Heister

Laurentii Heisteri [Heister] De Cataracta glaucomate et amaurosi tractatio, (De Cataracta in lente crystallina; De Amaurosi salivatione curata) in qua multae novae opiniones & inventa contra vulgatas medicorum,... nec non mathematicorum sententias continentur. Altorfii 1720: Kohlesius. 368 S. 8°

Lorenz Heister

Laurentii Heisteri [Heister] De Cataracta glaucomate amaurosi tractatio, in qua multae novae opiniones et inventa contra vulgatas medicorum, chirurgorum...continentur. Ed.2., em. Altorfii 1720: Kohlesius. 368 S. 8°

—, Diss. de clavo haemorrhoidali. Helmst. 4°. Auch in: Wahrnehmungen I, n. 578.

1734

Heister, Lorenz: Chirurgie. Th.2: von den chirurgischen Operationen. 432 S.(S.345 - 776), gbd., Abb.

(Altorf: 1718)

JB 3.202

Lorenz Heister

Laurentii Heisters [Heister] Chirurgie, in welcher alles, was zur Wund- Artzney gehöret, nach der neuesten u. besten Art gründlich abgehandelt, u. ... die neuerfundenen u. dienlichste Instrumenten ... vorgestellet werden. (Th.1-3.) Nürnberg: Hoffmann 1719. 753 S. 1 Bd 8°

(Th.1:) 1719.
(Th.2: Von den chirurgischen Operationen.)
(Th.3: Von den Bandagen oder chirurgischen Verbänden.)

Heister, Lorenz: Chirurgie, in welcher alles, was zur Wund-Artzney gehöret, nach der neuesten und besten Art, gründlich abgehandelt, und in vielen Kupffer-Tafeln die neu-erfundene und dienlichste Instrumenten, nebst den bequemsten Handgriffen der chirurgischen Operationen und Bandagen deutlich vorgestellet werden. 2.Aufl., viel verm.und verbess. 682 S., gbd., Abb.

Nürnberg: Hoffmann 1724

JB 3.203

Heister, Lorenz: Chirurgie, in welcher alles, was zur Wund-Artzney gehöret, nach der neuesten und besten Art, gründlich abgehandelt, und in vielen Kupffer-Tafeln die neu-erfundene und dienlichste Instrumenten, nebst den bequemsten Handgriffen der chirurgischen Operationen und Bandagen deutlich vorgestellet werden. 3.Aufl., viel verm.und verbess. 926 S., gbd., Abb.

Nürnberg: Hoffmann 1731

JB 3.204

Lorenz Heister

Laurentii Heisters [Heister],Chirurgie, in welcher alles, was zur Wund- Artzney gehöret, nach der neuesten u. besten Art, gründlich abgehandelt, u. ... die neu- erfundene... Instrumente...vorgestellet werden. 4., viel verm. u. verb. Aufl. (Th.1-3.) Nürnberg: Stein 1743. 1078 S. 1 Bd 8°

— Chirurgie, in welcher Alles, was zur Wundarzneikunst gehört, nach d. neuesten u. besten Art gründlich abgehandelt wird ꝛc. Mit 38 Kupft. 4. Nürnb. 718. 724. 731. 745. 747. u. N. verb. Aufl. 779. Bauer u. Raspe. 2 ℛ︀ 12 ₰

Heister, Lorenz: Chirurgie, in welcher alles, was zur Wund-Artzney gehöret, nach der neuesten und besten Art, gründlich abgehandelt, und in acht und dreyßig Kupffer-Tafeln die neu-erfundene und dienlichste Instrumente, nebst den bequemsten Handgriffen der chirurgischen Operationen und Bandagen deutlich vorgestellet werden. Neue viel verm.und verbess.Aufl. 1102 S., gbd., Abb.

Nürnberg: Stein & Raspe 1747

JB 3.205

Lorenz Heister

Laurentii Heisters [Heister],Chirurgie, in welcher alles, was zur Wund- Artzney gehöret, nach der neuesten u. besten Art, gründlich abgehandelt, u. ... die neu- erfundene u. dienlichste Instrumente,... vorgestellet werden. Neue viel verm. u. verb. Aufl. (Th.1-3.) Nürnberg: Stein & Raspe 1752. 1078 S. 1 Bd 8°

Heister, Lorenz: Chirurgie, in welcher alles, was zur Wundarzney gehöret, nach der neuesten und besten Art, gründlich abgehandelt, und in acht und dreyßig Kupfertafeln die neu-erfundene und dienlichste Instrumente, nebst den bequemsten Handgriffen der chirurgischen Operationen und Bandagen deutlich vorgestellet werden. Neue viel verm.und verbess.Aufl. 1102 S., gbd., Abb.

Nürnberg: Raspe 1763

JB 3.206

Heister, Lorenz: Chirurgie, in welcher alles, was zur Wundarzney gehöret, nach der neuesten und besten Art, gründlich abgehandelt, und in acht und dreyßig Kupfertafeln die neu-erfundene und dienlichste Instrumente, nebst den bequemsten Handgriffen der chirurgischen Operationen und Bandagen deutlich vorgestellet werden. Neue viel verm.und verbess.Aufl. 1102 S., gbd., Abb.

Nürnberg: Raspe 1779

JB 6.599

Lorenz Heister

Lorentz Heisters [Heister]Kleine Chirurgie oder Wund- Artzney, in welcher ein kurzer doch deutlicher Unterricht u. Begriff dieser Wissenschaft gegeben, auch die... Werckzeige... vorgestellet werden. Nurnberg: Stein & Raspe 1747. 412 S. 8°

Lorenz Heister

Lorenz Heisters [Heister]Kleine Chirurgie oder Hand- Buch der Wund- Arzenei... Nürnberg: Rasp 1756 461 S. 8°

Heister, Lorenz: Kleine Chirurgie oder Handbuch der Wundarzney, in welcher ein kurzer doch hinlänglicher Unterricht von dieser Wissenschaft gegeben und die nöthigsten hiezu gehörenden Werkzeuge in 8.Kupfern vorgestellet werden. 3.Ausg. 384 S., gbd., Abb.

Nürnberg: Raspe 1767

JB 3.207

Heister, Lorenz: Kleine Chirurgie oder Handbuch der Wundarzney, in welcher ein kurzer doch hinlänglicher Unterricht von dieser Wissenschaft gegeben und die nöthigsten hiezu gehörenden Werkzeuge in acht Kupfern vorgestellet werden. 455 S., gbd., Abb.

Wien: typ.v.Trattnern 1780

JB 3.208

Heister, Lorenz: Kleine Chirurgie oder Handbuch der Wundarzney, in welcher ein kurzer doch hinlänglicher Unterricht von dieser Wissenschaft gegeben und die nöthigsten hiezu gehörenden Werkzeuge in acht Kupfern vorgestellet werden. 454 S., gbd., Abb.

Wien: typ.v.Trattnern 1787

JB 3.209

Heister, L., De cognitione Dei ex neruis. Helmst. 4°. 1721

Lorenz Heister

Laurentius Heisterus [Heister]: Compendii anatomici specimen 2. ([Altdorf] 1716:)Kohlesius. 8°

2: De anatomia in genere.Corporis integumentis communibus partibus continentibus abdominis in specie... [Resp.:] Iacobus Christophorus Scheffler (1716.)

Altdorf, Med. Disp. v. 14. Marz 1716

Heister, Lorenz: Compendium anatomicum, d.i. kurtzer Begriff derjenigen Kunst, welche von denen Theilen des menschlichen Cörpers, und anderer Thiere, nebst deroselben künstlichen Zerlegung handelt. (Compendium anatomicum totam rem anatomicam brevissime complectens. Editio quarta. Dt.) Übers.von Gabr(iel) Fried(rich) Clauder. 430 S., gbd., Abb.

Nürnberg: Weber 1736

JB 661

Lorenz Heister

Laurentii Heisters [Heister] Compendium anatomicum. [Deutsch] d.i. Kurtzer Begriff derjenigen Kunst, welche von denen Theilen des menschlichen Cörpers u. anderer Thiere...handelt. Nach d.neuesten 5. lat. Aufl. durchsehen, verm. u. in vielen Uebers. deutlicher dargest. von Gabr[iel] Fried[rich] Claudern [Clauder]. Th.1.(2.) Nürnberg: Weber 1749. 410 S. 1 Bd 8°

Heister, Lorenz: Compendium anatomicum, d.i. kurtzer Begriff derjenigen Kunst, welche von denen Theilen des menschlichen Cörpers, und anderer Thiere, nebst derselben künstlichen Zerlegung handelt. (Compendium anatomicum totam rem anatomicam brevissime complectens. Editio quinta. Dt.) Übers. von Gabr(iel) Fried(rich) Clauder. 458 S., gbd., Abb.

Nürnberg: Weber 1756

JB 662

Heister, Lorenz: Compendium anatomicum, das ist kurzer Begriff derjenigen Kunst, welche von den Theilen des menschlichen Körpers, und anderer Thiere, nebst derselben künstlichen Zerlegung handelt. (Compendium anatomicum totam rem anatomicam brevissime complectens. Editio novissima. Dt.) Übers. von Gabriel Friedrich Clauder. 460 S., gbd., Abb.

Nürnberg: Krauß 1771

JP 663

Lorenz Heister

Laurentii Heisteri [Heister] Compendium anatomicum veterum recentiorumque observationes et inventa brevissime complectens... Altorfii Noricorum 1717: Kohlesius. 106 S. 8°

Heister, Laur., († d. 18. Apr. 1758.) compendium anatomicum veterum recentiorumque observationes brevissime complectens. C. fig. 4. Alt. 717. Ed. II. 719. 8. Wien. Ed. VI. 761. (Heubner.) 1 ₰ 4 ℊ

— Comp. anatomicum. c. fig. 8. Vien. Camesina. 761.

— dasselbe deutsch m. Kpf. 8. Bresl. 733. Wien 770. Degen. 1 ₰ 8 ℊ (W. Nauck in Leipz.) 1 ₰ 8 ℊ

— — dass. 8. Leipzig, Sommer.

Lorenz Heister

Laurentii Heisteri [Heister] Compendium anatomicum totam rem anatomicam brevissime complectens. Ed. 2. prima longe auctior atque em. Altorfii & Norimbergae: In Bibliopolio Kohlesiano et Adolphiano 1719. XXVI, 238 S. 8°

Lorenz Heister

Laurentii Heisteri [Heister] Compendium anatomicum totam rem anatomicam brevissime complectens. Ed. 3., prioribus longe auctior atque em. Altorfii & Norimbergae: Kohlesius & Weber 1727. XXVI, 352 S. 8°

Lorenz Heister

Laurentii Heisteri [Heister] Compendium anatomicum totam rem anatomicam brevissime complectens. Ed. 4., prioribus longe auctior atque em. T. 1. 2. Norimbergae & Altorfi: Weber & Kohlesius 1732. 2 Bde 8°

Lorenz Heister

Laurentii Heisteri [Heister] Compendium anatomicum totam rem anatomicam brevissime complectens. Ed. 5., prioribus longe auctior atque em. T. 1. 2. Norimbergae: Weber 1741. 1 Bd 8°

Heister, Lorenz: Compendium anatomicum, welches die gantze Anatomie aufs allerkürtzeste in sich begreifft. (Compendium anatomicum totam rem anatomicam brevissime complectens. Dt.) Übers. von Maximilian Lentner. 244 S., gbd., Abb.

Nürnberg: Weber 1721

JB 660

— comp. fundam. medicinae. 4. Helmst. (Weygand in Lips.) 745.

Lorenz Heister

Laurentii Heisteri [Heister] Compendium institutionum sive fundamentorum medicinae cui adiecta est methodus de studio medico optime instituendo et absolvendo una cum scriptoribus medicinae studioso hodie maxime necessariis. Helmstadii: Weygand 1736. 48 S. 8°

Lorenz Heister

Laurentii Heisteri [Heister] Compendium institutionum sive fundamentorum medicinae cui adiecta est methodus de studio medico optime instituendo et absolvendo una cum scriptoribus medicinae studioso hodie maxime necessariis. Ed. 2., auctior atque em. Helmstadii: Weygand 1745. 104 S. 8°

— compendium institutionum sive fundamentorum medicinae. 4. Helmst. 736. Ed. II. auct. 745. 8. Leyd. 749. u. 764.

— compendium medicinae practicae. 8. Amsterd. 745. Deutsch unt. d. T.: prakt. medicin. Handbuch oder Unterricht, wie man d. innerlichen Krankheiten am besten kuriren soll. 8. Nürnb. 763. N. A. 767. Bauer u. Raspe. 16 ℊ

Heister, L. [Praes.], s. Danckwerts, A. F.: Diss. ratio paralysis anatomica.

Heister, L., Diss. de animi defectione. Helmst. 4°. 1726

Heister, Laur., resp. Jac. H. Gebhard, De animi defectione. 34 pp. Helmst. 4°. 1728

— descriptio novi gen. plantae rariss. Africanae ex bulbosar. classe, c. tab. aen. Fol. Braunschw. 753. 1 ₰ 16 ℊ Deutsch. Fol. Ebd. 757.

Lorenz Heister

Laurentii Heisteri [Heister] Descriptio novi generis plantae rarissimae et speciosissimae Africanae ex bulbosarum classe... Brunsvigae 1753: Typis Orphanotropheum. XXVIII S. gr. 2°

— descriptio novi gen. plantae rariss. Africanae ex bulbosar. classe. c. tab. aen. fol. Brunsv. 755.

— designatio librorum suorum. 4. Lpz. 750. Weygand. 2 ℊ

Laurent. Heister (resp. Mich. Ant. Kayser) de medicinae sectae empiricae veteris et hodiernae diversitate. Helmestad. 1741. 4.

Heister (Präs.), s. Duncker, C. H.: De Asthmate scirrhoso ...

Lorenz Heister

Laurentii Heisteri [Heister] Epistola gratulatoria de pilis ossibus et dentibus in variis corporis humani partibus praeter naturam repertis... [Helmstedt 1746.] 10 S. 8°
[Glückwunschschrift zur Dr. med.-Promotion von Samuel Pauer, Helmstedt 1746.]

Laur. Heister epistola de morte Silii Italici, celebris poetae et oratoris, ex clavo insanabili. Helmestad. 1734. 4.

Lorenz Heister

De Fonte medicato prope Helmstadium nuper detecto eiusque salubri usu. [Resp.:] Georg[ius] Ernest[us] Rahlves. Helmstadii (1755:) Schnorr. 56 S. 8°

Helmstedt, Med. Diss. v. 18. Sept. 1755

— fundamenta mediciuae. 8. Amst. 742.

Heister, Laur., Prakt. medic. Handbuch. Lpz. 1744. 8°. *Haller*, Bibl. med. pr. IV, 448.

Lorenz Heister

Laurentii Heisters [Heister: Compendium medicinae practicae. Deutsch:] Practisches medicinisches Handbuch, oder: Kurtzer, doch hinlänglicher Unterricht, wie man die innerlichen Kranckheiten am besten curiren soll. Nebst e.[Dissertatio de medicinae mechanicae praestantia. Deutsch:] Abhandlung von der Vortreflichkeit der mechanischen Artzeney-Lehre.([Übers.:] Frege.)Leipzig: Blochberger 1744. 90, 592 S. 8°

Heister, Lorenz: Practisches medicinisches Handbuch oder: kurtzer, doch hinlänglicher Unterricht, wie man die innerlichen Kranckheiten am besten curiren soll. (Compendium medicinae practicae. Dt.) Neue verbess.Aufl. 662 S., gbd., Abb.

Leipzig: Blochberger 1755

JB 2.099

Heister, Lorenz: Practisches medicinisches Handbuch, oder kurzer, doch hinlänglicher Unterricht, wie man die innerlichen Krankheiten am besten curiren soll. (Compendium medicinae practicae. Dt.) Neue verbess.Aufl. 576 S., gbd., Abb.

Nürnberg: Raspe 1766

JB 2.100

— medicin. Handbuch. 8. Nrnb. Raspe. 767.

Heister, Lorenz (Präs.), s. H e i s e , Christian Daniel: De hernia carnosa vulgo Sarcocele dicta.

Lorenz Heister

De Hernia incarcerata suppurata saepe non lethali. [Resp.:] Ioannes Adolphus Gladbach [1716 - 1785]. Helmstadii (1739:) Schnorr. 42 S. 8°

Helmstedt, Med. Diss. v. 21. März 1739

Heister (L.). Index pl. . . . in hortum acad. Juliae. [Helmstadt, 1730–3.] 8°.
In four annual parts, with varying titles, thus No. 1. Index, etc. [No. 2.] Designatio, etc. No. 3. Catalogus, etc. No. 4. Enumeratio, etc. There are two editions of part 1.

Heister, Laur., Infantes pro suppositis a diabolo habitos, vulgo Wechselbälge, fuisse rhachiticos. Helmst. 4°.
1725

Lorenz Heister

De summe necessaria Inspectione cordis vasorumque maiorum sub legali infantum sectione. [Resp.:] Ioannes Daniel Fareholtz. Helmstadii (1752:) Schnorr. 30 S. 8°

Helmstedt, Med. Diss. v. 13. Okt. 1752

— institutiones chirurgicae. II Tmi. 4. Amst. (Thurneysen, Basel.) 739.

Laur. Heister progr. de inventis anat. hujus saeculi. Wolffenbüttel 1718. 8.

Lorenz Heister

De Masticatione. [Resp.:] Ioh[annes] Christoph[orus] Goez. Noricorum (1711:) Kohlesius. 35 S. 8°

Altdorf, Med. Disp. v. 14. März 1711

Laur. Heister de medicamentis Germaniae indigenis Germaniae sufficientibus. Helmst. 1730. 4.

Lorenz Heister

Laurentius Heisterus [Heister]: De nominum plantarum Mutatione utili ac noxia. [Resp.:] Jodocus Edmundus Sandhagen. Helmaestadii (1741): Schnorr. 60 S. 2°

Helmstedt, Phil.Diss.v.17.Okt.1741

Lorenz Heister

De anatomes maiori in chirurgia quam medicina Necessitate. [Resp.:] Georgius Wagnerus [Wagner, 1757]. Helmstadii (1737:) Schnorr. 72 S. 8°

Helmstedt, Med. Diss. v. Dez. 1737

Heister, Lorenz. Medicinisch-chemische und anatomische Observationen. Rostock 1758—70. H: *Cappel, Wilhelm Friedrich.* (EngM)

—medicin., chym. u. anatom. Observationen. Mit Kpf. 2 Thle. 2r Thl. mit einer Vorr. u. Zusätzen herausg. v. W. Fr. Cappel. 4. Rostock 758—72. Stiller. 4 ℳ

Lorenz Heister

Laurentii Heisteri [Heister] Oratio de incrementis anatomiae in hoc seculo XVIII publice dicta... Wolffenbuttelae: Freytagius 1720. 172 S. 8°

Heister, Laur., orat. de increment. anatomiae. 8. Wolfenb. Meisner. 720.

Lorenz Heister

Laurentius Heisterus [Heister]: De Partu mirabili foetus vivi in somno matris profundo. [Resp.:] Iohann[es] Brand[anus] Henr[icus] Behrens. Helmstadii (1751:) Schnorr. 36 S. 8°

Helmstedt, Med. Diss. v. 10. Dez. 1751

Heister, Laur., Diss. de perturbatione animi atque corporis. Helmst. 4°.
1736

Lorenz Heister

Laurentius Heisterus [Heister]: De Peste. [Resp.:] Gustavus Philippus Negelein. Helmstadii (1744): Schnorr. 37 S. 8°

Helmstedt, Med. Diss. v. 15. Dez. 1744

Laur. Heister (resp. J. G. Ilsemann) de lithotomiae Celsianae praestantia et usu. Helmestad. 1745. 4. — *Recus. in* Haller disp. chir. select. *Gallice vert.* Sanchez. Paris. 1751. 12.

Lorenz Heister

Laurentius Heisterus [Heister]: De lithotomiae Celsianae Praestantia et usu. [Resp.:] Ioannes Guilielmus Ilsemann. Helmstadii (1745:) Drimborn 56 S. 8°

Helmstedt, Med. Diss. v. Nov. 1745

— de prolapsu uteri. 4. Lips. Weygand.

Lorenz Heister

De Prolapsu uteri eum inversione extra partus tempus ex terrore orto. [Resp.:] Theodor[us] August[us] Schlegel [Schleger]. Helmstadii (1750:) Schnorr. 38 S. 8°

Helmstedt, Med. Disp. v. 9. Mai 1750

— de prolapsu uteri. 4. Leipz. 750. Weygand. 3 gr

Heister, L., Diss. Ratio paralyseos anatomica. Helmst. 4°. Auch: Wahrnehm. I, p. 205

1735

Lorenz Heister

De genuum Structura eorumque morbis. [Resp.:] Ioannes Guilielmus Widmannus [Widmann]. Helmstadii (1744:) Schnorr. 85 S. 8°

Helmstedt, Med. Diss. v. Dez. 1744

— de genuum structura, corumq. morbis. c. fig. 8. Helmst. (Weygand, Lips.) 745.

Lorenz Heister

De Superfluis et noxiis quibusdam in chirurgia. [Resp.:] Io(annes) Henricus Schütteus [Schütte]. Altorfii (1718:) Kohlesius. 27 S. 8°

Altdorf, Med. Disp. v. 22. Apr. 1718

Lorenz Heister

Laurentii Heisteri [Heister] Systema plantarum generale ex fructificatione cui annectuntur Regulae eiusdem de nominibus plantarum (Regulae botanicae de nominibus plantarum) a Linnaei longe diversae. Helmstadii 1748: Drimborn. 48 S. 8°

Heister, Laur., Diss. sistens theoriam et therapiam molesti febrium essentialium symptomatis, cujus signum est anxietas. Helmst. 4°.

1755

Lorenz Heister

De Tumoribus cysticis singularibus. [Resp.:] Benedictus Andreas Friese. Helmstadii (1744:) Schnorr. 25 S. 8°

Helmstedt, Med. Diss. v. 22. Dez. 1744

Lorenz Heister

De Tunica oculi choroidea. [Resp.:] Ioannes Sigismundus Leincker. Helmstadii (1746:) Drimborn. 55 S. 8°

Helmstedt, Med. Diss. v. 16. Juli 1746

—, Vindiciae de cataracta, glaucomate et amaurosi. 248 pp. Altd. 1719. 8°.

1716

Heister, Laur., De vindiciis sententiae sitae de cataracta, glaucomate et amaurosi. Altd. 8°. *Haller*, Bibl. chir. II, 5.

1719

Lorenz Heister

Laurentii Heisteri [Heister] Vindiciae sententiae suae de cataracta glaucomate et amaurosi adversus ultimas animadversiones atque obiectiones darii Parisiensis eruditorum ut et Wolhusii ocularii Parisiensis eiusdemque asseclarum. Ad. est ind. in omnes 3 libros de hoc argumento a se ed. Altorfii 1719: Kohlesius. XVI,248 S. 8°

Lorenz Heister

Laurentius Heisterus [Heister]: De arteriae cruralis Vulnere periculosissimo feliciter sanato. [Resp.:] Iohannes Andreas Reinig. Helmaestadii (1741:) Schnorr. 38 S. 8°

Helmstedt, Med. Diss. v. 22. Dez. 1741

Lorenz Heister

De Vulneribus machinarum ignivorarum. [Resp.:] Wilhelmus Iustus Helckerff. Helmstadii (1744:) Schnorr. 38 S. 8°

Helmstedt, Med. Diss. v. Mai 1744

Heister, Laur., Med. chir. u. anat. Wahrnehmungen. Rost. 1753. 4°. *Haller*, Bibl. anat. II, 54.

1753

Heister, Lorenz: Medicinische, chirurgische und anatomische Wahrnehmungen. Zum Druck befördert durch Wilhelm Friedrich Cappel. Bd 2, 924 S., gbd., Abb.

Rostock: Koppe 1770

JB 3.210

Heisterbach, Cäsarius v., wunderbare und denkwürdige Geschichten aus seinen Werken, s. Annalen des historischen Vereins für den Niederrhein.

Heisterberg, Wilhelm August (Oederan), De humoribus morborum causis. Disp. med. Präs. Anton Wilhelm Plaz. Lpz. (Büschel) 14. XI. 1783. 32 S. (6.50) 14124

Heisterbergk, B., d. Bostellg. d. Beamten durch das Los, s.: Studien, Berliner, für klass. Philologie u. Archäologie.

Heisterbergk, Bernh., die Entstehung d. Colonats. gr. 8. (IV, 148 S.) Leipzig 876. Teubner. n. 3. 60

Heisterbergk, B., Fragen der ältesten Geschichte Siciliens, s.a. Studien, Berliner, für classische Philologie u. Archäologie.

Fragen der ältesten Geschichte Siciliens. Von B[ernhard] **Heisterbergk.** Berlin: S. Calvary & Co. 1887. (106 S.) 8°
—**Studien, Berliner, f. classische Philologie u. Archaeologie. Bd 9, H. 3.**

Heisterbergk, B., Fragen der ältesten Geschichte Siciliens. (= Berliner Studien für classische Philologie und Archaeologie IX, 3.) Berlin 1889.

Heisterbergk, Bernh., über den Namen Italien. Eine histor. Untersuchung. gr. 8. (IV, 166 S.) Freiburg i/Br. 881. Mohr. n. 4. —

Heisterbergk, B., Name u. Begriff d. Jus italicum. gr. 8. (VIII, 191 S.) Tübingen 885. Laupp. n. 4. —

Heisterbergk, C., s.: Herz, ein tapferes.

Heisterbergk, Constanze, s. Heisterbergk, Konstanze

Heisterbergk, H. A. : De insomniis..., s. Buechner, A.E. (Praes.)

Heisterbergk, Heinrich August (Oederan), De varicibus. Diss. med. Präs. Wilhelm Andreas Haase. Lpz. (Staritz) 24. IX. 1824. 26 S. (6.—) 14125
Gew.: Wilhelm August Heisterbergk (Vater).

Heisterbergk, Car. Aug., praes. Car. Fr. **Kaltschmid,** De virgine nymphomania laborante casus. 24 pp. Jen. 4°. 1748

Heisterbergk, Konstanze. 1900. [Pseud.]
s.a. Malapert-Neufville, Marie Konstanze Frfr. v.

— Harfenklänge. Eine Sammlg. geistl. Lieder. (119 S.) 8. Leipzig 905. H. G. Wallmann. n. 1. 50; geb. in Leinw. n. 2. 60

Heisterbergk, Constanze (Marie Const. Hoch), Kommunionbuch f. Konfirmanden u. junge Christen v. der Verf. d. „Wortes an Frauen üb. die Frau". 12. (80 S.) Leipzig 893. H. G. Wallmann. Geb. in Leinw. m. Goldschn. n. 1. —

Heisterbergk, Constanze, schottische Landschaftsbilder in Verbindung mit Geschichte und Sage. Blätter aus einem Reisetagebuche. gr. 8. (VII, 93 S.) Dresden 883, (Burdach.) **

Heisterbergk, Constanze (M. C. Hoch), Maria u. Magdalena. Erzählg. 2. [Titel-] Aufl. 8. (173 S.) Leipzig (895) 898. E. Ungleich. n. 2. —; geb. n. 2. 80
Die erste Aufl. erschien unt. d. Pseudonym C. Hoch.

— Samenkörner. Eine Gabe f. jung u. alt. (74 S.) kl. 8. Dresden 906. A. Köhler. n. 1. —

— Säwitri. Drama in 3 Akten m. 1 Vorspiel, nach e. Episode des Mäha-Bhärata frei bearb. (53 S.) gr. 8. Dresden (907). (C. Höckner.) nn 1. 25

— Walther v. der Vogelweide. Eine Gabe f. d. deutsche Haus. (257 S. m. 9 Taf.) 8. Dresden 910. E. Pierson. 4.—; geb. n 5. —

Heisterbergk, Constanze: Ein Wort an Frauen über die Frau. — Gotha: Perthes 1874. XII, 328 S. 8°

—— ein Wort an Frauen über die Frau. 2. Aufl. 8. (XIV, (325 S.) Gotha 883, F. A. Perthes. geb. *

Heisterhagen, **H. Ph., de inflammatione ejusque causis. 8. Marb. 792. Krieger. 2 gr.**

Heistermann, C., neues Album für deutsches Theater. 1. Bdchn. A. u. d. T.: Traue Niemand. Lustspiel in 3 Akten. 8. (128 S.) Leipzig 849, Leiner.

Heistermann, C., Traue Niemand, siehe: Album, neues, f. deutsches Theater, 1. Bdchn.

Heisz, Abr[aham]. Eine anonyme arabische Uebersetzung und Erklärung der Propheten Zephanja, Haggai und Zecharja. (Auf Grund einer Copie der Budapester-Seminar-Bibliothek [hrg. als]) Diss. Phil. Bern. 48 S. 8. Berlin, H. Itzkowski, 1902.

Heisz, A., eine anonyme arabische Uebersetzung u. Erklärung der Propheten Zephanja, Haggai u. Zecharja, hrsg. u. m. krit. Anmerkgn. versehen. (48 S.) gr. 8. Berlin 902. (M. Poppelauer.) n. 1. 50

Heitefuß, Cl., Eva, Maria u. Du. Stammbaumblätter der Frau. (VII, 144 S.) 8. Eisenach (906). B. Elfert & C. Scheibe. Geb. in Leinw. n. 2. —

Heitefuß, Cl., HErr, lehre uns beten! (123 S.) 8. Neumünster (909). Vereinsbuchh. G. Ihloff & Co. 1. —

— Ich suchte Ihn, den meine Seele liebet. Erzählung e. Lebens. (290 S.) kl. 8. Barmen (908). E. Biermann. Kart. 3.50; geb. in Leinw. 4. —

— Rosen u. Lilien aus Gottes Garten. Mit Vorwort v. A. Cristiansen. (VII, 160 S.) 8. Berlin 909. Deutsche ev. Buch- u. Traktat-Gesellschaft. 1.50; geb. n 2. —

— Seiner Mutter Sohn. Streiflichter auf das Werden u. Wirken des Thimotheus. (64 S.) 8. Neumünster (910). Vereinsbuchh. G. Ihloff & Co. — 50

Heitemeyer, Ferdinand

Heitemeyer, F., Abendglocken. Gedichte. 12. (IX, 271 S.) Paderborn 889. F. Schöningh. n. 2. 40; geb. m. Goldschn. n. 3. 60

Heitemeyer, Ferd., Clodoald. Drama in 3 Acten. 12. (112 S.) Paderborn 888, F. Schöningh. * geb. * ℳ 1.80.; mit Goldschn. *

Heitemeyer, Ferd., Ehrenpreis f. Papst Pius IX. 2. Aufl. gr. 16. (106 S.) Paderborn 876. Schöningh. n. 1. —

Heitemeyer, Ferd., Gedichte. 2. Aufl. 12. (371 S.) Paderborn 886. F. Schöningh. n. 3. —; geb. n. 4. 50

Heitemeyer, Ferd., Harfe der Liebe zum allerheiligsten Altarssacramente. 2. Aufl. 12. (188 S.) Paderborn 880. F. Schöningh. n. 1. 80; geb. n. 3. —

— Harfe der Liebe zum allerheiligsten Altarssacramente. 3. Aufl. 12. (183 S.) Ebend. 886. n. 1. 80; geb. m. Goldschn. n. 3. —

Heitemeyer, Ferd., Harfe d. Liebe zum allerheil. Altarssacramente. 4. Aufl. 12. (183 S.) Paderborn 896. F. Schöningh. n. 1. 80; geb. n. 3. —

— die Heiligen Deutschlands. gr. 8. (IV, 672 S.) Paderborn 888. Bonifacius-Druckerei. n. 3. —

—— der Missionär und der Geheimbündler, s. Familien-Bibliothek.

—— deutsche Sagen. 12. (VII, 359 S.) Paderborn 885, F. Schöningh. * geb. mit Goldschn. *

— — Sagen u. Legenden aus fernen Landen. 12. (288 S.) Paderb. 892, Bonifacius-Druckerei. 2 40

Heitemeyer, F., Weihnachtsfeier f. 4stimmigen Männerchor, s.: Müller, Heinr. Fidelis.

Heiten, Edmund, a. Klein-Villip (Kr. Rheinbach): Ueber Saccharin und Saccharinate und ihre Bildungsgeschwindigkeit aus Zuckerarten unter dem Einfluss von Alkalien. Bonn 1907: A. Broch. (52 S.) 8°
Bonn, Phil. Fak., Ref. Anschütz, Diss. v. 13. Nov. 1907
[Geb. 5. Jan. 79 Klein-Villip; Wohnort: Bonn; Staatsangeh.: Preußen; Vorbildung: Progymn. Rheinbach, Königl. Gymn. Neuß Reife O. 02; Studium: Bonn 8 S.; Rig. 3. Juli 07.]

Heiter u. froh. schmal Lex.-8. (12 S. m. z. Tl. farb. Bild.) Eßlingen 898. J. F. Schreiber. Kart. n. — 35

Heiter, Adf., Prinzeß Rosalinde und Prinz Kolibri. Ein Märchen für die lieben Kleinen. 4. (16 S. mit Chromolithogr.) Leipzig 883, Opetz. cart.

Heiter, Ant., der Indifferentismus, das Irrlicht unserer Zeit, s.: Volksaufklärung. Nr. 70.

— die Sozialdemokratie vor dem Richterstuhle der Vernunft, s. a. Volksaufklärung Nr. 71/72.

Heiter, A., Die Socialdemokratie vor dem Richterstuhle der Vernunft. Ein Vortrag. 16°. Warnsdorf, A. Opitz, 1904.

Heiter, Ernst, s. a. Ehekrüppel.

HEITER, Ernst (ps.), Ehegrüppel (!). Hieroglyphisch-typische Warnschrift gegen die ††† Frauen und Brrr! Ehe. 2. Aufl. O. O. u. J. (1883). 8°. 16 S. (50 Pfg. Jacques Rosenthal, c. 1903.)
Die erste Aufl. von demselben Jahre. (Weller, Lex. Pseud. p. 249.)

Heiter, E., ein Ehrenwort, s. Bloch's, E., Dilettanten-Bühne.

Heiter, Ernst, Sammlung beliebter Polterabend-Scherze. 8. (62 S.) Breslau 851, Leuckart. ¼ ₰

Heiter, Ernst, der moderne Vereinsredner. Prologe, Ansprachen, Tischreden, Toaste, Gratulations- u. Festgedichte u. -Reden heiteren u. ernsten Inhalts. 1. Bdchn. (48 S.) kl. 8. Reutlingen (910). R. Bardtenschlager. — 20

Heiter, Fritz, der lust. Depeschendichter. Kurze Glückwunschverse f. Telegramme u. Postkarten. Ein Helfer in d. Not b. Gratulation zu Verlobg., Hochzeit, Geburtstag, Taufe, Konfirmation, Examen, Beförderg., Jubiläen, Auszeichng., Orden u. s. w. gr. 16. (64 S.) Stuttgart 898. Levy & Müller. n. — 50

Heiter, Fritz, d. Gratulant. D. reichhalt. Gratulationsbuch f. alle Festlichkeiten, nebst e. Anh. von Trinksprüchen u. Stammbuchversen. 8. (78 S.) Berlin 896. A. Weichert. — 50

Heiter, Fritz, Lexikon der Postkarten-Grüße. 12. (32 S.) Stuttgart 899. Levy & Müller. — 30

Heiter, Heinr., e. Wiederfinden, s.: Nimm u. lies.

Heiter, J., e. Geheimmittel, s.: Both's, L. W., Bühnen-Repertoir.

Heiter, J., Generalissimus und Adjutant, s. Both's, L., W. Bühnen-Repertoir des Auslandes.

Heiter, Julius [Pseud.], s. Mahlmann, Siegfried Aug.

Heiter, Jul., (Siegfr. Aug. Mahlmann), s. Narrheit u. Vernunft.

Heiter, **Carolus**: De patriciis gentibus quae imperii Romani saeculis I. II. III. fuerint. (Berolini: Mayer & Mueller 1909.) 78 S. 8°
Berlin, Phil. Diss. v. 27. Febr. 1909, Ref. Hirschfeld
[Geb. 16. Sept. 85 Berlin; Wohnort: Friedenau; Staatsangeh.: Preußen; Vorbildung: Luisenstädt. Gymn. Berlin Reife O. 05; Studium: Berlin 7 S.; Rig. 17. Dez. 08.] [U 09. 188

Heiter, Lachmundus (Pseud.), s.a. Cremann, Bernhard

Heiter, Lachmundus, s. a. Zucker-Klümpkes.

Zucker-Klümpkes aoder Spassige Stückskes ut dat Liäben van Franz Schulte Rakum. Verdellt un vertellt van Lachmundus **Heiter**. 2. verb. Upl. *Essen (Ruhr): Fredebeul & Koenen 1902.* (96 S.) 8° [F.] (02. 6; 4 6

Heiteres und Ernstes. 8. (8 Chromolithogr. mit Text.) Stuttgart 887, G. Weise. *
Unzerreißbar, geb.
geb. auf Leinw.

— — dass. — 4. (32 Chromolithogr. mit eingedr. Text.) Ebendas. 888. cart.

— — aus der Geschichte der Prügel. Ein Beitrag zur Frage der Zulässigkeit körperl. Züchtigungen. Von einem Philanthropen. 8. (59 S.) Leipzig 887. Thiele. — 75

Heiteres und Ernstes aus dem Kinderleben zur Unterhaltung und Belehrung für die erste Jugendzeit. Mit (12 lith. u.) color. Bildern. Frankfurt a. M. 856. Krebs-Schmitt. 16. (32 S.) n. 8 ngr.

Heiteres u. Ernstes in Liedern aus der Zeit d. Krieges 1870—1871. Ein Gedenkblatt an Deutschlands Wiedergeburt, unsern siegreichen Truppen gewidmet. 32. (64 S.) Reutlingen 871. Enßlin & Laiblin. — 20

Heiteres aus Hessen. Altes und Neues in alt-Casseler und niederhessischer Mundart. 8. (32 S.) Cassel 870, Vollmann'sche Buchh.

Heiteres aus dem Juristenleben verfasst und gesammelt von einem Advocatius. 2. Aufl. Wien 1879. V: *Breitenstein, Joseph.* (EB)

Heiteres aus dem Juristenleben, verfasst und gesammelt von einem Advocaturs-Candidaten. gr. 16. (VII, 96 S.) Wien 879, (Perles.) * 2 40
— dass. — [2. verb. Aufl.] gr. 16. (VIII, 92 S.) Wien 879, Verlag der „Alma Mater". (Perles.) * 2 10

Heiteres aus der Kinderwelt. 6 farb. Taf. Mit (eingedr.) Versen v. Klara Reichner. 4. Stuttgart 889. G. Weise. cart. n. — 50; auf Leinw. 1. 50

Heiteres aus d. Kinderwelt. 4. (8 Bl. m. farb. Bild u. eingedr. Text.) Stuttgart 896. G. Weise.
Auf Leinw., geb. 1. 80

— aus der Landwirthschaft. Gesammelt u. hrsg. von Agronomicus. Mit vielen Orig.-Illustr. 12. (IV, 112 S.) Wien 881. Perles in Comm. n. 2. 40

—— und Pikantes vom letzten sächsischen Landtage. Nach den stenograph. Landtagsmittheilungen. 8. (VII, 120 S.) Dresden 870, Heinrich. *

Heiteres für Purim. I.: Ein Purim beim Schwartauer Raw. Posse m. Gesang in Knittelversen f. größere Kinder. II.: Der Wundarzt. Humoristisches Intermezzo. Anh.: Zwei Hochzeitsdeclamationen. Von Frau C. 8. (24 S.) Frankf. a. M. 891, Kauffmann. * — 60

— aus d. russischen Soldatenleben, s. a. Ecksteins 50-Pfennig-Bibliothek.

[F.] Heiteres aus dem russischen Soldatenleben v. *** Vf. v.: 'Die Völker Russlands in Waffen' ... 3. Taus. *Berlin: R. Eckstein Nf. [1897].* (64 S.) 1 Bd 8.
= 50 Pfennig-Bibliothek, Eckstein's. No 27. [98. 7319

Heiterkeit, ungeheure. Die Lieder d. Harfenisten u. Bänkelsänger auf der Messe. Gesammelt v. Chrph. Pietzsch. 1. Lfg. 8. (6 B.) Leipzig 845. (Schreck.) *

Heitermann, E., idealistisch-philosophische Gedichte. 8. (86 S.) Stuttgart 890. (Kaliwoda.) n. — 20

Heitger, H.

— Kathol. Gesang- u. Gebetbuch f. Mittelschulen, s.: Koenig, Leo.

Heitger, H., S. J., kathol. Gesang- u. Gebetbuch f. Mittelschulen, s.: Kreis, Joh.

Heitger, H., S. J., Gesangbuch f. Mittelschulen, s.: König, Leo.

Heithecker, F. Jean Bodel's „Jeu de Saint Nicolas". Diss. Münster 1885. 67 S.

Heitkamp, Ludw. Über die Lektüre der lateinischen Dichter auf dem Gymnasium. 20 S. Progr. *Göttingen* 1885.

Heitkönig, (Joan. Bern.) Joseph. (geb. Halverde in Westf. 13. 2. 1813): De angina maligna. Berolini (1840). (29 S.) 8°
Berlin, Med. Diss. v. 19. Sept. 1840

Heitler, Joach., der Anschauungsunterricht f. die ersten 2 Klassen der Volksschulen in Verbindg. m. Sprech- u. Schreibübgn. Geordnet nach dem „Stoff zur Anschauung in der Fibel". 8. (XII, 112 S.) Wien 870. Pichlers Wwe. & Sohn. 1. —

Heitler, M., die Behandlung der Pleuritis u. ihrer Produkte, s.: Klinik, Wiener, 1877.

Heitler, M. (Hrsg.), s. Centralblatt f.d. gesamte Therapie.

Heitler, M. Gedenkrede auf Ludwig Türck, s. Klinik, Wiener.

— über Heilbarkeit der Lungenschwindsucht u. über Kombination der Tuberkulose mit anderen Krankheiten, s.: Klinik, Wiener, 1880.

Heitler, M., über die Indicationen chirurgischer Eingriffe bei internen Krankheiten. gr. 8. (48 S.) Wien 886, Perles. *
Aus: Centralblatt für die gesammte Therapie, besonders abgedruckt.

Heitler, M. (Red.), s. Mittheilungen des Vereins der Aerzte in Nieder-Oesterreich.

—— Die Percussionsverhältnisse am normalen Herzen. gr. 8. (24 S.) Wien 891, Hölder. * — 64
Aus: Wiener klin. Wochenschrift, besonders abgedruckt.

— Joseph Skoda, s.: Klinik, Wiener, 1881.

— Ovids Verbannung. 8. (46 S.) Wien 898 M. Perles. n. 1. 20

— üb. die Wirkung thermischer u. mechanischer Einflüsse auf den Tonus des Herzmuskels. [Aus: „Centralbl. f. d. ges. Therapie".] gr. 8. (21 S.) Wien 894. M. Perles. n. — 80

Heitler, M., s.: Zentralblatt f. die gesamte Therapie.

Heitmann, Adf., s.: Volksmann, Ernst.

Heitmann, Alb., das Lehrerprüfungswesen, s. a. Abhandlungen, pädagogische.

Das Lehrerprüfungswesen. Von Albert Heitmann. *Bielefeld: A. Helmich [1902].* (14 S.) 8° [F.]
— Abhandlungen, Pädagogische. H. 71. [03. 4003

Heitmann, Alb., Mißstimmungen im Lehrervereinsleben, s. a. Abhandlungen, pädagogische. 91. Hft.

Mißstimmungen im Lehrervereinsleben. Ein Beitrag z. Rektorenstreit, z. Universitätsbildung u. gehaltlichen Gleichstellung d. Lehrer. Von Albert Heitmann. Bielefeld: A. Helmich [1905]. (18 S.) 8° [F.]
= Abhandlungen. Pädagogische. H. 91. [05 14476

Heitmann, August [aus Laer]: Ueber den Einfluss der Massenveränderung auf die Schwingungen quadratischer Platten .... Marburg, *Druck v. Fedor Wilisch, Schmalkalden*, 1886; 36 S. u. 23 Taf. 8°.
Marburg. Phil. Fak., Inaug.-Diss. v. 12. Mai 1886.

Heitmann, Aug., über den Einfluss der Massenveränderung auf die Schwingungen quadratischer Platten. Inaugural-Dissertation. gr. 8. (36 S. mit 22 Taf.) Marburg 886. (Schmalkalden, Wilisch.) **

Heitmann, B., die Proletarier. 6 Bde. 16. (728 S.) Hamburg 851, Richter. à Bd. 7½ Ngr.

Heitmann, Elias Friedrich (Erfurt), De austregis conventionalibus ganerbiorum nobilitatis immediatae, sive Von denen Geschlechts=Erkohrnen. Diss. jur. publ. Erfurt (Grosch) 29. V. 1728. 62 Seiten. (7.—) 14126
Gew.: Joh. Christoph v. Ebersberg gen. v. Weyhers (Gersfeld, Weyhers).

Heitmann, Ernst, s.: Adreßkalender des Bundes deutscher Gastwirte.

Heitmann's Briefmarken-Katalog u. Manko-Liste zu Schwaneberger's Briefmarkensammelbuch (Zukunfts-Album), sowie zu jedem anderen Briefmarken-Album. 12. (227 S.) Leipzig 894. E. Heitmann. — 75

— illustr. Briefmarken-Sammelbuch, bearb. nach H. Schwaneberger's grossem Briefmarken-Sammelbuch. Enth. 10,500 Markenfelder. Illustr. m. 4300 Markenabbildgn., 431 Wasserzeichen, 146 Wappen u. 68 Portraits. Mit e. Weltkarte. gr. 4. (IV, 359 S.) Ebd. 893. Geb. in Halbleinw. n. 3. —

Heitmann's illustr. Briefmarken-Sammelbuch, bearb. nach H. Schwaneberger's grossem Briefmarken-Sammelbuch. Enth. 11 500 Markenfelder. Illustr. m. 4320 Markenabbildgn., 330 Wasserzeichen, 130 Wappen, 53 Portr., 12 Klappenstempelabbildgn., 2640 Seltenheitsbezeichngn. u. 1 Weltpostkarte. Neueste Aufl. gr. 4. (VI, 360 S.) Leipzig (901). E. Heitmann. Geb. 3.— u. 3. 50

Heitmann's, Ernst, Führer durch Leipzig. M. Berücksicht. d. Besuchszeiten aller Sehenswürdigkeiten. M. übersichtl. Plan von Leipzig in Farbendr., Plan des Schlachtfeldes, nebst Verzeichniss d. Schlachtendenkmale u. Merksteine etc. 12. (V, 56 S.) Leipzig 896. E. Heitmann. Kart. 1. —

— s.: Handbuch, grosses, d. Philatelie.

— illustr. Handbuch f. Briefmarkensammler. Preis- u. Mancoliste zu Schwaneberger's Zukunfts-Album, sowie jedem andern Briefmarken-Album. Hrsg. v. Paul Lietzow. Illustr. m. vielen Abbildgn., sowie m. 15,000 Nrn. u. 30,000 Preisen versehen. 1894/95. 12. (XVI, 160 S.) Ebd. 894. Geb. in Leinw. n. 1. 50

— illustr. Handbuch f. Briefmarkensammler. Preis- u. Mancoliste zu Schwaneberger's Zukunfts-Album, sowie jedem and. Briefmarken-Album. Enth. sämtl. Marken, Postkarten, Briefumschläge, Kartenbriefe, Postanweisgn., Streifbänder, Paketadressen etc. Mit Berücksicht. der Neu-, Fehldrucke, Typen, Zähngn., Wasserzeichen, Formate, Klappenstempel, Gummiergn. etc. Illustr. m. vielen Abb., sow. m. 15000 Nummern u. 30000 Preisen versehen. 1895/96. 12. (XVI, 176 S.) Ebd. 895. Geb. in Leinw. n. 1. 75

— Ratgeber. Illustrirte Halbmonatsschrift f. alle Liebhabereien auf den Gebieten d. Sammelns, der Tier- u. Pflanzenpflege u. sonst. Beschäftiggn. Red.: A. Bennstein. 1. Jahrg. Apr. 1892 — März 1893. 24 Nrn. (1½ Bog.) 4. Ebd. n. 4. —

—— Schülerkalender f. 1891—93. Unentbehrliches Taschenbuch f. alle Schüler u. Schülerinnen. Grosse Ausg. A 1. gr. 16. (à Jahrg. 207 S. m. Abbildgn.) Grosse Ausg. A 2. gr. 16. (à Jahrg. 212 S.) Kleine Ausg. gr. 16. (à Jahrg. 123 S. m. Abbildgn.) Ebd.
Gr. Ausg. 1 à Jahrg. geb. 1 —; gr. Ausg. 2 à Jahrg. — 75
Kl. Ausg. à Jahrg. — 50

—— Touristen-Taschenbuch m. vorgedr. Reise-Tagebuch. 12. (à Jahrg. 251 S. m. Postkarten.) Ebd. 891. cart. à Jahrg. 1 —

Heitmann, Fritz, Architekt: Beschreibung des neuen Gymnasialgebäudes. Osterode Ostpr. 1908: Albrecht. S. 3—9. 4°
Osterode Ostpr., Kaiser-Wilhelm-G OP 1908 (14) [S 08. 174

Heitmann, Fritz [pract. Arzt aus Holle]: Sechs Faelle von typischen Nasenrachenfibroiden, beobachtet und operirt in der Göttinger chirurgischen Klinik .... Oldenburg, Druck v. B. Scharf, 1888; 28 S. +1 Bl. 8°
Göttingen, Med. Fak., Inaug.-Diss. v. 29. Jun. 1887

Heitmann, Fritz, sechs Fälle von typischen Nasenrachenfibroiden, beobachtet und operirt in der Göttinger chirurg. Klinik. Inaugural-Dissertation. gr. 8. (28 S.) Oldenburg —888. (Göttingen, Vandenhoeck und Ruprecht.) *

Heitmann, G.: Das C a p l a n d . Nach den Aufzeichnungen von G. Uhlemann geschildert. Mit 5 Illustrationen. (Die deutschen Kolonialgebiete. Nr. 6.) Leipzig 1886. 68 S. 8°

Heitmann, G., Transvaal, das Land, seine Bewohner u. seine wirtschaftlichen Verhältnisse. Nach mehrjähr. eigener Anschaug. geschildert. 12. (IX, 112 S.) Leipzig 888. (G. Weigel.) n. 1. —

Heitmann, H., Zeittafel der Geschichte der Hamburger Turnerschaft von 1816. 1816—1882. Hamburg 1883. 23 S., 8°.

Heitmann, Joh., vor dem Richterstuhle d. öffentl. Meinung. (Eine Criminaluntersuch.) gr. 8. (5 B.) Leipzig 835, Steinacker. Thlr.

Heitmann, Joseph [Dr.]: Die Pronomina in dem altfranzösischen Epos „Karls des Grossen Reise nach Jerusalem und Konstantinopel". Crefeld, J. B. Klein'sche Buchdr., *1891;* S. 3—22; 4°
Crefeld, R, P 1891 (473)

Heitmann, Karl Frdr., Madonna d. Sünde u. anderes. Seelenskizzen. 8. (155 S) Berlin 898. Deutscher Autoren-Verlag. n. 2. —

Heitmann, Karl Frdr., Rungholt. Schauspiel in 5 Aufzügen. 8. (III, 187 S.) Hamburg (902). A. Harms. n. 2. —

Heitmann, Ludw., Antrittspredigt üb. Ev. Marc. 4, 26—29, geh. bei seiner Einführg. in das Amt e. Pastors zu St. Catharinen am 11. IX. 1906. (15 S.) 8. Hamburg 906. H. Seippel. n. — 40

Heitmann, Mathilde, Kinderlieder. Gesammelt und mit Klavierbegleitung versehen. gr. 8. (26 S.) Hamburg 886, O. Meißner's Verlag.

Heitmann, Mathilde, Kinderlieder. Gesammelt u m. Klavierbegleitg. vers. 2. Aufl. Lex.-8. (II, 26 S.) Hamburg 895. O. Meißner's Verl. Kart. n. 1. 50
geb. n. 2. —

— unsere Lieblingslieder. Kinderlieder, gesammelt a. d. Schatze uns. großen Meister. Lex.-8. (24 S.) Ebd. 895. Geb. in Leinw. n. 2. —

Heitmann, P., Leitfaden zu dem Entwurf von Schiffen in Bezug auf Tragfähigkeit und Tiefladelinie. Rostock 1880. 8°.

Heitmann, Paul, Referendar in Cöln: Die Konkurrenzklausel des Handlungsgehülfen (§§ 74, 75 H.G.B.). Borna-Leipzig 1907: R. Noske. (IX, 65 S.) 8°
Leipzig, Jur. Fak., Diss. v. 27. Sept. 1907
[Geb. 17. März 83 Cöln-Nippes; Wohnort: Cöln; Staatsangeh.: Preußen; Vorbildung: Friedrich-Wilhelms-Gymn. Cöln Reife O. 02; Studium: München 3, Freiburg i. B. 3, Bonn 2 S.; Rig. 29. Juli 05.]

HEITMEIR, Josef (Fürstenfeldbruck): Ueber einen Fall von Tuberkulose der Haut und des Unterhautzellgewebes (Lymphangitis tuberculosa) mit vorwiegend phlegmonösem Charakter.- München: Wolf 1910. 31 S.
28.6.1911 - Chr 1911/12,24; U 11.3639
Diss.Ingolst.-Landsh.-Mchn.

Heitmüller, Ferdinand

—— s. Aus dem Goethehause.

Heitmüller, F., im Banne der Aphrodite. Drei Novellen. 8. (VI, 289 S.) Altona 890. Reher. n. 4.—; geb. n. 5. 50

— Blondel. Eine Aventiure. 8. (163 S.) Hamburg 889. O. Meißner's Verl. n. 2. —

Heitmüller, Ferdinand: Hamburgische Dramatiker zur Zeit Gottscheds und ihre Beziehungen zu ihm. Ein Beitrag zur Geschichte des Theaters und Dramas im 18. Jahrhundert. . . . Wandsbeck, F. Puvogels Buchdr., 1890; VI, 101 S. 8°
Jena, Phil. Fak., Inaug.-Diss. v. 1890

Heitmüller, Ferd., hamburgische Dramatiker zur Zeit Gottscheds u. ihre Beziehungen zu ihm. Ein Beitrag zur Geschichte d. Theaters u. Dramas im 18. Jahrh. gr. 8. (VI, 101 S.) Dresden 891. E. Pierson. n. 2. 40

— das Medeabild. Drama. 8. (31 S.) Dresden 890. Pierson's Verl. n. 1. —

— s.: Riemer, Frdr. Wilh. Aus dem Goethehause.

— Adam Gottfried Uhlich. Holländische Komödianten in Hamburg (1740 u. 1741), s.a. Forschungen, theatergeschichtliche.

Heitmüller, F., Adam Gottfried Uhlich. Hamburg 1894. 8⁰.

Heitmüller, Frz. Ferd., der Schatz im Himmel. Novellen. 8. (V, 233 S.) Berlin 900. S. Fischer, Verl. n. 3. —; geb. n. 4. —

Heitmüller, Frz. Ferd., Tampete. Novellen. 8. (III, 207 S.) Berlin 899. S. Fischer, Verl. n 2. —

Heitmüller, Karl

Heitmüller, K., d. Ausbildg. d. Zahnärzte. gr. 8. (16 S.) Göttingen 897. (Deuerlich.) n. — 40

Die Ausbildung der Zahnärzte. Von K. **Heitmüller**, Lehrer a. d. Univ. Göttingen. Nach e. Vortrage geh. in d. Sektion f. Zahnheilkunde auf d. Versammlung deutscher Naturforscher u. Aerzte zu Braunschweig. *Göttingen 1897: L. Hofer.* (16 S.) 8° 99. 6647

Exostosen an den Kieferknochen. Vortrag geh. zu Frankfurt a. M. von Dr. [Karl] **Heitmüller**. Berlin 1906: Rosenthal. 7 S. 8° [Umschlagt.]
Aus: Correspondenz-Blatt f. Zahnärzte. Bd 35, H. 4. A 12. 5685 7

Angeborene Gaumenspalten und die mit der operativen und prothetischen Behandlung derselben erzielten sprachlichen Erfolge. Von Dr. K[arl] **Heitmüller**. Vortrag geh. in Cassel. Berlin 1904: Rosenthal. 16 S. 8° [Umschlagt.]
Aus: Correspondenz-Blatt f. Zahnärzte. Bd 33. H. 1. A 12. 5686 7

Das Verschlucken von künstlichen Gebissen. Von Dr. [Karl] **Heitmüller**. Leipzig 1905: Pries. 6 S. 8° [Umschlagt.]
Aus: Deutsche Monatsschrift f. Zahnheilkunde. Jg 23, H. 11. A 12. 5688 7

Heitmüller, Karl, die Wiederherstellung v. Zahn-Conturen durch Teile künstlicher Zähne in Verbindung m. Glasmasse, Cement, Amalgam-Cement u. Gold. gr. 8. (VII, 116 S. m. 118 Fig.) Leipzig 892. (A. Felix.) n. 4. 50

Heitmüller, Wilh., vom Glauben. Predigt, in der Universitätskirche zu Göttingen geh. 2. Aufl. (16 S.) gr. 8. Göttingen 904. Vandenhoeck & Ruprecht. n. — 30

Heitmüller, W[ilhelm], cand. rev. min.: **'Im Namen Jesu'.** Eine sprach- u. religionsgeschichtl. Untersuchung zum Neuen Testament, speziell zur altchristl. Taufe. *Göttingen 1902: E. A. Huth.* (VI, 93 S.) 8° ¶ (Erscheint vollst. bei Vandenhoeck & Ruprecht in Göttingen.)
Göttingen, Theol. Diss. u. zugl. Hab.-Schr. v. [12. Febr.] 1902

— „im Namen Jesu", s.a. Forschungen zur Religion u. Literatur des Alten u. Neuen Testaments. I. 2.

'Im Namen Jesu.' Eine sprach- u. religionsgeschichtl. Untersuchung z. Neuen Testament, spez. z. altchristl. Taufe. Von **Wilhelm Heitmüller**, Lic., Privatd., Göttingen. *Göttingen: Vandenhoeck & Ruprecht 1903.* (X, 347 S.) 8°
— **Forschungen** z. Religion u. Literatur d. Alten u. Neuen Testaments. Bd 1, H. 2.

Heitmüller, W., s.: Rundschau, theologische.

— s.: Schriften, die, des Neuen Testaments.

Taufe und Abendmahl bei Paulus. Darstellung u. religionsgeschichtl. Beleuchtung. Von W(ilhelm) **Heitmüller**, Priv.-Doz., Göttingen. *Göttingen: Vandenhoeck & Ruprecht 1903.* (56 S.) 8° 03. 14037 9

Heitmüller, W[ilhelm], cand. rev. min.: **Thesen... zur Erlangung der theologischen Licentiatenwürde...** *[Göttingen 1902: Dieterich.]* (2 Bl.) 8°
Göttingen, Theol. Thes. v. 15. Febr. 1902

Heitsch, Fritz, a. Niederpöllnitz: **Die Verfügungsbeschränkung des § 161 BGB.** Borna-Leipzig 1906: R. Noske. (VIII, 37 S.) 8°
Jena, Jur. Fak., Ref. Danz, Diss. v. 6. Nov. 1906
[Geb. 11. Apr. 82 Niederpöllnitz, Kr. Neustadt a. Orla; Wohnort: Hausgrün b. Neuensalz i. Vogtl.; Staatsangeh.: Sachsen-Weimar; Vorbildung: Gymn. Gera Reife O. 02; Studium: Leipzig 2, München 2, Jena 4 S.; Rig. 27. Sept. 06.]

Heitz, bürgerliches Exerzier-Reglement enth. die hauptsachlichsten Commandos u. deren Ausführung durch Zeichngn. erlautert nach den Ansichten des Hrn. v. Aschoff. 8. (16 lith. S.) Berlin 848, Stargardt. baar 1/12 ℔

— dass., so wie das neueste Verzeichniss der Herren Commandeure der Bürgerwehr u. Corporationen etc. 2. Aufl. 8. (19 lith. S.) Ebd. 848. n. 3 ngℓ

Heitz, A.: Beiträge zum Frö-Mythus, aus Märe und Sitte der Deutschen in Siebenbürgern. 37 S. – Mühlbach, G., Progr. 1870.

[Heitz, Christoph.] Ansichten und Wünsche eines Bürgers in Bezug auf eine neue Verfassung für den Kanton Basel. ([Mit Vorwort von Johann Jacob] F[äs]ch.) 8. Basel. im Dezember 1830.

Heitz, E., Die Anbauverhältnisse in Deutschland, beschreibend und vergleichend dargestellt auf Grund der Erhebung von 1878.

Heitz, E. Die sozialpolitische Bewegung in Deutschland von 1863—1890. 8. (45 S.) Stuttg. 891, Kohlhammer. * — 80

Heitz E, die Grundsatze der Einkommens-Bildung in ihrer geschichtlichen Entwicklung. (54 S) Tübingen 1895

Heitz, E., neue Grundsätze d. Volkswirtschaftslehre. Für Gebild. aller Stände. gr. 8. (VII, 340 S.) Stuttgart 897. W. Kohlhammer. n. 4. —

Heitz, E., das Innungswesen in alter u. neuer Zeit. gr. 8. (45 S.) Stuttgart 887. (Kohlhammer.) n. 1. —

— Die Krankenversicherungsfrage in Basel. 8⁰. Zürich 1883.

Heitz, E., Die angebliche Metaphysik des Herennios. S.-A. 1880. 24 S.

Heitz, E., De politico Graeciae statu, inde ab Achaici foederis interitu usque ad Vespasianum Augustum. Diss. 1851. 82 S. 1.50

— Ursachen u. Tragweite der nordamerikanischen Concurrenz mit der westeuropäischen Landwirthschaft, s.a. Zeit- u. Streit-Fragen, deutsche.

Heitz, Ursachen und Tragweite der nordamerikanischen Konkurrenz mit der westeuropäischen Landwirtschaft. (Zeit- und Streitfragen, Deutsche 158) Berlin 1881

Heitz E.: Die bäuerlichen Zustände in den Oberämtern Stuttgart, Böblingen u. Herrenberg. Leipz. 1883. (29) S. (Sdrtr.). P.

Heitz, Edmund [aus München]: Ein Fall von operativ geheilter Lungengangrän ... München, Druck v. G. Schuh & C., 1895; 31 S. 8.
München. Med. Fak., Inaug.-Diss. v. 1895

Heitz, Emil, der Philosoph **Damascius**, s.: **Abhandlungen**, Strassburger, zur Philosophie.

Heitz, Emil, zur Geschichte der alten Strassburger Universität. Rede, gehalten am 1. Mai 1885, dem Stiftungstage der Kaiser Wilhelms-Universität Strassburg, bei Antritt des Rectorats. gr. 8. (29 S.) Strassburg 885, Heitz. *

Heitz, Emil, s. Müller, K. O., Geschichte der griechischen Literatur.

Heitz, Emil, die verlorenen Schriften des Aristoteles. gr. 8. (V und 312 S.) Leipzig 865, Teubner. *

Heitz, E[rnst]. Bauer, Handwerker und Kaufmann. Schilderung und Prüfung der Aufgaben und Ziele unseres heutigen Berufslebens vom volkswirtschaftlichen Standpunkt aus. Von Dr. E. Heitz, weiland Professor ... [in] Hohenheim (Basel). [Illustriert.] VIII + 168 S. 8. Leipzig, Dr. iur. Ludwig Huberti, [1903]. [geb.] M. 2. 75
Dr. iur. Ludwig Huberti's Moderne kaufmännische Bibliothek.

Heitz, Ernst, die öffentlichen Bibliotheken der Schweiz im J. 1868. Nach dem v. der schweizer statist. Gesellschaft gesammelten Material bearb. hrsg. v. der Schweizer. statist. Gesellschaft. — Les bibliothéques publiques de la Suisse en 1868. — gr. 4. (157 S.) Basel 872. Schweighauser. n. 4. 80

Heitz, E., das Interesse der Landwirthschaft an den Handelsverträgen, s. a. **Schriften** der Centralstelle f. Vorbereitung v. Handelsverträgen. 12. Hft.

Das Interesse der Landwirthschaft an den Handelsverträgen. Ein Rückblick auf d. deutsche Handelspolitik seit d. Jahre 1879 von Dr. E[rnst] Heitz, Prof., Hohenheim. *Berlin: J. Guttentag 1900.* (VI, 106 S.) 8°
= Schriften d. Centralstelle f. Vorbereitung v. Handelsverträgen. H. 12.
[00. 6786

HEITZ, Ernst Ludwig: Forstregal und Waldrente. Als Programm zur sechzigsten Jahresfeier der Kgl. Württembergischen Land- und Forstwirtschaftlichen Akademie Hohenheim. - Stuttgart 1878. 65, VIII S.

Heitz, E., **Forstregal u. Waldrente.** gr. 8. (65 u. Anh. VIII S.) Stuttgart (1878) 880. (Metzler's Sort.) n. 1. —

Heitz, Ernst Ldw., Studien zur Handwerkerfrage. Festschrift der Akademie Hohenheim z. 25. Regierungs-Jubiläum des Königs Karl von Würtemberg, 1889. 8°. Stuttgart 1889.

Heitz, Eugen [aus Strassburg i. E.]: Das Wesen des Vorsatzes im heutigen gemeinen deutschen Strafrechte .... Strassburg, J. H. Ed. Heitz (Heitz & Mündel Nachf.), 1885; 56 S. 8°.
Strassburg, Rechts- u. Staatsw. Fak., Inaug.-Diss. v. 1885.

Heitz, Friedrich, approb. Arzt aus Landau i. Pf.: Kasuistische Beiträge zur akuten Chromsäurevergiftung. *Nürnberg 1902: G. P. J. Bieling-Dietz.* (21 S.) 8°
München, Med. Diss. v. 1902

Heitz, Friedr. Carl, das Zunftwesen in Straßburg. Geschichtliche Darstellung, begleitet von Urkunden und Aktenstücken, herausg. ꝛc. Mit e. Vorworte von L. Spach, Archivar ꝛc. Mit 22 in den Text gedr. Zunft-Wappen (Holzschn.). Straßburg 856. (Noiriel.) 8. (VIII, 188 S.) n. 24 ngr.

Heitz, Fritz, Tierarzt in Reinach: Aus dem veterinär-anatomischen Institut der Universität Bern (Prof. Dr. Rubeli). Ueber den **Bau** der Kalbsovarien. Mit 1 Tafel. Berlin 1906. II + 36 S. 8°. S.-A. a. d. Archiv f. wissensch. u. prakt. Tierheilkunde. Bd. 32. 1906. [14. VII. 05.]
Bern. Vet.-med. Diss. 1905/1906.

Heitz, Fritz. Ueber den Bau der Kalbsovarien. Diss. Vet.-Med. Bern. Mit 1 Tafel. (Sonderabdruck aus dem Archiv für wissensch. u. prakt. Tierheilkunde. Bd. 32. 1906.) *Kopftitel:* Aus dem veterinär-anatomischen Institut der Universität Bern. ⟨Prof. Dr. [Theodor Oscar] Rubeli.⟩ II + 36 S. 8. Berlin, L. Schumacher, 1906.

Heitz, Hans. Die Klausel Tel Quel beim Handelskauf. Diss. Jur. Leipzig eingereicht von Hans Heitz, bacc. jur. aus Münchwilen. X + 86 S. 8. Borna-Leipzig, Robert Noske, 1903.

Verlags-Verzeichniss von J. H. Ed. **Heitz** ⟨Heitz & Mündel⟩ in Strassburg i. E. 1. *(Strassburg: J. H. E. Heitz 1900.)* 8°. [01. 1639

Heitz, J. M., dictionnaire de cuisine, s.: **Hering**, Rich.

Heitz, J. M., die prakt. Wiener Köchin, s.: **Bauer, Anna.**

— Lexikon der Küche, s.: **Hering**, Rich.

Heitz, Otto: Zur Malignität der Blasenmole. Strassburg i. E. 1909: Müh. 31 S. 8°
Straßburg, Med. Diss. v. 28. Okt. 1909, Ref. Fehling
[Geb. 15. Dez. 82 Landau, Pfalz; Wohnort: Stillgheim; Staatsangeh.: Bayern; Vorbildung: Gymn. Landau Reife Juli 03; Studium: München 5, Straßburg 5 S.; Coll. 30. Juli 09; Approb. 4. Dez. 08.] [U 10. 4046

Heitz, Paul, eine **Abbildung** der Hohkönigsburg aus der 1. Hälfte des 16. Jahrh., gefunden u. beschrieben. (9 S. m. 3 Vignetten u. 2 Taf.) 43,5×33 cm. Straßburg 907. J. H. E. Heitz. bar 2. 50

Eine Abbildung der Hohkönigsburg aus der ersten Hälfte des 16. Jahrhunderts, gefunden und beschrieben von Paul **Heitz.** 2. erw. Aufl. mit 3 Abb. Straßburg: J. H. E. Heitz 1908. (5 Bl., 3 Taf.) 2° [F.] [08. 5889

— Die deutschen „Accipies" u. Magister cum discipulis-Holzschnitte, s.: **Schreiber**, W. L.

Heitz, Paul, s.: Biblia pauperum.

Heitz, Paul. **Genfer Buchdrucker- und Verlegerzeichen im XV., XVI. und XVII. Jahrhundert = Marques d'imprimeurs et de libraires de Genève aux XVme, XVIme et XVIIme siècles.** [Illustriert.] X + 59 S. fol. Strassburg, J. H. Ed. Heitz, 1908. [Subscr. M. 40.—, im Buchh. 46.—]
Die Büchermarken oder Buchdrucker- und Verlegerzeichen. [Sammlung, hrg. von Paul Heitz.] [Bd 7.]

Heitz, Paul, u. C. Chr. **Bernoulli,** Basler Büchermarken bis zum Anfang des 17. Jahrh. s.: **Büchermarken, die.**

— Die **Büchermarken** od. Buchdrucker- u. Verlegerzeichen. Genfer Buchdrucker- u. Verlegerzeichen im XV., XVI. u. XVII. Jahrh. Marques d'imprimeurs et de libraires de Genève au XVme, XVIme et XVIIme siècle. (X, 56 S. m. 168 Abbild.) 37×28,5 cm. Strassburg 908. J. H. E. Heitz. nn 46.—; Subskr.-Pr. bis 15. V. 08 nn 40. —

— u. Karl Aug. **Barack**, elsässische Büchermarken bis Anfang d. 18. Jahrh., s.: **Büchermarken**, die, od. Buchdrucker- u. Verleger-Zeichen.

– u. Otto Zaretzky: Die Kölner **Büchermarken** bis zum Anfang d. XVII Jahrh., s. **Büchermarken**, Die.

Heitz, Paul, die Zürcher Büchermarken bis zum Anfang des 17. Jahrh. Ein bibliograph. u. bildl. Nachtrag zu C. Rudolphi's u. S. Vögelin's Arbeiten üb. Zürcher Druckwerke. Hrsg. durch die Stiftg. von Schnyder v. Wartensee. Fol. (48 S. m. 89 Abbildgn.) Zürich 895. Fäsi & Beer. n. 7. —

— Christus am Kreuz. Kanonbilder der in Deutschland gedr. Messbücher des 15. Jahrh. Hrsg. v. H. Mit Einleitg. v. W. L. Schreiber. 51 Abbild., wovon 31 m. der Hand koloriert. (51 Taf. m. 26 S. illustr. Text.) 36,5×28,5 cm. Ebd. (910.) Subskr.-Pr. bis 1. IV. 10 nn 120.—; spät. Pr. nn 150.—; auf Papier d. XV. Jahrh. nn 250.—; auf Perg. nn 400. —

— Dietrich v. Bern (Sigenot). 14 Straßburger Orig.-Holzstöcke aus e. „allen Bibliographen völlig unbekannten Ausg." des XVI. Jahrh. Hrsg. gr. 4. (IV S. u. 6 Bl.) Straßburg 894. J. H. E. Heitz. n. 1. 50

Heitz, Paul, Frankfurter u. Mainzer Drucker- u. Vorlegerzeichen bis in d. 17. Jahrh., s.: Büchermarken, die.

Heitz, Paul (Hrsg.), s. Druckerzeichen. – Frankfurter u. Mainzer Drucker- u. Verlegerzeichen bis in d. 17. Jahrh.

— s.: Einblattdrucke des 15. Jahrh.

Heitz, Paul. Les Filigranes avec la Crosse de Bâle. Avec [vignette et] 75 planches. 19 + *planches* 75 p. 4. Strasbourg, J. H. Ed. Heitz, 1904. (M. 16. —)

Les filigranes des papiers contenus dans les archives de la ville de Strasbourg. Par Paul Heitz. *Strasbourg: J. H. E. Heitz 1902.* (8, XL S.) 4°
[01. 19445

— Les filigranes des papiers contenus dans les incunables strasbourgeois de la bibliothèque impériale de Strasbourg. 50 planches avec 1330 dessins. (34 S. Text.) gr. 4. Ebd. 903. n. 16. —

Heitz, Paul (Hrsg.), s. Holbein, Hans: Initialen.

— der Initialschmuck in den elsässischen Drucken des XV. u. XVI. Jahrh. 1. Reihe. 4. Ebd. 894. 6. —
Die Zierinitialen in den Drucken des Thomas Anshelm (Hagenau 1516—1523). Ein Beitrag zur Geschichte des Holzschnitts m. 105 Abbildgn. (20 S. m. 20 Taf.)

— der Initialschmuck in den elsäss. Drucken des XV. u. XVI. Jahrh. 2. Reihe. 4. Strassburg 897. J. H. E. Heitz. 6. —
Zierinitialen in Drucken des Johann Grüninger, 1. Thl. (Strassburg 1483—1531) u. d. Johann Herwagen (Strassburg 1522—1528). 19 Taf. m. 177 Abb. (8 S.)

— 100 Kalender-Inkunabeln. Mit begleit. Text v. Konr. Haebler. (102 Taf. m. V, 87 S. illustr. Text.) gr. Fol. Ebd. 905. n.n. 100. —

— Neujahrswünsche des XV. Jahrh., s.a. Drucke u. Holzschnitte des XV. u. XVI. Jahrh. in getreuer Nachbildung. III.

— Neujahrswünsche des 15. Jahrh., s.a. Einblattdrucke d. 15. Jahrh.

Neujahrswünsche des XV. Jahrhunderts hrsg. v. Paul Heitz. M. 43 Abb. in Originalgrösse, wovon 14 auf Papier d. XV. Jhs u. 10 farbig . . . *Strassburg: J. H. E. Heitz 1899.* (15 S., 11 Bl., 18 [vielm. 17] Facs.) 1 Bd 2.
[98. 6033

Neujahrswünsche des XV. Jahrhunderts hrsg. von Paul Heitz. Mit 44 Abb. in Originalgrosse. 2. verm. bill. Ausg. *Strassburg: J. H. E. Heitz 1900.* (29 S., 25 Taf.) 4°
— Drucke u. Holzschnitte d. XV. u. XVI. Jahrhunderts in getreuer Nachbildung. 3.
[00. 17]

— s.: Oracula Sibyllina.

— Orig.-Abdruck v. Formschneider-Arbeiten d. XVI. u. XVII. Jahrh. nach Zeichnung u. Schnitt v. Tob. Stimmer, Hans Bocksperger, Chrph. Maurer, Jost Amman, C. van Sichem, Ludw. Frig u. A. Aus den Strassburger Druckereien der Rihel, Chrph. v. der Heyden, Bernh. Jobin, Jost Martin, Niclauss Waldt, Casp. Dietzel, Lazarus Zetzner u. A. Mit erläut. Text hrsg. Fol. (78 Taf. m. XI S. Text.) Ebd. 890. n. 6. —

— dasselbe. Mit erläut. verm. Text hrsg. 2. Aufl. Fol. (78 Taf. m. XI S. Text.) Ebd. 892. n.n. 10. —

— dasselbe, meist aus verschollenen Volksbüchern aus den Strassburger Druckereien der Jac. Cammerlander, Augustin Fries, Johs. Knoblouch d. J., Crato Mylius, Thiebold Berger, Wendelin Rihel, Chrn. Müller, Joh. Pastorius u. A. Neue Folge. Taf. LXXIV—CXXIX. Mit erläut. Text hrsg. Fol. (XII S.) Ebd. 894. Ausg. auf Velinpap. (durch Vorausbestellgn. vergriffen). n. 10. —; billigere Ausg. n. 6. — (1 u. 2.: n.n. 16. —)

— Orig.-Abdruck v. Formschneider-Arbeiten des XVI., XVII. u. XVIII. Jahrh. meist aus verschollenen Einblattdrucken, Catechismen, Gesangbüchern, Volksbüchern, Kalendern, Practiken, Heiligenbildern, Gebets- u. Wallfahrtszettel aus Strassburger Druckereien. Schluss-Taf. CXXX—CLXVI. Mit erläut. Text nebst e. Nachtrag zu Bd. I u. II hrsg. Fol. (VII S.) Strassburg 899. J. H. E. Heitz. n. 6.—; (kplt. n.n. 22.—)

— Pestblätter des XV. Jahrh. Mit einleit. Text v. W. L. Schreiber. 41 Abbildgn., wovon 25 m. der Hand colorirt, in Orig.-Grösse. Fol. (18 S. Text.) Ebd. 901. Subskr.-Pr. n. 80. —

(Heitz, P[aul], und Major, E[mil].) Wie man vor Hohenküngsperg gezogen ist und wie es gewunnen wart. Zuo nutz und fromm all derer, so der altten vesten und purgen liebhabere sint, ans liecht gestellet und mitt figürlin gezieret, von eim truckerherren und eim magistro artium. Anno Christi 1909. II + 55 S. 8. (Strassburg i. E., J. H. Ed. Heitz,) 1909. [M. 2. 50]

Zierinitialen in Drucken des Johann Grüninger. Erster Th. '(Strassburg 1483—1531)' und des Johann Herwagen '(Strassburg 1522—1528)'. XIX Taf. m. 177 Abb. Hrsg. v. Paul Heitz. *Strassburg: J. H. E. Heitz 1897.* (12 S., 19 Taf.) 1 Bd 4.
— Initialschmuck, Der, in d. elsäss. Drucken d. XV. u. XVI. Jhs. Reihe 2.
[97. 3376

— s.: Wunderblut, das, zu Wilsnack.

Heitz, Ph., gegen Einführung einer kantonalen obligatorischen Mobiliar-Assekuranz. 8. (30 S.) Frauenfeld 879. Huber in Comm. n. — 40

Heitz, Rudolf Einige Bewegungserscheinungen im Pflanzenreich. 4 (S. 3—14). Progr. Ev. G. u. Elementarsch. *Mühlbach* 1887.

Heitz, Rudolf Das kirchliche Gemeindeleben Mühlbachs im 18. Jahrhundert. 4 (S. 3—36). Vierklass. ev. G. A. B. u. verbund. Elementarsch. *Mühlbach* 1892. Progr.

Heitz, Rudolf: Ein Teilungsinstrument aus dem Jahre 1791 [*Mühlbach*]. Hermannstadt '00. S. 5—23. 4° Mühlbach, ev. G., P. 1899/1900.

Heitz, Rudolf: Ein Teilungsinstrument aus dem Jahre 1791. 4 (S. 3–23).
Progr. Vierklass. ev. G. A. B. u. verb. Elementarsch. *Mühlbach* 1900.

Heitz, Th : Essai historique sur les rapports entre la philosophie et la foi de Bérenger de Tours à S. Thomas d'Aquin. Paris 1909. XVI + 176 S. 8°.
Freiburg i. Schw. Phil. Diss. 1908/09.

Heitz, Walt., was muß der Unteroffizier v. den verschiedenen Waffengattungen wissen?, s.: Unteroffizier-Bibliothek.

Heitz, Wilhelm [aus München]: Ein Fall von Varix einer Retinalvene ... München, Druck v. G. Schuh & C., 1894; 15 S. 8.
München, Med. Fak., Inaug.-Diss. v. 1894

HEITZ, Wilhelm (Rinfeld): De morbo Brightii. (Titel nach der Urkunde)
3.8.1868 - Urk; F 72; Chr 1868/69,13
Diss.Ingolst.-Landsh.-Mchn.

Heitzenberger, Jos., allzeit getreu! Festschrift zur Erinnerg. an die im J. 1704 erfolgte Verleihg. des kaiserl. Ehrenbanners an die Bürger der allzeit getreuen Stadt Wiener-Neustadt. 1704—1904. Unter Benützg. des v. den Mitgliedern des Korps gesammelten Materiales. Hrsg. vom k. k. priv. Bürgerkorps Wiener-Neustadt. (191 S. m. Abbildgn.) gr. 8. Wiener-Neustadt 904. A. Folk. Kart. n. 4. –

Heitzer, J., das Miethwesen in Regensburg. gr. 8. (XVI, 160 S. m. 1 Formular.) Regensburg 886. (Bauhof.) cart. n.n. 1. 80

Heitzer, Lorenz

— Robinson Crusoe, s.a. Bibliothek, kleine.

Robinson Crusoe. Für d. deutsche Jugend bearb. von Lorenz Heitzer. *Hamm i. W.: Breer & Thiemann 1901.* (200 S.) 8° [F.]
— Bibliothek, Kleine. No 62. 63. [01. 2614

Heitzer, Lorenz, des Geigers Enkelkind. Am Weihnachtsabend. Das Sparbuch, s.a. Bachem's Jugend-Erzählungen.

[F.] Des Geigers Enkelkind. Am Weihnachts-Abend. Das Sparbuch. Erzählgn f. d. deutsche Jugend. Dargeb. v. Lorenz Heitzer. M. 4 Bild. nach Orig.-Zeichn. v. A. C. Bawórowsky. *Köln a. Rh.: J. P. Bachem [1897].* (2 Bl., 132 S.) 1 Bd 8.
(Bachem's Jugend-Erzählungen.) [98. 4782

Heitzer, Lorenz, der rote Franzis, s.a. Bachem's Jugend-Erzählgn. 9.

Der rote Franzis. Erzählung f. d. deutsche Jugend. Von Lorenz Heitzer. Mit 4 Abb. *Köln a. Rh.: J. P. Bachem [1899].* (140 S.) 8° [F.]
— Jugend-Erzählungen, Bachem's. [9.] [00. 2053 5

— die Goldsucher. Die Pfändung. Eines Künstlers Jugendzeit, s.a. Bachem's Jugend-Erzählgn. 8.

Die Goldsucher. Die Pfändung. Eines Künstlers Jugendzeit. Nach wirkl. Begebenheiten d. deutschen Jugend erzählt von Lorenz Heitzer. Mit 4 Abb. *Köln a. R.: J. P. Bachem [1899].* (118 S.) 8° [F.]
— Jugend-Erzählungen, Bachem's. [8.] [00. 2052 5

— am Hexenkessel, s.: Volks-Bibliothek, kathol. 3.

— zur Lehr u. Wehr! Erzählungen f. die Jugend in Schule u. Haus. Besonders den lieben Erstkommunikanten freundl. gewidmet. 12. (141 S. m. Abbildgn.) Essen 899. Fredebeul & Koenen. Geb. in Leinw. 1.20

— Märchen aus der fliegenden Welt, s.: Kinder-Bibliothek, katholische. 63. 64.

— des Kindes Opfer. In die Welt hinaus, s.a. Bachem's Jugend-Erzählungen.

[F.] Des Kindes Opfer. In die Welt hinaus. Erzählgn f. d. deutsche Jugend. Dargeb. v. Lorenz Heitzer. M. 4 Bild. nach Orig.-Zeichn. v. A. C. Bawórowsky. *Köln a. Rh.: J. P. Bachem [1897].* (2 Bl., 132 S.) 1 Bd 8.
(Bachem's Jugend-Erzählungen.) [98. 4783

— die Räuber vom Eichenhofe, s.a. Bachem's Jugend-Erzählungen. 13.

Der Räuber vom Eichenhofe. Erzählung aus d. Volksleben. Von Lorenz Heitzer. Mit 4 Bild. von W. Rohm. *Köln: J. P. Bachem [1900].* (146 S.) 8° [F.]
— Jugenderzählungen, Bachems. Bd 13. [01. 3056 5

Friedrich von Schiller. Eine poet. Würdigung s. Lebens u. s. Werke von Lorenz Heitzer, Rektor. Essen-Ruhr: Höeves & Oebbecke 1906. (24 S.) 8° [F.] [06. 13243

— seines Glückes Schmied, s.a. Unterhaltungsbibliothek f. Jung u. Alt.

[F.] Seines Glückes Schmied. Erzählg f. d. Jugend v. Lor[enz] Heitzer. M. vielen Ill. *Essen Ruhr: Fredebeul & Koenen [1898].* (133 S.) 1 Bd 8.
— Unterhaltungsbibliothek f. Jung u. Alt. Bd 1. [99. 5737

— seines Vaters Schutzengel, s.a. Bachem's Jugend-Erzählungen.

Seines Vaters Schutzengel. Erzählung aus d. Volksleben f. d. Jugend. Von Lorenz Heitzer. Mit 4 Bild. von Wilh. Rohm. *Köln: J. P. Bachem [1903].* (148 S.) 8° [F.]
— Jugend-Erzählungen, Bachems. Bd 24. [04. 9861 5

— der Schützling des Soldaten. Sparpfennige, s.a. Bachem's Jugend-Erzählungen.

Der Schützling des Soldaten. Sparpfennige. 2 Erzählungen f. d. deutsche Jugend ... von Lorenz Heitzer. Cöln: J. P. Bachem [1905]. (180 S.) 8° [F.]
— Jugend-Erzählungen, Bachem's. Bd 31. [06. 9911 5

— die Tochter des Bergmanns, s.a. Bachem's Jugend-Erzählungen.

[F.] Die Tochter des Bergmanns. Erzählg f. d. deutsche Jugend. Dargeboten v. Lorenz Heitzer. M. 4 Bild. nach Orig.-Zeichngn v. A. C. Bawórowsky. *Köln a. Rh.: J. P. Bachem 1898.* (2 Bl., 168 S.) 1 Bd 8.
(Bachem's Jugend-Erzählungen.) [99. 4432

— Schlagende Wetter. Empor um jeden Preis, s.: Jugend- u. Volksbücherei, illustrierte 2. Bd.

Heitzmann, A., De substantivi eique attributi apud poetas satiricos collocatione. Diss. 1887. 49 S. 1.20

Heitzmann, C., s. Heitzmann, Karl

[Ant. u. F.] Heitzmann, Ernst [app. Arzt]: Ueber den Nachweis von Anilinfarbstoffen im Rotwein unt. bes. Berücks. d. Carpenne'schen Methode ... Würzburg, Köhl & Hecker'sche Buchdr., 1893; 22 S. 8.
Würzburg, Med. Fak., Inaug.-Diss. v. 1893

Verzeichniss der Philister des Cartellverbandes der katholischen deutschen Studenten-Verbindungen. 1896. Hrsg. von Dr. Ernst Heitzmann, Arzt. Als Ms. gedr. *Fulda 1896: Fuldaer Actiendr.* (170 S.) 8° (4°) [00. 358 11

Heitzmann, J. Ueber Anwendung der Bäder mit Moorextrakten bei Frauenleiden. gr. 8. (87 S. m. 1 Taf.) Neuwied 891, Heuser's Verlag. * 1 20
Aus: Frauenarzt, besonders abgedruckt.

Heitzmann, J., die Entzündung d. Beckenbauchfells beim Weibe. Mit 77 (eingedr. Holzschn.-) Abbildgn. gr. 8. (VII, 280 S.) Wien 883. Braumüller. n. 7. —

Heitzmann, Dr. J., Compendium der Geburtshilfe. Mit 150 Holzschnitten. Gr.-8. (371 S.)
Wien: Perles 1893. 5.—

—— Compendium der Gynäkologie. gr. 8. (VI, 452 S. m. 126 Holzschnitten.) Wien 891, Perles. * 10 —

— — Sammlung oberstgerichtlicher Entscheidungen. Publicirt im Jahre 1890. Nach Materien und Paragraphen geordnet und ihrem Hauptinhalt nach mitgetheilt von Dr. jur. Ludwig Deutsch. (85 S.) 1.—
Wien: Perles 1891.

—— Spiegelbilder der gesunden und kranken Vaginalportion und Vagina. 3 Abthlgn. gr. 8. Ebendas. [1. Abthl. (IV, S. 1—100 mit 8 chromolithogr. Taf. und 14 Holzschn.) 883. ℳ 9.; 2. und 3. Abthl. (S. 101—346 mit 17 chromolithogr. Taf. und 31 Holzschn.) 884. ℳ 19.]

— — Synopsis der neuen Arzneimittel, deren Darstellung, beziehungsweise Abstammung, Eigenschaften, Wirkung, Anwendung und Dosirung. Unter Mitwirkung von Dr. M. Kronfeld, zusammengestellt von Dr. Hans Heger. 8. (IX, 226 S.) Eleg. geb. 2.—
Wien: Perles 1891.

Heitsmann, Joh., Portraits-Catalog, s. Portraits-Catalog.

Heitzmann, Joh., Portraits-Catalog. Verzeichniss aller Portraits welche in Deutschland bis Ende des Jahres 1857 erschienen und noch vom Verleger zu beziehen sind. Mit Einschluss einer grossen Anzahl ausländischer Portraits u. mit Angabe der Verleger u. Preise. München 858. Mey u. Widmayr. Lex.-8. (IV, 432 S.) n. 2 ℛ.

Heitzmann, Karl

Heitzmann, Dr. C., Anatomia umana descrittiva e topografica esposta in 637 figure. Prima edizione italiana. Eseguita sulla quinta edizione tedesca. Per cura de Dr. Giuseppe Lapponi. Fascicolo I. Ossa, articolazioni e legamenti del capo e del tronco. In 100 figure. Gr.-8. (S. 1--80) 2.40
Wien: Braumüller 1889.

— — Fascicolo II. Ossa, articolazioni e legamenti delle estremità. In 100 figure. Gr.-8. (S. 81—144) 2.40
Ebd. 1889.

— — Fascicolo III. Muscoli, fascie, topografia. Organi dei sensi. In 127 figure. Gr.-8. (S. 145 bis 238) 3.84
Ebd. 1889.

Heitzmann, Dr. C., Anatomia umana descrittiva e topografica esposta in 637 figure. Prima edizione Italiana. Eseguita sulla quinta edizione tedesca per cura del Dr. Giuseppe Lapponi. Fascicolo IV. Visceri topografia in 108 figure. Gr.-8. (S. 2‿—328) 3.84
Ebd. 1889.

— Anatomia umana descritiva e topografica esposta in 637 figure. Prima edizione italiana. Eseguita sulla quinta edizione tedesca per cura del Dr. Giuseppe Lapponi. Fascicolo V. Sistema nervoso. In 84 figure. Gr.-8. (S. 329 bis 408) 2.88
Ebd. 1890.

— Fascicolo VI. (e ultimo). Sistema vascolare sanguigno e lineantico in 118 figure. Gr.-8. (S. 409—527) 3.84

— Complet. Gr.-8. (XXIV, 527 S.) 19.20
Ebd. 1890.

Heitzmann, Dr. C., Anatomia Umana descrittiva e topografica. Esposta in 789 figure. Seconda Edizione Italiana. Migliorata e arricchita di 188 figure a colori. Esegnita sulla ottava edizione tedesca per cura del Dr. Giuseppe Lapponi. Lex -8. (XXXIV, 592 S.) 15.—
Ebd. 1897.

Heitzmann, C., die descriptive u. topographische Anatomie des Menschen in 600 Abbildungen (in eingedr. Holzschn.). (In 6 Lfgn.) 1. Lfg. Knochen, Gelenke u. Bänder des Kopfes u. des Stammes in 100 Abbildungen. Wien 869. Braumüller. gr. 8. (80 S.) n. 1 ℛ 10 ngr.

Heitzmann, C., die descriptive u. topographische Anatomie des Menschen etc. 2. Liefg. Knochen, Gelenke u. Bänder der Extremitäten. In 100 Abbildungen. Ebend. 869. gr. 8. (S. 81—144.) n. 1 ℛ 10 ngr.

Heitzmann, C., die descriptive u. topographische Anatomie d. Menschen in 600 Abbildgn. (in eingedr. Holzschn.) 3—6. (Schluss-)Lfg. gr. 8. Wien 870—73. Braumüller. n. 22. —

3. Lfg. II. Muskeln. Fascien. Topographie. III. Sinneswerkzeuge. In 120 Abbildgn. (1. Bd. XII u. S. 145—232.) n. 6. —
4. Lfg. IV. Eingeweide. Topographie. In 100 Abbildgn. (2. Bd. S. 1—88.) n. 6. —
5. Lfg. V. Nervensystem. In 72 Abbildgn. (2. Bd. S. 89—160.) n. 4. —
6. Lfg. Blut- u. Lymphgefäss-System. Topographie. In 108 Abbildgn. (in eingedr. Holzschn.) (2. Bd. XIV u. S. 161—260.) n. 6. —

— dasselbe. 2. Aufl. 6 Lfgn. gr. 8. Ebend. 875. n. 30. —

1. Knochen, Gelenke u. Bänder d. Kopfes u. d. Stamms. In 100 Abbildgn. (in eingedr. Holzschn.) (80 S.) n. 4. —
2. Knochen, Gelenke u. Bänder der Extremitäten. In 100 Abbildgn. (in eingedr. Holzschn.) (S. 81—144.) n. 4. —
3. Muskeln, Fascien, Topographie. Sinneswerkzeuge. In 120 Abbildgn. (in eingedr. Holzschn.) (1. Bd. XII u. S. 145—232.) n. 6. —
4. Eingeweide. Topographie. In 100 Abbildgn. (in eingedr. Holzschn.) (2. Bd. S. 1—88.) n. 6. —
5. Nervensystem. In 72 Abbildgn. (in eingedr. Holzschn.) (2. Bd. S. 89—160.) n. 4. —
6. Blut- u. Lymphgefäss-System. Topographie. In 108 (eingedr. Holzschn.-) Abbildgn. (2. Bd. XIV u. S. 161—260.) n. 6. —

Heitzmann, C., die descriptive und topographische Anatomie des Menschen in 600 Abbild. 3. Aufl. 6 Lfgn. oder 2 Bde. gr. 8. (XIV, 238; XI, 270 S.) Wien 884,85, Braumüller. ℳ 30.; geb.

— die descriptive und topographische Anatomie des Menschen. In 622 Abbildgn. 4. Aufl. 2 Bde. gr. 8. (XIV, 238 u. XI, 270 S.) Ebd. 887. n. 30. —; geb. n. 32. —

— dasselbe. In 637 Abbildgn. 5. Aufl. 1. color. Ausg. gr. 8. (XXI, 528 S.) Ebd. 888. n. 30. —; geb. n. 32. —

— dasselbe. In 637 [139 color.] Abbildungen. 6. Aufl. 6 Lfgn. gr. 8. Ebd. 890. n. 30. —; geb. n. 32. —
1. Knochen, Gelenke u. Bänder des Kopfes u. d. Stammes. (80 S. m. 100 Abbildgn.) n. 4. —
2. — dasselbe der Extremitäten. (S. 81—144 m. 100 Abbildungen.) n. 4. —
3. Muskeln, Fascien. Topographie. Sinneswerkzeuge. (S. 145—238 m. 127 [33 color.] Abbildgn.) n. 6. —
4. Eingeweide. Topographie. (S. 239—328 m. 108 [28 color.] Abbildgn.) n. 6. —
5. Nervensystem. (S. 329—408 m. 84 [23 color.] Abbildgn.) n. 4. —
6. Blut- und Lymphgefäss-System. Topographie. (XXI u. S. 409—528 m. 118 [35 color.] Abbildgn.) n. 6. —

Heitzmann, C., die descriptive u. topographische Anatomie d. Menschen in 650 Abbildgn. 7., verm. u. verb. Aufl. Mit 171 color. Fig. gr. 8. (XXIV, 528 S.) Wien 893. W. Braumüller. n. 30. —; geb. n. 32. —

— d. descriptive u. topograph. Anatomie d. Menschen in 785 theilweise mehrfarb. Abb. m. erklär. Texte. 8., wesentl. verm. u. verb. Aufl. In 6 Lfgn. gr. 8. Ebd. 896. n. 25. —; in Hlbfrzbd. n. 27. —
1. Knochen, Gelenke u. Bänder d. Kopfes u. d. Stammes. In 122 Abb. (84 S.) n. 3. —
2. Knochen, Gelenke u. Bänder d. Extremitäten. In 138 Abb. (S. 85—160.) n. 3. —
3. Muskeln. Fascien. Topographie. In 95 theilweise mehrfarb. Abb. (S. 163—232.) n. 3. —
4. Eingeweide. Topographie. In 150 (30 color.) Abb. (S. 233—310.) n. 5. —
5. Nervensystem. Sinneswerkzeuge. In 175 (36 color.) Abb. (S. 311—472.) n. 5. —
6. Blut- u. Lymphgefäss-System. Topographie. Index. In 109 (89 color.) Abb. (XXXIV u. S. 473—592.) n. 6. —

— anatomy descriptive and topographical in 625 illustrations. English edition by L. Heitzmann. Lex.-8. (XXII, 238 u. 306 S.) Ebd. 887. n. 25. —

Dr. Carl Heitzmann, Atlas der deskriptiven Anatomie des Menschen. 9., vollst. umgearb. Aufl. Hrsg. von Dr. E[mil] Zuckerkandl, Prof. Mit Abb. Bd 1. 2. Wien & Leipzig: W. Braumüller 1902–05. 2 Bde 8°
1. Knochen, Gelenke, Bänder, Muskeln. 1902.
2. Eingeweide, Gefäß- u. Nervensystem, Sinnesorgane u. Haut. 1905. ℳ 11

Heitzmann, Carl, Atlas der descriptiven Anatomie des Menschen. 9., vollst. umgearb. Aufl. Hrsg. v. E. Zuckerkandl. 1. Bd.: Knochen, Gelenke, Bänder, Muskeln. Mit 343 zumeist farb. Abbildgn. gr. 8. (XIV, 283 S.) Wien 902. W. Braumüller. n. 10. —

Heitzmann, Carl, Atlas der descriptiven Anatomie des Menschen. 9., vollständig umgearb. Aufl. Hrsg. v. E. Zuckerkandl. 2. Bd. 2 Hälften. Eingeweide. 56—60. Taus. (XXI u. S. 285—901 m. z. Tl. farb. Abbildgn.) Lex.-8. Wien 904. 905. W. Braumüller. n. 10.— (Vollständig n. 20.—; in 1 Leinw.-Bd. n. 22. 40; in 2 Halbfrz.-Bdn. n. 25. —)

Heitzmann, C., Atlas der Hautkrankheiten, s. Hebra, F.

— zur Kenntniss der Dünndarmzotten. [Mit 1 (lith.) Taf. (in 4.)] [Aus den Sitzungsber. der k. Akad. der Wiss.] Wien 868. (Gerold's Sohn.) Lex.-8. (16 S.) n. 6 ngr.

Heitzmann, C., zur Kenntniss der Dünndarmzotten. Lex.-8. (16 S. mit 1 lithogr. Taf. in 4.) Wien 869, (Gerold's Sohn.) *

—— Compendium der Chirurgie. (2 Bde.) 1. Bd.: Compendium der chirurgischen Pathologie und Therapie. 2. vollständig umgearb. Aufl. von Wilh. Carl Fischer's Compendium. (XIV, 550 S.) 1869, und 3. verb. und verm. Aufl. gr. 8. (XVI, 600 S. mit 92 eingedr. Holzschn.) Wien 871, Braumüller. *

—— und J. Heitzmann, Compendium der Chirurgie. 2 Bde. gr. 8. Wien, Braumüller. *
Inhalt:
Bd. 1. Compendium der chirurg. Pathologie und Therapie. 4. verb. Aufl. (XIV, 634 S. mit 102 eingedr. Holzschn.) 875. *ℳ 12.
» 2. Compendium der chirurg. Instrumenten-, Verband- und Operationslehre. (XVI, 638 S. mit 346 eingedr. Holzschn.) 874. *ℳ 15.

Heitzmann, C., und J. Heitzmann, Compendium der Chirurgie. 2 Bde. gr. 8. Wien, Braumüller. * 27 —
Inhalt:
Bd. 1. Compendium der chirurg. Pathologie und Therapie. 4. verb. Aufl. (XIV, 634 S. mit 102 eingedr. Holzschn.) 875. *ℳ 12.
» 2. Compendium der chirurg. Instrumenten-, Verband- und Operationslehre. 2. verb. Aufl. (XVI, 669 S. mit 365 eingedr. Holzschn.) 878. *ℳ 15.

—— und J. Heitzmann, Compendium der Chirurgie. [2 Bde.] 1. Bd. A. u. d. T.: Compendium der chirurgischen Pathologie und Therapie. 5. verb. Aufl. gr. 8. (XVI, 651 S. mit 102 eingedr. Holzschn.) Ebendas. 881.
2. Bd. Ebendas. 1878. *ℳ 15.

—— und J. Heitzmann, Compendium der Chirurgie. [2 Bde.] 2. Bd.: Compendium der chirurgischen Instrumenten-, Verband- und Operationslehre. 3. verb. Aufl. gr. 8. (XV, 590 S. mit 354 Holzschn.) Ebendas. 887. *
1. Bd. Ebendas. 1881. *ℳ 12.—

— Compendium der chirurgischen Instrumenten-, Verband- u. Operationslehre. Mit 346 (eingedr.) Holzschn. gr. 8. (XVI, 638 S.) Ebend. 874. n. 15. —

Heitzmann, C.: Compendium der chirurgischen Pathologie und Therapie, s. Fischer

— mikroskopische Morphologie des Thierkörpers im gesunden und kranken Zustande. gr. 8. (XVI, 876 S. mit 380 Orig.-Abbild.) Ebendas. 883.

—— Untersuchungen über das Protoplasma. I—V. gr. 8. Wien, (Gerold's Sohn.) **
Inhalt:
I. Bau des Protoplasmas. (16 S. mit 7 eingedr. Holzschn.) 873. * 40 Pf.
II. Das Verhältniss zwischen Protoplasma und Grundsubstanz im Thierkörper. (20 S. mit 2 Stnt. in qu. 4.) 873. *ℳ 1,20.
III. Die Lebensphasen des Protoplasmas. (10 S. mit 1 Stnt. in qu. 4.) 873. * 60 Pf.
IV. Die Entwicklung der Beinhaut, des Knochens und des Knorpels. (12 S. mit 1 Stnt. in qu. 4.) 873. * 60 Pf.
V. Die Entzündung der Beinhaut des Knochens und des Knorpels. (18 S. mit 1 lithogr. Taf. in qu. 4.) 874. ** 75 Pf.
Vorstehende zwei Schriften sind aus: Sitzungsberichte der k. Akademie der Wissenschaften, besonders abgedruckt.

Heitzmann, Matthias [Rhenanus]: De substantivi eique attributi apud poetas satiricos collocatione particula I . . . . Bonnae, typ. Eduardi Nolte phil. doct., 1887; 49 + 1 S. + 1 Bl. u. 3 Taf. 8°
Bonn, Phil. Fak., Inaug.-Diss. v. 14. Okt. 1887

Heitzmann, Otto, Assistenzarzt a. Berlin: Ueber Schußverletzungen des Herzens. Leipzig 1905: B. Georgi. (39 S.) 8°
Leipzig, Med. Fak., Ref. Trendelenburg, Diss. v. 25. Jan. 1905
[Geb. 16. Aug. 76 Berlin; Wohnort: Munster; Staatsangeh.: Preußen; Vorbildung: Sophiengymn. Berlin Reife O. 98; Studium: Berlin 10 S.; Coll. 27. Jan. 05; Approb. 29. Mai 03.]

Heitzsche, Benj., Ostind. Reise. m. K. 8. Leipz. 735.

Heitzung, die, mit erwärmter Luft, als das wohlfeilste, bequemste und zugleich die Feuersgefahr am meisten entfernende Mittel zur Erwärmung größerer Räume, als: der öffentlichen Gebäude, der Herrschaftswohnungen, Fabriken 2c. Mit 6 Kupfert. gr. 8. Wien, Gerold. 821. — 20

Heiz, J., siehe: *Monats-Blatt.*

Heiz, J., die 50jährige Thätigkeit des protest.-kirchl. Hilfsvereins im Kanton Aargau 1846—1896. Im Auftrag d. Vereinsvorstandes dargestellt u. zum Beginn d. 2. Halbjahrhunderts hrsg. gr. 8. (82 S. m. 2 Tab.) Aarau 897. (H. R. Sauerländer & Co.) n.n. 1. 20

Heiz, J[acob]. Täufer im Aargau. Separatabdruck aus dem «Taschenbuch der Historischen Gesellschaft des Kantons Aargau pro 1902». 101 S. 8. Aarau, H. R. Sauerländer & Co., 1902. [fr. 1. 60]

Heiz, (Rudolf). Pastor Heiz's Erlebnisse als Feldprediger im Sonderbundskriege 1847. Hrg. von seinem Enkel Rudolf Hafner. [Mit Porträt.] III + 5 + 155 S. 8. Zürich I, Selbstverlag des Herausgebers, (1903). [geb. fr. 2. 40]

Heiz, Rudolf. Meine Nichtbestätigung im Pfarramt zu Rafz. Erzählt von R' H'.... (Als Manuskript nur für Freunde allein gedruckt.) 8. (Bülach) 1876.

Heizen, Das sachgemäße. o. O. (um 1902)

Heizer, F. A., d. Verherrlichung Gottes, durch d. Leiden frommer Christen. Eine Predigt am Sonntage Judica 1827. 8. Naumb. 1827. Wild. 2 gl

Heizer, Heinrich, prakt. Arzt aus Passau: Ein Fall von Aneurysma des Truncus thyreo-cervicalis. *Würzburg 1899: P. Scheiner.* (15 S.) 8°
Würzburg, Med. Diss. v. 1899

Hejzlar, F., u. N. Hofmann, Chemie für die 4. Classe der Gymnasien u. Realgymnasien, nach method. Grundsätzen bearb. Mit 30 in den Text gedr. Holzschn. gr. 8. (IV, 67 S.) Prag 881. Tempsky. n. — 75

Heizler, F., und N. Hofmann.
Chemie für die vierte Classe der Gymnasien und Real-Gymnasien, nach methodischen Grundsätzen bearbeitet. Prag, 1881. 8vo. Ill.

Heizmann und Utz, der Messkircher Rindviehschlag und derjenige der Baar. gr. 8. (76 S. mit 2 Lichtdr.-Taf.) Berlin 884, Parey.
Aus: Thierärztliche Mittheilungen, besonders abgedruckt.

Heizmann, Albert s. Catalog der Sammlungen der antiquarischen Gesellschaft in Zürich. Theil 2. Zürich 1890.

Heizmann, Gustav, aus Todtnau: Über Derivate des Tetradecylacetylens. *Heidelberg 1899* (auf d. Umschl. *1900*): *C. Pfeffer.* (51 S.) 8°
Heidelberg, Naturw.-math. Diss. v. 1900

Heizmann, Hans. Das Baumwoll-Termingeschäft und dessen Einfluss auf die Baumwoll-Industrie. Diss. Staatsw. Univ. Zürich. II + XVI + 131 S. 8. Schaffhausen, Bolli & Böcherer, 1907.
(Buch 5 *einer* Arbeit «über Baumwolle»; die übrigen vier *Bücher* liegen im Manuskripte vor.)

Heizmann, Hans, das Baumwoll-Termingeschäft u. dessen Einfluss auf die Baumwoll-Industrie. (XV, 131 S.) gr. 8. Schaffhausen 907. (Zürich, Rascher & Co.) 2.50

Heizung, die, Luftreinigung und Beleuchtung; s. Wochenbände.

— u. Lüftung. Ueber Haeberl's Lufterneuerung u. Meissner's Heizung mit erwärmter Luft von F. A. K. (2. Ausg.) gr. 8. (119 S. m. 1 lith. Taf. in 4.) Leipzig 847, Verlagsbureau. 12 ngl

—— und Lüftung. Ueber Haeberl's Lufterneuerungen und Meissner's Heizung mit erwärmter Luft von F. A. K. (2. Ausg.) gr. 8. (119 S. und 1 Stnt. in 4.) Leipzig 848. Verlagsbureau.

Die Heizung, Lüftung, Desinfektion. *Potsdam & Leipzig: Bonneß & Hachfeld [um 1902].* (S. 85–116) 8° [F.]
= Baugewerbe, Das gesamte. Bd 9, [2.]

Heizung, die wohlfeilste, und ihre Bedeutung für die Arbeiter-Frage. Vortrag gehalten im Industrie-Verein, am 4. Decbr. 1863 von einem Mitgliede. gr. 8. (26 S. mit eingedr. Holzschn.) Altona 864, (Haendcke und Lehmkuhl.)

Heizungs- und Lüftungs-Einrichtungen des Eisenwerks Kaiserslautern. 7. und 8. Aufl. gr. 8. (96 S. mit Atlas in 4., 32 Taf.) Kaiserslautern 887, (Gotthold.) **

Heizungs- u. Lüftungs-Systeme, die, d. Eisenwerks Kaiserslautern. 1. u. 2. Abth. 6. Aufl. gr. 4. Kaiserslautern 880. (Gotthold.) à n.n. 1. 25
1. Centrale Luft-, Dampf-, Wasserheizung u. Lüftung. (16 Steintaf. m. Text auf der Rückseite.)
2. Locale od. Ofenheizung m. Lüftung. (12 Steintaf. m. Text auf der Rückseite.)

Heizungs- und Lüftungs-Systeme, Die , des Eisenwerks Kaiserslautern. (In 2 Abth.) 7. Aufl. Kaiserslautern (Rheinpfalz). 1883. 2 Hefte. 4°

Heizungs- u. Lüftungssysteme, die, d. Eisenwerks Kaiserslautern. 2 Thle. 9. Aufl. gr. 4. (30; 29 Bl. m. Abbildgn.) Kaiserslautern 891, (Gotthold). * 4 —

Heizungs- und Lüftungs-Systeme des Eisenwerks Kaiserslautern. Abteilung für Centralheizungs- und Ventilations-Anlagen, Dampfkoch-, Dampfwasch-, Bade-, Desinfektions- und Trocken-Einrichtungen. 11. Aufl. Kaiserslautern 1903

Heizwerte von Brennstoffen. Hrsg. vom Magdeburger Verein für Dampfkesselbetrieb. Magdeburg 1907. 8 S.

Heizwerte von Brennstoffen. Hrsg. vom Magdeburger Verein für Dampfkesselbetrieb. Magdeburg 1907-1909. 38 S. 4°

Hekansohn. Über die Wahl der städtischen Magistrate in den österreichischen Staaten. Brünn 1784. V: *Hanke von Hankenstein, Joh. Alois.* (Ky 3/37) (GGr VII/13, Nr. 11/4) (WBL 7/317) (BIBLPORT)

Hekanson, H. L., üb. die Wahl eines Stadtmagistrats. 8. Brunn, Gastl.

Hekate, ein literar. Wochenblatt, redig. u. glossirt v. Kotzebue's Schatten (herausg. v. Ad. Müllner.) 2 Bde. Jahrg. 1823. 4. Leipz. Wienbrack. 10 ngl Hbn. Pr. 4 ngl

Hekate, die Dreigestaltete, s. P. v. Köppen.

§ * **HEKELIUS**, Jo. Frid. (aus Gera, † 1700). — Historisch-Philologische Untersuchung Von den mancherley Arten und Absichten der Küsse. Vormahls in Lateinischer Sprache beschrieben von dem gelehrten Polyhistore, Herrn *Jo. Frid. Hekelio*, anietzo aber wegen der Curiosité ins Teutsche übersetzet und hin und wieder vermehret durch Gotthilf Wernern, M.C. CHEMNITZ, Bei Conr. Stößeln u. Sohn, 1727. 8°. (In Berlin: Pn 4452.) 8 Bogen. Rar!

Inh.: Zuschrift an d. Churfl. Sächs. Geh. Kriegs-Rath Joh. Mich. v. Schindler, dat. Chemnitz 20. Mart. 1727. — Vorr. d. Übers. — Vorr. d. Autoris. — Vom göttlichen Kuss. — Vom Kusse der Ehrbarkeit. — Vom Kuss der Würde. — Vom Kuss der Liebe. — Vom Kuss der Falschheit. — Vom Kuss der Wollust. — Reg.

Orig. (in Berlin: Pn 4450): De osculis discursus philologici (c. supplementis). Ed. nova. Lips. & Dresd. 1689. 8°.

— — Dasselbe. (Neudruck.) Grimma, Ed. Blochs Selbstverlag, 1852. 8°. (8 Sgr. Heberle, c. 1872.)
XVIII u. 80 S. (incl. 4 Bll. Reg.).

Hekethusen, Hans v., Erlauschtes. Novellen u. Erzählgn. (241 S.) 8. Kolberg 904. J. Courtois. n. 3. —; geb. n. 4. —

Hekethusen, Hans v. (Frau Elisab. v. Muellern), Freunde. Roman. (189 S.) 8. Berlin 909. A. Goldschmidt. 3.—; geb. in Leinw. 4. —

— Auf gleicher Höhe, s.a. Vobach's illustr. Roman-Bibliothek. VI, 1. 2.

Auf gleicher Höhe. Roman von Hans v. **Hekethusen** [d. i. Elisabeth v. Müllern]. Mit Ill. von Otto Meyer-Wegner. Bd 1. 2. Berlin, Leipzig, Wien: Vobach (1909). 8°
(Vobachs Illustrierte Roman-Bibliothek. Ser. 6, Bd 1. 2.) [10. 1,640

Hekingborn, s. Lustspiele f. Deutsche.

Hekler, Anton (Konzeptsadjunkt im Kgl. ungar. Kultusministerium): Römische weibliche Gewandstatuen. München 1908 (Nördlingen: C. H. Beck). (59 S.) 8° ¶ (Erscheint vollst. in: Münchener archäol. Studien, dem Andenken A. Furtwänglers gewidmet.)
München, Phil. Fak., Ref. Furtwängler, Diss. v. 14. Nov. 1906
[Geb. 1. Febr. 82 Budapest; Wohnort: Budapest; Staatsangeh.: Ungarn; Vorbildung: V. Bezirks-Staatsgymn. Budapest Reife Juni 99; Studium: Jura Budapest 7, Phil. Paris 1, München 3 S.; Rig. 14. Nov. 06.]

Hekma, E., s.: Folia neuro-biologica.

Hekmeyer, Francisc. Cornelis, das Handels-, Wechsel-, Konkurs- u. Seerecht der niederländ. Kolonien, s.a. Handelsgesetze, die, des Erdballs.

Het handels-, wissel-, faillissements- en zeerecht der Nederlandsche kolonien. Das Handels-, Wechsel-, Konkurs- und Seerecht der Niederländischen Kolonien. Bearb. u. ins Deutsche übertr. von Dr. jur. Franciscus Cornelis **Hekmeyer**. (1.) Berlin: R. v. Decker 1906. 4°(8°)
— **Handelsgesetze**, Die, d. Erdballs. Ausg. D. Niederl.-Indien. 1. [07. 9497

Heksch, Abo., Mittheilungen aus d. Gebiete d. Schafzucht u. Woll-Industrie. 8. (4 B.) Pesth 839, (Heckenast.) *

Heksch, Alexander F.

Heksch, A. F., die Bäder von Trentschin-Teplicz. (Deutsch, ungarisch und französisch.) gr. 8. (51 S. mit eingedr. Holzschn. und 1 Holzschntaf.) Wien 884. (Breslau, Woywod.) *

Heksch, A. F., Blüthen aus dem Osten. Ein Strauß, für den Weihnachtstisch gebunden. gr. 8. (317 S.) Wien 884, (Engel.) * cart. * ℳ 3,50.; geb. *

Heksch, Alex. F., die Donau von ihrem Ursprung bis an die Mündung. Eine Schilderung von Land und Leuten des Donaugebietes. (In 25 Lfgn.) 1.—17. Lfg. gr. 8. (S. 1—544 mit 200 Holzschn.-Illustr. und 1 Stromkarte.) Wien 879, Hartleben's Verlag. à Lfg. 60 Pf.

—— die Donau von ihrem Ursprung bis an die Mündung. Eine Schilderung von Land und Leuten des Donaugebietes. Mit 200 Holzschn.-Illustr. und 1 Stromkarte. 18.—25. (Schluß-) Lfg. gr. 8. (VIII, S. 545—791.) Wien 880, Hartleben's Verlag. à Lfg. 60 Pf.
compl. ℳ 13,50.; geb. *
1.—17. Lfg. Ebendas. 1879. à 60 Pf.

Heksch, Alexander F. Die Donau von ihrem Ursprung bis an die Mündung. Eine Schilderung von Land und Leuten des Donaugebietes. ... Wien. Pest. Leipzig. A. Hartleben's Verlag 1881 ...
VI S., 1 Bl., 791 S. m. 171 Holzschn. 25 Taf. in Holzschn., 9 Karten. 8°

— u. Karl **Herkules**, illustrirter Führer durch die Bade- u. Curorte Ungarns u. seiner Nebenländer. Mit 42 Illustr. u. 1 (lith. u. color.) Karte. 8. (XXVIII, 260 S.) Wien 883. Hartleben. 3. 60

Heksch, Alex. F., illustrirter Führer durch Budapest u. Umgebungen. Mit 40 (Holzschn.-)Illustr. u. 7 Karten. 12. (XVI, 255 S.) Wien 882. Hartleben. geb. 3. 60

Heksch, A. F., illustr. Führer durch Budapest u. Umgebungen. 2. verb. Aufl. 8. (XVI u. 266 S. m. 40 Illustr. u. 7 Karten.) Bädeker-Einbd. (Hartleben's illustr. Führer. Nr. 8. 2. Aufl.) Wien, A. Hartleben. 2 fl. 1885.

Heksch, Alex. F., illustr. Führer durch Budapest u. Umgebgn. 3., vollständig neu bearb. Aufl. v. Wilh. Jettmar. Mit 55 Illustr., 2 Panoramen, 1 Plan v. Budapest u. 4 Orientirungskarten. 12. (VIII, 172 S.) Wien 895. A. Hartleben. Geb. n. 3. 60

—— illustrirter Führer auf der Donau von Regensburg bis Sulina. Mit 50 (Holzschn.-)Illustr. und 5 (lithogr. und color.) Stromkarten. 1. und 2. Aufl. 8. (XXXII, 140 S.) Ebendas. 880,81. geb.

Heksch, Alexander F., Verfasser des „Illustrirter Führer auf der Donau von Regensburg bis Sulina" etc. Illustrirter Führer durch die Karpathen und oberungarischen Badeorte. Mit 30 Illustrationen (wovon 12 ausserhalb des Textes) und 5 Karten. (Hartleben's illustrirter Führer Nr. 3.) kl. 8. Wien etc. 1891.

Heksch, Alexander, Illustrirter Führer auf der Donau von Regensburg bis Sulina. Dritte Auflage. Revidirt und theilweise neu bearbeitet von Josef Kahn. Mit 50 Abbildungen und 5 Stromkarten. 8. (VI, 101 S.) Bädeker-Einband. (A. Hartleben's Illustrirter Führer Nr. 1, 3. Auflage) Wien: Hartleben 1894. 1.50

Heksch, Alexander F., Illustrirter Führer durch die Karpathen und Oberungarischen Badeorte. Mit 30 Illustrationen und 5 Karten. (Hartleben's Illustrirte Führer Nr. 3.) kl. 8. (XVI u. 173 S.) Bädeker-Einband 2 fl.
Wien: Hartleben 1881.

Heksch, A. F., illustrirter Führer durch die Karpathen [Waagthal u. Hohe Tátra] und die oberungarischen Badeorte. Mit e. Anh.: Krakau u. Umgebg. 2., umgearb. Aufl. von W. Soukup. Mit 40 Illustr. u. 4 Karten. 12. (XXXVIII, 142 S.) Wien 889. Hartleben. geb. n. 3. 60

— — und Wladimir Kowszewicz, illustrirter Führer durch die ungarischen Ostkarpathen, Galizien, Bukowina und Rumänien. Mit 50 (Holzschn.-)Illustr. und 6 (chromolithogr.) Karten. 12. (XVI, 246 S.) Ebendas. 882. geb.

Heksch, Alex. F., Illustr. Führer durch Ungarn u. seine Nebenländer (Siebenbürgen, Croatien, Slavonien u. Fiume). Mit 52 Illustr. u. 4 Karten. kl. 8. (XXXII u. 272 S.) Bädeker-Einband. (Hartleben's Illustr. Führer. Nr. 6.) 2 fl.
Wien: Hartleben 1882.

— guide illustré sur le Danube de Ratisbonne à Souline et indicateur de Constantinople. Avec 50 illustrations en taille de bois et 5 cartes (chromolith.) 12. (XXXII, 205 S.) Wien 883. Hartleben. geb. 3. 60

— — aus Ungarns Novellenschatz. Ein Geschmeide, für deutsche Leser gefaßt. gr. 8. (IX, 329 S.) Wien 884, (Engel.) * cart. * ℳ 3,50.; geb. mit Goldschn. *

Heksch, Alexander F., Schmecks. Klimatischer Curort und Wasser-Heilanstalt in Oberungarn, Zipser Gespanschaft Illustrirt. gr. 8 (32 S.) geh. (Die Curorte Oesterreich-Ungarns I.) 40 kr. Wien: Hartleben 1881.

Hektor u. Andromache. Dramat. Gedichte in 4 Abtheil. mit Chören. 8. Alt. 813. (Hammerich). 12 g.

Hektor, E., Geschichte des Germanischen Museums von seinem Ursprunge bis zum J. 1862. Festschrift zur Feier seines 10jähr. Bestehens. gr. 8. (58 S.) Nürnberg 863, Literarisch-artistische Anstalt des germanischen Museums. *

Hektor, Enno, eine Ballscene. 5. Aufl. 8. (15 S.) Emden 860, Woortmann. *

Hektor, Enno, Harm Düllwuttel un all, wat mehr is. Neu hrsg. v. F. W. v. Neß. Mit e. Lebensbilde des Dichters von Fr. v. Harslo. (III, 196 S. m. Bildnis.) gr. 8. Emden 905. W. Schwalbe. n. 2. 50; geb. n. 3. — Vergriffen.

Enno **Hektor**. Harm Düllwuttel un all, wat mehr is. Neu hrsg. in 2. Aufl. von W. v. Ness. Mit e. erw. Lebensbilde d. Dichters von Fr. v. Harslo. Emden: W. Schwalbe 1906. (160 S.) 8° [F.] Leb. 1919 9

—— Harm auf Freiersfüßen. Ostfriesisches Landschaftsbild. 5. Aufl. 8. (28 S.) Emden 859, Woortmann. *

—— Harm un d'bür' Tied. 'n Kummedistück. 8. (35 S.) Aurich 857, (Seyde.) *

Hektor, Enno, die Tannengeister. Ein Silvestermärchen. 16. (IV, 83 S.) Hannover 870, Rümpler. cart.

Hektor, J., Lehrbuch des rationellen Wiesenbaues und der Weidewirthschaft, s. Bibliothek, landwirthschaftliche.

—— dass. — s. Volksbücher, landwirthschaftliche.

Hekuba. Trauersp. a. d. Griech. des Euripides, in Jamben. 8. Altona, Hammerich.

— Trauersp. a. d. Griech. d. Euripides v. Mathesius. 8. Lpz. Weidmann. 788.

— u. Andromache. 2 Trauersp. a. d. Griech. d. Euripides von Chr. Fr. Ammon. gr. 8. Erlangen, Palm. 789.

FSC
www.fsc.org
MIX
Papier | Fördert gute Waldnutzung
FSC® C083411

Kolibri 360 GmbH
Ferdinand-Jühlke-Straße 7
99095 Erfurt, Deutschland
produktsicherheit@kolibri360.de